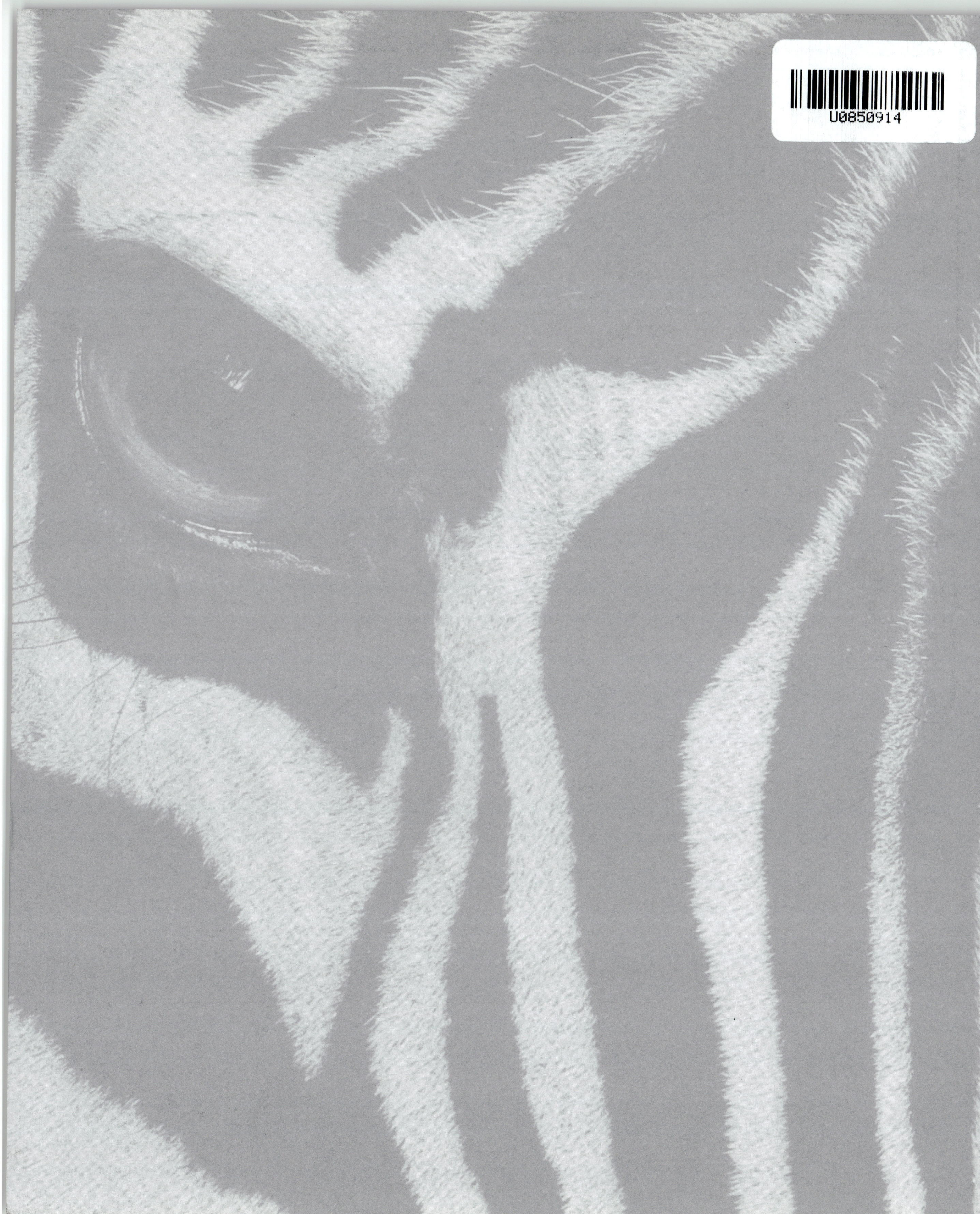

动物大百科

ANIMAL THE DEFINITIVE VISUAL GUIDE TO THE WORLD'S WILDLIFE
野生动物世界的权威视觉典籍

[英]大卫·伯尼(David Burnie)
— 主编 —

胡慧建 张 亮 杨 恒
刘全生 田 园 张礼标
— 译 —

南方日报出版社
NANFANG DAILY PRESS
中国·广州

动物大百科

ANIMAL THE DEFINITIVE VISUAL GUIDE TO THE WORLD'S WILDLIFE

野生动物世界的权威视觉典籍

[英] 大卫·伯尼（David Burnie）
— 主编 —

胡慧建 张 亮 杨 恒
刘全生 田 园 张礼标
— 译 —

DK

图书在版编目(CIP)数据

动物大百科 / （英）大卫·伯尼主编；胡慧建等译. —广州：南方日报出版社，2019.3
ISBN 978-7-5491-1812-0

Ⅰ. ①动… Ⅱ. ①大… ②胡… Ⅲ. ①动物—普及读物 Ⅳ. ①Q95-49

中国版本图书馆CIP数据核字（2018）第091098号

A Dorling Kindersley Book
www.dk.com
Original Title: Animal The Definitive Visual Guide to The World's Wildlife

动物大百科

DONGWU DA BAIKE

作　　者：［英］大卫·伯尼
译　　者：胡慧建　张　亮　杨　恒　刘全生　田　园　张礼标
责任编辑：周洪威　阮清钰
特约编辑：雷晓琪
装帧设计：唐　薇
技术编辑：邹胜利

出版发行：南方日报出版社（地址：广州市广州大道中289号）
经　　销：全国新华书店
制　　作：广州公元传播有限公司
印　　刷：鹤山雅图仕印刷有限公司
规　　格：760mm×1030mm　1/8　79印张
版　　次：2019年3月第1版第1次印刷
书　　号：ISBN 978-7-5491-1812-0
定　　价：499.00元

主编：大卫·伯尼

主要顾问：

哺乳类 MAMMALS
朱丽叶·克拉顿–布罗克博士
英国自然历史博物馆动物学分部副研究员

鸟类 BIRDS
弗朗索瓦·维勒米尔博士
美国自然历史博物馆鸟类学分部荣誉馆长

爬行类 REPTILES
克里斯·马蒂森
动物学家和两栖爬行类作家、英国皇家摄影学会会员

两栖类 AMPHIBIANS
蒂姆·哈利迪教授
公开大学生物学教授（已退休），专门从事蝾螈、蟾蜍和蛙类研究，目前正致力于两栖类退化种群的研究

鱼类 FISH
理查德·罗森布拉特教授
加州大学圣地亚哥分校，斯克里普斯海洋研究所，海洋生物学荣誉教授，海洋脊椎动物博物馆馆长

无脊椎动物类 INVERTEBRATES
乔治·C.·麦加文博士
牛津大学自然史博物馆和动物学系名誉副研究员，德比大学昆虫学客座教授

理查德·巴恩斯博士
剑桥大学动物学系高级讲师

弗朗西丝·迪帕博士
海洋生物学家和作家

编委及顾问

Dr Richard Barnes
Dr Paul Bates
Dr Simon K. Bearder
Deborah Behler
John Behler
Keith Betton
Dr Michael de L. Brooke
Dr Charles R. Brown
Dr Donald Bruning
George H. Burgess
Dr Kent E. Carpenter
Norma G. Chapman
Ben Clemens
Malcolm C. Coulter
Dominic M. Couzens
Dr Timothy M. Crowe
Dr Kim Dennis-Bryan
Dr Christopher Dickman
Joseph A. DiCostanzo
Prof. Philip Donoghue
Dr Nigel Dunstone
Dr S. Keith Eltringham
Prof. Brock Fenton
Joseph Forshaw
Susan D. Gardieff
Dr Anthony Gill
Dr Joshua Ginsberg
Prof. Colin Groves
Dr Jurgen H. Haffer
Prof. Tim Halliday
Dr Gavin Hanke
Dr Cindy Hull
Dr Barry J. Hutchins
Dr Paul A. Johnsgard
Dr Angela Kepler
Dr Jiro Kikkawa
Prof. Nigel Leader-Williams
Dr Douglas Long
Dr Manuel Marin
Chris Mattison
Dr George C. McGavin
Dr Jeremy McNeil
Dr Rodrigo A. Medellin
Dr Fridtjof Mehlum
Chris Morgan
Rick Morris
Dr Bryan G. Nelson
Dr Gary L. Nuechterlein
Jemima Parry-Jones
Malcolm Pearch
Prof. Christopher Perrins
Prof. Ted Pietsch
Dr Tony Prater
Dr Galen B. Rathbun
Dr Ian Redmond
Dr James D. Rising
Robert H. Robins
Jeff Sailer
Dr Scott A. Schaeffer
Dr Karl Schuchmann
Prof. John D. Skinner
Dr Andrew Smith
Dr Ronald L. Smith
Dr David D. Stone
Dr Mark Taylor
Dr David H. Thomas
Dr Dominic Tollit
Dr Jane Wheeler
Dr Ben Wilson
Dr David B. Wingate
Dr Hans Winkler
Dr Kevin Zippel

新增顾问
Derek Harvey
Darren Mann

目录

前言……8
如何使用本书……10

绪论 13

什么是动物？……14
进化……16
分类……18
新物种……19
支序分类学……20
动物类群及其命名……21
身体结构……26
行为……28
生命周期……30
岌岌可危的动物……32
保护……34

栖息地 37

地球上的栖息地……38
草原……40
沙漠……44
热带森林……48
温带森林……52
针叶林……56
山脉……60
两极地区……64
淡水……68
海洋……72
海岸带和珊瑚礁……76
城市……80

动物王国 85

哺乳动物 87

哺乳类……88
卵生哺乳类……92
有袋类……93
象鼩……104
马岛猬和金毛鼹……105
土豚……106
儒艮和海牛……107
象……108
蹄兔……110
犰狳……110
树懒和食蚁兽……111
兔、野兔和鼠兔……113
啮齿类……116
　松鼠形啮齿类……118
　河狸形啮齿类……121
　鼠形啮齿类……123
　豚形啮齿类……129
跳兔和近缘类群……132
鼯猴……132
树鼩……133
灵长类……134
　原猴……136
　猴……140
　猿……150
蝙蝠……156
刺猬及其近亲……162
鼩鼱和鼹鼠……163
穿山甲……165
食肉类……166
　犬类及其近亲……168
　熊……176
　海狮、海象和海豹……182
　臭鼬……186
　浣熊及其近亲……187
　小熊猫……188
　鼬类……189
　马达加斯加食肉类……197
　獴……198
　灵猫及其近亲……199
　猫科动物……200
　鬣狗和土狼……208
有蹄类……210
　马及其近亲……212
　犀牛……214
　貘……217
　猪……218
　河马……220
　骆驼及其近亲……222
　鹿……224
　叉角羚……227

长颈鹿与獾狮狓……228
牛及其近亲……230
鲸豚……244
须鲸……246
齿鲸……250

鸟类 263

鸟类……264
䳍……268
几维鸟……268
鹤鸵与鸸鹋……268
鸵鸟……269
美洲鸵鸟……269
雉类……270
雁鸭类……274
企鹅……278
信天翁与鹱……280
潜鸟……282
䴙䴘……282
红鹳……284
鹭鸟及其近亲……286
鹈鹕及其近亲……289
猛禽……294
鹤类及其近亲……303
鸻鹬、海鸥和海雀……308
鸠鸽……315
沙鸡……316
鹦鹉……317
杜鹃和蕉鹃……321
鸮……322
夜鹰与蟆口鸱……327
蜂鸟和雨燕……329
鼠鸟……332
咬鹃……332
翠鸟及其近亲……333
啄木鸟和巨嘴鸟……338
雀鸟……342

爬行动物 371

爬行类……372
陆龟与海龟……374
楔齿蜥……383
蛇……384
蚺、蟒及其近亲……386
游蛇……393
眼镜蛇……399
蝰蛇……402
盲蛇和细盲蛇……407
蜥蜴……408
鬣蜥及其近亲……410
壁虎和鳞脚蜥……417
石龙子及其近亲……420
蛇蜥……426
蚓蜥……431
鳄与短吻鳄……432

两栖类 437

两栖类……438
蝾螈和鲵……440
蚓螈……447
蛙和蟾蜍……448

鱼类 467

鱼类……468
无颌鱼类……472
软骨鱼类……473
鲨鱼……474
鳐和魟……483
硬骨鱼类……486
肉鳍鱼……488
原始的辐鳍鱼……489
骨舌鱼……490
海鲢与鳗鱼……491
鲱鱼及其近亲……494
鲶鱼及其近亲……496
鲑鱼及其近亲……501
巨口鱼及其近亲……508
灯笼鱼及其近亲……509
鳕鱼和鮟鱇……510
棘鳍鱼……513

无脊椎动物 531

无脊椎动物……532
海绵……536
刺胞动物……537
扁虫……541
环节动物……542
圆虫……543
无脊椎动物小门……544
节肢动物……546
昆虫……548
蜈蚣和马陆……578
甲壳动物……579
海蜘蛛……585
鲎……585
蛛形动物……586
软体动物门……594
棘皮动物……602
无脊椎的脊索动物……605

术语表……606
拉丁名索引……610
动物名称索引……620
致谢……632

前言

《动物大百科》于2001年首次出版时就为自然类的参考指南制订了一套新标准。本次新版将继续沿用这套标准，并进行了相应的修订和更新，使其能够展现近十年间的科学成果。由70多位动物学家、生物学家和自然学家共同编写的新版《动物大百科》展现了动物世界全貌，其中既包括常见物种，也包括那些只有专家才能识别和命名的物种。书中近2000种动物的简介均由全球顶级研究机构——史密森学会进行审核，这种合作关系一直被出版商引以为豪。

虽然十年时间对于我们的星球而言非常短暂，但生命科学方面在这期间取得的进展是巨大的。借助遗传研究技术的帮助，动物分类正在发生日新月异的变化，科学家们也能愈来愈准确地发现动物间的相互关系。这些变化正体现在新版《动物大百科》中动物的分类和命名方式上。遗传研究从已知的物种中鉴别出了新物种，而在森林、海洋，甚至土壤中进行的科学考察每年又都能发现大量新物种。新版《动物大百科》收录了其中一些令人激动的新发现，如金殿伶猴和雪蟹等。

与此相悖的是，在新物种不断被发现的同时，世界上的动物却正面临前所未有的生存危机。一些极具适应能力的物种，如赤狐，能生存在从城市到半沙漠地区的各种栖息地中，而这些栖息地通常与它们的原始栖息地相隔甚远。然而，很多动物刚好相反。它们必须生活在特定的栖息地中，对气候条件、生存空间以及食物都有着严格要求。一旦其中的某个因素发生变化，即便是微小的改变，也会让这些物种逐渐陷入危险境地。

随着人类族群的不断增长和对地球影响力的持续扩张，世界上许多动物的生存前景都令人担忧。《动物大百科》第一版面世之时，地球上增长的人口数量已超过十亿，由此加大了对自然资源的索取和对动物栖息地的影响，这意味着野生动物将面临更大的生存危机。污染和栖息地的破坏几乎会直接影响动物的生存，而持续数十年的全球气候变暖很可能已经影响到了大部分陆生和水生物种，包括海洋物种。对一些动物而言，这些严重的威胁随时都有可能将它

们推入灭绝的境地。

尽管如此，在《动物大百科》再版后，我们还是心存希望。正是借助现代技术的帮助，人类才能更加了解与我们共存于同一星球上的动物及其变化，以及哪些物种的保护是刻不容缓的。历史表明，只要时机适宜，动物的种群就会得以恢复。而这种事情产生的结果往往都很令人惊异。例如，夏威夷雁曾仅剩30只，而现在野外已恢复到近1000只个体，和圈养个体的数量相当。南部白犀牛也曾一度被列为极危物种，但如今的数量已接近18,000只，并且整个种群还在不断增长。即便是在20世纪几乎因捕猎而灭绝的南极海狗，如今的数量也已多达六百万只，它们全部拥挤在南佐治亚州的海岸上，形成了地球上最大的海洋哺乳动物群。

全球的生态保护工作从未像如今这般卓有成效，或是说如此受到重视。2010年，在日本召开的联合国生物多样性大会上，与会各国就自然栖息地在生物保护过程中的重要作用达成共识，同时承诺于2020年前对全球17%的陆地和10%的海域开展有效保护。

世界自然保护联盟（IUCN）已对数千位科学家的研究工作进行了汇整，并对受到威胁的物种重新进行了评估。与此同时，濒危野生动植物物种国际贸易公约（CITES）则监控着数以百计受威胁物种的跨境贸易，其保护对象既包括小型昆虫，也包括大象等大型动物。还有一些组织则对自然界的其他方面进行着监测，如鸟类的迁徙路线、珊瑚礁和开阔海域中的生命等等。所有的工作资料最终会汇聚成一个庞大的全球信息采集系统。

生物多样性对地球上的每个人都很重要，我们应该不遗余力地保证其完整性。动物是组成生物多样性的关键元素，在地球生态中扮演着重要角色。《动物大百科》不仅展示了包括从最大的哺乳动物到最小的无脊椎动物在内的各种动物，更呈现了动物生命的丰富与美丽。在动物急需人类伸出援手之际，本书的出版真是恰逢其时！

主编 大卫·伯尼

如何使用本书

本书的内容由三大部分组成：一是“绪论”，有关动物及其生活概述，二是“栖息地”，介绍地球上的主要栖息地；三是“动物王国”，本书的主体部分，致力于描述动物的类群和物种。附录的术语表详细解释了书中引用的动物学的和专业的术语，以及一份完整的索引，包括书中每个物种的拉丁名、俗名及其他名称。

绪论

本书的开头从各个方面对动物进行了概述，包括动物的类型，以及它们与其他生物类群间的差别；同时还描述了动物的身体构造、生命周期、进化、行为和保育等内容。此外，还对动物界中的物种分类框架进行了全面阐述。

栖息地

本篇介绍了地球上的主要动物的栖息地。每种栖息地的说明包括两部分：前一部分描述栖息地本身（下图所示），包括气候、植物以及其中的动物；后一部分对动物的身体结构和行为特征，以及它们如何适应所处的栖息地进行了说明。

栖息地类型概述

更为细化的栖息地亚型描述

虚线用以区分栖息地中的不同区域

栖息地在全球的分布情况图

不同区域中的代表性动物照片

保育专题说明

动物王国

本部分分为六章，包括哺乳类、鸟类、爬行类、两栖类、鱼类和无脊椎动物类。每一章节都先介绍动物类群，然后介绍目、科等更为细分的分类单元，随后介绍各单元中的各个物种。无脊椎动物的介绍稍有不同，而雀形目鸟类则按科进行描述，且只列出代表性物种。

栖息地符号

以下列出了动物简介中的符号（排序不分出现顺序先后）。

- 温带森林，包括林地
- 针叶林，包括林地
- 热带森林和雨林
- 山地、高地、碎石坡
- 沙漠和半荒漠
- 开阔栖息地，包括草地、荒原、荒地、稀树草原、田野、灌丛
- 湿地和所有静态水体，包括湖泊、水塘、池塘、沼泽、泥塘和滩涂
- 河流，溪流和所有的流动水体
- 红树林滩涂，包括水线以上和以下区域
- 沿海区，包括海滩和峭壁、涨潮时的临近区域、潮间带、浅水水域和近海水域
- 海洋和大洋
- 珊瑚礁及其周边水域
- 极地区，包括冻土层和冰山
- 城镇区，包括建筑物、公园和花园
- 寄生于其他动物的体表或体内

数据区

每个简介开头都会给出概要信息。测量值以每个物种的成年雄性为准，也可能是根据现有资料获得的代表性数值、单一数据的均值或最大值。

体长（除无脊椎动物外的所有动物类群），哺乳类：头长和体长。鸟类：喙尖至尾尖长。爬行类：龟鳖类为背甲长；其他种类为头长、体长和尾长。鱼类和两栖类：吻端到尾端的长度。

尾长（仅哺乳类）尾部长度。

体重（仅哺乳类、鸟类和鱼类）身体重量。

社群单元（仅哺乳类），分为独居（个体）、群居、成对生活，或以上都有（可变型）。

羽毛（仅鸟类），雌雄相似或相异。

迁徙（仅鸟类），分为候鸟、半迁徙鸟、非迁徙鸟或游荡鸟。

繁殖（仅爬行类和鱼类），分为胎生、卵生或卵胎生。

习性（仅爬行类和两栖类），分为不完全或完全陆栖、水栖、洞栖或树栖。

繁殖期（仅两栖类），一年中进行繁殖的时间。

性别（仅鱼类），分为雌雄异体（雄/雌）、雌雄同体，或顺序雌雄同体。

分布情况（仅无脊椎动物），科、纲或门中的物种数量，分布范围和有可能分布的微生境。

现况（所有类群），采用世界自然保护联盟（IUCN）物种红色名录（见第33页）及其威胁等级，分类如下：

野外灭绝（IUCN） 只生活在圈养条件下，或者只作为自然化种群（或种群）生活在远离其过去的栖息地时，或是被重新引入的小型人工管理种群。

极危（IUCN） 短期内面临极高的野外灭绝风险。

濒危（IUCN） 近期内面临很高的野外灭绝风险。

易危（IUCN） 在不远的将来面临较高的野外灭绝风险。

近危（IUCN） 近期内有很大的可能面临野外灭绝。

无危（IUCN） 低风险等级，包括广泛分布的和常见的物种。

数据缺乏（IUCN） 不属于受威胁等级，种群和分布数据不足以进行评估。

未予评估 未经采用本标准进行评估的物种。

了解更多详情请见IUCN红色名录网站（网址：www.iucnredlist.org）

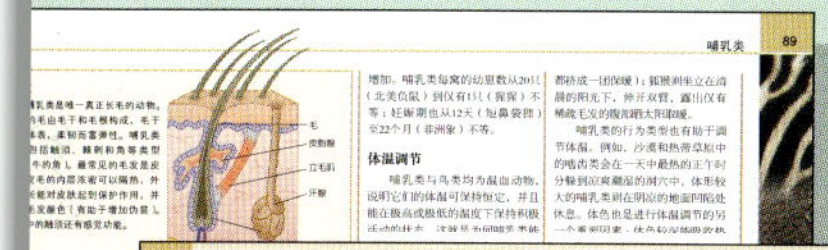

◀主要类群

书中分别介绍了六大动物类群的整体特征，且涵盖了进化、生命周期和行为等关键内容。

▲门，纲和目

具有代表性的门、纲、目和科等生物分类类群，而非针对单一物种进行描述，比如用“目”进行总体描述相关动物属性、特征的概况。

无脊椎动物类

无脊椎动物的种类十分繁多，本书希望能系统呈现该类群，因此只能专注概述具有代表性的门、纲、目和科等分类类群，并不针对个别物种做介绍。本书采用三种方式来介绍不同类群：针对某目或纲做简短介绍，并就所属之一科或数科来进行描述，其中各科则是以代表类群来阐述（例如：昆虫类群）；先概述某纲，并针对其中不同类群或类别的代表物种来做说明（例如：甲壳类群）；先描述某门，并以该门的代表物种来做说明（只适用于次要门类）。

◀更细分的类群

本书中的许多章节都将动物划分为更小的类群，如科。每个较小的分类单元针对共同的解剖特征进行描述。相关的繁殖和行为的内容也会有所介绍。

▼物种简介

动物界中收录了2000多种野生动物。每个物种都配有简短的特征概述，同时还展示有大多数物种的彩色插图和分布图。

分类要点

每个动物类群都用彩色框来表示该类群在动物界中的分类地位。类群名称由带箭头的白色框进行标示。该类群之上的分类等级标于表格的右上部分，之下的分类等级则标示在其下方。部分介绍中还列有“分类说明”，用于列出该类群下的亚类群，或是指出存在的争议。

数据区

每个物种的核心信息都以概要形式列在简短介绍之前。数据种类视各个类群而不同（见左页）。

拉丁名

物种的拉丁名位于最上方的彩色条带上。

俗名

物种的俗名位于拉丁名下方，其他俗名会在下方的简短介绍中提及。

分布范围

彩图表示每个物种在全球的分布范围，并附有详细说明文字。

生境符号

这些符号旨在阐明动物的生存环境（见左页的符号说明）。其他信息会在下方的简短介绍中列出。

文字说明

每个条目都会对物种最独特和最重要的特征进行描述。

插图

大部分条目都包含物种的彩色照片或插图。照片中的动物大多为成年雄性。

Puma yagouaroundi

细腰猫

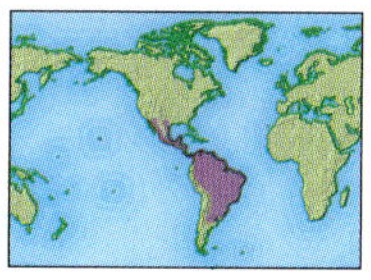

体长： 55—77cm
尾长： 33—60cm
体重： 4.5—9kg
社群单位： 独居

分布：美国南部至南美洲　现况：无危

细腰猫的外形更像鼬类而非猫类，吻尖，体形颀长，四肢短。它的身上没有花纹，具有多种色型，从黑色型（森林种群）至浅灰褐或红色型不等（干旱的灌丛带种群）。细腰猫通常于白天在地面捕猎，栖息在半干旱灌丛至热带雨林和沼泽等环境，主要以鸟类、啮齿类、兔类、爬行类和无脊椎动物为食。

特征框

有些介绍收录形态构造特别的变异种类（蓝色框表示），详述动物行为（黄色框表示），或有关动物保护的信息（绿色框表示）。

▶特别展示

读者特别感兴趣的物种会附有两页介绍。其中包括特征框和一幅引人入胜的特写照片，有时还会通过连续的行为动作进行展示。

绪论

INTRODUCTION

动物是自然界六界系统中规模最大的一界。虽然它们由其他生物演变而来，但如今已经成为地球上的主要生命形式。正是在行为适应和运动能力的帮助下，动物们才能如此成功地在地球上生存繁衍。除了介绍动物的区分特征外，本章节还将关注动物的进化，对外部世界的复杂反应方式，以及生物学家对它们的分类方式，同时还分析了它们所面对的威胁。

什么是动物？

动物是地球上最富变化的生物，迄今为止，人们已经鉴定出了近200万种动物，并且仍有更多物种有待发现。在过去的数十亿年中，它们已经适应了周边环境的变化，在生存的斗争中发展出了多样化的生活方式。极端例子之一便是动物中行动快速的捕食者，如鲨鱼、大型猫科动物和猛禽；而另一个极端例子则是生活在土壤中或深海海床上不起眼的以残余物质为食的滤食者。它们共同组成了动物界——一个拥有相同生物学特性，并在地球上占据主导地位的生命体大集合。

动物的特性

动物通常很容易与其他生命形式区分，因为大多数动物都能移动。然而，尽管这个标准适用于大多数陆生动物，但对许多水栖动物来说却不适用。水中的许多动物成年后都固定在一个地方生活，而有些动物则长有腕足或触手，看上去非常像植物。一种更为可靠的方法是通过动物的基本生物学特征来鉴别：它们的身体由多细胞构成，拥有能对周边环境做出反应的神经和肌肉。最重要的是，它们能从食物中获取能量。与其他生命形式相比，动物有着高度复杂性和灵敏的反应。即便是身体结构最简单的动物也能对周边环境的变化迅速做出反应，如从潜在的危险中逃离或是搜寻食物。拥有发达神经系统的动物的能力更远不止于此：它们能从经验中学习，这是动物界所特有的能力。

静态生命

海鞘是典型的固着生活动物：成年后附着在固体表面生活。外形酷似蝌蚪的幼体能自由游泳生活，使海鞘得以扩散。

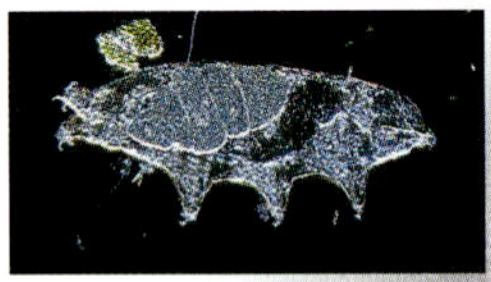

微型动物

微小的缓步动物（也称水熊虫）依靠细小的足运动。它们的行为和结构与大于它们上千倍的动物一样复杂。

动物体的大小

长须鲸是世界上现存体形最大的动物，体长可达25米，体重达120吨。另一极端则是微小的有机体，如体长仅0.05毫米的轮虫和缓步动物，以及体长约为0.2毫米的亚显微大小的苍蝇和甲虫等。这些动物如此渺小，甚至连体重都可以忽略不计。尽管如此，它们仍拥有生存所需的各种身体器官。体形的大小决定了动物的不同生活方式。鲸鱼鲜有天敌，最大的陆栖动物大象也是如此。由于食量巨大，因此它们的庞大身体可以高效利用能量，但却需要很长时间才能发育成熟，这就意味着它们的繁殖速度会很慢。另一方面，昆虫很容易被许多动物捕食，而娇小的体形则意味着它们对能量的利用效率远不及那些大型动物。但是，由于它们能在条件适宜时快速繁殖，所以种群数量还是会以惊人的速度攀升。

脊索动物和无脊椎动物

几乎世界上所有最大型和最熟悉的动物都是有着骨质内骨架的脊椎动物。它们中既有在陆地、水里和空中移动最快的动物，也有许多行为复杂和大脑高度发达的动物。脊椎动物属于一个被称为“脊索动物”的类群，它们的共同祖先可以追溯到上百万年前。然而，尽管脊索动物在许多方面都领先于动物界，但只占现存动物物种的很小一部分。动物界中的大多数物种都是无脊椎动物，即没有脊柱的动物。无脊椎动物与脊索动物不同，除了缺少脊椎外，物种间通常没有共同之处。巨乌贼是体形最大的无脊椎动物，体长可超过16米，但它也只是个例外。大多数无脊椎动物都很微小，

海洋巨兽

一只座头鲸跃出海面。体形如此大的动物必须生活在水环境中，因为只有水体才能支撑它们大部分的体重。

占多数的无脊椎动物

脊索动物所占的比例不到世界动物总量的3%，其余的97%都由无脊椎动物组成。

生物界

生物学家把现存的所有生物划分为几大类群，称为界。每个界的成员都有基本的相似之处，如细胞的性质或是获得能量的方式。使用最广泛的分类系统将生物界划分为六界，其中动物界的种类最多。近年来，又有学者提出了一个新的分类系统。该系统包含3个“总界”：古细菌总界、真细菌总界和真核细胞总界。其中的古细菌总界和真细菌总界反映了细菌间的化学和生理差异。而真核细胞总界则包括了不同于细菌且有着复杂细胞的生物：原生生物、真菌、植物和动物。

动物

动物是通过消化食物获得能量的多细胞有机体。所有的动物至少能移动部分身体部位，许多物种还能在不同的地点之间移动。

植物

植物是利用光能的多细胞有机体。它们通过光合作用获取能量，并利用简单的物质构建有机物，创造出动物所需的大部分食物。

真菌

大多数真菌都是多细胞生物。它们从有机物中收集能量，但并不进行消化，而是使用微丝从食物外部进行分解。真菌大多体形微小，难以用肉眼发现，但也有一些能形成大型真菌体。

原生生物

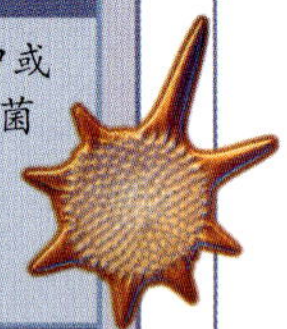

原生生物是单细胞有机体，通常在水中或长期在湿润环境中生活。它们的细胞比细菌更大更复杂。一些原生生物类似植物，也从阳光中收集能量；另一些则更像动物，通过消化食物取得能量。

细菌

细菌和古细菌都是最简单的独立生物。它们的细胞为原核细胞，说明细胞内缺少细胞器，这种细胞内的特殊构造可以执行不同的任务。细菌能从有机物、无机物和阳光等不同来源获取能量。

古生菌

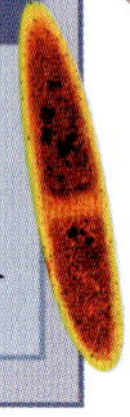

单细胞的古细菌曾和细菌归为一类，它们和细菌一样缺少细胞器。但从化学组成细节来看，它们应该更接近于更高级的有机体。古细菌大多为嗜极生物，能在各种极端环境下生活，如热火山喷泉和极咸的湖泊等。

绪论

支撑系统

许多无脊椎动物，如蚂蟥，没有坚硬的身体部件，借由体液压力维持身体形状。简单的脊索动物，包括文昌鱼，具有一条纵贯全身的支撑性的轴或脊索。脊椎动物的脊索更加先进，是唯一拥有骨质内骨骼的动物类群。

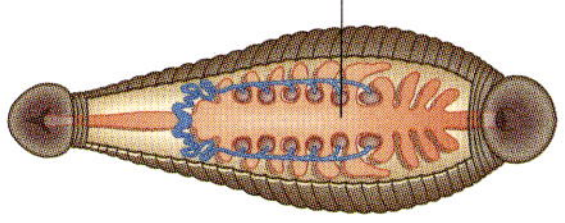

蚂蟥

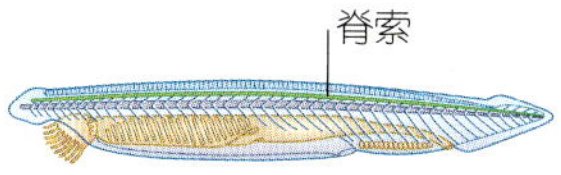

文昌鱼

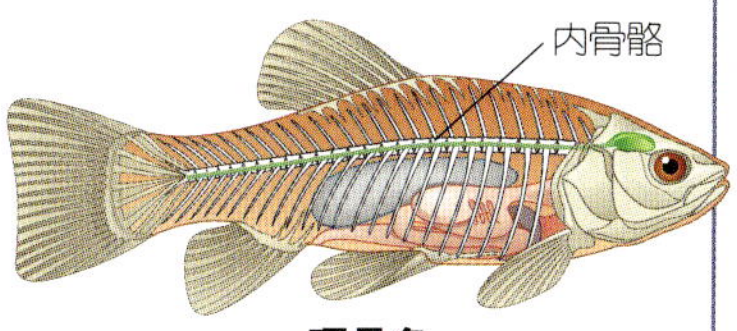

硬骨鱼

许多物种都生活在人类难以到达的栖息地中，这也是为何和脊索动物相比，它们仍不为外界所知的原因。

温血和冷血动物

大多数动物都是冷血动物（变温动物），体温由外界环境温度决定。鸟类和哺乳类是温血动物（恒温动物），自身能产生热量，无论外界环境如何，体温均保持恒定。体温的差异对动物的生存有着深远影响，这是因为动物的身体在环境温暖时才会达到最佳工作状态。冷血动物，如爬行类、两栖类和昆虫，在温暖条件下的行为效率很高，而当温度下降时，行为就会放缓。它们可通过晒太阳吸收一些热量，但若温度低于10℃时，它们会因身体的肌肉反应过慢，而变得难以移动。鸟类和哺乳类则不会受到这种温度变化的影响。它们具有体内产热和良好的隔热能力，即使温度降至冰点以下，仍能保持活力。

体温调节

蝴蝶正在晒太阳取暖。蝴蝶和其他冷血动物通过晒太阳或躲在阴凉处调节体温。尽管如此，它们仍难以适应极端温度，特别是严寒。

个体和群体

大多数脊索动物在生理上都是独立单元，即便是生活在家族或更大的群体中，而无脊椎动物永久性地生活在一起并形成群体的现象并不少见。群体动物在外观和行为上通常与单体动物类似。大多数群体动物都是静止不动的，但有些却能四处活动，特别是一些生活在海里的动物。群体性物种包括一些世界上最引人注目的无脊椎动物。例如，火体虫形成的类似管状物的大型群体，甚至能让潜水员钻入。

在生态学里，最重要的群体性动物是造礁珊瑚，它们创造出复杂的结构，为其他各种动物提供生活乐园。每个造礁珊瑚群中的成员通常都有相同的外形。但一些群体性物种的成员的形态却各有不同，以承担不同的职责。例如，漂浮在海洋中的僧帽水母长有威力强大的蜇刺，看上去像是水母，但却是由不同的水螅体共同组成，并分工进行捕食、消化或繁殖等工作。它们集体悬挂在一个充满空气且具有漂浮功能的巨大水螅体浮囊之下。

共同生活

这种有分支的珊瑚被一层连接着珊瑚虫（水螅体）的活"皮肤"覆盖。这些珊瑚虫彼此相连，但却各自生活。每个个体都有可以自觅食的带刺触手。

隔热

这些年幼的帝企鹅具有超强的隔热能力，在零度以下的条件中仍能将体温保持在40℃左右。

生命燃料

动物从有机物或食物中获取能量，通过消化分解食物，然后吸收食物中的营养物质。这些物质被运送到动物的细胞中，在那里和氧气混合以释放其中的能量。这个过程称为呼吸作用，就像是严格控制下的燃烧方式，但燃料却是食物。大多数动物都是食草动物，或食肉动物。食肉动物中既包括捕杀猎物的捕食者，也包括寄生在其他动物体内或体表上的寄生者。动物中还包括以动物和植物为食的杂食动物，以及以腐烂的植物、尸体、毛发，甚至是骨头等无机物为食的腐食动物。

所有的动物，不管其生活方式如何，最终都为其他动物提供食物。它们全都通过食物链联结成一个整体，将食物及能量从一个物种传递到另一个物种。然而，个别食物链的长度很少超过5或6个环节。这是因为动物90%以上的能量都不能被传递，这些能量会在动物维持自身活动时被消耗掉。

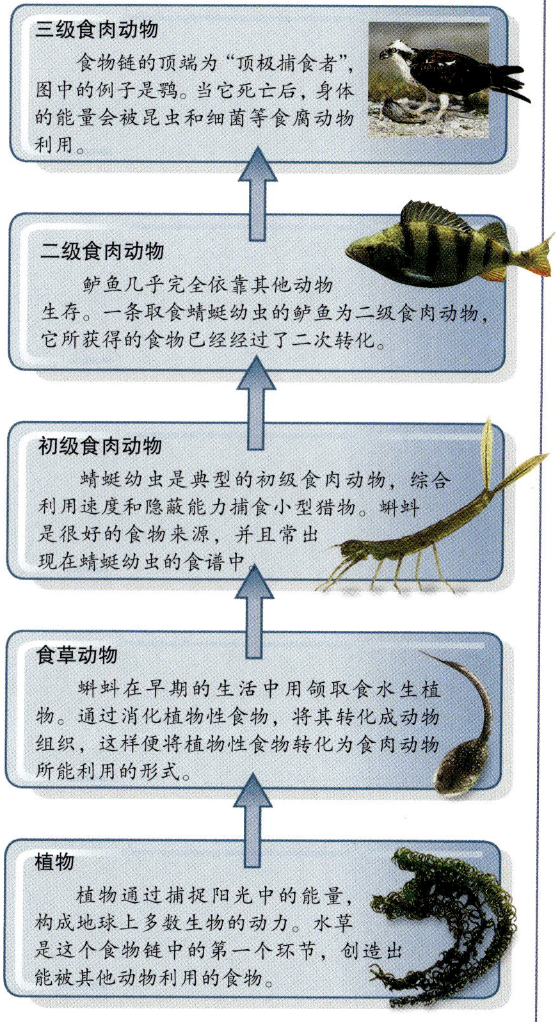

食物链

这是淡水栖息地中典型的5级食物链。每当一个有机体捕食另一个有机体时，食物和能量就沿食物链向上传递。一旦没有天敌的动物出现，食物链就会结束。这只动物体内的能量最终传递给腐食动物和还原者（分解者），其中的许多种类都生活在土壤里。

进化

动物与所有生物一样，每个新的后代都与上一代有所不同。这些变化通常十分微小且难以被察觉，但在经过成千上万年后，它们就能完全改变动物的外部形态和行为模式。这一过程称为进化。进化能让动物找到新的机遇，以适应周围环境的变化。进化通过改变现有的特征发生作用，通常由一系列极小的变异完成。因此，每种动物都是一部活生生的进化史，有助于展示不同物种间的相互联系。

动物的适应

进化可能是由动物体内的变异引起，它的发生主要在于动物会彼此竞争有限的资源，如空间和食物。一些特征在竞争中比其他特征更为实用，这就意味着拥有这些特征的动物更具活力，并能繁衍更多的后代。那些具有不太实用特征的动物面对的困难更多，并且更难繁衍。最不成功的动物因此逐渐衰退，而那些具有"成功"特征的动物则会广为扩散。这种衰退的过程称为自然选择。

融入环境

大多数鸦类的羽毛呈棕色，有助其在树上躲藏。然而，生活在北极无树冻原上的雪鸮的羽毛却主要为白色，这是一种提高捕食和育幼机会的适应行为。

灰林鸮　　**雪鸮**

自然选择随时都起作用，在无形中筛选出动物繁殖中的细微变异。例如，保护色对许多动物来说就是一种有用的生存方式。自然选择可以确保动物在保护色上的任何改进，颜色、花纹或行为上的一个轻微变化都能遗传给下一代，借此提高后代的生存和繁殖概率。只要保护色等适应特征仍然有用，动物就会将其保持下去：一旦动物的生活方式发生变化，进化的路径也将随之改变。鸟类身上已经多次出现过这种变化：一些分支已经进化出了强大的飞行能力，而当它们在地上生活时，这种能力便会失去。

物种及物种形成

同一物种就是在正常情况下能够相互交配繁殖，而不能和其他类群进行繁殖的动物群体。物种分化是一种新物种诞生的进化过程之一，通常发生在一种现存物种被分隔为两个或更多独立类群的时候。此时，各个类群不是被大海和高山等地理障碍分隔，就是被行为上的变化分隔。如果这些类群被分隔的时间够长，将各自进化出特有的适应特征，导致相互间的差异加大，最终不能再相互交配繁殖。物种形成很难观察，因为它的过程十分缓慢，但其迹象却不难发现。从蝴蝶到淡水鱼在内的许多动物都有明显的区域差异。一旦时机成熟，这些本地物种形态或亚种就会独立成种。

德国形态

日本形态

物种形成

阿波罗绢蝶是一种高度变异的物种。许多形态都只分布在北半球的一些特殊地区。由于阿波罗绢蝶通常生活于山地中，因此不同的形态往往会被保留。到了一定时候，这些形态便会进化为新种。

灭绝

灭绝是进化的自然属性，因为一些物种在进化上的成功往往伴随另一些物种的消失。自生命诞生以来，地球上约有99%的物种都已消失，而在5次生物大灭绝中，曾有大量物种在短时间内彻底消失。最近一次大灭绝发生在6500万年前，导致了恐龙和大量其他生命形态完全灭绝。然而，尽管有过如此大的灾难，但现存物种的总数到目前为止仍在缓慢上升。如今，由于人类对自然系统的干扰，物种灭绝速度正在加快，这尤其威胁到灵长类、热带鸟类和许多两栖类的生存。因为进化产生新种的过程要远慢于当前的灭绝速度，因此这种衰退在可预见的未来仍会持续。

逐渐消失

白鳍豚仅生活在长江流域，于2007年8月宣布灭绝。人类活动的增加使得白鳍豚的种群数量从20世纪80年代的400只锐减至90年代中期的100只。而在最近的调查中则没有任何发现。

趋同

不相关的动物经常发展出惊人的相似性。例如，鲨鱼和海豚是两种不同的物种，但二者都有流线型的身体和竖立的背鳍，这些特征能增加它们在水下的速度和稳定性；而鼹鼠和袋鼹则有着许多适于在地下生活的相同特征。蜥蜴和蚓螈看上去也很相似，但前者为爬行类，而后者则是极为罕见的两栖类。这些相似性就是趋同进化的结

生命史

地质学家根据重大的物理变化将地球历史划分为不同的时期，如火山爆发期、大陆碰撞期和气候变化期。其中的许多时期都以全球陆地和海洋中的大规模物种灭绝而告终。下面描述的每个时期都列出了结束时间。

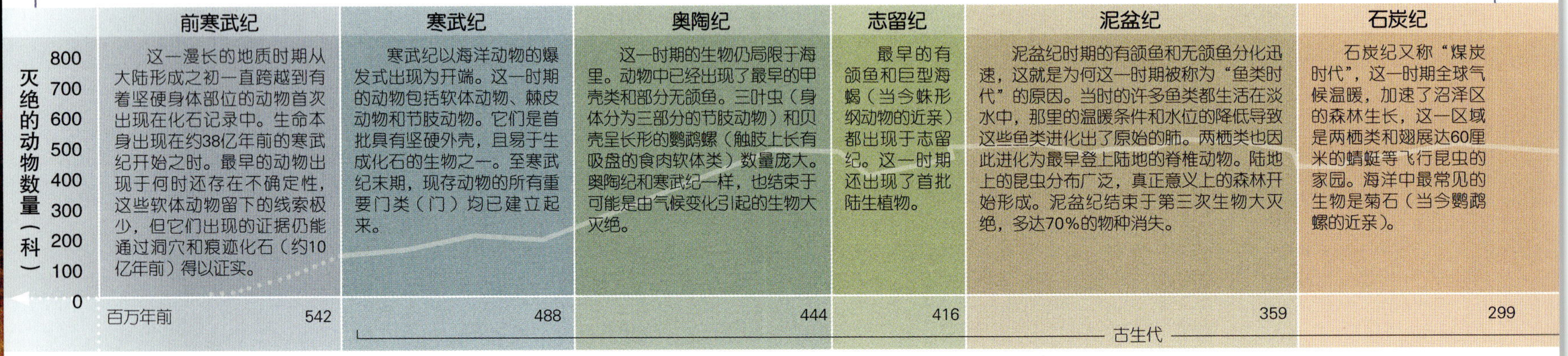

前寒武纪

这一漫长的地质时期从大陆形成之初一直跨越到有着坚硬身体部位的动物首次出现在化石记录中。生命本身出现在约38亿年前的寒武纪开始之时。最早的动物出现于何时还存在不确定性，这些软体动物留下的线索极少，但它们出现的证据仍能通过洞穴和痕迹化石（约10亿年前）得以证实。

寒武纪

寒武纪以海洋动物的爆发式出现为开端。这一时期的动物包括软体动物、棘皮动物和节肢动物。它们是首批具有坚硬外壳，且易于生成化石的生物之一。至寒武纪末期，现存动物的所有重要门类（门）均已建立起来。

奥陶纪

这一时期的生物仍局限于海里。动物中已经出现了最早的甲壳类和部分无颌鱼。三叶虫（身体分为三部分的节肢动物）和贝壳呈长形的鹦鹉螺（触肢上长有吸盘的食肉软体类）数量庞大。奥陶纪和寒武纪一样，也结束于可能是由气候变化引起的生物大灭绝。

志留纪

最早的有颌鱼和巨型海蝎（当今蛛形纲动物的近亲）都出现于志留纪。这一时期还出现了首批陆生植物。

泥盆纪

泥盆纪时期的有颌鱼和无颌鱼分化迅速，这就是为何这一时期被称为"鱼类时代"的原因。当时的许多鱼类都生活在淡水中，那里的温暖条件和水位的降低导致这些鱼类进化出了原始的肺。两栖类也因此进化为最早登上陆地的脊椎动物。陆地上的昆虫分布广泛，真正意义上的森林开始形成。泥盆纪结束于第三次生物大灭绝，多达70%的物种消失。

石炭纪

石炭纪又称"煤炭时代"，这一时期全球气候温暖，加速了沼泽区的森林生长，这一区域是两栖类和翅展达60厘米的蜻蜓等飞行昆虫的家园。海洋中最常见的生物是菊石（当今鹦鹉螺的近亲）。

果。这一过程中，生活在相同环境条件下的动物在自然选择的作用下，逐渐产生相似的适应特性，它们的部分或整个身体会脱胎换骨，直到看上去非常相似为止。动物界中的惊人相似特性都是趋同的结果。这让追溯进化的任务变得非常困难，也是动物分类经常变化的原因。

欧亚鼹鼠

袋鼹

相似外形

除了颜色不同外，欧亚鼹鼠和袋鼹有很多相似之处。但二者却并非近亲，它们的相似特性完全是趋同的结果。

动物的伙伴关系

在数百万年的岁月中，动物之间及其他生命形式间已经进化出了复杂的伙伴关系。互利共生就是一种常见的伙伴关系，物种双方都能从中获益。牛椋鸟和大型哺乳类、珊瑚和小型藻类间的关系就是其中的实例。许多伙伴关系十分松散，如传粉的昆虫和植物，但有些进化程度极高，已经发展到彼此不能离开来独自生存的程度。相比之下，偏利共生关系是一方获益，而另一方既不获益也无损失，如鲫鱼及其鱼类宿主。伙伴关系似乎是两个物种间的相互作用，但双方都只是受到自身利益的驱使。如果一方能扭转局势从中获利，那么自然选择也会促成这种行为。但最终的结果就是出现寄生关系，其中的寄生者生活在另一方的体内或体表，完全损害寄主的利益。

利弊参半

牛椋鸟以大型动物皮肤上的蜱虫和其他寄生虫为食，但也从动物的伤口吸食血液，这种习性对寄主来说毫无益处。

生物地理学

当今的动物分布由许多因素共同造成。这些因素中的大陆漂移和火山活动会不断改变地表的形状。通过分隔动物类群，并创造出完全不同的新栖息地，这些地质过程对动物的生活产生了深远影响。其中最重要的一个结果发生在荒远的海岛上，例如已和世界其他地区隔绝了数百万年之久的澳洲和马达加斯加岛。在人们到达那里之前，岛上的陆栖动物完全生活在封闭的环境中，并未受到外来竞争者的影响。结果便产生了只有当地才有的各类本土物种，如袋鼠和狐猴等。当大陆漂移分离时，动物被分隔开来，而当大陆碰撞时则又聚到一起。因此，动物的分布是这些事件发生很久之后的证据。例如，澳大利亚和东南亚很久以前是近邻，但两地的野生动物却完全不同，被一条无形的"华莱士线"分隔，这条线就是大陆间曾经聚拢的位置。

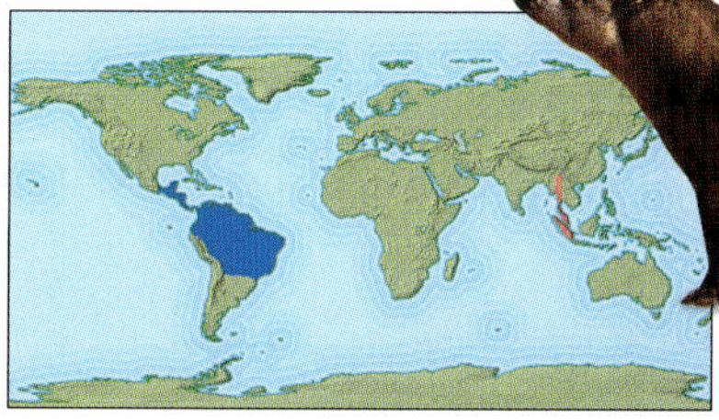

巴西貘

马来貘

巴西貘的分布

马来貘的分布

大陆漂移导致的分离

貘中的一种生活在亚洲东南部；而其他三种则生活在中美洲和南美洲，这表明两块大陆曾经相连。

人工选择

自然选择下的变异通常很难发现。例如，有种鲱鱼看上去很像另外一种，而成群的椋鸟几乎也无法区分。这是因为自然选择会对许多同种个体的大量特征产生作用。但当动物被饲养在受控制的条件下时，它们的很多隐性变异就极易被诱导出来。动物繁育者会极力侧重于某种特征的培育，如特别的大小或颜色，通过选择那些具备这些特征的动物个体，以惊人的速度培育出具有所需特征的新个体。这个过程称为人工选择，全球所有的驯养动物和人工栽培植物均来源于此。

家族相似性

所有的家犬都是灰狼的后代。采用人工选择能在短时间内培育出独立的品种。

吉娃娃犬

灰狼

二叠纪	三叠纪	侏罗纪	白垩纪	第三纪	第四纪
爬行类成为陆地上的优势动物。大陆形成单一陆地。该时期结束于可能与气候变化和火山喷发有关的生物大灭绝，超过5%以上的陆栖动物和0%的海洋动物灭绝。	三叠纪时期，爬行类成为地球生命的主宰，其中包括会飞的翼龙、会游泳的幻龙和鱼龙等类群，以及最早的真正意义上的恐龙。早期的哺乳类也已出现，但在爬行类的统治之下，它们只构成了地球陆生动物区系中的一小部分。	侏罗纪被称为"恐龙时代"，这一时期爬行类的地位提高，成为地球上的优势动物类群，其中就包括了各种食草和食肉物种。此时的植被类型丰富，至侏罗纪末期，显花植物出现，为动物，特别是传粉昆虫，提供了新的生存机会。鸟类逐渐从恐龙中进化出来。始祖鸟是已知最早的鸟类，约在1.5亿年前出现飞行能力。	白垩纪的显花植物和以它们为食的动物进化迅速。但这一时期最典型的特征则是有史以来体形最大的陆生动物的崛起。这一类动物全都是恐龙，包括体形硕大，体重可能达到80吨的食草蜥脚龙，以及巨大的两足食肉动物，如暴龙和它们的大型近亲鲨齿龙等。至白垩纪末期，恐龙逐渐衰退，它们和许多其他生命形式都在一场生物大灭绝中消失。	哺乳类早在第三纪之初就已存在，但直到恐龙消失，它们才得以快速进化，不仅体形变得更大，种类也更为多样。大陆板块在地球史的这一阶段已经分离，使得不同的哺乳动物类群能够独立进化，发展出丰富的动物种类。	第四纪的气候发生了突变。哺乳类占据了主导地位，人类成为生命的主宰。
251	200	145	65	1.8	现代
		中生代		新生代	

分类

科学家已经鉴定出近两百万种动物，并且每年都有数千种新物种被发现。但实际的数量有可能是已知物种数量的10倍，这就意味着找到并鉴定地球上所有动物的工作永远都不可能完成。为了弄清这些令人眼花缭乱的动物种类，生物学家采用了分类方法对动物进行归类，就像是将地球上过去和现在的所有生命都归入一个规模庞大的档案系统之中。整个生命世界在分类系统中被划分成不同的类群，即分类单元。每种动物都被赋予一个独有的学名，并和亲缘关系最近的物种归为一类，以便能反映出动物类群间的进化关系。

分类原则

科学分类可以追溯到300年前英国博物学家约翰·雷（1627—1705）的工作。他对植物和动物进行了分类，使用带有描述特征的名称为物种命名，如叶子的形状。他还意识到物种的重要性，这一理念仍然是现代分类的关键。18世纪，另一位植物学家——卡尔·林奈（1707—1778）通过区分分类阶元和双名法奠定了现代分类学的基础。与约翰·雷一样，林奈的大量工作开展于进化论发现之前。他把物种看作是固定不变的，具有唯一的外形和生活方式，是神创世界的组成部分。

林奈的双名法乍看上去十分累赘，甚至没有以前使用的命名法准确。但它却有两个明显的优点。与俗名不同的是，双名法是特定物种唯一的名字，能像路标一样精确指出一个物种在整个生物界中的位置。分类研究，即分类学，具有一套规则的学名创建和使用方法。每个物种的名字都由一个属名和一个种名构成，以便能与其他物种区分。例如，虎的学名为Panthera tigris，显示出它的近亲是豹属中的其他成员，如狮子、猎豹和美洲虎等。野猫隶属于猫属，这一类群包括了地球上大多数的小型猫类。这种命名方法让人一眼就能看出老虎和野猫在演化和体形上的差异。

分类等级

林奈分类系统以物种为基本分类单元。物种被归入更大规模的类群，从属开始，逐级上升为科、目、纲和门，直到类群中最大的界和域。这些类群就像是可折叠的文件夹，甚至连阶元相同的等级也会在数量上存在极大差异。例如，猫科包含41个物种，而土豚科却只有一个。另一个极端存在于昆虫世界，如象鼻虫科目前已知50,000个物种，而事实上可能远不止于此。

并非所有的动物都适合于林奈最初分好的类群，在经过两个多世纪的研究后，分类学家创造出了一系列的中间等级。这些等级包括总科、附纲，亚目和亚门，能在不同分类层次上与整个等级体系融为一体。在一个更加细化的等级中，许多物种都被分为不同的亚种。例如，奶蛇约有24个亚种，每个亚种都有独特的花纹和地理范围。

这些中间等级并不意味着林奈的系统行不通，而恰恰反映出分类等级是非常便捷的标记方法，并且不是独立的存在。物种才是真正存在的唯一分类阶元，即便如此这一等级仍难以定义。传统而言，物种就是只能和同类进行互相交配繁殖的自然群体，而与其他群体在生殖上相互隔离。这个定义适用于许多动物，但并非永远适用。

虎的分类

本书采用上方的图框区分动物类群在分类等级中的地位。右边的较大图框用于阐明不同的分类级别，以界（最高等级之一）开头，至物种结尾。以虎为例，还显示了特定动物的身体特征，用于确定其在分类体系中的位置。

界 界是本质上相似的所有有机体的集合。	**动物界** 动物界囊括了所有经取食获取能量的多细胞有机体。它们大多具有神经和肌肉，并且能够活动。	
门 门是界下主要单元，含有一个或多个纲及其亚类群。	**脊索动物门** 脊索动物门包括背部具有一条起支撑作用的棒状结构（或称脊索）的动物类群，脊索终生存在或只出现于某一时期。	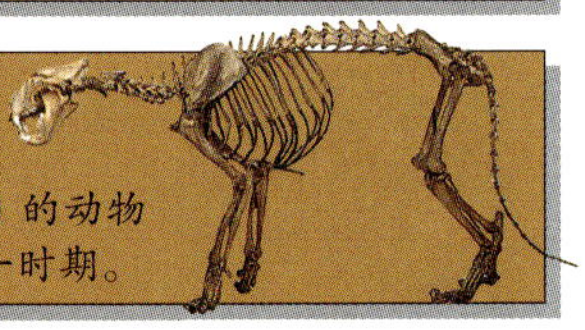
纲 纲是门下主要单元，含有一个或多个目及其亚类群。	**哺乳纲** 哺乳纲包括具有毛发，并用乳汁哺育后代的温血动物类群。它们中的大部分物种都是胎生。	
目 目是纲下主要单元，含有一个或多个科及其亚类群。	**食肉目** 食肉目包含牙齿特化以用于撕咬的哺乳动物类群。其中的许多种类都以肉类为食，包括虎。	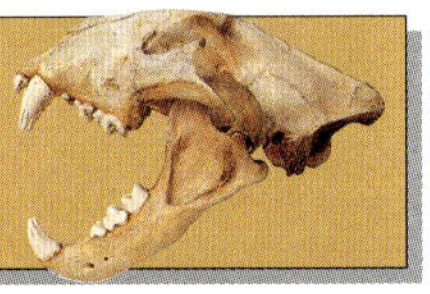
科 科是目下单元，含有一个或多个属及其亚类群。	**猫科** 猫科包含拥有短颅骨和发达趾爪的食肉动物。它们的爪在大多数情况下都能伸缩。	
属 属是科下单元，含有一个或多个种及其亚类群。	**豹属** 豹属包含喉部特化并具弹性韧带的大型猫科动物。它们与其他猫科动物不同，能发出低沉的吼声。	
种 种是能在野外互交繁殖的相似个体的总合。	**虎** 虎是豹属中唯一在成年时体表具有条状斑纹的成员。它有多个变种或亚种。	

微型动物

动物界中的很大一部分物种都难以凭肉眼观察到。一些种类，如水熊虫和轮虫，几乎都是微型动物，而它们的近亲却非常容易看到。无论大小如何，大多数物种都有可以作为分类的清晰可辨的身体轮廓。然而，偶尔也有个别物种无法归入任何已知的动物类群。铠甲动物门就是其中的一例，它于20世纪后期才被创建。

溪流采样

水生栖息地中经常聚集着许多小型动物，利用超细结构的网就能将它们捕获。其中的许多物种都能直接被分类，但幼体却常引起麻烦，它们在过去有时会被单独分类成一个物种。

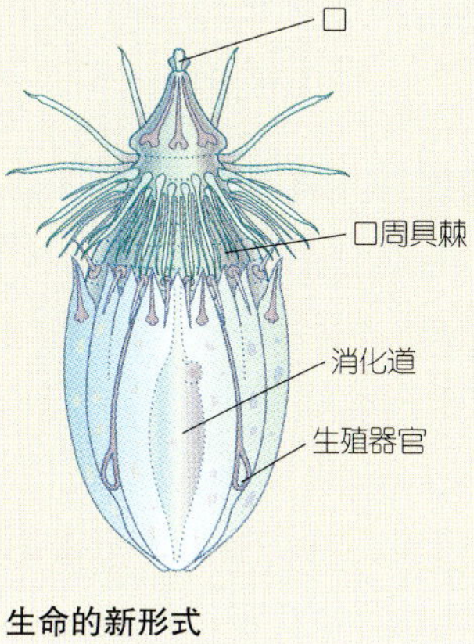

生命的新形式

铠甲动物于1983年首次被描述。它们的体长约1毫米，生活在海底沉积物中，口周具有尖的棘，或者是刺。分布范围可能遍布全球。

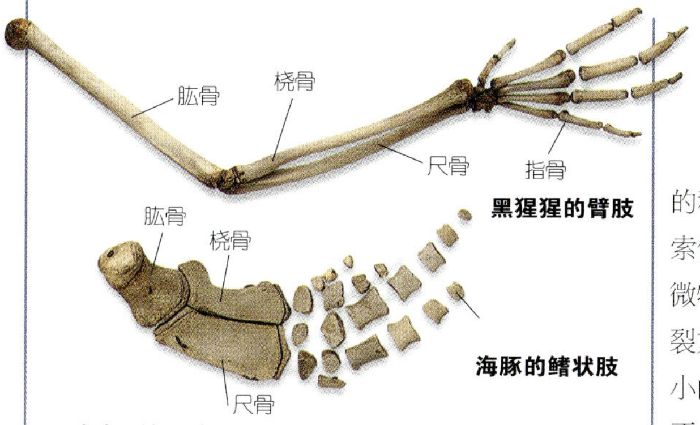

臂肢和鳍状肢

黑猩猩的臂肢和海豚的鳍状肢看上去非常不同，但二者的骨骼构造完全相同。这种相似性是黑猩猩（包括人类）和海豚源于同一祖先的有力证据。

相互矛盾的线索

分类工作很少会一帆风顺，因为进化中有用的和令人费解的线索往往混杂在一起。有用的线索包括骨骼的基本模式或身体部位，以及种种细微特征，如当一个新物种开始成形时单细胞的分裂方式。其中还包括已经丧失原有功能且尺寸变小的退化器官。例如，一些蛇的后肢骨在运动中不起任何作用，但却能表明它们的祖先是四足动物。

在那些令人困惑的线索中最难的便是趋同现象（第16页）。该过程导致不相关的物种在相似的生活方式中进化出相似的适应性特征。趋同能使物种间看上去极为相似，例如适于水中生活的软骨鱼和硬骨鱼（上图）。然而，一旦我们更为深入地审查时，就会清楚地发现，它们的相似性源于趋同，而二者间的基本差异则显示出它们是从进化树上的不同分支演化而来的。

趋同现象会使有机体间的关系很难被揭示出来。进化历史的记录则以DNA的形式存在于每个生物体内。20世纪90年代以来，计算机应用和DNA提取技术取得了突破性进展，已经有助于解释趋同现象和许多其他问题。通过研究遗传物质的相似性和差异性，不同有机体间的亲缘关系就能在不考虑外表的情况下建立起来。

表面相似

尽管鲨鱼和硬骨鱼的外表相似，但二者在很多方面都十分不同。鲨鱼的骨骼由软骨组成，体表覆有盾鳞或粗糙的鳞片。而硬骨鱼类则具有骨化的硬骨骼、鱼鳔和覆盖鳃部的鳃盖。

新物种

全球的分类学家每年都会对在许多不同地区采集或拍到的几千个新物种进行仔细研究。它们中的大部分都是无脊椎动物，特别是来自海洋的物种；但也有来自热带偏远地区的爬行类、鸟类和哺乳类。每个新种都按照分类方法进行正式鉴定、命名和描述。

新发现

自分类工作开始以来，分类学家已对来自全世界的物种进行了鉴定和归类。如今，这项工作还在继续。大多数大型陆生动物已被人类认识，但大量的无脊椎动物，尤其是深海中的物种，仍有待发现和描述。维多利亚时代的动物学家，包括著名的查尔斯·达尔文（1809—1882），会考虑用陷阱或射杀方式获得新种。而在更为文明的当代，人们则借助技术手段发现新种。全自动相机可以拍摄在热带雨林地面活动的动物，以及在没有光照的大洋中出没的动物。正是借助于此，一些高度隐蔽的哺乳类，如热带雨林中的夜行性猎手——巽他云豹（第206页），才会被观察到。而长期以来人类凭其尸体才能了解的大王乌贼（第599页），终于第一次在其自然栖息地中被看到。

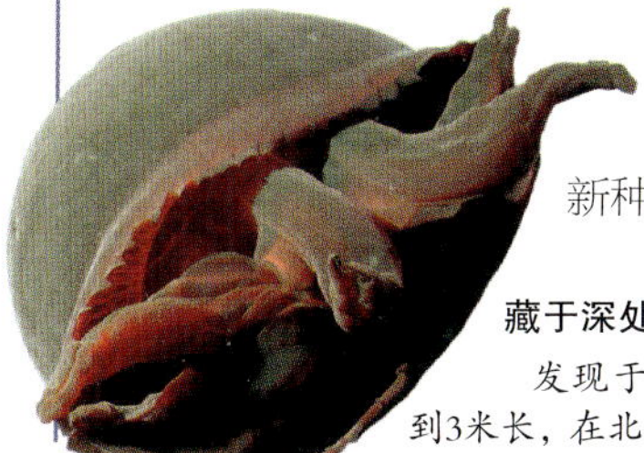

藏于深处

发现于2003年的大红水母可长到3米长，在北太平洋的深海中被发现。

罕见的蝙蝠

艾氏管鼻蝠于2009年在越南北部被发现。这种小型蝙蝠生活在石灰岩中的落叶林和干燥的常绿阔叶林中。

独占一科

2004年发现的老挝岩鼠和其他啮齿类的差别巨大，因此被单独列为一科。

拆分物种

新种还能通过另外一种途径被发现，即重新鉴定已知物种。这种方法有时能显示出两个物种实际上同属一个物种，但有时也会得到相反的结果。两个物种可能看上去很相似，但它们的身体结构、行为模式和遗传特征都有可能表明二者只是表面上相似。当这种情况出现时，该物种会被分成两个物种，其中的一个会被重新命名。

多毛龙虾

这种引人注目的多毛龙虾发现于2005年的一次海洋生物调查。它生活在南太平洋的深海热泉喷孔周边。

支序分类学

20世纪50年代期间，德国的昆虫学家威利·亨尼格（1913—1976）提出了一种新的分类系统。亨尼格的分类系统被称为支序分类学或系统发育分类学，与传统的林奈分类系统不同的是，前者只是按照进化枝的分支顺序进行物种分类。进化枝可以包括少量物种，或是成千上万个物种，但每个进化枝都是生命进化树上的一个简单分支，包括分支上的所有生物体以及它们的唯一祖先。支序分类学刚被提出时备受争议，但随着20世纪90年代DNA分析技术的突破，它已逐渐在现代分类学中占据前沿。

进化枝

支序分类学研究生物体性状的进化顺序，具有两个基本假设：生物体间虽然存在差异，但却相互关联，以及随着时间的推移，生物体的性状会发生改变。通过对比一群物种间的共同或相异性状，分类学家就可做出支序图，或称“谱系树”，以此展示最有可能的进化路径。

支序分类学和林奈分类系统在很多方面都有差异。首先，前者属于统计科学，目的在于尽可能客观地反映所研究的物种。其次，进化枝才是它所采用的唯一分类依据。进化枝可以是任何规模，但在定义上则是单系的，意味着它包括了一条完整的进化路线及其产生的全部后裔。而林奈分类系统则早在发现进化现象前就已存在。

其中的许多类群的确符合进化枝，但也有一些是多系类群，即一个支序中包含多条进化路线。还有一些是并系类群，即包含了进化枝上的部分分支，但并非所有。例如，林奈分类系统将爬行类和鸟类视为两个独立的纲，而支序分类学则将它们和恐龙归入同一个进化枝。

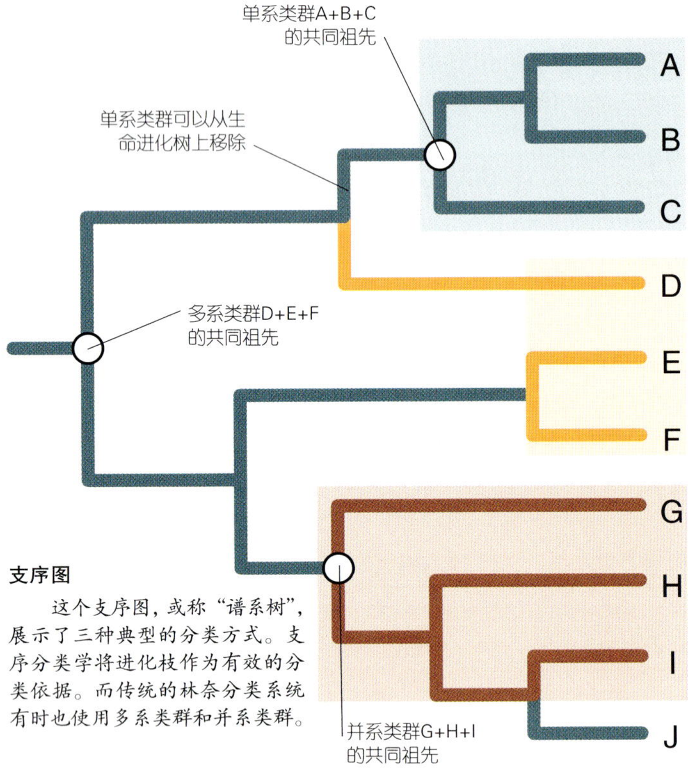

支序图

这个支序图，或称“谱系树”，展示了三种典型的分类方式。支序分类学将进化枝作为有效的分类依据。而传统的林奈分类系统有时也使用多系类群和并系类群。

进化枝

也称单系类群，包括一个共同祖先及其所有的现存和灭绝的后裔。一个进化枝可以是任何规模，并且还包括更加细化的进化枝。

多系类群

多系类群与单系类群不同，包括一定数量的物种，但它们并没有共同的祖先。例如，由哺乳类和鸟类组成的温血动物就是这样的一个类，但却并没有构成进化枝。

并系类群

并系类群包括一个祖先种及其部分后裔。因此，并未构成进化枝。爬行类就是其中的一个例子，因为它们在传统意义上并未被归入鸟类。

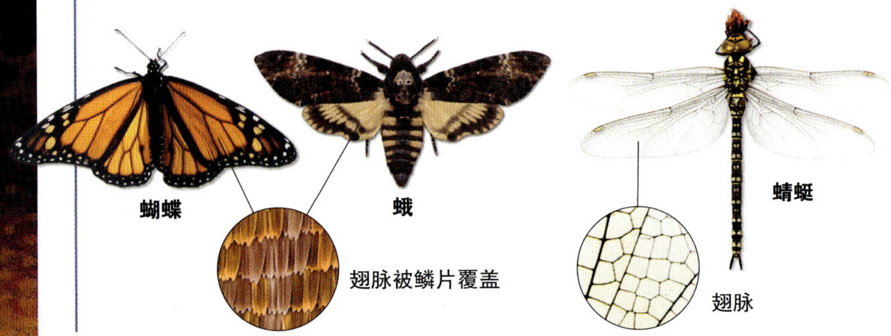

翅膀揭秘

所有的飞行类昆虫都是从一个翅膀上有6—8条翅脉的共同祖先进化而来。蜻蜓翅脉上的原始纹路已历经了多次分化。而蝴蝶与蛾的翅脉通常被鳞片覆盖，这些鳞片说明它们有着共同的祖先。

深入了解遗传

当遗传证据与支序分类学一起使用时，通常能够肯定传统的分类方法，但在某些情况下也会推翻现有的观点。例如，蛇和蜥蜴通常被归入有鳞目，该目还包括蚓蜥；一些蛇类具有肢骨的残迹，充分说明蛇类有着类似蜥蜴的祖先。然而，DNA证据却表明实际的情况可能更为复杂；有些蛇类与蜥蜴的亲缘关系要比蛇类之间更近，表明蛇的身体形态经过了多次进化。从这些证据来看，蛇可能无法构成一个单独的进化枝。

蜥蜴

蛇

消失的四肢

蜥蜴通常四肢发达，腹部长有数排鳞片，眼睑能够活动。相比之下，蛇缺少四肢，只有一排腹鳞，眼睛被一片透明膜覆盖，这些特征最初只是为了适应洞穴生活，并且可能进化了不止一次。

支序分析法

支序分类学刚被提出时，依靠身体结构性特征进行物种分类，如骨骼、羽毛或昆虫的翅脉图案等。如今，这些方法仍在沿用，但现代的支序分类工作还要通过对比基因来完成。无论特征是什么，支序分类学的步骤都是一样的，即对特定物种类群的不同“原始”（祖征）或“衍生”（衍征）性状进行对比和评估。

那些共享衍生性状最多的物种很可能存在最密切的亲缘关系，这一原理也被用来建立谱系树上的分支节点。例如，蛾和蝴蝶与其他昆虫之间存在许多相似特征，但却因为被一层微小的鳞片覆盖而显得不同。这种衍生性状和许多其他特征都充分表明，蛾与蝴蝶的亲缘关系要比其他昆虫更近。支序分类学家最初采用手动方式处理数据，但如今的计算机可以处理成千上万份特征数据，并对大量的结果进行分析，以获得最有可能的结论。

两套系统

林奈分类系统有着明确的分类命名等级。而支序分类学却不是这样，因为分支节点可能出现在谱系树上的任何位置。因此，支序分类学家不倾向于将进化枝分为不同的等级。而通常将它们称为“未分级的进化枝”，后面再缀以定义或缩略名称。

从自身的逻辑结论出发，支序分类学在很大程度上改写了动物的分类方法，创造了大量未分级的进化枝替代传统的林奈分类类群。然而，林奈的分类系统也非常实用，这就是这两种系统会被同时使用的原因。支序分类学提供了一个研究过去的有效方法，并能确定不同物种间的亲缘关系，而林奈分类系统则为鉴定和处理相似类群及其名称提供了简便方法。

动物类群及其命名

接下来的5页将概述本书使用的分类方法。像所有的分类体系一样，它反映了当前总是容易改变的观点。各个类群被嵌套起来表明彼此间的相互关系；没有明显生物学特性的非正式类群用虚线框分开。一些物种的总数量，特别是无脊椎动物，都是基于推测得出的结果；和新发现的物种一样，它们的数量也会很快改变。

动物类群

动物界被分为30多个门。一些最小的门中还不足100个物种，与此相反，至少包含120万种物种的节肢动物门，成为有史以来最成功的一类动物。处在这两个极端之间的脊索动物通常拥有一根脊椎，构成了本书的大部分内容。脊索动物虽然没在物种中处于领先地位，但在许多方面均表现不俗。它们在体形上的变化极大，从指甲般大小的鱼到体重达百吨级的鲸等动物都包括在内。无论在陆地、海洋还是空中，它们都在各自的位置上超越了其他的生命形式。自古以来，它们就已被观察研究，这就是为何许多动物类群的名称都源于那个时代。

类群名称

类群名称与物种名称一样，经常让人费解，但还是有着自己独特的语言和逻辑。它们中的许多物种都根据特殊的身体部位命名，这些部位也是该类群的典型特征。例如，脊索动物因贯穿背部的脊索而得名，这条棒状支撑结构终生存在或只见于某一时期。节肢动物因附肢与身体连接处的活动关节而得名，这个特征也是它们获得成功的原因之一。脊索动物中的蛙和蟾蜍构成了无尾目，意即“没有尾巴”，而大象则因长鼻子才构成了长鼻目。

有些时候，古代的民间传说也会在命名中发挥作用。例如，隶属于鸟类夜鹰目的夜鹰和蟆口鸱，则是因为人们认为夜鹰会吸食羊奶而得名。儒艮和海牛的命名更是如此，它们都隶属于海牛目，因与古希腊传说中三个引诱海员触礁的海妖相似而得名。

持续的过程

当更多关于动物及其进化的历史被发现时，分类也会随之发生变化。有些变化在最高层次上影响生物界的划分。例如，现在被普遍接受的是六界系统。类似这样的变化不常发生，但较低层次分类的变化每天都在发生。通过支序分类学和DNA分析，可获得更多关于物种间亲缘关系的信息，因此，不同分类单元间的分类经常出现变动、拆分或合并。

例如，海豹就曾被认为是哺乳类中的一个单独类群，即鳍脚目。如今，大多数动物学家将它们归入食肉目中的一个科，与猫、犬和熊等陆栖食肉动物放在一起。鸟类中的锤头鹳和鲸头鹳曾和鹳形目中的鹭类及其亲缘物种归为一类；如今，却与鹈鹕一起被归入鹈形目。在类似的这些变动中，动物本身没有发生变化。所变化的是我们对它们的了解，即它们是如何进化的，以及哪些动物与它们的亲缘关系最密切等等。

脊椎动物

细纹斑马

哺乳类

哺乳纲

哺乳类是长有毛或毛发，用乳汁哺育后代的脊索动物。现存物种超过5000种，归为29个目，每个目中的物种从1种到超过2000种不等。依照繁殖方式的不同，可将哺乳类分为三大类：单孔类（原兽亚纲）、有袋类（后兽亚纲）和有胎盘类（真兽亚纲）。单孔类为卵生，而有袋类和有胎盘类则是胎生。有胎盘类的幼体出生时仍处于发育的早期阶段，出生后爬入母亲的育儿袋内直到发育成熟。有胎盘类的幼体出生前在母体内吸取营养，因此在出生时已处于更成熟的阶段。即便如此，许多物种的双亲仍会对子女进行至少一年的照顾。

类群	目	科数	种数
卵生哺乳类	单孔目	2科	5种
有袋类	有袋亚纲	20科	319种
美洲负鼠	负鼠目	1科	86种
澳洲食肉有袋类	袋鼬目	2科	70种
袋狸	袋狸目	3科	19种
袋鼹	袋鼹目	1科	2种
袋鼠及亲缘种	袋鼠目	11科	136种
鼩负鼠	鼩负鼠目	1科	6种
智利负鼠	智利负鼠目	1科	1种
象鼩	象鼩目	1科	15种
马岛猬和金毛鼹	非洲鼩目	2科	53种
土豚	管齿目	1科	1种
儒艮和海牛	海牛目	2科	4种
象	长鼻目	1科	3种
蹄兔	蹄兔目	1科	4种
犰狳	带甲目	1科	21种

绪论

树懒和食蚁兽		
披毛目	4科	11种

兔、野兔和鼠兔		
兔形目	3科	92种

啮齿类		
啮齿目	33科	2272种
松鼠形啮齿类		
松鼠亚目	3科	307种
河狸形啮齿类		
河狸亚目	3科	102种
鼠形啮齿类		
鼠形亚目	7科	1570种
豚形啮齿类		
豪猪亚目	18科	284种
跳兔和近缘类群		
鳞尾松鼠亚目	2科	9种

鼯猴		
皮翼目	1科	2种

树鼩		
树鼩目	2科	20种

灵长类		
灵长目	15科	382种
原猴		
原猴亚目	7科	90种
猴和猿		
简鼻亚目		
猴	6科	271种
猿	2科	21种

蝙蝠		
翼手目	18科	1117种

刺猬及其近亲		
猬形目	1科	24种

鼩鼱和鼹鼠		
鼩形目	3科	418种

穿山甲		
鳞甲目	1科	8种

食肉类		
食肉目	15科	285种
犬类及其近亲		
犬科	34种	
熊		
熊科	8种	
海狮		
海狮科	16种	
海象		
海象科	1种	
海豹		
海豹科	18种	
臭鼬		
臭鼬科	12种	
浣熊及其近亲		
浣熊科	14种	
小熊猫		
小熊猫科	1种	
鼬类		
鼬科	58种	
马达加斯加食肉类		
食蚁狸科	9种	
非洲椰子狸		
双斑狸科	1种	
獴		
獴科	33种	
灵猫及其近亲		
灵猫科	35种	
猫科动物		
猫科	41种	
鬣狗和土狼		
鬣狗科	4种	

有蹄类

奇蹄类		
奇蹄目	3科	17种
马及其近亲		
马科	8种	
犀牛		
犀科	5种	
貘		
貘科	4种	

偶蹄类		
偶蹄目	10科	376种
猪		
猪科	19种	
西猯		
西猯科	3种	
河马		
河马科	2种	
骆驼及其近亲		
骆驼科	4种	
鹿		
鹿科	51种	
麝		
麝科	7种	
鼷鹿		
鼷鹿科	8种	
叉角羚		
叉角羚科	1种	
长颈鹿和獾伽狓		
长颈鹿科	2种	
牛及其近亲		
牛科	279种	

鲸类		
鲸目	11科	85种
须鲸		
须鲸亚目	4科	14种
齿鲸		
齿鲸亚目	7科	71种

鸟类

鸟纲

布氏拟鹂

鸟类是脊索动物门中唯一有羽毛的成员。它们利用羽毛保暖，但更多是用于飞行。鸟类与爬行类的亲缘关系密切，它们与爬行类和已经灭绝的恐龙共同构成一个单独的进化枝（第20页）。近年来，不同鸟类物种的DNA对比使得鸟类分类发生了很多变化，但大多数分类系统仍将鸟纲划分为29个目，这也是本书中采用的分类系统。一些目中的物种很少：例如鸵鸟目仅包含一个物种，而鼠鸟目只包含6种。相比之下，雀形目包含的物种数量（6000种以上）几乎是所有其他各目物种量的总和，全世界的鸣禽都隶属这一目。这个数量庞大的目应被分为多少科仍存在不少分歧。一些鸟类学家认为仅有60科，但更多的人则认为应划分为100科或更多。

䳍 䳍形目	1科	45种
几维鸟 无翼目	1科	3种
鹤鸵和鸸鹋 鹤鸵目	2科	4种
鸵鸟 鸵鸟目	1科	1种
美洲鸵鸟 美洲鸵鸟目	1科	2种
雉类 鸡形目	5科	290种
雁鸭类 雁形目	3科	174种
企鹅 企鹅目	1科	17种
信天翁和鹱 鹱形目	4科	133种
潜鸟 潜鸟目	1科	5种
䴙䴘 䴙䴘目	1科	22种
红鹳 红鹳目	1科	6种
鹭鸟及其近亲 鹳形目	3科	121种
鹈鹕及其近亲 鹈形目	8科	67种
猛禽 隼形目	3科	319种
鹤类及其近亲 鹤形目	11科	228种
鸻鹬、海鸥和海雀 鸻形目	19科	379种
鸠鸽 鸽形目	2科	321种
沙鸡 沙鸡目	1科	16种
鹦鹉 鹦形目	1科	375种
杜鹃和蕉鹃 鹃形目	3科	170种
鸮 鸮形目	2科	202种
夜鹰和蟆口鸱 夜鹰目	5科	125种
蜂鸟和雨燕 雨燕目	3科	447种
鼠鸟 鼠鸟目	1科	6种
咬鹃 咬鹃目	1科	40种
翠鸟及其近亲 佛法僧目	10科	218种
啄木鸟和巨嘴鸟 䴕形目	5科	411种
雀鸟 雀形目	96科	约6 000种

爬行类

非洲斑纹石龙子

爬行纲

体表具鳞的脊索动物或爬行动物是最早真正适应干燥陆地生活的四足动物，因为它们的皮肤可以防止水分蒸发。虽然龟和鳄鱼是体形最大的一类爬行类动物，但蛇和蜥蜴却占到现有爬行类物种的90%以上。大多数爬行类为卵生，但也有少数为胎生。

类群	分类	科	种
陆龟和海龟	龟鳖目	13科	317种
楔齿蜥	喙头目	1科	2种
有鳞类	有鳞目	48科	约9000种
蛇	蛇亚目	18科	约3400种
蚺、蟒及其近亲	原蛇总科	12科	186种
游蛇及亲缘种	游蛇总科	3科	约2800种
游蛇	游蛇科		约2100种
眼镜蛇	眼镜蛇科		347种
蝰蛇	蝰蛇科		292种
盲蛇和细盲蛇	蠕蛇总科	3科	407种
蜥蜴	蜥蜴亚目	24科	约5500种
鬣蜥及其近亲	鬣蜥总科	3科	1607种
壁虎和鳞脚蜥	壁虎总科	7科	1369种
石龙子及其近亲	石龙子总科	7科	2252种
蛇蜥	蛇蜥总科	7科	224种
蚓蜥	蚓蜥亚目	6科	181种
鳄与短吻鳄	鳄目	3科	24种

两栖类

陆巨螈

两栖纲

蛙和蟾蜍构成了两栖类中的最大一目，并且表现出对陆栖生活的多种适应。蝾螈和鲵与它们的早期两栖类祖先非常相似；蚓螈是两栖类中的特例，人们对于它们的情况所知甚少。

类群	分类	科	种
蝾螈和鲵	有尾目	9科	597种
蚓螈	裸蛇目	3科	183种
蛙和蟾蜍	无尾目	49科	5858种

鱼类

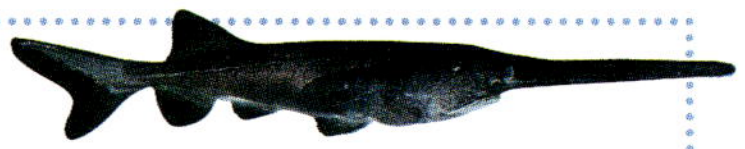

美洲匙吻鲟

尽管鱼类的外表相似，但各种类之间却有着非常不同的进化历史。七鳃鳗没有上下颌，这一特征与5亿年前最早的脊椎动物相同。软骨鱼和硬骨鱼都有上下颌、颅骨和骨骼，但在身体结构上非常不同，且生活方式也截然不同。如今，硬骨鱼已构成鱼类中最大的一纲（约包含96%的物种），它们分布在从开阔的咸水海洋、咸淡水河口到偏远的沙漠水塘和季节性溪流在内的各种水环境中。由于这一类群的主要亚纲包含了太多的目和物种，故本书从总目水平上进行了分类。

类群	分类	目	科	种
无颌鱼类	头甲纲	1目	1科	43种
软骨鱼类	软骨鱼纲	12目	51科	约1200种
鲨、鳐和魟	板鳃亚纲			
鲨鱼		8目	31科	约500种
鳐和魟		3目	17科	约650种
银鲛	全头亚纲	1目	3科	49种
硬骨鱼类	硬骨鱼纲	48目	482科	约31,000种
肉鳍鱼	肉鳍亚纲	3目	4科	8种
辐鳍鱼	辐鳍亚纲			
原始肉鳍鱼		4目	5科	48种
骨舌鱼	骨舌鱼目		7科	219种
海鲢和海鳗	海鲢总目	5目	24科	约1000种
鲱鱼及其近亲	鲱形总目	1目	6科	392种
鲶及亲缘种	骨鳔总目	5目	73科	约9600种
鲑鱼及其近亲	原棘鳍总目	3目	16科	538种
巨口鱼及其近亲	巨口鱼总目	2目	5科	约430种
灯笼鱼及其近亲	灯笼鱼总目	2目	19科	约520种
鳕鱼和鮟鱇	副棘鳍总目	5目	37科	约1600种
棘鳍鱼	棘鳍总目	17目	286科	约16,500种

绪论

无脊椎动物类群

类群	门	纲	目	科	种
海绵动物	海绵动物门	3纲	24目	127科	约10,000种
刺胞动物	刺胞动物门	6纲	24目	300科	约11,000种
扁虫	扁形动物门	6纲	41目	424科	约20,000种
环节动物	环节动物门	4纲	17目	130科	约21,000种
圆虫	线形动物门	2纲	17目	160科	约20,000种

小门类

轮虫

无脊椎动物约分为30个门，彼此在数量上差异很大。本书针对主要的门分别介绍，但在第544—545页介绍了部分小门。几乎所有的这些小门都包括了海洋动物或生活在潮湿栖息地中的动物。

类群	门	种
栉水母	栉水母动物门	约200种
星虫	星虫动物门	约150种
苔藓虫	苔藓虫动物门	约6000种
轮虫	轮形动物门	约2000种
纽虫	纽形动物门	约1400种
腕足虫	腕足动物门	约400种
帚虫	帚虫动物门	约20种
箭虫	毛颚动物门	约150种
水熊虫	缓步动物门	约1000种
天鹅绒虫	有爪动物门	约180种
螠虫	螠虫动物门	约200种
半索动物	半索动物门	约130种
10个其他无脊椎动物小门		

类群	门	纲	目	科	种
软体动物	软体动物门	7纲	53目	609科	约110,000种
棘皮动物	棘皮动物门	5纲	38目	173科	约7000种

无脊椎脊索动物

海鞘

无脊椎脊索动物拥有脊椎动物的一些特征，但体内缺少骨骼。这一类动物被分为3个亚门，即尾索动物（占多数）、文昌鱼和盲鳗。尾索动物的幼体外形似蝌蚪，过着自由游泳生活，而成体则呈长椭圆形，固着生活；文昌鱼和盲鳗能四处活动，二者在身体结构上和脊椎动物极为相似。

类群	亚门	纲	目	科	种
尾索动物	尾索动物亚门	3纲	7目	36科	约2900种
文昌鱼	头索动物亚门	1纲	1目	1科	30种
盲鳗		1纲	1目	1科	77种

节肢动物

蛛蜂

节肢动物门

节肢动物是动物界中最大的一门。昆虫是本门中最大的亚类群，但节肢动物门中还包括两个大型纲，即甲壳纲和蛛形纲。与之相比，无脊椎动物中的许多门都相形见绌。

类群	分类	纲	目	科	种
有颚昆虫	有颚亚门	16纲	109目	约2230科	约120万种
六足类	六足总纲	4纲	32目	约1047科	约110万种
弹尾虫	弹尾纲		1目	32科	约8100种
原尾虫	原尾纲		1目	7科	760种
铗尾虫	双尾纲		1目	8科	约975种
昆虫	昆虫纲		29目	约1005科	约110万种

昆虫类群	目	种
石蛃	石蛃目	约470种
衣鱼	缨尾目	约570种
蜉蝣	蜉蝣目	约3000种
豆娘和蜻蜓	蜻蜓目	约5600种
蟋蟀和蝗虫	直翅目	约25,000种
石蝇	襀翅目	约3000种
蛩蠊	蛩蠊目	30种
竹节虫和叶虫	竹节虫目	约2500种
蠼螋	革翅目	约1900种
螳螂	螳螂目	约2300种
蜚蠊	蜚蠊目	约4600种
白蚁	等翅目	约2900种
足丝蚁	纺足目	约400种
缺翅虫	缺翅目	43种
啮虫和书虱	啮虫目	5600种
虱	虱目	约5200种
蝽	半翅目	约88,000种
蓟马	缨翅目	约7400种
鱼蛉和泥蛉	广翅目	约300种
蛇蛉	蛇蛉目	约200种
蚁狮、草蛉及其他	脉翅目	约11,000种
甲虫	鞘翅目	约370,000种
捻翅虫	捻翅目	约580种
蝎蛉	长翅目	约550种
跳蚤	蚤目	约2400种
蚊蝇类	双翅目	约150,000种
石蛾	毛翅目	约10,000种
蛾和蝴蝶	鳞翅目	约165,000种
蜜蜂、黄蜂、蚂蚁和叶蜂	膜翅目	约198,000种

类群	分类	纲	目	科	种
多足类	多足总纲	2纲	21目	171科	约13,150种
甲壳类	甲壳总纲	7纲	56目	约1 000科	约70,000种
螯肢类	螯肢亚门	3纲	14目	675科	约104,350种
海蜘蛛	海蜘蛛纲		1目	13科	约1330种
鲎	肢口纲		1目	1科	4种
蛛形动物	蛛形纲		12目	661科	103,000种

身体结构

除了最简单的动物外，其他所有动物都由不同的结构组成。细胞是构成动物体的最基本单位，因功能的不同而形成不同的形状。相似的细胞聚合成组织，而组织则组合成器官。器官之间相互连接形成系统，执行生存所需的不同功能。虽然这些系统结构在不同种类和生活方式不同的动物间的差异极大，但它们的功能却是相同的。

身体系统

动物的身体系统多达十几个。许多物种的肌肉和骨骼系统在全身体重中占有很大比例，而最

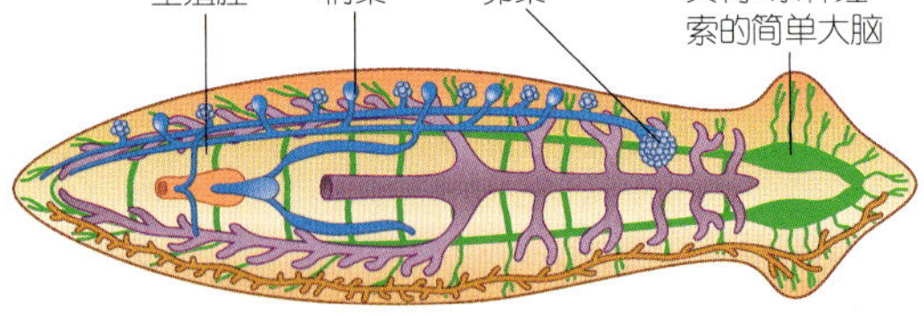

简单的无脊椎动物的身体系统

结构简单的无脊椎动物，如扁虫，缺少呼吸器官或循环系统。消化系统通常只有一个开口（口部）通到体外，生殖系统通常同时拥有雌雄两套器官。

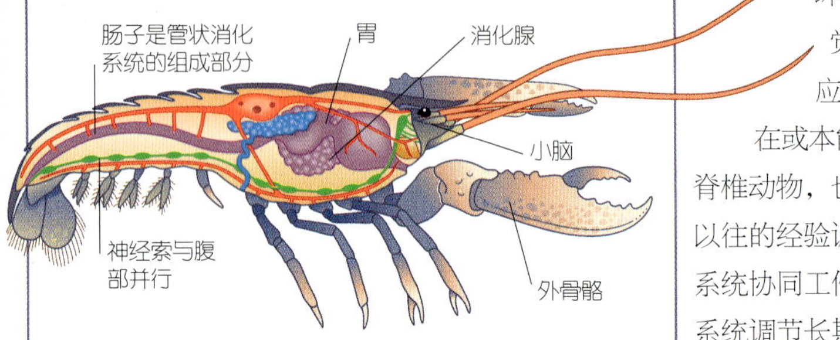

节肢动物的身体系统

管状消化系统在身体两端各有一个开口。血液分别通过血管和体腔进行循环。氧气通过鳃或微小的气管进行交换。

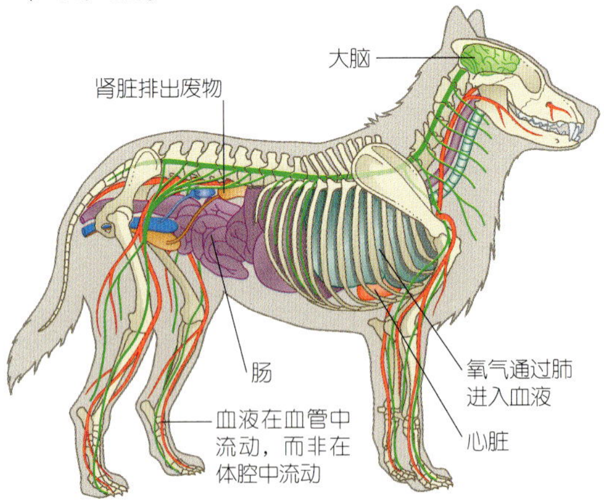

脊椎动物的身体系统

神经系统高度发达，脑通常比无脊椎动物的大。循环系统为闭管式，血液通过心脏产生的高压输送到全身。

系统符号

循环系统　排泄系统
消化系统　神经系统
呼吸系统　生殖系统

外层的表皮系统则可保护身体免遭外界伤害，陆栖动物的这一系统还能防止身体失水。动物具备两套能从食物中获取能量的关键系统。消化系统分解食物使之能被吸收；呼吸系统将氧气输送给身体细胞，让食物中的物质能被"燃烧"并释放其中的化学能量。呼吸系统还会排出二氧化碳——一种在能量生产过程中被释放的有毒废气。许多动物，包括所有的脊椎动物，都通过循环系统中的血液输送氧气和二氧化碳。二氧化碳通常被动物呼出，而其他分解后的废物则经由独立的排泄系统排出，避免在体内积聚。

动物利用两套不同的系统协调身体，对周边环境做出反应。神经系统负责处理感觉器官收集的信息，对其快速做出反应。所有动物的神经系统都能触发内在或本能的行为，但在一些动物中，特别是脊椎动物，也能用于存储信息，使得动物能根据以往的经验调整自身的行为。内分泌系统和神经系统协同工作，释放激素或化学信息，帮助神经系统调节长期性的生理活动。最后，由生殖系统承担最重要的任务——繁殖后代。与身体其他系统不同的是，生殖系统通常只在固定季节起作用，而且只有发育成熟的动物个体才能进行繁殖。

骨骼和支撑

动物需要维持稳固的体形。许多无脊椎动物无须借助任何坚硬的身体部位来维持体形，而是依靠体腔内的体液压力支撑身体，就像轮胎需要空气支撑一样。这一系统被称为流体静力骨骼，很适用于小型动物。但对体形更大的动物，尤其是陆栖动物来说，这种骨架通常不够结实，无法支撑身体的重量。动物针对这个问题发展出两套完全不同的解决方案，即体外的贝壳和外骨骼，以及通常由骨头构成的内骨骼。贝壳由一两个部分构成，随动物的身体同步生长。这种贝壳能在海生的腕足类动物中观察到，但在双壳软体动物中最为发达，可以长到1米多宽。

外骨骼比贝壳更为复杂，由很多在灵活关节处连接的独立板片构成。外骨骼是无脊椎动物中数量庞大的节肢动物类群的典型特征，这一类群包括了昆虫类、甲壳类和蜘蛛类。这种骨骼覆盖了动物的整个身体，其中的结构就像螃蟹的螯肢或是蝴蝶的触角一样坚固。与贝壳不同的是，外骨骼无法生长，因此必须定期蜕掉和更新。内骨骼由骨头构成，能从身体内部提供支撑。内骨骼只存在于脊椎动物体内，并且存在两大优势：它们不但相当轻巧，而且还能生长，这对需要迅速移动的陆栖动物来说

贝壳

蜗牛的壳沿边缘不断生长，并随身体的生长变大。一些物种能够利用口盖（门）封闭壳口。

外骨骼

螃蟹的外骨骼覆盖全身，包括眼睛。它们的外骨骼与昆虫的不同，含有大量的钙质。

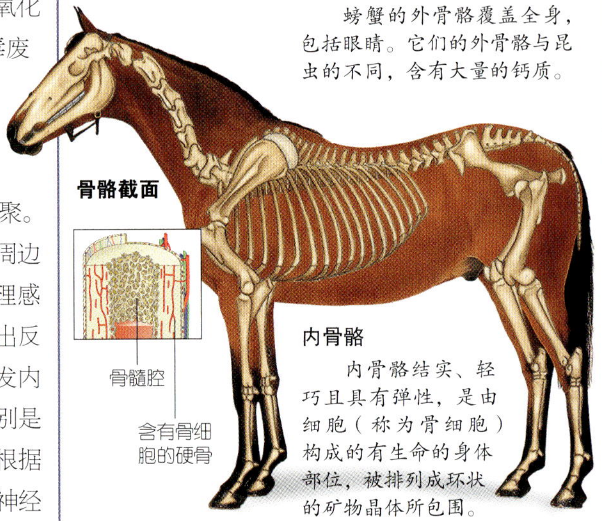

内骨骼

内骨骼结实、轻巧且具有弹性，是由细胞（称为骨细胞）构成的有生命的身体部位，被排列成环状的矿物晶体所包围。

对称性

一些动物体呈圆形，头或尾缺失。这一构造称为辐射对称，可见于海葵和其他腔肠动物，栉水母也有这种结构。但大多数动物都是左右对称，即通过身体中轴只有一个切面能将身体分成对称的两半。但身体两侧并不总是相等的，例如，雄性招潮蟹的两只螯大小相差悬殊，而比目鱼的身体两侧则完全不同。

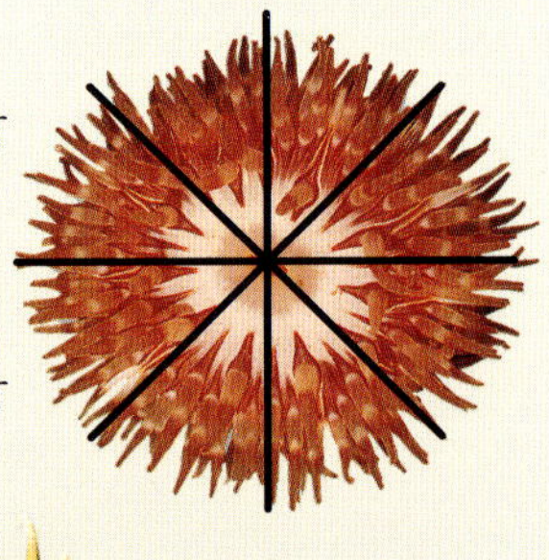

辐射对称

通过中央轴，有多个切面可把海葵的身体分成相等的两部分。海葵身体上端的中央有一个开口和消化腔，口部周围长有一圈捕食用的触手。

左右对称

蛙和蟾蜍通过身体中轴只有一个切面能将身体分成对称的两半。这两部分身体从外部看完全一样；但内部的器官则会偏左或偏右。

十分重要。内骨骼中的一些骨头之间以关节和韧带相连。其他骨头，特别是颅骨上的骨头，以相互拼接在一起来增加强度。

肌肉和运动

肌肉通过收缩发挥作用，意味着它们只能拉但不能推。大多数情况下，它们都以成对或成群的方式排列并向相反方向拉动。当一块肌肉或肌肉群收缩时，位于另一端的肌肉就会恢复到正常的状态。肌肉通过不同的方式使动物运动。一些没有四肢的动物，如蚯蚓和水母，是通过改变体形运动的。蚯蚓相对的肌肉能交替缩短并伸长体节，这样便能在土壤中爬行。有肢动物的一组肌肉会向下或向后拉动肢体，而另一组则向上或向前拉动。肌肉除了能让动物运动外，还具备其他功能。它们能使食物通过消化系统（即蠕动）并推动血液流经循环系统。心肌和其他大多数肌肉不同，有着固有的节奏，终生都会跳动。

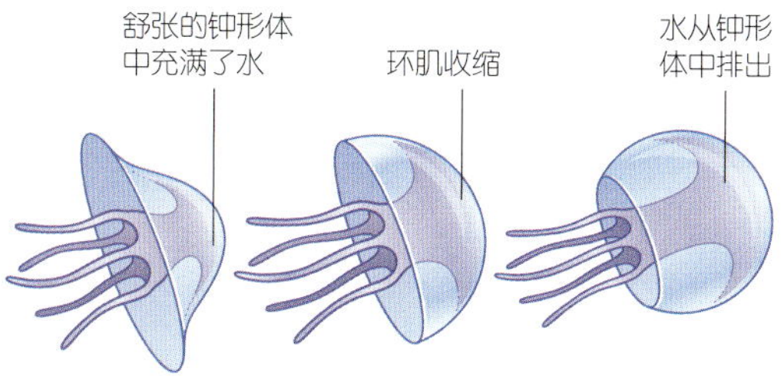

无足运动

水母通过有节律地收缩身体的钟形部位来游动。这个动作能将钟形体中的水喷出，借助反作用力推动水母前行。大多数水母从不逆流前进，主要为了能保持在一定的深度游动。

跳跃

蛙类跳跃时，腿部可以起到杠杆作用，能够将它推向空中。着陆时前肢弯曲，以缓冲身体的冲击力。

体表覆盖物

动物细胞容易受到伤害。为了防止它们受伤和生病，动物的体表通常都有覆盖物，它们大多由非活性物质构成。哺乳类动物的皮肤被死亡细胞覆盖，而昆虫的外骨骼则由坚硬的几丁质和可防水的蜡质组成。多数情况下，这些保护层都能自我保护：哺乳类通常具有一层皮毛，而许多其他动物则长有鳞甲。这些特殊覆盖物中的一些还发展出了其他的用途。柔软的羽毛和皮毛有助于保温，而特别坚硬的羽毛则用于飞行。体表的颜色或花纹可用于伪装，或是帮助同种动物进行相互识别。

羽毛

鳞片

皮毛

身体屏障

鸟类的羽毛、蝴蝶的鳞片和兽类的皮毛都由活体细胞分泌的非活性物质组成。羽毛和皮毛在动物的生命期间不断地更新替代，但蝴蝶的鳞片却不会。

呼吸

个体不大的动物获得氧气十分容易，因为氧气能从外界直接渗入体内。同时，二氧化碳也会向外渗出。而对于大型动物来说，呼吸则要复杂很多。相对而言，它们的体积远大于体表面积，因此气体进出的空间较小。它们必须依靠呼吸器官才能呼吸，这些身体结构将宽阔的表面积很好地压缩在少量的空间里。鳃是水栖动物最常见的呼吸器官。典型的鳃由薄而平的羽状表面构成，能使血液与体外的水环境紧密接触。然而，大多数鳃都不能在空气中发挥作用，因为离开水后，鳃的表面就会塌陷并粘在一起。因此陆栖动物具有中空的呼吸器官，可将空气运送到身体深处。昆虫的呼吸器官为管状的气管，气管在体内分支形成可以触及单个细胞的微管。陆生脊椎动物的呼吸器官为肺，这一充满空气的腔被网状血管包裹。肺在肌肉的作用下扩张或收缩，以吸入或呼出空气。

高效呼吸

在寒冷栖息地中仍保持高度活跃的动物需要大量氧气。当野山羊在山坡上奔跑时，肺部吸收的空气量是休息时的10倍。

神经和感官

神经细胞，或称神经元，相当于动物界的线路系统。神经元可以传导简短的电刺激，即电脉冲，这种脉冲带有来自感觉器官的信息或使肌肉进行收缩。珊瑚和其他简单的动物具有遍布全身的网状神经系统。但大多数动物的神经系统都集中于脑部。一些动物的感官，如触觉，通过遍布全身的神经末梢发挥作用。一些作用于内部的类似感觉则会告知动物它们的姿势。最重要的感官——视觉、嗅觉和听觉，都通过体内最复杂的器官结构来起作用。

视觉对许多动物来说必不可少，眼睛也有着各种构造。最简单的眼睛只能感受光线强弱，如蜗牛的眼睛。许多动物的眼睛，尤其是节肢动物和脊椎动物，能将光线聚焦在大量神经细胞上，从而形成周边环境的具体影像。脊椎动物的眼睛中有一个晶状体，能将光线聚焦在眼睛后方的视网膜上。节肢动物的眼睛由多达25,000个独立的视觉单位组成，每一个都有自己的晶状体系统；这些复眼可以形成类似马赛克的影像，特别适于侦测运动。

哺乳类是唯一拥有突出耳郭的动物。脊椎动物的耳朵总是长在头部，但有些动物的则位于其他位置。大多数蚱蜢和蟋蟀的耳朵长在腹部或腿部。味觉和嗅觉器官也出现在不同位置。这些器官和耳朵一样被用于交流，躲避危险和寻找食物。许多动物的感觉都比人类更为灵敏，有些动物还能感觉到人类感觉不到的东西。例如，大多数鱼类可以感知水流的压力，许多还能侦测到弱电场。有些蛇类能“看到”热源，因此能在完全黑暗的环境中攻击温血猎物。

双目视觉

跳蛛长有两只正对前方的大眼睛。这一结构使得它们拥有了双目视觉，对起跳前的距离估算很有必要。

行为

动物的行为包括它们对环境做出的反应及其方式。行为中既有取食或清洁等简单动作，也有集群捕猎、吸引配偶或筑造巢穴等极为复杂的活动。一些动物中的行为几乎完全可以预测；而另一些动物行为却与经验共同产生，因此动物做某件事的次数越多，行为也就越熟练。行为和动物生物学的各个方面一样，都是进化的产物，说明行为也会随时间的推移而逐渐变化。这些变化使得物种能以最有效的方式，对日常生活中的机遇和危险做出反应。

本能和学习

简单动物的行为固定不变，受遗传特性控制，意味着每当环境出现变化，都会引发固定的动作序列。例如，当亲鸟在巢中出现时，雏鸟便本能地乞讨食物。这一阶段的雏鸟眼睛还未睁开，它们的行为受到声音和动作的驱使，而非看到食物所致。

本能行为看似简单，却能产生相当惊人的结果。动物筑造的巢穴或水坝等建筑物，都是本能行为驱动的结果。当河狸着手修建水坝时，根本无须了解任何工程原理，但所建的水坝却能抵挡水流的压力，就像是科学设计的产物。河狸无须考虑如何筑窝，就像蜘蛛不必考虑如何织网一样。即便如此，先天性行为的结果还是可以改变的。

当动物重复进行某项工作时，如筑巢，它们的表现就会不断改进。这对一些动物特别重要，如雄性织布鸟会用筑巢技巧吸引配偶。除了章鱼及其近亲外，大多数无脊椎动物的学习行为都非常有限。相反，对于脊椎动物而言，学习行为往往极为重要。蛙和蟾蜍很快就能学会避开难吃的动物，而哺乳类动物则能从双亲那里获得包括捕猎在内的各种技能。有些灵长类动物的个体偶尔会“创造”新行为，同类个体随后也会效仿这种行为。这一效仿过程产生了世代相传的行为文化模式。文化对人类这一物种来说，则是发展到一定水平后的产物。

学习取食

蛎鹬通过观察父母学习如何取食。一些鸟类会反复敲击打开贝壳，而另一些则将喙刺入贝壳迫使它们张开。鸟类一旦学会某种技巧就会终生使用。

先天的纺织能力

蜘蛛通常能织出极为复杂的蛛网，但各个种类间的编织方式却有所不同。因此，可以根据蛛网的形态对蜘蛛进行鉴定。这只园蛛的网只用一天，用过之后它便将网吃掉并重新再织。

动物智力

除了海豚、猴子和猩猩外，人们曾一度认为动物很少拥有智力。哺乳动物中不乏天赋的交流者，但它们并不是唯一能解决问题的动物。还有许多其他动物能使用简单的工具，有些甚至还能制造工具。其中最令人难忘的是能够制造工具的乌鸦及其近亲。一只被笼养的新喀鸦曾经将一根直金属丝弄弯，成功地制成了用于获取食物的钩子，而它以前却从未见过金属丝。这个有关洞察力的突出例子即使是灵长类动物也难以与之匹敌。

智力的迹象

黑猩猩能解决问题，并且能学会用手语与人类交流。它们能学习表示物体和动作的符号，偶尔还像组词一样将符号组合起来使用。

通讯

对大多数动物而言，和同类保持接触对生存来说十分必要。动物之间因为多种原因进行通讯，包括寻找食物、吸引配偶和养育后代。不同的通讯方法各具优势和缺陷。身体语言，如面部表情和身体展示，在近距离内十分有效，但在一定的距离外或植被茂盛的环境中就会不起作用。在这种情况下，通过声音进行通讯便实用得多。鲸类可以远距离地相互呼叫，而一些小型动物却能发出与体形不相符的响亮声音。例如，树蛙、蝉和蝼蛄的鸣声经常能在两千米外被听到。每个物种都有自己特有的“鸣声信号”，许多物种还会像口技演员一样，发出迷惑叫声来摆脱捕食者。

能发光的动物也使用特征性的视觉信号。这些信号包含发光器官的特定闪动或发光模式，如多种深海鱼。但是，与身体语言和声音一样，这种通讯形式仅在动物体主动发送信号时才起作用。气味通讯与其他通讯方式大为不同，因为就

夜光

雌萤火虫利用发光告知在上空飞行的雄虫自己的存在。光信号可能存在危险，因为它不仅可以吸引异性，也会招引捕食者的注意。雌萤火虫一旦察觉危险，就会迅速“关掉”自己的电源。

一同嚎叫

狼群通过嚎叫向领地中的其他狼群宣告自己对狩猎领地的拥有权。狼群经常在夜间猎杀得手后嚎叫。

算留下气味的动物离开很久后，这种信号仍能保留很长时间。动物的气味各不相同，以便能留下踪迹并向潜在的配偶宣告自己的存在。一些雄性昆虫能对空气中的单一气味分子产生反应，这样便能追踪到远在上风口的雌虫。

集群生活

有些动物终生独居，从未接触过同类。但对许多动物来说，聚在一起是生活中的重要部分。动物群体的规模和集群时间变化很大，例如，蜉蝣只结成持续数小时的繁殖群，而候鸟经常聚集数周时间。许多其他动物终生都在群体中生活，包括鱼类和食草哺乳类。

群体编队

天鹅迁徙时通常排成“V”形（或一行）飞行，借助领头个体扇动翅膀产生的气流降低自身的消耗。其他成员会在飞行中轮流领头。

人多势众

草原等开阔栖息地中的捕食者往往行动快速，而很少有地方能够藏身的被捕食的哺乳类动物多生活在庞大的群体中。图中的斑马群聚在一群角马旁边吃草，这样进一步增强了它们的安全系数。

集群的动物看上去很容易成为捕食者的目标，但结果却恰恰相反。由于捕食者很难从一群动物中捕获单个个体，因此集群生活有助于动物更好地生存下去。集群也让捕食者的突袭更加困难，因为群体中常常不止有一个成员会发出危险警报信号。

大多数动物群体中的成员都隶属同一物种，但却不见得是同一对父母所生。然而，在大多数关系最为密切的群体中，成员间的关系都紧密相关。狼群和笑翠鸟“家族”就属于这种关系延续的群体，幼龄个体长大后并不独立生活，而是继续和父母待在一起。这种集群生活形式在社会性昆虫中达到极端发展，如白蚁和蚂蚁，根本无法独自生活。

防卫与攻击

无论捕食者还是被捕食者都利用特殊的行为来帮助生存。例如，许多被捕食的动物只是简单地设法逃跑，而另一些则会完全静止不动，依靠保护色保护自己。从蛾类到蜥蜴在内的各种动物，通过增加身体大小或露出眼睛状的有色斑点使自己看上去很危险。这种恐吓有时货真价实，例如，箭毒蛙的鲜亮色彩暗示它们含有动物界最强的毒素。

应对危险

受到威胁时，河豚通过大口吞水鼓胀身体。一旦身体膨胀起来，它们几乎就无法移动，但身上的棘刺却能保护它们免遭攻击。

捕食者采用两种捕猎方法抓捕猎物：要么等候猎物到来，或对猎物展开追踪。“守株待兔”型的捕食者通常带有伪装，有些还会主动诱惑猎物进入攻击范围。例如，鮟鱇的吻部长有一个长而发光的隆凸，可以悬挂在嘴巴前方当作诱饵诱捕猎物；任何被吸引而来的猎物都会被它一口咬住。

大自然给予主动捕食的动物以非常快的行动速度和敏锐的感官，这就是为何猎豹、游隼和蓝枪鱼等动物成为世界上速度最快物种的原因。一些主动捕食者还会采取群体方式捕猎。通过集体狩猎，灰狼、非洲野犬和狮子便能制服体形比自己更大的猎物。

集体捕猎

一群非洲野犬追逐一只角马，直到猎物精疲力竭才将其扑倒。一旦猎物死亡，这些野狗便会开始吞食。回到洞穴后，它们会将部分食物反刍出来，以供留在洞穴的幼犬取食。

行为周期

一些行为，包括自我防御，能在任何时候被激发出来。另一些行为则具周期性，能被那些使动物与周边变化保持一致的线索激发出来。昼夜节律是最重要的行为周期之一。其他还包括潮汐涨落和一年中的季节变化。动物天生就有周期性行为。这类行为能被外部变化或体内的“生物钟”激发，或者在二者的综合作用下发生。例如，鸟类经常在天色很晚时聚集栖息，这种周期性行为是由太阳接近地平线时光线亮度的下降所引发。地松鼠的体重则表现出一个年度性的周期变化，进入冬眠前它们的体重都有增加。即使温度稳定和昼长条件下，地松鼠仍能保持行为的周期性，这说明这种节律受控于生物因素。

进餐时间

招潮蟹钻出洞穴，在富含营养的沉积物中捡食小型食物颗粒。它们不能在水下进食，因此取食行为会受到每天潮汐涨落的控制。

生命周期

动物的生命周期包括从一代开始到下一代开始之间的所有阶段。一些物种的整个周期在数周之内完成，尤其是昆虫和其他小型无脊椎动物；而体形更大的动物则需花费数年时间。不管需要多长时间，动物的生命周期通常都包含两个主要阶段：生长发育期和随后的繁殖期。一些动物繁殖一次后便死亡，对于它们来说，繁殖就意味着生命的终结和生命周期的完成。对于许多动物而言，繁殖在整个成年时期都将持续，这使得它们能多次繁育后代。

繁殖

繁殖力是生命的基础，因为它能让生物成倍增长，开拓周边的新机遇并发生进化。动物具备两种繁殖方式，即无性（两性的生殖细胞不结合）或有性生殖。无性生殖是指母体的一定身体部位直接产生新个体的繁殖方式。这一分裂过程包含多种方式。例如，水螅通过出芽方式产生芽体，芽体长大后脱离母体发育成新的个体，而海葵则通过分裂生殖形成两个后代个体。

有性繁殖

雌蛙产卵时，它的配偶喷射出精子使卵受精。每个蝌蚪在遗传上都是唯一的。

无性繁殖

这只海葵正处在繁殖的最后阶段，将自己分裂为两半，并最终产生遗传组成相同的两个个体。

一些动物的卵无须受精就能发育，这一过程称为单性生殖（孤雌生殖）。这种繁殖方式在蚜虫和其他吸食植物汁液的昆虫中十分常见，但在脊椎动物中却很罕见（鞭尾蜥就是其中的少数例子之一）。无性繁殖相对快速和简单，但却存在一个重大缺陷：由于繁殖仅涉及一个亲代，这样不仅让后代和亲代的基因相同，在外形上也会非常相似。因此，在面临疾病等威胁时，亲代和后代都同样无助；如果一个个体死亡，剩下的通常也会丧命。

有性生殖需要两个单独的亲代个体才能完成，因而可以避免这一问题，而后代在遗传上也会变得多样。每个个体都具有独特的性状组合，这就意味着适者生存，且物种会缓慢进化。然而，有性繁殖的缺点是非常复杂：双亲必须是同一类物种，且性别无误，在大多数情况下，需要双方合作繁殖。此外，由于只有一个亲代，即雌性，可以产出后代，因此一些繁殖潜能便告丧失。尽管存在这些困难，有性繁殖仍是整个动物世界中被广泛使用的繁殖方式，并展示出了它的长期价值。即使是通常进行周期性无性繁殖的物种，在其生命周期中也会使用有性生殖，因而从两个不同的繁殖方式中获取最大好处。

动物性别

所有和异性配偶进行有性生殖的动物都有二型现象，即雄性和雌性的解剖结构不同，且行为方式也不同。一些物种的这类差异并不明显，但在另一些物种中却非常明显。二型现象的存在是因为不同性别发展出了不同的繁殖角色，需要不同的身体形式来执行相应的功能。然而，并非所有进行有性生殖的动物都具有不同的性别。有些物种就是雌雄同体（同时具备雌性和雄性器官），例如蚯蚓和陆栖蜗牛。这样便简化了有性生殖过程，因为一个物种中的任何成体都能成为另一个成体的潜在配偶。更进一步的变化是一些物种存在不同的性别，但个体在成年阶段可以改变性别。例如，鹦嘴鱼通常生活在由一条雄鱼统领的小鱼群中。如果这条雄鱼死亡，雌鱼中的一条就会改变性别取而代之。

二型配偶

一些动物的性别差异极为明显。图中的雌性无翅古毒蛾（上图右侧）吸引了一只有翅的雄蛾。雌蛾交配后便爬开产卵。

求偶

动物需要先找到配偶才能交配。这对生活在群体中的物种来说十分容易，但却会对独居动物造成麻烦。独居动物通过发出声音或气味等信号寻找潜在配偶。每个物种都有独特的“鸣叫信号”，以确保能发现同类的其他个体。一旦两性接触，其中的一方，通常为雄性，就需克服另一方的戒心，并向对方证明自己是个适合的配偶。这个过程就是众所周知的求偶。求偶通常伴有仪式化的行为，以展示雄性的生理适应性或是拥有良好的食物供应。如果雌性被成功打动，便接受雄性成为配偶。

有些物种终生为伴，也有许多物种在交配后

寿命

动物的寿命通常与成体大小直接相关：体形越大，存活的时间就越长，但其中也有例外。影响寿命的一个重要因素是代谢率，即动物使用能量使身体运作的速率。“冷血”动物的代谢率相对较低，寿命往往较长，如两栖类和爬行类；而“温血”动物的代谢率较高，寿命通常较短，如鸟类和哺乳类。在小型动物中尤其如此，因为体重很小意味着热量会快速丧失，需要不断地补充食物。一些环境因素，如温度和湿度，也能对寿命产生影响。例如，家蝇在温暖条件下一般在6周内死去，如果天气寒冷则能存活数月；一些微型动物如果一直保持休眠状态就可存活数十年。通常情况下，动物的繁殖生活结束后很少会活得很长。

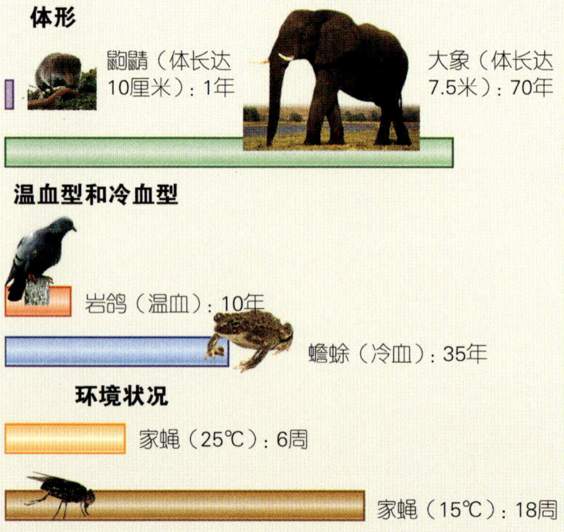

决定寿命的因素

上图所示为影响动物寿命的三个主要因素。每个动物的预期寿命都以色带表明了某个因素影响其寿命的程度。

求偶仪式

雄性军舰鸟鼓胀喉囊吸引雌鸟的注意。鸟类的辨色能力很好，这也解释了为何雄鸟通常都有醒目的羽毛。

就会分道扬镳。后者中的雄性通常与多个雌性交配，但却不养育后代。而一个雌性和数个雄性交配的情况则罕见得多。例如，雌性灰瓣蹼鹬（第312页）的羽色比雄性更为亮丽，且常在求偶中占据主导。这类雌性通常很少或完全不参与养育后代。

受精

雄性的精子和雌性的卵子结合时便会受精，这标志着新生命的开始。动物的受精方式有两种，即体外或体内受精。许多终生都在水中生活或回到水中繁殖的动物都采用体外受精。定栖生活的无脊椎动物的体外受精过程最为简单，例如珊瑚会将大量雄性和雌性生殖细胞排入海水中以完成受精。

四处活动的动物则采取更先进的受精方式，如蛙类的受精就由两个伴侣共同完成。尽管它们看上去像在交配，但受精作用仍发生在水里，而非在雌性体内。体外受精不能在陆地上进行，因为生殖细胞一旦暴露在空气中便会很快干死。因此，大多数陆栖动物都采用体内受精方式。通常由雄性将精子注入雌性体内。然而，一些陆栖动物并不交配，如蝾螈和鲵，而是雄性在雌性附近产下一包精子（精囊）；雌性随后用生殖器官收集精囊，这样便能完成体内受精。

体内受精

和所有的昆虫一样，扁足虫也要成对交配，这样雌虫的卵子才能受精。交配过程可持续数小时。

体外受精

珊瑚将生殖细胞排入水中。这种行为由月相的变化触发，许多动物都用这种自然时钟来调节自身的繁殖行为。

生命的开始

除了采用无性生殖的动物外，大多数动物的生命都始于一枚受精卵。如果卵在体外受精，它早已在母体之外，可能在海中漂浮或是粘在海底的植物或海沙上。如果卵在体内受精，则在产下后孵化，或是留在母体内开始发育为幼龄个体。

出生

胎生动物的后代数量相对较少。图中的雌海豹要花费数个星期照顾它的幼崽。

不同动物种类的受精卵在每个发育阶段的发展变化很大。卵生物种，如鸟类，会在胚胎开始发育前将卵产出。鸟类的发育经常延迟几天，直到亲鸟产完一整窝卵；一旦父母开始孵卵，发育便会开始。卵胎生物种在体内孵卵，包括许多爬行类和鲨鱼，卵在即将孵化的那一刻才被产出。胎生物种，几乎包括所有哺乳类，以及一些爬行类、两栖类和鱼类，都直接产出活体幼崽。

变态

所有的动物都在生长发育过程中改变外形。一些动物逐渐发生相对较小的改变，但另一些动物的外形则会发生彻底改变。这种外形的转变称为变态。它能让动物在幼年期和成年期以不同的方式在不同的环境中生活。

尽管变态在无脊椎动物中最为普遍，但也发生在两栖类和一些鱼类身上。经历变态的动物以幼虫形态度过早期的生活阶段。大海里的幼虫经常和浮游生物一起漂浮在海面附近，由于它们会被水流带到四面八方，因此在帮助同类物种的扩散中扮演着重要角色。

蟹卵

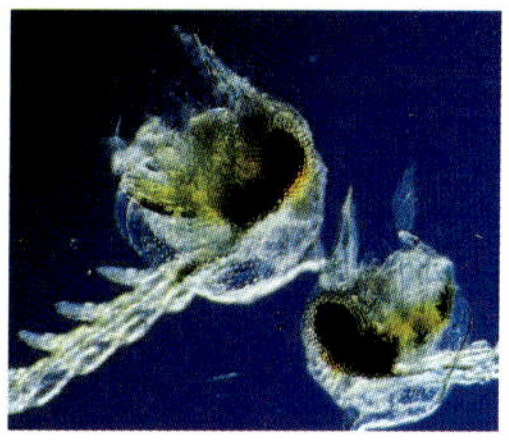

溞状幼体

昆虫的变态方式有两种。一种是不完全变态，如蝗虫和蝽，即发育过程需要逐步经历受精卵、若虫和成虫3个阶段。另一种则是完全变态，如蝴蝶、甲虫和蚊蝇类。

成蟹

从幼体到成体

与大多数甲壳类一样，食草蟹的生命也始于一枚卵（上图）。卵孵化后进入一龄幼虫期，即漂浮在浮游生物中的溞状幼体（中图）。它们随后变成大眼幼体，然后沉入海底，最终发育为成蟹。

共同生活

许多动物虽然和自己的同类来往，但仍独自生活。然而，真社会型物种，如白蚁、蚂蚁和蜜蜂，会形成永久性的群体或群落，其中只有一个成员专门负责繁殖，即蚁后或蜂后。因此，群体中的成员关系非常亲密，它们的行为在很多地方都类似单体生物。这种群体生活的巨大成功是显而易见的，因为这些昆虫是地球上数量最多的动物类群。

白蚁蚁后

白蚁蚁后隐藏在蚁巢深处，由工蚁负责照顾，并完全依赖工蚁提供食物。蚁后每天可产下多达30,000枚卵，展现出生殖特化的终极形态。

岌岌可危的动物

直到一个世纪以前，地球上还存在着大面积的野生环境，那里的动物很少或从未与人类接触。此后，人类的数量已猛增至70亿，而能源和原材料消耗的持续增长也影响着整个生存环境。自然栖息地正逐渐消失，地球上的生物多样性，即所有生物的总数也在迅速减少。这对人类来说是种危险的处境，因为它减少了地球的生物资源，使得世界处于不稳定状态。这种结果对动物来说可能是灾难性的。一些变化是地区性的，仅威胁到单个物种，但另一些变化，特别是气候变化，则会带来全球性的影响。

栖息地变化

自从人类认识火之后，便首次开始改变栖息地，但随着约10,000年前农耕活动的开始，人类对栖息地的破坏才逐渐加速。农业是森林砍伐的主要驱动力，自有史以来北半球的森林已经被砍伐殆尽，而热带地区的森林砍伐如今仍在继续。世界上一些主要的，能为许多野生动物提供食物的自然草原、沼泽地和淡水湿地也因农业活动遭到破坏。近代以来，城镇化几乎已经成为一个重要威胁，城镇和城市占用了空间，而连接它们的道路则占据了更多的空间。

栖息地的变化模式通常和它的规模一样重要。例如，虽然规模会有一定减少，但只要大片区域受到保护，栖息地仍能像以前一样发挥作用。但如果同样数量的栖息地被划分为更小的独立斑块，对动物的影响就会严重许多。这是因为许多物种都需要广阔的领域才能生存，特别是处在食物链顶端的捕食者。这些斑块化的栖息地也会让野生动物更多地遭受人类和家畜的侵入与干扰，使野生动物难以在此觅食和繁殖。

天然的大草原

谷物种植地

从草原到耕地

北美的森林和大草原栖息地在欧洲定居者到来后经历了翻天覆地的变化。二者曾是熊和野牛等各种野生动物的家园，但这些动物先是遭到猎杀，随后又因耕地的扩张而被迫离开。大部分森林如今已经重新长出，但大草原却几乎完全沦为谷物种植地，原先的草原栖息地已经大片消失。

污染

当化学物质或其他制剂破坏自然生态系统时，污染事件就会发生。污染有时也自然发生，但大多数情况下都是人类活动的结果。污染能从生理上对动物产生影响，例如使它们被垃圾缠绕或被油污粘住，但其化学影响通常更为严重，且难以鉴别和预测。合成有机物（含碳）是最难处理的化学污染，如各种溶剂、杀虫剂和除草剂。如今存在着成千上万的化学物质，而每年还有新的品种被制造出来。

这些物质的化学结构意味着它们往往能被活性组织吸收，在通常的情况下会引起最严重的损害。其中的一些物质对所有的生物都具毒性，但另一些伤害则更有选择性。当捕食者吃掉猎物时，这类化学物质便被传递下去，积聚在食物链顶端的物种体内，如鲸、北极熊和猛禽等。除了可溶解的污染物外，海洋动物还要对付固体塑料垃圾。这种垃圾需要几十年甚至数百年时间才能降解，在全球的海洋洋流中形成了数百千米宽的巨大的垃圾旋涡或涡流。这些塑料小颗粒经常被动物取食，致使它们变得虚弱或直接死亡。

动物也受到空气污染的影响，这类污染多在燃料燃烧时产生。空气污染可引起区域性问题，如能够严重危害淡水鱼类的酸雨。从较宏观的角度来看，它也是最大的环境变化——全球变暖的罪魁祸首。

致命的浮油

石油泄漏会对野生动物造成灾难性影响。图中的鹈鹕是2010年墨西哥湾“深水地平线”钻井平台原油泄漏事件的受害者。石油不光有毒，还能破坏羽毛的防水层；如果得不到妥善救治，这些鸟类便会死亡。

狩猎、捕鱼和采集

动物与世界上其他资源的不同之处在于它们能够繁殖。这在理论上意味着有用的物种在没有被消耗完之前是可以被捕猎的。不幸的是，很多物种已被过度利用，以致一些物种已经完全消失，而另一些则正处于严重的濒危状态。曾被列入猎杀名单的物种包括灭绝于1800年前后的蓝马羚，以及在1914年灭绝的北美旅鸽，它们曾是世界上数量最多的鸟类。

这些动物主要是作为食物被猎杀，这种做法在野生动物贸易中以更多样的方式持续至今。捕猎曾经是为了生计，而野生动物贸易却在近年来成为全球性的商业行为，涉及所有能被抓到和作

等待出口

这些装在小铁丝笼中的鹦哥将成为宠物鸟贸易中的商品。这种贸易受到海外商人的金钱驱使。然而，在这些鸟类的原产国，捕捉鸟类进行贩卖也许是赚取生活所需的唯一途径。

为食物而被买卖的森林动物。其中灵长类尤其受到威胁，这种贸易也让蛇类和穿山甲等许多其他动物处于濒危的境地。动物也因为少数人的特别需求而被猎杀。猎杀大象是为了获取象牙，而猎杀犀牛则是为了获得它们的角。老虎因为毛皮和部分身体部位而被猎杀，当现存动物的数量不断减少时，它们的市场价格却在飙升。

海里的鱼类也像曾经被过度捕杀的陆地动物一样，成为各种过度利用的牺牲品。曾经常见的物种产量骤降，如金枪鱼和鳕鱼，它们是一类典型的种群调节能力较弱或完全不具备调节能力的生物资源。一些鱼类的繁殖时间较早，一旦捕捞压力减少，种群数量就能很快恢复。但像金枪鱼一样需要花费时间才能成熟的物种，成年鱼类会变得稀少，难以保证繁殖出足够多的后代。相比之下，人们对于这种无休止的捕捞对海洋和沿海生命造成的影响所知甚少。然而，鱼类在许多食物链中都起着关键作用，当它们的数量下降时，包括从海底的无脊椎动物到以鱼为食的鸟类等在内的无数动物都将受到影响。

引入物种

在哥伦布发现美洲之前，探险家和殖民者就已将动物带到了世界上新发现的地区。这一过程随着大航海时代的到来加速进行，结果就是几百年后与外界隔离的野生动物因竞争不过老鼠、猫

不期而至

为了获得食物和皮毛，人们于19世纪中期将野兔引入澳洲。它们在岛内迅速扩散，取代本土动物并破坏植被。干旱地区出现水土流失现象，永远地改变了当地的景观。

和蚊子等大量入侵者，而导致种群衰退。一些引入物种因主动捕食当地动物而引发问题。还有一些通过争夺食物或传播鸟类疟疾等疾病间接为害当地动物。

澳洲的引入物种已经扰乱了整个大陆的生态。袋鼠的数量仍然很多，但许多小型有袋类动物如今只生活在原始栖息地中的一小块范围中，这些边缘化的栖息地是引入物种难以到达的地带。同样的问题也影响着新西兰和马达加斯加岛，面积更小的海岛上的状况更为严重。这些岛上的本土鸟类经常会被猫或鼠类捕杀殆尽，而顽强的外来者却很难被根除。在这个交通便捷和旅游发达的时代，来自引入物种的威胁就在眼前。

冰在减少

北极熊将冬季的海上浮冰作为捕捉海豹的平台。随着全球气候变暖，北极海的冰层正在消失，让北极熊在一年中的关键时期越来越难储存食物。

全球变暖

世界的气候一直在改变，但当前的快速变暖期却是史无前例的。大多数科学家认为这是由于人类活动导致大气层的温室气体含量不断上升所致。温室气体包括水蒸气、氯氟碳化合物（CFCs）和二氧化碳。它们使得大气层的热量无法外散，致使地球变暖。野生动物可以应对以往的气候变化，但这一时期的变化速度和严重性可能导致全球范围内的物种灭绝。

由于全球变暖具有数十种连锁反应，因此大气层变暖本身也只是其中的一个部分。它使海冰融化并改变洋流的运动方向，导致陆域气候发生变化。从更长的时间来看，它会加剧海洋的酸化，从而威胁有壳类动物和珊瑚礁的生存。同时也让冰盖融化和海水膨胀，导致海平面上升。这种扩张发生得非常缓慢，而一旦开始，就将需要几百年才能恢复。

根据国际气候变化小组（International Panel on Climate Change，IPCC）的研究，限制温室气体排放的尝试工作已经开始。到目前为止，这些工作取得了一些成果，但温室气体的上升趋势仍需要数十年时间才能得到遏制。

濒临绝境的动物

世界自然保护联盟（International Union for Conservation of Nature，IUCN）维护着IUCN濒危物种红色名录（IUCN Red List of Threatened Species™，右方图框），通过全球科学家的研究工作不断对其进行更新。2010年，IUCN对近56,000个物种进行了评估，对其中约3%的物种给出了正式的濒危分类等级。尽管这只是全球物种中的一小部分，但却能表明地球上的生命是如何消失的，我们所了解的是多么的少，以及更多物种的评估是何等的紧急。

威胁等级

IUCN濒危物种红色名录根据动物面临的风险程度将其分为8个等级：受威胁最严重的物种（如虎和黑犀）列为“极危”；其次为“濒危”（包括猩猩和亚历山大鸟翼凤蝶），以此类推。具体的分类等级本书也有使用，可在第10页中找到详细说明。

野外绝灭：普氏野马

极危：黑犀

濒危：亚历山大鸟翼凤蝶

易危：漂泊信天翁

近危：缅蟒

无危：树袋熊

IUCN目前已对鸟类、哺乳类、两栖类、鲨鱼类、造礁珊瑚、苏铁类和针叶树进行了综合评估，但统计结果却令人不安。

国际自然保护联盟红色名录

IUCN濒危物种红色名录由世界自然保护联盟（IUCN）公布。IUCN于1948年由联合国设立，开展针对保护自然界的相关行动。定期编辑整理IUCN红色名录是其工作的一部分，名录汇集了全球10,000多名科学家提供的信息，并已成为评估地球生物生存状态的全球性指南。当前的IUCN红色名录表明，受威胁物种常集中分布在世界的一些特定区域。当前的“热点地区”包括东非、东南亚和美洲热带地区。原因之一就是这些区域比其以北或以南地区拥有更多的物种多样性。例如，美洲热带区有着格外丰富的鸟类物种。近年来，这些区域已出现快速的栖息地变化，特别是森林的消失，这种现象部分归咎于人口增长引起了更多的粮食种植地的需求。

保护

人类带给野生动物的负面影响日益加剧，但保护工作的正面影响也在逐渐增强。世界各地的各类大小组织都在致力于维持自然的原始状态，或确保能以可持续方式利用自然。这是一项庞大的任务，带来一些难以解决的实践和哲学问题。什么是保护物种最好的途径？怎样去拯救一个处于灭绝边缘的动物？以及如果资源有限，是否一些动物比其他动物更“重要”？就连专家们都未必能给出统一的答案，但毫无疑问的是，如果当今的濒危物种要存活下来，保育才是当务之急。

栖息地保护

迄今最有效的保护动物的方法是保护它们的自然栖息地。动物的栖息地能为动物提供各种生存需求，当它维持在自然状态时，食物和能量就会不断地从一个物种传递到另一个物种。这就是国家公园和野生动物保护区建立背后的思考。即使面积再小的公园也是有效的，特别是在保护繁殖场地时。但在通常情况下，保护地的面积越大，受益的物种就越多，栖息地才能真正实现自我维持。

例如，秘鲁最大的马努国家公园（Manú National Park）就涵盖了从高海拔的安第斯山草原到低地亚马孙雨林的广袤地域。它至少为150种哺乳类、1000多种鸟类和更多种类的蝴蝶提供了家园，使这里成为世界上物种多样性最为丰富的热带保护区之一。它的成功部分归功于所处位置偏僻，从而限制了人类的聚居，这点与亚马孙东部的许多地方都不同。而世界其他地区的国家公园和保护区则需承受因受到欢迎和资源压力带来的问题。例如，加拉帕戈斯群岛（Galapagos Islands）的保育人士正忙于一场艰难的斗争，以平衡动物需求与人口扩张的需求，以及不断增长的游客数量。

水边有利地点

湿地保护区中的游客能在专门修建的隐蔽处内观鸟。经过几个世纪的农业灌溉后，类似这样的保护区对许多湿地物种来说非常重要。

技术和工艺

当一个物种濒临灭绝时，圈养繁殖有可能是助其种群恢复的有效途径。加州神鹫在1982年时就处于这种困境，当时野外只剩下24只个体。20世纪80年代，加州神鹫恢复计划被启动，残存的个体被尽数捕捉，这种极端措施在当时引起了极大争议。30多年后，稳步增长的神鹫数量证明了这种人为干预手段的有效性：整个种群数量在400只左右，其中约有一半的个体都被放归野外。

近年来，新技术在这类保育工作中发挥了越来越多的作用。人们可以通过卫星追踪被放归的动物，并且能够掌握它们的进食和繁殖地点。DNA技术的应用甚至有可能“复活”不久前灭绝的物种。然而，大多数保育工作者认为，这些技术本身并非是恢复动物生存的长远途径。部分原因在于它们需要消耗大量的时间、资金和空间。但更重要的问题在于它们的结果：如果一个物种的自然栖息地正在消失，那么圈养动物被放归时就将无处可去。

准备放归

这只人工饲养的加州神鹫或许有天能帮助增加野外的种群数量。然而，和圈养生活相比，野外生活会更为艰难，甚至还有危险。

阻挡入侵者

澳大利亚西部的电围栏保护着佩伦半岛免遭猫类等外来入侵物种的侵害。整个半岛占地1000平方千米，成为不受外来物种侵害的濒危有袋类动物的天堂。

控制入侵物种

在世界上的孤立地区，引入或“外来”物种给当地动物的生存造成了极大困难。虽然植食动物也能造成巨大危害，但猫、狐狸和老鼠却位列入侵者名单的榜首。一些受害最严重的地区，如澳洲和新西兰，目前正在开展保育项目以减轻这种威胁。在澳洲这么大的岛屿上，消灭凶猛的猫或狐狸是一件不可能完成的任

动物诉求

动物保育的问题之一就是人们对于物种存在不同的态度。例如，每个人都喜欢大熊猫，但只有极少数人喜欢令人毛骨悚然的“爬虫”，正是这些无脊椎动物支撑着陆地和海洋的每一个生态系统。无脊椎动物是生命活动的基础，特别是其中的许多物种都能不断循环许多其他生物所依赖的养分。保育若想起效，就必须保护栖息地中的所有动物，从魅力十足的大型动物到那些很少有人见过，甚至连几乎没人叫得出名字的动物都包括在内。

天壤之别

大熊猫和欧洲天牛处于公众兴趣和关注程度的两个极端。当大熊猫能得到资助并吸引媒体关注时，天牛及其同类们却很少引起人们的注意。

务。但部分地方的大片土地都已被围栏隔开，来保护袋狸、兔耳袋狸以及其他易危的有袋类动物。

这些被围起的辽阔地带内的外来物种要么被陷捕，要么被毒饵毒杀。诱饵中的毒素取自当地植物，只对外来物种有效，而当地动物却不会受到伤害。为了保育而进行杀戮是一项艰难抉择，会引发争议，特别是当在野外活动的猫成为牺牲品时。然而，只要澳洲的有袋类动物受到关注，这场杀戮无疑是一种极为有效的做法。

外来物种在近海岛屿上造成的问题更多，它们会一举摧毁那里的陆栖动物和鸟类筑巢地。世界上许多最偏远的岛屿，如印度洋南部的凯尔盖朗群岛，早已被几个世纪前搭乘船只来此的老鼠所占据。老鼠的数量极难控制，而凯尔盖朗群岛上多次进行的灭鼠计划也均以失败告终。然而，新西兰沿海的数座岛屿却成功地消灭了老鼠，为世界上最濒危的爬行类——楔齿蜥创造了安全的庇护所。由于这些岛屿的面积很小，相对容易移除外来物种，因此才能成为理想的动物“避难所”。

法律保护

经过几个世纪的任意利用，濒危动物如今已经受到许多国际公约和国家法律的保护。濒危野生动植物物种国际贸易公约（Convention on International Trade in Endangered Species，CITES）是其中最重要的法规之一，于1975年正式生效。其他国际性公约保护湿地等特殊的栖息地或整个大陆，如《南极条约》。一些国际性团体则以管理野生动物资源的方式推动保育。例如，成立于1946年的国际捕鲸委员会（International Whaling Commission，IWC）最初只是监督“可持续捕捞”鲸鱼的情况。当明确得知大多数大型鲸鱼的数量正在严重下降时，才逐渐开始限制捕鲸数量，直到1986年叫停了全球范围内的商业捕鲸活动。

法律保护是野生动物保育的基础，以鲸鱼为例，已确实使一些物种免于灭绝。然而，它的有效性有时却因自身存在漏洞或非法活动而被削弱。非法偷猎黑犀和老虎就是非法活动中的两个臭名昭著的案例，导致黑犀的数量从20世纪60年代早期的100,000只左右锐减到目前的4000只；而老虎的总数量已降至约3500只。这些动物都是因为身体部位在远东地区的售价极高而被猎杀。

胜者和败者

南极海狗在20世纪30年代几近灭绝，现在的数量达到150万只。它们得以恢复不仅归功于免遭猎杀的保护，也是与之竞争磷虾的鲸鱼数量减少所致。

商业开发

很少有人会容忍销售犀牛角或虎骨的行为，但有些保育工作者却认为，在有可能的情况下，野生动物应该自行“买单”保护自己。根据这一观点，如果动物能产生收入，就能得到最好的保护，因为只有这样才能刺激人们保护它们。这种做法包含两种主要方式：一是鼓励野生动物观光，将部分收入用于开展保育；二是将动物本身作为资源进行管理。

虽然野生动物观光产业正在繁荣发展，但还是有着不可否认的缺点，如不断增加的栖息地干扰等。

吸引游客

猎豹在一群游客的注视下轻松地享受着迷人的夕阳。猎豹表现出的温驯十分反常，这也表明在其栖息地中进行的旅游活动已经影响到了它的自然行为。

濒危野生动植物物种国际贸易公约

濒危野生动植物物种国际贸易公约（CITES）的缔约国已经超过120个，是最重要的国际性法规，旨在管理动物活体及其产品的跨境贸易活动。CITES明令禁止400多种物种的国际贸易，并要求其他物种在进行贸易前，需要先获取特殊的许可证。有些非法贸易的对象比较容易鉴定，但有些则需利用DNA进行检测，这是一种正被海关使用的相对较新的技术。虽然CITES在部分地区取得了一定成效，但即使港口和机场的监管不断加强，非法走私仍屡禁不止。

禁贸商品

这张照片中的所有物品均为龟甲制品，属于CITES规定中不能进行出口的动物产品。一些国家的法律规定，拥有列入CITES中的动物或其产品即为违法。

栖息地

HABITATS

地球是宇宙中唯一已知能够孕育生命的星球。动物也与其他现存生物一样，栖息在地球大气圈底层和海底之间。虽然温暖湿润的热带是动物种类最为丰富的地区，但也有一些动物能在干燥的沙漠、高大的山脉和极地冰冠等恶劣环境中生存。无论动物们生活在哪里，彼此之间都会相互影响，并与周围的非生物环境综合形成不断变化的复杂环境，我们称之为栖息地。这一部分将介绍世界各地的栖息地类型以及栖息其中的动物类群。

地球上的栖息地

从太空鸟瞰地球，最显著的特征就是多样的地貌，其中不仅包括干燥的陆地和开阔的海洋，还有众多的山脉、平原、江河、大陆架和深海海沟。地球的气候也十分多变，一些地区的晴朗天气能持续数周或数月时间，而另一些地区则饱受寒风的折磨，或是遭受热带风暴的猛烈侵袭。这些差异造就了地球上复杂多变的栖息地类型，孕育出丰富多样的动物种类。一些动物的适应力很强，能在各种环境条件下生存，但大多数动物只能在一种栖息地中生存。

栖息地是什么

狭义上的栖息地是指有机体生活的环境。对一些动物来说，栖息地有可能是沙漠中的临时池塘，也可能是一小段腐木。广义的栖息地是对一群特定的生物群落及其生活环境的统称，这也是本书使用的定义。根据生态学中的定义，栖息地指的就是生物群系。

栖息地包括生物和非生物环境两个部分。一些栖息地中的生物分布十分稀疏，由非生物环境占据主导地位，如沙漠。其他栖息地中的生物十分繁多，占据着所有的可用空间，还会相互创造栖息地，如森林和珊瑚礁。在这类栖息地中，数量庞大的物种共同生活在一起，构成了极为复杂的生命网络。

栖息地的形成要素

地质条件对栖息地的形成具有一定影响，但最重要的影响因素却是气候。因此，气候变化会对动、植物产生巨大影响，有时还在极小的范围内产生极大差异。山脉对降雨的影响就是一个典型例子。山脉迎风面拦截了水汽，形成了丰富的

气候效应

这两处栖息地分别位于阿根廷（左）和智利（右）境内，二者处于同一纬度，但气候条件却截然不同，导致两地的动、植物种类也大不相同。这种差异由安第斯山脉造成，这条山脉是阻挡降雨的一道天然屏障。智利位于安第斯山脉的迎风面。

降雨，孕育出繁茂的植被和各种动物；而背风面的降雨较少，形成只有耐旱动物才能生存的荒漠或灌丛栖息地。

温度是另一种气候因素，对陆地和海洋均有重要影响。例如，远北地区的针叶林面对刺骨的严寒时便会逐渐消退。这道北方的森林分界线不规则地环绕北极分布，成为交嘴雀、树蜂和其他许多依赖针叶树生活的动物们的分布最北界。

化学循环

所有栖息地中的生物都参与化学循环，化学元素会在生物和非生物之间反复循环。生命活动必需的化学元素约有25种，而大部分生物都是由其中的4种，即氢、氧、氮和最基本的碳元素构成。非生物世界的大气中含有气态碳，水中含有溶解的碳，地壳和化石燃料中也含有碳。植物从大气中吸收二氧化碳，其他生物则通过分解含碳物质来释放能量，并排出二氧化碳。化石燃料的燃烧也会释放二氧化碳。

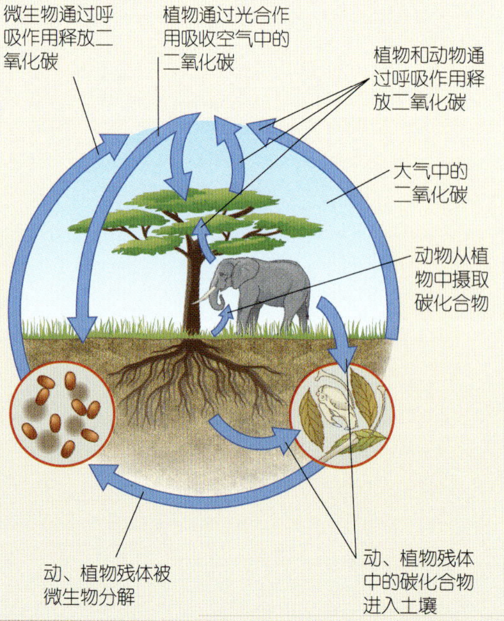

碳循环

右图展现了碳循环过程中的一些主要途径。碳循环中每个部分的完成时间极为不同。碳在生物体内只停留数天，但却能在地下保存数千年之久。

地球上的栖息地

这幅地图展示了地球上主要栖息地的分布情况，以及人口数量达到或超过500万的城市。图中所示的栖息地是排除了城市化和农业扩张等人为影响后的分布状况。

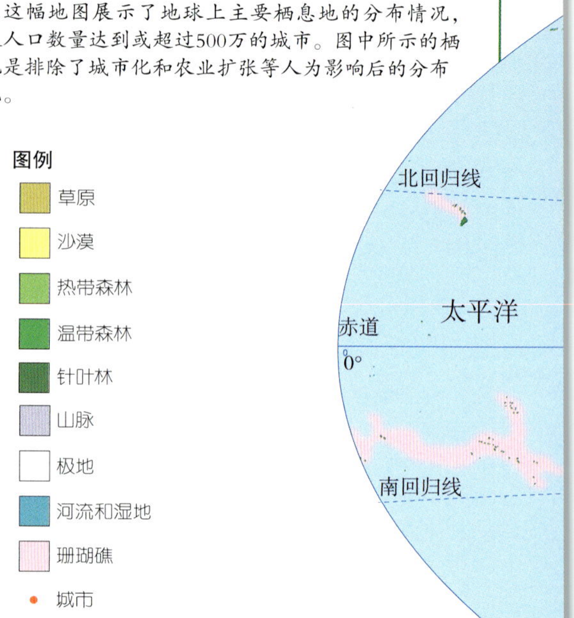

海岸和海洋的温度变化通常比陆地平缓，但不同栖息地的分布范围取决于气候的温暖与否。例如，造礁珊瑚在水温低于20℃时便不再生长，因此，珊瑚礁大多分布在热带地区。然而，尽管非洲西海岸和美洲地区的气候温暖，但由于寒流流经近海，因此导致珊瑚礁十分罕见。红树林沼泽与珊瑚礁类似，它们在南半球的分布范围远至澳洲大陆南部，而在北半球的分布只略超出热带地区。

生物多样性

从最早期的科学考察开始，博物学家们就注意到了生物多样性（或称物种丰富度）的巨大变化。生活在遥远北方和南方地区的动物种类要远低于赤道附近的种类。例如，北极冻原仅栖息着几百种昆虫，而热带雨林的物种总数至少达一百万种。哺乳类和鸟类也存在类似差异，不过规模要小得多。然而，高纬度栖息地中还生活着一些庞大的动物种群，因而能够弥补自身生物多样性的不足。例如，栖息在南极周边海域的锯齿海豹可能多达4000万只，可谓是地球上数量最多的大型野生哺乳动物。

造成这种生物多样性差异的原因目前人类还未完全了解，但可以肯定的是，气候在其中起了

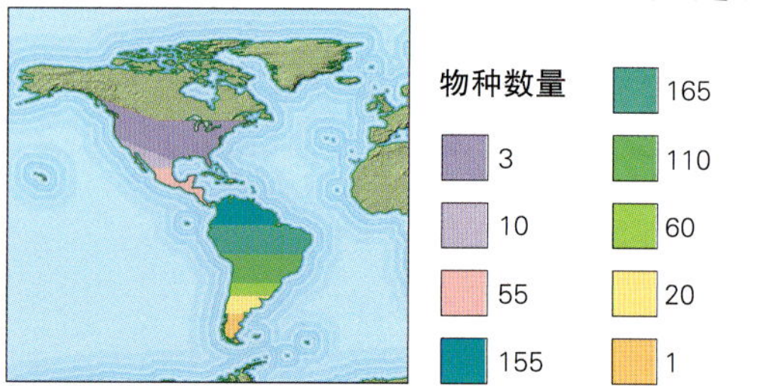

热带宝库

蜂鸟科生动地展现了热带地区高水平的物种多样性。高纬度地带只分布着数种蜂鸟，且大部分都是候鸟，但在赤道地区却生活着超过150种蜂鸟。

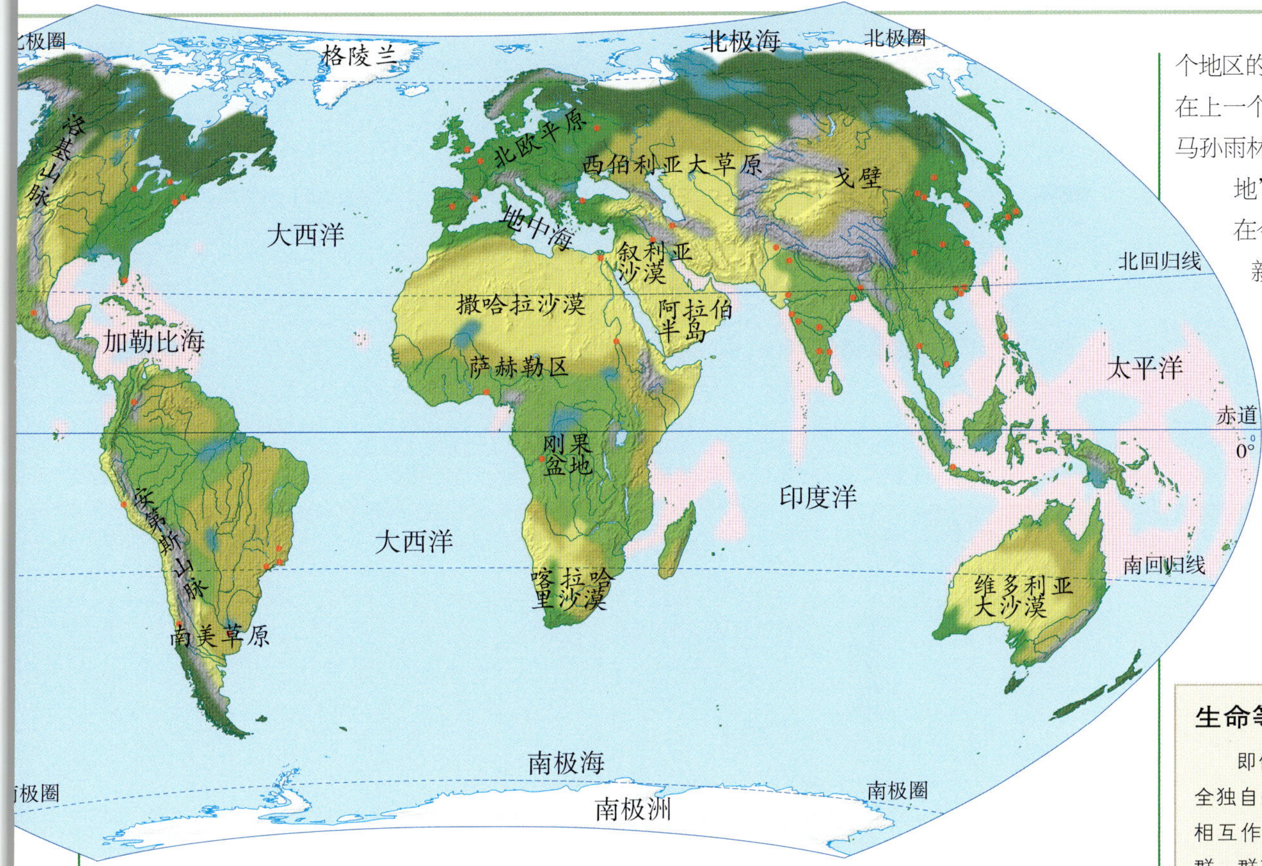

一定作用。然而，当代的许多野生动物都面临濒危，生物多样性及其维系之道已然成为一个重要课题。热带森林和珊瑚礁拥有极其丰富的动物种类，这也是为什么人们更加关注保护这些区域及其生物种类的重要原因。

动物的分布

本页栖息地分布图展示出了地球上被不同类型栖息地占据着的广阔区域。但除了少数动物以外，大多数动物的分布范围并没有那么广阔。每个物种都有特定的分布范围，这一现象是在物种进化（第16—17页）和生活习性的双重作用下形成的。

很多情况下，动物的生活会以意想不到的行为方式形成其分布范围。例如，美洲地区褐鹈鹕的分布范围可延伸至整个西海岸，更远的北部和南部地区除外；而在东海岸只分布到加勒比海南部地区，再往南便不再有褐鹈鹕分布。原因在于，褐鹈鹕与其近亲不同，需要潜水捕鱼，海水必须澄清才能发现猎物。加勒比海水质清澈，但更南边的亚马孙河则挟带大量泥土注入大海，这种浑浊的水质让褐鹈鹕无法潜水捕食。

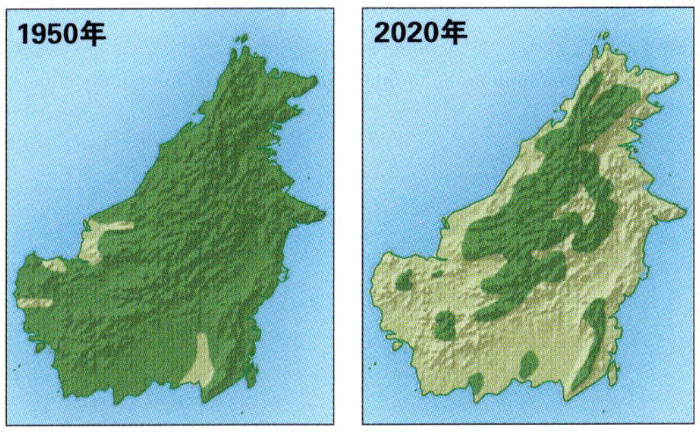

贫瘠的雨林

婆罗洲是一座生物多样性异常丰富的岛屿，60多年前其绝大部分区域都被雨林覆盖（左图）。森林砍伐（预计2020年的面貌，右图）不仅使许多物种变得濒危或导致一些物种灭绝，还会造成水土流失，甚至是当地气候的变化。

许多动物的分布还与一些特殊的植物有关。极端的例子包括依赖丝兰类植物生活的丝兰蛾、在无花果果实内发育的榕小蜂，以及依赖特定花朵生活的无数蜂类。然而，不是所有依赖植物生存的动物都是昆虫。陆地上最大和最重的陆生甲壳动物——椰子蟹，就会沿着海岸寻觅腐烂的椰肉。因此，它们只分布在长有椰子树的地方。哺乳类也同样讲究，大熊猫便是最著名的例子之一，它们主要以20多种竹子为食，这些竹子只分布在中国中部地区的中海拔山地。

栖息地变化

自然界中的栖息地一直在不断变化。森林和草原会着火，江河会决堤，珊瑚礁和海岸则会遭受暴风雨的猛烈侵袭。这些事件无法预料和更改，于是，动物和其他生物便进化出了各种应对方法以求生存。栖息地还在很长时间内以更深奥的方式发生变化。这种改变的驱动力通常是气候变化，一种由多个因素综合引发的自然过程，包括大陆漂移。

远古时期的极地冰川曾发生过数次扩张，最近的一次发生在约12,000年前。冰川的扩张摧毁了栖息地，迫使动物向其他地区迁移。冰川每次扩张后都会消融，此后，植物在空旷的大地上重新复苏，动物也随之回归。

世界各地的气候彼此相互影响，这意味着一个地区的气候变化会对全球造成长期影响。例如，在上一个冰川期，热带的气候变得更加干燥，亚马孙雨林开始逐渐萎缩，形成零星的“物种避难地”，即被草原环绕的孤立森林岛屿。即使在今天，分布在这些森林里的鸟类物种仍比新生森林中的多。冰川期也会让水结冰，改变海平面的高度。当海平面下降时，陆地上的栖息地开始扩张；反之，陆地又被淹没，迫使动、植物向其他地区迁移。

生命等级

即使是在地球最偏远的地方，动物也很少完全独自生活，反而是和其他个体及其他物种发生相互作用。动物间的相互关联构成了从区域种群、群落、生态系统乃至整个生物圈在内的不同的生态层级，包括地球上出现生命活动的所有地区。由于微生物的分布极为广泛，因此生物圈可以上延至大气圈低层，甚至可能深入地下几千米的地方。

个体

动物个体通常是能自行觅食的独立单元，通常在一定大小的领域中生活。

种群

种群是生活在同一地域、能够进行繁殖的同种个体的集合体。

群落

群落是同一地域中所有种群的集合。它们虽然隶属不同的物种，但却需要相互依存。

生态系统

生态系统由生物群落及其周围的自然环境构成。典型的生态系统就是生物群系（或栖息地）。

生物圈

生物圈是地球上所有生态系统的集合，包含从岩石圈到大气圈在内的一切适于生物栖息的场所。

草原

地球上一些地方的气候过于干燥，限制了树木的生长，但稀少的降雨又足以防止土地变成沙漠，使得禾本植物成为这里的优势种。它们的独特之处在于茎部能在地面匍匐蔓延，而非像其他多数植物一样需要从顶端的生长点开始生长，因此不会受到放牧的危害。事实上，食草动物通过采食竞争植物帮助禾本植物保持优势地位，于是便形成了广袤的开阔地带，这里蕴含着丰富的食物资源，供给能消化这些食物的动物享用，但却很少能为动物提供藏身之所。

草原鸣禽没有树木可以栖息，如云雀，只能在空中鸣唱。

高鼻羚羊集结成群，它们的外表和生活习性都与羚羊类似（羚羊在温带草原地区很少见）。

温带草原

农业出现以前，温带的大部分地区都被草原覆盖，尤其是北半球地区。这些广阔的草原远离海岸和潮湿季风，几乎都分布在大陆的中心地带，如北美大草原、欧洲和中亚的干草原。这里的夏季通常很温暖，但冬季却漫长寒冷，寒风刺骨。

美洲野牛是一种体形巨大的食草动物，曾对北美大草原的生态产生深刻影响，如今的数量已经相当稀少。

这种栖息地的特色就是植物的大部分部位都藏在地下生长，与陆地上的其他栖息地植物正好相反。这是因为禾本植物的能量大多用于根系，而非叶片的生长。它们根系发达，具有丛生的须状根，能够固结土壤，从而对地表形成保护。如果草原发生火灾或旱灾，也可以很快就恢复如常，因为禾本植物能依靠根系中储存的能量重新生长。它们的根系能为昆虫和其他小型动物提供食物来源，也是穴居动物的理想筑巢之所，因为这些根系固结的土壤极易挖通，不像松散的土壤那样难以筑造巢穴。

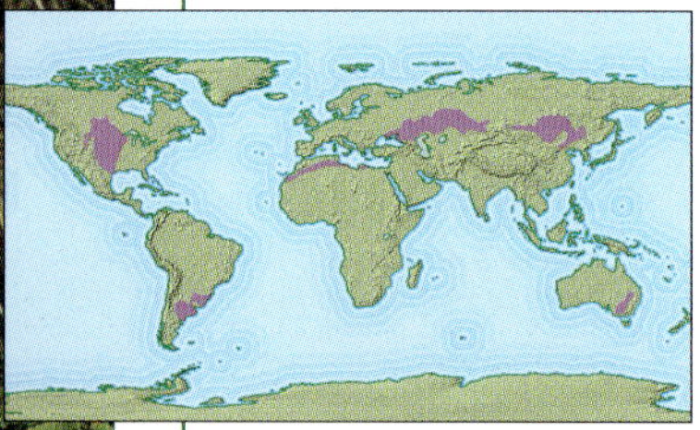

最辽阔的温带草原位于北美洲、南美洲、东欧、中亚与东亚地区。

草原爬行动物在地下过冬，夏季则很活跃，如图中的沙蜥。

地表的食物供应与季节密切相关。温带草原每年的水分大多来自春季降雨或消融的雪水，因此，植物在春季和初夏时节生长迅速，而食草动物也大多在这一时期进行繁殖。到了夏末时节，禾本植物变得枯黄，但草籽会在秋季成熟，成为珍贵的食物资源。冬季对所有草原动物来说非常艰辛，尤其是对食草动物，因为它们只能依靠埋藏在雪下的植物维生。

由于没有树木能够提供巢洞，因此一些鸟类将卵产在地下的洞穴中，如这只穴小鸮。

乔木和灌丛

空中的食腐动物，如非洲白背兀鹫，能借助稀树草原上的强热气流进行翱翔，居高临下时视野无阻，可以发现许多猎物。

长颈鹿的脖子很长，能伸长取食树叶，因此非洲草原上的许多树木都被吃成伞形。

不能飞行的鸟类也在稀树草原上生存，如鸵鸟，而奔跑则是躲避捕食者的有效方法。

地面

非洲猎豹在开阔地带发起进攻，它们依靠速度捕猎，而非潜行。

白蚁将植物带入地下，促进了重要养分的循环。

稀树草原

稀树草原是指零星分布着一些乔木和灌木的热带或亚热带草原。东非草原便是人们熟知的例子，那里的野生动物种类繁多，植被也独具特色（如树冠层很平的金合欢树）。与温带草原相比，地球上的稀树草原各不相同：一些稀树草原上的乔木很少，彼此相隔较远；其他一些稀树草原上散布着灌木林，与开阔林地交错分布。乔木对稀树草原的动物有着重要影响，因为树木能为动物们提供各种食物，如木头、树叶、花朵和种子等，还能为不在地面上生活的动物提供藏身之处和繁殖场所。

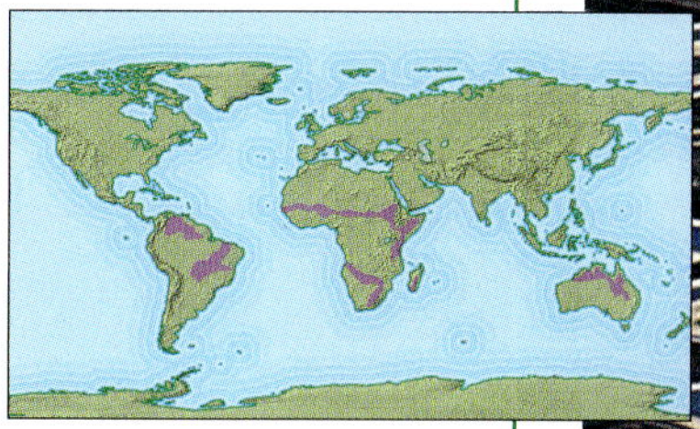

稀树草原主要分布在美洲的中部和南部、热带非洲，亚洲的南部和澳洲的北部。

树木和草地间的平衡关系十分微妙，但有时也会被动物打破。虽然大象取食树叶时常毁坏乔木，但它们也会吞下种子并和粪便一起排出，起到传播种子的作用，而粪便更是种子生长的理想介质。食草哺乳类动物常通过啃咬树苗控制其生长，致使树木没有机会成林。火灾也能控制树木的扩张，这种情况在树丛茂密之处特别明显。

与温带草原的栖息地不同，稀树草原通常一年到头都很温暖。稀树草原的旱季十分漫长，树木落叶，草丛枯黄；潮湿的雨季一到，则满目翠绿，郁郁葱葱。食草动物在雨季很少因为食物短缺而彼此竞争；但在旱季，饥饿的威胁常伴左右，因此许多动物要去很远的地方寻找水源和食物。

水土流失

天然草原曾占地表面积的2/5左右。随着农业的发展，草原大多被用于种植作物或是放牧，只剩下一小部分还存留着原生植被和野生动物。与这一过程相伴的是水土流失的加剧。野草能逐渐覆盖土壤，利用根须固结土壤。一旦野草被清除，裸露的土壤会因受到风雨的冲蚀而流失。水土流失一直是农业中的主要问题之一，因为土壤的形成需要很长时间，并且短期内无法被替代。

深沟

图中所示的是非洲某地水土流失后，形成深达数米的独特“V”形沟。树木的根部被破坏后便倒在了沟中。

草原的生活

尽管受到长达数个世纪的人为干扰，草原作为栖息地，仍然支撑着一些最大密度的野生动物集群生活。然而，在草原上生存十分不易，除了植物种类稀少，很难找到藏身处以外，动物们还需应对干旱和火灾等各种危险。雪上加霜的是，它们还常遭到一些奔跑速度最快、最强壮的食肉动物的攻击。

集群

生活在开阔草原上的动物面临着诸多危险，因为草原无法为其提供藏身之所。为了增加存活机会，许多大型食草动物都集群生活。这种方式可以减少被捕食者捕获的概率，因为当群体中的多数个体忙着进食时，会有部分个体负责巡视环境，以便及时发现捕食者。

非洲平原拥有当今最大的动物群。尽管与过去相比数量较少，但那里的角马迁徙时仍会聚集起来，数量可超过25万只，整个队伍长达40千米。19世纪期间，南非的跳羚群有时拥有超过1000万只个体。在野牛遭到猎杀而濒临灭绝之前，它们在北美洲的数量也能达到类似规模。

但集群生活也存在一些问题，其中之一便是个体有可能与群体走散。大多数集群生活的物种都有蹄腺，可用于标记气味，如果有个体离群，它便能追寻气味重回群体。集群生活的另一个问题是生产后代。为了避免初生幼体受到踩踏或是攻击，食草动物大多会在隐蔽处生产，并在少数几周之后重新加入群体。不过，有些幼体诞生在开阔地带，因此在出生后的数小时内，它们就必须跟上整个队伍。

不会飞的鸟类

守护幼鸟的美洲鸵。和其他不能飞行的草原鸟类一样，美洲鸵也依靠高大的身形和大眼睛侦测远处潜在的捕食者，以便有足够时间逃跑。

运动

速度对于在草原和稀树草原生活的动物来说至关重要。地球上奔跑速度最快的陆生动物，如非洲猎豹和叉角羚，都分布在这类栖息地中。自然选择让食肉动物有足够快的速度捕食，也让猎物能够快速逃脱。大多数能快速奔跑的动物都是哺乳类；但地球上奔跑速度最快的鸟类也生活在草原上，包括鸵鸟、美洲鸵和鸸鹋，它们体形巨大，均已丧失飞行能力，奔跑时速可达70千米。更重要的是，它们能保持这个速度长达30分钟，除非捕食者近距离发动攻击，否则这段时间足以摆脱大部分捕食者。

尽管草原上的许多动物都跑得很快，但这里的生活通常都很宁静。这是因为奔跑极其消耗能量，而动物也只在逃命时才奔跑。被捕食的动物都有警戒距离，视其所面临的具体威胁而定。例如，瞪羚通常容许狮子在约200米远的地方活动，因为它们能在这一距离内发现狮子的进攻，从而使狮子无法潜行捕猎。然而，一只独行的非洲猎豹即使出现在800米远的地方，也会让瞪羚成群逃窜。

地下生活

一些草原动物遇险时不会奔逃，而是躲藏在地下洞穴中度过危险。地洞能让它们躲开大多数捕食者的袭击，还能避开极端气候的影响。生活在地下的动物种类多样，从哺乳类到昆虫不等。它们中的一些物种，尤其是蛇类，不自行挖掘洞

建造地下家园

图中的黑尾土拨鼠正在收集野草用于铺衬巢室。这一聚居地由许多穴道组成，仿佛是一个城镇，洞深可达5米。

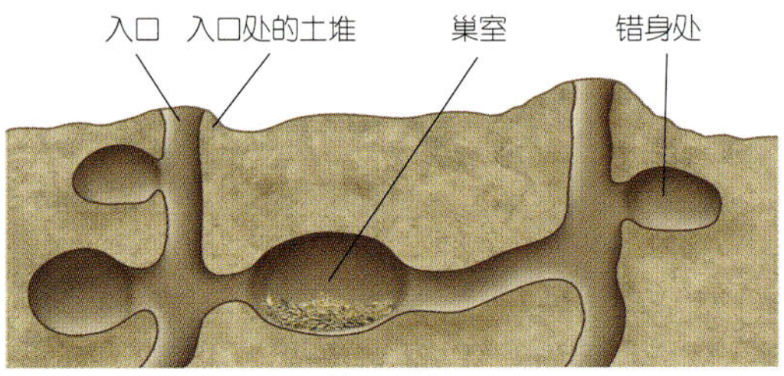

土拨鼠的地洞

迁徙的角马

坦桑尼亚塞伦盖蒂国家公园里的角马每年都会进行周期性的迁徙，哪里有鲜嫩的青草它们就迁徙到哪里。角马们在开阔的草原度过雨季，旱季则在稀树草原度过。

火灾

闪电是草原上的自然现象，能引发火灾烧毁死去的植物，使嫩草有机会发芽。从长远来看，火对草原上的野生动物十分有利，但动物也有可能在火中丧生。当火势向前蔓延时，动物大多通过奔跑或飞行逃生，紧急逃命时也不会像平时那样谨慎。有些动物，如鸨和鹳，则会最大限度地享受火灾带来的好处。它们接近火焰，趁机捕食慌乱逃窜的昆虫和其他小型动物；一旦大火烧过，它们就会在烧焦的地面上捡食动物死尸。

火边觅食

一只白鹳在蔓延的火焰前面搜寻逃窜的小动物。当它在平原上空翱翔时，会被大火产生的烟雾吸引。

穴，而是利用现成的洞穴。非洲土豚挖的洞穴最大，可以容纳一个人，但却会对车辆行驶造成严重威胁。而土拨鼠等啮齿类动物挖的洞穴最长。

在农业遍布北美大草原之前，一些土拨鼠的洞穴系统就已覆盖了数千平方千米的地域，其中生活着数百万只动物。白蚁也擅长建造巢穴，它们的巨大地下巢穴结构精巧，突出地面的巢穴像土丘般高耸兀立。这些巢穴中栖居着个体总数超过3000万只的白蚁。除了蚂蚁以外，它们在草原栖息地的动物中也占有很大比例，为大型食蚁兽提供了食物来源。

觅食

虽然禾本植物营养丰富，易于寻找，但却很难消化。包括人类在内的许多哺乳类都不能充分消化野草，因为草中含有大量的纤维素，是一种大多数动物都不能消化的碳水化合物。然而，食草哺乳类动物却能消化野草，因为它们的肠道中生活着特殊的微生物，能将纤维素进行分解以供身体利用。一些非哺乳类动物也能利用微生物消化植物。例如，热带稀树草原中的白蚁就依靠微生物来分解枯死的树叶和木头。

反刍亚目的哺乳类是最能充分利用纤维质的动物，如羚羊、野牛和长颈鹿等，这也是它们成为草原优势物种的原因。反刍动物的胃部结构复杂，就像一个发酵缸，能获取食物中的大部分营养。反刍动物通过反刍将半消化的食物返回口中再次咀嚼，以便更好地分解。而无须反刍的食草动物，如斑马，其消化系统效率较低，因此必须多吃才能保证生存。

纯草原区的食草动物虽然会争夺相同的食物，但各个物种都偏好不同的野草。稀树草原中的乔木和灌丛能提供更为多样的食物，而食草哺乳类动物则进化出了特殊的觅食方式，以降低与其他动物的竞争。这也意味着大量的物种都能一起生活。例如，喀氏小羚以嫩芽和果实为食，很少取食禾草，而体形较大的非洲旋角羚几乎什么都吃，包括果实、种子和地面上的植物根茎等。

获取食物

非洲瞪羚和多数羚羊不同，能用后腿站立。因此，虽然它的肩高仅约一米，却能采食到高度在两米以上的树叶，远超体形相仿的其他羚羊。

食虫动物

大食蚁兽利用强壮的前爪刨开白蚁巢穴，吞食巢内的白蚁。

收集粪便

蜣螂会对食草哺乳动物排出的大量粪便加以利用。它们会把粪便滚成球形，然后埋入地下作为幼虫的食物。

食腐动物也在栖息地的生态中起着重要作用，如鸟类、郊狼、豺和鬣狗等。空中飞行的食腐动物大多是秃鹫，但也包括少数鹳类，其中的非洲秃鹳是非洲体形最大的鸟类，与安第斯神鹫齐名。

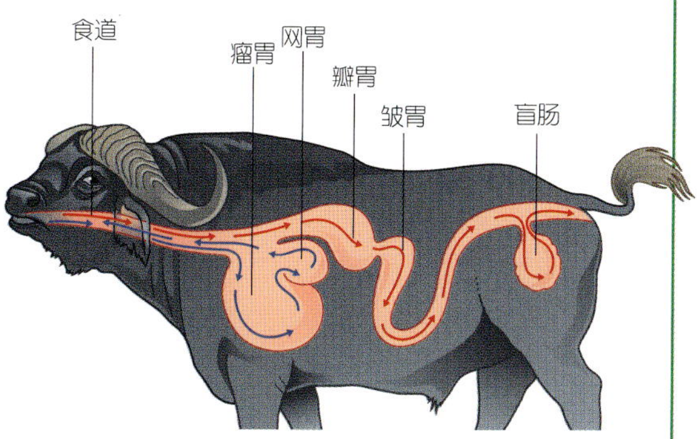

消化野草

野牛有四个胃室，最大的瘤胃中含有大量的细菌和原生动物。这些简单的微生物可以制造酶来分解纤维质，并将纤维质转化为能被动物吸收的简单养分。

沙漠

沙鸡会将胸羽用水沾湿，以供幼鸟饮用，借此解决水源问题。

沙漠的环境十分恶劣。除了气候干燥，阳光炙热，就连早晚的温差变化也比其他陆地栖息地明显。沙漠的雨量虽然稀少，但是会下暴雨，同时还有强风卷着沙砾铺天盖地而来。真正的沙漠通常都指年降雨量在150毫米以下的地方，不过地球上并没有两片完全相同的沙漠。半沙漠地区的雨水较多，每年可达400毫米，降雨通常发生在相对短暂的春季或雨季，随后便是持续数月的旱季。

弯角大羚羊与其他不饮水的动物一样，能从食物中获取所需水分。

亚洲胡狼是在夜间活动的，说明它会避开沙漠白天的酷热。

真沙漠

地球上的真沙漠大多位于南、北回归线之间。这些地方会连续数月出现高气压，阻挡低气压带来的降雨。若有山脉阻挡带雨云层，沿岸冰冷的洋流能使空气降温，导致进入内陆的湿气极少，由此形成沙漠。真沙漠的降雨十分稀少，降雨时间也不可预测，因此只有少数植物能够存活。这些植物非常善于收集和保存自然界提供的珍贵水分，如仙人掌及其他多肉植物，它们的根系发达，多呈水平状分布于沙质浅层，可以彻底吸干周围土壤中的水分，使其他植物无法在其周围生长。

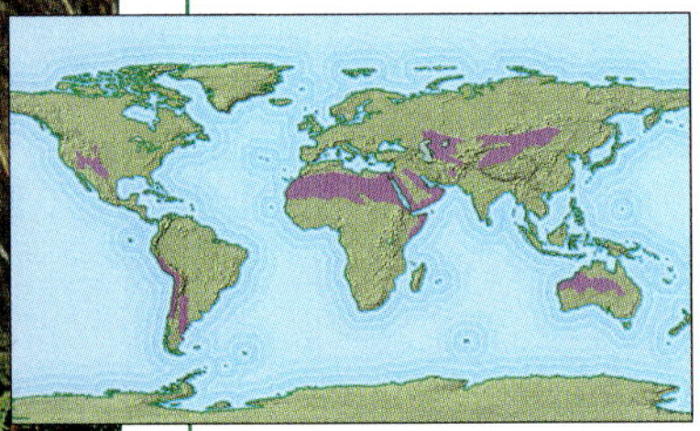

真沙漠分布在南、北半球的中纬度地区，年降水量不到5厘米。

这种干燥的环境会对动物产生一些有趣的影响。由于植被稀少，土壤匮乏，因此严重地限制了无脊椎动物的生存。大多数小型动物，如昆虫，都生活在植物上，或是植物下方堆积的枯枝落叶中。大型动物，如爬行类和啮齿类，常离开植物冒险外出活动，不过它们必须要小心避开白天的酷热。植被稀少使得地表大片裸露。当太阳升起时，裸露的地面迅速吸收热量，日落后又将热量释放出去。干燥的空气则会加重这种影响，使白天的地表温度上升至70℃以上。因此，大多数生活在沙漠中的动物通常在夜间活动，白天则躲藏起来，除了足迹外，几乎不见踪影。

棘蜥具有防护刺和保护色，其他行动缓慢的地栖动物也具有这类生存特性。

沙漠中的蛇类，如沙漠角蝰，会钻入猎物的洞穴中捕食。

锄足蟾是沙漠蛙类和蟾蜍类中的一种，大部分时间都生活在地下洞穴中。

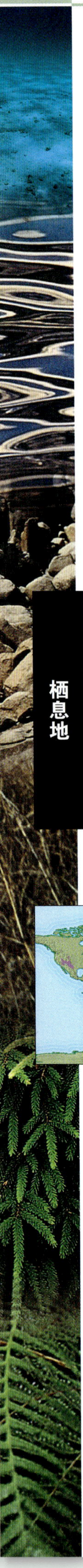

沙漠蝙蝠扮演着重要的生态角色，它们捕食昆虫，并传播花粉。

半沙漠地区的鸟类，如走鹃，通常会在多刺植物中筑巢，以免雏鸟遭到捕食。

狐獴常会集结成群共同生活。多变的食性与合作觅食的技能有助于它们在食物短缺时幸存下来。

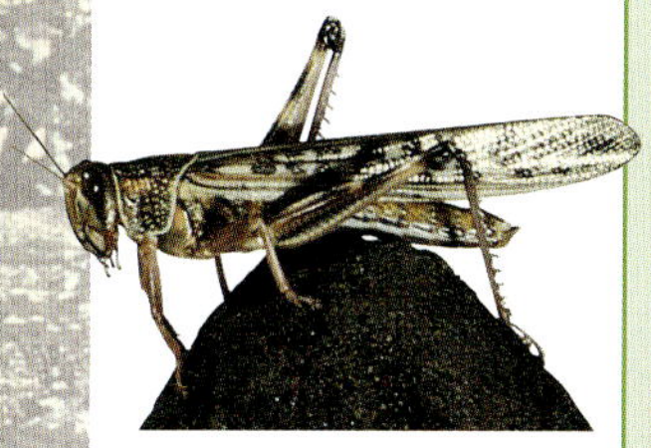

蝗虫具有迁移习性，是对栖息地食物资源的不稳定和不可预测的一种适应。

狼蛛主要依靠触觉捕食，因此在夜间也能发现猎物。

半沙漠区

与真正的沙漠相比，半沙漠的分布范围更为广泛，且更具生物生产力。地球上的每块大陆都有半沙漠环境，包括一些远离热带的地区。半沙漠地区的雨量适中且稳定，对其孕育的景观和动物种类影响重大。植物通常大量生长，形成能为地表提供覆盖的杂乱灌丛。

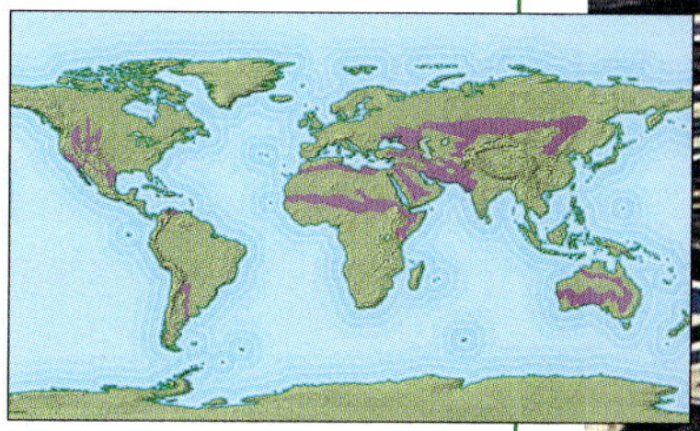

半沙漠地区是地球各个大陆分布最广的栖息地，并且延伸到了南、北半球的温带地区。

半沙漠地区中生长着一些木本植物，它们将大部分水分储存在地下的根系中，而多肉植物则将水存储在地表的茎、叶中。大多数沙漠植物针对食草动物的啃食有着很好的自我保护，例如仙人掌长有尖刺，而大戟在受伤时会渗出有毒的白色乳液。不过，如果动物能战胜这些防御措施，这些植物就会成为它们重要的食物来源。半沙漠地区还有所谓的“沙漠短命植物”，它们在雨后迅速生长，开花结果，随后便死亡。这种植物短暂的生命周期为动物提供了特别新鲜的食物，同时也让种子得以传播。

一些半沙漠地区终年温暖或炎热，而另一些地区的冬季则异常寒冷。中亚的沙漠地区和美国大盆地的北部地区（即落基山脉与其西海岸山脉间的沙漠区）的气温可降到零下30℃。这些地区的动物需要同时抵御酷夏和寒冬。一些小型动物，如昆虫，通常在冬季蛰伏起来，而穴居哺乳类则会一直冬眠到春季。

沙漠化

由于全球降雨带的频繁移动，使得沙漠地区也常出现变化。这些变化过程通常十分缓慢，让野生动物有足够的时间进行适应。然而，人类活动也会导致沙漠的出现，尤其是那些落后的农业生产活动，如牛、羊的过度放牧等。这一过程被称为沙漠化。目前地球上的许多地区，包括从中国、加利福尼亚至萨赫勒（撒哈拉沙漠南部的干旱区）在内的一些地区都已受到影响。沙漠化导致植被减少，土壤侵蚀加速，迫使生活在干旱地区中的动物进行迁移。沙漠化一旦发生，将很难恢复回来。

沙尘暴

遮天蔽日的沙尘正逐步逼近一座沙漠小镇。威力无比的风暴能卷起数百万吨的沙砾。

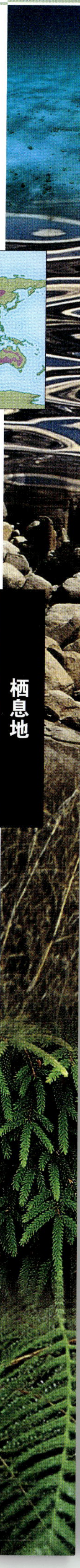

沙漠的生活

对生活在水分稀少的栖息地的所有动物来说，首要问题就是如何获取并保存水分。沙漠动物严格奉行“节水”策略，尽其所能地收集水分，并尽量减少水分流失。然而，仅靠节水还不足以确保存活，沙漠物种不得不进化出各种适应特性，借此应对气候变化和食物短缺的威胁。只有这样，它们才能在地球上最干燥的地区存活下来。

保存水分

大多数沙漠中都会散布着一些绿洲，方便动物饮水。一些动物必须每天饮水，因此它们必须在绿洲周围活动。另一些动物则依靠自身储存的水分存活数天甚至数周时间，主要根据温度而定。沙漠生活具有一个罕见特点，一些动物根本无须饮水也能存活，因为它们能从食物中获取所需水分。但大多数动物都通过食物的代谢获得水分，这些水分来自于食物释放能量时的化学反应。食草动物就是这方面的典型代表：虽然它们吃的食物看起来都是干的，但它们能够通过新陈代谢来获得足够的水分。

无论是需饮水者还是不饮水者，动物都得节约用水，以维持体内的水分。与其他栖息地的动物相比，沙漠动物尿液和粪便中的水分极少，且仅有少量水分会通过皮肤和呼吸释放出来。沙漠动物也擅长忍受脱水，单峰驼在身体失去一半水分时仍能存活。人类如果失水达20%，就会危及生命。

存储食物

为了应对不稳定的食物来源，许多动物都存储食物，有的动物还把食物藏起来。例如，北美更格卢鼠会在地下贮藏多达5千克种子。但是，食肉动物和以灌木为食的动物不可能建造出这样的食物储藏室。它们的食物很难采集和搬运，即便可以囤积，恐怕数天后也就不能吃了。唯一的应对方式就是把食物储存在自己体内，骆驼就是典型的例子之一，它能将多余的食物以脂肪的形式储存在驼峰中。还有一些动物，如吉拉毒蜥和脂尾袋鼩，可将食物储存在尾部。

应对寒暑

沙漠里的温度很少保持数小时不变，常在短时间内就出现极端变化。人类可以通过出汗散热，但当温度极高时，这种降温机制每小时消耗的水分会多达一升，远远超过沙漠动物的承受极限。沙漠动物通过减少热量的吸收以及增加热量的释放来适应环境高温。浅色皮肤或皮毛能将部分阳光反射出去，最大限度地降低热量的吸收；但更为有效的方法是在夜间活动，白天躲在地洞中避开高温。洞穴无须很深就能达到效果，当沙漠表层热到无法触碰时，在地下仅数厘米深的地方就会相当凉爽。

排出体内的多余热量对动物来说更为困难，尤其是在体温过高时。蜥蜴和蛇通常被描述成“冷血动物”，但实际上，它们的体温会随周围的环境温度而变化。尽管蜥蜴和蛇在温暖的栖息地中数量繁多，在体温超过44℃时也能存活，但是在白天最热的时候，它们还是要躲避在阴

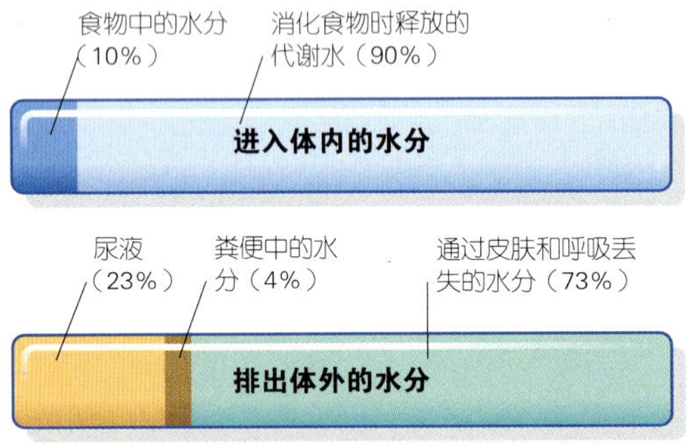

水分平衡

上图说明了一只更格卢鼠如何从食物中摄取充足的水分。摄入的水分必须与流失的水分保持平衡，动物才不至于脱水。

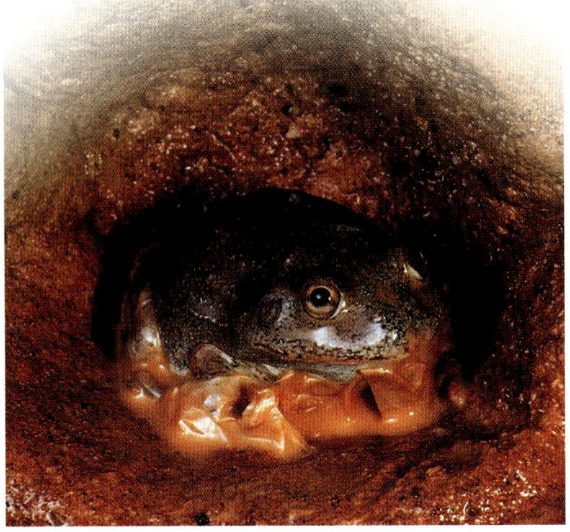

储水蛙

澳大利亚储水蛙会将水分贮存在膀胱和皮肤内。为了防止水分流失，这种蛙还会躲在地下，将自己包裹在透水的防水茧中。

快速补充

经历数天的缺水后，骆驼能在短短数分钟内喝下50多升水。它也能将多余的食物转化为代谢水，以脂肪的形式储存在驼峰中。骆驼的耐盐性很强，有利于在水分含有盐的沙漠中生存。

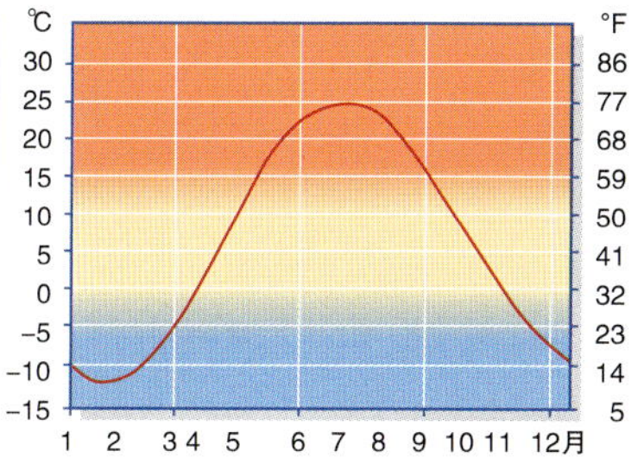

冻原

左图展示了戈壁沙漠西部边缘的年均温度。从11月至次年4月，温度都在零度以下。

换毛

中亚沙漠的冬季非常寒冷，到了春季后气温又会回升。双峰驼长出厚实的绒毛以度过寒冬，待春季气温回暖时毛才脱落。图中骆驼的厚毛已有一半脱落。

凉的地方。一些沙漠鸟类以喘息的方式降温，包括震颤喉部上方的皮肤来散热。沙漠袋鼠和沙袋鼠把唾液涂抹在前肢上，唾液蒸发时，动物体内的温度便会降低。

高纬度沙漠地区的冬季极为寒冷，如中亚的戈壁沙漠和北美的大盆地沙漠。生活在这里的动物采用各种方法适应严寒。大多数爬行类采取冬眠过冬，鸟类通常飞往更温暖的地方，哺乳类则长出厚重的毛皮来保暖，或是躲入地下过冬。

爆发式繁殖

沙漠动物的繁殖期变化极大。许多动物的繁殖时间都不固定，只有在最容易找到食物的时候才繁殖后代。例如，当食物充足时，雌袋鼠的繁殖很规律，当食物匮乏时，它们就完全停止繁殖。这种灵活的方式有助于合理利用资源，避免亲代在忍饥挨饿时，还要顾及饥饿的后代。

有些沙漠动物则把这种不规律的繁殖方式发展到了极致。例如，一些沙漠动物必须要在水中生活或繁殖，且繁殖时间极难预料。这类动物包括树蛙和锄足蟾，以及生活在临时池塘里的淡水虾。在数月甚至数年的时间里，都很难在沙漠动物中发现它们的身影，因为蛙和蟾蜍多藏身于地下，而虾类只将卵留在干枯的地表。但当暴雨过后，蛙和蟾蜍会立刻钻出地表，虾卵也会立即孵化。一旦活跃起来，这些动物立即寻找配偶，因为它们必须要在池塘干涸前完成生命周期。

蜿蜒前行

蹼趾虎的趾间具有皮瓣，脚趾类似雪鞋，因此能在沙丘上跑动。

从下方袭击

沙漠金鼹根据地面上的振动从洞穴中钻出伏击壁虎。

运动

在松软的沙子上行走对动物来说十分困难，大型动物会陷入沙中，小型动物在上、下坡时则要应对沙子的滑动。为了克服这一难题，一些动物，如金鼹和袋鼹，多在沙中穿梭而非在沙子表面移动。其他动物的足部肥大，如骆驼和壁虎，能分散体重以增加稳定性。侧向运动的蛇类采用了不同方法，通过一连串向下压的反作用使蛇身“抬离”地面，向蛇体主轴呈垂直方向前进，因此身后会留下独特的“J”形痕迹。这种方法不仅能节省能量，还能最大限度地降低身体和炎热地面的接触时间。一些昆虫和蜥蜴的足部会交替接触地面，以应对炙热的高温。动物的长腿也有助于将身体抬离滚烫的地面。

短暂的生命

图中的成年鲎虫被困在迅速萎缩的沙漠池塘中，并且只能存活数天。但它们产下的卵干燥后能存留数年时间，直到下一次暴雨降临时才会孵化。

夜间活动

沙漠跳鼠是干燥栖息地中典型的小型啮齿动物，夜间行动，以种子为食。跳鼠能离巢十多千米寻找食物，它们利用长后肢跳跃前行，依靠尾巴保持平衡。

游荡生活

当栖息地中的食物和水源呈零散分布时，那里的一些动物便采取游荡生活。这在沙漠栖息地中，尤其是在会飞的动物中十分常见。沙漠蝗虫因集结成庞大的游荡群而闻名，一些沙漠鸟类，尤其是取食种子的物种，也会形成庞大的游荡群。与迁徙物种不同的是，游荡型动物不遵循固定的迁移路线，其路线常常受到天气的影响，它们的繁殖时间也不固定，只要找到丰富的食物就开始繁殖。

野生虎皮鹦鹉

澳大利亚的游荡型鸟类包括虎皮鹦鹉、鸡尾鹦鹉和数种鸠鸽。虎皮鹦鹉出生后仅一个月便能繁殖，同时，由于亲鸟能在短时间内抚育出好几窝幼鸟，因此种群数量十分庞大。

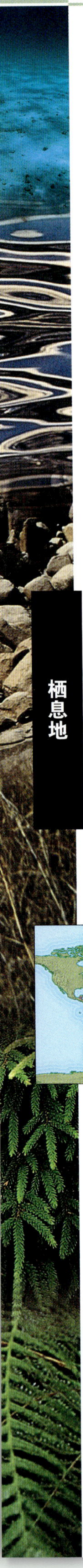

热带森林

森林在热带地区繁茂生长的时间远比地球的其他地方更早，这也是为何热带森林中的动物种类要比其他所有陆地栖息地还要多的原因。大多数热带森林中的大型动物已经被鉴定和分类，但无脊椎动物的种类异常丰富，很多物种都尚未发现，因此鉴定分类工作恐怕永远都无法完成。热带森林可被划分为雨林和季雨林两大类，雨林位于赤道两边的热带地区，季雨林则靠近热带边缘地区生长。

森林中的鹰类翅膀宽大，使其能在树冠中滑翔并搜寻猎物。

树懒大部分的时间都倒挂在树冠层的树枝上，依靠保护色躲避捕食者的攻击。

热带雨林中的树蛙种类要远远超过其他栖息地。

热带雨林

热带雨林位于赤道附近，终年温暖湿润，为植物的生长创造了理想条件。这里的树木和其他森林植物在持续不断的生长过程中，为了争夺阳光而进行你死我活的竞争。一些植物会尽可能地长高，而另一些则适于在半荫蔽的环境下生存。由于生长模式各不相同，因此形成复杂的层次结构，每一层都各自具有典型的动物种类。

雨林的最高层约有75米高，由单独生长的巨大乔木组成，称为露生层。露生层能为食肉鸟类提供筑巢地点，也能为猴类提供觅食场所。露生层下方为高20多米的树冠层，这里光照充足，还能受到露生层的保护，形成了一片连续不断、浓密交织的冠层。森林中的大多数动物都在树冠层觅食或栖息。林冠层下方是更为开阔的底生植物层，由耐阴树木构成。森林地被层上的落叶能为一些微型动物提供食物，同时还能为依靠穿透树叶落到地面的阳光生长的植物和幼苗提供滋养。

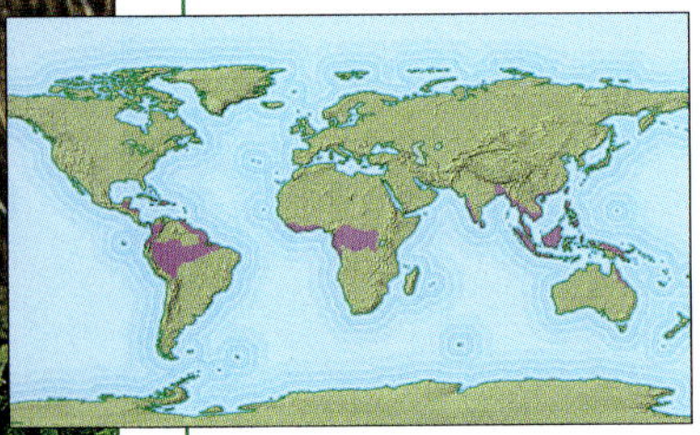

热带雨林分布在赤道附近，年降雨量高于2500毫米，全年雨量分配均匀。

这种带状分层是低地雨林区（最常见的雨林类型）的独有特征。当海拔较高时，树木就会变矮，分层变得稀疏，并随着海拔的升高而愈加明显，最后形成超过一人高的高山矮林。土壤也是影响森林形成的重要因素。热带一些地区的土壤为贫瘠的沙地，如南美洲的里奥内格罗地区，只能生长矮小且树叶呈革质的树木。

南美洲热带雨林中的吼猴是少数几种以树叶为食的灵长类动物之一。

南美切叶蚁在雨林中分布极广，从地被层到露生层均有它们的活动身影。

貘等有蹄哺乳类会在森林地被层捡食落果。

季雨林中的犀鸟利用长喙采食高处的果实。热带雨林里的巨嘴鸟也以同样方式觅食。

季雨林

与气候稳定的雨林不同的是，季雨林分布在具有明显干、湿季节变化的热带地区，一年中的某个季节会集中降雨形成雨季。仅3个月的降雨量就高达2500毫米，相当于一些热带雨林地区全年的降雨量。因此，季雨林不像热带雨林那么高大，树冠层通常更为开阔，并向下延伸至森林地被层。季雨过后，季雨林立刻变得茂密翠绿，但在随后而来的漫长旱季，许多树木都会落叶，树林下层因而能接收到较多的阳光。

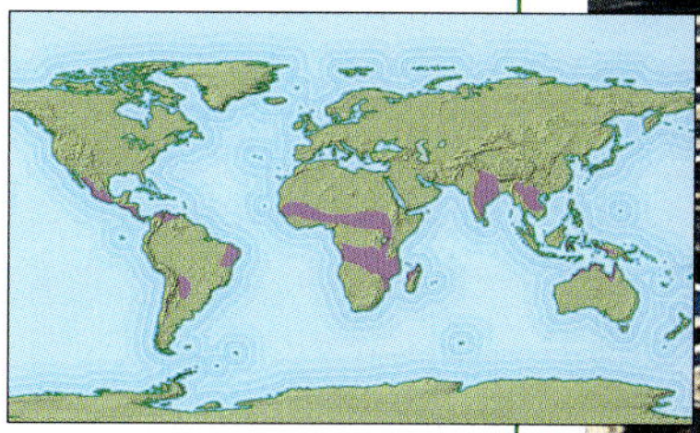
季雨林位于赤道两侧。距离赤道越远的地带旱季就越长。

季雨林中的一些树木反而会在落叶后开花结果，此时可吸引大批鸟类、昆虫和哺乳类动物前来觅食。季雨林中的动物在雨季利用树木的枝叶藏身，一旦树叶掉落，就非常容易被发现。虽然季雨林每年都经历干湿两季的交替，但动物种类和数量仍在地球上名列前茅。南亚地区拥有面积最大的季雨林，其中栖息着大象、猴子、豹和老虎等物种。亚洲的季雨林地区生活着一些艳丽的鸟类，如大型犀鸟等，还栖息着地球上最大的蛇类。非洲的季雨林中栖息着许多食草羚羊，而中美洲的季雨林中则栖息着美洲狮、长鼻浣熊和白尾鹿。这些动物大多都在雨季繁殖，因为此时的食物非常丰富。

对于**竹节虫**和**叶竹节虫**来说，高度进化的伪装是在季雨林中生存的关键。

果蝠是地球上最大的蝙蝠，几乎全都分布在热带森林中。

乌桕大蚕蛾和地球上其他许多大型有翼昆虫一样，都分布在季雨林中。

森林中的猫科动物占到世界猫科动物种类的一半多，老虎是其中体形最大且最濒危的物种之一。

季雨林中的蛇类包括在地面猎食的种类，以及上树寻找猎物的种类。

采伐森林

地球上的热带森林面积正以空前的速度减少。在过去的50年里，全球约有一半的森林都遭到了破坏，森林的碳储存量正在减少，从而加剧了气候变化。目前，许多热带国家的大面积森林已经受到法律保护，但在不断增长的农业和木材需求的压力下，这些保护措施往往很难执行。国际市场对可可、橡胶、棕榈油（一种用于制作生物燃料、肥皂和多种加工食品的原料）等原料的需求，也助长了热带森林的砍伐。如今的种植园在很久以前都是森林。

昔日的森林
和地球上其他地方的森林一样，热带森林也难逃被砍伐的厄运，但热带森林被砍伐后对动植物造成的影响会更大，因为这样使很多物种陷入了濒危境地。

热带森林的生活

一些热带森林动物终生都生活在地面上。但大部分动物通常都在树枝间游走。森林中的大部分食物都蕴藏在树冠层，因此，擅长在树梢活动的动物才最有机会大量繁衍。还有一些动物非常适应树上的生活，不但在树上觅食，也在树上繁殖，很少下至森林地被层活动。

树上活动

小型动物能轻松地在树上活动。例如，身体轻巧的蚂蚁无论是上、下树，还是在地面穿行都无甚区别。但是，对于体形较大的猿猴、猴和其他灵长类等动物而言，攀爬是一项十分危险的工作，一旦没有抓稳树枝（这种情况偶尔会发生），便有摔死的风险。大多数灵长类树枝间奔跑或跳跃，通常沿着熟悉的路线在树林间穿行，就像是穿梭在林间的高速公路上。猴类主要依靠视觉沿线移动，不过，许多较为原始的灵长类只在夜晚才外出活动，并在一定程度上依靠嗅觉辨别路径，如丛猴。长臂猿的行动方式更为不同，它们会吊挂在树枝下方，利用单臂交替抓举摆荡，像荡秋千一样从一棵树移动到另一棵树上，这种独特而有效的运动方式称为“臂行”。

可卷握的尾巴

蛇类攀爬时将尾巴缠绕在树枝上以固定身体，如图中的翡翠树蚺。它将前半身折叠起来，一旦发现猎物进入范围，便伸直身体攻击。

热带森林里还栖息着各种各样的飞行动物，如鸟类、蝙蝠和飞虫等，它们常在树梢间俯冲或盘旋。然而，在进化的过程中，许多没有亲缘关系的动物，包括哺乳类、蛙类，甚至蛇类，都进化出类似翅膀的皮膜，用于在森林中滑翔。其中一些能在树间滑翔100多米。更引人注目的是，许多动物在天黑后才开始活跃。

通讯

无论是在哪种森林中，动物都得相互交流。由于树冠层有枝叶阻挡，可视范围很小，且树干会阻碍地面动物的视线，因此，森林动物大多依靠声音和气味，而非视觉讯号，宣布对领地的占有和吸引配偶。热带森林中就生活着一些地球上叫声最响亮的动物，如吼猴、钟伞鸟、鹦鹉、蝉和种类繁多的树蛙。

交臂

摆荡，或称臂行，是一种有效的林间移动方式。图中的白掌长臂猿每次交臂摆荡的距离可超过5米，能轻松超越在地面上奔跑的人。

求偶呼唤

雄性树蛙通过膨大声囊发出鸣叫，用以侦测竞争对手和吸引潜在的配偶。而雌蛙只对同种雄性的鸣叫信号有反应。雄蛙发出的声音越大越持久，就越能引起雌蛙的回应。

与哺乳类和鸟类一样，每一种树蛙都拥有独特的叫声，一些可以发出类似金属的短促“叮呤”声，另一些则发出类似机械的持续颤音。利用声音传达讯号有一定的危险，因为除了能吸引潜在的配偶之外，也很容易被捕食者发现。树蛙和蝉利用抬高音调的方式解决这个问题，让捕食者难以确定它们的位置。其他动物，如许多哺乳类和飞虫，均利用气味保持联系，以避开捕食者。气味的主要优势在于可以持续存留，例如，美洲豹或者霍加狓都利用气味标记领域，这种气味可持续数天不散。

避开危险

热带森林中的许多物种都有保护色，还有一些物种擅于伪装成其他动物的模样。带有保护色的动物主要是昆虫和蜘蛛，也包括蛇、蜥蜴、青蛙和蟾蜍，它们的模仿对象十分多样，包括树皮、棘刺、鸟粪、树枝和落叶等无生命的物质。许多动物都借助保护色避免被发现和被捕食，但也有一些捕食者同样能利用保护色伏击猎物。

拟态是指一个物种伪装成另一个物种的现象，是一种防止被捕食的精妙方法。具有拟态的动物相对无害，它们在进化过程中，外表变得与危险性物种类似，这种现象在无脊椎动物中十分常见。例如，热带森林里的一些蜘蛛长得极似带有蜇刺的蚂蚁，甚至连行动都与之类似。若有数种生物长相彼此类似，情况就会变得十分复杂。一些蝴蝶会模仿有毒蝴蝶，尽管二者之间并无亲缘关系，但前者却能通过这种方式避免遭到捕食，同时也享有了后者的警戒标记。

警戒色在毒性极强的动物身上最为发达。例如，小型毒箭蛙与其他蛙类不同，它们的色彩十分鲜艳，用以警告其他动物，自己不但味道不好，吃了还会中毒，因此毒箭蛙能在森林地被层四处活动。

栖息地

双重保护

南美角蝉不仅看起来类似棘刺，就连摸上去也很像。它们胸部的刺状突起不但能起到伪装作用，也令捕食者难以下咽。

假眼

蜡蝉主要依靠保护色自保，然而一旦受到威胁，它们就会展示出一对类似眼睛的吓人斑点。这只是一种虚张声势，能使体形看上去更大。

觅食

赤道附近的树木终年都在生长、开花和结果，源源不断地提供着食物。森林中的许多动物几乎完全依赖花蜜和果实维生，如蝙蝠、鸟类和昆虫，其中一些物种还能帮助树木传播花粉和种子。例如，绿咬鹃将果实整个吞下，然后把种子反刍吐出，于是，这些种子便在地面上生根发芽。

与花朵和果实相比，热带森林里的树叶很难被消化。因此，那些以树叶为食的动物通常只取食嫩叶，因为嫩叶中的毒素较少。昆虫是数量最多的食叶动物，但森林里较大型的一些动物同样也以难消化的树叶为食，包括数种猴子、树懒以及一种十分罕见的南美洲鸟类——麝雉。麝雉处理食物的方式与食草哺乳类一样，它们吃饱后身体沉重，几乎无法飞行。

热带森林中的捕食者既包括一些地球上最小的昆虫，也包括体形最大的猫科动物。在植被覆盖率很高的环境中，它们大多采取伏击捕猎，而非追逐猎物。行军蚁和矛蚁则是最奇特的例外，它们集结成力量强大的蚂蚁大军共同捕食，每个群体拥有超过50,000只个体，并会吃掉任何没能逃脱的猎物。

繁殖

树栖动物必须具备一些特殊的繁殖策略。一些树蛙从树上下到森林的地面上产卵，但许多物种都在高大的树冠层产卵，卵多产在积水的树洞中，或是聚积在植物上的水洼中。一些树蛙更具创意，将卵产在泡沫中，以便能保持蛙卵湿润，直到蝌蚪孵出。

许多热带鸟类都在安全的树洞中出生，但攀爬型哺乳类很少筑巢，幼体大多在没有遮蔽的地方出生。幼猴通常攀附在母猴胸部，即使母猴沿着树枝奔跑或凌空飞跃时也紧抓不放。负鼠生活在美洲热带地区，小负鼠的外形类似老鼠。由于母负鼠的胎盘非常原始，因此小负鼠从母体内出生后必须爬进母亲的育儿袋中继续发育。这意味着，在它们的四肢还没发育到具备攀握能力之前，这些幼小的有袋哺乳类只能四脚悬空，凭借嘴巴咬住母亲的乳头。

吸食花蜜

图中的蝙蝠正舔食花蜜。依靠蝙蝠和鸟类传粉的花朵必须十分结实，才不会被来访者损坏。花朵依靠鲜艳的颜色吸引鸟类，而蝙蝠会被浓郁的花香吸引。

投机取巧的啮齿动物

刺豚鼠和其他小型陆栖哺乳类常会跟随鹦鹉和猴子穿越树林，捡拾偶然掉落到地面上的果实。

保护巢

非洲树蛙聚集在一起，共同筑造悬挂在树枝上的大型沫巢。为了保护蛙卵并使泡沫内部保持湿润，巢的外部会逐渐变硬。蝌蚪孵出后弄破蛙巢落入下方的水中。

蚂蚁的追随者

美洲中部和南部森林里的行军蚁在行进时，会将昆虫等小型动物从枯枝落叶中惊起，吸引30多种鸟类前来，啄食这些被蚁群驱赶出来的小型动物。一些鸟类常在蚁群前方飞行，另一些则直接扑到蚁群中。有些鸟类一直追随着蚁群，而另一些只在蚁群经过自己的领地时才上前跟随。一些小型动物和蚁群一起在地面上行进，如黄蜂和隐翅虫。尽管看上去十分危险，但这些动物的外形和行军蚁十分接近，这种适应特性除了让它们免受蚂蚁的攻击，并获得蚂蚁的保护外，同时还能享受到免费食物。行军蚁也会引来蜥蜴和蛙类，以及在逃窜动物身上产卵的寄生性蚊蝇类。

行军蚁

空中攻击

蓝顶翠鴗是翠鸟的“远亲”，偶尔也会追随蚁群。它们与翠鸟一样，也会飞扑捕猎，将猎物带到自己的栖息处，在吃掉之前，会先将猎物敲击树枝，致死后才吞食。

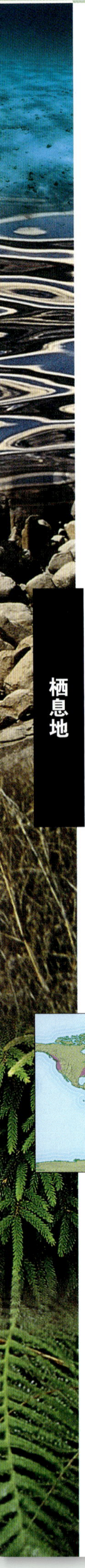

温带森林

温带森林地区的气候变化多端。一些地区冬季寒冷，夏季凉爽；另一些地区的冬季则相对温暖，夏季却与热带一样炎热。分布在冬季寒冷地区的温带森林，树木通常在冬季落叶，到了春季又重新长叶；而分布在温暖地带的温带森林，树木大多终年常绿。虽然温带森林里的野生动物不如热带森林繁多，但仍是地球上生物最为丰富的栖息地之一。

落叶林

深冬时节的落叶林看上去荒凉空旷，几乎见不到动物的活动踪迹。但当春季到来，白昼逐渐变长后，植物便会重新发芽，出现鸟鸣，各种动物也开始变得活跃，大地呈现一片生机。这种转变由植物性食物的突然大量出现引起，因此能为大量植食性昆虫提供充足的食物，同时也为以昆虫为食的动物提供充足食物。这类森林中的许多动物都是“常住居民”，但也包括从世界各地远道而来的候鸟。

与热带森林相比，温带森林的树种较少，其中以北美东部部分温带森林中的树木种类最多，可达数百种，而热带森林中的树木种类可达数千种。尽管如此，温带森林里的树木仍是生命的源泉。例如，高大的栎树每年都能长出25万多片树叶，春季和初夏的树叶最为新鲜，也更富营养，足以供养需要在此时快速进食的象甲、瘿蜂和蛾类幼虫。

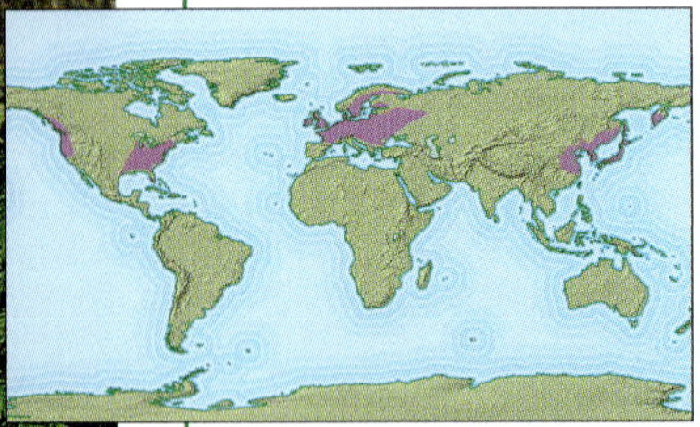

北半球分布着大面积的温带落叶林；南半球的温带森林大多终年常绿。

温带森林和热带森林一样，也有明显的垂直分层结构，但二者之间存在一些明显差异。温带森林中的树木高度很少超过30米，树冠层通常很深但十分开阔，因此阳光可以照射到下层植被，促进植物的生长。由于气候凉爽，落叶腐烂过程缓慢，因此落叶林中的叶片堆积得很厚，能为昆虫、鼠妇、马陆等动物提供食物和藏身之所。虽然有许多小型动物都栖息在树皮裂缝中，但无脊椎动物数量最多的地方并不在树上，而是在地表。

蛾类将卵产在叶片、嫩芽或树皮上，它们的幼虫通常是森林中数量最多的食叶动物。

旋木雀在树干上攀爬，寻找躲在树缝中的小昆虫。

松鼠会在秋季收集食物，然后囤积起来以供过冬之用。

鹿类在夏季以树叶为食，到了冬季则常会剥食灌木的外皮，或是取食林木下层的幼苗。

野猪会用长吻将落叶层拱起，以挖出的动物、坚果和根茎为食。

潮湿的森林地被层中的**无肺蝾螈**能通过皮肤吸收氧气。

环尾袋貂的尾巴能在其攀爬时缠住树枝，以便它们腾出前肢采食花朵和果实。

戴胜从树冠层向下飞扑，捕食地面上的动物。

树袋熊生活在森林的树冠层，但偶尔也会因为更换栖息树木等原因下到地面。

白氏树蛙的皮肤极厚，可以减少水分丧失，因此能够适应常绿阔叶林内的干燥环境。

丛林螽斯和甲虫等昆虫能为生活在地面上的爬行类和哺乳类提供食物。

喜光的蜥蜴和蛇类通常会在受到温暖阳光照射的森林的地面上享受日光浴。

常绿林

在温暖的温带地区，许多阔叶树都终年常绿。落叶林中的树木在春夏时节生长，而常绿阔叶林却在冬春时节生长，此时温度较低但并不寒冷，并且水分充足。植物学家把这种森林称为硬叶林，这类森林分散在世界各地，包括美国的加州、南美洲西部、欧洲的地中海区域，以及澳洲东部和西南部的大片区域。其中一些地区的森林低矮，但在以桉树为优势种的澳洲，还长有地球上最高大的阔叶树。

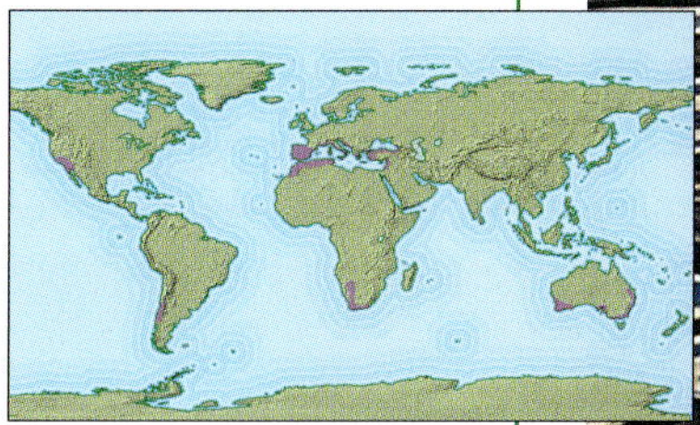
温带常绿阔叶林分布在地中海气候区，这里的冬季温和潮湿，夏季温暖干燥。

温带常绿阔叶树的树冠通常很开阔，说明其垂直分层往往不如较寒冷地区的明显，而森林地表也能接收到充足的光照。因此，这类森林的地面上生活着丰富的野生动物，常在较高树层活动的喜温动物，如蜥蜴和蝴蝶等，也常在地面晒太阳。开阔的结构更方便笑翠鸟、其他森林翠鸟、佛法僧和戴胜等鸟类扑食在地面活动的动物。

常绿阔叶林中的空气通常充满芳香气味，因为大部分树叶中都含有味道强烈的挥发性油脂，可防止叶片干枯，也能防止动物采食。叶片中的挥发性油脂是一种强效遏制物，除了专门取食树叶的树袋熊等特殊物种以外，很少有动物将这类叶片当成食物。

盐碱化

自从欧洲人踏足澳洲以来，给这片大陆上的森林，以及这里独一无二的野生动植物带来了巨大变化。上百万公顷的树木因木材需求而被砍伐，包括一些地球上最高大的阔叶树木。栖息在林地中的动物也被迫离开了家园。还有更多的土地被改造成了牧场和农场，并带来了意想不到的后果。土地盐碱化就是其中的问题之一，当原生植被受到破坏后，地下的盐分就不断向土壤表层累积，最终形成盐碱灾害。盐碱化常导致树木死亡，树木死后残留的骨架历经数年时间才会腐烂。

盐渍土

由于土壤中的盐分含量上升，图中的澳大利亚桉树已经因为盐碱化而死亡。盐碱化的形成源于对森林的破坏，因为这一过程会改变地面的水分平衡。而盐渍土也无法作为耕地使用。

温带森林的生活

影响温带森林生物的最重要因素就是不稳定的食物供给。无论是在森林顶层还是底层，生活在温带森林中的动物的生命周期都会与季节更替同步，从而在最容易找到食物的季节繁殖后代。动物在春、夏季节的生存相对容易，但在食物最为短缺的冬季，动物必须具有特殊强大的适应能力才能生存下来。

觅食

北半球的大部分地区都分布有温带落叶林，这类栖息地具有一项非常有用的特性，即很多叶片都能被采食。生长其中的树木的叶片只能维持一个生长季，如橡树和山毛榉，因此这些树叶通常很薄且极易采食。这就是为何一到春季便有众多昆虫尽情采食的原因。

昆虫数量的突然爆发会吸引大批高度特化的鸟类前来捕食。在欧洲、亚洲北部和北美洲，许多鸣禽都在植物萌芽时向北迁徙。这些鸟类的视觉极其敏锐，能在叶丛中四处搜寻微小的蛆虫和毛虫，然后用镊子般的鸟喙啄食。还有一些鸟类，如旋木雀、啄木鸟和鸸等，则会聚精会神地在树皮上寻找藏在树缝中的小型动物。

到了仲夏时节，树叶停止生长，动物的摄食行为也随之改变。大多数温带树木都依靠风力传播花粉，说明它们不会长出充满花蜜的诱人花朵。但这些树木却能生产出大量的坚果和其他种子，成为动物重要的食物来源。这些种子和树叶不同，可被贮藏起来，帮助动物度过食物短缺的季节。

森林中的许多鸟类和哺乳类都会贮藏食物。例如，松鸦会把橡子埋在地下，而橡树啄木鸟则将橡子藏在树上。松鼠将收集到的各类种子埋藏起来，赤狐则将任何可以食用的东西都埋起来，包括吃剩的尸体、食品包装袋和被丢弃的鞋子等。一些动物可以利用嗅觉找到埋藏食物的地点，但大多数动物都能凭借记忆准确找到贮藏地点，即使食物被白雪覆盖，它们也能找到将其挖出。

贮藏种子对于森林生态有着重大影响。即便埋藏种子的动物记忆力很好，它们也会忘掉部分埋藏地点。这就意味着，只要储藏的种子没有被啮齿类或其他动物发现，就能保持良

冬季“粮仓”

北美洲西部地区的橡树啄木鸟先用鸟喙在树上凿出一个个小洞，然后将橡子塞入小洞中。这些用于存储食物的树木称为“粮仓树”。一个家族的啄木鸟共同协作，可以在一棵树上储存多达五万粒橡子。这些啄木鸟也把橡子贮藏在篱笆桩和电线杆里。

树瘿

树瘿在阔叶林中十分常见，是植物组织遭到昆虫等生物的刺激后形成的畸形瘤状物或突起。植物叶片或叶柄上的树瘿乍看上去像浆果或纽扣。它们的产生是为造瘿生物的后代创造一个良好的庇护和取食场所，以便幼虫躲在其中发育成长。阔叶林中的树瘿大多是由小型瘿蜂或瘿蚊诱发产生。造瘿昆虫非常专一，通常在固定的植物种类上造瘿，每种树瘿都有不同的形态，因此很容易识别。

橡树瘿

橡树瘿由瘿蜂科中的云石纹瘿蜂诱发产生。这种瘿蜂的幼虫在树瘿内发育成长，直到发育成熟才咬穿树瘿离开。

森林地面的觅食者

成年野猪一边照看幼崽，一边在枯枝落叶中翻掘食物。野猪以橡子和其他坚果为食，也利用铲子一样的吻挖掘植物的根茎、真菌和藏在土壤或落叶中的小型动物。

好的栽种状态并适时发芽，有利于森林树木的繁衍。

冬眠

许多食虫鸟到了秋季便迁徙到更温暖的地区，而留在森林中的动物则要面对冬季的严寒。那些预先贮藏了食物的动物在难熬的冬季仍能保持活跃，而其他动物则要采用截然不同的生存策略，即进入冬眠，依靠夏季积累在体内的脂肪过冬。

冬眠时间长短和深度取决于动物的生活地点。欧洲西北部森林中的刺猬可以冬眠长达六个月，而较南部地区刺猬的冬眠时间要短得多。北美洲东部的旱獭通常从10月冬眠到次年2月；如果它们年初就出洞活动，说明春天即将来临。

冬眠中的一些动物通常处于深睡之中，如榛

睡觉越冬

榛睡鼠将叶片和苔藓等铺在悬钩子等植物中间，建造出隔热性能良好的越冬巢。图中的部分巢穴已被暂时移除，巢中榛睡鼠的尾巴紧裹身体，正处在深睡中。

睡鼠，即使被人抓起也较难苏醒。然而，许多动物在冬眠时的行为都十分不同。如果天气变暖，它们会偶尔醒来，如蝙蝠醒来后飞入空中捕食，而刺猬则会变换住所。不过，在森林中冬眠的动物必须十分谨慎，不能经常这样变换住所，只要活动就会消耗体内的食物储备，在冬天未真正结束前这样做，会将它们置于危险境地。昆虫中的许多种类也冬眠，通常都藏在树皮下；但一些物种的成虫会死去，只留下虫卵顽强越冬，直到春天才孵化。

运动

猴子和长臂猿是热带森林中的攀爬高手，松鼠则是温带森林中的爬树专家。松鼠与许多攀爬型哺乳类不同，它们通过钩状爪端钩住树皮，因此能头朝上，或头朝下地在树干上爬动。松鼠的视觉极佳，一旦它们发现捕食者的身影，便会快速躲藏到树干背后。这种简单的行为让它们很难被捕捉。

温带森林中也栖息着能够滑翔的啮齿类，而在澳洲甚至还栖息着能滑翔的有袋类。但在树间飞行的精确操控方面，只有猫头鹰和猛禽出类拔萃。这类空中捕食者和栖息在开阔环境中的近亲物种不同，大多双翅宽短，能够极好地操控身体翻转并转向。这种适应林地生活的最好例子就是雀鹰。雀鹰并不高飞和俯冲，而是在树丛中穿梭飞翔，有时离地仅一米左右，突然从空中扑向小型鸟类等猎物，用利爪抓住猎物飞回栖息地点。

温带森林为地栖动物提供了大量藏身场所。因此，森林下层栖息的小型哺乳类较多，包括田鼠和鼩鼱等。为了避免被天敌发现，这些动物多在被野草或落叶覆盖的小道上活动。田鼠能综合利用视觉、嗅觉和触觉在这些小道中寻找通往别处的路，但视觉极差的鼩鼱则在一定程度上依靠高频声波来认路。这种信号方式与蝙蝠的回声定位一样，都是利用声音的折回进行定位。

夜间飞行

北美鼯鼠与大多数松鼠不同，常在夜间觅食。它们的四肢之间具有能够伸缩的皮膜，因此滑翔距离可达50多米。滑翔时，利用前肢操控方向，依靠大眼睛的帮助在夜间安全飞行。

生活在落叶层

温带森林的落叶层是地球上动物种类最为丰富的微型栖息地之一。这层厚厚的腐质层也为脊椎动物，包括哺乳类和蝾螈提供了庇护，但其中最主要的居民却是以植物碎屑、真菌、细菌和其他同类为食的无脊椎动物。它们中的一些物种体形很大，极易被发现，如蜈蚣和鼠妇，但多数物种都十分微小。

生活在落叶深处的动物完全处在黑暗之中，大多依靠触觉寻找食物。对捕食者来说更是如此。蜈蚣利用长触角定位猎物，小型伪蝎则依靠螯肢上的触觉毛感知猎物。伪蝎与真蝎一样，也有毒性，但由于体形太小，因此很难威胁到比它们大得多的动物。这是十分幸运的，因为在几平方米的落叶层中，它们的数量可多达几百万只。

落叶中的猎手

石蜈蚣（如右图）的身体扁平，除了能在地面活动以外，还能钻入树叶和倒木下。地蜈蚣长期生活在地下，因此身体细窄，几乎呈蠕虫状。

枯叶能够很好地起到屏蔽作用，避免栖息其中的动物被在地面觅食的动物发现。然而，这里也不见得十分安全，因为一些温带森林中的鸟类，特别是鸫类，会将叶片衔起后抛在一边，当落叶层中的动物见光逃窜时便上前啄食。

昆虫雕刻师

雌性小蠹在树皮与边材处钻蛀，并沿着蛀道产卵。幼虫孵化后沿着原始蛀道垂直钻蛀，等树皮死亡脱落后，它们制造的独特“走廊”图案便会显现出来。侧向蛀道的终点就是出口，成虫羽化后从这里飞离。小蠹是温带森林中的常见物种，由于它们能将真菌传染给树木，因此极具破坏性。有种榆小蠹还会传播荷兰榆树病，这种真菌病已经感染了欧洲和北美洲部分地区的榆树。

树皮艺术走廊

小蠹成虫体呈圆柱形，胸部前端呈圆形，将大半个头隐藏其中。不同种类的小蠹会蛀蚀出不同的“艺术走廊”图案。

针叶林

针叶树是地球上最顽强的树种。它们的叶片细长如针，能够忍受极端的寒冷，也无惧强烈阳光和大风的影响。它们的外形相对竖直挺立，能够紧密相依，形成茂密而郁闭的森林。因此，针叶树能在阔叶树难以存活的地区生存，如北半球的大部分地区和山区。就算是在降雨量丰富的地区也能很好地生长。这些地区中的针叶林形成了温带雨林，孕育着一些地球上最高大的树木。

苍鹰等猛禽生活在针叶林中，食物全年不匮乏。

树蜂和木胡蜂的幼虫靠树干保护，度过气候恶劣的冬季并发育成虫。

北方针叶林

北方针叶林（或称泰加林）得名于希腊神话中的北风之神，是地球上面积最大，绵延范围最广的森林类型，覆盖面积约为1500万平方千米，几乎呈带状向北延伸，通常深入到极地地带。这条森林带在一些地区的宽度可达1600千米。整片森林区的冬季温度通常会降至零下25℃，但在最寒冷的一些地区，如西伯利亚东北部，温度会降到零下45℃以下。寒带森林的夏季十分短暂，但气候温暖。

和低纬度的森林类型相比，北方针叶林的树种稀少，只能为植食动物提供有限的食物资源。由于阳光难以穿透密集的针叶林，抑制了林下植物的生长，而掉落的针叶分解后导致土壤呈酸性，因此针叶林中的生物多样性较低。即使是在夏季，森林内部的光线通常也很昏暗，地面上还落着一层厚厚的枯叶。真菌能在这样的环境中繁茂生长，虽然林下层也有植物生长，但却要忍受稀少的阳光和酸性土壤。

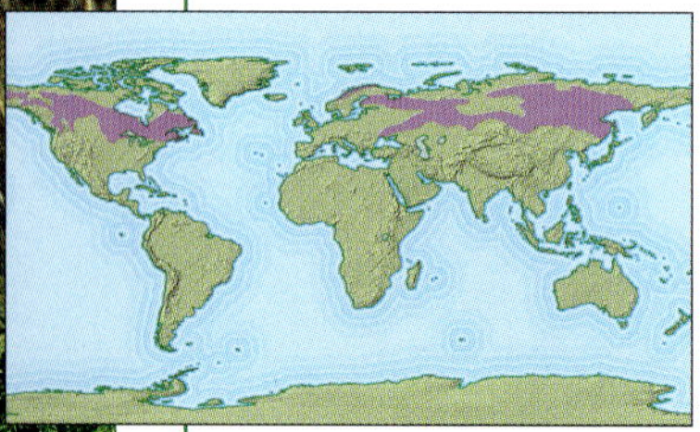

北方针叶林的分布范围能绵延至极地地区。而南半球却没有类似的栖息地类型。

除了昆虫以外，很少有动物能消化针叶树的叶片或木材，因此，这里的植食动物多以种子、花芽和树皮为食，或是取食低矮灌木的果实。虽然这类栖息地的食物种类较为缺乏，但数量却很丰富，尤其是这里还很少存在食物资源的竞争。这也是为何栖息在北方针叶林中的动物，包括从鸟类到熊类在内的很多动物，其分布范围远远超过在地球上温暖地区的分布范围的原因之一。

棕熊会爬树，但它们大多在地面觅食。

灰狼成群猎食，这种觅食策略能让它们杀死比自己体形更大的动物。这在食物缺乏的冬季尤其重要。

对于**驯鹿和其他有蹄类**而言，北方针叶林可以保护它们免受冬季寒风和暴风雪的侵袭。

金冠戴菊是许多小型食虫鸟中的一种，多在高处觅食和筑巢。

猫头鹰类在夜间捕捉温带雨林中的多种小型哺乳类和鸟类，如图中的美洲雕鸮。

北美豪猪会爬树，动作虽然缓慢笨拙，但却能够爬到树梢采食嫩芽和树皮。

虽然名为**食鱼貂**，但这种动物很少捕鱼。它是少数会捕食豪猪的动物之一。

白鼬身材修长，能够尾随并潜入猎物的洞穴，使得猎物很难逃脱。

蛞蝓生活在温带雨林中，有些种类取食植物，有些种类则以其他蛞蝓为食。

温带雨林

地球上面积最大的雨林分布在热带地区，但温带部分地区也有雨林。温带雨林多分布在山脉的西侧，这些山脉能够阻挡来自海洋的潮湿空气。与北方针叶林不同的是，温带雨林全年的气候都相对温暖。温带雨林与北方针叶林相比十分罕见，只分布在少数地区且彼此距离较远。南半球的温带雨林分布在新西兰南岛和智利南部的部分地区。

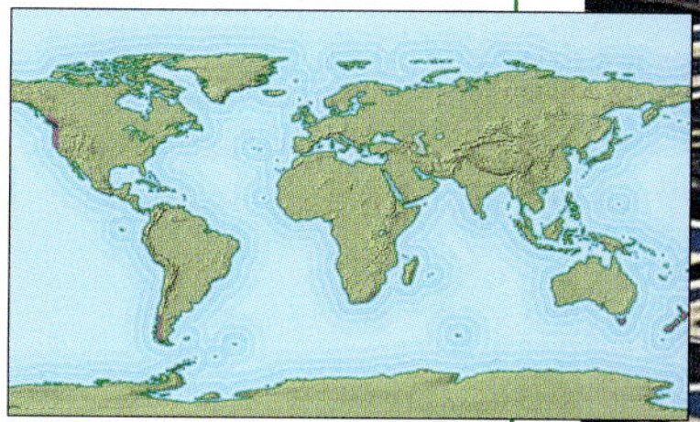
温带雨林分布在海岸的西部地带，这里常年都在下着大雨。

这两个地方的雨林树种大多为阔叶树，但美洲太平洋西北部海岸的温带雨林树种却全部为针叶树，也是地球上面积最大的温带雨林，其中的一些树木高达75米，树龄超过500年。这类针叶林的景观与其他森林不同。地面和底生植物层都挂满了下垂的蕨类或是湿漉漉的苔藓。这里的树木密密麻麻，高耸于上方的林冠层，笔直的树干直插入淫雨连绵的天空，有些树木的胸径可超过3米。

温带雨林孕育着许多动物，这些动物在世界各地的针叶林也有分布。然而，温带雨林还有一些独有的特征，这里的气候温和潮湿，非常适于蛞蝓和蝾螈在此生活，而大量的倒木则会提高取食朽木的昆虫的生存机会。自然状态下的温带雨林中，还栖息着很多哺乳类、猫头鹰和其他需要在高大的老龄树木上筑巢的鸟类。不幸的是，木材产业对这类树木的需求极大，因此，未遭到砍伐的温带雨林已经变得越来越少。

皆伐

针叶树是木材生产和造纸业的必需品，但大量砍伐针叶树会对野生动物造成深远影响。许多动物，尤其是洞栖鸟类，需要依赖老龄树木生活，而在经常进行皆伐的人工林中，已很难再找到老龄树木。另一方面，皆伐会定期将伐区内的林木全部伐除，因此可用于森林的更新。虽然人造林还无法与原生森林相比，但也能在一定程度上帮助森林中的动物。

完全清除砍伐
皆伐会将一定面积内的所有树木完全砍伐，迫使其中的动物迁移。

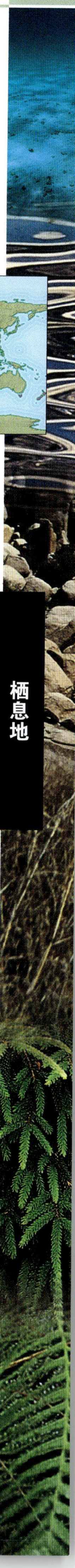

针叶林的生活

无论是动物还是树木，北方森林中的生活主题都是如何在漫长严酷的寒冬中生存。一些在冬天仍旧活动的动物，如狼，必须不断觅食才不至于被冻僵。在针叶林中觅食十分困难，因此生活在其中的动物必须具备一些高度特化的生理或行为特征，才能更好地存活下来。

致命一击

经过一番快速追逐，加拿大猞猁终于抓住了一只雪兔。这两种动物的数量动态密切相关。

觅食

与阔叶树相比，针叶树的防护措施更好，以防遭到动物采食。除了叶片十分坚韧外，还含有油性树脂，使得叶片和木材难以被消化。此外，如果边材受损，树脂就会流出，像强力胶水一样紧紧粘住昆虫和蜘蛛。

尽管具有这些防护措施，但一些动物还是有办法在针叶树上生活，叶蜂幼虫就是最成功的例子之一。这些类似毛虫的幼虫钻入树干深处，在树干中留下圆柱状的通道。锯蜂幼虫并不取食木材，而是以长在通道内的真菌为食。当雌锯蜂羽化为成虫时，会将少量真菌携带在自己身上，当它们产卵时，真菌便会传染给新的树木。这种共生关系对于锯蜂来说至关重要，但并非独一无二：其他栖息地中的一些动物，特别是热带地区的蚂蚁和白蚁，也会“培植”真菌作为食物。

尽管钻蚀木头的幼虫可以免受大多数捕食者的攻击，但也无法完全高枕无忧。因为针叶林中栖息着数种地球上最大的啄木鸟，它们常对树干进行连续敲击，直到捕获里面的幼虫。锯蜂还要面对来自姬蜂的威胁。姬蜂利用长产卵器刺穿树干，将卵产在锯蜂幼虫的身上。据说姬蜂能借助嗅觉找到锯蜂幼虫。当姬蜂的卵孵化后，便将寄主幼虫活活吃掉。

有些动物大量取食针叶，如松鸡和北美豪猪，但取食针叶最多的动物却是蛾类幼虫。虽然针叶林中的蛾类种类不多，但却会对森林造成巨大损害。这些极具破坏性的蛾类，特别是舞毒蛾，已经扩散到了地球上的许多地区。

剥取种子

交嘴雀的上下喙互相交叉，能轻松剥开球果种子的外壳。交嘴雀的幼鸟在短时间内，可以忍受-35℃的低温。

蛾类侵袭

虽然舞毒蛾本身没有破坏性，但其幼虫却会大量取食树叶，还会侵害许多落叶树。

钻探木头

雌姬蜂利用足来固定身体，用产卵器穿透树干，将卵产在锯蜂幼虫身上。

寻找冬天的食物

针叶树没有真正的花朵，但却能长出种子。对于鸟类和小型哺乳类来说，这些种子是冬季的重要食物来源。然而，要想得到针叶树的种子却并不容易。针叶树的种子都长在木质球果中，如果种子没有成熟，球果就包得很紧。

在针叶树的种子散播到地面之前，针叶林中的动物依靠各种方法获得种子。例如，松鼠会把正在生长中的未成熟球果啃开，吃掉其中的种子，然后将剩余部分丢在地上。啄木鸟常捡拾掉落的球果，将其塞入树洞或是有裂缝的树干中进行固定，方便啄食种子。交嘴雀吃起种子来更是熟练，它们的喙专门用来处理球果，取出种子的过程如同做手术般精确。

和种子相比，树皮的品质比较低劣，但却能帮助一些动物度过寒冬。鹿类会撕食树苗基部的树皮，田鼠和豪猪则会爬到树上啃食高处的树皮。撕食树皮会对树木的生长造成阻碍，严重时还会导致树木死亡。

进食中的鹿

鹿类啃食针叶树的树苗和树皮，因此会对针叶林造成严重影响。当鹿的数量很多时，这种吃法就会毁掉树苗（见插图）。不过，这样也能在森林中开辟空地，让那些能结出果实的植物受到阳光的照射，使其他动物也从中获益。

适应严寒

针叶林会在春季迎来一些食虫鸟，它们将幼鸟养大后，才离开飞往南方。然而，其他的动物就必须留在森林中度过严酷的寒冬。它们中的一些物种进入冬眠，而另外许多物种即便在最冷的月份也会出来活动，并依靠自身的御寒结构存活下来。

有些森林动物拥有隔热性能极好的皮毛，如鼬类。这一动物类群还包括松貂、狼獾、水貂和紫貂等，它们全都是身手敏捷的猎手，以拥有柔软的厚毛而著称。和大多数哺乳类一样，它们的毛也分为两层：外层为长的针毛，可起

种群动态

皮张收购记录形象地反映出加拿大北部森林中雪兔数量的起伏变化。每隔大约十年，它们的数量便出现高峰，峰值之间的年份是数量的削减期。

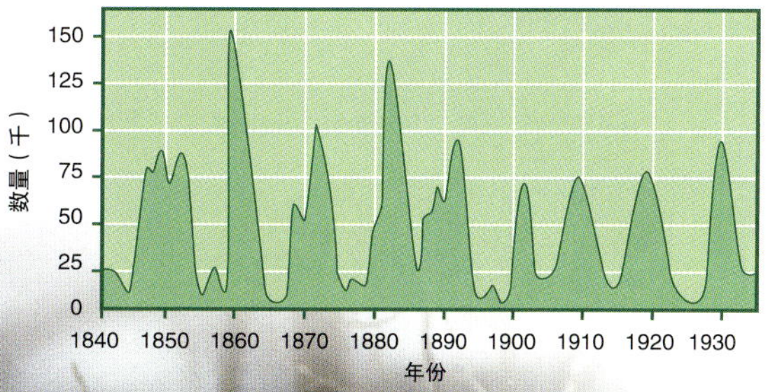

到防水作用；内层为浓密的短绒毛，相当于一层隔热物体，帮助动物保持体温。北方的物种在夏末脱毛后，长出厚实的被毛；有些动物，如白鼬，换毛后长出白色被毛，以便能在冬季形成伪装。

由于大型哺乳类动物的体内含有大量热量，因此保暖较为容易。但对针叶林中最小的温血动物来说，冬季才是对其耐寒极限的考验。田鼠和其他啮齿类躲藏在洞穴中过冬，而鸟类大部分时间都在开阔地带活动。对于体重通常不到10克的鹪鹩和山雀来说，冬天的夜晚格外危险。它们的身体太小，储存的能量有限，因此必须采取特别措施才能度过寒夜，坚持到清晨来临后再去寻找食物。它们中的一些会一起挤在树洞中，通过彼此的体温保暖，少数物种将雪作为隔热材料，在雪中过夜，如西伯利亚山雀。

雪上奔跑

狼獾在寒冬中更容易捕获食物。它能在冻结的雪上快速奔跑，这种能力有助其抓获驯鹿等大型动物，而驯鹿在夏季则能摆脱狼獾的追杀。

种群周期

由于北方针叶林中的动物种类相对较少，因此捕食者和猎物之间的关系非常密切。在气候温和的年份里，树木的旺盛生长可引发小型动物种群的数量暴长；而以它们为食的捕食者的数量也开始增长。不过，这种情况不会持续太久，当植食动物的数量开始超过食物供给量时，它们的数量便会下降。随着下降速率的加快，捕食者的数量也快速降低。

尽管北方的天气难以预料，但这种数量的起伏却极具规律性。北美洲的皮张收购记录可以追溯到一个世纪之前，为动物种群的数量变动提供了长期证据。例如，这些记录能够说明雪兔的种群数量是以10年为周期进行变动，在2—3个兴盛年份之后，便出现长期衰退。加拿大猞猁是雪兔的主要捕食者之一，也有同样的规律，但会存在1—2年的时滞。而生活在苔原的旅鼠和其他小型哺乳类也具有相似的循环周期。虽然动物无力阻止这种兴衰过程的发生，但只要环境条件有利，诸如雪兔在内的动物就能通过快速繁殖从种群衰退中迅速恢复过来。

集群迁移

北方针叶林中的食物供应受到天气和资源竞争的影响。经过凉爽夏天之后的冬季，种子和浆果的供应可能减少，致使食种子和果实的鸟类难以维生。为了不会挨饿，这些鸟类会一批批地飞往南方，称为集群迁移，所涉及的旅行距离可多达1500千米，远远超过平时的过冬范围。经常性集群迁飞的物种包括交嘴雀、太平鸟和山雀，以及星鸦和其他以种子为食的鸦类。

向南迁飞

一群太平鸟在南飞途中暂停休息。与其他集群迁移的动物一样，太平鸟也在种群数量很多时向南迁飞。这种大规模的集体迁离由冬季食物的缺乏引发。

栖息地

山脉

许多陆地栖息地的气候在局部范围内的变动很小。但山区内的海拔每升高200米，平均气温就下降约1℃，氧气也变得更加稀薄，同时空气阻挡紫外线的作用也会下降。因此，山脉可划分为不同的地带，每个地带的动、植物种类都与相邻地带的截然不同。山麓地带生活着各种动物，而在树线（即树木在垂直海拔高度上分布的最上限）以上的恶劣环境中，常年都生活着最为顽强的物种。

有蹄哺乳类能在高海拔地带生活，例如，盘羊就经常在雪线附近活动。

旱獭在洞穴中冬眠，而其他一些山地啮齿类，如鼠兔，会储存大量的食物过冬。

温带山地

温带山地的气候全年都相对凉爽，但季节性变化却比热带更加明显。树线以上的高海拔地带，到了春夏时节，植物会出现爆发性的生长。有些动物在这段时间内迁移到高海拔地带，以便能享用到丰富的食物。而其他动物，如旱獭等，则长期生活在中、高海拔地带，躲在洞穴中过冬，每年的冬眠时间可长达八个月。生活在高海拔地带的昆虫花费数月时间蛰伏，天气变暖后才出来活动。许多昆虫以卵的方式蛰伏，当白昼变长，温度升高时才孵化。低海拔地带的气候较为温暖，通常与周边的陆地气候相似。然而，由于倾斜山坡上的石头很多，难以进行耕种，因此比平地更容易保留较多的树木。

在不受干扰的条件下，这些山地森林会是大型哺乳类的天然栖息地，如美洲狮、熊和鹿类等，同时也是各种食种子和食虫鸟类的家园。温带山地中还孕育着许多猛禽，有些物种快速扇翅追逐猎物，如游隼，而雕和鹫类则会乘着上升气流在高空翱翔。胡兀鹫是山地中的特有物种，非常善于利用山地环境，可以把骨头从空中抛向岩石，然后取食碎骨头内的骨髓。

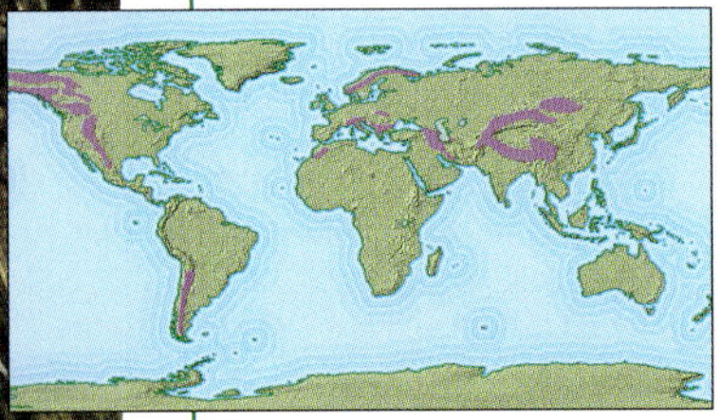

北半球温带的山脉包括了地球上最高的山峰群。而南半球的山脉则较小，也更孤立。

美洲狮的适应能力很强，分布在海平面至海拔3000多米的范围内。

游隼利用悬崖的岩脊作为瞭望和筑巢地点。

马鹿和其他许多鹿类一样，也进行垂直迁移，夏季会在树线以上地带觅食。

安第斯山脉的山地蜂鸟通过蛰伏度过寒冷的夜晚，这也是冬眠的一种形式。

小羊驼血液中的含氧量很高，因此能在高海拔地带活动。

山地大猩猩会在茂密的森林植被中觅食和藏身。

猴类是热带山地森林中的常见种类，其中生活在非洲的安哥拉疣猴就是一个活生生的例子。

热带山地中的树栖和地栖蛙类在各个海拔地带都有分布，从山麓的森林到高海拔的湍急溪流中都有它们活动的身影。

热带山地

热带通常气候温暖，意味着山地植被带会向高海拔地带延伸，其高度远高于地球上的其他山地。例如，赤道附近的树木常分布到海拔4000米以上，这就是为何许多热带山脉的顶部被森林覆盖的原因。海拔4000米以上为热带高山带，那里景观开阔，以野草和一些高度特化的植物占据优势。这一地带经常高于云层，因此，夜间寒冷多霜，白天阳光猛烈。

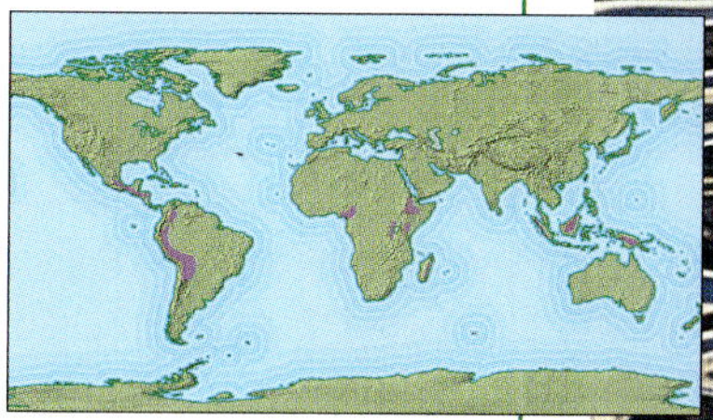

热带山脉包括世界上最长的山脉——安第斯山脉，以及非洲东部和亚洲东南部的几片独立山脉。

许多热带动物都已成功适应在高海拔地带生活，包括生活在美洲南部安第斯山脉的小羊驼，其分布范围可达海拔5500米；而生活在喜马拉雅山脉热带区域以北的野牦牛，其分布范围则高达海拔6000米。鸟类也能在极高的海拔带生活，如南美洲的安第斯山蜂鸟就常在海拔4000米以上觅食。安第斯山蜂鸟的体形很小，很难储存到充足的能量度过寒夜。为了解决这个问题，它们的心跳频率在夜间变慢，同时还降低体温以保存能量。高山带以下的森林被云层覆盖，是地球上一些最濒危的野生动物的栖息地，如仅分布于非洲中部地区的山地大猩猩，以及生活在中美洲的云雾林中的凤尾绿咬鹃等。极为潮湿的气候意味着森林地带也聚集着各种地栖和树栖蛙类。

开矿和采石

山地动物一直都未受到人类活动的影响，但如今却面临着许多变化。其中最大的变化就是全球变暖，这一过程会改变植物带的自然格局。虽然一些山地动物能从其中获益，但其他一些生活在狭窄海拔范围内的动物，或是分布在孤立栖息地中的动物，则要面临栖息地持续萎缩的困境。更多的实际威胁还包括水力发电建设，以及矿场和采石场的快速扩张。由此带来的粉尘、污染和倾倒的废物等环境问题也将对山地动物产生有害影响。

岩石开采

世界上一些地区的采石作业已经摧毁了一些重要的野生动物栖息地。随着道路修建和建设项目的不断增加，对石料的需求还将持续下去。

高山的生活

高海拔的生活条件十分严酷，食物经常缺乏，天气变化无常，并且空气稀薄令人难以呼吸。然而，这里的空间相对较大，也不太受到人类活动的影响，就连猎食性动物也少于低海拔地带。这里的许多动物都是“外来移民”，将高山作为它们正常生活范围的延伸，但也有些动物只生活在高海拔地带。大型山系中的许多动物都分布广泛，而在孤立的山峰中则栖息着许多特有动物。

呼吸稀薄的空气

海拔6000米处的空气密度只有海平面的一半。因此，大气含氧量也仅为正常地区的一半。而在含氧量如此之低的高海拔地区进行呼吸会让人很难保持清醒。但一些高山动物的分布范围甚至还要高，因为它们的身体结构十分特化，能在呼吸时确保氧气的充分供应。

脊椎动物中的鸟类是无可匹敌的高海拔栖居者，这是因为鸟类在呼气和吸气时，均有富含氧气的气体沿着单一方向通过肺部，确保大量氧气能够进入血液中，远高于相同条件下进入哺乳类血液中的氧气含量比例。鸟类的飞行高度就能明显地说明这一事实。例如，喜马拉雅山脉中的红嘴山鸦能在海拔8000多米的营地周围飞来飞去，而秃鹫也曾在海拔11,000多米的高空撞上飞机，这已远远超过了珠穆朗玛峰的高度。

鸟类的奇特之处在于能应对海拔的快速变化，并且不会产生任何副作用。而对哺乳类来说，从一个海拔高度向另一个海拔高度移动时，身体会产生特殊的变化以适应外界的压力变化，这一过程需要数周时间才能完成。适应环境期间，血液中红细胞的数量会缓慢增长，从而增强血液的携氧能力。这种暂时性的身体调节过程在大部分哺乳动物中出现，包括人类。一旦动物回到低海拔地带，身体还会进行反调节。

然而，对于小羊驼和野山羊在内的高山哺乳类来说，适应高海拔地带的生活已经成为一种常态，并不能随意启动或是切断。当按照体积比例测算时，小羊驼血液中的红细胞数量是其他多数哺乳类的三倍，而红细胞中的血红素极善于收集氧气。因此，小羊驼才能在沿着安第斯山脉纵向分布的高海拔高原上，毫不费力地奔跑。和哺乳类相比，诸如爬行类等冷血动物的耗氧量会随环境温度的降低而减少，因此比较容易适应稀薄的空气。对于它们来说，寒冷才是山脉生活中的主要问题。因为如果温度太低，它们的身体代谢就将减慢，肌肉也会变得僵硬。

翱翔

鸟类能利用上升气流节省体力，例如图中的安第斯神鹫借助上升气流的帮助，一天就能飞上数百千米。

运动

山脉就像是专门为翱翔的鸟类量身定做的，因为鸟类可以借助强烈气流的帮助轻松飞向高空。对于生活在地面或靠近地面生活的动物来说，四处运动就没那么容易了。许多昆虫都无翅，而会飞的种类也得尽量靠近岩石，避免被风吹跑。对于体形更大的动物来说，情况还会更加危险，只要移动时出现一次失误，就可能坠落丧命。为此，许多岩栖哺乳类的蹄子都能防滑。澳大利亚的岩袋鼠利用发达的后肢跳跃，跃起高度可达4米，长尾巴则可用于保持身体的平衡。非洲和中东地区的蹄兔具有结构奇特的脚趾，作用与吸盘类似，有助其在岩石和大石头上奔跑。但在地球上的大多数山区中，有蹄哺乳类才是最娴熟的攀岩高手。

防滑脚掌

蹄兔的脚掌很小，脚掌上的足垫具有特殊的附着力，因此能在光滑的岩石上奔跑，但也有一些种类能借助脚掌爬树。除了生活在高海拔地带以外，蹄兔也生活在非洲大草原的风化土丘上。

乍看之下，有蹄类的蹄子似乎并不是理想的攀爬工具，但部分有蹄类，如马，的确也很难在岩石坡上走动。但是一些攀爬型哺乳类的蹄子已经进化得十分完美，如野羊和山羚，有助其在岩石间走动。这些有蹄类的蹄子小而结实，让动物在极为狭小的岩脊上也能站稳脚跟；此外，蹄子边缘也十分坚硬，附有一层柔韧的角质层，对岩石有很强的吸附力。这些特征使动物们在任何条件下都具有优异的抓握能力，包括雨天和雪天等。动物在岩石上走动时，必

须能稳固站立，但优异的平衡感和攀爬本领也同等重要。大多数陆生哺乳类天生就害怕急剧跌落，而栖息在山地的动物在年幼时便表现出看似不顾自身安全的鲁莽行为。成年岩羚可以腾空6米多高，还能轻松地在几乎完全垂直的山坡跑上跑下；而幼羚在出生几周之后，就能紧紧跟上成年羚羊。

垂直迁移者

高山地带的马鹿整个夏季都栖息在高海拔地带，因为那里不但食物充足，吸血蚊蝇也相对较少。它们在秋季向山下迁移的时间经常和发情期相吻合，此时，雄鹿的颈部长出鬃毛，并相互竞争交配权。

适应寒冬

热带山脉的环境条件通常终年不变，因此动物终生都能生活在一个海拔地带。而温带山脉的季节变化则会影响食物的供给。冬季对动物来说十分关键，无法在严寒和食物短缺条件下存活的任何种类，都得迁移到低海拔地带，或是进入冬眠直到春天来临。

高山动物采用不同方法适应环境变化。昆虫通常进入休眠状态，称为滞育，这个过程会暂停发育。许多小型哺乳类，如旱獭，则通过冬眠越冬；而其他一些动物仍会保持活动，依靠之前储存的食物维生。例如，鼠兔会将收集来的叶片和野草，堆放在栖所周围的干草堆上。它们先将新鲜草料晒干，然后再放入干草堆中，以避免食物腐烂。

对其他动物而言，第一场秋雪便是下山的信号。这种垂直迁移现象是在温带山区生活的动物的共同特点，很多哺乳类和鸟类，包括野山羊、鹿、山鸦和松鸡等，都有这种行为。很多情况下，动物会从裸露的山顶迁移到低海拔的森林地带，但有些山地森林的种类也进行迁徙。采取后一种方式的大多是以松果为食的星鸦。如果松果数量不足，它们就零星地向山下聚集，称为集群迁移（第59页）。洛基山脉的北美星鸦就是其中的典型例子。它们通常在海拔2500米处活动，当难以找到食物时，就迁移到和海平面一样低的地带。

灵活变通的迁移者

星鸦和许多温带高山动物一样，根据生存条件在不同的海拔地带生活。如果气候严寒，它们就迁往山下，由于低处的食物竞争更加激烈，因此，一旦天气好转，它们就会立刻回到山上。

寻找食物

栖息在陆地的动物根本上来说是依靠植物生活，因为植物能为食草动物提供食物，食草动物转而又会被形形色色的捕食者捕食，山地动物也是如此。然而，有些高山动物还会借助不同的食物进行生存。一些小动物，主要为昆虫，会被风吹到山上，散落在岩石和冰雪上。它们大多体形很小，几乎难以被发现，但却能为生活在雪线上的食腐动物提供有用的营养。这类动物几乎全都是无脊椎动物，能在冬季气温极低的高海拔地带存活，如跳虫和雪蝎蛉。深冬时节，它们躲在岩石和苔藓之间，一旦天气变暖，就常在积雪间跳来跳去，取食被风吹上来的碎屑。

穴居

许多动物都暂时使用洞穴，但有些动物终生都生活在洞穴中。这类洞穴动物彼此相食，或以栖息在洞穴中的蝙蝠和鸟类的粪便为食。作为一种栖息地，深邃的洞穴里的温度终年都十分稳定。但洞穴也完全处在黑暗之中，因此动物的眼睛大多消失或退化。

蝙蝠、洞螈和金丝燕在地下洞穴使用回声定位导航，而终生都栖居在洞穴中的动物主要通过触觉感知周边的环境，也常以嗅觉追踪食物。洞穴蟋蟀利用触角侦测食物，蜘蛛和盲蛛用足探知食物。

生活在地下河流和池塘中的蝾螈，如洞螈，能感知到水中的震动。洞穴鱼类的体侧具有一排压力感受器，能侦测到数米外的其他动物。尽管洞穴中的食物缺乏，但在地下数千米的地方仍有动物栖息，甚至在壶穴中也曾发现它们的踪迹。这种地下洞穴除了有水流入以外，与地表并无直接接触。

特大触角

洞穴蟋蟀的触角长度可达体长的2—3倍，能用于寻找死尸残骸和蝙蝠粪便。

水下生活

洞螈与洞穴里的大多数水生脊椎动物一样，皮肤中没有色素，双眼退化，隐于皮肤之下。洞螈在水中繁殖，成体终生都在水中生活。

栖息地

两极地区

北极和南极是地球上最冷的地方。北极地区的大部分范围都被冰冻的海洋覆盖，周围环绕着受到大风侵袭的大面积冻原；南极大陆几乎全被冰雪覆盖，周围被一片片汪洋大海环绕。南极和北极的环境十分相似，都有极昼和极夜现象，完全不同于其他任何栖息地，但二者间的环境又各有不同，并对动物产生了重要影响。北极地区的许多动物都生活在陆地上，而南极地区的动物几乎都生活在海洋里。

雪鸮在盛夏的数周内，都要被迫在白天捕食。

柳雷鸟和其他许多动物一样，会在冬季换上白色的冬羽，以便和周围的环境相一致。

麝牛和冻原上的其他食草动物一样，会用蹄子拔开雪块寻找食物。

北极和冻原

北冰洋的面积约为1200万平方千米，是地球上最小和最浅的海洋。这里的夏季一连数月都是白昼，阳光不断地提供能量，被数量庞大的浮游藻类所利用。这便构成了北冰洋食物链中的第一个环节，并最终为鲸类和北极熊等大型动物提供营养。海冰的有无是决定大型哺乳类分布的重要因素，特别是在冬季，因为此时的冰层表面积能达到最大。北极熊和北极狐能在冰面穿行寻找食物，而海豹和其他海洋哺乳类则要通过冰面上的透气孔得以存活。

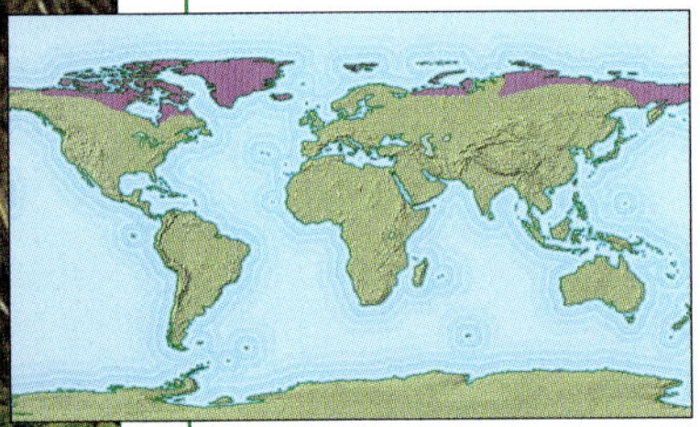

真正的冻原分布在北极圈的北部地区，而在其他一些山脉地区，也有类似环境存在。

虽然环境十分严酷，但北极地区的生命种类仍然十分丰富，因为冰冷海水中的含氧量更高，而海底沉积物也更富营养。但在陆地，由于冬季异常寒冷，因此树木无法生存，于是便形成了空旷开阔、景观单调的冻原，并因第四纪冰期的冰川作用而显得光滑平坦。如今，北极的冰川只分布在一些山脉和覆盖格陵兰岛的冰盖上，而整个冻原的地下则具有永冻层。永冻层可以避免春季的冰雪融水流失，而在降雨或降雪量极低的地区则形成水浸景观。

春末夏初时节，冰原上的植物迅速生长和开花。雁类等候鸟到此繁殖，大量的蚊虫也从冻原的池塘中出现。短暂的夏季结束时，迁徙动物便会离去，又一个生物年度就此结束。

旅鼠是北极地区许多捕食者的食物来源，包括狐狸。

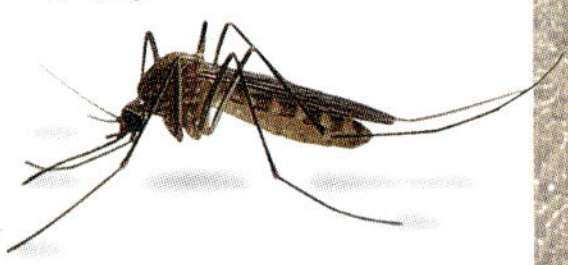

蚊子出现在初夏时节，会让哺乳类和鸟类浑身不舒服。

北极熊是一流的游泳健将，在漂动的浮冰或冻原上同样行动自如。

栖息地 陆地 淡水

贼鸥在两极地区都有分布，以腐肉和其他鸟类的卵与雏鸟为食。

有些鸟类会共同筑巢，整个筑巢地能容纳一百万只以上的个体，如**阿德利企鹅**。

跳虫以腐烂的植物为食，与大多数从海洋中获取食物的南极动物有所不同。

磷虾捕食浮游生物，它们自身也是南极地区多种食物链的基础。

豹形海豹以磷虾、鱼类和海鸟为食。这种掠食性的生活方式在北极没有完全相似的例子。

须鲸会吃掉大量的浮游生物，在南大洋的生态中扮演着重要角色。

南极

南极洲和世界其他地区隔绝，这点和北极不同。南极覆盖冰层，厚度可达4000米，并向外延伸到海中，构成宽阔的冰棚。南极半岛是指向南美洲的狭长陆地，这里夏季的气温会提高到冰点以上几度，不过在南极洲的其他地区，终年平均气温都低于冰点。

南极洲海岸线的许多区域，都有藻类和地衣在裸露的岩石上生长。不过，只有南极半岛能够生长陆地植物，这里也是唯一具有多种形式地栖动物的区域，不过主要都是跳虫、虫满和线虫类，而且很少有体长超过5毫米的。

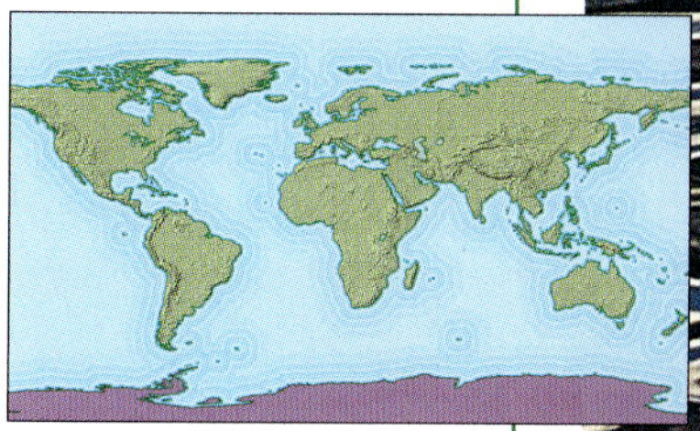

南极洲大半区域位于南极圈以内，唯一例外的就是较为暖和的南极洲半岛。

南极洲有些动物主要在陆地栖息，包括在海中觅食并上岸繁殖的种类，如企鹅，还有在这些动物的繁殖地寻找食物的种类，如贼鸥。到了夏末，除了帝企鹅之外，其他脊椎动物种类全都离开冰层到海中过冬。

南极海环绕南极洲，是世界上生物产量数一数二的海域。尽管这里的动物种数相当少，但由于夏季阳光不停照耀，制造出大量食物，因此族群数量通常都很庞大。

磷虾是一类小型甲壳动物，数量特别多，也是海豹和鲸鱼的食物。据估计，有些磷虾群的总重超过1000万吨，总体积庞大，甚至连人造卫星在太空都看得到。尽管南极海始终很冷，最低温度都维持在约零下1.8℃，如果温度再降，海水就会冻结，但和南极洲本身相比，海洋相当温暖。

气候变化

极地地区对于气候的变化相当敏感，全球气候无论变暖还是变冷都会直接影响到那里海上和陆地所覆盖的冰层。通常海冰的厚度很少能超过5米，且随着季节的变化扩张或缩小。大约有10个种类的海豹在海冰上繁殖，可见海冰对于这些“冰海豹”来说是多么不可或缺的平台。北极熊和一些企鹅也利用海冰来接近它们的猎物。

海冰缺口

目前北极夏天的海冰面积正急速地萎缩，照这样下去，也许到了2060年就会彻底消失。相反的，南极的海冰却在缓慢地增加，这也许和风的变化有一定的关系。

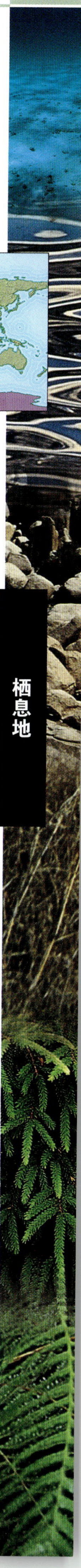

极地的生活

虽然两极地区的动物生活在地球的两端，但却有着许多共同的适应特征，其中最首要的是耐寒能力极强，此外还具备能够应对季节性食物供给变动的能力。对一些动物来说，冬季是捕食的好时机，但对大多数动物来说，饥饿和寒冷会让漫长的冬季成为一年中生死存亡的关键时期。如此严酷的条件意味着和地球上其他地方相比，生活在两极地区的动物种类非常稀少。然而，能在这里生存的动物却有着非常多的数量。

适应严寒

温血动物能够保持体温恒定，意味着在极地环境中减少热量损失至关重要。冷血动物的体温随环境温度一起变化，即便其具有一定的耐寒能力，也会在低温环境中被冻僵。鱼类特别容易受冻，它们的血液通常在零下0.8℃时冻结，而极地的海水温度常略低于此。为了防止机体冻结，许多冷血动物的血液中都含有一种能够降低血液冰点的蛋白质。有些昆虫在零下45℃时也能存活，且体内不会结冰。

由于哺乳类和鸟类无法承受体温的下降，即使是微小的变化也不行，因此才需要保暖结构。皮毛和羽毛是大自然精心设计的保暖结构之一，

南极冰鱼

南极地区的鱼类生活在冰层之下。这里的冷水中含氧量很高，即使一些南极鱼类的血液中缺少血红素也能生存。因此，它们的血液几乎呈透明状，而非红色。

但鲸鱼、海豹和企鹅等极地动物的皮肤之下有一层厚厚的黄色脂肪，称为海兽脂，有助其保持体内的热量。海兽脂的厚度可达30厘米，具有极佳的隔热效果，尽管这类动物的皮肤摸起来感觉十分冰冷，但体温却能超过38℃。海兽脂在海水中特别有用，因为水的热传导能力约是空气的25倍。除此之外，由于脂肪中含有大量能量，因此海兽脂能在食物缺乏之时充当食物储备。

睡在冰上

小北极熊在母亲的身旁休息。北极熊的体毛很长，脚掌也多毛，在冰上行走时能有效保暖，它们在海中游泳时，体内厚厚的脂肪也能起到保温作用。

冰下生存

鲸和海豹在漫长的极地冬季中面临着一些问题，因为封冻的海冰会将它们与空气阻隔开来。这些动物都潜入水中觅食，但却需要不断浮出水面进行呼吸。有些动物则要迁移到低纬度地区来避免这一问题。那些留在原处的动物通过维持呼吸洞的畅通，或是聚集在冰间湖区域而存活下来，这些冰间湖受到风力和水流的作用，即使在隆冬时节也不结冰。

海豹在海冰很薄的地方，用牙齿啃出呼吸洞。当海冰的厚度在冬季不断增加时，它们每隔一段时间就前往呼吸洞，重新啃咬一遍，避免洞口冻结。威德尔海豹的分布范围比其他海豹更往南，它会花费很长时间维持呼吸洞的畅通，因此牙齿磨损得很厉害。它们的呼吸洞的深度在冬末时节能达两米。海豹必须在几乎完全黑暗的环境下找到呼吸洞，因为在南极的冬季期间，太阳连续数周都位于地平线以下。

为了呼吸而逗留

威德尔海豹在冰中游向头上的呼吸洞。威德尔海豹能在水下逗留一个多小时，它们返回呼吸洞时的游程可达10千米。

鲸类很少制造呼吸洞，而是前往冰间湖，在那里升到水面进行呼吸。这种方式不太费力，让它们不用局限在一个地方，但也确实存在危险，因为面积萎缩的冰间湖会困住鲸群，使它们无法抵达下一个开阔水域。分布在北极水域中的独角鲸就曾有数百只个体被困的记录，使其很容易成为被捕猎的目标。

改变体色

在没有树的北极冻原，保护色是防范攻击和发动突袭的最有效方式之一。冻原的夏季和冬季景观截然不同，因此许多冻原动物的保护色每年都有两次季节性的转变。北极狐就是典型的例子之一，它的皮毛在夏季通常呈灰褐色，初秋时节披上白毛；到了春季，毛色又恢复原样，以便能够融入周围的环境。

在远北的一些地方，尤其是阿拉斯加西部和格陵兰岛北部，北极狐反而会长出浅蓝色的皮毛。一些研究人员认为，这种皮毛是对冬雪较少的海岸景观生活的适应。由于这些狐狸已被养殖户广泛引入，因此这种理论很难验证。伶鼬是世界上最小的食肉动物，也采用相同的方式更换皮毛，雷鸟和其他冻原鸟类也是如此。有些动物全年都具有白色羽毛，如雪鸮，说明良好的保护色在冬季非常重要，而在易于找到食物的夏季就没那么重要了。

长途迁徙

阿拉斯加和加拿大北部地区的驯鹿集结成群，在开阔冻原的夏季草场和针叶林里的冬季草场之间迁徙。它们的迁徙路程有时超过1000千米，途中还会游泳通过河流和海湾。春季迁徙时，总是由怀孕的雌鹿在前领头。

季节性外衣

当北极狐的毛色变化时，其皮毛组成也会发生改变。冬季的白色皮毛具有长护毛和厚厚的下层绒毛，隔热效果极佳。夏季的褐色皮毛更短，下层绒毛更薄，以防身体过热。

夏季迁徙

两极地区的夏季会出现极昼现象，24小时照射的阳光能为植物的快速生长创造理想条件。这时的食物供应虽然短暂，但却十分丰富，对冻原生物有着极大影响，吸引了大量迁徙动物前来。雁类用喙采食植物，涉禽取食沼泽地中的蠕虫和昆虫，而燕鸥则在冻原和近岸的水中觅食。

每年也有很多动物涌入大海。许多须鲸都在浮游动物大量繁殖的夏季前往极地海域。然而，与候鸟不同的是，这类庞大的哺乳动物并不在高纬度地带繁殖。它们会先增加体重，然后回到温暖的海域繁殖后代，繁殖期间也完全不进食。

冬季食物

虽然极地海域的秋季食物供应会缓慢下降，但仍有较多的食物可供动物取食。而陆地上的生活就没那么容易了。冻原植物的生长将完全停止，更让动物为难的是，植物通常都被深埋在雪中。

对于食草动物来说，无法获得食物是每年关键时期中的主要问题。而北极冻原的植食动物则能通过两种方式获取食物。驯鹿和麝牛利用蹄子刨开冰雪，取食下面的地衣和矮柳。旅鼠在雪中打洞，避免受到捕食者和外界气候的侵袭。不管外界的风雪有多大，旅鼠都会待在温暖的洞穴中安然度日，并且全年都能觅食。

南极地区的陆生植物非常稀少，几乎没有动物能够依靠陆地上的食物过冬。由于海冰太多，即使是海里的食物也难获得。雄性帝企鹅在孵卵时几乎不进食，它们在冰上挤作一团，一起度过漫长的冬夜，在没有食物的情况下也能撑到春季。

雪下逃生

旅鼠必须躲在雪下才能存活。到了冬季，它们的前爪增大，以便能在雪中挖掘穴道。尽管躲在穴道中比较安全，但它们仍要面对冬季食物的短缺问题。当雪融化后，它们便进入地下生活。

冻原昆虫

与南极不同的是，北极的冻原中生活着大量昆虫，包括蚜虫、黄蜂、豆娘和难以计数的蚊虫。蚊虫的幼虫和蛹都滋生在冻原上的池塘里，到了初夏便羽化为成虫。冻原的蚊虫对于温血动物来说是个严重问题。雌蚊需要吸血才能繁殖，因此总要不断地骚扰其他动物。当蚊虫的数量达到最多时，有些动物就前往高处生活躲避，但大多数动物只能忍耐度日。不过，蚊虫确实也有一些好处，因为它们的幼虫和蛹是水禽和涉禽的优质蛋白质来源。

云团般的蚊子

冻原的蚊子成年后从水中滋生出来，仅能存活数周时间，在繁殖池塘冻结之前，有足够时间进行觅食、交配和产卵。

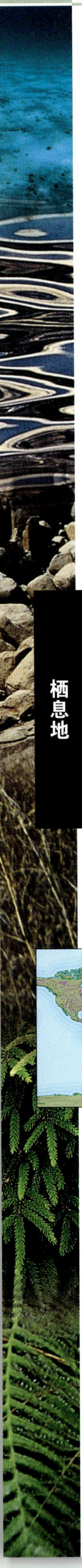

淡水

每年约有100,000立方千米的水从海洋表面蒸发、凝结，以雨或雪的形式降下。大多数水分都散失到大气中，并不断循环，而约有三分之一的水分则通过地面或地下流入海洋。这种稳定的淡水供应供养着地球上的陆生生物，创造出了溪流、江河、湖泊、芦苇地、沼泽地和泥滩地等多样化的栖息地类型，孕育出各种各样的动植物种类。

湖泊和河流

对于一直生活在水中的生物来说，它们的生活受到许多因素的影响。水中的化学成分便是众多因素之一，通常由形成河床或湖床的岩石类型决定。例如，硬水有利于贝壳类的生长，因为水中的钙质可以生成贝壳；而富含氧气的水则对高度活跃的捕食性鱼类十分重要，如鲑鱼和鳟鱼。含氧量过低的水不利于整个动物类群的生存，除了特殊的蠕虫外，只有少数水生生物能在这种不利的环境中生存。

湖泊和河流中的水生动物通常有着明确的活动范围。贴近水面的明亮水域通常栖息着大量水蚤、桡足类和其他微型动物。它们在这里生活是为了取食微小的浮游藻类，这些微型藻类的数量在夏季极为丰富。中层水域和靠近水面处生活着的体形较大，能够抵御水流冲力的动物，如鱼类。

不善于游泳的物种则生活在水流缓慢的近岸处，或是水底的石块和沉积物中。昆虫栖息在静水和流速缓慢的水中，借助水体的表面张力在水面行走或奔跑捕猎。有些动物依赖淡水生境生活，但却不会一直栖息在水中；它们在水体和水边的陆地之间活动，觅食或繁殖时才进入湖泊或河流中，或是在水中抚育后代。

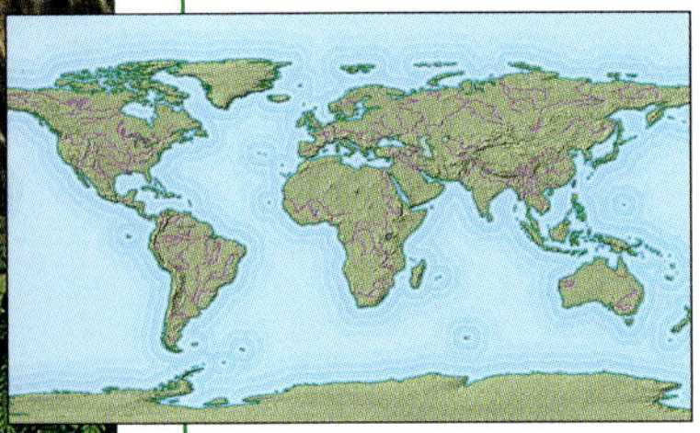

从地质学角度来看，湖泊和河流极为多变。湖泊中会逐渐堆满沉积物，而河流则常会改道。

鹭类采取偷袭方式捕猎，会在河流和湖泊岸边静候鱼类进入攻击范围。

和其他许多昆虫一样，**蜻蜓的幼虫**也生活在淡水里，当要繁殖时才会从水中出来。

青蛙的亲水程度各不相同。北美牛蛙很少离开水，就连成体也栖息在水中。

许多**两栖类**都把卵产在长有大量植物的静水或流速缓慢的水体中，如冠欧螈。

小型甲壳类是浮游动物中的一员，在池塘中的各个深度都有分布，也能生活在水面上。

狗鱼采取守株待兔的方式捕食，利用水边茂密的植被作为掩护伏击猎物。

海雕伸出爪子从水面上抓鱼。

水雉（或称菱角鸟）脚爪细长，可以分散体重，因此能站在浮叶之上。

在陆地觅食的**水豚**是地球上最大的啮齿动物，一旦遇到危险，会迅速跳入水中逃跑。

凯门鳄和其他许多种鳄鱼在湿地干涸时，会将身体埋在潮湿的泥土中，这样便能存活数周。

蛇颈龟的代谢很慢，因此能长时间地待在水下。

肺鱼会钻进泥里，用黏液将自己包裹起来，以度过旱季。

湿地

湿地是指地表积水或是被水淹没，且以水生植物占有优势的区域。一些湿地中的植物能将水面完全遮住，如芦苇地和沼泽。然而，大多数湿地都具有相互交错的开放水域和茂密植被，形成了多样而复杂，能被各种动物利用的栖息地。

从生物学角度来看，湿地是最具生产力的内陆栖息地之一，有时能为动物提供的食物总量甚至超过雨林地区。温带湿地的生产力在春、夏时节达到顶峰，而热带和亚热带湿地则受到供水量的影响。一些热带湿地在旱季时干涸，如南美洲的潘塔纳尔沼泽地，而雨季看上去就像是巨大的湖泊。

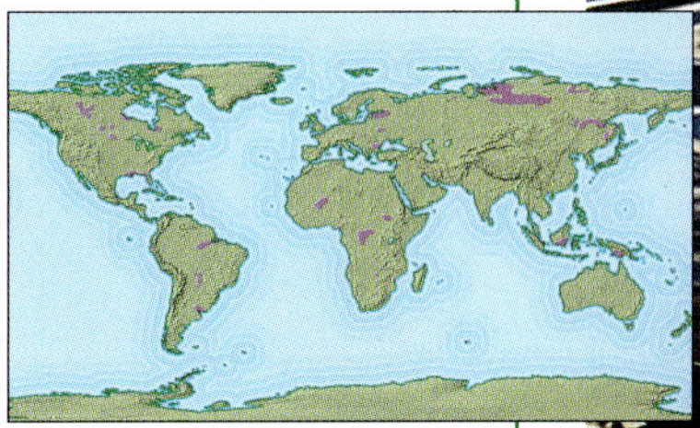
淡水湿地包括南美洲的潘塔纳尔沼泽地和非洲南部的奥卡万戈内陆三角洲。

许多湿地的水深不超过1米，说明底栖动物和在水面栖息的动物不会相隔太远。这种环境对于浮出水面呼吸的游泳动物来说十分理想，如蛇和龟，也适合利用水体作为临时避难所的陆栖动物的生存。

与大型湖泊不同的是，湿地具有大面积的挺水植物，这类植物从水面伸入空中，其中既包括刚好能让昆虫离开水体的矮小野草和灯芯草，也包括高度超过35米的喜水乔木。这些乔木对水鸟来说十分重要，不仅能提供筑巢和繁殖场所，还能提供相对安全的藏身之所，同时还使水鸟易于获得食物。

污染和抽水

人类活动会对淡水生境造成多方面的影响。水污染就是一个普遍问题，对各种动物都存在深远影响。此外，由于能够产生肥沃的土壤，因此很多湿地中的水都被抽干，随后作为农业用地。灌溉和家用的抽水都会对淡水生境构成持续威胁。目前已有数个国际公约致力于湿地的保护，其中的拉姆萨尔公约（Ramsar Convention）于1971年正式签署，侧重于迁徙水鸟所利用的湿地保护。

陷入困境

中亚的咸海是一个大型内陆湖，由于注入这里的河水都被用于农业灌溉，因此湖面已经急剧萎缩。

淡水的生活

淡水是所有陆生动物最基本的生存基础，也是一类重要的栖息地。淡水栖息地之间的差异极大，既包括临时的池塘和巨大的湖泊，也包括小溪和绵延数千千米的河流。因此，动物必须要克服不同淡水生境中的各种问题，如湍急的水流、周期性的干旱和对食物的激烈竞争等，才能更好地生存下去。

原地逗留

生活在湍急水流中的动物必须要与水流进行长期对抗，通常采取两种方式避免被水流冲走。

第一种方法是靠近水流较缓的河床生活。许多无脊椎动物从不冒险进入开阔水域，如石蝇和蜉蝣的幼虫，为了能在水中停留，它们的身体通常较为扁平，这样一来，当它们面朝水流的方向时，水流就会将它们压回原地。河乌也运用这种不同寻常的技巧。河乌是唯一能潜水觅食的鸣禽，它们天生就善于游泳，但当在河床上逆流而上时，会因水流的缘故改为在水底潜走。

第二种方法是利用游泳对抗水流。不能避开水流的物种能让自身的泳速和水流保持一致，这样便能待在原处，即使睡觉时它们也会不停游动。

适应水流

褐鳟生活在水流湍急的冷水溪流中，需要花费大量能量才能逗留在原地。由于急流中通常含有可供肌肉运动的大量氧气，因此鳟鱼才能保持身体的稳定。

洄游

除了养育淡水生物外，河流和湖泊还接纳了来自大海的访客。这些洄游型鱼类要往返生活于淡水和咸水之间。逆流而上产卵的物种，如鲑鱼，会在河流中繁殖，但成年后大多都在海中生活。顺流而下产卵的物种却完全相反，如某些鳗鱼，它们栖息在淡水中，但却要游回海里繁殖。

对大多数鱼类来说，在淡水中繁殖要比在海洋中安全得多，这也是为什么它们会长途跋涉，逆流而上进行繁殖的原因。然而，由于淡水中的食物十分有限，所以幼鱼最终还是要前往危机四伏却物产丰富的广阔海洋中生活。有些物种只有部分个体进行洄游，而洄游产生的好处也很明显，因为那些洄游个体的体形通常都要大于不洄游的个体。

和候鸟一样，洄游鱼类通常也能精确地找到自己的出生地，并回到那里产卵，即使在内陆的洄游旅程超过2500千米也没问题。每条河流都有独特的化学痕迹，因此洄游鱼类能依靠敏锐的嗅觉，辨别出自己年幼时的河口。当它们逆流而上时，沿途探测水中的气味，然后就能到达自己的出生地。

洄游鱼类在旅途中常遇到障碍。鲑鱼就因能跃上瀑布和急流而闻名，鳗鱼则在陆地上借助滑行绕过障碍。鳗鱼通常在潮湿的夜晚离水上岸，扭动着湿滑的身体穿过陆地奔向河流，它们可以通过皮肤进行呼吸，因此离开水体也能存活。

活在水中或水外

大多数两栖类都在淡水中发育，如蛙和蟾蜍，快要成熟时便登陆生活，繁殖时才再次回到水中。而昆虫在最早的真正两栖类出现以前，就已经进化出了两栖生活方式。如今，无论从最小的水洼，还是到巨大的湖泊，几乎都有昆虫栖息。蚊子的幼虫以淡水中的微生物为食，而蜻蜓和豆娘的幼虫则利用下唇特化形成的面罩捕捉较大的猎物。这些昆虫发育成熟后便从水中钻出，但龙虱和负子蝽等成熟后仍然留在水中生活，而它们的飞行能力则使其能轻松地在水池间扩散。

一些较大型的动物进化出了水陆两栖的生活方式。蛇类擅长游泳，其中的一些物种还能专门捕食水生动物，如游蛇。水蚺是世界上最重的

日间避难所

河马白天在河流或湖泊中消磨时光，夜间则登上陆地，有时还会穿行15千米以寻找优质的草料。河马的皮肤很薄，几乎无毛，其能分泌一种特殊物质保护皮肤免受日晒的伤害。

旅程的终点

大多数洄游鱼类一生中要多次逆流而上去繁殖。然而，几乎所有的成年红鲑在产完卵后便死亡。它们准备繁殖时，通常长出钩状颌，背部也会隆起。

旱季

两只睁开的黄眼睛表明在干旱的湖泊泥浆中有一只凯门鳄。旱季期间，凯门鳄将身体埋在泥浆中，只要泥浆保持潮湿，它就能存活数月。

在水面呼吸

蚊子的幼虫倒挂在水面上，通过尾端的呼吸管进行呼吸，呼吸管末梢的防水纤毛能从水面伸出。

蛇，它会藏在水中，依靠水的浮力支撑身体。虽然水蚺体形硕大，但仍能在水中浮起使实际体重几乎降到最小，因此能在水中快速游动。

除了提供食物外，淡水还能被一些陆生动物利用，这些动物藏身于水中躲避捕食者，或是避开白天的炎热。鸟类常于黄昏时分栖息在湖泊和水库上，而河马、水豚和水獭白天的大部分时间都待在水里，到了夜晚才上岸，借助夜幕的掩护觅食。

栖身芦苇丛中

燕子、椋鸟和其他集群生活的鸣禽通常在芦苇丛中过夜。由于芦苇丛四面被水包围，捕食者无法接近，因此鸟类睡觉时相对安全。

度过旱季

地球上温暖地带的河流和湖泊一年中会完全干涸数月，特别是在热带地区。在这种情况下，淡水动物必须具备一些特殊的适应能力才能生存。

当湖泊的水位下降时，水温上升。温暖的死水中通常含有很少的氧气，会令许多鱼类窒息，而生活在热带湖泊和湿地中的肺鱼则特别擅长应对干旱。肺鱼会在水面大口吸气，当栖所开始干涸时，便钻入泥浆，把自己包裹在充满黏液的泥浆中。当一年中的雨季来临，雨水浸湿泥土时，它们便破土而出。

凯门鳄和乌龟也使用这种方式躲避旱季，但它们的皮肤布满鳞片且能防水，因此不需要藏入泥沼。这类动物属于冷血动物，或称变温动物，它们生存所需的能量相对较少，因此当干旱造成长时间的食物短缺时，它们还能存活数月。

撑不过旱季的动物经常产下能够抗旱的卵。卵在雨水到来时才孵化，这是一种在雨季结束后度过旱季，并迎来下一个雨季的有效办法。这种生存策略也被水蚤、轮虫、缓步动物和其他许多微型动物所利用。这些动物都生活在暂时性的池塘中，或是在苔藓和其他植物表面的淡水水膜中生活。

浮出水面呼吸

淡水动物必须呼吸氧气。鱼类通过鳃从水中吸收氧气，而许多无脊椎动物则直接呼吸氧气。这些直接呼吸空气的动物包括螺类、众多昆虫和唯一一种完全水栖的水蜘蛛。

生活在水面的动物很容易获得空气。而那些完全生活在水下的动物，必须定期浮出水面补充氧气。水栖昆虫将空气存储在体内或体表的气泡中，这些气泡会给动物披上一层银色光泽。水蜘蛛的储气系统极为精妙，它能吐出蛛丝在水下构筑钟形住所，并向其中注入空气。这个钟状物不仅可以藏身，也能当作育幼室使用，是动物能在水下建造类似干燥陆地环境的独特例子。

盐湖生活

盐湖和碱湖是地球上含盐量最高的栖息地，含盐度可达海水的十倍。这类湖泊多形成于降水量较小且蒸发量较高的地方，那里的温度常会超过40℃。很少有动物能适应这种极端环境，不过，那些能够适应这类环境的动物罕有竞争对手，因此种群数量极多。盐湖的食物链基础由蓝藻构成，这种类似植物的微生物能将光能转化为食物。

生活在碱水中

丰年虫是生活在高盐沙漠湖泊中的一种小型甲壳动物。它们繁殖迅速，卵能耐受长达数年的干旱。

滤食动物

小红鹳用喙从水中滤食微生物。一个大型红鹳群一天就能消耗一吨多的蓝藻。

海洋

海洋是迄今为止地球上最大的连续栖息地，也是原始生命的诞生地。海底景观由山脉、火山、悬崖、深谷和广阔的平原组成，其中的许多景观都远大于陆地上的规模。海洋约占地球表面积的70%以上，由于面积太大且难于勘探，因此有关海洋生物的科学知识要远远落后于对陆生生物的认识。然而研究表明，海洋中的不同深度，从洒满阳光的水面到水下超过11千米处的最深海沟，都有生物存在。

浮游生物漂浮在近岸水域的表层，一些海洋动物的新生幼虫也生活在它们之中。

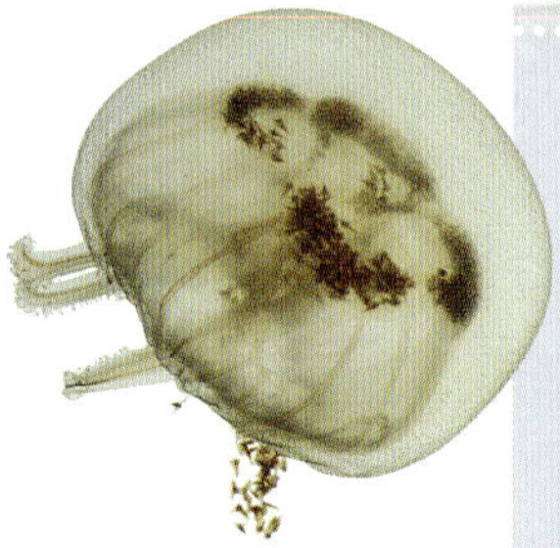

水母是体形最大的浮游动物，既能在水域表层游泳，也能漂浮。有些个体的直径能达两米多。

近岸区

大多数**鲨鱼**都生活在大陆架的浅海水域，而非在深海中。

一些近岸的水域很浅，如果海平面下降75米，可使大面积的海床露出水面。例如，西欧的海岸会向外延伸约200千米，而西伯利亚部分地区的海岸则会延伸700多千米。这些浅海地带由大陆架构成，许多深海盆地的侧面都有这种地势平缓的高原斜坡。

鳕鱼等鱼类会在海底周边大量产卵。鱼卵会逐渐浮起，而幼鱼则靠近水面生活。

大陆架是海洋生物的关键栖息地，养育着大量的鱼群和种类繁多的各类动物，包括龙虾、蟹类、软体类和穴居蠕虫等。由于浅海区的阳光可以直达海底，因此这里的海洋生命十分丰富，藻类、海草和不计其数的有机体都能从阳光中获取生长所需的能量。和陆地上的植物一样，这里的植物也常年不断地为动物提供食物，以及藏身和繁殖的场所。

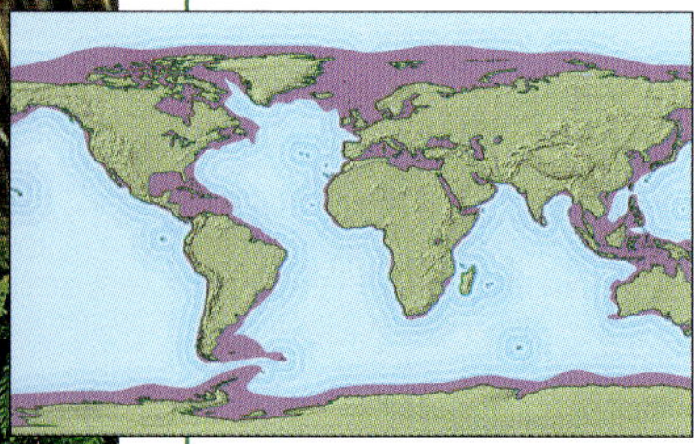

大陆架的宽度变化很大，由近海岸带至深海沟间的宽度从只有几千米到超过1000千米不等。

龙虾是常见的海底食腐动物，在海底爬行并捡食活体猎物和生物残骸。

一些近岸动物大部分时间都在海底度过，如龙虾和鲽鱼，但有些物种则完全生活在中层水域或水面上。还有一些物种在生命的不同阶段生活在不同的栖息地中。例如，有些幼体在水面发育，成为浮游生物的一部分，发育成熟后便迁移到中层水域或海底生活。

近岸水域也常迎来远洋中的动物，其中的大多数都是被动漂来此处，如水母，但也不乏游泳健将，如鲸鱼和鲨鱼。有些动物前来繁殖，而另一些则是偶然抵达，随后又会回到深海中。偶然抵达的动物有时也会陷入困境，如水母常被冲刷上岸，鲸鱼偶尔因导航系统的失灵无法安全进入深海，只能在浅海地带搁浅。

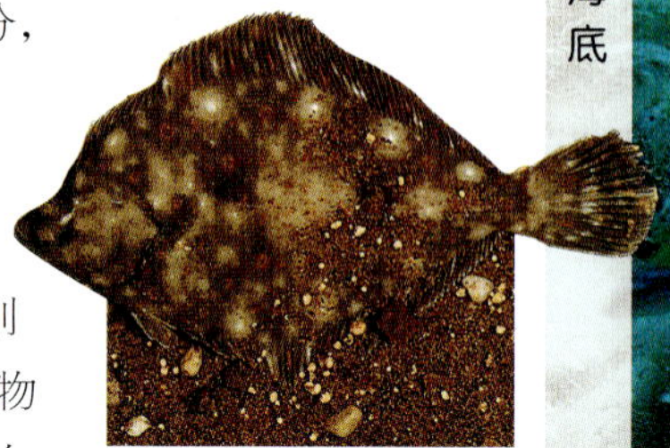

和许多鲽鱼一样，**欧鲽**也在海底生活，并且具有与海底沉积物类似的保护色。

海洋流浪者大部分时间都在外海生活，只有繁殖时才回到陆地，如热带鸟类。

这种巨大的**日鲈**是典型的远洋种类，终生都生活在距离陆地数百千米以外的开放水域。

海龟经常会在觅食地和产卵的沙滩地之间长途洄游。

海豚的身体呈流线型，极善于游泳，经常会在看不到陆地的水域漫游。

蝰鱼是众多能够发出冷光诱捕猎物的深海物种之一。

深海中的食腐动物会以飘落到海底的有机物为食，如海蛇尾。

远洋区

即使在最清澈的海域，阳光穿透水面的距离也不会超过250米，对海洋生命却起着至关重要的作用，因为它决定着水中食物的分布。在光线明亮的水面，微型藻类利用光能生长，为浮游动物创造出肉眼看不见的丰厚食物。当浮游动物被吃掉时，这种食物就会在食物链中继续传递，直到被鲨鱼和其他大型捕食者利用为止。在光线变暗并最终消失的下方水域，已经没有了稳定的食物供给。生活在这一深度和更深地方的动物会相互取食，或是以水面漂落下来的残骸为食。

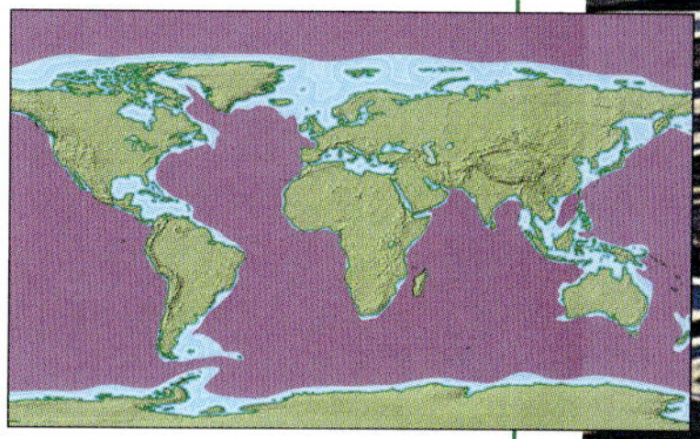

如果将大陆架排除在外，地球上海洋盆地的平均深度约为4000米。

尽管海洋的容积大到难以想象，但地球上只有约5%的少数动物生活在开阔水域。由于其中的大多数动物都在食物相对丰富的水面附近活动，因此，浩瀚的中层水域和深海地带的动物种类相对较少。和中间区域相比，大部分海洋底部都生活着种类丰富的动物。这些深海生物既包括会游泳的种类，也包括在海底爬行的种类，以及钻入海底沉积物中寻找食物的种类。

这些动物中的许多种类几百万年以来几乎没有发生变化，因为尽管海水极冷且压力很大，但海底不会像海面一样受到外界变动环境的影响，因此成为地球上最稳定的栖息地之一。

过度捕捞

全球每年的总渔获量目前已经接近十亿吨，其中的90%都来自海洋。随着捕捞业从传统渔场向极地海域和深海转移，这种大规模的捕捞会对海洋生态系统产生重要影响。如果管理适当，人类还能对海洋鱼类进行可持续的捕捞，而过度捕捞则会打乱鱼类的繁殖，致使鱼群崩溃。西大西洋的蓝鳍金枪鱼就是最近的受害者之一，其种群数量在过去40年中的下降比例已经超过70%，因此被列入极危级别。

瓮中捉鳖

随着声呐设备和全球定位系统的运用，现代拖网渔船已经能够精确地追踪鱼群。如果没有严格的限制，能留下来进行繁殖的成年鱼类将会非常少。

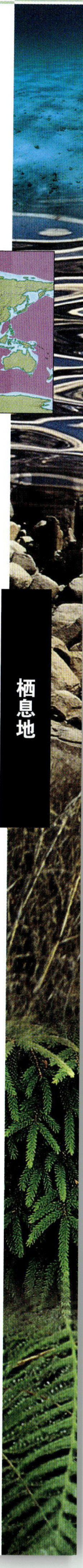

海洋的生活

自动物首次诞生以来的数十亿年，海洋中的生存竞争已日趋激烈。如今，海洋已经成为地球上最大的捕食动物和漂浮于水中的大量微型动物的家园。与陆地生物一样，海洋生物也受到局部条件的影响，其中最重要的因素便是食物供应。对于许多动物而言，它们的生存有赖于防御攻击的能力。有些地区的生物分布十分稀疏，而另一些地区的动物数量则比其他任何地方都要多。

海中觅食

虽然浩瀚的海洋中拥有大量营养丰富的食物，但海洋中的动物还需在不消耗过多能量的情况下找到足够的食物。

有些物种专门捕食大型猎物。如抹香鲸会在1000多米的深海中猎食大王乌贼，但大多数追逐捕猎的物种并不进入深海，而是在水面附近寻找食物。另有一些大型海洋动物则张开大口吞食小型猎物，然后用鳃将水滤出。这种进食方式称为滤食，须鲸、部分大型鲨鱼和鲼类均采取这种方式。滤食动物大多以浮游生物为食，由于浮游生物数量庞大，因此滤食动物也会长成庞然大物。过着漂浮生活的动物也取食浮游生物，但进食量要小得多。例如，栉水母就利用类似渔网的带刺触手捕食。

海底的动物几乎完全依靠从上层水域不断漂落的死亡有机物为食。蛇尾类动物就是其中的典型代表，利用腕部收集食物颗粒。然而，在海底及其周围完全黑暗的环境中，也生活着捕食者，如一些外形奇特的鱼类。海底的动物种类寥寥无几，所以这些捕食者不能放过任何觅食的机会。为此，其中的许多物种都长有巨大的嘴巴和富有弹性的胃，以便能吞下和自身体形相当的猎物。

滤食

蝠鲼会利用头部两侧的头鳍将浮游生物拨进口中。与蝠鲼类似的滤食动物并不挑食，所有进入鳃耙的东西都会被它们吞进肚子。

控制浮力

除了能在深海潜水的哺乳类以外，很少有海洋动物能分布在所有的水层区间。大多数物种只在固定的水深范围内生活，并且具有能让它们停留在固定水层内的浮力器官。在水面漂浮的动物，如紫螺，具有结构简单的浮囊，其中充满了比水更轻的物质，可使动物在水面漂浮，就算风浪巨大也不会沉入水中。

那些完全生活在水中的动物必须具备更加复杂的器官才能在固定的深度停留。它们必须在最适合的水深范围内保持适当浮力，在需要时随时上浮或下潜。有些物种借助体内的调节式浮力辅助器官来达到这一目的。例如，硬骨鱼的脊椎下方有充满气体的鱼鳔，需要下潜时，将鱼鳔中的部分空气挤压到血管中；需要上浮时，又将空气压回鱼鳔中。软骨鱼没有鱼鳔，如鲨鱼，依靠含有油脂的大型肝脏保持浮力。许多鲨鱼实际上只比海水略重，它们依靠游动产生上浮力，并借此控制所处的深度。

动物的漂浮

紫螺悬挂在由黏液构成的浮囊上。它的外壳极薄，可增强浮力。紫螺随洋流漂浮，以水面上的其他动物为食。

生物发光

很多海洋动物都会发光，有些是用于和同类保持联系，还有些则用于诱捕猎物。一些物种的发光目的很难解释，尤其是浮游型无脊椎动物。生物发光最常见于生活在开阔深海中的物种。这种生物光通常是由皮肤中的发光器官产生。然而，发光并不局限于动物的身体部位，有些鱼类在逃生时也会喷出发光的云雾状物质，用以分散捕食者的注意。

黑暗中的光

圆罩鱼的发光器官能发出淡黄绿色的光。与大多数会发光鱼类一样，圆罩鱼的发光器也按照一定模式排列，用来在黑暗中识别同类个体。发光器可以长时间地发光，或是间歇闪烁。

躲避捕食者

动物在广阔的海洋中无处藏身，因此极易受到捕食者的攻击。有些物种要依靠保护色或伪装求生，还有一些物种的行为会让捕食者难以攻击。对于行动缓慢的无脊椎动物来说，透明的身体就是最佳的伪装之一，如那些构成浮游生物的物种。浮游动物的身体通常都和玻璃一样透明，使其能够隐身在周围的环境中，即使近距离观察也很难看到。这类动物大多只有几毫米长，不过一些海鞘会集群形成长度超过三米的半透明管状群体。

有些鱼类幼年时身体透明，长大后则出现不同的保护色。几乎所有生活在明亮开放水域中的物种，都有着颜色较深的背部和较浅的腹部。这种被称为“反荫蔽”的保护色有着两方面的保护作用。较浅的腹部颜色能让动物的轮廓隐入上方的浅色水面，避免被下方的捕食者发现，而当海鸟等捕食者从上向下觅食时，深色的背部则会让它们隐入下方深色水中。

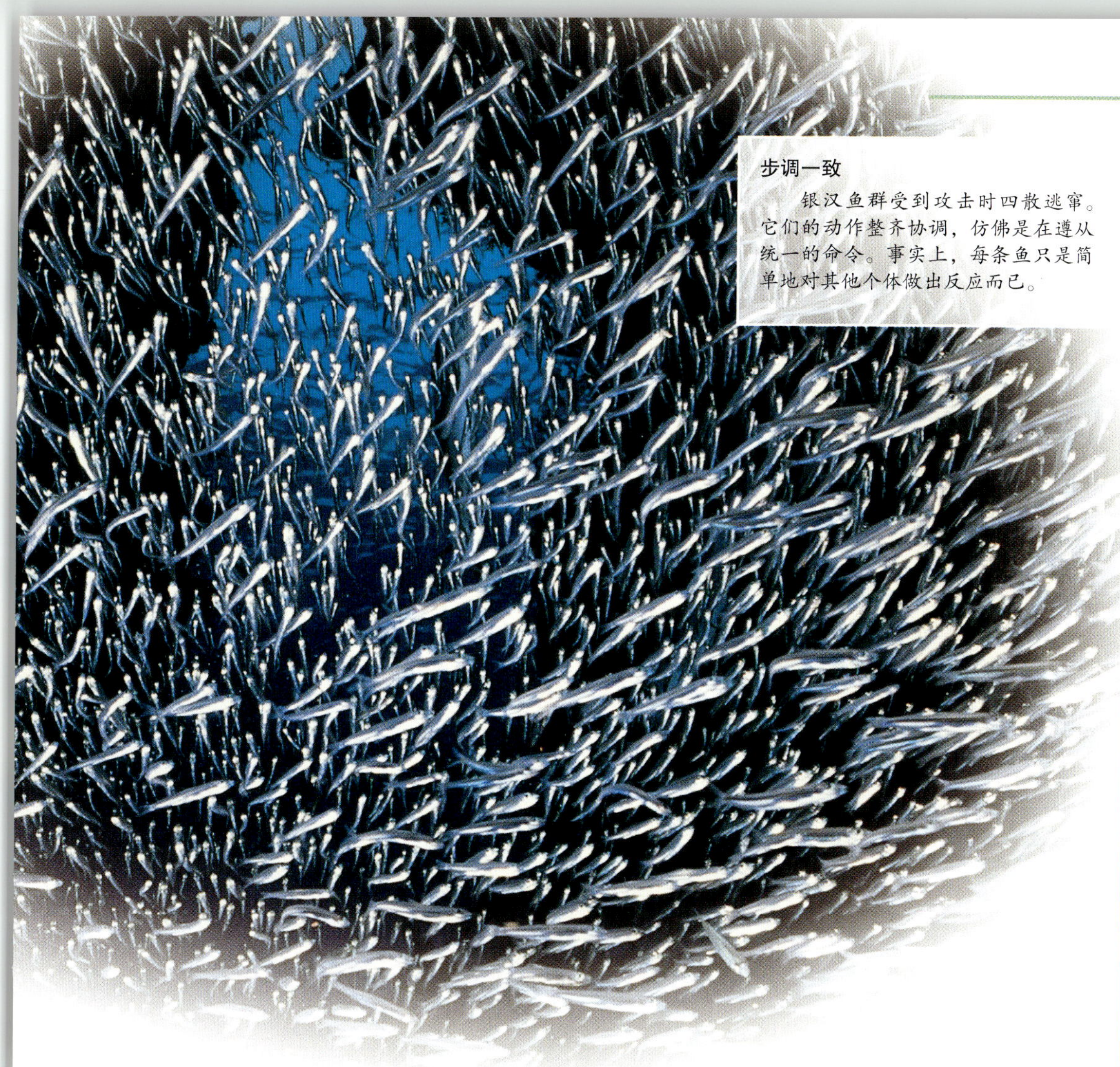

步调一致

银汉鱼群受到攻击时四散逃窜。它们的动作整齐协调，仿佛是在遵从统一的命令。事实上，每条鱼只是简单地对其他个体做出反应而已。

深海热泉

深海热泉是深海海床中引人注目的生态绿洲，于1977年首次在加拉帕戈斯群岛海域被发现。热泉的产生始于火山运动，喷口会将含有矿物质的滚烫流体喷射到海水中。热泉是一类罕见的栖息地，这里的生物并不依赖光能生存。一些特殊的细菌利用从热泉喷出的流体中的矿物质产生能量，而生活在热泉喷口处的动物既取食这些细菌，也同类相食。目前，人们已在喷口周围发现了三百多种动物，大部分种类都是其他地方没有发现过的。

幽灵似的动物

图中的蟹和蛤类正处在潜水器的强烈光照中。它们与大多数生活在喷口处的动物一样，体内的色素极少，因此外观呈现白色。

透明生命

樽海鞘的身体呈桶状，几乎完全透明，因此很难被捕食者发现。樽海鞘的体长可达10厘米，它们往往成群结队，在海面绵延数百千米。

群体生活

陆地上的动物集结成的群体可能非常大，但却没有一个能与海里的种类相匹敌。鱼群的数量通常成千上万，甚至超过数百万，而一些浮游动物群体的长度则可超过100千米。这些庞大的水下生物群体极易成为捕食者的攻击目标。鲸类以从容不迫的方式吞食磷虾，而其他捕食者则会大张旗鼓地袭击鱼群。但在通常情况下，群体生活要比独居生活更加安全。因为从群体中捕获一个个体比寻找单独的个体要难，而群体中每个个体被捕获的概率也会较小。少数几种动物，如海豚，生活在复杂的社群中。海豚利用声呐系统定位猎物，相互报警以及在捕猎时协调彼此的行动。

洄游

许多海洋动物都在热带的繁殖地和高纬度的觅食地之间洄游，包括大多数最大的鲸类。灰鲸的洄游距离可能最远，一生中的年度洄游距离可达800,000千米，是地球到月球距离的两倍。鲔鱼也以远距离的洄游而闻名。一些鲔鱼群的洄游距离相当于地中海的长度；而在太平洋，一条曾在墨西哥被标上记号的鱼类，最后在日本外海被捕获。海龟的洄游模式非常精确，每年都回到同一片海滩产卵。

值得注意的是，海龟需要花费二三十年才能成熟，它在这段时间里依然会准确记住自己的孵化位置，这样一来，当它准备繁殖时，便能长途跋涉回到原地。许多鱼类都小规模地游到近岸水域产卵，而一些行动缓慢的动物则沿着海底迁徙。眼斑龙虾在浅水珊瑚礁中的繁殖地和深水中的越冬地之间迁徙。它们排成纵队前行，每个成员都紧紧地跟在前一个成员的身后。

这样的旅行每年都会发生。而有些动物每天都要迁移觅食。浮游动物通常在夜间上升到水面活动，白天则待在水下深处。一些捕食浮游生物的动物也遵循这一规律，形成了与多种动物有关的24小时的周期性垂直迁移规律。这些日落时上升到水体表层，黎明时下沉到深水的垂直迁移活动能被船载声呐系统清晰记录。

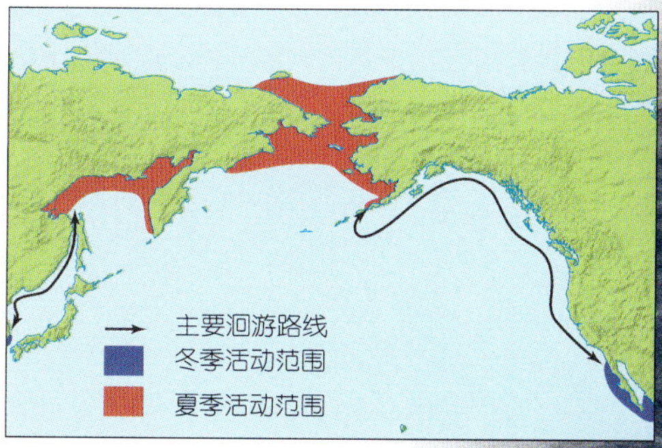

洄游中的鲸群

北美灰鲸每年都在墨西哥西北部外海的冬季繁殖地和白令海的夏季觅食地之间往返洄游。还有一部分较小的鲸群在韩国和西伯利亚东部海域之间洄游。

海岸带和珊瑚礁

自然界中不同环境的相互交错地带通常都拥有丰富的野生动物。地球上的海岸带能使生活在陆地上的动物和海洋中的动物聚集在一起，因此成为栖息地相互交错的典型例子。海岸带的野生生物种类因环境差异而不同，但岩质和沙质海岸带上的海滨动物都有着清晰的分布区域，这通常由潮汐决定。

珊瑚礁是一类特殊的海岸生境，以壮观的外形和绚丽的色彩著称，它们占据着庞大的面积，为各种各样的大量水栖生物提供了生存场所。造礁珊瑚对环境的要求十分苛刻，最重要的就是全年温度的高低和光照的强弱。因此，珊瑚礁大多分布在热带地区。

海岸带

有些栖息地历经多年都没有什么变化，而海岸带却一直在发生变化。岩石在海浪的冲击下不断被侵蚀，而沿岸的水流则温和地带走碎石和沙粒，改变海岸带的景观。除此之外，还伴随有潮汐的节律运动，这种一天两次的周期性循环可对海岸上的野生动物造成深远影响。

世界各地的潮汐变化极大。海洋中部海岛附近的涨落潮差通常不到30厘米，而大陆海岸的深水港湾和入海口的涨落潮差却有可能超过10米。无论潮差高低，潮汐都将海岸分成上部、中部和下部三个地带，且每个地带的动物都各具特色。上部地带为潮上带，位于海滨潮汐高潮区的最上部。尽管这一地带不会真正被水淹没，但还是会受到盐雾的影响，那些对盐分敏感的动物和不能耐受盐分的植物很难在此生存。中部地带为潮间带，也就是从海水上涨到最高位置时所淹没的地方开始至海水下降到最低位置时露出水面的区域。栖息在这里的动物过着双重生活，必须具备能在水中和空气中生活的能力，如贻贝和笠螺。下部地带为潮下带，即在低潮时也一直淹没在水下的区域。这里的大多数动物完全为海生，但也有一些物种需要离水繁殖。

海岸带的野生动物也受到沿岸地质的影响。许多动物都生活在岩质海岸上，而另一些则只生活在沙子或海滨的泥滩中。相比之下，动物很难在碎石滩上栖息，但也有一些海边的涉禽在此筑巢。

悬崖是许多海鸟的重要筑巢地点，但有些鸟类却在高潮线以上地带筑巢，如**燕鸥**。

海洋污染

拥有丰富物种的海岸和珊瑚礁地带极易受到污染的危害。最常见的污染物包括原油和不能降解的塑料，前者能对栖息在水面的动物构成致命危险，后者可破坏浅滩和海岸带的环境。当工业废水等污染物被排入大海时，还会影响到海水的能见度。

从全球范围来看，海洋生物面临的问题更大。因为随着大气中二氧化碳含量的不断升高，海水的温度和酸化程度也会逐步上升。周期性的海水变暖有时还导致珊瑚白化，这是因为当珊瑚遭受环境的剧烈改变时，为珊瑚提供能量的共生藻类的数量就会减少，导致珊瑚变白。如果环境恢复正常，珊瑚通常能复原，但海水的酸性则会长期影响珊瑚的生长。这种情况还让海洋动物对碳酸钙的吸收更加困难，而这种矿物质正是它们用于构建骨骼和外壳的主要成分。

白化珊瑚

白化的鹿角珊瑚如同白骨状的手指一样指向上方，与周围活着的珊瑚形成鲜明对比。白化现象虽然不会对珊瑚造成致命影响，但却能表明珊瑚受到了生存压力，随着海水温度的日益上升，这种现象将变得更加普遍。

珊瑚礁

珊瑚可以分为硬珊瑚和软珊瑚两大类。珊瑚礁是由硬珊瑚构成。珊瑚个体称为珊瑚虫，它们能分泌碳酸钙形成坚硬的外骨骼，我们平时见到的珊瑚就是珊瑚虫死后的骨骼。软珊瑚的分布范围遍布全球，能够造礁的硬珊瑚只能在缺乏养分的清澈水质中生长，而与其共生的藻类则能将太阳光转化为珊瑚所需的能量。珊瑚礁能创造出丰富的栖息地环境，使得大量动物在此毗邻而居，并且不必争夺相同的食物。

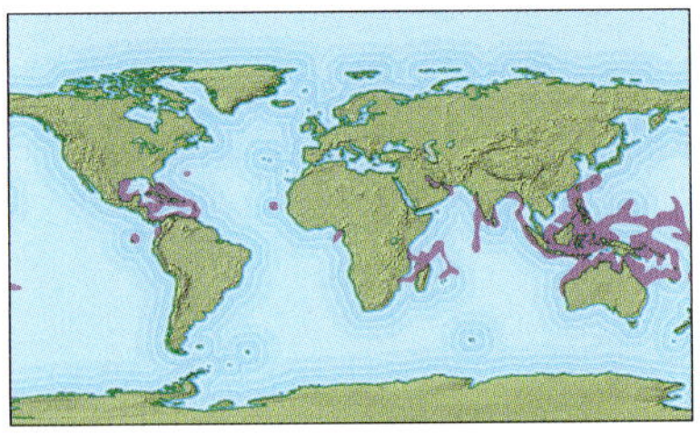

珊瑚礁只分布在海水温度不低于18℃的部分地区。世界上最大的珊瑚礁位于印度洋—太平洋海域。

珊瑚礁可被分为裙礁、堡礁和环礁三类，裙礁分布在靠近沿岸的地方；堡礁远离海岸，被礁湖分隔，宽度有时可达100多千米；环礁呈环状或马蹄状，孤立于开阔的海洋中，环礁之内曾经是火山口。尽管每种珊瑚礁都很独特，但彼此的构造都一样。由于珊瑚虫对光照的需求和对海浪的耐受力各有不同，因此水深和光照便成为影响珊瑚礁分布的两个重要因素。生长最快的珊瑚需要充足的光照，且海浪不能太大，这类珊瑚多构成珊瑚礁的中心地带，高度刚好超过最低潮时的水面。中心地带的滨岸坝后方通常形成潟湖——一种水面开阔的大型水域，湖底为珊瑚砂。珊瑚礁靠海的一侧经常形成陡峭的水下悬崖。由于这个区域中的珊瑚必须能够承受外海巨浪的冲击，因此质地十分坚硬，且适应力极强。

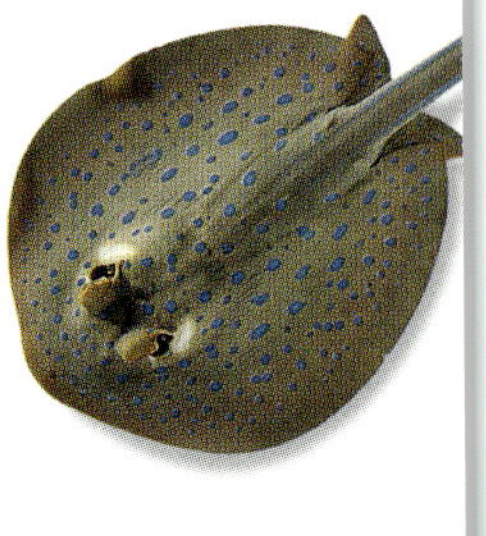

鳐类和其他许多底栖鱼都以藏身在珊瑚沙中的物为食，这类动物大多具有极好的伪装。

圆鳍鱼的腹鳍呈吸盘状，能够借此将自己牢牢地吸附在水下的岩石上。

海星是潮间带中的常见捕食者，特别喜欢在拥有大量双壳类的岩质海岸上捕食。

双壳类分布在各种类型的海岸上。一些种类，如贻贝，会吸附在岩石上，另一些则穴居在泥中。

海豹大部分时间都待在水里，但必须上岸繁殖。一些繁殖群中会包含成千上万只个体。

海岸上的蠕虫，如沙蚕，会在海底捕食或捡拾碎屑。许多种类都过着穴居生活，并从水中滤食。

海龟利用颚喙取食藻类，以及生活在珊瑚礁中的各种小型动物。

海蛇大都生活在近岸水域。有些种类会在珊瑚礁附近捕食小鱼和鳗鱼。

鹦嘴鱼利用喙状双颌取食珊瑚，被吐出的珊瑚骨骼会像沙子一样在珊瑚礁上积聚起来。

具有分枝的珊瑚主要隶属于鹿角珊瑚属，是大多数珊瑚礁中心区域的特有种类。有些种类每年能够长高15厘米。

海绵从珊瑚礁周围的水中滤食。虽然一些种类体形微小，但深水中的海绵却能长到一米高。

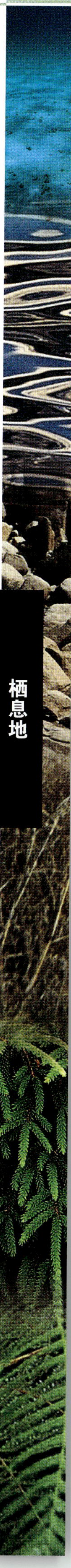

海岸和珊瑚礁的生活

和开阔海域相比，海岸带和珊瑚礁中的海洋生物异常丰富。岩石海岸和泥滩海岸上生活着大量的海鸟和无脊椎动物，而珊瑚礁中的鱼类物种则占到全球鱼类总数的三分之一。海岸带和珊瑚礁的环境条件非常不同，因而栖息于此的动物通常特化程度极高。一些动物在大面积的海岸地带漫游，但大多数动物只能在固定的范围内生活，一旦超出这个范围数米距离，它们就无法生存。

适应潮汐

海岸动物的生活受到潮汐节律的影响。除了要适应一天两次的潮汐涨落之外，它们还要适应14天一次的大潮。掌握潮汐的涨落位置对动物来说十分重要，如果不采取防范措施，它们就会遭遇干死或淹死的风险。

一些海岸动物根据是否被潮水淹没调整自己的行为，如藤壶。大多数水生动物则非常善于将体内的生物钟与潮汐涨落的时间保持一致。即使

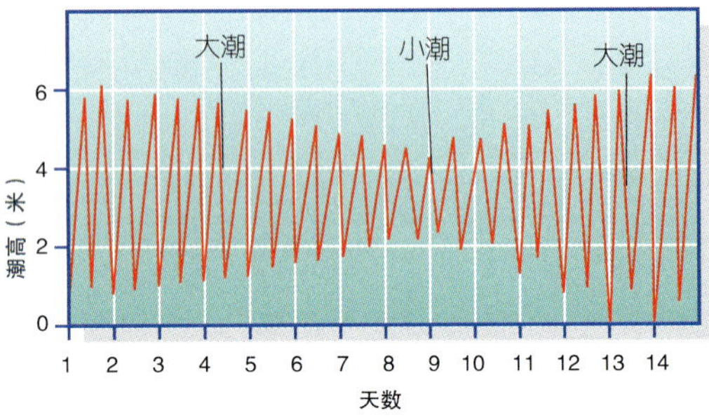

潮汐节律

当太阳和月亮与地球近乎处于一条直线时，就会形成升降幅度极大的大潮；而当三者处于一直角时，就会形成潮汐高度较低的小潮。

收缩的海葵　　**打开的海葵**

防止失水

为了防止自己在落潮时干死，海葵大多都将触手缩回，像一团果冻一样在海岸的礁石上蜷缩起来。它们通常在礁石突出部位的下方生活，以免受到阳光的直接照射。

被人带离海岸放入水族箱中，它们的潮汐生物钟仍会继续运转。这种身体内部精准把握时间的能力使得动物可以预先行动。例如，被潮水淹没的笠螺会在岩石上移动身体刮食微型藻类，但在离开岩石后很容易受到伤害，因此它们必须在退潮前回到原来的栖息地点。笠螺的生物钟告诉它们何时该返回，确保它们能在退潮时安全地紧贴在岩石上。相反，招潮蟹的生物钟驱使它们在低潮时外出觅食，进而在被涨潮的潮水吞没前回到地下的洞穴中。

红树林沼泽

红树林沼泽由那些能生长在潮间带盐土中的树种构成。红树林沼泽仅分布在热带和亚热带地区，在固岸护堤以及为鱼类和其他海洋动物提供近海岸的生长环境等方面扮演着重要的生态角色。大多数红树林都有支柱根，退潮时露出水面，涨潮时则淹没在水中。这些树根能为软体动物提供歇脚点，也是弹涂鱼的栖息场所。弹涂鱼能呼吸空气，在红树林中数量繁多。

红树植物的叶片坚韧呈革质，主要被昆虫取食；茂密的树冠层能吸引大量鸟类来此繁殖和过夜。红树林中的泥土很厚且带有腐烂气味，每天涨潮时，潮水都携带着丰富的有机物堆积在此。红树林曾经躲开了热带地区大规模的森林砍伐，直到20世纪后期才遭到不同程度的砍伐破坏。但是，随着养虾业的不断增长，红树林大多已被砍伐，对海岸野生动物造成的长期影响也逐渐受到人们关注。

沼泽植被

红树林是唯一能在潮水周期性泛滥的泥滩中生长的树种。它们的叶片很少会被动物取食，部分原因是叶片中富含盐分，但这类海岸森林却是鸟类和海洋动物的重要繁殖地。

海滨觅食

海岸带的食物要比开阔海域更为多样。潮水退却时将大量的动、植物残骸冲上海岸线附近，为弹涂鱼、跳虫和其他食腐动物提供充足的食物，而这些动物又会被鸥类和涉禽捕食。

潮间带栖息着很多滤食动物。与开阔海域中的大型滤食者不同（第74页），生活在海岸带的滤食动物通常较小，成年后终生都固着生活。贻贝和其他双壳类就是其中的典型例子，它们利用特化的鳃来滤食。藤壶的滤食方式十分不同，尽管它们与软体动物类似，但却隶属甲壳类，具有羽状蔓足。涨潮时，这些蔓足从壳中伸出捕食。

岩质海岸栖息着一些游动迅速的动物，以及一些从容地进行觅食的动物。海星和海胆是行动最为缓慢的动物之一，依靠数百条充满液体的管足在岩石上爬动。

海岸觅食

矶鹞步入海水中搜寻食物。与许多生活在海岸上的涉禽一样，它们会跟随在退却的海浪后边，以期找到可口的食物，当海浪重新涌起之前则会快步跑上海岸。

泥滩和沙地生活

和岩质海岸相比，海岸泥滩和沙地上的动物种类似乎十分有限。但这却是带有欺骗性的表面现象。泥滩中通常有大量生物藏身，依靠潮水带来的有机物为食。尽管会受到杓鹬和其他长嘴鸟类的攻击，但地下生活的优点之一便是能够有效避开捕食者的攻击。最主要的缺点则是地表会不断变化，致使藏身其中的动物与海水、氧气和食物隔绝。

这些在泥沙中藏身的动物都有着能与地表接触的特殊身体结构。例如，蛤类具有坚韧的虹管。许多动物的虹管都能缩进贝壳内，但有些因为太长，只能露在外面。缺少这类器官的动物通常过着穴居生活。沙蠋就是一个很好的例子，它潜居在“U”形穴道中，利用黏液固定身体，以防被海水冲走。

沙蠋粪便

沙蠋的洞穴有两个开口，一个用于进水，另一个用于排泄。它的排泄物会堆积起来，看上去就像是被挤出来的泥浆状牙膏。

下一代

砗磲将卵排入海里。它的幼虫会漂流到一定距离以外的珊瑚礁上定居。砗磲依靠自身唇瓣上的共生藻类维持生命。

共生关系

共生现象存在于所有的栖息地中，但在海岸地带尤为明显。某些情况下，动物之间能形成共生关系，但更多的则是动物与其体内的微型藻类形成共生。这些藻类被称为虫黄藻，存活在珊瑚、水母和砗磲等数千种海岸动物的体内。虫黄藻通过光合作用维生，与植物的生长过程相同。通过一系列复杂的化学反应，它们就能利用光能制造有机物。寄主动物可以保护虫黄藻免遭外界侵袭，而藻类则能为宿主提供所需的生存能量。

这种共生关系对造礁珊瑚非常重要，因为造礁珊瑚会让这些藻类生活在食物较少的部位。为了确保这种合作关系，珊瑚必须先要促成藻类的生长，这就意味着珊瑚必须要靠近阳光充足的海面生活。然而，这也会限制珊瑚的向上生长，因为珊瑚不能露出水面太久，如果落潮时露出水面超过一小时便无法存活。

繁殖

许多陆地动物都能适应海上生活。有些已经完全变成海栖物种，但另一些则要上岸繁殖，如海龟、部分海蛇、海豹及其近亲等。这些动物的分布范围通常很广，因此每年的繁殖季节都在同一区域聚集成群，最大限度地增加找到配偶的机会。

海中生活

海獭是唯一终生都在水中生活的水獭。海獭在海中生产，并会仰躺在水面上给幼崽喂奶。上图中的雌海獭正带着胸前的小海獭一起游泳。

互利共生

海葵不会伤害小丑鱼，而是利用带刺的触手保护它们免遭捕食，而小丑鱼则帮助海葵清洁身体。然而，这种合作关系并非完全平等，因为海葵可以独自生活，而小丑鱼则不行。

相比之下，许多海岸无脊椎动物成年后，终生都在同一地点生活。对于它们来说，繁殖不仅是为了产生后代，也是为了能够向别处扩散。它们的卵孵化为浮游幼虫，这些幼虫随着海浪漂流，直到最终固定在某处生活。对于一些物种来说，如藤壶，选定了落脚点后便不再更换，因为幼虫一旦固着在某处就无法分离。而化学信号则会帮助它们决定最终的栖息地点。有些鱼类在近海繁殖，因为海岸线能为鱼卵提供大量的藏身之地。加利福尼亚银汉鱼就是其中的典型例子，它们并不在水中产卵，而是将卵产在海滩上的潮湿泥沙中。银汉鱼在夜间的大潮期间集体产卵。在下一次大潮来临时，鱼卵便会孵化为幼鱼，然后被潮水带回海中。

城市

两百年前，全世界仅有3%的人口生活在城市里。如今，这个数字正快速接近50%，而地球上的总人口数量则已增加了近七倍。由于城市人口的急剧增长，已使地球上的大量地区发生了变化，不仅创造出了可供动物栖息的各种室内和户外人工栖息地，也制造出了大量能被动物取食的垃圾。因此有大量的动物都和人类生活在一起。

原鸽是城市中的常见动物，是逃逸到野外的家鸽繁衍的后代。

家麻雀十分善于利用城市环境，因此能从欧洲、非洲和亚洲扩散到世界其他地区。

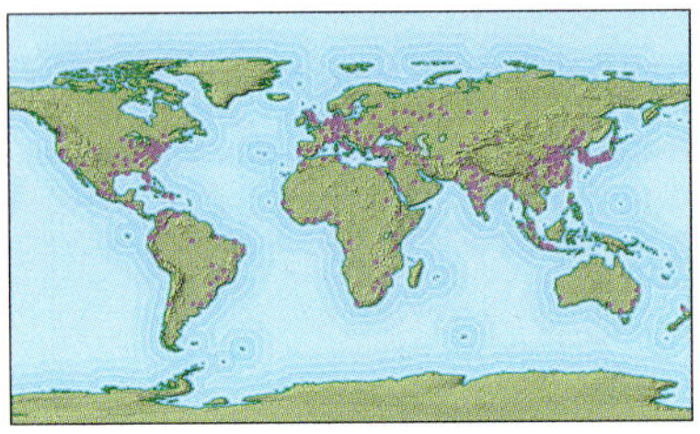

世界各地都有人口超过100万的城市。如今，这样的城市已经超过250个，并且总数还在快速增加。

帚尾袋貂在庭院和公园里不断繁衍，有时还会在建筑物中繁殖。

栖息地

户外

对于能够适应干扰的动物来说，城镇是很好的栖息场所。这里的很多地方都能提供藏身或是育幼场所，包括树木、窗台和地下通道等；还能让杂食动物找到各种残羹剩饭。冬天，房屋中排出的人工热气还能提供额外的好处。城市也比其他地方相对安全，生活在城市中的猫和狗不像生活在自然栖息地中的动物那样，会遇到许多捕食者。

动物已在不同程度上适应了城市的扩张。一些物种从未出现在城市里，当水泥城市向外扩张时，它们则一直在退缩。还有一些物种偶尔来访，如候鸟和昆虫，它们只停留很短的时间便离开。一些更具适应力的动物，如浣熊和赤狐，能在城镇和乡村安家，并且会把建筑区当作原本自然栖息地的延伸。真正生活在城市中的动物，如无处不在的原鸽和家麻雀，已经完全适应了城市生活，在其他地方反而很少见了。原鸽能在最繁华的城市中心地带生活，而许多城市动物则大多生活在公园和庭院中，这里的环境就相当于野外栖息地的微缩版本。世界各地的城市动物种类各不相同，但其中都包括树栖哺乳类，如松鼠和负鼠，以及各种各样的鸟类。

郊区的扩张通常会对野生动物构成威胁，但对城市动物来说却十分有利，因为扩张不仅能造就出适宜的栖息环境，偶尔还有人会投喂食物。

许多**蝴蝶**都在城市中繁殖，而黄边蛱蝶则是唯一进入城市搜寻花蜜和坠落的果实的蝴蝶。

赤狐在夜间活动，觅食时不容易受到干扰。

褐家鼠过着穴居生活，因此能在人类附近活动，而不易被发现。

小家鼠原产于中亚地区，如今已扩散到了全世界。其他栖息在人类家中的啮齿动物还包括老鼠和几种睡鼠。

对于**壁虎**来说，房子的墙壁是很好的夜间捕猎场所，特别是旁边的灯光会吸引飞虫。

家蝇进入屋内寻找食物，但其他一些物种，如粗野粉蝇，则会在阁楼和不受干扰的空房间里蛰居。

蟑螂会对地球上的温暖地区和装有中央供暖系统的房间造成严重危害。

蠹虫分布广泛，但大体无害。它们会在夜间外出，取食从面粉到墙纸糨糊在内的各种含有淀粉的东西。

幽灵蛛生活在野外的洞穴中。地窖和黑暗的房间也是它们的理想栖息地。

室内

自然界的许多动物筑巢时会在无意中为其他物种创造栖息环境。人类也是如此。但由于人类的“巢穴”十分宽敞复杂，因此能容纳非常多的动物前来生活。其中的大多数物种都无害，但有些则会带来问题，或至少给人类造成不便。

大多数室内动物的体形很小，且在夜间活动，因此很少被人类发现。这种情况尤其体现在那些白天与人类共享生活空间，以及享用残羹剩菜的动物身上。例如，蠹虫在天黑后才外出寻找面粉等含有淀粉的制品，当橱柜或抽屉被突然打开变得光亮时，它们便惊慌逃窜。蟑螂的行为也与此相似，但却更加令人讨厌，因为它们能传播疾病。

夜行动物在黎明时分躲藏起来，这时便轮到昼行动物外出活动。例如，家蝇在白天最为活跃，因为它们能依靠视觉飞行。生活在地下室和阁楼里的野生动物很少受到日夜交替的影响，也很少受人类出入的干扰。对野生动物而言，阁楼就像是特大型的树洞，而地下室则与洞穴类似。

如果能进入阁楼，黄蜂、鸟类和家鼠都会在这里筑巢，有时还和栖息在这里的蝙蝠共享同一片天地。地下室和地窖是蜘蛛的天堂，它们在没有食物的情况下也能长期存活，很多情况下还能在完全黑暗的环境中捕食。

中央供暖系统的出现是影响室内动物数量增长的重要因素。例如，原本只分布在温暖地区的蟑螂，如今已经广泛分布到了更加寒冷的地区。柔软的室内装饰品和地毯也起了一定作用，除了能让房间保持温暖以外，还为各种动物提供了藏身之所和筑巢材料。

城市危险

城市动物要面对“非自然选择”，无论它们在野外有多成功，只要不适应在城市中生活，都会被无情淘汰。空间的不足以及噪音和污染，使许多动物在城市中无法立足；而诸如明亮的街灯等其他环境因素，则会阻碍更多的动物建立种群。这些就是在城市中生活的风险。即使是经验丰富，能够成功适应城市生活的动物，依旧会陷入危险境地。当然，交通也是主要的危险因素之一，每天都可导致成千上万的动物（包括人类）丧命。

道路的隔离

城市交通是动物面临的主要危害因素，但偏远地区的公路就不单是构成威胁那么简单了。道路会将自然栖息地分割开来，在地理上将动物隔开，使其无法进行基因交流。

城市的生活

动物已经在地球上的自然栖息地中生存了数百万年，如今却只有短暂的时间适应城市生活。尽管如此，动物却从未远离高楼林立的地带。它们的成功主要归功于“预适应”，即通过进化来适应某种生活或栖息地，但偶尔也适用于另一种环境。因此，一些动物能在类似自然环境的人工栖息地中大量繁衍。而另一些则具有高超的适应力，能够借助人类无意中提供的机会成功生存下来。

引入的物种

地球上的很多动物能在陌生的区域安家，这类动物在城市中的数量十分丰富。有些种类是被故意引入的，而另一些则是随着进口食品一起抵达。宠物有时也会被放生，或是设法逃到野外。其中的一些物种最终留在城市生活，而少数则扩散到整片大陆，如北美洲的椋鸟。

远离家园

产自热带非洲和南亚地区的红领绿鹦鹉很能耐寒，因此也能在北美和欧洲部分地区繁衍。

取食

一些室外的城市动物吃的食物和它们在野外找到的食物差不多，但对于浣熊、狐狸和鸽子等食腐动物而言，日常的食物却和自然环境中的大不相同。这些动物会尝试所有的残羹剩菜，无论其外观或气味如何，而这种高度的机会主义特性正是它们生存取得巨大成功的秘密。现代食物的包装有时能给动物制造难题，但它们很快就能学会如何撕开或啄开塑料包装袋，取用其中的食物。

室内动物按取食不同的途径分为三类，第一类以我们吃的食物为食，第二类以第一类动物为食，第三类以我们家具中的物件为食。第一类动物包括各种的室内害虫，如老鼠、家鼠、家蝇和蟑螂等；第二类主要为蜘蛛，但也包括生活在温暖地区的蜈蚣和壁虎，蜘蛛几乎完全能适应室内生活，虽然不受人类欢迎，但却在控制室内昆虫的数量上做出了积极贡献。第三类动物是最不受欢迎的不速之客，包括白蚁和甲虫等蛀食木头的种类，以及侵害羊毛织物等有机材料的昆虫。这类动物在地球上的许多地区都造成了严重危害。

灯光和温暖

城市里的街灯照亮了夜空，而建筑中人类活动和交通运输产生的热量则使城市中的温度远高于附近的乡村。人造光可以扰乱昆虫的导航系统，并会干扰鸟类的生物钟。因此，偶尔会有鸣禽在深夜鸣叫，而有些物种则将明亮的光线误认成春天的来临，结果在冬天就开始筑巢。从蝴蝶到鸟类在内的很多动物都喜欢额外的温暖。一些地区的椋鸟会在冬天的下午聚集到城市中，栖息在相对暖和的建筑物上。

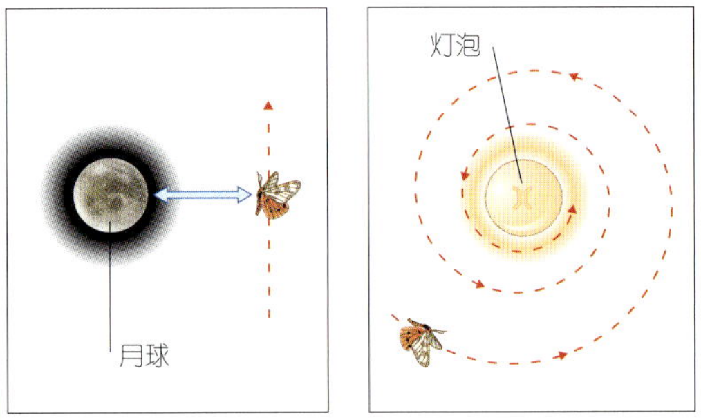

扑向光源

蛾类在夜间飞行时，以月亮作为定向参照物，由于月球的距离极远，作用就像罗盘，因此蛾类只要与其保持一定的固定角度就能实现直线飞行。但当它们被周围的街灯等光源所吸引时，仍可使自己与光源保持固定的角度，这种“参照物”会让蛾类的飞行出现偏移，最后只能围着灯光打转。

屋顶动物

建筑物顶层是鸟类和蝙蝠的理想家园。这里远离地面，不易受到人类干扰，因此动物可以安心地进行觅食和繁殖。有些物种在阁楼中或屋檐下筑巢，而另一些则偏爱烟囱顶部。雨燕、家燕和崖燕是最主要的屋顶居民，也是预适应的最佳典范，它们天生就能在悬崖或岩缝中筑巢，但快速扩张的城镇则为它们提供了另一种选择，使其能扩散到原先很少去的地方。

屋顶生活

一对白鹳正从烟囱顶部的鸟巢中俯瞰整个城镇。虽然它们常在建筑物上筑巢，但却在田间取食。它们曾是欧洲北部城市中的常客，但数量却因农业活动方式的改变而减少。

拂晓突袭

浣熊一边警惕危险，一边利用敏锐的嗅觉和极其灵巧的前爪在打翻的垃圾箱中翻捡食物。

建筑害虫

自从人类初次建造木屋以来，食木昆虫就已开始制造麻烦。食木甲虫在温带地区十分常见，而白蚁则在热带地区为害木材。人们曾对严重的虫害束手无策，如今，借助杀虫剂就能有效控制害虫的数量。即便如此，由于能在木材运输中被带到世界各地，因此许多害虫的分布范围仍比过去更加广泛，如钻蚀木头的甲虫等。

从内部蛀食

红毛窃蠹的幼虫在旧木料中开挖通道，在木头中历经5年时间才变为成虫。它们在这期间损坏木材的内部结构，最终使其倒塌。它们的近亲物种还会为害家具。

栖息地

城市猎人

游隼是最具适应力的猛禽之一，主要在空中捕食其他鸟类。城市屋顶和平台为它提供了绝佳的位置，使其在高速向下俯冲前就能抓获猎物。

动物王国
The Animal kingdom

迄今为止，地球上拥有的已知物种将近200万种，然而人们认为，实际的数量可能要远远高于这个数字。动物王国的成员中既有小到肉眼无法辨认的无脊椎动物，也有体长超过30米的蓝鲸。各成员间的生活方式也呈现巨大差异，既有在海底固定生活的滤食动物，也有能以时速超过100千米奔跑的敏捷猎手。无论是人们常见的大型动物，还是不为人所熟悉的小型动物，本章节将对2000多个物种进行介绍，务求呈现动物王国的多样性。

哺乳动物

MAMMALS

哺乳类

门：	脊索动物门
纲：	哺乳纲
目：	29目
科：	220科
种：	5398种

哺乳类是人们最为熟知的脊椎动物类群。所有的哺乳类均通过乳腺（哺乳类特有的皮肤结构）分泌乳汁，用以喂养初生的后代。大多数哺乳类为胎生。除了少数物种外，其余的种类均长有毛发。哺乳类是陆地上分布最广、种类最为多样的动物类群，在空中和水中都能发现它们的身影。这主要得益于它们自身拥有不受外界影响的恒定体温，以及极强的适应力，能通过改变自身行为来适应外部环境的变化。有些哺乳类，尤其是灵长类（包括人类），还会形成复杂的社群结构。

哺乳类幼崽

哺乳类区别于其他动物的关键特征之一是，雌性能用乳腺分泌乳汁喂养幼崽。有些哺乳类还会对幼崽进行长达数年的照顾。

进化

哺乳类是由一群被称为兽孔类的爬行动物进化而来。这些体形小巧而又敏捷的食肉动物生活在距今约2.5亿年前的三叠纪时期。现在这些用以区分爬行类和哺乳类的特征实际上是经过了较长时间和不同速度的进化才形成的。除了头骨形态上的几个重要区别（左下图），兽孔类还进化出了更轻和更灵活的骨骼。另一项明显的变化是四肢直立位于身体的腹面，而非像爬行动物那样位于身体侧面，这就使得早期的哺乳类能跑得更快，身手也更为敏捷。

爬行类在距今约1.95亿年前的三叠纪末期进化为哺乳类，此时正处于恐龙崛起的时期。爬行类在中生代（约2.51亿—6500万年前）成为地球的主宰，它们的存在使得哺乳类面临消亡的威胁。然而，哺乳类所具备的调节体温的能力或许就是它们最终战胜恐龙并生存下去的原因。中生代的气候更为寒冷，气温也更加多变。与其他的爬行类一样，大多数恐龙的身体机能在较低的温度下会降低，因而变得虚弱。而哺乳类却不会受到外界温度波动的影响，因此更好地在气候的变化中存活下来。

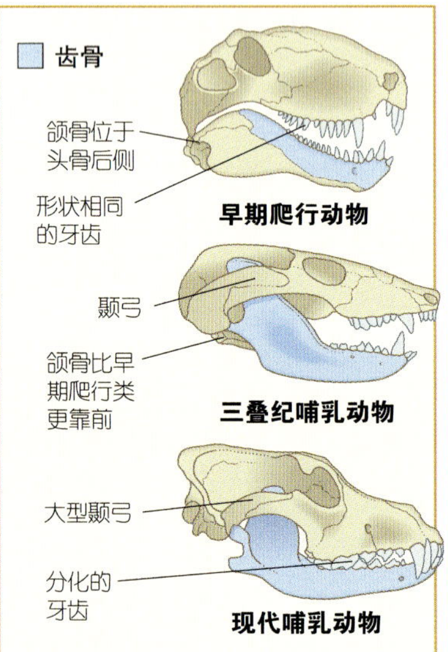

不断变化的头骨

哺乳类的爬行祖先具有形状相同的牙齿，下颌由数块骨头构成，只能上下活动。至三叠纪时期，哺乳类的头骨两侧已经形成能供咀嚼肌附着的颞弓和单一的下颌骨。现代哺乳类的头骨有着特化的牙齿和一块能进行复杂运动的下颌骨。以上特点，连同强大下颌肌肉的帮助，使得哺乳类可以咀嚼食物，这也是它们所独有的特征。

颌骨

哺乳类具有独特的颌骨，下颌骨直接与头骨相连。河马长有一张不同寻常的大嘴，它们的双颌能够张得很大。

身体结构

哺乳类的骨骼和其他脊椎动物存在多处差异，这一点从头骨即可窥知一二。哺乳类的独特之处在于它们的下颌为单一齿骨，直接与头骨相连，而其他脊椎动物的上下颌之间至少还存在一块骨头。由于下颌直接与头骨相连，且由整块骨头构成（左侧图框），这让哺乳类的下颌变成撕裂食物的有力工具。

与其他脊椎动物不同的是，哺乳类还拥有功能各异的牙齿，便于取食不同的食物。它们的牙齿分化为三种类型：门齿用于啃咬，犬齿用于切开和撕扯，而臼齿（臼齿和前臼齿）则用来研磨食物。每一种牙齿的形状和大小都与动物的食性有关。

与其他动物不同的是，大多数哺乳类均有可以转动的外耳（耳郭），用以收集声音并将其传送到鼓膜，再由三块听小骨传入内耳，最

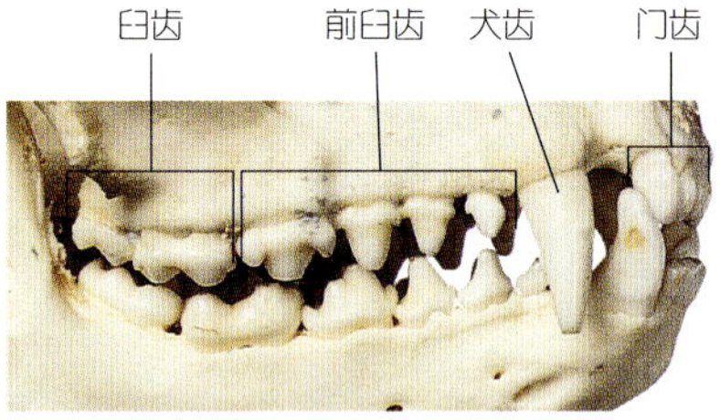

浣熊的牙齿

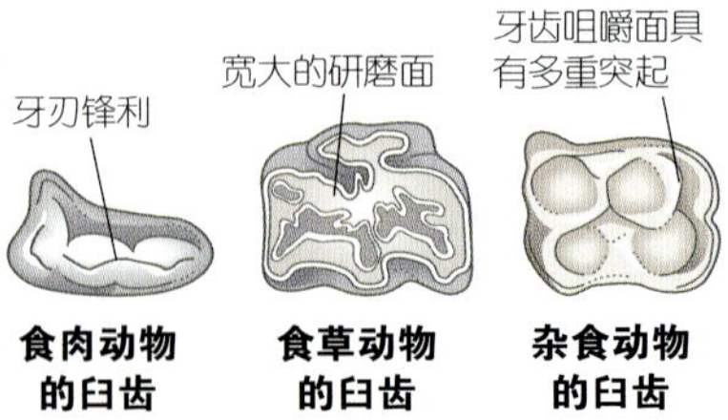

哺乳类的牙齿

许多哺乳动物都长有门齿、犬齿、前臼齿和臼齿，这些牙齿反映出它们各自的食性，如上图中的浣熊。食肉动物的臼齿锋利，用以咬断骨头；食草动物的臼齿研磨面宽大，用于研磨植物；杂食动物的臼齿宽大，齿冠带有多重隆起，可咀嚼各种食物。

毛发

哺乳类是唯一真正长毛的动物。它们的毛由毛干和毛根构成，毛干露于体表，柔韧而富弹性。哺乳类的毛包括触须、棘刺和角等类型（如犀牛的角）。最常见的毛发是皮毛，皮毛的内层浓密可以隔热，外层粗长能对皮肤起到保护作用，并赋予毛发颜色（有助于增加伪装）。毛发中的触须还有感觉功能。

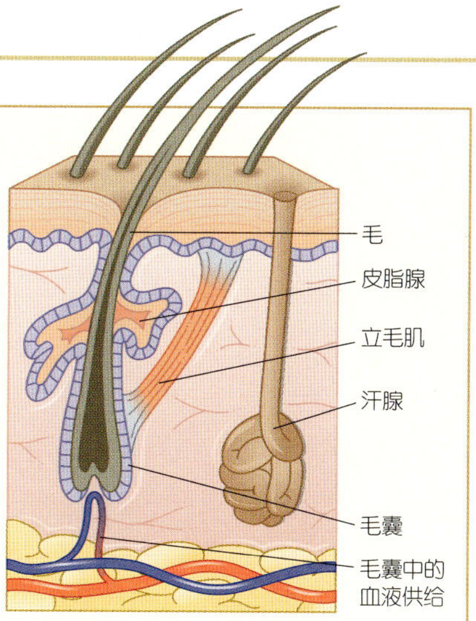

皮肤截面

所有的毛均由皮肤中的袋状毛囊中长出。毛囊旁的立毛肌能使毛发竖立或落回原位，以此来改变皮肤的隔热性能。

特化的毛

豪猪长有触须、长体毛和用于防御的棘刺，这些棘刺就是特化的毛。

终到达大脑。耳郭狐的耳朵极大，对声音非常敏感；相比之下，海豹的耳郭则已退化。

皮肤是哺乳类最为显著的特征之一。它们的皮肤均由外部的保护层（表皮）和含有血管、神经末梢、皮肤腺体的内层（真皮）构成。真皮中的腺体尤其特殊，其中的皮脂腺（气味腺）分泌的化学物质能使哺乳类相互识别和交流，乳腺分泌的乳汁可以养育后代，汗腺和着生在真皮中的毛发（上方图框）则在调节体温上扮演着重要角色。

繁殖

根据繁殖方式的不同，哺乳类被分为原兽亚纲、后兽亚纲和真兽亚纲三类。这三类哺乳动物均为体内受精（第31页）。原兽亚纲仅包括单孔动物一类，是哺乳类中唯一产卵的种类。其他两类的成员则为胎生。其中，后兽亚纲中的动物没有真正的胎盘（左下图），它们的幼崽出生时，发育较不完全。有些物种的幼崽必须待在母亲的育儿袋中继续发育。真兽亚纲是繁殖能力最强的一类，其中包括有胎盘类。这一类动物的胚胎在母体的子宫内生长发育。妊娠期间，食物和氧气通过与母体血管相连的胎盘输送给胎儿，而排泄物则通过相反的方向输出。有胎盘类的胎儿出生时比有袋类的胎儿发育得更加完全。

所有哺乳类的后代均由母亲以乳汁喂养，乳腺在雌性分娩后即能分泌乳汁。除了单孔类外，其他哺乳类的乳汁均由乳头流出。乳汁除了能提供营养（富含蛋白质和脂肪），还含有帮助后代抵抗病毒的抗体。出生后的几周内被乳汁喂养也意味着，哺乳类的幼崽无须自行觅食，成活概率可以极大地增加。哺乳类每窝的幼崽数从20只（北美负鼠）到仅有1只（猩猩）不等；妊娠期也从12天（短鼻袋狸）至22个月（非洲象）不等。

体温调节

哺乳类与鸟类均为温血动物，说明它们的体温可保持恒定，并且能在极高或极低的温度下保持积极活动的状态。这就是为何哺乳类能够占据各大生境的原因，并且比其他脊椎动物（除鸟类外）的分布范围更为广泛。许多物种，如南极的海豹和鲸鱼，全年中的大部分时间都生活在温度低于冰点的区域内。哺乳类的大脑中有一块被称为下丘脑的区域，其不仅能监测动物的体温，还可根据需要进行调节。

哺乳类能通过增加或降低新陈代谢的速率，舒张或收缩将热量携带到体表的血管，竖起或放下毛发以滞留或释放隔热层中的空气，以及颤抖产热，或是借助出汗或喘息来蒸发散热等方式来改变自身的体温。它们也能通过采取特殊的身体姿势调节体温，如猴子在天气寒冷时会将身体蜷缩起来（许多哺乳类都挤成一团保暖）；狐猴则坐立在清晨的阳光下，伸开双臂，露出仅有稀疏毛发的腹部晒太阳取暖。

哺乳类的行为类型也有助于调节体温。例如，沙漠和热带草原中的啮齿类会在一天中最热的正午时分躲到凉爽潮湿的洞穴中，体形较大的哺乳类则在阴凉的地面凹陷处休息。体色也是进行体温调节的另一个重要因素：体色较深能吸收热量，体色较浅则会反射热量。因此，栖息在沙漠的物种的体色通常为浅黄褐色，而那些生活在寒冷环境中

维持体温

大型哺乳类通常不在冬季冬眠（如马鹿），它们利用夏天存储的脂肪维持生存和体温。随着时间的推移，体重也相应减少。

降低体温

天气炎热时，哺乳类在一天中最热的时段进行休息，避免体温过热。它们还会像图中的美洲狮那样通过喘息来散热。喘息是利用皮肤表面的水分蒸发来散热，如伸出舌头散热等。

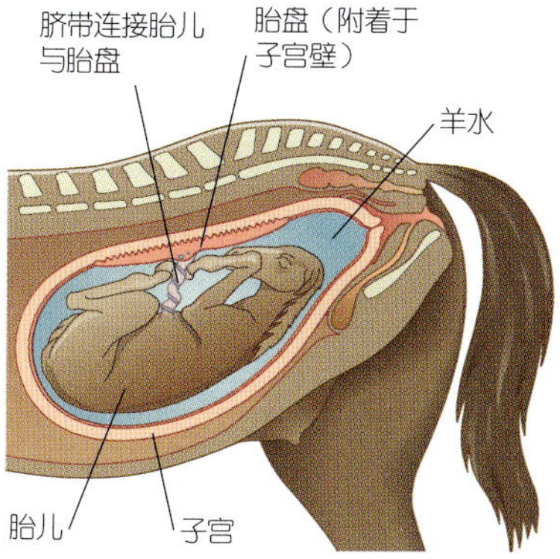

胎盘哺乳动物

胎盘哺乳动物（如马）的受精卵经过多次分裂后终于形成胎儿。随着胎儿的成长，子宫的大小与重量会随之扩增。马的怀孕期持续约11个月。

冬眠

有些哺乳类，特别是小型物种，会像部分爬行类（如带蛇）一样，在寒冷的季节进行冬眠以节省体内的能量。冬眠期间，它们的体温下降，呼吸减缓，代谢率降到几乎难以察觉，并停止进食，完全依靠皮下脂肪供给冬眠时的能量消耗。冬眠中的动物处于深睡状态，难以被唤醒。例如，刺猬在外界温度降至15℃时进行冬眠，最冷时的体温降至6℃左右。有些蝙蝠冬眠时的直肠温度记录甚至低至0℃。大型哺乳类，如美洲黑熊，并不进入真正的冬眠状态，它们在冬眠时呈昏睡状态，体温只是降到低于正常睡眠时的水平，且随时都有可能醒来。夏眠与冬眠相似，即动物在夏天蛰伏。夏眠与冬眠一样，也有助于动物在食物短缺的季节节省能量。

冬眠

许多生活在温带地区的蝙蝠以冬眠方式越冬。进入冬眠时，它们的体温可降到与栖息环境的温度一致，右图中水鼠耳蝠身上冷凝形成的水滴即能说明。

藏身

刺猬的保护性体色是助其冬眠的重要因素。

哺乳动物

水栖哺乳动物

哺乳类中有三个类群已经适应了水栖生活，它们的身体呈现流线型，能长时间地待在水下，但所有水生哺乳类仍需浮出水面呼吸。种类最为繁多的鲸和海豚有着极为特殊的身体结构。它们的体毛已退化，终生都生活在水中。与鲸类一样，海豹与海狮也依靠皮下脂肪保暖，但它们的身上仍长有软毛，同时依靠皮脂腺分泌的油脂防水。海牛类（海牛与儒艮）栖息在温暖的海岸水域及河口区，是唯一的食草性水栖哺乳类。海獭是另一种大部分时间都生活在水中的哺乳类。它们的皮下脂肪很少，主要依靠存留在浓密皮毛中的空气保暖。

海中生活

水栖哺乳类均由陆栖哺乳类进化而来，如图中的座头鲸。尽管它们的后肢已经退化，但有些鲸类仍保留有残存的骨盆带。

动作优雅

海豹的游泳本领高超，前肢和后肢均特化为具蹼的鳍状肢，如图中的斑海豹。海豹在陆地上活动时行动笨拙，因此它们即使在分娩时也极少远离水域活动。

的物种则体色较深。这种利用体色调节体温的方式可能与动物的保护色互相矛盾，因为在冬季下雪的地区，哺乳类的体色如果是白色（如白鼬）或是一直保持白色（如北极熊），这就需要加厚皮毛来补偿热量的散失。

觅食

保持高而恒定的体温需要耗费极高的能量，因此哺乳类需要进食大量富含营养的食物。尽管早期的哺乳类可能是食肉动物，但不同种类的哺乳类随后逐渐进化出各不相同的取食方式，以满足自身的取食需要。哺乳类中的一些物种猎食其他动物的，即为食肉类（包括食虫类）。而取食植物的哺乳类，被称为食草类。食草类还能被进一步分为食果动物和食草动物等。杂食动物则荤素皆食。

食肉类的消化管结构简单，这是因为肉类中的蛋白质、脂肪和矿物质并不需要专门的消化。而植物中却含有复合碳水化合物，如纤维素等。因此，食草动物必须依赖寄生在消化管内的微生物帮助这些物质的发酵和分解，使食物易于消化。这些微生物通常寄生在多室胃或是大型盲肠（大肠的一部分）中。

动物的体形大小是决定其取食类型的因素之一。小型哺乳类的体表相对散热量与产热量之间的比率较高，说明它们往往具有较高的能量需求和代谢率。由于它们无法经受像食草类那样缓慢而复杂的消化过程，因此体重小于500克的哺乳类基本上都是食虫动物。而大型哺乳类的产热量更多，相对散热量较少，因此觅食过程更为缓慢（如捕食大型脊椎动物的食肉类），或具有较慢的消化过程（如食草类）。此外，体重超过500克的哺乳类通常无法捕捉到足够的昆虫来维持活动所需的能量。因此，地球上唯一的大型食虫哺乳类均以数量巨大的集群性昆虫（如蚂蚁或白蚁）为食。

往高处觅食

哺乳动物通过摄取不同种类的食物，或以不同的方式摄取相同的食物，来避免彼此的竞争。例如，长颈鹿的长脖子使它可摄取其他食草动物难以企及的食物。

社群结构

哺乳类通过气味腺（可能位于脸部、脚掌或腹股沟）以及尿液或粪便（其中含有性激素）发出的气味进行通讯交流，也能通过身体姿态或面部表情、相互触摸以及能传达复杂信息的声音相互沟通。

哺乳类的社群化开始于幼崽出生的那一刻，母亲与幼崽之间的信号传递促使哺乳行为的发生。在整

恐惧　　服从　　兴奋

面部表情

有些哺乳类利用面部表情交流通讯。这种能力在灵长类中最为突出，如黑猩猩。露出牙齿表示恐惧，噘嘴微笑表示服从，张嘴露牙则表示兴奋。

游戏

哺乳类的幼崽大都在游戏中学习生存技巧，游戏性的打架和格斗，能让它们学习到在成年后应付搏斗的技巧。幼崽间的相互探索和炫耀也是游戏的形式之一。有蹄哺乳类，如鹿，从小便建立优势序位，以防成年后发生冲突。这种行为降低了个体因严重受伤而易于被捕食者捕杀的风险。捕食者则必须学会悄然跟踪并杀死猎物才能生存下去。

生存技巧

潜在的杀手，如这些幼小的狮子，通过游戏来练习扑击、撕咬、用后脚抓等动作，但会在造成伤害前停止游戏。

确立地位

与许多食草动物一样，这些大象幼崽也通过游戏在象群中确立优序等级。它们还会用鼻子对新鲜事物进行查探。

智力

哺乳动物中的灵长类被认为非常聪明，相比脑中其他部位而言，它们脑袋中负责“思考”的大脑的体积要更大。智力本身并不容易被定义，但是包括学习技能在内的种种智力迹象都与灵活的行为相关。比如，人们认为老鼠非常聪明，因为它们能学习执行新任务，这种能力在开拓新生境时可能非常重要。对一些哺乳类来说，采食行为似乎也与智力有关，如取食植物的鹿的大脑比起需要通过“思考”欺骗猎物取胜的猫来说，就相对较小。

迷宫中的老鼠

动物能在食物的引诱下完成简单的任务，这是评估动物智力的常见方法。这只白化的黑家鼠正在迷宫中寻找出口。

以智取食

灵长类是哺乳动物中少见的能够利用各种物体作为工具的物种，有些灵长类在进食前还会对食物进行清洗。图中的日本猕猴已经学会将食物泡在水中以分离麦粒中的沙子，因为沙子能在水中下沉，而麦粒则会漂浮在水面上。

个幼年时期，幼崽们通过玩耍进行互动，并逐步学习和模仿成年动物的行为。

有些哺乳类仅在交配或哺育后代时才相互交流，但多数物种除了这些基本需要外，都会形成临时或是永久性的社群。例如有蹄类通过集群防御危险，这样便能更为容易地发现捕食者。与社群行为密切相关的是对空间的利用：大多数哺乳类都有一定的活动范围，它们经常单个或成群地在这一区域内进行日常活动。其中的一些区域受到动物们的严格保护，称为领域，动物个体或是群体会对入侵的同种其他个体进行抵御。

独居的哺乳动物，如食蚁兽和大多数猫科动物，通常占据一片领域并阻止其他同性成员进入。例如，雌虎不允许其他雌性进入自己的领域，但雄虎的领域则与多只雌性的领域重叠。有些哺乳类，如长臂猿，终生通常只有一个配偶（幼崽也随它们一起生活），单配制中的雌雄两性共同占据并保卫同一片领域。然而，最新的研究表明，“终身忠诚”的假设是错误的，因为配对中的个体也经常与配偶之外的个体进行交配，许多长臂猿夫妻会在共同生活多年后结束配对关系，找到新的伴侣。

其他哺乳类通常形成各种各样的较大社群。有些物种一年中的大部分时间都是独居，如海豹和大象。有着血缘关系的雌性集群形成社群，雄性则独自生活，或与其他雄性一起生活。这种哺乳类中的雄性通常为了争夺配偶发生激烈的争斗。最终的胜者通常是体形最大和最强壮的个体，它们拥有最佳的战斗武器，如角或长牙等。当象海豹和海狮中的雌性处于动情期时，雄性便通过吼叫和炫耀占据统治地位。其他物种，如斑马等，采取一雄多雌制，即一只雄性带领并占有数只雌性，地位较低的雄性单独生活，或与其他雄性一起生活，直至它们有能力挑战有“家室”的雄性。

哺乳类的大型社群结构是由数只雄性和雌性组成。这种社群结构仅见于灵长类和社会性食肉类，但一些其他物种也会组成临时的混合群体，如迁徙时的角马。狒狒群由几只成年雄性和多只具有血缘关系的雌性共同组成（雌雄之间没有血缘关系），雄性之间通过竞争获得统治与交配权。权利斗争导致群体内的优势等级不断变化。狮群中的雄性之间存在血缘关系，它们在保护雌狮时相互合作，而不会为了雌狮展开竞争。狼群中只有占据统治地位的雄性和雌性才进行繁殖，群中其他成年个体都是头狼的后代，它们不会离开去建立自己的狼群，而是继续留在父母身边，帮助抚育幼崽。

集群生活的益处

集群生活对侏獴等小型哺乳类来说存在不少优点，如增加发现捕食者的概率，共同照顾幼崽和保卫领地等。

运动

哺乳类的栖息环境多样，并已相应地进化出许多不同的迁移方式。四肢着地行走是最常见的运动方式，但也有些物种采用双足行走，如袋鼠。哺乳类运动时，四肢末端着地的方式可以分为三种（右图）。

运动方式还与动物的生活方式有关。捕食者的脊柱通常柔软灵活，因为它们需要速度上的瞬间爆发捕捉猎物。例如陆地上奔跑速度最快的猎豹，其脊柱在奔跑时会像弹簧那样一蜷一伸，推动身体向前运动。人们估计，这些动作方式能使猎豹每小时的奔跑速度增加约30千米。相比之下，被捕食的物种，如瞪羚，则需依靠耐力从捕食者手中逃脱。它们的脊柱不甚灵活，四肢的下半部分较长，结实的肌肉均集中在靠近身体的部位，因此运动时花费的能量也随之减少。

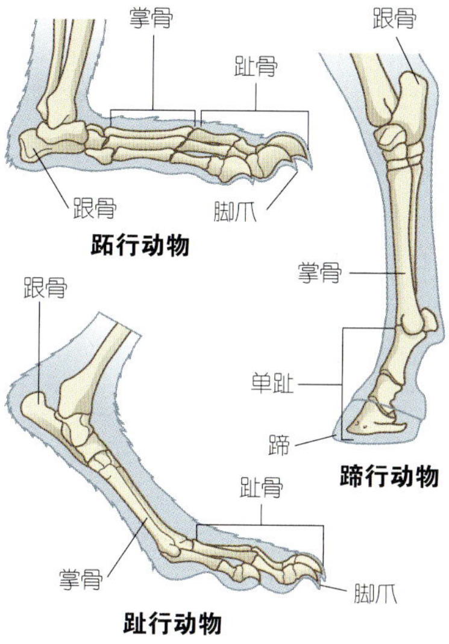

行走步态

哺乳类可以分为跖行动物、趾行动物和蹄行动物三类。跖行类行走或奔跑时，脚掌全部着地，如熊类。趾行类行走或奔跑时，只有趾部着地，如犬类。蹄行类行走或奔跑时，仅以趾端着地，如马。

飞行哺乳动物：长耳蝠

树栖哺乳动物：黑狐猴

陆栖哺乳动物：雪豹

水栖哺乳动物：海豚

多样的适应能力

随着时间的变迁，一些哺乳类的四肢已经进化为翅膀、鳍状肢或是适于抓握的手掌和脚掌，这让蝙蝠可以在空中飞行，鲸鱼和海豚能在水中生活，灵长类能在树枝之间自由穿梭。陆栖食肉哺乳类，如猫科动物，则进化出能够增加速度和机动性的柔韧脊椎，以及能够保持平衡的长尾。

卵生哺乳类

门：	脊索动物门
纲：	哺乳纲
目：	单孔目
科：	2科
种：	5种

这类动物也称单孔类，成员包括鸭嘴兽和针鼹。单孔类动物是唯一产卵的哺乳类。鸭嘴兽的嘴巴似鸭，尾似河狸，趾间有蹼。针鼹浑身带刺，长有细长的管状嘴巴和善于掘土的大脚爪。鸭嘴兽栖息在澳洲西部的淡水中，而针鼹则遍布在澳洲和新几内亚的各类栖息地中。

水生生活

鸭嘴兽是游泳高手。它的皮毛可防水，并具有用来保温的厚实内层绒毛。潜水时，双眼和耳紧闭。

身体结构

单孔类的四肢短小，头和眼睛都较小。所有种类的消化、排泄和生殖功能全部经由身体上的一个出口——“泄殖腔”来完成（“单孔目”就是取自“一个孔”之意）。

鸭嘴兽

针鼹

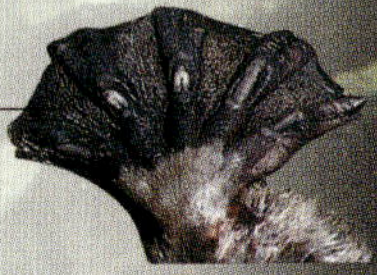

趾间有蹼

不同的吻部

鸭嘴兽（上图）的吻部扁平，由一层敏感的皮肤包裹。而针鼹则具有圆柱形的嘴巴。二者的吻部都用于觅食。

蹼足

鸭嘴兽借助前足蹼的强大推力在水中游动。

觅食

鸭嘴兽利用具感觉功能的吻在河床或湖底掘食甲壳类和昆虫幼虫。短吻针鼹用强健的脚爪挖掘蚂蚁、白蚁或蚯蚓，长吻针鼹主要取食蚯蚓。成年单孔类无齿，食物研磨主要利用牙床或口中的棘状突起完成。

粘住食物

短吻针鼹用细长的舌头抓捕白蚁和蚂蚁。带有黏性的唾液能确保猎物无法逃脱。

Tachyglossus aculeatus

短吻针鼹

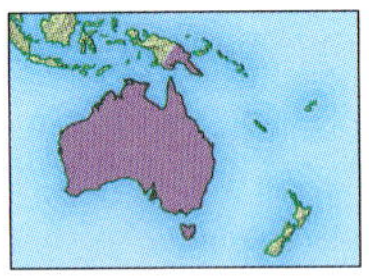

分布：澳洲（包括塔斯马尼亚岛）、新几内亚岛

体长：	30—45 厘米
尾长：	1 厘米
体重：	2.5—7 千克
社群单元：	独居
保护现状：	无危

短吻针鼹又称多刺食蚁兽，它身上的棘刺远比其间的毛发要长。这种针鼹独自生活，昼夜都很活跃，天气非常寒冷或炎热时进行冬眠或夏眠，此时，它的体温从日常的31—33℃下降至4℃左右。短吻针鼹取食各种蚂蚁、白蚁、昆虫幼虫和蠕虫，利用嗅觉或是吻上的感受功能探测动物发出的电信号。小小的头与肩膀相接，颈部不明显。

Zaglossus bartoni

大长吻针鼹

分布：新几内亚岛

体长：	60—100厘米
尾长：	无
体重：	5—10千克
社群单元：	独居
保护现状：	极危

大长吻针鼹向下弯曲的吻可超过20厘米长，吻端具有一个细小的嘴，吻基部长有一双靠得很近的眼睛。与其他针鼹一样，雌大长吻针鼹也挖洞产卵，还会将卵搬运到育儿袋中哺育。这种体形最大的针鼹行动缓慢，防卫时身体蜷成刺球状。身上的刺在又黑又长的皮毛中隐约可见。

Ornithorhynchus anatinus

鸭嘴兽

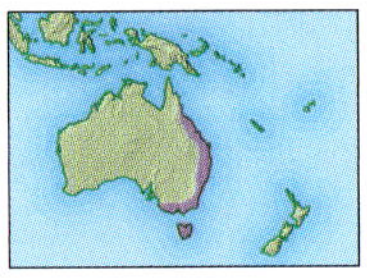

分布：澳洲东部、塔斯马尼亚岛

体长：	40—60厘米
尾长：	8.5—15厘米
体重：	0.8—2.5千克
社群单元：	独居
保护现状：	无危

形似鸭子的嘴巴，爬行动物般四肢侧张的步态，形似河狸尾的扁平鳞状尾等特征让鸭嘴兽成为一种极易辨认的物种。它的深紫色皮毛可以防水，带有绒毛质感，易让人联想到鼹鼠。用于探测食物的喙对触觉和小型水生动物发出的电信号非常敏感。鸭嘴兽血液中的红细胞浓度极高，因而能潜入深水追踪动物。鸭嘴兽独自生活，个体间的领域会有重叠。但处于繁殖期的雄性会保卫自己的领域。雄鸭嘴兽的后肢上长有毒刺，能给竞争对手造成伤害。

鸭嘴兽的巢穴位于河岸斜坡的洞穴中，通常约5米长，但许多都能达到30米长。历经一个月的妊娠期后，雌兽产下1—2枚柔韧且有皮革质的卵，卵在洞穴中进行为期10天的孵化。幼崽出生后，雌兽会在洞穴中对它们进行3—4个月的喂养。外出觅食时，雌兽会将巢穴密封达38小时，以确保幼崽的安全。

后肢趾间具半蹼

前肢趾间具完整的蹼

有袋类

门：	脊索动物门
纲：	哺乳纲
亚纲：	有袋亚纲
目：	7目
科：	20科
种：	319种

分类说明

有袋类的分类学等级已经发生了不少变化。有袋类目前隶属于有袋亚纲，共分为7个目：负鼠目（美洲负鼠）、袋鼬目（澳洲食肉有袋类）、袋狸目（袋狸与兔耳袋狸）、袋鼹目（袋鼹）、袋鼠目（袋鼠、树袋熊及其近亲）、鼩负鼠目（鼩负鼠）和智鲁负鼠目（微兽类）。由于它们之间存在共同的繁殖生物学特征，因此，这7个目没有被单独归类，而是合并归入后兽亚纲。

有袋类与其他哺乳类同为胎生（单孔类除外），但却有别于其他所有的胎生动物（总称为有胎盘哺乳类），因为它们的幼崽在胚胎发育的早期便会出生，依靠乳汁成长而非借助胎盘在母体内发育。有袋类因而被归入有袋亚纲（或称后兽亚纲），而有胎盘的哺乳类则被归入真兽亚纲。有袋类的种类繁多，包括袋鼠、袋貂和袋狸。大洋洲的有袋类由于缺少竞争对手而变得非常多样，分别进化为食虫类、食肉类和食草类。南美洲有袋类的体形较小，大部分为树栖，仅北美负鼠一种扩散到了北美洲地区。

幼年生活

有袋类幼崽在一段极短的妊娠期后出生（部分袋狸的妊娠期仅为12天），出生时仍处于胚胎状态。它们出生后自行找到母亲的乳头，在数周内紧含不放。体形较大的物种每胎只产1崽，但体形较小的袋鼬和袋鼩每胎可产多达8只幼崽。许多袋鼠类的雌性怀孕后会再度交配，但新胚胎会一直在母体内休眠，直到前一胎幼崽离开母亲的育儿袋为止。

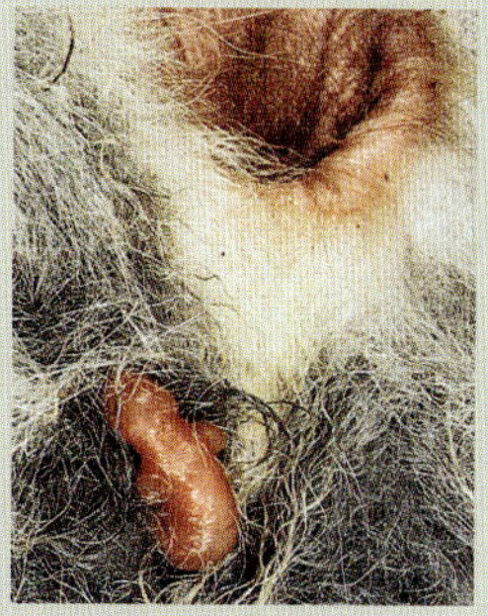

不可思议的旅程

这只尤氏大袋鼠幼崽正拖着身体，在母亲的毛发中摸索寻找乳头，找到后便紧紧含住不放。这种袋鼠的乳头与大多数有袋类一样，也藏在育儿袋中。幼崽出生后在育儿袋中生活数月，然后才开始探索外面的世界。

过于拥挤

母亲的育儿袋空间太小，以致无法同时容纳太多的幼崽。这只雌负鼠别无选择，只能将幼崽安置在外。

独特的育儿袋

大多数有袋类都有可以携带幼崽的育儿袋。这只烟色大袋鼠的育儿袋开口朝前，幼崽正从中探出头来。有些物种的育儿袋开口向后。

身体结构

尽管有袋类之间的外表极为不同，但多数物种都有长的后腿和脚趾（如袋鼠），以及细长的吻，且几乎所有物种的眼睛和耳朵都很大。雌性有袋类具有一个独特的"双重"生殖道（下图），有些雄性的生殖器还呈叉状，睾丸保留在位于阴茎前的下垂阴囊中。除了独特的生殖系统，有袋类的大脑也与有胎盘哺乳类的不同，它们的大脑相对较小，缺少胼胝体（连接大脑两个半球的神经束）。这一类群包括袋鼠、袋貂、袋熊和树袋熊，以及袋狸等，它们均有并趾的现象，即后脚第二和第三趾合并为一只带有两个爪的足趾。

雌性的生殖系统

与具有单一子宫和阴道的有胎盘哺乳类（最右图）不同的是，雌性有袋类有两套系统：两条共用开口的阴道分别通往子宫内的不同部位（右图）。幼崽从独立的中央产道产出。一些有袋类的产道在每次分娩前才形成。另一些物种的产道在首次产崽后仍会继续留存（但有时会被结缔组织填满）。

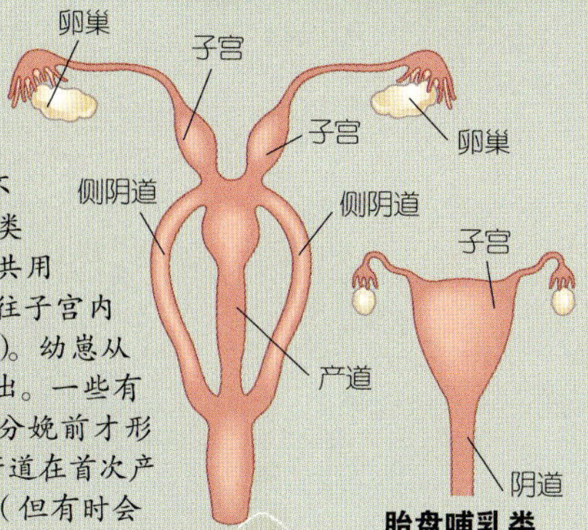

有袋类　　胎盘哺乳类

运动

尽管大多数有袋类采取奔跑或小跑前行，但运动方式仍有几种变化。例如，袋熊蹒跚而行，而树袋熊和袋貂则是攀爬。袋鼠和兔袋鼠借助长长的后腿跳跃，利用加长的中趾作为后肢的延伸。虽然低速跳跃耗费的能量多于用四肢奔跑，但当行进速度约为每秒1.8米时，体形较大的物种就可节省能量。这是因为跳跃用的能量储存在脚部的肌腱上，且笨重的尾巴在跳跃时会像钟摆一样上下摆动，以提供动力。

跳跃

大型袋鼠（图为红大袋鼠）跳得越快，能量的利用效率就越高。

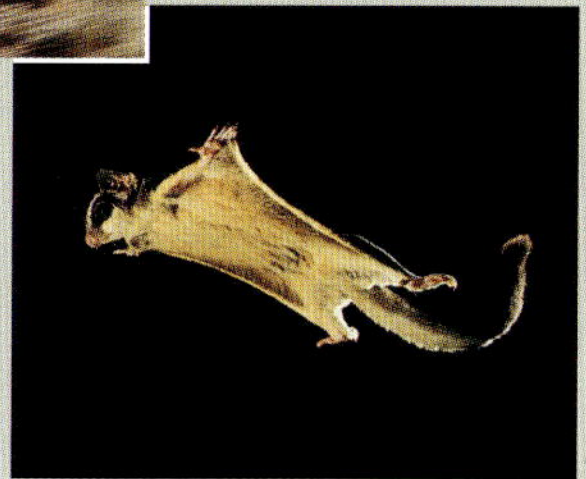

滑行

一些能够滑行的鼠类，前后肢间有一片皮膜，其可作降落伞使用。

Marmosa murina

林氏鼠负鼠

体长：11—14.5厘米
尾长：13.5—21厘米
体重：15—45克
社群单元：独居
保护现状：无危

分布：南美洲北部和中部

这种负鼠的上身呈淡黄色至灰色，腹部乳白色，脸部有黑色面罩斑，常出没于林涧和人类居住区附近，以昆虫、蜘蛛等小型无脊椎动物，以及蜥蜴、鸟蛋、雏鸟等小型脊椎动物为食，也吃部分果实。林氏鼠负鼠的攀爬动作快速灵活，白天藏身于树洞、旧鸟巢或交错的枝杈上。每胎产崽5—8只，哺乳期为60—80天。

Chironectes minimus

蹼足负鼠

体长：26—40厘米
尾长：31—43厘米
体重：550—800克
社群单元：独居
保护现状：无危

分布：墨西哥南部至南美洲中部

蹼足负鼠是有袋类中唯一的水栖物种。它的毛皮细密，可防水，后足的长脚趾上带蹼。雌雄两性的育儿袋均有肌肉状开口，潜水时袋口可紧紧闭合，以防幼崽溺水。它的食物包括鱼、蛙等淡水动物，发现猎物后以灵活的无爪前趾捕捉。白天在铺有树叶的河岸窝穴中栖息。

Caluromysiops irrupta

黑肩负鼠

体长：21—26厘米
尾长：22—31厘米
体重：200—600克
社群单元：独居
保护现状：无危

分布：南美洲西部

这种负鼠体表的宽大黑纹从肩部一直延伸至前腿，因此很易分辨。黑肩负鼠夜间在树林中搜寻果实和蛴螬等各种食物。它的尾毛浓密呈灰色，至尾尖逐渐变为白色，尾腹面裸露无毛。雌负鼠的妊娠期为13—14天，每胎产崽2只。

Neophascogale lorentzii

长爪袋鼬

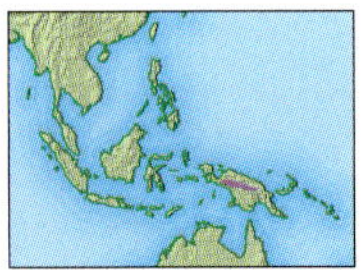

体长：16—23厘米
尾长：17—22厘米
体重：200—250克
社群单元：独居
保护现状：无危

分布：新几内亚岛

因背部深灰色的毛发中夹杂着星星点点的白色长毛，因而又被称为斑袋鼬。它的四肢短小强壮，足趾上具长爪。白天掘食土壤中的蛴螬、蠕虫等猎物。有关长爪袋鼬的筑巢和繁殖资料非常稀少，曾有在雌性的育儿袋中发现4只幼崽的记录。

Didelphis virginiana

北美负鼠

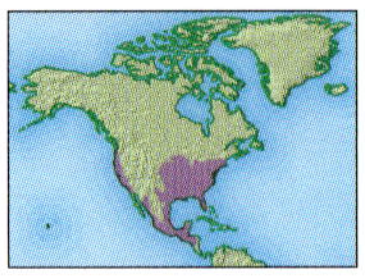

体长：33—50厘米
尾长：25—54厘米
体重：2—5.5千克
社群单元：独居
保护现状：无危

分布：美国西部、中部和东部，墨西哥

北美负鼠的适应力极强，分布范围在北美洲一直扩张。这种负鼠因生活在人类居所附近而受益：它们在瓦堆或谷仓等建筑物处筑巢，在残羹剩饭中觅食。作为一种真正的杂食动物，它既取食蛴螬、鸟蛋、花朵、果实和腐肉，也捕杀农场的家禽，并且啃食庭院中的植物。北美负鼠是美洲最大的有袋类，昼伏夜出，通常为陆栖，也善于攀爬和游泳。虽然没有固定的领域，但在繁殖期外会避开同类个体独自活动。雌负鼠每次最多怀胎18只，但却只有13个乳头。存活下来的幼崽紧含乳头达50天，于70天大时离开育儿袋。

装死

北美负鼠受到威胁时会装死，试图使捕食者对它丧失兴趣。它能以蜷曲的身体姿态，纹丝不动地躺上6个小时，同时将眼睛和嘴巴张开，对触摸等任何刺激都没有反应。还会从肛门排出带有恶臭的液体，以增强效果。

"邋遢"的外表

北美负鼠的毛色多变，呈灰色、红色、褐色和黑色不等，浓密的内层绒毛和毛尖为白色的长针毛让它看上去格外"邋遢"。

Ningauri ridei

里氏袋鼬

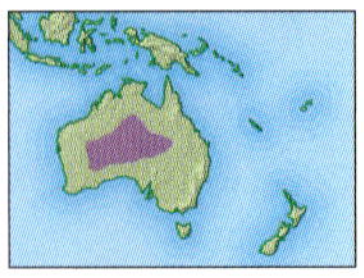

体长：5—7.5厘米
尾长：5—7厘米
体重：6—12克
社群单元：独居
保护现状：无危

分布：澳洲中部

里氏袋鼬于1975年才被正式描述，是一种凶猛的夜行性小型独居食肉类动物，外表似鼩，以甲虫、蟋蟀和蜘蛛等体长不到1厘米的无脊椎动物为食。它主要利用嗅觉与听觉在鬣刺属植物中猎食，白天在茂密的灌丛或蜥蜴、啮齿类、大型蜘蛛的旧巢中休息。妊娠期为13—21天，每胎产崽6—7只。新生幼崽在母亲的育儿袋中紧含乳头达6周之久，第13周大时断奶。

Sminthopsis crassicaudata

脂尾袋鼩

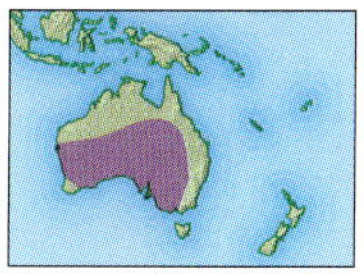

体长：6—9厘米
尾长：4—7厘米
体重：10—20克
社群单元：独居
分布：澳洲
保护现状：无危

脂尾袋鼩得益于牧场的扩张，从而广泛地分布在林地、灌丛和草原地带。它的背毛为浅黄褐色或棕色，腹部白色。昼伏夜出，在开阔的土地和落叶中搜寻蛴螬、蠕虫等类似的无脊椎动物。在8月至次年3月的繁殖期间大都独自生活，其余时间结成不足10只的小群共同生活，天气寒冷时一同挤在隐蔽的石缝巢穴或倒木下相互取暖。

宽大的尾基可用于储存脂肪

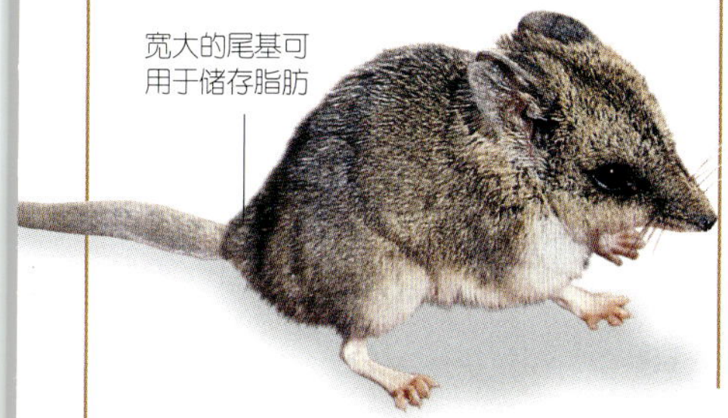

Antechinomys laniger

东跳袋鼬

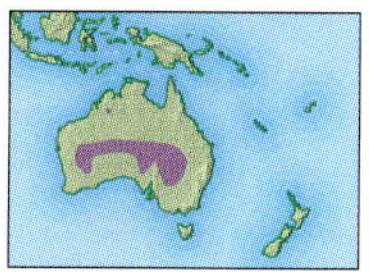

体长：7—10厘米
尾长：10—15厘米
体重：25—35克
社群单元：独居
分布：澳洲中部和南部
保护现状：无危

东跳袋鼬十分适应在稀疏林地到杂木丛生的半荒漠等多种栖息地中生活。夜间外出捕食昆虫幼虫等类似的无脊椎动物。它能以具有四个足趾的较大后腿跳跃，但在降落时像兔子一样前腿着地。东跳袋鼬的耳朵很大，眼周为深色，脸部尖瘦，身形紧实小巧。长尾尾尖带有深色簇毛。体背部呈浅黄褐色或褐色，腹部白色。

Parantechinus apicalis

斑袋鼬

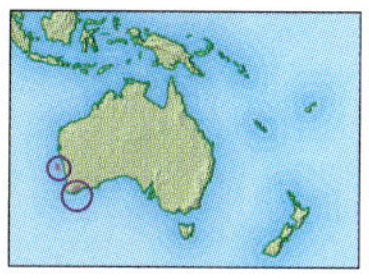

体长：10—16厘米
尾长：7.5—12厘米
体重：40—125克
社群单元：独居
分布：澳洲西南部
保护现状：濒危

这一物种消失约80年后，又分别于1967年和1985年在澳洲西南角及两座沿海岛屿上再度被发现。它的典型特征包括白色的眼圈，毛色灰棕有白斑，逐渐变细的多毛短尾，以及用于捕猎的大型犬齿。猎物包括鼠类、鸟类、蜥蜴等小型脊椎动物，以及昆虫和其他无脊椎动物。

Pseudantechinus macdonnellensis

脂尾宽足袋鼩

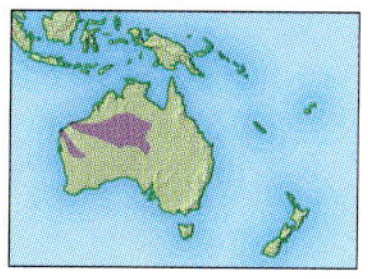

体长：9.5—10.5厘米
尾长：7.5—8.5厘米
体重：20—45克
社群单元：独居
分布：澳洲西部和中部
保护现状：无危

这种夜行性的食虫动物又称红耳宽足袋鼩，食物充足时，尾巴因储存的脂肪而膨胀成胡萝卜形。它的皮毛呈灰棕色，耳后有红斑，腹部灰白。偏好在干燥多石，且长有灌木和草丛的栖息地中生活。雌袋鼩的妊娠期为45—55天，每胎产崽6只，每只都在育儿袋中紧含1个乳头长达40天，随后被母亲置于巢穴中，哺乳至第14周。

Dasycercus byrnei

脊尾袋鼬

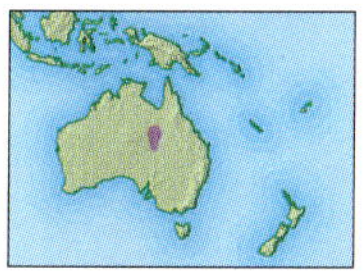

体长：13.5—18厘米
尾长：11—14厘米
体重：70—150克
社群单元：独居
分布：澳洲中部
保护现状：易危

虽然外形似松鼠，且尾巴长有浓密的黑色簇毛，但脊尾袋鼬却是一种穴居的食肉类。它捕食蜥蜴、小鸟和啮齿类等小型动物，利用前爪抓住它们，然后不断快速撕咬将其杀死，也常捕捉体长超过1厘米的昆虫等类似生物。脊尾袋鼬独居于植被稀疏的荒漠地区，常趁雨后土壤松软时扩大洞穴，利用尿液、粪便、下巴和胸部的腺体分泌物标记自己的洞穴和家域；通过咔嗒声和嘶嘶声，以及轻弹尾巴等动作与邻居沟通。

Dasycercus cristicauda

蓬尾袋鼬

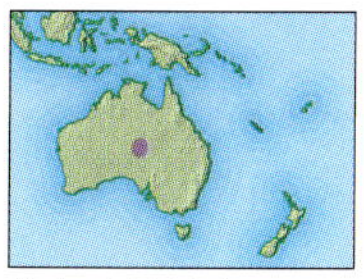

体长：12—20厘米
尾长：7.5—11厘米
体重：50—150克
社群单元：独居
分布：澳洲中部
保护现状：无危

蓬尾袋鼬栖息于散布着鬣刺属植物的沙漠，外形似脊尾袋鼬，且与数种近亲一样，尾基部也因脂肪的储存而肥大。它的上身呈沙黄色，腹部白色，尾巴上侧的黑色毛发朝着尾端竖立。它的巢穴类型多样，既有简单的单一巢穴，也有具5—6个出入口的地道系统。蓬尾袋鼬于夜间捕食小型啮齿类、蜥蜴、鸟类和大型昆虫，有时也攻击大型蜈蚣。

Dasyurus viverrinus

普通袋鼬

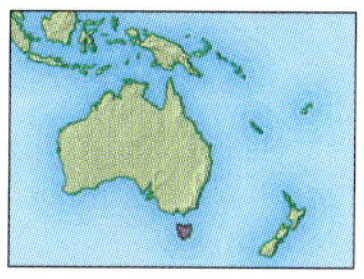

体长：28—45厘米
尾长：17—28厘米
体重：0.7—2千克
社群单元：独居
分布：塔斯马尼亚岛
保护现状：近危

这种外形似猫的有袋类（又称斑点袋猫）于20世纪60年代最后一次在澳洲大陆被发现，目前仅生存在塔斯马尼亚岛。夜间在地面捕食小型哺乳类、鸟类等其他脊椎动物和大型昆虫，同时也搜寻果实、野草和腐肉。袋鼬栖息在长有乔木、灌木和草丛的混合生境中。雄袋鼬的体形较长，体重比雌性重约50%。

斑点毛皮

普通袋鼬的体形修长、动作敏捷，棕色或黑色的皮毛上带有白色斑点，但尾部无斑。耳朵大而挺立。

母亲的照料

和许多有袋类雌性一样，这种袋鼬每胎的产崽量也很多，可达24只，但育儿袋中只有6个乳头，因此只有6只幼崽能存活下来。新生幼崽紧含乳头长达8周，之后仍被留在巢穴中等待外出觅食的母亲回来哺乳。母亲经常将幼崽驮在背上更换新的巢穴地点。

Sarcophilus harrisii

袋獾

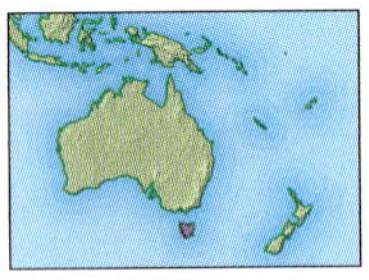

分布：塔斯马尼亚岛

体长：52—80厘米
尾长：23—30厘米
体重：4—12千克
社群单元：独居
保护现状：濒危

袋獾是最大的食肉有袋类，被称作“塔斯马尼亚恶魔”，捕食昆虫至兔袋鼠等猎物，也捡拾腐肉。这种夜行性动物受到惊扰时发出尖叫并用后腿站立。它的巢穴筑在地下，或是岩缝、树根。雌袋獾的妊娠期为30—31天，幼崽在母亲长有4个乳头且开口朝后的育儿袋中生活。近年来，疾病已致其种群数量下降。

黑底白斑

袋獾的胸和臀部具有白色长斑块。

争夺猎物

袋獾通常独自生活，但由于其有着敏锐的嗅觉，因此会出现许多个体都向着同一具大型动物的尸体聚集。袋獾的强壮双颌与利齿可撕开猎物的毛皮，咬碎软骨和硬骨。它们进食时相互咆哮和嗥叫，以争抢最好吃的部位，但不会发生肢体冲突。

Myrmecobius fasciatus

袋食蚁兽

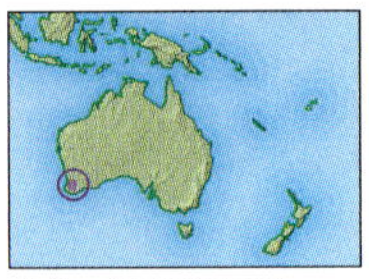

分布：澳洲西南部

体长：20—28厘米
尾长：16—21厘米
体重：300—725克
社群单元：独居
保护现状：濒危

袋食蚁兽能用强壮前足上的长爪挖开蚁巢，它的舌头长达10厘米，可用来舔食白蚁，偶尔也吃蚂蚁。口中的牙齿虽然细小，但数量可观，有52颗，比其他任何陆栖哺乳类都要多。袋食蚁兽白天活动，独自生活，会将同性的个体驱逐出自己的领域。雌兽有4个乳头，幼崽出生后紧含乳头长达4个月，然后被置于巢穴中，由母亲继续哺乳2—3个月。

Perameles gunnii

东袋狸

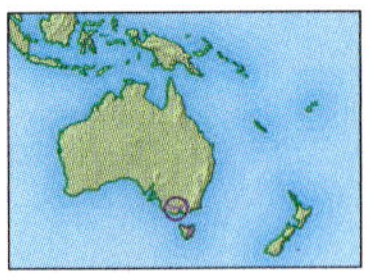

分布：澳洲东南部、塔斯马尼亚岛

体长：27—35厘米
尾长：7—11厘米
体重：0.5—1.5千克
社群单元：独居
保护现状：近危

澳洲大陆的维多利亚地区尚存数百只东袋狸，但大部分东袋狸都生活在塔斯马尼亚岛。这种杂食性的机会主义觅食者于夜间独自觅食，白天藏身于用野草、叶片和树枝搭建的简单巢穴中。东袋狸的耳朵形似兔子，背部具3—4条白色横纹，尾巴白色。生长周期十分快速：妊娠期仅12天，哺乳期为60天，3个月大时即达到性成熟。

Echymipera kalubu

刺袋狸

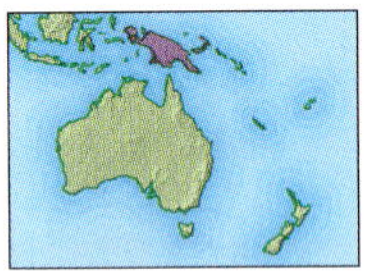

分布：新几内亚岛及其周边岛屿

体长：20—50厘米
尾长：5—12.5厘米
体重：0.5—1.5千克
社群单元：独居
保护现状：无危

袋狸大多为食虫动物，体形与鼠类或兔类的大小相似。刺袋狸的吻部长而灵活，外层皮毛粗硬，且颜色多变，呈棕色、古铜色、黄色或黑色，腹部淡黄色，尾巴无毛。它于夜间独自觅食果实、浆果等植物，并会凶巴巴地驱赶同类个体。刺袋狸白天在树洞、落叶堆或自行挖掘的洞穴中栖身。

Macrotis lagotis

兔耳袋狸

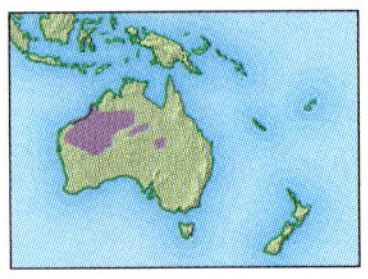

分布：澳洲西部和中部

体长：30—55厘米
尾长：20—29厘米
体重：1—2.5千克
社群单元：成对
保护现状：易危

这种杂食性动物的特征是耳大似兔，后足长，尾巴具三种颜色：尾基部为蓝灰色（与身体相同），紧接着为黑色，最后一段状如羽毛呈白色。兔耳袋狸善于挖洞，可掘出长达3米、深达2米的地下洞穴用于白天的栖息。繁殖季节成对聚集，妊娠期为13—16天，每胎产崽2只，幼崽于80天大时离开育儿袋。

Notoryctes typhlops

袋鼹

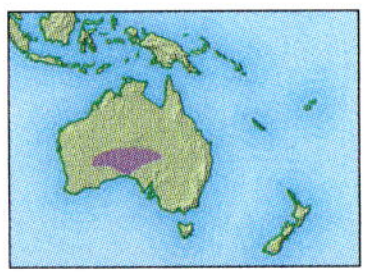

分布：澳洲南部

体长：12—18厘米
尾长：2—2.5厘米
体重：40—70克
社群单元：独居
保护现状：数据缺乏

袋鼹在沙漠、土壤松软的草地及低矮的灌丛地下挖掘深达2.5米的地道。当它在地下游走时，身后不会留下永久性的通道。袋鼹取食真菌和植物块茎，也捕食随机遇到的某些动物。米白至黄褐色的皮毛因挖洞而被磨得发亮，并因沾染土壤中的铁矿物而呈现深红色。雌袋鼹的育儿袋可携带1—2只幼崽，育儿袋的开口向后，可避免泥土落入。

挖掘机器

袋鼹将角质鼻垫探进沙土，以前肢将土拨开，然后用后足中间长有长爪的三个足趾将沙土踢开。

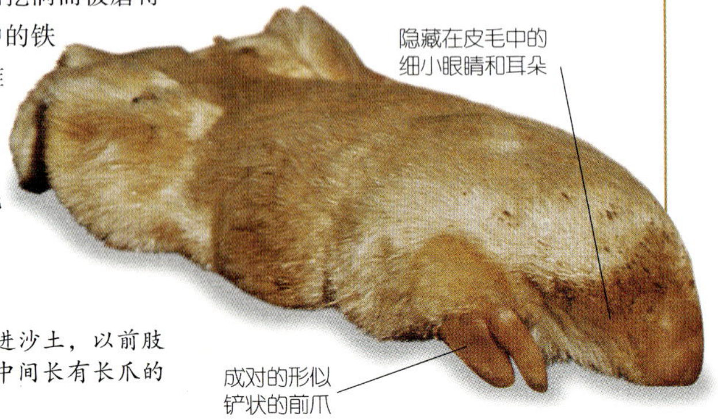

袋鼹的食物

袋鼹以生活在沙土中的蠕虫、蛴螬、蜈蚣及小型蜥蜴为食，图中的袋鼹正用巨大的前爪紧紧抓住一只壁虎。袋鼹利用嗅觉和触觉，在目标动物挖掘的小型地道中进行追踪。它们也在雨后的地面觅食。

Phascolarctos cinereus

树袋熊

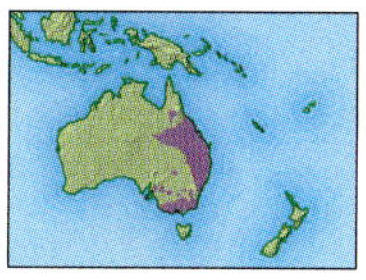

分布：澳洲东部

体长：65—82厘米	
尾长：1—2厘米	
体重：4—15千克	
社群单元：独居	
保护现状：无危	

树袋熊几乎终生都在桉树上生活。它们在夜间进食约4个小时，吃掉大约500克的树叶，其余时间都在树杈上打瞌睡。只有在两棵树之间转移，或是为了取食一些泥土、树皮和沙砾来促进消化时，才会下至地面。树袋熊在繁殖期间相互发出吼叫，优势雄性拥有与更多雌性交配的权利。它们的交配过程很简单，常伴随着抓咬。雌性的妊娠期为35天，每胎产崽一只，幼崽出生后爬进母亲的育儿袋中，哺乳期为6个月，随后便爬到母亲的背部生活。幼崽的初期固体食物是母亲的粪便，这种食物中富含有助于食物消化和抵御疾病的微生物。树袋熊虽然外表温和，但在受到侵犯时也会用利齿和爪子发起进攻。

似熊的有袋类

树袋熊的脸盘宽大似熊，鼻子光滑黑亮，身体结实粗短。皮毛柔软厚实，主要为灰色或灰棕色，腹部颜色略浅，臀部色彩斑驳。

保育

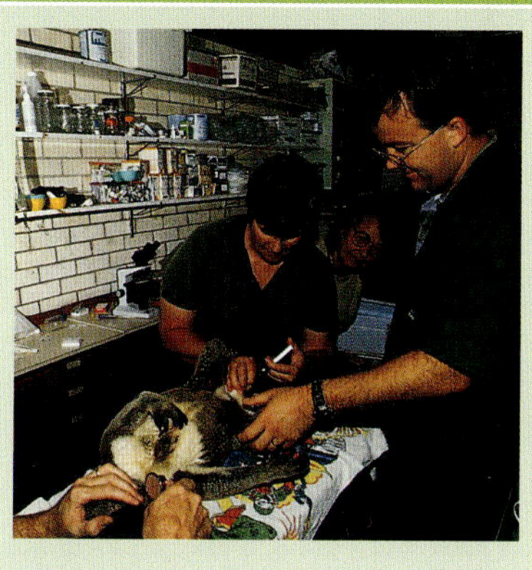

树袋熊曾是澳洲东部森林中的常见物种，但由于受到森林砍伐、寄生虫感染和交通事故等因素的影响，一些地区的种群数量开始不断减少。兽医（左图）在拯救它们生命的过程中起到至关重要的作用。然而，保育措施必须谨慎开展，因为一旦食物充足，树袋熊的种群数量就会迅速增加。它们被引入袋鼠岛后，已经成为危害当地森林的主要物种。

紧抓不放

树袋熊的四肢粗壮有力，趾端生有利爪（后足拇指除外）和粗糙的爪垫，用以抱紧树干和树枝。前足的第一、二趾可与其他趾对握，因而能像钳子一样紧握树干。

Vombatus ursinus

塔斯马尼亚袋熊

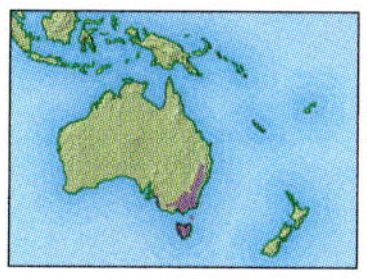

分布：澳洲东部、塔斯马尼亚岛

体长：70—120厘米	
尾长：2—3厘米	
体重：25—40千克	
社群单元：独居	
保护现状：无危	

塔斯马尼亚袋熊外形似熊，鼻子无毛。这种有袋类擅长挖掘洞穴，虽然它的地道系统通常只有一个入口，但地下分支众多，总长度可达200米。塔斯马尼亚袋熊偏爱在溪流和山谷上方的坡地生活，于夜间在此采食草类、莎草和植物根茎。冬季在白天取食草类或在阳光下取暖。虽然它们大多独居，且成年雄性往往对进入领域的其他个体进行驱赶，但它们似乎偶尔也会相互拜访彼此的地下洞穴。幼崽离开母亲的育儿袋后，先在铺着干草和树叶的地穴巢室中生活。塔斯马尼亚袋熊虽然对人类没有威胁，但其洞穴可能会绊倒马匹，侵蚀堤坝，让野狗藏身其中，并损坏阻挡野兔的栅栏。

离开育儿袋

塔斯马尼亚袋熊每胎通常只产1崽，新生幼崽继续在母亲的育儿袋中发育6—7个月。离开育儿袋的前三个月还偶尔回来吃奶或躲避危险。当它长到15个月大时就会断奶。

壮硕的穴居者

塔斯马尼亚袋熊的头部宽大，棱角分明，体格粗壮，四肢强壮，趾端长有宽大的爪子，是一种善于挖掘的穴居物种。

Lasiorhinus latifrons

南澳毛吻袋熊

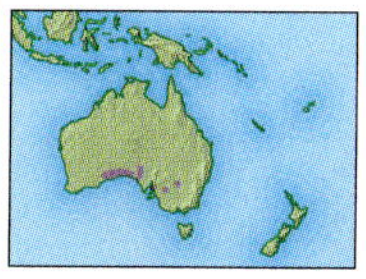

分布：澳洲南部

体长：77—95厘米	
尾长：3—6厘米	
体重：19—32千克	
社群单元：群居	
保护现状：无危	

南澳毛吻袋熊的体格比塔斯马尼亚袋熊（左图）更为粗壮，四肢更短。这种袋熊具有长耳，长而丝滑的皮毛呈斑驳的棕色和灰色，吻部毛发为灰白色。通常结成5—10只的小群栖息在数百平方米的地道系统中。它们于夜间在地面采食草类和低矮的植物。优势雄性会驱逐同种的陌生入侵者，除非这些入侵者是繁殖期间发情的雌性。

Trichosurus vulpecula

帚尾袋貂

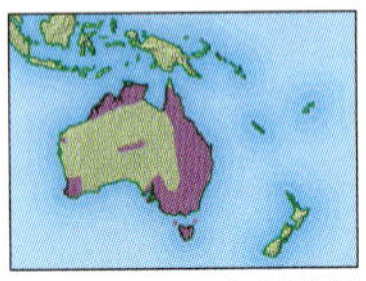

体长：35—58厘米	
尾长：25—40厘米	
体重：1.5—4.5千克	
社群单元：独居	
分布：澳洲（包括塔斯马尼亚岛）	保护现状：无危

帚尾袋貂常见于包括公园和庭院在内的多种栖息地。它的皮毛主要为银灰色，分布区以北种群的毛略短且发红，南部种群的毛略长并发灰。觅食时在树间轻松自如地攀爬跳跃，寻找桉树、合欢树等的树叶、花朵和果实，偶尔也吃鸟蛋及雏鸟。帚尾袋貂可以发出嘶鸣、咕噜、咆哮等多种声音。除了短暂的繁殖期外，其他时间都独自生活，栖息在树洞、岩石或屋顶的裂缝中。独生的幼崽在育儿袋中生活5个月。

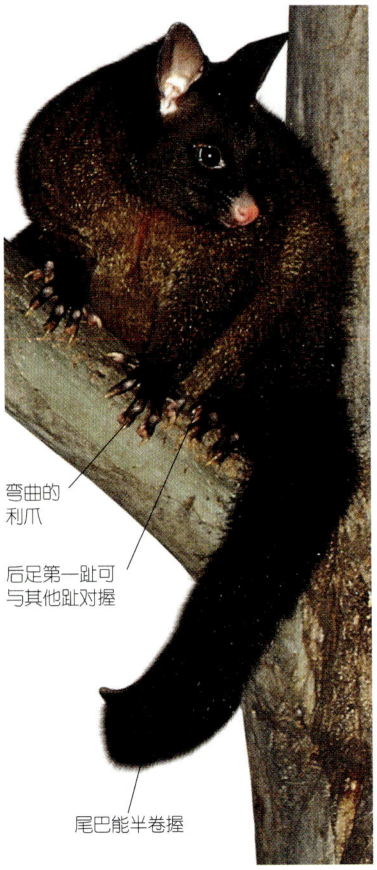

Phalanger orientalis

灰袋貂

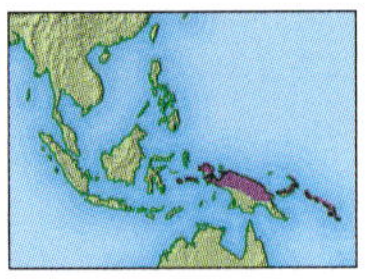

体长：38—48厘米	
尾长：28—43厘米	
体重：1.5—3.5千克	
社群单元：独居	
分布：新几内亚岛、所罗门群岛	保护现状：无危

分布在不同岛屿上的灰袋貂的毛色变化很大，从几乎呈白色至黑色不等。但总体而言，所有个体的背部均有一道纵向的条纹，尾巴下半段白色无毛，外表形似树懒和猴子的混合体。灰袋貂在树枝上谨慎而灵活地攀爬觅食，搜寻叶片、果实和其他植物。它的性情温驯，是一种常见的宠物。

Gymnobelideus leadbeateri

利氏袋鼯

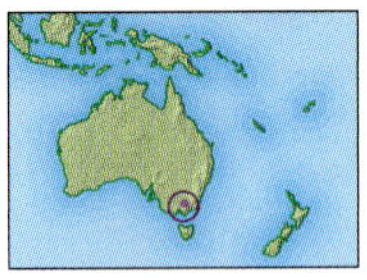

体长：15—17厘米	
尾长：14.5—20厘米	
体重：100—175克	
社群单元：群居	
分布：澳洲东南部（中央高地、维多利亚区）	保护现状：濒危

利氏袋鼯曾一度被认为已经灭绝，于1961年才再度被发现。它的背部为灰色，背中央的一道深色条纹从头纵贯至尾，腹部为灰白色。利氏袋鼯的动作迅速难以捉摸，多在夜间外出捕食小型无脊椎动物，也采食树脂、树汁和花蜜。整个群体由多达8只个体组成，包括一对年长的雌雄配偶及其后代（主要为雄性）。群体的领域由雌袋鼯负责守卫。

Petaurus norfolcensis

鼠袋鼯

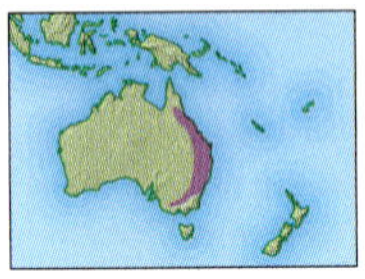

体长：18—23厘米	
尾长：22—30厘米	
体重：200—300克	
社群单元：群居	
分布：澳洲东部	保护现状：无危

鼠袋鼯的带毛翼膜从前肢第五趾的趾尖延伸到后肢。它的尾巴很长，当躲避敌害或在距离超过50米的树丛间滑翔时，尾巴能像船舵一样控制方向。鼠袋鼯生活在由一只成年雄性，1—3只雌性以及当季繁殖的幼崽组成的小型群体中，以昆虫和类似大小的树栖生物为食，也取食树液、树脂、花粉和种子。雌鼠袋鼯每胎产崽1—2只，幼崽在育儿袋中生活约3个月，4个月大时断奶。

Dactylopsila trivirgata

纹袋貂

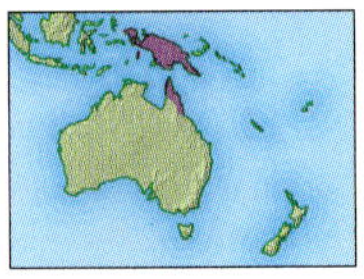

体长：24—28厘米	
尾长：30—39厘米	
体重：250—525克	
社群单元：不固定	
分布：澳洲东北部、新几内亚岛	保护现状：无危

纹袋貂的识别特征是身上具有与臭鼬相似的黑白色条纹，毛茸茸的尾巴为黑毛，尾尖白色。它与臭鼬（第186页图版）一样，能从外阴部的腺体中释放一种刺鼻的恶臭。夜间独自在树枝上觅食，利用前肢第四趾上的长爪探寻蛴螬、蚂蚁和白蚁，也取食果实，并捕捉鸟类和小型哺乳类等动物。

Hemibelideus lemuroides

粗卷尾袋貂

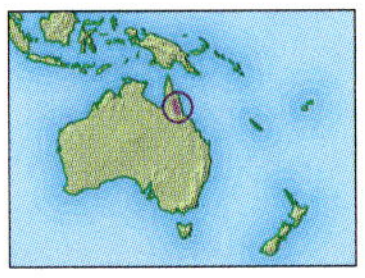

体长：30—40厘米	
尾长：32—37厘米	
体重：800—1000克	
社群单元：不固定	
分布：澳洲东北部	保护现状：近危

粗卷尾袋貂的脸部特征和身形比例与狐猴（第138—139页）相似，炭灰色的长尾尾尖无毛，极具卷握力，可用于握住树枝，也能在雨林的树冠层进行高达3米的“自由落体”式跳跃时用于控制方向。粗卷尾袋貂主食树叶，也吃部分花朵和果实。社群组成十分灵活，包括雌雄配偶对、母子对，或结成大群等。独生幼崽于6—7周大时离开育儿袋。

Pseudocheirus peregrinus

环尾袋貂

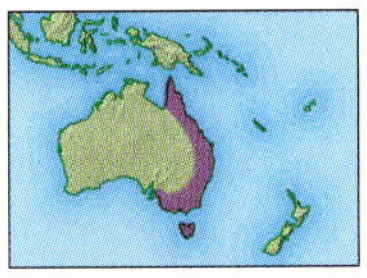

体长：30—35厘米	
尾长：30—35厘米	
体重：700—1100克	
社群单元：群居	
分布：澳洲东部、塔斯马尼亚岛	保护现状：无危

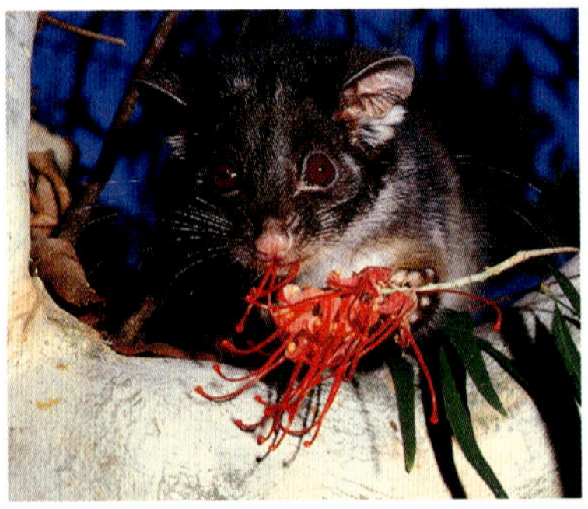

通体颜色偏红或灰棕，尾巴适于卷握，前半段颜色较深，后半段变为白色。环尾袋貂成群生活，在包括公园和庭院在内的多种栖息地中出没。它们主要以树叶为食，特别是桉树与合欢树叶。北部种群在树洞中营巢，南部种群的巢形似松鼠窝。

Petauroides volans

大袋鼯

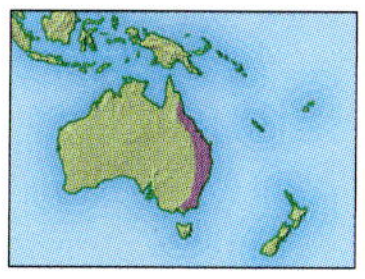

分布：澳洲东部

体长	35—48厘米
尾长	45—60厘米
体重	0.9—1.5千克
社群单元	成对
保护现状	无危

大袋鼯是有袋类中体形最大的“滑翔家”，常在降落的树干上留下许多爪痕。它和其他树栖有袋类一样，拥有可以抓住树皮的利爪，前足的两趾可与其他三趾对握，因而可以牢牢抓住树枝。这种夜行性动物于夜间在桉树林中觅食（非雨林环境），只喜欢取食少数几种桉树的嫩叶。大袋鼯大多成对生活，雌雄双方一年中的大多数时间都共同分享树洞中的巢穴。雌袋鼯每胎产崽一只，新生幼崽在育儿袋生活达5个月，然后继续留在巢穴中或攀在母亲背部生活1—2个月。雄性幼崽10个月大时会被父亲赶出家门。

色型

同一地区内的大袋鼯常出现两种色型。一种是略带棕色的炭灰色到黑色（如图），另一种则是极浅的灰白色或斑驳的乳白色。

面朝前方

大袋鼯的大眼睛和巨大的耳朵都朝向前方，可凭借立体视觉和听觉正确判断距离。这种特点能让大袋鼯在夜间水平滑行100多米，并精准地降落在某个树干上。

Distoechurus pennatus

羽尾袋貂

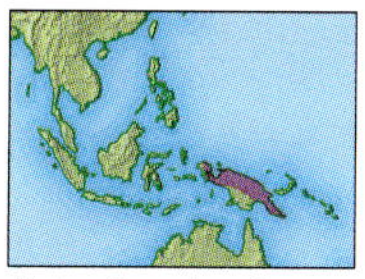

分布：新几内亚岛

体长	10.5—13.5厘米
尾长	12.5—15.5厘米
体重	40—60克
社群单元	群居
保护现状	无危

羽尾袋貂的特征是白色的脸部有四道黑纹，尾巴似羽，尾尖具有卷握力。它们能在树枝间迅速跳跃，用足趾上的利爪抓住树干，以昆虫（以蝉为主）、花朵、花蜜及果实为食。这种袋貂组成2—3只的小群一起生活，雌性的育儿袋可养育1—2只幼崽，它们随后攀附在母亲背部，随它一起在巢穴附近活动。人们对羽尾袋貂的社群组织和繁殖习性仍缺乏了解。

Cercartetus lepidus

美丽侏袋貂

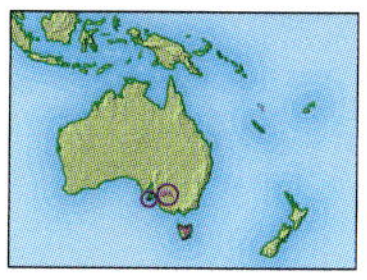

分布：澳洲东南部、塔斯马尼亚岛

体长	5—6.5厘米
尾长	6—7.5厘米
体重	5—9克
社群单元	独居
保护现状	无危

美丽侏袋貂是最小的袋貂种类，身体只有人的拇指大小，背部为淡黄色或棕色，也是唯一一种腹部为灰色的侏袋貂。它的脸部较短，耳朵大而挺立。可卷握的尾巴能够支撑整个身体的重量，且尾基部可以膨大用以储藏脂肪。这种独居的夜行性动物在低矮的灌丛中或地面上捕食包括昆虫和蜥蜴在内的多种小型动物。

Acrobates pygmaeus

树顶袋貂

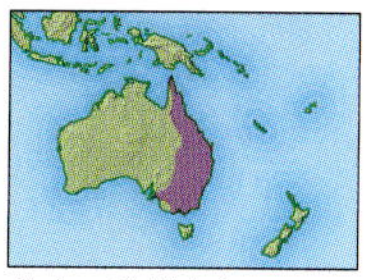

分布：澳洲东部

体长	6.5—8厘米
尾长	7—8厘米
体重	9—15克
社群单元	群居
保护现状	无危

这种体形娇小灵活的有袋类也被称为羽尾袋鼯，它的长尾两侧各有一排硬毛，四肢间具皮膜，足趾上的利爪可抓住树皮，而状如肉垫的延长指尖则可吸附在树叶，甚至是玻璃窗等光滑物体的表面。树顶袋貂的舌头很长，舌尖呈毛刷状，便于采食花蜜和花粉，以及花朵中的小昆虫。

Hypsiprymnodon moschatus

麝袋鼠

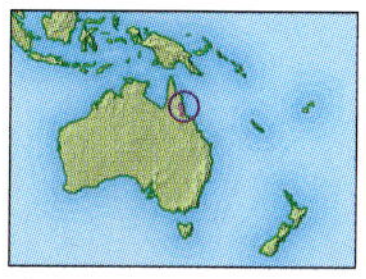

分布：澳洲东北部

体长	16—28厘米
尾长	12—17厘米
体重	375—675克
社群单元	独居
保护现状	无危

麝袋鼠既非老鼠，也非袋鼠，而是鼠袋鼠科中的一个物种。它偏好栖息在茂密的雨林中，白天独自在地面搜寻掉落的无花果和椰果等果实，也取食种子与真菌，并且还会四处藏匿食物，这种行为在有袋类中十分罕见。麝袋鼠活动时利用四肢跳跃，后足第一趾可与其余趾头对握。雌雄两性都能散发出麝香味，繁殖期的气味更浓。

Potorous longipes

澳洲长鼻袋鼠

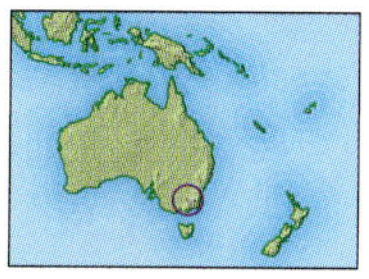

分布：澳洲东南部

体长	38—42厘米
尾长	30—33厘米
体重	1.5—2千克
社群单元	独居
保护现状	濒危

这种长鼻袋鼠（也称鼠袋鼠）十分好动，是一种以真菌为食的夜行性独居动物。它能利用粗大的后足像袋鼠般快速跳跃，借助短而强健的前肢在地面翻寻食物。菌类在食物中可占到4/5，约30种；但它也取食昆虫和绿色植物。雌性的妊娠期为38天，每胎产崽一只，新生幼崽在母亲的育儿袋中生活5个月之久，然后继续随母亲生活2—3个月。

Macropus rufus

红大袋鼠

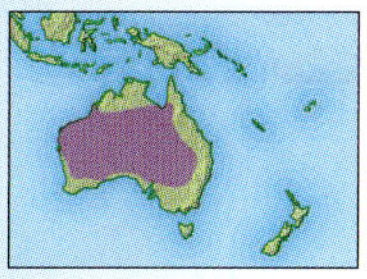

分布：澳洲

体长：	1—1.6米
尾长：	75—120厘米
体重：	25—90千克
社群单元：	群居
保护现状：	无危

红大袋鼠是现存最大的有袋类，广泛分布于澳洲大陆，以生活在开阔稀树草原林地的种群数量最多。这种袋鼠的种群数量每年都有很大变化：雨水丰沛时的数量可达1200万只，干旱时期的数量则下降至500万只。只有当雨水足以让大量的绿色植物生长时，雌袋鼠才会受孕。而当旱季持续蔓延时，雄袋鼠便不再产生精子。

红大袋鼠利用发达的嗅觉探测水源，如果水源缺乏，它们便从日常的觅食地迁移200千米前去寻找。它们大都在夜间取食多肉植物的根茎、草本植物及叶片等。红大袋鼠生活在2—10只的群体中，但旱季也会在水源周围聚集成约1500只的大型群体。袋鼠群中的优势雄性可与数只雌性交配。红大袋鼠在其原产地澳洲被视为一种有害动物，因为肉和毛皮遭到捕杀。除了人类和偶尔袭击它们的楔尾雕外，红大袋鼠的天敌只有澳洲野犬。

警觉

红大袋鼠通常会低头啃食草叶，但随时都保持警惕，聆听和观察捕食者是否出现。它们的视力敏锐，可以看到350米开外的澳洲野狗，且听觉也非常灵敏。

防御措施

袋鼠群中的优势雄性会击退其他任何想要挑战优势地位的雄性。群体中的某个成员一旦发现捕食者，便采取用力跺脚或以尾巴敲击地面等方式警告其他同伴。整个群体随后迅速逃离，若条件允许还会躲入水中避险。

拳打脚踢

红大袋鼠在玩耍或打斗时，以后肢站立，用前肢相互击打，但正常的防卫方式则是利用后腿全力踢击。

全速冲刺

红大袋鼠用后肢跳跃前行以逃避危险。它的速度在短时间内可以达到每小时50千米。

橘红色的雄性

雄性的体重可能是雌性的两倍，虽然毛色多变，但通常都呈橘红色，雌性多为蓝灰色。

儿时光阴

幼崽在母亲的育儿袋中度过190天后，才会踏出探索外界的第一步。一岁大时，即可独立生活。

Bettongia penicillata

毛尾袋鼠

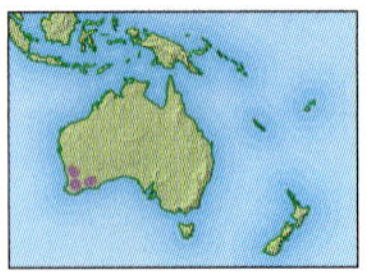

分布：澳洲西南部

- **体长**：30—38厘米
- **尾长**：29—36厘米
- **体重**：1—1.5千克
- **社群单元**：独居
- **保护现状**：极危

毛尾袋鼠与鼠袋鼠科的成员一样（第99页），也以真菌为食，于夜间翻搅林地的土壤觅食，食物中的90%都为真菌，其余的食物包括植物的根、鳞茎、块茎及蠕虫等。毛尾袋鼠的尾巴与头体等长，尾巴上方长有一排黑毛。白天躲藏在用树皮、树叶及草类筑成的半球状大型巢穴中。

Aepyprymnus rufescens

赤褐袋鼠

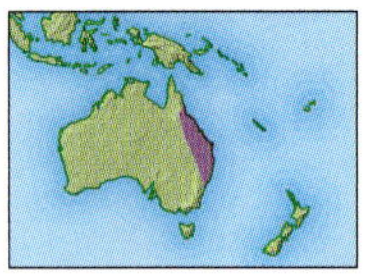

分布：澳洲东部

- **体长**：37—52厘米
- **尾长**：34—40厘米
- **体重**：2.5—3.5千克
- **社群单元**：不固定
- **保护现状**：无危

赤褐袋鼠因全身披有斑杂的红棕色皮毛而得名，但其中夹杂白毛。它们用具有卷握力的尾巴收集草类与植物茎秆，在林地地面建造圆锥形的巢穴，巢穴通常背靠倒木或树木；每个个体都有可能建造五个这样的巢穴。它的食物包括真菌、草类、根、叶、花、种子及小型无脊椎动物。独生幼崽于出生16周大时离开育儿袋。

Lagorchestes conspicillatus

眼镜兔袋鼠

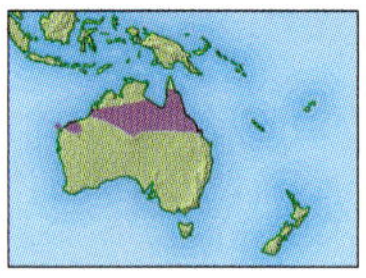

分布：澳洲北部

- **体长**：40—48厘米
- **尾长**：37—50厘米
- **体重**：1.5—4.5千克
- **社群单元**：独居
- **保护现状**：无危

眼镜兔袋鼠因脸部具有明显的橘红色眼斑，灰褐色的蓬松体毛间夹杂着花白色毛而得名。这种袋鼠科中的小型成员大多于夜间单独外出，取食草类和草本植物，白天躲藏在洞穴或灌丛中。雌性的妊娠期为29—31天，每胎1崽。新生幼崽在育儿袋中生活约5个月，于7个月大时断奶。

Setonix brachyurus

短尾矮袋鼠

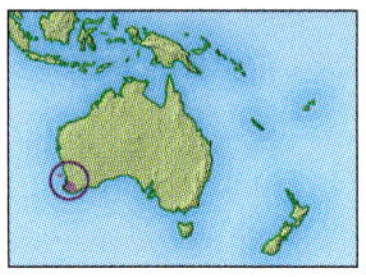

分布：澳洲西南部（罗特内斯特岛和秃岛）

- **体长**：40—54厘米
- **尾长**：25—35厘米
- **体重**：2.5—5千克
- **社群单元**：群居
- **保护现状**：易危

短尾矮袋鼠在澳洲大陆非常罕见，仅生活在西南海岸外的两个小岛上，这主要是因为岛上没有狐狸等外来捕食者。这种小型袋鼠常在密林、开阔林地和低矮灌丛地带活动，也出现在沼泽边缘或河流沿岸。它们白天在茂密的植被中休息，夜间外出寻找叶片、草类和果实。短尾矮袋鼠以小型家庭群为单位，联合组成较大的群体，共同维护领域。雌袋鼠的妊娠期为27天，独生的幼崽于六个月大时离开育儿袋。

保育

罗特内斯特岛上生活着5000—15,000只短尾矮袋鼠。除了吸引游客前来观光外，它们也有助于科学家对有袋类的生物学特性开展深入研究，以获得在未来的保育中所需的基础数据。

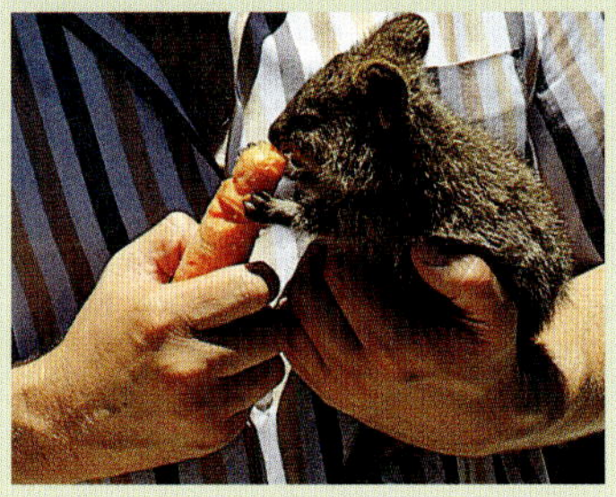

身形结实

短尾矮袋鼠的身体圆胖，耳朵及吻部较短，尾巴粗壮。皮毛浓密粗厚呈棕色，脸和颈部周围略呈红色。

Thylogale stigmatica

红足丛袋鼠

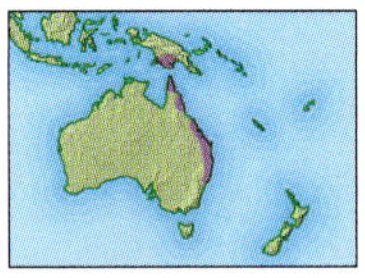

分布：澳洲北部和东部、新几内亚岛

- **体长**：38—58厘米
- **尾长**：30—47厘米
- **体重**：2.5—7千克
- **社群单元**：独居
- **保护现状**：无危

这种丛袋鼠（小型袋鼠中的一类）的头形修长、身体结实、尾巴粗壮，在雨林中的种群多为棕灰色，而在开阔林地的种群多为淡黄。它日夜都外出活动，通常单独行动，但会聚集在树下拣食落果，也取食树叶和种子等食物。

Petrogale penicillata

帚尾岩袋鼠

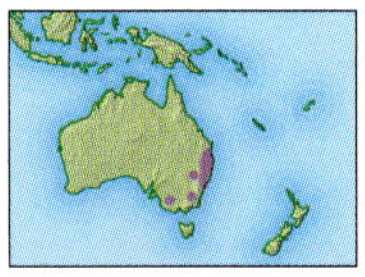

分布：澳洲东南部

- **体长**：50—60厘米
- **尾长**：50—70厘米
- **体重**：5—11千克
- **社群单元**：群居
- **保护现状**：近危

帚尾岩袋鼠特别擅长在巨石、悬崖、岩脊和岩层出露处跳跃、攀登，一次能跃出4米远。它的后脚掌宽大，长有粗糙的肉垫，因此具备极强的抓地力。这种袋鼠白天在凉爽的岩隙或洞穴中休息，偶尔出来晒太阳。夜间外出觅食草类、蕨类、灌木叶片和果实等。群体数量可超过50只。

Petrogale concinna

小岩袋鼠

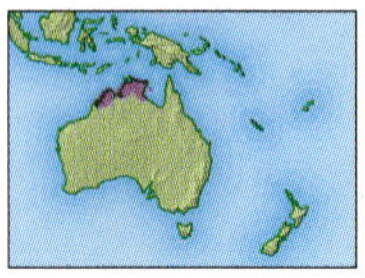

分布：澳洲北部

- **体长**：29—35厘米
- **尾长**：22—31厘米
- **体重**：1—1.5千克
- **社群单元**：独居
- **保护现状**：数据缺乏

小岩袋鼠的外形与习性均与帚尾岩袋鼠（左侧）相似，它的皮毛短而丝滑呈红棕色，肩部具深色条纹，尾尖呈毛刷状。夜间独自觅食草类及苔草，但旱季主要以粗硬的苹属植物为食。为了能够取食这种粗糙的食物，小岩袋鼠的臼齿在磨损的过程中，会逐渐向颌前移动，然后被另一组臼齿取代。这种不断换牙的方式在有袋类中绝无仅有。

哺乳动物

Dendrolagus dorianus

多丽树袋鼠

分布：新几内亚岛

体长：51—78厘米
尾长：44—66厘米
体重：6.5—14.5千克
社群单元：独居
保护现状：易危

多丽树袋鼠是树袋鼠中最大的一种，与同属的其他成员一样，也是独居的夜行性动物，以多种叶片、嫩芽、花和果实为食。它的耳朵为黑色，背中央具旋涡状花纹，尾巴呈淡棕色或乳白色。雌性的妊娠期约为30天，每胎1崽。新生幼崽在育儿袋中吮吸母乳达10个月。这种树袋鼠和其他树袋鼠一样，都依赖森林栖息，因而受到伐木和人类猎杀等的威胁。

树袋鼠约有10种，主要分布在新几内亚岛和澳洲东北部。它们的脚掌宽短粗壮，具有能在树枝间攀爬用的长爪，借助长尾巴保持身体平衡。和其他袋鼠不同的是，树袋鼠的两条后腿可以分别移动。虽然树袋鼠能在地面快速行走和跳跃，但大多数时间都在树枝中缓慢而精确地移动。

Macropus fulginosus

烟色大袋鼠

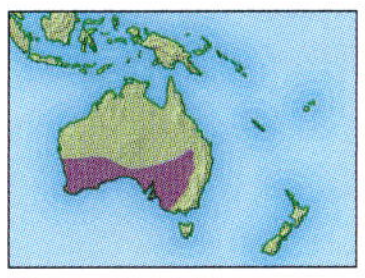

分布：澳洲南部

体长：0.9—1.4米
尾长：75—100厘米
体重：15—54千克
社群单元：群居
保护现状：无危

烟色大袋鼠是体形最大、数量最多的袋鼠之一。皮毛浓密粗糙，颜色由浅灰棕色变化至深棕色，胸和腹部颜色较浅。当它缓慢移动时，能像兔子一样利用四肢跳跃，并用尾巴支撑身体；快速运动时则用后肢跳跃前行。雄袋鼠的体形是雌袋鼠的两倍，且一次就能跃出10米远。这种袋鼠主要在夜间采食草类，也啃食多叶的灌木和低矮的树木。烟色大袋鼠生活在由多达15只个体组成的稳定群体中，只有占据优势地位的雄性才有权进行繁殖。雌袋鼠的妊娠期为30—31天。

“拳击”中的袋鼠

雄袋鼠除在交配季节为了争夺雌性而相互打斗外，在食物和栖息地不足的情况下也会发生此类争斗。打斗的双方将前肢缠扭在一起，试图推倒对方。它们还利用尾巴作为支撑，然后抬起后腿踢向对方。不过，这类争斗很少造成严重伤害。

随身宝贝

年幼的袋鼠在育儿袋中吮吸母乳达130—150天。从第250天起，幼崽才会短暂离开育儿袋，一有危险则立即钻入袋中。

Macropus parma

圆盾大袋鼠

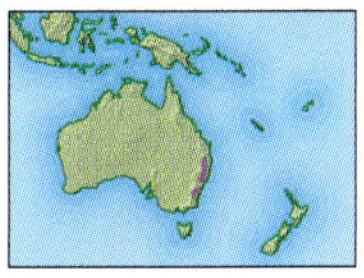

分布：澳洲东部

体长：45—53厘米
尾长：41—54厘米
体重：3.5—6千克
社群单元：独居
保护现状：近危

圆盾大袋鼠的突出特征是背毛呈红褐色或灰褐色，一道黑色条纹从颈部延伸至背部中央，吻部和脸颊两侧各有一条白色条纹。这种性格羞怯的独居动物带有保护色，可以很好地隐藏在植物中。一个世纪以来，人们以为其已在澳洲大陆上绝迹，但在1967年又发现它们的身影。它们为夜行性动物，以各类植物为食。

Macropus robustus

强壮大袋鼠

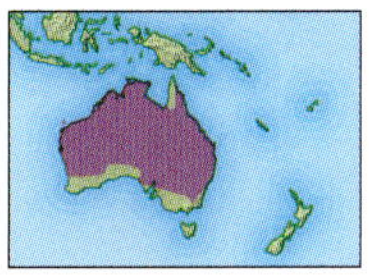

分布：澳洲

体长：0.8—1.4米
尾长：60—90厘米
体重：15—47千克
社群单元：独居
保护现状：无危

也被称为岩大袋鼠或山大袋鼠，广泛分布于多种栖息地，但通常在岩层出露处、悬崖或岩石堆上活动。白天在这些栖息地中休息，因而能忍受非常炎热干燥的环境条件；傍晚时分外出觅食草类、苔草和其他多叶植物。强壮大袋鼠会做出肩膀后挺、肘部紧靠、腕部抬高等独特姿势。

Wallabia bicolor

沙袋鼠

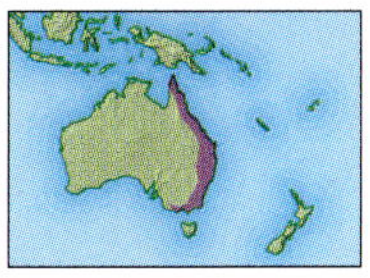

分布：澳洲东部

体长：66—85厘米
尾长：65—86厘米
体重：10.5—20.5千克
社群单元：独居
保护现状：无危

和其他袋鼠不同的是，这种袋鼠行走时头部低垂、尾巴直直地伸向后方。它的皮毛粗糙呈棕黑色，脸、吻、四肢和尾巴的颜色较深。沙袋鼠也称黑尾袋鼠，它于夜间觅食多种植物，包括毒芹等有毒植物。

Tarsipes rostratus

长吻袋貂

分布：澳洲西南部

体长：6.5—9厘米
尾长：7—10.5厘米
体重：7—16克
社群单元：群居
保护现状：无危

这种小巧灵活的夜行性动物是体形最小的袋貂之一，它的吻部尖长，触须众多，长尾可以卷握物体。长吻袋貂结成小群一起生活，趾尖柔软呈垫状，脚爪小而锐利，能抓在树皮和光滑的叶面上。它的舌头长2.5厘米，舌尖呈毛刷状，用于采集花粉与花蜜，随后利用退化的牙齿（仅剩上犬齿和下门齿）将食物刮下。

哺乳动物

象鼩

门：	脊索动物门
纲：	哺乳纲
目：	象鼩目
科：	1科（象鼩科）
种：	15种

象鼩因吻部尖长灵活而得名。它们的听觉与视觉都很敏锐，后腿长而有力，能在自己的领域中飞速奔跑。象鼩只分布于非洲，栖息在多石地区、草原和森林的林下灌丛等地带，多在白天捕食无脊椎动物。

洞穴与通道

象鼩完全在陆地生活，栖息在多种环境中。岩象鼩（右图）喜欢在多石地带生活，常自行挖掘或占用其他动物的废弃地穴，并且在栖息地到觅食地间修建四通八达的逃跑通道。许多象鼩都有这种行为。

Elephantulus rufescens

赤褐象鼩

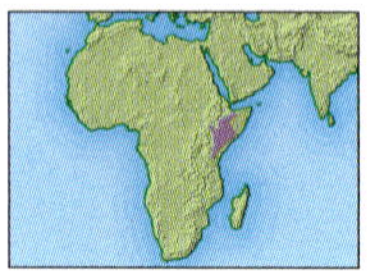

分布：非洲东部

体长：12—12.5厘米
尾长：13—13.5厘米
体重：50—60克
社群单元：独居/成对
保护现状：无危

这种象鼩的背毛为灰色至棕色，腹部白色，白色眼圈的外缘具黑色斑块。除了捕食小型生物外，还以果实、种子及嫩芽为食。雌象鼩历经60天的妊娠期后，产下1—2只幼崽。雌雄配偶利用后足敲击地面驱赶入侵者，共同保卫领土。雄象鼩会驱逐其他同类雄性，雌象鼩则会驱逐其他雌性。

Rhynchocyon chrysopygus

黄臀象鼩

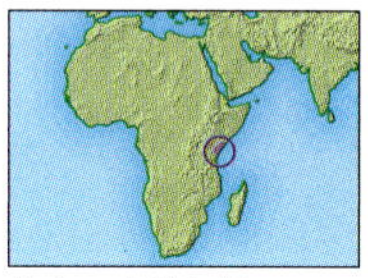

分布：非洲东部

体长：27—29厘米
尾长：23—26厘米
体重：525—550克
社群单元：独居/群居
保护现状：濒危

这种体色鲜艳的象鼩的脚、腿和耳朵裸露无毛呈黑色，尾巴毛发稀疏，大体为黑色，尾尖呈白色，头和身体为赤褐色，臀部具有一块金黄色斑。它的食物包括蠕虫、昆虫和蜈蚣等小型无脊椎动物。受到威胁时，用尾拍击落叶警告同伴，然后以极快的速度跳离，跳跃时腿部僵直，以展现其气势。

Elephantulus pilicaudus

卡鲁岩象鼩

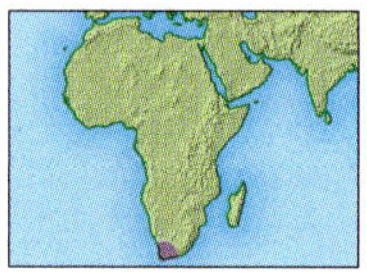

分布：非洲南部

体长：10.5—14.5厘米
尾长：11—13.5厘米
体重：50克
社群单元：独居/成对
保护现状：数据缺乏

该物种于2008年从亲缘关系紧密的埃及象鼩中区分开来。它只分布于南非的纳马卡鲁地区，通过具有簇毛的尾巴和身体上的一些细微特征加以鉴别，如毛色斑驳的腹部和米黄的脸颊。卡鲁岩象鼩生活在海拔1300米以上散布着岩石的山坡上，这些地带不适合进行农耕和土地开发。然而，已知的标本仅有17只，所以其种群密度可能较低。

Rhynchocyon udzungwensis

灰脸象鼩

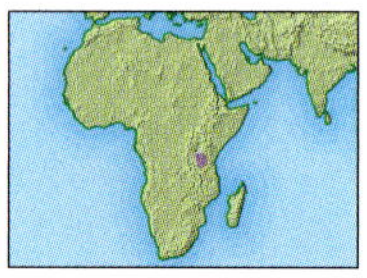

分布：非洲东部

体长：30—32厘米
尾长：24—26厘米
体重：710克
社群单元：独居/成对
保护现状：易危

这种象鼩于2005年被野外摄像机发现，是物种极其丰富的坦桑尼亚乌德宗瓦山区众多被发现的新物种之一。它是东非象鼩属中体形最大的一种，有着特征鲜明的灰脸、黄胸、橙黄色体侧、褐红色背和黑色大腿。

目前仅有两个种群被发现，分布在一片不到300平方千米的森林地区，每平方千米生活着50—80只个体。这一特点导致灰脸象鼩难以抵御自然灾害带来的伤害，如火灾（无论是自然引起或是人为造成）。全球气候变暖也会导致它们的寒冷山地栖息地的面积减小。灰脸象鼩与其近亲物种一样，在土中筑造杯状巢，并衬以枯叶，巢顶用落叶覆盖，以免被发现。

Rhynchocyon petersi

黑象鼩

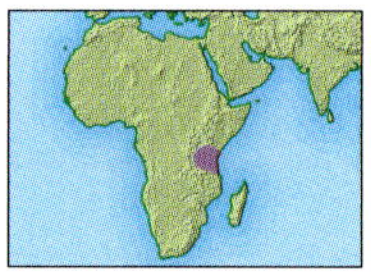

分布：非洲东部

体长：23—32厘米
尾长：19—27厘米
体重：约400克
社群单元：独居/成对
保护现状：易危

黑象鼩是四种色泽鲜艳的巨型象鼩种类之一，头和身体上部为橙黄色，背至臀部的颜色由红逐渐转黑，尾巴为橙棕色。黑象鼩分布于肯尼亚东南部和坦桑尼亚东北部，包括桑给巴尔岛。东非象鼩属的“巨型”象鼩是一类栖居于森林的神经质动物，不像其他象鼩科成员那样会跳跃。

马岛猬和金毛鼹

门：	脊索动物门
纲：	哺乳纲
目：	非洲鼩目
科：	2科
种：	53种

马岛猬和金毛鼹曾与鼩鼱、鼹鼠和刺猬归为一目，但基因研究显示，它们之间并无亲缘关系。马岛猬类群（和半水栖的非洲獭鼩）包括了一些拥有爬行类动物式的泄殖腔（指肛门和泌尿生殖道共用一个出口）的物种，这在哺乳类动物中并不多见。它们主要以无脊椎动物为食。非洲金毛鼹的四肢强壮，适于挖掘洞穴，眼睛外覆有小块皮肤，无外耳，捕食生活在地下的动物，如蚯蚓和穴居蜥蜴等。

暗夜猎手

荒漠鼹于夜间在地面搜寻食物，主要以白蚁为食。但它们也捕食各种无脊椎动物，以及能被捉到的小型蜥蜴。右图中的荒漠鼹正在享用一只蝗虫。

Tenrec ecaudatus

马岛猬

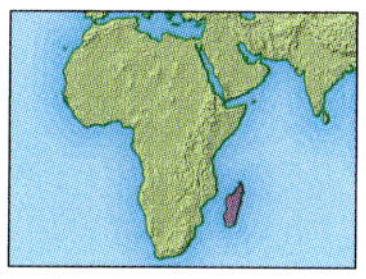

分布：马达加斯加岛

体长：26—39厘米
尾长：1—1.5厘米
体重：1.5—2.5千克
社群单元：独居
保护现状：无危

和刺猬的混合体。夜行性的马岛猬是其中体形最大的陆栖种类，灰色至灰红色的皮毛粗糙且具有尖刺，利用长而灵活的吻在落叶中翻掘蠕虫和其他小型生物，也捡食腐肉，捕食蛙类和老鼠。马岛猬防卫时发出尖叫，将颈部的棘刺竖成冠状，并拱起背部跳跃，随时准备撕咬对手。白天藏身于倒木、岩石或灌丛下的草窝中。妊娠期为50—60天，每胎产崽10—12只。幼体带有黑白色条纹。

全球约有30种马岛猬，主要分布在非洲中部和马达加斯加岛，大部分种类都形似鼩鼱

Micropotamogale lamottei

小獭鼩

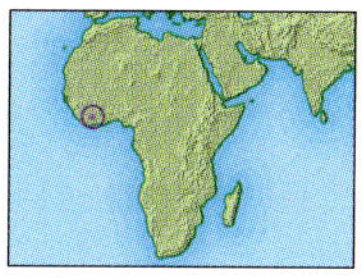

分布：非洲西部（宁巴山地区）

体长：12—20厘米
尾长：10—15厘米
体重：125克
社群单元：独居
保护现状：濒危

这种獭鼩主要分布于非洲西部宁巴山的一块面积约1500平方千米的地区。它的鼻子肥厚、头圆、身体紧实、尾长。眼睛深藏在灰色或深褐色的长毛中，耳朵微露。小獭鼩多在夜间活动，可短暂地潜入水中或沿河岸捕捉鱼、蟹、水生昆虫等猎物，并将猎物带到岸上享用。会在松软的土壤中挖掘短浅的地穴以作栖息之用。

Hemicentetes semispinosus

低地纹猬

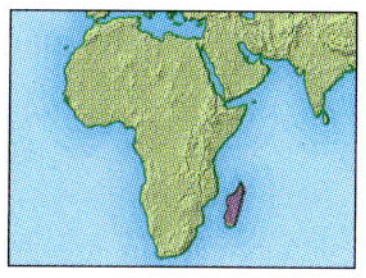

分布：马达加斯加岛

体长：16—19厘米
尾长：无
体重：80—275克
社群单元：群居
保护现状：无危

低地纹猬与其他马岛猬的不同之处在于，黑色皮毛带有两种色调，并具有多变的白色、黄色或棕色条纹。它的皮毛粗糙，散布棘刺，头顶有一撮能像头冠一样竖起的刺状毛发。低地纹猬主要以蠕虫和蛴螬为食，生活在由15只或更多个体组成的群体中，雌性每胎产崽2—4只幼崽，由群体成员共同保护这些幼崽。

Limnogale mergulus

蹼足马岛猬

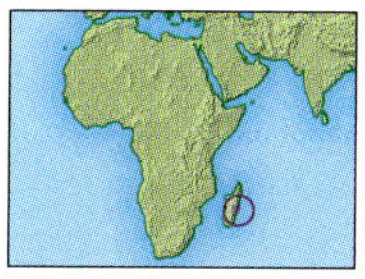

分布：马达加斯加岛东部

体长：12—17厘米
尾长：12—16厘米
体重：40—60克
社群单元：独居
保护现状：易危

蹼足马岛猬是唯一一种水栖的马岛猬，曾一度被认为已经灭绝，虽然再度于野外被发现，但相关信息却非常少。它的外形似水獭，宽圆的吻部有长触须，眼睛与耳朵很小且位置较高，后脚具蹼和利爪，用于抓握滑溜的石块和动物。它的毛皮短而浓密，呈红棕色，可以防水。蹼足马岛猬利用鼻子在石头及水草间寻找水生昆虫、蟹和淡水虾，在水中主要借助近乎无毛的长尾推动身体前行。

Potamogale velox

巨獭鼩

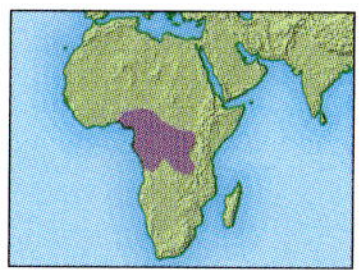

分布：非洲西部和中部

体长：29—35厘米
尾长：24—90厘米
体重：350克
社群单元：独居
保护现状：无危

人们在瞥见巨獭鼩时，很容易将其误认为小型水獭（一种貂类，而非食虫动物）。巨獭鼩的吻部圆润，身体细长柔韧，长尾粗壮侧扁，有助于其在水中推进身体。该物种栖息在从静水池塘至海拔1800米的高山急流等多种淡水环境中。它的眼睛和耳朵很小，位置较高，有利于在水中游泳，但与水獭不同的是，它的趾间无蹼。巨獭鼩在非繁殖季节独自生活，于夜间外出活动，主要捕食鱼类、蛙类、贝类和其他淡水动物。白天栖息于河岸旁的地穴中，巢穴入口在水下。

Setifer setosus

多刺无尾猬

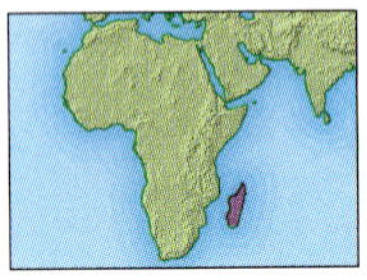

分布：马达加斯加岛

体长：15—22厘米
尾长：1.5厘米
体重：175—275克
社群单元：独居
保护现状：无危

这种形似刺猬的无尾猬身体修长，具尖端白色的短刺，头和腿部的粗毛由灰色变化至黑色。与真正刺猬不同的是，它在白天活动，但在遭遇危险时与刺猬一样，将身体卷成刺球状。它善于攀爬，食性多样，包括蠕虫、两栖类、爬行类、昆虫、腐肉、果实和浆果等。环境条件不利时，还会蛰伏数周。

Chrysochloris asiatica

金毛鼹

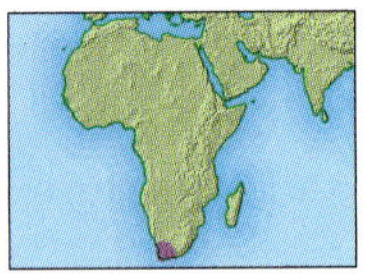

分布：非洲南部

体长：9—14厘米
尾长：无
体重：无记录
社群单元：独居
保护现状：无危

金毛鼹（金毛鼹科）与真正的鼹鼠（鼹科）分属不同的家族，前者的体毛和典型的鼹鼠一样柔软浓密，并会随着光线角度呈现橄榄绿色、棕色或灰色等变化。金毛鼹的鼻垫裸露无毛，眼、耳细小，前肢有2只挖掘用的大脚爪，这些都是适于地穴生活的特征。金毛鼹通常独居，以蠕虫、蛴螬以及挖掘地道时寻获或掉落到地穴中的土壤生物为食。

Eremitalpa granti

荒漠鼹

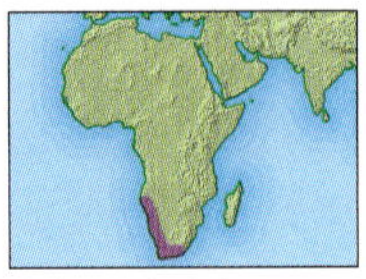

分布：非洲南部

体长：7—8厘米
尾长：无
体重：15—30克
社群单元：独居
保护现状：无危

荒漠鼹的全身几乎都覆有柔软的丝质长毛，色泽从铁灰色至淡褐黄色或白色不等。这种金毛鼹的眼、耳极小，鼻垫坚硬无毛，各足都长有3只宽长的爪子。以"游泳"姿势在散沙中前进，并在较深的沙中或靠近地面的坚实土壤中挖掘可长期使用的地道。它的食物主要包括各种小型沙漠动物，如蚂蚁、白蚁、甲虫、蜥蜴和蛇类等。荒漠鼹独自生活，白天和夜间都会短暂活动。除了寻找交配对象外，几乎不在地表出现。它们赖以维生的沙漠栖息地正逐渐受到采矿和其他人为活动的威胁。

土豚

门：	脊索动物门
纲：	哺乳纲
目：	管齿目
科：	1科（土豚科）
种：	1种

土豚是管齿目中现存的唯一物种，独居生活，分布于非洲，特征包括不具功能的管状颊齿，吻长耳大，体形似猪，四肢强壮，爪呈铲状适于挖掘。它的耳朵能向后折叠，鼻孔周围毛发浓密，可在挖土时阻挡尘土。土豚的大脑较为原始，视力不佳，但嗅觉极为灵敏，可用于寻找白蚁和蚂蚁，找到猎物后用带有黏液的长舌取食。

挖掘专家

土豚挖掘地穴时快速而高效，利用前肢长而有力的爪挖土，再以后肢将土推出。有些土豚的地穴还包括复杂的地道系统；有些的地穴则较短浅，只能作为临时之用。土豚出洞时，头部先露出，如图所示。

Orycteropus afer

土豚

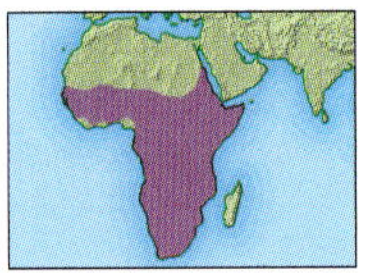

分布：非洲（撒哈拉沙漠以南地区）

体长：1.6米
尾长：55厘米
体重：38—64千克
社群单元：独居
保护现状：无危

土豚又称蚁熊，是哺乳类中最擅长挖掘的物种之一，能在2—5平方千米宽的领域内挖出长达10米的地穴。雌土豚的妊娠期为243天，每胎1崽，幼崽出生时的体重约1.7千克。土豚利用臼齿咀嚼某种特定的蚂蚁，而其他蚂蚁物种和白蚁则是直接吞食，有可能是借助发达的胃部肌肉磨碎这些食物。

季节性食物变化

土豚偏爱以蚂蚁为食，这种猎物在夏天数量较多，但当蚂蚁缺乏时，土豚也会取食白蚁。它用长有锋利长爪的前肢破坏蚁巢或蚁丘。鼻孔四周毛发浓密，有助于在挖土时有效阻隔尘土。

背部弓起

土豚的背部明显拱起，吻部、耳朵和尾巴都很修长，尾端渐细。稀疏的褐色体毛上带有黄、灰色泽。

儒艮和海牛

门：	脊索动物门
纲：	哺乳纲
目：	海牛目
科：	2科
种：	4种

海牛目的儒艮和海牛都是行动缓慢的大型动物，身体均为流线型，并且是唯一完全以植物为食的海洋哺乳类。虽然它们必须浮出水面呼吸，但也能在水下活动达20分钟。尽管除了人类外并无其他天敌，但总的数量还不到15万只，是哺乳类的各个目中数量最少的一类。

身体结构

海牛的前肢特化呈桨状，尾巴扁平，有助于在水中推进身体。皮肤粗厚，大脑相对较小。由于在消化植物的过程中会产生大量气体，因此身体极具浮力。然而，由于骨骼较重且密度很大，因此可以抵消过大的浮力。海牛潜水时，鼻孔可被瓣膜封住，眼睑也会收缩。

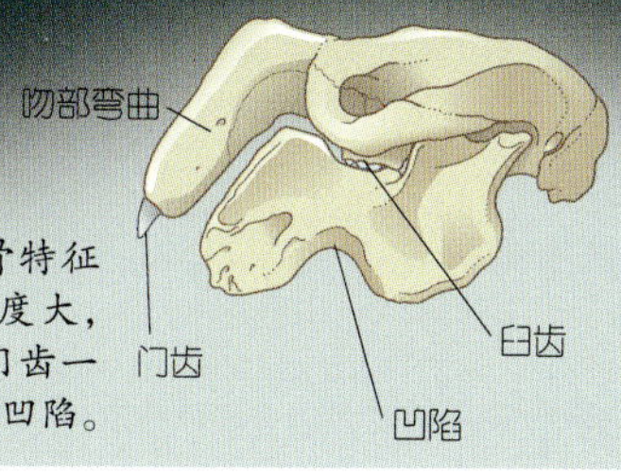

儒艮头骨

儒艮的头骨特征为吻部弯曲角度大，前颌骨前端有门齿一对，下颌有明显凹陷。

母与子

海牛类的繁殖速度缓慢，通常每两年才产下一只幼崽。这对海牛母子间的"对嘴"接触，有助于维持家庭成员间的联结。

进食

海牛利用灵活的大型上唇攫取植物，然后用上颚前端与下颌间的角质板进行研磨，最后再用牙齿咀嚼。

海底觅食

图中的儒艮等海牛类，常在海底搜寻海草的根茎（地面以下部位），因为其中富含碳水化合物。

保育

人们过去曾为了获取海牛类的肉、皮革和油脂，而对它们大开杀戒。如今，它们则经常因为船只的螺旋桨（下图）、渔网和海岸水体污染等因素而受伤或死亡。

Dugong dugon

儒艮

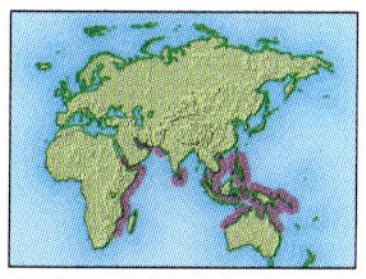

体长：	2.5—4米
体重：	250—900千克
社群单元：	群居
保护现状：	易危

分布：非洲东部，亚洲西部、南部和东南部，澳洲、太平洋群岛

儒艮的尾鳍呈新月形，前肢特化为桨状鳍肢。它们主要在白天活动，每天都根据潮水变化和食物状况，固定地在海岸及近海地带之间游动。一些地区的儒艮也会追随海洋植物的生长或是为了避开寒流，而进行可达数百千米远的季节性长距离迁徙。有些儒艮独自生活，但大多都组成平均数量在10—20只的松散群体，偶尔也可达百余只，社群结构不强。群体中的成员还会聚集起来，恐吓并顶撞鲨鱼等捕食者。

雄儒艮通过声音和相互推挤等方式竞争雌性。它们采取单配制，求偶和交配时也使用类似的听觉与触觉方式。雌性的妊娠期为13—14个月，每胎1崽，初生幼崽的体长可达1.2米，体重达35千克。幼崽由母亲负责照顾，18个月大时断奶，年长的兄弟姐妹和雌性家庭成员在此期间也帮忙进行照料。儒艮可存活约60年。

Trichechus manatus

北美海牛

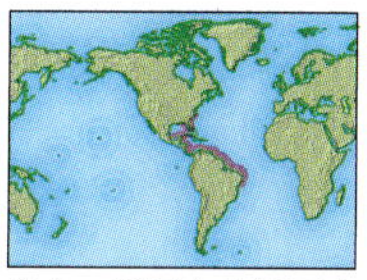

体长：	2.5—4.5米
体重：	200—600千克
社群单元：	不固定
保护现状：	易危

分布：美国东南部至南美洲东北部、加勒比海地区

北美海牛是已知的三种海牛中最为人熟知的一种（另两种分别是亚马孙海牛和西非海牛），栖息在沿岸浅海、河口以及附近的河川和淡水潟湖中。群体成员数量多达20只，食物丰富处的集群数量可增至100多只；但个体间的凝聚力不强，成员来去自如，且活动范围广大。北美海牛的繁殖方式与儒艮类似（左侧），但海牛采取的是一雄多雌制。

摄食量

海牛在水面至水下4米间的范围内觅食。进食时鳍肢握住食物，利用灵活的嘴唇将食物送入口中。海牛每天的摄食量可达自身体重的四分之一，可能还捕食一些鱼类补充蛋白质。

前端钝圆

这种海牛与其他海牛一样，眼睛细小，且无外耳郭。它的身体呈灰色或灰棕色，色泽较浅的腹部可能会有藻类附着。

哺乳动物

象

门：	脊索动物门
纲：	哺乳纲
目：	长鼻目
科：	1科（象科）
种：	3种

象是体形最大的陆栖动物，雄性非洲象的身高可达4米，体重接近10吨。象的特征包括四肢呈柱状、身躯粗壮、脊柱拱形、耳大（亚洲象的耳小），庞大的头部长有灵活的长鼻子。非洲象和亚洲象栖息在稀树草原和稀树林中；森林象主要栖息在非洲的热带雨林（偶尔出现在稀树草原），是近几年才被确认的独立物种。象的寿命可达60—70年，是除了人类以外最长寿的哺乳类。雄象一生都在不断生长（雌象的生长程度较缓），因此50岁雄象的体形要明显大于20岁的雄性个体。

进食

象的颊齿（臼齿和前臼齿）很大、具棱脊，能研磨树皮、树叶、枝干和草类等粗糙食物（森林象也摄食果实）。象在摄取这些食物时，常造成巨大破坏：草类被整簇拔起，树枝被折断，树皮被剥落，有时连小树也被连根拔起。因此，有些地区的密闭林地和稀树草原环境还会随着大象数量的多寡而交替变化。

剥食树叶

象用灵活的长鼻拉低树枝。象的食量极大，一只成年象每天需要摄取约160千克的食物。

生理结构

象鼻是象最明显的特征，是由拥有千万组肌肉的鼻子和拉长的上唇组成的。象鼻的功能相当于“第五肢”，可用来摘草叶、拉树枝、举倒木，也能洒水喷土。此外，象的上门齿（象牙）也非常明显，多数公象的象牙既粗大又弯曲；母象的象牙较小（亚洲母象的上门齿并不突出嘴唇外）。象的骨骼是由粗大的骨头组成的，能承受象体沉重的重量。象庞大的扇形耳朵布有血管网络，总是不停地扇动着以散热。当象准备攻击时，耳朵则会向两侧张开。象的皮肤粗糙，皱纹密，且毛发稀少。

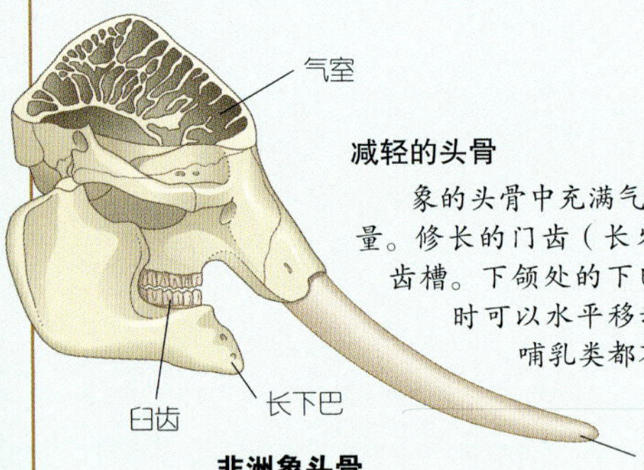

非洲象头骨

减轻的头骨

象的头骨中充满气室，以减轻骨头重量。修长的门齿（长牙）具有朝下的深齿槽。下颌处的下巴状如喷嘴，咀嚼时可以水平移动，这点与大多数哺乳类都不同。

攫取盐分

大象经常需要额外摄取盐分。左图中的小非洲象正用长牙撬动富含盐分的土壤。小象会从象群中的年长者处学习如何找到盐。

鼻形

非洲象的长鼻末端有两个相对的指状突起，而亚洲象的只有一个。两种象的突起都能用于拾取小件物体。

沙尘浴

例行公事

非洲象每天都用沙尘洗澡，以保持皮肤健康。

吸取尘土

它们利用由上唇延伸形成的管状长鼻吸起沙尘。

保护

沙尘具有防晒功能，避免皮肤因阳光直射而受伤。

驱虫

沙尘也是很好的驱虫剂，可防止

啃咬敏感的皮肤。

哺乳动物

社群

大象以家庭为单位结群生活，象群成员包括年纪最大且最富经验的雌象（女家长），以及其他各个年龄层的雌象及其幼崽。为了确保安全或是当在食物葱郁的地区觅食时，非洲象的小型象群会聚集成多达数百只的大型群体。但森林象和亚洲象只生活在小型家庭群中。雄象大多独自生活（年长雄象）或组成单身汉群（年轻雄象），只有在雌象准备接受交配时才加入象群。成年雄性亚洲象每年都有一段时间处于性亢奋状态，攻击性很强，因此这一时期也被称为“狂暴期”（雄性非洲象也有类似的时期，但人们对此了解甚少）。

保护幼崽

象群中的成员通常有血缘关系，会共同保护幼崽不受天敌和其他危险的威胁。图中只有几周大的幼象紧跟在母亲身边，两只体形较小的雌象紧跟在旁，随时准备协助小象的母亲。

群居生活

这是典型的非洲象群。群体成员彼此通过声音（有些声音频率低于人类的听觉范围）、触碰、跺脚和身体姿势等多种方法沟通。洗澡时的警戒哨等合作行为也很常见。

保育

由于人口数量的持续增长和土地需求的不断扩张，导致亚洲象的种群面临濒危。非洲象也面临着同样的困境，它们赖以生存的原生森林和稀树草原正逐渐变得破碎化，被开垦为农田；同时，它们还要面对猎杀带来的巨大威胁，这种传统习惯不光是为了获取象肉，更是为了获取高价的象牙。20世纪期间，象牙的价格急剧攀升，出于商业目的的狩猎活动四处泛滥。在周期性干旱的影响下，大象的数量急剧下降。1989年，肯尼亚当局焚毁了大量收缴的象牙，向全世界传递了一个明确的信号。虽然国际象牙贸易于1990年被全面禁止，但21世纪的象牙需求仍很强劲。

5

洒沙尘

大象用长鼻将沙尘喷洒在自己的背和头部。

6

保持皮肤健康

为了维持皮肤健康，定期的沙尘浴和水浴一样重要。

Loxodonta africana

非洲象

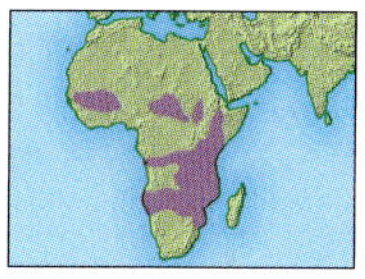

体长	4—5米
尾长	1—1.5米
体重	4—7吨
社群单元	群居
保护现状	易危

分布：非洲

非洲象是三种象中体形最大的一种，虽然也被称为非洲灌丛象或稀树草原象，但它们也在沙漠到高地雨林等各种栖息地中生活。非洲象的耳朵比亚洲象大，背部曲线下凹，鼻末端有上下两个突起（见对页）。雌雄两性的象牙（门齿）都向前弯，象牙有时还能用来刨开富含矿物质的土壤，以便取食。由于食量巨大且觅食范围广阔，因此一支非洲象群就能引起环境的剧烈变化，在长时间的干旱季节更是如此。

Loxodonta cyclotis

森林象

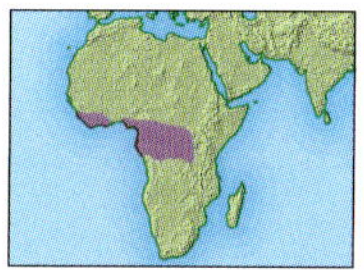

体长	3—4米
尾长	50—120厘米
体重	0.9—3吨
社群单元	群居
保护现状	未评估（最新）

分布：非洲西部和中部

森林象曾被视为非洲象的亚种，但体形较小，肤色较深，耳朵更圆，象鼻多毛。黄色或棕色的象牙平行生长，齿尖向下，因而能在茂密的植被中自由穿行。

Elephas maximus

亚洲象

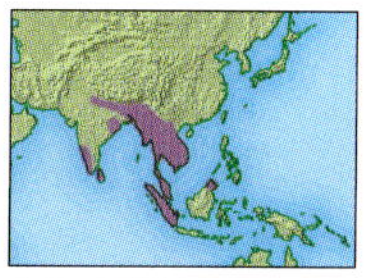

体长	可达3.5米
尾长	1—1.5米
体重	2—5吨
社群单元	群居
保护现状	濒危

分布：亚洲南部和东南部

亚洲象的耳朵比非洲象小，鼻末端仅有一个突起（见对页）。它们的象牙较短，雌象可能没有象牙（上图）。亚洲象的臼齿与已灭绝的猛犸象非常相似，说明二者可能存在亲缘关系。亚洲象与人类的关系由来已久，它的四个亚种——婆罗洲侏儒象、苏门答腊象、印度象和锡兰象，均已被人类驯化。

蹄兔

门：	脊索动物门
纲：	哺乳纲
目：	蹄兔目
科：	1科（蹄兔科）
种：	4种

虽然蹄兔的大小和外形与兔子相似，但遗传证据显示，它们与低等有蹄类的亲缘关系更为接近。蹄兔脚掌上的腺体分泌物可以保持足垫湿润，使其更具黏附力。除此之外，蹄兔的后足脚趾还具对握能力，有助于在陡峭岩壁表面攀爬。蹄兔分布于非洲和中东部分地区。一些种类栖息在岩石裸露的环境，而另一些则为树栖。由于它们几乎以各种植物为食，且所需的水分极少（肾脏功能极强），因此能在食物短缺的时节存活下来。

保暖

蹄兔的体温调节能力不佳。图中的非洲蹄兔正蜷缩在一起互相取暖。

Procavia capensis

蹄兔

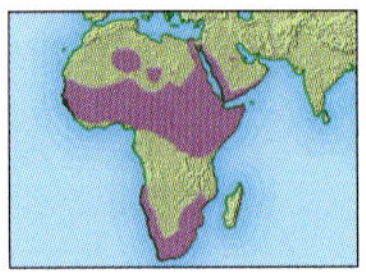

体长：30—58厘米	
尾长：20—31厘米	
体重：3—5千克	
社群单元：群居	
保护现状：无危	

分布：非洲西部、南部和东部，亚洲西部

蹄兔的身形圆胖，皮毛短而浓密呈灰色或灰棕色，腹面色泽较浅，也被称为岩蹄兔。它们生活在由4—40只个体组成的群体中，成员通常包括一只优势雄性、其他雄性、雌性和幼崽。尽管蹄兔分布于多种栖息地中，但通常生活在裸岩和危岩峭壁的巨石之间，巢窝中以野草铺垫。

Dendrohyrax arboreus

南非树蹄兔

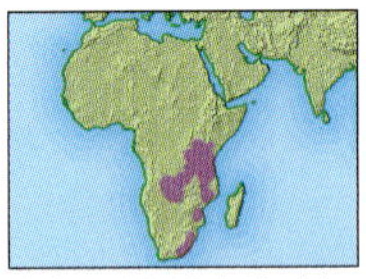

体长：40—70厘米	
尾长：1—3厘米	
体重：1.5—4.5千克	
社群单元：不固定	
保护现状：无危	

分布：非洲东部和南部

南非树蹄兔体呈灰棕色，腹部淡褐黄色，体背近臀处有一块黄色斑。与粗壮的身体相比，头、腿和尾巴的比例相对较小。这种蹄兔栖息在树丛、灌丛和攀缘植物之间，筑巢于树洞中，偶尔才在地面觅食。南非树蹄兔与所有的蹄兔一样，体温调节能力不佳，因此常成群聚集起来晒太阳取暖，或躲在阴凉处降低体温。雌蹄兔的妊娠期为7—8个月，每胎产1—3只幼崽。

犰狳

门：	脊索动物门
纲：	哺乳纲
目：	带甲目
科：	1科
种：	21种

犰狳的体毛稀疏，头、背、体侧和四肢都覆有保护性的铠甲状骨板与鳞板，因此一眼就能被认出。这类地栖动物是食蚁兽和树懒的近亲。犰狳的牙齿细小呈钉状，四肢强壮适于挖洞；脊柱下半部的特殊关节能为其在挖洞时提供额外支持。虽然它们主要食虫，但也取食植物、卵和腐肉等。大多数犰狳物种都生活在南美洲的开阔栖息地中，但也有一种生活在美国。

犰狳

人们一直以来都认为所有的犰狳都能将身体蜷成球状以保护自己。实际上，只有三带犰狳属的物种具备这一能力。

Priodontes maximus

大犰狳

体长：75—100厘米	
尾长：50厘米	
体重：30千克	
社群单元：独居	
保护现状：易危	

分布：南美洲北部和中部

大犰狳是目前体形最大的犰狳，全身覆盖着11—13条可活动的带状甲，颈部有3—4条带状甲，锥形长尾上也有护甲。它的体色以棕色为主，头、尾以及骨板和鳞板的下缘呈黄白色。前足的第三指爪非常大，可用于挖掘土壤中的小型食物，主要包括白蚁、蚂蚁、蠕虫、蜘蛛、小型蛇类和蜥蜴等，也能用于挖掘白天休息用的地穴。大犰狳在同一地区觅食2—3周后，便会迁移至别处。它与其他大多数犰狳一样，鲜有社会和领域行为。雌犰狳的妊娠期为4个月，每胎产1—2只幼崽，哺乳期为6周，幼崽12个月大时即发育成熟。

Chaetophractus villosus

披毛犰狳

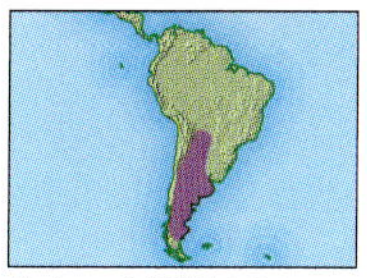

体长：22—40厘米
尾长：9—17厘米
体重：1—3千克
社群单元：独居
保护现状：无危

分布：南美洲南部

这种生活在干旱栖息地中的犰狳具有18条由皮肤包覆的骨质带状甲，毛发粗长，突出于带状甲间。其中7—8条带状甲由皮肤相连。当受到威胁和无法钻入地洞时，它们会将四肢收缩到身体之下，整个身体平贴在地面上。这样不仅能保护覆有白色或棕色毛发的柔软腹部，还能抵御犬科动物和猛禽的攻击。它们夏季主要在夜间活动，捕食蟒螬和啮齿类等小型动物。冬季多在白天活动，食物以植物居多。

Dasypus novemcinctus

九带犰狳

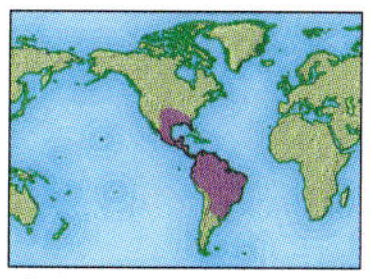

体长：35—57厘米
尾长：24—45厘米
体重：2.5—6.5千克
社群单元：独居
保护现状：无危

分布：美国南部、墨西哥、加勒比海地区、中美洲、南美洲

最常见的一种犰狳，躯体中央有8—10条骨质横带，使身体拥有些许灵活度。骨质带状甲和革质皮肤占到其体重的1/6。九带犰狳与大多数犰狳一样，也挖掘大规模的地道系统。它的食物种类繁多，包括蚂蚁和鸟类，以及果实和植物根部等，虽然为独居生活，但也会和同种其他个体共享地道。雌犰狳每胎产下4只性别相同的四胞胎。

Zaedyus pichiy

小犰狳

体长：26—34厘米
尾长：10—12厘米
体重：1—2千克
社群单元：独居
保护现状：近危

分布：南美洲南部

小犰狳受威胁时，身体伏在地面，将长有利爪的四肢收缩于身体下方，利用低矮宽大的骨甲保护自己；或是将身体塞入地穴中，将背部护甲朝向外面。这种小型犰狳会挖掘短浅的地道作为栖所，以各种小型昆虫、蠕虫和其他无脊椎动物为食，有时也吃腐肉。

Cabassous centralis

北方裸尾犰狳

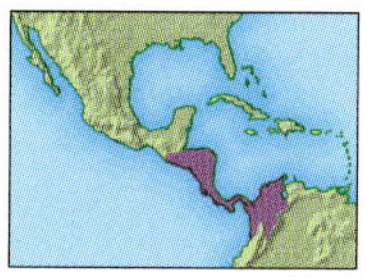

体长：30—40厘米
尾长：13—18厘米
体重：2—3.5千克
社群单元：独居
保护现状：数据缺乏

分布：中美洲和南美洲北部

这种长有大耳朵的犰狳分布在多种栖息地中，脚爪较大，前脚中趾的爪尤其大，可以挖出猎物，并挖掘白天休息用的地穴。它们也有布满黏液的长舌头，能像食蚁兽般舔食白蚁和蚂蚁。北方裸尾犰狳和其他犰狳一样，平时相当安静，受到威胁时，或许会发出咆哮声，同时挖开地面的土壤藏身其中，只露出背部护甲。

树懒和食蚁兽

门：	脊索动物门
纲：	哺乳纲
目：	披毛目
科：	4科
种：	11种

树懒和食蚁兽是生活在美洲热带的哺乳类，因皮毛粗糙和高度特化的食性而被归入同一个目。吻部呈管状的食蚁兽行动缓慢，专门取食昆虫。树懒是植食动物，主要以某些特定树木的树叶为食。二者的牙齿缺失或退化：树懒仅上下颚具齿，食蚁兽无齿。

食蚁兽能用发达的前爪扒开蚂蚁和白蚁的巢穴，然后伸出布满黏性唾液的长舌舔食猎物。大食蚁兽在地面生活，但其他几种食蚁兽为树栖。树懒终年都栖居于树上，细长的前肢适于在树枝间攀爬，长爪可用于钩住树枝，复杂的消化系统适合消化树叶。

大食蚁兽

大食蚁兽（如图）正在查看的这个白蚁丘异常坚固，即使这样，一旦食蚁兽感到饥饿时，就能毫不费力地挖开蚁丘。

Bradypus torquatus

鬃毛树懒

体长：45—50厘米
尾长：4—5厘米
体重：3.5—4千克
社群单元：独居
保护现状：易危（最新）

分布：南美洲东部

该物种有着典型的短圆脑袋，眼和耳细小，短尾隐于皮毛之内，这些特征与庞大的身体和强壮的四肢形成鲜明对比。外层的粗糙皮毛中寄生着藻类、螨虫、蜱虫、甲虫甚至是蛾类，头、颈和肩部周围的毛发更长，颜色更深，状如鬃毛。内层绒毛细密色浅。

鬃毛树懒以叶片、嫩芽及少数树木的嫩枝为食，尤其是伞树科植物。只有在排便或无法从树枝上转移到另一棵树上时，才会下至地面。树懒在地面时只能利用长而强壮的前肢和爪子拖着身体前行。然而，它的游泳技术却极好。除了行动缓慢外，树懒身上的肌肉相对弱，就连新陈代谢也比其他大多数哺乳类缓慢，因此体温很低，大概维持在30℃。

它的主要防御方式就是保持静止不动，以避开捕食者的注意，或是利用强壮的爪子猛烈攻击。雌树懒的妊娠期为5—6个月，每胎产1崽，幼崽初生时体重约250克，利用发育良好的钩状爪紧附在母亲腹部。雌树懒的哺乳期多达4周，幼崽断奶后的6个月中仍跟随母亲生活并学习觅食技能。

Bradypus pygmaeus

侏三趾树懒

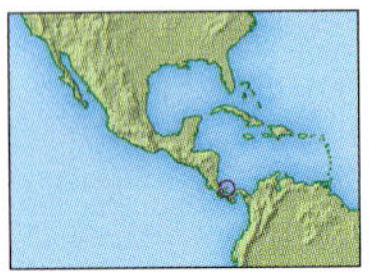

分布：中美洲

体长：48—53厘米
尾长：4.5—6厘米
体重：2.5—3.5千克
社群单元：独居
保护现状：极危

侏三趾树懒仅分布在巴拿马加勒比海岸的一个名叫Isla Escudo de Veraguas的小岛上。它的体形细小，完全在隔离的环境中进化而来，与体形较大的大陆祖先完全不同。它是唯一一依靠红树林植物的叶片存活的树懒，这种特性使其只能生活在海边的红树林中。这种被列入极危等级的树懒正受到进岛渔民的盗猎和旅游开发的威胁。

Choloepus didactylus

二趾树懒

分布：南美洲北部

体长：46—86厘米
尾长：1.5—3.5厘米
体重：4—8.5千克
社群单元：独居
保护现状：无危

二趾树懒的前足各具两根钩爪，后足上则各有三根。它的皮毛粗糙呈灰棕色，脸部毛色较淡。但和其他树懒一样，也因皮毛上藻类的生长而带有绿色色调。二趾树懒的食性十分典型，以叶片和果实为食；且与所有的树懒一样独居生活，行动极为缓慢，只有在排便时才下地（大约每周一次）。

Tamandua tetradactyla

小食蚁兽

分布：南美洲北部和东部

体长：53—88厘米
尾长：40厘米
体重：3.5—8.5千克
社群单元：独居
保护现状：无危

小食蚁兽又称南美食蚁兽，它的头部窄长，被毛稀疏，尾可卷缠，擅于攀爬，能在树丛间和地面觅食，常用前肢的爪子捣毁蚂蚁、白蚁和蜜蜂的巢穴取食，白天或夜间的活动时间达8小时。雌兽历经4—5个月的妊娠期后产崽一只。幼崽出生后爬到母亲的背部。

黑色背心

小食蚁兽体呈淡黄色，肩部、胸部、体侧和下背部的皮毛为黑色，就像穿着一件黑色的背心。

自卫

小食蚁兽遇到威胁时，会退到树干或岩石前，后脚站立，尾巴撑住身体，然后伸出强壮的前肢。采用这个姿势，就可以利用前肢的锐利长爪攻击敌人。

Cyclopes didactylus

侏食蚁兽

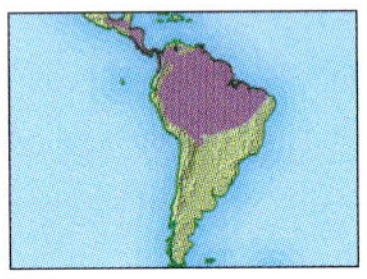

分布：中美洲至南美洲北部

体长：16—21厘米
尾长：16—23厘米
体重：150—275克
社群单元：独居
保护现状：无危

这种夜行性食蚁兽独自生活，它的长毛细密，毛色通常为带有银色光泽的烟灰色，体侧具有多变的棕色条纹。侏食蚁兽为树栖物种，利用四肢和钩爪紧握树干，尾巴末端无毛，具抓握力，可缠绕在树干上支撑体重。它会破坏树栖蚂蚁的巢窝，用布满黏液的长舌舔食猎物。

Myrmecophaga tridactyla

大食蚁兽

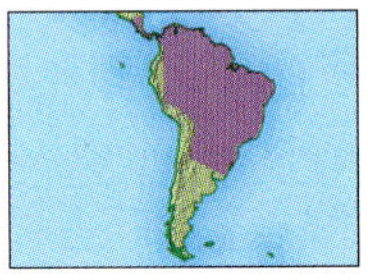

分布：中美洲至南美洲

体长：1—2米
尾长：64—90厘米
体重：22—39千克
社群单元：独居
保护现状：易危

大食蚁兽的吻尖长呈管状，连接着长有细小眼睛和耳朵的小脸。它的前肢壮硕、后肢较细，行走时前掌弯曲以指背着地，以防前爪磨损。这种食蚁兽日夜均活动，在面积达25平方千米的领域中四处游荡，领域的大小随食物的充足程度而异。当在树洞中或树丛下栖息时，用尾巴将头和身体覆盖。它的生存正受到猎杀和栖息地破坏的威胁。

仰视

这只大食蚁兽用前肢的利爪捣毁蚁巢和白蚁巢穴，然后伸出长达60厘米的舌头捕食猎物。它的舌头上布满逆向的小刺和黏液，可以粘住细小的昆虫。劫后余生的白蚁随后会修补窝穴。

身体狭长，尾巴蓬松

大食蚁兽的狭长身体上覆满粗长的毛发，毛色以灰色为主，并带有黑色和白色斑纹。尾巴非常蓬松呈棕色。

兔、野兔和鼠兔

门：	脊索动物门
纲：	哺乳纲
目：	兔形目
科：	3科
种：	92种

虽然这类爱啃咬的从小型到中型的动物与啮齿类之间存在许多相似之处（如两者都有大型门齿），但也有一些不同，包括有第二对上门齿及较轻的头骨结构等。兔类和鼠兔（因会发出多种声音，又称“啼兔”）等兔形目动物，是最常遭到猎杀的动物种类之一。它们的天敌包括食肉动物和鸟类，人类为了娱乐、食用和获取皮毛等动机也猎杀它们。兔形目的所有物种都在陆地生活，广泛分布于世界各地（除了西印度群岛、南美洲南部部分地区、马达加斯加岛和亚洲东南部的数个小岛外），从北极冻原到半沙漠地区在内的各种栖息地中都能发现它们的身影。

进食

兔形目动物是食草动物，通常以草类和其他多肉植物为食。无法被消化的物质会以软粪形式直接从肛门排出。这些粪便会被兔类再次吞掉，随后在胃中与其他食物混合，经过二次消化后，再以圆形干粪粒的形式被排出。大部分食物都通过这种方式进行二次消化，兔形目动物因此得以从食物中获得最大量的养分。这种食粪行为也被称为“假反刍”。

食草动物

所有的兔形目动物，如图中的北美鼠兔，大部分时间都在进食。它也在夏季采集并贮藏过冬用的食物，将晒干的草叶堆放在栖息所附近岩石处的“草垛”上。

身体结构

兔类的生理特征可反映出它们对危险的感知和躲避捕食者的需求。管状长耳使其具备敏锐的听觉，眼睛位于头部两侧，具有近360度的宽阔视野，粗长的后腿赋予它们惊人的奔跑速度，野兔的奔跑速度可高达每小时56千米。和啮齿类不同的是，兔类的尾短呈球形，足和脚掌多毛，因此在奔跑时具备良好的抓地力。鼠兔碰到威胁时，会躲入岩缝或地穴中。它们的外表似鼠，四肢等长，无法疾速奔跑。此外，鼠兔的耳朵短圆，尾巴隐于毛内，几乎看不到。所有兔形目物种的鼻孔都呈狭缝状，可以完全闭合。有些物种雌性体形要大于雄性，这在哺乳动物中并不常见。

空中拳击

野兔在繁殖期间经常互相打斗。除了用前足进行击打外，还利用强壮的后足踢击对手。雄兔彼此打斗以争夺雌性配偶；但若雌兔还未准备好交配，也会追赶驱逐雄兔（如图所示）。

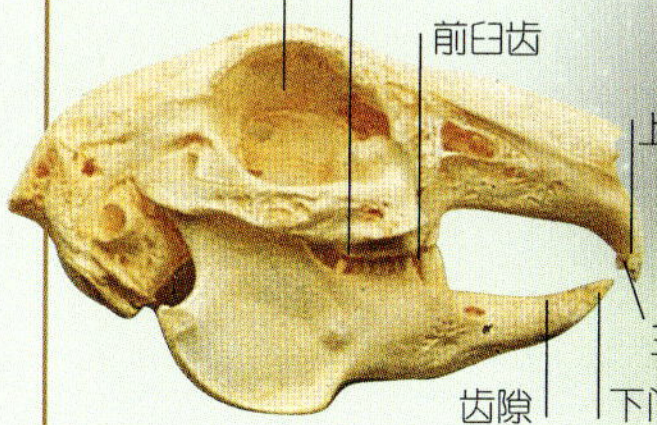

兔的头骨

兔形目动物的门齿发达，且会不停生长。上颌前一对门齿的后方还有一对较小的门齿（三角齿）。门齿和前臼齿间有宽大的间隙，称为齿隙。

灵活的颈部

兔形目动物很少相互理毛，因此自我梳理毛发就变得十分重要。柔韧的颈部使它们能够自行梳理背部的皮毛，图中这只穴兔的头就能后转180度。

繁殖

兔形目动物虽然遭到许多捕食者的猎杀，但仍能通过快速繁殖来维持种群数量。由于雌性的排卵没有周期性，而是通过交尾刺激产生，因此雌性在产崽后可以直接受孕。有些物种的雌性甚至在前一胎分娩前，就会怀上下一胎。兔类是兔形目中繁殖力最强的物种，每年能繁殖6次，每胎可产下12只幼崽。此外，兔类很早就可发育成熟（穴兔3个月大时即可受孕），且妊娠期极短（佛罗里达棉尾兔的妊娠期仅为26天）。

哺乳时间

尽管一些兔类在地穴中产崽，但所有的野兔都在地面生产。这些年幼的欧洲野兔白天会躲藏起来，但当母兔于黄昏现身时，幼兔们便会聚集在一起吃奶。

Ochotona princeps

北美鼠兔

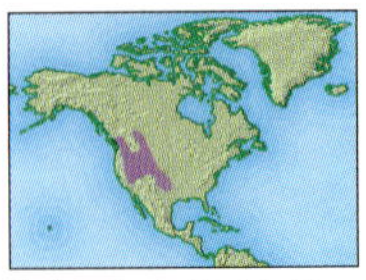

分布：加拿大西南部

- 体长：16—22厘米
- 尾长：无
- 体重：125—175克
- 社群单元：独居
- 保护现状：无危

这种鼠兔分布于高海拔地区，栖息在被高山草甸和类似的低矮草原植被环绕的岩屑堆中。每只鼠兔都独自生活，占据一块岩屑堆，通过哨音叫声防御领地，雌雄两性的领地相互间隔，呈块状分布。一块典型领地的面积达600平方米，其中包括觅食区以及位于地下或岩缝中的洞穴。

准备过冬

每只鼠兔都于夏末时节采集草料和其他草本植物，在洞穴附近堆积起来。这便能在冬季下雪时，随时都有食物可被取用。鼠兔会谨慎地选择最不容易腐烂的植物加以贮藏。

耳朵色深，内外都具毛

椭圆形哺乳类

蹲伏着的鼠兔外形似卵，皮毛呈现深浅不同的褐色。

Ochotona curzoniae

高原鼠兔

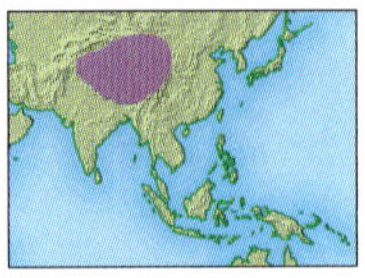

分布：亚洲东部

- 体长：14—18.5厘米
- 尾长：无
- 体重：125—175克
- 社群单元：群居
- 保护现状：无危

这种鼠兔的体背部为沙棕色，腹部为暗黄白色，耳后方有赭色斑块，鼻端和嘴唇呈黑色。高原鼠兔以大家族的方式共同生活在一个地穴系统中，成员间表现出相互友好的社交行为。由于在某些地区的数量过多而被视为害兽。雌鼠兔每年产崽5胎，每胎8只，由双亲共同抚育。

Romerolagus diazi

火山兔

分布：墨西哥中部

- 体长：23—32厘米
- 尾长：1—3厘米
- 体重：375—600克
- 社群单元：群居
- 保护现状：濒危

火山兔仅分布于墨西哥城附近火山地区的开阔松林中，以2—5只的群体一起生活。它们的耳朵短圆，后腿与脚掌相对较小，通过刺耳的哨音相互沟通。主要取食高大浓密的草类，并且也用这些草来修筑洞穴。

外层针毛为黄色和黑色

Pentalagus furnessi

琉球兔

分布：奄美群岛和德之岛

- 体长：42—50厘米
- 尾长：1—3.5厘米
- 体重：2—3千克
- 社群单元：独居/群居
- 保护现状：濒危

琉球兔仅分布于日本的两个小岛上，有许多明显的特征，如通身呈黑色、吻尖、眼和耳较小、四肢短且具爪，适于挖掘巢穴。它们于夜间活动，以蒲苇叶、甘薯蔓茎、嫩笋、坚果及树皮等森林植物为食。其社会和繁殖行为鲜为人知，但会利用"咔嗒"声相互沟通。雌兔每年产两胎，每胎产2—3只幼崽。

Brachylagus idahoensis

侏兔

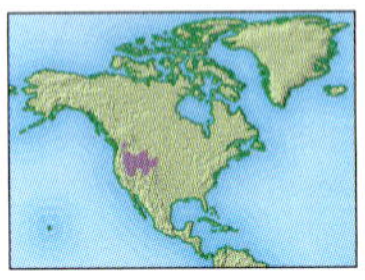

分布：美国西部

- 体长：22—29厘米
- 尾长：1.5—2.5厘米
- 体重：350—450克
- 社群单元：独居
- 保护现状：无危

侏兔是世界体形最小的兔类，适于在干燥的环境中生存，挖掘庞大的地穴系统作为栖身所，取食三尺蒿及其近亲植物。背部的丝质长毛冬季呈灰色，夏季呈棕色，腹部略白。侏兔能攀爬到灌丛中觅食，这一行为在兔类中十分罕见；此外，它们虽为独居，但也会发出类似鼠兔的哨音，意在警告邻居有捕食者靠近。侏兔的繁殖习性尚不清楚，雌性的妊娠期可能为26—28天，每胎产崽4—8只，每年最多可生产3窝。

耳短，仅内缘具毛

Sylvilagus aquaticus

沼泽兔

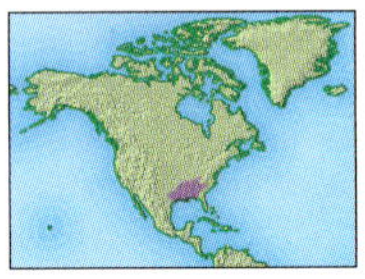

分布：美国东南部

- 体长：45—55厘米
- 尾长：4厘米
- 体重：1.5—2.5千克
- 社群单元：群居
- 保护现状：无危

眼圈呈黄棕色

沼泽兔的皮毛为黑色至红棕色，总是在沼泽、溪流、池塘等水边区域活动。它们擅长游泳，在受到威胁时可随时跳入水中逃命。白天或夜间均觅食，以莎草、灯芯草及香蒲竹等其他水生植物为食。沼泽兔结小群生活，利用植物茎干在地面筑窝，兔群的首领通常为占据领地的优势雄性。雌兔和典型的兔子一样，将自己身上的毛铺衬在繁殖巢窝中，平均每胎产崽3只。

Sylvilagus floridanus

东部棉尾兔

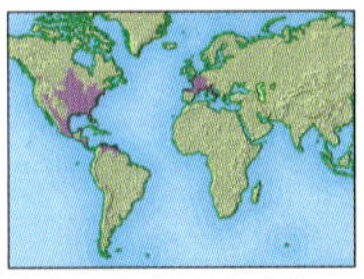

分布：加拿大东南部至墨西哥、中美洲、南美洲北部、欧洲

- 体长：38—49厘米
- 尾长：2.5—7厘米
- 体重：1—1.5千克
- 社群单元：群居
- 保护现状：无危

广泛分布于原产地的各种栖息地中，也被引入北美洲和欧洲地区。这种棉尾兔具有典型的兔子外形，白色尾巴的末端为淡红色。它们夏季以葱翠的植物为食，冬季主要取食树皮及小树枝。兔群中存在等级制度。平均每胎的产崽量从北美洲种群的5只到南美洲种群的2只不等。

Oryctolagus cuniculus

穴兔

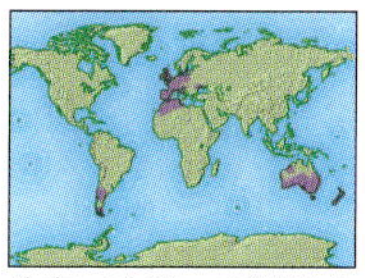

分布：欧洲、非洲西北部、澳洲、新西兰、南美洲南部

体长：34—50厘米
尾长：4—8厘米
体重：1—2.5千克
社群单元：群居
保护现状：近危

穴兔原产于欧洲西南部或非洲西北部，后被引入其他许多地区，且在某些地区过度繁殖，对农田和当地的野生生物造成了严重危害。现已被驯化成品种众多的家兔。为夜行性动物，生活在群体中，极具社交行为，它所挖掘的复杂地穴系统（兔窝）有许多出入口。穴兔以草类、草本植物、小树枝和树皮为食。年长雌兔栖居在地下的主穴中，等级较低的雌兔则需另行挖出浅短的地穴（逗留点）以照顾幼崽。

浅黄色斑

穴兔的两肩之间呈淡黄褐色，眼圈、四肢内侧和腹部的黄色更浅。

快速繁殖

穴兔的繁殖力很强，雌兔的妊娠期仅为28—33天，环境条件良好时，每胎可产8只幼崽（平均数量为5只），每年可产6胎。幼崽出生时眼睛紧闭，无法独自存活，需要依靠母亲采集干草、青苔，并拔取自己腹部的毛发铺垫在窝中取暖。母兔每天只花数分钟进入窝穴中哺乳。

Caprolagus hispidus

粗毛兔

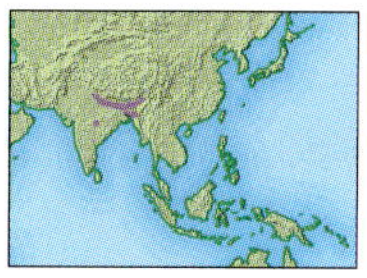

分布：亚洲南部

体长：38—50厘米
尾长：2.5—5.5厘米
体重：2—2.5千克
社群单元：独居/群居
保护现状：濒危

皮毛粗糙呈深棕色，栖息在长有高大象草的地区，夜间摄食象草的嫩茎和草根。耳短，后腿的大小类似前腿。粗毛兔不挖掘地穴，而是在地面的植被中藏身，通常独居或雌雄成对生活。有关它们的繁殖资料极少，但每胎的产崽数量在兔形目中可能不算多，为2—5只，每年可能产2或3胎。

Lepus europaeus

欧洲野兔

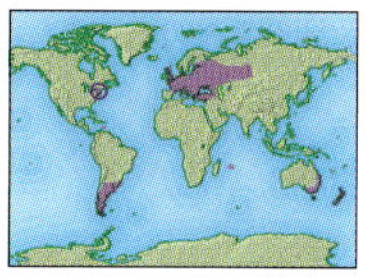

分布：欧洲、澳洲、新西兰、北美洲和南美洲

体长：48—70厘米
尾长：7—13厘米
体重：2.5—7千克
社群单元：独居
保护现状：无危

欧洲野兔的尾巴背面为黑色、腹面呈白色，相当显眼；灰色耳朵的外侧末端具黑色斑块。这种野兔已从欧洲和西亚引入到许多其他地区，能适应在开阔林地、灌丛、混耕农地乃至长有矮小植物的半沙漠地区生活。它的食物包括草类、草本植物、树皮，偶尔吃腐肉。欧洲野兔为夜行性独居动物，常在冬末和春季结成配偶或组成小群生活。在此期间，雄兔、未发情的雌兔和遭到拒绝的雄兔之间，会发生“拳击”争斗。雌兔在草丛或灌木间的地面浅凹陷处抚育幼崽（每胎产崽1—10只）。

Lepus californicus

加利福尼亚兔

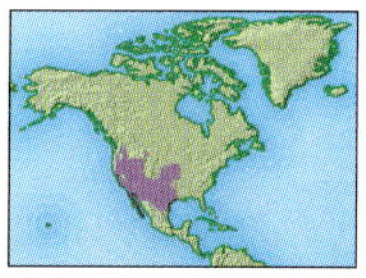

分布：美国西部、中部和南部至墨西哥北部

体长：47—63厘米
尾长：5—11厘米
体重：1.5—3.5千克
社群单元：独居
保护现状：无危

这种体瘦且腿长的野兔生活在干燥的栖息地中，巨大的耳朵（长达15厘米）可以探测到捕食者发出的细微声音，夏季还能用于散热。加利福尼亚兔喜食多汁的草类和草本植物，冬季或干旱时节也啃食树枝。它是兔形目中奔跑速度最快的物种之一，时速可达56千米。这种兔子的求偶过程复杂，雌雄双方会表现出跳跃、追逐和打斗等行为。

Lepus arcticus

北极兔

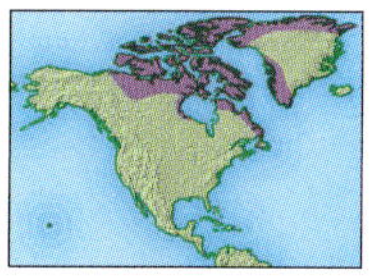

分布：加拿大北部、格陵兰岛

体长：43—66厘米
尾长：4.5—10厘米
体重：3—7千克
社群单元：不固定
保护现状：无危

北极兔（有时会与冬毛也呈白色的白靴兔混淆）是真正的冻原动物，能在没有树木的开放栖息地中度过漫长的严寒季节，喜欢以裸露的岩石或山坡上的裂缝处作为栖身所。这种野兔虽然大多时间里都独自生活，但在冬季会出现其他兔形目动物没有的独特现象，即群集行为，此时会有多达300只个体聚集在一起活动、奔跑，甚至动作一致地改变方向。

北极兔取食各种低矮草类、草本植物、灌木、地衣、苔藓和北极矮柳的大多数部位。然而，这些机会主义觅食者也吃小型动物或较大的腐肉。在具有攻击性的春季求偶时节，雄兔常尾随雌兔，甚至咬伤雌兔的颈部导致出血。雌兔每年可产1—3胎，每胎产崽1—8只。幼崽躲藏在岩石附近以草类、苔藓和兔毛铺设的巢窝中。母兔每隔18个小时回窝一次，哺乳时间仅两分钟。

冬毛

北极兔的冬毛非常厚实，近乎纯白色，只有耳尖为黑色。这种体色能在雪地和冰层上保持体温并提供伪装。大部分地区的北极兔于春季换上一层灰棕色的夏毛，但有些地区的个体的夏毛仍为白色。北极兔的换毛时间取决于日照的长短，它们通过眼睛探测光线变化，然后控制体内的激素分泌，以完成这一过程。

身体结实

身体结实，体形相对较大，较短的耳朵和四肢有助于在寒冷气候中减少热量的散失。耳朵前侧的色泽深于后侧。

啮齿类

门：	脊索动物门
纲：	哺乳纲
目：	啮齿目
科：	33科
种：	2272种

分类说明

一些哺乳动物学家将啮齿目分为两个亚目，即松鼠亚目和豪猪亚目。另一些人则认为应该分为五个亚目，即松鼠亚目（松鼠形啮齿类）、河狸亚目（河狸形啮齿类）、鼠形亚目（鼠形啮齿类）、豪猪亚目（豚形啮齿类）和鳞尾松鼠亚目（跳兔）。为了方便使用，本书采用了后一种分类方式。

松鼠形啮齿类 见第118—121页；河狸形啮齿类见第121—122页；鼠形啮齿类见第123—128页；豚形啮齿类 见第129—131页；跳兔见第132页。

啮齿类的种类占到所有哺乳类的40%以上，构成了一个成功且适应力很强的目。它们遍布在全球的多种环境中（南极洲除外）。例如，旅鼠喜欢栖息在寒冷的北极冻原，而梳齿鼠则偏爱在酷热的非洲沙漠中生活。尽管啮齿类的生活方式和栖息环境十分多样，但彼此间还是存在许多共同特征：大多数啮齿类都是小型四足动物，尾长，足趾有爪，触须细长，牙齿及双颌特化（尤其是长形门齿），适于啃咬坚硬物质。虽然通常为陆栖，但也有一些种类是树栖（如树松鼠）、穴居（如几乎终生都生活在地下的鼹形鼠）或半水栖生活（如河狸）的。一些物种独居，如旱獭，但大部分物种都极具社会性，多结成大群共同生活。

感官

大多数啮齿类的嗅觉与听觉敏锐，能与敏锐的细长触须一起，共同加强对周围环境的感知。相比昼行性物种，夜行性物种的眼睛更大，能最大限度地增加通过视网膜的光量（光量越大，图像也就越明亮和清晰）。啮齿类利用气味（由身体上的腺体分泌出的气味）和各种声音相互沟通。

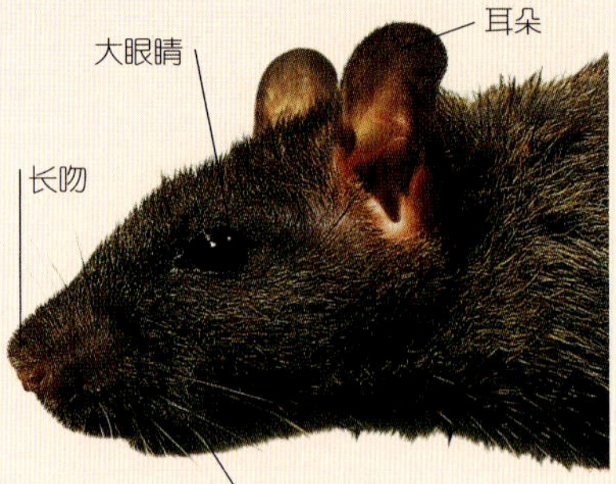

协调一致

啮齿类大多具备发达的感官，有助于增加物种的适应能力，如图中的褐家鼠。大眼睛、大耳朵、长吻及细长的触须都是啮齿类的典型特征。

身体构造

虽然啮齿类的身体构造比其他大多数哺乳动物类群更为均匀，但许多物种都享有一些共同特征，如紧实的身体以及细长的尾巴和触须等。啮齿类的前足通常为5趾（拇指或许有退化现象），后足有3—5趾，运动方式通常为跖行。不同物种的尾巴具备的功能也不同：河狸的尾巴宽大扁平，能在游泳时提供推进力；巢鼠的尾巴能在攀爬高大的野草时用于卷握。有些物种在被捉到时，尾巴或部分皮肤会脱落，以助于及时脱逃。由于啮齿类的身体构造较其他哺乳类更具普遍性，因而能够轻松适应环境，并且能在多种栖息地中繁盛发展。

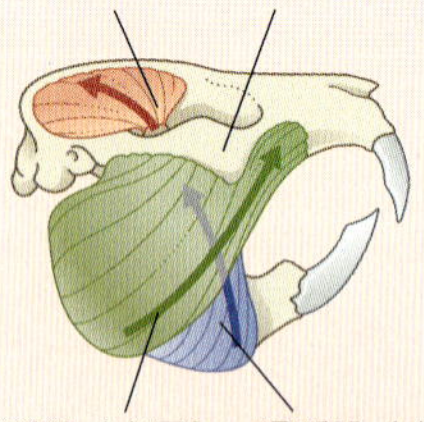

松鼠形啮齿类

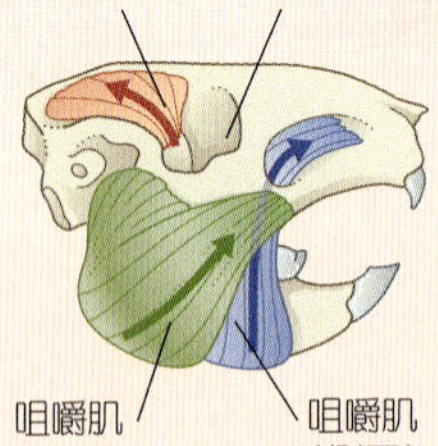

豚形啮齿类

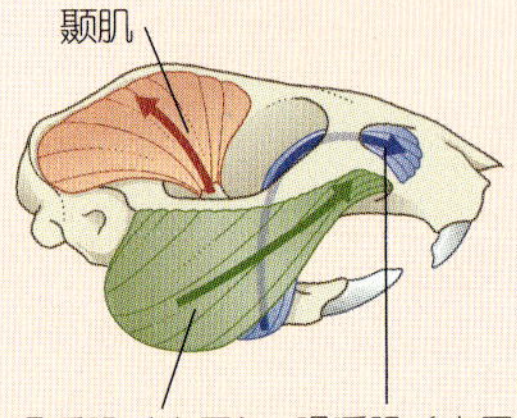

鼠形啮齿类

颌肌

啮齿类具有增大的咀嚼肌（嚼肌），用于控制下颌的垂直和前后运动。松鼠形与河狸形啮齿类的咀嚼肌延伸到头骨后方，侧面的起点前移到颧弓，且颞肌较小。这种肌肉类型能提供强大的前方啮咬力。鼠形啮齿类的中层咀嚼肌延伸到上颌，上侧向前伸展，颞肌较大，因而能更灵活地朝多个方向咀嚼。豚形啮齿类和跳兔的中层咀嚼肌延伸到眼窝前，颞肌较小，因此前咬合力强劲。

大门齿

啮齿类的四颗大门齿（左图为旱獭）使其有别于其他哺乳类。这些门齿长而弯曲，且不会停止生长。门齿仅前面覆有珐琅质，后面覆有软齿质，因而需要不断磨损以保持尖利。

觅食

大部分啮齿类的食物都以植物为主，包括叶片、果实、种子及根茎。但许多物种也取食其他食物，如水鼠和林姬鼠捕食蜗牛、稻鼠捕捉幼龟、麝鼠取食双壳类和小龙虾、食蝗鼠捕食蚂蚁和蝎子；而黑家鼠则会搜寻人类的食物。啮齿类的大肠末端有大型盲囊（即盲肠），可以帮助消化。盲肠中的微生物能将植物细胞壁的主要成分——纤维质分解为碳水化合物。一些啮齿类在食物经过盲肠从肛门排出时，会再次将之吞食。当食物二度进入胃部时，其中的碳水化合物（食物中80%的能量来源）即被吸收。这个高效的消化过程称为“假反刍”，最后排出的是干燥的丸状粪便。

杂食

有些啮齿类为杂食动物，根据食物供给情况取食植物或动物。右图中的刺毛鼠主食植物，但也捕食昆虫。

草食

大多数啮齿类为食草动物，只取食植物。左图中的水鼠以水生和陆生植物为食。它也会将食物储存起来，以供冬季取食。

繁殖

啮齿类的繁殖率很高，因此能在不利的环境中维持稳定的种群数量。这就意味着捕食者的猎捕和人类的捕杀（如毒杀）等，对这类动物的生存几乎没什么影响。当环境条件适宜时，它们的个体数量便会迅速增加。例如，褐家鼠两个月大时就能繁殖，每个月能产下10多只幼崽。田鼠的繁殖力也很强，有些种类每年能产13窝幼崽。小型啮齿类的繁殖量远高于大型物种（如水豚），因此小型啮齿类成为许多动物的稳定食物来源。啮齿类的整个繁殖周期（从两性相吸到抚育幼崽）受到刺激性的腺体分泌物影响。例如，雌性在分娩约8天后可产生一种外激素，这种带有气味的化学物质被分泌在母鼠的粪便中，可以防止幼崽与其分开。

水豚家族

并非所有的啮齿类都能像田鼠与家鼠一样多产。例如，除非环境条件非常适宜，否则水豚通常每年只产1胎，每胎的产崽量为1—8只不等，通常为5只。幼崽出生时已发育良好，很快就能跟随母亲四处活动，并能摄取固体食物。

社会性动物

啮齿类中的许多物种都生活在有组织的群体中，但有一些则是独居动物。图中的黑尾草原犬鼠与大多数黄鼠一样，也极具社会行为。它们生活在被称为“城镇”的地道系统中，每个草原犬鼠家庭都占据一片面积达1平方千米的区域。交错联结的地道系统是躲避捕食者和养育幼崽的理想地点。城镇内的草原犬鼠由数个亚群组成。亚群中的成员相互合作，一起进行防御领域等活动。

啮齿类与人类

家鼠和田鼠等啮齿类常被视为有害动物，因为它们经常与人类发生直接竞争（生活在相同的环境和取食相同的食物），且适应力很强。啮齿类每年要消耗4000万吨人类食物，它们的尿液与粪便会对储存的食物造成污染，并且还会传播20多种致病细菌。

尽管人类会利用陷阱和毒药等方式控制啮齿类的种群数量，但很多啮齿类都足够聪明，能学会避开这些危险。在2272种啮齿类中，只有少数物种真正有害；其他物种则能通过消灭昆虫、杂草，或散布菌类以维护森林健康等方式造福人类。此外，河狸与毛丝鼠还被饲养以获取毛皮；而豚鼠则能作为宠物，并被广泛运用于医学研究。

了不起的机会主义者

啮齿类的群居性极强，已成功地占据多种栖息环境，尤其是人类居住区中的垃圾场和污水道等。这些褐家鼠（左图）正在垃圾堆中寻找食物。

啮咬危害

所有的啮齿类都用发达的门齿啃咬物体。河狸能啃断桦树的树干（右图）。树的分枝及小树干被用于筑窝，或在河中修筑水坝。

哺乳动物

松鼠形啮齿类

门：	脊索动物门
纲：	哺乳纲
目：	啮齿目
亚目：	松鼠亚目
科：	3科
种：	307种

本亚目包含了颌肌排列相同的多种啮齿类，如旱獭和松鼠等。松鼠科的成员均具有细长触须、圆柱形的身体和蓬松的尾巴。其他科的物种，包括地栖的山河狸与外形似鼠的睡鼠，均因生活形态的不同而在身体构造上出现很大区别。松鼠形啮齿类广泛分布于世界各地的各种栖息地中。

平衡动作

松鼠在树干上奔跑时，利用尾巴保持身体平衡。

Aplodontia rufa

山河狸

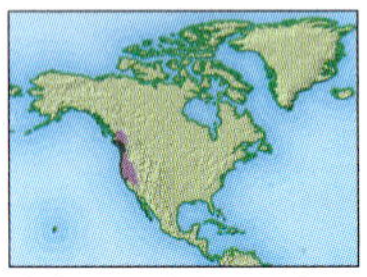

分布：加拿大西南部至美国西南部

体长：30—46厘米
尾长：2—4厘米
体重：0.8—1.5千克
社群单元：独居
保护现状：无危

山河狸会在倒木下方挖掘地道及地下巢，因此在伐木区的数量不断增加。这种独居动物的地道出口直接与食物所在地相连，并且会把树皮、细枝、嫩枝及柔软植物等带回巢穴中进食或贮存。山河狸擅长爬树，能对许多小树造成危害。它的背毛为黑色至红棕色，腹部为黄棕色，双耳下方有白色斑点。

Marmota monax

美洲旱獭

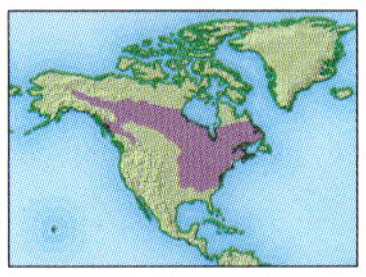

分布：阿拉斯加、加拿大西部至东部及美国东部

体长：32—52厘米
尾长：7.5—11.5厘米
体重：3—5千克
社群单元：不固定
保护现状：无危

美洲旱獭也称土拨鼠，是黄鼠中体形最大的成员之一。常与同类组成松散的群体于午后觅食各种种子、草叶、三叶草、果实，以及蚱蜢和蜗牛等小型动物。虽然体形庞大，却很擅长攀爬与游泳。秋季挖掘较深的地穴用于长时间的冬眠。在此期间，依靠体内贮存的脂肪度日，这部分脂肪约占体重的20%。每年2月2日的旱獭日是北美地区的传统节日，据说旱獭在这天会从冬眠的洞穴中探出头来，试探气候状况。美洲旱獭经常对同类做出挑衅行为，尤其是在春季的交配期，雄旱獭此时为了争夺交配权而相互打斗。此外，还通过拱背、跳跃、拍打僵直的尾巴以及露出牙齿发出咯咯响等方式保卫洞穴。受惊时发出尖利的警告哨音。

体格健壮

美洲旱獭的身体粗壮、耳朵小、四肢短、尾巴多毛。

Marmota flaviventris

黄腹旱獭

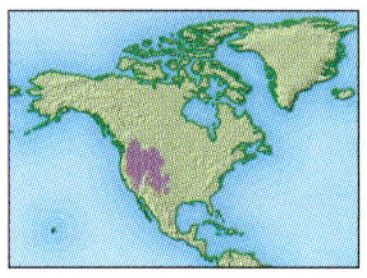

分布：加拿大西南部至美国西部

体长：34—50厘米
尾长：13—22厘米
体重：1.5—5千克
社群单元：群居
保护现状：无危

黄腹旱獭对栖息地的适应力很强，取食种类繁多，包括草类、花朵、草本植物和种子。它们大都在晨昏时分觅食，随后与同伴互相梳理毛发，整个群体通常由一只雄性与数只雌性构成。其冬眠期长达8个月。雌性每胎产崽3—8只，20—30天后断奶。

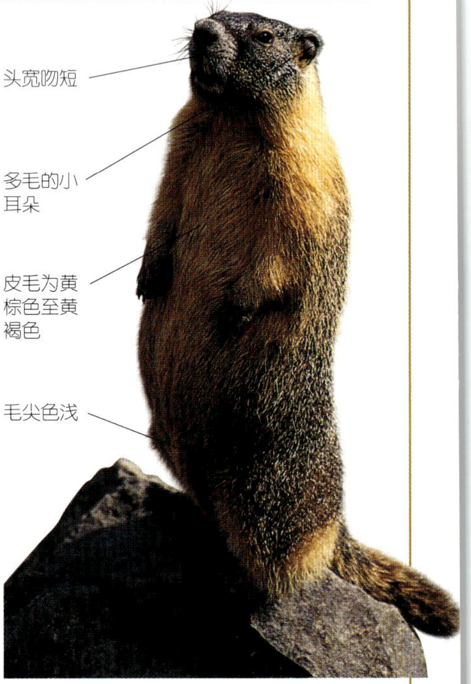

Tamias striatus

东美花鼠

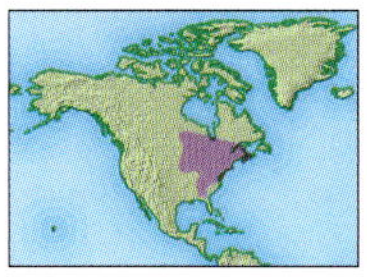

分布：加拿大东南部至美国中部和东部

体长：15.5—16.5厘米
尾长：7—10厘米
体重：80—125克
社群单元：独居
保护现状：无危

东美花鼠偶尔会被当成宠物饲养，由于它们常大胆地闯入人类的野餐地点，因而在野外也很常见。东美花鼠常在落叶林，尤其是桦树林中活动，也在岩缝众多的林地中出没。虽然会爬树，但大多在地面采集种子与坚果，尤其在上午和午后时分，找到食物后将其藏在颊囊中。它的毛色基本呈灰棕色或红棕色，色泽至臀部逐渐变为较浅的红色。东美花鼠独居在地下穴道中，冬季冬眠，天气转暖时外出觅食。它能发出嘈杂的“chip”和“cuk”叫声，向其他花鼠和生活在周围的小型动物发出警报。

哺乳动物

Spermophilus columbianus

哥伦比亚黄鼠

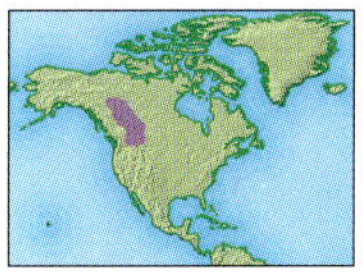

体长：25—29厘米
尾长：8—11.5厘米
体重：850—1000克
社群单元：群居
分布：加拿大西部至美国西北部
保护现状：无危

哥伦比亚黄鼠（“哥伦比亚”指的是加拿大的哥伦比亚省）生活在山地草原和丘陵草地地区，以果实、种子、花朵、球根等为食，偶尔也捕食空中的飞虫。哥伦比亚黄鼠生活在小型群体中，个体间相遇时，彼此侧头嗅闻对方嘴边的口部气味腺，动作就像是在亲吻。

Cynomys ludovicianus

黑尾草原犬鼠

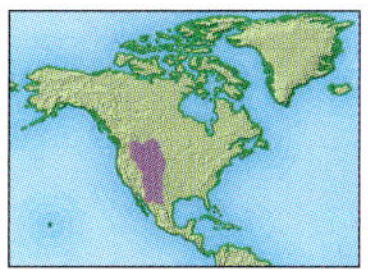

体长：28—30厘米
尾长：7—11.5厘米
体重：0.7—1.5千克
社群单元：群居
分布：加拿大西南部至墨西哥北部
保护现状：无危

地松鼠中有5个物种因偏爱在草地中生活以及像小狗一样吠叫的习性而被称为草原犬鼠。黑尾草原犬鼠分布在海拔1300—2000米处，分布范围从北美大草原向南延伸到更为干燥的墨西哥最北端。全身的毛尖冬季呈黑色，夏季为白色，触须和尾巴的后1/3处为黑色。这种啮齿类以多种季节性食物为食，夏天取食冰草、野牛草、球葵和北美一枝黄，冬天以蓟和刺梨等仙人掌科植物，以及植物的地下根茎和球根为食。

草原犬鼠的繁殖速度迅速，雌性的妊娠期为33—38天，每胎最多可产崽8只。它们的觅食习性过去曾对麦子和其他谷物造成重大损害，而建造在地下的洞穴也常绊倒马匹和农场中的家畜，人类为此对其进行大量捕杀。近年来，这种啮齿类的活动空间仅限于公园及保护区。但其数量的大幅减少对黑足鼬（第190页）的生存带来了严重威胁，因为黑足鼬只以草原犬鼠为食。

体色

黑尾草原犬鼠的背部通常为棕色或红棕色，腹部渐变为白色。触须及尾尖呈黑色。

小群和集群

草原犬鼠的基本社群单元由一只雄性、数只雌性及其幼崽组成。数个小群组成一个集群，群体成员以充满活力的跳吠、露出牙齿发出咯咯响以及抖松尾毛等动作，共同守护领域和地下洞穴。许多集群还会一起生活在占地达65公顷的“城镇”中。

Xerus inauris

非洲地松鼠

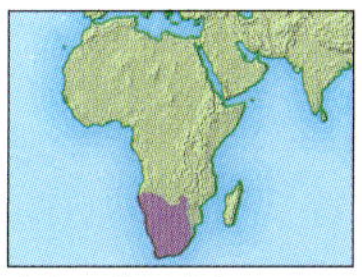

体长：20—30厘米
尾长：18—26厘米
体重：575克
社群单元：群居
分布：非洲南部
保护现状：无危

非洲地松鼠能用大爪子在干燥多石的坚硬土壤中掘洞。它的背毛为淡茶红色，体侧的条纹和腹部为白色。双眼突出，眼周、吻和足都呈白色。尾基部和尾尖具黑色横纹。非洲地松鼠是一种机会主义觅食者，取食种子、球根、根茎，以及昆虫和鸟蛋等食物。这种地松鼠生活在6—10只的群体中，群成员有时可达30只。

Heliosciurus gambianus

太阳松鼠

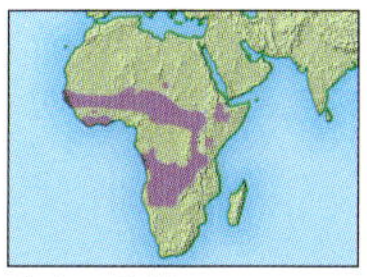

体长：15.5—21厘米
尾长：15.5—30厘米
体重：250—350克
社群单元：独居/成对
分布：非洲
保护现状：无危

太阳松鼠的皮毛上带有黄色、棕色和灰色横纹，因此外表呈现斑杂的橄榄棕色。尾巴上有14道环纹，眼周为白色。这种松鼠是一种典型的地栖和树栖物种，取食从种子到鸟蛋在内的多种食物。它的独特行为包括在有阳光的树枝上晒太阳，以及每晚都用新摘取的树叶铺衬巢窝等。

Ratufa indica

印度巨松鼠

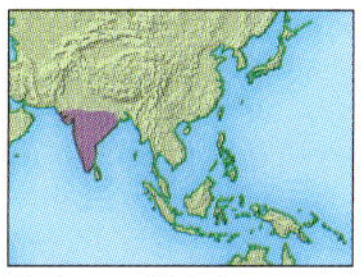

体长：35—40厘米
尾长：35—60厘米
体重：1.5—2千克
社群单元：独居/成对
分布：亚洲南部
保护现状：无危

印度巨松鼠的尾巴巨大蓬松，通常比头和身体加在一起的长度还要长。背毛色深，头与四肢为红褐色，腹部偏白。这种松鼠十分警觉，在树枝间的跳跃距离可达6米，以觅食果实、坚果、树皮、昆虫和鸟蛋。它的进食姿势独特，并不挺直身体，而是向前或向下俯身，后腿撑在高处，用尾巴保持平衡。印度巨松鼠的拇指粗短，非常方便摆弄各种食物。它能建造用于休息和抚养幼崽的典型松鼠窝。人们对这一物种的繁殖习性还不太熟知，但通常认为它们全年都能繁殖。雌松鼠经过28—35天的妊娠期后，通常每窝能产1—2只幼崽。

进食姿势

图中所示的正是这一物种最典型的进食姿势。进食时，长尾巴起到很好的稳定作用，敏捷的前爪则能非常灵活地摆弄各种食物。

Callosciurus prevosti

普氏丽松鼠

分布：亚洲东南部

体长：13—28厘米
尾长：8—26厘米
体重：150—500克
社群单元：不固定
保护现状：无危

这种在晨昏时分活动的树栖松鼠是色彩最鲜艳的哺乳类之一，背部为黑色，腹部为鲜栗色，身体两侧的白色宽纹从鼻子一直延伸到大腿处。普氏丽松鼠独自生活，或生活在小型家庭群中。食物包括果实、软种子、油质坚果、嫩芽，以及白蚁、蚂蚁、昆虫幼虫和鸟蛋。雌性的妊娠期为46—48天，每胎产崽2—3只，在树洞或树枝间用细枝和叶片搭筑的大型巢窝中抚育幼崽。

Sciurus vulgaris

松鼠

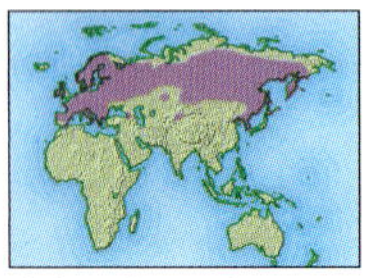

分布：欧洲西部至亚洲东部

体长：20—25厘米
尾长：15—20厘米
体重：200—475克
社群单元：独居
保护现状：无危

松鼠的背毛颜色多变，从红色至棕色、灰色或黑色不等，冬季可能变成灰棕色；腹部总是呈浅色或白色。松鼠极擅长爬树和跳跃，常在地面和树枝上觅食种子（尤其是松果）、坚果、蘑菇和其他真菌、嫩枝、果实、嫩树皮和树液等。除了雌性养育幼崽的时间外，剩余时间都独自生活。雌松鼠每年繁殖2次，巢窝中会有5—7只幼崽。

繁殖巢

雌松鼠用细树枝在树杈或树洞中建造大型球形巢窝，每胎产崽2—5只，幼崽出生时眼未张开，全身裸露无毛，由母亲养育约12周时间。巢窝内铺有柔软纤细的材料，以便在母亲外出时为幼崽保暖。

尾巴蓬松，耳带簇毛

虽然松鼠每年褪毛两次，但尾巴上的毛只褪一次。它的耳朵上总有簇毛，冬季尤其明显。

Sciurus carolinensis

北美灰松鼠

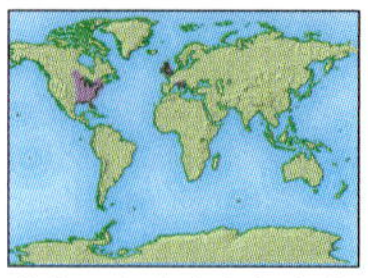

分布：加拿大南部和东南部至美国南部、欧洲

体长：23—28厘米
尾长：15—26厘米
体重：300—700克
社群单元：不固定
保护现状：无危

北美灰松鼠从北美洲引入到欧洲的部分地区，背毛呈灰色，腹部为白色或浅色。脸、背和前肢带有棕色光泽。这种机会主义觅食者以坚果、种子、花朵、果实、嫩芽及真菌为食。冬季从以树枝搭建、铺有草叶和树皮的松鼠窝中外出觅食。秋季将食物贮藏起来，冬季取用时凭借记忆和嗅觉将其找到。北美灰松鼠一年繁殖两次，每次产崽2—4只，幼崽出生时无自理能力，但生长迅速，10周左右就可完全断奶。

颜色变化

虽然被称为灰松鼠，但这种松鼠的毛色实际上是多变的：有些个体为黑色，有些则略带红色。尽管色彩不一，但种类相同，且彼此间能够交配繁殖。亲代的毛色及一些简单的花纹都能遗传给下一代。北美灰松鼠的颜色取决于分布地点和毛发中的化学色素类型，包括真黑素（黑色素）和棕黑素（红色素）。红色和黑色的松鼠可通过随机基因突变的方式，在任何“野生型”的灰松鼠种群中出现，且它们的颜色又可经过繁殖传给下一代。在它们的家乡北美洲，黑色型个体由于在寒冷气候下的保温能力更好，因此大量生活在更靠北的地区。

坐姿优美

灰松鼠在地面进食时，通常采取这种方式坐立，以便能腾出前爪握住食物。

Petaurista elegans

小鼯鼠

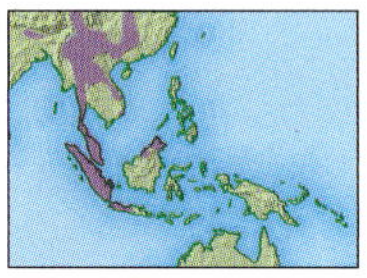

分布：亚洲东南部

体长：30—45厘米
尾长：32—61厘米
体重：0.5—2千克
社群单元：成对
保护现状：无危

这种松鼠的前后肢之间具有形似降落伞的松弛带毛皮褶（飞膜）。这种动物能从高处向下滑翔（并非真正的飞行），滑翔距离达400多米远，滑降比为3 ∶ 1（即滑翔长度为下降高度的3倍），还能利用前肢改变滑翔方向。它通常从高大的树木滑降到较矮的树木上，但不会降落到地面，且大都是为了躲避危险才滑翔。这种夜行性物种与大多数松鼠不同，多在夜间离开栖身的树洞，外出寻找种子、坚果、果实、叶片、嫩枝及嫩芽等食物。毛色多变，但背部通常为黄褐色至红棕色，眼睛具夜视能力，眼圈呈黑色，耳朵无毛。

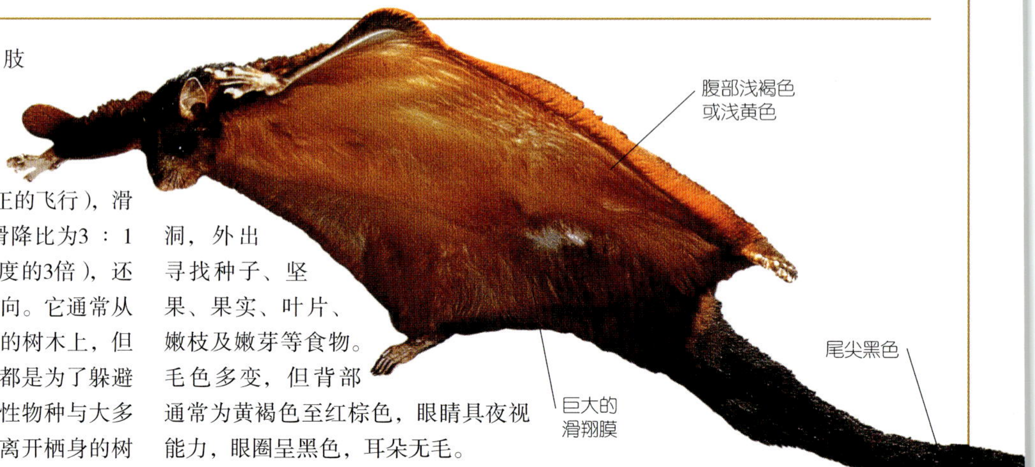

Muscardinus avellanarius

榛睡鼠

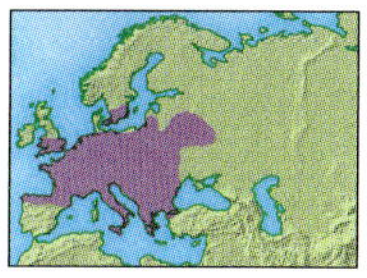

分布：欧洲

- 体长：6.5—8.5厘米
- 尾长：5.5—8厘米
- 体重：15—35克
- 社群单元：独居
- 保护现状：无危

榛睡鼠的体形与小家鼠（第128页）相似，但更擅长攀爬和跳跃。主要在树上觅食，食物随季节发生变化，春夏期间采食花朵、昆虫幼虫和鸟蛋，秋天觅食种子、浆果、果实及坚果。睡鼠是啮齿类中唯一没有盲肠（大肠的一部分）的动物，这说明它们饮食中的纤维素较少。榛睡鼠用草在浓密的灌丛或树洞中筑巢。通常数只个体比邻而居，共同占有觅食区，彼此间利用各种哨音和嘈杂的咆哮声沟通。雌性怀孕22—24天后，产下2—7只幼崽，每年最多繁殖两次。榛睡鼠的尾巴被以长毛，当被捕食者捉到时，尾巴上的皮肤可以自行脱落。

冬天的沉睡

大多数睡鼠在冬天进入深度沉睡状态。榛睡鼠每年在直径约12厘米的窝中沉睡约7个月，冬眠用的巢窝要比夏季的巢窝更大，位于地下洞穴或建造在苔藓或落叶堆下。榛睡鼠在窝中储存食物，并在体内累积脂肪，以便度过寒冷的季节。

颜色多变

榛睡鼠的背毛呈金棕色、红褐色、橙黄色或棕色，腹部白色。

Glis glis

睡鼠

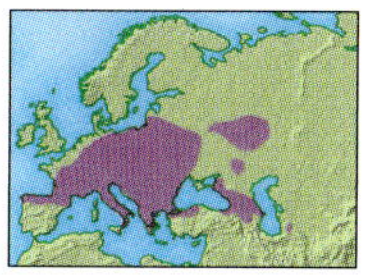

分布：欧洲中部和南部至亚洲西部

- 体长：13—20厘米
- 尾长：10—18厘米
- 体重：70—150克
- 社群单元：群居
- 保护现状：无危

睡鼠栖息在林地和房屋的附属结构中，在树洞或屋顶的隙缝中，以及地板下方筑窝。睡鼠原产于欧洲大陆，于1902年被引入英国。虽然大多在夜间活动，但有时也在晨昏时分外出活动。当秋季的日照逐渐变短时，便在体内积累脂肪，以维持冬眠所需的能量。睡鼠以叶片、种子、果实、坚果、树皮、蘑菇、鸟蛋，以及昆虫、雏鸟等小型生物为食。且与其他睡鼠一样，也组成松散的群体一起生活，并发出"吱吱"声相互沟通。雌性睡鼠怀孕后独自生活，妊娠期为30—32天，每胎产崽1—11只。幼崽生长快速，8—9周后进入第一次冬眠。

松鼠般的跳跃高手

睡鼠与松鼠类似，同样有长而多毛的尾巴，能在树枝间跳跃的粗壮后腿和半挺立的姿势。前、后足上也都长有适于攀爬的粗糙足垫。睡鼠是一种高度树栖性物种，在树枝间的跳跃距离可超过7米。它的细密皮毛呈棕褐色或银灰色，具深色眼斑，腹部为白色。

曾被食用

古罗马人曾饲养这种睡鼠，并在秋季喂给它们很多食物使其增肥来作为晚间餐点。睡鼠因此在英文中被称为"可食用的鼠"。

河狸形啮齿类

门：	脊索动物门
纲：	哺乳纲
目：	啮齿目
亚目：	河狸亚目
科：	3科
种：	102种

虽然河狸、囊鼠和更格卢鼠在外表上差异很大，但却能根据身体构造特征（如头骨结构等）和DNA证据而被归为一类。河狸是一类大型半水栖啮齿类，后足趾间具蹼，尾巴上下扁平覆有角质鳞片，分布于北半球地区。囊鼠、更格卢鼠及其近亲的脸部长有颊囊，仅分布于美洲地区。囊鼠的四肢较短适于掘洞，而更格卢鼠则采用双足跳跃的方式移动。

危险信号

发觉危险后，河狸利用宽扁的尾巴拍击水面警告同伴。

Orthogeomys grandis

巨囊鼠

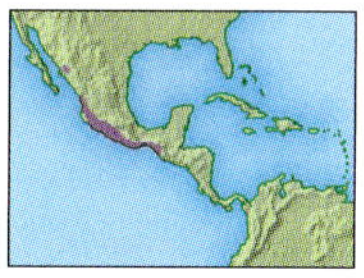

分布：墨西哥至中美洲

- 体长：10—35厘米
- 尾长：4—14厘米
- 体重：300—900克
- 社群单元：独居
- 保护现状：无危

巨囊鼠和其他囊鼠一样，也利用强壮前肢上的利爪挖掘地道系统。它以植物根茎、球根和位于地下的植物其他部位为食，也于夜间爬上地面采集植物的茎秆和嫩枝，将食物贮存在颊囊中，再搬运回巢穴。巨囊鼠通常独自生活，繁殖期间结成由1只雄性和4只雌性组成的群体。雌性在洞穴最底层铺着植物的巢室中生产，每只雌性能产下2只或更多幼崽。

Cratogeomys merriami

梅氏囊鼠

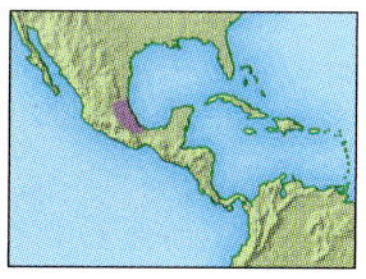

分布：墨西哥东部

- 体长：14—26厘米
- 尾长：6—13厘米
- 体重：225—900克
- 社群单元：独居
- 保护现状：无危

囊鼠的脸颊具有口袋状的皮囊，可用于储存和运输食物。这种囊鼠栖息在从海平面至海拔4000米之间的各种栖息地中。它的前门齿极长，能采食包括多刺的仙人掌、农作物（有时会成为一种有害动物）、冷杉树叶以及种子在内的多种植物。梅氏囊鼠的背部为黄色、褐色或近乎黑色，腹部颜色较浅。

Thomomys bottae

博塔囊鼠

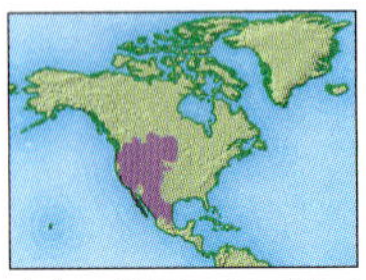

分布：美国西部至墨西哥北部

体长：11.5—30厘米
尾长：4—9.5厘米
体重：45—55克
社群单元：独居
保护现状：无危

博塔囊鼠大多独居，利用强壮前肢的大爪子在软土中挖掘庞大的地道系统。这种囊鼠一生中的大部分时间都在地下生活，以根茎、块茎、球根和其他位于地下的植物部位为食。博塔囊鼠的背毛为灰棕色，腹部褐橙色，具有头部扁平、触须细长、小眼睛和被皮瓣遮盖的小耳朵等数种适于穴居的典型特征。

Heteromys catopterius

高山林棘鼠

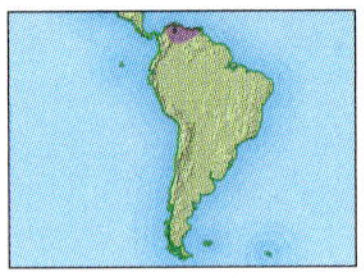

分布：南美洲北部

体长：13—13.5厘米
尾长：16.5厘米
体重：78—86克
社群单元：群居
保护现状：未评估

这一物种于2010年发现于委内瑞拉高海拔的潮湿森林地区，出没于海拔350—2450米之间的地区。因皮毛上长有粗刺而被归入林棘鼠属。与分布更广泛的低地近亲相比，它的皮毛颜色更深，更适于在寒冷的高海拔环境生活。科学家推测，它的分布范围在上一个冰川期时可能更为广阔。尽管这种林棘鼠生活在偏远地带，但其生存也可能受到全球气候变暖的威胁。它的习性可能与其他林棘鼠类似，夜间从洞穴出来采集种子和其他植物，然后将食物放在颊囊中带回地下洞穴中的储藏室内。

Microdipodops megacephalus

暗色小更格卢鼠

分布：美国西南部

体长：6.5—7.5厘米
尾长：6.5—10.5厘米
体重：10—17克
社群单元：独居
保护现状：无危

暗色小更格卢鼠因较大后腿上的毛发呈深色，适于在沙丘和干燥松软的土地上跳跃而得名。它的背毛为灰棕色，腹部纯白。突出的双眼、大耳、长吻、浓密的触须等都是适应夜间生活的特征。与许多小型沙漠啮齿类一样，暗色小更格卢鼠也是季节性机会主义觅食者。它在夏季主食昆虫；冬季利用颊囊将种子等食物搬运回巢穴中贮存，也能将食物转化为脂肪储存在粗短的尾巴中。每只雄性对面积达6600平方米的领域进行积极防御，阻止其他雄性进入。雌性的领域较小，仅约400平方米。每胎产崽2—7只。

Dipodomys merriami

梅氏更格卢鼠

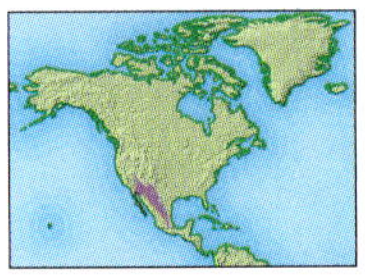

分布：美国西南部至墨西哥北部

体长：8—14厘米
尾长：14—16厘米
体重：40—45克
社群单元：群居
保护现状：无危

梅氏更格卢鼠的后腿和足相对较大，能像袋鼠一般跳跃，尾尖具簇毛的细长尾巴能在跳跃时起到平衡作用，因而能在荒漠的沙子上快速移动。背部的丝滑皮毛为灰色，腹部白色，体侧具狭长的暗灰色和白色条纹。这种更格卢鼠经常沙浴，以保持毛发及皮肤的清洁。它挖洞穴居或挖土寻找食物，冬季以苍耳属或蒺藜草的种子为食，夏季觅食仙人掌的种子。

Castor fiber

河狸

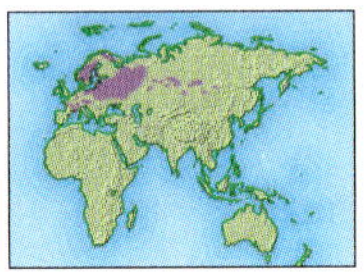

分布：欧洲至亚洲中部

体长：83—100厘米
尾长：30—38厘米
体重：23—35千克
社群单元：群居
保护现状：无危

除了体重较重外，河狸的外形、习性和生活方式皆与北美河狸（右侧）相似。二者的尾基部腺体都能产生可防水的油质分泌物，可在理毛时将之涂满全身。河狸生活在天然水道众多的地区，不以树枝和泥土筑窝，而是在岸边挖掘入口位于水下的地道用以栖身。河狸以树皮、叶片和植物为食，能潜入水中达20分钟。

Castor canadensis

北美河狸

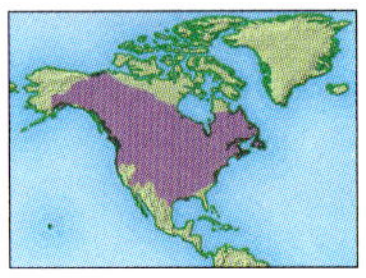

分布：北美洲

体长：74—88厘米
尾长：26—33厘米
体重：11—26千克
社群单元：群居
保护现状：无危

北美河狸非常适应水栖生活。足趾间的脚蹼有助于游泳，覆有角质鳞的扁平尾巴可以拍击水面发出巨响作为警报。潜水时，耳朵和鼻子中的瓣膜可闭合防水；嘴巴紧闭时，用于啃咬的门齿仍露在外面。眼睛上的第三眼睑（瞬膜）用于在水下视物，细长触须可在黑暗中认路。北美河狸以叶片、小树枝、岸边树木的树皮和水生植物为食，也咬倒小树，取食鲜嫩的树枝与树叶。它们使用倒落的树枝和小树干建造巢窝（右侧方框）和搭建水坝，利用强壮的双颌将建筑材料拖拽到筑坝地点。雌河狸的妊娠期为107天，每胎产崽3—4只，幼崽出生时体表毛发齐全，于两个月内断奶。

湖畔巢窝

河狸白天栖息在池塘或湖边以树枝和泥巴筑成的巢窝中。巢窝的出入口位于水下，可防止陆栖捕食者的侵袭。河狸挖掘渠道，用泥巴、石头和树枝修筑水坝，维持完整的水道系统。有人认为这些活动会损坏农作物及树木，对当地的生物产生影响。但也有人认为，河狸可减少当地的洪水泛滥，帮助栖息地恢复到自然状态。

两层皮毛

北美河狸的长针毛（外层皮毛）从黄棕色到黑色不等，但大都为红褐色。浓密的深灰色内层绒毛有助其在冰冷的水中维持体温。

鼠形啮齿类

门：	脊索动物门
纲：	哺乳纲
目：	啮齿目
亚目：	鼠形亚目
科：	7科
种：	1570种

本亚目的物种数占到所有哺乳类的四分之一以上，与其他四个啮齿类亚目的不同之处在于咀嚼肌的排列方式（第116页）。这类动物包括各种鼠类（田鼠、旅鼠、仓鼠和沙鼠等）及跳鼠。鼠形啮齿类的脸部尖长，触须细长，大多为取食种子的小型夜行性物种。它们广泛分布于全世界（南极洲除外）的各种陆地栖息地中。一些物种生活在地下，如裸鼢鼠；另一些则占据水生栖息地，如水駍。生活在开阔区域的物种的腿和足较长（以便能迅速逃脱），且长有能侦测到危险的大耳朵。

繁殖力强

鼠形啮齿类每胎的产崽量通常很多，如图中的巢鼠。

Oxymycterus nasutus

长鼻洞鼠

分布：南美洲东部

- 体长：9.5—17厘米
- 尾长：7—14.5厘米
- 体重：90克
- 社群单元：独居
- 保护现状：无危

这种大型鼠类很少在开阔地带活动。白天在落叶、倒木及石头下觅食蛴螬和蠕虫等猎物，利用鼩鼱般的灵活长吻在地面嗅闻，用前足的大爪子将食物刨出。它的背部为黑色，带有红色或黄色光泽，背中线处色泽较深；体侧为黄棕色，腹部为掺杂灰色的橙黄色；尾短具鳞且毛发稀疏。长鼻洞鼠很少自己挖掘地道，大都使用其他啮齿类的地道。

Baiomys taylori

北侏鼠

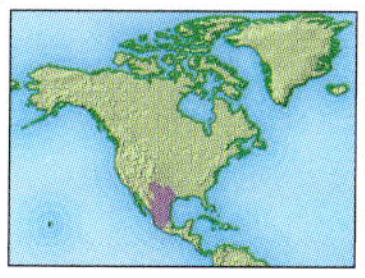

分布：美国南部至墨西哥中部

- 体长：5—6.5厘米
- 尾长：3.5—4.5厘米
- 体重：7—9克
- 社群单元：独居
- 保护现状：无危

北侏鼠是北美洲最小的啮齿类，雌性4周大时即能受孕，是新大陆鼠中繁殖年龄最小的物种。北侏鼠的背毛为棕色，腹部为灰色。领域面积直径达30米。多于晨昏时分外出觅食植物和种子。巢穴位于倒木或植物下方的地洞中。

Rhizomys sinensis

中华竹鼠

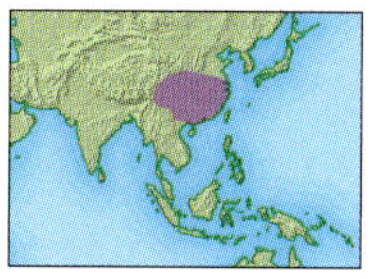

分布：亚洲东部

- 体长：22—40厘米
- 尾长：5—9.5厘米
- 体重：1—3千克
- 社群单元：独居
- 保护现状：无危

这种形似河狸的鼠形啮齿类长有浓密的棕灰色皮毛，吻短，身体粗壮，尾巴短圆具鳞。通常栖息在竹林，在竹根之间挖掘地道和巢室。中华竹鼠善攀爬，以竹子、种子和果实为食。

Reithrodontomys raviventris

盐沼禾鼠

分布：美国西部（旧金山湾地区）

- 体长：7—7.5厘米
- 尾长：4.5—11.5厘米
- 体重：6—20克
- 社群单元：独居
- 保护现状：濒危

外形似小家鼠（第128页），耳大，尾长。夏季在灌木或林下植物上用草茎筑窝，并以种子、嫩枝及昆虫为食。冬季迁移到其他啮齿类的废弃地洞中生活。

Tachyoryctes macrocephalus

大非洲鼹形鼠

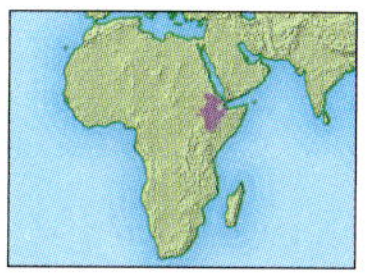

分布：非洲东部

- 体长：31厘米
- 尾长：9—10厘米
- 体重：350—1000克
- 社群单元：不固定
- 保护现状：濒危

大非洲鼹形鼠的生活方式类似鼹鼠，大部分时间都在地下生活，地洞的长度可超过50米，但宽度仅供一只个体使用。鼹形鼠适应穴居生活的特征包括头部圆钝、躯体结实、四肢短小、眼耳皆小及皮毛厚实浓密等。这种鼹形鼠用突出的橙黄色大型门齿啃食植物的根部及其他部位，也用相同方式挖洞。

Peromyscus leucopus

白足鼠

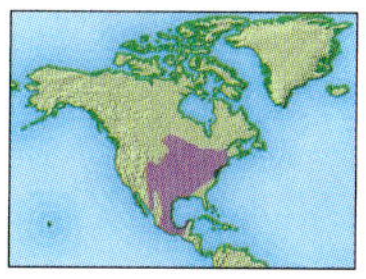

分布：加拿大东南部至墨西哥

- 体长：9—10.5厘米
- 尾长：6—10厘米
- 体重：14—30克
- 社群单元：成对
- 保护现状：无危

这种分布广泛且常见的鼠类形似鹿鼠属中的其他物种，足与腹部都为白色，背毛呈褐色。白足鼠大多成对生活，常在树根、倒木或石头下方，或在灌丛中的隐蔽处，用撕碎的茎秆等干燥柔软的植物筑造小窝；也会自行在土中挖洞或利用被废弃的洞穴。雌雄双方一起在夜间觅食果实、浆果、种子及昆虫。虽然善于攀爬，但大多在地面活动。它们将食物贮藏在巢穴附近的地洞中，然后用土覆盖。天气寒冷时，白足鼠每天都进行数小时的冬眠。雌性的妊娠期为22—23天，每胎平均产崽4—5只。

Calomys laucha

草原暮鼠

分布：南美洲中部和东部

体长：7厘米	
尾长：5.5厘米	
体重：13克	
社群单元：不固定	
保护现状：无危	

草原暮鼠不但外表类似小家鼠（第128页），并且也像后者一样生活在人类居所附近，当其数量急剧增加时，就会变成有害动物。草原暮鼠背部为灰白色，腹部浅棕色至深棕色，耳朵大小适中，耳背面具白斑，尾长且毛发稀疏。这种鼠类擅长爬树，多利用草茎在倒木、岩石、地板等处的裂缝中及树杈上筑巢。主要取食各种植物，也少量捕食甲虫和毛虫等昆虫。

Sigmodon hispidus

刺毛棉鼠

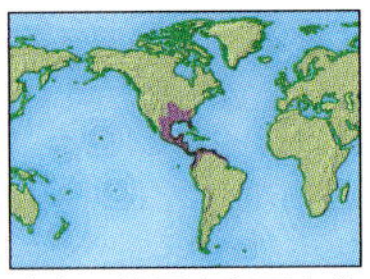

分布：美国南部至南美洲北部

体长：13—20厘米	
尾长：8—16.5厘米	
体重：100—225克	
社群单元：独居	
保护现状：无危	

刺毛棉鼠是美洲地区13种棉鼠中的一种，这些棉鼠中的一些种类非常罕见，另一些则在当地大量繁衍，食物充足时，甚至多到成为有害物种。刺毛棉鼠的食物种类繁多，包括植物（有时为害番薯和甘蔗等农作物）、昆虫及其幼虫。它们擅长游泳，也捕食淡水蟹、淡水螯虾及蛙类，并会爬上芦苇偷食鸟蛋与雏鸟。刺毛棉鼠日夜均活动，通常独居在地面隐蔽处被草覆盖的巢穴中，或在深达75厘米的地下洞穴中栖身。进食时在地面挖出浅坑，建造常用的觅食路径。它的皮毛刚硬，背部为棕色至棕灰色，腹部为灰白色。雌性于6—8周大时达到性成熟，妊娠期为27天，最多产崽12只。

Kunsia tomentosus

南美大长爪鼠

分布：南美洲中部

体长：29厘米	
尾长：15厘米	
体重：无记录	
社群单元：独居	
保护现状：无危	

人们对这种耳小尾短的大型鼠类所知极少，它们大部分时间都在用强壮足部的弯曲长爪挖掘地洞。南美大长爪鼠的背毛刚硬呈深褐色，灰色腹毛的毛尖为白色。它在挖掘地道的同时，取食植物根茎、块茎及其他位于地下的部位。当汛期的洪水淹没地道时，这种啮齿类就会来到地面活动，食物也多以草类和嫩树枝为主。

Phodopus roborovskii

小毛足鼠

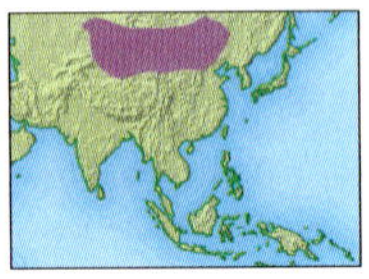

分布：亚洲东部

体长：5.5—10厘米	
尾长：7—11厘米	
体重：25—50克	
社群单元：独居	
保护现状：无危	

这种尾短且耳朵突出的小型啮齿类也被称为多瓦夫仓鼠，它的背部为淡棕色，腹部为纯白色。后足宽短，足底毛发浓密，适于在炙热松软的荒漠沙地上跳跃。小毛足鼠和其他仓鼠一样，也把种子塞入颊囊带回地穴贮藏，同时还捕食甲虫、蝗虫和蠼螋等昆虫。洞穴建造在坚固的沙土中，内部垫以骆驼和绵羊掉落的毛。

Mesocricetus auratus

金色中仓鼠

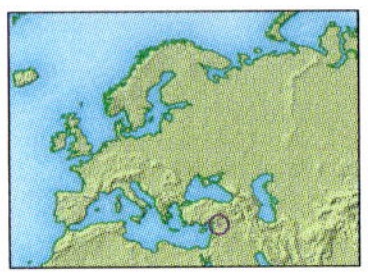

分布：亚洲西部

体长：13—13.5厘米	
尾长：1.5厘米	
体重：100—125克	
社群单元：独居	
保护现状：易危	

金色中仓鼠是世界各地的常见宠物，但野生种群只分布在亚洲西部的一小片区域。它的皮毛为金黄色，前额具深色斑块，一道黑纹从脸颊延伸至颈部上方，腹部皮毛渐褪为灰白色。这种仓鼠利用门齿和爪子理毛，以便使皮毛保持良好状态。金色中仓鼠挖掘的地洞深达2米，除了觅食外，很少离开巢穴；食物包括种子、坚果以及蚂蚁、蚊蝇、蜚蠊、蜻和黄蜂等小型生物。面对其他仓鼠时十分好斗。

独自理毛

金色中仓鼠和其他仓鼠一样独自生活，因此必须自行清理皮毛上的尘土、旧毛及跳蚤等寄生虫，而非像其他群居型的啮齿类那样互相理毛。

强健的啮齿动物

金色中仓鼠的吻部圆钝，脸盘宽大，眼小，耳朵突出，尾巴细小。

Cricetus cricetus

原仓鼠

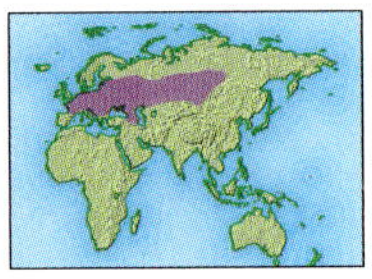

分布：欧洲至亚洲中部

体长：20—34厘米	
尾长：4—6厘米	
体重：100—900克	
社群单元：独居	
保护现状：无危	

原仓鼠是体形最大的仓鼠，皮毛十分浓密，背部为红褐色，腹部大部分为黑色，鼻子、脸颊、喉咙、体侧和脚掌带有白色斑块。腹部的颜色深于背部，这在哺乳类中非常罕见。原仓鼠在秋季收集种子、植物根茎及其他部位，将食物塞入大型颊囊中，然后带回巢穴。接着便一直冬眠到春季，冬眠期间每隔5—7天醒来进食一次。夏季捕食蛴螬、蠕虫和其他生物。雌仓鼠的妊娠期为18—20天，每胎最多产崽12只，幼崽出生3周后断奶，8周大时即完全发育成熟。

Microtus arvalis

普通田鼠

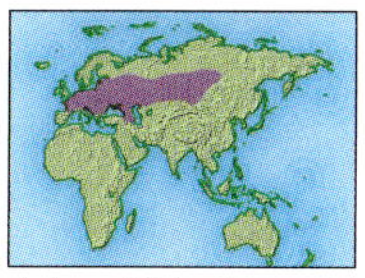

体长：9—12厘米
尾长：3—4.5厘米
体重：20—45克
社群单元：群居
保护现状：无危

分布：欧洲西部至亚洲西部和中部

这种中等体形的田鼠是草地和农田栖息地中数量最多的啮齿类之一。毛短，背毛为灰褐色或黄棕色，至腹部渐变为灰色，吻部钝圆，眼耳皆小，身体结实，尾短带毛。普通田鼠挖掘地洞，在其中构筑用于栖息和贮藏食物的巢室，它们主要以植物的绿色部位为食，如草叶等。冬季藏在谷仓或干草堆中生活，啃食柔软的树皮。

Ondatra zibethicus

麝鼠

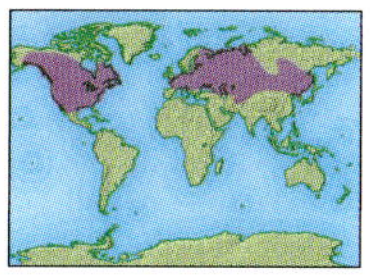

体长：25—35厘米
尾长：20—25厘米
体重：0.6—2千克
社群单元：群居
保护现状：无危

分布：北美洲、欧洲西部至亚洲北部和东部

麝鼠通常生活在多达10只的群体中，它们在岸边挖洞，或用泥土、植物茎干及小树枝修筑类似河狸窝的巢穴。麝鼠以芦苇和其他水生植物为食，偶尔捕食淡水螯虾、蛙类、鱼类和软体类。雌性每胎产崽1—3只，幼崽产在干燥的地下巢室或巢窝中。利用粪便和尿液中类似麝香的分泌物标记领域。

游泳高手

麝鼠是体形最大的穴居型田鼠，大型后足的趾间带蹼，沿边缘具有一排形成“泳穗”的硬毛，极适于游泳。无毛的长尾左右扁平，可当作船舵使用。潜水时，鼻孔和耳朵中的瓣膜可持续闭合20分钟，以防水流灌入。麝鼠能在水下游动100多米，无须浮出水面呼吸。

Myodes glareolus

欧鼾

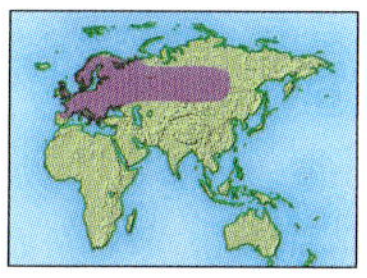

体长：7—13.5厘米
尾长：3.5—6.5厘米
体重：12—35克
社群单元：群居
保护现状：无危

分布：欧洲西部至亚洲北部

欧鼾的头部通常粗钝，背部色泽多变，呈现黄色、红色或棕色等，体侧为灰色，臀部为灰白色，足为白色，尾尖的毛发略为浓密。这一物种的体形变化也很大，部分地区个体的体长和体重分别为其他地区的两倍和三倍。欧鼾的适应力很强，多在地洞、灌丛、树木残干中筑窝，取食真菌、苔藓、种子、嫩芽、昆虫和鸟蛋等多种食物。

Arvicola amphibius

水鼾

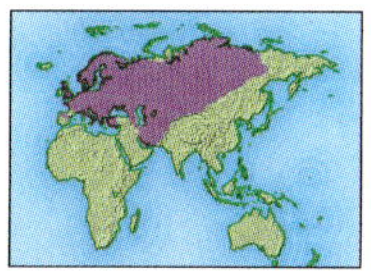

体长：12—23厘米
尾长：7—11厘米
体重：60—300克
社群单元：独居/成对
保护现状：无危

分布：欧洲西部至亚洲西部和北部

水鼾栖息在草甸和林地中的地洞中，体形几乎只有栖息在河流、湖泊及沼泽种群的一半大。这两类种群都以植物为食，皮毛厚密，背毛为灰色、棕色或黑色，腹部为深灰色至白色；圆形尾巴的长度为体长的一半。这一物种正受到污染、栖息地丧失和被水貂等外来捕食者猎杀的威胁。

Lemmus sibiricus

西伯利亚旅鼠

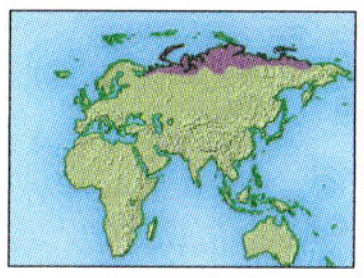

体长：12—15厘米
尾长：1—1.5厘米
体重：45—150克
社群单元：群居
保护现状：无危

分布：亚洲北部

西伯利亚旅鼠生活在大型群体中，繁殖力强，在长有灌木的高地草原及沼泽间进行小规模的季节性迁移；冬季迁移到低海拔地带生活。它们的迁移活动不如挪威旅鼠的迁移壮观，因为后者有时会受本能驱使，试图游泳渡河或爬下悬崖。西伯利亚旅鼠以苔藓、莎草、草本植物和小嫩枝等植物为食，有时也吃鸟蛋。雌旅鼠用草茎和自身的毛发筑巢，妊娠期为18天，最多可产下12只幼崽。

Lagurus lagurus

草原兔尾鼠

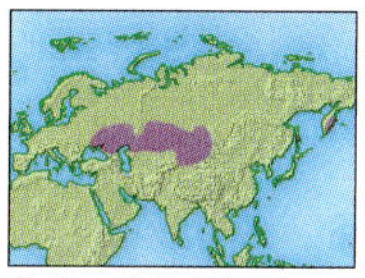

体长：8—12厘米
尾长：0.7—2厘米
体重：25—35克
社群单元：不固定
保护现状：无危

分布：欧洲东部至亚洲东部

草原兔尾鼠具有可防水的长毛，甚至连脚和耳朵上都被有毛发，毛发有助其在亚洲北部的寒冷大草原上保暖。它的背部为浅灰色或淡黄色，背部中央有一道黑色条纹，腹部色浅。它们能挖出深约30厘米的地下洞穴作为临时庇护所，而长期使用的地洞深度是前者的三倍，且巢窝内铺有植物。雌性每年繁殖5次，每胎产崽多达12只。

哺乳动物

Nyctomys sumichrasti

夜鼠

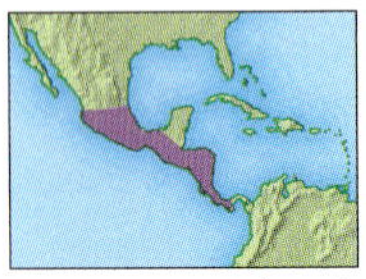

分布：墨西哥南部至中美洲南部

- 体长：11—13厘米
- 尾长：8.5—15.5厘米
- 体重：无记录
- 社群单元：群居
- 保护现状：无危

夜鼠是一类更具树栖性且颜色鲜艳的鼠类，背部为黄褐色或淡红棕色，背脊处的毛色较深；体侧色浅，腹部为白色，具深色眼圈，尾巴多毛呈棕色并具有鳞片。耳朵短小，覆满细毛。四个脚掌上的第一趾形似拇指，可抓握细树枝。夜鼠集群生活，用小树枝、叶片和攀缘植物建造形似松鼠窝的巢窝，很少下到地面活动。夜鼠主要在夜间活动，取食无花果和鳄梨在内的各种植物。

Parotomys brantsii

布氏旱台鼠

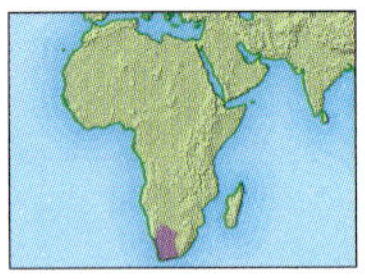

分布：非洲南部

- 体长：2.5—16.5厘米
- 尾长：7.5—10.5厘米
- 体重：85—125克
- 社群单元：群居
- 保护现状：无危

布氏旱台鼠生活在干燥多岩的滨藜栖息地中，这种机警的昼行性物种以草类和其他的低矮植物为食。它们从不远离规模庞大的地道系统，地道系统有许多洞口都可进出。一旦危险来临，台鼠便发出响亮的哨音警告群体中的其他同伴。环境条件适宜时，雌鼠每年可繁殖4次，每胎可产多达4只幼崽。幼崽发育迅速，约在3个月大时即有能力繁殖下一代。布氏旱台鼠的鼻子为橙红色，耳朵短小呈黄色。皮毛上有黄色和棕黑色斑块，腹部为灰白色。

Pachyuromys duprasi

肥尾沙鼠

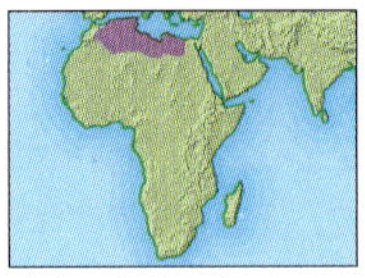

分布：非洲北部

- 体长：9.5—13厘米
- 尾长：5.5—16.5厘米
- 体重：20—50克
- 社群单元：不固定
- 保护现状：无危

肥尾沙鼠栖息在撒哈拉沙漠，皮毛长而柔软，吻尖，后足细长。背部及体侧的皮毛为栗红色，毛尖呈黑色，至腹部渐变为白色。储存在球棒形尾巴中的脂肪可用来供给养分和水分。这种沙鼠多在黄昏出洞活动，寻觅蟋蟀等昆虫，也取食叶片、种子及其他植物。

Meriones unguiculatus

长爪沙鼠

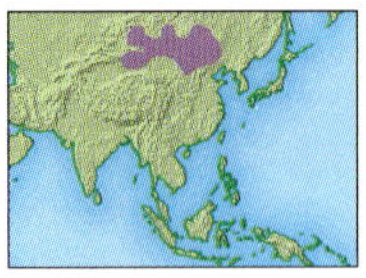

分布：亚洲中部

- 体长：10—13厘米
- 尾长：9.5—11厘米
- 体重：50—60克
- 社群单元：群居
- 保护现状：无危

这种沙鼠原产于亚洲中部，是17种沙鼠中的一种，常被作为宠物饲养。它在干燥的草原上掘洞，无论昼夜、冬夏都活动。长爪沙鼠主要取食种子，多余的食物被储藏在复杂的地穴中，并与配偶和多达12只幼崽共享栖所。家族的成员之间互相理毛，会对陌生个体迅速发动攻击。长爪沙鼠毛色主要为棕色，毛尖黑色，腹部为灰色或白色。

Hypogeomys antimena

马岛仓鼠

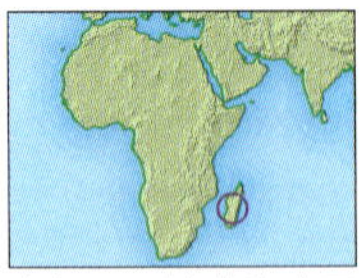

分布：马达加斯加岛西部

- 体长：30—35厘米
- 尾长：21—25厘米
- 体重：1—1.5千克
- 社群单元：群居
- 保护现状：濒危

马岛仓鼠具有类似兔子的长耳朵和大型后足，行为也与兔子相似，通常以跳跃方式移动。整个家族群包括成对的雌雄配偶，和过去2—3年内出生的幼鼠。马岛仓鼠在海岸的沙土中挖掘地道系统，洞穴的出入口最多达6个。它们以果实、嫩枝和柔软的树皮为食，进食时用前足握住食物。它们正受到栖息地丧失和与外来黑家鼠的竞争等威胁。

Cricetomys gambianus

非洲巨鼠

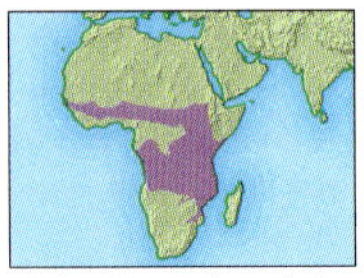

分布：非洲西部、中部、东部和南部

- 体长：35—40厘米
- 尾长：37—45厘米
- 体重：1—1.5千克
- 社群单元：不固定
- 保护现状：无危

非洲巨鼠常独居生活，主要在夜间活动，并且善于攀爬和游泳。它以白蚁、鳄梨等各种多汁或肉质食物为食，也吃花生和玉米。巨大的脸部颊囊能将食物带回地洞，洞中建有庞大的巢室，分别作为贮藏食物、栖息、繁殖和排泄之用。非洲巨鼠的皮毛粗硬，背部为淡黄棕色，喉部和腹部渐褪为白色，眼圈为深褐色。这种耳大且性情温和的大型鼠类常被捕捉作为宠物和食物。

Jaculus jaculus

非洲跳鼠

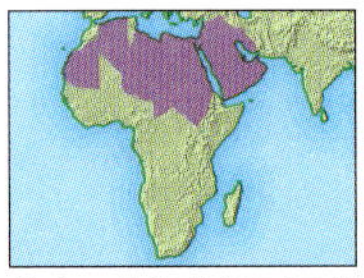

分布：非洲北部至亚洲西部

- 体长：10—12厘米
- 尾长：16—20厘米
- 体重：45—75克
- 社群单元：独居
- 保护现状：无危

这种跳鼠的后腿极长，后足各具三趾，趾上有毛垫，非常适应沙漠生活。它能高速跳跃前行，利用超长的尾巴保持平衡，靠近尾尖的白色簇毛处有一道黑纹。背毛为橙褐色，体侧橙灰色，腹部白色，臀纹发白。沙漠跳鼠于夜间觅食种子、根茎和叶片。白天将地洞入口堵住，防止热气、捕食者和其他动物进入。

Allactaga tetradactyla

四趾跳鼠

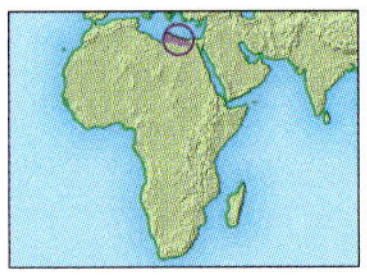

分布：非洲北部

- 体长：10—12厘米
- 尾长：15.5—18厘米
- 体重：50—55克
- 社群单元：独居
- 保护现状：易危

这种跳鼠的后足具有第四趾，这个多出的脚趾比其他三个脚趾要小。其他特征都与典型的跳鼠一样，有着能够跳跃的大型后足和类似兔子的长耳朵。背部带有黑色和橙黄色斑点，臀部为橙黄色，体侧灰色，腹部白色。尾巴细长，用于保持平衡，尾尖状似羽毛为白色，尾尖前端有一道黑纹。四趾跳鼠夜间外出，以草类、叶片及软种子为食。

Apodemus flavicollis

黄颈姬鼠

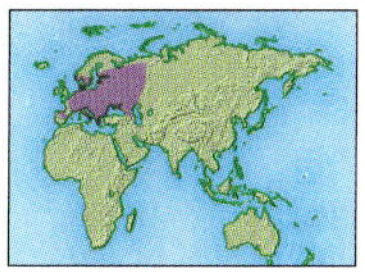

体长：8.5—13厘米
尾长：9—13.5厘米
体重：18—50克
社群单元：独居
保护现状：无危

分布：欧洲西部至亚洲西部和中部

这种长尾大型姬鼠的喉部呈黄色，与棕色背部和米白色腹部形成鲜明对比。大而突出的双眼和较大的耳朵都表明，这种姬鼠在晨昏和夜间活动，修长的后足可进行长距离的跳跃。黄颈姬鼠可爬到20米高的树上，寻找种子、浆果以及毛虫、蜘蛛、马陆等小型生物。它在树根或高大的树干等各种适合的洞中筑巢，常凶巴巴地驱赶其他鼠类，包括与其类似的林姬鼠（右侧）。

Apodemus sylvaticus

林姬鼠

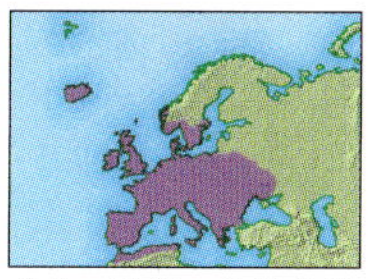

体长：8—11厘米
尾长：7—11厘米
体重：15—30克
社群单元：独居
保护现状：无危

分布：欧洲、非洲北部

林姬鼠时常被误认成小号的黄颈姬鼠（左侧），但前者不仅喉部为黄色，胸部还具有橙褐色的斑块。林姬鼠的背毛为棕灰色，腹部灰白色。其动作迅速敏捷，以蘑菇、浆果、果实、蠕虫和昆虫等多种食物为食。它在地洞或树洞中筑巢，以尿液标示领域，并且会与入侵者发生激烈打斗。

Micromys minutus

巢鼠

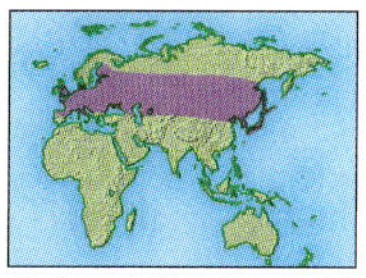

体长：5—8厘米
尾长：4.5—7.5厘米
体重：5—7克
社群单元：独居
保护现状：无危

分布：欧洲西部至亚洲东部

这种体形娇小的鼠类是旧大陆啮齿类中唯一尾巴可卷缠的物种。它以麦穗和其他谷物的种子、浆果以及昆虫和蜘蛛等小型动物为食。雌性的妊娠期为21天，每胎产崽2—6只，有时多达12只以上。但在食物短缺时，雌鼠也会吃掉幼崽，这种自我生存策略在多种啮齿类中都很常见。

球状巢

巢鼠在灌丛或草丛中，用撕碎的草叶及草茎筑造球状巢，筑巢时或许利用旧的鸟巢作为基底。巢窝的直径8—12厘米，距地面50—130厘米。雌巢鼠建造的繁殖巢要比平时用的巢窝坚固。

Lemniscomys striatus

条纹草鼠

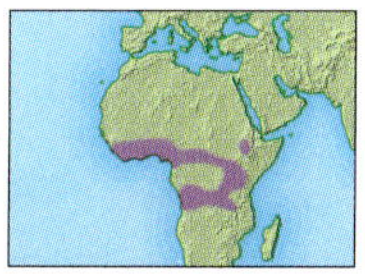

体长：10—14厘米
尾长：10—15.5厘米
体重：20—70克
社群单元：独居
保护现状：无危

分布：非洲西部和东部

条纹草鼠西部种群的颜色浅于东部种群，淡黄色或橙红色的背部具浅色条纹；腹部为带有褐色光泽的白色。条纹草鼠主要在地面活动，常用的走道与觅食地相连，食物包括草茎、叶片和农作物，偶尔捕食昆虫。这种神经质的鼠类大多独自生活，当被捕食者捕获时，采取装死或脱落尾巴上皮肤的方式逃生。

Mallomys rothschildi

罗氏滑尾鼠

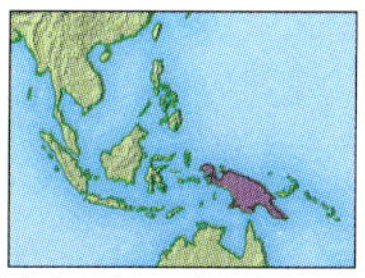

体长：34—38厘米
尾长：36—42厘米
体重：0.95—1.5千克
社群单元：独居
保护现状：无危

分布：新几内亚岛

这种鼠类也被称为罗氏长毛鼠，因为它的皮毛长而厚实，背部几乎全黑，上半身为红棕色，腹部色浅，或有一道白色带纹从肚子向身体两侧伸出。它的尾巴具鳞，尾基部为褐色，但尾巴从中间变为白色。罗氏滑尾鼠利用足趾上的利爪在树上到处攀爬，寻觅嫩枝、叶片及其他植物。它通常生活在树洞中，但有时也在地面的洞穴栖身。雌性每胎只产一只幼崽。

Rattus rattus

黑家鼠

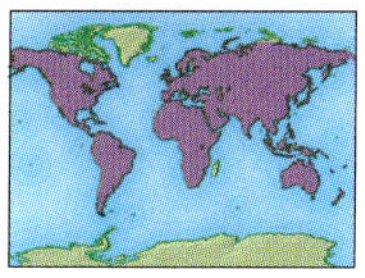

体长：16—24厘米
尾长：18—26厘米
体重：150—250克
社群单元：不固定
保护现状：无危

分布：全球广泛分布（两极地区除外）

也称为船鼠、屋顶鼠或家鼠，早在罗马时代就随着船只和货柜，从亚洲扩散到世界各地。黑家鼠偏好种子及果实等植物性食物，但也能依靠昆虫、动物死尸、粪便和垃圾生存。它们以20—60只的个体聚集，会恐吓犬类等大型动物。毛色以黑色为主，但也有棕色，腹部灰色至白色，足部发白或呈粉红色。雌鼠的妊娠期为20—24天，每胎可产4—10只幼崽。这种老鼠能跑、能爬，擅长游泳，利用小树枝及草叶筑巢，但通常喜欢栖息在阁楼或屋顶等处，利用各种材料筑巢。黑家鼠携带的跳蚤可以传播多种疾病，包括在过去的数百年中导致数百万人死亡的腺鼠疫（黑死病）。

Rattus norvegicus

褐家鼠

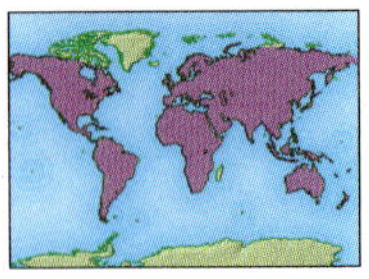

体长：20—28厘米
尾长：17—23厘米
体重：275—575克
社群单元：群居
分布：全球广泛分布（两极地区除外）
保护现状：无危

褐家鼠又被称为挪威鼠或沟鼠，由于它的食物种类多变，随机觅食，感官敏锐且行动敏捷，因此散布到世界各地。鼠群中的个体数量可达200只，由大型雄鼠占据支配地位，攻击野兔、大型鸟类，甚至是鱼类。雌鼠历经22—24天的妊娠期后，产崽6—9只，鼠窝以禾草、叶片、纸、破布及其他各种材料筑成。这种鼠是宠物鼠及科研用鼠的原种。

擅泳老鼠

褐家鼠非常擅于游泳，能在水中捕捉小鱼和螯虾，以及啃食田螺和水生昆虫。

毛色

褐家鼠的背毛色泽多变，从褐色至灰褐色或黑色不等。腹部颜色较浅，尾巴细长，毛发稀疏。

Leporillus conditor

刺巢鼠

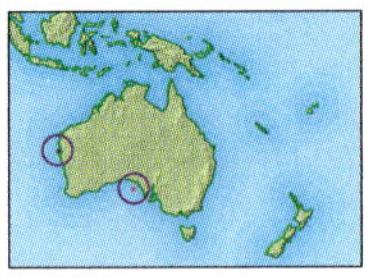

体长：17—26厘米
尾长：14.5—24厘米
体重：150—450克
社群单元：群居
分布：澳洲西部和南部
保护现状：易危

原产于澳洲西部的富兰克林岛，后被引入其他地区。刺巢鼠的体形大小与野兔类似，耳长、吻圆、尾巴细长多毛。背毛为灰棕色，腹部白色。它们利用树枝等材料筑成外表结实，高约1.5米的大型巢窝。常于夜间外出活动，以多汁的植物为食，很少饮水。

Mus musculus

小家鼠

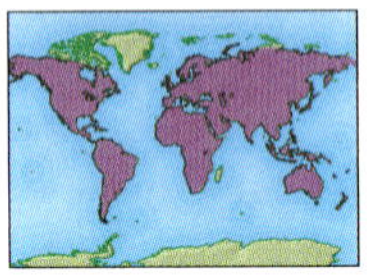

体长：7—10.5厘米
尾长：5—10厘米
体重：10—35克
社群单元：群居
分布：全球广泛分布（两极地区除外）
保护现状：无危

这种鼠是全球分布范围仅次于人类的哺乳动物，依赖种类繁多的食物维生，生活在由一只优势雄性和数只雌性组成的家族群中。它们通过高频率的“吱吱”声相互沟通，利用气味和尿液标示群体领地。小家鼠8—10周大时发育成熟，妊娠期为18—24天，每胎产崽3—8只，环境适宜的年份可繁殖10次。小家鼠因能作为宠物和科研用途而被广泛饲养。

Notomys alexis

北澳窜鼠

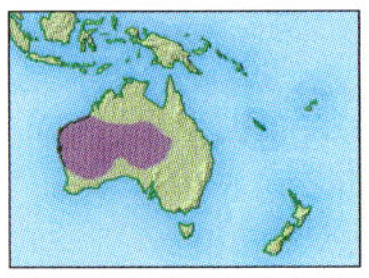

体长：9—17厘米
尾长：12.5—23厘米
体重：20—50克
社群单元：群居
分布：澳洲西部和中部
保护现状：无危

这种大型鼠类也被称为达加瓦拉鼠，因常栖息在沙漠中的鬣刺属植物丛中而得名。它通过叶片、种子、浆果和其他植物性食物获得水分，因此无须饮水，排出尿液的浓度是啮齿类中最高的一种。北澳窜鼠有极高的社会性，生活在数量多达10只的雌雄混杂群中，成员之间共享巢窝，下过雨后立即就会进入繁殖。

Acomys minous

小非洲刺毛鼠

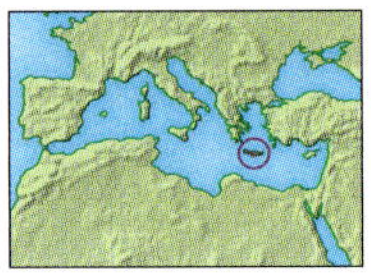

体长：9—12厘米
尾长：9—12厘米
体重：11—90克
社群单元：不固定
分布：欧洲（克利特岛）
保护现状：数据缺乏

这种鼠类因背部和尾巴上的粗糙硬毛而得名。它的背毛色泽多变，从黄色到红色、灰色或褐色不等，腹部白色。夜间外出觅食任何能吃的东西，但以草叶和种子为主。这种刺毛鼠只会建造简陋的巢窝，偏爱群居。妊娠期为5—6周（对鼠类来说时间很长）。雌鼠分娩时，有其他雌性在旁协助，幼崽出生时发育完成，双眼能张开。

Hydromys chrysogaster

澳洲水鼠

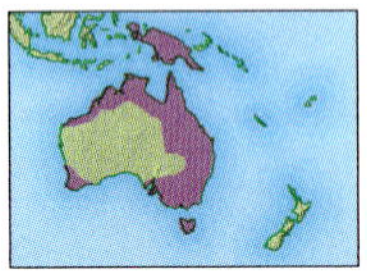

体长：29—39厘米
尾长：23—33厘米
体重：0.65—1.25千克
社群单元：独居
分布：新几内亚岛、澳洲（包括塔斯马尼亚岛）
保护现状：无危

澳洲水鼠是澳洲原生啮齿类中体重最重的一种，后足宽大，趾间具蹼，适于游泳。背部为褐色至灰色，腹部为棕色至金黄色、米黄色或白色。尾粗，尾尖白色。这种水鼠多在晨昏时分活动，捕食本领强大，能以甲壳类、螺类、鱼类、蛙类、海龟、鸟类、鼠类甚至是蝙蝠为食。

哺乳动物

豚形啮齿类

门：	脊索动物门
纲：	哺乳纲
目：	啮齿目
亚目：	豪猪亚目
科：	18科
种：	284种

这类动物中的物种繁多，包括体形最大的啮齿类——半水栖的水豚、长有棘刺和尾巴可卷握的树栖型新大陆豪猪，以及生活在地下的非洲鼢鼠。豪猪亚目物种以颌肌的排列方式（第116页）为特征，大多数物种的头部相对较大、身体粗壮、尾短、四肢细长。这类啮齿动物广泛分布于非洲、美洲和亚洲。

“人多势众”

水豚生活在家族群中，这能极大地增加在捕食者发动攻击前察觉危险的概率。

Erithizon dorsata

北美豪猪

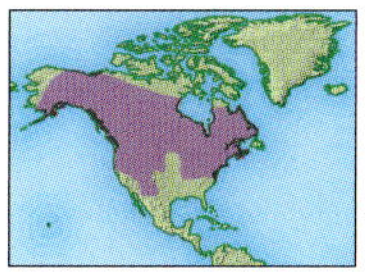

分布：加拿大、美国

体长：65—80厘米
尾长：15—30厘米
体重：3.5—7千克
社群单元：独居
保护现状：无危

头上长达8厘米的大型冠状刺是这种身体矮胖、四肢粗短的豪猪的识别特征。它的足部强健宽大，长有利爪，足底无毛，有助于增加抓握力。北美豪猪能发出呜呜声、尖叫声、呼噜声、猫叫声和猫头鹰般的呼呼声等多种声音，尤其是在初冬的交配期。

棘刺和皮毛

北美豪猪的刺大体上为黄白色，刺尖呈黑色或棕色。身体其余部位覆有棕色毛发和渐变为褐色的刺。

笨拙的攀爬家

虽然北美豪猪在树上活动时显得十分笨拙，却经常爬到树上觅食芽苞、花朵、嫩枝、叶片、浆果及坚果。夏季也采食草叶和农作物，冬季则以柔软的树皮及针叶树的针叶为食。它们大部分时间都独自生活，不冬眠，气候寒冷时也共享巢穴。

Hystrix africaeaustralis

南非豪猪

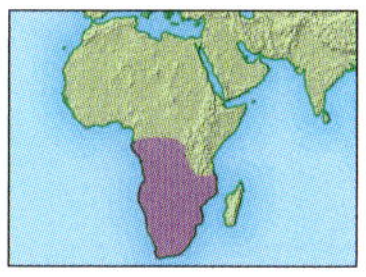

分布：非洲中部至南部

体长：63—80厘米
尾长：10.5—13厘米
体重：20千克
社群单元：不固定
保护现状：无危

这种豪猪于夜间独自、成对或结成小群，在15千米以内的区域四处嗅闻，寻找植物根茎、球根、浆果和果实。白天栖息在洞穴或岩缝中。雌性历经6—8周的妊娠期后，每胎产下1—4只幼崽，由雄性协助共同抚养。南非豪猪通过晃动棘刺、尖声大叫及发出呼噜声等方式相互沟通。

棘刺和触须

背部覆满带有棕黑色和白色条纹的棘刺，刺尖末端为白色，其间夹杂许多毛发。鼻子上长有结实的长触须。

用刺防卫

南非豪猪的棘刺无法射出，但在受惊时，会将棘刺竖起，以后退方式刺向敌人。它的棘刺很易从身体脱落，锋利的刺尖能刺入攻击者的身体。这种自卫方式能有效阻挡其他动物的攻击，但这些豪猪却因破坏农作物和肉质鲜美而被人类大量捕杀。

Coendou prehensilis

玻利维亚卷尾豪猪

分布：南美洲北部和东部、特立尼达岛

体长：52厘米
尾长：52厘米
体重：5千克
社群单元：独居
保护现状：无危

这种强壮的大型豪猪虽然攀爬动作缓慢，但却有着弯曲的爪子、无毛的足掌，以及与头身等长、末端无毛的可卷缠的尾巴。它们白天在树干或地面的洞穴中睡觉；黄昏时外出寻找叶片、树皮、果实、嫩枝等食物，偶尔也捕食小型动物。

Cavia aperea

白臀豚鼠

体长：20—30厘米
尾长：无
体重：500—600克
社群单元：群居
保护现状：无危

分布：南美洲西北部至东部

白臀豚鼠是家养豚鼠（宠物）的近亲，也可能是后者的祖先，并且还是豚形啮齿类中体形最小的成员，头大、吻部圆钝、无尾、四肢粗短、前足四趾、后足三趾。皮毛粗长，呈深灰棕色或黑色。以叶片、草类、种子、花朵和树皮为食。豚鼠集群生活在灌木繁盛的草原，虽然与同伴共享觅食路径，但窝穴却彼此分开。

Hydrochoerus hydrochaeris

水豚

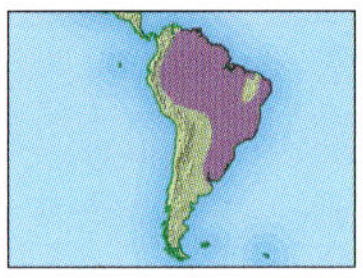

体长：1.1—1.3米
尾长：退化
体重：35—66千克
社群单元：不固定
保护现状：无危

分布：南美洲北部和东部

水豚是全世界最重的啮齿类，趾间具半蹼，鼻孔、眼睛和耳朵均靠近头顶，因此在游泳时仍能发挥感官作用。水豚的泳技高超，常在河流、湖泊和沼泽中游泳和潜水。通常组成不同的集群，包括雌雄成对群、带有幼崽的家族群，以及由一只雄性领头的大型混合群，这只雄性能与群内所有的雌性交配繁殖。水豚群以气味标记领域，并驱赶入侵者。雌水豚的妊娠期为150天，每胎产崽1—8只不等（通常为5只）。幼崽出生时毛发齐全，数小时后即能奔跑、游泳和潜水。水豚的天敌众多，包括取用它们的肉及毛皮的人类。

壮硕的游泳家

水豚的体形壮硕，四肢粗短结实，趾端具有蹄状爪，几乎没有尾巴。

日常惯例

水豚早晨休息，炎热的中午在泥中打滚，傍晚觅食水生植物、芽苞和软嫩的树皮，进入午夜再度休息，黎明时分又再度进食。必要时，会为了寻找新鲜的草地而迁移，也偷食农作物，因而在某些地区被视为有害物种。

Dolichotis patagonum

巴塔哥尼亚豚鼠

体长：43—78厘米
尾长：2.5厘米
体重：2千克
社群单元：成对
保护现状：近危

分布：南美洲南部

这种四肢细长的大型啮齿类无论在外形或行为方式上，均与小鹿类似。它的颈部有项圈般的白色斑块，短尾巴上带有白色穗毛。吻部长，眼耳皆大。巴塔哥尼亚豚鼠擅长奔跑和跳跃，多在草地和低矮的灌丛中吃草。雌雄成对生活，终生为伴，挖掘大型地下洞穴用于繁殖，每胎产崽1—3只。

Cuniculus paca

兔豚鼠

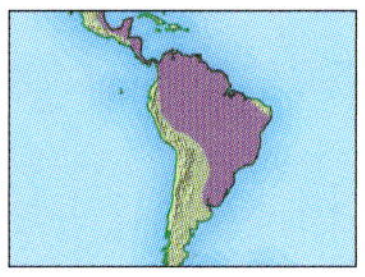

体长：60—80厘米
尾长：1.5—3.5厘米
体重：6—12千克
社群单元：独居
保护现状：无危

分布：墨西哥南部至南美洲东部

除了哺育幼崽花费的6周时间外，兔豚鼠大都独自生活。这种游泳高手的头部很大，吻近方形，身体结实，四肢粗短，尾巴细小。背部为褐色、红褐色或灰色，体侧各有4条浅色的点状条纹，腹部为白色或浅黄色。兔豚鼠白天在地洞或树洞中休息，夜间外出觅食果实、叶片、芽苞和花朵。

Lagostomus maximus

平原绒鼠

体长：4.5—6.5厘米
尾长：1.5—2厘米
体重：7—9千克
社群单元：群居
保护现状：无危

分布：南美洲中部和南部

平原绒鼠是毛丝鼠科中体形最大的成员，生活在由20—50只个体组成的嘈杂群体中。它们挖掘的地道系统长达300多米。平原绒鼠夜间外出觅食草类、种子及根茎等，并将采集来的小树枝、石块和骨头等堆积在地道的入口处。它的脸部带有黑色和白色条纹，背部为棕灰色，腹部渐褪为白色，尾巴褐色，尾尖黑色。雄性是雌性的两倍大。

Dasyprocta azarae

南美刺豚鼠

体长：50厘米
尾长：2.5厘米
体重：3千克
社群单元：不固定
保护现状：数据缺乏

分布：南美洲东部

这种群居的大型昼行性豚鼠的耳朵突出，四肢较短，尾巴细小。毛色斑杂，从浅棕至棕色不等，腹部可能略带黄色光泽。足部独特，前足具五趾，后足仅三趾。南美刺豚鼠取食各类种子、果实和其他植物性食物，受惊时发出吠叫。这种豚鼠常被人类捕捉作为食物。

Chinchilla lanigera

绒毛丝鼠

分布：南美洲西南部

体长：22—23厘米
尾长：13—15.5厘米
体重：400—500克
社群单元：群居
保护现状：极危

这种啮齿类的皮毛厚实，细滑柔软，能抵御山区的严寒。尽管目前已受到保护，但由于人类对其毛皮的喜爱，因而仍在许多地区被猎捕和饲养。绒毛丝鼠因外形受人喜欢，且性情温和而成为一种常见的宠物，但野生种群却濒临灭绝。

它的背毛为银灰蓝色，腹部乳白或偏黄，尾巴背面具灰色和黑色长毛。野生个体结成100只以上的群体在山区生活，栖息在山洞或岩缝中。食物以植物为主，尤其是草叶和叶片，进食时身体端坐，用前足捧住食物，同时保持警惕。遇到威胁时，身体立起，用力向入侵者吐口水。冬季繁殖时，雌性的体形大于雄性，雌性间的攻击性更强。绒毛丝鼠的妊娠期为111天，每胎通常产崽2—3只，最多时达4只，哺乳期为6—8周。

Capromys pilorides

古巴硬毛鼠

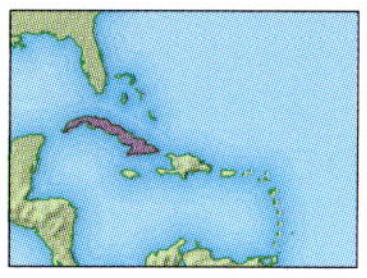

分布：加勒比海地区

体长：55—60厘米
尾长：15—26厘米
体重：4.5—7千克
社群单元：独居/成对
保护现状：无危

古巴硬毛鼠的外形类似大型田鼠，吻部钝圆、头大颈短、耳朵较小、身体矮胖且四肢粗短。鼻子为白色，背部为红褐色至黑色，腹部为灰色或黄褐色。粗壮多毛的尾巴和锐利的弯爪有助于在爬树和觅食时提供支撑及抓握。古巴硬毛鼠的食物种类多样，包括果实、叶片、软嫩树皮等，偶尔捕食蜥蜴。雌性每胎产崽1—4只。硬毛鼠仅分布于加勒比海地区，同属的物种大都面临严重威胁，甚至已经灭绝。

Heterocephalus glaber

裸鼢鼠

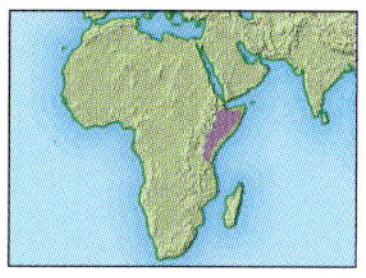

分布：非洲东部

体长：8—9厘米
尾长：3—4.5厘米
体重：30—80克
社群单元：群居
保护现状：无危

裸鼢鼠的社群组织在哺乳类中独一无二。仅有一只占据优势地位的雌性（“女王”）负责繁殖，每胎可产下20多只幼崽，由数只非工鼠进行照料。群体中的工鼠常头尾相接组成“挖掘链”，以便挖掘地道和寻找食物。裸鼢鼠并非真的赤裸无毛，粉灰色皮肤上有着稀疏的浅色毛发。它们和其他鼢鼠一样，也用大型门齿掘土和进食，且眼睛及耳朵都很细小。

尾巴长圆形，四肢强健，趾端的5个粗爪适于挖掘。整个群体由70—80只个体组成，共同栖息在复杂的地道系统中。采集食物的长廊从中央巢室向各方延伸，长约40米，深15—50厘米。裸鼢鼠会不断地挖掘新的长廊，以便采集植物的根、球根、块茎及其他位于地面以下的部位。这种啮齿类只在向其他群落迁移时才出现于地面。

Octodon degus

智利八齿鼠

分布：南美洲西南部

体长：25—31厘米
尾长：7.5—13厘米
体重：175—300克
社群单元：不固定
保护现状：无危

这种生活在山区的啮齿类体形粗壮，形似一只极大的老鼠。毛色以棕色为主，腹部色浅，眼睛上下侧有黄色毛发形成的“眼睑”，并有黄色颈环。长尾末端有一簇黑色毛发，遭到捕食者捕获时，尾巴能轻易脱落。智利八齿鼠集群生活，善于挖掘大规模的地道系统。它们白天觅食各种植物，旱季以牛粪为食；也在地洞中贮藏过冬用的食物。

Myocastor coypus

河狸鼠

分布：南美洲南部

体长：47—58厘米
尾长：34—41厘米
体重：6.5千克
社群单元：群居
保护现状：无危

河狸鼠因有浓密的褐色皮毛而被广泛饲养；但逃逸的个体却在原产地以外的许多地区建立了种群。河狸鼠的头部较大，眼耳皆小且靠近头顶，身体健壮，臀部拱形，尾巴长圆，后足的部分趾间具蹼，可快速游泳。食物包括多种植物，尤其是水生植物。通常与家庭成员共同生活在岸边的地道中。

Cryptomys hottentotus

霍族隐鼠

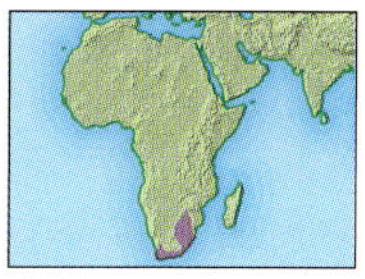

分布：非洲南部

体长：10—18.5厘米
尾长：1—3厘米
体重：100—150克
社群单元：群居
保护现状：无危

这种隐鼠的头部宽大，眼耳皆小，四肢粗短强健，身体粗壮且皮毛浓密。背毛为粉棕色或灰色，腹部色浅。门齿极大，能咬穿土壤以及球根、块茎、根茎和植物的其他地下部位。鼠群由5—15只个体组成，共同挖掘复杂的大型地道系统，将食物存储其中。群体中通常只有年长的雌雄配偶才繁殖。

Bathyergus janetta

复尾滨鼠

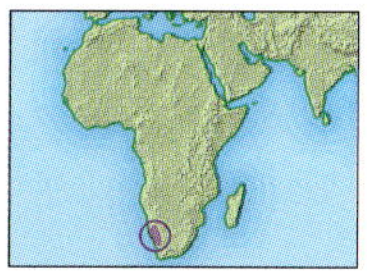

分布：非洲西南部

体长：17—24厘米
尾长：4—5厘米
体重：无记录
社群单元：不固定
保护现状：无危

这种滨鼠在海岸或内陆的流沙中挖掘地洞。结成小群共同生活在长达200米的地道系统中。它的头部较大，门齿大而突出，身体呈圆柱形，四肢短壮，尾巴细小。背毛呈深棕色，身体两侧为灰色，头和腹部为深灰色。

跳兔和近缘类群

门：	脊索动物门
纲：	哺乳纲
目：	啮齿目
亚目：	鳞尾松鼠亚目
科：	2科
种：	9种

本类群由跳兔科和鳞尾松鼠科共同组成，这两类罕见的啮齿动物仅分布于非洲。二者具有的身体特征将其与豚形啮齿类联系在一起，但遗传学分析却认为它们应被另外分成一个亚目。跳兔是一种跳跃如袋鼠般的大型啮齿类，栖息在干燥的栖息地中，后肢极长，后爪宽大似蹄，尾巴极长，尾端似刷，耳朵突出与野兔的类似。鳞尾松鼠有滑翔膜，但它们和亚洲的鼯鼠以及北美的鼯猴之间没有亲缘关系。当滑翔降到树干上时，它们尾巴腹面的粗糙鳞片可起防滑作用。

跳跃避险

跳兔以袋鼠式的跳跃方式逃避夜间的捕食者。图中这只东非跳兔不如南部非洲跳兔常见。

Pedetes capensis

跳兔

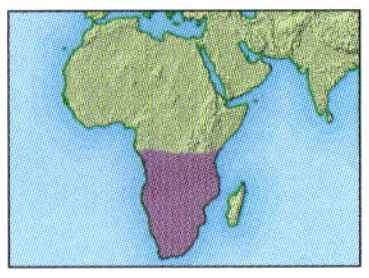

分布：非洲中部和东部至南部

体长：	27—40厘米
尾长：	30—47厘米
体重：	3—4千克
社群单元：	独居
保护现状：	无危

跳兔是跳兔科中的两个物种之一，外形似兔，但跳跃能力却似袋鼠，尾巴长而蓬松，窄长的大耳朵高高竖立在头顶。跳兔的跳跃能力很强，轻松一跳就可达两米远。它的食物主要包括植物的种子、茎秆、球根及其他部位，也取食蝗虫、甲虫和其他无脊椎动物。觅食时，身体前倾，如兔子般用四肢轻跳着大步奔跑。前肢的5个爪子特化，适于掘土。全速跳跃前进时，尾巴卷起；端坐着时，尾巴则可支撑身体。跳兔睡觉时臀部着地，头部埋在后腿之间，用尾巴包住身体。跳兔为夜行性动物，多独居或雌雄成对生活在数个大规模的地下洞穴中。跳兔没有特定的繁殖高峰期，全年都可繁殖，每胎1崽，幼崽出生后待在主繁殖穴窝中，哺乳期约为7周。

鼯猴

门：	脊索动物门
纲：	哺乳纲
目：	皮翼目
科：	1科（鼯猴科）
种：	2种

鼯猴（俗称飞狐猴）可借助身上的皮膜（翼膜）在树丛间滑翔100多米，滑翔时几乎能保持在一定高度。“飞狐猴”这一俗称很容易让人产生误解，因为鼯猴既不是狐猴，也不具备真正的飞行能力。鼯猴的大小似家猫，眼大、吻圆钝，趾端的利爪适于攀爬，皮毛带有斑点（作为保护色）。它们生活在亚洲东南部的雨林中，利用下颌特殊的梳状门齿拽取食物（果实和花朵），也用这些牙齿梳理毛发。

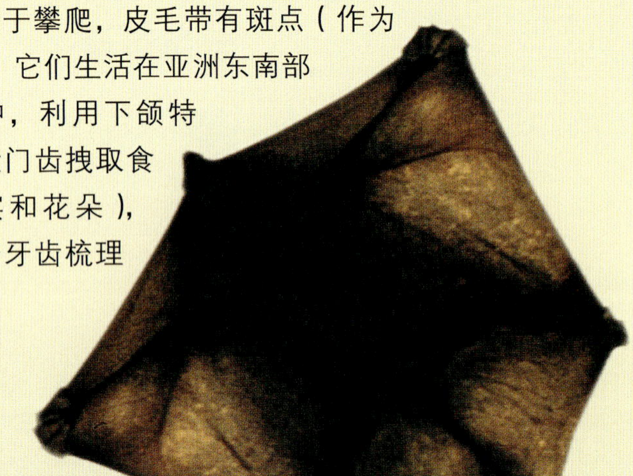

滑翔家

鼯猴的翼膜状如风筝，使其能在树林间滑翔。翼膜自颈部延伸到手指、脚趾和尾巴等各部位的末端。

Cynocephalus variegatus

斑鼯猴

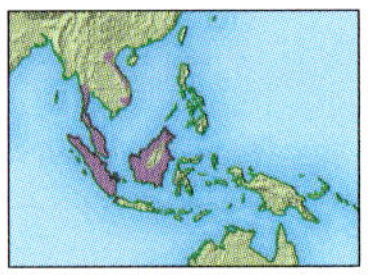

分布：亚洲东南部

体长：	33—42厘米
尾长：	17.5—27厘米
体重：	0.9—2千克
社群单元：	不固定
保护现状：	无危

虽然斑鼯猴在部分地区仍很常见，但在伐木和农耕地带的种群数量已大幅减少。它的头与身体相比略显小，眼大，耳小而圆，口鼻圆钝。体毛短而细密呈棕灰色；背部带有红色或灰色，且常具浅色斑块，以模仿树枝上的地衣；腹部色泽较淡。斑鼯猴于黄昏和夜间活动，以花朵、果实、嫩芽及嫩叶等植物的鲜嫩部位为食，也用下颌的梳状门齿刮食花蜜和树液。这种鼯猴通常独居或组成松散的小群，栖息在树洞或枝叶繁茂的树冠层中。雌性的妊娠期约为两个月，每胎1崽，初生幼崽在母亲跳跃和滑翔时攀附在其身上，约6个月大时断奶。

树鼩

门：	脊索动物门
纲：	哺乳纲
目：	树鼩目
科：	2科
种：	20种

这些状似松鼠的小型哺乳类并不完全在树上生活（它们还花费大量时间在地面活动），并且也不是真正的鼩鼱。事实上，它们的某些特征与灵长类相似，如脑颅宽大、雄性的睾丸落入阴囊中等等。树鼩没有触须，利用发达的听觉、嗅觉和视觉捕食昆虫等猎物。大多数树鼩都有毛发浓密的长尾。栖息在亚洲东南部的热带森林中。

觅食

树鼩擅长攀爬，并能敏捷地跑动。它们利用前肢和尖吻寻找食物。

Ptilocercus lowi

笔尾树鼩

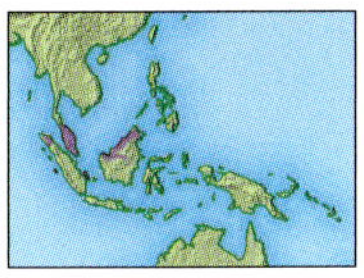
分布：亚洲东南部

体长：	10—14厘米
尾长：	13—19厘米
体重：	25—60克
社群单元：	不固定
保护现状：	无危

笔尾树鼩的尾部裸露无毛，因尾端有一团状如瓶刷或老式羽毛笔的白色簇毛而得名。它的背毛呈灰棕色，腹部为灰黄色，利用长着利爪的强壮四肢灵活攀爬，借助尾巴保持平衡，极少下到地面活动。笔尾树鼩在树洞或树枝上筑造简单的巢穴，多成对或聚成小群共同生活。食性多样，包括蠕虫、昆虫、老鼠、小鸟、蜥蜴和果实。

Dendrogale melanura

南裸尾树鼩

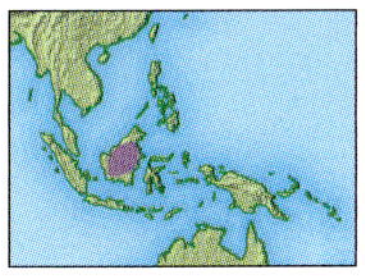
分布：亚洲东南部

体长：	10—15厘米
尾长：	9—14厘米
体重：	35—60克
社群单元：	独居
保护现状：	数据缺乏

这种动物栖息在海拔900—1500米的山地森林中。四肢修长，具有可抓握树枝的长爪，相比其他树鼩，其大部分时间都在树上活动。背毛为混杂着黑色的浅黄色或黄棕色，腹部和腿的色泽较红或为赭色。南裸尾树鼩独自生活，白天四处觅食，夜间睡在树上用树叶铺衬的巢窝中。雌性的妊娠期约为50天，每胎可产3—4只幼崽。

Anathana ellioti

印度树鼩

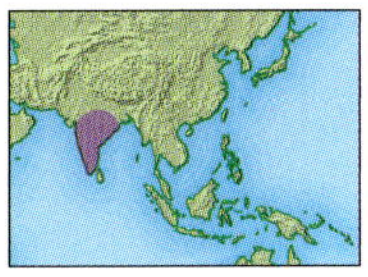
分布：亚洲南部

体长：	17—20厘米
尾长：	16—19厘米
体重：	150克
社群单元：	独居
保护现状：	无危

这种哺乳类也称南印树鼩，形似纤细的小型灰松鼠。它的背部带有黄色和棕色斑点，肩部具有一道明显的淡黄色条纹。印度树鼩的头部突出，吻部较尖，眼大，耳带簇毛。白天在地面、低矮的树丛及树上寻找蠕虫和昆虫等小型动物，但也采食部分果实。夜间在岩缝或树洞中睡觉。印度树鼩在非繁殖季节有可能独自生活。就目前所知，它们并不对特定的领域进行防卫，但其他习性仍不清楚。幼崽出生后由雌性抚育。

Tupaia minor

小树鼩

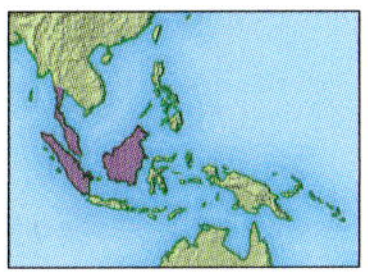
分布：亚洲东南部

体长：	11.5—13.5厘米
尾长：	13—17厘米
体重：	30—70克
社群单元：	独居
保护现状：	无危

比起其他树鼩，小树鼩更能适应天然森林栖息地的消失，转而栖息在人造林、公园及庭院中。它们擅长爬树，食性多样。白天在树枝、灌木、倒木及岩石下寻找小型动物、果实、叶片、种子和腐肉。雌性的妊娠期为46—50天，每胎产2—3只幼崽。雌树鼩外出觅食时，将幼崽留在以树叶铺衬的巢窝中，并不时回巢哺乳。小树鼩的天敌包括蛇、獴、树栖猫科动物和日行性猛禽等。它们通常用前爪抓住食物，身体挺立臀部着地，姿势与松鼠在观察危险时类似。

适于抓握的足

可张开的脚趾、锐利的爪子和足垫上的粒状突起使得小树鼩能牢牢抓住树皮和岩石。它利用前肢将自己的上半身拉到树枝上，留下腹部腺体分泌的气味。这种气味能被其他同类个体识别，可能是小树鼩用以划分领域并防御同性个体的一种方式。

感官和平衡

小树鼩的鼻子、眼睛和耳朵突出，因此感官十分敏锐；长尾巴则有助其在树枝间快速攀爬时保持平衡。

灵长类

门：	脊索动物门
纲：	哺乳纲
目：	灵长目
科：	15科
种：	382种

分类说明

近期的研究表明，灵长目下含原猴（狐猴、婴猴、懒猴和树熊猴）和类人猿（眼镜猴、猿和猴）两个亚目。其中的眼镜猴同时拥有这两个亚目的特征，在本书中归类于原猴亚目（传统上称为原猴）。为了全面介绍灵长类，本书还分别对猿和猴进行了描述。本书未对人类进行描述，但将人类和猿类一起归入人科。

原猴见第136—139页
猴见第140—149页
猿见第150—155页

灵长目的物种繁多，形成了极度复杂的社群单元，成员包括原猴、猴和猿（见左侧“分类说明”）。它们分布在南美洲、中美洲、非洲和亚洲东南部及东部地区。灵长类大多栖息在热带雨林，手指和脚趾十分灵活，具备抓握能力，适于以树栖为主的生活方式（部分物种的尾巴也有抓握能力）。

传统上认为，灵长目包含180—200个物种。但近年来，出于识别与保护特定种群等目的，专家们对灵长目的物种分类再次进行了全面考证。因此，自1990年以来，又有许多新物种被发现。

社群结构

灵长动物中，只有猩猩、少数狐猴和婴猴大部分时间都是独居，其他种类都为群体生活。许多物种（包括大部分猴类）都生活在社群中，整个群体由数只雌性和一只或数只成年雄性组成。部分物种，如山魈、鬼狒和狮尾狒等，组成数百只的大型群体共同生活，并定期分裂为单身雄性群以及由一只雄性及其妻妾构成的次级群体，二者的群体组成都很稳定。黑猩猩与蜘蛛猴生活在含有20—100只个体不等的大型群体中，次级群体的组成并无定则。还有一些物种采取一雄一雌制生活，如大部分的新大陆猴。

相互理毛

灵长动物群体成员间的关系部分依赖于彼此梳理毛发来维持，如图片中的东非狒狒。等级较低的成员会替等级较高的成员梳理毛发，以便在发生争执时获得帮助与支持。

身体结构

灵长目是一类极为多样的动物类群，既有体重仅35克的鼠狐猴，也有体重超过200千克的大猩猩。大多数灵长类的指和趾端具有扁甲，大拇指和大趾通常有指甲，仅少数物种的指尖有爪。除了猿类之外，大多数灵长类都有尾巴。除了一些有齿鲸类外，相对于所有哺乳类的体形而言，等级较高的灵长类的大脑最大，说明它们拥有较高的智力。灵长类的大脑半球（负责处理感官信息和协调反应）高度发达，因此视觉敏锐，能准确地在树丛间跳跃。

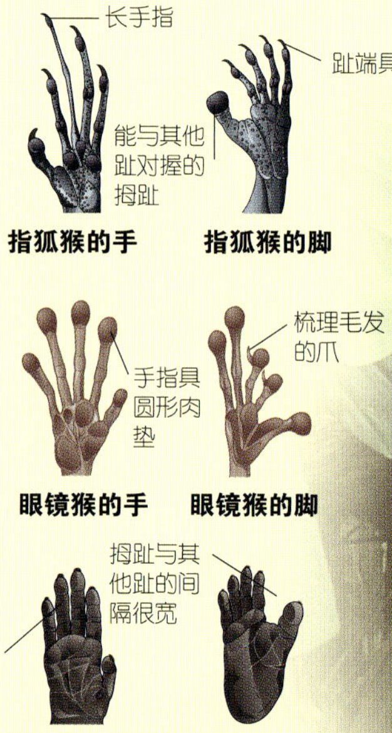

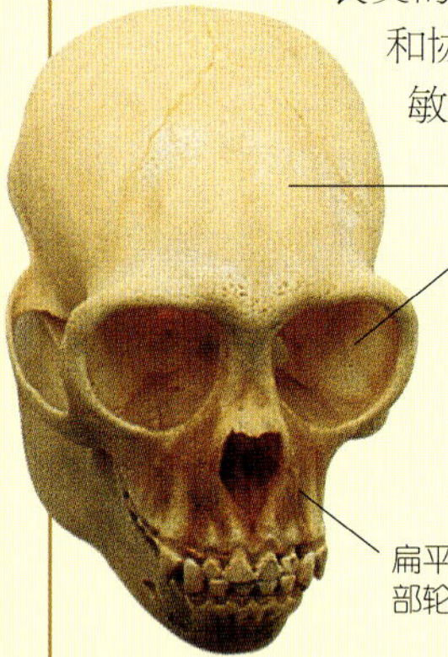

头骨结构

灵长类具有半球形的大脑壳和朝向前方的眼眶。这个猴子的头骨也显现出大多数猴和猿类所具有的扁平的脸部轮廓。

手和脚

灵长动物的手、脚结构因生活方式的不同而异。树栖物种的趾尖有爪（指狐猴）和圆形肉垫（眼镜猴），用以增加抓握力；高度灵活的手、脚（黑猩猩）对在地面和树上生活的物种起着重要作用。

使用简单的工具

1

寻找白蚁

这只黑猩猩使用木棍做工具，捕食原本无法获得的食物。

2

灵巧的手

黑猩猩用手握住木棍，将其伸入白蚁巢穴中。

3

转动工具

保卫蚁巢的白蚁被入侵物激怒，用钳子般的上颚咬住树枝。

4

成功捕获

木棍被拉出时，白蚁仍紧咬不放。

觅食

一般来说，小型灵长类以昆虫为食，体形较大的物种则大多取食树叶和果实，因为大型灵长类无法依靠昆虫维持生命。小型灵长类的代谢率很高，无法承受植物物质在体内长时间的消化过程。一些食叶物种的胃部结构复杂，胃中有着可以发酵纤维素的细菌，如疣猴和叶猴；其他灵长类物种则在盲肠和结肠中含有细菌。少数物种，包括黑猩猩和狒狒，会捕食脊椎动物，也取食植物。只有眼镜猴完全是食肉动物。

植食

在所有的灵长类中，大猩猩食用的植物最多。大猩猩具有用于咀嚼的大型臼齿和强壮的下颌肌肉，以使能分解植物中的纤维素（释放植物细胞中的养分）。它们的肚子里还具有很长的消化道。

肉食

若有机会，一些灵长类也会（有时合力进行）猎杀其他动物。图中的黑猩猩正在啃食一只小羚羊的肢体。

保育

由于受到栖息地的丧失和近年来非法捕猎保护物种（如大猩猩）作为食用的影响，野生灵长类的数量正在迅速锐减，许多物种目前都已处于濒危境地。此外，灵长类还被广泛应用于医学及太空研究领域。虽然有少数物种通过动物园的人工繁殖计划被重新放归野外，或由保护区提供了一些庇护，如下图中赞比亚的黑猩猩育幼所，但灵长类的处境仍然堪忧。

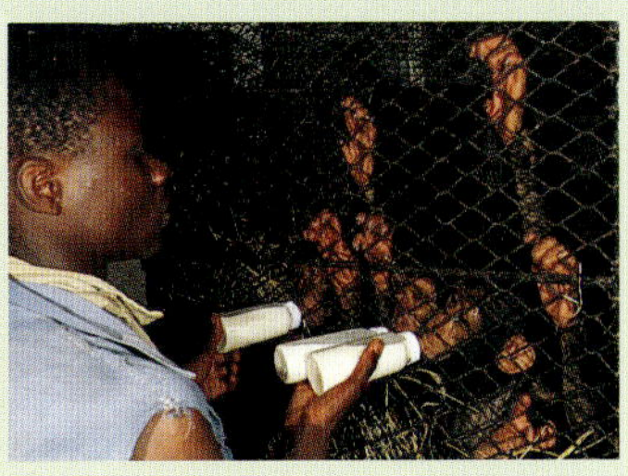

树栖

这些白臂叶猴是一种典型的树栖灵长类，手和脚适于抓握，以群体生活，以叶片及果实为食。色彩鲜艳的斑纹有助其在周围的环境中隐匿身形。和所有的灵长类一样，栖息地的丧失也是它们所面临的主要生存威胁。

运动方式

大多数灵长类一生中至少有一半时间在树上度过，并且进化出了相应的适应特征。为了能紧紧抓住树枝，除了人类以外所有灵长类的拇趾都能与其他趾对握；手掌上的拇指也与其他指头分开，但是只有类人猿和一些旧大陆猴的拇指能完全与其他指头对握（即同一只手的拇指可转向、相对并触碰其他指头）。

灵长类的臂骨与腕骨并未愈合，因而更为灵活。灵长类的四肢上半部都位于体壁之外，拥有极大的行动自由度。（其他哺乳类的四肢上半部位于体壁内，如马，而腋窝其实就是肘关节，因此行动更为受限。）一些灵长类的长尾适于卷握，可以当作“第五肢”来使用。

摆荡

蜘蛛猴和长臂猿能够利用两条长臂在树枝间荡越前行，如图中的白掌长臂猿。这种行为被称为“摆荡”。

站立

灵长类能用双腿站立和行走（也称双足行走），它们的双腿通常很长，如黑猩猩。

攀爬

攀爬是最常见的四足运动方式。四足动物的四肢通常等长，如图中的褐绒毛蛛猴。

紧贴

垂直攀附者及跳跃者，如图中的大狐猴，行动时背部垂直挺立。发达的后肢有利于在树丛间进行远距离跳跃。

持平衡

黑猩猩将木棍靠在另一只手的前臂上持平衡，以防白蚁掉落。

6 **快速进食**

大多数白蚁在逃脱之前就会被吞食，手臂上的逃兵也不例外。

7 **多来几次**

当所有的白蚁都被吞食或逃脱后，黑猩猩会再次重复相同的过程。

8 **学习行为**

制作与使用工具在哺乳类中十分罕见。未成年的黑猩猩会通过模仿成年黑猩猩的行为来获得这些技巧。

原猴

门：	脊索动物门
纲：	哺乳纲
目：	灵长目
亚目：	原猴亚目
科：	7科
种：	90种

原猴比猴和猿类更加原始，成员包括马达加斯加的狐猴、非洲的婴猴和树熊猴以及亚洲的懒猴。狐猴（包括冕狐猴、大狐猴和指狐猴）具有大耳、细长的身体和长腿，多数物种的尾巴长而多毛。懒猴、树熊猴和婴猴的体形通常小于狐猴，且眼睛较大。原猴大多栖息在森林中，通常于夜间活动（部分狐猴为昼行性动物）。森林砍伐使得许多原猴濒临灭绝，尤其是狐猴。

身体结构

原猴有着与狗类似的黑色吻部，嗅觉也比其他灵长类更为发达。它们的眼窝很大，视网膜的背面有一层可以反射光线的晶体，能使视觉细胞接收的光线量增大，有利于提高夜间的视力。由于原猴大多树栖生活，因此它们的手脚都具备抓握能力（但灵活程度仍不如猴和猿）。它们的每根指（趾）头上都有扁平的指甲，但第二脚趾上具有用于梳理毛发的长爪（梳毛爪）。除了指狐猴以外，其他所有的原猴都有略微前倾的“梳齿”，由4—6颗下排前齿紧密排列形成，可用来相互梳理毛发。

运动

大多数狐猴都是四足动物，通常在树枝间奔走或跳跃。鼬狐猴、蓬毛狐猴、冕狐猴、大狐猴和婴猴都具备垂直攀爬和跳跃的能力（下图）。冕狐猴和大狐猴在地面活动时利用双腿侧身跳跃前行，同时在空中挥动双臂保持平衡。懒猴和树熊猴多在树枝上缓慢攀爬，每移动一步都紧紧地攀附在枝干上，一旦受到惊吓，它们也会加快移动速度。

沟通

狐猴能发出多种声音，包括警告声（通常以不同的叫声区分空中与地面的捕食者）以及猴群内部或猴群之间的沟通叫声。大狐猴成对占据树冠，通过响亮的尖叫声划定界线；小型冕狐猴群则发出类似打嗝的“shi—fak”声标示领域。

雄性环尾狐猴和驯狐猴的腕关节内侧长有带刺的腺体，可用于在小树上划出痕迹标示领地，这种行为能发出咔嗒声、产生划痕并留下气味，是一系列具有听觉、视觉及嗅觉效果的动作。婴猴通过在脚上撒尿，以在领地中留下气味。

眼镜猴

眼镜猴并非严格意义上的原猴（见第134页的“分类说明”），它们虽然拥有许多与原猴类似的原始特征，但也表现出与猴和猿类更为接近的特征，例如干燥多毛的鼻子等。最显著的特征是双眼巨大，每个眼睛的重量都略胜于脑部。其他特征还包括大的头和耳朵，指和趾端有圆球形软垫，四肢极长，且尾长。全球8种眼镜猴都栖息在东南亚的森林中，大部分时间都垂直攀附在树干上，通过扫视地面寻找猎物。

垂直跳跃

当在树木间跳跃时，维氏冕狐猴利用长尾保持平衡，发达的双腿用于推进，并用能够抓握的较大手掌和脚掌保持安全着陆。这些都是典型原猴的特征，有助于在攀爬时身体保持垂直，下跳时则在空中保持半直立姿势。

哺乳动物

Arctocebus calabarensis

金熊猴

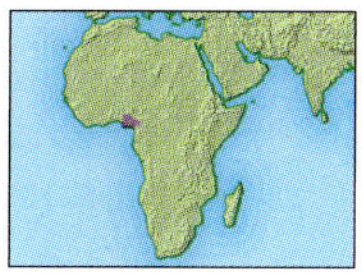

体长：22—25厘米

尾长：1厘米

体重：225—475克

社群单元：群居

保护现状：无危

分布：非洲西部

金熊猴是金熊猴属中仅有的两个物种之一，体背部为橘黄色至黄色，腹部为浅黄色。通常利用等长的四肢在树枝上小心翼翼地缓慢攀爬。它的第二趾极短，拇趾与其他三趾相隔较远，有助于紧紧握住树枝。金熊猴是独居的夜行性动物，以毛虫等小型生物和少数几种果实为食。本属中的另一个物种——小金熊猴，栖息在更靠南的地带。

Loris lydekkerianus

灰瘠懒猴

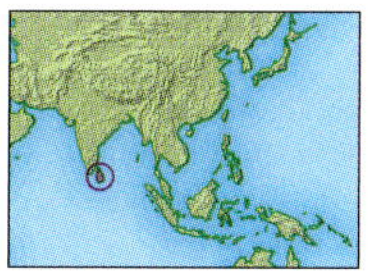

体长：17.5—26 厘米

尾长：无

体重：85—350克

社群单元：独居/成对

保护现状：濒危

分布：亚洲南部、斯里兰卡

这种体形纤细的小型灵长类利用四肢抓住树枝，非常谨慎地向前移动，当闻到或看到昆虫或蜥蜴等小型动物时，会突然伸出前肢捕捉，也取食嫩叶、嫩芽、果实和鸟蛋。灰瘠懒猴白天蜷缩在树洞、大量树叶建造的巢穴或是类似的安全地点。背毛从黄灰色变化至深棕色，腹部呈银灰色。

四重抓握力

灰瘠懒猴的拇趾与其他四趾相距的角度甚大，能像钳子般牢牢地抓住树枝。它们甚至可以抓着树枝睡觉。

养育后代

雌性灰瘠懒猴10个月大时就会发育成熟，此后每年可与雄性交配两次。妊娠期166—169天，每胎产1—2只幼崽，哺乳期为6—7个月。

Nycticebus coucang

懒猴

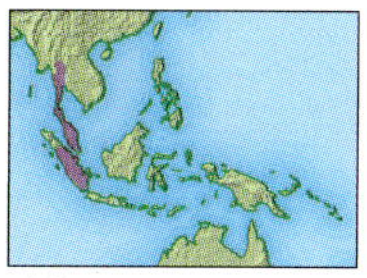

体长：26—38 厘米

尾长：1—2 厘米

体重：225—650 克

社群单元：不固定

保护现状：易危

分布：亚洲东南部

懒猴因行动极为缓慢而得名，它的手指和灰瘠懒猴（左图）一样，并且也是一种夜行性树栖物种。懒猴通常小心翼翼地爬向猎物，然后突然伸出前肢捕捉。它们独自、成对或成群生活，成年雄猴利用尿液划分领地，并驱赶领地中的其他雄性。懒猴的体毛浓密柔软呈棕褐色，脸和腹部为白色，眼圈和耳朵色深。

Perodicticus potto

树熊猴

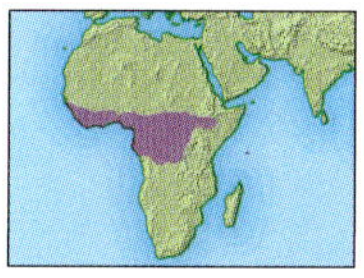

体长：30—40厘米

尾长：3.5—15厘米

体重：0.85—1.5千克

社群单元：不固定

保护现状：无危

分布：非洲西部和中部

树熊猴是一种谨慎的夜行性树栖动物，四肢关节非常灵活，能以各种角度在树枝间攀爬。它的体毛呈灰色、棕色或红褐色，眼和耳较小，主要以果实、树液、树胶和小型动物等为食。树熊猴可以长达数小时静止不动，以躲避捕食者的注意。它的肩胛处还长有一个突起，遇到攻击时可以保护自己不受伤害。雌性的妊娠期约为200天，寿命可超过25年。

Otolemur crassicaudatus

粗尾婴猴

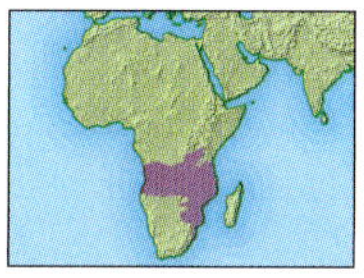

体长：25—40 厘米

尾长：34—49 厘米

体重：1—2 千克

社群单元：不固定

保护现状：无危

分布：非洲中部、东部和南部

粗尾婴猴是体形最大的婴猴，夜间利用极大的眼睛和耳朵寻找昆虫，并瞬间伸出前肢去抓捕，也利用凸出的梳状下门齿和犬齿刮食树胶和树液。它们通常结成小型家庭群共同生活，群成员由一雌一雄，或是带有幼崽的两只雌猴组成。与其近亲相比，粗尾婴猴更倾向于用四肢奔跑，很少以直立姿势跳跃。

Euoticus elegantulus

尖爪丛猴

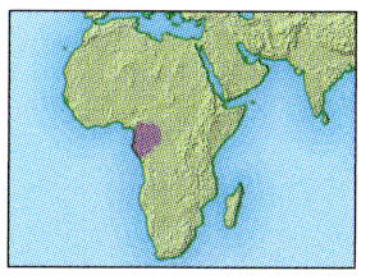

体长：10.5—27厘米

尾长：19.5—34厘米

体重：275—350克

社群单元：独居/成对

保护现状：无危

分布：非洲西部

这一物种的外形与其他婴猴相似，背部皮毛为橘黄色，腹部灰色，手和脚为粉红色，尾巴呈灰色、尾端为白色。椭圆形眼睛的四周有浅色毛发形成的眼圈，趾爪尖细，有助于在攀爬时紧握树枝。尖爪丛猴和其他婴猴及懒猴一样，后足第二趾具有朝上的“梳理爪”，用于搔痒和梳理毛发。特大的门牙可用于刮擦木头与树皮，以获取占据其饮食3/4的树胶与树液，同时也以多种果实和昆虫为食。尖爪丛猴一个晚上就能制造出1000道树脂刮痕。

哺乳动物

Galago moholi

蓬尾婴猴

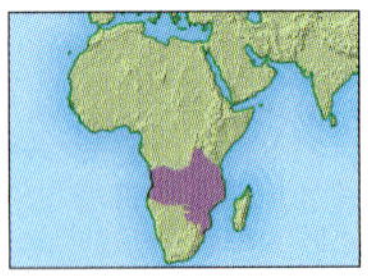

体长：15—17厘米	
尾长：12—27厘米	
体重：150—250克	
社群单元：不固定	
分布：非洲东部、中部和南部	保护现状：无危

蓬尾婴猴又称小婴猴。它能垂直跳跃5米远，并随时用尿液湿润手足，以保持抓握能力。蓬尾婴猴用手从空中抓捕昆虫，或用梳状下门齿刮食树胶。这种婴猴生活在小型家族群中，白天挤缩在一起睡觉。

Cheirogaleus medius

肥尾鼠狐猴

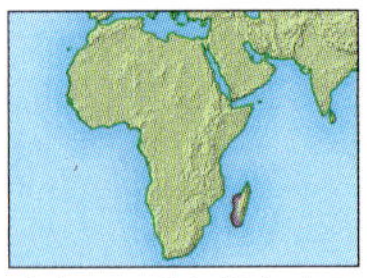

体长：17—26厘米	
尾长：19—30厘米	
体重：175克	
社群单元：独居/群居	
分布：马达加斯加岛西部和南部	保护现状：无危

肥尾鼠狐猴能将食物转为脂肪储存在体内和尾巴中，以度过长达8个月的旱季，它和同类在旱季挤在一起，进入蛰伏状态。当再次恢复活动后，便开始独自生活，夜间爬到树木和灌丛中，寻找可食用的花朵、果实和昆虫。白天在树洞或树枝间用枝叶搭建的巢中栖息。

Varecia variegata

领狐猴

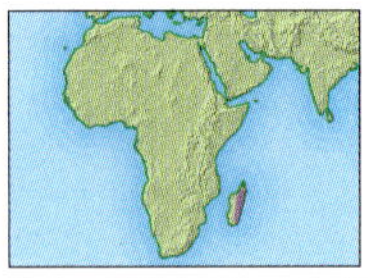

体长：55厘米	
尾长：1.1—1.2米	
体重：3.5—4.5千克	
社群单元：群居	
分布：马达加斯加岛东部	保护现状：极危

这种大型狐猴的毛色为白色或淡红白色，但脸、肩、胸、体侧、足和尾巴为黑色。领狐猴的食果量远多于其他狐猴。它用树叶在树洞或树枝间筑巢，养育2—3只幼崽。雌狐猴的妊娠期为90—102天。幼崽出生后先在巢中生活数周，然后才攀附在母亲身上。猴群规模为2—20只，由数只占据优势地位的雌猴保卫领地。

Eulemur macaco

黑美狐猴

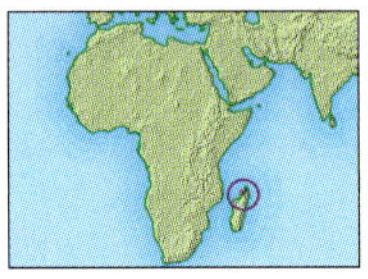

体长：30—45 厘米	
尾长：40—60 厘米	
体重：2—3 千克	
社群单元：群居	
分布：马达加斯加岛北部	保护现状：易危

黑美狐猴体形中等，仅雄性具有柔软的黑色长毛，因此得名。雌性的体毛呈红棕色、棕色或灰色。它也在夜晚活动，这在狐猴中并不常见，可能是由打猎和人为干扰引起。它们通常结成5—15只的群体，整个猴群由一只成年雌猴带领，主要觅食果实、花朵、叶片和树皮。

Hapalemur griseus

灰驯狐猴

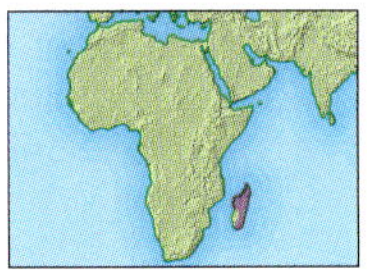

体长：40厘米	
尾长：40厘米	
体重：1千克	
社群单元：群居	
分布：马达加斯加岛北部和东部	保护现状：易危

这种狐猴仅分布在长有大量芦苇和竹子的潮湿森林和沼泽地带，以这两种植物为食。通常结成2—5只的小群于晨昏时分活动。雌狐猴每胎产1崽，幼崽出生后先攀附在母亲腹部，随后爬到母亲背部。目前其有限的栖息环境正受到干扰破坏，生存因此遭受威胁。

Lemur catta

环尾狐猴

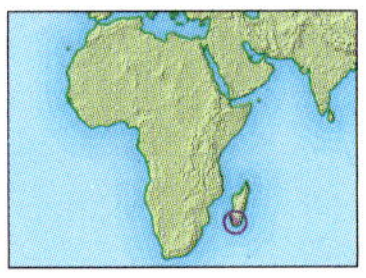

体长：39—46厘米	
尾长：56—62厘米	
体重：2.5—3.5千克	
社群单元：群居	
分布：马达加斯加岛南部和西南部	保护现状：近危

环尾狐猴虽然擅长攀爬，但与其近亲相比，大部分时间都在地面活动。它们极具社会性，多结成5—25只的群体共同生活，核心成员为成年雌猴，相互间或与其他任何雄性间都存在鲜明的等级关系。年幼的雌猴与母亲和姊妹一起生活；年幼的雄猴则加入其他的群体。环尾狐猴用前肢采集花朵、果实、叶片、树皮和树液。雌猴历经134—138天的妊娠期后，产下1只幼崽（偶有两只）。初生幼崽先攀附在母亲腹部，随后爬到母亲背部。环尾狐猴与其他大部分狐猴一样，也面临着诸多生存威胁，特别是栖息地消失的威胁。

外表似猫

环尾狐猴的身体比例和优雅的动作均与猫类似。它的脸部为白色，鼻子和眼斑为黑色，腹部为灰白色。独特的尾巴可作为视觉和气味的通讯信号。

日光浴

与其他大多数狐猴不同的是，环尾狐猴无论在地面或树上活动，都喜欢晒日光浴。它会挺身坐起，将前肢放在膝盖上，摆出一副“太阳崇拜”的姿势。必要时，群体中的成员还会发出大叫，警告随时可能出现的危险。这是社群生活高度发展的好处之一。

Microcebus berthae

贝氏倭狐猴

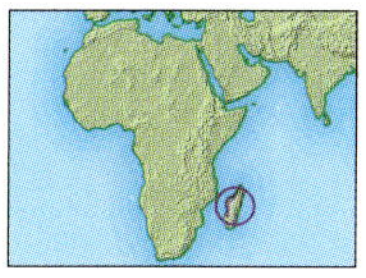

体长：9—11厘米
尾长：12—14厘米
体重：30克
社群单元：独居
保护现状：濒危
分布：马达加斯加岛

贝氏倭狐猴是全球最小的灵长类，这种体形娇小，体呈淡红色的狐猴仅分

布于马达加斯加岛西部的梅纳贝地区，栖息在干燥的落叶林中，独居个体拥有比同一地区其他近亲物种更大的家域范围。雄狐猴会与多只雌性交配，活动范围比雌狐猴更大。虽然贝氏倭狐猴据称数量众多且适应力很强，但整个种群数量估计仅有8000只，仅分布在一片900平方千米的区域中。

Propithecus verreauxi

维氏冕狐猴

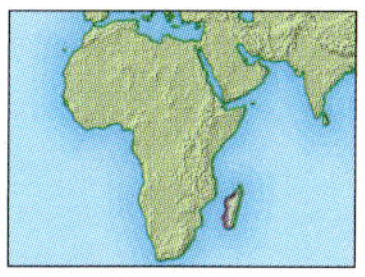

体长：43—45厘米
尾长：56—60厘米
体重：3—5千克
社群单元：群居
保护现状：濒危（最新）
分布：马达加斯加岛西部和南部

这种大型狐猴几近白色，但脸、头冠和四肢内侧呈棕黑色。它们用强壮的双腿在类似仙人掌的树木上腾空跳跃，以多种叶片、果实、花朵和树皮为食。维氏冕狐猴生活在规模多变的群体中，当猴群之间为领域边界发生争执时，会发出“sifaka”叫声。

Lepilemur betsileo

小齿鼬狐猴

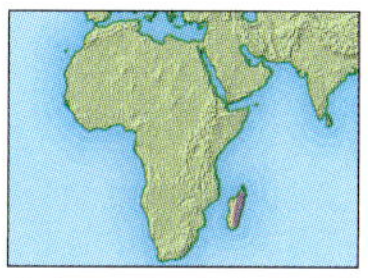

体长：26厘米
尾长：33厘米
体重：1—1.25千克
社群单元：独居
保护现状：濒危（最新）
分布：马达加斯加岛东部

这种好动的夜行性树栖狐猴因惯于利用强壮的后肢在垂直的树干间跳跃而得名。在地面活动时，它们会像袋鼠一样跳跃。小齿鼬狐猴以马达加斯加岛上一个部落的名字命名，是近年来基于遗传学研究而被发现的数十个新物种之一。它的体毛呈灰褐色，尾巴黑色，生活在马达加斯加岛东部凡德里亚纳地区的热带雨林中。大多数齿鼬狐猴都取食树叶，并以鲜花作为补充。它们通常独自觅食，利用叫声捍卫领域，有时还会发生肢体冲突，但夜间多结成小群栖息在同一个树洞中。

Indri indri

大狐猴

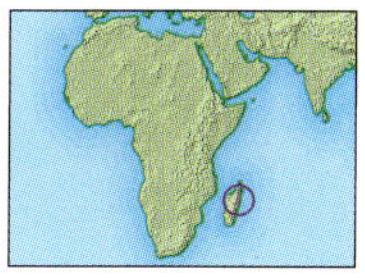

体长：60厘米
尾长：5厘米
体重：6—7千克
社群单元：成对
保护现状：极危（最新）
分布：马达加斯加岛东部

大狐猴是体形最大的狐猴，它的后腿极长，跳跃力极佳，但尾巴很短。虽然为夜行性动物，但白天有很长时间都不活动。大狐猴主要以嫩叶为食，也取食果实、花朵和种子。雌雄通常成对，带着幼崽一起生活。雄狐猴负责保卫领域，雌狐猴可优先进食。大狐猴的体毛以黑色为主，带有白色斑块。

Daubentonia madagascariensis

指猴

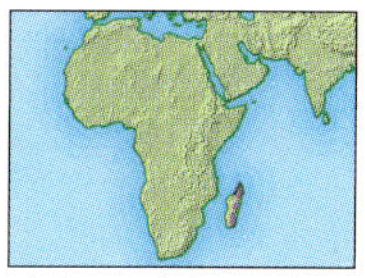

体长：40厘米
尾长：40厘米
体重：2.5—3千克
社群单元：不固定
保护现状：濒危（最新）
分布：马达加斯加岛西北部和东部

指猴的体毛粗长呈黑色，外覆以白色的针毛，是夜行性灵长类中的专业“啄木鸟”。取食时，常用长长的中指敲击树皮，然后将大耳朵贴在树干上，仔细倾听其中的蚀木幼虫发出的声响，然后用门齿咬开树皮，再用中指将虫抠出。除此之外，指猴也取食椰肉等果实、种子和真菌。指猴会共同分享用树枝做成的巢，但并不同时使用。幼猴和母亲共同生活两年。

保育

指猴曾一度被认为已经灭绝，直到1957年又再度被发现。它们目前生活在马达加斯加岛上的二十多个国家公园和自然保护区内，并且还成功建立了数个圈养繁殖群体。然而，在整个岛屿的自然资源持续面临各种压力的情况下，指猴的未来也许只能完全依靠人类的保护才能存活。图中这只出生仅一天的指猴正在被测量体重。

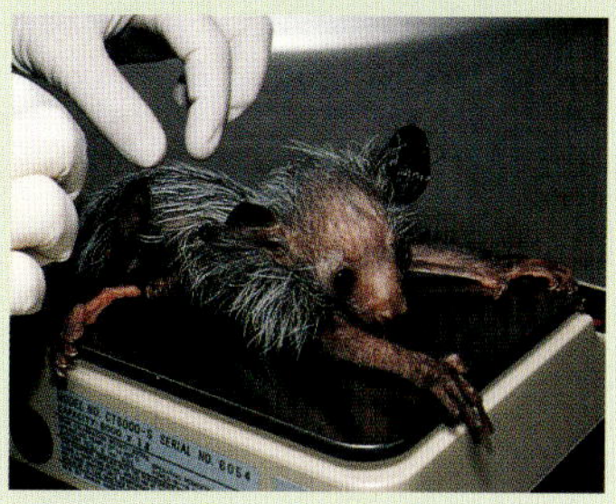

长指

指猴的中指极长，指端具两个关节，能将树皮下的昆虫幼虫抠出。

Tarsius bancanus

邦加眼镜猴

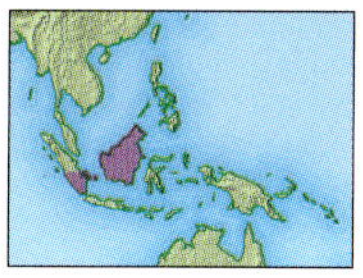

体长：12—15厘米
尾长：18—23厘米
体重：85—135克
社群单元：独居
保护现状：易危
分布：亚洲东南部

这种长尾的夜行性亚洲原猴的体形小而紧凑，以树栖生活为主，手指修长，脚趾上具肉垫和利爪，用以抓握树枝。它的脑袋能转向身后，用巨大的眼睛和敏锐的耳朵探测潜在的捕食者或生物，主要以昆虫为食。看到猎物时，匍匐着爬近，然后跳到猎物身上，用前肢的爪子将其捉住。雌性历经180天的妊娠期后，产下一只幼崽。幼崽最初由母亲携带，但很快就能学会自行攀附在母亲身上。

哺乳动物

猴

门：	脊索动物门
纲：	哺乳纲
目：	灵长目
亚目：	简鼻亚目（部分）
科：	6科
种：	271种

这一庞大而多样的类群可按照地理分布分为两大亚群：旧大陆猴（如狒狒、疣猴和叶猴等大型物种）及新大陆猴（如狨猴和蛛猴），二者的主要区别在于鼻孔构造。猴类通常广泛分布于热带的森林地区。大多数物种的脸部短扁似人，但狒狒和山魈的吻部却与犬相似。许多物种都因栖息地丧失而濒临灭绝，而猕猴则是最常被用于试验研究的猴子之一。

身体结构

猴的特征包括胸部扁平，鼻子多毛，脑相对较大，下颌深，犬齿锋利。虽然它们是四足动物，但也能挺身而坐（偶尔挺身站立），因而可以空出灵活的双手进行剥开水果等操作性动作。它们的手脚可以抓握，且各具五指（趾）。后肢略长于前肢，在树丛间跳跃的猴类的后肢更长（如红疣猴），并且还有柔韧的修长脊椎。猴的尾巴也比身体长，但有些物种的尾巴细小，发育不良。

少数新大陆猴，如蛛猴，尾巴可卷曲，有些物种的尾端裸露无毛，具褶皱和突起，以增加抓握时的摩擦力。尾巴可以作为一种平衡器官，还能用于表达社交含义。旧大陆猴与新大陆猴在生理结构上存在多处不同。旧大陆猴与猿的亲缘关系比新大陆猴更近，它们的鼻尖狭窄，鼻甲基部相连，鼻孔朝上或朝下。新大陆猴的鼻中隔宽阔，鼻孔朝向两侧。另一个主要区别是，旧大陆猴的臀部有坚硬的臀胼胝，而新大陆猴则没有。

社群

新大陆猴的社群组织变化较大。以狨猴为例，它们通常生活在由一对雌雄配偶和亚成年后代组成的家庭群中，后者还会帮忙照顾新生幼崽。松鼠猴则聚集成庞大的群体，个体数量有时可超过100只，群中的雌猴众多，而雄猴却很少。蛛猴组成大型群体，觅食时分裂为由不同成员组成的小群。

相比之下，旧大陆猴通常只表现出两种社群组织：狒狒和猕猴等生活在雄性居多的大型猴群中；而山魈、鬼狒、狮尾狒、长尾猴和大多数叶猴则是一只成年雄猴占有和保卫由数只雌性组成的妻妾群。所有猴类社群的成员关系通常都非常紧密，而相互梳理毛发则是一种重要的社群黏合行为。然而，一些物种的雄性，如狒狒等，会用锋利的长犬齿激烈地相互打斗，以争取优势地位。

智力

猴子是一类非常聪明的哺乳动物。它们的学习速度快，具备好奇心和优秀的记忆能力。这些能力有助于它们在各种栖息地中成功生存，例如，它们必须学会分辨什么能吃，并记住何时何地能再度找到这些食物。

灵活的攀爬家

所有的猴子都极善于攀爬。绒毛蛛猴的长尾具备执握能力，当在树枝间活动或栖息时，能当作“第五肢”来使用。尾端下侧裸露无毛（有助于增加抓握力）且足够强壮有力，能支撑猴子自身及其幼崽的重量。

Lagothrix cana

灰绒毛猴

分布：南美洲中部

体长：50—65厘米	
尾长：55—77厘米	
体重：4—10千克	
社群单元：群居	
保护现状：濒危	

纳毛猴的体毛细密柔软卷曲，灰绒毛猴的皮毛呈灰色并带有黑色微粒，头、手脚和尾端的颜色较深。有些个体的腹部带有红色调。灰绒毛猴生活在雌雄混杂的群体中，觅食时分成小群活动，主要以果实为食，也取食叶片、花朵、树液、种子和小型动物。这种猴子性情温和，通常允许其他猴群成员进入自己猴群的领地。雌猴历经233天的妊娠期后产崽一只。初生幼崽先攀附在母亲腹部，7天后爬到母亲背部，6个月大时断奶。成年雄猴的体形大于雌猴。

保育

除了遭受森林砍伐的威胁，成年灰绒毛猴还常被猎杀，而幼体则被捕捉作为宠物饲养。保育工作主要依靠对狩猎行为的限制，但这些保护措施难以在亚马孙盆地的偏远地区实施。

强壮的林间生灵

绒毛猴身体结实，腹大似桶，肩、臂和尾部强壮有力，通过摆荡方式在树丛间穿梭。

Brachyteles arachnoides

绒毛蛛猴

分布：南美洲中部

体长：55—61厘米	
尾长：67—84厘米	
体重：9.5—12千克	
社群单元：不固定	
保护现状：濒危	

绒毛蛛猴身体厚实，四肢修长，缺少拇指，手指似钩，是体形最大的新大陆猴。它以树叶为食，因大西洋沿岸的森林遭到破坏而濒临灭绝。目前的种群数量仅剩数百只，分为4—5个小群生活在私人牧场中。

Ateles geoffroyi

黑掌蜘蛛猴

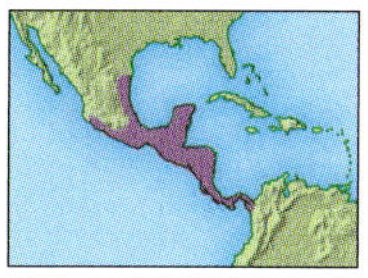

分布：墨西哥南部、中美洲

体长：50—63厘米	
尾长：63—84厘米	
体重：7.5—9千克	
社群单元：群居	
保护现状：濒危	

手脚和头为黑色，脸周的毛发呈斗篷状。黑掌蜘蛛猴与其他蛛猴一样，缺少拇指的手指可简单作为钩子使用，因而能灵活地在树林中摆荡，或是把长满果实的枝条拉到嘴边。

Ateles chamek

倭蜘蛛猴

分布：南美洲西部

体长：40—52厘米	
尾长：80—88厘米	
体重：9.5千克	
社群单元：群居	
保护现状：濒危	

这种典型蛛猴的主要特征是具有黑色的长毛和黑色的脸部皮肤。它们以果实、浆果、花朵、嫩叶、蛴螬、白蚁和蜂蜜为食，生活在有领域性的庞大猴群中，每个猴群的领域面积为150—230公顷。猴群觅食时分成不同的亚群，入夜相聚时发出招呼般的叫声。雌猴发育成熟后，便离群加入其他猴群。妊娠期为225天，每胎1崽。幼崽出生16周后爬到母亲背部，18周大时断奶。猴群中等级地位较高的雌猴生育的幼崽，生存概率较高，并在发育成熟后加入其他猴群。

Ateles hybridus

棕蜘蛛猴

分布：南美洲西北部

体长：42—58厘米	
尾长：68—90厘米	
体重：7.5—10.5千克	
社群单元：群居	
保护现状：极危	

棕蜘蛛猴的前额有明显的三角形白斑，背部呈棕色，腹部色浅，因而也被称为白腹蜘蛛猴。猴群由20只左右的雌雄混杂组成，觅食时分成3—4只的单性小群，取食果实、多汁的叶片和腐烂的软木。猴群再度碰头时，常发出高声嘶喊。这种猴子和其他蜘蛛猴一样，四肢修长、身体纤瘦、缺少拇指、尾巴具抓握力。

Alouatta pigra

懒吼猴

分布：墨西哥、中美洲

体长：52—64厘米	
尾长：59—69厘米	
体重：6.5—11.5千克	
社群单元：群居	
保护现状：濒危	

这种吼猴曾被认为是长毛吼猴的亚种，它的全身呈黑色，仅雄猴的阴囊为白色。懒吼猴的领域面积多达25公顷，晨昏时分常发出巨大吼声，用以宣示猴群对整个领地的占有权。大多数猴群包含约7只成员，其中仅有一只体形达雌猴两倍的雄猴。它们以养分较低但数量充足的叶片为食。

Alouatta seniculus

红吼猴

分布：南美洲西北部

体长：50—63厘米	
尾长：55—68厘米	
体重：7—9千克	
社群单元：群居	
保护现状：无危	

红吼猴是吼猴属的14个物种中体形最大的一种，它发出的巨大吼声、呼声和其他叫声在森林中2000米以外的地方都能听见，借以宣告猴群的存在或是传递警告。猴群由一只雄猴和3—4只雌猴组成。雄性的体重大于雌性。当新的雄性首领将原来的雄猴逐出猴群时，会杀死后者的子女，以此刺激雌猴更快地与它交配繁殖。

树顶生活

红吼猴和其他吼猴一样，非常适应树栖生活。它的尾巴极具缠绕力，尾端腹面无毛，能像“第五肢”一样抓住树枝。由于它的攀爬能力很强，所以能采食多种叶片和果实。吼猴每天都要吃掉1千克这种能量较低但数量丰富的食物。它们每天有3/4的时间都在休息，以节省能量。

金“鞍”

红吼猴北方亚种（图中所示）的身上具赤金色的“鞍部”，与褐红色的头、肩和四肢形成明显对比。其他的种群的体色皆为单一红色。

Pithecia monachus

僧面猴

分布：南美洲北部和西部

体长：37—48厘米	
尾长：40—50厘米	
体重：1.5—3千克	
社群单元：群居	
保护现状：数据缺乏（最新）	

僧面猴属的9个物种均有宽大的鼻子（鼻中隔较宽，即鼻子中央分隔鼻孔的部位），平直的毛发从背部和颈部垂向两侧，尾巴上的毛发浓密，脸周的毛发极长，而僧面猴的脸部毛发呈斗篷状。僧面猴与其他许多新大陆猴相比，性情羞怯安静，喜欢静静地待在高大的树木上，并且不易被察觉。它能发出响亮的报警声，在面临威胁时，以龇牙作为主要防御手段。僧面猴的食物包括果实和种子，猴群由4—5只关系紧密的个体组成，它们花费许多时间互相梳理毛发。

Pithecia pithecia

白脸僧面猴

分布：南美洲北部

体长：34–35厘米	
尾长：34–44厘米	
体重：2千克	
社群单位：群居 / 成对	
保护现状：无危	

这是新大陆猴中雌雄差异最大的物种：雄性身上毛皮为黑色，脸部为白色或淡金黄色，鼻子为黑色；雌性则具灰棕色毛皮，毛发尾端色淡，脸部毛皮为深色。虽然是素食动物，牙齿外形却与肉食动物相似。锐利的门齿可用来刺穿果实，长长的犬齿可咬开种子与坚果。典型的猴群包括1只雌性、1只雄性及1至3只幼崽。

Chiropotes satanas

黑须丛尾猴

分布：南美洲北部

体长：33—46厘米	
尾长：30—46厘米	
体重：2—4千克	
社群单元：群居	
保护现状：极危	

这种猴子下巴上的长毛形成了浓密的胡须，前额浓密的毛发形似厚重的刘海。手和脚均具有强劲的抓握力，能单手悬挂在树枝上，同时用发达的臼齿咬碎种子、坚硬的果实和小型动物。兴奋时，尾巴像猫一样摆动，发出刺耳的哨声。

Cacajao calvus

白秃猴

体长：38—57厘米	
尾长：14—18.5厘米	
体重：3—3.5千克	
社群单元：群居	
分布：南美洲西北部	**保护现状**：易危

白秃猴喜欢生活在“黑水”地带，即半泛洪森林中的小河、湖泊和沼泽沿岸，而非大型河流边的森林。它们白天成群在树上觅食种子、果实、花朵和小型动物。猴群通常由10—20只雄猴和雌猴共同组成，群中的成员有时多达100只，它们也和松鼠猴等同类混在一起，共同觅食。

色型

白秃猴的亚种色泽多变，因此有不同的名称：分布在巴西西北部为白秃猴（上图）、巴西与秘鲁边界的为金秃猴、哥伦比亚与巴西边界的是赤秃猴，而灰背赤秃猴的分布范围更东。

Aotus lemurinus

鬼夜猴

体长：30—42厘米	
尾长：29—44厘米	
体重：900—950克	
社群单元：成对	
分布：中美洲至南美洲西北部	**保护现状**：易危

人们曾经认为所有的夜猴皆属同一物种，但基因研究显示，夜猴可能有11种。因为它们会在黑暗中发出类似猫头鹰的叫声，因而也被称为“鸮猴”。夜猴是唯一的夜行性猴子，常在树枝间谨慎地攀爬，采食果实、叶片和昆虫等各种食物。鬼夜猴成对生活，利用尿液和胸部腺体分泌物的气味相互沟通。雌猴的妊娠期为120天，每胎1崽，幼崽8个月大时断奶。幼猴和父母一起生活，构成拥有4—5只成员，且关系紧密的家族群。

Callicebus aureipalatii

金殿伶猴

体长：80厘米	
尾长：48—52厘米	
体重：0.9—1千克	
社群单元：群居	
分布：南美洲中部	**保护现状**：无危

金殿伶猴体色鲜艳，皮毛为金橙色，尾端为白色，手足泛红色，以一家资助玻利维亚马迪迪国家公园的组织的名字命名。这种猴子于2004年在安第斯山脉的丘陵和洪泛平原上的森林中被发现，分布范围有可能延伸至秘鲁南部。猴群的领域面积在17—25公顷之间，以各种热带雨林植物为食。虽然大部分种群都生活在保护区内，避免了被盗猎的威胁，但石油开采、道路修筑和水电项目还是对它们构成了一定影响。

Cebus apella

卷尾猴

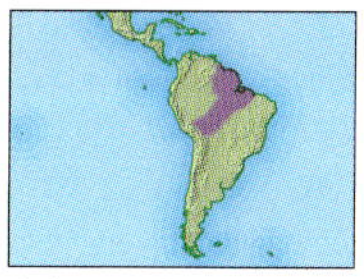

体长：33—42厘米	
尾长：41—49厘米	
体重：3—4.5千克	
社群单元：群居	
分布：南美洲北部	**保护现状**：无危

卷尾猴常被视为新大陆猴中最灵巧的种类。卷尾猴能使用多种工具，如利用石头敲碎硬坚果等，也取食果实、昆虫以及蛙类、蜥蜴乃至小型蝙蝠在内的某些脊椎动物。这一物种是分布最广的新大陆猴，又俗称簇毛卷尾猴，因其耳朵上方具有角状茸毛。猴群通常由8—14只个体混杂组成，每个个体7岁大时才能发育成熟，比大多数同等体形的同类晚熟。

Callicebus moloch

黑暗伶猴

体长：27—43厘米	
尾长：35—55厘米	
体重：0.7—1千克	
社群单元：成对	
分布：南美洲北部	**保护现状**：无危

伶猴属有20余种，其毛发浓密柔软、身体粗壮、四肢短，耳朵几乎全部藏在皮毛中（与同体形的其他新大陆猴截然不同）。伶猴主要以果实、叶片、种子和昆虫幼虫为食。黑暗伶猴的背毛带有褐色斑点，腹部以橙色为主。当在沼泽与池塘周围的树林中活动时，利用暗淡的体色和缓慢的行动作为伪装。雌雄形成关系紧密的配偶对，共同保卫面积为6—12公顷的领域。雌雄双方于黎明时分交缠尾巴，发出“二重唱”叫声，借此维护家庭和配对关系，同时宣告领域范围。

Cebus olivaceus

黑带卷尾猴

分布：南美洲东北部

体长：37—46厘米
尾长：40—55厘米
体重：2.5—3.5千克
社群单元：群居
保护现状：无危

黑带卷尾猴和其他约12种卷尾猴一样，身体健壮，四肢较短，尾巴具抓握力。它们的尾巴下方和其他许多北美洲猴类一样没有无毛区。黑带卷尾猴的毛色以棕色为主，至前臂逐渐变浅，脸部更灰或为黄色，主要以种子、果实以及蜗牛和昆虫等小型生物为食。结成数量达30只以上的猴群共同生活，群中以雌猴和幼崽居多，雄猴较少，但只有一只优势雄猴能与雌猴交配繁殖。雌猴们互相照顾幼崽（称为“拟母亲行为”）。猴群成员通过哀怨的“哭泣”声保持联系。

Saguinus imperator

长须柽柳猴

分布：南美洲西部

体长：23—26厘米
尾长：39—42厘米
体重：450克
社群单元：群居
保护现状：无危

绒猴和柽柳猴构成的狨科约包含42个物种，是美洲灵长类中的一支独特类群。它们虽与其他新大陆猴类似，但也存在一些不同，如有尖爪而非指甲，每胎产2崽等。长须柽柳猴具有白色长须，雨季采食果实，旱季以花蜜和树液为食，全年都捕食昆虫，尤其是蟋蟀。它们常与鞍背柽柳猴等近亲种类混杂成群，发现捕食者时，会互相发出报警叫声。

胡须

雌雄长须柽柳猴都有末端卷曲的白色长须，与黑色的脸部、红棕色或灰棕色的带斑皮毛及橘红色的尾巴形成鲜明对比。

照顾幼崽

体形较小的柽柳猴和绒猴的妊娠期相对较长，长须柽柳猴的妊娠期可达140—145天。每胎通常产崽两只，除哺乳时间外，一般都由父亲负责照顾（如上图）。

Saimiri boliviensis

亚马孙松鼠猴

分布：南美洲西部至中部

体长：27—32厘米
尾长：38—42厘米
体重：950克
社群单元：群居
保护现状：无危

没有别的新大陆猴会像5种松鼠猴一样，形成如此规模的大型活跃群体。猴群通常有40—50只成员，偶尔可达200只以上。它们白天发出吵闹的叫声，四处活动，借此惊扰和捕食各种小型生物，还会尾随其他猴类的行经之路，捕捉受到惊扰的昆虫，同时采食果实与种子。成年雄猴的肩膀在繁殖期间变得肥厚，会相互展开激烈的竞争，获胜者可与大多数雌猴进行交配。

家庭大餐

松鼠猴群中的成员组成同龄亚群，即成年雄猴群、有孕雌猴群、带崽雌猴群和青年猴群。一旦亚群中的某个成员发现食物，整个亚群便迅速聚集，共享食物。

类似松鼠

亚马孙松鼠猴的脸小呈白色，前额宽大，头顶具黑色冠毛，口鼻部为黑色，耳部多毛。

Callimico goeldii

节尾猴

分布：南美洲西北部

体长：22—23厘米
尾长：26—32厘米
体重：575克
社群单元：群居
保护现状：易危

节尾猴的体形大于大多数的狨猴和柽柳猴。它的长体毛呈黑色，头与颈部的毛发更长，犹如斗篷。它们长有智齿。食物包括果实、树液和树脂（用门齿凿开树皮使汁液流出），还取食昆虫和蜥蜴等小型脊椎动物。以最多10只成员组成关系紧密的稳定猴群，成员以成对的雌雄及其幼崽为主，在有攀缘植物缠绕的竹林等植被浓密处活动。

Saguinus oedipus

绒顶柽柳猴

分布：南美洲西北部

体长：20—25厘米	
尾长：33—40厘米	
体重：400—450克	
社群单元：群居/成对	
保护现状：极危（最新）	

这种柽柳猴的特征是头冠上长有白色长毛，仅分布于哥伦比亚一片极为有限的区域。绒顶柽柳猴与其他许多绒猴和柽柳猴一样，食性多样，拥有以“帮手”照顾后代的行为，即雄猴会和年龄较大的子女一起照顾幼崽。然而，在包含10—12只个体的猴群中，只有一对雌雄配偶能进行繁殖；每五胎中有四胎都是双胞胎。绒顶柽柳猴常被应用于医学研究领域，目前人工圈养的数量要比野外多。

Callithrix argentata

银狨

分布：南美洲中部

体长：20—23厘米	
尾长：30—34厘米	
体重：325—350克	
社群单元：群居	
保护现状：易危（最新）	

亚马孙南部生活着约23种外形相似且亲缘关系密切的狨猴，主要依靠体色进行区分。银狨的背毛为淡银灰色，腹部为乳黄色，尾巴黑色；脸部皮肤和耳朵为粉红色。每个小型猴群中，只有一对雌雄配偶可以繁殖，其余成员由儿女、表亲和其他“帮手”共同组成，它们会协助抚育和保护幼崽。

Callithrix pygmaea

侏狨

分布：南美洲西部

体长：12—15厘米	
尾长：17—23厘米	
体重：100—125克	
社群单元：群居/成对	
保护现状：无危	

侏狨是全世界最小的猴子，身体蜷曲时只有人类的手掌般大小，而寿命却长达12年，相当长寿。侏狨与其他狨猴取食树胶的方法十分不同：它们每天在树皮上凿出十余个新洞，并以体味进行标记，每隔一段时间便往返于新旧洞之间，利用下颌上的长门齿刮食泌出的黏稠树液，同时也取食花蜜、果实以及蛴螬和蜘蛛等小型生物。

侏狨的繁殖模式与其他绒猴一样，猴群由5—10只成员组成，其中只有一对雌雄配偶可进行繁殖。其他群体成员通常是会帮忙照顾后代的年长子女，新出生的双生幼崽先由父亲照顾数周后，再由它们接手照料。

Callithrix geoffroyi

杰氏狨

分布：南美洲东部

体长：20厘米	
尾长：29厘米	
体重：350克	
社群单元：群居/成对	
保护现状：无危	

杰氏狨喜欢在次生林（即被砍伐或受破坏后长出的森林，而非原始林）中生活。它用长门齿在树皮上挖洞，并用会阴腺的分泌物标示“所有权”，然后每隔一段时间就返回刮食流出的树液。杰氏狨和其他狨猴一样，也以果实和昆虫为食。每个猴群中只有一对配偶进行繁殖，但其他成员也会帮助携带和保护幼崽。

Leontopithecus rosalia

狮面狨

分布：南美洲东部（里约圣若昂盆地）

体长：20—25厘米	
尾长：32—37厘米	
体重：400—800克	
社群单元：群居/成对	
保护现状：濒危	

狮面狨的重量是绒猴和柽柳猴平均体重的两倍。它的脸为深灰色，双手、手指和爪子十分细长，能将树皮及岩缝中的蛴螬抠出。但食物中的4/5都是果实，此外也取食树胶和花蜜。狮面狨白天觅食，夜间常在树洞中或在浓密杂乱的植物中栖息。猴群由4—11只成员组成，其中只有一对雌雄配偶可以繁殖，每胎通常产崽两只。在狮面狨的抚育幼崽“帮手”制度中，帮手的性行为并不受到压制，但在未取得优势配偶地位前，它们不会繁殖后代。

保育

狮面狨产自巴西大西洋沿岸的森林地带，这片栖息地已经大面积萎缩。它们在30年前就被定为濒危物种；1996年，整个种群已经达到极为濒危的级别，那时的野生个体数量还不足300只。圈养计划启动后，取得了很大的成功。如今，已有超过1000只狮面狨生活在野外，还有许多它们繁殖出的后代处于圈养状态。然而，由于原始栖息地所剩无几，狮面狨的未来依旧不容乐观。

狮鬃

狮面狨头部长有类似狮鬃的赤金色丝质长毛。由于外形迷人，因而导致它们容易受到非法宠物交易带来的威胁。

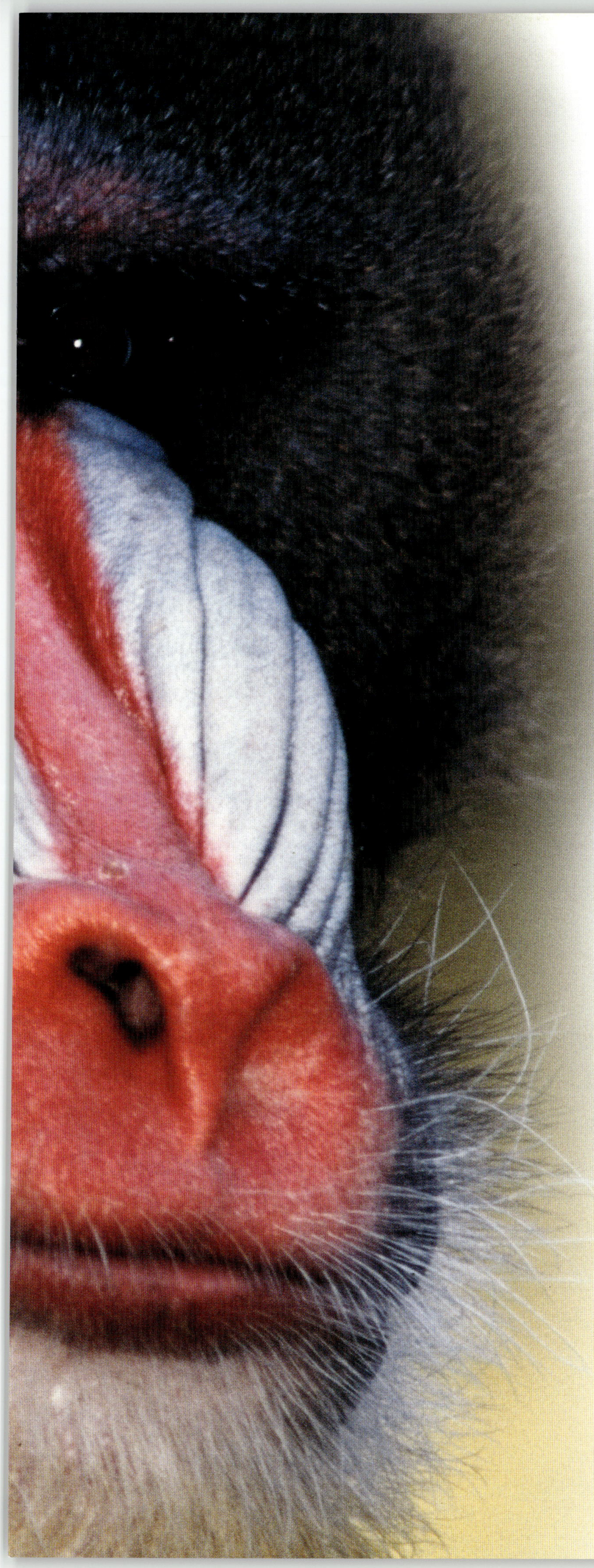

Mandrillus sphinx

山魈

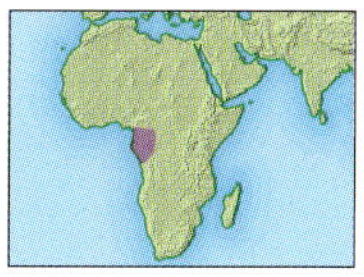

分布：中非西部

体长：63—81厘米

尾长：7—9厘米

体重：11—37千克

社群单元：群居

保护现状：易危

猩红色鼻子两侧的明显蓝色骨质突起是雄山魈的独有特征。雌性的面部色彩更为暗淡，体形大小约为雄性的1/3。雄性的肩高为60厘米，是体形最大的一种猴子。山魈群居在非洲的茂密雨林，一天中的大部分时光都在地面觅食果实、种子、鸟蛋和小型动物。每当夜幕降临，它们便上树躲避危险。山魈群的活动范围多达50平方千米，通过气味标示和防卫领域。人们对这一物种的大部分了解主要来自对圈养个体的研究。因为受到被猎取作为食物和伐木造成的栖息地破坏等影响，野生山魈的数量正日趋减少。

警告行为

当被捕食者威胁或有对手接近时，雄性会张开大嘴，露出长达6.5厘米的骇人利牙。

明显宣告

雄性借助猩红色鼻子两侧的蓝色突起和黄色胡须等醒目颜色，向森林中的其他动物宣告自己的存在。这些颜色连同臀部的蓝紫色，不仅能展示出性别，也能向雌性展现自己的生殖能力。

地面生活

山魈通过长度几乎相等的四肢行走和奔跑，这是一种更有效的运动形式。

山魈社群

山魈通常生活在约有20只个体的混合群中，并聚集形成250多只的大型群体。群体内的等级制度十分严格：每个小群都由一只优势雄性统领，它能与发情的雌性交配，而群体中的所有幼崽几乎都是它的后代。群体中的较低等级由不繁殖的雄性个体组成。

母与子

山魈大约每18个月便可产下1崽。初生幼崽用四肢抓着母亲的腰背，蜷缩在其腹下一起活动。当它的体重增加后，会骑在母亲的背上一同在丛林中游荡。

雌雄有别

雄性的体形比雌性大得多，且脸部色彩更加鲜亮。有些山魈采取一夫多妻制，一只成熟雄性的伴侣可多达20只。

觅食团队

山魈常结成小队觅食，并不断发出咕噜声以保持联系。准备前行时，领头的雄性会用二段式的吼声集合群体成员。

Erythrocebus patas

赤猴

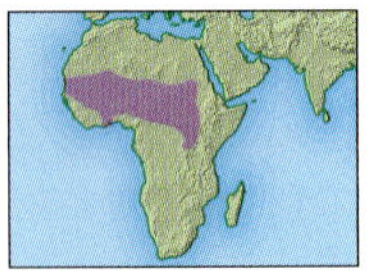

体长：60—88厘米	
尾长：43—72厘米	
体重：10—13千克	
社群单元：群居	
分布：非洲西部至东部	**保护现状**：无危

赤猴是奔跑速度最快的猴子之一。它的身体纤长，四肢和手脚皆长，手指及足趾较短。白色髭须与深色脸部、赤红色背部与白色的四肢及腹部形成鲜明对比。赤猴组成多达10只的小群活动，只有一只成年雄猴逗留在猴群外围。遇敌时，由它将捕食者诱开，以便让雌猴和幼猴趁机藏匿。

Cercopithecus neglectus

德氏长尾猴

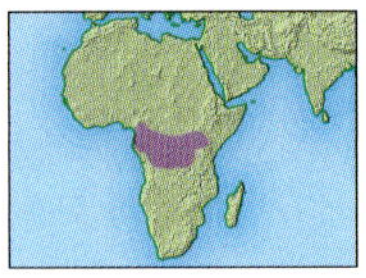

体长：50—59厘米	
尾长：59—78厘米	
体重：7—8千克	
社群单元：成对	
分布：非洲中部至东部	**保护现状**：无危

德氏长尾猴是约20种长尾猴中陆栖性最强的一种，也是同属中唯一雌雄成对生活的物种。它们的分布范围广泛，利用唾液及气味标示领域，但对入侵者却避而不战。上唇和下颌的毛发呈蓝白色，大腿带有一道白色细纹。通过深沉的吼声互相沟通，主要以种子及果实为食。

Rungwecebus kipunji

奇庞吉猴

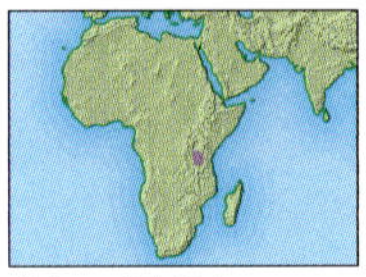

体长：85—90厘米	
尾长：100—110厘米	
体重：10—16千克	
社群单元：群居	
分布：非洲东部	**保护现状**：极危

这种杂食性的树栖灵长类于2003年在乌德赞瓦山和坦桑尼亚的南部高地首次被发现。最初被认为是白眉猴（森林猴），但随后的证据显示，它与地栖的狒狒存在更加密切的亲缘关系。甚至有人推测它是由这两个物种杂交而来。它吠叫时很容易让人联想到狒狒的叫声。它们生活在面积不到100平方千米的两个与外界隔绝的区域，并且受到森林砍伐和被捕杀威胁。

Papio anubis

东非狒狒

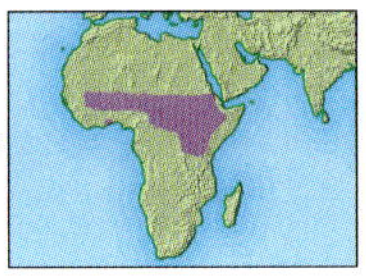

体长：60—86厘米	
尾长：41—58厘米	
体重：22—37千克	
社群单元：群居	
分布：非洲西部至东部	**保护现状**：无危

体形最大的狒狒之一，常见于非洲西部及东北部，雄性的体重可达雌性的两倍。雌雄两性的脸颊周围有浓密的灰色簇毛。狒狒群的平均个体数量为20—50只，偶尔上百只。它们以果实、叶片、昆虫、蜥蜴等为食，偶尔也猎食瞪羚幼崽等较大动物。

社群等级

成年个体容许长有深色胎毛的年幼狒狒在群体内生活。一旦幼体成年，雌狒狒便成为群体中等级最低的成员，而成年后的雄狒狒则会被驱逐，且必须经过一番打斗才能加入其他群体。

灵长类中的“犬”

东非狒狒体格健壮，口鼻突出似犬，橄榄绿色的毛发上带有斑点，脸和臀部为黑色。

Macaca munzala

阿鲁纳卡猕猴

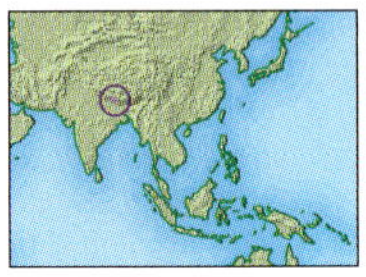

体长：58厘米	
尾长：23厘米	
体重：15千克	
社群单元：群居	
分布：亚洲南部	**保护现状**：濒危

这种猕猴仅分布于喜马拉雅山脉东部的印度阿鲁纳恰尔邦地区，于2005年根据拍摄的照片被正式确定。与其近亲物种不同的是，它的头顶具黑色冠毛，颈部的领状毛呈灰白色。阿鲁纳卡猕猴出没于海拔2000—3500米的针叶林、阔叶林和耕地地带。与其他生活在高海拔地区的猴子一样，也有很强的御寒能力。

虽然有些地方的种群密度较高，且人们相对能够容忍它们的存在，但当它们毁坏庄稼后，便遭到人类报复性的捕杀，长此以往就会威胁到它们的生存。迄今为止，它们的已知栖息地不超过5个，在约2700平方千米的范围内活动，但在相邻的不丹和西藏地区也可能有分布。野外调查资料显示，目前已知的个体不到600只。

Macaca nigra

苏拉维西猴

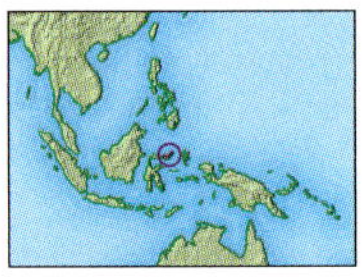

体长：52—57厘米	
尾长：2.5厘米	
体重：10千克	
社群单元：群居	
分布：亚洲东南部	**保护现状**：极危

通身黑色，尾巴极短，因栖息在西里伯斯岛（今苏拉威西岛）而被别称为西里伯斯黑猿。前额至头顶处的冠毛通常倒卧，受刺激时则竖起。这种猴子生活在雌雄混合的庞大群体中，群中的个体数量超过100只，但通常都很不起眼且相当安静，多在森林中觅食果实。

头顶中部的冠毛

Papio papio

几内亚狒狒

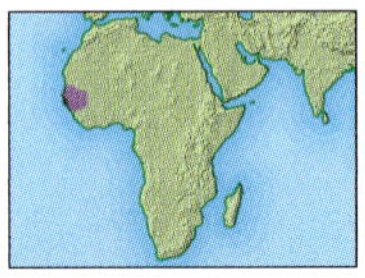

体长：69厘米	
尾长：56厘米	
体重：17.5千克	
社群单元：群居	
分布：非洲西部	**保护现状**：近危

几内亚狒狒是狒狒中雄性体形最小、鬃毛最长的一种，鬃毛长度可及臂。它们取食的食物非常多样，包括粗硬的植物根部到多汁的蛴螬和虫卵，有时也采食农作物。群体数量可达200只，但更常见的是40只左右，其中包括数只雄狒狒以及它们各自的妻妾群。

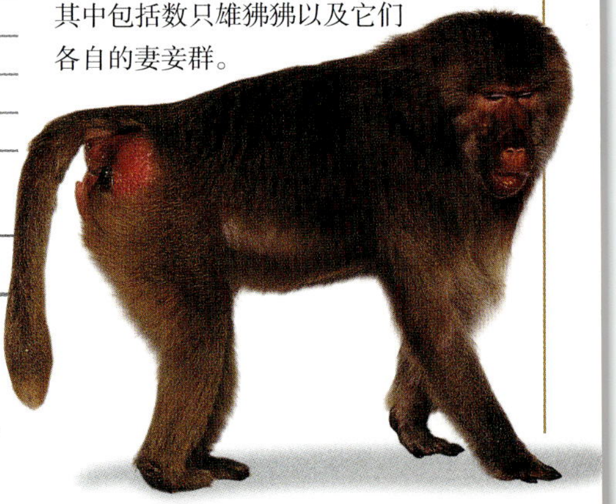

Papio ursinus

豚尾狒狒

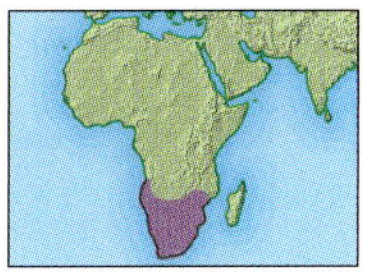

分布：非洲南部

- 体长：60—82厘米
- 尾长：53—84厘米
- 体重：15—30千克
- 社群单元：群居
- 保护现状：无危

狒狒中体形最大的一种。吻部下垂，鼻孔突出。毛色多变，从黄灰色至黑色不等，吻部颜色较淡。这种聪明且适应力很强的灵长类会在部分区域内组成不稳定的流动性群体。食物种类多样，包括植物根部、种子、昆虫及瞪羚幼崽等。野生的豚尾狒狒能使用木棍等工具。

Theropithecus gelada

狮尾狒

分布：非洲东部

- 体长：70—74厘米
- 尾长：46—50厘米
- 体重：19千克
- 社群单元：群居
- 保护现状：无危

具有粉红色胸斑的狮尾狒是狒狒的近亲，仅分布在风多草旺的埃塞俄比亚高地。坐下和移动时用双手飞快地采食草叶、茎梗及种子等种类有限的食物。通常由一只雄狒狒带领数只雌性及幼崽组成小群，再聚集成松散的大群。

Nasalis larvatus

长鼻猴

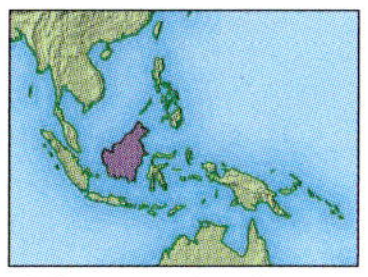

分布：亚洲东南部

- 体长：73—76厘米
- 尾长：66—67厘米
- 体重：21千克
- 社群单元：群居
- 保护现状：濒危

长鼻猴是哺乳类中最具特色的物种之一，仅分布在婆罗洲的低地雨林、红树林沼泽及海岸等栖息地中。猴群大都由一只雄猴、6—10只雌猴及其幼崽组成。雄猴负责保护猴群成员，遭遇入侵者时，发出大叫，露出牙齿，并晃动勃起的阴茎示威。

足部有不完全的蹼

大鼻子

大鼻子是长鼻猴的典型特征。成熟雄猴的鼻子长且下垂，可能存在吸引异性的作用。

面部变化

初生幼崽的脸部呈蓝色，皮毛深色，鼻子"正常"。随着年龄的增长，体色逐渐变化，鼻子也日渐增大。雌猴的鼻子比雄猴小许多，但与其他近亲相比仍然偏大。

Semnopithecus entellus

长尾叶猴

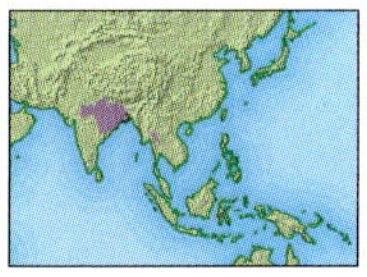

分布：印度

- 体长：50—78厘米
- 尾长：69—102厘米
- 体重：10.5—20千克
- 社群单元：群居
- 保护现状：无危

除了雨林区外，长尾叶猴广泛分布于印度次大陆。它们的毛色多变，生活在喜马拉雅山脉的个体为深棕色，而生活于最南边的个体则呈浅黄褐色。猴群由一只或多只雄猴，以及妻妾群和幼崽组成，其他雄猴组成单身汉群。

杂食

长尾叶猴主要以叶片、果实、嫩芽、嫩枝等为食，多室的胃有助于轻松消化这些食物。它们和其他许多野生动物一样，也舔食盐或吞食富含矿物质的土壤。生活在村庄附近的猴群常取食残羹剩菜和祭品，在当地被视为"圣猴"，并且在印度教中被尊为猴神"哈努曼"的化身。

Colobus guereza

东黑白疣猴

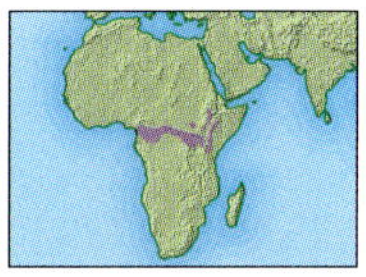

分布：非洲中部和东部

- 体长：52—57厘米
- 尾长：53—83厘米
- 体重：8—13.5千克
- 社群单元：群居
- 保护现状：无危

这种猴子的脸呈黑色，脸周围有一圈白色毛发，身体两侧的斗篷状白色长毛从肩膀向下延伸到臀部，尾尖带有一绺浓密的白毛，除此之外，全身都呈黑色。猴群由一只雄性首领和4—5只雌性及幼崽组成，利用响亮的叫声和惊人的跳跃能力保卫领地。胃部结构复杂，分为三瓣，内含可分解植物纤维素的微生物，因而从取食的大量叶片中吸收的养分可达其他猴类的两倍。

Rhinopithecus strykeri

缅甸金丝猴

分布：亚洲南部

- 体长：56厘米
- 尾长：78厘米
- 体重：不详
- 社群单元：群居
- 保护现状：极危

这种金丝猴生活在位于东喜马拉雅的缅甸北部的温带森林中，于2010年依据从猎人手中获得的标本被正式确认。它的皮毛几乎全为黑色，耳和颊部有小撮白毛，全部数量可能仅有260—330只，被隔离为3个种群。亚洲山地森林中的5种金丝猴都因几乎与面部平行的鼻子而被命名。据说，它们为了避免雨水流入鼻孔，会脸朝下把头埋在两膝之间直到暴雨过去。尽管如此，缅甸当地仍有传闻称，雨水泛滥时经常能听到金丝猴打喷嚏的声音。金丝猴完全以植物为食。冬季的大雪可迫使它们迁移到低海拔地区寻找食物，这样它们就很有可能在村庄附近活动。

猿

门：	脊索动物门
纲：	哺乳纲
目：	灵长目
亚目：	简鼻亚目（部分）
科：	2科
种：	21种

猿与人类的亲缘关系最近。它们不仅在外形上与人相似，而且非常聪明，能组成复杂的社会群体。它们可分为小型（长臂猿）和与人类更加相似的大型种类，如猩猩、大猩猩和黑猩猩。猿类分布于非洲的西部、中部及整个亚洲东南部和南部地区，主要栖息在热带雨林。它们基本上吃素，主要以果实为食，但也有一些物种是杂食动物。猿类的生存正面临着森林栖息地丧失、捕杀和盗猎（主要为取其毛皮或头骨），以及被捉入动物园和宠物贸易等因素的威胁。猿类中的黑猩猩曾被广泛应用于医学研究。

身体结构

猿的脊柱较短，骨盆相对宽短，可以降低身体的重心，使身体能保持更加直立的姿势。猿的胸部宽阔，肩胛骨位于背侧，肩关节的活动范围很大。例如，大猩猩坐在地上时，可以利用手臂抓取四面八方的植物。猿的脸部扁平，双颌发达，手脚均能抓握，鼻孔朝下且位置紧靠。大型猿类的体形庞大：红毛猩猩是最大的树栖哺乳类，而大猩猩的体重则多达200千克以上。

社群组成

长臂猿为一雄一雌制。雌雄双方用各自的响亮叫声对树上的领域进行标示。找到配偶以前，成熟的年轻个体尝试通过独唱建立自己的领域。猩猩是唯一独自生活的大型猿类。成年雄性利用低沉而洪亮的叫声宣告对大片领域的控制，并且会和所有进入自己领地的雌性交配。其他大型猿类则有着明确的社群结构。大猩猩以5—10只为一群（偶尔达30只），通常包括数只雌性和一只占有支配地位的成熟雄性（“银背大猩猩”），也可能还有其他1—2只个体（群首领的儿子或兄弟）。黑猩猩生活在由40—100只个体组成的群体中。

虽然整个群体由一只优势雄性带领且存在等级制度，但社群中的成员几乎完全来去自由。黑猩猩组成小团队觅食，团队成员可能每天都在变化。非洲西部的黑猩猩特别喜欢狩猎，雄性彼此紧密协作，以便一次就能捕获数只猎物（如猴子等）。黑猩猩的生活习惯及捕食技巧并非遗传而来，而是通过群体成员的言传身教获得。

智力

猿的智力极高，甚至比猴子还要聪明。它们能采取和人类一样的方式解决问题。黑猩猩能使用简单的工具，有时还自己制作工具，例如生活在苏门答腊北部的一群猩猩就有这个能力。实验中心的猩猩能够完成拼图、使用手语和认识符号等多项复杂任务。

相互理毛

理毛是猿类社会中的重要行为之一，因为它能增强和维系成员间的关系，如图中所示的两只黑猩猩。然而也是获得其他个体青睐的一种方法，例如，处于支配地位的雄猿借助理毛，确保在地位受到挑战时能获得同伴的支持。

Symphalangus syndactylus

合趾猿

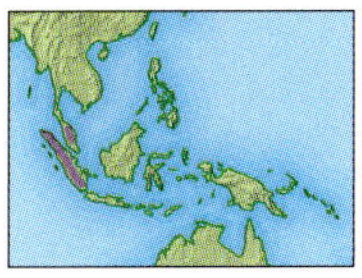

分布：亚洲东南部

体长：90厘米
尾长：无
体重：10—15千克
社群单元：群居/成对
保护现状：濒危

合趾猿“站立”时的高度达1.5米，不仅体形最大，也是叫声最大、家族关系最紧密的长臂猿。雌猿（占支配地位）、雄猿及1—2只子女间的距离很少超过30米，通常都小于10米。它们食物中的3/5为树叶，1/3为果实和一些花朵及蛴螬等小生物。家族群的活动面积约47公顷，但合趾猿仅将60％的面积视为领域，主要采取响亮的吼叫、吠叫和尖叫声进行防卫。

全身黑色

合趾猿全身覆盖着蓬松的黑色毛发。雄性略大于雌性，且生殖器周围具有簇毛，乍看上去如同一条小尾巴。

吠叫和尖叫

合趾猿的喉部皮肤具弹性，呈暗灰色，可膨胀到一个葡萄柚的大小，起到共鸣器的作用，能放大它们惊人的响亮叫声。雄猿的尖叫声被认为是用于驱逐其他雄性，而雌猿独特的长串吠叫声则与领域的防卫有关。

Nomascus concolor

黑长臂猿

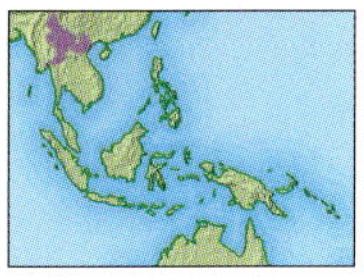

分布：亚洲东南部

体长：45—64厘米
尾长：无
体重：4.5—9千克
社群单元：群居/成对
保护现状：极危

黑长臂猿和其他大多数头部“扁平”的长臂猿的不同之处在于，头顶的冠毛很长。幼崽出生时毛发为黄色，发育成熟时变为黑色，雌猿的毛发则逐渐变为棕色或灰色。黑长臂猿主要以叶芽、嫩枝和果实为食，偶尔也取食动物。黑长臂猿集群生活，一个群体中包含一只雌猿、一只雄猿及其幼崽。

Nomascus leucogenys

白颊长臂猿

分布：亚洲东南部

体长：45—64厘米
尾长：无
体重：4.5—9千克
社群单元：群居/成对
保护现状：极危

由于幼崽、成年雌猿和雄猿的毛色都与黑长臂猿相似（左图），且头顶也有冠毛，因此白颊长臂猿在1989年之前一直被当成黑长臂猿的亚种。这两个物种主要通过地理分布来区分：黑长臂猿分布于越南宋马河及宋波河流域的东北部，而白颊长臂猿则分布于这片流域的西南部。白颊长臂猿的妊娠期为7—8个月，每胎产崽一只。幼崽出生后随母亲生活约18个月。

Hylobates lar

白掌长臂猿

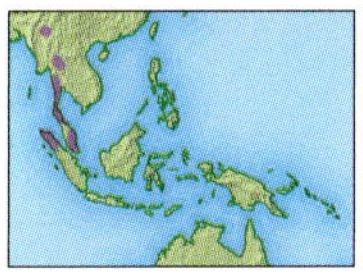

分布：亚洲东南部

体长：42—59厘米
尾长：无
体重：4.5—7.5千克
社群单元：成对
保护现状：濒危

白掌长臂猿在天刚刚破晓后开始活动，雌雄双方发出“二重唱”叫声来强化配偶关系。雌猿先发出逐渐增强的一长串响亮叫声；当它的声音减弱时，雄猿便以较简单的颤音进行响应。每个“二重唱”被多次重复，长度与地区有关，为15—20秒。白掌长臂猿一天中的大部分时间都在觅食，食物中的一半都为果实，其余为叶片、昆虫和花朵。它们每天花费约15分钟相互理毛。晚间极少活动，栖息在树枝间或树杈上。

人们曾经认为白掌长臂猿终生都维持配偶关系，但近期的研究显示，它们偶尔更换配偶，甚至存在非“一雄一雌”制的社群。每对配偶或群体守卫的领域面积约占整个家域的3/4。雌猿的妊娠期为7—8个月，每胎1崽，哺乳期达18个月，幼崽6岁大时达到成年个体大小，9岁时完全成熟。野生个体的平均寿命为25—30年。主要的生存威胁来自森林砍伐和被捕杀。

白色的体毛

这种长臂猿的皮肤为黑色，脸和手脚上的毛发为白色。身体其余部位的毛色单一，从淡黄色、红褐色、褐色，或近乎黑色不等。

摆荡

白掌长臂猿利用两条长臂在树枝间摆荡前行。它将自己的身体当作钟摆维持动量，从而节省能量。白掌长臂猿的双眼面向前方，拥有可判断距离的立体视觉，因此当它在摆荡最高点松开手后，能准确判断下一个三米开外的抓握点。白掌长臂猿的拇指短小，位置靠后接近手腕，其他手指则能像挂钩一样运作。

灵巧的双脚

白掌长臂猿与其他长臂猿的脚掌和手掌相似，脚底的皮肤裸露无毛呈革质，可有效进行抓握。大脚趾能与其他脚趾对握，因此它们能在树枝上直立行走。

哺乳动物

Hylobates moloch

银白长臂猿

分布：亚洲东南部

体长：45—64 厘米
尾长：无
体重：5.5千克
社群单元：成对
保护现状：濒危

这种长臂猿的皮毛为银灰色，眉毛、脸颊及胡须的色泽较淡。它们取食果实、叶片，有时摄食花蜜及蛴螬。和大多数长臂猿一样，它们的家族群（雌性、雄性及其幼崽）也利用叫声保护领域。但与白掌长臂猿（第151页）不同的是，其雌雄两性并不进行“二重唱”。

Pan paniscus

倭黑猩猩

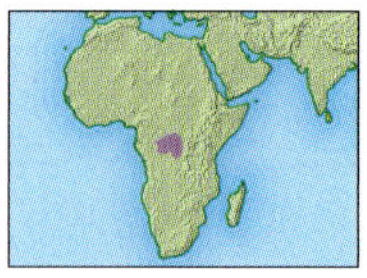

分布：非洲中部

体长：70—83厘米
尾长：无
体重：多达39千克
社群单元：群居
保护现状：濒危

倭黑猩猩的体形略小于黑猩猩（下图），但身体及四肢更细长。它们大多在地面觅食，主要取食果实和种子，也吃叶片、花朵、真菌、鸟蛋和小型动物。这种猿能生活在多达80只个体的群体中，但通常分成小群觅食和互相梳理毛发。雄性、雌性及年青个体之间普遍存在各种各样的性关系，这或许有利于缓解社群的紧张情绪。雌猩猩在群体中占据优势地位，群中的其他雌性成熟后离开家族；但雄猩猩大都留在自己出生的群中。

脸及皮毛

倭黑猩猩的脸部皮肤近乎黑色，甚至连幼崽也是如此。头顶的毛发具中分线。

幼儿期较长

雌性的妊娠期为8个月，哺乳期长达3年。此后，母亲会继续和幼崽一起生活1—2年，为其提供保护、帮助理毛并分享巢穴。每胎的间隔时间约为5年。

Pan troglodytes

黑猩猩

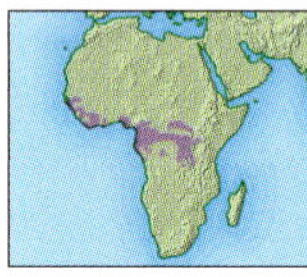

分布：非洲西部至中部

体长：63—90厘米
尾长：无
体重：30—60千克
社群单元：群居
保护现状：濒危

黑猩猩生活在由15—120只个体组成的群体中。亚群的组成会因理毛、觅食、外出及保护领域等活动而随时发生变化。保护领土的工作通常由成年雄猩猩进行，它们攻击并杀害从其他群体走失的成员。黑猩猩白天大多在觅食，主要取食果实及叶片，也采食花朵和种子。有时还协作捕食猴子、鸟类及小型羚羊等猎物。它们的社群关系可维持多年，但雌雄之间没有长期的配对繁殖关系。

雌猩猩的妊娠期为8个月，每胎只产1崽（罕有双胞胎），初生幼崽由母亲喂食、携行和帮助理毛，时间长达3—4年。幼崽也从母亲那里学习觅食技巧。黑猩猩不仅使用工具，也制造工具，例如，它们会剔除树枝上的小枝杈，用其钩取蚁窝中的白蚁。现存的两种黑猩猩与人类的亲缘关系最为接近。它们的智力、情感、沟通与学习等能力对于动物训练师、收藏家及研究人员来说都非常有用。但它们也因野生动物贸易而遭到捕杀。

脸部特征

黑猩猩的脸部无毛，可以清楚地做出各种表情。尤其是能利用可伸缩的灵活嘴唇，做出微笑般的鬼脸，但这其实是害怕的表现。

能发声的猩猩

黑猩猩能发出超过30种的不同声音，包括喘呼声（右图）。这种包含尖叫与吼叫的声音可传播到2000米开外。这种声音用于多种情况，是成年黑猩猩中最常见的声音，被认为可能有识别群内发声者以及向其他成员探询信息的功能。

夜间栖所

每只成年黑猩猩每晚都在树上重新建造一个用于睡觉的巢窝（偶尔将旧居更新或再次使用）。黑猩猩在距地3—10米高的地方将树枝和树叶弯折交错，搭建成可以远离地面捕食者的稳固平台。幼崽5—6岁前通常都与母亲栖息在一起。

Gorilla gorilla

大猩猩

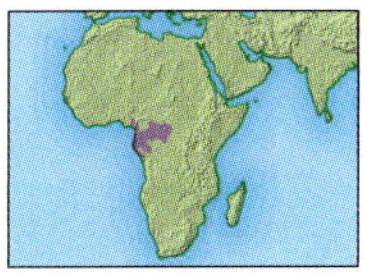

分布：非洲中部

体长：1.3—1.9米
尾长：无
体重：68—200千克
社群单元：群居
保护现状：极危

大猩猩是现存体形最大的灵长类，栖息于森林中，日间活动，觅食以果实、叶片、茎干和种子为主，也取食白蚁等少数小型动物。晚间将枝干弯折搭建居所栖息。大猩猩的群体较小，关系稳定，每群3—20只，由一只优势雄性、数只雌性及其幼崽组成。它们通过丰富的脸部表情、肢体动作和声音进行沟通，心满意足时发出呜咽声、呼噜声及低沉的隆隆声，警告时发出大声咆哮。

大猩猩的领域面积达800—1800公顷，与相邻群体的领域有所重叠，但彼此不会主动防卫领域。雌猩猩的妊娠期为八个半月，每胎产崽1只，幼崽出生后的4—6个月攀附在母亲腹部，之后骑在母亲的肩或背上。幼崽4个月大时就能摄食植物，但3岁大时才断奶。

银背

成年雄性大猩猩的体重近乎雌性的两倍，额头部分较为高突，犬齿较长，且背毛为银灰色，因此也被称为“银背大猩猩”。

紧张行为

大猩猩感到紧张时嘴巴大张（上图）。它们往往排成一列纵队安静地走入密林，以避开危险，这种行为称为“潜行”。大猩猩在主动防御时，会大声发出咆哮并瞪眼凝视对手。如果威胁一直持续，则有可能发动攻击（右下方图框）。

保育

大猩猩面临的主要威胁包括森林栖息地遭人类焚烧开垦、野生动物贸易导致的非法猎杀和偷猎等。动物园中的个体几乎都是这种大猩猩，但将圈养个体重新放生到野外的活动却相当罕见，部分原因在于大猩猩具有复杂而紧密的社群生活。对栖息地的保护仍将是未来的重点工作。

Gorilla beringei

东部大猩猩

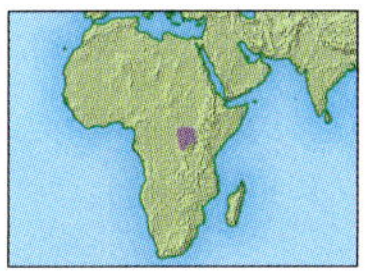

分布：非洲中部和东部

体长：1.3—1.9米
尾长：无
体重：68—210千克
社群单元：群居
保护现状：濒危

这种大猩猩曾被视为大猩猩的亚种，包括东部低地大猩猩以及一种或多种山地大猩猩的亚种（如山地大猩猩）。每个群体的领域面积为400—800公顷，除了中间的核心区域外，其他部分会与相邻群体的领域重叠。东部大猩猩主要以叶片、嫩枝和茎干为食，尤其爱吃竹子，也取食果实、植物根、嫩树皮和真菌。偶尔也挖出蚂蚁，并在遭到其咬伤前快速将之吞食。

黄昏时集体就寝，成年雄猩猩睡在地面，雌猩猩与幼崽在树上营巢栖息。每只雌猩猩都与新生幼崽共享一巢。领头的雄性是群体中大多数或全部幼崽的父亲；通过假装进食、发出呼声、拍击胸膛、捶击植物或又跳又踢来吸引发情雌性的注意。除非原配偶遭到杀害，否则开始繁殖的雌猩猩很少更换配偶。幼崽出生后跟随母亲生活，直到4年后母亲产出下一胎为止。一些东部大猩猩因可吸引游客观光带来收益而受到保护，但其余种群仍在遭受盗猎的威胁。

大猩猩群

关系长久的大猩猩群体可达40只个体成员，通常包括一只优势雄性、数只雌性及其幼崽。兄弟或父子有时也会生活在同一个群体中，形成多只雄性并存的群体。

保暖的皮毛

东部大猩猩的山地亚种具有长而蓬松的皮毛，有助其在海拔4000米处保持身体温暖。只有脸和手脚（以及雄性的胸部）裸露无毛。

防御性炫耀

如果无法用咆哮威慑攻击者（上方图框），东部大猩猩便发出大叫。接着挺身站立，双手拍击胸部（无毛的胸部能将声音放大），然后丢掷植物。若仍未奏效，它就会大吼一声，同时举手挥击、扳倒并撕咬入侵者。

Pongo pygmaeus

猩猩

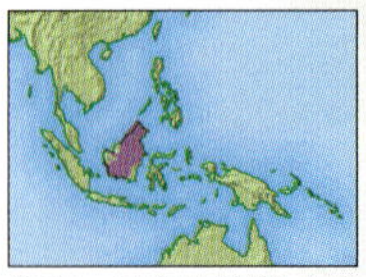

分布：亚洲东南部（婆罗洲）

体长：1.1—1.4米
体重：40—80千克
社群单元：独居
保护现状：濒危

猩猩是一种高度树栖的灵长类，觅食、栖息和繁殖活动都在树上进行，只有雄猩猩偶尔下地活动。猩猩白天的大部分时间用于寻找果实和其他食物，夜间将树枝交叠架窝栖息。雌猩猩在树顶的巢窝中分娩，初生幼崽攀附在母亲身上，随之在树冠层中攀爬。幼崽8岁大前一直都与母亲生活。猩猩群的分布相当零散，很可能由食物供给量决定。它们大多独居，但常能在结满果实的树上偶遇同类，接近成年的雌性还会同行2—3天。所有个体都能从邻近雄性发出的长呼声中得知这些雄性的存在。

猩猩直到最近才被视为一个单独的物种。基因研究显示，猩猩有两个亚种，即婆罗洲猩猩和苏门答腊猩猩。这两种猩猩目前面临的主要威胁来自伐木和火灾等因素导致的森林栖息地的丧失。据估计，目前的婆罗洲猩猩数量有45,000—69,000只，而苏门答腊猩猩则仅存7300只。

保育

尽管猩猩已受到法律保护，但猩猩幼崽仍遭到捕捉或作为宠物非法销售。虽然救助猩猩（包括成年和青年个体）的恢复和野外放生计划取得了一定的成功，但仍有许多个体无法重新适应自然栖息地，而这些栖息地正在受到快速破坏。

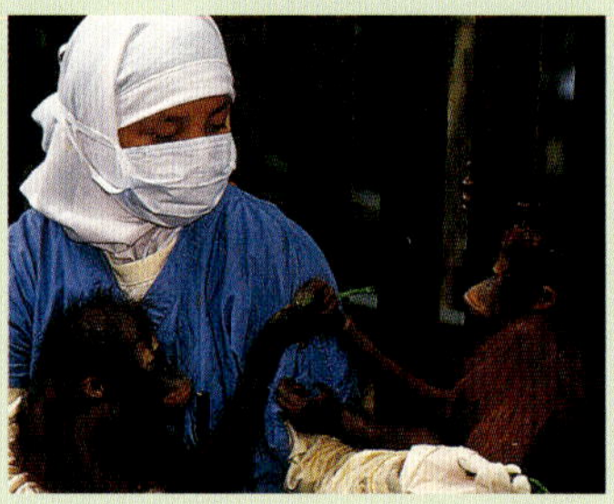

"森林之人"

"猩猩"一词在马来语中意为"森林之人"。雄猩猩的外表和雌猩猩差异很大，脸侧有大型颊垫（随年龄增长而加大）、长胡须和髭须，以及下垂的喉囊。此外，雄猩猩手臂上的毛发很长，双臂张开时，状如披肩。

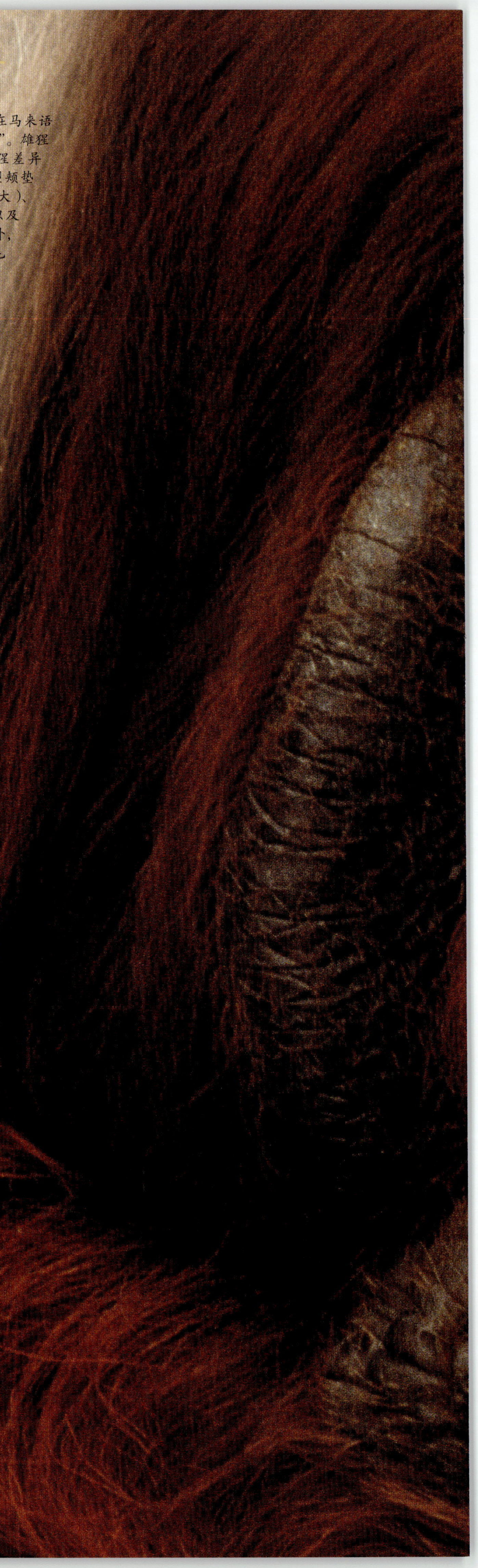

树栖物种

雄猩猩的双臂伸展时可长达2.2米，脚掌也能像手掌一样握住树枝，非常适于在树顶生活。它的四肢极为灵活，手腕、臀部及肩膀关节的活动范围比其他大型猿类更大。

来自森林的食物

果实是猩猩最喜爱的食物，但它们也摘食植物的其他部位，并取食蜂蜜，以及蜥蜴、白蚁、雏鸟及鸟蛋等食物。

家族群

母亲和幼崽一起在森林的树上摘取果实和叶片。

进食习性

猩猩利用手和牙齿处理食物，它们能撕开植物，并剥除果皮以获取多汁的果肉。

哺乳动物

蝙蝠

门：	脊索动物门
纲：	哺乳纲
目：	翼手目
科：	18科
种：	1117种

分类说明

翼手目分为两个亚目，即大蝙蝠亚目（仅含狐蝠一科）和小蝙蝠亚目（其余所有的蝙蝠）。大蝙蝠亚目的吻部较长，脸形似狐狸，不具回声定位功能（见下文）。

蝙蝠是哺乳类中唯一能扇动翅膀真正飞行的种类（相对于鼯猴的滑翔而言）。蝙蝠的翼膜是背部及腹部皮肤的延伸，可在飞行时提供高超的操控力。蝙蝠的翼展宽度多变，既有翼展超过1.5米的大型狐蝠，也有翼展仅15厘米的凹脸蝠。超过半数的蝙蝠种类都利用回声定位捕捉猎物，并在夜间飞行。翼手目的物种数量相当庞大，占所有哺乳类的近1/4，物种数仅次于啮齿目。蝙蝠广泛分布于全球热带和温带地区，而极地等过于寒冷且无法提供食物的环境则难觅其踪影。

身体结构

蝙蝠最明显的特征或许就是从体侧延伸到前肢4个延长指骨末端，由两层皮肤构成的柔韧翅膀（翼膜）。这两层皮肤间还分布有血管和神经。蝙蝠的前肢特化，特别延长的指骨可以当作翅膀使用，并且还具有愈合的椎骨、扁平的肋骨和发达的锁骨等特征。胸骨中部有突起，以供使翅膀上下活动的发达胸肌附着。大多数蝙蝠的第一或第一和第二指末端具爪，踝关节内侧生有软骨性的突起，用于支撑尾膜。

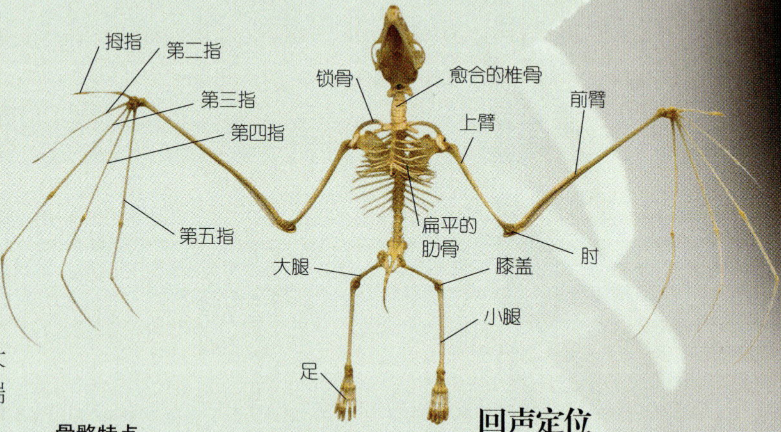

骨骼特点

蝙蝠的前肢、后肢和特别延长的指骨能为翅膀提供支架。蝙蝠的后肢旋转了180度，因此膝盖与双足能朝着刚好与其他哺乳类相反的方向弯曲。

回声定位

小蝙蝠亚目的所有成员均有回声定位能力，当在飞行中使用这一能力时，它们便成为非常可怕的猎手。声音（咔嗒声）由喉部产生，通过鼻子或口腔发出，利用鼻叶（如果有的话）定向或聚焦。当声波从外界物体上反射回来时，回音可被蝙蝠的耳朵接收。从收到回音所需的时间，蝙蝠就能判定飞行路线上任何物体的尺寸大小和位置。

回声定位所需装备

虽然蝙蝠的视觉很好，但听觉和嗅觉却远比视觉更为重要。许多小蝙蝠亚目的物种，如图中的新热带果蝠，还长有辅助回声定位的大型鼻叶。耳屏（耳朵前方的突起）的功能仍不确定，但有可能会提高回声定位的准确度。大蝙蝠亚目种类通常没有回声定位能力，它们的双眼较大（便于侦测猎物），耳朵较小。

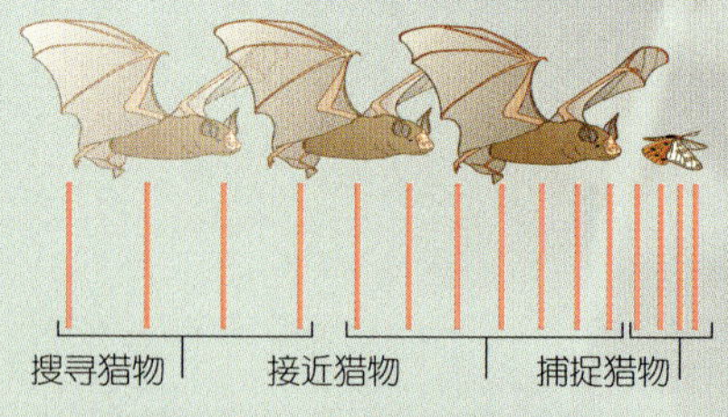

蝙蝠使用回声定位捕捉昆虫的状态

利用声音找到猎物

所有的食虫蝙蝠都利用回声定位能力捕捉空中的猎物。蝙蝠在搜寻蚊蝇和飞蛾等猎物时，发出一连串的咔嗒声，如图中的红线所示。当接近猎物时，声音的间隔缩短，蝙蝠就能准确地侦测到猎物的位置。

空中捕食

接近猎物

这只兔唇蝠利用回声定位确定水面下小鱼的位置。

捕获猎物

它轻巧地掠过水面，利用长而锐利的爪子划破水面捕获小鱼。

紧抓不放

兔唇蝠快速将小鱼从爪上放入口中咬紧，使小鱼无法脱逃。

寻找进食点

它要先找到一棵树降落下来，然后才能进食猎物。

觅食和食性

许多蝙蝠都以昆虫为食，有些在灌丛和树林间觅食，而另一些则掠过林冠层捕捉高空中的昆虫。一只蝙蝠一夜可捕食数百只蚊子（因而能有效降低其他动物的疟疾发病率）。另一些蝙蝠以果实为生，还有一些用长舌头舔食花粉和花蜜。吸血蝙蝠趁动物睡着时，用锋利的牙齿在动物的皮肤上划一道小口，然后吸食血液。食肉蝙蝠捕食蜥蜴和蛙类；食鱼蝙蝠利用强壮双脚上的带钩利爪猎食鱼类（下图）。

食果

大多数食果蝙蝠借助视觉与嗅觉寻找食物，因此脸部缺乏用于进行回声定位的器官。这只颈囊果蝠正在取食杧果，如果一群这样的果蝠出现在果园中，就会造成农作物的重大损失。由于果蝠需要持续觅食熟果，因此它们大都分布于热带地区。果蝠常成群觅食，也会飞到很远的地方寻找食物。

吸血

吸血蝙蝠以吸血为食。它们的门牙锐利，可划开皮肤，唾液还能防止血液凝结。右图中的白翼吸血蝠通常吸食鸡血。

保育

尽管蝙蝠的种类异常丰富，但仍面临着种种巨大威胁。全球范围内最严重的威胁之一便是栖息地丧失，这在森林地区尤为突出。果蝠也因被视为害兽而遭受捕杀，并且还会因撞上电线而死亡。食虫蝙蝠则受到“白鼻子病”的威胁，这种潜在的致命真菌病原体于2006年首次在北美洲被发现。如今，蝙蝠被装上了微芯片和无线电项圈，这样一来人们就能随时掌握它们的行踪。下图中的这只果蝠将被放飞数月，以便能准确掌握其栖息和进食地点。

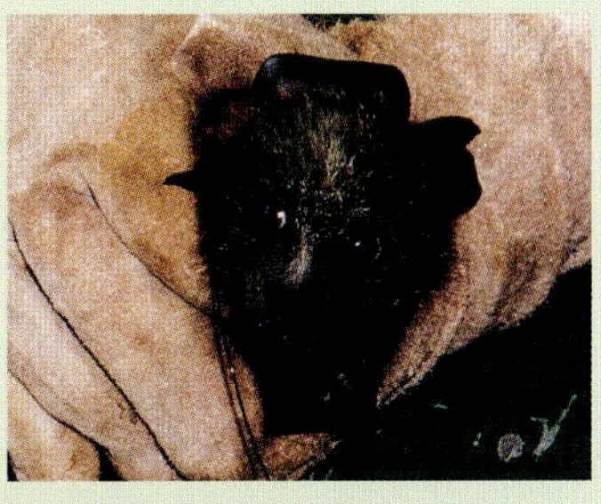

会飞的哺乳类

蝙蝠是唯一会飞行的哺乳类，它们具有能使翅膀上下拍动的适应性结构（和鸟类的一样）。这只新世界叶鼻蝠展开的翅膀可以显示出翼膜展开时的大小。

栖息

蝙蝠通常大量聚集于一处，如山洞、旧建筑物的屋顶或中空的树干中。所有的栖息点都必须能保护蝙蝠不受捕食者、太阳热量、冬季低温（冬眠地）和雨水的侵袭。扁颅蝠的身体极小，能钻入植物的茎干中栖息，而某些叶鼻蝠则会咬开叶茎，使树叶下垂形成帐篷包裹自己。人们还未完全了解蝙蝠喜欢大量聚集的原因；然而，在冬眠快要结束时，集群蝙蝠的体重往往高于不集群的种类。

栖身处

蝙蝠白天常栖息在山洞中，如图中的果蝠，黄昏时分外出觅食。有些物种常年都使用同一个栖所，集群时的数量可达成千上万只。

落

当它头朝下倒挂在树上时，嘴巴仍紧咬住小鱼。

吞食猎物

它会先从鱼头吃起，并用翅膀调整食物的方向。

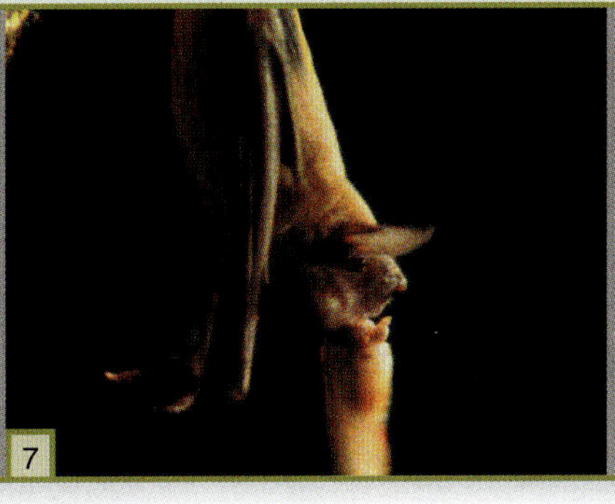

弹性良好

墨西哥兔唇蝠的脸颊相当有弹性，能在进食时伸缩自如。

大餐结束

当食物几乎全部被吞下时，这只蝙蝠便会开始另一次猎捕行动。

Rousettus aegyptiacus

北非果蝠

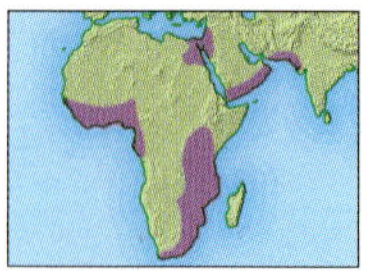

体长：14—16厘米
尾长：1.5—2厘米
体重：80—100克
社群单元：群居
保护现状：无危

分布：亚洲西部，非洲北部（埃及）、西部、东部和南部

这种食果且食叶的蝙蝠的分布范围广泛且适应力很强，数量过多时常对农作物造成危害。它们也是果蝠中唯一发出高频率咔嗒声进行回声定位的物种。这就表示它们能在黑暗的洞穴中飞行和栖息，而无须像其他果蝠一样在树上栖息。

毛茸茸的前臂

北非果蝠的背部毛色多变，从深棕色至深蓝灰色不等，腹部呈浅烟灰色。它的毛皮一直延伸至两个前臂的上半部分，这在蝙蝠中十分罕见。

Stylocterium mindorensis

民都洛花面狐蝠

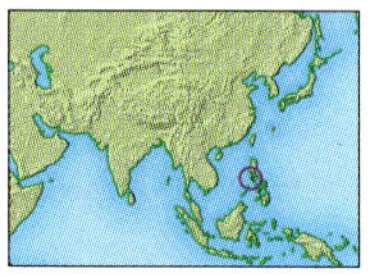

体长：15—18厘米
尾长：无
体重：150—210克
社群单元：群居
保护现状：数据缺乏

分布：菲律宾

这种颜色极不寻常的果蝠通体橙黄色，脸部有白色条纹，于2006年在菲律宾民都洛岛的低地森林中被发现，当地一直都传言有这种蝙蝠的存在。这种果蝠至今从未在别的地方被发现过，但有人推测澳洲的土著绘画中曾描画过这种蝙蝠及其近亲物种的形象。目前，该属中唯一的另一个成员已被确定分布在苏拉威西岛。人们对民都洛花面狐蝠的习性所知甚少，目前它们正面临森林砍伐和捕猎的威胁。

Epomops franqueti

无尾肩章果蝠

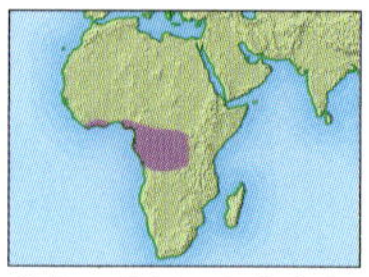

体长：11—15厘米
尾长：无
体重：85—100克
社群单元：群居
保护现状：无危

分布：非洲西部和中部

雄性无尾肩章果蝠在夜间发出高频率哨声吸引雌性前来交配。雄性略重于雌性，肩部有一块斑状的淡色长毛。这种蝙蝠随时都能繁殖，如若番石榴、香蕉、其他水果和嫩叶等食物充足，一年还能繁殖两次。

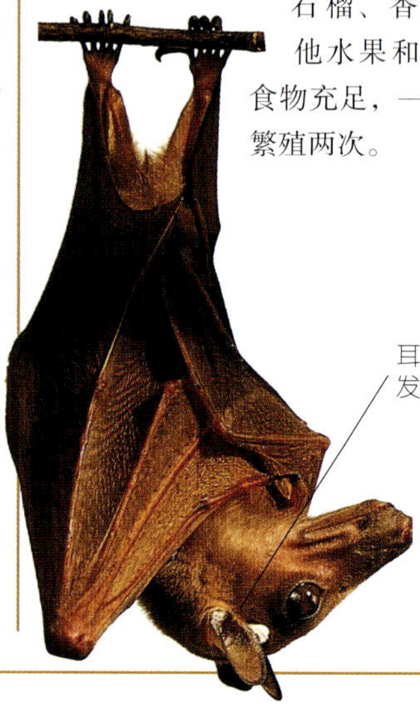

Epomophorus wahlbergi

韦氏颈囊果蝠

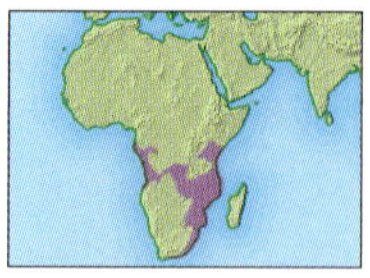

体长：12—15.5厘米
尾长：无
体重：65—125克
社群单元：不固定
保护现状：无危

分布：非洲东部、中部和南部

雄性韦氏颈囊果蝠的肩部有类似“肩章”的白色毛发，雌雄双方的耳根处都有白色毛发。这些白色毛束可能具有破坏性伪装效果，使它们的身体轮廓在由下向上看时，可以隐藏在斑驳的叶丛中。雄蝙蝠在繁殖季节发出与打气筒类似的吱吱声吸引雌性。

Pteropus rodricensis

罗岛狐蝠

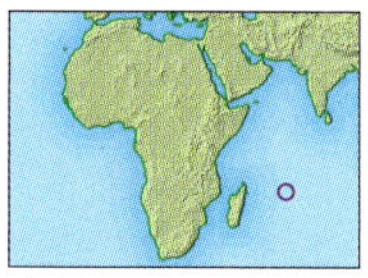

体长：35厘米
尾长：无
体重：250—275克
社群单元：群居
保护现状：极危

分布：印度洋（罗德里格斯岛）

这种狐蝠原先在白天栖息地中的个体数量可达500多只。由于风暴破坏和人为干扰造成的栖息地丧失，以及当地居民的猎食行为，导致这一物种的现存野生数量仅有4000只。不过，目前已有数个保护中心成功制订了人工繁育计划。

罗岛狐蝠夜间在干燥的林地中觅食罗望子、蒲桃、杧果、棕榈果和无花果等各种果实。它们和其他果蝠一样，只食用果汁和柔软的果肉，很少吞食果肉的坚硬部位。人工饲养环境下的生态观察显示，每只优势雄性都拥有多达10只的妻妾群，并与之栖居和交配。地位较低和未成熟的雄性大都栖息在别的地方。

Rhynchonycteris naso

缨蝠

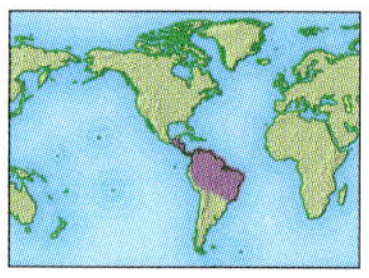

体长：3.5—5厘米
尾长：1—1.5厘米
体重：3—6克
社群单元：群居
保护现状：无危

分布：墨西哥至南美洲中部

缨蝠又称长鼻蝠，具有尖长的鼻子和流线型的身体。它是一种典型的小型食虫蝙蝠，但却有着独特的栖息行为，5—10只个体（不会超过40只）白天栖息时鼻尾相接，在树枝或屋梁上排成一行。一只成年雄性在群中占据支配地位，并保卫群体的觅食地——一片靠近水源，用于捕食昆虫的区域。

Taphozous mauritianus

南非墓蝠

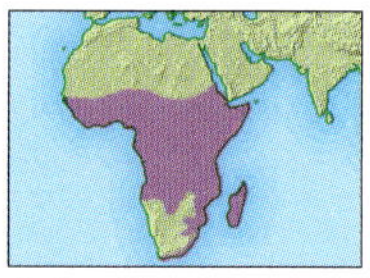

体长：7.5—9.5厘米
尾长：2—3厘米
体重：15—30克
社群单元：群居
保护现状：无危

分布：非洲西部、中部、东部和南部，马达加斯加岛

南非墓蝠是鞘尾蝠科的成员之一，因会发出多种咔嗒声、吱吱声和其他只有一些人才能听到的声音而在非洲广为人知，还能利用超音波进行回声定位。这种好动的蝙蝠十分警觉，白天栖息在露天的树干和墙壁上（包括城镇建筑）。多在空旷处捕食飞虫，尤其是在水面上空。它的背部皮毛呈灰棕黑色，腹部和翼膜为白色。

Macroderma gigas

大耳蝠

体长：10—12厘米
尾长：无
体重：75—150克
社群单元：群居
保护现状：易危

分布：澳洲西部和北部

这种蝙蝠又称澳洲假吸血蝠，因被误以为会吸食血液而得名。它是小蝙蝠亚目中体形最大的物种之一，捕食昆虫、鸟类、蜥蜴和其他蝙蝠等。其数量减少的原因部分在于它们的岩石栖息地正逐渐被人们用来采矿和采石。

Thyroptera tricolor

三色盘翼蝠

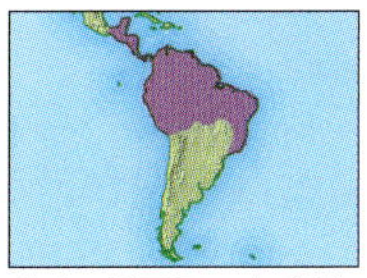

体长：4厘米
尾长：2.5—3.5厘米
体重：3—5克
社群单元：群居
保护现状：无危

分布：墨西哥至中美洲、南美洲、特立尼达岛

三色盘翼蝠的翅膀中部前缘，靠近拇指指端的爪子处各具一个圆形吸盘状结构，足部也各有一个较小的类似结构。这些类似小型吸盘的结构可以牢牢抓在光滑的树叶表面，使得这种蝙蝠能以头上脚下的姿势在半卷曲的树叶中休息，这种方式几乎与其他所有的蝙蝠都不同。

三色盘翼蝠的平均体重约为4克，而单个吸盘结构就足以承受它的体重。此外，它也会和约10只的同伴一起栖息在没有卷起的叶丛中。三色盘翼蝠是三种新大陆盘翼蝠中最小的一种，以小型生物为食，其中还包括跳蛛等许多不会飞行的猎物。它的体形纤细，背部呈深棕色或红褐色，腹部为棕白色或黄色。雌性稍大于雄性。

Rhinolophus hipposideros

小菊头蝠

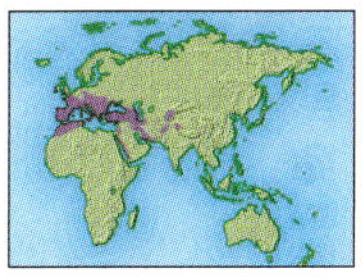

体长：4厘米
尾长：2—3.5厘米
体重：4—10克
社群单元：群居
保护现状：无危

分布：欧洲、非洲北部至亚洲西部

这种体形极小的蝙蝠广泛分布于林地和灌丛地带，是74种菊头蝠中体形最小的一种。虽然被列入无危等级，但这一物种的生存正受到威胁。无论是位于地下的冬眠地，如幽深的地洞，还是夏季白天栖身用的树洞、山洞、烟囱和矿井等，都已受到了干扰。家猫使得小菊头蝠遭受重创，而林木及树篱的破坏则导致小型飞虫等猎物大量减少。

Hipposideros speoris

施氏蹄蝠

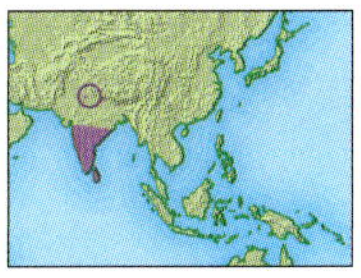

体长：4.5—6厘米
尾长：2—3厘米
体重：9—12克
社群单元：群居
保护现状：无危

分布：亚洲南部

施氏蹄蝠是同属69种蝙蝠中体形中等的成员，是一种典型的小型食虫蝙蝠。吻上方的鼻孔周围具叶状鼻叶，下方呈U形。其白天成千上万地聚集在洞穴、隧道和建筑物中栖息。

Nycteris grandis

魁凹脸蝠

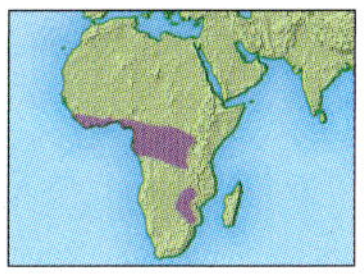

体长：7—9.5厘米
尾长：6.5—7.5厘米
体重：25—40克
社群单元：群居
保护现状：无危

分布：非洲西部、中部、东部和南部

这种蝙蝠的脸部有凹陷，有时部分会被鼻叶遮挡，因此看上去就像有两道裂痕从鼻孔延伸至眼睛。强壮的魁凹脸蝠不仅捕食其他蝙蝠、鸟类、蝎子、避日蛛和蛙类，甚至能靠近水面捕鱼。它们白天成群聚集在树木、洞穴和建筑物等处栖息，群体数量可达60只。

Rhinopoma hardwickei

小鼠尾蝠

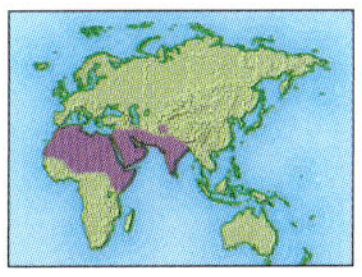

体长：5.5—7厘米
尾长：4.5—7.5厘米
体重：10—15克
社群单元：群居
保护现状：无危

分布：亚洲西部至南部、非洲北部至东部

小鼠尾蝠亦称长尾蝠，它隶属的鼠尾蝠属包括5种蝙蝠，是所有蝙蝠中唯一有细长尾巴的小型食虫蝙蝠，尾长几乎与身体等长。它们栖息在灌丛、半沙漠地带和热带森林。食物充足时，它的体重可增加一倍，体内大量储存的脂肪能为旱季长达数周的蛰伏提供能量。

Pteronotus davyi

裸背蝠

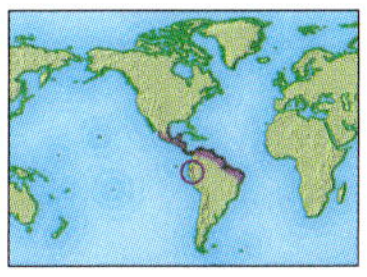

体长：4—5.5厘米
尾长：2—2.5厘米
体重：5—10克
社群单元：群居
保护现状：无危

分布：墨西哥至南美洲北部和东部

这种蝙蝠经常于夜间在城镇附近出没，捕食被街灯吸引的飞蝇、飞蛾和其他昆虫。白天成群栖息于洞穴和旧矿坑中，栖息地通常距觅食地很远。裸背蝠的双翅在背部中央相连，挡住了下方的皮毛。裸背蝠属中的物种也被称为髯蝠。

Noctilio leporinus

兔唇蝠

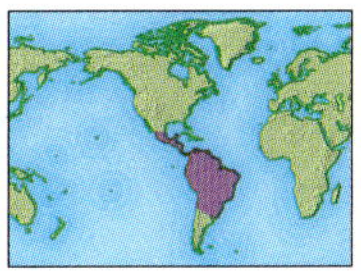

体长：6—8厘米
尾长：1.5—2厘米
体重：15—35克
社群单元：群居
保护现状：无危

分布：中美洲、南美洲北部、东部和中部

兔唇蝠也称食鱼蝠，全球两种兔唇蝠均有大型鼻垫，下垂的上唇和隆起的下巴。兔唇蝠的皮毛柔软呈橘黄色、棕色或灰色，背部中央有一道明

显的浅色条纹。它们白天栖息在中空的树干或洞穴中。夜间在水面或沙滩上捕食鱼类、蟹类和其他猎物，能用后脚上的强壮利爪从地面或水面抓取猎物。

哺乳动物

Trachops cirrhosus

缨唇蝠

体长：6.5—9厘米
尾长：1—2厘米
体重：25—35克
社群单元：群居
保护现状：无危

分布：墨西哥至南美洲北部和中部

为何这种翅膀宽大善于飞行的蝙蝠的嘴唇上布满乳突（疣状小突起）的原因仍不明确。缨唇蝠又称食蛙蝠，在溪边、水沟和类似水道的地方飞行时，常张开大嘴捕捉昆虫、蛙类和蜥蜴等猎物。它能通过猎物发出的声音判别其位置，如雄蛙的鸣叫声，而非利用回声定位侦测猎物。其他方面则和别的蝙蝠一样，栖息在树洞、中空的倒木和洞穴中。

Anoura geoffroyi

无尾长鼻蝠

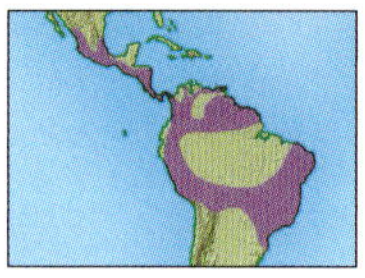

体长：6—7.5厘米
尾长：多达7厘米
体重：13—18克
社群单元：群居
保护现状：无危

分布：墨西哥至南美洲北部

这种蝙蝠的小型尾膜上覆满毛发，看起来就像是腿上长着许多毛。它还具有上翘的小型三角形鼻叶，且吻部较长，下颌突出。这些特征也让它们被别称为毛腿蝠或长鼻蝠。无尾长鼻蝠常在夜间盛开的花朵前盘旋，它的舌头与头部等长，舌尖独特呈刷状，用于吸食花蜜和采集花粉。它们也捕食甲虫或飞蛾等昆虫。成群栖息在洞穴和隧道中。

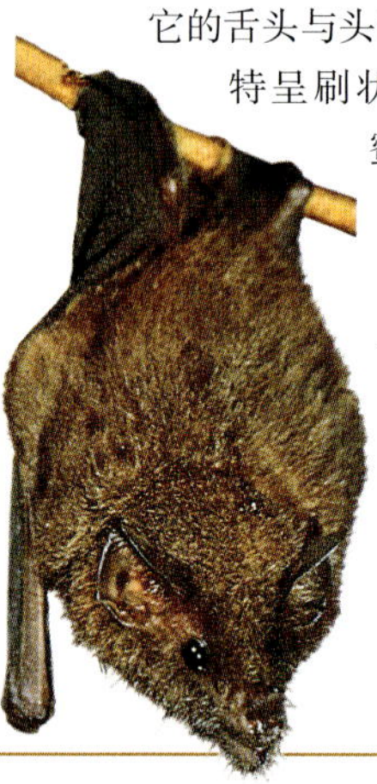

Desmodus rotundus

吸血蝠

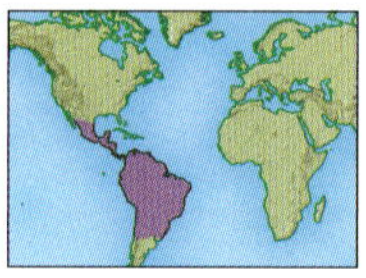

体长：7—9.5厘米
尾长：6.5厘米
体重：19—45克
社群单元：群居
保护现状：无危

分布：墨西哥至南美洲

吸血蝠擅于飞行，但也能在地面上借助四肢灵活行走。它从黄昏开始搜寻温血猎物，如鸟类、貘或家畜，甚至是海豹或人类。接着在猎物附近着陆，匍匐着爬向猎物，咬去猎物的毛皮或羽毛，在30分钟内舔食约25毫升的血液，它的唾液还能防止血液凝结。吸血蝠常与数百只同类共用树洞、洞穴、矿井或老旧建筑物等栖息地。

利齿

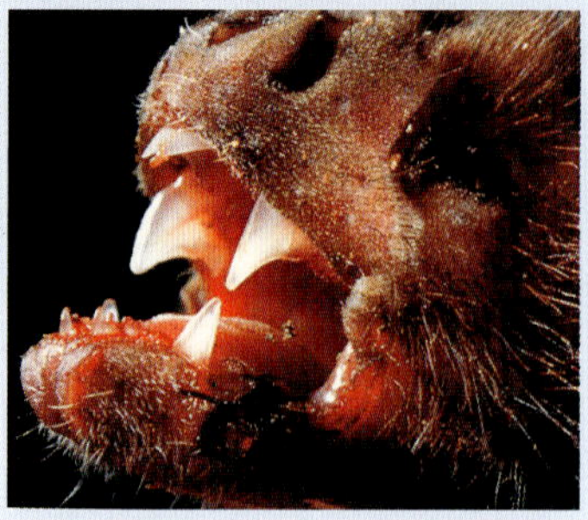

吸血蝠的上门齿非常锐利，如同刀片般尖薄，以至猎物很少能察觉到吸血蝠在其身上留下的5毫米长的伤口。

体色

皮毛呈深棕灰色，腹部色淡，具米黄色光泽。

Pipistrellus pipistrellus

伏翼

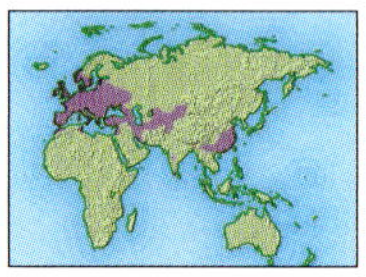

体长：3.5—4.5厘米
尾长：3—3.5厘米
体重：3—8克
社群单元：群居
保护现状：无危

分布：欧洲至非洲北部、亚洲西部和中部

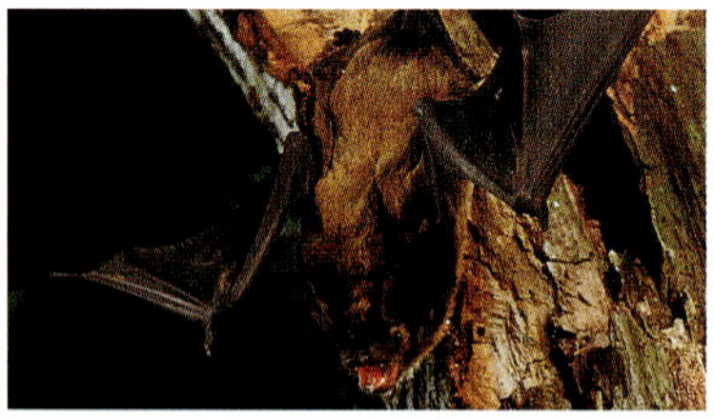

伏翼属包含约62个相似物种，伏翼是其中体形最小且分布最广的一种，生活在森林至城市公园在内的各种栖息地中。它是每晚最先外出觅食小型飞虫的几种蝙蝠之一。白天栖息在缝隙、建筑物和蝙蝠箱中，整个冬季在有遮蔽的相似地点冬眠。整个育儿群中可包含多达1000只雌性个体，每个个体都会产下一只幼崽。

Nyctalus noctula

褐山蝠

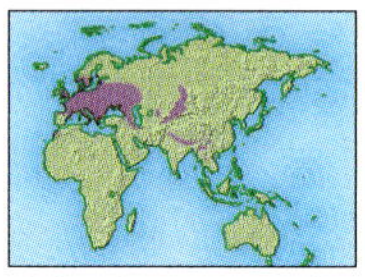

体长：7—8厘米
尾长：5—5.5厘米
体重：15—50克
社群单元：群居
保护现状：无危

分布：欧洲至亚洲西部、东部和南部

褐山蝠是8种山蝠中分布最广的一种，它能飞得很高，然后向下俯冲，捕捉和蟋蟀与金龟子一样大的飞虫。褐山蝠白天通常独自栖息在小洞中，如树洞、建筑物的缝隙或岩缝中。它们会在冬、夏栖息地间往返迁徙2000多千米。雌性于春季产下3只幼崽，与大多数每胎只产1崽的小型蝙蝠不同。

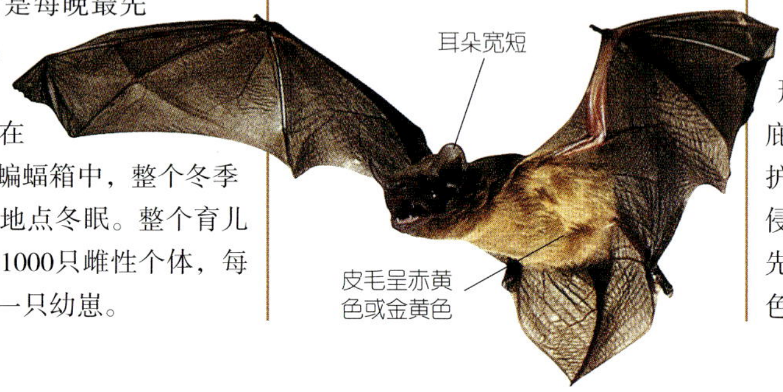

Uroderma bilobatum

筑帐蝠

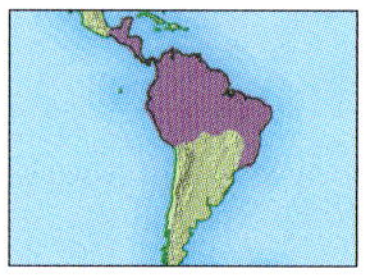

体长：6—6.5厘米
尾长：4—4.5厘米
体重：13—20克
社群单元：群居
保护现状：无危

分布：墨西哥至南美洲中部、特立尼达岛

蹄蝠中约有15种蝙蝠都能咬开棕榈或香蕉树叶，使叶片垂下或折叠形成伞形、圆锥形、圆柱形或烧瓶形的“帐篷”，然后群居于其中以求庇护。“帐篷”使用期达3个月，可保护2—50只蝙蝠免受阳光风雨和捕食者侵袭。筑帐蝠以各种叶片和果实为食，先将食物咀嚼，再吸食汁液。它的体色为灰棕色，脸和背部具白色条纹。

Vampyrum spectrum

美洲假吸血蝠

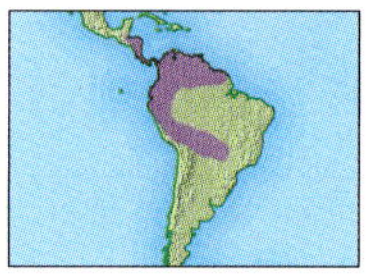

体长：13.5—15厘米
尾长：无
体重：150—200克
社群单元：不固定
保护现状：近危

分布：墨西哥至南美洲北部、特立尼达岛

美洲假吸血蝠的翼展达1米，是美洲体形最大的蝙蝠。就像它的名字所示，这种蝙蝠并不吸血，而是靠近食物链顶端的强大捕食者，因此受到栖息地丧失带来的一定威胁。美洲假吸血蝠捕食其他蝙蝠及鼠类等小型啮齿类，以及鸫鹟、黄鹂和鹦哥等鸟类。白天组成多达5只的群体聚集在树洞中栖息。

Molossus ater

赤獒蝠

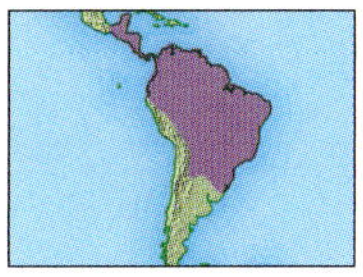

体长：7—10厘米
尾长：4—5厘米
体重：30—40克
社群单元：群居
保护现状：无危

分布：墨西哥至南美洲中部、特立尼达岛

赤獒蝠的体形中等，毛发短而柔软。通常栖息在建筑物中，捕食被街灯吸引的昆虫。黎明和黄昏时分比大多数蝙蝠更加活跃，半夜和白天则都在休息。它们将大量捕捉到的昆虫存放在颊囊中，只在回巢时才开始咀嚼吞食。

Mops condylurus

安哥拉犬吻蝠

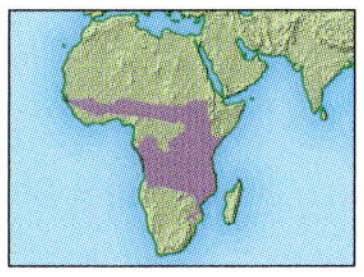

体长：7—8.5厘米
尾长：4厘米
体重：18—35克
社群单元：群居
保护现状：无危

分布：非洲西部、中部和南部

这种蝙蝠分布广泛，常见于从沙漠到雨林在内的各种栖息地，尾长，部分露于尾膜之外，略似鼠尾。具有典型的蝙蝠行为，常从白天的栖息处中成群喧闹飞出，借以降低个体被鹞、鹰或蛇等捕食者攻击的概率。它们捕食飞虫，在空中吃掉猎物，并将猎物的腿部等坚硬部位丢弃。

Otonycteris hemprichii

沙漠长耳蝠

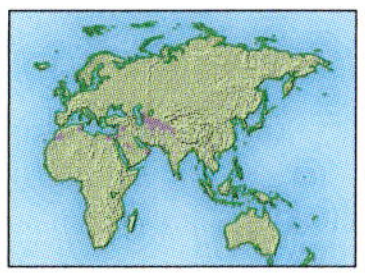

体长：6—7厘米
尾长：4.7—4.9厘米
体重：20—30克
社群单元：群居
保护现状：无危

分布：非洲北部至亚洲西部

沙漠长耳蝠是少数能适应干燥荒芜环境的蝙蝠之一。当面临旱季等恶劣气候时，这种蝙蝠可能进入类似冬眠的不活动期。它的大耳朵长达4厘米，在俯冲向下捕捉昆虫和蜘蛛等情况下，耳朵几乎呈水平状。白天结成20只以上的群体，在岩缝、洞穴或建筑物中栖息。

Plecotus auritus

普通长耳蝠

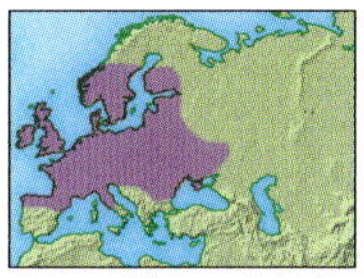

体长：4—5厘米
尾长：4—5厘米
体重：7—14克
社群单元：群居
保护现状：无危

分布：欧洲、亚洲中部

紧凑的脸庞和大耳朵是11种旧大陆大耳蝠属物种的鉴别特征。普通长耳蝠的皮毛多为棕灰色，脸部色泽较深。这种蝙蝠猎食多种昆虫，包括飞蛾和甲虫，捕获猎物后将其带到栖木上进食。其他习性则和典型的小型食虫蝙蝠一样，冬季也在洞穴、矿井和地窖中冬眠。

Antrozous pallidus

苍白洞蝠

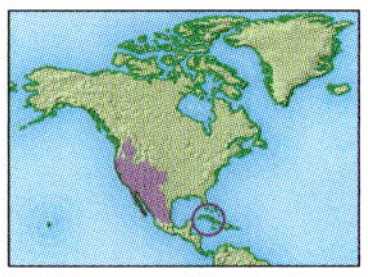

体长：5.5—8厘米
尾长：3.5—5.5厘米
体重：14—30克
社群单元：群居
保护现状：无危

分布：北美洲西部至墨西哥、古巴

这种体形中等、鼻子似猪鼻的浅色蝙蝠能在多种干燥的栖息地中生存，包括草原、灌木丛生的荒漠，甚至是加州死亡谷的酷热环境。苍白洞蝠通过猎物发出的声音进行定位并捕食，以甲虫、蟋蟀、蜘蛛、蜈蚣、蝎子、蜥蜴和囊鼠等为食。成群飞向凸起的岩石、树木或阁楼等栖息处时，会发出人类可听见的刺耳定向叫声。

Natalus stramineus

墨西哥筒耳蝠

体长：4—4.5厘米
尾长：4.7—5.2厘米
体重：3—5克
社群单元：群居
保护现状：无危

分布：加勒比海地区

分布于热带美洲的5—8种筒耳蝠均体形小巧，耳圆，皮毛柔软，尾巴被尾膜包裹。墨西哥筒耳蝠飞行快速灵活，几乎就像蝴蝶一样。它以小型飞虫为食，白天栖息在洞穴中。

Myotis daubentonii

水鼠耳蝠

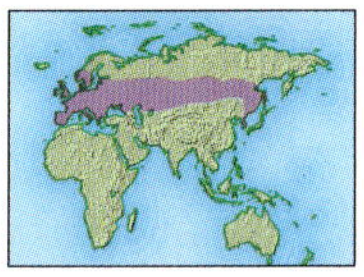

体长：4—6厘米
尾长：2.5—5厘米
体重：5—15克
社群单元：群居
保护现状：无危

分布：欧洲至亚洲北部和东部

水鼠耳蝠是分布广泛的鼠耳蝠属102个物种中的一种，均为小型褐色蝙蝠。水鼠耳蝠在水面上空1—2米处振翅飞行，用嘴、翅膀或尾膜蜷曲形成的囊袋捕捉飞虫，也因此被称为水蝠。它也会掠过水面，用大型后足捕捉小鱼。这种蝙蝠白天栖息在树木、建筑物、旧墙或桥梁下。能飞行300千米到山洞或矿井中进行冬眠。

Vespertilio murinus

普通蝙蝠

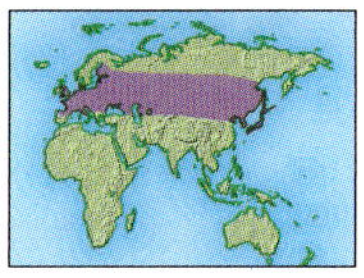

体长：5—6.5厘米
尾长：3.5—4.5厘米
体重：10—25克
社群单元：群居
保护现状：无危

分布：欧洲至亚洲西部、中部和东部

翅膀与脸部近乎全黑，腹部为淡乳黄色，背毛的毛端颜色浅白，与棕色的背毛形成鲜明对比，故被俗称为双色蝙蝠。它们白天在岩壁上的小裂缝或建筑物中栖息。秋末时节，雄性飞到陡峭的岩面或高耸的建筑物上，求偶叫声类似金属研磨机高速运转时的刺耳声响。

刺猬及其近亲

刺猬和鼩猬曾与鼩鼱和鼹鼠一起被归入食虫目，但前两者的体形更大，多在夜间活动，眼睛和耳朵的比例也较大。它们全身的毛发粗长（鼩猬），或背部和体侧满布保护性的棘刺（刺猬）。遇到危险时，刺猬将身体蜷成刺球状，将脆弱的脸和腹部隐藏起来。鼩猬仅分布于亚洲东南部的热带地区，而刺猬则遍布整个欧亚大陆和非洲地区，其中的一些种类还适于在沙漠生活。刺猬和鼩猬都捕食小型动物（大多为无脊椎动物），但前者也取食腐肉、果实、树根和坚果等食物。

门：	脊索动物门
纲：	哺乳纲
目：	猬形目
科：	1科
种：	24种

免疫系统

由于对蛇毒免疫，因此刺猬似乎能将遇到的蛇类当成是潜在的食物。

哺乳动物

Erinaceus europaeus

刺猬

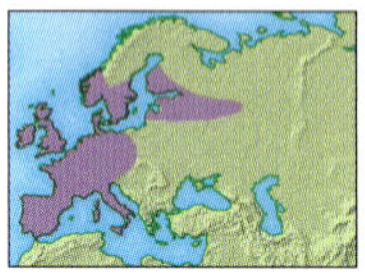

分布：欧洲

体长：22—27厘米
尾长：无
体重：0.9—1千克
社群单元：独居
保护现状：无危

刺猬的体背和体侧满布棘刺，夜间在市区公园、庭院、树篱、田野和林地中出没，发出与猪类似的鼻音（故英文俗名中带有hog一词，意即“猪”），寻找蠕虫、昆虫和蜘蛛等小型动物，也取食鸟蛋和腐肉。刺猬白天栖息在灌丛下的草叶窝中，或在倒木、谷仓或废弃地穴中栖息。冬眠期间，会于暖和的夜晚醒来外出觅食。刺猬于5—10月间交配，妊娠期为31—35天，每胎产崽4—5只，幼崽的柔软背毛在出生后几小时内就会逐渐硬化。

自行涂抹

刺猬可扭转身体将泡沫状的唾液舔抹在自己的棘刺与皮肤上，这种涂抹行为的目的仍不明确，有可能是标记气味的方法之一，有助于独居的个体在夜晚偶遇同类时相互辨认。

灵活防御

刺猬在奔跑与攀爬时格外灵活。自卫时，全身棘刺竖立，蜷成刺球状，将无刺的头和四肢蜷入腹部进行保护。

Echinosorex gymnura

刺氏鼩猬

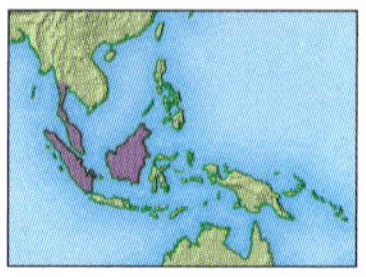

分布：亚洲东南部

体长：26—46厘米
尾长：16—30厘米
体重：0.5—2千克
社群单元：独居
保护现状：无危

这一物种与其他鼩猬（毛猬）一样，利用类似烂洋葱的气味标示领域。它的外表类似刺猬与小猪的混合体，外层体毛粗硬，具黑色和灰白色条纹，鳞状长尾几乎无毛。刺氏鼩猬独自生活，白天藏身于地穴或岩缝中，夜间外出觅食昆虫等小型生物，也能在水中游泳，捕食鱼类和其他水生动物。

Podogymnura truei

裸足猬

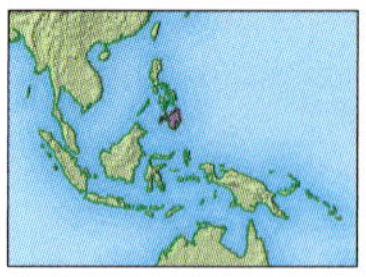

分布：亚洲东南部（棉兰老岛）

体长：13—15厘米
尾长：4—7厘米
体重：150—175克
社群单元：独居
保护现状：无危

裸足猬只分布于菲律宾的棉兰老岛上，这种人类了解甚少但在当地比较常见的物种，可能于白天或夜间在森林地面觅食，尤其多在沼泽和溪流附近觅食各种小型动物。裸足猬独居生活，藏身于岩石或倒木下的简单草窝中，或在废弃的地穴中栖息。身上的柔软长毛主要呈灰红色，至腹部渐变为灰白色。独特的吻下部前突超出下唇，尾短具粗毛。

Paraechinus micropus

小脚猬

分布：亚洲南部

体长：14—23厘米
尾长：1—4厘米
体重：300—450克
社群单元：独居
保护现状：无危

小脚猬的外形及习性与大耳猬（右图）相似，但更为多刺，且头部裸露无毛。适于生活在沙漠、旱地灌丛和干燥的草地等栖息环境，环境恶劣时（通常在旱季）停止活动，以岩缝等天然庇护所作为巢穴，但也挖掘短浅地穴为巢。小脚猬夜间外出捕食昆虫、蝎子和其他小型生物，也取食鸟蛋或捡食腐肉。这种刺猬会将食物带回巢中储存，留待日后食用。其体色极为多变，野外常能见到极深（暗色）到近乎白色（白化）的个体，也有一些个体有棕色和黄色条纹。幼崽于4—8月间出生，雌猬每窝通常产崽1—2只。

Hemiechinus auritus

大耳猬

分布：亚洲西部、中部和东部、非洲北部

体长：15—27厘米
尾长：1—5厘米
体重：250—275克
社群单元：独居
保护现状：无危

大耳猬形似体形更大的刺猬，脸、四肢和腹部有粗毛，其他部位则布满棘刺。棘刺上的条纹呈黑色、棕色至黄色与白色不等。大耳猬白天在岩石和灌丛下方藏身。它以各种小型动物为食，食物或水分短缺时停止活动。

鼩鼱和鼹鼠

门：	脊索动物门
纲：	哺乳纲
目：	鼩形目
科：	3科
种：	418种

鼩鼱、鼹鼠和沟齿鼩都非常贪吃，捕食无脊椎动物和其他小型脊椎动物。由于身体的代谢率极高，因此它们总是忙碌不休；还有一些种类的唾液有毒，能使猎物丧失活动能力。它们的眼睛和外耳（或缺失）均很小，通常被短而浓密的被毛覆盖。部分水生物种的足下具毛栉或蹼。鼹鼠有着适于掘土的宽大前足和强壮脚爪，以及可以侦测猎物的灵活长吻。鼩鼱的种类相当丰富，除了大洋洲外，在全球的大部分地区均有分布。鼹鼠主要分布于北半球，而沟齿鼩只在印度西部有分布。

攀爬高手

鼩鼱的眼睛很小，吻部发达。图中的这只鼩鼱尽管视力不佳，但却精于攀爬。虽然没有外耳郭，但听觉却非常敏锐。

Solenodon paradoxus

海地沟齿鼩

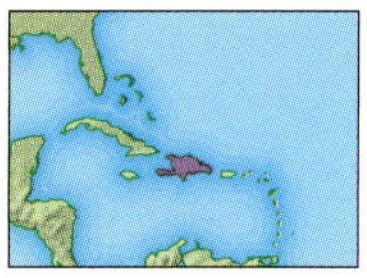

分布：加勒比海地区（海地）

体长：28—32厘米
尾长：17—26厘米
体重：1千克
社群单位：独居
保护现状：濒危

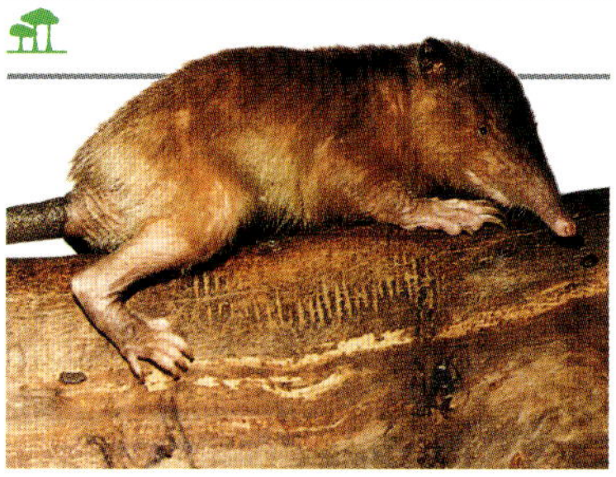

古巴沟齿鼩和海地沟齿鼩，都是形似鼩鼱、具有长尾巴的大型夜行性食虫动物。两者的生存都受到威胁。海地沟齿鼩的口鼻部长而灵活，毛皮有黑色至红棕色等多种变化，四肢、尾巴及耳朵末端几乎无毛。行动快速灵活，会以鼻子嗅闻，并用利爪翻扒森林地面，以昆虫、蠕虫、小型蜥蜴、果实及植物为食。具毒性的咬伤力有防御及使猎物迷昏的功能。

Sorex araneus

普通鼩鼱

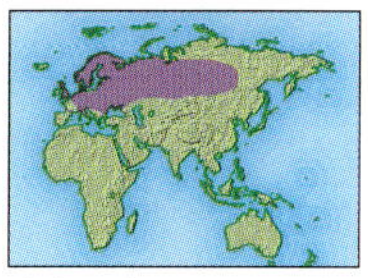

分布：欧洲至亚洲北部

体长：5—8厘米
尾长：2.5—4.5厘米
体重：5—14克
社群单位：独居
保护现状：无危

普通鼩鼱是最小型的哺乳动物之一，它们适应力强，具攻击性，十分好吃。每24小时的摄食量必须达到体重的80%至90%，视季节及环境条件而异，猎食次数最高可达10次。食物包括昆虫、蠕虫及腐肉。除春天或初秋短暂的繁殖季节外，成体都单独活动。雌性的妊娠期为24—25天，每胎可产六到七只幼崽，分娩于用禾草及枯叶铺织而成的育婴巢。育婴巢比一般巢穴大，也和巢穴一样被安置在倒木、树根、岩石或废弃旧地穴中。普通鼩鼱吻部尖而灵活，腿短，背部毛皮为深棕色至黑色，腹侧为淡棕色，腹部为灰白色。这种有领域行为的动物会发出超声波叫声，雌性呼叫幼崽时尤其如此。若被逼入困境，会立即以啃咬作为反击。

Megasorex gigas

墨西哥大鼩鼱

分布：墨西哥西南部

体长：8—9厘米
尾长：4—5厘米
体重：10—12克
社群单元：独居
保护现状：无危

墨西哥大鼩鼱是墨西哥大鼩鼱属中的唯一成员，这种大型鼩鼱身体紧实，尾短，利用突出的尖长吻部在落叶和松软土壤中寻找蠕虫、蛴螬、千足虫、蜘蛛和其他小型猎物。它的背部为深棕色或灰棕色，至腹部色泽逐渐变浅。这种鼩鼱偏好在草地或森林的潮湿土壤和林下灌丛地带活动，分布于低地至海拔1700米处。人们目前仅对约20只墨西哥大鼩鼱进行过研究，对于它们的筑巢和繁殖的习性仍然未知。

Blarina brevicauda

北短尾鼩鼱

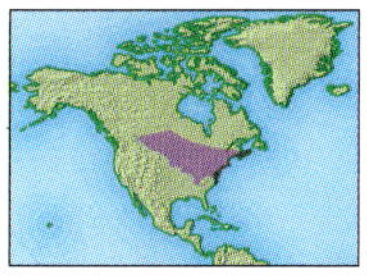

分布：加拿大南部至美国北部和东部

体长：12—14厘米
尾长：3厘米
体重：20克
社群单元：不固定
保护现状：无危

这种壮硕的大型鼩鼱和其他鼩鼱一样，视觉差，但嗅觉敏锐，唾液有毒，可使猎物麻痹。主要利用嗅觉与触觉捕食生活在土壤中的动物，并且还会异乎寻常地猎食田鼠和老鼠等小型哺乳类，甚至采食植物。这种鼩鼱在地下10—50厘米深的通道和鼠类的旧地道中栖息和进食，天冷时会储藏食物。它的眼睛和耳朵极小，吻部较其他鼩鼱粗钝。

Neomys fodiens

水鼩鼱

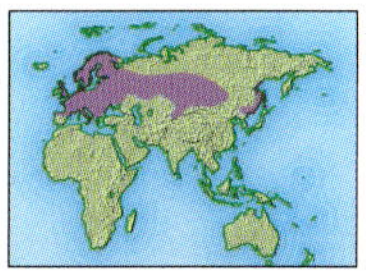

分布：欧洲至亚洲北部

体长：6.5—9.5厘米
尾长：4.5—8厘米
体重：8—25克
社群单元：独居
保护现状：无危

水鼩鼱猎食水生昆虫、小鱼和蛙类，也在地面捕食蠕虫、甲虫和蛴螬，因而能在潮湿的林地中生存。水鼩鼱有着典型的小眼睛、小耳朵和尖长的吻，独居生活，但不如其他鼩鼱的攻击性强，它在地下建造一连串的通道和洞穴，以干草和枯叶筑巢。雌性（如图）的妊娠期为14—21天，每胎产崽4—7只，哺乳期约为6周。

Suncus etruscus

小臭鼩

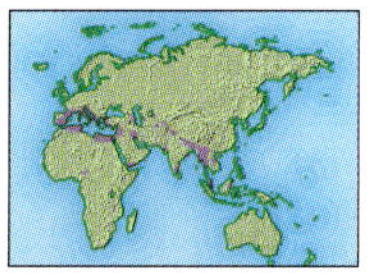

分布：欧洲南部、亚洲南部至东南部、斯里兰卡、非洲北部至东部、非洲西部

体长：4—5厘米
尾长：2—3厘米
体重：2—3克
社群单元：独居
保护现状：无危

小臭鼩常夜以继日地外出捕食昆虫、蠕虫、蜗牛和蜘蛛等猎物，每次捕食后都休息数小时。它栖息在小洞穴或岩缝中，一年中的大部分时间都独居，只在繁殖季节成对生活。雌性的妊娠期为27—28天，每胎可产2—5只幼崽，每年最多产6胎。

Suncus megalura

林麝鼩

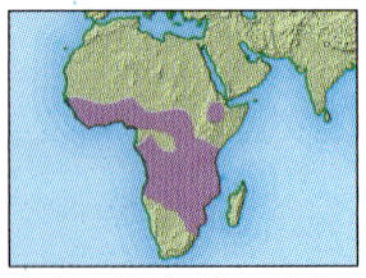

- 体长：5—7厘米
- 尾长：8—9厘米
- 体重：5克
- 社群单元：独居
- 保护现状：无危

分布：非洲西部、东部、中部和南部

该物种在很多方面都类似鼩鼱，但身体相对较长且更近流线型，耳朵大而突出，尾巴长于头体长度。它的皮毛柔软似天鹅绒，背部为棕色，腹部近白色。捕食土壤、落叶及树枝间的无脊椎动物。林麝鼩与其他10多种林麝鼩属的物种一样，可能在白天或夜间突然活跃起来，每天24小时的摄食量必须与自身体重相当。

Nectogale elegans

蹼足鼩

- 体长：9—13厘米
- 尾长：8—11厘米
- 体重：无记录
- 社群单元：独居
- 保护现状：无危

分布：亚洲南部

蹼足鼩栖息在喜马拉雅山脉及邻近山区的湍急冷水溪流中，是一种警觉且善于隐藏的小型鼩鼱。这种半水栖鼩鼱体形肥短，背部呈蓝灰色，腹部为银白色，吻部钝圆，眼和耳细小，黑色尾巴的两侧长有成排的短毛。它有可能以水生昆虫、鱼苗和其他小型动物为食，捉到猎物后将其带到岸边或溪流中的石块上进食。筑巢和繁殖习性鲜为人知。

Diplomesodon pulchellum

斑麝鼩

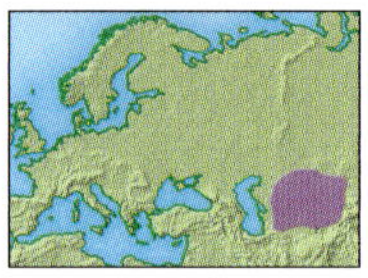

- 体长：2—7厘米
- 尾长：2—3厘米
- 体重：7—13克
- 社群单元：独居
- 保护现状：无危

分布：亚洲中部

这一物种因其体色而得名：上身为灰色，背中央有明显的椭圆形白斑，腹部、四肢和尾巴为白色。它的吻尖长，长须在其他鼩鼱中也很少见。斑麝鼩在夜间活动，这时的沙漠环境较为凉爽，而昆虫和小型蜥蜴等猎物在这一时段也很活跃。它们主要在地面捕猎，但也掘开松散的沙土寻找蛴螬和蠕虫。雌性每胎的平均产崽量为5只，食物充沛时，每年可产数胎。

Scutisorex somereni

盔鼩鼱

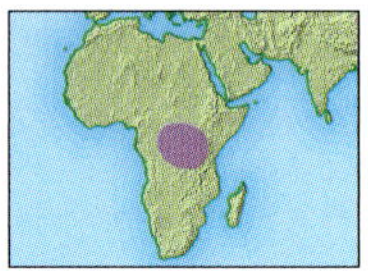

- 体长：10—15厘米
- 尾长：6.5—9.5厘米
- 体重：70—125克
- 社群单元：独居
- 保护现状：无危

分布：非洲中部至东部

这种毛茸茸的大型鼩鼱的背部明显拱起，极为强壮。这是因为它的椎骨和其他哺乳类一样，不仅两侧具有相连的棘突，且上、下两面也有棘突。盔鼩鼱独自生活，擅长爬树，以蠕虫、昆虫、蜘蛛和腐肉等为食。

灰色皮毛

Crocidura leucodon

白齿麝鼩

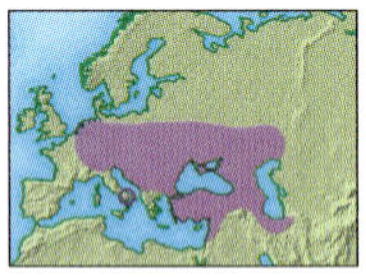

- 体长：4—8厘米
- 尾长：4—11厘米
- 体重：6—13克
- 社群单元：独居
- 保护现状：无危

分布：欧洲至亚洲西部

白齿麝鼩的灰白色背部与黄白色腹部分界明显，因此得名。尖长的吻上还有长而浓密的触须，尾巴有两种颜色，尾长不及头和身体总长的1/2。这种适应力很强的鼩鼱主要于夜间活动，常在草地、灌丛、林缘、公园和庭院中捕食蠕虫、蛴螬和其他小型无脊椎动物，白天也会短暂活动。白齿麝鼩和其他鼩鼱近亲一样，在洞穴或浓密的林下灌丛中以干草筑巢。雄性腹侧的腺体在3—10月的繁殖期间散发出浓烈气味。雌性的妊娠期为31天，每胎平均产崽4只，幼崽产出26天后断奶。

Desmana moschata

俄罗斯麝鼹

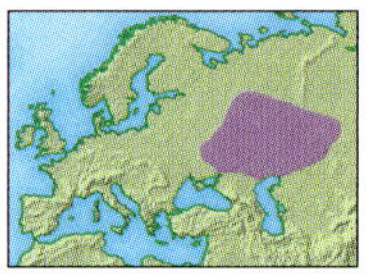

- 体长：18—21厘米
- 尾长：17—21厘米
- 体重：450克
- 社群单元：群居
- 保护现状：易危

分布：欧洲东部至亚洲中部

麝鼹隶属鼹科，但外形与水鼩鼱类似。尾长和头体长一样，尾巴扁平，可当作舵与桨来使用。后足的蹼完整，而前足的蹼不完整。俄罗斯麝鼹夜间外出活动，利用敏锐的长鼻在河床的泥沙和石块间寻找猎物。麝鼹通常集群生活，数只个体共享河岸边的洞穴，这种行为在食虫动物中极为罕见。雌性的妊娠期为40—50天，每胎产崽3—5只，幼崽约4周大时断奶。

保育

除了受到环境污染的伤害外，俄罗斯麝鼹还要面对一种新的威胁——用来在河流和湖泊中捕鱼的超细渔网。这种网被撒入水中后可造成严重威胁，通常将潜入水中的麝鼹牢牢缠住，直至将其溺死。目前开展的保育措施包括在麝鼹种群数量较低的地区开展重新引入工作，以及通过法律限制渔网的使用。

内层与外层皮毛

俄罗斯麝鼹的内毛柔软浓密，并被长而粗糙的针毛覆盖，头和身体的皮毛呈浓郁的棕色，至腹部逐渐变为淡灰色。

Galemys pyrenaicus

比利牛斯鼬鼹

- 体长：12.5厘米
- 尾长：14厘米
- 体重：40—50克
- 社群单元：独居/成对
- 保护现状：易危

分布：欧洲西南部

比利牛斯鼬鼹通常与仅有的另一个鼬鼹物种相似（右图），但前者的体形较小，猎物也较小，如蜉蝣和石蝇的水生幼虫等，且更加适应湍急的溪流。它的黑色长吻几乎无毛，背部皮毛浓密呈棕色，腹部为银白色，尾巴略微侧扁，外形似舵。雌雄之间组成松散的配对关系，雄性负责驱逐对手，雌性在河岸的地洞中筑巢哺育幼崽。除此之外，人们对它们的了解甚少。

Talpa europaea

欧鼹

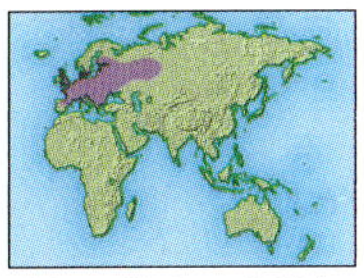

体长：1—16厘米	
尾长：2厘米	
体重：65—125克	
社群单元：独居	
分布：欧洲至亚洲北部	保护现状：无危

欧鼹的眼睛完全退化，主要在与中央穴室相连的放射状地道中生活，以蠕虫和其他土壤动物为食。食物丰富时，欧鼹会将猎物咬到麻痹，然后留待以后享用，但猎物若未遭吞食，苏醒后就会逃走。雌鼹挖掘大型巢穴用于繁殖，历经4周的妊娠期后，产下3—4只幼崽。

挖土工具

欧鼹的前足发达，脚掌宽大向外（上图），趾端有强壮的铲状爪。它们将后足作为支点，用前足将土壤拨向两侧和后方，推出的土会在地面形成小土堆。

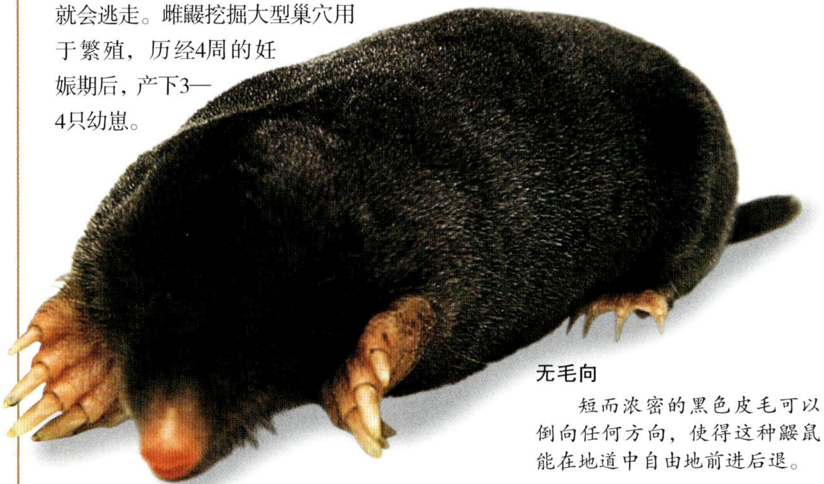

无毛向

短而浓密的黑色皮毛可以倒向任何方向，使得这种鼹鼠能在地道中自由地前进后退。

Condylura cristata

星鼻鼹

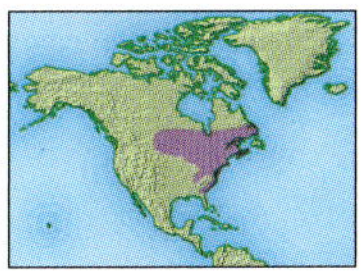

体长：18—19厘米	
尾长：6—8厘米	
体重：45克	
社群单元：不固定	
分布：加拿大东部、美国东北部	保护现状：无危

星鼻鼹是游泳高手。它的鳞状长尾上的毛发稀疏，会因冬季储藏脂肪而变得肥大。这种鼹鼠的生活习性与其他鼹鼠类似，但很少独自生活，能容忍其他同类个体的存在。它的地道直径约为4厘米，深度可达5—60厘米。

星状鼻

星鼻鼹的鼻端长有22条浅色肉质突起，能在水中嗅闻与感觉猎物所在。它也在芦苇、青苔及其他植物中觅食。鼻孔的肉质突起在捕食时会不停地弯曲和蠕动。

食性多样

星鼻鼹捕食水蛭、蜗牛、小鱼和其他水生动物，也会猎食土壤中的动物。

穿山甲

门：	脊索动物门
纲：	哺乳纲
目：	鳞甲目
科：	1科（穿山甲科）
种：	8种

穿山甲的外形类似犰狳和食蚁兽，体表覆有重叠的角质鳞甲，作为盔甲和伪装。穿山甲缺少牙齿，利用舌头舔食猎物（蚂蚁和白蚁），在强大胃部肌肉的帮助下"咀嚼"食物。穿山甲分布在亚洲南部和非洲，栖息在森林和热带稀树草原。

长长的舌头

穿山甲的舌头可以伸到25厘米长，用于收集蚂蚁和白蚁。

Manis pentadactyla

中华穿山甲

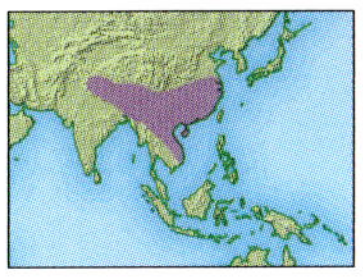

体长：54—80厘米	
尾长：26—34厘米	
体重：2—7千克	
社群单元：独居	
分布：亚洲东部至东南部	保护现状：极危（最新）

除了吻、两颊、喉、四肢内侧和腹部外，中华穿山甲的全身都覆有宽达5厘米的灰白色或黄棕色角质鳞片。身体蜷成球状时，能将柔软的部位全部包裹起来。细长的舌头长达40厘米，用以舔食蚂蚁和白蚁。有很强抓握力的尾巴和长长的爪子让它们能以出奇敏捷的速度在树上活动，并且还能挖洞。

Manis temminckii

南非穿山甲

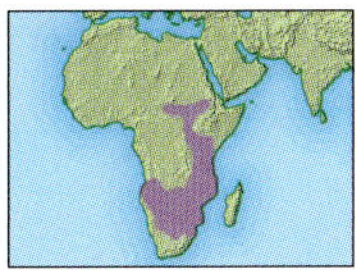

体长：50—60厘米	
尾长：40—50厘米	
体重：15—18千克	
社群单元：独居	
分布：非洲东部至南部	保护现状：易危

这种穿山甲在很多方面都类似中华穿山甲（左图），它们利用大爪子挖开树上和地面上的蚁穴，再用舌头舔食。这种穿山甲几乎没有领域行为。雌性的妊娠期约为120天，每胎产崽1—2头。

哺乳动物

食肉类

门：	脊索动物门
纲：	哺乳纲
目：	食肉目
科：	15科
种：	285种

分类说明

随着科学家对食肉目进化过程的深入了解，现有的科已被再次细分，并纳入了鳍脚亚目的物种（海豹和海象）。如今的食肉目包含15个科，其中的14个科都有在本书中提及。

犬类及其近亲 见第168—175页；熊 见第176—181页；海狮、海象、海豹见第182—185页；臭鼬 见第186页；浣熊及其近亲 见第187—188页；小熊猫 见第188页；鼬类 见第189—196页；马达加斯加食肉类 见第197页；獴 见第198页；灵猫及其近亲 见第199页；猫科动物 见第200—207页；鬣狗和土狼 见第208—209页。

尽管食肉目这一术语常用于描述吃肉的动物，但也可专门指代食肉目中的成员。这一类动物中的大多数都以肉为食，也有一些为杂食或完全以植物为食。吃肉的食肉类是所有陆生栖息地中的优势捕食者：身体结构和生活方式都非常适合捕猎。但这一类群的动物种类繁多，还包括大熊猫和海象这样的物种。食肉类的独特之处在于有四颗裂齿及一根阴茎骨。食肉类原生于世界各地，但大洋洲的食肉类都是外来引入物种。

捕猎

食肉类中的一些物种是自然界中狩猎技术最高超的捕食者。它们大多依靠敏锐的视觉、听觉或嗅觉锁定猎物，捕猎时要么从隐蔽处猛扑过来，要么通过长途跟踪或快速追逐捕捉猎物。许多食肉类都能猎杀体形大于自己的动物。鼬类咬住猎物的后脑勺，咬碎其头骨，而猫科动物则咬住猎物颈部，将脊椎咬断，或是咬住猎物的喉咙使其窒息。犬类通过使劲摇晃猎物，使其颈部脱臼。

独自捕猎

短尾猫独自捕猎，主要以白靴兔等小型猎物为食。

身体结构

虽然食肉类的体形与外形相当多变，但大多数都享有适于捕猎生活的多种共同特征。典型的陆栖食肉类奔跑时快速灵活，具有锋利的牙齿和脚爪、敏锐的听觉与视觉，以及极为发达的嗅觉。肉食性物种的裂齿（见下文）要比杂食性、草食性和部分食鱼物种的更加发达。足上有4或5趾。猫科动物（除猎豹外）的爪子锋利能回缩，用于抓扯猎物、防身和攀爬。其他大多数食肉类的爪子不可回缩，通常用于挖掘。

成群狩猎

狮子通常成群狩猎，捕杀大型动物。雌狮（成年雄狮很少参与捕猎）通常在30米左右的范围内跟踪猎物，然后进行围捕。经过一阵短促的冲刺后，猎物被狮子击倒在地，随后喉咙被紧紧咬住并窒息而亡。

双颌与牙齿

大多数食肉类长有锋利的牙齿和强壮有力的双颌，借此杀死猎物，将其开膛破肚。当双颌张开时，颞肌的作用力最强，能带动锋利的犬齿刺入猎物的身体。裂齿是上颌与下颌上的尖锐臼齿，能上下咬合。当颌部几乎完全闭合时，裂齿能与咀嚼肌组合成用于撕裂生肉的强大切割工具。

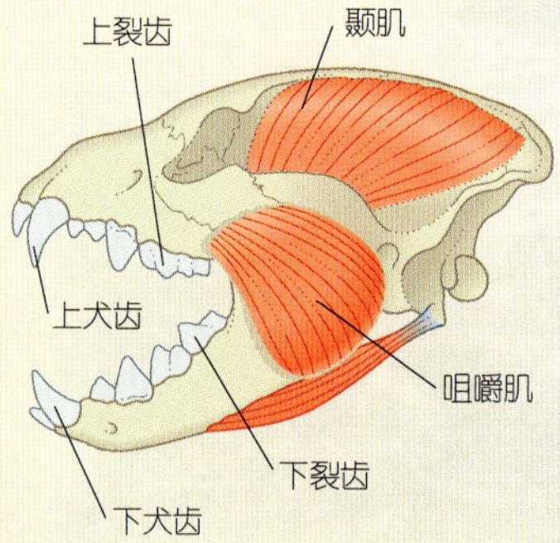

鬣狗头骨

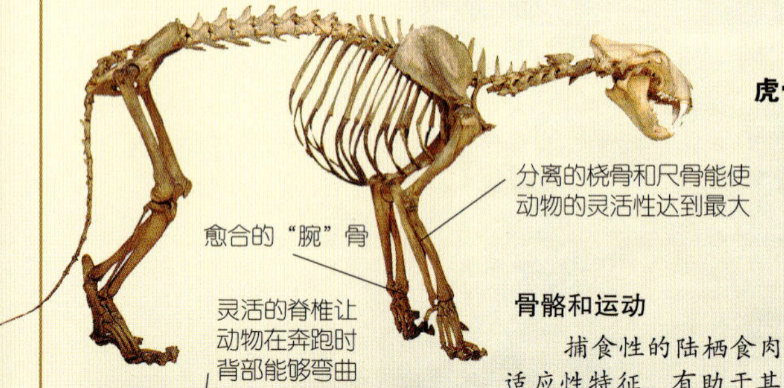

虎骨架

西伯利亚虎

骨骼和运动

捕食性的陆栖食肉类有多种适应性特征，有助于其在追逐猎物时快速移动。它们的脊柱通常灵活柔韧，四肢相对较长，锁骨简化，从而最大限度地增加肩部的灵活性。为了加大步幅和速度，所有食肉类的腕骨都愈合在了一起，其中的犬类和猫科动物均采取趾行方式行走（而非以脚掌接触地面）。

社群

虽然许多食肉类独自或成对生活，但也有一些物种组成形态多样的复杂群体共同生活。例如，狮群由数个存在亲缘关系的家庭组成，但大多数雄狮都会离开自己出生的狮群。狮子大部分时间在一起活动，它们合作捕猎，并照顾彼此的幼崽。大多数其他物种群体中的个体关系松散。例如，赤狐和北极狐的群体由一只成年雄狐和若干雌狐组成，群中的每个成年个体都单独在群体领域中的不同区域捕猎。象海豹只在繁殖期才大量聚集。它们的群体由数只雄海豹及各自拥有的雌海豹共同组成，并且雄海豹会对自己的妻妾群实施严格看管。

玩耍

食肉类的幼崽通过玩耍练习打斗技巧。在共同的玩耍过程中，这些赤狐可以试探其他动物的力量，并且不会受到严重伤害。

共同照顾后代

这些幼小的细尾獴不一定是看护者的后代。共同照顾幼崽是许多食肉类社群中的常见现象。

哺乳动物

觅食

大多数食肉类以新鲜的猎物为食，包括昆虫、无脊椎动物和小型脊椎动物，以及水牛和驯鹿等大型动物。食肉类对食物的适应力通常较强，很少只以某一种食物为食。然而，也有一些单食性物种，如只取食鱼类的鳍足类。另一些的食性较杂，既吃肉也吃植物，如熊、獾和狐狸等；还有少数物种，尤其是大熊猫，则完全吃素。

食腐动物

鬣狗以活的猎物和其他动物捕获的动物残骸为食。极为锋利的牙齿和强健的双颌可以咬碎其他动物难以取食的骨头和韧带。

植食动物

大熊猫的食物主要为竹笋和竹根，每天的进食时间长达12小时。与其他食肉类相比，大熊猫的行动缓慢，扁平的臼齿更适于研磨，而非切割食物。

通信

食肉类通过气味标记、视觉和声音信号相互交流。气味的效果持久，可用于划分领域或寻找潜在的配偶。气味可以通过撒尿或成堆留下的粪便等方式留在环境中，但有些动物也通过摩擦将脸部、脚爪间或尾基部腺体的分泌物留在某些物体上。动物彼此相遇时，采用姿势、面部表情和声音等传递丰富的信息，包括威胁、服从、合作和警告危险的迫近等。

打招呼

通过肢体语言相互交流，这对于生活在大型群体中的非洲野犬来说十分重要。在这个问候仪式中，成犬通过吻部的相互触碰和摩擦，向对方打招呼。

标记领域

熊类利用树木留下气味和视觉符号。气味通过唾液和熊掌上的腺体留在环境中，而锋利的牙齿和爪子则能在树皮上留下痕迹。

犬类及其近亲

门：	脊索动物门
纲：	哺乳纲
目：	食肉目
科：	犬科
种：	34种

犬科动物被通称为犬类，成员包括犬、狼、郊狼、胡狼和狐狸等。它们以极大的耐力（并非速度的突然爆发）、机会主义觅食方式和很强的适应能力著称。犬类的特征是身材修长，腿长，尾巴长且蓬松。野生犬类通常栖息在全世界的开阔草原地带，而在马达加斯加和新西兰等孤立的岛屿上却没有分布（但家犬有分布）。

身体结构

犬类的体形健壮，胸部厚实，全身的皮毛颜色均匀或带有斑点。下肢结实有力且耐力很强：腕骨部分融合，前腿不能旋转（前肢的骨头被卡住）。后足四趾，前足五趾，各趾均具硬足垫。爪子粗钝（其他食肉类的爪子锋利），不能伸缩。犬类的双颌较长，犬齿长而锐利（用于撕裂食物），裂齿发达（颌骨后部齿尖尖锐的牙齿）。它们通过气味追踪猎物，尖长的吻部具备大量的嗅觉器官。听力也很敏锐，耳朵大而直立，耳端通常呈尖形。视觉对它们而言不太重要，但依然很发达。

社群

体形较小的物种通常以小型啮齿类和昆虫为主食，社群组织较为灵活，但往往成对（如胡狼）或独自生活（如狐）。但体形较大的物种，如狼和非洲野犬，则集群生活。这类群体由一对优势配偶及其后代组成，它们利用尿液标示领域，并加以保护。群体中的幼体年龄不一，因为较年长的后代会在群体中生活数年时间，协助父母抚育新生的幼崽。整个群体中，只有占据优势地位的一对配偶可以繁殖，雌性在自己挖掘的巢穴中分娩。群体成员间常通过相互舔舐，发出呜呜叫声和摇摆尾巴来表现亲密的关系。犬类捕食时的常用策略是跟踪一群猎物（如鹿或羚羊群），然后协同合作，将猎物中的一只单独隔离出来。这只动物随后被整个犬群追杀，直到体力不支倒下为止。返回巢穴后，成年个体会将肉反刍出来喂给幼崽。

犬类与人类

纵观历史，犬类在许多方面都对人类有所帮助。例如，野生犬类在控制啮齿类的数量上非常重要，如果对啮齿类放任不管，它们的数量就会飞快增加。此外，一万多年前由狼驯化而来的家犬，也一直在人类的活动中扮演着重要角色。从体形娇小的吉娃娃犬到体形庞大的圣伯纳犬（家犬的品种比其他任何家养动物都要多），均被专门培育，用于狩猎、放牧、守卫、表演、负载或拖运货物，以及陪伴人类。

然而，许多犬类物种仍被视作害兽。例如，狼因捕食家畜而遭到人类的杀戮，导致这一物种如今在其栖息地范围都很罕见，甚至在许多地区都已绝迹。其他物种的境遇更为糟糕，例如薮犬和鬃狼已濒临灭绝；红狼只存活在动物园中，但已被再次引入野外环境。而作为机会主义觅食者的郊狼和赤狐，则因城市环境的扩张获益，数量也比以前更加丰富。

巩固相互关系

建立和维持群体成员间的紧密关系对于群居的犬类来说极为重要。非洲野犬的巩固关系行为，如互相舔舐及发出呜呜声等，经常发生在捕猎前。只有通过团队合作捕猎，它们才能制服并杀死体形更大的猎物。

Vulpes vulpes

赤狐

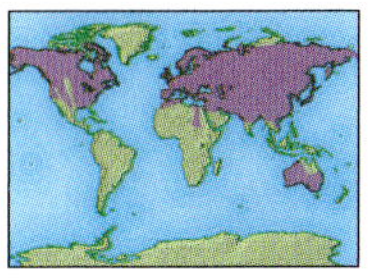

体长：58—90厘米
尾长：32—49厘米
体重：3—11千克
社群单元：成对
保护现状：无危

分布：北极、北美洲、欧洲、亚洲、非洲北部、澳洲

赤狐白天和夜间都很活跃，分布范围极广，对环境的适应力很强，食性多样，因此从北极冻原到城市中心地带都能见到其身影。赤狐生活在隐蔽的地洞，如扩大的兔窝、岩石或树根中的裂缝，或是库房地下等。社群单元由一对雌雄配偶组成，其领域范围为1—10平方千米，利用尿液、粪便以及肛门腺和其他腺体分泌的气味标示。有时由一只雄狐和数只雌狐组群生活，但整个群体中只有最年长的雌狐可繁殖。赤狐于冬末或初春发情交配，雌狐此时还会发出尖叫声。雌狐的妊娠期为49—55天，每胎最多产12只；各地的平均产崽量从4—5只（欧洲种群）至6—8只（北美洲种群）不等。幼崽6—12周大时断奶，并继续受到父母及狐群中其他不繁殖雌性的照顾。

从不挑食

生活在草地或农田中的赤狐，大部分食物都由兔类构成，尤其是野兔及其幼崽。赤狐通常悄悄跟踪猎物，在猎物逃回巢穴或快速脱逃前将其捕获，随后衔起猎物至隐蔽的地点安心进食。赤狐也捕食甲虫、蠕虫、蛙类、鸟类、卵和鼠类，并取食果实、腐肉和垃圾，事实上，它会吃掉任何可以果腹的食物。

不全是红色

赤狐的毛色多变，从灰红、褐红至近乎橙黄色不等，耳后通常为黑色，四肢下端和足部有时也呈黑色，尾巴略带黑色，尾尖白色。也有纯黑或银白色的个体。

Vulpes cana

阿富汗狐

体长：42厘米
尾长：30厘米
体重：0.9—1.5千克
社群单元：独居
保护现状：无危

分布：亚洲西部和南部

这种小型狐狸的耳朵和尾巴相对较大，全身皮毛呈黑色、灰色和白色斑块状，腹部白色，沿着背中央有一道深色条纹，行走时像猫一样悄无声息。阿富汗狐为独居的夜行性捕食者，多在荒芜多岩的坡地和多草的高地捕食昆虫等小型生物，也摄食数量可观的果实，并在果园及树林附近活动。每胎产崽1—3只。

Vulpes macrotis

敏狐

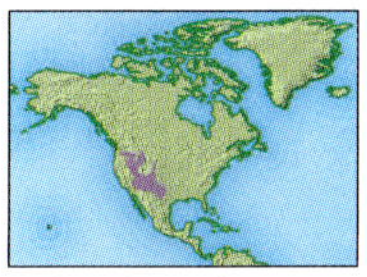

体长：38—52厘米
尾长：22—32厘米
体重：1.5—3千克
社群单元：成对
保护现状：无危

分布：美国西部

敏狐的外表和习性均与草原狐（右侧）类似，但分布范围更靠西，这两种狐狸的领域重叠，可能还有杂交现象。敏狐的耳朵较长，两耳距离较近，头部棱角相对明显，体格较为健壮。毛色有淡灰褐色、深灰褐色和中等程度的灰色。敏狐栖息在草原到荒漠等多种环境中，为杂食动物。雌雄双方共同养育3—6只幼崽。

Vulpes velox

草原狐

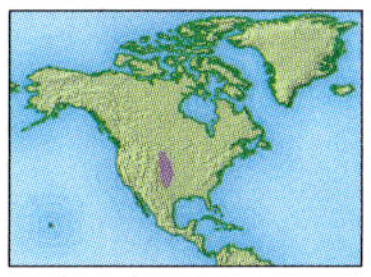

体长：38—53厘米
尾长：18—26厘米
体重：1.5—3千克
社群单元：成对
保护现状：无危

分布：美国中部

草原狐是最近才从敏狐（左图）中分出的一个物种，其分布范围更偏东。颜色与敏狐类似，但上半身更灰，腹部浅橙黄色。草原狐的尾巴蓬松，尾尖黑色。与敏狐一样，也挖掘有4米长的通道，深度约1米的地下洞穴。雌雄双方于12月至次年1月间发情交配，北部地区的繁殖时间稍晚。雌狐妊娠期为50—60天。

Vulpes zerda

耳郭狐

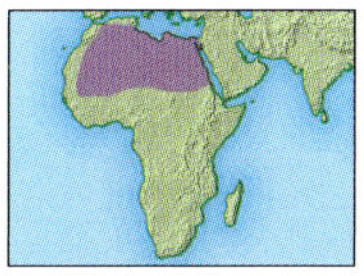

体长：24—41厘米
尾长：18—31厘米
体重：1—1.5千克
社群单元：群居
保护现状：无危

分布：非洲北部

耳郭狐是体形最小的犬类，耳朵很大，尾尖黑色。足底有毛，适于在柔软炽热的沙地上行走。

耳郭狐主要在夜间活动，以水果、种子、卵、白蚁和蜥蜴等为食。与其他狐狸不同的是，它们的群体数量可达10只，但成员关系仍不清楚。每个成员都在柔软的沙地中挖出几米深的地洞。耳郭狐于1—2月交配繁殖，雌狐每胎产崽2—5只，幼崽出生后留在洞中，由母亲进行2个月的照顾，11个月后完全发育成熟。除了被猎捕取毛皮外，耳郭狐也常被捕捉进行宠物贸易。

Vulpes rueppellii

吕氏沙狐

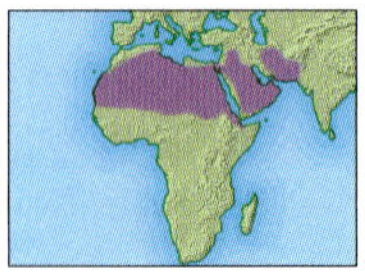

分布：非洲北部、亚洲西部

体长：40—52厘米	
尾长：25—39厘米	
体重：1—3.5千克	
社群单元：群居/成对	
保护现状：无危	

吕氏沙狐的外表似赤狐，但体形相对瘦小。它的皮毛浓密柔软，呈沙黄色或银灰色，有助其在干燥的栖息环境中形成保护，吻部两侧有黑色斑块，尾尖为白色。这种狐狸在某些地区常成对出现，但在另一些地区则结成多达15只的群体共同生活。吕氏沙狐白天栖息在隐蔽的岩缝或洞穴中，每隔几天就会更换巢穴。雌狐多在早春时节生产，平均每胎产崽2—3只。吕氏沙狐的食物种类繁多，包括草类、昆虫、爬行类和哺乳类。

Alopex lagopus

北极狐

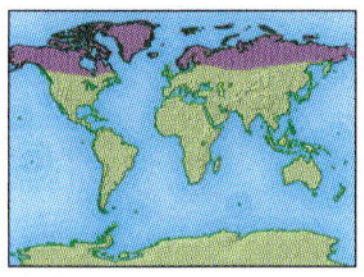

分布：加拿大北部、阿拉斯加、格陵兰岛、欧洲北部、亚洲北部

体长：53—55厘米	
尾长：30厘米	
体重：4千克	
社群单元：群居	
保护现状：无危	

北极狐有两种色型。白色型的北极狐冬季全身近乎纯白，能与周围的冰雪融为一体。这类北极狐栖息在由开阔的无树平原和多草的山丘构成的真正的冻原地带。而蓝灰色型的北极狐则更常见于海岸和灌丛混杂的栖息地中，其冬毛色泽为浅灰褐色，带有蓝色光泽。

北极狐的食性广泛，主要捕食旅鼠，但也以鸟类、卵、蟹类、鱼类、昆虫、海豹、鲸鱼尸体、果实、种子及垃圾为食。它们的社群同样多变，包括单一的雌雄配对群，较大的非繁殖群，或是由一对配偶和非繁殖的雌性"帮手"共同组成的群体等。北极狐的巢穴规模庞大，复杂的地下洞穴系统可用于藏身和繁殖。北极狐的繁殖数量与猎物的数量密切相关，当旅鼠的数量十分丰富时，北极狐每胎能产15只幼崽，而正常年份则产崽6—10只。

夏毛

北极狐的夏毛厚度仅为冬毛的一半，绒毛也减少到一半以下。白色型个体夏季的背部为灰褐色至灰色，腹部呈灰色；而蓝灰色型个体的夏毛则更加偏棕，色泽也较深。

毛茸茸的外表

北极狐的耳朵短小，吻部钝圆，腿和尾巴很短，因为这些身体部位的散热速度最快。除了鼻子外，它们身体的每一部分都覆盖着浓密厚重的毛发。

Urocyon cinereoargenteus

灰狐

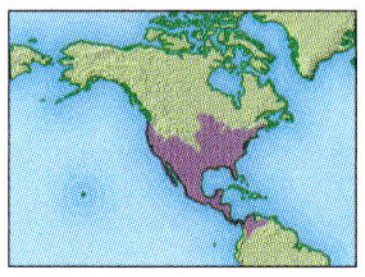

分布：加拿大南部至南美洲北部

体长：53—81厘米	
尾长：27—44厘米	
体重：3—7千克	
社群单元：成对	
保护现状：无危	

这种身材修长的物种偏好在林地中活动，也被俗称为树狐。它的攀爬技术娴熟，能像猫一样敏捷地在树干和树枝之间跳跃。灰狐于夜间活动，捕食各种昆虫和小型哺乳类，但在某些季节可能更依赖果实和种子维生。它的颈鬃短且呈暗深灰，背部中央具条纹，颈、体侧和腿略带红色，下巴和腹部为浅黄色或白色。它的巢穴可能建在旧的洞穴或原木中，但更常在离地达9米的树洞或建筑物的屋顶筑巢。灰狐大多成对生活。

脆弱的幼崽

灰狐每窝的产崽量在1—10只不等，平均产崽量为4只。每个新生幼崽都呈黑色，与大多数新生狐狸一样无助，眼睛也未睁开。它们在9—12天后睁眼，4周大时出巢活动，开始攀爬，并由父母中的一方进行看护；两周后就能取食固体食物。

斑驳的灰色

灰狐的斑杂体色由毛发上的白色、灰色和黑色带纹构成。

Atelocynus microtis

小耳犬

分布：南美洲西北部

体长：72—100厘米	
尾长：25—35厘米	
体重：9—10千克	
社群单元：独居	
保护现状：近危	

小耳犬的耳朵短圆似貉（第171页），但皮毛短而密实，背部灰色至黑色，灰色腹部混有红褐色调。尾巴与狐狸相似呈黑色，尾毛更加蓬松。这种独居的夜行性犬类是一种行踪隐秘，鲜为人知的热带森林居民。它的动作像猫一样悄无声息，可能主要以小型啮齿类和部分植物为食。

Pseudalopex culpaeus

山狐

分布：南美洲西部

体长：60—120厘米	
尾长：30—45厘米	
体重：5—13.5千克	
社群单元：成对	
保护现状：无危	

这种强壮的大型狐狸生活在开阔的高地和潘帕斯草原，由于其皮毛受人觊觎，又有猎食家禽牲畜的习性，因而遭到大量捕杀。它的食物包括啮齿类、野兔、鸟类和鸟蛋，以及季节性的浆果和果实等。山狐与许多狐狸一样，也在食物充足时进行储存，将多余的食物埋在原木和岩石下，以待日后取食。山狐的背部和肩部皮毛呈灰白色，头、颈、耳朵和腿上的黄褐色更浓，尾巴蓬松，尾尖为黑色。

Cerdocyon thous

食蟹狐

体长：64厘米
尾长：29厘米
体重：5—8千克
社群单元：群居/成对
保护现状：无危
分布：南美洲北部和东部

这种中等大小的狐狸除了捕食咸水和淡水螃蟹外，也取食鱼类、爬行类、鸟类、哺乳类、蛴螬和果实。它的栖息地覆盖多种环境，分布范围内的个体颜色多变，但身体通常为灰褐色，脸、耳朵和前腿为红棕色，腹部白色，耳尖、尾尖和腿后侧呈黑色。食蟹狐夜间外出觅食，通常由一对成年个体及其幼崽组成松散的狐群一起生活。

Nyctereutes procyonoides

貉

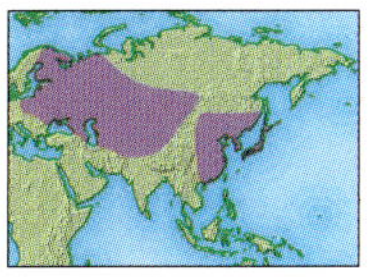

体长：50—60厘米
尾长：18厘米
体重：7.5千克
社群单元：群居/成对
保护现状：无危
分布：欧洲，亚洲中部、北部和东部

这种犬科动物酷似浣熊和犬的综合体，脸部的斑纹如同带着黑色面具，肩和尾巴上侧的毛发为深浅不一的黑色。貉昼伏夜出，食性非常广泛，以果实、鸟类、鼠类、蟹和鱼类为食，也沿着河岸、湖畔和海岸觅食。多成对生活或组成松散的家庭群；每胎平均产崽4—6只。貉的数量在日本非常丰富，在中国的部分地区已经灭绝，但自从被引入欧洲的部分地区后，数量便快速蔓延开来。

准备过冬

貉是犬科动物中的异类——即使是幼崽也善于攀爬，也是犬科动物中唯一冬眠的物种。秋季的大量进食能让貉的体重增加多达50%，然后它便躲在狐狸和獾的旧巢中，进入昏睡状态。

体色

这种形似浣熊的犬科动物长有带淡黄色调的棕黑色长皮毛（尤其是在冬季），眼睛下方的脸斑为黑色，吻部白色，腿毛短，尾巴蓬松。

Speothos venaticus

薮犬

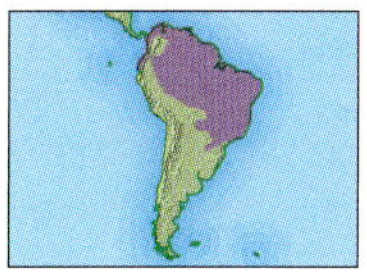

体长：57—75厘米
尾长：12.5—15厘米
体重：5—7千克
社群单元：群居
保护现状：近危
分布：中美洲至南美洲北部和中部

这种白天活动的捕食者身形修长，四肢短小，以数量达10只的家庭群体一起生活。薮犬的体格健壮，耐力很强，猎食地栖鸟类和体形类似南美刺豚鼠（第130页）的啮齿类。但整个群体也能猎捕美洲鸵和水豚等体形更大的猎物，并且可在水中追逐猎物。它们夜间躲在废弃的洞穴、树洞或岩石下方休息。雌犬平均每胎产崽4只，妊娠期为67天。雄犬会将食物带回巢穴，供哺乳中的雌犬食用。

Chrysocyon brachyurus

鬃狼

体长：1.2—1.3米
尾长：28—45厘米
体重：20—23千克
社群单元：独居
保护现状：近危
分布：南美洲中部和东部

鬃狼的外形与赤狐（第169页）相似，但腿细长，皮毛长而浓密呈红褐色，颈部鬃毛为黑色，背中央呈条纹状，吻部黑色。鬃狼偏好在空旷多草或有低矮灌丛的栖息地中活动，能从藏身的植被中发现猎物或躲避危险。雌雄双方共享领域，每年在五至六月间交配一次，除此之外，互相少有来往。

鬃狼在晨昏和夜间活动，食物种类多变，包括野兔、鸟类、鼠类，以及蛴螬、蚂蚁等小型生物，也摄取相当数量的果实和浆果等植物。据说鬃狼会捕食家畜，特别是家禽，因而在某些地区被视为害兽而遭到捕杀，但在另一些地区却被当成宠物饲养。疾病是威胁其生存的另一个重要因素。鬃狼的妊娠期为62—66天，每胎产崽1—5只（平均为两只），幼崽在浓密的草丛或灌木中的巢穴中出生，由雌性独自抚育，哺乳期达15周。

Canis adustus

侧纹胡狼

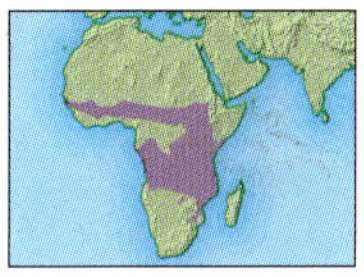

体长：65—81厘米
尾长：30—41厘米
体重：6.5—14千克
社群单元：成对
保护现状：无危
分布：非洲西部、中部、东部和南部

侧纹胡狼偶尔于夜间到市区附近觅食，也在草原、林缘和混合式的农田中出没。与其他胡狼相比，它们的食性更杂，以啮齿类、鸟类、卵、蜥蜴、昆虫和其他无脊椎动物为食，也捡食垃圾、腐肉及果实和浆果等植物。最基本的社群单元由一对雌雄配偶及其幼崽组成，每胎的幼崽数量能达6只（平均为5只）。雌胡狼的妊娠期为57—70天，在弃置的白蚁丘或土豚的地下洞穴等安全场所中生产。幼崽10周大时断奶，约8个月大时即可独立生活。

Canis aureus

亚洲胡狼

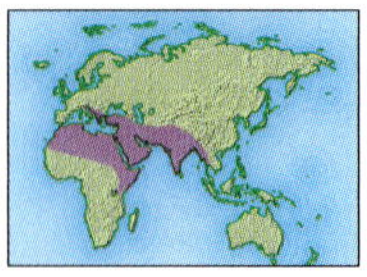

体长：60—110厘米	
尾长：20—30厘米	
体重：7—15千克	
社群单元：成对	
分布：欧洲东南部、非洲北部和东部、亚洲西部至东南部	保护现状：无危

这类杂食性的机会主义觅食者通常成对生活，但在食物丰富的地区，如人类住所附近的垃圾场，也组成多达20只的群体一起生活。亚洲胡狼的妊娠期为60—63天，每胎的产崽量为1—9只不等，平均产崽量为5—6只，新生幼崽在洞穴中受到照顾。

金色光泽

亚洲胡狼的皮毛以浅黄、金黄或淡棕色为主，背部偏灰，腹部偏姜黄色。

用餐时间

亚洲胡狼的幼崽在8—10周大时断奶，开始取食固体食物。这时它们仍因年龄太小而无法捕食，因此父母和其他年轻的群体成员在捕食归来时，会将食物反刍出来供幼崽食用。

Canis latrans

郊狼

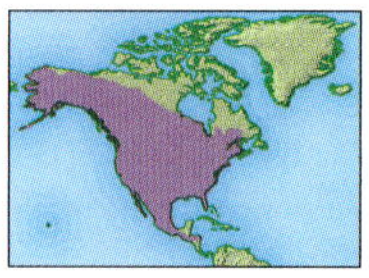

体长：70—97厘米	
尾长：30—38厘米	
体重：9—16千克	
社群单元：不固定	
分布：北美洲至中美洲北部	保护现状：无危

郊狼和许多犬科动物一样，很能适应栖息环境，是一种机会主义觅食者。过去曾被认为终生都独自生活，但如今发现它们也成对出现，或是当栖息地中常有大型猎物出现时，也组成小型的猎食群体。郊狼的食性多样，既捕食叉角羚、鹿类、野山羊和鱼类等动物，也捡食腐肉和垃圾。它们擅长疾速短跑（每小时达65千米），常能追捕到加利福尼亚兔。令人熟知的夜间嗥叫通常具有宣示领域或向邻居宣告位置的作用。郊狼于1—3月发情交配，妊娠期为63天，幼崽产于安全的洞穴中，每胎产崽6—18只（平均为6只）。

体色

郊狼的皮毛颜色呈斑杂的米黄色，耳朵外侧、腿及足部偏黄色，腹部为灰色或白色。肩部、背部及尾巴略带黑色调。

潜行和跳跃

郊狼和其他相似物种一样，利用独特的跳跃动作在雪地或草地上捕捉鼠类等小型猎物。捕食时缓慢前进，全神贯注地观察和倾听。发现猎物时，以近乎垂直的角度跃起，用前爪将猎物压在地面，然后一口将其咬死。

Canis mesomelas

黑背胡狼

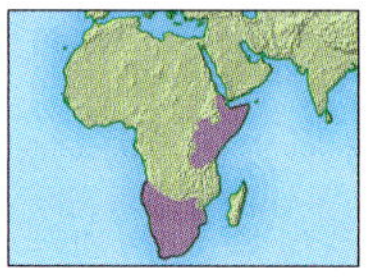

体长：45—90厘米	
尾长：26—40厘米	
体重：6—12千克	
社群单元：成对	
分布：非洲东部和南部	保护现状：无危

黑背胡狼的分布范围从城市郊区向沙漠地带延伸。它的毛色以姜黄色到红棕色为主，肩和背部具明显的黑色鞍形斑，尾毛蓬松呈黑色。黑背胡狼是一种适应力很强的杂食动物，雌雄双方终身配对，共同捕猎。猎物包括绵羊和小牛等家畜。繁殖习性似其他胡狼。

Canis simensis

埃塞俄比亚狼

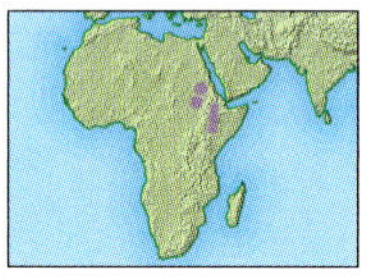

体长：1米	
尾长：33厘米	
体重：15—18千克	
社群单元：群居	
分布：非洲东部	保护现状：濒危

埃塞俄比亚狼曾被称为西门豺，现存的三个种群（分布于埃塞俄比亚的高地）正面临着栖息地丧失、家犬的竞争和疾病，以及过度放牧带来的生存威胁，这些威胁使得野兔、啮齿类和大头鼹鼠等猎物的数量大大减少。群体中的个体数量多达12只，于清晨、中午和傍晚嘈杂地聚集在一起；大多在晨昏时分捕食。雌雄配偶和年轻的成年个体（帮手）共同保护并反刍出食物给幼崽。

Canis rufus

红狼

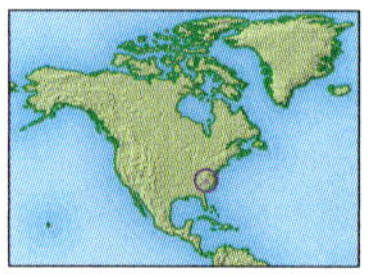

体长：1—1.2米	
尾长：25—35厘米	
体重：18—41千克	
社群单元：群居	
分布：重引入至美国东部	保护 现状：极危

至20世纪70年代，红狼因遭到大量捕杀以及与郊狼杂交而被认为已在野外灭绝。它们于1987年被重新引入到北卡罗来纳州，在当地建立了数量超过100只的种群。红狼捕食野兔、獭狸和浣熊等哺乳类，生活在与狼（第174页）类似的社群组织中。它的皮毛为黄褐至淡黄褐色，混杂有灰色和黑色毛发，背部色泽最深。

Canis lupus dingo

澳洲野犬

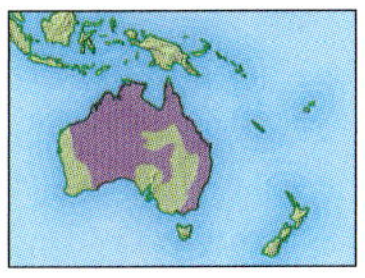

分布：澳洲

- **体长**：72—110厘米
- **尾长**：21—36厘米
- **体重**：9—21.5千克
- **社群单元**：群居
- **保护现状**：未评估(最新)

这种犬类曾分别被认为是家犬的亚种及家犬的祖先狼（第174页）的亚种之一；也曾被当成完全独立的物种。澳洲野犬很可能是由一万年前的一类家犬进化而来，如今生存在野外的多种栖息地中。

澳洲野犬广泛分布于澳洲各地，但西南和东南地区除外，因为这些地区都设置有栅栏，以防它们接近家畜；野犬不仅被列为一种害兽，并且还不利于防治狂犬病。澳洲本土以及亚洲南部和东南部的诸多岛屿上，也生活着许多形似澳洲野犬的野生、半野生和半驯化的犬类动物。澳洲野犬能与家犬杂交，一些地区的野犬中，有三分之一的个体都是杂交种。它们的猎物包括野兔、啮齿类、兔袋鼠、小型袋鼠和鸟类，但这些机会主义觅食者也吃果实、植物和腐肉。澳洲野犬的社会行为和社群组织均与狼类似。

吻部、胸部、腹部和足部有不规则的白色斑块

尾巴蓬松，尾尖呈白色

社群等级

年轻的雄犬大都独居并四处游荡。成年的繁殖个体通常组成固定的群体生活，且很可能雌雄成对，除非整个种群相当分散。雌犬历经63天的妊娠期后，产下1—10只幼崽，每胎的平均产崽量为5只。群体中的年长成员通过啃咬或其他回绝行为，教导幼崽认清自己的等级地位。

野犬或犬？

澳洲野犬的毛色从淡黄棕色变化至深姜红色不等。澳洲野犬与杂交种在外形上非常相似，但仍可从犬齿及裂齿的形状进行区分。

Otocyon megalotis

大耳狐

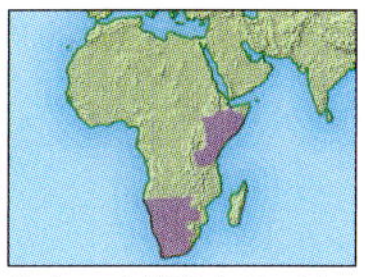

分布：非洲东部和南部

- **体长**：46—66厘米
- **尾长**：23—34厘米
- **体重**：2—4.5千克
- **社群单元**：不固定
- **保护现状**：无危

大耳、小脸和尖突的吻是大耳狐的主要外部特征。它的牙齿也非常独特，比一般犬类的牙齿小很多，且臼齿多出8颗，因而牙齿的数量多达48颗，远多于其他非有袋哺乳类。大耳狐主食白蚁和粪金龟等昆虫。但它的繁殖和社会习性与狐类更加类似。

Cuon alpinus

豺

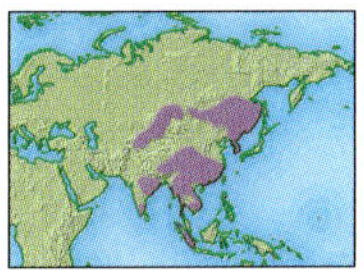

分布：亚洲南部、东部和东南部

- **体长**：90厘米
- **尾长**：40—45厘米
- **体重**：15—20千克
- **社群单元**：群居
- **保护现状**：濒危

豺也称亚洲野犬，其分布范围广泛，但整体的分布范围和数量都在减少。它们生活在有领域性的群体中，通常白天活动，每群5—12只，多由家庭成员组成。豺的毛色为均匀的黄褐色或深红色，尾巴色泽较深，腹部颜色较浅，四肢较短。主要捕食体形中等的有蹄哺乳类，也取食较小的生物、果实和其他植物。

Lycaon pictus

非洲野犬

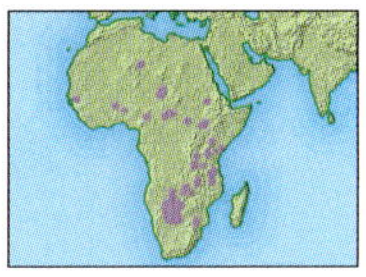

分布：非洲

- **体长**：76—110厘米
- **尾长**：30—40厘米
- **体重**：17—36千克
- **社群单元**：群居
- **保护现状**：濒危

非洲野犬可能是最具社会性的犬科动物，生活在成员超过30只的群体中。只有占据优势地位的一对雌雄配偶才进行繁殖，妊娠期为69—73天，每胎产崽2—19只，平均产崽量为10—12只。群体中的所有成员共同照料和保护幼崽，将食物反刍出来喂养幼崽，直到幼崽约12个月大时掌握捕猎技术为止。它们也结群猎捕角马、斑马和高角羚等大型猎物。非洲野犬的四肢细长，体形瘦长，头部较小，耳大，吻部宽短。与其他犬类不同的是，每只脚上仅有四趾。非洲野犬颜色多变，但吻部通常为黑色，尾尖为白色。

保育

非洲野犬曾广泛分布于非洲的多种栖息地中，如今的种群分布零散，仍然遭到猎杀、陷捕、枪杀、诱捕等伤害，且偶尔会被行驶中的车辆压死。同时还面临着栖息地丧失以及狂犬病和犬瘟等家犬疾病的威胁。非洲野犬的生存有赖于积极的保育工作，包括为其安装无线电项圈（如图所示），以便追踪种群动态等。

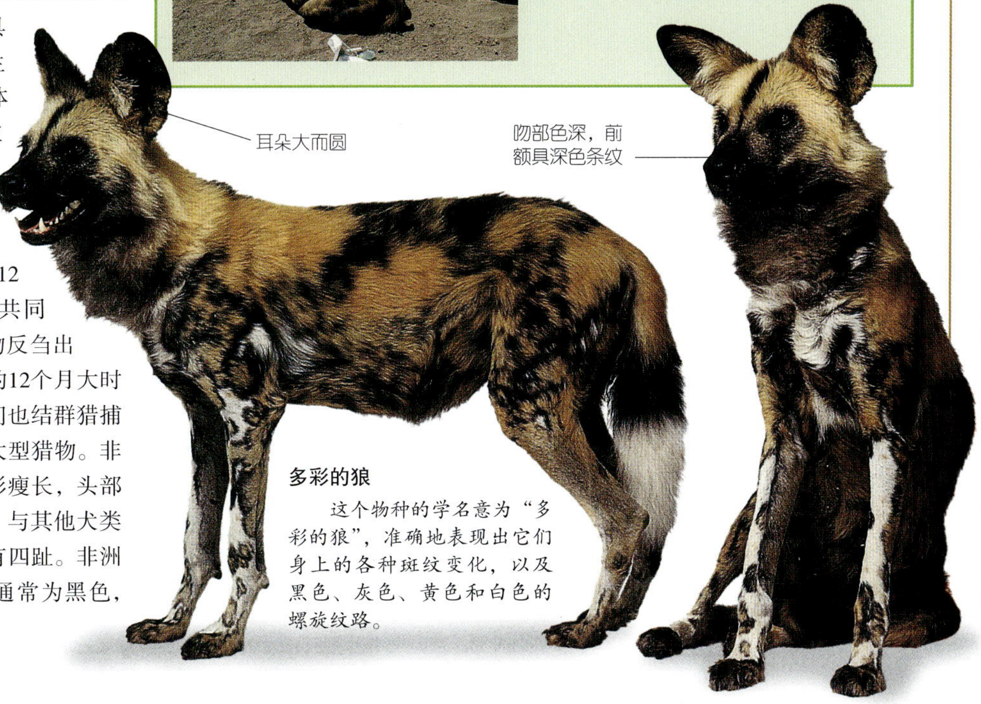

耳朵大而圆

吻部色深，前额具深色条纹

多彩的狼

这个物种的学名意为“多彩的狼”，准确地表现出它们身上的各种斑纹变化，以及黑色、灰色、黄色和白色的螺旋纹路。

哺乳动物

Canis lupus

狼

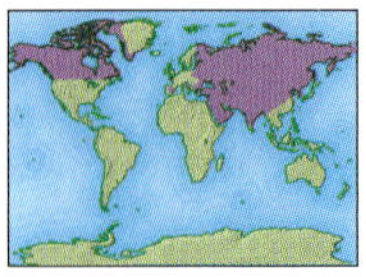

体长：1—1.5米

尾长：30—51厘米

体重：16—60千克

社群单元：群居

保护现状：无危

分布：北美洲、格陵兰岛、欧洲、亚洲

狼是犬科中体形最大的野生物种，也是家犬的祖先。它们曾是分布最广的犬类，如今许多地区的种群都因大规模的捕杀和栖息地丧失等原因，导致分布范围受限。这种聪明的社会性动物依靠群体力量存活下来，成为一类成功的捕食者。狼群通常由8—12只家庭成员组成。它们一起巡视面积广阔的领域，利用气味标记领地。狼群有着严格的等级制度，由一对终生为伴的优势繁殖配偶领导。捕猎时成群出动，因而能捕杀多种猎物，包括体重超过其10倍的驼鹿与驯鹿。

进食的狼群

成功捕获猎物后，头狼夫妇优先食用，狼群中的其他成员则在它们身后等待进食。

照顾幼崽

狼的繁殖期为1—4月，雌性头狼交配后产下4—7只幼崽。经过大约一个月的哺乳期后，幼崽便从巢穴爬出活动，取食父母及狼群其他成员反刍出的食物碎块。如果食物十分丰富，幼崽就能在3—5个月后与狼群一起行动；而在下一个繁殖期到来前，一些幼狼会离开狼群生活，直到建立属于自己的狼群。

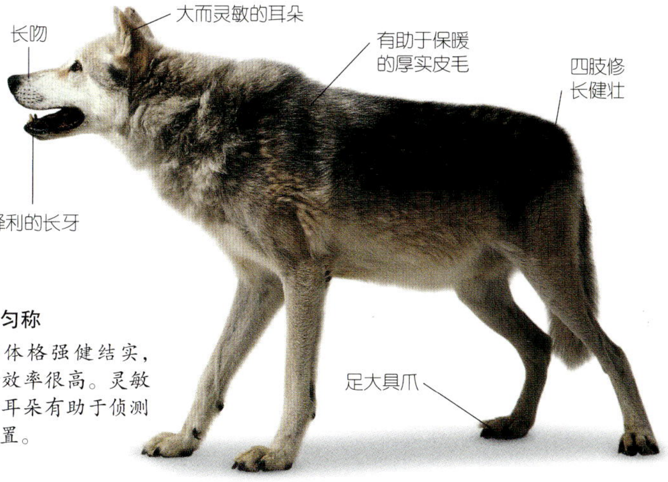

身体强健匀称

狼的体格强健结实，因而捕食效率很高。灵敏的鼻子和耳朵有助于侦测猎物的位置。

捕食者和被食者

虽然狼也常在人类居住区附近出现，但神秘而凶残的名声导致它们几乎被人类赶尽杀绝。如今，大多数狼都栖息在偏远地区，捕食大型鹿类或麝牛等猎物。

野性的呼唤

狼借助嗥叫宣告自己的存在，并借此划定和防守领域。狼嗥可传播10千米远，用以警告邻近的狼群保持距离，避免发生冲突。

熊

门：	脊索动物门
纲：	哺乳纲
目：	食肉目
科：	熊科
种：	8种

熊科中的棕熊是体形最大的陆栖食肉类，完全直立时体长可达3.5米。熊的体格非常壮硕，头颅宽大，腿粗尾短。它们广泛分布在欧亚大陆、北美洲以及北非和南美洲部分地区的森林中。熊与大多数食肉类不同，主要以植物为食。

身体结构

熊的体形属于大型或中型，雄性的体格通常比雌性大20%左右。除了大熊猫这一特例外，大多数熊类的皮毛都呈黑色、棕色或白色，许多物种的胸前还有白色或黄色斑纹。虽然熊的嗅觉灵敏，但视觉与听觉较不发达，这些特性都通过它们的粗长吻部与较小的眼和耳反映出来。大多数熊的臼齿已丧失切割功能，变成齿尖磨圆的扁平臼齿，以便有效地研磨植物。熊的大脚掌威力巨大，长爪不能回缩，往往一掌击出就能杀死其他动物。

运动

与其他食肉类相比，熊的步态显得缓慢而从容，行走时整个足掌都与地面接触（跖行）。但若有必要，它们也能快速移动。在遭到威胁或保卫领域时，许多熊类都能立起身来，借助庞大的身躯增添气势。大多数熊类都善于攀爬。

觅食

大多数熊类为杂食动物，以肉（包括昆虫和鱼类）和植物（包括根茎、嫩枝芽、果实和坚果等）为食。仅北极熊完全以肉为食，而大熊猫（有时和小熊猫一起被归入同一科，偶尔也被视为浣熊科的成员）则几乎只吃植物。由于熊比其他食肉类更依赖植物，因此会花更多的时间进食，且大都在白天觅食。

洞穴和休眠

许多熊类在冬季进入昏睡状态，尤其是生活在寒冷地区的物种。它们在此期间钻入预先准备好的洞穴中，依靠体内储藏的脂肪维生。这个阶段与真正的冬眠（第89页）有所不同，因为熊在冬眠时的体温会下降。幼崽通常诞生在休眠期间。由于没有毛发，因此新生的幼崽十分脆弱，只能借助母亲体温形成的温暖环境生存。

保育

全球8种熊中仅大熊猫被正式列为濒危等级。而另有5种则被列为易危，尽管人们努力保护它们，但其种群数量仍在不断萎缩。造成它们数量下降的原因有很多方面，从猎杀至北极海冰的融化等都包括在内，而受到海冰融化影响的只有北极熊一种。

恐吓

熊类可能具有攻击性，尤其在繁殖季节与同类竞争时更是如此。雄性棕熊彼此发生冲突时，经常尽量让自己看上去更庞大，同时发出号叫，露出利齿，以此威慑对手。体形较小者通常屈服于体形较大者。而一旦警告未起效，双方就会发生打斗，并常导致重伤或死亡。

哺乳动物

Ursus maritimus

北极熊

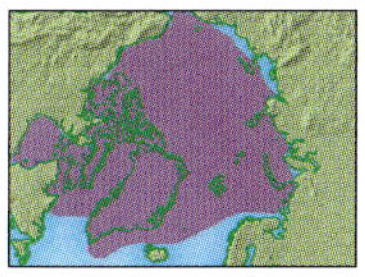

分布：北极、加拿大北部

体长：2.1—3.4米
尾长：8—13厘米
体重：400—680千克
社群单元：独居
保护现状：易危

北极熊和棕熊同属最大的陆栖食肉类，雄性北极熊的体重可达雌性的两倍。它们偏好在布满成堆浮冰的海岸线以及有海豹出没的开阔水域活动。有些北极熊夏季跋涉100千米迁至内陆，寻找鸟蛋、旅鼠、地衣、苔藓，以及驯鹿或麝牛等动物的腐肉。北极熊于4—5月间在浮冰上交配。怀孕的雌熊在雪中挖出洞穴，于11月至次年1月间产下两只幼崽（产崽量为1—4只）。熊崽5个月大时即能摄取固体食物，但在2—3年后才会断奶。

脚掌做桨

北极熊能以10千米的时速轻松游过开阔水域。它们利用巨大的前掌当桨，后腿做舵。皮毛上充满空气的中空针毛（见下方）有助于增加浮力。潜水时，双眼张开，鼻孔紧闭，可停止呼吸达两分钟，然后悄悄地从海鸟或在海面取暖的海豹下方偷袭。

并非全白

北极熊的针毛（外层）呈乳白色而非纯白。半透明的中空针毛能将阳光中的热量传送到毛根，由黑色的皮肤吸收热量。浓密的内层绒毛和皮下厚厚的脂肪层则有助于保暖。

潜行捕猎或伏击

北极熊的主要猎物为海豹，偶尔也猎杀海象，它们主要采用两种方式猎捕。潜行狩猎时，以缓慢的速度接近猎物，依靠白色皮毛作为伪装，当海豹抬头探望时则立刻站住不动，在最后的15—30米内以55千米的时速发动攻击。北极熊伏击时，会在海豹的呼吸孔旁静静守候，当海豹浮出水面呼吸时，便猛然扑向猎物。然后咬住海豹的头，拖到附近进食。

Ursus americanus

美洲黑熊

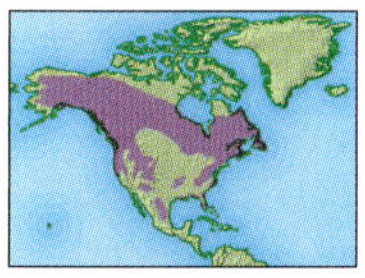

分布：北美洲、墨西哥

体长：1.3—1.9米
尾长：7—15厘米
体重：55—300千克
社群单元：独居
保护现状：无危

美洲黑熊能适应各种栖息地，但通常偏好在森林地带活动。利用强壮的四肢和短爪撕开倒木，寻找蠕虫和蛴螬，也擅长爬到树上用能卷握东西的嘴唇摘取果实。美洲黑熊的耳朵比棕熊更大且更为挺立，但肩部没有明显的隆起。冬季在山洞等处冬眠，北方种群的冬眠时间可达6个月。这种熊常闯入仓库或汽车，窃取人类留下的食物，但在正面遭遇人类时常会逃离现场。

黑色至蓝灰色的熊

分布在东部地区的美洲黑熊以黑色为主，西部地区的种群呈黄棕色，而太平洋沿岸地区的种群则呈蓝灰色。

素食为主

美洲黑熊食谱中的95%为植物性食物，并会随季节出现变化，通常采取爬树方式获得植物根部、芽苞、嫩枝、果实、浆果和坚果等食物。它们同时还擅长捕捉幼鹿和鱼类。

Ursus thibetanus

亚洲黑熊

分布：亚洲东部、南部和东南部

体长：1.3—1.9米
尾长：无记录
体重：100—200千克
社群单元：独居
保护现状：易危

亚洲黑熊在外形与习性上与美洲黑熊（左侧）相似，多达一半的时间都在树上活动。食物包括橡果、山毛榉、其他坚果和樱桃等浆果，以及竹笋、叶片、草类、草本植物、蛴螬与蚂蚁等昆虫。在那些自然栖息地被耕种且趋于破碎化的地区，亚洲黑熊也偷取玉米和其他作物，偶尔致人伤亡。交配后8个月，雌熊在冬季的巢穴中产下1—3只幼崽（通常为2只）。亚洲黑熊正遭受被猎杀的威胁，它们的身体部位（尤其是熊胆）常被作为中药材和野味进行销售。

Helarctos malayanus

马来熊

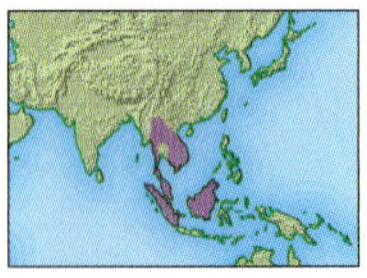

体长：1.1—1.4米	
尾长：无记录	
体重：50—65千克	
社群单元：独居	
分布：亚洲东南部	保护现状：易危

马来熊是唯一生活在热带地区的熊，这种性情孤僻的夜行性杂食动物鲜有人知，见于低海拔的阔叶林中。它的皮毛光滑，毛色从黑色、灰色至深褐色不等。吻部色泽较浅，且较短。由于体形矮小结实，身体比例似狗，因此被当地人俗称为狗熊。马来熊大部分时间在树上活动，甚至连睡觉都在用折弯或断裂树枝做成的粗糙窝中度过。取食果实、嫩枝、鸟蛋、小型哺乳类、蛴螬、蜂蜜（故又称蜜熊）和其他各种植物在内的多种食物。因森林砍伐或耕地开垦造成的栖息地丧失是这一物种面临的主要生存威胁，而它也会盗食作物，尤其是棕榈树种植园中的嫩枝，因而遭到农民的捕杀。

胸前点缀着一块“U”形白色或浅棕红色的圆形或不规则形斑块

最小的熊

马来熊是体形最小的熊，全身毛发极短。它的颈周有一圈松弛的皮肤，因此当它被老虎等捕食者咬住时，可以立即转身回击。

长舌头

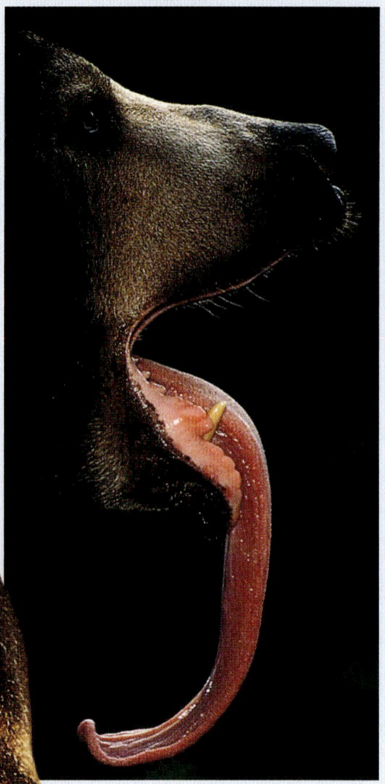

马来熊的舌头能伸出25厘米长，便于从洞穴或裂缝中舔食蛴螬、蜂蜜及类似食物。它也会将前掌轮流伸入白蚁窝中，舔食爬到脚掌上的白蚁。

攀爬利器

马来熊的弯爪极长，是一位出色的爬树高手。它能用前肢抱住，并用牙齿紧紧咬住树干，强把自己拉上树。长爪也可用于挖掘蠕虫和昆虫，扯开树皮及倒木取食白蚁，或是从野生蜂巢中挖取蜂蜜。

Melursus ursinus

懒熊

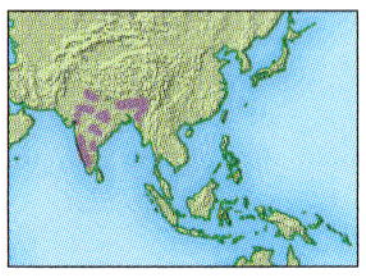

体长：1.4—1.8米	
尾长：7—12厘米	
体重：55—190千克	
社群单元：不固定	
分布：亚洲南部	保护现状：易危

这种小型到中型的熊有着健壮的体格，四肢短小有力，能在多刺灌丛、草原和森林等各种栖息地中生存，只要这些栖息地能为它提供三种主要食物，即蚂蚁、白蚁和果实（它也取食蜂蜜和鸟蛋）。它的前掌虽然也具备无法回缩的长爪（上方图框），但却不擅长爬树。成年懒熊和其他熊类一样，除交配期外（6—7月），大多独自生活。但也有人曾观察到5—7只个体短暂聚集的情况，且并非因为大量食物吸引所致。

雌熊利用天然洞穴作为巢穴或自行掘穴，每胎通常产崽2只（11月至次年1月生产）。幼崽在洞穴中生活2—3个月，然后由母亲背着外出活动达6个月，2岁大时开始独立生活。懒熊面临的主要威胁包括栖息地丧失、盗猎身体部位（用于传统药材）、被人捕杀或被捉去表演马戏。

胸前白斑从“U”形变为“Y”或“O”形

毛发蓬松

懒熊的皮毛粗长，耳朵、后颈及肩膀处的毛发尤其明显。毛色从黑色、棕色到偏红色不等；吻部通常色泽较淡，甚至呈白色。

追踪气味

熊主要通过灵活的长吻嗅闻寻找食物。懒熊善于寻找蚂蚁和白蚁，利用长达8厘米的前爪扒开土块、倒木或树干中的蚁窝觅食。进食时鼻孔闭合，嘴唇噘起，借助上门齿缺失形成的空隙吸食白蚁。它们发出的响亮吸食声音在100千米外都能听到。

起身眺望

懒熊能像其他熊一样用后脚站立。这种姿势曾被视为一种攻击姿态，但其实是在眺望周围的环境。更重要的是，它能借此嗅出食物或潜在危险的气味。懒熊抓伤人的情况通常是意外造成的。

Tremarctos ornatus

眼镜熊

分布：南美洲西部

体长	1.5—2米
尾长	7—12厘米
体重	140—175千克
社群单元	独居
保护现状	易危

眼镜熊又称安第斯熊，这种南美洲仅有的熊类的体形仅次于南美洲最大的陆栖哺乳类（貘），也是熊类中树栖性最强的一种。在安第斯山区的各种民间传说和神话中，眼镜熊都占有重要地位，它的俗名极多，包括凤梨熊、白额熊、黑美洲狮和呜苦苦（取自它所发出的一种罕见叫声）等。这一物种曾经占据着从海岸沙漠到高地草原在内的多种环境，但人类的出现逐渐迫使它们退回到海拔1000—2700米处的云雾林带生活。

眼镜熊主要以植物为食，它的颌肌强健厚实，颊齿有助于研磨坚韧的植物，可直接啃食仙人掌或凤梨等低矮植物，且完全不受利刺和叶片倒刺的影响。常见的树上取食方法则是沿着树枝攀爬，将两旁的其他树枝拽到身边摘食果实。眼镜熊也能在树上用枝叶建造直径达5米的简易平台，作为进食与休息之用。

眼镜熊大多在4—6月间交配，但也能在任何时期交配，使幼崽出生在食物最丰盛的时节。雌雄配对后共同生活1—2周。幼崽出生42天后眼睛睁开，3个月大时离开石堆中或树根下的窝穴，并在随后的两年中跟随母亲学习觅食、辨别食物种类和认清潜在威胁等技能。雄性眼镜熊与其他熊类的雄性一样，不抚育幼崽。若与自己的幼崽意外相遇，还有可能攻击或杀害它们。

巢穴中的熊崽

新生的眼镜熊和其他熊的初生幼崽一样娇小，体重仅为325克。它们大多出生在12月至次年2月间。

作物与冲突

眼镜熊是取食植物最多的熊类之一，食谱中包括各种果实、凤梨科植物、野生兰花的球根及类似花朵、棕榈的嫩枝和叶柄等，生活在较干燥地区的眼镜熊也吃草茎和仙人掌。动物性食物则包括昆虫、鸟类、鸟蛋、小型哺乳类及腐肉。眼镜熊也偷取农作物，尤其是玉米，并且偶尔因攻击家畜遭到农民的报复性猎杀。

眼镜状斑

乳白色眼斑的形状多变，从完整的圆圈形、眼睛上方的"眉毛"形到眼睛下方的"泪滴"形都有，可用于个体的识别。

Ailuropoda melanoleuca

大熊猫

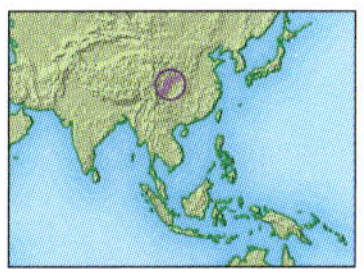

分布：亚洲东部

体长	1.6—1.9米
尾长	10—15厘米
体重	70—125千克
社群单元	独居
保护现状	濒危

特征明显的大熊猫是全球公认的动物保护象征，但它们的生存仍处于危险境地。大熊猫的食谱非常单一，99%都由竹子构成，能取食30多种竹子的不同部位，春季吃竹笋，夏季吃竹叶，冬天吃竹茎。若发现腐肉、蛴螬和鸟蛋，也会将其吃掉。大熊猫通常独居，多在清晨与黄昏觅食，吃饱喝足后在竹丛中休息。它们利用肛门腺体的分泌物、尿液和爪痕标示领域，且不会于同一时间出现在领域重叠的区域，借此避免相互冲突。

雌性的体形大小只有雄性的五分之四，发情交配时发出呻吟、咩咩和吠叫等声音（已有11种声音被记录）。求偶时，雄性聚集在一起，互相追逐打斗以争夺配偶。雌性历经45天的妊娠期后，在树洞或岩穴内的窝巢中产下1—2只幼崽。新生幼崽体长仅15厘米，体重100克，全身带有稀疏的白毛。

黑白相间

大熊猫的皮毛为白色，但耳朵、眼周、鼻子、肩胛和四肢都为黑色；耳朵直立，脸盘宽大，眼小。

保育

全球有超过150只熊猫处于圈养状态，而野生熊猫的数量约是这一数字的10倍。尽管受到了各界的高度关注，大熊猫的数量仍在不断下降。繁殖率低是其中的原因之一，出生后的头六个月中仅有三分之一的幼崽能够存活下来。另外，分散孤立的野外栖息地也是一个不利因素。当今中国对土地和木材的需求，导致大熊猫的栖息地不断被破坏，使其不得不面对日益严重的生存问题。

第六"指"

大熊猫的腕部具有由腕籽骨延长形成的垫状"假拇指"（即第六指），能够弯曲并与真的拇指（第一指）对握，方便其灵活抓握竹茎和竹叶。

Ursus arctos

棕熊

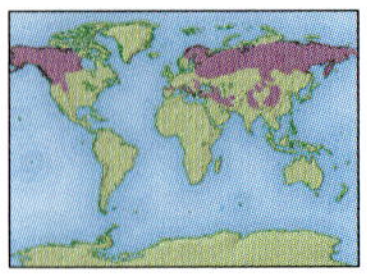

体长：2—3米
尾长：5—20厘米
体重：100—1000千克
社群单元：独居
保护现状：无危

分布：北美洲北部和西北部、欧洲北部、亚洲

棕熊是分布最广的熊科成员，体形因食物和栖息地的不同而有所变化。棕熊需要广阔的地域才能生存，这也是为何部分棕熊种群会在阿拉斯加和育空的部分偏远地区出没的原因，而在栖息地遭受破坏的北美洲和欧洲，棕熊数量则大幅减少。

棕熊最明显的特征是肩背隆起，具有利于挖掘植物根茎和球根的长爪。它还能用后腿站立，确认有无危险或寻找食物来源。虽然它们主要以植物为食，但仍会吃肉。为了避开食物短缺的冬季，棕熊会躲在坡地或灌丛的洞穴中，进行长达6个月的冬眠，母熊在这段时间产下幼崽。野生棕熊的寿命约为25年，圈养个体的寿命更长。

棕熊亚种

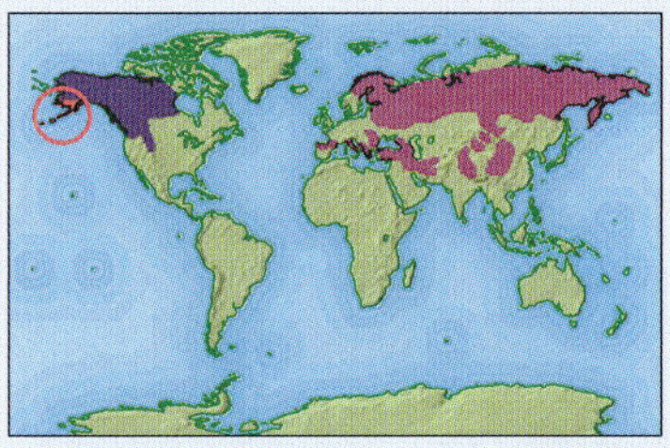

常见的棕熊亚种包括北美灰熊、科迪亚克岛棕熊、阿拉斯加棕熊、欧洲棕熊、叙利亚棕熊、西伯利亚棕熊、东北棕熊及日本棕熊等。不过，这种分类存在很多争议，因为它们可能并非真正的亚种，而是因为食物的不同导致了体形上出现变化。

科迪亚克岛棕熊

令人印象深刻的科迪亚克岛棕熊Ursusarctos middendorfi是体形最大的棕熊亚种，体重多达780千克。

欧洲棕熊

欧洲棕熊Ursus arctos arctos是体形最小的棕熊亚种。栖息地的快速消失致使它们的活动范围受限于山区林地的小块区域中。

北美灰熊

这种棕熊亚种Ursus arctos horribilis因具有斑杂的灰色皮毛而得名，毛尖的颜色比毛根浅。

鲑鱼大餐

棕熊善于游泳，能在瀑布或溪流浅滩处等待数小时，随时准备潜入水中捕捉猎物。当鲑鱼洄游产卵时，棕熊便会猛扑向河中的鲑鱼，用强而有力的双颌将其咬住，或用带爪的大脚掌进行击打。鲑鱼是沿海棕熊种群的重要蛋白质来源，这些棕熊的体形往往最大。鱼类一旦被棕熊捕获，大都难以逃脱。

体格强壮

棕熊的体形健硕。虽然雌雄间的体长差异不大，但雄性的体重可达雌性的两倍，后者的骨架更小、更轻。棕熊会在春季和秋季之间大量进食，以便为冬季的冬眠做好准备。

进攻行为

棕熊常因力量、体形和不可预期的行为，而被认为会对人类和家畜造成威胁。北美灰熊是在开阔的栖息地中进化而来的物种，由于在旷野中很难找到安全的庇护所，因此它们的防卫方式非常激烈。带着小熊的雌熊尤其危险，但熊类一般都会避免与人类接触。

海狮、海象和海豹

门：	脊索动物门
纲：	哺乳纲
目：	食肉目
科：	海狮科 海象科 海豹科
种：	35种

分类说明

海豹及其近亲在传统上被归类为鳍脚目。但现今的大多数动物学家都认为，这类哺乳类应纳入食肉目，这也是本书采用的分类系统。已有的证据显示，在食肉目中，这几科动物与熊类（熊科）有着最为接近的亲缘关系，而海狮（海狮科）和海象（海象科）间的亲缘关系比起海豹（海豹科）来更为接近。

虽然鳍脚类（海豹、海狮及海象）上陆后动作笨拙，但在水中却非常敏捷。它们体呈流线型、鳍肢有力，能潜入水下100多米深。一些物种甚至能在水下活动一个多小时。这类动物分为三个科。海狮科的物种（海狮和海狗）有小型外耳，后肢能向前翻转，方便在陆地上运动；海象科的物种长牙明显；而海豹科物种的头上没有外耳。只有海象和海狮类能在陆地上将身体撑起呈半挺立状。鳍脚类在世界各地均有分布，以温带和极地海域为主。

体温调节

鳍脚类有数种体温调节的适应性特征。它们皮下的脂肪层能在冰冷的水中对体内器官起到很好的隔热作用，且流入鳍状肢的血量也受到限制。而生活在温暖的水域中的一些物种则会挥动鳍状肢来散热。此外，真海豹和海象能够收缩靠近皮肤表层的血管，减少在冰水中的热量丧失，或在晒太阳时扩张血管以吸收热量。海狮则潜入水中，避免体温过高。

体色变化

这些躺在太阳下的海象皮肤中的血管膨胀，以便最大限度地吸收热量。因此，身体呈现棕红色。

水下杂技

鳍脚类在水中的动作十分优雅、敏捷，并且能快速游泳，如下图中的南海狮。它们在水下利用保留在肺部的空气发声进行沟通。

身体结构

鳍脚类大多脸短颈粗，身体灵活且呈纺锤形。皮下的脂肪层具有隔热、增加浮力、储藏能量及保护内部器官等功能。除了皮肤裸露无毛的海象外，这一类群的所有动物都有毛发。鳍脚类的眼睛很大，利于在深水中视物，听觉灵敏，耳道和鼻孔能在水下闭合，吻部的细长触须则能增强触感。许多物种表现出明显的性二型现象：如雄性象海豹的体重要比雌性多4倍。

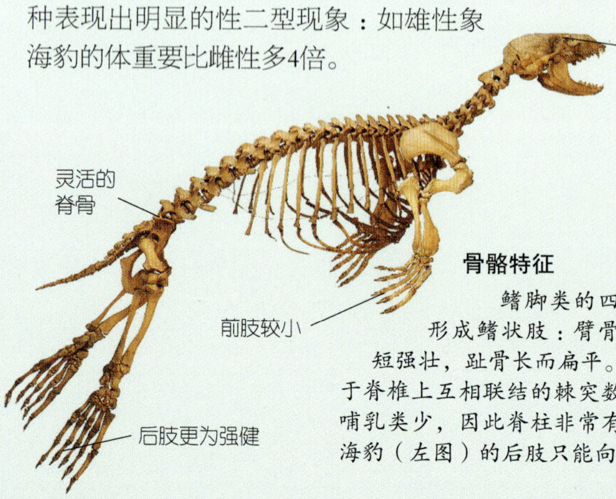

骨骼特征

鳍脚类的四肢经特化形成鳍状肢：臂骨与腿骨粗短强壮，趾骨长而扁平。此外，由于脊椎上互相联结的棘突数量比其他哺乳类少，因此脊柱非常有弹性。真海豹（左图）的后肢只能向后伸展。

生命周期

鳍脚类与其他海洋哺乳类（鲸豚类、海牛及儒艮）不同，并未完全摒弃陆栖生活。大多数鳍脚类于繁殖期间会在适宜的海滩建立领域，通过相互之间猛烈打斗以争夺空间，并排挤弱小的雄性。雄性上岸数周后，雌性才来到岸上分娩。幼崽出生数日后（通常每胎只产1崽），雌性便与占有所处领域的雄性交配。鳍脚类的妊娠期为8—15个月，这段时间雌性大都在海中度过，只有在繁殖时才会上岸。

好斗的雄性

雄性在繁殖期间常会发生激烈竞争，如左图中两只争夺交配权的象海豹。只有最强壮的雄性才能护卫繁殖领域。

大型群体

繁殖时的海滩总是拥挤不堪。南非海狗的群体数量多达上千只，其中，每只雄性能占有7—9只雌性。

Callorhinus ursinus

北海狗

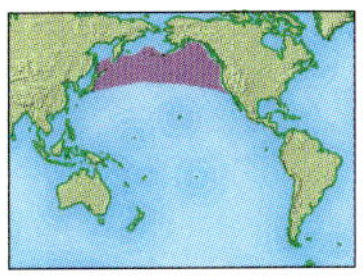

体长：多达2.1米
体重：180—270千克
社群单元：不固定
保护现状：易危

分布：北太平洋

雄性北海狗的毛色为棕灰色，雌性与幼崽的背部为银灰色，腹部为棕红色，胸部具灰白色斑。前肢较长，腕部呈现被“切断”的样子。它们的食物包括多种鱼类以及潜鸟和海燕等鸟类。大多数海狗种群于8月在成年雄性的带领下向南迁移。幼崽出生后在陆上生活4个月，直到11月才随母亲南迁。

Arctocephalus pusillus

南非海狗

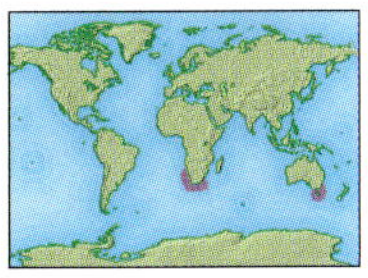

体长：1.8—2.3米
体重：200—360千克
社群单元：不固定
保护现状：无危

分布：非洲南部、澳洲东南部、塔斯马尼亚岛

南非海域的南非海狗与澳洲的海狗相比，呈现较深的灰褐色，潜水深度也是后者的两倍（达400米深）。幼崽通常在11—12月间出生，出生时的体长约70厘米，体重为6千克。雌海狗生产后在海中连续觅食数日，而新生幼崽则在潮池“育儿所”中嬉戏。

长而明显的耳郭

Zalophus californianus

加州海狮

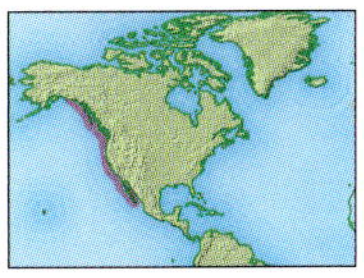

体长：多达2.4米
体重：275—390千克
社群单元：不固定
保护现状：无危

分布：美国西部

加州海狮就是常在海洋公园和水族馆进行“表演”的海狮种类，它们很少游离海岸超过16千米，经常进入海港和河口地区觅食与栖息。雄性为深褐色，头顶具峰状冠毛，雌性和幼崽呈均匀的棕褐色。加州海狮能在两分钟内潜到水下70米处捕食，猎物主要包括鲱鱼等成群鱼类、乌贼及沙丁鱼。

在“厄尔尼诺”出现的年份中，它们的猎物则变为牙鳕、鲑鱼及海鸽等鸟类。繁殖期间（5—6月），雄海狮聚集在沙滩或潮水潭中，为争夺小小的领域发生打斗。但两周后，它们就必须回到海中觅食，返回岸上时，不得不再次为领域而战。雌海狮每胎只产1崽（罕有两只），照顾幼崽8天后，便回到海中觅食2—4天，然后在陆地上哺乳1—3天，以此循环。这一周期将持续8个月，直到下一胎诞生为止。

Phocarctos hookeri

新西兰海狮

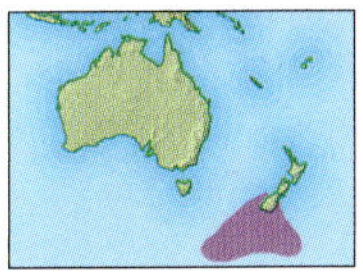

体长：2—3.3米
体重：300—450千克
社群单元：不固定
保护现状：近危（最新）

分布：新西兰南部的亚南极岛屿

新西兰海狮又称虎克海狮，仅分布在新西兰南部的少数岛屿上。它们在距陆地150千米的范围内觅食，随后回到距内陆约1千米处的悬崖和树林间休息。雄海狮体呈深褐色，后半身为银灰色，肩部具鬃毛；雌海狮和幼崽的背部为银色或棕灰色，腹部为淡黄色或黄褐色。食物包括鱼类、蟹类、企鹅及海豹幼崽。

Otaria flavescens

南海狮

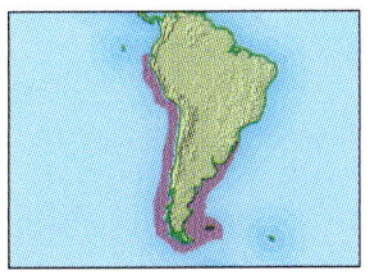

体长：2.3—2.8米
体重：300—350千克
社群单元：不固定
保护现状：无危

分布：南美洲西部、南部和东部，福克兰群岛

南海狮的头部庞大沉重，体呈褐色，腹部颜色较浅或为黄色，很容易辨认。这种海狮不迁移，雄性肩膀和胸部的鬃毛浓密，体重为雌性的两倍（与许多海狮一样）。它们全年都在繁殖地栖息。雌海狮在幼崽1—2个月大时，将其引入海中活动，比其他海狮要早很多。

Eumetopias jubatus

北海狮

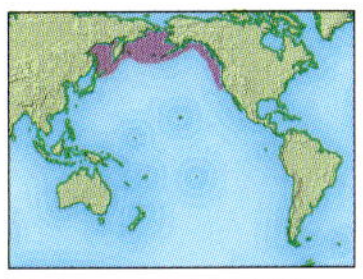

体长：3—3.3米
体重：585—1120千克
社群单元：群居
保护现状：近危（最新）

分布：环北太平洋地区

北海狮是体形最大的一种海狮。雄性的吻宽，头巨大，颈粗壮，体重达雌性的三倍。雌雄皆为黄褐色或淡黄褐色，黑色的鳍状肢上仅背面有毛。它们的繁殖习性与其他海狮相似，群体成员的数量可达一千多只。北海狮能潜入深海捕食鱼类、海豹和海獭。

幼崽为深褐色或黑色

Arctocephalus gazella

南极海狗

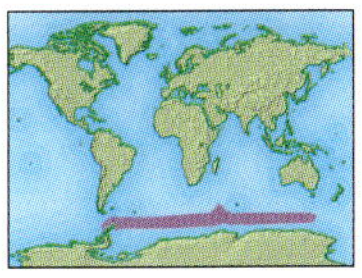

体长：1.6—2米
体重：90—210千克
社群单元：不固定
保护现状：无危

分布：南极和亚极地海域

雄性南极海狗的皮肤下方堆积着大量肌肉与脂肪，因而鬃毛更为突出。雄性的身体呈深灰褐色，雌性为中等灰色。雄海狗于11月抵达繁殖岛屿，开始相互竞争领域，在自己的领域中与约5只雌性交配。由于人类捕杀南极海狗获取皮毛，导致它们在19世纪几乎灭绝，其数量目前正在恢复，但人类对其主要食物——磷虾的捕捞量不断增加，使它们的生存再度面临威胁。

Odobenus rosmarus

海象

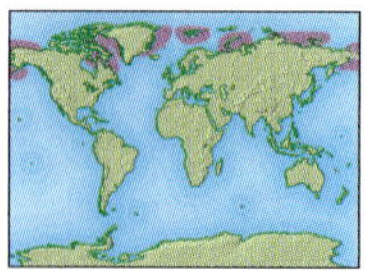

体长：3—3.6米

体重：1.2—2吨

社群单元：群居

保护现状：数据缺乏

分布：北极海域

雄海象的体重达雌性的两倍。海象的前肢与海狮相似，但后肢却与海豹相似。吻钝，吻周长有很多胡须，从吻至头、颈及胸明显加宽，最后又在尾巴处骤然变细，尾巴被一层网状皮肤包覆。海象主要取食海底泥沙中的蠕虫、贝类、海螺、虾和行动缓慢的鱼类等。它们能潜入水下100多米深，活动达25分钟以上，利用胡须和吻探寻猎物，然后用鼻子搅动泥沙，同时嘴巴喷出水柱。食物被嘴巴和舌头吸食，而非用牙咬住。

海象是社会性动物，群居生活，常结成数百只的大群共同挤在陆地或浮冰上，在海中时分散为不到10只的小队；雄性单身汉们则趋于一起活动。雄海象求偶时，常在水下翻滚，并发出阵阵大吼吸引异性，雌雄双方多在1—3月交配。幼崽于15个月（包括4—5个月的延迟着床期）后诞生，出生时长达1.2米，重75千克。头6个月都以母乳为食，随后的18个月中逐渐断奶。雌性会极力保护自己的幼崽，也会“收养”成为孤儿的幼崽。

颜色多变

海象的皮毛粗短，皮肤清晰可见，并且会随海象的行为而变色。它们的皮肤通常为灰褐色或黄褐色，但在进行日光浴时，由于血管受热膨胀而使皮肤呈现玫瑰红色，仿佛被晒伤一样。

轻击对手

大多数雄海象约在10岁大时开始繁殖。雄性通过展示长牙，并用牙（极长的上犬齿）轻击对手，以争取较佳的位置来接近雌性。长牙时常造成截伤，但通常不致命。雄性越年长，伤疤也就越多。

Monachus monachus

地中海僧海豹

体长：2.4—2.8米

体重：250—400千克

社群单元：独居/群居

保护现状：极危

分布：地中海、大西洋（非洲西北部）

地中海僧海豹具有光滑的深褐色皮毛，腹部色浅，主要以海鳗、沙丁鱼和鲔鱼为食，也捕食龙虾及章鱼。它们在陆地上的社群性行为比其他海豹少，多母子成对或组成相隔较远的小型群体。这种非常稀有的物种对旅游等人类活动的干扰相当敏感，常被迫躲在水下的洞穴中。洞穴崩塌、污染、过度捕捞及病毒感染也会对它们造成严重威胁。

Lobodon carcinophaga

食蟹海豹

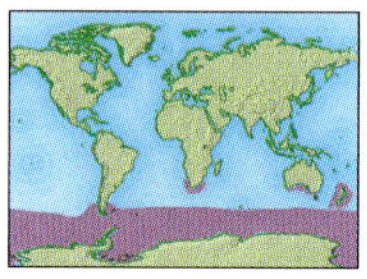

体长：2.2—2.6厘米

体重：220千克

社群单元：不固定

保护现状：无危

分布：南极和亚极地海域

食蟹海豹的身体修长灵活，前肢的末端呈尖形，皮毛为银灰色至黄褐色，带有不规则的深色斑点及环纹。它们是数量最多、游速最快的海豹之一，游动时速可达25千米。常在水下40米处觅食约5分钟。虽然名为食蟹海豹，但却利用独特的瓣状牙齿滤食磷虾。繁殖习性在海豹类中十分典型，但雄性会待在雌性及幼崽身边，直到哺乳期（约三周）结束。

Hydrurga leptonyx

豹海豹

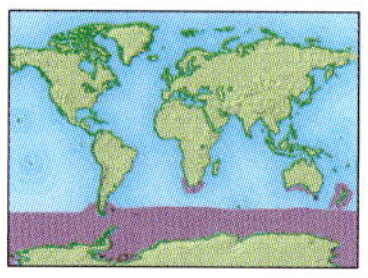

体长：2.5—3.2米

体重：200—455千克

社群单元：独居

保护现状：无危

分布：南极和亚极地海域

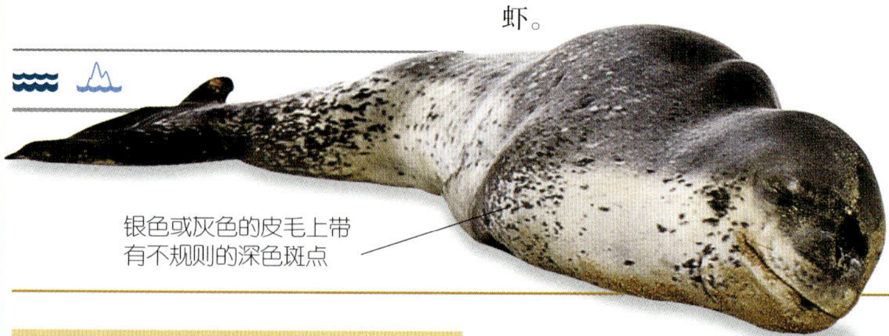

这种独居海豹的身体灵活，最宽的部位是肩膀，它们利用指尖带爪的前肢游泳，这在真海豹中十分少见。头部比例与爬行类相似，没有额头，下颌深宽。犬齿长达2.5厘米，适合捕捉较小的海豹、企鹅和其他鸟类，食物中还包括乌贼及磷虾。

Leptonychotes weddellii

威德尔海豹

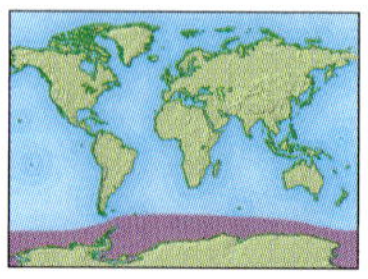

体长：2.5—2.9米

体重：400—600千克

社群单元：不固定

保护现状：无危

分布：南极和亚极地海域

威德尔海豹的体形笨重，头小，鳍状肢短，吻短钝，胡须短小稀少。常潜入水下500米达一小时，寻找鱼类、乌贼和其他猎物。这种海豹依靠修长的上门齿在冰层上刮擦出呼吸孔，因此牙齿磨损得很厉害。

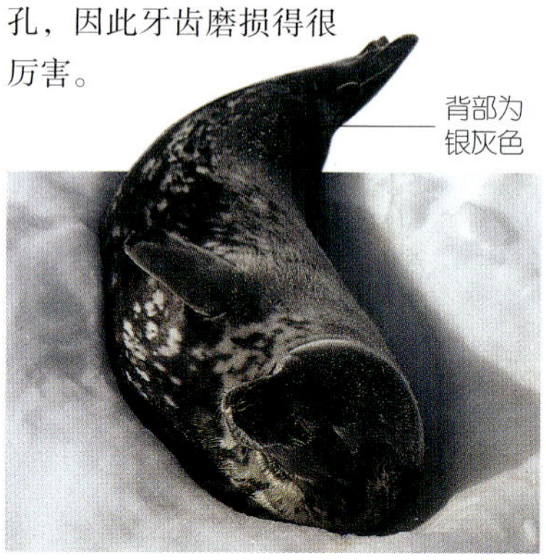

Ommatophoca rossii

罗氏海豹

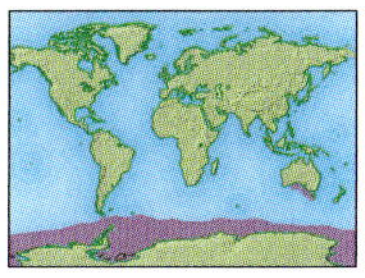

体长：1.7—3米
体重：130—215千克
社群单元：独居
保护现状：无危

分布：南极海域

罗氏海豹有着独特的钝吻、宽大的头和修长的后肢。它们的体毛在海豹中最短，毛色为深灰色至栗褐色，腹部为淡黄褐色，成年个体与幼崽的体侧带有宽大的深色条纹。它们不像大多数海豹一样群居，而是单独或母子成对在冰上栖居。能潜入水下数百米深，主要捕食乌贼、磷虾和鱼类等猎物。11—12月间，雄性在有雌性使用的冰上呼吸孔附近争夺领域。

Mirounga leonina

南象海豹

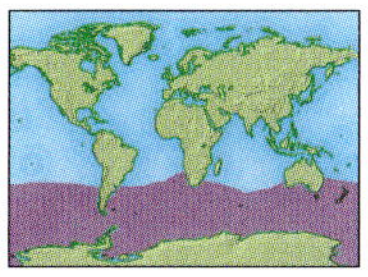

体长：4.2—6米
体重：2.2—5吨
社群单元：不固定
保护现状：无危

分布：南极和亚极地海域

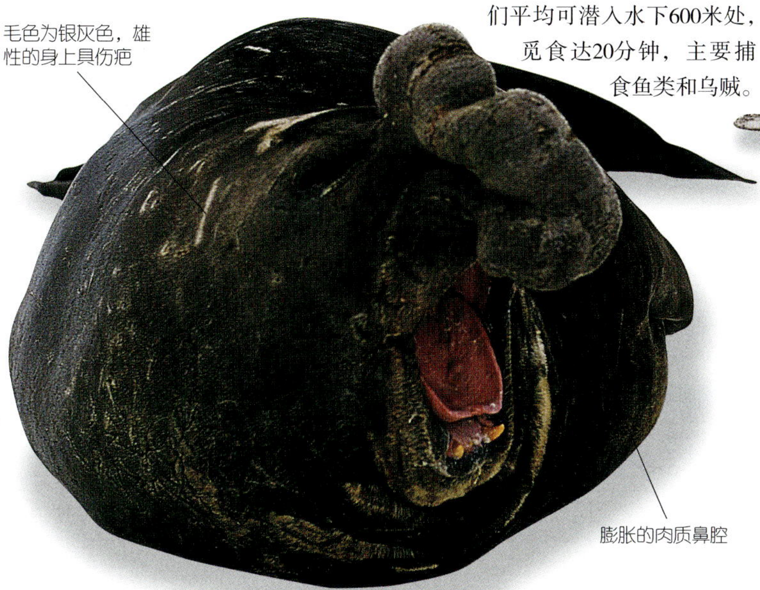

南象海豹是体形最大的鳍脚类，雄性的体重为雌性的4—5倍。雄象海豹的大鼻子形似象鼻，历时2个月的繁殖期间，在向竞争对手发出吼叫时，鼻子上部的囊状结构会膨胀。为了建立优势地位，还会做出撑高身体、互相挥击或以头部相撞等行为。雌性的妊娠期为11个月（包括4个月的延迟着床期），随后产下一只幼崽，并随时在幼崽身旁哺乳19—23天，其体重在这段时期也会减少三分之一。完成繁殖与换毛后，南象海豹便向南迁移，它们平均可潜入水下600米处，觅食达20分钟，主要捕食鱼类和乌贼。

Cystophora cristata

冠海豹

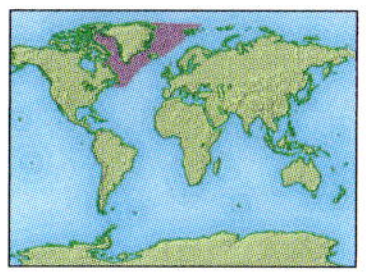

体长：2.5—2.7米
体重：300—410千克
社群单元：不固定
保护现状：易危

分布：北大平洋至北冰洋

冠海豹具有能盖住嘴巴的宽大多肉鼻囊。雄性繁殖时，鼻囊膨胀呈冠状，使头部的大小为原来的两倍，还将左鼻孔中的鼻腔黏膜挤压出来，充气膨胀成棕红色的球状，借此威吓竞争对手。冠海豹大多独居，非繁殖或换毛期会跟随浮冰迁移。幼崽产于浮冰上，出生时体长达1.1米，体重为30千克，4—5天内断奶，是哺乳类中哺乳期最短的一个物种。

Halichoerus grypus

灰海豹

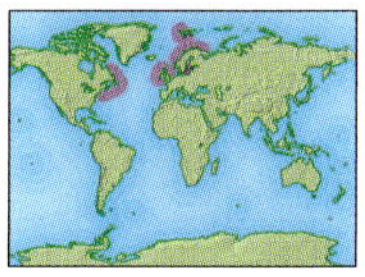

体长：2—2.5米
体重：170—310千克
社群单元：不固定
保护现状：无危

分布：北大西洋、波罗的海

雄灰海豹为灰褐色，具浅色斑；雌性为淡灰褐色。眼小，鼻孔间距宽大，鼻头棱角分明。灰海豹共有三个种群，分别生活在大西洋西北部海岸、大西洋东北部海岸及波罗的海。大西洋西北部海岸种群的体重比其他种群多出约20%，繁殖期为12月至次年2月；波罗的海种群的繁殖期可延续到4月；大西洋东北部海岸的种群则于7—12月间繁殖。雄性并不防卫固定的领域。

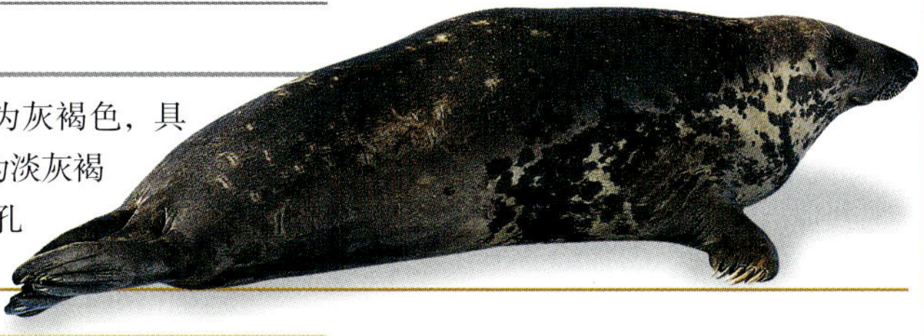

Pagophilus groenlandicus

琴海豹

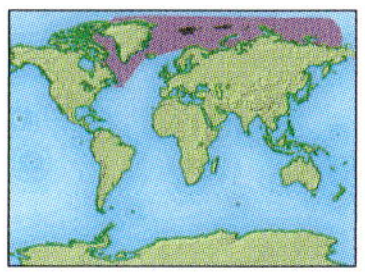

体长：1.7米
体重：130千克
社群单元：不固定
保护现状：无危

分布：北大西洋至北冰洋

琴海豹的脸部宽大，眼距小，爪子为黑色，皮毛呈银白色，背部有弧形斑纹。它们沿着浮冰边缘迁移，猎食鳕鱼、毛鳞鱼及类似鱼类。在冰上或水中的社群性都很强，常组成数量众多的群体前行。幼崽于2—3月间出生在浮冰上，出生时体毛为黄色，经两周后的第一次换毛即变为白色。

Phoca sibirica

贝加尔海豹

体长：1.2—1.4米
体重：80—90千克
社群单元：独居
保护现状：无危

分布：亚洲东部（贝加尔湖）

贝加尔海豹是体形较小的海豹之一，也是唯一生活在淡水中的鳍脚类，但在许多方面都与生活在海洋里的“表亲”相似。这种海豹主要为独居，雌性常连续数年都与同一只雄性交配（持续的一雄一雌制）。独生幼崽出生在浮冰上的冰洞内，6—8周大时褪去白色胎毛，换上与成年个体相似的银灰色皮毛，哺乳期约10周。它的寿命长达50—55年，比其他海豹都要长寿。

Phoca vitulina

港海豹

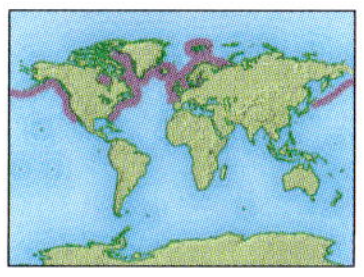

体长：1.4—1.9米
体重：55—170千克
社群单元：不固定
保护现状：无危

分布：北大西洋、北太平洋

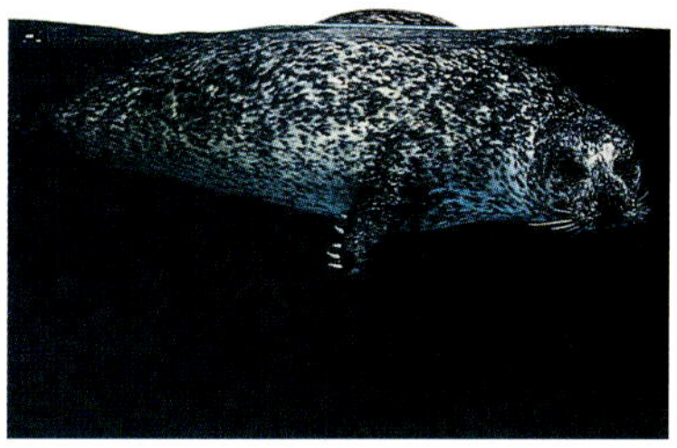

港海豹是分布范围最广的鳍脚类，至少有5个亚种，其中锡尔湖港海豹栖息在加拿大魁北克北部的淡水中。它的眼睛很大，位置靠后，鼻孔紧挨，构成“V”形夹角。体色多变，以或深或浅的灰褐色为主，体表有小环纹和斑点。它是一种食性宽泛的机会主义觅食者，会对水产业造成一定影响。它们潜入水下3—5分钟便可捕捉到鲱鱼、玉筋鱼、虾虎鱼和无须鳕等鱼类。

臭鼬

门：	脊索动物门
纲：	哺乳纲
目：	食肉目
科：	臭鼬科
种：	12种

臭鼬和亚洲臭獾是以带有恶臭的腺体分泌物作为防御武器的哺乳动物类群。臭鼬不仅拥有比鼬类更高效的喷射物，且喷射方式也更加有效。

身体结构

臭鼬为陆栖型杂食动物，体格健壮，强有力的爪子适合挖掘树根和蛴螬。它们的肛门腺极为发达，能在遇到危险和骚扰时喷射出奇臭的液体。这种方式可以击退体形最大的捕食者，如果液体直接击中面部，还会导致动物失明或窒息。臭鼬身上的醒目黑白图案可对捕食者起到警告作用，它们甚至可能采取倒立和晃动尾巴作为攻击的前奏。

机会主义者

臭鼬偏爱在开阔的林地活动，并尽量避开茂密的森林。它们大多在夜间或黄昏活动，觅食植物、果实、昆虫及小型脊椎动物。有些种类还对蛇毒免疫。一些地方的臭鼬会像浣熊一样翻捡居民生活垃圾。这类动物通常独自生活，但有些物种则共同栖居于同一个巢穴中，尤其是在冬季。

转移幼崽

臭鼬妈妈用嘴衔着幼崽，将它们从一个地方转移到另一个地方。图中的这只幼崽可能是之前迷路，或仅仅是被转移到另一个洞穴。

Mydaus marchei

臭獾

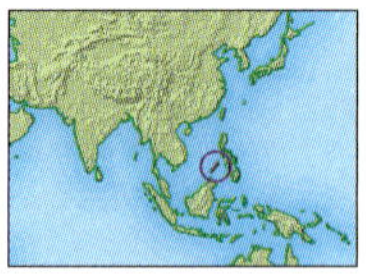

分布：菲律宾（巴拉望岛和巽他群岛）

体长：	32—46厘米
尾长：	1—4厘米
体重：	3千克
社群单元：	独居
保护现状：	无危

行动缓慢笨重的臭獾在遭受攻击时，能从一米外精准地从肛门腺喷射出奇臭的液体。它的尾巴短小，眼耳皆小，身体结实健壮，吻部几乎无毛且长而灵活，适于寻找土壤中的蠕虫、蛴螬和蛞蝓等小型生物。皮毛为深褐色，头顶的黄色帽形斑纹一直延伸至肩部，并逐渐变细。独自栖息在岩洞或豪猪的废旧地洞中。

Conepatus humboldtii

巴塔戈尼亚獾臭鼬

分布：南美洲南部

体长：	25—37厘米
尾长：	30—57厘米
体重：	1.5—3千克
社群单元：	独居
保护现状：	无危

巴塔戈尼亚獾臭鼬是臭鼬类的典型，头部小，身体健壮，尾巴多毛。此外，宽大的鼻垫也方便翻找食物。它的皮毛为黑色或红棕色，身体两侧的白色条纹在头顶交会后向尾部延伸。这种獾臭鼬食用任何能果腹的东西，但主要以昆虫为食。它和其他臭鼬一样，也占据位于岩石下方、地洞中或灌丛中的安全巢穴，并能背朝敌人喷射恶臭的液体。

Spilogale putorius

东部斑臭鼬

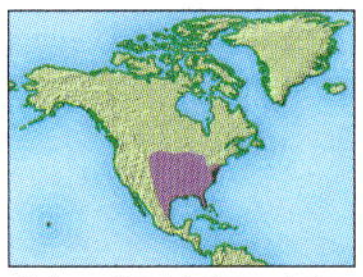

分布：美国东部至中部、墨西哥东北部

体长：	30—34厘米
尾长：	17—21厘米
体重：	500—1000克
社群单元：	独居
保护现状：	无危

东部斑臭鼬的体形壮硕，四肢较短，依靠对比鲜明的体色警告敌人它能从肛门腺喷射出恶臭的液体。每只个体身上的白色斑纹都不同，但前额通常都有白色斑块，尾尖也都为白色。它们的食物包括各种小型动物、果实和其他植物。东部斑臭鼬通常独居，但在冬天，一个巢穴中就可栖息多达8只个体。

Mephitis mephitis

臭鼬

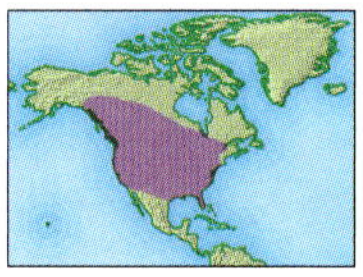

分布：加拿大中部至墨西哥北部

体长：	55—75厘米
尾长：	17.5—25厘米
体重：	2.5—6.5千克
社群单元：	独居
保护现状：	无危

臭鼬与其他臭鼬一样，具备带有警告功能的黑白颜色。它的食物包括昆虫、小型哺乳类、鸟类、鸟蛋、鱼类、软体类、果实、种子及人类的残羹冷炙等。臭鼬通常独居，但在冬季则聚集在岩石、废弃洞穴或库房下方的巢穴中。雌性每次产崽5—6只，幼崽与母亲共同生活一年多时间。

体色

这只臭鼬的皮毛为黑色，吻上有一条白色细纹，背部的宽大条纹从头部一直延伸到尾部。

恶臭防御法

臭鼬遭受威胁时，毛发竖起，背部拱起，尾巴抬高。若攻击者进一步骚扰，它便以前腿倒立，弯曲身体，接着从肛门处的一对突出喷管中，喷射高出头部3米的恶臭液体。

浣熊及其近亲

门：	脊索动物门
纲：	哺乳纲
目：	食肉目
科：	浣熊科
种：	14种

分类说明

有些专家把小熊猫归入浣熊家族，但另外一些专家则把它归入大熊猫家族。然而，最近研究显示小熊猫应该单独列为一科，本书中已做了相应的改变。

浣熊科的代表性成员是以调皮和敏捷著称的浣熊。它们会为了获得食物而大胆接近人类，并且能用灵活的前肢打开门窗。除了浣熊外，该科的成员还包括长鼻浣熊、蓬尾浣熊、蜜熊及犬浣熊等。常见的特征包括尾部的明显环纹，以及脸部面具般的黑色斑纹。浣熊科中的物种通常为树栖，具有可以保持平衡的长尾。除了长鼻浣熊外，其他所有物种均在夜间活动。这类动物分布于美洲的森林地带。仅小熊猫一种栖息在中国西部和喜马拉雅山脉。

身体结构

浣熊科的成员皆为中等大小，四肢较短，脚掌扁平（跖行），步态似熊。它们的吻大都很尖，身体相对修长，脸宽，耳朵或圆或尖，皮毛呈褐色或灰色。所有的物种均有短爪，且前掌已进化得相当灵敏自如。这类动物的树栖性较强，如蓬尾浣熊和蜜熊，它们的踝关节可以扭转，当在树上觅食或下树时，能用脚掌将身体挂起来。蜜熊的尾巴具有缠绕性，因此光靠尾巴就能把整个身体悬挂起来。

觅食

浣熊科的大多数物种为杂食动物，食谱会随地点、季节、食物来源等因素而变化。它们还以果实、植物根、嫩芽、坚果，以及昆虫、鸟类、两栖类和爬行类等小型脊椎动物为食。蜜熊主要采食果实，是雨林栖息地中重要的种子传播者，还长有方便舔食花蜜的长舌。浣熊利用灵活的“手”掌在溪流中摸索软体类、鱼类和其他食物。从不挑食的习性也促使它们进入城市地区，在垃圾桶中翻捡食物，并且还会大胆地闯入房屋寻找食物。蓬尾浣熊和长鼻浣熊是浣熊科中的主要以肉类为食的物种，能制服与野兔大小相当的猎物。

机会主义觅食者

浣熊及其近亲的食物种类繁多。这种常见的浣熊能用灵活的手掌及高超的捕猎技术捕捉鱼类。

Bassariscus astutus

蓬尾浣熊

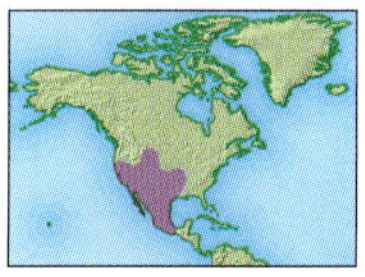

分布：美国中部和西部至墨西哥南部

体长	30—42厘米
尾长	31—44厘米
体重	0.8—1.5千克
社群单元	独居
保护现状	无危

这种身形细长、行动敏捷的捕食者又被称为环尾熊猫。它的尾巴上有黑白相间的显眼环纹，上半身为灰褐色或淡黄褐色，眼外圈呈黑色，吻和“眉毛”为白色。蓬尾浣熊独自生活，夜间外出捕食小型鸟类、哺乳类和爬行类，也取食蜥蜴、幼鸟、鸟蛋、果实和坚果。利用粪便和尿液标示领域，并防止同性侵入。雌性的妊娠期为51—60天，平均每胎产崽2—3只。

Bassaricyon gabbii

加氏犬浣熊

分布：中美洲至南美洲北部

体长	36—42厘米
尾长	37—49厘米
体重	0.9—1.5千克
社群单元	独居
保护现状	无危

这种身材纤细、外形似猫的浣熊能在各种森林中安家，尤其是高海拔地区的潮湿云雾林带。它能利用有强劲抓握力的前后掌，以及有助于平衡的多毛长尾在树枝间灵活穿梭，极少下地活动。加氏犬浣熊为独居的夜行性动物，雌雄双方仅在繁殖期间才会大声呼叫彼此。食物主要为果实，也捕捉蜥蜴和其他小型生物。

Nasua nasua

南美浣熊

分布：南美洲

体长	41—70厘米
尾长	32—70厘米
体重	2.5—7千克
社群单元	独居/群居
保护现状	无危

这种浣熊最明显的特征是吻部尖长。白天结成10—20只（通常不超过60只）的嘈杂群体，在植物中忙碌地寻找真菌、浆果、昆虫和鼠类等可食之物，并且还有“哨兵”在队伍边缘侦察捕食者。南美浣熊可发出多种声音，通过不同的叫声和尾巴动作保持联系。一旦听到警告声，整个群体便会朝着茂密的丛林或树顶逃窜，也有可能转身围攻侵袭者。这种浣熊也能在树枝上睡觉。成年雄性倾向独居，更具肉食性，甚至会猎食同类的幼崽。雌性的妊娠期为10—11周，在树上的巢穴中产下2—7只幼崽。

Procyon lotor

浣熊

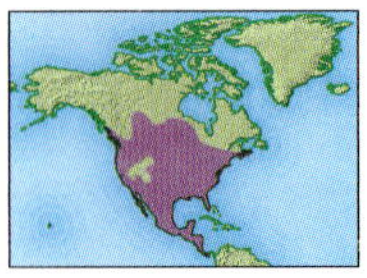

分布：加拿大南部至中美洲

体长	40—65厘米
尾长	25 —35厘米
体重	3—8千克
社群单元	独居
保护现状	无危

浣熊十分胆大，适应力强，是一种杂食动物，在大草原、林地乃至城市地区都常能见到它们的身影。浣熊日夜都很活跃，通常独居，也会成群聚集在垃圾堆等食物丰盛处。雌雄双方在交配期间短暂同行，发出响亮叫嚷。雌性在树洞、岩堆中或野外小屋的下方等隐蔽地点筑巢。历经60—73天的妊娠期后，最多可产7只幼崽（一般为3—4只）。幼崽9周大后离巢，6个月后即可独立生活。

蒙面强盗

浣熊的“强盗面具”似乎能反映出它的机会主义觅食习性。它能攀爬、挖掘，还能用前掌有技巧地摆弄门闩，且行动足够敏捷，常能钻入家畜的围栏中。浣熊进食前先清除食物上的泥土，或将食物浸入水中清洗。

体色

浣熊的长毛色泽从浅灰色至近乎黑色不等。尾巴有不明显的深色环纹。耳朵短圆，眼小，但黑色的眼斑却使双眼看起来很大。

Procyon cancrivorus

食蟹浣熊

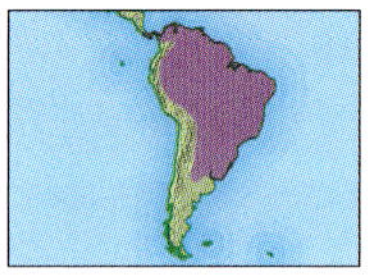

分布：中美洲至南美洲南部

体长	45—90厘米
尾长	20—56厘米
体重	2—12千克
社群单元	独居
保护现状	无危

食蟹浣熊的皮毛粗短，多于夜间沿着溪流、沼泽、湖泊和海岸等水域活动，利用敏感灵巧的前掌搜寻贝类、鱼类、蟹类、水生昆虫、蠕虫和其他小型猎物。雌性历经60—73天的妊娠期后，在铺有枯叶干草的树洞巢中产下2—4只幼崽（最多为6只）。雄性不抚养幼崽。幼崽8个月大后即可独立生活。

Potos flavus

蜜熊

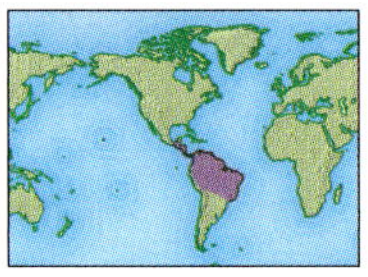

分布：墨西哥南部至南美洲

体长	39—76厘米
尾长	39—57厘米
体重	1.5—4.5千克
社群单元	独居
保护现状	无危

蜜熊在当地有着许多俗名，如卷尾猫熊等。它的尾巴与后掌具有强劲的抓握力，因此能在树上敏捷地活动。蜜熊主要在夜间活动，食物以植物为主，但也捕食蛴螬、昆虫和小型脊椎动物。它能发出吱吱声、哨音、咕哝声、呜咽声和吠叫声等多种声音，借此宣示领域，吸引异性或警告敌人。雌性在树上的巢穴中生产，每胎产崽一只。

小熊猫

门：	脊索动物门
纲：	哺乳纲
目：	食肉目
科：	小熊猫科
种：	1种

小熊猫是体形与猫类似的哺乳类，栖息在喜马拉雅山脉东部，长有柔软的栗色皮毛和毛茸茸的尾巴。小熊猫擅长爬树，但大部分时间都在地面活动。它的生物学分类一度难以统一，曾被分别归入浣熊科、熊科或鼬科，而且与大熊猫一样，有着取食竹子的习性。近期的遗传研究表明，它与这些动物之间并不存在紧密的亲缘关系，应被单独列为一科。小熊猫与大熊猫相比，能生活在更冷且海拔更高的地方，食物种类也更杂。

爬树高手

小熊猫的爪子可半伸缩，善于爬树。它们爬树不单是为了觅食，也为了躲避地面的捕食者，冬季还会待在高高的树冠上享受日光浴。雌性可能选择树洞筑巢，将树叶、苔藓和其他柔软的植物铺在巢中，抚养1—5只后代（通常为2只）。还会选择在树杈、树根和竹林中筑巢。

Ailurus fulgens

小熊猫

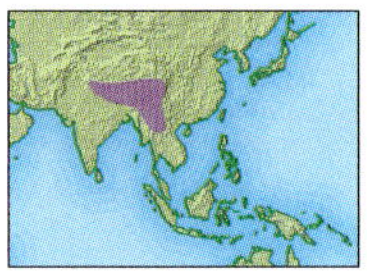

分布：亚洲南部至东南部

体长	50—64厘米
尾长	28—50厘米
体重	3—6千克
社群单元	独居
保护现状	易危

除了采食竹叶和竹笋外，小熊猫也取食其他草类、植物根茎、果实，蛴螬、鼠类和蜥蜴等小型脊椎动物，以及鸟蛋和雏鸟。小熊猫独自生活，主要在夜间活动，交配期间成对活动，幼崽随母亲共同生活达一年之久。小熊猫利用粪便、尿液及肛门腺的浓重麝香味分泌物标示领域，以短促的哨音或吱吱声相互沟通。研究显示，圈养小熊猫的妊娠期约为90天，但还需加上受精卵延迟着床的时间。它们主要栖息在海拔1800—4000米的茂密温带高山森林中。

栗色皮毛

小熊猫的皮毛呈红褐色或栗红色，耳缘、两颊、吻部和眼睛上方的斑点都近白色。此外，脸上还有棕色的泪滴状条纹。

鼬类

门：	脊索动物门
纲：	哺乳纲
目：	食肉目
科：	鼬科
种：	58种

鼬科是食肉目中最具多样性且物种数量最多的一类动物，包括陆栖（如鼬）、树栖（如貂）、穴居（如獾）、半水栖（如水貂）和水栖物种（如水獭）。虽然生活方式多样，但它们的主要特征都是身体细长，四肢短。鼬类广泛分布于欧亚大陆、非洲和美洲。虽然大都栖息在森林和灌丛中，但在各类栖息地中都能见到它们的身影。

身体结构

鼬类的耳朵短圆，四足各具五趾（大多数食肉类的后足只有四趾）。大多数物种的吻短，头形狭长，尾长，爪子弯曲不能回缩；体形不是瘦长（如艾虎）就是粗壮矮胖（如獾）。瘦长型物种的脊柱灵活，采用奔跑、跳跃步态行进；粗壮型物种则以摇摆拖曳的步伐前行。鼬类的皮毛由一层保暖的绒毛和长而稀疏的针毛构成。皮毛颜色从深褐色至黑色不等，带有斑点或条纹。有些物种的毛色对比强烈，可能是用于警告捕食者，例如獾类头部的黑白色条纹。大多数鼬类的嗅觉灵敏，可以追踪猎物和相互沟通。所有成员的肛门附近都有气味腺，通常能分泌气味强烈的油性液体，即麝香。麝香会被掺入粪便中用来标示领域。

进食

鼬类的生活方式多样，食性也各不相同。例如，艾虎与白鼬行动敏捷并具攻击性，可捕获野兔等体形大于自身的猎物。有些水獭主动捕食鱼类，另一些则利用灵敏的手掌从河底收集贝类。海獭可以仰浮在水面上，将随身携带的石块放在胸部作为砧板，然后抓起猎物向石块上撞击，直到猎物的外壳破碎。树栖的貂类捕杀松鼠和鸟类，而穴居的艾虎则捕食小型啮齿类、蜥蜴和昆虫。

繁殖

鼬类中的雌性并不自动排卵，而要通过长达两小时的交尾行为刺激排卵。这一冗长的过程使得交配双方很易受到捕食者的攻击，但却能保证卵子的成功受精。许多鼬类的受精卵会维持休眠状态，直到环境条件适合时才着床。因此，虽然妊娠期只有1—2个月，但整个孕期却可能持续12个月以上。鼬类除了繁殖期外，大多独自生活。

毛皮贸易

鼬类的皮毛柔软浓密又能防水，因此供不应求。在所有的哺乳类中，以多数鼬类成员的皮毛更受人类欢迎。最珍贵的当属水貂、紫貂和白鼬的毛皮（白色的冬毛）。人类大量养殖美洲水貂以获取其毛皮，欧洲许多圈养的美国水貂在逃逸后，形成了野生的种群，对当地的欧洲水貂造成了危害。人们对海獭毛皮的需求曾导致这一物种濒临灭绝，但近年来北美洲地区的海獭数量已有所回升。

水栖捕食者

美洲水貂是一种贪婪的捕食者，也是一种典型的鼬类。它与所有的水貂和水獭一样，也极为擅长游泳，能在水下追捕鱼类达30米远。适于半水栖生活的特征包括趾间具半蹼，且皮毛厚实可以防水。

Mustela erminea

白鼬

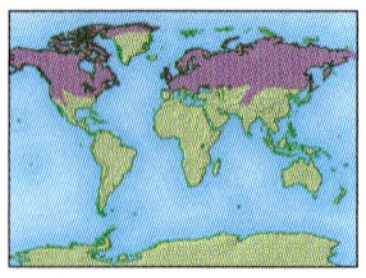

分布：北美洲、格陵兰岛、欧洲至亚洲北部和东部

- 体长：17—24厘米
- 尾长：9—12厘米
- 体重：60—200克
- 社群单元：独居
- 保护现状：无危

白鼬的分布范围极广，适于在多种栖息地中生活，捕食鼠类、小型鸟类以及野兔等多种猎物。白鼬具有典型鼬类的纤细灵活身体，吻部突出，眼耳皆小，四肢短。北方种群夏季的背毛为浅黄褐色，腹部为乳白或白色，背腹间的分界明显；冬毛除了尾尖呈黑色外，其余全白，因而经常也被称为扫雪鼬。

Mustela nivalis

伶鼬

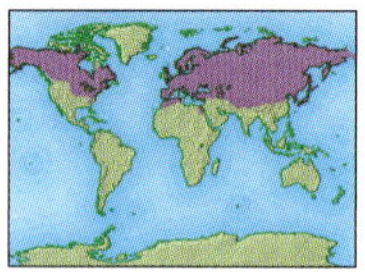

分布：北美洲，欧洲至亚洲北部、中部和东部

- 体长：16.5—24厘米
- 尾长：3—9厘米
- 体重：35—250克
- 社群单元：独居
- 保护现状：无危

伶鼬是最小且分布最广的鼬类，头部扁小，顶多与颈部同宽，因此能够进出鼠窝。它也捕食田鼠、其他小型啮齿类和鸟类。日夜均外出活动，每天需摄取占到自身体重三分之一的食物才能维生。由于分布区域与性别的不同，个体在体形大小上存在极大差异，雄鼬的体长可能只有雌鼬的四分之一，但体重却达后者的两倍。

较小的白鼬和较大伶鼬间的外形差别只在于尾巴末端是否为黑色。伶鼬的北部种群也和白鼬一样，冬毛呈均一的白色，有助于在雪中形成保护。这一物种也独自生活，在岩缝、树根或废弃的洞穴筑巢数个，用植物、猎物的皮毛或羽毛铺垫其中。雌鼬历经34—37天的妊娠期后产下1—7只幼崽（平均为5只），养育期为9—12周。

背部、腹部和尾巴为赤褐色或巧克力棕色

Mustela lutreola

欧洲水貂

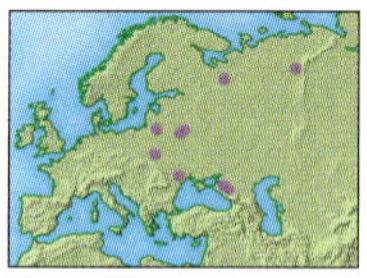

分布：欧洲

- 体长：30—40厘米
- 尾长：12—19厘米
- 体重：500—800克
- 社群单元：独居
- 保护现状：极危（最新）

欧洲水貂在习性与外形上都与美洲水貂（下侧）类似，但体形较小。它在水中和陆地捕食鸟类、哺乳类、蛙类、鱼类及淡水螯虾等小型猎物。皮毛为深褐色至近乎黑色，唇部具白边。人们正通过圈养繁殖再野放的方式保护这一极度濒危的物种。

Mustela putorius

林鼬

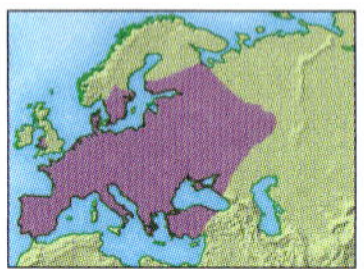

分布：欧洲

- 体长：35—51厘米
- 尾长：12—19厘米
- 体重：0.7—1.5千克
- 社群单元：独居
- 保护现状：无危

林鼬被认为是驯养貂类的祖先，它的长毛为淡黄褐色至黑色，毛下隐约可见乳白或黄色的绒毛，脸部有“面罩”。林鼬善于奔跑、攀爬和游泳。遭受威胁时，从肛门腺释放十分刺鼻的分泌物。雌雄双方与许多鼬类一样，也各自守卫着互不交叠的领域，但雄鼬的领域通常会与雌鼬的重叠。

身体细长柔软

Mustela nigripes

黑足鼬

分布：重引入美国中部

- 体长：38—41厘米
- 尾长：11—13厘米
- 体重：900—1000克
- 社群单元：独居/成对
- 保护现状：濒危

黑足鼬极为稀有，被认为已在野外灭绝，原因之一在于它的主要食物来源——草原犬鼠（第119页）的数量在不断减少。在圈养繁殖和野放的帮助下，黑足鼬已在美国的怀俄明州重新建立了种群。它们在地穴中追逐猎物，并筑巢于其中，每胎可产3—6只幼崽。

尾尖黑色

Neovison vison

美洲水貂

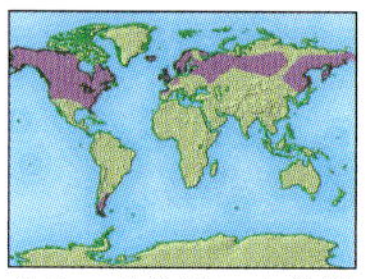

分布：北美洲、南美洲南部、欧洲北部和西部、亚洲北部和东部

- 体长：30—54厘米
- 尾长：14—21厘米
- 体重：0.7—2千克
- 社群单元：独居
- 保护现状：无危

这种机会主义捕食者的足蹼不完全，能在陆地和水中捕食鼠类、野兔、鸟类、蛙类、鱼类及螯虾等猎物。由于它的眼睛并不能很好地适应在水下视物，因此要先在水面确认猎物的位置，才进行追捕。雌貂在树根或岩石堆中筑巢，每胎产崽3—6只，哺乳期为5—6周。美洲水貂曾在它的自然分布区内遭到大量捕杀，于20世纪90年代被运往南美洲、欧洲等地进行人工养殖，以获取皮毛。中途逃脱的个体在当地建立了野生种群，对当地的猎物和食肉的竞争对手造成了严重威胁。

体色变化

大多数美洲水貂体呈深棕色至近乎黑色，但每10只中约有1只为蓝灰色。

水貂领域

美洲水貂有领域性，雌貂的领域直径多为1—3千米，雄貂的可达2—5千米。每只个体都以尿液、粪便和肛门腺散发的气味标示领域。2—4月间，雄貂会设法与相邻领域内的雌貂交配。

Martes foina

石貂

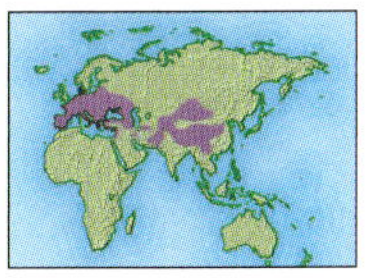

体长：42—48厘米

尾长：26厘米

体重：1.5—2.5千克

社群单元：独居

分布：欧洲、亚洲西部和中部

保护现状：无危

石貂常在人类居住区附近出没，并且在农场和建筑物四周猎捕各种小型动物，也捡食垃圾和采食果实。它的身体相对较短，腿长，头部宽大呈楔形，毛为棕色，喉斑色浅状如领结。石貂通常独居，筑巢于岩缝、石堆、树洞或啮齿类的废弃地穴中，利用粪便对面积多达80公顷的领域进行标示。但生活在城镇周围的个体可能在仓库中筑巢，且领域性不强，会与同类一起觅食。石貂与其他貂类一样，交配后受精卵也延迟着床（230—275天），着床后的妊娠期为30天。平均每胎可产3—4只幼崽。

Martes pennanti

渔貂

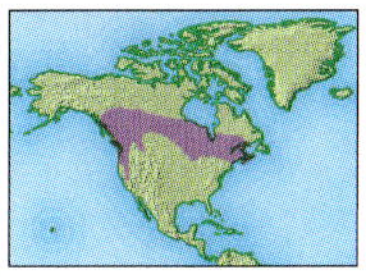

体长：47—75厘米

尾长：30—42厘米

体重：2—5千克

社群单元：独居

分布：加拿大至美国北部

保护现状：无危

虽然名为渔貂，但它却在地面捕猎鼠类和豪猪在内的各种动物，也取食动物尸体。渔貂在石堆、树根、灌丛、树桩或高高的树上筑巢，更喜欢在树上抚育幼崽。渔貂曾因浓密的长毛遭到人类猎杀，部分地区的数量如今已有所回升，但又面临伐木带来的干扰等新的威胁。

Martes flavigula

黄喉貂

体长：48—70厘米

尾长：35—45厘米

体重：1—5千克

社群单元：独居/成对

分布：亚洲东部和东南部

保护现状：无危

黄喉貂和松貂（左侧）一样，具有敏捷的攀爬与远距离跳跃能力，但体形较大，皮毛更为浓密细长，尾巴蓬松。毛色从深橙黄色至褐色不等，喉部有黄色或白色斑。黄喉貂在地面和树上猎捕小型啮齿类、鸟类和昆虫，也吃果实。成对或成群的黄喉貂可以合力捕杀幼鹿。

Martes martes

松貂

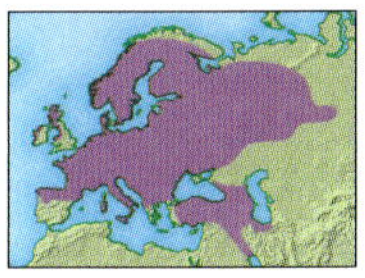

体长：40—55厘米

尾长：20—28厘米

体重：0.9—2千克

社群单元：独居

分布：欧洲至亚洲西部和北部

保护现状：无危

这种长有利爪的貂类的动作几乎与猫类似，善于攀爬，利用树洞或松鼠的旧窝筑巢。它的体形细长，毛色为栗色至深棕色，喉部具乳白色至橙黄色的围兜状斑块。蓬松的尾巴有助于其在树枝间保持身体平衡。虽然松貂能在树上敏捷地活动，并能远距离跳跃，但却多在地面捕猎，以小型啮齿类、鸟类、昆虫和果实为食。

Martes zibellina

紫貂

体长：32—46厘米

尾长：14—18厘米

体重：0.9—2千克

社群单元：独居

分布：亚洲北部和东部

保护现状：无危

很少有鼬类像紫貂一样因皮毛而遭到更多捕杀，它们如今在部分地区已经受到保护。紫貂的皮毛呈棕黑色，喉部具模糊的浅色斑，头宽耳圆。与其他貂类相比，紫貂的腿较长，尾毛更加蓬松，爪子锋利且能部分回缩。在地面活动时动作非常敏捷，虽然也善于攀树，但却很少上树。紫貂以小型动物和果实为食，利用废弃地穴作为主巢，并有多个临时住所。

Vormela peregusna

虎鼬

体长：33—35厘米

尾长：12—22厘米

体重：700克

社群单元：独居

分布：欧洲东南部至亚洲西部、中部和东部

保护现状：易危

虎鼬的黑色皮毛上带有斑驳的白色或黄色斑点及条纹，脸部有典型的黑白色“面罩”。这一物种生活在草原和其他干燥开阔的栖息地中，于黎明、黄昏和夜间外出捕食仓鼠等各种小型动物。它们将啮齿类的旧巢扩大来居住，雌鼬在巢穴产下4—8只幼崽。虎鼬遭到威胁时，头部拱起，尾巴前卷盖住身体，从肛门腺释放出刺鼻的气体。

Poecilogale albinucha

白颈鼬

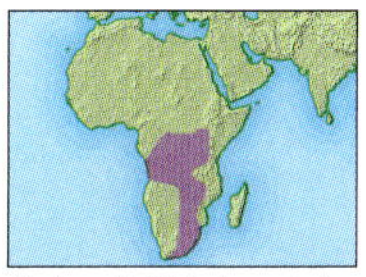

体长：25—35厘米

尾长：15—23厘米

体重：225—350克

社群单元：独居

分布：非洲中部至南部

保护现状：无危

这种身躯极长的鼬类全身呈黑色，但身体上部的白斑从前额一直延伸到颈部，在此分为两道条纹后，又各自沿着背部和身体两侧分裂成两道，最终在蓬松的白色尾巴上汇合。白颈鼬利用前足的长爪掘土，几乎只以鼠类和类似的小型啮齿类为食，偶尔也吃鸟和卵。防卫时，肛门腺的刺鼻分泌物可喷出1米多远。

Galictis vittata

南美巢鼬

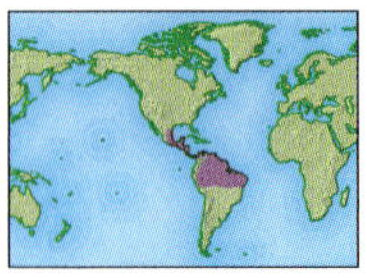

体长：47—55厘米

尾长：14—20厘米

体重：1.5—2千克

社群单元：独居/成对

分布：墨西哥南部、美洲中部和南部

保护现状：无危

与其他鼬类相比，南美巢鼬的身体更为细长柔软，头部狭长，颈部灵活，但尾巴相对较短。全身皮毛呈灰色，前额的U形白色条纹刚好经过眼睛上方，由耳朵上方向肩部收窄。此外，吻、喉、胸和前腿均为黑色。这种巢鼬通常独居或成对生活，能灵活敏捷地奔跑、游泳和攀爬，以各种小型动物（乃至蠕虫）和果实为食，会发出喷鼻、咆哮、尖叫和吠叫声。

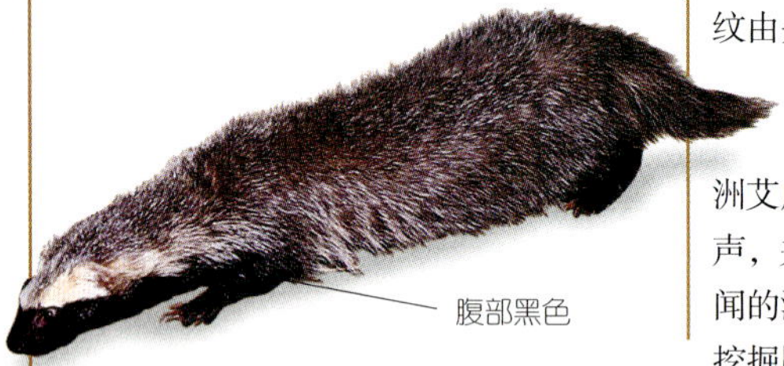

Ictonyx striatus

非洲艾虎

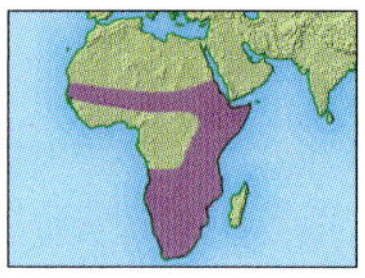

体长：28—38厘米

尾长：20—30厘米

体重：1.5千克

社群单元：独居

分布：非洲西部至东部和南部

保护现状：无危

非洲艾虎形似小型臭鼬（第186页），亦称非洲艾鼬或条纹艾鼬。它的皮毛为墨黑色，身上的四道纯白色条纹由头部散开，沿背部和身体两侧向后延伸至尾基部。蓬松的尾巴呈斑驳的白色和灰色。非洲艾虎遭到威胁时，发出嘶嘶声和尖叫声，并抬起尾巴，从肛门腺喷出恶臭难闻的液体。它们利用前足的长爪在地面挖掘昆虫幼虫、鼠类和其他小型生物。

Gulo gulo

狼獾

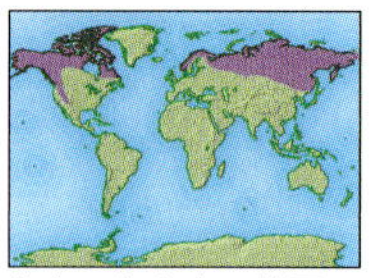

体长：65—105厘米

尾长：17—26厘米

体重：8—14千克

社群单元：独居

分布：加拿大、美国西北部、欧洲北部至亚洲北部和东部

保护现状：无危

狼獾的体形仅次于大水獭，是体形第二大的鼬类，雄性比雌性大三分之一。这种动物的身体结实强壮，外形似熊，双颌极为有力，能在冬天咬碎冰冻的驯鹿等动物的尸体，并且会将部分尸体埋藏起来以便日后食用。除了取食腐肉外，狼獾也依靠宽大的脚掌和发达的四肢，在柔软的雪地上追逐猎物。这一贪吃物种的猎物多样，包括鹿类、野兔、鼠类、鸟类、卵和季节性果实等。

狼獾全年都活动，每天的活动距离多达50千米远。它的体毛长而浓密呈棕黑色，体侧的浅褐色带纹从肩部向后延伸至臀部，在尾基部结束。胸前可能带有白斑。狼獾在树根间或岩缝中筑巢，或在雪中挖出两米深的巢穴。雌性平均每胎产崽2—3只，哺乳期为8—10周。

Mellivora capensis

蜜獾

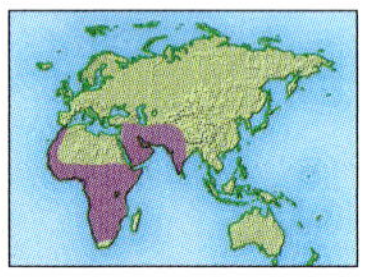

体长：60—77厘米

尾长：20—30厘米

体重：7—13千克

社群单元：不固定

分布：非洲西部、中部、东部和南部，亚洲西部和南部

保护现状：无危

蜜獾体格健壮，头部上方、背部和尾巴呈银灰色，其余部位为黑色或深棕色。它的修长前爪非常适于挖掘，猎物包括蠕虫、白蚁、蝎子、豪猪和野兔等。它与黑喉响蜜䴕（第340页）结为伙伴，跟随响蜜䴕找到蜂窝。蜜獾用强壮的爪子扒开蜂窝取食蜂蜜和蜂蛹，而响蜜䴕亦可分享到一顿美餐。

Meles meles

欧亚獾

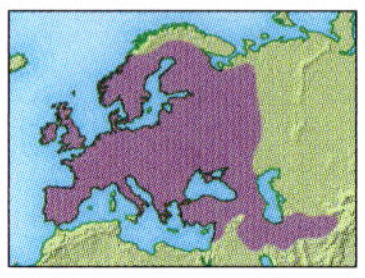

体长：56—90厘米

尾长：12—20厘米

体重：10—12千克

社群单元：群居

分布：欧洲至亚洲西部

保护现状：无危

欧亚獾是少数群居的貂类之一，头部小而尖，短颈逐渐加宽与粗壮的身体相连，四肢短壮，尾巴短小。腹部为黑色，身体的主要部位和尾巴为灰色，脸与颈部呈白色，脸侧的黑色条纹从鼻子向上越过小眼睛，延伸至耳朵。欧亚獾的视觉不佳，听觉较好，嗅觉十分灵敏。这种夜行性杂食动物的食物会随季节与获取难度而变化。

欧亚獾主食蚯蚓，也吃昆虫及其幼虫、蛙类、蜥蜴、小型哺乳类、鸟类及鸟蛋、腐肉、果实和其他植物。獾洞内部（上方图框）以干草、树叶、青苔等材料铺衬，且经常更换。受精卵的延迟着床期（卵子受精后不会立即着床于子宫壁上）最长可达10个月，妊娠期为7周，雌性一次最多可产6只幼崽，哺乳期为10周。

群居生活

獾群中的平均成员数量为6只，通常包括一只优势雄性、一只或数只雌性及其幼崽。獾洞内部有着复杂的通道与巢室，出入口多达十余处。巢室中时常保持清洁，可被世代居住，面积也会持续扩大。整个群体在面积为50—150公顷的领域内活动，共同防卫和抵御其他獾群。

多变的条纹

欧亚獾个体间的脸部条纹会有一些细微变化。家族成员可通过脸部的条纹相互识别，或将其用作保护色。

Arctonyx collaris

猪獾

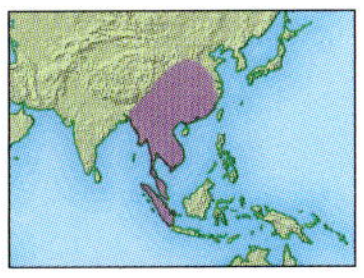

分布：亚洲东南部和东部

体长：55—70厘米
尾长：12—17厘米
体重：7—14千克
社群单元：群居
保护现状：近危

猪獾的长相似猪，且和猪一样用鼻子在地面翻掘和嗅闻，非常善于利用前足极长的爪子在地面挖掘。它的外形和习性皆与欧亚獾（第192页）相似，食性杂，取食果实、蜂蜜、蠕虫和鼠类等多种食物。猪獾的脸部几乎为白色，脸侧各有两条黑色条纹。灰色的背部带有黄色光泽，腹部为黑色。

Taxidea taxus

美洲獾

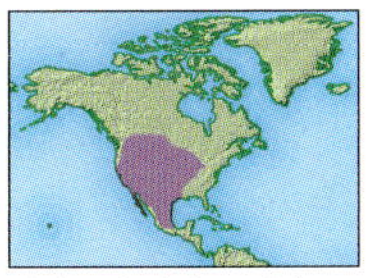

分布：加拿大西南部至美国、墨西哥北部

体长：42—72厘米
尾长：10—16厘米
体重：4—12千克
社群单元：独居
保护现状：无危

美洲獾形似欧亚獾（第192页），但体形较小，独自生活。偏爱在土质松软的开阔地区活动，以草原犬鼠和其他从地洞中挖出的黄鼠等小型哺乳类为食。美洲獾的皮毛蓬乱，背部夹杂有灰色，腹部为黄白色，四肢黑色。

Melogale personata

缅甸鼬獾

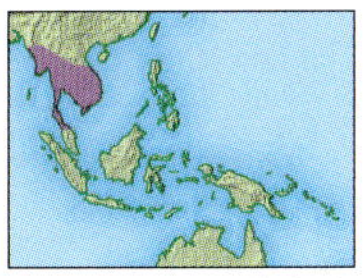

分布：亚洲东南部和东部

体长：33—43厘米
尾长：15—23厘米
体重：1—3千克
社群单元：独居
保护现状：数据缺乏

缅甸鼬獾的体形小于其他獾类，尾巴蓬松，身体细长似鼬。它于夜间捕食昆虫、蜗牛、小型哺乳类和鸟类，也吃果实等食物，有时还会攀爬上树。这种鼬獾的皮毛为深灰色或棕色，两颊和双眼之间带有白色或黄色斑块。缅甸鼬獾栖息在地洞中，与大多数獾类一样，在遭受威胁时毫不畏惧，能从肛门腺中释放出令人作呕的气味，并会凶猛地撕咬敌人。

Melogale moschata

鼬獾

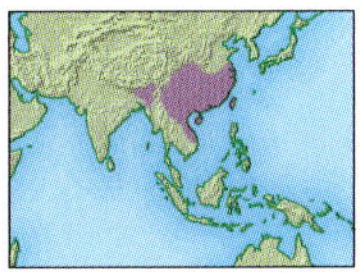

分布：亚洲东部

体长：33—43厘米
尾长：16—23厘米
体重：1—3千克
社群单元：独居
保护现状：无危

鼬獾是四种东亚鼬獾中的一种，身体结构介于貂和獾之间。鼬獾常出没于中国南部的林地和开阔乡村。与其他鼬獾一样，头部也有醒目的黑、白色斑块。这种夜行性捕食者以无脊椎动物为食，也吃腐肉、卵和果实，并且会在农田中和人类居住区附近觅食。它们白天躲在啮齿类的洞穴或石堆中，不自行挖洞。虽然因为毛皮而被捕杀，并被作为中药材使用，但全球的种群数量并未受到威胁。

捕捉猎物

鼬獾抓获并杀死了一只黄鼠，它很可能是通过掘地将猎物从洞穴中挖出。鼬獾捉到猎物后并不总是急于吃掉，而是贮存起来以供日后食用。

哺乳动物

潜水高手

海獭非常适于水栖，大多数时间都会潜入海底寻找食物。海獭的肺是同等大小陆栖哺乳类的2.5倍，因而能在水下30米处活动达4分钟之久。

Enhydra lutris

海獭

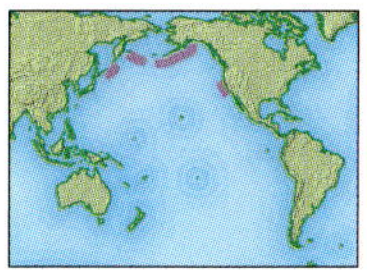

分布：北太平洋

体长：55—130厘米
尾长：13—33厘米
体重：21—28千克
社群单元：群居
保护现状：濒危

海獭是体形最小的海洋哺乳类，在海中栖息和觅食。它们几乎不上岸，但常在海岸边活动，尤其是在海藻丛生的区域，以仰泳姿势漂浮于水面并露出脚掌。海獭非常适应水栖生活，皮毛极为浓密厚实，有助于在冰冷的海水中保暖。它的尾巴扁平有力，游泳时可当作船舵使用；后肢长而扁平呈鳍状，趾间有蹼，能像船桨一样划水；前掌较小，爪子能像猫一样回缩，用于抓住猎物和梳理毛发。

无论在水底或水面，海獭的视觉都极好，嗅觉亦佳，灵敏的触须有助于捕捉猎物。它们主要在海底寻找蟹、贝类、海胆和鲍鱼，强大的牙齿可以咬碎猎物的外壳。入睡前，将海藻缠绕在自己身上，以免睡着后被海浪卷走。海獭属于社会性动物，通常集群生活，但雌雄两性分开生活。阿拉斯加地区有时可见到数百只聚集在一起的海獭。虽然海獭曾因毛皮遭到人类大量猎杀，且部分地区的种群几乎灭绝，但目前已受到法律的保护。

保育

自从被禁止捕猎以来，海獭的数量已经有所恢复并相当稳定，但这种情况也只存在于部分原生地区。维持海藻森林的良好状态是保育工作的主要内容，以便保证海獭拥有适宜的栖息环境和稳定的食物来源。近年来，海獭已被成功重引入到北美洲西海岸地区，但这一物种的分布范围仍比被大量猎杀前要小很多。

梳理毛发保持温暖

海獭的皮毛在所有的动物中最为致密，每平方厘米的皮肤上长有多达15万根毛发。因此梳理毛发，保持皮毛的干净防水非常重要。

特殊行为

海獭既机智又灵巧，能以各种方式调节自身的行为，来适应大部分环境。其中最引人注目的行为就是利用石头作为工具，敲开贝类的坚硬外壳。

使用工具

贝类的外壳坚硬难破，但海獭却想出了一种有效的取食方法。它以仰泳姿势漂浮在水面上，抓起猎物撞向从海底捡来的石块上，直到猎物的外壳被撞碎。

养育孩子

海獭有时在岩石上分娩，但很快就将幼崽带入水中。在幼崽能自己梳理毛发前，母亲会在仰泳时将幼崽放在自己的腹部，使其皮毛保持干燥。

哺乳动物

Lontra canadensis

北美獭

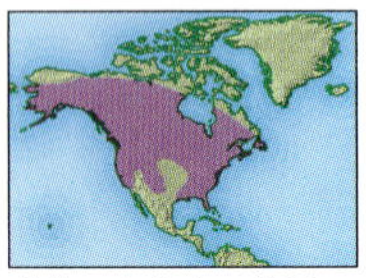

体长：66—110厘米
尾长：32—46厘米
体重：6—9千克
社群单元：独居
分布：加拿大、美国
保护现状：无危

北美獭可能是数量最多的水獭，外形与水獭（下侧）相似。通常独自生活，但交配期除外，此时它们会发出吱吱、啾啾的叫声及哨音。美洲獭栖息在河岸、湖岸及海岸带，拥有5—25千米长的领域。在河岸旁的地下洞穴、岩堆下方、水边的灌丛或河狸的巢穴中筑巢。

日夜狩猎

水獭主要吃鱼，通常在白天捕猎，但在受到人为干扰的地区，则多在夜间活动。水獭也捕食水中的螯虾、蛙类、蛇类、蜥蜴和昆虫等猎物，偶尔捕食水鼠等水栖哺乳类或鸭子等小型水鸟。

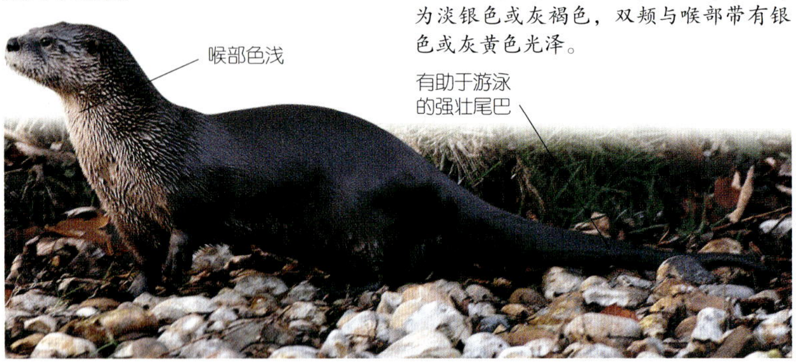

柔软的银灰色皮毛
这种水獭身体修长，柔软的背毛从红棕色或灰棕色变化至黑色不等；腹部为淡银色或灰褐色，双颊与喉部带有银色或灰黄色光泽。

Aonyx capensis

非洲小爪水獭

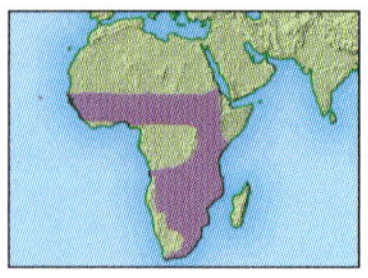

体长：73—95厘米
尾长：41—67厘米
体重：10—16千克
社群单元：成对/群居
分布：非洲西部、东部、中部和南部
保护现状：近危

非洲小爪水獭和其他水獭一样，身体长而柔软、尾部肌肉发达，四肢短小，非常适于游泳和潜水。它们以蟹类、蛙类和鱼类等为食，也在海岸边捕捉龙虾和章鱼，利用大型牙齿咬碎猎物。非洲小爪水獭的后足具蹼，第三和第四后趾上长有小爪。无爪的前趾形似手指，能触摸并抓住猎物。由雌雄配偶和2—3只幼崽组成的家族群十分喜欢嬉戏打闹，或在泥浆上滑行，或一边吠叫一边相互追逐。

Aonyx cinereus

小爪水獭

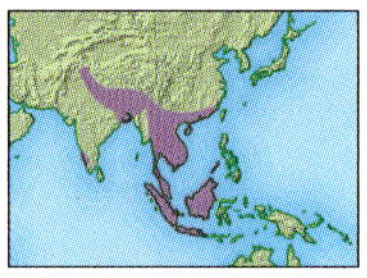

体长：45—61厘米
尾长：25—35厘米
体重：1—5千克
社群单元：成对/群居
分布：亚洲南部、东部和东南部
保护现状：易危

小爪水獭是水獭中体形最小的一种，趾间有不完全的蹼，爪子短小，长度不超过肉质足垫。它的颊齿宽大，可以咬碎各种贝类和蟹类的坚硬外壳，也捕食蛙类等猎物；鱼类在其食物中相对不重要，这在水獭中较为罕见。小爪水獭的背毛为褐色，腹部色浅，脸下侧、喉部和胸部的白色区域形状多变。

这种水獭组成约12只的松散群体一起生活，成员间利用嘈杂的叫声和气味保持联系。雌雄配偶间的关系尤其紧密。它们也和许多相似物种一样，利用尾基部的成对腺体、尿液和粪便等散发的气味标示领域。雌性每胎产崽1—6只，平均产崽数为2只，幼崽出生后由双亲共同照顾。

Lutra lutra

水獭

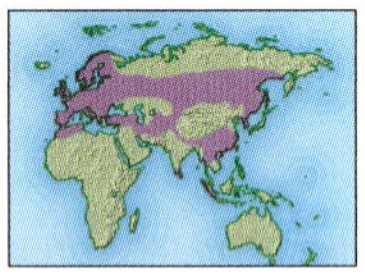

体长：57—70厘米
尾长：35—40厘米
体重：7—10千克
社群单元：独居
分布：欧洲、亚洲
保护现状：近危

水獭的致危因素包括被捕杀以获取毛皮、渔业保护措施、狩猎运动和水体污染，此外，因河岸清理、灌溉、休闲和水上运动造成的河流栖息地丧失等也使它深受其害。它的皮毛可防水、足部具蹼、触须发达（能感应水中猎物的活动），因此极为适应在水生环境中生活。水獭主要以鱼类为食，也捕食蛙类及其他水生或两栖类猎物。

它的皮毛以褐色为主，喉部色浅，尾巴强壮扁平，基部粗，至尾尖渐渐变细。内陆地区的水獭多在晨昏或天黑时捕食，海岸地区的种群在白天更为活跃。它们的洞穴位于河岸边的领域内，领域范围长达4—20千米，利用尿液及粪便进行标记。水獭大都独居，雌雄双方只在初春的繁殖季节时共同生活2—3个月。妊娠期为60—70天，雌性每胎产崽2—3只，哺乳期为3个月，幼崽会随母亲一起生活1年以上。

Pteronura brasiliensis

巨獭

体长：1—1.4米
尾长：45—65厘米
体重：22—32千克
社群单元：群居
分布：南美洲北部和中部
保护现状：濒危

巨獭是体形最大的貂类，外形犹如一只极大的水獭。它的四肢粗短，趾间全蹼，尾巴扁平，尾基部较宽，有助于游泳和潜水。发达的触须和敏锐的眼睛能有效地在水中侦测猎物的活动。巨獭在水中身手矫健，但在陆上行走时非常笨拙。短而密的皮毛为深褐色，沾湿后几乎呈黑色，下巴、喉和胸部有乳白色斑点，形成围兜状。巨獭结成5—10只的群体共同生活，獭群通常由一对雌雄配偶及其幼崽，以及不同的年轻成年个体组成。它们共同栖息在水岸边的巢穴或洞穴中，白天捕食鱼类、蟹类和其他水生猎物。

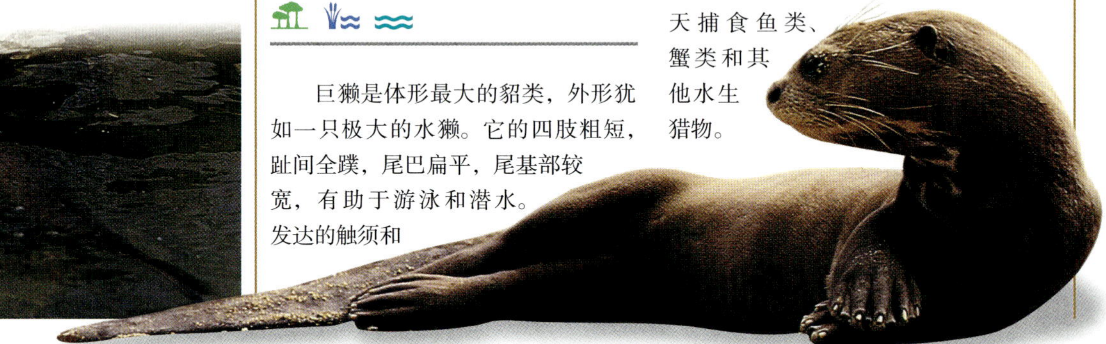

哺乳动物

马达加斯加食肉类

门：	脊索动物门
纲：	哺乳纲
目：	食肉目
科：	食蚁狸科
种：	9种

这一科动物由外形似灵猫和獴的食肉物种共同组成，仅分布在马达加斯加岛。它们历经了漫长的隔离进化过程，最初的祖先可能源自非洲的类獴动物。

外形似猫

外表似猫的马岛獴是马达加斯加岛最大的食肉类，主要猎食狐猴，但也取食任何能捉到的小型动物。

身体结构

这些形似灵猫的食肉类皮毛厚实，夜间活动，包括马岛獴和食蚁狸。前者的体形足以在树上捕食狐猴，爪子能像猫一样伸缩自如；后者的脑袋尖小，足大而扁平，尾毛浓密。似獴物种的身上带有条纹、斑点或尾斑，大多数物种的足趾上都程度不同地长有蹼。

与世隔绝的捕食者

这些仅分布在马达加斯加岛的原生哺乳食肉类会一起猎取各种与其体形相当的猎物，包括蚯蚓、昆虫、哺乳类和鸟类等。大多数物种都栖息在森林中，许多物种擅于爬树，与真正的獴有所不同。马达加斯加“灵猫”是夜行性动物，而“獴”大部分时间都在白天活动，在树洞或洞穴中栖息。

Eupleres goudotii

食蚁狸

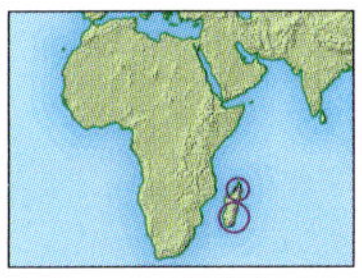

- **体长**：48—56 厘米
- **尾长**：22—25 厘米
- **体重**：1.5—4.5 千克
- **社群单元**：独居
- **保护现状**：濒危（最新）

分布：马达加斯加岛东部和北部

食蚁狸的背部呈棕色，腹部灰白色，吻细长，尾短多毛，栖息在马达加斯加岛的雨林和沼泽中，利用修长的前爪在土壤中掘食蠕虫、昆虫、蜥蜴、蛞蝓、蜗牛和啮齿类。幼崽出生时双眼已睁开，两天后就能跟随母亲四处走动，9周大时断奶。食蚁狸正面临着栖息地丧失、人类捕猎、犬类捕食以及与小灵猫等外来物种竞争等威胁。

Fossa fossana

马岛缟狸

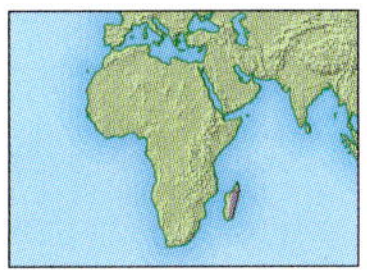

- **体长**：40—45厘米
- **尾长**：21—30厘米
- **体重**：1.5—2千克
- **社群单元**：成对
- **保护现状**：近危

分布：马达加斯加岛

这种身上带有斑点的食肉类分布在马达加斯加岛的东部和南部，外形与灵猫非常相似，还曾一度被归入灵猫科。马岛缟狸没有肛门臭腺，有可能利用脸颊和颈部的分泌物标示领域。配偶间发出一系列怪异的声音共同防卫领域。它们白天待在树洞中，夜间外出在树上和地面搜寻蠕虫和甲壳类等无脊椎动物和蛙类，有时也吃果实。

Salanoia durrelli

杜瑞尔獴

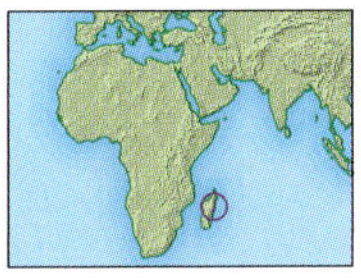

- **体长**：31—33厘米
- **尾长**：17.5—21厘米
- **体重**：600—675克
- **社群单元**：独居
- **保护现状**：未评估

分布：马达加斯加岛

这种红褐色的马达加斯加獴确认于2010年，以自然保护主义者杰拉德·杜瑞尔的名字命名。杜瑞尔獴生活在马达加斯加岛阿劳特拉湖的湿地地区，这一重要地区孕育着许多特有物种，其中包括一种分布范围最小的食肉类。这一物种曾在阿劳特拉湖游泳时被观察到，具蹼的宽大爪子有助其在这片浸满水的栖息地中活动。杜瑞尔獴可能以这里的甲壳类和软体类为食，它的牙齿强壮足以咬碎这些猎物。与它最具亲缘关系的物种是生活在马达加斯加干燥森林里的马岛獴。杜瑞尔獴的生存面临着来自农业开垦、化肥和杀虫剂污染带来的影响。

Cryptoprocta ferox

马岛獴

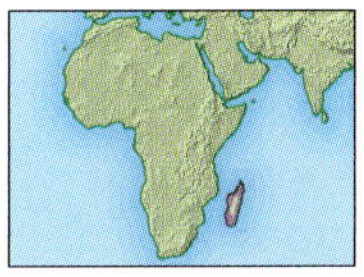

- **体长**：60—76厘米
- **尾长**：55—70厘米
- **体重**：48—56千克
- **社群单元**：独居
- **保护现状**：易危

分布：马达加斯加岛

马岛獴被视为大型猫科动物的棕色缩小版，它的体态轻盈柔软，动作灵活，非常擅长跳跃和攀爬，是马达加斯加岛上最大的食肉类。这种强健有力的捕食者日夜均猎食，采用潜行跟踪突袭的方式捕猎。马岛獴原先主要猎食狐猴，但现在也捕食猪、家禽和其他驯养动物。独居的马岛獴是一种顶级食肉类，领域范围可超过4平方千米，因此种群密度很低。它们目前正面临栖息地丧失以及因攻击牲畜而遭猎杀的威胁。

哺乳动物

獴

门：	脊索动物门
纲：	哺乳纲
目：	食肉目
科：	獴科
种：	33种

獴分布于旧大陆的热带和温带地区，过去曾和灵猫一起被归入灵猫科，但现在则被单独归入獴科。它们和马达加斯加食肉类被认为与土狼之间存在密切的亲缘关系。

身体结构

与灵猫相比，大多数獴的体形更小，尾巴较短，体色相对单调。肛门处气味腺的结构更为复杂，分泌物被储藏在外部的腺囊中。獴的身体修长，四肢短，适于在地面活动。

捕蛇者

獴生活在复杂的社群中，通常在白天外出活动。这类机会主义捕食者的食性相当广泛，既吃植物，也捕食无脊椎动物及小型哺乳类、蛙类和爬行类（包括蛇类）等动物。人们一度认为，獴在捕捉蛇类时主要通过敏捷的动作躲避攻击，但也有一些獴对蛇毒免疫。由于獴能有效地控制蛇类和啮齿类的数量，因此被引入到遥远的夏威夷和新西兰地区，然而这也对当地的野生动物造成了威胁。

集群生活

獴生活在复杂的社会群体中，通常在白天活动。

Cynictis penicillata

笔尾獴

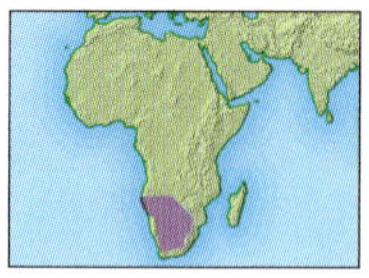

分布：非洲南部

体长：23—33厘米
尾长：18—25厘米
体重：450—800克
社群单元：群居
保护现状：无危

笔尾獴的毛色多变，南部种群多呈淡褐黄色，北部种群则较灰。整个家族群（包括一对成年雌雄配偶及其幼崽，以及不进行繁殖的年轻成年个体）居住在沼狸或黄鼠废弃的地下洞穴中，并会加以扩大。它们偶尔也共同生活在一个大型洞穴中。笔尾獴以白蚁、蚂蚁、甲虫、蝗虫等猎物为食，也捕食鸟类、卵、蛙类、蜥蜴和小型啮齿类。

Helogale parvula

纳塔尔矮獴

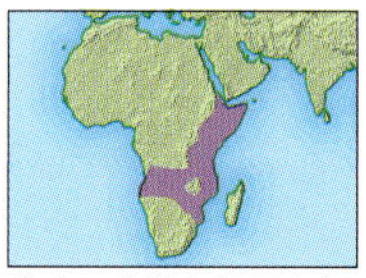

分布：非洲东部至南部

体长：18—28厘米
尾长：14—19厘米
体重：200—350克
社群单元：群居
保护现状：无危

纳塔尔矮獴是体形最小的獴。浓密的棕色皮毛上带有红色或黑色的细小杂斑，眼睛和耳朵非常小，前足有长爪。这种獴组成2—20只的群体共同生活，轮流对领域内的白蚁丘进行取食，数天内以蚁丘作为庇护，在附近捕食昆虫、蜥蜴、蛇类、鸟类、卵和鼠类等食物。群中的所有成员都会帮忙照顾幼崽，每只雌性最多时需照顾6只幼崽。

Suricata suricatta

细尾獴

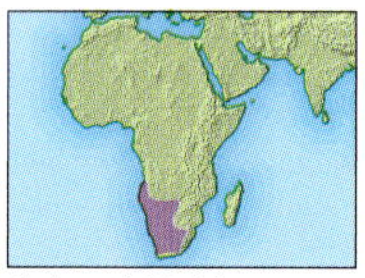

分布：非洲南部

体长：25—35厘米
尾长：17—25厘米
体重：600—975克
社群单元：群居
保护现状：无危

挖掘大师

细尾獴的前足长爪可用于挖掘地穴，并寻找昆虫、蜘蛛和其他小型动物等猎物，以及植物的根和球茎。

细尾獴白天活动，具社会性，常组成多达30只的群体共同生活，将黄鼠的废弃洞穴扩大作为栖所。细尾獴清晨出洞后，先端坐在地上沐浴日光，接着才开始觅食小型猎物。它的腹和脸部为淡棕色，背呈银褐色，后背有8条深色横纹，眼圈深色，尾巴细瘦，尾尖毛色较深。雌性历经11周的妊娠期后，在铺衬着植物的育婴洞室中产下2—5只幼崽。

放哨

当大部分成员觅食时，群体中的另一些成员常站立起来负责警戒工作，以侦察鹰类和其他空中的捕食者。"哨兵"大多站在蚁丘上或是灌丛中的制高点，发出吱吱咯咯的告警声。刺耳的吠叫或咆哮意味着情况紧急，整个群体随即便会潜入地下躲藏起来。

Mungos mungo

非洲獴

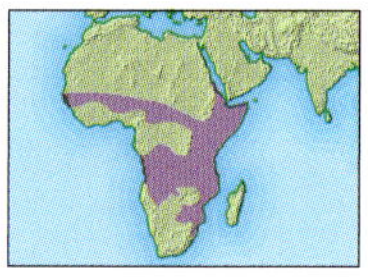

分布：非洲

体长：30—45厘米
尾长：15—30厘米
体重：1.5—2.5千克
社群单元：不固定
保护现状：无危

非洲獴的体形健壮，精力充沛，是一种常见的机会主义觅食者。它的体背后方有明显的横纹；皮毛粗糙夹杂灰白色，生活在潮湿环境中的种群体呈深棕色，干燥地区种群的毛色较浅。非洲獴常被作为宠物饲养，取食从白蚁到鸟蛋在内的各种小型食物。非洲獴通常生活在15—20只的群体中，其中包括一只占据优势地位的成年雄性。

灵猫及其近亲

门：	脊索动物门
纲：	哺乳纲
目：	食肉目
科：	灵猫科
种：	35种

灵猫科的物种大都身体修长且尾长，成员包括灵猫、獴和熊狸。它们与猫科动物和鬣狗存在亲缘关系，但却更为原始，吻更长，牙齿较多。这类动物分布于非洲、亚洲南部和欧洲东南部，栖息在雨林、林地和稀树草原地带。大多数物种为陆栖，也有树栖（如熊狸）和半水栖（如獭狸）物种。

身体结构

灵猫通常身体修长，尾巴极长、四肢短、头颈狭长，吻部呈锥形。大多数灵猫和獛的身上带有纵向排列的斑点；熊狸的皮毛呈黑色。所有成员的肛门附近都有气味腺，其中灵猫分泌的灵猫香在香水制造中倍受青睐。

树栖捕食者

许多灵猫和獛类能在树上，也能在地面捕食。图中的斑獛正在搜寻藏在巢穴或栖息中的鸟类。

Paradoxurus hermaphroditus

椰子狸

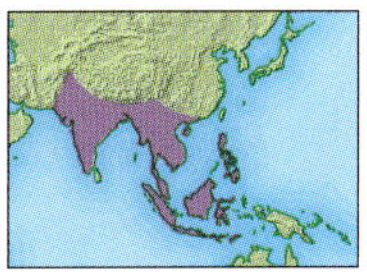

分布：亚洲南部、东部和东南部

体长：43—71厘米
尾长：40—66厘米
体重：1.5—4.5千克
社群单元：独居
保护现状：无危

这种适应力很强且尾巴多毛的灵猫体呈棕灰色，背部具黑色条纹，体侧有深色斑点，脸部的"面罩"类似臭鼬。椰子狸大多在树上活动，但白天也在房屋或库房顶部栖息。它的食物包括各种果实，尤其是无花果，也取食嫩芽、草类、昆虫和老鼠等小型动物，有时还捕捉家禽。它最喜欢取食棕榈树的发酵树液，因此也被称为"棕榈猫"。

Viverra tangalunga

马来灵猫

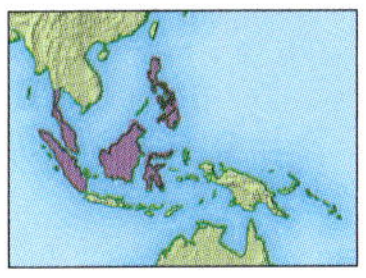

分布：亚洲东南部

体长：62—66厘米
尾长：28—35厘米
体重：3.5—4.5千克
社群单元：独居
保护现状：无危

除了具有典型的纵向深色斑点外，马来灵猫的颈部还带有明显的黑白色条纹，腹部呈白色，腿和脚为黑色，尾上约有15条环纹。马来灵猫很少爬树，主要以生活在森林地面的马陆、大型蜈蚣、蝎子和鼠类等小型哺乳动物为食。这种常见的灵猫物种遍布亚洲东南部，是一种独居的夜行性动物，寿命可达11年。

Genetta genetta

小斑獛

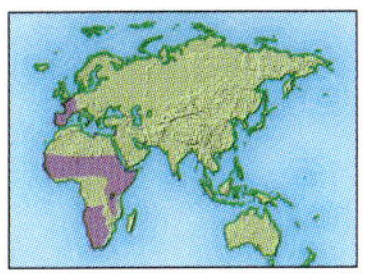

分布：非洲西部、东部和南部，欧洲西部

体长：40—55厘米
尾长：40—51厘米
体重：1.5—2.5千克
社群单元：独居
保护现状：无危

小斑獛又称普通斑獛，外形十分似猫，利爪可半收缩，是一流的爬树高手。它以各种小型哺乳类、鸟类、卵、蜥蜴和果实为食。一些地区的小斑獛还会捕食农场中的家禽，因而被视为一种害兽。它们在树根下或茂盛的灌丛中筑巢。雌性历经70天的妊娠期后，通常产出2—3只尚未睁开眼睛的幼崽。

Prionodon pardicolor

斑灵狸

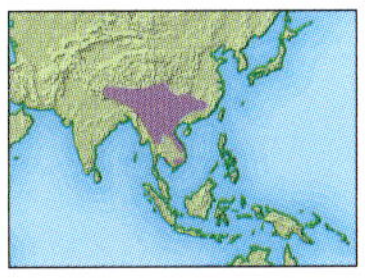

分布：亚洲南部、东部和东南部

体长：37—43厘米
尾长：30—36厘米
体重：0.6—1.2千克
社群单元：独居
保护现状：无危

这种身体细长的小型灵狸在树枝间活动时，利用尾巴保持身体平衡，动作如行云流水般优雅。雌雄两性通常独自生活，于夜间活动，长有大耳朵和适于夜视的大眼睛。雄灵狸的体形几乎是雌性的两倍大。它们的食物包括蛙类、蛇类、鼠类等小型动物和腐肉。雌性平均每胎可产2—3只幼崽，繁殖高峰期为2—8月。

Arctictis binturong

熊狸

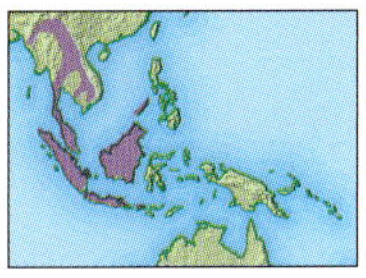

分布：亚洲南部和东南部

体长：61—96厘米
尾长：56—89厘米
体重：9—14千克
社群单元：独居
保护现状：易危

熊狸的黑色体毛粗糙蓬松，耳端具簇毛，尾巴有长毛，尾尖具缠绕性。多在树枝间缓慢而谨慎地活动，寻找果实、嫩枝以及昆虫、鸟类、啮齿类等小型动物。白天蜷曲在隐蔽处的树枝上休息，但也可能持续觅食。熊狸利用气味标示领域。雌性的妊娠期约为92天，每胎产1—3只幼崽，它们在一年后即可达到成体的大小。

哺乳动物

猫科动物

门：	脊索动物门
纲：	哺乳纲
目：	食肉目
科：	猫科
种：	41种

猫科动物的身体柔软有力、感官敏锐、牙齿和爪子发达、反应迅速敏捷，具有伪装色，是一类绝对的食肉动物。事实上，猫科动物是哺乳类食肉动物中特化程度最高的一类。成员间的独特之处在于彼此的相似度极高，例如虎和家猫之间的差异就小得令人惊讶。因此，小型猫科动物的分类始终未有定论：它们可同时被归入猫属，或被划分为数个属。猫科动物广泛分布于欧亚大陆、非洲和美洲（家猫已被带到世界各地），从高山到沙漠在内的各种栖息地都能发现它们的踪迹，其中的许多物种都生活在森林中。除了体形最大的物种外，所有的猫科动物都是攀爬高手，还有数种擅长游泳。大多数物种都独居。

身体结构

猫科动物的脸部很圆，吻相对较短，但嘴巴可以张得很大。结实的下颌具备强大的咬合力，锋利的长犬齿能刺入并紧咬猎物的身体。由颊齿特化而成的裂齿非常发达，可以切碎骨头和肌腱。猫科动物的皮毛柔软，常带有显著的条纹或斑点，尾巴细长灵活并具毛。前足5趾，后足4趾，每个趾头上的爪子都可伸缩，有助于抓紧猎物。爪子不用时处于缩回状态，以便保持锋利。但当必要时（如攀爬），爪子也能像折刀一样向前弹出。猫科动物的足垫裸露无毛，四周被毛发包覆，因而在走动时不会发出声响。

感官

所有猫科动物的感官都很敏锐。面向前方的大眼睛有助于精准判断距离。瞳孔能在强光下收缩成狭长垂直状或针孔状（视物种而定），也会在夜间大幅扩大以达到最佳的视力。灵活的漏斗状大耳朵可用于接收猎物发出的声音，而坚硬的长触须则是极为敏锐的触觉器官，有助于导航和在夜间捕猎。猫科动物的嗅觉也相当灵敏，它们的口腔上方具有可“品尝气味”的器官，即犁鼻器（或称雅各布森器），用于探测异性发出的气味。脸颊和前额或是尾下和爪子间的气味腺的分泌物，可以透露出个体的年龄和性别等讯息。

捕猎技巧

有些猫科动物会主动搜寻猎物，有些则潜伏起来，静待猎物的出现。许多物种还组合使用这两种方法。不管选择哪种捕猎方式，猫科动物的皮毛都能提供很好的伪装效果。例如，虎身上的花纹使其能与周围的高草环境融为一体，而栖息在森林中的许多物种则带有斑点，以模仿阳光穿透叶丛洒落的光影。猫科动物追击猎物的距离视物种而定。体形壮硕的物种，如虎，偏好潜行扑杀；猎豹则靠速度的瞬间爆发捕捉猎物，它的时速可达110千米。一些小型物种，如在草丛中狩猎的薮猫，采取出其不意的跳跃方式惊吓猎物，使其从藏身处飞蹿而出。猫科动物会猎食任何能被捕捉和制服的动物。大型物种专门猎捕体形大于自己的猎物，并且能将猎物尸体拖到安全地点进食。小型物种猎食啮齿类和鸟类，渔猫等物种则涉入溪流捕鱼。

保育

全部猫科动物都被列入了《濒危野生动植物物种国际贸易公约》（CITES），该公约旨在管理动物活体及其产品的跨境贸易活动。这项措施的主要原因在于猎杀，以及近年来动物皮毛的重新流行，或是动物骨头和其他身体部位被用作传统的中药材。栖息地的破坏也导致猫科动物的数量下降，因为它们中的许多物种都需要广阔的区域才能获得足够的食物供应。但也有少数物种的种群数量总体上比较稳定，如短尾猫。然而，对于猫科动物的保护虽然在不断增强，仍有许多种类的种群数量，包括虎和狮子，正在急剧下降。

领域之争

猫科动物全都具有领域性，当气味标示和警告声遭到忽视时，通常发生打斗。图中的雄性美洲豹正在互相威胁，若无一让步，一场斗争将在所难免。如果耳朵低平就表示害怕；而当瞳孔放大和露出牙齿时，则是处于攻击挑衅状态。

哺乳动物

Prionailurus planiceps

扁头豹猫

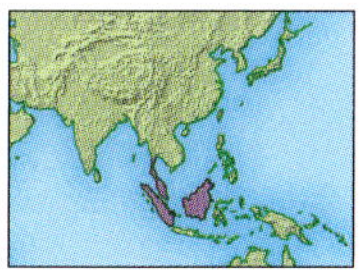

体长：41—50厘米	
尾长：13—15厘米	
体重：1.5—2千克	
社群单元：独居	
分布：亚洲东南部	**保护现状**：濒危

扁头豹猫的耳朵短圆，位置较低，显得头部更扁。这种半水栖捕食者以猎鱼为生，也捕食虾类、蛙类、啮齿类和小型鸟类。它的趾间具半蹼，爪子无法完全缩回。上颌的前臼齿大而锋利，可以牢牢咬住光滑的猎物。扁头豹猫的体形比家猫略小，通常在河流、湖泊、沼泽湿地以及灌溉用的水沟和运河等环境出没。

Prionailurus viverrinus

渔猫

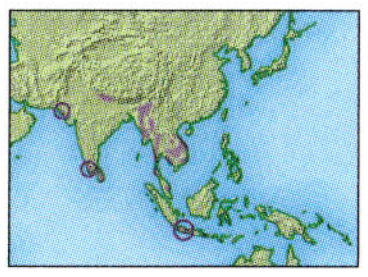

体长：75—86厘米	
尾长：25—33厘米	
体重：8—14千克	
社群单元：独居	
分布：亚洲南部至东南部	**保护现状**：濒危

渔猫的皮毛呈橄榄灰色，通身带有黑色斑纹，尾短，大多只栖息在河流、湖泊、沼泽湿地和海岸红树林等环境。然而渔猫对水栖环境主要是行为上的适应，因为它的趾间略有蹼，牙齿也不适合捕捉光滑的猎物。渔猫虽然在一些区域十分常见，但其对于近水栖息地的依赖也说明，种群会受到湿地排水、过度农耕、人类居住及污染等问题的影响。

形似灵猫

渔猫的种名“viverrinus”可以反映出其体形比例与灵猫相似：身体粗壮，四肢较短。

捕鱼维生

渔猫，顾名思义，是一种半水栖的捕食者，以鱼类、蛙类、蛇类、水生昆虫、蟹类、淡水螯虾和贝壳类为食。捕食时，用前掌将猎物捞出水面，也潜入水中追踪猎物，有时还从水面下方突袭水鸟。渔猫也猎食鼠类等小型陆栖哺乳类。

Profelis aurata

非洲金猫

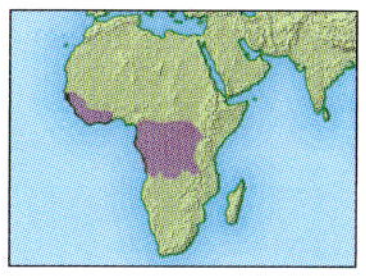

体长：61—100厘米	
尾长：16—46厘米	
体重：5.5—16千克	
社群单元：独居	
分布：非洲西部和中部	**保护现状**：易危（最新）

人类对非洲金猫了解极少，这种体形中等的猫科动物的毛色从灰色至红棕色不等，可能有斑点或没有花纹。其主要栖息在热带雨林和其他森林，尤其是河流附近。它的猎物主要为鼠类和啮齿类、蹄兔、小型森林羚羊、猴类（可能是受伤的）以及类似的小型哺乳类。它也会上树捕鸟，但大多在地面捕食。

Lynx pardinus

西班牙猞猁

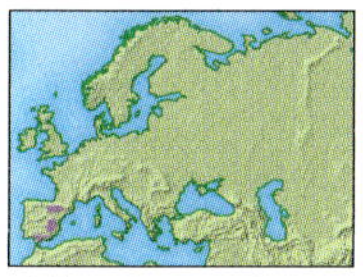

体长：85—110厘米	
尾长：13厘米	
体重：10—13千克	
社群单元：独居	
分布：欧洲西南部	**保护现状**：濒危

西班牙猞猁的体形只有猞猁（右侧）的一半大，它们不仅非常稀有，分布范围也极为有限，如今已完全受到法律的保护。西班牙猞猁目前的活动范围仅限于偏远的湿地和高地，利用灌丛作为隐蔽，多在野兔栖息的开阔地区活动，以兔子作为主食，冬天猎食幼鹿、鸭类和其他猎物。

Lynx lynx

猞猁

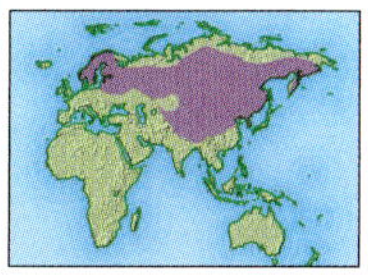

体长：0.8—1.3米	
尾长：11—25厘米	
体重：8—38千克	
社群单元：独居	
分布：欧洲北部至亚洲东部	**保护现状**：无危

猞猁主要栖息在混交林中，但因人类活动和被捕杀等原因，而被迫转移到更为开阔的林地及高山的多岩坡地活动。尽管如此，它们仍是猫科动物中分布最广的成员之一。猞猁的猎物主要为鹿类、山羊、绵羊以及类似的体形大于自己四倍的有蹄哺乳类。但若这些猎物缺乏，也会捕食野兔和鼠兔。

皮毛花纹

猞猁的皮毛花纹主要有三种类型：条纹居多、斑点明显（如图）和没有花纹。

保育

虽然欧洲西部对猞猁开展了保护和再引入工作，但其数量仍然非常稀少，因为它们会遭到牧场主的报复性猎杀，或被车辆碾死，并且可能因为遗传问题而导致雄性幼崽减少。

Lynx rufus

短尾猫

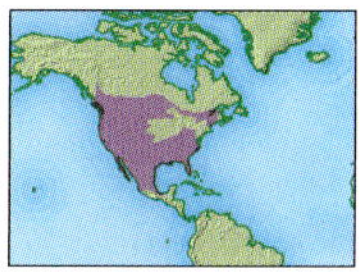

体长：65—110厘米	
尾长：11—19厘米	
体重：4—15.5千克	
社群单元：独居	
分布：加拿大南部、美国、墨西哥	**保护现状**：无危

短尾猫的体形中等，脸部边缘具须，因短尾状似被截断而得名。它的毛色以黄褐色为主，通身有明显斑点或仅腹部有斑点。短尾猫以兔类为食，南部种群猎食棉尾兔，北方种群捕食白靴兔，但也能依靠捕食啮齿类、鹿类和腐肉存活。它的栖息地类型多变，包括沙漠、混交林地和针叶林等。

Caracal caracal

狞猫

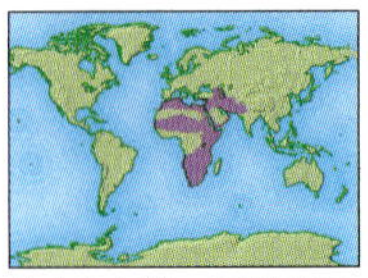

体长：60—91厘米
尾长：23—31厘米
体重：6—19千克
社群单元：独居
保护现状：无危

分布：非洲，亚洲西部、中部和南部

狞猫生活在灌木丛生的干燥栖息地，因而也被称为沙漠猞猁。它的皮毛呈黄褐色或偏红色，但和其他许多猫科动物一样，偶尔也出现黑色（黑化）个体（黑豹，第206页）。狞猫因能垂直跳起约3米高，用脚掌“挥击”降落或起飞时的鸟类而闻名。它的猎物主要包括啮齿类、蹄兔、野兔、小型羚羊、家禽和其他家畜。

Leptailurus serval

薮猫

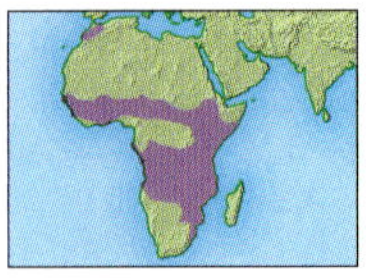

体长：60—100厘米
尾长：24—45厘米
体重：9—18千克
社群单元：独居
保护现状：无危

分布：非洲

薮猫的身体纤细，四肢修长，偏黄色的皮毛上有深色斑点，外形似小猎豹。偏好栖息在湿地四周长有芦苇和灯芯草的地带，在草丛中捕捉鼠类及类似猎物，可帮助农民控制啮齿类的数量（薮猫很少攻击家畜）。妊娠期为73天，平均每胎可产2只幼崽。

举头遥望

薮猫的四肢和颈部比例较长，使头部与地面距离达75厘米，因而在很高的草丛中也能清楚地看见和听见周围的动静。

猫扑

薮猫通常在黄昏时分借助听力捕食，侦测到猎物的位置后，便施展它们特别擅长的弹跳动作。薮猫能水平跳出4米远，高度超过一米，再用前掌袭击猎物。它的猎物包括鼠类和同等体形的啮齿类、鸟类、鱼类、蛙类和蝗虫等大型昆虫。栖息在湿地的薮猫最爱捕食蛙类。

Pardofelis marmorata

云猫

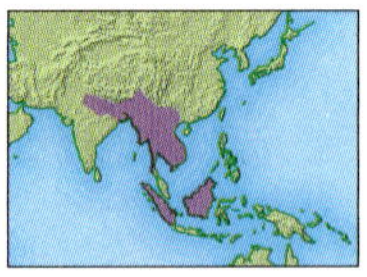

体长：45—53厘米
尾长：47—55厘米
体重：2—5千克
社群单元：独居
保护现状：易危

分布：亚洲南部至东南部

这种鲜为人知的物种主要栖息在潮湿的热带低地森林，外表虽似小型云豹，但二者没有亲缘关系。云猫的尾巴修长，擅长攀爬，夜间外出捕食松鼠、鸟类和类似的树栖动物。在泰国收集的研究资料将有助于人们了解这一物种。云猫的妊娠期为81天，每胎产崽1—4只，幼崽21个月大时即可达到性成熟。

Felis silvestris

野猫

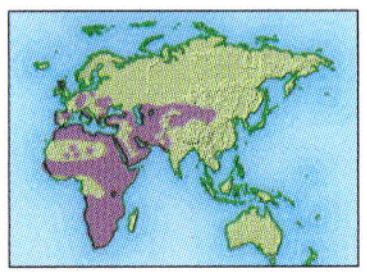

体长：50—75厘米
尾长：21—35厘米
体重：3—8千克
社群单元：独居
保护现状：无危

分布：欧洲、亚洲西部和中部、非洲

野猫的外表与体形稍大、较健壮，且毛发较长（尤其在冬天）的家养虎斑猫类似。这个物种能与家猫交配繁殖，它的非洲亚种据推测可能是家猫的祖先。野猫偏好在混生阔叶林地活动，但栖息地丧失和人类对木材的使用迫使它们只能生活在栖息地的边缘，如针叶林、高山裸岩、荒地、灌丛、森林沼泽和海岸等，以野兔以及鼠类和旅鼠等小型啮齿类为食。

这种猫科动物擅长攀爬，能在树枝间捕捉年幼的松鼠和鸟类，也吃腐肉。交配期为每年的1—3月，妊娠期为63—68天，平均每胎产3—4只（产崽量为1—8只）。雌猫在树洞内的巢穴、岩堆或树根间，或野兔和獾的废弃巢穴中生产。

Felis chaus

丛林猫

体长：50—94厘米
尾长：23—31厘米
体重：4—16千克
社群单元：独居
保护现状：无危

分布：亚洲西部、中部、南部和东南部，非洲东北部

虽然名为丛林猫，但这种身材纤细、四肢修长的猫科动物却更适合被称为沼泽猫或苇丛猫。它们沿着沼泽、河堤、海岸及人类居所周围的沟渠和水塘捕食，捕捉体形类似獭狸的哺乳类、鸟类（包括家禽）和爬行类，由于擅长游泳，因此也猎食鱼类和两栖类。雌雄两性会共同生活，并一起保护幼崽。

Felis margarita

沙猫

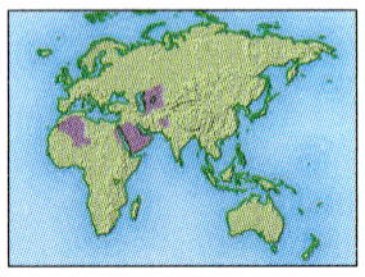

体长：45—57厘米
尾长：28—35厘米
体重：1.5—3.5千克
社群单元：独居
保护现状：近危

分布：非洲北部，亚洲西部、中部和西南部

沙猫依靠食物中的液体和极少的水就能存活，擅长利用钝爪挖掘沙鼠或其他类似的啮齿类作为食物，偶尔也捕食蜥蜴或蛇类。它也挖掘地洞，供白天栖息。每胎平均产崽3只，幼崽生长迅速，6个月大时即能独立生活。

Felis nigripes

黑足猫

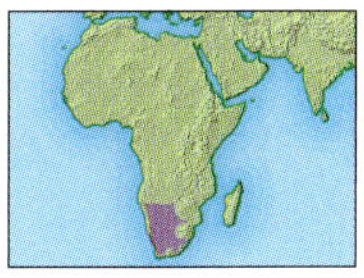

体长：34—50厘米
尾长：15—20厘米
体重：1.5—3千克
社群单元：独居
保护现状：易危

分布：非洲南部

黑足猫的体形相当于小型宠物猫，是体形最小的猫科动物之一，淡棕色皮毛上的条纹明显，腿部条纹略粗，四肢内侧呈黑色。它的猎物也都很小，包括鼠类、白蚁和蝗虫等昆虫、蜘蛛、小型蜥蜴和鸟类。黑足猫非常适应非洲南部的卡鲁盆地、卡拉哈里沙漠和其他的干燥栖息环境，极少饮水。

Leopardus jacobitus

安第斯山猫

体长：58—64厘米
尾长：41—48厘米
体重：4千克
社群单元：独居
保护现状：濒危

分布：南美洲西部

安第斯山猫的习性鲜有人知，其体形小而结实，尾巴长而多毛，体毛浓密保暖呈灰棕色，上背部有竖直条纹，体侧的斑纹呈玫瑰花瓣状，腿和尾巴都有带状横纹。这种猫科动物栖息在树线以上海拔3000米的干燥多岩坡地，主要捕食山绒鼠等啮齿类，过去曾以毛丝鼠为食。和其他猫类不同的是，安第斯山猫并未直接受到捕杀或栖息地丧失的威胁，而是因为部分猎物遭到人类的过度猎杀。

Leopardus pardalis

美洲豹猫

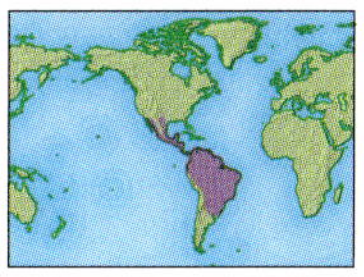

体长：50–100厘米
尾长：30–45厘米
体重：11.5–16千克
社群单位：独居
保护现状：无危

分布：美国南部至中美洲及南美洲

美洲豹猫身上有非常明显的锁链状玫瑰花纹和斑点。与典型的猫一样，美洲豹猫也是独居的夜行性动物，擅长攀爬树木，分布范围广阔，适应力强。栖息地相当多样化，从草原、林沼到各种森林都有。它们的猎物种类繁多，以小型啮齿动物为主，但也会猎捕鸟类、蜥蜴、鱼类、蝙蝠，以及更大的动物，如猴子、乌龟、小鹿、犰狳及食蚁兽等。豹猫的妊娠期为79—85天，每胎平均可产3只幼崽。雌性从两岁起、雄性从两岁半起即能繁殖。

保护

1960年代和1970年代虎猫曾经被过度捕杀，当时每年其毛皮的成交量有时能达到200,000张。现在虎猫的毛皮贸易已被《濒危动植物物种国际贸易公约》所禁止，即使这样虎猫的数量依然呈下降趋势。它与大多数猫科动物共同面临的一个主要问题是森林被滥砍滥伐，其次还有农民的侵扰和为供应宠物市场导致的非法捕捉。

斑点和条纹 美洲豹猫全身的花纹和体形较小的长尾虎猫（见下方）相似，但前者毛皮的底色是黄褐色，背部和两侧有黑色玫瑰花斑，四肢有点状斑，在头部则形成条纹。

Leopardus guigna

南美林猫

体长：42—51厘米
尾长：19.5—25厘米
体重：2—2.5千克
社群单元：独居
保护现状：易危

分布：南美洲西部

南美林猫是美洲最小的猫科动物，与乔氏猫（见下方）极为相似，但尾巴较粗，头较小。它的皮毛为灰色至赭色，带黑色斑点，尾部具环纹，喉部有深色条纹。分布于阿根廷与智利的安第斯山麓，偏好在潮湿凉爽的森林中活动，在森林下层的竹丛中筑巢。南美林猫日夜都有可能外出捕猎，猎物主要为在地面和树上捕捉到的鼠类等啮齿类和蜥蜴。

Leopardus geoffroyi

乔氏猫

体长：42—66厘米
尾长：24—36厘米
体重：2—6千克
社群单元：独居
保护现状：无危（最新）

分布：南美洲中部至南部

乔氏猫偏爱在低矮灌丛、森林和开阔草原等环境活动，在树枝间、地面和水中捕捉蛙类、鱼类，以及小型猫科动物经常捕食的啮齿类、蜥蜴、鸟类和欧洲野兔（引入种）等动物。20世纪80年代在美洲豹猫毛皮贸易量减少后，乔氏猫开始遭到人类的大量猎捕，以获取其黄棕色至银灰色的毛皮，但乔氏猫现在已受到法律保护。

Leopardus wiedii

长尾虎猫

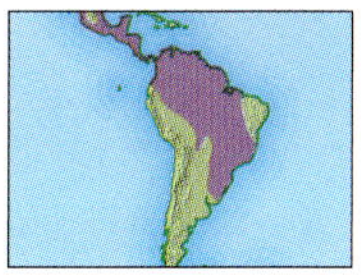

体长：46—79厘米
尾长：33—51厘米
体重：2.5—4千克
社群单元：独居
保护现状：近危

分布：美国南部至美洲中部和南部

长尾虎猫的攀爬能力极强，它的后脚可以“反转”，因而能头部朝下从树干上快速跑下，或用一只脚掌挂在树枝上。食物主要以树栖动物为食，包括鼠类、松鼠、袋貂、小树懒、小型鸟类，以及昆虫幼虫和蜘蛛等无脊椎动物，偶尔也吃果实。长尾虎猫夜间活动，白天栖息在安全的树枝上。妊娠期76—85天，每胎1崽，少有双胞胎。由于美洲豹猫（见上方）的毛皮供给量减少，导致长尾虎猫成为毛皮贸易中最受欢迎的小型猫科动物。虽然非法盗猎现象在部分地区仍有发生，但其目前面临的主要威胁则是森林砍伐。

年轻的生命

幼虎出生后的第一年必须依赖母亲提供食物，当它两岁大时才有足够的力量、体能和经验自行捕捉猎物。四岁至五岁大时可以开始繁殖，但平均要到8—10岁之后才会完全成熟。

正在捕食的虎

印度西北部伦滕波尔保护区中的虎会为了追捕水鹿而跳入湖中，并跟随猎物完全潜入水中。据报道，这一地区的虎也猎食鳄鱼。

Panthera tigris

虎

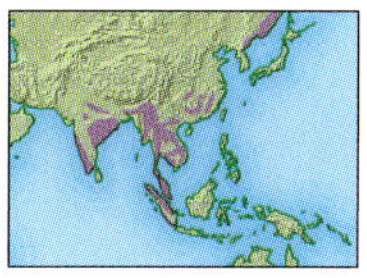

分布：亚洲南部和东部

体长：1.4—2.8米
尾长：60厘米—1.1米
体重：100—300千克
社群单元：独居
保护现状：濒危

虎是体形最大的猫科动物，带有黑色条纹和白色斑纹的橘黄色皮毛很容易被识别。虎的体形、毛色和花纹会因亚种的不同而有所变化。虽然已有6个亚种被确认，但其中的三种已于20世纪50年代灭绝，其余三种也濒临灭绝。虎的地理分布范围曾远至土耳其东部，但如今只分布在亚洲南部和东部的小块区域中。虎的栖息地相当多样，从亚洲东南部的热带雨林到西伯利亚的针叶林都能发现它们的身影，但其生存的基本要求则是要有浓密的灌丛，具备水源和丰富的大型猎物。

虎主要在夜间捕食，猎物大多以鹿类和野猪为主，有些地区的虎还捕食牲畜，但它们也捕捉猴子、鸟类、爬行类和鱼类等较小的动物，并且也吃腐肉。年幼的犀牛和大象也会成为被攻击的目标。虎每次能吃掉40公斤的肉，并在3—6天内返回到大型猎物旁继续啃食。虎通常独自生活，但并不一定排斥群体活动。雄虎偶尔与雌虎和幼崽一起进食，并且也会成群行动。

保育

1900年至2000年间，虎的数量从大约100,000只一直下降到今天的3500只左右。在遭到数十年的偷猎，栖息地丧失和猎物不足等因素的影响下，目前幸存的种群也只是零星地分散在俄罗斯东部、中国、苏门答腊以及从越南至印度的南亚地区。尽管大部分地区的虎都受到保护，但当它们的活动威胁到当地农民时仍然会被猎杀，而猖獗的虎皮和虎制品（用于制造中药）黑市交易也会导致它们丧命。拯救虎的计划自开展以来形成了复杂的局面，但有限的成功难以抵消整体下降的趋势。野外无线电追踪系统的运用（下图）和反盗猎巡逻或多或少能为这些脆弱的食肉动物提供一些保护。

独特的皮毛

孟加拉虎是野外最常见的亚种，其皮毛上的花纹非常典型：深橘色的皮毛上有着明显的黑色斑纹，腹部、脸颊和眼周为白色。老虎身上的条纹颜色从棕色变化至墨黑色，条纹的数量、宽度和分岔程度也各有不同。没有两只老虎拥有相同的斑纹。

现存亚种

现存三种亚种间的区别相当明显。一般来说，南部种群的体形较小，毛色也比北方的大型“表亲”更深。生活在寒冷地区的虎通常皮毛较厚。

苏门答腊虎

苏门答腊虎是体形最小、色泽最深的亚种。目前的种群数量估计仅存600只。

西伯利亚虎

西伯利亚虎是体形最大、色泽最浅、毛发最长的亚种。现存数量可能仅150—200只。

Puma yagouaroundi

细腰猫

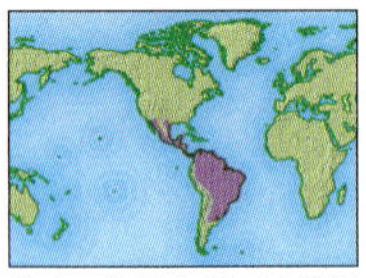

分布：美国南部至南美洲

体长：55—77厘米
尾长：33—60厘米
体重：4.5—9千克
社群单元：独居
保护现状：无危

细腰猫的外表更像鼬类而非猫科动物，吻部突出，体形颀长，四肢短。它的身上没有花纹，有多种色型，从黑色型（森林种群）至浅灰褐或红色型（干旱的灌丛种群）不等。细腰猫通常于白天在地面捕猎，栖息在半干旱灌丛至热带雨林和沼泽等环境，主要以鸟类、啮齿类、野兔、爬行类和无脊椎动物为食。

Puma concolor

美洲狮

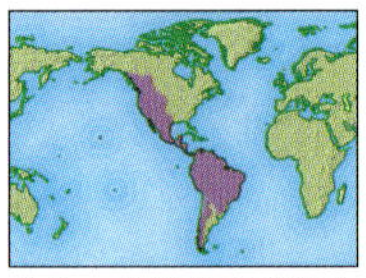

分布：北美洲西部和南部、中美洲、南美洲

体长：1.1—2米
尾长：66—78厘米
体重：67—105千克
社群单元：独居
保护现状：无危

美洲狮也被称为美洲豹、美洲山猫或山狮，虽然它们的体形大于某些大型猫科动物，但很可能与小型猫科动物的亲缘关系更近。美洲狮的皮毛大多呈均匀的淡黄褐色。能发出多种声音，如在交配时发出类似人类尖叫的怪声，但却不会吼叫。美洲狮的适应力极强，栖息在包括热带雨林、高山、针叶林和沙漠等各类环境中。

许多地区的种群主要以鼠类和野兔等小型哺乳类为食，偶尔也捕捉绵羊、小牛、驼鹿和其他家畜，但它们很少吃腐肉。繁殖高峰期集中在2—9月。雌性的妊娠期平均为92天，每胎产崽1—6只（平均产崽量为2—3只），幼崽产在岩石间或丛林的洞穴中，出生时体带斑点，6—7周大时即可取食固体食物。

Neofelis diardi

巽他云豹

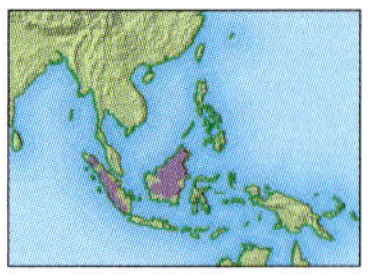

分布：亚洲东南部

体长：61—106厘米
尾长：55—91厘米
体重：16—23千克
社群单元：独居
保护现状：易危

云豹广泛分布于亚洲东南部；那些分布在苏门答腊和婆罗洲的云豹最近才被认定为一个新的物种。与亚洲大陆上的同类相比，它们身上的云状斑纹更小，且颜色更深。婆罗洲的种群数量为5000—11,000只，多于苏门答腊的数量（3000—7000只）。其大部分时间都在树上活动，捕食从猴子到鱼类甚至包括豪猪在内的多种猎物。

Panthera pardus

豹

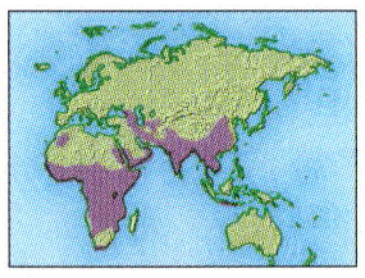

分布：亚洲西部、中部、南部、东部和东南部，非洲

体长：0.9—1.9米
尾长：60—110厘米
体重：37—90千克
社群单元：独居
保护现状：近危

其他野生猫科动物的外表和猎食偏好很少像豹一样多变，分布范围也不如后者广泛。豹的捕食对象种类繁多，从粪金龟等小型动物到羚羊等体形大于它们数倍的大型哺乳类都包括在内。虽然一只大型猎物足够提供两周的食物，但豹通常每隔三天就捕猎一次大型猎物，带有幼崽的雌豹的捕猎频率还会加倍。豹的妊娠期为90—105天，平均每胎产崽两只，出生后由母亲照顾。幼崽3个月大时断奶，继续跟随母亲生活一年或更长时间，且手足间的联系可能更长。豹很能适应人类的存在，会在距离大都市数千米的范围内捕猎，但由于各种人为活动的影响，导致种群数量不断下降。

黑豹

豹和许多猫科动物及其他哺乳类一样，也会出现黑化个体。这种现象由基因变化（突变）导致皮肤和毛发中含有大量黑色素引起。黑豹在潮湿浓密的森林中最为常见，过去曾被单独视作一个物种。沙漠中的豹体呈浅黄色，而草原中的豹则为深黄色。

藏于树上

豹是攀爬高手，利用强大的力量将猎物拖上树，以便立即取食或留待日后食用。将猎物放在树枝上，不仅能让豹安心进食，也可避免猎物被鬣狗和豺等动物搜寻到。

头和肩

豹的巨大头部着生有强壮的颌肌，便于咬杀和肢解猎物。肩膀和前肢具有强健的肌肉，能够压制猎物，将其拖到树上。

Uncia uncia

雪豹

体长：1—1.3米
尾长：80—100厘米
体重：25—75千克
社群单元：独居
保护现状：濒危

分布：亚洲中部、南部和东部

雪豹与豹（第206页）一样，以多种猎物为食。这种毛茸茸的大猫喜欢在高山草甸的岩壁和山脊、多岩的灌丛，以及开阔的针叶林至海拔5000米处活动。雪豹可猎杀牦牛或野驴，但大多数猎物的体形较小，如野羊、山羊、旱獭、鼠兔、野兔和鸟类。它的繁殖习性与同等体形的猫科动物类似，但每次可养育4—5只幼崽。

Panthera onca

美洲豹

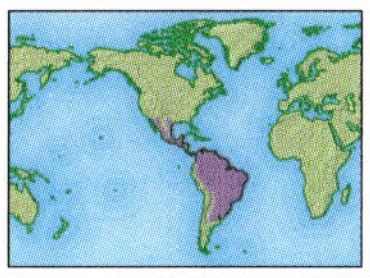

体长：1.1—1.9米
尾长：45—75厘米
体重：36—160千克
社群单元：独居
保护现状：近危

分布：中美洲至南美洲北部和中部

美洲豹是新大陆仅有的大型猫科动物，它的外形虽与豹（第206页）相似，但皮毛的玫瑰花瓣状花纹的中央呈深色，体形更为矮壮，头部宽大，肩臀壮硕。美洲豹喜欢栖息在多水的环境中，如永久性的沼泽湿地和季节性泛洪的森林，捕食生活在其中的鹿类、西貒和貘等体形中等的猎物。虽然它们已受到法律保护，较少因毛皮而遭猎杀，但却正在受到栖息地破坏和牧场开发带来的威胁。

Acinonyx jubatus

猎豹

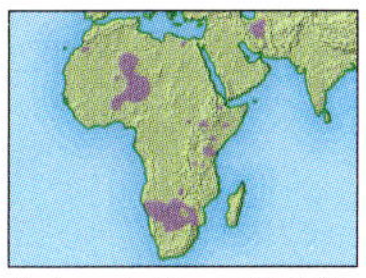

体长：1.1—1.5米
尾长：60—80厘米
体重：21—72千克
社群单元：独居/成对
保护现状：易危

分布：非洲、亚洲西部

猎豹是奔跑速度最快的陆栖哺乳动物，能以100千米的时速飞奔，并在身体变得过热之前高速追击10—20秒。猎物若是在这段时间内没被捕获，便可死里逃生。猎豹捕食体形中等的汤姆森瞪羚等有蹄类，也捕杀较大型的羚羊和野兔等小型猎物。猎豹是除了狮子外的大型猫科动物中社会性最强的物种。幼崽们在13—20个月大时离开母亲，随后一起生活达数月之久，猎豹兄弟之间甚至会共同生活数年。

保育

纳米比亚的研究人员捉住一些猎豹，为其安装上了无线电项圈，以监测野生动物管理和家畜保护的效果。猎豹被释放后（下图），活动踪迹便能被追踪到。

体色

生活在沙漠的猎豹通常色泽较浅，斑点较小。非洲东南部的“国王猎豹”的斑点最大，并在背部合在一起形成条纹。

Panthera leo

狮

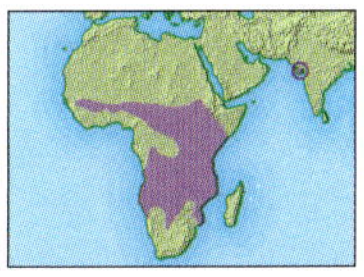

体长：1.7—2.5米
尾长：0.9—1.1米
体重：125—250千克
社群单元：群居
保护现状：易危

分布：非洲、亚洲南部

狮子们形成的关系紧密的长久社群在猫科动物中相当特殊。狮群由4—6只存在亲缘关系的雌狮及其幼崽组成。雌狮常在同一时期分娩，互相哺育幼崽。狮群有着固定的家域，通过合作狩猎捕获斑马、角马、高角羚和水牛等大型猎物，也单独捕食小型啮齿类、野兔和爬行类。成年雄狮独自生活，或与2—3只无亲缘关系的雄狮，或4—5只雄性亲戚（来自同一个狮群）结盟。联盟的雄狮可以保卫广大的领域、对抗其他结盟雄性，并占有与领域内雌狮群的交配权，但这一时间通常只能维持2—3年。

雄性和雌性

雄狮和雌狮的平均体重分别为180千克和125千克。雄性的头骨也明显大于雌性。

角色扮演

回缩的爪子和未被露出的牙齿说明，这两只两岁大的雌狮正通过游戏性的打斗，练习狩猎技巧。这样的扭打有助于决定谁将负责追赶猎物，而谁负责伏击猎杀。玩耍也有助于建立个体在狮群内的等级地位。

亚洲狮

亚洲狮的种群数量约为350只，目前仅存于印度西北部的吉尔森林地区。亚洲狮的体形小于非洲狮，腹部下方的中央有一道褶皱，雄狮的鬃毛较短。狮群也较小，通常由两只有着亲缘关系的雌狮和幼崽组成。

鬣狗和土狼

门：	脊索动物门
纲：	哺乳纲
目：	食肉目
科：	鬣狗科
种：	4种

鬣狗科的物种体形似犬，但与猫科和灵猫科物种的亲缘关系更近，且身体的颈背部线条明显地向尾部倾斜。鬣狗和土狼主要分布在非洲（但条纹鬣狗的分布可延伸至亚洲南部），生活在稀树草原、灌丛和半干旱的栖息地中。这类动物主要在夜间活动，挖掘可供成年个体和幼崽藏身的巢穴（但在斑鬣狗中，只有幼崽会躲在巢穴中）。

身体结构

鬣狗科物种共有的外在特征包括：较大的头和耳朵，后腿较前腿短弱，颈后的背中线处具长鬣毛（斑鬣狗除外），尾巴多毛，爪子短钝不能回缩。全身皮毛带有斑点或条纹（棕鬣狗仅四肢有条纹）。鬣狗的前后脚爪上各具4趾，而土狼的前爪为5趾，后爪4趾。

进食

鬣狗的吻宽大、双颌粗壮有力（在同体形的哺乳类中力量最大），牙齿可咬碎骨头。鬣狗科的三种鬣狗中，以性格凶猛的斑点鬣狗最为贪吃。当它们成群捕猎时，能制服斑马等大型猎物。这种鬣狗也是进食和消化能力极强的食腐动物，仅一群个体就能从一只狮子的口中抢夺猎物。而条纹鬣狗和棕鬣狗虽然也捕食小型猎物，但它们大部分时间都在捡拾腐肉。

所有的鬣狗均能消化皮和骨头等其他哺乳类无法消化的猎物组织，说明它们占据着大多数动物无法取代的生态位。它们能将消化不了的韧带、毛发和蹄子等部位，以食丸的形式反刍吐出。虽然具备这些消化特性，但令人惊讶的是，鬣狗科中的土狼却不适于捕食大型猎物。反而利用较小的牙齿和黏滑的舌头舔食白蚁。这种差异可以减少对食物的竞争，捕食时耗费的能量也很少，但获得的营养价值却极高。土狼一夜之间就能捕获多达200,000只白蚁。

社群

土狼独自生活，条纹鬣狗和棕鬣狗成对或结成小群生活，而斑鬣狗则生活在被称为部落的较大群体中。这些部落中的成员数量多达80只（包括雄性、雌性及其幼崽）。幼崽2—3个月大时，被转移到公共巢穴中，由所有正在分泌乳汁的雌性共同哺乳（棕鬣狗也采用相同的方式）。幼崽一直待在巢穴中直到断奶为止（最短在7个月大时便会断奶），并随时准备跟随成年个体外出捕食。所有的鬣狗均具领域性，利用可外翻的肛门腺的分泌物标示领域。斑鬣狗部落还会共同巡逻并保卫领域。

顶级捕食者

斑鬣狗正在啃食的猎物可能是由族群共同猎捕获得，或是捡拾了其他捕食者的猎物。由于鬣狗的双颌粗强，可以咬碎骨头，且几乎能吃掉所有部位，因此当它们离开时，这只猎羚的尸体可能就已所剩无几。

哺乳动物

Proteles cristata

土狼

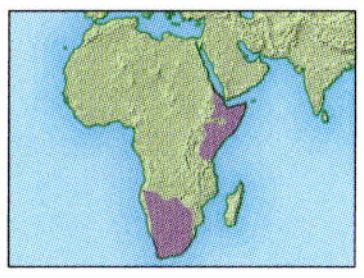

- **体长**：67厘米
- **尾长**：24厘米
- **体重**：9千克
- **社群单元**：独居
- **保护现状**：无危

分布：非洲东部和南部

土狼是鬣狗的小型近亲，专以白蚁为食，尤其喜欢在地面觅食长鼻收割蚁，也舔食蛆虫、蛴螬和其他小型软体生物。它们的前腿长于后腿，背中线处的长鬣毛在颈、肩部尤其明显，因而显得肩高臀低。土狼面临压力时，这些鬣毛会竖起，使其体形看上去更大。它们的皮毛呈淡黄褐色或黄白色，体侧各有3道垂直条纹，前半身和后半身具斜纹。它们的门齿与鬣狗相似，但臼齿小而尖，食物通过发达的胃部进行研磨。土狼是一种独居的夜行性动物，白天于巢穴中栖息。它们以尿液、粪便和尾下腺体的分泌物标记领域。雌性历经90天的妊娠期后，产下2—4只幼崽。幼崽4周大后即能出入巢穴，9—11周大时可与母亲共同觅食，16周大时断奶。

Parahyaena brunnea

褐鬣狗

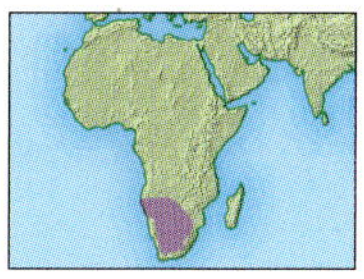

- **体长**：1.3米
- **尾长**：21厘米
- **体重**：38—47千克
- **社群单元**：不固定
- **保护现状**：近危

分布：非洲南部

褐鬣狗的分布范围比其他鬣狗更深入沙漠地带，能在14千米外闻到腐肉气味。它们有着鬣狗科物种典型的双颌及利齿，能啃食各种腐肉，包括分布在纳米比沙漠的海岸地带的幼海豹，也猎捕非洲跳兔等。褐鬣狗组成共同保卫领域的松散族群。其毛发蓬松，呈深棕色至黑色，颈部具浅黄褐色鬣毛，脸部有灰色斑块，四肢有横纹。

Hyaena hyaena

条纹鬣狗

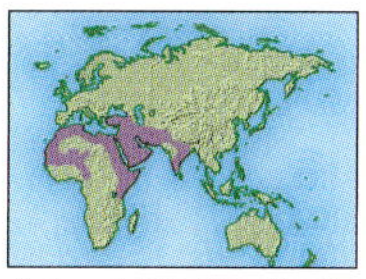

- **体长**：1.1米
- **尾长**：20厘米
- **体重**：35—40千克
- **社群单元**：独居/群居
- **保护现状**：近危

分布：非洲西部、北部和东部，亚洲西部至南部

条纹鬣狗偏好在稀树草原和疏林地区生活，并避开沙漠等极端环境条件。它的皮毛为灰色或浅棕色，体侧有5—6条竖纹。颈部鬣毛至背部逐渐变少，尾巴多毛呈黑白二色。条纹鬣狗大多独自生活，繁殖期间组成家庭群。它们不仅吃腐肉，也捕食从昆虫到野兔等猎物，并采食果实和其他植物。

喉部具深褐色或黑色斑块

Crocuta crocuta

斑鬣狗

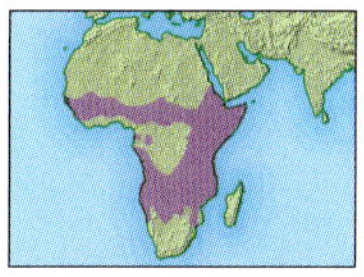

- **体长**：1.3米
- **尾长**：25厘米
- **体重**：62—70千克
- **社群单元**：群居
- **保护现状**：无危

分布：非洲西部至东部以及南部

斑鬣狗是体形最大的鬣狗。雌性的体形比雄性大10%左右，外露的性器官很大，因此很难从外观上辨别雌雄。它们的社群以部落为基础，由一只优势雌性带领，群体规模多变，生活在沙漠中的群体由5只或更少的成体和幼崽组成，而在食物丰富的稀树草原地带，群成员数量可多达50只。鬣狗部落共享洞穴和排便场所，通过叫声、气味标记和边界巡逻等方式共同保卫面积在40—1000平方千米的领域。斑鬣狗能发出各种叫声，包括利用高呼声集合同伴或寻找幼崽，以及对年老的部落成员表示服从时发出的著名“笑声”等。

猎食

斑鬣狗是强大的捕食者。数只部落成员会聚集起来共同制服成年斑马或牛羚等大型猎物。单独狩猎时，则猎捕野兔、地栖鸟类以及浅水或沼泽中的鱼类。斑鬣狗非常贪吃，一次能吞食重达自身体重三分之一的食物。

耳朵短圆

鬃毛逆生

斑鬣狗颈部和背部的鬃毛不仅毛向相反，且立起时通常朝前而非后倾，当鬣狗感到兴奋时还能挺直竖起。

黄棕色至灰棕色的皮毛上具有会随年龄增长而褪色的深色斑点

前腿较长

手足竞争

斑鬣狗的幼崽由雌性单独抚养，雄性完全不参与其中。历经100天的妊娠期后，雌性平均可产下2只幼崽（每胎可产1—3只），幼崽在14—18个月大断奶时已基本发育成熟。最具优势的幼崽可以优先抢到乳汁，当母亲的乳汁不足时，这只幼崽也会杀害其他幼崽以增加自己的生存机会。

哺乳动物

有蹄类

门：	脊索动物门
纲：	哺乳纲
目：	奇蹄目、偶蹄目
科：	13科
种：	257种

分类说明

有蹄类下分为奇蹄目（单数蹄动物）和偶蹄目（双数蹄动物）。虽然二者在外表上十分相似，但亲缘关系并不接近。然而，由于它们存在许多共同特征，因此常被归为一类。有证据显示，偶蹄类的近亲是鲸豚类，目前一些分类学家已经将它们都归入了鲸偶蹄目。

有蹄类是极为成功的一类动物。它们之所以能在陆栖食草动物中占据优势地位，与其速度和耐力（它们能跑赢大多数捕食者），以及它们所具有的消化植物纤维的能力密不可分。虽然有蹄类的体形多变，但大多数物种具有突出的吻、一组复杂的具研磨功能的牙齿和桶状身体。这一类群包含奇蹄类（如貘）和偶蹄类（如鹿）两类。野生奇蹄类分布于非洲、亚洲以及美洲南部和中部。野生偶蹄类则广布于世界各地（西印度群岛、大洋洲和南极洲除外）。有蹄类大都栖息在稀树草原等开阔环境。被驯养的有蹄类和人类一起生活。

身体结构

有蹄类能够长距离快速奔跑的主要原因在于，四肢的结构适于简单但有力的前后摆动运动。四肢都被体壁包裹，向下一直包裹至肘或膝关节处。这段关节之下是桡骨和尺骨（前肢），或胫骨及腓骨（后肢），紧接着便是大幅延长的掌骨和跖骨（即人类的手掌骨和脚掌骨）。由于四肢下部较长（且肩关节活动幅度增加），因此不仅能迈出更长的步幅，还能使速度加快。有蹄类的趾数退化减少，表示所需的肌肉与韧带也较少，因而能降低能量需求（借此增加耐力）。它们利用被蹄所包覆的脚趾前行（蹄行）。

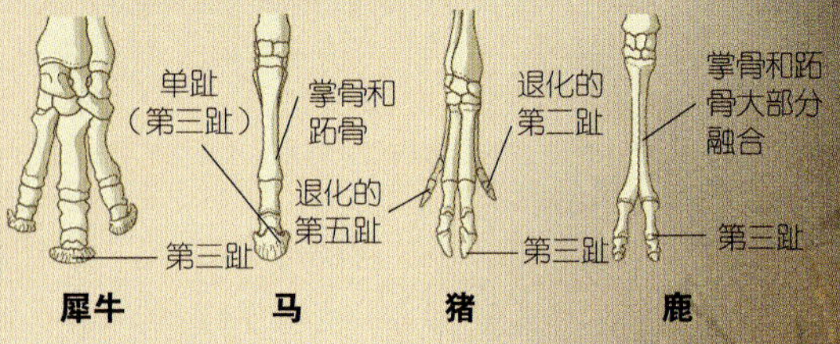

奇蹄和偶蹄

奇蹄动物（犀牛和马）以第三趾负重，其余各趾退化或消失。偶蹄动物（猪和鹿）以第三、四趾负重，其余各趾均退化（猪）或消失（鹿）。

驯鹿

犀牛

洞角和实角

大多数有蹄类都有洞角或实角。实角是由头颅长出的真皮骨质角，每年脱换一次，如鹿角。洞角终生不脱换，由内层的骨质心和外层的角质鞘构成。犀牛角则完全由角质层构成。

逃离危险

有蹄类必须能迅速侦测到危险，才有可能存活。为此，它们有着灵活的管状耳朵、敏锐的听觉、绝佳的嗅觉，且眼睛位于头部两侧，可给予全方位的视觉。受到惊吓时，能以极快的速度奔逃。羚羊通常会在奔逃时展现惊人的弹跳力，如图中的高角羚。

站立分娩

开始分娩

分娩中的雌角马焦躁不安，且易受攻击，它时而躺下，时而站起。

头部显露

幼崽出生时头前脚后，但最早伸出来的却是细长的前腿。

新生命

小角马诞生了，但部分身体还被羊膜包裹。

同步出生

大多数角马会在前后三周内同步产，即使有少量死亡，但还是有很多崽能生存下来。

进食

几乎所有的有蹄类都是食草动物。它们所吃的植物中含有无法消化的纤维素（构成植物细胞壁的主要成分），但能通过细菌发酵作用被分解为可消化吸收的碳水化合物。反刍动物（下图）的食物以极缓慢的速度通过消化系统，以便养分的吸收率能达到最高。因而能在食物有限但优质的地区生存。而后肠发酵者（见下方）的食物则不在胃部停留，而是以较快的速度通过。这些动物生长在食物丰盛但质量相对较差的地区，因此，它们必须大量摄取食物，才能获得充足养分。

啃食

食草者几乎完全以草类为食。一些有蹄类为了寻找新鲜的草地，还会进行长途迁移。河马（上图）通常在夜间觅食，利用嘴唇啃食草类。

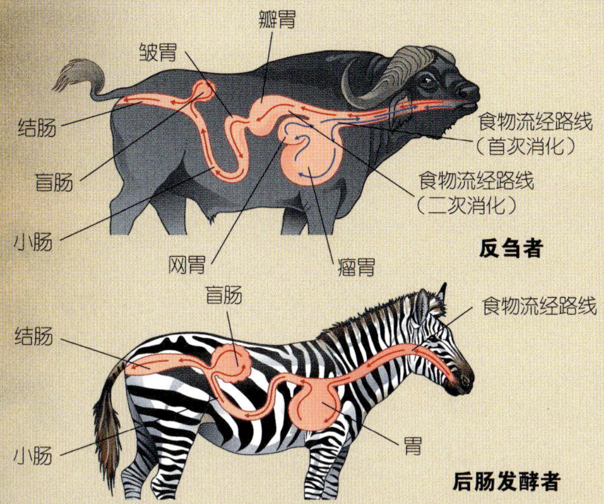

消化系统

水牛等反刍动物具有结构复杂的反刍胃。第一个胃室称为瘤胃，食物在这里被微生物发酵分解，随后食物回到口中进行再次咀嚼，然后才被咽下并通过整个消化系统。斑马等后肠发酵者只有结构简单的胃，进行发酵分解的微生物生活在盲肠和大肠前端。

捡食

捡食者几乎以各种植物为食。图中的雪羊花费大量时间在草类稀少的山地觅食，它们也通过取食苔藓、地衣、其他草本植物和木本植物补充食物。

保卫资源

生活在干旱地区的有蹄类，如图中的蒙古野驴，通常组成两性混合群。雄性倾向于保卫资源，而非看守妻妾群。

保卫妻妾

繁殖期间，一些雄性有蹄类会将自己的妻妾们聚在一起，并奋勇保卫它们，如这只马鹿。雄鹿的响亮吼声与巨大的鹿角有助于威慑对手。

社群组织

有蹄类的社群组织相当多样，依栖息地、体形大小、繁殖是否具季节性、群体是否进行迁移等各种因素而定。下面的例子就是几类典型的社群组织。貘、犀牛和部分森林羚羊大多独居生活，雄性的领域和数头雌性的领域重合。小羚成对生活，占据小块领域。雄性瞪羚建立小型领域，雌性群则在雄性的领域之间游走。狷羚和大多数斑马生活在由一头雄性和数只雌性组成的群体中。而马鹿只在繁殖期（即发情期）聚群，非繁殖期间的雌雄两性各自成群。发情期的雄性常互相打斗，获得最终胜利的雄性能占有一大群雌性。

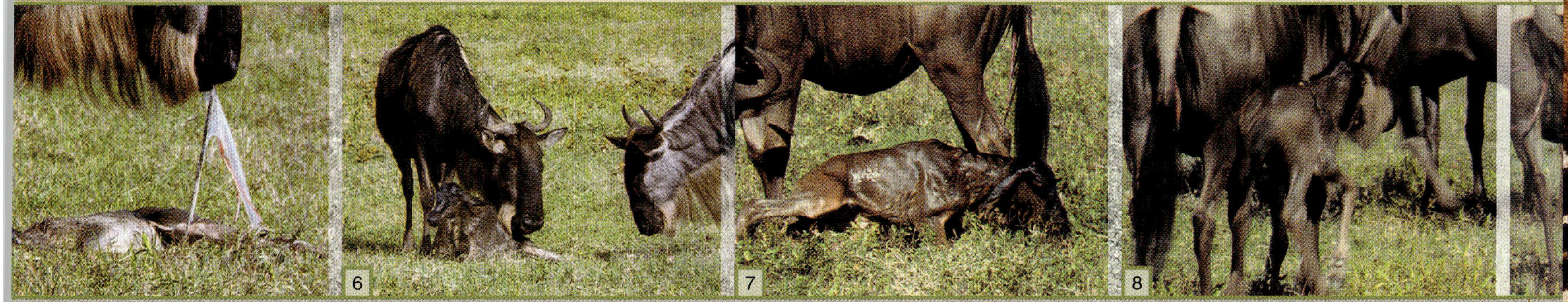

串的一餐

羚角马分娩完成后吃掉胎衣。随后开始舔舐幼崽，借此刺激幼崽。

能保护

新生幼崽易受攻击，因此母亲不愿让其他角马接近。

站立起身

幼崽试图站立起来。在不到45分钟内，它便能够奔跑，降低被捕食的危险。

重返角马群

母亲与幼崽迅速返回群体中，因为幼崽在群体中不会那么显眼。

马及其近亲

门：	脊索动物门
纲：	哺乳纲
目：	奇蹄目
科：	马科
种：	8种

马及其近亲（马科动物）是优雅和自由的永恒象征，也是最极致的奇蹄类。它们每只脚上只有一趾。马科动物中的马、驴（含蒙古野驴和西藏野驴）与斑马的颈和头部修长，四肢细长。它们精力充沛，能快速奔驰，速度最快的蒙古野驴能在短时间内保持70千米的时速。马科动物分布于非洲和亚洲的草原和沙漠地带，其中许多物种已被广泛引入世界各地。

身体结构

马科动物的特征包括胸廓深广，颈部有鬃毛，尾巴上有簇毛或长毛，四肢结实具蹄，前腿膝部上方的皮肤增厚形成硬块（称为胼胝），嘴唇及鼻孔肌肉动作灵活。马的瞳孔呈椭圆形，眼睛位于头部两侧，具有良好的全方位视野（便于侦测天敌）。白天和夜间的视力皆佳。听力敏锐，耳长且能灵活转动，因此无须移动身体就能听出声音的来源。所有马科物种都皮毛浓密，其中马和驴的毛色通常很单一。斑马则有着黑白相间的明显条纹，这些条纹可能具有个体识别、调节体温等功能，或是制造出“眼花缭乱”的效果，以干扰捕食者的注意力。

进食

马科动物主食草类（拥有一套耐磨的臼齿），也取食沙漠植物，啃食树皮、树叶、嫩芽和果实。与牛等反刍动物不同的是，马科动物利用肠道发酵消化食物（第211页）。这能使它们进食大量的食物，食物也能快速通过消化道。因此，对于它们而言，食物的量比质更重要，这也意味着马科动物能生活在干旱的栖息地中。它们通常在艳阳高照时休息，在清晨、黄昏和夜晚觅食。

社群

野马、普通斑马和山斑马集群生活，马群由雌马、幼崽以及一匹处于优势地位的雄马带领。马群首领不仅要保护与指挥马群的行动，还要保卫群体的领域，并要设法防止其他雄马与自己的雌马群交配。年轻的雌马可以跟随母亲留在马群中，或是加入其他马群；雄马一旦发育成熟就要离开马群，设法组建自己的妻妾群。野驴和细纹斑马的社群组织各不相同，且关系并非长期稳定。能够繁殖的雄性保卫着面积达15平方千米的大片领域，利用粪便标记领域边界。雄性会与进入自己领域中的雌性交配。马科动物利用嘶鸣声相互沟通，各个物种发出的声音各不相同。雄性通过嗅闻雌性的尿液来判断后者是否处于发情期。分辨尿液气味时，雄性会翻起上唇，将气味引导至口腔上方的一处特殊囊袋——犁鼻器内。这种动作称为“性嗅反应”。

马与人类

驴是非洲野驴的后裔，约在公元前3000年的中东地区被人类驯化。由欧亚野马繁衍来的家马出现时间较晚，但之后取代了驴，成为交通、农业、战争和休闲娱乐的工具，但驴仍是广受欢迎的役畜。驯养的马科动物一直为人所用。大多数野生马科动物因为面临栖息地丧失和捕杀等威胁，大多处于极为濒危的境地，只有普通斑马和西藏野驴的数量相对较多。

争夺优势地位

马科动物在繁殖交配期间常发生冲突和打斗。雄性普通斑马打斗时互相啃咬，以后腿站立，用前脚攻击，或以后脚踢击对手。战败者会遭驱离，而获胜者则能获得对1—6头雌马群的控制权。

Equus asinus africanus

非洲野驴

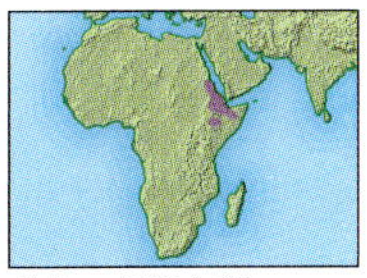

分布：非洲东部

体长：2—2.3米
尾长：45厘米
体重：200—230千克
社群单元：群居
保护现状：极危

非洲野驴栖息于地面温度超过50摄氏度的裸岩荒漠，取食从草类到带刺金合欢灌丛在内的各种植物，能连续数日不饮水。非洲野驴上身在夏季呈淡黄灰色，冬季呈铁灰色。鬃毛短而挺立。雌性只与拥有领域的成熟雄性交配。

Equus hemionus

蒙古野驴

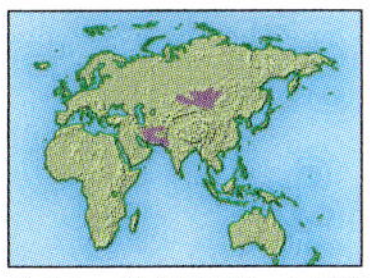

分布：亚洲西部、中部和南部

体长：2—2.5米
尾长：30—49厘米
体重：200—260千克
社群单元：群居
保护现状：濒危

蒙古野驴以草类和多肉植物等各种植物为食。雌性与幼崽组成松散的驴群四处游荡，未成熟的雄性结成单身汉群。独居的成熟雄性采用踢、咬等方式驱赶对手，并占据繁殖所需的领域。蒙古野驴的毛色以淡褐黄色、黄褐色或灰色为主，腹部黄白色，鬃毛短呈深色、背线深褐色，耳尖黑色，尾巴末端呈羽状。

Equus caballus przewalskii

野马

分布：重引入到亚洲中部

体长：2.2—2.6米
尾长：80—110厘米
体重：200—300千克
社群单元：群居
保护现状：极危

虽然有人曾数度试图将这种马重引入蒙古，但野马目前只生存在动物园、公园和野外观测站中。野马生活在关系持久稳定的紧密群体中，长途游荡寻找草、叶及嫩芽等食物。马群通常由一匹年长的雌性首领和2—4匹雌性及其幼崽组成，马群外围还有一头雄性逗留。野马的妊娠期为333—345天，每胎产1崽。

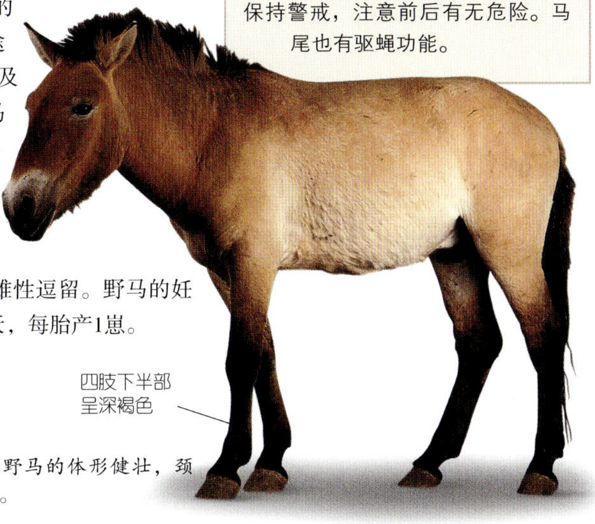

小而壮

与家马相比，野马的体形健壮，颈部粗壮、头大腿短。

互相理毛

对于野马和大多数野生马科动物来说，互相理毛是重要的社会行为，可以起到加强群体关系的作用。两头个体理毛时通常头尾相向，以便在为彼此轻咬肩膀和肩隆时仍能保持警戒，注意前后有无危险。马尾也有驱蝇功能。

Equus grevyi

细纹斑马

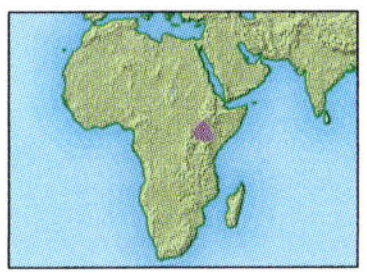

分布：非洲东部

体长：2.5—3米
尾长：38—60厘米
体重：350—450千克
社群单元：群居
保护现状：濒危

细纹斑马是体形最大的斑马，也是最大的野生马。它的身体条纹细密，从头到蹄都很清晰，但腹部和尾基部为白色。雄斑马拥有面积可达10平方千米的广大领域。雌斑马和幼崽可自由走动，或聚集成松散的小群四处食草，但群体关系不会长期维持。

Equus burchelli

普通斑马

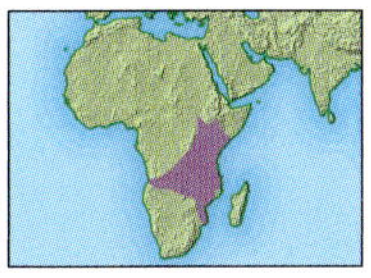

分布：非洲东部和南部

体长：2.2—2.5米
尾长：47—56厘米
体重：175—385千克
社群单元：群居
保护现状：无危

普通斑马的分布十分广泛，食物中的九成都是草类，剩余的则为叶片和嫩芽。它们组成关系长久的群体，包括一头雄性，一至数头雌性组成的妻妾群，以及它们的幼崽。未成年的雄性结成松散的单身汉群，并会为了争取妻妾群展开激烈的踢咬大战。斑马每胎1崽，幼崽出生后数分钟内便能站立，一周后就能自行觅食。

性嗅反应

雄性普通斑马和其他雄性马类一样，将上唇卷起加强嗅觉能力。这种动作称为“性嗅反应”，或俗称为“马笑”。当雄性检查雌性是否进入发情期时，常出现这种行为。雄性通过这种方式分辨雌性尿液中的味道，判断后者是否准备好交配和受精。当雄性闻到某种特殊气味时，也有可能出现性嗅反应。

独特的条纹

普通斑马的条纹类型不同于细纹斑马（左侧）。有些普通斑马腹侧的宽大条纹间，还带有一条淡色如“阴影”般的条纹。

犀牛

门:	脊索动物门
纲:	哺乳纲
目:	奇蹄目
科:	犀科
种:	5种

犀牛的体形庞大，皮肤无毛，部分部位有褶皱，四肢相对较短，吻部有角，这些特征使其外形与恐龙相似。犀牛生活在非洲的稀树草原、热带和亚热带的森林，以及亚洲的沼泽草原。虽然人们认为犀牛具有攻击性，常会突然前冲以威慑入侵者，但它们通常都很胆小且易受惊吓。全球的五种犀牛全都处于濒危境地，其中的三种已经严重濒临灭绝。所有的犀牛种类每天都要摄取大量食物（包括草类或茎条、树叶等），以维持庞大身体的需要。

社群组织

虽然犀牛大多独居，但亚成体也成对生活，雌性白犀有时组成群体，印度犀还会共享泡澡用的水塘。所有成年雄犀都有领域，而雌性则没有。强壮的雄性印度犀的领域与数头雌犀的重叠，领域边界堆积着高达1米的粪堆作为标示。较弱的雄性与身强体壮的雄性分享活动范围，但却不会试图与雌性交配。当两头强壮的雄性印度犀相遇时，会用獠牙般的下门齿相互攻击。许多类似的冲突往往以一方的死亡作为结束。

白犀和印度犀一样，也采取“强势”（相对于“弱势”）雄性制度。强势者会主动将雌性驱赶聚集到自己的领域中，并设法阻止雌性离开。然而，黑犀的领域范围较不明确。而爪哇犀和苏门答腊犀的社群行为则鲜有人知。

身体结构

犀牛是体格强壮的大型动物，白犀的体重可达2.3吨。亚洲的犀牛四肢粗大，以支撑巨大的骨架；而非洲犀牛的四肢却出奇地纤细，能以时速45千米奔跑。犀牛的前后肢均有三趾，每趾都有蹄。巨大头部的鼻端上方长有一或两根角（视物种而定）。与牛及其近亲的洞角不同的是，犀牛角没有骨质心，完全由角蛋白组成，这种硬质蛋白质也是毛发与指甲的组成成分。犀牛角附着于头骨上的粗糙不平处（而非“植根”于头骨中）。犀牛的皮肤达2厘米厚，体毛稀少或不明显（但所有物种的尾巴都有簇毛，耳缘也有一圈毛）。亚洲犀牛的皮肤粗厚多褶，形似披着一身胄甲。所有的感官中以嗅觉最为敏锐，而灵活的管状耳朵具备良好的听力。但犀牛的眼睛很小，视力不佳。

快速猛冲

犀牛的外形虽然笨重难看，但体格十分壮硕有力。受到惊扰时，能以每小时45千米的速度快速向前猛冲，如图中的黑犀。即使是在高速奔跑时，也能迅速改变方向。

保育

犀牛科的所有物种都受到《濒危野生动植物种国际贸易公约》(CITES)的保护，主要原因在于犀牛角的价值要比同等重量的黄金珍贵得多。在远东地区，犀牛角被磨成粉状，制成退烧药；而在也门，犀牛角经雕刻后，可以制成传统匕首的手柄。如今，这两种行为都被视为非法活动，但黑市贸易仍难以杜绝。不过，犀牛的保育工作已经取得了一些成绩。印度犀在严格的保护之下，种群数量已呈稳定上升趋势；而非洲南部的白犀数量也在逐步恢复，生活在保护区和野外的个体数量已达18,000多头。黑犀也已从灾难性的数量锐减中幸存下来。

Dicerorhinus sumatrensis

苏门答腊犀

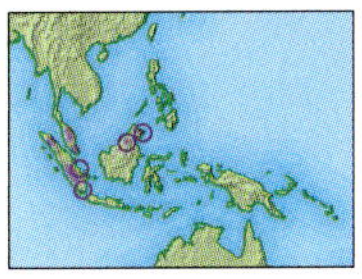

体长：2.5—3.2米
尾长：无记录
体重：低于800千克
社群单元：独居
分布：亚洲南部和东南部 保护现状：极危

这种行踪隐秘的独居犀牛是体形最小、体毛最多的犀牛。白天在泥塘中歇息，夜间外出觅食枝叶、果实，也会折断苗木取食嫩芽。它们栖息在曾经相对安全的高海拔地区，这里如今已经遭到伐木的破坏。苏门答腊犀的前角可达40厘米长，因此面临的主要威胁之一就是盗猎。雌犀的妊娠期为7—8个月，每胎1崽，幼崽出生后随母亲生活18个月，直到母亲产下下一胎时才离开独自生活。

泥浴

苏门答腊犀与其他犀牛、河马等毛发稀少的哺乳类一样，也在泥塘中打滚，借助干涸的泥浆为身体降温，以及保护皮肤不受蚊蝇等寄生虫的叮咬。

皱褶较少

这种小型犀牛除了脖子外，皮肤少有皱褶，全身都覆有稀疏的毛发。

Rhinoceros sondaicus

爪哇犀

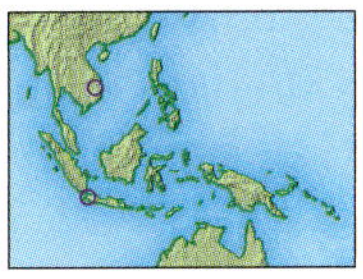

体长：3—3.5米
尾长：无记录
体重：多达1.4吨
社群单元：独居
分布：亚洲东南部 保护现状：极危

爪哇犀是最为罕见的大型哺乳类之一，除了耳朵和尾巴末端外，全身无毛。它的皮肤粗厚呈灰色，颈部有布满隆起或小突疣的鞍形皱褶，好像披着胄甲一般。爪哇犀只有一根犀角，长度极少超过25厘米，部分雌性无角。这种独居的夜行性动物以多种植物为食。

爪哇犀别称小独角犀，因低地森林栖息地遭到砍伐而大量灭绝。现存的两个种群生活在海岸红树林和竹林沼泽地带。雄犀可能具领域性，利用排泄物标记领域范围，通常在泥塘中遇到交配对象。雌犀的妊娠期为16个月，每胎1崽，幼崽出生后与母亲共同生活两年或更长时间。

Rhinoceros unicornis

印度犀

体长：多达3.8米
尾长：70—80厘米
体重：多达2.2吨
社群单元：独居
分布：亚洲南部 保护现状：易危

印度犀和其他犀牛一样，通常独自生活，但在交配期间会与雌犀短暂地待在一起，通常也可见到母亲带着幼崽一起生活。雌雄都有独角，角长可达60厘米。雄犀长有状如獠牙的锐利大型门齿，用于在繁殖期与竞争对手打斗。雄犀在非繁殖期大都能容忍其他个体进入自己的地盘。它的领域面积在2—8平方千米不等，领域大小视栖息地质量而异。

雌犀的妊娠期为16个月，幼崽随母亲生活达三年之久，直到下一胎出生。虽然目前已开展了保护方案和促进数量恢复的项目，但印度犀的现存种群仍然零星分布，因此仍面临灭绝的危险。印度犀的犀角和其他身体部位仍是盗猎者觊觎的目标。

皮褶与鼓包

印度犀身上的皮褶明显，犹如身披一层胄甲，表皮上还有许多形似铆钉的瘤状突起，体侧和臀部尤其明显。皮褶间粉红色皮肤上的寄生虫常吸引鹭鸟和牛椋鸟前来啄食，这些鸟类就像是犀牛的卫兵一样。

藏在高草中

高耸的草是印度犀的主要食物（草类在雨季能长到8米高，并能提供极佳的藏身所）。印度犀主要在暮色和黑夜中觅食，卷起上唇，折弯草茎，啃食柔嫩的草芯。它也是最谙水性的犀牛，能在水中轻松跋涉和游泳。

Diceros bicornis

黑犀

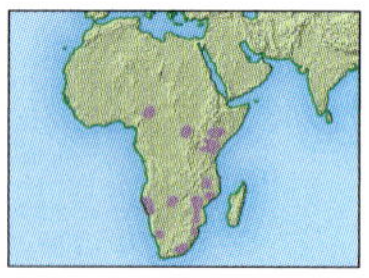

分布：非洲西部、中部、东部和南部

体长：2.9—3.1米
尾长：60厘米
体重：0.9—1.3吨
社群单元：独居
保护现状：极危

黑犀以多种灌丛和低矮树木的茎叶为食，它的分布范围最广，但主要栖息在草地和树木交错的热带草原。黑犀和其他犀牛一样，视力不佳，但听觉及嗅觉灵敏。它们主要在晨昏时分和夜间觅食，白天则在阴凉处打盹，或在泥塘中打滚。黑犀通常独自生活，以成堆的粪便和大量的尿液标记活动范围。它能容忍领地中的入侵者（同类个体或人类），但这种难以捉摸的动物也会突然用犀角戳刺攻击。当两只黑犀同行时，它们通常只是维持数日的繁殖配对关系，或是母子关系。雌犀的妊娠期为15个月，初生幼崽的体重约为40千克，幼崽出生数周后即能取食固体食物，约两岁大时断奶。

可卷握的嘴唇

黑犀也称钩唇犀，三角形的上唇具卷绕性。它能用上唇卷握住新生枝芽，剥取枝条上的叶子，再以臼齿咬断枝芽。

保育

由于中国传统的医药和中东地区的刀柄等都需要大量的犀牛角，致使黑犀的数量由1970年的65,000头大幅减少至20世纪90年代中期的2500头。自此之后，它们的数量开始增加至超过4000头，且圈养的个体也有600多头。许多野生个体都受到武装警卫的全天候保护。

灰色皮肤，黑色外表

黑犀的皮肤呈灰色，仅眼睫毛、耳端和尾巴末端有毛。它们的黑色外表其实是黏着在皮肤上的泥巴干涸后所致。

Ceratotherium simum

白犀

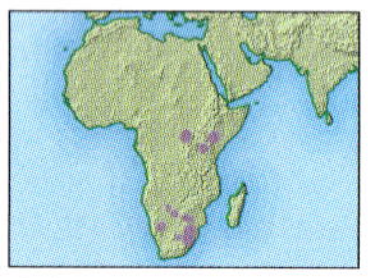

分布：非洲东部和南部

体长：3.7—4米
尾长：70厘米
体重：多达2.3吨
社群单元：群居
保护现状：近危

白犀是体形最大、数量最多的犀牛，体形仅次于大象，与河马同属最大型的陆栖动物。雄犀的体重可比雌犀重半吨，且角较长，颈脊更为突出。前角长度可达1.3米，后角也有40厘米长。

白犀性情温和，是最具社会性的犀牛，母亲与幼崽长期成对生活，未成年个体则组成最多达7只的小型群。成年雄犀大都独自生活。白犀只吃草，上唇宽平，坚硬的唇垫能紧贴着地面吃草，故又称“方吻犀”。南部白犀（Ceratotherium simum simum）的种群状况相当安全，数量接近18,000只，但仍需保护。而北部白犀（Ceratotherium simum cottoni）的种群数量可能不到30只，处于极度濒危状态。

尿液标记

雄性犀牛的阴茎朝向后方，因此尿液会从两腿间喷射而出。雄性白犀以此标示领域范围。每只雄性约需要一平方千米的土地作为繁殖区域。

肩颈突起

白犀耳朵后方突出的颈脊由骨头、肌肉和韧带组成，借以支撑硕大的头部。

保育

犀牛的角能在麻醉时被快速切除，借此打消盗猎者的念头，因为在过去200年中，犀牛角是造成白犀和黑犀数量严重减少的主要原因。由于犀牛角是由类似毛发的物质组成，因此切除过程不会造成痛苦，并且对犀牛的社群生活影响很小。

貘

门：	脊索动物门
纲：	哺乳纲
目：	奇蹄目
科：	貘科
种：	4种

貘是现存最原始的奇蹄类，堪称真正的“活化石”，因为它们在过去的3500万年间几乎没有任何改变。貘的体形中等，外形似猪，四肢较长而纤细，短鼻可以伸缩。貘生活于亚洲东南部、美洲南部和中部的森林中（从不远离水源）。它们大部分的时间都浸泡在水中，只露出鼻子（如同水中的呼吸管），以躲避天敌，同时保持凉爽。马来貘、山貘和中美貘均因栖息地遭受破坏和猎杀而面临灭绝危险。

身体结构

貘的身体呈流线型，能在浓密的林下植物中穿梭自如。由于鼻腔大幅延长，鼻孔位于鼻端，因此脸部轮廓很深。貘的嗅觉十分灵敏，这对寻找食物、察觉危险和其他同类来说相当重要。这类动物的耳朵大而挺立（提供良好的听力），小眼睛深陷在眼窝中，避免眼睛遭到棘刺、树枝等利物刺伤。四肢各有三趾，在松软的土地上行走时脚趾张开，除了有助于支撑体重外，也能防止身体下沉。貘的尾巴宽短，皮肤坚硬（仅脚下有柔软敏感的皮肤）。体毛大都稀少，但山貘的皮毛浓密。中美貘和南美貘具短硬的鬃毛（能在遭到美洲豹攻击时提供保护）。大多数貘的全身为棕色、灰色或黑色，但有些物种的耳缘呈白色。山貘有着明显的白色嘴唇，南美貘和中美貘的脸颊、喉及下巴具浅色斑块。只有马来貘的身上有大片的白色块斑。新生幼崽的腹侧和四肢上带有白色斑点和条纹，可以提供良好的伪装。

幼崽的毛色

幼崽典型的毛色为红棕色，且具有水平分布的白色条纹和斑点。幼貘约6个月大时才开始出现成年貘的体色。

Tapirus terrestris

南美貘

分布：南美洲北部和中部

体长：	1.7—2米
尾长：	46—100厘米
体重：	225—250千克
社群单元：	独居
保护现状：	易危

南美貘的毛发粗硬，耳末端为白色，鬃毛狭短。偏爱在水边的栖息地中活动，擅长游泳，能潜入水中躲避美洲狮和美洲豹等捕食者的追捕。夜间有选择性地觅食多种草类、芦苇、果实和其他植物。

脸颊、喉和胸部呈浅褐色

Tapirus pinchaque

山貘

分布：南美洲西北部

体长：	1.8米
尾长：	50厘米
体重：	150千克
社群单元：	独居
保护现状：	濒危

山貘是四种貘中毛最多的一种，长有深棕色至黑色的浓毛，能在寒冷的高海拔栖息地为身体保温，嘴唇和耳缘通常为白色。山貘以各种低矮树木及灌木为食，常在晨昏时分觅食。白天和其他貘类一样，躲藏在灌木丛中。它的粪便含有许多完整的种子，因而能帮助植物散播种子，有助于森林的再生。除了带着幼崽的雌貘外，它们通常独自生活。

Tapirus bairdii

中美貘

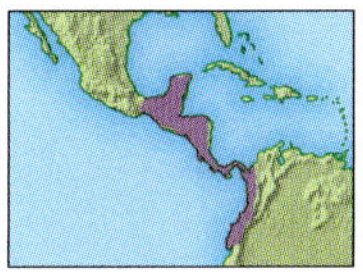

分布：墨西哥南部至南美洲北部

体长：	2米
尾长：	7—13厘米
体重：	240—400千克
社群单元：	独居
保护现状：	濒危

中美貘是美洲体形最大的貘，毛色呈深棕色，脸颊和喉部为浅灰黄色，耳朵镶有白边。它们以芽苞、落叶和落果等各种植物为食。妊娠期为390—400天，每胎1崽（罕见双胞胎），幼崽出生时体重5—8千克。中美貘通过刺耳的哨音与幼崽沟通，或警告成年同类远离其领域。

Tapirus indicus

马来貘

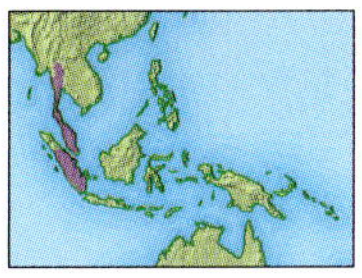

分布：亚洲东南部

体长：	1.8—2.5米
尾长：	5—10厘米
体重：	250—540千克
社群单元：	独居
保护现状：	濒危

马来貘是旧大陆唯一的一种貘，也是体形最大的貘。它的身体有两种醒目的色调，以黑色为主，但背部和臀部覆有白色的马鞍形斑块，有助于在森林的林荫中分散身体轮廓。马来貘以灌木的嫩枝、嫩叶和苗木为食，也捡食落果。雄貘的平均领域范围达13平方千米，与数只雌貘的领域重叠。

猪

门：	脊索动物门
纲：	哺乳纲
目：	偶蹄目
科：	猪科
种：	19种

尽管以贪吃出名，但野猪很少摄食过量，是一种非常聪明且适应力很强的动物。猪科成员包括猪、野猪和鹿豚，这类杂食动物（并非完全食草）的特征包括身体呈桶状，不相称的纤细四肢、短颈和大头。猪广泛分布于非洲和欧亚大陆的森林和草原区，也被成功地引入澳洲、新西兰和美洲。鹿豚和姬猪都因栖息地遭破坏而濒临灭绝。几乎所有的家猪都是野猪的后代。

身体结构

猪类最有趣的身体特征是环绕鼻孔的盘状软骨猪鼻。猪的鼻头由一块小骨（前鼻骨）支撑，其他哺乳动物并无此骨，能在寻找食物时像推土机般在土中刨挖。大多数猪类还有外露并向上弯曲的上下犬齿，在嘴外形成獠牙。下犬齿的齿端与上犬齿的内侧相摩擦。但雄鹿豚的上獠牙却在穿透脸部皮肤后，又向后弯曲。雌性的犬齿较小（雌鹿豚无犬齿）。

猪的足上还具蹄，仅由中间两个大而扁平的蹄子负责承重，当在柔软的地面上行走时，另两个较短的侧蹄也接触地面，帮助分散体重。猪的皮肤很厚，毛发硬长（如野猪），或是很稀疏（如鹿豚）。大多数物种的颈背部都有鬃毛。尾巴细长卷曲、动作灵活，通常还带有稀疏的簇毛。

打斗

雄性的长獠牙能用于抵抗捕食者，或与其他雄性争夺社群地位或配偶。猪类有两种独特的打斗方式，即侧身攻击和头对头撞击。进行侧身攻击时，战斗的双方彼此撞击肩部。这种打斗方式通常被野猪等脸部窄长无疣、獠牙较小的种类采用。而具有宽大头部、厚头颅、长獠牙和脸部长疣（有避免受伤的功能）的物种，如疣猪和林猪，大都采取头对头互撞的方式打斗。

家庭群

猪生活在由雌性及其后代组成的群中，通过尖长的叫声和呼噜声进行沟通。雄性于交配季节加入母子群。猪是唯一每胎可产出一窝幼崽的有蹄哺乳类，而非只能产1—2头幼崽（只有鹿豚每胎产两头）。

西貒

虽然猪类中的三种西貒共同构成了单独的一科（西貒科），但这两个类群间却存在亲缘关系。西貒与猪的不同之处在于，前者的獠牙较短，向下而非向上弯曲；此外，每条后腿上都只有一个侧蹄（而非两个），尾巴极短，臀部上方的皮肤中有特殊腺体，胃部结构也较为复杂（具三个胃室）。西貒生活在非常大的雌雄混杂群中。这些群体相当勇猛，甚至会攻击大型猫科动物。西貒主要分布在美国西南部至中美洲，并延伸至阿根廷北部。其中的草原西貒因遭到人类大猎杀而濒临灭绝。

头对头战斗

当疣猪以头对头的方式相互撞击时，它们其实只是在想办法使对手失去平衡，借此扳倒对方。侧身攻击造成的伤害更为严重。

Hylochoerus meinertzhageni

大林猪

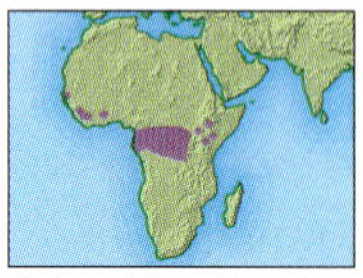

体长：	1.3—2.1米
尾长：	30—45厘米
体重：	130—275千克
社群单元：	群居
保护现状：	无危

分布：非洲西部、中部和东部

大林猪是最大的猪科动物，头部巨大，双眼下方和后方具疣状的皮肤肿块（赘疣），犬齿自颌部水平长出。幼崽出生时呈稻黄色，发育期间体色先转为棕色，再变成黑色，粗长的毛发也会变得稀疏。与其近亲不同的是，大林猪并不掘食植物的根部，而是低头啃食草类、莎草和灌木植被。

Sus salvanius

姬猪

体长：	50—71厘米
尾长：	3厘米
体重：	6.5—9.5千克
社群单元：	群居
保护现状：	极危

分布：亚洲南部

这种矮胖腿短的猪是体形最小的猪科动物，吻和头部前细后粗，善于在浓密的林下植物中穿梭。姬猪全身呈深棕色；雄性的上犬齿略向口的两侧突出。雌雄两性都挖掘大型沟槽，并在其中垫上植物作巢。姬猪虽然已受到法律保护，但仍然面临盗猎和多草的河岸栖息地持续丧失等威胁。

Sus scrofa

野猪

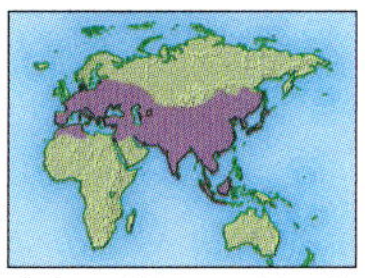

体长：0.9—1.8米
尾长：30厘米
体重：多达200千克
社群单元：独居/群居
保护现状：无危

分布：欧洲、亚洲、非洲北部

野猪又称欧亚野猪，是分布最广泛的陆栖哺乳类之一，也是家猪的主要祖先。野猪分布于多种栖息地中，几乎能以各种食物为食，它们奔跑迅速，也擅长游泳。雄性独自生活，繁殖期间加入雌性群，并与其他雄性发生争斗以夺取配偶。雌性对幼崽护得很紧，常聚集成20头以上的群体共同生活。

褪色的条纹

野猪的幼崽多为淡棕色，背部及身体两侧具更浅色的条纹。这种体色能为幼崽在浓密灌丛中以草类、苔藓及树叶铺陈的巢窝内活动时提供伪装。雌猪在生产后的一至两周内，极少离开幼崽（每胎通常为4—6头）。随后，雌猪逐渐带着幼崽离巢觅食。幼崽2—6个月大时已较为强壮，保护色变得不那么重要，条纹也因此会褪色。幼崽7个月大时便开始独立生活。

粗硬的毛

野猪的毛发浓密粗糙，背脊上有一绺狭窄的鬃毛。与其他一些野猪相比，它们的眼睛和獠牙都较小，脸部也没有赘疣。

Potamochoerus porcus

非洲野猪

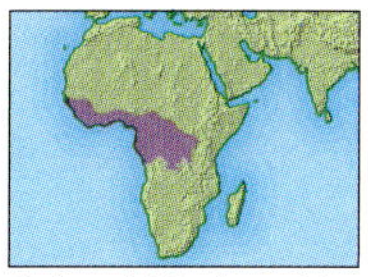

体长：1—1.5米
尾长：30—43厘米
体重：46—130千克
社群单元：群居
保护现状：无危

分布：非洲西部至中部

非洲野猪又称红河猪，是现存体色最红的猪，它的耳朵尖长，耳端的长毛明显，背部有一道狭长的白色条纹，脸部的条纹也呈白色。非洲野猪和其他猪类一样，是夜行性杂食动物。它们极具群居性，雄性与妻妾群和幼崽生活在一起，并协助保护它们。这些包含4—6头成员的家族群有时会聚集成超过50头的大群四处游荡。

Babyrousa babyrussa

鹿豚

体长：0.9—1.1米
尾长：27—32厘米
体重：多达100千克
社群单元：独居/群居
保护现状：易危

分布：亚洲东南部（苏拉威西岛、托吉安群岛和满各里群岛）

雄鹿豚独特的上犬齿穿出上颚骨和脸部，在眼睛斜前方弯曲向后，总长度可达30厘米，但牙根较松且易碎。鹿豚全身几乎无毛，体色包括棕色到灰色等多种变化。雄性主要为独居，雌性和幼崽组成约8头的群体一起活动。妊娠期155—158天，在猪科中相当典型，但每胎只产1—2头幼崽。

Phacochoerus africanus

非洲疣猪

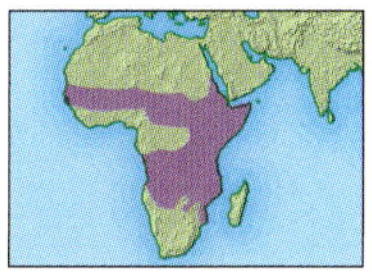

体长：0.9—1.5米
尾长：25—50厘米
体重：50—150千克
社群单元：群居
保护现状：无危

分布：非洲（撒哈拉以南地区）

非洲疣猪腿长头大，奔跑时尾巴高高举起。它们通常在白天活动，生活在由4—16头年轻雄性或母子组成的群体中。非洲疣猪自己挖洞或利用土豚的洞穴穴居，它们在洞穴中铺上植物，作为藏身和养育后代之用。

长有鬃毛的猪

非洲疣猪的深色长鬃毛从后颈一直延伸到臀部，只在背部中间有一小段间隙。

食草

非洲疣猪是唯一适应在草原吃草的猪类。通常用长有肉垫的“腕关节”跪在地上，利用嘴唇或门齿啃食草尖。旱季利用坚硬的吻部挖土取食植物的地下块茎。

Pecari tajacu

西貒

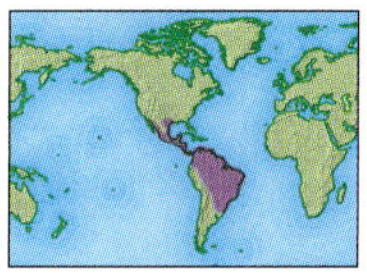

体长：75—100厘米
尾长：1.5—5.5厘米
体重：14—30千克
社群单元：群居
保护现状：无危

分布：美国西南部至南美洲南部

西貒是西貒科三种物种中体形最小的一种。体色通常为深灰色，带有不明显的白色颈纹；幼崽略带红色，背部有狭窄的黑色条纹。西貒分布在多种栖息地中，主要取食浆果、嫩枝、块茎、球根等植物，也捕食蛴螬、蠕虫以及蛇和蜥蜴等小型脊椎动物。西貒尤其喜欢群居，多组成数量达15头的雌雄混合群，并合力驱赶敌人。群体成员在互相理毛时并肩站立，相互摩擦脸部。

河马

门：	脊索动物门
纲：	哺乳纲
目：	偶蹄目
科：	河马科
种：	2种

河马科物种有着半水栖的生活方式，人们认为它们与鲸类的亲缘关系比其他偶蹄类更近。河马能在水中漂浮和游泳，并且能在水下潜行五分钟左右。河马沿着非洲地区的河流和湖泊分布，而体形更小且不常在水中活动的侏河马仅分布于非洲西部的沼泽森林区。河马数量繁多，但侏河马则因遭受栖息地破坏和猎杀等威胁濒临灭绝。

身体结构

河马的体形巨大，身躯粗圆，但四肢看上去却相当孱弱。硕大头部上的嘴巴张开时角度可达150度，口中长有獠牙状的长犬齿和门牙；鼻子宽大，被覆敏感的硬毛；尾巴短小，具簇毛。河马适应水中生活的特征包括：趾间有蹼，眼睛、耳朵及鼻孔位于头顶（位于水中时只有这些部位露出水面），鼻孔能在水中闭合。全身皮肤呈灰色，腹部、眼周和皮褶处的皮肤具粉红色泽。

河马的皮肤几乎无毛，皮厚多脂。它的独特之处在于皮肤没有分泌油脂的腺体，而被分泌黏液的腺体（汗腺特化而成）取代，能够分泌黏液，使皮肤接触到空气时仍可保持湿润。这种黏液因含有红色素而呈粉红色，也能防止皮肤发炎并避免晒伤。河马的体重可达1.4吨；但四肢相对较长、头部更小、肤色较深、眼睛位于头部两侧的侏河马的平均体重只有250千克。

进食

河马于夜间登陆吃草，通常沿着以粪堆为记号的路径前往进食地。一头河马一夜间的摄食量约为40千克，食物在有分隔的胃室中进行消化（前胃中含有能发酵分解纤维素的微生物）。虽然这种系统消化速度缓慢，但由于河马大都生活在水中，因此所需的食物量比同等体形的其他动物要少。侏河马主要取食植物根、草、嫩枝和落果，但其摄食习性鲜为人知。

社群组织

侏河马通常组成成员不超过3头的小群。但雌性河马及其幼崽则在白天组成10—20头（有时多达100头）的群体（夜间觅食属于个别活动）。它们通过不连贯的呼噜声和深沉的隆隆声在水中进行长距离沟通。每群河马都占据河流或湖泊沿岸的一段地带，每块领域中仅有一头雄性占据优势地位。优势雄性利用拼命甩尾堆积成的粪堆标记领域。其他雄性若能表现出服从，且不企图交配，即可进入优势雄性的领域。河马在水中交配，但幼崽通常在陆地上降生。

领域之争

雄性河马常为了争夺领域而发生冲突，特别是在种群密度很高的地区。如果双方在一段时间的咆哮和仪式化的姿态展现后，仍无退让之意，便会展开争斗。一场争斗可持续数小时，双方以下犬齿作为武器相互攻击，并能造成严重伤害。

Hippopotamus amphibius

河马

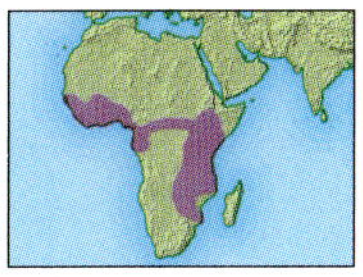

分布：非洲

体长：2.7米	
尾长：56厘米	
体重：1.4—1.5吨	
社群单元：独居	
保护现状：易危	

虽然体形巨大，但河马却能在水中优雅地游走，还能用粗短的四肢以惊人的速度在陆地上小跑。河马是名副其实的两栖哺乳类，表皮较薄，容易干燥，也对蚊虫等寄生虫的叮咬十分敏感。河马的皮肤虽有专门分泌黏液的腺体，但若不经常在水中或泥塘中润泽身体，皮肤就会快速干裂。然而，河马的真皮层厚达3.5厘米，由密集的纤维层组成，因此韧性很强。

河马主要于夜间进食草类，但也有人曾看到它们取食小型动物或腐肉。优势雄性与领域中的雌性交配，每胎通常1崽，幼崽多在水中出生。河马的妊娠期为240天，对其巨大的体形而言相对较短。雌河马会拼命保护幼崽，除了大型猫科动物和鬣狗外，幼崽几乎没有天敌。河马感到威胁时，也攻击人类。

浮力

河马身体的密度略大于水，因而能在水中轻缓下沉，以轻盈的脚步在河床上行走。但当它在水面呼吸时，身体密度因肺部充满空气而下降，因此可以不费力气地漂浮。

位于头顶的感觉器官

河马的鼻孔、眼睛和耳朵都位于头顶上，当完全浸入水中时，仍能轻松呼吸，并对周围的环境持续保持警戒。它们的鼻孔和耳朵在潜水时闭合，防止水流灌入。

暂时集群

旱季期间，河马必须四处寻找食物。为了避免白天回到领域的麻烦，有些河马便将邻近的水塘作为短期的"中途停留"地，借此延伸取食范围。这种行为使得河马大量聚集在特定的水塘中，但这种群体缺乏长期的社群或领域结构。

母子相随

河马的幼崽断奶后（约6—8个月大），仍会留在母亲身边生活到五岁。因此才发展成大型家庭群。

Choeropsis liberiensis

侏河马

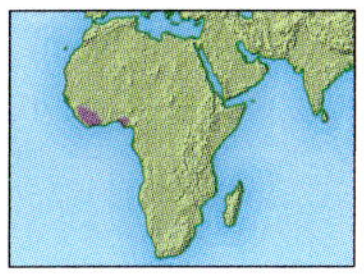

分布：非洲西部

体长：1.4—1.6米	
尾长：15厘米	
体重：245—275千克	
社群单元：独居	
保护现状：濒危	

侏河马的体重仅为其巨型"表亲"——河马（上方）的五分之一，其头部较小，头形较圆润，脚部较窄，趾间的蹼也较少，这些都是适于陆栖生活的进化特征。此外，它们也摄取较多种植物，包括灌木、蕨类和果实等。侏河马通常独自生活，即使领域发生重叠，也很少为了领域发生争斗或其他类型的互动。它们夜间沿着常走的道路觅食，白天躲在沼泽湿地中，或躲在河岸边其他动物废弃的洞穴中。

侏河马的妊娠期为196—201天，于水中或巢穴中产崽一头。幼崽极易被鳄鱼或蟒蛇捕食，但成体除了被猎豹和人类猎杀外，并无天敌。圈养侏河马的寿命要比其他河马长：前者可存活55年，后者仅为45年左右。

陆栖食草类

侏河马身体短小，前端狭窄，能在夜间的浓密森林植被中低头穿梭。

保育

证据显示，侏河马一直都十分珍稀。它栖息于利比亚及西非国家附近的浓密森林和沼泽湿地中。尽管已受到法律保护，但因当地的伐木业未受控制，以及因野生肉品交易导致的大肆捕杀活动，所以保护巡护工作很难开展。侏河马的肉据说与猪肉类似，但基因研究显示，河马与鲸鱼的亲缘关系比猪更近。

骆驼及其近亲

门：	脊索动物门
纲：	哺乳纲
目：	偶蹄目
科：	骆驼科
种：	4种

骆驼及其近亲都有修长的四肢和独特的溜蹄步态，即行走时同侧的两条脚同时离地和落地。旧大陆骆驼中，只有一个物种仍生存在野外（即双峰驼，栖息于中国西部及蒙古的边境地区）。一头骆驼每次喝下的水可达体重的四分之一，并将水分连续数天储存在体内。骆驼科中的新大陆成员——原驼和骆马，在南美洲仍有野生种群存在；它们的后代——大羊驼和羊驼，自印加文化时代起就被安第斯山区的人类驯化繁殖。所有的驯养骆驼对人类的生存都很重要，它们不仅能为人类提供毛皮和乳制品，还是一种重要的运输工具。

身体结构

骆驼的头较小，脖颈细长，上唇裂开，驼峰1—2个（单峰驼和双峰驼）。驼峰中储存的脂肪可在不济之时为骆驼提供能量。所有的骆驼物种都拥有一层厚实的皮毛，以抵挡白天的热气，并在寒冷的夜晚或高海拔地带为身体保温。骆驼与其他有蹄类的不同之处在于，前者不依靠蹄子支撑体重，而是通过足底的胼胝状肉垫进行支撑。这是对在沙质土壤上行走的一种适应。骆驼的另一项独特之处在于红细胞呈椭圆形，即便血液浓度因脱水而增高，这些红细胞或许仍能被轻松地运送到身体各处。

社群互动

野生骆驼成群生活，每群由一头优势雄性带领一群雌性组成。其余的雄性组成单身汉群。人们对南美洲骆驼物种的社群组织研究有限，而对于个体间的互动行为则了解较多。当雄性单峰或双峰驼面对挑战者时，双方会展开一场繁复且具戏剧性的展现仪式。首先，群体中的优势雄性开始磨牙，并在驼峰（双峰骆驼使用的是前峰）上摩擦后脑勺的腺体，同时尾巴用力拍击臀部，在后腿、臀部和尾巴上喷洒尿液。双方紧接着并肩踱步，展现各自高耸驼峰的侧面，同时将红色气囊从嘴角处挤压出来。

野生和驯养

双峰驼是旧大陆仅存的野生骆驼，但其数量目前已骤减至仅1000—2000头。野生双峰驼的体形比驯化的同类更为高瘦，驼峰也较为结实坚挺。中国北部至土耳其等寒冷地区驯养的双峰驼还是人类的交通工具。野生单峰驼已在野外绝迹，但在澳洲中部还存活着野生种群。驯养的单峰驼常见于非洲北部和东北部、中东以及印度北部至哈萨克等炎热地区。它们和其他驯养动物一样，有着不同的品种，其中的一种以速度著称，被用于骆驼竞赛。大羊驼由野生原驼驯化而来，也是安第斯山地区传统的驮兽。羊驼也是驯养物种，专门为了获取优质的毛而被培育。羊驼在过去曾被视为原驼的后代，但现代基因证据显示它是骆马的后裔。骆马是安第斯山脉高海拔地区的野生骆驼物种，毛发细密柔软。

沙漠动物

骆驼非常适应炎热的气候环境，如图中的单峰驼。它们的宽大脚掌能稳定地行走在沙漠中，修长的眼睫毛和能闭合的裂缝状鼻孔有助于在沙尘暴中提供保护。

Lama guanicoe

原驼

体长：0.9—2.1米

尾长：24—27厘米

体重：96—130千克

社群单元：群居

分布：南美洲西部至南部

保护现状：无危

原驼喜好寒冷的栖息地，主要以草原为主，但也在灌丛和森林地带出没，分布海拔可达4000米。它以多种草类和灌木的叶子为食，也吃地衣及真菌。典型的家族群由一头雄性和4—7头带有幼崽的雌性共同组成。分布范围以北的种群其幼崽约在一岁大时离开群体，而南方种群的幼崽则要接近两岁大时才离开。年轻的雄性另外组成单身汉群；年老的雄性大多独自生活。

大羊驼

大羊驼是由6000—7000年前的野生原驼驯化而来。它们被安第斯山区的居民豢养，以获取驼毛（纤维）、肉和皮革，同时也被用于运载物品。

体色

原驼的典型毛色为淡棕色至深棕色，胸部、腹部及四肢内侧呈白色，头部为灰色至黑色，眼睛、嘴唇和耳朵镶有白边。

Vicugna vicugna

骆马

体长：1.5—1.6米

尾长：20—25厘米

体重：40—55千克

社群单元：群居

分布：南美洲西部

保护现状：无危

骆马分布于海拔3600—4800米的苔原型草原，是一种食性挑剔的食草动物，进食时利用可卷握的开裂上唇含住多年生的草类，再以坚韧的上唇垫截断草尖。骆马每天都需饮水。家族群中包含一头雄性、5—10头雌性及其幼崽，利用粪便标示群体的领域范围；单身雄性组成四处游荡的群体。

羊驼

人们主要为了获取驼毛而养殖羊驼，它们曾被认为是由6000—7000年前分布于秘鲁中部安第斯高山地带的原驼驯化而来。但新的证据显示，它们的祖先应该是骆马。

白色围兜

骆马体呈浅黄褐色至深黄褐色，胸前具形状不一的白色“围兜”。

Camelus bactrianus

双峰驼

体长：2.5—3米

尾长：53厘米

体重：450—690千克

社群单元：群居

分布：亚洲东部

保护现状：极危

这种在野外极度濒危，有两个驼峰的骆驼能够忍受零下29—38℃的气温（图中为驯化种）。经过干旱缺水后，它能在10分钟内喝下110升水。双峰驼以草、叶片及灌木为食。发情期间，雄性的脸颊鼓起、将头甩向后方，并会磨牙。竞争中的胜利者能获得6—30头雌性及其幼崽的支配权。双峰驼的妊娠期为406天，每胎1崽（鲜有双胞胎），哺乳期1—2年。雌性3—4岁时达到性成熟，而雄性要5—6岁时才发育成熟。

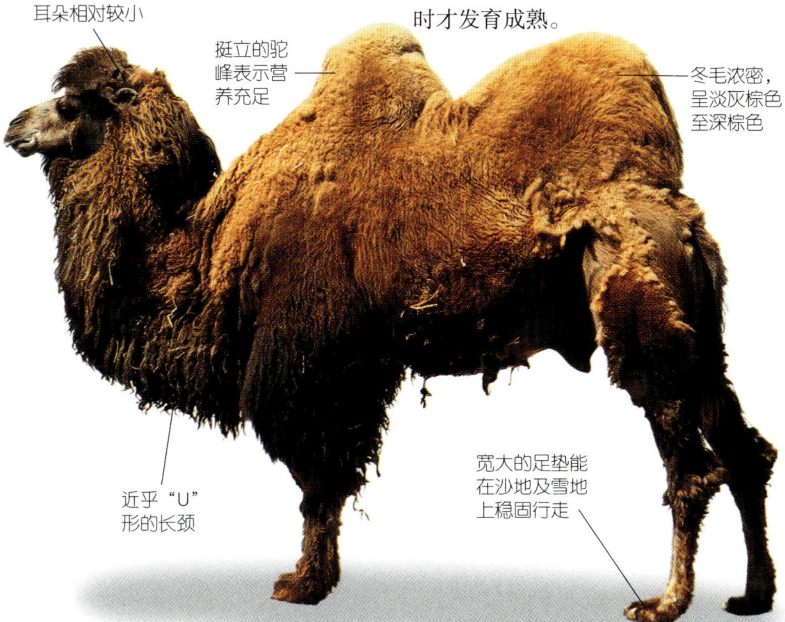

Camelus dromedarius

单峰驼

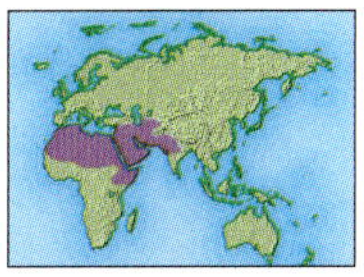

体长：2.2—3.4米

尾长：50厘米

体重：450—550千克

社群单元：群居

分布：非洲北部和东部，亚洲西部和南部

保护现状：未评估

这种早已在野外灭绝，被人驯养的单峰驼具备许多适应沙漠生活的特征，当食物与水十分匮乏时，它甚至能减少多达40%的体重。在高温的环境中，单峰驼能将体温升高，以减少排汗，保留体内的水分。它以许多种植物为食，包括含有盐分和带刺的植物，也捡食骨头和干枯的死尸。单峰驼群体由数头雌性、幼崽及一头雄性组成，雄性以吐口水、啃咬或以身体压制对手等方式护卫群体成员。

鹿

门：脊索动物门
纲：哺乳纲
目：偶蹄目
科：鹿科
种：51种

虽然鹿的外表与羚羊相似，但二者的角存在差别，鹿角为实心，常带有分叉，每年都会脱落换新。鹿主要栖息在林地及森林地区，此外也生活在北极苔原至草原等多种栖息地中。它们的分布范围包括非洲、欧亚大陆和美洲。一些物种还被引入到其自然分布区域以外的地区，如新西兰、英国及欧洲大陆。

身体结构

大多数鹿的身体瘦长，颈长，大眼睛位于头部两侧，耳朵竖立，尾小。足上的第三和第四趾发达，负责支撑体重，第二和第五趾较小，不触及地面。它们每年至少换毛一次。许多物种的幼崽身上都带有斑点，可起到保护作用。但鹿类最突出的特征是只有雄鹿才长鹿角（驯鹿的雌雄两性皆有角）。

每年春天来临时，鹿角便开始生长。它们直接由头骨长出，刚长出的角的外面包着一层带绒毛的皮肤（称为茸）。随着鹿角的生长，鹿茸逐渐干枯脱落，以便鹿角能在繁殖季节（秋季）用于打斗。繁殖期（也称发情期）过后，鹿角随即脱落。但其为何每年会脱落更新的原因不明，因为鹿角年年更新相当耗费能量，或许鹿类是借此来更换发情期间受损的鹿角。鹿在1—2岁大时开始长角，最初的角几乎是直的。随着年龄的增长，鹿角也变得越来越大，分叉逐年增多，但年老时又开始退化。鹿角的尺寸可反映出鹿类身体的一般状况。那些无角物种的上犬齿则进化为獠牙状，如獐。

社群

鹿的社群组织主要取决于食性。小型物种通常捡食草类，独自或组成小群生活。这是因为它们的食物多为小片分散生长，太多个体聚在一起容易引发竞争。大型物种倾向于在开阔的栖息地中吃草，因此对食物的竞争较小。大型鹿类通常成群生活，以防范天敌。这类群体除了发情期外，通常由单性成员组成。雄性发情时相互打斗以争夺妻妾群，利用鹿角作为武器和进行炫耀，以吸引配偶。

麝与鼷鹿

麝（麝科）和鼷鹿（鼷鹿科）具有数种有别于其他鹿类的特征。例如，二者均无角，上犬齿都很发达。雄性的上犬齿甚至伸出唇外，并能用于攻击。麝科的7个物种（分布于亚洲各地）均因人类对麝香的需求而变得濒危。麝香由雄麝交配期间腹股沟处的香囊分泌，是多种香水的制作原料。鼷鹿（共4种）生活在非洲和亚洲的雨林中。

挺过艰苦时期

那些栖息在冬季食物匮乏地区的鹿类取食多种植物以求生存。图中的雄马鹿冬季的摄食时间通常长于雌鹿，可能是因为它们在秋天发情期间，必须争夺并保卫妻妾群，因此无法花较多时间储存脂肪所致。

Hyemoschus aquaticus

水麂鹿

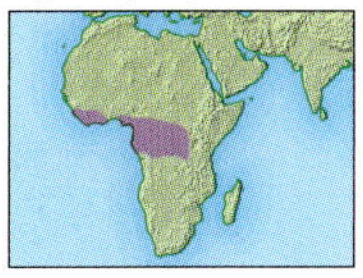

分布：非洲西部至中部

体长：70—80厘米
尾长：10—14厘米
体重：10—12千克
社群单元：独居/群居
保护现状：无危

水麂鹿通常在水边250米的范围内出没，毛色呈深橄榄棕色，背部具白色斑纹和斑点，腹侧有1—3条白色条纹，颏、喉咙和胸部也带有白色横纹。水麂鹿的四肢和耳朵很短，身体结实，擅长游泳，大多数时候都能成功逃离陆栖捕食者的捕杀，但会遭到鳄鱼的攻击。它以叶片和落果为食。雄性独自生活，雌性带着幼崽组成小群共同生活。

Muntiacus putaoensis

叶鹿

分布：亚洲南部

体长：约80厘米
尾长：约8厘米
体重：11.8—12.1千克
社群单元：独居
保护现状：数据缺乏

叶鹿最初曾被认为是另一个物种的幼体，它的标本后来被证明属于一个全新的鹿类物种。这一物种因体形小得足以被一块大的叶片完全包裹起来而得名。叶鹿栖息在缅甸北部和与印度交界的茂密森林中，是这里的原生物种。与其他鹿类不同的是，雌雄两性都有大型犬齿，且初生幼崽的身上无斑点。

Moschiola meminna

斑麂鹿

分布：斯里兰卡

体长：50—58厘米
尾长：3厘米
体重：3千克
社群单元：独居
保护现状：无危

斑麂鹿和其他麂鹿一样，足上各有4个发达的脚趾（典型的鹿类只有两个）。偏爱在热带雨林中的多岩地带活动，多在植被中潜行。斑麂鹿为夜行性独居动物，背部带有斑点，体侧和喉咙处有条纹，但这些斑纹的色泽较浅，不如水麂鹿（上图）的斑纹明显，且毛色以棕色为主，并有细小的黄斑。雄性用尖如獠牙的上犬齿相互打斗争夺配偶。雌麂鹿每胎1崽，妊娠期为5个月。

Moschus chrysogaster

马麝

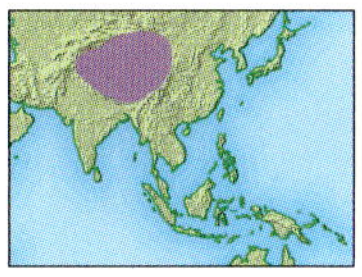

分布：亚洲南部

体长：70—100厘米
尾长：2—6厘米
体重：7—18千克
社群单元：独居
保护现状：濒危

马麝栖息在海拔2600—3600米树木丛生的岩石坡地上，它的侧脚趾发达，可在岩石甚至是树上攀爬，并且能在柔软的雪地上行走。马麝的皮毛呈浓郁的深棕色，体表多斑，腹面呈浅灰色，下巴和耳缘为白色。它所分泌的麝香是香水制作的贵重原料，因此导致野生种群的数量因遭猎杀而下降。

Dama dama

黇鹿

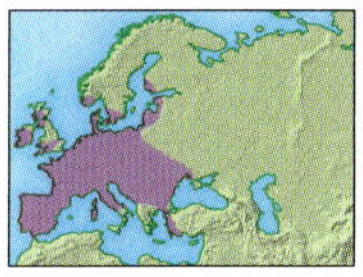

分布：欧洲

体长：1.4—1.9米
尾长：14—25厘米
体重：35—150千克
社群单元：群居
保护现状：无危

黇鹿长久以来因外形美丽和肉可食用而成为一种半驯化动物，被引入到美洲、非洲和澳洲等地。它们多在晨昏时分活动，摄食草类和橡实等多种植物性食物。鹿群的规模可超过100头。雄鹿发情时建立一小块自己的领域，并在其中交配。

隐蔽

黇鹿的幼崽和大多数鹿类幼崽一样，在母亲离开觅食时，躲在茂密的植被或卧在落叶丛中。幼崽会本能地静止不动，利用带有斑点的皮毛作为伪装躲避捕食者。母亲每隔一段时间便返回哺乳幼崽，偶尔将幼崽带到新的隐避地点。

泥土般的色调 黇鹿的皮毛常为棕色，多具白色斑点，但也会像图中的个体一样呈现淡棕色、黑色或白色。

Axis axis

花鹿

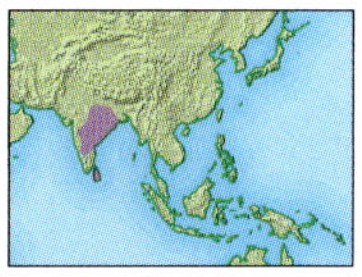

分布：亚洲南部

体长：1—1.5米
尾长：10—25厘米
体重：70—79千克
社群单元：群居
保护现状：无危

花鹿也称斑鹿，生活在混杂着雄鹿、雌鹿及幼崽的百余头大型群体中，在草地和开阔的林地中觅食植物；还常跟在长尾叶猴群（第149页）下方活动，因为叶猴能将果实打落在地，并会及时发出危险警告。花鹿受惊时，以每小时65千米的速度冲向浓密的植被躲藏。雄性的鹿角具眉叉，角的主干向后延伸，并二次分叉。

Rusa unicolor

水鹿

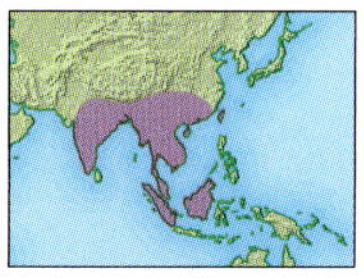

分布：亚洲南部至东南部

体长：2—2.5米
尾长：15—20厘米
体重：230—350千克
社群单元：独居
保护现状：易危

水鹿的毛色呈深棕色，下巴、四肢内侧及尾下为锈棕色（尾端黑色）。雄鹿的三叉角可长达1.2米。雌雄两性的颈部鬃毛浓密，雄鹿的鬃毛在发情时更为明显。除了带着新生或一岁大幼崽的雌性外，水鹿大都独自生活。这些夜行性鹿类以多种植物为食。

哺乳动物

Cervus elaphus

马鹿

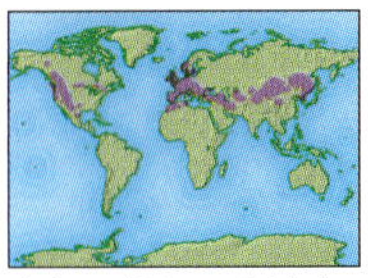

体长：1.5—2米	
尾长：12厘米	
体重：65—190千克	
社群单元：群居	
分布：欧洲至亚洲南部、北美洲	保护现状：无危

马鹿对栖息地和食物的适应力非常强，已被引入各个大陆，因人们对鹿肉、毛皮和鹿茸的需求而被广泛饲养。马鹿约有28个亚种，包括生活在中国和北美地区的亚种。雌鹿成群生活，群体由一头优势雌鹿带领，雄鹿另结成群，雌雄双方仅在秋季发情时才混群。

体色偏棕

马鹿的夏毛呈红棕色，颈部及背部可能具深色条纹，身体两侧有模糊的斑点，但冬毛会变为暗棕色。

发情

雄马鹿与其他种类的雄鹿一样，在发情季节发生争斗。争斗时，既进行炫耀，也进行格斗。竞争中的雄鹿不时发出吼叫，用角顶撞灌木和树干，双方还会一起并行，借此决定是否要展开战斗。战斗一经开始，双方便以鹿角互顶，将鹿角卡在一起相互推挤和扭转。获胜方可以占有一群雌性配偶。

Cervus nippon

梅花鹿

体长：1.5—2米	
尾长：12—20厘米	
体重：35—55千克	
社群单元：群居	
分布：亚洲东部和东南部	保护现状：无危

几个世纪以来，梅花鹿一直被圈养在公园和农场中，并被引入世界上的许多地区。梅花鹿的外形多变，共有14个亚种，其中的一些已濒临灭绝。梅花鹿的夏毛通常为浓郁的红棕色，带有白色斑点，冬毛近乎黑色，雌鹿的斑点有时不明显。臀部的白色斑块十分显眼。梅花鹿主要取食草类，也吃竹子、嫩枝及嫩芽等植物性食物。

Elaphurus davidianus

麋鹿

体长：2.2米	
尾长：66厘米	
体重：150—215千克	
社群单元：群居	
分布：亚洲东部	保护现状：野外绝灭

麋鹿在外形上与其他鹿类存在极大差异，它的脸长似马，蹄子宽大，尾长。雄鹿的角也非比寻常地由后向前延伸。麋鹿的冬毛为深灰褐色，夏毛呈亮红棕色，背部具一条深色纵纹，臀部的毛呈螺旋状生长。野生麋鹿于1900年左右在野外绝迹，但圈养在英国的麋鹿数量却有所增长，于20世纪80年代被重引入中国。

Odocoileus hemionus

骡鹿

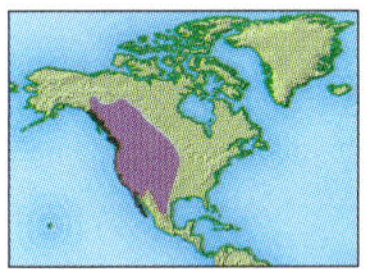

体长：0.85—2.1米	
尾长：10—35厘米	
体重：55—210千克	
社群单元：群居	
分布：北美洲西部	保护现状：无危

骡鹿广泛分布于多种栖息地中，有记录显示它们能以上百种植物为食。冬毛主要呈灰棕色，夏毛为锈棕色。虽然也被称为黑尾鹿，但只有下半截尾巴呈黑色，其余仍为白色。骡鹿的脸和喉部有形状不一的白色区域，下巴黑色，前额具黑色横纹。发情期为9—11月，雌鹿每胎产崽1—2头，幼崽通常于6月出生。

Odocoileus virginianus

白尾鹿

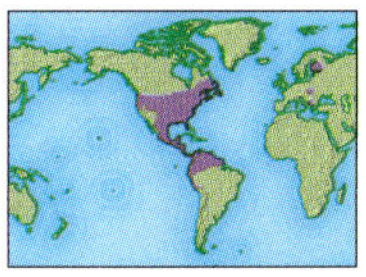

体长：1.8—2.4米	
尾长：15—30厘米	
体重：52—140千克	
社群单元：群居	
分布：加拿大南部至南美洲北部	保护现状：无危

白尾鹿在外形和习性上与骡鹿（左图）极为类似，圈养在动物园和公园中的两种个体甚至可杂交。虽然二者的分布范围重叠，但杂交现象在野生种群中很少见。白尾鹿的亚种数量众多，越靠近南部，亚种体形越小，肩高从加拿大种群的1.1米至委内瑞拉种群的60厘米不等，它在委内瑞拉也被称为“维基尼亚鹿”。

白色警告

遭受威胁时，白尾鹿会挥动尾巴，显露出下方的明亮白色，用以向同伴告警。

鹿角的年度周期

雄白尾鹿的鹿角于每年2月脱落。4—5月间，鹿角开始重新生长，被覆满绒毛的皮肤（鹿茸）包裹，雄鹿在9月发情期到来之前，在树干上磨除绒毛，只留下光裸的鹿角。

Blastocerus dichotomus

南美泽鹿

体长：多达2米	
尾长：25厘米	
体重：100—140千克	
社群单元：独居/群居	
分布：南美洲中部和东部	保护现状：易危

南美泽鹿四肢修长，蹄子宽大，能轻松地在沼泽和洪泛平原上行走。这种南美洲最大鹿类的夏毛为红棕色，冬毛色泽更深，四肢下半部为黑色，脸部色浅，嘴唇和鼻子四周呈黑色。南美泽鹿以草类、芦苇、水生植物和灌木为食，独自或三两成群共同生活。该物种正面临因土地灌溉和牧场或农田开发导致的栖息地丧失，以及水污染和与家畜竞争带来的生存威胁。

Pudu puda

普度鹿

- 体长：85厘米
- 尾长：5厘米
- 体重：多达15千克
- 社群单元：独居
- 保护现状：易危

分布：南美洲西南部

普度鹿是普度鹿属两个物种中的一种。它的毛色呈淡褐黄色至红棕色，耳朵很圆。雄鹿的角不分叉，长约8厘米。普度鹿是独居的昼行性动物，栖息在潮湿的森林中，于茂密的林下灌丛中藏身，以树皮、芽苞、果实和花朵为食，很少吃草。6个月大时即发育成熟。

Rangifer tarandus

驯鹿

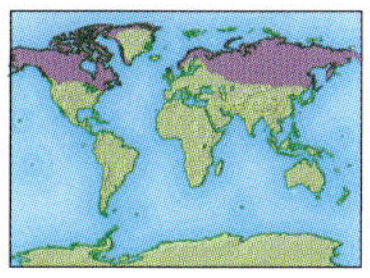

- 体长：1.2—2.2米
- 尾长：10—25厘米
- 体重：120—300千克
- 社群单元：群居
- 保护现状：无危

分布：北美洲北部、格陵兰岛、欧洲北部至亚洲东部

驯鹿在北美洲称为北美驯鹿，修长的鹿角各具一枝独特的铲形眉叉。驯鹿夏季啃食草类、莎草和其他草本植物，漫长的冬季以苔藓、地衣和真菌为食。妊娠期210—240天，于5—6月间产崽一头。

迁徙

有些驯鹿每天在同一地区跋涉15—65千米，另一些则每年进行两次多达1200千米的长途迁徙。有些种群中的雌性和幼崽会于春季迁移至产崽区，雄性随后才到。

体色变化

美洲种群的毛色以棕色为主，四肢色深；欧洲和亚洲驯鹿（如图）的体色较灰。

Capreolus capreolus

狍

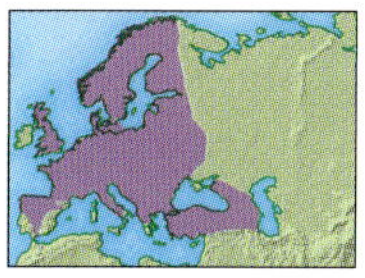

- 体长：1—1.3米
- 尾长：5厘米
- 体重：20—30千克
- 社群单元：不固定
- 保护现状：无危

分布：欧洲、亚洲西部

狍的吻部有黑色横斑，下巴和喉部有形状不一的白色斑块。受惊时，臀部的白斑会蓬松，雌狍的臀斑为心形，雄狍的为肾形（如图）。雄狍的角分为三叉，角的表面粗糙有皱纹。夏毛光滑呈亮红棕色，冬季褪换成长而浓密的灰色皮毛。

Alces alces

驼鹿

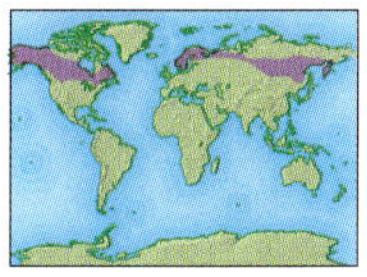

- 体长：2.5—3.5米
- 尾长：10厘米
- 体重：500—700千克
- 社群单元：不固定
- 保护现状：无危

分布：阿拉斯加、加拿大、欧洲北部至亚洲北部和东部

驼鹿是体形最大的鹿类，雄鹿的体重达雌鹿的两倍。它们分布于邻近沼泽、湖泊和其他水域的林地，夏季潜入水中，觅食睡莲和其他水生植物的根。冬季主要以柳树和白杨树等的嫩枝为食。驼鹿通常独自生活或组成小型家庭群。雄鹿9—10月进入发情期。雌鹿的妊娠期为242—250天，每胎产崽1—2头，幼崽于6个月大时断奶。

体色

驼鹿的夏毛为棕色，冬毛色泽较灰。修长四肢的色调更浅，蹄子宽大，适于在泥地或柔软的雪地上行走。

驼鹿头

驼鹿的吻非常宽大，嘴唇灵活，有助于取食水生植物，并从嫩枝上剥取树叶。雄性巨大鹿角的宽幅可达两米，角的形状特殊，主干侧扁呈掌状，向上生出多达20个分叉。

叉角羚

门：	脊索动物门
纲：	哺乳纲
目：	偶蹄目
科：	叉角羚科
种：	1种

叉角羚是叉角羚科的唯一物种，因角带有分叉得名。角的独特之处在于内为骨质心，外覆角质鞘（如羚羊），但角鞘中部具有分枝，且每年都脱落更换（如鹿角）。

飞毛腿

叉角羚是奔跑速度最快的哺乳类之一，时速能超过65千米。它们冬季成群生活，群中的个体数量超过1000头。

Antilocapra americana

叉角羚

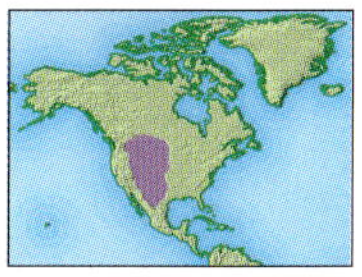

- 体长：1—1.5米
- 尾长：7.5—18厘米
- 体重：36—70千克
- 社群单元：不固定
- 保护现状：无危

分布：北美洲西部和中部

叉角羚的毛色为红褐色至棕褐色，腹、脸和臀部为白色，颈部有白色横纹。雄羚的颈部有黑色斑块，角长于耳朵，角的中部有向前伸的分叉；雌羚的角短于耳朵。叉角羚冬季结成上千头的大型群体共同生活，夏季组成小群活动，以多种植物为食。

哺乳动物

长颈鹿与獾㹢㹢

门：	脊索动物门
纲：	哺乳纲
目：	偶蹄目
科：	长颈鹿科
种：	2种

长颈鹿科曾包含极为多样的物种，但现存的物种只有长颈鹿和獾㹢㹢。它们的四肢修长、头狭长、角短，牙齿为原始的低冠齿。长颈鹿有着独特的长颈，是现存最高的动物，雄性站立时高度可达5.5米。虽然长颈鹿和獾㹢㹢均隶属长颈鹿科，但二者在行为和生态上却大不相同，因为前者栖息在稀树草原地带（非洲，撒哈拉沙漠以南），而后者则栖息在雨林中（刚果民主共和国东北部）。

身体结构

长颈鹿和獾㹢㹢的前肢略长于后肢，因此前半身较高（有利于啃食树叶）。长颈鹿的前肢极长，非常强壮结实。它们有时也用前肢来防御，抬脚一踢就能杀死一头狮子。长颈鹿和獾㹢㹢的脖颈都很修长，但令人惊讶的是，长颈鹿的长脖子也和其他哺乳类一样，仅包含7块椎骨，但每块椎骨都大幅延长，相互之间由粗壮的肌肉相连。

雌雄长颈鹿均有角，而獾㹢㹢仅雄性才有角。它们的角与其他有角哺乳类的不同之处在于，角形成时为软骨，随后由末端向基部逐渐骨化，并且外面覆有皮肤。长颈鹿还具有明显的保护色，有助于躲避捕食者的攻击。獾㹢㹢长有绒毛般的深棕色皮毛，臀及四肢上部具白色横纹（膝盖以下为白色）。长颈鹿的身上有斑点，颜色花纹因产地而异。二者的尾巴细长，尾端有簇毛。

进食

长颈鹿有2—3个独特的浅裂犬齿，能像梳子般从小枝条上刮食叶片。它们也利用薄而灵活的双唇和长达45厘米的黑色长舌摘取叶片和嫩枝。它们的反刍胃分隔成四室（第211页）。雄性长颈鹿通常比雌性高，因此能摘取到较高处的食物。

社群

长颈鹿和獾㹢㹢的社群组织截然不同。长颈鹿的平均领域面积约160平方千米。当领域相互重叠时（时常发生），它们便组成多达25头个体的松散群体。群体中的成员每天都有变化。雄长颈鹿虽然没有领域性，但两头雄性会采取并肩站立，左右挥动头部击打对方颈部的方式争夺等级地位，只有等级高的雄性才拥有交配权。雄长颈鹿的角状头盖骨十分坚硬，撞击力量强劲。而獾㹢㹢则独自生活，从来不成群聚集。它们的家域范围较小，只有占据优势地位的雄性才拥有领域（雌性可在各个领域中自由走动），并且与进入自己领域的雌性交配。

快速奔跑

遇到威胁时，长颈鹿开始逃跑（但并不发出警告声），身旁的其他个体也跟着一起奔逃。图中的长颈鹿安哥拉亚种的奔跑速度可达到每小时50千米。长颈鹿可以从行走直接变成飞奔，因为它们腿长身短，若以小跑前进常会被绊倒。

Okapia johnstoni

獾㹢狓

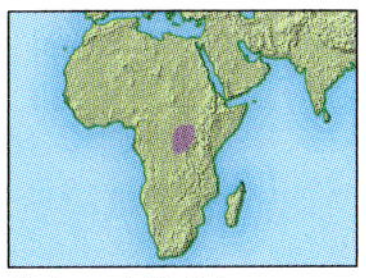
分布：非洲中部

体长：2—2.2米	
尾长：30—42厘米	
体重：200—350千克	
社群单元：独居/成对	
保护现状：近危	

这种行踪隐秘的食草动物生活在茂密的热带雨林中，白天以树叶、嫩枝、嫩芽、果实和其他植物部位为食。獾㹢狓主要依赖听力在森林中活动，遇见同类时发出“chuff”叫声。雄性相互对峙时，也和长颈鹿一样用脖子互相攻击，以争夺与发情雌性的交配权，交配时还会发出轻柔的呻吟声；雌性透过类似的叫声和领域气味标识来宣告自己的发情状态。

雌性的身材略高于雄性，体重也比雄性重20—50千克。雌雄外形相似，二者的头和颈都很长，吻部和身体色深（自肩部陡然向下），耳大且位置靠后，臀和四肢上半部有与斑马类似的条纹。雌性于8—10月间生产，每胎1崽，妊娠期为425—491天。雌性保护幼崽不受捕食者的攻击，但亲子关系不像其他有蹄哺乳类般稳固。

皮毛光滑

獾㹢狓的皮毛短而光滑。深色部位会随光线角度的变化，而呈现深红色、深紫色、栗色、棕色或黑色。

森林中的“斑马”

獾㹢狓直到1900—1901年间才被确认为一种新物种。在此之前，虽然偶尔也被发现，但大多只看到它们的背影。由于天性胆小，且善于隐藏，因此在发现人类时会迅速奔逃到茂密的森林中。而一些老旧的标本，也让人们以为它们是生活在森林中的斑马。

长舌头

獾㹢狓能将具卷握力的黑色长舌缠绕在树叶、芽苞和细树枝上，将食物拽入口中。它们还会用舌头清理自己的身体，雌性也用舌头清洁其幼崽。

Giraffa camelopardalis

长颈鹿

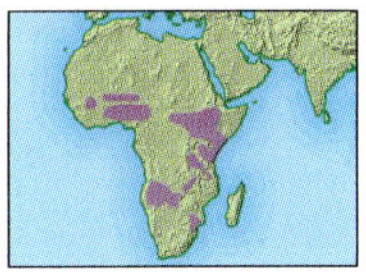
分布：非洲

体长：3.8—4.7米	
尾长：78—100厘米	
体重：0.6—1.9吨	
社群单元：不固定	
保护现状：无危	

长颈鹿是干燥的热带稀树草原和开阔林地中的“原住民”，觅食高度位居所有哺乳类之冠，主要以金合欢及野杏树的叶片为食，也吃嫩枝、果实和其他植物。极长的舌头、头骨、颈、肩（肩带）和修长的前腿等特征，使得长颈鹿可以够到高处的食物。长颈鹿利用灵活的长舌将小枝条拽入口中，接着转动头部，利用边缘浅裂的低冠齿剥落叶片。其他特征还包括：大眼睛和大耳朵，背部自肩部陡斜至臀部，高跷般的长腿上长有大而沉重的蹄子，尾巴细长具有黑色长簇毛，可用于驱赶蚊蝇。头顶有2—4根短角（又称皮骨角），雄性的角比雌性发达。它们的觅食、饮水和其他活动都在清晨和黄昏时分进行，这些活动约耗费12个小时；夜间站着休息（与大多数有蹄类一样），炎热的中午则嚼食反刍的食物。

雌性会与当地的优势雄性交配，雄性之间通过摇摆和交缠颈部，甚至是撞击头部等动作互相较量。这种颈部交缠是一种慢动作仪式，而非激烈的打斗，且通常发生在年轻雄性之间或有新的竞争者进入领域时。获胜者跨骑在战败对手的身上以示胜利。雌性的妊娠期为457天，每胎1崽（极少数为两头），通常在旱季分娩。新生幼崽的体重可达70千克，站立时高度达2米。母亲带领幼崽远离群体10—30天，幼崽于13个月大时断奶。长颈鹿的主要天敌是狮子、猎豹和鬣狗。

最高的动物

成年雄性长颈鹿，如图中的长颈鹿乌干达亚种，从足底到角端的高度可达4.5米；雄性可再高出1米。这样的身高差别有助于避免雌雄间的食物竞争，因为它们能在不同的高度觅食。尽管它们的脖子长度位居所有动物之冠，但仍和其他大多数哺乳类一样，仅有7节椎骨。

花纹斑驳

长颈鹿可根据皮肤上的斑纹划分为多个亚种。图中的长颈鹿索马里亚种有着边缘清晰、被白色线条分隔的深栗色大斑块。其他亚种的斑块较小，形状不一，界线模糊，颜色从黄色至近乎黑色不等，斑块间的白色面积也较多。最近，人们认为这些亚种间的基因差异已经足以将它们视为完全独立的物种。

饮水问题

长颈鹿的身高意味着，它在喝水时必须张开前腿，甚至是弯曲膝盖。当它站立时，心脏必须利用强大的压力将血液输送至脑部，但当低头饮水时，会有一连串的单向瓣阀用于调节血压及其流速，以防脑部受损。

牛及其近亲

门:	脊索动物门
纲:	哺乳纲
目:	偶蹄目
科:	牛科
种:	279种

牛科的物种构成了一个非常多样化的哺乳动物类群，成员包括牛（野生和驯化种）及其近亲（如野牛），绵羊、山羊及其近亲（如岩羚羊），以及羚羊（如高角羚）——一种对所有四肢修长的牛科动物的泛称。非洲的牛科动物最为多样，其中的每个物种都占有略微不同的生态位。牛科动物也分布于欧亚大陆和北美地区，一些物种已被引入大洋洲。这一类动物大都偏好在草地、沙漠、灌丛和森林等栖息地中活动。

身体结构

尽管牛科动物的外形多变，但无论是毛皮光滑的优雅瞪羚，还是体格巨大的野牛，其角（洞角）都不分叉，外被可脱落的角质套（角鞘），套在骨质的角心上（骨心），并随着骨心的生长而扩大。和鹿角不同的是，牛科动物的洞角从不脱落，大多数物种的雌雄两性皆长有角。洞角外形多变，或直或弯或呈螺旋状；或有起棱，或有环脊，或外观光滑；并且还有长有短。但所有角的末端都很尖锐。

尾巴形状从小的呈三角形至细长和簇状不等，毛皮光滑或长而蓬松。由于牛科动物经常遭大型捕食者的捕杀，因而具备侧生的大眼睛（以便拥有良好的全视野）、灵活的长耳朵及灵敏的嗅觉。大多数物种的脸、蹄间和（或）鼠蹊部有气味腺。位于蹄间的腺体能将气味释放至地面，使得离群的个体能跟随气味回到群体中。牛科动物的胃有四室，反刍功能完善（第211页）。它们利用灵活的舌头将食物（大都是草类或树叶）卷入口中，再以下门齿及缺齿的上颌垫咬碎食物。

社群结构

牛科动物的社群和繁殖方式繁杂多样。例如，霓羚独居生活，犬羚成对生活。而高角羚则生活在由一只雄性和数只雌性组成的群体中（较年轻或孱弱的雄性会组成单身汉群）；雄瞪羚有领域性，它们与成群通过自己领域的雌性交配。野牛和水牛生活于结构松散的群体中，但优势雄性拥有多数的交配机会。

牛科动物与人类

全球大多数国家都驯养着规模或大或小的绵羊、山羊和牛群，对人类来说，它们的经济价值非常重要。绵羊和山羊可能于8000—9000年前被亚洲西南地区的人类所驯养，它们的野生祖先至今仍和家养的后代生活在同一片区域。然而，牛在2000年后才被人类驯养，但大多数驯养牛的祖先——原牛，如今已经绝迹。尽管许多物种的数量仍然相当庞大，如牛羚的数量可达数百万只，但有些物种，包括数种瞪羚，则因遭到猎杀而濒临绝种。

逃离危险

大羚羊和大多数有蹄类一样嗅觉敏锐，在遭受威胁或捕食者追赶时可以迅速奔逃。虽然它们的体格庞大，但疾驰的速度仍可达到每小时70千米，并且能腾空跳起1.5米高来越过前方的障碍物。

Tragelaphus spekii

林羚

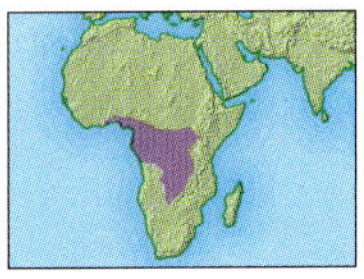

体长：1.2—1.7米
尾长：20—26厘米
体重：50—125千克
社群单元：不固定
保护现状：无危

分布：非洲西部和中部

林羚是一种水陆两栖物种，出没于永久性的沼泽湿地和相似的水环境中。它的蹄子尖长极度张开，足关节非常灵活，适于在松软的泥地上行走。遭受陆栖捕食者的威胁时，逃入并潜入水中，只露出眼睛和鼻子。雄羚于夜间向其他雄性发出警告声或回避声；遭遇对手时摆出攻击姿态，同时用角挖地。

林羚以多种水生和陆生植物为食，包括芦苇、草类和灌木叶，大多站在水位及肩的水中觅食。仅雄羚有棱脊分明的螺旋状角。雄羚的毛皮带有灰色光泽，雌羚的呈棕色至栗色；雌雄的眼周、脸颊及身体上都有白斑。雄羚独居生活，雌羚结成最多3头的小群共同生活。妊娠期为247天，每胎1崽（偶为双胞胎）。没有特定的繁殖季节。

Tragelaphus euryceros

肯尼亚林羚

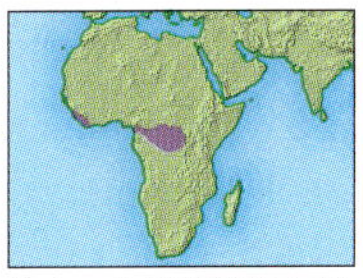

体长：1.7—2.5米
尾长：45—65厘米
体重：210—405千克
社群单元：独居/群居
保护现状：近危

分布：非洲西部和中部

肯尼亚林羚是体形最大、最独特的森林羚羊，身上有向两侧延伸的垂直白色条纹，胸部的新月形斑纹，脸颊的斑点，鼻子上的“V”形纹和腿部横纹都呈白色。背毛为栗色，腹毛深栗色，年长雄羚的色泽更深。这种挑食的食草动物具有古弦琴形的角，雄羚的角较长。雄羚独居，雌羚组成为数达50头的群体生活，可能是因为它们的幼崽会聚集在一起所致。

Tragelaphus angasii

安氏林羚

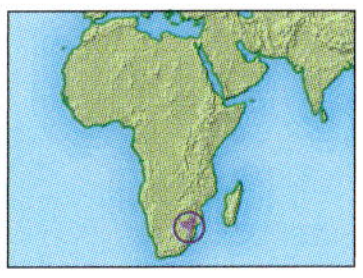

体长：1.4—1.6米
尾长：40—55厘米
体重：55—125千克
社群单元：群居
保护现状：无危

分布：非洲南部

雄性的体形比雌性更大更重，头和身体为煤灰色，体侧条纹不明显，腿的下半部为棕褐色，角可达70厘米长。无角的雌羚和未成年个体的毛色均呈红棕色，双眼间有白色“V”形纹，体侧有垂直的白条纹。安氏林羚偏爱在邻近水域的浓密灌木林中吃草，还能用后肢站立起来取食高处的树叶。

Tragelaphus scriptus

薮羚

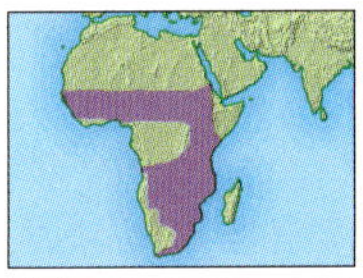

体长：1.1—1.5米
尾长：20—27厘米
体重：25—80千克
社群单元：独居
保护现状：无危

分布：非洲西部、中部、东部和南部

薮羚形似体小的林羚（上方），但角的扭曲程度较小。栖居灌丛的种群的雌性体呈淡黄褐色；而森林种群的色泽较红。两个种群的雄性体色皆为深棕色至黑色。喉和颈部带白斑，身体上的斑纹在亚种间各有不同。薮羚是一种独居的食草动物，只在交配或抚育幼崽期间集群生活。

Tragelaphus strepsiceros

扭角林羚

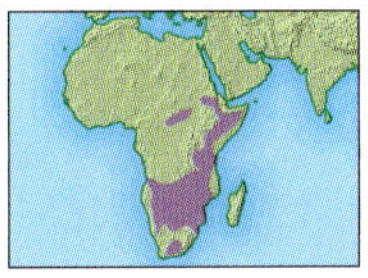

体长：2—2.5米
尾长：37—48厘米
体重：120—315千克
社群单元：群居
保护现状：无危

分布：非洲东部至南部

雄扭角林羚是体形最高、角最长（平均1.7米长）的羚羊，它的喉部具有大簇鬃毛。雌雄两性体呈灰红或灰棕色，体侧有6—10道条纹，鼻子及脸颊带有白斑。扭角林羚以树叶、花朵、果实、草本植物和块茎为食。雌性组成最多6头的小群，雄性亦然，但后者在繁殖季节会互相竞争。

Taurotragus oryx

大羚羊

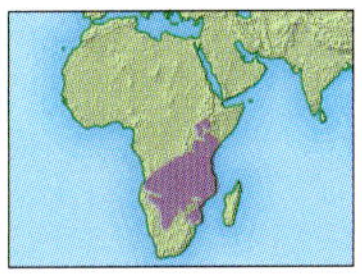

体长：2.1—3.5米
尾长：60—90厘米
体重：300—1000千克
社群单元：不固定
保护现状：无危

分布：非洲中部、东部和南部

大羚羊共有两种，都是体形最大、最像牛的羚羊种类。雄大羚羊的体重可达1000千克，螺旋状的角可达1.2米长，头顶还有“髻”状或纠缠的棕黑色毛发。雌性的体重达600千克，角长仅为雄性的一半。大羚羊的外形似牛，而非像羚羊。雌性也和牛一样，聚集成群护卫幼崽，对抗狮子等捕食者的攻击。大羚羊在灌丛、平原及疏林地带觅食植物，利用嘴唇采集食物，用蹄子刨挖植物的根茎。

大羚羊与骆驼一样，体温可升高达7℃，以防止身体因排汗而流失水分，并借此度过旱季。群中的成员以带着幼崽的雌性和年轻个体为主，年长雄性多独居。大羚羊相对容易驯服，因此在非洲被人类圈养，以作为肉制品、乳品和毛皮的来源。它们也被出口到亚洲等地区。

白色条纹

大羚羊的毛色以淡灰黄色为主，背部具黑色中脊线，体侧的乳白色垂直条纹最多可达15条。

Boselaphus tragocamelus

蓝牛羚

分布：亚洲南部

- **体长**：1.8—2.1米
- **尾长**：45—53厘米
- **体重**：多达300千克
- **社群单元**：群居
- **保护现状**：无危

蓝牛羚也称蓝牛，这种牛科动物的头较小，前腿长于后腿，雄性的锥形角仅有20厘米长。雄性的毛呈灰色或灰蓝色，雌性为淡褐黄色。蓝牛羚偏好在疏林至密林区活动，警戒性高，感官敏锐，能迅速逃离老虎等捕食者。它们于清晨至上午及近黄昏时进食，取食各类草类、树叶及果实。雄性通过前腿跪地，用角互相刺戳来争夺领域，借以获得与2—10只雌性交配的机会。蓝牛羚全年都能交配，但大多数幼崽都诞生于6—10月间，雌性的妊娠期为243—247天，每胎产1—2只幼崽。

Tetracerus quadricornus

四角羚

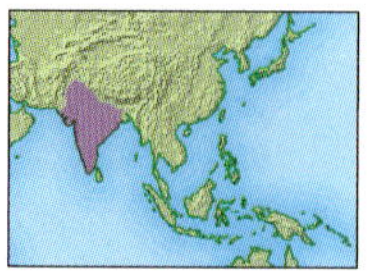

分布：亚洲南部

- **体长**：80—100厘米
- **尾长**：12厘米
- **体重**：17—21千克
- **社群单元**：独居
- **保护现状**：易危

雄四角羚有两对角，这在牛科动物中十分独特。前一对角长3—4厘米，仅为后一对角的一半长。人们对于这种行动敏捷且胆小的羚羊的习性所知极少。四角羚以草类、莎草和其他植物为食，通常出没于邻近水域的林木坡地，以哨音与同类沟通，告警时发出类似犬吠的叫声。它们体呈棕色，四肢前侧具深色条纹，吻和耳背面为黑色。

Bubalus bubalis

印度水牛

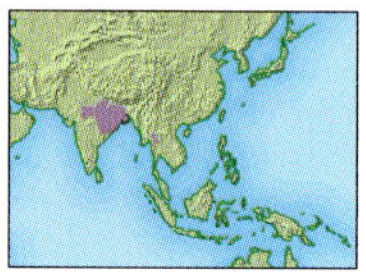

分布：亚洲南部

- **体长**：2.4—3米
- **尾长**：60—100厘米
- **体重**：多达1.2吨
- **社群单元**：群居
- **保护现状**：濒危

印度水牛的体重超过一吨，是一种庞大有力的动物。它的牛角宽度位居牛科动物之冠，达2米宽。向外张开的粗大四肢和灵活球节，使其适于在泥沼中行走。这种水牛大多于清晨和黄昏时分觅食，偶尔在夜间觅食，以葱翠的草类、多叶的水生植物为食。水牛群的组成稳定，包括一头优势雌性（如象群）和其他带着幼崽的雌性，而其他雄性则组成约10头的单身汉群。年轻的雄性通过互相斗夺取优势地位，但会避免严重的打斗行为，随后于繁殖期间与雌性混杂。印度水牛已被驯化达数千年，它们分布在世界各地，成为一种体重少于500千克的小型品种。仅存的野生种群不仅量少，且分布零散，仅限于印度和尼泊尔，泰国或许也有。

泥浴

炎热的中午时分，印度水牛会在水中或泥浆中打滚，有时几乎全身都浸入其中，只将鼻孔露出。这种行为不仅可以保持凉爽，还有助于清除皮肤上的寄生虫，以及热带沼泽中的其他蚊虫和昆虫。

双角巨大

水牛的大角向上并向内弯曲，或是直直地向两侧生长。它的脸部狭长，耳朵小。毛色为蓝灰黑色，腿的下半部色泽较淡。

Bubalus depressicornis

西里伯斯水牛

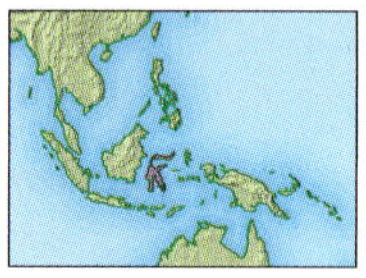

分布：苏拉威西岛

- **体长**：1.6—1.7米
- **尾长**：18—31厘米
- **体重**：150—300千克
- **社群单元**：独居
- **保护现状**：濒危

西里伯斯水牛是体形最小的野生牛种，毛色为深棕色至黑色，喉部的“围兜”状斑、脸和腿部的斑纹皆为浅色。颈部粗壮、身体丰满，腿短，角以对角方向斜向后生长，方便在浓密的泽林中行进。除繁殖期外其余时间皆独居，主要在早晨进食树叶、果实、蕨类、树液及嫩枝等食物。妊娠期为9—10个月，每胎1崽。

Bubalus quarlesi

明多罗水牛

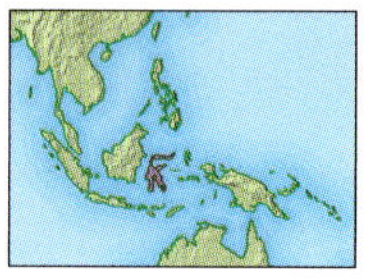

分布：苏拉威西岛和布顿岛

- **体长**：1.5米
- **尾长**：24厘米
- **体重**：150—300千克
- **社群单元**：独居/成对
- **保护现状**：濒危

明多罗水牛的整体外形与其低地“表亲”（左侧）相似，但毛皮更像羊毛，成年后亦是如此；体表白色斑纹较少，特别是四肢下侧及喉部。它的角十分光滑，长度较短，15—20厘米（西里伯斯水牛的角有18—35厘米长）。一般而言，雄性的体形大于雌性，毛色较深，角更大。明多罗水牛是东南亚地区少数需要栖息在不受干扰的森林中的野生牛种，这种环境既偏远又难以进行野外调查，因此人们对这一物种的习性和种群现状缺乏详细的了解。最常见的就是独行的成年个体，或是带着当年出生单独幼崽的雌性，雌性的妊娠期为9—10个月。它们的食物可能包括多种树叶及各种苔藓，但较少吃草。

Syncerus caffer

非洲水牛

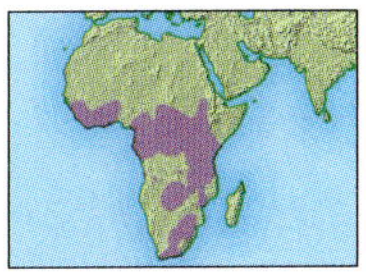

体长：2.1—3.4米
尾长：75—110厘米
体重：重达685千克
社群单元：群居
保护现状：无危

分布：非洲西部、中部、东部和南部

非洲水牛是非洲地区唯一能在海拔高达4000米处栖息的牛科物种。但它们每天都必须喝水，因此多在水边15米的范围内活动。雄性的体形近乎雌性的两倍大，角也更加壮硕，角基部在额头处交会形成一个“疣突”，颈部粗壮，肩部隆起，喉咙（垂肉）下方具毛。非洲水牛于夜间或一天中较凉爽的时段觅食，以各种草类、树叶及其他牧草等为食。雄性为了争夺雌性、建立优势地位而摆出进攻姿态，以头对头的方式互相推挤顶撞。牛群成员互理毛发，通过声音表达前进、逃命或警告等讯息。它们也合作攻击狮子等捕食者。雌性的妊娠期为340天，每胎1崽（鲜有双胞胎），幼崽受到母亲和牛群中其他成员的严密保护。

群体行为

非洲水牛具有高度集群性，食物丰沛时，群中的个体数量可达2000只以上。牛群在旱季会分裂为较小的群，形成母牛和小牛群（包括3岁大的公牛），或是由成熟雄性组成的单身汉群；年长雄性多为独居。牛群中的大个公牛可以支配体形小的公牛和所有的母牛。

毛色深

非洲水牛体毛稀少，呈深棕色，耳朵大而下垂，耳缘带有毛边，吻部无毛，尾长，脚大蹄圆。

多重利益

水牛的体表寄生着虱子、蜱虫、跳蚤等寄生虫，而牛椋鸟等鸟类则在牛身上捡食寄生虫。这样一来，不但鸟类可以饱食，水牛的身体也能获得清洁。但这些鸟类也会让水牛的伤口不愈合，借此吸食牛的血液，从而构成一种寄生关系。

Bos javanicus

爪哇野牛

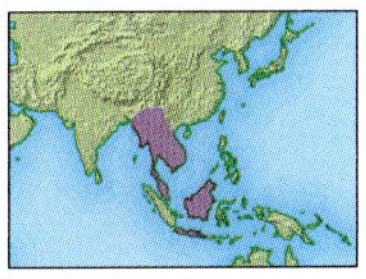

体长：1.8—2.3米
尾长：65—70厘米
体重：400—900千克
社群单元：群居
保护现状：濒危

分布：亚洲东南部

爪哇野牛形似家牛，雄牛呈黑棕色至深栗色；雌牛和幼崽为红棕色。雌雄的腹部、腿部和臀部斑纹皆为白色。雄牛的角可达75厘米长，先朝外再朝上生长；雌牛的角较小，呈新月形。爪哇野牛生活在由2—40头带着幼崽的雌牛和1头成年公牛组成的群体中，或与其他雄牛组成单身汉群。雨季期间，牛群迁移到山坡上，直到旱季来临才返回平地。野生爪哇野牛的数量相当稀少，它们的栖息地正在快速消失。

Bos grunniens

牦牛

体长：多达3.3米
尾长：60厘米
体重：重达525千克
社群单元：独居/群居
保护现状：易危

分布：亚洲中部

驯养的牦牛对于南亚及东南亚地区的许多人来说非常重要，因为它们能提供乳品、肉制品、毛皮和运输等资源。野生牦牛体形较大，非常稀有，只生活在海拔高达6000米的荒无人烟的多风酷寒草原地带，主要分布在克什米尔地区到中国的西藏东部和青海一带。内层绒毛浓密柔软且紧密交织，外层被深棕色至黑色的针毛覆盖。牦牛取食草类、其他草本植物、苔藓和地衣等，并能咀嚼冰块或雪来摄取水分。雌性与幼崽组成牛群，繁殖期间雄性也会加入；非繁殖季节的雄性组成单身汉群或独居。牦牛的妊娠期为258天，每两年生产1胎，每胎1崽。

Bos sauveli

柬埔寨野牛

体长：2.1—2.2米
尾长：1—1.1米
体重：700—900千克
社群单元：不固定
保护现状：极危

分布：亚洲东南部

柬埔寨野牛的体形比例与家牛相似。雄性体呈黑色或深棕色，喉下具有肉垂（下颌下面的皮肤），角呈“L”形，生长三年后尖端会分叉。雌性色泽偏灰，雌雄两性的腿部都呈灰白色，腹部色浅。它们有可能组成松散的小型群。柬埔寨野牛是全世界最稀有的物种之一，于1937年才被确认为独立的物种，目前正面临栖息地丧失、政治动荡、盗猎和其他许多因素的威胁。

Bison bison

美洲野牛

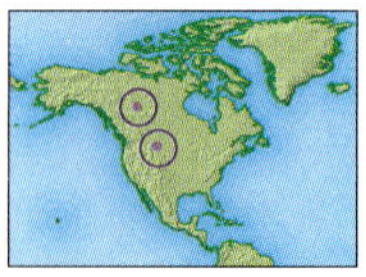

体长：2.1—3.5米

尾长：30—60厘米

体重：350—1000千克

种群数量：500,000头

分布：北美洲西部和北部

保护现状：近危

美洲野牛的体形非常庞大，肩高达2米。尽管体形庞大，但它却仍能以高达60千米的时速奔跑。它的听觉和嗅觉极好，有利于侦测危险。美洲野牛大部分时间都在松散的群体中吃草，其他时间进行反刍。成年雌性及其幼崽生活在有等级划分的群体中，野牛群由一头优势雌性领军。雄性通常另外组成单身汉群，只在繁殖期间才加入雌性群中。美洲野牛没有领域性，随季节变化及食物的充裕程度进行迁移。欧洲森林野牛被认为是美洲野牛的一个亚种，但其分类地位仍有争议。虽然目前野外还生活着十几个野生种群，但它们的活动范围几乎不到过去的1%。

雄性的优势争夺战

交配期间，雄性美洲野牛通常以头撞头的方式展开激烈争斗，以争取雌性群的拥有权。想要与优势雄性交配的雌性会在战场边奔跑，借此煽动对峙双方的争斗。

保育

虽然美洲野牛的数量曾达到五千万头，但由于欧洲殖民者抵达后的大范围商业性猎杀行为，导致野生美洲野牛现在几乎已在野外灭绝。虽然后续的保护工作使其种群数量得到显著回升，但多数美洲野牛仍生活在圈养或来自圈养环境。美国黄石国家公园和加拿大的伍德野牛国家公园是目前仅存的，仍有野生美洲野牛生存的地方。

冬毛

虽然美洲野牛可使人联想到美洲西部温暖干燥的平原，但它们也在高山地区出没，在那里经受严酷的气候环境考验。事实上，冬季并不会带给野牛太多困扰，因为浓密的皮毛和厚重的鬃毛可帮助它们抵御严寒冰霜。

吃草的迁徙者

在过去可以自由迁徙的年代，美洲野牛每年经由固定的路径，进行数百千米的大迁徙。然而，在目前为数50万头的野牛中，只有一小部分能自由迁移，且只在国家公园的范围内进行。

庞大的骨架

美洲野牛的体格因高耸的肩部隆起而更显庞大。它的颈、头、肩和前腿处棕黑色的毛皮又长又蓬乱，身体其他部位则披着较短的浅色毛发。粗短颈部上方的厚重大头、宽大额头和散乱着颌毛的下巴都是美洲野牛的特征。

Bos gaurus

印度野牛

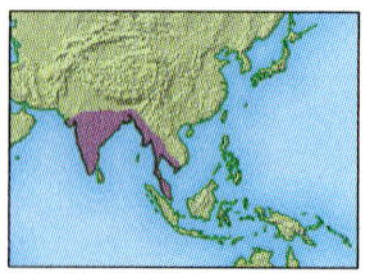

体长：2.5—3.3米
尾长：70—100厘米
体重：650—1000千克
社群单元：群居
保护现状：易危

分布：亚洲南部至东南部

印度野牛是体形最大的牛科动物之一，头部庞大，体色呈浓郁的红色、棕色和黑色等，四肢健壮偏白色。角呈“S”形，长度可达1.1米，肩背部有隆起，后背部下凹，至臀部处又有隆起。雄性发情时以吼叫“歌唱”，其音调低沉，能传至1.5千米远的地方。印度野牛的社群结构及食用多种植物的习性与典型的野牛一致。

Bison bonasus

欧洲野牛

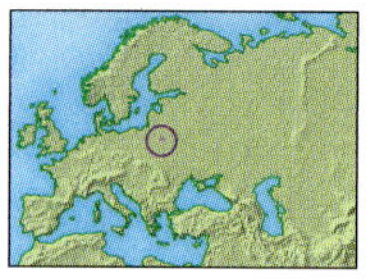

体长：2.1—3.4米
尾长：30—60厘米
体重：300—920千克
社群单元：群居
保护现状：易危

分布：欧洲东部

包括基因研究在内的多种证据显示，欧洲野牛可能与美洲野牛（第234页）是同一个物种。欧洲野牛曾一度于野外绝迹，经人工繁殖后，被重新引入比亚罗威萨的针叶林地带（横跨波兰及白俄罗斯的边界），这一地区自1910年以后就不再有野生种群存在。欧洲野牛比美洲野牛的毛皮要短、色泽较淡，但二者的习性及社群行为模式相似。欧洲野牛角短且向上弯曲，雄性的角较大。它们取食树叶、嫩枝、树皮和低矮的植物。妊娠期为260—270天，每胎产1崽。幼崽出生三小时后即能奔跑，一年后断奶。

Philatomba walteri

沃尔特小羚羊

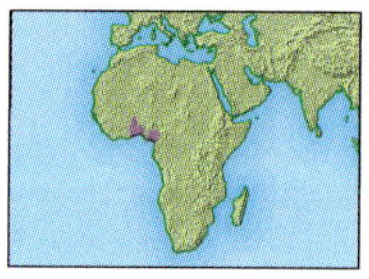

体长：75厘米
尾长：12厘米
体重：4—6千克
社群单元：群居
保护现状：未评估

分布：非洲西部

这一新物种的发现基于几位生物学家从西非的多哥、贝宁和尼日利亚等国家的肉禽市场获取的标本，于2010年被正式确立为新种。这种小羚羊在基因和形态上与同一地区的其他小羚羊明显不同，人类对其习性所知甚少。小羚羊非常神经质且生性害羞，遇到危险时常一头扎进茂密的灌丛。一些小羚羊，如沃尔特小羚羊，喜欢在雨林活动，而非开阔的林地。它会把一些动物作为食物的来源之一，比如昆虫，甚至有传闻说它们会杀死鸟类，这在有蹄类中十分罕见。沃尔特小羚羊的发现显示出了在非洲部分地区进行动物保育的重要性，那里的捕猎活动一直威胁着当地的野生动物。这一物种还受到人口数量增长带来的栖息地被侵占等威胁。

Sylvicapra grimmia

灰小羚羊

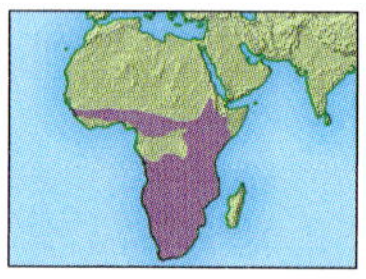

体长：0.7—1.2米
尾长：7—19厘米
体重：12—25千克
社群单元：独居/成对
保护现状：无危

分布：非洲西部、中部、东部和南部

灰小羚羊的前额有簇毛，耳朵大而尖，通常只有雄性才长有约11厘米长的尖角。它们的背毛为灰色至红黄色，腹毛白色，鼻子上带有深色条纹。灰小羚羊很能适应环境，是一种夜行性食草动物，但也吃小型动物和腐肉。它们独居或成对活动，雄性会保卫自己的领地。

Kobus ellipsiprymnus

水羚

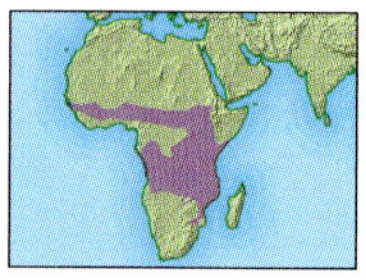

体长：1.3—2.4米
尾长：10—45厘米
体重：50—300千克
社群单元：独居/群居
保护现状：无危

分布：非洲西部、中部和东部

水羚是体重最重的羚羊，具有粗糙、修长的油质毛发，灰色至红棕色的毛会随年龄的增长而变暗。它的臀、喉和吻部有白色斑纹，“眉毛”呈白色，蹄子上方有白色环纹，腹部白色。通常仅雄性有角，角长可达1米。它们食物中的90%都是草类，其余则为茎叶。受到威胁时，水羚通常冲入水中快速游开，或全身浸入水中，仅露出鼻子。年轻雄性通常组成2—5头的小群，但很少超过50头以上，群中的等级地位依据成员的外观、角长和频繁的争斗而定。年长的繁殖雄性（6—10岁）占有领域。雌性独居或组成为数最多10只的松散群体。

Kobus leche

驴羚

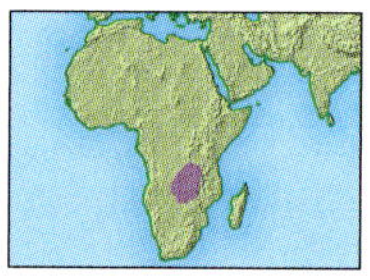

体长：1.3—2.4米
尾长：10—45厘米
体重：79—103千克
社群单元：群居
保护现状：无危

分布：非洲中部至南部

驴羚又称沼泽羚羊，以草类和在洪泛平原和沼泽中随季节水位变化露出水面的水生植物为食。它能涉水，也擅长游泳，常组成大型群体，繁殖期间，雄性聚集在求偶场内竞争求偶（见肯尼亚水羚，右侧）。驴羚的栗色至黑色毛皮，与白色的腹部和带有黑色条纹的腿部形成鲜明对比。仅雄性有角。

Kobus kob

肯尼亚水羚

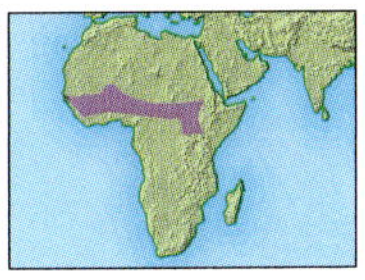

体长：1.3—2.4米
尾长：10—45厘米
体重：50—300千克
社群单元：群居
分布：非洲西部至东部
保护现状：无危

肯尼亚水羚是一种优雅而健壮的食草羚羊，毛色为淡栗色至棕黑色，脸部和喉部带有白色斑纹，腿和脚有黑色条纹。雄性的古弦琴状角上具有环纹。肯尼亚水羚的集群密度极高，雄性会竞争一片仅为15米直径的被称为求偶舞场的领域。一旦获胜，就能与许多雌性交配。

Kobus vardonii

互氏水羚

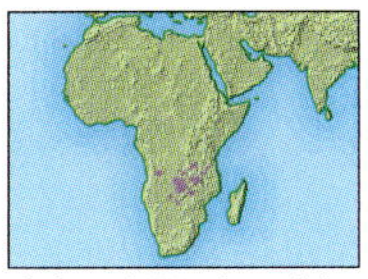

体长：1.3—1.8米
尾长：18—30厘米
体重：66—77千克
社群单元：独居/群居
分布：非洲西部至东部
保护现状：近危

互氏水羚的繁殖方式与肯尼亚水羚（左侧）相似：种群密度较高时在求偶场中竞争求偶，密度较低时则占有领域。全身毛发呈金黄色，角约50厘米长。这种水羚于清晨及黄昏时分吃草，与其他草原羚羊一样，遇险时快速逃离。

Redunca redunca

塞内加尔苇羚

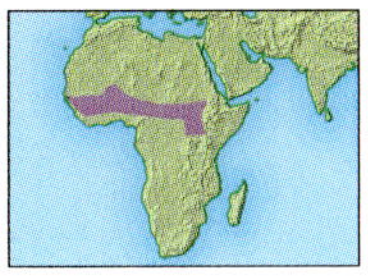

体长：1.1—1.6米
尾长：15—45厘米
体重：19—95千克
社群单元：不固定
分布：非洲西部至东部
保护现状：无危

这种小型草原羚羊体重较轻，体呈淡黄色，腹部、喉和眼圈皆为白色。耳朵下方明显的灰色块斑正是其气味腺之所在。塞内加尔苇羚以草类及柔嫩的芦苇茎为食。群体规模较小，由雌性和幼崽，或长角的雄性组成，旱季汇聚成大群。

Hippotragus equinus

马羚

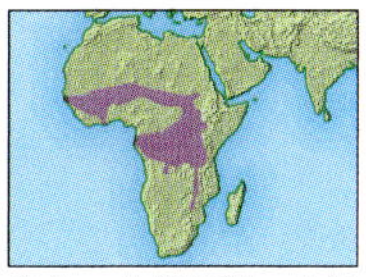

体长：1.9—2.7米
尾长：37—76厘米
体重：150—300千克
社群单元：独居/群居
分布：非洲西部、中部和东部
保护现状：无危

马羚的毛色呈红色至棕色，腹部白色，脸部有黑、白色斑纹。雌雄两性都有角和鬃毛。它们能在贫瘠的草地环境中生存，每日需饮水2—3次。群体由12—15头雌羚和年轻个体组成，由一头优势雄性带领，或是年轻雄性组成单身汉群。

Hippotragus niger

黑马羚

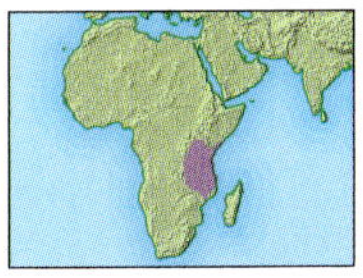

体长：1.9—2.7米
尾长：37—76厘米
体重：150—300千克
社群单元：群居
分布:非洲东部至东南部
保护现状：无危

黑马羚在许多方面都与马羚（右上）类似，旱季时结成超过100头的大型群体，聚在一处啃食草类。群体在雨季时分裂成2—12头一群的单身汉群，处于优势地位的雄羚则会占有一片领域，与其中的雌性交配。初生时的藏匿期过后，幼崽们便聚集起来活动，只在喝奶时才回到母亲身边。

幼崽

幼崽的色泽与成年雌羚相似，为栗色或红褐色。雌羚的妊娠期为240—280天，幼崽出生后被隐匿于群体之外的地方。

成年雄性

成年雄性体呈黑色，但脸部花纹与雌性一样，白色底色中央有一条深色直纹，脸侧还有须纹。雌雄两性都有环脊密集的壮硕大角。

Oryx dammah

弯角大羚羊

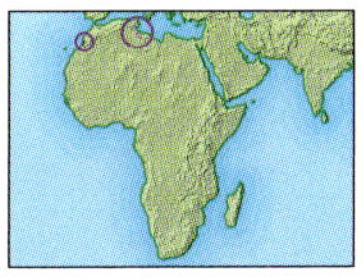

体长：1.5—2.4米
尾长：45—90厘米
体重：100—210千克
社群单元：群居
分布：非洲北部
保护现状：野外绝灭

弯角大羚羊具有适应沙漠、干旱平原和多岩坡地生活的许多生理特征，以保存体内的水分。它的肾脏非常有效率，只在体温超过46℃时才会排汗。大型蹄子可以分散在松软沙地上的体重。它们多在清晨、黄昏及有月光的夜晚觅食多种植物；白天隐蔽起来休息。弯角大羚羊组成20—40头的雌雄混杂群体，雄羚通过肢体展示和互相扭打等方式获得与雌羚交配的机会。雌羚的妊娠期为222—253天，分娩时离开群体，但在几小时内便会归队。幼崽14周大时断奶，两岁大时发育成熟。弯角大羚羊由于遭到过度的捕杀，几乎已经绝种，只在乍得中北部的保护区中还有部分个体存活。而在突尼斯实施的圈养繁殖计划则是一个重引入项目的一部分。

哺乳动物

Oryx gazella

南非直角长角羚

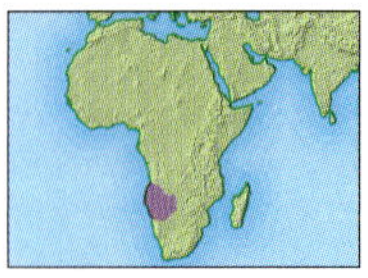

体长：1.6—2.4米
尾长：45—90厘米
体重：100—210千克
社群单元：群居
保护现状：无危
分布：非洲西南部

南非直角长角羚栖息于干燥多草的灌丛和沙漠地带，是一种体色独特的大型羚羊，具有许多能够保存水分的适应性特征，包括体温未达45℃前，不排尿和排汗，肾脏能生产浓度极高的尿液，粪便也非常干燥。它们主要以草和低矮的灌木为食，也吃野生黄瓜、甜瓜等类似食物补充水分。群体中包括雌性、幼崽和少数雄性，最多25头，且四处游荡。南非直角长角羚和许多沙漠物种一样，只要食物充裕，全年都可交配繁殖。雌性的妊娠期为260—300天，每胎1崽（很少有双胞胎），幼崽出生后被藏匿在群体附近，母亲偶尔回到幼崽身边哺乳，哺乳期多达6周。

树荫下的宁静

由于栖息地环境炎热干旱，因此南非直角长角羚都在晨昏和夜间觅食。它们于上午10点到下午2—3点间聚集在阴凉处。大多数其他羚羊像这样聚集时，都会发生等级或交配权的争夺，但南非直角长角羚为了生存，会暂时停止社群互动。

黑白灰三色一体

南非直角长角羚的毛色为带有淡黄色泽的灰色，脸部、耳朵、腹部和腿部的黑白二色对比鲜明。宽大的吻部和大型门齿方便啃食粗糙的野草。

Addax nasomaculatus

旋角羚

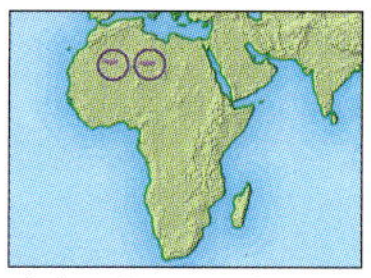

体长：1.5—1.7米
尾长：25—35厘米
体重：60—125千克
社群单元：不固定
保护现状：极危
分布：非洲西北部

旋角羚十分稀有且分布地点偏远，和南非直角长角羚（左侧）一样非常适应沙漠生活。它们四处游荡，追随降雨的脚步，寻找可食用的植物，正午时在阴凉处栖息。它们原先数量众多，组成最多20头的雌雄混合群，由年长雄羚带领；如今大都独居或组成2—4头小群共同生活。它们的冬毛为灰棕色，夏毛呈黄棕色至白色；脸部具白斑，头部前额有大块栗色簇毛，角呈螺旋状。

Damaliscus pygargus

白纹牛羚

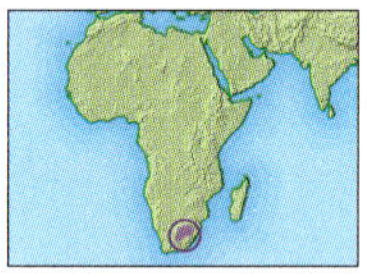

体长：1.2—2.1米
尾长：10—60厘米
体重：68—155千克
社群单元：群居
保护现状：无危
分布：非洲南部

白纹牛羚吻部修长，前额至鼻间有一道在眼睛旁边变窄的白色条纹，逐渐延伸至古弦琴状的扁角基部，角长70厘米，几乎覆满环脊。成年雄性展示并互相用角撞击，这会让雄性取得一群雌性及幼崽群的支配权，但很少真正打斗争取领域。雄羚将群成员驱赶在一起，带领群体迁移。雌羚在特定的地点分娩，妊娠期约8个月，每胎产崽一头。与许多其他羚羊不同的是，这种羚羊并不隔离或隐藏幼崽。幼崽出生5分钟后就能走路，很快就能跟在母亲身旁；6个月大时断奶。白纹牛羚在晨昏时分觅食草类和其他草本植物。它们的野生种群在19世纪30年代几乎遭到灭绝，幸好部分种群在公园和保护区的保护下生存了下来，数量也正在缓慢增加。

Damaliscus lunatus

转角牛羚

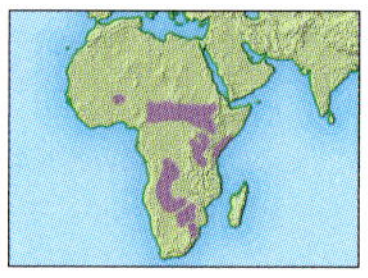

体长：1.2—2.1米
尾长：10—60厘米
体重：68—155千克
社群单元：群居
保护现状：无危
分布：非洲西部、中部、东部和南部

转角牛羚的头部修长，肩部隆起，背部前高后低。毛皮发亮呈红棕色，四肢上半部带有紫色光泽，吻的上段、腹部及四肢下半部为深色。角呈“L”字形，具有环脊。转角牛羚栖息在季节性泛洪的草原上，视环境情况采用两种繁殖方式：迁徙种群在求偶场中竞争求偶（见肯尼亚水羚，第237页），定居种群的雄性则统治一群雌性。

Alcelaphus caama

披红狷羚

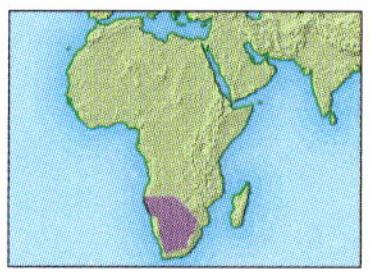

体长：1.5—2.5米
尾长：30—70厘米
体重：100—225千克
社群单元：群居
保护现状：无危
分布：非洲南部

披红狷羚在食性和轮廓上与转角牛羚（见左侧）类似，这一物种是狷羚属中分布最靠南的种类，典型特征是角上带有紧密的环脊，且眼睛下方有醒目的腺体。披红狷羚的毛呈深棕褐色，角呈“Z”字形。与其他种类一样，臀部具浅色块斑，前额、吻、肩和大腿处有黑色斑块。在历史上，狩猎活动限制了它们的分布区域，但是现在随着被重新引入保护区中，其分布范围在非洲南部已逐渐扩大。

哺乳动物

Connochaetes taurinus

斑纹角马

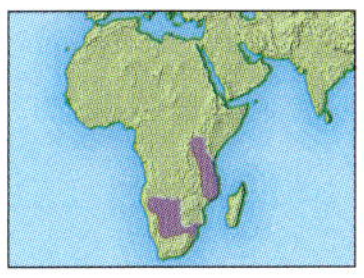

- **体长**：1.5—2.4米
- **尾长**：35—56厘米
- **体重**：120—275千克
- **社群单元**：群居
- **保护现状**：无危

分布：非洲东部和南部

斑纹角马又称黑斑牛羚，有着非常明显的大头和长吻，角似牛角，肩部高耸。妊娠期为8—9个月，每胎1崽。幼崽发出小羊般的叫声，母亲对它的保护也如母牛般尽责。雄角马1—4岁大时组成单身汉群，随后尝试发出“ge-nuu”的叫声、展示仪式性的姿态以及推挤等动作，建立独自的领域。只有赢得领域的雄性才能交配。

危险的旅程

虽然有些斑纹角马定居生活，但大多都聚成大型群体，为了寻找食物进行数百千米的季节性大迁徙。它们的迁徙路线会随降雨及草类的生长而改变。横越河流时（上图），很容易遭到鳄鱼的攻击。

长鬃毛

斑纹角马的颈至肩部之间长有厚厚的黑色鬃毛，向前盖在前额之上。全身的毛色以银灰色为主，带有棕色光泽，后半身色泽渐褪，尾长呈黑色。

Oreotragus oreotragus

山羚

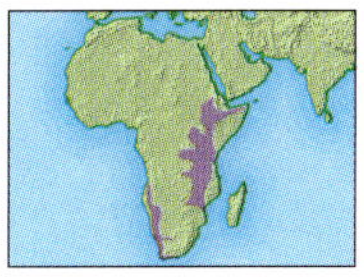

- **体长**：0.8—1.2米
- **尾长**：5—13厘米
- **体重**：8—18千克
- **社群单元**：成对
- **保护现状**：无危

分布：非洲东部、中部和南部

这种吻短蹄小的小型羚羊能灵活地在山区及河谷中陡峭的岩地上跳跃。山羚的尾短，毛皮浓密呈橄榄黄的光泽，带有黄色及棕色斑纹，腹及腿部渐变为白色。雄性的角小呈钉状。山羚啃食常绿植物及其他灌木的茎叶，雌雄成对，带着1—2头幼崽共同生活。

Ourebia ourebi

侏羚

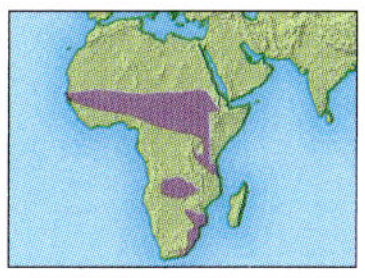

- **体长**：0.9—1.4米
- **尾长**：6—15厘米
- **体重**：14—21千克
- **社群单元**：不固定
- **保护现状**：无危

分布：非洲西部至东部，以及南部

侏羚体小而纤瘦，颈部修长，毛发细致如丝，背部为黄棕色至红棕色，腹部、下巴及臀部白色，膝部具长簇毛。雄性的角小而尖，具有环脊。侏羚以草为食，旱季也吃灌木的叶子。侏羚的社群结构多变，既有雌雄成对，也有7—8头组成的小群体，且其中会有2—3头成年雄性。雄羚协助清洁与保护幼崽，幼崽2个月大时断奶。

Raphicerus campestris

石羚

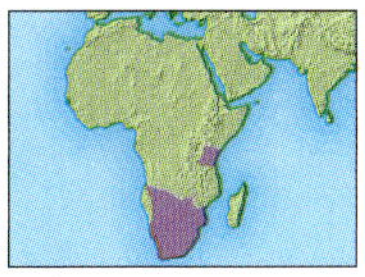

- **体长**：61—95厘米
- **尾长**：4—8厘米
- **体重**：7—16千克
- **社群单元**：独居/成对
- **保护现状**：无危

分布：非洲东部和南部

石羚或独居，或成对栖息在以气味和粪作为标记的领域中，但即使成对，双方大多数时间还是独自生活。石羚既吃草也吃茎叶，还利用蹄子刨挖植物根茎。它们缺少两根侧趾。皮毛为明亮的淡红黄色，有时带银灰色光泽，腹部色浅。眼周具白色条纹或眼圈为白色，耳朵上有黑色指形条纹，鼻子和两角之间有斑纹，仅雄性有角。

Madoqua kirkii

喀氏小羚

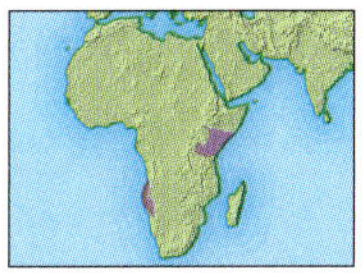

- **体长**：52—72厘米
- **尾长**：35—56厘米
- **体重**：3—7千克
- **社群单元**：成对
- **保护现状**：无危

分布：非洲东部和西南部

全球四种小羚的俗名均源于它们发出的警戒叫声。喀氏小羚的体毛柔软平直，带有杂斑呈灰色至棕色，头部偏红棕色，额头有冠毛。蹄基部具弹性，当在岩石上活动时能有效抓牢岩石表面。喀氏小羚以多种植物为食，雌雄成对生活且关系紧密，妊娠期为169—174天，每胎1崽。新生幼崽被藏匿2—3周，哺乳期为3—4个月。

Antilope cervicapra

印度羚

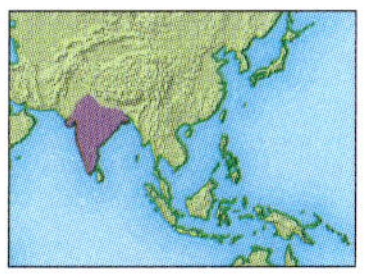

- **体长**：1.2米
- **尾长**：18厘米
- **体重**：32—43千克
- **社群单元**：群居
- **保护现状**：近危

分布：亚洲南部

印度羚的食物包括草和谷类。雌羚体呈淡黄色至黄色，优势雄羚随年龄的增长而呈黑色，其他雄性则为棕色。雌雄的腹、臀、吻及眼圈皆为白色。雄羚的角可长达68厘米，角基部有环脊，角上的螺旋多达5圈。雄性繁殖时保卫自己的领域和妻妾群。

Aepyceros melampus

高角羚

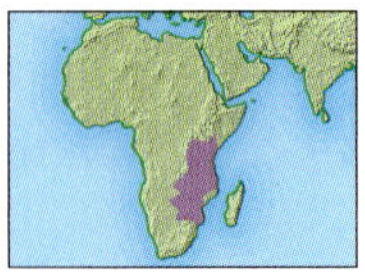

体长：1.1—1.5米
尾长：25—40厘米
体重：40—65千克
社群单元：群居
保护现状：无危

分布：非洲东部和南部

高角羚性格嘈杂。雄性（有角）发情期间发出巨大的嘶哑咕哝声，幼崽的叫声似羊羔。奔逃时，雌雄均大声发出警戒的鼻息声，同时高高跃起，用后腿向后直踢，以前腿着陆。高角羚是适应性很高的食草动物，旱季组成雌雄混杂群。繁殖期间，单身雄性相互争夺领域和雌羚。高角羚的毛色为淡红黄色，臀和尾巴带有黑色条纹。

Litocranius walleri

长颈羚

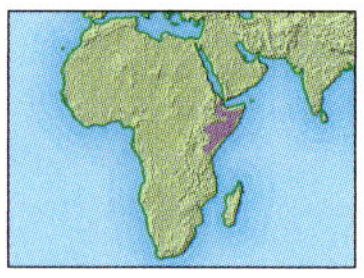

体长：1.4—1.6米
尾长：22—35厘米
体重：28—52千克
社群单元：独居/群居
保护现状：近危

分布：非洲东部

长颈羚的颈和四肢非常修长，能将脊椎弯曲成“S”形，利用后腿平衡身体的重量，并能长时间地用后脚垂直站立。这种能力使得它能啃食到疏林和稀疏灌丛中高处的树叶，而这种高度往往是同类型食草动物够不到的。从正面看会发现长颈羚的颈、头和修长的楔形吻都极为狭窄，方便将头探入金合欢和其他有刺的叶丛中。长颈羚还利用尖长的舌头、灵活的嘴唇和锐利的门齿摘食小叶片。它的毛色以淡红黄色为主，背部和侧身上部有宽大的深色横纹，腹部、颈、唇和眼周为白色，黑色尾巴上有簇毛。仅雄性具有长度达35厘米的较为粗弯的角。社群结构既有雌雄成对，也有由一只雄性、2—4头雌性及其后代组成的小群。雄性三岁后必须拥有领地才能交配。年轻雄性组成单身汉群，也常有一只雄性跟随在雌性群周围的情形。雌羚偶尔独居。

Antidorcas marsupialis

跳羚

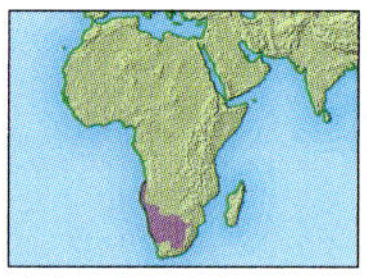

体长：1.2—1.4米
尾长：15—30厘米
体重：30—48千克
社群单元：群居
保护现状：无危

分布：非洲南部

跳羚是牛科动物中几种极善跳跃的物种之一，跳起时脊背弓起，四肢下伸靠拢，然后一跃而起。这种行为或许会让捕食者放弃追猎。这种适应性很强的食草动物具有高度群居性，过去的迁徙队伍常能聚成百万大军，如今的数量却只能达到1500头。它们的繁殖习性与其他瞪羚一样。

Eudorcas thomsonii

汤姆森瞪羚

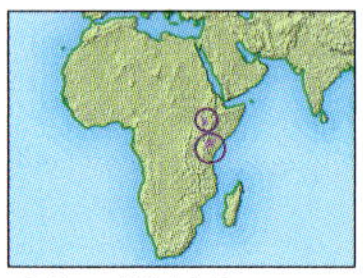

体长：0.9—1.2米
尾长：15—20厘米
体重：15—30千克
社群单元：群居
保护现状：近危

分布：非洲东部

这种小型瞪羚行动优雅迅速，是各种大型猫科动物、鬣狗、胡狼等捕食者的主要猎物之一，在遭遇捕食者威胁时，会剧烈地“弹跳”而起（见跳羚，右上）。汤姆森瞪羚十分常见，有时与高角羚及其他瞪羚混群。它们主要啃食短草，但也吃茎叶。通常由10—30头雌性和幼崽组成小型群，当在草地（雨季）和灌木区（干燥季节）之间进行季节迁徙时，会和单身汉群或独行的雄羚聚在一起。汤姆森瞪羚每胎通常产1崽，妊娠期为160—180天。新生幼崽带有斑点，体色比父母深，但1—2周后小瞪羚的毛皮就会变淡。

快速繁殖

汤姆森瞪羚是牛科动物中少数一年能繁殖两次的物种。头胎诞生于雨季后的1月或2月，第二胎生于7月。新生幼崽很快就能站立，但在头一周内都静静地隐藏在某处，在3—4周大时才能跟得上整个群体，4个月大时断奶。

斑纹独特

腹侧的黑色横纹将黄棕色的背部及白色腹部分隔开来。红棕色的头部有深色斑纹，白色眼圈沿黑色颊纹向上延伸到吻部。

Saiga tatarica

赛加羚羊

体长：1—1.4米
尾长：6—12厘米
体重：26—69千克
社群单元：群居
保护现状：极危

分布：亚洲中部

这种体形中等的亚洲“羊羚”的鼻子宽大，鼻孔朝下，或许是用于控制体温，并（或）拥有敏锐的嗅觉。它的毛皮如羊毛般浓密，背部为淡褐红色至淡褐黄色，腹部色泽较淡，冬毛更加浓密。赛加羚羊栖息在干草原，以多种植物为食。小型的繁殖群聚集形成大型的迁移群队。仅雄性长角。

Oreamnos americanus

雪羊

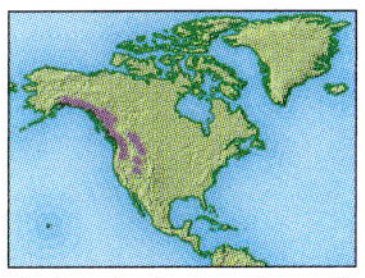

体长：1.2—1.6米	
尾长：10—20厘米	
体重：46—140千克	
社群单元：不固定	
分布：加拿大西部、美国北部和西部	**保护现状**：无危

这种毛茸茸的山羊栖息在冰雪、岩石与冰川地带。蹄大而尖，蹄缘坚硬，内侧有柔软肉垫，可以抓牢滑溜的地面；体形修长，针毛为黄白色，绒毛浓密可保体温。雪羊的角十分锐利，向后弯曲，长约25厘米，雄性的角略粗于雌性约30%。它们以草类、苔藓、地衣和嫩枝为食。夏季组成最多4头的小群，冬季聚成大群。

Rupicapra rupicapra

臆羚

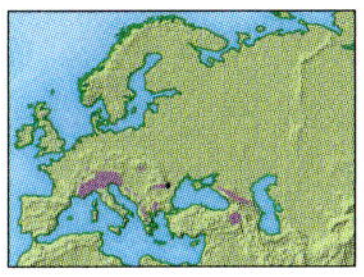

体长：0.9—1.3米	
尾长：3—4厘米	
体重：24—50千克	
社群单元：独居/群居	
分布：欧洲南部、亚洲西部	**保护现状**：无危

臆羚行动敏捷，善攀爬，能跃起两米高、弹跳六米远、奔跑时速达50千米，因具有弹性的蹄垫，所以能牢牢抓在崎岖滑溜的地面。雌雄都有间距小的细长黑角，角长可达20厘米，角尖处向后弯曲。它们夏季以高山草原上的草本植物和花朵为食，冬天群体解散，迁移到海拔较低处，取食苔藓、地衣和嫩枝。

Capra ibex

北山羊

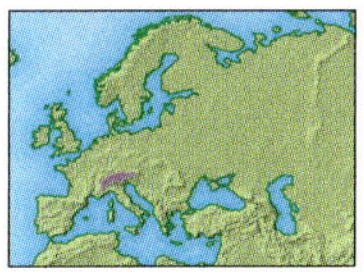

体长：1.2—1.7米	
尾长：10—20厘米	
体重：35—150千克	
社群单元：独居/群居	
分布：欧洲南部	**保护现状**：无危

北山羊栖息在树线或树线以上地带，分布海拔最高可达4810米。雌性夏天体呈棕褐色，雄性为浓郁的棕色，背部和臀部有黄白色块斑。雌雄的冬毛都较浓密且颜色多变。春季迁移到高山草原区，秋天时向下迁移，以嫩芽和嫩枝为食。雌性和幼崽组成10—20头的稳定群体，雄性组成单性群。

角的碰撞

雄性北山羊和许多野生（及驯化）山羊一样，为了争夺支配地位和雌性，采取外形展示、甩头和打斗等行为。竞争双方以后脚站立，然后向前奋力冲击，以巨大的冲力撞向对方的头和双角。

巨大的角

北山羊的角粗大弯曲，雄性的角可长达1.4米，但雌性的角仅有雄性的四分之一长。

Hemitragus jemlahicus

喜马拉雅塔尔羊

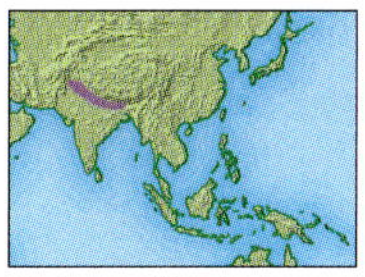

体长：0.9—1.4米	
尾长：9—12厘米	
体重：50—100千克	
社群单元：群居	
分布：亚洲南部	**保护现状**：近危

喜马拉雅塔尔羊步履稳健，颈肩部的蓬乱鬃毛长及膝部；脸和头部毛发相对显短。角扁平，雄性的角可长达40厘米，是雌性的两倍长。喜马拉雅塔尔羊和许多高山哺乳动物一样，春季迁移到喜马拉雅山脉海拔5000米处，在混生林中取食植物。秋天的气温下降时，再返回到海拔不低于2500米的地带生活，此时，发情的雄性加入2—23头的雌性群中，雄性互相锁住头角，力图扳倒对手赢得交配权。幼崽于来年5月或6月出生。

Ovibos moschatus

麝牛

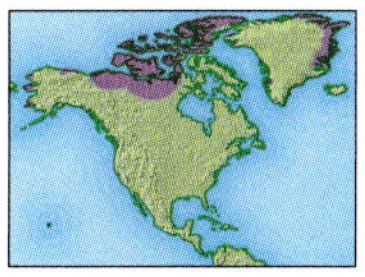

体长：1.9—2.3米	
尾长：9—10厘米	
体重：200—410千克	
社群单元：群居	
分布：北美洲北部、格陵兰岛	**保护现状**：无危

麝牛因雄性在发情期散发出强烈气味而得名，此时的雄性为了争取雌性，会互相攻击冲撞。雌雄的角都很宽大，角基部在中央交会形成突疣，牛角向下生长，角尖弯曲向上。麝牛体形庞大，但颈、四肢和尾巴都很短。它们夏季在谷地摄食莎草及草类。因为高地的风能吹散地面的雪，因此冬季迁移到海拔较高处觅食植物茎叶。麝牛曾被人类大量捕杀，几乎灭绝，但通过野生动物资源管理和重引入工作的开展，其种群数量已有所回升。

双层皮毛

麝牛的针毛呈深棕色，毛长可及地，能有效地抵御雨水和雪的侵袭。内层绒毛细致柔软呈淡棕色，可以提供绝佳的保温效果。

防守圈

当面临狼或北极熊等捕食者时，成年雄性和雌性麝牛会面朝外围成一圈，将弱小的幼崽保护其中。群体规模较大时，个别成员还会从圆圈中冲出，攻击或威吓敌人。

哺乳动物

Capra aegagrus

野山羊

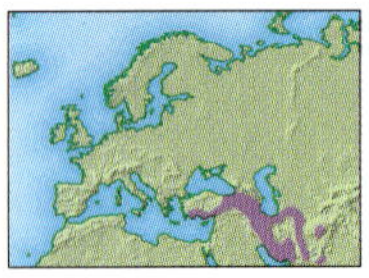

体长：1.2—1.6米
尾长：15—20厘米
体重：25—95千克
社群单元：群居
分布：亚洲西部
保护现状：易危

野山羊可能是家羊的祖先，生活在干燥的灌丛区至海拔高达4200米的高山草原等各种栖地中，以各种植物为食。雌羊体呈红灰色至黄棕色；成年雄羊（图中为未成年雄性）长有胡须，毛色银灰且具深色斑纹。雌雄皆有角，雄性之间会为了争夺支配地位和雌性进行打斗。

Capra falconeri

捻角山羊

体长：1.4—1.8米
尾长：8—14厘米
体重：32—110千克
社群单元：不固定
分布：亚洲中部和南部
保护现状：濒危

捻角山羊分布于海拔700—4000米的多种栖息地，夏季以草类为食，冬季迁移至海拔较低处，以矮灌丛的树叶和嫩枝为食。此时，它的红灰色短毛变得更长更灰。雄性的喉部有蓬乱长毛，双角呈螺旋状，长度可达1.6米，雌性的角仅25厘米。螺旋状的角是其遭到人类猎杀而濒临灭绝的原因之一。

Pseudois nayaur

岩羊

体长：1.2—1.7米
尾长：10—20厘米
体重：25—80千克
社群单元：群居
分布：亚洲南部至东部
保护现状：无危

岩羊又称青羊，栖息在高海拔的雪线与树线间的多冰岩石地带，体色具保护效果，能与周围的环境融为一体。雄羊棕灰色的皮毛泛着蓝灰色光泽，腹部和眉纹白色，腹侧和四肢具黑色花纹。角光滑，长80厘米，双角向外张开。雌性的角小而短，身上的黑色斑纹很少。岩羊的繁殖习性与其他羊类似，会用角相互顶撞以争取妻妾群。

Ammotragus lervia

鬣羊

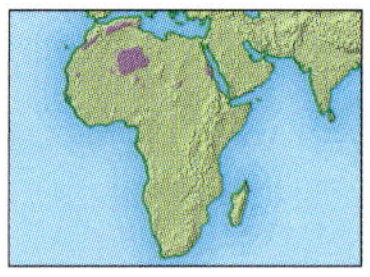

体长：1.3—1.7米
尾长：15—25厘米
体重：40—145千克
社群单元：独居/群居
分布：非洲北部
保护现状：易危

鬣羊的毛色为红棕色至黄褐色，颈和肩部的鬃毛短而挺立，喉、胸及前腿上侧的鬃毛较长。雄羊的鬃毛和长达84厘米的新月状角都较雌羊发达。鬣羊以多种植物性食物为食。雄羊彼此间低着头互相冲撞，以争夺优势地位和与雌羊群交配的权利。

Ovis ammon

盘羊

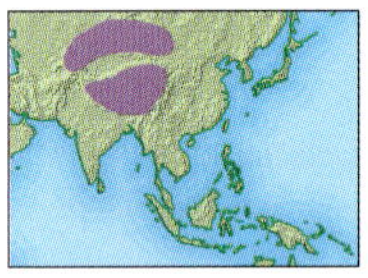

体长：1.2—1.8米
尾长：7—15厘米
体重：重达200千克
社群单元：独居/群居
分布：亚洲中部和南部
保护现状：近危

雄盘羊发情时除了以头部互相攻击外，还会彼此平行奔跑，用头冲撞对手的腹侧与胸部。盘羊也称大角羊，是体形最大的野生绵羊，带有环脊的双角向下扭转360度；年龄越大，角的扭转度越大，雄羊的角可长达1.5米。它们具高度群居性，毛色为多变的淡棕色，腿部白色，臀部有白斑。与许多野生绵羊一样，它也因人类的猎杀和家畜的竞争而饱受威胁。双胞胎幼崽相当常见。

Ovis gmelini

摩弗伦羊

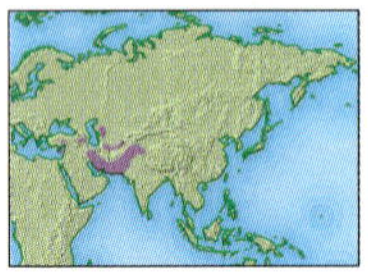

体长：1.1—1.3米
尾长：7—12厘米
体重：25—55千克
社群单元：独居/群居
分布：亚洲西部
保护现状：易危

摩弗伦羊是体形最小的野生绵羊，可能是所有被驯化品种的祖先，它们常在高地、多灌丛的草地平原地带活动。毛色呈红棕色，背部有深色中脊线，两侧具浅色鞍形纹，尾巴宽短色深，腹部色浅。雌雄皆具弯角，雄羊的角较长，达65厘米。摩弗伦羊与许多野生绵羊一样，由雌羊携带幼崽组成小群，独居或单身汉群中的雄羊会相互打斗争夺优势地位和交配机会。但能否竞争成功要视雄羊的推挤、头顶和撞击的力量而定，因此许多雄羊要到6—7岁时才能开始繁殖。发情期始于秋末。

Ovis canadensis

加拿大盘羊

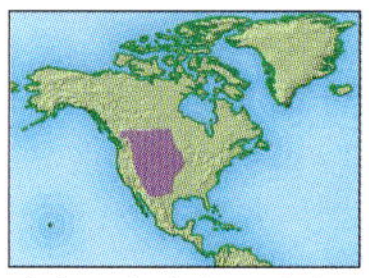

体长：1.5—1.8米
尾长：7—15厘米
体重：55—125千克
社群单元：独居/群居
分布：加拿大西南部、美国西部和中部、墨西哥
保护现状：无危

加拿大盘羊的夏季毛色呈光亮棕色，易断裂的保护毛覆盖在卷曲的灰色内层绒毛上，冬季毛色变淡。发情期前，雄性互显英姿，再互相走开一段距离，然后转身，以具有威胁性的跳跃向对方冲去，彼此以巨大的冲力互撞头部。这个行为会持续数小时，直到一方放弃为止。雌性的妊娠期为150—180天，每胎可产崽1—3头。

大角

雄羊的角弯曲成近乎完整的圆形，角的重量可达14千克，几乎与头颅等重。雌羊的角较小，仅略微弯曲。

可望不可及

加拿大盘羊和许多野生绵羊一样，遭受威胁时借助能够抓地的蹄子和攀爬能力，逃至近乎垂直的岩石峭壁上，使捕食者无法近前捕食。幼崽向群体中的成体学习季节性迁移的路线，以及如何选择适当的栖息地。

争夺优势地位

每到发情季节，雄加拿大盘羊之间就会为了抢夺与雌羊的交配权而发动战争。如果双方都不向对方妥协，战斗便随之开始。图中的两只雄盘羊后腿站立，头部重重地撞在一起。力量较弱的一方最终将被驱逐。

鲸豚

门：	脊索动物门
纲：	哺乳纲
目：	鲸目
科：	11科
种：	85种

分类说明

本书按照传统的鲸豚分类法将鲸目分为须鲸和齿鲸两个亚目。二者间的相互关系目前还难以确定，但遗传学和形态学证据都表明，鲸与偶蹄目的河马存在最密切的亲缘关系。

须鲸见第246—249页
齿鲸见第250—261页

鲸豚类包括鲸、海豚及鼠海豚，有可能是最特殊的一类哺乳动物。它们体形似鱼，体表无毛，前肢鳍状，后肢退化（位于体壁内）。然而，鲸豚类却是真正的哺乳类，用肺呼吸，并且长有用于哺育幼崽的乳腺。鲸豚类被分为须鲸（如座头鲸和露脊鲸）和齿鲸（如海豚和鼠海豚）两类，在世界各地的海域均有分布，也有一些物种栖息在热带及亚热带的河流中。鲸豚中的许多物种，包括蓝鲸等，都因遭到大规模的捕杀而濒临灭绝。

身体结构

鲸豚类的身体无毛，体呈流线型，可以减少水流阻力。体外只保留着最基本的身体结构，如用于控制方向的胸鳍、无骨的水平尾鳍（鱼类的尾鳍呈垂直状）和有稳定作用的背鳍。即使是生殖器官都缩于体内。鲸豚类还有其他因在水中生活而产生的适应性变化，如皮下的鲸脂（脂肪与油）可以保持体温，骨骼质轻充满油脂，并具有海绵状组织。鲸豚类通过位于头顶的1（齿鲸）至2个（须鲸）喷水孔进行呼吸。齿鲸的大脑和灵长类一样大，因智商很高而闻名。须鲸的大脑相对较小。

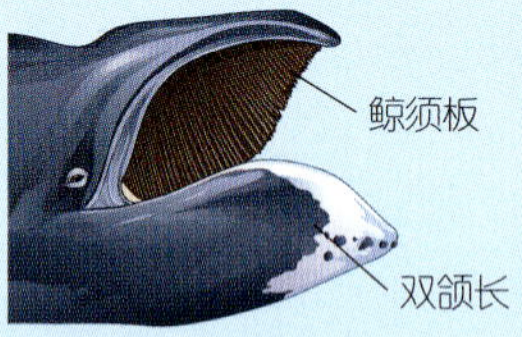

须鲸

须鲸的口内无齿，上颌两侧各有130—400枚角质骨板（鲸须）。每枚鲸须板的内缘都长有坚硬的刚毛，用于过滤水中的食物。

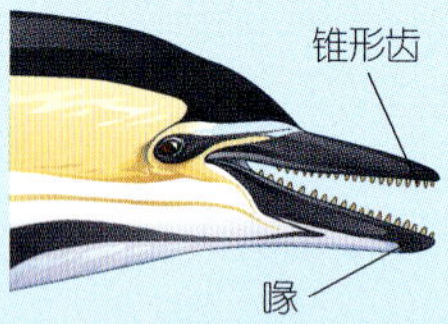

齿鲸

齿鲸的圆锥形牙齿结构简单，大多数种类的牙齿数量都很多。它们的双颌向前延伸形成突出的吻，如海豚的喙。

强壮的尾巴

鲸豚类主要借助尾巴的上下摆动向前移动。座头鲸（图中所示）的摆尾幅度很大，因此在跃身击浪时能将身体的三分之二推出水面。

感官

鲸豚类的听觉极度敏锐，但视觉不佳，水下的最佳视力范围约为1米，出水后的视力范围约为2.5米，且辨识颜色的能力有限。一些物种的双眼能同时朝前、朝上或朝后聚焦，有些的眼睛则能单独转动。然而，一些淡水海豚几乎或完全看不到东西。齿鲸类运用高频的咔嗒声进行回声定位，并且能用人类可以听见的多种声音进行交流。其他的鲸豚类也会利用各种声音沟通，但相关研究较少。此外，鲸豚类也没有嗅觉能力。

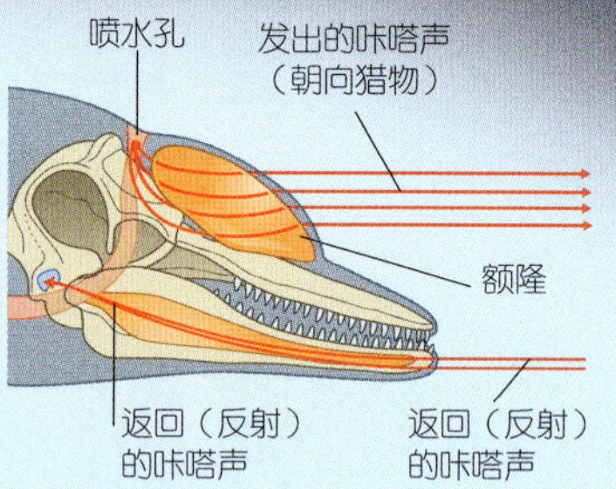

利用回声定位

齿鲸依靠高频的咔嗒声避开障碍物和捕获猎物，它们发出的声音碰到周围的物体时会反射回来，由颌部接收。头部的额隆（一种充满液体的突出结构）能改变形状以有效地进行回声定位。

跃身击浪

1 **出水**

南露脊鲸准备跃身击浪时，会以垂直方式出水，以减少水的涡流。

2 **露出胸鳍**

当它持续向上推动身体时，胸鳍便会露出水面。

3 **开始下降**

借助尾鳍的猛烈拍动，南露脊鲸完成上跃，近乎一半的身体都会露出水面。

4 **完成上升**

当它落回水时，会在空中完成转体动作。

海洋巨人

抹香鲸有着与鱼雷状的身体相连的巨大头部。与许多鲸豚类一样，抹香鲸的体形也非常庞大，雄鲸的体长可达18米，体重超过50吨重。

繁殖

一些鲸鱼在冬季繁殖，包括座头鲸等须鲸。它们从夏季觅食的极地海域向热带海域（通常位于群岛或近海地区）长途迁徙，在那里分娩后，又立刻怀孕，直到春天才再次返回寒冷的海域觅食。其他鲸类进行季节性繁殖，但不会为了繁殖而大举迁徙。鲸豚类的交配时间非常短暂。雄性的阴茎呈S形，平时都缩在体腔中。阴茎依靠肌肉的力量勃起，而非充血勃起。雌鲸（和某些海豚群中的成员）分娩后将幼崽顶出水面，好让它们能够吸入第一口空气。

哺育幼崽

鲸豚类的幼崽依靠母乳生活，直到可以取食固体食物为止。图中花斑原海豚的乳头位置非常典型，位于体壁上的一对裂缝中。

保育

人类捕杀鲸鱼，以获取鲸肉、鲸骨和鲸脂的历史悠久。20世纪期间，随着大规模的捕猎和新捕猎技术的出现，如捕鲸船（上图），导致鲸的物种数量大幅减少。国际捕鲸委员会于1966年将部分鲸鱼列为禁捕对象后，这些物种的数量才有所回升。1986年，《禁止捕鲸公约》生效。尽管如此，仍有不少国家以科研为名继续捕杀鲸鱼，而这也正是发生争议的根源所在。

水下生存

虽然鲸豚类需要呼吸空气，但它们能在水下停留很长时间，只在换气（喷水）时才浮出水面。当它们潜水时，心跳速率会减慢50%。此外，水下的压力也会将表皮附近血管中的血液挤压出来，以供应重要器官利用。水压还会压缩肺部，将其中的空气压入支气管和鼻腔，使呼吸道管壁的泡沫状分泌物能吸收部分空气。因此，有些齿鲸能潜入海洋深处寻找猎物。

探索海洋深处

抹香鲸会比其他鲸豚类潜入更深的水域中寻找乌贼。它们的潜水记录多达1000米深，并且能在水下停留约90分钟。

喷水

鲸豚类出水时会将喷水孔张开，用力喷出空气和油滴状的雾状水柱后，才会再次吸气。

重新回到水中

鲸体落回水中产生的击水声音在1000米以外都能听到。

下潜

当头部消失在水中时，只能看到胸鳍和部分身体。

水花四溅

与最初的跃离水面相比，鲸体落回水中时会激起巨大的水花。

身影消失

随着一系列动作的完成，鲸鱼可能会再次跃起。但其为何会跃出水面，原因仍不清楚。

哺乳动物

须鲸

门：	脊索动物门
纲：	哺乳纲
目：	鲸目
亚目：	须鲸亚目
科：	4科
种：	14种

须鲸最显著的特点就是体形巨大，既包括体长仅6.5米的露脊鲸，也包括长达33米的蓝鲸。它们的另一个特征是长有能从海水中滤食的鲸须板。须鲸的成员包括灰鲸、须鲸（座头鲸和蓝鲸）和露脊鲸。虽然它们常见于南极和北极地区，但在世界各地的大洋中都有分布，通常栖息在深水区。

身体结构

本类群所有成员的上颌两侧各有两排角质鲸须板（第244页），双颌也因鲸须的存在而变长，这就意味着与身体相比，有两个喷水孔的头部比例会很大。例如，露脊鲸的头长可达体长的一半，且颌部很深，以容纳较长的鲸须板，而身体则相对粗短。反之，须鲸的身体较为细长，鲸须也较短。

觅食

灰鲸以端足类（分布在海底）的小型甲壳动物为食，露脊鲸和须鲸则以漂浮在水面附近的浮游生物为食。露脊鲸觅食时，张着嘴巴缓慢地从猎物聚集处游过，然后将水滤出，享用留在嘴中的浮游生物。须鲸则更为主动，会张开大嘴冲向猎物。它们进食时，喉咙上的褶皱变得松弛，使下颌能像巨型囊袋一样容纳体积庞大的海水。当海水被排出时，猎物就被困在鲸须中。

大型须鲸的鲸须板上有着细密的刚毛，能捕获磷虾等甲壳类和小型鱼类。小型须鲸的鲸须板上的刚毛粗大，能捕获较大的甲壳类和小型鱼类。灰鲸则利用相对结实的短吻搅动海底的沉积物，然后大口吞食猎物，食物中通常还夹带着泥沙和小石子。

迁徙

须鲸中的成员大多都迁徙。须鲸夏季在北极与南极海域（磷虾丰富）觅食，因长距离的迁徙能力而闻名，秋冬之际迁徙到热带水域生活。它们在此进食不多，分娩后又立即交配。到了春季，则带着仍在哺乳期的幼崽缓慢游回高纬度地区。座头鲸虽然经常沿着海岸线迁徙，但其他须鲸则更偏好深水区域。灰鲸是哺乳类中迁移距离最长的物种，每年的迁徙距离约20,000千米。

通讯

须鲸利用尖叫声和隆隆声等各种声音进行沟通，其中最著名的就是雄性座头鲸发出的“歌声”。鲸鱼通常在冬天的繁殖期发出歌声，歌声由一连串重复的高低音组成，音调也随季节的不同而产生变化。这些声音的传播是鲸类在广阔海洋中的重要沟通方式。另一些物种还能发出不同的声音，如长须鲸发出的声音频率远低于人类的听觉范围，但却能在海中传递到很远的地方。

罕见的觅食技巧

须鲸大量进食小型猎物。图中的座头鲸将一群小鱼向水面驱赶，随即张开大嘴吞入大量的海水和鱼群。当它的嘴巴合拢时，水流因受到坚硬上颌的挤压顺着鲸须板流出，而猎物则被困在鲸须中。

Eschrichtius robustus

灰鲸

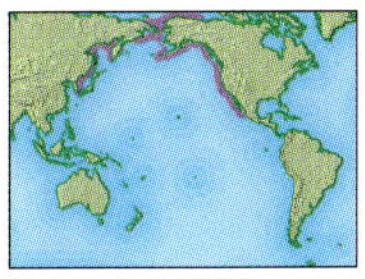

体长：13—15米

体重：14—35吨

社群单元：群居

保护现状：无危

分布：北太平洋

灰鲸也和其他须鲸一样是滤食动物。然而，它们也会异乎寻常地潜至浅海海底，用巨大的嘴巴搅起泥沙，然后利用粗短的鲸须从中滤食蠕虫、海星、虾类和其他小型生物。灰鲸能发出嘟囔、哭泣、叹息和咔嗒敲击等多种声音，但发声原因仍不清楚。

保育

灰鲸在近岸海域觅食，因此很容易观赏到，在太平洋东部尤其如此。灰鲸常结成多达十只的小群，夏天成群向北极海域的觅食地迁徙，冬季则沿岸南下越冬，同时产下幼崽。灰鲸是哺乳类中迁移距离最长的物种，每年的迁徙距离可达20,000千米。自1946年的保护法案生效以来，太平洋东岸的灰鲸数量已有所回升，但太平洋西岸的数量仍然很少。

浮窥

许多须鲸（包括灰鲸）都在水中垂直浮升，将头部露出水面四顾。这样做的目的可能是为了发现其他鲸类、观察地标或检验迁徙路线上的洋流状况。灰鲸群游动时的动作十分整齐，不仅排列成行，还会同时跃出水面。

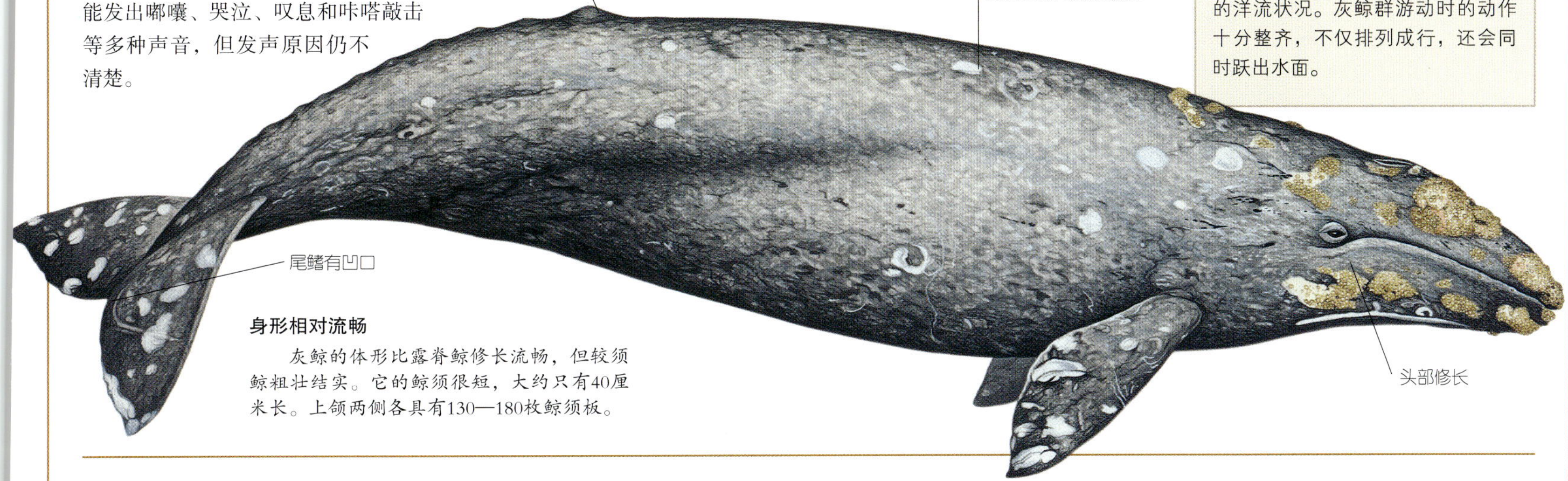

身形相对流畅

灰鲸的体形比露脊鲸修长流畅，但较须鲸粗壮结实。它的鲸须很短，大约只有40厘米长。上颌两侧各具有130—180枚鲸须板。

Eubalaena japonica

北太平洋露脊鲸

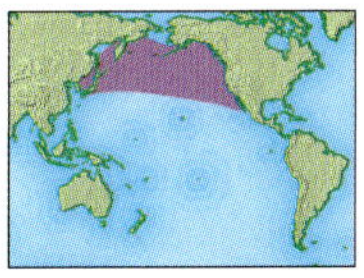

体长：13—17米

体重：40—80吨

社群单元：不固定

保护现状：濒危

分布：温带和亚寒带海域

这种体形巨大的鲸鱼是大型鲸类中最为濒危的一种，由于它的行动迟缓，只能潜水数分钟，且在水面附近觅食，因此面临着与船只和捕鱼设备相撞的危险。北太平洋露脊鲸夏季迁徙至南半球或北半球，冬季回到温暖的中纬度水域过冬，并在此时产下一只体长4—6米的仔鲸。它们头顶的两个喷水孔能喷出浓密的"V"形水柱。还会发出包括胸鳍拍水和跃身击浪等声音。

滤食

北太平洋露脊鲸独自或结成小群觅食，游动时张开大嘴让水灌入，然后过滤其中的浮游生物。独特的下弯型上颌的两侧各具200—270枚细窄的鲸须板，其长度可达3米，以蓝黑色为主，有时也呈白色。

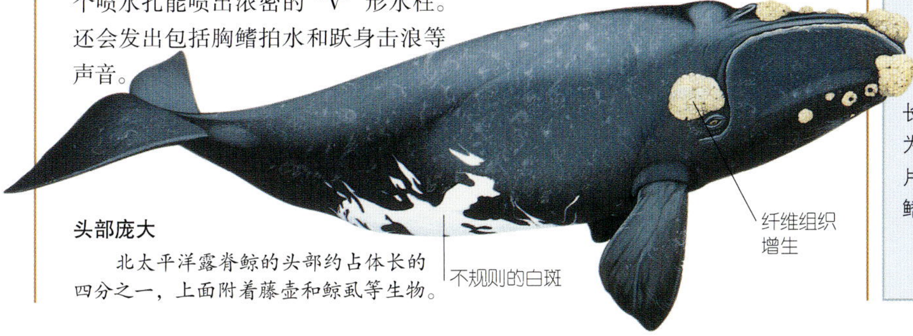

头部庞大

北太平洋露脊鲸的头部约占体长的四分之一，上面附着藤壶和鲸虱等生物。

Balaena mysticetus

北极露脊鲸

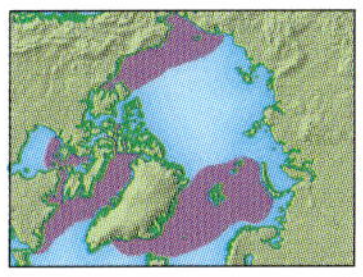

体长：14—18米

体重：50—60吨

社群单元：群居

保护现状：无危

分布：北极和亚北极海域

北极露脊鲸的头部巨大，重量约占体重的三分之一。它们长年都栖息于遍布海冰的极地海域，进入连续数周的黑暗时，利用回声定位在浮冰间和水下航行。北极露脊鲸在水面张大嘴巴滤食。它能潜水5—15分钟，因此能在中层水域或在海底挖掘泥沙觅食。新生仔鲸体长4—4.5米，需要母乳喂养5—6个月。

体表光滑

北极露脊鲸全身呈黑色，体表没有鲸虱和藤壶寄生，亦无皮肤硬化或此类组织生长。

最大的鲸须

北极露脊鲸拥有最长的鲸须。棕黑色或蓝黑色的鲸须板可达4.6米长，位于"弓形"上颌（此种因此被称为弓头鲸）两侧，每侧各具240—340片鲸须板。北极露脊鲸没有喉腹褶和背鳍，因此体表显得十分光滑。

Balaenoptera physalus

长须鲸

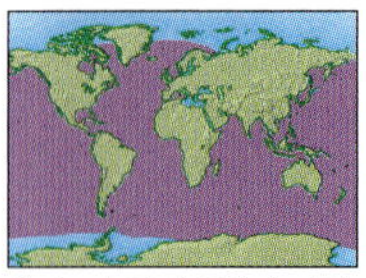

体长：19—22米	
体重：45—75吨	
社群单元：不固定	
保护现状：濒危	

分布：全球广泛分布（除地中海东部、波罗的海、红海、阿拉伯湾外）

长须鲸是体形第二大的鲸鱼，也是游速最快的鲸鱼之一。除了能发出嗡嗡声和尖叫声外，还能发出数百千米远都能听到的深沉而响亮的呻吟声。长须鲸与其他大型鲸类一样，也在夏季觅食鱼类和磷虾的高纬度地带和冬季繁殖的热带水域之间长途迁徙。长须鲸的妊娠期为11个月，新生仔鲸长达6.4米，出生9—10个月后断奶。这说明每只雌鲸每两年只能孕育一个后代，因此，数量较少的种群需要数十年时间才能逐渐恢复规模。

背鳍、胸鳍和尾鳍

长须鲸的背鳍、胸鳍和尾鳍呈灰色。背鳍位于背部偏后的三分之二处，后缘内凹。

右侧进食

长须鲸以快速冲刺的方式捕捉磷虾和毛鳞鱼、鲱鱼等猎物。它们成群展开攻击，张开大嘴吞入大量海水，然后合拢嘴巴将海水挤出，迫使猎物留在鲸须上。长须鲸通常向身体右侧游动，这或许就是为何它的嘴巴左侧为黑色，而右侧为白色的原因。这种不对称的体色在哺乳类中非常罕见。

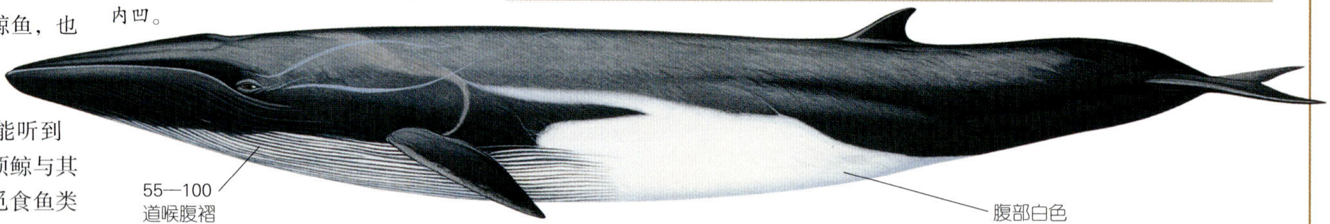

Balaenoptera musculus

蓝鲸

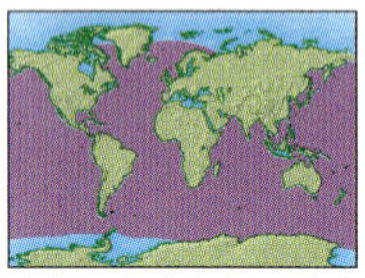

体长：20—30米	
体重：100—160吨	
社群单元：独居	
保护现状：濒危	

分布：全球广布（除地中海、波罗的海、红海和阿拉伯湾）

蓝鲸是地球上体形最大的动物，它的食物几乎完全由磷虾构成，每天的摄食量超过6吨。蓝鲸捕食时冲向猎物群，喉咙可扩张到正常尺寸的4倍大。当它合拢嘴巴排出水分后，成千上万条留在鲸须上的猎物就被全部吞掉。蓝鲸主要于夏季在食物丰富的极地海域及其邻近水域觅食。人们认为蓝鲸在冬天迁徙到温暖的低纬度海域，雌鲸也在此时分娩。仔鲸体长7米，重2.5吨，哺乳期为6—8个月。蓝鲸通常独自行动或母子成对活动，但也结成松散的觅食群。它们能发出呼噜声、嗡嗡声和呻吟声，超过180分贝的响亮声音堪为所有生物之冠。

流线型巨兽

蓝鲸外形纤细，尤其是在冬季，但夏季则会变胖。它的背鳍极小，位于身体后段接近尾鳍的地方，体色主要为浅蓝灰色。

潜水方式

蓝鲸头朝下进行深潜时，独特的宽大尾鳍会露出水面，然后便陡降下潜，最深可至水下约200米处。蓝鲸并不借助狭长的胸鳍推进身体，而是利用强健的背部肌肉牵动身体后段，同时上下摆动尾鳍产生前进动力。

balaenoptera omurai

大村鲸

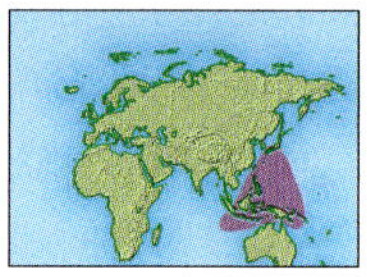

体长：9.6—11.5米	
体重：20吨	
社群单元：不详	
保护现状：数据缺乏	

分布：太平洋海域

大村鲸曾被误认为成小布氏鲸的侏儒种类，20世纪70年代到90年代，日本科研人员通过研究捕鲸船采集的标本，确定大村鲸为新的物种，且隶属一个更原始的须鲸类群。人们只能从目前仅有的9个标本进行研究，除了一条是因为搁浅外，其余八条都捕获于日本、新几内亚和印度尼西亚之间的深海，但这种鲸鱼的准确分布范围尚不得而知。全球的大村鲸种群规模估计在1800只左右，但数据的可靠程度较低。有关鲸胃中的残留物研究表明，它们与其他须鲸一样，也主要以磷虾为食。

Balaenoptera edeni

小布氏鲸

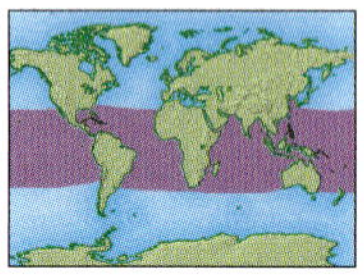

体长：9—12米	
体重：16—25吨	
社群单元：不固定	
保护现状：数据缺乏	

分布：全球热带和温带海域

全球共有两种相似的鲸鱼都以布氏为名（发音“Broodah's”），其中的小布氏鲸主要分布在东印度洋及西太平洋的沿岸地带。体形较大的布氏鲸（Balaenoptera brydei）分布于大西洋、印度洋以及太平洋北部、东部和南部等海区。二者除了体形大小不同外，体色皆为蓝灰色，腹部色泽较淡，喉腹褶40—70条，鲸须板上有粗糙的硬毛，小型背鳍位于粗壮躯体的三分之二处。小布氏鲸的潜水时间可达20分钟，主要捕食鱼类和磷虾。它们通常单独行动，或结成松散的小群同行，但在食物丰盛处也聚集成数十只的大群。这两种布氏鲸的游泳速度都很快，并且经常改变行进的速度与方向。出水时先露出头，身体几乎以垂直角度跃离水面，然后拱身露出身体后段，但在落水时不会露出尾鳍。雌鲸历经8—11年发育成熟，妊娠期12个月，每次只产1只仔鲸。

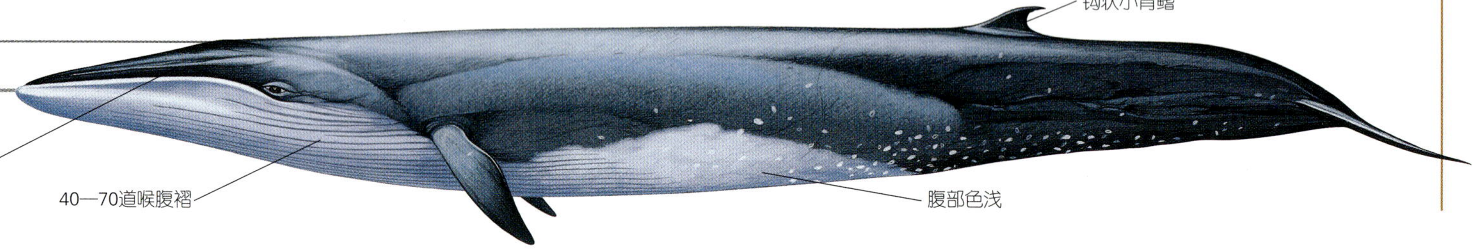

Balaenoptera borealis

塞鲸

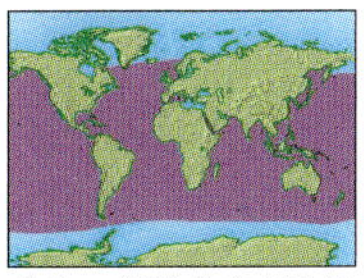

体长：14—16米
体重：20—25吨
社群单元：群居
保护现状：濒危

分布：全球广布（除地中海、波罗的海、红海和阿拉伯湾）

与蓝鲸和长须鲸等分布广泛的近亲物种相比，塞鲸更常出没于8—25℃的温带海域。塞鲸体形细长，头部细长突出，颌部线条略为下弯。上半身呈深灰色，与白色或浅灰色的腹部之间过渡明显。塞鲸的上颌两侧各有320—340片紧密相接、边缘呈穗状的鲸须板，有助于滤食包括直径小于1厘米的桡足动物（状如水虱的甲壳类）、直径超过1米的鱼群以及体长达30厘米的乌贼在内的各种浮游生物。塞鲸通常结成2—5只的小群。它们的潜水深度很少超过300米，能在水下停留达20分钟。大多数塞鲸只产一只幼鲸，偶有双胞胎出生。

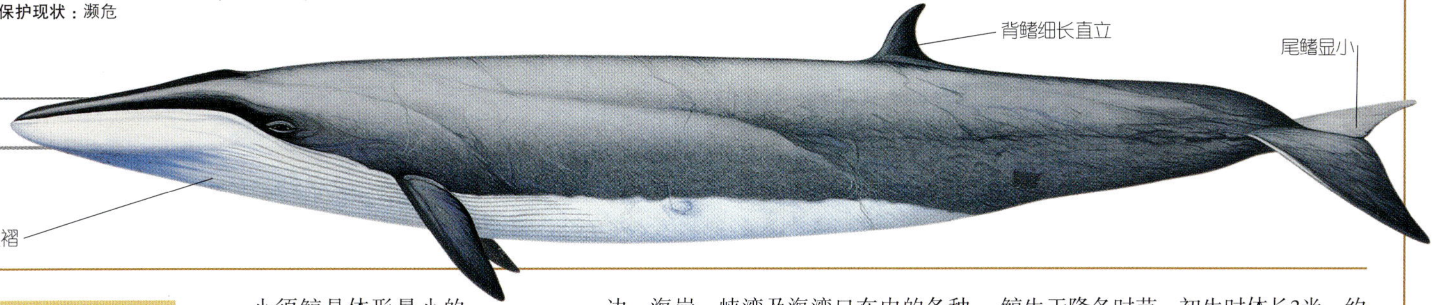

Balaenoptera acutorostrata

小须鲸

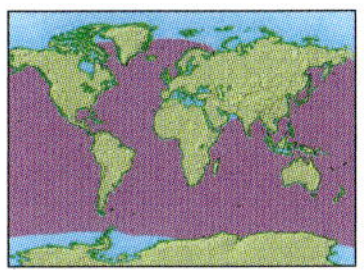

体长：8—10米
体重：8—13吨
社群单元：独居
保护现状：无危

分布：全球海域（地中海东部除外）

小须鲸是体形最小的须鲸，上颌两侧各有230—360片30厘米长的小型鲸须板。小须鲸并无普遍的迁徙模式，可见于包括大洋和浮冰周边、海岸、峡湾及海湾口在内的各种海域。小须鲸通常单独觅食，大口吞食紧密的磷虾群或鱼群。它们一点也不害羞，常接近停止不动的船只。仔鲸生于隆冬时节，初生时体长3米，约4个月大时断奶。最近，有种体形较小的小须鲸被单独列为一个物种，即南极小鳁鲸（Balaenoptera bonaerensis）。

烟灰色斑纹

小须鲸的黑色背部与白色腹部的相交处具有“烟雾状”的灰色斑纹。胸鳍上的白色带纹可延伸至胸部。

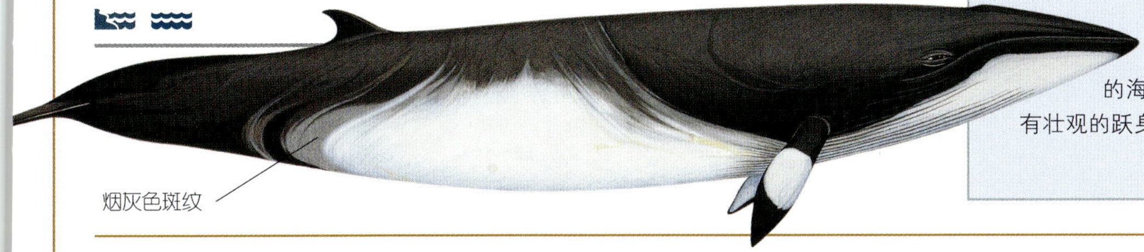

形似海豚

小须鲸的外形似海豚，吻部尖锐，头部突出，头上的一道隆脊自吻端一直延伸到额头后侧的两个喷水孔处。它的游泳速度快而灵活，能在巨大的海浪上“冲浪”，偶尔会有壮观的跃身击浪行为。

Megaptera novaeangliae

座头鲸

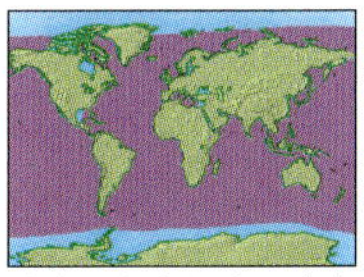

体长：13—14米
体重：25—30吨
社群单元：不固定
保护现状：无危

分布：全球广布（地中海、波罗的海、红海和阿拉伯湾除外）

座头鲸的背部呈深蓝黑色，腹部色泽较浅或有白色斑纹。尾鳍腹面的颜色变化可用于个体识别，胸鳍长度在动物中跃居榜首，前缘的节瘤也有助于个体的识别。尽管体形巨大，但行动却优雅敏捷，能跃身击浪（下方图框）。座头鲸于夏季从寒冷且食物丰富的极地附近海域，迁徙到低纬度的温暖海岸浅水区越冬产崽。怀孕的雌鲸在觅食区停留时间最长。座头鲸的取食方法多样，常结成小群合作在水底制造气泡“帘幕”或“围幕”来围捕鱼群。这种鲸鱼非常喜欢发声，能发出数种声音，这些声音或许与协调捕食行动有关。单身雄鲸会在雌鲸越冬产崽的区域发出一长串变化丰富的声音（见右下方）。

身躯与鳍

座头鲸的身体粗壮，背鳍形状多变，从近乎扁平或高耸呈三角形不等，鳍基部有脂肪垫。尾鳍宽度可达头部和身体总长的三分之一。

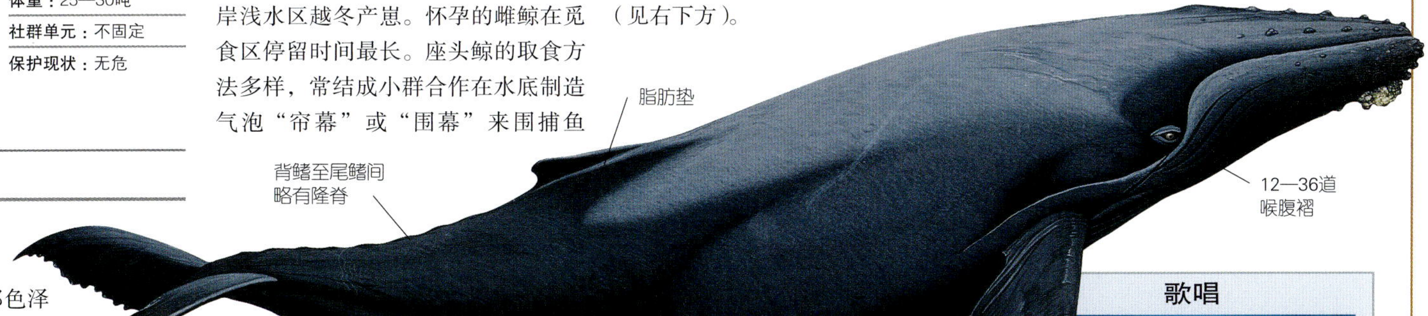

跃身击浪

座头鲸拍尾时能产生足够大的力量，将重达20余吨的身体几乎全都推出水面，然后在空中翻转身体，背部朝下着水，溅出巨大的浪花。鲸类跃出水面做出“跃身击浪”动作的原因不明，但有可能是为了制造有巨响的浪花，或减缓皮肤上寄生虫带来的疼痛刺激。

歌唱

雄性座头鲸的歌声每年都会发生变化。它的歌声可持续30多分钟，用以吸引雌鲸或警示吓阻其他雄鲸，或是探测其他鲸鱼发出的声响。上图中的雄座头鲸正在采取歌唱姿势，即在水下10—40米处身体保持垂直，头部朝上。

齿鲸

门：	脊索动物门
纲：	哺乳纲
目：	鲸目
亚目：	齿鲸亚目
科：	7科
种：	71种

齿鲸的种类比须鲸更为多样，物种数几乎占到鲸豚总数的90%。这一类群包括海豚（含虎鲸）、江豚、鼠海豚、白鲸、抹香鲸和喙鲸。虽然抹香鲸可长到18米长，但大多数齿鲸均体形中等，都有牙齿而无鲸须。它们的前额有一块充满液体的肿胀处，称为额隆，额隆前侧通常具嘴喙。大多数齿鲸分布于世界各地的深海及沿岸浅水中，少数生活在淡水中。一些齿鲸进行迁徙，但只有抹香鲸进行长距离的迁徙。

身体结构

齿鲸长有简单的圆锥状尖齿，无门齿、犬齿、前臼齿及臼齿之分（多数哺乳类有此分别）。每枚牙齿都为单根，齿根或直或弯。牙齿终生不换。齿数因种而异，有些海豚的上下颌各长有40多对牙齿，而某些喙鲸只在下颌长有1对牙齿。与须鲸不同的是，齿鲸的喷水孔只有一个，因而头骨呈左右不对称状。喷水孔通常位于头顶（抹香鲸的喷水孔位于头颅前方）。大部分齿鲸的另一项特征是头部呈流线型且嘴喙细长。

觅食

齿鲸通常逐一捕捉猎物，与捕食成群猎物的须鲸十分不同。它们的同形牙齿最适合捕食光滑的鱼类，且大多数种类都吃鱼。但抹香鲸大多以乌贼为食（但也捕食章鱼等其他猎物），喙鲸捕食鱼和乌贼。虎鲸捕杀其他鲸类（通常采取团队攻击）、鱼类和海豹，有时还借助海浪将自己推到沙滩上捕食海豹。它们也会摇晃大块浮冰，迫使猎物落水。食鱼物种（包括虎鲸）通常长有许多牙齿，以便紧咬住扭动的猎物，而那些取食乌贼或章鱼等猎物的齿鲸的牙齿数量则较少。抹香鲸仅下颌（非常狭小）有牙齿，捉到猎物后利用下颌牙齿和粗糙的上颚将其紧紧夹住。所有的齿鲸都利用回声定位（第244页）寻找猎物和闪避前方的物体。

社群行为

齿鲸大都集群生活，群成员的数量从不到10只至1000多只不等（如某些海豚群）。人们对这些鲸群的确切组织分工了解甚少，但有人认为鲸群会分成子群独立完成觅食等任务。这就表示鲸群有着复杂的社会结构。一些齿鲸，尤其是虎鲸，表现出合作狩猎的行为，猎物会被鲸群驱赶到一处，直到被捉住或被围困。海豚成群游行时，常跃出水面，这有可能只是一种嬉戏行为或是一种沟通形式。

追求速度的流线型身材

花斑原海豚的游动迅速且精力充沛，它们和其他数种齿鲸一样，通常结成庞大的群体共同活动。它们利用尾巴的强力摆动，向前推进鱼雷状身体。体表的斑点具隐蔽作用，可以防止在明亮的浅水水域活动时，引起捕食者和猎物的注意。

Platanista gangetica

恒河豚

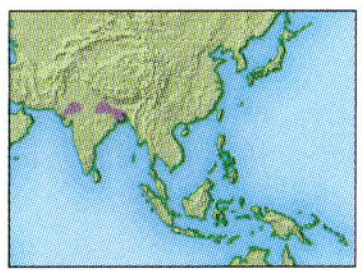

体长：2.1—2.5米

体重：85千克

社群单元：不固定

保护现状：濒危

分布：亚洲南部（印度河和恒河—布拉马普得拉河水系）

这种完全生活在淡水中的海豚在当地被俗称为susu或bhulan，它的胸鳍宽大明显，嘴喙狭长，上颌长有26—39对尖牙，下颌为26—35对。嘴喙前方的牙齿突出在外，能将从水底或其附近捕获的鱼类、贝类及其他类似猎物困在嘴中。灵活的颈部使得头部能进行90度的弯曲，方便在泥沙中翻掘食物或用声波脉冲侦测河底的猎物。

恒河豚通常结成4—6只的小群共同生活，群成员偶尔也可达30只。然而，人们对其社群活动和繁殖习性还不得而知。恒河豚共有两个亚种，其中的印度河亚种Platanista gangetica minor栖息在印度河及其支流流域，而恒河亚种Platanista gangetica gangetica栖息在恒河至布拉马普得拉河流域。二者都极为稀有，面临诸多来自人类的威胁。

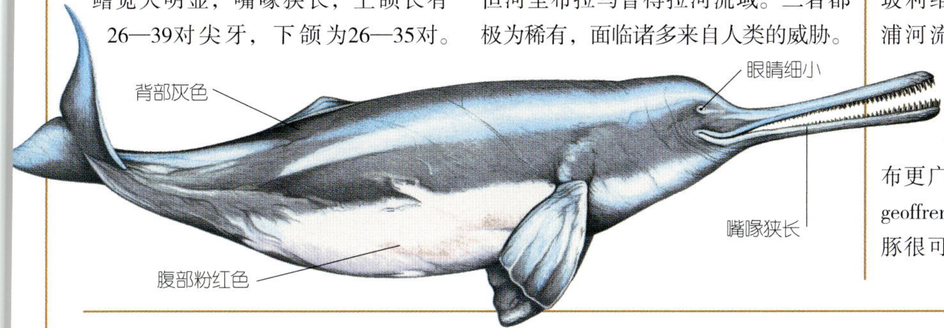

Inia boliviensis

玻利维亚亚河豚

体长：2.8米

体重：180千克

社群单元：独居/成对

保护现状：未评估

分布：南美洲中部

这种河豚曾被认为是亚马孙河豚的小型灰色亚种，如今则被归为一个独立的物种。玻利维亚亚河豚分布于玻利维亚的贝尼河、马莫雷河和瓜浦河流域，与其他亚河豚种群在地理上被马德拉河约400千米长的急流地带隔离。不同的研究表明，它在遗传学上与分布更广泛的近亲奥里诺科亚河豚Inia geoffrensis截然不同，且玻利维亚亚河豚很可能于500万年前被隔离在了贝尼河地区，此时的安第斯山脉正在形成，而马德拉瀑布还未出现。

玻利维亚亚河豚与亚马孙河豚一样，游泳时在灵活颈部的帮助下，利用长嘴喙捕食底栖鱼类。这种河豚的数量在潟湖和水流汇聚处更为丰富，因为猎物就集中在水中的漩涡和涡流处，因此更易捕食。它们通常单独或成对活动，汛期很少被见到，也许是随着水流进入到了泛洪的森林地带。

Inia geoffrensis

亚马孙河豚

体长：2—2.6米

体重：100—160千克

社群单元：多变

保护现状：数据缺乏

分布：南美洲（亚马孙河及奥里诺科河盆地）

这一物种在当地被俗称boto或boutu，分布于亚马孙河至奥里诺科河流域。它的嘴喙细长，颈部灵活，能在1—2分钟的短暂潜水期间戳进泥沙中寻找猎物。由于眼睛很小且生活在浑浊的水域中，因此极有可能通过回声定位寻找出路和猎物。亚马孙河豚的上下颌各有25—35对牙齿，颌前端的牙齿状如楔子，用于捉住猎物，后方的牙齿较为扁平带尖，适于咬碎淡水蟹、河龟和甲鲶鱼等猎物。雌河豚于5—7月间产下一只体长80厘米的幼崽。

谨慎接触

亚马孙河豚以缓慢且缺乏活力的生活方式而闻名，它们常独居或成对活动，偶尔聚集成20多只的群体。一些地区的亚马孙河豚会因好奇接近船只或游泳者，但在遭受猎捕的区域，它们的行动就变得较为谨慎。

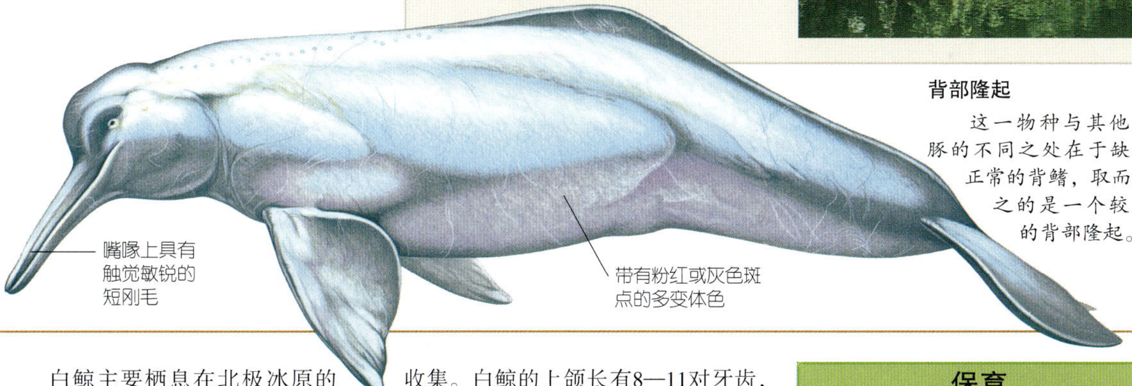

背部隆起

这一物种与其他江豚的不同之处在于缺少正常的背鳍，取而代之的是一个较低的背部隆起。

Delphinapterus leucas

白鲸

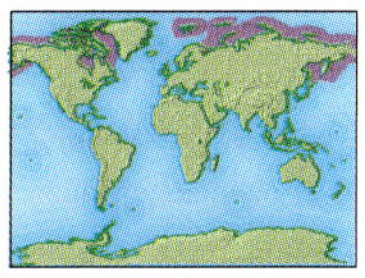

体长：4—5.5米

体重：1—1.5吨

社群单元：群居

保护现状：数据缺乏（最新）

分布：北冰洋

白鲸主要栖息在北极冰原的边缘海域，无线电追踪器的数据显示它可潜至水下300米处，有可能借助回声定位寻找猎物和呼吸孔。白鲸能发出多种声音，包括尖叫声、哨音、喵呜声、咔嗒声和嗡嗡声。人们透过船壳就能听到这些声音，白鲸也因此被称为海洋金丝雀。它们利用回声定位发出的声音能通过突起的额隆来收集。白鲸的上颌长有8—11对牙齿，下颌有8—9对，能咬碎鱼类、软体类、甲壳类和其他猎物。仔鲸出生时体呈深灰色，体长1.5米，2岁大时体色变淡，5岁大时呈现略带蓝光的白色。

全白的鲸

白鲸是鲸豚类中唯一全身呈白色的物种，成年白鲸的体色能与北极的浮冰和冰山融为一体。它的白色皮肤有时在夏季发情时稍带淡黄色调，但蜕皮后即消失。

保育

全球气候变暖为北极地区开辟了海上航线，也为航运和石油开采创造了条件，但随之而来的污染则对白鲸构成了日益严重的威胁。白鲸还是一些猎人赖以维生的捕猎目标，但商业捕杀活动已被保护条约所禁止。

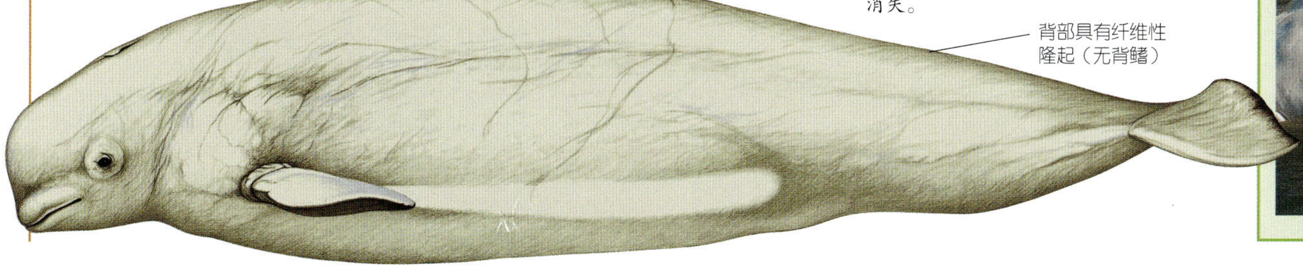

Monodon monoceros

独角鲸

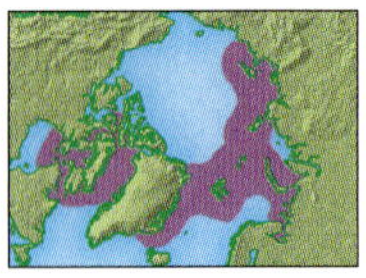

体长：4—4.5米
体重：0.8—1.6吨
社群单元：群居
保护现状：近危

分布：北冰洋

独角鲸是分布最靠北的哺乳类，栖息于北极海域的冰原与浮冰之间。雄鲸的左上门齿向前长出一根持续生长的长牙（右侧图框）。独角鲸可能利用有力的唇和舌头，将鱼类、软体类、甲壳类及其他猎物吸入口中。它们和白鲸一样，并且有时会和白鲸一起，组成为成千上万的鲸群，根据年龄和性别分群。独角鲸通过多种声音交流，包括可能用于个体识别的嗡嗡声。

体色

独角鲸（图中为雌鲸）的背部色浅，密布的灰和黑色斑点汇聚成深灰色的大块区域。

雄性独角鲸的长牙

独角鲸的长牙会随年龄增长穿透上唇，以逆时针方向螺旋向上生长，长度可达3米。繁殖期时能像“剑”一样与其他雄性竞争者互相打斗。雄鲸的长牙似乎没有觅食功能，因为多数雌鲸并无长牙，但仍能顺利生存。偶尔也会出现长有2根长牙的雄鲸或1根长牙的雌鲸。

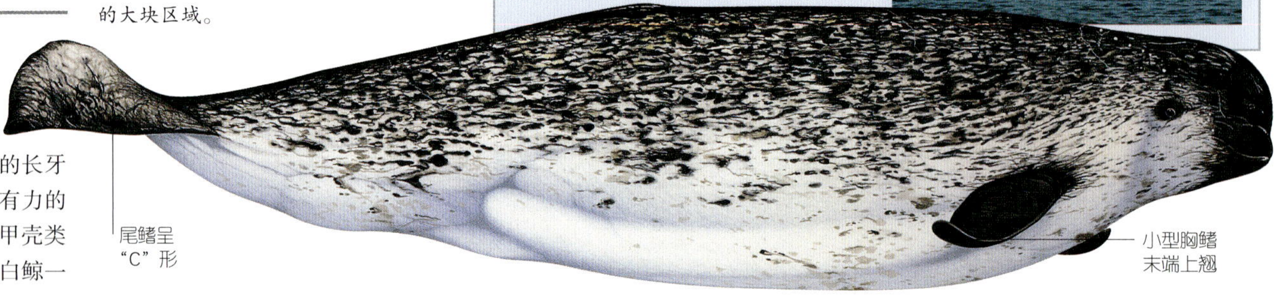

Phocoena phocoena

港湾鼠海豚

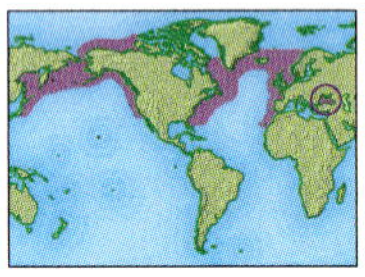

体长：1.4—2米
体重：50—90千克
社群单元：多变
保护现状：无危

分布：北太平洋、北大西洋、黑海

港湾鼠海豚是其分布海域内数量最多的鲸豚类，但仍和其他生活在近海地区的鲸豚一样，受到人类活动的严重威胁。最主要的威胁之一是被渔网困住，致使它们无法呼吸空气而死亡。

除了来自人类的威胁外，它的主要天敌还有虎鲸、瓶鼻海豚和大型鲨鱼。港湾鼠海豚单独觅食，通常下潜至200米的海底搜寻鱼类和贝类。它们利用高频回声定位侦测猎物，利用上颌的22—28对牙齿和下颌21—25对铲状牙齿将其捕获。由于猎物聚集在某小片区域中，因此港湾鼠海豚也常成群出现。雌海豚于夏季产崽一只，对其进行长达12个月的照顾。

Phocoena sinus

加湾鼠海豚

体长：1.5米
体重：48千克
社群单元：不固定
保护现状：极危

分布：加利福尼亚湾

这种小型鼠海豚的分布范围非常有限，仅限于加利福尼亚湾最北端不及40米深的浅水区，因而成为海洋哺乳类中最易受到伤害的物种之一。加湾鼠海豚又名小头鼠海豚，其生活习性鲜为人知。通常单独活动，但也组成多达7只的小群，在海底或其附近捕食各种小鱼、乌贼和其他猎物，以高频的咔嗒声进行回声定位。加湾鼠海豚的体色以灰色为主，背部颜色深于腹部，眼睛和嘴巴四周也呈深色。幼鲸出生时体长仅70—80厘米，由母亲哺育数月。由于面临被渔网缠住（每年造成30起死亡事件）、污染、船只噪音及石油开采等威胁，因而未来的生存状况令人担忧。

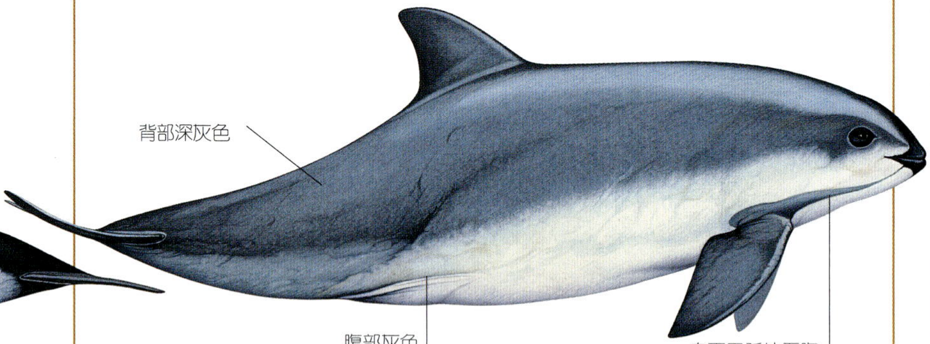

Neophocaena phocaenoides

江豚

体长：1.5—2米
体重：72千克
社群单元：不固定
保护现状：易危

分布：印度洋、太平洋西部

江豚体形中等，由于背部无鳍，且出水呼吸时间短暂，身体翻转动作轻柔，因此难于识别或被观察到。稍微隆起的前额和短阔的嘴喙使它的外形在六种鼠海豚中十分独特。江豚经常出没于印度洋及西太平洋的沿岸水域，包括河口及江河中。它们也和其他鼠海豚一样（不同于海豚）极少跃出水面，却能像鲸鱼一样“浮窥”，将身体垂直立起，半身出水，就像站在水中观望四周。江豚单独觅食或组成3—5只的小群共同觅食，有时成员可达十余只。它们的上下颌各有13—22对铲状牙齿，用于捕捉海底及其邻近的小鱼、软体类及甲壳类。它们有时还会追寻着猎物，进行小规模的季节性迁移。

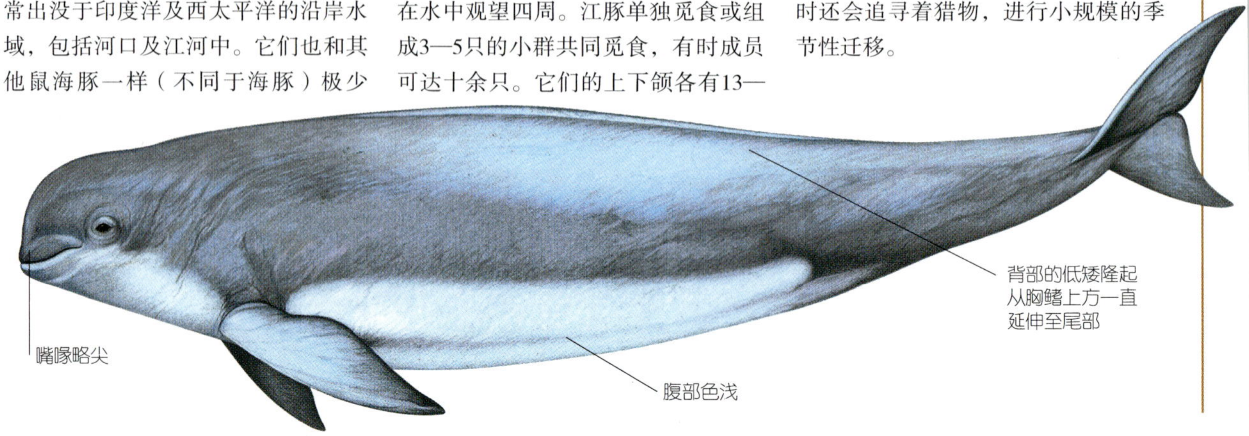

Phocoenoides dalli

白腰鼠海豚

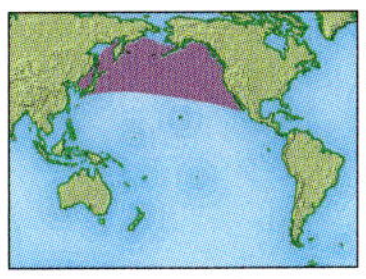

体长：2.2—2.4米
体重：170—200千克
社群单元：群居
保护现状：无危

分布：北太平洋

这种大型鼠海豚体形粗壮，游动快速，除了腹部与体侧带有白色块斑外，身体以黑色为主，尾鳍和背鳍末端也可能呈白色。与整个身体相比，头与胸鳍显得很小，上颌长有23—28对牙齿，下颌长61—71厘米。小群的白腰鼠海豚有时聚集成数千只的庞大群体。它们发出各种咔嗒声，以水面表层的沙丁鱼到中层水域的灯笼鱼等鱼类和乌贼为食。游速可达每小时55千米。

Sousa teuszii

大西洋驼海豚

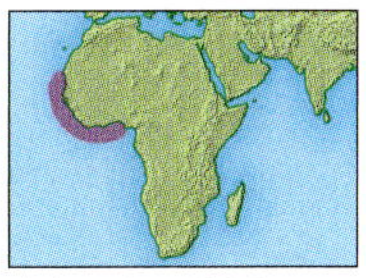

体长：2.4—2.8米
体重：280千克
社群单元：群居
保护现状：易危

分布：大西洋东部

大西洋驼海豚栖息在浅水海岸、珊瑚礁区、红树林沼泽、河口及江河水域。游泳速度缓慢，主要以鱼群为食，上下颌各有27—38对粗短的牙齿。这种海豚常组成多达25只的群体，也常跟在捕虾船后，伺机捕食受到干扰的鱼群，或将鱼群赶到岸边设置好的渔网中，以期得到食物。

大西洋驼海豚与常在印度洋出现的印度洋驼海豚，以及西太平洋沿岸的中华白海豚非常相似。但大西洋驼海豚的上半身呈铁灰色，腹部通常色浅。而生活在印度洋的驼海豚体形较大，具有深色或蓝黑色斑点。生活在中国近海的个体体形最小，几乎呈粉红色，头和眼睛周围有灰色斑点，背鳍后缘无内凹。

Sotalia fluviatilis

亚马孙白海豚

体长：1.3—2米
体重：35—40千克
社群单元：多变
保护现状：数据缺乏

分布：中美洲和南美洲东北部

亚马孙白海豚是体形最小的海豚之一，身体结实，具有大型胸鳍、尾鳍和背鳍。它们中既有栖息在南美洲东北部海岸及河口地带的海洋种群；也有生活在亚马孙流域下游地区和湖泊中的淡水种群。但它与完全生活在淡水中的亚马孙河豚（第251页）并非同一物种。亚马孙白海豚单独或成对活动，也在河流中组成10多只的大群，而沿岸的群体成员多达30只。这种海豚能跃出水面、空翻及冲浪，但这些行为发生的原因仍不清楚。

它们能将体长达35厘米的猎物整个吞下，包括鳀鱼、鲶鱼和乌贼等。一些地区还有禁猎亚马孙白海豚的习俗。然而，其中的许多个体仍会被渔网缠住而导致死亡，也许是因为肉可作为食用或鱼饵而遭到捕杀；眼睛和其他身体部位也被视为爱情魅力的象征。

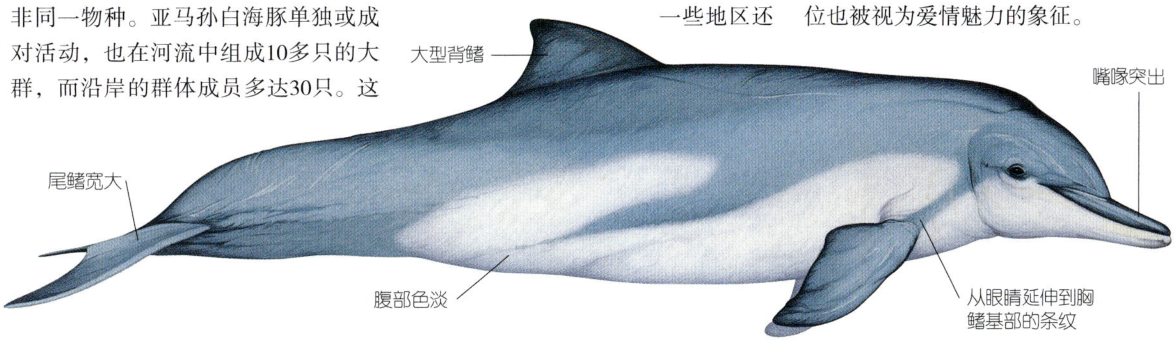

Lagenorhynchus obscurus

暗色斑纹海豚

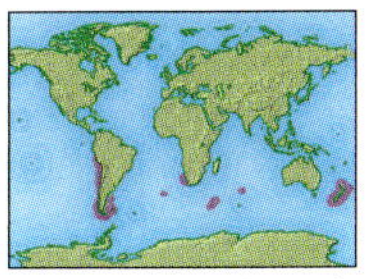

体长：1.7—2.1米
体重：70—85千克
社群单元：不固定
保护现状：数据缺乏

分布：南大西洋、印度洋、太平洋南部

暗色斑纹海豚的背部以深灰色或蓝黑色为主，腹部浅灰色或白色。腹背之间被一条从脸部沿肋腹延伸到尾鳍基部的细长灰色条纹分隔。头部的侧面轮廓清晰顺滑平缓，自嘴喙逐渐加宽至喷水孔处。暗色斑纹海豚共有3个亚种，分别为南美暗色斑纹海豚（Lagenorhynchus obscurus fitzroyi）、南非暗色斑纹海豚（Lagenorhynchus obscurus obscurus）及新西兰亚种（未命名）。暗色斑纹海豚偏好在水温10—18℃和水深小于200米的水域活动。南非外海的种群白天捕食鱼群，如鳀鱼和乌贼等；新西兰的种群主要于夜间在中层水域觅食。暗色斑纹海豚的群体大小和组成变化迅速，成员数量从2只至1000只不等。群体中的跳跃、追逐和互相摩擦的行为更为常见。

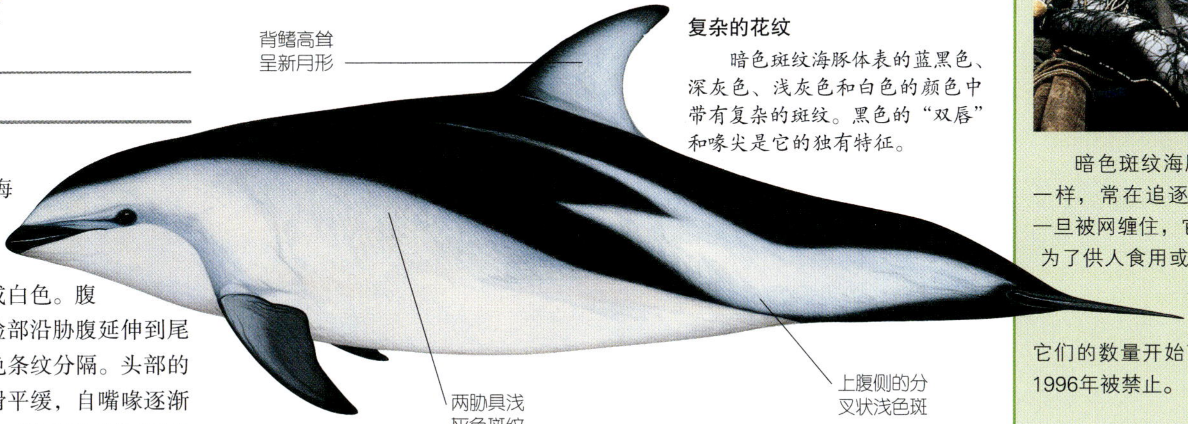

复杂的花纹

暗色斑纹海豚体表的蓝黑色、深灰色、浅灰色和白色的颜色中带有复杂的斑纹。黑色的“双唇”和喙尖是它的独有特征。

保育

暗色斑纹海豚和许多小型鲸豚一样，常在追逐猎物时陷入渔网。一旦被网缠住，它们很快就会溺亡。为了供人食用或作为鱼饵，这一物种曾在秘鲁的外海遭到捕杀，但当它们的数量开始下降，捕杀活动于1996年被禁止。

Lagenorhynchus obliquidens

太平洋斑纹海豚

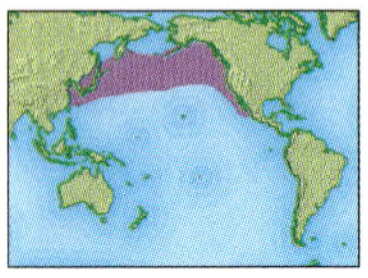

体长：2.1—2.5 米

体重：75—90 千克

社群单元：群居

保护现状：无危

分布：北太平洋

太平洋斑纹海豚通常喜欢在北太平洋的船只前方乘浪而游，以短尖的头端、身体斑纹和高耸的背鳍为特征。它的背部呈深色，腹部灰白色，下腹两侧具有一直延伸至喙，且与背鳍平行的块斑。一道浅色条纹从尾鳍基部向前延伸至与胸鳍平行，在肩膀处弯拱伸展到眼睛附近。这种海豚的上下颌各有23—36对的小牙齿，用于捕食各种鱼类和乌贼。群体数量变化很大，从少则数十只至上千只不等，且常与其他海豚和鲸鱼同行。太平洋斑纹海豚的妊娠期为10—12个月，每次只产一只体长90厘米的幼崽。这种海豚在太平洋西北地区渔业捕捞量中占有相当比例。

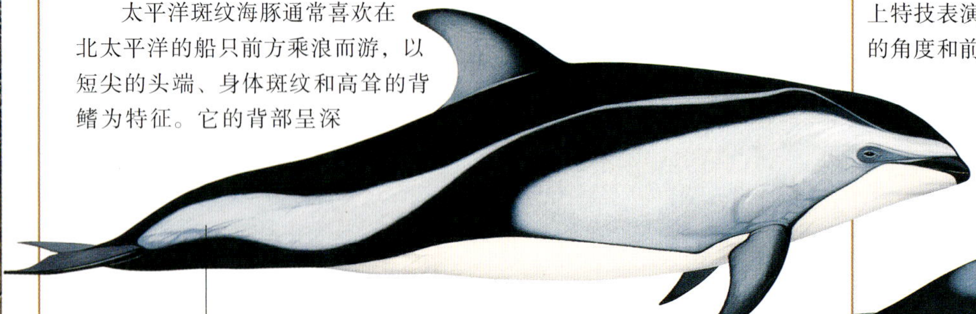

Lagenorhynchus albirostris

白喙斑纹海豚

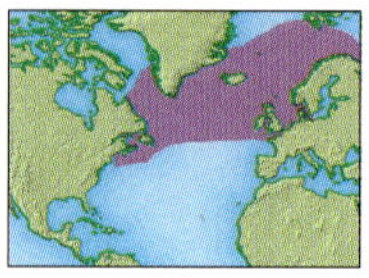

体长：2.8 米

体重：350 千克

社群单元：群居

保护现状：无危

分布：北大西洋

这种身体粗壮的大型海豚擅长水上特技表演。它的嘴喙粗短，以明显的角度和前额的额隆相接。体色以深灰色或黑色为主，上下腹侧带有多变且向前伸展的灰色或白色块斑；腹部，包括嘴喙，都为白色。它的上下颌各有22—27对强健的圆锥形牙齿，用于在开阔的海域猎食鲱鱼群，以及栖息在海底的比目鱼和乌贼等猎物。与多数海豚一样，雌海豚也于夏季产下一只幼崽，初生幼崽的体长为110—120厘米。白喙斑纹海豚组成数量变化较大的群，成员数量从5只到千余只不等。它们发出类似机关枪的咔嗒声和多种用于沟通的尖叫声，这些声音也能用于导航和寻找猎物。

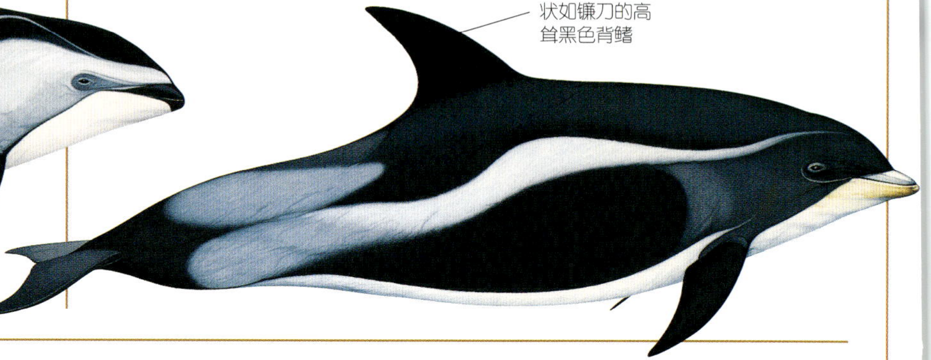

Grampus griseus

灰海豚

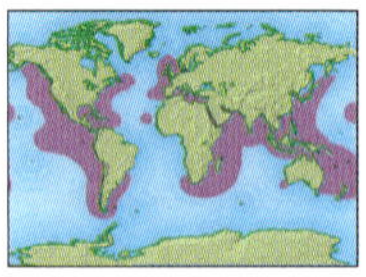

体长：3.8 米

体重：400 千克

社群单元：群居

保护现状：无危

分布：太平洋、大西洋、地中海、印度洋

灰海豚因“无喙”的钝圆大头，凸起额隆中央的一道凹折，高耸的背鳍以及散布着白色疤痕的灰色身体而极易辨认。它们通常组成10—15只的群体，但也会和其他鲸豚类，尤其是体形较小的海豚和领航鲸混杂形成数百只的大群。灰海豚与许多其他海豚一样，也面临人类活动的威胁。它们会被渔网缠住，或因食物链而在体内累积污染物，误食塑料碎片和其他垃圾等。

越老越白

灰海豚身上的疤痕会随年龄的增长而增加，疤痕愈合后印形成浅色疤纹。年龄超过30岁的年长个体，几乎全身都呈白色。

沟通

灰海豚能潜入深海，以乌贼为主食。水越深处光线越昏暗，因此回声定位在寻找猎物上比视力更有用。海豚能相互监听彼此发出的咔嗒声和回声，以便更有效地找到猎物。

Tursiops truncatus

瓶鼻海豚

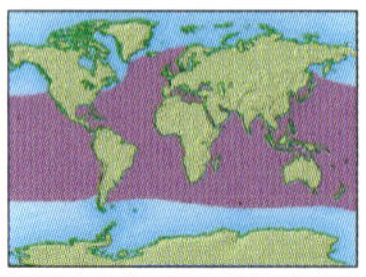

体长：1.9—4米

体重：500 千克

社群单元：不固定

保护现状：无危

分布：全球海域（极地海域除外）

这种有喙海豚中体形最大的物种是海洋生物中心的“表演型选手”。事实上，这一物种很可能是两个物种：瓶鼻海豚广布于世界各地，而体形较小的印度洋瓶鼻海豚的分布地区仅限于印度洋沿岸和西太平洋。由于分布范围广阔，且栖地多变，因此可能还有更多亚种。分布于热带沿岸地区的瓶鼻海豚的平均体长为2米，胸鳍、尾鳍和背鳍相对较大。生长于寒冷开阔大洋区的种类体长几乎有2倍长，鱼鳍的比例也显得较小。瓶鼻海豚的社群组织及觅食方式因地区而异，它们的跳跃、击浪、声音和呼叫等行为也因地而异。

体色多变

背部的基本颜色为深灰色或黑色，至腹部时逐渐变为乳白色，个体间的色泽和斑纹变化各不相同。

适应力

瓶鼻海豚因粗壮的短喙而得名，是一种适应力很强的成功型广食性物种。它的上下颌各有18—27对小型圆锥形牙齿，借以捕食多种鱼类、软体类和甲壳类等猎物。

Stenella longirostris

长吻原海豚

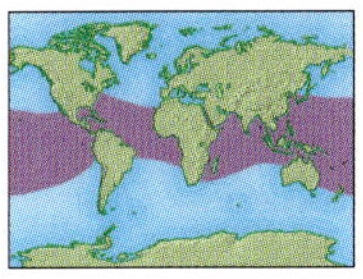

体长：1.3—2米
体重：45—75千克
社群单元：群居
保护现状：数据缺乏

分布：全球热带海域

在其分布区域内，没有一种海豚或鲸鱼能在体形比例、体色和斑纹的变化上比得上长吻原海豚。长吻原海豚至少包含3个亚种：一种广泛分布于世界各地，另外两种分布于东太平洋海域，可能还有分布在泰国湾中的浅海珊瑚礁区的体形矮小的一个亚种。长吻原海豚的上下颌各有45—65对锐利牙齿。体色为黑色或深灰色，颜色向下不断渐变，至腹部时呈浅色或白色，眼睛至唇边具有一条多变的黑色带。长吻原海豚潜入深水区觅食鱼类和乌贼。它们组成成百上千只的庞大群体，常与其他鲸豚乃至掠食性的鲔鱼等混杂同行，但这种行为的原因仍然不明。

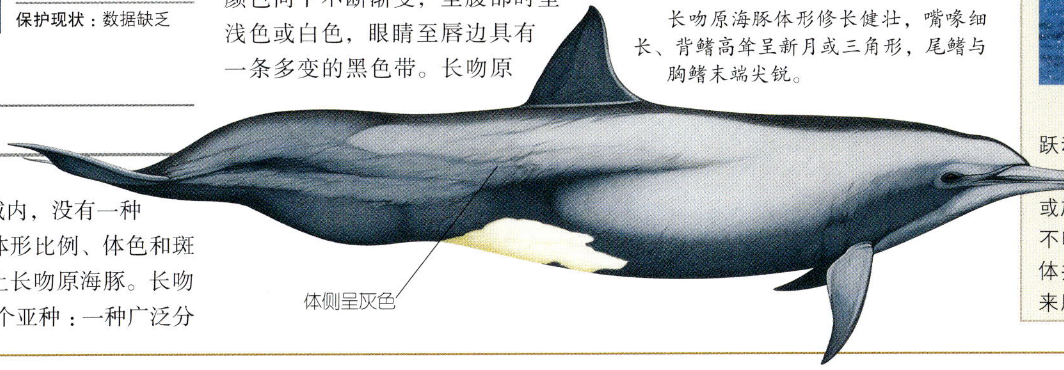

体形

长吻原海豚体形修长健壮，嘴喙细长、背鳍高耸呈新月或三角形，尾鳍与胸鳍末端尖锐。

飞旋行为

长吻原海豚会表演各种水面跳跃动作，身体高高跃出水面，同时在空中沿垂直轴心，扭转或旋转身体数次。这种行为的目的不明，有可能是为了展现健康的身体并（或）吸引交配对象，或是用来甩掉寄生虫。

Stenella attenuata

点斑原海豚

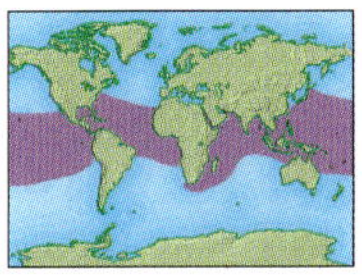

体长：1.6—2.6米
体重：多达120千克
社群单元：群居
保护现状：无危

分布：全球热带与温带海域

点斑原海豚是最常见的鲸豚类之一，常在水温超过22℃的水域中出现。它的身体修长呈流线型，细长喙的上下颌各具40对牙齿。一片深灰色的长椭圆形“披肩”状斑块从前额一直延伸到背鳍后方。腹侧的灰色较浅，腹部的色泽更淡。点斑原海豚常组成数量上千的海豚群，并分为母子、青年及其他子群。各子群都与其他鲸豚混群同行，尤其是长吻原海豚和鲔鱼。点斑原海豚以鲭鱼、飞鱼、乌贼和其他水面表层的猎物为食。

Stenella frontalis

花斑原海豚

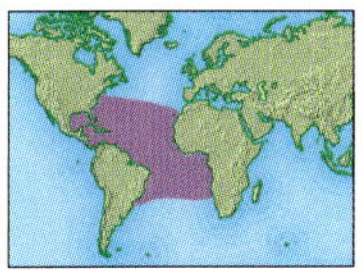

体长：1.7—2.3米
体重：140千克
社群单元：不固定
保护现状：数据缺乏

分布：大西洋

花斑原海豚利用嘴喙在沙质海底掘沙，挖掘深度能将整个脑袋埋入其中。它的上下颌各有32—42对牙齿，也使用各种技巧猎捕表层和中层水面的鱼类、乌贼及其他猎物。花斑原海豚在海岸沿线组成多达15只的小群，但也聚集成大群，一同追逐季节性猎物。新生幼崽没有斑点，与点斑原海豚（上方）一样。这些斑点会随年龄的增长从腹部长出，在数年间逐渐延伸到体侧和背部。

体形粗壮

花斑原海豚与其近亲点斑原海豚的最大差别在于，前者的身体与嘴喙更加粗壮。

发现栖息地

多种带有斑点的原海豚，包括花斑原海豚及点斑原海豚，其身体上的深色斑纹和斑点不仅会随年龄增长而增加，还会随栖息环境的不同而发生变化。这些斑纹在大洋型种群的身上大都较不明显。但沿岸型种群的斑点可多到使原来的体色变得模糊。

Stenella coeruleoalba

条纹原海豚

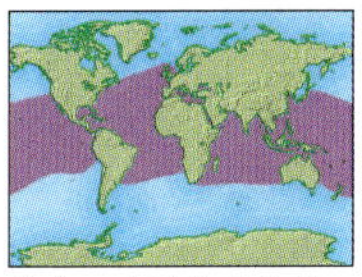

体长：1.8—2.5米
体重：110—165千克
社群单元：群居
保护现状：无危

分布：全球热带和温带海域

条纹原海豚生活在水温多变的海域，能下潜至水深200米处，利用分别长有40—55对锐利牙齿的上下颌捕食小鱼和乌贼。它因背部和腹侧带有复杂的黑色及灰色条纹而得名。这种好动的海豚能表演多种空中跳跃及旋转动作。虽然相对常见，但数量近年来已陷入衰退。特别是20世纪90年代初期，由于受到病毒（麻疹）感染，导致地中海种群的数量骤减。

冲浪群

50—500只个体组成的条纹原海豚群在海面上竞游，它们汇聚成数千只的大群，高高跃出水面，并发出哨音互相保持联系。它们在迁移中的巨型鲸鱼前面或船舷前方的浪头上破浪前进，尤其在地中海及大西洋海域最为常见。

体色

背部深蓝灰色，体侧蓝灰色，腹部乳白或粉红色，体表覆有细长的黑色及宽大的灰色分叉条纹。嘴喙和眼斑为黑色。

哺乳动物

Orcinus orca

虎鲸

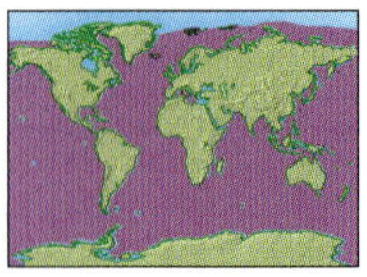

体长：多达9米
体重：多达10吨
社群单元：群居
保护现状：数据缺乏

分布：全球广布

虎鲸因具有明显的黑白斑纹，而成为齿鲸和海豚中最容易识别的物种。虎鲸是一种高度社会化的物种，终生生活在被称为“豆荚”的家族群中，群中包括成年雄鲸和雌鲸，以及各年龄层的幼鲸。家族群中的成员数量通常可达30只，但家族群也聚集成成员超过150只的超级家族群。虎鲸群为母系社会，雌、雄仔鲸大都终生与母亲共同生活。子代繁殖的子孙继续留在群中，与最初的雌鲸一起，组成数代同堂的鲸群。

虎鲸的食物与其捕猎技术一样多变，包括从鲱鱼到大白鲨在内的各种鱼类，鲸鱼和海豹等海洋哺乳类，以及海龟和鸟类。但在某些地区，如太平洋东北部，似乎存在两种类型的虎鲸：以哺乳类、海龟及鸟类为食的迁移型和只捕食鱼类的居留型。尽管虎鲸又名杀人鲸，但它们其实很易亲近，且有着强烈的好奇心。它们的出水习性复杂多样，包括浮窥（缓慢地垂直升起，直到头部浮出水面）、尾鳍和胸鳍击水及跃身击浪等。

亲代照料

全体鲸群成员都会照顾群中的幼鲸，但新生仔鲸则会紧随着母亲，这种紧密的母子关系将会持续终生。

鲸群队形

鲸群行进时队形紧密，雌鲸和幼鲸位于中央，雄鲸排列在外或分散在1千多米的距离外。它们通过几套非常独特的呼声与尖叫声进行沟通，这些声音也是一种社群信号，可加强群体间的认同。

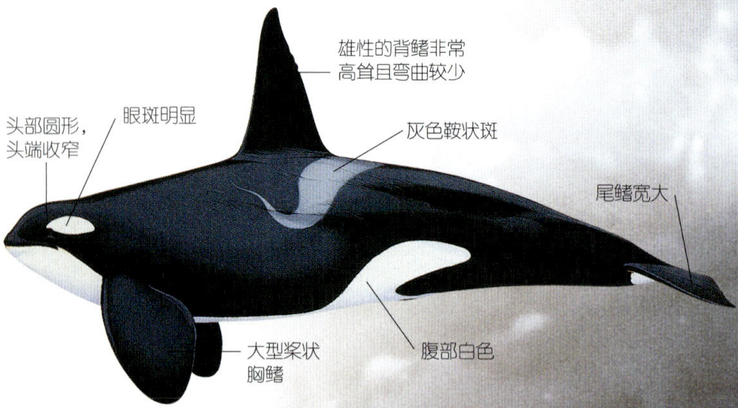

天生猎手

虎鲸具有非常适合狩猎的健壮身体。宽大的尾鳍有助于推动身体快速前进；高耸的背鳍（雄性的背鳍可高达1.8米）及桨状胸鳍可以增加身体的稳定性。位于水下时，无论从上方或下方看上去，虎鲸身上的斑纹都有伪装效果。

聪明的猎手

虎鲸非常擅长利用不同的捕猎技巧，因而成为海洋中食物种类最多样的物种之一。它们通常成群捕猎，追逐猎物或将鱼群驱赶到一处，然后再从各种角度展开攻击。栖息在南美洲南端海域的鲸群掌握着完美的猎捕海豹的方式，借助海浪的推力突然从浅水区冲上沙滩追捕海狮（右图），而其他的猎食方法还包括将浮冰顶起，使海豹和企鹅失去平衡落水，或在岩石旁跃身击浪，将鸟类冲到海中。

哺乳动物

Delphinus delphis

真海豚

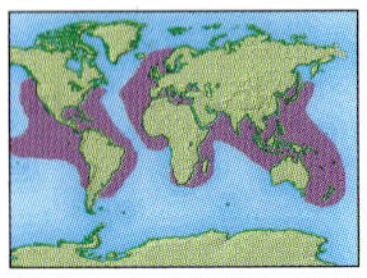

体长：2.3—2.6米

体重：80千克

社群单元：群居

保护现状：无危

分布：全球热带和温带海域

这种海豚从脸部到背鳍下方的腹侧有黄色至淡黄色的色块，向身体后方逐渐窄缩，随后又朝尾部加宽变为浅灰色。从嘴角到眼睛，以及下巴至胸鳍间也有细窄的深色条纹。真海豚的上下颌各有40—55对锐利的小牙齿。它们生活在外海的深海中；在近海出没的种群有时被认为是独立的物种，即长吻真海豚。这两种海豚都在水深300米处捕食鱼群和乌贼。

沙漏形斑纹

肋腹处有黄色及米灰色斑纹形成明显的沙漏形斑块。

海豚群

真海豚具有高度社会性，常组成多达数千只且泳速极快的海豚群。它们跳跃、翻滚，在船只和巨鲸群旁破浪而出，发出咔嗒声、尖叫声和咯吱声等多种声音。它们发出的哨音非常响亮，可以传到邻近的船只上。

Lissodelphis borealis

北露脊海豚

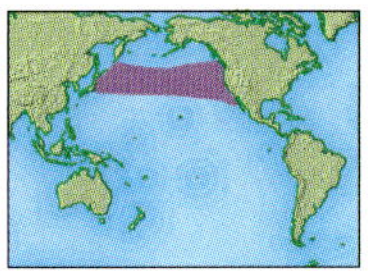

体长：多达3米

体重：多达115千克

社群单元：群居

保护现状：无危

分布：北太平洋

这种喜爱群居的海豚可组成100—200只的群体，小群体又会再聚集成数千只的大群。北露脊海豚能发出多种声音，与其他鲸豚类同行，也会高跃出水。主要食物为最深200米的中层水域中的鱼类和乌贼。南半球的海洋中生活着与它相似的物种，即南露脊海豚。

保育

北露脊海豚有成群活动的习性，因而受到捕捞鱼类和乌贼的流网带来的严重威胁。20世纪80年代，每年都有超过20,000只北露脊海豚因此丧命。自从联合国针对流网的使用颁布禁令以后，这一数量已经大幅下降。

纤细而迅速

北露脊海豚体形细长，胸鳍与尾鳍相对较小，没有背鳍，表明它的泳速很快。

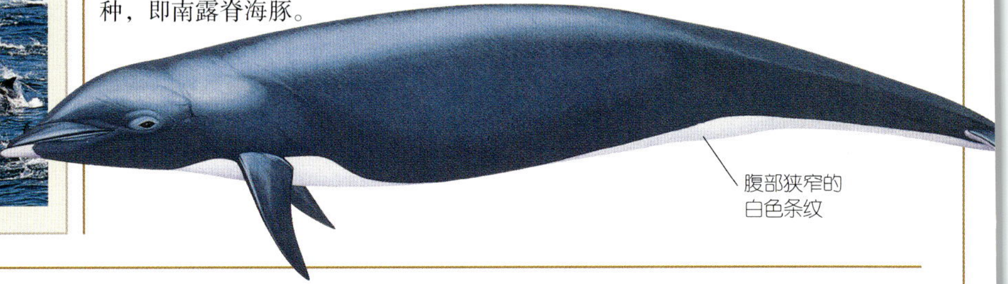

Orcaella brevirostris

短吻海豚

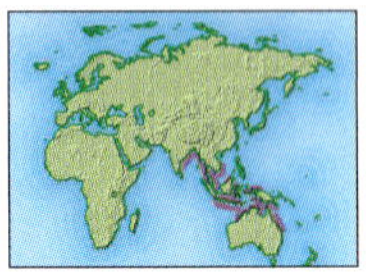

体长：2.1—2.8米

体重：90—150千克

社群单元：不固定

保护现状：易危

分布：亚洲东南部、澳洲北部

这种淡水海豚最明显的特征包括隆起的前额，无喙，嘴唇呈脊状，从侧面看颈部较明显。它的头部肌肉能做出多种脸部表情，以致观察者认为它们生性活泼；然而，人们只能臆测这些表情的意义。一些短吻海豚完全生活在淡水中，能沿伊洛瓦底江（缅甸）和湄公河（越南）的主要水道在内陆地带漫游近1500千米。但整体而言，短吻海豚仍是一种河口和海岸带物种，经常在混浊且多淤沙的河口与三角洲地带活动。它的泳速缓慢，多组成15只或更少数量的群体，利用上下颌各有的15—20对牙齿，捕捉海底及其周围的鱼类、乌贼、章鱼、虾类等猎物。短吻海豚的妊娠期约为14个月，雌海豚每次产崽一只，初生幼崽的体长约为100厘米，体重12千克。一些地区的人类有与这种海豚合作的传统，海豚帮助人类将鱼赶入网中，以便能够得到食物作为奖励，人们甚至将之奉为神圣的动物。但有些地区的人则将短吻海豚视为对内河渔场有害的动物，并且有可能对其进行捕杀。

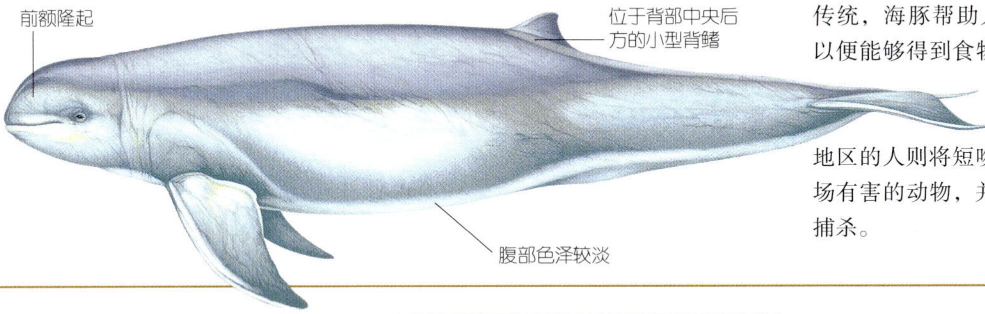

Cephalorhynchus commersonii

花斑喙头海豚

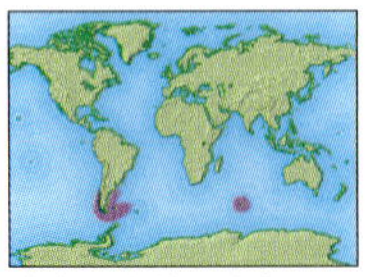

体长：1.4—1.7米

体重：多达86千克

社群单元：群居

保护现状：数据缺乏

分布：南美洲南部、福克兰群岛、印度洋（克尔格伦群岛）

花斑喙头海豚的体色与虎鲸相似。从嘴喙至前额再到体的角度平缓。新生幼崽体长65—75厘米，初生时体呈灰色，随年纪增长出现两种色调。这一物种常组成不到10只的小群，群体数量有时可扩张至100只。花斑喙头海豚以栖息在海底的鱼类、蟹类、海星和乌贼等动物为食。这种海豚共有两个种群（可能是亚种），南美洲种群的体长要比印度洋种群的体长短25—30厘米，二者间的分布距离超过8000千米。

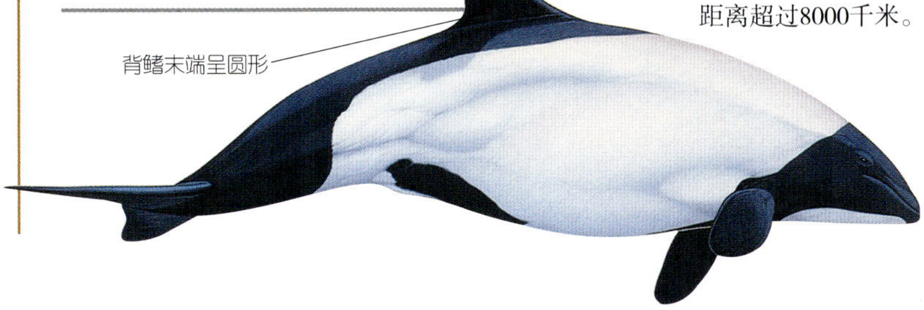

Cephalorhynchus hectori

赫氏矮海豚

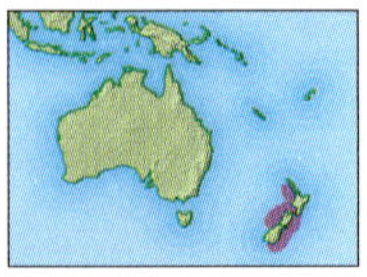

体长：1.2—1.5米

体重：多达57千克

社群单元：群居

保护现状：濒危

分布：新西兰

这种海豚是体形最小的海豚之一，外形与鼠海豚相似，吻部平滑收窄，嘴喙和额隆都不明显。它的身体呈灰色，胸鳍、背鳍和尾鳍为黑色。腹部的白色向体侧突起并朝尾部延伸。赫氏矮海豚活泼好动，喜爱群居，组成多达5只的小群活动，大部分时间都在互相追逐、触摸、以胸鳍击水，并常与伙伴互动。它在水中的各种深度觅食，主要捕食鱼类和乌贼。由于在近岸处生活，因此极易遭受渔网缠绕和污染等威胁。

Pseudorca crassidens

伪虎鲸

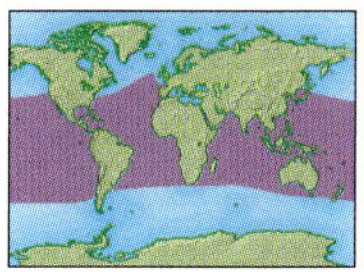

体长：5—6米

体重：1.3—1.4吨

社群单元：群居

保护现状：数据缺乏

分布：温带和热带水域

伪虎鲸是体形最大的海豚之一，身体长而纤细，背鳍高耸呈镰刀状，泳速极快。全身呈黑色或铁灰色，腹部的胸鳍间具浅色斑块，头侧可能也有浅色块斑。伪虎鲸偏好在深海中活动，偶尔也在海岛周围出没，群体数量为10—20只，偶尔可达300只。它的上下颌各有8—11对圆锥形大型牙齿，令这种可畏的捕食者能在海中追逐鲑鱼、鲔鱼及金梭鱼等大型鱼类，并且也可以捕食乌贼，乃至小型海豚。

保育

伪虎鲸可以发出多种声音进行回声定位及沟通，如咔嗒声和哨声。也能灵活地跃出水面，巧妙地冲浪，并在船首破浪而行。然而，这种大胆的“领航员”却常常成群搁浅在沙滩上，数量最多时可达1000只。它们为何会集体搁浅的原因仍不清楚，但在人类协助下，仍有部分个体能回到水中并存活下来。

吻部圆钝

明显的圆形额隆和圆钝的嘴喙使伪虎鲸的侧面轮廓非常圆润。

Globicephala macrorhynchus

短肢领航鲸

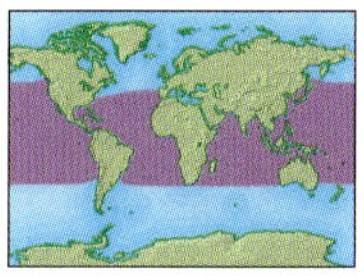

体长：5—7米

体重：1—1.8吨

社群单元：群居

保护现状：数据缺乏

分布：全球温带与热带海域

紧密联结

领航鲸组成数十乃至上百只的群体，与瓶鼻海豚、真海豚及小须鲸等其他鲸豚类同行。领航鲸群中的成年个体彼此形成长期的纽带关系，通过个体的特有声音相互识别。但鲸群中的许多幼鲸通常与群中的雄鲸并无近亲关系，说明雌鲸只和其他群中的雄鲸交配。过了繁殖年龄的雌鲸还会哺育非亲生的幼崽。

领航鲸夜间活动，主要捕食深海乌贼和章鱼，可下潜至水深500米处，活动时间超过15分钟。领航鲸共有两种近似种，即短肢领航鲸（Globicephala macrorhynchus）和长肢领航鲸（Globicephala melas）。前者的胸鳍较小，两者的喉咙和胸部都有锚状浅色斑纹，背鳍和两眼后方各具一条白色条纹。雄鲸的体重几乎是雌鲸的两倍，但雌鲸的寿命要比雄性长15年，可活到60岁。这些特征连同身上的伤疤都能说明雄鲸会为了争夺雌鲸而相互打斗。短肢领航鲸的妊娠期几乎达15个月，15个月后雌鲸可产下一只1.4—1.8米长的仔鲸。领航鲸至今仍被人类驱赶至浅水区后，再实施捕杀。

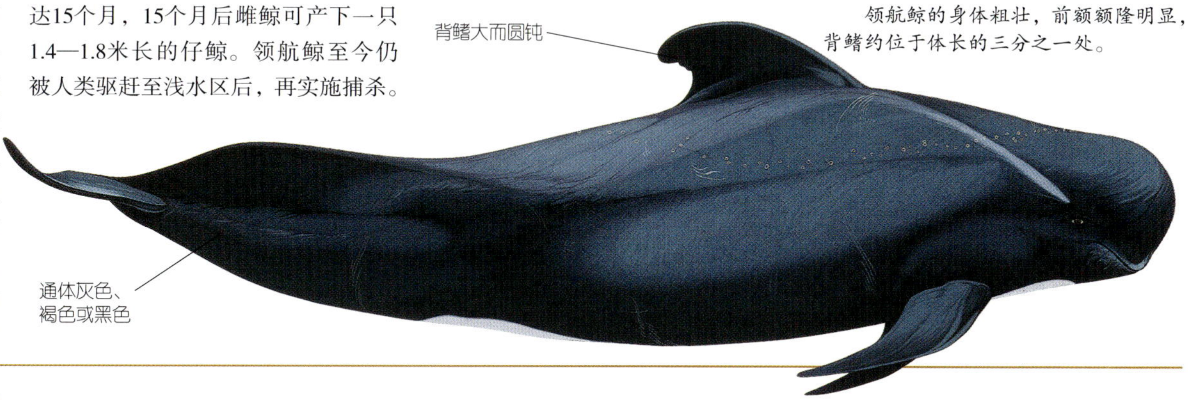

身体粗壮

领航鲸的身体粗壮，前额额隆明显，背鳍约位于体长的三分之一处。

Hyperoodon ampullatus

北瓶鼻鲸

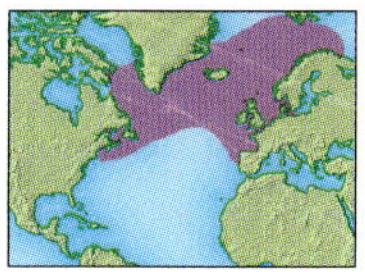

体长：6—10米

体重：无记录

社群单元：独居/群居

保护现状：数据缺乏

分布：北大西洋

北瓶鼻鲸是全球约19种喙鲸中的一种，大多体形中等，生活在大洋中，可以长时间地下潜到深水中捕食乌贼、海星、鱼、蟹和其他猎物。这一物种的前额隆起，嘴喙似海豚。雄鲸的体形大于雌鲸，喙端有两颗尖牙。其他牙齿虽然也有，但能否从牙龈长出的程度各异。它们很可能通过吸力进食，利用舌头作为活塞，将海水、海床淤泥和猎物吸入口中。北瓶鼻鲸的身体长而纤细，胸鳍小，挺立的背鳍位于背部的后三分之二处。它与大多数喙鲸一样，多聚集成不超过10只的小群，成员大都是年龄相仿的同性个体。

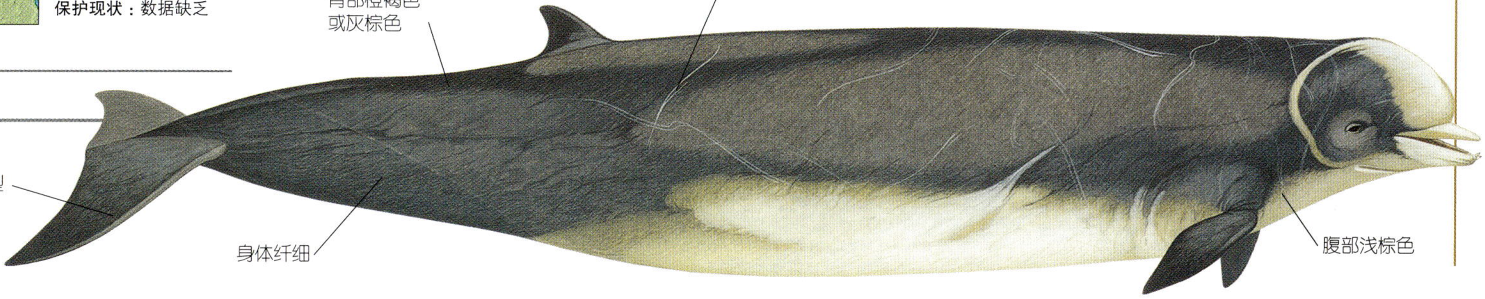

Ziphius cavirostris

柯氏喙鲸

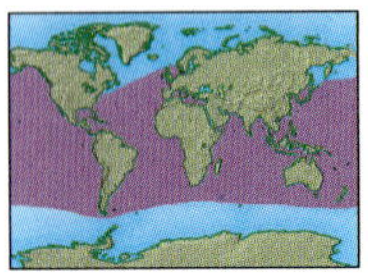

体长：7—7.5米
体重：3—4吨
社群单元：不固定
保护现状：无危

分布：全球温带和热带海域

这种喙鲸具有喙鲸科物种典型的修长身体，小型背鳍位于身体后端。它以深海中的乌贼和其他生物为食，利用吸食方式（见北瓶鼻鲸，第259页）进食。颌线在喙端先上翘再下弯。又因前额相对平滑，因此也被俗称鹅喙鲸。胸鳍很小，可以收进身体的凹陷处，使躯体呈流线型，并且只借助尾鳍的摆动，就能快速游动，潜入深海中。

柯氏喙鲸体呈浅棕色至蓝灰色，体表的疤痕由寄生虫造成，雄鲸也因遭到同类雄性的咬伤而出现伤疤。这些伤痕很可能是在繁殖期相互打斗时造成的。年长的雄鲸倾向于独居。大多数雄鲸长有两颗锥形牙齿，如长牙般从下颌突出。雌鲸和幼鲸无齿。年轻的雄鲸、雌鲸和出生时体长2.7米的幼鲸共同组成不超过10只的小群。

Kogia simus

侏儒抹香鲸

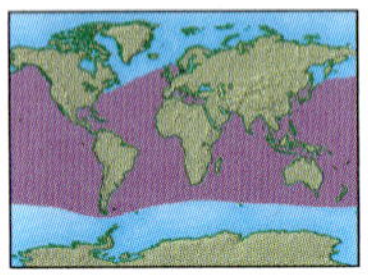

体长：2.7米
体重：135—270千克
社群单元：不固定
保护现状：数据缺乏

分布：全球温带和热带海域

侏儒抹香鲸是三种抹香鲸中体形最小的一种，可下潜至水深300米处捕食鱼类、乌贼、甲壳类和软体类。它的下颌位置较低，就像鲨鱼的嘴一样位于大而圆的头部下方，长有7—13对利齿，但上颌只有三对牙齿。背部、背鳍、胸鳍和尾鳍为蓝灰色，腹部则渐褪为乳白色。

嘴和眼睛后方有一道明显的新月形浅色斑，其大小和位置类似于鱼类的鳃裂。侏儒抹香鲸生性羞怯，常独自生活或与少数同类个体结群生活（不到10只），能释放云雾状的粪便击退捕食者。它们的繁殖习性鲜为人知：妊娠期似乎在9—11个月之间，雌鲸通常于秋季产下一只体长约1米的幼崽。这种鲸易于集体搁浅。

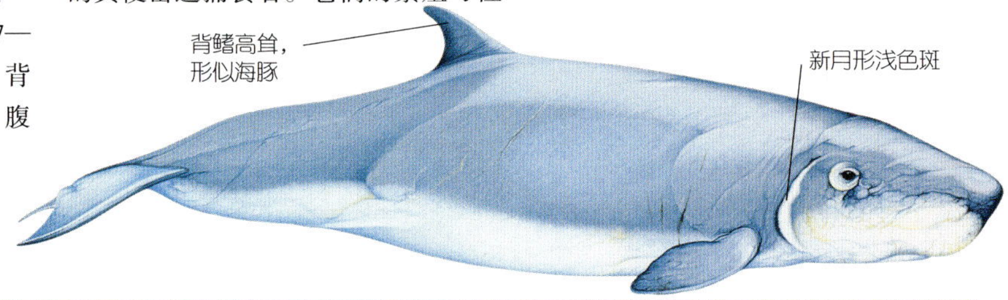

Physeter catodon

抹香鲸

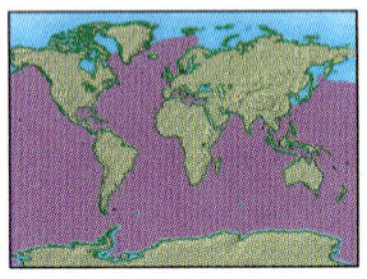

体长：11—20米
体重：20—57吨
社群单元：独居/群居
保护现状：易危

分布：全球深海区

这种巨大的鲸鱼是全世界体形最大的食肉类之一，能潜入深海觅食，主要以乌贼及章鱼为食，但也捕食鱼类，偶尔捕食巨型章鱼。它们能潜入水中近2小时，曾在水深1200米处被声呐探测到；此外，在其胃部发现的底栖鱼类等间接证据显示，它能下潜到水深超过3100米处。这种深海潜水能力可能与它的鲸脑油器有关（右侧图框）。不潜水时，抹香鲸会像木头般漂浮在水面，每次吐气时，从单一的喷水孔以45度角喷出潮湿的雾气。

抹香鲸的狭长下颌悬于巨大的头部下方，长有50对粗大的圆锥形牙齿；上颌无明显可见的牙齿。体色以深灰色或棕色为主，腹面色泽较淡，下颌四周围白色或米白色。雄鲸的体重是雌鲸的两倍，夏季迁徙到南、北方较远较冷的海域觅食。年轻时组成松散的单身汉群，但年龄较大后就趋向于独居。雌鲸栖息在靠近热带的海域，与其幼崽和10岁左右的年轻抹香鲸混群生活。雌鲸历经14—15个月的妊娠期后，于夏季或秋季产下体长4米的幼鲸，哺育时间达4年以上。

齐头并进

抹香鲸群成员经常齐头并进，互相碰触和抚摸。它们也发出有节奏的响亮咔嗒声及碰击声，这些声音很可能有助于个体间的识别。

鲸脑油器

抹香鲸的巨大头部中有内含鲸蜡油的鲸脑油器。这种器官可以调节浮力，随温度与压力变化而变得稠密，从而协助抹香鲸深潜。这个器官也能像海豚的额隆一样，聚焦抹香鲸发出的咔嗒声和其他声音。

大头

抹香鲸高大狭长的箱型头占到体长的三分之一。背鳍低矮，位于身体后侧。

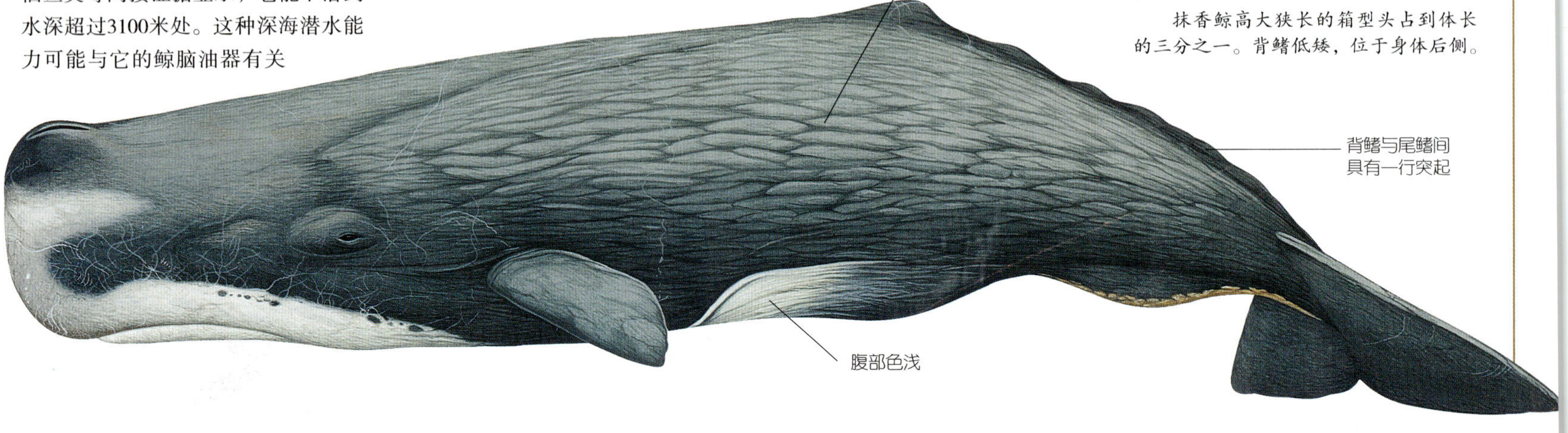

深潜

抹香鲸离开阳光照射的上层海域，潜入黑暗的深海中寻找食物。它的潜水深度位居哺乳动物之冠，沉潜速度达每秒三米。远离光源后，眼睛几乎就没用了，因此必须依靠回声定位导航。

鸟类

BIRDS

鸟类

门：	脊索动物门
纲：	鸟纲
目：	29目
科：	约196科
种：	约10,200种

在所有会飞的动物中，鸟类的飞行技术最为优秀。飞行使得它们扩散到地球上的每一个角落，栖息在其他动物难以企及的地方，如偏远的海岛和南极洲。鸟类和哺乳类都是体温恒定的脊椎动物（即温血动物）。但与大多数哺乳类不同的是，鸟类的繁殖方式为卵生。它们具有包括翅膀、羽毛、轻而坚硬的骨骼和高效的呼吸系统在内的许多适应空中飞翔的功能性特征。

起飞

飞翔能让鸟类开拓空中的生态位。许多生境中的猛禽（例如这只草原雕），都因具有强壮的翅膀、敏锐的视觉、锋利的喙和脚爪而成为食物链中的顶级杀手。

进化

鸟类由类似爬行类的动物进化而来，这些动物很可能是捕食昆虫的树栖恐龙类。树栖捕猎的生活方式让它们发展出与鸟类类似的特点，如较大的眼睛、能够抓握的脚爪以及随后进化成鸟喙的长嘴。这也可能导致了它们从冷血转变为温血动物，因为温血动物在捕食因寒冷而变得行动缓慢的昆虫上存在优势。鸟类的羽毛起源于爬行类的鳞片，进化之初可能只用于保温，但很快便成为飞翔的利器。

目前已知最早的鸟类化石是始祖鸟，它生活在距今约1.5亿年前的侏罗纪（约2.05亿至1.42亿年前）。始祖鸟的大小与乌鸦相似，身体特征介于爬行类和鸟类之间，包括类似鸟类的翅膀和羽毛，未进化成鸟喙的嘴巴，以及与爬行类一样长有牙齿的双颌。人们还无法确定始祖鸟是否能够飞翔或是只能滑翔，因为它的胸部缺少能为飞行肌提供附着的龙骨突。

鸟类物种在白垩纪（约1.45亿至6500万年前）变得非常多样，身体结构的进化让更为高效的飞行成为可能。现存鸟类的祖先也出现于这一时期。至白垩纪末期，大规模的物种灭绝宣告了恐龙时代的结束。目前人们仍不清楚为何只有鸟类存活了下来，这可能与温血动物的特性能帮助它们在一定程度上承受气候的突变有关。这些幸存者一直繁衍至今，形成了各种各样的鸟类类群。

始祖鸟化石

始祖鸟被认为是介于爬行类和鸟类之间的动物。它既有与爬行类相似的上下颌、较长的吻部和尾巴（由尾椎进行支撑）等特征，同时也具有与鸟类相似的翅膀和羽毛等特征。

身体结构

鸟类有几种适于飞行的身体特征。它们的身体短壮结实，拥有适合展翅飞翔的发达肌肉，以及适于弹跳且能在着陆时起到缓冲作用的强壮双腿。鸟类的体表被羽（见下方图版和第266页），能为皮肤提供保护，在体表形成隔热层。鸟类的骨骼轻而坚固，对于飞行来说至关

骨头横截面

鸟类的大部分骨头都是中空的，包括四肢骨、部分颅骨和骨盆等。这种结构能减轻体重，为飞行节约能量。骨腔内的网状支柱结构（骨质小梁）可起到加固作用。

羽毛

鸟羽是鸟类独有的特征，结构非常复杂。鸟羽是表皮角质化的产物，与哺乳类的毛发和爬行类的鳞片一样，都由角蛋白构成。鸟羽能保护皮肤不受损伤。为了保持羽毛的清洁和柔软，鸟类随时都用喙来清洁羽毛，涂上油脂，这种行为也被称为理羽。其他清洁方式还包括挠痒、水浴、日光浴等。鸟类的羽毛一年至少更换一次。能够飞行的鸟类具备4种功能不同的羽毛，包括两种飞羽（翼羽和尾羽），以及绒羽和正羽。

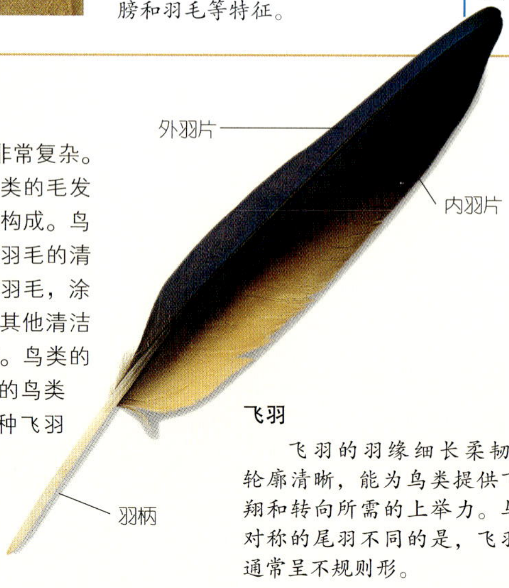

飞羽

飞羽的羽缘细长柔韧，轮廓清晰，能为鸟类提供飞翔和转向所需的升力。与对称的尾羽不同的是，飞羽通常呈不规则形。

羽毛类型

蓬松柔软的绒羽可以形成有效的隔热层，而覆盖在体表的小型正羽则使鸟体呈现流线型。较长的尾羽被用于飞行和转向。

羽毛结构

羽毛的结构非常复杂。大多数羽毛中央都有羽轴，以及由羽轴斜向两侧伸展的平行羽支。羽支两侧的羽小支具有钩槽，能将羽支相互勾连在一起。

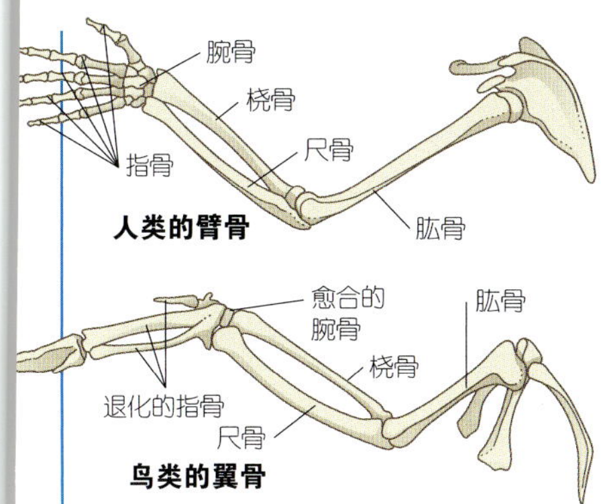

臂骨与翼骨

与人类的臂骨相比，鸟类前肢（翅膀）的骨头数量明显减少，特别是关节和指骨的数量。

重要。为了减少自身重量，一些骨骼的尺寸已经大大减小，并且多处愈合，形成一个不需要大块肌肉和韧带来支撑的坚固骨架。大多数鸟类的骨骼中空，没有骨髓。为了弥补骨骼强度的不足，鸟类的骨骼内部由网状支柱结构（骨质小梁）支撑，使其更为坚固。还有一些骨头的内部有与呼吸系统相连的气腔，如肱骨等。鸟类的翅膀结构与人类的胳膊类似，虽然它们的指骨数量相对较少，但部分手部骨骼已经退化并融合在一起，使得骨骼结构更加坚固。"肘部"和"腕关节"融合形成的翼骨在垂直面上不能移动。因此，鸟类在飞行时需翅膀平举伸直，利用肩膀带动翅膀扇动，这样不仅能够增加翅膀的硬度，还能减少多余的动作以节省能量。鸟类的胸肌（飞翔肌）非常有力，附着在由发达的胸骨隆起形成的龙骨突上。

轻巧灵活的角质喙是鸟类的另一特点。有些鸟类的上下颌均能活动，嘴巴也可以张得很大，如鹦鹉。而哺乳类只有下颌能活动。鸟喙外部包裹着质地较轻、硬度较高的角质鞘，因而外观呈现各种形态。鸟喙的形态因鸟类食性的不同而异。

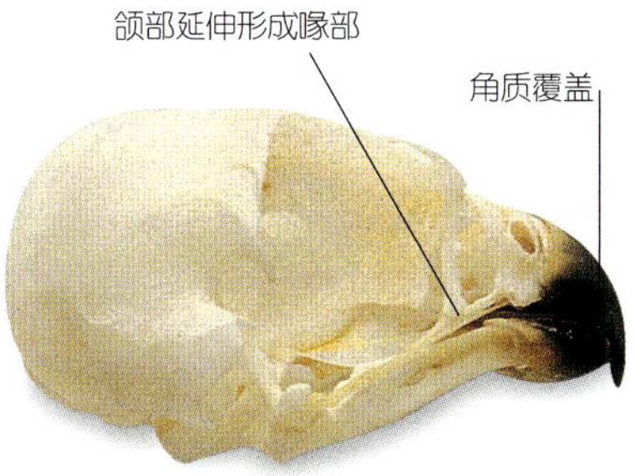

颅骨

鸟类的颅骨非常轻，其中许多骨头已经愈合。鸟喙则由包裹着角质上皮的上下颌骨构成。

消化系统

由于缺少牙齿，鸟类必须先啄碎食物才能将其吞下。鸟胃由上半部的腺胃和下半部的肌胃共同构成，肌胃（砂囊）中含有被鸟类吞食的沙砾，有助于碾磨食物，而腺胃（前胃）则负责分泌胃液。鸟类通常将食物储存在食道内，从而减少取食概率。有些鸟类的食道下面还有膨胀的嗉囊，也能储藏食物。食道和嗉囊让鸟类能在相对较短的时间里取食和存储更多的食物，从而降低因取食而被天敌发现的概率。

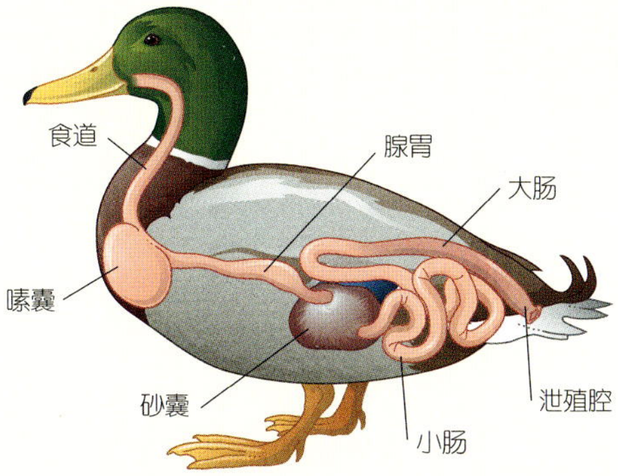

觅食和食物储存

鸟类的消化能力较强，消化过程迅速。食物无须咀嚼就能被吞下，并被存储在食道或嗉囊中。这种方式使得鸟类能快速进食，然后在较安全的地方进行消化。

嗉囊育幼

成年鸠鸽的嗉囊可分泌出用于喂养后代的嗉囊乳。图中的欧斑鸠正在给雏鸟喂食嗉囊乳。

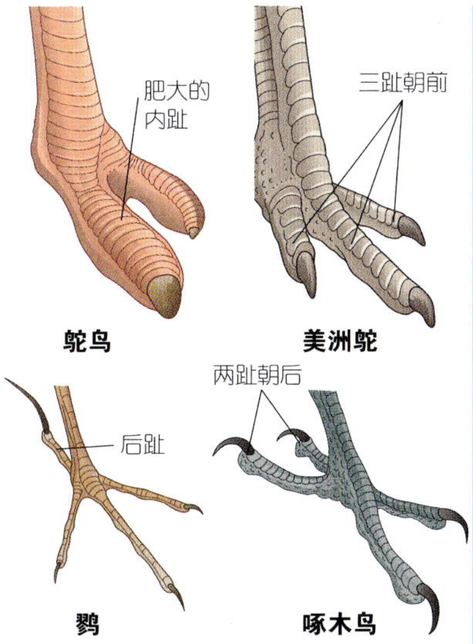

脚和脚趾

与大多数鸟类相比，鸵鸟和美洲鸵的足趾较少，这一特性能让它们快速奔跑。鹀类有典型雀鸟的常态足，其中三趾朝前，一趾朝后。啄木鸟脚趾的排列方式让它可以轻松地朝各个方向攀爬。

例如，雀鸟的喙较为坚硬，呈圆锥形，适于撬开种子，而鹭鸟的喙则非常尖锐，形同匕首，适于捕鱼。食虫鸟的喙小而细长，如莺，而食肉鸟的喙通常非常锋利，前端呈钩状以便撕开猎物，如鹰。鸟类有2—4个足趾，生活方式的不同让鸟趾的形状和排列方式也呈现较大差异。大多数鸟类有四趾，其中三趾朝前，一趾朝后，非常适于在树枝上栖息（第342页）。而游禽大多具有脚蹼。鸟类与人类一样主要依靠视觉生活，其次才是听觉。事实上，许多鸟类的视觉都很敏锐，特别是猫头鹰和猛禽。由于鸟类常在高速飞翔时捕食猎物，因而很少（有时甚至不会）用到嗅觉。

呼吸与循环

鸟类性格好动，因此新陈代谢十分旺盛。它们的呼吸和循环系统十分高效，能从空气中吸入大量氧气，将其快速输送到全身。高效的氧气利用对鸟类来说非常必要，使其在氧气稀薄的高海拔地区也能时刻保持活力。尽管鸟类的肺部体积较小，但与遍布体腔的辅助呼吸系统——气囊相连。与哺乳类不同的是，鸟类呼吸时，富含氧气的气体总是沿着单一方向流动，也被称为单向流。除了高效的气体交换系统，鸟类的心脏也较大，心搏频率较高。为了保持机体活力，鸟类还需要将体温维持在40摄氏度左右。为了使体温保持恒定，鸟类还要控制身体的散热（下图）。当能量不足以维持新陈代谢时，有些鸟类的体温便会下降，身体出现麻痹状态，降低能量需求。生活在高海拔地区的一些鸟类，如某些蜂鸟，夜间的行为变得迟钝；其他物种，如一些雨燕和夜鹰，则会连续几天，甚至几周都保持这个状态。

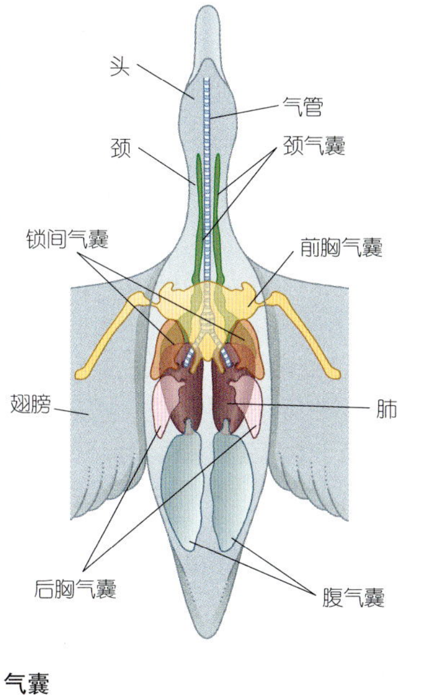

气囊

除了肺部，鸟类还具有与肺部相连的气囊来辅助呼吸。气囊由单层上皮细胞形成的膜构成，类似于人类的横膈膜。大多数鸟类都有9个气囊，其中有8个都是左右成对。

减少散热

为了控制体内热量的散失，鸟类（如田鸫）通过竖起或抖松羽毛来增加皮肤和羽毛间的空气体积。空气体积越大，散热就越少。

鸟类

高速飞行

一只蓝黄金刚鹦鹉在空中展示色彩丰富的羽毛，以及高雅的长尾羽。它们的翅膀相对而言较窄小而尖细，尽管身躯庞大但也能够快速地飞行。

飞行能力

尽管鸟类不是唯一一种能够飞行的动物（蝙蝠和昆虫同样也可以），但却是体形最大、飞行能力最为出色的种类。鸟类的翅膀类似飞机的机翼，能形成飞行所需的上举力。当鸟类向前飞行时，翅膀上方的气流速度加快，在翅膀上下面形成不同的压力。由于翅膀下方的气流流速较慢，因而产生负压使鸟体向上抬升。这股向上的升力也被称为抬升力，它随鸟类翅膀的大小和前行速度的加快而增加（下方图框）。振翅和滑翔（或翱翔）是鸟类的两种主要飞翔模式。振翅不直接产生抬升力，而是依靠前一次振翅时在水平方向上产生的动量进行推动，形成上举力。这就是为什么大多数鸟类必须扇动翅膀才能起飞的原因。鸟类在滑翔时双翅伸展，保持身体平稳飘行。滑翔中的鸟类耗能较少，但飞行高度却会降低，因此抬升力也会下降（除非借助上升气流的帮助）。

鸟类的翅形丰富多样，反映出各自的飞行和生活方式。那些拥有爆发力，能迅速起飞以逃离捕食者的鸟类通常翅膀为椭圆形，因为这种翼形能提供起飞所需的加速度。长时间飞行的物种具有较长的翅膀以节省能量。高速飞行的鸟类，如雨燕和隼，双翅通常较狭长，翅端较尖锐，以减少飞行阻力。尾羽形状对鸟类来说也非常重要。能在半空中突然转向的鸟类的尾羽常带有分叉，如燕和鸢。

尽管大多数鸟类都能飞翔，但也有一些物种丧失了飞翔能力，包括鸵鸟、美洲鸵、鹤鸵、几维鸟、鸸鹋和企鹅。人们普遍认为这些鸟类的祖先曾经会飞，因为它们仍具有许多适于飞行的特征，如中空的骨骼和双翅（尽管大多数不会飞行鸟类的翅膀尺寸已经缩小）。飞行能力的丧失似乎与以下情况相关。对于环境中天敌相对较少的鸟类来说，飞行能力似乎已经变得没有必要了。那些生活在孤立岛屿上的鸟类，如新西兰秧鸡和短翅秧鸡（它们与鹤类有着密切的亲缘关系）就属于这一类型。此外，体形和力量对不能飞翔的鸟类来说更为重要。以鸵鸟为例，这种能快速奔走，借助翅膀保持身体平衡的鸟类，利用长腿就能给予捕食者有力的回击。而企鹅的鳍状前肢则可在游泳时用于推进身体。

振翅飞行

在振翅向上飞的过程中，鸟类会先向下弯曲翅膀，使翅尖紧靠身体。大多数的飞行动力是在双翅下压时产生的，此时翅膀完全伸展。

鸟类如何飞翔

鸟类的胸骨极为发达，在腹中线处隆起形成龙骨突，为大块的飞行肌提供了附着面。当飞行肌收缩时，鸟类的翅膀会用力向下扇动，从而产生向前的推力。而当飞行肌伸展时，翅膀则向上抬起。羽毛（第264页）在鸟类飞行中也起着重要作用。着生在翅膀上的飞羽以及尾羽能在鸟类飞行时提供上举力，并帮助鸟类灵活转向，覆盖在体表的羽毛（正羽）则让鸟类在飞行时身体呈现流线型。大多数鸟类的飞行动作包括振翅和滑翔两种。有些鸟类能悬停在半空，蜂鸟甚至可以倒退着飞行。

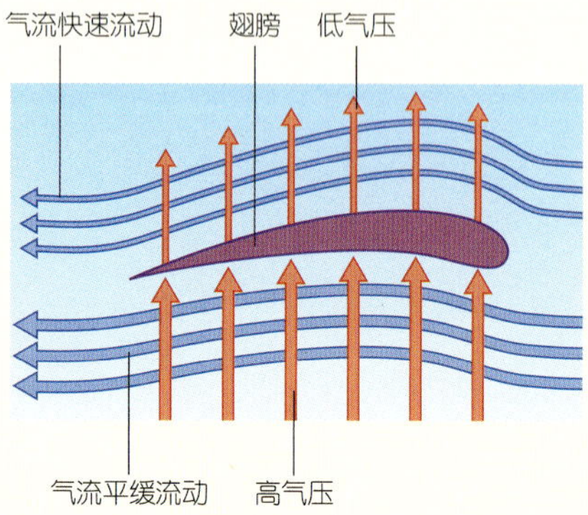

翅膀的空气动力学

鸟类的翅膀上凸下凹。因此，流经翅膀上方的气流速度要比翅膀下方的稍快。而翅膀下方缓慢移动的气流则会产生更大的压力，从而为鸟类提供上举力。

空中转向

军舰鸟的外形非常独特，常在广阔海域的上空翱翔寻找食物。极为细长的翅膀能让它们在空中极速飞行，并灵活翻转，长而分叉的尾羽则有助于控制方向。

繁殖

大多数鸟类以一雄一雌成对进行繁殖。雄鸟一般通过炫耀或是鸣叫等求偶方式吸引雌性交配。有些鸟类的求偶炫耀甚至非常精彩，可能利用特殊的动作来炫耀，如孔雀和天堂鸟会展示它们光彩夺目的羽毛，鹤类（下图）翩翩起舞，而鹰类则表演剧烈的俯冲等特技飞行。大多数鸟类还能利用鸣啭吸引其他鸟类的注意。鸣啭为鸟类所独有，除了可以起到驱逐雄性竞争对手和建立繁殖领地的作用外，也能用于吸引配偶。

所有的鸟类都为卵生，并且不遗余力地保证后代的存活。大多数鸟类将卵产在专门建造的鸟巢中，鸟巢通常搭建在非常隐蔽的地点或是捕食者难于接近的地方。孵卵工作通常由雌鸟担任或雌雄轮流承担。不同物种在产卵数量上的差别很大，有些鸟类一年甚至能产数窝卵。

鸟卵被一层轻而坚硬的外壳包裹，既可保护发育中的胚胎，也能阻挡细菌的侵入。卵壳的主要成分

求偶舞蹈

雄性和雌性丹顶鹤进入繁殖期时会翩翩起舞。求偶时，一方或双方时而低头或昂首，时而跃向空中。

卵与巢

尽管大多数鸟类直接在地面或是其他物体的表面产卵，但大多数鸟类都建造能容纳鸟蛋的鸟巢。鸟巢能为鸟类提供保护和保温，并且为亲鸟提供固定的地点，让它们专心地孵卵和育幼。将鸟巢建造在具有隐蔽性或天敌难以接近的地方对鸟类来说非常重要。鸟巢由不同的材料编织而成，巢材通常由鸟类在巢址附近就地拾取，主要包括植物纤维、兽毛、羽毛，甚至还包括蛇的蜕皮或人工制品等。

保护性鸟巢

有开口的杯状巢是最常见的鸟巢类型。大多数鸟巢均由多种材料编织而成。图中苍头燕雀的巢由苔藓、地衣、草本植物和羽毛构成，利用蛛丝联结在一起。

黑头美洲咬鹃的卵　双色黑鵙的卵

红顶歌鵙的卵　宽尾树莺的卵　蓝短翅鸫的卵

鸟蛋颜色

鸟蛋的颜色多样。然而，所有蛋壳的颜色只由两种色素构成：一种源于血红蛋白，而另一种则源于胆汁。当鸟蛋经由雌鸟的泄殖腔产出时，便被染上颜色。

为碳酸钙，由雌鸟从食物中摄取。尽管鸟卵看上去很坚硬，但却具备良好的通气性能，能够保证胚胎发育期间的气体交换。卵内部贮藏有大量卵黄，能为胚胎的发育提供营养，促进其成长。即便如此，当幼鸟出壳后，发育仍然不完全。大多数物种的雏鸟出壳时全身裸露无毛，眼睛未张开，缺少调节体温的能力，因此也被称为晚成鸟。这些极具依赖性的雏鸟必须完全依靠父母的喂养和保护才可独立生活。水鸟和涉禽的雏鸟出壳后全身覆有绒羽，很快便能自行觅食，因此也被称为早成鸟。

青山雀的雏鸟

鸭子的雏鸟

生命之初

包括雀形目（如青山雀）在内的大多数鸟类的雏鸟都依靠亲鸟提供食物和保暖。鸟类将鸟蛋产在有保护作用的鸟巢中。而涉禽、游禽以及雉类的雏鸟出壳后便能行走，很快即可自行觅食。

社群

同种鸟类在生活方式上存在很大不同。有些鸟类独自生活，有些则成对栖息于自己的领地中。许多鸟类只有在进行栖息、觅食或繁殖等特定行为时才聚在一起。而有些鸟类则终生都过着群居生活。集群生活利弊参半。集群生活的鸟类在搜寻食物时能从群体中获益，特别是当资源较为匮乏时。集群也能降低被天敌捕食的风险，还能减少个体被捕获的概率，并且能够及早发现天敌。比起单独生活的鸟类个体，集群可以保证每个个体享有更多的觅食和休息时间。此外，有些鸟类还会聚群栖息，以便共享热量和减少热量的散失。然而，集群生活也存在缺点。如果食物非常稀少，群成员之间就会出现资源竞争，导致较弱的个体处于边缘化，不仅无法好好觅食，还更容易遭受天敌的攻击，这些个体如果独自生活的话可能更好。集群生活的另一个缺点就是容易受到疾病的威胁，因为集群时疾病的传播速度要更快。

集群觅食

红鹳是所有鸟类中最喜欢集群的鸟类，它们终生都一起生活（有时数量甚至超过百万），所有的生活方式都为集团式，甚至连求偶也是成百上千只一起进行。

迁徙

许多鸟类都进行季节性迁徙。大多数迁徙鸟类在春夏之际迁飞到白昼时间较长的高海拔地区繁殖，而在冬季则迁飞到温度较高的低海拔地区。许多鸟类具有复杂的迁徙类型。有时只有某些种群，或是只有雌鸟才迁离繁殖地，而其他的鸟则留在原地。表现出这种行为的鸟类被称为半迁徙鸟。不是所有的鸟类都迁徙，这是因为迁徙在一定程度上需要消耗大量能量。那些不迁徙的鸟类（包括许多热带物种）被称为留鸟。迁徙行为是在内部生理机制（如荷尔蒙激素水平）和光照长短的共同刺激下发生的。迁徙季节来临前，鸟类在体内积聚大量的脂肪，以保证迁徙时的能量消耗，并且还出现兴奋的表现。有些鸟类还具有令人吃惊的导航能力，可以在飞行上千千米后精确地到达终点（下方图框）。

聚群

紫翅椋鸟聚集在一起觅食和栖息，其中大多数成员都结成小群繁殖。椋鸟以其壮观的群体飞行闻名。同一片栖息地中可能生活着超过200万只个体。

迁徙路线

鸟类的定向导航方式非常多样。它们主要依靠体内的生物钟来定向。生物钟不仅能帮它们测量昼长变化，还能定位太阳和星辰的位置。许多鸟类都能感应到地球磁场的变化，并利用它进行定向。而那些已经进行过迁徙的鸟类则能借助陆地标志导航，并且还有可能用嗅觉或超声波进行定向。

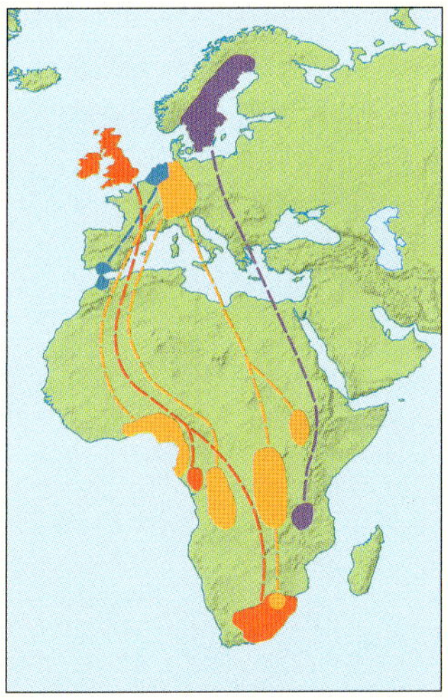

长途迁徙

在北欧部分地区过冬的燕子有着不同的迁徙路线。一些个体迁徙到距离相对较短的西班牙南部或是北非，而另一些个体的迁徙路线则会穿越整个非洲大陆。

鸟类

䳍

门：	脊索动物门
纲：	鸟纲
目：	䳍形目
科：	䳍科
种：	45种

这些地栖鸟类的外表与榛鸡和石鸡类似，它们体形圆胖，双翅短小。由于心脏相对较小，因此无法长时间奔跑或飞行。䳍主要分布在南美和中美洲的森林、灌木丛和草地地带。

伪装

一旦受到威胁，安第斯斑䳍就会原地保持不动，借助自身的绝佳伪装保护自己。

Eudromia elegans

凤头䳍

分布：南美洲南部

体高：	37—41厘米
体重：	400—800克
羽色：	雌雄相似
迁徙类型：	非迁徙鸟
保护现状：	无危

凤头䳍的显著特征是羽冠细长且向前弯曲。它体呈浅褐色至深褐色，双翅带有白色斑点，眼后有一道浅色条纹，另一道位于眼睛下方。这种性格羞怯的鸟类通常结成小群或中等大小的群体，在林地、草地和灌丛中共同生活。

几维鸟

门：	脊索动物门
纲：	鸟纲
目：	无翼目
科：	无翼鸟科
种：	3种

几维鸟的外形奇特，双翅退化，所有种类的外表都非常相似。它们身形矮胖，长有柔软的发丝状羽毛和细长的喙，无尾羽。几维鸟与其他不会飞行的大型鸟类不同，它们的每只脚上都有4趾。这些夜行性鸟类仅分布在新西兰。

感官

虽然几维鸟的视觉较差，但却具有灵敏的听觉、嗅觉，喙部的触觉同样高度灵敏。

Apteryx mantelli

褐几维

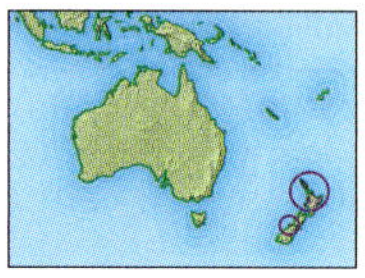

分布：新西兰

体高：	50—65厘米
体重：	1.5—4千克
羽色：	雌雄相似
迁徙类型：	非迁徙鸟
保护现状：	濒危

褐几维曾广泛分布于新西兰的北部岛屿，现在却因森林砍伐和猪、狗、猫、鼬等引入天敌的影响而变得濒危。它在觅食时缓慢地走动，用喙啄开地面寻找食物，还能将长达15厘米的喙整个伸入泥土中，猎取蚯蚓、蝉、甲虫幼虫、蜈蚣和掉落的果实等。雌鸟每窝产蛋1—2枚，蛋的大小相对于雌鸟而言比例非常大。

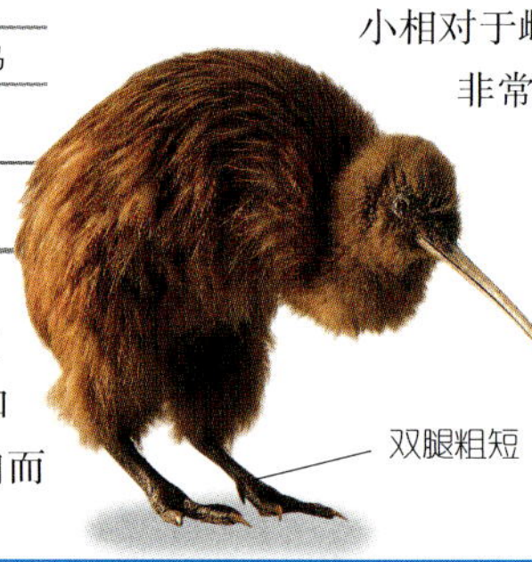

鹤鸵与鸸鹋

门：	脊索动物门
纲：	鸟纲
目：	鹤鸵目
科：	2科
种：	4种

这些不会飞翔的大型鸟类分布在澳洲和新几内亚岛，有着灵活的长颈和长腿，以及隐藏在蓬松丝状羽毛下的较小翅膀。除了能快速奔跑以外，它们也能游泳。鹤鸵和鸸鹋的脚上有3趾。鹤鸵的内趾上长有一个10厘米长的利爪，能在攻击时给予敌人致命伤害。鹤鸵的头顶有起着保护作用的角质盔，颈部的肉垂还会随着鸟儿情绪的变化改变颜色。

亲代抚育

雄鸸鹋（图中所示）孵卵时几乎完全不进食，仅靠消耗体内的脂肪维生。雏鸟孵出后，雄鸟会对它们进行长达8个月之久的精心照顾。

Casuarius casuarius

双垂鹤鸵

分布：新几内亚岛、澳洲东北部

体高：	1.3—1.7米
体重：	17—70千克
羽色：	雌雄相似
迁徙类型：	非迁徙鸟
保护现状：	易危

所有的鹤鸵都栖息在茂密的热带森林中，因此极为罕见。双垂鹤鸵是3种鹤鸵中体形最大的一种，也是唯一在澳洲和新西兰均有分布的物种。繁殖期间，雄鸟发出低沉的隆隆声吸引雌鸟，但成年鹤鸵在非繁殖季节通常都独自生活。它们的食物主要为掉落的果实。

Dromaius novaehollandiae

鸸鹋

分布：澳洲

体高：	1.3—1.7米
体重：	30—66千克
羽色：	雌雄相似
迁徙类型：	非迁徙鸟
保护现状：	无危

鸸鹋是澳洲体形最大的本土鸟类，它们的羽毛蓬松下垂呈灰褐色，双腿粗壮，双翅细小。鸸鹋通常结成几十只的松散群体共同生活，主要取食种子和浆果，食物短缺时也会长途跋涉到远方觅食。塔斯马尼亚岛上的鸸鹋目前已经灭绝，但在澳洲的主岛上，它们却能因为谷类的耕种得以存活，并且在一些地区已经成为一种有害的鸟。

鸵鸟

门：	脊索动物门
纲：	鸟纲
目：	鸵鸟目
科：	鸵鸟科
种：	1种

鸵鸟是现存体形最大和最容易辨认的鸟。它的身材高大，长颈裸露无毛，头部较小，双腿粗健。鸵鸟的翅膀不大，上面长有蓬松的羽毛。脚趾也非常独特，每只脚上仅有2个脚趾。尽管鸵鸟不能飞行，但却具有惊人的奔走速度和耐力，能以时速70千米持续奔走约30分钟。鸵鸟目下仅存鸵鸟1种。

搏斗中的雄鸟

繁殖季节来临时，雄鸵鸟通过各种炫耀姿势占据领地和社会地位，甚至有时还会展开搏斗。竞争中的优胜者最终占有领地，与多只雌鸟交配，然而仅有一只雌鸟会在孵卵和照顾幼鸟期间与雄鸟保持单一的配对关系。

Struthio camelus

非洲鸵鸟

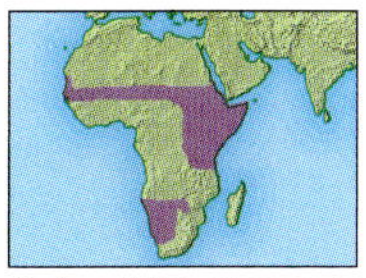

分布：非洲西部至东部（撒哈拉以南）、非洲南部

体高：	2.1—2.8米
体重：	100—160千克
羽色：	雌雄相异
迁徙类型：	非迁徙鸟
保护现状：	无危

非洲鸵鸟曾广泛分布于非洲和亚洲西部地区，尽管世界上的一些地区也开展了鸵鸟养殖，但它们目前只在非洲东部至南部地区有分布。生活在野外的鸵鸟通常过着游荡生活，长途跋涉寻找青草和其他植物。它们通常雌雄混群，很少单独活动。繁殖期间，雄鸟发出响亮的隆隆叫声，并表演复杂的求偶舞蹈。数只雌鸟通常将蛋产在同一个巢中，一个鸟巢中通常有多达30枚鸟蛋。雄鸟参与孵卵，雏鸟约40天后出壳，此时雄鸟便会独自承担照顾幼鸟的责任。

美洲鸵鸟

门：	脊索动物门
纲：	鸟纲
目：	美洲鸵鸟目
科：	1科（美洲鸵鸟科）
种：	2种

尽管美洲鸵鸟外表与鸵鸟相似，但前者的体形更小，且每只脚都有3个足趾。它们的头、颈和大腿都长有羽毛，双翅末端还长有能进行防卫的爪子。美洲鸵鸟奔跑时张开翅膀保持平衡。它们分布于南美洲大部分地区的稀疏林地和低地平原地带。

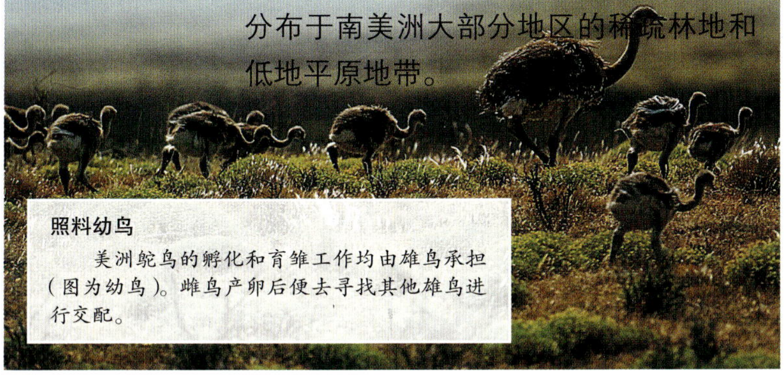

照料幼鸟

美洲鸵鸟的孵化和育雏工作均由雄鸟承担（图为幼鸟）。雌鸟产卵后便去寻找其他雄鸟进行交配。

Rhea americana

大美洲鸵

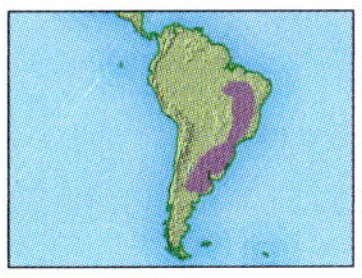

分布：南美洲东部和东南部

体高：	0.9—1.5米
体重：	15—30千克
羽色：	雌雄相异
迁徙类型：	非迁徙鸟
保护现状：	近危

这种不会飞的长腿鸟类生活在草原和半干旱矮木丛中。羽色通常为灰色、褐色和白色，这种羽毛能在草丛中和灌丛中提供有效伪装。雄鸟繁殖时脖子下方还会长出深色翎羽。大美洲鸵是社会性动物，通常成群生活，但具繁殖力的雄鸟一年中的大多数时间都是独居。进入交配时节后，雄鸟发出隆隆的鸣叫声吸引雌鸟，随后便挥舞双翅翩翩起舞向雌鸟求爱。雄鸟会与多达12只雌鸟交配，然后在地面挖出浅坑筑巢，雌鸟相继在巢中产下多达60枚鸟蛋。鸟蛋产下后，由雄鸟独自承担孵卵和保护幼鸟的工作。尽管这种鸵鸟在当地数量丰富，但却已经受到捕猎和生境丧失的严重影响。

雉类

门：	脊索动物门
纲：	鸟纲
目：	鸡形目
科：	5科
种：	290种

雉类主要在地面生活，其中的一些物种具有极高的利用价值。有些物种（如鸡）已被驯化为家禽，成为人们生活中的重要食物来源。还有一些物种（如孔雀、山鹑和松鸡）则常成为人类的捕猎对象。雉鸡中还包括凤冠雉、珠鸡和冢雉等一些特色物种。全世界包括茂密的森林和高山在内的各种生境（甚至在北极圈附近）都有雉类分布。

炫耀

图中的巴拉望孔雀雉正在进行求偶炫耀。其扇形尾羽上的眼状斑可能用于吸引雌鸟。

身体结构

雉类大多体形结实，头小，两翼短圆。强壮的飞行肌能让它们快速奔跑逃离危险，由于身躯笨重，因此只能进行短距离的飞行。雉类的短喙略有弯曲，脚爪强而有力，非常适于在地面啄食和刨食。许多物种还有色彩鲜艳的裸露皮肤或是长有醒目的长尾羽和顶冠。

起飞

白冠长尾雉与大多数雉类一样，也能快速扇动翅膀飞入空中以逃离危险。

伪装

一些地栖物种，如图中的雌黑琴鸡，必须要有与环境一致的羽色才能避免被捕食者察觉，而雷鸟的羽色则会随着季节的变化而改变。

繁殖

雉类大多在地面的浅凹陷处筑巢。冢雉的筑巢方式非比寻常，它们不会自行孵蛋，而是将蛋埋在自己筑造的大型冢状土丘中，利用日光、植物发酵或是地热产生的热量来孵化。雉类的雏鸟往往在孵化后的一周之内便能飞行，而冢雉的雏鸟在数小时之内就能飞行。

窝卵数

比起其他鸟类，大多数雉类的产卵量较大。有些种类一次就能产下多达20枚卵（图中为雉鸡的卵）。

Leipoa ocellata

斑眼塚雉

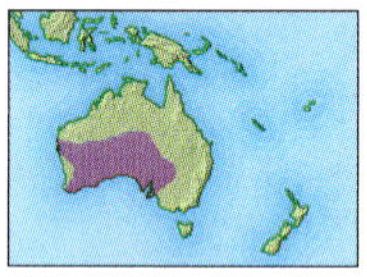

分布：澳洲西部和南部

体长	61厘米
体重	2千克
羽色	雌雄相似
迁徙类型	非迁徙鸟
保护现状	易危

斑眼塚雉与其近亲塚雉是地球上少有的，不自行孵卵的鸟类。它们将蛋产在高约1.5米、宽约4.5米的巨大树叶、树枝和树皮堆中，鸟蛋借助这些物质腐烂后产生的高温孵化。在长达11周的漫长孵化期间，亲鸟会待在土堆附近，用喙探查树叶堆中的温度变化。如果温度太高，它们便叼走一些植物，如果温度太低，它们又会往土堆上添加植物。雏鸟孵出时能自己挖洞出巢，此时的它们早已羽翼丰满，可以自行照顾自己。雄鸟和雌鸟配对后一起生活数年，但大部分时间都完全分开生活，一旦接近夏季的繁殖季节，才又重新一起生活。斑眼塚雉主要以果实、嫩芽和种子等植物为食，但也捕食蚂蚁、甲虫、蜘蛛和蟑螂等无脊椎动物。

Ortalis motmot

小冠雉

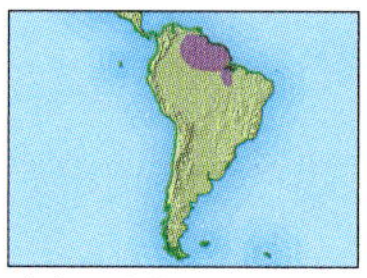

分布：南美洲北部

体长	38厘米
体重	600克
羽色	雌雄相似
迁徙类型	非迁徙鸟
保护现状	无危

小冠雉是凤冠雉科中体形最小的成员，凤冠雉也隶属这一科，它们均生活在美洲。与其他成员相比，小冠雉的体态苗条，体色暗淡，没有羽冠。凤冠雉科包含12个物种，其英文俗名便来自它们聒噪的叫声。它们大多栖息在树林中，以浆果和其他果实为食。

Crax daubentoni

黄瘤凤冠雉

分布：南美洲北部

体长	90厘米
体重	无记录
羽色	雌雄相似
迁徙类型	非迁徙鸟
保护现状	近危

与其他凤冠雉一样，这种大型森林鸟类主要在地面取食，遇到危险时也会飞上树。黄瘤凤冠雉最显著的特征是羽冠卷曲，喙基部有黄色肉瘤。黄瘤凤冠雉以果实、树叶、种子和小型动物为食。与其他雉类不同的是，它们不直接在地面产卵，而是由雌、雄鸟共同筑巢产蛋。雌鸟每窝只产2枚蛋，与那些在地面筑巢的雉类相比，它们的产卵量非常低。

Meleagris gallopavo

火鸡

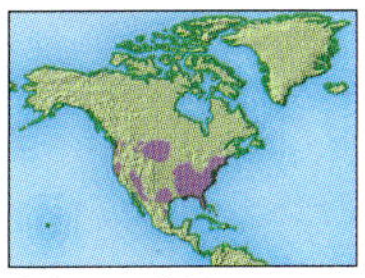

体长：1.2米
体重：10千克
羽色：雌雄相异
迁徙类型：非迁徙鸟
保护现状：无危

分布：北美洲

火鸡是一种大型雉类，有着深棕色的斑斓羽毛，裸露的头部长有醒目的蓝色和红色肉瘤。雄鸟的胸部具有类似羽毛的“髯”。火鸡一年中的大部分时间都结成约20只的小群，但在繁殖季节，雄鸟则各自建立领地。每只雄鸟都与数只雌鸟交配，求偶时的雄鸟将尾羽展成扇状，双翅低垂，头部抬高，发出独特的咯咯叫声。火鸡属杂食动物，小火鸡每天都能吃掉多达4000只昆虫，成年火鸡取食种子、草本植物、根茎、嫩芽、花朵和昆虫。火鸡还会利用嘴啄、爪抓、拍击双翅等方式进行自卫。

Callipepla californica

珠颈斑鹑

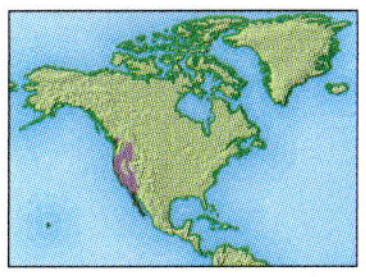

体长：25厘米
体重：175克
羽色：雌雄相异
迁徙类型：非迁徙鸟
保护现状：无危

分布：加拿大西南部、美国西部、墨西哥西北部

这种优雅雉类的明显特征是头顶长有黑色的泪滴状长羽毛，脸部羽毛黑白相间，腹部羽毛呈鳞片状。雌鸟的体形和羽冠都比雄鸟小，羽色也很单调。珠颈斑鹑性格羞怯隐蔽，通常只闻其声难寻其踪。它们多结成25—30只的小群共同生活，以各种种子、植物球茎、树叶和嫩芽为食。

Tetrao urogallus

松鸡

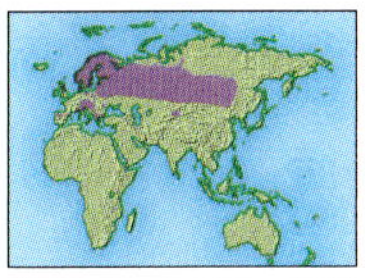

体长：80—115厘米
体重：4—4.5千克
羽色：雌雄相异
迁徙类型：非迁徙鸟
保护现状：无危

分布：欧洲北部、西部和南部，亚洲西部至中部

松鸡的体形硕大，繁殖时雄松鸡聚集在栖息地的求偶场，在那里对雌鸟进行求偶炫耀。它们的叫声与拔掉瓶塞的声音相似。松鸡夏季取食叶片、嫩芽和浆果，冬季几乎只吃松叶。

Centrocercus minimus

艾草榛鸡

体长：32—51厘米
体重：1—2千克
羽色：雌雄相异
迁徙类型：非迁徙鸟
保护现状：濒危

分布：美国中西部

艾草榛鸡是两种北美洲榛鸡中体形较小的成员之一，是自19世纪以来唯一发现于美国的鸟类新种，于2000年被正式命名，只分布在美国科罗拉多州西南部和犹他州东南部，喜欢栖息在长有灌丛的开阔原野。雄鸟聚集在一起炫耀膨胀的喉囊，并发出咚咚声吸引雌鸟。

Lagopus lagopus

柳雷鸟

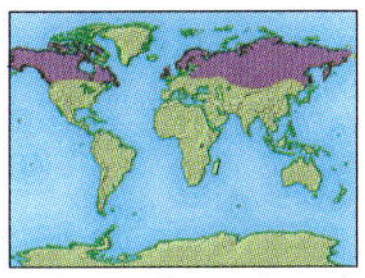

体长：38厘米
体重：500—700克
羽色：雌雄相异
迁徙类型：非迁徙鸟
保护现状：无危

分布：北美洲北部、欧洲北部、亚洲北部

体形敦实的柳雷鸟非常适应北半球冬季的恶劣环境。与松鸡科的其他成员一样，柳雷鸟的双腿和鼻孔外也长有能够保暖的羽毛，它还会在雪中挖洞，躲藏其中以保持体温。柳雷鸟有20个亚种，除了英国亚种以外，大多数亚种的红褐色羽毛均在冬季换成白色，以便在雪地中提供绝佳伪装。

Tetraogallus caspius

里海雪鸡

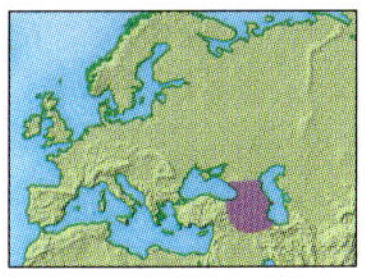

体长：60厘米
体重：无记录
羽色：雌雄相异
迁徙类型：非迁徙鸟
保护现状：无危

分布：欧洲东南部、亚洲西部

全球5种雪鸡中的代表物种，其具有斑驳的褐色、灰色和白色羽毛，能为它们在裸露岩石上的活动提供有效伪装。它们通常结成小群觅食，冬季会从高海拔迁至林线以下活动。

Perdix perdix

灰山鹑

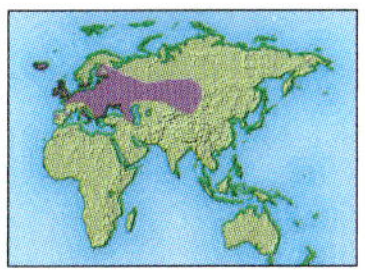

体长：31厘米
体重：300—450克
羽色：雌雄相异
迁徙类型：非迁徙鸟
保护现状：无危

分布：欧洲、亚洲西部和中部

灰山鹑栖息在长有矮草的开阔原野，尤其喜欢在农田或牧场中觅食和筑巢。它的头部呈茶褐色，胸部为浅灰色，雄鸟腹部有明显的栗色马蹄斑。灰山鹑冬季结成15—20只的群体共同生活，冬季快要结束时鸟群瓦解，因为雄鸟开始变得有攻击性，甚至发生相互打斗。尽管繁殖初期它们会不时地更换配偶，但随后便形成固定的配偶关系，雌雄双方通常都来自不同的群体。

Coturnix coturnix

鹌鹑

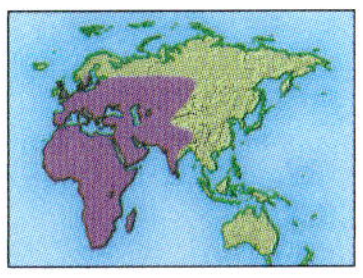

体长：18厘米
体重：70—150克
羽色：雌雄相似
迁徙类型：候鸟
保护现状：无危

分布：欧洲、亚洲、非洲、马达加斯加

鹌鹑的体形较小且善于隐匿，常常只闻其声难寻其踪，通常是当雄鸟发出“whit wit—wit”的叫声时，才知道它们在附近活动。繁殖期间，雄鸟和雌鸟通过叫声相互联系，说明它们即便隐藏着也能找到配偶。鹌鹑夜间在地面集群栖息。食物非常多样，包括种子、花蕾、嫩芽、小浆果、昆虫和其他无脊椎动物。鹌鹑还是少数几种进行长途迁徙的雉类，这些具有迁徙行为的雉类通常在春季从非洲飞往欧洲繁殖。

Tragopan temminckii

红腹角雉

分布：亚洲东南部

体长：63厘米
体重：无记录
羽色：雌雄相异
迁徙类型：非迁徙鸟
保护现状：无危

雄雉通常羽毛华丽，红腹角雉也不例外。然而，对于红腹角雉来说，雄鸟最明显的特征则是蓝红相间的喉囊，其看上去就像一块彩色围兜。红腹角雉与另外4种角雉一样（均分布在亚洲中部和南部），栖息在海拔4500米以下的森林地带，通常在灌丛或林下用树枝搭建简易鸟巢。它们主要以嫩芽和浆果等植物为食，也吃从土中刨出的昆虫。

夸张的炫耀

雄鸟求偶时，彩色喉囊充血膨胀并悬垂在胸前，随后抖动喉囊以引起雌鸟的注意。一旦雌鸟被打动，便会与之交配。

觅食

与其他雉类一样，红腹角雉也利用脚爪拨开树叶，刨开泥土啄食其中的小虫。

Gallus gallus

原鸡

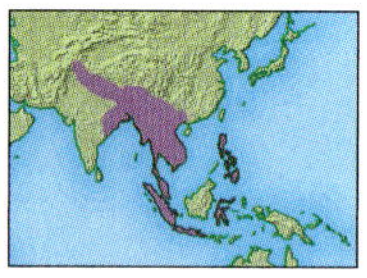

分布：亚洲南部与东南部

体长：80厘米
体重：0.5—1.5千克
羽色：雌雄相异
迁徙类型：非迁徙鸟
保护现状：无危

原鸡是家鸡的祖先，在大约5000年前开始被人类圈养。雄鸟羽色鲜艳，头部长有鲜红的鸡冠和肉垂。雌鸟体小，色彩暗淡。雌鸟和雏鸟通过叫声保持联系或发出警告。雄鸟发出“cock—a—doodle—doo”的叫声吸引雌鸟，并向其他雄鸟宣示自己的领域。

Argusianus argus

大眼斑雉

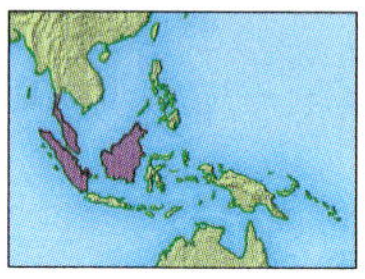

分布：亚洲东南部

体长：1.9米
体重：无记录
羽色：雌雄相异
迁徙类型：非迁徙鸟
保护现状：近危

大眼斑雉是全球体形最大的雉类之一，雄鸟的次级飞羽极长，上面具有卵状眼斑，尾羽也长于雌鸟。为了吸引配偶，雄鸟通常发出大叫，翘起尾羽，将双翅展开呈扇状。交配后的雌鸟通常独自养育后代。

Phasianus colchicus

环颈雉

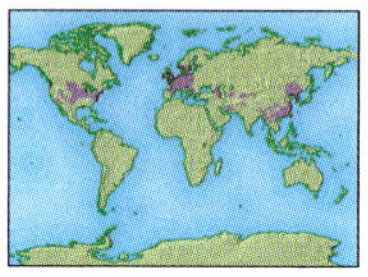

分布：北美洲、欧洲、亚洲

体长：89厘米
体重：0.75—2千克
羽色：雌雄相异
迁徙类型：非迁徙鸟
保护现状：无危

雄雉的头部羽色较深，富有紫绿色光泽，脸部皮肤裸露呈鲜红色，有些亚种还具有白色颈圈和红褐色的胸部。同羽色暗淡的雌鸟相比，雄鸟不但羽色鲜艳，体形较大，且尾羽也较长。环颈雉共有30多个亚种，已被广泛引入世界各地作为狩猎的对象。

Pavo cristatus

蓝孔雀

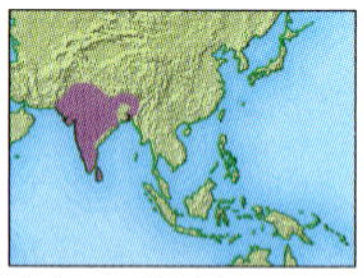

分布：亚洲南部

体长：1.8—2.3米
体重：4—6千克
羽色：雌雄相异
迁徙类型：非迁徙鸟
保护现状：无危

雄性蓝孔雀是地球上羽色最为华丽的雉类之一，身体呈灰蓝色，尾羽极长，求偶时尾羽会像扇子一样展开形成尾屏。不过，雄鸟的尾屏并不算真正的尾羽，而是极长的尾上覆羽，每根羽片的末端都缀有色彩鲜艳的眼斑。雌孔雀的体色相对暗淡，尾羽较短，也无眼斑。雌鸟喜欢以貌择偶，因此雄鸟求偶时常会面对雌鸟，将尾屏竖起展成扇状，同时不断抖动以增强求偶效果。雄鸟既不筑巢也不抚养后代，它与数只雌鸟交配，同时大声发出“kee—ow”叫声警告其他雄鸟。蓝孔雀几乎与所有的雉类一样在地面觅食，夜间在高大的树枝上栖息，以免遭到捕食者的猎杀。

Numida meleagris

珠鸡

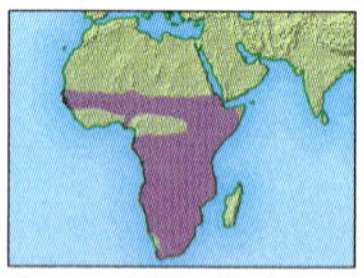

分布：非洲（撒哈拉以南地区）

体长：55厘米
体重：1—1.5千克
羽色：雌雄相似
迁徙类型：非迁徙鸟
保护现状：无危

珠鸡很早便被驯养作为食用。它们通常成群活动，栖息在热带非洲的开阔草原上。珠鸡最明显的特征是体羽布满斑点，裸露的头顶有骨质盔。遭遇其他对手或求偶时，雄鸟将背部弓起，从侧面看上去非常独特。与大多数雉类相比，珠鸡会用叼啄、抓挠或拍打双翅保护自己和雏鸟。珠鸡喜欢鸣叫，示警时通常发出一连串的“kek—kek—kekkek—kekkekkek”叫声。

草原松鸡

生活在北美洲的草原松鸡是松鸡家族中的典型代表，雄鸟通常利用复杂的求偶方式吸引雌鸟。繁殖期间，雄鸟们齐聚求偶场，激烈的竞争让它们变得极具攻击性，甚至会跳向空中展开攻击。

雁鸭类

门：	脊索动物门
纲：	鸟纲
目：	雁形目
科：	3科
种：	174种

雁鸭类也被称为游禽，成员包括鸭、雁、天鹅和被称为叫鸭的3种南美洲物种。由于它们具有能防水的羽毛和脚蹼，因此成为淡水湿地鸟类中的优势物种。雁鸭类非常善于游泳，大多栖息在河口和海岸沿岸的水域地带，也有少数物种终生都生活在海洋上。它们主要在水面取食，也有一些鸭潜水觅食，而有些物种（尤其是天鹅、雁和叫鸭）则在陆地上取食植物。雁鸭类的飞行能力较强，有些物种每年都在越冬地与繁殖地之间进行上千千米的迁徙。

繁殖

雁鸭类的繁殖周期与它们在水中的生活相适应，尽管它们常遭受严寒和捕食者的侵袭。雄性雁鸭类与别的鸟类不同，它们有着类似阴茎的交配器官，能在交配时将精液送入雌鸟的泄殖腔内，这也让它们能在水面上完成交配。雁鸭类通常在水域附近的草丛或灌木丛中筑巢，但也有一些物种利用树洞或在岩石裂缝间筑巢。有些物种的雌鸟，如绒鸭，还会拔掉腹部的绒羽，将其覆盖在鸟卵上进行保温。

雏鸟

雁鸭类的雏鸟出壳后发育非常完全，不仅眼睛已经张开，全身还覆以能够快速变干的绒羽。孵化后的数小时内，这些雏鸟（如图中的加拿大黑雁）便能走动或是游水。离巢后，它们紧随亲鸟前去相对安全的水域活动，且很快就能自行觅食。

身体结构

雁鸭类的身形圆胖可以浮水，头小，尾羽短。大多数物种的喙呈宽扁状（下图），长脖能伸入水中觅食。许多物种都有靓丽的羽色。换羽时，大多数物种的飞羽同时脱落，丧失飞翔能力。在这段不能飞行的时间内，雄野鸭的羽色会变得暗淡，以减少被捕食者发现的概率，这种颜色的羽毛也被称为蚀羽。雁鸭类还具备有助于抵御严寒的蓬松绒羽和丰富的皮下脂肪。叫鸭和雁鸭类在很多方面都非常不同：叫鸭的双腿较长，翼上有尖距，喙形似鸡嘴，仅趾基部具有微蹼。

起飞

尽管有些雁鸭类能够近乎垂直地从水面跃起，但那些体形较重的物种则不得不通过助跑才能起飞。尤其是天鹅类，需要用双脚在水面助跑很长一段距离后才能获得起飞所需的速度。

喙

翘鼻麻鸭与大多数雁鸭类一样喙部宽扁，边缘还有锯齿形的栉缘，有助于在捕食时咬紧猎物，或是从水中滤食细小的食物颗粒。为了方便啄食，它的上喙尖还变硬形成了嘴甲。

理羽

梳理羽毛对雁鸭类来说非常重要（图中的灰雁正在修整羽毛），可有效保持羽毛的防水功能。鸟类尾部的尾脂腺能够分泌防水的油脂，鸟类用喙啄取油脂，将其涂抹在羽毛上，然后再修整羽毛。

脚掌

雁鸭类的脚蹼有助其在水中行进。雁鸭类只有前3趾具蹼，后趾较小，位置也较高。这种身体结构使雁鸭类能上岸行走，但是为了维持身体平衡，它们在前行时常出现左右摇摆的步态。

运动方式

雁鸭类有多种能在水中行动自如的适应性特征。它们的体表光滑油亮，可以减少水流的阻力，强健的脚蹼（左图）与船桨的作用类似。浓密的羽毛能增加浮力，但许多潜鸭在潜水觅食前会把羽毛整理得非常光滑，以便排出其中的空气，减少潜水时的浮力。借助巨大翅膀和极轻骨骼的帮助，叫鸭能够持续飞行（多为翱翔）数小时。其他雁鸭类的翅膀较小，飞行时必须持续扇动。一旦飞入空中，它们的飞行就变得快速有力，有些物种平稳飞行时的时速甚至能超过100千米。

飞行队形

雁鸭群（图为雪雁）通常排成"V"字形在高空飞行。领飞头雁扇动翅膀产生的气流能为身后的成员提供升力，帮助它们节省能量消耗。头雁身后的成员会在飞行中轮流上前领飞。

Anhima cornuta

角叫鸭

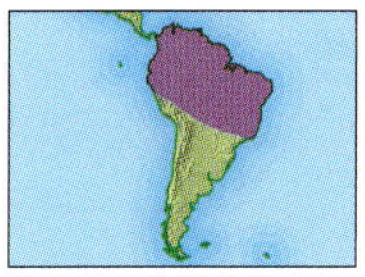

分布：南美洲北部

- **体长**：84厘米
- **体重**：2—3千克
- **羽色**：雌雄相似
- **迁徙类型**：非迁徙鸟
- **保护现状**：无危

尽管与其他游禽存在亲缘关系，但叫鸭却有着许多独特的特点，如体形类似火鸡、喙部状如鸡嘴、双腿细长、脚掌具半蹼。角叫鸭是叫鸭科3个成员中体形最大的一种，体色黑白相间，前额长有一个向前弯曲的10厘米的细长角羽。与它的近亲一样，角叫鸭也常在陆地觅食。雌鸟在地面筑巢，每窝产蛋4—6枚，孵化期通常为6周。

Dendrocygna eytoni

尖羽树鸭

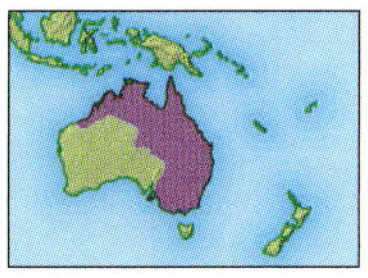

分布：澳洲北部和东部

- **体长**：40—60厘米
- **体重**：0.5—1.5千克
- **羽色**：雌雄相似
- **迁徙类型**：半迁徙鸟
- **保护现状**：无危

尖羽树鸭与树鸭科的8个物种非常相似，腿长，脚掌带蹼，脚踝部覆有网状鳞，这一特征在雁类中更为常见。尖羽树鸭还拥有一些与大雁类似的行为特点，如几乎只在陆地上觅食及啄食青草等。人们通常认为尖羽树鸭实行一雄一雌制，雄鸟也会对幼鸟进行照料。

Cygnus olor

疣鼻天鹅

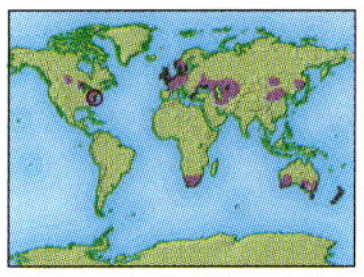

分布：北美洲、欧洲、非洲、亚洲、澳洲

- **体长**：1.5米
- **体重**：12千克
- **羽色**：雌雄相似
- **迁徙类型**：半迁徙鸟
- **保护现状**：无危

疣鼻天鹅是欧洲和中亚地区的本土物种，因外表极其优雅而被引入世界各地作为观赏。幼鸟体呈灰褐色，但成鸟体呈纯白色，喙为橘红色，双腿和脚掌为黑色。疣鼻天鹅是全球最重的飞鸟之一，必须借助脚掌在水面助跑才能起飞，起飞后的飞行能力极佳，双翅能发出特殊的鼓动声。疣鼻天鹅主要在水中觅食，通常身体倒立，将头伸入水底啄食植物和小型动物。

它们采取终生配偶制，在水边或小岛上用植物筑巢，鸟巢的宽度通常大于1米。雌鸟每窝能产多达8枚蛋，并独自担当孵卵的重任。双亲还会照料孵出的雏鸟，直到5个月时雏鸟可以独立生活。雏鸟通常在父母身边生活更长时间，但在下个繁殖季节来临时，便被父亲赶走。幼鸟需要3—4年时间才完全发育成熟，此时才有能力养育自己的后代。

Cygnus atratus

黑天鹅

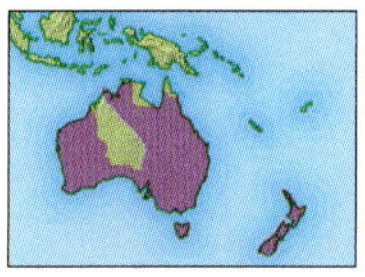

分布：澳洲（包括塔斯马尼亚岛）、新西兰

- **体长**：1.1—1.4米
- **体重**：6千克
- **羽色**：雌雄相似
- **迁徙类型**：游荡鸟
- **保护现状**：无危

黑天鹅是唯一一种几乎全黑的天鹅。它的最内侧飞羽呈奇特的卷曲状，受到威胁时，会竖起这些羽毛，露出下面的白色初级飞羽。黑天鹅为食草动物，以水生植物为食，偶尔也上岸吃草。与其他大多数天鹅相比，黑天鹅多成群活动，经常结群从一处觅食地迁移到另一处。繁殖结束后，它们有时也聚集成数千只的大群。

家庭纽带

与其他天鹅一样，黑天鹅也实行一夫一妻制。雌雄之间具有很强的纽带联系，会共同筑造鸟巢并照料雏鸟。

长颈天鹅

黑天鹅的脖子是天鹅中最长的，飞行时脖子前伸，其长度往往超过身体的一半。

Anseranas semipalmata

鹊雁

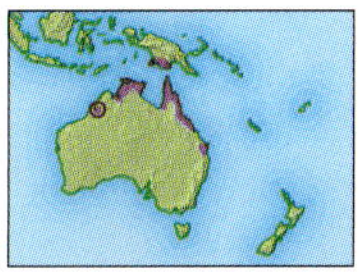

分布：新几内亚岛南部、澳洲北部

- **体长**：75—90厘米
- **体重**：3千克
- **羽色**：雌雄相似
- **迁徙类型**：半迁徙鸟
- **保护现状**：无危

鹊雁是鹊雁科的唯一成员，这种外形似雁的鸟类在许多方面都与其他游禽存在差异，如趾间仅具微蹼，后趾极长，能轻松地栖息在细树枝上，双腿在游禽中最长，飞行时双脚伸出突出于尾羽之后。鹊雁也是唯一采取一夫二妻制进行繁殖的鸟类。雄鸟的体形通常较大，头顶有明显的骨质凸起。

Anser anser

灰雁

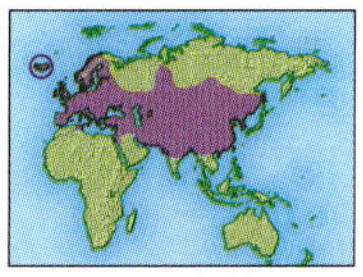

分布：欧洲（包括冰岛）、亚洲

- **体长**：75—90厘米
- **体重**：3—4千克
- **羽色**：雌雄相似
- **迁徙类型**：候鸟
- **保护现状**：无危

灰雁原本在中欧地区繁殖，是家鹅的野生祖先，也是欧洲所有鹅类民间传说的原型。灰雁因体呈灰褐色和比其他雁类更晚迁徙而得名。雄鸟通过高傲的姿态吸引雌鸟，雌雄双方交配前，会将头部共同浸入水中。

鸟类

Branta canadensis

加拿大黑雁

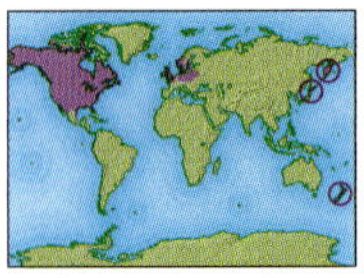

体长：55—100厘米

体重：2—8千克

羽色：雌雄相似

迁徙类型：候鸟

分布：北美洲、欧洲北部、亚洲东北部、新西兰

保护现状：无危

加拿大黑雁原产于北美洲，社会性极高，已被广泛引入北欧和新西兰。这种鸟目前非常常见，因为它们能够适应不同的气候环境，忍受生态环境的变化，不仅吃草，也能取食其他低矮的植物。加拿大黑雁是所有天鹅中体形变化最大的一种，亚种中既有体重达2千克的小型北极种类，也有体形较大，体重偶尔达到8千克的大型南方种类。

牧场

加拿大黑雁白天常在干燥的陆地或是水中觅食植物。如今，在原始分布区以外的公园中也能看到成群的加拿大黑雁，它们常在黄昏时上岸，四处觅食野草、种子和谷物。

体色

加拿大黑雁的头颈部呈黑色，两颊白色，体呈褐色，翅尖黑色，腹部色浅。喙和脚掌为黑色。

Cereopsis novaehollandiae

澳洲灰雁

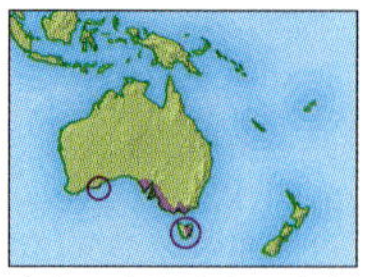

体长：75—91厘米

体重：4—6千克

羽色：雌雄相似

迁徙类型：非迁徙鸟

分布：澳洲南部（包括海岛和塔斯马尼亚岛）

保护现状：无危

澳洲灰雁的脚蹼退化，已经适应了陆地生活。它的喙部粗硬呈黑色，大部分都被上嘴基部浅绿色的肉质结构——蜡膜所包裹。澳洲灰雁极具攻击和领域性，表现出数种威胁行为，还有可能啄食或是拍打双翅攻击入侵者。澳洲灰雁在陆地上交配，雄鸟击退情敌后，雌雄双方一起跳起象征胜利的舞蹈。

Alopochen aegyptiaca

埃及雁

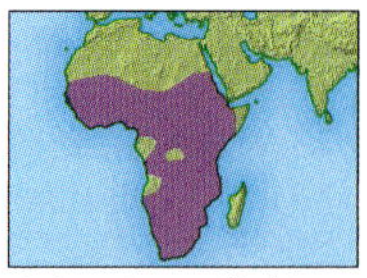

体长：63—73厘米

体重：2.5千克

羽色：雌雄相似

迁徙类型：非迁徙鸟

分布：非洲（撒哈拉以南）

保护现状：无危

埃及雁和翘鼻麻鸭（左下方）是近亲，这种长腿鸟类栖息在湖泊、河流和亚热带的湿地中，但有不少时间在陆地上生活。埃及雁以性情凶悍，常对侵入领地的小型鸟类进行攻击而闻名，对待同类也一样。雌鸟通常选择最好斗的雄鸟作为伴侣，这意味着交配期间会有更多的打斗场面。雄鸟的叫声低沉沙哑，雌鸟能发出连续的响亮叫声。

Tadorna tadorna

翘鼻麻鸭

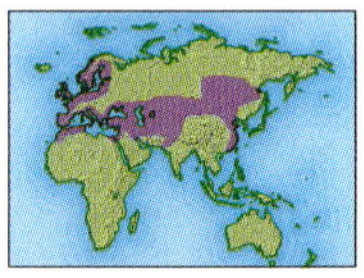

体长：58—67厘米

体重：1—1.5千克

羽色：雌雄相异

迁徙类型：半迁徙鸟

分布：欧洲、亚洲、非洲北部、北大西洋东部、地中海、太平洋西部

保护现状：无危

翘鼻麻鸭主要生活在海洋或咸水水域，它的羽毛带有绿黑色、白色和栗色光泽。雄鸟鲜红的上喙部长有隆起的皮质肉瘤，雌鸟的肉瘤较小或没有（下图）。与其他麻鸭一样，翘鼻麻鸭的行为也介于天鹅和典型的鸭类之间。它们在潮间带觅食，通常站立在浅水中寻找软体动物和其他海生无脊椎动物。鸟巢常筑在湖岸边的洞穴中，有时也利用其他动物的废弃洞穴。

Anas platyrhynchos

绿头鸭

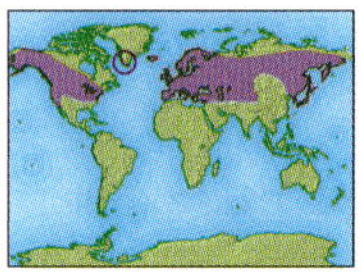

体长：50—65厘米

体重：1—1.5千克

羽色：雌雄相异

迁徙类型：半迁徙鸟

分布：北美洲、格陵兰岛南部、欧洲、亚洲

保护现状：无危

绿头鸭在北半球的分布范围极广，这是因为它们几乎能在所有的水生环境，甚至是在城市中繁殖，且食性也非常多样（右侧图框）。雄鸟发出低柔的叫声和尖锐的鸣啭声，雌鸟则发出与家鸭类似的"quack quack quack"叫声。

倒立入水

绿头鸭常倒立在水中寻觅水下的植物和无脊椎动物。它们也钻入水中或上岸觅食，偶尔在浅水区潜水。一年中的某些时节，常能在种植谷物的农田中发现它们的身影。

雌鸟

雌鸟呈斑驳的淡褐、米色或白色。非繁殖期雄鸟的羽色和雌鸟相似，这种羽毛被称为蚀羽。

繁殖期的雄鸟

繁殖雄鸟的头及颈部呈深绿色，白色颈环将头和栗色的胸部隔开，两胁灰色，嘴黄，臀黑尾白，中央尾羽卷曲。

Anas crecca

绿翅鸭

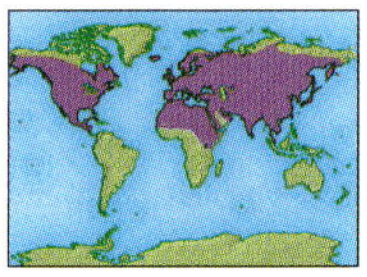

体长：34—38厘米

体重：350克

羽色：雌雄相异

迁徙类型：半迁徙鸟

分布：北美洲、欧洲（包括冰岛）、亚洲、非洲北部至中部

保护现状：无危

绿翅鸭是南美洲和欧洲体形最小的水禽，在苔原、草原和相对较小的水体中繁殖。它们的喙部细小，有助其取食水生植物的种子和无脊椎动物。雄鸟的繁殖羽非常鲜艳，雄鸟发出类似"kirrik"的双音节鸣叫，雌鸟的叫声为细高的短"quack"声。雌雄的翅膀上均有绿色的翼镜。

Aix galericulata

鸳鸯

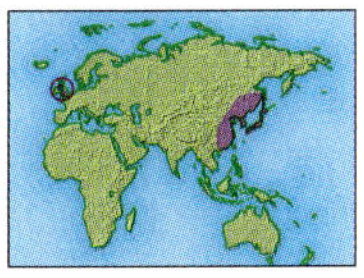

体长：41—49厘米
体重：625克
羽色：雌雄相异
迁徙类型：半迁徙鸟
分布：欧洲西北部、亚洲东部
保护现状：无危

雄鸳鸯的繁殖羽在鸟类中最为华丽。它的头部羽冠明显，颈羽呈金色，两翼收拢后有一对棕黄色的炫耀性"帆状饰羽"。雌鸟和非繁殖期雄鸟的体羽几乎都呈橄榄棕色。鸳鸯为树栖鸟类，通常停栖在树枝上，在树洞中筑巢。雏鸟出生一天后就要从巢洞中跳至地面活动。鸳鸯同其他树栖鸭类一样具有尖利的脚爪，能在停歇时抓紧树枝，它的尾羽较为宽长，从树枝上降落时可像刹车一样降低飞行速度。鸳鸯的双眼很大，利于夜间视物。它们在陆地、树上或是水中觅食，很少潜水，常在水中嬉戏或倒立入水觅食。食物包括种子、坚果以及昆虫、陆生蜗牛等无脊椎动物。鸳鸯求偶时极具社会性，数只雄鸟常相互竞争以吸引某只雌鸟的注意。鸳鸯原产于东亚地区，被引入西欧的鸳鸯已经形成了独立的种群。

Cairina moschata

疣鼻栖鸭

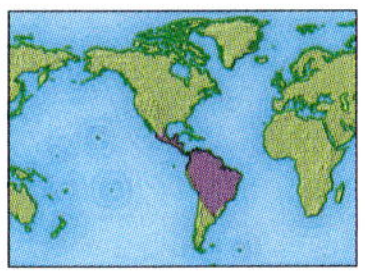

体长：66—84厘米
体重：2—4千克
羽色：雌雄相似
迁徙类型：非迁徙鸟
分布：中美洲至南美洲中部
保护现状：无危

疣鼻栖鸭体形壮硕，成鸟全身几乎为黑色（幼鸟呈棕黑色），拥有适于攀附在树枝上的长尾、宽翼和尖利脚爪。成年雄鸟头顶的羽冠细小，鼻孔上方长有皮瘤，眼周裸露无羽。驯化个体的羽色多变（下图）。雌雄双方很少鸣叫，这在鸭类中实属罕见。

Polysticta stelleri

小绒鸭

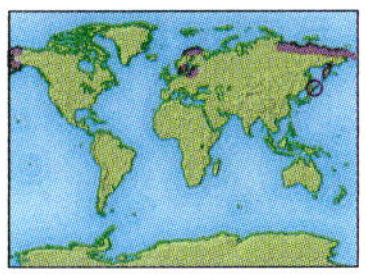

体长：43—47厘米
体重：650—900克
羽色：雌雄相异
迁徙类型：候鸟
分布：北美洲西北部、欧洲北部、亚洲东北部
保护现状：易危

小绒鸭隶属小绒鸭属，是该属4位成员中体形最小，也是唯一一种胸部和腹部为橙褐色的物种（繁殖期雄鸟的特征）。它的喙为灰色，喙两侧有柔软的膜状喙缘，这种结构或是用于刮下附着在岩石上的无脊椎动物，或在昏暗的水域觅食时作为触觉器官。繁殖时的小绒鸭在植被低矮的北极苔原上筑巢，其他时间生活在开阔的海面上。

Hymenolaimus malacorhynchos

山鸭

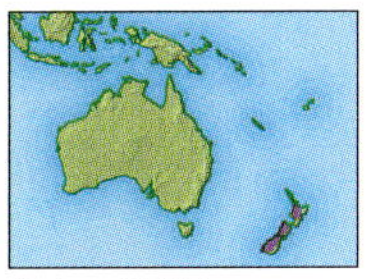

体长：53厘米
体重：775—900克
羽色：雌雄相似
迁徙类型：非迁徙鸟
分布：新西兰
保护现状：濒危

山鸭的羽毛呈灰蓝色，这在游禽中别具一格。这种野鸭极为适应在冰冷清澈且水流湍急的溪流中生活，这种环境鲜有其他鸭类能够生存。山鸭通常潜水觅食，主要以水生昆虫的幼虫，如石蛾、蜉蝣、石蝇和摇蚊等为食。它们也在水面嬉戏或是倒立入水，利用独特的喙从水底的卵石上刮食水藻。

Merganetta armata

湍鸭

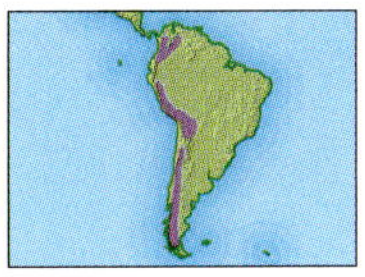

体长：43—46厘米
体重：450克
羽色：雌雄相异
迁徙类型：非迁徙鸟
分布：南美洲西部
保护现状：无危

湍鸭的身体为高度流线型，常见于安第斯山区水流湍急的溪流中。由于水流过快，除了湍鸭的近亲——山鸭外（上图），很少有其他鸭类能适应这样的栖息环境。湍鸭可以潜入水中向上游游动，它的身体极为靠近水底，用喙在河底的石头下翻找昆虫的幼虫和蛹。雌鸟的喉部、前颈和腹部呈赤褐色，雄鸟则为黑白相间。

Melanitta deglandi

斑脸海番鸭

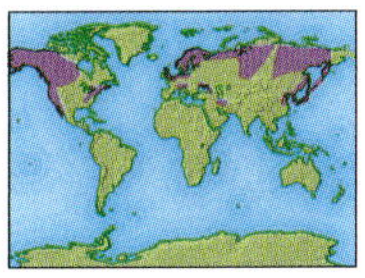

体长：51—58厘米
体重：1.5—2千克
羽色：雌雄相异
迁徙类型：候鸟
分布：北美洲西北部和东部，欧洲，亚洲西部、北部和东部
保护现状：无危

斑脸海番鸭是丝绒海番鸭的近亲，它们一年中的大部分时间都在海上生活，繁殖时迁徙到内陆的淡水水域，有时也在大型湖泊越冬。斑脸海番鸭能潜入水下7米多深处觅食，通常能在水下逗留1分钟或更久。它的体形结实，巨大的喙有助于取食软体动物，宽大的鼻孔和发达的盐腺有助其将吞入的海水中的盐分排出。

Mergus merganser

普通秋沙鸭

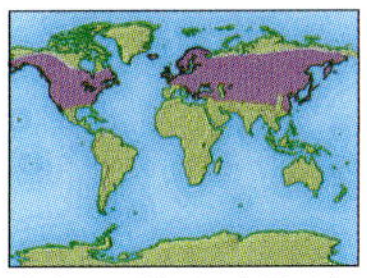

体长：58—66厘米
体重：1.5—2千克
羽色：雌雄相异
迁徙类型：半迁徙鸟
分布：北美洲、欧洲（包括冰岛）、亚洲
保护现状：无危

普通秋沙鸭是游动速度最快的游禽之一，也是7种以鱼为食的秋沙鸭中体形最大的一种。它的身体呈流线型，适于在水下快速游动，在空中飞行时的速度也能达到每小时100千米。普通秋沙鸭的喙部细长，喙缘带有锯齿，用以咬紧并防止黏滑的鱼从口中溜走。雌鸟的体背部多呈灰色，雄鸟的背部为黑色。

雌鸟的头部呈棕褐色

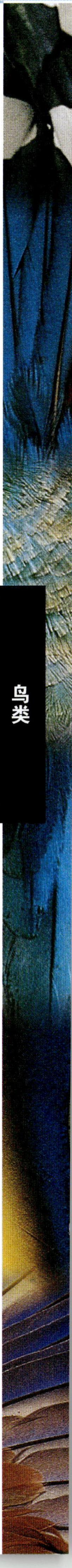

鸟类

企鹅

门：	脊索动物门
纲：	鸟纲
目：	企鹅目
科：	1科
种：	17种

这些外形独特却又不会飞翔的海鸟非常擅长游泳和潜水，能在极度寒冷的环境下生存。企鹅的大部分时间都在水中度过，鳍状前肢能在捕食鱼类、磷虾和乌贼时提供强大的推力。企鹅的全身覆盖着短硬而重叠的鳞片状羽毛，这不仅使身体呈现流线型，还具有防水和保温作用。大多数企鹅在较暖和的月份里上岸繁殖，通常形成庞大的集群，在陆地上呈直立姿势栖息，走起路时却左右摇摆。它们主要分布在南半球的海洋地带，在寒冷地区最为常见，但也有一些种类生活在热带。在南极洲过冬的只有帝企鹅和阿德利企鹅2种。

游泳

企鹅的游动方式有3种。平时，利用双翅划水缓慢地向前游动，将头和尾抬离水面。捕猎时，在水中快速游动，同时拍动双翅提供推力。大多数企鹅能在水下停留1分钟之久，但也有长达20分钟的潜水纪录。第三种运动形式即在水中高速前进时，不时地跳出水面进行呼吸，因此也被称为跃水。

潜水

比起在陆地时，企鹅（图为王企鹅）在水中的行动更为高效。有些物种在水中的时速可达14千米。

身体结构

企鹅的身形矮胖，腿短，趾间具蹼，双翅特化为鳍状肢（下图）。由于双脚处于身体下端，因此在陆地上必须采取直立姿势，通过脚掌和短硬的尾羽保持身体平衡。企鹅行走时身体重心转移至脚底，显得非常笨拙。在冰雪上时则趴着向前滑行，利用脚掌和鳍状肢作为推进。企鹅的身体在水中呈现流线型，全身覆盖着极短的鳞片状光滑羽毛，有利于减少水中的阻力。潜水时，它们还能利用脚掌和尾羽掌舵。企鹅的身体有3层能够防水和保温的结构：体表的羽毛紧密重叠并含有油脂，皮下脂肪发达，两者之间还有用于隔热的空气层。企鹅的背部呈黑色或灰色，腹部白色，仅头颈部长有带颜色的羽毛或纹饰（如顶冠和眼簇）。

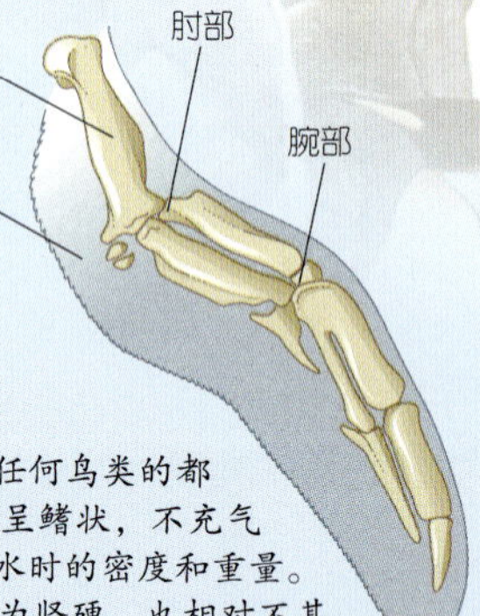

翅膀结构

企鹅的翅膀与其他任何鸟类的都不同。它们的双翅扁平呈鳍状，不充气的沉重翼骨能够增加潜水时的密度和重量。企鹅的整个翅膀结构较为坚硬，也相对不甚灵活，类似人类腕部和肘部的关节，因此只有肩部能自由活动。企鹅与会飞的鸟类一样肌肉发达，可使双翅更为有力地扇动。

群体通信

除了黄眼企鹅以外，所有的企鹅（如图中的王企鹅）都集群生活。聚群时根据叫声和外部特征找到自己的配偶和子女。

集群

企鹅大多集群繁殖，整个群体由成千上万只个体组成。企鹅的巢通常由干草、羽毛或砾石等材料筑造而成，雌鸟每次只产1—2枚蛋。有些物种的雌鸟产蛋后，便离巢前去海洋觅食，而雄鸟则用喙将鸟蛋拨到脚掌上，利用肚子下方皮肤形成的孵化袋为其保暖。即便这样，雄鸟也仍旧能够行走。第一阶段的孵化工作可以持续数周甚至数月，在此期间，雄鸟不吃不喝，仅靠体内存储的脂肪维生。雌鸟觅食归来后，便接管照顾雏鸟的工作，此时雄鸟才会前往海洋觅食。

洞穴巢

不是所有的企鹅都在地面营巢。生活在开阔地带的麦氏环企鹅就在较浅的地洞中筑巢，这样便能保护它们不受气候条件的影响，以及哺乳类和其他鸟类等天敌的侵害。

抱团取暖

当气候极为恶劣时，帝企鹅会和幼鸟们挤在一起取暖。鸟群的中间比边缘更为暖和，温度相差可达10℃。企鹅们还不时地进行内外轮换，使每只个体都能享受到温暖。

Aptenodytes forsteri

帝企鹅

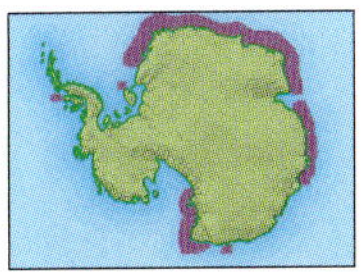

体高：1.1米
体重：达37千克
羽色：雌雄相似
迁徙类型：非迁徙鸟
分布：环南极的海岸及其附近岛屿
保护现状：无危

这种体形最大的企鹅的繁殖习性相当特别。雌鸟在冬天产下蛋后便回到海里，直到春天才返回。雄鸟将蛋托在脚掌上，利用腹部表皮羽毛褶层形成的“孵化袋”进行保护，并与其他雄鸟偎依取暖。雄鸟孵蛋期间不吃不喝，直到雏鸟出生且雌鸟从大海中返回时，才返回海中觅食，然后再回到岸上帮忙照顾雏鸟。帝企鹅为了觅食，能潜入水下530米处停留达20分钟之久，并且还会游到1000千米外的地方。

Pygoscelis adeliae

阿德利企鹅

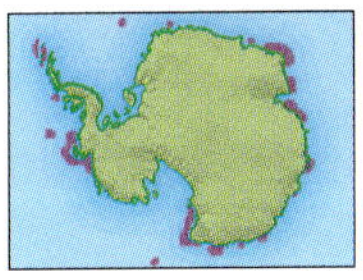

体高：46—61厘米
体重：4—5.5千克
羽色：雌雄相似
迁徙类型：候鸟
分布：环南极的海岸及其附近岛屿
保护现状：无危

阿德利企鹅体呈蓝黑色，腹部纯白，眼圈呈明显的白色，是少数于夏季在南极大陆沿岸筑巢的企鹅之一。夏季繁殖时常形成20万对左右的大规模繁殖群，雌鸟每次产蛋2枚，产蛋间隔约为2天，雌雄双方轮流孵蛋。阿德利企鹅比较有侵略性，成鸟常偷取邻居筑巢用的石子。

Pygoscelis antarcticus

纹颊企鹅

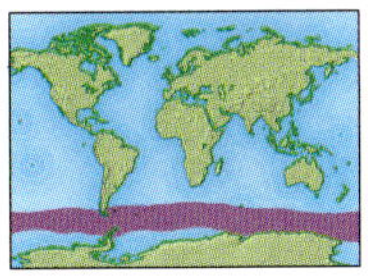

体高：71—76厘米
体重：3—4.5千克
羽色：雌雄相似
迁徙类型：非迁徙鸟
分布：环南极的海岸及其附近岛屿
保护现状：无危

纹颊企鹅的特征是两耳至下巴底部有醒目的黑色细纹，它们的身体大多为蓝黑色，腹部、两颊、下巴和喉部呈白色，喜欢栖息在有小块浮冰的区域，繁殖期时成群聚集在无冰的沿海地带，有时形成很大规模。它们利用小石子堆成圆形鸟巢，筑巢材料里有时还夹杂着一些骨头和羽毛。纹颊企鹅的繁殖成功率变化极大，当繁殖地周围的海冰持续存在，导致进入海洋觅食的成鸟受限时，该年的繁殖率就会下降。

Spheniscus humboldti

秘鲁企鹅

体高：56—66厘米
体重：4.5—5千克
羽色：雌雄相似
迁徙类型：非迁徙鸟
分布：南美洲西部
保护现状：易危

这种企鹅结成小群生活在水流冰冷，但鱼类丰富的秘鲁寒流流经的南美洲西岸地带。体色大多为黑灰色，腹部呈白色；成鸟胸部有明显的黑色马蹄形带纹，头部长有一道白色条纹。这种企鹅通常在浅水区成群驱赶和捕食小鱼，例如鳀鱼和沙丁鱼等。它们在地洞、山洞或岩石间的缝隙中筑巢。人类的捕杀和过度捕捞已经导致它们的种群数量下降。

Eudyptula minor

小企鹅

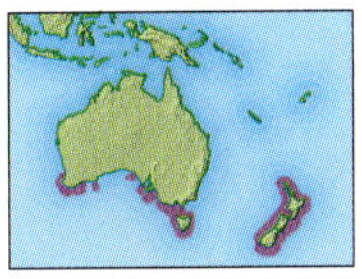

体高：41厘米
体重：1千克
羽色：雌雄相似
迁徙类型：半迁徙鸟
分布：澳洲南部（包括塔斯马尼亚岛）、新西兰
保护现状：无危

体色以蓝灰色为主的小企鹅是企鹅中体形最小的种类，也是少数在夜间活动的企鹅之一。小企鹅白天在海中觅食，但在繁殖期间的日落后，则会借助夜色的掩护回到岸上。小企鹅十分聒噪，不论在海上或是岸上都叫个不停。它们通常在地下洞穴中筑巢，但也会在山洞、石缝、岩石间的植物下，甚至是房屋下繁殖。雌企鹅会在铺衬着木棍或青草的巢中产下2枚蛋，然后雌雄双方轮流孵蛋。历经7—10天的孵卵期后，小企鹅便会破壳而出，然后由双亲进行13—20天的照料。小企鹅通常单独或结成小群捕捉小鱼，并在水下将猎物吞下。

Eudyptes chrysolophus

长眉企鹅

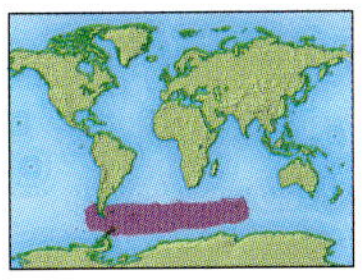

体长：71厘米
体重：3.5—6.5千克
羽色：雌雄相似
迁徙类型：非迁徙鸟
分布：智利南部、南太平洋、印度洋南部
保护现状：易危

长眉企鹅与其他5种冠企鹅一样，头顶的黄色羽冠十分明显，巨大的橙褐色鸟喙呈鳞茎状，成鸟的喙多具有脊状隆起。长眉企鹅性格喧闹好斗、情绪反应鲜明，在岸上的群落中发出粗哑刺耳的叫声，在海中则发出短吠声。虽然雌鸟每次都产蛋2枚，但通常只有第二枚较大的鸟蛋才有机会生存，并孵出雏鸟。雌雄双方共同承担孵卵工作，但与其他企鹅不同的是，雌鸟会最先孵卵。

信天翁与鹱

门：	脊索动物门
纲：	鸟纲
目：	鹱形目
科：	4科
种：	133种

信天翁及其近亲均为海鸟，在世界各大洋都有分布。它们通常在远离陆地之处栖息活动，常在海面低空飞行或是突然钻入水中捕食鱼类、浮游生物或其他海洋生物。除了体形很大的信天翁之外，这一类群中还包括体形稍小的鹱、圆尾鹱、燕鹱以及体形最小的海燕和鹈燕。本类群所有成员的上喙部都有鸟类独有的管状鼻孔，因此又被称为管鼻类。

繁殖

鹱形目的所有成员通常在荒岛或是悬崖峭壁上繁殖。它们每年都回到相同的地点建立繁殖地，并形成数量高达100万对的繁殖群。雌鸟通常在松软土壤挖出的洞穴或是石缝间产卵，每窝只产1枚蛋。鸟蛋的孵化时间较长，雏鸟孵出后，亲鸟用反刍出的极富营养，但却非常难闻的胃油饲喂幼鸟。

繁殖群

管鼻鹱与本类群的其他鸟类一样，常在相对安全，捕食者难以到达的地点形成密集的繁殖群。为了防御天敌，许多物种都在天黑后才回到集群地。

翱翔

黑眉信天翁的长翅膀能让它们进行长时间的翱翔，数小时内都无须扇动翅膀。

身体结构

信天翁及其近亲的颈部、尾羽和双腿都较短，前三趾间具蹼。大多数物种双翅尖长；漂泊信天翁的翼展甚至可达3.5米，是翼展最长的鸟类。本类群的另一个显著特征是嗅觉极为灵敏，能在黑暗中发现食物和找到巢穴的位置。人们还认为，鹱形目中的每个物种都能散发出独特的气味。

信天翁的喙

信天翁的喙端呈尖钩状，喙缘非常锋利，方便取食光滑的猎物。与其他种类的不同之处在于，它们的管状鼻孔位于上喙基部两侧（左图），而非在喙基顶部并排在一起。

飞行

这些远洋鸟类非常适于长时间飞行，并能经受强大暴风雨的考验。体形和翼展的不同使得它们的飞行方式也存在不同。体形较大的物种，包括信天翁，通常在空中滑翔，而非飞翔，它们借助海面的上升气流长时间地为自己提供升力，而无须耗费太多的能量（即动力滑翔）。体形小而轻的海燕在飞行时既会快速鼓动翅膀，又会在海面上空滑翔。

觅食

海燕常在海面上空低飞寻找食物。有些物种在飞行时不时伸脚拍击水面，以便吸引猎物接近。

Diomedea exulans

漂泊信天翁

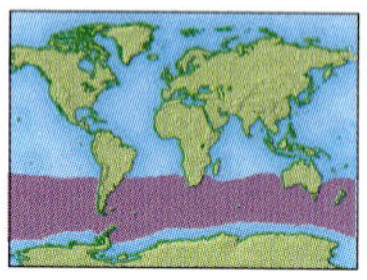

体长：1.1米	
体重：8—11.5千克	
羽色：雌雄相似	
迁徙类型：候鸟	
保护现状：易危	

分布：环南极的海岸及其附近岛屿

漂泊信天翁的翼展可达3.5米，是地球上翼展最长的鸟类之一。主要在海面上觅食，大多捕食乌贼。由于抚养雏鸟需要花费一年时间，因此漂泊信天翁最快要两年才繁殖一次，并在此期间换羽。由于常被钓金枪鱼的延绳钩钩住，其数量正在不断下降。

终生相伴

信天翁实行一雄一雌制，配偶间的关系紧密。它们的求偶方式也非常复杂，包括摆出各种身体姿态，晃动头部，喙部发声和仪式化的理羽等，整个过程通常由雌鸟发起。

筑巢

信天翁的鸟巢由大量的苔藓和青草堆筑而成，虽然简陋但却十分结实。雌雄双方轮流孵卵。雏鸟孵出后，亲鸟会对它们进行9个多月的照料。

Thalassarche chlororhynchos

黄鼻信天翁

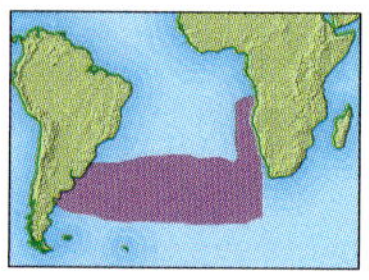

体长：76厘米	
体重：2.5千克	
羽色：雌雄相似	
迁徙类型：候鸟	
保护现状：濒危	

分布：南大西洋

黄鼻信天翁是南大洋中体形最小的信天翁，羽毛黑白相间，因黑色喙上的黄色隆脊和橘色喙尖而得名。黄鼻信天翁主要以乌贼和鱼类为食，有时也尾随渔船，捡食渔船上丢弃的食物残渣。雌雄双方一起照顾雏鸟，雏鸟只要4个月时间就能学会飞行。

Macronectes giganteus

巨鹱

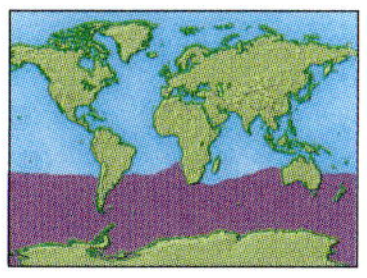

分布：环南极的海岸及其附近岛屿

体长：92厘米
体重：5千克
羽色：雌雄相似
迁徙类型：候鸟
保护现状：无危

巨鹱的体形巨大，有攻击性，大型鸟喙可以撕开动物的尸体，是少数能在陆地捕食的鹱类之一。雄鸟尤其喜欢捕食海豹和企鹅群中的幼崽，也会争相抢夺搁浅鲸鱼的尸体。成鸟通常呈现斑驳的灰棕色，但有些个体可能体呈白色，并带有黑色斑点。

Fulmarus glacialis

暴风鹱

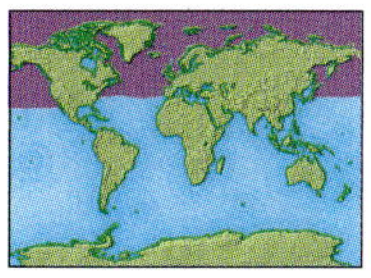

分布：北极地区、北太平洋和北大西洋海域

体长：45—50厘米
体重：700—850克
羽色：雌雄相似
迁徙类型：候鸟
保护现状：无危

暴风鹱常见于北方海域，飞行时的翅膀长而挺直，因此很容易辨认。它的数量在近200年间出现急剧增长，尤其是在北大西洋的温暖水域，原因可能在于拖网渔船向海洋中抛弃了越来越多的鱼类内脏。除了捡食渔船抛弃的食物残渣外，它们也捕食鱼类、乌贼和浮游生物。这些猎物大多从水面捕获，但暴风鹱有时也要潜入水中才能抓到猎物。暴风鹱不像大多数鹱类那样，需要回到自己的出生地繁殖。它们将蛋产在悬崖石壁上垫着零星铺衬的凹陷处，如果没有捕食者的威胁，也在比较平坦的地面上筑巢。成鸟在雏鸟约2周大时外出觅食。一旦受到威胁，雏鸟能从嘴中喷出一股难闻的黄色液体进行防御。

Pagodroma nivea

雪鹱

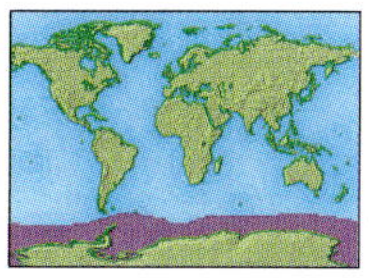

分布：环南极的海岸及其附近岛屿

体长：32厘米
体重：250—450克
羽色：雌雄相似
迁徙类型：候鸟
保护现状：无危

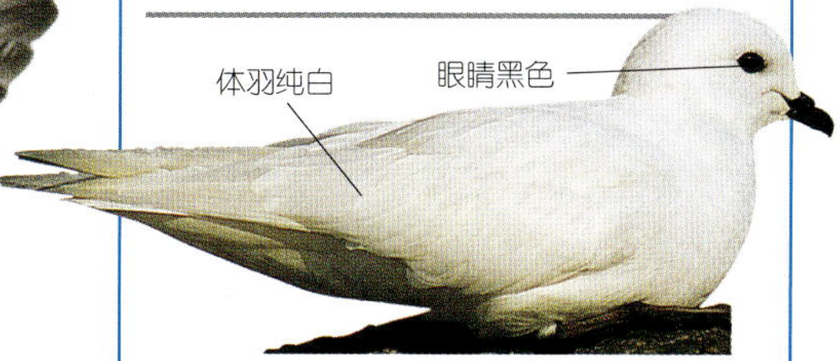

除了企鹅以外，雪鹱也是会在南极洲大陆繁殖的少数鸟类之一。它的外形似鸽，很少出现在浮冰群以外的地带。雪鹱将巢筑造在离开阔水面300千米远的内陆地区。繁殖活动深受降雪量的影响，一些年份中只有1/5的筑巢地点会被使用。雪鹱可以吐出难闻的黄色液体以击退敌人。

Pterodroma cahow

百慕大圆尾鹱

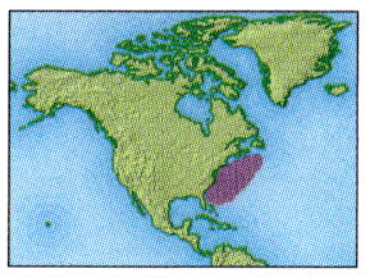

分布：百慕大周边1000千米的海域

体长：33厘米
体重：250克
羽色：雌雄相似
迁徙类型：候鸟
保护现状：濒危

百慕大圆尾鹱体呈黑色、灰色和白色，是地球上最稀有的海鸟之一，由于遭到外来哺乳类的捕食以及与白尾鹲之间竞争筑巢地，因此早在17世纪就已接近灭绝。一些保护措施的开展正在帮助恢复这种鸟类的种群数量。

Pachyptila vittata

阔嘴锯鹱

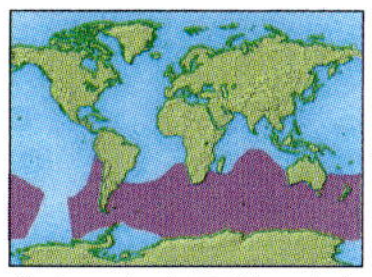

分布：南大西洋、南太平洋、印度洋南部

体长：28厘米
体重：150—225克
羽色：雌雄相似
迁徙类型：候鸟
保护现状：无危

这种浅灰色鸟类的背部有一个横穿双翅的深色“M”形斑纹，腹部白色。宽大的喙侧具梳状栉板，能从海水中滤食浮游生物。阔嘴锯鹱主要以漂在水面的方式捕食，双翅伸展，双足划水，然后将带有栉板的喙伸入水中捕捞猎物。

Oceanites oceanicus

黄蹼洋海燕

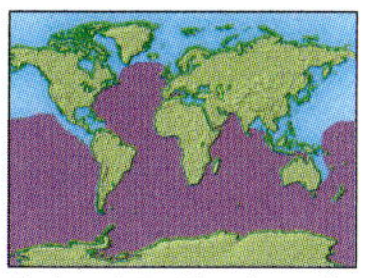

分布：太平洋、大西洋、印度洋

体长：17厘米
体重：40克
羽色：雌雄相似
迁徙类型：候鸟
保护现状：无危

黄蹼洋海燕的体形很小，体呈烟灰色，白色臀部十分显眼。它们常被认为是地球上数量最多的海燕之一，种群数量可达数百万只。黄蹼洋海燕在南极洲周围繁殖，夏季向北方迁徙，尤其喜欢飞往印度洋和大西洋的北部地带。它们很少在海面停栖，但在水面飞行或是悬停在水面时，则会捕捉小鱼和甲壳类充饥。黄蹼洋海燕能用嗅觉辨别猎物，它们有时用带蹼的黄色脚掌拍击水面，以吸引猎物前来。与捕食者遭遇时，会发出短促的尖叫声，同时向敌人喷出难闻的胃油。

Puffinus puffinus

大西洋鹱

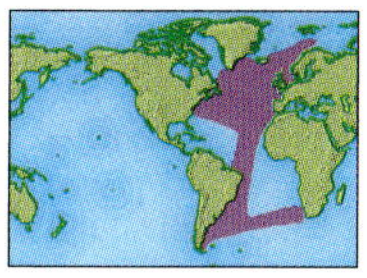

分布：大西洋

体长：31—36厘米
体重：375—500克
羽色：雌雄相似
迁徙类型：候鸟
保护现状：无危

大西洋鹱在沿海岛屿集结成繁殖群，主要在威尔士西部海岸的斯科莫岛以及外赫布里底群岛的拉姆岛等北大西洋地区繁殖。这些地方的天空时常回荡着它们有如尖叫与悲叹的鸣声。虽然大西洋鹱白天在海面觅食，但在入夜后会回到集群地活动，以免受到海鸥的攻击。它们通常在地洞中筑巢，每窝只产1枚蛋，有时也在岩石下产卵。雌雄双方共同孵卵，每隔6—7天进行轮换，喂养幼鸟的时间可长达70天，在幼鸟开始飞行前一周才离开它们。冬季来临时，大西洋鹱便飞离巴西，迁往温暖的南方海域过冬。

喙端带钩

大西洋鹱的喙部相对细长，喙端呈钩状，可以用来在水面捉鱼。它们有时也会潜入水下数米以追捕猎物。

体色

由于背黑腹白，因此当这种鸟在海面上扇动翅膀搜寻鲱鱼等猎物时，会呈现特殊的黑白闪烁的效果。

潜鸟

门：	脊索动物门
纲：	鸟纲
目：	潜鸟目
科：	1科（潜鸟科）
种：	5种

潜鸟极善潜水。它们体呈流线型，双腿位于身体后部作为有力推动，脚蹼强壮有力，因此能钻入水下约75米处，并停留数分钟之久。浓密的羽毛也让它们能在北极和亚北极地带的水域生活。尽管潜鸟的双翅短小，尾羽呈针状，却非常善于飞行。由于双脚过于靠近身体后方，因此几乎无法在陆地上行走。

羽毛

潜鸟花费大量时间整理羽毛，它们常常侧身对腹部的羽毛进行修整。颜色各异的繁殖羽（如左图中的太平洋潜鸟）在冬季会被色彩单调的羽毛所取代。

Gavia stellata

红喉潜鸟

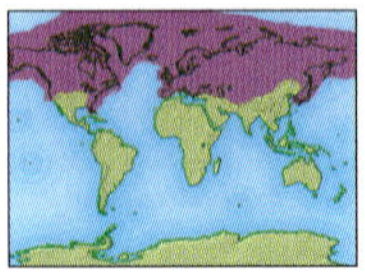

体长：55—70厘米
体重：1—2.5千克
羽色：雌雄相似
迁徙类型：候鸟
保护现状：无危

分布：北美洲、格陵兰岛、欧洲、亚洲

红喉潜鸟的特征是厚实长颈下的一块栗色喉斑，它的体形圆润丰满，体呈深灰色至黑色，并带有白色斑点，腹部白色。红喉潜鸟栖息在海湾和河口地带，繁殖期间向内陆迁移，在北方森林和极地苔原中的湖泊和沼泽中繁殖，繁殖时发出响亮的尖叫或悲鸣，以此吸引配偶或建立领地。红喉潜鸟的求偶方式包括水花四溅的下潜、摇动鸟喙或用喙部浸水，以及成对在水中快速划过。鸟巢的结构简单，通常由芦苇、灯芯草和野草建造而成。

Gavia immer

普通潜鸟

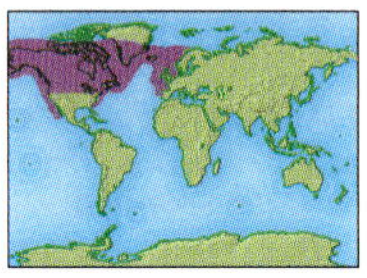

体长：70—90厘米
体重：3—4.5千克
羽色：雌雄相似
迁徙类型：候鸟
保护现状：无危

分布：北美洲、格陵兰岛、欧洲西部

普通潜鸟体呈灰色、黑色和白色，通常单独或成对活动，但是在非繁殖季节，也可能沿着海岸结成个体多达300只的大型觅食群。普通潜鸟与其他潜鸟一样，可下潜至极深的水中，用喙捕食鱼类或水生无脊椎动物，有时还用喙戳刺猎物。它们也潜入水中躲避哺乳类和鹰雕等天敌。雌雄双方共同照顾幼鸟，幼鸟和双亲一起生活10—11周，直到羽翼丰满后才独自生活。亲鸟游泳时偶尔将幼鸟驮在背上。

鸊鷉

门：	脊索动物门
纲：	鸟纲
目：	鸊鷉目
科：	1科（鸊鷉科）
种：	22种

鸊鷉分布于世界各地，栖息在水草丛生的环境中，非常善于游泳和潜水。鸊鷉具有适应水生生活的极佳特征：较小的头和细长的颈能让它们在捕猎时轻易下潜，双腿位于身体后方，脚掌有瓣蹼，因此游泳动作非常敏捷，柔软厚实的羽毛则具备极好的防水性能。鸊鷉的求偶方式也相当复杂。

水草舞

图中的凤头鸊鷉在求偶时，会潜入水中用嘴叼起水草，然后两两相对，将水草高高举起，以吸引异性结成配偶。

Tachybaptus ruficollis

小鸊鷉

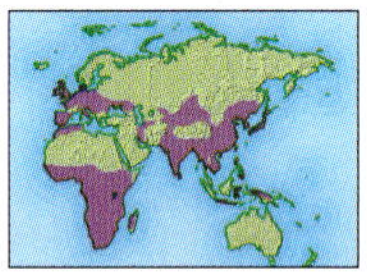

体长：25—29厘米
体重：125—225克
羽色：雌雄相似
迁徙类型：半迁徙鸟
保护现状：无危

分布：欧洲、亚洲、非洲、马达加斯加、新几内亚岛

小鸊鷉是欧洲和亚洲北部体形最小的一种鸊鷉。喙部粗短，喉部与两颊呈亮栗色，其余部分为褐色。它们比其他鸊鷉更容易在陆地上站立与行走，也更有可能迁徙到其他地区。雌雄双方利用水生植物共同筑巢，并将鸟巢固定在水生植物或灯芯草的茎条上。

Podiceps nigricollis

黑颈鸊鷉

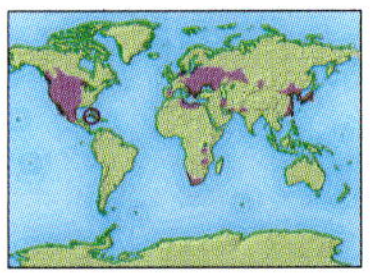

体长：30—35厘米
体重：250—600克
羽色：雌雄相似
迁徙类型：候鸟
保护现状：无危

分布：北美洲、欧洲、亚洲、南非和北非

这种体色较暗的小型鸊鷉（图中为非繁殖羽）的细长鸟喙微微上扬，全年都成群生活。非繁殖期的黑颈鸊鷉喜欢生活在咸水中，往往成群聚集在咸水湖中。繁殖期间在淡水湖和沼泽生活，并在那里建造浮巢。成鸟将刚出生数周的雏鸟驮在背上，雏鸟3周大后便很少需要亲鸟照料了。

Podiceps cristatus

凤头䴙䴘

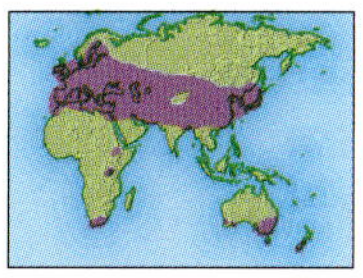

体长：46—51厘米	
体重：0.6—1.5千克	
羽色：雌雄相似	
迁徙类型：半迁徙鸟	
分布：欧洲、亚洲、非洲、澳洲、新西兰	保护现状：无危

凤头䴙䴘是欧洲和非洲北部体形最大的一种䴙䴘，因极为复杂的求偶行为为闻名，包括仪式化的复杂姿势，潜水和摇头等；求偶时，它们的羽冠竖起，并展开颈部的鬃毛状饰羽。凤头䴙䴘游泳时常常盯着水底，锁定猎物后最深可潜至水下30米处。凤头䴙䴘的数量自19世纪中叶以来不断减少，在实施保护和增加砂石坑与水库等人工栖息地后，它们的数量才得以逐渐恢复。

亲代照料

亲鸟轮流将雏鸟驮在背上进行喂食。每对父母都特别偏爱个别雏鸟，它们会将雏鸟分开，专门照顾自己喜爱的那几只雏鸟。

羽冠和饰羽

凤头䴙䴘外形优雅，特色在于头部的装饰性深色羽冠，颈部有细长的栗黑色饰羽。

Aechmophorus occidentalis

北美䴙䴘

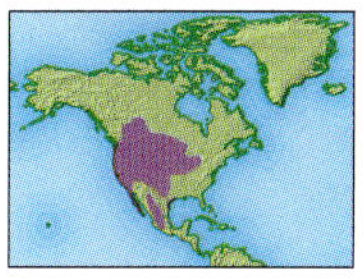

体长：55—75厘米	
体重：1—2千克	
羽色：雌雄相似	
迁徙类型：候鸟	
分布：北美洲中部和南部	保护现状：无危

这种大型䴙䴘的羽色黑白相间，颈部细长。雌雄双方从配对到育雏时的关系十分密切，共同筑造固定于水生植物上的浮巢。亲鸟轮流将2—4周大的雏鸟驮在背上进行照顾，并将它们喂养到8周大。19世纪末期，成千上万的北美䴙䴘遭到捕杀，因为它们腹部的羽毛柔软如丝，可用于制作外套和帽子。虽然北美䴙䴘的种群数量已经有所恢复，但目前仍然受到污染、石油泄漏、栖息地丧失和人为干扰等因素的威胁。

疾走求偶

北美䴙䴘的求偶方式与凤头䴙䴘一样充满活力。最著名的炫耀方式就是像图中那样，雌雄双方站立起来，一起在水面急速行走。如果双方情投意合，就继续上演“水草舞”（见对页），它们一起潜入水中寻找水生植物，然后回到水面，面对面用喙将水草高高举起。伴侣关系确定后，雄鸟还会捕鱼供雌鸟食用。

四季相同的羽色

与体形较小的北美洲近亲不同的是，北美䴙䴘的羽毛在繁殖季节不产生变化，头顶全年都为黑色。

Podiceps gallardoi

阿根廷䴙䴘

体长：34厘米	
体重：525克	
羽色：雌雄相似	
迁徙类型：非迁徙鸟	
分布：南美洲南部	保护现状：濒危

阿根廷䴙䴘于1974年首次被发现，它的体形中等，羽色黑白相间，羽冠呈黄褐色和黑色，喙部小而尖锐。求偶时展示一种特别的腾空戳刺式的炫耀方式，即雌雄双方面对面地上下用力摆动头部。阿根廷䴙䴘的种群数量很少，大多在巴塔哥尼亚偏远地区的偏僻湖泊中活动，冬天迁徙到巴塔哥尼亚的海岸过冬。由于受到污染和繁殖期栖息地干扰的影响，这种䴙䴘目前已经濒危。

Podilymbus podiceps

斑嘴巨䴙䴘

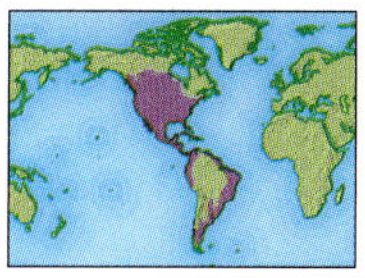

体长：31—38厘米	
体重：250—575克	
羽色：雌雄相似	
迁徙类型：半迁徙鸟	
分布：北美洲、中美洲、南美洲西北部和东南部	保护现状：无危

斑嘴巨䴙䴘的体形很小，体格健壮，喙粗短略有弯曲，体色棕白混杂。繁殖季节出没于淡水水域，冬季在开阔水域或咸水河口地带活动。它们有着强烈的领土意识和攻击性，会对同类和其他水鸟进行恐吓与驱逐。雄鸟在驱逐入侵者后表演“凯旋舞蹈”，包括与配偶面对面挺直身躯，然后来回转动身体。

Rollandia micropterum

短翅䴙䴘

体长：39—45厘米	
体重：625克	
羽色：雌雄相似	
迁徙类型：非迁徙鸟	
分布：南美洲西部（的的喀喀湖与波波湖）	保护现状：濒危

这种中等大小的南美洲䴙䴘远远望去就和其他䴙䴘一样，头顶有羽冠，体背部和身体两侧均为棕褐色，腹部白色。然而，短翅䴙䴘由于两翼十分短小，因而无法飞行。受到威胁时，短翅䴙䴘会快速拍动双翅急速划过水面，而非从水面起飞。这种不常见的鸟类主要分布在安第斯山脉中部地带，出没于海拔约3600米的2个大型湖泊中。

Poliocephalus poliocephalus

灰头䴙䴘

体长：29—31厘米	
体重：225—250克	
羽色：雌雄相似	
迁徙类型：游荡鸟	
分布：澳洲（包括塔斯马尼亚岛）、新西兰南部	保护现状：无危

灰头䴙䴘的特征是头和上颈具有掠向后方的白色毛发状饰羽，在许多方面与其他䴙䴘存在较大差异。它们比其他䴙䴘飞得时间更多，可能也是鸣叫最少和最具群居性的一种䴙䴘，通常都成群聚集。求偶方式也相对简单，筑巢于浅水区。这种䴙䴘的喙部颜色很深，喙端呈灰白色，雄鸟的喙较长。

红鹳

门：	脊索动物门
纲：	鸟纲
目：	红鹳目
科：	1科（红鹳科）
种：	6种

身材高大的红鹳科鸟类的颈部细长，双腿修长，羽色艳丽，多呈粉色或红色，在野外极易识别。它们群栖于热带和亚热带的盐湖或碱湖的水滨地带，有时还形成多达100万只的庞大群体。尽管红鹳外表柔弱，却能在只有少数动物才能存活的环境中生存。它们往往能生活在盐分和碱分都极高的环境中，也能经受温差的变化。红鹳是一类特殊的进食者，觅食时头向下浸，喙部倒转，从水中滤食细小的植物颗粒和其他小型动物。

集群

红鹳是最喜欢群居生活的鸟类之一，就连求偶炫耀也在群体中进行。求偶时，数以千计的红鹳个体同时展开或举起双翅，并转动头部。这种集群炫耀似乎能让所有个体都拥有同等的交配机会，一旦环境允许，雌鸟们便能迅速地同步产卵。当盐湖水位下降时，红鹳才形成繁殖群，用泥筑起高高的鸟巢。亲鸟在幼鸟孵出后对其进行1—2周的照料。一旦幼鸟能够走路和游泳，亲鸟就会将它放入“托儿所”中（右图）。

集群炫耀

红鹳求偶时翩翩起舞，将颈和喙部高高昂起，并左右摆动头部。

“托儿所”

红鹳幼鸟组成多达30万只的大型群体（图为小红鹳和大红鹳）。幼鸟由几只成年红鹳看护，但仍需亲鸟前来喂食。

飞行

红鹳飞行时颈部伸长，双腿向身体后方伸出，通常排成长而弯曲的队列，在野外极易识别。红鹳由于双翅较长，体重较轻，因此能轻易起飞。

身体结构

红鹳体形苗条，拥有比其他鸟类更为修长的双腿。裸露无毛的双腿能让它们踏入盐湖或碱湖的深水区，而不弄脏羽毛。红鹳的颈长而灵活，即便是较大型的品种脖颈也非常细长。它们的头部较小，上喙中部向下弯曲。喙的咬合方式以及喙边缘的栉板，使其能够轻易地从水中滤食（右图）。红鹳的食物（如藻类和虾类）中含有特殊的色素，这也是它们拥有异常鲜艳羽色的原因。

立于水中

红鹳（图为大红鹳）大多数时间都采取单腿站立姿势，即使在睡觉时，也保持站立姿势，同时将头靠在体侧，另一条腿缩于腹下。这种姿势能避免热量从腿和脚掌流失。

脚掌

红鹳的脚掌与修长的双腿相比相对较小。它们的前三趾间具蹼，后趾很小或完全退化。当在泥地或是其他较软的表面上行走时，脚蹼就会变得十分有用。

觅食

红鹳通常在岸边的浅滩觅食。它们用脚翻动水底的泥巴，将头向下浸入水中，以喙的特殊构造在水中扫食。通过舌头的快速运动，它们就能将水从微微张开的喙吸入或滤出。红鹳的喙缘带有成排的栉状齿，有些物种的栉状齿上还具细毛，用于在觅食时过滤水中的食物颗粒。不同物种过滤的食物大小也不同。大型红鹳主要取食甲壳类、软体类和蠕虫，而小型物种则以藻类为食。

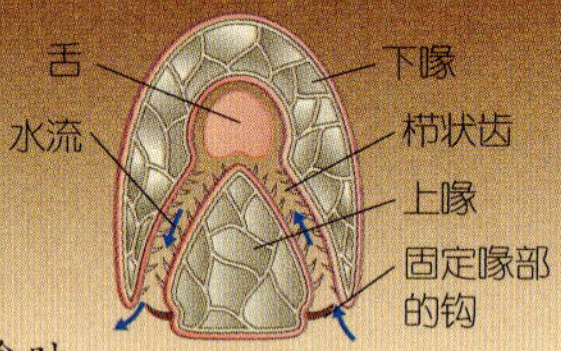

喙部横截面

鸟喙

红鹳觅食时微微张开喙，过滤出不能食用的物体。它们嘴中的成排栉状齿上带有细毛，能对口中的食物进行二次过滤，这样便可将所需的小型食物颗粒留在口中。

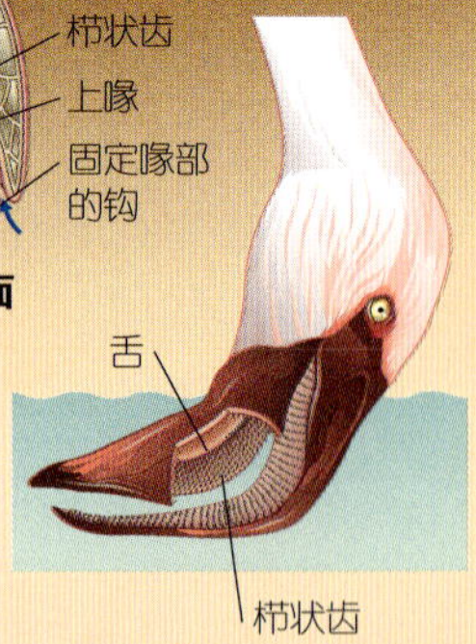

觅食

取食藻类

小红鹳（左图）和其他小型种类通常在水面取食。体形较大的红鹳则将头完全浸入水中取食。

Phoenicopterus roseus

大红鹳

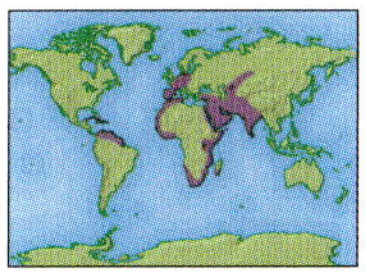

体高：1.5米

体重：达4千克

羽色：雌雄相似

迁徙类型：半迁徙鸟

保护现状：无危

分布：中美洲、南美洲、加勒比海、欧洲西南部、亚洲、非洲

大红鹳的颈和双腿极长，是红鹳科中体形最大的成员。它们生活在各种淡水和咸水栖息地，尤其在咸水湖、河口和潟湖地带十分常见。生活在热带地区之外的大红鹳经常迁徙到比较温暖的地区过冬，而所有地区的大红鹳为了寻找食物都在夜间进行长途飞行，有时还会飞到500千米远的地方。由于大红鹳的体形较大，因此能在水位相对较深的区域活动，而其他红鹳只能在浅水区活动。大红鹳偶尔也会游泳，并像鸭子一样头部扎入水中觅食。它们通常将头完全浸入水中，有时还能在水下保持长达20多秒。

与小型红鹳不同的是，大红鹳很少在水面啄食，以减少彼此间的竞争。它们的食物十分多样，包括昆虫、蠕虫、微小的藻类和植物碎屑等。即使是在最为炎热的环境条件下，大红鹳也多在白天觅食。这种高度群居的鸟类可集结成数量多达20万对的一雄一雌制的繁殖群。它们的求偶行为包括复杂的同步舞蹈，如抻长脖子、仪式化的理毛和大声鸣叫等，通常由一大群雄鸟和雌鸟共同完成。大红鹳觅食时用相对轻柔的叫声保持相互联系。

集体繁殖

作为群居动物，大红鹳在集群的大小上表现出极大差异。某些地区的繁殖群可以包含数量庞大的个体，但另一些地区的群体规模却很小，如欧洲南部，仅由数十只个体组成。这种差别也是圈养的大红鹳比其他红鹳更容易繁殖的原因之一。

巢和雏鸟

与其他红鹳一样，大红鹳也在泥沙地上筑造圆锥形的巢，巢的四周通常被一圈沟槽环绕，巢与巢的间隔约为1.5米，正好处在不会被邻居啄到的位置。大红鹳通常产1枚蛋，由雌雄双方轮流对鸟蛋进行孵化。除了繁殖时对鸟巢进行保护以外，它们大多没有领域意识。一旦幼鸟可以行走，便会另外聚集成群，由少数几只成鸟负责看管。

Phoenicoparrus jamesi

秘鲁红鹳

体高：1.1米

体重：2千克

羽色：雌雄相似

迁徙类型：非迁徙鸟

保护现状：近危

分布：南美洲西部

这种红鹳的英文俗名“puna”缘于它的栖息地，是安第斯高原地区的一种方言。它的食物由硅藻组成，这种微型藻类在咸水湖中十分丰富。秘鲁红鹳白天在浅水区将喙浸入水中缓慢走动，滤食水中的硅藻。它们在觅食和飞行时的叫声不同。

秘鲁红鹳是3种南美洲红鹳的成员之一，其他2个成员分别是智利红鹳和安第斯红鹳。三者通常同时在海拔超过3000米的咸水湖中活动。秘鲁红鹳大多迁徙到海拔较低的地带过冬，但当春季温度十分炎热时，也有少数个体留在湖中活动。它们的求偶和繁殖习性基本与大红鹳（上图）类似。

保育

秘鲁红鹳的体形很小且分布存在局限性，一旦繁殖率受到影响，便会威胁整个种群的发展。它们的肉和蛋过去曾被广泛用作食物，20世纪上半叶期间，种群数量还出现过明显的下降。如今，它们的主要繁殖地已经受到保护，整个种群的数量也开始攀升。2005年的种群数量估计已达100万只。

Phoeniconaias minor

小红鹳

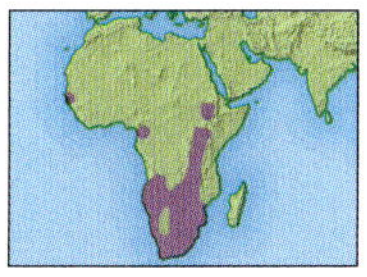

体高：达1米

体重：达2千克

羽色：雌雄相似

迁徙类型：游荡鸟

保护现状：近危

分布：非洲西部、中部和南部

小红鹳是红鹳中体形最小，但数量最多的一种，体羽呈浅粉色至深粉色，喙部相对较长，颜色也较深。它们虽然不迁徙，但却会为了追随食物而转移到新的地点。它们的食物几乎完全为蓝绿藻，这种微型藻类在碱水湖中十分丰富。小红鹳通常在晨昏时分于浅水地带觅食，以避开白天的强风。一些群体的数量可以超过数百万只，堪称地球上最大的鸟类群体。求偶方式通常由数百只个体同时进行展示和炫耀。

鸟类

鹭鸟及其近亲

门：	脊索动物门
纲：	鸟纲
目：	鹳形目
科：	3科
种：	121种

鹭鸟也被称为涉禽，成员包括鹭、苇鳽、鹳、鹮和琵鹭。它们的体形大而纤瘦，颈长，鸟喙强壮有力。修长的双腿有助其在浅水区捕食鱼类、两栖类、螺类和蟹类。为了避免其他鸟类惊扰到猎物，涉禽大都单独觅食，但在夜间集群栖息，许多物种也集群繁殖。涉禽分布于世界各地的淡水水域，主要栖息在没有严冬气候的温带地区。

内陆觅食

牛背鹭常在距离水边较远的地方觅食。它们通常聚集在牛群或是其他大型哺乳类周围，伺机啄食被惊起的飞虫。

身体结构

鹭类及其近亲具有几种能在浅水区行走和觅食的适应性特征。当它们抻长脖子在水面觅食时，修长的双腿能确保羽毛不被弄湿。脚趾彼此分开，前三趾的趾基部具微蹼，可以分散在泥浆或沼泽植物上行走时的体重。本类群所有成员的翅膀都很宽大。鹭类和苇鳽在飞行时缩起脖子，鹮、琵鹭和大多数鹳类在飞行时则抻长脖子。

觅食

大多数鹭类及其近亲利用敏锐的视觉搜寻猎物，它们扫视水面，直到发现水下猎物的活动信号。一旦发现鱼或蛙等猎物，便迅速伸出鸟喙啄食。有些物种的捕猎技术更加高明，例如黑鹭捕食时张开翅膀在水面搭成凉棚，这样不仅能减少水面的反射，还能将鱼类引诱到阴影中来。并不是所有的涉禽都吃活的猎物，其中的非洲秃鹳就主要以腐肉为食。

涉禽中的许多物种都是机会主义捕食者，说明它们不会受限于湿地生境。因此，非洲秃鹳会侵入干旱生境，甚至为了寻找腐肉进入垃圾场，牛背鹭则习惯在牧场中捕捉被家畜惊起的动物。鹳形目鸟类是世界上大部分湿地、海岸和开阔陆域中的一类代表物种。其中的鹳类通常比鹭类更加适应干燥的生境，鹮类则喜欢栖息在较为温暖的地区。分布在北半球的物种多为候鸟，而生活在热带地区的物种则多为留鸟。

繁殖

很多鹭类都是群居动物，集群进行繁殖。它们的近亲——苇鳽，更喜欢独自栖息在隐蔽之处。不同鹳类的筑巢方式不同，有些单独筑巢，有些则集群筑巢，鹮和琵鹭则组成大型群体进行繁殖。鹳形目的所有成员均为一雄一雌制，并且形成有着复杂求偶炫耀行为的固定配对关系。它们既在芦苇中的凹陷处筑巢，也在树上用杂乱的树枝搭建大型鸟巢。雌雄双方均参与孵卵和照料后代。刚孵出的雏鸟身上仅有少量绒毛，无法独立生活，因此必须在巢中度过数周时间。锤头鹳和鲸头鹳曾被归入鹳类，但目前的研究认为它们和鹈鹕之间的亲缘关系更为密切。最新的DNA研究也指出，鹭类、苇鳽、鹮和琵鹭与鹈鹕有着更为密切的亲缘关系，进一步表明鹳形目应被划分为2个目，即鹳形目（鹳）和鹭形目（鹭、鹮及其近亲）。

喙形

鹳形目鸟类的长喙有助其从水中或泥中啄食。鹮类的喙细长下弯。鹭类具有长直的矛尖状喙。鹳类的喙形与鹭类相似，但嘴端上、下两面常有弯曲。琵鹭类的喙前端呈扁平状，与汤匙十分相似。

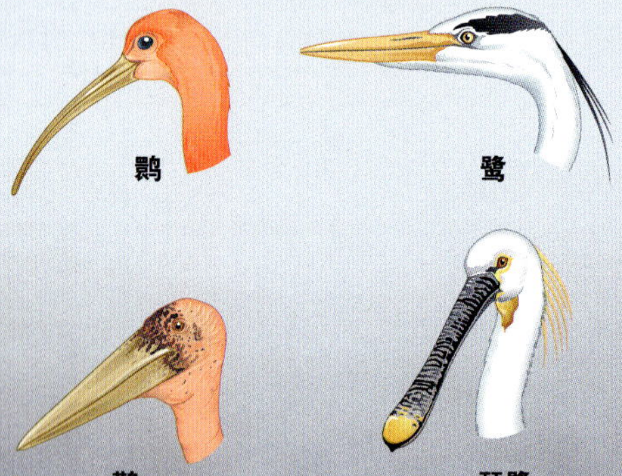

袭击猎物

鹭类捕猎时将颈部弯曲成明显的“S”形。一旦发现猎物，便向前抻出脖子，发动闪电般的攻击。鹭类捕获猎物时，还用喙刺穿它们的身体。

涉水

鹭类及其近亲常缓慢而从容地涉水而行。图中的琵鹭用喙在水中左右扫动，通过触觉捕捉小鱼和甲壳类等食物。

Ardea cinerea

苍鹭

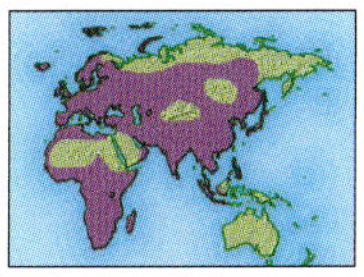

体长：90—98厘米
体重：1—2千克
羽色：雌雄相似
迁徙类型：半迁徙鸟
保护现状：无危

分布：欧洲、亚洲、非洲

苍鹭是欧洲最常见且分布最广的鹭鸟，在芦苇丛或湖泊等各种淡水栖息地中都能看到它们的身影，飞行时缓慢扇动极度弯曲的双翅。苍鹭通常终生配对，雌雄双方共同在高大的树上或在地面筑巢。雌鸟每窝产蛋3—5枚。苍鹭与其他鹭鸟一样，有着仪式化的求偶行为和防御性的炫耀动作，例如将弯曲的脖子向上伸展等。

外形

苍鹭的体形大而独特，颈与腿皆长。体羽呈灰、白、黑三色。

依靠视力捕鱼

苍鹭大多悄悄接近猎物并快速发动攻击。捕鱼时，它们站立在水边，紧盯着水中鱼群的一举一动。一旦猎物进入攻击范围，苍鹭的身体便会前倾，稍稍放松弯曲的颈部，然后迅速抻直脖子啄食猎物。小鱼等猎物会被苍鹭整个吞下，若是猎物较大，则会被带回岸上，然后分食。

Butorides virescens

美洲绿鹭

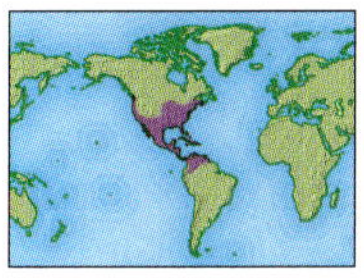

体长：40—48厘米
体重：125—225克
羽色：雌雄相似
迁徙类型：半迁徙鸟
保护现状：无危

分布：南美洲北部、中部和北部

美洲绿鹭在美洲湿地中十分常见，是少数使用工具获取食物的鸟类之一，能将虫子、细树枝或偷来的面包屑等诱饵垂入水中诱捕鱼类。热带和亚热带的美洲绿鹭种群固定在一处生活，而生活在北美洲温带地区的种群则定期迁徙，在温暖的海岸地带过冬，尤其喜欢在红树林沼泽中活动。

Nycticorax nycticorax

夜鹭

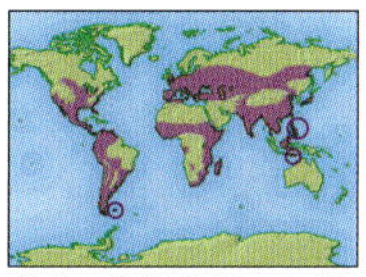

体高：58—65厘米
体重：500—800克
羽色：雌雄相似
迁徙类型：半迁徙鸟
保护现状：无危

分布：美洲北部、中部和南部，非洲，亚洲

夜鹭与大多数鹭鸟不同，通常在夜间或黄昏时分外出觅食，它们的视力极佳，在微弱的光线下仍能准确锁定猎物，偶尔也会对声音做出反应。当在水中静静地伫立或是缓慢前行时，用喙咬住猎物。夜鹭通常单独觅食，但却集群筑巢和繁殖。它们善于攀爬，常在屋顶或水边的树枝上停留。

Botaurus lentiginosus

美洲麻鳽

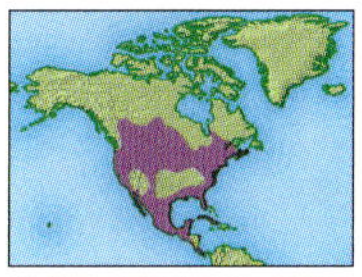

体长：60—85厘米
体重：500—900克
羽色：雌雄相似
迁徙类型：候鸟
保护现状：无危

分布：美洲北部和中部、加勒比海

美洲麻鳽体呈斑驳褐色，带有棕黄色条纹，可在茂密的芦苇丛和长满植物的沼泽湿地活动时提供绝佳伪装。这种在白天觅食的鹭鸟主要以鱼和蛙类为食，利用匕首状的鸟喙发动闪电般的攻击。美洲麻鳽与其他鳽类一样，受到侵扰时采取特别的防御姿势：它们抻长脖子，喙尖朝上，然后和身旁的野草一起随风摇摆，避免被捕食者发觉。这种鸟广泛分布于北美洲地区，但北部地区（如加拿大）的种群会向南迁徙到美国南部和加勒比海地区过冬。鸟巢通常建造在水面上或坚硬地表的隐蔽植被中。

Ardea alba

大白鹭

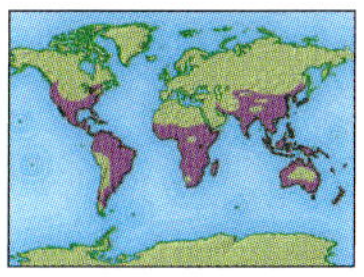

体长：85—100厘米
体重：950—1000克
羽色：雌雄相似
迁徙类型：半迁徙鸟
保护现状：无危

分布：美洲北部、中部和南部，非洲，亚洲，澳洲

大白鹭是分布范围最广的一种鹭鸟，在美洲、亚洲至澳洲的各类湿地中都有发现。全身羽毛皆为白色，腿和脚呈黑色。大白鹭繁殖时背部长出长长的蓑羽，一直向后延伸到相对较短的尾端。它们一般单独活动或结成小群，蹑手蹑脚地在水中觅食，群体中每只个体都对自己的一小块领地进行防御。巢中的幼鸟极具攻击性，往往导致其他较弱幼鸟的死亡。

Mycteria americana

黑头鹮鹳

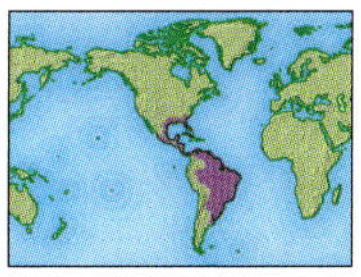

体高：85—110厘米
体重：2.5千克
羽色：雌雄相似
迁徙类型：半迁徙鸟
保护现状：无危

分布：美洲北部、中部和南部，加勒比海

黑头鹮鹳利用视觉和触觉定位猎物，因此它们无论昼夜或是在浑浊的水中均可觅食。它的头颈部没有羽毛，当头伸入污泥时不会弄脏羽毛。黑头鹮鹳张开厚长的喙在水中来回搅动，利用触觉在水中觅食。一旦感觉到猎物的存在，便迅速捕捉。黑头鹮鹳体呈白色，翼端黑色，头颈部为深灰色。单独或集体觅食，集群在水面的树枝上筑巢繁殖；地面没有捕食者时，偶尔也在地上筑巢。

Ciconia ciconia

白鹳

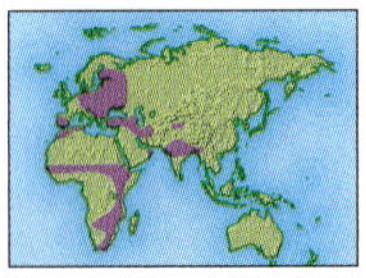

体高：1—1.3米
体重：2.5千克
羽色：雌雄相似
迁徙类型：候鸟
分布：欧洲、非洲、亚洲
保护现状：无危

这种羽色黑白相间的优雅鸟类从遥远的非洲南部的越冬地迁徙到北欧部分地区，它们的到来预示着春天的来临。如今，在很大程度上受到栖息地变化的影响，因此只有非常少的鹳类在北欧繁殖，但它们筑造在屋顶上的鸟巢仍然被人们当作幸运的象征。白鹳主要在浅水区或草地上觅食，有时也在农田边缘活动。它们迁徙时飞越陆地，借助上升的热气流在高空滑翔。

Leptoptilos crumeniferus

非洲秃鹳

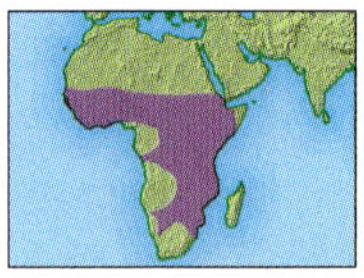

体高：1.2米
体重：5—7.5千克
羽色：雌雄相似
迁徙类型：非迁徙鸟
分布：非洲（撒哈拉南部）
保护现状：无危

非洲秃鹳体形巨大，长相丑陋，体呈黑、白和瓦灰色，翼展近3米，是陆栖鸟类中体形最大的一种。翱翔飞行姿势十分优雅，与其在陆地上难看的驼背姿势形成明显反差。非洲秃鹳的食性多样（下方图框），因此栖息地中的数量也不断增加。

外表丑陋

这种大型鸟类的头颈几乎没有羽毛，喙部巨大呈楔形，常被形容成“丑陋的鸟”。颈部下方的喉囊（或肉垂）用于求偶炫耀，呈浅粉色至浅洋红色，可以膨胀到35厘米长。

取食腐肉

虽然非洲秃鹳属于鹳类，但行为却与秃鹫更为相似。它们常常在高空翱翔以寻找食物，利用巨大的鸟喙撕掉尸体上的腐肉。非洲秃鹳与真正的秃鹫一样，头颈部也裸露无羽，避免将头伸入腐肉时被血污弄脏羽毛。

Threskiornis aethiopicus

非洲白鹮

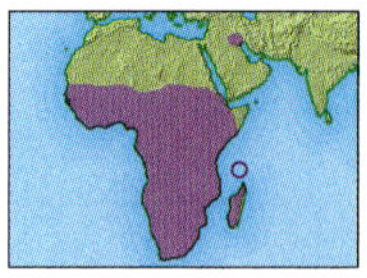

体长：1.2米
体重：1.5千克
羽色：雌雄相似
迁徙类型：候鸟
分布：非洲（撒哈拉南部）、马达加斯加、阿尔达布拉岛、亚洲西部
保护现状：无危

非洲白鹮体形中等，体呈白色，头与上颈裸露无羽，呈明显的黑色，在古埃及曾被视为圣鸟。它的食性广泛，可与人类一起生活，以居住区周围的垃圾、草地中的昆虫和浅水塘中的水栖动物等为食。

Eudocimus ruber

美洲红鹮

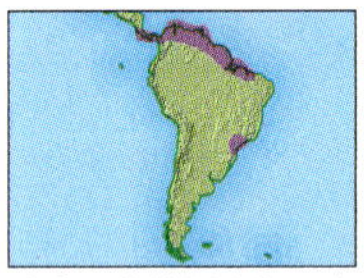

体长：56—68厘米
体重：775—925克
羽色：雌雄相似
迁徙类型：非迁徙鸟
分布：中美洲南部、南美洲北部和东部
保护现状：无危

这种体色鲜艳的鸟类繁殖时常聚集在南美洲北部滨海湿地中的沼泽、潟湖、红树林和潮汐河流地带，有时数量可达上万只。美洲红鹮成对繁殖（有时也与其他同伴交配），在水边的树上筑巢。它们与其他鹮类一样，依靠触觉觅食，通常在行走时将长长的弯喙伸入软泥中寻找猎物。它们也像琵鹭一样，用喙在水中左右扫动以捕捞猎物。美洲红鹮主要以蟹类、贝类和水生昆虫为食。

树顶过夜

美洲红鹮白天在地面觅食，黄昏时飞到水边的大树上过夜。这种行为在鹮类、鹭类以及它们的近亲中十分普遍，以降低夜间被捕食者袭击的危险。

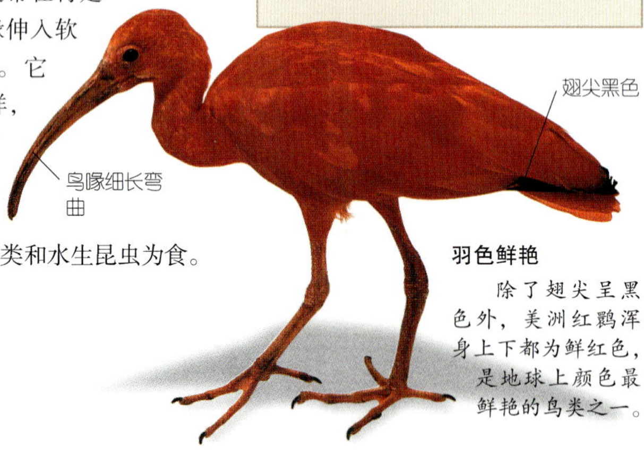

羽色鲜艳

除了翅尖呈黑色外，美洲红鹮浑身上下都为鲜红色，是地球上颜色最鲜艳的鸟类之一。

Geronticus eremita

隐鹮

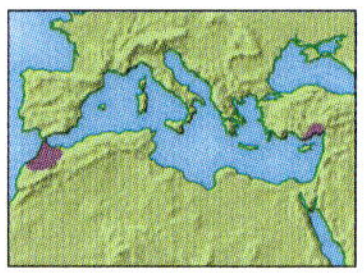

体长：80厘米
体重：无记录
羽色：雌雄相似
迁徙类型：候鸟
分布：非洲西北部、亚洲西部
保护现状：极危

隐鹮曾广泛分布在欧洲南部、非洲北部和亚洲西部，如今的数量已经极为稀少。它的头部裸露无羽呈红色，颈

背部有散乱的黑色羽冠，全身呈光泽的棕黑色。通常在池塘和干旱河床附近觅食，用弯长的喙探入松土中寻找昆虫或其他小型动物。繁殖时在陡峭的悬崖上成群筑巢，如此幼鸟便不易受到攻击。

Platalea alba

非洲琵鹭

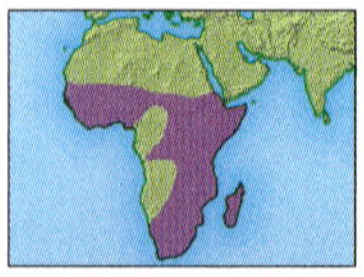

体长：75—90厘米
体重：2千克
羽色：雌雄相似
迁徙类型：半迁徙鸟
分布：非洲（撒哈拉南部）、马达加斯加
保护现状：无危

这种体态优雅的白色琵鹭双腿呈红色，它所隶属的类群共有6个成员，均因形似琵琶的扁阔鸟喙而得名。非洲琵鹭与其近亲一样，觅食时也将喙浸入水中左右扫动，利用水流使鱼群游入攻击范围，然后快速啄食。它们有时也在夜间寻觅并追赶鱼类。

鸟类

鹈鹕及其近亲

门：	脊索动物门
纲：	鸟纲
目：	鹈形目
科：	8科
种：	67种

鹈形目中包含着一些大型水鸟，如鹈鹕、鸬鹚、鹲、军舰鸟和鲣鸟，多数物种都极善游泳，是唯一一类四趾间具全蹼的鸟类。它们大多双翅宽大，军舰鸟和鹲大部分时间都在飞翔，鲣鸟、鸬鹚和蛇鹈也能长时间地在广阔的海面上飞行。本类群的所有成员均以鱼为食。一些物种还能从空中笔直地俯冲下来，一头扎入水中捕捉猎物。由于它们具有一些适应性的保护特征，因此高速撞击水面时不会受伤。鹈鹕及其近亲在地球上的大部分海域均有分布。蛇鹈、部分鸬鹚和鹈鹕、锤头鹳和鲸头鹳则栖息在内陆水域。

觅食

鹈鹕及其近亲的捕鱼方式非常多样。鸬鹚在水下追踪猎物。蛇鹈也在水下捕猎，但它们可在水下停留1分钟之久，直到用带有锯齿的喙抓到鱼类。鲣鸟、鹲和褐鹈鹕能以95千米的时速从30米高的空中俯冲入水捕鱼。军舰鸟在空中发动袭击，从其他海鸟的口中抢鱼，直到其他海鸟丢下食物仓皇而逃。相比之下，鹈鹕通常协作捕猎，它们排成直线包抄猎物，将鱼群赶到浅水处才捕食。

筑巢

本类群中的大多数物种（如图中的蓝眼鸬鹚）都建造坚固的鸟巢。为了收集足够多的巢材，它们必须在巢址周围多次往返。

繁殖

鹈鹕及其近亲通常在偏远的海岛或是捕食者难以到达的崖壁上集群筑巢。某些鹈鹕、蛇鹈、鸬鹚和军舰鸟则在树上筑巢。雄鸟通过精彩的炫耀表演吸引雌鸟，例如，鲣鸟在求偶时将头和尾朝向天空，并将双翅高高举起。鸟巢通常很大，由雌雄配偶共同筑造。雏鸟孵出后无法独立生活，必须依靠亲鸟饲喂反刍出的半消化食物才能存活。有些种类（尤其是军舰鸟）的雏鸟在能飞之前，需要亲鸟进行长达数月的照料。

身体结构

鹈鹕及其近亲具备一系列能在水下捕食的身体特征。鸬鹚和蛇鹈是本类群中最善于潜水的成员，它们的外层羽毛极易被浸湿，以减少下潜时的浮力，能轻松下潜。但内层羽毛仍有防水和保温功能。其他成员的羽毛也能防水，骨骼中的发达气腔有助其在水面漂浮和飞行。潜鸟的皮下甚至还有气囊，可以缓冲入水时的撞击力。

鼻孔

鹈鹕及其近亲的鼻孔较小或完全隐闭，避免潜水时水流灌入气管。鸬鹚、鲣鸟和鹈鹕（图中所示）的鼻孔完全闭合，直接通过嘴巴呼吸。

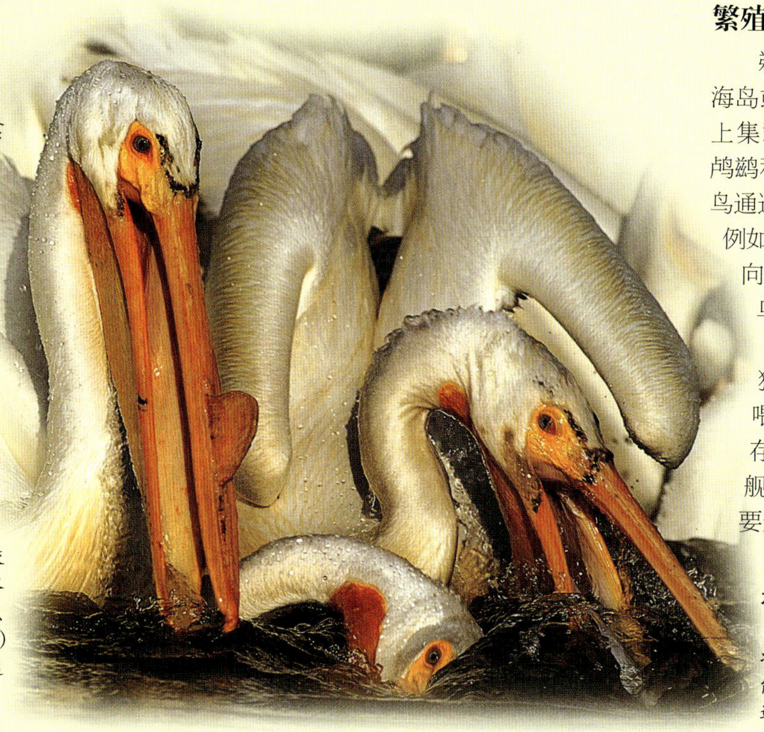

水面捕鱼

鹈鹕下颚的喉囊发达，能将水下的鱼尽收囊中。喉囊也能收集饮用所需的雨水，并且还能在炎热的天气里帮助散热。

Scopus umbretta

锤头鹳

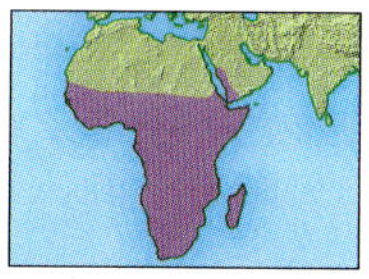

体长：40—56厘米	
体重：425克	
羽色：雌雄相似	
迁徙类型：非迁徙鸟	
分布：非洲（撒哈拉南部）、马达加斯加、亚洲西南部	保护现状：无危

锤头鹳的俗名源自德文中的“锤头”一词，是其独特头部的最佳写照。它的喙部较短，头后方的羽冠厚实，体呈暗褐色，初级飞羽颜色更深，脸颊与喉部的颜色较浅。大部分水鸟的食物以鱼为主，但锤头鹳的主食还包括两栖类。它们常在浅水中觅食，用喙翻搅水底寻找鱼和蛙，有时也在蝌蚪聚集的水面上空飞行，伺机捕食。锤头鹳用小树枝、泥土和野草在树上筑造大型球状鸟巢，巢的直径和深度多达2米，有一个进入内室的入口。虽然锤头鹳都是单独繁殖，但彼此的巢都相隔不远。

Balaeniceps rex

鲸头鹳

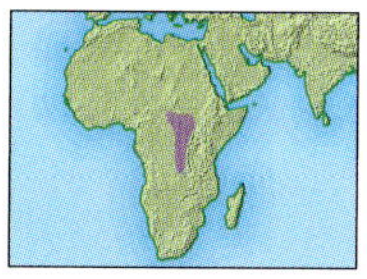

体高：1.1—1.4米	
体重：4.5—6.5千克	
羽色：雌雄相似	
迁徙类型：非迁徙鸟	
分布：非洲中部	保护现状：易危

鲸头鹳的粗壮鸟喙极富特色，外形与木鞋类似。它们通常在即将干涸的池塘中捕食，主食肺鱼，也吃蛙类和小型哺乳类。鲸头鹳的捕食方式十分特别，常常突然俯身扑向猎物，然后用类似剪刀的喙将食物撕碎后吞下。鲸头鹳通常在难以靠近的纸莎草沼泽中繁殖，用水生植物堆积筑巢。天气炎热时，它们还在喙中盛满水，然后喷向鸟蛋为其降温。

Phalacrocorax auritus

角鸬鹚

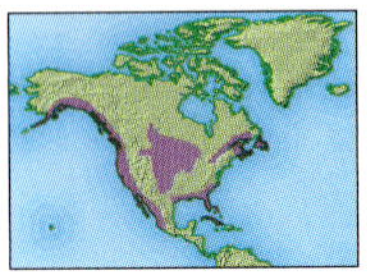

体长：	76—91厘米
体重：	1.5—2千克
羽色：	雌雄相似
迁徙类型：	半迁徙鸟
保护现状：	无危

分布：北美洲

这种鸟是唯一生活在北美洲的鸬鹚，广泛分布在内陆和沿海地带。角鸬鹚与其他鸬鹚一样体呈流线型，颈部细长，脚掌大且具蹼。春季的某段时间，它的头顶会短暂地长出一对羽冠。不断增加的种群数量已使它们成为密西西比地区鲶鱼养殖场的头号威胁。

Phalacrocorax carbo

普通鸬鹚

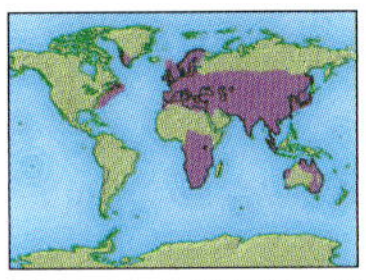

体长：	80—100厘米
体重：	达3.5千克
羽色：	雌雄相似
迁徙类型：	半迁徙鸟
保护现状：	无危

分布：北美洲东部、格陵兰岛南部、欧洲、亚洲、非洲南部、澳洲

普通鸬鹚是地球上分布最广泛的沿海水鸟，在内陆地区也很常见，几乎在欧洲、亚洲和非洲所有的大型淡水、咸水，天然或人工水域中都能发现它们的身影。普通鸬鹚在悬崖、裸岩、树木和芦苇丛等各种栖息地中筑巢。通常集群繁殖，有时每年都回到相同的地点繁殖，但雌雄双方的配对关系仅维持一季。

游泳健将

虽然鸬鹚偏好在浅水中捕食，但也能在水中下潜30多米。潜水时，它们将双翅紧贴身体，在猎物下方游动。强壮的带蹼脚掌可以产生强大的推力，使其能抓到快速游动的鱼。

身体细瘦光滑

普通鸬鹚的身体瘦削呈流线型，颈部弯曲灵活，喙部坚硬，喙端呈钩状，有助其在水中捕鱼。

Anhinga melanogaster

黑腹蛇鹈

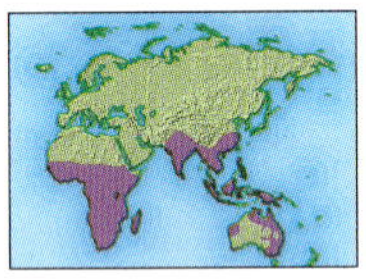

体长：	85—97厘米
体重：	1—2千克
羽色：	雌雄相异
迁徙类型：	半迁徙鸟
保护现状：	近危

分布：非洲（撒哈拉以南）、亚洲南部和东南部、澳洲、新几内亚岛

黑腹蛇鹈是全球4种蛇鹈之一，外形似鸬鹚，游泳时通常只将头颈露出水面。它的颈部具有独特的"Z"形颈椎，可以瞬间挺直发力，用尖喙刺穿猎物。黑腹蛇鹈有时会在高出水面5米的地方用小树枝筑巢，每窝产蛋3—6枚。

Phalacrocorax atriceps

蓝眼鸬鹚

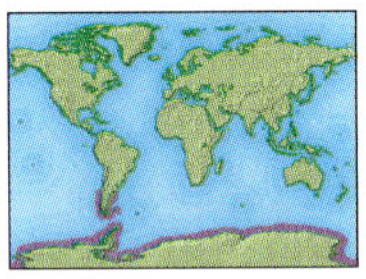

体长：	68—76厘米
体重：	2.5—3.5千克
羽色：	雌雄相似
迁徙类型：	半迁徙鸟
保护现状：	无危

分布：南极周边地带、南美洲南部、马尔维纳斯群岛

这种独特的鸬鹚生活在南半球，大多分布在岩石海岸和岛屿上。羽色黑白相间，眼圈呈蓝色。蓝眼鸬鹚为高度群居鸟类，常于冬季在近海地带结成大群觅食，而夏季则单独活动。蓝眼鸬鹚分为数个亚种，彼此在颜色和斑纹上略有差异。

Phalacrocorax harrisi

弱翅鸬鹚

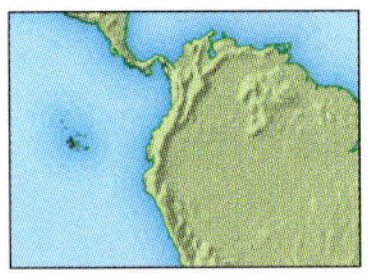

体长：	89—100厘米
体重：	2.5—4千克
羽色：	雌雄相异
迁徙类型：	非迁徙鸟
保护现状：	濒危

分布：加拉帕戈斯群岛（伊莎贝拉岛和费南蒂娜岛）

这种大型鸬鹚的翅膀极小，早已丧失飞行能力，这可能是因为加拉帕戈斯群岛上缺少陆生性的捕食者，因此飞行也就变得没有必要了。弱翅鸬鹚的尾脂腺分泌的油脂极少，但松软浓密的绒状羽毛能将空气困在其中，避免身体完全湿透。这种不会飞的鸬鹚有着坚硬的长喙，能将藏身于海底的章鱼和鱼群驱赶出来。它们结成小群繁殖，雄鸟养育雏鸟数月，而雌鸟则抛下它们另寻伴侣。

Fregata minor

黑腹军舰鸟

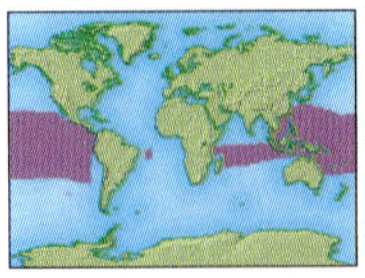

体长：	85—105厘米
体重：	1—1.5千克
羽色：	雌雄相异
迁徙类型：	半迁徙鸟
保护现状：	无危

分布：热带太平洋、大西洋和印度洋海域

由于身体轻盈，双翅极长，因此黑腹军舰鸟大部分时间都在海上轻松滑翔，从水面觅食或抢夺其他海鸟的食物。它们的羽毛不防水，因此在觅食时只将喙伸入水中，然后高举双翅以免被水弄湿。军舰鸟科包含5个成员，黑腹军舰鸟的喙长而尖，喙端呈钩状，尾长而分叉。雄鸟有黑色的羽毛，带光滑的绿色光泽，翅膀上有浅色长斑，求偶时炫耀大如气球的猩红色喉囊。雌鸟的体色黑白相间。黑腹军舰鸟在无人居住的小岛上繁殖，常形成多达数千只的群体。

Phaethon aethereus

红嘴鹲

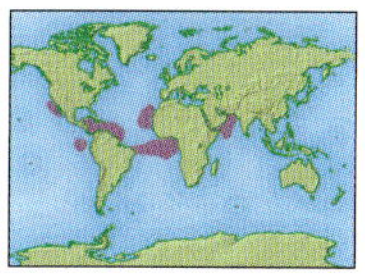

体长：78—81厘米
体重：600—825克
羽色：雌雄相似
迁徙类型：候鸟
保护现状：无危

分布：太平洋东部、大西洋中部、印度洋北部

红嘴鹲不擅长游泳，也极少在水面上活动，除了繁殖季节以外，其余时间均在远离陆地数千米远的海洋上空飞翔。有时会从相当高的空中一头扎入水中捕捉鱿鱼和鱼类（尤其是飞鱼）。红嘴鹲的外形优雅，体呈白色或偏粉色，中央尾羽延长成线状，雄鸟求偶时在空中左右摆动尾羽以吸引异性。红嘴鹲隶属的鹲科只包含3个物种，全部生活在热带地区。

Pelecanus occidentalis

褐鹈鹕

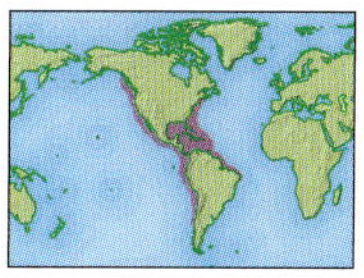

体长：1—1.5米
体重：超过3.5千克
羽色：雌雄相似
迁徙类型：半迁徙鸟
保护现状：无危

分布：美洲北部、中部和南部，加勒比海

褐鹈鹕的身体主要呈银灰色和褐色，头呈白色或米黄色，后颈长有状似鬃毛的栗色羽毛。绿色的脸部裸皮和喉囊在繁殖时变得更加鲜艳。褐鹈鹕是唯一一种俯冲入水捕食的鹈鹕。它们在水面张开双翅低空滑翔，瞄准猎物后，飞到10米高的空中，然后合拢双翅扎入水中。褐鹈鹕通常在红树林或灌木上筑巢，但秘鲁鹈鹕（褐鹈鹕的亚种）则在地面筑巢。

养育后代

亲鸟每隔数小时便轮换孵卵。褐鹈鹕每窝产蛋1—2枚，少有3枚。雏鸟孵出后，亲鸟将反刍的食物吐在巢中，当雏鸟长至10天大时，便能直接从亲鸟的嘴中取食鱼类。

集群生活

褐鹈鹕是高度群居鸟类，无论栖息、迁徙还是觅食，都集体行动。它们也在地势低洼的荒岛上集群繁殖。

Pelecanus crispus

卷羽鹈鹕

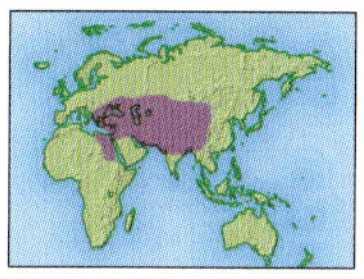

体长：1.6—1.8米
体重：10—13千克
羽色：雌雄相似
迁徙类型：半迁徙鸟
保护现状：易危

分布：欧洲东南部、亚洲西南部、非洲东北部

卷羽鹈鹕是欧洲体形最大的鹈鹕。虽然它的体形和体重不太利于飞行，但飞行能力却很强，迁徙时借助宽大的翅膀在高空翱翔。卷羽鹈鹕的体羽灰白，仅羽尖为黑色，喙呈浅黄色，喙端为橘色，喙下方有橘黄色的喉囊。卷羽鹈鹕以各种鱼类为食，平均每天摄食1千克。它们善于游泳，常倒立在水面捕食。有时还一起形成半圆形的包围圈，将鱼群驱赶到浅水区，然后用喙舀取猎物。这种鹈鹕通常成群繁殖，一对亲鸟只养育一只后代。刚孵出的雏鸟无力照顾自己，完全依靠双亲生活；当它们长到3—4周大时，便离巢加入没有双亲照料的小群体，但亲鸟仍会继续给幼鸟喂食。幼鸟约6周后开始学习捕鱼，1个月大时才初次学习飞行。

Sula nebouxii

蓝脚鲣鸟

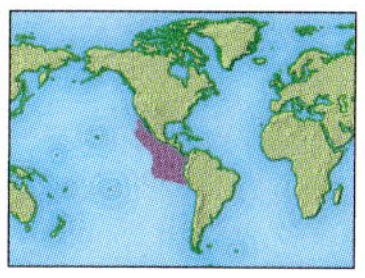

体长：80—85厘米
体重：1.5千克
羽色：雌雄相似
迁徙类型：半迁徙鸟
保护现状：无危

分布：墨西哥西部至南美洲西北部、加拉帕戈斯群岛

这种独特海鸟的腿脚呈鲜艳蓝色，是鲣鸟科的9种成员之一。与它的近亲一样，也有适于俯冲入水的雪茄型身体，细长的双翅入水前收折在背后。雄鸟的体形小于雌鸟，体重也更轻，擅长在较浅的近岸水域或是潮水潭中潜水。它们有时还结群觅食，食物主要包括飞鱼、沙丁鱼、鳀鱼、鲭鱼或乌贼等。蓝脚鲣鸟是一种非常少见的鲣鸟，只分布在特定的范围内，且扩散范围也相对有限，例如，加拉帕戈斯群岛的蓝脚鲣鸟只能迁移到附近的厄瓜多尔。

Sula leucogaster

褐鲣鸟

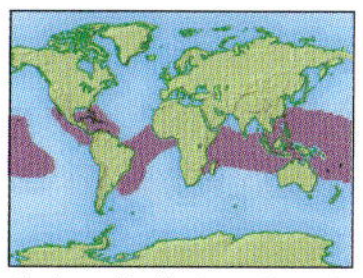

体长：64—74厘米
体重：0.7—1.5千克
羽色：雌雄相似
迁徙类型：半迁徙鸟
保护现状：无危

分布：热带太平洋、大西洋和印度洋海域

与其他鲣鸟和鹈鹕一样，褐鲣鸟也擅长在海中觅食和潜水。它的身体呈流线型，形如雪茄，具有可以缓冲入水撞击力的气囊和适于捕鱼的尖长鸟喙。褐鲣鸟的潜水能力很强，可潜入水下30多米，并不断攻击乌贼和鲱鱼群。褐鲣鸟的双翅结实细长，飞行姿势十分优雅，是鲣鸟科中唯一雄鸟在空中炫耀求偶的物种。

鸟类

Morus bassanus

北鲣鸟

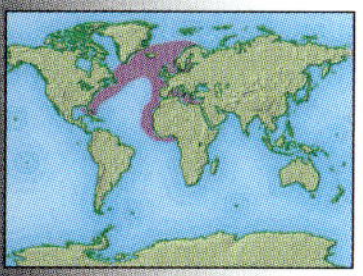

分布：大西洋北部、地中海

体长：80—90厘米
体重：2.5—3千克
羽色：雌雄相似
迁徙类型：半迁徙鸟
保护现状：无危

北鲣鸟的外形似鱼雷，身体呈高度流线型，双翅尖长，喙如短剑，非常适于俯冲入水捕鱼。它们成群在陡峭的悬崖或隆起的山坡上筑巢。繁殖期的雌雄双方有着高度配对行为，一旦配对成功，便一起生活数年，然后在下个繁殖季节回到相同的地点筑巢。雌鸟交配后产下1枚青白色的鸟蛋，由雌雄双方轮流孵化。幼鸟孵出后，通常在3个月大时离巢，独自踏上迁徙的旅程。未成鸟需要5年时间才会完全长出和成鸟一样的羽毛。

筑巢的鲣鸟

鲣鸟集群筑巢，巢与巢只间隔两只鸟的距离。鲣鸟在高坡和悬崖上形成拥挤的繁殖群，从远处看，就像大地被冰雪覆盖一般。

羽色耀眼

北鲣鸟是一种与众不同的海鸟。除了翅尖乌黑发亮以外，全身大部分羽毛都呈炫目的雪白色，皮黄色的头和后颈部则与冰蓝色的双眼和喙部形成强烈对比。

攻击行为

北鲣鸟在保卫自己的鸟巢时变得异常好斗，搏斗时利用强有力的尖喙向入侵者发动猛烈攻击。

行为模式

很少有其他海鸟具有类似北鲣鸟的复杂行为。它们的高速俯冲技巧和配对行为令人印象深刻，且父母对后代的照顾程度也较高。

求偶

雌雄双方在配对时互相碰击喙部，雌鸟还能缓和雄性的情绪。

壮观的觅食场面

鲣鸟会在45米高的空中利用双眼追踪水中的鱼类，然后以100千米每小时的速度俯冲入水。

喂食雏鸟

雏鸟将头探入亲鸟的喉部，啄食亲鸟反刍出的食物。

鸟类

猛禽

门：	脊索动物门
纲：	鸟纲
目：	隼形目
科：	3科
种：	319种

猛禽为食肉鸟，也是鸟类中的终极杀手。尽管许多其他鸟类也捕食活的动物，但猛禽却因敏锐的视觉、强壮的双腿、锋利的喙与脚爪、强大的飞行能力和熟练的捕猎技巧而被单独列为一类。家族庞大的猛禽包括雕、鹰、鹫、鸶、鹗和隼，它们大多在白天捕猎，而鸮则是在夜间捕食。猛禽的捕食对象繁多，包括蠕虫、蜗牛、鱼类、爬行类、两栖类、哺乳类和其他鸟类。有些物种也吃腐尸。猛禽在世界各地均有分布，尤其在温带的旷野最为常见。

猎食

捕捉活的猎物须经过大量的练习，而且失败率非常高。成鸟的技术通常较幼鸟好，但猎捕时失手也是常有的事。某些种类会依捕食的对象而变换猎食技巧；例如鸶会在小动物上方盘旋，而寻找蚯蚓时则会在地面做地毯式搜索；鹗的方式更为特别（见下方图说）。多数的猛禽都是单独猎食，少数几种（包括某些鹛）会成双合作，由一只惊起猎物，另一只则负责攻击。

捕鱼

鹗大多以鱼为主食，捕食技巧很特别，它们会以低角度俯冲迫近水面，接着用长脚上的利爪攫取猎物，并反转前三趾的其中之一以抓紧猎物。

身体结构

猛禽中既有体形稍大于麻雀的小隼，也有翼展长达3.2米的秃鹫。有些物种双翅钝圆，另一些物种则具有流线型的细长双翅。猛禽大多头大颈短，但鹫类却有着裸露无羽的长颈，以便将头伸入腐尸内取食。粗壮的鸟喙是猛禽最明显的特征之一。几乎所有的物种都有边缘锋利的钩状喙，适于撕食猎物。喙的形状通常反映出鸟类的食性（右下图）。强健的双腿和锋利的脚爪（左下图）也是猛禽捕猎时的重要工具。猛禽的体羽大多暗淡，呈褐色、灰色、黑色或蓝灰色等，通常还夹杂有白色。

鸟类

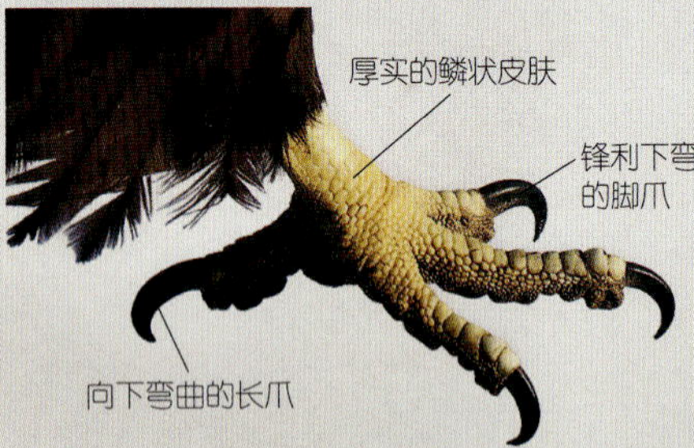

爪

猛禽大多借助锋利的脚爪捕猎，而非使用鸟喙。它们的利爪可以刺穿猎物的重要器官，并捏碎较细的骨头。猛禽有四个脚趾，其中三趾向前，一趾向后。许多物种的后趾往往最长，也最为锋利（如图中白尾海雕的脚爪）。这种爪能像钳子一样抓牢和捏碎猎物，使其难以逃脱。

喙

白头海雕的喙缘锋利，喙呈钩状，是大多数猛禽中的典型特征。另一些物种的喙则具有不同的形态。鹰和隼的上喙有齿状突，可以咬碎猎物的脊椎，食螺鸢的长喙带钩，能将蜗牛从壳中拽出。

感官

猛禽主要依靠视觉捕猎，以敏锐的视觉闻名。据估计，它们的视觉分辨率至少是人类的4倍，因此能看清更多细节，有助于发现远处的猎物。这是因为它们的视网膜上具备数量极多的视锥细胞和相对较大的眼睛。有些物种的听觉也非常敏锐，尤其是在茂密植被上盘旋觅食的鹞。少数鹫类的嗅觉发达，有助于发现隐藏着的腐肉。

保护眼球

苍鹰与许多猛禽一样，眼睛上方有突起，能遮蔽刺眼的阳光，保护眼睛不被挣扎的猎物划伤。许多物种还具备起到保护作用的第三眼睑（瞬膜）。

觅食

猛禽大多捕食活的动物。猎物的大小通常与猎手的体形成正比。例如，白头海雕就只能抓起体重较轻的幼鹿。许多猛禽的食性特化，如蜂鹰只取食黄蜂及其幼虫，蛇鹫专门以蛇为食等。除了活的动物，许多物种偶尔也吃腐尸。少数种类，如鹫和鸢，几乎完全以腐尸为食。其中的胡兀鹫主要以骨头为食，它能从空中将大块骨头扔向岩石，等骨头摔碎后才进食。棕榈鹫因爱吃棕榈果而得名，这种以植物为主的食性使其在猛禽中显得与众不同。

食腐动物

腐肉周围一次就可聚集多达6种鹫类，每个种类都取食不同的部位。例如，有些取食尸体上的较软部位，而另一些则吃皮。秃鹫（左图）是体形最大的食腐鸟类之一，它们在进食时比其他种类更为霸道。

进食地点

许多猛禽不在飞行中吃掉猎物，而是带着猎物飞到树枝上才开始进食。进食前，它们还会先仔细地剔除猎物身上不好吃的部分。上图中的雀鹰正在扯掉乌鸫的内脏。

飞行

猛禽善于飞行。它们针对捕猎方式采取不同的飞行策略。鹫和秃鹫的双翅宽大，能借助悬崖附近的上升气流在空中持续飞行数小时。它们几乎不用扇动双翅就能居高临下地搜寻地面上的腐尸。相比之下，身形苗条的隼则利用尖长的双翅在空中袭击其他鸟类，它们有时还从高空俯冲下来发动攻击（下图）。鹰会考虑攻击策略，采用高速奇袭或伏击猎物。鹞通常缓慢飞行，然后突然扑向毫无戒心的猎物。隼和鹫能在空中振翅悬停，随时观察地面上的动静，一旦发现猎物，就猛扑上去，然后伸出爪子攻击。

空中杀手

利用脚爪从地面、水面或是空中捕获猎物是猛禽最为显著的特征之一。虎头海雕（图中所示）就用脚爪捕捉太平洋鲑鱼。除此之外，它也捕食雁类、野兔和年幼的海豹。

翱翔

秃鹫和鹫类是翅膀最大的猛禽（上图中胡兀鹫的翼展可达3米），二者常见于山区，善于在空中随着气流翱翔。

保育

猛禽中的许多物种都面临人类活动的威胁。大多数物种已被列入濒危野生动植物种国际贸易公约（CITES），其中还包括一些地球上最为濒危的物种，如现存数量不到400只的加州神鹫等。即便是一些分布广泛的物种，如游隼（左图），也因为处于食物链的顶端，更加容易受到食物因素的影响，从而变得易危。猛禽还常遭到捕杀，因为它们常被认为会对家畜造成严重危害。

俯冲

大型隼大多生活在开阔的原野地带，这里植物稀少，很容易暴露身形。为了捕获能在空中避开它们的鸟类，隼类通常在高空锁定猎物，然后俯冲而下猛扑向猎物。游隼（右图）的俯冲速度高达每小时200千米。

鸟类

Cathartes aura

红头美洲鹫

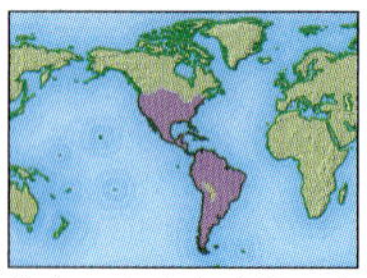

体长：64—81厘米
体重：0.85—2千克
羽色：雌雄相似
迁徙类型：半迁徙鸟
保护现状：无危

分布：加拿大南部至南美洲南部

红头美洲鹫在美国常被称为“秃鹰”，它的分布范围极广，从加拿大南部一直延伸到南美洲的火地岛一带。红头美洲鹫与其近亲是唯一一类嗅觉灵敏的猛禽，即使身处茂密的丛林也能发现猎物。白天的气温一上升，它们便开始在空中翱翔，常以被车辆压死的动物为食，这或许就是它们在人口聚集区的数量逐渐增加的原因。虽然人们对它们的求偶行为所知甚少，但有人曾观察到它们在地面表演仪式化的求偶舞蹈。雌鸟每窝产蛋2枚，雌雄双方用从嗉囊反刍出的食物喂养雏鸟。只要雏鸟顺利度过第一年，就有可能再存活12—17年。

Vultur gryphus

安第斯神鹫

体长：1—1.3米
体重：11—15千克
羽色：雌雄相似
迁徙类型：非迁徙鸟
保护现状：近危

分布：南美洲西部

安第斯神鹫是翅展最长的鸟类。由于体形巨大，因此需要借助高山或海崖的上升气流在空中翱翔，偶尔拍动几下翅膀就能进行远距离的飞行。安第斯神鹫飞行时的轮廓从下望去非常独特，大型飞羽像手指一样向外伸出。雄鸟的体形大于雌鸟，这在猛禽中非常少见，二者的头部均裸露无羽，雄鸟的颈基部还长有一圈独特的白色翎羽。安第斯神鹫主要以腐肉为食，通常在海拔多达5500米的山区高空翱翔觅食。它们的食性多样，除了山地动物外，还取食鲸和海豹等搁浅的海洋动物的尸体。一些地区的安第斯神鹫还在海鸟群中大量掠劫鸟蛋。它们在内陆的悬崖上繁殖，繁殖率低，通常每两年才产1枚蛋。

Gymnogyps californianus

加州神鹫

体长：1.2—1.3米
体重：8—14千克
羽色：雌雄相似
迁徙类型：非迁徙鸟
保护现状：极危

分布：美国西部（加利福尼亚州、亚利桑那州）

加州神鹫是北美洲最大的飞禽，也是最为濒危的鸟类之一。它们曾分布在加利福尼亚州至佛罗里达州一带，自1987年起就已在野外绝迹，但一项圈养繁殖计划（下方图框）正在帮助它们的种群数量缓慢回升。加州神鹫非常善于翱翔，大部分时间都在高空盘旋。它们曾以野牛和叉角羚的尸体为食，但随着欧洲人的到来，这些丰富的食物资源已经急剧减少。如今，已被放生的圈养个体主要以家畜和鹿的尸体为食。

体呈黑色

加州神鹫全身呈黑色，较小的翼羽尖端为白色，颈部有黑色领羽，头和上颈裸露无羽。

保育

在加州神鹫恢复计划的帮助下，原本在20世纪80年代只剩27只的神鹫已经稳步增加到如今的近400只。其中的一半个体都处于圈养状态，其余都为野生个体。这项计划的目标是重新建立一定数量的独立繁殖种群，使其无须人类的帮助也能继续生存。

Pandion haliaetus

鹗

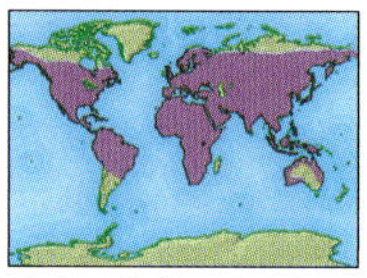

体长：54—64厘米
体重：1.5—2千克
羽色：雌雄相异
迁徙类型：候鸟
保护现状：无危

分布：全球（除南极洲外）广泛分布

鹗是全球分布最广的猛禽之一，除南极洲外，在各大洲都能发现它的身影。鹗的腹部呈白色，背部为暗褐色，过眼纹呈深色，喙与弯曲的脚爪皆强劲有力。发现猎物时，急速降到水面，伸出双脚将水中的鱼抓起，有时还全身扎入水中。鹗的脚爪下方布满刺状鳞，可以牢牢抓住滑溜的猎物，它的外侧脚趾还能向后反转形成对趾，可以直接用脚爪抓起猎物腾空飞起。

Milvus milvus

赤鸢

体长：61—66厘米
体重：750—1000克
羽色：雌雄相似
迁徙类型：半迁徙鸟
保护现状：近危

分布：欧洲、亚洲西部、非洲北部、加那利群岛和佛得角群岛

鸢类身手敏捷，通常具有长腿与分叉的尾羽。赤鸢是其中体形最大的一种，主要以小型哺乳类、死尸和幼鸟为食。飞行时双翅半弯，利用尾羽控制方向，搜寻猎物时不断变换尾羽的角度。200年前，赤鸢曾是欧洲城镇常见的清道夫，但随着垃圾处理方式的改善，它们已经变得不太常见。赤鸢通常在树上筑巢，利用乌鸦的旧巢繁殖，每年能产2—3枚蛋。

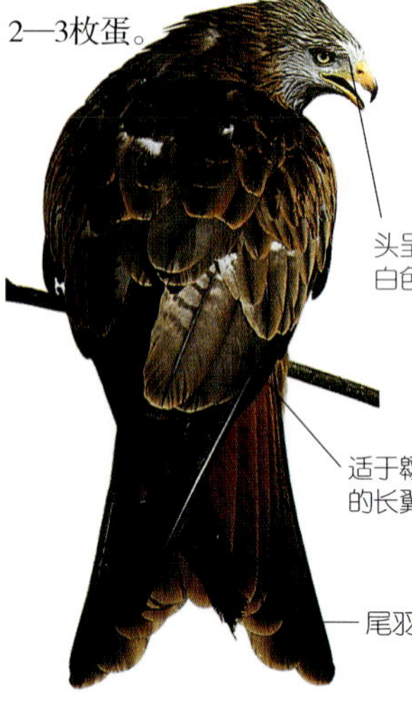

Pernis apivorus

鹃头蜂鹰

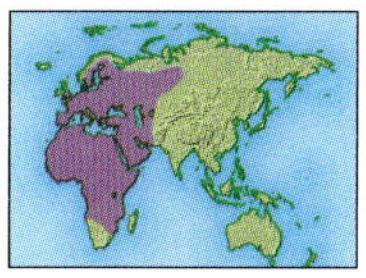

体长：52—60厘米
体重：450—1000克
羽色：雌雄相似
迁徙类型：候鸟
保护现状：无危
分布：欧洲、亚洲西部和中部、非洲

与相同大小的猛禽相比，鹃头蜂鹰的脚爪较小，趾爪发育不完全，喙短而弯曲，反映出以黄蜂和其他昆虫为食的独特生活习性。除了在空中捕食，它们也会尾随昆虫至其巢穴，然后取食巢中的幼虫。由于依靠昆虫维生，因此鹃头蜂鹰每年都要迁徙到温暖的南方过冬。

Rostrhamus sociabilis

食螺鸢

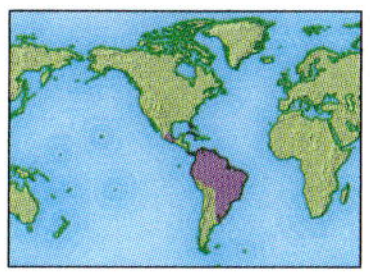

体长：40—45厘米
体重：350—400克
羽色：雌雄相异
迁徙类型：半迁徙鸟
保护现状：无危
分布：美国东南部（佛罗里达州）、古巴、中美洲、南美洲

食螺鸢旧称泽鸢，是专门以福寿螺为食的鸟类。食螺鸢通常在沼泽上方缓慢飞行，伺机捕捉正在沼泽表面觅食的福寿螺，然后用尖利弯曲的钩状喙戳入螺壳中，将螺肉从壳中拽出。成年个体呈深灰色，初级飞羽为黑色；雌鸟体呈褐色，腹部有浅黄色条纹。除了在南佛罗里达州一带比较罕见以外，在其他地区的数量十分丰富，如阿根廷的潘帕斯草原。

Gypaetus barbatus

胡兀鹫

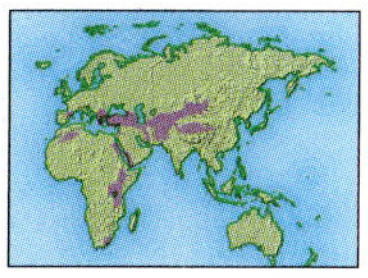

体长：1—1.2米
体重：4.5—7千克
羽色：雌雄相似
迁徙类型：非迁徙鸟
保护现状：无危
分布：欧洲，亚洲，非洲北部、东部和南部

胡兀鹫是体形最大的旧大陆兀鹫之一，它的双翅巨大，长尾呈明显的楔形，喙基部长有独特的髭须。胡兀鹫主食腐肉，但也专门吃骨头，常衔骨头起飞至高空，然后将其掷向岩石摔碎，而后飞回地面拣食骨髓。

Haliaeetus vocifer

非洲海雕

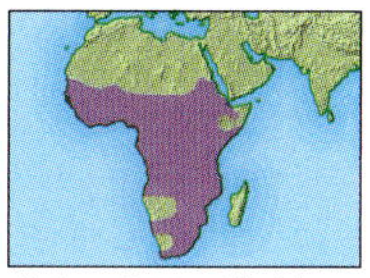

体长：63—73厘米
体重：2—3.5千克
羽色：雌雄相似
迁徙类型：非迁徙鸟
保护现状：无危
分布：非洲（撒哈拉以南）

非洲海雕被称为“非洲之声”，它常将头后仰，发出响亮的尖锐叫声。独特的雪白色头部让它高踞在河边的枝头时很容易被发现。当它发现鱼后，从高处突然向下俯冲，伸入水面的脚爪向身后划出一道优美的弧线将鱼捕获。非洲海雕也捕食小型哺乳类、鸟类和腐尸，或从其他海雕和渔民那里抢夺食物。

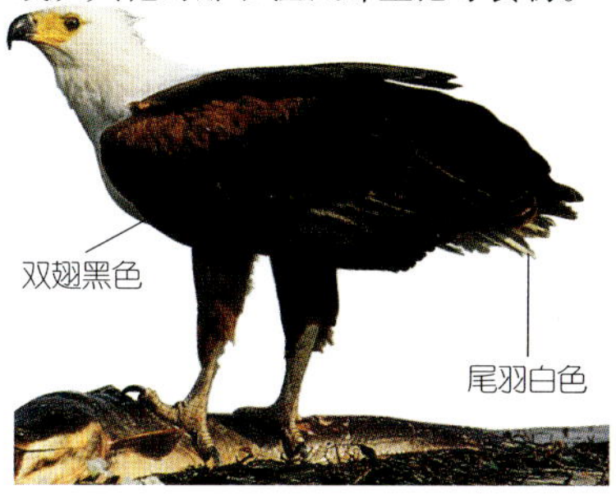

Neophron percnopterus

白兀鹫

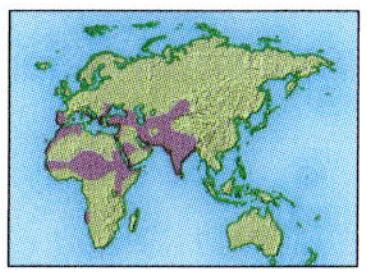

体长：58—70厘米
体重：1.5—2千克
羽色：雌雄相似
迁徙类型：半迁徙鸟
保护现状：濒危
分布：欧洲、非洲、亚洲

由于受到污染和大型有蹄类动物减少的影响，这种体形最小的旧大陆兀鹫现已变得濒危。成鸟的脸部呈黄色，除了飞羽呈黑色外，其余体羽均为灰白色；幼鸟体呈带有斑点的棕色（如图）。白兀鹫的食物种类很多，最擅长的就是用石头敲开鸵鸟和其他鸟类的蛋。由于它们体形较小，很难与其他食腐兀鹫争夺食物，因此通常只能拾剩余的食物残渣。

Gyps africanus

非洲白背兀鹫

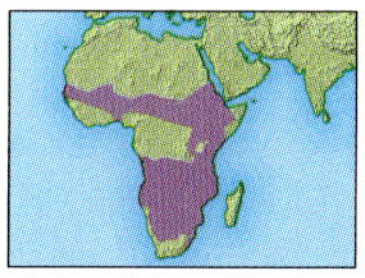

体长：94厘米
体重：4—7千克
羽色：雌雄相似
迁徙类型：非迁徙鸟
保护现状：近危
分布：非洲（撒哈拉以南）

这种分布广泛的非洲食腐鸟是兀鹫属的7个成员之一，它的长颈看似裸露无羽，实际上却覆有一层细小的绒羽。大型颈羽的缺失可以避免头部伸入尸体时弄脏羽毛。非洲白背兀鹫因背部顶端的白色领羽与灰色背部形成强烈对比而得名。它们是非洲最常见的兀鹫之一，往往成群聚集在食物四周，推挤抢食时发出各种各样的咝咝和咯咯叫声。

觅食

白背兀鹫以其觅食能力而闻名。它们的嗅觉很差，但视力极佳，能在高空发现地面的死尸。它们也会留意同伴的反应。如果某只个体发现食物并急速下降时，其他个体也会迅速跟随。

双翅宽大

非洲白背兀鹫双翅宽大，能乘着气流在空中翱翔盘旋数小时以寻找食物。

美国的象征

白头海雕因白色头部而得名，于1782年被选定为美国国鸟。它们是唯一一种分布于北美洲的海雕，自1940年起一直受到保护。

Haliaeetus leucocephalus

白头海雕

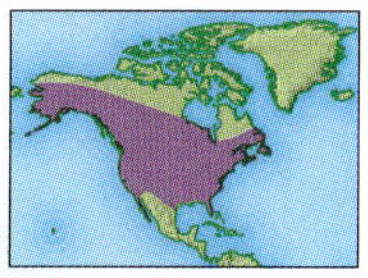

分布：北美洲

体长：71—96厘米

体重：3—6.5千克

羽色：雌雄相似

迁徙类型：半迁徙鸟

保护现状：无危

外形雄伟的白头海雕是一种身体壮硕的大型猛禽，翼展长达2.5米。虽然它们在冬季远离水域，但却经常在鱼类丰富的湖泊、河流和海岸附近活动。白头海雕采取终生配偶制，不迁徙的海雕全年都在一起生活，而迁徙的海雕则在下个繁殖季节再度相聚。它们通过起伏飞行、相互俯冲和抓住彼此的脚爪在空中一起翻转等壮观的空中表演加强伴侣间的关系。雌雄双方在树上共同建造近4米高的庞大鸟巢，有时也在地面筑巢。白头海雕5岁左右才开始繁殖，每窝能产2—3枚蛋。虽然雏鸟会受到双亲长达数周的照顾，但第一年的死亡率通常很高。

特征显著

纯白色的头和尾羽、宽大的暗褐色双翅以及黄色的巨大鸟喙使得白头海雕极易辨认。幼鸟需要5年左右才能长出完整的羽毛。

觅食习性

白头海雕的食物来源很广，不论死活都吃，包括小鸟、腐尸（尤其在冬天）和鱼等。它在捕鱼时，不像鹗（第296页）一样扎入水中，而是搜寻死掉或垂死的鱼，或是捕食贴近水面游动的鱼类。

捕鱼技巧

白头海雕利用利爪从水面抓鱼。

争夺食物

白头海雕不但会强取豪夺鸦等猛禽的食物，还常为猎物大打出手。

冬季的食物

白头海雕在冬天有时会成群聚集在鲑鱼的产卵地周围。

鸟类

Circaetus pectoralis

黑胸短趾雕

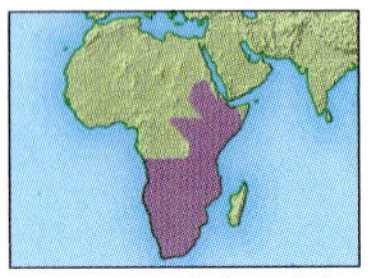

体长：65厘米	
体重：1—2.5千克	
羽色：雌雄相似	
迁徙类型：非迁徙鸟	
分布：非洲东部至南部	**保护现状**：无危

黑胸短趾雕专门捕食爬行类，它的双腿和脚趾上包裹着一层网状鳞片，可防止被蛇咬伤，头部较大，眼大呈黄色，强壮的双腿和较小的脚爪上均裸露无羽。黑胸短趾雕觅食时，通常在开阔的山坡上方翱翔，偶尔也在空中盘旋。它们主要以蛇为食（很少捕食毒蛇），有时也捕捉蜥蜴、鸟类、蝙蝠甚至是鱼类。雌鸟每次只产1枚蛋，孵卵期为48天。雌雄双方均照顾雏鸟，雏鸟约在6周后长出羽毛，之后便离巢独自生活。

Terathopius ecaudatus

短尾雕

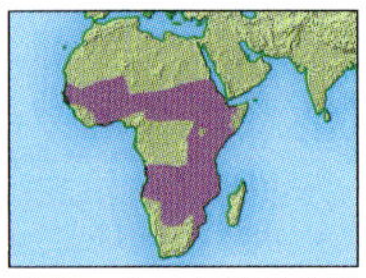

体长：60厘米	
体重：2—3千克	
羽色：雌雄相异	
迁徙类型：非迁徙鸟	
分布：非洲（撒哈拉以南）	**保护现状**：近危

短尾雕的色彩鲜艳，背呈赤褐色，身体和头部呈黑色，脸部裸露无羽呈红色或橘红色。雌鸟的肩为灰色，白色的次级飞羽边缘呈黑色，雄鸟的次级飞羽全黑。短尾雕具有像隼一样的细长双翅和短尾羽，飞行时十分明显，它们在飞行中还会左右倾斜，看上去就像是在钢丝上保持平衡的钢索演员。短尾雕主要取食腐肉，也捕食小型哺乳类、鸟类、爬行类、鱼类、鸟蛋和昆虫。当白蚁飞离蚁丘进行繁殖时，这种雕便群聚在蚁丘周围伺机捕食。短尾雕求偶时在空中表演旋转和翻滚，或是张开双翅悬停在半空中。它们利用树枝在枝条伸展的树上筑造大型鸟巢。

Circus cyaneus

白尾鹞

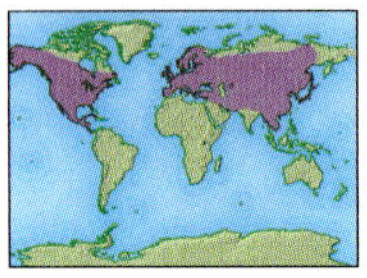

体长：43—52厘米	
体重：350—525克	
羽色：雌雄相异	
迁徙类型：候鸟	
分布：北美洲至中美洲北部、欧洲、亚洲	**保护现状**：无危

白尾鹞不在空中翱翔，而是将两翼上举成"V"状贴近地面低空飞行。它的视觉和听觉都极为敏锐，可以发现藏身在植物中的小型动物。雌鸟（上图）的体形大于雄鸟，体呈褐色，臀部白色，雄鸟的臀部为灰色。白尾鹞利用树枝和野草在地面筑巢，这在猛禽中十分少见。

Accipiter gentilis

苍鹰

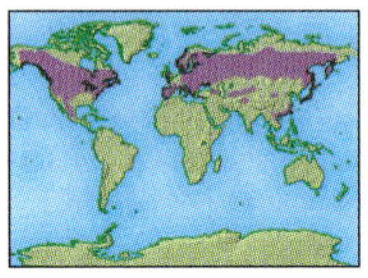

体长：48—70厘米	
体重：1—1.5千克	
羽色：雌雄相似	
迁徙类型：半迁徙鸟	
分布：加拿大至墨西哥、欧洲、亚洲	**保护现状**：无危

苍鹰是一种飞行快而灵活的林地鹰类，各个亚种间的羽色变化很大。亚洲地区的苍鹰通常体色较浅，而北美洲地区的个体通常头部色深。雌鸟体形大于雄鸟，有些雌鸟的重量甚至是雄鸟的1.5倍多，幼鸟体呈褐色，羽色在成长中逐渐变灰。苍鹰捕食与乌鸦或鸽子大小相近的鸟类，以及类似野兔大小的哺乳类。它们双翅短圆，长尾羽可用于控制方向和急停，身形适于近距离追捕猎物，常从林缘的高处迅速俯冲下来进行攻击。除了从猎物后方发动突然袭击以外，苍鹰大多隐蔽在森林中的树枝间。求偶时，雌雄双方在空中成对翻飞，不断发出响亮的鸣叫，筑好巢后变得极具领域性，任何进入它们领地的鸟类都会遭到驱赶。它们在食物匮乏的寒冬有时也在分布区域的南边活动。

Buteo buteo

普通鵟

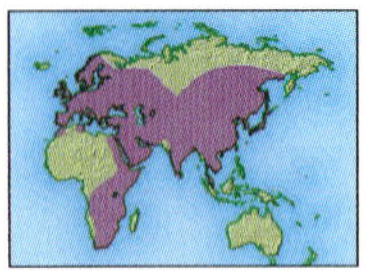

体长：50—57厘米	
体重：525—1000克	
羽色：雌雄相似	
迁徙类型：半迁徙鸟	
分布：欧洲，亚洲，非洲北部、中部至南部	**保护现状**：无危

普通鵟的体形中等，体色多变，双翅宽大，尾羽较短，适于乘着热气流在空中翱翔。虽然体形较大，但捕食对象的体形却相对较小，包括田鼠、老鼠和昆虫等。它们经常在地面取食昆虫和蚯蚓，尤其是在冬季。普通鵟求偶时在高空翱翔，做出壮观的向上抬升或向下俯冲动作，雄鸟还在空中将筑巢的材料传给雌鸟。

Buteo galapagoensis

加岛鵟

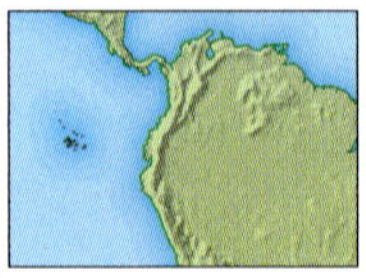

体长：55厘米	
体重：650—850克	
羽色：雌雄相似	
迁徙类型：非迁徙鸟	
分布：加拉帕戈斯群岛	**保护现状**：易危

加岛鵟是加拉帕戈斯群岛上唯一的昼行性猛禽，也是少数合作繁殖后代的鸟类。雌鸟产蛋时受到其他雄鸟的帮助，因此繁殖率大大增加。加岛鵟全身为乌黑色，尾部有灰色斑纹。雌鸟的体形大于雄鸟。它们从空中滑翔而下捕捉小型哺乳类、鸟类、爬行类和昆虫等猎物，也在空中盘旋。加岛鵟每窝通常产蛋1枚，雌雄双方共同承担育幼工作，雏鸟被抚养到4个多月大后才被父母赶走。

Aquila chrysaetos

金雕

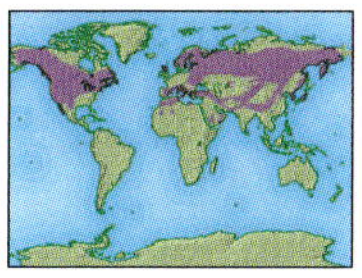

体长	75—90厘米
体重	3—6.5千克
羽色	雌雄相似
迁徙类型	半迁徙鸟
保护现状	无危

分布：北美洲、欧洲、亚洲、非洲北部

金雕的翼展长达2.3米，是北半球体形最大的陆生猛禽之一。它的体羽通常呈深褐色，因后颈与头顶长有黄褐色或金黄色的羽毛而得名。金雕善于翱翔，但通常在低空巡视觅食。它们将巢筑在悬崖峭壁或高大的乔木上，鸟巢的直径可达2米。由于常被误认为会袭击家畜，因而曾遭到大量捕杀，如今，许多国家都将它们列为保护动物。

养育后代

金雕的食性多样，不论死活都吃，野兔、松鼠、松鸡，甚至乌龟都是它的捕食对象。亲鸟将食物撕碎后喂给雏鸟，直到它们数月后变得羽翼丰满。幼鸟需要4—5年时间才能发育成熟，但死亡率也很高，尤其是在出生后的第一年。

双翅宽大

金雕拥有适于翱翔的宽大双翅，飞行时飞羽展开状如手指，用于增加抬升力。金雕在高空翱翔时，会尽可能少地拍动双翅，同时环视地面寻找食物。

Pithecophaga jefferyi

菲律宾雕

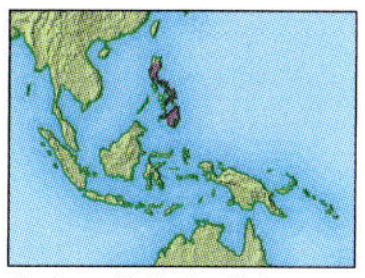

体长	86—100厘米
体重	4.5—8千克
羽色	雌雄相似
迁徙类型	非迁徙鸟
保护现状	极危

分布：菲律宾群岛

由于受到森林砍伐和猎捕的威胁，这种体形庞大的雕已经成为地球上最稀有的猛禽之一。它们以猴子在内的多种动物为食，通常在发现猎物后突然俯冲向下抓捕。目前正在试图以圈养的方式帮助其繁殖，但随着栖息地的急速减少，它们的未来仍不乐观。

Aquila audax

楔尾雕

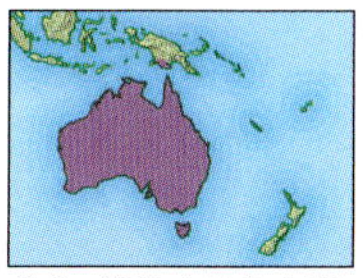

体长	81—100厘米
体重	2—5.5千克
羽色	雌雄相似
迁徙类型	非迁徙鸟
保护现状	无危

分布：新几内亚岛南部、澳洲（包括塔斯马尼亚岛）

楔尾雕是澳洲体形最大的猛禽，体呈深褐色，楔形长尾羽的轮廓在飞行时十分鲜明。楔尾雕的食物包括其他鸟类和野兔，但也吃腐肉，在这个没有食腐鸟类的大陆上扮演着兀鹫的角色。楔尾雕通常在树上筑巢，巢内多垫有树叶。

Harpia harpyja

角雕

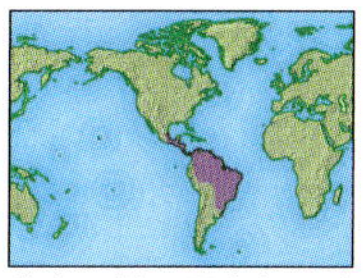

体长	89—100厘米
体重	4—9千克
羽色	雌雄相似
迁徙类型	非迁徙鸟
保护现状	近危

分布：墨西哥南部至南美洲中部

这种巨大猛禽的栖息地和生活方式与菲律宾雕（上方）极为相似，但却各自生活在完全不同的地域中。角雕虽然体形巨大，身手却相当敏捷，能在树梢之间穿梭捕猎。就重量而言，树懒占到角雕食物总量的1/3，但后者也捕食蛇、蜥蜴和金刚鹦鹉等各种动物。角雕利用树枝在高大的老树上筑巢，也常站立在没有遮挡的枝头，搜寻下方林冠层中的猎物。

强壮的捕食者

角雕的体羽呈灰、黑和白三色，尾羽长并带有横纹，头顶有两个羽冠，喙坚硬粗壮，腿脚粗壮有力。

保育

由于栖息地受到破坏，角雕的种群数量正在不断下降。角雕需要面积极大的区域来捕猎，当连续成片的森林被分割成破碎的孤立生境时，就会导致它们变得易危。如今，角雕的幼鸟身上都装有无线电追踪器，以便确定它们的活动范围与生存所需的基本空间。

Polemaetus bellicosus

猛雕

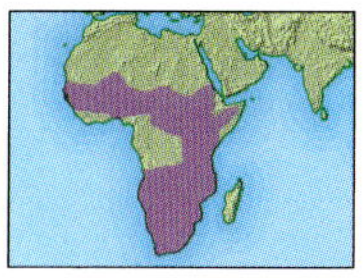

体长	78—86厘米
体重	3—6千克
羽色	雌雄相似
迁徙类型	非迁徙鸟
保护现状	近危

分布：非洲（撒哈拉以南）

猛雕是非洲最大的雕类，也是地球上体形最大的猛禽之一，在半沙漠地区、草原丘陵和疏林区等各种开阔的栖息地中均有分布。它的眉毛突起，表情看上去十分凶狠。下腹呈白色，带有黑或灰色斑点。猛雕能在空中长时间地翱翔，搜寻地面上雉类、野兔、蹄兔、小型羚羊、巨蜥及其他中等大小的脊椎动物等猎物。

Sagittarius serpentarius

蛇鹫

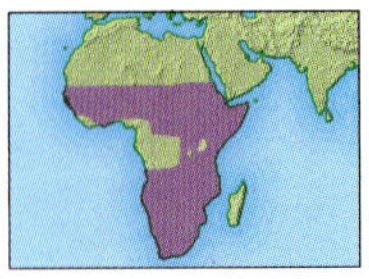

体长：1.3—1.5米
体重：2.5—4.5千克
羽色：雌雄相似
迁徙类型：非迁徙鸟
保护现状：无危
分布：非洲（撒哈拉以南）

蛇鹫有着类似鹳类的长腿，尾长呈楔形，头后的黑色羽冠看上去就像是过去的文书人员使用的羽毛笔，整个外表和其他猛禽迥然不同。它的飞羽呈黑色，其余体羽为灰色。强壮的双腿可用于攻击或追捕速度较快的猎物。蛇鹫每天能在草原上步行达24千米，寻找蚂蚱、其他大型昆虫、小型哺乳类、蛙类、蛇类、蜥蜴类和龟类等食物。蛇鹫通过踩踏草丛将猎物驱赶出来，然后迅速追赶，用强壮的双脚踢打猎物。攻击蛇的时候，翅膀还能用于防护。

Falco punctatus

毛里求斯隼

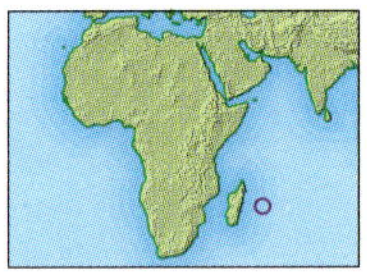

体长：20—26厘米
体重：175—225克
羽色：雌雄相似
迁徙类型：非迁徙鸟
保护现状：易危
分布：毛里求斯

背部呈栗褐色，身体前部呈米黄色，曾因原始的常绿阔叶林栖息地遭到破坏而濒临灭绝，如今已被饲养在动物园中，借此帮助它们重返次生林和灌木丛。20世纪70年代，这种猛禽仅残存4—8只，通过成功的繁育计划，目前数量已接近1000只。

Caracara plancus

凤头巨隼

体长：49—59厘米
体重：0.85—1.5千克
羽色：雌雄相似
迁徙类型：非迁徙鸟
保护现状：无危
分布：南美洲

凤头巨隼是有羽冠的两种美洲巨隼之一。这种外形突出的猛禽体呈暗褐色，米黄色的头、胸和上背带有细密的横纹，脸部橘色裸露无羽，大部分时间都在地面行走。凤头巨隼是食腐鸟中的投机分子，它们在地面挖洞觅食，或是追逐并抢夺猛禽和兀鹫等其他鸟类的食物。凤头巨隼几乎什么都吃，包括腐肉、鸟蛋、雏鸟、公路上的动物尸体、腐烂的植物、垂死或已死的鱼、蠕虫和昆虫等。

Micrastur ruficollis

斑林隼

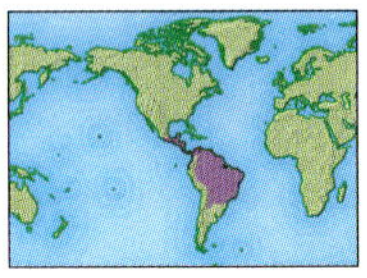

体长：33—38厘米
体重：150—225克
羽色：雌雄相似
迁徙类型：非迁徙鸟
保护现状：无危
分布：墨西哥南部至南美洲北部

与其他隼类相比，斑林隼的双翅较为短圆，有助其在树林中猎捕时灵活转向。斑林隼的双腿细长，脚趾很小，脚爪尖利。它们通常在树上守候猎物，然后快速冲出捕食蜥蜴，也在地面捕食行军蚁。

Falco eleonorae

艾氏隼

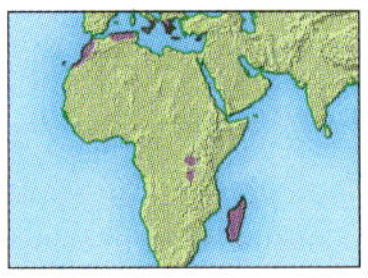

体长：36—42厘米
体重：350—400克
羽色：雌雄相似
迁徙类型：候鸟
保护现状：无危
分布：欧洲南部、非洲北部和东部、马达加斯加

这种小型隼的身体呈典型的流线型，但双翅形似雨燕，更为尖长。艾氏隼有正常和黑色两种色型。正常色型个体的背部呈深色，腹部为米黄色并带横纹；黑色型个体全身皆黑。艾氏隼通常于秋季在偏远海岛的悬崖上繁殖，主要以小型鸟类为食。

Falco tinnunculus

红隼

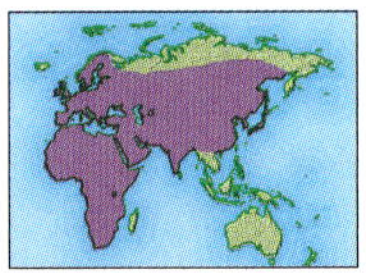

体长：32—39厘米
体重：125—325克
羽色：雌雄相异
迁徙类型：半迁徙鸟
保护现状：无危
分布：欧洲、亚洲、非洲

这种体小的赤褐色隼的尾羽上具黑色次端斑、黑色条纹和斑点，是少数几种能在空中长时间盘旋的中型鸟类。这项技能使它能在各种栖息地中生存和猎食，尤其是在其他鸟类不常出现的地方，例如主干道的边缘地带等。红隼的食物主要包括小型哺乳类（如田鼠和老鼠）、昆虫和两栖类。

Falco peregrinus

游隼

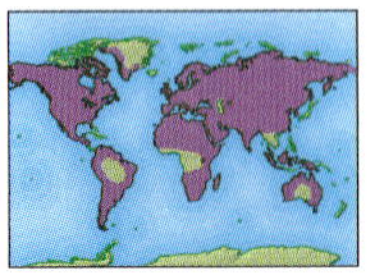

体长：34—50厘米
体重：0.55—1.5千克
羽色：雌雄相似
迁徙类型：半迁徙鸟
保护现状：无危
分布：全球（除南极洲外）广泛分布

游隼是地球上俯冲速度最快的鸟类之一，也是白天活动的陆栖鸟类中分布最广的一种，除了南极洲外，在各大洲和许多海洋岛屿上都能发现它们的身影。雌鸟的体形比雄鸟大30%。这种猛禽翼端尖长，有助其加快飞行速度和灵活转向，它们大多振翅飞行，而较少翱翔，通常能以时速230千米从空中猛扑或俯冲下来袭击猎物。游隼在空中求偶时，还会发出嘈杂的叫声。几个世纪以来，游隼一直被驯养作为猎鹰使用。20世纪50和60年代，游隼的种群曾遭到DDT（一种杀虫剂）的严重危害，导致数量急剧下降，尤其是在欧洲和美国地区，如今，它们的数量已逐渐恢复。

空中追捕

游隼会在空中追逐斑鸠和鸽子等猎物，目的在于迅速耗尽猎物的体力。游隼通常利用爪击打猎物，在其坠地后尾随而至。

鹤类及其近亲

门：	脊索动物门
纲：	鸟纲
目：	鹤形目
科：	11科
种：	228种

鹤类及其近亲双腿修长，虽然外形各具特色，但却由于相似的身体结构而被归为一类，例如消化系统中都缺少嗉囊。除了鹤类之外，这一类群中还包括秧鸡、鸨、喇叭鸟和日鳽。秧鸡是其中最多的一科（包括常见的骨顶鸡和水鸡）。秧鸡遍布世界各地，但其他科鸟类的分布却不如前者广泛。

迁徙

鹤类大多有迁徙行为，在繁殖地和越冬地之间进行长距离迁徙。成群的鸟类在迁徙途中的适宜地点停留数日，以便补充日后所需的能量。鹤多在湿地繁殖，通常选择僻如北极冻原、草原、高原和森林沼泽等偏僻地点。本类群中的部分鹤类和大多数其他物种不进行迁徙。

筑巢的长脚秧鸡

长脚秧鸡是少数几种进行长距离迁徙的秧鸡之一，它们夏季在欧洲繁殖，冬季则在撒哈拉以南的非洲地区度过。

向北迁徙

有些沙丘鹤每年都在德州的越冬觅食地和阿拉斯加的夏季繁殖地之间进行长距离迁徙，整个行程几乎可达6500千米。

身体结构

鹤形目的大多数成员的双腿和喙很长，双翅短圆，羽毛有保护色。然而，不同的栖息生境和生活方式让它们在外形上出现巨大差异。那些在湿地中涉水生活的物种（鹤），或是在浮水植物上行走的物种（秧鹤），都有着能分散自身重量的细长脚趾。完全陆栖的鸨的双腿结实，脚趾较短，便于在干燥的地面上奔跑。水栖物种（骨顶鸡和鳍趾鹛）的瓣状蹼有利于游泳。鹤的双翅宽大，能长途飞行，其他物种（如鹨、三趾鹑和某些秧鸡）的双翅短圆，飞行能力较弱，有些种类甚至不会飞。

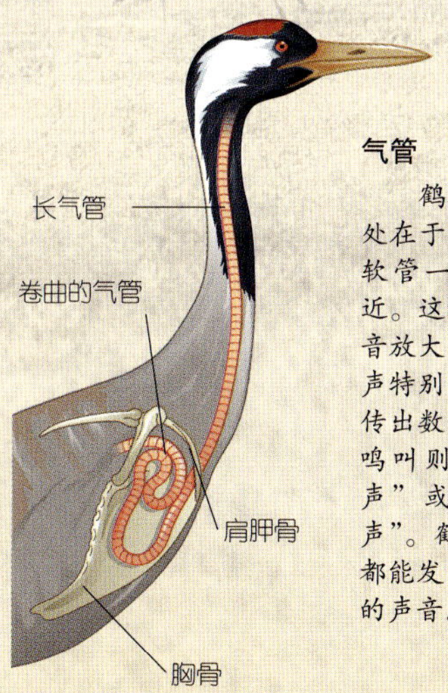

气管

鹤类和秧鹤的独特之处在于气管极长，并且像软管一般盘绕在胸骨附近。这种身体结构能将声音放大，使得它们的鸣叫声特别响亮。鹤的叫声能传出数千米远，而秧鹤的鸣叫则被形容为"哽咽声"或是"凄厉的呼啸声"。鹤形目的每个物种都能发出独特且能被识别的声音。

求偶

鹤形目中某些物种的求偶仪式非常复杂。尤其是鹤在求偶时，常常优雅地翩翩起舞，一旦结成配偶，便终生相伴。雌雄双方配对后，通过互相表演舞蹈维持伴侣关系（下图）。具有类似求偶炫耀的物种还包括秧鸡，某些鸨（右图）和日鳽，它们求偶时张开双翅露出大块眼斑，将尾羽呈扇状展开，并来回奔跳。除了进行求偶炫耀外，秧鸡还通过响亮的叫声吸引配偶。

繁殖羽

雄鸨繁殖时喉囊充气鼓胀，并竖起部分羽毛使自己看上去体形更大，同时还大声鸣叫。许多物种的颈部还会长出须状羽，如上图中的大鸨。

保育

鹤类及其近亲中的不少成员都是濒危物种，高于其他鸟类所占的比例，有些物种近年来甚至已经濒于灭绝。对它们造成威胁的因素包括栖息地破坏、人为引入的地面捕食动物和人类猎杀。现存15种鹤类中，有11种正处于易危或濒危境地，包括西伯利亚鹤和鸣鹤，另外还有很多种类也正面临这一处境。由于鹤类要进行长距离的迁徙，因此它们的保护工作难以开展，只有多个国家之间共同合作才能完成有效的保护。

求偶之舞

跳跃 两只灰冕鹤举起双翅，跃入空中。

飞行仪式 其中一只扇动翅膀跳向对方。

拍动双翅 当飞跃中的那只鹤接近时，另一只就会举起双翅。

后退 飞跃中的个体落地后稍微后退，并开始俯首鞠躬。

俯首鞠躬 二者此时放低双翅，相互俯首鞠躬。

Mesitornis variegata

白胸拟鹑

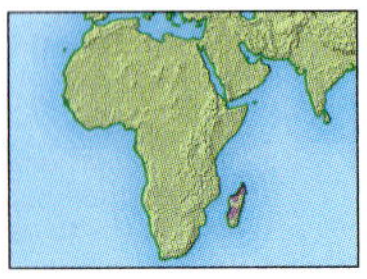

分布：马达加斯加

体长：31厘米
体重：100克
羽色：雌雄相似
迁徙类型：非迁徙鸟
保护现状：易危

这种小型森林鸟类是拟鹑科中的3名成员之一，它们全部分布在马达加斯加岛，目前正受到栖息地减少的威胁。白胸拟鹑双翅短圆，双腿强壮，是一种典型的地栖鸟类，主要取食昆虫和蜘蛛，觅食时用脚拨开落叶或举起较大的叶片，寻找其中的猎物。它们通常在离地1—3米的树木或灌木上，利用纠缠成团的植物堆筑鸟巢。

Turnix varius

彩三趾鹑

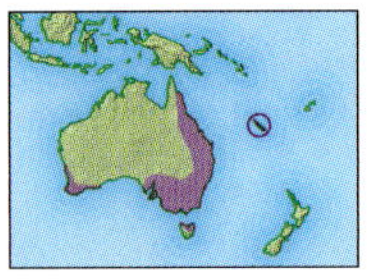

分布：澳洲西南部和东部、新喀里多尼亚岛

体长：17—23厘米
体重：55—95克
羽色：雌雄相异
迁徙类型：非迁徙鸟
保护现状：无危

三趾鹑体形娇小，羽毛带有保护色，外形极似鹌鹑，但是二者没有亲缘关系。彩三趾鹑的体形相对较大，体色偏红，全身布满斑点。它们以一只脚作为支点，用另一只脚刨取泥土中的种子和昆虫，在地面上留下圆形痕迹。

Anthropoides paradiseus

蓝蓑羽鹤

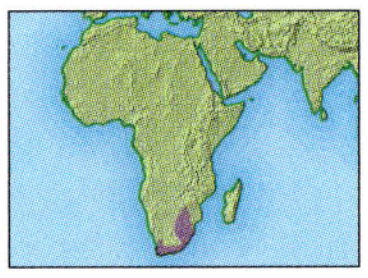

分布：非洲南部

体长：100—110厘米
体重：4—6.2千克
羽色：雌雄相似
迁徙类型：非迁徙鸟
保护现状：易危

这种生活在干旱地区的鸟类的翼羽极长，双翅收拢时看上去就像是尾羽。蓝蓑羽鹤仅分布于南非（为南非国鸟）和纳米比亚。它们在非繁殖季节成群聚集，但自20世纪70年代以来，由于受到农业杀虫剂的大量使用和栖息草原转变为森林等因素的影响，以及撞击电线导致的死亡，总体数量已经急剧下降。目前，已经开展的保育措施正在帮助它们恢复数量。

Grus grus

灰鹤

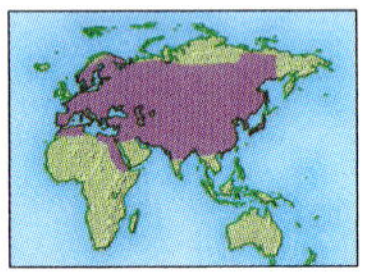

分布：欧洲、亚洲、非洲北部

体长：1.2米
体重：5—6千克
羽色：雌雄相似
迁徙类型：候鸟
保护现状：无危

灰鹤与鹤科中的其他成员一样，是一种优雅的大型鸟类，喙和腿皆长，羽色以灰色为主，头和颈为黑色，自眼后有一道白色宽纹延伸至后颈，头顶皮肤裸露呈红色。它会发出清亮的号角声，声音通过与胸骨相连的长气管被放大。

Grus japonensis

丹顶鹤

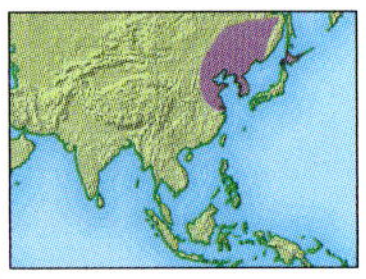

分布：亚洲东部

体长：1.5米
体重：7—12千克
羽色：雌雄相似
迁徙类型：候鸟
保护现状：濒危

丹顶鹤体态优雅，求偶舞蹈复杂多样，终生都维持伴侣关系，自古以来就被视为幸福与吉祥的象征。丹顶鹤是鹤科中体重最重的成员，除了脸、颈与飞羽呈黑色以外，体羽几乎全为纯白色。它们冬季常在觅食区成大群聚集，但在繁殖季节则成双成对地建立领地，并对入侵的其他鹤类发动猛烈攻击。

保育

丹顶鹤的总数量约为2750只，其中约有1000只都栖息于日本，这是自20世纪20年代丹顶鹤的数量暴跌到20只以来非常惊人的增长。然而，这一物种依然处于危险边缘，特别是在长途迁徙的旅途中。

求偶舞蹈

丹顶鹤的求偶舞蹈美轮美奂，动作主要包括上下快速摆头、鞠躬、身体旋转、跳跃，以及将小石子或小树枝等物品抛向空中等。

Grus canadensis

沙丘鹤

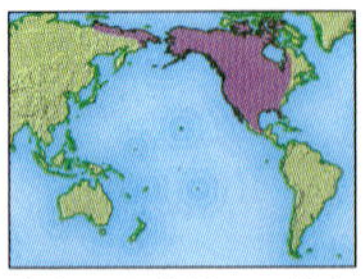

分布：北美洲、亚洲东北部

体长：1.2米
体重：4—5.5千克
羽色：雌雄相似
迁徙类型：候鸟
保护现状：无危

沙丘鹤是原产于北美洲的两种鹤中体形较小的一种，也最为常见。它的体羽为灰色，前额有一块红色裸区，相对较短的喙使它能够取食各类植物、昆虫和老鼠等小型动物。沙丘鹤的北部种群冬季向南迁徙，仅一个中途停留点就可聚集多达40,000只个体。它们叫声洪亮，可以传到很远的地方。

Balearica regulorum

灰冕鹤

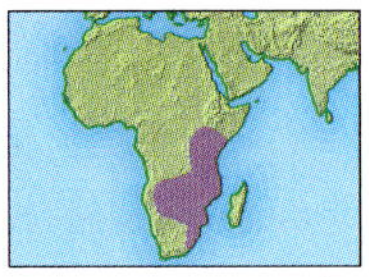

分布：非洲东部和南部

体长：1—1.1米
体重：3—4千克
羽色：雌雄相似
迁徙类型：非迁徙鸟
保护现状：易危

灰冕鹤的头顶有放射状的金色羽冠，是地球上唯一能在树上栖息的鹤类，因此极易辨认。它们生活在沼泽和耕地中，相对较短的喙具多种功能，与其他水栖鹤类十分不同。灰冕鹤觅食时通过踩踏将猎物驱赶出来，它们也跟在大型哺乳类身后，捕食被惊起的昆虫。与灰冕鹤十分相似的品种黑冕鹤，分布在非洲热带地区。

Aramus guarauna

秧鹤

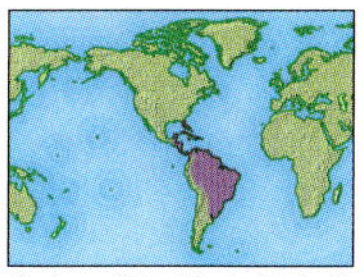

体长：56—71厘米
体重：1—1.5千克
羽色：雌雄相似
迁徙类型：非迁徙鸟
保护现状：无危

分布：美国东南部（佛罗里达州）、美洲中部和南部

秧鹤体形似鹮，棕白相间的颈部十分醒目，鸟喙锋利，长而下弯，可轻松地伸入螺壳拖出螺肉。雌雄双方配对后往往常年相伴，雄鸟利用双脚攻击入侵者和保卫鸟巢，同时发出凄厉的叫声。

Crex crex

长脚秧鸡

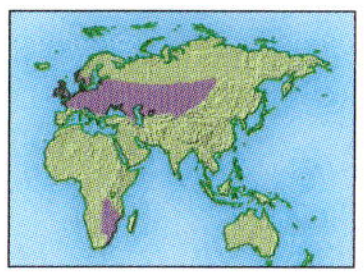

体长：27—30厘米
体重：125—200克
羽色：雌雄相似
迁徙类型：候鸟
保护现状：无危

分布：欧洲、亚洲西部至中部、非洲东南部

长脚秧鸡善于藏匿，通常只闻其声难觅其踪。雄鸟的双音节叫声响亮悠远，用于宣示领地和吸引异性。交配前或遭遇其他雄鸟时，它的叫声会变成与猪类似的低吼声。农耕方式的改变及其栖居湿地草地的不断枯竭和开垦，直接导致许多地区的长脚秧鸡数量不断减少。

Gallinula chloropus

黑水鸡

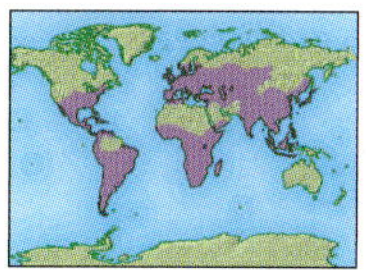

体长：30—38厘米
体重：175—500克
羽色：雌雄相似
迁徙类型：半迁徙鸟
保护现状：无危

分布：除澳洲外全球广泛分布

水鸡是地球上分布最广的淡水鸟之一。黑水鸡隶属秧鸡科，两胁有明显的白色斑，喙和额甲色彩鲜艳呈红色，喙端为黄色。黑水鸡的个性不像其他秧鸡那般羞怯，通常在开阔的地方活动，受到惊扰后迅速逃入浓密的植被中躲藏。

Psophia crepitans

灰翅喇叭鸟

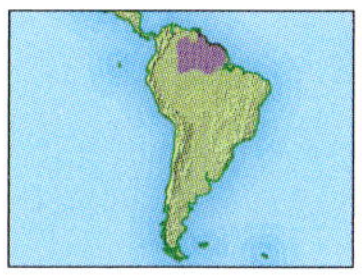

体长：50厘米
体重：1—1.5千克
羽色：雌雄相似
迁徙类型：非迁徙鸟
保护现状：无危

分布：南美洲北部

这种背部弓起的黑色喇叭鸟是喇叭鸟科的3个成员之一，它们全部分布在南美洲地区。灰翅喇叭鸟多结成6—8只的小群在森林的地面上活动，它们一起进行水浴和栖息，多以掉落的果实为食。灰翅喇叭鸟的鸣声多变，声音响亮似喇叭，用以示警、乞食、宣示领地和恐吓入侵者。它们采取一雌多雄制繁殖，这在鸟类中十分罕见。

Porzana porzana

斑胸田鸡

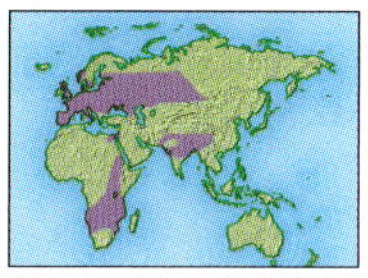

体长：22—24厘米
体重：55—150克
羽色：雌雄相似
迁徙类型：候鸟
保护现状：无危

分布：欧洲、亚洲西部至中部以及东南部、非洲

斑胸田鸡生性羞怯，是一种小型湿地鸟类，瘦长的身体使其能在茂密的芦苇丛和水边的植物中穿梭自如，行走时步伐一顿一顿，头部上下摆动，尾羽也不停上翘。斑胸田鸡大多在晨昏时分活动，在地面或水中寻找昆虫。一旦受到干扰，这种极为警惕的鸟便迅速窜入植物中藏身或是马上飞离。除了雄鸟在吸引雌鸟时发出叫声以外，通常很少鸣叫。

Fulica atra

骨顶鸡

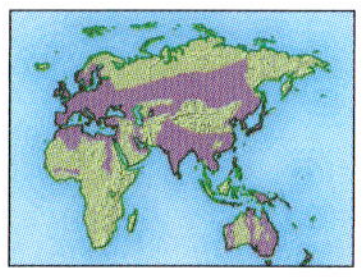

体长：36—39厘米
体重：300—1200克
羽色：雌雄相似
迁徙类型：半迁徙鸟
保护现状：无危

分布：欧洲、亚洲、澳洲、新西兰、非洲北部和西部

骨顶鸡比它的近亲更加凶悍。与对手发生冲突时，常炫耀与深黑色体羽形成强烈对比的白色额甲。如果受到威胁，骨顶鸡便紧紧地聚在一起，在逃跑时溅起水花或是转身用脚踢向对方。骨顶鸡的脚趾具瓣蹼，有助其游泳和潜水，潜水前还会先将羽毛中的空气压出以减少浮力。

Porphyrio porphyrio

紫水鸡

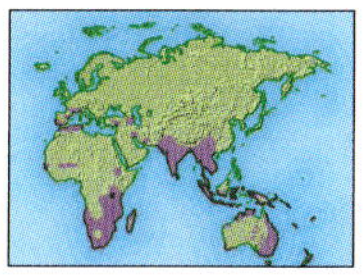

体长：38—50厘米
体重：500—1300克
羽色：雌雄相似
迁徙类型：非迁徙鸟
保护现状：无危

分布：欧洲南部，亚洲西部、南部和东南部，澳洲，非洲

紫水鸡是秧鸡科中体形最大的成员之一，几乎和鸡一样大。它的身体结实强壮，体羽呈蓝紫色，喙为橘红色，双腿与脚趾都很长。它们通常啄食各种植物的嫩枝、叶和根等部位，也捕食水生和陆生无脊椎动物；有时还爬进其他水鸟的巢中取食鸟蛋和幼雏。紫水鸡的分布范围极广，不同地区的亚种在羽色和行为方面均有差异，例如，有些地区的个体只在一片范围内活动，而另一些则长途跋涉前去觅食。许多地区的雄鸟和雌鸟都采取配对繁殖，而生活在新西兰的紫水鸡却发展出复杂的群体繁殖模式，繁殖群通常由1—2只雌鸟和2—7只雄鸟组成，鸟蛋全都产在同一个巢中，由繁殖群中的所有成员一起孵卵和育幼。

Rhynochetos jubatus

鹭鹤

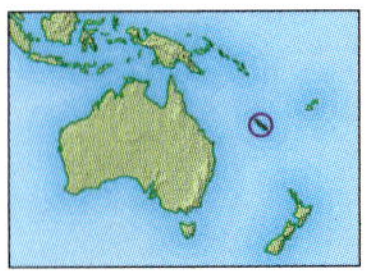

- **体长**：55厘米
- **体重**：900克
- **羽色**：雌雄相似
- **迁徙类型**：非迁徙鸟
- **保护现状**：濒危

分布：新喀里多尼亚岛

鹭鹤身体结实，双翅软弱无力，头顶的大型羽冠可以竖起，是一种典型的岛屿物种，具有独特的外形和生活方式。这种陆禽通常在地面上单脚静止站立，观察和聆听猎物的动静。如果捕猎失手，它们干脆就用喙将猎物挖出；覆盖鼻孔的皮膜能遮挡挖土时产生的碎屑和尘土。受到威胁时，鹭鹤竖起浓密的羽冠，展开双翅露出飞羽上的盾状图样。

Heliornis fulica

日鹛

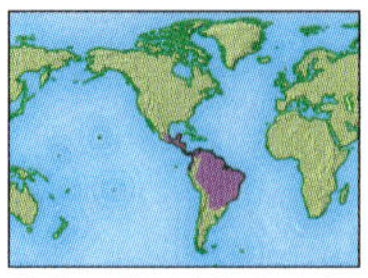

- **体长**：26—33厘米
- **体重**：125—150克
- **羽色**：雌雄相异
- **迁徙类型**：非迁徙鸟
- **保护现状**：无危

分布：美洲中部和南部

这种外表类似鸊鷉的鸟类隶属鳍趾鹛科，该科中的3个物种均因脚掌长有适于游泳或行走的瓣状蹼而得名。它们身体纤细，尾部狭长。雄鸟的"腋窝"处长有独特的皮囊，可随身携带雏鸟，甚至是在飞行中。

Gallirallus calayanensis

卡拉扬秧鸡

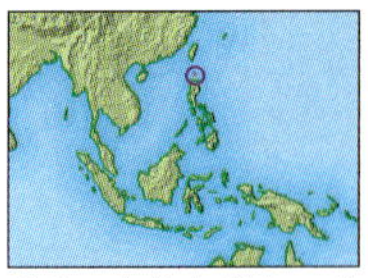

- **体长**：约30厘米
- **体重**：245克
- **羽色**：雌雄相似
- **迁徙类型**：非迁徙鸟
- **保护现状**：易危

分布：卡拉扬群岛、菲律宾北部

卡拉扬秧鸡发现于2004年，仅分布在菲律宾北部偏远的卡拉扬群岛上，是众多秧鸡种类中的一种，在岛上的进化过程中已逐步丧失了飞行能力。它的体羽呈黑褐色，腿和喙皆为红色，曾被看见单只或结成小群在热带森林底层的珊瑚灰岩地面上活动。

Eurypyga helias

日鸦

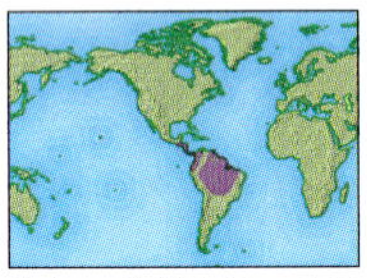

- **体长**：43—48厘米
- **体重**：200克
- **羽色**：雌雄相似
- **迁徙类型**：非迁徙鸟
- **保护现状**：无危

分布：美洲中部、南美洲北部

日鸦栖息在阴凉的雨林沼泽地带。它们生性谨慎，大多悄悄接近猎物，然后用细长的喙迅速戳向目标。当在巢中遭受威胁时，日鸦将头颈前后摇晃，发出像蛇一样的咝咝声。其他情况下，则会面对捕食者，将尾羽展成扇状，并像鹭鹤（上图）一样张开双翅，露出大型眼状斑。这些动作能让它的体形看上去更大，且难以侵犯。日鸦的体羽柔软，色彩斑驳，飞行时不发出声音。日鸦独自生活，即便是成对的伴侣也很少一起出现。

Cariama cristata

红腿叫鹤

- **体长**：75—90厘米
- **体重**：1.5千克
- **羽色**：雌雄相似
- **迁徙类型**：非迁徙鸟
- **保护现状**：无危

分布：南美洲东部

红腿叫鹤的外形和行为与蛇鹫（第302页）类似，二者都有长腿和羽冠，且都在地面觅食。红腿叫鹤通常用喙啄食大型猎物，将其摔死在地面后，再撕成小块食用。它们常以奔跑方式躲避捕食者的追击，但也会就地蹲下，利用身上的保护色避免被捕食者发现。非繁殖期的叫声洪亮，是南美洲草原最独特的鸟鸣声之一。尽管这种鸟类通常都是独居，但有时也成群出现。

Chlamydotis undulata

波斑鸨

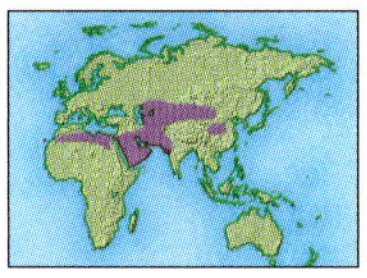

- **体长**：65—75厘米
- **体重**：1.5—3千克
- **羽色**：雌雄相异
- **迁徙类型**：非迁徙鸟
- **保护现状**：易危

分布：加那利群岛，非洲北部，亚洲西部、中部和东部

这种身体壮实的长腿鸟类是鸨科中的典型物种，该科共包含约22个物种，只分布于东半球。波斑鸨与其他鸨类一样，体羽极具保护效果，使人很难发现它的踪迹，虽然它的飞行能力也不差，但多半时间都在地面活动。波斑鸨栖息于荒漠地区，在行走中寻找种子、嫩芽、昆虫和蜥蜴等小型爬行类。波斑鸨极少饮水，是最为适应荒漠生活的鸨类之一，大部分水分都从食物中获取。雄鸟通常在视野开阔的地方求偶炫耀，将胸前的饰羽和羽冠翻起盖过头部，然后四下快步小跑，吸引雌鸟注意。虽然全球范围内的波斑鸨种群并未遭受威胁，但其数量仍在急速下降。它们在亚洲西部的许多地区都是重点保护对象，但也是一种价值极高的狩猎娱乐对象，是驯养猎隼的捕猎对象。

Ardeotis kori

灰颈鸨

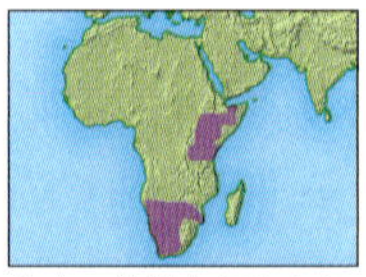

- **体长**：1.2米
- **体重**：11—19千克
- **羽色**：雌雄相似
- **迁徙类型**：非迁徙鸟
- **保护现状**：无危

分布：非洲东部和南部

灰颈鸨的体重可达19千克，是地球上体重最重的飞鸟之一。然而，与其近亲一样，它也生活在地面上，直到遇到严重危险时才不情愿地起飞。它们通常跟在成群的大型动物身边，捕食动物群移动时惊起的昆虫，也栖息在刚刚被火烧过的地方，取食新生的野草嫩芽和在光秃地面上活动的昆虫。

鸟类

舞动之鹤

与同科的其他成员一样，丹顶鹤拥有的一切都像是为了求偶炫耀而生的：适合舞蹈的优雅长腿，富于表现力的长长翅羽，以及可以放大其鸣叫声的细长颈脖。

鸻鹬、海鸥和海雀

门：	脊索动物门
纲：	鸟纲
目：	鸻形目
科：	19科
种：	379种

鸻形目鸟类在地球大部分地区的海洋、海岸滩涂和湿地中非常常见。其中的大多数物种都极善于飞行，多在水中或水域附近觅食。涉禽（或称滨鸟）的双腿较长，主要在水边觅食，成员包括鹬、鸻、反嘴鹬、长脚鹬、沙锥、杓鹬和水雉。海鸥（包括燕鸥、贼鸥和剪嘴鸥）利用飞行技巧捕猎。海雀（包括海鹦和海鸽）在水下捕食。海雀的外表与企鹅极其相似，但是它们能够飞行，且只分布在北半球地区。鸻鹬和海鸥遍布世界各地，但其中的许多物种正遭到栖息地破坏、石油污染或是猎杀的威胁。

身体结构

鸻形目的大多数种类羽色暗淡，多为黑色、白色、褐色或灰色，也有一些物种的喙、双眼、双腿和嘴内膜等处有色彩鲜艳的裸皮。许多物种在换羽季节和发育成熟时还会彻底更换羽毛。鸻鹬、海鸥和海雀的不同之处主要在于喙和腿的形态，鸻鹬的喙和双腿较长，而身材矮胖、直立行走的海雀的喙较短，且趾间具蹼。鸻形目大多数物种的眼眶上方均长有盐腺，通过鼻孔排出多余的盐分，保持体液的渗透平衡。

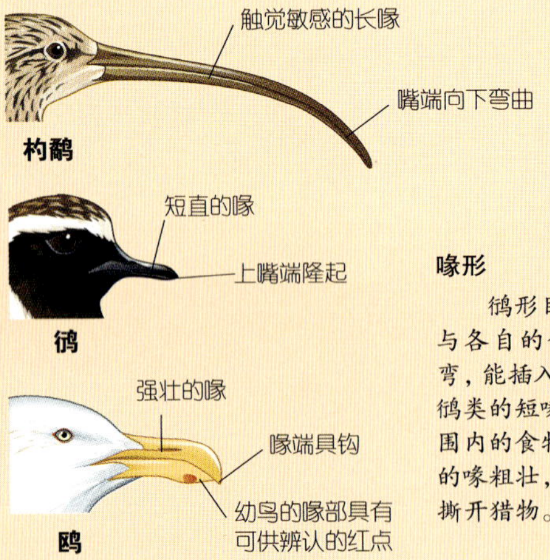

喙形

鸻形目鸟类的喙形多样，每一种都与各自的食性有关。杓鹬的喙长而下弯，能插入泥沙，感触隐藏其中的猎物。鸻类的短喙类似鸽子，用于捡拾视线范围内的食物，而非依靠触觉觅食。海鸥的喙粗壮，功能多样，喙端具钩，用以撕开猎物。

筑巢的燕鸥

燕鸥（包括这些丽色凤头燕鸥）大多集群繁殖，它们在偏远的海岛或是崖壁上筑巢。燕鸥群通常聚集在平坦开阔地带形成密集的群体。

捕鱼

发现猎物

一只西美鸥发现了水下的鱼，并向它俯冲而去。

捕获猎物

随着翅膀的快速扇动，这只西美鸥将粗壮的喙用力地刺入水中，将鱼衔起。

起飞

成功捕获猎物后，这只西美鸥用嘴叼着鱼飞离水面。

平稳飞行

这只西美鸥沿着水面低飞，准备前往合适的进食地点。

鸟类

繁殖

鸻形目的大多数物种都在地面筑巢，每窝能产1—6个带有保护色的蛋。其他物种在崖壁上筑巢，而少数物种则更喜欢在树上筑巢，如一些燕鸥和海雀。许多物种还在同一区域集群筑巢繁殖（有些海雀繁殖群的数量可达100万对），这些密密麻麻的鸟巢的间距通常很小，因此诸如海鸽等鸟类在孵卵时几乎难以转身。很多鸻鹬都有独特的交配机制，雌鸟和雄鸟会同时拥有数只配偶。水雉、彩鹬和瓣蹼鹬的繁殖行为更为独特，雌鸟通常色彩更为艳丽，对雄鸟进行炫耀，甚至会因争夺雄鸟而与其他雌鸟展开激烈搏斗，最终的孵化和育雏任务完全由雄鸟独自承担。

绝壁上的群落

海雀的筑巢密度通常较高。海鸽（左图）常聚集在崖壁上，1平方米崖壁就能拥有高达20对的繁殖鸟，它们身体所处的位置就是各自的领地范围。这些鸟1窝只产1枚蛋，鸟蛋的花纹各不相同，只有这样，成鸟才能在众多相似的鸟巢中找到自己的蛋。

飞行

海雀的双翅尖短，适于在水下划行，它们也能在空中快速飞行，但飞行距离非常有限。鸻鹬的双翅尖长，能快速高效地飞行，尽管它们还擅长迅速改变飞行速度和方向，但却无法在空中翱翔。海鸥及其近亲花费数小时在空中持续翱翔，常在水面进行长距离的飞行。在北极圈以北繁殖，而在南极洲越冬的北极燕鸥每年都进行长途迁徙，整个旅程的长度约为16,000千米。

长距离迁徙

北极燕鸥大部分时间都在飞行。它们在飞行中觅食昆虫，在水面低飞捕食鱼类。北极燕鸥通常集群进行繁殖和迁徙。所有的燕鸥都在空中表演壮观的求偶炫耀。

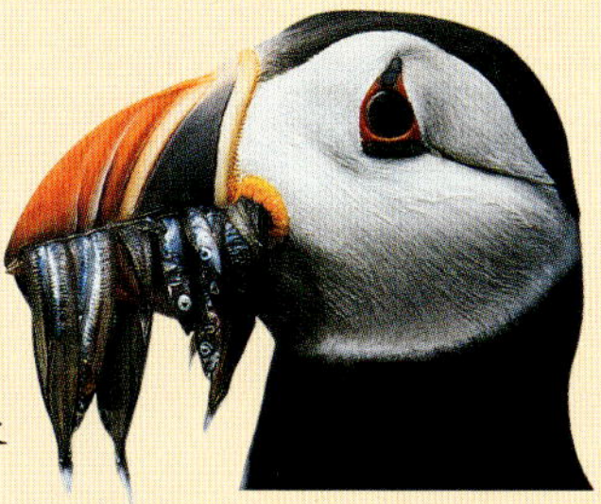

携带猎物

北极海鹦具有色泽鲜艳的三角形大嘴。和所有的海鹦一样，它的上喙边缘和舌头也长有刺状突起，一次可以衔起数条鱼，最多一次的纪录为62条。

觅食

除了籽鹬取食植物外，鸻形目的所有成员都以其他生物为食。涉禽主要在海滩、河口泥滩和落叶堆中搜寻无脊椎动物。属于机会主义者的海鸥则捡拾任何能够找到的鱼类、鸟蛋、小鸟以及小型哺乳类，甚至还在垃圾堆中啄食腐肉。海鸥和贼鸥有时具掠夺性，常在空中啄击其他鸟类，迫使它们吐出口中的食物。燕鸥俯冲入水捕鱼，剪嘴鸥在水面低飞，将下喙伸入水中伺机咬住碰到的猎物。而海雀则在水下追踪猎物。

水上行走

水雉（图为冠水雉）在浮叶植物上行走，细长脚趾可以分散体重，防止身体沉入水中。它们主要以叶片下方的昆虫和植物种子为食。

觅食的鸻鹬

这些美洲反嘴鹬通过在水中或泥中左右摆动喙部来探寻食物，这种方法称为扫食。当鸟喙移动时，能碰触到悬浮的食物颗粒。

5

竞争对手

突然间，另外两只海鸟出现，它们通过叫声和拍击翅膀侵扰西美鸥。

6

改变路线

西美鸥侧身转向，掉头朝其他方向飞去，以避开这两只“强盗”。

7

空中夺食

海鸟中的一只对西美鸥紧追不舍，并将鱼从它口中抢走。

8

逃离现场

强盗般地成功抢夺猎物之后，这只海鸟迅速逃离现场，但又继续被其他两只海鸟追赶。

鸟类

Jacana jacana

肉垂水雉

体长：17—25厘米	
体重：90—150克	
羽色：雌雄相似	
迁徙类型：非迁徙鸟	
分布：中美洲南部、南美洲	保护现状：无危

水雉科的8个成员均因长腿和极长的脚趾闻名，它们的双翅前缘各具1根用于打斗的刺。肉垂水雉大多以昆虫和其他水生无脊椎动物为食，有时也吃稻谷的种子。雌鸟的体形远大于雄鸟，体重约为150克，并会与多达3只雄鸟交配。每只雄鸟各筑一巢孵卵和养育幼鸟。而雌鸟则负责捍卫领地和驱赶入侵者。

体色
这种小型鸟类体呈黑色和深栗色，黄色的喙周围长有大型红色肉垂。展翅时黄色飞羽与深色体羽呈鲜明对比。

水上行走

肉垂水雉和其他水雉一样，脚趾极长，能分散行走时的体重，使其能在浮叶植物上轻松前行。它们也因为这种行为而被称为“菱角鸟”。

Dromas ardeola

蟹鸻

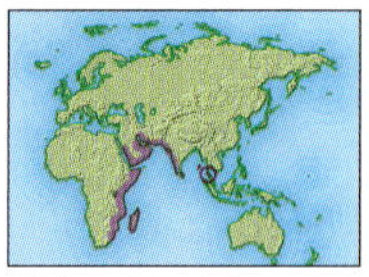

体长：38—41厘米	
体重：225—325克	
羽色：雌雄相似	
迁徙类型：半迁徙鸟	
分布：非洲东部，亚洲西南部、南部和东南部	保护现状：无危

这种体格粗壮、黑白相间的涉禽有着格外强壮的黑色大嘴，用于咬碎蟹壳，将猎物整个吞下。蟹鸻是鹬鸻中唯一在洞穴中筑巢的物种，它们在沙岸上挖洞，在其中产蛋1枚。

Rostratula benghalensis

彩鹬

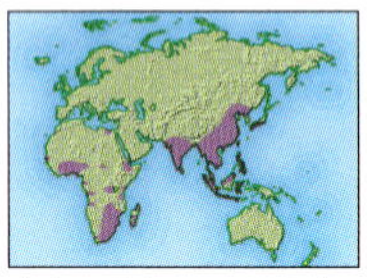

体长：23—28厘米	
体重：90—200克	
羽色：雌雄相异	
迁徙类型：非迁徙鸟	
分布：非洲，亚洲南部、东部和东南部	保护现状：无危

彩鹬是一种中等大小的淡水沼泽涉禽，眼周的白色向眼后延伸形成一条宽大的白纹。彩鹬大部分时间都隐藏在草丛中，夜间才非常谨慎地在泥地中搜寻食物。它们的飞行能力较弱，飞行时翅膀扇动快速而剧烈，双腿下悬。雄鸟通常负责孵卵和育雏，而雌鸟离开另寻配偶。

Haematopus ostralegus

蛎鹬

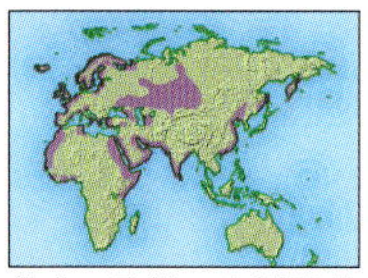

体长：40—48厘米	
体重：400—800克	
羽色：雌雄相似	
迁徙类型：候鸟	
分布：欧洲，非洲西北部、北部和东部，亚洲西南部、中部、东部和南部	保护现状：无危

蛎鹬在海岸和淡水区域分布广泛，它们叫声吵闹，喙呈橙红色，因此极易辨认。蛎鹬主要以贻贝、笠螺和鸟蛤为食，用嘴直接錾开贝壳或是衔住贝类摔向岩石或坚硬沙地，将壳摔裂后再取食贝肉。

Ibidorhyncha struthersii

鹮嘴鹬

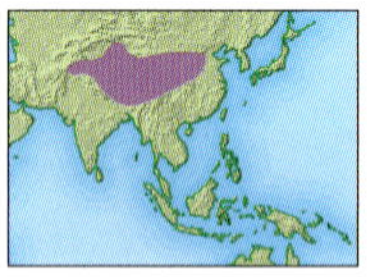

体长：38—41厘米	
体重：275—325克	
羽色：雌雄相似	
迁徙类型：非迁徙鸟	
分布：亚洲中部和东部	保护现状：无危

鹮嘴鹬的喙细长下弯呈绯红色，背部呈灰褐色，胸、颈和头呈蓝灰色，脸部色黑，双脚绯红。虽然羽色引人注目，却能与多石的河岸融为一体。鹮嘴鹬常在河流中行走，搜寻水面并翻动石块寻找猎物。

Himantopus himantopus

黑翅长脚鹬

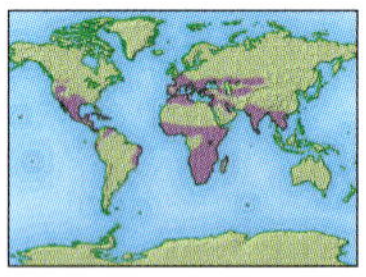

体长：35—40厘米	
体重：150—200克	
羽色：雌雄相异	
迁徙类型：候鸟	
分布：欧洲，亚洲，非洲，美洲北部、中部和南部	保护现状：无危

就腿和身体的比例来说，黑翅长脚鹬拥有鸟类中最长的双腿，因而能在较深的水中觅食。其依靠视觉或触觉捕食，利用细直的长喙在水中搜寻猎物。它们也在水面或水上追捕昆虫，还常转身跳跃进行捕捉。

Recurvirostra avosetta

反嘴鹬

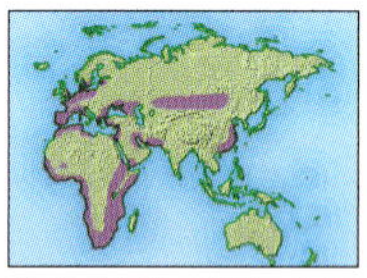

体长：42—45厘米	
体重：225—400克	
羽色：雌雄相似	
迁徙类型：候鸟	
分布：欧洲、亚洲、非洲	保护现状：无危

反嘴鹬结成大群从欧洲西部飞越亚洲至中国一带繁殖，是全球4种反嘴鹬中分布最为广泛的一种。它们冬季在海岸、河口和湿地附近大群聚集，时常在水面上漂浮或游动，成群聚集时往往形成水上“浮筏”般的壮观景象，从远处看就像海鸥一样。反嘴鹬繁殖时迁移到内陆的淡咸水或咸水湿地栖息。它们积极地捍卫自己的领地，察觉危险时发出大叫，同时驱赶入侵者。

喙部上翘
和其他多数涉禽相比，反嘴鹬的体色更白，头和双翅带有黑色斑纹，但最显著的特征是喙部细长上翘，雄鸟的喙比雌鸟更为长直。

水中觅食

反嘴鹬将喙伸入在水中左右来回扫动觅食，且只将喙端浸入水中。不过，一旦看到能吃的东西，它们就会迅速扑向前方，有时候还将头浸入水中追捕猎物。

Cursorius rufus

布氏走鸻

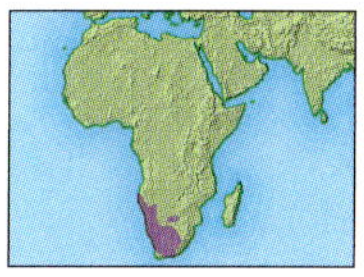

分布：非洲南部

体长：20—23厘米
体重：70—80克
羽色：雌雄相似
迁徙类型：非迁徙鸟
保护现状：无危

与大多数涉禽不同的是，全球的8种走鸻都栖息在干旱地带，因在地上疾走而得名。布氏走鸻体呈沙褐色并略带赭色（图为亚成鸟），可以为其提供绝佳的保护色。这种鸟类受到威胁时，先挺直身体静止不动，随后迅速逃走。迫不得已时，也能飞得又远又快。走鸻常以急走急停的方式捕食地面的昆虫。

Vanellus armatus

黑背麦鸡

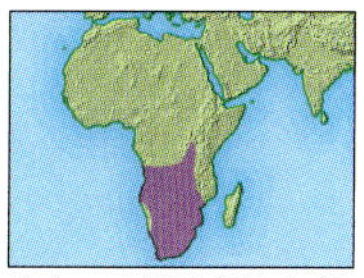

分布：非洲南部和东部

体长：28—31厘米
体重：125—225克
羽色：雌雄相似
迁徙类型：非迁徙鸟
保护现状：无危

黑背麦鸡体形中等偏大，广泛分布于非洲南部和东部地区，黑、白和灰的三色羽毛非常醒目，长腿黑色，双眼呈鲜红色，其英语俗名因金属撞击般的尖锐叫声而得名。黑背麦鸡以各种无脊椎动物为食，通常在夜间捕食，尤其是在月光明亮的夜晚。雌雄双方对幼鸟呵护备至，并且会追逐和攻击入侵者。

Pluvialis dominica

美洲金鸻

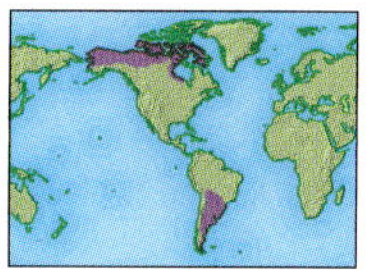

分布：北美洲北部、南美洲南部

体长：24—28厘米
体重：125—200克
羽色：雌雄相异
迁徙类型：候鸟
保护现状：无危

这种中等体形鸟类的迁徙方式不同寻常，向北时飞越大陆，向南时则飞越大洋。它们的旅行距离极长，冬季在南美洲的海滨沼泽和内陆草原度过，繁殖时迁徙到北极冻原的较干燥地区。虽然在冬季呈斑驳的褐色，但夏季的繁殖羽却非常美丽，满布金黄色斑点，脸呈黑色，眼睛上方的白色眉纹向下与颈侧的白纹相贯通。

Stiltia isabella

澳洲燕鸻

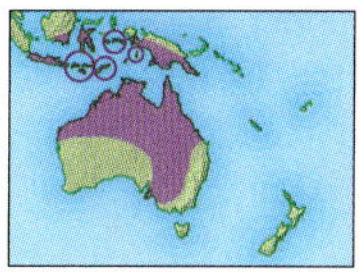

分布：亚洲东南部、澳洲

体长：21—24厘米
体重：60—70克
羽色：雌雄相似
迁徙类型：半迁徙鸟
保护现状：无危

全球8种燕鸻中，只有澳洲燕鸻具有长腿和特别长的翅膀。澳洲燕鸻的背部呈浅红褐色，腹部呈浅黄褐色，腹部带有一大块深栗色斑。喙下弯，喙基部绯红色，喙端黑色。它们能在地面快速疾走捕捉昆虫，也能在空中觅食，有时还结成数百只的大群在高空中捕猎。

Charadrius hiaticula

剑鸻

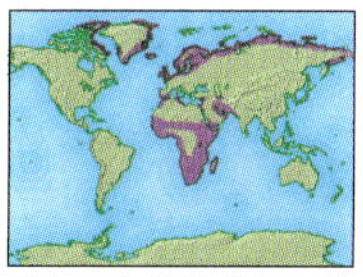

分布：北美洲北部、格陵兰岛、欧洲、亚洲、非洲、马达加斯加

体长：18—20厘米
体重：50—70克
羽色：雌雄相似
迁徙类型：候鸟
保护现状：无危

短喙、白色颈环及头胸部的黑色带纹是这种体形小巧的涉禽的独特特征。剑鸻能在各种栖息地中繁殖，冬季多在海岸沙地和内陆湿地中活动。它们捕捉各种无脊椎动物，通常在夜间觅食，尤其在月圆时特别容易见到。雌雄双方共同孵育雏鸟，有时还装出翅膀折断的样子，将捕食者诱离巢穴。

Anarhynchus frontalis

弯嘴鸻

分布：新西兰

体长：20—21厘米
体重：40—70克
羽色：雌雄相异
迁徙类型：候鸟
保护现状：易危

弯嘴鸻是唯一一种喙部向右弯曲的鸟类。它的喙从侧面看相对正常，但在鸻类中显得稍长，当俯视或由正面观察时，可以明显看出喙部的独特形状。这种弯曲的喙十分适合在海岸的砂石中觅食，便于寻觅藏身石块中的昆虫和蠕虫。弯嘴鸻的背部呈柔和的灰色，腹部呈白色，胸带为黑色，雄鸟的胸带通常比雌鸟明显。

Numenius arquata

白腰杓鹬

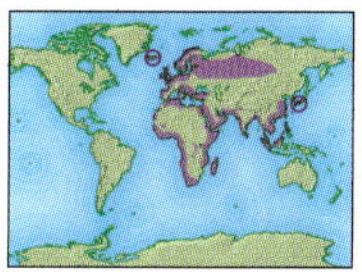

分布：欧洲、亚洲、非洲

体长：50—60厘米
体重：450—1350克
羽色：雌雄相似
迁徙类型：候鸟
保护现状：近危

白腰杓鹬以响亮的升调叫声著称，这种大型涉禽带有褐色斑纹，喙长而下弯，长度达19厘米，极适于挖掘深藏于泥沙中的动物。在内陆活动时，它们多取食昆虫和蚯蚓；在海岸活动时，则以各种蠕虫、贝类和甲壳类等为食，尤其喜欢取食虾和蟹（通常先去除猎物的腿部，再将其整个吞下）。白腰杓鹬能在沙丘、泥沼、沼泽、高山荒原和草原等各种栖息地中繁殖，繁殖期时的领地意识强烈。雌雄双方守卫领地时做出波浪状飞行，双翅摆出浅"V"形，同时不断发出哨音。有些雄鸟还扇动翅膀拍击敌人。白腰杓鹬隶属的杓鹬属共有8个成员，在全球各地均有分布。它们通常集群栖息，觅食时结成小群活动。杓鹬类大多迁徙性很强，白腰杓鹬在遥远的北极圈附近繁殖，但要迁徙到欧洲西部到亚洲东部的沙质和泥质河口过冬。它的寿命很长，可以存活37年之久。

鸟类

Tringa nebularia

青脚鹬

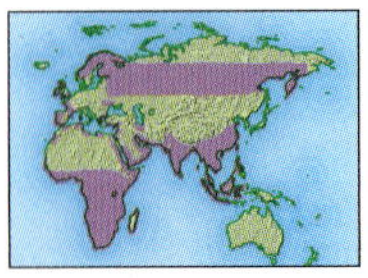

体长：30—35厘米
体重：125—300克
羽色：雌雄相似
迁徙类型：候鸟
保护现状：无危

分布：欧洲、亚洲、非洲（主要在撒哈拉以南地区）

与它的9种鹬属近亲一样，长嘴的青脚鹬也很少远离潮湿地带活动。它的体羽偏灰，腹部色浅，腿长呈灰绿色。觅食时也和同属中的其他种类一样边走边啄。青脚鹬常急速奔跑追逐猎物，或将喙伸入水中搜寻鱼类、甲壳类、昆虫和无脊椎动物。叫声为响亮悦耳的“tu—tu—tu”声，受到惊扰时叫声变得更为尖锐。

Actitis macularius

斑腹矶鹬

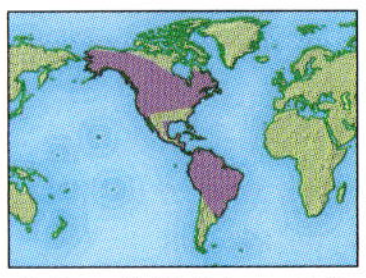

体长：18—20厘米
体重：35—70克
羽色：雌雄相似
迁徙类型：候鸟
保护现状：无危

分布：美洲北部、中部和南部

斑腹矶鹬站立时身体保持水平，腿短，喙部粗壮呈两种色调，背部绿褐色，腹部纯白色，夏季布满明显的褐色斑点，雌鸟的斑点往往较大也较黑。它们在地面觅食时常不断地上下点头。和灰瓣蹼鹬（右图）一样，雌鸟主动求偶，会将尾羽展成扇状，抖动双翅向雄鸟炫耀。有些雌鸟一个繁殖期内会与多达4只雄鸟交配，并且不参与育雏工作。

Phalaropus fulicarius

灰瓣蹼鹬

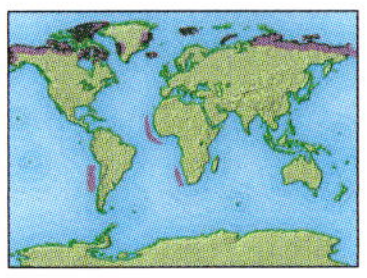

体长：20—22厘米
体重：40—80克
羽色：雌雄相异
迁徙类型：候鸟
保护现状：无危

分布：北极周边地带、南美洲西部、非洲西部

灰瓣蹼鹬非常善于游泳，大部分时间都在海上或是泥泞的池塘中度过，这一点与大多数在水边或靠近水边生活的涉禽大为不同。灰瓣蹼鹬主要在水面觅食小型动物，常以在水面急速打转的方式啄食被水流卷起的猎物。它们繁殖于北极冻原的高纬度沼泽地，并以奇特的繁殖行为著称。雌鸟通常主动求偶，雄鸟则要承担孵卵育雏工作。

角色互换

灰瓣蹼鹬的繁殖习性与众不同，雌雄的角色几乎完全相反。雌鸟（上图右侧）比羽色单调的雄鸟更为主动，前者建立领地，并极力炫耀吸引雄鸟，幼鸟由雄鸟负责照顾。

体格结实

灰瓣蹼鹬是一种小型涉禽，腹部较宽，双腿粗短，喙部相当粗壮。足趾间的瓣蹼有助于游泳。

Gallinago media

斑腹沙锥

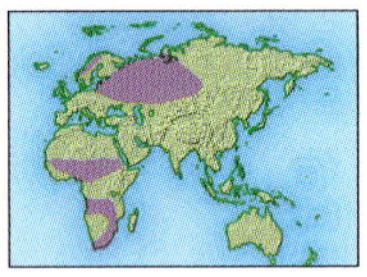

体长：27—29厘米
体重：150—225克
羽色：雌雄相似
迁徙类型：候鸟
保护现状：近危

分布：欧洲北部、亚洲西北部、非洲

全球的16种沙锥均有长喙和完美的保护色，大多都在夜色的掩护下觅食。斑腹沙锥与其大多数同类一样，

喙部尖长带有两种色调，腹部的深色条纹明显，最外侧的尾羽也比其他大多数沙锥更白。雄鸟在繁殖期间齐聚求偶场，然后发出各种叫声相互比试。交配后，雌鸟独自筑巢育雏。

Calidris canutus

红腹滨鹬

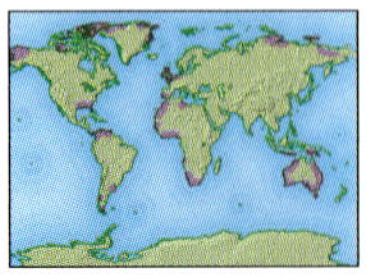

体长：23—25厘米
体重：100—225克
羽色：雌雄相似
迁徙类型：候鸟
保护现状：无危

分布：除南极洲外，全球广泛分布

红腹滨鹬是滨鹬属中体形最大的成员之一，冬季体呈灰色，繁殖期时脸和腹部出现棕栗色，背部色深，带有淡栗色斑点。红腹滨鹬迁徙到12,000千米以外的地方进行繁殖，往往成群觅食和停栖。

Chionis albus

白鞘嘴鸥

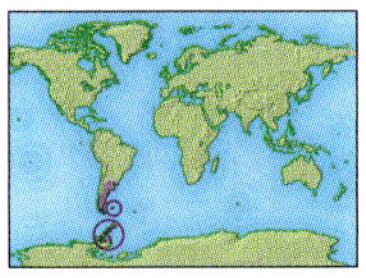

体长：34—41厘米
体重：450—775克
羽色：雌雄相似
迁徙类型：半迁徙鸟
保护现状：无危

分布：南美洲东南部、马尔维纳斯群岛、南极半岛

鞘嘴鸥科包含两个物种，它们全都在南极和亚南极地带繁殖。白鞘嘴鸥常在企鹅和海豹群中寻找食物，伺机偷窃鸟蛋、雏鸟和海豹的胞衣，还会骚扰企鹅，使其将带给幼鸟的食物反刍出来。白鞘嘴鸥利用禾草、骨头、小石块、贝壳和羽毛筑造杯状巢。

Stercorarius antarcticus

棕贼鸥

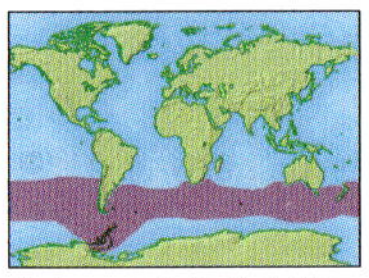

体长：52—64厘米
体重：1—2千克
羽色：雌雄相似
迁徙类型：半迁徙鸟
保护现状：无危

分布：环南极的海岸及其附近岛屿

繁殖于高纬度地区，有时接近极地冰区。是贼鸥属的4—6个成员之一，也是地球南端分布最广的一种鸟类。这种外形似鸥的食腐鸟以南大洋的企鹅、剪嘴鸥和其他海鸟为食，尤其食这些鸟类的鸟蛋和幼鸟，它们也常在船只周围捡拾垃圾。

Stercorarius longicaudus

长尾贼鸥

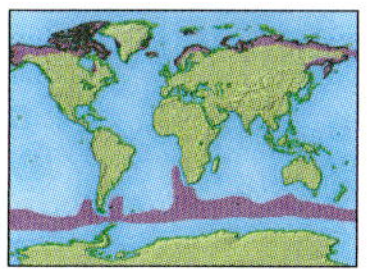

体长：48—53厘米
体重：225—350克
羽色：雌雄相似
迁徙类型：候鸟
保护现状：无危

分布：环南、北极的海岸及其附近岛屿

这种体呈灰色和黑色的贼鸥有着有别于其他贼鸥的极长中央尾羽，飞行时明显可见。尾羽的长度可以达到身体其他部位总长的一半。长尾贼鸥繁殖于北极地区，冬季迁徙至南方海域，是所有鸟类中迁徙距离最长的一种。它们主要在陆地捕食旅鼠，在海上则捕食鱼类或劫掠其他鸟类的食物。

Pagophila eburnea

白鸥

体长：44—48厘米
体重：525—700克
羽色：雌雄相似
迁徙类型：半迁徙鸟
保护现状：无危

分布：几乎遍布环北极地带

鸥科中包含约50个物种，其中约有35个都分布在北半球。许多分布在海岸和内陆地区的物种都很常见，但白鸥却少有人知。它们终生都生活在北极的高纬度地区，大多栖居在大块浮冰的边缘。白鸥主要以鱼类和无脊椎动物为食，但也尾随北极熊，捡拾被其吃剩的食物残渣。

Larus argentatus

银鸥

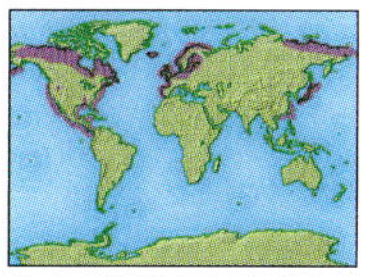

体长：55—67厘米
体重：0.73—1.5千克
羽色：雌雄相似
迁徙类型：半迁徙鸟
保护现状：无危

分布：美洲北部和中部、欧洲、亚洲东北部和东部

银鸥是北美洲和欧洲数量最多的海岸鸟类，在过去的100年间，它们在北半球的数量一直飞速增长。银鸥的成功繁衍归功于其极强的适应能力，它们几乎什么都吃，常在垃圾堆、垃圾填埋场和排污口处翻捡垃圾，并且也偷窃其他在旷野筑巢的海鸥和燕鸥等鸟类的蛋和雏鸟。银鸥的嗓门很大，尤其是在繁殖群中。成鸟每年都回到相同的地点繁殖。

未成鸟

年幼银鸥的羽毛带有褐色杂斑，4年后才会长出成鸟的体羽。

灰色的成鸟

银鸥是体形较大的鸥类之一，腿呈淡粉红色，背和双翅呈灰色，翼尖黑白相间，头和腹部为白色，喙呈黄色，下喙具红点。

Larus dominicanus

黑背鸥

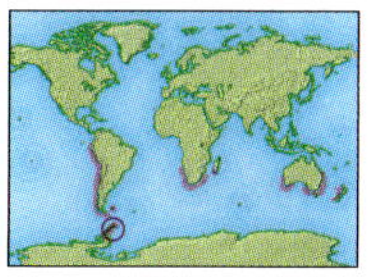

体长：54—65厘米
体重：0.9—1.5千克
羽色：雌雄相似
迁徙类型：半迁徙鸟
保护现状：无危

分布：南美洲、南极洲、非洲南部、澳洲南部、新西兰

这种大型海岸鸟类是赤道以南分布范围最广的海鸥之一。背和双翅为黑色，头、尾和下腹呈白色，喙呈黄色，下喙具红点。黑背鸥投机觅食，除了捕捉被鲸类惊起的无脊椎动物和偷窃燕鸥的食物外，还能杀死体形与雁类似的鸟类，也捕捉成群飞翔的白蚁，或是在鱼类加工厂寻找可食用的垃圾。

Chlidonias niger

黑浮鸥

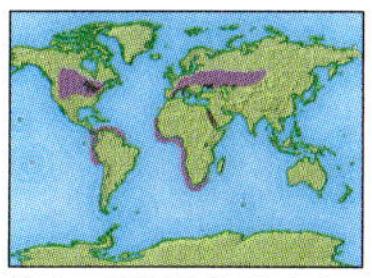

体长：22—28厘米
体重：60—75克
羽色：雌雄相似
迁徙类型：候鸟
保护现状：无危

分布：美洲北部和中部、南美洲北部、欧洲至亚洲中部、非洲

燕鸥的体态优雅，身体修长，尾部分叉。大多数物种体呈白色，头顶黑色，但黑浮鸥的羽色却很深。与其他燕鸥不同的是，黑浮鸥不在海边繁殖，而是在内陆的湖泊、湿地和沼泽中繁殖。繁殖时，捕食水面植物上的昆虫或在空中捕食飞虫。繁殖期过后，回到海岸水域，以小型海鱼为食。

Sterna caspia

红嘴巨鸥

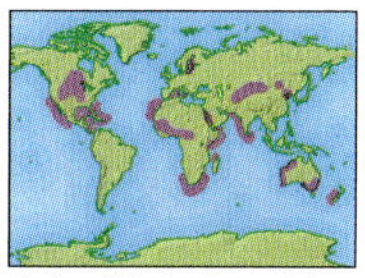

体长：48—56厘米
体重：575—775克
羽色：雌雄相似
迁徙类型：半迁徙鸟
保护现状：无危

分布：美洲北部至中部、欧洲、非洲、亚洲、澳洲、新西兰

红嘴巨鸥的翼展可达1.4米，是燕鸥中体形最大的一种，大小已快接近大型鸥类的尺寸。它们在湖泊、海岸和河口过冬，在淡水栖息地中繁殖。红嘴巨鸥俯冲入水捕鱼，然后在空中从鱼头开始吞食。

Sterna paradisaea

北极燕鸥

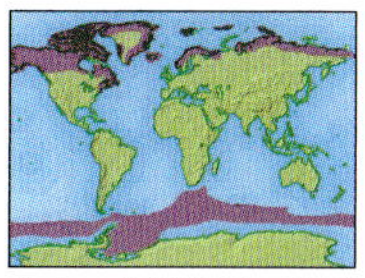

体长：33—35厘米
体重：95—125克
羽色：雌雄相似
迁徙类型：候鸟
保护现状：无危

分布：北极地区、北美洲北部、南极洲

北极燕鸥是迁徙距离最长的鸟类之一，每年都在两极之间往返一次，仅单次的行程就至少可达16,000千米。每年秋季，它们便从北方的筑巢地迁徙至南极洲的北部度夏，充分利用南、北半球的白昼时光，成为地球上在白昼生活时间最长的生物。北极燕鸥主要以鱼类为食，捕鱼时往往先在空中盘旋，然后再俯冲入水，或是短暂入水后随即起飞。

鸟类

Sterna fuscata

乌燕鸥

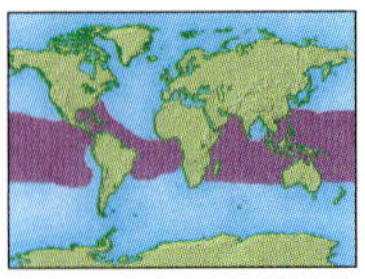

体长：35—45厘米	
体重：150—250克	
羽色：雌雄相似	
迁徙类型：半迁徙鸟	
分布：广布于全球热带海域	保护现状：无危

这种热带燕鸥的分布范围非常广泛，腹部呈白色，体背部几乎完全为黑褐色。乌燕鸥是一种海洋性鸟类，常成群在远离陆地数百千米的远洋海域活动。与其多数近亲不同的是，乌燕鸥并不俯冲入水捕食，而是扑向水面捕捉靠近水面的鱼和其他小型动物，极少沾湿羽毛。乌燕鸥常在热带地区的偏远海岛上筑巢，往往集结成庞大而嘈杂的群落。

Larosterna inca

印加燕鸥

体长：39—42厘米	
体重：175—200克	
羽色：雌雄相似	
迁徙类型：非迁徙鸟	
分布：南美洲西部	保护现状：近危

有些燕鸥种类很难被区分，但这种南美洲物种的蓝灰色体羽和显眼的白色“胡须”状羽毛使其极易辨认，从双颊伸出的胡须至少达5厘米长。印加燕鸥在秘鲁寒流流经的海岸地带活动，以这片富含养分水域中数量丰富的凤尾鱼为食。它们常成群聚集在觅食的海豹和座头鲸上空，然后俯冲入水捡拾被吃剩的食物残渣。

Rynchops flavirostris

非洲剪嘴鸥

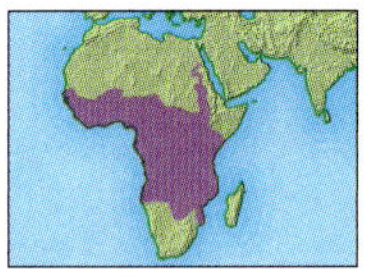

体长：36—42厘米	
体重：100—200克	
羽色：雌雄相似	
迁徙类型：非迁徙鸟	
分布：非洲	保护现状：近危

剪嘴鸥的长相和全身的羽色与燕鸥类似，但前者的喙部结构十分独特，下喙不仅长于上喙，且嘴端侧扁状似刀刃。全球共有3种剪嘴鸥，全都紧贴水面低飞觅食，将下喙插入水中，上喙露在水面之上，一碰到鱼便紧紧咬住。它们大多在晨昏时分觅食。非洲剪嘴鸥与另外两种剪嘴鸥一样体呈黑色，腹部白色，腿、脚和喙则呈鲜艳的橙红色。

Alle alle

侏海雀

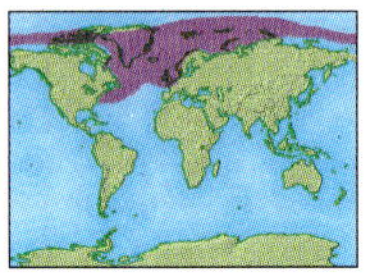

体长：19—23厘米	
体重：150—175克	
羽色：雌雄相似	
迁徙类型：候鸟	
分布：北极周边地带	保护现状：无危

侏海雀是大西洋体形最小的海雀，这种黑白两色鸟类的喙短，停栖时身体呈直立姿势。与海雀科的其他种类一样，侏海雀也善于潜水觅食，粗短双翅能像鳍状肢一样加速追赶猎物。侏海雀主要以浮游生物为食，经过特化的喙部适于捕捉小型猎物。它们集群繁殖于北极海岸的陡峭悬崖，但冬季通常都在海上栖息。

Aethia pusilla

小海雀

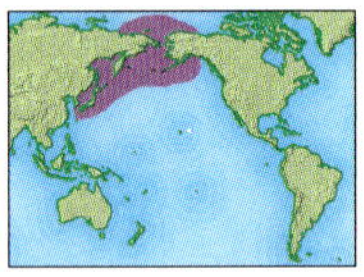

体长：15厘米	
体重：85克	
羽色：雌雄相似	
迁徙类型：半迁徙鸟	
分布：北太平洋、北冰洋	保护现状：无危

小海雀是海雀中体形最小的一种，体长和麻雀相同，但身体更为粗壮。整个繁殖群中的个体不少于100万只，起飞觅食时的场面就像是倾巢而出的昆虫。小海雀主要取食浮游生物，尤其是桡足类动物，但有时也吃甲壳类的幼体和鱼苗；觅食时潜入水中寻找浮游生物群。小海雀每年只产1枚蛋，鸟蛋产在裸岩的裂缝或缝隙中。

Fratercula arctica

北极海鹦

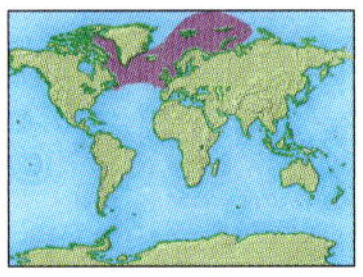

体长：28—30厘米	
体重：400克	
羽色：雌雄相似	
迁徙类型：候鸟	
分布：北大西洋、北冰洋	保护现状：无危

北极海鹦是北大西洋地区羽色最为鲜艳的海雀，喙部色彩缤纷，腿和脚呈亮橙色。它们主要以鱼为食，有时可潜入水下60米处寻找鱼群，捕食玉筋鱼、毛鳞鱼、鲱鱼和西鲱等，冬季也吃浮游动物补充营养。北极海鹦在地面挖出深达1米多的地穴筑巢，巢中通常铺衬有羽毛和植物。雌鸟每窝只产1枚蛋，雌雄双方共同孵蛋和喂养雏鸟。它们从海中捕捉小鱼，能将数条鱼横叼在嘴中携带回巢。

海鹦社群

北极海鹦与海雀科的大多数种类一样，属于高度群居动物，在布满礁石的岸边和近海岛屿上集群筑巢。它们在岸上时成群站立，外出觅食时则大规模出动。觅食地通常位于栖息地10千米以内的范围。

繁殖羽

繁殖期间，北极海鹦的三角形喙带有红、黄、蓝3种色彩。夏末时节，喙的外壳脱落，颜色也会单调许多。

Uria aalge

崖海鸦

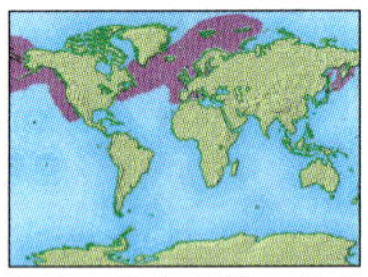

体长：39—42厘米	
体重：850—1100克	
羽色：雌雄相似	
迁徙类型：候鸟	
分布：北大西洋、北太平洋	保护现状：无危

崖海鸦是一种体形较大的海雀，体呈黑褐色和白色。这种群居性鸟类通常形成数量庞大的繁殖群。雌鸟直接将鸟蛋产于岩石上，每窝仅产蛋1枚。鸟蛋的一端非常尖，被碰撞时只绕圈滚动，而不会从悬崖峭壁上滚落。雏鸟约3周大时离开栖所，在海上生活直到发育为成鸟。

鸠鸽

门：	脊索动物门
纲：	鸟纲
目：	鸽形目
科：	2科
种：	321种

鸠鸽是世界各地城市和耕地中的常客，但它们只是多样的鸽形目中的一小部分。热带森林中的鸠鸽种类最为繁多，大部分物种体色鲜艳，于地面或树上栖息生活。体形较大的物种常被称为鸽，体形较小的则被称为鸠。成年鸠鸽用分泌出的富含营养的嗉囊乳喂养后代。

栖息

鸠鸽通常集群栖息，相互之间既保持一定的间隔（如图中的冠鸠），也有可能挤在一起。一旦受到惊扰，其中的几只会突然扇动翅膀起飞，这是一种用来惊吓捕食者的策略。

身体结构

鸠鸽的身形紧凑，头和喙较小，行走时头部来回伸缩以保持身体平衡，与人走路时要摆手的道理一样。鸠鸽善飞，发达的胸肌能为宽大的翅膀提供动力来源，使其能以较快速度进行长距离飞行。鸠鸽的羽毛厚实柔软，大多数物种的眼周均有一块裸皮。

羽色闪烁

羽色鲜艳

羽色

许多生活在热带的鸠鸽羽色鲜艳多具闪辉，如巨果鸠（左图）。虽然其他物种的羽色并不显眼（如最左边的欧鸽），但羽毛上也有细小闪光的斑点。

觅食

鸠鸽主要取食植物。它们大致可被分为两个类群：食种子鸟和食果实鸟。二者都有适于各自生活方式的肠道，发达的嗉囊和强健的砂囊。砂囊用于磨碎食物，因此鸟类经常吞食沙砾或是小石子来加强对食物的研磨。食果实鸟的肠道较短，需要取食更易被消化的食物。

育幼

这些山斑鸠幼鸟正被亲鸟喂以由嗉囊分泌的“鸽乳”（嗉囊乳）。成年后的雌、雄鸠鸽均能分泌嗉囊乳，其中的蛋白质和脂肪含量非常丰富。

Columba livia

原鸽

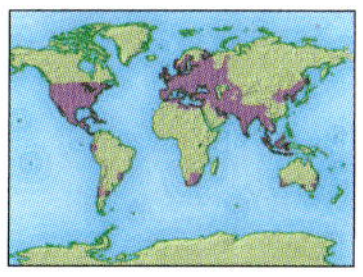

体长：	31—34厘米
体重：	200—300克
羽色：	雌雄相似
迁徙类型：	非迁徙鸟
保护现状：	无危

分布：美洲北部、中部和南部，非洲，欧洲，亚洲，澳洲

原产于欧洲南部、亚洲和北非的原鸽是城市鸽子的野生祖先，也是全世界分布最广泛的野生鸟类之一。野生型原鸽通常体呈灰色，颈和上胸带有闪辉金属光泽，而生活在城市中的鸽子体色多变。矛盾的是，虽然一些野生品种具备出众的归巢本领，却大多过着定居生活。野生原鸽在海崖和岩石间筑巢，而城市鸽子的筑巢地点则是桥梁和阳台。

Columba palumbus

斑尾林鸽

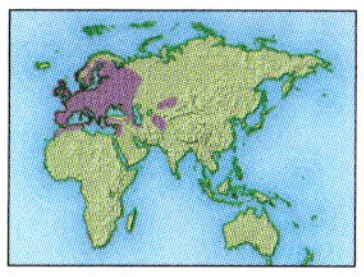

体长：	41—45厘米
体重：	275—700克
羽色：	雌雄相似
迁徙类型：	半迁徙鸟
保护现状：	无危

分布：欧洲、非洲西北部、亚洲西部和中部

斑尾林鸽是欧洲体形最大的鸽子，因得益于农业发展而大量繁衍，如今已经成为一种农业害鸟。它们通常在地面成群活动，也停栖在树林里的树枝上，灵活地摘取树枝末梢的果实和种子。雄鸟求偶时展示炫耀飞行技巧，通过双翅拍击的声音吸引配偶。雌鸟每季只产1—2枚蛋，雏鸟由雌雄双方共同照顾。

Nesoenus mayeri

粉红鸽

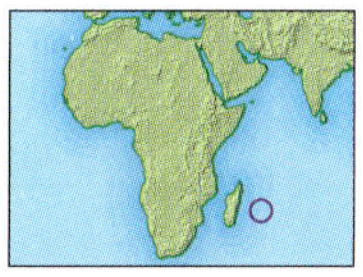

体长：	30—40厘米
体重：	300—325克
羽色：	雌雄相似
迁徙类型：	非迁徙鸟
保护现状：	濒危

分布：毛里求斯

粉红鸽是地球上最稀有的鸟类之一，也是诸多遭到外来物种和生境丧失危害的岛屿鸟类之一。这种鸽子的野生种群在20世纪80年代已经减少到不足20只，但人工繁殖的成功和野外放生计划使其种群数量得以恢复。这种大型鸽子体呈淡粉色，脸和前额呈白色，双翅通常为褐色，喙部强壮，长度适中，喙端具钩。

Streptopelia decaocto

灰斑鸠

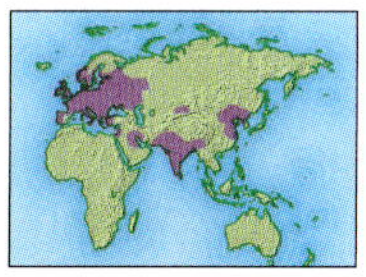

体长：	31—34厘米
体重：	150—200克
羽色：	雌雄相似
迁徙类型：	半迁徙鸟
保护现状：	无危

分布：欧洲、亚洲、非洲东北部

灰斑鸠体形纤细，体呈浅粉灰色，后颈有一道黑色领环。其数量曾在20世纪不明原因地急剧增长，如今在欧洲的大多数地区都很常见。灰斑鸠通常在地面啄食，主要以各种草籽、果实以及植物为食（包括谷物），也吃无脊椎动物和植物的绿色部位。繁殖季节叫声响亮，独特的种名“decaocto”反映出雄鸟的求偶叫声节奏。

Zenaida macroura

哀鸽

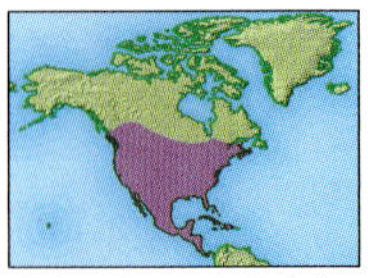

分布：美洲北部和中部、加勒比海

体长：	23—34厘米
体重：	100—175克
羽色：	雌雄相似
迁徙类型：	半迁徙鸟
保护现状：	无危

这种广泛分布于北美洲的鸽子因哀伤的四音节叫声得名。它的体形小而修长，双翅窄长，尾羽尖长。雌鸟羽色稍浅于雄鸟。雄鸟求偶炫耀时在雌鸟上空滑翔、盘旋，并把翅尖压低到身体以下飞向雌鸟。哀鸽的繁衍速度很快，甚至在出生的当季就能繁殖。

Goura scheepmakeri

紫胸凤冠鸠

分布：新几内亚岛南部

体长：	66—74厘米
体重：	2.5千克
羽色：	雌雄相似
迁徙类型：	非迁徙鸟
保护现状：	易危

这种鸟是地球上体形最大的鸠鸽之一，头顶有独特的扇形蕾丝羽冠。羽毛通常呈蓝灰色，胸部为紫红色，浅灰色翅斑的边缘呈深紫色。紫胸凤冠鸠白天在地面取食掉落的果实，夜间在森林中的树木上栖息。由于森林栖息地的丧失，以及人类为了获取肉和羽毛而进行的大肆捕猎，这种鸠鸽的种群已经变得十分脆弱。加之极其稀有，因此更是成为被捕猎的对象。

Ptilinopus magnificus

巨果鸠

分布：新几内亚岛、澳洲东北部和东部

体长：	29—55厘米
体重：	250—500克
羽色：	雌雄相似
迁徙类型：	半迁徙鸟
保护现状：	无危

巨果鸠因"wompoo"叫声而被命名，这种身体大而沉重的长尾果鸠已经遭到栖息地丧失的严重威胁。巨果鸠大多呈黄绿色，胸和上腹呈深紫色，头、颈为灰色或淡绿灰色，尽管羽色艳丽，但却能与林冠层的环境融为一体，形成极好的伪装效果。它们通常在树上取食果实（通常为无花果），极少下地活动。

Hemiphaga novaeseelandiae

新西兰鸠

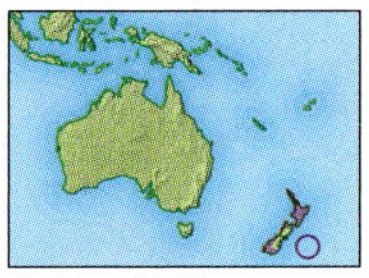

分布：新西兰

体长：	46—50厘米
体重：	600—800克
羽色：	雌雄相似
迁徙类型：	非迁徙鸟
保护现状：	近危

新西兰鸠是新西兰体形最大的鸠鸽，也是唯一的本土物种。它的羽色较深，背部和胸带有古铜和绿色闪辉光泽，腹和下胸呈白色。新西兰鸠以各种植物和果实为食，由于嘴裂可以伸展，因此能够吞食整颗果实。数种新西兰的本土乔木几乎完全依赖它们传播种子。

沙鸡

门：	脊索动物门
纲：	鸟纲
目：	沙鸡目
科：	1科（沙鸡科）
种：	16种

沙鸡的羽色斑驳，主要栖息在非洲和亚洲的干旱地区。它们大多在地面生活，体羽多为有伪装效果的沙黄色或灰色，带有斑点或条纹，外表与松鸡和鸠鸽相似。沙鸡与松鸡一样，头小，身形矮胖，双腿长有羽毛。但当飞行时，尖长的双翅能像鸽子一样快速持续地扇动。另外，它们的粗颈和短腿也与鸽子类似。

取水

许多沙鸡（包括这些杂色沙鸡）每天需要饮用1—2次水。沙鸡的巢穴通常距水源地较远，由于腹羽的吸水性极强，因此它们利用浸湿的腹羽把水运回巢中供雏鸟饮用。

Pterocles coronatus

花头沙鸡

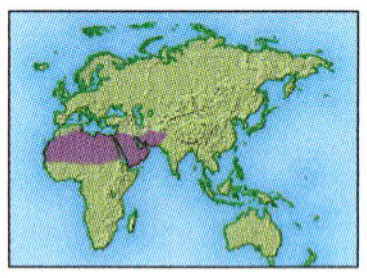

分布：非洲北部、亚洲西部至南部

体长：	27—30厘米
体重：	250—300克
羽色：	雌雄相异
迁徙类型：	非迁徙鸟
保护现状：	无危

这种极具伪装的鸟类栖息在一些环境极为恶劣的沙漠地区，由于所需的能量和水分较少，因此可以长达数小时地忍受50℃以上的高温，并且也能饮用咸水。雄鸟的羽冠呈沙黄色，喙基部具黑色罩斑，雌鸟羽色更浅，条纹较多。

Pterocles namaqua

那马瓜沙鸡

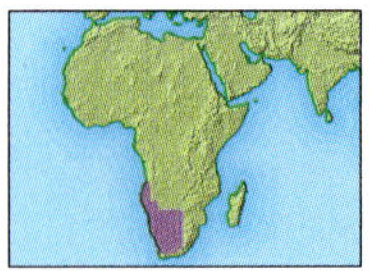

分布：非洲南部

体长：	28厘米
体重：	175—200克
羽色：	雌雄同色
迁徙类型：	非迁徙鸟
保护现状：	无危

那马瓜沙鸡与花头沙鸡（左图）一样，具备许多适应沙漠环境的特征。它们所需的食物和水分很少，厚实的羽毛使其能够免受外界温度变化的影响。那马瓜沙鸡的头呈淡褐色，胸带为白色，当在石砾和沙地上活动时，斑驳的褐色双翅能够提供极好的伪装。种子是那马瓜沙鸡唯一的食物来源，因此它们会向降雨量较多的地区迁移以寻找食物。

鹦鹉

门：	脊索动物门
纲：	鸟纲
目：	鹦形目
科：	1科
种：	375种

鹦鹉羽色亮丽，观赏性极强，散布地球上的大部分温暖地区，尤以热带森林中的种类最多。除了普遍认识的鹦鹉以外，这一类群还包括常见的金刚鹦鹉、鹦哥、凤头鹦鹉、鸡尾鹦鹉、吸蜜鹦鹉和虎皮鹦鹉等。野生鹦鹉性情喧闹，喜群栖生活。鹦鹉一直都是受欢迎的宠物，因美丽、聪颖以及令人印象深刻的学习技巧，尤其是非凡的模仿说话的能力而备受人们喜爱。尽管可以飞行较远的距离进行觅食，但几乎没有一种鹦鹉有真正的迁徙行为。

身体结构

鹦鹉的头大颈短，上喙明显呈钩状，因此极易识别。它们的羽毛相对较硬带有光泽，羽色大多为绿色，点缀有其他明亮的色斑，这种体色能让鹦鹉与周围的环境相融合，以免被天敌发现。鹦鹉为对趾足，其中两趾朝前，两趾朝后，利于在树枝上攀爬，它们的喙还能在攀爬或抓握树枝时当作手来使用。鹦鹉的两翼尖长，有助其快速飞行和灵活转向。

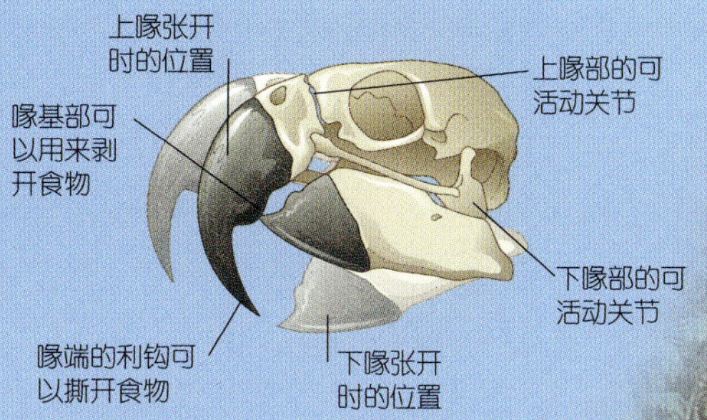

鹦鹉的喙

鹦鹉的钩状喙非常灵活，其上下颌与颅骨间具有可活动的关节，因此可以分别活动。

取食花蜜

吸蜜鹦鹉（图中为彩虹吸蜜鹦鹉）以花蜜为食。它们的舌端状如刷子，能够帮助它们将花蜜扫入口中。

觅食

几乎所有的鹦鹉都以种子、坚果、果实、花蜜和花朵等在内的植物为食。它们通过嘴和脚的相互配合完成进食，用脚抓住举起食物，以便喙部啄取。尽管大多数鹦鹉都在树上觅食，但也有许多物种在地面取食。

社群

鹦鹉（图中为红绿金刚鹦鹉和五彩金刚鹦鹉）常形成大而喧闹的群体，它们发出刺耳的叫声交流。大多数物种都长期维持伴侣关系。

保育

世界上近乎1/3的野生鹦鹉种群正遭受生存威胁，少数种类甚至已经灭绝。其中的最大威胁来自笼鸟贸易，每年都有成百上千的鹦鹉因此遭到捕杀或死亡。其他威胁因素还包括森林的乱砍滥伐。

Trichoglossus haematodus

彩虹鹦鹉

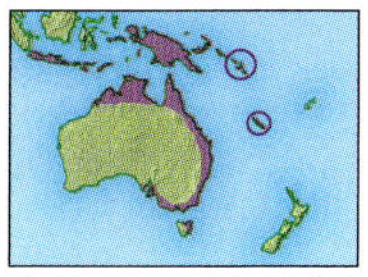

体长：	30厘米
体重：	150克
羽色：	雌雄相似
迁徙类型：	非迁徙鸟
保护现状：	无危

分布：新几内亚岛、亚洲东南部、太平洋西南部、澳洲（含塔斯马尼亚岛）

这种色彩亮丽的鹦鹉体形结实，尾部尖突。彩虹鹦鹉外表多变，有22个亚种，彼此的体形或羽色不同，或是完全相异。幼鸟的喙呈深褐色，成年后变为橙或红色。彩虹鹦鹉与大多数吸蜜鹦鹉一样，舌尖具刷子状突起，适于收集花粉和花蜜。它们飞行时重复发出粗哑刺耳的叫声，同时炫耀双翅下的鲜艳色彩。觅食时叽喳作响，借助保护色的帮助隐身于树丛中。彩虹鹦鹉会破坏果园和葡萄园，在澳洲尤其严重。

羽色鲜艳

这种色彩鲜艳的鸟类羽色多变。大多数亚种的背部呈绿色，头部有紫蓝色纹理，橙红色的胸部具深色扇形斑。

集群觅食

彩虹鹦鹉常成群聚集在开花的乔木上进食，身旁还能经常看到其他吸蜜或食果的鸟类。它们用喙咬碎果肉，吸食汁液，吞下种子，也捕捉昆虫及其幼虫。

Eos reticulata

蓝纹鹦鹉

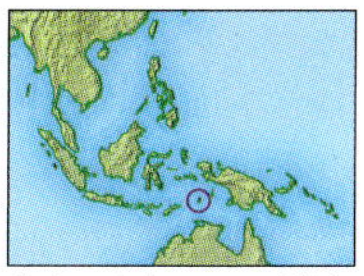

体长：	31厘米
体重：	175克
羽色：	雌雄相似
迁徙类型：	非迁徙鸟
保护现状：	近危

分布：印度尼西亚（塔宁巴、卡伊和达马尔群岛）

蓝纹鹦鹉色彩鲜艳，羽色以红色为主，后颈和背部带有紫蓝色条纹，喙较窄为橙红色，双腿灰色。这种显眼的鹦鹉性格喧闹，常在飞行时发出一连串尖叫，也花费很长时间在树枝上停栖或进食。它们与其他吸蜜鹦鹉一样，舌尖有刷子状突起，用于收集花粉和花蜜。

Probosciger aterrimus

棕树凤头鹦鹉

分布：新几内亚岛、澳洲东北部

体长：60厘米
体重：1千克
羽色：雌雄相似
迁徙类型：非迁徙鸟
保护现状：无危

棕树凤头鹦鹉是18种凤头鹦鹉中体形最大的一种。它们的黑色羽毛极易识别，巨大的钩状喙可以咬开棕榈果核和其他外壳坚硬的种子，叫声尖锐似哨音。棕树凤头鹦鹉兴奋或受惊时，头部的羽冠丝丝扬起，脸部的绯红色裸皮也变得更红，看上去就像脸红一样。

Eolophus roseicapillus

粉红凤头鹦鹉

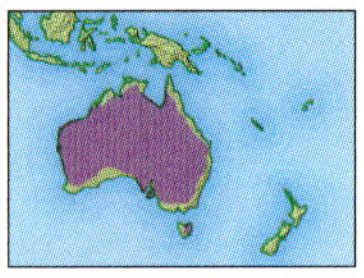

分布：澳洲（包括塔斯马尼亚）

体长：35厘米
体重：325克
羽色：雌雄相似
迁徙类型：非迁徙鸟
保护现状：无危

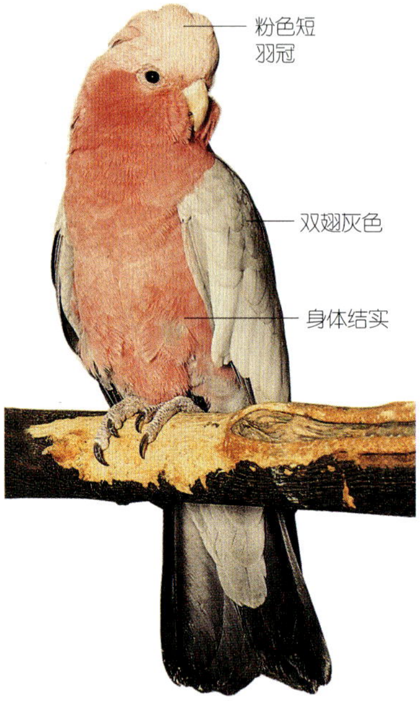

粉红凤头鹦鹉是分布最广、数量最多的一种凤头鹦鹉，在澳洲各地都很常见。这些喧闹的鸟类通常成群聚集在干燥的灌木丛和城市公园中活动。农业发展为这种鹦鹉提供了更多的食物，致使它们的数量呈现稳定增长。粉红凤头鹦鹉的羽冠较小，当在空中转向时，灰色的背和粉红色的腹呈现一种交替变换效果。

Nymphicus hollandicus

鸡尾鹦鹉

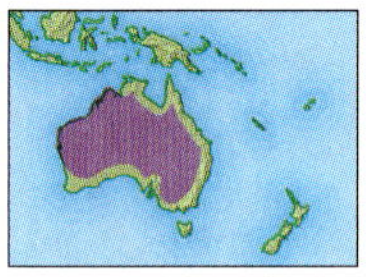

分布：澳洲

体长：32厘米
体重：90克
羽色：雌雄相异
迁徙类型：游荡鸟
保护现状：无危

鸡尾鹦鹉是体形最小的凤头鹦鹉，也是唯一尾羽尖长的种类。休息时，头上的羽冠向后倾斜落下，进食时偶尔也是如此。鸡尾鹦鹉飞行时不断发出啭鸣，但在地面进食或在水坑饮水时则比较安静。这种鹦鹉是一种十分受欢迎的宠物，人工饲养繁殖的品种体色多变。

Nestor notabilis

啄羊鹦鹉

分布：新西兰（南岛）

体长：48厘米
体重：825克
羽色：雌雄相似
迁徙类型：非迁徙鸟
保护现状：易危

这种身体结实的大型山地鹦鹉因强烈的好奇心和广泛的取食特性著称。它们天生就是机会主义者，会检视任何看似可食的东西，并且还常用类似猛禽的长喙撕食腐肉。成鸟大多呈橄榄绿色，翼下覆羽为橘红色。

Eclectus roratus

红胁绿鹦鹉

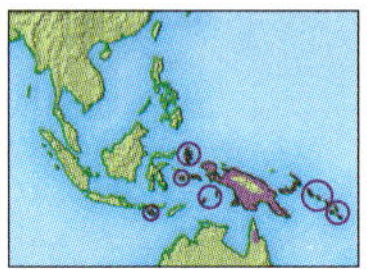

分布：亚洲东南部、新几内亚岛、澳洲东北部、太平洋群岛西南部

体长：35厘米
体重：500克
羽色：雌雄相异
迁徙类型：非迁徙鸟
保护现状：无危

雌雄两性的外表相差极大，导致早期的博物学家将它们划分为不同的物种。雌雄双方的体形大而结实，尾近方形，喙强健，但雄鸟体呈亮绿色，两胁和翼下为猩红色，喙呈黄色；雌鸟体呈红色，有些个体的腹部和翼下为蓝色，喙部全黑。

Cacatua galerita

葵花鹦鹉

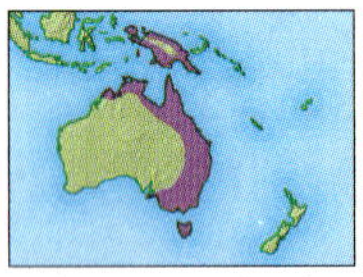

分布：新几内亚岛、澳洲（包括塔斯马尼亚岛）

体长：50厘米
体重：950克
羽色：雌雄相似
迁徙类型：非迁徙鸟
保护现状：无危

这种大型白色凤头鹦鹉的翼下覆羽和尾下覆羽呈黄色，头顶的黄色羽冠向前弯曲。葵花鹦鹉在清晨和傍晚非常好动喧闹，多结成数十到上百只的群体一起觅食。夜里成群停歇于靠近水源的树林中。葵花鹦鹉是一种非常受欢迎的宠物，成鸟和幼鸟经常被捕捉和贩卖，因此也对部分种群的生存构成威胁。

Platycercus elegans

红玫瑰鹦鹉

分布：澳洲东部和东南部

体长：36厘米
体重：150克
羽色：雌雄相似
迁徙类型：非迁徙鸟
保护现状：无危

红玫瑰鹦鹉是全球8种玫瑰鹦鹉之一，它们全都具有流线型的身体和长尾，只分布在澳洲及其外围岛屿上。红玫瑰鹦鹉的脸颊和外侧翼覆羽呈蓝紫色，尾羽为深蓝色，背和双翅黑红相间。生活在农场或花园周围的个体不甚怕人。飞行时呈波浪状，降落前突然朝着地面飞，随后朝上滑翔一下才着陆。

鸟类

Lathamus discolor

红尾绿鹦鹉

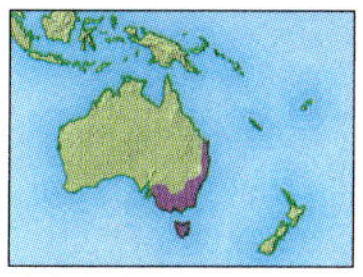

体长：25厘米	
体重：65克	
羽色：雌雄相似	
迁徙类型：非迁徙鸟	
分布：澳洲东部和东南部	保护现状：濒危

红尾绿鹦鹉的双翅尖长，体呈流线型，因行动迅速敏捷而得名。它的头顶呈深蓝色，与鲜红色的脸和翼下腹羽形成鲜明对比。这种鹦鹉栖息在能够提供食物的各种林区，包括郊区的公园或庭院。它们只在塔斯马尼亚岛上繁殖，在澳洲东部越冬。

Melopsittacus undulatus

虎皮鹦鹉

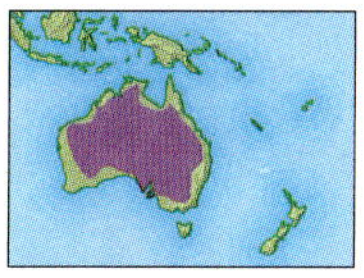

体长：18厘米	
体重：25克	
羽色：雌雄相似	
迁徙类型：游荡鸟	
分布：澳洲	保护现状：无危

虎皮鹦鹉是数量最多的鹦鹉之一，也因为是最受欢迎的宠物鸟而被广泛熟知。与体色多变的驯养个体不同的是，野生个体为绿色，脸呈黄色，尾呈蓝绿色。虎皮鹦鹉的背部带有黑、黄条纹，在植物丛中进食时能提供极好的伪装，使其不易被察觉。它们常结成大而嘈杂的鸟群四处游荡。

Deroptyus accipitrinus

鹰头鹦哥

体长：35厘米	
体重：225克	
羽色：雌雄相似	
迁徙类型：非迁徙鸟	
分布：南美洲北部	保护现状：无危

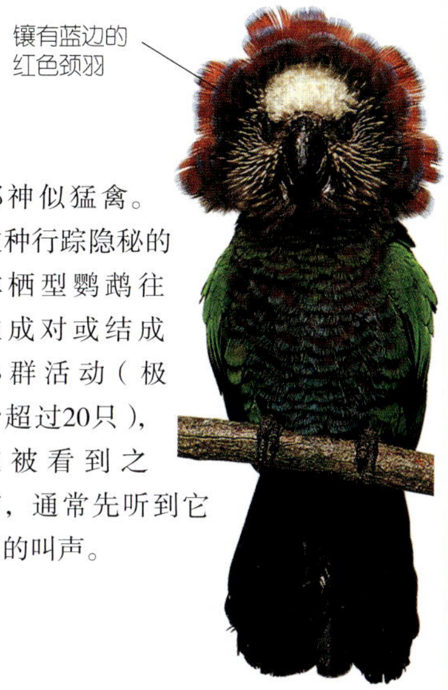

这种鹦鹉的后颈长有非常独特的深红色长羽毛。感到兴奋或受惊时，颈羽像伞般展开。它的圆形长尾也很独特。鹰头鹦哥停栖时的外形和眼睛都神似猛禽。这种行踪隐秘的林栖型鹦鹉往往成对或结成小群活动（极少超过20只），在被看到之前，通常先听到它们的叫声。

Psittacus erithacus

非洲灰鹦鹉

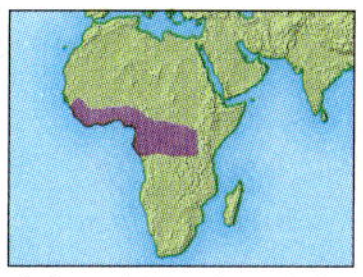

体长：33厘米	
体重：400克	
羽色：雌雄相似	
迁徙类型：非迁徙鸟	
分布：非洲西部至中部	保护现状：近危

这种体形矮壮的短尾鹦鹉是一种极受欢迎的笼鸟，因为它们能模仿人语和表演杂技。尽管常被非法捕捉用于宠物交易，但在部分分布区中仍很常见。非洲灰鹦鹉主要出没于低地雨林，也在山地雨林、林缘、种植园、耕地或庭园中活动。它的羽色十分少见，灰色的体羽与鲜红色或褐红色的尾羽形成强烈对比。成群飞行时，成员间不断相互鸣叫，也展示红色的尾羽进行视觉沟通。

Strigops habroptila

鸮面鹦鹉

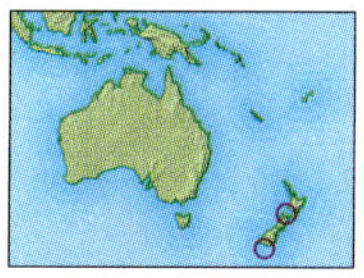

体长：64厘米	
体重：2千克	
羽色：雌雄相似	
迁徙类型：非迁徙鸟	
分布：新西兰（4个近海岛屿）	保护现状：极危

不会飞行的鸮面鹦鹉是地球上最为濒危的鹦鹉之一，觅食习性极其罕见。它们多在黄昏活动，通常行走至很远的觅食区，在那里咀嚼树叶，吸食汁液，将残余的球状纤维留在植物上。鸮面鹦鹉也用喙挖掘和咬碎植物的地下茎。繁殖期间，雄鸟成群聚集于求偶场，通过挖出浅坑以及发出响亮的隆隆叫声吸引雌鸟。鸮面鹦鹉的成鸟、幼鸟和鸟蛋极易受到外来捕食者的侵害。

Pionopsitta aurantiocephala

秃头鹦鹉

体长：22—25厘米	
体重：无记录	
羽色：雌雄相似	
迁徙类型：非迁徙鸟	
分布：南美洲中部	保护现状：近危

秃头鹦鹉因头部裸露无羽而得名，它的头部皮肤为鲜橙色，散布在巴西亚马孙森林中部的长廊林中。当这种亮丽鹦鹉的标本首次被收集时，曾被当成其近亲鹫鹦哥的幼鸟，成年鹫鹦哥的头部光秃呈黑色，与秃头鹦鹉生活在同一片区域和栖息地。随后才被证明是一种新物种的成鸟，于2002年才被正式描述。这些鹦鹉的裸露头部可能是为了避免黏糊糊的果实粘到羽毛上，与秃鹫在吃腐尸时头部不会沾上血迹是同一道理。秃头鹦鹉和鹫鹦哥的尾羽很短，羽色以绿色为主，成年后头部才变得裸露无羽。

Agapornis personatus

黄领牡丹鹦鹉

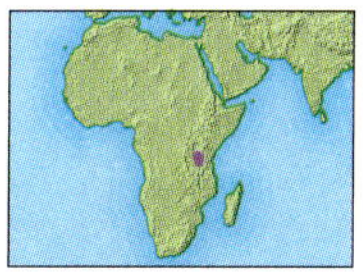

体长：14.5厘米	
体重：50克	
羽色：雌雄相似	
迁徙类型：非迁徙鸟	
分布：非洲东部（坦桑尼亚）	保护现状：无危

牡丹鹦鹉因终生相伴而得名，雄鸟和雌鸟大部分时间都紧密相依，并经常互相梳理羽毛。牡丹鹦鹉共有9种，全都体形很小，尾短，体格健壮。黄领牡丹鹦鹉的头呈黑色，白色眼圈和鲜红色的鸟喙十分明显。它们以种子、果实和嫩芽为食。繁殖方式不同寻常，通常筑巢产卵，而非将鸟蛋产在没有内衬的洞中。

Amazona aestiva

蓝顶鹦哥

体长：37厘米	
体重：400克	
羽色：雌雄相似	
迁徙类型：非迁徙鸟	
分布：南美洲中部	保护现状：无危

蓝顶鹦哥体形大而结实，前额呈亮蓝色，脸带有黄色，有别于亚马孙鹦鹉属的其他成员，该属包含约30个物种。尽管外形惹眼，且飞行时相当嘈杂，但蓝顶鹦哥觅食或在树顶休憩时却非常安静且不显眼，只能从地上的果实残渣中察觉它们的存在。蓝顶鹦哥夜间在栖息的树木附近成群聚集，配对的伴侣始终都待在一起。

Psittacula krameri

红领绿鹦鹉

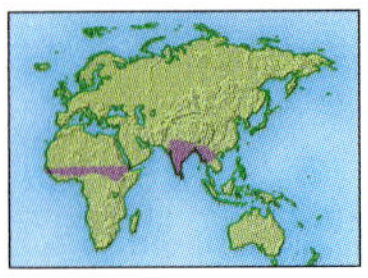

体长：40厘米	
体重：125克	
羽色：雌雄相似	
迁徙类型：非迁徙鸟	
分布：非洲西部至东部、亚洲东南部	保护现状：无危

红领绿鹦鹉体态修长，体呈绿色，后颈被一玫瑰红色颈环环绕。它们是分布最广的一种鹦鹉，从非洲西部一直延伸到东南亚地区，甚至在欧洲和北美洲的一些地区也能发现野生个体。红领绿鹦鹉的中央尾羽细长，双翅后掠，飞行时身体呈现流线型。

Myiopsitta monachus

灰胸鹦哥

体长：29厘米	
体重：125克	
羽色：雌雄相似	
迁徙类型：非迁徙鸟	
分布：南美洲中部和南部	保护现状：无危

这种绿色鹦哥的筑巢习性十分独特，数对亲鸟将巢筑造在彼此附近，巢区的所在就是它们平时的活动中心。随着旧巢的旁边或上边不断建起新巢，整个群体也随之扩张。灰胸鹦哥具有绿色长尾，腹部呈橄榄绿色，脸和喉为灰白色。在南美洲的一些地区严重危害农作物。

Aratinga jandaya

绿翅金鹦哥

体长：30厘米	
体重：125克	
羽色：雌雄相似	
迁徙类型：非迁徙鸟	
分布：南美洲东部	保护现状：无危

绿翅金鹦哥隶属锥尾鹦哥属，该属共包括30个物种，全部分布于南美洲东部。绿翅金鹦哥是其中的小型种类，尾羽窄长尖突。它的头和颈为黄色，在胸、腹部逐渐变为橙红色，背和双翅大体呈绿色。绿翅金鹦哥通常结成多达15只的嘈杂群体共同活动，这种性格异常活泼的鸟类大部分时间都在树枝上攀爬，或在灌丛中寻找果实。受惊时迅速起飞逃离，同时发出响亮的尖叫。

Anodorhynchus hyacinthinus

紫蓝金刚鹦鹉

体长：1米	
体重：1.5千克	
羽色：雌雄相似	
迁徙类型：非迁徙鸟	
分布：南美洲中部	保护现状：濒危

紫蓝金刚鹦鹉是体形最大的鹦鹉，或许也是色彩最为艳丽的一种。它的体羽呈深蓝色，与鲜黄色的颌斑及眼圈构成强烈对比，尾羽尖长，极易辨认。巨大的喙部可以咬碎棕榈果实。紫蓝金刚鹦鹉主要在树上觅食，也在地面捡拾坠落的果实和坚果。较高的笼养价值是导致其数量严重下降的主要因素。

Cyanopsitta spixii

小蓝金刚鹦鹉

体长：55厘米	
体重：无记录	
羽色：雌雄相似	
迁徙类型：非迁徙鸟	
分布：南美洲东部	保护现状：极危

这种鹦鹉是体形最小的金刚鹦鹉，有着固定的生活习惯，通常在自己偏爱的高大乔木顶端停栖，每天沿着相同的路线飞行。它们在树枝间攀爬时取食种子、坚果和果实。

蓝色鹦鹉

小蓝金刚鹦鹉尾羽尖长，头呈银蓝色，眼周具有深灰色的裸皮，背与双翅呈深蓝色，喙为黑色。

保育

当最后一只野生小蓝金刚鹦鹉于2000年消失之后，这种全世界最珍稀的鸟类已在野外彻底灭绝。河边林地的破坏和无止境的野生鸟类交易是造成其灭绝的两个主要因素。林地的减少导致特定的筑巢地点消失，而持续进行的鸟类交易直到这种鹦鹉的数量所剩不多时才最终停止。幸运的是，还有一定数量的小蓝金刚鹦鹉已经被圈养，生活在研究机构或动物园的半自然环境中。它们的数量从20世纪80年代起便不断增加，如今已接近100只。人工繁殖、栖息地恢复和对非法猎捕的控制，这一物种终有一天能够重新回归野外。

Ara chloroptera

红绿金刚鹦鹉

体长：90厘米	
体重：1千克	
羽色：雌雄相似	
迁徙类型：非迁徙鸟	
分布：南美洲北部和中部	保护现状：无危

红绿金刚鹦鹉羽色艳丽，叫声尖锐，十分引人注意。这种大型鸟类与其他金刚鹦鹉一样，部分羽毛呈红色，背和尾羽呈浅蓝色，尾巴末端为蓝色。它的双翅呈蓝色，翼上覆羽为深绿色，因此而得名。幼鸟形似成鸟，但尾羽较短。红绿金刚鹦鹉喜欢生活在潮湿的低地森林中，但在分布范围的南部地区（更为常见的金刚鹦鹉没有分布在这一区域），它们却经常光顾落叶林之类的开阔栖息地，并常在树木顶端的突出树枝上停栖。红绿金刚鹦鹉通常成对或结为小群，或是一个家族一起活动，有时也和其他几种常见的金刚鹦鹉共同活动，尤其喜欢在路堤上大群集结，吞食外露的矿砂。飞行时彼此大声呼唤。它们以更大或更为坚硬的种子、果实和坚果为食。人们为了获取鸟肉和羽毛猎杀成鸟，而巢中的雏鸟则被用于出售。

鸟类

杜鹃和蕉鹃

门：	脊索动物门
纲：	鸟纲
目：	鹃形目
科：	3科
种：	170种

杜鹃和蕉鹃虽然叫声响亮，但行踪却十分隐秘。杜鹃广泛分布在世界各地，体色通常呈灰色或褐色，但有些物种却带有醒目的斑块或条纹。蕉鹃仅分布于非洲，羽色鲜艳，具有独特的红和绿色色素。杜鹃和蕉鹃翅短尾长，每只脚上都有两对足趾，其中一对朝前，一对朝后，不仅适于攀缘，也能在栖息时紧握树枝。除了杜鹃和蕉鹃之外，鹃形目中还包括一个单独的科，即麝雉科。

巢寄生

一些杜鹃有寄生繁殖习性，它们将鸟蛋产在其他鸟类的巢中，由义亲代为抚育。杜鹃的蛋与寄主的蛋非常相似。杜鹃的雏鸟（图中为大杜鹃）会将寄主的蛋或雏鸟挤出巢去，然后独享义亲带回的食物（图中为芦苇莺）。

Clamator glandarius

大斑凤头鹃

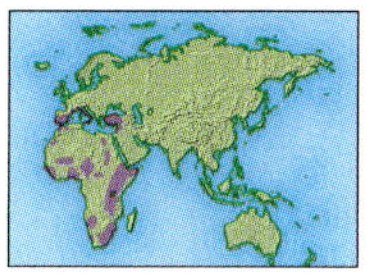

体长：35—39厘米	
体重：125克	
羽色：雌雄相似	
迁徙类型：候鸟	
保护现状：无危	

分布：欧洲南部、亚洲西部、非洲

大斑凤头鹃是欧洲体形最大的杜鹃，这种漂亮的鸟把蛋产在鸦、鹊和椋鸟等鸟类的巢中。与大杜鹃不同的是，它们的幼鸟不会将同巢的幼鸟推挤出去。然而，由于它们比其他幼鸟长得更快，因此可以抢到较多的食物，在孵出后的8天内，就能达到会飞幼鸟的一半重。

Geococcyx californianus

走鹃

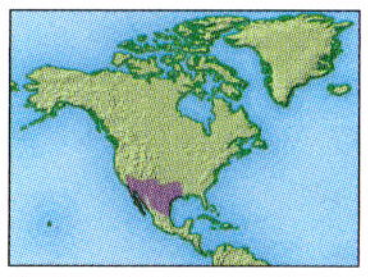

体长：56厘米	
体重：325克	
羽色：雌雄相似	
迁徙类型：非迁徙鸟	
保护现状：无危	

分布：南美洲南部

尽管能够飞行，但这种杜鹃科的长腿鸟类大部分时间都在地面活动。其短距离的奔跑时速可以超过30千米。当在沙漠中奔跑或行走时，会设法惊起蜥蜴、蛇、鸟类和小型哺乳类，然后用强壮的尖喙将猎物啄死。这种走鹃也通过疾跑逃避捕食者，同时还会左右挥舞类似船舵的长尾转向。

Tauraco erythrolophus

红冠蕉鹃

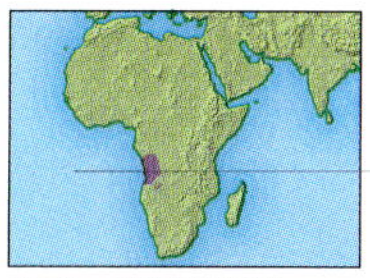

体长：40—43厘米	
体重：200—325克	
羽色：雌雄相似	
迁徙类型：非迁徙鸟	
保护现状：无危	

分布：非洲西南部

与其他蕉鹃一样，红冠蕉鹃的鲜艳体色也源于含有铜的色素，这种羽色只有蕉鹃才有。红冠蕉鹃栖息于树上，以果实为食，由于身体沉重不利于飞行，因此大部分时间都在树枝间跳跃。红冠蕉鹃通常以家族为单位共同生活，一起在雨林的树冠寻找食物，并英勇捍卫自己的觅食和筑巢地，驱逐其他的蕉鹃或食果鸟。

Cuculus canorus

大杜鹃

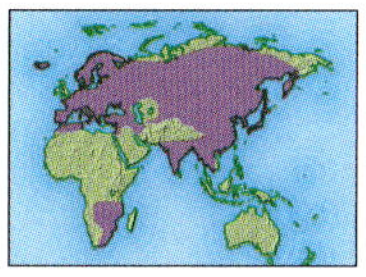

体长：32—33厘米	
体重：125克	
羽色：雌雄相似	
迁徙类型：候鸟	
保护现状：无危	

分布：欧洲、亚洲、非洲西北部和南部

大杜鹃通常体呈灰色，近白色的腹部带有黑色横斑，主要在欧洲和亚洲的森林中繁殖，但要长途迁徙到非洲和亚洲南部过冬。这种常见的杜鹃是一种典型的巢寄生鸟类，将蛋产在其他几种鸟类的巢中（见上方说明）。

Opisthocomus hoazin

麝雉

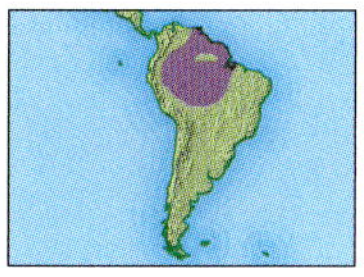

体长：62—70厘米	
体重：700—900克	
羽色：雌雄相似	
迁徙类型：非迁徙鸟	
保护现状：无危	

分布：南美洲北部

这种外形原始的树栖鸟类几乎完全以树叶为食，很少有鸟类能做到这点，这是因为麝雉的大型胃能像食草动物一样消化植物纤维。幼鸟会飞之前就离开鸟巢，利用翅膀上的细小爪子在植物间攀爬，遇敌时能潜入水中逃命。麝雉通常结成多达8只的小群生活，共同捍卫领地，并互相帮忙养育幼鸟。

Crotophaga ani

滑嘴犀鹃

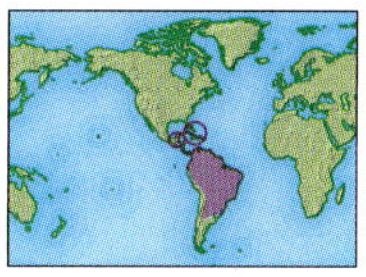

体长：35厘米	
体重：125克	
羽色：雌雄相似	
迁徙类型：非迁徙鸟	
保护现状：无危	

分布：南美洲东南部、中美洲、南美洲、加勒比海

滑嘴犀鹃相貌奇特，喙部深厚带有弧度，大多跟在家畜身后捕食被惊起的昆虫。通常数对一起生活，共同孵卵和养育幼雏。幼鸟羽翼健全后通常留在巢中，帮忙养育下一窝幼雏。

鸮

门：	脊索动物门
纲：	鸟纲
目：	鸮形目
科：	2科
种：	202种

鸮为夜行性猛禽，通常只闻其声难寻其踪。它们与白天活动的鹰和隼一样，尖利的脚爪和钩状喙都适于捕捉和制服猎物。除了这些特征，鸮类还有多个有助于夜间捕猎的适应性特性。它们的双眼非常大，能在黑暗中察觉到极其微弱的光线，双眼位于头部前方则有助于判断猎物的距离。鸮的听觉极为敏锐，柔软的翼羽在飞行时可起到消音作用。鸮形目包括鸱鸮科和草鸮科，二者均广泛分布于从茂密的森林到冻原在内的大多数生境中。

繁殖

鸮不善于筑巢，通常利用其他鸟类的旧巢，或在地面、树上、树洞、岩洞以及建筑物上筑巢。它们在巢中或直接在地面产蛋，大多数物种每窝能产2—7枚球形卵。鸮通常每隔两天便孵化1枚蛋，因此孵化出的雏鸟在年龄上存在较大差异。如果食物短缺，年龄较大的雏鸟会吃掉多数食物，而年龄较小的雏鸟则要挨饿。

雏鸟

一窝中年龄最小的雏鸟（图中为雪鸮）可能要比最大的雏鸟晚出生两个星期。

暗夜猎手

借助夜色的掩护，纵纹腹小鸮悄悄接近猎物。锋利的脚爪、敏锐的视觉和绝佳的听觉使它成为可怕的夜间猎手。

身体结构

鸮的模样非常独特，它们站姿笔直，头大而圆，尾羽较短。外趾可以前后反转，有利于增加在树枝上停栖或是捕杀猎物的能力。鸮的视觉敏锐，即使在白天也和在夜里一样正常。听觉极佳，有助于捕捉小型哺乳类发出的微弱响声，即使猎物藏身雪下也一样能被听见。有些物种还能在完全黑暗的环境中捕猎，它们的耳孔较大且常左右不对称，能增加听觉的空间定位能力。所有鸮形目物种的羽毛均柔软浓密，飞羽边缘十分柔软，可以消除飞行时空气流引起的声音。

捕鱼

一些鸮以鱼为食，包括横斑渔鸮（右图）。它们猛扑而下从水面抓起猎物，先用利爪进行攻击，然后用带有细刺突的脚垫牢牢抓住猎物。

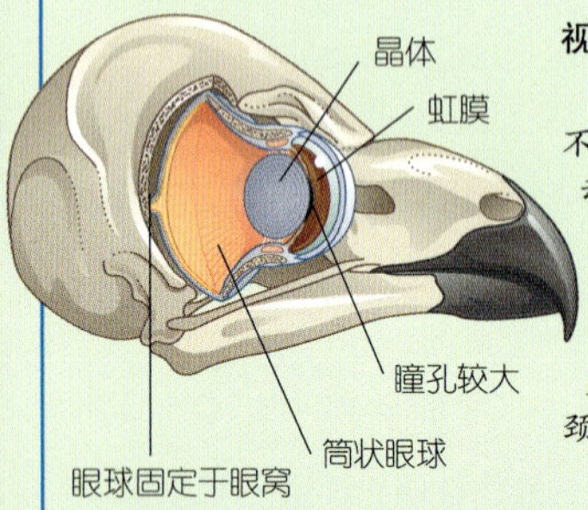

视觉

鸮的眼球呈筒状，不能向不同的方向转动，因此必须转动整个头部才能看向不同的方向。为了弥补这一缺点，鸮进化出了灵活的颈骨，使头和颈能够旋转270度。

觅食

鸮捕食各种各样活的猎物，猎物的大小取决于种类的不同。大多数鸮类以昆虫、小鸟或小型哺乳类为食，大型物种通常也捕食体形较小的物种。生活在树林和森林中的物种常从栖处跃向地面捕捉猎物，而那些栖息在开阔地带中的鸮则掠地低飞以寻找猎物。

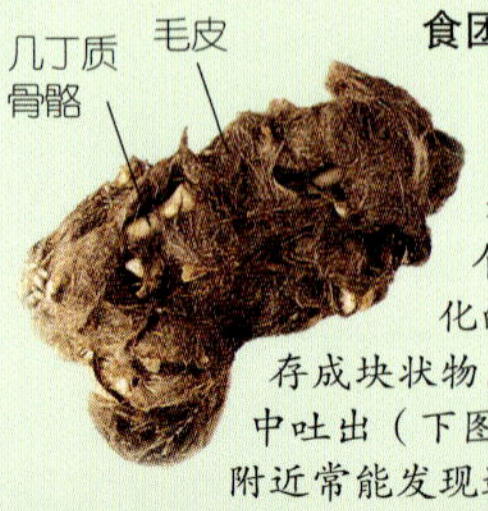

食团

鸮类进食时通常把猎物的毛皮、羽毛、骨头和昆虫的几丁质骨骼等整个吞下。随后，将难以消化的食物残渣在消化道内积存成块状物，然后以食团的方式从口中吐出（下图）。在鸮的巢窝或栖息地附近常能发现这些食团。

唾余

吞下猎物

仓鸮将猎物整个吞下，包括毛皮和骨头等大部分难以消化的部位。

准备吐弃

进食后6—7小时，仓鸮就会吐出食物中难以消化的部分。

圆形食团

为了方便通过食道，未被消化的食物会在消化道内积存成块状，坚硬的部分也会被毛皮和羽毛包裹。

卡在喉中

尽管食团已经近乎圆形，但仓鸮在吐出它们时还是十分费劲。

吐出食团

最终，一块光亮的黑色食团被吐了出来。这只仓鸮还会在随后的24小时内吐出第二块。

Tyto alba

仓鸮

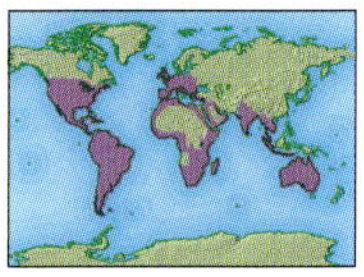

体长：29—44厘米
体重：300—650克
羽色：雌雄相似
迁徙类型：非迁徙鸟
保护现状：无危

分布：美洲北部、中部和南部，欧洲，亚洲，非洲，澳洲

除了南极洲外，仓鸮在各个大洲均有分布，是所有的鸮类中分布最为广泛的一种，也是所有陆生鸟类中分布范围最广的一种。仓鸮具有特征性的白色心形宽脸庞，长腿覆满白色羽毛，尾羽短圆。雌鸟在中空的树干或废弃的建筑物中产卵。雌鸟利用雄鸟带回的食物喂养雏鸟，甚至还在雏鸟孵出后进行长达3周的照顾，直到它们长出能够保暖的绒羽为止。农耕方式的改变致使仓鸮的食物减少，一些地区的仓鸮已经变得十分稀有。

瞄准目标

仓鸮的捕猎技巧娴熟，绝佳的视觉和听觉有助其在完全黑暗的环境中精准判断猎物的位置。它能无声地掠地低飞，然后迅速俯冲向地面。直到最后一刻，双腿才向前伸出，张开利爪捕捉并杀死猎物。

Otus thilohoffmanni

斯里兰卡角鸮

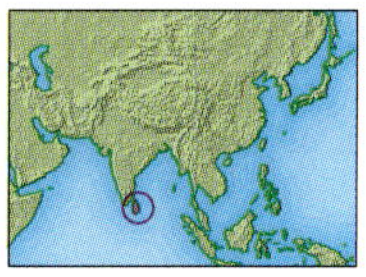

体长：17厘米
体重：无记录
羽色：雌雄相似
迁徙类型：非迁徙鸟
保护现状：濒危

分布：斯里兰卡

这种角鸮于1995年首次被发现，在斯里兰卡的雨林中发出一种类似蛙鸣的不常见叫声，人们直到2001年才获得影像照片，将它确认为一种新物种。斯里兰卡角鸮体形很小，尾短，体呈棕红色，脸庞模糊难认；雄鸟的眼睛为橘色，雌鸟的为黄色。目前，人们只知道它们在斯里兰卡西南部的潮湿低地森林中出没，喜欢在受到干扰的高大茂密次生林中活动，在靠近地面处栖息。整个种群有250—1000只个体，但其隐秘的生活习性却加大了种群数量的估计难度。然而，由于栖息地不断退化，这一小型种群的数量很有可能进一步减少。

Otus scops

西红角鸮

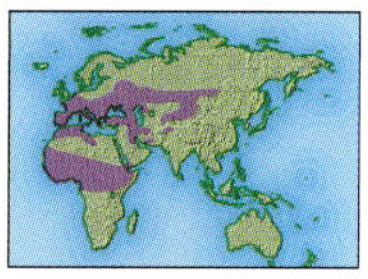

体长：16—20厘米
体重：60—125克
羽色：雌雄相似
迁徙类型：非迁徙鸟
保护现状：无危

分布：欧洲至亚洲中部、非洲

西红角鸮的身体呈灰色或红褐色，夹杂一些细小黑斑，颜色与树皮类似，这样便能完全与栖身的环境融为一体，通常只闻其声，难寻其踪。它发出深沉单调的哨音，每隔数秒便重复一次。西红角鸮受惊时身体直伸，甚至模仿树枝左右摇摆，以求达到以假乱真的效果。这种角鸮多从栖息的树枝上向下俯冲捕食昆虫，但也捕捉蜘蛛、蚯蚓、爬行类、蝙蝠和小型鸟类。

Otus lempiji

巽他领角鸮

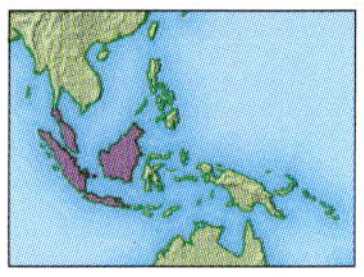

体长：20厘米
体重：100—125克
羽色：雌雄相似
迁徙类型：非迁徙鸟
保护现状：无危

分布：亚洲东南部

巽他领角鸮体形很小，有耳羽，双眼呈褐色，具有棕灰和红棕两种色型。它们栖息在森林、林缘、种植园以及林木散生的公园和村庄等区域，白天大多待在藏身处，黄昏外出觅食，食物主要为昆虫。雌雄通常一起鸣叫，发出短促圆润的呜呜声。

Pulsatrix perspicillata

眼镜鸮

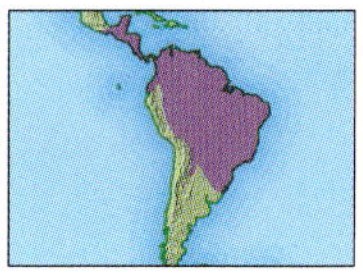

体长：43—52厘米
体重：600—1000克
羽色：雌雄相似
迁徙类型：非迁徙鸟
保护现状：无危

分布：墨西哥南部至南美洲中部

眼镜鸮在美洲热带地区十分常见，因眼周的白色羽毛形同眼镜而得名。它们通常生活在茂密的雨林，也在林缘和咖啡种植园周围活动。眼镜鸮不像其他的鸮类一样在空中巡逻狩猎，而是从树枝上飞下，捕食出现在地面或树叶上的猎物。眼镜鸮通常捕食小型森林哺乳类和昆虫，也在水边捕捉螯虾和螃蟹。

Scotopelia peli

横斑渔鸮

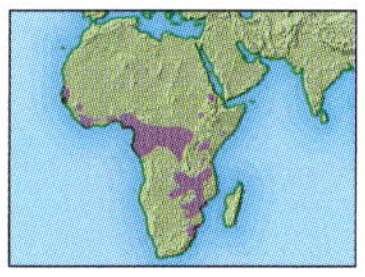

体长：55—63厘米
体重：2—2.5千克
羽色：雌雄相似
迁徙类型：非迁徙鸟
保护现状：无危

分布：非洲

横斑渔鸮是非洲3种以鱼、蛙和淡水动物为食的鸮类中的一种。与其他近亲一样，长腿裸露无羽，脚爪弯曲适于抓住湿滑猎物。横斑渔鸮体呈浅栗色，带有深色斑点和斑纹，有助于在停栖时提供保护。这种大型鸮生活在湖泊、河流和沼泽湿地周边的林缘地带，天黑后从树枝上飞下捕猎，低飞掠过水面，捉住猎物后带回栖所进食。横斑渔鸮通常在水边的树洞中筑巢。雌鸟每次产1—2枚蛋，但通常只有1只幼鸟能被养大。雌雄双方共同喂养幼鸟，幼鸟羽翼丰满后，会在鸟巢附近生活8个月之久。另一类生活在亚洲的渔鸮则被归入渔鸮属。

鸟类

Bubo virginianus

美洲雕鸮

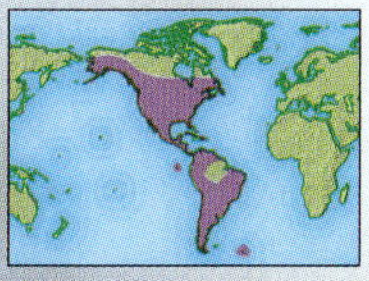

分布：美洲北部、中部和南部

体长：50—60厘米
体重：675—2500克
羽色：雌雄相似
迁徙类型：非迁徙鸟
保护现状：无危

美洲雕鸮长有独特的角状耳羽，是美洲体形最大的鸮类，广泛分布于美洲全境。它们栖息在从森林到沙漠在内的各种栖息地中，筑巢于高海拔地区，通常利用其他大型鸟类的旧巢，但也在树洞和悬崖边缘繁殖。美洲雕鸮是一种定居型鸟类，繁殖季节尤其具领域性，往往勇猛地捍卫自己的巢穴和猎食区。它们通常在黄昏到黎明之间活动，绝佳的夜视能力和听力使之成为一种高超的捕猎能手。美洲雕鸮主要以小型哺乳类为食，但也捕食昆虫、爬行类、两栖类和鸟类（包括其他鸮类）。它们非常爱叫，尤其在求偶期间，叫声就是最典型的猫头鹰叫声。

体格健壮

美洲雕鸮体形硕大，喙部锋利、双翅宽大，爪子强壮有力，非常适于捕猎。锐利的黄色眼睛和明显的耳羽使其看上去令人生畏。

无声的猎手

美洲雕鸮是美洲体形最大的鸮，也可能是最凶猛的一种，往往从领地中的有利位置出动，悄无声息地展开捕猎行动。它的行动非常敏捷，确定目标后，悄无声息地滑翔下降，利用异常有力的脚爪抓住猎物。

亲鸟和雏鸟

美洲雕鸮非常关心后代，幼鸟羽翼丰满后，亲鸟还会对其进行至少6周的照顾。美洲雕鸮极富领域性，甚至会驱赶进入自己巢区的人类。

抱窝

美洲雕鸮每窝产蛋1—5枚，食物越丰富，产卵数量也会越多。

亚成鸟

美洲雕鸮2个月大时羽毛几乎就已长全，能进行短距离的飞行。这一阶段的幼鸟在自卫时能将羽毛立起，双翅朝向前方，使自己的体形看上去更大。

Nyctea scandiaca

雪鸮

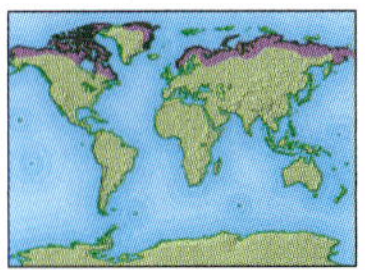

体长：55—70厘米
体重：1—2.5千克
羽色：雌雄相异
迁徙类型：半迁徙鸟
分布：北极周边地带
保护现状：无危

雄雪鸮通体纯白，是最容易辨认的鸮类之一。它们长而浓密的羽毛正好覆盖到脚趾，就连鸟喙也长有羽毛，以此抵御严寒。雪鸮在晨昏时分最为活跃，但当夏季的白昼持续时，也在白天活动。它们大部分时间都待在地面上，或在低矮的岩石上停歇，凭借极为敏锐的视觉和听觉确定远处或藏在雪中的猎物，然后悄悄伏击。雪鸮捕食旅鼠、野兔和水禽。事实上，雪鸮的繁殖周期和旅鼠的数量有着直接关系：后者的种群数量每隔3—4年便出现一个起伏的周期，而雪鸮的数量也会随之增减。

斑驳的雌鸟

雌雪鸮的体羽带有黑色横纹，这种羽色颇具隐身效果，使它能在大部分积雪融化后，于裸露的岩石处筑巢繁殖而不被发现。雌鸟的体形远大于雄鸟。

待在地面

雪鸮在冻原筑巢，通常在地面上挖坑产卵。雌鸟负责育雏，并用雄鸟带回的食物喂养雏鸟。

Strix aluco

灰林鸮

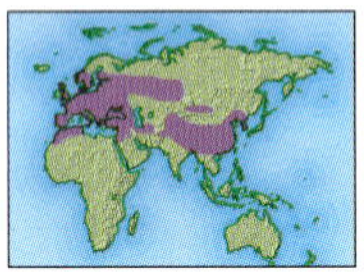

体长：37—39厘米
体重：450—550克
羽色：雌雄相似
迁徙类型：非迁徙鸟
分布：欧洲、亚洲、非洲西北部
保护现状：无危

灰林鸮广泛分布于多种栖息地，只要白天用于栖息的树林足够即可。它的体羽通常呈栗褐色，带有浓密的斑纹和杂斑，能极好地在树丛中隐匿身形。灰林鸮的叫声非常多变，以繁殖期发出的“twit twoo”声最为常见。它们常从栖息之处飞扑下来捕猎，且单凭声音就能精确判定猎物的位置，主要捕食小型哺乳类、鸟类、爬行类和昆虫。

Glaucidium perlatum

珠斑鸺鹠

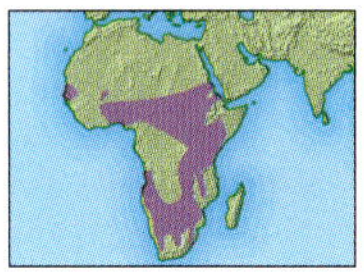

体长：17—20厘米
体重：50—150克
羽色：雌雄相似
迁徙类型：非迁徙鸟
分布：非洲（撒哈拉以南地区）
保护现状：无危

这种身形紧凑的鸟类是非洲最典型的昼行性鸮类，几乎能在白天或夜间的任何时段捕食。强壮的双脚使它可以捕捉体形大于自己的猎物。它的头后有两块镶着白边的黑斑。这些“假眼”有助于惊扰从身后发动攻击的捕食者或是迷惑猎物，让其不知该向哪个方向逃跑。

Ninox novaeseelandiae

斑布克鹰鸮

体长：30—35厘米
体重：150—175克
羽色：雌雄相似
迁徙类型：非迁徙鸟
分布：澳洲（包括塔斯马尼亚岛）、新几内亚岛南部、亚洲东南部
保护现状：无危

这种体格结实的小型鸮类生活在澳洲和亚洲，是众多鹰鸮族群中的一种。分布在昆士兰的鹰鸮体呈暗褐色，而分布在塔斯马尼亚岛和新西兰的种类体色更浅，带有对比鲜明的斑点，有时还被单独归为一种。所有的鹰鸮都发出双音节的“boobook”高频叫声。无论鹰鸮在哪里生活，白天都在树枝上停栖，黄昏时才外出觅食。它们擅于在半空中捕食昆虫和鸟类。

Athene cunicularia

穴小鸮

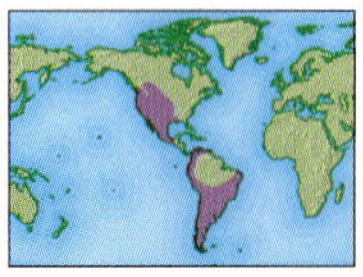

体长：19—25厘米
体重：125—250克
羽色：雌雄相异
迁徙类型：半迁徙鸟
分布：美洲北部、中部和南部，加勒比海
保护现状：无危

鸮类大多在树上栖息和筑巢，但穴小鸮却在地下洞穴中安家，这种适应特性使其能在从南美的潘帕斯草原到机场和高尔夫球场等各种没有树木的开阔地区生活。当在巢穴外警戒时，穴小鸮采取笔直站立的姿势，发出类似模仿响尾蛇的刺耳响声。它们大部分时间都在地面捕食。

Asio flammeus

短耳鸮

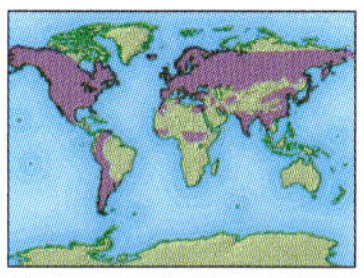

体长：37厘米
体重：200—500克
羽色：雌雄相异
迁徙类型：半迁徙鸟
分布：北美洲、南美洲西部和南部、欧洲、亚洲、非洲
保护现状：无危

短耳鸮借助长长的双翅贴近地面飞行，这种体羽斑驳的鸮类很容易被误认成鹰。短耳鸮通常独自生活，经常停栖在地面，冬天下雪时成群停栖在树枝上。食物短缺时，它们也成群结队迁飞到食物更加丰富的地区，或聚集在某个食物充裕的地方。短耳鸮大多在飞行中寻找猎物，主要捕食老鼠和田鼠等小型哺乳类，有时也捕食鸟类，一旦发现目标，便从空中猛扑下来。它们在石楠、草丛或农作物中挖洞筑巢，以确保鸟蛋的安全。鸟巢通常由雌鸟用枝条建造，这种行为在鸮类中十分罕见。短耳鸮相当安静，叫声轻柔低缓。

白天活动

短耳鸮的分布范围极广，常在白天贴近地面飞行觅食。飞行姿态就像蝴蝶一样不慌不忙，巨大的双翅使它可以飞得很慢，又不至于失去速度。

圆脸盘

短耳鸮的头部大而圆，面盘相当显眼，双眼呈鲜黄色，短小的耳羽看上去很像耳朵。

夜鹰与蟆口鸱

门：	脊索动物门
纲：	鸟纲
目：	夜鹰目
科：	5科
种：	125种

这些双翅尖长的鸟类及其近亲，包括美洲夜鹰、林鸱、裸鼻鸱和油鸱，适应了大部分时间都在空中的生活，事实上，其中的大多数物种都无法在地面行走或跳跃。它们多在晨昏或夜间捕食空中的昆虫，白天悄无声息在树枝或地面上休息。许多物种都因响亮独特的叫声被人熟知。夜鹰几乎在地球上的森林和开阔栖息地中均有分布，它们的近亲只生活在美洲、亚洲或澳洲。

身体结构

夜鹰及其近亲的体形似鸽，头较大，颈较短。它们的喙非常大，口裂宽阔，适于捕食昆虫。大多数物种尾羽很长且双翅尖长，适于在捕食时快速飞行和迅速转变方向。除了裸鼻鸱外，其他夜鹰种类均腿短脚弱，无法在地面行走。夜鹰目物种的体羽柔软，通常以斑驳的褐色或灰色为主。

口裂

夜鹰及其近亲的喙部宽大（图中为红颈夜鹰），几乎与头宽相等，捕食时可张得很大。这种结构的喙便于在飞行时有效地追捕飞虫。

觅食

大多数夜鹰主要在空中捕食昆虫，但也能冲向地面捕捉猎物。许多物种都能持续飞行，而另一些物种（如林鸱）则站在树枝上，有昆虫飞过时便突然飞出捕捉。蟆口鸱以其他鸟类、哺乳类、两栖类和昆虫为食。油鸱只吃植物果实。

口须

夜鹰（图中为欧夜鹰）及其部分近亲的嘴边长有口须，能感觉并帮助捕捉昆虫，有些物种的口须甚至还能将昆虫挡在口中。

避免被发现

林鸱（图中所示）正站立在树枝上。它的双翅平贴身体，头部朝上，喙部微张。这种姿势加上带有伪装效果的羽色，使它看上去如同一截断掉的树桩，借此蒙骗捕食者的眼睛。

Steatornis caripensis

油鸱

体长：	40—49厘米
体重：	350—475克
羽色：	雌雄相似
迁徙类型：	非迁徙鸟
保护现状：	无危

分布：南美洲北部和中部

独特的油鸱是夜鹰目中唯一取食果实的夜行性鸟类。它们白天待在洞穴深处，这些洞穴有时可深达地下1千米。夜间出洞寻找食物，有时还飞到75千米以外的地方觅食。油鸱利用视觉，甚至是嗅觉，寻找月桂和棕榈等树木的果实，发现食物后俯冲下来啄食。

回声定位

油鸱在洞穴中成群筑巢和休憩，利用回声定位在漆黑的山洞中探路；它们发出的声音频率相对较低，听上去就像咔嗒声。油鸱也通过叫声保持联络，使洞穴充满响亮的刺耳叫声。

大嘴

油鸱体呈红褐色，头、喉和双翅带有白色斑点。它的大嘴能将充足的食物携带回巢喂食雏鸟，鸟巢通常由泥土、粪便、腐烂的果实和种子构筑。

Podargus strigoides

茶色蟆口鸱

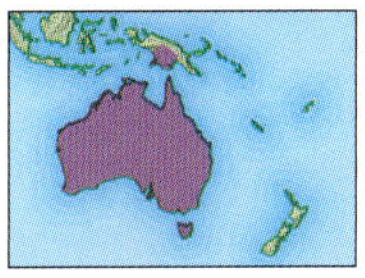

体长：	34—53厘米
体重：	175—675克
羽色：	雌雄相异
迁徙类型：	非迁徙鸟
保护现状：	无危

分布：新几内亚岛南部、澳洲（包括塔斯马尼亚岛）

茶色蟆口鸱的外表类似夜鹰，但前者并不在飞行中捕食夜间的飞虫，而是猛扑向地面的小型动物和较大的昆虫。茶色蟆口鸱的大眼有助其在黑暗中看清环境，它在夜间飞行巡视领地，然后选择合适的地点停歇，静候猎物的靠近。必要时，也在吞食较大的动物之前先将其杀死。茶色蟆口鸱成对或以家庭为单位共同生活，经常在广阔的觅食和繁殖领地中鸣叫，以彼此保持联系。鸟巢用树枝在树杈处简单搭建。受到威胁时摆出防卫姿势，身体笔直挺立，乍看上去就像一根断裂的树枝，有时还会同时张开宽阔的大嘴。

保护色

茶色蟆口鸱在面临威胁时会挺直站立，看起来就像是断裂的树木枝干。除了摆出这种姿势，有时候还会张开宽阔的大嘴。

保护色

茶色蟆口鸱的灰色羽毛上带有红色或褐色杂斑，像极了周围树木和灌丛的树枝颜色。

鸟类

Nyctibius griseus

林鸱

- **体长**：33—38厘米
- **体重**：150—200克
- **羽色**：雌雄相似
- **迁徙类型**：非迁徙鸟
- **保护现状**：无危

分布：中美洲南部、南美洲

林鸱是中美洲和南美洲的5种林鸱物种之一，独居生活，白天笔直挺立在树枝上，看上去就像是一根断裂的树干。它们还会闭上显眼的黄色眼睛，以免被捕食者发现，但又能透过眼睑的折缝保持警惕。林鸱到了夜晚十分活跃，常从栖息处飞出捕食昆虫。配对后，直接将蛋产在枝干的节孔或下陷处。

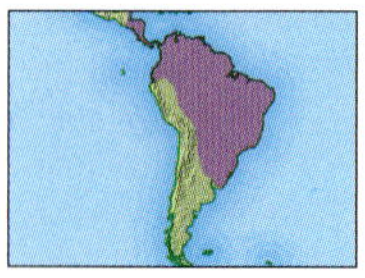

Phalaenoptilus nuttallii

北美小夜鹰

- **体长**：18—21厘米
- **体重**：30—60克
- **羽色**：雌雄相异
- **迁徙类型**：半迁徙鸟
- **保护现状**：无危

分布：加拿大南部、美国西部和中部、墨西哥中部

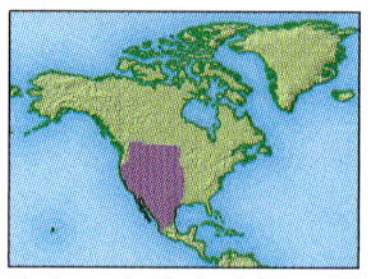

北美小夜鹰是北美洲体形最小的夜鹰，因雄鸟重复发出的双音节求偶叫声而得名。北美小夜鹰白天多栖息于林间地面，杂乱的羽色能为它们在经常活动的干燥栖息地上提供有效的隐蔽效果。北美小夜鹰夜间觅食，从栖息处飞出捕食空中的昆虫。这种鸟类冬季进入蛰伏状态，这种类似冬眠的行为在鸟类中并不常见。

Aegotheles cristatus

澳洲裸鼻鸱

- **体长**：21—25厘米
- **体重**：35—65克
- **羽色**：雌雄相异
- **迁徙类型**：非迁徙鸟
- **保护现状**：无危

分布：新几内亚岛南部、澳洲（包括塔斯马尼亚岛）

这种小型树栖鸟类夜间活动捕食昆虫，形似小猫头鹰。与其他夜鹰相比，它的腿、脚极为发达，尾羽修长。脸和头部有独特的深色斑纹，体羽带有条纹，雄鸟体呈灰色，雌鸟体呈褐色。澳洲裸鼻鸱的飞行方式好似特技，短圆的双翅使它能从停栖的树枝迅速扑出捕捉空中或地面的昆虫。但它们也会被哺乳类和巨蜥捕食。

Caprimulgus europaeus

欧亚夜鹰

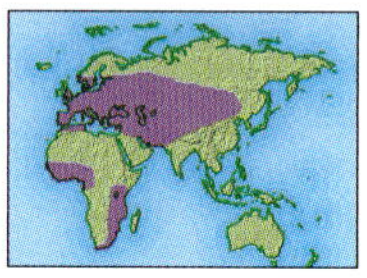

- **体长**：25—28厘米
- **体重**：50—100克
- **羽色**：雌雄相异
- **迁徙类型**：候鸟
- **保护现状**：无危

分布：欧洲，亚洲西部至东部，非洲西北部、西部和东南部

欧亚夜鹰是唯一分布在欧洲北部的夜鹰。通常在天黑后追捕空中的飞虫。雄鸟定期巡逻领地以驱赶入侵者。繁殖期间，雄鸟在空中发出类似机器的低沉叫声，并扇动双翅炫耀外侧飞羽上的白斑。欧亚夜鹰不筑巢，鸟蛋通常直接产在乔木或灌木附近的地面。雏鸟最初由雌鸟养育，但在大约2周后，雌鸟便将它们留给雄鸟照顾，随后产下第二窝卵。

保护色

欧亚夜鹰和其他夜鹰一样，白天停栖在地面或低矮的树枝上。暗淡的斑驳羽色成了它们在地面植被上活动时的最佳保护色。

斑驳的褐色体羽

欧亚夜鹰体呈斑驳的暗褐色，杂有黑色和灰色斑，双翅尖长。

Chordeiles minor

美洲夜鹰

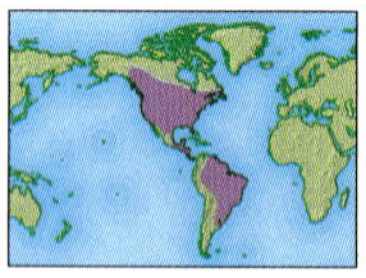

- **体长**：22—25厘米
- **体重**：45—100克
- **羽色**：雌雄相异
- **迁徙类型**：候鸟
- **保护现状**：无危

分布：美洲北部、中部和南部

美洲夜鹰是北美洲许多地区常见的夏候鸟，与夜鹰科的大多数其他物种相比，它们在白天更为活跃。常于晨昏时分在空中飞行，像鹰一样捕捉昆虫，并发出易于辨认的带有鼻音的叫声。雄鸟求偶时炫耀高超的飞行技巧，它会俯冲向下，用双翅发出空洞的隆隆声，并且几乎要撞上未来的伴侣。美洲夜鹰在各种开阔地点筑巢和停栖。在美国的部分地区，它们在碎石铺设的平坦屋顶上筑巢，这种习性有助于避开部分捕食者。鸟巢通常是在地面简单挖出的浅坑，孵卵和育雏工作均由雌鸟承担。受到干扰时，美洲夜鹰通常飞离鸟巢，在附近停歇，偶尔也对入侵者发动攻击。繁殖结束后，成群飞往南方过冬，迁徙范围可远至阿根廷等地区。

Macrodipteryx longipennis

旗翅夜鹰

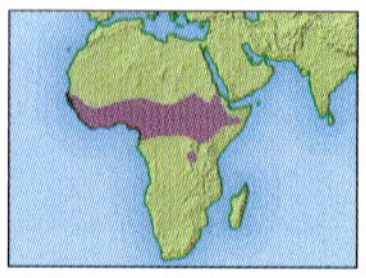

- **体长**：21—25厘米
- **体重**：60—90克
- **羽色**：雌雄相异
- **迁徙类型**：非迁徙鸟
- **保护现状**：无危

分布：非洲西部、中部和东部

雄性旗翅夜鹰飞行时极易辨认，因为它们在繁殖期间，每只翅膀上都会长出一根长达78厘米的极长羽毛。雄鸟在树冠层进行空中求偶表演，通常被雌鸟追逐，但它们也会选定一根栖木，站在那里炫耀修长的翼羽。旗翅夜鹰白天比其他夜鹰更为活跃，觅食时大多成对或结成松散的群体，雌鸟常尾随在雄鸟之后；它们通常在远离地面的空中捕食昆虫。

鸟类

蜂鸟和雨燕

门：	脊索动物门
纲：	鸟纲
目：	雨燕目
科：	3科
种：	447种

雨燕和蜂鸟的翅膀结构十分独特，飞行技术非常高超，非常适于在空中疾飞或是悬停飞行。然而，二者的外表和生活方式却截然不同。羽色较深的雨燕极少落地，大部分时间都在空中搜寻飞行的无脊椎动物；它们在飞行中睡觉，甚至能在飞行中交配。色彩斑斓的蜂鸟在花朵周围盘旋觅食，能在花朵前随意悬停。雨燕在世界各地均有分布，但蜂鸟仅分布于美洲。

取食花蜜

蜂鸟觅食时（图中为哥斯达黎加的绿紫耳蜂鸟）悬停在花朵前，将喙伸入长筒状的花朵中，用长舌吸取花蜜。

身体结构

蜂鸟和雨燕都有紧实强壮的身体及相对较小的脚爪。雨燕的羽色单调，而蜂鸟却有着绚丽的羽色和斑纹。蜂鸟的喙细长，专门用于吸食花蜜。喙长和形状因种类的不同千差万别，通常与被取食花朵的形状相匹配。雨燕的喙宽短，口裂大，适于在飞行中张嘴兜捕昆虫。蜂鸟科中还包含许多地球上体形最小的物种。

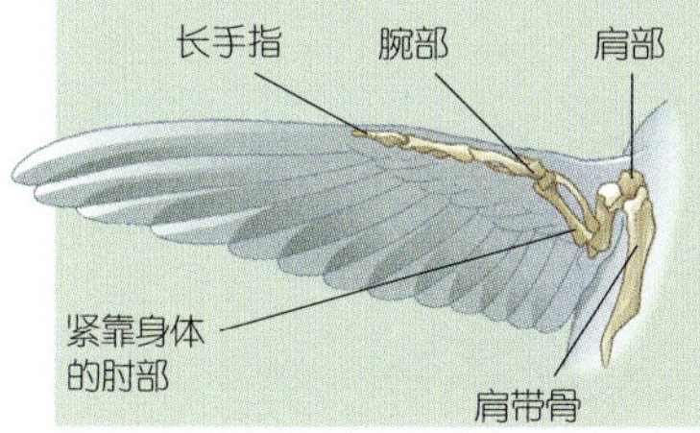

双翅

蜂鸟和雨燕的上下臂关节，即“肘部”，非常靠近身体，因此便赋予了双翅极大的灵活性和力量。这一特点就是蜂鸟能够悬停在空中的原因。

飞行

蜂鸟在飞行时翅膀沿“8”字形水平扇动，因此拥有极好的飞行操控力。它们也是唯一一种能向后飞行的鸟类，甚至能将身体颠倒过来飞行。体形稍小的蜂鸟每秒钟翅膀能扇动80次。雨燕无法在空中悬停，但可以改变双翅拍击的速度进行突然转向。

飞行中的雨燕

雨燕的外形似燕，但二者之间没有密切的亲缘关系。雨燕在空中飞行的时间较长，飞行速度更快，行踪也更加变化无常。比起雨燕，燕类更常停歇。

鸟类

Eutoxeres aquila

白尾尖镰嘴蜂鸟

分布：中美洲南部至南美洲西北部

体长：12—14厘米	
体重：10—13克	
羽色：雌雄相似	
迁徙类型：非迁徙鸟	
保护现状：无危	

这种大型蜂鸟的背部呈绿色，腹部具斑纹，尾羽末端呈白色，鸟喙像镰刀一样向下弯曲。由于喙形特殊，因此可以伸入细长的花朵中吸食花蜜，尤其是蝎尾蕉属植物。与大多数蜂鸟不同的是，白尾尖镰嘴蜂鸟常停栖在花朵上进食。它们也啄食蜘蛛网上的蜘蛛和捕捉飞行中的昆虫。雌鸟在杯状鸟巢中产下2枚椭圆形的鸟蛋，鸟巢用棕榈纤维松散编结而成，通过蜘蛛网黏附在悬垂的叶尖上。

Eriocnemis isabellae

彩毛腿蜂鸟

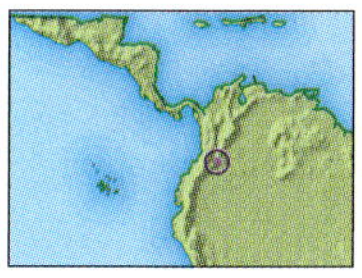

分布：南美洲西北部（安第斯山脉）

体长：10厘米	
体重：3.9—4.5克	
羽色：雌雄相异	
迁徙类型：非迁徙鸟	
保护现状：极危	

彩毛腿蜂鸟于2005年被发现，仅分布在哥伦比亚安第斯山脉的裸岩地带，一片面积不足10平方千米且寒冷潮湿的山顶矮林地带（仅6—8米高）。由于栖息地不断丧失，因此它们正濒临灭绝。彩毛腿蜂鸟具有中间为紫蓝色，边缘呈绿色闪烁的大块喉斑。其名称来源于喉斑及腿部蓬起的白色羽毛。

Ocreatus underwoodii

盘尾蜂鸟

分布：南美洲西北部和西部（安第斯山脉）

体长：11—15厘米	
体重：3克	
羽色：雌雄相异	
迁徙类型：非迁徙鸟	
保护现状：无危	

这种小型蜂鸟的雄鸟的尾羽细长，羽柄裸露无毛，末端呈蓝黑色的球拍状，极易与雌鸟区分。雄鸟求偶时上演精彩的飞行表演，竖起腿上蓬松的白色或褐色羽毛，并上下轻击尾羽，发出类似鞭打的声响。雌、雄双方通常沿着固定的飞行路线觅食，并相互呼唤保持联系。它们悬停在花朵前方，快速拍翅发出独特的蜂鸣声，同时将鸟喙伸入花管吸食花蜜。盘尾蜂鸟与大多数蜂鸟一样，夜间进入蛰伏状态，体温也下降到几乎和外界一样，以便保存能量。蜂鸟的体形太小，如果整晚都维持正常的体温，就会耗尽能量而死。

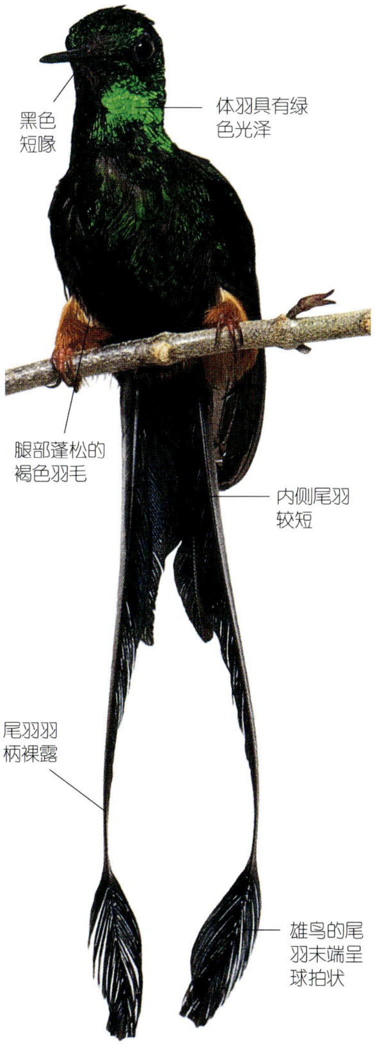

Topaza pella

赤叉尾蜂鸟

- 体长：21—23厘米
- 体重：10—15克
- 羽色：雌雄相异
- 迁徙类型：非迁徙鸟
- 保护现状：无危

分布：南美洲北部

相对较短且略微弯曲的鸟喙使得这种大型蜂鸟能采食雨林中的各种花朵。它们很少在地面活动，而是生活在雨林的中、上层，当花朵盛开时，活动范围还会扩散至整个树顶。雄鸟羽色绚烂呈闪辉深红色至紫色，尾羽极长呈黑色，末端相互交叉。雌鸟的羽色不甚绚丽，通常呈橄榄绿色，尾羽也较短。

Ensifera ensifera

剑嘴蜂鸟

- 体长：17—23厘米
- 体重：12—15克
- 羽色：雌雄相似
- 迁徙类型：非迁徙鸟
- 保护现状：无危

分布：南美洲西北部和西部（安第斯山脉）

剑嘴蜂鸟体呈暗绿色，尾羽黑色，分叉较深，鸟喙极长呈剑状，长达11厘米，是所有鸟类中唯一一种喙长超过身体其他部位总长的鸟类。剑嘴蜂鸟停栖时喙部几乎垂直向下，以免拉伤颈部。除了张开大嘴捕食飞虫外，几乎只在西番莲或曼陀罗等花冠较长的花朵上取食。这类花朵通常向下垂悬，剑嘴蜂鸟取食时悬停在花朵下，将长喙朝上伸入花朵中吸食花蜜。它们还采取沿路采收的觅食策略。有些蜂鸟占据一些花朵，不让其他蜂鸟，甚至是蝴蝶接近，而沿路采收觅食的蜂鸟则会定期光顾四散的花朵，它们能记住每朵花的位置，并依照固定的路线逐一采食。采食的间隔使这些花朵有机会产出更多的花蜜。

Patagona gigas

巨蜂鸟

- 体长：20—22厘米
- 体重：18—20克
- 羽色：雌雄相似
- 迁徙类型：非迁徙鸟
- 保护现状：无危

分布：南美洲西部（安第斯山脉）

巨蜂鸟是体形最大的蜂鸟，即便如此，体重也只有19克左右。羽色不似其他蜂鸟艳丽，全身呈淡褐色，臀部为白色。飞行方式更像雨燕，有时还在安第斯山脉的干旱峡谷和高山草坡的上空滑翔。巨蜂鸟常在仙人果和普椰属植物周围活动，在空中悬停吸食花蜜，偶尔攀附在大型花朵上觅食。

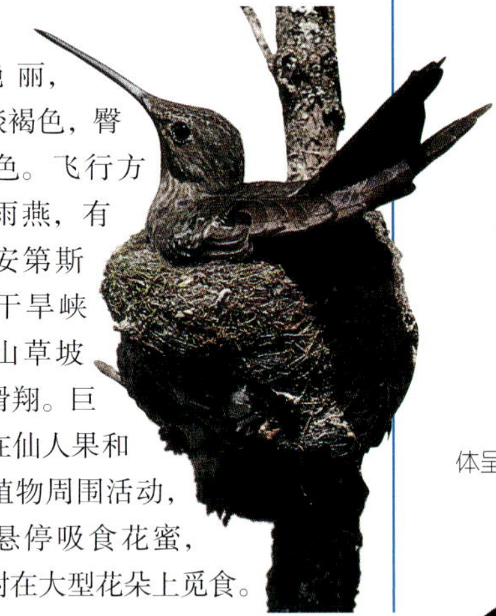

Archilochus colubris

红喉北蜂鸟

- 体长：9厘米
- 体重：3克
- 羽色：雌雄相异
- 迁徙类型：候鸟
- 保护现状：无危

分布：加拿大南部、美国中部和东部、墨西哥至中美洲南部

红喉北蜂鸟是少数进行长距离迁徙的蜂鸟之一，它们每年都从中美洲向北迁徙，最远可达加拿大一带，整个旅行长度可以超过3000千米。有些红喉北蜂鸟个体会不停歇地飞行850千米穿越墨西哥湾，对这种小型鸟类来说，这是一段相当长的距离。这种蜂鸟以花蜜为食，也通过某些啄木鸟钻出的树洞吸食树木的汁液，以及捕食被汁液吸引的昆虫。

雌鸟和雄鸟

闪耀的红色喉斑有助于将体呈绿色闪辉的雄鸟与雌鸟区分开来，雌鸟的羽色不如雄鸟艳丽。

喂养幼鸟

这种蜂鸟与其他蜂鸟一样，主要用昆虫喂养幼鸟，花蜜虽然能量丰富，但其所含的蛋白质无法满足幼鸟的成长需求。

Mellisuga helenae

吸蜜蜂鸟

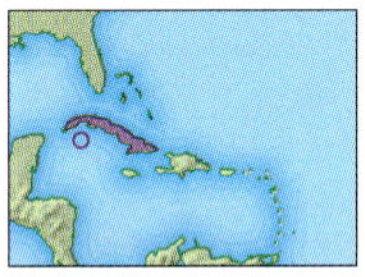

- 体长：5—6厘米
- 体重：2克
- 羽色：雌雄相异
- 迁徙类型：非迁徙鸟
- 保护现状：近危

分布：古巴青年岛

吸蜜蜂鸟是体形最小的鸟，雄鸟体重只有1.6克。吸蜜蜂鸟体呈绿色，腹部灰白色，头部羽毛火红闪耀，颈环色彩鲜艳。雌鸟的体形略大，体重约2克，头和颈部没有彩虹光泽。这种蜂鸟主要以花蜜为食，进食时身体在空中保持水平状悬停，将笔直的短喙伸入花朵中取食。鸟蛋仅有6毫米长，比一颗豌豆还小。

Oreotrochilus estella

安第斯山蜂鸟

- 体长：13—15厘米
- 体重：8—9克
- 羽色：雌雄相异
- 迁徙类型：非迁徙鸟
- 保护现状：无危

分布：南美洲西部（安第斯山脉）

安第斯山蜂鸟常见于海拔高达5000米且长有野草和灌丛的岩石坡。这种山地蜂鸟不在花朵前面悬停吸蜜，而是直接停栖在花上采食。夜间的蛰伏对它来说非常重要，因为高海拔地带的夜间气温极低，如果这种蜂鸟要维持白天时的体温，就无法存活下去。雄鸟镶有黑边的颈环带有翠绿色的彩虹光泽，易与雌鸟区分。

Cypsiurus parvus

非洲棕雨燕

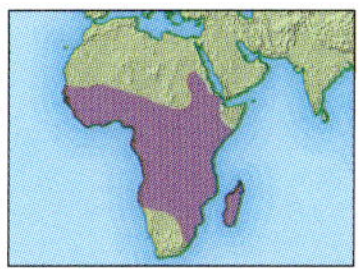

体长：14—16厘米
体重：10—18克
羽色：雌雄相似
迁徙类型：半迁徙鸟
分布：非洲、马达加斯加岛
保护现状：无危

这种中等大小的黑褐色雨燕最喜欢在蒲葵上筑巢，但也使用其他的棕榈树（或是桥梁等人工建筑物）筑巢。棕雨燕的巢中（下图）垫有羽毛和植物纤维，利用唾液将巢垂直黏附在下垂的棕榈叶上，巢中的鸟蛋也用唾液加以固定。雏鸟的趾爪极长，可以牢牢攀附在随风飘荡的鸟巢中。

Apus apus

雨燕

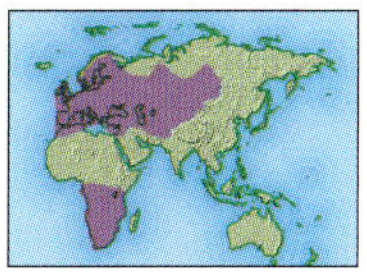

体长：16—17厘米
体重：35—50克
羽色：雌雄相似
迁徙类型：候鸟
分布：非洲北部和南部、欧洲、亚洲西部至中部
保护现状：无危

雨燕是空中最常见的鸟类之一，无论进食、交配，还是睡觉都在飞行中进行。雨燕的巢呈杯状，是用唾液将从空中抓到的植物和羽毛等材料黏合而成。它们通常在悬崖峭壁的缝隙中筑巢，如今则常在建筑物上筑巢。天气寒冷时，亲鸟常飞到距离鸟巢几百千米远的地方。幼鸟则进入蛰伏，直到天气回暖时才苏醒，这时亲鸟也带着食物返回。幼鸟离巢后在空中生活3年之久，随后降落繁殖。它们逗留在夏季繁殖地的时间相对较短。

展翅翱翔

这种群居鸟类常结成小而嘈杂的群体，在城镇上空四处觅食。它们与其他雨燕一样，飞行快而灵活，双翅能以不同速率分别拍动，借以改变飞行方向。

双翅尖长

雨燕有明显的尖长双翅和叉形尾。它们的喙部较短，脚爪细小，体羽呈黑褐色。

Hemiprocne longipennis

灰腰雨燕

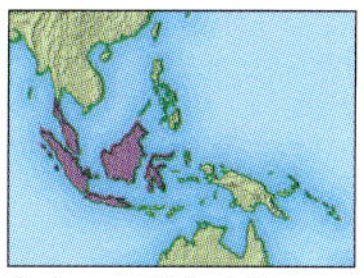

体长：23厘米
体重：无记录
羽色：雌雄相似
迁徙类型：非迁徙鸟
分布：亚洲东南部
保护现状：无危

有3种树雨燕与其他隶属雨燕科的真正雨燕不同，它们单独隶属于凤头雨燕科，且全部分布在亚洲南部。灰腰雨燕与真正的雨燕一样，也在飞行时捕捉昆虫，但在空中飞翔的时间明显较短。它们经常停息在树冠的顶枝上，当有昆虫等食物在周围出现时才飞起捕捉，与真正的雨燕十分不同。灰腰雨燕的尖长双翅呈镰刀状，尾羽深分叉，但最明显的特征是额前（上喙基部）具有直立的羽状冠。它们的鸟巢极小，由树枝和唾液黏合而成，牢牢地固定在树枝上。雌鸟仅产1枚蛋，双亲轮流孵卵时用身体将鸟巢整个覆盖，全部重量均由下方的树枝承受。灰腰雨燕喜结成小群活动，孵卵期亲鸟的领域防范意识极强。

Cypseloides niger

黑雨燕

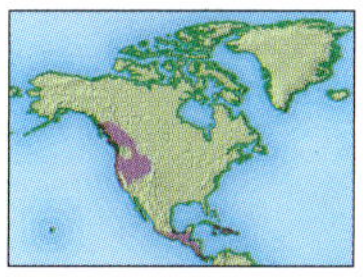

体长：18—20厘米
体重：45克
羽色：雌雄相似
迁徙类型：候鸟
分布：北美洲西部、中美洲、加勒比海
保护现状：无危

黑雨燕体色乌黑，双翅尖长，尾略呈叉形，这种飞行迅速的雨燕经常展开双翅在高空翱翔。它们与其他雨燕一样，大部分时间都在飞翔，往往集结成群在空中捕食昆虫。只有繁殖时才降落到地面上，在瀑布或河畔选定一处地点，用泥土将苔藓等植物黏合成半杯状的鸟巢。

Collocalia esculenta

白腹金丝燕

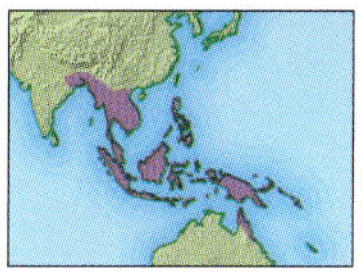

体长：11.5厘米
体重：无记录
羽色：雌雄相似
迁徙类型：半迁徙鸟
分布：亚洲中部、东部和东南部，澳洲东部
保护现状：无危

白腹金丝燕的飞行技术高超，是少数在洞穴中筑巢的雨燕之一，通常聚集形成多达数千只的群体。它的唾液腺十分发达，鸟巢完全由干燥后的唾液筑造而成。白腹金丝燕与其他雨燕一样在飞行中捕捉昆虫，还常在森林或峡谷的上空俯冲追逐猎物。东南亚部分地区的居民采集金丝燕的鸟巢用于制作燕窝羹。

Hirundapus caudacutus

白喉针尾雨燕

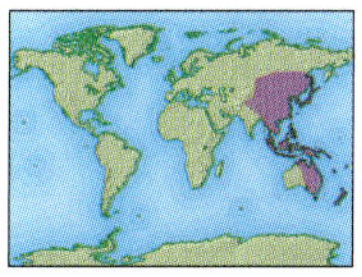

体长：达21厘米
体重：无记录
羽色：雌雄相似
迁徙类型：候鸟
分布：亚洲中部、东部和东南部，澳洲东部
保护现状：无危

针尾雨燕因尾羽末端延长呈针状而得名。全球共有4种针尾雨燕，它们的飞行速度极快，当进行求偶炫耀时，其飞行时速可达125千米。白喉针尾雨燕通常结成小群或较大的群体共同生活，在包括农田和城镇在内的各种栖息地中觅食。这种雨燕通常贴近地面低飞觅食，但也能在高空翱翔，捕食被上升气流带入空中的昆虫。白喉针尾雨燕繁殖于亚洲和喜马拉雅地区，在悬崖峭壁的缝隙或中空的树干中筑造较浅的杯状巢。到了秋季，会跨越赤道向南迁徙，最远可达塔斯马尼亚岛一带。

Chaetura pelagica

烟囱雨燕

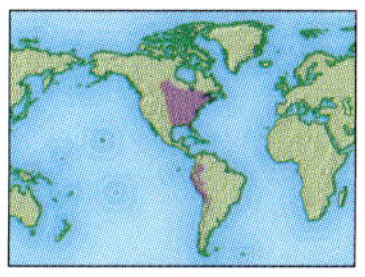

体长：12—15厘米
体重：19—25克
羽色：雌雄相似
迁徙类型：候鸟
分布：北美洲东部、南美洲西北部
保护现状：近危

这种体呈黑褐色的小型鸟类是唯一在北美洲东部繁殖的雨燕。它的鸟巢很小，呈半杯状，由唾液和树枝黏合而成，大多建造在烟囱和旧谷仓等人造建筑物上。非繁殖季节的烟囱雨燕在迁徙前或迁徙中成群栖息，有时还出现数千只个体共同栖息的场面。烟囱雨燕喜欢栖息在高高的烟囱上，常在黄昏时成群涌入烟囱。

鼠鸟

门：	脊索动物门
纲：	鸟纲
目：	鼠鸟目
科：	1科（鼠鸟科）
种：	6种

鼠鸟因奔跑动作与啮齿类相似而得名。它们常在树枝上攀爬觅食花、芽或果实。鼠鸟的脚趾非常独特，最外侧的两个脚趾可以向前（四趾朝前时倒悬在树枝上）或向后转动（用以抓握树枝）。鼠鸟仅分布于非洲，过着群居生活。

停栖

鼠鸟中一些物种的站姿独特，如图中的白头鼠鸟。它们能用灵活的脚爪抓紧树枝，使脚爪和肩膀齐平，甚至能在停栖时倒悬在树枝上。

Colius striatus

斑鼠鸟

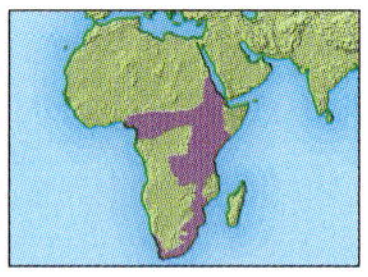

分布：非洲中部、东部和南部

体长：	30—40厘米
体重：	45—75克
羽色：	雌雄相似
迁徙类型：	非迁徙鸟
保护现状：	无危

斑鼠鸟的体态丰满，尾羽狭长硬挺，圆胖的头上具有柔软的羽冠，喙短而下弯。体羽多为褐色和灰色，双翅、颈和喉部带有暗淡的条纹和斑点，腿和脚呈红色，上喙为深灰色至黑色，下喙呈浅灰色。斑鼠鸟与其他鼠鸟一样，通常结成4—20只的群体，其中常包括一对成鸟和数只未成年个体，休息时在树枝上挤作一团睡觉。成员间彼此梳理羽毛，甚至相互提供食物。鼠鸟有时会被视为农业害鸟，常在农耕区和庭院遭到捕杀。

咬鹃

门：	脊索动物门
纲：	鸟纲
目：	咬鹃目
科：	1科（咬鹃科）
种：	40种

咬鹃的羽色华丽，生活在美洲、亚洲东南部和非洲撒哈拉以南的热带森林。其双翅短圆，尾长，体羽柔软带有金属光泽，眼周具鲜艳的裸皮。咬鹃趾型独特，两趾朝后，两趾朝前，非常适于攀握树枝。喙部短，口裂较宽，易于捕食飞行中的无脊椎动物。

筑巢

咬鹃利用树洞筑巢，或在朽木上挖出巢穴，或是利用黄蜂或白蚁的巢穴。图中的灰尾美洲咬鹃正在白蚁的巢穴上筑巢。

Pharomachrus mocinno

凤尾绿咬鹃

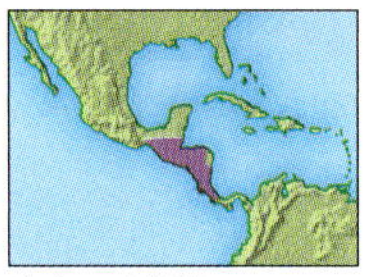

分布：中美洲

体长：	35—40厘米
体重：	200—225克
羽色：	雌雄相异
迁徙类型：	非迁徙鸟
保护现状：	近危

雄性凤尾绿咬鹃是全世界公认最漂亮的鸟类之一。它们的外表极其华丽，大部分羽毛都呈现翠绿色的彩虹光泽，胸部为饱满的深红色。雄鸟的其他独有特征还包括有着外形优美的极长尾部覆羽，以及头顶竖立的鬃毛状短羽冠。雌雄双方的体形都很丰满，且头部圆胖。凤尾绿咬鹃能一动不动长时间地待在树枝上，因此很难被发现。它们穿梭在树林间寻找果实或昆虫。雌雄双方共同承担孵卵和育雏工作，雄鸟孵卵时尾羽会从巢洞中伸出。

Trogon violaceus

紫头美洲咬鹃

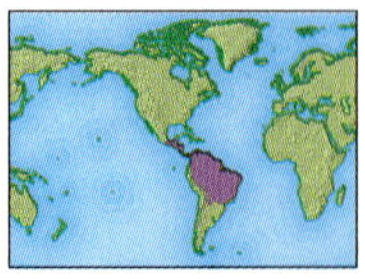

分布：墨西哥东南部至南美洲中部

体长：	23—26厘米
体重：	45—65克
羽色：	雌雄相异
迁徙类型：	非迁徙鸟
保护现状：	无危

紫头美洲咬鹃通常独自生活，大多栖息在美洲中部和南部的热带雨林和林地中（偶尔也在干燥的灌丛和农耕区出没）。雄鸟的头呈黑色，带有蓝紫色的彩虹光泽，背和上尾为绿色，胸为黄橙色，雌鸟大多为灰色。紫头美洲咬鹃通常筑巢于树洞，有时也借用白蚁或胡蜂的旧巢。它们以果实、昆虫和其他无脊椎动物为食。

翠鸟及其近亲

门：	脊索动物门
纲：	鸟纲
目：	佛法僧目
科：	10科
种：	218种

翠鸟无疑是佛法僧目中最常见的鸟类，以俯冲入水的高超捕食本领而闻名。佛法僧目分为10个不同的科（包括蜂虎、短尾鴗、翠鸰、佛法僧和犀鸟），但大多数种类都很少在水边活动。佛法僧目广布于全球的森林地带，全都在洞中筑巢。各个物种间的体形差别较大，既包括体长仅10厘米的短尾鴗，也包括体长超过1.5米的犀鸟。

捕鱼

翠鸟常停栖或盘旋于水面之上，观察水下猎物的踪迹。发现鱼类时，一头扎入水中，用嘴啄食猎物，而非刺穿猎物。

身体结构

本目大多数成员的头和喙相对较大，身体结实，双腿往往较短，趾爪较弱。趾型多为并趾型，其中朝前的两趾在趾基部愈合。大多数物种双翅短圆，但体态优雅，而善于在空中捕食的蜂虎则有着相对尖长的翅膀。翠鸟的众多近亲均尾羽较长，如翠鸰、地栖佛法僧、蜂虎和犀鸟，其中很多物种的羽色都很艳丽。

蜂虎

翠鸟

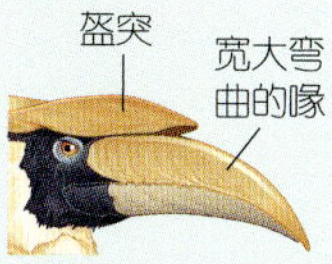

犀鸟

喙形

这一类群中大多数成员的喙部长而粗壮，这在对付猎物时非常有用。但喙形和大小在不同物种间存在较大差异：蜂虎和戴胜的喙长而下弯；翠鸟和短尾鴗的喙呈匕首状；犀鸟的喙极大，喙基顶部常具盔突。

捕食昆虫

佛法僧常从停栖处飞落地面进行捕食，如左图中的紫胸佛法僧。少数种类也在空中捕食昆虫。

食果

与其他大型犀鸟一样，双角犀鸟（右图所示）主要以植物果实为食。它利用长喙摘取树上的果实，然后抬头将食物抛入喉咙。

觅食

翠鸟的捕猎策略在本类群的许多鸟类中都很常见。返回停栖处之前，它们静静地待在一处观察周围的动静，一旦发现猎物，便起飞冲入水中或冲向地面，抑或在空中进行追捕。由于鱼类非常光滑，难以抓握，因此翠鸟在吞下猎物之前，常衔起猎物在坚硬的表面上摔打，使其丧失反抗能力。佛法僧中的大多数物种为食肉动物，取食包括其他鸟类、鱼类、哺乳类和昆虫在内的各种动物。除此之外，犀鸟也取食果实。

Megaceryle alcyon

白腹鱼狗

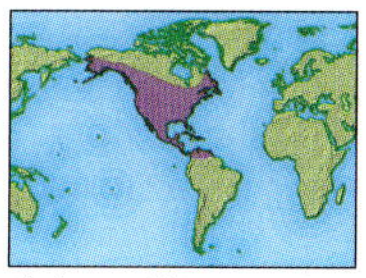

体长：29厘米	
体重：150克	
羽色：雌雄相异	
迁徙类型：半迁徙鸟	
保护现状：无危	

分布：北美洲至南美洲北部、加勒比海

白腹鱼狗是分布于北美洲的少数翠鸟之一。它们的尾羽较短近似方形，头顶的羽冠长短不一，且能竖起，雌鸟的下胸有明显的红褐色环带。白腹鱼狗无论在捕鱼或是停歇时都相当醒目，受惊时飞越水面，同时发出响亮叫声。它们主要以鱼为食，也取食甲壳类、两栖类和爬行类。求偶时，在空中绕圈飞行并相互追逐，同时发出尖厉的叫声。雄鸟还会将小鱼献给停栖着的雌鸟，作为求偶方式的一部分。白腹鱼狗通常在没有植被的堤岸地面挖掘洞穴，在洞穴末端筑巢，也在人造的土方工程内筑巢。当湖泊和河流结冰时，栖息在北方的种群便开始向南迁徙。

Ceryle rudis

斑鱼狗

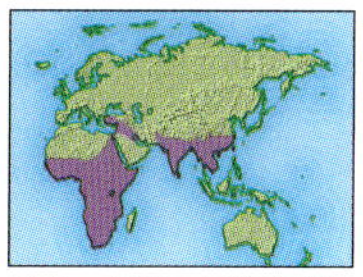

体长：25厘米	
体重：90克	
羽色：雌雄相异	
迁徙类型：非迁徙鸟	
保护现状：无危	

分布：非洲，亚洲西部、南部和东南部

这种花纹明显的大型翠鸟分布十分广泛，从非洲西部和南部一直向东延伸到中国境内。斑鱼狗头顶的羽冠蓬松，上胸部的宽阔胸带十分醒目，雄鸟有两圈胸带，雌鸟的胸带不如雄鸟宽。与其他大部分鱼狗不同的是，它们能在淡水和咸水两种栖息地生活，有时还冒险进入河口和浅水海域活动。斑鱼狗的飞行速度很快，但追捕猎物时常在水上盘旋，然后才向下俯冲进行捕捉。斑鱼狗在沙岸筑巢，采用合作方式繁殖，4只不繁殖的年轻成鸟帮助繁殖期的雌雄配偶抚育下一代。斑鱼狗性格自信且十分爱叫，常在飞行时发出尖厉的哨声。

Alcedo atthis

普通翠鸟

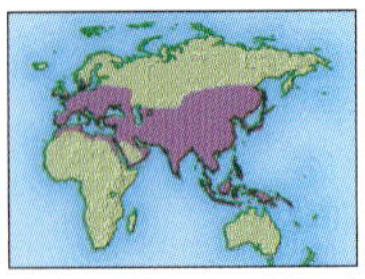

分布：欧洲、亚洲、非洲北部

体长：16厘米
体重：35克
羽色：雌雄相似
迁徙类型：半迁徙鸟
保护现状：无危

普通翠鸟是唯一在欧洲大部分地区都可见到的翠鸟，欧洲人将它俗称为欧亚翠鸟。这种活跃而敏捷的小型鸟类有着独特的鲜艳羽色。普通翠鸟分布在欧洲西部到非洲北部，一直往东至亚洲东部和东南部，目前已发现7个亚种，各个亚种在体形和羽色变化上差异明显。分布在西部的亚种能在大多数水生栖息地生活，但更喜爱在低地、淡水溪流或河流附近活动。分布在东部的亚种更常见于海岸或次海岸栖息地，尤其是河口、红树林和潮水坑。严寒的气候迫使生活在高纬度地区的种群在冬季迁徙，但生活在较温暖地区的种群则只在局部地区迁移或半定居生活。普通翠鸟虽然也捕捉甲壳类、两栖类和昆虫补充营养，但主要以俯冲入水捕食小鱼为主。每对繁殖鸟沿河畔占据1千米长的领域。普通翠鸟在整个繁殖季节都维持配偶关系，雌雄双方共同孵卵，并照顾雏鸟长达4周时间，直到幼鸟可以离巢为止。

羽色炫目

普通翠鸟羽色绚烂，腹部呈橙棕色，头顶、背和双翅呈蓝绿色，腰和尾为艳丽的钴蓝色，尖喙非常适于捕食和咬住鱼类。

求偶配对

翠鸟的求偶行为十分复杂，包括飞行时的扭身和转向，双方在交配前还会相互喂食。

俯冲捕鱼

翠鸟偏爱从有利的制高点近乎垂直地俯冲入水，偶尔也先在空中盘旋，再扑入水中，其潜水深度通常不超过25厘米。借助浮力和双翅的迅速向下拍击，它们便能冲出水面。

快速敲击

普通翠鸟利用精彩的俯冲入水动作捕获猎物，将猎物带回栖木，随后在树枝上不停摔打，待猎物死后才从头吃掉。无法消化的身体部位通常以食丸的方式吐出。

鸟类

Dacelo novaeguineae

笑翠鸟

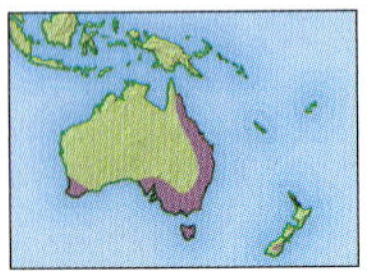

体长：42厘米
体重：350克
羽色：雌雄相似
迁徙类型：非迁徙鸟
保护现状：无危
分布：澳洲东部、东南部和西南部（包括塔斯马尼亚岛），新西兰

笑翠鸟是体形最大的翠鸟，因发出类似笑声的沙哑鸣叫而闻名于整个澳洲，鸣叫时鸟喙半张朝向天空，同时竖起尾羽。生活在城镇中的笑翠鸟相当温驯，甚至能用手给它们喂食。它们组成稳固的家族群，白天待在相互可以看到或能听到彼此声音的地方，夜间则一起栖息。这种翠鸟已被引入澳洲西南部、塔斯马尼亚岛和新西兰。

笑翠鸟的背和双翅呈深褐色，腹部为灰白色，白色的头部具独特的黑色眼纹。

觅食

笑翠鸟与生活在河流周围的翠鸟不同，多在地面捕食。它们通常静静地站立在树枝上，一旦发现昆虫、蜗牛、蛙类、小型鸟类、鱼类和爬行类等猎物，便俯冲过去捕捉，用喙咬碎小型猎物，如果捉到大型猎物（如图中的蛇），就会衔着猎物在树枝上不停摔打，待其死后才进食。

Clytoceyx rex

铲嘴翠鸟

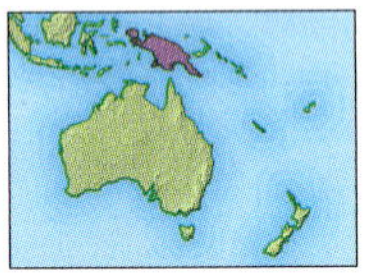

体长：34厘米
体重：300克
羽色：雌雄相异
迁徙类型：非迁徙鸟
保护现状：无危
分布：新几内亚岛

铲嘴翠鸟仅分布在新几内亚岛，与人们所熟知的澳洲笑翠鸟之间的亲缘关系紧密。它们栖息在潮湿的溪谷、山谷及树荫浓密的溪畔地带。这种大型翠鸟身体沉重，头、上背和双翅呈深褐色，下背和臀部呈鲜艳的天蓝色。雄鸟的尾羽为暗蓝色，雌鸟则是淡红色。幼鸟腹部的羽毛镶有黑色细边，后颈被颈圈环绕。喙异常粗短宽阔，适于在森林地面挖掘蚯蚓。它们将喙插入松软的泥土中左右移动，碰到蠕虫时便立刻拽出。这种鸟的习性鲜为人知，性格羞怯谨慎，只有当一只或成对的个体从地面飞冲到树冠层时，才有可能被发现。

Todus todus

短尾鴗

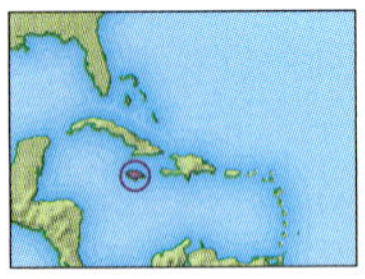

体长：11厘米
体重：6克
羽色：雌雄相似
迁徙类型：非迁徙鸟
保护现状：无危
分布：牙买加

这种小型鸟类是全球5种短尾鴗之一，体羽呈鲜绿色，外形似翠鸟，头部很大，扁长的喙有两种颜色，颏部为鲜艳的深红色。停栖在枝头时，喙尖总是朝向天空，寻找上方树叶和细枝背面的昆虫。短尾鴗通常急速飞出捕捉猎物，有时也在空中盘旋。它们在黎明到黄昏这段时间内特别活跃，是觅食效率最高的鸟类之一。叫声为带鼻音的响亮“beep”声。

Momotus momota

蓝顶翠鴗

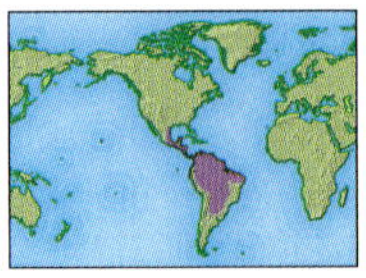

体长：47厘米
体重：150克
羽色：雌雄相似
迁徙类型：非迁徙鸟
保护现状：无危
分布：中美洲至南美洲中部、特立尼达岛和多巴哥岛

蓝顶翠鴗的身体健壮，中央尾羽极长，羽柄裸露，仅尾端留有球拍状的羽毛，体羽大致呈绿色，眼纹为黑色。这种生性安静且不显眼的鸟类白天大多静立在低矮的树枝上，不时地左右摇摆尾羽。然而到了清晨和傍晚，它们就变得非常活跃，常发出悠扬的叫声。主食昆虫，在地面或落叶中翻捡捕食，有时也从树干上捕获猎物。

Merops apiaster

黄喉蜂虎

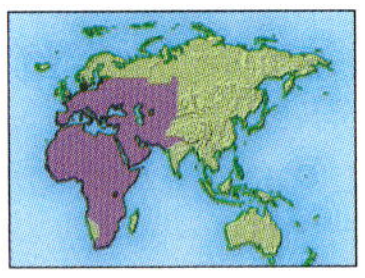

体长：30厘米
体重：70克
羽色：雌雄相似
迁徙类型：候鸟
保护现状：无危
分布：非洲，欧洲，亚洲西部、中部和南部

黄喉蜂虎是最常在空中飞行的蜂虎之一，这种体形中等的鸟类双翅长尖，喙细长锋利。白天大多停栖在电线、篱笆或树枝上，主要以昆虫为食，尤其爱吃蜂类。捉到猎物后，先把猎物的尾部抵在树枝上迅速摩擦去除毒液，用喙将毒液和螯刺挤出。黄喉蜂虎通常集群繁殖，鸟巢筑于洞穴中。

Merops bullockoides

白额蜂虎

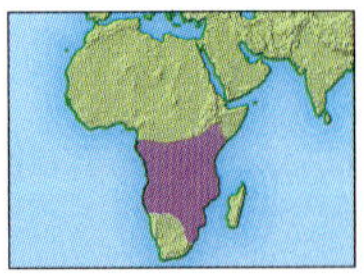

体长：23厘米
体重：35克
羽色：雌雄相似
迁徙类型：半迁徙鸟
保护现状：无危
分布：非洲南部

白额蜂虎生活在成员多达16只的家族群中。这些家族群共同集群繁殖，形成数量多达500只或更多的大型群体。尽管每个家族群都英勇捍卫自己的觅食领地，但不同的家族成员之间还是会彼此问候，并定期访问附近其他成员的洞穴。

鸟类

Coracias garrulus

蓝胸佛法僧

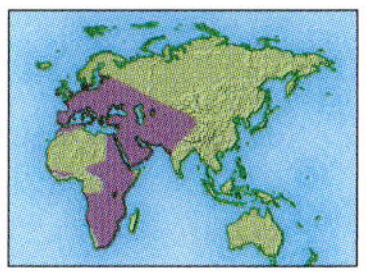

体长：32厘米
体重：150克
羽色：雌雄相似
迁徙类型：候鸟
保护现状：近危

分布：非洲、欧洲、亚洲西部和中部

蓝胸佛法僧的身体较重，体羽呈明显的蓝色和红褐色，翅尖为黑色。大部分时间都停栖在裸露的枝头或电线等显眼位置，以寻找地面上的昆虫。蓝胸佛法僧主要捕食昆虫，也吃小型爬行类、哺乳类、鸟类和果实。鸟巢筑于中空的树干或树洞中。

Upupa epops

戴胜

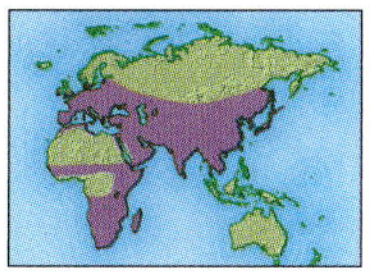

体长：28厘米
体重：75克
羽色：雌雄相似
迁徙类型：半迁徙鸟
保护现状：无危

分布：欧洲、亚洲、非洲、马达加斯加岛

戴胜的羽色鲜艳，喙细长下弯，羽冠呈扇状，相当容易辨认。它们白天多在地面活动，用嘴在土中翻找昆虫，食物还包括蚯蚓、蜗牛、蚰蜒和蜘蛛。戴胜的飞行呈波浪状，起伏期间振翅有力。戴胜因气味难闻和不讲卫生而声名狼藉。堆积着粪便、食物残渣和雏鸟分泌物的鸟巢恶臭熏天，但据说这种气味能吓退捕食者。

Buceros bicornis

双角犀鸟

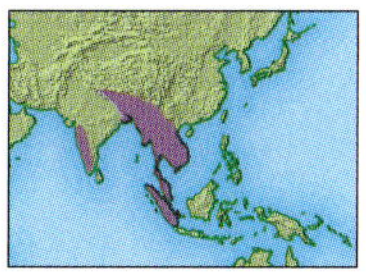

体长：1.5米
体重：3千克
羽色：雌雄相似
迁徙类型：非迁徙鸟
保护现状：近危

分布：亚洲南部和东南部

双角犀鸟是外表最壮观的一种犀鸟，它们体形巨大、叫声响亮，鼓动翅膀时发出很大的声响。鸟喙巨大，上喙的盔突明显，双翅长而圆润。梳理羽毛时，尾脂腺分泌的油脂会让喙、盔突和白色的头颈染上黄色。双角犀鸟大多在林冠层生活，采用侧向连续跳跃的方式在林间轻松移动。双角犀鸟通常沿固定路线飞行，每天都在同一时间前往特定的乔木上活动。它们主要取食果实，尤其嗜食无花果，但也捕食爬行类、两栖类、小型哺乳类和鸟类。它们用喙尖叼住果实和小型猎物，将其向上抛起，然后用嘴精准地接住并吞下。较大的猎物则先用喙压扁并在树枝上摔碎后才慢慢吞食。双角犀鸟与其他犀鸟一样，也在天然的树洞中筑巢，雌鸟孵卵期间，雄鸟用泥巴封住巢口，只留出狭窄的开口，以便能将食物递给洞穴内的雌鸟。大约3个月后，雌鸟破巢而出，而雏鸟则把入口重新封好，留在巢中继续由亲鸟喂哺1个月后才倾巢而出。

Phoeniculus purpureus

绿林戴胜

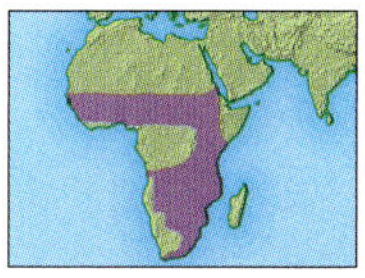

体长：38厘米
体重：75克
羽色：雌雄相似
迁徙类型：非迁徙鸟
保护现状：无危

分布：非洲（撒哈拉以南地区）

这种鸟的体态纤细，尾羽修长，喙细长下弯，黑色的羽毛具绿色和深紫色的彩虹光泽，在不同的光源下呈现颜色和饱和度的不同变化。喙部适于在攀爬树木时伸入缝隙或树皮中寻找昆虫。绿林戴胜生活在关系紧密的群体中，群体成员可多达16只，由一对配偶统治。当邻近的群体相遇时，通常有一或两只鸟在空中高举着树皮挥舞炫耀，群体中的其他成员则在树枝上挤作一团，不断摇动身体并发出大叫。

Tockus leucomelas

南黄弯嘴犀鸟

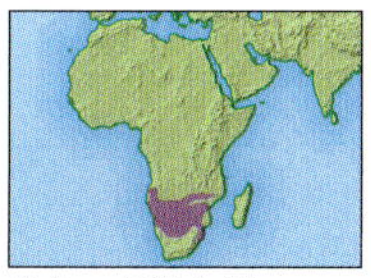

体长：50—60厘米
体重：250克
羽色：雌雄相似
迁徙类型：非迁徙鸟
保护现状：无危

分布：非洲南部

这种小型犀鸟有着鲜黄色的弯曲鸟喙，黑色双翅上带有白色斑点，以昆虫和果实为食，尤其嗜食无花果。南黄弯嘴犀鸟有时与侏獴结伴觅食，后者惊起蝗虫供犀鸟取食；而前者在危险逼近时，发出报警叫声以回报伙伴。

Bucorvus leadbeateri

红脸地犀鸟

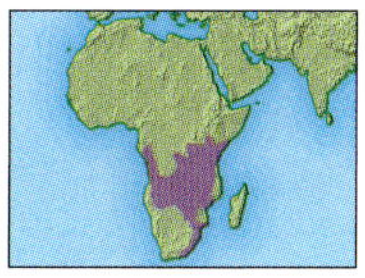

体长：1.3米
体重：无记录
羽色：雌雄相似
迁徙类型：非迁徙鸟
保护现状：易危

分布：非洲南部

这种大小类似火鸡的犀鸟和地犀鸟是犀鸟中体形最大的物种，也是少数主要在地面进食的犀鸟之一。红脸地犀鸟通体几乎为黑色，只在翅膀上有白斑，脸和喉部的鲜艳裸皮是其最显眼的特征。雄鸟的裸皮呈红色，雌鸟的则是蓝色。红脸地犀鸟过群居生活，群体成员多达8只，主要以小型动物为食。它们在树洞中筑巢，但每个群体中只有占据支配地位的一对配偶才能繁殖，年轻的成员负责采集食物和保护鸟巢。

鸟类

啄木鸟和巨嘴鸟

门：	脊索动物门
纲：	鸟纲
目：	䴕形目
科：	5科
种：	411种

这类树栖鸟包括啄木鸟、巨嘴鸟、拟䴕、鹟䴕、响蜜䴕和蓬头䴕。䴕形目鸟类的趾型相似，其中两趾朝前，两趾朝后，有助其在树上轻松攀爬。它们都在树干上凿洞筑巢。啄木鸟和拟䴕开凿树洞筑巢，前者的喙粗壮，可当成凿子使用。䴕形目大多为热带鸟类，只有啄木鸟广泛分布于温带地区。奇怪的是，没有任何物种在澳洲有分布。巨嘴鸟和拟䴕通过吃掉某些树木的种子，然后将其排出体外来帮助树木传播种子，啄木鸟则通过取食带有传染病菌的昆虫，来抑制某些树木病害的传播。

繁殖

尽管本类群的所有成员都在洞中筑巢，但并不都在树干上筑巢。体形较小的啄木鸟喜欢在已经死掉或腐烂树木形成的树洞里筑巢。鹟䴕、蓬头䴕和拟䴕在地面或白蚁丘上凿洞为巢。响蜜䴕与其他科的鸟类不同，为寄生性繁殖，将卵产于包括啄木鸟在内的其他鸟类的洞巢内。巨嘴鸟雏鸟的脚跟长有刺突状的保护垫，可以在没有铺衬的巢中保护踝关节免受损伤。

筑巢

与大多数拟䴕一样，黑领拟啄木鸟在枯死的树木上筑巢，有时它们也与若干同类共享巢穴。少数物种在岸边或白蚁巢中掘穴产卵。

身体结构

啄木鸟和拟䴕是䴕形目中最善于攀爬的物种，它们的腿部肌肉发达，尾羽的羽干大多十分坚硬，在它们垂直攀于树干时能起到很好的支撑作用。啄木鸟啄食时头部承受着极大的冲击力，由于它的颅骨非常坚固，具有海绵构造的层状骨架结构，因此能对外力起缓冲和减震作用。啄木鸟的鼻孔呈裂缝状，可防止吸入木屑。它们的舌头细长，上面不仅长有很多锐利的倒刺，还布满了黏性唾液，非常适于捕食昆虫。响蜜䴕的皮肤较厚，能避免被蜜蜂蜇伤，它们的消化道中还存在特殊的微生物，有助于消化蜂蜡。

喙形

本类群成员的喙形多样。啄木鸟的喙尖长，非常适于凿开木头。拟䴕的喙强壮，用于对付猎物。巨嘴鸟的喙巨大，喙缘带锯齿，适于摘取和撕碎植物果实。蓬头䴕和鹟䴕的喙端锋利，用于捕蝇。

脚趾

啄木鸟及其近亲的脚趾为对趾型，即第2和3趾朝前，1和4趾朝后，这种脚趾排列方式有助其在树干上攀爬和停栖。

向导

响蜜䴕得名于其常以鸣叫或姿态引导大型哺乳类找到蜂巢的习性，如右图中的北非响蜜䴕。

觅食

䴕形目鸟类主要以昆虫为食。啄木鸟从树木表面或树皮下的树洞中捕捉昆虫，它们的长舌头能够找到藏在树干深处的昆虫并将其钩出。其他物种则直接扑向昆虫或在空中捕食；鹟䴕在飞行中捕食昆虫，是唯一取食大闪蝶的鸟类，进食前先拔掉这种美洲热带蝴蝶的翅膀。巨嘴鸟和大多数拟䴕几乎完全以果实为食。响蜜䴕则是唯一取食蜂蜡的鸟类，但也吃昆虫和果实。

食果

巨嘴鸟主要以植物果实为食，如左图中的鞭笞巨嘴鸟。长喙有助于它们从较远的纤细枝条上摘取果实。

筑巢和育幼

啄木鸟的强壮鸟喙不仅用于在树干上凿挖巢洞，还能对其他在树洞中筑巢物种进行有效防守。图中的绿啄木鸟正在给雏鸟喂食从地面捉来的蚂蚁。

Galbula ruficauda

棕尾鹟䴕

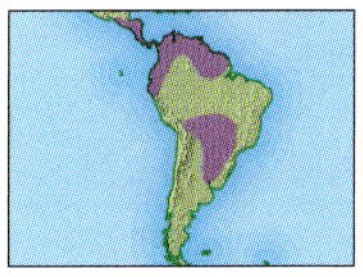

体长：25厘米
体重：25克
羽色：雌雄相似
迁徙类型：非迁徙鸟
保护现状：无危

分布：中美洲南部、南美洲西北部和中部

棕尾鹟䴕只分布于美洲中部和南部，鹟䴕科的17个物种均具有鲜艳的彩虹光泽羽毛，通常在半空中捕捉蝴蝶、蜜蜂、有翅的蚂蚁和蜻蜓等大型昆虫。棕尾鹟䴕头和上胸泛金属绿色，下胸、腹和尾羽为赤褐色，喙细直，状如匕首。雄鸟的颏部为白色，雌鸟为赤褐色。雏鸟孵出时长有绒羽，与大多数䴕形目物种都不同。棕尾鹟䴕通常成对或以家庭为单位共同生活，多停栖在没有遮挡的树枝上静候猎物。雌雄双方共同孵卵和喂养幼鸟。这种鸟的叫声尖锐响亮，发出由缓至急的“pee—pee—pee”声，以一个颤音结束。

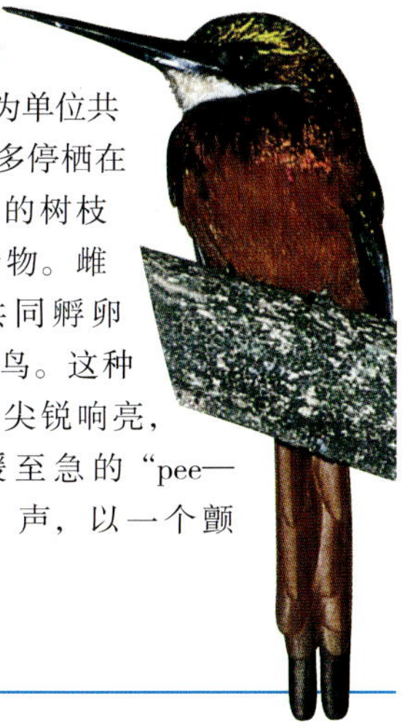

Megalaima virens

大拟䴕

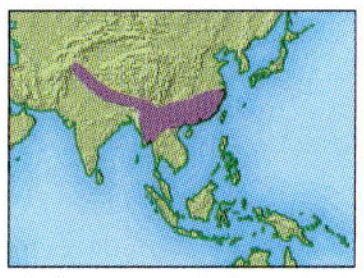

体长：32厘米
体重：200—300克
羽色：雌雄相似
迁徙类型：非迁徙鸟
保护现状：无危

分布：亚洲中部、东南部和东部

大拟䴕是体形最大的拟䴕之一，外形笨拙，喙粗大，上、下喙基部有发达的口须。大拟䴕与其他拟䴕一样，雌雄双方常进行对唱。鸣叫时喙部闭合，喉部不断膨胀收缩，发出重复的响亮悦耳的叫声。尽管大拟䴕通常独自生活，但有时也在树顶成群觅食。它们在树干上凿洞筑巢，雌雄双方共同喂养幼鸟。

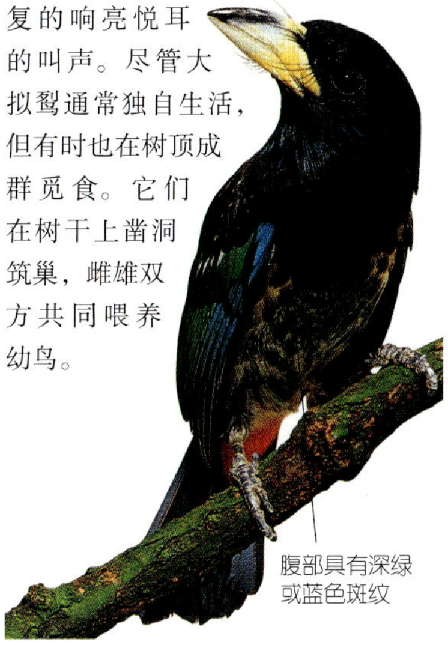

Pogoniulus bilineatus

金腰钟声拟䴕

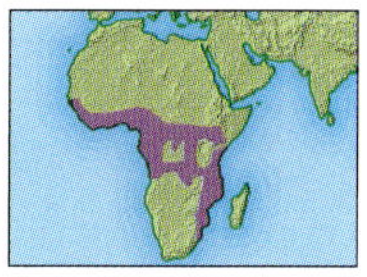

体长：10厘米
体重：13克
羽色：雌雄相似
迁徙类型：非迁徙鸟
保护现状：无危

分布：非洲西部至东南部

这种分布广泛的非洲鸟类有着不同的羽色和斑纹，能发出一连串似金属的爆裂声。鸣叫时，身体挺立，喉部鼓胀，臀羽立起。这种小型拟䴕常在树冠层、灌丛和藤本植物中快速移动，捡拾果实和昆虫，偶尔也捕捉飞行中的昆虫。金腰钟声拟䴕对其他小型拟䴕极不友好，领地意识极强。求偶时也做出振翼飞翔的动作。

Bucco capensis

领蓬头䴕

体长：21厘米
体重：55克
羽色：雌雄相似
迁徙类型：非迁徙鸟
保护现状：无危

分布：南美洲北部

蓬头䴕科由约32种蓬头䴕共同构成，羽色暗淡，体形小至中等，觅食方式为静伺、伏击。大多数蓬头䴕在树顶捕食，体形较大的物种用强壮的钩状喙捕捉小型爬行类。领蓬头䴕的喙为橙色，背部呈棕褐色，腹部泛白，胸带宽大。羽毛蓬松，脚爪细小，栖息在潮湿的低地森林，大部分时间都静立在枝头，只有头部偶尔环顾周围寻找猎物。这种习性让它获得“睡鸟”的绰号。

Chelidoptera tenebrosa

燕翅䴕

体长：18厘米
体重：35克
羽色：雌雄相似
迁徙类型：非迁徙鸟
保护现状：无危

分布：南美洲北部和中部

燕翅䴕拥有与体形极不相称的长翅膀，飞行时就像是一只蝙蝠或大型蝴蝶。能在空中进行高难度的杂技表演。体呈黑色至深灰色，比其他蓬头䴕更常在阳光下停栖，且更容易被发现。捕食时静静地在树枝上等待，一旦发现猎物便飞起追击，偶尔还会盘旋。

Trachyphonus darnaudii

东非拟䴕

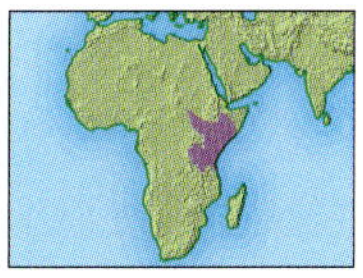

体长：20厘米
体重：30克
羽色：雌雄相似
迁徙类型：非迁徙鸟
保护现状：无危

分布：非洲东部

拟䴕大多生活在树林中，但也有少数会在地面生活，尤其是热带非洲的物种。东非拟䴕就是其中的一种，通常在裸露的地面或草丛中跳跃搜寻食物，也在低矮的灌丛和树林中觅食昆虫、果实和种子。它们栖息于散生着树木的草地、灌木林或开阔林地等平坦地带。看到人类也不胆怯，最著名的特点是雌雄配对时的二重唱表演，此时双方竖起头顶的羽冠，并不时上翘尾羽。东非拟䴕能发出不同的叫声，包括警告声。这种体呈黄橙色、黑色和红色的拟䴕进行炫耀时展开尾羽，晃动头部并擦拭喙部。东非拟䴕过着群居生活，大多成对或组成小型家族群，成员由一对繁殖个体和数只从属个体组成，从属个体还会帮忙抚育幼鸟。配对个体的领地意识强烈，利用二重唱来标示自己的领域范围。雌、雄鸟在地面垂直挖洞筑巢，在巢中铺垫野草。

Lybius dubius

须拟䴕

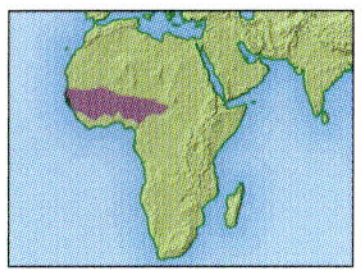

体长：25厘米
体重：70—125克
羽色：雌雄相似
迁徙类型：非迁徙鸟
保护现状：无危

分布：非洲西部

分布在亚洲和南美洲的拟䴕，就像分布在非洲的须拟䴕一样，通常身体结实，羽色华丽。大多数物种因喙基部的显眼口须而得名。须拟䴕的背部呈黑色，腹部为红色，胸带黑色，两胁为白色，喙粗大有力，主要以果实为食，尤其嗜食野生的无花果，有时也啄食树皮上的昆虫。

鸟类

Indicator indicator

黑喉响蜜䴕

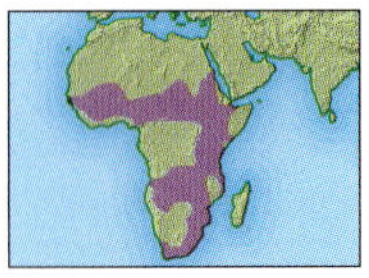

体长：20厘米
体重：50克
羽色：雌雄相似
迁徙类型：非迁徙鸟
保护现状：无危

分布：非洲（撒哈拉以南地区）

黑喉响蜜䴕因能引导人类和蜜獾等动物找到野生蜂巢而闻名。一旦蜂巢被破坏，响蜜䴕就飞下来取食。除了蜂蜡和蜂蛋外，这种鸟类也取食蚂蚁、白蚁、昆虫幼虫甚至是其他鸟类的蛋。黑喉响蜜䴕为寄生性鸟类，自己不筑巢。孵出的雏鸟具钩状喙，可用于杀死寄主的雏鸟。

Melichneutes robustus

琴尾响蜜䴕

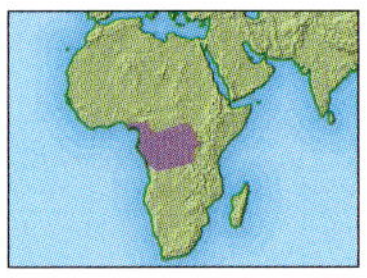

体长：9.5厘米
体重：55克
羽色：雌雄相似
迁徙类型：非迁徙鸟
保护现状：无危

分布：非洲中部

琴尾响蜜䴕的尾羽形似竖琴，体羽呈浅褐色，外层羽毛带有白斑，栖息在低地和低山森林中，也在咖啡园中活动。琴尾响蜜䴕与黑喉响蜜䴕（左图）不同，它们不会引导其他动物寻找蜂巢。全年都进行的精彩飞行炫耀是它们最著名的特征。在雌雄双方都参与的炫耀活动中，它们先飞到森林上空，然后以“之”字形或螺旋状迅速下降。飞行中的声音可能是气流通过尾羽时发出的。这种罕见的行为和觅食地点（蜂巢）有关。琴尾响蜜䴕主要以蜂蜡为食，但也在空中捕食昆虫。它们也是一种不筑巢的寄生性鸟类，有可能将蛋产在拟䴕的巢中。

Aulacorhynchus prasinus

绿巨嘴鸟

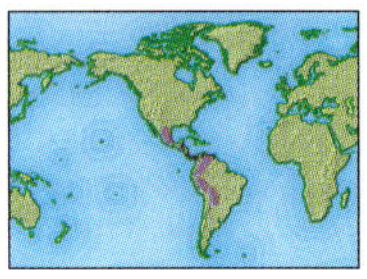

体长：30厘米
体重：150克
羽色：雌雄相似
迁徙类型：非迁徙鸟
保护现状：无危

分布：墨西哥、中美洲南部、南美洲西部

巨嘴鸟是巨嘴鸟科中体形中等的物种，鸟喙大小适中。这种山地鸟类通常在山林里活动，成对或结成小群共同生活，在洞中筑巢和歇息，也叽叽喳喳地成群聚集在结满果实的树上。绿巨嘴鸟的叫声响亮富有变化，不仅能发出低哑的叫声，也会模仿当地许多鸟类的鸣叫。它的长喙呈黑、黄两色，喙基部为白色，是摘取果实和猎食动物的有力工具。

Pteroglossus castanotis

栗耳簇舌巨嘴鸟

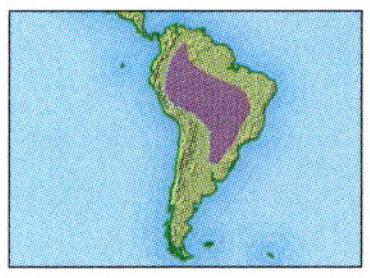

体长：30—40厘米
体重：300克
羽色：雌雄相似
迁徙类型：非迁徙鸟
保护现状：无危

分布：南美洲北部至中部

与其他大多数巨嘴鸟相比，栗耳簇舌巨嘴鸟的体形更为轻巧，色彩鲜艳的长喙上有黄色的齿状花纹。它们生活在森林和森林边缘，在树冠层不断四处跳跃。多结成小群在树洞中休憩，一起捕食昆虫和其他小型动物，有时也成大群聚集在结果的树木上。配偶之间常相互喂食和理羽。飞行路径也和其他巨嘴鸟一样，呈波浪状起伏。

Ramphastos toco

巨嘴鸟

体长：53—60厘米
体重：550克
羽色：雌雄相似
迁徙类型：非迁徙鸟
保护现状：无危

分布：南美洲东北部至中部

这种鸟是体形最大的巨嘴鸟，巨大橙色喙的长度达19厘米。当在空中起伏飞行时，巨大的喙、白色的臀和红色的尾下覆羽特别显眼。巨嘴鸟分布于林地、河岸带状林、稀树草原、树丛，甚至是开阔的乡间。通常站在枝头取食果实或捕捉猎物，但也在地面捡食落果。巨大的鸟喙能让它们吃到在无法负荷其体重的细树枝上的果实。摘到食物后，先用喙尖夹住，然后仰起脖子把食物向上抛起，再张开大嘴，使食物准确地掉进喉咙里。和其他巨嘴鸟相比，这种鸟的群体性不强，有时也周期性地迁移至新的地区，这种现象每隔数年就发生。它们也在部分冬季进行局部性的迁徙。巨嘴鸟在枯死或活的树洞中筑巢，有时也在路堤上筑巢，还会利用陆栖白蚁的巢穴。叫声低沉浑厚，通常都在高处的树枝上鸣叫。

Jynx torquilla

蚁䴕

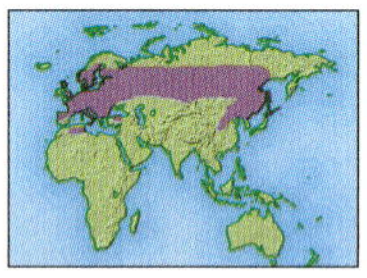

体长：16厘米
体重：10克
羽色：雌雄相似
迁徙类型：候鸟
保护现状：无危

分布：欧洲至亚洲、非洲北部

蚁䴕的脖颈能像蛇一样扭转，故被称为“歪脖鸟”。布满斑点的褐色、灰色、暗黄色和白色的羽毛与树皮和地面沙土的颜色相似，因此极具隐蔽效果。蚁䴕以蚂蚁的幼虫和蛹为食，用喙穿破蚁洞，利用舌头黏取食物。

Picumnus cirratus

白斑姬啄木鸟

体长：10厘米
体重：10克
羽色：雌雄相似
迁徙类型：非迁徙鸟
保护现状：无危

分布：南美洲东北部至中部

姬啄木鸟（约有30种）是啄木鸟科中体形最小的一类。与典型的啄木鸟不同的是，姬啄木鸟尾部的羽干不能在攀树时起到支撑作用。白斑姬啄木鸟的尾羽短而柔软，体呈褐灰色，雄鸟的头顶呈红褐色。它们分布在开阔的林地、稀树草原、灌丛和林缘等各种栖息地中，通常在低海拔地带的树枝、藤本植物和竹子上觅食，在枯枝上的洞里筑巢和栖息。这种小型鸟以小型昆虫为食，通过用力凿木获取食物。

Melanerpes formicivorus

橡树啄木鸟

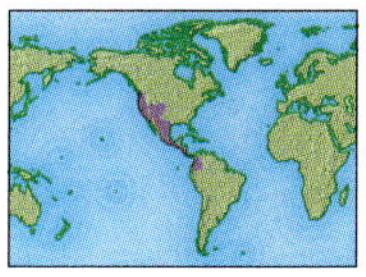

体长：23厘米
体重：65—90克
羽色：雌雄相似
迁徙类型：非迁徙鸟
保护现状：无危

分布：北美洲西部至南美洲北部

橡树啄木鸟摄取的食物中大半都是干燥的橡果。它们有储存橡果（右侧图框）的独特习性，也取食其他植物的种子、汁液和果实。而昆虫则是雏鸟的重要食物。雌雄双方的头顶都呈红色，但雌鸟的前额为黑色。尾羽和鸟喙长度中等。橡树啄木鸟只栖息在橡树和针栎林，通常结成小群或是3—12只的繁殖群共同生活，它们合力储存橡果和筑巢，还会保卫如觅食点、分泌液汁的树木、共同的粮食储备、栖息点和巢穴等共有领域。橡树啄木鸟的典型特征是繁殖模式复杂，采取“一雌多雄制”繁殖后代。一对伴侣独自繁殖，但颇有意思的是，在抚育幼鸟的过程中会受到前一窝长大子女的帮助。提供帮助的雄鸟只有在自己的母亲被別的雌鸟取代后才参与繁殖。

对比鲜明

橡树啄木鸟的体羽具有醒目的黑、白、红三色光泽，因此很容易辨认。

储存橡果

橡树啄木鸟在树干上凿出整齐的小洞，然后挨个将橡果塞入洞中。繁殖群中的所有成员通力合作，在一棵“粮仓木”上可贮存多达50,000颗橡果，这些食物足够它们度过寒冬。

Sphyrapicus varius

黄腹吸汁啄木鸟

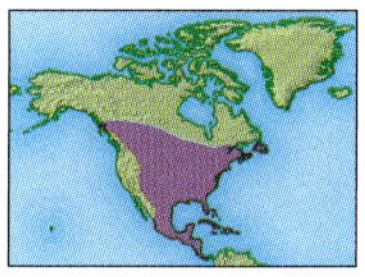

体长：22厘米
体重：60—80克
羽色：雌雄相异
迁徙类型：候鸟
保护现状：无危

分布：美洲北部至中部、加勒比群岛

黄腹吸汁啄木鸟在树干上凿洞，吸食含糖的树液。它们在槭树、果树、桦树和白杨树等阔叶树的树干上凿出一连串的小洞，片刻之后，再返回取食溢出的树液和被吸引而至的昆虫。黄腹吸汁啄木鸟的叫声似猫，凿木时缓慢且不规则。

Picus viridis

绿啄木鸟

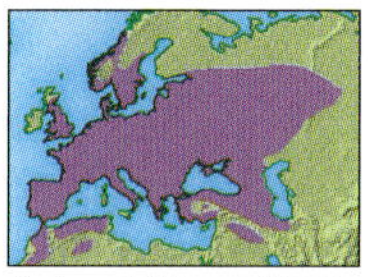

体长：32厘米
体重：200克
羽色：雌雄相异
迁徙类型：非迁徙鸟
保护现状：无危

分布：欧洲、亚洲西部至中部、非洲北部

虽然绿啄木鸟利用树木藏身和繁殖，但它们和北扑翅䴕（下图）一样，大多在地面进食。舌头极长（即使按照啄木鸟的标准来衡量也依然很长），舌尖生有小钩，可以伸入蚁巢钩取蚂蚁。它们叫声响亮类似笑声，飞行时呈大幅度的波浪起伏状。

Dendrocopos major

大斑啄木鸟

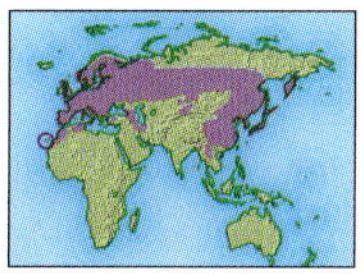

体长：20—24厘米
体重：65—100克
羽色：雌雄相异
迁徙类型：非迁徙鸟
保护现状：无危

分布：欧洲、亚洲、非洲北部

这是一种小型的啄木鸟，体羽黑白相间，下腹和尾下覆羽均为红色。雄鸟的枕部具红色环带。它们和大多数啄木鸟一样，双脚强健、尾羽羽干坚硬，喙粗长、舌细长，这些都利于其攀树、凿洞及伸入树洞钩取食物。大斑啄木鸟以果实、浆果、树木汁液、昆虫及其幼虫为食，甚至会吃其他鸟类的雏鸟。这种鸟在繁殖初期发出击鼓似的响亮叫声，因此很容易被发现。

Dryocopus martius

黑啄木鸟

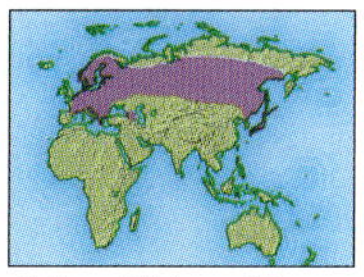

体长：45厘米
体重：350克
羽色：雌雄相异
迁徙类型：非迁徙鸟
保护现状：无危

分布：欧洲至亚洲

黑啄木鸟的体形与乌鸦相仿，是欧亚地区最大的啄木鸟。较大的体形、乌黑的羽色和深红色的头顶使其很容易被辨认。雌鸟头顶的斑块较雄鸟小，位置也较靠后，除此之外，雌雄两性的外形一致。黑啄木鸟生活在成熟林和林地中，在活的或枯死的树木上四处凿洞，以期找到深藏其中的猎物。它们主要以蚀木昆虫为食，例如叶蜂的幼虫和蚂蚁。还在树干上凿出长达50厘米的切口寻找食物。这种啄木鸟凿木时产生的碎木片大小类似晾衣夹，在地面不断堆积。它们也啄食球果，并常把食物嵌入倒在地上的树桩中。黑啄木鸟每年都开凿洞穴筑巢，每次能产多达6枚蛋。它的旧穴对其他鸟类非常有用，后者会在原来的主人离开后占据鸟巢。

Colaptes auratus

北扑翅䴕

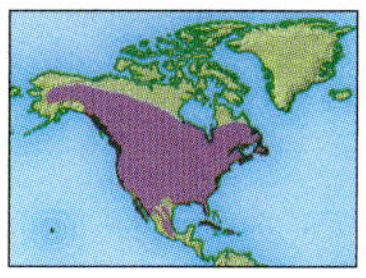

体长：30—35厘米
体重：100—175克
羽色：雌雄相似
迁徙类型：半迁徙鸟
保护现状：无危

分布：美洲北部和中部

北扑翅䴕的喙尖长，略有下弯。在与其他鸟对峙时，喙朝前伸出，头和身体摇摆晃动，尾羽和双翅快速扇动并展开。北扑翅䴕常在地面活动，主要以蚂蚁为食，挖开地面的蚁巢后，用长舌钩取猎物。当在树上觅食时，它们通常将注意力集中在树木的枯死部分。雄鸟有黑色髭纹，而雌鸟（如图）则无。

雀鸟

门：	脊索动物门
纲：	鸟纲
目：	雀形目
科：	约96科
种：	约6000种

世界上的大部分鸟类都隶属雀形目，它们有时也被称为鸣禽。雀形目鸟类具有独特的离趾型足，能攀附在极为细长的树枝上。许多物种还能发出复杂多变的叫声或鸣啭。这些声音通过发声器官——鸣管发出（其他鸟类也有鸣管）。很多人都认为雀鸟是所有鸟类中进化程度最高的一类，许多物种的智力水平都很罕见。雀鸟大多栖息在灌丛和树木上，但也有一些物种适于在地面生活；少数物种则几乎完全在空中生活（如燕子）。雀鸟的数量众多，从干旱沙漠到热带雨林的各种陆地栖息地中均有分布。许多物种还常在建筑物和公园周边活动栖息，新的种类也总是不断地被发现。

停栖

雀鸟可以稳固地站立在细树枝、芦苇甚至是草茎上。它们有四趾，其中三趾朝前，一趾朝后。每个足趾都可分开活动，前趾还能与强壮的后趾对握。雀鸟的四趾均位于同一平面上，不同于许多后趾距离地面较高的非雀形目鸟类。当它们在树枝上停栖时，由于体重下压而使腿部的肌腱拉紧，这样便能迫使脚爪紧握树枝。这也是为何鸟类在树枝上睡觉时不会坠落的原因。尽管有上述优点，但有些雀鸟的停栖时间却远少于其他物种。例如，百灵类非常适于地栖生活，趾爪相对扁平，在地面奔跑时有助其维持身体平衡。

适于抓握的足趾

梅花雀与许多雀鸟一样，足趾细长，能轻松握紧细小的树枝。相比一些非雀形目鸟类的足趾，它们的后趾非常强壮，且不能反转。雀形目中大多数物种的锋利脚爪都适度弯曲，有助其攀附在许多物体的表面。

身体结构

雀鸟的足趾适于在树枝上停栖（见停栖），鸣管发达（见鸣啭），这些都是它们的代表性特征。除此之外，各种雀鸟之间也存在极大差异。许多物种羽色暗淡，但也有一些物种拥有色彩绚丽的羽色，如引人注目的极乐鸟、色彩缤纷的裸鼻雀和雀类。雄鸟的羽色和斑纹通常比雌鸟更加鲜明。雀鸟大多为小型鸟类，但也有体长达65厘米的鸦或体长仅7厘米的短尾侏霸鹟等种类。它们的另一个较大差异在于喙形多样，反映出不同物种各自的食物偏好。

喙形

雀鸟的喙形与各自的食性有关。吃种子的物种（如金翅雀）的短喙通常呈圆锥状，取食无脊椎动物的物种（如林柳莺）的喙尖细。与其他食肉型的雀鸟一样，灰伯劳的喙粗壮，喙端带有利钩和齿突，有利于制服相对较大的猎物。以花蜜为食的太阳鸟的喙细长下弯，有助于伸入花蕊中吸食花蜜。

鸣啭

雀鸟的鸣管结构复杂，歌声婉转动听，鸣管往往比其他鸟类更为发达。每个物种都有自己独特的鸣啭（或鸣唱），这些歌声的节奏和结构都很清晰。许多雀鸟种类，如百灵、鹡鸰、鸫、歌鸲和琴鸟等，均能唱出婉转动听、曲调复杂的歌声。有些物种的雏鸟只能通过聆听同种鸟类的叫声学习鸣啭；有些物种则完全不需要学习，天生就会鸣啭。雀形目中进行鸣啭的主要是雄鸟，它的歌声不仅用于宣告和占有领地，也用于吸引异性。

鸣啭中的雄鸟

雄歌鸲的鸣啭在所有鸟类中最为多变，它们通常采用逐渐增强的音调。歌鸲无论昼夜均鸣啭，白天的鸣啭用来宣告领地和驱逐竞争对手，夜间的鸣啭则用于吸引异性。

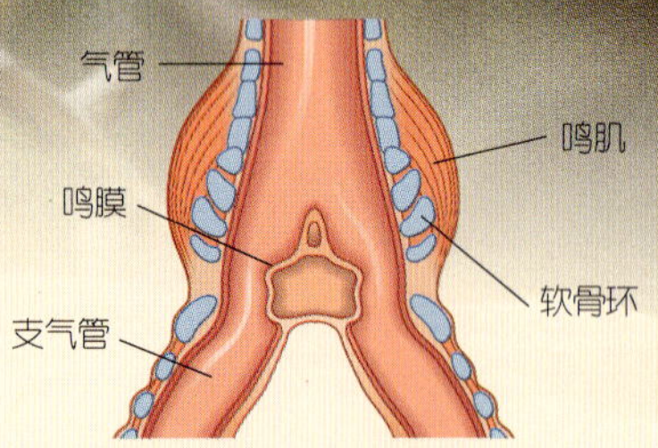

鸣管

鸣管位于气管环下端与支气管交界处。鸣管上的鸣膜能够随着气流的震动而发声。而与软骨环相连的鸣肌则能让鸟类发出婉转多变的音调。

鸟类

繁殖

极乐鸟的求偶炫耀行为在鸟类中最为复杂，雄鸟通过蹦跳、倒挂和发出特别的声音吸引雌鸟。然而，大多数雀鸟的求偶炫耀更加含蓄。其中的许多物种都是技术娴熟的建筑家，常利用树枝、树叶及地面上的柔软材料编织杯状巢，有些鸟巢还有着复杂而精致的结构。雀鸟的雏鸟出壳后浑身裸露无羽，眼未张开，必须完全依靠双亲的长期喂养才可离巢独立生活。

吸引配偶

雄园丁鸟建造精致的“舞台”，在上面向雌鸟展示求偶炫耀行为（如左图中的斑大亭鸟）。它们选择一小块地，或是建造一个特殊的求偶场地（如凉亭）。同时还利用种子、杂草、苔藓，甚至是人造物品等材料，对求偶场进行精心装饰。

悬吊巢

织布鸟通常集群筑巢，它们建造的半球形鸟巢极为精巧（如右图中的黄胸织雀）。鸟巢通常悬挂在水面上方的树枝上。鸟巢具有门厅、巢室以及下方的长通道。

求偶炫耀

大多数雀鸟均为单配制（一雄一雌制）。雌雄双方在繁殖季节通常形成配对关系，建立领地和建造繁殖巢。极乐鸟是这种行为模式中的例外（如图中的艳粉极乐鸟）。雄极乐鸟通常在求偶表演场中向雌鸟炫耀。交配后，雌雄间的配偶关系立即结束。雌鸟寻找合适的地点独自筑巢，孵卵和照顾雏鸟。

觅食

大多数雀鸟的体形较小，代谢率快，因此需要摄取高能量的食物。这就意味着大多数物种都要取食无脊椎动物或植物种子，或者二者兼食。有些物种，特别是太阳鸟，也取食花蜜。少数栖息在雨林中的物种，如极乐鸟、娇鹟和伞鸟，几乎只吃植物果实。在各种各样的雀形目鸟类中，还存在一些摄食习惯更为特殊的物种。食肉的伯劳将猎物存储在“储藏室”中，即把捕获到的大型昆虫或小型脊椎动物的尸体挂在棘刺或是带刺的铁丝网上，留待日后慢慢享用。交嘴雀只取食针叶树的种子，它们利用相侧交的上下颌作为钳子，嗑开球果的外壳取食种子。

使用工具

加拉巴哥岛上的鴷形树雀是少数会使用工具捕猎的物种之一。它能用嘴衔起小木棍或是仙人掌的刺，将昆虫从树皮裂缝中挑出来。

水下觅食

河乌是鸣禽中少数冒险潜入水中的物种。觅食时，它们潜入快速流动的浅溪中，用翅膀划动下沉，捕食遇到的猎物。它们也常沿着河床活动，用嘴捡拾蛴螬。

蚁浴

少数雀鸟，包括欧洲的椋鸟和乌鸫等，都有一种被称为蚁浴的特殊行为。进行蚁浴时，它们用嘴叼起蚂蚁，然后在羽毛上擦蹭。它们偶尔也蹲伏在蚁穴上，让蚂蚁钻入羽毛。鸟类通常只选择能分泌蚁酸的蚂蚁，因此人们推测这种行为有助其清除羽毛上的寄生虫。雀鸟的另一项奇特之处还在于有些物种常会尾随蚁群，跟着行军蚁的行进队列穿过热带森林。这些鸟类并不取食蚂蚁，而是捕食蚂蚁经过时被惊起的小虫。

收集蚂蚁

松鸦躺卧在一群蚂蚁中，让蚂蚁在自己的羽毛间爬动。鸟类为何进行蚁浴的原因仍然不详，但据人们推测，有些蚂蚁分泌的蚁酸可以帮助鸟类驱除或杀灭寄生虫，或是用于润滑羽毛。

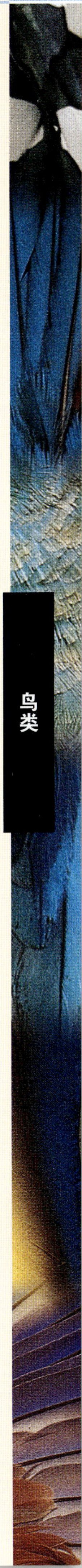

雀形目

刺鹩科

新西兰鹪鹩

体长：8—10厘米

物种：2种

刺鹩科包括刺鹩和岩异鹩，仅分布在新西兰地区，雌雄双方共同孵蛋和哺育幼鸟。其中一种几乎不会飞的斯蒂芬岛异鹩在19世纪后期被灯塔看守人养的猫所消灭；另一种丛异鹩已于1972年灭绝。其他物种均根据亚化石标本得知，大概都是飞行能力较弱的鸟类。遗传和解剖学证据表明，刺鹩科是霸鹟亚目中最古老的分支，是其他所有雀形目鸟类的姐妹群。

刺鹩

刺鹩的数量丰富，广泛分布于新西兰的北岛和南岛，体长8厘米，雌鸟体形较大，条纹较多，这在雀形目中十分罕见。

八色鸫科

八色鸫

体长：15—28厘米

物种：34种

八色鸫的体形粗短，嗅觉敏锐，栖息在亚洲、澳洲和非洲的森林地面，以昆虫、蜘蛛、蜗牛和其他无脊椎动物为食。它们行踪隐秘，很少露面，尽管羽色鲜艳，但在地面上活动时还是很难分辨。雌鸟产蛋2—7枚，雌雄双方共同养育幼鸟。

非洲八色鸫

非洲八色鸫是非洲两种八色鸫之一，生活在茂密的常绿森林中，属于候鸟。这种通常都很安静的鸟类体长20厘米。

阔嘴鸟科

阔嘴鸟

体长：13—28厘米

物种：15种

阔嘴鸟分布在西非到菲律宾的热带潮湿地区，生活在灌丛和林缘的灌丛、红树林沼泽、内陆森林和山地苔藓林等栖息地中。它们体形圆润，头大，喙呈钩状且宽阔扁平。雄鸟通常体呈醒目的绿色、红色、粉红色或蓝色；雌鸟体色较暗淡，但体形大于雄鸟。阔嘴鸟大多以果实和昆虫为食；有一种以蜥蜴为食，另一种捕食蟹或鱼类。阔嘴鸟大多都在森林中层觅食，捕捉叶片和树枝上的昆虫。一些物种单独或成对觅食，其他物种在非繁殖期间结成20—30只的群体共同觅食。鸟巢硕大呈梨形，巢侧有开孔。阔嘴鸟利用小树根、叶片和细树枝编织筑巢，还常用蛛网和地衣进行装饰，鸟巢常悬挂在难以接近的树枝上。雌鸟每窝产蛋1—8枚。

绿阔嘴鸟

分布在亚洲东南部的绿阔嘴鸟体长20厘米，喙周围的长羽毛几乎将喙全部盖住，翅膀上有三道翼斑。它们结成小群在较低的树枝上觅食成熟的果实和嫩芽，也捕食在空中飞行的白蚁等昆虫。

裸眉鸫科

裸眉鸫

体长：10—15厘米

物种：4种

裸眉鸫的体形粗短结实，只在马达加斯加岛东部潮湿地带的茂密常绿森林中有分布。施氏裸眉鸫也分布在该岛的西北部。紫黑裸眉鸫和施氏裸眉鸫均在灌丛中采食果实，而另外两种裸眉鸫则取食昆虫，也可能为了吸食花蜜而探访花朵。至今只有一个悬于枝头的紫黑裸眉鸫的巢窝曾被发现过，鸟巢呈梨形，内有3枚蛋。由于耕地的不断扩张，这些鸟类的森林栖息地正在迅速消失。

弯嘴裸眉鸫（雄鸟）

弯嘴裸眉鸫栖息在从地面落叶到高大树冠层在内的各个层次中，体长10厘米，喙向下弯曲。

砍林鸟科

砍林鸟

体长：14—37厘米

物种：52种

砍林鸟大多分布在美洲南部，行为与欧洲和美洲旋木雀相似（第360页）。这些鸟类的尾羽很长，羽柄硬挺且向内弯曲。它们与旋木雀和啄木鸟一样，攀木时用尾羽支撑身体，同时还具有利于攀木的强壮双足和尖利长趾。砍林鸟通常呈橄榄褐色，双翅和尾呈赤褐色，许多物种的喙都相对较长、较直或略微下弯。部分物种的喙较细，下弯弧度也更为明显，最极端的例子就是镰嘴鸟，它的长喙呈镰刀状，喙长多达体长的1/3。砍林鸟在捕食昆虫和无脊椎动物时，沿着树干笔直或螺旋而上，仔细查看缝隙、松动的树皮、苔藓和树上的其他植物，在检查完一棵树之后，就飞到另一棵的底部，继续向上觅食。体形较大的砍林鸟也捕食蜥蜴和小型蛙类。有些物种还尾随行军蚁群，趁机捕食被蚂蚁大军惊起的昆虫。砍林鸟通常在啄木鸟留下的洞穴和树洞裂缝中筑巢。

楔嘴翟雀

楔嘴翟雀的体长达14厘米，主要在亚马孙盆地的潮湿低地森林中出没。尽管很难见到，但其类似打喷嚏的“cheeyf”叫声却常引起人们的注意。

灶鸟科

灶鸟

体长：15—25厘米

物种：246种

灶鸟的种类繁多，包含许多亚科，这些小型鸟类大多体呈褐色，腹部颜色较浅，栖息在美洲中部和南部。栖息地类型多样，其中的拾叶雀栖息在树冠层，而硬尾雀则在树叶中快速穿插飞行，并藏身于茂密的灌丛中。许多物种，如灶鸟，偏爱开阔的乡间，而抖尾地雀则沿着水域生活，还有少数物种栖息在沼泽湿地中。一些物种，如爬地雀和褐巨灶鸫，更倾向于在地面奔走而非飞行。大多数灶鸟都以昆虫为食，也有一些以种子为食。彼此的筑巢习性相差很大：棕灶鸟在树枝上建造结实的半球形泥灶，还有许多物种利用天然洞穴和动物的地洞，或是自行挖洞筑巢。白喉巨灶鸫利用树枝建造可以使用数年的巨大鸟巢。几乎所有灶鸟的蛋都呈白色，每窝通常为3—5枚，有些物种的产卵量多达9枚。大多数鸟蛋在15—20天内孵化，雏鸟孵出13—18天后离巢生活。灶鸟的旧巢往往会被其他鸟类利用。

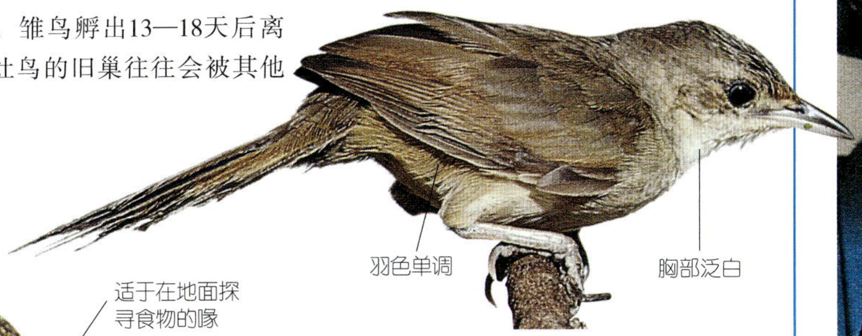

棕灶鸟

棕灶鸟是阿根廷的国鸟，其英文俗名往往让人以为它是灶鸟中羽色最浅的一种。棕灶鸟体长18—20厘米，在地面或树枝上四处攀爬，在篱笆桩和电线杆顶端筑造碗状泥巢，鸟巢能维持数年不坏，但在下次繁殖时不会再被利用。

棕额棘雀

棕额棘雀分布在相隔较远的数块半干旱栖息地中，体长16厘米。它们用树枝建造通常会被其他鸟类利用的大型悬巢，巢中有数个巢室。这种南美洲鸟类大部分时间都成对或成群在树上活动。

暗腹抖尾地雀

暗腹抖尾地雀分布于南美洲西南部，总在淡水或海水附近活动，沿着布满石头的溪流和河流捕食小型水生动物。这种鸟体长21厘米，通常在溪流沿岸的岩穴中筑巢。叫声为尖锐的"tjit"声。

黄额拾叶雀

黄额拾叶雀体长19厘米，是哥斯达黎加至阿根廷间的潮湿山地森林中的常见鸟类。它能身手矫健地倒挂在枝头，寻找树冠层中的昆虫。

蚁八色鸫科

蚁八色鸫

体长：10—22厘米

物种：51种

这些鸟类双腿强壮，尾羽粗短，通常只闻其声，难觅其踪，它们曾一度被归入蚁鵙科，但与灶鸟（上方）和窜鸟（右侧）的关系更为密切。雌雄两性外形相似，体羽均呈灰色和褐色，且带有不明显的斑纹。它们比蚁鵙待在地面的时间更长，以跳跃方式前行，捕食无脊椎动物。蚁八色鸫的近亲——蚁鸫（蚁鸫科）多在地面跳跃而非奔走，也曾被归入蚁鵙科。

杂色蚁鸫

体长20厘米，具有蚁八色鸫的典型长腿和短尾，分布在圭亚那、苏里南、法属圭亚那和巴西。杂色蚁鸫在森林地面翻捡树叶，寻找其中的蚯蚓和昆虫。

须蚁鸫

人们对蚁八色鸫科中的许多物种都缺乏了解，来自哥伦比亚和厄瓜多尔的须蚁鸫就是其中之一。须蚁鸫行踪隐秘，生活在安第斯山脉的潮湿山地森林中，多在茂密的山坡灌丛中出没。

若克蚁鸫

若克蚁鸫于1997年在厄瓜多尔南部被发现，仅分布于5个地区，是一种花纹明显的大型蚁鸫。它与其他蚁鸫一样腿脚强健，适于在地面跳跃，以昆虫及其幼虫、蠕虫和千足虫为食。若克蚁鸫仅栖息在溪流旁覆盖着苔藓的山地竹林中，这种终年潮湿的栖息地正受到森林砍伐的威胁。而种群数量原本就很少的若克蚁鸫无疑也将继续减少。

窜鸟科

窜鸟

体长：11—25厘米

物种：60种

窜鸟大多分布在南美洲南部，鼻孔被一块可活动的皮瓣覆盖。这些长腿的地栖鸟类以无脊椎动物为食。短圆的双翅和长尾使其只能进行短距离的飞行。窜鸟生性羞怯，很难见到，主要通过响亮的叫声来识别。它们通常在地面的洞穴或缝隙中筑巢，或是自行挖穴筑巢，每窝产2—4枚白色的鸟蛋。

智利窜鸟

智利窜鸟的外表类似欧亚鸲，腹部具黑白条纹，体长19厘米，分布于智利南部的温带森林中，包括竹灌木丛。

雀形目

蚁鸥科

蚁鸥

体长：8—36厘米

物种：220种

这类高度分化的鸟类栖息于美洲热带地区，以安第斯和亚马孙森林中的分化程度最高，成员包括蚁鸥、蚁鵙和蚁鸟。这些大型树栖型鸟类中一些物种因喜爱跟随军蚁群，伺机捕食被惊扰的小型动物而得名。蚁鸥大多脚爪很长，有助其在等候猎物时抓住垂直的小树枝。它们很少在地面觅食，大多都在树丛中捕捉昆虫。尽管在茂密植被中的行踪非常隐秘，但叽叽喳喳的叫声常会暴露它们的位置。蚁鸥科的大部分物种都具性别二态性：雄鸟通常呈灰色、黑色或白色；雌鸟体呈棕色，斑纹明显，各个物种间的差异较大。少数物种有羽冠，如蚁鵙。对部分物种的研究表明，配对后的雌雄鸟似乎会终生相伴，它们大多在树杈上建造简单的杯状巢，每窝产蛋2枚，极少情况下产3枚。

裸顶蚁鸟

裸顶蚁鸟栖息在美洲中部和哥伦比亚北部，常见于潮湿的低地森林。体长约16厘米，大部分时间都在地面活动，觅食时尾羽向下拍击。雄鸟鸣啭时抖动尾羽。

霸鹟科

霸鹟

体长：5—38厘米

物种：415种

这一大型科中的种类非常丰富，有些专家还将本科划分出更多的种。霸鹟科中的短尾侏霸鹟是地球上体形最小的雀鸟，体长仅5厘米，翼展3.5厘米。然而，这个种类多样且体形变化极大的大科中也有许多物种属中等体形。霸鹟科的分布范围极广，从阿拉斯加的针叶林，向南延伸到美洲北部和西印度群岛，并直抵南美洲的最南端，以及包括加拉帕戈斯群岛在内的众多离岛。但其中绝大多数物种都产自美洲中部和南部，只有30种在美洲北部繁殖，这些物种每年秋天都向南迁徙。霸鹟大多羽色单一，雌雄两性外形相似，也有一些物种的头顶有鲜艳的冠纹。霸鹟科的大多数物种以昆虫为食，有些则捕食蛙和蜥蜴，而热带物种大多取食果实。霸鹟大多采取单配制，许多物种在求偶时伸展或扑动双翅进行炫耀。它们不集群繁殖，鸟巢的外观也千变万化，许多物种在树杈处筑造简单的杯状巢，有些则在枝头建造大型悬挂巢，还有不少物种在洞中筑巢。新热带区的雌霸鹟每窝产蛋2—3枚，而北美洲物种每窝的产卵量更多。雌鸟孵卵期为14—20天，雏鸟孵出14—23天后便羽翼丰满。雌雄双方通常共同参与筑巢和哺育幼鸟。

东王霸鹟

东王霸鹟体长20厘米，繁殖于美洲北部，越冬于美洲中部和南部。夏季捕食昆虫，冬季取食果实。东王霸鹟因极力捍卫领地而闻名，经常攻击其他鸟类，甚至会飞落到对方的背上实施攻击。

哑霸鹟

哑霸鹟分布最广且最为常见，常在树丛中快速穿梭捕捉昆虫。它们总是拍动翅膀四处跳跃，看上去十分有趣。哑霸鹟体长9厘米，分布在美洲中部和南美洲的部分地区。

大食蝇霸鹟

大食蝇霸鹟是一种分布广泛，性格喧闹的常见鸟类，发出包括“kis—ka—dee”在内的多种叫声。它以昆虫和果实为食，但也从栖木上俯冲而下捕捉鱼和蝌蚪。大食蝇霸鹟分布于美国得州，向南延伸至阿根廷一带，体长21—24厘米。

小纹霸鹟

小纹霸鹟体长12.5—14.5厘米，繁殖于加拿大东部和美国地区，冬天在墨西哥至巴拿马一带度过，是纹霸鹟属中最早向北迁徙，且最晚飞往南方的一种。它们从栖木起飞捕捉昆虫，在树杈处筑造看似易碎的杯状巢。

剪尾王霸鹟

剪尾王霸鹟在空中求偶时，会表演垂直下降，“之”字形俯冲和翻飞等飞行特技，身后的长尾羽会像丝带一般飘荡。进行表演时，还伴随有类似鼓掌的轰鸣声。剪尾王霸鹟分布于美洲北部和中部，体长30—38厘米，雌鸟的尾羽较短。

灰胸长尾霸鹟

灰胸长尾霸鹟体长18厘米，因会发出沙哑的“fee—bee”叫声而得名。这种鸟分布在美国、加拿大和墨西哥地区。多在耕地和路边林地的上空追捕昆虫，下落时尾羽会左右摇摆。有时也会在水面短暂盘旋以追捕飞蝇。

皇霸鹟

皇霸鹟的身长16厘米，有一个巨大的色彩鲜艳如浪峰般的羽冠，雄鸟的羽冠呈猩红色带蓝色斑点，雌鸟的呈黄色也带蓝色斑点。羽冠平时收拢并突出于头部后方，看起来像一把“锤子”。皇霸鹟活动于中、南美洲。

伞鸟科

伞鸟

体长：9—45厘米

物种：101种

伞鸟的外形变化极大，包括两种亮橙色的动冠伞鸟，体呈亮蓝色且具伞状羽冠的冠伞鸟，以及长有肉垂的钟雀。大多数伞鸟分布在低地森林，但也有一些出没于安第斯山脉的山地森林和灌丛。所有的伞鸟都以果实为食，有些会捕食昆虫。部分物种的雄鸟在求偶场进行炫耀以吸引雌鸟。一些物种筑造小型平台式鸟巢，每窝产1枚蛋，孵化期为23—28天。

肉垂钟伞鸟

肉垂钟伞鸟是叫声最响亮的鸟类之一，它们震耳欲聋的"bock"叫声通常都在树冠层回荡。这种中美洲鸟类体长25—30厘米，嘴裂宽大，能将大个的果实一口吞下。

亚马孙伞鸟

亚马孙伞鸟栖息在亚马孙河和奥里诺科河流域，以及安第斯山脉东面的森林中，体长41—49厘米。雄鸟求偶时羽冠展开，肉垂膨胀，发出低沉的鸣咽叫声。雌鸟的体形较小。

尖喙鸟

尖喙鸟分布于哥斯达黎加至巴拉圭一带，缺少大部分伞鸟科物种所拥有的鲜艳色彩，但却具小型橙色羽冠。尖喙鸟曾被归入霸鹟科，但在基因上更为接近伞鸟科的某些物种。

安第斯冠伞鸟

雄安第斯冠伞鸟在求偶场成对进行对抗表演，若有雌鸟在场，双方的炫耀动作会变得更加激烈。这种鸟体长30厘米，正如它们的名字一样分布在安第斯山脉。

秀丽伞鸟

秀丽伞鸟体长20厘米，分布于中美洲的高大树冠层。雄鸟的外侧翼羽在求偶时发出"叮咚"声。由于它们通常都回到原址筑巢，因此雌鸟常在幼鸟离开后毁掉鸟巢，以免食肉动物发现筑巢地点。

棕伞鸟

棕伞鸟体长23厘米，栖息在中美洲和南美洲西北部。雄鸟不在求偶场炫耀求偶，而是在彼此能够听到的地方发出响亮的哨音。

红胸割草鸟

红胸割草鸟体长19厘米，分布在玻利维亚、巴拉圭、乌拉圭和阿根廷的干燥灌丛和金合欢树生长的地带。这种羽冠很短的鸟类的叫声与机械声类似。

娇鹟科

娇鹟

体长：9—15厘米

物种：51种

这种小型鸟的大头与身体相称，尾短，宽喙略微带钩，主要分布在中美洲和南美洲的低地区域。雄鸟羽色鲜艳，黑色中带有实心的蓝色、红色、黄色或橙色块斑。雌鸟常呈浅绿色。有些物种的雄鸟长有特化的羽毛，在求偶时可发出类似机械的声响。雄线尾娇鹟用长而弯曲的线丝状尾羽搔弄到访雌鸟的喉部。有些物种的雄鸟会集体聚集在求偶场向雌鸟炫耀，有时在地面，有时则在树枝上。最受欢迎的雄鸟会与数只雌鸟进行交配。雌鸟独自在树枝的水平分叉处筑巢、孵卵和养育幼鸟。通常每次产蛋2枚，孵化期为12—15天。雏鸟以昆虫为食，成鸟主要以果实为食，常在飞行中进行摘取。已有的研究显示，娇鹟是非迁徙鸟。

白须娇鹟

雄白须娇鹟在求偶场中的树枝上进行程式化的跳跃表演，用双翅羽毛发出声响。这种南美洲鸟类体长10厘米。

蓝背娇鹟

蓝背娇鹟体长12厘米，分布于南美洲。两只雄鸟常在枝头上从彼此的头顶跳跃过去以博取雌鸟的欢心，胜者做短距离的迂回求偶飞行。

鸟类

琴鸟科

琴鸟

体长：90—100厘米

物种：2种

琴鸟生活在澳洲东部和东南部的雨林与灌丛中，仅有艾氏琴鸟和华丽琴鸟两种，前者体形较小，体羽偏栗色，后者则偏灰色。二者的雄鸟都以华丽的尾羽闻名，华丽琴鸟的尾羽可达60厘米长，具有两根竖琴形的独特羽毛。雄琴鸟在隆冬时节就开始炫耀表演：艾氏琴鸟在藤蔓上踩出表演用的平台，而华丽琴鸟则在自己的领地内建造出许多低矮的土丘用于表演。雄鸟的叫声婉转响亮，还会惟妙惟肖地模仿其他声音。鸣叫时，雄鸟的尾羽向前倾斜盖在背部上方，同时缓慢转圈。

华丽琴鸟

华丽琴鸟体长86—100厘米，分布于澳洲东南部，如今已被引入塔斯马尼亚岛。雄鸟6—8岁时尾羽才完全长成。

薮鸟科

薮鸟

体长：16—23厘米

物种：2种

这些褐色的澳洲鸟类的分布范围和种群数量自19世纪中期以来就呈减少趋势。它们行踪隐秘，大部分时间都在植被浓密的潮湿森林的地面活动，以昆虫、蜥蜴和蛙类为食。薮鸟科仅有的两个物种都在地面建造球状巢。

棕薮鸟

棕薮鸟分布于澳洲东部的一小块高地雨林中。虽然叫声响亮，但行踪却很难被发现。棕薮鸟体长16.5—18厘米，飞行能力较弱，会像老鼠一样在落叶中奔窜。

刺尾鸫科

刺尾鸫

体长：17—28厘米

物种：3种

产自新几内亚岛和澳洲东部的3种刺尾鸫行踪隐秘，不擅飞行，靠近地面生活。它们在此捕捉昆虫，受惊时更喜欢奔跑而非飞行。由于裸露的羽轴坚硬突出，因此显得尾羽多刺。刺尾鸫的叫声洪亮，其中的一个澳洲物种——黑头刺尾鸫，就因叫声而被命名。刺尾鸫用树枝和苔藓在靠近地面处建造大型半球状鸟巢。其他一些外形似鹟的鸟类曾被归入该科；刺鸫科如今则被视为澳洲仅有的几种古老的小型雀鸟类群之一。

刺尾鸫

体长18—20厘米，成对或以家族群形式在澳洲东南部的雨林地面活动。

短嘴旋木雀科

短嘴旋木雀

体长：10—17.5厘米

物种：7种

这些分布于澳洲和新几内亚岛的鸟类与北半球真正的旋木雀（旋木雀科）毫不相关，与后者不同的是，前者在攀木时不用尾羽作为支撑。但短嘴旋木雀的其他一些习性已经进化得与旋木雀类似。短嘴旋木雀的羽毛大多为棕褐色，喙细长弯曲，趾爪强壮，以树皮中的昆虫和蜘蛛为食，有时候也在地面觅食。鸟巢筑于树洞中，以草茎编织形成杯状。短嘴旋木雀每次产蛋2—3枚，由雌雄双方共同孵化。

白喉短嘴旋木雀

白喉短嘴旋木雀体长16—17.5厘米，分布于澳洲东部和东南部的各种栖息地中。

斑食蜜鸟科

食蜜鸟

体长：9—12厘米

物种：4种

食蜜鸟是澳洲特有的小型短尾鸟类。该科的3个物种具有多变的白色点斑（“食蜜鸟”一词源自希腊语，意思是带斑点的）；而第四个物种的头为白色，双翅带有条纹。食蜜鸟以昆虫为食，粗短的喙适于从树叶中捕捉吸食树汁的介壳虫；它们与该地区的其他鸟类一样，也吸食遭受昆虫破坏时树木渗出的蜜露，为了获得这种能量丰富的食物，它们与吸蜜鸟（对页）之间经常展开异常激烈的竞争。食蜜鸟是一类生活在高大桉树林中的典型鸟类，多在树冠层进食。常在路堤上的洞中筑巢，有时也在树洞中建巢；每窝产2—5枚白色的蛋。食蜜鸟曾被和啄花鸟归为一类，但如今则被认为与澳洲刺嘴莺的亲缘关系更为接近。

纹翅食蜜鸟

纹翅食蜜鸟是澳洲的特有物种，常见于桉树林和其他类型的林地，体长10厘米。这种鸟至少有5种地理可变种群，它们的头顶均呈黑色或带有条纹。

园丁鸟科

园丁鸟

体长：21—38厘米

物种：20种

雄园丁鸟因在求偶时用树枝搭建结构复杂的“凉亭”，并用色彩鲜艳的小物品进行装饰而出名。它们还利用羽毛、花朵、树叶、卵石，甚至是晾衣夹或色彩鲜明的小塑料片和碎纸来点缀求偶场。雄鸟通常和一只或数只雌鸟共同生活，由后者负责养育幼鸟。园丁鸟遍布新几内亚岛和澳洲，大多栖息于潮湿的森林，有些物种偏爱较干燥的地区。园丁鸟主要取食果实，但也以树叶、花朵、种子和无脊椎动物为食，觅食地点包括从地面到树冠层在内的各个结构层。

缎蓝园丁鸟

缎蓝园丁鸟体长31厘米，仅分布于澳洲的东北部和东南部。雄鸟的体羽带蓝黑色光泽，是最常被拍到的物种，它们用细树枝搭建“林荫”凉亭，用鲜艳的蓝色或黄色物品进行装饰。这种鸟的喙呈浅黄色。

吸蜜鸟科

吸蜜鸟

体长：9.5—32厘米

物种：183种

吸蜜鸟主要分布于巴布亚新几内亚、澳洲、亚洲和太平洋群岛，大多以花蜜和果实为食，它们的舌尖有刷状突，适于取食花蜜，舌头能以每秒10次的速度伸入花中舔舐花蜜。吸蜜鸟的羽色通常都很单调，雌雄相差不大。然而也有例外，例如王吸蜜鸟的羽色就十分鲜艳，具有黄色和黑色羽毛；而雌、雄绯红摄蜜鸟则外表相异，雄鸟为红色，雌鸟为褐色。吸蜜鸟科成员的体形变大极大。一些物种类似莺或鸫，另一些似蜂鸟，体形较大的吸蜜鸟则会被误认成喜鹊。一些吸蜜鸟的脸部没有羽毛，但却长有肉垂。所有的吸蜜鸟都生活在树林里，只有少数几种在地面进食。这些鸟类在非繁殖季节经常迁徙以寻找开花的树木。

蓝脸吸蜜鸟

蓝脸吸蜜鸟体长31厘米，分布区横跨澳洲北部、东部以及巴布亚新几内亚，多在开阔的森林和耕地中出没。雌雄外形相似，头部都呈黑色，后颈具白色块斑，黄色眼睛被带有独特双重色调的蓝色脸部裸皮所环绕。

簇胸吸蜜鸟

簇胸吸蜜鸟为新西兰特有，分布于当地的森林和灌丛，亮泽的黑色体羽呈现绿紫色的彩虹光泽，喉部具两团白色簇羽。簇胸吸蜜鸟精力充沛，叫声丰富悦耳，以花蜜、果实和昆虫为食。雄鸟体长30厘米，体形大于雌鸟。

黑额矿吸蜜鸟

仅分布于包括塔斯马尼亚岛在内的澳洲东部地区，这种性格喧闹的群居鸟类被当地人称为“兵鸟”。体长26厘米，雌雄外形相似，于6—12月间集群繁殖。

小吮蜜鸟

小吮蜜鸟分布于澳洲、巴布亚新几内亚和印尼的小巽他群岛，体长27厘米，是吸蜜鸟科16种吮蜜鸟中体形最小的一种。

刺嘴莺科

刺嘴莺

体长：9—13厘米

物种：66种

刺嘴莺集中分布在新几内亚岛和澳洲，但也有少数物种分布在菲律宾和印度尼西亚以西，太平洋群岛以东和新西兰。许多物种的分布都非常有局限性。然而，这一事实更有助于识别不同地理区域中的相似物种。刺嘴莺通常体呈橄榄色、褐色或黄色，雌雄外形相似。许多物种都是食虫鸟，而还有一些是食种子鸟。它们常成对出现或结成家庭群活动，有些还和其他鸟类混群。大多数刺嘴莺并不迁徙。它们用植物纤维编筑带有入口的圆顶鸟巢。雌鸟产2—4枚白色鸟蛋，有时鸟蛋上带有斑点，孵化期为15—20天。雏鸟也要同样的时间才能长满羽毛。

白眉丝刺莺

白眉丝刺莺广泛分布于澳洲，通常结成数十只的嘈杂群体出没在浓密的灌丛中。它们的叫声丰富多变，并且能模仿其他声音。

褐刺嘴莺

褐刺嘴莺体长10厘米，分布于澳洲东部和东南部及塔斯马尼亚岛，灰色的喉部具狭纹。它们在低矮的嫩枝中觅食，鸣声多变，包括一种类似责骂声的音调。鸟巢建造在灌丛下方。

褐胸噪刺莺

褐胸噪刺莺体长约9厘米，分布于新几内亚海拔1100—3300米处的山地原始森林。它们的叫声相当独特，常发出一连串冗长的高音调哨音。鸟巢为一圆形悬挂结构，入口位于巢侧。

细尾鹩莺科

鹩莺

体长：12—19厘米

物种：29种

鹩莺分布于澳洲、巴布亚新几内亚和印尼东部。羽色华丽，具金属光泽，呈蓝色、紫色、红色、黑色和白色，性别形态差异明显，尾羽能像鹪鹩（第361页）一样上翘或高举于背部。鹩莺大多善于鸣啭，有些还会学舌。它们在林下灌丛中捕食昆虫及其幼虫，通常结群活动。鸟巢常呈半球形，由禾草、蛛网编结而成，内衬羽毛和植物绒毛。鹩莺每次产2—4枚带有斑点的白色鸟蛋，孵化期为12—15天，雏鸟10—12天后长齐羽毛。

帚尾鹩莺

帚尾鹩莺体长15—19厘米，因具有由6根精致羽毛构成的极长尾羽而出名。它们沿澳洲南部海岸分布，也分布于塔斯马尼亚岛。

华丽细尾鹩莺

华丽细尾鹩莺又称壮丽细尾鹩莺，分布于澳洲东南部和塔斯马尼亚岛，体长13—14厘米，叫声尖细。

红背细尾鹩莺

红背细尾鹩莺体长10—13厘米，是体形最小的鹩莺，分布于澳洲北部和东部，包括深草区到种植园和庭院在内的各种栖息地中都能发现它们的身影。它们于11月至翌年3月间繁殖。

雀形目

垂耳鸦科

垂耳鸦

体长：25—38厘米

物种：2种

垂耳鸦只分布于新西兰，因喙基部的橘色或蓝色肉垂而得名。它们的翅膀很短，飞行能力较弱，但却擅长在树枝上攀爬和跳跃。垂耳鸦和鞍背鸦是该科目前仅存的两个物种。20世纪70年代的调查发现，只有极少数的垂耳鸦还生活在新西兰北岛。一些保育人士致力于开展保护计划，确保垂耳鸦的生存，其中还包括对罗汉松林的保护，以及严格控制掠取鸟蛋和雏鸟的行为。垂耳鸦目前约有30个独立种群，但仍未摆脱灭绝的危险。另一种尚存的垂耳鸦是鞍背鸦（右图）。1907年被最后一次观察到的兼嘴垂耳鸦的特点是，雌雄个体的喙形十分不同：雄鸟的喙尖直，雌鸟的细长下弯。由于栖息地的破坏和为了获取羽毛进行的大肆捕杀，兼嘴垂耳鸦如今已经灭绝。

鞍背鸦

鞍背鸦体长25厘米，飞行能力较弱，常在林间奔走和跳跃，探入树皮寻找昆虫。鞍背鸦在偏远的岛屿筑巢，是一种罕见的鸟类。近年来，一个小型鞍背鸦种群已被引入游客人数受到制约的奥克兰港。

钩嘴䴗科

钩嘴䴗

体长：12—30厘米

物种：22种

钩嘴䴗仅分布于马达加斯加岛（其中的蓝钩嘴䴗也分布于科摩罗群岛），其他的非洲䴗类也可能隶属这一科。钩嘴䴗全都是树栖鸟类，有些只分布于潮湿的东部地区的常绿森林中，而另一些则延伸至西部大草原的丛林地区，甚至还有一些物种在半沙漠地区的灌丛中出没。大部分钩嘴䴗都有明显的黑白花纹，喙粗厚，上喙具钩。通常以昆虫为食，但也有一些物种捕食树蛙和小型爬行类。它们常结成松散的觅食群，有时还和其他鸟类混群。一些钩嘴䴗在树上用细枝编筑杯状巢，每次产蛋3—4枚，雌雄双方共同抚养幼鸟。

钩嘴䴗

钩嘴䴗独居生活，体长25—29厘米，嘴厚具钩，栖息在马达加斯加岛的常绿森林、灌丛、种植园和红树林中。

丛䴗科

丛䴗及其近亲

体长：15—30厘米

物种：58种

丛䴗仅分布于非洲，与马达加斯加岛的钩嘴䴗存在极近的亲缘关系，其中的一些物种，如盔䴗，在基因上更为接近钩嘴䴗。虽然许多丛䴗性格羞怯、离群索居，但它们的羽色通常比真伯劳科的物种还要鲜艳，并且也曾被归入伯劳科。一些丛䴗（如盔䴗）结成嘈杂的群体共同生活，它们常在一处显著位置发出独特的响亮叫声。红翅䴗是羽色更为暗淡的灌丛栖居者，但头部有独特的深色花纹。而蓬背䴗的名字则来自它们在炫耀时背部鼓起的蓬松羽毛；炫耀中的雄鸟看上去就像一个绒毛球。丛䴗科的成员分布在森林或干燥的热带旱生灌丛，在那里捕食昆虫；体形较大的物种也捕捉蛙和蛇。它们没有像真伯劳一样将猎物挂在棘刺上的习性，而是趋于更为主动地追捕猎物。鸟巢呈杯状筑于灌丛或树丛中。

黑冠红翅䴗

黑冠红翅䴗体长22厘米，分布于非洲西北部、撒哈拉以南的非洲和亚洲西南部。这种生活在热带稀树草原林地和耕地边缘的鸟类通常在地面寻找昆虫及其幼虫，外形和鸫（第361页）非常相似。

长冠盔䴗

长冠盔䴗是盔䴗中最常见和分布最广的一种，体长15—25厘米，分布于撒哈拉以南非洲的灌丛地带，也在耕地和开阔的林地中活动。这种嘈杂的群居鸟类通常结成5—12只的群体寻找食物，并发出大叫。

南非丛䴗

南非丛䴗体长22厘米，分布于非洲南部，常见于灌丛、开阔的热带稀树草原、种植园和庭院。它们和鸫一样，大部分时间都在地面活动，并且会在春季上演精彩的求偶表演。南非丛䴗的叫声响亮悠扬，它的名字就源自叫声中的一种。

燕䴗科

燕䴗

体长：12—20厘米

物种：11种

燕䴗分布于亚洲部分地区、太平洋群岛、新几内亚岛和澳洲。尽管科名中带有燕字，但这些鸟类与燕科鸟类并无亲缘关系，但飞行时的轮廓和崖燕有几分类似。燕䴗通常在空中翱翔，这在雀鸟中十分罕见。它们体长12—20厘米，喙部强健，腿脚较短，双翅尖长。该科鸟类的特征是喜欢群栖，常拥挤成群栖于树枝上，尤其是在停歇时。这些食虫鸟的大部分猎物都由空中捕捉而来。燕䴗是群居鸟类，多在树桩上、洞中或灌丛中集群筑巢，鸟巢呈杯状，由草茎编成。雌鸟每窝产2—4枚具红褐色斑点的白色或乳白色鸟蛋。

黑脸燕䴗

黑脸燕䴗体长19厘米，遍布于澳洲、新西兰、小巽他群岛和帝汶岛，是燕䴗科中最常见的物种。与其他燕䴗不同的是，它们很少四处迁移。

鸟类

山椒鸟科

鹃鵙

体长：14—40厘米

物种：94种

鹃鵙与杜鹃或鵙均无关联。山椒鸟科包含两类，主要分布在非洲到亚洲南部和东南部，并延伸至澳洲和西太平洋诸岛；其中的山椒鸟只分布于亚洲。除了分布于澳洲无树平原的地鹃鵙外，这些鸟类通常都在树上生活。山椒鸟的羽色艳丽，体形似鹡鸰；雄鸟体色偏红色和黑色，雌鸟为黄色或橙色以及黑色或灰色。其他的鹃鵙飞行时类似杜鹃，羽色常为暗淡的灰色，体形从类似麻雀到鸽子不等。鹃鵙雌鸟的羽色通常较浅，许多物种的喙基部都具须。鸟巢筑于高大的树木上，雌鸟每窝产蛋2—5枚，通常独自孵卵。

长嘴鹃鵙

长嘴鹃鵙体长24—26厘米，分布于澳洲、巴布新几内亚和印尼东部，在雨林和其他林地的树冠层生活。雌鸟体色偏褐，腹部有条纹。雄鸟的俗名源于它们常重复发出类似蝉鸣的刺耳降调嗡嗡声。

灰喉山椒鸟

灰喉山椒鸟的分布范围从喜马拉雅山脉跨越中国南部和东南部，并延伸到婆罗洲，在开阔的森林中生活。它的体长为19厘米。雄鸟的喉呈深灰色，腹部为橙色；雌鸟的腹部为黄色。

钟鹊科

钟鹊

体长：18—53厘米

物种：13种

钟鹊的身体结实、喙粗壮、腿脚具鳞片。但它们并不像鸦类那么爱吃肉，而是以果实在内的各种食物为食。钟鹊分布于亚洲、澳洲和新几内亚岛，以黑背钟鹊最为常见。钟鹊科还包括俗称屠夫鸟的物种和噪钟鹊。分布在新几内亚岛的盾钟鹊和山盾钟鹊（有人将这两种归入燕鵙科）体呈黑色，脸部有白色块斑，尾下覆羽呈红色。

黑背钟鹊

黑背钟鹊分布于澳洲、新西兰和新几内亚岛。这些机会主义者除了在垃圾中翻捡食物外，还会杀死较小的鸟类和啮齿类。黑背钟鹊体长42厘米，背部大多呈黑色，也有许多区域性的变种。

疣眼鹟科

疣眼鹟、饰眼鹟和蓬背鹟

体长：8—16厘米

物种：38种

疣眼鹟科物种全都分布于非洲，大多在森林或林缘地带活动。疣眼鹟的眼周具有色彩鲜艳的肉垂。饰眼鹟是一种外形似鹟的小型鸟类。雄鸟的黑色和白色羽毛对比鲜明，通常有胸带；雌鸟腹部呈褐色。这类鸟全都是食虫鸟，能在空中捕食。鸟巢呈杯状，每窝产蛋2—5枚。疣眼鹟和饰眼鹟的外形非常相似，极易混淆。但通常可根据不同的地理分布将二者区分开来。

点颏蓬背鹟

点颏蓬背鹟分布于苏丹、肯尼亚、非洲西南部和莫桑比克，经常在开阔林地中出没，像鹟一样飞扑捕捉昆虫，也在叶丛上方盘旋寻找食物。点颏蓬背鹟体长10厘米，头顶呈灰色。

啸鹟科

啸鹟

体长：12—28厘米

物种：46种

啸鹟构成了一支印度—太平洋鸟科，分布于中印半岛至太平洋西南部区域。啸鹟正如其名，因令人印象深刻的响亮叫声和鸣啭而闻名。它们在新几内亚岛的山区和周边热带岛屿的雨林中的物种多样性最高，并在那里进化出了许多本地物种和亚种，且大部分物种都隶属啸鹟属。啸鹟的头很大，雌鸟的羽色相比雄鸟更显单调。啸鹟的羽色从单一到色彩鲜艳不等：许多物种的雄鸟具黑色胸带，彼此很难区分。啸鹟以树叶中的昆虫为食，体形较大的物种也捕食小型脊椎动物。它们栖息于森林的中上层，至少有一个物种专门栖息在红树沼泽。其他物种生活在较为干燥的桉树林中。人们对于啸鹟的繁殖行为所知甚少，但雌雄双方通常共同孵卵。最近的证据表明，一些其他科的喙部较大的鸟类，如鵙雀鹟（右图）和鵙鹟，可能与啸鹟存在密切的亲缘关系，且应被归入啸鹟属。

金啸鹟

金啸鹟分布于印尼、澳洲南部和东部、塔斯马尼亚岛和斐济，显示出了广泛的地理差异：目前已被描述的亚种就有约73种。金啸鹟体长16—18厘米，雌鸟体呈灰褐色，缺少雄鸟的黑白羽色，且黄色较少。金啸鹟可能与其他鸟类混群活动。

鵙雀鹟科

鵙雀鹟

体长：14—19厘米

物种：4种

澳洲的鵙雀鹟羽色鲜艳，顶冠为黑色和白色，腹部呈黄色。大而呈现锯齿状的喙，除了有助其在寻找昆虫和蜘蛛时探寻和剥除树皮，也可打磨用来筑造鸟巢的树枝和嫩枝。该科的4个物种中，其中3种在外观上十分相似，但分布范围却相隔很远：东部物种的双翅为灰色，北部物种的双翅为黄色，而西部物种的腹部为白色。它们都能发出各种哨音和类似笑声的叫声。剩下的最后一个物种是肉垂鵙雀鹟，产自新几内亚岛，但习性鲜为人知。肉垂鵙雀鹟用喙“犁”开树皮寻找昆虫，但它是否与鵙雀鹟存在亲缘关系一直以来都颇具争议。

鵙雀鹟

鵙雀鹟分布于澳洲的许多地区，生活在从雨林到庭院等各种栖息地中，用强壮的喙撕开树皮寻找昆虫。鵙雀鹟体长15—19厘米，羽冠黑色。雌鸟的喉呈橄榄色，雄鸟为黑色。

雀形目

鸦科

乌鸦及其近亲

体长：20—66厘米

物种：129种

习性：全部陆栖

鸦及其近亲分布广泛，除了南、北极外，几乎遍布世界各地。它们是鸟类中高度进化的一类，不仅聪明、爱交际，并且适应能力很强，大多数物种几乎什么都吃。鸦科中许多物种的羽毛都大致呈黑色，但部分冠鸦、绿鹊等物种却有着极为艳丽的羽色。无论是开阔的乡间或林地，还是高地和低地都能见到它们活动的身影。鸦科鸟类并不迁徙，但会根据季节变化在分布范围进行迁移。它们通常单独筑巢，但集群筑巢的秃鼻乌鸦则是一个显著例外。典型的鸦类每窝产蛋2—8枚，鸟巢用细枝编造，筑于树丛或灌丛中，有时在洞中筑巢。

黑嘴喜鹊

黑嘴喜鹊的长相类似喜鹊，分布于北美的中部和西部地区。这种常见鸟类体长47厘米，能极好地在人类周围生活。非繁殖季节的黑嘴喜鹊群居生活，冬季常有超过100只的个体聚集在栖木上。鸟巢圆形，筑于高大的树木上，由树枝堆积而成。

北美星鸦

北美星鸦体长31厘米，只分布于北美洲西部的山地，栖息在刺柏林或松林中。当它在树冠层灵巧穿梭时，并不进行远距离飞行，而通常出现在树顶上空。

红嘴山鸦

红嘴山鸦是群居鸟类，非繁殖季节更加喜欢群聚。它们以昆虫为食，特别爱吃蚁类，但也取食浆果。求偶时表演精彩的飞行特技。鸟巢筑于悬崖上或洞穴中。红嘴山鸦体长40厘米，分布于欧洲、北非以及南非的山区和岩石海岸地带。

松鸦

松鸦的亚种众多，彼此的头部斑纹略有不同，所有亚种的体长都为33厘米。松鸦分布于欧洲和亚洲全境，是林地中的常见鸟类，但在雨林和针叶林等其他多种栖息地中也有分布。松鸦会在自己的分布区内收集和储藏栗果作为冬季的食物。

冠蓝鸦

冠蓝鸦体长约30厘米，常见于北美洲中部和东部全境的林地和绿地。通常成对或结成小群出现，发出相当嘈杂的独特"peeah peeah"叫声。鸟巢用泥土筑成。

寒鸦

寒鸦体长约34厘米，广泛分布于欧洲、西亚以及北非的部分地区。这种常见的鸦类经常和秃鼻乌鸦一起飞行和觅食。寒鸦大多栖居在耕地中，也在峡谷和海边悬崖处栖息，它们在那里筑巢繁殖，也将巢筑于建筑物上和树洞中。寒鸦在非繁殖季节成群聚集停栖。

红嘴蓝鹊

红嘴蓝鹊的外形引人注目，体长68厘米，但尾长就达47厘米。红嘴蓝鹊栖息在亚洲南部和东南部海拔1500米的落叶林中，通常在低海拔地带成群捕食。鸟巢筑于树上，呈杯状，粗糙且不结实。

渡鸦

渡鸦体长65厘米，是北半球体形最大的鸦类，分布于北美洲、南美洲、欧洲、亚洲和北非。渡鸦生活在开阔的栖息地以及分布区内的部分城镇地区，有些渡鸦也生活在珠穆朗玛峰海拔高达6350米的地带，常在地面积雪未消融的时候筑巢。

小嘴乌鸦

许多欧洲人都将小嘴乌鸦认作是鸦的原型物种，这种全身黑色的鸟类生活在包括林地、高沼地、耕地和城镇在内的各种栖息地中。体长约50厘米，也广布于亚洲西部（体羽带灰色）以及包括越南和韩国在内的亚洲东部地区。小嘴乌鸦独自筑巢，鸟巢通常筑于树上，但生活在多山地区的种类也常在悬崖上筑巢。

鸟类

极乐鸟科

极乐鸟

体长：12—100厘米

物种：41种

极乐鸟的雄鸟因具有用于求偶炫耀的华丽羽色和装饰羽而闻名，但也有少数物种的雌雄外形相似。极乐鸟的体形大小各不相同，尾羽的长度也变化极大。一些物种的喙短直，而另一些的则又弯又长。然而，大多数物种都有圆形翅和强健的腿脚，能发出响亮的叫声吸引配偶。绝大多数的极乐鸟均分布于新几内亚岛的潮湿山地森林。很可能是因为缺少捕食者，这些鸟类才进化出过于华丽的炫耀方式；一些物种的雄鸟还在地面或接近地面处追求雌鸟。极乐鸟科的成员主要以果实为食。鸟巢的空间通常很大，由叶片、蕨类和细树枝筑成，通常位于树杈处。极乐鸟的叫声各不相同，既有轻柔的冗长鸣叫，也有类似枪声的粗厉叫声。

王极乐鸟

王极乐鸟的求偶炫耀非常壮观，雄鸟将羽毛膨胀起来，使身体几乎呈圆形，同时将绿色的球拍状尾羽高举在头顶挥舞。王极乐鸟体长16—17厘米，两根细长的尾羽可再增加14厘米长。

威氏极乐鸟

威氏极乐鸟体长16厘米，分布于印尼的伊里安查亚省，而在巴布亚新几内亚则无分布。雌雄两性的头后侧都有裸露的蓝色皮肤，但雄鸟的双翅呈红色，尾羽卷曲呈线状。

新几内亚极乐鸟

新几内亚极乐鸟体长35厘米，仅分布于新几内亚岛，是最为人熟知的一种极乐鸟。成年雄鸟聚集在求偶场中集体炫耀，最多时数量可达20只。

大极乐鸟

大极乐鸟分布于阿鲁群岛和新几内亚岛南部，体长42—45厘米。雄鸟求偶时聚集成12—20只的群体，一起在树枝上跳舞和展开双翅，中央位置由占支配地位的雄鸟占据。

黄鹂科

旧大陆黄鹂

体长：20—30厘米

物种：34种

旧大陆黄鹂身体强健，喙稍向下弯，双翅尖长。它们遍布非洲、亚洲、新几内亚岛和澳洲的林地，另有一种分布于欧亚大陆。大多数物种有着显眼的黄色羽毛，头或双翅通常呈黑色；雌鸟的羽色通常暗淡，斑纹也较雄鸟多。所有的黄鹂都以昆虫和果实为食，但黑头黄鹂也取食花蜜。黄鹂的叫声洪亮悦耳，在很远的地方都能被听到。大多数黄鹂在水平树杈间筑造杯状巢。许多旧大陆黄鹂都是候鸟。

东非黑头黄鹂

东非黑头黄鹂分布于非洲中部、东部和南部，是一种喧闹而又醒目的物种（但也会静静地停栖在树冠层），叫声响亮悦耳。东非黑头黄鹂体长22厘米，以种子、谷物、果实和毛虫为食。

卷尾科

卷尾

体长：18—72厘米

物种：26种

卷尾分布于非洲、亚洲和澳洲，尾长而分叉，除了两个物种外，其余物种的体羽都呈黑色。它们的喙粗短拱起，上喙端略具钩，上有一道小凹口，鼻孔常被羽毛掩盖。卷尾大多栖息在林地，但也在海拔高达3300米的树木稀疏的开阔乡间活动。这些食虫鸟也捕食蜥蜴和小鸟。它们的觅食习性似鹟，通常从树枝起飞捕食，捕获猎物后返回枝头大快朵颐，并且因为会驱赶体形大于自身数倍的猛禽而出名。

冠卷尾

冠卷尾只分布于科摩罗群岛和马达加斯加岛，是这两个地方仅有的卷尾种类。冠卷尾体长26厘米，喙基部的羽冠明显。

王鹟科

王鹟

体长：12—30厘米

物种：95种

王鹟分布于非洲、亚洲和澳大利亚的热带雨林、开放式林地和矮灌草原，几乎不迁徙。大部分物种具有和鹟科典型鸟类一样的宽喙，但没有亲缘关系。它们是从类似乌鸦的祖先进化而来，之所以出现这种情况是因为具有相似的觅食习性：采用空中突袭方式捕食蛾类、蜜蜂、蜻蜓等昆虫。该科的其他物种则具有粗短的喙，用于啄食果实，在腐烂木头中觅食或寻找随机性的食物。它们的鸣声通常很弱，但有些物种会发出强而有力的声音。雌雄要么很像，要么差别很大，如寿带雄性拥有流水线性的长尾羽，某些则有多种色型。大多数王鹟在树杈或树枝中做杯状巢，但鹊鹩则因用泥巴筑巢而出名。在采用DNA研究之前，这种行为曾导致它和其他两种用泥做巢的鸟（使徒鸟和白翅山鸦）在分类上归在一起。扇尾鹟（扇尾鹟科）在独立成科前，一度被归入王鹟科。

非洲寿带

非洲寿带（*Terpsiphone viridis*）长40厘米，雄鸟尾羽长达20厘米。雌雄的尾羽都放在杯形巢的外侧。它们出没于撒哈拉以南的森林和河边树林中。

鹊鹩

鹊鹩（*Grallina cyanoleuca*）在澳大利亚常见于近水附近，长29厘米，发出响亮的、5音节的piping声。现已适应于城镇环境，常在路边觅食。

雀形目

扇尾鹟科

扇尾鹟

体长：14—19厘米

物种：44种

扇尾鹟属于扇尾鹟属，因时常摆动和展开长长的尾羽而得名。分布范围从西部的喜马拉雅山脉，到东部的大洋洲以及太平洋西南的群岛，领域性极强。扇尾鹟利用小而宽阔的喙捕捉飞虫，飞行动作非常敏捷。

灰扇尾鹟

灰扇尾鹟体长14—17厘米，分布于新西兰和查塔姆岛、豪勋爵岛等卫星岛屿，在树杈上筑造整齐的杯状巢。

莺雀科

莺雀及其近亲

体长：17—20厘米

物种：52种

“vireo”一词源于拉丁文，意指“变为绿色”。雀莺科鸟类的体重为9—25克，包括绿莺雀和鵙雀等种类。它们的喙具锯齿状，比森莺（第369页）的喙更大，过眼线更粗，体羽的绿色也较为暗淡。这些鸟类栖息在阔叶落叶林或混交林，不同的物种虽然共同生活，但却有着各自的觅食区域。尽管莺雀大多以昆虫为食，但也根据季节的变迁取食果实。莺雀有迁徙行为，在美国至加拿大北部地区繁殖，冬季向南迁徙到中美洲或南美洲。还有一些莺雀在繁殖和越冬期间也出现在加勒比海地区。

红眼莺雀

红眼莺雀体长约15厘米，栖息在北美洲的落叶林，冬季会向南美洲迁徙。

褐顶绿莺雀

褐顶绿莺雀常见于南美洲北部的森林，体长11.5厘米，头顶呈赭橙色。

太平鸟科

太平鸟

体长：15—23厘米

物种：8种

这一类群包含3种太平鸟和5种近亲物种，5种近亲物种即灰连雀和4种丝鹟。3种太平鸟的繁殖区域跨越欧洲北部、亚洲北部和北美洲的大部分地区，在南方过冬。它们体形圆胖，体羽松软呈淡黄褐色，羽冠独特。其中两种的次级飞羽末端有蜡质突起，因此太平鸟也俗称蜡翅鸟。太平鸟集群生活和筑巢，利用细枝和草茎在树枝上造巢。它们主要以浆果为食，经常成群四处觅食，甚至前往平常不去的地方，将灌丛中的浆果迅速搜刮一空。分布于美国西南部和中美洲的丝鹟与太平鸟一样，羽毛柔软，羽冠醒目；然而，却像鹟类一样在空中捕食昆虫。灰连雀是食果实鸟，长有羽冠，仅分布于亚洲西部。

小太平鸟

小太平鸟在西伯利亚东部的针叶林中繁殖，在更南边的日本和韩国越冬。与其他两种太平鸟不同的是，小太平鸟的次级飞羽末端没有蜡质突起。这种鸟体长16厘米，擅长飞行。

伯劳科

真伯劳

体长：15—35厘米

物种：36种

这些小到中型鸟类是雀鸟中最具捕食性的一类。所有物种的喙端都有利钩和齿突，强健的双腿和利爪有助于紧抓猎物。真伯劳以昆虫为食，但有些物种也捕食蜥蜴、小鸟和啮齿类。其中的几种还将猎物挂在棘刺或铁丝网上储藏起来，因此又被称为“屠夫鸟”。伯劳生活在开阔的灌丛，部分物种极具领域性，即使在冬季也是如此。它们经常停栖在灌丛顶部，四周扫视寻找猎物，尾羽同时上下左右轻击。真伯劳广布于非洲、欧洲和亚洲，还有两个物种生活在北美洲。丛鵙和盔鵙也曾被归入伯劳科，但现在被单独归为一科（丛鵙科）。分布在北部的伯劳秋季向南迁徙。鸟巢筑于树上或灌丛中，雌鸟每窝产蛋2—7枚。

领伯劳

领伯劳广布于非洲地区，从撒哈拉以南一直延伸到南非的开普敦，生活在开阔的林地、公园和庭院中。领伯劳体长22厘米，常停栖在电线杆和电线上，扫视地面搜寻昆虫、老鼠和小鸟等食物。它们也攻击进入自己领地的鸟类。

岩鹛科

岩鹛

体长：39—50厘米

物种：2种

岩鹛的独特之处在于头顶裸露无羽，分布于西非海拔高达2100米的潮湿山地雨林。岩鹛在领地内的岩洞中筑巢，鸟巢离地面2—4米，用泥巴和枝条筑于岩石表面。雌鸟每窝产下2枚带有斑点的褐色和灰色鸟蛋。

白颈岩鹛

白颈岩鹛是群居性鸟类，分布于几内亚和塞拉利昂，向东延伸到多哥共和国。白颈岩鹛体长40厘米，叫声低沉沙哑。多在地面轻快地跳跃觅食昆虫、蛙和螺。

棕榈鹏科

棕榈鹏

体长：18厘米

物种：1种

棕榈鹏科仅棕榈鹏一种，仅分布于海地（包括戈纳伊夫岛）和多米尼亚共和国。棕榈鹏在当地十分常见和惹人注目，性格好斗喧闹，往往群集发出叽叽喳喳的叫声。棕榈鹏和太平鸟（左图）一样，也吃果实，通常成群活动，有时还与太平鸟混群。棕榈鹏从不下地，全天都在树丛中活动，利用厚实粗壮的喙采摘浆果和花朵。棕榈鹏的筑巢习性不同于太平鸟，在棕榈树的树干周围和低处的叶丛中编筑大型群巢。鸟巢用细树枝筑造，巢中以柔软树皮和草茎铺衬，有的鸟巢还区分出许多隔间，可容纳2—30多对繁殖鸟共同居住，每对鸟都拥有自己的私人入口。雌鸟每窝产2—4枚布满灰斑的白色鸟蛋。棕榈鹏在非繁殖季节将群巢作为夜间的栖息所。

鸟类

红背伯劳

伯劳彻底颠覆了所有雀鸟都是性情温和的小鸟这一观念，如图中的雌红背伯劳。在用带有利钩的粗喙杀死猎物后（包括各种昆虫到小型脊椎动物，捕食对象取决于伯劳的体形大小），伯劳会把战利品挂在棘刺上。这种行为有助于肢解食物，也是一种安全的食物储存方式，可方便日后食用。

雀形目

鸲鹟科

鸲和鹟

体长：11—18厘米

物种：46种

鸲鹟中的一类因胸呈红色而得名，让人联想起欧洲的欧亚鸲。这些小型鸟类与欧亚鸲一样，站立时身体挺立，偶尔抖动低垂的尾羽。雌雄两性通常不同，雌鸟的羽色更加单调。鸲鹟科鸟类栖息在树上，通常在地面捕食昆虫及其幼虫，或是向前飞扑追捕飞虫。小型杯状鸟巢建在树枝上，以苔藓和蛛丝编结而成。雌鸟每窝产2—4枚带红褐色和紫色斑点的淡蓝色或绿色鸟蛋，并独自孵卵，孵卵期为12—14天。鸲鹟科的许多物种都是半迁徙鸟。

绯红鸲鹟

绯红鸲鹟分布于澳洲东南和西南部，以及塔斯马尼亚岛东部。夏季栖息在桉树林中，秋季时迁移到更为开阔的栖息地中。体长12—14厘米，常从树桩或低枝飞扑到地面上捕捉毛虫等猎物。

查岛鸲鹟

分布于新西兰以东查塔姆群岛上的查岛鸲鹟曾遍布4座岛屿，却差点被引入的猫消灭。至1967年，仅存留7只个体。为了挽救这一物种，人们采取了人工繁殖方式使其种群数量得以逐渐恢复。

山雀科

真山雀

体长：11—22厘米

物种：58种

山雀中有许多物种都能适应和人类共同生活，它们很乐意到喂鸟器取食，还常利用人工巢箱来繁殖。山雀分布于北美洲、中美洲、欧洲、非洲和亚洲，这些小型鸟类动作灵巧，在树叶中捕食昆虫，或从悬挂的喂鸟器中叼出花生。许多物种在秋冬两季与其他鸟类混群共同觅食，它们沿着灌木篱墙移动，寻找昆虫时不停发出鸣叫。真山雀通常在树洞或巢箱中筑巢，用苔藓衬垫妥当后才开始大量产卵。鸟蛋的孵化期为13—14天，雏鸟孵出17—20天后便羽翼丰满。

黑顶山雀

黑顶山雀体长13厘米，是北美洲分布最广的山雀，也是以“chick—a—dee—dee—dee”叫声命名的6种山雀之一。它们春季寻找配偶，在枯死的树桩中挖掘筑巢，鸟巢呈杯状，以草茎、苔藓和羽毛筑成，雌鸟每窝产蛋6—8枚。

大山雀

大山雀体长14厘米，分布于欧洲地区，是喂食点的优势物种。冬季常和其他山雀混群生活，寻找昆虫、种子和果实类等食物。大山雀的鸣声多变，发出一连串的“tee—tee—tu”哨音。雌鸟每窝产蛋5—11枚。

青山雀

青山雀身手敏捷，体长11.5厘米，除了在植被中四下寻找昆虫外，还倒吊在种子箱下取食。它们在洞和巢箱中筑巢，每窝产6—12枚具玫红色斑点的白色鸟蛋。

阿卡山雀

阿卡山雀分布于非洲西南部，栖息在热带荆棘草原和喀拉哈里沙漠的灌丛中。通常倒吊在树枝上进食。它的生性好动，常在树枝之间不停跳跃，并且能撕开合欢树的豆荚，捕食其中的昆虫。

鹎科

鹎

体长：15—27厘米

物种：148种

全球有将近一半的鹎都分布于非洲，但鹎科的绝大部分成员都生活在亚洲，其中大部分物种都是具有相似绿色体色的绿鹎属和旋木鹎属的成员。鹎类大多栖息在森林中，但有些种类更为适应在开阔的人造栖息地中生活。相比生活在森林的种类，生活在庭院种类的群居性更强，也更喧闹。鹎类通常能通过叫声被发现或识别，少数种类还能发出悦耳的鸣啭。鹎类为中、小型鸟类，许多物种的体羽都呈暗橄榄色、褐色或灰色，有些物种的腹部为黄色。一些物种有羽冠，大多数物种的喙基周围具须，喙尖部位微向下弯。它们大多都以果实和浆果，或嫩芽和花蜜为食，一些物种只吃昆虫，而另一些则是杂食鸟。雌鸟每窝一般产蛋2枚，鸟巢通常为开放式结构，以便排出热带的雨水。

红眼鹎

红眼鹎分布于纳米比亚、博茨瓦纳和南非西部，生活在河流附近的森林和邻近水域的干燥灌丛。性格喧闹，体长约20厘米，于11月至翌年3月筑巢，雌鸟每窝产3枚具深色斑纹的粉红色鸟蛋。

光脸鹎

光脸鹎是一种独特的鹎，脸部裸露无毛，在雀形目中十分罕见。这一新种发现于老挝岩石密布的石灰岩山上的稀疏灌丛地带，于2009年被正式描述。它的粉色脸部裸皮沿着眼睛向后延伸，裸皮周围镶有一丝蓝色。

红耳鹎

因雌雄双方的眼后都带有红色块斑而得名。红耳鹎的另一项标志性特征是黑色羽冠向上伸出。它们常在庭院中活动，体长约20厘米，分布于印度至中国香港一带。

黑短脚鹎

黑短脚鹎分布于亚洲南部和东南部，体长23厘米。其中一个亚种的头和喉呈白色，分布于中国和越南北部。黑短脚鹎食浆果和昆虫，常结成数量多达100只的喧闹大群活动。叫声类似小猫啼哭。

黄纹旋木鹎

黄纹旋木鹎体长15—27厘米，分布于非洲中部和东南部的偏远山地雨林，主要在树上捕食昆虫。黄纹旋木鹎像啄木鸟一样在树干上活动，不时反复挥动一侧的翅膀，露出翼下的黄色羽毛。

鸟类

长尾山雀科

长尾山雀

体长：11—14厘米

物种：13种

长尾山雀从真山雀科中分离出去，被单独立为一科，这一类群包括长尾山雀和北美洲长尾山雀。它们短喙呈锥状，和旧大陆莺之间存在更为密切的亲缘关系。长尾山雀分布于北美和中美洲以及欧洲和亚洲。其中的喜马拉雅亚种栖息在海拔高达3400米的地带，冬季迁移至低海拔地区生活。长尾山雀通常成群栖息，在树枝上挤成一团。繁殖时双亲经常受到“帮手”的协助，这些“帮手”不参与交配，而是协助喂养幼鸟。圆球状的鸟巢费时20天才能完成，巢内衬有羽毛。每窝的产卵量为4—12枚不等。

银喉长尾山雀

银喉长尾山雀体长约14厘米，这种小型鸟类分布于欧洲和亚洲，通常沿着灌木篱墙成群活动。

攀雀科

攀雀

体长：8—14厘米

物种：13种

攀雀分布于北美洲、欧洲、亚洲和非洲，身手比真山雀（第356页）更加敏捷，能够沿着树枝底侧攀爬，在树枝和树叶间捕食无脊椎动物，也吃种子和果实。这些小型鸟的喙尖细，常成群觅食和集群筑巢。鸟巢呈罕见的袋状，入口类似喷嘴，由草茎和根编织，悬挂在树枝末端。雌鸟每窝产5—10枚白色鸟蛋，孵卵期为12天，幼鸟16—18天大时便能飞行。

欧亚攀雀

欧亚攀雀体长11厘米，利用沼泽栖息地中的芦苇绒毛筑巢。它们的叫声并不引人注意。

扇尾莺科

扇尾莺及其近亲

体长：10—15厘米

物种：147种

非洲扇尾莺、娇莺以及亚非山鹪莺是扇尾莺科中占据主导地位的三大类群。这些鸟类缺少鲜艳的羽色，但叫声独特，曾和旧大陆莺归为一类，如今仍被认为与它们存在近亲关系。扇尾莺常抖动和展开尾羽，在草地和湿地等各种栖息地中均有分布。娇莺和山鹪莺都有长尾，娇莺大多生活在林地中，而山鹪莺则栖息在灌丛中。扇尾莺类的鸟巢呈杯状，由草茎编织而成，有时还用大片树叶进行支撑。这一行为在产自亚洲东南部的缝叶莺中十分显著。它们以独特的筑巢本领闻名，能用植物纤维将树叶的边缘缝合形成一个兜袋，再四处寻找草茎、羽毛等材料垫在其中才算完工。

棕扇尾莺

棕扇尾莺分布于欧洲、非洲、亚洲和澳洲，体长仅10厘米，却过于活跃和嘈杂，常在轻快的绕圈飞行中发出鸣叫，振翅迅速攀升时发出“tzet”叫声，然后下落并再次攀升。它的扇状尾羽腹面带有黑色和白色斑纹。

褐胁山鹪莺

褐胁山鹪莺分布于非洲南部和东部，叫声为单调的“chip，chip”声和类似责骂声的尖利“sbeee”声。褐胁山鹪莺生性好动，体长12厘米，常成对或结成小群在灌丛或植物中觅食。

莺科

旧大陆莺

体长：10—12厘米

物种：305种

旧大陆莺分布于欧洲、亚洲、非洲、澳洲和太平洋岛群，许多物种只在海洋岛屿上有分布。它们中的绝大部分长着不起眼的棕色羽毛，但叫声独特，有时听起来刺耳急促。莺类通常栖息在林地和灌丛，有时在草原生活。其中，苇莺在芦苇丛中觅食和筑巢，已占据了太平洋上的一些岛屿。大树莺分布于喜马拉雅山脉海拔4000米的茂密竹林地带。短翅莺分布于欧洲全境，在灌丛和林地筑巢。体形娇小的柳莺在树冠层觅食，啄食树叶上的昆虫。大多数莺都是候鸟，在北方完成繁殖后，于秋季飞往温暖的南方。西伯利亚欧柳莺的单次迁徙距离就达1.2万千米。旧大陆莺在低矮的茂密植被中或在地面筑巢，雌鸟每窝产蛋3—7枚。雌雄双方共同喂养幼鸟。

欧柳莺

欧柳莺夏季在欧洲北部生活，迁徙至非洲越冬，它们和柳树并无特别关联。这种小型莺类体长10—11厘米，外形和叽咋柳莺极为相似，只能通过前者陡然停止的悲凄叫声进行辨认。欧柳莺在叶丛中觅食昆虫，常倒悬在树枝上。

黑斑蝗莺

黑斑蝗莺的数量日渐稀少，分布于欧洲和亚洲西部，越冬于非洲和印度。它的体长为12.5厘米，偏爱栖息在草地、水渠和沼泽边缘，在杂草和草地缓慢行进，并在植物茎干上攀爬。它的叫声极为持久，类似远处传来的，中间略有停顿的昆虫声。

波纹林莺

波纹林莺分布于欧洲西部和非洲西北部，是这一地区的非迁徙莺类之一。冬季对于这一物种十分关键，尤其是在其分布范围最北的英国地区。波纹林莺体长13厘米，长尾经常翘起，双翅较短。

噪苇莺

体长18—20厘米，分布于非洲东北部和亚洲的沼泽地带，通常在水面上的芦苇和其他湿地植物上筑巢。它以蝴蝶、蜻蜓等昆虫以及小型蛙类为食。雌鸟每窝产3—6枚带有深色斑点的白色蛋。雄鸟鸣啭时，每个音节都反复3—4次。

雀形目

百灵科

百灵

体长：13—20厘米

物种：98种

百灵几乎分布在全世界的所有地区，包括南美洲、北美洲、非洲、欧洲、亚洲和澳洲。云雀是百灵科中最有名的鸟类，因飞行时发出洪亮动听的鸣啭著称。百灵适于地栖生活，大多数物种的体羽呈褐色，带有斑纹，能为其在田野和沙漠栖息地中提供良好的保护；然而，还有一些物种具黑色和白色斑纹。百灵的雌雄两性外形相似。有些物种的头顶长有羽冠，如云雀和凤头百灵，当在捍卫领域、求偶炫耀和鸣啭时，羽冠便会竖起。百灵通常善于飞行，飞行路线呈波浪状起伏，但也会拍翅做短距离飞行。云雀会一边向上飞翔一边鸣啭。许多其他物种则在攀升或盘旋时鸣啭。百灵科鸟类以无脊椎动物、植物和种子为食。许多物种在秋、冬两季集结成群，只有少数物种进行迁徙。雌鸟在位于地面的巢中产下2—6枚带有斑点的鸟蛋；雏鸟在能飞之前就会离开鸟巢。

棕颈歌百灵

棕颈歌百灵体形矮壮，尾短，栖息在非洲南部的开阔灌丛草地，体长15—18厘米，以直立姿势行走，发出悲凄的哨音叫声。

云雀

云雀体长18—19厘米，体呈褐色带有杂斑，栖息在耕地和开阔地带，以盘旋飞行时发出连续的鸣啭闻名。它们常见于北非、欧洲和亚洲部分地区，目前已被引入澳洲和新西兰。北部种群冬季向南迁徙。

拟戴胜百灵

拟戴胜百灵体长18—20厘米，栖息在北非（包括撒哈拉沙漠）和亚洲西部的沙漠与半沙漠地区。常以奔跑方式逃走，较少飞行。双翅上明显的黑白斑纹在飞行时部分可见。

角百灵

又称岸百灵，栖息在欧洲的冻原和大草原，以及北美洲的大草原、耕地和沙漠地区，在北非和亚洲也有分布。体长为14—17厘米，头顶有细小的角羽。

燕科

燕

体长：12—23厘米

物种：88种

除了冰封的北极和南极外，燕在全世界均有分布。它们的身体上部通常呈深蓝色或绿色，身体下部颜色较淡，尾呈叉形，有时尾羽还有延长。燕类的喙短而宽扁，擅长在飞行中捕捉昆虫，并依赖飞虫维生，因此许多物种都是候鸟，它们在温带地区繁殖，当气候变冷且昆虫消失时，便启程飞往热带和南方的温带地区。但仍有许多物种终年都在热带生活。燕类的巢有3种类型：一是利用天然树洞、悬崖或建筑物筑巢，二是在河堤或采沙场挖洞筑巢，三是在悬崖或建筑物上筑造杯状泥巢。一些物种每年养育2—3窝后代，每窝的产卵量为1—8枚不等。

美洲燕

美洲燕繁殖于阿拉斯加至墨西哥，于南美洲过冬。体长13—15厘米，在建筑物的屋檐下或悬崖上集群筑巢，鸟巢呈葫芦状，以泥土堆砌而成。雌鸟每窝产4—6枚白色鸟蛋。

紫崖燕

紫崖燕在人造巢箱和啄木鸟用过的树洞中筑巢。繁殖群的数量可达200对。紫崖燕体长约18厘米，繁殖于北美洲，在亚马孙盆地过冬。雄鸟通体呈蓝黑色，雌鸟的背部颜色暗淡，腹部呈灰白色。

白腹毛脚燕

白腹毛脚燕体长12.5厘米，夏季在北非、欧洲和亚洲北部生活，于非洲（撒哈拉沙漠以南）和亚洲东南部过冬。它们通常成群筑巢，在屋檐下的墙壁上用泥土堆砌半杯状的鸟巢。

褐喉沙燕

褐喉沙燕体长约13厘米，栖息在摩洛哥，并广泛分布于非洲撒哈拉以南地区，通常在内陆湿地附近结成大群活动。褐喉沙燕的腹部通常为白色，但有时全身都呈褐色。

家燕

家燕体长18厘米，夏季在北美洲、北非、欧洲和亚洲生活，在撒哈拉以南的非洲，以及亚洲南部、澳洲和南美洲过冬。鸣声轻快，常在农场谷仓的房梁上筑造半杯状泥巢。雌鸟每窝产4—6枚具红色斑点的白色蛋。

画眉科

鹛

体长：10—35厘米

物种：332种

画眉科鸟类分布于北美洲（仅1种）、非洲、亚洲和澳洲，大多数物种身体较重，喙细直侧扁。它们喜结群活动，主要通过轻柔的叫声相互保持联系。鹛类过着定栖生活，仅有少数物种进行迁徙。许多鹛类都是食虫鸟，但也有一些为食果实鸟，还有许多是杂食鸟。地面觅食的物种常在落叶中翻找食物，而偏向树栖的物种则在树叶和树皮上寻找无脊椎动物。它们的筑巢习性各不相同：许多物种在低处或贴近地面位置筑造碗状巢，而歌鹛则在灌丛或树上筑造开放式鸟巢。一些物种甚至还合作繁殖，由还未繁殖的个体协助首次繁殖的个体孵卵和喂养雏鸟。孵卵期和育雏期各需13—16天。幼鸟会和一群成鸟共同生活1年或更久。

赤尾噪鹛

全球共有约140种噪鹛，其中的赤尾噪鹛分布于中国南部和亚洲东南部，栖息在海拔1000米以上的灌丛、草地和次生林。体长26厘米，双翅和尾上覆羽呈赤红色，腹部为黑色。

普通鸫鹛

普通鸫鹛体长23厘米，合作繁殖后代，由一小群个体帮助一对繁殖个体孵卵和饲喂幼鸟。这种鸟分布范围从伊拉克向东延伸至孟加拉，常在林下灌丛和庭院中寻找昆虫、种子和浆果。

红嘴相思鸟

红嘴相思鸟是非常受欢迎的笼养宠物，因为它们的鸣声欢快且羽色华美。分布范围从喜马拉雅山脉一直延伸到中国南部和亚洲东南部。雌鸟的喉和胸部较雄鸟浅，并且缺少雄鸟双翅上的红色羽缘。红嘴相思鸟体长15厘米，常和其他鹛类一起在竹林和灌丛中觅食。

棕头幽鹛

棕头幽鹛善隐匿，通常只闻其声，难觅其踪，它们发出的哨音和响亮的鸣叫是丛林中的常见声音。棕头幽鹛体长16厘米，分布于印度至亚洲东南部地区，常见于灌丛和竹林，高可至海拔1300米，常结成小群行动。

长嘴钩嘴鹛

长嘴钩嘴鹛栖息在海拔高达2300米的常绿阔叶林和竹林，常在森林地面用长喙掘土。体长28厘米，叫声圆润响亮，分布范围从巴基斯坦一直延伸至中国南部和亚洲东南部。

弄岗穗鹛

弄岗穗鹛发现于中越边境的石灰岩高地，于2008年被正式描述。与它的许多近亲一样，当在落叶中搜寻无脊椎动物时，只做短距离飞行，且常在地面活动。弄岗穗鹛冬季集群活动，繁殖季节则成对出现。

文须雀

文须雀分布于欧洲和亚洲，不具备画眉科鸟类的独特喙形。它们常在芦苇丛中钻来钻去或在芦苇上空高飞，以昆虫、蜘蛛和芦苇的种子为食，而非像其他鸦雀一样偏爱在茂密的植被中活动。文须雀体长16.5厘米，每年养育3—4窝后代；雌雄双方共同孵卵和喂养雏鸟。

黑顶奇鹛

黑顶奇鹛体长21厘米，分布在喜马拉雅山脉，从巴基斯坦北部向东分布到中国南部，喜欢栖息在落叶林中，尤其是橡树林，但也常见于针叶林。黑顶奇鹛吸食从树洞中渗出的甜汁液，也捕食昆虫。

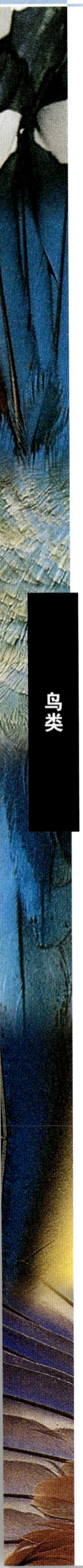

雀形目

绣眼鸟科

绣眼鸟

体长：10—14厘米

物种：117种

绣眼鸟通常分布在从海平面至海拔高达3000米的林缘和树冠层，分布范围包括非洲及其岛屿，亚洲西部、南部和东南部，至日本、印度洋、太平洋和澳洲地区。它们的喙细小稍向下弯，舌尖具有适于取食花蜜的刷状突，双翅小而圆。最明显的特征是眼圈呈白色，但不同类群的眼圈大小和形状各异，因此而得名。几乎整个绣眼鸟科的成员都体呈灰绿色，雌雄外形相似，都能发出“peeuu”叫声。绣眼鸟性格活泼好动，大多数物种都迁徙以避开寒冷。然而，生活在印度洋和太平洋岛屿上的那些不迁徙的种群，一旦遭遇反常气候，就会受到伤害。这些鸟类形成了许多独特的亚种，但却不像生活在偏远地区的动物一样出现遗传变异。

暗绿绣眼鸟

广布于亚洲南部和东南部，并且已被引入夏威夷。体长约10.5厘米，喉和额呈黄色，头顶、背和尾都呈橄榄绿色。

苍色绣眼鸟

苍色绣眼鸟体长约11厘米，常见于博茨瓦纳、莱索托、莫桑比克、纳米比亚、南非和斯威士兰等地的森林和庭院。

和平鸟科

和平鸟

体长：25—30厘米

物种：2种

这些树栖鸟类分布于亚洲的常绿阔叶或半落叶林：其中的和平鸟分布在印度的潮湿地区、喜马拉雅山脉、中国西南部和亚洲东南部，并延伸到婆罗洲和菲律宾的巴拉望；而另一种和平鸟则分布于菲律宾的其他地区。和平鸟因几乎延伸至尾端的极长的尾上和尾下覆羽而闻名。它们白天在树冠四处寻找果实，也探入花朵中吸食花蜜，还结成小群在结果的无花果树上觅食。和平鸟能发出许多响亮的叫声，飞行时也高声鸣叫。繁殖时在树杈处筑巢，由雌鸟利用细树枝搭建，每窝孵育2—3枚鸟蛋。雄鸟协助喂养幼鸟。

和平鸟

虽然雄鸟的金属蓝色体羽在树冠中不甚显眼，但反复发出的双声调笛音则会暴露它们的行踪。雌鸟身体的蓝色更深。和平鸟体长27厘米，常与其他鸟类混群在无花果树上觅食。

旋木雀科

旋木雀

体长：10—16.5厘米

物种：11种

旋木雀为树栖型鸟类，分布于北美洲、中美洲、欧洲、非洲和亚洲，喙细长下弯，体呈深褐色，腹部颜色较浅。当在树干上攀爬搜寻树皮里的昆虫时，利用坚韧的尾羽支撑身体保持平衡。旋木雀的攀爬方式有异于鳾类（对页），几乎总是朝上攀爬。它们的叫声和鸣啭都很响亮，鸟巢以细枝、树皮和苔藓编织，外形就像是松弛的吊床。旋木雀每次产蛋2—9枚，孵卵工作几乎全由雌鸟承担，孵化期为14—15天。幼鸟由双亲共同饲喂，14—16天后长满羽毛。

美洲旋木雀

美洲旋木雀曾一度被认为是欧洲旋木雀的亚种，繁殖地从阿拉斯加到纽芬兰，向南延伸至尼加拉瓜等地，在分布范围的南部地区过冬。美洲旋木雀体长13—14厘米，常沿树干绕圈螺旋而上，从树顶飞到另一棵树的底部寻找昆虫。

戴菊科

戴菊

体长：8—11厘米

物种：6种

这些体形似莺的小型鸟类分布于北半球地区，适于在针叶林中生存和觅食，具有带着沟槽的长趾爪，有助其在持续数分钟的觅食过程中抓紧针叶树的树枝。它们因在炫耀时竖起火红的顶冠纹而得名。

金冠戴菊

金冠戴菊是北美洲体形最小的戴菊，体长8—11厘米，能忍受新英格兰地区北方松林里的严寒。它们在云杉林内的树枝下筑巢繁殖，以苔藓和羽毛编结小巧的球状鸟巢。雌鸟每窝产8—10枚小型白色鸟蛋。

蚋莺科

蚋莺

体长：10—13厘米

物种：15种

蚋莺曾和旧大陆莺归为一类，但目前则被认为与鹪鹩的关系更为密切，这种小型鸟类仅分布于美洲，以赤道附近的物种多样性最为丰富。它们性格活泼，长尾经常竖起或像鹪鹩一样颤动。然而，蚋莺的体形比鹪鹩更为纤细，通常呈灰色，而非褐色。一些物种的头部带有黑斑。大多数物种都生活在高大的树上，在树叶中搜寻昆虫；它们也经常与其他食虫鸟混群，以便及时发现捕食者。蚋莺的鸣啭略显单薄，但曲调悦耳。它们用花瓣、植物、蜘蛛网、苔藓和地衣在水平树杈上筑造精致的鸟巢。雌雄双方共同孵育4—5枚鸟蛋。

灰蓝蚋莺

这种体呈灰色的鸟类具有黑白相间的长尾，体长11—13厘米，鸣声尖细且带有鼻音。分布范围从加拿大南部延伸至危地马拉和古巴。

鳾科

鳾

体长：10—12厘米

物种：29种

鳾科鸟类分布于北美洲、中美洲、欧洲、北非和亚洲，终生树栖，在树干或树枝间灵活地上下攀缘。然而，其中的两种岩鳾则是例外，它们生活在岩石表面或建筑物上。鳾的短尾末端呈方形，无法像啄木鸟（第338页）和旋木雀（对页）那样平衡身体。它们的脚爪长而结实，攀树时一脚高于身体，通过下方的脚爪维持平衡。觅食时查探树皮寻找昆虫和无脊椎动物，但也用喙将种子和坚果嗑开取食。鳾在树洞或岩洞中筑巢，少数物种在腐木中自行挖穴筑巢。雌鸟每窝产4—10枚带红色斑点的白色鸟蛋。许多鳾类的背部呈蓝灰色，但生活在南亚的3个物种则为蓝绿色。除了红胸鳾外，其余物种均为非迁徙鸟。

普通鳾

普通鳾体长11—13厘米，呈深蓝灰色和橙色，常发出响而尖的“peeu，peeu”叫声。它们将泥巴涂在巢口处，将洞口留成一圆形小孔。这种鸟以昆虫、种子和坚果为食，还会把坚果嵌入树皮中，用喙将其弄开。

红胸鳾

红胸鳾体长11—12厘米，栖息在北美洲的针叶林，向北远至阿拉斯加和纽芬兰。冬季取食松果的种子，当球果落光时，便成群迁往南方。红胸鳾在巢洞四周涂抹松脂，可能是为了阻止蚁类进入。

鹪鹩科

鹪鹩

体长：8—22厘米

物种：86种

除了鹪鹩一种（在美洲被称为冬鹪鹩）分布在北半球外，鹪鹩科的大多数成员都是美洲的原生物种。它们中的一些栖息在森林，而另一些则生活在沙漠中的仙人掌地带。这些体羽大多呈褐色的鸟类带有深色横斑或点斑；一些物种还有白色块斑。大多数时间都在靠近地面的茂密林下灌丛活动，发出粗哑的响亮叫声。鹪鹩的双翅大多短圆，飞行能力不强；尾羽通常上翘（一些物种的尾羽很短，一些则较长）。雄鸟在洞中筑巢或建造球状巢，这取决于物种的不同。它们还会建造众多的“伪巢”，将其中的一些用于栖息。雌鸟从中选择一个巢穴，在铺好衬垫后产下2—10枚蛋。雏鸟由双亲共同照顾或由雌鸟独自照顾；年纪较大的幼鸟还会协助父母养育下一窝后代。

棕曲嘴鹪鹩

体长20厘米，是体形较大的鹪鹩之一，分布于北美的内华达州至墨西哥州。

鹪鹩

这种鸟是唯一一种分布在美洲以外的鹪鹩，体长8厘米，因一连串的响亮叫声而闻名。北方种群到了冬季会向南迁徙。

鸫科

鸫

体长：12.5—30厘米

物种：185种

这一科包括许多外形相似的物种，例如歌鸫和乌鸫，它们广泛分布于欧洲、非洲、亚洲、澳洲和北美洲。事实上，除了南极洲和新西兰外，鸫类几乎遍布世界各地。许多物种的歌喉都很优美，例如乌鸫和歌鸫，但其中最知名的物种还属新疆歌鸲。鸫类建立稳固的伴侣关系，借由鸣啭宣布对领地的所有权。它们利用草茎和苔藓编造杯状巢，鸟巢常位于灌木或树杈上。鸫类求偶炫耀时通常强调自己特有的身体特征，例如鸲鸲会炫耀红色的胸部，歌鸫则会展示带有斑点的胸部。一些物种的雄鸟（如鸲鸲）在求偶时还要给雌鸟喂食。然而，筑巢、孵卵和育幼工作却完全由雌鸟独自负担。一些鸫科物种为候鸟，冬季迁往南方，如斯堪的纳维亚半岛的白眉歌鸫和田鸫。进行迁徙的物种成群活动，不迁徙的物种成对生活。

欧歌鸫

欧歌鸫的鸣声流畅，常在黄昏时将曲调反复鸣啭3—4遍。原产于欧洲、北非和亚洲西北部，已被引入澳洲和新西兰，常在庭院和林地出没。欧歌鸫体长约23厘米，以浆果、昆虫和蠕虫为食，因能用石头敲破蜗牛的外壳而著称。

乌鸫

乌鸫体长24—25厘米，原产于欧洲、北非和亚洲，如今已被引入澳洲、新西兰和南美洲，以浆果、果实、蠕虫和昆虫为食。雄鸟常在傍晚时于显眼的栖木上发出甜美的鸣啭。因在栖息时发出“chak—chak”叫声而闻名。

旅鸫

又名美洲知更鸟，极为适应在人类周边生活。体长约25厘米，在地面觅食时常抬头四望，以期发现蠕虫和其他无脊椎动物。许多旅鸫种群于2月向北迁徙，雄鸟通常最先飞离。雌雄双方共同筑造杯状巢，每年可以养育2—3窝后代。

东蓝鸲

东蓝鸲分布于北美洲，在2月底或3月到达北方地区，被视为春天的使者。雄鸟通常最先抵达，从树顶起飞表演精彩的鸣啭绝技，同时攀升到30米以上的高空，全程都发出鸣啭。这种鸟体长14—17厘米，在中空的树枝或巢箱中筑巢，雌鸟每窝产3—7枚淡蓝色鸟蛋。

雀形目

椋鸟科

椋鸟

体长：16—45厘米

物种：118种

这类鸟以特有的学舌本领著称，八哥就是其中的佼佼者。椋鸟分布于非洲、欧洲和亚洲，其中的紫翅椋鸟已被引入世界各地，如今在119个国家都能看到它们。椋鸟的腿和喙相当健壮，体羽大多为带有金属闪光的黑色，以非洲物种的羽色最为显眼，一些物种的尾羽很长，例如长尾辉椋鸟的尾羽就长达35厘米。一些椋鸟的脸部具裸皮，特别是双眼周围，如肉垂椋鸟头部的松弛皮褶，也被称为肉垂。椋鸟科的大多数物种都在地面活动，还有数种生活在人类的居所周围。大多数椋鸟都是非迁徙鸟，但也有些为半迁徙鸟，可能是为了在冬季找到食物。椋鸟大多属于杂食鸟。雌鸟每窝产2—6枚带有褐色斑点的灰蓝色鸟蛋。

鹩哥

鹩哥体长为28—30厘米，分布于亚洲南部和东南部许多地区的潮湿森林中，特征是具有变化多端的尖厉叫声。八哥就是宠物店和鸟舍中最典型的一种。

彩辉椋鸟

彩辉椋鸟的分布范围遍及非洲大部分地区，在28个国家都有分布，是一种生活在林地中的物种。彩辉椋鸟体长27厘米，羽色鲜艳，性格羞怯，由于大规模的森林砍伐，许多地区的种群数量都已减少。它们在非繁殖季节集群生活。

紫翅椋鸟

紫翅椋鸟分布在119个国家，是全球最常见的鸟类之一，极为适应在人类周围生活。这种鸟体长21厘米，常结成大群觅食和停栖，常在建筑物的突出部位停栖过夜。

红嘴牛椋鸟

体态修长的红嘴牛椋鸟分布于非洲地区，体长20厘米。常在犀牛和水牛等大型哺乳类的身上吸食它们伤口涌出的血液。它能用梳子状的喙梳理哺乳类的毛发，从中捕获食物，并帮寄主清除体表的蜱虫和水蛭。

群辉椋鸟

群辉椋鸟是澳洲唯一的本土椋鸟，每年都从新几内亚岛和邻近的岛群飞来，沿昆士兰黄金海岸一带繁殖。仅在一棵树上就能发现成百上千只繁殖鸟。群辉椋鸟体长22厘米，体羽具闪辉绿色和紫色光泽，双眼呈鲜红色。以本土野果和人工栽培的水果为食。

河乌科

河乌

体长：15—21厘米

物种：5种

这些体形圆胖且尾短的鸟类分布于欧洲、亚洲、北美洲与南美洲，外形就像是水栖版的鹪鹩（第361页）。河乌的尾羽会像鹪鹩一样翘起，也用苔藓筑造相似的球状巢，以草茎和树叶衬垫，入口位于鸟巢一侧。河乌的巢隐藏在岩缝、树根中、桥下或瀑布后。雌鸟每窝产3—6枚白色蛋，孵化期为16天，雌雄双方共同育幼。幼鸟离巢后，立刻就能在水下进食。河乌科的5个物种全都生活在湍急的山涧溪流附近，在河岸和水边捕捉蜉蝣和其他昆虫，还在岩石上或鹅卵石中涉水捡食昆虫幼虫、螺和鱼卵。它们的尾脂腺比雀形目其他种类的腺体大10倍，因此羽毛的防水功能极好。

河乌

河乌是少数能在水下“行走”的鸟类之一，腹部圆胖似壶，体长18—21厘米，发出刺耳的“strits”叫声。河乌分布于欧洲、北非和亚洲北部，常贴水面低飞，飞行时双翅呼呼作响，鸟巢筑于裂缝和桥下的突出部位。

嘲鸫科

嘲鸫

体长：20—33厘米

物种：34种

嘲鸫分布于北美洲、中美洲、南美洲、西印度群岛和加拉帕戈斯群岛，大多栖居在地面或生活在灌丛和树丛中。几乎所有的物种都以擅长鸣叫著称，部分种类还善于模仿。许多物种繁殖时都在夜里鸣啭。嘲鸫的尾羽通常很长，大多数物种体呈白色、灰色或深褐色，但也有两个物种体呈蓝色，还有一种为黑色。它们和鸫类（第361页）存在密切的亲缘关系，也在灌丛或树上筑造相似的杯状巢，雌鸟每窝产蛋2—5枚，并承担孵化工作。嘲鸫因凶悍护巢出名，会毫不畏惧地攻击入侵者。

加岛嘲鸫

加岛嘲鸫体长25—27厘米，分布于加拉帕戈斯群岛，常在地面奔跑，极少飞行。它们常成群争食鸟卵、幼鸟、腐肉和果实。

小嘲鸫

小嘲鸫体长23—28厘米，多在美国南方出现，是美国5个州的州鸟。因在月夜鸣啭而著称，并且还会模仿其他鸟类的叫声。

纹雀科

纹旋木雀

体长：15厘米

物种：3种

这些食虫鸟仅分布于菲律宾群岛，与椋鸟有着密切的亲缘关系。其中较常见的纹胁旋木雀分布于低地地带，而纹胸旋木雀则通常生活在海拔900米以上的地带。纹旋木雀体呈褐色，腹部灰白，外表似旋木雀（第360页），但喙更粗短笔直，方正的尾端既不坚韧也不能用来攀爬。它们主要在树冠觅食，也在树干上寻找食物。

纹胁旋木雀

纹胁旋木雀在树枝和叶丛间捕食昆虫、取食果实，但也探入花朵，能利用舌头上的刷状突收集花粉。纹胁旋木雀体长约15厘米，结成小群觅食，有时和其他鸟类混群。

鸟类

鹟科

旧大陆鹟

体长：10—21厘米

物种：301种

旧大陆鹟的分布范围跨越欧洲、非洲、亚洲和澳洲，它们常伫立于枝头静伺，一旦飞虫临近便迎头用喙捕捉。旧大陆鹟的喙宽阔，口裂大，口周围的须有助其捕捉猎物。在北方繁殖的物种于秋季昆虫减少时向南迁徙。这些飞行灵活的鸟类羽色各异：有些体呈褐色，另一些则羽色鲜艳，雌雄两性通常体色相异。雄鸟通常体形较大。一些物种有羽冠，少数几种的脸部还有颜色鲜艳的肉垂。虽然其中的一些物种善于鸣啭，但大多数物种只能发出粗厉的叫声，整个类群在鸣啭方面完全不敌莺和鸫类。大多数鹟都在树枝或灌丛上筑巢，雌鸟每窝产1—11枚带有杂斑的蛋。

铜蓝鹟

铜蓝鹟体长17厘米，分布于印度至中国南部，并向南延伸至婆罗洲。它们常停栖在显眼的树枝上，发出响亮的甜美鸣声。雄鸟体呈绿蓝色，双翅和尾颜色较深；雌鸟色暗，体色更加偏灰。

棕腹仙鹟

棕腹仙鹟分布于喜马拉雅山脉至中国西南部，栖息在缅甸海拔超过1000米的地带。体长18厘米，常在低层灌木和林下灌丛中捕食昆虫。雄鸟喉黑，雌鸟有白色喉斑。

橙胸姬鹟

橙胸姬鹟繁殖于克什米尔至中国西南部，在东南亚部分地区过冬，常在海拔1000米以上的森林和林缘出没。橙胸姬鹟体长14厘米，常发出沙哑的低声叫声和重复的高音“pink”声。雌鸟的项纹小而色浅。

穗䳭

穗䳭产自欧洲北部，冬季在非洲生活，夏天才迁徙到欧洲。它的白腰和尾羽端的黑色“T”形纹在飞行时明显可见。穗䳭体长15厘米，以昆虫为食，栖息在开阔的高地，筑巢于裂缝、野兔的旧洞穴或岩石底部。雌鸟每窝产5—6枚淡青色鸟蛋。

欧亚鸲

欧亚鸲体长14厘米，性格活泼，外形醒目，胸呈红色，分布于欧洲、北非和亚洲西北部。幼鸟的胸和头部略带棕褐色。欧亚鸲叫声清晰哀怨，告警时发出尖厉的“tic”声。它们以昆虫和浆果为食，在地面时通常双脚齐跳。雌鸟每窝产4—6枚带有红色斑点的白色蛋。

新疆歌鸲

新疆歌鸲是有名的歌唱高手，常在茂密的植被中鸣啭，鸣声在夜间听起来特别清楚。事实上，这种善于隐匿的鸟类很难被发现。新疆歌鸲体长16.5厘米，分布于欧洲、北非和亚洲，秋季向南迁徙。鸟巢位于靠近地面的茂密植被中，雌鸟每窝产4—5枚橄榄褐色的蛋。

白点鸲

白点鸲体长15厘米，身体和尾羽都呈黄色，头蓝灰色，眼上方具有白斑或星状斑。它们发出嘎嘎叫声时显露出喉部的白色斑点。白点鸲分布于南非东部的开普至马拉维之间的高地森林中。

蓝喉歌鸲

蓝喉歌鸲有两个欧洲亚种：指名亚种（左图）的喉部具栗红色块斑，繁殖于柳树和桦树林；中欧亚种的喉斑为白色，在沼泽和水渠边的灌丛筑巢。其他亚种，如分布在土耳其的高加索亚种，喉全呈蓝色。所有亚种的体长均为14厘米。

麻雀科

旧大陆麻雀及其近亲

体长：11—18厘米

物种：48种

麻雀通常具褐色和灰色斑纹，个别物种还带有黄色或黑色块斑，这些以种子和昆虫为食的群居鸟类生活在开阔的林地和沙漠地带。大部分时间都在地面进食，许多物种都在人类的居所周围生活，有些甚至在城市中生活。大多数麻雀物种都缺乏与其近亲——织雀一样的编织技巧，只能用小树枝或草茎搭建较大的简陋鸟巢。有些物种集群繁殖，另一些则单独活动。

家麻雀

家麻雀体长15厘米，是全球最常见的城市鸟类之一，能和人类轻松相处。家麻雀原产于亚洲，如今在许多国家都能见到，但种群数量已在减少。

织雀科

织雀

体长：13—20厘米

物种：108种

这一大型鸟类类群主要分布于非洲，外形似雀，大多数物种都被称为织布鸟。它们的短喙呈圆锥状，双翅短圆，体羽通常为黄色或褐色，有时两色兼具。一些物种的外表非常相似。大多数织雀都能编织带有遮盖的巢，有些鸟巢还有朝下的长入口。一些物种的雄鸟在繁殖时羽色鲜艳，通过表演求偶舞蹈吸引异性；雌鸟则根据鸟巢的质量选择配偶。

群织雀

群织雀体长14厘米，只分布于纳米比亚、博茨瓦纳和南非，常结成多达300只的群体，共同在树上或其他高耸物体上建造外形庞大的鸟巢。

雄黑头织雀

这个复杂而精细的鸟巢下方有一个开口，可以阻挡大型鸟类和蛇类等捕食者的侵袭。雄性黑头织雀具有醒目的黑色和黄色体羽，通过振翅表演吸引雌鸟前来查看它的“作品”。这种非洲鸟类在吵嚷的群落中共同繁殖。

雀形目

维达雀科

维达雀及其近亲

体长：12—33厘米

物种：20种

这些非洲鸟类以梅花雀作为巢寄生对象：雌鸟将卵产在梅花雀的巢中，由寄主代为抚养幼鸟。不同种的维达雀会选择特定的梅花雀作为寄主，并且进化出了绝佳的模仿技巧以防被寄主察觉。它们的蛋呈白色（与梅花雀的非常相像），且雏鸟口裂中白点的排列方式也和寄主的雏鸟一样。这些鸟常见于开阔的林地，这里也是其寄主生活的地方。其中一类的雄鸟在繁殖期时会长出极长的尾羽。

乐园维达雀

这一物种的雄鸟体长33厘米，雌鸟为12厘米。到了繁殖季节，雄鸟的华丽尾羽还能增加21厘米左右。乐园维达雀不筑巢，而是将蛋产在绿翅斑腹雀的巢中。这种群居鸟类广泛分布于非洲东部和中部地区。

暗紫维达雀

暗紫维达雀能模仿灰顶火雀的叫声，并将蛋产在后者的巢中。暗紫维达雀体长12厘米，分布于肯尼亚至南非，以及西非的部分地区。

梅花雀科

梅花雀

体长：9—14厘米

物种：143种

梅花雀在分类上存在极大争议，包括梅花雀、草鹀、鹦雀和文鸟等，分布于非洲、亚洲、澳洲的开阔草原和新几内亚岛。它们中的大部分都是留鸟，只有在觅食和寻找水源时才迁移；主要以草籽为食。许多物种终生配对生活。大多数物种利用草茎等编造球状巢，还有部分物种在洞中筑巢。雌鸟每窝产4—8枚白色蛋，孵化期为10—21天。繁殖季节过后，开始集体生活，成群结队以确保平安。

禾雀

虽然禾雀主要在城镇中生活，但也成群聚集在耕地中危害农作物。禾雀体长14厘米，是印尼的爪哇岛和苏拉威西岛的特有珍稀物种。目前已被引入亚洲、澳洲和坦桑尼亚。

七彩文鸟

七彩文鸟仅分布于澳洲北部的稀树草原疏林、多石山丘和茂密的草原，是当地最濒危的鸟类之一，种群数量近年来因受到一种螨虫的侵害而逐渐减少。七彩文鸟体长14厘米，大多数个体的头呈黑色，但也存在极少数的红头或金头个体。

斑胸草雀

斑胸草雀体长10厘米，眼下方具泪滴状黑纹。斑胸草雀遍布澳洲大陆全境，常在水边集群。

红嘴奎利亚雀

红嘴奎利亚雀体长12厘米，被认为是全球最常见的鸟类，分布于非洲的37个国家，以稻谷和玉米为食，是一种作物害鸟。

太阳鸟科

太阳鸟和捕蛛鸟

体长：8—22厘米

物种：136种

太阳鸟遍布非洲全境，同时跨越亚洲延伸至澳洲，几乎所有的雄鸟都有带金属光泽的华丽体羽，雌鸟多呈橄榄绿色。繁殖期过后，雄鸟便换上与雌鸟相同的羽色。太阳鸟的喙细长而尖，采食花蜜和捕食昆虫，有些物种的尾羽长度几乎可达体长的一半。全球10种捕蛛鸟虽然模样类似太阳鸟，但喙更长，身体也粗短得多，且只分布于亚洲东南部。太阳鸟和捕蛛鸟与蜂鸟（第329页）类似，有着相似的进食方式，但前两者的拍翅速度较慢。鸟巢呈椭圆形，通常悬挂在细枝和树枝上，以纤细的苔藓和蛛网筑成。这些好斗且具领域性的鸟类不迁徙，但侏儒长尾太阳鸟每年都从苏丹迁往刚果，而另两种太阳鸟则是季节性迁徙。

赤胸花蜜鸟

这种体格健壮的深色鸟类体长15厘米，喙长而下弯，广泛分布于西非、东非和非洲南部的开阔林地和庭院地带。雄鸟的上胸呈闪耀的赤红色。

北非橙簇花蜜鸟

北非橙簇花蜜鸟（上图为雌鸟）非常罕见，体长10—11厘米，分布于亚洲西部和非洲中部。

杂色花蜜鸟

杂色花蜜鸟广泛分布于非洲西部、东部和南部的开阔稀树草原疏林和庭院地带。也称黄腹花蜜鸟，体长11厘米。雄鸟背部闪辉蓝色，上胸蓝紫色，雌鸟背部橄榄褐色，胸为米白色。

纹背捕蛛鸟

纹背捕蛛鸟分布于印度到中国，向南延伸至马来西亚的茂密森林和杂草丛生的林间空地，体长约17厘米，喙长而下弯。

环颈直嘴太阳鸟

环颈直嘴太阳鸟分布于撒哈拉沙漠以南非洲的森林和林地，栖息在海岸和河边林地。体长10厘米，雄鸟的羽色较雌鸟鲜艳。

鸟类

鸟类

雀形目

啄花鸟科

啄花鸟

体长：7—19厘米

物种：48种

啄花鸟体小矮胖，分布于亚洲南部、澳洲和新几内亚岛。它们的尾短，翅长，双腿细小。雄鸟通常色彩亮丽，具醒目的红色或黄色斑点；雌鸟的羽色较暗，通常带有条纹。大多数啄花鸟都生活在雨林中，有些物种也常光顾庭园。啄花鸟以昆虫和果实为食，但却因为喜欢将头探入花中，利用前端呈管状的分叉舌头吸食花蜜而得名。有些物种几乎只吃槲寄生的果实。啄花鸟可能与太阳鸟关系密切，二者都有在树枝间筑造袋状悬巢的习性。雌鸟每窝产蛋1—3枚，大多独自或由雄鸟协助孵卵。吃昆虫的食蜜鸟（第348页）曾与啄花鸟被归为一类，但目前认为二者间的亲缘关系较远。

澳洲啄花鸟

澳洲啄花鸟和槲寄生植物存在协同进化关系。由于它的消化道很短，因此槲寄生植物的种子很快便能排出。黏糊糊的种子随后粘在树枝上，长成一颗新的寄生个体。

橙腹啄花鸟

橙腹啄花鸟体长9厘米，分布于亚洲，生活在常绿阔叶林和红树林中。雄鸟的背、头和上胸呈灰色，腹和腰为橙黄色；雌鸟的胸部略带灰色，腰为黄色。

鹡鸰科

鹡鸰和鹨

体长：14—19厘米

物种：66种

鹡鸰和鹨都是地栖鸟类，前者分布于欧洲、亚洲和非洲，后者则分布在世界各地。它们双腿细长，具长爪，后趾是所有树栖鸟类中最短的一类。大多数鹨体呈褐色，带有斑纹，有助其在活动时提供保护色，鹡鸰则具有对比鲜明的白、黑、黄或蓝灰色等羽色。鹨通常在地面筑巢，而鹡鸰大多在岩脊上筑巢。鹡鸰常在水域附近活动，有些物种，如灰鹡鸰，常光顾湍急的山地溪流，但也在下游河流的水坝附近活动。鹨的雌雄外表相似，但鹡鸰的雌雄两性则斑纹不同。雌鸟每窝产蛋2—7枚，雌雄共同孵卵或由雌鸟独自完成。

白鹡鸰

白鹡鸰体长18厘米，是不列颠群岛上的白鹡鸰的亚种，常见于水域附近和修剪过的草坪上。当在地面进食时，会忽然静止不动并不停摆动尾羽，而后快速向前行走，用喙啄食昆虫。鸟巢筑于近水的建筑物和桥梁上，每窝产5—6枚浅灰色的蛋。

澳洲鹨

澳洲鹨体长约18厘米，分布于非洲（撒哈拉以南）、亚洲和澳洲，偶尔会在秋季飞抵欧洲。鸣声包括反复的鸣啭和短音颤鸣，飞行时发出响亮的"prrreep"叫声。澳洲鹨在地面筑巢，产4—6枚带有斑点的鸟蛋。

鹀科

鹀、雀及其近亲

体长：10—20厘米

物种：314种

这一大型科遍布世界各地：鹀分布于欧洲、非洲和亚洲，新大陆麻雀和食籽雀则分布于北美洲和南美洲。它们的体形很小，双腿尺寸中等，但趾爪很大，有助其在地面觅食。这些鸟类的羽色变化极大，但没有一种鸟类的羽色特别显眼。尾羽相当长，有时呈叉形，双翅很长，大多较尖。鹀和雀的短喙呈圆锥状，适于嗑开种子的外壳。大多数物种都生活在开阔的乡间，但彼此偏爱的栖息地类型差别极大。活动范围从南美洲南端荒凉的火地岛，向北延伸至雪鹀繁殖的格陵兰岛北端，并从海岸延伸到安第斯山脉的贫瘠高原，能够忍受非常潮湿、干旱、酷热和酷寒等极端气候。鸟巢呈杯状，通常具遮盖，筑于低矮的灌丛、树木或地面。雌鸟每窝产2—7枚带有红、褐或黑色斑纹的淡灰色鸟蛋。鹀科中的大多数种类都是候鸟。偶尔也在越冬地之外的地方出现，但观鸟者必须谨慎对待这种记录，因为鹀科物种在鸟类饲养中十分热门，因此被记录到的鸟类有可能是鸟舍中的逃逸个体。

黄鹀

黄鹀广泛分布于欧洲全境（在西部地区的数量已经逐步减少）、亚洲大陆和亚洲西部的农耕区，于19世纪60年代被引入新西兰。黄鹀体长16厘米，是耕地和开阔乡间中的常见鸟类。

歌带鹀

歌带鹀广泛分布于北美洲的大部分地区，除了北部的冻原外，南部的几个州也看不到它们的活动踪迹。除了森林，它们常在各种栖息地中出没，一些地区的数量十分丰富。歌带鹀体长17厘米，圆尾相对较长，褐色头顶的中央有灰色条纹，双颊灰色且带有褐色条纹。浅灰色的胸部具黑色纵纹，背和尾羽呈赤褐色。这种鸟于4—7月间繁殖。

仙人掌地雀

仙人掌地雀分布于加拉帕戈斯群岛的大部分地区，体长14厘米。它的喙较长，舌尖的分叉较其他雀类明显，因此特别适于取食仙人掌的种子。

雪鹀

雪鹀广泛分布于欧洲冻原地带，从亚洲北部向东延伸至西伯利亚东部，类似于在北美洲的分布。雪鹀体长17厘米，于5—8月间在北极地区繁殖，冬季迁徙到纬度较低的地方生活。雄鸟的头和翼斑呈白色，羽色较雌鸟鲜艳。

暗眼灯草鹀

这一羽色变化差异极大的物种被分为5个亚种。暗眼灯草鹀体长约为16厘米，广泛分布于北美洲全境，但中部各州除外。它们繁殖于森林地区，在美国和墨西哥的许多种栖息地中越冬。

棕胁唧鹀

棕胁唧鹀与分布在西部的斑唧鹀曾被视为北美洲的一个鸟种（the rufous-sided towhee）。棕胁唧鹀体长19厘米（图中为雌鸟），分布于美国东部。

拟鹂科

新大陆黑鹂

体长：15—53厘米

物种：106种

新大陆黑鹂（或称拟鹂）包括色彩艳丽的黄鹂、黑鹂和草地鹨，以及体呈暗色的拟八哥等种类。令人惊讶的是这一科中还包括拟椋鸟，它们在许多方面都与鸦类（第352页）类似。拟鹂科的所有物种只分布在北美洲、南美洲和加勒比海地区。许多物种都在人类住所附近生活，有些则受惠于农作物，例如红翅黑鹂就常危害农作物。虽然它们的适应能力很强，但其中的一些物种却极为稀有，且只分布在某些地区。一些物种的雌雄两性在体形和羽色上各不相同。几乎所有的拟鹂科物种都有尖直的圆锥状喙，且上喙尖端没有凹口，但拟椋鸟的喙基端则膨大形成额盾。拟鹂科的物种性格吵嚷（但并非特别悦耳），以拟椋鸟的鸣声尤其令人印象深刻。牛鹂的奇特之处则在于采取巢寄生方式，让其他鸟类抚养自己的后代。拟鹂科的鸟类通常不迁徙，但是刺歌雀每年都从北美洲大举向阿根廷迁徙。

发冠拟椋鸟

发冠拟椋鸟广泛分布于南美洲北部和中部，以及特立尼达岛和多巴哥共和国。体长约47厘米，因响亮的粗厉叫声而受关注。它的喙呈象牙色，双眼蓝色，体羽为亮黑色。繁殖时集群筑巢。

东草地鹨

东草地鹨分布于美国南部、东部开阔原野和平原地带，体长约24厘米，亮黄色的胸部具有独特的“V”形黑色带纹，背部斑驳呈褐色。

刺歌雀

刺歌雀体长18厘米，分布遍及美国北部和加拿大南部，冬季迁徙至阿根廷。雄鸟大体上为黑色，雌鸟呈淡黄褐色并带斑纹。

红翅黑鹂

红翅黑鹂体长22厘米，分布于北美洲大部分地区的沼泽地带，冬季结成大群生活。雄鸟全身呈亮黑色，肩部具鲜红色块斑，进行鸣啭炫耀时这个部位的羽毛会鼓起。

拟八哥

拟八哥常大量在北美洲的耕地、公园和城市地区活动，但在美国的西部各州却无分布。拟八哥体长32厘米，是其分布范围内最为常见的鸟类之一。雄鸟的头和颈呈亮紫色。雌雄两性都有奇特的扭曲尾羽，飞行时清晰可见。

布氏拟鹂

布氏拟鹂体长21厘米，栖息在加拿大西南部、美国西部和墨西哥北部的落叶林，于中美洲越冬。生活在美国大平原地区的种群会与它们的东部近亲橙腹拟鹂杂交。

褐头牛鹂

褐头牛鹂体长约19厘米，雄鸟的头呈褐色，易于辨认。它们栖息在美国的海岸和南部地区，夏季迁徙至美国中部各州和加拿大。

岩鹨科

岩鹨

体长：14—18厘米

物种：13种

岩鹨科常见于欧洲、北非和亚洲，以行踪隐匿著称，常在灌丛或岩石等隐蔽处缓慢行进或单脚跳跃寻食，夏季主食昆虫，冬季主食种子。岩鹨的体羽主要呈灰色或褐色，有的带有对比鲜明的橙色、黑色或白色斑纹，背部通常多斑纹。雌雄成鸟和未成鸟的外表相似。岩鹨常做直线低空飞行，飞行距离通常很短。有些物种在飞行时发出鸣啭，而另一些则立于枝头鸣啭。除了采取单配制外，岩鹨中的一些物种还采取一雄多雌制（1只雄性拥有2—3只雌性配偶）和一雌多雄制（1只雌性拥有2—3只雄性配偶）进行繁殖，其中以林岩鹨最为出名。雌鸟每窝产3—6枚浅蓝色蛋，孵化期长达2周。幼鸟孵出2周后便能飞行。

林岩鹨

林岩鹨体长14厘米，原产于欧洲，具有哨音鸣声。通常在灌丛下方捕捉昆虫。当优势雄鸟和数只雌鸟交配时，有另一只从属雄鸟在场；如果从属的雄鸟随后也参与交配，它就会帮忙喂养雏鸟。

雀形目

燕雀科

燕雀及其近亲

体长：11—19厘米

物种：186种

燕雀分布于美洲、非洲、欧洲和亚洲，它们的喙已经进化得适于采食种子；有些物种还具有特别坚固的头骨和大型颌肌，能嗑开非常坚硬的种子。进食时，它们将种子嵌入上颚一旁的特殊沟槽中，然后抬起下颚将食物压破，用舌头剥掉种子的外壳，将核仁吞下。燕雀中的一类——夏威夷旋蜜雀，已经进化出了可以取食各种食物的多样喙形：细长的喙可用于吸食花蜜，而类似啄木鸟的喙则用于探查树皮。

苍头燕雀

苍头燕雀体长15厘米，常见于欧洲、北非、西亚和巴基斯坦，栖息在开阔的原野和林地。

黄昏锡嘴雀

这种体形很大的鸟类体长20厘米，遍布于北美洲北部的针叶林中，冬季向南迁移。它们性格吵嚷，喜群居生活。

红额金翅雀

小巧的红额金翅雀体长14厘米，具有独特的红脸和米黄色的身体，是欧洲和亚洲乡间的常见鸟类。

红交嘴雀

红交嘴雀是北美洲、欧洲和亚洲地区的常驻居民，喙形独特。它的上下嘴相侧交，有助于嗑开成熟的松球取食种子。红交嘴雀（图为雌鸟）体长17厘米。

红腹灰雀

迷人的红腹灰雀体长16厘米，能够快速地将梨树的嫩芽吃个精光，因此非常不受果农欢迎。雄鸟的淡红色胸、灰色上背和黑色双翅上的白色翼斑使其极易被识别。红腹灰雀分布于欧洲全境，向东延伸至中国地区。

金丝雀

金丝雀是常见笼养鸟的野生祖先，体长13厘米，体羽呈灰黄色，是非洲西岸的加那利群岛、亚述尔群岛和马德拉群岛上的特有物种。

镰嘴雀

镰嘴雀是一种极为濒危的物种，仅分布于夏威夷大岛，栖息在火山边坡海拔1000米以上的寇阿相思林中。体长约12.5厘米，雄鸟背部为橄榄绿色，腹部黄色，头呈黄色。雌鸟体形较小且色彩暗淡。

镰嘴管舌雀

这种常见且性格吵嚷的鸟类分布于夏威夷的大岛、考爱岛、毛伊岛海拔700米以上的原始森林，在夏威夷的其他岛屿比较罕见。成鸟体长约13厘米，呈鲜艳的朱红色，粉红色喙长而下弯，眼圈黄色。

裸鼻雀科

裸鼻雀及其近亲

体长：10—28厘米

物种：205种

裸鼻雀科物种只分布于西半球，大多栖息在热带地区，其中还包含一些色彩最为鲜艳的美洲鸟类。裸鼻雀多与其他鸟类混群在树冠层四处活动，尤其是在非繁殖季节，只有相对较少的物种生活在热带森林中植被最茂密的地带。裸鼻雀科的大多数种类都筑造敞开的杯状巢，巢址很少位于地面。一些物种在低矮的灌丛间觅食，但也有少数物种在地面生活。它们以果实和昆虫为食。裸鼻雀科中的歌雀以槲寄生的浆果为食，而旋蜜雀的喙和舌头则适于吸食花蜜。还有少数物种尾随行军蚁，捕食被蚁群惊起的昆虫和蜘蛛。许多物种全年都成对生活，因此几乎不鸣啭，但少数物种，如猩红丽唐纳雀，却有着迷人的歌喉。

鹊色唐纳雀

鹊色唐纳雀广泛分布于南美洲，在阴雨林的灌丛、农耕和郊区地带栖息。这种鸟体长28厘米，头、上背、喉和胸都为蓝黑色。黑色长尾的边缘呈白色，双翅黑白相间，腹部为白色。

燕嘴唐纳雀

燕嘴唐纳雀广泛分布于南美洲中部和北部，双翅尖长，因在飞行时利用前端略带钩的短扁鸟喙兜捕昆虫而得名。雌鸟（如左图）体呈绿色，雄鸟为亮丽的翠蓝色。独有的特征使得它们曾一度被排除出唐纳雀类，被单独立为一科。

蓝颈唐加拉雀

蓝颈唐加拉雀体长12厘米，是玻利维亚、巴西、哥伦比亚、厄瓜多尔、秘鲁和委内瑞拉的常驻居民，栖息在海拔300—2400米的散生着树木的开阔地带。雌雄外形相似，面罩和喉为蓝色，双翅为蓝色和黑色或是绿色和黑色，色彩随着亚种的不同而不同。

猩红丽唐纳雀

猩红丽唐纳雀栖息在落叶林，于5—7月在北美洲东部繁殖，在南美洲的哥伦比亚到玻利维亚一带过冬；也是加勒比海群岛的一类罕见候鸟。这种鸟体长17厘米，雄鸟的头和身体呈猩红色。

绿旋蜜雀

绿旋蜜雀体长约14厘米，广泛分布于南美洲北部大部分国家，是这一地区的常见鸟类，也见于特立尼达岛和多巴哥共和国。它栖息在海拔1500米以下的森林树冠层。雄鸟通体呈鲜艳的浅蓝绿色，具黑色面罩。雌雄两性都有黄色喙和红色眼睛。

美洲雀科

舞雀、蜡嘴雀及其近亲

体长：12.5—22厘米

物种：50种

舞雀和蜡嘴雀的喙部厚实，适于咬碎种子，它们的喙部结构与适于嗑开种子外壳的鹀科鸟类（第366页）大不相同；美洲雀则介于二者之间，它们的喙既能咬碎种子，也能嗑开外壳。这一科的物种只分布于美洲地区，尤其是美洲的热带区域。舞雀、主红雀和新大陆鹀都隶属美洲雀科。舞雀大多羽色单调。雄性主红雀的羽色更加艳丽，与新大陆鹀一样。丽唐纳雀有着和主红雀一样的亮红色彩，或许也隶属美洲雀科。

美洲雀

美洲雀于3—7月在北美洲中部和南部地区繁殖，越冬于南美洲地区。它的体长16厘米，胸呈黄色，头为灰色，过眼线为灰白色，眉纹淡黄色，背部浅灰色。雄鸟腹部带有特有的黑色围边。

主红雀

主红雀体长22厘米，分布于北美洲南部和东部的林地和庭院，并延伸到墨西哥、伯利兹、危地马拉和百慕大地区。雄鸟体呈鲜红色，喉为黑色，喙为红色，雌鸟体呈灰棕色。雌雄两性均发出响亮流畅的哨音。

丽彩鹀

丽彩鹀体长14厘米，只分布于它们的繁殖区至美国最南端的几个州，是北美洲羽色最鲜艳的鸟类之一。雄鸟具紫蓝色面罩，体色花哨，雌鸟背部呈鲜绿色，腹部为浅黄绿色。

曲嘴森莺科

曲嘴森莺

体长：11厘米

物种：1种

曲嘴森莺约有40个亚种，是一种常见的花园鸟类，分布于南美洲北部和东部以及加勒比海群岛。曲嘴森莺在其分布的北部地区十分常见，但在森林深处则相对罕见。它们主要以花蜜为食，但也取食果实。雌雄两性的顶冠和面罩均为黑色，过眼线为白色，胸和腹部都呈鲜黄色。鸟巢呈球状，具遮盖。

森莺科

新大陆莺

体长：10—16厘米

物种：122种

新大陆莺在美国也被称为林莺，其中的许多物种羽色鲜艳，羽毛上通常带有橙色和黄色斑点。新大陆莺栖息在各种林地和灌丛中；多数物种从北美洲迁徙至中美洲和南美洲的热带地区越冬。人类栖居地的扩张和农业活动的发展占据了这些鸟类的栖息环境，导致繁殖鸟的数量大幅减少。虽然新大陆莺主要以昆虫为食，但在迁徙时也取食果实。森莺科的不同物种都十分擅长鸣啭，但彼此相似的叫声常令观鸟者难以区分。

黑枕威森莺

黑枕威森莺的捕蝇技术十分娴熟，栖息在潮湿的森林和树木繁茂的沼泽湿地中，常在地面或离地几米高的地方活动。它们繁殖于美国东部和中部，迁徙至美洲中部和西印度群岛越冬。黑枕威森莺体长14厘米，雌、雄鸟在活动时尾部的白斑会显露。

黑白森莺

黑白森莺繁殖于加拿大和美国东部地区，越冬时向南迁徙，最远可至南美洲北部。黑白森莺常沿着树枝搜寻食物，利用长喙捕捉昆虫。这种鸟体长11.5—14厘米，鸣声为尖锐的哨音。

黑纹背林莺

黑纹背林莺体长15厘米，只在美国密歇根州的短叶松林中繁殖，在巴哈马群岛过冬。生境管理已经大大改善了它的筑巢环境。雌雄两性（图为雌鸟）的背部都呈蓝灰色，眼圈白色。

黄喉地莺

黄喉地莺体长13厘米，分布于北美洲全境，越冬于美国南部和南美洲地区，偏爱在田野和沼泽地的低矮植被中活动。雄鸟具有镶灰边的黑色面罩，喉、胸和尾下覆羽都为黄色。雌鸟的外形与雄鸟相似，但缺少黑色面罩。

黄腰林莺

黄腰林莺是北美洲最常见的鸟类之一，分布范围从加拿大一直延伸至阿拉斯加，繁殖时则出现在北美洲的中西部。黄腰林莺体长14厘米，两个亚种的体羽都呈灰色，腰为黄色。

爬行动物

REPTILES

爬行类

门：	脊索动物门
纲：	爬行纲
目：	4目
科：	64科
种：	9400种

爬行类是产卵繁殖的脊椎动物，它们皮肤粗糙且覆有角质鳞片。这些变温动物（冷血动物）的体内无法产生热量。爬行纲包含4目：龟鳖目（陆龟和海龟）、喙头目、有鳞目（蛇、蜥蜴和蚓蜥）和鳄目（鳄、短吻鳄和凯门鳄）。大多数种类都在陆地产卵，包括那些主要在水中生活的物种。爬行类出生时就已完全成形，不用经历幼体变化阶段。

鳞片

吉拉毒蜥隶属爬行类中最大的一类——蜥蜴类。与其两栖类祖先光滑湿润的皮肤不同，所有爬行类的皮肤均很干燥。

进化

爬行类最早出现于约3.4亿年前，由早期的两栖类进化而来。最早的爬行类与它们的两栖类祖先存在两个方面的显著区别：进化出了坚硬的角质鳞片，可防止皮肤磨损并减少水分的蒸发。更为重要的是，它们进化出了由壳保护的羊膜卵，使胚胎能在一个充满羊水且与外界隔绝的环境中发育。以上这些特点使得爬行类摆脱了两栖类所依赖的水环境，从而适应了陆地生活。至中生代（约2.3亿年—6500万年前），爬行类已经分化出各种类型，一举成为陆地的主宰。海龟和陆龟在相对较早的时期分化，至2亿年前，就已出现与我们今天熟知种类相似的物种。此后不久，爬行类出现了辐射式分化。翼龙（会飞的爬行类）和恐龙就出现在这一时期，而鳄目和喙头目的物种则一直生存至今。随后，另一进化支系进化出了包括蜥蜴、蚓蜥以及蛇类在内的有鳞目。在已知的20多目中生代爬行类中，仅有4目存活至今。

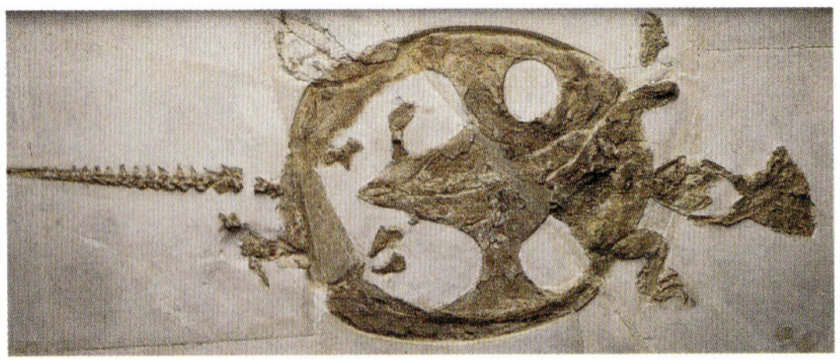

海龟化石

图中这只海龟的化石可追溯至大约两亿年前。海龟和乌龟从那时起就很少变化，成为现存爬行类中最古老的类群。

身体结构

爬行类在外形上的差异巨大，包括从细长无足的蛇，到矮壮有壳的龟在内的各种形态。然而无论外形怎样，爬行类的体表均被以角质鳞片（下方图框），能有效防止皮肤磨损、抵御天敌和寄生虫攻击，且能减少身体的水分蒸发。爬行类之间的鳞片差别很大，有些物种的身体部位不同，鳞片的形状和大小也不同。鳞片下的色素则赋予爬行类可用于伪装或炫耀的各种体色和花纹。有些爬行类，特别是雄性蜥蜴，身体的部分鳞片已经进化成引人注目的脊突、角和其他用来炫耀的身体结构。

爬行类的骨架中具有可作为单独元素出现的骨骼，且有比两栖类更为结实和坚硬的支撑结构，更加适应陆地生活。与哺乳类和鸟类不同的是，爬行类的四肢位于身体侧面，不能将身体抬离地面，因此它们在运动时采取腹部贴近地面或稍微抬离地面的姿势。而蛇、大多数蚓蜥和部分蜥蜴的四肢则已退化。头骨的形态差异反映出爬行类各个类群的进化源头，并且是极为有用的分类特征。海龟和陆龟的颅骨两侧、眼眶后部没有颞窝，而鳄和楔齿蜥的每侧都有两个颞窝。有鳞类的每侧也有两个颞窝，但有时会连接在一起形成一个大颞窝。许多爬行类在性成熟后骨骼仍继续生长，这意味着一些长寿的成年个体能够长得非常大。

蜥蜴的骨骼

蜥蜴是高度分化的动物类群。大多数物种具有一条长尾和发达的四肢，图中为巨蜥的骨骼。然而，有些物种却与蛇非常相似，且四肢也已完全退化。

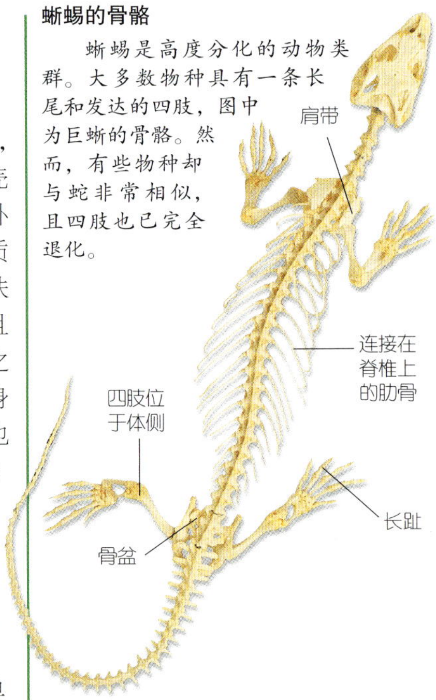

皮肤结构

爬行类的皮肤主要由外部的表皮层和内部的真皮层构成。表皮层覆盖着角质鳞片，鳞片由一种粗糙的物质——角蛋白构成，与人类毛发和指甲的成分相同。真皮层含有神经、血管，以及支撑表皮并为其提供营养的细胞。与鱼类的骨质鳞片不同，爬行类的鳞片是表皮的一部分，不能被单独分离。所有的爬行类都通过蜕皮更换身上的鳞片。蜕皮能为身体带来更多的成长空间，并且也能替换掉已磨损的皮肤。蛇的皮肤通常完整地蜕掉，而蜥蜴、鳄、海龟和陆龟以及楔齿蜥的皮肤则会成块或成片蜕掉。当蛇蜕掉外表皮后，通常显现出更加明亮的体色。

蛇的鳞片　**蜥蜴的鳞片**　**鳄鱼的鳞片**

鳞片类型

爬行类的鳞片在大小、形状和质地上极为不同。它们可能是光滑或粗糙的，也可能像屋顶的瓦片一样相互重叠，鳞片之间或许还有带弹性的皮肤层。鳄类背部的鳞片下还具骨质板。

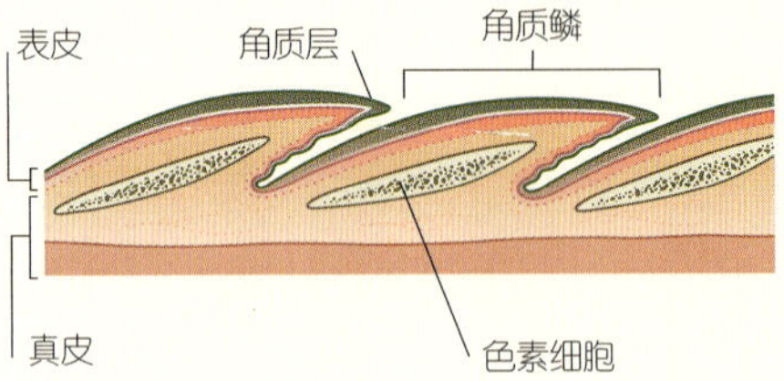

蛇的皮肤切面

爬行类的鳞片由厚而粗糙的皮肤角质层构成。每个鳞片都与其相邻的鳞片灵活地连接在一起，因此蛇的身体才能移动和弯曲。而位于表皮和真皮之间的色素细胞则决定着蛇的体色。

四肢退化

一些蛇科物种退化的爪状后肢依旧明显可见，例如侏儒蟒、某些蚺和蟒蛇，进一步揭示了蛇和蜥蜴之间的进化关系。

感官

爬行类的感官较两栖类发达，有些物种还具有其他动物没有的感觉器官。许多蛇类通常有发育良好的大眼睛，但它们的视觉仍然较差，而有些穴居有鳞类的眼睛结构则趋于简化或是完全退化。龟、鳄以及大多数蜥蜴的眼睑可以闭合，而蛇和某些蜥蜴的眼睑则不能闭合。蜥蜴和楔齿蜥的颅骨顶部具有被称为第三只眼（即顶眼）的感光区，人们认为它的作用是通过测量日照时间来控制行为的昼间和季节模式。爬行类的听觉较差。有些物种缺少或是根本没有外耳孔或中耳结构，声音经由头骨传播，从而产生听觉。

眼皮

鳄、海龟、陆龟和大多数蜥蜴具有两个能闭合的上下眼睑和瞬膜。瞬膜是一个透明的皮肤薄膜，可从一侧遮住角膜，这样不仅能保护眼球，同时也不会妨碍动物的视线。蛇和有些蜥蜴的上下眼睑已经愈合在一起，在眼睛外部形成一个被称为透明膜的固定覆盖物。

蜕掉透明膜

蛇（图中为横纹砂蛇）的透明膜会与其余的旧皮肤一同蜕掉。

活动模式

保持最适体温是爬行类生存和生活方式的关键所在。右边的图表描述了一个昼行性蜥蜴的活动模式。这条蜥蜴在晨昏时分一直待在洞穴中躲避寒冷。之后，随着温度的上升，它必须出去晒太阳取暖以获取觅食所需的能量。为了防止体温过热，它又会在正午前后隐蔽起来。当气温逐渐下降后才重新出来觅食。

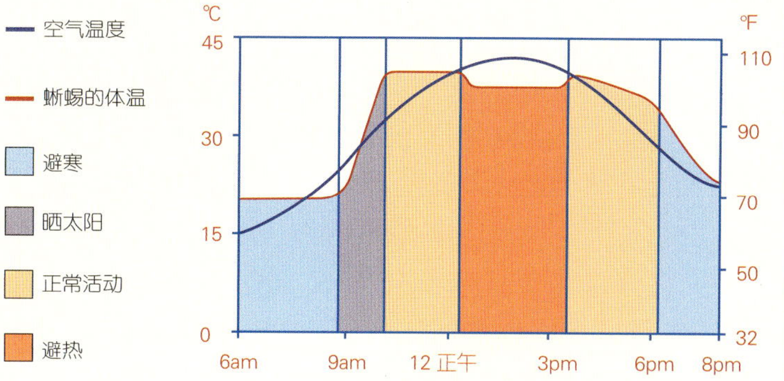

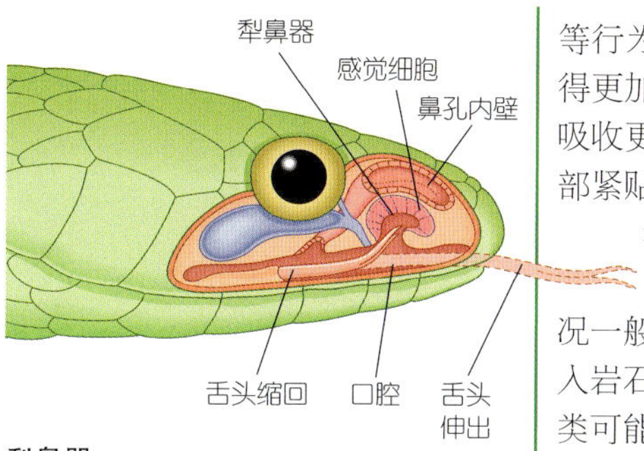

犁鼻器

蛇和大多数蜥蜴通过伸出摆动的舌头来收集周围的气味分子。当舌头缩回嘴里时，气味分子就被传递到位于口腔的上颚的犁鼻器内进行分析。

味觉对爬行类来说不重要，但是它们的嗅觉却高度灵敏。有些蛇类的脸颊还具有热感受器，可以探测出微小的温度变化，从而帮助它们锁定猎物。

体温调节

由于爬行类自身不能产生热量，因此它们需要依靠外界因素来将体温维持在耐受范围之内。当气温低于爬行类的最适温度时（多数物种为30—40摄氏度），它们的活动就会慢下来，进而可能通过诸如晒太阳等行为来调节体温。它们使身体变得更加扁平或使身体与阳光平行以吸收更多的太阳辐射，又或是用腹部紧贴温暖的岩石来提高体温。在极低的温度下，它们的生命活动大幅减缓，但这种情况一般只出现在动物进入洞穴或钻入岩石下躲避时。温带地区的爬行类可能在冬季躲避较长时间，或是进入冬眠。同样地，炎热和干旱地区的物种可能在一年中最热的时候躲避起来，这种行为被称为夏眠。而生活在热带地区的爬行类则很少需要通过晒太阳来获取热量。

繁殖

尽管化学交流可能扮演着重要角色，但人们对爬行类的繁殖行为仍然知之甚少。有些爬行类在繁殖期发出叫声，而许多雄性蜥蜴和其他类群也会大肆炫耀脊突和颈下垂皮上鲜艳夺目的颜色。这些炫耀行为不仅是为了建立领地，也同样为了吸引雌性。在大多数情况下，均由雄性对雌性进行受精，但部分蜥蜴和一种蛇则是采取孤雌繁殖，即雌性无须借助雄性受精就可以产下后代。大多数爬行类为卵生，通常在陆地上产卵，但也有一定数量的蜥蜴和蛇为胎生。爬行类的卵具有类似鸟蛋的硬壳，但大多数的卵都有着柔韧如皮革般的外壳，这种外壳可以渗入水分和氧气，从而帮助胚胎发育。爬行类的卵通常产在洞穴中、腐烂的植物堆中或是其他相似的地点。孵化期从几天持续至几个月不等，一些物种的幼体甚至在巢中度过整个冬季，并在将近一年后才破巢而出。胎生的物种则将受精卵留在体内，通过胎盘为胚胎提供营养。刚孵化出的和新生的幼体在外形上与它们的父母极其相似，尽管它们的体色或斑纹可能有所不同。除了鳄目的物种以外，其他爬行类类群甚少进行亲代照料。鳄目的物种会对后代进行长达两年或更长时间的照料。有些蜥蜴也在幼体出生后进行照料。

产崽

胎生的雌蜥蜴在受精卵孵化前将其一直留在体内。卵刚从母体中产出，2—12条幼蜥蜴便破卵而出，且可以无须母亲的照料就能存活。

从冬眠中苏醒

一群红边束带蛇从它们群居的洞穴中苏醒过来，自冬季寒冷的天气开始时它们就一直在那里进行冬眠。

爬行动物

陆龟与海龟

门：	脊索动物门
纲：	爬行纲
目：	龟鳖目
科：	13科
种：	317种

陆龟和海龟是现存爬行类中最古老的类群。它们最早出现在约两亿年前，但身体特征在这期间几乎没有发生变化，因此，现存的物种和那些与恐龙同时并存的物种是极其相似的。龟类最显著的特征是具有坚硬的龟壳，可以为身体的柔软部位提供保护和伪装，避免受到捕食者和大自然的伤害。陆龟和海龟使用尖利的颌鞘切开或撕裂食物，以弥补牙齿的缺失。它们不但能在陆地上生存，也能生活在淡水和海洋中（尽管所有的龟都在陆地上产卵）。陆生物种通常是指陆龟，那些生活在淡水中的则被称为淡水龟。而海龟这个词习惯上是指在海洋中生活的物种，但目前大多数动物学家仍用它来指代龟鳖目的所有物种。尽管陆龟和海龟在热带地区最为常见，但在温带地区也能发现它们的踪影。为了寻找食物或是到达营巢地，某些海洋物种甚至还会进行长距离的迁徙。

返回大海

幼海龟从卵中孵出后必须要返回大海，如这些新生的绿海龟。人们认为，它们是依靠本能顺着海滩而下或是感觉海陆间光线的细小差异而回到大海，因为大海无论白天或黑夜都很明亮。在回到海中的路上，它们还需应付海鸥和螃蟹等捕食者的追杀。

身体结构

所有的龟都有龟壳，四肢粗壮，缺失的牙齿由颌部的角质鞘取代。龟壳通常包含着上、下两个部分（分别被称为背甲和胸甲），它们由前腿和后腿之间的骨质桥连接在一起。龟壳有2层，包括内部的骨质层和外部的表皮层。外层由薄的角质板构成（即盾板），其中含有色素细胞，能使每个物种呈现独特的颜色。某些物种缺少盾甲，而是有着软而坚韧的革质外壳。四肢的形状在陆生和水生种类之间也大不相同：大多数陆生物种的腿形粗短，而水生物种则具脚蹼或是鳍状四肢。由于它们的肋骨与龟壳相互融合（下图），因此陆龟和海龟不能移动肋骨将空气从肺部吸入和呼出，而是利用前后肢囊中肌肉的运动来改变肺内压力，并有效地将空气吸入。

圆拱状龟壳

流线型龟壳

骨骼

陆龟和海龟的骨骼非常奇特。它们的肋骨和一些椎骨在背甲内部相愈合，骨盆带和肩胛带位于胸腔内部的特殊位置上。龟的头骨非常结实，但与其他爬行类不同的是，它们的眼窝后面没有颞窝。不同种类间脖子的长度也极为不同，这决定了头缩进壳内的方式（右图）。

龟壳形态

陆龟或海龟的外壳反映出它们各自的生活方式。陆生物种的壳高耸呈圆拱状，如印度星龟（第一幅图），可抵御捕食者的啃咬。水生物种具有呈流线型的扁平龟壳，如红耳龟（第二幅图），有助于在水中轻松穿梭。少数物种的背甲柔韧，如扁陆龟。其他物种的胸甲绞合，如盒龟，使得龟壳能够完全闭合。

侧颈龟和曲颈龟

海龟和陆龟被分为两个亚目，其区别在于颈部缩进龟壳的不同方式。侧颈龟均为水生或半水栖的淡水物种，它们的颈只能在水平方向上缩进龟壳的侧面。而曲颈龟（包括所有陆生和部分水生物种）的颈部较短，它们的头颈会折叠成竖直的“S”形缩进龟壳内。

侧颈

曲颈

洄游

一些海龟从觅食地迁徙很长距离到达产卵的海岸。例如，某些绿海龟在巴西近海觅食，却要长途跋涉约4500千米前往大西洋东部的阿森松岛筑巢产卵。所有的繁殖个体会在几周之内全部到达营巢海岸。然而，它们的导航方式人们仍然知之甚少，不过它们有可能是综合了地球磁场、洋流方向、海水化学和记忆来完成导航。棱皮龟是游行距离最长的龟，它们从热带海域远赴北冰洋水域，寻找自己最喜欢的食物——水母。

游泳

海龟（如图中的玳瑁）游泳时利用前腿作为推动，后腿用以转向。不同物种间的游速从3千米至接近30千米不等。

繁殖

所有的龟都在陆地上产卵。热带物种每年可能产几窝卵，而温带物种仅在繁殖期内产一两次卵。雌龟能在体内存储精子，以便在交配后的很长一段时间里还能产下受精卵。每窝卵的数量通常由物种的体形大小决定。小型海龟每次只产1—4枚卵，而体形最大的物种一次能产下超过100枚卵。绿海龟是目前产卵量最多的种类，它们每隔两周就能产下多达6—7窝卵，每窝的产卵量为100多枚。海龟通常不照料幼龟，但棕腿凹甲陆龟产卵后会留在巢穴一段时日，保护龟卵不受捕食者的伤害。

卵

大型海龟和陆龟的卵几乎呈圆形，但是那些小型物种的卵则趋于细长。卵的外部可能有硬而易碎的外壳，也可能是具有弹性的革质壳。这只豹纹陆龟的初生个体正使用随后会脱落的齿状物破壳而出。

筑巢

某些雌陆龟和海龟将卵产在腐烂的植物堆下或是其他动物的巢穴中。但大多数物种（如绿海龟）会用后腿挖出一个瓶状巢穴。一旦产下卵，它们就用沙子或土小心地将巢穴填平，避免被捕食者发现。

淡水食肉动物

鳄龟栖息在较浅的湖泊、河流和沼泽地中。只要猎物进入捕食范围，并且小到可以被吞下，这只拟鳄龟（右图）就会伸出利爪和大嘴捕食。

觅食

海龟和陆龟行动缓慢，难以追捕快速移动的猎物，但大部分生活在阴暗水域的水生物种都通过埋伏捕食，捕食时保持静止，直到鱼类或甲壳类大意地游过时才发动攻击。陆龟基本为食草动物，取食植物树叶和水果。许多物种也会吃掉有时出现在其食物中的毛虫等动物。偶尔遇到腐肉时，大多数物种也会上前取食。刚出生的淡水龟则是食虫动物，为了生存，它们会以小型水生昆虫的幼虫和其他小型猎物为食，但当长大后，食谱就以水生植物为主。某些海龟成年后仅取食海草，而其他则以无脊椎动物，包括水母、海胆和软体动物等为食。

食草动物

图中的加拉帕戈斯象龟（左图）以草本和其他低矮的植物为食，有时也在灌丛中取食。它们在活动时经常吃个不停，碰到掉落的较具营养的水果，甚至是动物尸体，它们也会毫不犹豫地取食。

Carettochelys insculpta

两爪鳖

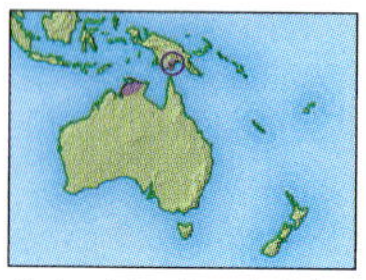

体长：70—75厘米
繁殖方式：卵生
生活习性：水生
现况：易危

分布：新几内亚岛南部、澳洲北部

这种罕见的澳洲龟类栖息在淡水中，它们与海龟之间有很多相似之处。两爪鳖的四肢宽大呈鳍状，爪子的数目相对较少，灰绿色或灰褐色的背甲上覆有一层柔软的皮肤，龟甲表面带有皱褶状或雕刻状的纹理。两爪鳖主要取食螺类、小鱼和水果等。因吻部形似猪鼻得名。它的吻还有助于其从水中获取氧气。雌鳖在河岸边的浅坑中筑巢产卵，每次可产多达22枚卵壳较薄的卵。

Chelodina longicollis

澳洲蛇颈龟

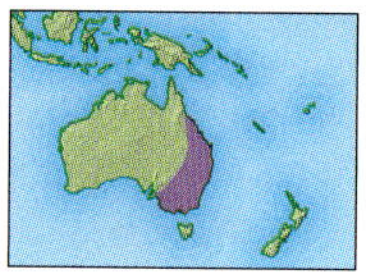

体长：20—25厘米
繁殖方式：卵生
生活习性：水生
现况：未评估

分布：澳洲东部和南部

这种龟的脑袋很小，脖子极长，是澳洲最有特色的淡水爬行类。它的头和颈通常超过壳长，便于攻击鱼、蝌蚪和甲壳类等经过的猎物。当在水流平缓的沼泽、潟湖、河床水底休息时，会将长脖伸出水面呼吸。澳洲蛇颈龟夏天在陆地长途迁徙以寻找水源。如果受到惊扰，会从麝香腺分泌出难闻的液体。雌龟于夜间或雨后在草地或沙地挖坑产卵，每次可产6—24枚。

Platemys platycephala

扭颈龟

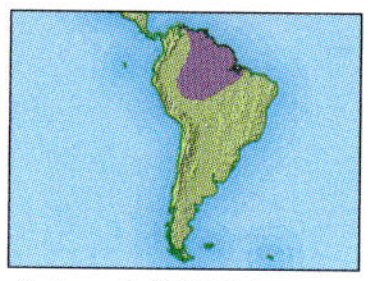

体长：14—17厘米
繁殖方式：卵生
生活习性：半水栖
现况：未评估

分布：南美洲北部

扭颈龟受惊时将头侧转缩入壳中。这种鲜为人知的龟也被称为扁头龟，其扁平的外壳有助于在岩石和碎屑下藏身。扭颈龟的背甲呈黑色或栗褐色，或是黄色带有褐色斑块，体侧有2道棱脊。它的游泳能力较差，通常待在浅水塘和水洼中或在林地四处爬行，以水生昆虫、蚯蚓、蜗牛和蝌蚪为食。雌龟在地面挖出浅坑产卵，或直接将卵产在地面，每次仅产卵1枚，卵产出后用腐叶覆盖。

Chelus fimbriatus

枯叶龟

长度：30—45厘米
繁殖方式：卵生
生活习性：水生
现况：未评估

分布：南美洲北部

龟类大多主动觅食，但外壳呈枯叶状的枯叶龟会埋伏在混浊的浅水中守株待兔，利用高明的伪装隐藏自己。它的三角形头部长有一对小眼睛，但还具有一对较大的外耳鼓膜和感觉皮瓣，有助于感知移动的猎物。管状鼻子让它不用浮上水面也能呼吸。雌龟每窝产卵28枚。

Chelonia mydas

绿蠵龟

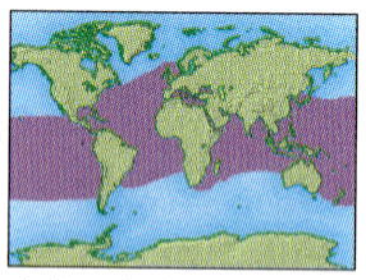

体长：1—1.2米
繁殖方式：卵生
生活习性：水生
现况：濒危

分布：全球热带、亚热带和温带海域

绿蠵龟的泳姿优雅，是全世界分布最广的海龟之一，可见于全球热带和亚热带海域。虽然名为绿蠵龟，但并不完全呈绿色，头和四肢的鳞片镶有浅色边，盾板边缘的鳞片也是如此。成年个体以海草和红树植物的根叶为食，而幼龟则偏爱肉食，也会捕食水母、软体类和海绵。为了繁殖后代，绿蠵龟要前往偏远的沙滩，有时还跨越1000多千米长的开阔海域。在浅水中交配后，雌龟于天黑后爬上海岸，在高潮水位之上的沙滩挖坑产卵100—150枚。幼龟约在6—8周之后孵出，但回归大海之前，许多幼龟会被螃蟹、海鸥和其他海鸟捕食。

流线型的大型身体

这种大型海龟重达65—300千克，龟壳光滑，鳍状肢发达，游泳本领高超。成龟的体色从绿色、棕色到黑色不等，有时还带有深棕色、红棕色和黄色条纹。

保育

绿蠵龟一直都是商业捕捞的主要对象，导致它们处于濒危状态。由于许多繁殖用的沙滩受到破坏，适宜的产卵地也在逐渐减少。针对绿蠵龟的保育措施包括立法禁止捕捞和捡蛋，产卵地巡护和人工孵化等。人工孵化给了幼龟一个好的开端，一旦它们度过了最易受到攻击的阶段，才被放归野外。

Eretmochelys imbricata

玳瑁

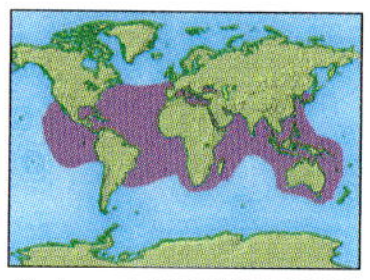

体长：60—80 厘米
繁殖方式：卵生
生活习性：水生
现况：极危

分布：大西洋的温暖海域、热带印度洋至太平洋海域

玳瑁是体形最小的海龟之一，背甲中央具突脊，甲缘呈锯齿状，因此极易识别。仔细观察即可发现它的盾板斑纹非常美丽，这也是它们一直遭受大肆捕杀的原因。玳瑁十分长寿，且不像其他海龟一样经常洄游。它们利用狭长的上颌取食海绵、软体类及其他生活在海底和珊瑚礁中的动物。

Caretta caretta

赤蠵龟

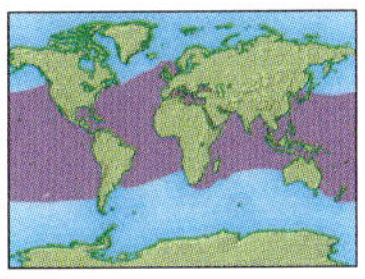

体长：70—100厘米
繁殖方式：卵生
生活习性：水生
现况：濒危

分布：全球热带、亚热带和温带海域

相比于其他大多数海龟，赤蠵龟的头大且颌稍强壮，可以咬碎螃蟹、龙虾等身体坚硬的猎物。在大洋区活动时，通常都在水面漂浮，但在河口和海湾时则潜入水底，只有呼吸时才露出水面。赤蠵龟每两年或更长时间才繁殖一次，可产5窝，每窝约100枚卵。

Lepidochelys olivacea

榄蠵龟

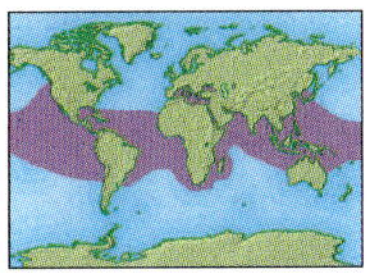

体长：50—70厘米
繁殖方式：卵生
生活习性：水生
现况：易危

分布：亚特兰大海、印度洋和太平洋的赤道地区

榄蠵龟是体形最小的海龟，背甲没有花纹，呈深或浅橄榄色。这种海龟主动捕食甲壳类、鱼和乌贼等猎物，通常成群结队地洄游到繁殖地。它们曾大规模地来到沙滩筑巢产卵，但人类的大量捕杀致使这种壮观场面不复存在。

Chelydra serpentina

蛇鳄龟

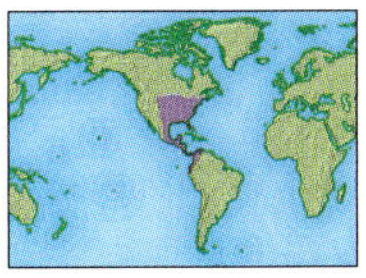

体长：25—47厘米
繁殖方式：卵生
生活习性：水生
现况：无危（最新）

分布：北美洲东部和中部、中美洲、南美洲西北部

这种深色大型龟的脾气暴躁，受到威胁会凶猛噬咬。它的头部巨大，胸甲很小，粗糙的背甲上有时还覆盖着藻类。蛇鳄龟栖息在淡水和咸淡水水域，喜欢植物茂盛的栖息地，常潜伏在泥沙中，只露出双眼和鼻孔。它们白天静候猎物，夜间主动外出觅食，捕食时张开大嘴猛扑向小型哺乳类、鸟类、鱼类、无脊椎动物和植物。雌雄相遇时直接交配，但也有人见过雌雄面对面伸长脖颈的求偶行为。雌龟一个繁殖季可产下20—30枚卵，巢呈长颈瓶状，还常借用麝鼠的巢穴产卵。雌龟能将精子从一个繁殖季节保存到下一个繁殖季节。

Macrochelys temminckii

大鳄龟

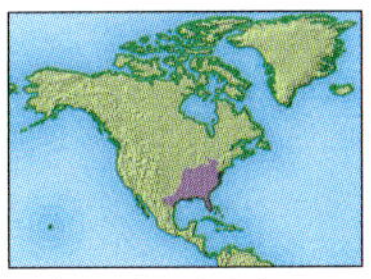

体长：40—80厘米
繁殖方式：卵生
生活习性：水生
现况：易危

分布：美国东南部

这种凶猛的动物是地球上体形最大的淡水龟，最大重量可超过100千克。大鳄龟和枯叶龟（对页）一样，主要以守株待兔的方式捕食，但前者的口中长有一个蠕虫状的肉突，可以诱使鱼类游向其锋利的双颌，夜间主动觅食。雄龟终生都生活在湖泊或河流底部，雌龟于春季离水上岸，在泥沙中挖洞产卵，每窝产10—50枚球形卵。

粗糙并具棱

大鳄龟的背甲粗糙，具有3条参差不齐的棱脊，背甲边缘具有许多锯齿状的突起。

鱼饵

这只大鳄龟白天张嘴静卧，通过摆动口腔底部的粉红色蠕虫状肉突引诱小鱼。它的上颌呈钩状，闭嘴时的咬合力非常强大。

Emys orbicularis

欧洲泽龟

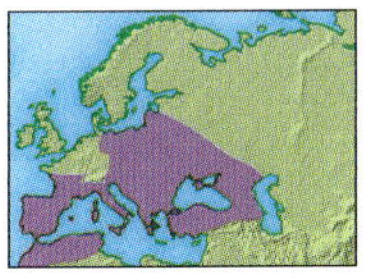

体长：15—20厘米，最长30厘米
繁殖方式：卵生
生活习性：半水栖
现状：近危

分布：非洲北部、欧洲、亚洲西部

欧洲泽龟体呈橄榄色、棕色或黑色，是欧洲仅有的两种淡水龟之一。它的背甲光滑，胸甲前端具有可活动的铰合关节，因此缩头时能将腹甲抬起，但成年欧洲泽龟的外壳不能完全闭合。这种龟大部分时间都在石头或木头上晒太阳，一旦发现危险便立即潜入水中。它们在水中或陆地上捕食蛙类、鱼和其他小动物。

Chrysemys picta

锦龟

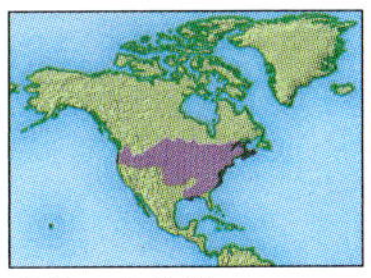

体长：15—25厘米
繁殖方式：卵生
生活习性：水生
现状：无危（最新）

分布：北美洲

锦龟是北美洲分布最广的淡水龟之一，可见于湖泊、池塘和水流缓慢的溪流和河流，分布范围从东部沿海一直延伸到遥远的中西部地区。锦龟有4个不同的亚种；它们的背甲全都扁平光滑，部分亚种的龟壳边缘呈红色，背部带有一道红色条纹，或是颈部具有黄色或红色条纹。这种龟喜欢长时间地晒太阳，特别是在上午，通常相互堆叠在喜爱的木头上。锦龟为杂食动物，白天主动觅食，夜间在水底睡觉。被鸟类、鱼类和浣熊捕捉时，将头缩进壳里或是藏身于淤泥下。锦龟冬眠时间的长短取决于它所处的地理位置。大多数雌龟在沙土中筑巢产卵，每次产3窝，可产2—20枚卵；但并非每个季节都会产卵。

Clemmys guttata

星点水龟

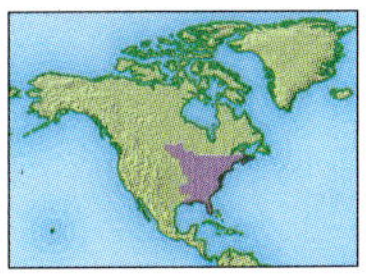

体长：10—12.5厘米
繁殖方式：卵生
生活习性：半水栖
现况：濒危（最新）

分布：加拿大东南部、美国东部

这种小型龟的黑色背甲、头、颈和四肢等部位散布着许多黄色斑点，是一种十分活跃的杂食动物，但会被鸟类和小型哺乳类捕食。半水栖的星点水龟夏季钻入湖底和河床的淤泥中，或在麝鼠的洞穴中休眠，冬季也在类似地点冬眠。

Glyptemys insculpta

木雕水龟

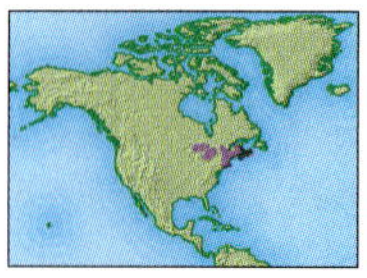

体长：14—19厘米，最长23厘米

繁殖方式：卵生

生活习性：半水栖

现况：濒危（最新）

分布：加拿大东南部、美国东北部

木雕水龟除了擅长攀爬外，也常在农田或道路上四处爬行，尤其是在雨后。它的背甲盾片上具有同心状突脊，暗淡的体色能够提供有效的伪装。这种杂食动物取食蠕虫、蛞蝓、昆虫和蝌蚪，以及树叶、浆果和其他植物。它们在水中交配，雌龟每年在长颈瓶状的巢中产卵7—8枚。成年个体曾一度作为食物被大量捕捉。

Terrapene carolina

东部箱龟

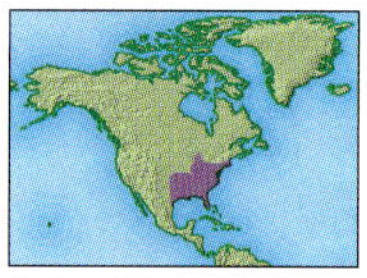

体长：10—24厘米

繁殖方式：卵生

生活习性：半陆生

现状：易危（最新）

分布：美国东部

据说圈养的东部箱龟曾活了100年，野生的东部箱龟更喜欢潮湿的栖息地，如草地、洪泛平原或潮湿的林地。这种杂食动物早晨十分活跃，特别是在雨后，以蛞蝓、蠕虫、蘑菇或浆果等为食。为了避开中午和盛夏时节的酷暑，会躲藏起来或在泥中藏身，冬季进入冬眠过冬。雌龟只要交配一次就可连续多年产下受精卵。成年个体鲜有天敌，但幼龟会被浣熊等哺乳类和猛禽捕食。

"保护箱"

东部箱龟的胸甲前端具有可活动的铰合关节，当它将头缩回壳中时，腹甲的前端可以抬起，与背甲紧密地闭合在一起，形成一个"箱子状"的保护装置。

棕褐色个体

这只东部箱龟的龟壳呈棕褐色，而有些东部箱龟主要为橙色或黄色，还有一些的颜色很暗，带有放射状的黄色条纹。

Trachemys scripta elegans

红耳彩龟

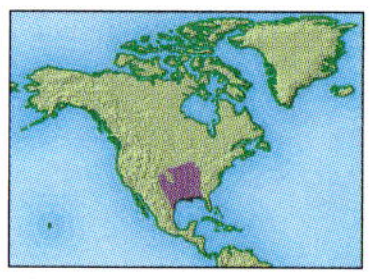

体长：20—30厘米

繁殖方式：卵生

生活习性：水生

现状：无危（最新）

分布：美国中部以南

红耳彩龟的特征是眼后有红色条纹，这种淡水龟是在北美洲的湖泊、河流和溪流中生活的许多物种中的一个亚种。与它的很多近亲一样，红耳彩龟也喜欢晒太阳，如果位置有限，有时还会堆叠在一起，一旦受惊便迅速潜入水中。成年个体几乎完全以植物为食，但幼龟则以蝌蚪和水生无脊椎动物为食。

Dermochelys coriacea

棱皮龟

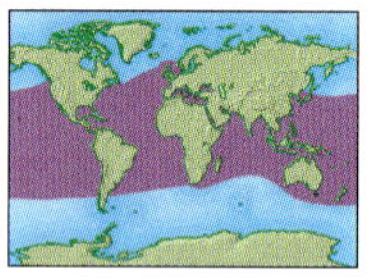

体长：1.3—1.8米

繁殖方式：卵生

生活习性：水生

现状：易危（最新）

分布：全球热带、亚热带和温带海域

棱皮龟的体重可达800千克，是目前体形最大的海龟，也是动物界中体形最大的海洋旅行者之一。据说被标记的个体曾横跨过大西洋。棱皮龟还能到达高纬度的冷水海域，这要归功于其体内有限的产热能力。从身体上看，棱皮龟除了与其他海龟的大小不同外，还具有狭长的革质外壳和无爪的鳍状肢。棱皮龟主要取食水母，它的喉咙里长有向后弯曲的倒刺，可以防止光滑的猎物逃脱。它们通常在海面觅食，但也能下潜到水深400—1000米处，并屏住呼吸长达半小时。虽然棱皮龟常在大洋区活动，但繁殖时则在海岸上聚集，此时的雄龟会相互争夺前来产卵的雌龟。与其他海龟一样，雌棱皮龟的洄游本能也很强，可引导它们回到特定的海滩繁殖。为了掩人耳目，它们多在没有月光的夜晚产卵。幼龟的外壳覆盖了一层具珍珠光泽的小鳞片，这些鳞片很快就会消失。

保育

棱皮龟在热带沙滩上挖坑筑巢，为计算整个种群的数量提供了机会。在过去的20年里，棱皮龟的数量锐减，上岸产卵的个体数量极少，整个结果令人担忧。棱皮龟的保育措施包括全面禁止捕捉，以及收集龟卵在安全的条件下进行孵化，从而保证幼龟能被放归到大海。

离海上岸

雌性棱皮龟会费力地爬上海滩产卵。它们平均每年待在陆地上时间还不到两小时。

爬行动物

Dermatemys mawii

中美河龟

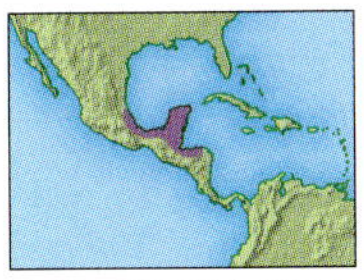

分布：墨西哥南部至中美洲

- **体长**：50—65厘米
- **繁殖方式**：卵生
- **生活习性**：水生
- **现况**：极危

中美河龟的外壳呈流线型，蹼足适于游泳，在陆地时几乎无法活动。雌龟的头顶呈橄榄色（雄龟为淡黄色至红褐色），尾巴极短。它们于春夏两季在河岸上产卵6—20枚，产出的卵用土掩埋或用腐烂的植物进行覆盖。成年个体取食植物，幼龟则吃软体类、甲壳类或鱼类。中美河龟经常遭到水獭和人类的捕杀。

Cuora flavomarginata

黄缘盒龟

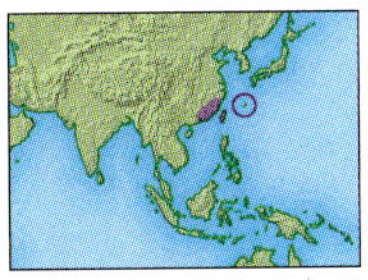

分布：亚洲东部（包括台湾和琉球群岛）

- **体长**：10—12厘米
- **繁殖方式**：卵生
- **生活习性**：半水栖
- **现况**：濒危

黄缘盒龟因整个身体缩入壳内时，腹甲和背甲可完全闭合而得名。它的背甲上有纵向黄色条纹，眼后的黄色条纹一直延伸至颈部。黄缘盒龟大部分时间都在稻田、水塘和溪流中活动，但也在陆地上晒太阳和四处游荡。这种龟以鱼类、甲壳类、蠕虫和果实为食。雌龟在土或沙子中筑巢，每年产卵数窝，每窝仅产1枚卵，偶尔为2枚。

Cyclemys dentata

齿缘摄龟

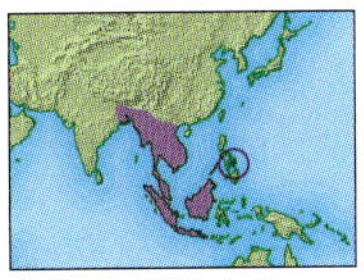

分布：亚洲东南部

- **体长**：15—24厘米
- **繁殖方式**：卵生
- **生活习性**：半水栖
- **现况**：近危

齿缘摄龟的背甲为椭圆形，呈浅褐色至暗褐色（有时为赤褐色），带有不明显深色斑，背甲后缘呈锯齿状。胸甲具铰合关节，且斑纹醒目，每片盾板都有放射状的线纹。与大多数龟类一样，雄齿缘摄龟的体形小于雌性，尾巴也较粗长。齿缘摄龟为杂食动物，以无脊椎动物、蝌蚪及植物为食。它们在水中和陆地都很活跃，偏爱在山区或低地的浅水溪流中活动。遇险时，头和四肢缩入壳内，或是潜伏在水底的淤泥中。雌龟挖掘巢室产卵，每年产5窝卵，每窝可产2—4枚相对较大的卵；不寻常的是，这种龟的胸甲会变得柔韧以便更容易产卵。比起成龟，幼龟更倾向于在水中生活，且背甲边缘带有锯齿，可能是为了防御捕食者，这些锯齿会随年龄的增长而消失。

Kinosternon flavescens

黄动胸龟

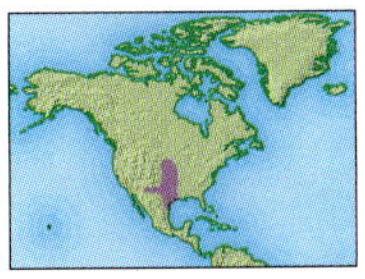

分布：美国中部以南、墨西哥北部

- **体长**：12—16厘米
- **繁殖方式**：卵生
- **生活习性**：水栖为主
- **现况**：无危（最新）

除了身体能缩入龟壳外，黄动胸龟还能从背甲下方的腺体中释放出一种刺鼻的物质，偶尔还会张嘴咬人。它的双颌非常有力，能咬碎螺、蠕虫、昆虫和蝌蚪等猎物。黄动胸龟主要在白天活动，大部分时间都出没于草地中的平缓浅水区域。仲夏时节躲藏在麝鼠的洞穴或落叶堆中避暑。分布在寒冷地区的黄动胸龟还会冬眠。

Sternotherus odoratus

麝香龟

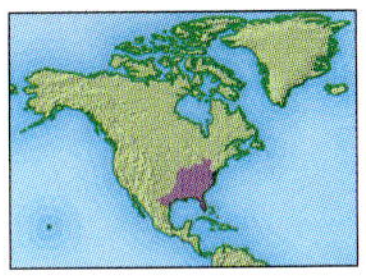

分布：美国南部和东部

- **体长**：8—13厘米
- **繁殖方式**：卵生
- **生活习性**：水栖为主
- **现况**：无危（最新）

麝香龟可从麝香腺释放出一股刺鼻的液体进行自卫，因此得名"臭蛋龟"，同时也会凶狠地撕咬。由于很少离开平静且充满淤泥的浅水水底，因此体表通常都覆有藻类。麝香龟白天十分活跃，但也在晚上猎食。它的下颏长有一对感觉触须，有助于探寻食物，主要以昆虫、软体类、植物或腐肉为食。麝香龟会被白头海雕、赤肩鵟、短吻鳄和美洲大嘴鲈捕食。雌龟在树桩下或麝鼠洞穴中筑巢，每次产卵1—5枚。

Pelomedusa subrufa

沼泽侧颈龟

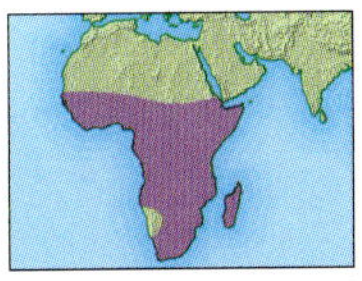

分布：非洲（撒哈拉以南）

- **体长**：20—32厘米
- **繁殖方式**：卵生
- **生活习性**：半水栖
- **现况**：未评估

沼泽侧颈龟行动缓慢，栖息在非洲开阔乡间的雨水池和水潭中。雨季在各个水潭之间游走，搜寻蛙类、蝌蚪、软体类、无脊椎动物和腐肉等食物，旱季藏在淤泥中休眠。遇到鳄鱼和其他食肉动物威胁时，缩回壳中，借助铰合的胸甲增强防御，并且还从泄殖腔喷出刺鼻的液体和排泄物驱赶天敌。

Pelodiscus sinensis

中华鳖

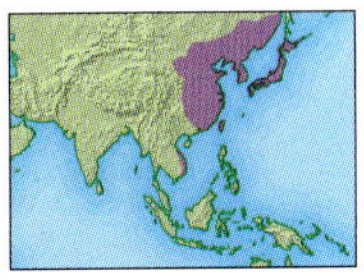

分布：亚洲东部

- **体长**：15—30厘米
- **繁殖方式**：卵生
- **生活习性**：水栖
- **现况**：易危

中华鳖的吻突出，鼻孔呈管状，能在浅水中呼吸，并且还长有适于游泳的脚蹼。中华鳖栖息时把自己埋入水底的泥沙中，只在呼吸或捕猎时才将头抬出水面。它们通常在夜间捕食甲壳类、软体类、昆虫、鱼类和两栖类。头部受到威胁时不能完全缩回壳中，也会凶狠地撕咬对手。

Chelonoidis elephantopus

加拉帕戈斯象龟

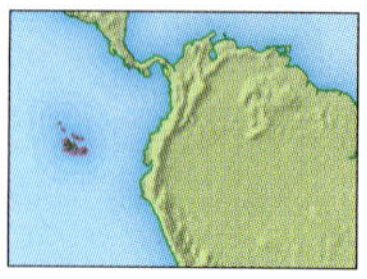

分布：加拉帕戈斯群岛

体长：多达1.2米

繁殖方式：卵生

生活习性：陆栖

现况：易危

加拉帕戈斯象龟是现存最大的陆龟，背甲巨大，四肢结实，脖子很长。各个亚种的龟壳形态和体形大小变化极大，与不同岛上的生态环境差异有关。它们大部分时间都结成小群，在池塘或泥潭里晒太阳。繁殖期间，雄龟开始占据领地，同时寻找伴侣，而雌龟则在地面筑穴筑巢产卵。尽管一些个体活到了100多岁，但加拉帕戈斯象龟的种群仍然十分脆弱。它们受到的主要威胁来自老鼠和猫等对幼象龟的伤害，以及与家畜之间的食物竞争。

来者不拒的植食动物

加拉帕戈斯象龟的无齿双颌十分强壮，适于取食各种植物，包括坚韧的仙人掌。

龟壳形状

加拉帕戈斯象龟的龟壳形状与食性有关。圆顶状龟壳在吃草的亚种中十分常见，而具有马鞍状龟壳的亚种主要啃食灌木。

保护

查尔斯·达尔文研究中心自1965年以来一直在开展一项繁育和野放计划，以求让日渐减少的加拉帕戈斯象龟种群复壮。至2010年，该项目已经野放了1200只象龟。

特征鲜明的巨龟

加拉帕斯象龟的巨大体形可能是为了适应食物供应有限的艰难环境的结果，因为体形越大，储存的养分就越多。

交配

加拉帕戈斯象龟的求偶方式相当粗暴。一旦找到心仪的雌龟，雄龟就将其强行制服，同时施展招数限制雌龟的行动，然后爬到雌龟的背上交配。

Chelonoidis carbonaria

红腿陆龟

体长：40—50厘米
繁殖方式：卵生
生活习性：陆栖
现况：未评估

分布：南美洲北部至中部

象龟属包含了地球上体形最大的陆龟以及许多较小的物种，如这种南美洲的红腿陆龟。它的腿上带有明显的红色或橙黄色斑点，成年雄龟的龟壳很长，背甲的两个中央部分收缩变窄。红腿陆龟与大多数近亲一样，主要以树叶、落果等植物为食，但也吃动物的尸体。雌龟每年产卵数窝，每窝产2—15枚近球形的卵。

Geochelone elegans

印度星龟

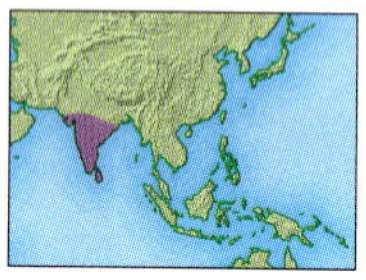

体长：多达28厘米
繁殖方式：卵生
生活习性：半水栖
现况：无危

分布：亚洲南部

星状斑纹和凸起的背甲使得印度星龟成为地球上最奇特的陆龟之一。它的每块盾板都向上隆起，尖端呈圆弧形，整个背甲明显凸起。印度星龟需要大量的水分，因此在雨季时最为活跃。干旱季节则只在上午和傍晚活动。雌龟每年产卵数窝，每窝的产卵量多达10枚。巢穴形似长颈瓶，深10—15厘米。

Stigmochelys pardalis

豹纹象龟

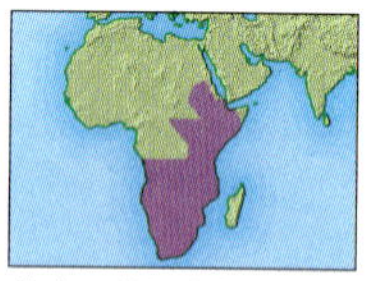

体长：30—70厘米
繁殖方式：卵生
生活习性：陆栖
现况：未评估

分布：非洲东部至南部

豹纹象龟的背甲呈淡黄色，具有明显的深色斑纹，但幼龟的斑纹较少。一些个体的体长可达70厘米。这种陆龟栖息在各种栖息地中，从沙滩、沿海灌丛到草原和半沙漠均有分布，但在非常干燥的沙漠则十分罕见。分布在寒冷地区的个体将自己埋起来冬眠，而炎热地区的则进行夏眠。豹纹象龟是植食动物，以青草、落果、真菌和多肉植物的叶子为食。雌龟在繁殖季节用后肢挖掘长颈瓶状的洞穴，如果土壤太硬，还会用小便将土浇湿后再挖。雌龟每隔1个月便产卵3—6窝，每窝可产5—30枚卵。幼龟必须待在巢穴数周时间，等待雨水把地面软化后，才挖开洞穴钻出地面。这时的幼龟会被巨蜥、鹳、乌鸦和小型哺乳类捕食。

Gopherus agassizii

沙漠地鼠龟

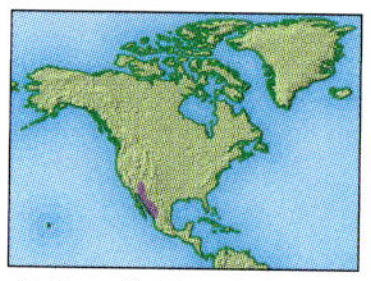

体长：25—36厘米
繁殖方式：卵生
生活习性：陆栖
现况：易危

分布：美国西南部、墨西哥西北部

这种陆龟的前腿粗厚，外形似铲，极适于挖掘洞穴，以躲避沙漠白天的酷热和夜间的寒冷。它们在酷热或干旱时独自躲在洞穴中，也会为了躲避严寒成群聚集在砾石地带挖掘的公用洞穴中。沙漠地鼠龟至少可以存活50年，主要以仙人掌和草类为食，但也吃昆虫。雄龟胸甲前端的突起较长，可在繁殖季节用来相互打斗。

Homopus signatus

斑点鹰嘴陆龟

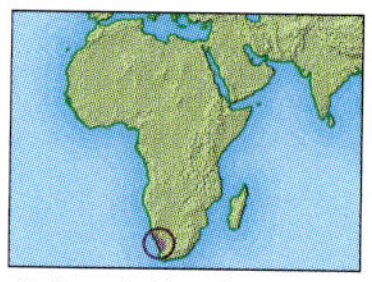

体长：6—8厘米
繁殖方式：卵生
生活习性：陆栖
现况：近危

分布：南非西部

这种非洲物种是地球上体形最小的陆龟，雄龟的体形尤其小。小体形使其易受食肉哺乳类和鸟类的攻击，但也能让它们钻入岩石下躲避攻击和日晒。斑点鹰嘴陆龟的背甲扁平，呈褐色、橘红色或橙红色，带有细小的黑色斑纹。它们栖息在干燥的环境中，以小型多肉植物为食。

Kinixys erosa

锯齿折背陆龟

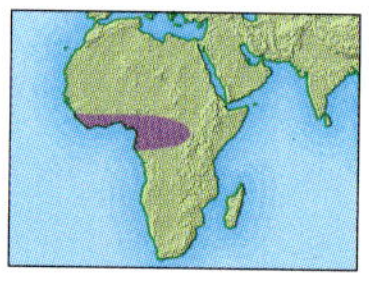

体长：25—32厘米
繁殖方式：卵生
生活习性：半陆栖
现况：数据缺乏

分布：非洲西部至中部

背甲后段的铰合关节使得锯齿折背陆龟的龟壳可以完全闭合。它的游泳本领不错，会在森林栖息地中寻找湿地和河岸，但上岸后的大部分时间都藏在树根和木头下。锯齿折背陆龟是杂食动物，以植物、果实、无脊椎动物和腐肉为食。雌龟一个繁殖季内在地面产卵数窝，每窝可产多达4枚卵，卵产出后用树叶覆盖。

Malacochersus tornieri

扁陆龟

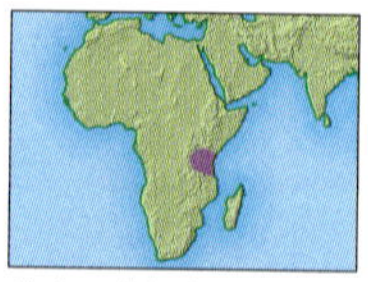

体长：14—17厘米
繁殖方式：卵生
生活习性：陆栖
现况：易危

分布：非洲东部

这种陆龟的背甲不仅极为平扁，且富有弹性，这是因为下层的骨头里具有间隙。这一特性能让扁陆龟挤入狭窄的岩缝中，以逃避食肉哺乳类和鸟类的袭击。为了安全起见，扁平龟还通过挖土将前爪埋入地下，同时转动前肢固定身体，因此捕食者很难将其拉出。扁陆龟主要在上午觅食青草、树叶和果实，但从不远离过夜的裸岩地带。这种龟夏季在平坦的石块底下夏眠以避开高温。雌龟在整个繁殖季节产卵数窝，每窝仅产1枚卵。

Testudo hermanni

赫曼陆龟

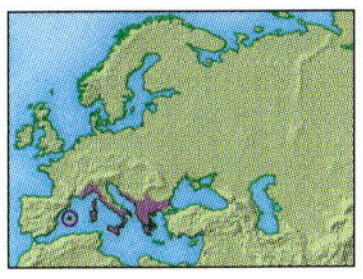

体长：15—20厘米
繁殖方式：卵生
生活习性：陆栖
现况：近危

分布：欧洲东南部、地中海诸岛

赫曼陆龟很容易和欧洲陆龟（右侧）混淆，前者是生活在南欧的3种陆龟中体形最小的一种。它的背甲呈圆顶形且略粗糙，呈黄色、橄榄色或褐色，散布有不规则的深色斑纹。和大多数陆龟一样，雄龟的体形略小于雌龟，尾巴较长，腹面内凹。赫曼陆龟基本上吃素，以果实、花朵和叶片为食，但也吃蛞蝓、蜗牛和动物尸体。它们生活在植物茂密的地方，利用短而有力的四肢在植物中爬行。夏季最热时并不活跃，分布在最南端的种群还会蛰伏。在冬季寒冷地区生活的赫曼陆龟每年还要冬眠数月。和大多数陆龟一样，赫曼陆龟也会发出“咝咝”声和咕噜声，特别是在繁殖季节。雌龟交配后挖掘长颈瓶状的巢穴，在其中产下多达12枚卵。和欧洲陆龟一样，赫曼陆龟也曾被大量捕捉用于宠物交易，但如今已经受到完全保护。

Testudo graeca

欧洲陆龟

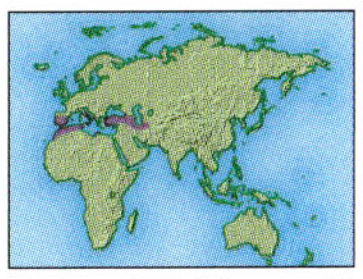

体长：20—25厘米
繁殖方式：卵生
生活习性：陆栖
现况：易危

分布：欧洲南部、亚洲西南部和西部、非洲西北部、地中海诸岛

欧洲陆龟的名字源于后肢长有棘刺，有助于与分布区相互重叠的赫曼陆龟（左）进行区分。其外壳与赫曼陆龟相似，但更为光滑。欧洲陆龟生活在草地和沙丘地带，以树叶和果实为食，偶尔也吃腐肉和哺乳类的粪便。雌龟产卵数窝，每窝的产卵量达12枚。

Chersina angulata

挺胸龟

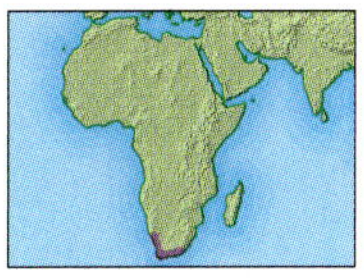

体长：15—20厘米
繁殖方式：卵生
生活习性：陆栖
现况：未评估

分布：非洲南部

又称挺胸角陆龟，具有高耸的圆顶状背甲。挺胸龟以青草和多肉植物为食，冬季进入冬眠。尽管身披盔甲，但它依然是巨蜥、食肉哺乳类，甚至是猛禽的捕食对象。不同寻常的是，雄龟的体形略大于雌龟，繁殖季节一开始，雄龟便与竞争对手展开竞争。雌龟产卵1枚，偶产2枚。

楔齿蜥

门：	脊索动物门
纲：	爬行纲
目：	喙头目
科：	1科（楔齿蜥科）
种：	2种

楔齿蜥是曾于两亿年前繁盛的一类爬行动物中的仅存代表，仅分布在新西兰海岸附近的小岛上，共有两种，外形与蜥蜴非常相似。楔齿蜥栖息在地下洞穴中，主要在夜间活动。它们比其他爬行类更能耐寒，当温度低至10℃时仍能保持活力。楔齿蜥生长缓慢，不常繁殖，拥有很长的寿命（有可能超过100年）。

获取热量

尽管楔齿蜥通常在夜间活动，但当天气较好时，偶尔也趴在岩石上晒太阳。由于新陈代谢率较低，因此它们的呼吸频率也较慢，休息时可能1个小时才呼吸1次。

身体结构

楔齿蜥的头大，尾长，四肢发达。它们的头骨与蜥蜴不同（下图），没有鼓膜和中耳，雄性无交配器官。头顶还具有“第三只眼”（即顶眼），但仅能感光。

颅骨形态

楔齿蜥的头骨后侧有2个颞窝，而大多数蜥蜴只有一个。它们的牙齿并非独立结构，而是上下颌边缘的锯齿状延伸。

觅食

楔齿蜥几乎完全以昆虫为食，捕食被吸引至海鸟领地的大量食腐类甲虫和蟋蟀。它们也捕捉其他无脊椎动物和小型蜥蜴，由于与鸟类共享巢穴，因此偶尔也吃巢中的鸟蛋和幼鸟。

穴居

楔齿蜥自行挖洞或栖居在海鸟繁殖用的巢穴中，如小型海燕的巢，且常在洞穴入口处猎取食物。

Sphenodon punctatus

楔齿蜥

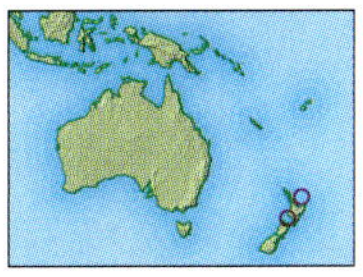

体长：50—60厘米
繁殖方式：卵生
生活习性：穴居
现况：无危

分布：新西兰（沿海岛屿）

楔齿蜥的颈背长有棘刺，皮肤松弛布满鳞片，易于与某些外形相似的鬣蜥及其近亲（第414—416页）混淆。它们曾广泛分布于新西兰，但现在仅残存于沿海的数个小岛上，以免受人为引入哺乳类的侵袭。成年楔齿蜥天黑后觅食，主要捕食蜘蛛、昆虫和蠕虫。它们生长缓慢，雌蜥至少20岁后才会繁殖。卵在雌蜥体内发育1年，产出后至少还要花费1年时间才能孵化。这个物种直到最近还被认为是喙头蜥科的唯一成员。然而，基因分析表明，分布在北兄弟岛的楔齿蜥也构成一类特殊的种群，目前被称为棕楔齿蜥。

蛇

门：	脊索动物门
纲：	爬行纲
目：	有鳞目
亚目：	蛇亚目
科：	18科
种：	约3400种

分类笔记

蛇与蜥蜴和蚓蜥的亲缘关系密切。目前不同类型的蛇在分类关系上还存在较多争议，并且也没有普遍承认的分类体系。大多数争论都与科的数量有关。尽管大多数专家认可18个科，但也有人认为其中的一些应为亚科，所以科的数量要少得多，例如将蝰蛇和蝮蛇合为一科等。

蛇是高度进化的可怕杀手。尽管它们没有四肢、眼睑和外耳，但这些灵活的动物却能行动自如，利用复杂的感官找到猎物。所有的蛇都捕食其他动物，它们的猎物包括从蚂蚁到羚羊在内的各种动物。有些蛇还通过收缩身体或注射毒液来制服猎物。尽管蛇无法咀嚼食物，但头骨却轻巧而疏松地连接在一起，因此嘴巴可以张得很大，将猎物整个吞下。蛇在全球的大陆上都有分布（南极洲除外），包括许多大洋上的岛屿。它们只有大约十分之一的物种是有毒的，而有毒物种也只有少数会对人类造成威胁。

身体结构

生活环境的差异，导致蛇在形态上出现明显不同。善于攀缘的蛇的身体细长；穴居物种通常体形粗短，尾巴和吻也较短；而海蛇的尾巴则为扁平状。和其他爬行类不同的是，蛇的腹部具有单排的宽大腹鳞，背部则多为小型鳞片。某些物种头顶的鳞板大而规则，而其他物种则鳞片细小。蛇的眼睛被一层不能活动的透明膜覆盖，蜕皮时，透明膜表面老化的角质层也会随之蜕掉。蛇的鳞片可能很光滑、起棱或呈颗粒状。为了适应变得细长的身体，它们体内的器官也相应地起了变化。成对的器官交错排列在体腔内，且只有一个肺（右肺）有功能，而另一个肺（左肺）的尺寸则大大缩小或退化。海蛇的肺部肥大，有浮室。

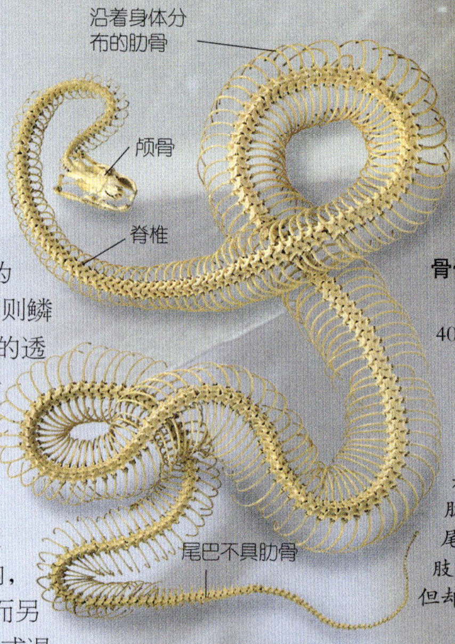

骨骼

蛇的脊椎骨多达400个，这些骨头彼此连接形成了一个高度灵活的骨架。每块脊椎骨上都有两个翼状突起，避免过于扭动引起的脊柱损伤。蛇的每一对肋骨都与一块脊椎骨相连，但尾骨中缺失肋骨。有些物种还具后肢带，原始蛇类也有爪状的后肢残迹，但却没有哪种蛇具有前肢带。

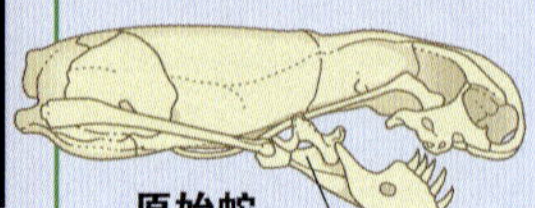

原始蛇

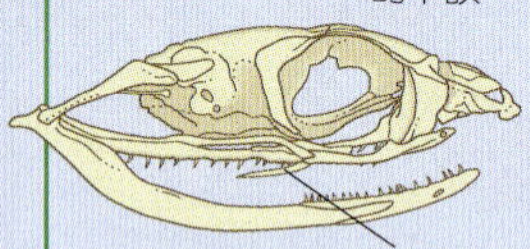

后沟牙毒蛇

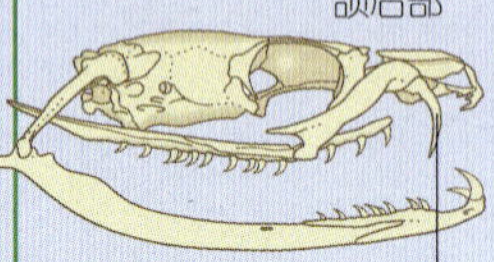

前沟牙毒蛇

头骨和牙齿

原始蛇的头骨较重，牙齿稀少。而大多数其他蛇类则具有较轻的头骨和松散连接的上下颌，因此嘴巴可以张得很大。蛇的牙齿位于上、下颌的边缘，或是长在嘴巴的内上壁。用于注射毒液的毒牙可能位于口腔的前部或后部。有些蛇的前毒牙位于上颌前部。

感官

蛇的视觉和听觉较差，因此只能依靠其他的感官。它们具有发达的嗅觉辅助器官——犁鼻器（第373页），所以处于活动中的蛇会不断地伸出舌头探查周边的环境。蝰蛇、某些蚺和蟒蛇利用脸部的热测位器探测空气温度中的细微变化。

热测位器

分叉的舌头

吞食蜥蜴

1

悄悄接近

一条藤蛇缓慢地沿着树枝小心滑行，准备接近一只毫无防备的壁虎。

2

攻击

藤蛇快速移动扑向壁虎，同时将后沟牙中的毒液注入壁虎体内。

3

紧咬不放

尽管壁虎从枝头掉了下来，但藤蛇的尾巴紧紧地缠绕在树枝上，依旧紧咬壁虎不放。

4

调整姿势

一旦壁虎死掉，藤蛇就会调整猎物的身体位置以便吞食。

运动方式

蛇以多样的运动方式（右图）弥补四肢的缺失。其中不仅有肋骨以及与之连接的皮肤肌的不同利用方式，也取决于蛇的重量、需要移动的速度和地表的类型。大多数蛇必要时都能采用不同类型的运动方式。除了这里展示的方法外，有些蝰蛇还用侧向运动的方式穿越松散沙地（第406页）。

直线运动

体形较大的蛇与那些行动缓慢或正在追踪猎物的蛇有时采取直线方式行进，蛇的肋骨和腹鳞间的肌肉收缩，使腹鳞依次竖立，鳞片的边缘能钩住地面上细小的不平整部分，从而产生向前的推动力。当蛇向前爬行时，这种情形就以连续的波浪式呈现出来。

蜿蜒运动

蛇在不平整的地面上行进时，轮流使用身体的各个部位对地面施力，做出一连串的波状弯曲，蜿蜒前进。这种行进方式不仅被用于游泳，有时也用于攀爬。

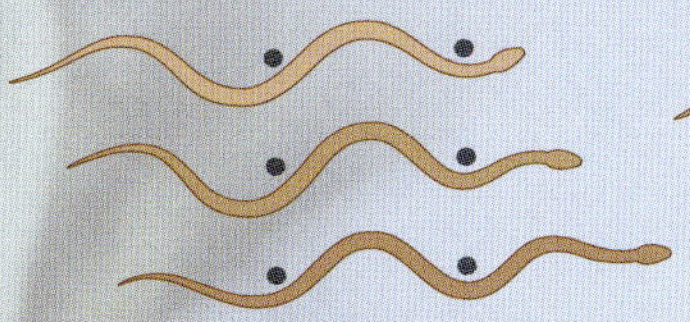

伸缩运动

穿过洞穴时，穴居蛇用力伸长身体的一端扒住墙壁，身体后端则随着收缩前行。

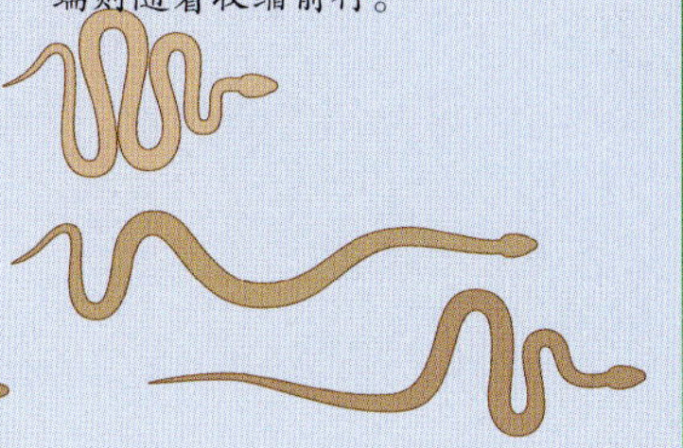

攀爬

比起地栖或穴居蛇类，树蛇的身体更为瘦长，重量也更轻，因而能更轻易地在栖息地中穿行。它们的长尾巴可用于抓住树枝，强壮的脊椎也有助于跨越较大的缝隙。图中的舒尔策蝮蛇是一种夜行性猎手，较大的眼睛和热测位器能够帮它快速锁定猎物。

捕猎和觅食

有些蛇的食性单一，而其他物种则会捕食包括蛇在内的多种猎物。小型或那些无力还击的动物只是简单地被抓后就吞掉；大型或能够自卫的动物在遭到吞食前会被毒液制服或是被绞杀。蛇通常花费很长时间消化一顿大餐，当猎物被蛇吞入口中时就已开始被唾液分解。蛇的毒液本身就是改良的消化液复合物，通常能快速作用于猎物的神经系统或是血液组织。

吞咽

柔软的颌骨和富有弹性的皮肤允许蛇类吞食比它们的头还大的猎物，如图中的这条食卵蛇。蛇的一顿大餐需要花费数个小时来吞咽。

绞杀

有些蛇采取缠绕的方式杀死猎物。每当猎物呼出空气，这只岩蟒就会收紧缠绕的身体直到猎物窒息而死。

繁殖

大多数蛇为卵生，但也有一定数量的蛇为胎生。温带的蛇通常在冬眠苏醒不久后的春季交配，于夏季产卵或产下幼蛇。热带的蛇可能在雨季繁殖，有时也经历较长的繁殖季节，且每年都能产下数窝卵。雄蛇还能通过追踪化学气味找到配偶，但求偶仪式却甚为复杂。蛇几乎不照料后代，但蟒蛇和少数其他物种则会盘绕在受精卵旁，直到幼蛇解出。

卵和幼蛇

幼蛇利用一个临时性的尖利卵齿破壳而出，如图中这条孟加拉眼镜蛇的幼蛇。幼蛇在卵壳中经常紧紧盘卷着身体，其体长可达卵长的7倍之多。

吞头部

壁虎的头会先被吞下，因为保持这个势时它的四肢也能更加容易地被吞咽。

伸长下颌

藤蛇张开它高度灵活的下颌，用后沟牙将壁虎拉入嘴中。

肌肉动作

当猎物的大部分身体进入食管时，藤蛇的身体肌肉会通过收缩将猎物挤入胃中。

消化

完全吞掉猎物后，藤蛇会寻找一处安静的地点慢慢地消化食物。

蚺、蟒及其近亲

门:	脊索动物门
纲:	爬行纲
目:	有鳞目
亚目:	蛇亚目
总科:	原蛇总科
科:	12科
种:	186种

蚺和蟒都通过身体的有力收缩绞杀猎物。世界上体形最大的蛇均属此类，如森蚺、网纹蟒和印度蟒。除了繁殖方式不同外，蚺和蟒的分布范围也有所不同。蟒分布于非洲、亚洲及澳洲，而蚺则主要分布在美洲，只有少数蚺分布在非洲、亚洲和太平洋的一些岛屿上。蚺和蟒的大多数近亲也是绞杀型蛇类，其中包括虹彩光辉的闪鳞蛇和水栖瘰鳞蛇。

身体结构

这类蛇常被认为比较原始。比起那些高等的蛇（如游蛇、眼镜蛇和蝰蛇），这类蛇的头骨更重，下颌更牢固。它们也继承了四肢祖先的多个遗传特征，包括后肢带（骨盆带），即大多数物种都具有的爪状或距状后肢残迹。所有的原蛇也有1对功能性的肺。蚺和蟒中一些物种的嘴边鳞片上还有热测位器，能在黑暗中定位猎物。蚺和蟒的部分近亲，包括树蛇和圆斑岛蚺，与蚺和蟒类的外表特征比较相似，但前两者的体形更小。少数物种体色鲜艳，而其他物种的鳞片则富有虹彩光辉，如闪鳞蛇。瘰鳞蛇已经非常适应水生生活，在陆地上无法存活，它们的鳞片呈颗粒状，质地非常粗糙，适于在捕鱼时紧紧缠住猎物。

收缩身体

蚺、蟒蛇及其近亲并不是唯一通过缠绕身体绞杀猎物的蛇（某些游蛇也使用这种方式），因为大多数使用这种方法制服猎物的蛇都隶属这一类群。当这类蛇抓住猎物后，会用身体紧紧盘绕猎物。每当猎物呼气时，蛇便收紧盘绕的身体，使猎物无法呼吸或心脏丧失供血功能而最终导致窒息死亡。一旦猎物死去，蛇就松开身体，找寻猎物的头部，并从这里开始吞食，然后逐渐放开其余盘绕着的身体。缠绕在杀死鸟类和哺乳类时非常有效，因为这些温血动物必须频繁地呼吸。

保育

蚺和蟒中的某些物种，特别是一些大型物种，已经受到了人类活动的不利影响，因为这些大型捕食者需要没有干扰的大范围觅食场所。另外，多数物种也因色彩绚丽和行动迟缓成为易被猎捕的目标。人类为了获得蛇肉和蛇皮，甚至有时仅仅出于偏见就对蛇进行大肆捕杀。然而，蛇中的一些物种却能帮助人类控制那些被吸引至城镇或村庄的啮齿类的数量。

繁殖

蚺和蟒的最明显区别是繁殖方式不同。蚺（只有一种例外）为胎生，与树蛇、管蛇、瘰蛇和盾尾蛇一样。蟒、闪鳞蛇及圆岛蚺则为卵生。蟒是蛇类中少数会对幼蛇进行照料的物种。雌蟒产卵后盘绕在卵周围，进行2—3个月的孵化，保护蛇卵不受捕食者的侵扰，大型蟒一窝通常可产多达100枚卵。蟒中有1—2种非常特别的物种，它们能产生代谢热以维持蛇卵孵化所需的温度。

觅食

只需一顿实在的大餐，蛇便能维持几周，甚至长达数月的生命。大型缠绕类蛇，如这条森蚺，能杀死包括涉禽、鹿、年幼的美洲虎，甚至凯门鳄（如图）在内的各种动物。尽管体形和体重庞大，但仍能轻松地在水中游动，并且常在浅水区伏击猎物。

Anilius scytale

南美筒蛇

体长：70—90厘米
繁殖方式：卵胎生
生活习性：穴居
现况：未评估

分布：南美洲北部

这种鲜为人知的蛇是管蛇科的唯一成员，过着隐秘的地下生活，筒状身体适于穴居。南美筒蛇红黑相间的

醒目体色目的在于模仿同域分布的有毒珊瑚蛇，并且还会效仿后者的防御行为。它在洞穴中捕食小型脊椎动物，包括其他蛇类。而自身则有可能被其他蛇类捕食。

Cylindrophis ruffus

红尾筒蛇

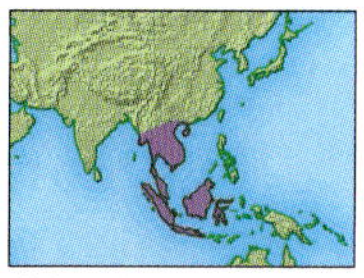

体长：70—100厘米
繁殖方式：卵胎生
生活习性：穴居
现况：无危

分布：东南亚

这种细长蛇类因尾巴腹面呈红色而得名。它的体背为黑色，头后通常带有红色环纹。红尾筒蛇主要在地下生活，偶尔在水中出现，并会光顾稻田和沼泽，主动捕食小型蛇类和鳗鱼。但自身会被更大的蛇类、鸟类和哺乳类捕食，防卫时将身体后段向上卷曲，露出腹面的红色，这有可能是模仿有毒的金环蛇等物种，或是避免头被攻击。

Xenopeltis unicolor

闪鳞蛇

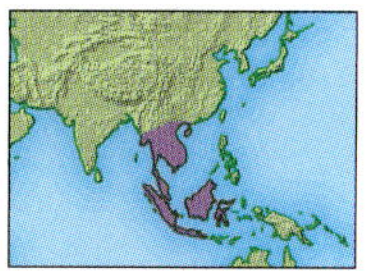

体长：1—1.3米
繁殖方式：卵生
生活习性：陆栖
现况：无危

分布：亚洲东南部

闪鳞蛇因鳞片富有闪耀的金属光泽而得名，它的身体非常适合穴居生活。闪鳞蛇只有晚上才到地面活动，捕食青蛙、蜥蜴、蛇和小型哺乳类。雌蛇在地下洞穴中的土壤或落叶中产卵6—9枚。幼蛇颈部带有一个独特白环，经2—3次蜕皮后消失。

Casarea dussumieri

圆岛蚺

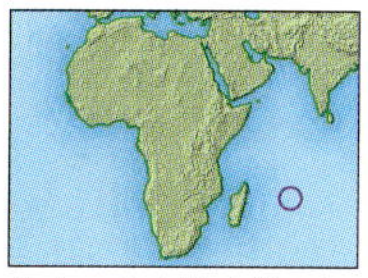

体长：1—1.5米
繁殖方式：卵生
生活习性：陆栖
现况：濒危

分布：印度洋中的圆岛

圆岛蚺极其少见，人们对其也知之甚少，是地球上最稀有的蛇类之一，野外可能仅存约1000条个体。它以蜥蜴为食，细窄的头和细长的身体使它能够躲在岩缝中伏击猎物。与卵胎生的蚺不同的是，圆岛蚺为卵生，在堆积着落叶的缝隙中产卵。目前的一个育种项目正在拯救这种蛇，但它的近亲——同样栖息在圆岛的雷蛇却自1975年以来一直未被发现，有可能已经灭绝。

Acrantophis dumerili

杜氏蚺

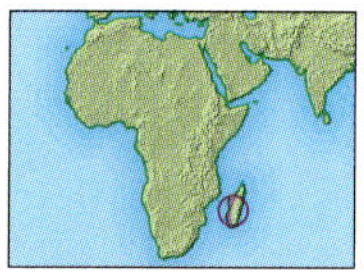

体长：1.5—2米
繁殖方式：卵胎生
生活习性：陆栖
现况：无危

分布：马达加斯加岛南部和西部

杜氏蚺的褐色花纹深浅交错，嘴边长有乌黑发亮的独特斑纹。它的行动相当缓慢，喜欢藏匿在干燥的森林地表落叶中，体色能与周围的环境完美融合。虽然杜氏蚺缺少其他蚺类用以探测温血猎物热量的颊窝，但却会伏击和绞杀哺乳类和鸟类等猎物。雌蚺每窝产6—7条幼蚺，幼蚺出生时的体形相对较大。

Pseudotyphlops philippinus

盾尾蛇

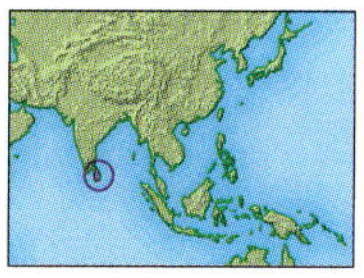

体长：45—50厘米
繁殖方式：卵胎生
生活习性：穴居
现况：未评估

分布：斯里兰卡海拔1000米以下地带

这种体形粗短的蛇多呈棕黄色，鳞片边缘为黄色，尾端有一个盾状物或尾板，看起来就像是被斜着砍了一刀。这块盾状物上的细刺多集中分布在其边缘处，被认为可以在洞穴潜行时堵住洞口，以防遭到捕食者攻击。盾尾蛇很少在地面活动，具有适应穴居生活的圆筒形身体、尖头和光滑的鳞片，通常在地下捕食蚯蚓。和针尾蛇科的其他成员一样，人们对这种蛇的习性、防卫和繁殖行为都知之甚少。

Loxocemus bicolor

美洲闪鳞蛇

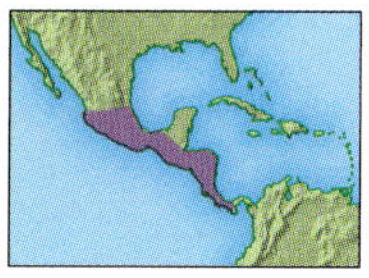

体长：1—1.3米
繁殖方式：卵生
生活习性：穴居
现况：未评估

分布：墨西哥南部至中美洲

这种绞杀型蛇类的头部狭窄，身体强壮呈圆柱形，适于穴居。体呈灰色，随着年龄的增长，白色鳞片上出现不规则的块斑。取食啮齿类、蜥蜴和爬行类的卵，也会成为鸟类和哺乳类的猎物。雌蛇在土中或落叶中掘巢产卵，每窝产3—6枚厚壳卵。

Calabaria reinhardtii

卡拉巴地蟒

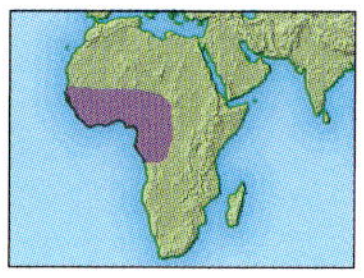

体长：0.9—1.1米
繁殖方式：卵生
生活习性：穴居
现况：未评估

分布：非洲西部和中部

这种蟒的头钝圆，难以与尾巴区分。受到威胁时，身体盘成一团，抬起尾巴伪装成"假头"来保护真正的头部。它的鳞片呈黑色或褐色，散布有红色或橙色斑点。卡拉巴地蟒通常在洞穴中追捕小型哺乳类，很少外出地面活动。它们曾被归入蟒科，但如今则被认为是蚺科中唯一产卵的物种。

爬行动物

潜行猎食

红尾蚺埋伏在有利位置观察猎物，采取守株待兔的方式觅食。一旦时机成熟，便猛扑向前咬住猎物，然后用身体将其缠绕，收缩身体致使猎物窒息，这一过程十分迅速，小型动物有可能在数秒内就会毙命。

Boa constrictor

红尾蚺

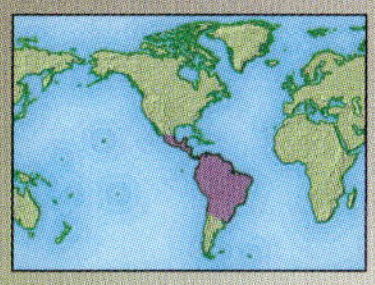

体长：1—4米

繁殖方式：卵胎生

生活习性：陆栖或树栖

现况：未评估

分布：中美洲、南美洲、加勒比海部分岛屿

红尾蚺为大型蛇类，头窄吻尖，体色多变（右图），背部带有纵向排列的鞍状斑纹，靠近尾巴的斑纹有时会变为深红色。红尾蚺的亚种多达10种（右图）。这种蛇的适应力极强，能在热带雨林到干燥的热带稀树草原等各种栖息地中生活，也常光顾城镇地区。红尾蚺善于攀爬，但也能在地面狩猎，特别是在一些更为干燥的栖息地中（它们在这类环境中夏眠以熬过最炎热的月份）。红尾蚺也是游泳健将，经常主动到水中活动。它的行踪隐秘，动作迟缓，常根据天气状况选择在白天或夜晚活动。红尾蚺捕食各种哺乳类和鸟类，通过劲道强大的缠绕使猎物窒息死亡，然后才将其整个吞下。

常见亚种

红尾蚺的众多亚种在体形大小和颜色上存在很大差异。海岛上的种群，如猪岛巨蚺，体长仅有1米，而大陆种群通常为3米，特殊情况下甚至可达4米。体色变化从黑色（阿根廷亚种）或橄榄绿（中美洲亚种）到更浅的粉红色或灰色（猪岛亚种）不等，通常与尾巴形成明显对比。但所有的种类都有独特的鞍形斑。

隐蔽色

体色和斑纹对红尾蚺十分有利，有助于掩盖身体轮廓，使其能够隐身于周围的环境。

生产

红尾蚺（图中所示）每窝可产6—50条体长35—60厘米的幼蚺，产崽数量因亚种而异。幼蚺出生时体外包裹着一层柔软的膜，破膜而出后便要立即自谋生计。

爬行动物

Candoia carinata

太平洋地蚺

体长：70—100厘米

繁殖方式：卵胎生

生活习性：陆栖或树栖

现况：未评估

分布：东南亚、新几内亚岛、所罗门群岛

又称太平洋树蚺，这种形态差异很大的蛇有两个亚种。上图中的paulsoni亚种身体粗壮，尾短，体色从红褐色、灰褐色到灰白色不等，为陆栖。亚种carinata的尾巴较长，身体纤细，泄殖腔上具褐色或灰白色斑，善于攀爬。两个亚种都以蜥蜴、蛙类和小型哺乳类为食。

Charina bottae

橡皮蚺

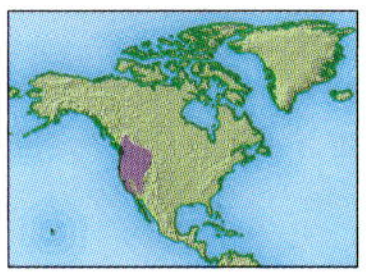

体长：35—80厘米

繁殖方式：卵胎生

生活习性：穴居

现况：无危

分布：加拿大西南部、美国西部

橡皮蚺的皮肤摸起来类似橡胶，故而得名。它的头、尾钝圆，很难区分，这点与卡拉巴地蟒（第387页）一样。两者的防御技术也十分类似：当受到哺乳类或鸟类的威胁时，橡皮蚺会盘成一团，将尾巴抬起伪装成头的样子，甚至假装进行攻击，避免真正的头部遭到伤害。然而，橡皮蚺不仅无毒，且十分温顺。它还具有穴居物种的典型身体特征，在地下或沙砾下过着隐秘生活，在洞穴或树洞中捕食鸟类、爬行类和小型哺乳类。冬天来临时，橡皮蚺进入漫长的冬眠。交配时，雄蚺用泄殖腔两侧的残肢刺激雌蚺，并用尾巴将其缠绕。雌蚺每次可产2—8条幼蚺；幼蚺出生时长约15厘米，体呈粉红色或褐色。

Lichanura trivirgata

玫瑰沙蚺

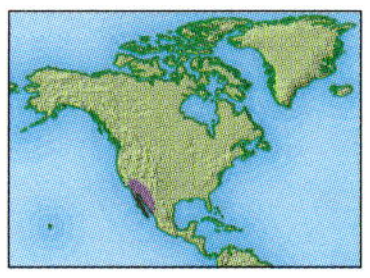

体长：60—110厘米

繁殖方式：卵胎生

生活习性：穴居

现况：无危

分布：美国西南部、墨西哥西北部

玫瑰沙蚺体呈米色、浅棕色或灰色，体表通常有3条黑色、棕色、红棕色或橙色宽纵纹；不同亚种间的体形大小和体色各有不同。这种穴居蛇类大多隐藏在岩石和缝隙中，觅食鸟类、爬行类和小型哺乳类。分布在寒冷地区的种群通过冬眠越冬。交配时，雄蚺爬到雌蚺背上用残肢刺激雌蚺；雌蚺每次可产3—5条幼蚺，有时多达12条。

Corallus caninus

翡翠树蚺

体长：1.5—2米

繁殖方式：卵胎生

生活习性：树栖

现况：未评估

分布：南美洲

准备攻击

翡翠树蚺常缠绕在树枝上，头部下伸准备攻击。这种树蚺捕食小型哺乳类和鸟类，它的牙齿很长，有助于牢牢咬紧猎物。

幼蚺的体色

翡翠树蚺每个繁殖季产下3—15条幼蚺。幼蚺出生时呈砖红色、橙色、红色或黄色，约一年后变为绿色。

与绿树蟒（第392页）等蚺科成员一样，这种引人注目的南美洲物种已经完全适应了树栖生活。鲜艳的绿色体色能很好地融入热带雨林生境，避免被猛禽捕食，它的尾巴强而有力，能牢牢缠住树枝，因而能向外或向下扑食鸟类或经过的哺乳类。翡翠树蚺的瞳孔直立，有助于觉察周围动物的活动，嘴唇周围的鳞片上具唇窝，可感应到猎物散发的热量。交配时，雄蚺爬到雌蚺背部，尾巴互相缠绕。

Corallus hortulanus

亚马孙树蚺

体长：1.5—2米

繁殖方式：卵胎生

生活习性：树栖

现况：未评估

分布：中南美洲、加勒比海地区南部

这种完全树栖的蛇类身体修长侧扁，具有一定硬度的身体使它能在树枝间跨越；它还经常悬挂在低矮的树枝上伺机捕食蜥蜴和鸟类。亚马孙树蚺夜间有可能下至地面活动。它的体色多变，从背部带有条纹或斑点的棕色或灰色，到单一的橙色、黄色或橄榄色不等。

Epicrates cenchria

虹蚺

体长：1—2米

繁殖方式：卵胎生

生活习性：半树栖

现况：未评估

分布：中南美洲

虹蚺的所有亚种都有光滑闪亮，且极具虹彩光泽的深褐色至暗橙色鳞片。背部带有黑色环纹，体侧具有圆心颜色较浅的圆点。它们昼伏夜出，主动捕食鸟类、蜥蜴和小型哺乳类。只有南部亚种才冬眠。各个亚种的后代大小和繁殖数量差异很大。

Eunectes murinus

森蚺

体长：6—10米
繁殖方式：卵胎生
生活习性：半水栖
现况：未评估

分布：南美洲北部、千里达

森蚺是全球最重的蛇，体重最大可达250千克。森蚺大部分时间都泡在浅水中，偏爱在水边茂盛的植被中活动，以免被发现。森蚺主要在夜间觅食，采取守株待兔的方式捕食水豚和鹿等哺乳类，甚至可以杀死成年凯门鳄；它们也攻击过人类，有时还会致人死亡。雄蚺的体形小于雌蚺，但残肢更大，用于求偶。雌蚺每次产4—80条幼蛇，它们大约需要6年时间才能发育成熟。水蚺的寿命可达25年以上。

适于水栖

森蚺的眼睛和鼻孔偏向头部上侧，当其身体半沉入水中时，可用来观察四周和呼吸。

巨大的缠绕力

森蚺的身体强壮，力量足以令和马同样大小的动物窒息。它常伏击前来喝水的动物。

Aspidites melanocephalus

黑头盾蟒

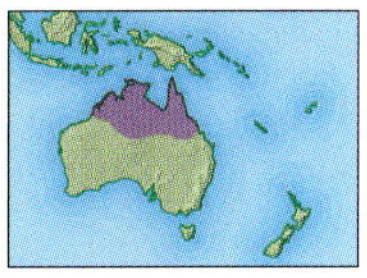

体长：1.5—2.5米
繁殖方式：卵生
生活习性：陆栖
现况：未评估

分布：澳洲北部

黑头盾蟒身体修长，头颈部呈乌黑色，全身带有褐色和黄褐色的不规则横纹。这种蛇性情温驯，受到哺乳类或猛禽等捕食者威胁时通常缩回洞穴或缝隙中。它的食物包括小型哺乳类、鸟类和毒蛇在内的爬行类。雌蛇在原木、树根或地下洞穴中产卵，每次的产卵量多达18枚。黑头盾蟒与其他蟒蛇一样，也盘卷在卵周围进行保护，并会调节卵的温度直到孵化。

Antaresia childreni

乔氏侏儒蟒

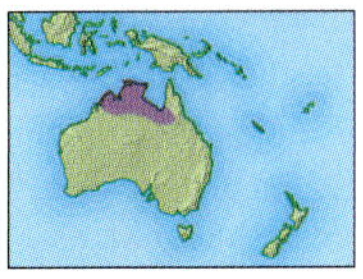

体长：75厘米，最长100厘米
繁殖方式：卵生
生活习性：树栖
现况：未评估

分布：澳洲北部

这种小型澳洲蟒蛇以维多利亚时代的动物学家约翰·乔治·乔尊的姓氏命名，它们大多数时间藏身于洞穴和岩石缝中，主要捕食蜥蜴，但也伏击鸟类和蝙蝠等小型哺乳类。一旦受到攻击，便张口反咬，但与所有的蟒蛇一样无毒。雄蟒的尾巴较雌蟒粗长。幼蟒的斑纹深于成蟒。

护卵行为

图中的雌蟒盘绕在卵旁，借此调节温度直到它们孵化。雌蟒每年或隔年在树洞或地下洞穴中产卵，每窝产卵8—10枚。

小型蟒蛇

乔氏侏儒蟒体形很小，体呈棕色或红棕色，通常带有模糊的深色斑点。

Morelia spilota

地毯蟒

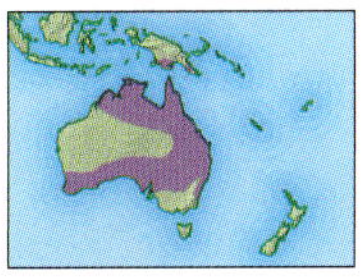

体长：2米，最长4米
繁殖方式：卵生
生活习性：陆栖为主
现况：无危

分布：澳洲北部

地毯蟒是澳洲分布最广的蛇类之一，在各种栖息地中都有分布，也是外观最多变的蛇类之一，拥有数个有着不同俗称的亚种。所有亚种的体表都散布有醒目的棕色、灰色、红棕色或黑色的不规则斑纹。地毯蟒无论昼夜都很活跃，以蜥蜴、鸟类和小型哺乳动物为食。它们和其他蟒蛇一样无毒，但被咬到后仍会很痛。雌蟒在腐烂的植被或中空的树干中分批产下约50枚外壳柔韧的卵，并盘卷在卵周围，直到它们孵化。

钻纹地毯蟒

钻纹地毯蟒是最具特色的地毯蟒亚种，从头到尾散布着复杂的钻石状斑点。

丛林地毯蟒

丛林地毯蟒栖息在昆士兰的雨林中，大部分时间都在树上度过。

Morelia viridis

绿树蟒

体长：1.8—2.4米
繁殖方式：卵生
生活习性：树栖
现况：无危

分布：新几内亚岛及周边岛屿、澳洲最北部

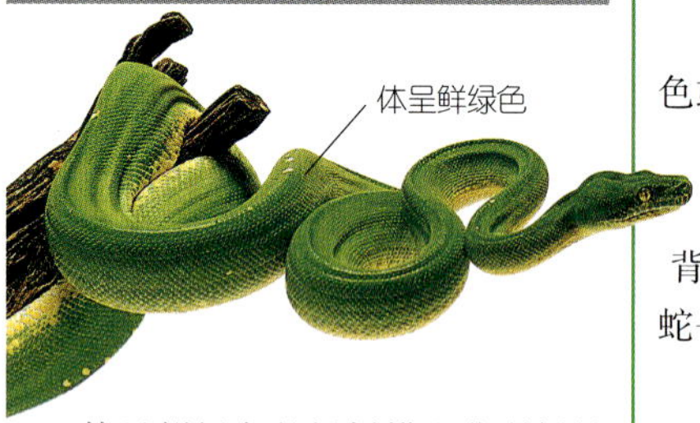

体呈鲜绿色的绿树蟒和翡翠树蚺（第390页）一样，具有适于树栖生活的修长外形、可卷握的尾巴和绿色体色。绿树蟒的栖息和捕食方式也和翡翠树蚺相同，缠绕在树枝上时头部下伸，随时准备攻击猎物。吻部的所有鳞片都有明显的热侧位器官（唇窝）。雌蟒在树洞或附生植物间产卵6—30枚。幼蟒体呈鲜黄色，偶尔为红色，会被猛禽捕食。

Python molurus

缅甸蟒

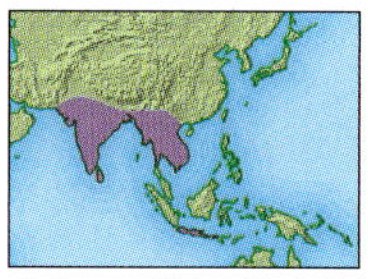

体长：5—7米
繁殖方式：卵生
生活习性：陆栖
现况：近危

分布：亚洲南部和东南部

这种大型蟒蛇又称印度蟒，浅黄色或灰色皮肤上的深褐色网状斑纹可以提供极好的保护效果。虽然不同地区的个体体色各异，但头颈背面都带有矛形斑。缅甸蟒和其他蟒蛇一样，上下唇的边缘也有热侧位器（唇窝）。

成年的缅甸蟒几乎没有天敌，但在受到威胁时会发出“咝咝”声或发动扑咬攻击；然而它既无毒，也不会对人造成危险。缅甸蟒的缠绕有力，以哺乳类和鸟类为食，能伏击并将像鹿一样大的猎物缠绕致死。分布在干燥地区的种群会进行夏眠。雌蟒的体形大于雄蟒，通常在树洞或地洞中产卵，每次产卵18—55枚，并调节孵卵温度，直到它们孵化。缅甸蟒孵卵时，通过颤抖肌肉产生足够的热量提高自身体温，帮助蛇卵孵化。缅甸蟒的种群数量已经受到栖息地破坏的严重影响，目前正受到法律的保护。

Python regius

球蟒

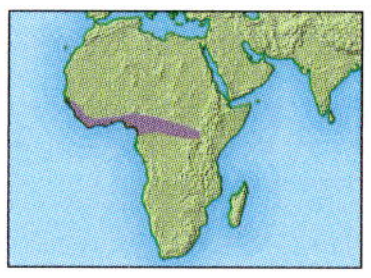

体长：0.8—1.2米
繁殖方式：卵生
生活习性：陆栖
现况：无危

分布：非洲西部至中部

球蟒的身体粗短结实，体表呈棕色或黄色，带有深褐色斑纹，上下唇边缘的热侧位器（唇窝）十分明显。面对哺乳类和鸟类等捕食者时，球蟒会将身体盘卷起来，将头藏在中央进行自卫。球蟒旱季钻进地下夏眠。雌蟒在岩石中和地下洞穴中产卵和孵卵，每窝的产卵量为3—8枚。

Python reticulatus

网纹蟒

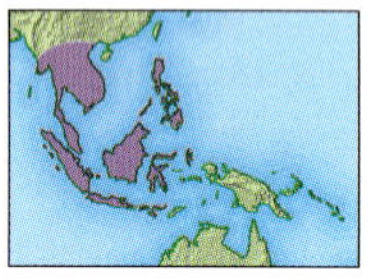

体长：6—10米
繁殖方式：卵生
生活习性：陆栖
现况：未评估

分布：亚洲东南部

网纹蟒是全球最长的蟒蛇，体重可达200千克。黄色或棕褐色的身体上带有黑色斑纹，双颌边缘有明显的热侧位器（唇窝）。它擅长游泳，不过大部分时间都待在陆地上，很少下水，也很少远离巢穴。网纹蟒以鸟类和哺乳类为食，偶尔也吃人。雌蟒在树洞和地下洞穴中产卵30—50枚。网纹蟒的寿命长达30年。人类为了获取蟒皮而对它们大肆捕杀，因而体形较大的个体正变得越来越稀少。

Leiopython hoserae

南部白唇蟒

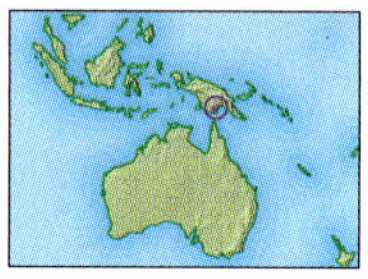

体长：最长3米
繁殖方式：卵生
生活习性：陆栖
现况：未评估

分布：新几内亚岛

南部白唇蟒是分布于新几内亚岛的数种白唇蟒蛇之一，头部鳞片带有非常独特的花纹，并且较其近亲更加喜欢炎热和潮湿的栖息环境。它的体表鳞片上具有防潮作用的细小突脊，使身体呈现虹彩光泽。

Tropidophis morenoi

斑纹林蚺

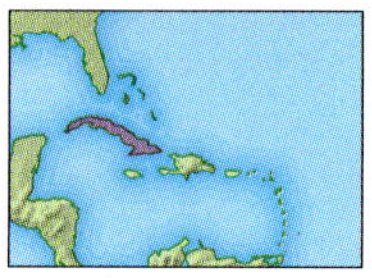

体长：30厘米
繁殖方式：胎生
生活习性：陆栖
现况：未评估

分布：加勒比海地区

斑纹林蚺因体表的褐色斑点与浅黄色体色融合形成带状斑纹而得名，隶属于热带美洲的林蚺类群（又称林蛇），其中的大部分物种都在地面生活。许多物种具有醒目的花纹。它们在加勒比海地区进化出多个物种，以古巴岛上的物种多样性最为丰富。其他物种也有待发现。其中，许多物种和斑纹林蚺一样，都因分布范围狭窄而面临灭绝的危险。斑纹林蚺白天躲藏在低矮的灌丛或地下，夜间外出捕食包括其他蛇类在内的小型脊椎动物。它们以蚺类典型的胎生方式进行繁殖。

Tropidophis melanurus

古巴林蚺

体长：80—100厘米
繁殖方式：胎生
生活习性：陆栖
现况：未评估

分布：加勒比海地区

古巴林蚺身体粗壮，通常呈灰色、棕色或浅黄色，体表带有深色斑纹，尾尖黑色；有些个体也呈橙色，尾尖为黄色。古巴林蚺主要在地面生活，偶尔也爬进灌丛或爬上岩石，自卫时身体盘卷，或从泄殖腔释放恶臭的黏液。它以蛙类、蜥蜴、小型蛇类和啮齿类为食。雌蚺每窝约产8条幼蛇。

体色罕见 浅橙色的变种比深色变种更加罕见。这种蛇是林蚺属中体形最大的物种。

游蛇

门:	脊索动物门
纲:	爬行纲
目:	有鳞目
亚目:	蛇亚目
总科:	游蛇总科
科:	游蛇科
种:	约2100种

游蛇有时被认为是典型的蛇，是蛇亚目中包含种类最多的科，几乎占蛇类总数的三分之二。其中包括人们熟知的乌梢蛇、草蛇和鞭蛇。除了南极洲外，游蛇在世界上的所有地区都有分布。根据物种和个体数量的测算，它们是除了澳洲以外，其他大陆上数量最多的蛇。游蛇的栖息环境多样，在淡水湖、海岸沼泽与河口沼泽到热带雨林和干旱荒漠等环境中均能生活。生命和生境模式上的多样性意味着它们的大小、外形和体色各异。世界上所有后沟牙蛇类都属于游蛇。

身体结构

游蛇在解剖学上有几项共同特点。所有物种的左肺都不具功能，且缺乏后肢带（骨盆带）。它们的下颌还缺少一块被称为冠状骨的小骨头。这3个特点使得游蛇有别于更为原始的盲蛇、细盲蛇、蚺和蟒。相比之下，游蛇的头骨更加灵活，下颌由彼此独立且互不相连的两部分组成，可以吞下大型猎物。除了少数特例外，游蛇的头部都覆盖着大型片状顶鳞；这个特征让它们有别于蚺、蟒和大多数蝰蛇。游蛇的顶鳞有着不同的排列方式，是一项非常有用的分类特征。

毒液

某些游蛇，特别是鼠蛇，通过缠绕身体杀死猎物。尽管大多数游蛇无毒，但仍有三分之一的物种具有一种被称为达氏腺的毒液分泌器官，这个腺体能将毒液传送到嘴巴后侧的毒牙根部。大多数有毒的游蛇长有1对毒牙，而有些物种则具有2个或3对毒牙。毒液通过毒牙造成的伤口进入，通过毛细血管运动发挥作用。与一些前沟牙蛇类不同，游蛇的毒牙为实心，毒液可以沿着齿槽流出。大多数后沟牙蛇类对人类的危害很小，除非它们持续咬住物体，否则过于靠后的毒牙将难以发挥作用。但不管怎样，它们的毒性还是较弱。然而，游蛇中少数物种的毒液却含有剧毒，尤其是非洲树蛇和细枝蛇，已导致多起致人死亡事件。

穴蝰

穴蝰被归类于不同的科，包括游蛇科，它们有时也被认为构成一个单独的科，即穴蝰科。穴蝰科大约包含62个物种。除了一种以外，其余物种均分布在非洲。这些穴居蛇类主要取食蚓蜥。其中部分物种的毒牙非常独特，具有铰链，因此这类蛇无须张嘴就能露出毒牙。即使头部倾斜，它们也能将毒牙旋转到嘴的一边，以便向猎物体内注射毒液。

繁殖

游蛇为卵生或胎生。卵生物种每窝的产卵量从1—100枚不等。卵被产在洞穴或地道中，或是腐烂的树叶下。幼蛇的外表可能与父母相似，但是一些物种的幼蛇却有着独特的体色和花纹。

捕食

与许多前沟牙毒蛇相比，有毒游蛇的毒性和毒牙注射毒液的能力都相对较弱。可能由于这个原因，一些游蛇，如鼠蛇，才通过缠绕使猎物窒息死亡。图中这只沼泽鼠蛇抓住了一只斑背树蛙。一旦猎物死亡，鼠蛇就会调整尸体的方向，直到猎物的头朝向适合吞咽的位置。

Dendrelaphis kopsteini

柯氏过树蛇

体长：1.5米
繁殖方式：卵生
生活习性：陆栖或树栖
现况：无危（最新）

分布：亚洲东南部

柯氏过树蛇是树栖型的日行性蛇类，因上半身的鳞片具虹彩光泽而得名。该物种发现于2007年，被认为与金花蛇有着最密切的亲缘关系，也因颈部膨胀时显现出鲜艳闪亮的砖红色色彩而闻名。柯氏过树蛇曾和近缘物种相混淆，如今已知分布在泰国的热带雨林、马来半岛、新加坡和苏门答腊。它与其他过树蛇一样，主要捕食大壁虎等树栖蜥蜴，或许还捕食蛙类。

Boiga dendrophila

黄环林蛇

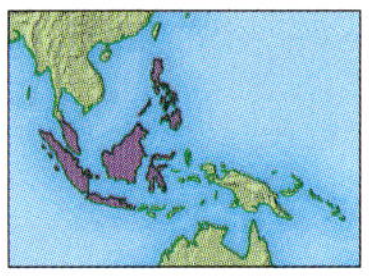

体长：2—2.5米
繁殖方式：卵生
生活习性：树栖
现况：数据缺乏（最新）

分布：亚洲东南部

黄环林蛇的身体以亮黑色为主，嘴唇和体侧带有鲜艳的黄色斑纹，这些生动的色彩可能是对捕食者的一种警告。它的身体略为侧扁，背部中心有一条明显的棱脊。如果受到威胁，黄环林蛇会缩回扁平的头准备攻击，同时张开黄色的唇鳞以示警告。黄环林蛇通常在夜间悄声狩猎，捕食蜥蜴、蛙类、鸟类和小型哺乳类。白天盘在树枝上或叶丛中休息。雌蛇在落叶、腐烂的树桩或树洞里产卵4—15枚。

Bogertophis subocularis

泛克贝斯锦蛇

体长：1—1.3米
繁殖方式：卵生
生活习性：陆栖
现况：无危

分布：美国、墨西哥

北美洲地区生活着一定数量的锦蛇物种，这些身体细长的猎食者都在天黑后捕猎。泛克贝斯锦蛇具有典型的多变花纹：一种是带有“H”形的大型斑纹，而另一种“金色”型则具有浅色圆斑。在这两种蛇的重叠分布范围内，它们还能相互杂交。泛克贝斯锦蛇的眼睛大而突出，说明它是一种完全在夜间活动的物种。这种穴居蛇白天藏匿在裂缝中和楼板下躲避高温，并在此冬眠。当他们被猛禽和哺乳类威胁时，会喷出一种难闻的麝香味液体，甚至会张口攻击。雌蛇在腐烂的植被或石块下产卵4—8枚。

Chrysopelea ornata

金花蛇

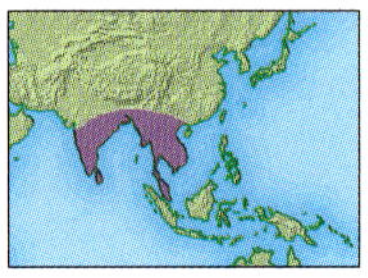

体长：1—1.3米
繁殖方式：卵生
生活习性：树栖
现况：未评估

分布：南亚和东南亚

金花蛇也被称为金花树蛇，通过展开肋骨让身体变得扁平，在热带森林、公园和花园的高大树木之间滑翔。当它受到猛禽或食肉哺乳类等动物的威胁时，会爬向高处逃生；如果走投无路，便展开攻击。金花蛇的身体细长，头窄眼大，绿色鳞片的尖端呈黑色。雄蛇的尾巴比雌蛇粗长。金花蛇通常在枝叶中休息，但始终保持警觉，以便随时捕获可能出现的猎物。它们在捕猎时非常活跃，抓获小型哺乳类、鸟类、蜥蜴和蛙类等猎物时紧缠不放，直到毒液起效为止。虽然金花蛇的咬力强大，但这种后沟牙毒蛇并不会对人类造成太大伤害。雌蛇在土壤、落叶或腐烂的木头中产卵6—14枚。幼蛇出生时体长15—20厘米。

Dasypeltis scabra

非洲食卵蛇

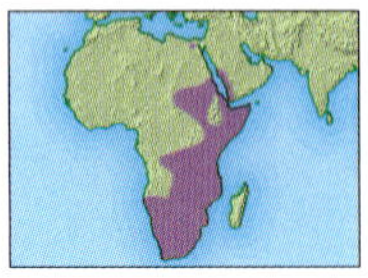

体长：70—100厘米
繁殖方式：卵生
生活习性：陆栖
现况：无危

分布：非洲和亚洲西部

许多蛇类都取食爬行类的软壳卵，但这种夜行性的非洲蛇专门以外壳坚硬的鸟蛋为食。它们在鸟类的繁殖季节大量进食，将蛋整个吞下，然后在一年中的其余时间里便不再进食。非洲食卵蛇及其近亲是唯一没有牙齿的蛇。

食卵

非洲食卵蛇的头骨、嘴巴和咽喉非常灵活，方便取食鸟蛋。它的脊椎上长有突起，可在鸟蛋到达咽喉时割开蛋壳，然后它会将壳反刍出来。

模仿毒蛇

非洲食卵蛇通过将身体盘卷成马蹄状，同时摩擦体侧带有突脊的鳞片发出刺耳的声音，来模仿有毒的锯鳞蝰（第403页）。

Hierophis viridiflavus

暗绿鞭蛇

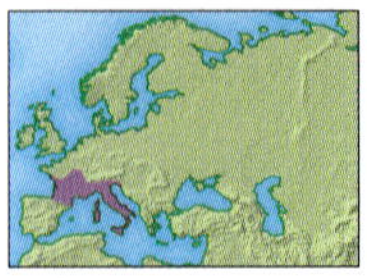

体长：1.5米，少数2米
繁殖方式：卵生
生活习性：陆栖
现况：无危

分布：欧洲南部

这种长有大眼睛的细长蛇类又被称为西部鞭蛇，它的身体通常呈黄绿色，但也有全黑的个体。幼蛇的体色比成蛇更加鲜艳。这种行动迅速而敏捷的猎手在很大程度上依赖视觉捕食蜥蜴、啮齿类和小型蛇类。受到攻击时，迅速躲入洞穴和裂缝中，有时还会凶猛咬噬。多条个体共用一个洞穴，因此种群密度很高。雌蛇在土壤、落叶或腐烂的树木中产卵6—14枚。

Dipsas indica

食螺蛇

体长：60—80厘米

繁殖方式：卵生

生活习性：树栖

现况：未评估

分布：南美洲北部

食螺蛇专门取食蜗牛，能用双颌将螺肉从螺壳中扯出来。取食时下颌伸入螺壳，利用牙齿勾住螺肉向外拉扯。它们夜间捕食，白天在树洞里休息。食螺蛇身体细长，沿着背部有独特的纵棱，头部近圆，吻钝圆，眼大。雄蛇的体形小于雌蛇，但尾巴相对较长。

Dispholidus typus

非洲树蛇

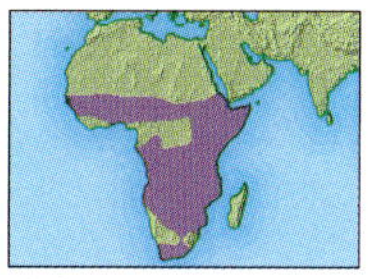

体长：1—1.7米

繁殖方式：卵生

生活习性：树栖

现况：未评估

分布：非洲（撒哈拉沙漠以南）

非洲树蛇是非洲毒性最强的树栖蛇之一，其英语俗名中的“boom”一词在荷兰语中意指“树”。这种高度灵活的攀爬能手在树枝间爬行穿梭时，能用双目视觉判断树枝间的距离，而在准备攻击时也是如此。非洲树蛇以蜥蜴为食，尤其是变色龙，也捕食鸟类。它的毒牙位置靠后，只有在嚼食时才能注射毒液。成年个体体色多变，或呈绿色、棕色，或近乎黑色，对比强烈的斑纹或有或无。雄蛇的颜色比雌蛇更为鲜艳。受到猛禽或食肉哺乳类威胁时，将颈部膨胀起来，使体形看上去更大，并且还会张嘴攻击。雌蛇在树洞和干枯的植物中产卵，每窝可达14枚。

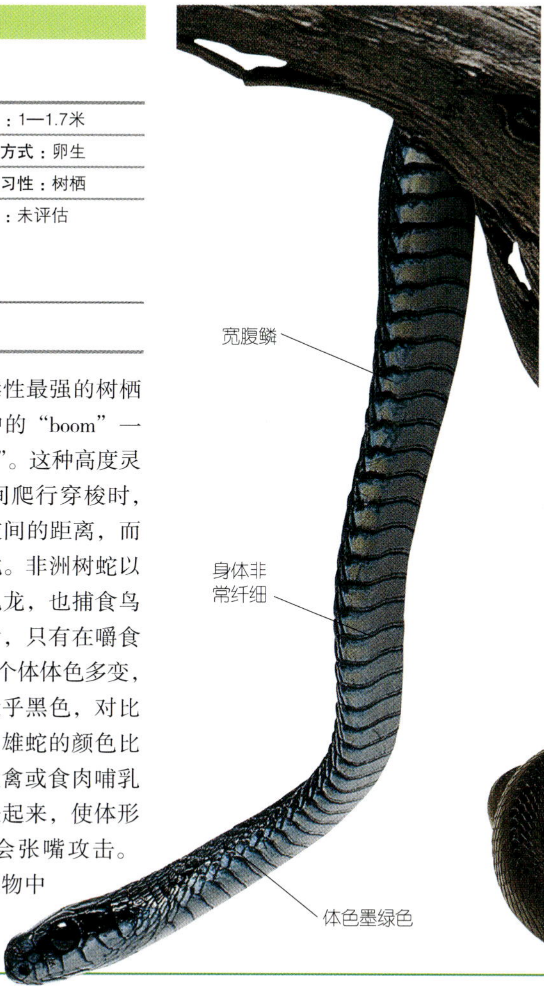

Drymarchon corais

靛青蛇

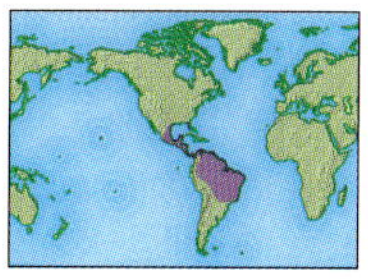

体长：2.1—2.9米

繁殖方式：卵生

生活习性：陆栖

现况：无危（最新）

分布：美国南部、中美洲和南美洲

这种体色多变的蛇又被称为森王蛇，具有黑色、棕色、棕褐色或黄褐色等色型，颜色变化取决于它们的分布位置（下图为佛罗里达的黑色型）。靛青蛇的食物多样，包括鱼类、两栖类、蜥蜴、其他蛇类、鸟类、鸟蛋及小型哺乳类。这种投机取巧的捕食者会非常迅速地扑向猎物，有时还把猎物抵在洞穴的一侧或坚硬物体上。雌蛇在树桩、植物或洞穴中产卵4—12枚。

Pantherophis guttatus

玉米锦蛇

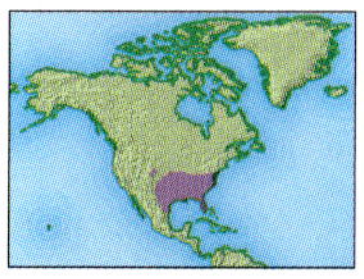

体长：1—1.3米

繁殖方式：卵生

生活习性：陆栖

现况：无危

分布：美国中部和东南部

玉米锦蛇是南美洲最引人注目的锦蛇之一，这一类群包括灰鼠蛇（右图）和泛克贝斯锦蛇（第394页）。与它的大多数近亲一样，玉米锦蛇的种类也变化极大，有4个不同的亚种。下图中Elaphe guttata guttata亚种的体色最为鲜艳，仅分布于美国东南部各州；而中西部地区的Elaphe guttata emoryi亚种体呈灰色且带灰褐色的深色斑点，通常被称为埃默里鼠蛇。玉米锦蛇既在地面、树木或建筑物上活动，也在原木、岩石和杂物下方出没。它们和其他锦蛇一样，身体两侧与腹部底面成锐角，有助于在树皮或墙壁上攀爬。成年玉米锦蛇主要捕食小型啮齿类，因此对农场很有帮助。虽然它们属于夜行性动物，但也在一年中气候凉爽的白天活动。受到威胁时，尾巴迅速摆动，还有可能将身体直立起来准备攻击。一旦被抓，它们能分泌出难闻的臭味。雌蛇在腐烂的植物中分批产卵，每窝产卵量多达25枚。

Pantherophis spiloides

灰鼠蛇

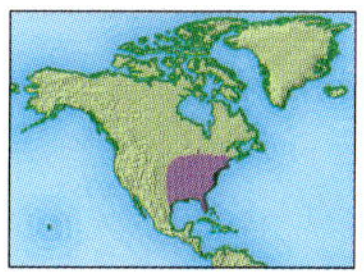

体长：1.2—1.8米

繁殖方式：卵生

生活习性：陆栖

现况：无危

分布：加拿大南部、美国中部和东部

灰鼠蛇的体色差异极大，从鲜艳的橙黄色到更为暗淡不等，如下图中的亚种Elaphe obsoleta spiloides。灰鼠蛇偏爱在水源附近开阔林地里的岩石山坡上活动，非常善于游泳。它们捕食啮齿类和鸟类，通过缠绕绞杀猎物。雌蛇产卵5—20枚，偶尔达40枚，有时还会聚集在一起产卵。体侧的脊状隆起有助于在爬树时将身体揳入树皮中。

Zamenis longissimus

长锦蛇

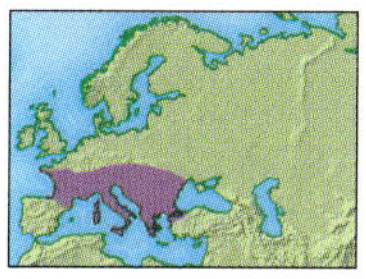

体长：1—2.2米

繁殖方式：卵生

生活习性：陆栖

现况：无危

分布：欧洲南部至亚洲西部

这种蛇以古希腊神话里的医神——阿斯克勒庇俄斯之名命名。盘绕在医神权杖上的大蛇形成的双蛇图案至今仍是医学的主要标志。长锦蛇体呈橄榄色或棕色，偶尔为暗灰色，头后两侧具浅色斑点。它的鳞片光滑或略微起棱，因此外表看上去闪闪发光。长锦蛇行动敏捷，善于游泳和攀爬，行踪隐秘，栖息在灌丛、林缘和田野中，天气寒冷时进入冬眠。

Zamenis situla

豹纹锦蛇

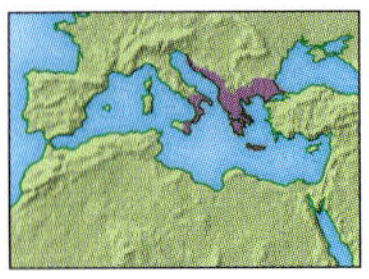

体长：70—100厘米
繁殖方式：卵生
生活习性：陆栖
现况：无危

分布：欧洲东南部、亚洲西部

豹纹锦蛇体呈米黄色或灰色，体表具有镶着黑边的红色斑点，或是背部有两道镶黑边的红色纵纹。它们主要取食啮齿类，在植物间或猎物巢穴中捕食，通过缠绕方式杀死猎物。受到威胁时，头部变扁，并张口攻击。交配时，雄蛇咬住雌蛇的头或颈，用身体将其缠绕。雌蛇的产卵量多达8枚，生产后在卵旁逗留数日。

Erpeton tentaculatum

箭鼻水蛇

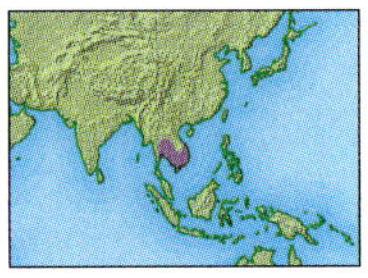

体长：70—100厘米
繁殖方式：胎生
生活习性：水栖
现况：无危

分布：东南亚中部

这种罕见的蛇隶属于游蛇科的一个亚科，该亚科包含约38个水栖物种。箭鼻水蛇极易与其近亲区分，因为它的吻部长有一对可能具感觉功能的柔软肉须。箭鼻水蛇行动迟缓，夜间活动，常在水草丛生的水中伺机捕捉身边游过的猎物。雌蛇在水下产出5—13条幼蛇。

Gonyosoma oxycephalum

红尾树栖锦蛇

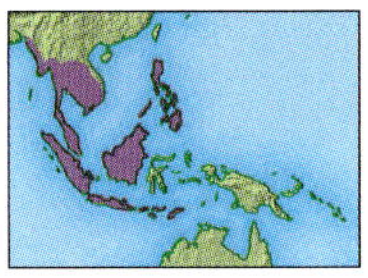

体长：1.6—2.4米
繁殖方式：卵生
生活习性：树栖
现况：无危（最新）

分布：亚洲东南部

这种蛇的体形细长，尾巴呈棕色、橙色或灰色，虽然名为红尾，但尾巴却并非为红色。红尾树栖锦蛇在夜间主动捕食鸟类、蝙蝠和小型哺乳类，亮绿色的身体能为它在树枝上的活动提供极佳伪装。受到猛禽和哺乳类的威胁时，会让喉咙垂直膨胀起来，并摆出一副"S"形的攻击姿势。雌雄双方在树枝上交配。

Heterodon nasicus

西部猪鼻蛇

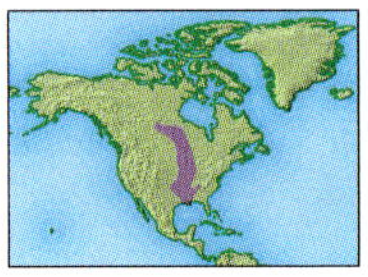

体长：40—80厘米
繁殖方式：卵生
生活习性：陆栖
现况：无危

分布：美国中部至墨西哥

这种北美洲蛇类的身体粗壮，斑点众多，看上去更像是蝰蛇（第402页），而非游蛇的成员。虽然它们有毒，但对人类并不构成危险。北美洲地区的3种猪鼻蛇都在落叶中搜索猎物，利用独特的上翘吻部挖掘穴居的蟾蜍和其他两栖类。如果受到威胁，所有的猪鼻蛇都会发出响亮的"咝咝"声，将身体鼓起，并做出攻击的假动作；如果这些都不起作用，便通过装死躲过危险。

Lampropeltis getula

王蛇

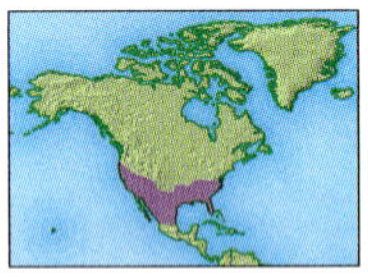

体长：1—2米
繁殖方式：卵生
生活习性：陆栖
现况：无危

分布：美国西部和南部、墨西哥北部

王蛇的绞杀力量强大，捕杀猎物十分主动，经常钻入啮齿类的洞穴里捕食。它也吃鸟类、蜥蜴、蛙类，甚至包括其他毒蛇，它对这些毒蛇的毒液免疫。虽然王蛇主要在地面活动，但会爬上低矮的植被，也善于游泳。如果受到猛禽和哺乳类等捕食者威胁，会凶猛地张嘴攻击，一旦被抓，还会向对方喷射排泄物。王蛇在夜间和白天都有可能活动，这与所处的季节和分布范围有关，北方种群的冬眠时间长于南方种群。交配时，雄蛇爬到雌蛇背上，咬住雌蛇的颈部使其动弹不得。雌蛇通常在腐烂的植物、腐木或地下洞穴等温暖地点产卵12枚（特殊情况下多达25枚）。幼蛇出壳时体长约30—35厘米。王蛇在圈养条件下的寿命可达25年。

加州王蛇

加州王蛇的亚种体呈暗灰色，带有奶油色条纹（下图），或呈褐色，带有白色条纹（右侧图框）

种类繁多的亚种

王蛇在体色和花纹上的差异极为显著。许多爬虫学家将这种蛇分成7个不同的亚种，还有些人认为亚种的数目应不下于10种。更为复杂的是，一些亚种的色型甚至不止一种，如加州王蛇。

墨西哥黑王蛇

墨西哥黑王蛇最典型的体色为墨黑色，但幼蛇却带有一些模糊的带状花纹。它是最漂亮的王蛇亚种之一，也是一种非常流行的宠物。

沙漠王蛇

产自亚利桑那州的沙漠王蛇只在一年中既不太冷又不太热的短暂时间内出来活动。

加州王蛇

条纹型加州王蛇的部分分布区与环纹型加州王蛇（左图）的接壤。同一窝蛇卵中能同时孵出这两种类型。

爬行动物

Lampropeltis triangulum

奶蛇

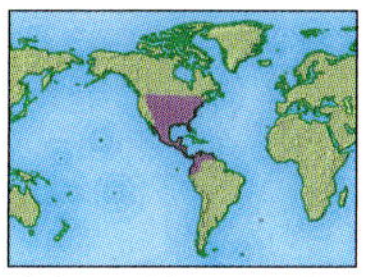

体长：0.4—2米

繁殖方式：卵生

生活习性：陆栖

现况：未评估

分布：北美洲、中美洲和南美洲北部

奶蛇是世界上分布最广的陆栖性蛇类之一，也是变异程度最高的蛇类之一。目前已确定的亚种约有24种，仅在美国就分布着8个亚种。奶蛇大多体色鲜艳，具红色、黑色和黄色带纹；有些亚种还模拟成有毒的南美珊瑚蛇（第400页）的模样，以避免自己受到伤害，这种进化特性有可能是一种防御性拟态。奶蛇的行踪隐秘，主要在夜间活动，以无脊椎动物、两栖类和小型啮齿类及其他蛇类为食。它们虽然无毒，但会张口撕咬，还能从泄殖腔中分泌出恶臭的液体进行自卫。雌蛇在洞穴中、岩石下、树桩或腐烂的植物中筑巢，产卵量多达17枚。

惊人的防卫术

奶蛇虽然无毒，但却能在体色、花纹，甚至在行为上模仿有毒的珊瑚蛇，且在部分分布区内很容易和后者混淆。一旦藏身处被发现，奶蛇便快速盘绕扭动身体，试图借助鲜艳的色彩恐吓入侵者。

体纹

奶蛇通常呈红色、黑色和白色，上身被环形或马鞍形的斑纹环绕。

Lamprophis fuliginosus

褐屋蛇

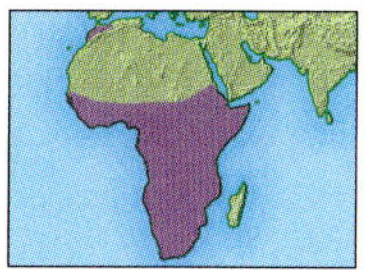

体长：0.9—1.5米

繁殖方式：卵生

生活习性：陆栖

现况：未评估

分布：非洲（以撒哈拉沙漠以南为主）

褐屋蛇的绞杀有力，夜间主动捕食，猎物主要以啮齿类为主，但也包括鸟类和蜥蜴。褐屋蛇体呈褐色、棕色、橙色或黑色，头侧有奶油色斑纹。雄蛇的体形小于雌蛇，但尾巴相对较长。雌蛇每个繁殖季产卵2枚或多次产下6—16枚卵。如果被猛禽或哺乳类等捕食者激怒，这种蛇有可能会扑咬攻击，但却无毒。

Langaha madagascariensis

马达加斯加鹤蛇

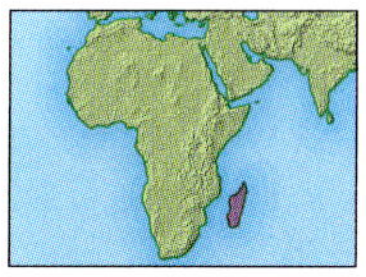

体长：70—90厘米

繁殖方式：卵生

生活习性：树栖

现况：无危（最新）

分布：马达加斯加岛

这种蛇的吻极长，一眼就能被识别。雄蛇的吻端具有尖长的凸起；雌性的凸起呈叶状，且更加复杂，形如叶子。雄蛇体呈浅褐色，腹部为黄色，雌蛇体呈灰褐色，带有小型深色斑点。雌雄双方身体细长如藤，能在布满藤蔓和树枝的森林栖息地中形成极好的伪装。马达加斯加鹤蛇全天都外出活动，伏击蜥蜴与蛙类。

Natrix natrix

水游蛇

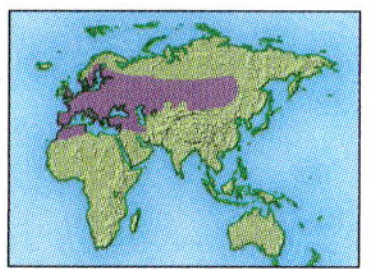

体长：1.2—2米

繁殖方式：卵生

生活习性：半水栖

现况：无危

分布：欧洲至中亚、非洲西北部

水游蛇是一种半水栖的捕食者，大部分时间都在潮湿处或静水中活动。它善于游泳，有时在水面蜿蜒穿行，觅食蛙和鱼类。它还是欧洲分布最广的蛇类之一。成年后体呈橄榄棕色、绿色或灰色，头后通常具对比鲜明的黄色或白色环纹。雌蛇的体形大于雄蛇，尾巴也更为粗长。交配后，有时将卵产在同一个巢穴中，巢中的卵可达200枚以上。生活在夏季气候凉爽地带的雌蛇把卵产在肥料堆中，利用腐烂植物产生的热量帮助孵卵。圈养水游蛇的寿命大约为15年。

装死

水游蛇被抓时喷出难闻的液体，面对极端危险时，偶尔还会装死。为了达到逼真效果，它会将部分身体翻转朝上，同时张开嘴巴露出舌头。

产卵

水游蛇将卵产在腐烂的植物、粪肥或肥料堆中，或在其他温暖的地方产卵。幼蛇出生时体长约14—21厘米。雄蛇在3年内发育成熟，雌蛇则需要4年。

Nerodia fasciata

南部北美水蛇

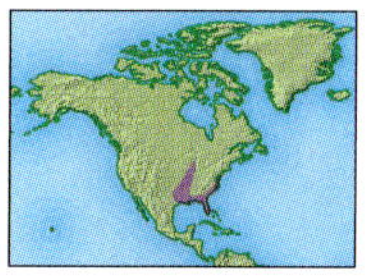

体长：0.5—1.5米

繁殖方式：卵胎生

生活习性：水栖

现况：无危

分布：美国中部和东南部

南部北美水蛇也称带纹水蛇，它的身体粗壮，鳞片起棱，体色多变，有时带有深色条纹或斑点。它的眼睛靠近头顶，有助于在身体半淹没时露出水面观察四周。这种水蛇在白天或黑夜根据温度情况捕捉蛙和鱼类。一旦受到攻击，会从肛门腺中喷出带有恶臭的液体。许多雄蛇可能与同一条雌蛇交配。雌蛇每窝产2—57条幼蛇。

Spilotes pullatus

虎纹鼠蛇

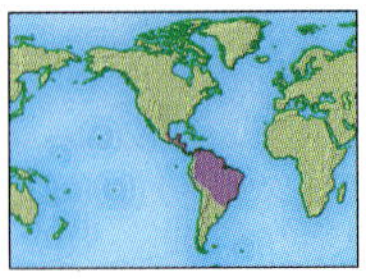

体长：1.5—2米
繁殖方式：卵生
生活习性：树栖
现况：未评估

分布：中美洲、南美洲北部和中部

虎纹鼠蛇的体色可能呈黄色，且带有黑色带纹或斑点，也可能是带有黄色条纹的黑色，或是呈黑色，鳞片中间为黄色。它的身体侧扁厚实呈三角形，在树枝间跨越时可保持硬挺，以避免跌落。虎纹鼠蛇主要在夜间捕猎，采用突袭方式悄悄逼近蜥蜴、蛙类和小型哺乳类等猎物进行捕捉。遇到威胁时，身体前部变得扁平呈“S”形，并且还会发动猛烈攻击。

Opheodrys aestivus

糙鳞绿树蛇

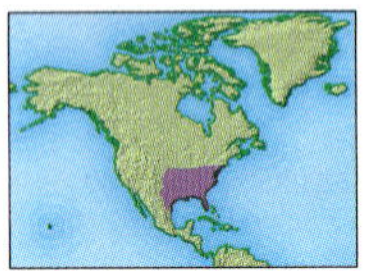

体长：0.8—1.6米
繁殖方式：卵生
生活习性：陆栖
现况：无危

分布：美国东南部

糙鳞绿树蛇常在低矮的植被中活动，尤其是在水域附近。它的身体呈亮绿色，腹部为白色或黄绿色。由于背鳞起棱，因此体表相当粗糙。虽然糙鳞绿树蛇常安静地待在一处，或是在植物中缓慢移动捕食昆虫，但它也能快速爬行。雌蛇能产下3—13枚长形卵。

Pituophis melanoleucus

松蛇

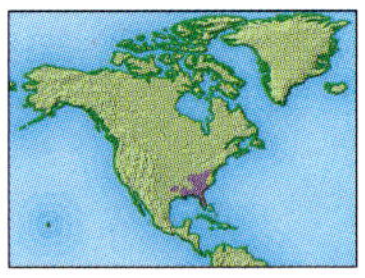

体长：1—2.5米
繁殖方式：卵生
生活习性：穴居
现况：无危

分布：美国东南部

松蛇的身体粗壮，绞杀有力，鳞片起棱明显，略尖的吻适于挖洞。体色多变，从纯黑色或白色至奶油色或淡黄色不等，沿背部和体侧有深褐色或黑色不规则斑点。松蛇主动搜寻捕食小型哺乳类，尤其是穴居动物。雌蛇通常在自己挖的洞穴中产卵3—27枚，挖洞时利用身体前段的弯曲部分移除沙子和泥土。松蛇有数个亚种，其中的一种（路易斯安那松蛇）已经濒临灭绝。

Rhinocheilus lecontei

长吻蛇

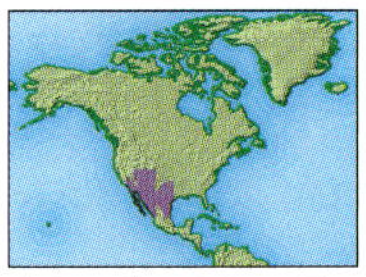

体长：50—100厘米
繁殖方式：卵生
生活习性：穴居
现况：无危

分布：美国南部、墨西哥北部

长吻蛇生活在岩石和木头下，以及啮齿类的洞穴中，利用突出的吻挖洞，具有适应半地下生活的明显突出下颌。长吻蛇主要在夜间活动，以小型哺乳类、鸟类、蜥蜴，以及小型蛇类和蛇卵为食。受到威胁时，身体盘起，将头藏在其中，并不断摆动尾巴，然后从肛门腺中释放出恶臭的液体。雌蛇产卵1—2窝，产卵量多达9枚。

Telescopus semiannulatus

半环非洲虎蛇

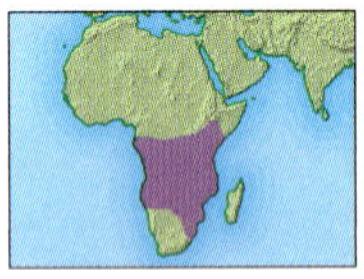

体长：1—1.2米
繁殖方式：卵生
生活习性：陆栖
现况：未评估

分布：非洲南部

半环非洲虎蛇于夜间捕食，具有一双能在黑暗中获得更好视野的大眼睛。它的身体细长，鳞片光滑，体呈黄棕色、橙色或红棕色，体表黑斑从背部一直延伸至体侧。这种行动缓慢的蛇大多在地面生活，但也会爬上灌木、枯树和茅草屋顶。

Thamnophis proximus

西部带蛇

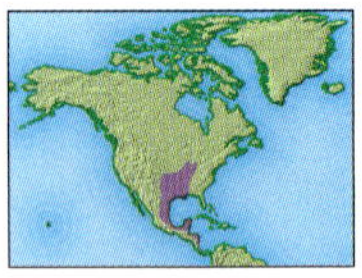

体长：50—100厘米
繁殖方式：卵胎生
生活习性：半水栖
现况：无危

分布：美国中部至中美洲

这种北美洲蛇类和它的近亲剑纹带蛇（右图）一样，行动快速敏捷且擅长游泳。它们主要以蛙类、蟾蜍、蝌蚪和小鱼为食，通常在水下追逐猎物。西部带蛇每年可产多达24条幼蛇，环境适宜时种群密度可达到很高水平。

Thamnophis sirtalis

剑纹带蛇

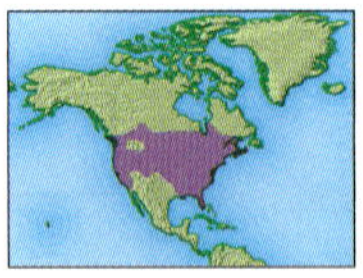

体长：65—130厘米
繁殖方式：卵胎生
生活习性：半水栖
现况：无危

分布：北美洲

剑纹带蛇总是靠近水边生活，但繁殖地比美洲其他蛇类更加靠北。生活在北极边缘地带的剑纹带蛇会进行集体冬眠，当春天倾巢而出时，常形成非常壮观的景象。这种蛇主要以蚯蚓、鱼和两栖类为食，而自身则会成为哺乳类和猛禽的猎物。

外表

剑纹带蛇有11个亚种，相互间的体色差异很大。图中的加州红边亚种有着鲜明的条纹。

交配模式

剑纹带蛇的交配模式随纬度的变化而改变。在分布区的北部地区，当成千上万条的雄蛇爬出冬眠的洞穴时，往往会争相抢夺雌蛇。而南部地区的竞争则没有那么激烈。

眼镜蛇

门：	脊索动物门
纲：	爬行纲
目：	有鳞目
亚目：	蛇亚目
总科：	游蛇总科
科：	眼镜蛇科
种：	347种

尽管眼镜蛇科的物种数量还不到世界蛇类的十分之一，但它们全是毒蛇，许多物种甚至十分危险。眼镜蛇科包括眼镜蛇、珊瑚蛇、树眼镜蛇、环蛇和海蛇，主要分布在热带和南半球地区。眼镜蛇科中既有陆栖和半穴居物种，也有在树上栖息和捕食的物种。一些眼镜蛇行动迅速，白天捕猎，而另一些则行动诡秘，多在夜幕的掩护下捕食。海蛇和海洋环蛇终生都在海中生活。眼镜蛇科与游蛇科（第393—401页）是近亲，且外形非常相似，但大多数眼镜蛇的毒牙都位于上颌前端，这有助于其在发动致命袭击的同时将毒液注入猎物体内。

身体结构

眼镜蛇的身体通常细长、近圆柱形，鳞片光滑闪亮。海蛇有时被单独归为一科，其显著的差别是具有适于游泳的扁平状尾巴。大多数陆生眼镜蛇都有保护色和斑纹，而珊瑚蛇却具有醒目的斑纹，用以警告潜在的捕食者远离。某些眼镜蛇能将身体前端抬离地面，同时扩张肋骨形成盖状以恐吓敌人。

毒液

眼镜蛇的毒液毒性及所产生作用的器官和系统存在很大差异。眼镜蛇科的大多数物种，包括眼镜蛇，都能释放出神经性毒素，通过呼吸作用使肌肉瘫痪。有些眼镜蛇的毒液沿着毒牙的齿槽流出，而另一些物种的毒牙内则含有一个导毒腔。眼镜蛇中的一些物种是世界上最危险的蛇，如太攀蛇。但也有些物种性情温和，而且体形很小，不会对人造成危害。

繁殖

大多数眼镜蛇为卵生，少数是胎生。例如，海蛇在水中产下幼蛇，扁尾海蛇则必须上岸产卵。许多亚洲的眼镜蛇在枯叶和森林中的其他碎屑上筑巢。雌蛇护卵时十分凶猛，以保护蛇卵不受潜在捕食者的侵袭。

喷毒眼镜蛇

一些眼镜蛇（如图中的莫桑比克喷毒眼镜蛇）通过挤压使毒液从齿槽孔中快速喷向猎物。一旦毒液喷入猎物的眼睛，便会引起巨大疼痛，有时甚至造成暂时或永久性的失明。

Acanthophis praelongus

北部棘蛇

分布：澳洲、新几内亚岛

体长	30—100厘米
繁殖方式	卵胎生
生活习性	陆栖
现况	未评估

虽然英文俗名含有蝰蛇之意，但这种蛇并非真正的蝰蛇（第402—403页），而是一种身体异常粗壮的眼镜蛇科毒蛇。北部棘蛇是澳洲最毒的蛇类之一，采用守株待兔的方式捕猎，面对一丁点的挑衅就会发动攻击。它通常在夜间活动，白天借助保护色隐蔽自己。成体颜色多变，从浅灰色、灰褐色或近黑色不等，体表具灰色环纹或带纹。北部棘蛇主要捕食小型哺乳类、蜥蜴和鸟类，利用蠕虫状的细小尾巴将猎物引诱到攻击范围内。雌蛇一次能产下8条幼蛇。南部棘蛇（Acanthophis antarcticus strain）的外表与北部棘蛇非常相似，但前者广泛分布于澳洲东部和南部，有时在城镇地带出没。它的撕咬和北部棘蛇一样，可对人类造成潜在的致命伤害。

外表似蝰蛇

粗壮的身体、楔形头和细窄的颈都呈现出蝰蛇和蝮蛇的常见特征，而非眼镜蛇类。北部棘蛇的双眼上方还长有角状凸起。

活诱饵

北部棘蛇的尾端非常纤细，颜色也比身体其他部位更浅。它在捕猎时，常静卧不动，不停抖动尾尖引诱猎物进入攻击范围。北部棘蛇的毒液作用迅速，待猎物死后它才慢慢开始吞食。

Austrelaps superbus

澳洲铜头蛇

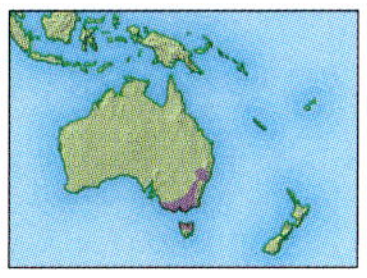

分布：澳洲东南部、塔斯马尼亚岛北部

体长	1.3—1.7米
繁殖方式	胎生
生活习性	陆栖
现况	未评估

澳洲铜头蛇生活在沼泽湿地中，昼夜均外出活动，主要以蛙类为食。它的身体上部呈灰色或红棕色至黑色，两侧呈奶油色或黄色。虽然冬季进入冬眠，但也能忍受低温，且活动时间也比其他爬行类更长。

Dendroaspis angusticeps

东非绿曼巴蛇

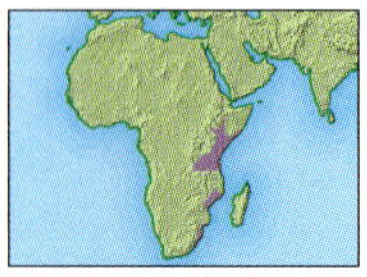

体长：1.5—2.5米
繁殖方式：卵生
生活习性：树栖
现况：未评估

分布：非洲东部和东南部

东非绿曼巴蛇体呈鲜绿色，体形纤细，尾长，非常适于树栖生活。这种蛇的警惕性很高，行动迅速，在树冠层追逐猎物；受惊时通常迅速爬到高处的树枝上，或是从一棵树跨越到另一棵树的树枝上，如果走投无路，便转身发起攻击。东非绿曼巴蛇的毒性虽然极强，但很少与人类发生冲突。

Dendroaspis polylepis

黑曼巴蛇

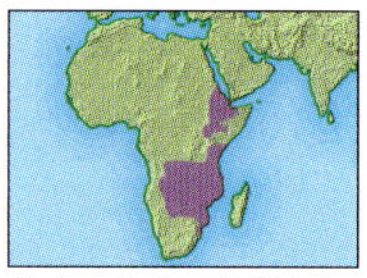

体长：2.5—3.5米
繁殖方式：卵生
生活习性：地栖
现况：无危

分布：东非、非洲南部

黑曼巴蛇既是最毒的蛇类之一，也可能是速度最快的蛇，因此成为全世界最危险的捕食者之一。它的瞬时爆发速度可达到每小时20千米，足以超越人类的短跑速度。它的体色并非真的呈黑色，而是呈灰色或棕色，身体流线型，体表覆有光滑的大型鳞片。黑曼巴蛇极具领地意识，在岩石缝隙或者空心的树干中筑巢。白天活动，捕捉鸟类和小型哺乳类。雌蛇在地下巢穴里产卵12—17枚。黑曼巴蛇的毒液起效迅速，被咬后必须及时治疗，否则就会丧命。

偶尔攀爬

这种主要在地面生活的蛇类多在开阔林地出没，偶尔也爬上树枝。虽然体形很大，但却十分灵活，能毫不费力地在荆棘灌木和树木中穿行。

争夺配偶

繁殖期间，雄蛇抬起前半段身体与对手缠绕在一起，双方都竭尽全力将对手压倒在地。然而，这种争斗只是一种仪式，并不会造成任何严重伤害。经过力量的对抗后，获胜者就能与自己领域内的任何雌蛇交配。

Laticauda colubrina

蓝灰扁尾海蛇

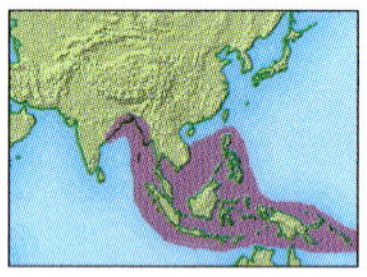

体长：1—2米
繁殖方式：卵生
生活习性：水栖
现况：无危

分布：南亚和东南亚

体呈淡蓝灰色的蓝灰扁尾海蛇是约有40个物种的扁尾海蛇属中的一种，它们的尾巴均扁平呈桨状，在海中生活和捕食。蓝灰扁尾海蛇多见于沿海水域、红树林沼泽和珊瑚礁地带，主要捕食鱼类，尤其是鳗鱼。它的毒液与所有的海蛇一样，都有剧毒，由于很少咬人，因此对人并不构成威胁。大多数海蛇终生都在海中生活和直接产出幼蛇，而蓝灰扁尾海蛇及其近亲则要上岸在落叶中产卵。

Micrurus lemniscatus

南美珊瑚蛇

体长：60—90厘米
繁殖方式：卵生
生活习性：半穴居
现况：无危（最新）

分布：南美洲北部和中部

这种体色鲜艳的爬行类是美洲温暖地区约40种珊瑚蛇之一。每种珊瑚蛇都有对比鲜明的独特环纹，用以警告捕食者它们是有毒的。然而，由于珊瑚蛇为半穴居生活，通常只在夜间外出活动，因此体色常被夜色掩盖。珊瑚蛇捕食小型蜥蜴和蛇类。虽然毒液极具毒性，但很少发生致人死亡事件。

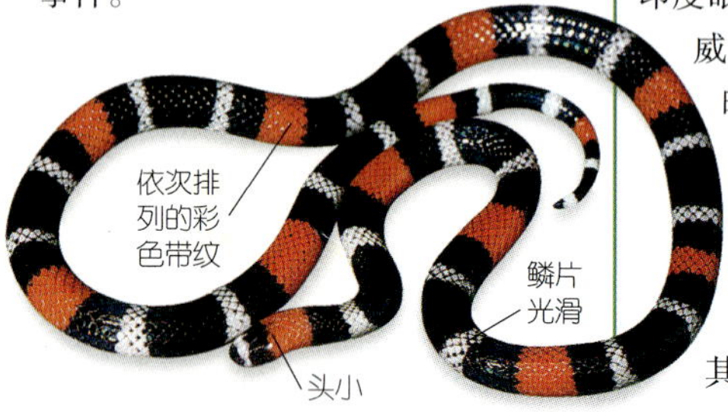

Naja naja

印度眼镜蛇

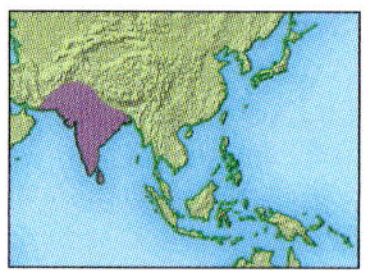

体长：1.2—1.7米
繁殖方式：卵生
生活习性：陆栖
现况：未评估

分布：亚洲南部

印度眼镜蛇是印度最危险的蛇类之一，因作为印度街头耍蛇者的表演工具而闻名。印度每年被蛇咬伤致死的总人数达50,000人，虽然死于印度眼镜蛇咬伤的人数并不多，但在比例上仍不容小觑。部分原因是因为它们喜欢在村庄附近的稻田和路边堆积物中活动，因此很易与人类发生接触。印度眼镜蛇的体色多变，从棕色到黑色都有，但大多数个体的脖颈背面都带有独特的浅色眼镜状斑纹。印度眼镜蛇与其他眼镜蛇一样，受到威胁时颈部皮褶扩张，但在其他时间里则收折起来。虽然有时能看到印度眼镜蛇在阳光下取暖，但它们大多在夜间活动，且非常擅于攀爬和游泳。它们以小型哺乳类、鸟类、蜥蜴和其他蛇类为食，毒液中的强效神经毒素能在几秒钟内将猎物杀死。印度眼镜蛇的主要天敌除了人类外，还有以獴为首的食肉哺乳类以及猛禽。

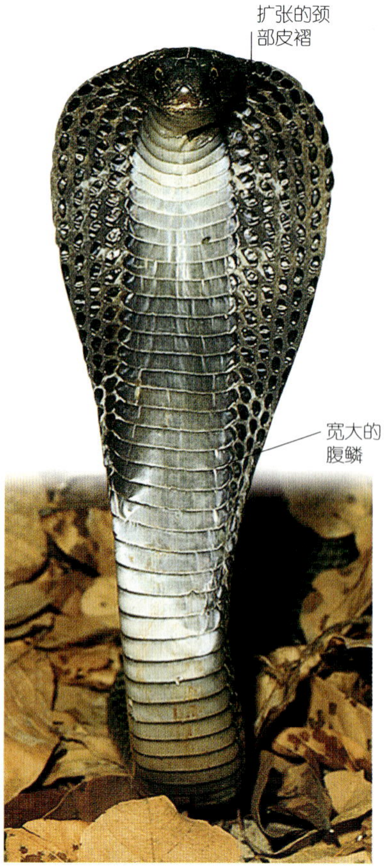

Naja pallida

红喷毒眼镜蛇

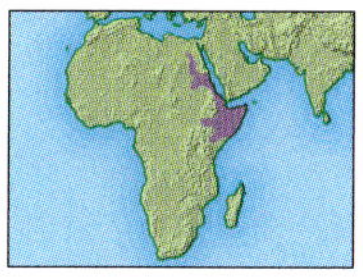

体长：70—120厘米

繁殖方式：卵生

生活习性：陆栖

现况：未评估

分布：非洲南部和东部

这种非洲蛇类是进化出独特自卫方式的数种眼镜蛇之一。一旦受到威胁，它们能将毒液从毒牙末端的小孔喷出，毒液的射程可达2米远。喷出的毒液不会致命，但会使对方永久性失明。红喷毒眼镜蛇的体色多变，从红色到灰色不等，多在夜间和清晨活动。雌蛇在一个洞穴或腐烂的植物中产下多达15枚卵。

Naja haje

埃及眼镜蛇

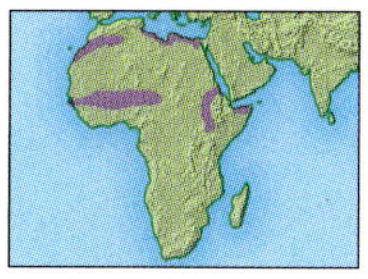

体长：1—2.4米，最大2.5米

繁殖方式：卵生

生活习性：陆栖

现况：无危（最新）

分布：非洲北部和西部以及东部

埃及眼镜蛇通常为棕色或灰色，时有黑色带纹，可长至2.5米，栖息在沙漠、草原和城镇地带，也在绿洲和谷地附近出没，并会避开茂密的森林和最干旱的沙漠环境。这种眼镜蛇主要在夜间活动，有时也在清晨的阳光下取暖。一旦遭遇敌手，便迅速将身体前端竖立起来，颈背平扁扩大以恐吓对方，如果对方未被吓到，这种剧毒眼镜蛇还会一边发出“咝咝”声，一边向前移动，最终利用毒液发动攻击。人类被咬伤后必须及时注射抗蛇毒血清，否则就有致命危险。埃及眼镜蛇主动捕食其他蛇类、小型哺乳类、蟾蜍和鸟类，也包括家禽，利用快速起效的毒液杀死猎物，此外还吃鸟蛋。每个个体都具领域行为，经常互相争斗。雌蛇通常在白蚁巢穴内产卵8—20枚，孵化期约60天。

Calliophis bivirgata

蓝长腺丽纹蛇

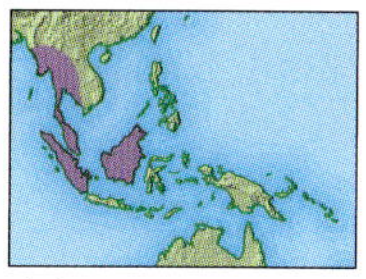

体长：1.2—1.4米

繁殖方式：卵生

生活习性：陆栖

现况：无危（最新）

分布：亚洲东南部

蓝长腺丽纹蛇的头、腹和尾巴具有亮橙色斑纹，可用于警告海湾附近潜在的捕食者。这种前沟牙类毒蛇有剧毒，毒腺极长，几乎占到身体全长的三分之一。它也被称为“百步蛇”，指的是被咬的人在毒性发作前所能行走的距离。然而，这种蛇只以其他蛇类为食，通常不伤人，并且只有少数致人死亡的案例。

Notechis scutatus

大陆虎蛇

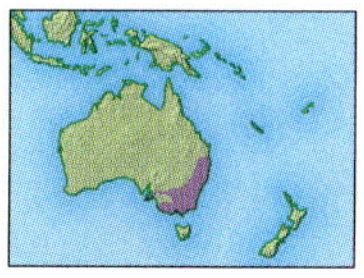

体长：1—2.1米

繁殖方式：卵胎生

生活习性：陆栖

现况：无危（最新）

分布：澳洲东南部

这种毒性超强的蛇类已在澳洲造成许多致命性的咬伤。它的体色为灰色、棕色、暗褐色或橄榄褐色，通常带有狭窄的浅黄色带纹。虽然主要在白天活动，但也在晨昏和温暖的夜晚活动；天气寒冷时则躲避起来。大陆虎蛇的猎物主要为蛙类，追到猎物后使用毒液将其制服。自卫时，颈部变得扁平，身体前端稍稍抬离地面。雌蛇每次可产约30条幼蛇。

Ophiophagus hannah

眼镜王蛇

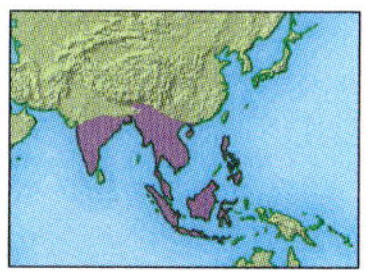

体长：3—5米

繁殖方式：卵生

生活习性：陆栖

现况：易危

分布：亚洲南部和东南亚

眼镜王蛇是最长的毒蛇，专门捕食其他蛇类。有些个体的体长可超过5米，这使其能够击败并杀死其他体形较大的蛇。受到威胁时，常将身体的前三分之一竖起达1.5米高，颈部平扁略扩大，随时准备向下攻击，但很少撕咬对方。事实上，眼镜王蛇很少攻击人类，因为这种性格孤僻的蛇会避开人类，主要生活在森林的深处。眼镜王蛇身体细长，鳞片光滑，善于游泳并常出现在水源附近。成蛇体呈浅棕色，但幼蛇的体色偏深，沿着背部具浅色的“V”形斑。与其他蛇类不同的是，眼镜王蛇至少采取暂时性的一雄一雌制，繁殖季节成对出没。雌蛇大多在枯死的植物堆中产卵21—40枚，卵由双亲共同看护直到孵化。圈养条件下的眼镜王蛇可以存活20多年。

Oxyuranus scutellatus

海岸太攀蛇

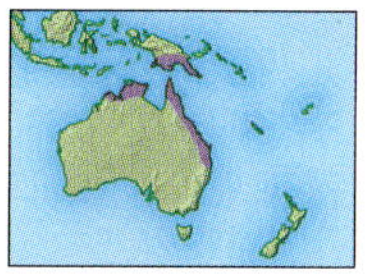

体长：2—3.6米

繁殖方式：卵生

生活习性：陆栖

现况：未评估

分布：新几内亚岛南部、澳洲北部

虽然外表并不起眼，但这种体呈棕褐色或暗棕色的爬行类却是澳洲最毒的蛇类。海岸太攀蛇性格羞怯，人类难得一见，然而一旦遭遇，它能以极快的速度发起攻击。海岸太攀蛇主要捕食哺乳类，也捕食鸟类和蜥蜴，有时还钻入洞穴，将猎物困在地下。雌蛇每次产卵3—20枚。太攀蛇的噬咬可致人死亡，但目前的一种有效抗蛇毒血清已经能大大降低死亡率。

蝰蛇

门：	脊索动物门
纲：	爬行纲
目：	有鳞目
亚目：	蛇亚目
总科：	游蛇总科
科：	蝰科
种：	292种

蝰蛇是所有蛇类中进化程度最高的一类。它们的长毒牙着生在上颌骨上，一些物种（如蝮蛇）的眼睛和鼻孔之间还有一对热测位器。蝰蛇广泛分布于各种气候带内，和其他蛇类相比，它们能更好地应付低温环境。许多物种都生活在冬季寒冷的高海拔或沙漠地区。有些物种甚至可见于北极圈以北地区。蝰蛇既能在地面，也能在树上生活。一些物种利用啮齿类的巢穴作为暂时的栖身之所。

身体结构

大多数蝰蛇体形粗短，头呈宽三角形，鳞片粗糙起棱。毒牙很长，毒腺较大，嘴巴闭合时，毒牙经转动平贴在嘴巴顶部。蝰蛇通常行动缓慢，依靠保护色隐藏行踪；它们的体色通常能与栖息地的地表环境相融合，并以复杂的几何斑纹掩盖外形。蝮蛇的热测位器比其他任何蛇类都先进。热测位器不仅有助于探测猎物，还能判断猎物所处的距离和方位。响尾蛇是一种典型的蝮蛇，尾巴末端长有一串能发出独特警告声的角质环。

毒液

大多数蝰蛇通过伏击捕猎，一些物种利用色彩鲜艳的尾尖作为诱饵。它们张开大嘴向前扑食，将毒牙刺入猎物的皮毛或羽毛，直到伤及要害器官。不同的物种有着不同的毒液，但毒液中通常都含有能分解血液细胞的蛋白质，并引发内出血。虽然蝰蛇可释放大量毒液，但与眼镜蛇相比，它们的毒液起效缓慢，因此猎物不会立刻死亡。

繁殖

尽管一些蝰蛇为卵生，但大多数仍为胎生。雌蛇将发育中的卵留在体内，白天通过晒太阳获取热量来加速胚胎的发育。许多物种每两年，甚至3年才繁殖1次，不进行繁殖的年份通过不断进食恢复体重。

攻击姿势

准备攻击时，沙漠角蝰（图中所示）张开嘴巴，平贴在口腔顶部的毒牙随着上颌骨的转动向下竖立。双颌充分张开，使得毒牙能够朝前直刺猎物。

Atheris mabuensis

马布山树蝰

体长：	最长38厘米
繁殖方式：	卵胎生
生活习性：	地栖
现况：	未评估

分布：非洲东部

这种蛇是非洲森林的树蝰属中分布最靠南，且体形最小的一种；于2009年被确认为新物种，目前已知仅分布于莫桑比克北部的马布山和奈莫利山的中纬度雨林地带。由于分布区极为狭窄，因而面临栖息地被破坏带来的威胁。成年个体与体形更大的近亲物种的幼体十分相似，且与同属大多数物种不同的是，它们在地面生活。马布山树蝰的食性可能比较单一，只捕食落叶间的小型树蛙和壁虎。

Bitis arietans

鼓腹咝蝰

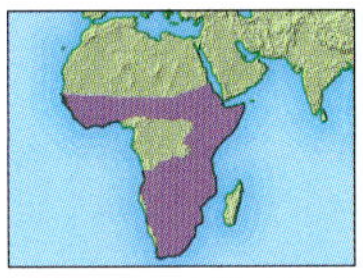

体长：	1米，最长1.9米
繁殖方式：	卵胎生
生活习性：	地栖
现况：	未评估

分布：非洲（撒哈拉以南地区）

鼓腹咝蝰体形粗短，头宽大扁平，吻钝圆。雄蛇的体形通常较小，体色相比雌蛇更为鲜艳。它的性情懒散，行动缓慢，体形较大的个体爬行时像毛虫一样，身体呈一直线向前运动。

身体特征

鼓腹咝蝰体呈黄褐色或灰褐色，体背部具“V”形白色花纹。有些个体的花纹也可能为黄色。

防御行为

鼓腹咝蝰是一种剧毒蛇，受到威胁时极具攻击性，通过鼓胀身体，发出低长的“咝咝”声进行防卫。如果受到进一步的挑衅，会发起致命性的攻击。

鼓腹咝蝰通常在夜间捕食小型哺乳类，偶尔捕食鸟类和爬行类。它采取伏击方式捕猎，在迅速发动攻击的同时注入大量毒液。春季繁殖时，雄蛇相互争斗，并追踪雌蛇留下的痕迹。雌蛇每次产下20—40条幼蛇，特殊情况下多达154条，是最多产的一种蛇类。鼓腹咝蝰对人类而言极为危险，非洲大部分的致命咬伤事件都是由它造成的。

Bitis caudalis

砂咝蝰

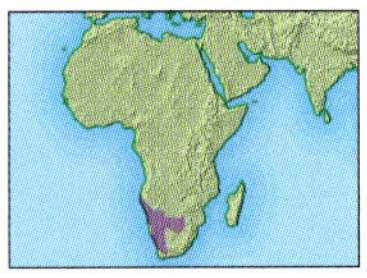

体长：	30—50厘米
繁殖方式：	卵胎生
生活习性：	地栖
现况：	未评估

分布：非洲南部

砂咝蝰体呈灰色、棕色、红褐色或橘红色，每个眼睛上方各有一角。扁平的身体和粗糙的鳞片有助于它钻进疏松的沙地，以躲避高温和躲藏。当穿越疏松的沙地时，采取侧向运动前行。砂咝蝰主要在傍晚捕猎，借助抖动的尾巴引诱猎物前来。

Bitis gabonica

加蓬咝蝰

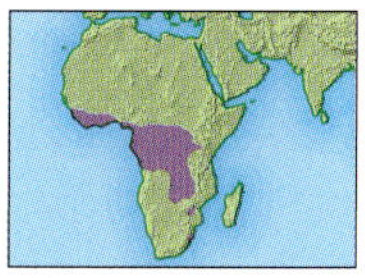

体长：1.2米，最长2米
繁殖方式：卵胎生
生活习性：陆栖
现况：未评估

分布：非洲西部和中部

身体硕大粗壮，三角形的大头上长有一双小眼睛，交错的几何形花纹贯穿背部，这些特征使得加蓬咝蝰一眼就能被认出。当它离开自然栖息地时，外表的色彩十分惹人注目，体表带有独特的淡紫色、淡黄色、奶油色和棕色斑纹。然而，它的体色和花纹在野生环境下能提供绝佳的伪装，使其极难被发现。加蓬咝蝰行动迟缓，性格较为温和，常常一动不动地匍匐在森林的地面上，只有当啮齿类和较大的哺乳类，以及鸟类和蛙类进入攻击范围时才移动。身形硕大沉重的个体通常像毛虫一样，身体呈一直线向前爬行。这种蝰蛇受到惊扰时，会发出响亮低沉的"咝咝"声并进行扑咬，但那只是逼不得已时的手段；人类被它咬到后必须及时处理，否则就会立刻丧命。繁殖期间，雄蛇之间常发生争斗，雌蛇每隔2—3年繁殖一次，每次产下16—60条幼蛇。

Echis pyramidum

埃及锯鳞蝰

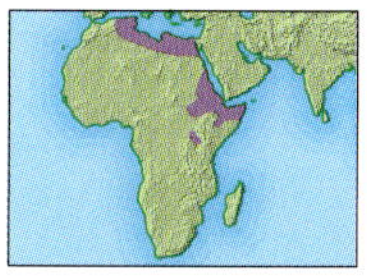

体长：30—60厘米
繁殖方式：卵生
生活习性：陆栖
现况：无危

分布：非洲北部和东北部

虽然体形很小，但这种行动快速的蛇类却极为危险，毒液足以杀死人类。埃及锯鳞蝰隶属一个很小的属，即锯鳞蝰属（或称地毯蝮蛇），这类蛇的鳞片具强棱，互相摩擦时发出响亮而刺耳的声音。锯鳞蝰受到威胁时，以这种声音作为一种警告信号，这与西部菱斑响尾蛇（第404页）利用尾巴吓退敌人的方式相似。埃及锯鳞蝰与其近亲一样，夜间捕食小型哺乳类、两栖类、爬行类和无脊椎动物。雌蛇产卵数窝，产卵量为6—20枚。

Vipera ammodytes

沙蝰

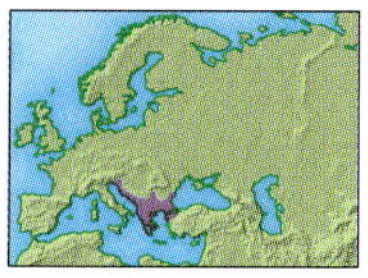

体长：65—90厘米
繁殖方式：卵胎生
生活习性：陆栖
现况：无危

分布：欧洲东南部、亚洲西部

沙蝰体呈浅棕色、红棕色或灰色，是欧洲最危险的蛇类，被它咬到后只要得到及时治疗，就很少致命。沙蝰吻部上方有一个短小的肉质角，但其功能尚不得而知。除非被激怒，否则它的行动通常都很迟缓，常安静地盘伏在山坡的岩石之间。沙蝰多在白天在其分布范围内的区域活动，也在盛夏的傍晚外出活动。

Cerastes cerastes

角蝰

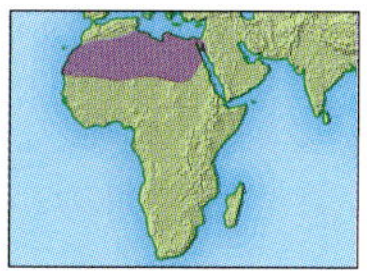

体长：30—60厘米
繁殖方式：卵生
生活习性：陆栖
现况：未评估

分布：非洲北部

角蝰又称撒哈拉角蝰，这种体形粗胖的蛇类，其眼睛上长有各1根刺状角。强起棱的鳞片让它能够潜入沙子中，从而得以藏身和避开高温。角蝰在夜间活动，通过伏击方式捕食啮齿类、蜥蜴和鸟类，有时还将半个身体藏在沙中，伺机发动快速攻击。受到威胁时，身体盘成一圈，同时摩擦鳞片发出刺耳的声音。

Daboia russelli

圆斑蝰

体长：1米，最长1.5米
繁殖方式：卵胎生
生活习性：陆栖
现况：未评估

分布：亚洲南部和东南部

尽管圆斑蝰行动缓慢，常在白天蜷作一团躲避起来，但它依然是亚洲东南部最危险的蛇类之一。这种蛇以浅棕色的身体和沿背部而下的3排边缘色深的棕色椭圆形斑为特征。圆斑蝰以伏击方式捕食，凭借出色的保护色避免被发现，随后才对粗心的猎物发起攻击。防卫时，身体紧紧盘起，发出"咝咝"声，并猛烈攻击，在此过程中还常将身体抬离地面。

Vipera berus

极北蝰

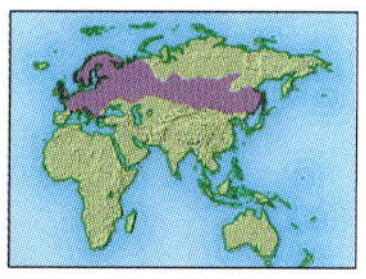

体长：65—90厘米
繁殖方式：卵胎生
生活习性：半陆栖
现况：易危（最新）

分布：欧洲、亚洲中部至东部

极北蝰是唯一分布在欧洲西北部的毒蛇，也是蝰科中分布最广的一种。它的栖息环境多种多样，包括欧洲阿尔卑斯山脉海拔3000米的岩石坡和北极圈以北的开阔冻原。它的体色多变，从灰色、棕色、深褐色到通体全黑不等，但大多数个体的背部都有自上而下的独特锯齿状线纹。个别极北蝰的体长也能达到90厘米。它们主要捕食小型啮齿类或蜥蜴，采用伏击或主动出击的方式捕猎，但也花费很多时间在阳光下取暖。在其分布范围内冬季十分寒冷的北部地区，如斯堪的那维亚半岛等，极北蝰每年要冬眠长达8个月。进入春季后，极北蝰便苏醒过来，开始外出交配，为了能和雌蛇交配，雄蛇之间还会"大打出手"。雌蛇每隔2—3年繁殖1次，每次可产下多达20条幼蛇，但这些幼蛇很可能是不同雄蛇的后代。极北蝰的毒性不强，人类被咬后通常引起肿胀和疼痛，很少因此丧命。

Crotalus atrox

西部菱斑响尾蛇

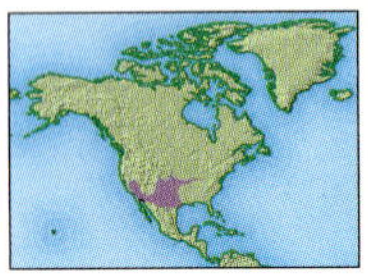

体长：2米以上	
繁殖方式：卵胎生	
生活习性：陆栖	
现况：无危	

分布：美国南部、墨西哥北部

这种硕大粗壮的蛇类是北美洲最危险的响尾蛇，致人死亡的比例最高。西部菱斑响尾蛇的毒性极强，是十分高效的猎食者，主要捕食小型哺乳类、鸟类和蜥蜴，如果被激怒，也能对大型动物或人类造成致命伤害。尾环是响尾蛇最明显的特征，是尾部末端的角质部分，由松散的体节连接而成，每蜕一次皮，尾环就增加一节。尾环可用于警告和威慑入侵者，成年响尾蛇的尾环多达10节。新生幼蛇的体长约30厘米，它们没有尾环，尾尖上只有一个小的突起，之后随着蜕皮发育成尾环。然而，它们此时已具备尖利的毒牙和毒性超强的毒液。幼蛇需要3—4年才能发育成熟。

致命攻击

西部菱斑响尾蛇捕猎时通常伏击猎物，然后用毒牙攻击，最后将昏厥的猎物整个吞下。它能产生大量含有混合毒素的剧毒毒液，可在数秒内杀死猎物。

重量级蛇类

这种体形庞大蛇类的体色会随所处位置和栖息地的变化而变化，可呈现灰褐色、棕色、橄榄绿色或红褐色。尾环前部有黑白相间的条纹。

攻击和防卫

西部菱斑响尾蛇的武器装备精良，是一种进化出有效捕食方法的致命捕食者。但这种独居的蛇类受到惊扰时，通常利用尾环威慑来犯者，尽量避免冲突的发生。

死亡之声

响尾蛇利用晃动尾环发出的警告声作为防卫手段，令其他动物不敢接近。

追踪猎物

西部菱斑响尾蛇通过眼睛和鼻孔间的一对热测位器探测和锁定温血猎物的位置。

进食

响尾蛇将毒液注入一只啮齿类动物致其昏厥，等其死亡后才整个吞下。

Agkistrodon contortrix

铜头蝮

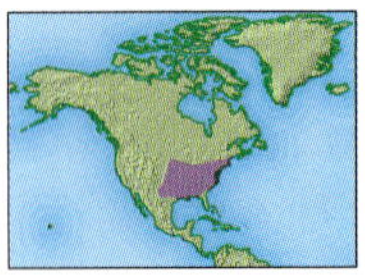

体长	60—130厘米
繁殖方式	卵胎生
生活习性	陆栖
现况	无危

分布：美国中部和东南部

铜头蝮体呈灰色、黄褐色或粉红色，体表带有明显的栗褐色或橘色带纹。在春、秋两季的白天晒太阳取暖，夏季在夜间活动，常躲在落叶堆或岩石中，伏击啮齿类、蛙类、蜥蜴或无脊椎动物，通过鼻孔和眼睛之间的热测位器在漆黑的夜里锁定猎物。铜头蝮有毒，但很少对人造成严重危害。雌蛇每隔1年繁殖1次，每次产1—15条幼蛇。

Bothriechis schlegelii

睫角棕榈蝮

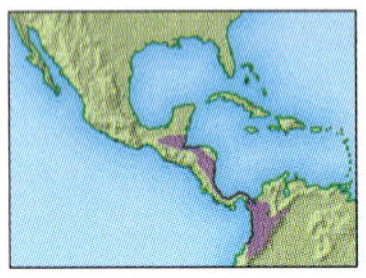

体长	45—75厘米
繁殖方式	胎生
生活习性	树栖
现况	未评估

分布：中美洲、南美洲北部

这种热带森林蛇类是树栖性蝮蛇中的一员。与大多数树栖蛇类一样，有着一条可以缠握的尾巴和良好的双目视觉，但眼睛上方还具有由凸起的鳞片形成的独特睫毛状突起。睫角棕榈蝮夜间活动，捕食蜥蜴、蛙类和小型啮齿类，还会埋伏在森林中的花丛边，伺机捕食前来觅食的蜂鸟。这种蛇的体色变化极大，从明亮的橙黄色到浅灰绿色不等。

Bothrops atrox

三色矛头蝮

体长	1米，最长1.5米
繁殖方式	卵胎生
生活习性	陆栖
现况	未评估

分布：南美洲北部

由于攻击迅速、毒液强效以及常在人类居所附近出没，三色矛头蝮因而成为南美洲最危险的蛇类之一。鼻孔和眼睛之间的热测位器有助于在黑暗中探寻猎物。三色矛头蝮也被称为枪蝰，但生活在西印度群岛的一种有着类似尖头的蛇类也被赋予此名。雄蛇的尾巴长于雌蛇，繁殖期间相互争斗。雌蛇1次可产下多达100条幼蛇。幼蛇的尾尖色彩鲜艳，用于诱捕猎物。

Calloselasma rhodostoma

马来红口蝮

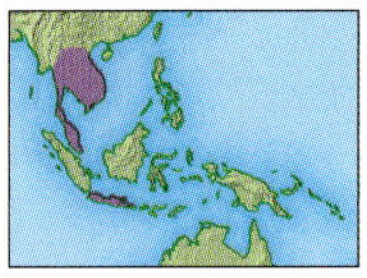

体长	70—100厘米
繁殖方式	卵生
生活习性	陆栖
现况	无危

分布：亚洲东南部

这种剧毒蛇通常出没于林缘和林间空地，它的攻击迅速，在东南亚造成许多咬伤致死事件。它的吻部尖突，身体呈紫棕色，体侧带有边缘色浅的深色三角形斑纹。马来红口蝮夜间捕食，利用眼睛和鼻孔间的热测位器在黑暗中锁定猎物。与大多数蝰蛇不同的是，这种蛇是卵生，雌蛇每年产卵两窝，每窝的产卵量达13—25枚，整个孵化期间盘绕于卵旁守护。

Crotalus durissus

南美响尾蛇

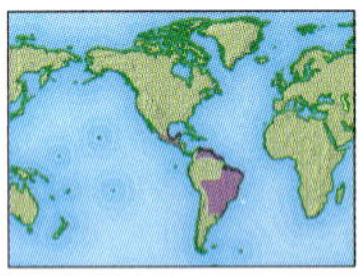

体长	1米，最长1.5米
繁殖方式	胎生
生活习性	陆栖
现况	无危

分布：中美洲、南美洲

南美响尾蛇为剧毒蛇，被咬后如不及时治疗，死亡率可达75%左右。目前已确认的亚种有14个，体色极富变化，但只有南美响尾蛇的分布最为广泛。它的体格强壮，头部宽大，热测位器明显，能在完全黑暗的环境中侦测猎物。这种夜行性蛇类白天盘绕成团，半隐藏在植被中休息。雌蛇每窝产6—12条幼蛇。

Crotalus cerastes

角响尾蛇

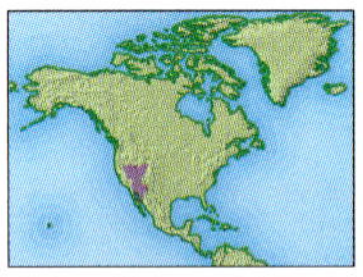

体长	45—80厘米
繁殖方式	卵胎生
生活习性	陆栖
现况	无危

分布：美国西南部、墨西哥西北部

角响尾蛇是所有响尾蛇中最粗壮，也是唯一一种雌蛇体形小于雄蛇的响尾蛇。它的运动方式非常独特，是对沙漠流沙的一种适应。角响尾蛇主要捕食小型蜥蜴和啮齿类，常借助孤立灌丛的掩护伏击猎物。虽然角响尾蛇具有攻击性，但毒性并不特别危险。雌蛇于每年夏末分批产下幼蛇，每窝6—12条。

体色

角响尾蛇的体色从奶油色、灰色、黄褐色或棕色到粉色不等，根据栖息处的土壤颜色发生变化；斑纹通常不明显。

沙地上的移动

数种生活在疏松沙地上蛇类都采取侧向运动前行。它们的身体向前滑行时并不紧贴沙地，而是部分与地面接触，沿对角线方向行进，所以会在地面留下一串彼此平行的独特痕迹。

Lachesis muta

南美巨蝮

体长	2.5米，最长3.6米
繁殖方式	卵生
生活习性	陆栖
现况	未评估

分布：中美洲南部、南美洲北部

南美巨蝮是世界上最长的蝮蛇，也是最毒的蛇类之一，即使被咬后得到治疗，死亡率仍高达20%；其行踪隐秘，夜间伏击捕猎，常盘卷在哺乳类的活动路线周围，伺机出击。它的身体细长，呈黄色或黄褐色，体表带黑色斑纹。雌蛇每次产卵8—15枚，并在旁守护直到它们孵化。

Cryptelytrops albolabris

白唇竹叶青蛇

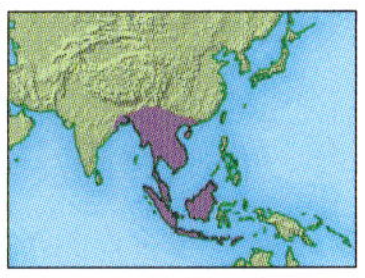

体长：60—100厘米
繁殖方式：胎生
生活习性：树栖
现况：无危

分布：亚洲东南部

白唇竹叶青蛇体形细长，头宽大浑圆，热测位器十分明显，极易和世界其他地方的一些绿色蝮蛇相混淆。它在树上生活，夜间头朝下悬吊在有利的捕食位置，等待猎物进入攻击范围，准备攻击时头向后缩。被它咬到很痛，但其毒性不强，很少致命。雌蛇每次产10—11条幼蛇。

Tropidolaemus wagleri

瓦氏铠甲蝮

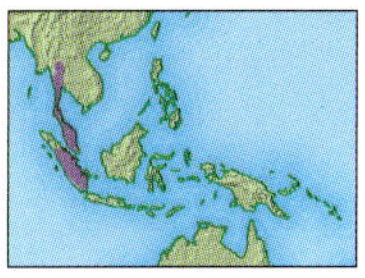

体长：0.8—1.3米
繁殖方式：胎生
生活习性：树栖
现况：无危（最新）

分布：亚洲东南部

瓦氏铠甲蝮因被半人工饲养在马来西亚的槟城蛇庙中而闻名，这种高度变异的蛇类白天行动缓慢，通常在树上休息。夜间头朝下悬吊在树枝上，伏击捕食小型哺乳类、鸟类、蜥蜴和蛙类。它的身体短粗，头部厚实，体色组合多变，通常为黑色带有绿色或黄色横斑，且散布着黄色斑点。幼蛇体呈绿色，带有排成横斑的红、黄或二色混杂的斑点；有些个体一生都保留幼年时的斑纹。尽管被它咬到后十分疼痛，但却很少致人死亡。

盲蛇和细盲蛇

门：	脊索动物门
纲：	爬行纲
目：	有鳞目
亚目：	蛇亚目
总科：	蠕蛇总科
科：	3科
种：	407种

这些小型蛇类生活于地下，只在食物缺乏或洪水袭击时才被迫到地表活动。它们的身体细长呈圆柱形，周身覆盖着光滑发亮的鳞片，因而能在沙土中轻松穿行。头骨比其他蛇类更为结实，双颌不能张得很开，牙齿很少。眼睛被鳞片覆盖，几乎不起作用。盲蛇和细盲蛇仅分布于热带和亚热带地区，常出现在蚂蚁或白蚁巢穴内，大部分食物都由这些昆虫及其幼虫构成。

穴居种类

细盲蛇在地面不常见到。这条来自南非的皮得斯细盲蛇已经从沙土洞穴中爬了出来。

Rena dulcis

德州细盲蛇

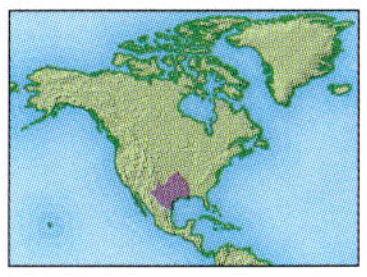

体长：15—27厘米
繁殖方式：卵生
生活习性：穴居
现况：无危

分布：美国南部、墨西哥东北部

德州细盲蛇体形纤细，呈红棕色，几乎完全在地下生活，只有夜晚或雨后才爬上地面活动。光滑的鳞片，短尾和被鳞片覆盖的退化双眼都是适于穴居生活的特征。这种盲蛇伺机捕食小型昆虫和蜘蛛，也钻入蚂蚁和白蚁的巢穴搜寻幼虫。德州细盲蛇进入蚁巢时，释放出与蚁类相似的信息素，让“兵蚁”误以为它是蚁巢的一部分，因而放它进入，让它在此安全地“大快朵颐”。德州细盲蛇的主要天敌是其他蛇类、夜行性鸟类和哺乳类。雌盲蛇每次产卵2—7枚，然后盘绕在其周围直到孵化。

Tetracheilostoma carlae

巴巴多斯细盲蛇

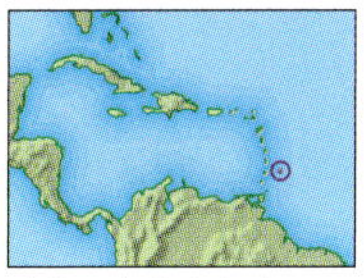

体长：10厘米
繁殖方式：卵生
生活习性：穴居
现况：未评估

分布：加勒比海地区

这种细小的盲蛇发现于2008年，只栖息在巴巴多斯中部的山地森林中。另一种体形更大，最近被引入的钩盲蛇因繁殖速度更快，而成为巴巴多斯细盲蛇的主要竞争者，并威胁到后者的生存。巴巴多斯细盲蛇是已知体形最小的蛇，可能已经达到蛇类进化的极限。雌盲蛇通常产下1枚十分细长的卵，幼盲蛇孵出时的体长就已达到成年个体的一半左右。巴巴多斯细盲蛇的近亲仅分布于圣卢西亚岛，有可能是世界上体形第二小的蛇类。

Ramphotyphlops braminus

钩盲蛇

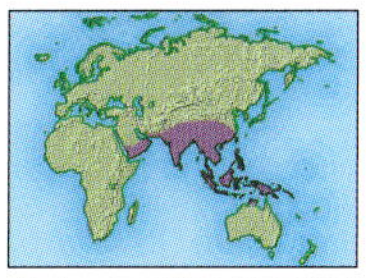

体长：15—18厘米
繁殖方式：卵生
生活习性：穴居
现况：未评估

分布：亚洲西部至澳洲北部，被引进到世界多个地区

钩盲蛇是唯一孤雌生殖的蛇类。人们从未发现过雄盲蛇，而雌盲蛇无须交配即可产卵。每枚卵的大小和一粒花生类似。由于喜欢栖身在花盆中，因而得以在全世界的温暖地区广为扩散。覆盖着鳞片的眼睛，钝圆的吻和光滑的鳞片均是与穴居生活息息相关的特征。一旦陷入危险，钩盲蛇能释放出一种难闻而刺鼻的液体。

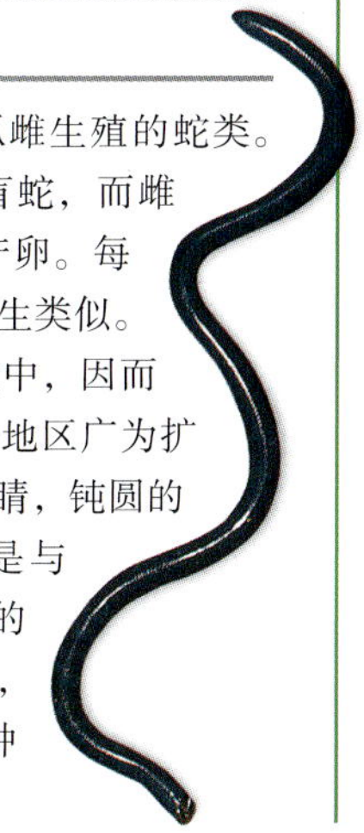

蜥蜴

门：	脊索动物门
纲：	爬行纲
目：	有鳞目
亚目：	蜥蜴亚目
科：	24科
种：	约5500种

分类注释

蜥蜴的分类也和蛇类一样，存在较多争议，特别是对各科的划分。但下面的总科分类则被广泛接受：鬣蜥及其近亲见第410—416页；壁虎和鳞脚蜥见第417—419页；石龙子及其近亲见第420—425页；蛇蜥见第426—430页。

蜥蜴是爬行类中最成功的类群。它们构成了一支很难被简单描述的庞大类群。尽管典型的蜥蜴具有明显的头，发达的四肢和长尾，但在这些概括特征中仍有例外。有些蜥蜴还具备不寻常的技能，当被捕食者攻击时，可挣断自己的尾巴，尾巴随后还能再生。大多数蜥蜴为卵生，但也有一些物种是胎生。少数物种主动照顾后代。蜥蜴已适应了在全世界的各类生境中生存（虽然在南极洲并无发现）。大多数蜥蜴在地面和低矮的岩石或在树上生活。还有少数穴居物种和一种在海水中觅食的物种。少数蜥蜴，尤其是壁虎，已经适应了在人类周边生活，在有些地区的墙壁和天花板上随处可见。

再生

一些蜥蜴的部分尾巴能自行脱落的现象被称为自切。这种保护机制可让蜥蜴在尾巴被抓时得以逃脱。为了加强这个策略的有效性，蜥蜴的尾巴可能还带有鲜艳的颜色（通常为蓝色），借以分散捕食者对其头部的注意力。尾巴断掉后仍能连续跳动数分钟，显然也是为了迷惑捕食者。蜥蜴的尾巴上有多个薄弱的断裂点（下图），且尾巴无须被拉动就能脱落。大多数蜥蜴的断尾能够再生，但新生的尾巴的鳞片排列或颜色不会和原来的尾巴一样。蜥蜴的一生中，尾巴可能会多次脱落。

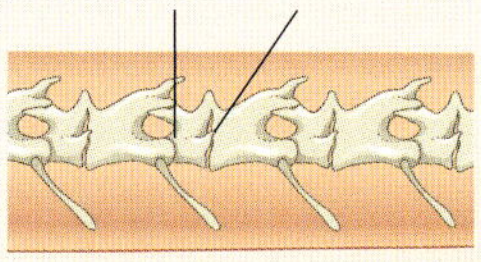

断裂面

蜥蜴的尾椎骨间具有多个脱落点，这些脱落点被称为断裂面。尾部的肌肉也以这种方式排列，因而会干净利落地断掉。

新长的尾巴

这只胎生蜥蜴的尾巴脱落后又再生了一条新的。原尾巴断掉的位置可通过鳞片颜色的变化识别出来。

沙漠的蜥蜴

沙漠是蜥蜴类的重要栖息地，如图所示的蹼趾虎。这类蜥蜴和所有爬行动物一样，都不需要大量水分，因为排泄时只用到少量水分。它们大半是从露水和雾气中摄取水分。脚趾带蹼，适合在松软沙地行走。

身体结构

除了明显的头、四肢和尾巴外，大多数蜥蜴还具外耳孔和能够闭合的眼睑。然而，有些蜥蜴的四肢较短或是缺失。还有一些物种没有眼睛或耳朵，而另一些的眼睛则被一层透明的鳞片覆盖，缺少可活动的眼睑。蜥蜴的舌头或短或长，舌端通常具凹槽；一些物种的舌头带有分叉。蜥蜴的鳞片形状差异较大，既有光滑且重叠交错的大鳞片，也有粗糙呈刺状的小鳞片。许多物种都有不规则的鳞片，或在众多小鳞片中散落有少数大鳞片，但没有任何物种具有像蛇类一样的单排的宽大腹鳞（第384页）。大多数蜥蜴的双颌边缘都长有利齿。

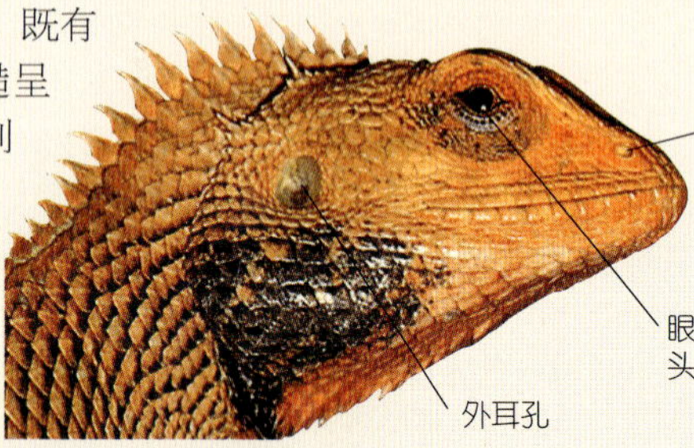

感官

蜥蜴的感官与其生活方式相适应。许多栖息在地下的物种视觉退化，而那些栖息在地面的物种可能有着良好的视力，但其中只有少数能分辨色彩。具有外鼓膜的蜥蜴可以听见空气中传播的声音。

趾与爪

大多数蜥蜴的脚上各有五趾。许多物种（特别是那些善于攀爬的物种，如这只巨蜥）长有尖爪。大多数蜥蜴不能对握趾头，而变色龙的对生趾则可内外相对，有助于牢牢抓住树枝。

无腿蜥蜴

一些蜥蜴（如图中的尖吻蛇蜥）在长期的进化中失去了四肢。这种适应特性有助于它们在土洞、沙子和落叶中轻松穿行。

爬行动物

运动方式

大多数蜥蜴以行走、爬行或挖洞方式移动。行走时通常四肢并用（右图），然而也有些物种会在高速奔跑时将前腿抬离地面；蛇怪蜥蜴甚至能通过这种方式在水面上奔跑一小段距离，因为它的宽大脚掌可以分散自身的重量。有些蜥蜴擅于灵活攀爬。为了增加抓握能力，一些物种还进化出了尖利的长爪，另一些则长有适于卷握的尾巴。壁虎是最为出色的攀爬家，借助趾端有黏附作用的足垫，吸附在光滑垂直或是倒悬的物体表面（第417页）。穴居蜥蜴利用强壮前肢掘土，但有些物种四肢退化或完全消失，通过快速“游动”的方式在松散的泥沙中前行。少数蜥蜴还能从高大的树木上向下滑翔（下图）。

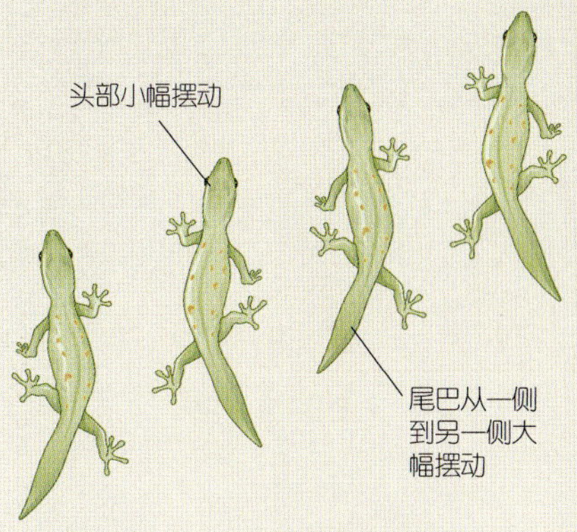

行走

蜥蜴的四肢与身体的长轴呈直角相交，而非从下方支撑身体。这意味着当蜥蜴行走时，身体的重量会从一侧转移到另一侧，形成独特的扭动姿势，且尾巴也需摆动起来以保持平衡。

飞翔

飞蜥（上图）的体侧具有由延长的肋骨支持的皮膜。其他一些物种的趾间也有类似的皮膜。但无论如何，这些蜥蜴都只是在树间滑翔，而非真正拍翅飞行。

爬树

一些大型蜥蜴，如这只眼斑巨蜥（右图），是极为灵活的攀爬家。眼斑巨蜥上树是为了躲避捕食者，但其他蜥蜴，尤其是变色龙，生命中的大部分时间都待在树上。

伪装

变色龙（如左图中的海角侏儒变色龙）改变皮肤颜色的能力十分惊人。除了体表变色外，它们也能让身上的线纹和条纹等斑纹出现或消失。

打斗的巨蜥

科莫多巨蜥（右图）是体形最大的蜥蜴。它们通常借助锯齿状的牙齿和利爪袭击猎物。但当防卫来自同种个体的攻击时，它们常摔转身体，猛烈甩动强壮的尾巴进行攻击。

防卫

蜥蜴采用各种主动或被动的策略躲避捕食它们的动物。除了逃离外，被动的策略还包括伪装和模仿枝条、树叶等没有生命的物体。一些物种能够改变自己的体色，而另一些则通过将身体贴近岩石或树干避免露出影子，以防被捕食者察觉。主动的策略包括尾巴的自行脱落（第408页）以及恐吓表演，其中常涉及警告色（如蓝舌石龙子）或身体膨胀（如伞蜥）等方式。巨蜥等大型蜥蜴以及一些体形稍小的物种，通过啃咬、抓划或急速甩尾保护自己。吉拉毒蜥和墨西哥毒蜥则是蜥蜴中仅有的两种有毒物种。

鬣蜥及其近亲

门：	脊索动物门
纲：	爬行纲
目：	有鳞目
亚目：	蜥蜴亚目
总科：	鬣蜥总科
科：	3科
种：	1607种

鬣蜥及其近亲包括体色最鲜艳和最常见的蜥蜴物种。它们与壁虎和鳞脚蜥一样，也属于最原始的种类，被分为鬣蜥、飞蜥和变色龙3个类群。许多物种，尤其是变色龙，能改变体色。有些物种高度陆生或具有复杂的社会行为。鬣蜥和飞蜥外表相似，但却分布在世界不同地区：鬣蜥分布遍及美洲大陆、马达加斯加岛和少数太平洋海岛；而飞蜥则分布在非洲、亚洲和澳洲。变色龙分布于非洲、亚洲和欧洲。鬣蜥及其近亲占据着包括沙漠、草原和雨林在内的各种栖息地。其中的大多数物种为卵生，少数为胎生。

身体结构

鬣蜥和飞蜥的外表相似，占据着相似的生态位。二者间的主要区别在于牙齿：与鬣蜥不同的是，飞蜥的牙齿着生在下颌骨上，一旦脱落便不再长出。大多数鬣蜥类的鳞片较小，头部下方有松散的皮褶（或称垂肉）。雄性通常体色鲜艳，许多物种的头顶具纹饰，背部有背鬣，并且还可能具有用以交流信息的鲜艳喉囊。变色龙适于树栖。侧扁的身体和叶状外形有助于藏身在树叶中不被发现，而适于卷握的尾巴和融合的对生趾则有助于紧紧抓住树枝。变色龙的变色能力也众所周知（但经常被夸大）（见下文）。雄变色龙的头上常长有突出的嵴或角。

体色变化

这类蜥蜴有两种体色变化方式。变色龙通过扩张或聚拢皮肤上的色素细胞改变体色。当色素细胞扩张时，细胞中的黑色素扩散使皮肤变暗；而当细胞收缩时，体色则变得更浅。变色龙能用这种方法制造出大量的色彩和花纹。其改变体色主要是为了调节体温（当它们需要热量时就让体色变暗）或与同种其他个体相互交流，而不仅仅为了伪装。夜间休息时，它们的体色通常变浅。小型枯叶变色龙和体呈褐色的侏儒变色龙改变体色的能力有限。飞蜥和鬣蜥也会变色，但速度要比变色龙慢得多。成熟雄性的体色在繁殖季节变得更加鲜艳。雌性的体色则根据是否接纳雄性而改变：一旦雌性完成交配，它们的身上通常长出橘黄色的斑点（也称妊娠色），以打消其他雄性的交配企图。

交流

鬣蜥及其近亲中许多物种的雄性不仅对雌性，也对其他雄性炫耀自己的鲜艳体色。它们经常占据突出的有利位置，用力地点头或是上下晃头，有时也露出喉或脸颊上颜色鲜亮的鳞片。雄性极具领域性，会对其他雄性进行驱赶，并且和生活在自己领域或误入的任何愿意交配的雌性交配。

捕猎

变色龙，如这只高冠变色龙，通过视觉定位猎物，并悄悄地缓慢接近猎物。变色龙的双眼呈塔状，可分别向各个方向转动。它的舌头发达且极长，舌尖布满黏液。一旦猎物进入捕食范围，变色龙会快速射出舌头，用舌尖牢牢抓住猎物，将其拉入嘴中。

Acanthosaura crucigera

点斑棘蜥

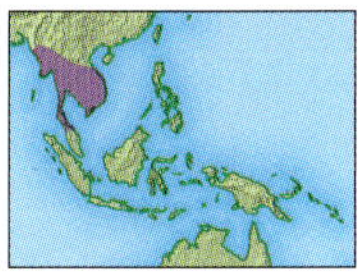

体长：26—30厘米
繁殖方式：卵生
生活习性：树栖
现况：未评估

分布：亚洲东南部

凭借黄绿色的隐蔽色，这种蜥蜴常通过静止不动来避免被捕食者发现，但如果被逼急，也会张开大口咬向敌人。它的四肢细长，尾长，具背鬣，后颈和双眼上方的棘刺更大。雄蜥的体形大于雌蜥，且颜色更艳，背鬣更加明显。这种蜥蜴伏击捕食昆虫，发现猎物时突然冲出进行抓捕。雌蜥在落叶或植物碎屑中一次性产卵10—12枚。

Agama agama

鬣蜥

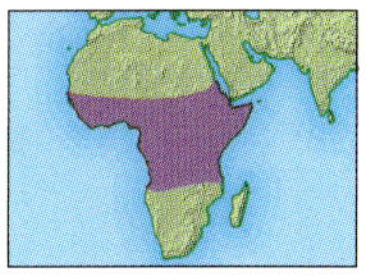

体长：30—40厘米
繁殖方式：卵生
生活习性：陆栖
现况：未评估

分布：非洲西部和中部以及东部

鬣蜥是非洲最引人注目的爬行类之一。它们在夜间呈黄褐色和灰色，但当身体在阳光下变暖后，头部会变为鲜艳的橘红色，身体则呈现蓝色或蓝绿色。雌蜥和幼蜥与雄蜥全然不同，它们的灰色体色有助于形成很好的伪装。鬣蜥生活在开阔的栖息地中，常在建筑物附近活动。它们以昆虫为食，但当食物短缺时则变成杂食。雄蜥求偶时头部来回摆动，雌蜥在地面挖出的洞穴中产卵5—7枚。

Calotes versicolor

变色树蜥

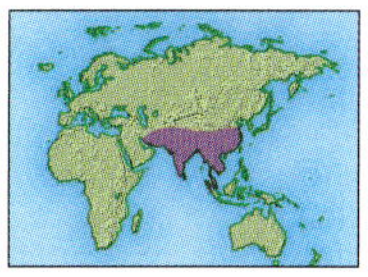

体长：30—35厘米
繁殖方式：卵生
生活习性：陆栖
现况：未评估

分布：亚洲西部至东部和东南部

这种变色树蜥是亚洲南部最常见的物种之一，除了自然栖息地之外，也在农田和庭园中大量繁殖。它的体色变化极大，但繁殖期雄蜥的嘴巴和咽喉周围都变成红色，这一特征也解释了为何这种树蜥有时会被称为吸血树蜥。变色树蜥擅于攀爬，通常埋伏起来，然后突然扑向昆虫和其他小型动物等。与它相似的许多物种都遍布亚洲。

Chlamydosaurus kingii

伞蜥

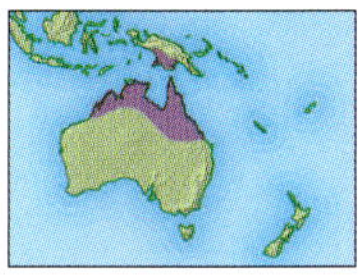

体长：60—70厘米
繁殖方式：卵生
生活习性：陆栖
现况：无危

分布：新几内亚岛南部、澳洲北部

澳洲生活着形形色色的蜥蜴，但这种蜥蜴最引人注目。它的名字源于颈周围的大型革质皮褶，这片皮肤通常收折在肩部。但当受到威胁时，它的皮褶就会像伞一样张开，同时晃动身体，张口发出“嘶嘶”声。这通炫耀常能对捕食者起到震慑作用，让伞蜥得以逃脱。

爬高避险

伞蜥主要在地面觅食。它们擅于攀爬，在完成防御性表演后，通常迅速爬上树干，并朝最高的树枝爬去。

防御性恐吓

伞蜥的皮褶由软骨杆状细胞强化形成，通常色彩鲜艳，与灰色或棕色的体色形成鲜明对比。

Draco spilonotus

斑背飞蜥

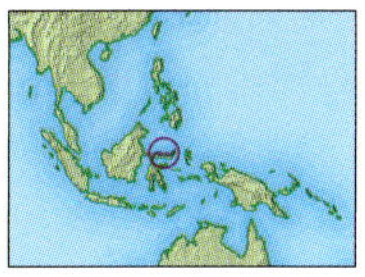

体长：15—20厘米
繁殖方式：卵生
生活习性：高度树栖
现况：未评估

分布：亚洲东南部

斑背飞蜥具有一对由延长肋骨支撑的皮肤构成的“翅膀”，借此在树干间滑翔，避开蛇类和鸟类等捕食者。起飞时，它的肋骨向外伸展，张开皮膜，着陆时又再度收起。斑背飞蜥通常呈棕褐色或淡褐色，雄蜥用于炫耀的大型喉囊呈鲜黄色，雌蜥的喉囊较小为浅黄色。斑背飞蜥行动非常敏捷，栖息在树干上，主动捕食蚂蚁。雌蜥产卵时冒险下地，每次在沙中或土中产卵8—12枚，随后用土掩埋。

Hypsilurus spinipes

刺林蜥

体长：20—33厘米
繁殖方式：卵生
生活习性：树栖
现况：未评估

分布：澳洲（昆士兰州东南部和新威尔士州东北部）

这种蜥蜴的特点是头大具角，颈鬣和背鬣竖起（雄蜥更明显），尾长。它的身体可以“僵住”以避免被捕食者发现，这种策略在对付鸟类、哺乳类和巨蜥等天敌时十分奏效。极长的趾和爪使其能迅速爬上树干，逃离地面上的危险。刺林蜥只取食昆虫，捕食主动，常突然扑出袭击昆虫。雌蜥在土壤低洼处或落叶中产卵。

Hydrosaurus pustulatus

菲律宾斑帆蜥

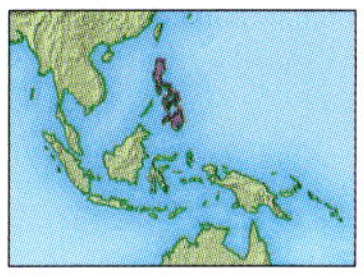

体长：80—100厘米
繁殖方式：卵生
生活习性：树栖
现况：易危

分布：菲律宾

这种大型的菲律宾斑帆蜥成年后体呈灰色或灰绿色，后颈至背部长有发达的齿状背鳞。尾部也有一个有助于游泳的高达8厘米的帆状突起。当遇到猛禽等捕食者时，则以极快的速度飞奔逃离，潜入水中逃生。其他的时候则有可能在树枝上或溪流附近晒太阳。菲律宾斑帆蜥以叶片和果实为食，有时也吃昆虫。

Moloch horridus

棘蜥

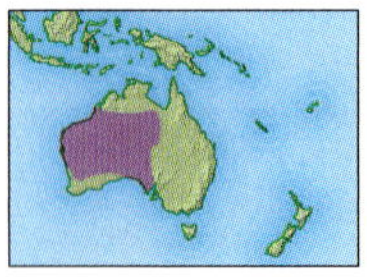

体长：15—18厘米
繁殖方式：卵生
生活习性：陆栖
现况：未评估

分布：澳洲西部和中部

棘蜥因极好的伪装等原因不常被发现，但这种体呈淡黄色、黄褐色或灰色的蜥蜴，由于外形矮胖、移动缓慢、行走时前后摇晃，且全身具棘状刺，因而能被立刻认出。它的全身布满棘刺，头和背的棘刺最大，腿和脚上的棘刺则小得多。这种保护对于棘蜥极其重要，因为与大多数蜥蜴不同的是，它通常花费大量时间在地面的某处觅食，因此极易遭受攻击。棘蜥与黑刺尾鬣蜥（第416页）的生活方式相同，也在白天射出舌头捕食外出活动的蚂蚁，且一餐就能吃掉多达2500只昆虫。雌蜥于夏季在地下洞穴中产卵3—10枚。

Physignathus cocincinus

长鬣蜥

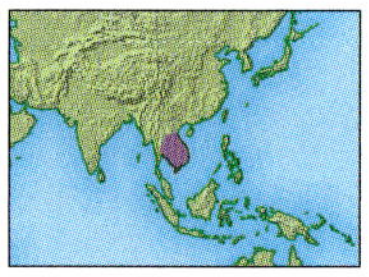

体长：80—100厘米
繁殖方式：卵生
生活习性：陆栖
现况：未评估

分布：亚洲东南部（泰国、柬埔寨和越南）

这种大型蜥蜴的颈至尾巴具突出的齿状鬣鳞，颈部隆起。体呈绿色，但下巴和喉为白色、淡黄色或淡粉色。雄蜥繁殖期间体色变得更为鲜艳。长鬣蜥通常在水边晒太阳，碰上蛇或猛禽等捕食者时，逃入水中脱险。它主要以伏击方式捕食无脊椎动物和蜥蜴等小型脊椎动物；然而也主动觅食，偶尔还吃植物。雌蜥在漫长的繁殖季节于洞穴或浅洼处多次产下10—15枚卵，随后用土或落叶覆盖。

Pogona vitticeps

鬃狮蜥

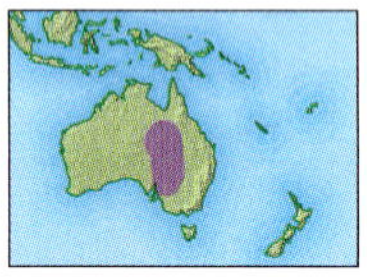

体长：30—45厘米
繁殖方式：卵生
生活习性：半树栖
现况：未评估

分布：澳洲

这种粗壮的蜥蜴栖息在干燥的森林、林地和灌木林，在树桩上或地面的突起处休息，常在栖息处周围觅食小型昆虫和植物。遇到猛禽、巨蜥或蛇类等捕食者时，竖起黑色的喉脊（或称“颚须”），同时张开宽阔的大嘴虚张声势。雌雄两性均具领域性。雌蜥在繁殖季节产卵数窝，每窝产卵15—30枚（偶尔更多），并将卵埋在沙质土壤中。幼蜥的斑纹比成蜥更加明显，但无颚须。

Uromastyx acanthinura

北非刺尾蜥

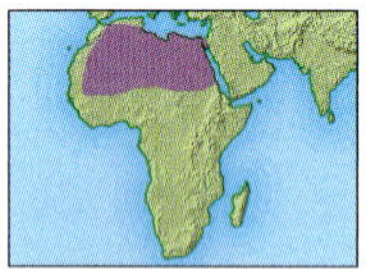

体长：30—40厘米
繁殖方式：卵生
生活习性：陆栖/穴栖
现况：未评估

分布：非洲北部

北非刺尾蜥的尾巴短粗多刺，可堵住洞穴的入口，阻挡鸟类和哺乳类的捕食。洞内的刺尾蜥会鼓胀身体把自己楔入洞穴内。如被逼入绝境，还能把尾巴当成棍棒使用，并张嘴攻击。雄蜥的领域意识极强，雌蜥偶尔也有。这种蜥蜴的体色随着温度变化而改变：天冷冬眠时，身体呈灰色或黄褐色；活动时则变为橙色、红色、黄色或绿色。只有在天气暖和时，才出来晒太阳，将身体朝向太阳方向，直到体温高 到可以觅食为止。北非刺尾蜥的食物包括昆虫和植物，它可以在沙漠的裸岩地带蜿蜒行走1千多米，寻找偏爱的植物。雌蜥每年至少繁殖两窝，每窝产卵20—30枚，随后将其埋在主穴边的旁穴内，最后将沙土抚平掩盖痕迹。

Bradypodion thamnobates

纳塔尔中部侏儒变色龙

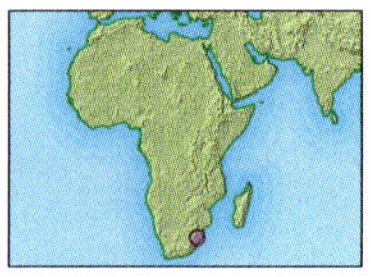

体长：15—19厘米
繁殖方式：胎生
生活习性：树栖
现况：近危

分布：非洲南部（夸祖鲁—纳塔尔省）

纳塔尔中部侏儒变色龙大多生活在非洲南部的森林和灌丛中。它们的繁殖方式为胎生，与大多数变色龙不同。这种变色龙是颈部具隆起（或称为“盔”）的典型物种。它的体色多变，但有着长尾的雄性通常为绿色，且颜色比褐色或灰色的雌性和幼体更加鲜艳。它与其他变色龙一样，非常适应树栖生活，利用黏长的舌头捕食昆虫。

Rhampholeon spectrum

枯叶侏儒变色龙

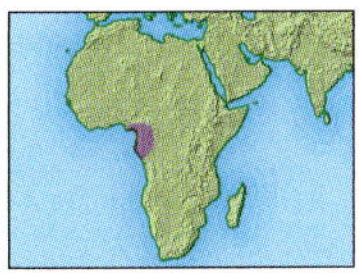

体长：7—10厘米
繁殖方式：卵生
生活习性：半树栖
现况：无危

分布：非洲西部至中部

这种娇小的变色龙栖息在雨林中，是世界上体形最小的变色龙之一，体色和外形与树叶类似。与大多数变色龙不同的是，这种变色龙的变色能力有限。它在落叶中和低矮的树枝上捕食，夜间潜入灌丛藏身。

Furcifer pardalis

豹纹变色龙

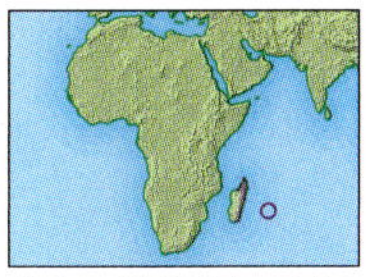

体长：40—52厘米
繁殖方式：卵生
生活习性：树栖
现况：无危

分布：留尼旺岛、马达加斯加岛东部和北部

马达加斯加岛及其邻近岛屿上生活着70多种变色龙，比世界上任何相似大小地区的种类都要多。豹纹变色龙，尤其是成年雄性，是其中体色最鲜艳的种类之一，体色变化令人眼花缭乱，包括绿色、砖红色、蓝绿色或是这些色彩的任意组合。豹纹变色龙能迅速改变体色，但通常保留鲜艳的横纹。它们生活在树木稀疏的灌丛栖息地中，捕食时迅速射出具黏性的舌头捕捉昆虫等小型动物，舌长甚至超过身体的其余部分。豹纹变色龙通常行动缓慢，但在进入繁殖季节时，雄性就会相互争夺领地。雌性每年产卵数窝，每窝12—50枚卵，产出的卵被埋藏在湿润的土壤中。

吻部扁平

豹纹变色龙是体形较大的变色龙之一，吻端上部的骨质扁平区域边缘镶有增大的鳞片。雄性的鼻部具小型附属结构，雌性（左图）则无。

变色

变色龙以能改变体色进行伪装而著称，但大多数物种也运用体色变化来互通信息。雄豹纹变色龙通过色彩的乍现吸引雌性，而雌性在怀孕时会改变体色，以作为不接受交配的信号。

Furcifer oustaleti

欧氏变色龙

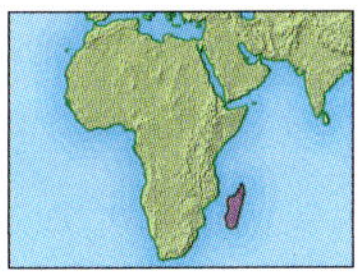

体长：50—68厘米
繁殖方式：卵生
生活习性：树栖
现况：无危（最新）

分布：马达加斯加岛

这一物种是体形最大的变色龙，体色相当暗淡呈棕色，且带有些许黄色、红色或浅绿色斑点，头部无角；头和颈的上方有大型扁平冠状物。雄性的体色不如雌性鲜艳，这在变色龙中实属罕见，但雄性在求偶时常闪现亮丽的体色。雌性在土壤或落叶中产卵约50枚。欧氏变色龙行动缓慢且小心翼翼，常悄无声息地接近昆虫和小型脊椎动物等猎物，随后弹出带有黏性的极长舌头捕食。当遇到蛇和鸟类等捕食者时，将身体鼓胀起来，侧面朝向敌人，张大嘴巴进行自卫，也会发出“咝咝”声并张嘴攻击。

Trioceros jacksonii

杰克逊变色龙

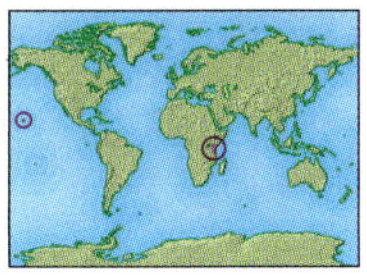

体长：20—30厘米
繁殖方式：卵胎生
生活习性：树栖
现况：无危（最新）

分布：非洲东部，引入夏威夷

杰克逊变色龙的头上长有3个朝向前方的角，雄性在所有变色龙中最为独特，曾一度被捕捉作为宠物贩卖。雌雄两性身体侧扁，锯齿状隆脊沿背部而下，颈部具一骨质盔。它们的身体通常为绿色，但生活在东非山地森林中的个体通常比生活在低海拔地带的更为鲜艳，体形也更大。杰克逊变色龙主要依靠伪装躲避捕食者的攻击。然而，一旦走投无路，便鼓胀身体，同时发出威胁性的“咝咝”声。雌性为卵胎生，每年繁殖两窝，每窝可产多达50只幼体。新生幼体呈浅棕色，约4个月后变为绿色。雄性的角约在2个月后开始长出。野生个体的寿命为2—3年。

雄性具角

雄性杰克逊变色龙的头顶前端具3根尖长的骨质角，可用来与其他雄性争夺领域。

雌性无角

杰克逊变色龙的性别很容易辨别，雌性（上图所示）通常比雄性矮胖，且头上的角很小或无。

Calumma parsonii

国王变色龙

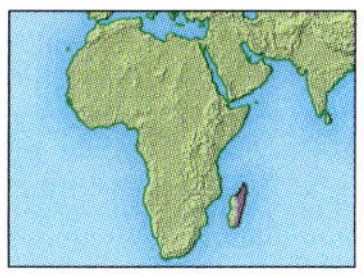

体长：50—60厘米
繁殖方式：卵生
生活习性：树栖
现况：近危

分布：马达加斯加岛北部和东部

这种变色龙体形庞大，且身体侧面很高，通常呈绿色，但也可能为蓝色。雄性体形大于雌性，且体色更为鲜艳，头顶的盔较大，吻上方具有一个多疣的扁平角，雌性无角。国王变色龙主要在树上生活，行动缓慢，依靠伪装色隐藏身形。防卫行为包括鼓胀身体，发出“咝咝”声或张口攻击，且体色也会变得更加鲜艳。雄性极具领域性，不作任何准备就上前和愿意交配的雌性交配。雌性在湿润土壤中的洞穴里产卵16—38枚，用土将其埋藏起来。

Corytophanes cristatus

海帆蜥

体长：30—40厘米
繁殖方式：卵生
生活习性：树栖
现况：未评估

分布：墨西哥南部、南美洲北部

主要特征

头上高耸的窄冠使得海帆蜥有别于美洲热带的其他蜥蜴；但头冠的确切功能仍旧不明。这种蜥蜴在保卫领域时，通过鼓胀头下方的喉囊来吓退其他动物。

海帆蜥最明显的特征是从头到后颈间有高耸的狭窄头冠。其他特征还包括长而纤细的四肢，狭窄的身体和细长的尾巴；背至尾上部具由小型齿状鳞形成的隆脊。海帆蜥极度依赖伪装色保护自己，受到猛禽或蛇类等威胁时会逃离。海帆蜥以昆虫为食，捕食时静候昆虫进入攻击范围，然后猛扑出去。雌蜥在落叶或土壤中产卵。

森林中的伪装

海帆蜥能像变色龙一样随意变换颜色，将体色从绿色变为淡黄色、棕色或黑色，这有助于在热带雨林中避开天敌的注意。

Crotaphytus collaris

颈圈蜥

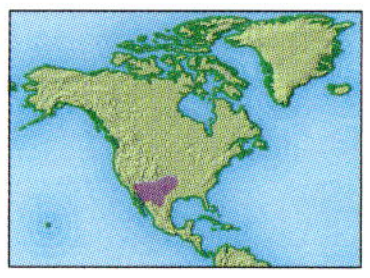

体长：20—35厘米
繁殖方式：卵生
生活习性：地栖
现况：无危

分布：美国中部和南部、墨西哥北部

颈圈蜥体呈棕色或绿褐色，以颈部的黑白色环纹为主要特征。它的后肢很长，可迅速逃离危险，并常藏入洞穴或巨石下方；快速奔跑时，前肢有可能完全离地。这种蜥蜴只在热天活动，在岩石上寻找昆虫和小型蜥蜴。强壮的双颌不仅能咬碎较大的猎物，还可用来防御。雌蜥怀孕时体表会出现橘黄色斑点或条纹，卵产于洞穴或岩石下。

Anolis carolinensis

绿安乐蜥

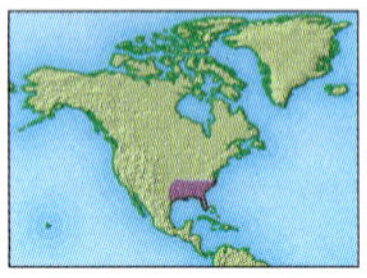

体长：12—20 厘米
繁殖方式：卵生
生活习性：树栖
现况：无危

分布：美国东南部

这类蜥蜴仅分布于美洲，总物种数超过370种，包括绿安乐蜥在内的大多数物种都是体形纤细，尾巴和四肢修长，喉咙下方的炫耀性喉囊十分明显。绿安乐蜥与它的许多近亲一样，在树上生活，主要取食昆虫。它在灌丛中过夜，白天借助脚趾上的宽阔趾垫，攀附在棕榈叶、树干、围栏柱和墙壁等垂直表面上晒太阳。虽然体色以亮绿色为主，但在树荫下则变成褐色，这也是为何有时会被误认成变色龙的原因。雌雄两性均有可扩张的粉红色喉囊。雄蜥会更加频繁地使用喉囊向对手和潜在的配偶发出信号。雌蜥在整个繁殖季节间隔数次产卵，每次只在落叶和潮湿的植物碎屑中产卵1枚。

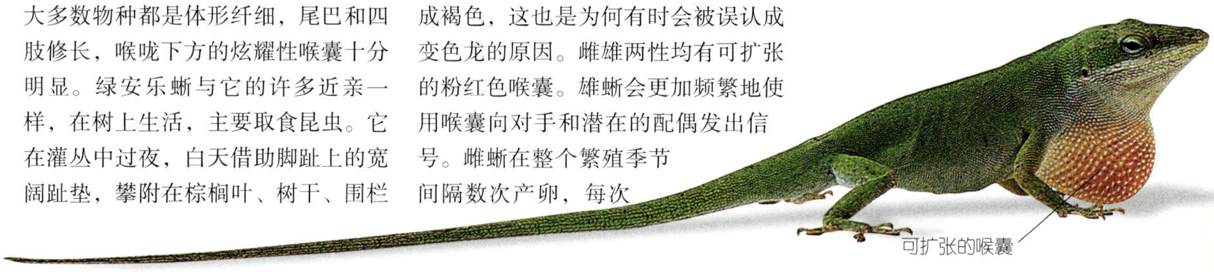

Amblyrhynchus cristatus

海鬣蜥

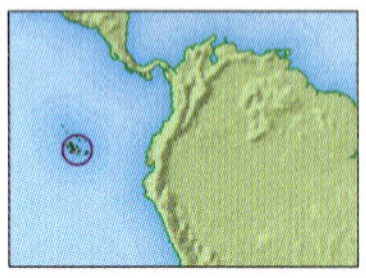

体长：50—100厘米
繁殖方式：卵生
生活习性：半水栖
现况：易危

分布：加拉帕戈斯群岛

海鬣蜥的头大，头和背部多鳞，是唯一在海里觅食的蜥蜴。在加拉帕戈斯群岛的寒冷水域潜水觅食藻类，身体特别适应寒冷和盐分过多的环境。大型成年个体可潜入水下12米深，并在水下停留1个多小时，但在通常情况下，它们觅食时潜得不深，每次潜水的时间不到10分钟。不觅食时在岩石上晒太阳取暖，同一条海岸带上常可看到数千只个体聚在一起。雄蜥在繁殖期间积极争斗以获得交配机会。合适的筑巢地点很少，因此常有数千只雌蜥聚在沙滩上一起筑巢，每只雌蜥在沙滩洞穴中产卵1—6枚。卵的孵化期为2—3个月，幼蜥孵出后在潮间带觅食，藏身于岩石缝中躲避海鸥和其他海鸟的攻击。

不同的邻居

海鬣蜥往往呈现一副“白花花”的外貌，这是由于它们鼻腺喷出的盐分所致。不同岛屿上的成年海鬣蜥的体重差异巨大：费尔南迪纳岛上的雄蜥体重可超过11千克，而赫诺韦萨岛上的雄蜥体重很少达1千克。

Conolophus marthae

加拉帕戈斯陆鬣蜥

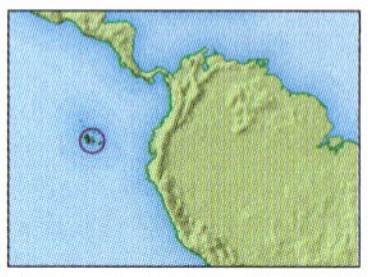

体长：100厘米
繁殖方式：卵生
生活习性：陆栖
现况：极危（最新）

分布：加拉帕戈斯群岛

这种鬣蜥于2009年在伊莎贝拉岛上的沃尔夫火山地带被发现，现存的数量可能不足100只。有证据表明，约在570万年前就已从加拉帕戈斯的其他陆生鬣蜥中分化出来。

Laemanctus longipes

长肢山冠蜥

体长：40—70厘米

繁殖方式：卵生

生活习性：树栖

现况：无危

分布：墨西哥南部至尼加拉瓜

这种极其修长的长肢山冠蜥的脸呈黄色，身体为绿色，有助于在叶丛中提供绝佳的伪装。它的长腿和爪子适于攀爬，受到猛禽和蛇类等威胁时，能迅速爬上树干逃离危险。它们采取守株待兔方式捕食昆虫，一旦猎物进入猎捕范围，便猛扑出去捕捉。雌蜥每次在浅层土壤或落叶中产卵3—5枚。

Anolis sagrei

沙氏安乐蜥

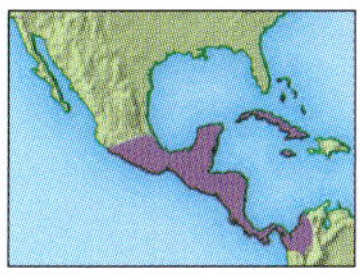

体长：15—20厘米

繁殖方式：卵生

生活习性：陆栖/树栖

现况：未评估

分布：墨西哥南部至中美洲、加勒比海地区

沙氏安乐蜥（别称古巴安乐蜥）在外形上与其近亲的绿安乐蜥（第414页）非常相似。然而，虽然它能改变体色，但只能在棕色或灰色之间变换。雌雄两性均具镶有白边的橙色喉囊，雄蜥求偶时利用喉囊进行炫耀。沙氏安东蜥常借助脚趾上的黏性趾垫在墙壁上攀爬。它以苍蝇等昆虫为食，冬季不甚活跃，并且会被大型蜥蜴、蛇和鸟类捕食。雌蜥在整个春、夏季期间产卵，每次产1枚。这种短命的蜥蜴仅能存活2—3年。但它多产且适应性强，能快速适应新环境，而且通常会取代本地的变色蜥物种。

Basiliscus plumifrons

双脊冠蜥

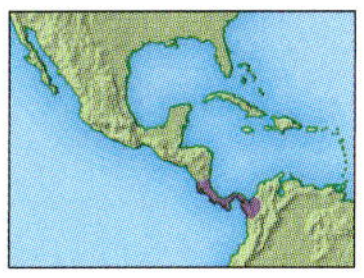

体长：60—75厘米

繁殖方式：卵生

生活习性：树栖

现况：未评估

分布：中美洲

双脊冠蜥体呈亮绿色或蓝绿色，多在枝头和灌丛中静候昆虫和小型脊椎动物的到来，然后便猛扑过去捕捉。雄蜥极具领域性，一只雄性可能占据一片生活着多只雌性的领域，并与它们交配。雌蜥一个繁殖季中约产卵20枚。圈养个体的寿命可达10年。

水上行走

双脊冠蜥生活在水塘、溪流和河流旁的树上。受到威胁时，从栖息处跃入水中逃离。这种蜥蜴类具备一项绝招，能用后腿迅速跑过水面，由此赢得“耶稣蜥蜴”的俗名。

独特的嵴冠

双脊冠蜥具3个脊冠，分别位于头、背和尾部。背和尾部的脊冠可用于游泳，并有助于摆脱捕食者的攻击。

Cyclura cornuta

犀鬣蜥

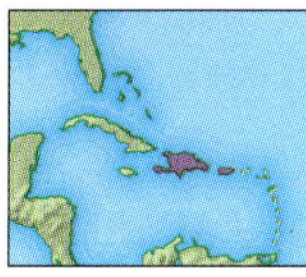

体长：1—1.2米

繁殖方式：卵生

生活习性：陆栖

现况：易危

分布：加勒比海地区

犀鬣蜥的体形庞大，体呈灰色，以成年个体吻部的多个增大凸起的似角鳞片为主要特征。行走时行动笨拙，头部抬起，寻找可食用的树叶和果实，但在遇到危险时也能快速逃离。如果受到威胁，会以甩动尾巴和噬咬的方式进行防御。雄蜥的体形大于雌蜥，角和脊突更大，且有高度的领土意识。雌蜥在洞穴产卵2—20枚，并积极护卵。犀鬣蜥隶属圆尾蜥属，该属的8个物种全都因为栖息地被破坏和被引入的猪、狗、老鼠、猫和獴的捕食而濒临灭绝。

Iguana iguana

绿鬣蜥

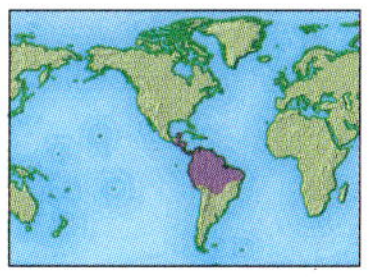

体长：1米，最长2米

繁殖方式：卵生

生活习性：树栖

现况：未评估

分布：美国中部和南北部

绿鬣蜥是美洲最大的蜥蜴之一。虽然有些本地种群为橙黄色，但其体色通常都为灰色或绿色。它们四肢粗壮，尾长，齿状鬣鳞沿背部而下构成隆脊。成体的咽喉下方有垂肉，雄蜥的垂肉较大。幼蜥的食性比成体广泛，包括昆虫、果实、花朵和叶片。绿鬣蜥通过急速甩动尾巴和爪子进行自卫。雌蜥在地下洞穴中产多达40枚卵，在较长的繁殖季节中多次产卵。产完卵后便自行离开，刚孵化的幼蜥必须自力更生。虽然作为食物而被猎杀，也被作为宠物贩卖，但绿鬣蜥在部分分布区内的数量仍然很多。

适应树栖

这种大型的鬣蜥体呈淡灰色或绿色，在高大的森林树木上生活时，体色可提供极好的伪装。它的四肢和爪子很长，特别适于攀爬。由于通常在河边生活，因而能从悬于水面的树枝上坠入水中，以逃离猛禽或哺乳类等捕食者。图中为雄性和雌性绿鬣蜥，左边的雄蜥的喉咙下方具有炫耀性的大型垂肉，可用来与雌蜥区分。

重量级蜥蜴

绿鬣蜥的平均体重达5千克，个别个体可重达10千克。尽管它们有着捕食者的外表，但成体几乎完全是素食主义者，经常在高大的树上取食。

Ctenosaura similis

黑刺尾鬣蜥

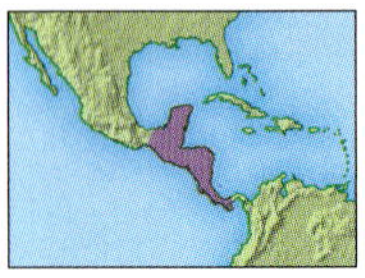

体长：70—100厘米	
繁殖方式：卵生	
生活习性：陆栖	
现况：无危（最新）	

分布：墨西哥南部、中美洲

黑刺尾鬣蜥幼体栖息在树上，体呈亮绿色，是猛禽的食物。成年后体大，呈灰色，尾巴比幼蜥更为尖细，几乎没有天敌。成年后常在岩石或树桩上晒太阳，寻找无脊椎动物和昆虫，也取食树叶、水果、腐肉和残屑。逃离时速度极快，也用噬咬方式进行防御。雌蜥在洞穴中或树根之间产卵20—30枚。

Sauromalus obesus

叩壁蜥

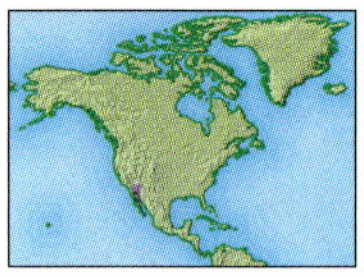

体长：28—42厘米	
繁殖方式：卵生	
生活习性：陆栖	
现况：无危	

分布：美国西南部、墨西哥西北部

这种蜥蜴有着不同寻常的防御方式：它会钻入石缝，鼓胀脖颈、喉咙和体侧的松散皮褶，将身体卡在裂缝中，使猛禽和哺乳类等捕食者很难将它拉扯出来。叩壁蜥在天气非常炎热的情况下才开始活动，它们会出来晒太阳，寻觅多肉植物的果实、叶子和花朵；天气寒冷时则躲在裂缝里。而雌蜥通常隔年繁殖，每次可产卵5—16枚。

Phrynosoma platyrhinos

扁吻角蜥

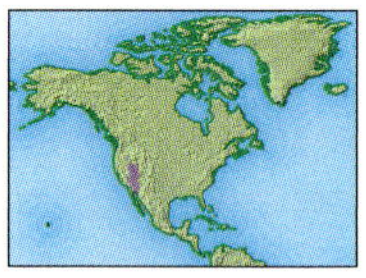

体长：7.5—13.5厘米	
繁殖方式：卵生	
生活习性：陆栖	
现况：无危	

分布：美国西南部

扁吻角蜥是散布在美洲北部和中部干燥栖息地中的16种近亲物种之一。这类蜥蜴因刺状鳞片和扁圆形的外形而常被称为“角蟾”，它们专门捕食蚂蚁，主要依靠伪装保护自己。与其他一些近亲相比，扁吻角蜥的皮肤相对光滑，但头部长有一个很大的“角”，背和尾巴具较小尖刺。它的体色为灰色、红褐或棕褐色，有助于在沙子或砾石中寻找食物时形成伪装。当它找到一群蚂蚁时，便用可伸缩的舌头大吃一顿。如果受到鸟类或食肉性哺乳类等动物攻击，它的身体会先“僵住”（长时间保持不动）。如若被拿起，则吸气使身体鼓胀起来。雌蜥在洞穴、沙子或松散的土中筑巢产卵，每个繁殖季产卵两窝，每窝产16枚卵。由于这类蜥蜴的体形圆扁，因而能在早晨的阳光中快速提高体温。冬季进入冬眠。

Sceloporus occidentalis

西部强棱蜥

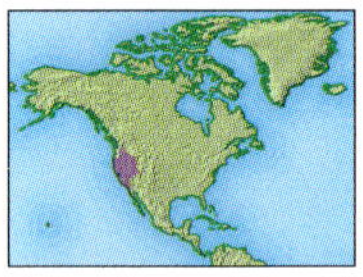

体长：15—23厘米	
繁殖方式：卵生	
生活习性：陆栖	
现况：无危	

分布：美国西南部、墨西哥西北部

这种常见蜥蜴所属的类群共有超过60个物种，由于腹面具蓝色斑块而被俗称为“蓝腹”。这种蜥蜴和其他种类的雄性的腹部都有明显的蓝色斑。西部强棱蜥通常趴在岩石、栅栏和其他突出的地方，身体上下起伏向竞争对手或潜在的配偶炫耀其斑纹。它们十分活跃，以昆虫为食，常利用捕食的间隙晒太阳取暖。雌蜥通常只产1窝卵，产卵量达3—14枚。

Oplurus cuvieri

黑领锯尾蜥

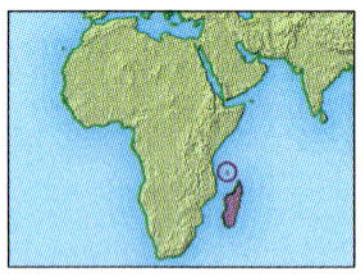

体长：30—37厘米	
繁殖方式：卵生	
生活习性：树栖	
现况：无危（最新）	

分布：马达加斯加岛、大科摩罗岛

这种身体粗壮的蜥蜴有着厚实的头和带有尖刺的尾巴；体呈浅灰褐色，颈部有明显的黑色环纹，且带有褐色斑点。雄蜥的体色比雌蜥鲜艳。黑领锯尾蜥大部分时间都静静地待在树干上，待昆虫进入捕食范围后，猛扑出去捕捉。受到猛禽或蛇类威胁时，会钻入树干的裂缝中，用尾巴挡在外面以阻挡捕食者的攻击。雌蜥每个繁殖季节产卵4—6枚。

Liolaemus tenuis

瘦平咽蜥

体长：19—30厘米	
繁殖方式：卵生	
生活习性：树栖为主	
现况：未评估	

分布：南美洲西南部

瘦平咽蜥也被称为瘦蜥，其尾长几乎可达体长的两倍。在悄悄接近苍蝇等昆虫猎物时，它的尾巴一动不动地僵直悬在背上。体表的绿色大鳞片相互重叠，呈覆瓦状。瘦平咽蜥结成小群在树上生活，整个群体由一只雄蜥和多只雌蜥组成，共同占有一片领域。雌蜥在公共地点产卵，通常产在树皮下；有人曾在同一个地方发现过400多枚卵。冬季进入冬眠。

Tropidurus hispidus

多刺嵴尾蜥

体长：13—18厘米	
繁殖方式：卵生	
生活习性：陆栖	
现况：未评估	

分布：南美洲北部

多刺嵴尾蜥的身体上部呈暗棕色至黑色，腹部为白色，颈部具黑色环纹，身体扁平可钻入狭窄的裸露岩石裂缝中藏身，有效防止被鸟类、蛇类和大型蜥蜴等捕食者伤害。这种蜥蜴的深色体色有助其在墙壁等垂直面上晒太阳时快速提高体温。多刺嵴尾蜥主动捕食昆虫和蜘蛛。雌蜥每年至少产3窝卵，每窝产卵4—6枚。

壁虎和鳞脚蜥

门：	脊索动物门
纲：	爬行纲
目：	有鳞目
亚目：	蜥蜴亚目
总科：	壁虎总科
科：	7科
种：	1369种

壁虎是种会发声的小型夜行性蜥蜴。一些物种的攀爬能力出众，可吸附在树干、岩壁、墙壁和天花板等光滑垂直，甚至是悬垂物体的表面。这类动物中也有许多沙漠物种，其中的大多数都生活在洞穴或岩缝中，夜间在地面觅食。壁虎为全球性分布，在大部分热带和亚热带国家，以及许多海岛上都能发现它们的踪影。这个类群还包括仅分布于澳洲的两种无腿蜥蜴：一种是鳞脚蜥，在地面生活，无前肢，后肢退化成鳞片状；而另一种是盲蜥，它的眼睛覆盖着鳞片，生活在地下的洞穴中。

身体结构

大多数壁虎体小而细长，头部扁平相对较大，大眼睛中的瞳孔呈垂直状。日行性壁虎通常色彩鲜艳，而更为典型的夜行性壁虎则呈深灰色或深褐色，以融入周围的环境。有些物种的外形也很奇特，如长着有助于伪装的叶状尾巴。攀爬型壁虎通常具长爪，趾端有时还有扁平的足垫。这些足垫是其他地栖物种所没有的，由成千上万个可提供附着力的细微结构构成，使壁虎能在垂直的物体表面攀爬，甚至头朝下悬挂。一些壁虎（壁虎科）缺少起作用的眼睑，眼睛上覆盖着和蛇类相同的透明鳞片，利用舌头舔舐清洁眼睛。另一些壁虎（睑虎科）则有眼睑，并且能眨眼，它们大多在沙漠地表生活，但也有一些为穴居，还有一种为树栖。壁虎是蜥蜴家族中一类独特的成员，能发出一连串的声音吸引配偶或保护领域。

鳞脚蜥身形修长，有些物种的吻尖突。它们和某些壁虎一样，也缺少眼睑，但却有着蛇类所没有的外耳孔，且腹部有数列鳞片。

繁殖

壁虎之所以成功地散布到世界各地，一定程度上归功于它们能产下具有弹性和黏性的硬壳卵，卵可以黏附在连根拔起的树上和漂浮的碎片上。大多数物种每次产卵两枚，但一些小型壁虎1次只产1枚。数种壁虎的雌性还在公共产卵地产卵，这里能容纳数十个孵化中的卵以及孵化后的残留物。少数物种为胎生，每次产崽两只。许多壁虎的性别都由孵化温度决定：温度超过31℃时孵出雄性，温度低于31℃时则孵出雌性。

攀爬

借助趾垫上的细微结构，壁虎几乎能在任何物体的表面上攀爬。这让它有可能在其他陆栖动物很少能到达的地方捕食。

Coleonyx variegatus

横纹鞘爪虎

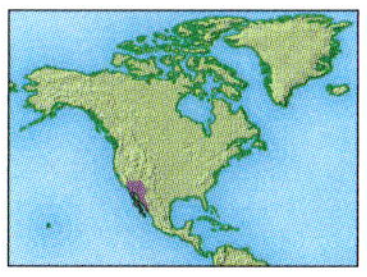

体长：12—15厘米	
繁殖方式：卵生	
生活习性：陆栖	
现况：无危	

分布：美国西南部、墨西哥西北部

横纹鞘爪虎与典型壁虎的不同之处在于，前者具有一对突出的眼睛及可活动的眼睑。它的外表纤弱呈半透明状，体表的细小鳞片使得皮肤质感柔滑。这种行踪隐匿的夜行性蜥蜴白天藏身在岩石裂缝中，夜间外出觅食小昆虫和蜘蛛。被捉住时发出尖叫，尾巴也会断掉。其他的防御策略还包括挺起身体，尾巴在背上卷起使自己看起来更大，意在模仿蝎子。雌性每次产两枚软壳卵。

Eublepharis macularius

豹纹睑虎

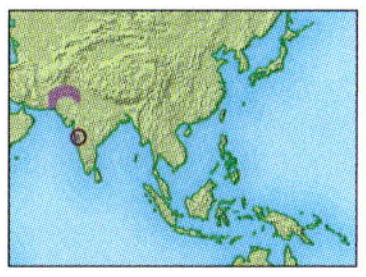

体长：20—25厘米	
繁殖方式：卵生	
生活习性：穴居	
现况：未评估	

分布：亚洲南部

豹纹睑虎的尾巴粗厚，用于存储脂肪。食物充足时，尾巴不断增大；但在旱季，当尾巴中的剩余脂肪被消耗完时，尺寸就会减少。豹纹睑虎防御时尾巴有可能自断，但并不像其他蜥蜴那样容易脱落。这种壁虎夜间觅食，躲避在洞穴或岩石下渡过酷暑和严寒，冬季进入冬眠，夏季有可能夏眠。圈养个体的已知寿命为25年。

Hemitheconyx caudicinctus

肥尾半爪虎

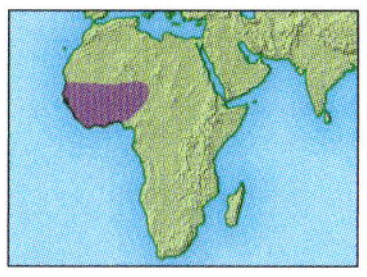

体长：15厘米，最长25厘米	
繁殖方式：卵生	
生活习性：陆栖	
现况：未评估	

分布：非洲西部

肥尾半爪虎的尾巴可用于存储脂肪，食物丰盛时尾巴变粗。它的身体呈黄褐色，头宽大呈深褐色，背部带有一道深棕色条纹。雄性的尾基部有一个凸起。肥尾半爪虎生性胆小，生活在干燥的大草原、岩石山坡或河岸地带，寿命约为25年。白天躲在洞穴里，夜间外出捕食昆虫。旱季夏眠。这种壁虎有时通过张口撕咬或自断尾巴进行自卫。

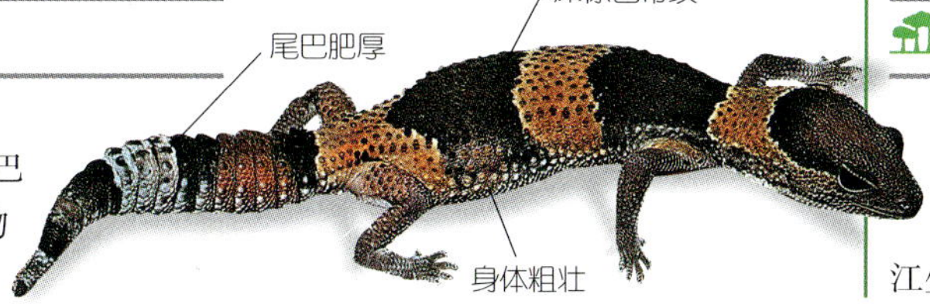

Cyrtodactylus hontreensis

竹岛弓趾虎

体长：13厘米	
繁殖方式：卵生	
生活习性：穴居	
现况：未评估	

分布：越南

这种有着独特花纹的壁虎发现于2006年，仅见于越南竹岛建江生物保护区的洞穴中，是该岛特有的5种新发现的壁虎之一，属于弓趾虎属。然而，科学家相信这里还有更多的壁虎种类有待发现。竹岛弓趾虎体呈淡粉色，细长身体上有约5条镶有白边的深色宽条纹，从颈部一直贯穿至尾基部。身体中部区域还有14个不规则纵向排列的低矮光滑疣粒。竹岛弓趾虎隶属一类大型“弓趾”壁虎类群，该属物种的足部似鸟，足趾具爪，可牢牢抓在栖身环境中的岩石上。它的习性至今还鲜为人知。

Gekko gecko

大壁虎

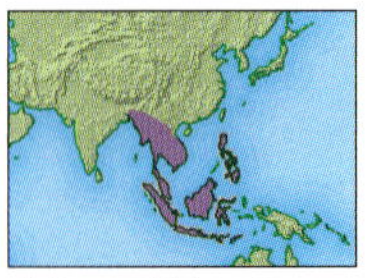

体长：18—36厘米
繁殖方式：卵生
生活习性：树栖为主
现况：未评估

分布：亚洲东南部

这种壁虎因雄性爆发出类似“to-kay”声的响亮叫声而得名。它常在建筑物中出没，白天躲藏起来，夜间外出捕食。受到蛇类和小型夜行性哺乳类威胁时，奋起反击重重噬咬，如果被抓住，尾巴会自断。雄性的头比雌性更大，极具领域意识，有同类相残习性，除了其他的大壁虎外，还捕食昆虫和其他小型脊椎动物。雄性会与多只雌性交配。雌性随后产出1对球形硬壳卵，将其黏附在垂直物体表面，如树皮下、墙壁缝隙或墙洞中。

趾垫

大壁虎与大多数攀爬型壁虎一样，也具宽阔的黏性趾垫，能紧紧抓在墙壁和树干等垂直面上，轻松而快速地移动。

夜视能力

大壁虎体形很大，体呈蓝色或蓝灰色。这种夜行性物种长有1对黄色的大眼睛，能在黑暗中清晰视物。竖直的瞳孔在白天常闭合成1条具有3个“小孔”的狭缝。

Gonatodes daudini

尤宁岛膝虎

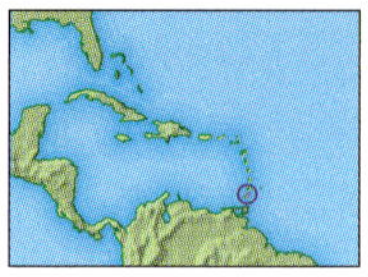

体长：4—4.5厘米
繁殖方式：卵生
生活习性：陆栖
现况：极危

分布：加勒比海地区

这种红眼睛的小型壁虎的体鳞较大，于2005年在泰波尔山（Mount Taboi）海拔150米的朽木中被发现，仅分布在加勒比海圣文森特和格林纳丁斯群岛中的尤宁岛上，生活在孤立干燥的森林中。它和该属中的其他小型成员不同，大部分时间都在地面生活。这一物种曾经可能广泛分布于小安第列斯群岛的干燥高山森林地带，这片栖息地的大部分已经消失。由于尤宁岛膝虎仅生存在面积不到10平方千米的范围内，因此正处于濒临灭绝的境地。

Gonatodes vittatus

条纹膝虎

体长：7—7.5厘米
繁殖方式：卵生
生活习性：陆栖
现况：未评估

分布：南美西北部

雄条纹膝虎体呈黄褐色，一条边缘呈黑色的白色条纹从吻一直延伸至尾巴，雌性体呈灰褐色，体表带有模糊的白色条纹（下图）。两者的眼睛位置都靠近头顶。这种日行性壁虎生活在地面的落叶中，但也擅于攀爬，能迅速咬住小昆虫或蜘蛛。雌性常在某个公共地点集体筑巢，每次产卵两枚（很少只产1枚卵），每枚卵与豌豆差不多大。

Hemidactylus frenatus

疣尾蜥虎

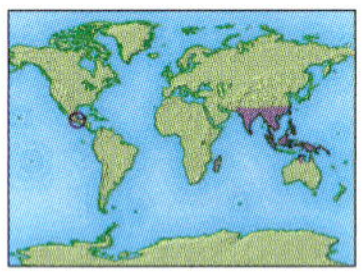

体长：12—15厘米
繁殖方式：卵生
生活习性：多数树栖
现况：无危物种

分布：全球热带地区

疣尾蜥虎分布广泛，适应力强，体呈灰色或棕色，大多生活在建筑物内，但也可能在岩石的上方和下方，以及树干上活动，经常成群出现。它能在光滑垂直的表面攀爬，并倒悬在天花板上。白天少见，天黑后聚集在电灯周围捕食昆虫、蜘蛛或小型壁虎；并且会保卫自己的狩猎区。被捉住时发出尖叫，然后迅速舍弃尾巴逃跑。

Pachydactylus rangei

阔趾虎

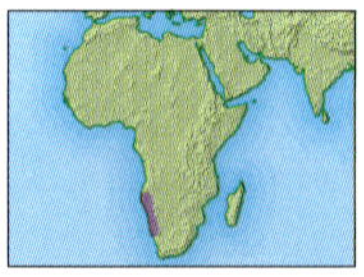

体长：12—14厘米
繁殖方式：卵生
生活习性：树栖
现况：未评估

分布：南非西部

这种粉红色的壁虎因趾间具蹼而闻名，这种结构让它在穿越沙漠沙丘时不会陷入松散的风沙中。阔趾虎白天待在沙中挖出的长隧道里，夜间外出觅食。由于沙漠缺水，因此它会饮用夜间起雾时凝结在自己身上的水分。受到威胁时，利用僵直的四肢撑起身体，使自己看上去更大。

Phelsuma madagascariensis

马达加斯加残趾虎

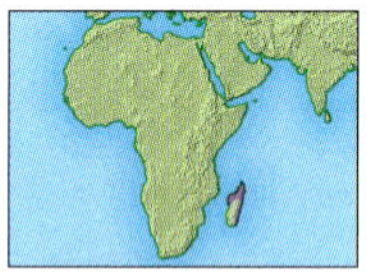

体长：22—30厘米
繁殖方式：卵生
生活习性：树栖
现况：未评估

分布：马达加斯加岛

马达加斯加残趾虎是最大的绿色日行性壁虎。这种体形肥壮的蜥蜴生活在树干和墙壁上，借助趾垫攀附在垂直的表面上休息（常头部朝下）。只要能成功地躲避鸟类的攻击，就可存活10多年。马达加斯加残趾虎结成小群占据一整棵树，数只雌性在树皮下或裂缝中的同一位置产卵。雄性的尾基部隆起，透过繁殖雌性的喉部皮肤可见到钙质沉积。

Ptenopus garrulus

常鸣羽趾虎

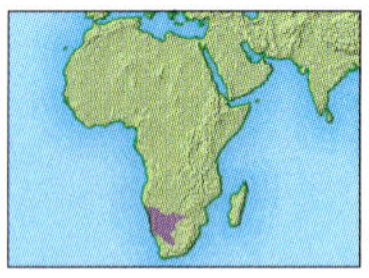

体长：6—10厘米
繁殖方式：卵生
生活习性：陆栖
现况：未评估

分布：非洲南部

非洲南部的许多沙漠都有一种引人注意的声音，那就是雄常鸣羽趾虎黄昏后在洞穴入口处发出的叫声。这种壁虎的雌雄两性，头都很圆，吻圆钝，体呈黄褐色或灰黄色，体表带有深褐色或红褐色斑点；脚趾很长，趾缘具强鳞。遇险时，身体“僵化”，依靠保护色避免被捕食者发现。但也有可能躲入复杂的洞穴系统中。

爬行动物

Ptychozoon kuhli

褶虎

体长：18—20厘米
繁殖方式：卵生
生活习性：树栖
现况：未评估

分布：亚洲东南部

褶虎生活在热带森林中，是少数能从树枝凌空跃起，在空中滑翔逃离危险的几种蜥蜴之一。不滑翔时，常头朝下趴在树干上，因为这种姿势便于快速飞出。它的外表极具伪装，甚至从壁虎的标准来看，其隐蔽效果都非常好。食物以昆虫为主，采取伏击或潜行方式捕捉猎物。雌性繁殖时每次产卵两枚。

用脚飞行

和斑背飞蜥（第411页）不同的是，褶虎主要依靠发达的带蹼脚掌来滑翔。当在空中时，其也借助体侧的皮褶和边缘带褶的扁平尾巴控制下坠。

彩色的伪装

褶虎的身体主要呈褐色或灰褐色，体表带有模糊斑驳的深色斑纹。这种夜行性蜥蜴白天静止不动，依靠伪装在树干上隐匿身形。

Rhacodactylus leachianus

多趾虎

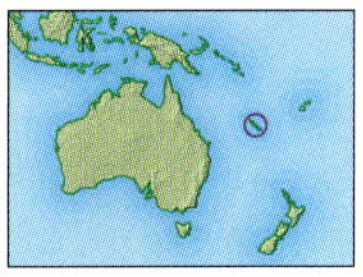

体长：30—35厘米
繁殖方式：卵生
生活习性：树栖
现况：无危（最新）

分布：新喀里多尼亚岛

这种体形极大的壁虎的长度多达40厘米，但通常要小一些。它的身体呈斑驳的褐色，头和眼睛很大，尾巴细小，生活在高大的树木上，很少冒险下地。与大多数壁虎一样，多趾虎也捕食昆虫和小型脊椎动物，但也吃果实。它能用强健的双颌咬碎食物，并在防卫时痛咬敌人。它们生活在由1只雄性和1只或多只雌性及其后代组成的小型家族群中。雌性将卵产在树皮下的树洞中。

Sphaerodactylus elegans

美丽球趾虎

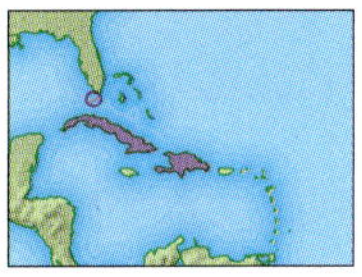

体长：7—7.5厘米
繁殖方式：卵生
生活习性：陆栖
现况：未评估

分布：加勒比地区

这种细小的美丽球趾虎体呈褐色，体表带有非常纤细的白色斑点，吻部尖突。其性格十分活跃，但寿命很短，常在树林、房屋周围的落叶和碎屑中快速捕捉小昆虫。虽然是一种日行性壁虎，但夜间也在街灯附近活动。雌性在树皮后方、枯叶或缝隙中的公共巢穴里产卵，每次只产1枚。

Stenodactylus sthenodactylus

狭趾虎

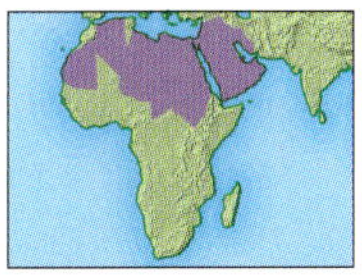

体长：9—10.5厘米
繁殖方式：卵生
生活习性：陆栖
现况：未评估

分布：非洲北部和东部、亚洲西部

狭趾虎外表秀丽，四肢修长，尾巴细长，体呈深褐色或沙黄色，背部带有深色带纹和浅色小斑点，双眼很大，吻略为上翘。狭趾虎擅长挖洞，生活在地面或石头下的洞穴中，产卵后用沙土掩盖。通常于黄昏时分开始活动，觅食白蚁、蚂蚁、小飞蛾、小型甲虫及其幼虫，行走时脚步撑直，以便更好地观察周围的环境。狭趾虎常受到鸟类侵扰，受到威胁时背部弓起，使体形看上去更大。

Tarentola mauritanica

守宫

体长：10—16厘米
繁殖方式：卵生
生活习性：陆栖
现况：无危

分布：欧洲南部、亚洲西部、非洲北部

守宫体形粗壮，体呈淡灰色或褐色，常集群出没于岩石灌丛、干燥石墙和建筑物中；一般在垂直面上活动，很少远离藏身之处的缝隙。守宫主要在夜间活动，天气较冷时也可能在白天活动，冬季进入冬眠。守宫经常静候在靠近光源的捕猎地点，然后突然扑向近前的飞蛾等昆虫。雌性集体筑巢，将卵产在剥裂的岩石或灰泥后方，或产在缝隙里。

Saltuarius cornutus

角叶尾虎

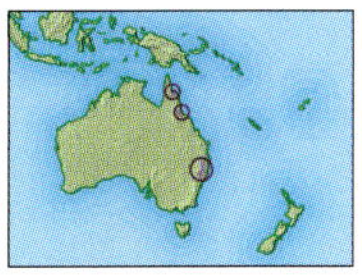

体长：15—21厘米
繁殖方式：卵生
生活习性：树栖
现况：无危

分布：澳洲东部

壁虎通常以保护色著称，但这种澳洲东部的物种则将这种防卫方式发挥得淋漓尽致。它们的身体呈灰色，颜色晦暗难辨，扁平的身体能消除阴影，外形极似叶片的尾巴可在遭到攻击时自行断落（雄性的尾基部具一对隆起）。角叶尾虎在热带森林中的树干和植物间休息时，几乎难以被发现，只有当移动时才会暴露行踪。雄性具有领域性，雌性每次在树皮下的缝隙中产卵两枚。角叶尾虎主要在夜间觅食，大部分食物都为昆虫，捕捉猎物时十分活跃。

石龙子及其近亲

门：	脊索动物门
纲：	爬行纲
目：	有鳞目
亚目：	蜥蜴亚目
总科：	石龙子总科
科：	7科
种：	2252种

石龙子及其近亲是蜥蜴中最大的一类。它们大多身体细长，部分物种缺少四肢。有些物种的繁殖方式在蜥蜴中非常独特，雌性通过胎盘为体内的幼体提供养分。石龙子遍布世界各地，但在热带和亚热带地区的数量最多。大多数物种在地面生活，常栖身于落叶中，但也有树栖和穴居物种。这一类群中的其他成员还包括环尾蜥和盾甲蜥、鞭尾蜥和双领蜥，以及壁蜥和夜蜥。同石龙子类一样，它们中的大部分都是陆栖物种。

身体结构

石龙子的身体往往十分细长，略为扁平，尾长，头呈楔形，眼小。穴居物种具有愈合的透明眼睑，即使在挖洞钻穴时也能看见周围的环境，且没有外耳孔。有些石龙子的四肢细小或缺失，这是穴居或在草地等茂密植被中活动的一种适应性特征。受到攻击时，石龙子能立刻断尾逃生，尾巴的颜色有时非常鲜艳，借此分散捕食者对其头部和身体的注意。环尾蜥的鳞片很大，呈矩形，每个鳞片上都有突棱。环尾蜥的突棱形成一个尖刺，尤其是头和尾巴的鳞片，在逃入洞穴或缝隙后能对捕食者形成障碍，甚至还可作为武器使用。受到捕食者威胁时，犰狳环尾蜥用嘴衔住自己的尾巴，将头尾卷成环状露出满身的尖刺，使捕食者无处攻击。鞭尾蜥和双领蜥的鳞片很小，身体修长，吻尖突，四肢细长，但它们所隶属的科中也包含一些没有四肢的物种。双领蜥通常要比鞭尾蜥大。壁蜥和沙蜥的外表与鞭尾蜥相似，但它们分布在欧洲、亚洲和非洲的部分地区，而鞭尾蜥只分布于美洲。这两科中的多数成员都是体色鲜艳，必要时会毫不犹豫地断尾自保。

繁殖

石龙子的繁殖方式多样。一些物种为卵生，而另一些则为胎生。少数物种发育中的胚胎通过原始的胎盘从母体中获取养分。还有一些物种的雌性产卵后，在孵化期间用身体将卵盘绕起来进行保护。受到威胁时，也可能将卵转移到安全的地方。幼体孵出后，被母亲舔舐干净，幼体在随后的数天里都和母亲待在一起。石龙子的一些近亲，尤其是鞭尾蜥和壁蜥中的这一类，采取单性生殖繁殖后代，也就是说，它们无须雄性就能繁殖。这些物种的每个幼体都是母体的翻版（克隆），因此也是雌性，一旦发育成熟，就能自行产卵。有些物种完全采取单性生殖；而另一些物种种群中的雌雄双方都以正常的方式繁殖。

觅食

大多数在地面生活的石龙子行踪隐秘，大部分时间都在落叶下藏身。它们通常在白天觅食，夜晚则藏身在木头或石块下。小型石龙子以无脊椎动物为食。大型物种（包括图中的东澳战士蜥）也吃植物，有些物种甚至捕食啮齿类和鸟类。

Cordylus cataphractus

犰狳环尾蜥

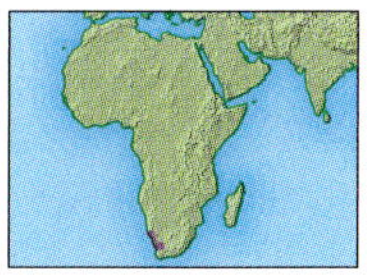

体长：16—21厘米
繁殖方式：胎生
生活习性：陆栖
现况：易危

分布：非洲南部

犰狳环尾蜥的颈部和尾巴长满坚硬的保护性棘刺，背部的鳞片近方形。受到威胁时，则衔住尾巴，将头尾卷成环状，让身上的棘刺向外突出，使捕食者难以靠近和攻击。犰狳环尾蜥多在灌丛和裸岩地带出没，藏身在大的缝隙中，冬季进入冬眠。它们生活在家族群中，雌蜥每次产出1—2只体形较大的幼体，甚至还喂养它们，这一特点在通常不照顾后代的蜥蜴中非常罕见。犰狳环尾蜥的大多数食物都是昆虫和蜘蛛，而自身则被猛禽等各种肉食性动物捕食。圈养条件下的犰狳环尾蜥可存活25年，特殊情况下活得更久。

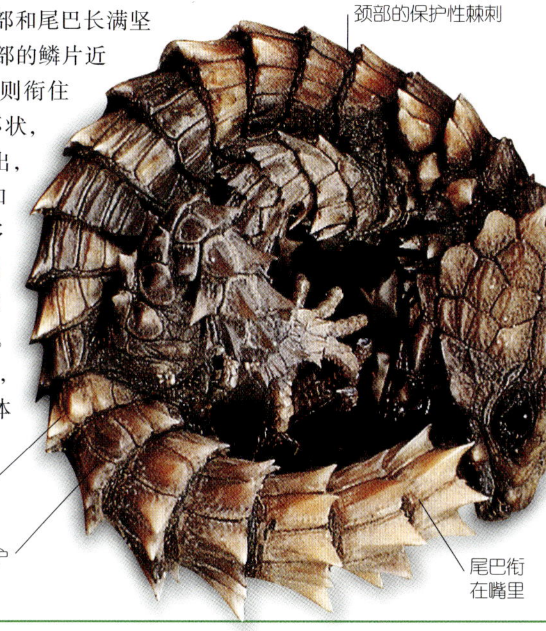

Cordylus giganteus

巨型环尾蜥

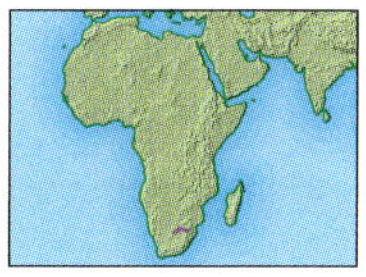

体长：28—39厘米
繁殖方式：胎生
生活习性：陆栖
现况：易危

分布：非洲南部

巨型环尾蜥体呈黄褐色至深褐色，常在洞穴入口处晒太阳，看上去如同在“凝视”太阳，因此英文俗名叫作“望日蜥”。它的洞穴通常朝向北方或西北方，能在一天中获得最多的光照。这种蜥蜴的尾部披甲，环绕着尖刺般的鳞片，用于堵住洞穴的出入口。如果被抓住，便用头和颈部的长棘刺卡住洞顶，让身体难以被拉出。它的食物主要包括昆虫和小型脊椎动物。雌蜥每次产下1—2只幼体，并与它们共同生活一段时间。巨型环尾蜥冬季进入冬眠。

Cordylus rhodesianus

津巴布韦环尾蜥

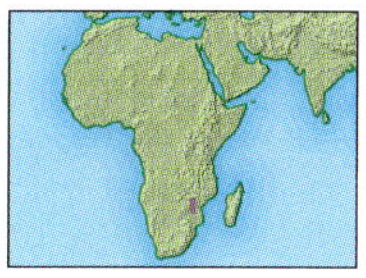

体长：12—17厘米
繁殖方式：胎生
生活习性：陆栖
现况：未评估

分布：非洲南部

这种橄榄褐色的蜥蜴经常在小丘，即南部非洲草原上分散成堆的侵蚀岩石中出没。身体扁平，受到威胁时，可以躲入狭窄的裂缝或岩石中，用被尖棘鳞片环绕的尾巴堵住裂缝，抵挡蛇类、鸟类和哺乳类等捕食者的袭击。津巴布韦环尾蜥生活在小型家族群中，幼体出生后与父母一起生活，冬季进入冬眠。

Gerrhosaurus major

盾甲蜥

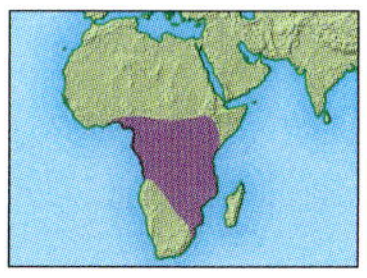

体长：40—48厘米
繁殖方式：卵生
生活习性：陆栖
现况：未评估

分布：南非中部和东部

盾甲蜥的身体上布满了排列整齐的矩形鳞板，能将自己卡在裸露岩石的缝隙中，防止被猛禽、蛇类和小型哺乳类攻击。盾甲蜥体呈浅褐色至棕褐色，雄蜥的喉部在繁殖季节泛红。觅食时十分活跃，食物主要包括果实、花朵、无脊椎动物和较小的蜥蜴等小型脊椎动物。雄蜥极具领域性，繁殖期间常与其他雄性相互打斗。雌蜥在岩缝和潮湿的土壤，以及原木下方产卵，每次产2—4枚椭圆形的卵。

Lacerta agilis

捷蜥

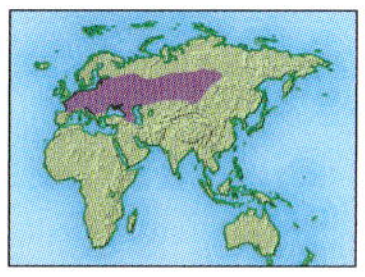

体长：18—22厘米
繁殖方式：卵生
生活习性：陆栖
现况：无危

分布：欧洲至亚洲中部

这种粗壮的蜥蜴隶属的类群在欧洲和亚洲十分常见，分布范围有时可扩展到北极圈以北地区。英国境内的捷蜥多在荒野和沙丘中出没，但在更往南的地区，其栖息地类型就变得更为多样，包括花园在内。捷蜥的头部较钝，四肢相对较短，体色多变，雄蜥的颜色在繁殖时最为亮丽。捷蜥以小型昆虫和蜘蛛为食，受到蛇类、鸟类或哺乳类，尤其是家猫等动物的攻击时，尾巴会迅速断掉。雌蜥于春夏两季产卵数窝，每窝3—14枚卵，成年个体冬季进入冬眠。

Platysaurus broadleyi

布氏扁蜥

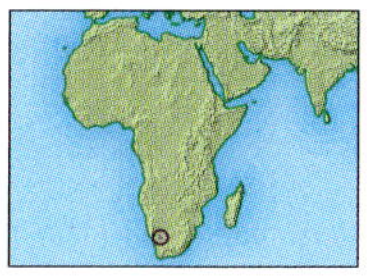

体长：15—20厘米
繁殖方式：卵生
生活习性：陆栖
现况：未评估

分布：南非（奥赫拉比斯瀑布）

这种蜥蜴的头、身体和尾巴极为扁平，能挤进非常狭窄的岩缝中，以避开猛禽（尤其是岩隼）的袭击。一旦身体卡在缝隙中，几乎不可能被拉出来。布氏扁蜥白天大部分时间都在捕捉昆虫，特别是在瀑布附近聚集成群的小黑蝇。当苍蝇落在地面上时，便迅速扑出捕捉，或是向上跃起捕捉空中的苍蝇。它们也吃成熟的浆果。雄蜥的头呈蓝色，背部为绿色，前肢为黄色或橙色，尾巴橙褐色。雌蜥和幼蜥的背部为深褐色，具3条乳黄色条纹，尾巴呈浅黄色。雌蜥每年夏天产卵两窝，每窝两枚，卵产在大块圆石和剥落岩片的深缝隙中，尤其是有树叶和碎屑堆积之处。

爬行动物

Lacerta schreiberi

施氏绿蜥

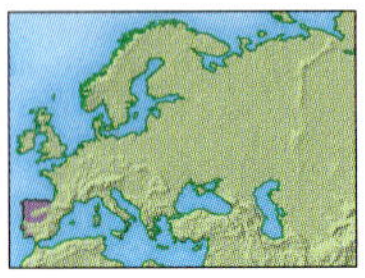

体长：36厘米
繁殖方式：卵生
生活习性：陆栖为主
现况：近危

分布：欧洲西南部

施氏绿蜥是欧洲不同地区众多本土“壁蜥”中的典型物种。雄蜥体呈绿色，体表散布黑色小斑点，繁殖期间喉或头呈蓝色（有时两者都呈蓝色）。雌蜥呈褐色或鲜绿色，且带有黑色大型斑纹，头为褐色。幼蜥体呈绿色，体侧边缘有黑色、白色或黄色带纹。这种蜥蜴常在溪流附近的开阔地、高沼地或山坡，占据一个可以环顾四周的好位置晒太阳取暖。它们大多采取守株待兔的方式捕捉昆虫，也在裂缝中觅食。受到干扰时，钻回洞穴或潜入水中躲藏在溪流底部的石块下面。如果受到攻击，尾巴能轻易断掉。圈养的个体寿命可超过10年。雌蜥每次产卵6—12枚。

Zootoca vivipara

胎生蜥

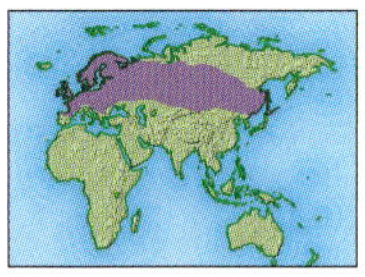

体长：10—12厘米
繁殖方式：胎生
生活习性：陆栖
现况：无危

分布：欧洲、亚洲（包括日本）

胎生蜥也被称为普通蜥蜴，是连续分布范围最大的陆栖爬行类之一，可达北极地区。它是胎生蜥蜴属中唯一直接产出幼崽的物种，这是对于在受精卵无法发育的寒冷地区的一种适应方式。在其分布范围的北缘，胎生蜥1次可冬眠长达8个月，且每隔一两个夏季才繁殖；但它们的寿命相对很长，可以弥补其中的不足。胎生蜥生活在地面上，通常在茂密的植被中活动，主要以昆虫和蜘蛛为食。它们喜欢在阳光充足的堤岸上，放平身体舒展四肢晒太阳。

破膜而出

胎生蜥的幼崽产出时被一层卵膜包裹，它们几乎立即就能破膜而出。新生幼崽长约4厘米，身体为黑色。在其分布范围的南部地区（比利牛斯山脉），胎生蜥有时则会产卵。

颜色和花纹

虽然胎生蜥常呈褐色或橄榄色，但有些个体却完全呈黑色或浅褐色。雄蜥多带有斑点，而雌蜥（如图所示）通常具条纹。

Timon lepidus

蓝斑蜥

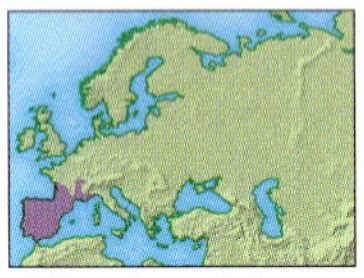

体长：40—80厘米
繁殖方式：卵生
生活习性：陆栖
现况：近危

分布：欧洲西南部

这种粗壮的蓝斑蜥也被称为单眼蜥或宝石蜥，它的体侧带有蓝色眼状斑点，是欧洲最大的蜥蜴。蓝斑蜥栖息在山坡、田野和林间的空地中，捕食大型昆虫、鸟蛋、雏鸟、其他蜥蜴和小型哺乳类。虽然冬季进入冬眠，但天气暖和时也外出活动。一旦被抓住，会张口撕咬、自断尾巴并逃入洞穴里。雌蜥每年产卵1窝，产卵量为6—16枚。

Podarcis lilfordi

利氏壁蜥

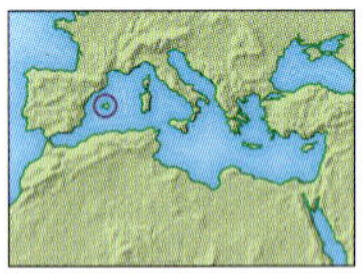

体长：18—22厘米
繁殖方式：卵生
生活习性：陆栖
现况：濒危

分布：巴利阿里群岛

这种性格坚韧且适应性很强的利氏壁蜥，能在极端恶劣的环境中生存。虽然鲜有天敌（栖息的多座岛屿上都没有蛇），但稀缺的植物和食物才是它们生存的最大威胁。利氏壁蜥觅食时十分活跃，不断地翻越岩石和灌丛，寻找昆虫、海鸟抛下的鱼类和游客丢弃的食物，以及花朵和树叶等。有些种群通体黑色，而另一些则为褐色或绿色。雌蜥在满是泥土或树叶的缝隙中产卵4枚，或把卵产在灌丛下。

Podarcis pityusensis

伊比兹壁蜥

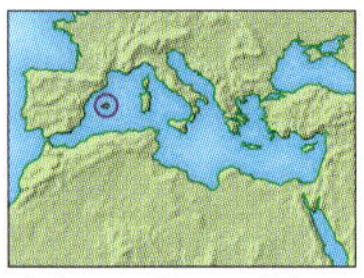

体长：15—21厘米
繁殖方式：卵生
生活习性：陆栖
现况：近危

分布：巴利阿里群岛

伊比兹壁蜥的身体纤细，脚趾很长，攀爬时的动作敏捷，经常趴在墙壁、岩坡和倒木上晒太阳，有时还聚集成群，一旦受到干扰，立即四散逃离。雄蜥通常呈蓝色，带有黑色斑纹；雌蜥的条纹为深色，但雌雄两性的颜色和花纹会随分布地的不同而出现变化。伊比兹壁蜥主要以昆虫为食，在洞穴中或石块下产卵。寿命长达6年。

Chalcides ocellatus

眼斑铜蜥

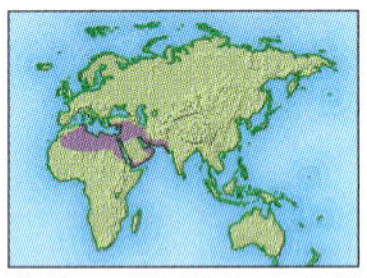

体长：30厘米
繁殖方式：卵生
生活习性：穴居
现况：未评估

分布：欧洲南部、非洲北部和东北部、亚洲西部

眼斑铜蜥又被称为单眼石龙子，其身体粗壮，体呈浅褐色或黄褐色，体表带有镶黑边的白色眼状小斑点。它们的鳞片光滑发亮，四肢细小，适于穴居生活。眼斑铜蜥主要在白天活动，但在天气炎热的黄昏时分也有可能活动。常在老旧废墟或橄榄园附近的干燥墙壁上晒太阳，从不远离藏身点。受到鸟类、蛇类和猫的威胁时，飞快地钻入洞穴或石缝；如果受到攻击，尾巴会自行断掉。觅食时十分活跃，多在石块下搜寻小昆虫和蜘蛛。眼斑铜蜥生活在结构松散的群体中，雌蜥每次产卵3—10枚。

爬行动物

Corucia zebrata

所罗门蜥

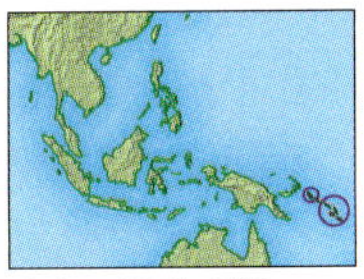

体长：长达75厘米

繁殖方式：胎生

生活习性：树栖

现况：未评估

分布：所罗门群岛

这种橄榄绿或灰绿色的所罗门蜥在很多方面都极不寻常。它的体形很大，头硕大呈楔形，长尾可卷缠。与其他石龙子不同的是，所罗门蜥完全吃素，只取食森林栖息地中的叶片及果实。夜间外出活动，白天躲藏在树洞里。受到威胁或挑衅时，发出“咝咝”声，将身体抬高，甚至可能张口撕咬。它们寿命很长。虽然人们对于它的繁殖和社会行为都不甚了解，但猜测它有可能采取一雄一雌制，且生活在小型家族或松散的群体中。雄蜥具有高度领域性，雌蜥在一定程度上也是如此。雌蜥每次产出一只幼体，偶尔产两只，幼体的大小约为成体的1/3，随后在母亲的保护下生活数周甚至数月。虽然这种蜥蜴目前并非保护物种，但极低的生育能力使得它们很容易处于濒危状态。

Eumeces schneideri

橙点石龙子

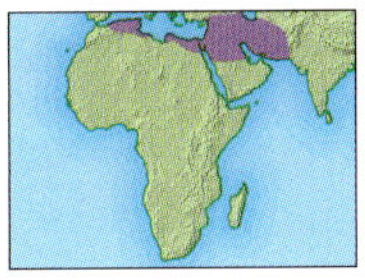

体长：40—45厘米

繁殖方式：卵生

生活习性：陆栖或穴居

现况：未评估

分布：非洲北部至亚洲西部

橙点石龙子是石龙子属中最大的一种，分布在北非、中东、亚洲和美洲地区。它的身体粗壮，横截面近似方形，背部为蓝灰色，具有明显的橙色鳞片。常在耕地和半沙漠地带的灌丛下方挖洞。受到攻击时，迅速退回洞穴或跳入水中逃生。橙点石龙子的行动活跃迅速，以昆虫、蜘蛛、蜗牛和较小的蜥蜴为食。正午时分躲藏起来避开阳光，寒冷的冬日不外出活动。雌蜥产下3—20枚卵后，用身体将其卵盘绕起来直到孵化。

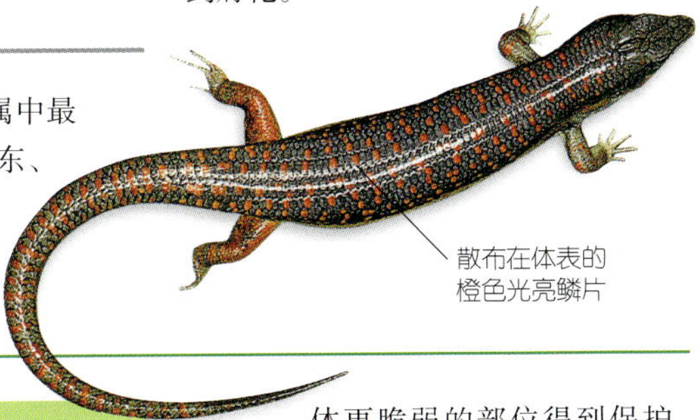

Plestiodon lagunensis

粉尾石龙子

体长：16—20厘米

繁殖方式：卵生

生活习性：陆栖

现况：无危

分布：墨西哥（加利福尼亚半岛）

粉尾石龙子又被称为圣卢卡斯石龙子，其特征是长有一条粉色的长尾，幼蜥的尾巴颜色鲜亮，但成年后则会变淡。尾巴为何呈现这种颜色原因尚不清楚，但可能有助于吸引捕食者攻击脱落的尾巴，使身体更脆弱的部位得到保护。粉尾石龙子的行踪隐秘，常在落叶或植物中窜来窜去，在此捕食昆虫和蜘蛛，或躲藏在石块下。它们全年都很活跃好动，但在加利福尼亚有短暂的越冬现象。雌蜥在松散土壤的穴道内产卵2—6枚，随后和卵待在一起直到孵化，若受到洪水等不利条件的威胁时，雌蜥还会将卵转移到别的地方。

Lamprolepis smaragdina

翠蜥

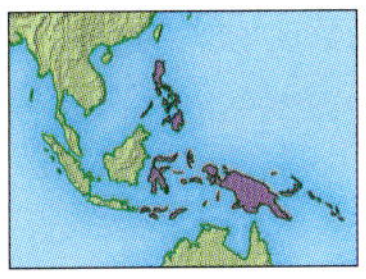

体长：18—25厘米

繁殖方式：卵生

生活习性：树栖

现况：未评估

分布：亚洲东南部、新几内亚岛、太平洋岛屿

翠蜥体呈亮绿色，身体粗壮，尾巴向后逐渐变细，吻尖，鳞片光滑发亮。生活在森林中的高大枝干上和树叶间，积极觅食昆虫，以快速扑击的方式将其捕获。受到猛禽或蛇类等主要捕食者的攻击时，采取断尾逃生。雄蜥具有领域意识，雌蜥每次产卵9—14枚。

Bellatorias frerei

滨海胎生蜥

体长：60—70厘米

繁殖方式：胎生

生活习性：陆栖

现况：未评估

分布：新几内亚岛南部、澳洲的北部和东部

滨海胎生蜥是20种分布在澳洲和新几内亚岛的近亲物种之一。与大多数近亲一样，身体粗短，横截面近似方形，脖颈粗大，头短，四肢发达。体呈深褐色，体侧颜色变暗，腹部为白色、黄色或橙黄色。体鳞光滑发亮，背部有数条细纹延伸而下。

滨海胎生蜥白天在树木的大型板根、原木或裸岩周边晒太阳或搜寻昆虫和小型脊椎动物，从不远离藏身处。雌蜥每次可产多达6只幼蜥，它们的体侧散布有白点，但会随年龄的增长而消失。澳洲境内的滨海胎生蜥常见于新南威尔士州东北部的森林、托雷斯海峡群岛和阿纳姆地（澳洲北部一地区）。

Eutropis longicaudata

长尾南蜥

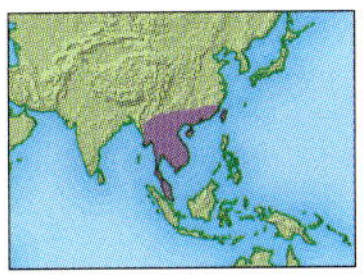

体长：30—35厘米

繁殖方式：胎生

生活习性：陆栖

现况：未评估

分布：亚洲东南部

这种长尾南蜥最显著的特征是尾巴极长，可达头体长度的两倍。它的体鳞呈褐色，且带有光泽，体侧为深褐色或黑色。这种蜥蜴生活在邻近水域的林间空地和庭院中，也见于海岸灌丛。长尾南蜥觅食主动，常常不停地用吻探查落叶和碎屑中的昆虫及蜘蛛。人们对于它的繁殖行为所知甚少，但它的大多数近亲能产下5—10只幼蜥。长尾南蜥隶属的南蜥属中既有卵生，也有胎生物种。

Trachylepis striata

条纹南蜥

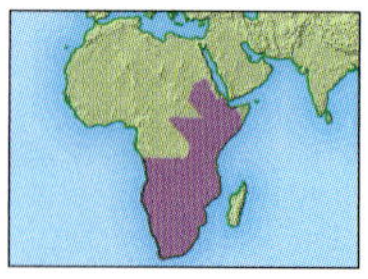

体长：18—25厘米
繁殖方式：胎生
生活习性：陆栖为主
现况：未评估

分布：南非东部

条纹南蜥体呈流线型，体色多变，但通常为褐色，背部有浅色条纹。头尖，鳞片光滑具光泽，下眼睑有透明“睑窗”。一些种群中雄蜥的头为橙色，喉为橙黄色。条纹南蜥生活在从红树林沼泽到干旱地区在内的各种栖息地中，种群密度有时很高。它们白天非常活跃，常攀爬到灌木和树木、岩石表面和建筑物上寻找小型昆虫和蜘蛛等猎物，并不时地停下来晒太阳。受到攻击时，尾巴能自切。雌蜥每次产下3—9只幼蜥，初生幼蜥体长6—8厘米，15—18个月大时发育成熟。

Lepidothryis fernandi

非洲窗鳞蜥

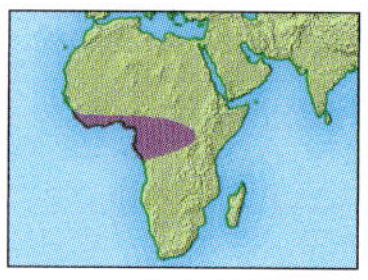

体长：22—37厘米
繁殖方式：卵生
生活习性：陆栖
现况：未评估

分布：非洲西部和中部

非洲窗鳞蜥也称火焰石龙子，曾以Riopa fernandi作为学名。这种蜥蜴头短体壮，背部为褐色，体侧和脸部具红色和黑色带纹，尾巴带有蓝色和黑色斑纹。它生活在落叶中，黄昏外出捕食昆虫和蜘蛛。非洲窗鳞蜥的尾巴和其他许多蜥蜴一样，受到蛇类或其他捕食者的袭击时可自行断落。雌蜥在落叶或朽木中产卵8枚。由于野生的非洲窗鳞蜥非常罕见，所以大部分资料都来自圈养条件下的观察。

Tiliqua rugosa

松果蜥

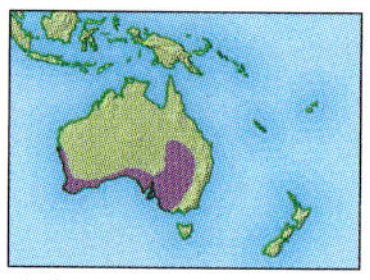

体长：30—35厘米
繁殖方式：胎生
生活习性：陆栖
现况：未评估

分布：澳洲南部和西部

松果蜥又被称为瓦背石龙子，它的尾巴粗短，看上去如同一颗冷杉球果，背鳞粗大凸起。松果蜥的肥厚尾巴可用于存储食物，而体表的粗厚鳞片则能为身体提供保护。它的体色多变，从深褐色到乳黄色不等，有时带有浅色或深色斑点。这种行动缓慢的杂食性松果蜥，多在木头下或落叶中栖息，觅食时主动活跃。松果蜥采取一雄一雌制：雌雄配偶在繁殖期间共同生活约八周，然后分开独自生活，通常等到下一年再重聚。雌蜥每次产1—3只相对较大的幼蜥。

Tiliqua gigas

蓝舌石龙子

体长：50—62厘米
繁殖方式：胎生
生活习性：陆栖
现况：未评估

分布：亚洲东南部、新几内亚岛和附属岛屿

这种产自新几内亚岛的大型蓝舌石龙子是斜纹蓝舌石龙子（下图）的近亲，两者均采取相同的防御方式，通过炫耀骇人的蓝色舌头威慑敌人。如果这招无效，便有可能张嘴撕咬。蓝舌石龙子通常不断地将吻探入落叶中，主动搜寻昆虫、软体动物、果实和叶片。人们认为它们生活在由一只优势雄性、数只雌性及年轻个体组成的群体中。雌蜥每次产8—13只幼蜥，幼蜥出生后随母亲生活数天或数周。

Tiliqua scincoides

斜纹蓝舌石龙子

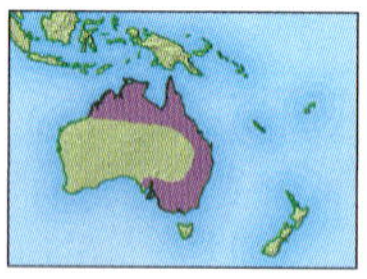

体长：45—50厘米
繁殖方式：胎生
生活习性：陆栖
现况：未评估

分布：澳洲北部、东部和东南部

这种行动缓慢的大型石龙子是澳洲最常见的爬行类之一。它的栖息环境多样，常在路边就能看到，但粗短的身形和体表的保护色使它看起来像是一截掉落在地面的木头。斜纹蓝舌石龙子的食物种类繁多，常主动觅食蜗牛、昆虫、腐肉、鲜花、果实和浆果；甚至在野餐点寻找残羹剩饭。雄蜥在繁殖期间具领域性，会对雌蜥进行短暂追逐，随后咬住雌蜥的头后侧开始交配。雌蜥的妊娠期约150天，每窝产下多达25只幼蜥。幼蜥约需要3年时间才能发育成熟。圈养个体的寿命长达25年。澳洲还生活着数种与斜纹蓝舌石龙子类似的物种，其中的一种分布在新几内亚岛和苏门答腊岛。

防御展示

斜纹蓝舌石龙子因亮蓝色的大舌头得名。受到威胁时，舌头向外伸出，同时发出响亮的“咝咝”声。这种视觉性的展示通常足以威慑进攻者。即使无牙，这种石龙子还是可以有力撕咬，但通常无害。

外形特征

斜纹蓝舌石龙子是种个头很大的爬行类，头部宽大，身子粗厚，四肢相对较短。上身呈浅灰色或褐色，体表和尾巴上带有不规则的深褐色横斑。

Tribolonotus gracilis

细三棱蜥

体长：15—20厘米
繁殖方式：卵生
生活习性：陆栖
现况：未评估

分布：新几内亚岛

细三棱蜥具有三角形的骨质头，背至尾部长有4列棘刺，眼周的橙色圈纹如同一副眼镜。它的脚底和腹部都有腺体，被认为是用于分泌气味和相互交流。细三棱蜥行动缓慢，行踪隐秘，常在树叶堆和垃圾堆中藏身。受到干扰时，发出响亮的尖叫声。雄蜥通常和1只或多只雌蜥一起生活，雌蜥在落叶或其他腐烂的植物中产下1枚个头很大的卵。

Tropidophorus grayi

尖鳞棱蜥

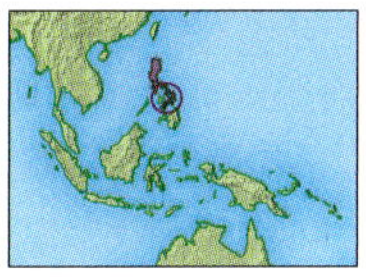

体长：20—25厘米
繁殖方式：胎生
生活习性：半水栖
现况：无危

分布：菲律宾

尖鳞棱蜥身体修长，背鳞具强棱，鳞片末端形成棘刺，呈多刺的外观。尾长相当于头和身体的总长。它们生活在凉爽的环境下，多在山间的溪流及周边活动，常见于腐烂的原木底下。遇到危险时跳入水中，躲藏在河底的石块下。尽管尖鳞棱蜥相对常见，但人们对于它的群体和繁殖行为了解甚少，只知道雌蜥会产下1—6只幼蜥。

Ameiva ameiva

普通美洲蜥

体长：45—50厘米
繁殖方式：卵生
生活习性：陆栖
现况：未评估

分布：美国中部、南美洲北部和中部

普通美洲蜥体呈流线型，头尖，尾极长，长度可为身体的两倍。雄蜥比雌蜥更为细长，且色彩更加明亮，沿背部中央向下有一块亮绿色区域。雌蜥的繁殖季节很长（3—12月），可产卵数窝，每窝2—6枚。普通美洲蜥结成松散的群体生活在森林的开阔地、道路或小径两旁以及靠近人类居住区的耕地中。它们在阳光洒落处取暖，天凉时躲藏在落叶或原木下。

Aspidoscelis uniparens

沙原鞭尾蜥

体长：15—23厘米
繁殖方式：卵生
生活习性：陆栖
现况：无危

分布：美国南部、墨西哥北部

沙原鞭尾蜥分布于沙漠、草原和灌丛地带，是生活在北美洲的10多种相似蜥蜴中的一种。它的身体细长带有条纹，尾巴呈鞭状，但最显著的特征（其他几种鞭尾蜥也存在）则是所有的个体都为雌性，而雄性却从未被发现。沙原鞭尾蜥是一种日行性捕食者，以昆虫为食。它们也在晴天外出短暂地晒晒太阳。成体产卵1—4枚，将其埋在土壤中，或是产在岩石或原木下，初生幼蜥的尾巴呈亮蓝色。

体表具条纹

沙原鞭尾蜥体呈褐色，6—7条浅色条纹沿背部而下。吻尖，纤细的身体向后逐渐变细形成极长的尾巴，故而得名。

全是雌性

这种蜥蜴为孤雌生殖，无须交配就能产下可发育的卵。成体和幼体全都是雌性。研究表明，这一物种和其他类似的物种均由单一个体演化而来。每个物种都是一个克隆体，有着与母体相同的遗传信息。

Tupinambis teguixin

黑双领蜥

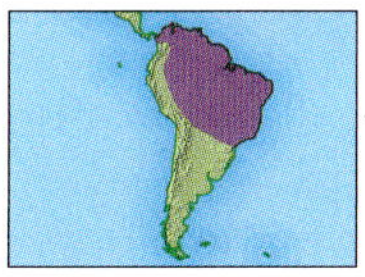

体长：80—110厘米
繁殖方式：卵生
生活习性：陆栖
现况：无危（最新）

分布：南美洲的北部和中部

黑双领蜥是南美洲最大的陆栖爬行类之一，和仅分布在非洲、亚洲东南部和澳洲的巨蜥（第430页）存在一些显著的相似特征。黑双领蜥的四肢强健，长爪适于挖洞，利用分叉的舌头“品尝”空气。和大多数巨蜥一样，它们的食物种类也很繁多，包括昆虫、无脊椎动物、鸟类和小型哺乳类以及其他蜥蜴和腐肉。黑双领蜥生活在林间的空地和河岸边，善于游泳。常被猫科动物等大型食肉哺乳类捕食，年幼个体会被蛇和蜥蜴侵害。遭遇捕食者时，它们张口便咬，同时用爪子抓伤对方，也会甩动尾巴击打敌人。黑双领蜥依靠后腿行走，相互之间会发出能传播很远的响亮鼾声进行交流。交配时，雄蜥抓住雌蜥的脖子，然后扭身转到后者下方。雌蜥交配后产卵7—12枚，有时产在洞穴里，但通常在白蚁丘的底部产卵。白蚁会很快修好蚁丘，将卵封在其中，保持蚁巢内的温度恒定，直到3个月后幼蜥孵出。黑双领蜥偶尔被人类食用，它的皮则被用于制作服饰。

Dracaena guianensis

闪光蜥

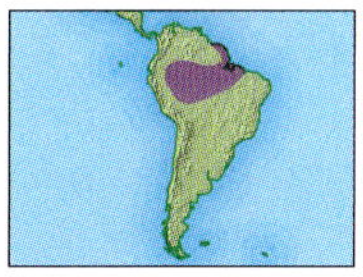

体长：0.9—1.1米
繁殖方式：卵生
生活习性：半水栖/树栖
现况：未评估

分布：南美洲北部

这种相对较大的闪光蜥形似一只短头鳄，身体呈浅绿色或褐色，体侧具黄色或黄褐色斑点。雄蜥的喉为橘色和黑色，雌蜥为灰色。闪光蜥常潜入浅水河流、湖泊和溪流中寻找螺类，然后将猎物带到水面，利用大而扁平的牙齿咬碎外壳，吃掉里面的柔软部分。人们对于这种罕见的爬行类了解甚少，但认为它们是卵生物种。

Xantusia henshawi

花岗岩夜蜥

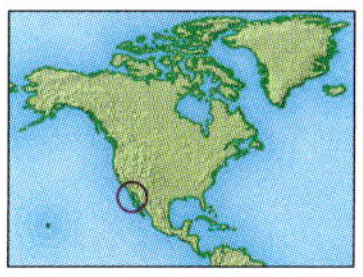

体长：5—7厘米
繁殖方式：胎生
生活习性：陆栖
现况：无危

分布：美国西南部（加利福尼亚南部）、墨西哥（加利福尼亚半岛）

这种夜行性花岗岩夜蜥身体扁平，可挤进剥落岩石的石片下。全身布满淡黄色的细小鳞片，体表有许多大型黑色斑点。花岗岩夜蜥夜间在岩石表面积极寻找食物，受到捕食者威胁时，迅速钻入狭窄的缝隙中。尽管这种蜥蜴并不十分罕见，但却受到法律保护，因为采集者往往会挪开石片搜寻它们，对其栖息地造成破坏。

蛇蜥

门：	脊索动物门
纲：	爬行纲
目：	有鳞目
亚目：	蜥蜴亚目
总科：	蛇蜥总科
科：	7科
种：	244种

这一多样的类群包括蜥蜴中体形最大的巨蜥和毒蜥（墨西哥毒蜥和吉拉毒蜥），以及蛇蜥。蛇蜥的进化程度被认为高于其他蜥蜴，并且很有可能是蛇类的祖先，许多物种都具毒牙状的牙齿和分叉的长舌头。这类蜥蜴几乎遍布世界各地。

捕猎与觅食

蛇蜥采用各种方法搜寻和制服猎物。与大多数蜥蜴一样，较小的物种主要取食昆虫，但体形较大的巨蜥则能制服猪和鹿等大型哺乳类。巨蜥也吃腐肉，并具备发现腐肉的灵敏嗅觉。毒蜥也靠嗅觉捕猎，能长距离地追踪猎物，利用舌头捕捉小型哺乳类和鸟类留下的气味。它们也吃地面鸟巢中的鸟蛋。

繁殖

蛇蜥为卵生或胎生。巨蜥中的部分物种利用强健的爪子扒开白蚁丘，将卵产在其中。当白蚁修复蚁丘后，巨蜥的卵便被埋在这种可控的环境中，不受捕食者的侵扰。受精卵通常在雨季来临，土壤变得松软时孵化。有些物种的雌性还会返回蚁丘帮助幼蜥破土而出。

身体结构

蛇蜥中的最大类群是蛇蜥类。这些身体细长的蜥蜴具有光滑的鳞片，许多物种的四肢细小或完全缺失（如蛇蜥）。巨蜥的颈部很长，头窄吻尖，四肢强壮，尾巴结实，因此极易辨认。它们的舌头长而分叉，用于探测周围的环境。这个科中还包括一些体形非常大的物种，如科莫多巨蜥。有毒物种的身体粗壮，头宽吻钝，四肢粗短，尾巴粗大，如分布在北美洲的毒蜥。它们能用下颌上的锋利毒牙将毒液注入猎物体内（蛇的毒牙位于上颌）。

捕猎

巨蜥虽然体形庞大，但行动却非常敏捷。红树巨蜥（图中所示）大部分时间都在水中活动，但也上岸捕猎，利用强壮的爪子爬到树上寻找猎物。

Anguis fragilis

慢缺肢蜥

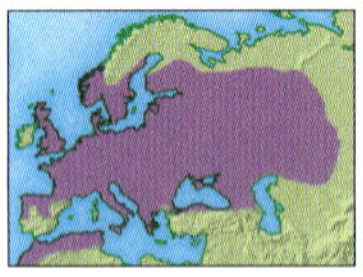

体长：30—40厘米
繁殖方式：卵胎生
生活习性：陆栖/穴居
现况：未评估

分布：欧洲、亚洲西部、非洲西北部

这种分布广泛的无腿的慢缺肢蜥身体光滑，覆有鳞片，舌头可以吐出摆动，外表更像蛇而非蜥蜴。近距离观察可发现，它的眼睑可以闭合，因而极易与蛇区分；受到威胁时，尾巴也能断落，以便逃生。尾巴断掉后需要很长时间才能再生，因此许多成体的身体都有缩短。幼蜥通常颜色鲜艳，具金属光泽，背中央有一道条纹。雌蜥成年后条纹仍旧保留，而雄蜥则变成单一的铜褐色或灰色，有些个体可能带有蓝色斑点。

慢缺肢蜥行踪隐秘，生活在隐蔽处的众多环境，藏身于木头或扁石下方，或躲在垃圾堆中。白天偶然晒太阳，但主要在黄昏外出捕食蛞蝓和其他无脊椎动物，对庭院植被大有益处。繁殖期间的雄蜥极具领域意识，交配后，雌蜥产下6—12只幼蜥。慢缺肢蜥的寿命很长，但北方种群有近一半的时间都在冬眠。

Elgaria kingii

索诺拉短吻蜥

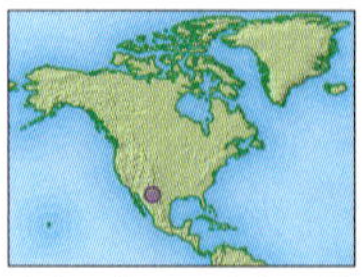

体长：19—30厘米
繁殖方式：卵生
生活习性：陆栖
现况：无危

分布：美国西南部、墨西哥西北部

索诺拉短吻蜥体呈浅褐色，带有深色横纹，尾长，鳞片闪亮，体侧各具向后延伸的皮褶。它们身体细长，四肢短小，适于在草丛和其他茂密的植被中快速穿梭。行踪隐秘，白天活动，偶尔在黄昏时出来游荡。索诺拉短吻蜥喜欢待在潮湿地区或是靠近溪流的干燥林地、山区和高地草原，在枯叶和碎叶片中觅食昆虫和蜘蛛。冬季食物不足时进入冬眠。它们会被蛇类、鸟类和小型哺乳类捕食，一旦被敌人捉住，就会断掉尾巴，并将粪便喷涂在敌人身上。这种蜥蜴结成松散的群体共同生活，雄蜥繁殖期间具有领域性。雌蜥在潮湿的沙子或土壤里产卵9—12枚，产卵结束后用土掩埋；刚孵出的幼蜥带有明显带纹。

Pseudopus apodus

欧洲蛇蜥

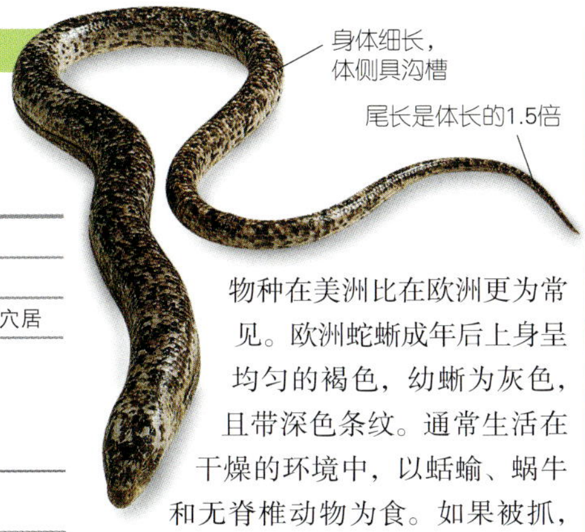

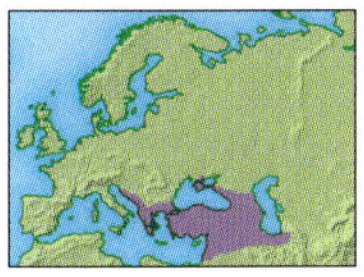

体长：1—1.2米

繁殖方式：卵生

生活习性：陆栖/穴居

现况：未评估

分布：欧洲东南部、亚洲西部

这种无腿蜥蜴是蛇蜥科中最大的成员，体长超过很多蛇类，蛇蜥科的物种在美洲比在欧洲更为常见。欧洲蛇蜥成年后上身呈均匀的褐色，幼蜥为灰色，且带深色条纹。通常生活在干燥的环境中，以蛞蝓、蜗牛和无脊椎动物为食。如果被抓，尾巴有可能断落，或将粪便喷涂在捕食者身上。雌蜥每次产卵8—10枚，然后把它们埋在潮湿的沙地或土壤中。

Ophisaurus ventralis

美东蛇蜥

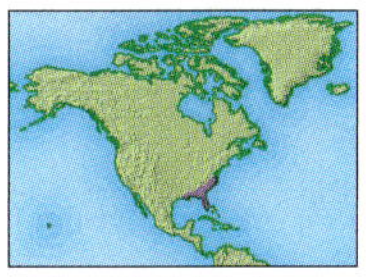

体长：45—108厘米

繁殖方式：卵生

生活习性：陆栖/穴居

现况：无危

分布：美国东南部

这种无腿蜥蜴是北美四种近亲物种中的一种。身体呈褐色，体侧为黑色，主要生活在地面上的潮湿草地中，而它的近亲大部分时间都在地下生活。它的尾长超过体长的两倍，且易断。美东蛇蜥多在清晨和雨后活动，以蛞蝓、蜗牛、昆虫和小型脊椎动物为食。雌蜥在潮湿的土壤中产卵8—17枚，然后守护在旁直到它们孵化。

Anniella geronimensis

纵纹无肢蜥

体长：10—15厘米

繁殖方式：胎生

生活习性：穴居

现况：濒危

分布：墨西哥（下加利福尼亚半岛）

纵纹无肢蜥体形细小，呈银色至浅褐色。它们并不建造固定的洞穴，而是在地表下方的疏松沙地中“游动”穿行，尤其是在低矮灌木的底部附近。有可能在夜间或黎明时分来到地面，在沙地里留下活动痕迹。这种很少被人研究的蜥蜴以蜘蛛和小昆虫为食。受到攻击时自行断尾求生。

Heloderma suspectum

希拉毒蜥

体长：35—50厘米

繁殖方式：卵生

生活习性：穴居/陆栖

现况：近危

分布：美国西南部、墨西哥北部

希拉毒蜥是北美最独特的爬行类之一，也是世界上仅有的两种危险的毒蜥之一。它的身体粗壮，体表的橙色、粉色或黄色斑纹与黑色带纹形成强烈的对比，意在警告潜在的敌人自己有毒。希拉毒蜥生活在半沙漠或裸岩地带的灌丛等容易获得水分的地带。与其他大多数蜥蜴相比，它们行动缓慢，春季在白天捕食，炎热的夏季则在黄昏或天黑时捕猎。它们的尾巴也像骆驼的驼峰一样，能用来储存脂肪；食物短缺时尾巴萎缩，尤其在冬季进入冬眠时。雌蜥于夏末产下数窝卵，每窝多达8枚，将其埋在潮湿沙地中挖开的洞穴里。

食性

希拉毒蜥捕食小型哺乳类，也取食鹌鹑、鸠鸽和爬行类的卵。它依靠嗅觉捕猎，能借助舌头“品尝”周边环境的信息。毒液由下颌上的腺体产生，而非像蛇类一样产自上颌。这种蜥蜴利用尖牙凶猛地咬住猎物，将毒液注入其伤口。尽管被希拉毒蜥咬中很痛，但对成年人并不致命。

强壮的穴居者

这种蜥蜴的四肢强壮，适于掘洞，行走时动作缓慢，步伐笨重。它的体色可作为保护色，或是用于警告捕食者。

Heloderma horridum

墨西哥毒蜥

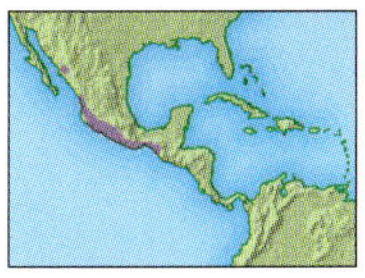

体长：70—100厘米

繁殖方式：卵生

生活习性：陆栖/穴居

现况：无危

分布：墨西哥西部

墨西哥毒蜥是希拉毒蜥（见右上）的近亲，同样有毒，但颜色较柔和。身体通常呈深褐色，带有浅色斑点，但分布在南部的个体全身都呈黑色。这种毒蜥藏身于洞穴，外出捕食鸟类，尤其是雏鸟，以及鸟蛋和小型哺乳类。它用下颌具沟槽的锋利牙齿咬伤猎物，注入毒液。尽管被它咬到后很痛，但不会使人丧命。雌蜥在洞穴中产下4—10枚较大的长形卵。

Lanthanotus borneensis

婆罗蜥

体长：40—45厘米

繁殖方式：卵生

生活习性：穴居/半水栖

现况：未评估

分布：亚洲东南部

这种游泳健将栖息在河边的洞穴里，洞穴有时会被洪水淹没。短小的四肢和钝吻都适于穴居生活，而透明的眼睑和鼻孔则能闭合，以适应水中生活。婆罗蜥夜间活动，行踪隐秘，很难被发现。自1878年第一次被描述以来，只采集到100个标本，因而人们对其了解甚少。婆罗蜥曾被认为与毒蜥属（上方的希拉毒蜥和左边的墨西哥毒蜥）和后来的巨蜥（第430页）存在亲缘关系，现在则认为它们没有任何现存的近亲物种。

Varanus komodoensis

科莫多巨蜥

体长：2—3米

繁殖方式：卵生

生活习性：陆栖

现况：易危

分布：印度尼西亚（科莫多岛、林卡岛、帕达尔岛、弗洛勒斯岛西部）

科莫多巨蜥是世界上最重的蜥蜴，平均体重约为70千克，圈养个体的体重有时还要加倍。它们身体很长，四肢发达，舌头前端分叉很深，觅食时舌头伸出。幼蜥带有明显的灰色或乳黄色斑纹，成年后斑纹消失，体色转为均匀的灰褐色，体表具鳞，肤褶深厚。科莫多巨蜥生活在灌木丛生的山坡、开阔的林地以及干涸的河床中，以活的动物或腐肉为食。它们嗅觉灵敏，可以闻到5千米之外的腐烂气味，但主要还是通过伏击捕捉猎物。幼蜥攻击蛇类、蜥蜴和啮齿类，成年个体则捕食野猪、水牛和鹿等体形较大的猎物。科莫多巨蜥还有同类相食的习性，这也是幼蜥大部分时间都待在树上的原因。

科莫多巨蜥成年后大多独自生活，但有猎物遇害时，则聚集前来抢食 。雄蜥繁殖期间相互竞争交配权，彼此用尾巴支撑身体，以直立姿势扭打在一起，雌蜥交配后在沙地掘穴产数窝卵，每次可产卵达25枚。受精卵约在9个月后孵化，幼蜥出壳后要自谋生路。科莫多巨蜥需要5年的生长时间才能发育成熟，野生个体最多能活40年左右。

追踪食物的气味

科莫多巨蜥的视力良好，但主要依靠嗅觉寻找食物。它们和蛇一样，用舌头“品尝”空气，收集空气中的气味分子。它们具有锯齿状的锋利牙齿，但由于不能咀嚼食物，因此只能将食物撕碎后，再向后抛入口中。科莫多巨蜥的唾液中含有毒性细菌，只要猎物被咬伤，这些细菌就能感染伤口，使猎物日渐虚弱。有研究者于2009年发现，科莫多巨蜥实际上会产生一种毒素，用来使猎物休克，并阻止其血液凝结。

保育

科莫多巨蜥是世界上最大的本土性掠食动物，仅见于印度尼西亚的少数岛屿。种群数量估计为2500—5000只，只占50年前的一小部分。其数量骤减的原因在于被猎杀、猎食减少和栖息地的改变。然而，科莫多巨蜥已经成为岛屿的成员，不断吸引游客前来观光的重要因素，为它的保护提供了非常实际的诱因。

巨型杀手

科莫多巨蜥看似笨拙，但短距离的冲刺时速可达18千米，并且还善于游泳。它们的食量惊人，一顿就能吃掉多达自身体重一半的食物。

爬行动物

猎杀中的科莫多巨蜥

抢先抵达

一只科莫多巨蜥循着气味找到几小时前被攻击的鹿。虽然猎物得以逃脱，但最终死于科莫多巨蜥的咬伤。

开始进食

这只巨蜥开始进食猎物。颌部和头骨间的关节开阖自如，因而能吞下大块食物。

狼吞虎咽

这只巨蜥迅速进食，将皮、肉甚至骨头全部吞下。当尸体的气味随风飘散时，其他的科莫多巨蜥也开始向尸体方向聚拢。

抢夺食物

抵达现场的巨蜥愈来愈多，个头较大的巨蜥试着恐吓较小的个体，逼迫后者离开猎物。如果食物分量很少，打斗将在所难免。

Varanus albigularis

非洲巨蜥

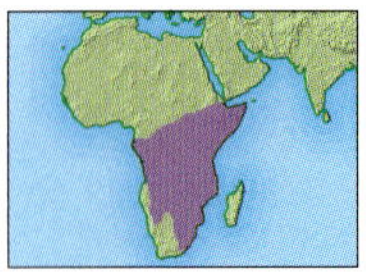

体长：1米，最长8米
繁殖方式：卵生
生活习性：陆栖/穴居
现况：未评估

分布：南非东部、中部

这种蜥蜴也称白喉巨蜥，四肢强健适于挖洞穴居，也生活在中空的树干中。非洲巨蜥具有领域性，活动范围达18平方千米，捕食鸟类、蜗牛、昆虫和无脊椎动物。它们的天敌主要是猛雕和蜜獾，尽管在当地受到法律保护，但还是会被人类捕食。非洲巨蜥通过鼓胀喉部和身体、挥扫尾巴和噬咬进行防御。雌蜥每年产卵两窝，每窝的数量多达50枚。

Varanus varius

饰纹巨蜥

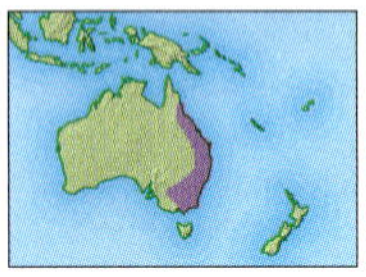

体长：1.5—2米
繁殖方式：卵生
生活习性：树栖
现况：未评估

分布：澳洲东部

饰纹巨蜥体呈深灰色或带蓝色，体表有白色或乳黄色斑纹，颈和尾巴很长，有适于爬树的长爪子。遇到威胁时，张嘴噬咬并用动尾巴攻击。它们在地面和树上捕食昆虫、爬行类、鸟类、鸟蛋以及小型哺乳类。雌蜥在白蚁丘中产卵6—12枚，然后由白蚁将其封在蚁巢内。据说雌蜥会返回蚁丘帮助幼蜥钻出。

Varanus dumerilii

颈斑巨蜥

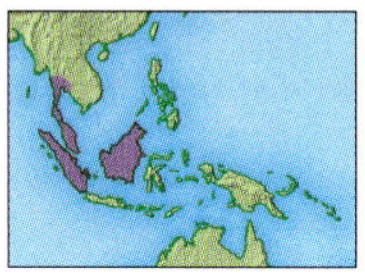

体长：1—1.3米
繁殖方式：卵生
生活习性：陆栖为主
现况：未评估

分布：亚洲东南部

虽然这种细长的灰色蜥蜴大多为陆栖，但也擅长游泳，当在水下捕捉蟹类时，鼻孔还能闭合。它也会积极觅食昆虫、鸟类、鸟蛋和龟卵。偶尔遁入海中，或是爬上树丛和灌丛逃避哺乳类和蛇类等主要天敌，这些捕食者尤其会对幼蜥造成威胁。雄蜥繁殖期间具有领域性，雌蜥交配后在土堆或落叶中产卵。这种巨蜥喜欢栖息在红树林中，但在远离海岸的森林中也有分布。

Varanus niloticus

尼罗巨蜥

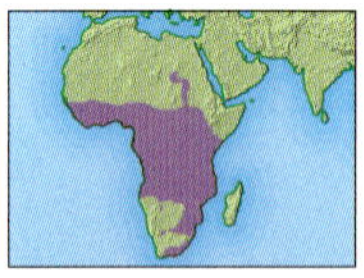

体长：1.4—2米
繁殖方式：卵生
生活习性：半水栖
现况：未评估

分布：非洲（主要是撒哈拉以南）

尼罗巨蜥体呈灰棕色，从不远离水域活动。常在水边的岩石或树桩上晒太阳，捕食蟹类、软体类、鱼类、蛙类和鸟类，也吃鸟蛋和腐肉。鳄鱼和蟒蛇都猎捕尼罗巨蜥，而后者则用尾巴、爪子和牙齿进行自卫。分布在寒冷地带的种群在公共“洞穴”一起冬眠。雌蜥在白蚁丘内产卵20—60枚，当雨水将泥土软化后，孵出的幼蜥就会自行挖穴钻出。

Varanus prasinus

翡翠巨蜥

体长：75—100厘米
繁殖方式：卵生
生活习性：树栖
现况：未评估

分布：新几内亚岛

翡翠巨蜥的身体结构非常适合树栖，身体轻巧细长，能攀附在细窄的树枝上，借助体色与树丛融为一体。

它以昆虫、小型脊椎动物、蟹类和鸟蛋为食。受到威胁时，在植被中穿梭逃窜，一旦走投无路，便有可能撕咬对方。翡翠巨蜥是少数天生具有社会性的巨蜥之一，似乎生活在小型群体中，整个群体由一只优势雄性，数只雌性、从属雄性和幼体组成。雌蜥在树栖白蚁的洞穴中或堆积的落叶中产卵，每窝的数量多达6枚。

Varanus flavirufus

砂巨蜥

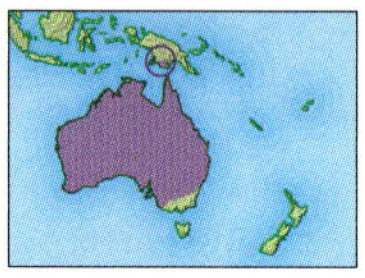

体长：75—100厘米
繁殖方式：卵生
生活习性：陆栖/穴居
现况：未评估

分布：新几内亚岛南部、澳洲

这种令人印象深刻的爬行类有着细长强健的身体，体色多变，从淡黄色至深灰色不等，但眼后方至颈部几乎总有一条深色线纹。当它们用后腿站立时，尾巴能起到支撑作用，而受到威胁时，则将尾巴左右挥扫当作鞭子或棍棒使用。砂巨蜥十分贪吃，以哺乳类、鸟类和其他爬行类以及一些更小的动物和腐肉为食。它们藏身于洞穴和树洞中，雌蜥常用爪子把白蚁丘刨开，将卵产于其中。

Varanus bitatawa

碧塔塔瓦巨蜥

体长：2米
繁殖方式：卵生
生活习性：树栖为主
现况：未评估

分布：菲律宾

碧塔塔瓦巨蜥发现于菲律宾吕宋岛（Luzon）马德雷山（Sierra Madre）的北部山林，于2010年才被确定为新种。它们的体长超过一个高大男子，上身呈黑色，带有金色斑点，尾巴具黑色和绿色带纹。碧塔塔瓦巨蜥大部分时间都在高大的树上采食果实，有些位置距离地面20多米。它们的习性隐秘，很少穿越开阔地带，有可能是为何在如此长的时间都没被科学家发现的原因。这种栖息在森林中的巨蜥与分布在吕宋岛南部的近亲被一条贯穿低地河谷的150千米长的断裂带隔离。

Shinisaurus crocodilurus

鳄蜥

体长：40—46厘米
繁殖方式：胎生
生活习性：半水栖
现况：濒危（最新）

分布：亚洲东部（中国广西）

这种罕见的蜥蜴体呈橄榄色，沿背部至尾部的数列增大骨质鳞片与鳄鱼的身体结构类似。雄蜥的体色较雌蜥鲜艳，但这可能只出现于繁殖季节。为了不被发现，这种蜥蜴可在数个小时内僵持不动，这种策略和保护性体色有助其和周围的环境融为一体。鳄蜥对低温有着独特的适应方式，如果夜间非常寒冷，它的身体系统就能“关闭”数小时以节省能量。雌蜥每次产下2—10只幼蜥，生产过程有时需要数天才能完成。

爬行动物

蚓蜥

门：	脊索动物门
纲：	爬行纲
目：	有鳞目
亚目：	蚓蜥亚目
科：	6科
种：	181种

尽管被称为“蚓蜥”，但这类动物既非蚯蚓，也非蜥蜴。然而，它们与蜥蜴存在密切的亲缘关系，并与蜥蜴和蛇一同被归入有鳞目。蚓蜥适应穴居生活，只有在大雨冲毁它们的洞穴后才爬上地面活动。它们调节体温的能力有限，因此只能分布在热带和亚热带地区。

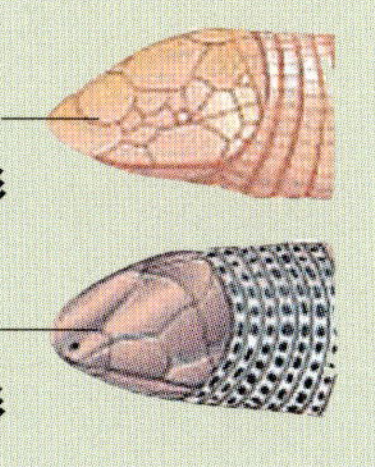

头形

蚓蜥利用坚硬的颅骨掘土。它们的吻部形状因挖掘方式而异。

穴道

蚓蜥建造自己的洞穴，深入穴道内搜寻蠕虫、昆虫及幼虫。它们的头骨非常坚硬，可以当作挖掘工具使用。鼻孔朝向后方，防止挖洞时吸入泥土。下颌后凹，因此当头部在土中推进时，嘴巴能够保持紧闭。

身体结构

蚓蜥的外表似蠕虫，身体呈长圆柱形，体表环绕的鳞片看上去如同体节。它们的眼睛退化，光滑的头从侧面看呈楔形。除了3个物种的头部附近长有前肢，且趾端具有善于挖掘的爪子外，其余的物种均没有四肢。大多数蚓蜥因缺少色素而呈粉褐色，少数物种的颜色较为鲜艳。

眼和耳

蚓蜥的眼睛被半透明的皮肤覆盖，并且与许多穴居动物一样，视力很差。还缺少外耳孔。

鳞片

蛇类的鳞片重叠排列，而蚓蜥的则呈同心圆状排列。

四肢

蚓蜥几乎终生都在地下生活，在土壤、沙子或落叶中掘穴。大多数物种的四肢已经完全退化。但其中一个科的成员还保留着前肢，即墨西哥蚓蜥（图中所示）。

Amphisbaena fuliginosa

黑白蚓蜥

体长：	30—45厘米
繁殖方式：	卵生
生活习性：	穴居
现况：	未评估

分布：南美洲北部、特立尼达拉岛

这一南美洲物种因体表的明显斑纹而成为最容易被识别的蚓蜥之一。几乎只生活在洞穴中（但在夜间会爬上地面），用头在地下挖洞，身体能像手风琴一样在地道中伸缩前行。黑白蚓蜥以各种小型脊椎动物和昆虫为食，利用强健的双颌攻击猎物。如果受到威胁，尾巴可部分断落，但断尾无法再生。这一物种与其他蚓蜥一样难以开展研究，因为它们大部分时间都在地下生活。

Bipes biporus

双足蚓蜥

体长：	17—24厘米
繁殖方式：	卵生
生活习性：	穴居
现况：	无危

分布：墨西哥（下加利福尼亚半岛）

双足蚓蜥别称鼹蜥，是世界上最引人注目的爬行类之一，有着适于穴居的典型适应性特征，如头部钝圆，体呈圆柱形，尾短，以及一对非常短的强健前肢。足端具爪，有助其在地下掘洞穿梭。双足蚓蜥很少在地面活动，除非是在大雨过后。这种蚓蜥通过伏击方式捕食蜥蜴和其他小动物，得手后通常将猎物拖入地下的洞穴中。它们的两个相似物种也只分布在墨西哥。

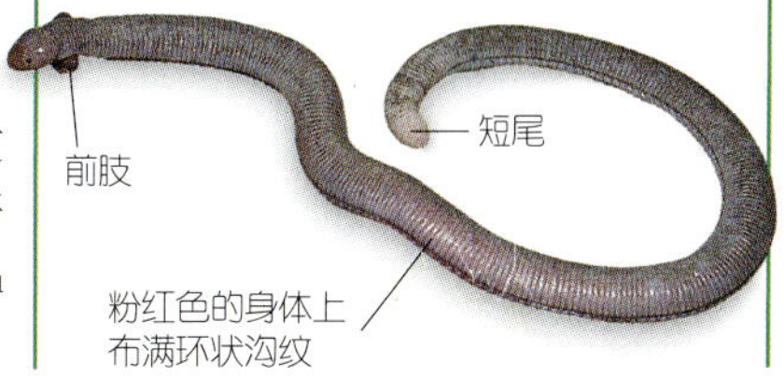

Rhineura floridana

佛罗里达蚓蜥

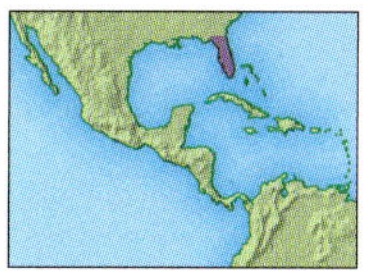

体长：	25—35厘米
繁殖方式：	卵生
生活习性：	穴居
现况：	无危

分布：美国东南部（佛罗里达）

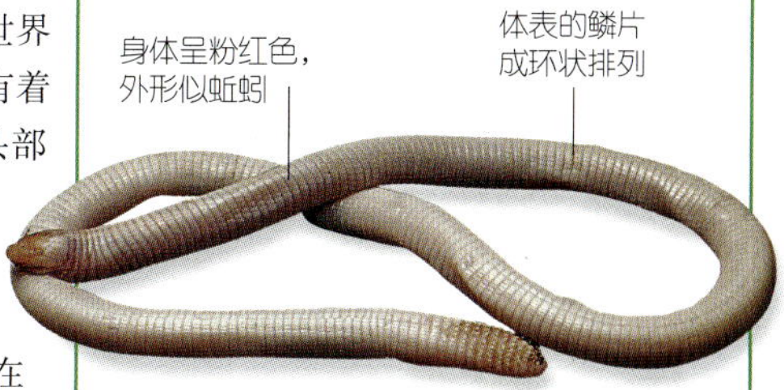

佛罗里达蚓蜥形似蚯蚓，身体呈粉红色，分界模糊的鳞片环绕在圆柱形的身体上，且缺少四肢和外露的眼睛，也无外耳孔。极个别个体的体长可达40厘米。这种蚓蜥几乎完全在地下生活，但会因大雨或耕作而被迫来到地面。佛罗里达蚓蜥是一种机会主义觅食者，以掘洞时遇到的无脊椎动物为食。它们会被鸟类捕食，嘲鸫在捕食蚯蚓时，偶尔也会将它们挖出。

Blanus cinereus

伊比利亚蚓蜥

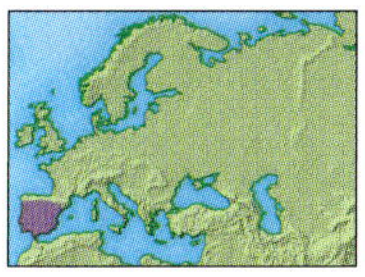

体长：	10—20厘米，最长30厘米
繁殖方式：	卵生
生活习性：	穴居
现况：	无危

分布：欧洲西南部

伊比利亚蚓蜥的体形很小，略呈粉褐色或紫褐色，头短吻尖，双眼退化，体表具环状槽，所有这些特征都适于穴居生活。大多在岩石和木头下方活动，夜间有可能上至地面，特别是在大雨过后。它们沿着地下穴道捕食蚯蚓和小昆虫。分布在摩洛哥和阿尔及利亚的另一种蚓蜥（Blanus stingitanus）曾被当成是伊比利亚蚓蜥。

鳄与短吻鳄

门：	脊索动物门
纲：	爬行纲
目：	鳄目
科：	3科
种：	24种

这些大型爬行类是少数自恐龙时代存活至今的幸存者，在过去的6500万年间几乎没有发生变化。它们被统称为鳄类，包括鳄、短吻鳄、凯门鳄和一种食鱼鳄，均是凶猛的半水栖捕食者。鳄类中的大多数物种生活在淡水河流、湖泊和潟湖中，少数物种栖息在感潮河段，并有可能冒险入海。短吻鳄和凯门鳄（除一个物种外）仅分布于美洲北部、中部和南部。鳄主要分布在亚洲、非洲和澳洲，其中一些物种也分布在美洲中部和南部。

繁殖

具有领域性的雄鳄会与数只雌鳄交配。每只雌鳄都在水边的植物堆和泥地中，或是地下的洞穴内产卵，随后便守护在旁，当听到幼鳄孵出的叫声时，就会帮助它们离开巢穴。雌鳄与幼鳄一起生活数月时间（美洲短吻鳄为一年或更久），保护它们免遭捕食者的伤害。

亲代照料

大多数物种的雌性会用嘴巴将幼鳄叼到浅水池或回水区。

捕食大型猎物

大型鳄鱼有时合作捕猎，能制服诸如角马或野牛等大型动物，如图中的尼罗鳄。杀死猎物后，尸骸被藏在突出的河岸或原木下的水中，以待日后食用。

身体结构

所有的鳄类均有略扁的宽大身体，尾巴粗长侧扁，双颌强健，眼睛和鼻孔位于头顶，即使半潜入水中时，仍能视物和呼吸。它们还有一对透明的瞬膜，潜水时可闭合起来保护双眼。体表的角质大鳞带有突脊，多单个或成片脱落，这点与其他爬行类有所不同。大多数鳄类体呈暗橄榄色、灰色、褐色或黑色，但未成年个体可能有较淡的斑纹，并随着年龄的增长而消失。鳄目3个类群的区别在于吻的形状和牙齿的排列方式（见下文）。

吻部较短

短吻鳄

下颌第四齿

鳄

吻部狭长

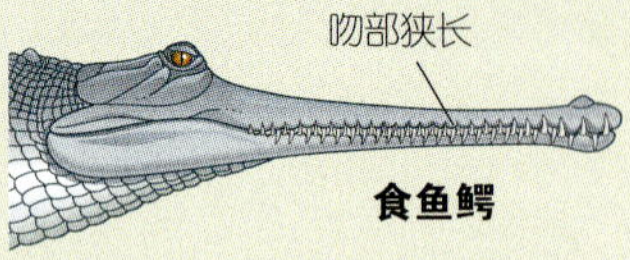

食鱼鳄

吻部形状

短吻鳄和凯门鳄的吻比鳄更加宽短。下颌第四齿可以嵌入上颌的齿槽中，嘴巴闭合时，这颗牙齿不显露。而鳄的嘴巴闭合时，下颌第四齿外露在上颌的一个缺刻内。食鱼鳄的吻狭长，前齿增大，紧随其后的牙齿较小，但大小相等。

覆盖气管的皮瓣

适应潜水

鳄有两种适应特性，可避免潜水时水流进入肺部。它们喉咙后方的皮瓣可以关闭，因而在张开大嘴捕捉猎物时，水流不会进入气管。鼻孔和外耳孔处的皮瓣也能闭合。

捕猎与进食

鳄是食肉动物，既捕食活物，也取食腐肉。它们采取不同的技巧捕猎，最常见的做法是潜伏在河流和湖泊的边缘，静待前来饮水或试图前往对岸的哺乳类进入攻击范围。另一种方法则是漂浮到水鸟等猎物身边，趁其不备之际跃起捕捉。以鱼为食的物种，如食鱼鳄，利用几乎在水中没有阻力的狭长双颌快速横扫猎物。鳄类会将捕获的鸟类、小型哺乳类和鱼类整个吞下，但由于它们无法咀嚼，因此在面对较大的猎物时，它们必须用双颌咬住尸体，在水下以身体为轴心猛力旋转，将猎物肢解。

暗中捕猎

鳄漂浮在水中时只将眼睛和鼻孔露出水面，因此能不露痕迹地进入攻击范围，并且不被猎物发现。

储存食物

这只羚羊溺死后，鳄鱼可能会先吃掉一部分，然后将剩余的部分藏在水下的“储藏室”里任其腐烂，以便更易肢解。

爬行动物

Alligator mississippiensis

密西西比鳄

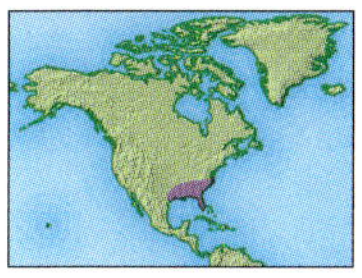

体长：2.8—5米
繁殖方式：卵生
生活习性：水栖
现况：无危

分布：美国东南部

人类曾为了获取鳄鱼皮，而对密西西比鳄大肆捕杀，20世纪50年代，这种鳄鱼变得极为濒危，但在受到法律保护后，数量得以迅速恢复。密西西比鳄体大而强壮，体呈黑色，头宽吻圆，背部具厚鳞。它的下颌第四齿大而独特，能嵌入上颌的齿槽中。这种鳄鱼在淡水及其附近觅食，猎杀各种动物，包括从低矮树枝上捕捉鸟类。繁殖期间，雄鳄会发出吼叫以吸引雌鳄，两者随后在水下完成交配。雌鳄在枯枝落叶和泥巴建造的巨大巢穴中产下25—60枚卵，当它听到幼鳄孵出的叫声时，便挖开巢穴，随后和幼鳄一起生活达3年之久。

鳄鱼洞

密西西比鳄喜欢半漂浮在湖泊、沼泽和湿地中。当水位于仲夏时节下降时，它们便在水底沙地或泥地挖出的洞中藏身，并保留出一小池水，以困在小水池中的鱼和光临此处的动物为食。

黑色的鳄鱼

密西西比鳄的成体和幼体均为黑色，但幼体身上点缀有黄色横纹。

Caiman crocodilus

凯门鳄

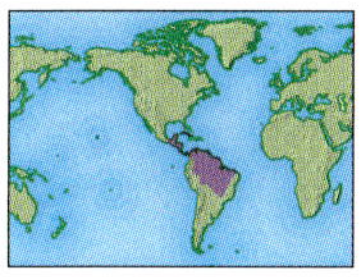

体长：2—2.5米
繁殖方式：卵生
生活习性：水栖
现况：无危

分布：美国中部、南美洲北部

凯门鳄的身体呈暗橄榄色，双眼前端有一道骨质棱脊。这种鳄鱼在大多数淡水栖息地中都可见到，除非受到干旱所迫，否则极少离水，干旱时钻入泥穴中藏身。凯门鳄白天在水面漂浮，夜间变得更加活跃。成年个体捕食其他爬行类、鱼类、两栖类和水鸟。雄鳄具有领域性，并会建立等级制度。雌鳄在水边的腐烂植物和土壤中产卵14—40枚，或将卵产在浮水植物丛中。数只雌鳄共享同一个巢穴，并保护巢穴免遭捕食者侵害。虽然因为鳄皮的需求而被大量捕杀，但这种鳄鱼却因水库等人工水体获益，使得本地的种群数量有所增加。

Crocodylus niloticus

尼罗鳄

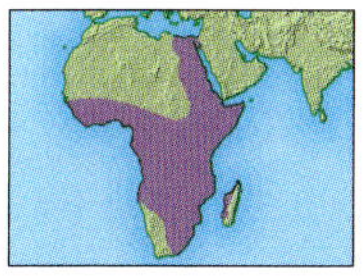

体长：3.5米
繁殖方式：卵生
生活习性：水栖
现况：无危

分布：非洲、马达加斯加岛西部

尼罗鳄的身体为深橄榄色，体表具深色横纹。它们偏爱在大型河流、湖泊和沼泽中生活，也在河口地带出没，天气炎热时，还会上岸晒太阳。尼罗鳄以鱼类、羚羊、斑马甚至是水牛等动物为食，能跃出水面捕捉筑巢的鸟类，或将前来饮水的动物拖入水中。虽然生性喜欢独居，但有可能数只个体一起觅食，协力将鱼群赶入浅水，以便更易捕捉。雄鳄具领域性，并会建立等级制度。雌鳄在水位上方挖掘洞穴，将16—80枚卵产在其中，且终生都使用同一个巢穴。孵化期间一直在旁守护。幼鳄即将孵化时发出叫声，由母鳄将其从巢穴中挖出，然后小心地将它们含在口中，分批运送到水中。幼鳄和母亲一起生活6—8周，随后逐渐四散离开。最初的4—5年里，它们都在长达3米的洞穴中生活。

双颌与牙齿

尼罗鳄的双颌很长，嘴巴闭合时，牙齿仍暴露在外。它们和其他鳄鱼一样，只能撕咬，无法咀嚼，因此在处理斑马和水牛等大型猎物时会遇到麻烦。尼罗鳄处理猎物时，先将其拖入水下溺死，然后咬住猎物，通过旋转身体撕下肉块。

适应水生

和大部分鳄鱼一样，尼罗鳄的眼睛和鼻孔也长在头顶，方便在水中视物及呼吸；它还具备有助于游泳的粗壮侧扁尾巴及带蹼后足。

Crocodylus porosus

湾鳄

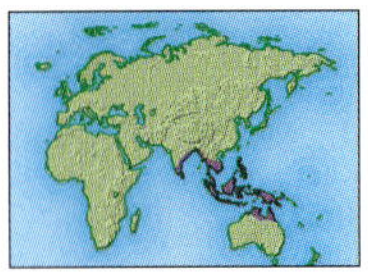

体长：5—7米

繁殖方式：卵生

生活习性：水栖

现况：无危

分布：东南亚、澳洲北部

湾鳄也称河口鳄或咸水鳄，这种庞大动物的身体呈灰色、褐色或黑色，是世界上最大的爬行类。有记录的最大标本重达1吨多，但这种庞然大物因数十年的猎杀，已经变得非常少见。这些夜行性动物生活在淡水和海水中，以各种动物为食，包括哺乳类、鸟类和鱼类。它们对人类来说十分危险，曾经造成许多伤亡事件。湾鳄在水中交配，雌鳄在河岸边高出水面的巢穴中产卵约60枚。每只雌鳄产卵后都会在一旁守护，并在幼鳄孵出后的最初几周，与它们待在一起。

上岸行走

湾鳄的四肢十分强壮，能将身体抬离地面，故能在地面上行走。

晒太阳

天气炎热时，湾鳄便爬上岸，然后张开嘴巴晒太阳。张大的嘴巴可以防止体温过热，另外还能让小鸟啄食牙齿间的寄生虫和食物残渣。

Melanosuchus niger

黑凯门鳄

体长：4—6米

繁殖方式：卵生

生活习性：水栖

现况：低危

分布：南美洲北部

黑凯门鳄因鳄皮而遭猎杀，在分布范围内的很多地区已经灭绝，并且人们认为在过去的100年间，它们的数量已经减少了99%。这种鳄鱼的吻几乎呈水平状，向嘴端逐渐变窄，下颌具灰色带纹。白天漂浮在水面，夜间或许上岸觅食。鱼类、水鸟和水豚都是它的猎物，偶尔捕食家畜，甚至连人类都有可能被它们吃掉。雌鳄产卵30—65枚，随后在旁守护，幼鳄出生后，母鳄也会保护它们。

Osteolaemus tetraspis

非洲侏儒鳄

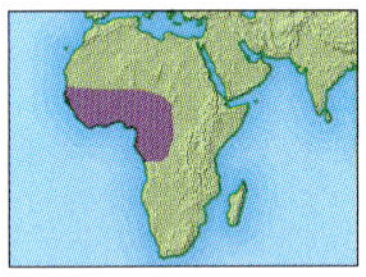

体长：1.7—1.9米

繁殖方式：卵生

生活习性：水栖

现况：易危

分布：中非和西非

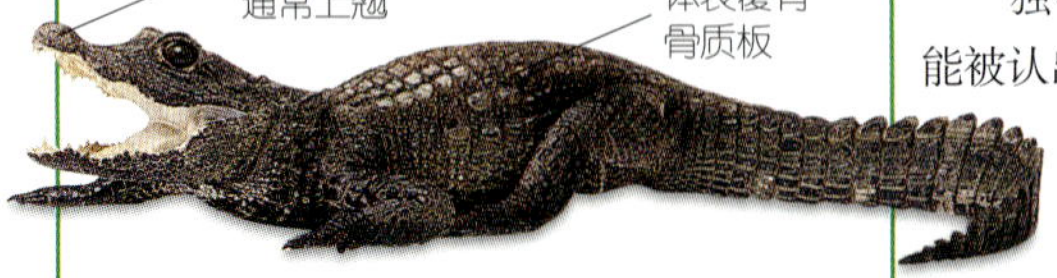

这种身体相对较短的黑色鳄鱼生活在非洲雨林的永久池塘或沼泽中。白天藏在洞穴或被水淹没的树根处，夜间在水边觅食，利用双颌横扫捕捉猎物。在季节性泛洪地区的雨季期间，主要以鱼类为食，其他时间捕食甲壳类、蛙和蟾蜍。雌鳄通常在泥土和植物堆中产卵10枚，然后在旁守护，并在水中保护幼鳄。这种鳄鱼或许在其分布的一些地区十分常见，但在其他地区，则因栖息地的破坏导致数量锐减。

Gavialis gangeticus

食鱼鳄

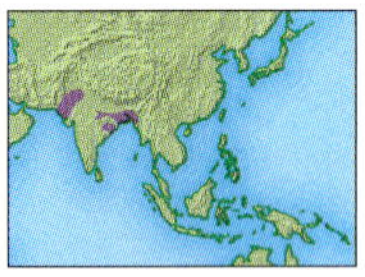

体长：4—7米

繁殖方式：卵生

生活习性：水栖

现况：极危

分布：印度北部

独特的窄长吻部让食鱼鳄一眼就能被认出。食鱼鳄也称长吻鳄，是一种体形很大却十分修长的鳄鱼，一生中的大部分时间都在水中生活。与其他鳄鱼相比，它们的四肢相对较弱，足蹼宽大。食鱼鳄主要以鱼为食，但也捕捉水鸟。雄鳄繁殖期间表现出强烈的领地意识，并会吸引数只雌鳄前来交配。雌鳄在远离水边的位置挖掘巢穴，产卵多达50枚，这些大型卵的重量通常可达150克左右。母鳄会保护刚出生的幼鳄，但不会将它们叼到水中，可能是因为嘴巴的形状不方便这样做。20世纪70年代，由于受到栖息地丧失、猎杀和捕鱼业的威胁，这种鳄鱼几乎绝迹；而随后进行的人工圈养繁殖也只取得了有限的成功。

多功能的吻

食鱼鳄的细长吻部看似柔弱，却长有极其锋利的小牙齿。它们侧身捕捉鱼类，然后利用双颌调整猎物方向，使鱼头朝向自己，方便吞食。吻端的肉质突起仅见于雄鳄，可在求偶时制造声音和气泡。

水中生活

高度水栖的食鱼鳄生活在大型河流中流速缓慢的回水区，只有在泥滩或沙滩上晒太阳和产卵时才离水。它们往往潜入深水躲避危险，就连交配也在水中完成。食鱼鳄的四肢不发达，无法在陆地上行走，只能勉强在泥滩上滑动着身体前行。

水下呼吸

鳄鱼的呼吸方式与哺乳类一样。图中的这只湾鳄很快就会浮出水面，以吸入更多的空气。

两栖类

AMPHIBIANS

两栖类

门：	脊索动物门
纲：	两栖纲
目：	3目
科：	61科
种：	6638种

两栖类与水有着密切联系，大多数种类会在水中度过生命中的部分阶段，其余时间则在陆地度过。这些变温脊椎动物（冷血动物）可分为三大类群：蝾螈和鲵、蚓螈、蛙和蟾蜍。大多数两栖类的生命周期包括从水生幼体（用鳃呼吸）至陆生成体（用肺呼吸）间的转变。尽管一些种类已经适应了在寒冷和干燥的环境中生存，但大多数种类仍旧生活在热带和温带地区的水域附近。

树蛙
这种生活在新几内亚岛和澳洲北部雨林的树蛙，拥有能很好地适应当地潮湿环境的湿润皮肤。

历史和现状

两栖类最早出现于约3.7亿年前的泥盆纪，是具有肉状鳍的总鳍鱼的后裔。肉鳍鱼是最早进军陆地的脊椎动物，体被鳞片，长有尾鳍，以及可以呼吸的肺。它们也是最早出现的四足动物，从鱼类祖先的鳍，演化出两对具有关节的附肢。这些特征让它们能将身体抬离地面，但与现存的两栖类相比，它们的体形和动作仍显笨重。两栖类在大约2.8亿年前成为陆地的主宰。然而，在随后的7000万年里，它们却被陆生爬行类（这类爬行动物能在陆地上产下带壳的卵）所取代，大多数物种也随之灭绝。

两栖动物祖先
笠头螈生活在约2.8亿年前，大概类似于现代的蝾螈，但它的头形非常奇特。

近年来，两栖类的数量急速下降。现存的许多物种都已处于濒危境地，其中有将近500种的处境更为艰辛——在过去的20年里，有些种类甚至已经灭绝。其中的原因很复杂，并且还不被人完全了解，但是可能涉及本地和全球尺度内产生影响的一系列因素。这些因素包括水体污染物造成的污染，壶菌感染和气候变化。壶菌造成的疾病首次在澳洲被发现，这种疾病目前正对几个大陆的两栖类产生影响，并且有可能在全球范围内传播。

身体结构

与其他脊椎动物相比，两栖类的身体结构相对简单，非常适于水陆两栖生活。成年两栖类大多具有五趾型四肢，其中前肢四趾，后肢五趾。蝾螈和鲵类的头部较小，身体细长，四肢短而等长，拥有较长的尾巴。然而，一些鲵类的四肢非常细小，足趾数量也相应减少，或是缺少后肢。蛙和蟾蜍类的体形大多结实宽短，头部较大，背部较短，前肢细小，后肢肌肉发达，无尾。蚓螈类的四肢退化，身体似虫，头部尖锐，尾巴较短。

除了蚓螈使用嗅觉外，两栖类大多利用视觉捕食，并且长有能在夜间帮助定位猎物的大眼睛。它们的嘴巴也非常宽大，能吃掉相当大

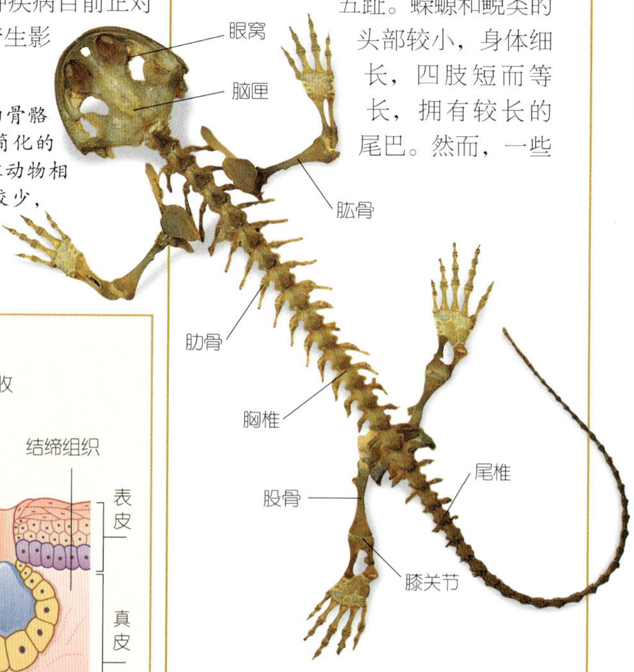

骨骼
日本大鲵亚成体的骨骼突显出两栖动物骨骼简化的进化趋势。与其他脊椎动物相比，两栖动物的骨头较少，数量远远少于它的鱼类祖先。

皮肤

两栖类的皮肤光滑裸露，体表没有保护性的鳞片或毛发。这种皮肤具有一定的透水性，尽管两栖类还拥有大量的黏液腺帮助皮肤保持湿润，但它们只能在潮湿的环境中生活，否则大多数种类的皮肤就会迅速变干。所有两栖类的皮肤中均具毒腺，很多都能分泌出令捕食者感到不适或是毒性极高的物质。

两栖类的皮肤中通常含有大量的色素细胞，能够产生各种鲜艳的体色。这在有毒的种类中尤为常见，它们惹人注目的体色其实就是一种警告。大多数两栖类通过皮肤呼吸，这意味着它们的皮肤必须时刻保持湿润。这也可能限制了两栖类的体形，因为它们需要保持高比例的体表面积，才能吸收足够多的氧气。

阳光下

阴影处

改变体色
一些两栖类的皮肤基色会根据温度、亮度或情绪的变化而改变。白氏树蛙（左图）的皮肤在阳光下呈浅绿色，当位于阴暗处时，体色则会逐渐变为深褐色。

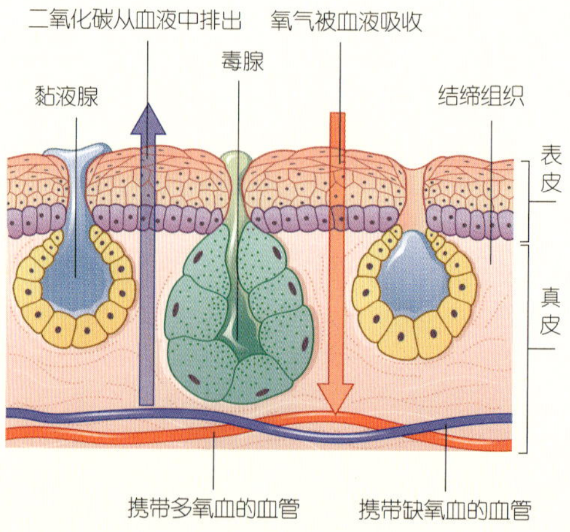

通过皮肤呼吸
许多两栖类能通过皮肤进行呼吸，直接将氧气带入血液，同时排出二氧化碳。除了具有丰富的皮下血管，两栖类的皮肤也很薄，一些血管和皮肤表层间仅有几个细胞的宽度，使气体能够很容易地进行交换。黏液腺能使皮肤表面保持湿润，帮助皮肤进行呼吸。

蠕虫状两栖类

蚓螈的身体细长，体表具环状纹，无四肢，常被误认为是大号的蚯蚓。大多数蚓螈都生活在热带森林的松散土壤或厚落叶层中。

的猎物。大多数成年两栖类呼吸时，需要借助口咽腔底部的升降将空气压入肺部，但却不具备能容纳空气的胸廓和横膈膜。然而，许多两栖类仍可通过包括鳃、皮肤、口咽腔膜在内的器官和组织，将氧气带入血液中。

每种途径的相对重要性在不同的生命周期和成体形态之间也各不相同。两栖类幼体使用外鳃进行呼吸，而某些鲵则会保持幼体时的外鳃直到成年。大多数陆栖蛙和蟾蜍，以及某些鲵类均能用肺呼吸，但也能通过皮肤和嘴巴辅助呼吸（见第438页图框）。鲵类中的无肺螈缺少肺，主要依靠皮肤和嘴巴进行呼吸。

生命周期

两栖类的生命周期包括卵、幼体和成体3个阶段，幼体会在生长至一定阶段时转变为成体，这一过程称为变态。大多数两栖类在水中产卵。而有些物种却在陆地产卵，还有些物种的受精卵在母体内进行发育。

几乎所有的蛙和蟾蜍都采取体外受精，即精子与卵子在雌性体外进行受精。交配时，雄性通常从上方抱紧雌性，当雌性排出卵子时，雄性的精子也随之排出。大多数蝾螈和鲵为体内受精，精子以精囊的形式送入雌性体内。这一过程需要雄性和雌性在动作上进行精准配合，因此许多蝾螈和鲵类均具有复杂的求偶行为，以顺利完成受精。雄性蚓螈还具有类似阴茎的器官，可直接将精子送入雌性体内。

两栖类的受精卵没有外壳，由一层卵胶膜包裹，在干燥的条件下非常容易变干。卵通常被单个产出，也可以成串或成块产出；受精卵会被小心地粘连在植物或其他固体物上，或是任其漂浮在水中。一些两栖类具有亲代抚育行为，双亲会保护自己的受精卵远离捕食者和真菌的侵扰。两栖类在产卵数量上也有巨大变化，一些物种每次只产1—2枚卵，另一些一次就能产下50,000枚卵。孵化出的微小幼体依靠剩余的卵黄提供数天的营养。两栖类的幼体（在蛙和蟾蜍类中被称为蝌蚪）在外形、食性以及成体的生活方式上非常不同。

变态是身体所有部分进行重塑的过程（见下方图框）。蝾螈和鲵类的幼体为食肉动物，以微小的无脊椎动物为食。相比之下，蛙和蟾蜍类的幼体——蝌蚪则是典型的食草动物，它们通过过滤，取食悬浮于水中的微生植物，或以覆盖在植物、岩石和水中其他物体上的藻类为食。

幼体阶段是两栖动物成长的重要阶段，但不同物种的成长时间变化很大，这主要由幼体阶段，而非成体阶段决定。几乎所有的两栖类在变态时体形会变得更小。一些两栖类会直接发育，其幼体不以自由浮游形态出现，而在卵中完成发育，孵出后变为小型成体的形态。许多将卵产在陆地上的物种都为直接发育，也有将受精卵留在体内孵化的物种。这类物种由于不出现自由浮游形态的幼体，因此无须依赖积水存活。

繁殖迁徙

成年两栖类大多生活在陆地上，但每年都要返回水中繁殖。繁殖会受到温度、降雨和昼长等综合环境因素的刺激。一些物种还会出现爆发式繁殖，它们的成体会朝着繁殖池塘大规模迁徙。有证据显示，不同的物种能通过嗅觉、根据太阳定位的能力，或是发现地球磁极上的微小变化，年复一年地返回同一个地方繁殖。

登陆

一群刚完成变态的欧洲林蛙在第一次离水之前聚集在池塘边。

亲代抚育

欧洲蝾螈独自产卵。它们用树叶将卵缠绕起来，避免它们受到紫外线辐射。

护卵行为

这只暗斑钝口螈在池塘边守护着产下的卵。雌性用弯曲的身体环绕着卵，保护它们远离捕食者和真菌感染的侵扰。

生长发育

欧洲林蛙清晰地展现出两栖类发育的3个阶段。胚胎在卵堆中开始发育。受精6天后，受精卵孵化为小蝌蚪，它们的身体呈圆形，尾巴和外鳃发育良好。蝌蚪的外鳃在4周内被吸收，并由内鳃取代。第6—9周期间，后肢开始发育，头部变得明显，身体呈现流线型。这一阶段，腿部功能逐渐完善，内鳃被肺取代。到了第9周，当前肢发育成熟时，蝌蚪就会呈现紧实的成体体形。尾巴逐渐被身体吸收，直到第16周时才完全消失。

蛙卵

从卵到成体

欧洲林蛙从卵到成体的发育通常需要大约16周时间，但发育时间会根据温度和食物供给的不同而变化。

迁徙的蛙

一些两栖类每年都会大规模地迁往繁殖地，如这群欧洲林蛙，它们通常会行进很长的距离，并穿越崎岖不平的地带。

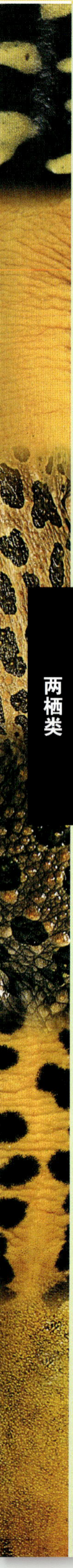

蝾螈和鲵

门：	脊索动物门
纲：	两栖纲
目：	有尾目
科：	9科
种：	597种

蝾螈和鲵的身体细长，尾长，四肢大小相似。两栖类现存的3个类群与它们的祖先非常类似，并且也具有一些最复杂和多变的生活史。一些鲵类终生都在水中生活，而另一些则完全是陆栖。蝾螈一生中的大部分时间都在陆地度过，但却要回到水中繁殖。除此之外，鲵和蝾螈之间几乎没有区别。

除了最原始的物种外，所有的蝾螈和鲵均为体内受精（蛙和蟾蜍大多为体外受精）。这类物种的雄性没有阴茎，通过精囊将精子传递给雌性。蝾螈和鲵的幼体为食肉动物，具有细长苗条的身体，宽似鱼鳍的尾巴，以及状如羽毛的大型外鳃。蝾螈和鲵栖息在潮湿的环境中，且主要分布在北半球地区。

捕食

鲵类的嘴巴比蝾螈宽大，有助于抓获像这条蚯蚓一样大的猎物。许多种类还有可以猛然伸出并卷住长猎物的长舌头。

觅食

所有的蝾螈和鲵都是食肉动物，捕食活的猎物。它们利用嗅觉和视觉寻找猎物；除此之外，一些水生种类对动物移动时造成的水流变化也非常敏感。由于这个类群的物种不甚活跃，因此对能量也没有很高的要求，特别是当摄入大量食物后，更无须频繁进食。当食物较为充足时，它们便在体内囤积脂肪，一旦遇到太干或太冷等不适于捕食的情况，这些存储的脂肪就会帮助它们渡过难关。蝾螈和鲵的幼体也是食肉动物，捕食各种水生无脊椎动物。一些物种的幼体甚至还会同类相食，吃掉比自己更小的同种个体。

身体结构

与蛙和蟾蜍相比，蝾螈和鲵成年后仍保留有尾巴。它们的头部和眼睛相对较小，主要是靠嗅觉来寻找食物和进行社群交流。大部分蝾螈和鲵具有四肢，其中前肢四趾，后肢五趾，但一些水栖鲵则缺少后肢，仅有细小的前肢。许多种类的身体两侧具有明显的凹沟，即"肋沟"，用以保持水分。蝾螈和鲵的区别在于呼吸氧气的方式不同。一些种类可通过自身光滑湿润的皮肤进行呼吸，而许多终生都在水中生活的种类，会一直保留幼体阶段的大型羽毛状外鳃。

无肺螈

无肺螈是一类典型的陆栖蝾螈。它们没有肺，而是通过血液供给十分丰富的皮肤、嘴巴和喉咙进行呼吸。

鳗螈

鳗螈共有4个物种，它们终生都生活在水中。鳗螈和其他一些水生蝾螈一样具肺，它们还通过头部两边的大型羽状外鳃吸入氧气。鳗螈的皮肤分泌物在旱季时能变硬，形成包裹全身的茧，保证它们能够存活数周或数月时间。在此期间，通过消耗体内囤积的大量脂肪维持生存。

求偶

蝾螈和鲵的求偶行为多变而复杂。雄性在求偶后通过精囊将精子传递给雌性。一些雄性蝾螈还会通过分泌被称为信息素的化学物质刺激雌性进行交配。这些信息素通过嗅觉传播，但在一些物种中，则直接渗入皮肤。欧洲蝾螈中的高山蝾螈（左边为雌性）利用可视化暗示而非信息素刺激雌性。但大部分的雄性蝾螈在交配时，都会紧紧抓住并抱紧雌性，通过"抱合"行为刺激雌性交配。

生命周期

蝾螈和鲵具有复杂的生命周期，包括卵、幼体和成体3个不同阶段。雌性产下含有卵黄的卵，以维持胚胎的发育。一些物种产下许多小型卵，另一些则产下少许大型卵，每一种卵中都包含大量的卵黄。卵最终孵化为具有羽状的外鳃，以小型动物为食的幼体。幼体一直生长，直至经过变态，发育为成体。在这个过程中，它们的鳃均会消失，而经由肺和皮肤进行呼吸。

一些种类的未成年阶段，也被称为水蜥阶段，在陆地上生长发育，这一时期可能持续数年。到了成体阶段，动物个体的生殖器官趋于成熟并开始进行繁殖，其中还可能涉及短期返回水中的问题。在这种基本类型上还有众多变化，但通常与这个物种是两栖、陆栖还是水栖有关（右图）。

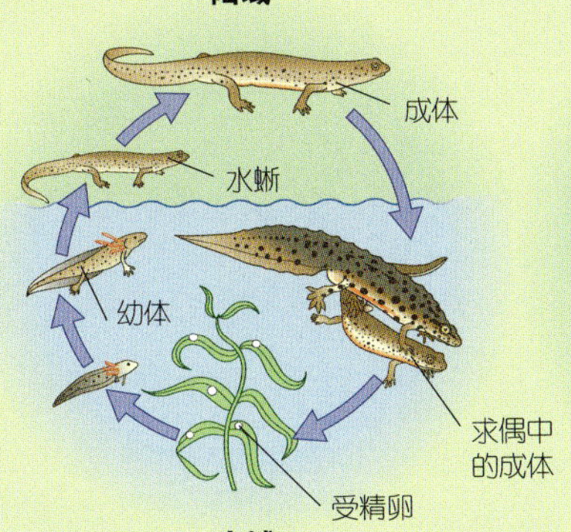

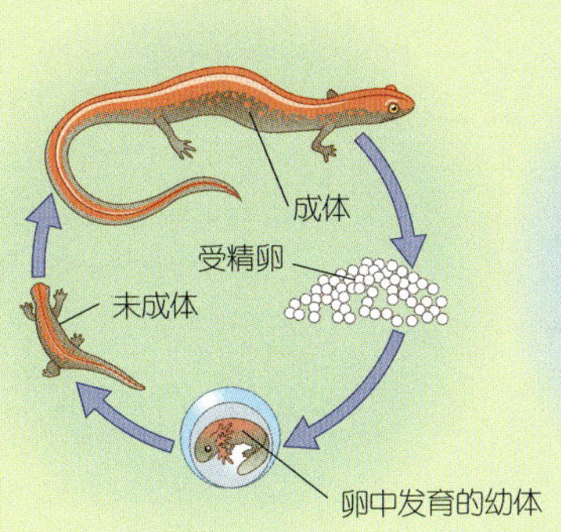

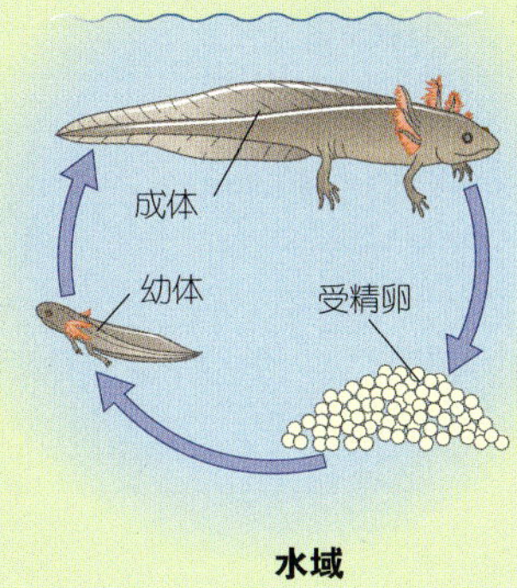

两栖

美洲、欧洲和亚洲蝾螈是水陆两栖蝾螈的典型代表。它们的成体在陆地度过一生中的大部分周期，但每个春季仍要回到水中繁殖。这个过程中包含不完全的变态逆转现象，个体在此阶段发育出可从水中吸收氧气的皮肤，以及与幼体类似的尾巴，从而使水生蝾螈能够快速游动。

陆栖

陆栖鲵通常将卵产于陆地。那些数量较少、个头较大的卵中含有大量卵黄，且雌性也会护卵。整个幼体阶段在卵中度过，并孵化为陆生成体的微缩形态。一些物种的卵留在雌性体内发育，直到产下水栖或陆栖的未成年个体。

水栖

水栖物种的整个生命阶段都在水中完成。雌性通常产下大量小型卵，并且不进行护卵。成体达到性发育成熟时，仍保留有幼体阶段的解剖和生理特点。许多物种的个体种群具有水栖生活史，而另一些则是两栖的。

幼态持续

幼态持续的蝾螈和鲵在性成熟时仍然保留与幼体一致的形态。这类物种全部为水栖，具有大型羽状外鳃。墨西哥钝口螈（如图）是人们最为熟知的例子，通过人为注射荷尔蒙激素，可以使其由变态期直接进入成体形态。

防卫

对大多数蝾螈和鲵来说，夜间出来活动将极大降低被捕食者攻击的风险。许多物种也利用头部或是尾部皮肤表面的腺体，制造出令人难受或是有毒的分泌物。加州红腹蝾螈的皮肤分泌物尤为致命。它通常以鲜艳的体色警告捕食者，但是效果最终取决于捕食者是否学会将它与令人难受的结果联系起来。少数物种不具备制造毒素的能力，但却能模仿那些有毒物种的体色。另一些物种受到攻击时，尾巴可以自行断落。这截尾巴落地后仍能不断跳动，以吸引捕食者的注意，使得被捕食的动物个体能够趁机脱逃。

迷惑敌人

蝾螈和鲵中的一些种类采取古怪的防御姿势。图中的畸趾四趾螈采取一种扭曲的姿势警告捕食者，同时显露出明亮的警告色。

体色

许多蝾螈和鲵的皮肤上都具有能提供保护效果的斑纹和色彩。其他一些种类则借助明亮的体色暗示其皮肤可以分泌毒素。然而，一些物种的雄性的体色在繁殖季节会变得更为鲜艳（如这种高山蝾螈），以吸引雌性。

两栖类

Siren lacertina

大鳗螈

体长：50—90厘米

生活习性：完全水栖

繁殖季节：早春

现况：无危

分布：美国东部和东南部

鳗螈是北美地区体形最大的两栖类之一。全球共有两种鳗螈，它们的身体均细长似鳗，羽状外鳃后长有一对细弱前肢。大鳗螈体背呈灰或暗橄榄色，在池塘的泥沼、湖泊和水流缓慢的河流中活动时，能形成有效保护。大鳗螈白天通常躲在水底，夜间出来觅食，多在泥中缓慢爬行，或摆尾蜿蜒前行。和大多数两栖类一样，大鳗螈也是食肉动物，以蜗牛、昆虫幼虫和小鱼等为食。

干旱时节，它的皮肤能分泌黏液，在土穴内形成坚硬似茧的外壳，保证其在食物短缺的情况下存活两年之久。大鳗螈于早春时节产卵，孵出的幼体比蝌蚪稍大。

Cryptobranchus alleganiensis

隐鳃鲵

体长：30—74厘米

生活习性：完全水栖

繁殖季节：秋季

现况：近危

分布：美国东部

隐鳃鲵是隐鳃鲵科中唯一分布在北美洲的种类。隐鳃鲵科共有3个物种，均因体表的褶皱和硕大的体形而著称。隐鳃鲵体表呈绿、棕褐或灰色，通常带有深色斑点，头部扁平似铲，眼小，尾巴长而侧扁。隐鳃鲵为夜行性动物，用头从泥中挖出淡水螯虾和其他猎物。它们的咬力惊人，体表还会分泌具有毒性的黏液。雌鲵通常在秋季产卵，雄鲵对受精卵进行看护，直至它们孵化。

Andrias japonicus

日本大鲵

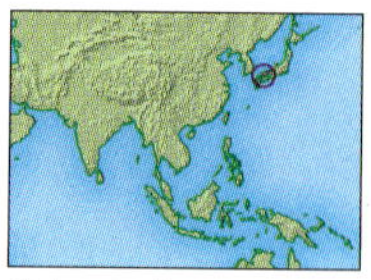

体长：长达1.4米

生活习性：完全水栖

繁殖季节：夏末

现况：近危

分布：日本

日本大鲵和中国大鲵是地球上体形最大的两栖类。日本大鲵身体扁平，体呈灰或棕褐色，眼小，四肢短，头部和喉部长有疣粒，体侧皮肤上具有明显的皮肤褶皱，这种身体结构有助于从周围的水中吸收氧气。

日本大鲵主要在夜间活动，捕食鱼类、蠕虫类和甲壳类。繁殖期间，雄鲵挖出浅坑供雌性产卵，雌鲵每次能产卵约500枚；随后，雄鲵便会对卵进行看护，并会积极地抵御捕食者。日本大鲵的寿命在50年以上，但作为一种传统佳肴，它们的数量已经越来越少。

Pseudobranchus striatus

拟鳗螈

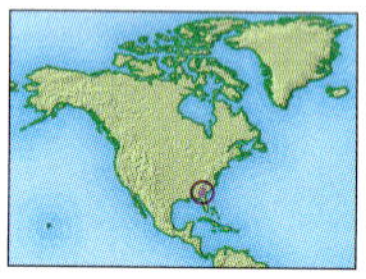

体长：10—22厘米

生活习性：完全水栖

繁殖季节：未知

现况：无危

分布：美国东南部

拟鳗螈的体形似鳗，是一种小型鳗螈。它们的体背呈褐或黑色，沿着身体有1条或多条黄或棕褐色的纵向条纹。拟鳗螈的前肢细小具三趾，没有后肢。羽状外鳃能帮它在含氧量较低的水中进行呼吸。拟鳗螈夜间活动，栖息在沼泽、水沟和泥滩中，旱季进行夏眠。它们以水生无脊椎动物为食，而自身则会成为涉禽、水蛇、短吻鳄和龟鳖类的捕食对象。雌螈将产下的卵黏附在水生植物上。

Necturus maculosus

斑泥螈

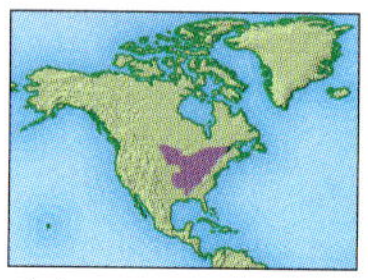

体长：29—49厘米

生活习性：完全水栖

繁殖季节：秋季在北部，冬季在南部

现况：无危

分布：加拿大南部、美国中部和东部

斑泥螈体长呈圆柱形，尾巴侧扁，具有羽状外鳃和两对附肢，附肢上各具四趾，身体呈深褐、灰或黑色，间有黑色斑点。斑泥螈能在各类淡水生境中栖息，主要在夜间活动觅食小型动物。雌螈于初夏时节将卵产在石块和木头下，随后对其进行看护直至孵化，孵化期约持续两个月。如今，斑泥螈已从许多遭受污染或淤塞的河流里消失。

适应性的鳃

斑泥螈的外鳃能适应栖息地中的含氧量变化。在含氧量丰富的寒冷水域中，它们的外鳃通常较小，而在不流动的温暖水域，外鳃会大得多。

体形

斑泥螈的身体扁平似鳗，因此能够隐伏在石块和木头底下。

Batrachuperus pinchonii

山溪鲵

体长：13—15厘米

生活习性：水栖为主

繁殖季节：春、夏季

现况：易危

分布：中国西藏东部和四川省

山溪鲵体格强健，淡褐或橄榄绿色的体表上具有深色斑点，体侧具12道肋沟。它们的腿部较短，四肢各有四趾，尾短侧扁。这种夜行性动物生活在高海拔地区水质清澈、水流湍急的冷水溪流中。雌鲵在溪流的石块下产7—12枚卵，由于这种环境中很少有鱼生活，因此卵和幼体会相对安全。

Proteus anguinus

洞螈

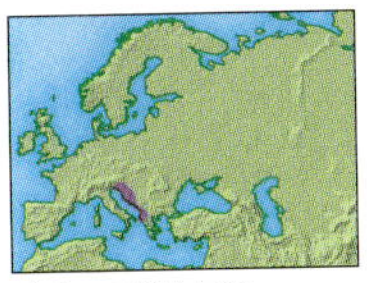

体长：20—30厘米
生活习性：完全水栖
繁殖季节：不详
现况：易危

分布：欧洲南部

洞螈是适应洞穴生活中的少数两栖类之一。它们的身体细长，全身由于缺少色素细胞而呈现淡粉色，双眼退化，四肢细小，前肢各具有三趾，后肢仅有两趾，红色羽状外鳃终生保留。

洞螈栖息在洞穴中的溪流里，有时会离洞口数千米之处，以小型无脊椎动物为食。

Chioglossa lusitanica

金纹伸舌螈

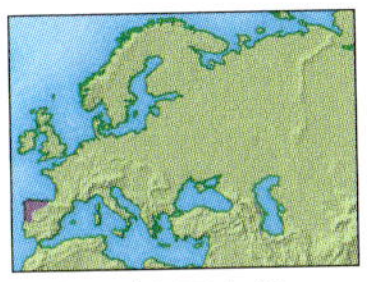

体长：12—14厘米
生活习性：陆栖为主
繁殖季节：早春
现况：易危

分布：欧洲西南部

金纹伸舌螈的纤细身体和长尾使其能像蜥蜴一样快速奔跑。它们的身体呈深褐色，体背部具有两条金棕或紫铜色条纹，并向尾部延伸合为一条。这种蝾螈的双眼很大，长而黏滑的舌头有助于捕食昆虫。一旦遭受攻击，尾巴便会自行脱落。繁殖期间，雄螈的前腿上部明显膨大隆起；雌螈交配后在石块下富含氧气且略呈酸性的溪水中产卵15—20粒。

Salamandra salamandra

火蝾螈

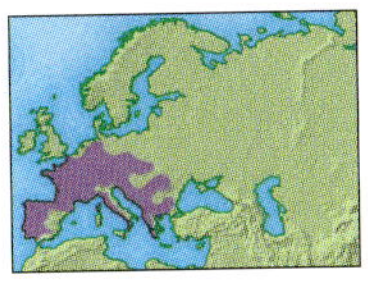

体长：18—28厘米
生活习性：完全陆栖
繁殖季节：春、夏季的大雨后
现况：无危

分布：欧洲

火蝾螈的外表与虎纹钝口螈（第444页）类似，这种健壮的两栖类具有用以警告捕食者远离的鲜艳体色。位于眼后的腺体能够分泌毒素，其味道对任何想要捕食它的捕食者来说并不可口。火蝾螈栖息在丘陵与山区的森林和林地中，在地下过冬。繁殖时，雄螈从下方紧抱雌螈，然后排出精囊，随后将身体和尾巴翻转，让雌螈的泄殖腔能接触到精囊。受精卵在雌螈体内发育到幼体阶段，然后才被产在池塘或溪流中。当在母体的输卵管中发育时，幼体之间偶尔也发生同类相食，将较小的卵或幼体吃掉。一些生活在高海拔地带物种的幼体在母体内发育为成体后才被产出。

食性

火蝾螈主要在夜间活动，雨后尤其活跃，此时它会从木头和石块底下钻出，觅食蠕虫、蛞蝓、昆虫及其幼虫。

体色

火蝾螈的体色会因地理分布的不同而变化。它们的体色可能呈黑色和黄色，或者黄色夹杂黑色斑点或条纹。有些地区的个体不呈黄色，而是呈现橙色或红色。

Tylototriton verrucosus

红瘰疣螈

体长：14—18厘米
生活习性：陆栖为主
繁殖季节：雨季
现况：无危

分布：亚洲南部和东南部

红瘰疣螈又称金麒麟蝾螈，这种健壮的蝾螈头部很大，身体厚实，皮肤粗糙呈黑色。体表的橙色疣粒、脊棱和腺体都说明，这种蝾螈在受到攻击时，体表能渗出令人反感的分泌物。红瘰疣螈大部分时间都栖息在陆地上，冬季和早季在地下生活，不过，进入雨季后，它们便迁徙到池塘繁殖，并把卵黏在水生植物上。红瘰疣螈夜间活动，捕食无脊椎动物。

Trituruscristatus

冠北螈

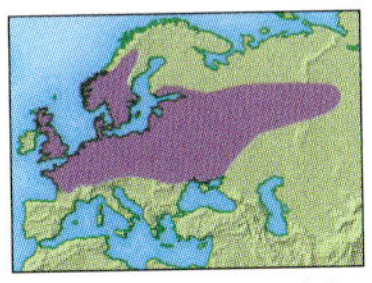

体长：10—14厘米
生活习性：陆栖为主
繁殖季节：春、夏季
现况：无危

分布：欧洲、亚洲中部

冠北螈又称疣螈，这种行踪隐秘的动物大多数时间都栖息在陆地，但每年会在池塘、湖泊和水沟中生活3—5个月。它们的皮肤多疣，体背部呈深褐色，腹部呈鲜橙色，并杂有黑斑。繁殖期间，雄螈的背部长出锯齿状的尖突脊棱，尾部则出现白色或蓝色的条纹；雄螈和其他许多水栖种类的雄性一样，用复杂的水下舞蹈向雌螈求偶，求偶结束后将精囊传递给雌螈。雌螈逐一产卵并用叶片将其包裹，可能是为了进行保护。这种蝾螈广泛分布于欧洲全境，然而在许多地区的数量已经减少，因为繁殖地的水源都已被排干。

Ichthyosauraalpestris

高山欧螈

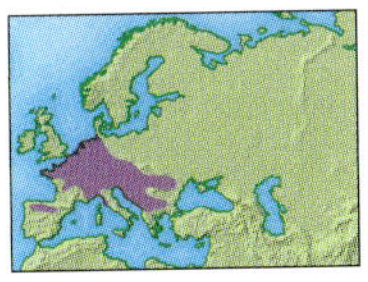

体长：6—12厘米
生活习性：陆栖为主
繁殖季节：春季
现况：无危

分布：欧洲

高山欧螈体形较小，身体上部呈蓝色，下部呈鲜橙色，尾短。繁殖期间，雄性的背部长出黑白相间的低矮脊棱，体侧和尾部出现黑色和白色斑点，泄殖腔肿大。和大多数雄螈一样，它们也扇动尾巴吸引雌螈，同时将自身分泌的信息素传到雌螈的口鼻部。高山欧螈属夜行性动物，分布在巴尔干半岛的部分种群终生都生活在水中，发育成体后，仍保留有外鳃等幼体特征。

Taricha torosa

加州渍螈

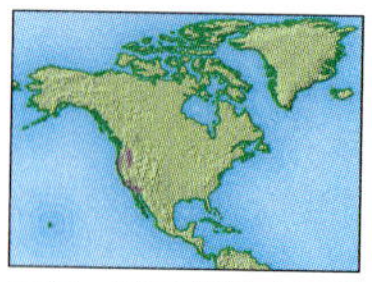

体长：12.5—20厘米
生活习性：陆栖为主
繁殖季节：冬、春季
现况：无危

分布：美国西部（加利福尼亚州）

加州拥有种类丰富的蝾螈和鲵，加州渍螈便是其中20多个物种之一。这种蝾螈体表粗糙具疣，体背部呈褐色或砖红色，腹部为黄色至橙色。繁殖期间向池塘和溪流大规模迁徙，雄螈的皮肤变得光滑黏湿，足部出现黑斑，泄殖腔变得肿大。加州渍螈能分泌有毒物质，全身都有剧毒。它们属夜行性动物，以各种无脊椎动物为食。

Pleurodeles waltl

欧非肋突螈

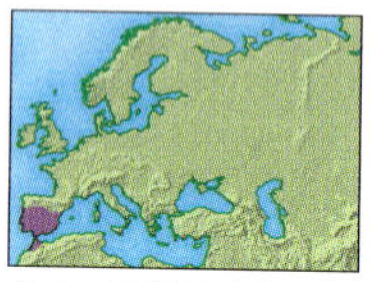

体长：15—30厘米
生活习性：完全水栖
繁殖季节：任何时节，寒冷气候除外
现况：近危

分布：欧洲西南部、非洲西北部

这种斑驳灰绿的欧非肋突螈是欧洲最大的有尾两栖类之一。与大多数蝾螈一样，欧非肋突螈也能分泌毒素，同时还具有锐利的尖突肋骨，当它被捉住时，肋骨的尖就会从皮肤刺出作为防御。连同化学防御一起，这些防身措施能帮它们抵御捕食者。欧非肋突螈主要在夜间活动，终生都在水中生活，干旱时藏在泥中保命，直到环境再次变得潮湿。雌螈繁殖期间产卵200—300枚，卵单个或成团产出，并被黏附在水生植物上。

Notophthalmus viridescens

绿红东美螈

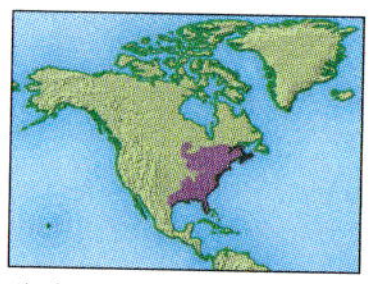

体长：6.5—11.5厘米
生活习性：陆栖为主
繁殖季节：多变
现况：无危

分布：加拿大东部、美国东部

这种常见的北美蝾螈具有复杂的生命周期。它们在淡水栖息地中繁殖，幼体不会直接发育为成体，而是转变为被称为赤水蜥的特殊未成体形态。赤水蜥栖息在陆地上，通常生活在草地、山区森林和其他潮湿的栖息地中，历经1—4年后才返回水中，并在那里发育成熟。除了繁殖季节外，成体都在陆地生活。这种蝾螈的成体和赤水蜥阶段都通过分泌剧毒避免被捕食。

未成体的体色

年幼的绿红东美螈（赤水蜥）全身呈鲜红、橙色或褐色，沿背部具有镶黑边的红色斑点，皮肤粗糙。这些陆栖亚成体会在陆地生活1—4年，之后便回到水中，直至发育为成体。

成体阶段

这种蝾螈在水中完成发育。它们的身体上部会变为淡黄绿色，并具有镶黑边的红色斑点，而下部则变成黄色。雄性繁殖期间，尾部变得非常高耸，泄殖腔肿大，大腿内侧还会长出粗糙的肉垫。

Amphiuma tridactylum

三趾两栖鲵

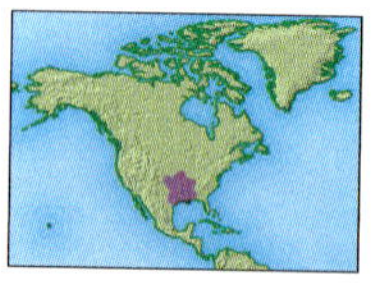

体长：46—110厘米
生活习性：完全水栖
繁殖季节：冬、春季
现况：无危

分布：美国中部和南部

这种黏滑的大型鲵身体细长似鳗，体背部呈黑色或灰色，腹部呈浅灰色，尾侧扁，四肢细弱短小，各具三趾。栖息在水沟、沼泽、溪流和水塘中，旱季藏在泥中度过。三趾两栖鲵在夜间活动，以蠕虫和淡水螯虾为食。人类被它咬到后会产生剧痛。

Dicamptodon tenebrosus

陆巨螈

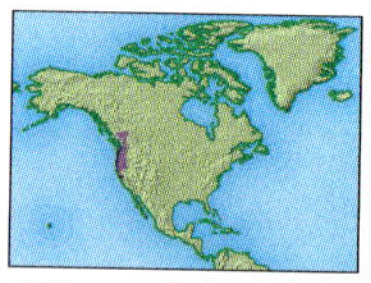

体长：17—34厘米
生活习性：陆栖为主
繁殖季节：春、秋季
现况：无危

分布：加拿大西南部、美国西北部

陆巨螈夜间活动，深褐色至黑色的身体上带有斑驳的淡褐色斑纹，栖息在茂密的树林中和溪流周围。它们通常历经数年的幼体阶段，发育成熟后便登上陆地生活，成为地球上体形最大的陆栖螈。然而，也有一些个体终生都在水中生活，并最终发育为水栖型成体。陆巨螈还能从尾部分泌有毒的黏液保护自己。其种群已经受到溪流淤塞的不利影响。

Ambystoma tigrinum

虎纹钝口螈

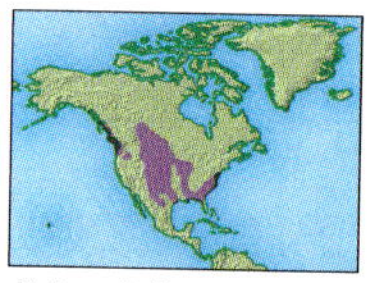

体长：18—35厘米
生活习性：陆栖为主
繁殖季节：雨季开始后
现况：无危

分布：北美洲

虎纹钝口螈身体粗胖，是北美洲体色最为鲜艳、地域分化最多的两栖类之一。目前至少已发现6个亚种，其中的东部亚种具黑色和黄色相间的斑纹，而分布范围更西的亚种（包括图中的这种）则有着较大的黄色斑纹或竖直条纹。成年虎纹钝口螈通常在陆地生活，在其他动物挖出的洞穴中冬眠。一旦早春时节的冰雪融化，它们便迁徙到水塘、湖泊、池塘和水库中进行繁殖，有时还会成群聚集。

雌螈一个繁殖季节内能产下多达7000枚卵，幼螈主要以无脊椎动物为食，但部分个体也会同类相食，它们的嘴巴会长愈大，还会长出额外的牙齿。大多数地区的幼龄个体一旦身体长成，便离开水体，但部分地区，特别是西部地区的幼龄个体，则会一直保持幼体形态，无须在陆地生活就能生殖。鱼类是虎纹钝口螈的主要天敌，会捕食后者的幼体。然而近年来，这个物种已经受到污染和栖息地丧失的双重影响。

Ambystomamexicanum

墨西哥钝口螈

体长：10—20厘米
生活习性：完全水栖
繁殖季节：夏季
现况：极危

分布：墨西哥（霍奇米尔科湖）

墨西哥钝口螈身体肥胖，是终生保持幼体形态的典型两栖类之一，这也表明它无须完全发育为成体形态就能繁殖。墨西哥钝口螈具有扁平的尾巴和大型外鳃，而大多数蝾螈发育成熟并登陆生活后，外鳃就会退化消失。墨西哥钝口螈多在夜间活动，主要以无脊椎动物为食，而它自身则会遭到水鸟的捕食。墨西哥钝口螈已被列入极危保护等级，因为它们仅分布在墨西哥城附近的一个湖泊中，而这一地区近年来已经受到城市扩张的影响。它们曾一度被视为珍馐佳肴，如今则受到法律的保护。

圈养状态

野生的墨西哥钝口螈通常呈黑色，而圈养状态下则出现多种色型，包括白化型（体白鳃红），灰色型或斑驳的黑、白色型。墨西哥钝口螈在野外已经很难见到，大多都为人工养殖。如果对圈养的个体注射甲状腺激素，它们的外鳃就会退化消失，并由水栖转为陆栖。

白化个体

墨西哥钝口螈会出现颜色变异的白化类群。它们的身体光滑呈白色，外鳃呈红色。

Ambystoma macrodactylum

长趾钝口螈

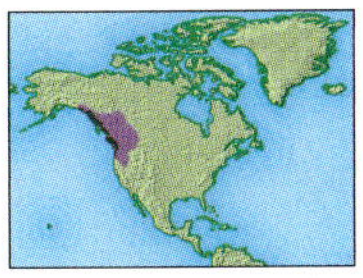

体长：10—17厘米
生活习性：陆栖为主
繁殖季节：秋、春季
现况：无危

分布：加拿大西南部、美国西北部

长趾钝口螈在各种陆生栖息地中均有分布，多半时间都在地下生活。然而一到春季，这种夜行性动物就会成群迁徙到水塘进行繁殖。长趾钝口螈身体细长，体呈灰色或黑色，背部具有黄色、棕褐色或绿色条纹，或是体表具斑块。受到攻击时，身体盘绕起来，并高举起尾巴。由于栖息地的丧失，以及引入繁殖地中的鱼类对幼体的捕食，它们的数量已大大减少。

Plethodon jordani

红颊无肺螈

体长：8.5—18.5厘米
生活习性：完全陆栖
繁殖季节：夏、秋季
现况：近危

分布：美国东部（阿巴拉契亚山脉南部）

红颊无肺螈属夜行性动物，具有细长的身体和尾巴，头大且双眼突出，腿或脸颊部通常具有红色斑块，但这项特征会随种群的不同而出现明显变化。雌雄两性均有领域性。一旦受到威胁，便从尾部分泌出令人反感的黏液，若是受到攻击，尾巴还能自行断落以逃避敌害。红颊无肺螈主要取食马陆、甲虫和昆虫幼虫。雄螈每年都能繁殖，雌螈每隔1年繁殖1次。

Plethodonglutinosus

白斑无肺螈

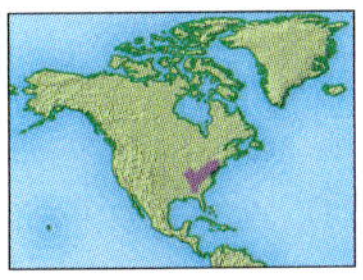

体长：11.5—20厘米
生活习性：完全陆栖
繁殖季节：多变
现况：无危

分布：美国东部

白斑无肺螈体大而细长，因被捕捉时会分泌出胶水状的黏液而得名。它们的黏液黏性极大，能够形成高度有效的保护，避免遭到捕食者的侵害。成体体呈深蓝色或黑色，杂有许多银色或金色小斑点。进入繁殖季节后，雄螈的泄殖腔变得肿大，颏部也会长出婚腺。它们在夜间活动，栖息在长满树木的山腰和深谷中。

Plethodon cinereus

红背无肺螈

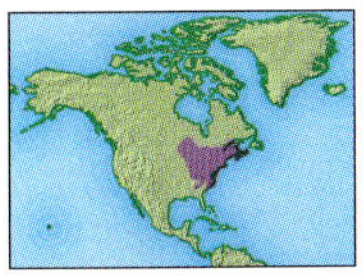

体长：6.5—12.5厘米
生活习性：完全陆栖
繁殖季节：秋季至早春
现况：无危

分布：加拿大东南部、美国中部和东部

这种小型蝾螈体呈深灰色或棕褐色，沿背部和尾部具有宽阔的红色或红褐色条纹。雄性利用排泄物标示领域和吸引雌性。繁殖期间，雌螈对粪便逐一检查，只有那些吃了大量白蚁的雄螈才会受到它们的青睐。雄螈每年都能繁殖，雌螈每隔1年才会繁殖。卵产出后被黏附在地下洞穴的顶部。

Desmognathus ochrophaeus

苍白脊口螈

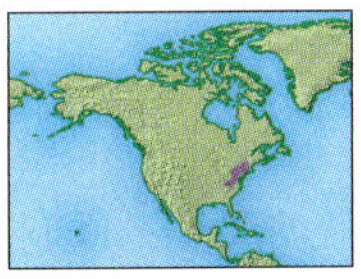

体长：7—11厘米
生活习性：完全陆栖
繁殖季节：春、夏和秋季
现况：无危

分布：美国东部

苍白脊口螈隶属一个约有12种北美洲物种的类群，它们的长相彼此类似，只有专家才能将它们区分开来。苍白脊口螈和它的大多数近亲一样，也具有细长的身体，突出的双眼，圆柱形的长尾巴。它们的体表通常呈斑驳的深灰色，腿部颜色从褐色到红色不等（图中罕见的红腿变种有可能是模仿红颊无肺螈的颜色）。

苍白脊口螈发育成熟后便登上陆地生活，白天待在地底，夜间外出觅食昆虫和其他小动物。它们的皮肤能分泌有毒物质，若是受到威胁，尾巴有时也自行脱落。成体繁殖时在陆地进行交配。雄螈将信息素涂抹在雌螈的皮肤上，并用特化的牙齿割破雌螈的皮肤，刺激后者交配。雌螈在树干底下或地下产12—20粒卵，然后对其进行看护直到孵化。幼体在溪流中发育。成体在雨后特别活跃，但冬季则在地下度过。

Batrachoseps attenuatus

细蜥尾螈

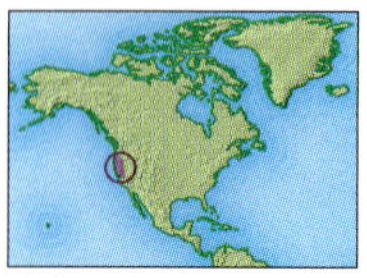

体长：7.5—14厘米
生活习性：完全陆栖
繁殖季节：不详
现况：无危

分布：美国西部（加利福尼亚州、俄勒冈州）

这种蝾螈主要在地下、木头和岩石底部生活，常在雨后的夜间外出活动。它们的身体极为细长，能钻入非常狭小的缝隙。体呈深褐色或黑色，沿背部有延伸的褐色、黄色或红色条纹，四肢细小，具四趾。遇险时，尾巴快速盘绕和伸直；受到攻击时，尾巴会自行脱落。

Pseudotriton ruber

红土螈

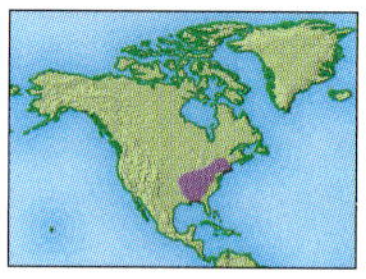

分布：美国东部和东南部

体长：10—18厘米
生活习性：陆栖为主
繁殖季节：一年中的任何时候，常在夏季
现况：无危

红土螈分布在美国东部许多州的潮湿地带、泉水和冷水溪流区。幼体体色鲜艳，但会随年龄增长愈加暗淡。红土螈身体厚实，尾和四肢相对较短，红色或橙红色的体表上密布黑色斑点。它们大多在夜间活动，主要以无脊椎动物和其他蝾螈类为食。遭遇捕食者时，会举起尾巴挥舞威吓，其体色也具有防护作用。虽然本身无害，但红土螈身上的红色斑纹却与有毒的绿红东美螈（第444页）的幼龄个体类似，这种相似性或许是具有保护作用的拟态。雌螈能产卵约70枚，将其黏附在木头或岩石底侧，有时产卵于水中。成年红土螈通常在地下过冬。

Aneides lugubris

攀螈

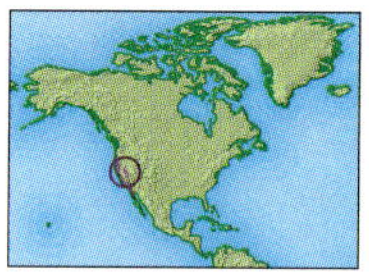

分布：美国西部（加利福尼亚州）

体长：11—18厘米
生活习性：陆栖或树栖
繁殖季节：不详
现况：无危

攀螈身体细长，体呈褐色和白色，趾端扁平，可以卷握的尾部有助其轻松爬树。它们的头部相对较大，呈三角形，隆起的颌肌可用于相互打斗，或进行防卫，如对抗蛇类等捕食者。它们冬季和旱季时在地下生活。雌螈在地下洞穴中产下12—18枚卵。

Bolitoglossa mexicana

墨西哥游舌螈

分布：墨西哥南部至美洲中部

体长：12—15厘米
生活习性：树栖或陆栖
繁殖季节：任何时候，干旱或寒冷时段除外
现况：无危

这种小型夜行性蝾螈的尾部可卷握，足部具黏性足垫，尤其适合爬树和在细小的树枝上四处爬行，舌头呈蘑菇状，能迅速弹出捕食昆虫。体呈青铜色或粉红色，并带有大理石般的黑色斑纹。这种体色具警示作用，暗示捕食者如果发动攻击，它将释放出令其反感的皮肤毒素。

Ensatina eschscholtzii

埃氏剑螈

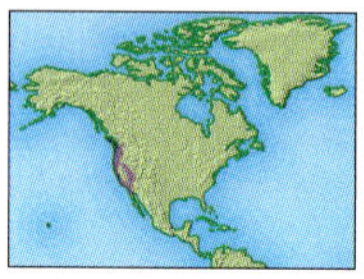

分布：美国西部

体长：6—8厘米
生活习性：完全陆栖
繁殖季节：秋季至春季
现况：无危

这种夜行性蝾螈生活在潮湿的落叶和木头下，雨后尤其活跃。它们的身体较短，四肢很长，双眼突出。体色会根据栖息地的不同而发生变化，有些呈均匀的褐色，或是带有白、黄、橙或粉红色斑点的黑色。它们的尾部浑圆，尾基部突然变窄，可用于防卫。埃氏剑螈会举起尾巴四下挥舞，释放出令人反感的皮肤毒素，以防被捕食。如果受到攻击，尾巴也会自行脱落。雄性在繁殖期间尾巴会变长，泄殖腔也会肿大。交配后，雌性会将8—20枚卵成堆产在木头底下。

Oedipina quadra

洪都拉斯蠕螈

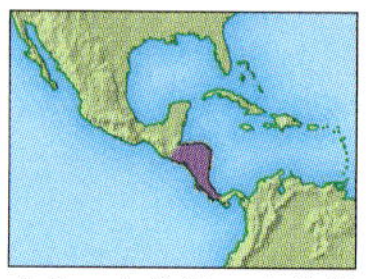

分布：中美洲、南美洲北部

体长：12—19厘米
生活习性：陆栖
繁殖季节：不详
现况：未评估

洪都拉斯蠕螈是近几年发现于中美洲的雨林蝾螈中的众多新种之一，是在分类整理潮湿的洪都拉斯原始阔叶林落叶时被发现的，因细长的身体和细小的四肢而得名。它们的身体上部和体侧呈深黑色，身体下部颜色稍浅，尾巴的横截面几乎呈矩形，此为其学名的由来。洪都拉斯蠕螈隶属美洲无肺螈科（包括无肺螈、游舌螈等同类），其成员均通过湿润的皮肤进行呼吸。它们在中美洲和南美洲北部的潮湿森林中已经分化出200多个种类，均以跳虫等小型无脊椎动物为食。这些热带蝾螈不需要在水中繁殖，而是将卵产在湿润的环境中，卵可直接孵化为成体的微缩版本，不用经历水生幼体阶段。

Eurycea guttolineata

三线溪螈

分布：美国东部

体长：10—18厘米
生活习性：完全陆栖
繁殖季节：秋季、早春
现况：无危

三线溪螈身体细长，具有13—14道肋沟，双眼突出，尾巴极长，体呈黄色、橙色或褐色，沿背部中央和体侧具有深褐色或黑色条纹。三线溪螈生活在泉水和溪流附近潮湿区域中的木头和岩石底部；夜间捕食，雨后尤其活跃，主要是以蜘蛛、蚊蝇、甲虫和蚂蚁为食。繁殖期间，雄螈的上唇长出两片突起的肉质和两颗凸出的牙齿，泄殖腔也变得肿大。雌螈将卵产于潮湿的洞穴中。

两栖类

蚓螈

门：	脊索动物门
纲：	两栖纲
目：	裸蛇目
科：	3科
种：	183种

这些无足的蠕虫状动物是两栖动物3个类群中数量最少的一类。由于它们生活在土壤中或水底，且仅在潮湿的热带地区有分布，因此很难被人发现。蚓螈的生命周期十分多样：有些物种为卵生，另一些的受精卵则在母体内变态，由母体输卵管的分泌物为其提供营养，直到发育为幼体才被产出。

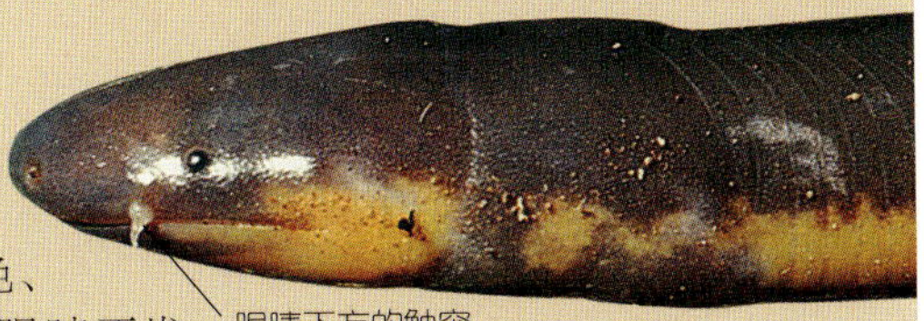

身体结构

蚓螈身体细长，四肢退化，体色呈黑色、褐色和粉色。它们的眼睛不发达，主要依靠灵敏的嗅觉寻找食物和配偶。有些种类与大个蚯蚓类似，利用尖锐的骨质化头作为挖洞工具，以钻入松软的泥土中。所有的蚓螈中只有一种长有肺。水生蚓螈的外形类似鳗鱼，尾部具鳍，有助其在水中游动。

触觉传感

蚓螈的突出特点之一是眼睛下方具有小触突，用以收集化学信息以确定猎物的位置。蚓螈主要取食蚯蚓，长而弯曲的尖牙有助于在捕食时紧紧咬住猎物。

Ichthyophis glutinosus

双带鱼螈

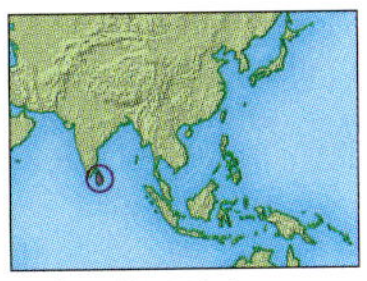

体长：可达45厘米

生活习性：陆栖或穴居

繁殖季节：不详

现况：无危

分布：斯里兰卡

双带鱼螈身体细长，具有分界明显的环褶，尾短，长相类似大个的蚯蚓，褐色的身体具有浅蓝光泽，鼻孔和双眼之间还有一对可收缩的小型触突，用于收集气味。双带鱼螈生活在地下，大多栖息在泥泞的土壤和沼泽中，以蠕虫和其他无脊椎动物为食。雌鱼螈产卵后盘卷在其周围进行保护。

Gegeneophis mhadeiensis

马代河蚓螈

体长：18—20厘米

生活习性：完全陆栖

繁殖季节：不详

现况：数据缺乏

分布：印度

马代河蚓螈于2008年根据仅有的3个标本被确认，这些标本均采集于印度西高止山脉的两个相邻地区，在人类的住宅和农田区被发现，说明它们能够忍受人为活动的干扰。这种蚓螈体呈深褐色，头呈粉红色，体表具灰色环褶。其生活习性还不为人知，但该属中的其他成员都在陆地产卵，且不经历幼体阶段。

Caecilia tentaculata

触丝真蚓

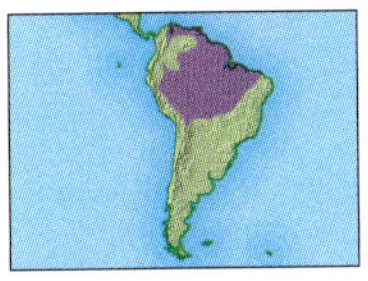

体长：45—63厘米

生活习性：陆栖或穴居

繁殖季节：不详

现况：无危

分布：南美洲北部

这种大型蚓螈的身体粗胖扁平，身体上部为灰色或黑色，下部为浅褐色，口鼻部呈楔形。没有尾巴，与其他蚓螈不同的是，身体后端被一片坚硬的甲片覆盖。覆盖全身的细小鳞片在体表形成100—300道沟槽，触突从上方无法看到，位置也低于其他蚓螈。由于触丝真蚓终生都穴居在松土中，因此人们对它的行为所知甚少，只知道它是一种卵生的独居动物。

Dermophis mexicanus

墨西哥革头蚓螈

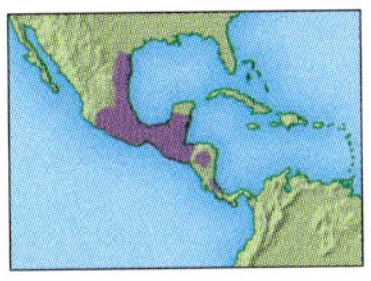

体长：10—60厘米

生活习性：陆栖或穴居

繁殖季节：不详

现况：易危

分布：墨西哥至中美洲

这种蚓螈的分布范围与数种蚓蜥（第431页）相同，外表也极为类似，但缺少四肢。它们的身体上部呈灰色、褐色或橄榄绿色，全身具清晰的环褶，口鼻部尖突，适于掘土。墨西哥革头蚓螈主要以无脊椎动物为食，但也捕食蜥蜴；它们完全栖息在地下，在各种松散的土壤中都有分布。卵和幼体均在雌蚓螈体内发育，孕期很长，之后直接产下幼体。

Siphonops annulatus

环管蚓螈

体长：20—40厘米

生活习性：完全陆栖

繁殖季节：不详

现况：无危

分布：南美洲北部

环管蚓螈又称南美蚓螈，这种栖息在森林中的两栖类生活在土壤中，外表类似粗胖的大蚯蚓。它们的身体相对粗壮，体呈暗蓝色，体表被许多白色条纹和环褶环绕。环管蚓螈与其他蚓螈一样，利用触突收集周边的蠕虫和其他无脊椎动物的化学信息。受到攻击时，能释放出令人反感的分泌物。环管蚓螈产卵于土中，卵在那里孵化为成体的微缩版本。

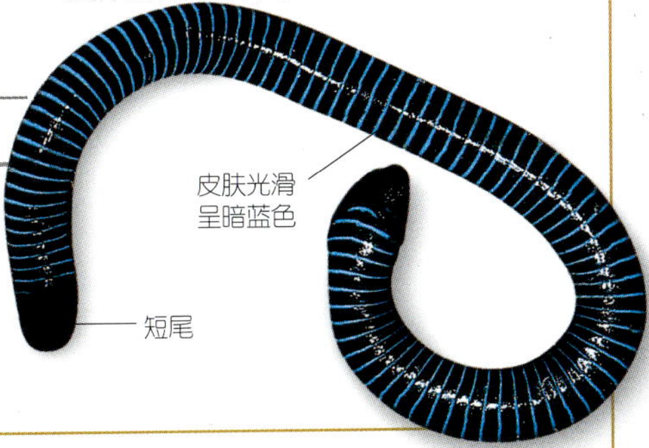

Typhlonectescompressicauda

扁尾盲游蚓

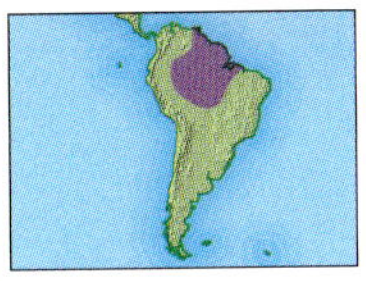

体长：30—60厘米

生活习性：完全水栖

繁殖季节：不详

现况：无危

分布：南美洲北部

扁尾盲游蚓栖息在河流、湖泊和溪流中，外形和游泳方式与鳗鱼类似。它们的身体细长，体表光滑带黑色光泽，深灰色的身体下部有80—95道环纹。身体后端侧扁，体背后端顶部具有由皮肤皱褶形成的鳍。扁尾盲游蚓通常受到鱼类攻击，受袭时释放出有毒分泌物。卵在雌性体内发育为幼体，产出时外形类似成体的微缩版本。

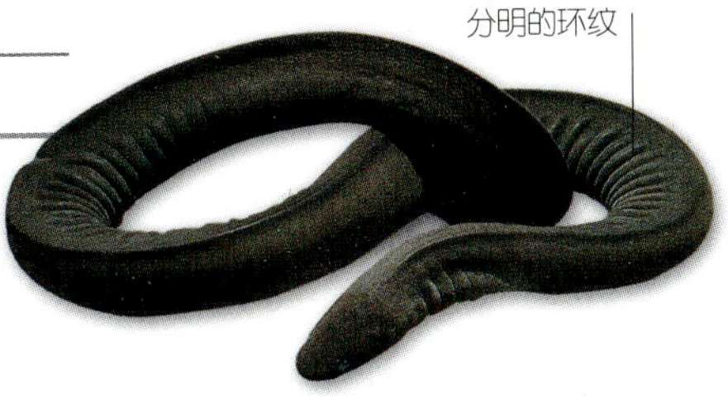

蛙和蟾蜍

门：	脊索动物门
纲：	两栖纲
目：	无尾目
科：	49科
种：	5858种

蛙和蟾蜍是两栖动物3个类群中数量最多，最为人知的一类。与其他两栖类不同的是，它们的成体无尾，因为尾巴在幼体变态为成体时已被身体吸收。蛙和蟾蜍之间没有明显区别。“蟾蜍”这个词通常用来指蟾蜍属的成员，但是它也被广泛地用于描述任何一种行动缓慢的陆栖种类，这类动物体形矮胖，体表粗糙多疣。

蛙和蟾蜍的幼体被称为蝌蚪。蝌蚪的身体呈圆形，包裹着长而卷曲的肠，由于蝌蚪主要取食藻类或植物碎屑，因此这种消化结构必不可少。大多数成体的后肢都适于跳跃，且比前肢更长，肌肉也更为强健。蛙和蟾蜍大多栖息在靠近其繁殖地的池塘和溪流等潮湿环境中，但也有少数种类生活在干旱地区。热带地区的种类最为多样，特别是在雨林地区。

觅食

蛙和蟾蜍都为食肉动物，它们不吃腐肉，而更喜欢捕食活的猎物。由于蛙和蟾蜍不能咀嚼或在嘴中压碎猎物，所以它们不得不将猎物整个吞下。然而，许多种类都能吞下包括老鼠、鸟类和蛇类等在内的比其体形大的动物，一顿简单的大餐就能满足它们长时间的能量需要，因此无须频繁进食。少数种类则主动捕食，最常见的就是采用“守株待兔”的方式静候猎物，一旦猎物进入攻击范围，它们便会伸出富有黏性的长舌头捕捉，或是张开大嘴猛然向前扑食。

抓捕

吞咽

吞咽食物

蛙和蟾蜍吞咽食物时会闭上眼睛。当它们的眼睑闭合时，眼球就向下转动，以增加口中的压力。

身体结构

蛙和蟾蜍的身体宽短，不易弯曲，头部宽大，大多数物种的前肢均比后肢短小。它们的后肢还多出一节，刚好位于足部上方，而其他两栖类则没有这种结构。大多数种类的眼睛大而突出，头部两侧具有明显的鼓膜，反映出视觉和听觉的重要性。它们的嘴巴宽大，许多种类的舌头带有黏性，可以快速从嘴中弹出捕捉猎物。雌性的体形通常大于雄性，但许多种类的雄性的前肢更加粗壮，因此能在交配期抱紧雌性。

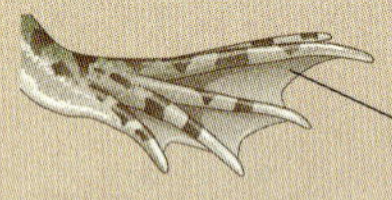

蹼

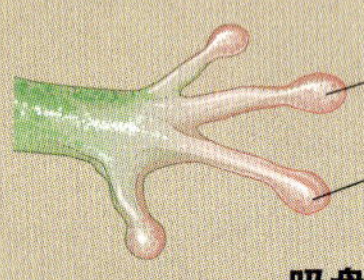

吸盘

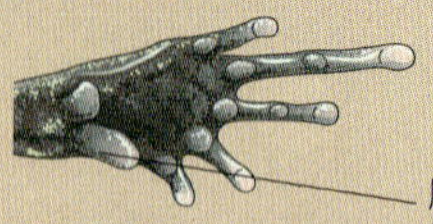

突起

足趾

蛙和蟾蜍的前肢具四趾，后肢具五趾。许多种类的趾间具蹼，尤其是那些长时间生活在水中的物种。生活在树上的蛙类，其趾末端有圆形吸盘，可以牢固地吸附在光滑垂直的物体表面。穴居种类的后足上具有被称为疣粒的角质凸出物，可用于挖土。

产卵地

由于适合进行繁殖的水域非常少，因此，许多蛙和蟾蜍会齐聚在一片广阔的范围内进行繁殖，如这些林蛙。聚集在一起的蛙卵也能保持更多的热量，有利于蝌蚪的早日孵化。每年都会季节性干涸的池塘和溪流，也常被当作繁殖场所，因为那些以蛙卵和蝌蚪为食的动物无法在这里生存。

皮肤

蛙和蟾蜍的皮肤具有很大差异。一些蟾蜍的皮肤非常粗糙，可以用来替代皮革；而有些蛙类的皮肤则非常薄，甚至连内脏器官都隐约可见。蟾蜍通常具有粗糙干燥、布满疣粒的皮肤，一些种类的皮肤上还具有小角质刺。蛙类的皮肤通常光滑湿润。

蛙的皮肤

蟾蜍的皮肤

寻找配偶

许多雄蛙和雄蟾蜍都通过叫声吸引雌性前去产卵地。雄性发出的叫声得以让雌性找到配偶。更为重要的是，每个物种都有自己独特的叫声，有助于雌性能快速地在多个物种聚集的池塘中找到同类配偶。许多物种（如右图中的水生蛙类）还具有一个或多个声囊以增强叫声。当雄性吸入空气时，会让它来回地在肺和声囊之间流动，当空气经过喉部的声带时，蛙类便能发出叫声。

繁殖

雄性和雌性一旦相遇（见页边），就进行交配。雄性采取抱合行为，从上方抱紧雌性（右图）。当两性抱合时，受精即开始，各个物种间的受精时间也大不相同，有些可能持续数分钟，或是数天。两栖类中只有一小部分物种为体外受精。一旦雌性排出卵子，雄性便会在卵子上排出精子。每种两栖类均具有独特的产卵方式，卵在某个特定的环境里孵化。雌性通常将单个、块状或串状的卵产于水中，因为只有在潮湿的条件下，受精卵才会发育。水中的受精卵可能会分散开来，漂浮或沉在水中，也可能缠绕在植物上，或是粘连在木头或岩石上。

抱合行为

抱合行为可能在陆地，也可能在水中进行。右图中的这些树蛙正在树枝上交配。抱合的发生与物种有关，抱合时，雄性用前肢紧紧抱在雌性前肢的后面，或刚好抱在后肢的前面。在繁殖群中，许多物种的雄性数量都会超过雌性，因此，处于抱合中的雄性也常受到竞争对手的袭击。

卵

不同的物种在产卵的数量上也极为不同，产卵量从不到20枚至成千上万枚不等。左图中大蟾蜍的卵形成一长串并被果冻状的物质包裹，缠绕在水生植物的茎秆上。

防卫

蛙和蟾蜍通常缺少防卫武器，如保护性的尖牙或利爪等。它们大多依靠跳跃，跳向开阔的水域以逃离危险。许多物种皮肤上的腺体还能分泌令人反感或致命的有毒物质，以帮助它们摆脱捕食者。其他种类则通过完美的伪装将自己隐藏起来。蝌蚪通常缺少防卫武器，因此会被很多动物捕食，尤其是鱼类和昆虫幼虫，如蜻蜓等。因此，在数量上占据优势就意味着它们能获得少量的幸存机会。

警戒色

箭毒蛙（左图）不得不进化出具有较高毒性的皮肤分泌物，因为它的大部分天敌，包括蛇类和蜘蛛类等，已经相应地进化出对于轻微毒素的抵抗力。多数能制造令人反感的气味或毒素的种类，都具有用来警告捕食者的鲜艳体色。

保护色

蛙和蟾蜍大多在夜间活动，白天则相应地减少活动。这种雨蛙（右图）有着与背景环境一致的体色，体表的颜色和花纹起到了很好的隐蔽作用。

跳跃

蛙和蟾蜍利用后腿的爆发力向前跳跃。着陆时，向前推进的前腿能起到缓冲作用。

运动方式

蛙和蟾蜍的运动方式各种各样。蟾蜍大多为陆栖，在陆地上行走、跑动或跳跃；少数种类能长距离跳跃。当移动时，它们很少跳跃，但跳跃却是逃离捕食者的一种主要方式。不是所有的蛙和蟾蜍都会跳跃，许多种类的后肢能适应其他运动方式，比如游泳、攀爬等，少数种类甚至还能滑行。挖洞对许多物种来说也非常重要，洞穴在白天能为它们提供藏身之处，或在天气寒冷、酷热或干旱时，用于躲避数周或数月，以保持生机。蛙和蟾蜍可能仅在岩石或原木下，或是在植物堆中挖洞，也可能深深地挖入地下。一些沙漠中的物种被埋入地下后仍可存活2—3年。

攀爬

一些蛙类（如左图中的无斑雨蛙）终生都生活在树冠或其他类型的植物上。它们细长苗条的四肢能跳越树枝之间的缝隙，而趾尖的吸盘也有助其在垂直的表面攀爬。

Ascaphus truei

尾蟾

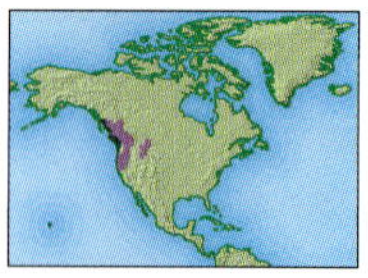

体长：2.5—5厘米

生活习性：陆栖为主

繁殖季节：春至秋季

现况：无危

分布：加拿大西南部、美国西北部

这种小型两栖类体呈绿色、褐色、灰色或浅红色，是唯一采取体内受精繁殖的水栖蛙类。雄蟾身后具尾巴状的短小泄殖孔附器，用来在交配时插入雌蟾的泄殖孔，以防精子在交配时被水流冲走；雌蟾在冰冷的山溪中产下数串卵，并将其黏附在水下的石块上。蝌蚪历经两年时间才能发育成熟，吸盘状的大嘴巴能让它们吸附在溪水中的岩石上。

Leiopelma hochstetteri

何氏滑蹠蟾

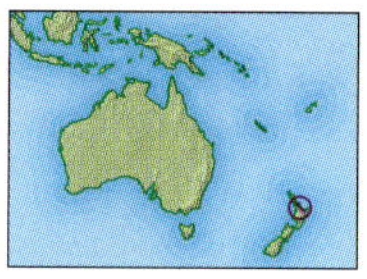

体长：3.5—5厘米

生活习性：陆栖为主

繁殖季节：夏季

现况：易危

分布：新西兰（北岛）

何氏滑蹠蟾身形矮胖，体呈褐色，栖息在潮湿的地面，是新西兰仅有的4种本土蛙类之一。它们的卵包裹在大型水囊中，蝌蚪孵出后并不进食，而是待在囊内直到发育成熟。变态成幼蛙时，便破囊而出。何氏滑蹠蟾在新西兰部分地区的数量仍很丰富，而另外两个种类目前已非常稀少，仅分布在离岸海岛上。

Bombina orientalis

东方铃蟾

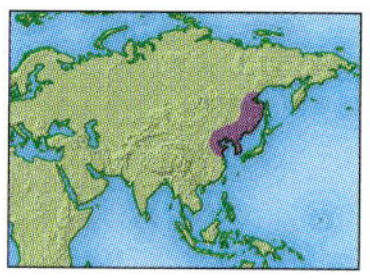

体长：3—5厘米

生活习性：水栖为主

繁殖季节：春、夏季

现况：无危

分布：亚洲东部和东南部

东方铃蟾身形矮胖，身体略显扁平，最明显的特征是腹部呈橘红色，并具有斑驳的黑色斑纹。受到惊扰时，它们的四肢拱起过背，形成弓形，露出腹部的醒目色彩。同时，还会释放出令人反感的分泌物。东方铃蟾生活在海岸地带的山间溪流中，冬季和早期藏身于石块和木头下。雄蟾通过鸣叫吸引配偶；雌蟾在溪流的石块下团状产卵，卵的个头较大。

Pipa pipa

负子蟾

体长：5—20厘米

生活习性：完全水栖

繁殖季节：雨季

现况：无危

分布：南美洲北部

负子蟾的体背部呈灰色，腹部色彩较淡，背腹平坦，头部扁平呈三角形。与负子蟾科的其他成员一样，也没有舌头。负子蟾栖息在水流缓慢的浑浊泥水中。其后肢强壮，利于游泳，体侧的感觉器官可以感知水中的振动，指端具有细小的星状附器，有助于寻找食物，双眼朝上，可以看到水面的物体。这种蟾蜍的交配和繁殖模式很稀奇：雄蟾用前肢从上方紧抱雌蟾，然后双方身体翻转。当雄蟾背部朝下时，雌蟾便会把卵产在雄蟾的腹部使其受精，然后再翻转，使受精卵滚入雌蟾背部蜂窝状的皮肤窝中。蛙卵在皮肤窝内发育，变为幼蛙后便戳破覆盖物离开母体。

Xenopus laevis

非洲爪蟾

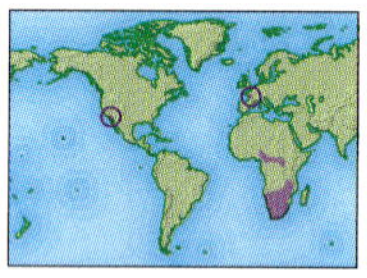

体长：6—13厘米

生活习性：水栖为主

繁殖季节：雨季

现况：无危

分布：非洲中部和南部，被引入美国和欧洲

非洲爪蟾又称光滑爪蟾，身体扁平，后腿强壮，脚蹼发达，非常适于栖息在湖泊和水塘底部。与它们的近亲苏里南负子蟾（右侧）一样，非洲爪蟾的双眼和鼻孔也位于头顶，带有伪装效果的体色则能防止被鹭类等天敌捕食。繁殖期间，雌蟾产下大量的细小卵粒，并将其黏附在各种水下物体上。非洲爪蟾常被作为实验动物饲养，用于教学和科学研究。

感官

非洲爪蟾的身体两侧各有一条白色带状条纹，其中含有特殊的感觉器官，能够感测水中的振动，有助其在浑水中发现食物和捕食者。

前肢具趾

非洲爪蟾十分贪吃，前腿较小具有三趾，用来把无脊椎动物和鱼类推入口中。

Alytes muletensis

马略卡产婆蟾

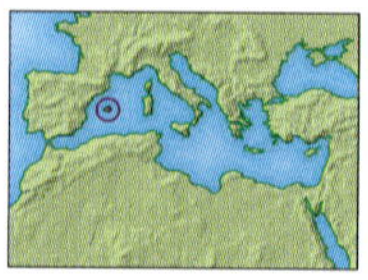

体长：3.5—4.5厘米

生活习性：陆栖为主

繁殖季节：春、夏季

现况：易危

分布：巴利阿里群岛（马略卡岛）

地球上最为罕见的蟾蜍之一，这一小型物种是一项成功开展的项目的保护对象，该项目对其采取圈养繁殖后，重新放归到马略卡岛上的适宜栖息地中。马略卡产婆蟾体呈浅黄色或浅褐色，带有深色杂斑。雌雄两性均通过叫声寻找配偶。蛙卵产出并受精后，由雄蟾将卵盘绕在后肢上，直到蝌蚪孵出。它们的蝌蚪会长到非常大，变为成体后几乎就不再生长。

Alytesobstetricans

产婆蟾

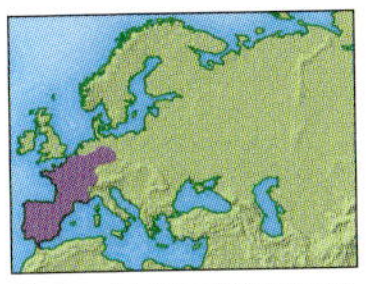

体长：3—5厘米
生活习性：陆栖为主
繁殖季节：春、夏季
现况：无危

分布：欧洲西部和中部

产婆蟾的繁殖方式非常稀奇。雌蟾成串产下充满卵黄的大型卵，并在交配时将其传递给雄蟾。雄蟾随后将卵串缠绕在自己的后肢上，有时候还会携带两串由不同雌蟾产下的卵。一旦卵要孵化，雄蟾便将它们放入水塘和池塘中。这种小型蟾蜍身体肥胖，四肢粗短，体呈浅棕色、淡褐色或灰色，体表带有较深的斑点。产婆蟾栖息在林地、庭院、干砌石墙、沙丘和岩坡处，冬季和干旱季节藏身于缝隙中。夜间外出捕食无脊椎动物。雄蟾在缝隙或洞穴中鸣叫以吸引配偶，叫声高昂独特，类似“poo-poo”声。

Rhinophrynus dorsalis

异舌穴蟾

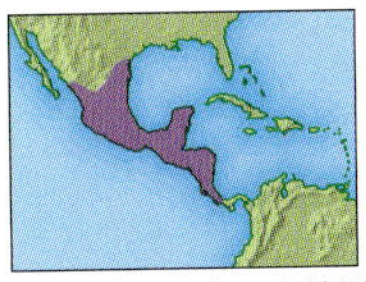

体长：6—8厘米
生活习性：陆栖或穴居
繁殖季节：雨季
现况：无危

分布：美国南部至中美洲

异舌穴蟾长相奇特，它们的身体鼓胀，口鼻部尖突，四肢短小，常年都在地下生活，栖息在土壤松软，适合挖掘的低洼地带，只在大雨之后才外出活动。成年异舌穴蟾在水塘中繁殖，雄蟾具内声囊，用以发出叫声吸引配偶。卵孵化为蝌蚪后，利用嘴巴周围的触须在水中滤食。

Scaphiopus couchii

库氏掘足蟾

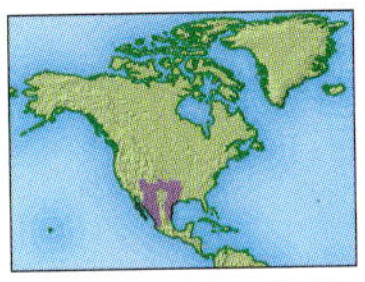

体长：5.5—9厘米
生活习性：陆栖为主
繁殖季节：春、夏季
现况：无危

分布：美国南部、墨西哥

库氏掘足蟾所属的类群中共有7个相似物种，全都产自北美洲。库氏掘足蟾体呈红色或浅黄绿色，体表具有较深的杂斑，是躲在洞穴中度过旱季的典型两栖类。与其近亲一样，库氏掘足蟾的后肢上也有铲状凸出物，能用来在松散的沙土中挖出1米或更深的洞。一旦钻入地下，它们便通过蜕皮将自己包裹在能够防水的皮茧中，然后就在茧中休眠，等候雨水的降临。降雨时（有时要等待数月），皮茧裂开，然后这种蟾蜍便会钻出地表觅食。

Pelobates fuscus

棕色锄足蟾

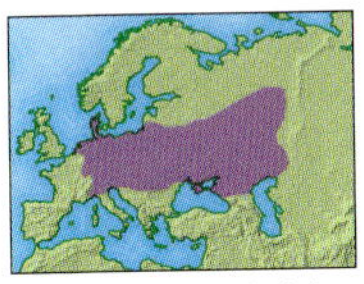

体长：4—8厘米
生活习性：陆栖为主
繁殖季节：春季
现况：无危

分布：欧洲中部和东部、亚洲西部

这种蟾蜍体形肥胖，体色多变，后足上各具一个浅色铲形凸出物，能在土中反向挖洞。它们捕食昆虫和其他无脊椎动物。受到威胁时，发出长而尖锐的叫声，同时将身体膨胀起来，并用四肢将身体撑起，还会释放出一种类似大蒜的气味，可能是用于震慑捕食者。

Megophrys montana

印尼角蟾

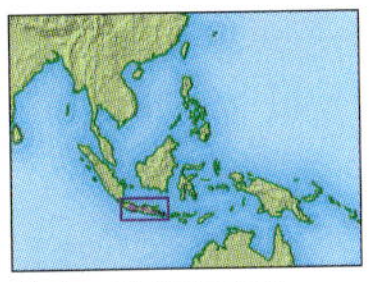

体长：7—14厘米
生活习性：陆栖为主
繁殖季节：雨季
现况：无危

分布：亚洲东南部

这种热带蟾蜍是地球上最具伪装性的两栖类之一，栖息在森林的地面，外形酷似枯叶。它们的身体呈褐色，吻端尖长，上眼睑具有突出的“角”状突起，皮肤上的褶皱也与叶片边缘类似。雌蟾将卵产在溪流中的石块下。蝌蚪孵出后，倒悬在水面下方，利用漏斗状的大嘴吸食小型浮游生物。

Pelodytes punctatus

斑点合跗蟾

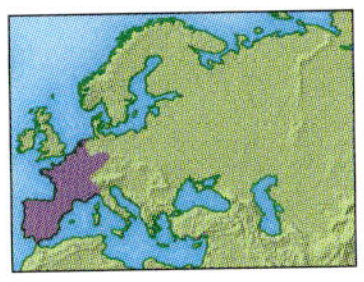

体长：3—5厘米
生活习性：陆栖为主
繁殖季节：春季
现况：无危

分布：欧洲西部和西南部

斑点合跗蟾体形纤细、行动敏捷，栖息在水塘附近草木丛生的潮湿环境中。它们的攀爬方式非常特别，能将腹部作为吸盘使用，攀附在树木、岩石和墙壁等的垂直面上。它们的名字出自浅色外皮上的绿色斑点，这些斑点看上去就像是剁碎的欧芹。与大多数蛙类一样，斑点合跗蟾也在夜间活动，以昆虫和其他无脊椎动物为食，冬季和干旱时节躲在地下度过。繁殖期间，雄蟾在水下发出叫声吸引配偶，雌蟾也通过叫声进行回应。雌蟾产卵于水塘中，卵聚集在一起形成宽带状。蝌蚪有时比成体还大。

Notaden bennettii

贝氏架纹蟾

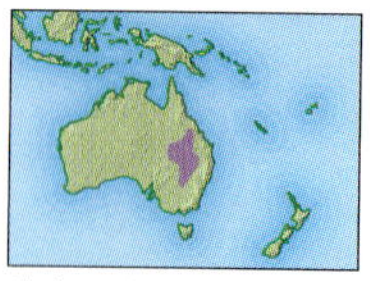

- 体长：4—7厘米
- 生活习性：完全陆栖
- 繁殖季节：大雨之后
- 现况：无危

分布：大洋洲东部

贝氏架纹蟾因背部的疣粒排列成十字架状而得名。这种体呈球状的小型蟾蜍所属的科拥有超过43个物种，均分布于澳洲。贝氏架纹蟾与其近亲一样，也躲在地下度过干旱，下雨时才外出觅食和繁殖。这种蟾蜍以蚂蚁和白蚁为食，被抓起时能分泌出黏稠的防御性分泌物。蝌蚪在临时性的池塘中发育。

Crinia insignifera

弱斑索蟾

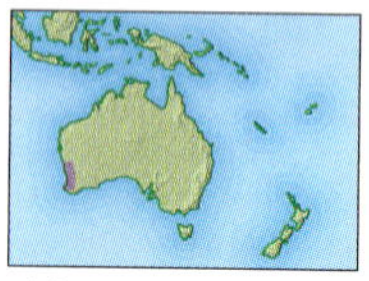

- 体长：1.5—3厘米
- 生活习性：陆栖为主
- 繁殖季节：冬季
- 现况：无危

分布：大洋洲西南部

弱斑索蟾是一种产自澳洲的小型蟾蜍，身体和四肢都很细长，体呈灰色至褐色，两眼间通常具有三角形深色斑，体表平滑或长有疣粒。这种蟾蜍栖息在雨后临时形成的沼泽中，捕食昆虫和其他无脊椎动物，旱季则在地下度过。繁殖期间，雄蟾通过鸣叫吸引配偶。雌蟾每次在水中产卵60—250枚，卵单个或团状产出，卵产出后沉入水底。

Mixophyes carbinensis

卡宾横斑蟾

- 体长：6—7.5厘米
- 生活习性：陆栖为主
- 繁殖季节：春、夏季
- 现况：无危

分布：大洋洲东北部

卡宾横斑蟾于2006年根据在昆士兰卡宾高原采集的标本命名，这一地区已被列入《世界自然与文化遗产》名录。这种蟾蜍隶属于一类大型的地栖蛙类，它们仅分布在澳洲东部和新几内亚岛，栖息在河流和池塘附近的山地雨林中。繁殖期间雄蟾会从藏身的落叶中发出叫声。

Pseudophryne corroboree

科罗澳拟蟾

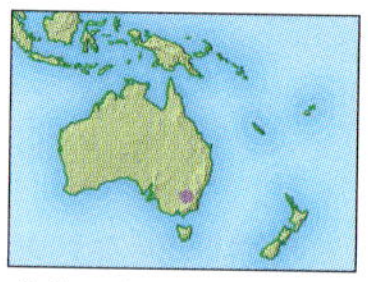

- 体长：2.5—3厘米
- 生活习性：陆栖为主
- 繁殖季节：夏季
- 现况：极危

分布：大洋洲（新威尔士东南部）

这种极度濒危的蟾蜍是澳洲体色最为鲜艳的两栖类之一，分布在澳洲的山脉，生活在被苔藓覆盖的沼泽中，并将卵产在其中。科罗澳拟蟾体呈鲜艳的黄色或黄绿色，体表带有黑色条纹，但具有这种体色的原因还不得而知。与大多数体色鲜艳的两栖类不同，它们的皮肤不含毒素。

Limnodynastes peronii

条纹汀蟾

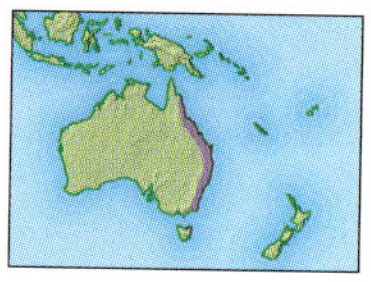

- 体长：3—6.5厘米
- 生活习性：陆栖为主
- 繁殖季节：春、夏季
- 现况：无危

分布：大洋洲东部

条纹汀蟾又称澳洲草蛙，这种两栖类的四肢很长，沿着身体具有深色的纵向条纹。它们栖息在沼泽及其周边区域，于夜间外出捕食昆虫和其他无脊椎动物。冬季和旱期会在地下穴居。雄性会发出"咔嗒"叫声吸引雌性，交配时，雌雄双方会在水面制造泡沫，并在其中产下700—1000枚卵。蛙卵孵化迅速，蝌蚪的发育也很快。

Uperoleia lithomoda

石匠耳腺蟾

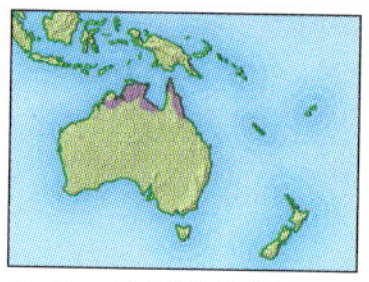

- 体长：1.5—3厘米
- 生活习性：陆栖为主
- 繁殖季节：冬季
- 现况：无危

分布：大洋洲北部

这种体形矮胖的小型蟾蜍因求偶时的咔嗒声听起来像两块石头互相撞击而得名。它们的身体呈暗褐色或灰色，体侧带有金色线纹或成排的斑块，四肢短，后足上具角质结瘤，有助其挖洞。旱季在地下生活。雌蟾成团产卵，卵产出后沉入水底。

Sechellophryne gardineri

加氏塞舌蛙

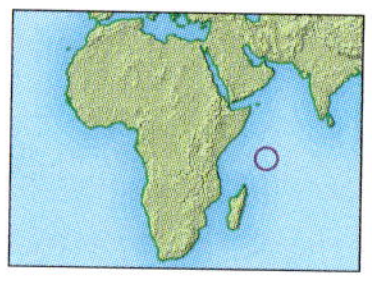

- 体长：1—1.5厘米
- 生活习性：完全陆栖
- 繁殖季节：雨季
- 现况：濒危

分布：塞舌尔群岛

这种体呈乳白色至浅黄绿色的小型蛙类因具独特的繁殖方式而闻名。它们的卵成团产在陆地上，由雄蛙进行看护，受精卵直接孵化成幼蛙，而不用经历蝌蚪阶段。幼蛙孵出后爬到雄性背部，并被黏液黏住，直到卵黄用尽、四肢完全发育后才开始独立生活。

Heleophry nepurcelli

珀赛尔沼蟾

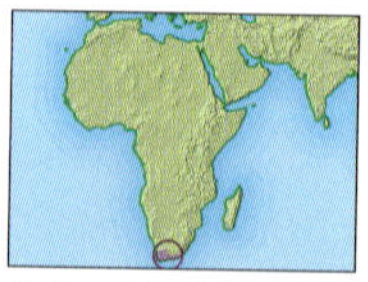

- 体长：3—6厘米
- 生活习性：水栖为主
- 繁殖季节：夏季
- 现况：无危

分布：非洲南部（开普地区）

珀赛尔沼蟾非常适于水栖生活，细长的四肢和长有脚蹼的后足使它能在湍急的溪流中游泳；扁平的趾端则有助其抓牢湿滑的石头和卵石。繁殖期间，雄蟾的体表长出细小棘刺。蝌蚪具有吸盘状的大嘴，用以吸附在石头上。

两栖类

Ceratophrys cornuta

苏里南角花蟾

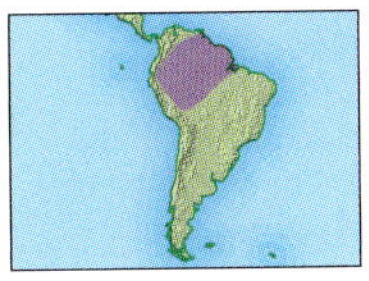

体长：10—20厘米

生活习性：陆栖为主

繁殖季节：雨季

现况：无危

分布：南美洲西北部

苏里南角花蟾个头很大，体表的花纹复杂，嘴巴极大，是一种可怕的捕食者，通常对猎物进行伏击，如果受到威胁，便利用大型利齿凶猛自卫。这种蟾蜍具有绝佳的伪装色，四肢较短，眼上方有角状突起。雄蟾略小于雌蟾，繁殖期间，它们发出类似牛叫的求偶声。雌蟾能产卵多达1000枚，并将其缠绕在水生植物上。与其他大多数种类的蝌蚪不同，苏里南角花蟾的蝌蚪一经孵化就能捕食，它们具有角质喙，双颌肌肉发达，不但攻击其他蛙类的蝌蚪，甚至还会同类相食。

伏击

苏里南角花蟾利用守株待兔的方式捕捉其他蛙类、蜥蜴和鼠类。它将部分身体埋在松软的泥土中，有时只将双眼露在外面，静候猎物经过。并且与其他两栖类一样，也通过动作引发行动。一旦猎物进入攻击范围，它便从藏身处猛然冒出，利用尖牙制服猎物，然后将其整个吞下。

体形矮胖

苏里南角花蟾的身体肥胖臃肿，宽大的头上长有一张宽阔的大嘴，双眼上方具有明显的角状突起。

Telmatobius culeus

的的喀喀湖蛙

体长：8—12厘米

生活习性：完全水栖

繁殖季节：夏季

现况：极危

分布：南美洲（的的喀喀湖）

这种蛙类具有数种适应特性，能在缺氧的寒冷湖水中生活。它们的后腿很长，后足具全蹼，适于游泳，肺部非常小，适于潜水。由于肺部很小，因此主要依靠皮肤呼吸。另外，它的皮肤上还有宽大的褶皱，皮肤中具有大量血管和血红细胞，因此能极大地增加皮肤的表面积，以获得更多的氧气。

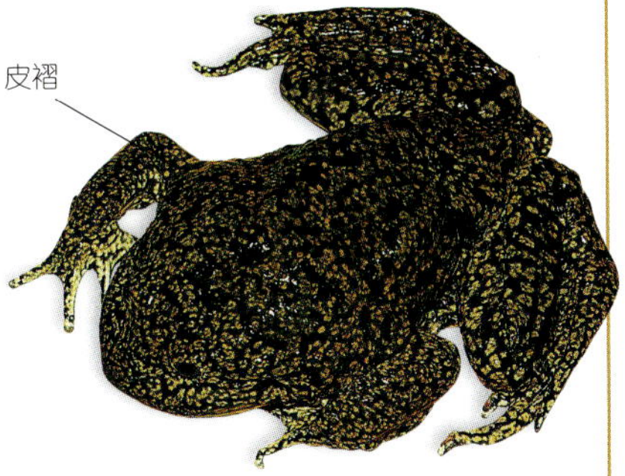

Eupemphix nattereri

纳特竖蟾

体长：3—4厘米

生活习性：陆栖为主

繁殖季节：大雨之后

现况：无危

分布：南美洲东部

纳特竖蟾的身体后端带有两个黑白色的眼斑。受到惊扰时，它会鼓胀身体，身体后端抬离地面，将眼斑暴露出来以吓退捕食者。它们还能从腹股沟附近的腺体分泌出令人反感的物质，进一步威慑来犯的敌人。纳特竖蟾身体臃肿，状似蟾蜍，四肢很短，体表呈棕褐色，带有或深或浅的褐色斑驳斑纹。

Engystomops pustulosus

泡蟾

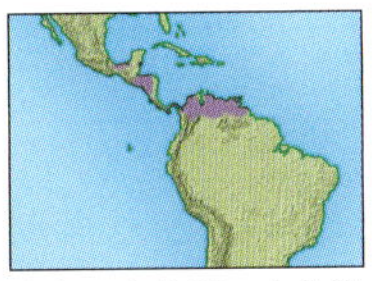

体长：3—4厘米

生活习性：陆栖为主

繁殖季节：雨季

现况：无危

分布：中美洲、南美洲西北部

泡蟾产自中美洲，体呈深灰色或褐色，体表具疣，外形类似蟾蜍。雄蟾求偶时鼓动声囊发出响亮的叫声以吸引雌蟾，这种特别的求偶叫声由长长的一声"咕"开头，后面跟着一连串的"呱"，然后不断重复。雄蟾发出的"呱"声越多，引来配偶的机会就越高；但叫声也会引来食肉蝙蝠。雌蟾交配后将卵产在临时性池塘中的泡沫浮巢里。

Leptodactylus pentadactylus

五指细趾蟾

体长：8—22厘米

生活习性：陆栖为主

繁殖季节：雨季

现况：无危

分布：南美洲北部

五指细趾蟾体大而健硕，是所属类群中体形最大的成员之一。这一类群共包含89个物种，主要分布在美洲热带地区。五指细趾蟾体呈黄色或浅褐色，杂有深色斑纹，腿长、眼大、鼓膜明显。雄蟾的前臂肌肉发达，拇指上具有一根尖利的黑刺，用以击退其他雄蟾。雌蟾在近水处的泡沫巢中产卵，这些泡沫由雄蟾利用身体上的黏液制造而成。五指细趾蟾夜间活动，以昆虫、其他无脊椎动物及其他小型动物为食，旱季藏身于木头下或地下。如果被抓住，它们会发出响亮的尖叫声惊吓捕食者，并借此逃脱。它们的后腿有时也会被人类作为食物。

Eleutherodactylus planirostris

平卵齿蟾

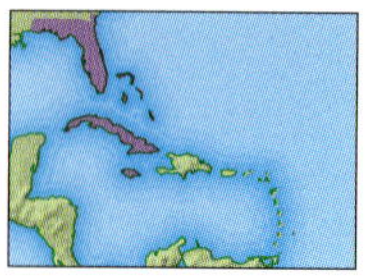

体长：2.5—4厘米
生活习性：完全陆栖
繁殖季节：夏季
现况：无危

分布：美国东南部、加勒比海

平卵齿蟾是全世界体形最小的两栖类之一，它所隶属的科约有201个物种，遍布美洲的温暖地带。平卵齿蟾体呈褐色或棕褐色，背部带有深色杂斑或条纹，四肢的趾上具有发达的吸盘。它们通常栖息在树木茂盛的环境，不过也会进入庭院活动。平卵齿蟾与它的许多近亲一样，也在潮湿的地面产卵，卵直接孵化为幼蛙。

Bufo bufo

大蟾蜍

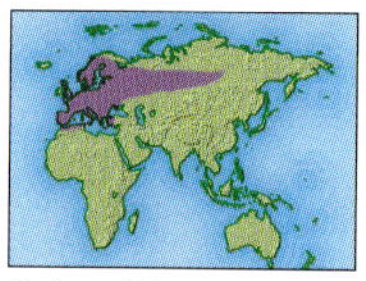

体长：8—20厘米
生活习性：陆栖为主
繁殖季节：春季
现况：无危

分布：非洲西南部、欧洲至亚洲中部

大蟾蜍体格强健，皮肤上具瘰粒或角质刺，是欧洲地区分布最为广泛的两栖类之一，体色从褐色、绿色到砖红色不等，雌性通常比雄性大很多，尤其是在腹中怀有卵子的早春时节。每年的这个时候，雌雄两性齐聚在水塘中，配对后，雌蟾在水下植物周围成串产卵。这种蟾蜍其他时间多半离开水生活，以昆虫、蚯蚓和其他小动物为食。它们主要在夜间活动，白天藏身在木头下和其他潮湿的地方。

自卫术

大蟾蜍的眼睛后方各具一个大型耳后腺，能够渗出令人反感的分泌物以威慑捕食者。受到惊扰时，它们能吞咽空气使身体膨胀起来，并踮脚站立，好让自己的体形看上去更大。虽然它们长相凶恶，但却很少咬人，并且也对人无害。

外貌

这只大蟾蜍的双眼很大，呈紫铜色或金色。雄蟾的前腿在繁殖期间长出婚垫，用于在交配时紧紧抓住配偶。

Anaxyrus americanus

美洲蟾蜍

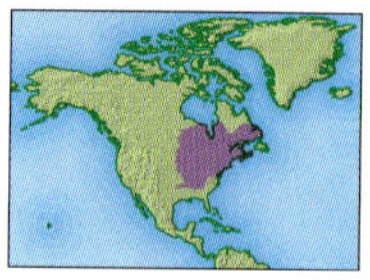

体长：5—9厘米
生活习性：陆栖为主
繁殖季节：春季
现况：无危

分布：加拿大东部、美国东部

美洲蟾蜍与大蟾蜍（左图）一样，体表多疣，双眼突出，头部两侧各有一个大型耳后腺。它们的体色多变，从褐色到体色鲜艳不等，胸部还带斑点。这种动物的适应力很强，能分布在各种栖息地中，包括庭院和山区，是一种夜行性动物。雄蟾求偶时持续发出3—60秒的颤音吸引雌性。雌蟾交配后在水塘中的植物周围成串产卵。

Duttaphrynus kiphirensis

基皮尔蟾蜍

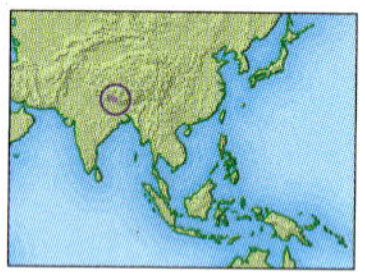

体长：13厘米
生活习性：陆栖
繁殖季节：雨季
现况：未评估

分布：印度

基皮尔蟾是亚洲南部头棱蟾属约30个物种中的一种，并于2009年被确定，依据采集自印度东北部那加兰邦Kiphire镇的标本进行描述，采集地的海拔为1190米。它们的分布区位于两大生物多样性热点区域——东喜马拉雅山地和印缅低地之间。目前，人们对于它的生活习性所知甚少，但是其近亲物种主要在夜间活动，以昆虫和其他无脊椎动物为食，白天躲藏在石块下和缝隙中。

随着雨季的来临，这些生活在温带山地的蟾蜍也进入交配期。倾盆大雨后，成年蟾蜍会把果冻状的两串卵产在山间河流旁的浅池塘中，雄蟾在此期间发出低沉的“curr, curr”叫声。蝌蚪在池塘中聚集成群，有些种类的蝌蚪还会形成数量可观的大群。

Amietophrynus gutturalis

喉音非洲蟾

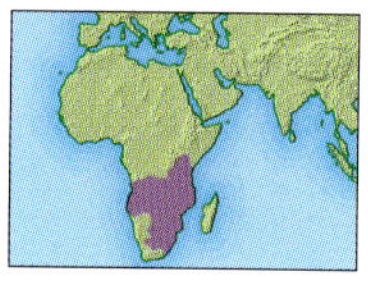

体长：5—10厘米
生活习性：陆栖为主
繁殖季节：春季
现况：无危

分布：非洲南部

喉音非洲蟾在各种能够藏身的地方均有分布，栖息在水塘、水坝和溪流附近，也常能在城市的夜灯下看到其捕食昆虫，但它们也会捕食其他无脊椎动物和飞离蚁巢的白蚁。雌性的体形大于雄性，但后者的前腿相对更长。雌雄两性都呈淡褐色，体表有深褐色的斑块。雄蟾发出低沉粗哑的叫声吸引配偶，雌蟾产卵于水中。

Amietophrynus rangeri

沙哑非洲蟾

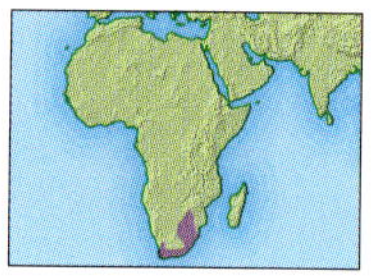

体长：5—11厘米
生活习性：陆栖为主
繁殖季节：春季
现况：无危

分布：非洲南部

这种蟾蜍体呈黄色或浅褐色，体表具斑点，栖息在河流、溪流和水塘附近的草地和林地中。寒冷季节和旱季藏身在木头或石块下，或是躲在腐烂的植物中。一旦被捕食者逼得走投无路，便从耳后腺释放出令人反感的黏性分泌物。繁殖期间，雄蟾发出响亮的刺耳叫声吸引配偶。此外，还会表现出激烈地鸣叫和打斗等交配行为，且体重在这段时间内也会减轻。

Pseudepidalea viridis

绿蟾蜍

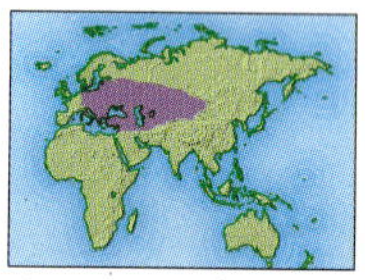

体长：6—9厘米
生活习性：陆栖为主
繁殖季节：春、夏季
现况：无危

分布：欧洲东部、亚洲

绿蟾蜍体格强健，灰白色的皮肤上具有绿色大理石斑纹和红色斑点，偏好在低地和干燥地带的沙地中活动，但在山区和都市地带也有分布，冬季和旱季生活在木头和石块下，或是藏身于腐烂的植物中。绿蟾蜍夜间活动，主要捕食昆虫。雄蟾求偶时发出尖锐的叫声。雌蟾一次能产下10,000—12,000枚卵。

两栖类

Atelopus zeteki

泽氏斑蟾

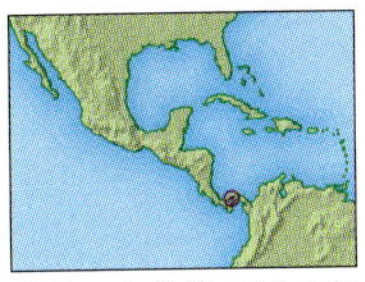

体长：3.5—6厘米
生活习性：陆栖为主
繁殖季节：雨季
现况：极危

分布：中美洲南部（巴拿马）

泽氏斑蟾体呈鲜黄色或橙色，有时还带黑斑，具有很好的警示效果。受到攻击时，它们的皮肤分泌出毒素，捕食者一旦体验到毒素的厉害，就会将鲜艳的体色与有害刺激联系在一起，以后就会有意识避开这种蟾蜍。泽氏斑蟾与生活在中美洲的许多蛙和蟾蜍一样，数量在近年来也已急剧下降。

Brachycephalus ephippium

鞍背短头蟾

体长：1—2厘米
生活习性：陆栖为主
繁殖季节：无记录
现况：无危

分布：南美洲东部

鞍背短头蟾俗称金蛙，栖息在山地雨林的落叶丛中，捕食昆虫和其他小型无脊椎动物。旱季在缝隙中藏身。鞍背短头蟾生活在地面上，由于足趾粗短，缺少吸盘，因此既不会跳跃，也不擅长攀爬。它们的背部皮肤平滑，皮下具有鞍状骨板，体背部呈鲜橙色，腹部为黄色。雌蟾在陆地上产下5—6枚大型卵，卵不经历蝌蚪阶段，而是直接孵化为幼蟾。

Nimbaphrynoides occidentalis

西利比亚胎生蟾

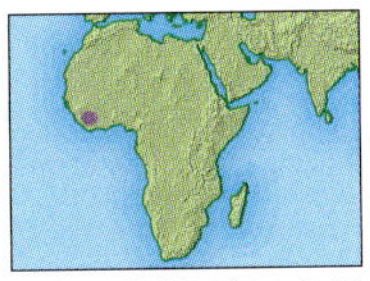

体长：1.5—2.5厘米
生活习性：完全陆栖
繁殖季节：春、夏季
现况：极危

分布：非洲西部（宁巴山）

这种蟾蜍的繁殖方式非常奇特，它们的卵在体内受精，幼体也在母体内发育。历经长达9个月的妊娠期后，雌蟾通过吸入空气使身体膨胀，随后产出2—16只幼蟾。西利比亚胎生蟾藏身在岩缝中度过旱季。

Pedostibeshosii

黄斑桨蟾

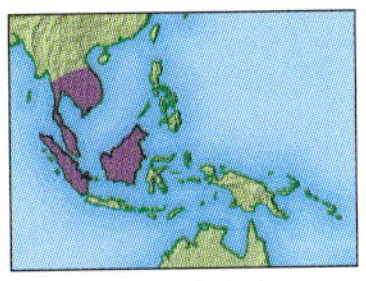

体长：5—10厘米
生活习性：陆栖为主
繁殖季节：雨季
现况：无危

分布：亚洲东南部

黄斑桨蟾是一种擅长攀爬的奇特蟾蜍，足趾上具有吸盘。它们的体表带有疣粒和小棘刺，体色从淡绿褐色至黑色不等，并杂有黄斑；有些雌性还具紫色调。黄斑桨蟾常沿着森林中的河流和溪流活动，是一种以蚂蚁为食的夜行性动物。雌蟾在流水中产下含有大量小型卵的卵串。蝌蚪的嘴巴呈吸盘状，借此吸附在岩石上。

Rhinoderma darwinii

达尔文蛙

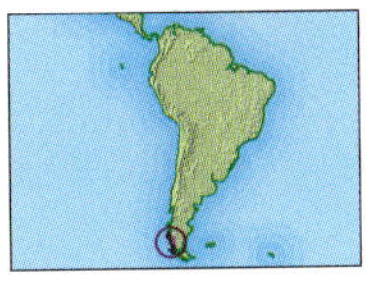

体长：2.5—3厘米
生活习性：陆栖为主
繁殖季节：全年
现况：易危

分布：南美洲南部

达尔文蛙栖息在安第斯山脉南部的山地森林中，因蝌蚪在雄性的声囊中发育成功蛙而闻名，这种亲代照料行为在两栖类中实属罕见。达尔文蛙的体背部呈褐色或绿色，腹部为黑色，体形很小，吻部尖突，因此极易识别。

成年达尔文蛙生活在水流附近阴暗潮湿的峡谷中，主要在夜间活动，以昆虫和其他小型动物为食。繁殖期间，雄蛙发出轻柔的钟鸣声吸引配偶；雌蛙将卵产下后，雄蛙便一直在旁守护，直到它们孵化。

身体特征

这种小型蛙类的典型特征是鼻子末端具肉质长吻，此外，它们的四肢细瘦，趾长，后趾有微蹼，鼓膜小，瞳孔垂直。

亲代照料

雌性达尔文蛙将多达40枚卵产在潮湿的地面后，雄蛙便在旁守候2—3周。当卵中的胚胎开始活动时，雄蛙便吞下15枚即将孵化的蛙卵，这些卵落入它的声囊中发育，直到孵化为蝌蚪。蝌蚪只依靠卵黄便能发育为幼蛙，然后便会从父亲的口中钻出。

Pseudis paradoxa

奇异多指节蟾

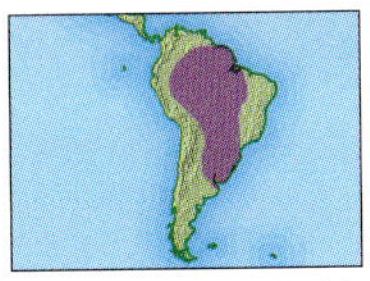

体长：5—7厘米
生活习性：完全水栖
繁殖季节：雨季
现况：无危

分布：南美洲北部和中部

大多数成年蛙类的体形会比成熟的蝌蚪大很多，但奇异多指节蟾却正好相反。它们的蝌蚪能活很长时间，身体可长到25厘米长，约是成体体长的4倍。到了变态的最后阶段，蝌蚪的体形便大大缩小，主要是长尾巴被身体吸收所致。成体的大部分特征都是为了适应完全水栖的生活形态，它们皮肤黏滑，双眼和鼻孔都朝上生长，因此能够紧贴在水面下漂浮，后趾间的蹼十分发达，适于游泳。奇异多指节蟾生活在水塘、湖泊和沼泽中，以水生无脊椎动物为食，捕猎前先用足搅动泥浆，以干扰猎物的视线。雌性在漂浮的泡沫巢中产卵。

两栖类

Rhinella marinus

海蟾蜍

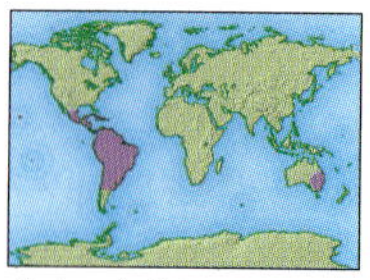

体长：5—23厘米

生活习性：多数陆栖

繁殖季节：雨后

现况：无危

分布：中美洲、南美洲、引入澳洲等地

海蟾蜍是地球上最大的蟾蜍。它们身体粗壮，体呈褐色，皮肤粗糙多具瘰粒，摸上去类似皮革，头部宽大，双眼上方有骨质嵴棱，耳后腺大而突出，一旦遇险，能分泌出有毒的乳白色液体。海蟾蜍的食量很大，主要以蚂蚁、白蚁和甲虫为食，但当碰到其他各种昆虫、无脊椎动物和蛙类时，也会毫不迟疑地张口捕食。

除了繁殖期以外，海蟾蜍通常独自生活。雄蟾繁殖时发出一种低沉的颤音以吸引雌蟾的注意，听上去就像是引擎的转动声。雌蟾大于雄蟾，交配后产下长串的胶质卵串，并将其悬挂在水生植物或水中的碎屑上。雌蟾每次的产卵量多达20,000枚。在理想的环境下，幼蟾离水1年后就能长到成体的一般大小。这种蟾蜍已被引入一些国家，用以清除甘蔗上的害虫，但是它们的掠食天性却又对当地的野生动物造成了毁灭性的打击。

生物防控

海蟾蜍于1935年被引入澳洲和许多太平洋岛屿上，如今它们已经泛滥成灾，成了需要被消灭的对象。大多数消灭海蟾蜍的项目都没有取得很大的成效，因为海蟾蜍不仅适应能力极强，而且繁殖力也很高。生物防控也许是能够限制海蟾蜍数量的最好方法，但到目前为止，还没有发现任何能使其他两栖类不受伤害的有效方法。

贪吃的海蟾蜍

海蟾蜍夜间外出觅食，几乎什么都吃，包括蛇类。它们常聚集在城市中的街灯下，捕食受到灯光吸引的昆虫。

身形粗短

海蟾蜍的身体笨重，体形粗短，四肢较短，最适于在地面生活，通常采取爬行或短距离的跳跃前行。

防卫毒素

海蟾蜍的毒液会对其他动物造成很大的危害。如果受到威胁或被挤压，例如被捕食者叼在嘴中时，它们肩部的大型腺体便分泌毒素。除此之外，全身较小的腺体也能泌出毒液。任何吞下这种毒素的动物很快便会死亡，有时在短短的15分钟之内便被毒死。

生命力顽强

海蟾蜍的适应能力很强，存活时间长，繁殖力也很高，几乎能在各种栖息地中繁衍生存，甚至还能耐受半咸水环境。海蟾蜍几乎什么都吃，即使长时间缺水也能存活很久。它们全年都能繁殖，并会大量产卵。

两栖类

Litoria caerulea

绿雨滨蛙

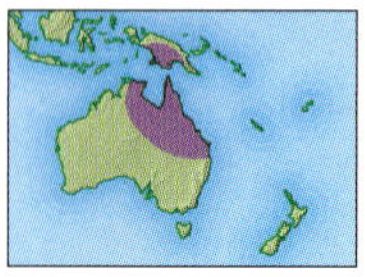

体长：5—10厘米
生活习性：陆栖
繁殖季节：春、夏季
现况：无危

分布：新几内亚岛南部、大洋洲北部和东部

绿雨滨蛙又称白氏树蛙，在澳洲分布广泛，因为行为温驯和在建筑物中及其附近生活而闻名。它们的体色多变，从绿色到浅蓝绿色不等，有时还带有白色斑点。与大多数树蛙一样，绿雨滨蛙的足趾上也长有吸盘。它们的皮肤松弛，褶皱很深，在潮湿环境下可吸收大量水分，因此具有高超的耐旱本领。绿雨滨蛙夜间活动，觅食昆虫和其他无脊椎动物，偶尔也捕食老鼠等较大的动物。雄蛙的体形小于雌蛙，能发出类似犬吠的刺耳求偶叫声。雌蛙交配后在水中产下2000—3000枚卵。医学界对这种树蛙十分感兴趣，因为它们皮肤中含有多种可以抵抗细菌和病毒的化合物，以及一种可以治疗高血压的物质。

Pseudacris crucifer

叉纹拟蝗蛙

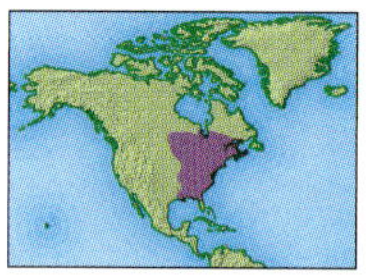

体长：2—3.5厘米
生活习性：陆栖为主
繁殖季节：春季
现况：无危

分布：加拿大东南部、美国东部

这种小型蛙类行为敏捷，分布范围横跨北美洲东部的多数区域，一听到它们发出的独特叫声，人们便知道春天快要来了。叉纹拟蝗蛙所属类群俗称合唱蛙，它们的足蹼较小，足趾具吸盘，擅长攀爬。叉纹拟蝗蛙栖息在林地中的临时或永久性的水塘中，冬季和旱季在木头或腐烂植物底下生活。

声囊鼓胀

雄性叉纹拟蝗蛙于早春时节齐聚在水畔的灌木和乔木间，发出高音调的尖利颤音吸引雌蛙。气流会在声囊和肺部有节奏地振动，因此雄蛙的声囊可以放大喉部发出的声音，使叫声更加响亮。

体色

叉纹拟蝗蛙体呈褐、灰或橄榄绿色，体表的深色斑块通常在背部构成"X"形的图案。

Litoria infrafrenata

巨雨滨蛙

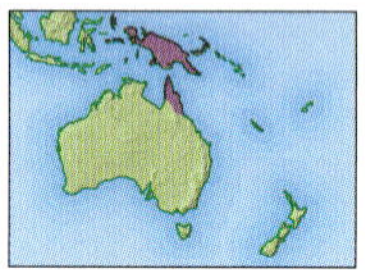

体长：10—14厘米
生活习性：陆栖为主
繁殖季节：春、夏季
现况：无危

分布：新几内亚岛、澳洲东北部

巨雨滨蛙的体背部呈绿色，下唇上具独特的条纹，是澳洲最大的热带蛙类，也是地球上最大的树蛙之一，多在森林和庭院中活动，天黑后外出捕食昆虫和其他无脊椎动物。巨雨滨蛙的吸盘很大，大部分时间都在树上生活。成蛙繁殖期间下树，雌蛙交配后在水中产下多达400枚卵。

Litoria australis

澳洲滨蛙

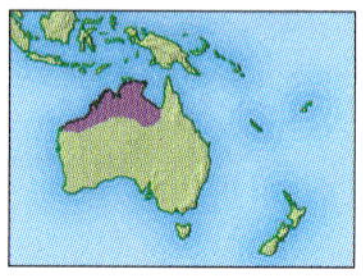

体长：7—10.5厘米
生活习性：陆栖或穴居
繁殖季节：雨季
现况：无危

分布：大洋洲北部

这种大型蛙类能在地下存活很久，它们在土中打洞，并蜕掉好几层皮，形成包覆身体的防水茧。同时还能在膀胱和体腔中，以及皮下贮藏大量水分。澳洲滨蛙的近亲——储水蛙，是澳洲原住民的"活体水井"，人们渴得受不了时，便从地下挖出储水蛙，通过挤压获取其体内的水分。

澳洲滨蛙体呈淡灰色、褐色或鲜绿色，双眼处有深褐色或黑色条纹，头部宽大，四肢很短且肌肉健壮，后足上具角质疣粒，背部有1对肤褶。繁殖期间，通常在白天活动，雄蛙在临时性池塘边发出叫声吸引雌蛙。交配后，雌蛙在水中成团产下多达7000枚卵，卵团产出后便沉入水底。蝌蚪的身体富有弹性，在水温高达43℃时也能存活。

Hyla cinerea

美国树蛙

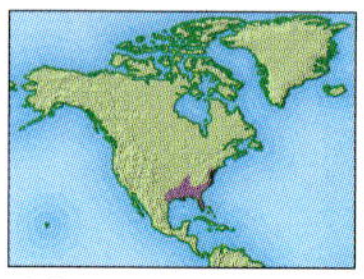

体长：3—6厘米
生活习性：陆栖为主
繁殖季节：春季
现况：无危

分布：美国东南部

美国树蛙体呈鲜绿色，能迅速改变体色。当发出叫声吸引配偶时身体呈黄色，一旦天气寒冷则变为灰色。雄蛙繁殖期间在池畔齐声合唱，有些是为了吸引配偶，而另一些则不发出声音，这些"卫星"雄蛙通常占据一个离鸣叫雄蛙很近的有利位置，并试图拦截靠近的雌蛙。美国树蛙也被称为"雨蛙"，因为它们只在雨季前和雨季期间鸣叫。它们常在夜间出现在窗户上，捕食被光线吸引的昆虫。

Hyla arborea

无斑雨蛙

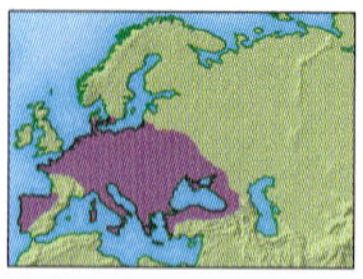

体长：3—5厘米
生活习性：陆栖
繁殖季节：春、夏季
现况：无危

分布：欧洲、亚洲西部

欧洲是多种雨蛙的家园，而这种雨蛙是其中分布最广的一种。它们的身体通常呈鲜绿色，有时呈黄色或褐色，头和身体具有一道明显的深色横纹。它们栖息在植被茂密的近水地带，冬季进入冬眠。繁殖期间，雄蛙发出响亮的"呱呱"叫声，并且很快就变成聒噪的齐声合唱。

两栖类

Hyla chrysoscelis

科氏灰雨蛙

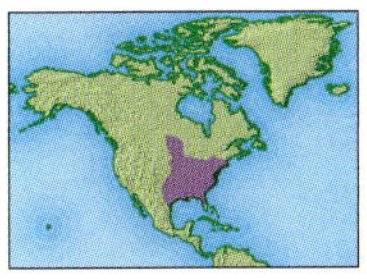

体长：3—6厘米

生活习性：陆栖为主

繁殖季节：春季

现况：无危

分布：加拿大南部、美国中部和东部

科氏灰雨蛙的体表有许多灰色斑块，因此能在被地衣覆盖的树干上完美隐形。这种蛙类能在不同的气候或光照条件下改变体色，天气寒冷阴暗时呈深色，光线明亮时则呈浅色。它们的血液中含有甘油（一种抗冻剂），因此在气温达到零度以下时仍能生存。科氏灰雨蛙的外表几乎与灰雨蛙完全相似，但后者的叫声更为低沉，且染色体的数量也是前者的两倍。

Agalychnis callidryas

丽红眼蛙

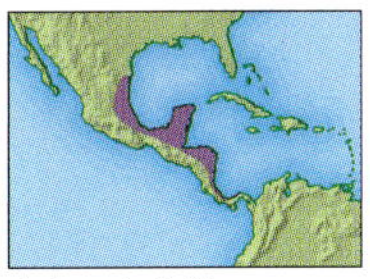

体长：4—7厘米

生活习性：陆栖

繁殖季节：夏季

现况：无危

分布：中美洲

宝石般的色彩和猩红色的眼睛让这种蛙成为最引人注目的树蛙之一。繁殖期间，雄蛙在高悬于水面的树枝上成群聚集，发出一连串的“咔嗒”声吸引雌性。交配时，雄蛙从背部紧紧抱住配偶，一起下树去水塘中获取水分，随后又爬回树上，雌蛙在水面的叶片上成团产下约50枚卵。这一过程通常反复数次，雌蛙每次产卵前都先去吸水。卵经过5天孵化，孵出的蝌蚪会扭动身体，直到落入下方的水塘。

体色

丽红眼蛙集多种色彩于一身，体背部呈绿色，体侧具有蓝色和白色条纹，腿内侧为红色和黄色。它们白天在叶片上栖息，双腿折叠在身体两侧，借以隐藏身体上的明亮色彩，而绿色的背部则能和背景环境融为一体。

攀爬健将

丽红眼蛙和其他树蛙一样，每个足趾上都有利于攀爬的发达吸盘。

Phyllomedusa hypochondrialis

虎纹腿猴树蛙

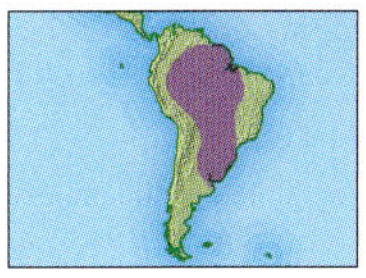

体长：2.5—4.5厘米

生活习性：完全树栖

繁殖季节：雨季

现况：无危

分布：南美洲北部和中部

虎纹腿猴树蛙栖息在干旱地区，它们的身体细长，具有能分泌蜡质的特殊腺体，并且会把分泌物涂抹在全身以减少水分的丧失。雌性所产的卵包裹在含水的卵囊中，可为发育中的受精卵提供额外的水分。虎纹腿猴树蛙能分泌出令人反感的气味以抵挡潜在的捕食者，并且还会装死。

Scinax ruber

红鼻树蛙

体长：2.5—4厘米

生活习性：陆栖为主

繁殖季节：雨季

现况：无危

分布：中美洲南部至南美洲北部、加勒比海

红鼻树蛙的身体修长，体呈黄色、银色或灰色。雄蛙在繁殖期间通过响亮的叫声吸引雌蛙。雌蛙稍大于雄蛙，前者会根据体形大小选择配偶，通常都选择大小约为自身80%的雄性。在这一比例之下，雄蛙的泄殖腔最为贴近雌蛙，因此能使更多的蛙卵受精。雌蛙在水塘四处产卵，以减少蛙卵被吃掉的概率。

Triprion petasatus

鸭咀三腭齿蛙

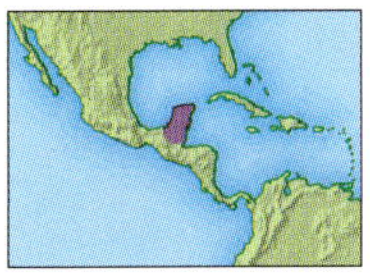

体长：5.5—7.5厘米

生活习性：陆栖为主

繁殖季节：雨季

现况：无危

分布：墨西哥（尤卡坦半岛）、中美洲北部

鸭咀三腭齿蛙的头部形状十分特殊，吻端扁长，类似鸭嘴，眼后具鞍状皮瓣，但其功能不详。它们的身体呈灰色、褐色或绿色，体表带深色斑点，后趾间具蹼，前、后趾上均有发达的吸盘。鸭咀三腭齿蛙栖息在草地中的灌丛和树丛，只在夜间活动，白天躲藏在树洞中，气候寒冷和干旱时，也在树洞中藏身。

Acris crepitans

北蝗蛙

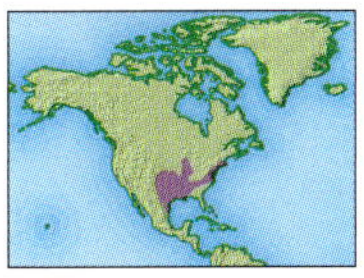

体长：1.5—4厘米

生活习性：陆栖为主

繁殖季节：春季

现况：无危

分布：美国东部和南部

北蝗蛙由于后肢细长发达，因此可以长距离的跳跃。其他特征还包括粗糙的皮肤和两眼间独特的深色三角形斑。北蝗蛙常在沼泽、水塘、溪流和湖泊附近的叶丛之间出没，还常在阳光下取暖。它们于早春时节成群聚集在水塘中，雄蛙发出一连串与蟋蟀叫声类似的金属“咔嗒”声以吸引雌蛙。一些地区的蝌蚪的尾尖呈黑色，可在游动时分散捕食者的注意力。

Gastrotheca monticola

山囊蛙

体长：4—6厘米

生活习性：完全陆栖

繁殖季节：春、夏季

现况：无危

分布：南美洲西北部

雌性山囊蛙的背部具有孵卵用的“育儿囊”。雄蛙交配时将卵放入囊中发育。发育中的幼体通过类似哺乳类胎盘的结构与母体的血液系统相连。雌蛙在大雨过后把蝌蚪送入水中（一些近亲物种会等蝌蚪变为幼蛙后才将其放走）。山囊蛙夜间活动，冬季和旱季则在木头下藏身。

两栖类

Hyalinobatrachium valerioi

网状玻璃蛙

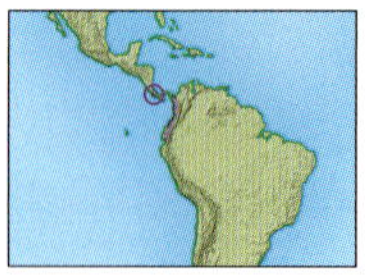

体长：2—3.5厘米
生活习性：陆栖为主
繁殖季节：雨季
现况：无危

分布：中美洲南部至南美洲西北部

这种小型蛙类身体纤细，皮肤呈半透明状，看起来就像是用玻璃制成的。网状玻璃蛙极擅长攀爬，前、后趾上都有大型吸盘。雌蛙将卵产在溪流上方的叶片上。蝌蚪孵出时体呈粉红或红色，它们扭动身体使自己落入水中，然后钻入溪流底部的泥沙中。

Dendrobates auratus

迷彩箭毒蛙

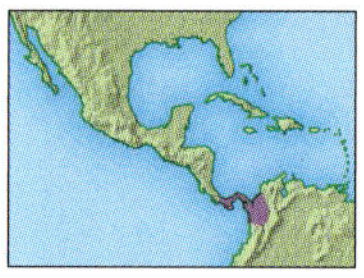

体长：2.5—6厘米
生活习性：完全陆栖
繁殖季节：雨季
现况：无危

分布：中美洲南部和南美洲西北部

这种体色鲜艳的热带美洲蛙隶属箭毒蛙科，该科共有179个物种，包括地球上毒性最强的两栖类物种。迷彩箭毒蛙与其近亲一样，也在地面生活，皮肤能分泌毒素自卫。它们全身色彩鲜明，意在警告捕食者自己有毒，因此在跳跃时不会受到捕食者的骚扰。迷彩箭毒蛙的求偶行为也非常奇特，雌蛙会主动用后足敲打雄蛙的背部进行挑逗。

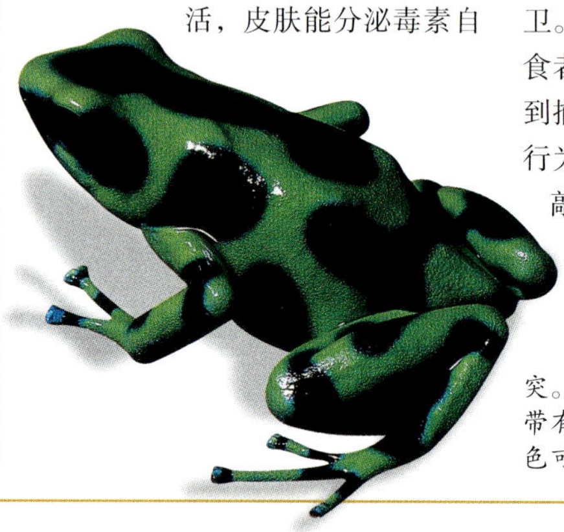

警告色

迷彩箭毒蛙的体形很小，头部尖突。这种体色艳丽的蛙类身体呈黑色，带有绿斑，有时还具金色光泽。这种体色可用于警告捕食者远离。

亲代抚育

雌性迷彩箭毒蛙在落叶丛中产卵，每窝5—13枚，蛙卵由雄蛙看护，雄蛙有时还同时看护数窝卵。卵孵化时，雄蛙便把蝌蚪从地面背到树洞的积水里。

Oophaga pumilio

草莓箭毒蛙

体长：2—2.5厘米
生活习性：完全陆栖
繁殖季节：雨季
现况：无危

分布：中美洲南部

虽然不是毒性最强的种类，但草莓箭毒蛙的毒性仍旧很强。与其他箭毒蛙一样，依赖化学防卫系统远离麻烦。草莓箭毒蛙的体色多变，一些地区的种类身体呈鲜红色，其他地区的则呈褐色、蓝色或绿色。雌蛙每次产卵4—6枚，并将它们单独放在积水的树洞中，以免蝌蚪孵出后互相残杀。

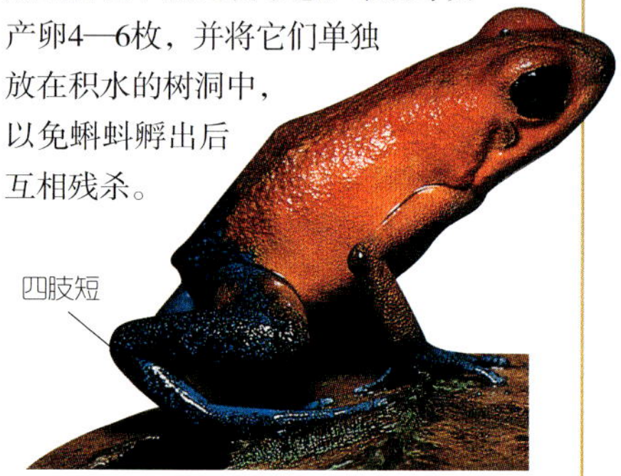

Ranitomeya dorisswansonae

橙斑安第斯蛙

体长：1.7—1.8厘米
生活习性：完全陆栖
繁殖季节：不详
现况：易危

分布：南美洲西北部

这种小型蛙类于2006年在物种丰富的哥伦比亚中部山脉被发现，体色呈黑色，体表有红色斑块。目前只知道它们分布在一块面积不足0.5平方千米的森林地带，在地面和凤梨科植物上生活。这种蛙隶属小毒蛙属，该属曾被归入箭毒蛙属，最近基于遗传证据才被单独归为一属。与所有色彩艳丽的箭毒蛙一样，小毒蛙属成员的毒性也源于被取食的昆虫。

Ranatemporaria

欧洲林蛙

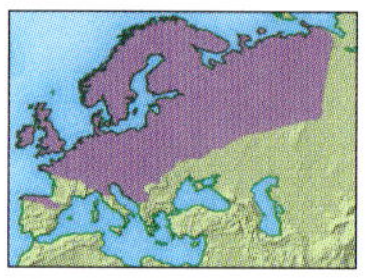

体长：5—10厘米
生活习性：陆栖为主
繁殖季节：春季
现况：无危

分布：欧洲、亚洲西北部

欧洲林蛙是北欧地区分布最广的两栖类之一，分布范围一直延伸到北极圈。欧洲林蛙栖息在潮湿地带，成年后大部分时间都在陆地生活，只有在逃避敌害和繁殖时才回到水中。它们于早春时节大群聚集前往水塘。雄蛙发出低沉的叫声呼唤雌蛙，交配后，雌蛙产下含有数千枚卵的漂浮卵团。蝌蚪在水温暖和的水塘中历经6周发育成熟，若是水温寒冷则要花费4个月。

Hylaranaalbolabris

白唇水蛙

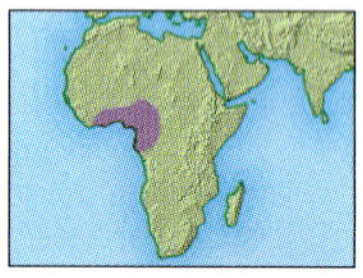

体长：6—10厘米
生活习性：陆栖为主
繁殖季节：夏季
现况：无危

分布：非洲西部和中部

蛙科中的物种通常被称为“真正的”蛙类，该科包括340多个物种，在世界各大洲均有分布。生活在非洲的成员通常鲜为人知，但那些生活在撒哈拉以南的种类则隶属于水蛙属。这种非洲蛙类的典型特征是上唇具白色条纹，吻部尖突，体背两侧有明显的肤褶，足趾上具有大型吸盘。雄蛙的鼓膜大于雌蛙，它们的前臂上方还会长出大型婚腺，用于在交配时紧紧抓住配偶。雌蛙将卵产在静水或流动缓慢的水中。白唇水蛙生活在植被覆盖率较低的次生雨林和林地中，但也会在耕地中活动。蝌蚪的下唇具有皮缘，但其功能至今不详。

Lithobates pipiens

北美豹蛙

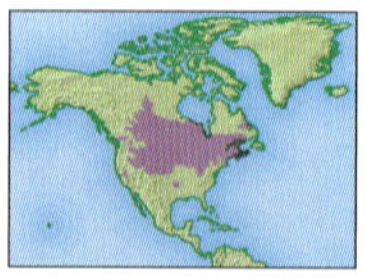

体长：5—9厘米
生活习性：陆栖或水栖
繁殖季节：春季
现况：无危

分布：加拿大南部、美国北部

北美豹蛙体呈绿色或褐色，吻部尖突，体表具浅色镶边的不规则深色大型斑点。它们多在水塘和沼泽周围的草地活动，以昆虫和其他无脊椎动物为食，冬季和旱季藏身在岩石和木头下。雄蛙发出响亮低沉的“隆隆”鼾声，其间还夹杂着“呼噜”声。这种蛙于3—5月间繁殖，繁殖期间会因海拔的不同而发生变化。

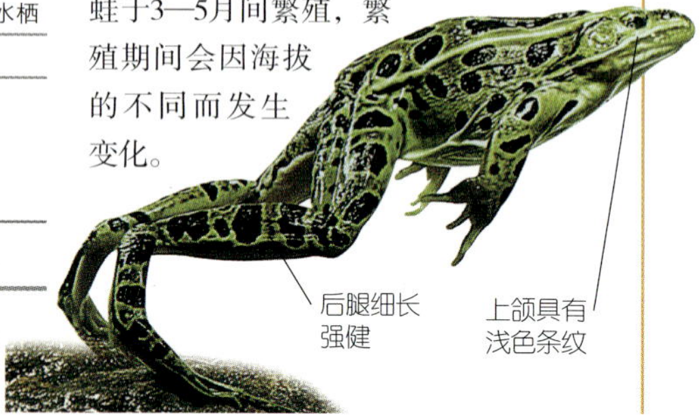

Lithobates catesbeianus

美国牛蛙

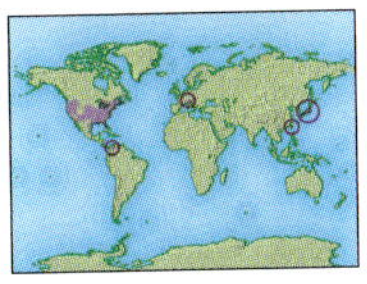

体长：9—20厘米
生活习性：水栖为主
繁殖季节：春、夏季
现况：无危

分布：加拿大东南部、美国中部和西部及东部，已被引入欧洲、南美洲、亚洲东部

美国牛蛙是北美洲地区最大的蛙类，以食量惊人著称。它们栖息在湖泊、水塘和水流缓慢的溪流中，一生中的大部分时间都在水中或水域附近活动。美国牛蛙体色多变，一些地区的种类的体背部呈纯绿色，而另一些地区的则带有明显的斑纹。春、夏繁殖期间，雄蛙会对自己的领地进行捍卫，并且通过喉部下方的声囊发出深沉的洪亮叫声。雌蛙交配后产下数千枚卵。蝌蚪历经4年时间才变态为成体。

两栖类入侵者

美国牛蛙会吃掉任何能够吃得下去的东西，包括哺乳类、爬行类和其他蛙类。它们原产于北美洲东部，后被引入西部各州，已对当地的淡水野生生物造成了不利影响。

外貌

这种大型蛙类最突出的特征是后腿长而有力，鼓膜明显。它的体背部呈绿色，带有褐色斑纹，腹部为白色。

Lithobates sylvaticus

北美林蛙

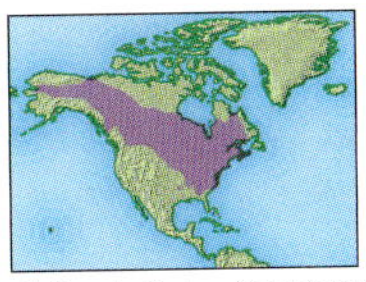

体长：3.5—8厘米
生活习性：陆栖为主
繁殖季节：春季
现况：无危

分布：加拿大、美国东部

虽然北美林蛙通常在分布范围内的南部林地中活动，但也能存活于北极圈地带，是北美洲分布范围最靠北的蛙类。北美林蛙的血液中含有可以"抗冻"的化学物质，因此能在气温低于零下的环境中存活。它们通常在地面的积雪还未融化，繁殖池塘的部分水面仍旧冻结时就开始繁殖。北美林蛙的体色从淡红色、褐色至黑色不等，体表带有深色斑纹。它们的腿部具条纹，双眼后方还有被称为"强盗眼罩"的深色斑。

Pelophylax ridibundus

湖侧褶蛙

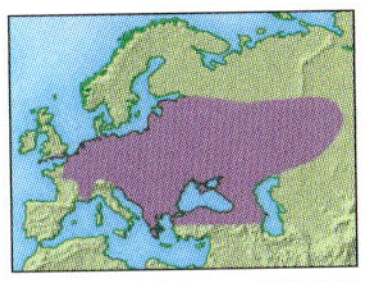

体长：9—15厘米
生活习性：水栖为主
繁殖季节：春季
现况：无危

分布：欧洲、亚洲西部和西南部

湖侧褶蛙是欧洲体形最大的蛙类，体呈褐色或绿色，后腿细长强壮，背部具纵向的背侧褶，双眼离得很近。它们栖息在湖泊、水塘、水沟和溪流中，以鱼类、蜥蜴、蛇类、鼠类和其他蛙类为食，也捕食昆虫和其他无脊椎动物。雌蛙在水中产下多达12,000枚卵。

Conraua goliath

巨谐蛙

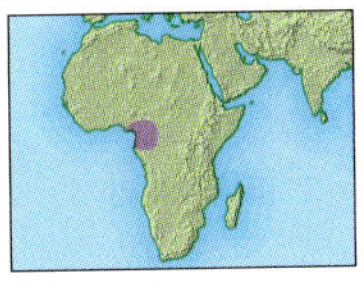

体长：10—40厘米
生活习性：水栖为主
繁殖季节：雨季
现况：濒危

分布：非洲中部、赤道几内亚

巨谐蛙是地球上最大的蛙类，仅分布在非洲西部。它们的后肢长而有力，趾间具蹼，皮肤光滑，极为适应水下生活，也擅长游泳和潜水。这种蛙的趾端膨大，但功能至今不详。巨谐蛙栖息在热带丛林中的溪流沿岸，以其他蛙类、小型爬行类和哺乳类动物为食。它们很少在陆地上活动，即使离开水边，也会在受到威胁或干扰时迅速跳回水中。与其他蛙类不同的是，雄蛙的体形要大于雌蛙，并且不用叫声吸引雌蛙。人们对于这种蛙的繁殖习性所知甚少。

Rana dalmatina

捷蛙

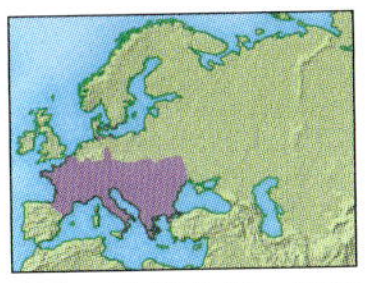

体长：5—9厘米
生活习性：陆栖为主
繁殖季节：春季
现况：无危

分布：欧洲北部、中部和南部

捷蛙的后腿极长，特别擅长跳跃，一次能跳出数米远。它的身体呈浅褐色，体侧发黄且带有褐色条纹，体背部通常具有呈倒"V"字形排列的深褐色斑点。雄蛙与雌蛙的区别在于，前者的前肢较粗。这种蛙栖息在开阔的林地和湿软的草地中，冬季和旱季在木头和岩石下藏身，或将自己埋在植物中，不过，雄蛙通常会在水塘和湖泊的冰层下方过冬。当冰雪在春天融化时，它们便开始繁殖，将卵成团产于水中。

Ceratobatrachus guentheri

贡德氏尖叶蛙

体长：5—8厘米
生活习性：陆栖为主
繁殖季节：雨季
现况：无危

分布：所罗门群岛

这种生活在森林地面上的动物与印尼角蟾（第451页）的外表极为相似，虽然两者并无亲缘关系，但贡德氏尖叶蛙也借助相同的伪装隐匿身形。它们头上的"角"状突起有助于改变头部形状，使身形得以隐藏在满是树叶的背景中。贡德氏尖叶蛙的下颌具有蛙类少有的齿状骨质突起，可用于咬住猎物。雄蛙的"齿状突"通常比雌蛙的大。雌蛙在潮湿的土壤中成团产下大型卵，卵直接孵化为幼蛙。幼蛙的皮肤具褶皱，有利于吸收卵黄。

Ptychadena oxyrhynchus

尖吻皱蛙

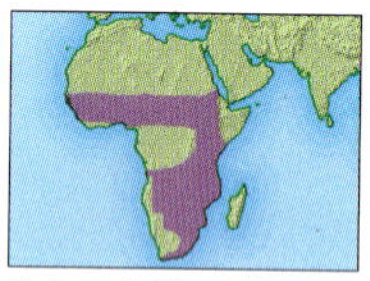

体长：4—7厘米
生活习性：陆栖为主
繁殖季节：春季
现况：无危

分布：非洲西部和中部及东南部

尖吻皱蛙行动敏捷，能在草地和水中快速移动，强壮的后腿能让其进行长距离的跳跃。它们的体背呈浅黄褐色，带有褐色或黑色斑点和斑块，腹侧呈乳白色，吻部非常突出，在其顶部具有一块浅色的三角形斑。这种蛙栖息在开阔的热带稀树草原和长有带刺植物的草原上，并生活在大雨后形成的暂时性水塘中，以昆虫和其他无脊椎动物为食，特别爱吃蟋蟀。旱季和寒冷时节躲藏起来。雄蛙发出尖声颤音吸引雌性，双方在雨后形成的水面上交配。卵在体外受精，然后分成小批产于水面之上。

Mantella viridis

绿彩蛙

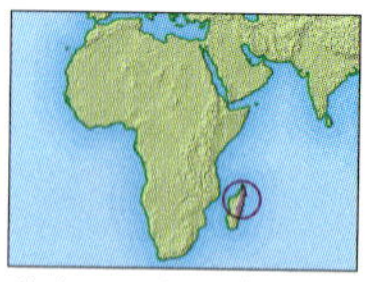

体长：2—3厘米
生活习性：完全陆栖
繁殖季节：雨季
现况：濒危

分布：马达加斯加北部和东部

曼蛙属包含16种体色鲜艳的蛙类，绿彩蛙仅分布于马达加斯加岛，由于栖身的森林栖息地受到破坏，因此全都面临灭绝的威胁，并且还因受到全球宠物交易的影响而出现种群数量的衰退。绿彩蛙栖息在热带森林中的溪流周围，体背部和头部为黄色或浅绿色，体侧呈黑色，上唇具白色条纹。这种在白天活动的蛙类以昆虫和其他无脊椎动物为食。雄蛙发出一连串的"咔嗒"叫声吸引雌蛙。绿彩蛙雨季在地面繁殖交配，雌蛙在溪流旁产卵。

Platymantis vitiensis

斐济树栖扁手蛙

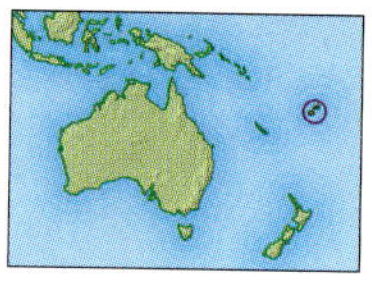

体长：3.5—5厘米
生活习性：陆栖为主
繁殖季节：春、夏季
现况：近危

分布：斐济

斐济树栖扁手蛙身体修长，只分布在斐济岛的热带森林中。它们的头部扁平，鼓膜较大，皮肤具褶皱，趾间无蹼，但具吸盘。

雌蛙在地面少量产卵，卵的个头很大，直接孵出幼蛙，蝌蚪阶段完全在卵中度过。人们对其行为和生命周期所知甚少。

Pyxicephalus adspersus

非洲牛蛙

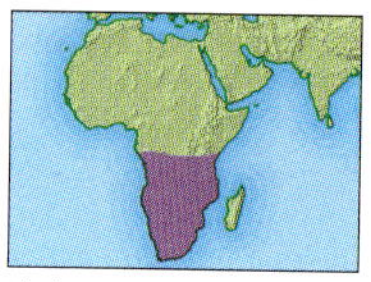

体长：8—23厘米
生活习性：多数陆栖
繁殖季节：雨季
现况：无危

分布：非洲中部和南部

非洲牛蛙栖息在湿热的热带稀树草原区，并钻入土中很长时间，如果不下大雨，甚至会在地下待上数年时间。穴居时，它们将自己包裹在防水茧中，避免水分蒸发。非洲牛蛙以其他蛙类、昆虫和其他无脊椎动物为食。体形巨大，头部宽大，后足上长有用于挖土的角质结瘤。繁殖期间，体形较大的雄蛙的下颌长出一对突起的齿状，用于其他雄性打斗，以争夺领域之用。雄蛙发出响亮的"隆隆"声吸引雌蛙。当雌雄双方在积水池塘中结束交配后，由雄蛙对蛙卵和蝌蚪进行保护。随着蝌蚪不断发育长大，雄蛙还会在泥中挖出水道，以便蝌蚪能够游到面积更大的水域。

Mantellaaurantiaca

金色曼蛙

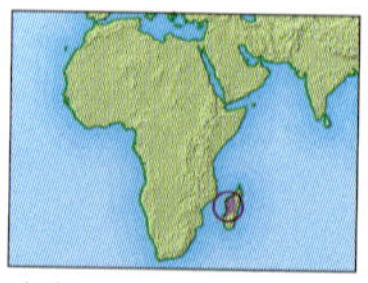

体长：2—3厘米
生活习性：完全陆栖
繁殖季节：雨季
现况：极危

分布：马达加斯加中央的西部

金色曼蛙的外表与生活在美洲热带地区的箭毒蛙（第460页）十分相似，这种分布在马达加斯加的蛙类已进化出鲜艳的色彩，用于警告捕食者自己有毒。金色曼蛙白天活动，搜寻森林地面上的小型动物。成年个体繁殖期间在地面交配，雌蛙交配后将卵产在潮湿的落叶中。一旦蝌蚪孵化，就会被雨水冲入池塘中。金色曼蛙和其他曼蛙一样，也面临森林被砍伐的威胁。

Hemisus marmoratus

斑铲鼻蛙

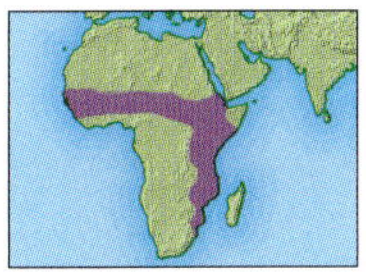

体长：3—4厘米
生活习性：陆栖
繁殖季节：雨季
现况：无危

分布：非洲西部和中部及东南部

斑铲鼻蛙和其他会挖洞的蛙类不同，它们能利用类似铲子的坚硬吻部，用头部朝前在土中挖掘，而不是用后足向后挖土。它们捕食蚂蚁和白蚁。雌蛙将卵产在近水的地下洞穴中，由雄蛙看护，当蝌蚪孵出时，雄蛙便挖出一条通道带领蝌蚪进入水中。

Hyperolius marmoratus

理纹非洲树蛙

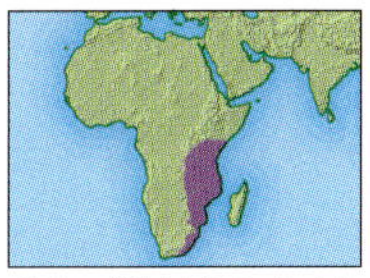

体长：2.5—3.5厘米
生活习性：陆栖
繁殖季节：春、夏季
现况：无危

分布：非洲东部和东南部

理纹非洲树蛙体形很小，动作优雅，体色极富变化，有时带有条纹、斑点，有时也呈现单一的褐色。它们擅长攀爬，趾上具有吸盘和蹼，栖息在永久性的水塘、湖泊和沼泽旁边；并且也和其他大多数蛙类一样，藏身在木头和岩石下度过旱季。理纹非洲树蛙夜间活动，以昆虫和其他无脊椎动物为食。它们的繁殖期很长，跨越春、夏两季，此时的雄蛙聚集在水塘旁边，发出响亮的齐声合唱吸引雌蛙。在此期间，雌蛙会不止一次地前来与雄蛙会合，每次都在水中产下少量卵块。雄蛙花费在夜间合唱中的天数各不相同，只有合唱天数最多的那些个体才会获得最多的交配次数。

Afrixalus fornasinii

银背阿非蛙

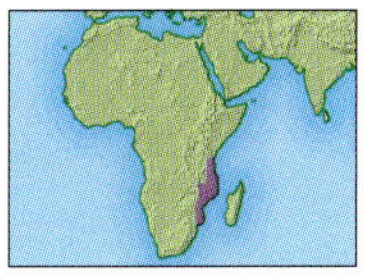

体长：3—4厘米
生活习性：完全陆栖
繁殖季节：春、夏季
现况：无危

分布：非洲东部

树蛙大多在地面上方产卵，但银背阿非蛙却具有格外高明的产卵技术。雌性把卵产在悬于水面上方的叶片上，然后将叶片折叠起来，并用自身分泌的黏液将其黏合。蛙卵孵化时，蝌蚪就会掉入下方的水中，这种方式可以避免蝌蚪被吃掉，让它们在生存的竞争中抢得先机。银背阿非蛙体呈褐色，体表带有黑色纵向条纹，四肢细长，趾间具有蹼和吸盘。它们生活在池塘和沼泽周围的茂密植被中，夜间外出活动。繁殖季节一开始，体形较大的雄蛙便在植被间的制高点发出快速的“咔嗒”声以吸引配偶。而体形较小的雄蛙却保持沉默，并在高声唱歌的雄蛙附近等候。当雌蛙受到吸引靠近时，这些不鸣叫的雄蛙有时便设法拦截，并与之交配。

Kassina senegalensis

塞内加尔肛褶蛙

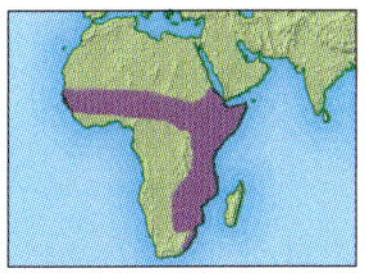

体长：3—5厘米
生活习性：陆栖为主
繁殖季节：雨季
现况：无危

分布：非洲西部和中部及东南部

塞内加尔肛褶蛙四肢细长，后足的趾间具有微蹼，适于行走而非跳跃。它们体态臃肿，体形稍长，体色从米黄色、黄色到灰色不等，体表带有明显的深褐色或黑色的条纹和斑点。塞内加尔肛褶蛙栖息在植被低矮的热带稀树草原和沙丘地带，生活在水塘和池塘周围。繁殖期间，雄蛙在下午离开水域，并开始鸣叫。到了黄昏时分，便在水塘边发出叫声。雌雄双方在水中交配，卵团分别被黏附在水生植物上。

Leptopelis modestus

宜小黑蛙

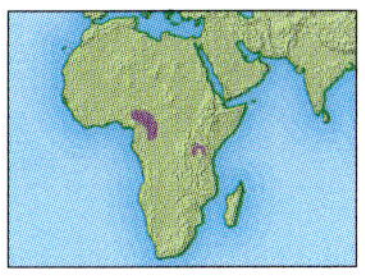

体长：2.5—4.5厘米
生活习性：陆栖
繁殖季节：春、夏季
现况：无危

分布：非洲西部、东非中部

宜小黑蛙也称非洲树蛙，它的头和口都很宽大，眼大，鼓膜明显，体呈灰色或浅褐色，体背部具有一块深色的沙漏状斑。雄蛙在树枝上发出深沉的“咔嗒”叫声吸引雌蛙，同时还一边炫耀具有蓝、绿色的鲜艳喉部。

Rhacophorus nigropalmatus

黑掌树蛙

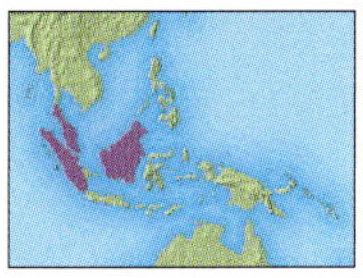

体长：7—10厘米
生活习性：陆栖
繁殖季节：雨季
现况：无危

分布：亚洲东南部

树蛙属的物种超过80种，其中的数种，包括黑掌树蛙，均能利用脚掌在树丛间滑翔。它们趾间的脚蹼可以当作降落伞使用，因此能在间隔很宽的树枝之间“飞行”，以逃避捕食者，并且还能在半空中改变方向。黑掌树蛙体呈鲜绿色，带有白色斑点，头部扁平，双眼大而突出，鼓膜明显，趾上具有适于攀爬的吸盘。雄蛙小于雌蛙，前者的拇指上具婚垫，能在交配时紧紧抓住配偶。黑掌树蛙夜间活动，大多在灌木丛和森林地带出没，也常在人类居住区附近活动。繁殖期间，雌蛙在泡沫巢中产下多达800枚卵，并将其黏附在水面上方的树叶上。卵孵化后，蝌蚪就会落入下方的水中。

两栖类

黑掌树蛙

当黑掌树蛙在树丛间跳跃时，具有发达脚蹼的巨大脚掌，并能像降落伞一样张开，以减缓降落速度，延长滑翔时间，滑翔的距离也会更远。

Chiromantis xerampelina

大灰攀蛙

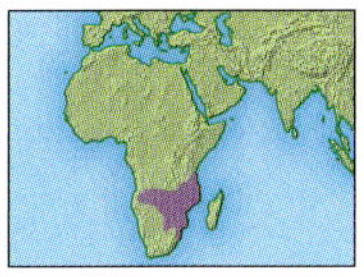

体长：5—9厘米
生活习性：树栖为主
繁殖季节：雨季
现况：无危

分布：非洲南部

这种树蛙及其近亲都因繁殖方式和能在长期干旱的稀树草原上生活而著称。它们的皮肤能够适应水分的减少，且排泄物也很干燥。大灰攀蛙的身体常呈灰色或浅褐色，可改变体色隐藏身形，夜间的体色通常较深，正午时分几乎呈现白色。

树栖生活

大灰攀蛙的身体紧凑结实，双眼突出，瞳孔横置，同时还拥有适于树栖生活的几种典型特性，如细长的四肢，足趾均具吸盘和蹼。

建造公用的泡沫巢

繁殖期间，雄蛙在水面上方的树枝上鸣叫呼唤雌蛙，它的前肢第一和第二指能长出有别于雌性的婚垫，这时还会有1只或多只雄性前来，共同参与繁殖活动。雌蛙到达时，其中的1只雄蛙便将它紧紧抱住，交配时雌蛙产生一种分泌物，然后由1只或数只雄性用腿将其迅速搅拌成泡沫。雌蛙随后便在泡沫巢中产卵，1次的产卵量可多达1200枚，随后由1只或数只雄蛙将精子排在卵上。泡沫巢的外部很快就变硬以保护蛙卵，但内部仍保持湿润。蛙卵孵化后，蝌蚪便从泡沫中钻出，落入下方的水中。

Breviceps adspersus

散疣短头蛙

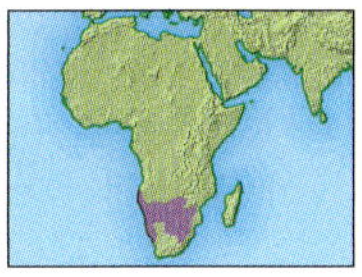

体长：3—6厘米
生活习性：陆栖
繁殖季节：雨季
现况：无危

分布：非洲南部

散疣短头蛙大多在地下生活，只有下雨后才外出觅食和交配。它们的身体粗胖，体呈浅褐色或深褐色，体表具有边缘色深的浅黄色或浅橙色成列斑块，四肢粗短，呈现大多数穴居蛙类的典型特征。受到威胁时，将身体鼓起，把自己紧紧地卡在洞穴中。雌蛙的体形远大于雄性。由于雄蛙太小，交配时无法抱住雌蛙，因此，雌性的背部会排出一种类似胶水的分泌物，用于在交配时将雄蛙“粘”在自己背上。

Microhyla ornata

饰纹姬蛙

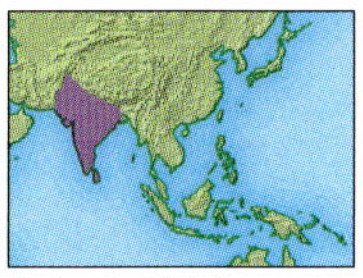

体长：2—3厘米
生活习性：陆栖为主
繁殖季节：雨季
现况：无危

分布：亚洲南部

这种产于亚洲的小型蛙类身体臃肿，皮肤光滑，前腿短，后腿长，头很小，身体呈黄色或黄褐色，体表带有深色大理石斑纹，体侧有深色的条纹。

饰纹姬蛙栖息在雨林和耕地地带，在稻田中尤其常见，也在草丛或落叶中活动，以昆虫和其他无脊椎动物为食。旱季和天气寒冷时藏身于地下。它们在水塘、稻田、暂时性的池塘和水流缓慢的溪流中繁殖。雄蛙小于雌蛙，借助大型声囊在水中发出响亮的叫声吸引雌蛙前来交配。后者每次在水中产下270—1200枚卵。蛙卵孵化迅速，蝌蚪在繁殖池塘干涸之前就已快速发育成熟。

Phrynomantis bifasciatus

红带蛙

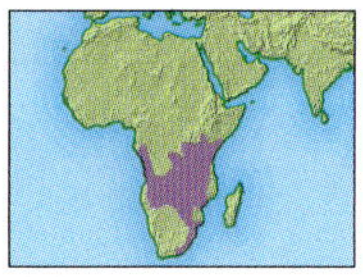

体长：4—6厘米
生活习性：多数陆栖
繁殖季节：雨季
现况：无危

分布：非洲南部

红带蛙的四肢很短无法蹦跳，只能通过行走和奔跑的方式移动，在蛙类中十分罕见。它们的身体呈黑色并具光泽，沿背部向下有粉红色或红色的斑点和条纹，这些花纹能在白天变色，光照明亮时颜色变浅。红带蛙的头部尖突，眼小，瞳孔呈圆形。它们主要以白蚁和蚂蚁等昆虫为食。受到威胁时，四肢外伸撑起身体，同时鼓胀身体。它们的皮肤也能分泌毒素，人类若是摄取就有可能丧命。雄蛙在水塘边发出颤音求偶，雌蛙交配后产下内含600枚卵的卵块，并将其黏附在水生植物上。

Gastrophryne olivacea

平原狭口蛙

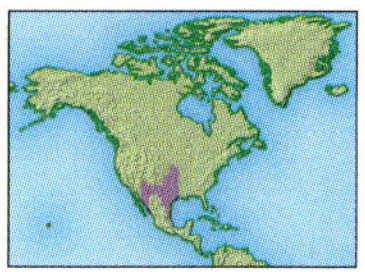

体长：2—4厘米
生活习性：陆栖为主
繁殖季节：春、夏季
现况：无危

分布：美国中部和南部、墨西哥北部

平原狭口蛙也称西部狭口蟾，头部窄尖，眼小，身形粗胖，短小的四肢可在土中挖洞，并能藏在狭小的缝隙中。平原狭口蛙体呈褐色或灰色，背部有时具有独特的深色叶状斑。春季大雨过后，平原狭口蛙便成群聚集在临时性池塘的周围进行繁殖。繁殖期间，雄蛙发出拖长的响亮“嗡嗡”声吸引配偶。交配后，雌蛙将卵产于池塘中。孵出的蝌蚪在池水干涸之前便迅速发育成熟。

两栖类

鱼类 FISH

鱼类

门：	脊索动物门
纲：	圆口纲、软骨鱼纲、硬骨鱼纲
目：	61目
科：	534科
种：	约32,500种

鱼类是地球上最早出现的脊椎动物，它们的数量如今已经超过了其他所有脊椎动物数量的总和。然而，与脊椎动物其他主要分支类群不同的是，鱼类并非单一的自然群体，而是由3个相互关系较远的纲组成。典型的鱼类用鳃呼吸，体表覆有鳞片，依靠鱼鳍运动，属于变温脊椎动物（冷血动物）。大多数鱼类生活在淡水或是海水中，也有少数种类在两种栖息地间进行洄游。

水下生活

大多数鱼类（如蝴蝶鱼）终生都在水中生活，但也有少量物种能短期离水存活。

进化

现存鱼类通常分为3个类群：无颌鱼、软骨鱼和硬骨鱼。每个类群都起源于不同的祖先，并历经了不同的进化过程。最早的鱼类出现在5亿多年前，很可能是从软体的滤食性无脊椎动物进化而来。这些远古鱼与现存的无颌鱼类似，具有圆形的肉质嘴，且无上下颌，但与后者不同的是，远古鱼中的许多种类都缺少牙齿。

最早的有颌鱼可以追溯至大约4.4亿年前，它们被称为棘鱼（或棘鲨）。棘鱼的上下颌由前鳃弓进化而来。随着上下颌的出现，它们也逐渐进化出了牙齿，这两种武器使得棘鱼的食谱变得更为丰富。它们的身体下侧还长有数对棘刺，这些棘刺随后进化为现代鱼类的成对鱼鳍。与早期的无颌鱼不同的是，棘鱼的体表还覆有骨质鳞片。

骨骼为软骨的鱼类最早出现在大约3.7亿年前，是现代鲨鱼、鳐和魟类的祖先。然而，早在软骨鱼出现之前的5000万年间，一类具有骨质内骨骼的鱼类就已经出现了。它们分为两大类群，其中的肉鳍鱼具有由中轴骨支撑的鱼鳍，而辐鳍鱼的鳍仅由辐射鳍条支撑。可以确定的是，肉鳍鱼最终演化成了最初的四足陆生脊椎动物类群。

辐鳍鱼也大约出现在同一时期，但随后即成为全球水域中最繁盛的类群。它们还逐渐发展出更加适于水中生活的特征，如更薄的鳞片，高度灵活的鱼鳍，以及对称的尾巴。此外，更为灵活的上下颌和更加容易换气的鳃室，也是辐鳍鱼的重要特征。

盾头鱼

刺鲷

鱼类化石

盾头鱼（上图）是最早出现的鱼类之一。盾头鱼没有上下颌，它的头和鳃部覆盖着具有保护作用的大型骨质甲片。相比之下，史前硬骨鱼——一种刺鲷的化石（下图）上则显示出上下颌、鳞片以及更轻、更灵活的内骨骼。

身体结构

鱼类具有多种适应水中生活的身体特征。它们的体表覆有光滑的鳞片，长有能够提供动力、转向和稳定性的鱼鳍。所有的鱼类均具有能从水中获取氧气的鳃，以及内骨骼，但三大鱼类类群的骨骼类型却各不相同。无颌鱼的身体由一条被称为脊索的棒状结构和一些初具雏形的脊椎骨支撑。鲨鱼、鳐

鱼鳍类型

鱼类的背鳍、臀鳍和尾鳍沿着身体中线单独生长，胸鳍和腹鳍则是成对生长。图中的鲤鱼只有一个背鳍，而有些鱼类却长有2—3个背鳍。

鳞片

鱼类的鳞片类型多样，由不同的物质构成。软骨鱼具齿状盾鳞。一些低等的硬骨鱼具有相对僵硬的厚鳞片，如雀鳝的菱形硬鳞和腔棘鱼的层状齿鳞。这种鳞片与盾鳞一样，也由齿质和釉质共同构成。硬骨鱼长有细小的骨质鳞片，鳞片一端嵌入皮肤，另一端则暴露在外，其中圆鳞的表面光滑裸露，栉鳞的表面则粗糙不平或是具有栉状突。

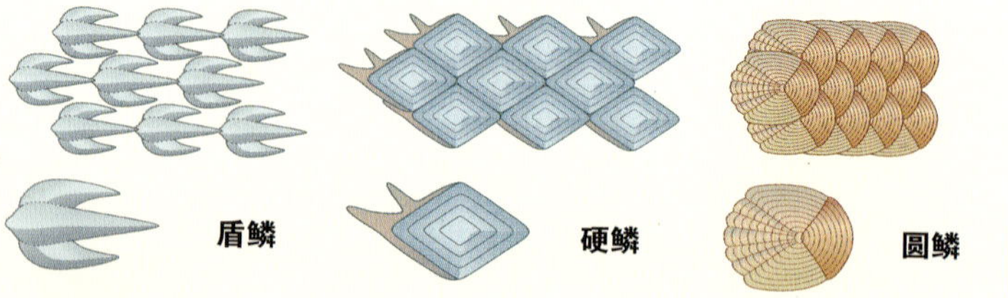

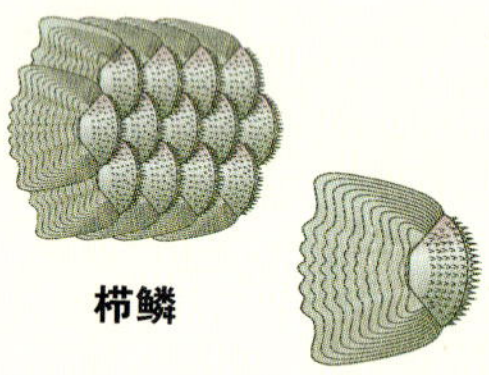

鳞片类型

盾鳞的基板埋于真皮，最宽的部分伸出体表，因此皮肤质地粗糙。硬鳞相互交错，彼此间以纤维连接。圆鳞和栉鳞彼此呈覆瓦状排列，构成质地光滑的体表。

鳃

鱼鳃位于头部两侧的鳃盖之下。大多数鱼类的鳃由硬骨或软骨构成，支撑着富含毛细血管的身体组织。水流进入鳃腔时，先被鳃耙筛净。鳃耙后面是被称为鳃弓的支撑结构，能为鳃丝提供附着。鳃丝的表面具有被称为鳃瓣的褶皱，可以提高呼吸效率。气体在鳃瓣表面进行交换，随后便被运送到身体的其他部位。有些鱼类的鳃瓣面积甚至是体表面积的10倍多。

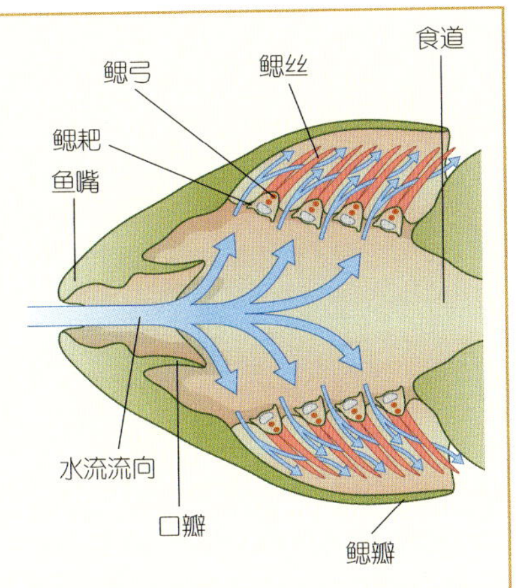

气体交换

水流从鱼嘴进入鱼鳃，而后通过鳃部的开口流出。当水流经过鱼鳃时，溶解后的氧气会穿过毛细血管壁进入到血管中。同时，二氧化碳会从毛细血管中排出。

出水呼吸

弹涂鱼需要保持鳃室湿润，才能长时间地离水存活。它们栖息在海岸沼泽湿地区，退潮时利用发达的胸鳍在裸露的泥滩上爬行和跳跃。

和魟类的骨骼为软骨，部分部位因钙盐沉着而变得坚硬，脊椎骨也发育健全。大多数鱼类的骨骼为硬骨，骨化程度加强。除了颅骨和脊柱骨化外，还有着相互分开的骨质鳍条。

尽管有些鱼类体表光滑，但大多数种类的体表均覆有鳞片、骨片或棘刺，这些保护性的体表覆盖物能提高水流对鱼类身体的作用力，同时也让鱼类的行动更为自如（第468页图框）。鱼类皮肤上的腺体能分泌黏液，保护身体免遭细菌的侵袭，一些鱼类分泌的黏液还有助于减少在水中游泳时的阻力。

几乎所有的鱼类都长有鱼鳍。鱼鳍分为奇鳍（不成对）和偶鳍（成对）两种类型。奇鳍位于身体背部或腹中线处，包括背鳍、臀鳍和尾鳍各1个。偶鳍包括腹鳍和胸鳍各1对，身体两侧各有1个。鱼鳍主要用于推进身体运动（左图），但也能作为他用：鱼鳍表面的颜色和花纹可用来警告捕食者、吸引配偶、保卫领地或引诱猎物。有些鱼类的鱼鳍棘刺具毒，能够保护它们免遭捕食。所有的鱼类都有鳃，用于将氧气送入血液中（上方图框）。有些鱼类还具有其他呼吸氧气的方式。例如，肺鱼通过似肺的原始器官呼吸。有些鱼类还能通过皮肤吸收氧气和释放二氧化碳。

感官

鱼类利用视觉、听觉、触觉、味觉和嗅觉收集周围的环境信息，这些感觉器官在其他动物中也能见到。然而，鱼类还拥有一些特有的感觉器官。尽管大多数鱼类都长有一双眼睛，但在感受光线、颜色、形状和距离的能力上却因物种的不同而存在较大差异。这种变化的产生通常与鱼类的栖息环境有关。生活在清水中的鱼类往往视力较好，而那些生活在黑暗环境中的鱼类（如泥水、洞穴或是深海）要么视力很差，要么双眼完全退化。但有些深海鱼类却长有大眼睛，以便尽可能多地收集光线。

水体是传播声音的有效介质，大多数鱼类能对水中的声波产生反应。声音振动通常由头部的骨头和组织传入内耳，但有些物种则能借助鱼鳔来放大声音的振动。水生动物的味觉和嗅觉在区别上不是很明显，因为不论是溶解在水中的，还是食物中含有的化学物质，通常都由同一感官系统进行感应。鱼类利用嗅囊（也称为鼻孔）嗅闻气味，嗅囊由多褶的嗅觉上皮细胞构成，这些细胞中含有线状感受细胞。大多数鱼类的嗅觉很强，有些种类还能嗅出浓度极微的化学物质。鱼类也有味觉，它们的味蕾通常分布在口中或口部附近，但也有一些鱼类的味蕾分布在鱼鳍、表皮或是唇须上，有助于尝出水中或水底食物的味道。

几乎所有的鱼类都有侧线，侧线是低等水生脊椎动物特有的感觉器官，能够感受水压和水流中的振动（包括由捕食者和猎物引起的振动）与变化。这些变化通常由神经丘器官进行侦测，神经丘器官通常分布在颅骨的管道内，有些则分布于体侧鳞片下的管道系统里，管道通过鳞片的小孔与外部联系。许多鱼类还能探测电流和脉冲。软骨鱼还具备能感受信号刺激的罗伦氏壶腹。这些特殊的神经细胞位于表皮的小孔中，其中充满导电胶质，可以接收到其他动物发出的测弱电流。一些硬骨鱼也能探测到电信号。某些鱼类的器官还能制造电场，有助于在可见度较低的环境中探测物体或其他鱼类，并用于相互交流。

双眼管状

大眼睛

双眼

生活在微光环境中的鱼类通常长有奇特的双眼。长吻银鲛（上图）栖息在深水区，双眼呈管状，并朝向上方。锯鳞鱼（下图）生活在浅水中，但会避开直射的阳光，利用较大的眼睛在夜间觅食。

味觉

鲶鱼因嘴部附近长有胡须而得名。它的胡须上布满味蕾，用于找寻食物。胡须对于栖息在黑暗环境中的动物来说特别有用，图中的歧须鮠就生活在深湖底部。

鲼类的游动方式

大多数鱼类通过身体和尾部的摆动产生作用力以向前运动。但魟类（包括图中的背棘鳐）利用自身大型胸鳍的上下摆动来推动身体前行。

游动和浮力

鱼类利用肌肉的运动在水中前行，其脊椎两侧具有成束的肌肉纤维（称为肌节）。鱼类能借助肌节的交替收缩与舒张，使身体左右扭动拍击水流，借助击水形成的反作用力，促使尾部左右摆动，最终将身体向前推进。这种反作用力通常从鱼类身体后端的三分之一或二分之一处开始，因此只有身体的后半部分才会左右摆动。有些鱼类（通常为游速较快的种类）只有尾端才能摆动。这个动作在身体细长的鱼类中更为明显。有些鱼类，如鳗鱼，能使收缩时产生的作用力逆转方向，因此可以反向游动。

鱼鳍在鱼类的推进和运动中扮演着重要角色。大多数鱼类背鳍和臀鳍的作用与船只的龙骨相似，都是为了保持身体的稳定。成对的偶鳍还有包括推动在内的各种用途。大多数鱼类利用偶鳍操控方向，只需调整鱼鳍的角度，便能在水中上下游动。鲨鱼和一些硬骨鱼的偶鳍也能在向前游动时提供抬升力，而有些鱼类则能利用偶鳍在水底"行走"，少数种类甚至能在陆地上"行走"。尾鳍主要用于推进，但也有转向功能。总而言之，鱼类的游速相对较慢，时速很少超过5千米。而有些鱼类却能以较快的速度游动，例如刺鲅（与金枪鱼的亲缘关系较近），能在短时间内以75千米的时速前行。

鱼类的体形通常反映出各自的游动方式。在开阔水域长时间快速游动的鱼类的身形通常呈鱼雷状（纺锤形）。身形宽扁的鱼类游动效率较低，但这种体形在岩礁鱼类中非常常见，因为它们必须突然避开茂密的植物或是岩石。身体细长呈圆柱形的鱼类，如鳗鱼，能够扭动身体轻松地钻入缝隙中找寻食物，或逃避捕食者。底栖鱼类通常具有扁平的身体，能使它们待在海底时难以被捕食者发现。

许多鱼类都能保持悬浮力，即身体密度必须与水体的密度相近，才能在一定的水层中活动。由于重力作用，大多数鱼类在水中都略具负浮力，游动时可借助鱼鳍提供抬升力，一旦静止不动它们便会下沉。对底栖鱼类（如鳐和魟类）来说，具有负浮力能占到一定优势。当鱼类在水中上下游动时，大多数种类都利用充满气体的鱼鳔调节浮力（第487页）。为了能在水中上浮或下潜，鱼类会相应地吞咽或吐出鱼鳔中的空气。软骨鱼没有鱼鳔，但是它们的巨大肝脏中富含油脂，且油脂的密度比水轻，因此能够增加浮力。

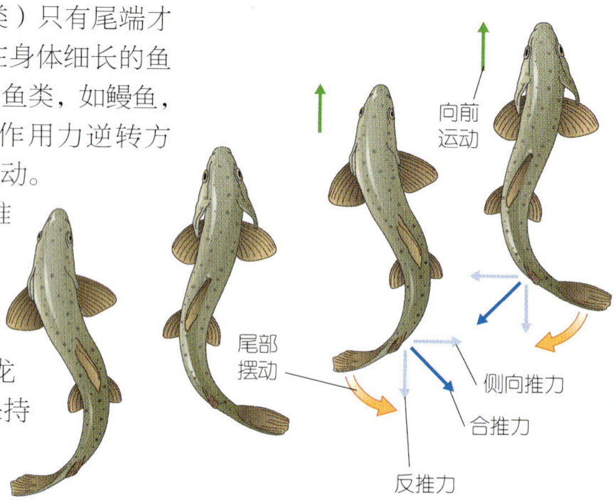

推进力

鱼尾摆动时，会对水施加一个向斜后方的推力。此时，水的反作用力会对尾部产生向前后两侧的推力，左右两次摆动产生两种侧向推力由于方向相反而相互抵消，最终形成反推力。由于自然界的任一作用力均会产生大小相等，但方向相反的反作用力，因此这个向前的推力就是鱼体前行的主要动力。

海水鱼与淡水鱼类

为了保证生命的正常运转，鱼类必须要维持体内水分和盐分的平衡。然而，由于所处水环境中的含盐浓度与鱼类的体液浓度不同，因此它们必须通过不同的渗透调节方式使自身与环境中的含盐浓度保持等渗。水分通常由浓度高的溶液流向浓度低的溶液，因此，体液盐浓度低于周围环境的海水鱼必须大量吞饮海水补偿体液的流失，而淡水鱼则必须排出体内多余的水分以防生理功能的丧失。洄游性鱼类，如在海水和淡水之间迁移的鲑鱼和鳗鱼，则能适应不同水环境的盐分变化，自由地穿行于海水和淡水之间。

鲨鱼、魟类和腔棘鱼通过保留尿素防止身体失水，尿素能显著增加它们的体液浓度。其他海洋鱼类通过吞下大量海水抵消水分的流失，同时排出多余的盐分。有些鱼类的鳃上具有泌盐细胞，能将随海水一起吸入的多余盐分排出。淡水鱼能控制从周围环境中摄取的水量，它们只吞下少量的水，同时排泄大量低浓度的尿液，以排出体内多余的水分。淡水鱼通常从食物中摄取所需盐分，它们的鳃中有着能控制盐分流失的细胞。

存活于淡水和海水中

欧洲鳗鲡能在淡水和海水之间自由进出。成年鳗鲡大部分时间都生活在淡水中，但仍需回到海中繁殖。鲑鱼和鳟鱼中的很多种类则刚好相反，必须从海中回到淡水中繁殖。

体温调节

鱼类属于变温动物（冷血动物），它们的体温与周围的水温一致。有些种类能改变自身的行为，从而使体温高于或低于周围的环境。它们能在向阳处、阴凉处，或是通过在水温较高和较低的位置上浮下潜调节体温。有些种类则通过改变体色调节体温，体色变深时能增加吸热量，体色变浅时则会减少吸热量。少数鱼类，包括鲭鱼、大白鲨及其近亲，与温血动物有着类似之处。由于肌肉运动所产生的部分热量会被保存起来，因此它们的体温通常高于周围的环境温度，确保在冰冷的水域中仍能保持活力。

繁殖

鱼类的繁殖方式十分多样。多数情况下，鱼卵均为体外受精和体外发育，但仍有一定数量的种类为体内受精，由雌鱼直接产下幼鱼。有些鱼类的繁殖非常有规律，通常每年1次。然而，有些种类终生仅繁

战胜寒冷

海水结冰的温度低于鱼类血液凝固的温度。然而，有些鱼类的血液中存在防冻的糖蛋白，能使体液处于超冷状态，即使在冰冷的水中也不会冻结，如图中的银鱼。

产卵

鲈鱼与许多鱼类一样产下大量的鱼卵，以确保至少有一些个体能够最终长大。这种产卵方式被称为“撒播”。

殖1次，产卵后亲鱼便死亡。鱼类的繁殖时间通常受外界因素（如温度变化、光照强度或光照时长等）或内在节律（如激素水平的变化等）的影响。

有些鱼类选择适宜的地点繁殖产卵，在那些能够保证后代存活的地方产下卵或幼鱼。为了到达这些地点，它们可能得进行上千千米的洄游。一些种类中的雌鱼和雄鱼集群繁殖，且没有任何求偶行为。但有些鱼类却有着复杂的求偶仪式，以提高吸引适合配偶的机会。繁殖前的雄性还可能改变体色，例如雄性鳑鱼的体色会变得更为鲜艳，这些颜色能在随后的复杂绕圈动作中向潜在的配偶进行炫耀。

大部分鱼类均为体外受精（与其他许多水生动物一样）。雌性产卵时，雄性在一旁同时排出精子。鱼类的精液质地浓稠，能避免精子过快地在水中扩散。大多数海水鱼的鱼卵中含有油球，鱼卵靠油球浮起，因此能像浮游生物一样在水中自由漂浮。淡水鱼的鱼卵通常较重，卵膜具黏性，借此附着在水中的物体上。

大多数淡水鱼筑巢产卵，其中一些物种还会对受精卵进行保护（右方图框）。几乎所有的鱼卵都孵化为发育不完全的幼体，骨骼、鱼鳍和一些内部器官随后才逐渐发育完成。体外受精对鱼类和其他水生动物来说是一种可行的繁殖方式，原因之一在于水体比空气的密度高，更适于作为传播卵子和精子的媒介。

水体也能为发育中的受精卵提供养分和溶解氧。然而，胚胎能存活到成年的几率相对较低，特别是对海水鱼类来说。为了补偿成活率低的缺点，雌性通常都大量产卵（有些种类1次就能产下多达500万枚卵）。鱼类中还有少数种类为体内受精，如鲨鱼。雄鲨的腹鳍内侧具有用于交配的鳍脚，能在交配时插入雌鲨的泄殖腔孔中。雄鲨的精子沿鳍脚上的沟管被海水冲入雌鲨体内。通过体内受精产下的幼鱼在出生时便能活动。一些种类的鱼卵在雌性体内孵化为幼鱼后才被产出。

卵

受精卵中的鱼类胚胎依靠卵黄发育。鱼卵的卵膜通常是透明的，因此能从外部看到这些鲑鱼胚胎的眼睛。鱼卵孵化的时间通常取决于水温。

还有一些种类的胚胎（包括一些鲨鱼和鲼类）发育时通过卵黄囊胎盘与母体连接，由母体为胚胎提供发育所需的养分。

直接生出小鱼的雌性会在抚育后代上投入较多的精力。但与体外受精的鱼类相比，采取体内受精的鱼类的后代出生时发育得更为完全，成活率也大大增加。这就意味着采取胎生方式的鱼类只需孕育少量的受精卵，就能维持种群数量的稳定增长。

与其他脊椎动物类群相比，雌雄同体的鱼类数量相对较多，并且全部属于硬骨鱼类（第486—487页）。有些鱼类，如某些鲤鱼和鳅类，存在孤雌生殖现象，它们的卵无须受精也能发育成正常的新个体。另外有些鱼类采取雌核发育的方式进行生殖，即精子只是正常进入并激活卵子，在染色体中很快便会消失，并不参与卵球的最终发育，如秀美花鳉。秀美花鳉由两种鱼类杂交而成，整个种群都是雌性。只要种群中的个体被双亲中的任何一种雄鱼受精，就能产下后代。

幼体

成体

变态

当稚鱼从卵中孵出时，卵黄囊仍旧粘连在它的身体上，并在出生后的头几周内为其提供营养。褐鳟的幼体（上图）需要花费3—4年时间，才能长为成体（下图）的形态。

亲代抚育

许多鱼类在产卵、排精后便各自离去，不对受精卵进行保护。然而，有些种类则会主动对受精卵或是幼鱼进行照料。除了将受精卵置于巢中进行保护外，亲鱼也会通过驱赶捕食者、清洁鱼卵以防感染，或是用鱼鳍扇动水流为鱼卵提供溶解氧等方式进行照顾。幼鱼孵出后，亲鱼还会采用不同的方式来保护脆弱的幼鱼（下图）。还有少数种类（如七彩神仙鱼）的皮肤能够分泌富含营养的液体以喂养刚出生的幼鱼。

海马

雄海马（右图）在照顾小海马上扮演着极不寻常的角色。雌海马将卵产在雄海马腹前的育儿袋中，卵子在育儿袋中接受受精。小海马在孵化后的2—6周后就会从育儿袋中钻出。

口中孵化

丽鱼中的数百种物种将卵含在口中孵化。稚鱼孵出后，亲鱼会将它们含在口中，以防被捕食者伤害。

无颌鱼类

门：	脊索动物门
纲：	头甲纲
目：	1目
科：	1科
种：	约43种

无颌鱼类最初出现在约五亿年前，比现存所有的鱼类都出现更早。尽管它们曾经种类繁多，但如今却只剩下一类相对较小的代表物种，即七鳃鳗。七鳃鳗身体细长，体表光滑无鳞，无上下颌。吸盘状的口用于吸附或锉咬食物。成年七鳃鳗栖息在温带地区的沿海水域或淡水中，通常在淡水中进行繁殖。幼体孵出后在水底穴居，直到最终变态为成体。

寄生

成年海生七鳃鳗利用口吸盘吸附在其他鱼类身上。一旦吸附，它们就会紧紧咬住对方的身体，寄主通常死于失血过多或是组织受损。

身体结构

无颌鱼类和其他所有鱼类不同，因为它们缺少真正可以咬合的上下颌；但却具有能够用于捕食的口吸盘和发达的角质齿。虽然它们缺少骨质内骨骼，但细长的身体却由一条棒状软骨（脊索）和少量雏形的脊椎骨进行支撑。它们的眼后两侧各有7个鳃裂开口。尾鳍与其他鱼类一样，末梢呈扁平状，并且有能起到稳定作用的奇鳍，而缺少成对的偶鳍。裸露的皮肤可以分泌黏液使体表黏滑。七鳃鳗的视觉较好，嗅觉和味觉灵敏，同时具有能够感受外界刺激的侧线器官。

身体横截面

七鳃鳗的脊索发达，位于脊髓下方，是其身体的主要支撑结构。它们还具有由软骨构成的雏形脊椎骨。

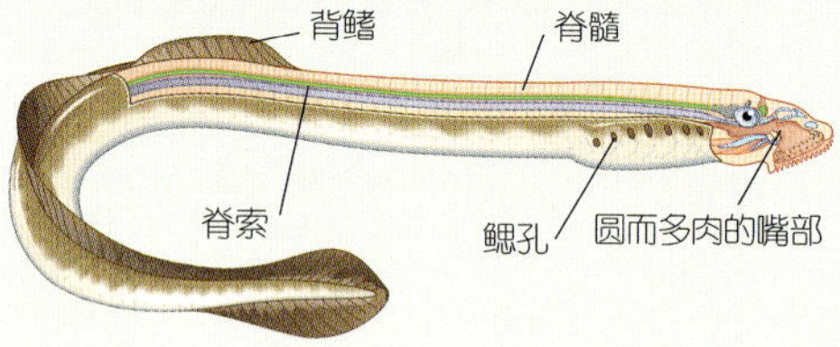

繁殖

大多数成年七鳃鳗都在海中生活，但仍需回到淡水繁殖，有些物种终生都生活在淡水中。雌雄配对后在沙砾层上用口吸盘移石造窝产卵，产卵后它们的生命便告终。小七鳃鳗在变态为成体前会经历几个不同的幼体阶段，随后回到海中生活。幼体阶段可持续达6年之久，这一期间它们潜伏在水底的泥沙中，只将头和嘴从河床中伸出来滤食微生物和有机质碎屑。

Eudontomyzon graecus

希腊双齿七鳃鳗

体长：	最大19厘米
体重：	约30克
性别：	雌雄异体
现况：	未评估

分布：地中海东部

该物种发现于2010年，仅分布在希腊Loúros河的排水系统中，是希腊两种非寄生七鳃鳗中的一种。与栖息在相隔400千米远的河流中的同类相比，这种七鳃鳗的尾部相对较长。幼体生活在沙质沉积物中，主要以有机物碎屑和小型无脊椎动物为食。变态为成体后，非寄生七鳃鳗便不再进食。它们在高含氧量的急流溪水和底部多沙砾的泉水溪流中繁殖，但这种生境通常受到污染和抽水的威胁。

Lampetra fluviatilis

七鳃鳗

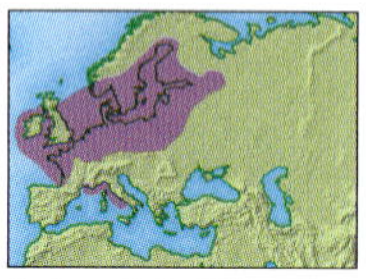

体长：	18—49厘米
体重：	30—150克
性别：	雌雄异体
现况：	无危

分布：北大西洋、地中海西北部、欧洲

七鳃鳗又称溪七鳃鳗，一生中约三分之一的时间（4—7岁）都在海中生活。与其他七鳃鳗不同的是，这种七鳃鳗是吸食血肉的寄生者，成年个体借助利齿咬住猎物，并用圆形的口吸盘吸附在猎物身上。七鳃鳗主要以鱼为食，尤其是鲱鱼，有时也食腐肉。性成熟后停止进食，溯流而上前去产卵。此时的雌鳗还会长出一个新月形的臀鳍。七鳃鳗需要经历长达6年的幼体阶段，这一时期它们既无齿，双眼也看不见，只能用嘴从水中滤食藻类和有机物碎屑。成年雌性的身体通常比雄性更加细长，体重也较重，但在产卵时体形会变小。成年个体通常在河流上游进行繁殖，一生只繁殖一次，随后便死亡。

Petromyzon marinus

海七鳃鳗

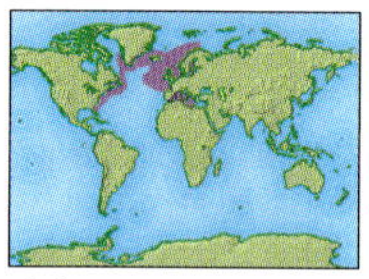

体长：	多达1.2米
体重：	多达2.5千克
性别：	雌雄异体
现况：	无危

分布：北大西洋、地中海、北美洲、欧洲

成年海七鳃鳗营寄生生活，袭击包括鲑鱼、鳟鱼、鲱鱼、鲭鱼和某些鲨鱼在内的各种咸水和淡水鱼类。它们先用锋利的牙齿咬住猎物的身体，然后用粗糙的舌头吸食血肉。海七鳃鳗为典型的洄游性鱼类，繁殖时从海中回到淡水水域，但在19世纪被不小心引入北美五大湖区后，便成了入侵物种。1929年，随着韦兰运河的开通，七鳃鳗种群开始大规模地在整个五大湖区扩散，对湖中的鳟鱼和其他鱼类造成了灾难性后果。

口吸盘

海七鳃鳗的嘴部特化为“口吸盘”。口吸盘的宽度通常超过七鳃鳗的体宽。口吸盘的边缘还具有口触须和以同心圆形式排列的发达角质齿，口部开口处的牙齿更大。

体形似鳗

海七鳃鳗成体和幼体的体形都似鳗，它们的头部接近圆形，尾部呈扁平状。

软骨鱼类

门：	脊索动物门
纲：	软骨鱼纲
目：	12目
科：	51科
种：	约1200种

尽管软骨鱼被描述为低等类群，但其成员却包括一些体形最大和最成功的海洋食肉动物。软骨鱼类被划分为3个类群，即鲨鱼、鳐和魟类，以及被称为银鲛的深海鱼。所有种类的骨骼均为软骨（而非硬骨），牙齿特化，且终生都会不断更换，体表覆有小型盾鳞。大多数软骨鱼生活在海中，一些鲨鱼和魟类能进入淡水中活动，而某些热带种类则完全生活在淡水中。

觅食

所有的软骨鱼均为食肉动物，但一些以浮游生物为食的物种也取食微生植物。大多数软骨鱼主要取食活的猎物，如其他鱼类和无脊椎动物，偶尔也捕食海洋哺乳类。大多数种类也取食动物残骸，仅有少数种类完全以腐肉为食。体形最大的几种鲨鱼和魟类是滤食性动物。这些物种的牙齿已经变得很小，鳃弓上的坚硬突起也已进化为能将小型猎物从水中滤出的筛状器官。

滤食

鲸鲨缓慢地在水中游动，捕食浮游生物、小鱼和乌贼。它们栖息在温暖的热带水域，那里的食物非常丰富，可以满足它们的取食需要。

身体结构

软骨鱼纲的所有种类均具有由柔韧的软骨构成的内骨骼，但有的部位因钙盐沉着而变得坚硬，一些种类还具有坚硬的骨状背棘。然而，软骨鱼的骨骼比硬骨鱼更富柔韧性（第486页），因为后者骨骼中的矿物含量较高。如果是在陆地上，这种不够坚硬的软骨骨骼将无法支撑大型动物的体重，但在密度远大于空气的水中，即使动物的体长超过10米，软骨也能发挥有效的支撑作用。大多数软骨鱼的体表覆有数千个相互交错的鳞片，这种鳞片称为盾鳞（第468页）。盾鳞的成分与牙齿类似，使皮肤呈粗糙质地。有些魟类的大型鳞片呈棘刺状，但其他魟类和所有的银鲛类则完全无鳞。与硬骨鱼不同的是，软骨鱼缺少充气的鱼鳔。

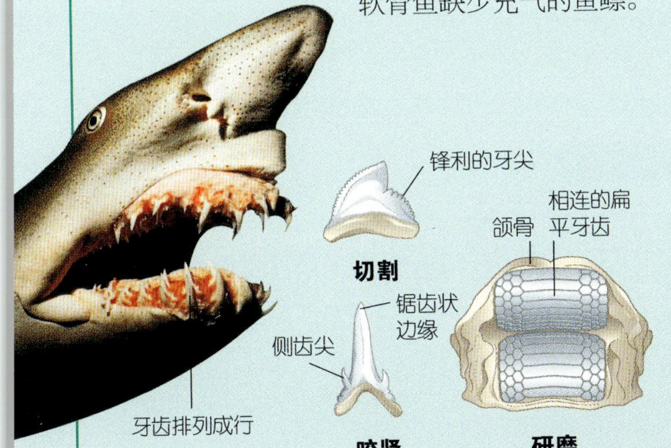

牙齿

软骨鱼具有形状各异的牙齿，以适应各自的捕食需求。边缘锯齿状的牙齿用于切割猎物，尖牙则用于咬紧猎物。许多魟类具有可以压碎食物的扁平牙齿。牙齿一旦脱落，新牙便会长出进行替换。

游泳和浮力

软骨鱼的肝脏富含油脂，可增加身体的浮力，如图中的双髻鲨。然而，大多数鱼类受重力作用仍处于负浮力状态，因此必须不断游动才能避免身体下沉。

鳃孔

鲨鱼和魟类有5—7对鳃孔，银鲛类只有1对。当水流入口中时，鳃裂闭合。当水流出张开的鳃裂时，口部紧闭。

繁殖

所有的软骨鱼均为体内受精。雄性的腹鳍内侧具鳍脚，可在交配时将精子送入雌性的泄殖腔。软骨鱼的受精卵具有3种发育方式。有些种类为卵生，雌性直接产下外壳柔韧的卵鞘。有些种类为卵胎生，受精卵在雌性子宫内发育完全后才被产出。其余的物种则为假胎生，这种受精卵在子宫内依靠自身的卵黄发育，发育后期的卵黄囊与母体子宫相连形成卵黄囊胎盘，由母体提供后期营养。可见，软骨鱼的幼体都不经历幼虫时期，它们出生时便具备成体的形态，但体形上要小很多。

出生

小柠檬鲨在母亲体内进行孵化，出生时尾巴会先脱离母体。

卵囊

这枚卵鞘中包含着小点猫鲨的胚胎。卵鞘通过外侧的卷须系挂在水草上。

感官

软骨鱼的感官系统十分敏锐，即便猎物离得很远或是藏在泥沙中，也一样能被锁定。所有软骨鱼均具有被称为罗伦氏壶腹的管状毛孔系统，能够侦测其他动物发出的微弱电场。大多数种类还具有高效的侧线系统，可以对极微小的振动产生反应。另外，软骨鱼还具有敏锐的视觉，以及能够探测水中微小气味的嗅觉。

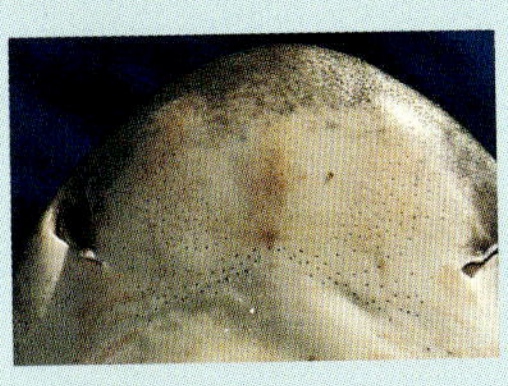

电信号

罗伦氏壶腹（图中为长鳍真鲨的口鼻部）是开口于体表的细长管状感受器，与电感受神经末端相连。

鲨鱼

门：	脊索动物门
纲：	软骨鱼纲
亚纲：	板鳃亚纲
目：	8目
科：	31科
种：	约500种

鲨鱼是自然界中的恐怖杀手，成年后的鲨鱼几乎没有天敌。大多数鲨鱼的身体呈流线型，强壮的上下颌长有数排尖利的牙齿。鲨鱼的感官极为灵敏，嗅觉尤其发达。它们的体形多样，既有鱼类中体形最大的鲸鲨，也有体长不到30厘米的角鲨。鲨鱼集中分布于暖温带和热带海域，从海岸地带、开阔海域到海洋中深水区都能发现它们的身影。有些种类甚至还会游到热带的河流中。

身体结构

大多数鲨鱼的身体呈鱼雷状，能在水中轻松穿梭，然而，有些底栖种类却具有与魟类相似的扁平状身体。与硬骨鱼不同的是，鲨鱼的鱼鳍较为僵直，不能弯曲或是折叠，但仍能有效帮助身体转向和前进，并在游动时保持身体稳定。鲨鱼的牙齿成排排列，终生都不停地换牙。牙齿的形状与各自的食性有关（第473页），有些种类还长有两种或多种类型的牙齿。

鲨鱼没有鱼鳔，借助富含油脂的巨大肝脏增加浮力，防止身体在水中下沉。许多生活在开阔海域的鲨鱼必须通过不断游动使水流过鳃部来获得氧气，有些种类在静止时也能将水压入鳃部。鲨鱼的头侧通常各具5道鳃裂，少数种类甚至具有6—7道鳃裂。

食物与觅食

鲨鱼采取不同的捕食策略。掠食性鲨鱼依靠短距离的高速追击捕捉猎物，或是通过伏击捕食。有些种类只在某一区域内搜寻栖息于此或是游动缓慢的猎物，或是掘食穴居动物。有些鲨鱼为食腐动物，能够借助敏锐的嗅觉找寻腐肉（它们能够嗅出水中已稀释到百万分之一浓度的血腥味）。鲨鱼中体形最大的3种均为滤食性动物，其中的雪茄达摩鲨为寄生性鲨鱼，能吸附在其他鲨鱼、大型鱼类和海洋哺乳类的身体上，用尖齿咬破猎物的皮肉。

繁殖

雌鲨喜欢在海湾、暗礁和环礁水域处产卵或生产幼鲨。这些水域能为幼鲨提供成长所需的安静环境和丰富食物。刚出生时的幼鲨好似成年鲨鱼的缩小版，甚至还有功能齐全的牙齿，出生后便能捕食。鲨鱼的生长过程较慢，通常要10年或更长的时间才能达到性成熟。在此期间，许多幼鲨都会成为其他大型捕食者的猎食对象。

保护

在过去的数十年中，随着人口的不断增加和许多食用鱼资源的不断下降，人们开始将鲨鱼作为食物来源。与此同时，日趋风行的钓鲨运动和亚洲人对鱼翅的大量消费，使得鲨鱼的生存状况日趋艰难。全球每年捕获的鲨鱼约有1亿条，其中有620—650万条为大青鲨，这些惨遭捕杀的鲨鱼仅因为人类对鱼鳍的需求便成了无辜的牺牲品。目前，对鲨鱼采取的保护措施主要包括对捕猎的控制，以及对濒危物种及其生产地的保护等等。

捕猎

栖息于开阔水域的鲨鱼（如图中的大青鲨）通常具有流线型的身体，以及能在水中推动身体快速游动的强壮尾鳍。它们的食物主要包括乌贼和鱼类。捕猎时，通常绕着猎物转圈，然后从下方发动攻击。

Chlamydoselachus anguineus

皱鳃鲨

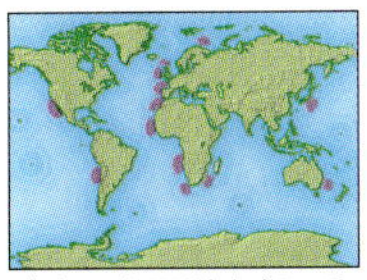

体长：多达2米

体重：无记录

繁殖方式：卵胎生

现况：近危

分布：大西洋东部、印度洋西南部、太平洋西部和东部

皱鳃鲨生活于深海，是一种极为罕见的物种。虽然是鲨鱼，但它们的外形看起来更像鳗鱼。皱鳃鲨的鳃裂呈褶皱状，仅有一个小型背鳍和一个较大的臀鳍。它们主要以乌贼等软体类为食，有时也捕食其他鱼类。该物种与某些早已灭绝的物种类似，目前没有近亲物种。

Echinorhinus cookei

笠鳞棘鲨

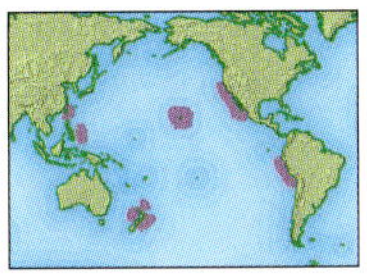

体长：多达4米

体重：超过220千克

繁殖方式：卵胎生

现况：近危

分布：太平洋西部和中部及东部

这种鲨鱼最有趣的特点是浑身布满小型笠鳞。这种鳞片的中央具棘突，鳞片基部呈星形，尖端锋利，与黑莓的棘刺类似。笠鳞棘鲨体形较大，行动缓慢，大多数时间都在海底附近捕食其他鲨鱼、银鲛、硬骨鱼和头足类，有时也取食鲨鱼、鳐和魟类的卵囊。它们在捕猎时利用大型咽喉和较小的嘴制造真空效应，将猎物吸入嘴中。

Oxynotus centrina

尖背角鲨

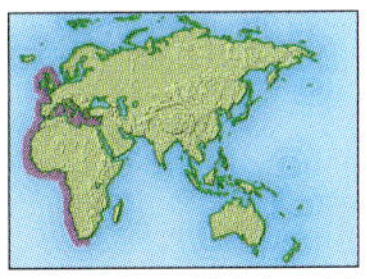

体长：长达1.5米

体重：无记录

繁殖方式：卵胎生

现况：易危

分布：大西洋东部、地中海

尖背角鲨具有高耸于背部的帆状背鳍，鳍端较尖。它们的体形呈扁长的三角形，唇部有唇褶，上颌长有矛状牙齿，眼睛后方有一大型喷水孔。宽阔的体腔和充满油脂的巨大肝脏使得尖背角鲨能在水中保持浮力，并且能悬浮在海底捕食多毛纲动物和其他无脊椎动物。尖背角鲨是铠鲨科尖背角鲨亚科中的5个成员之一。

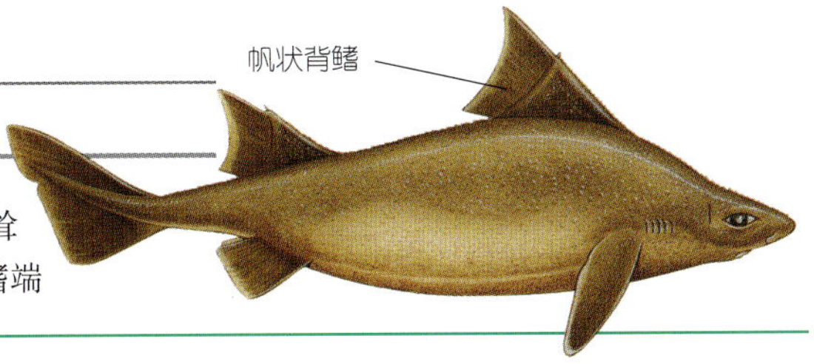

Squaliolus laticaudus

宽尾拟角鲨

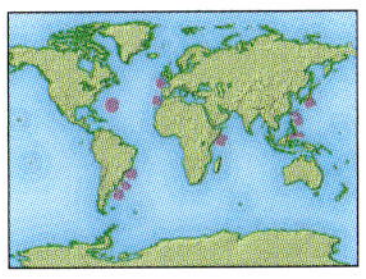

体长：多达25厘米

体重：无记录

繁殖方式：卵胎生

现况：无危

分布：大西洋北部和西南部、印度洋西部、太平洋西部

宽尾拟角鲨是地球上体形最小的鲨鱼之一，因背鳍上只有一个鳍棘而显得独特。这种鲨鱼的腹部和体侧具有发达的发光器官（发光器），而背部却没有，因此身体下方可以发出冷光。人们认为，这些发光器的作用在于能够制造发光消影的掩饰效果，不让位于身体下方的捕食者（如剑鱼等）发现自己的踪迹。1908年，世界上第一条宽尾拟角鲨在日本沿海被捕获，此后便再也没有捕获过，直到20世纪60年代才被重新发现。

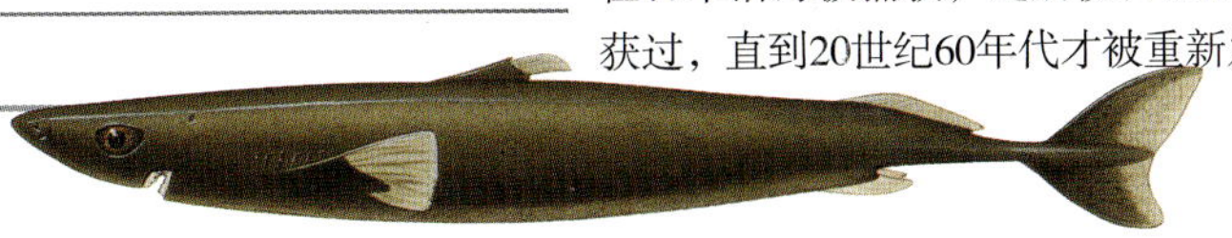

Hexanchus griseus

灰六鳃鲨

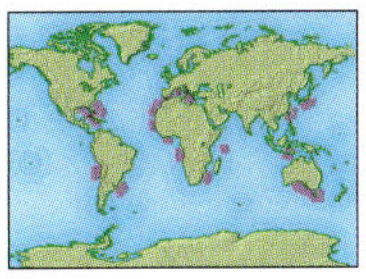

体长：4.8米以上

体重：600千克以上

繁殖方式：胎生

现况：近危

分布：全球热带与温带水域

这种离群索居的鲨鱼属于深海底栖物种，它们的头部宽扁，身体呈圆柱形。头部两侧具有6对鳃孔（多数鲨鱼只有5对），并且长有锋利的梳状齿。灰六鳃鲨捕食鲼类、乌贼、硬骨鱼和海豹等猎物，能头朝下将身体呈45—60度角对准海底，伺机捕食游速缓慢的动物。捕猎时，张开大嘴从上方直接对准猎物，然后将猎物吸入嘴中。

Squalus acanthias

白斑角鲨

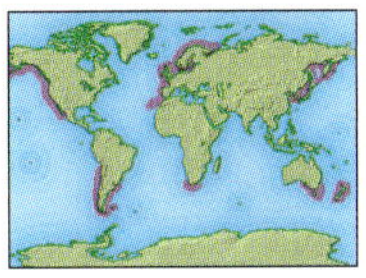

体长：1米，最长1.6米

体重：超过9千克

繁殖方式：卵胎生

现况：易危

分布：全球热带之外的水域

白斑角鲨是一种生活在浅海水域，营底栖生活的小型鲨鱼，栖息环境的水温通常在15℃或以下。这种鲨鱼游速缓慢，因背部具有白斑而得名。它们的背鳍前还有能分泌毒素的硬棘，一旦被它们刺伤，就会造成持续疼痛。白斑角鲨主要取食甲壳类、海葵和其他鱼类，同性个体常组成较大的群体。雌鲨的妊娠期长达两年，位居鲨鱼之冠。

Etmopterus spinax

黑腹乌鲨

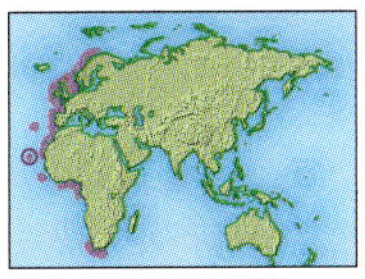

体长：45厘米，最长60厘米

体重：无记录

繁殖方式：卵胎生

现况：无危

分布：大西洋东部

乌鲨属目前共发现30多个物种，其中就包括这种成群活动的小型鲨鱼。黑腹乌鲨主要以无脊椎动物和小鱼为食。它们皮肤上的微小发光器能发出冷光，有助于诱捕潜在的猎物或是其他乌鲨，并能吓唬捕食者，同时还能消除阴影，使自己看上去不太显眼。

第一餐

与许多鲨鱼一样，小黑腹乌鲨出生时也粘连着卵黄囊，能为它在出生后的几天里提供食物。

鳍棘

黑腹乌鲨的两个背鳍前方各具一个尖利硬棘，其中第二背鳍和硬棘较大。

鱼类

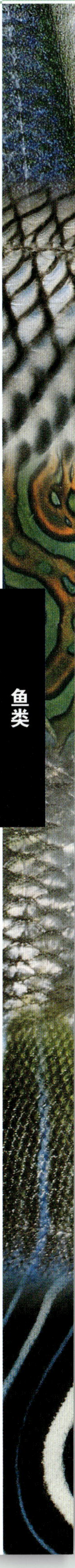

Pristiophorus japonicus

日本锯鲨

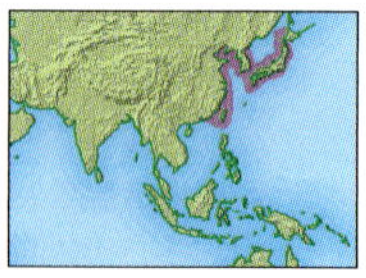

体长：达1.5米
体重：无记录
繁殖方式：卵胎生
现况：数据缺乏

分布：太平洋西北部

日本锯鲨体形宽扁，具有两个背鳍。与鲼类不同的是，它们的鳃孔位于头部两侧。吻部平扁呈锯状，吻腹面中间具有一对扁长触须。触须和吻部的味觉传感器能探测并掘食栖息在海底的小鱼或无脊椎动物。极长的尖齿既能用于消灭猎物，也能自卫。日本锯鲨出生时就长有大牙齿，这些牙齿在小鲨鱼出生前会折叠起来以免对母体造成伤害。日本锯鲨易与栉齿锯鳐（第485页）混淆。

Heterodontus portusjacksoni

澳洲虎鲨

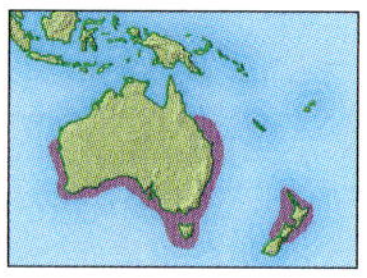

体长：达1.7米
体重：无记录
繁殖方式：卵生
现况：无危

分布：澳洲（包括塔斯马尼亚）、新西兰

与佛氏虎鲨（下图）均隶属虎鲨科，该科包括8种现存的鲨鱼。全都具有高大的头部、强壮的双颌和适于压碎猎物的牙齿。澳洲虎鲨的吻部向前陡斜，能够取食海星、海胆和其他生活在海底的动物。这一物种栖息于近海水域，产大型卵，卵壳呈螺旋状。

身体呈锥状

这种鲨鱼身体前部粗大，后部逐渐变细。两个背鳍前方各有一个硬棘，背部与体侧具有形似马具的深色斑纹。

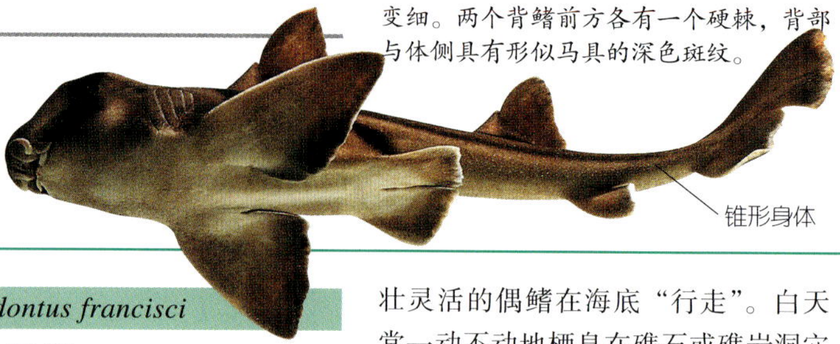

近海交配

澳洲虎鲨繁殖期间进入近海区域，在那里交配和产卵。雌性有时还会将卵产在水下的岩石中。

Heterodontus francisci

佛氏虎鲨

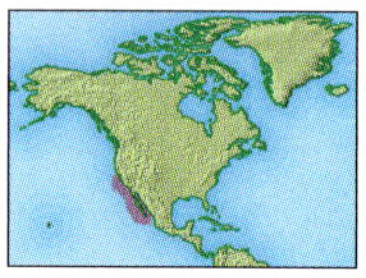

体长：97厘米，最长120厘米
体重：超过10千克
繁殖方式：卵生
现况：数据缺乏

分布：太平洋东北部

这种行动缓慢，通常独居的夜行性鲨鱼栖息在岩质或沙质海底，以及长有海藻的海床处，能利用强壮灵活的偶鳍在海底"行走"。白天常一动不动地栖息在礁石或礁岩洞穴中，头部常钻入岩缝中。佛氏虎鲨的嘴部较小，吻部与猪相似。口腔后部的牙齿宽扁，适于咬碎海胆、海蟹或是硬骨鱼等猎物。它们通常在12月至次年1月间交配。雌鲨1次可产约30枚卵，卵通常产在礁石或岩缝中。卵壳凹凸不平呈螺旋状，有利于牢牢地嵌在岩缝中。

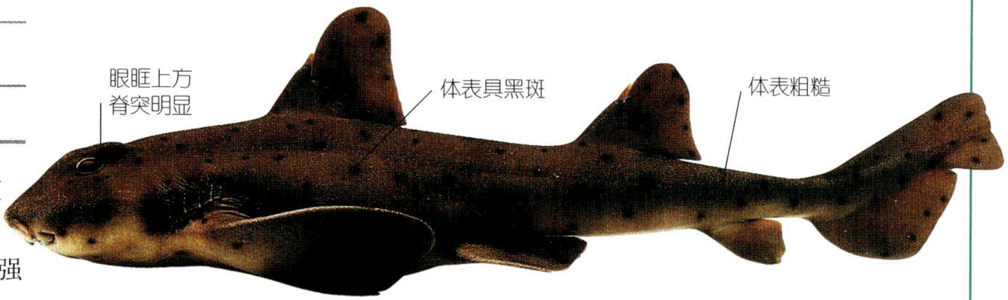

Orectolobus maculatus

斑纹须鲨

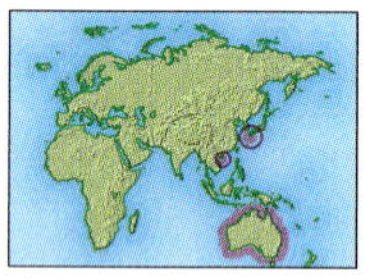

体长：1.8米，最长3.2米
体重：无记录
繁殖方式：胎生
现况：近危

分布：日本沿海、中国南海、澳洲

这种行动缓慢的大型鲨鱼身体扁平，栖息在靠近海岸的浅水区。斑纹须鲨并不主动猎食，而是蛰伏在海底，伺机袭击进入攻击范围内的猎物。退潮时，它们会拖着身体在岩岸水潭之间移动，将部分身体暴露在空气中。尽管不具攻击性，但受到干扰时仍会主动攻击，若是无意间被踩到，还会对人造成严重伤害。

完美的伪装

斑驳的体色和扁平粗糙的身体能在海底为斑纹须鲨提供有效伪装。它们的吻部还长有海草状的扁平触须，用于引诱虾、蟹和章鱼等猎物。

斑点和斑纹

斑纹须鲨的斑纹形状复杂，棕褐色的身体上具有许多浅色的圆形斑点和暗褐色横纹。

Chiloscyllium plagiosum

条纹斑竹鲨

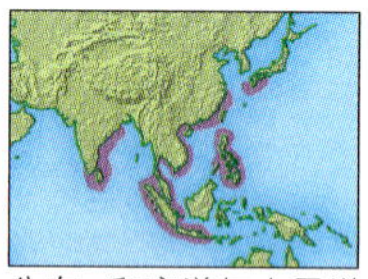

体长：多达95厘米
体重：无记录
繁殖方式：卵生
现况：近危

分布：印度洋与太平洋交界地区

较小的体形和引人注目的外表使得条纹斑竹鲨在海洋水族馆中特别受欢迎。它们的身体修长，深色的背部有许多白色斑点和深色横斑。吻部正位于双眼前方，嘴边的短须则利于搜寻食物。条纹斑竹鲨还能利用加厚的胸鳍和腹鳍在岩石间攀爬。

Hemiscyllium galei

行走鲨

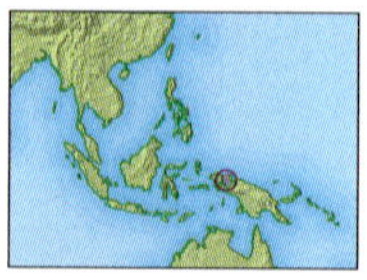

体长：57厘米
体重：无记录
繁殖方式：卵生
现况：数据缺乏

分布：新几内亚

这种具有漂亮花纹的鲨鱼隶属于热带近海的天竺鲨科，是最近才在印度尼西亚巴布亚岛的盖尔文克湾发现的新物种。行走鲨出没于浅礁处，背部有典型的深色马鞍状斑，并带有白色斑点。身体两侧也具有明显的深色斑点。人们对于行走鲨的习性所知甚少，也仅在夜间于水深2—4米处观察到这种鲨鱼利用胸鳍和腹鳍在海底"行走"。与其近亲物种一样，行走鲨可能也在海底搜寻并猎食底栖鱼类和无脊椎动物，白天躲在岩石或是珊瑚下休息。

Stegostoma fasciatum

豹纹鲨

体长：2.8米，最长3.5米

体重：超过30千克

繁殖方式：卵生

现况：易危

分布：印度洋与太平洋交界地区

豹纹鲨的体色为黄褐色，具有多列形似豹纹的深褐色斑点。它们的身体非常灵活，可穿梭于珊瑚礁的细缝间，寻找虾、蟹和小型硬骨鱼等猎物。它们的嘴巴正好位于吻后并朝向下方，使其能取食生活在海底的软体类。豹纹鲨不活动时停歇在海底，面对水流竖起胸鳍支撑身体。豹纹鲨隶属豹纹鲨科，该科中只有豹纹鲨一个物种。

Ginglymostoma cirratum

铰口鲨

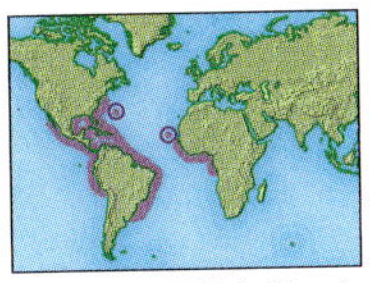

体长：3米，最长4.3米

体重：超过150千克

繁殖方式：胎生

现况：数据缺乏

分布：太平洋东部、大西洋西部和东部

以极快的速度将猎物吸入口中。铰口鲨白天在海底的岩缝或礁岩洞穴中休息，甚至会数十只地聚在一起，有时还上下堆叠在一起。铰口鲨栖息在近岸浅海水域，能用胸鳍在海底"行走"。它们通常不危害人类，一旦受到挑衅，则会像斗牛犬般咬住挑衅者不放。

铰口鲨的表皮非常粗糙，口下具有一对用来探测无脊椎动物的触须。较小的口部和较大的咽喉构成了强有力的真空吸食结构，能

Rhincodon typus

鲸鲨

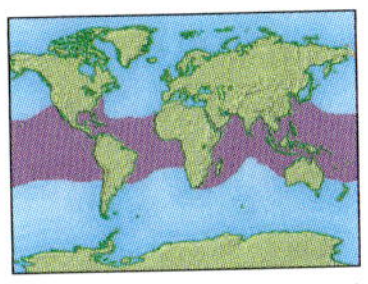

体长：12米，最长14米

体重：超过12吨

繁殖方式：胎生

现况：易危

分布：全球热带与温带水域

鲸鲨是目前世界上体形最大的鱼类。尽管外表吓人，但却不会伤人。鲸鲨利用鳃从水中过滤食物，并完全以浮游生物为食。它们的嘴巴位于吻部末端，这在鲨鱼中非常罕见，尽管它的口部宽度可能超过1米，但牙齿却长得十分细小。鲸鲨通常在水面附近缓慢游弋取食，即使有人接近，也很少会被惊动。曾有报道称，它们能采取垂直姿势取食，嘴巴能像大筐一样陷捕食物。它们有时也在浮游生物丰富的地方成群聚集，但通常都独自生活。人们对它们的繁殖行为，或是在全世界热带海域中的活动情况都知之甚少。

温顺的大块头

鲸鲨是体形最大的鲨鱼，是一种行动缓慢的滤食性捕食者。蓝绿色的皮肤上散布许多浅色斑点，身体背部具有一道明显的皮脊。

吸食

鲸鲨采取吸力效应帮助进食，取食时，先将头抬出海面，然后张嘴迅速下沉，把海水吸入嘴中。当海水流经内鳃裂时，其中的浮游生物、鱼类和乌贼等食物便被过滤出来。这种方式使鲸鲨一次就能够收获大量的猎物。

Mitsukurina owstoni

欧氏尖吻鲨

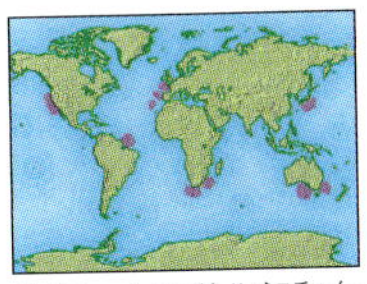

体长：3.3米

体重：超过160千克

繁殖方式：卵胎生

现况：无危

分布：大西洋北部和东南部、印度洋南部、太平洋西部和东部

1898年被正式确定，这种深海鲨鱼体呈白色或浅灰色，吻部前突。双眼较小，可能是依靠电场感应探测猎物。这种鲨与现存的鲨鱼种类之间没有亲缘关系，被描述成活化石，几百万年来它们的身体变化相对较少。

Carcharias taurus

锥齿鲨

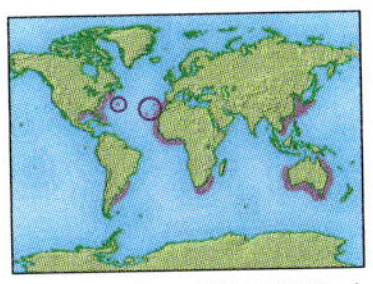

体长：达4.3米

体重：超过150千克

繁殖方式：胎生

现况：易危

分布：大西洋西部和东部、印度洋南部、太平洋西部

锥齿鲨身体呈浅褐色或浅棕色，体表和鱼鳍上散布着许多深褐色斑点，锥状牙齿参差不齐突出嘴外。锥齿鲨的体形笨重，口部很大，背鳍比其他多数鲨类更靠近身体后方。它们通过吞咽水面的空气，并将气体留在腹内来调节浮力。锥齿鲨的游泳能力强劲，但行动较为缓慢，以各式各样的硬骨鱼为食，也吃乌贼和虾蟹。有人还曾见过成群的锥齿鲨合作围捕猎物群。锥齿鲨的胚胎具有同类相食的习性。在吃掉卵鞘内的其他卵之后，最终存活下来的胚胎才会孵化，并长出牙齿，然后吃掉母体子宫内的其他胚胎。雌鲨长有两个子宫，但只有一个子宫中的胚胎能最终存活。

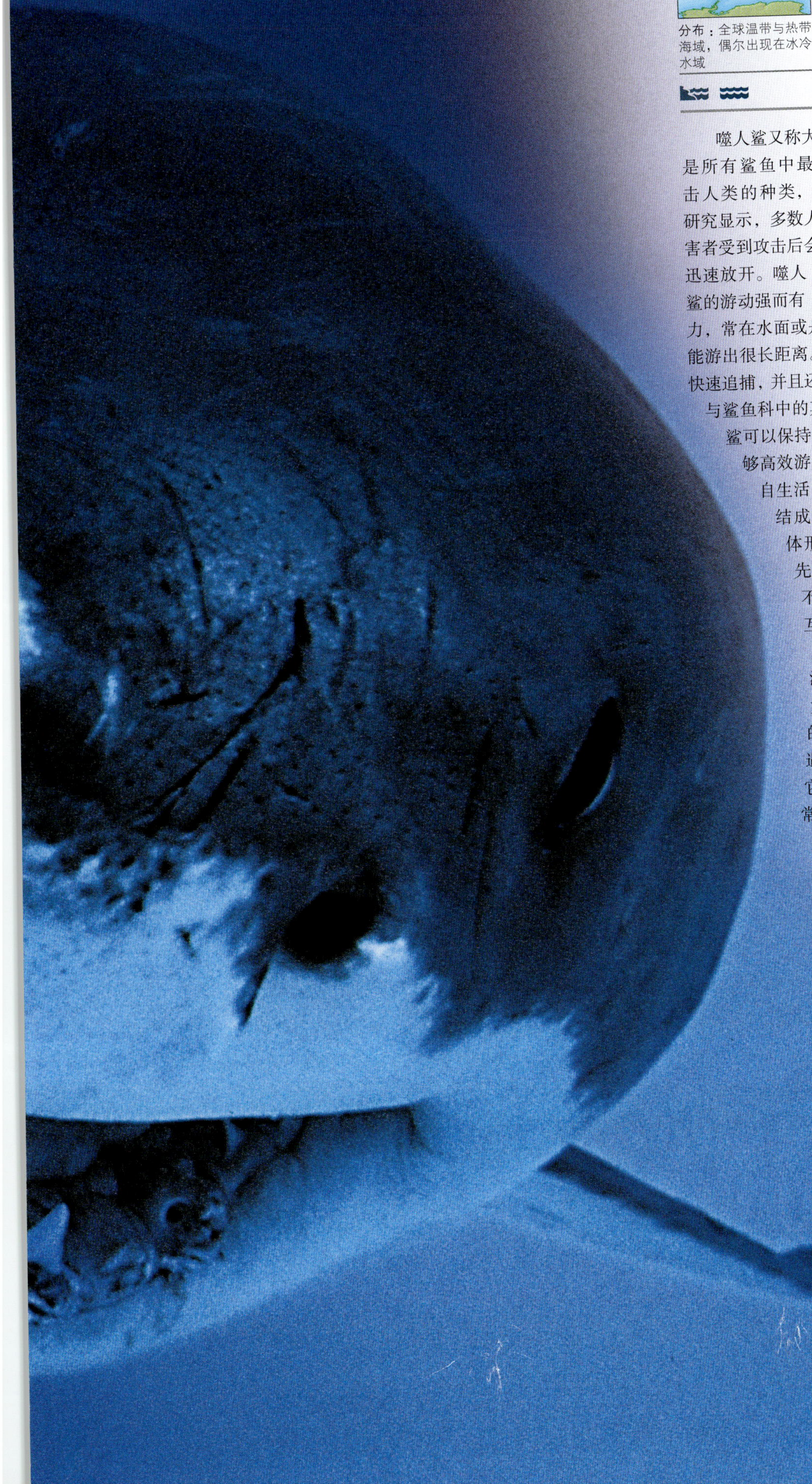

Carcharodon carcharias

噬人鲨

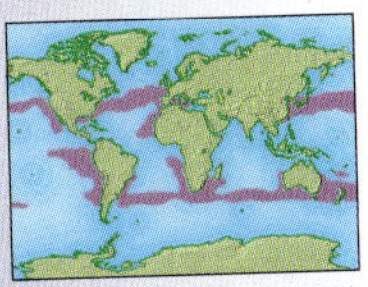

体长：6米，最长8米

体重：超过2吨

繁殖方式：胎生

现况：易危

分布：全球温带与热带海域，偶尔出现在冰冷水域

噬人鲨又称大白鲨，是所有鲨鱼中最易攻击人类的种类，但是研究显示，多数人类受害者受到攻击后会被迅速放开。噬人鲨的游动强而有力，常在水面或是海底巡游，瞬间便能游出很长距离。它也擅长短距离的快速追捕，并且还能从水面凌空跃起。与鲨鱼科中的其他成员一样，噬人鲨可以保持较高的体温，以便能够高效游动。这种鲨鱼通常独自生活，但有时也会成对或结成小群取食动物残骸，体形较大的个体通常最先进食。噬人鲨也通过不同的游动方式确立相互之间的优势地位。

其食物主要包括海豹、海狮、海豚、大型鱼类和其他种类的鲨鱼，也捕食所能遇到的其他大型猎物。它们发动袭击的手段非常凶残，咬伤猎物后便撤退，直到猎物失血过多变得虚弱时，才会返回以安全的方式进行享用。雌鲨通常大于雄鲨，每胎能产4—14条仔鲨，小鲨鱼出生时的体长可达1.2米或更长。子宫中的仔鲨通过吃掉未受精的卵或是其他胚胎来获取营养。尽管这一物种在世界上的一些地区受到保护，但仍是一种受到欢迎的海钓鱼种，目前的种群数量正在急剧减少。

泳速强劲

噬人鲨通过尾巴的侧向运动在水中快速行进。固定的胸鳍可以防止鼻端下沉，大型背鳍则利于稳固重心。

可怕的武器

噬人鲨的牙齿较大，呈三角形，牙齿表面粗糙且边缘呈锯齿状。这种超级装备能够轻松地将可怜的猎物撕碎。它们时而会露出牙齿四处游动，可能以此来警告企图抢夺食物或是入侵自己领域的竞争者。

“噬人”巨鲨

这种体形硕大，外表恐怖的鲨鱼由于噬人而令人十分畏惧，部分原因是不少电影以噬人鲨作为主题，加上媒体的夸大报道所致。然而，根据国际鲨鱼攻击档案的记录，自有记录以来，仅有321个人因受到噬人鲨的攻击而死亡。

Isurus oxyrinchus

灰鲭鲨

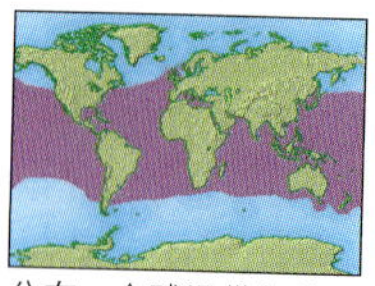

体长：达4米
体重：超过570千克
繁殖方式：卵胎生
现况：易危

分布：全球温带与热带水域

灰鲭鲨又称尖吻鲭鲨，可能是世界上游速最快的鲨鱼。灰鲭鲨的尾巴有助于迅速前行，尾柄两侧各具一个侧突，这一特点在行动快速的鱼类中非常常见。这种鲨鱼的牙齿较大，呈匕首状，齿缘光滑，能刺穿并咬住行动迅速的光滑猎物，如鲭鱼、鲔鱼、鲣鱼和乌贼等。追捕猎物或是被渔网钩住时，它还能从水中数次跃起，跳跃距离相当于其身长的数倍。

Megachasma pelagios

大口鲨

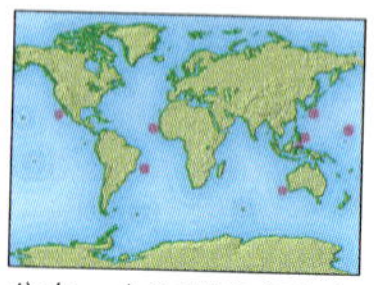

体长：达5.5米
体重：达790千克
繁殖方式：不确定
现况：数据缺乏

分布：大西洋西部和东部、印度洋南部、太平洋西部和东部

大口鲨是全球鲜为人知的大型鲨鱼之一。第一条大口鲨于1976年在夏威夷外海被发现，并被一艘轮船的水下设备捕获。目前，全世界已记录到约50条大口鲨。这种鲨鱼的特点是嘴巴极大，适于滤食。除了鲸鲨和姥鲨之外，大口鲨是第三种以浮游生物为食的鲨鱼，人们认为大口鲨会尾随浮游生物活动，它们夜间从深海上浮到海面，白天则返回大洋深处。巨大的体形说明大口鲨鲜有天敌，只有抹香鲸（第260页）等少数体形够大的种类才能捕食这种巨鲨。但大口鲨对人类无害。

辅助取食

大口鲨的大嘴内部和周围都有独特的颜色，可能具有辅助进食的功能。上颌边缘带有能发出冷光的条纹，游动时张嘴显露出的银色口腔顶部，这或许可用于吸引猎物。

体色对比

大口鲨的体背为灰色至蓝黑色，腹面则呈白色。上颌边缘具有白色斑纹。

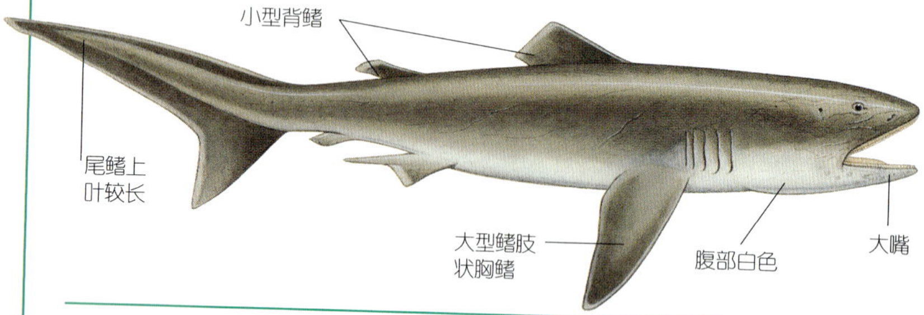

Cetorhinus maximus

姥鲨

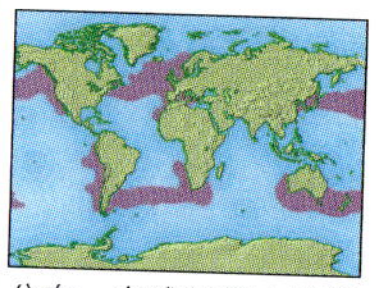

体长：10米，最长15米
体重：超过6吨
繁殖方式：卵胎生
现况：易危

分布：全球温带水域的冷水至暖水区

姥鲨是世界第二大鲨鱼，体形仅次于鲸鲨（第477页），且和鲸鲨一样对人无害。姥鲨具有洄游习性，主要取食浮游生物。它们经常在靠近水面处获取阳光中的热量，有时还会慵懒地翻转身体，露出肚皮。尽管姥鲨主要营独居生活，但在浮游生物丰富之处，也可能聚集成多达100条的群体共同觅食。

陷捕浮游生物

这种滤食性鲨鱼在海洋中游动时嘴巴张大，以吞下大量的海水和浮游生物。当海水经由大型鳃裂排出时，布满黏液的鳃耙便将浮游生物黏住，并被姥鲨快速吞下。

海水出口

姥鲨的鳃裂非常宽大，几乎环绕整个头部。它们的鳃耙于冬季脱落并更新。

Pseudocarcharias kamoharai

拟锥齿鲨

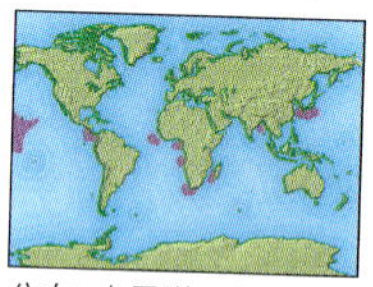

体长：1.1米或更长
体重：未记录
繁殖方式：卵胎生
现况：近危

分布：太平洋、大西洋东部、印度洋西部和北部

拟锥齿鲨身体呈圆柱形，是一种体形较小的海洋性鲨鱼。它们的吻部尖锐，呈圆锥形，牙齿较大，整个颌部能向前伸出咬住猎物，如中等大小的硬骨鱼、乌贼或是虾类等。拟锥齿鲨具有垂直迁徙行为，于夜间尾随猎物游至海面，黎明时分则返回大洋深处栖息。大眼睛令它能在昏暗的光线下看清东西。与大多数鲨鱼一样也有同类相食的行为。雌鲨子宫内的胚胎会相互为食，直到剩下一条存活。大多数鲨鱼均采用这种方式发育，它们每胎通常只产1条幼鲨。然而，它们的胚胎会相互吞食直至留下两个胚胎，到了这一阶段，同类相食便告停止。幼鲨出生时体长约为40厘米，且可能出生在一年中的任何时间。

Alopias vulpinus

狐形长尾鲨

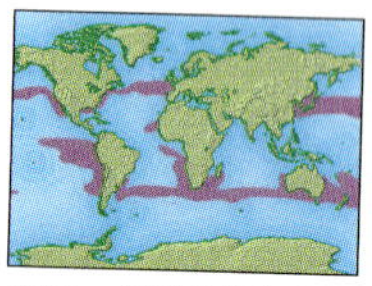

体长：达5.5米
体重：超过450千克
繁殖方式：卵胎生
现况：易危

分布：全球温带与热带水域

狐形长尾鲨外形独特，尾鳍上叶的长度几乎与身体其余部位等长。它们利用这种加长的尾叶驱赶鱼类聚群，然后通过尾部的强力拍打击晕猎物。狐形长尾鲨通过相互合作围捕鱼群，如鲱鱼和小型鲔鱼等，并在发动最终攻击之前用尾巴将猎物围起来。狐形长尾鲨也用尾巴防御人类。

体形较大的狐形长尾鲨如果被渔民捕获，可能会用尾巴猛烈挥击，曾经还将人头击断。这种鲨鱼借助尾巴自卫，并以此对付海洋中的捕食者。

狐形长尾鲨是长尾鲨科的3种鲨鱼之一，体背呈褐色，腹面为白色。这种鲨鱼通常生活在较深的水域，但一些年幼个体和部分成体也可能在海岸周边的浅水区域出没。狐形长尾鲨有时聚集成群，由雄鲨或雌鲨分别组成单性群体。

Mustelus mustelus

星鲨

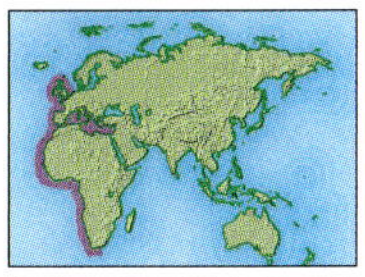

体长：达1.6米

体重：超过13千克

繁殖方式：胎生

现况：易危

分布：大西洋东部、地中海

星鲨的皮肤相对光滑，体背呈灰色或灰褐色，腹面颜色较浅，带有少量斑纹或是无斑。它们的牙齿扁平呈板状，适于咬碎软体类、虾蟹、其他无脊椎动物及硬骨鱼等猎物。星鲨通常成群觅食，天黑后在海床附近的浅潮间带活动。星鲨是星鲨属的20多种鲨鱼之一，也是欧洲、地中海和西非地区的商业捕捞鱼种。

Triakis semifasciata

半带皱唇鲨

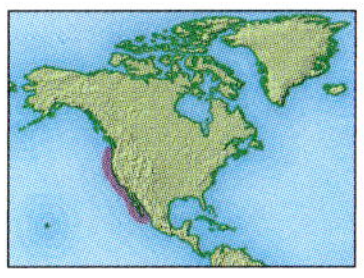

体长：达2.1米

体重：达32千克

繁殖方式：卵生

现况：无危

分布：太平洋东北部

半带皱唇鲨的身体呈淡褐色，体侧和鱼鳍上有明显的黑色斑纹。强有力的双颌与小而锋利的牙齿，使它们能够猎食包括穴居无脊椎动物在内的多种猎物，猎物的身体若是暴露在沙子外，很快会被半带皱唇鲨咬住，并从沙中拖拽出来。人们认为，这种鲨鱼无论白天或夜间均进行觅食。半带皱唇鲨对人类无害，它所属的类群共包括6种相似物种。

Cephaloscyllium ventriosum

东太平洋绒毛鲨

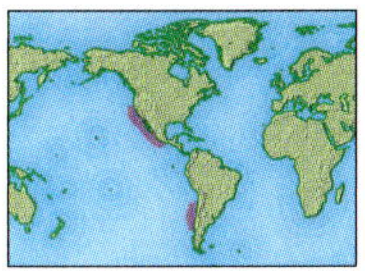

体长：达1米

体重：未记录

繁殖方式：卵生

现况：无危

分布：太平洋东北部和南部

东太平洋绒毛鲨一旦受到威胁，便会吸入海水或空气使身体膨胀，除了使自己看上去比捕食者更强壮外，这种防御方式还能让它紧紧地挤入礁石缝隙中以求自保。这种隶属猫鲨科的大型鲨鱼的体表具有各不相同的小斑点和暗褐色斑纹。东太平洋绒毛鲨为高度夜行性物种，白天通常静静地躲藏在岩缝中，夜间则沿着水藻或是海底缓慢游动，捕食在夜间警觉性较低的昼行性鱼类。东太平洋绒毛鲨隶属绒毛鲨属，其中包括8个相似物种。

Scyliorhinus canicula

小点猫鲨

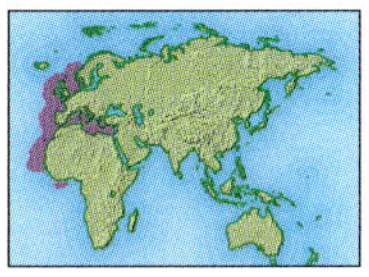

体长：达1米

体重：3千克或更重

繁殖方式：卵生

现况：无危

分布：大西洋东北部、地中海

小点猫鲨是欧洲最常见的鲨鱼。它们的体形较小，身体细长，光滑的皮肤上具有许多深色斑点和少数浅色或白色斑点。不同个体间的斑点颜色和样式差异极大，有利于隐藏身形，避免被掠食性鱼类发现。小点猫鲨通常独自生活，即使聚集成群，雄性和雌性也极少待在一起。这种鲨鱼无论白天和夜间都处于活动状态，通过气味和电流信号在海底捕食蠕虫、软体类、甲壳类和小型硬骨鱼。雌鲨将卵囊产在海藻床中，这些卵常被冲上海岸，因外形独特而被称为美人鱼钱袋。卵囊呈矩形，四角具有卷须以便能够固定在海草上。在欧洲，小点猫鲨是一种经济鱼种，除了可食用外，其肝脏中富含的油脂也能被利用。

Carcharhinus leucas

公牛真鲨

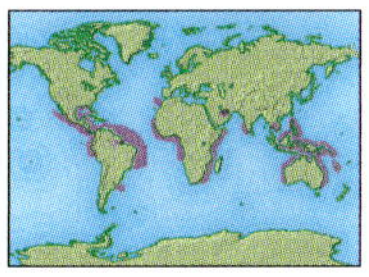

体长：达3.4米

体重：超过230千克

繁殖方式：胎生

现况：近危

分布：全球热带和亚热带海域

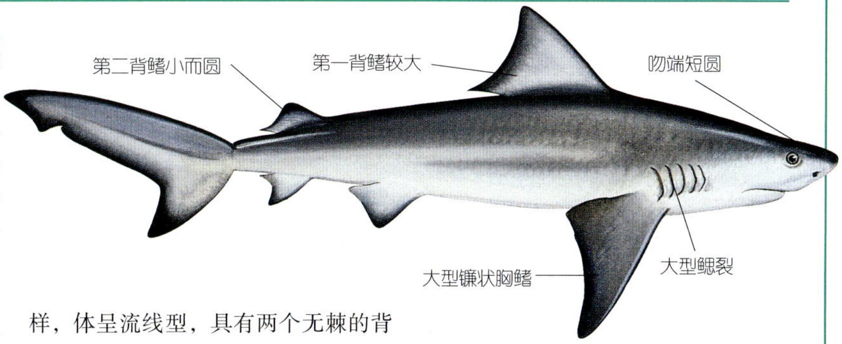

公牛真鲨隶属真鲨科，又称公牛白眼鲛。它与真鲨科的所有成员一样，体呈流线型，具有两个无棘的背鳍和5对鳃裂。公牛真鲨是经常溯河而上的少数鲨鱼种类之一，曾在距海洋3000千米的亚马孙河中被发现。它的食谱非常广泛，包括硬骨鱼、无脊椎动物、哺乳类和其他鲨鱼，甚至是年幼的同类个体。公牛真鲨是世界上最危险的鲨鱼之一，已涉及众多挑衅和无端袭人事件。

Galeocerdo cuvier

鼬鲨

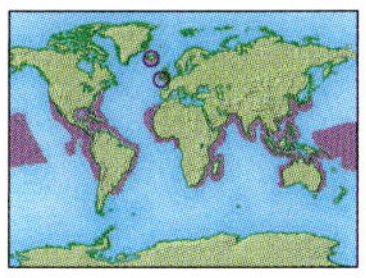

体长：5.5—7.5米

体重：超过900千克

繁殖方式：卵胎生

现况：近危

分布：全球热带和暖温带水域

鼬鲨是臭名昭著的食人鲨，也是世界上最为危险的鲨鱼之一。它们的牙齿形状独特，形似鸡冠，体呈流线型，头部长而大，与身体不成比例。这种鲨鱼通常喜欢在近岸水域活动，夜间常至浅水区觅食，有时还在港湾与河口的浅水区中游荡。最新研究表明，鼬鲨也会穿过外海的大片区域进入大洋。温暖的月份里，则在热带和高纬度水域之间短暂逗留。鼬鲨是真鲨科中唯一采取卵胎生繁殖的种类，雌鲨的子宫能分泌"乳汁"来为胚胎提供额外的营养。鼬鲨的肉不具有太高的经济价值，是有名的游钓鱼种。

有斑纹的幼体

鼬鲨的幼体和未成年个体均具有醒目垂直的虎斑状条纹。幼鲨成年后，这些条纹便会变淡或是完全消失。

进食习惯

鼬鲨主要在夜间捕猎，是鲨鱼中的杂食种类。它们利用速度的瞬间爆发捕食鱼类、各种海洋爬行类、无脊椎动物和哺乳类等活体猎物，也取食腐肉，甚至还会吞食垃圾等。

Carcharhinus melanopterus

乌翅真鲨

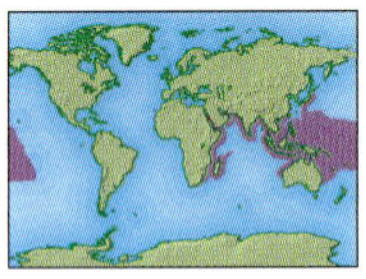

体长：达2米

体重：超过45千克

繁殖方式：胎生

现况：近危

分布：印度洋与太平洋交界热带海域

乌翅真鲨是印度洋与太平洋交界热带海域中的常见物种。这种鲨鱼常出现在浅水区，背鳍和尾鳍上叶可能会伸出水面。乌翅真鲨与许多袭人事件有关，有些是受到挑衅，有些则是无端伤人。它们经常对潜水员表现出好奇，不过一经驱赶就会游走。乌翅真鲨体呈纺锤形，是敏捷的游泳健将。正如它的名字一样，乌翅真鲨的鳍顶端呈黑色。

Negaprion brevirostris

短吻柠檬鲨

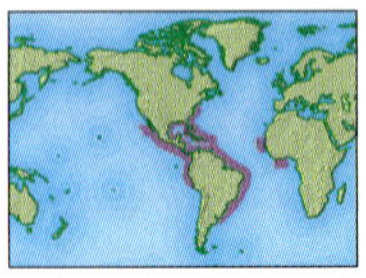

体长：达3.4米

体重：超过185千克

繁殖方式：胎生

现况：近危

分布：太平洋东部、大西洋西部和东部

这种鲨鱼也称短吻基齿鲨，由于能极好地适应人工饲养环境，因此成为真鲨科中研究最为深入的成员之一。短吻柠檬鲨的咬合非常有力，一旦被激怒，就有可能发动袭击。它们的体背呈淡黄色至淡褐色，具有大型鱼鳍和突出的吻部，适于在半咸水和含氧量较低的水中生存，主要取食硬骨鱼、犁头鳐和刺魟等，但也可能会取食甲壳类、软体类，甚至是海鸟。成年个体在夜间最为活跃，未成年个体在白天较为活跃。

Prionace glauca

大青鲨

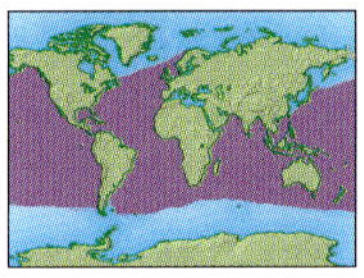

体长：3.8米或更长

体重：超过200千克

繁殖方式：胎生

现况：近危

分布：全球热带和温带水域

尽管大青鲨是世界分布范围最广的鲨鱼之一，但却日渐受到过度渔猎的威胁。大青鲨具有季节性迁徙行为，沿盛行洋流从寒冷水域迁往温暖水域。这种鲨鱼非常危险，也会袭击人类。它们有时在攻击前围绕猎物游动，也可能聚集成群疯狂抢食鲸鱼或是鼠海豚的尸体，咬食漂浮的残骸碎片，并且会尾随渔船，捕食落网的鱼类。

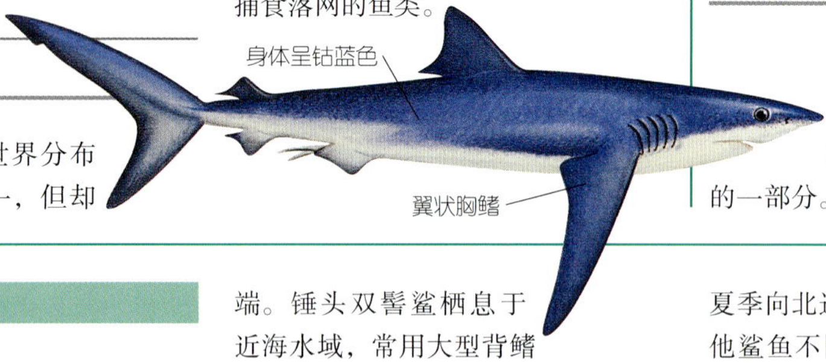

Triaenodon obesus

三齿鲨

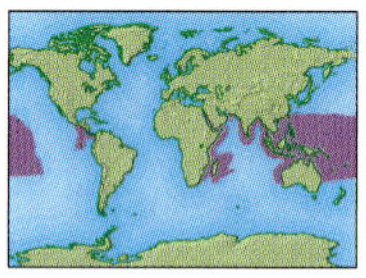

体长：1.6米，最长2.1米

体重：超过18千克

繁殖方式：胎生

现况：近危

分布：印度洋与太平洋交界热带水域

大多数鲨鱼必须不停地张口游动，迫使含氧的水流经鳃部来呼吸，三齿鲨则能将水吸入嘴中，并从鳃部排出以呼吸，因此能停栖在海底。三齿鲨捕食时极度依赖声波和嗅觉，只要听到渔船的声音，便会前去窃取落网的鱼类。遇到被刺中的鱼类时，它们会穷追不舍，并有可能攻击渔民。然而，它们的性情也还算温和，偶尔才攻击人类。

保护

尽管鲨鱼被认为是一类危险的物种，但它们对人类的恐惧要远远超过人类对鲨鱼的恐惧。近年来，全球许多生活在近海的物种，如三齿鲨等，已经严重受到过度捕捞的影响，种群数量急剧减少。人类为了获取鱼翅而捕捞鲨鱼，渔民将鲨鱼的鱼鳍割掉后又将全身流血不止的鲨鱼扔回海中，这些被抛回海洋的鲨鱼只能在痛苦中死去。

白色标志

三齿鲨体形修长，背鳍和尾鳍上叶具有明显的白尖。

Squatina dumeril

杜氏扁鲨

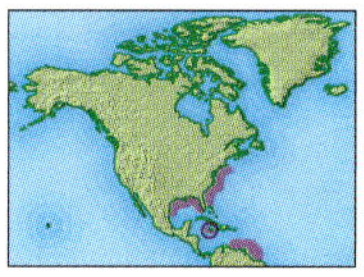

体长：长达1.5米

体重：超过27千克

繁殖方式：卵胎生

现况：数据缺乏

分布：大西洋西北部

这种身体扁平的鲨鱼通常将部分身体埋藏在海底的沙子中，伪装成为海床的一部分。杜氏扁鲨主要采用守株待兔的方式捕食，趁猎物不备之时伸出前突的嘴巴快速攻击，它们的食物主要包括甲壳类和其他鱼类。杜氏扁鲨是一种经济鱼类，它们所属的类群包含约14种相似物种。

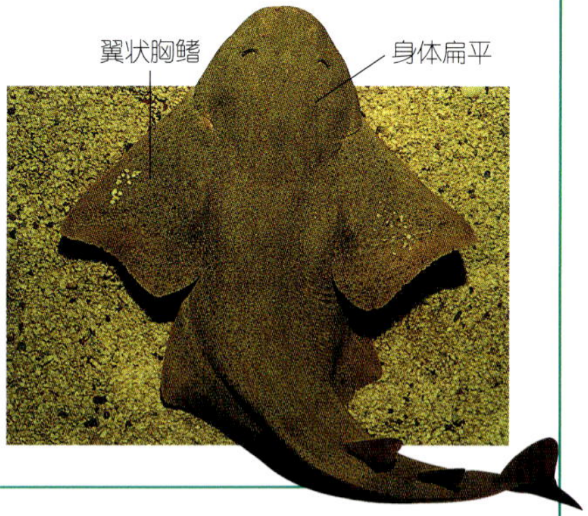

Sphyrna zygaena

锤头双髻鲨

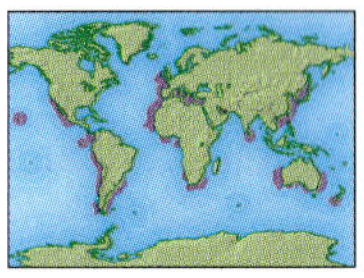

体长：达4米

体重：超过400千克

繁殖方式：胎生

现况：易危

分布：全球热带和亚热带及温带水域

锤头双髻鲨是双髻鲨科中的8个成员之一，它们的头部形状奇特，极易辨认，双眼位于头部锤头突出的末端。锤头双髻鲨栖息于近海水域，常用大型背鳍划破水面，并在海面游动。它们的性情难以捉摸，会对人类发动攻击。与其近亲物种一样，锤头双髻鲨也以各种鱼类为食，其中还包括其他鲨鱼。锤头双髻鲨是游泳健将，夏季向北迁移至较凉爽的水域。与其他鲨鱼不同的是，它们常聚集成群，或许是借此来防范捕食者。年幼个体有时也常聚集成大群进行洄游。

辨别特征

锤头鲨彼此之间很难区分。锤头双髻鲨的锤状突出部分较窄。

独特结构

锤头双髻鲨奇特的身体结构是如何形成的目前仍未确定。头部的锤状突出不仅能在鲨鱼游动时提供额外的抬升力，也能通过提高嗅觉灵敏度和拓宽视野来助其追踪猎物。

鱼类

鳐和魟

门：	脊索动物门
纲：	软骨鱼纲
亚纲：	板鳃亚纲
目：	3目
科：	17科
种：	约650种

鳐和魟拥有有别于其他软骨鱼的宽大身体和翼状鱼鳍。它们的身体扁平，适于在水底生活，虽然有些种类（如蝠鲼和魟类）生活在远海，但多数种类都在海底生活。鳐和魟在世界各地均有分布，热带地区的魟类物种更为多样，鳐则广泛分布于温带水域。大多数鳐和魟生活在海岸带，有些种类生活在深海盆地。尽管有些魟类能游走于淡水河流湖泊和咸水河口之间，但仍有一些种类只生活在淡水中。

繁殖

鳐和魟具有不同的繁殖方式。大多数鳐类通过产出大型革质卵囊进行繁殖，这种卵囊中通常含有一个或多个受精卵。有些魟类的卵在母体体内孵化后才被产出。出生前的胎儿具有卵黄胎盘，胎盘附于母体子宫壁上，营养物质不再通过卵黄提供，而是经由脐带输送给胎儿。一些雌性种类的子宫内壁还能分泌“乳汁”，乳汁通过子宫内膜输送给胚胎，以提供额外的养分。

银鲛类

银鲛、兔银鲛及其近亲被统称为银鲛类，这一成员较少的软骨鱼类群与鲨鱼、鳐和魟类均不同。它们构成的全头亚纲共包含49个物种。银鲛类的身体柔软无鳞，体延长侧扁，硕大的头部上长有大而能够变色的眼睛。它们分布于印度洋、大西洋和太平洋水域，栖息处的水深多达8000米。

身体结构

鳐和魟具有扁平的身体和用来击水前进的大型胸鳍。体形较大的种类能像鸟类一样扇动胸鳍，如同在水中飞行。它们的肝脏也和鲨鱼一样充满油脂，有助于在水中保持浮力，不过它们的肝脏较小，使之能够待在海底。大多数种类的体色与海底相似，但它们也可能藏身于海底的泥沙中，通过眼睛后方的喷水孔进行呼吸。水流从喷水孔进入口咽腔，经过鳃区进行气体交换，最后由鳃孔流出，避免口部张开时吸入泥沙。这一类群中的许多种类要么缺少鳞片，要么长有大型棘刺状的保护性鳞片。魟类的尾鳍上还长有能够分泌剧毒的尾刺。

觅食

鳐和魟均为食肉动物，且大多数种类以捕食小型底栖鱼类和无脊椎动物为生，但各个物种间的捕食对象存在很大差别。这一类群的牙齿细小量多，排列如铺石状，能用于紧咬、撕扯或是咬碎食物，因此也被称为铺石状齿。少数物种（如蝠鲼）则利用筛状的鳃耙滤食小鱼、无脊椎动物和浮游生物。

聚群

大多数魟类营定居生活，或是沿着海床或河床缓慢游动。然而，一些种类则栖息在大洋中，靠大型胸鳍推动身体前行，如图中的海水魟。它们还会聚成可能含有数百条个体的鱼群。

Raja undulata

波鳐

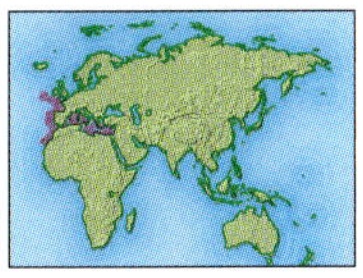

体长：多达1米
体重：3—4千克
繁殖方式：卵生
现况：濒危

分布：大西洋东部、地中海

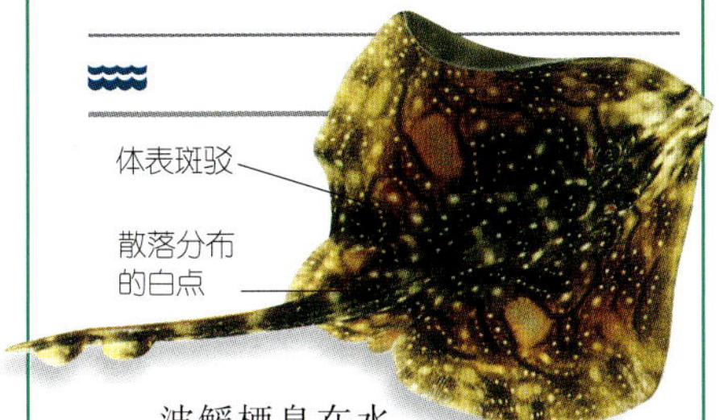

波鳐栖息在水深200米处的泥质或沙质海底，凭借带有复杂花纹的淡红色或深褐色皮肤形成伪装躲避捕食者。繁殖期间，雌鳐产下多达15枚卵，每个卵都由长达9厘米的坚韧卵囊包裹。

Raja clavata

背棘鳐

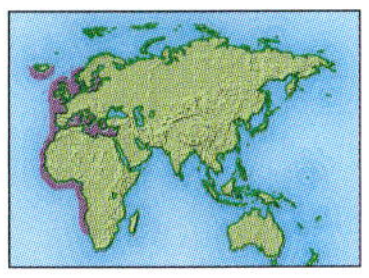

体长：多达90厘米
体重：2—4千克
繁殖方式：卵生
现况：近危

分布：大西洋东部、地中海

背棘鳐的体背呈不同程度的灰褐色，具较深的大理石花纹和斑点，腹面颜色较浅。雌雄两性均因背部长有大型棘刺而得名。和大多数鳐类一样，背棘鳐也生活在海底，借助保护色进行伪装。

Dipturus batis

灰鳐

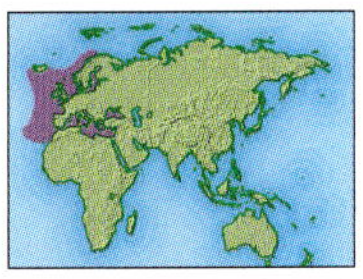

体长：达2.5米
体重：50—100千克
繁殖方式：卵生
现况：极危

分布：大西洋东部、地中海

由于过度捕捞，灰鳐的种群资源目前正面临极度枯竭。灰鳐的体背呈褐色并带有斑点，腹面通常为浅灰色。与背棘鳐一样（左图），雄性灰鳐的体表较为光滑，雌鳐的腹面长有小棘刺。雌鳐每年产卵10枚或更多，这些卵长约20厘米，具深褐色的坚韧外壳，每边各具1对卷须状棘刺。与其他大多数鳐类不同的是，灰鳐无论昼夜均外出活动，取食生活在海底的鱼类、蠕虫和甲壳类等动物。

Manta birostris

双吻前口蝠鲼

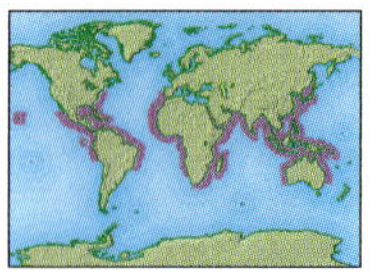

体长：4—7米

体重：多达1.8吨

繁殖方式：胎生

现况：易危

分布：全球热带水域，有时出现在温带水域

双吻前口蝠鲼又称鬼蝠魟，它们的体盘宽可达7米，是地球上体形最大的鲼类。当在开阔的大洋中遨游时，其姿态就像一只扇翅飞行的大鸟。尽管它的模样吓人，但性情却十分温和，通过鳃部过滤并摄食浮游动物及小型鱼类。它们的口部与其他鲼类不同，位于身体前端，利于在游动时不断取食。这种蝠鲼游动时的体态通常十分优美，如果受到威胁，会突然加速，甚至跃出海面躲避鲨鱼和虎鲸等大型捕食者。双吻前口蝠鲼通常独居，有时也结成小而组织松散的鱼群。它们偏爱温暖水域，会在夏季进入近岸水域活动。繁殖期间，雄蝠鲼常对雌蝠鲼进行追逐，双方偕行以便彼此的腹部能够贴在一起，随后雄蝠鲼将鳍脚插入雌性体内进行受精。雌蝠鲼每年通常产1—2胎，幼崽出生时的体宽约为1.2米。

聚拢食物

双吻前口蝠鲼的胸鳍前部分特化为头鳍，位于头部两侧，侧扁并呈长方形，能将猎物聚拢并送入口中。当海水流经鳃部时，猎物便被细密如筛板的鳃耙挡住。小鱼群和小型浮游型动物均是它的取食对象。

水下飞行

双吻前口蝠鲼具有大型三角形胸鳍，鳍尖尖锐，尾部细长如鞭，没有尾鳍或棘刺。正常情况下，它们的胸鳍每隔4—5秒便可上下拍动一次，不过也能够加快拍动速度，从水中腾空跃出后，再重重地回击入水。

Rhinobatos productus

环吻犁头鳐

体长：多达1.5米

体重：15—18千克

繁殖方式：胎生

现况：近危

分布：太平洋东部

环吻犁头鳐因奇特的外形而得名，它们的头部宽阔，吻部两侧具有软骨区，胸鳍与典型的鳐类一样宽大，但身体其余部位与鲨鱼类似，呈圆柱形。它们栖息在太平洋东部的温暖水域，夏季迁徙至近岸水域。通常独自生活，有时聚成大群，这种行为可能是为了进行繁殖。环吻犁头鳐常在海滨、港湾和河口的浅水区活动，将部分身体藏在泥沙中。它们以小型底栖鱼类为食，也会取食海底的甲壳类和蠕虫。雌鳐每胎产5—25条仔鳐，幼鳐出生时的体长约为15厘米。

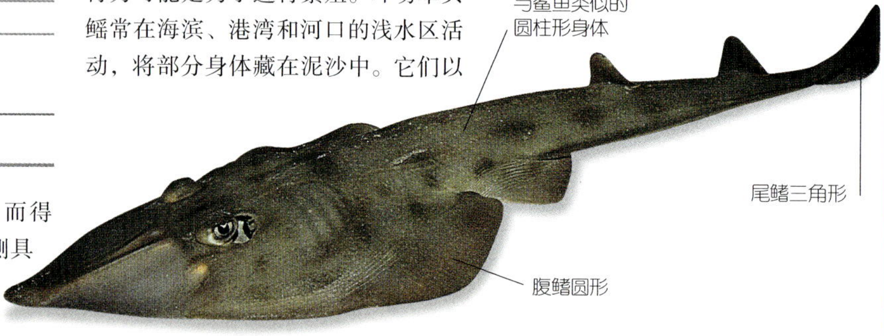

Urolophus halleri

哈氏扁魟

体长：50—60厘米

体重：2—4千克

繁殖方式：胎生

现况：无危

分布：太平洋东北部

哈氏扁魟及其近亲有时也被称为刺魟，但与典型的刺魟不同的是，它们的身体几乎呈正圆形。哈氏扁魟的身体极为扁平，尾部相对较短，尾端有一个圆形鱼鳍。它们有时在温暖的季节里大群聚集进入浅海滩涂，如果游泳者不小心踩到它们，就有可能被刺伤。尽管不会致命，但却能造成剧烈疼痛。

Taeniura lymma

蓝斑条尾魟

体长：达2米

体重：超过30千克

繁殖方式：胎生

现况：近危

分布：印度洋至太平洋水域

蓝斑条尾魟的体表散布着蓝色斑点，是鳐科中颜色最鲜艳的成员之一。它们的尾部两侧还具蓝色条纹，腹面颜色较淡。与其他鳐科成员一样，蓝斑条尾魟的尾基部长有毒刺，如果被踩到或不慎碰到，它们会对人造成严重伤。蓝斑条尾魟主要在白天活动，有时也在夜间活动。涨潮时，成群进入浅沙海域捕食小鱼、甲壳类和蠕虫等无脊椎动物。蓝斑条尾魟常见于珊瑚礁附近的沙质区域，不觅食时停栖在岩礁洞穴或岩缝中。雌魟每胎产3—7条幼崽，与南美淡水鳐一样，雌魟的子宫也能分泌“乳汁”养育后代。蓝斑条尾魟体色艳丽，不仅在水族馆展览中深受欢迎，也是水下摄影师最为喜爱的拍摄对象。

伏击

蓝斑条尾魟通常主动觅食，休息时会将大部分身体埋藏在泥沙中，只露出双眼。在浅水区躲藏时很易被人踩到。

Myliobatis aquila

鲼

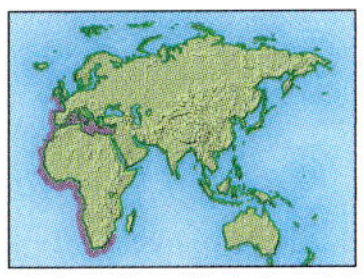

体长：超过2.5米
体重：20—30千克
繁殖方式：胎生
现况：数据缺乏

分布：大西洋东部、地中海、印度洋西南部

鲼的胸鳍窄长，吻部钝圆，极长的尾巴上具有毒刺。这种鱼的体色多变，包括灰棕色、黄褐色或是深灰黑色等，位于身体腹面的口部长有用于压碎食物的巨大齿板。鲼及其近亲物种遍布全世界的大洋中，均在海底觅食，但也能在开阔水域活动。鲼捕食各种各样的小型动物，它们会扇动胸鳍或是通过喷出水柱清扫海底的泥沙，使猎物从海底的藏身处中显露出来。鲼的游泳本领高强，能跃出水面逃避捕食者的攻击。雌鲼每年产崽3—7条。

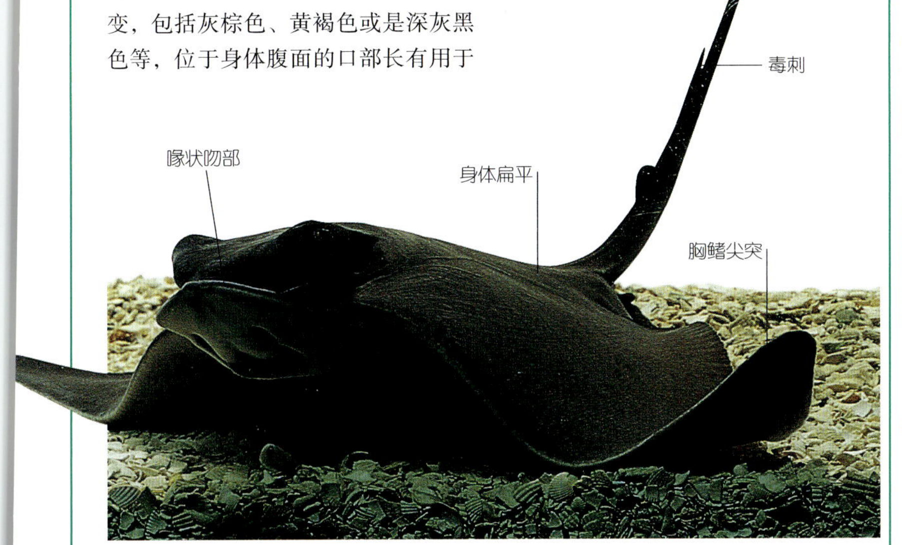

Pristis pectinata

栉齿锯鳐

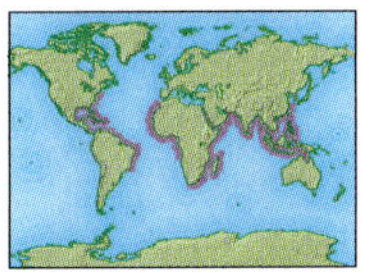

体长：超过6米
体重：250—300千克
繁殖方式：胎生
现况：极危

分布：大西洋西部和东部、印度洋与太平洋交界水域

栉齿锯鳐别名宽锯鳐，它们的吻部形状奇特，吻长约占体长的四分之一，且每侧各有24—32对利齿。尽管吻部呈锯状，但它通常不具攻击性，只有受到潜水者骚扰时才发起攻击。栉齿锯鳐的头部扁平，双眼较小，眼睛上方的喷水孔略微靠近眼后。口部和鳃裂位于头部腹面。常见于海滨和港湾的沙质和泥质浅水区，偶尔出现在河口和淡水溪流入海处。

栉齿锯鳐在海底巡游觅食，用口吸食小型生物，时而利用吻部探查海底或是挖掘藏身于此的猎物。它也会在鱼群中挥动吻部，捡拾落在海底的死鱼或是受伤的鱼。雌锯鳐每胎产崽15—20条，幼鳐出生时吻部包裹着一层保护性的薄膜，防止雌性在生产时被割伤。出生后的幼鳐暂时生活在水生植物丰富的浅水区。由于沿海开发导致这些区域的丧失，造成了这一物种的种群数量下降。栉齿锯鳐所属类群共有6个相似物种，由于它们的肉可食用，锯齿部位可当作纪念品出售，因此在许多区域都遭到大肆捕杀。

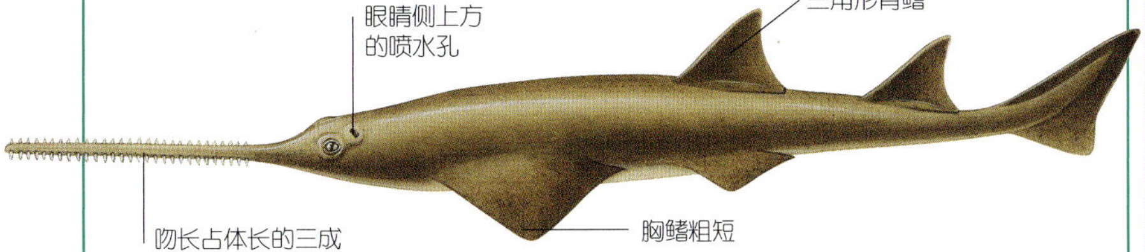

Potamotrygon motoro

侧头江魟

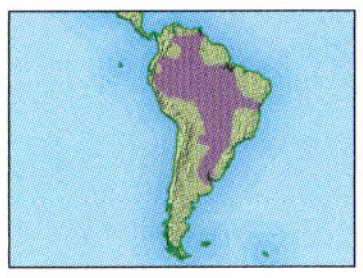

体长：达1米
体重：3—5千克
繁殖方式：胎生
现况：数据缺乏

分布：南美洲

侧头江魟的身体近圆形，是南美洲最常见和分布最广的淡水江魟。侧头江魟隶属江魟科，该科成员均由海洋中的种类进化而来，如今却都生活在淡水中。侧头江魟的尾部较短，无鳍，小型腹鳍收拢在胸鳍下方。它们主要取食小鱼和无脊椎动物，除了一些大型鱼类和凯门鳄外，几乎没有天敌。

Torpedo marmorata

石纹电鳐

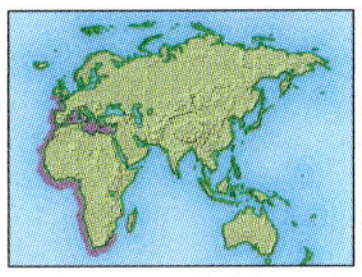

体长：达60厘米
体重：10—13千克
繁殖方式：胎生
现况：数据缺乏

分布：大西洋东部、地中海

许多软骨鱼利用微弱的电流信号侦测猎物，而石纹电鳐却能放出足以杀死其他鱼类的强大电流。石纹电鳐的电流由胸鳍基部经过特殊变化的鳃部肌群产生。尽管这种电击对人来说不足以致命，但是触碰电鳐却很危险。石纹电鳐在白天和傍晚活动，通常停歇在大洋底部，依靠体表的花纹进行伪装。雌鳐每年产5—35条幼崽；其体形越大，产崽数量也就越多。

Hydrolagus colliei

科氏兔银鲛

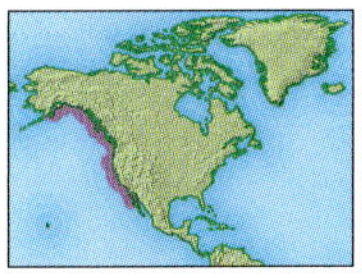

体长：达95厘米
体重：2—6千克
繁殖方式：卵生
现况：无危

分布：太平洋东北部

世界大部分地区的近岸深水区都能发现兔银鲛的身影，但科氏兔银鲛是生活在北美太平洋海岸的两种兔银鲛之一。科氏兔银鲛与其他兔银鲛一样，具有过大的头部，朝向下方的口中长有大型牙齿，体表光滑无鳞。雄性的双眼之间具有可伸缩的棒状附肢，可能用于求偶。成年兔银鲛的身体通常呈深褐色或淡灰色，带有绿色、黄色或淡蓝色，体侧还分布有银白色斑点。科氏兔银鲛游速缓慢，主要依靠有毒的背鳍棘刺作为防卫工具。它们在海底搜寻猎物，取食无脊椎动物和生活在海底的鱼类。雌性每年通常产卵2—5枚，每枚卵都由纺锤形的长卵囊包裹。科氏兔银鲛的肝脏中含有油脂，曾被用作机械和枪支的润滑剂，如今几乎没有经济价值。

鱼类

硬骨鱼类

门：	脊索动物门
纲：	硬骨鱼纲
目：	48目
科：	482科
种：	约31,000种

分类说明

硬骨鱼是所有脊椎动物中物种数量最多的一个纲。它们被分为两个亚纲，其中肉鳍鱼（肉鳍鱼亚纲）的偶鳍基部具有发达的肌肉，鱼鳍通过中轴骨与身体相连；辐鳍鱼（辐鳍鱼亚纲）的鳍由骨质辐射鳍条支撑。辐鳍鱼是目前鱼类中种类最多的一类，被分为9个总目。由于新物种的不断发现以及动物学家对物种间的关系不断有新的认识，因此硬骨鱼的分类仍在不断发生变化。

硬骨鱼是鱼类中数量最多、种类最为庞大的一类，其种类占到所有鱼类的九成之多。鱼类下属的3个纲中，硬骨鱼进化的时间最晚，但却通常被认为是进化最为完全的类群。尽管大多数硬骨鱼的体形很小，但各个种类间的大小和体形却相差甚大。所有硬骨鱼的骨骼均较轻，但却非常坚韧，骨骼完全或部分骨化。这种骨骼结构能对灵活的鱼鳍起到支撑作用，使鱼类可以精确地控制自己的动作。大多数种类还具有充满空气的鳔，能在很小的范围内调节浮力。硬骨鱼几乎在所有的水生生境中均有分布，包括沼泽湿地、湖泊、河流、沿海、珊瑚礁和大洋。许多种类已经适应了极端的环境条件，在高海拔湖泊、极地海岸、温泉、水塘、酸性溪流以及含氧量较低的沼泽地中均有分布。

感官

大多数硬骨鱼具备敏锐的视觉和听觉。这两种感官均可用于种群间的交流，也被认为能促进硬骨鱼发达的集群能力。硬骨鱼的双眼通常位于头部两侧，因此视野开阔，视网膜上的杆状细胞和锥体细胞能让它们清楚分辨颜色。许多种类的体色鲜艳，有助于吸引配偶和捍卫领域。声音也是一种有效的水下沟通方式。有些种类能利用鱼鳔、身体部位的摩擦和振动发声。

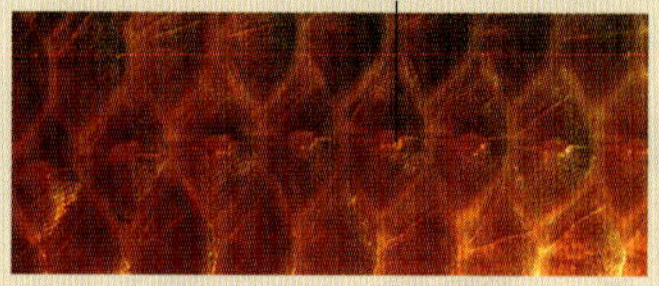

侧线

硬骨鱼的侧线系统极为发达，用于感知外界的活动。这也是为何它们能够集成大群，并能快速移动的原因之一。

身体结构

硬骨鱼的骨骼由三大部分组成：颅骨、脊骨和鳍骨（下图）。硬骨鱼具有成对的鳃，鱼鳃位于头部下方，颅骨之下。和其他鱼类类群不同的是，硬骨鱼的头部两侧覆有鳃盖，下层鳃腔内具有被称为鳃盖条的骨质支撑构造。这两种身体结构能让硬骨鱼将水吞入口中，然后通过鳃部将水排出。鳃盖条可以帮助鱼类张嘴并调节进水量，鳃盖则覆盖在鱼鳃之外以控制出水量。通过这种方式，硬骨鱼即使不游动也能呼吸。这两种相同的身体结构也能用于俘获和吞咽食物。大多数硬骨鱼具有轻韧的圆鳞和栉鳞（第468页），鳞片表面通常覆有一层分泌黏液的肤膜。黏液可以保护身体免遭寄生物以及病菌的侵害，有些物种的黏液还能避免身体脱水。其他一些硬骨鱼具有大型保护性鳞片或是体表完全裸露无鳞（但其皮肤仍会分泌黏液）。

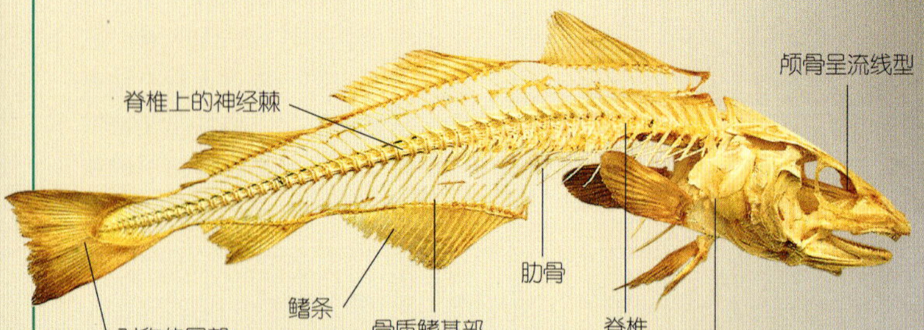

骨骼

硬骨鱼的颅骨包容着脑部，同时支撑着双颌和鳃弓。它们的牙齿可能长在颌部、咽喉、口部顶端或是舌头上。硬骨鱼的脊柱分为躯干椎和尾椎，肋骨发达，与躯干椎相连，可为身体提供支撑。每个鱼鳍均由嵌入身体的骨质根部和向外伸出的棒状结构（鳍条）共同构成。

游动

硬骨鱼能在水中精准移动，如图中的黄仿石鲈。每个鳍条都由一块独立的肌群控制，因此能够互相独立活动。对称的尾巴也是在水中推进身体的有效工具。

聚群

引来捕食者

鱼群是极易遭到捕食者攻击的目标。图中的新西兰竹筴鱼群吸引来了一条枪鱼。

簇拥在一起

当枪鱼游向鱼群时，后者能够改变游动方向，并紧紧地簇拥在一起。

队列紧密

当枪鱼不断环绕逼近时，竹筴鱼群会更紧密地挤在一起。

运用光线

枪鱼在鱼群下方保持游动，在水面上方阳光的照射下，它很容易就能选中捕猎对象。

发动攻击

枪鱼再次出击。如果鱼群被迫一分为二，它们还是会设法再次迅速聚集起来。

浮力

大多数硬骨鱼通过肠道上的衍生物——鱼鳔来控制浮力。鱼鳔内充满气体，密度稍轻于水体。鱼类通过调整鳔内气体的容量和压力来调节自身浮力。淡水鱼的鱼鳔容量远大于海洋鱼类，这是由于淡水的密度小于海水，无法给予鱼体过多浮力。硬骨鱼具有鱼鳔，因此无须像软骨鱼一样需要使用鱼鳍控制浮力，反倒能够完全利用鱼鳍来控制游动方向。

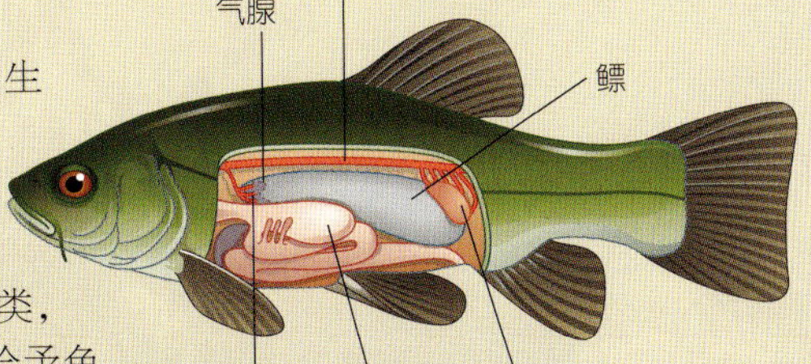

鳔

除了某些低等种类，大多数硬骨鱼都能通过血液和鱼鳔中的气体交换来调节自身浮力。空气通过气腺进入鱼鳔，气腺处密布着大量毛细血管，形成细脉网。气腺能够分泌乳酸进入血液，将血液中的氧气分离进入鳔内。当要减少鳔内的气体时，卵圆区的括约肌放松使空气进入，并渗入到这里的血管中。

繁殖

大多数硬骨鱼均为体外受精，少数为体内受精。生活在大洋中的硬骨鱼通常为卵生，它们的卵常像浮游生物一样在水中漂浮，由于孵化率较低，因此产卵量极多。栖息在沿海地带的鱼类和淡水鱼的产卵量通常较少，它们把卵产在沉淀物或巢穴中，或是将卵黏附在植物上。只有少数种类会对受精卵或是孵出的后代进行照料，使它们免遭捕食者的侵扰，有些种类还会为后代提供食物。有些硬骨鱼为雌雄同体，即每个个体均具有睾丸和卵巢。有些种类成年后还能改变性别：雄性变为雌性能够增大体形，以容纳更多的鱼卵（卵比精子要大）；如果雌性变为雄性，它就能在社群中获得支配权。

亲代抚育

雄性黄头后颌螣将卵含在口中孵化。其他有些硬骨鱼（包括一些慈鲷）会让幼鱼待在自己口中，使其免遭捕食者的伤害。

幼鱼

大部分硬骨鱼均从卵中孵出，以幼鱼的形式开始生活。图中幼小的欧洲鳗鲡正在经历变态，这一时期的幼鱼也被称为玻璃鳗鱼。

集群

许多硬骨鱼成群游动，一个群体中经常包含成千上万的个体。当鱼儿们簇拥在一起但却各自独立行动时，这种鱼群就被称为群聚。然而，鱼群中鱼类的行动更为协调一致，俨然一个完整的生命体。只有硬骨鱼能够以这种协调一致的方式游动。鱼群中的每条鱼通常都与相邻个体的运动状态保持一致，依靠视觉、听觉和侧线保持自己的相对位置。鱼群中的个体要比单独行动的个体安全，这是因为群体比个体更能及时有效地发现捕食者，而对捕食者来说，从群体中捕获一只动物要比捕获一只单独活动的动物困难（左图）。另外，鱼群中的个体也更容易找到配偶和发现食物。

簇拥在一起

鱼群会紧密地簇拥在一起，彼此间的距离不会超过个体体长。体表的银色（如图中的拟金眼鲷）有助于观察其他个体的行动，因为方向上的微小变化就能产生大幅的光反射变化。

肉鳍鱼

门：	脊索动物门
纲：	硬骨鱼纲
亚纲：	肉鳍亚纲
目：	3目
科：	4科
种：	8种

肉鳍鱼具有增大的肉质鳍基，由与内骨骼相连的肌群构成。肉鳍鱼的鱼鳍既能用来游动，也能在海底“行走”。其中一些与其祖先关系密切的种类，其鱼鳍进化为四肢以便在陆地上活动，这说明现存的肉鳍鱼与早期陆生四足类之间可能存在极为密切的亲缘关系。肉鳍鱼分为三类，包括肉鳍鱼、腔棘鱼和肺鱼。外表类似鳗的肺鱼具有鳃和1—2个原始的肺，能够直接呼吸空气。它们在缺氧的沼泽地带生活，甚至离水也能存活。非洲肺鱼能在旱季分泌黏液，与淤泥混合形成泥洞，它们在洞中生活，直到下一个雨季降临。腔棘鱼曾被认为自恐龙时代起就已灭绝，直到1938年才被重新发现。它们生活在印度洋的深海区域。

呼吸空气

成年非洲肺鱼具有小型鳃和1对肺，只能呼吸空气。繁殖期间，雄性的腹鳍上长出充满毛细血管的丝状突起物，可自血液中分离氧气并释放到幼鱼周围的水中，为其提供氧气。

Latimeria chalumnae

矛尾鱼

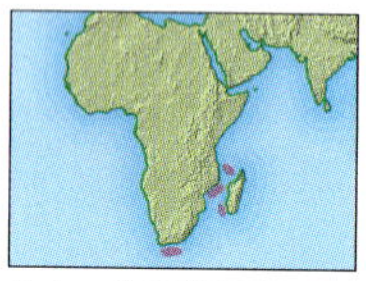

体长：1.5—1.8米
体重：65—98千克
性别：雌雄异体
现况：极危

分布：印度洋西部

科学家于1938年首次发现矛尾鱼。人们一度认为矛尾鱼早在6500多万年前就已灭绝，因此它们可谓是典型的“活化石”。矛尾鱼发现于水下150—700米，并且受到强劲洋流冲击的礁石和海底石洞中。它们的鳞片大而圆，带有白色虹彩斑点，肉质鳍发达，尾巴构造特殊，由中央小叶将整个尾鳍平分上下两部。其胸鳍动作非常灵活，有助于进入礁石缝中捕捉鱼类和其他猎物。矛尾鱼的种群数量记录不详，也很难估计。由于它们极易捕捉，且分布范围有限，因此已处于濒危境地。

Neoceratodus forsteri

澳洲肺鱼

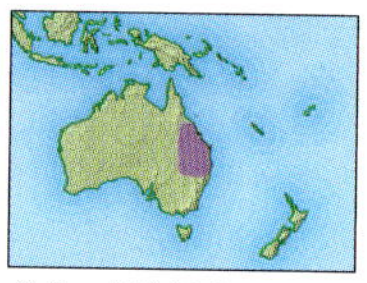

体长：达1.8米
体重：达45千克
性别：雌雄异体
现况：未评估

分布：澳洲东部

澳洲肺鱼不同于那些栖息在间歇性干涸池塘中的肺鱼，前者生活在草木丛生的永久性水域，如大型深水池塘、水库和水流缓慢的河川。澳洲肺鱼属大型淡水鱼，是现代肺鱼中体形最大的种类。它们的鱼鳔特化，充当着单片肺叶的角色。尽管澳洲肺鱼通常用鳃呼吸，但当水中的含氧量极低时，也能用肺在水面进行呼吸。与非洲和南美洲肺鱼不同的是，澳洲肺鱼具有桨状偶鳍。背鳍、臀鳍和尾鳍相连。它们旱季很少活动，躲在潮湿的落叶或泥浆中保持身体湿润，这样便能存活数月之久。澳洲肺鱼捕食蛙类、蟹类、昆虫幼虫、软体类和小鱼，利用强壮的厚板状牙齿咬碎猎物。

Latimeria menadoensis

印尼矛尾鱼

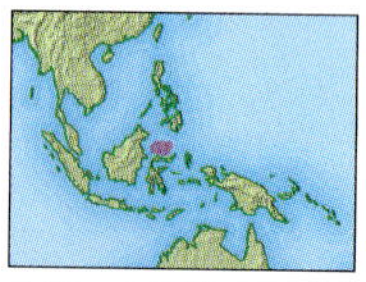

体长：达1.6米
体重：65—98千克
性别：雌雄异体
现况：易危

分布：太平洋（苏拉威西海）

印尼矛尾鱼于20世纪90年代末期被发现，其行为和生态特点都鲜为人知。然而，由于它的外形与非洲矛尾鱼（上图）相似，几乎可以肯定两者间有着类似的生活方式。分子序列比对表明，这两个物种大概是在470—630万年前分化并各自进化。此后，它们便受到海底地质条件的隔离以及洋流的作用，只能在特定的区域生活。印尼矛尾鱼与它们的同类一样，在大洋中营独居生活，不过也曾被发现群聚在礁石洞中。迄今为止，它们的种群数量仍然难以估计，但是很有可能已经处于濒危境地。渔业捕捞是这一物种生存的主要威胁因素，会对在地理上高度隔离的物种造成严重影响。

Protopterus annectens

非洲肺鱼

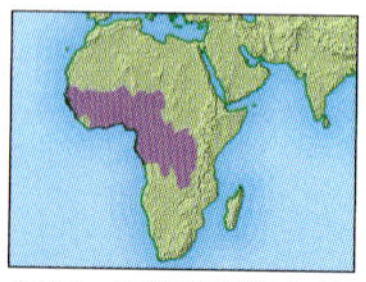

体长：1.8—2米
体重：达17千克
性别：雌雄异体
现况：无危

分布：非洲西部和中部

非洲肺鱼具有长长的鞭状偶鳍，是非洲4种肺鱼中最大的一种。非洲肺鱼与其他3种肺鱼一样，也用肺呼吸。进入旱季后，利用周围的泥土建造坚固的充满黏液的泥洞，在洞中度过恶劣的季节。非洲肺鱼生活在各种淡水生境中，为肉食性动物，采取潜伏方式捕食。

原始的辐鳍鱼

门：	脊索动物门
纲：	硬骨鱼纲
亚纲：	辐鳍鱼亚纲
目：	多鳍目 鲟形目 雀鳝目 弓鳍鱼目
科：	5科
种：	48种

原始的辐鳍鱼是硬骨鱼中最低等的一类，它们的骨骼结构非常独特，由软骨和硬骨共同组成。辐鳍鱼被划分为4个类群：鲟、匙吻鲟、雀鳝、多鳍鱼和弓鳍鱼（单独构成一个目）。原始的辐鳍鱼是所有淡水鱼类中体形最大的种类之一，其中鲟鱼的体长能够达到8米。辐鳍鱼为北半球的独有种类，大部分物种都生活在淡水中，但也有些种类能轮流在咸淡水之间生活。

身体结构

大多数辐鳍鱼的颅骨和部分鱼鳍的支撑结构由硬骨构成，身体和尾部由软骨质的脊索和一些发育不完全的脊椎支撑。它们的尾部不对称，脊索的末端一直延伸至上尾鳍，长度超过下尾鳍。雀鳝、部分多鳍鱼和弓鳍鱼均具有布满血管的鱼鳔，当水中的含氧量较低时，可充当肺来使用。

鲟鱼通常在水底觅食，它们体形较大，吻长而扁平，口能伸缩，口周围长有用于搜寻猎物的触须。成年鲟类的体表有数行大型厚鳞片（骨板），能对光滑的体表起到保护作用。

匙吻鲟的吻部极长，呈桨状，可用作感受器或是在进食时加大进入口中的水流量。这些滤食性鱼类通常利用大嘴和大型鳃腔捕获小型水生有机体。雀鳝的身体呈圆柱形，属掠食性鱼类，通过伏击或是突然加速捕获猎物。其吻部和双颌延长前突，嘴中有尖齿，酷似鳄鱼的嘴巴，体表覆有较厚的平滑硬鳞（第468页）。多鳍鱼的身体细长，体表具厚实的保护性硬鳞。大多数种类（有时被称为真多鳍鱼）的背部有一排小鳍，胸鳍变为肉质鳍叶。弓鳍鱼的体形比其他辐鳍鱼都要小，它的头部钝圆，牙齿较小，是一种肉食性鱼类。

匙吻鲟

地球上共有两种匙吻鲟，都生活在富含浮游生物的大型水系中。图中的匙吻鲟生活在密西西比河水域，通常在夜间活动觅食，白天在深池塘底部休息。另一种为生活在长江的白鲟。

Acipenser sturio

鲟

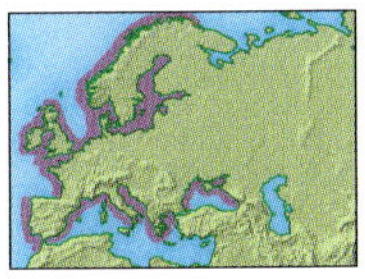

体长：多达3.5米
体重：达315千克
性别：雌雄异体
现况：极危

分布：大西洋北部、地中海、欧洲

由于鲟的肉和卵（鱼子酱就是用雌鲟腹中的鱼卵制成）可以食用，因而受到过度捕捞，如今已经成为稀有物种。鲟是欧洲最大的鱼类之一，有洄游习性，每年溯河而上进行繁殖。它们的体背呈绿棕色，嘴巴位于头腹下方。鲟的洄游距离超过1000千米，每年都由海进入河进行繁殖产卵，卵黏附在河床上孵化。

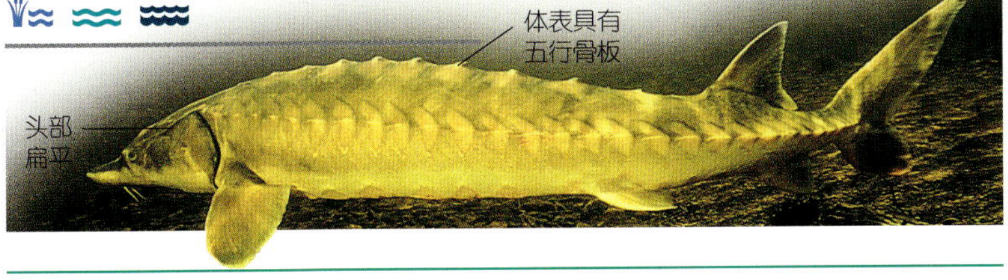

Polyodon spathula

匙吻鲟

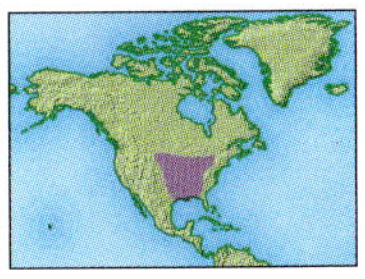

体长：1.2—1.8米
体重：达24千克
性别：雌雄异体
现况：易危

分布：北美洲中部和东南部

匙吻鲟是少数采取滤食方式捕食浮游生物的淡水鱼类之一，常被比喻为活的浮游生物过滤网。它们在游动时下颌张开，头部两侧鼓起使口部呈漏斗状，鳃用来过滤大量水分并捕获其中的浮游生物。匙吻鲟的吻部形状独特，呈桨状，吻下方具有电感受器，可以定位并捕获浮游动物。因肉和鱼卵可以食用，因此一直受到严重捕捞。

Polypterus ornatipinnus

饰翅多鳍鱼

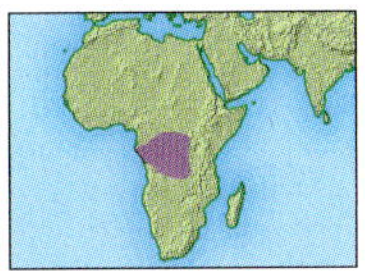

体长：超过40厘米
体重：达500克
性别：雌雄异体
现况：未评估

分布：非洲西部和中部

饰翅多鳍鱼身体延长近圆柱状，沿背部后半段向下长有一排三角形的小鳍。它们身披甲胄状硬鳞，鼻孔呈管状。由于鱼鳔与原始的肺脏类似，因此能呼吸空气。饰翅多鳍鱼是多鳍鱼家族的12位成员之一，它们的身体从暗棕色到棕灰色不等，体表具黑色网状斑纹。多鳍鱼的游速缓慢，以潜伏方式捕食小鱼、两栖类和甲壳类。一旦猎物进入攻击范围，便会被它迅速吸入口中。

Lepisosteus osseus

雀鳝

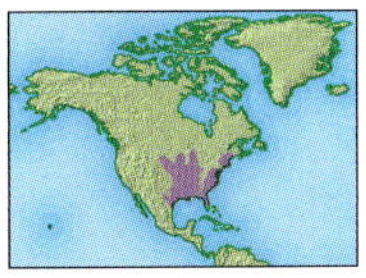

体长：1.2—1.8米
体重：达15千克
性别：雌雄异体
现况：无危

分布：北美洲中部和东部

雀鳝是北美洲具有长颌和利齿的原始鱼类类群之一。雀鳝身体细长，用来在水中推进的鱼鳍位于身体后部，与白斑狗鱼（第502页）相似。雀鳝主要生活在淡水中，但在其分布范围南部的咸水水域中也常能发现成年雀鳝。雀鳝常静静地藏身于植物之间，等待猎物进入攻击范围，一旦发现猎物便发动突然袭击，能横咬着猎物达数分钟之久。这种肉食性鱼类常和渔网缠在一起，对渔网中的其他鱼类造成极大伤害，因此非常不受渔民欢迎。

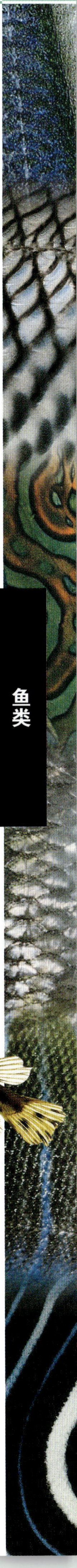

鱼类

骨舌鱼

门：	脊索动物门
纲：	硬骨鱼纲
亚纲：	辐鳍亚纲
目：	骨舌鱼目
科：	7科
种：	219种

大多数骨舌鱼均因舌头和颚部长有牙齿而得名。这些体形相对较大的鱼类（体长多达3米）主要生活在热带地区的淡水中。骨舌鱼的种类繁多，包括巨骨舌鱼、奇特的象鼻鱼（下颌延长形成长吻）、似鳗的弓背鱼，以及娇贵华丽的淡水齿蝶鱼。它们中的大多数种类均为肉食性鱼类，主要以无脊椎动物为食，但也有少数种类取食动植物碎屑。

身体结构

尽管有些骨舌鱼类的颌部长有牙齿，但所有骨舌鱼的舌头和口腔顶部都长有许多小而尖利的齿，能在捕获猎物时用来撕咬。这一类群中的大多数种类身体相对较长，双眼突出，体表覆有大块闪亮的坚硬鳞片，有些种类的鳞片尺寸较小。骨舌鱼的背鳍和臀鳍通常很长，位于身体后端。一些种类，如象鼻鱼和齿蝶鱼，通过释放和探测电信号进行探测和相互交流。另一些种类的鱼鳔具有肺状内膜，如巨骨舌鱼和淡水齿蝶鱼，因此能在缺氧的水中临时充当肺部使用。

会发电的象鼻鱼

象鼻鱼释放的电信号能够识别周围环境中的物体，使它在浑水里也可行动自如。尾椎两旁的肌群能在身体周围形成一个稳定的弱电场，一旦电场受到干扰，它们身体上的感受细胞便能立即发出警告。

Chitala chitala

铠甲弓背鱼

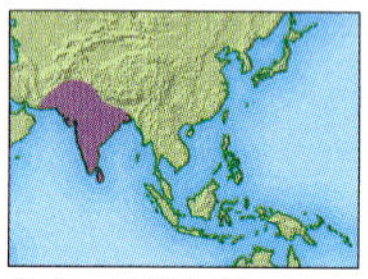

分布：亚洲南部

体长：	达87厘米
体重：	无记录
性别：	雌雄异体
现况：	近危

成年铠甲弓背鱼的身体侧扁，背部明显隆起，幼体的身形相对细长。铠甲弓背鱼的背鳍短小透明，呈羽毛状，因而也被称为羽背鱼。利用大型臀鳍的波状运动作为主要推进力，这种鱼不仅能朝前，也能逆向游动。它们的鱼鳔经过变异后形成辅助性的呼吸器官，使其能够浮出水面呼吸。铠甲弓背鱼常在水面出现，翻滚时溅起水花，露出银色的肋侧。

Pantodon buchholzi

齿蝶鱼

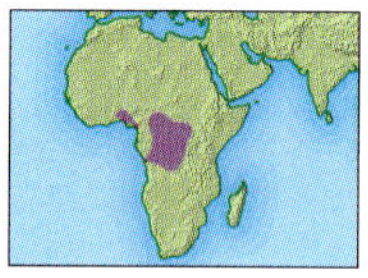

分布：非洲中部

体长：	10—13厘米
体重：	达500克
性别：	雌雄异性
现况：	无危

齿蝶鱼常在水面表层觅食昆虫，可跃出水面达1米多高，并能利用发达的翼状胸鳍进行短距离的滑翔，以追捕猎物或逃避敌害。除了静静地悬浮在水面表层外，它们也能利用腹鳍作为支点，长时间地立于浅水中。齿蝶鱼的肺状鱼鳔较大，可作为额外的呼吸器官。

Arapaima gigas

巨骨舌鱼

分布：北美洲北部

体长：	2.5米，最长4.5米
体重：	达200千克
性别：	雌雄异体
现况：	数据缺乏

巨骨舌鱼是世界上体形最大的淡水鱼之一，它们的身体呈流线型，体表为灰色至橄榄色，背鳍和臀鳍很长，位于身体后侧，这是突然猛冲进行捕猎食物的鱼类间的共同特点。当水中的含氧量降低时，巨骨舌鱼的鳃就无法完全满足呼吸的需要，因此还需浮出水面呼吸。

Gnathosomus petersii

彼氏锥颌象鼻鱼

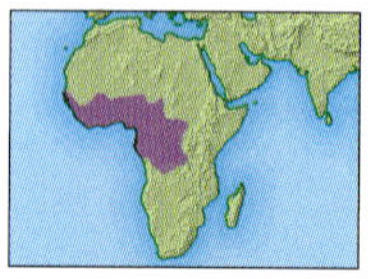

分布：非洲西部和中部

体长：	达23厘米
体重：	达1千克
性别：	雌雄异性
现况：	无危

彼氏锥颌象鼻鱼通常栖息在河流、湖泊和沼泽中的平静昏暗水域。这种鱼类具有功能与雷达类似的弱电系统，用于探测障碍物、食物及配偶。下颌延长形成的指状长吻非常灵活，可探入泥中找寻食物。彼氏锥颌象鼻鱼的脑部非常大，其脑部和体重的比值只有人类才能相提并论。也许正是因为这个原因，象鼻鱼才具有惊人的学习能力，它们表现出的嬉戏行为使之成为广受欢迎的观赏鱼类。

海鲢与鳗鱼

门:	脊索动物门
纲:	硬骨鱼纲
亚纲:	辐鳍亚纲
总目:	海鲢总目
目:	5目
科:	24科
种:	约1000种

这一类群的成员包括鳗鱼、海鲢和海蜥鱼。尽管各个种类的成年个体在外表和行为上有所不同，但所有种类的幼体都呈透明柳叶状，经变态后才发育为成体（也称为狭首型幼体）。这些身体细长的幼体随洋流漂浮数年之久，直到发育为成体。大多数鳗鱼生活在海洋中，也有少数种类生活在淡水中，但仍需回到海洋中繁殖。海鲢主要分布在热带海岸地区，海蜥鱼则分布在全球的海洋中，它们的栖息深度可达1800米。

身体结构

鳗鱼身体细长呈蛇状。它们的脊柱由多达100块脊椎构成，因此身体极为灵活。背鳍和臀鳍几乎与身体等长，胸鳍和尾鳍通常较小或是缺失，也无腹鳍。大多数鳗鱼身体无鳞，然而有些种类却具有嵌入皮肤的细小鳞片。海鲢的外表不同于鳗鱼，而是更像其他鱼类。它们的身体更宽厚，身长较短，具有能够折射光线的大型鳞片，鱼鳍也相当发达，且分化明显。海蜥鱼的外形更似鳗鱼，其头部较大，身体从前向后逐渐变细，尾长而侧扁，尾端尖细。它们身披细小鳞片，鳍上长有尖利的棘刺，部分鱼鳍缺失。

繁殖与洄游

有些鳗鱼的繁殖周期中包含着非凡的洄游路线。大多数海生鳗鱼多在栖息地附近产卵，而淡水鳗鱼和部分海生种类则在不同的地点产卵，产卵地通常都远离大海。例如，北美鳗鱼和欧洲鳗鲡均栖息在淡水湖泊和河流中，两者的洄游距离超过6400千米，最终进入大西洋的马尾藻海中产卵。人们认为，在长达4—7个月的洄游中，它们不吃不喝，仅通过消耗自身体内的脂肪和肌肉组织维持生命，另外也通过口腔内膜吸收养分。成体在深水区产卵后便死亡。柳叶状幼体随洋流漂浮进入沿海水域。大约3年后，这些幼体在它们的洄游旅程开始之前长出鱼鳍、鱼鳞以及色素沉淀，然后溯流而上回到最初的成长地。

捕猎与觅食

海鲢、海蜥鱼和鳗鱼都是肉食性鱼类。游速较快的海鲢能借助速度优势捕捉其他鱼类。鳗鱼则利用礁岩或岩石缝隙的掩护，伏击猎物。许多鳗鱼都长有用来捕捉猎物的锋利长牙，其他种类则长有加厚的牙齿，以便能咬碎猎物的外壳。有些种类在海底寻觅藏于泥沙中的猎物或是清除死掉的动物。深海中的囊咽鱼具有异常巨大的嘴和伸缩性非常大的胃，能够轻松吞下比自身还要大的猎物。海蜥鱼则以无脊椎动物为食。

捕猎

大多数鳗鱼（如图中的海鳝）不会像海鲢一样追逐猎物，而是以伏击方式捕猎。海鳝生活在热带地区的浅海水域，经常藏匿在礁岩缝隙中，一旦猎物进入攻击范围，便从藏身处发动突然袭击。鳗鱼的口部宽大，牙齿锋利，猎物一旦被抓住便难以逃脱。

Elops saurus

海鲢

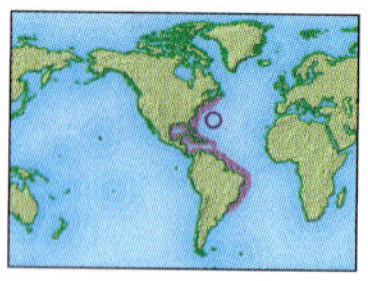

体长：达1米	
体重：14千克	
性别：雌雄异体	
现况：无危	

分布：大西洋西部、墨西哥湾、中美洲、加勒比海

海鲢别称十磅鱼，这种体表光滑的蓝灰色鱼类的体表覆有纤细鳞片。它们通常成群结队地袭击小鱼。海鲢被鱼钩钓起后能蹦出水面几米高，使钓趣大增，因而深受垂钓者的喜爱。成年海鲢成群从沿海地区洄游至大洋中产卵，然而具体的产卵地点仍是个谜，不过人们认为它们通常在远离岸边160千米外的地方产卵。幼时的海鲢全身透明，呈鳗状，最终随洋流漂流至沿岸水域。

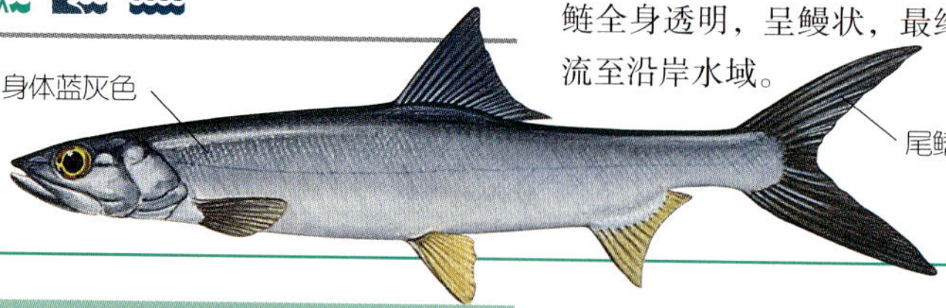

Megalops atlanticus

大西洋大海鲢

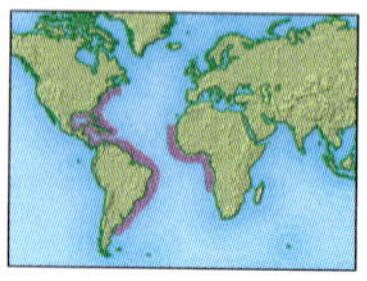

体长：1.3—2.5米	
体重：160千克	
性别：雌雄异体	
现况：易危	

分布：大西洋西部和东部

大西洋大海鲢身体较为短壮，略为侧扁，口部上翘突出远远超过双眼，看上去如同一条巨大的鲱鱼。大西洋大海鲢生活在海岸水域和河口湾处，有时候也进入淡水水域。它们几乎只取食鱼群，如鲱鱼群、鳀鱼群和鲻鱼群等。当河口和类似生境中偶尔缺氧时，大西洋大海鲢便会浮出水面进行呼吸，利用肺状鱼鳔来克服这一困难。它们还是一种极受欢迎的游钓鱼种，上钩时常会猛烈跳跃以挣脱鱼钩。成年大西洋大海鲢于4月下旬至8月间游入大洋中产卵。幼体身体透明，外表似鳗，最终随着洋流进入河口地带生长，在与大海相连的池塘和湖泊中也常能发现它们的踪影。

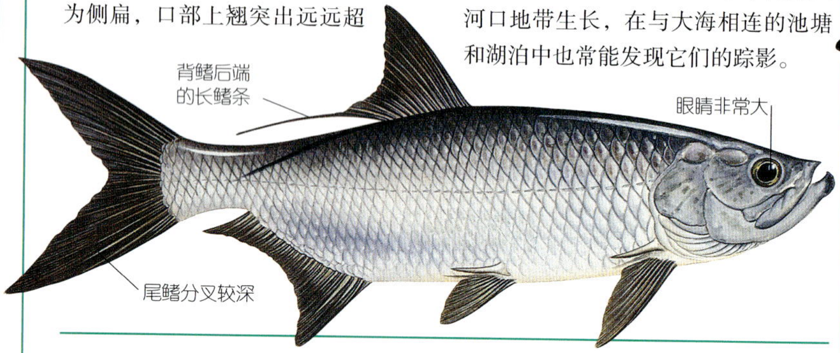

Avocettina infans

喙吻鳗

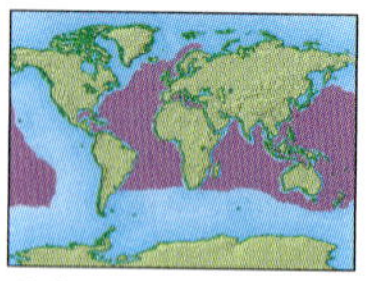

体长：达75厘米	
体重：0.5千克	
性别：雌雄异体	
现况：未评估	

分布：全球热带、亚热带和温带水域

喙吻鳗是一种深海鱼，身体呈褐色或黑色，身形极为细长，尾末端呈鞭状。细长的颌部无法完全闭合，且长有许多牙齿。这种鳗鱼隶属包含9个物种的线鳗科。喙吻鳗可能只以小型甲壳类为食。未成年的雄性和雌性之间非常相似，但当雄性快要达到性成熟时，就会出现明显的变化。它们的双颌大幅变短，牙齿也全部消失。这一阶段的雌雄两性看起来极为不同，因此还曾被划分成不同的种类。人们对喙吻鳗及其近亲了解甚少，只有在进行科学考察时，才能借助专门设计的深海捕捞装置将其捕获。

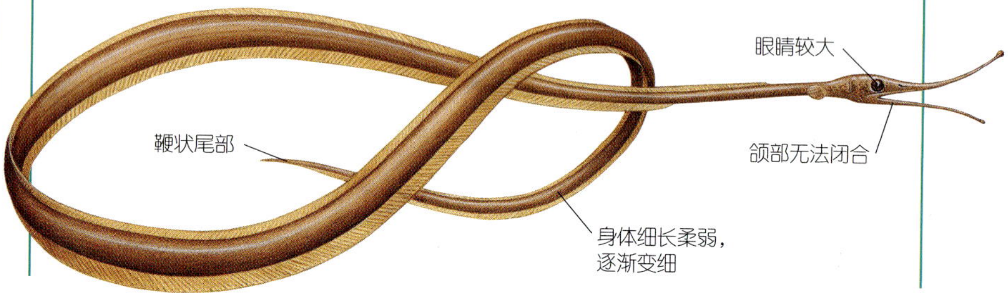

Anguilla anguilla

欧洲鳗鲡

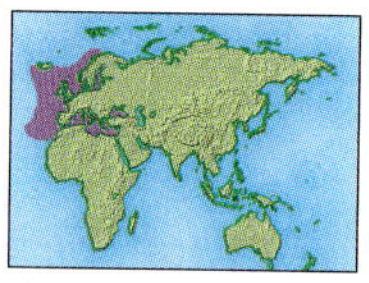

体长：达1米	
体重：4.5千克，最大13千克	
性别：雌雄异体	
现况：极危	

分布：大西洋东北部、地中海、欧洲

欧洲鳗鲡的生活周期非常奇特。人们认为成年欧洲鳗鲡在马尾藻海产卵，它们的幼体则会随洋流漂泊达3年之久，直至到达欧洲的近海水域。随后，它们变态发育为身体呈圆柱形的透明"玻璃鳗"，随着身体逐渐变成银色，成千上万的"线鳗"便溯流而上，进入河流和湖泊中生活。幼鳗鲡在淡水中度过觅食和生长阶段，当达到性成熟时，又顺流而下回到海中繁殖。

成熟个体的身体变为银白色，故有"银鳗"之称。它们通常在夏末至冬季期间进行生殖洄游，这一过程主要发生在漆黑无光，且风雨交加的夜晚。同时，它们的眼睛变大，吻部也更为狭长尖突，胸鳍变宽，这些变化都是为了能够适应深海中的生活。欧洲鳗鲡曾是极为普通的鱼类，近几十年来，由于受到污染、筑坝、过度捕捞和气候变化的影响，它们的种群数量已经开始急剧下降。

离水存活

欧洲鳗鲡即使离开水，也能在湿冷的条件下存活数小时之久。成年个体通常在雨夜离水上岸，借助漆黑的夜色保护自身不受捕食者的攻击。

成鳗体色

在淡水中生活时，欧洲鳗鲡的腹部呈淡黄色至全色。接近性成熟时，它们的腹部会变为银白色，身体上部几乎呈黑色（如图所示）。

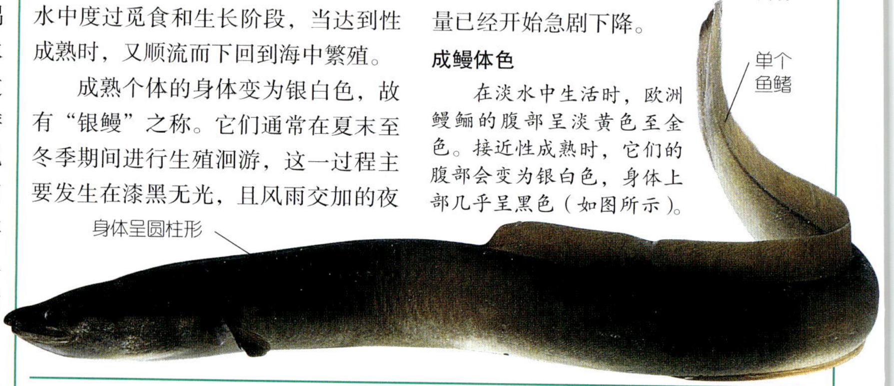

Gymnomuraena zebra

条纹裸海鳝

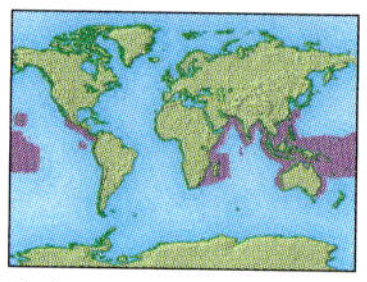

体长：多达89厘米	
体重：10千克	
性别：雌雄异体	
现况：未评估	

分布：太平洋、加利福尼亚海湾、印度洋

海鳝类的身体粗壮，通常潜伏在礁石或珊瑚裂缝中，只将头部露出。全世界有200多种海鳝，均没有胸鳍和腹鳍，其中的许多种类（如条纹裸海鳝）还具有鲜艳的体色。海鳝的外形像蛇，身体细长呈圆柱形，肌肉发达，大嘴中长有状似卵石的钝牙，适于咬碎猎物。海鳝通常采取埋伏方式捕猎，发现猎物时从藏身处直接扑出进行捕杀。但偶尔也在夜间离开洞穴搜寻猎物。条纹裸海鳝以大型甲壳类为食，尤其是栖息在珊瑚礁附近的蟹类等甲壳类。人们认为，与同等大小的海鳝相比，它们能够吃掉体形更大的蟹类。条纹海鳝具有攻击性，会极力保卫自己的领域，并对入侵者发动攻击。条纹裸海鳝无毒，但有些海鳝则因皮肤有毒而闻名。

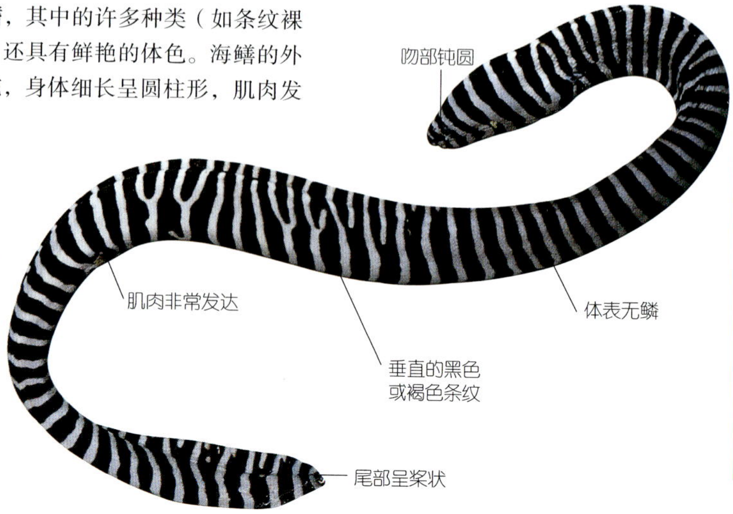

Myrichthys colubrinus

斑竹花蛇鳗

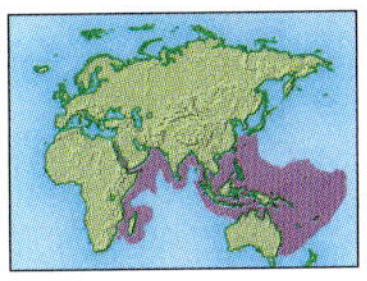

体长：达88厘米
体重：3千克
性别：雌雄异体
现况：未评估

分布：印度洋、太平洋西部

全世界共有超过300种蛇鳗，它们具有各不相同的体色和外形。蛇鳗的体长几乎不到1米，通常穴居在潟湖、沙质浅滩和珊瑚礁等区域的低潮区。斑竹花蛇鳗的尾部尖突，适于倒退着钻入沙中。它们主要在夜间活动，以栖息在沙中的鱼类和甲壳类为食，似乎依靠嗅觉探测猎物。

Heteroconger hassi

拟异康吉鳗

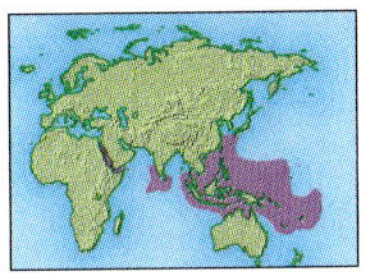

体长：达36厘米
体重：2千克
性别：雌雄异体
现况：未评估

分布：红海、印度洋、太平洋西部

拟异康吉鳗营集体生活，它们的尾部埋在海床的沙子中，头部伸入水中，构成一片随着水流优雅摆动的"花园"。当有潜水员接近它们时，最靠近潜水员的个体会慢慢缩回自己的洞穴，以避开入侵者，整片"花园"就这样从一端逐渐向另一端移动。拟异康吉鳗以小型有机体为食，如细小的浮游无脊椎动物或鱼类幼体，每当食物流过时它们便会挨个进行捕食。

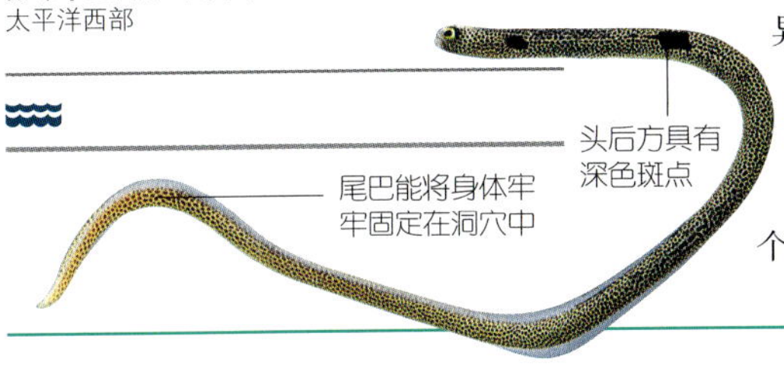

Saccopharynx ampullaceus

囊鳃鳗

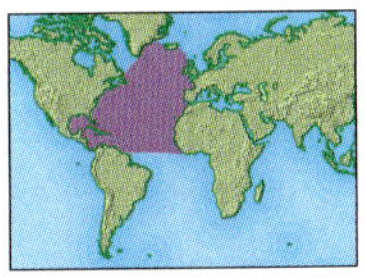

体长：达1.6米
体重：1千克
性别：雌雄异体
现况：未评估

分布：大西洋北部

囊鳃鳗是鹈鹕鳗（右图）的近亲，两者的头部都较小，且颌部宽大（囊鳃鳗的颌部较鹈鹕鳗小）。尾尖的发光器官悬垂在口前引诱猎物。人们认为囊鳃鳗会张开大嘴缓慢游动，这样猎物便能游入它们的口中。有关这种鱼类的研究极少，它所属的类群非常罕见，目前只能通过不到100件的标本来认识它们。

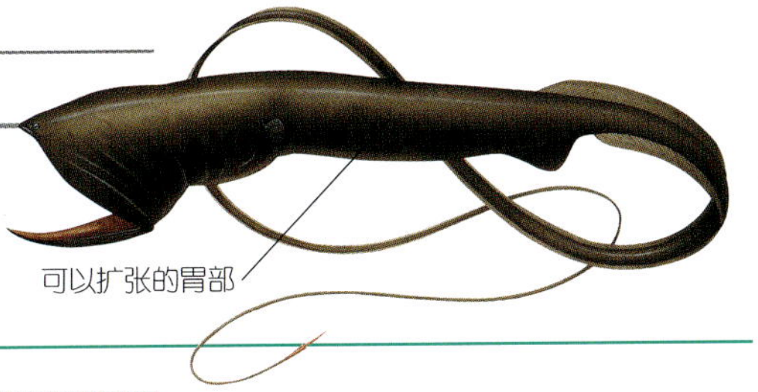

Albula vulpes

北梭鱼

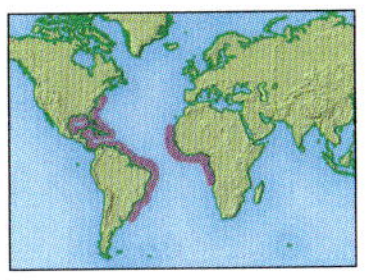

体长：多达1米
体重：9千克
性别：雌雄异体
现况：近危

分布：大西洋

北梭鱼的身体细长，头部较长，背鳍高耸，全身呈流线型，是一种体形非常"标准"的鱼类。它们生活在沿海浅水区域，常在泥滩或红树林区活动。北梭鱼属于游钓鱼种，并无太高的食用价值。它们通常在涨潮时进食，头朝下钻入泥底，随后喷出水柱使猎物现身，食物通常包括蛤、蟹和虾类。大号的身材使得北梭鱼能够免遭海洋捕食者的伤害。

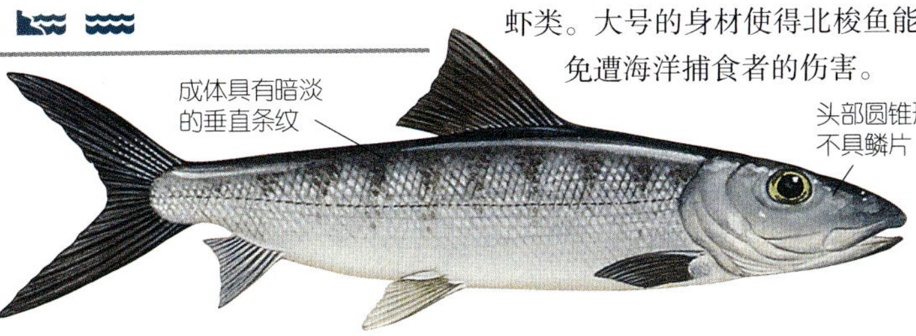

Conger conger

欧洲康吉鳗

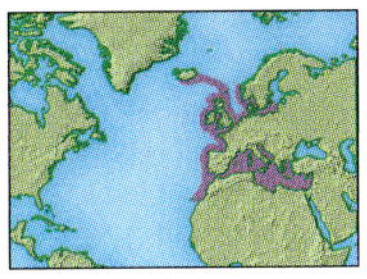

体长：2.7米
体重：65千克
性别：雌雄异体
现况：未评估

分布：大西洋东北部、地中海

这种深灰色的鳗鱼身形粗壮，是全世界200多种康吉鳗中的一种。欧洲康吉鳗与大多数鳗鱼一样没有鳞片。较大的体形和发达的颌部能为其提供保护，使之免遭捕食者的侵袭。它们通常在夜间猎食鱼类、甲壳类和软体类。欧洲康吉鳗具有极高的食用价值，因而被渔民大量捕捉。它们通常在水深达100米的岩质或沙质海底活动，成年个体夏季洄游到远离海岸的深水区进行繁殖。雌鳗通常产卵3—800万枚，幼体孵出时全身透明，外形似鳗，随洋流漂浮1—2年直至到达近岸水域。幼体需要5—15年的时间才能发育成熟。

藏身

欧洲康吉鳗与它的大多数近亲一样，白天躲藏在礁岩缝隙中，夜间才外出伏击猎物。体形较小者在潮汐水坑中很常见，同时也栖息在离岸的岩石中，体形较大者通常栖息在沉船的残骸中。

蛇形

欧洲康吉鳗身形似蛇，吻长，鳃孔较小呈新月形，位于身体两侧。

Aldrovandia affinis

异鳞海蜥鱼

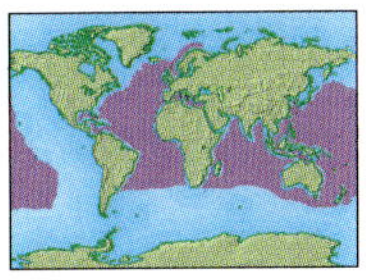

体长：达55厘米
体重：6千克
性别：雌雄异体
现况：未评估

分布：全球热带、亚热带和温带水域

异鳞海蜥鱼相当罕见，它们通常在水下700—2000米处徘徊。这种鱼只能通过科学考察，利用专门设计的捕捞设备才能捕获。人们对这一物种所知甚少，不过它们的嗅觉器官极为发达，且雄性更为明显，这似乎表明嗅觉是两性间的交流方式。

Eurypharynx pelecanoides

宽咽鱼

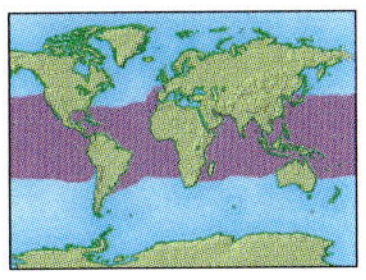

体长：60—100厘米
体重：1千克
性别：雌雄异体
现况：未评估

分布：全球热带和亚热带水域

宽咽鱼栖居于深海，是所有鳗鱼中最不寻常的一种。它们的身体尖瘦细长，但巨大的双颌上却长满细小的牙齿。巨大的嘴巴和可伸缩的胃使它们能够吞下并消化几乎与自己一样大的鱼类。由于外形奇特且身体脆弱，因此宽咽鱼的泳技较差，并且也无法追逐其他鱼类。它们可能在很大程度上依赖尾端的发光器官诱捕猎物。

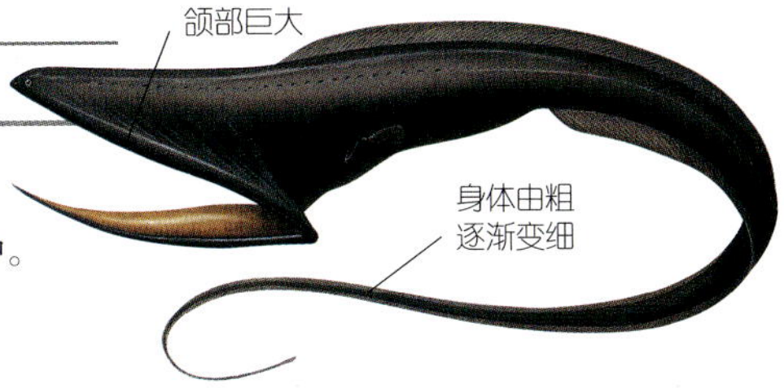

鲱鱼及其近亲

门：	脊索动物门
纲：	硬骨鱼纲
亚纲：	辐鳍亚纲
总目：	鲱形总目
目：	鲱形目
科：	6科
种：	392种

这些体形较小，身体呈流线型的鱼类分布广泛，且数量庞大。它们经常汇聚成巨大的鱼群，是海洋食物链的重要组成部分，对海洋生态系统来说必不可少。鲱鱼家族包括鲱鱼、西鲱和拟沙丁鱼。沙丁鱼也隶属这一类群，但“沙丁鱼”这个词通常是指其他种类的幼龄个体或成体。鲱鱼和鳀鱼栖息在热带至温带地区的浅海水域、淡水溪流和湖泊中。有些种类生活在海洋中，但需返回半咸水或淡水中进行繁殖。

身体结构

鲱鱼家族的成员之间外貌相似。它们的身体侧扁，呈流线型，体表覆有大型鳞片，鱼鳍发达，鳍上没有能起支撑作用的棘刺。大多数种类的体色为银白色，背部为绿色或蓝色，腹部逐渐变浅。鳀鱼通常比鲱鱼更为细长，前者的嘴巴较大，吻部突出。鳀鱼和鲱鱼的鱼鳔与耳朵相连，这也许能提高它们的听力。鲱鱼及其近亲曾一度被认为与海鲢和鳗鱼之间存在亲缘关系，因为它们的幼体形态相仿，但如今人们一致认为它们之间存在很大差异，足以构成独立的类群。

保育

鲱鱼很久以前就被人类开发利用。由于易于捕获和保存，因此成为一种重要的食物和鱼油来源。在利用帆船渔猎的时代，它们的捕获量相对稳定，但是随着更强动力的渔船和长拖网的引入，20世纪上半叶，鲱鱼的捕捞量开始急剧上升。到了20世纪70年代，大西洋鲱的种群数量急剧下跌。通过限制捕捞以及种群持续的增长，它们的种群数量已经在一定程度上有所恢复。

觅食

几乎所有的鲱鱼及其近亲都以浮游生物为食（主要为甲壳类及其幼体），它们张开大嘴露出鳃耙在水中滤食，并且每天都随着浮游生物进行垂直运动，通常于夜间在水面表层觅食，白天则待在水域下层。它们的摄食习性常根据季节而变化。鲱鱼和一些种类在繁殖期间停止进食。这一类群中的所有成员多集群觅食，每个鱼群中包含数万条个体，因此会吸引其他鱼类（如鲑鱼和鲔鱼）、海鸟和海洋哺乳类等捕食者。鲱鱼和鳀鱼为众多的其他物种提供了食物来源，因而构成了许多海洋生态系统中的关键因素。

聚群

繁殖期的鲱鱼群规模最为庞大，到了温暖月份鱼群的数量便会减少。每条雌鱼能产下多达4万枚鱼卵，这些鱼卵黏附在海底孵化。

Clupea harengus

大西洋鲱

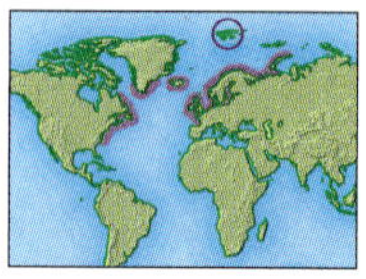

体长：	多达40厘米
体重：	多达700克
性别：	雌雄异体
现况：	无危

分布：北大西洋、北海、波罗的海

几个世纪以来，这种体表光滑覆有银白色鳞片的鱼类，一直是北大西洋最为重要的经济鱼种之一。随着捕捞技术的提高，大西洋鲱的种群数量在20世纪陡然下降，如今由于采取了积极的管理方法，其数量正在缓慢恢复。与它的大多数近亲一样，大西洋鲱也是滤食性鱼类，常聚集成由千百万条个体组成的鱼群。大西洋鲱夜间游至水面表层活动，白天待在深水区。由于分布广泛，因此它们被分成若干个地方种群，且有着不同的习性和体形。每个种群也都具有多个传统的产卵地。幼鲱在海床上孵化，最初的外形与细小的鳗鱼类似，但很快就会向上游至水面表层觅食。幼鲱是许多其他鱼类的食物，只有一小部分能存活下来。

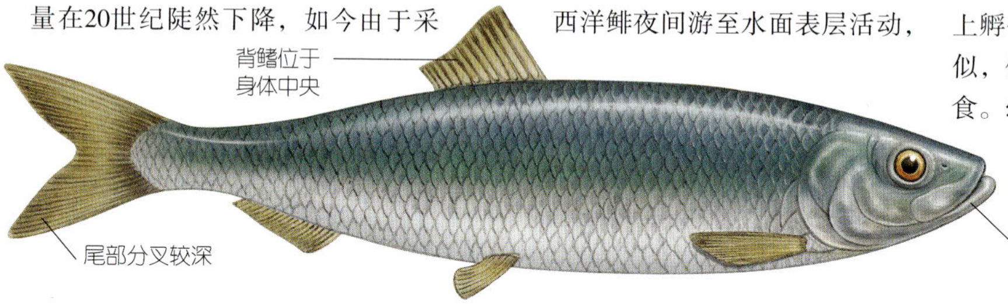

Sardinops sagax caeruleus

远东拟沙丁鱼

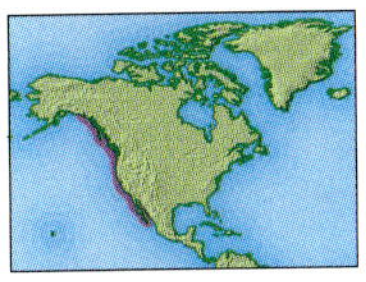

体长：25—36厘米
体重：475克
性别：雌雄异体
现况：未评估

分布：北太平洋东部

体表成排的独特黑色斑点使这种中等大小的银白色鱼类极易被识别。远东拟沙丁鱼在加利福尼亚被制成罐头并标示为沙丁鱼产品出售，同时也广泛用于提取鱼油和制作鱼粉。人们曾发现过约由1000万条个体组成的大型鱼群。20世纪30年代，远东拟沙丁鱼每年的捕获量都超过50万吨，至20世纪50年代，种群数量开始逐渐下降，约1967年，整个种群彻底瓦解。如今，远东拟沙丁鱼的种群正在逐渐恢复，但数量仍远低于从前。

Alosa sapidissima

美洲西鲱

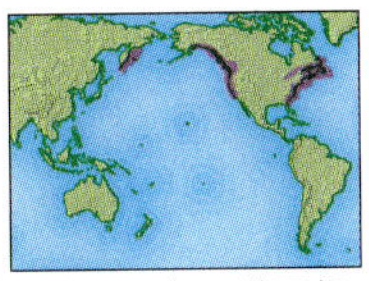

体长：50—60厘米
体重：2千克
性别：雌雄异体
现况：无危

分布：北大西洋西部、北美洲东部、太平洋东部和西部的引入物种

流线型的银白色身体使得美洲西鲱与鲱形目中的许多成员都非常类似，唯一不同的是美洲西鲱会进入河流产卵。从四五岁开始，它们每年都要洄游到出生地进行繁殖，通常在夏末的日落后靠近岸边产卵。首先到达产卵地的是雄鱼，随后才是雌鱼，它们在靠近水面处成对游动，将背鳍露出水面。成鱼产卵后返回海洋，鱼苗在河中孵化后于秋季洄游到大海。水坝的建造和水体污染导致美洲西鲱的数量急剧下降。这种鱼的太平洋种群是被人工引入的。

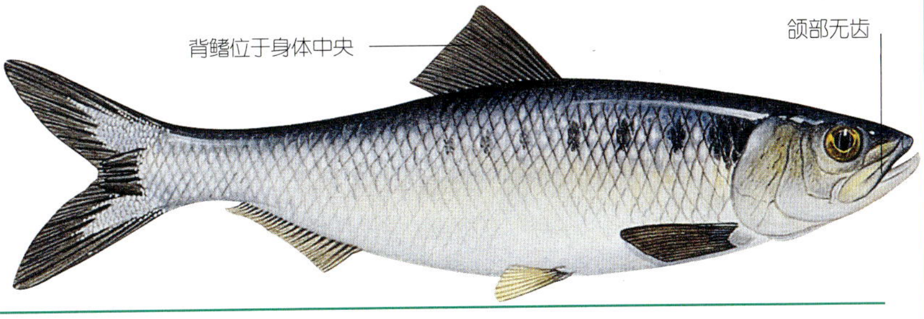

Denticeps clupeoides

齿头鲱

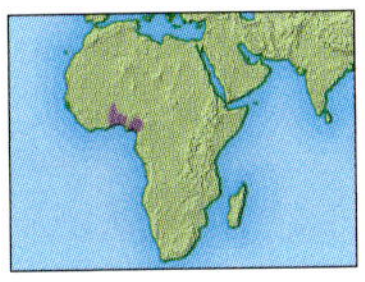

体长：8厘米
体重：无记录
性别：雌雄异体
现况：易危

分布：非洲西部

这种银白色的小鱼是鲱形目家族中最原始的成员，几乎与化石形态没有区别。齿头鲱腹部特化的鳞片形成朝后的锯齿，头部长有齿状盾鳞，臀鳍也较大。与大多数鲱鱼不同的是，齿头鲱为杂食性鱼类，栖息在水流湍急的淡水区域，也是唯一一种带有侧线的鲱鱼。

Engraulis ringens

秘鲁鳀

体长：达20厘米
体重：25克
性别：雌雄异体
现况：无危

分布：南太平洋东部

秘鲁鳀与它的近亲美洲鳀（右图）一样都以滤食浮游生物为生。秘鲁鳀的体形较小，呈银白色，通常在食物丰富的上升洋流区聚集形成巨大的鱼群。它们随浮游生物的活动垂直迁移，白天潜至水下约50米处，夜间在水域表层活动。为了安全起见，秘鲁鳀也会集结成数量庞大的鱼群。它们多在冬季至早春时节繁殖产卵。

体形苗条

秘鲁鳀身体修长，吻部突出，尾部分叉较深，外表与美洲鳀极为相似。它们在游动时嘴巴张开，借助纤细的鳃耙滤食。

保育

虽然秘鲁鳀的体形较小，但它却是全球最具经济价值的鱼类之一，每年的捕获量多达1000万吨。然而，受到厄尔尼诺现象（东太平洋周期性的温度上升）和过度捕捞的影响，其种群数量极易突然下跌。这种情况最近一次发生在20世纪80年代，对当地居民和其他海洋生物都造成了严重影响。

Engraulis mordax

美洲鳀

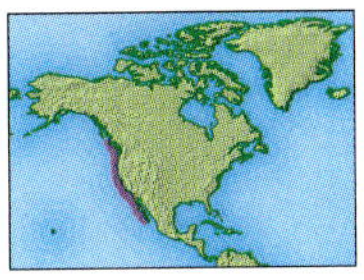

体长：达25厘米
体重：50—60克
性别：雌雄异体
现况：无危

分布：北太平洋东部

美洲鳀数量庞大，是重要的经济鱼种，也是海洋食物链中的重要环节，能为其他鱼类和以鱼类为食的鸟类提供食物。美洲鳀体形修长，吻部明显突出，游动时嘴巴张开，借助鳃耙从水中滤食浮游生物。美洲鳀是150种鳀科成员之一，它们栖息在全球范围内的海洋中。人们对它们的多数成员了解甚少，也很难将它们区分开来。

鱼类

Pristigaster cayana

亚马孙锯腹鳓

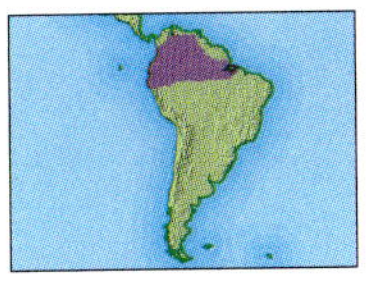

体长：14.5厘米
体重：无记录
性别：雌雄异体
现况：未评估

分布：南美洲北部

这种身体侧扁的淡水鱼有着与众不同的外形，腹部呈曲线形。与多数鲱鱼一样，亚马孙锯腹鳓的腹部鳞片也朝后生长，且末端尖锐。为了保证自身安全而聚集在一起，是一种杂食性鱼类，借助鳃耙从水中滤食各种浮游生物。亚马孙锯腹鳓栖息在亚马孙河流域，分布范围最西可达秘鲁和哥伦比亚。据说它们也会进入河口处的微咸水域，但却并无依据。

Chirocentrus dorab

宝刀鱼

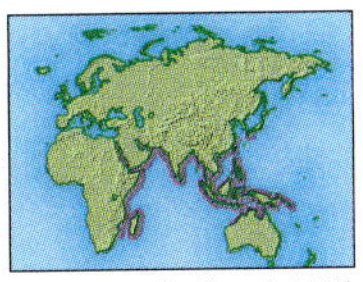

体长：1米
体重：400克
性别：雌雄异体
现况：未评估

分布：印度洋至太平洋水域

宝刀鱼是鲱科中体形最大的成员。它们的身体细长，呈亮蓝色，长有许多牙齿，上颌中央有两个尖利的犬齿。与大多数鲱鱼不同的是，宝刀鱼会主动攻击，并掠食其他鱼类。人们对宝刀鱼的行为所知甚少。它们是一种体形较大的肉食性鱼类，通常不会集群觅食，而是单独或结成小群捕猎。由于与长颌宝刀鱼存在密切的亲缘关系，因此世界上一些地方的宝刀鱼也同样遭到过度捕捞。

鲶鱼及其近亲

门：	脊索动物门
纲：	硬骨鱼纲
亚纲：	辐鳍亚纲
总目：	骨鳔总目
目：	5目
科：	73科
种：	约9600种

鲶鱼及其近亲占所有淡水鱼数量的四分之三。尽管它们的类型多样，但几乎所有的成员都具有用于接收声音及提高听力，被称为韦伯氏器的内部骨质结构。这一类群的成员包括遮目鱼及其近亲、鲤科类（其中的鲤鱼和鲦鱼分布最广）、脂鲤（包括脂鲤、虎鱼和锯脂鲤）和鲶鱼。尽管大多数成员都栖息在淡水区域，但也有部分种类生活在半咸水或海洋中。

身体结构

鲶鱼及其近亲在大小和外形上差异巨大。大多数种类属于小型鱼类，体长不超过10厘米，不过有些种类也能长到5米长。大多数成员都具有由特化的椎骨组成的韦伯氏器，用于将鱼鳔接收到的声波传入内耳。这一特点使得鲶鱼及其近亲拥有敏锐的听觉，许多种类均能利用声音进行交流。鲶鱼的头部大多扁平，宽大的嘴巴周围长有胡须状的倒刺。这些倒刺是鲶鱼的触觉和味觉器官，以补偿较差的视觉。大多数物种的体表光滑无鳞，但有些类群的鳞片却进化为厚甲片。几乎所有物种的胸鳍和背鳍都十分锋利或带有锯齿，一些物种的鱼鳍还能释放毒液。

脂鲤和鲤鱼外表相似，但前者大多体形较小，且体色鲜艳，而鲤鱼通常体色单调，体长可达2米。另一项明显的特征是牙齿的排列方式：脂鲤的颌部长有牙齿，现有齿列的正后方还有替换齿列；鲤鱼的颌部无齿，牙齿通常长在咽部。与鲤鱼不同的是，脂鲤也具有被称为脂鳍的小鱼鳍，这个鱼鳍位于背鳍和尾鳍中央，不具支撑结构。遮目鱼及其近亲（包括鼠鱚）是这一类群中唯一没有韦伯氏器的成员。鱼鳔接收的声音通过特化的肋骨直接传入内耳。

觅食

这一类群中既有贪吃的肉食性动物、腐食性动物和草食性动物，以及滤食性动物。鲶鱼通常为食肉或食腐动物，它们栖息在幽暗的水底，不过它们中也有食草动物。大多数脂鲤成群或自由生活，取食植物或以无脊椎动物和其他鱼类为食。鲤鱼中的大多数物种具向下弯曲的吸盘状的嘴巴，嘴边常长有1对或几对触须。它们大多取食腐殖质或是小型无脊椎动物和沉积物中的植物；少数为捕食性鱼类。遮目鱼属于滤食性鱼类，但它们的一些近亲却以小型动物为食。

夜间杀手

大多数鲶鱼均在夜间活动，并独自觅食。它们口周围的触须上具有味蕾，有助于找到食物。剑鳠生活在南美洲的热带河流中。这类鲶鱼中体形较大的个体会捕食鱼类和其他动物，包括不小心落水的猴子。

Chanos chanos

遮目鱼

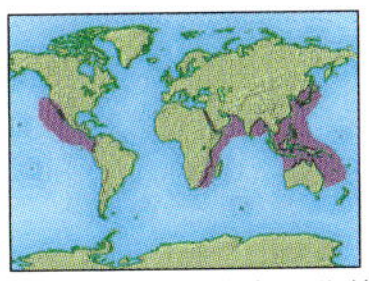

体长：达1.8米
体重：达14千克
性别：雌雄异体
现况：未评估

分布：太平洋东部、北美洲和南美洲、印度洋至太平洋水域、亚洲、澳洲

遮目鱼的体形较大，行动迅速，属于滤食性鱼类。这种银白色的鱼类体呈流线型，尾鳍深裂，对各种咸水具耐受性，但大多数时间都生活在淡水中，只有繁殖时才进入大海。幼体和未成年个体栖息在温暖的海岸湿地，在温暖的微咸和淡水环境中成长发育。东南亚和西太平洋的渔民从海中捕捞遮目鱼的稚鱼，然后将其放养在池塘中作为食物。成年遮目鱼还是深受重视的食用鱼。

Gonorhynchus gonorhynchus

长体鼠鳝

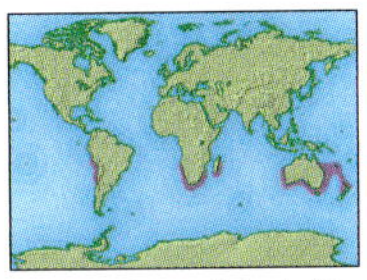

体长：多达60厘米
体重：无记录
性别：雌雄异体
现况：未评估

分布：大西洋东南部、印度洋、太平洋

长体鼠鳝为底栖鱼类，白天大多藏身于泥沙中，夜间外出活动觅食。

它们的身体上部极具伪装效果，双眼被皮膜覆盖以防擦伤。体侧呈银白色，臀鳍和尾鳍的尖端呈橘色或粉色，背鳍靠近身体后方。长体鼠鳝栖息在南半球的沙质海岸，水深多达200米的区域，以海底的无脊椎动物为食。它们的嘴巴位于身体腹面，口型较小，口中无齿，唇边长有许多具有触觉功能的皮瓣，有助于寻找食物。这种鱼也被误称为长嘴鲑，但却并非真正的鲑鱼。

Cyprinus carpio

鲤

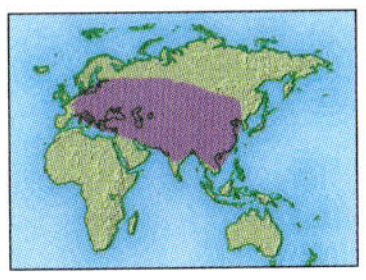

体长：达1.2米
体重：达37千克
性别：雌雄异体
现况：易危

分布：欧洲西部至亚洲东南部

鲤鱼原产于欧洲和亚洲，这种淡水鱼的身体粗壮，几个世纪以来一直被人们养殖利用，并被引入世界许多地区的河流、湖泊和池塘中。它们的嘴巴突出，能在水底拱泥觅食其中的植物和动物。

锦鲤

几个世纪以来，人们一直致力于鲤鱼的选种繁殖，并培育出品种各异的鲤鱼。镜鲤具有大型鳞片，而革鲤几乎没有鳞片，主要作为食用鱼来养殖。图中颜色各异的鲤鱼则被当作观赏鱼来饲养。

Rhodeus amarus

苦味鳑鲏

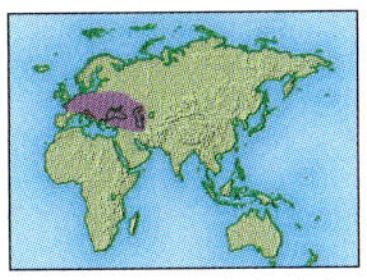

体长：达11厘米
体重：无记录
性别：雌雄异体
现况：无危

分布：欧洲中部和东部

这种小型淡水鱼栖息在水草丛生的河道中，这种生境的含氧量极低，大多数鱼类都无法存活。雌性体呈银白色，雄鱼繁殖期间体色变得鲜艳，呈现彩虹般的银蓝色。苦味鳑鲏的繁殖方式非常特别，雌鱼利用输卵管延长形成的产卵管将卵产在淡水蚌类的外套腔中，雄鱼随后在卵子上排出精子。它们的后代会在这个“活体幼儿园”中成长，幼鱼不会对宿主造成伤害，长大后便会离开宿主。

Brachydanio rerio

斑马鱼

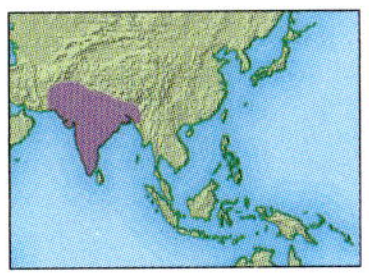

体长：达6厘米
体重：无记录
性别：雌雄异体
现况：未评估

分布：亚洲南部

这种极为活泼的淡水鱼具有细长的银黄色身体，头后至尾端具4条横向条纹。它们以蠕虫、昆虫幼虫和甲壳类等淡水无脊椎动物为食。雌鱼的体形较大，繁殖时将卵散播在水中，或是池塘和水池底部。斑马鱼是遗传学中广泛应用的模式生物。这一极受人们欢迎的观赏鱼已被培育出好多个变种。

Myxocyprinus asiaticus

胭脂鱼

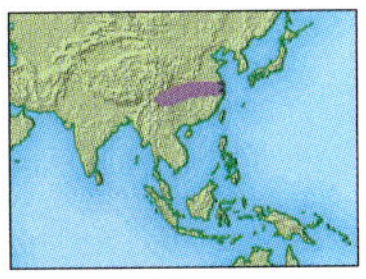

体长：达60厘米
体重：无记录
性别：雌雄异体
现况：未评估

分布：亚洲东南部

胭脂鱼的行动缓慢，背部隆起，是吸口鲤科中为数不多的亚洲物种。它们的肉质唇部向前突出，能从河底的淤泥中吸食小型动物。其身体截面呈三角形，腹部平直，背部在背鳍起点处高高隆起。成年胭脂鱼溯流而上觅食，这样水流便能将它压向河底，这是一种避免被水冲走的适应性特征。

Chromobotia macracanthus

皇冠沙鳅

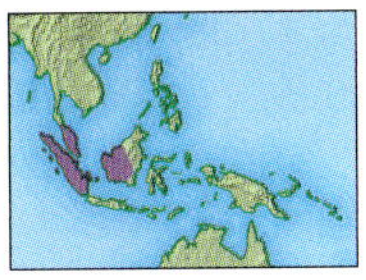

体长：多达30厘米
体重：无记录
性别：雌雄异体
现况：未评估

分布：亚洲东南部

皇冠沙鳅是一种极受欢迎的观赏鱼，通常在水底觅食，依靠悬垂在口部的4对触须查探水生无脊椎动物。

许多沙鳅类（包括皇冠沙鳅）的双眼前方各具1根尖刺，能够弹出自卫。它们利用这对尖刺对付潜在的捕食者，有时也用于相互打斗。皇冠沙鳅通常在雨季繁殖，并在湍急的河水中产卵。

鱼类

Gyrinocheilus aymonieri

湄公双孔鱼

体长：28厘米
体重：无记录
性别：雌雄异体
现况：无危

分布：亚洲东南部

湄公双孔鱼生活在流动水体的固体物表面，它们的身体细长，口唇部特化为吸盘状，能够将自己牢牢地吸附在岩石或植物上，以着生的藻类为食。它们的身体上部呈金绿色，腹部为银白色，背鳍较大，具9根分叉的鳍条。湄公双孔鱼既是一种商业食用鱼，也是一种观赏鱼。

Copella arnoldi

阿氏丝鳍脂鲤

体长：8厘米
体重：无记录
性别：雌雄异体
现况：未评估

分布：南美洲北部

阿氏丝鳍脂鲤的大小与手指相似，身体细长呈乳黄色，头部有一道贯穿眼睛的黑色条纹。这种淡水鱼是短嘴脂鲤科中的成员，也是水族馆中的常见物种，主要以蠕虫、昆虫幼虫和甲壳类为食。阿氏丝鳍脂鲤也被称为溅水鱼，这得名于它们与众不同的繁殖行为。繁殖时，雌鱼从水中跃起将卵产在悬于水面的树叶背后，以保证水位下降时鱼卵不被水中的捕食者吃掉。雄鱼随后向鱼卵溅水使其能够继续存活，幼鱼孵出后便会落入水中。

Hydrocynus vittatus

狗脂鲤

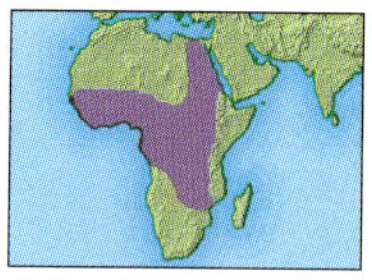

体长：1米
体重：多达18千克
性别：雌雄异体
现况：无危

分布：非洲

狗脂鲤是一种性情凶猛的淡水捕食者，也是上钩时因会回击而闻名的游钓鱼种。狗脂鲤体表光滑呈银白色，带有深色横向条纹，尾鳍深叉且边缘呈黑色，牙齿较大，状似毒牙。狗脂鲤通常集群觅食，将抓到的猎物整个吞入腹中。它们能吃下超过自身体长一半的鱼类。除了人类之外，只有非洲海雕才会捕食它们。巨狗脂鲤是狗脂鲤的近亲，同样也生活在非洲，是脂鲤中体形最大的物种之一，体长可达1.8米。

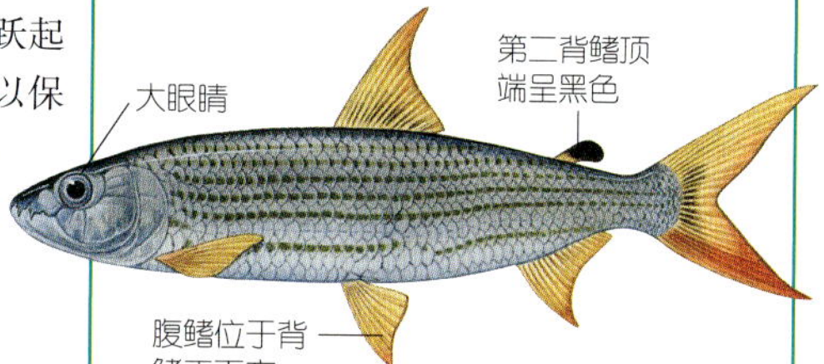

Anostomus anostomus

红尾上口脂鲤

体长：16厘米
体重：无记录
性别：雌雄异体
现况：未评估

分布：南美洲北部

红尾上口脂鲤身体细长，呈鱼雷状，体色金黄，身体两侧从吻部至尾鳍各有3条黑色宽横带。头部修长，吻部上翘，鳍基部均呈红棕色。这种鱼得名于头部朝下，身体与水底保持倾斜游动的生活习性。红尾上口脂鲤多结成小群一起游动（鱼群中的个体可达40条），通常静静地藏在水草丛中。上翘的嘴部使它能从植物叶片和茎秆上取食。

Astyanax mexicanus

墨西哥丽脂鲤

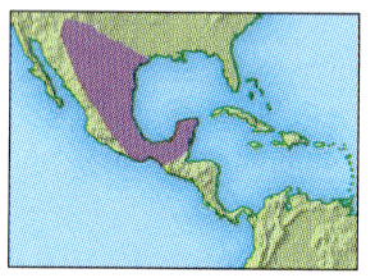

体长：12厘米
体重：无记录
性别：雌雄异体
现况：无危

分布：美国中南部至墨西哥

墨西哥丽脂鲤栖息于溪流和小河中，银白色的身体上有红色或黄色鱼鳍。生物学家对这种鱼很感兴趣，因为它们的一个变种生活在洞穴中。这种生活在地下洞穴中的鱼类看上去极不寻常，被称为盲鱼（右图），它们的身体里缺少色素细胞，眼睛被皮肤覆盖且不具任何功能。与其他生活在地下洞穴中的鱼类一样，盲鱼也利用侧线感测压力，并借助敏锐的嗅觉觅食。尽管这两种脂鲤在体色和眼睛发育上都存在差异，但两者在基因水平上非常相似，因此可以杂交。

Pygocentrus nattereri

特氏臀点脂鲤

体长：33厘米
体重：1千克
性别：雌雄异体
现况：未评估

分布：南美洲北部和中部及东部

特氏臀点脂鲤因成群进食的掠食性行为而臭名昭著。它们的外表极为多变，生活在不同区域的种类有着不同的体色和外形。这种脂鲤通常于晨昏时分外出觅食，潜伏到猎物后，便猛冲上去，将其吞食。它们通常猎食比自己小的动物，如昆虫、水生无脊椎动物或其他鱼类，有时也吃种子和果实。

然而，这些极具攻击性且贪吃的捕食者也能通过集体狩猎，杀死体形非常大的猎物，其疯狂进食的行为与某些鲨类类似。这种群体性的攻击行为能够杀死大如水豚和马匹等动物，甚至也曾导致人类丧生。雌鱼繁殖时能产下多达1000枚相对较大的鱼卵，并将它们黏附在垂入水中的树根上。雌鱼和雄鱼，尤其是后者，会看护鱼卵直到它们孵化，这需要9—10天时间。

腹部红色

特氏臀点脂鲤的体色通常为银白色，银色的眼睛上有红色小点，头上部呈深灰色，下部为橘红色。因体形较大者的腹部通常呈深红色而又得名红腹水虎鱼。

利齿

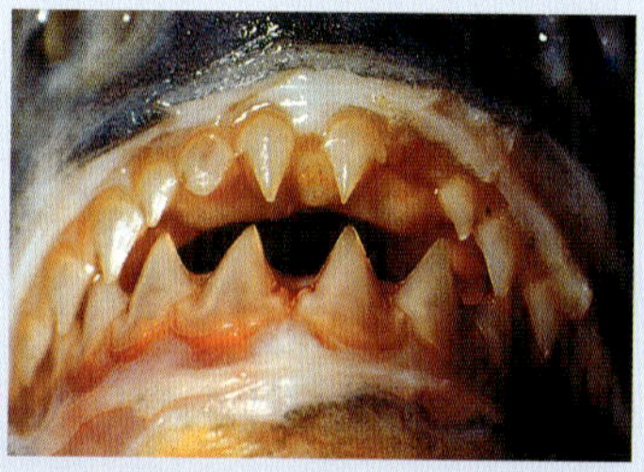

特氏臀点脂鲤的双颌发达，里面长有三角形的尖锐牙齿。当嘴巴闭合时，牙齿交错咬合，有助于从猎物身上撕下大块的肉。钝圆的吻和突出的下颌也有助于进攻猎物，并进行有力的撕咬。

鱼类

Gasteropelecus sternicla

胸斧鱼

体长：6.5米
体重：无记录
性别：雌雄异体
现况：未评估

分布：南美洲北部和中部

胸斧鱼得名于它们扁窄的体形，以及状如斧头的纵高腹部。这种银灰色鱼类最大的特征是胸鳍较大呈翼状。受到威胁或是追逐猎物时，胸斧鱼能利用胸鳍在水中加速，甚至可以跃出水面飞行。生活在海洋中的银斧鱼与胸斧鱼分属不同的类群，两者的生活方式也极为不同。

Hoplias macrophthalmus

大眼利齿脂鲤

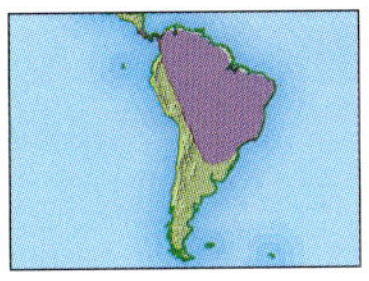

体长：达1米
体重：达2千克
性别：雌雄异体
现况：未评估

分布：特立尼达岛、中美洲至南美洲中部

大眼利齿脂鲤身体粗壮厚实，吻部钝圆，双眼较大，腹部略呈圆形，上颌具有2—3根犬齿，另外还长有成列的锥形齿。这种鱼能够耐受低氧环境，以在夜间跨越陆地往来不同的水域而闻名。大眼利齿脂鲤也是一种人工养殖的重要食用鱼。

Electrophorus electricus

电鳗

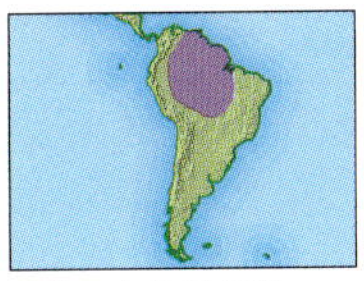

体长：达2.5米
体重：达20千克
性别：雌雄异体
现况：无危

分布：南美洲北部

虽然名为电鳗，但它并非真正的鳗鱼，而是一种体形巨大、外表似鳗的鱼类，隶属裸背电鳗科。一旦完全长大，它们的身体能和人类的大腿一样粗，也是南美洲体形最大的淡水鱼之一。它们的腹部具有长臀鳍，但却没有背鳍和尾鳍，尾部由粗逐渐变尖。电鳗的视觉较差，依靠微弱的电脉冲引导方向。不过，利用特殊的肌肉或是身体两侧的发电器官，电鳗也能瞬间发出高达600伏的电流，其强度足以杀死其他鱼类，甚至可能致人死亡。

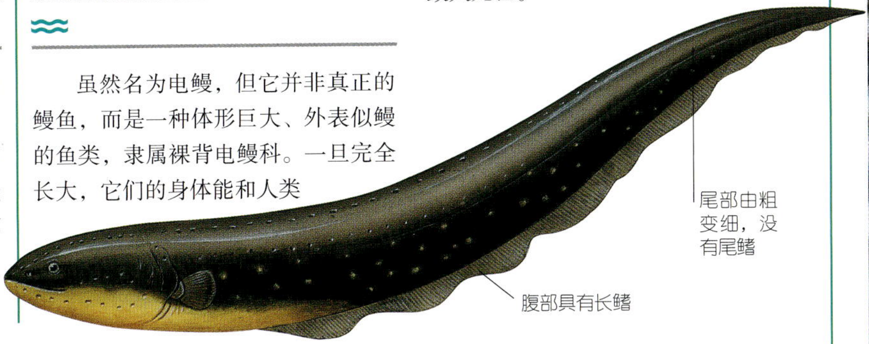

Silurus glanis

欧鲶

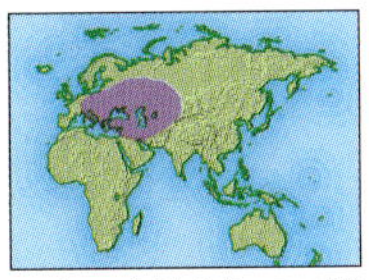

体长：达5米
体重：达300千克
性别：雌雄异体
现况：无危

分布：欧洲中部至亚洲中部

这种体形巨大、营底栖生活的鲶鱼是全球最大的淡水鱼之一。据记载，最大的欧鳗是19世纪捕获于俄罗斯南部第聂伯河的个体，体长超过4.5米，体重超过300千克。然而，由于受到过度捕捞的影响，目前已不可能还有类似大小的个体。欧鲶营独居生活，通常埋伏在河底和湖底，主要在夜间活动。体表的灰绿色斑纹能让它们在水底形成极好的伪装。与大多数鲶鱼一样，欧鲶也是贪吃的捕食者，除了甲壳类和小鱼之外，它们也捕食水鸟和水生哺乳类。当水温超过20℃时，雌鱼才开始产卵，雄鱼则在最初的几天里对鱼卵和幼鱼进行保护。

食物感受器

欧鲶的上颌长有两根非常长的触须，嘴巴下方还有4根较小的触须，这些触须能够帮它寻找食物。

善于隐藏的巨鱼

欧鲶以体形巨大著称，这种有着极佳伪装的鱼类具有大而平扁的头部，臀鳍后端连于尾鳍，长度超过腹部的一半。

Gymnotus carapo

圭亚那裸背电鳗

体长：60厘米
体重：无记录
性别：雌雄异体
现况：未评估

分布：中美洲至南美洲中部

圭亚那裸背电鳗与电鳗是近亲（右上图），这种淡水鱼的身体呈圆柱形，从头至尾逐渐变细，尾部呈棒状，没有尾鳍。圭亚那裸背电鳗为底栖鱼类，通常栖息在昏暗平静的水域中。它们能放出微弱的电流感知周围的环境。电流由靠近尾部的肌肉组织发出，这种电流也能用于相互交流，雄电鳗还能利用电流吸引雌性。圭亚那裸背电鳗依靠腹部长鳍的摆动游动，但其游泳能力并不强。

Kryptopterus bicirrhis

双须缺鳍鲶

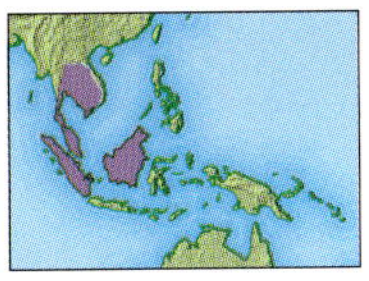

体长：15厘米
体重：无记录
性别：雌雄异体
现况：无危

分布：亚洲东南部

许多鲶鱼都能借助自身的深色斑纹进行伪装，但这种身体修长的鱼类却借助几乎完全透明的身体来保护自己，身体中唯一可见的部位只有脊椎、双眼和头部后方含有消化以及繁殖系统的区域。双须缺鳍鲶的身体由较薄的皮肤构成，身体组织内充满油脂，因此看起来非常透明。它们的身体上下扁平，背鳍极小或完全消失，仅有1—2根鳍条。与其他多数鲶鱼一样，它们也具有从头后延伸并最终与尾部合并的长臀鳍。双须缺鳍鲶栖息在泛洪冲积平原和水流浑浊的大河中。个体之间聚成小群生活，身体和水面保持倾斜。另外还有几个类群，也包含了身体透明或几乎透明的种类，如产自东南亚的印度缺鳍鲶，它们可是水族馆中的常客。

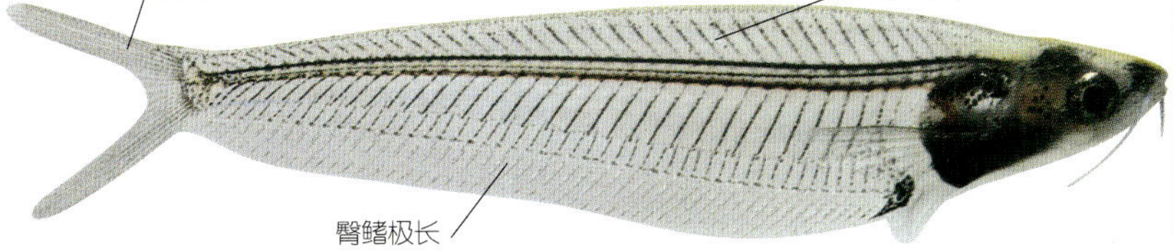

Ancistrus dolichopterus

长鳍钩鲶

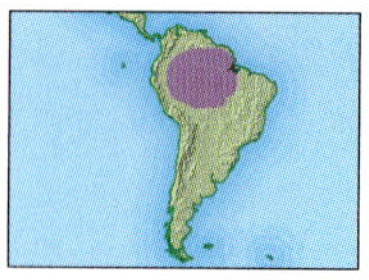

体长：达13厘米

体重：无记录

性别：雌雄异体

现况：无危

分布：南美洲北部

长鳍钩鲶及其近亲得名于吻部独特的肉质触须。雄鱼的触须多于雌鱼，因此引发出一个尚未被证明的理论，即触须是意味着能够健康繁殖的一个体征。受到威胁时，长鳍钩鲶会将胸鳍和背鳍上的棘刺，以及头侧的棘刺竖立起来。

Farlowella acus

管吻鲶

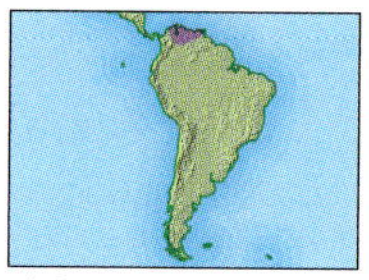

体长：达15厘米

体重：无记录

性别：雌雄异体

现况：未评估

分布：南美洲西北部

尽管几乎所有的鲶鱼都营底栖生活，但它们的身体形态却非常多变。管吻鲶的吻突较长，身体极为修长，外形如同一根沉入水中的树枝，因此能够起到很好的伪装效果。管吻鲶栖息于水流平缓的河流，主要在夜间取食河底的藻类。白天在不起眼的体色和外形的帮助下避免遭到捕食。雌鱼在河床上产卵，雄鱼对卵进行看护直到它们孵化。

Clarias batrachus

斑纹胡鲶

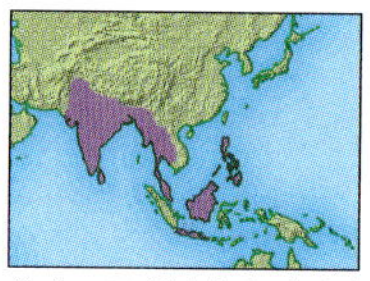

体长：达40厘米

体重：无记录

性别：雌雄异体

现况：无危

分布：亚洲南部和东南部

这种体形细长的鲶鱼能利用胸鳍在陆地上缓慢爬行。登陆时，通过特化的鳃部呼吸空气，鳃部具有强化的鳃丝，能使暴露在外的鳃部不会萎缩。斑纹胡鲶栖息在水流平缓的水域，可以穿越陆地到达适宜的生境。它们在水族馆中极受欢迎，图中带有斑点的个体是人们培育出的种类之一。

Vandellia cirrhosa

寄生鲶

体长：达2.5厘米

体重：无记录

性别：雌雄异体

现况：未评估

分布：南美洲北部

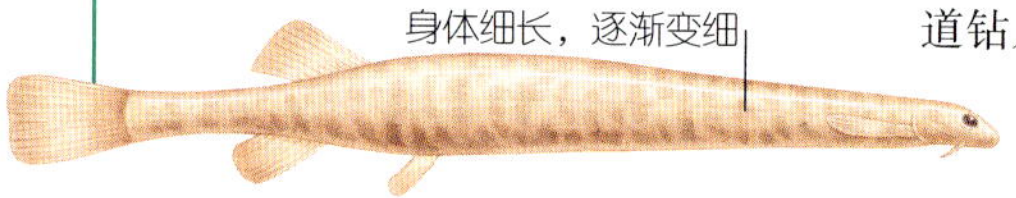

寄生鲶体形较小，细长且几乎呈透明状，生活方式极为特殊，通常钻入大鱼的鳃中，尤其是体形较大的鲶鱼和脂鲤类的鳃腔中，利用鳃盖上成束的棘刺钩住寄主的鳃部，吸食它们的血液。随后利用尖细的梳状齿啃食寄主的鳃部。寄生鲶是当地恶名昭著的鱼类之一，因为它们有钻入哺乳动物尿道的习性。当哺乳类（包括人类）在水中撒尿时，它们就会顺着尿道钻入动物或人体内。据说，这是由于寄生鲶错把尿液当成大鱼鳃部排出的水流而造成的。

Synodontis contractus

窄歧须鮠

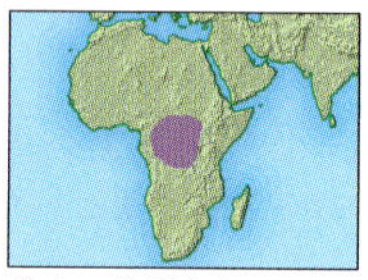

体长：9.5厘米

体重：无记录

性别：雌雄异体

现况：无危

分布：非洲中部

这种生活在非洲的鲶鱼以腹部朝上、背部朝下的倒游姿势在河流或溪流中游动，尤其当从水面取食或是从宽大的树叶和岩石底部觅食时更会这样做。它们的食物包括植物碎屑、水生无脊椎动物和昆虫幼虫。窄歧须鮠全身呈褐色或褐紫色，体表散布着许多小斑点。通常情况下，大多数鱼类的体背呈深色，腹部呈浅色，这种体色被称为反荫蔽，是动物保护色的类型之一。窄歧须鮠的体色正好相反，腹部颜色比体背更深。它们能发出声音，可能用于个体间的交流。

Bagre marinus

海鲶

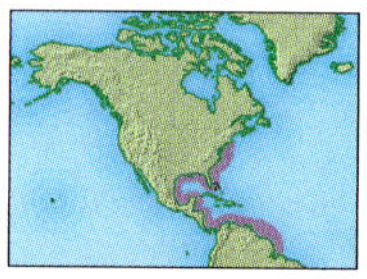

体长：达1米

体重：达4千克

性别：雌雄异体

现况：未评估

分布：中大西洋西部、墨西哥湾、加勒比海

海鲶是一种经济类食用鱼，主要生活在大洋中，有时也在咸度较高的河口地带活动。海鲶的头部具坚硬骨甲，最醒目的特征是嘴边长有扁平的长触须，背鳍和胸鳍上有长而向外伸出的棘刺。海鲶受到威胁时，竖起背鳍和胸鳍上的棘刺，这些边缘呈锯齿状的有毒棘刺能给入侵者造成疼痛的创伤。海鲶营底栖生活，主要取食甲壳类和其他鱼类。繁殖期间（5—8月），雄鱼对鱼卵受精后，将卵含在口中孵化。

Ameiurus nebulosus

云斑鮰

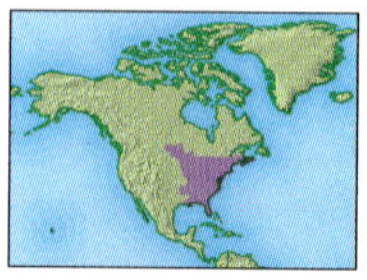

体长：多达52厘米

体重：2.5—3.5千克

性别：雌雄异体

现况：无危

分布：北美洲东部

这种常见的鲶鱼是生活在北美洲淡水鱼中的一员。与其他成员一样，也是一种食用鱼。云斑鮰的体表无鳞，大嘴周围长有4对肉质触须，用以寻找食物。胸鳍上的边缘具呈锯齿状的匕首状棘刺，棘刺与毒腺相连，是对付捕食者的强大武器。亲鱼产卵后在巢中护卵，同时还会扇动水流来为鱼卵提供氧气，幼鱼孵出后，亲鱼将它们驱赶汇成鱼群，直至它们的体长达到5厘米。

鲑鱼及其近亲

门：	脊索动物门
纲：	硬骨鱼纲
亚纲：	辐鳍鱼亚纲
总目：	原棘鳍总目
目：	3目
科：	16科
种：	538种

大多数鲑鱼和鳟鱼一生中都会经历壮观的旅程，它们从海洋（栖息地）洄游到淡水湖泊与河流中（出生地）繁殖。它们的近亲包括一类被称为南乳鱼的淡水鱼和淡水狗鱼，以及海生水珍鱼（包括管肩鱼和胸翼鱼等）。鲑鱼、鳟鱼和狗鱼原产于北美洲、欧洲和亚洲，目前已被引入世界其他地区。南乳鱼只分布在南半球，水珍鱼则生活在各个大洋的中层和深层水域。

身体结构

鲑鱼及其近亲身体细长，身体后段逐渐缩小，全身具备有助于游泳的发达肌肉。它们的鱼鳍相对较小，尾鳍却大而有力，能让它们在水中快速游动并灵活转向，鱼鳞较小或是完全缺失。大多数物种还长有肉质脂鳍，这片鱼鳍位于尾基附近，腹鳍则极为靠近身体后方。作为食性广泛的捕食者，鲑鱼中大多数成员的嘴巴都较大，嘴中长有许多锋利的牙齿。

狗鱼的性情凶猛，掠夺成性。它们的口裂极为宽大，上颚齿可伸出捕食，并能吞下占到自身体长一半的猎物。鲑鱼、鳟鱼和狗鱼通常采取伏击或是短距离冲刺袭击猎物的方式。大多数南乳鱼都是小型鱼类，体长不到25厘米，身体呈管状，体表无鳞。它们的尾部呈方形，与本类群中其他多数鱼类不同的是，它们也没有脂鳍。这一类中的某些海生种类具有适应深海生活的身体构造。例如，一些水珍鱼长有朝前或朝上生长的管状大型双眼（能提供非常好的双眼立体视觉），另一些则具有发光器官。

生命周期

这一类群中的某些物种会在海洋或淡水中完成整个生命历程。但其他种类，如许多鲑鱼和鳟鱼，在海洋中度过大部分时间，但却需要回到淡水中繁殖，这一过程也被称为洄游。洄游的雄性和雌性在淡水河流中产卵。幼鱼孵出后通常先在淡水中生活，然后才回到大海中。经过数月甚至数年的生长，这些幼鱼才能达到性成熟，并再次回到出生时的溪流中繁殖产卵。

为了完成上千千米的旅程，它们常要跨越急流或是崎岖地带，有时还需从水中跃出向上游前进。繁殖期的成鱼通常在洄游前便停止进食。它们在旅途中耗尽所有的能量，产卵后很快便死亡。然而，它们是如何找到出生地的仍然未知，不过人们认为也许是借助了嗅觉和天体导航的帮助。并非所有的鲑鱼和鳟鱼都遵循这一生命周期，那些生活在内陆的种群就无须洄游，终其一生都生活在淡水中。南乳鱼中的一些种类也要经历洄游。细小的幼体在淡水中孵化，并被水流带入大海。数月后，幼鱼又回到淡水中生活，并在那里发育为成体。

繁殖中的雄性

在洄游到繁殖地的过程中，大多数物种的雄性都要经历大幅变化，包括体表呈现新的颜色和斑纹。一些物种的背部长出肉瘤，下颌也会增长并向上弯曲。图中的太平洋粉红鲑正在美国阿拉斯加州溯溪洄游。

Esox lucius

白斑狗鱼

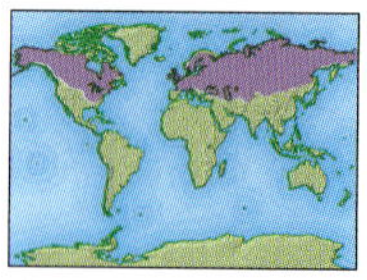

体长：达1.3米
体重：达34千克
性别：雌雄异体
现况：无危

分布：北美洲、欧洲、亚洲

白斑狗鱼体格强健，是少数生活在北半球（北极海岸除外）的淡水捕食性鱼类之一。它们的体表散布着许多浅色斑纹，能够形成极好的伪装。与其近亲北美狗鱼（下图）一样，白斑狗鱼的头部也较尖长，吻部似铲，尾鳍较大略有分叉，并且只有一片背鳍。狗鱼通常在冰雪消融的早春日间产卵。最初为成对产卵，但随后雄鱼或雌鱼还会找到新的伴侣。雄鱼求偶时用吻部触碰雌鱼的头和胸鳍。雌鱼的生长速度通常较快，体形也比雄性大。

狡猾的猎手

白斑狗鱼只有一个背鳍，位置靠后接近尾鳍，因此当在湖泊表层接近猎物时，不会因激起水波而惊动猎物。

悄然伏击

具有极佳伪装色的白斑狗鱼常潜伏在水草丛中等待猎物，一旦发现猎物，便会突然冲出进行猎杀。它们主要以其他鱼类为食，也取食昆虫、蛙类、淡水螯虾，还会捕食水鼠和水禽幼鸟等在水面游动的动物。

Esox masquinongy

北美狗鱼

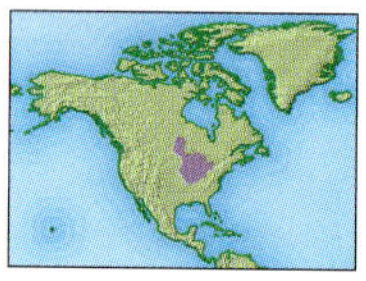

体长：达1.8米
体重：达45千克
性别：雌雄异体
现况：无危

分布：北美洲东部

北美狗鱼是狗鱼中体形最大的一种，因上钩后非常好斗而声名狼藉。与其他狗鱼一样，北美狗鱼的大嘴中也长满尖牙，前额倾斜，颌部呈喙状，身体状似鱼雷，只要挥动尾巴便能急剧加速。它们的识别特征在于下颊和鳃盖上没有鳞片。北美狗鱼是守株待兔型的捕食者，通过伏击捕猎，能猎食与麝鼠同样大小的动物。抓到猎物后将其横向叼在口中，接着便将其转向从头部开始吞食。

北美狗鱼在冰雪融化后的春季中期产卵，通常将卵产在水草丛中。雌鱼会和数条雄鱼配对，仅一个繁殖季节就能产下多达250,000枚鱼卵。北美狗鱼常见于水草密集的湖泊和河流，栖息处的水温通常高于白斑狗鱼（上图），尽管这两种狗鱼有可能栖息在同一片生境，甚至偶尔还能杂交。杂交出的后代体格强健，体表具有极为显眼的带斑。杂交的雄鱼通常不能生育，但杂交的雌鱼则能繁殖。比起白斑狗鱼，北美狗鱼对生境的变化更为敏感，一旦环境发生变化，它们的数量往往最先减少。

Dallia pectoralis

阿拉斯加黑鱼

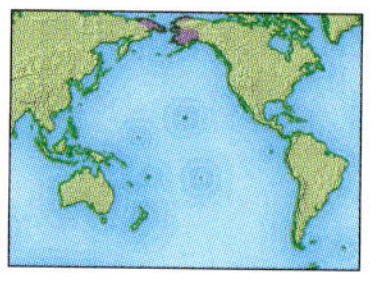

体长：多达33厘米
体重：多达375克
性别：雌雄异体
现况：无危

分布：亚洲东北部、北美洲西北部

阿拉斯加黑鱼隶属泥狗鱼科，这类鱼可以大口吞咽空气，因而能在极为冰冷和污浊的水体中存活。即便冻在冰中长达几周，它们也能继续存活。阿拉斯加黑鱼身体修长，鱼鳍近圆形，头钝嘴大，下颚突出。体色为深绿色或斑驳棕色，雄鱼在繁殖期间鱼鳍边缘变成红色。这种游速缓慢的鱼主要以昆虫幼虫、蜗牛和小型鱼类为食，通常采取埋伏和突击方式猎食。

Stenodus nelma

白北鲑

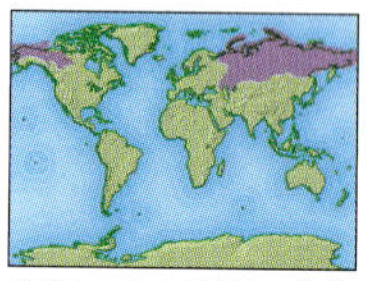

体长：至少1.5米
体重：28—40千克
性别：雌雄异体
现况：无危

分布：北太平洋、北美洲西北部、欧洲东部、亚洲东北部

白北鲑是鲑科中体形较大的物种，它们的头长，纵向低平，大嘴里的牙齿非常尖细。成年个体主要取食其他鱼类，幼鱼只吃昆虫、幼虫和浮游生物。白北鲑具有两种不同的生活方式：一些个体终生都生活在淡水中（如加拿大的大奴湖），并在自己的出生地进行繁殖；但大多数在半咸水或河口水域过冬的个体则需在春季进行洄游，并待在那里直到进入秋季的产卵期。雌鱼每3—4年才繁殖1次，通常在黄昏和夜间产卵，1次能产130,000—400,000枚卵，产卵时身旁有1—2条雄鱼陪伴。虽然白北鲑是重要的游钓鱼种，但在其广泛分布的加拿大、阿拉斯加和西伯利亚地区，也是一种重要的经济鱼类。

Salmo salar

大西洋鲑

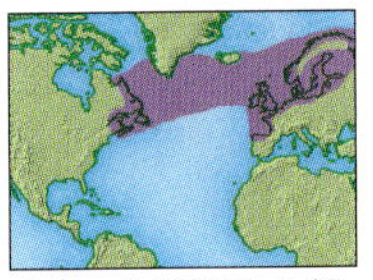

体长：多达1.5米
体重：多达45千克
性别：雌雄异体
现况：无危

分布：北美洲东北部、欧洲西部和北部、北大西洋

大西洋鲑是全球极具价值的游钓鱼种之一，也被广泛作为食用鱼来养殖。野生大西洋鲑的生命始自微小的鱼苗（鲑苗），它们通常在河床的碎石中孵化。鲑苗以昆虫、幼虫和其他小型动物为食，经过1—4年的淡水生活，便会顺溪而下回到大海。进入咸水后，鲑鱼的体色由深色变为银白色，并在广阔的北大西洋中生活长达4年，在此期间以捕食其他鱼类为生。这段时期结束时，它们便逐渐达到性成熟，并启程洄游到自己的出生地。

与其他鲑鱼一样，它们也有极强的游泳能力，洄游途中几乎能跃过一切险阻。洄游时的它们几乎不再进食，到达产卵地后，雌鱼的腹中已蓄满鱼卵，雄鱼的双颌则变成独特的钩状。雌鱼用尾巴在河床上制造浅坑，随后雌雄双方分别排出卵子和精子。成年个体产卵后可能会死亡，但与其他鲑鱼不同的是，它们中的大多数都能存活下来。这些筋疲力尽的鲑鱼将返回大海觅食，并重新恢复元气。此后每隔1—2年，它们才会再次回去繁殖。

生命之初

数月龄的大西洋鲑幼鱼也被称为鲑苗。这个阶段的幼鲑体长约为15厘米，体背有明显的深色斑纹。

进入繁殖

大西洋鲑重新返回河流时，体表为银色，体背呈蓝黑色，体侧具黑色斑点。强壮的尾部能帮它们跃上瀑布和拦河坝，一路回到繁殖地。

Oncorhynchus gorbuscha

细鳞大麻哈鱼

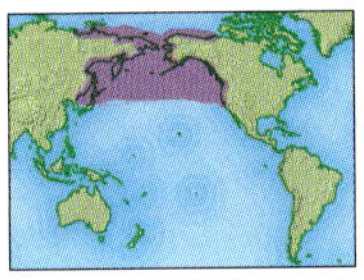

体长：多达76厘米
体重：多达6.5千克
性别：雌雄异体
现况：未评估

分布：亚洲东北部、北太平洋、北大西洋西部

细鳞大麻哈鱼是在淡水中生活时间最短的一种鲑鱼。幼鱼孵出后洄游1000多千米回到海中。它们的体色通常呈金属蓝色，随着繁殖季节的来临，体表颜色变为橄榄绿或黄色，体侧带有明显的红色或粉色色调。雄鱼的背部明显隆起，上颌末端变为钩状。细鳞大麻哈鱼的寿命只有两年，意味着双数年份和单数年份出生的个体几乎从不杂交。

Salvelinus alpinus

北极红点鲑

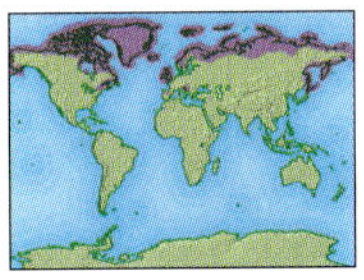

体长：多达96厘米
体重：多达12千克
性别：雌雄异体
现况：无危

分布：北美洲北部、欧洲北部、亚洲北部、北冰洋

北极红点鲑是分布范围最北的淡水鱼，栖息在北极冻原的湖泊中，秋季产卵，分布在偏南山区的种群在冬季产卵。北极红点鲑的体色会随繁殖生境的变化而改变，洄游到大海的成体繁殖期间具有鲜艳的体色，生活在内陆的个体（常见于湖泊）腹部终年都呈现鲜艳的色彩。这种鲑鱼在加拿大和斯堪的纳维亚半岛是一种极受欢迎的游钓鱼种。

Oncorhynchus mykiss

虹鳟

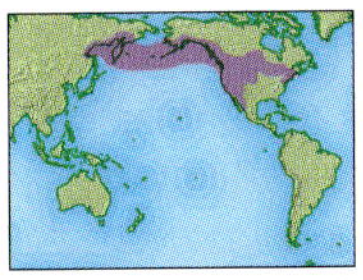

体长：多达1.2米
体重：多达24千克
性别：雌雄异体
现况：未评估

分布：亚洲东北部、北太平洋、北美洲

这种体表有黑色斑点的鲑鱼是全球被引进最广泛的淡水鱼之一。虹鳟原产于落基山脉西部的河流和湖泊中，目前已经向东扩散到北美洲，并分布到不列颠群岛至新西兰之间的许多国家，在氧气富足的冷水中都能发现它们的身影。虹鳟与其近亲一样，也是捕食性鱼类，主要取食昆虫、蜗牛和甲壳类，成体也捕食其他鱼类。虹鳟多在水底觅食，也游至水面捕食飞行的昆虫。正是根据这一习性，人们才能利用飞蝇钓来捕获虹鳟。人工引入的虹鳟终生都在淡水中生活，但野生环境中的一些成体会在海中生活一段时间，随后便回到河流中繁殖。与淡水型虹鳟相比，洄游型虹鳟（在北美洲俗称“钢头鳟”）的成长速率更快，寿命更长，生殖能力也较强。

鳟鱼养殖

温带许多地区都人工养殖虹鳟。有些渔场养殖鳟鱼作为食物，但因虹鳟极受垂钓者青睐，因此愈来愈多的渔场都将虹鳟放养在湖泊中供人垂钓。人工养殖的鳟鱼被投喂以高蛋白的颗粒饲料，因此生长速度远高于野生种群。

色彩缤纷

淡水型虹鳟体背和体侧的色彩多变，多为淡蓝绿色至褐色，腹部为白色或浅黄色。繁殖期的雄鱼体侧还会显现鲜艳的红色或粉红色条纹。

Oncorhynchus nerka

红大麻哈鱼

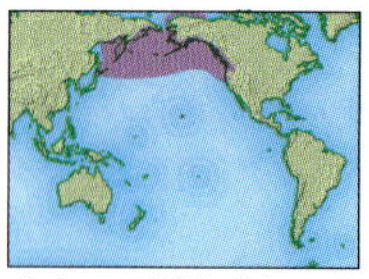

体长：达84厘米

体重：达7千克

性别：雌雄异体

现况：无危

分布：亚洲东北部、北太平洋、北美洲西北部和西部

红大麻哈鱼俗称蓝背鲑或红鲑，它们的身体在繁殖期间发生剧烈变化。产卵前，雌雄两者的头部和体背变成灰蓝色，体侧呈银色。然而，6—9月间，当它们离开海洋洄游到繁殖地时，头部又会变为深绿色，体表则呈鲜红色。所有生活在太平洋的大麻哈鱼中，只有红大麻哈鱼需要在湖泊中繁殖，拥有湖泊的河流流域是其赖以生存的地方。在内陆湖泊中生活的红大麻哈鱼（俗称小红鲑）的体重通常只占海生种类的六分之一。

跃过急流

红大麻哈鱼历经长途跋涉，跳越急流，千辛万苦才能回到自己的出生地进行繁殖。

识别特征

红大麻哈鱼的身体呈流线型，吻部钝圆呈圆锥形。它们与其他鲑鱼之间的明显区别在于鱼鳍通常缺少明显的斑点，产卵期间的体色也会出现大幅度变化。

绯红潮涌

红大麻哈鱼每年的洄游相当壮观，洄游的鱼群有时能超过几百万条，因此成为广受欢迎的观赏景观，人们甚至在它们洄游的河道旁修筑了看台。

产卵

孵化大约过4年后，成年红大麻哈鱼还要回到出生时的河流进行繁殖，随后死去。这趟最后的旅程可能需要跋涉达1500千米。

鱼苗

红大麻哈鱼的鱼苗孵出后，便启程前往邻近的湖泊。它们会在那里至少生活1年，随后才返回大海。

新的生命

抵达产卵地后，雌性在河床上挖出浅坑，产下多达4300枚粉红色的鱼卵，随后雄性便会对鱼卵进行授精。

葬身河中

红大麻哈鱼产卵后便全部死亡，它们的遗体散布河中，最终回归当初孕育生命的大地。

归来

红大麻哈鱼具有洄游性，它们在海中生活，却要回到淡水繁殖。回到繁殖地时，雌雄两性的身体都会变红，头部则变绿。雄性的背部还出现明显隆起，鼻子也呈弯钩状。

Coregonus artedi

湖白鲑

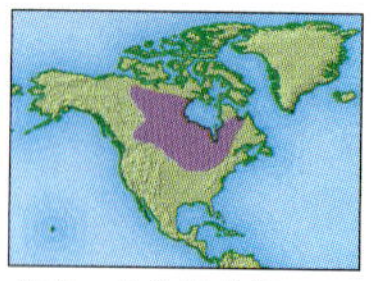

体长：达57厘米
体重：达3.5千克
性别：雌雄异体
现况：无危

分布：北美洲北部

湖白鲑属淡水鱼，但在半咸水和咸水水域也能见到它们。湖白鲑常在中层水域集结成群，栖息深度依季节而不同。它们基本上以浮游生物为食，也取食其他食物。湖白鲑通常在秋季产卵，这一行为的发生主要受到水温的影响。雄鱼通常比雌鱼小，繁殖期间，雄鱼长出小型隆起（称为珍珠器），用来刺激雌鱼产卵。幼鱼以藻类和浮游生物为食，成鱼多具捕食性，并且也捕食昆虫和小型甲壳类。湖白鲑与其他白鲑属成员的不同之处在于，它们的双颌长度一致且鳃耙较多。湖白鲑的生存主要受到人为引入湖中的灰西鲱和七鳃鳗的威胁。然而，污染物和近年来端足目动物（这种小型甲壳类是湖鱼主要的食物来源）的迅速减少也影响到它们的生存。

开阔水域鱼类

这种体形修长的银白色鱼类具有生活在开阔浅水区鱼类的特征，它们的体背为深色，腹部呈浅色，并且还长有鲑鱼家族特有的肉质脂鳍。

Thymallus thymallus

茴鱼

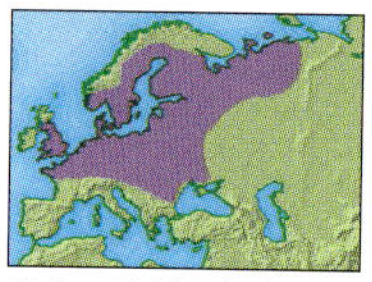

体长：多达60厘米
体重：多达6.5千克
性别：雌雄异体
现况：无危

分布：欧洲西部和中部及北部

这种淡水鲑鱼栖息在冷水湖泊以及水流湍急的江河溪流中，以昆虫、小型蠕虫和甲壳类为食。它们的背鳍长而高，能在雌鱼产卵时卷住它的背部。茴鱼是判别水质好坏的指示物种，因为一旦江河溪流受到污染，它们便会头一个消失。

Thaleichthys pacificus

太平洋细齿鲑

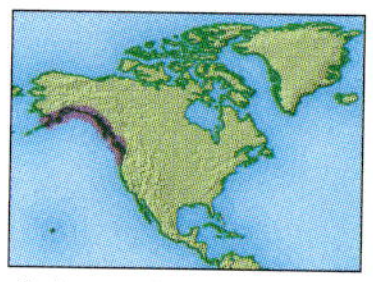

体长：多达23厘米
体重：多达60克
性别：雌雄异体
现况：无危

分布：北太平洋东部、北美洲西部

太平洋细齿鲑隶属胡瓜鱼科（包括第507页的太平洋毛鳞鱼），该科成员身体细长，呈银白色。与毛鳞鱼一样，太平洋细齿鲑也有着细长的身体和稍长于上颌的下颌，但身体上部呈蓝色或蓝褐色。成年个体生活在海洋中，从水中滤食浮游生物。它们必须溯流而上回到中、大型河流中进行繁殖。只有少数个体能在产卵后继续生存，生命周期也只有2—4年。太平洋细齿鲑既是游钓鱼种，也能被食用。捕获于河口的个体富含油脂，晒干后可当成蜡烛使用，因此也被称为“蜡鱼”。北美原住民曾经取其油脂用于交易，交易通道也常被称为“油脂小径”。

Opisthoproctus soleatus

后肛鱼

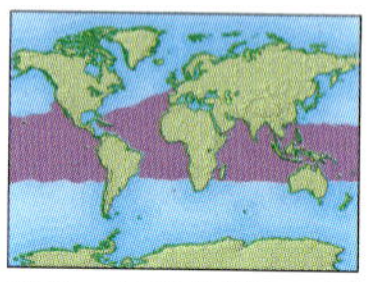

体长：多达10.5厘米
体重：无记录
性别：雌雄异体
现况：未评估

分布：全球热带和亚热带水域

后肛鱼的体形相对较小，得名于向上生长的管状双眼，这种结构适于向上观察海面，以便从猎物下方发动袭击。它们与右边的双眼胸翼鱼都隶属后肛鱼科，除了成对的胸鳍外，它们身体上的其他鱼鳍均靠近尾部。后肛鱼体背色暗，腹部为银白色，臀部有会发光的细菌。发自肛腺的光线遇到腹部的特殊细胞，会由腹侧延伸与身体等长，使后肛鱼从下面看起来很宽。身体散射的光线与来自水面的黯淡光线类似，有助于后肛鱼掩藏自己的真实轮廓。这种鱼分布于热带水域底层，栖息在水下约800米处。

Dolichopteroides binocularis

双眼胸翼鱼

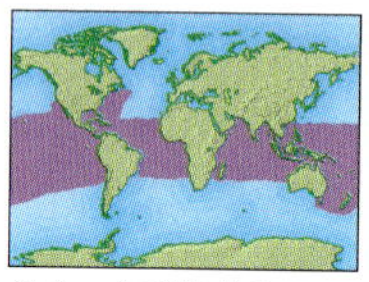

体长：至少8.5厘米
体重：未记录
性别：雌雄异体
现况：未评估

分布：全球热带和亚热带海域、北大西洋西部

这种外形奇特，生长缓慢的鱼类是后肛鱼科中的15名成员之一。与其近亲不同的是，双眼胸翼鱼具丝状长胸鳍，其长度超过身体其余部位的一半。但其最显著的特征在于双眼结构极不寻常。它们的双眼呈管状，朝向斜上方，看似一副双筒望远镜，然而侧向视力却不佳。为了弥补这一缺陷，它们的双眼两侧各长有1对具有视网膜和水晶体的眼睛，因此成为唯一长着4个眼睛的鱼类。与许多深海鱼类一样，双眼胸翼鱼的身体也极为脆弱，一旦从深海被捞起便会呈现面目全非的损坏状态。

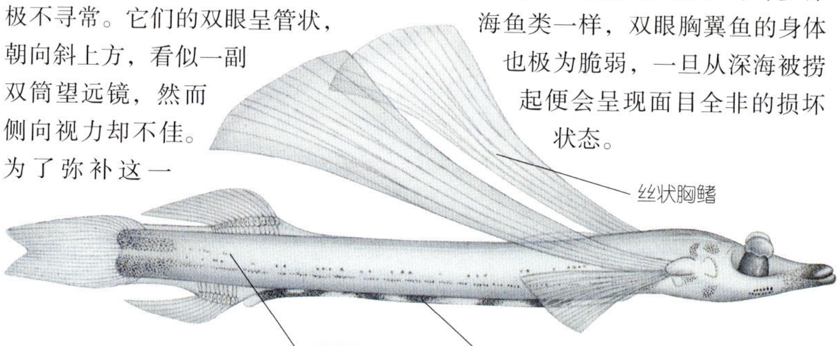

Bathylagus niger

海珍鱼

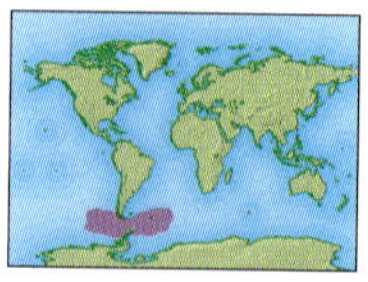

体长：14厘米
体重：无记录
性别：雌雄异体
现况：未评估

分布：南大洋

这种鱼发现于南美洲和南极洲之间的斯科舍海，栖息水深为200—1560米。它们的生活习性鲜为人知，有可能以磷虾为食（磷虾几乎占到南极物种食物总量的50%）。所有的海珍鱼都是生活在极地水域中的小型鱼类。

Dolichopteryx parini

帕里胸翼鱼

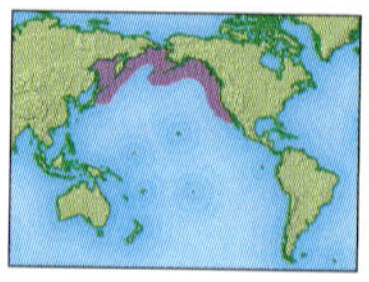

体长：22厘米
体重：未记录
性别：雌雄异体
现况：未评估

分布：北太平洋

帕里胸翼鱼隶属具有明显筒状眼的后肛鱼科，这种鱼根据2001年北太平洋中发现的单一标本来描述，并得名于它的翼状鱼鳍。此后有标本相继被捕获，但与胸翼鱼属的其他成员一样，这种鱼依然罕见。帕里胸翼鱼以甲壳类等无脊椎浮游动物为食。

Plecoglossus altivelis

香鱼

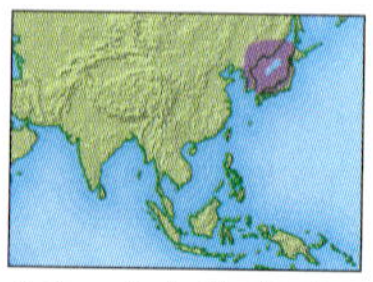

体长：多达70厘米
体重：无记录
性别：雌雄异体
现况：未评估

分布：北太平洋西部、亚洲东部

香鱼的身体侧扁，背鳍位于体背最高处，尾分叉。香鱼属植食性鱼类，借助特化的牙齿取食河中的水藻，并在超长肠道的帮助下消化食物。特殊的肾脏能让它不受盐度变化的影响，在咸水和淡水之间自由出入。

鱼类

Platytroctes apus

管肩鱼

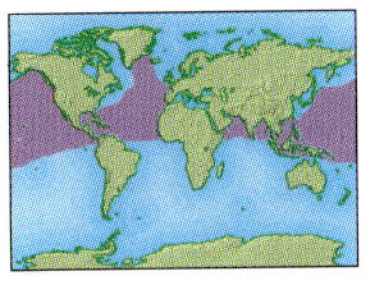

体长：多达18厘米
体重：无记录
性别：雌雄异体
现况：未评估

分布：北太平洋、北大西洋、印度洋北部

管肩鱼是管肩鱼科中的物种，得名于胸鳍上的独特"肩部"腺体，这个腺体能释放出散发冷光的液体。这种液体可以在水中形成发光的淡绿色云雾，分散捕食者的注意，使管肩鱼得以借机逃脱。管肩鱼没有腹鳍。它们以浮游生物为食，可能是借助长鳃耙从周围的水中捕获猎物。

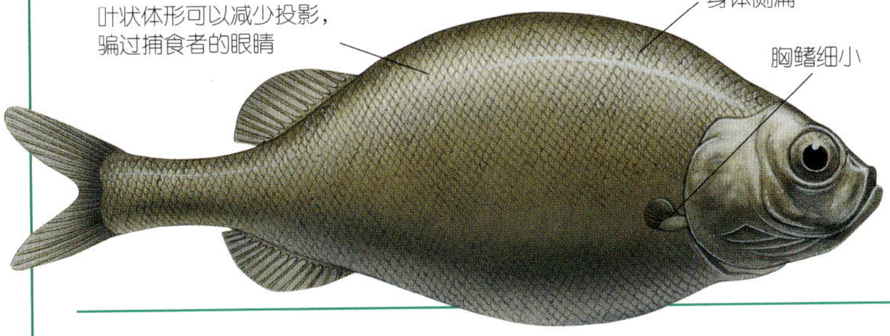

Argentina silus

大西洋水珍鱼

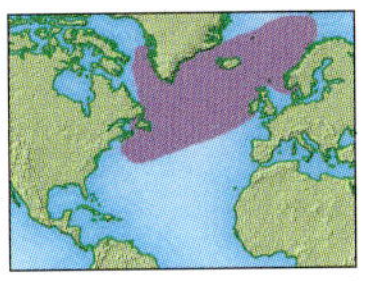

体长：多达60厘米
体重：超过450克
性别：雌雄异体
现况：未评估

分布：北大西洋、北冰洋

水珍鱼的身体细长，双眼较大，既有栖息在开阔水域，也有营底栖生活的种类。它们具有大型鳞片和细小棘刺。体表呈褐色，体背橄榄色，腹部白色，银白色的体侧有金色光泽。大西洋水珍鱼栖息在洋面以下数百米深处，以甲壳类、乌贼、栉水母和小型鱼类为食，主要通过敏锐的视觉在昏暗的环境中寻找和伏击猎物。它们常集群活动，遇到较大鱼类的袭击时，能快速游走脱险。雌鱼产下的卵随海洋上层区域的洋流漂浮，孵化后，幼鱼便进入浅水区，然后独自存活。大西洋水珍鱼在欧洲和俄罗斯被当作食用鱼。

Mallotus villosus

太平洋毛鳞鱼

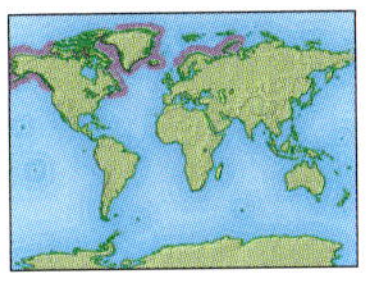

体长：多达20厘米
体重：多达40克
性别：雌雄异体
现况：未评估

分布：北太平洋、北大西洋、北冰洋

太平洋毛鳞鱼在海中栖息和繁殖，通常集群生活，是海鸟、海豹、海豚和鲸类的重要食物来源。在它们数量稀少的年份，海鸟也可能不繁殖。

太平洋毛鳞鱼的身体细长，下颌突出，体背呈橄榄绿色，体侧和腹部为银白色，具有大型脂鳍，这是鲑鱼及其近亲的特征之一。尽管太平洋毛鳞鱼主要借助梳状鳃耙从水中滤食浮游动物，但它们也捕食海生蠕虫和其他鱼类。繁殖期间，通过肿胀的臀鳍基部和体侧丝绒状的变异鳞片来辨别雄性。求偶时，雄鱼会用绒鳞刺激雌性产卵。太平洋毛鳞鱼需洄游到近岸沙滩繁殖产卵，雌鱼在涨潮时产下多达六万枚卵。这些卵被埋入沙中，随后被海浪冲刷出来。这种鱼也是阿拉斯加和加拿大土著居民的主要食物来源。

Alepocephalus rostratus

口鼻平头鱼

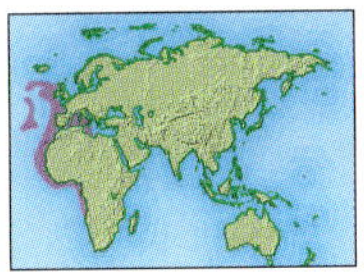

体长：多达47厘米
体重：多达825克
性别：雌雄异体
现况：未评估

分布：大西洋东部、地中海

平头鱼体形中等，生活在深海中。全球共有约100种平头鱼，都分布在温带和热带水域。口鼻平头鱼是平头鱼中的典型代表。它们的身体扁长，背鳍和臀鳍靠近身体后侧，显得体形更为修长。口鼻平头鱼体呈深灰色或褐色，头部黏滑无鳞，身体其余部位覆有中等大小的光滑鳞片。这种捕食性鱼类采取伏击方式捕猎，通常在海底或开阔水域捕食无脊椎动物和甲壳类。

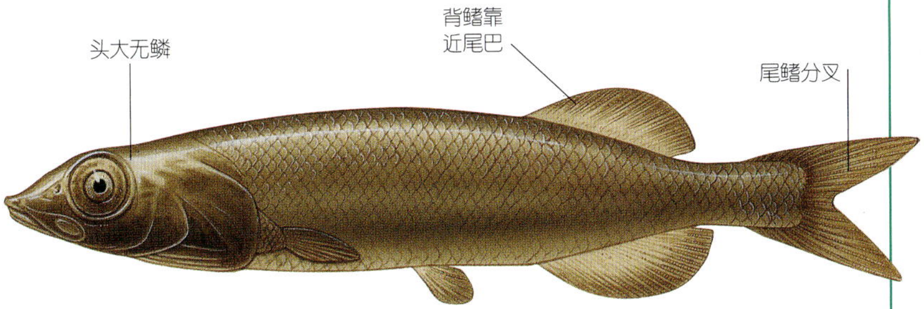

Lepidogalaxias salamandroides

鳞南乳鱼

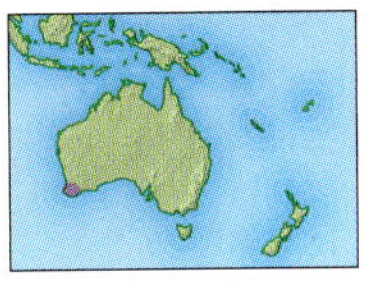

体长：多达6厘米
体重：多达25克
性别：雌雄异体
现况：近危

分布：澳洲西南部

鳞南乳鱼发现于1961年，这种个头娇小的银棕色鱼类的分布范围极其有限，仅在澳洲西部的西南角有分布，栖息在含有泥炭沙地的小水塘中。尽管水质很干净，但却呈现黑色并为酸性，夏季则完全干涸。此时的鳞南乳鱼会向下钻入泥沙中，在深达60厘米的洞穴中度过夏季。为了完成这一过程，它们的脊椎也进化的极为灵活，有助于钻过潮湿的泥沙。它们在洞穴中的休眠长达5个月，其间通过皮肤呼吸。由于缺少眼外肌，因此鳞南乳鱼无法转动双眼，但却能弯曲"颈部"来环顾四周。一进入繁殖期，雄鱼便和雌鱼交配，鱼卵在雌鱼体内受精，每条雌鱼都能产下多达100枚卵。鳞南乳鱼的寿命通常只有1年，主要以水生昆虫的幼虫为食。

Galaxias maculatus

大斑南乳鱼

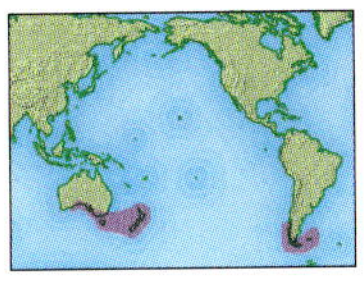

体长：多达20厘米
体重：无记录
性别：雌雄异体
现况：未评估

分布：澳洲南部、新西兰、南太平洋、大西洋南部、南美洲南部

大斑南乳鱼也被称为银鱼，它们广泛分布于南半球，身体小而细长几乎呈圆柱形，体背为明显的橄榄灰色到琥珀色，头部钝圆，背鳍和臀鳍靠近尾部。大斑南乳鱼对水中盐度的突然变化具有很强的耐受力，这与它们能在淡水和咸水中交替生活的方式有关。它们将卵产在河口的植物中，鱼卵在下次涨潮时孵化。孵化后的幼体在海中生活达7个月，然后便回到淡水直到发育成熟。

巨口鱼及其近亲

门：	脊索动物门
纲：	硬骨鱼纲
亚纲：	辐鳍鱼亚纲
总目：	巨口鱼总目
目：	2目
科：	5科
种：	约430种

巨口鱼及其近亲是深海中的捕食者，它们进化出多种捕食猎物的武器，包括大而灵活的双颌、锋利的牙齿以及发光的诱饵，并且也有发光器官。除了巨口鱼外，这一类群中还包括钻光鱼、蝰鱼、柔骨鱼和星衫鱼。尽管这些鱼类的名字都反映出其掠食本性，但它们的体形实际上却很小，以其他深海鱼类和无脊椎动物为食。这一类群常见于全球各大海域，但各自的分布范围并不相连。

除了蝰鱼外，该类群中的物种通常体表无鳞，为了适应幽暗水域，它们的体色大多为黑色或褐色。然而，某些种类的体色则为银白色甚至呈透明状。许多种类也都具有发光器官，这是它们与灯笼鱼（第509页）共有的特征，但巨口鱼的发光器官通常较大，数量也较多。这些发光器官常位于体侧和腹部，或是靠近双眼。发光器官形似大头针，与神经相连。光线通过银色衬底进行反射，然后由加厚的透镜状外覆鳞片聚焦。发光器官会不断或间歇闪烁。

栖息在深海水下约300米处的物种的发光器通常数量较少，光亮也较弱，发出光线的强弱取决于它从水面上方接收的光量。因此，发光器可以根据环境背景调节亮度，使这些鱼类可以掩饰自己的轮廓，不让位于下方的捕食者发现。这一类群中几乎所有种类的颏须或特化鳍条的末端都有发光器，可作为诱饵吸引猎物进入攻击范围。

身体结构

这一类群中的大多数鱼类都有延长的身体和相对较大的头部，双颌特化，口裂大。例如，柔骨鱼的口部无底。蝰鱼的头部具有能增加口裂宽度的关节，当双颌张开时，心脏和鳃等器官会被挤向身体偏后下方，以腾出空间容纳食物。它们的双颌通常布满尖牙，用于捕猎或是防止猎物逃脱。

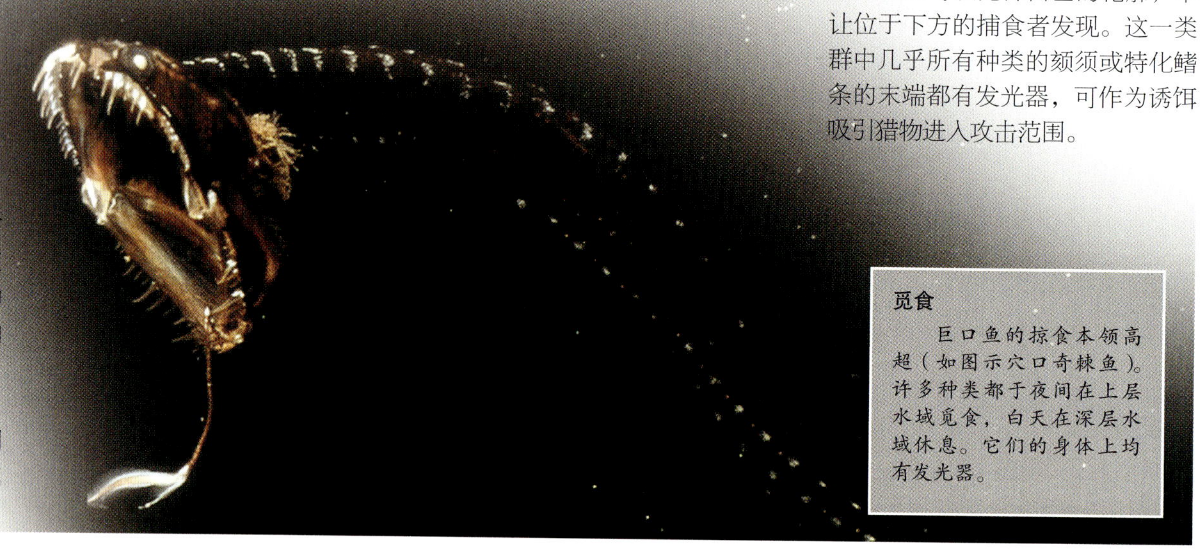

觅食

巨口鱼的掠食本领高超（如图示穴口奇棘鱼）。许多种类都于夜间在上层水域觅食，白天在深层水域休息。它们的身体上均有发光器。

Chauliodus sloani

蝰鱼

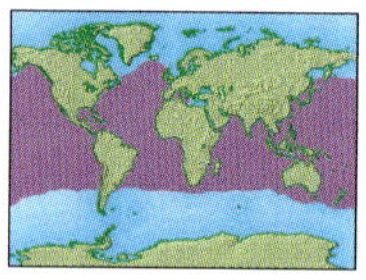

体长：	多达35厘米
体重：	多达30克
性别：	雌雄异体
现况：	未评估

分布：全球热带和亚热带及温带海域

蝰鱼生活在深海，它们的身体延长，体表为蓝黑色，嘴巴巨大，具有极长的透明尖牙。最大的尖牙细长锋利，由于这些牙齿太大而无法收回嘴中，嘴巴闭合时这些尖牙只能露在外面。蝰鱼的背鳍上有一根可以当作诱饵的弧形长鳍条，身体和嘴周围还具发光器，能吸引猎物靠近。蝰鱼全年都能繁殖。它们所属的类群中共有6个物种，在全球各大洋的极深水域均有分布。

Idiacanthus antrostomus

穴口奇棘鱼

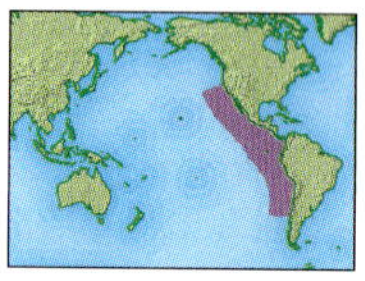

体长：	雌性多达38厘米
体重：	多达55克
性别：	雌雄异体
现况：	未评估

分布：太平洋东部

这种外形奇特的鱼类栖息于大洋深处，体表为黑色，体形似蛇，牙齿极长且必须旋转才能让嘴巴张开和闭合。雌性的体形大小约为雄性的40倍。穴口奇棘鱼能利用触须末端可活动的发光器来诱捕猎物，这个发光器从下颌前端伸出。它们的腹侧也有发光器。穴口奇棘鱼通常于夜间来到表层水域觅食小鱼和甲壳类。其幼鱼十分特别，双眼位于长眼柄之上，肠道则一直延伸至尾部。

Malacosteus niger

黑柔骨鱼

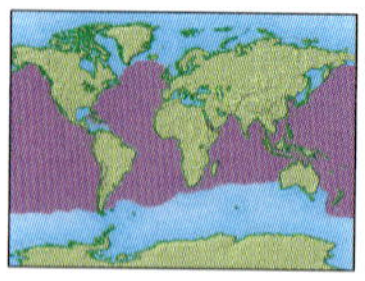

体长：	多达24厘米
体重：	无记录
性别：	雌雄异体
现况：	未评估

分布：全球热带和亚热带及温带海域

黑柔骨鱼的独特之处在于双颌和舌头之间没有薄膜相连，这个特征有助于快速攻击猎物。它们的头部可以旋转，双颌前突，能将体形较大的鱼和甲壳类送入口中。虽然该科中的许多成员身上都具有成行的发光器，但黑柔骨鱼的发光器只分布在嘴巴周围，并且也是唯一能发出红色生物光的鱼类。

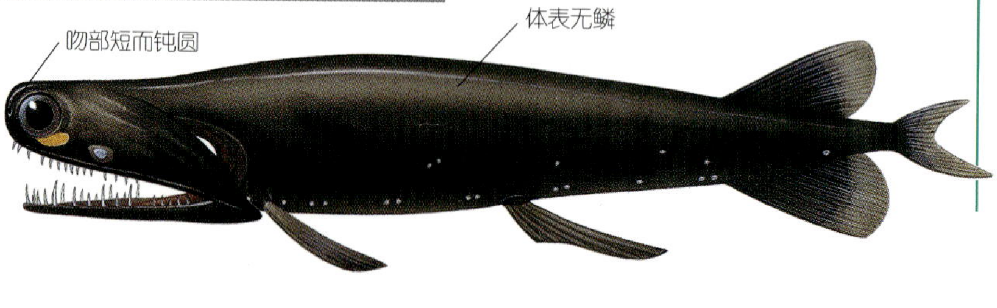

灯笼鱼及其近亲

门：	脊索动物门
纲：	硬骨鱼纲
亚纲：	辐鳍鱼亚纲
总目：	灯笼鱼总目
目：	2目
科：	19科
种：	约520种

灯笼鱼和巨口鱼一样，也利用头部和身体上的发光器发光。它们有时被视为生活在深海中的鲱鱼，因为它们的体形较小，常组成大而密集的鱼群共同活动。它们也是深海生态中必不可少的组成部分，为众多鱼类、海鸟和海生哺乳类提供着食物来源。灯笼鱼的数量庞大，常见于远离大陆架的深海中层水域。其近亲包括身体细长的帆蜥鱼，以及能利用鱼鳍在海底停歇或爬行的深海狗母鱼和狗母鱼。这些鱼类常见于沿海水域和深海。

身体结构

这一类群中的所有成员都长有细小的鳞片，有些鳞片为银白色，有些为黑色，一旦被捕获，鳞片便会脱落。灯笼鱼的腹部和头部都覆盖着能发出绿色、黄色或是蓝色冷光的发光器。每个物种的发光器都很独特，用于帮助同类物种在集群时相互识别。灯笼鱼夜间向水面表层迁徙，捕食那里的浮游生物，白天则待在深水区。它们的双眼较大，视觉良好，有助于探测光照强度的变化和在昏暗水域中识别其他发光个体。

这一类群中的其他鱼类与灯笼鱼在身体结构和行为上存在极大差异。其中的大部分都无发光器。帆蜥鱼身体细长，栖居于深海。它们的大嘴中长满尖利的牙齿，以其他深海生物体为食，其中就包括灯笼鱼。帆蜥鱼也会随着猎物的活动在深海和水面表层之间往返。底栖型的狗母鱼属捕食性鱼类，栖息在热带和温带的沿海地区，通过伏击方式捕猎。它们长有很多锋利的牙齿，体表的花纹可在海底形成很好的伪装。深海狗母鱼能用延长的3根鳍条支撑着身体立在海底，因此也有三脚鱼之称。它们主要分布在深海盆地底层。

发光

灯笼鱼的发光器与小而发亮的大头针类似（图示为加州眶灯鱼）。一些物种的雄性和雌性的发光器还会按照不同的图案排列，有助于在昏暗的水中相互识别。

Bathypterois grallator

短头深海狗母鱼

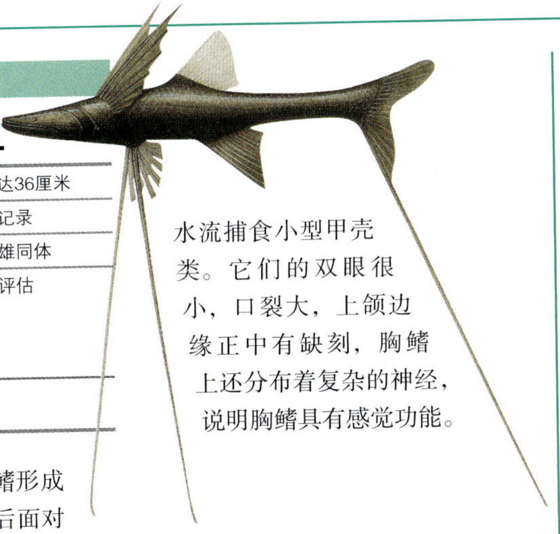

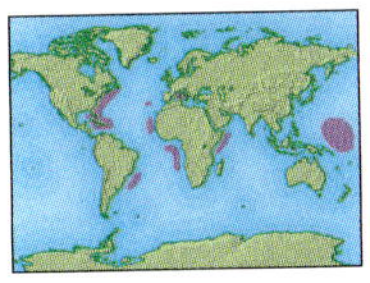

体长：	多达36厘米
体重：	无记录
性别：	雌雄同体
现况：	未评估

分布：大西洋、地中海、印度洋、太平洋西部

这种鱼利用腹鳍和尾鳍形成支架在海底停滞不动，然后面对水流捕食小型甲壳类。它们的双眼很小，口裂大，上颌边缘正中有缺刻，胸鳍上还分布着复杂的神经，说明胸鳍具有感觉功能。

Synodus variegatus

红带狗母鱼

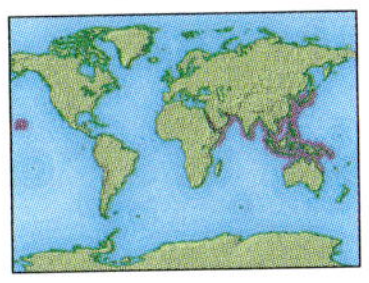

体长：	25—35厘米
体重：	无记录
性别：	雌雄异体
现况：	未评估

分布：太平洋、印度洋

红带狗母鱼的吻端稍尖，口大，头部侧面看起来与蜥蜴极似。红带狗母鱼通常停滞在海底，用腹鳍作为支撑，将头部像蜥蜴一样扬起。它们也常将自己埋在沙中，只露出吻和双眼，小鱼经过时，便突然冲出捕食。红带狗母鱼的身体细长呈管状，体表的褐色、橙色或淡红色为它们的海底生活提供了极好的伪装。

Myctophum asperum

暗色灯笼鱼

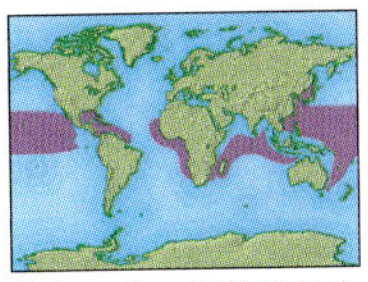

体长：	多达7厘米
体重：	无记录
性别：	雌雄异体
现况：	未评估

分布：北太平洋和南太平洋、大西洋西部和东部、印度洋

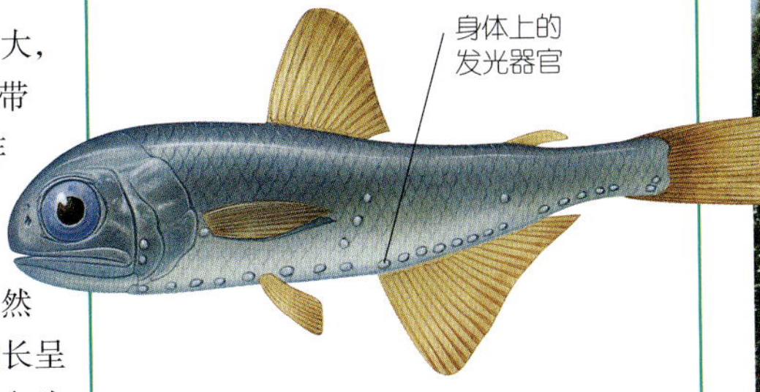

暗色灯笼鱼是数量最多的深海鱼之一，也是海洋食物链中的重要环节。它们主要取食浮游甲壳类，而后又被海鸟、海豹和鲣鱼等体形较大的鱼类捕食。暗色灯笼鱼得名于头和身体上的发光器。这些发光器的排列方式是约250种灯笼鱼的重要鉴别方式。尾巴附近大型发光器的不同排列方式，可作为鉴别性别的重要依据。

Alepisaurus ferox

长吻帆蜥鱼

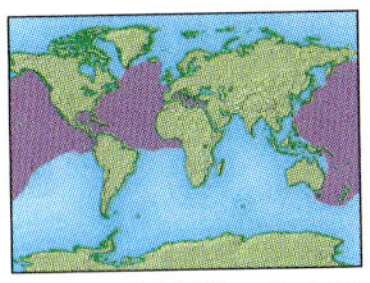

体长：	多达2.8米
体重：	4.5千克
性别：	雌雄同体
现况：	未评估

分布：太平洋、北大西洋、地中海

长吻帆蜥鱼生活于深海，体形较大，呈纺锤形，体表具虹彩光辉，尾鳍深分叉，背鳍高耸呈帆状，长度约占体长的三分之二，但功能不详。长吻帆蜥鱼的大嘴中长有大而尖利的牙齿，用来咬住光滑的猎物。由于帆蜥鱼吞入胃中的鱼类常会保持完整，因此它们也是科学家研究深海物种的重要来源。

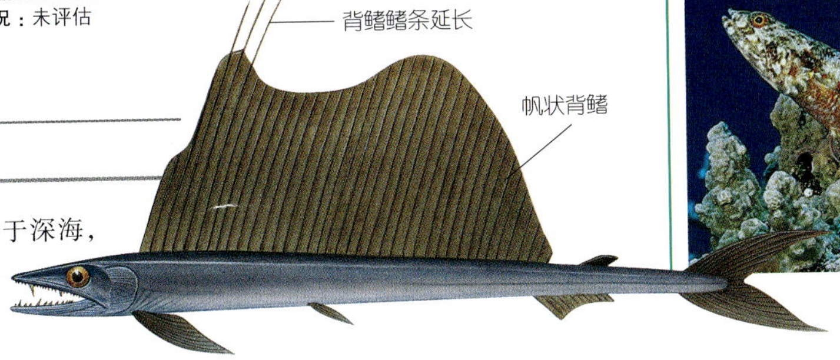

鱼类

鳕鱼和鮟鱇

门：	脊索动物门
纲：	硬骨鱼纲
亚纲：	辐鳍鱼亚纲
总目：	副棘鳍总目
目：	5目
科：	37科
种：	约1600种

鳕鱼是海洋生态中的重要组成部分，因为它们既是捕食者，也是许多其他物种的猎物。它们的近亲包括无须鳕、狭鳕和分布广泛的突吻鳕。鮟鱇为底栖鱼类，也是深海中的捕食者，因背鳍末端长有饵状物而得名，这个诱饵可用于诱捕猎物。除了鳕鱼和鮟鱇外，还包括其他数种鱼类，如鼬鳚（包括针潜鱼和蛇鳚）和鲑鲈。除了前述最后一类外，其他大多数种类均为海生，只有少数生活在淡水和半咸水水域。这一类群中的大多数种类都栖息在海底，但有些种类（如鳕鱼、黑线鳕和无须鳕）组成庞大的鱼群共同活动。

身体结构

鳕鱼及其近亲通常身体窄长，鱼鳍由相对脆弱的鳍条支撑，且排列方式独特，如腹鳍极为靠近身体前部，长背鳍为3片。真鳕体具有小而细长的鳞片，垂直张开的嘴巴有助于取食底栖生物，下颌上还长有一根感觉触须。无须鳕外表与鳕鱼类似，但前者的体表覆有鳞片，大嘴中长有很多锋利的牙齿。无须鳕为肉食性鱼类，通常结成大型鱼群追捕小型鱼类和无脊椎动物。

突吻鳕的鳞片粗糙，头部较大呈骨质，身体由粗变细，至尾巴处呈丝状（别称鼠尾鳕）。这种生活在深海的鱼类以海底的腐肉为食或是捕食小型猎物。底栖型的鮟鱇体表具有多种颜色和花纹，能在海底形成极好的伪装。它们相对不太活跃，身形结实粗胖，头嘴皆大，背鳍上的一根鳍条特化为鞭状，末端带有一个饵状物。饵状物看上去类似小型海生生物，有些深海种类的饵状物末端还会发光。

典型的鼬鳚头部较小，身体由粗逐渐变细，背鳍、臀鳍和尾鳍相连形成一条长鳍。鼬鳚及其近亲已经适应了在一些特殊的生境中生存（如洞穴和海底火山口附近）。有些种类甚至栖息在无脊椎动物体内，包括软体类、海参和海鞘等。鲑鲈的背鳍前方像鲈鱼一样长有棘刺，又像鲑鱼一样具有脂鳍，因此而得名。它们的近亲仅包括几种分布在美国东部石灰岩洞穴中的物种。

生命周期

鳕鱼每年冬季和春季都要洄游至原来的繁殖地产卵。它们的繁殖数量巨大，仅一条雌性每年就能产下数百万枚鱼卵，因此它们也成为其他鱼类、海生哺乳类、海鸟和人类的重要食物来源。然而近年来，过度捕捞已使许多经济鱼类的种群数量大幅萎缩，甚至可能让一些产卵地中的鳕鱼趋于消失。一些深海鮟鱇为了克服在昏暗的深海中难以找到配偶的困境，发展出了独特的繁殖方式。经过幼体阶段后，雄性便会咬住雌性的身体（后者通常比前者大很多），寄生其上。寄生后的雄性会和雌性的身体组织融合在一起，依靠雌性的循环系统提供养分，并在雌性需要受精时释放精子。1条雌性的身上有可能寄生着1条或数条雄性。

觅食

鮟鱇的觅食方式非常高级，消耗的能量也较低。这种极具伪装的鱼类（图中为鮟鱇）利用诱饵将猎物引诱到自己嘴边。一旦猎物足够靠近，鮟鱇便张开大嘴，将猎物吸入。鮟鱇的嘴巴和胃均能扩张，就连大型猎物也能整个吞掉。

Amblyopsis spelaea

洞鲈

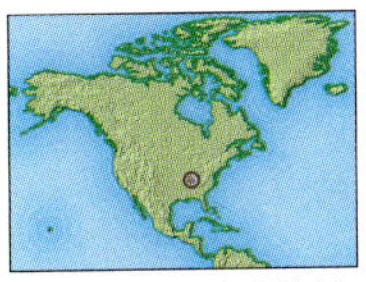

体长：多达10.5厘米

体重：无记录

性别：雌雄异体

现况：易危

分布：美国（肯塔基州、印第安纳州）

洞鲈与大多数穴居鱼类一样皮肤苍白，双眼全盲，皮下仅有残存的眼部组织，且分布区也十分有限，只分布在肯塔基州和印第安纳州交界处的石灰岩洞穴中，分布面积还不到100平方千米。洞鲈以微小的穴居无脊椎动物为食，通过头部和体表的感觉器官探测猎物。

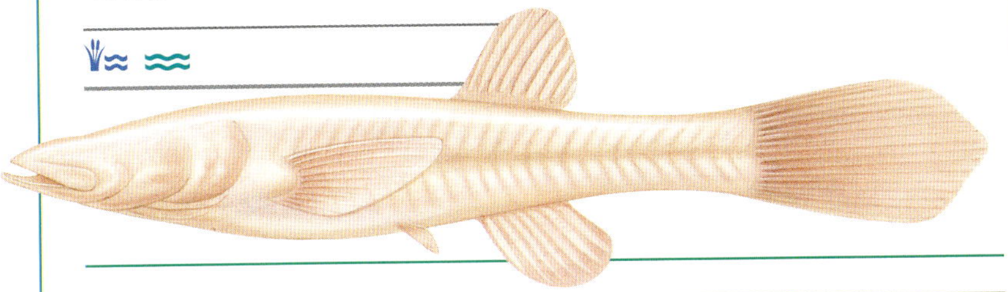

Thermichthys hollisi

霍利斯氏深蛇鳚

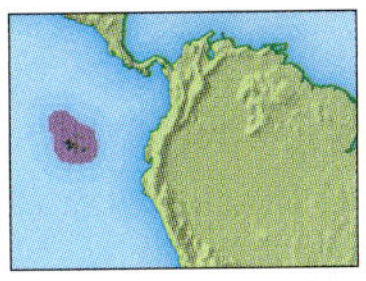

体长：多达30厘米

体重：无记录

性别：雌雄异体

现况：未评估

分布：加拉帕戈斯群岛

霍利斯氏深蛇鳚于1990年被发现鉴定，这种罕见的鱼类只生活在深海底的热泉附近。它们身体粗短，嘴巴硕大，双眼极小且未完全发育。它们与其他蛇鳚一样，也依靠细菌为生，这类细菌在热泉喷出的富含矿物流体中大量繁衍。目前尚不清楚霍利斯氏深蛇鳚是直接取食细菌还是捕食其他以细菌为食的动物。霍利斯氏深蛇鳚所属的类群共有近200个物种，它们通常栖息在浅层水域，有时在洞穴中生活。这个类群也被称为胎鼬鳚类，因为所有的成员均为胎生。

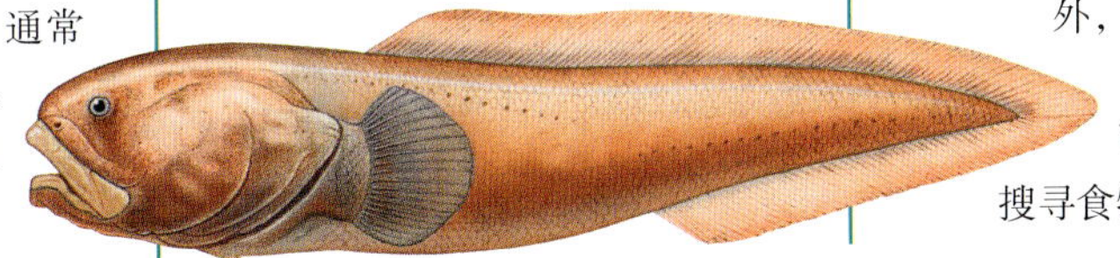

Ophidion scrippsae

细纹孔鳔鼬鳚

体长：超过28厘米

体重：无记录

性别：雌雄异体

现况：未评估

分布：北太平洋北部

鼬鳚并非真正的鳗鱼，而是针潜鱼（左图）和须鳚（见霍利斯氏深蛇鳚）的近亲。细纹孔鳔鼬鳚通常栖息在水深多达100米处，但也有一些标本捕获于水深超过8000米处（这是鱼类所能达到的最大深度）。细纹孔鳔鼬鳚与其他鼬鳚一样头部钝圆，口大，身体延长，从头至尾逐渐变细。体表的鳞片呈十字纹状，这也是它名字的由来。细纹孔鳔鼬鳚只在夜间活动，白天藏身于沙子中，只将吻尖露出。它们在黄昏时分将部分身体露在沙子外，等待小鱼或无脊椎动物经过时捕食，但也可能会沿着海底游动以搜寻食物。

Carapus acus

针潜鱼

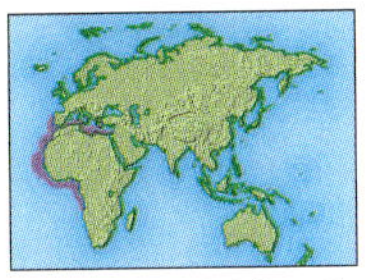

体长：多达20厘米

体重：无记录

性别：雌雄异体

现况：未评估

分布：大西洋东部、地中海

与隐鱼科的大多数成员一样，针潜鱼的身体也极为细长，体表无鳞呈

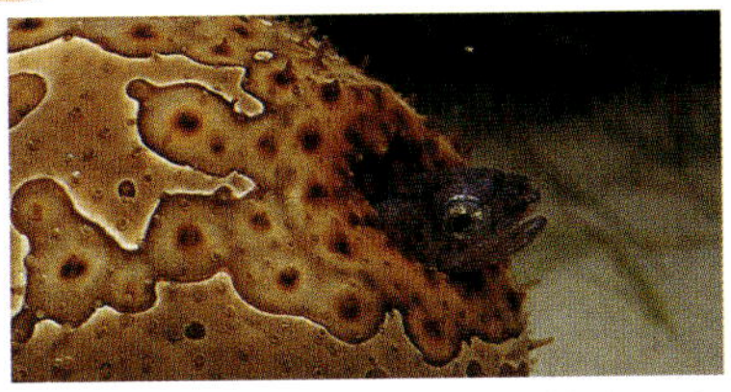

银白色，成年后寄生在海参体内。它们受寄主外形及其释放的化学物质所吸引，从肛门钻入寄主体内（通常尾部先进入），随后定居其中。天黑后外出捕食其他动物，但也可能取食寄主的内脏。

Merluccius productus

北太平洋无须鳕

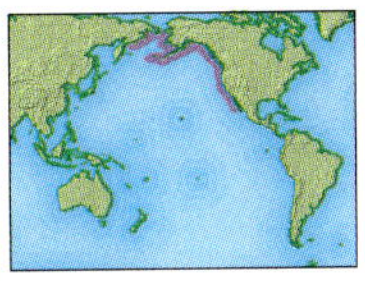

体长：多达90厘米

体重：多达5千克

性别：雌雄异体

现况：未评估

分布：北太平洋

北太平洋无须鳕和大西洋鳕（左下图）之间存在密切的亲缘关系，两者体形相似，身体细长，头大，下颌突出；体背为蓝灰色，体侧银白色。它们和大西洋鳕一样，也汇聚成大型鱼群共同活动，并于早春时节繁殖产卵，雌鱼能产下数百万枚卵。鱼卵在水面表层漂浮，并随洋流扩散到各处。北太平洋无须鳕是鼠海豚、海豹和剑鱼等海洋动物的食物，近年来也被人类大量捞捕。

Lota lota

江鳕

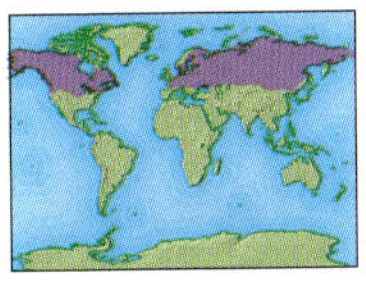

体长：多达1.2米

体重：多达34千克

性别：雌雄异体

现况：无危

分布：北美洲北部、欧洲、亚洲北部

身体细长的江鳕是唯一一种终生都生活在淡水中的鳕鱼。它们的体背通常为单调的暗绿色至褐色，带有深色斑纹，腹部为浅黄色至奶油色。这种鱼白天通常藏身于水中的树根或缝隙中，晨昏时最为活跃，多外出捕食昆虫幼虫、甲壳类和其他鱼类。江鳕常在冬季的午夜产卵（这在鱼类中非常罕见），产卵过程通常在冰下进行。

Gadus morhua

大西洋鳕

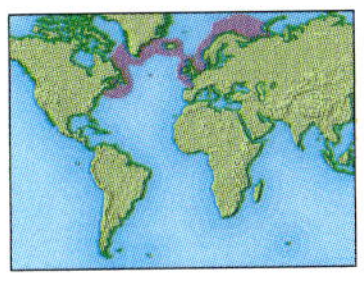

体长：多达1.4米

体重：多达25千克

性别：雌雄异体

现况：易危

分布：北大西洋、北冰洋

这种体形很大且集群生活的鱼类是全球最具经济价值的鱼类之一。它们栖息在大陆架水域，通常在泥沙上方水深30—80米处觅食，主要捕食其他鱼类，尤其喜欢鲱鱼、西鲱和毛鳞鱼。大西洋鳕通常在早春繁殖，雌鱼在水中产下数百万枚卵。成年大西洋鳕也会集群进行洄游，因此比较容易被捕获。

保育

大西洋鳕多年以来一直被大量捕获。19世纪时，有时还能捕到体重多达90千克的个体，但是随着捕捞技术的发展，它们的种群数量已经急剧下降。体重超过15千克的个体已经相当稀少。

身体厚实

大西洋鳕的体形较长，吻部隆突，下颌具有一根触须。体色多变，由淡绿色渐变为沙褐色。

鱼类

Coryphaenoides acrolepis

粗鳞突吻鳕

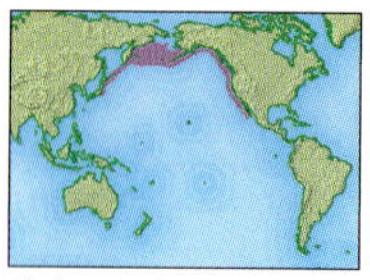

分布：北太平洋

体长：多达87厘米
体重：多达10千克
性别：雌雄异体
现况：未评估

突吻鳕又称鼠尾鳕或鞭尾鳕，是全球大陆架边坡水域中的优势物种。粗鳞突吻鳕与其近亲（约400种）一样，头大吻尖，身体由粗突然变细。它们的双眼很大，能瞧见海底的猎物。雄性可借助鱼鳔的肌肉发出令人惊讶的响亮声音。

Antennarius maculatus

瘤突躄鱼

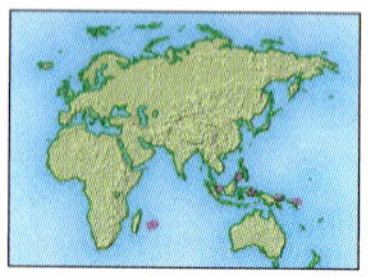

分布：太平洋西部、印度洋

体长：多达11.5厘米
体重：无记录
性别：雌雄异体
现况：未评估

瘤突躄鱼隶属鮟鱇目，这一类群的成员均以奇特的外形而闻名。躄鱼不像大多数鮟鱇那样生活在深海，而是栖息在浅海岩礁或珊瑚丛中。它们的背鳍第一鳍棘的末端具有彩色饵状物，通过晃动“钓饵”模仿小鱼，以诱捕猎物。

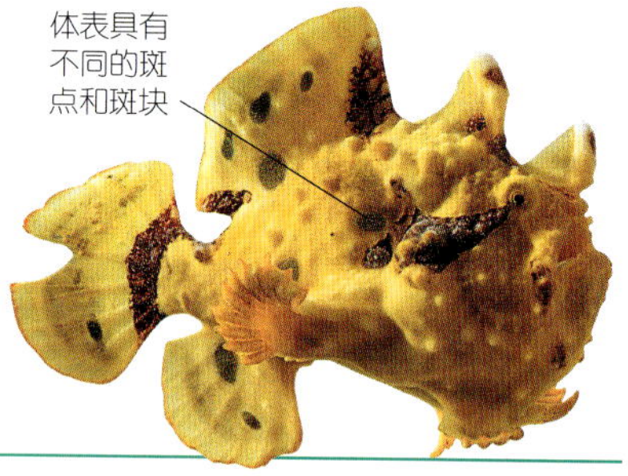

Histrio histrio

斑纹光躄鱼

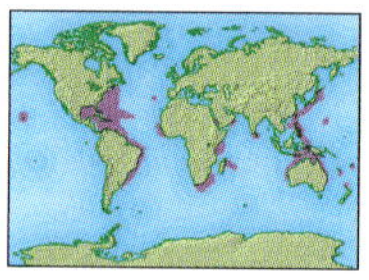

分布：全球热带和亚热带海域

体长：多达18.5厘米
体重：多达400克
性别：雌雄异体
现况：未评估

斑纹光躄鱼具备绝佳的伪装色，体表的颜色和花纹十分多变。这一躄鱼科物种栖息在漂流的海草中，因此分布极为广泛，主要通过背鳍棘刺上的诱饵捕猎。斑纹光躄鱼的求偶行为极为复杂，雄鱼求偶时猛烈地啃咬并追逐雌鱼。成鱼有着同类相食的习性，但在求偶时不会发生这种行为。

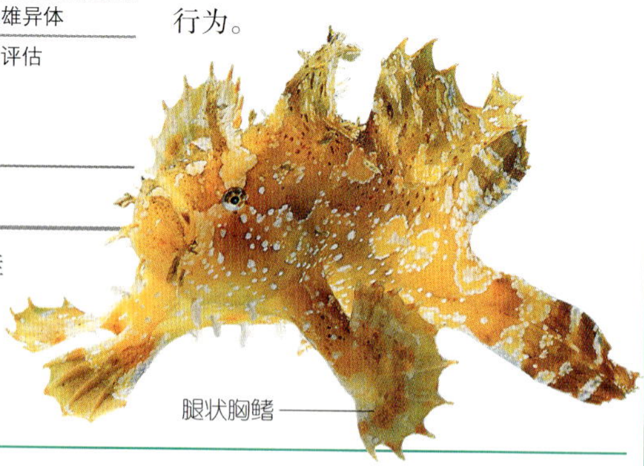

Melanocetus johnsonii

约氏黑鲸鮟鱇

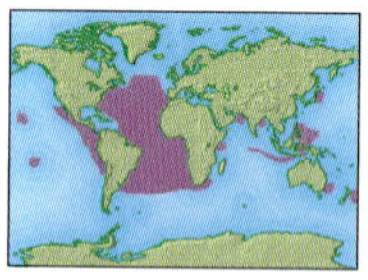

分布：太平洋、大西洋、印度洋

体长：雌鱼达18厘米
体重：多达600克
性别：雌雄异体
现况：未评估

约氏黑鲸鮟鱇生活在深海中，常在开阔水域而非在海底捕食。雌鱼的体形近圆，长有巨大的头部和双颌，背鳍上具有诱饵。雄鱼无诱饵，体长不及雌性的五分之一。与其他深海鮟鱇不同鮟鱇的是，这一物种的雄性不会在雌鱼产卵后游走，而是用嘴巴咬住并寄生在雌鱼身上。

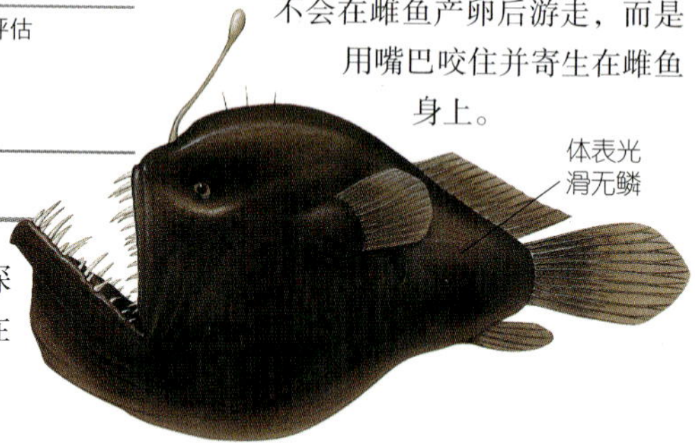

Lophius piscatorius

鮟鱇

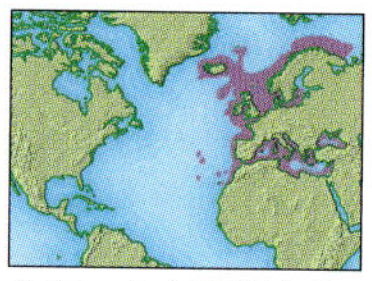

分布：北大西洋东部、地中海、黑海

体长：多达2米
体重：多达40千克
性别：雌雄异体
现况：未评估

鮟鱇俗称琵琶鱼，体表呈晦暗的淡绿棕色，宽大扁平的身形向尾部急剧收缩成柱状。鮟鱇是一种守株待兔型的捕食者，它们的体表颜色能在周围的环境中形成精美的伪装，背鳍上的肉质诱饵也可以悬垂在大嘴前诱捕猎物。一旦猎物游近，鮟鱇便会张开大口将其吞入嘴中。体表绝佳的伪装色有助于鮟鱇隐身于海底。它们的体表具有深色花纹，头及全身边缘有许多皮质突起，因此能与周围环境融为一体而不被发觉。鮟鱇通常在5—8月间产卵，产卵时间往往根据位置决定。雌鱼每次产卵多达100万枚，这些凝胶状的卵群会在海面漂浮直到孵化。外形奇特的幼体孵出后的发育速度各有不同，雄鱼通常在4年后达到性成熟，雌鱼则需6年。

Histiophryne psychedelica

迷幻躄鱼

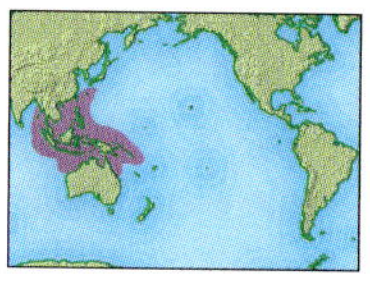

分布：亚洲东南部

体长：最长15厘米
体重：无记录
性别：雌雄异体
现况：未评估

躄鱼与球形的鮟鱇类似，它们的皮肤肥厚松软，双眼朝前。这一独特物种的体表呈浅粉色，带有白色条纹，脸部宽大带褶皱，因此受到水族馆的极大欢迎。迷幻躄鱼栖息在印度尼西亚浅水区的珊瑚礁中，于2008年被发现，每条个体都有不同的花纹，还能借助胸鳍在海底“行走”。

Ceratias holboelli

角鮟鱇

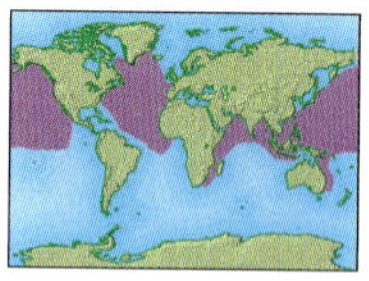

分布：太平洋、大西洋、印度洋

体长：雌鱼达1米
体重：多达50千克
性别：雌雄异体
现况：未评估

角鮟鱇两性间的差异极大。雌性（上图）头大口大，雄性体形细小。成年雄鱼遇到雌鱼时，便咬住后者的身体，随后寄生其上。两者的血管系统融为一体，这样雄鱼便能从雌鱼那里获得营养。全世界的鱼类中，只有深海鮟鱇才有这种奇特的生活方式。

Linophryne arborifera

树须鱼

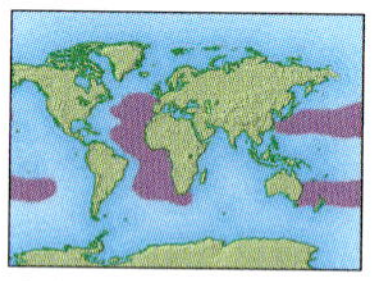

分布：大西洋、太平洋西部

体长：雌鱼达10厘米
体重：多达300克
性别：雌雄异体
现况：未评估

雌性树须鱼的吻端长有可发光的诱饵，下巴具有状似海草的分叉触须。树须鱼的触须和它们的诱饵一样，也能发光吸引猎物。与角鮟鱇一样（左图），雄鱼的体形也比雌鱼小很多，且也寄生在后者身上。

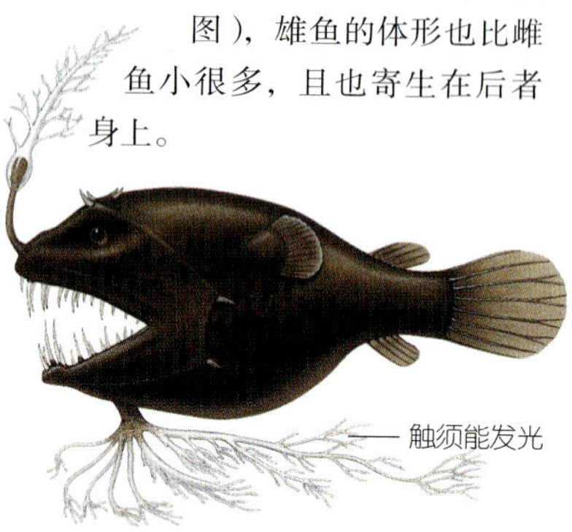

棘鳍鱼

门：	脊索动物门
纲：	硬骨鱼纲
亚纲：	辐鳍鱼亚纲
总目：	棘鳍总目
目：	17目
科：	286科
种：	约16,500种

棘鳍鱼是进化时间最晚的类群，也是数量最多的鱼类，约占鱼类总数的一半。棘鳍鱼的种类繁多，各具明显的外形特征、体色、行为和特殊的适应方式。它们的体形大小各异，既有体长仅1厘米的小型虾虎鱼，也有体长超过8米的皇带鱼。棘鳍鱼几乎分布在各种水生环境中，是近岸海域中的优势物种，同时也广泛分布在湖泊、池塘和水流平缓的溪流中，甚至在广阔的大洋中（包括深水区）也能见到它们的身影。

身体结构

尽管棘鳍鱼组成了一个种类繁多的大家庭，但却有着许多相同的解剖学特征。它们的第一背鳍或周围通常长有坚硬的骨质鳍棘。这一特征使它们有别于其他辐鳍鱼（鱼鳍皆由分节的骨质鳍条支撑）。但某些棘鳍鱼的鳍棘较小或是完全消失，而其他种类（如蓑鲉和毒鲉）的鳍棘上则有毒腺。大多数棘鳍鱼具栉鳞（第468页），鳞片表面密生小棘，摸上去非常粗糙。有些种类的鳞片变异为骨片或粗短骨刺，还有许多种类甚至完全无鳞。大多数棘鳍鱼都有能向前伸出的灵活嘴巴，不过各个物种间的嘴型和牙齿类型都极为不同。

棘鳍鱼中包含众多专门食肉的种类，也有食腐和食草种类，为了适应不同的生活方式，它们也进化出了多变的身体形态。鲣鱼体呈纺锤形，是鱼类中的游泳能手。比目鱼（如鲽和鳎）的身体不对称，双眼位于头部一侧，非常适于贴在海底游动。海马的吻呈长管状，头与身体近直角，卷曲状的尾巴能勾在海洋植物上。鲈鱼是棘鳍鱼中数量最多的一类，它们也构成了脊椎动物中数量最多的目——鲈形目（物种超过9000种）。除了鲈鱼外，这一类中还包括许多人们熟知的鱼类，如鲀鲈、鲷鱼、鲭鱼和蝴蝶鱼等。

鱼鳍适应性

图中成群的似鲻笛鲷隶属鲈形目，是棘鳍鱼中最大的类群。它们的鱼鳍与其他棘鳍鱼的鱼鳍结构相同，但许多种类的腹鳍和胸鳍位置齐平，可在游动时增加灵活性，并提高捕猎能力。

Leuresthes tenuis

加利福尼亚滑银汉鱼

体长：多达19厘米
体重：多达100克
性别：雌雄异体
现况：未评估

分布：北太平洋东部

加利福尼亚滑银汉鱼隶属银汉鱼科，该科成员共有100多种，与大多数成员一样，加利福尼亚滑银汉鱼也集群栖息在靠近海岸处。它们的繁殖行为非常奇特，从春季到初夏，成群的滑银汉鱼会随潮水来到潮湿的沙滩上交配，吸引不少观众前来观看。满月后2—6天的夜间涨潮期间，加利福尼亚滑银汉鱼开始产卵（右侧图框），当地居民通常利用这一时机捕捉它们进行消遣。不过，只有持有执照的渔民才能捕捞搁浅的滑银汉鱼，并且只能用双手进行捕捉。人们认为加利福尼亚滑银汉鱼以浮游生物和其他微生物为食，或许是将嘴巴快速伸出捕食。

单一条纹

加利福尼亚滑银汉鱼体形细小，体表呈青色，体侧具一条银蓝色的条纹，腹部银白色，无齿，嘴巴伸出时呈管状。

交配

加利福尼亚滑银汉鱼随潮水上岸，在潮湿的沙滩上交配。雌性在浅凹陷处产卵，雄性则在雌性四周扭动身体来为鱼卵受精。

Melanotaenia boesemani

贝氏虹银汉鱼

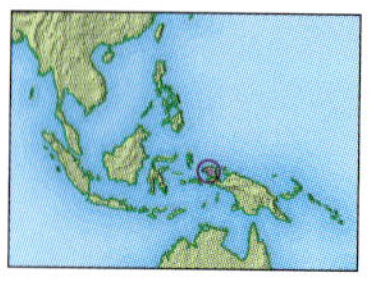

体长：多达15厘米
体重：无记录
性别：雌雄异体
现况：濒危

分布：新几内亚岛西北部

贝氏虹银汉鱼分布在新几内亚佛吉克普半岛的Ajamaru湖区。雄性的体色完全有别于其他虹银汉鱼，它们的头和身体前半部呈明亮的淡蓝灰色，鱼鳍和身体后半部为鲜艳的橘红色，体侧有明暗相间的纵带。雌鱼的体色较淡，背鳍也比雄鱼短，且体侧还有数条点状粉红色纵线，每次能产100—200枚卵。

Chelon labrosus

粗唇龟鲻

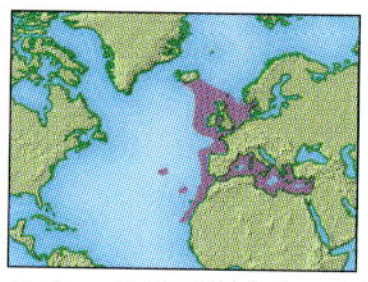

体长：多达75厘米
体重：无记录
性别：雌雄异体
现况：无危

分布：北大西洋东部、地中海、黑海西部

这种鱼的名字源于它们突出的厚上唇。粗唇龟鲻通常在表层沉积物中取食有机物和藻类，并用鳃耙过滤出难以消化的物质。强健的胃和细长的肠道能帮它们进行更为有效的消化。粗唇龟鲻集群栖息在相对较浅的海水和河口地带，它们既是游钓鱼种，也是一种经济鱼类。这种鱼所属的类群共有约80个物种，由于鱼鳍的排列方式与金梭鱼类似，因此曾一度被认为是梭鱼的近亲。

Cypselurus heterurus

大西洋异尾须唇飞鱼

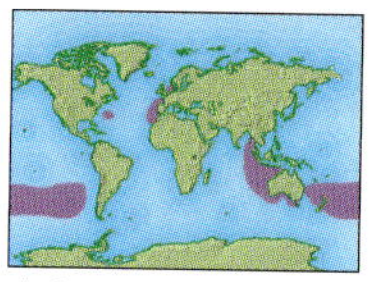

体长：多达40厘米
体重：无记录
性别：雌雄异体
现况：未评估

分布：大西洋、印度洋东部、太平洋

大西洋异尾须唇飞鱼俗称四翼飞鱼，这种鱼栖息在表层水域，以浮游生物和其他小鱼为食。与其他飞鱼不同的是，大西洋异尾须唇飞鱼的胸鳍和腹鳍都很发达，有利于飞行。躲避敌害时，大西洋异尾须唇飞鱼能展开鱼鳍在水面进行多达200米的长距离滑行。为了能从水面跃出，它们的时速可以达到60千米。飞鱼卵的表面有带黏性的长丝，帮助黏挂在海藻上以防沉入海底。

Tylosurus acus

尖形圆颌针鱼

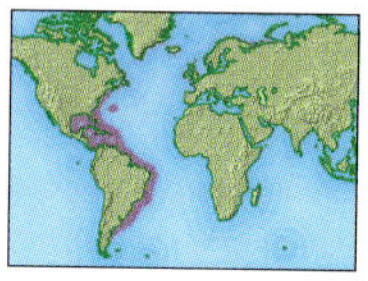

体长：90厘米，最长1.5米
体重：多达3.5千克
性别：雌雄异体
现况：未评估

分布：大西洋西部

尖形圆颌针鱼是颌针鱼科中体形最大的成员，其英文俗名源于长喙状双颌和细长的身体。它们的体背呈暗蓝色或青色，腹部银白色，双颌具成列排列的利齿。这种行动敏捷的鱼能跃出水面躲避捕食者的攻击。跃起时，还有可能撞到轮船或是船员的身上，由于体形和力量较大，因此碰撞时会造成重伤。幼鱼多在水面静静漂浮，试图通过模仿海草使自己不被捕食者发现。

Exocoetus volitans

大头飞鱼

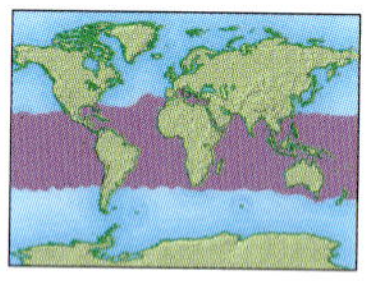

体长：多达18厘米
体重：无记录
性别：雌雄异体
现况：未评估

分布：全球热带和亚热带水域

尽管名为飞鱼，但大头飞鱼实际上并不会飞行，而是利用特化的胸鳍在水面滑翔（右侧图框）。飞鱼中的某些成员具有两对“翅膀”，即加长的胸鳍和腹鳍（如大西洋异尾须唇飞鱼），而大头飞鱼只依靠一对胸鳍滑翔。飞鱼借助滑翔躲避海豚、剑鱼和鲔鱼等捕食者的攻击，它们腾空时的速度可达每小时65千米。

鱼跃出水

为了能够起飞，飞鱼会在水中快速拍击尾鳍来获得额外推力，随后张开胸鳍腾空而起。离水后，它们的尾鳍下叶依然不停摆动，使其能在空中以全速滑翔达12秒之久。

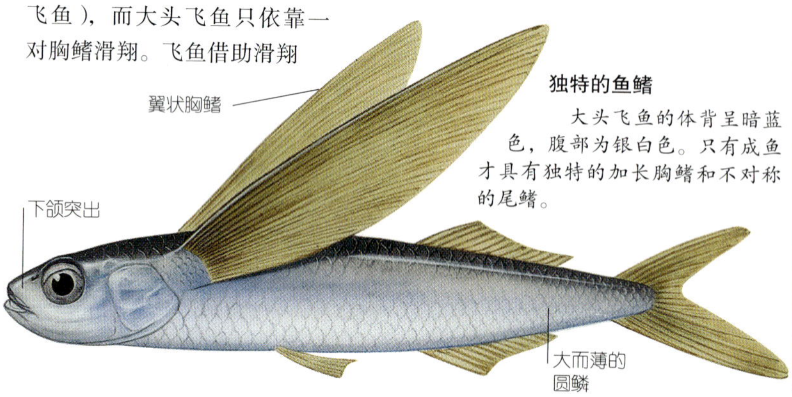

独特的鱼鳍

大头飞鱼的体背呈暗蓝色，腹部为银白色。只有成鱼才具有独特的加长胸鳍和不对称的尾鳍。

Fundulopanchax amieti

艾氏旗鳉

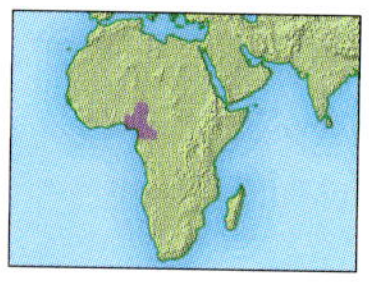

体长：多达7厘米
体重：无记录
性别：雌雄异体
现况：未评估

分布：喀麦隆西部（沙那加河下游）

也许因为分布范围狭窄，艾氏旗鳉直到1976年还未被描述。这种鱼分布于喀麦隆雨林区的河流中，常栖息在没有石头且水流缓慢的沼泽地带。雨季结束时，雌鱼在泥泞的河床上产卵。雄鱼的寿命只有1年。鱼卵在下个雨季到来之前进入休眠，直到雨季开始，才会发育并孵化。幼鱼历经1个月便能发育成熟，并且很快就遍布河中。

Jordanella floridae

乔氏鲴

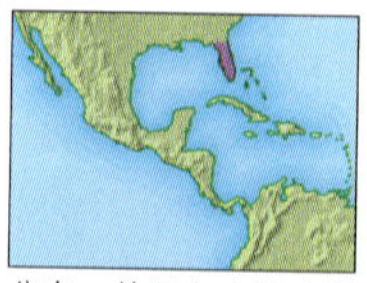

体长：多达7.5厘米
体重：无记录
性别：雌雄异体
现况：未评估

分布：美国东南部（佛罗里达州）

乔氏鲴隶属鳉科，这一类群均为小型淡水鱼，在美洲地区极为常见。与大多数成员一样，雌雄乔氏鲴的体色各不相同，雄鱼具有独特的花纹和色彩，因其星点条纹很像美国国旗而得名。乔氏鲴性情温和，以藻类为食，但雄鱼在求偶和护卵时变得十分好斗，并且常通过炫耀红色的奇鳍吸引雌性。雌鱼产卵后，雄鱼便将它赶走，然后守护着鱼卵，鱼卵大约一周后孵化。

Cyprinodon diabolis

魔鳉

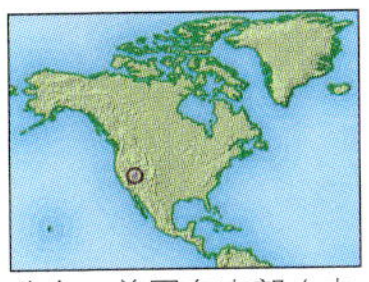

体长：多达2.5厘米
体重：无记录
性别：雌雄异体
现况：易危

分布：美国东南部（内华达州）

魔鳉仅分布在内华达州一处沙漠水潭中，这种小鱼也是全世界分布范围最狭窄的脊椎动物之一。魔鳉的整个种群数量不到500条，栖息地面积约为20平方米。水体污染和水位变化严重威胁着它们的生存。这种体形最小的鳉鱼缺少腹鳍，体表也不像它的大多数近亲那样具有纵带。魔鳉全年都能繁殖，但寿命很少超过1年。

Anableps anableps

四眼鱼

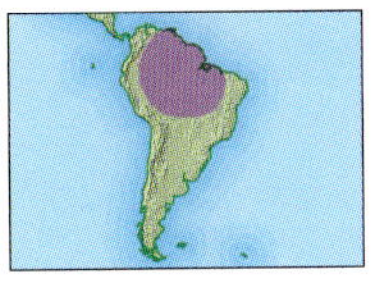

体长：多达32厘米
体重：无记录
性别：雌雄异体
现况：未评估

分布：南美洲北部

四眼鱼的体形较长，双眼像青蛙一样突出，眼角膜被皮质纵线分为上、下两部分，使它能够同时观察水面和水下的动静。这种奇特的构造既有助于捕捉水生昆虫，也能帮助抓到飞近水面的昆虫。四眼鱼通过快速游动躲避翠鸟和涉禽等捕食者的攻击，还能跃出水面躲避水中捕食性鱼类的追捕。雌鱼在体内储存精液，能使数批卵子受精。

Poecilia reticulata

孔雀花鳉

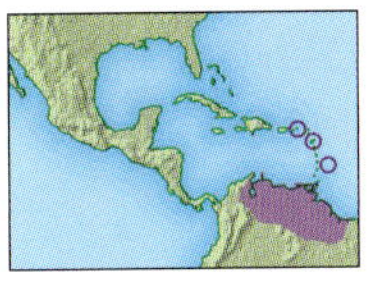

体长：6—7厘米
体重：不到5克
性别：雌雄异体
现况：未评估

分布：加勒比海、南美洲北部

孔雀花鳉是水族馆中的常见鱼类，俗称孔雀鱼。它们所隶属的类群成员超过300种，均以胎生而著称。野生雄性的体色多变，体表常具蓝色、红色、橙色、黄色和绿色斑点，偶尔也有黑色斑点、条纹或花纹，人工饲养的孔雀花鳉体色变化更大。孔雀花鳉的繁殖力很强，雌鱼每次可产100多条小鱼，但每窝通常能产20—40条小鱼。它们以蚊子幼虫为食，已被广泛引种用以控制蚊虫。

Poecilia latipinna

帆鳍花鳉

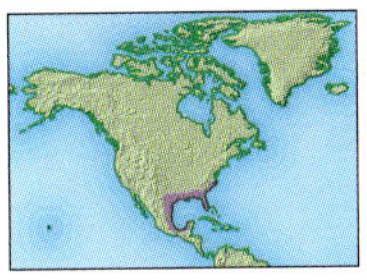

体长：1.5—5厘米
体重：无记录
性别：雌雄异体
现况：未评估

分布：北美洲东南部

帆鳍花鳉得名于竖起时几乎与身体等高的大型背鳍。它们与孔雀花鳉（上图）是近亲，也是水族馆中广受欢迎的物种。尽管体色通常为橄榄绿色，但经人工培育后，会出现各种不同的体色变化。帆鳍花鳉的背部、体侧和背鳍上具有数排看似条纹的斑点。

Lampris guttatus

斑点月鱼

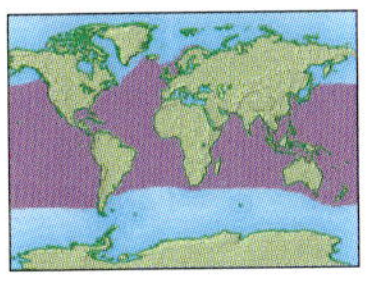

体长：多达1.8米
体重：50千克
性别：雌雄异体
现况：未评估

分布：全球热带、亚热带和温带水域

斑点月鱼俗称月鱼，是一种栖息在海洋的大型食肉鱼。它们的双眼很大，体呈卵圆形，体表为银蓝色，身高大大超出体宽，深红色的鱼鳍与身体对比鲜明。与大多数利用尾鳍游动的鱼类不同，斑点月鱼通过上下挥动胸鳍来游动。它们的鱼鳍长而坚硬，轮廓狭长，可减少游动时的阻力。尽管口中无齿且体形又大（标本的最大重量为73千克），斑点月鱼仍以能在水中奋力追赶小鱼和乌贼的高超捕食技巧而著称。这种鱼广泛分布于全球水域，常见于北大西洋和北太平洋。它们栖息在中层水域，人们通常利用围网或钓捕方式对其实施捕捉。斑点月鱼也是夏威夷和美国西海岸地区的珍贵食用鱼。

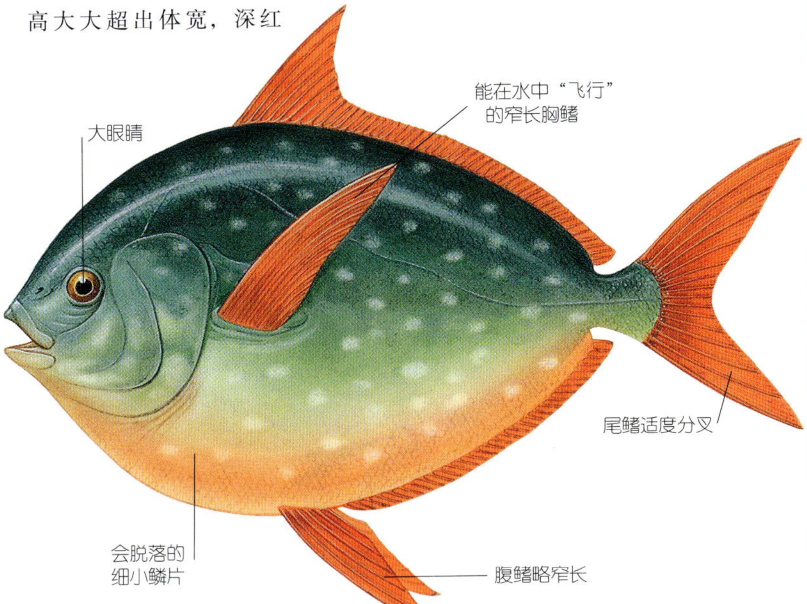

Regalecus glesne

皇带鱼

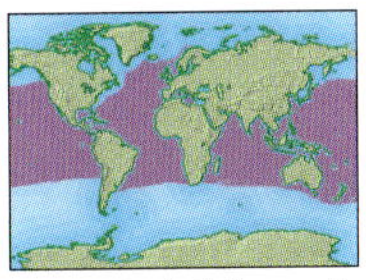

体长：多达8米
体重：无记录
性别：雌雄异体
现况：未评估

分布：全球热带、亚热带和温带水域

尽管皇带鱼广泛栖息在全球热带和温带海域，但这种体形巨长的带状深海鱼却难以被捕获，甚至很难见到活体，因此人们对它们的行为了解甚少。皇带鱼的身体极长，可以保护它们免遭捕食者的袭击，并因此在传说中被当成海蛇和"海怪"。皇带鱼体呈银色，体表具暗淡条纹，头短呈淡蓝色，鱼鳍呈深红色，背鳍几乎与身体等长，头顶鳍条很长形成头冠，腹鳍为1对丝状长鳍条，正好位于鳃盖后方，末端膨大呈桨板状，这也是它们被俗称为"桨鱼"的原因。

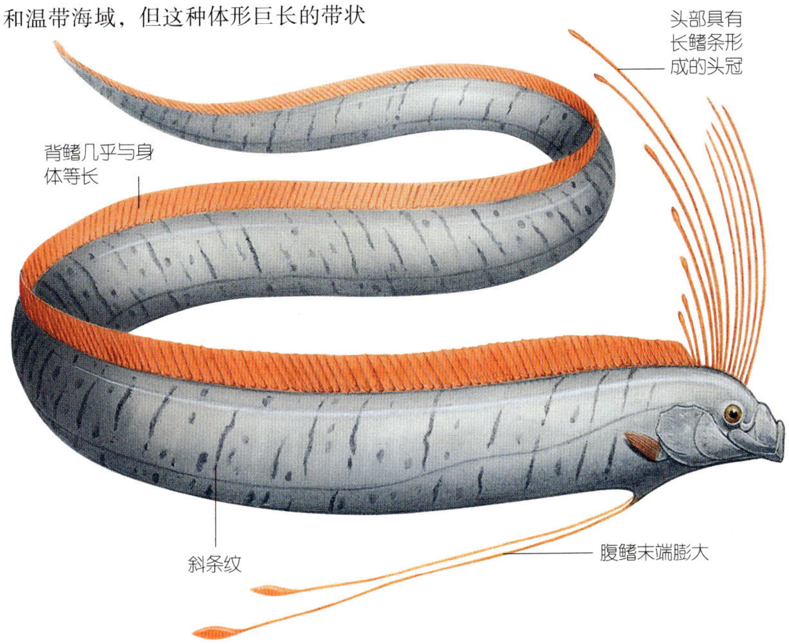

鱼类

Trachipterus trachypterus

粗鳍鱼

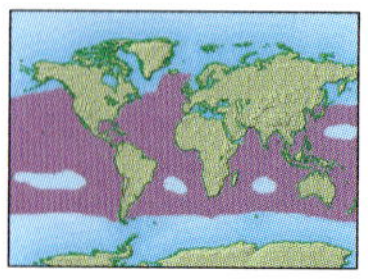

体长：多达1.6米
体重：无记录
性别：雌雄异体
现况：未评估

分布：地中海、大西洋东部、印度洋、太平洋中部和西部

粗鳍鱼是皇带鱼（第515页）的近亲，这种分布广泛的鱼类与皇带鱼的区别在于体形更小，且身体从头至尾急剧变细，尾鳍呈细小上翘的扇状。粗鳍鱼的身体上部通常有1—4个间隔较远的深色斑点，腹部有1—2个斑点，体表无鳞。它们的背鳍也和皇带鱼一样呈深红色。这种食肉鱼以中层水域中的鱼类和乌贼为食，凭借较大的体形躲避捕食者的攻击。它们的卵和幼体常见于地中海水域，但人们对其繁殖行为所知甚少。粗鳍鱼科中共有11个物种，全都非常罕见，有关它们的信息也甚少。

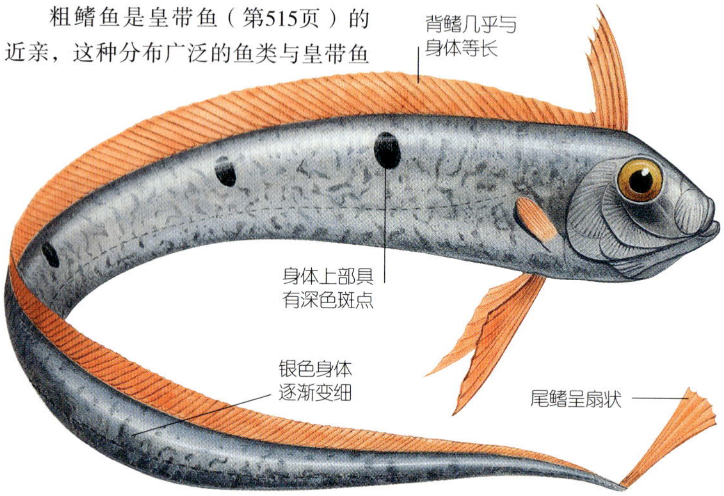

Myripristis murdjan

白边锯鳞鱼

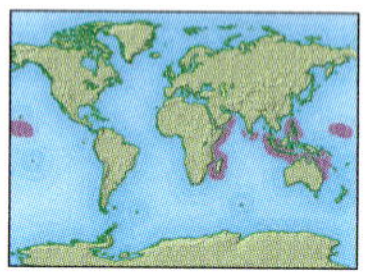

体长：多达30厘米
体重：无记录
性别：雌雄异体
现况：未评估

分布：太平洋、印度洋

白边锯鳞鱼栖息在珊瑚礁附近的潟湖中，白天藏身于缝隙中，夜间外出觅食甲壳类幼虫等浮游生物。它们的游速较快，游动时忽停忽动，利用深叉的尾鳍推动身体。与许多夜间活动的鱼类一样，它们的双眼也很大，体表的大型鳞片锋利粗糙，红色鱼鳞的边缘为白色，鱼鳍和鳃盖上的棘刺有助于发现捕食者。白边锯鳞鱼能发出“咔嗒”声，但发声原因仍不明确。

Anoplogaster cornuta

角高体金眼鲷

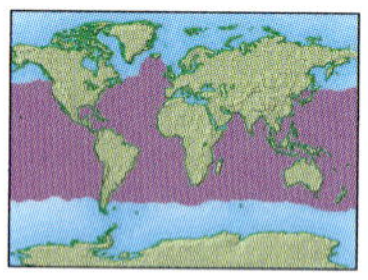

体长：18厘米
体重：无记录
性别：雌雄异体
现况：未评估

分布：全球热带、亚热带和温带水域

角高体金眼鲷与许多深海鱼类一样，体形较小，头部很大，这种身体结构让它们能够吞下几乎与自身一样大的猎物。角高体金眼鲷在水中四处巡游，以高速猛冲的方式捕食，并用大牙齿刺穿猎物的身体。幼龄个体的外形与双亲极为不同，曾一度被误认成另一个物种。成年个体的身体、头部和鱼鳍呈褐色至黑色，而未成年个体为银白色。成年个体的栖息水深也远超幼龄个体。

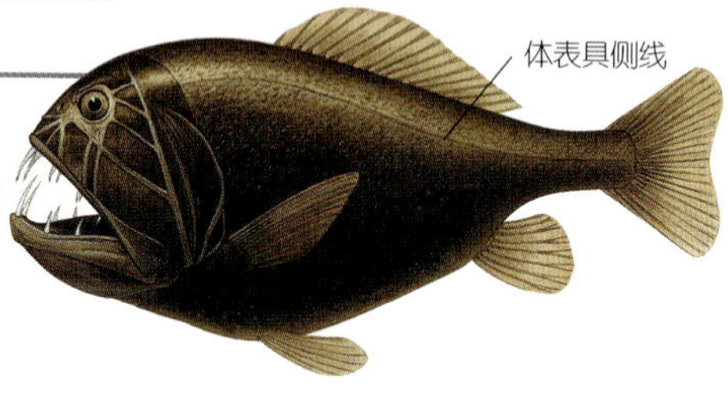

Barbourisia rufa

红刺鲸口鱼

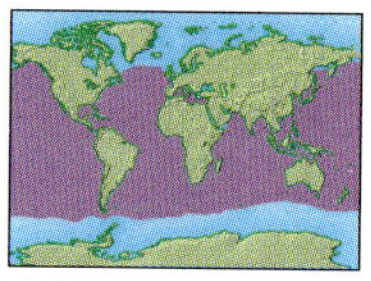

体长：多达39厘米
体重：无记录
性别：雌雄异体
现况：未评估

分布：全球热带、亚热带和温带水域

这种极为罕见的深海鱼长有一张大嘴，双颌布满可以压低的小型牙齿。它们的体表呈淡红橙色，在深水中看似黑色，延长的身体看上去略显柔弱。红刺鲸口鱼的体表摸上去粗糙扎手，这是因为每个鳞片中央都长有一根细小棘刺。它们的鱼鳍非常靠近身体后方，说明采取伏击方式捕食，并能高速向前猛冲。由于每次都只能采集到个别标本，因此人们估计红刺鲸口鱼为独自生活。由于采集到的标本较少，因此人们还未对这一物种进行过全面研究，但是根据其体形推测，它们与许多深海鱼类一样，在不同的生命阶段生活在不同的水域深度。体形较小的幼鱼曾在中层水域被发现，而年龄较大的个体曾在海底被捕获，说明成年个体有可能生活在海底。

Cleidopus gloriamaris

澳洲光颌松球鱼

体长：28厘米
体重：500克
性别：雌雄异体
现况：未评估

分布：印度洋与太平洋交界

澳洲光颌松球鱼因形似一块菠萝皮的外形和镶黑边的大型鳞片而得名，俗称“菠萝鱼”。所属类群中的成员不但具有可以防身的骨质盔甲，背鳍和腹鳍上还长有尖利的棘刺。澳洲光颌松球鱼的下颌具发光器，白天发出橙光，夜间发出蓝绿色光，嘴巴闭合时上颌能遮住发光器官。这种鱼主要营独居生活，夜间从藏身的洞穴中外出觅食，借助下颌的发光器官诱捕小鱼、甲壳类和其他无脊椎动物。松球鱼科中另一位成员的发光器官长在上颌。奇特的外表让澳洲光颌松球鱼成为极受欢迎的观赏鱼种。然而，只有经验丰富的饲养者才能将它饲养成活。

Hoplostethus atlanticus

大西洋胸棘鲷

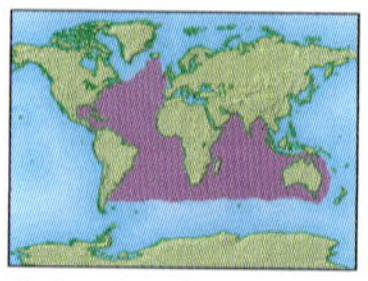

体长：50—60厘米
体重：无记录
性别：雌雄异体
现况：未评估

分布：大西洋、印度洋、太平洋西部

胸棘鲷主要栖息在大陆架边缘水域，或是开阔大洋的洋底。大西洋胸棘鲷的头大而笨重，嘴巴上翘，牙齿很小呈带状排列。它们的体表为橘红色，但在深水中的体色看似更暗，以避免被捕食者发现。大西洋胸棘鲷与其近亲红胸棘鲷一样，也是一种食用鱼，并且因为受到过度捕捞而变得异常脆弱。

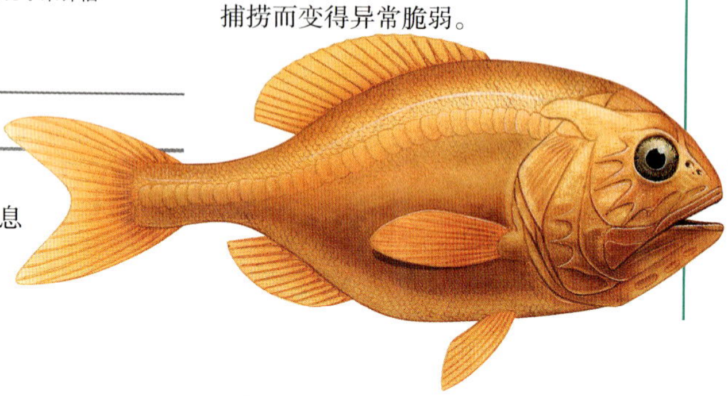

鱼类

Photoblepharon palpebratum

颊灯鲷

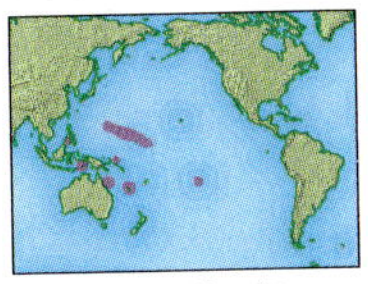

体长：多达12厘米

体重：无记录

性别：雌雄异体

现况：未评估

分布：太平洋西部

这种体形较小，吻部钝圆的鱼类是动物界中生物体发光的绝佳范例。它是8种已知的灯鲷成员之一，白天大多静静地待在洞穴或深水中，夜晚则会游至珊瑚礁处的浅水水域，并在那里觅食小型浮游动物。每个个体都在珊瑚礁上拥有自己的小领地。颊灯鲷眼部下方共生着细菌，因此能够发出灰绿色的光芒。这种光芒有助于发现猎物，惊吓捕食者，并与其他个体间进行交流。颊灯鲷能够利用黑色眼睑遮盖和暴露眼睛，这样不仅能协同游动，还能暗示其他鱼类的出现或防守领域。

Gasterosteus aculeatus

阿拉斯加刺鱼

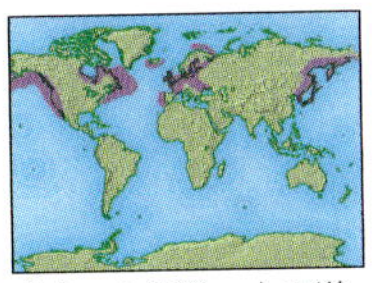

体长：5厘米，最长10厘米

体重：无记录

性别：雌雄异体

现况：无危

分布：太平洋、大西洋、地中海、北美洲、欧洲、亚洲东部

这种广泛分布在淡水和沿海地带的鱼的背部具3根游离的硬鳍棘，因此极易识别。它们的繁殖行为非常复杂，雄鱼在水下筑巢并将雌性引入巢内产卵。雌鱼受到适当的刺激后，在巢中产下少量鱼卵，随即便离巢而去。雄鱼则在鱼卵孵化期间扇动胸鳍，为巢穴内部不断带来充足的氧气，鱼卵孵化后，还会保护小鱼。

Hippocampus satomie

萨脱米侏儒海马

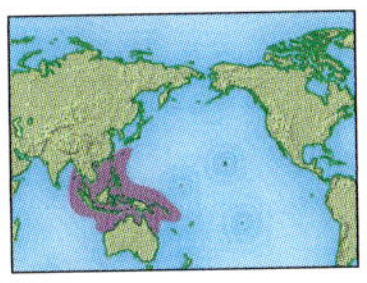

体长：1.4厘米

体重：无记录

性别：雌雄异体

现况：数据缺乏

分布：亚洲东南部

该物种的形态描述基于2008年从印度尼西亚采集的标本，这种全球体形最小的海马生活在珊瑚礁中，属夜行性鱼类。夜幕来临时，它们便在水深15—20米处突出珊瑚礁下的柳珊瑚上集群活动。新生幼体体呈黑色，随着年龄的增长，体色逐渐变浅，为今后的生活提供有效伪装。

Hippocampus guttulatus

多枝海马

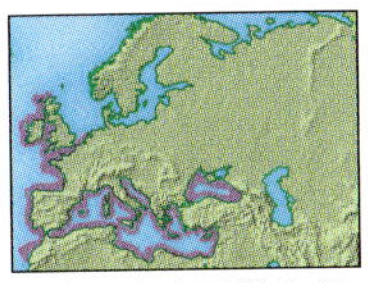

体长：多达16厘米

体重：无记录

性别：雌雄异体

现况：数据缺乏

分布：北大西洋东部、地中海、黑海

多枝海马外形奇特，嘴呈吸管状，头部似马，全身被骨片包裹。它们以浮游动物为食，借助短小的鱼鳍推动身体上下游动。大多数种类栖息在大叶藻和海草中，利用可卷握的尾巴缠附在海藻的茎枝上。多枝海马与它们的近亲海龙一样，也有着奇特的繁殖方式。雌海马将卵产在雄性腹部的育儿袋中，由后者承担受精和孵化的重任，直到孵出小海马。

Phyllopteryx taeniolatus

澳洲叶海马鱼

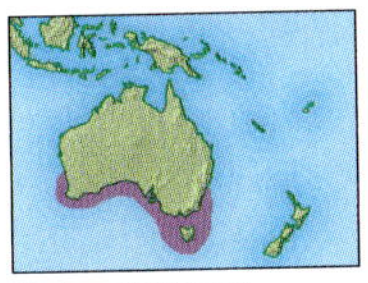

体长：多达46厘米

体重：无记录

性别：雌雄异体

现况：近危

分布：澳洲南部

澳洲叶海马鱼是体形最大，也是外表最为奇特的海马之一。它们的身体像其他海马一样由坚韧的骨片包裹，身上还延伸出一些状如海藻叶片的附肢，使其能伪装成海藻的模样。澳洲叶海马鱼通常在靠近海底处活动，藏身于海草和生长在岩礁的植物中，偶尔也在远离暗礁的开阔水域出没。它们的体色鲜艳，呈褐色至橘红色，并带有黄色斑点，因此极易被发现。相比之下，枝叶海马的伪装更为巧妙，但也不易见到。澳洲叶海马鱼通常在靠近海底的海草和海绵中觅食小虾等小型无脊椎动物，也会在中层水域捕食浮游生物。由于受到过度捕捞的影响，这一物种的数量现已逐渐下降。

卵

雌性在交配后将卵产在雄性尾部的育儿囊中，卵孵化后，小海马便会自行游走。

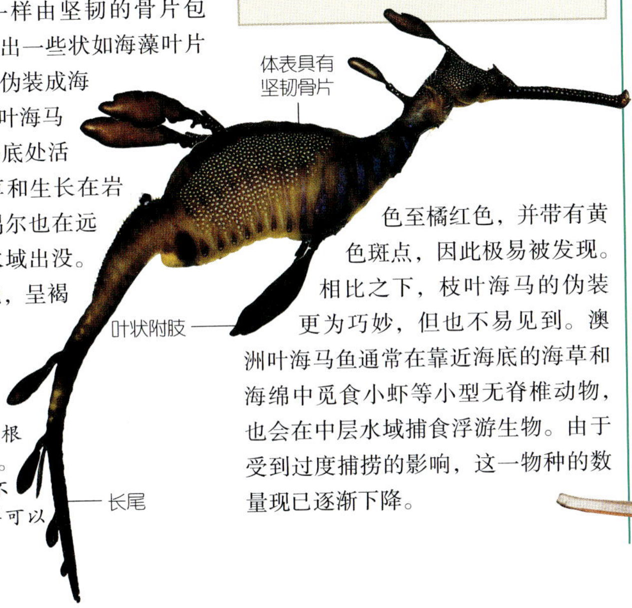

叶状附肢

澳洲叶海马鱼因身体长有数根叶状附肢而得名。它们的尾巴也不像其他海马那样可以卷缠。

Aulostomus chinensis

南非管口鱼

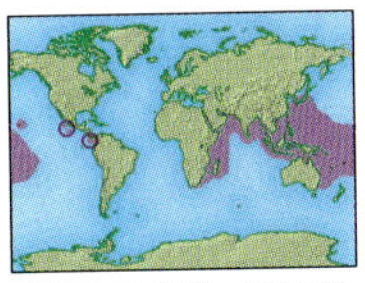

体长：多达80厘米

体重：无记录

性别：雌雄异体

现况：未评估

分布：太平洋、印度洋

南非管口鱼常在珊瑚礁中活动，属捕食性鱼类，通常以头下尾上的倒立姿势漂浮在海扇和其他珊瑚中。它们的身体细长扁平，吻呈细长管状，小嘴巴位于吻前端。体表通常呈棕褐色，有些种类完全为黄色。南非管口鱼会像一段浮木般一动不动地漂浮在水中，然后采取伏击方式捕猎，只要身边有鱼群经过，便快速发起攻击。

Aeoliscus strigatus

条纹鰕鱼

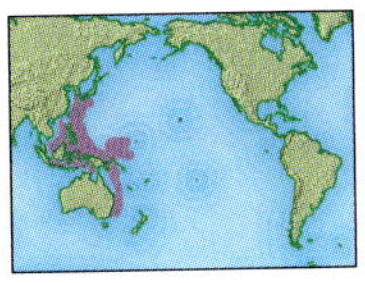

体长：多达15厘米

体重：无记录

性别特征：雌雄异体

现况：未评估

分布：太平洋西部

条纹鰕鱼大多以倒立的姿势垂直游动。它们聚集成群，共同觅食生活在珊瑚和海胆刺中的微小甲壳类，窄长的身体和延长的吻即是这种生活方式的真实写照。条纹鰕鱼的腹缘锐利如刀锋，因此俗称刀片鱼。它们的体侧带有一条明显的黑色纵带，并散布着许多斑点，这种花纹能在乳白色的海沙生境中为条纹鰕鱼提供有效伪装。条纹鰕鱼全身都覆有透明的薄骨板，为了方便鱼鳍活动，只有尾巴下方缺少这种结构。

Anoplopoma fimbria

裸盖鱼

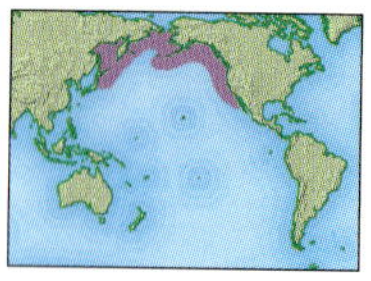

体长：多达1.1米

体重：多达57千克

性别：雌雄异体

现况：未评估

分布：北太平洋

虽然裸盖鱼和鲉鱼同属鲉形目，但它却是黑鲉科中唯一的两名成员之一。裸盖鱼广泛分布于北太平洋中，它们的身体细长呈流线型，鱼鳍间隔较大，外表似鳕鱼（第510页）。成体的体背为浅黑色至灰绿色，通常带有斑点或条纹，腹部白色，幼体的体背为蓝黑色。幼鱼常在靠近海岸的海洋表层活动，并在那里觅食浮游动物。相比之下，成体则在海底附近生活。裸盖鱼会沿着海岸进行长距离的迁徙，到了冬季便逐渐由浅水水域迁移至深海。它们采取伏击方式捕猎，追踪猎物时往往聚集成群，主要以甲壳类、蠕虫和灯鱼等小型鱼类为食。裸盖鱼是一种重要的食用鱼，多以拖网和诱捕方式被捕获，在亚洲具有商业开发价值和广阔的市场前景。

Synanceia verrucosa

肿瘤毒鲉

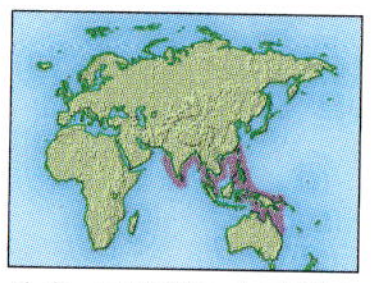

体长：多达60厘米

体重：无记录

性别：雌雄异体

现况：未评估

分布：印度洋与太平洋交界海域

肿瘤毒鲉为食肉鱼，它们的身形粗壮，游速缓慢，外形极具伪装效果，通过13根背鳍鳍棘的根部分泌致命毒液。这些鳍棘尖端锋利，轻易便能刺穿人类的脚掌，有时还会致人死亡。肿瘤毒鲉采取守株待兔的方式捕猎，有时还会将半个身体埋在海沙中，此时便能借助上翘的头部和突出的双眼定位附近的猎物。

隐藏的杀机

肿瘤毒鲉最善于利用自身的体色优势，待在借助胸鳍挖出的浅坑中，使自己难以被发现，随后便在身旁堆积泥沙，静静地等待猎物的到来。

肿瘤毒鲉体色奇特，体表无鳞，可在岩质或沙质海底形成极好的伪装。

Scorpaena porcus

石鲉

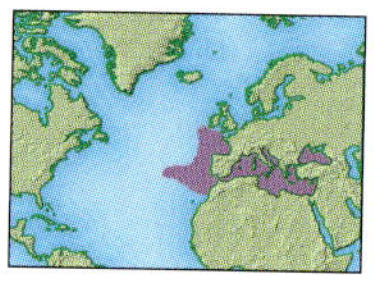

体长：多达25厘米

体重：无记录

性别：雌雄异体

现况：未评估

分布：北大西洋东部、地中海、黑海

石鲉的体表呈棕褐色并带杂斑，头大呈球形，眼大口大，双眼和嘴巴之间长有数根苔藓状附肢。石鲉采取守株待兔方式捕猎，常埋伏在长满海草的岩石中，利用自身的绝佳伪装隐藏身形。它们的全部鱼鳍都具圆形边缘，背鳍、胸鳍和臀鳍的棘刺均带有毒腺，这些棘刺竖起时能对捕食者造成极大伤害。

Cottus gobio

绣色杜父鱼

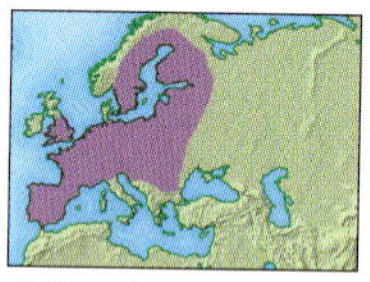

体长：多达18厘米

体重：无记录

性别：雌雄异体

现况：无危

分布：欧洲西部

绣色杜父鱼是一种独居的淡水鱼，常栖息在石下或是茂密的水草丛中，借助斑驳的深褐色体表形成极好的伪装。它们的食物包括鱼卵、幼鱼和小型无脊椎动物。绣色杜父鱼通常在3—5月间繁殖产卵，其产卵地点跟所处地区有关。雄鱼在石下挖出浅坑供雌鱼产卵，随后便一直守护鱼卵直到孵化。

Chelidonichthys lucerna

细鳞绿鳍鱼

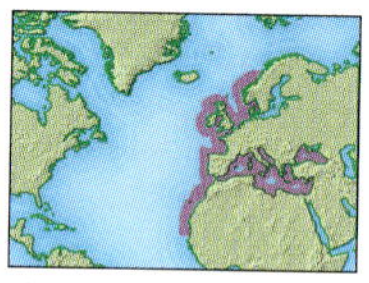

体长：多达75厘米

体重：无记录

性别：雌雄异体

现况：未评估

分布：北大西洋东部、地中海、黑海

细鳞绿鳍鱼体呈淡红色，头部具骨板，适于在海底生活，每个胸鳍下方均有3根游离鳍条，在海底能像腿一样支撑身体，这些鳍条还非常敏感，用于搜寻藏身海底的软体类、甲壳类和鱼类（主要食物来源）。细鳞绿鳍鱼可以借助鱼鳔周围肌群的收缩发声，这种声音或许有助于将同类个体聚在一起。

Cyclopterus lumpus

圆鳍鱼

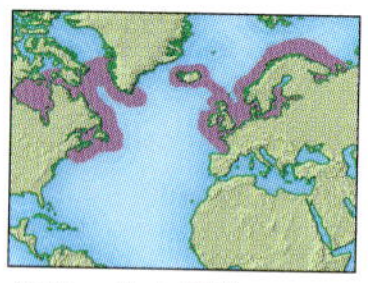

体长：多达60厘米

体重：多达9.5千克

性别：雌雄异体

现况：未评估

分布：北大西洋

圆鳍鱼又称海参鱼，它们的身体结实，腹鳍愈合形成一个圆盘状吸盘，能让游速缓慢的圆鳍鱼吸附在岩石和海草上稳住身形，这样它们便能生活在水流湍急的地带。圆鳍鱼栖息在水下300米处，繁殖时游至更浅的水域。繁殖期的雄鱼体色变为淡红色，雌鱼呈蓝绿色。这种鱼的鱼卵还是制造廉价鱼子酱的重要来源。

亲代抚育

雌性圆鳍鱼可以产下大量粉红色鱼卵，并将它们黏附在浅水区的岩石上。雄性则一直守护在鱼卵周围，用鱼鳍扇动水流来为它们提供充足氧气。这些鱼卵经过6—8周才会孵化。

护甲

圆鳍鱼的体表具有由骨板构成的瘤状突起，这些骨板沿圆鳍鱼的体背和体侧成行排列。

Agonus acipenserinus

鲟状八角鱼

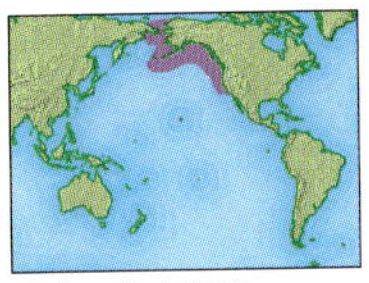

体长：多达31厘米	
体重：无记录	
性别：雌雄异体	
现况：未评估	

分布：北太平洋

与所有的八角鱼一样，鲟状八角鱼也有大头和突出的吻部。它们能将胸鳍当作船桨使用，在海底游动时，尾鳍还能用作船舵。所有八角鱼的吻部下端都长有独特的丛生触须。触须上具味蕾，用于在海底搜寻甲壳类和其他小型动物。八角鱼的行动缓慢，因此很容易被捕获。

鲟状八角鱼是全球约50种八角鱼中的一种，因体形似鲟鱼而得名。

Lopholatilus chameleonticeps

嵴颈弱棘鱼

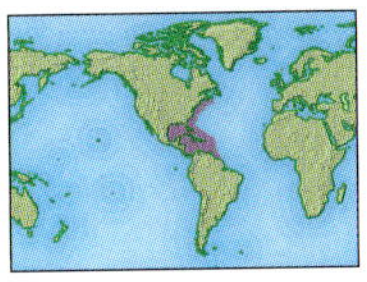

体长：多达1.2米	
体重：多达30千克	
性别：雌雄异体	
现况：未评估	

分布：中大西洋西部

这种头大而钝圆的鱼隶属弱棘鱼科，该科的成员超过40种，所有的物种均因能在海底建造土丘或开挖地道而闻名。嵴颈弱棘鱼建造的漏斗状洞穴的宽度可达5米，深度达3米。这些地下洞穴不仅能够藏身，也能吸引甲壳类和小鱼等猎物前来。每条嵴颈弱棘鱼都会建造属于自己的洞穴，进洞时头部先行，出洞时则尾巴先行。

Opisthognathus aurifrons

黄头后颌螣

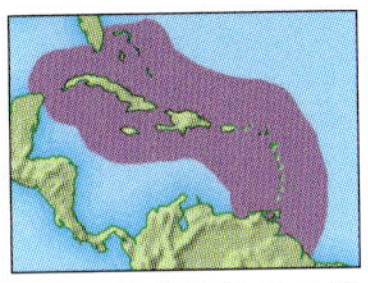

体长：10厘米	
体重：无记录	
性别：无记录	
现况：未评估	

分布：加勒比海至南美洲北部

黄头后颌螣类似手指大小，主要分布在热带，常见于水质清澈的近海地区，通常栖息在海底的珊瑚碎屑中。它们的头部呈亮黄色，最显著的特征是能在海沙或珊瑚碎屑中打洞。这种鱼通常垂直悬浮在洞穴外寻找食物，交配时则进入洞中。雄鱼将鱼卵含在嘴中孵化，进食前先将鱼卵吐出放于洞穴中。

Heteropriacanthus cruentatus

灰鳍异大眼鲷

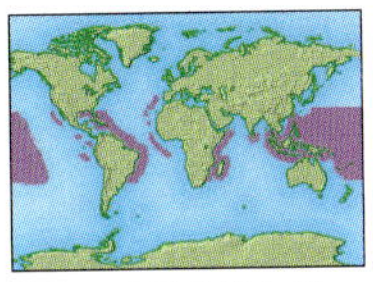

体长：多达50厘米	
体重：多达2.5千克	
性别：雌雄异体	
现况：未评估	

分布：全球热带水域

这种营独居生活的鱼类得名于大眼睛中的明亮反射层（也被称为反光膜）。它们白天在岩石或珊瑚礁附近活动，仅在夜间外出觅食小鱼、虾类、章鱼、蟹类和海生蠕虫。与成体不同的是，幼体多在开阔海域栖息活动。

Anabas testudineus

攀鲈

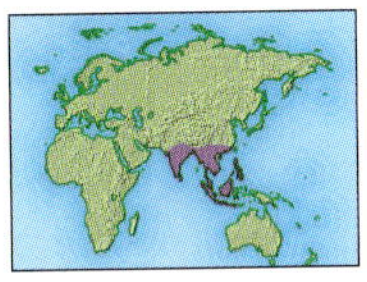

体长：多达25厘米	
体重：多达150克	
性别：雌雄异体	
现况：未评估	

分布：亚洲南部和东南部

攀鲈是一种小型淡水鱼，生活在含氧量极低的滞水湖泊和池塘中，并且能在水面吞咽空气或是离开水面呼吸（见右方图框）。一些地区的攀鲈在旱季会将自己埋在泥中。攀鲈是一种非常受欢迎的观赏鱼，也作为食用鱼被出售。

攀爬

攀鲈通常在潮湿的夜里利用鳃盖上的硬棘和胸鳍爬出水面，前去寻找其他的水环境。离开水的攀鲈能存活数天之久。

鱼鳍带刺

攀鲈体小而粗短，体表呈均匀的灰色、橄榄色或褐色。鱼鳍很短，背鳍和臀鳍具突出的硬棘。

Caranx hippos

马鲹

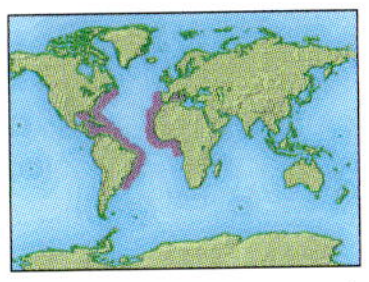

体长：多达1.2米	
体重：多达32千克	
性别：雌雄异体	
现况：未评估	

分布：大西洋东部和西部

马鲹的头大而钝、鳃盖边缘具黑点，尾鳍深分叉，是鲹科中体形最大的一种，能适应不同程度的咸水环境。未成年个体常聚成大群，且偏好在半咸水水域活动，年长个体则常见于深水水域，通常成对巡游。马鲹活泼好动，是一种食肉鱼，主要以小鱼为食。它们在水面表层攻击饵鱼群时引起的骚动，从很远的地方就能看到。

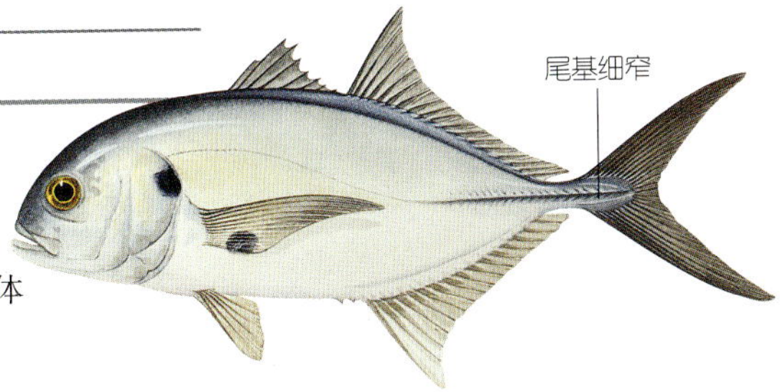

Naucrates ductor

舟鰤

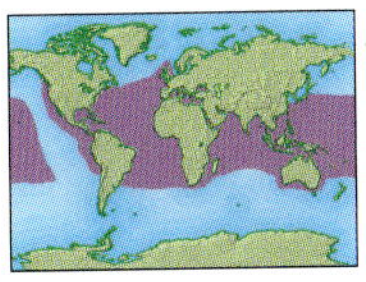

体长：多达70厘米	
体重：无记录	
性别：雌雄异体	
现况：未评估	

分布：全球热带、亚热带和温带水域

舟鰤体小或中等，银灰色的身体上具6—7条黑色纵纹，又因常追随大型鱼类（鲨鱼、魟类）游动而被称为领航鱼。这种共生的习性对舟鰤及其寄主来说各有益处。舟鰤能帮鲨鱼吃掉身上的寄生虫，同时借助大型鱼类为自己提供保护，另外也能避免自己被猎物发现。

鱼类

耐心的猎手

宽额鲈常潜伏在海底的珊瑚和岩礁附近，等待粗心的甲壳类或游速缓慢的鱼类接近，随后便猛扑向猎物，张开黑洞洞的大嘴将其吞食。宽额鲈的牙齿尖利，数量众多，猎物一旦被咬住便不易逃脱。

Epinephelus lanceolatus

宽额鲈

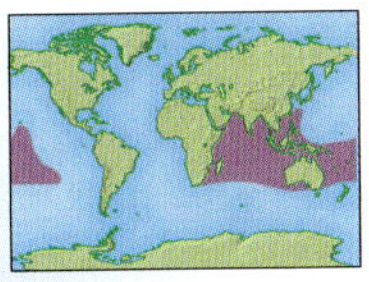

分布：印度洋、太平洋西部和中部

体长：多达2.5米

体重：多达400千克

性别：顺序雌雄同体

现况：易危

宽额鲈体色较深，是石斑鱼亚科中体形最大的成员，生活在温暖的沿海浅水水域，也常在河口地带出没，并能存活于半咸水环境。宽额鲈独居生活，栖息在珊瑚礁和岩礁附近，常在同一水域的岩洞和沉船周围活动。它们的食物主要为甲壳类，尤其喜欢捕食龙虾，另外也吃蟹类和各种鱼类，如小型鲨鱼、魟类和未成年的海龟。未成年的宽额鲈也会成为其他鱼类的捕食对象，一旦成年后，真正的天敌往往只剩下人类。巨大的体形和有些迟缓的行为也让它们极易被鱼叉捕杀。由于巨大的体形需要大量的食物作为支撑，且需历经数年才能发育成熟，因此同一珊瑚礁区的宽额鲈种群密度往往十分有限。除非它们受到严格保护，否则将极易受到捕捞影响而导致种群的消亡。宽额鲈的近亲——斑点宽额鲈的数量目前已经非常稀少，在美国它们已受到严格保护，并且完全禁止捕捞。

体形强健

宽额鲈也被称为昆士兰石斑鱼，其特点是身体厚重，嘴大，典型的体色为浅褐色，并带有浅色杂斑。

不甚温柔的“巨人”

潜水员能够轻易接近宽额鲈，不过据说也曾有人被体形较大的宽额鲈击杀。

鱼类

Cromileptes altivelis

驼背鲈

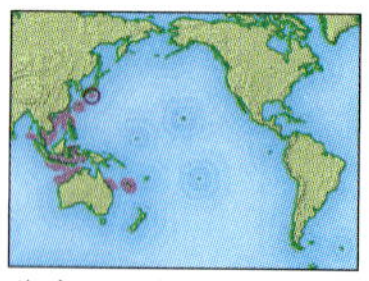

体长：多达70厘米
体重：多达3.5千克
性别：顺序雌雄同体
现况：易危

分布：印度洋与太平洋交界海域

驼背鲈俗称老鼠斑，这种小型鱼类的体色非常独特，头体和鱼鳍呈白色，身上散布着黑色斑点，后颈陡直，背部高耸隆起。鮨科中的物种通常会随年龄的增长进行性别转变（先雌后雄）。人们对这种鱼的繁殖行为所知甚少，只知道它们采取卵生方式繁殖。

Perca fluviatilis

鲈鱼

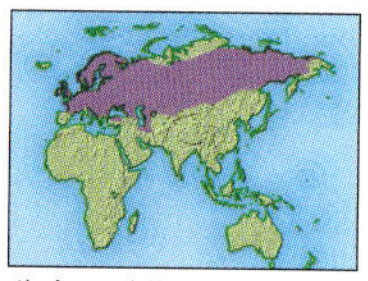

体长：多达51厘米
体重：多达4.5千克
性别：雌雄异体
现况：无危

分布：欧洲、亚洲

鲈鱼是淡水中的优势物种，生活在水流缓慢的河流、深湖和水塘中。幼体取食小型浮游动物和无脊椎动物，成年后以无脊椎动物、刺鱼和鲦鱼等小鱼为食，甚至也捕食其他鲈鱼。体形较小的个体常聚集成群，体形较大的个体则更喜欢独居生活，常在大岩石或是水生植物附近活动。鲈鱼是重要的经济和游钓鱼种，已被广泛引入多个国家，对一些地区的生态造成危害。

带状卵

鲈鱼的卵为胶质带状卵，雌性一次的产卵量多达300,000枚，产卵后将卵缠绕在河底的石头或水下的植物上。鱼卵大约三周后孵化。

具有条纹

鲈鱼的身体侧扁纵高，长有两片背鳍和6条独特的深色纵纹。

Lepomis cyanellus

蓝太阳鱼

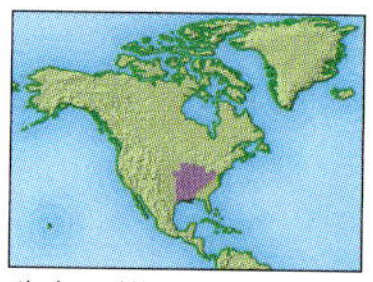

体长：多达31厘米
体重：975克
性别：雌雄异体
现况：未评估

分布：美国东部

蓝太阳鱼是北美最常见的大型淡水鱼，在流速缓慢的溪流、湖泊和水塘中均能发现。它们繁殖时形成较大的群体，在水生植物和遮蔽处周围活动。进入春末至初夏繁殖期后，雄鱼使用尾巴在水底挖出浅坑，供雌鱼产卵。鱼卵黏附在河底的砾石上，由雄鱼看护。雄鱼还会对新孵化的小鱼进行数天的保护。

Sphaeramia nematoptera

丝鳍圆竺鲷

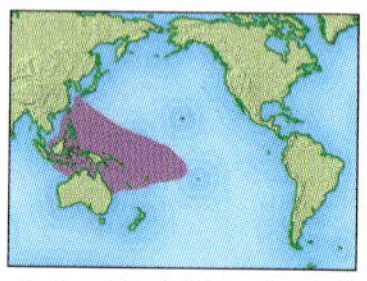

体长：多达8厘米
体重：无记录
性别：雌雄异体
现况：未评估

分布：印度洋与太平洋交界海域

这种外表醒目的热带鱼隶属成员有超过300种的天竺鲷科，几乎所有的成员都栖息在珊瑚礁或潟湖区。雌雄两性的头部呈黄色，体侧具深色纵带，身体后方散布着淡褐色圆点，相比之下，雌鱼的体色更为鲜艳。雄鱼将鱼卵含在口中孵化，并在小鱼孵出前一直进行保护。

Pomatomus saltatrix

扁鲹

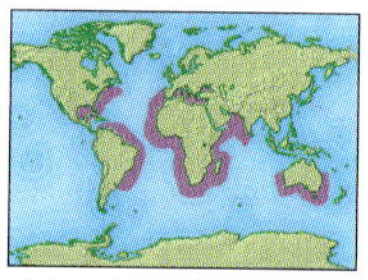

体长：多达1.2米
体重：多达14千克
性别：雌雄异体
现况：未评估

分布：大西洋、地中海、黑海、印度洋与太平洋交界海域

扁鲹是扁鲹科中的唯一成员，这种低等鱼类外表似鲈，广泛分布在世界大部分地区的大洋和河口水域。扁鲹的双颌强壮，口中长有剃刀状的利齿，这些武器使它成为海洋中的强大杀手。扁鲹常聚集成群，从后方袭击体形较小的饵鱼，并驱赶猎物使其紧紧地聚在一起。这种贪婪的捕食者甚至还会同类相食。扁鲹没有固定的领地，多集成大群迁徙至温暖水域进行交配和产卵，鱼苗和未成年个体随后又会被洋流带回到寒冷水域生活。

Remora remora

短印鱼

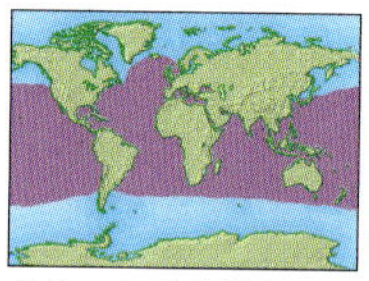

体长：多达86厘米
体重：多达6千克
性别：雌雄异体
现况：未评估

分布：全球热带和亚热带及温带水域

短印鱼的头顶有吸盘，可吸附在鲸鱼、海豚和大型鱼类身上，它们最常吸附在鲨鱼身上，因此极易识别。头顶的吸盘能令短印鱼借助寄主的游动遨游于大海，从而降低自身的能量消耗。寄主可以保护短印鱼免遭捕杀，短印鱼则以寄主吃剩的残渣为食，还会帮助寄主清理体表和鳃腔中的寄生甲壳类作为回报。

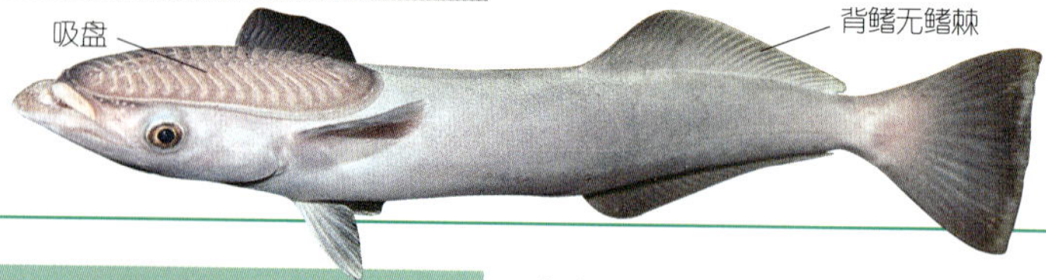

Nomeus gronovii

水母双鳍鲳

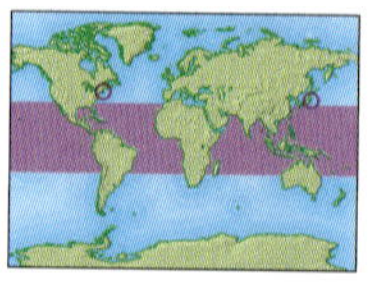

体长：多达25厘米
体重：无记录
性别：雌雄异体
现况：未评估

分布：全球热带水域

这种长有蓝色斑点的鱼幼年时躲在僧帽水母（第540页）的触手中，这种生活习性使它能避开大多数捕食者的攻击。水母双鳍鲳对寄主的毒性免疫力有限，只能借助自身的敏捷游动避开水母的蜇刺。水母双鳍鲳以水母的触手为食，因此也是一种寄生物种。成年后脱离寄主的保护，前往深层水域生活栖息。

Coryphaena hippurus

鲯鳅

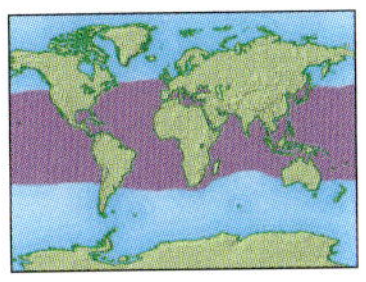

体长：多达2.1米	
体重：多达40千克	
性别：雌雄异体	
现况：未评估	

分布：全球热带和亚热带及温带水域

这种头部钝圆的鱼具有一个几乎与身体等长的背鳍。它们的尾鳍深叉，这一特征在依靠速度捕食猎物并逃离捕食者的海洋鱼类身上较为常见。鲯鳅的体色独特，体背部呈鲜艳的金属蓝色或绿色，体侧为银白色带金色色泽，还间杂着深色或金色斑点。鲯鳅的游动速度极快，时速可达60千米。这种珍贵的食用鱼通常只分布在20℃以上的温暖水域。它们终年都能繁殖，常于傍晚或夜间在开阔的海域产卵。

觅食

鲯鳅主要以鱼为食，也取食漂浮物周围的甲壳类和乌贼。它们会尾随轮船，或是在海藻等植物的下方聚成小群活动。

保护色

鲯鳅的体背色深，腹部色浅，这种反荫蔽的效果使它们可以隐身在周围的环境中，无论从海面还是海底都很难被捕食者发现。

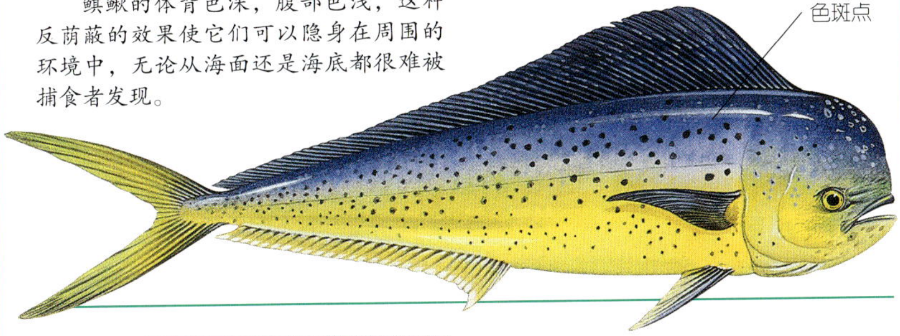

Chiasmodon niger

黑叉齿龙鰧

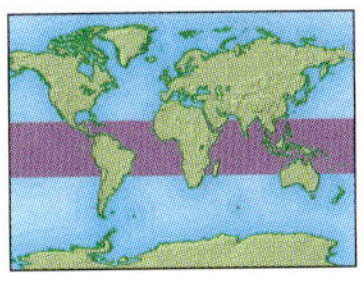

体长：多达25厘米	
体重：无记录	
性别：雌雄异体	
现况：未评估	

分布：全球热带和亚热带水域

黑叉齿龙鰧属于深海鱼类，所属类群中的成员较少。由于它们的嘴巴和胃能极大地膨胀，因此可以捕食比自己还要大的猎物。胃中的食物消化完后，它们便会恢复原先的体形。黑叉齿龙鰧栖息在海洋深处，有时也游至略浅的水域觅食。它们有两片背鳍，长臀鳍上长有一根硬棘，尾鳍叉形。

Sciaena umbra

弓背石首鱼

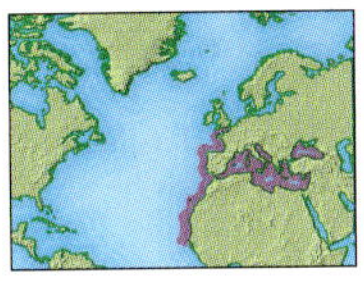

体长：70厘米	
体重：无记录	
性别：雌雄异体	
现况：未评估	

分布：北大西洋东部、地中海、黑海

弓背石首鱼的体形侧扁延长，背部高耸，腹部近平直，栖息在近海地带。它们所属的类群中约有290种鱼类。弓背石首鱼以小鱼和生活在海底的无脊椎动物为食，通常在天黑后外出觅食。这种鱼最显著的特征是能发出响亮的声音相互交流。同时还具有敏锐的听觉。雄鱼在交配季节利用鱼鳔附近的肌肉发出类似击鼓的响声。弓背石首鱼似乎具有非凡的控制浮力能力，因而在游动时看似毫不费力。

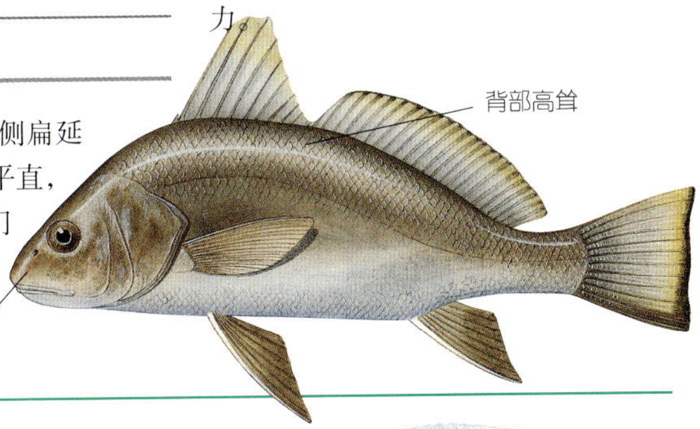

Mullus surmuletus

纵带羊鱼

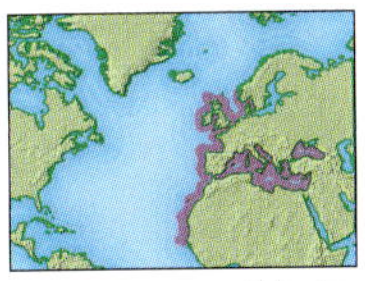

体长：多达40厘米	
体重：多达1千克	
性别：雌雄异体	
现况：未评估	

分布：北大西洋东部、地中海、黑海

纵带羊鱼是一种名贵的食用鱼。它们的身体呈淡红色，体侧中部具有一条深红色条纹，下腹侧面有数条淡黄色条纹，嘴巴朝下，下巴长有一对带有感觉器官的触须，能用于寻找食物。纵带羊鱼因长有触须而得名，触须可以伸入沙泥中探测小型底栖动物的行踪，如甲壳类、蠕虫类、软体类和鱼类等。

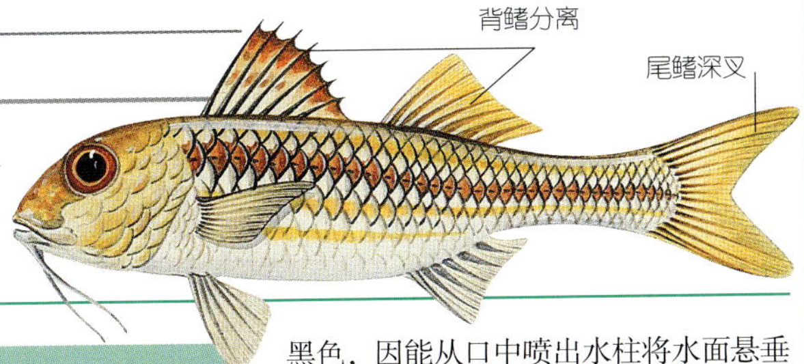

Toxotes chatareus

查达射水鱼

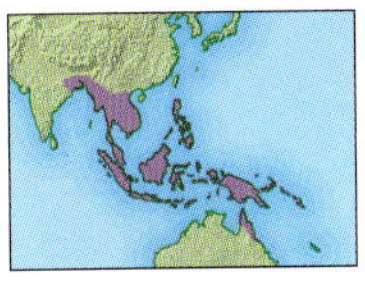

体长：多达40厘米	
体重：多达1千克	
性别：雌雄异体	
现况：未评估	

分布：亚洲东南部、澳洲北部

查达射水鱼既能生活在半咸水中，也能生活在淡水溪流和湖泊中。它们的身体侧扁，体呈银白色和黑色，因能从口中喷出水柱将水面悬垂在植物上的昆虫击落而闻名。查达射水鱼利用舌头压迫颚骨，随后快速收缩鳃腔将水流精准喷出，射程可达1.5米。人们对查达射水鱼的繁殖行为知之甚少，只知道它们的卵为浮性卵。

Pomacanthus imperator

主刺盖鱼

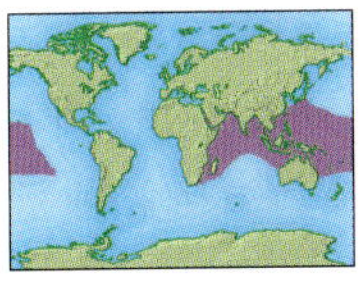

体长：多达40厘米	
体重：无记录	
性别：顺序雌雄同体	
现况：未评估	

分布：印度洋、太平洋

主刺盖鱼是珊瑚礁中最为华丽的居民之一，它们色彩靓丽，花纹鲜明，幼体和成体的外形通常有着明显差别。主刺盖鱼便是其中的典型物种，它们的身体侧扁略高，小嘴中长有梳状齿，双颊各有一根朝向后方的棘刺。与其他刺盖鱼一样，主刺盖鱼也能消化令其他动物难以下咽的海绵，这种生物在珊瑚礁区的数量十分丰富。主刺盖鱼受惊时还能发出很大的响声。一旦雄鱼死亡，其妻妾中的2—5条雌性便会改变自己的性别，取得支配地位。

条纹和斑纹

成年主刺盖鱼的体表具有紫黄相间的斜纹。头部和胸鳍周围具有淡蓝色、深蓝色和黑色斑纹。

幼鱼

幼鱼的体色差别明显，呈蓝黑色至黑色，体侧具有许多同心状的半弯曲白色圈纹。

Chelmon rostratus

长吻钻嘴鱼

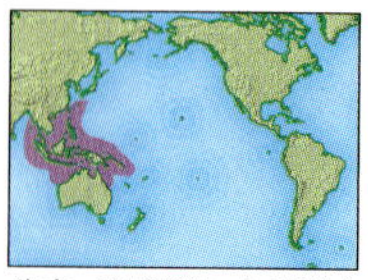

体长：多达20厘米
体重：无记录
性别：雌雄异体
现况：未评估

分布：印度洋与太平洋交界海域

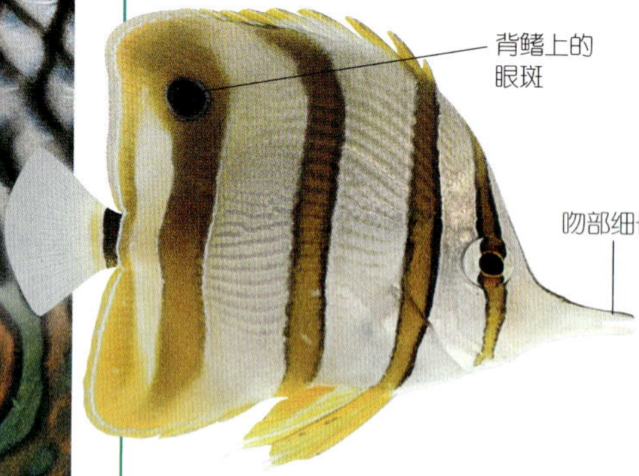

长吻钻嘴鱼身体侧扁，吻长呈钳状，这种身体结构适于从珊瑚的缝隙中啄食小型动物。长吻钻嘴鱼的体侧有3道橙色条带，尾部具1道细窄的黑色带纹。体表醒目的条纹和背鳍上明显的黑色眼斑有助于迷惑敌人。到了夜晚，长吻钻嘴鱼的体色能变得与周围的环境融为一体，呈现斑点状。

Oxycirrhites typus

尖吻鳊

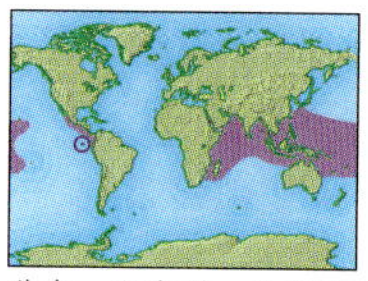

体长：多达13厘米
体重：无记录
性别：序列性雌雄同体
现况：未评估

分布：印度洋、太平洋

全世界共有35种鳊，均栖息在热带水域的珊瑚礁或岩质礁区。它们常一动不动地埋伏在海底，偷袭粗心的无脊椎动物和小鱼。一旦受到威胁，它们便用胸鳍下的粗厚鳍条将自己紧紧卡在岩礁缝隙中，使敌人难以将其拖出。尖吻鳊的身体细长，体表带有由白色、红色条纹和斑点构成的花纹，尖长的吻用于啄食猎物。这种鱼大多独自生活，但雄鱼具有领域性，并有可能占有领域内的数条雌鱼。如果雄鱼死亡，雌性中的某一条就会变性为雄鱼，继续掌管领域中的其他雌鱼。

Labroides dimidiatus

裂唇鱼

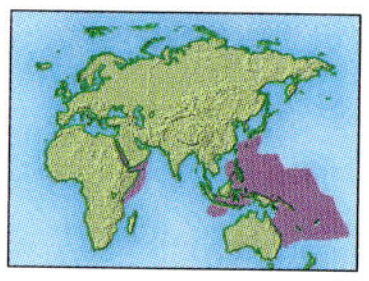

体长：多达11.5厘米
体重：无记录
性别：顺序雌雄同体
现况：未评估

分布：印度洋与太平洋交界海域

裂唇鱼是组成珊瑚礁鱼群的重要成员，它们以其他鱼类身上的寄生虫为食，也吃鱼类体表的黏液和鳞片，因此被称为“鱼医生”。“生病”的鱼类在特殊的“清洁站”中排队等候治疗，清洁站通常由1对或1群雌鱼和1条雄鱼共同占据。处于统治地位的雄性一旦死亡，体格最强壮的雌鱼就会转变为雄鱼，并占据统治地位。

Maylandia zebra

斑马拟丽鱼

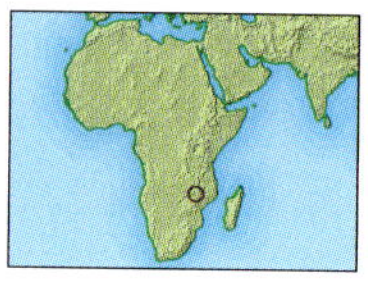

体长：多达12厘米
体重：无记录
性别：雌雄异体
现况：无危

分布：非洲东部（马拉维湖）

这种泛着金属光泽的蓝色小鱼是数百种慈鲷中的一种，仅分布在非洲一些相对孤立的大型湖泊中。斑马拟丽鱼口小唇厚，以岩石上附着的藻类等为食。进入繁殖期后，雌鱼将鱼卵捡起含在口中，由雄鱼对其授精。鱼卵孵化后，雌鱼还会照看幼鱼约一周时间。

Amphiprion frenatus

白条双锯鱼

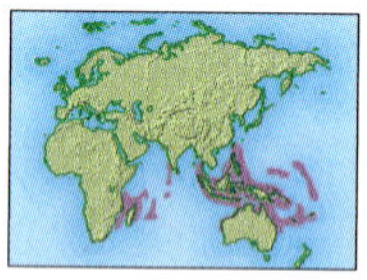

体长：7.5—14厘米
体重：无记录
性别：顺序雌雄同体
现况：未评估

分布：太平洋西部

与其他的海葵鱼一样，体形较小的白条双锯鱼也和海葵存在互利共生关系。白条双锯鱼的身体上具有黏液，以保护自己不被海葵蜇伤。一旦白条双锯鱼离开海葵，就必须在返回时与海葵进行试探接触，重新分泌保护性的黏液，之后就能重新在海葵的触手中随意穿梭而不被蜇伤。白条双锯鱼借由海葵提供保护，它们徜徉在海葵周围，以浮游生物和藻类为食。白条双锯鱼通常以家庭为单位占据一簇海葵，由家族中体格最强壮的雌性和雄性负责繁殖，其余的家庭成员均为雄鱼。如果雌性首领死亡，雄鱼中的一条便会变性成雌鱼，取代死亡雌性首领的位置。海葵鱼隶属雀鲷科，它们是珊瑚礁区中体色最为鲜艳的鱼类之一。

Astronotus ocellatus

图丽鱼

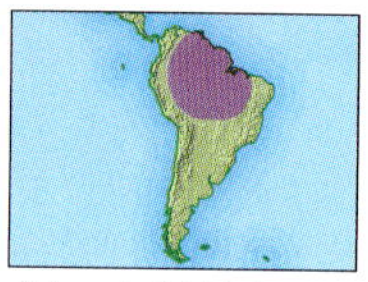

体长：多达40厘米
体重：多达1.5千克
性别：雌雄异体
现况：未评估

分布：南美洲北部

图丽鱼隶属慈鲷科，该科的物种众多，可能超过1500种，均为身体宽厚的淡水鱼，仅分布在南美洲、非洲和斯里兰卡。图丽鱼产自南美洲，尾基部常具有镶着橙色边的黑色大圆斑，可用于迷惑敌人。图丽鱼一次能产多达2000枚卵。这种鱼与大多数慈鲷一样，也对后代进行悉心照料。

Cetoscarus bicolor

绚丽鹦嘴鱼

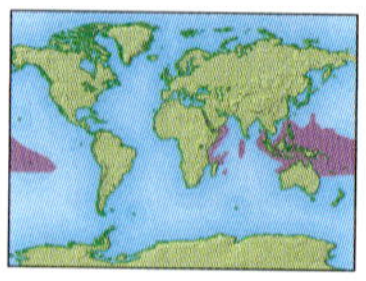

体长：多达80厘米
体重：无记录
性别：顺序雌雄同体
现况：未评估

分布：印度洋、太平洋

绚丽鹦嘴鱼因鲜艳的体色和鹦鹉嘴状的腭齿而得名。这种草食性鱼类的牙齿坚硬，能从珊瑚礁上刮食藻类，也能将长有藻类的死珊瑚枝咬断，用咽喉齿将它们磨碎后吞入腹中。它们的喉部上下侧有成列的坚固臼齿状齿，这几列牙齿能将岩石磨碎，然后这些碎石会随粪便排出体外。绚丽鹦嘴鱼是珊瑚礁区的常见种类，是珊瑚礁区细珊瑚沙的主要制造者。

生死相依

领蝴蝶鱼生活在印度洋与太平洋交界海域的礁岩边缘地带，以珊瑚虫为食。它们通常成对出没，有时聚成庞大的鱼群抵御敌人的攻击。

鱼类

Anarhichas lupus

大西洋狼鱼

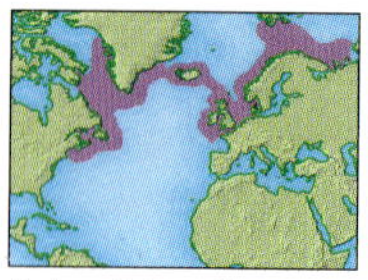

体长：多达1.5米
体重：多达24千克
性别：雌雄异体
现况：未评估

分布：北大西洋、北冰洋

大西洋狼鱼是在浅层水域独居的捕食性鱼类，它们缺少腹鳍，只有一个退化的骨盆带。它们的牙齿极为发达，前颌具锥齿，后颌具臼状齿，能用牙齿和口腔顶部的骨板压碎软体类、蟹类、龙虾类、海胆和其他棘皮动物的贝壳。大西洋狼鱼于冬季在深水区繁殖产卵，鱼卵由雄性守护直到孵化。大西洋狼鱼原本仅是拖网作业的副产品，但由于肉质鲜美，因此经济价值正在逐年增加。

Echiichthys vipera

蛇龙䲢

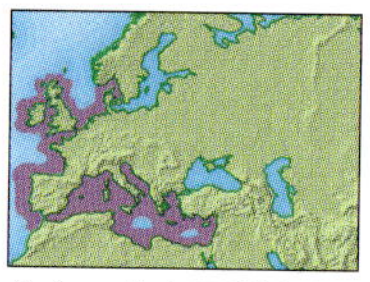

体长：多达15厘米
体重：无记录
性别：雌雄异体
现况：未评估

分布：北大西洋东部、地中海

蛇龙䲢能分泌毒液，经常出没于欧洲的海滨地带，一旦被踩到，会对人类造成严重伤害。蛇龙䲢的第一背鳍和鳃盖上都有毒腺，受到骚扰时，将鳍棘竖起警告入侵者，或是用这些棘刺对付体形较大的鱼类。这种鱼大部分时间都藏身于海沙中，只露出双眼与第一背鳍的顶端。

Nemateleotris magnifica

丝鳍塘鳢

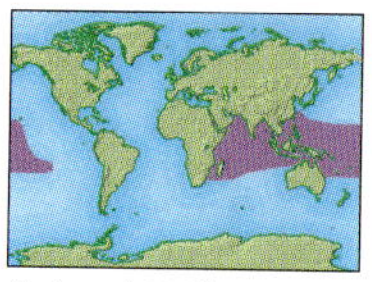

体长：达8厘米
体重：无记录
性别：雌雄异体
现况：未评估

分布：太平洋、印度洋

这种巴掌大小的热带鱼所属的类群约包括60个物种，全都穴居于礁石区的沙泥或砾石堆中。丝鳍塘鳢体色艳丽，身体前半部呈乳白色，后半部则逐渐呈现暗橘红色。成年个体在洞穴上方单独或成对巡游，面朝水流方向觅食浮游动物。一旦受到惊扰便迅速钻入洞中。

Chaenocephalus aceratus

头带冰鱼

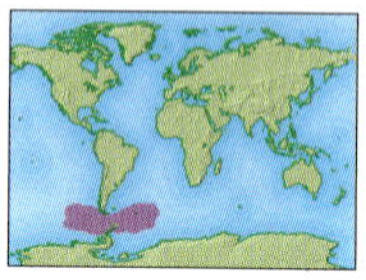

体长：多达72厘米
体重：多达3.5千克
性别：雌雄异体
现况：未评估

分布：南太平洋东部、南大西洋西部

头带冰鱼体内有着天然的抗冻蛋白，能在南极零度以下的极端环境中生存。冰鱼体内缺少红细胞，因此体表呈现苍白色，但却具有极佳的血液循环系统，且心脏强壮，与小型哺乳类的心脏等重。头带冰鱼的大嘴里长满牙齿，因此也被19世纪的捕鲸者称为“鳄冰鱼”。

Periophthalmus barbarus

大西洋弹涂鱼

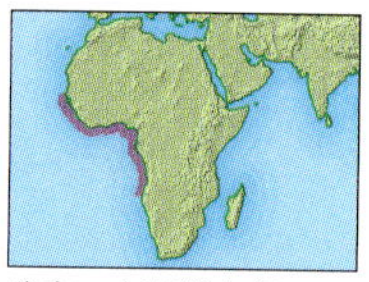

体长：达25厘米
体重：无记录
性别：雌雄异体
现况：未评估

分布：大西洋东部

大西洋弹涂鱼体呈圆柱形，头大，双眼突出，大部分时间都在沙滩和礁岩上爬行或跳跃，大多以泥滩上的小型动物为食。大西洋弹涂鱼通过皮肤呼吸，因此体表必须保持湿润。它们能借助胸鳍爬行，也能快速灵活地在滩涂上跳跃追逐。

Dissostichus mawsoni

鳞头犬牙南极鱼

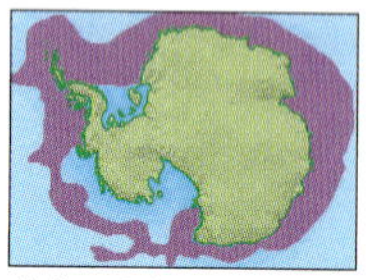

体长：多达2.2米
体重：多达120千克
性别：雌雄异体
现况：未评估

分布：南极圈

鳞头犬牙南极鱼属底栖鱼类，由于身体组织和血液中可以产生特殊的抗冻蛋白，因此能在南极寒冷的水域中生存。与生活在南极的许多生物一样，鳞头犬牙南极鱼的生长也极为缓慢，需要8—10年才能发育成熟。鳞头犬牙南极鱼有时也从海底向上游动，捕食各种小型鱼类、乌贼、蟹类和虾类。由于体形较大，因此只有少数海生动物会捕食它们，如抹香鲸、逆戟鲸和海象。鳞头犬牙南极鱼没有鱼鳔，骨质轻，身体脂肪含量极高，因而能获得中性浮力。

Naso lituratus

颊吻鼻鱼

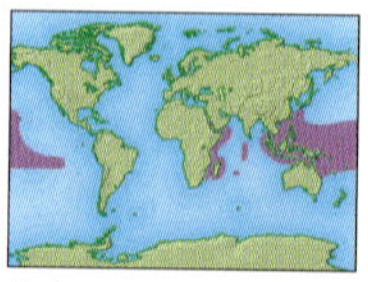

体长：45厘米
体重：无记录
性别：雌雄异体
现况：未评估

分布：太平洋、印度洋

颊吻鼻鱼隶属刺尾鱼科，该科约包括82个物种，它们的尾侧均有1根或多根刀状棘刺或盾板。颊吻鼻鱼亮橘色的棘刺不仅能够对付敌人，也能在争夺优势地位时充当武器使用。它们还会以尾部迅速横扫敌人或对手，致使对方受伤。颊吻鼻鱼体呈长圆形，身体侧扁而高，但与其他同类成员不同的是，前额无角状突起。颊吻鼻鱼利用切齿啃食海底的叶状海藻。颊吻鼻鱼是一种珍贵的食用鱼，可在珊瑚礁区捕获。

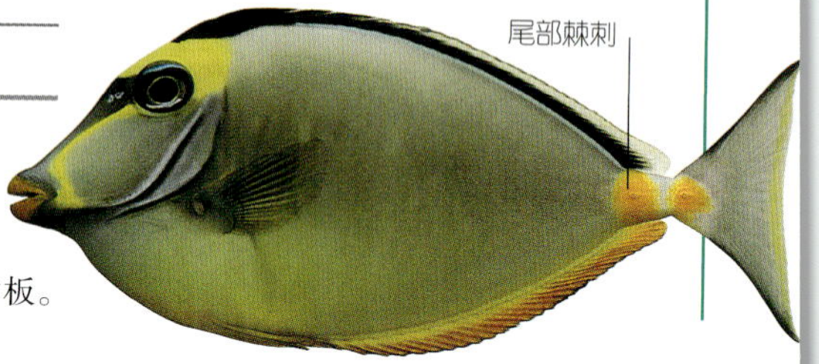

Siganus vulpinus

象鱼

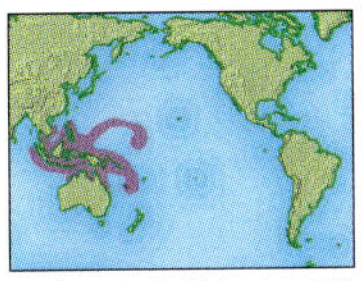

体长：多达24厘米

体重：无记录

性别：雌雄异体

现况：未评估

分布：印度洋与太平洋交界海域

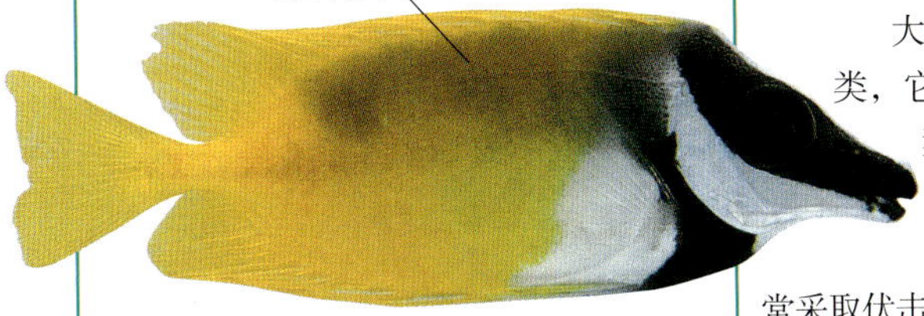

这种体色艳丽的鱼栖息在浅水区的珊瑚礁上方，主要以死珊瑚枝上的藻类为食。象鱼口中长有一列扁平的铲状齿，可将食物撕咬下来。背鳍仅有一片，鳍上带有13根尖锐的鳍棘。除了能用黑色、白色、黄色构成的鲜艳体色警告捕食者外，它们的鳍棘还可分泌毒液，被刺后会引起剧痛。成体通常成对生活。

Sphyraena barracuda

大鳞魣

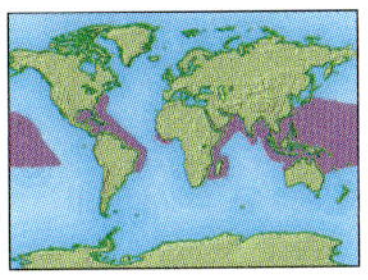

体长：多达2米

体重：多达50千克

性别：雌雄异体

现况：未评估

分布：全球热带和亚热带水域

大鳞魣是一种凶狠的捕食性鱼类，它们的游动速度快，除了大型鲨鱼外鲜有天敌。大鳞魣的头部很大，强有力的双颌上长有锋利的牙齿，通常采取伏击方式猎食，常突然快速地向猎物发起攻击。如果它们攻击游泳者，游泳者通常会造成重伤。然而，这些不幸事件通常只发生在昏暗的水域，因为大鳞魣会误把人类的肢体或发亮的饰物当作其他鱼类进行攻击。也有报道称，大鳞魣受到鱼叉戳刺时，也会在清澈的水域发动攻击。大鳞魣生性好奇，会游到潜水员身边。它们是一种受欢迎的游钓鱼种，亦可作为食用，但体形较大的个体能产生毒素，这种潜在的致命毒素是从食物中获取的。

幼鱼具有社会性

成年大鳞魣大多喜欢单独巡游，常见于热带或亚热带开阔温暖的浅水海域，偶尔也在水下100米处被捕获。未成年个体常在水浅且有遮蔽的礁区和红树林沼泽中结成小群活动，这样不仅能集体捕猎，并且也能共同躲避敌人。

身体延长

大鳞魣的身体延长呈鱼雷状，吻部突出。体长和连带成形的肌肉组织特别适于产生瞬间的速度爆发。

Scomber scombrus

鲭鱼

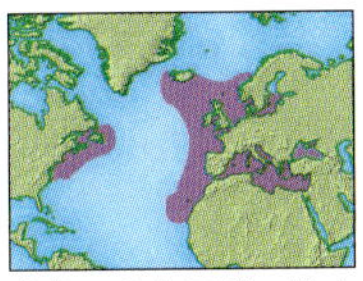

体长：多达60厘米

体重：多达3.5千克

性别：雌雄异体

现况：未评估

分布：北大西洋、地中海、黑海

鲭鱼是一种捕食性鱼类，身体呈纺锤形，栖息在冷水水域和大陆架区域，春季迁徙至靠近海岸处活动。它们根据体形大小分别集群活动，以其他幼鱼和小型甲壳类为食。通常在3—6月间繁殖，雌鱼一个繁殖季节就能产下约45万枚鱼卵。这种具有重要经济价值的鱼类在其分布范围内遭到了大量捕捞。

Thunnus thynnus

鲔鱼

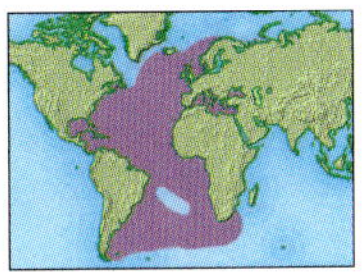

体长：多达4.3米

体重：多达910千克

性别：雌雄异体

现况：数据缺乏

分布：大西洋

鲔鱼是世界上体形最大、游速最快的硬骨鱼之一，时速至少可达70千米。鲔鱼的体形粗壮呈流线型，胸鳍、腹鳍和第一背鳍能在全速游动时收缩起来以减少阻力。鲔鱼多成群活动，捕食生活在开阔水域中的鱼类，它们跨越海洋盆地时的迁徙洄游距离可达10,000千米。由于受到过度捕捞的影响，近年来数量已经急剧下降。

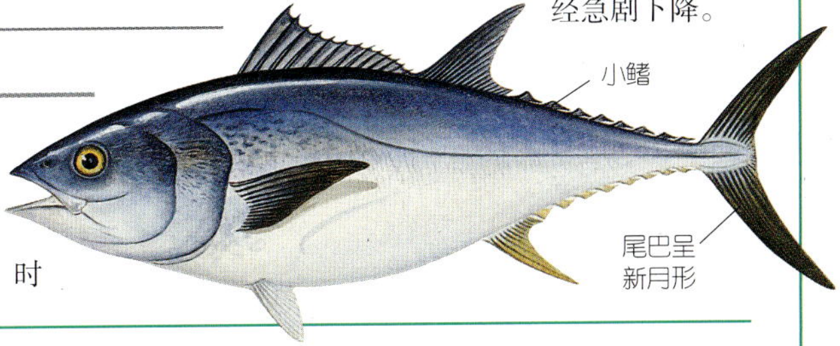

Xiphias gladius

剑鱼

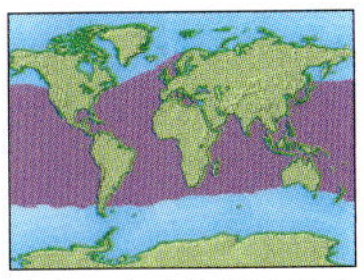

体长：多达4.5米

体重：多达590千克

性别：雌雄异体

现况：数据缺乏

分布：全球热带和亚热带及温带水域

剑鱼既是食用鱼，也是游钓鱼种。这种游动迅速的捕食性鱼类因上颌向前延伸呈剑状而得名。与剑鱼科其他成员（如蓝枪鱼，第528页）不同的是，剑鱼会用吻部攻击小型鱼类和乌贼，随后把受伤的猎物撕成碎片或整个吞食。剑鱼偶尔也攻击小船（如铜包外壳的船），对其造成严重损害。剑鱼的天敌主要是灰鲭鲨和大青鲨，以及几种鲔鱼和枪鱼，海七鳃鳗有时也攻击剑鱼。剑鱼全年都能在热带水域繁殖，4—9月是它们的繁殖高峰期，具体时间取决于地点的不同。

鱼鳍高耸

剑鱼的身体上部呈灰蓝色，身体下部几乎为白色，从头至尾体形由粗变细，背鳍和臀鳍像船帆一样高高耸起，使之能高速巡游。

独行猎手

成年剑鱼通常独自捕食。与鲔鱼和枪鱼一样，剑鱼也有两类功能不同的游泳肌群，其中深红色的肌群负责在游动时保持身体稳定，白色肌群则在快速行动时产生瞬间的爆发力。

Makaira nigricans

蓝枪鱼

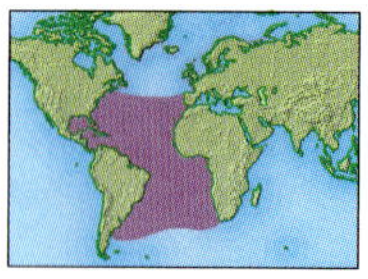

分布：大西洋

体长：多达4.3米
体重：超过900千克
性别：雌雄异体
现况：未评估

蓝枪鱼被钓上钩时会从水中激烈跃起，形成非常壮观的场面，因此在垂钓爱好者中相当有名。它们是旗鱼科中体形最大的成员，有些个体的重量甚至超过900千克。蓝枪鱼的上颌延长呈枪状，用于刺伤或杀死猎物。尾柄侧面长有突脊，胸鳍可以收缩到腹面沟中，因此游动迅速，爆发力极强，还能进行长途迁徙。尽管蓝枪鱼偶尔也进入较深水域，但通常都喜欢在温暖的表层水域活动，并在那里捕食其他鱼类，如鲭鱼、鲔鱼、鲯鳅和乌贼。

鱼卵和幼鱼

雌鱼一次就能产下数百万枚直径约1毫米的卵。孵化期为1周。鱼卵和幼鱼均浮游生活，在大洋中随波漂流。

保育

尽管游钓活动能对本地蓝枪鱼的数量造成影响，但商业捕捞带来的威胁更为严重。一些发展中国家的近海水域分布着数量较多的蓝枪鱼，因此它们也就成为受人们欢迎的食用鱼。成年蓝枪鱼的体形较大，除了人类以外鲜有天敌，而未成年的蓝枪鱼则会成为鲔鱼、鲭鱼和鲨鱼等其他海鱼的猎物。

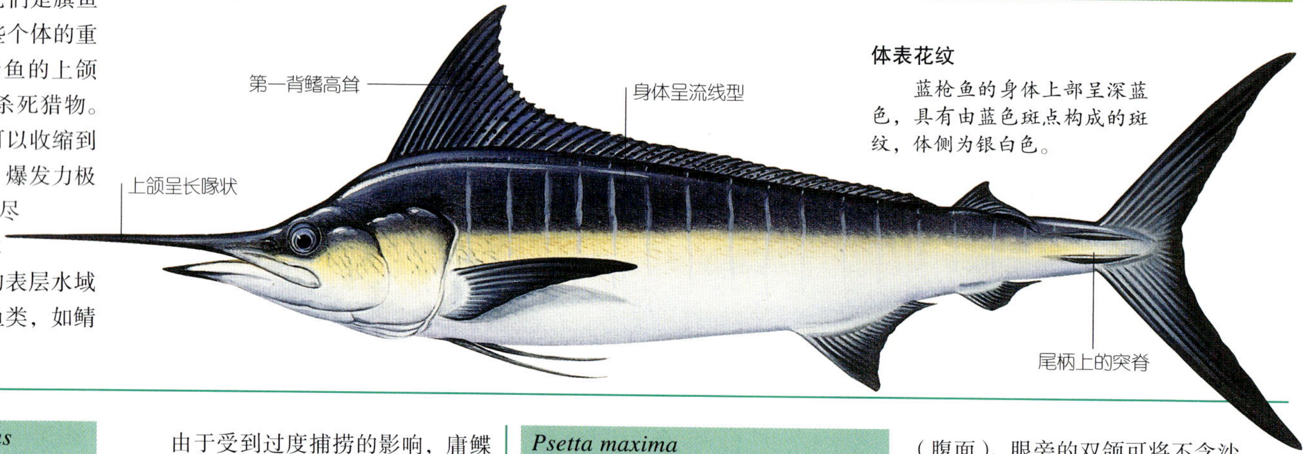

体表花纹

蓝枪鱼的身体上部呈深蓝色，具有由蓝色斑点构成的斑纹，体侧为银白色。

Hippoglossus hippoglossus

庸鲽

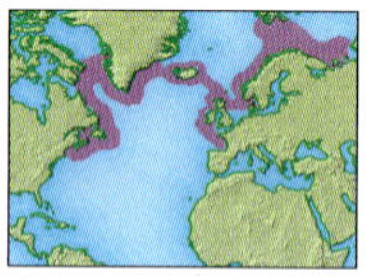

分布：北大西洋、北极地区

体长：多达2.5米
体重：多达315千克
性别：雌雄异体
现况：濒危

由于受到过度捕捞的影响，庸鲽已经濒临灭绝。它们是体形最大的鲽鱼之一，这一类群的成员超过700种，全都具有极为独特的身体结构，适于在海底生活。庸鲽侧身扁平，双眼朝上位于头部右侧。与其他大多数鲽鱼相比，庸鲽的游动能力较强，常在中层水域捕食其他鱼类。

Psetta maxima

大菱鲆

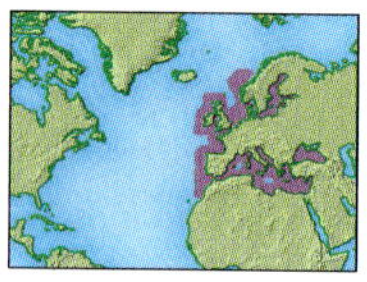

分布：北大西洋东部、地中海、黑海

体长：多达1米
体重：多达25千克
性别：雌雄异体
现况：未评估

大菱鲆身体扁平近似圆形，体背无鳞，只散布着少量皮棘。双眼位于头的左侧，嘴不对称，牙齿长在无眼的一侧（腹面）。眼旁的双颌可将不含沙子的海水吸入口中，从而提高呼吸效率。雌鱼的数量少于雄鱼，每次能产下1亿—1.5亿枚卵。

Pleuronectes platessa

鲽鱼

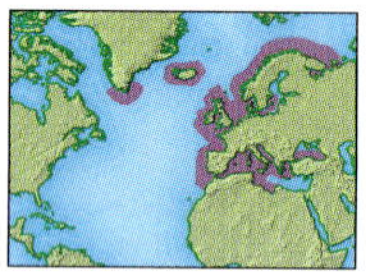

分布：北大西洋、北极地区、地中海、黑海

体长：多达1米
体重：多达7千克
性别：雌雄异体
现况：无危

刚孵化的鲽鱼幼体会在海水表层生活六周左右，随后便和所有的鲽鱼一样，身体形态开始发生变化，左眼逐渐移动到头的右侧（双眼同在身体朝上的一侧），身体也变得扁平，更适于在海底生活。鲽鱼以外壳较薄的软体类和海生蠕虫为食。它们能迅速改变身体朝上一侧的体色，依赖伪装色躲避敌人。鲽鱼也是欧洲最具经济价值的鱼类之一。

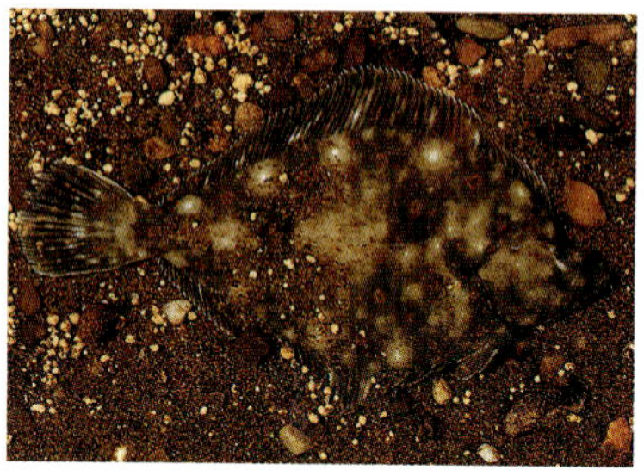

Paralichthys dentatus

大西洋牙鲆

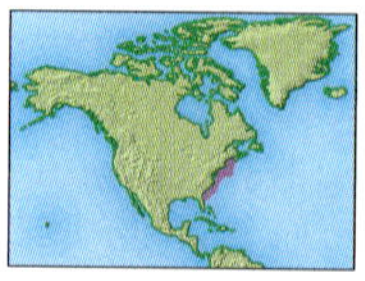

分布：北大西洋西部、北美洲东部

体长：多达94厘米
体重：多达12千克
性别：雌雄异体
现况：未评估

大多数鲽鱼均为海生，但大西洋牙鲆的奇特之处在于，在河口地带和淡水中也能发现它的踪影。大西洋牙鲆是底栖型的食肉鱼，依靠伪装、速度和利齿捕食小型鱼类和其他海洋动物。它们的卵内含有油球，因此鱼卵产出时会漂向海水表层，并在那里孵化。当仔鱼的体长约达到1.5厘米时，身体逐渐变得扁平，右眼也逐渐移至头的左侧。由于体内没有鱼鳔，因此仔鱼随后便会回到海底生活。

Solea solea

鳎

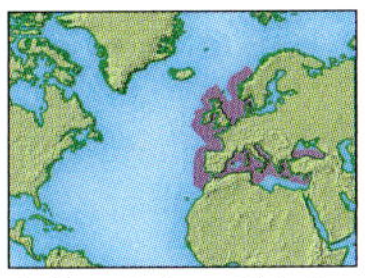

体长：多达70厘米
体重：多达30千克
性别：雌雄异体
现况：未评估

分布：北大西洋东部、地中海、黑海

鳎具有重要的经济价值，通常钻入海洋和河口水域底层的泥沙中栖息。与其他鲽鱼一样，鳎的身体也极不对称，双眼位于具有保护色的身体右侧，当在海底游动时，眼睛总是朝上。它们的嘴巴也扭转到了无眼的身体一侧，口中有细小的牙齿。鳎是食肉动物，依靠嗅觉捕食软体类和蠕虫。不长眼睛的头部一侧没有鳞片，而是具有特殊的丝状结节，这些细丝被认为具有增强味觉的作用。

Diodon holocanthus

九斑刺鲀

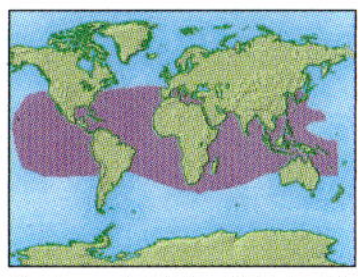

体长：多达30厘米
体重：无记录
性别：雌雄异体
现况：未评估

分布：全球热带和亚热带水域

一旦受到威胁，这种浑身长刺的鱼便大量吞下海水，身体膨胀成球形，使平常收拢的棘刺竖起。然而这种防御敌人的手段却会妨碍它们的游动，常使它们被渔网缠住，也让渔民们大伤脑筋。九斑刺鲀的身体背部呈深褐色，腹部为黄色，是珊瑚礁区的常住居民。它们的双颌有力，上下颌的牙齿各自愈合，因此能咬碎多种海生无脊椎动物的外壳和外骨骼。

Mola mola

翻车鲀

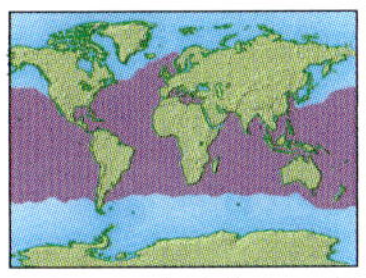

体长：多达4米
体重：多达2吨
性别：雌雄异体
现况：未评估

分布：全球热带和亚热带及温带水域

翻车鲀又名翻车鲀，是世界上最重的硬骨鱼，外形极具特色。它们的学名在拉丁语中意为"磨盘"，这是因为它们的身体从侧面看几乎呈圆形，未成年的翻车鲀则呈椭圆形。翻车鲀主要取食水母，能用牙齿一小块一小块地咬食猎物。它们的游速通常较为缓慢，一旦受惊也能跃出水面。翻车鲀偶尔也横躺在水面晒太阳以提高体温，但也可能只在生病或濒临死亡时才这样做。它们通常在开阔海域繁殖，具有超强的繁殖力，雌鱼一次可产下达3亿枚卵，鱼卵大多随海流漂走。翻车鲀多在热带水域出没，但也有个体偶尔在水温相对温暖的高纬度地区被发现。

圆盘形的身体

翻车鲀的身体从侧面看就像一个大碟子。它的上唇较厚，双眼很小并位于身体两侧。身后的尾巴具有褶边，很短。

鱼鳍竖立

翻车鲀的背鳍和臀鳍呈三角形，就像一对巨大的刀刃竖立于身后，能在游动时划水并控制方向。

Balistoides conspicillum

圆斑鳞鲀

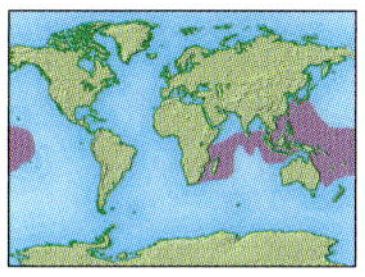

体长：多达50厘米
体重：多达2千克
性别：雌雄异体
现况：未评估

分布：太平洋、印度洋

这种生活在珊瑚礁区，体色极为艳丽的鱼类隶属鳞鲀科，该科的物种都能竖立起背鳍上的3根棘刺，从而将自己紧卡在珊瑚礁洞穴，增加敌人的捕食难度。圆斑鳞鲀的头部长有粗糙的骨质鳞片，坚固的牙齿适于咬碎猎物的外壳（如软体类和甲壳类）。它们与其他鳞鲀一样，也具有高度的领域性，在繁殖季节尤为明显。

Takifugu niphobles

星点多纪鲀

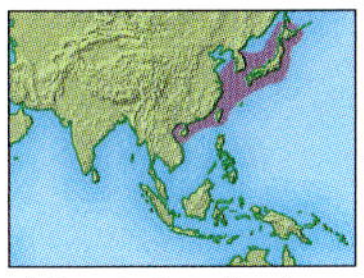

体长：多达15厘米
体重：无记录
性别：雌雄异体
现况：数据缺乏

分布：北太平洋西部

尽管星点多纪鲀体内的毒性比氰化物还强大，但仍是日本人眼中的美味佳肴，在食用之前要经过非常仔细的处理。为了阻止捕食者的侵袭，它们会在水中分泌极具威力的神经毒素，或是将水吸入胃中的伸缩囊使身体膨胀，以竖起体侧的棘刺。星点多纪鲀通常在5—7月间的满月或新月之后的1—5天内繁殖，涨潮时，成千上万的个体都齐聚在卵石海滩上产卵。

Lactoria cornuta

角箱鲀

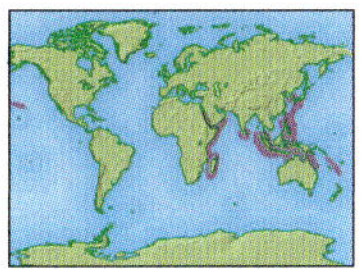

体长：达46厘米
体重：无记录
性别：雌雄异体
现况：未评估

分布：太平洋、印度洋、红海

角箱鲀因眼睛上方具有小型角状突起物而得名。它们的体表粗糙，鳞片特化为骨质盾板，游动时非常笨拙，这也是它们被称为箱鲀的原因。角箱鲀捕食时向海底的沙子喷出水柱，使藏身其中的无脊椎动物暴露出来。捕捞上来的角箱鲀会被晒干当作工艺品出售。

无脊椎动物

INVERTEBRATES

无脊椎动物

无脊椎动物是一类没有脊椎的动物。尽管许多种类体形很小，易被人们忽视，但种类却非常丰富且分布广泛，约占所有已知动物种类的97%。动物界中的脊椎动物由脊索动物门单独构成，而无脊椎动物却由超过30个门的庞大动物类群构成，其中仅节肢动物门的物种数就可能超过了地球上其他动物的物种总和。无脊椎动物生活在地球上的每一个角落，但仍以地球生命的起源地——海洋中的种类最为丰富。

轻盈的生命

蝴蝶是典型的无脊椎动物，它们的体形小，繁殖率高，寿命相对较短。与某些脊椎动物不同的是，无脊椎动物属于变温动物（冷血动物），一旦温度下降，它们的活动能力也会减弱。

进化

多细胞无脊椎动物的进化过程目前仍是个谜，但毫无疑问的是，它们的祖先与现存的原生动物类似，是一类单细胞有机体。目前被许多生物学家接受的一种理论认为，这些单细胞微生物与现存的由球形或卵形的定型群体或多细胞个体形成的团藻类似。它们形成了长期的松散群体后，由于细胞增多导致细胞分化，于是无脊椎动物便出现了。

最早的动物生命几乎没有留下任何有机体残余物，我们只能从存在于地壳和大气圈中的生物标志化合物中探寻它们的踪迹，如在岩石中发现的海绵状生物标志物，即可追溯到大约7亿年前。最早的无脊椎动物化石来自约6亿年前的前寒武纪末期。到了约5.45亿年前的寒武纪初期，进化的脚步突然加速，短时间内突然涌现出各种各样的生命形态，这一时期也被称为寒武纪生命大爆发。诸如水母等在内的软体类开始与有硬壳的动物汇聚在一起。由于硬壳能够很好地被石化，此后无脊椎动物的生命历程才变得更易追溯。

尽管这次大爆发事件发生在很久以前，却也带来了现今无脊椎动物的繁盛。针对现存物种的研究表明，现有的无脊椎动物可被划分为软体动物—环节动物—节肢动物以及棘皮动物—脊索动物两大类，其中的脊索动物随后又进化出脊椎动物。

昔日成就

三叶虫是有史以来最成功的无脊椎动物。它们在地球上存活了约3亿年之久，在约2.45亿年前完全灭绝，只留下了数量庞大的化石。

身体结构

无脊椎动物因缺少某些身体结构而被归为一类，如没有脊椎、骨质骨骼和真正的双颌。一些成年无脊椎动物的外表类似植物，终生都营固着生活，另一些则无时无刻不在运动，一下子便能看出是动物。虽然无脊椎动物的外形多变，但却有着一些基本的身体结构，尤其体现在细胞水平上。

以身体结构最简单的海绵动物为例，它们的身体由多细胞组成，但细胞间仍保持着相对的独立性，还未形成组织或器官。腔肠动物的身体结构更加复杂，它们有着一些海绵动物所没有的身体结构，并出

身体对称

成年海星的身体呈辐射对称，沿中心点可将身体分成相等的几个部分。锹甲的身体为两侧对称，通过身体中轴只有一个切面能将身体分为相等的两个部分。两侧对称动物的身体有许多部位都是成对的。

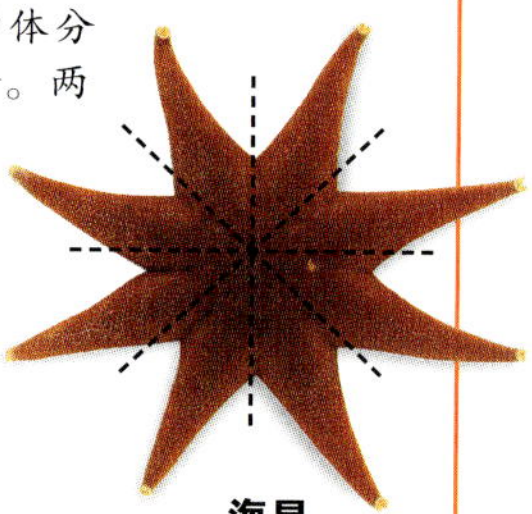

海星

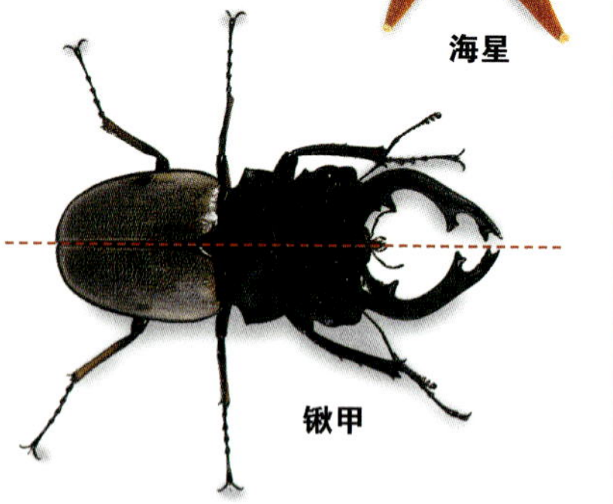

锹甲

骨骼

多数无脊椎动物有内骨骼或外骨骼，这两类无脊椎动物在水生和陆生环境中都有分布。其中有些骨骼主要用来保护身体，且能承受强力冲击，另一些则更加柔韧，主要用来支撑身体。无脊椎动物的骨骼由不同的物质构成，质地坚硬的部分通常由结晶物质组成，而昆虫的外骨骼则主要由状似塑料的几丁质构成。外骨骼一旦形成便不再增长，只会定期蜕皮并长出新的外骨骼。

贝壳

双壳类长有两片外骨骼，它们相对较重，但却非常坚硬，能与生物体同步生长。

骨针

大多数海绵具有硅质或钙质的骨针以及角质的海绵丝，这些结构联合形成网架状的内骨骼。图中玻璃海绵的骨针非常精准地在体内排列。

流体静力骨骼

蚯蚓的体腔内充满体腔液，这些体液被包裹在富有弹性的体壁内。加压的体液就像轮胎中的空气，在无脊椎动物的运动和维持体形上起着重要作用。

多节骨骼

节肢动物的体外覆盖着几丁质外骨骼，如上图中的球马陆。联结的骨板使得外骨骼具有弹性，这种骨骼形成后便不再增长。

前后颠倒

虽然章鱼的触手看似是以嘴巴为中心呈辐射对称，但事实上它们的身体为左右对称，头部长有一对眼睛。游动时总是身体后部朝前。

现了组织的分化。除了这两类以外，大多数无脊椎动物的身体组织都联合形成了器官，再由机能相近的器官联合形成系统，这种结构随后也出现在脊椎动物身上。当受精卵开始分裂时，细胞的分化也随之开始。一种线虫成年后体内的细胞正好是959个，其中的每一个都是细胞分化的产物，并最终构成了动物的基因编码。

从更广的层面上看，各类无脊椎动物之间的基本差别在于身体的对称方式。一些动物类群的身体呈辐射对称（如海葵），其身体部位就像车轮辐条一样按一定方式排列，嘴巴通常长在身体正中。身体辐射对称的动物通常营固定生活，若要移动，身体任一部位都可在前引路。相比之下，身体左右对称的动物的头部通常很明显，移动时头部在前。这类动物通过身体中轴只有一个切面能将身体分成对称的两半。一些无脊椎动物还进化出混合型的对称体制，如成年海星，其身体呈五辐射对称，只有负责将体内水管系统联结到体外的筛板偏离身体中心。

无脊椎动物的体制各不相同。独特的海绵动物全身具细孔，外界的水通过细孔流入体内，并从中滤食细小的食物颗粒。一些低等无脊椎动物的身体呈袋状，它们的嘴巴通过口道直接与中央消化腔相接。这样的身体结构常见于腔肠动物和扁形动物，但主要缺点在于无法消化的食物残渣仍需从嘴中吐出。大多数无脊椎动物为解决这一问题，进一步进化出贯穿身体的消化管。这种结构也出现在脊椎动物身上，能使消化系统像工厂的生产线般运作，由不同的身体部位负责不同的身体功能。无脊椎动物没有内骨骼，但多数种类都有坚硬的外骨骼，用以支撑并保护身体。一些无脊椎动物还依靠体腔液支撑身体并维持体形，因此也被称为流体静力骨骼（第532页），这种支撑身体的方式只有无脊椎动物才具备。

感官

固着生活的无脊椎动物的感官相对简单，它们利用感觉上皮感受食物的气味，遇到威胁时身体还会收缩。它们对溶解在水中的化学物质，直接接触或水压变化最为敏感，全身还分布着专门的神经细胞或感受器，以及简单无脑的神经系统。这种系统对极少移动的动物来说已经足够，但自由生活的无脊椎动物却需要更多的感觉信息。它们的神经系统更加复杂，具有能收集信息的感觉器官，以及能处理信息并触发最适反应的大脑。其中一些种类（如扁虫）的大脑细小，但章鱼和其他头足类的大脑却极为发达，体积也大于某些脊椎动物的大脑。

调音

雄蚊浓密的触角具备听觉功能，它们借助触角才能听见雌性飞行震动时的频率，以利于交配。声音频率因种类而异。

视觉是自由生活的无脊椎动物最重要的感官之一。它们中的一些种类，如扁虫，只有缺少晶体的简单双眼，只能用于感光。然而，许多脊椎动物的眼睛更为复杂，具有能够成像的晶体。包括昆虫在内的节肢动物，大都具备被称为复眼的特殊感觉器官。复眼由许多小眼组成，每个小眼都有感受器和聚焦系统等结构。每个小眼只能形成一个像点，小眼的数量多寡最终决定了动物所能看到的细节程度。以头足类为代表的少数无脊椎动物，有着与人类类似的眼睛结构，它们的眼睛中具有单一晶体，可将光线聚焦在敏感的视网膜上，再由视网膜将图像转化为信号传递给大脑。

对于陆生无脊椎动物来说，听觉也是主要感觉器官之一，因为听觉可用于寻找配偶。与脊椎动物不同的是，无脊椎动物的听觉器官未必位于头部，如蚂蚱的鼓膜就位于腹部，而蟋蟀的则长在腿上。味觉器官也一样，苍蝇和蝴蝶的脚上具有化学感应器，它们只要站在某个物体上就能知道它是否能吃。自由生活的无脊椎动物还需知道自己的位置和运动方向。大多数物种都有张力感受器，借此获知自己的方位，当它们的腿和翅膀等身体部位活动时，张力感受器就会发挥作用。

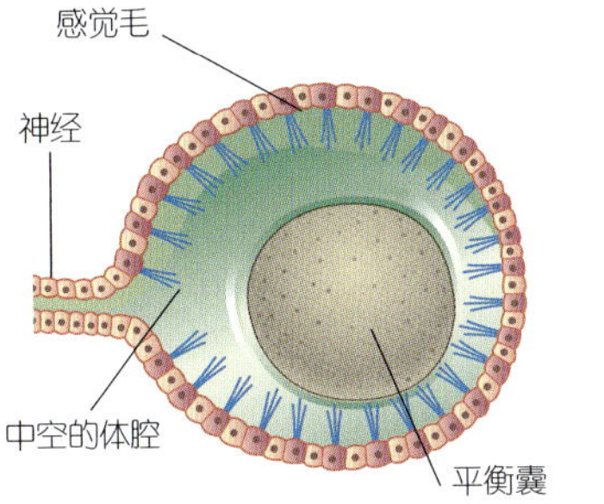

侦测重力

双壳类的感受器十分微小，能对地心引力作出反应。它们的感受器由分布着神经细胞的腔室组成，这些神经细胞可以侦测体内平衡囊的运动方向。

拟态

拟态在脊椎动物中很常见，但无脊椎动物才是这种骗术的真正高手。无脊椎动物能模仿不同的物体，如卵石、小树枝和鸟粪等，目的主要是为了避免被捕食。它们也彼此模仿，通过模仿危险的或有毒的物种作为防卫手段。更罕见的是，一些种类还具有进攻性拟态，能模仿其他生物以便接近被进攻的对象。拟态不仅体现在视觉上，某些昆虫还会模仿其他昆虫的行为甚至气味，这样它们便能在不受攻击的情况下进入被模仿者的领地，取食其幼虫。

不是真的食物

郎差蝴蝶毛虫的第一道防线是将自己伪装成鸟粪的样子。如果其他动物接近，它便挥动头部骇人的角状物，同时散发出恶臭。

多重吸引

苍蝇受到颜色和空气中的气味吸引后，便聚集在成熟的果实上。它们借助口器和脚上的化学感受器来品尝这种发甜的食物。

出芽繁殖

成年水螅以出芽繁殖产生后代，它们的体壁向外突出，逐渐长大形成芽体，并最终发育成新的个体。图中的水螅已长出一个芽体，这个新生个体随后与母体脱离，开始独立生活。

繁殖

无脊椎动物的繁殖方式多样，既有无性生殖，也有有性生殖的动物。无性生殖通常只由一个生物体完成。尽管有个别动物能同时扮演两性的角色，但有性生殖仍需两个单独的个体才能进行。

少数无脊椎动物仅依靠无性生殖产生后代，这种繁殖方式会让后代和它们的亲代具有完全相同的基因（第30页）。然而，蚜虫等吸食植物汁液的多数昆虫会在食物丰富时采取无性生殖繁殖后代。某些体内寄生虫（如吸虫）也在生命中的特定阶段进行无性生殖。对这类动物来说，复杂的生活史意味着每个后代的存活几率极小，因此这种能让种群数量倍增的繁殖方式显得尤为重要。但这类动物也在生命中的某一阶段进行有性生殖，引起基因的变异，增加物种对周围环境变化的适应能力。

虽然无性生殖在无脊椎动物中较为常见，但大多数物种仍采取有性生殖产生后代。脊椎动物的有性生殖几乎总是需要雌雄两性配对来完成，但在无脊椎动物中却迥然不同。因为同时拥有雄性和雌性生殖器官的无脊椎动物物种很常见，这些雌雄同体的动物既能配对繁殖（如蚯蚓），也能自我繁殖。

不管动物个体是雄性还是雌性，均无须配对就能产生后代。这种看似矛盾的情况在海洋无脊椎动物中十分常见（如海胆），因为这些动物都通过体外受精繁殖。它们将自己的生殖细胞释放到水中，使精子与卵子结合，产生大量的受精卵。这种繁殖方式若要成功，卵子和精子的释放时间必须非常精确，通常与月相的变化一致。

陆地上的大多数无脊椎动物均采用体内受精，雌雄两性配对时，雄性将精子送入雌性体内。这一过程包含复杂的求偶仪式，例如雄蜘蛛在求偶时必须谨慎行动，以免在交配时成为雌蜘蛛的盘中餐。昆虫中的一些雄性臭虫不太注重求偶仪式，它们采用“创伤式受精”，直接用利剑状的生殖器刺穿雌性的腹部进行授精。然而，体内受精未必会直接通过传递精子的方式实现。例如，某些雄蝎可以制造精荚，并将它黏在地上，随后雄蝎拉住雌蝎使其与精荚接触，迫使精荚进入雌蝎的生殖腔，从而完成授精。

新生命

珊瑚虫繁殖时将卵子和精子排入海水中。到达海水表层时，卵子和精子相互结合，受精过程也就随之开始。

亲代抚育

一旦卵子受精，大多数无脊椎动物便留下后代任其自行发育，从而导致它们的后代在出生的头几周内即面临艰苦挣扎，其中的多数个体都无法存活。这项损失能通过大量产卵来弥补。例如，1只雌海星在两小时内便能排出250万枚卵子。而另一些无脊椎动物则会对后代悉心照顾。例如，雌地蜈蚣产卵后留在受精卵旁，定期对它们进行清理，保证它们不受寄生虫或霉菌的侵袭。雌章鱼将卵黏在海底的岩石凹陷处，自己则留在附近，通过喷水保持受精卵的清洁和氧气充足。无脊椎动物也照料孵出的后代，例如许多蜘蛛会将后代驮在背上进行保护，而一些淡水螯虾的后代则攀附在母亲的腿上以求保护。

变态

大多数无脊椎动物在生长过程中会改变外形，因此也被称为变态发育。变态让幼体和成体以不同的方式生活，增加找到食物的机会。它们还有助于动物的扩散，因为无论幼体阶段还是成体阶段，这些动物都具有能自由活动的适应力。有些变态过程存在阶段性，有些则非常迅速。在阶段性变态中，幼体形态通常与成体类似，而在快速变态中，幼体和成体看起来却完全不同。变态的发生往往由性激素控制。

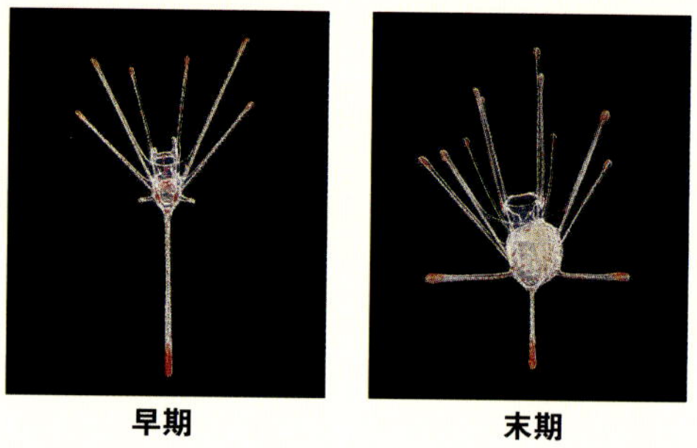

漂浮的幼体

海胆的幼体长有细长的突起，有助于在水中漂浮。幼体发育成熟时，这些突起便逐渐被身体吸收。

彻底变化

在蛹阶段，毛虫的身体逐渐瓦解，形成成年蝴蝶的形态。这一变化过程发生在蝶蛹或蛹壳内部。

安全的旅程

母蝎将幼蝎背在背上以便进行保护。这时的幼蝎体呈乳白色，柔软的外骨骼会随年龄的增长逐渐加深和变硬。

群落

大多数无脊椎动物幼体即使受到双亲照料，也会很快四散独自生活。对于群生物种来说，同类成员则会聚集在一起，形成永久性的类群或群落。群落成员间通常存在极为密切的亲缘关系，并各自承担生存所需的不同工作。

群体生活在无脊椎动物的进化中很常见，以各种不同的形式呈现。尤其是在一些海洋无脊椎动物群体中，群落成员在生理上互相联结，其外表和行为均与单体动物类似。这种组织形式在某些水螅虫中较为常见，如僧帽水母。这种看似水母的动物实际是由多个水螅单体集合形成的袋状浮囊体（见下图）。然而，漂浮生活的群体相对稀有，更

群体漂流

僧帽水母是由多个水螅单体集合形成的群体，个体间会分工协作，共同生活。

多的无脊椎动物，如珊瑚虫、苔藓虫和海鞘等，则是附着在贝壳和海底的各种物体上，形成营固着生活的群落。这种群落中的单体通过肠道和神经网相互联结，因此感觉信号能从一个成员传递至相邻成员。

陆生无脊椎动物群落并不常见，这些群落中的成员通常都是独立的个体，成员间按等级分化建立分工。白蚁、蚂蚁、蜜蜂和黄蜂等昆虫的社会组织达到最高发展，群落中的成员虽然都是独立的个体，但却需要互相依靠、紧密合作才能生存。每个群落中只有一个个体负责产卵（蜂后或蚁后），其他成员则负责寻找食物、建造和清理巢穴，以及防御敌害。

关怀焦点

被工蜂包围的蜂后掌控着蜂巢中的一切活动。它们通过在蜂巢中释放挥发性的激素，即信息素，来对蜂巢中的成员下达命令。

觅食

整体而言，地球上的无脊椎动物几乎能取食所有活着或死掉的生物，它们中既有食草和食肉动物，也包括众多食腐动物。无脊椎动物的胃口极好，所有人类能吃的食物它们都能吃，甚至还能以腐烂的海草、羽毛、毛皮、动物眼泪等为食。

利用具滤筛功能的身体部位滤食食物颗粒是水生无脊椎动物常用的觅食方式。大量在海底或海岸附近营固着生活的无脊椎动物均利用这种方式维生。这些动物在进化过程中发展出各式各样的滤食器官，如藤壶利用蔓足滤食，双壳类通过鳃滤食等。许多滤食者能主动将水吸入滤食器官以增加捕获量。对这些动物来说，吸入的水流不仅会带来更多的食物，也能增加氧气。许多浮游动物也以滤食为生，如磷虾，它们转而又成为体形最大的滤食者——须鲸的食物。从水下固体表面刮食植物也是水生无脊椎动物常见的觅食方式。具有数排微小牙齿的笠螺和长有5枚牙齿的海胆均以这种方式觅食。

自然循环

一群蜣螂正在一堆动物粪便上攀爬。它们以粪便为食，并且还将粪便滚成粪球埋藏起来，作为后代的食物。

陆生无脊椎动物不采取滤食方式觅食，它们大多主动觅食，但一些吐丝结网的蜘蛛利用蛛网捕获飞行动物的方式则与滤食类似。最小的食草动物，包括许多食木物种，通常在食物内部啃蚀，这种方式有助于保护它们免遭捕食，但大多数捕食性无脊椎动物则需在露天四处活动觅食。无论植食还是肉食，它们大多具备特殊的口器，用以取食特定的食物。毛虫可以啃咬并吞下大块食物，许多其他昆虫则以植物汁液为食。例如，蛾和蝶具有长达30厘米的盘卷状“舌头”，伸开后便能吸食花蜜或果实汁液；牛虻具有刀片般的双颌，能刺入皮肤并舔食渗出的血液。蜘蛛虽是食肉动物，但也以动物汁液为食。它们的嘴巴细小，会将消化液先喷在猎物身上或注入猎物体内，待猎物组织溶解后再进行吸食。

无脊椎动物数量庞大，许多种类的觅食行为会对生态环境造成严重影响。例如，蚯蚓在保持土壤肥力上扮演着关键角色，昆虫则在传播花粉和分解残骸上起着重要作用。无脊椎动物在许多生境中的影响力都远远超过大型动物，除非它们成为害虫，否则它们的活动很难引起人类的重视。

收集食物

切叶蚁正将食物带回巢穴，与食物相比，它们的体形显得矮小。在地球上的一些地区，蚂蚁的摄取食量与其生境中所有的食草脊椎动物不相上下。

从容不迫地进食

海星能用腕足吸附住蚌类的外壳，缓慢地将它们拉开。随后将胃从口中翻出插入贝壳内，分泌消化液消化猎物。

寄生虫

无脊椎动物拥有地球上最庞大的寄生动物类群。其中的一些种类（如蜱虫和水蛭）生活在寄主体外，而其他种类（如绦虫和蛔虫）则寄生在寄主体内，以寄主的身体组织或寄主摄入的食物为食。体外寄生虫仅在采食时才与寄主接触，通常只需单一寄主即能生存，而许多体内寄生虫则有着复杂的生活史，每一阶段都寄生在不同的寄主体内，众多寄主中通常包括一个脊椎动物。大多数寄生虫不会引起寄主死亡，但拟寄生物却会杀死寄主。昆虫中的许多物种都是拟寄生物，它们将卵产在其他动物体内或附近。幼体孵出时，能从寄主体内开始蚕食。

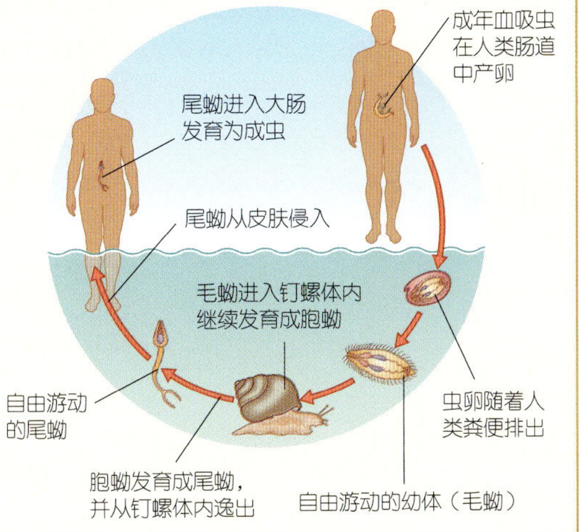

血吸虫的生活史

人血吸虫是一种寄生虫，它们以钉螺作为中间寄主。人血吸虫的虫卵经由未处理的污水进入水中，孵化为自由游动的幼体。它们在钉螺体内经无性生殖形成很多新的幼体，这些幼体从钉螺体内逸出在水中自由游动，遇到人体便会侵入。

海绵

门：	海绵动物门
纲：	3纲
目：	24目
科：	127科
种：	约10,000种

海绵曾一直被认为是植物，它们是现存结构最简单的动物。海绵不像大多数动物那样营自由生活，而是固着生活在物体表面，从水中过滤食物颗粒，即通过流入身体的水流摄取食物。大多数海绵均为海生，但也有一些物种生活在淡水中。

海生海绵

大多数海绵都生活在温度稳定的环境中。图中的叶状海绵通常生长在坚硬的岩石表面，体积通常较大，在海底洞穴中尤为常见。

身体结构

海绵缺少其他动物共有的身体特征。尽管细胞间的分工不同，但除了少量肌细胞外，没有形成真正的组织或器官，也没有神经系统。然而，海绵却具有由海绵质纤维和硅质或钙质无机结构（骨针）构成的网状骨骼结构。海绵的身体不对称，也没有明显的身体部位。最简单的海绵大致呈管状，一端有开口，身体复杂的海绵则有多种形状，如壳状、球状、桶状和缠绕的树枝状。

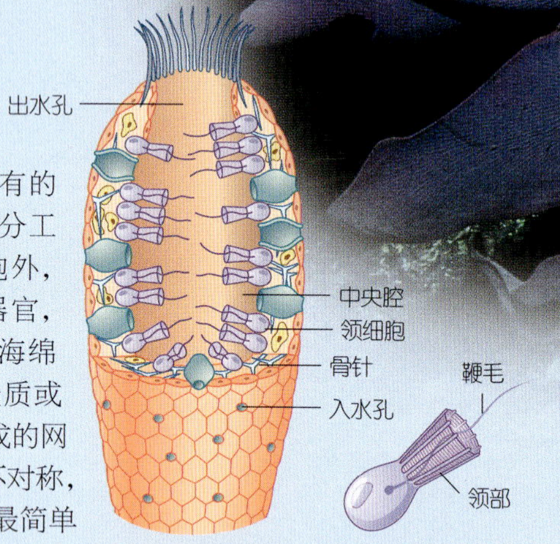

身体部位

水流通过海绵体表的入水孔流入中央腔，再由出水口排出。

觅食

海绵非常善于滤食。它们的身体内层由领细胞构成，每个领细胞都长有一根鞭毛，鞭毛被一圈触手状的突起结构环绕。鞭毛的摆动让水流进入海绵体内，当水流从身体穿过时，浮游生物和有机物颗粒便会被领细胞捕获。

食肉海绵

这种罕见的海绵生活在深海底部和地中海的洞穴中，利用长钩状骨针捕捉猎物，在体外进行消化。

钙质海绵纲

钙质海绵

分布：已知约650属，全球广泛分布；生活在浅水区的缝隙、突出岩石和洞穴中，以及珊瑚礁和海草中

钙质海绵是唯一具有钙质骨针的海绵，骨针成分与软体类的外壳成分相同，与其他海绵相比，它们大多体形较小，高不超过10厘米，身体呈叶状或管状，色彩暗淡，只有一些生活在珊瑚礁区的种类才呈现鲜艳色彩。

瓶状海绵

这种高度不到5厘米的瓶状海绵具有典型的钙质海绵形状。该属成员广泛分布于热带至亚南极地区的浅海区。

六放海绵纲

玻璃海绵

分布：已知约550属，全球广泛分布；生活在冰冷的深水层，大多栖息在水深200—2000米处

大多数玻璃海绵体高不到1米，但某些地区的群生种类能形成高达20米的“海绵珊瑚礁”。玻璃海绵的硅质骨针通常联合形成坚硬美丽的玻璃状纤维组织。这种身体结构很脆弱，生活在深海中的物种一旦被捞出海面，骨针结构便会瓦解。

偕老同穴

玻璃海绵的外表非常美丽。图中的海绵隶属偕老同穴属，分布在水深约150米以下的热带海域，可以长到30厘米长。

寻常海绵纲

寻常海绵

分布：已知约7200属，广泛分布于浅水和深水区，附着在各种物体表面生活

将近90%的海绵都隶属寻常海绵纲，包括人们沐浴用的海绵，然而这一物种已经受到过度采集的严重影响。寻常海绵大小各异，既有不到1厘米的物种，也有体高或体宽超过1米的物种。它们通常色彩鲜艳，在海底形成可与珊瑚媲美的“花园”。寻常海绵的体形很不规则，多为土堆状或具有硬壳，一些小型物种还会钻入软体类的壳内，在贝壳上留下针孔大小的洞。

加勒比海粉红瓶海绵

许多寻常海绵的体形常不规则，但也有许多物种呈漏斗和花瓶状，与上图中的海绵类似。这种海绵的高度多达30厘米，与大多数寻常海绵一样，也有着由硅质骨针和海绵质纤维构成的骨骼。

管海绵

这种管海绵的体长可以超过50厘米。管海绵通过体壁上的入水孔吸水，再利用顶端的出水口将水排出。

刺胞动物

门：	刺胞动物门
纲：	6纲
目：	24目
科：	300科
种：	约11,000种

这类水生动物的身体结构简单，成员包括海葵、珊瑚虫、水母和水螅虫。它们的身体呈管状，有口无肛门，体形为辐射对称。刺胞动物具有两种基本体形，即营漂浮生活的扁平水母型和营固着生活的管状水螅型。所有刺胞动物的嘴巴周围都长有触手，触手中有刺细胞。大多数刺胞动物均为海生，只有少数生活在淡水中。

运动

刺胞动物能够通过协调部分肌肉细胞，来改变形状。水螅体体腔内的水分也具有类似骨骼的功能，在细胞受到收缩挤压时，可以起到抗压作用。水螅体可伸长、缩短或弯曲其身体，以便伸向潜在猎物，或躲避捕食者。通过肌肉细胞缩放的交替作用，游离的水母体，如水母，可以利用微弱的喷射推进力行动。

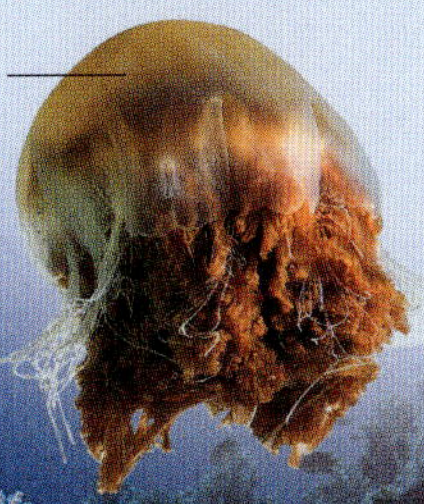

水母的运动

水母的伞面能有节律地收缩，将伞缘内的水分喷出，使身体借助反作用力的推动向上运动。当伞面和伞缘舒张时，水分重新进入伞缘内，如此这般，水母便可连续运动。

身体结构

一些刺胞动物（如海葵和珊瑚虫）只有水螅型体形，另一些刺胞动物（如水螅虫和某些水母）的生活史中交替出现水螅型和水母型。无论具有哪种形态，刺胞动物的体壁均由内、外两个胚层构成，两个胚层之间还有凝胶状的中胶层。刺胞动物身体中央的腔具备消化功能，嘴巴兼有摄食和排泄功能，周围体壁向外突起形成数条触手。这些触手中有刺胞动物特有的刺细胞，能将毒素注入猎物体内，然后由触手将猎物送入嘴中。

造礁

许多珊瑚体内都有藻类寄生，后者能为珊瑚提供生存所需的能量。这种共生关系让珊瑚保持快速生长，促进造礁物质的积累。

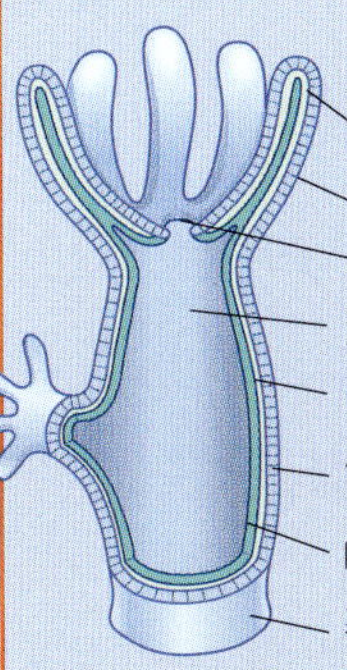

水螅型

水螅型的嘴巴朝外，身体附着端为基盘，通常附于固体物表面。许多水螅型（如图）的中胶层并不发达。它们通常以单体或群体形态生活。

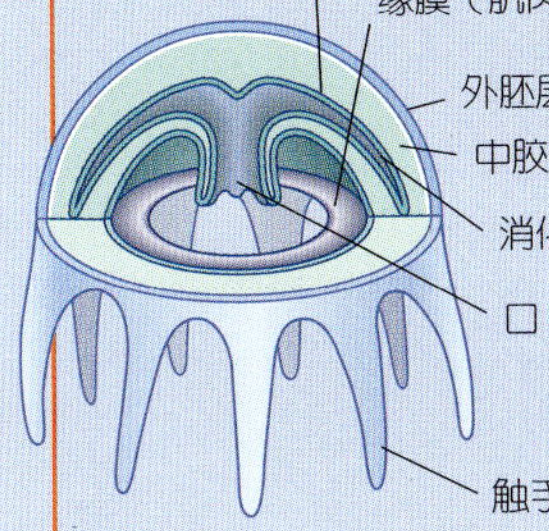

水母型

水母型的身体呈铃形或伞形，嘴巴位于下伞面的中央，伞面边缘带有一圈触手。它们的中胶层比多数水螅型要厚。有些水母型还具有一层肌纤维，可借此运动。

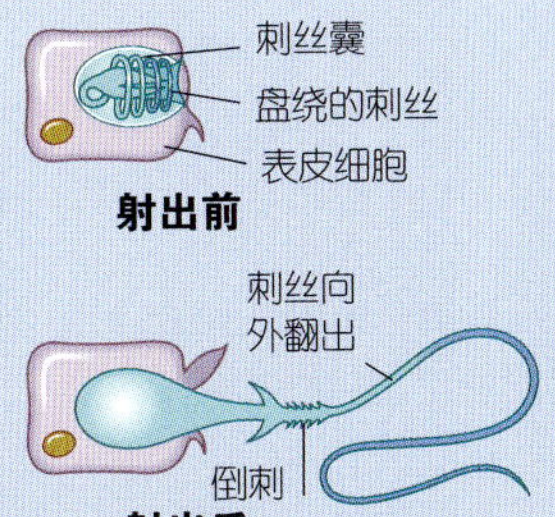

刺细胞

每个刺细胞内都有囊状的刺丝囊，其中贮存着毒液和一根盘绕的刺丝。受到刺激时，刺丝向外翻出，刺入猎物的皮肤，触手随即将猎物拉入嘴中。

群体

大多数刺胞动物以出芽生殖方式进行无性生殖。一些物种的新生芽体会与母体完全分离，有些则不脱离母体进而形成复杂的群体。群体可以达到极大的规模，例如造礁珊瑚。某些浮游群体的结构十分复杂。例如，管水母就由水螅型和水母型集群组成，其外表看似生物个体，由专门的水螅型构成相等的器官。

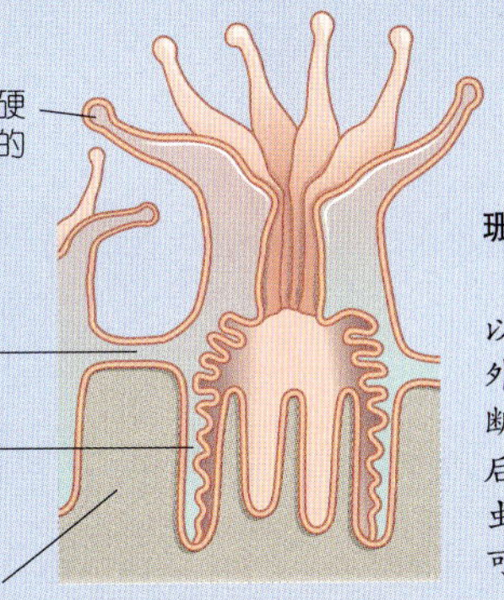

珊瑚虫

珊瑚群中的水螅体可以分泌碳酸钙形成坚硬的外骨骼，这种石灰质骨骼不断地堆积，历经漫长的时间后便形成了珊瑚礁。珊瑚虫的外骨骼具有杯状凹陷，可将水螅体包裹其中。

保育

数十种刺胞动物（主要为珊瑚虫）被列为易危物种，其中能够造礁的种类目前已濒危。它们面临的威胁包括全球气候变暖造成的海水温度上升，珊瑚礁区的泥沙沉积和纪念品收集。如果海水温度上升至一定水平，与珊瑚共生的藻类便不再生长，同时还会导致珊瑚白化甚至死亡。

珊瑚纲

珊瑚虫

分布：已知约7042属，全球广泛分布；生活在海底的泥沙上

“anthozoa”一词在拉丁语中意为“花状动物”，这类动物色彩鲜艳，触手随波摇曳，身体呈肉质，看上去类似植物。实际上，它们和所有的刺胞动物一样，都是食肉动物，其中一些物种的体内还寄生着能为它们提供生存所需能量的微小藻类。珊瑚虫的体形各异，既有体宽不超过1毫米的微小物种，也有10多米宽的物种。成年珊瑚虫全部为水螅型，它们结构简单，体呈管状，身体一端封闭，另一端有开口。开口端周围长着一圈或多圈具有刺细胞的触手，可用来捕食和抵御腹足动物、环节动物、海蜘蛛和海星等天敌。珊瑚虫既能无性生殖，也能有性生殖。很多珊瑚虫都是单体动物，也有一些物种是群体生活的硬珊瑚，它们的钙质外骨骼长期积累沉淀后便形成了珊瑚礁——地球上体积最大的生命结构。其他分布广泛的珊瑚虫还包括没有骨骼的海葵、海鳃和具柔韧角质内骨骼的海扇等。

海扇

海扇可长至3米或更高（左图），它们分布范围广泛，在热带海域尤为常见。海扇利用匍匐茎附着在坚硬物体表面，它们的茎条粗糙柔韧，许多枝条都能产生水螅芽。

灌丛状软珊瑚

大多数肉质软珊瑚体内含有可以支撑身体的钙质结构（骨片）。在群体进行扩展时，软珊瑚的骨片还会伸出体外。这种分布在印度洋与太平洋交界海域的软珊瑚属物种可以长到1米高。这类软珊瑚既能附着在坚硬物体表面生长，也能在海底的软质沉积物上安家。

海鳃

海鳃是群体动物，广泛分布在全球海域中。海鳃形似老式羽毛笔，通过基部将整个群体固定在海底生活。海鳃的中央茎由初级水螅体构成，两侧羽茎上着生成千上万的次级水螅体，它们中一部分负责群体的运动，另一部分则负责捕食并繁殖后代。右图中的海鳃能长到50厘米高，其他一些物种还会成倍增高。海鳃上的一些次级水螅体（如左图高达30厘米的某种棘海鳃）还能将水吸入身体。

水手珊瑚

软珊瑚在全球海洋中均有分布，隶属海鸡冠目。上图中的水手珊瑚生长在北大西洋的浅海水域，高度可达20厘米。它的水螅体会从白色、粉色或橙色指状团上伸出，被触碰时还会回缩，因此获得“死人手指”的恐怖俗名。

假珊瑚

假珊瑚生长在全球热带海域，是介于真珊瑚和海葵之间的中间类型。假珊瑚的水螅型与珊瑚极为类似，但却没有外部的硬质构造。假珊瑚与造礁珊瑚一样，也有能为它们提供营养的共生藻。象耳香菇珊瑚（上图）的直径至少可达30厘米。

海葵

海葵与大多数珊瑚虫不同，属于单体水螅型。该类型中的许多物种均通过分裂方式进行无性生殖。右图中的沟迎风海葵的触手可达10厘米长。它生长在光线充足的水域，因为所需的大部分食物都由体内能进行光合作用的共生藻类提供。

软珊瑚礁

与水手珊瑚一样，软珊瑚物种也隶属海鸡冠目，并且有着相同的肉质质地。该属成员在印度洋和太平洋的温暖海域最为常见，能形成宽达1米的群体。

链锁海葵属物种

这类分布广泛的海葵常和其他海洋无脊椎动物构成共生关系，固着生活在软体类的贝壳、龟壳或是蟹钳上。这种海葵以同伴的残羹为食，同时利用有毒的触手保证同伴的安全。上图中的海葵（Stylobates aenus）可以长到20厘米高。

智利迎风海葵

这种鲜红色的海葵是2001年才被命名的新物种，生长在智利北部的岩石海岸（包括潮池）。科学家认为这种惹人注目的物种之所以以前未被发现，主要是因为它的种群数量在近10年内才有所增长。

滨珊瑚属未知物种

这种大型珊瑚群体生长在热带海域，是规模仅次于鹿角珊瑚的造礁珊瑚。它们的外形呈土丘状，有时还有大而钝的指状突起。覆盖在大堡礁上的某些滨珊瑚的顶部直径几乎可达10米，寿命也可能超过200岁，但其中的水螅型个体却仅约3毫米宽。

蘑菇珊瑚

大多数珊瑚虫是群体动物，但蘑菇珊瑚却只由直径约50厘米的单个水螅体构成。它们生长在热带海域，幼体通过柄部附着在海底。成年后从柄部分离，栖息在海底。如上图的某种石芝珊瑚。

牡丹珊瑚属未知物种

这一隶属牡丹珊瑚属的物种的直径达25厘米，是红海至太平洋东部海域珊瑚礁中常见的鲜艳种类。它们的体表有着纤细的星状斑纹，是一种群生珊瑚，能长成柱状、盘状或叶状。

鹿角珊瑚

鹿角珊瑚隶属鹿角珊瑚属，是珊瑚礁中生长最快的种类之一。如果不是因为本身较为脆弱，易在风暴中受损，它们很快就能压倒其他物种成为优势物种。鹿角珊瑚生长在热带海域，许多鹿角珊瑚群都看似鹿角或灌丛，如左图中带有分叉且能长到2米高的物种一样。有些物种的身体更加扩展，外表和东非稀树草原上平顶的金合欢树相似。下图呈盘状生长的物种直径可达3米，能为共生藻类阻截光线，让下方潜在的竞争者无法获得日照。

脑珊瑚

这种叶状珊瑚群体中的水螅体相对较大，直径超过3厘米。蜿蜒的排列方式使之呈现出人脑般的纹路。许多脑珊瑚物种都分布在太平洋海域，成年脑珊瑚群的重量能超过1吨。

钵水母纲

水母

分布：已知234属，全球广泛分布；在海中浮游生活，少数种类在海草上或在海底生活

水母是海洋浮游生物中体形最大的一类，拥有超过2米宽的身体和数米长的触手。水母中只有少数物种附着在海草上生活，还有一些物种大部分时间都在海底生活。水母的身体（或称为“伞部”）就像一个倒转的碟子或碗，外胚层和内胚层之间为发达的凝胶状的中胶层（第537页）。水母的嘴巴位于下伞面中央，与一条简单的肠道相通，具有刺细胞的触手则从伞缘下侧伸出。这些结构简单的动物有着复杂的生活史。一些物种（不是所有的物种）的卵受精后先在海底发育成水螅型幼虫。这些幼虫经分裂后形成幼小的水母体，随后便独自漂流，最终发育为水母型成体。虽然水母能通过收缩肌肉运动，但它们连最轻柔的水流都无法通过，暴风雨后还常被冲上海滩。水母大多为食肉动物，利用触手捕食。本纲中的成员包括海月水母和狮鬃水母等。

狮鬃水母

狮鬃水母生活在北半球海域，它们的伞部直径可达2米，是世界上体形最大的水母之一。狮鬃水母庞大的长触手会对游泳者构成危害，即使在沙滩上搁浅，这种水母依然能够长时间地进行螫刺。

倒立水母

倒立水母的身体大致呈圆盘状，直径30厘米，生长在温暖的浅海海域，通常触手朝上缓缓地倒立在海底，以便让触手中的共生藻进行光合作用，借以获取养分。

地中海星芒水母

科学家于2010年在地中海发现了这一新物种，它们隶属根口水母目，其特征是根状的口腕边缘密布许多吸口，由吸口周围的触手将猎物杀死再送入吸口。

巴布亚硝水母

巴布亚硝水母在热带海域最为常见，它们体形宽大，直径可达19厘米。它和左图同属根口水母目，但与其他许多水母不同的是，它们的伞缘没有触手。

无脊椎动物

水螅纲

水螅虫

分布：已知3686属，全球广泛分布；在海中浮游生活，或在海底、河流和湖泊底部固着生活

这类刺胞动物包含体形和生活史各不相同，从1毫米小到直径大于1米的多种动物。它们既能有性生殖，也能无性生殖。在生命旅程中，水螅虫通常经历固着生活的水螅型和自由漂浮的水母型两个阶段。水螅纲的大多数成员为群体动物，含有成千上万的水螅体。一些群体具有坚硬的骨骼结构且形似珊瑚，而另一些则在表层水域漂浮生活，并常被误认成水母。固着在海底营群体生活的物种大多具有多种不同形态与机能的水螅体。这种群体动物的外形与机能均与单体动物类似。浮游群体中也有不同形态与机能的水螅体，其中一些个体负责捕食，另一些则负责消化。

水螅纲的成员大多为食肉动物，利用触手捕食微小的浮游动物和较大的鱼类等生物。一些物种依赖能进行光合作用的共生藻为生。本纲中的大多数物种对人类无害，如海蕨、帆水母和淡水水螅等，但少数物种却能造成致命伤害，如臭名远扬的僧帽水母。它们也会成为某些软体动物、腹足动物、多毛类、海蜘蛛、海星和鱼类的盘中餐。

僧帽水母

僧帽水母（右图）几乎在全球热带和温带海域均有分布，是出了名的危险物种。它们的外表如同单体动物，实际上却是成簇的水螅集合体，其中的一些个体还能分泌致命毒素。群体顶端的大型浮囊能让僧帽水母在水面漂行，并支撑着下方长达20米的触手。这些触手中包含的水螅个体分别承担捕食、消化和繁殖等生理机能。

发水母属未知物种

这种纤弱的水螅纲水母有着直径达4厘米的透明伞部，其边缘拖曳着约90条触手。这一物种常见于北美洲西海岸，以浮游动物为食。

帆水母

帆水母的外形似银币，直径达10厘米，是高度特化的水螅群体，与僧帽水母一样，在海洋中漂浮生活。帆水母依靠风力推动身体上方的汽帆状浮囊在海中前行，常在暴风雨后被冲上热带地区的海滩。

美羽螅属

美羽螅属的成员广泛分布在浅水水域，死亡的个体残骸常被海水冲上海滩。这类群体动物可以长到60厘米高，具有许多负责觅食和攻击的水螅体，以及能在水中释放浮游幼虫的较大水螅繁殖体（右图中的黄色坚硬结构）。

贝螅属未知物种

贝螅属的成员遍布全球水域，属于小型水螅群体，通常为2厘米高，常寄居在其他动物的外壳上，并会形成包裹。宿主的活动能为贝螅带来更多食物，而贝螅则用触手保护宿主不受伤害。上图中的贝螅属物种就寄生在寄居蟹的外壳上。

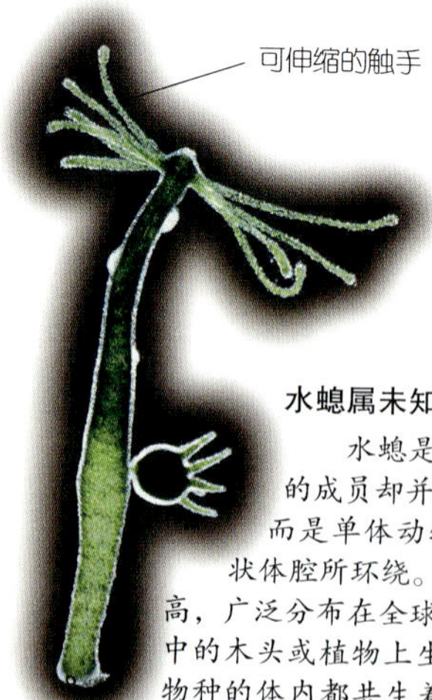

水螅属未知物种

水螅是教科书中的常见范例，但水螅属的成员却并不常见，因为它们并非群体动物，而是单体动物，并且也没有被分泌形成的管状体腔所环绕。这些微小的生物最多只有2.5厘米高，广泛分布在全球淡水水域，附着在石头、沉入水中的木头或植物上生活。很多物种的体内都共生着能进行光合作用的藻类，因此外表呈绿色。

紫侧孔珊瑚

少数水螅纲物种外表类似珊瑚，具有能保护水螅体的坚硬外骨骼。它们中的大多数物种非常小，且色彩鲜艳，如生活在印度洋与太平洋交界海域，高达5厘米的紫侧孔珊瑚（左图）。少数物种则会长成非常大的群体，如多孔螅。

筒螅属未知物种

筒螅分布于全球浅水水域，外表类似植物。筒螅群体由“根部”产生，依附在岩石或沉船残骸上垂直生长，并不断延伸长出错综复杂的分支，每个分支顶端都有一个水螅体。大多数筒螅群体通常不到15厘米高。

扁虫

门：	扁形动物门
纲：	6纲
目：	41目
科：	424科
种：	约20,000种

扁虫是所有身体两侧对称动物中结构最简单的一类。它们没有体腔，体壁内部器官之间填充着实质；没有血液和循环系统，以及能与外界交换气体的呼吸器官。扁虫中包含许多寄生虫（如绦虫和吸虫），还有一些自由生活的物种大多分布在淡水和海洋中，尤以岩质海岸和暗礁区的数量较多。

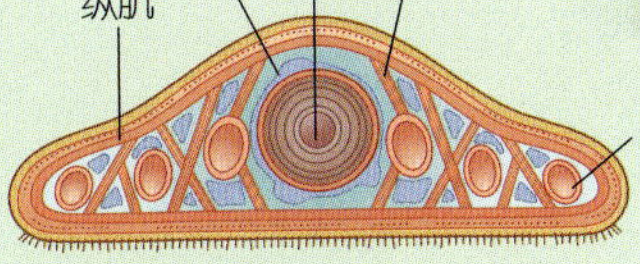

身体截面

扁虫的结构简单，身体没有分节。内部器官之间填充着海绵状的结缔组织。

自由生活的扁虫

扁虫通过体表进行气体交换，因此体壁必须很薄。这一需求使得大型物种比其他同样大小的动物更加脆弱，如图中的海生涡虫。

涡虫纲

涡虫

分布：已知5429属，全球广泛分布；生活在水中的石块下、泥沙表层、潮湿土壤中和木头下

涡虫的体形多变，身体的前后端明显，但嘴巴却位于身体腹面。大多数涡虫的身体呈半透明、黑色或灰色，但一些海洋物种，尤其是生活在珊瑚礁的种类则有着鲜艳的花纹。涡虫的体长从不到1毫米至50厘米不等。最大的物种体薄如纸，有助于直接从周围的环境中摄取氧气。与寄生性物种不同的是，大多数涡虫为自由生活，它们所具有的简单感觉器官有助于在栖息地附近活动。涡虫大多通过爬行移动，一些较大的物种通过波浪式游动前行。涡虫大多为捕食性动物，以其他小型无脊椎动物为食。涡虫有些是寄生和共生物种，少数物种依靠能进行光合作用的共生藻为生。几乎所有的涡虫都是雌雄同体。

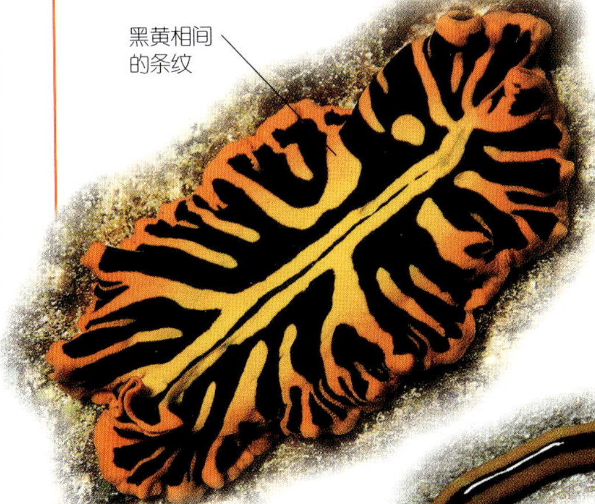

海生扁虫

一些海生涡虫体形很大且色彩鲜艳。图中的断裂扁形虫常见于印度洋和太平洋的珊瑚礁中，体长可达5厘米。这一物种的体色多变，最常见的是黑黄相间的条纹和一道黑色斑纹。

陆生扁虫

陆生扁虫通常身体延长，扁平的头部长有许多小眼。图中的笄蛭科涡虫是最大的陆栖扁虫之一，体长达35厘米，原产于热带地区，经由盆栽引入世界各地，目前已成为一种分布广泛的害虫。

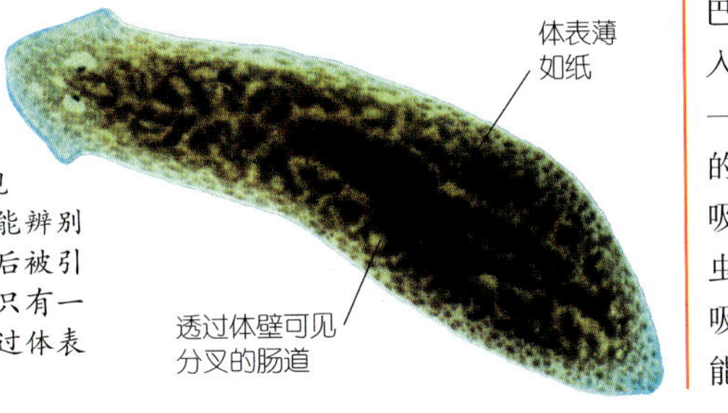

褐色淡水扁虫

许多生活在淡水溪流和水塘中的涡虫身体呈暗褐色，它们的眼清晰可见，由色素细胞和视觉细胞构成，眼中缺少晶体，只能辨别光线明暗。涡虫原产于北美洲，后被引入欧洲。它们与其他涡虫一样，只有一个连接肠腔的开口通向体外，通过体表纤毛的摆动滑动前行。

绦虫纲

绦虫

分布：已知5200属，全球广泛分布；寄生在其他动物体内，寄主多为软骨鱼

绦虫通常不到1毫米粗，体长却达30厘米，这是对寄生生活的高度适应。成虫寄生在脊椎动物（包括人类）的肠道中，通过体壁直接吸收营养。绦虫的头部后方能持续不断地产生长链状的节片，每个节片中都包含一套完整的生殖器官。节片成熟后，逐渐和虫体脱离，携带大量虫卵随寄主的粪便排出。一旦被合适的寄主吃掉，虫卵便在新寄主体内开始新一轮发育，直到发育为成虫。

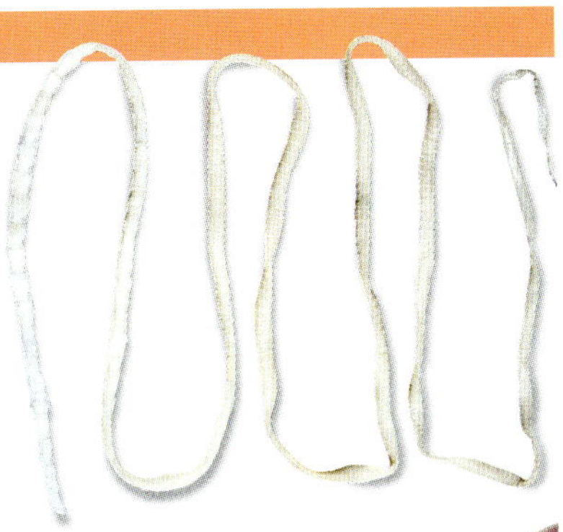

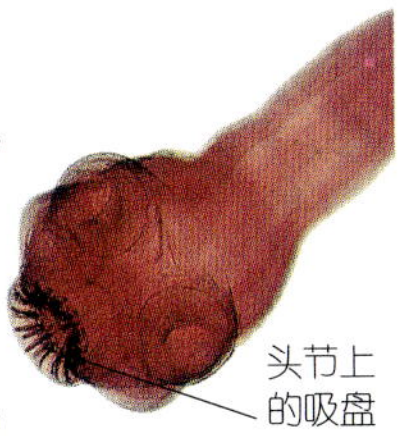

带绦虫

带绦虫属的物种分布广泛，有些种类甚至超过10米长，均寄生在人类和其他哺乳类体内。图中为带绦虫的成虫标本，右边则是它的头部或头节特写。它的头部有吸钩和吸盘，用以吸附在寄主的肠道内。

吸虫纲

吸虫

分布：已知约1275属，全球广泛分布；寄生在其他动物体内或体表

吸虫与绦虫一样，也是完全寄生物种，但两者的体形却大为不同。吸虫通常呈长卵圆形或叶片状，身体一端或两端，或是腹面有吸钩或吸盘。它们的体长不到1厘米，个别物种也会长达6米。与绦虫不同的是，吸虫具备嘴巴和消化系统，通常钻入寄主的组织中。其中的一些种类会将自己附着在寄主的内部器官上，另一些则为体外寄生。吸虫的生活史很复杂，历经不同的幼虫阶段，最多时会有4个不同的寄主。吸虫的中间寄主通常是软体动物，而能让成虫藏身的终寄主则通常为脊椎动物。吸虫能导致严重疾病，包括流行于热带地区，已感染数百万人的血吸虫病。

肝吸虫

一些吸虫寄生在包括人类在内的哺乳动物的肝脏和胆管中，能造成严重伤害甚至死亡。上图中的牛羊肝吸虫分布广泛，体长可达3厘米。它的中间寄主是淡水螺。

血吸虫

据估计，全球已有超过两亿人感染了因血吸虫而引起的血吸虫病，这种疾病也会感染其他哺乳类和鸟类。血吸虫幼虫钻入人类皮肤后，造成“血吸虫皮炎”。成年血吸虫为雌雄异体，但雄虫和雌虫通常合抱生活。图中的曼氏血吸虫生活在热带，体长1—1.5厘米。

环节动物

门：	环节动物门
纲：	4纲
目：	17目
科：	130科
种：	约21,000种

环节动物的身体与其他蠕虫不同，由一连串形态相似，被隔膜分隔的体节构成，一些内部器官也按体节重复排列。环节动物的体节中充满体腔液，能与肌肉组织一起维持体形。它们的生活方式多样，许多物种都在泥土、淡水或海洋沉积物中穴居生活。

蚯蚓

蚯蚓在全世界的泥土中都有分布，主要以腐烂的植物为食。它们通常出现在地表的泥土中，但却极少离开自己的地道，避免被鸟类和其他动物捕食。

身体结构

环节动物的头和尾巴位于身体两端，头尾间的体节众多，体节之间被隔膜分隔。每个体节内都包含独特的器官。环节动物的嘴巴位于第一体节，后面连接肠道，肠道贯穿所有的体节直通尾部的肛门。每个体节的一侧都长有刚毛或疣足。一些海栖蠕虫还具感觉触手，其他物种的体侧则没有明显突起，如蚯蚓。

淡水寄生虫

水蛭为寄生性蠕虫。它们的头尾两端各有一个吸盘，借此将自己吸附在寄主身上。

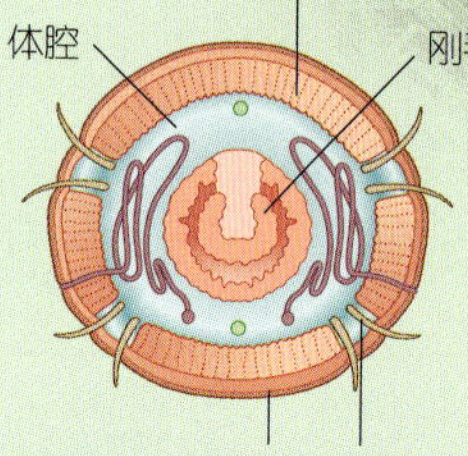

身体截面

蚯蚓的体内充满体腔液，体腔内有消化管，体表上的短刚毛从两层肌肉中伸出体外。

运动

蚯蚓通过身体不同部位肌肉的伸缩和舒张向前爬行。它们的体壁肌肉发达，分为纵肌和环肌。当肌肉交替收缩时，体节就变得细长或粗短。当蚯蚓在地洞中前行时，粗短体节上的刚毛会将部分身体固定在土里，而细长的体节则在土中向前伸长，这样蚯蚓便交替伸缩着向前爬行。

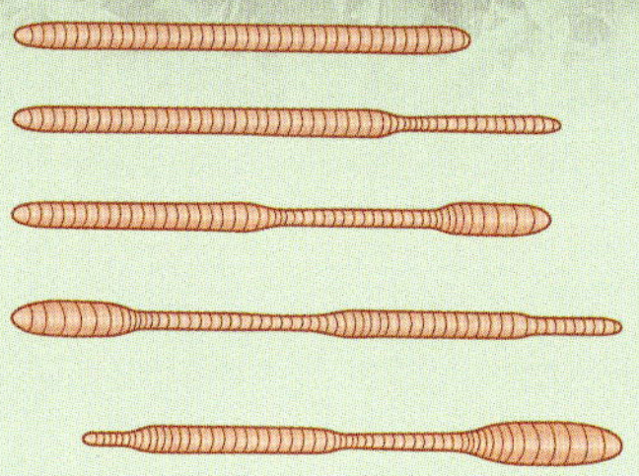

蠕动

蚯蚓爬行时，体节交替变得细长或粗短，使身体呈波浪状蠕动前进。

多毛纲

多毛类

分布：已知12,220属，全球广泛分布；管居或穴居，或在珊瑚礁、海藻和动物群体中自由生活

多毛纲是环节动物中最大和最多的一类，最小的物种体长不到1毫米，最长的可达3米。沙蠋、血虫、沙蚕、管虫和竹虫均隶属多毛纲。尽管多毛类的数量丰富，一些种类还具有鲜艳的体色，但因以穴居或管居生活，受惊扰时反应迅速，因此很难引起人们注意。唯一例外的是那些活跃的捕食者，如沙蚕，有时会在岩岸水潭或是石块下被发现。

大多数多毛类身体细长，呈蠕虫状，但有些物种几乎呈圆形。它们大多具有长着刚毛的疣足或是每一体节都有向外的突起，且头部具有附属器官。多毛类大致分为两种生活类型，一种是自由生活的食肉物种，它们体侧的疣足发达；另一种是管居或穴居生活的物种，以沉积物和悬浮物为食，疣足退化。还有少数物种营寄生生活。

多毛类大多为单体动物，但有些管虫会形成大型群体或是群礁。这类动物通常为雌雄异体。

海鼠

鳞沙蚕属，其拉丁属名以希腊爱情女神阿佛洛狄忒的名字命名，但它与美丽的女神很不搭调。这种动物的背部和鳞片上覆盖着毛毡状的刚毛，体长可达20厘米，分布广泛。

沙蚕

许多海生多毛类，如沙蚕，虽然穴居在海底的软沉积层中，但却擅长游泳并能主动追击猎物。右图中的深海沙虫的体长可达50厘米，头端的眼睛和大型双颌等众多的感觉器官反映出它的捕食性方式。

缨鳃蚕

一些多毛类生活在海底由泥沙黏合而成的管内，这些虫管会黏附在硬物表面，如图中孔雀缨鳃蚕的部分虫管就埋藏在软沉积层中。由于栖息在管中，因此它们的活动非常有限，只能从虫管顶端伸出触手捕食。图中的孔雀缨鳃蚕分布广泛，体长可达20厘米。

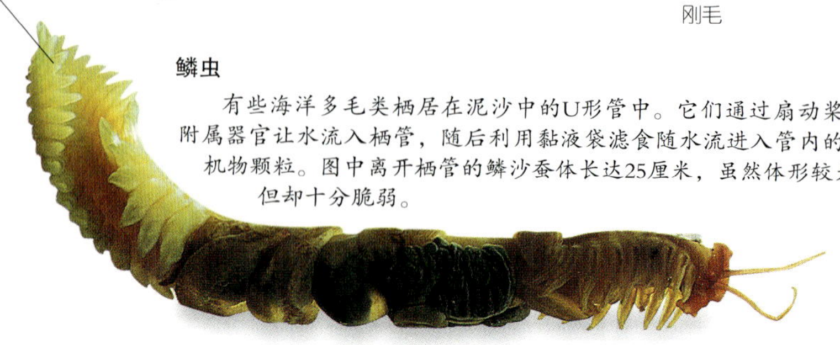

鳞虫

有些海洋多毛类栖居在泥沙中的U形管中。它们通过扇动桨状附属器官让水流入栖管，随后利用黏液袋滤食随水流进入管内的有机物颗粒。图中离开栖管的鳞沙蚕体长达25厘米，虽然体形较大，但却十分脆弱。

无脊椎动物

寡毛纲

寡毛类

分布： 已知约8000属，全球广泛分布；生活在土壤、淡水或海底泥沙中，以及海洋鱼类体内

栖息方式： 栖息在干旱区以外的所有生境中

寡毛类的显著特征是体表出现“环带”，是由身体前端几个体节体壁腺体加厚膨胀形成，可以分泌黏液形成卵茧。幼虫孵出时就像是成虫的迷你版，这是水生幼虫对陆栖生活的一种适应。寡毛纲包含一些最常见的无脊椎动物，如蚯蚓及其近亲。蚯蚓隶属寡毛亚纲，该亚纲是寡毛纲中种类最多的一类（约有3000个物种），主要栖息在土壤、泥沙和淡水中。水蛭所属的蛭纲是寡毛纲中种类较小的一类（约有500个物种），均是捕食性和寄生性动物。寡毛类与多毛类不同，它们没有疣足和头部的附属器官，并且还是雌雄同体，体长甚至可以达到3米。

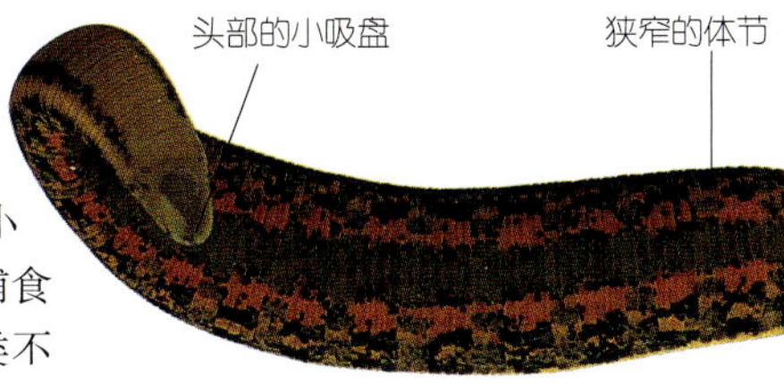

医用水蛭

能够穿透人类皮肤的水蛭大多生活在热带雨林地区，但欧洲医蛭（左图）却生活在温带地区的淡水中，体长可达12厘米。它们曾作为一种放血工具而被广泛应用于医疗中。水蛭咬人时，会同时向人体注入抗血凝素和麻醉素。

蚯蚓

蚯蚓在全球几乎都有分布，这些被人熟知的无脊椎动物只有钻出潮湿的土穴，或是被鸟类从栖所中叼出时才常被发现。查理·达尔文曾经指出，蚯蚓在土壤的疏松与改良上起着重要作用。左图中蚯蚓的体长可达35厘米。

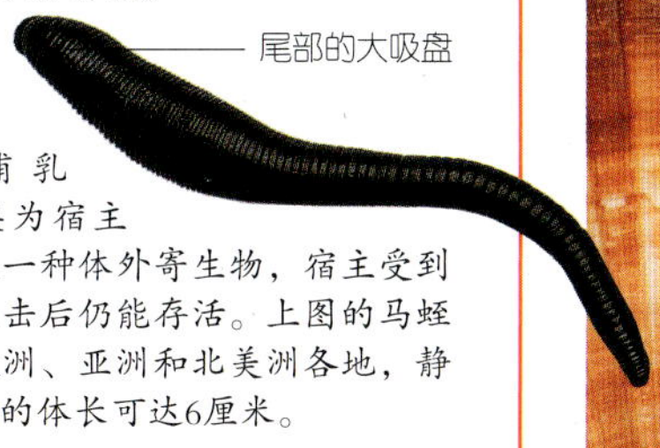

马蛭

以哺乳类和鱼类为宿主的水蛭是一种体外寄生物，宿主受到它们的攻击后仍能存活。上图的马蛭分布于欧洲、亚洲和北美洲各地，静止不动时的体长可达6厘米。

圆虫

门：	线虫动物门
纲：	2纲
目：	17目
科：	160科
种：	约20,000种

圆虫也被称为线虫，是所有动物中数量最多的一类。圆虫的生活方式多样，既有自由生活的物种，也有寄生物种，如钩虫、蛲虫和线虫等，均寄生在动、植物体内，其中的一些物种还会造成严重疾病。自由生活的圆虫广泛分布在各种水环境中，包括陆地上的小水膜中。圆虫的身体没有分区，两端略细，剖面呈圆形。它们的角质层结构复杂，在生长过程中历经4次脱皮。

运动

圆虫缺少环肌，大都只有纵肌。因此，它们的身体只能在背腹方向上运动，显示出“C”形或“S”形的蛇行运动。

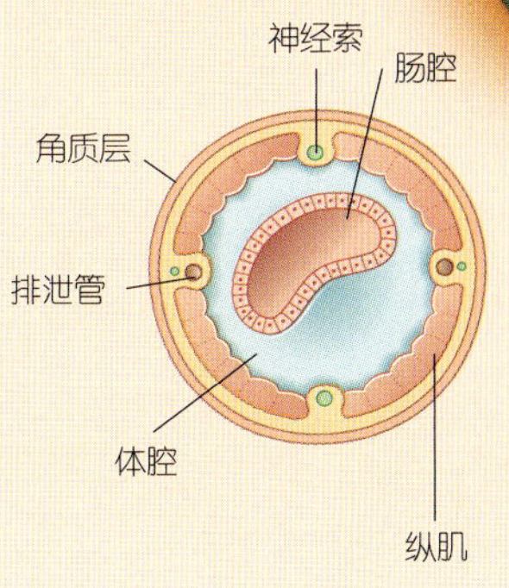

身体横切面

圆虫的中央体腔充满具有体腔细胞的体腔液。体腔内部产生的压力和角质层的格状纤维能让圆虫的身体在收缩时不会变短。

胞管肾纲

胞管肾类

分布： 已知约8000属，全球广泛分布；自由生活在有水区域的植物周围和土壤中，或寄生在动、植物体内

胞管肾类和其他圆虫（如下图中的有腺类）的身体差别在于感觉器官不同。胞管肾类大多为寄生虫，有些物种还能导致严重疾病。胞管肾类的体形千差万别，既有微小种类，也有体长数米的种类。已知最大的胞管肾类体长达9米，寄生在雌抹香鲸的胎盘中，并被认为是线虫动物门中最大的种类。然而，这些寄生虫的危害程度并非与其体形大小有关，蛲虫、丝虫和钩虫等身材微小的物种能在寄主体内迅速增殖，最终造成严重伤害（如象皮病）。

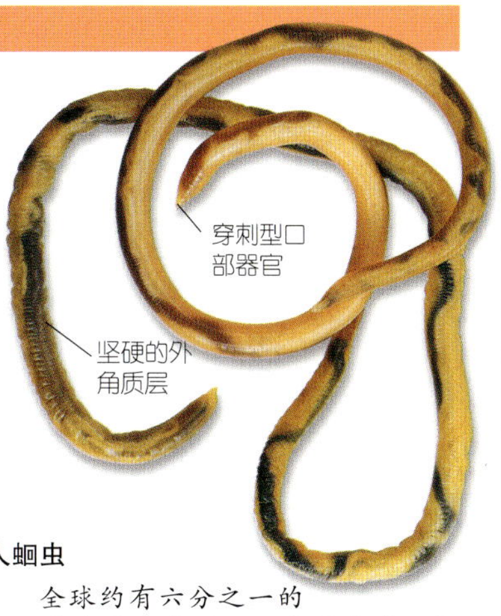

人蛔虫

全球约有六分之一的人口患有由寄生性人蛔虫感染的蛔虫病。人蛔虫生在人类肠道内，体长可达40厘米。人类误食含有虫卵的食物后便会感染。幼虫孵出后进入人的肺部寄生，长成成虫后进入肠道生活。

班氏丝虫

这种极其微小的圆虫是造成人类象皮病的罪魁祸首。象皮病是一种热带疾病，会使软组织不断增生肿大，尤其常见于腿部。这种蠕虫多寄生在人体的淋巴系统中，通过中间寄主蚊子进行传播。

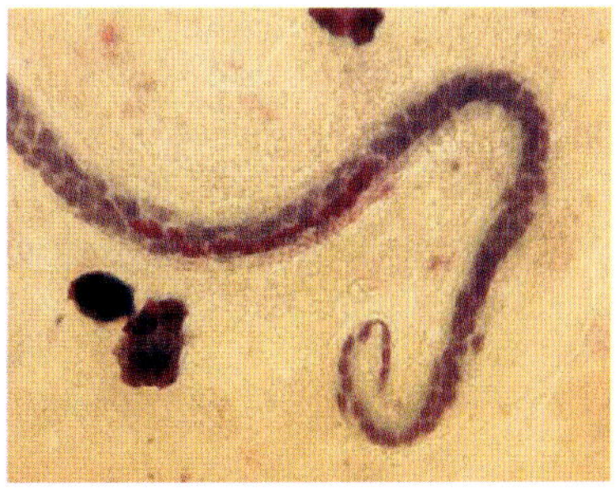

有腺纲

有腺类

分布： 已知约12,000属，全球广泛分布；自由生活在有水区域的植物周围和土壤中，或寄生在动、植物体内

栖息方式： 栖息在干旱区以外的所有生境中

有腺类主要过着自由生活，常见于全球绝大多数生境中，尤以海洋沉积层中居多。它们体形多变，既有极小的物种，也有个别物种可以长到1米长。针对海洋沉积层的相关调查显示，本纲还有大量物种尚未被发现。

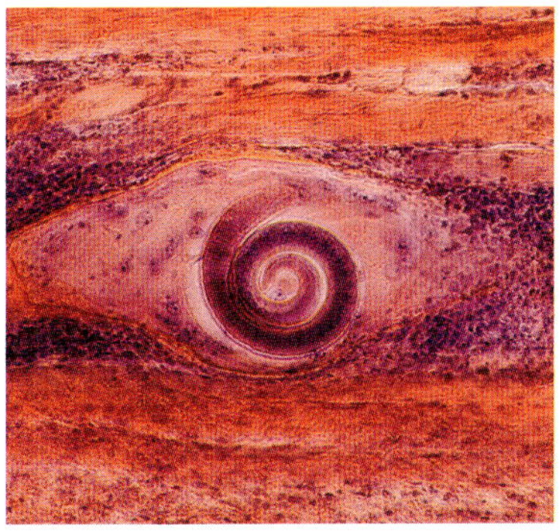

旋毛形线虫

旋毛形线虫是一种小型圆虫，体长1毫米，主要寄生在老鼠和其他小型哺乳类体内。每年约有4000万人因食用未煮熟的猪肉而感染这种寄生虫。

无脊椎动物小门

无脊椎动物被划分为约30个门类。有些类群中的物种很常见，但也有超过半数门类中的物种，由于稀有、微小或生活在人类无法到达的栖息地（如海底泥沙中）等原因，还未曾受到关注。这些动物间的差别不亚于无脊椎动物和脊椎动物间的差别，它们的生活方式也各有不同。某些小门类仅由少量物种组成，如箭头蠕虫；而诸如苔藓动物在内的少数小门类则含有数千物种，但是两者间的生态地位却同等重要。以下将分门别类对部分小门进行介绍。

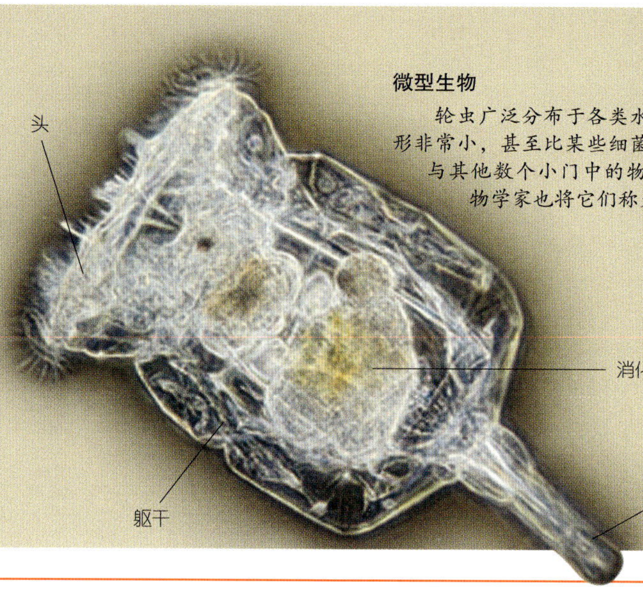

微型生物

轮虫广泛分布于各类水环境中。它们的体形非常小，甚至比某些细菌还要小，这一特点与其他数个小门中的物种一样。因此，动物学家也将它们称为超微动物。

栉水母动物门

栉水母

分布：已知约200属，全球广泛分布；漂浮生活，少数在海底生活

栉水母的触手细长，是最具吸引力和最优雅的海洋生物之一。虽然它们能够利用栉板上纤毛的摆动来使身体向前运动，但在海浪中却无法与水流抗衡，因此常成群随风浪漂浮。栉水母摆动纤毛时，身体呈现美丽的虹彩光泽。它们大多体小，但也有一些物种可以长到2米长。

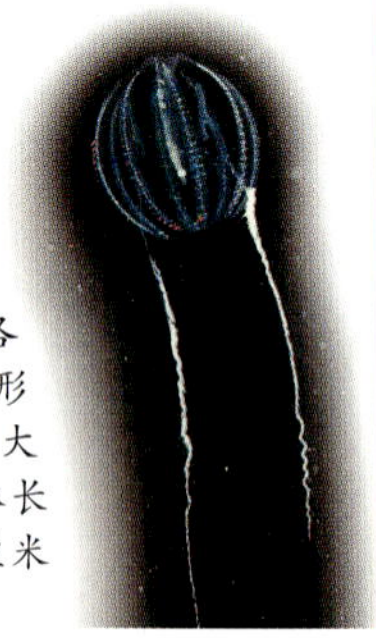

侧腕栉水母

栉水母的形态各异，呈球形、扁平形和卵圆形。栖息在大西洋的侧腕栉水母体长2厘米，具有1对15厘米长的触手。

星虫动物门

星虫

分布：已知约150属，全球广泛分布；生活在海底泥沙、软体类的空壳、岩石缝隙、珊瑚礁或木头的孔洞中

这类蠕虫的身体没有分节，体长0.2—70厘米，身体一般呈圆柱形，体壁由环肌和纵肌层组成。星虫最明显的特征是吻部可以借助水压伸出，然后利用吻缩肌使其缩回。星虫是沉积取食者，依靠外伸的吻和触手收集有机体颗粒。它们可能与软体动物存在紧密的亲缘关系。

普通戈芬星虫

这种星虫分布在大西洋西北部的海岸，体长10厘米，栖息在低潮线以下的泥地中。

苔藓动物门

苔藓虫

分布：已知约6000属，全球广泛分布；在坚硬物体表面或水中营固着生活

苔藓动物也被称为藻苔虫或外肛动物，这类小型水生动物的体长不到1毫米，以单体或群体形式营固着生活。单体的苔藓虫在岩石和海草上形成硬壳，而群体的苔藓虫则栖息在由外胚层分泌形成的彼此相连的角质或钙质虫室中，且能像植物一样，长出随水摇摆的分枝。群体苔藓虫一旦死亡，通常会被冲上海岸，并常被误认为是干海草。本门中的物种是某些海洋无脊椎动物的食物来源，因此生态地位十分重要。

叶形王孔苔藓虫

苔藓动物通过出芽生殖形成群体。生活在北大西洋中的叶形王孔苔藓虫可形成直径达2米的群体。

轮形动物门

轮虫

分布：已知约2000属，全球广泛分布；栖息于湖泊、河流和海洋中的植物上以及陆地的微型淡水生境

轮虫是体形最小的动物之一，最大的物种体长仅3毫米左右。它们在水中自由生活或附着生活。轮虫的身体无色透明，呈喇叭或球形，头前端具有由两圈纤毛组成的轮盘，用于觅食和运动。一些物种中没有雄虫，完全为孤雌生殖。

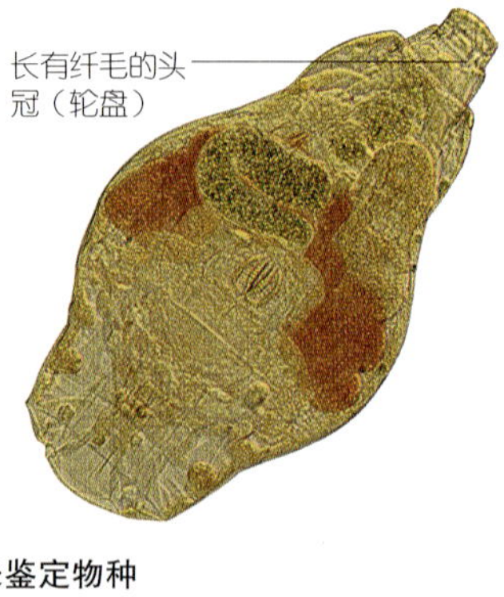

未鉴定物种

虽然一些轮虫为海生，但大多数轮虫都生活在淡水中，如季节性水沟、植物茎叶表面和土壤颗粒之间的水膜中等。它们和水熊虫（第545页）一样，有很强的抗旱能力，能在干旱环境中通过假死进行长时间的休眠，一遇到水就能立即恢复生气。

纽形动物门

纽虫

分布：已知约1400属，全球广泛分布；大多在水中底栖生活，或生活在森林中

纽虫大多在海洋底栖生活，它们的吻非常独特，由身体背部体壁内陷形成。纽虫的吻位于消化道背面，捕食时依靠肌肉收缩产生的压力迫使吻部翻出，许多种类还有吻刺，可以戳伤猎物并向其注入毒液。纽虫的体长从0.5毫米至超过50米不等，大多体色鲜艳。纽虫都具备循环系统，大多数物种长有小眼，一些种类的小眼多达250个。纽虫中有两类成员为共生或寄生，一类生活在双壳软体类的壳中，另一类则生活在虾蟹的体表或壳中。

未鉴定物种

大多数纽虫的身体扁平，但有些物种的身体十分细长。图中物种所隶属的类群拥有世界上最长的纽虫，体长可达55米，是成年蓝鲸平均体长的两倍。

腕足动物门

腕足虫

分布：已知约400属，全球广泛分布；附着在硬物表面生活或在海底的泥沙中穴居

腕足虫俗称灯贝，它们的身体表面具有背、腹两枚壳，通常有柄从腹壳上的孔中伸出，用于附着在坚硬物体表面或是在泥沙中掘穴，类似软体动物中的双壳类，但两者之间没有亲缘关系。腕足虫多分布在高纬度的冷水区。它们的体长不到10厘米，嘴巴周围的马蹄形或环形触手冠占据着外套腔的大部分空间，以此觅食。腕足虫的化石非常多，一些岩石甚至全由腕足虫的外壳构成。腕足动物门的成员数量曾经非常丰富，包含25,000多个物种，后因与双壳类存在竞争，导致种类数量大幅减少。

南极腕足虫

虽然腕足虫类似双壳类，但前者的壳位于背腹位置，而非两侧生长。图中的南极腕足虫常见于大西洋海域，壳长可达2厘米。

毛颚动物门

箭虫

分布：已知约150属，全球广泛分布；仅锄虫属营底栖生活，其余均为浮游生活

箭虫体形较小，体长12厘米，是非常活跃的食肉动物，虫体每天的捕食量相当于自身体重的三分之一。它们通过嘴巴周围可活动的刺捕食包括鱼苗在内的浮游动物，并向猎物注入致命的河豚毒素。这些毒素由体内的共生细菌产生，只有少数物种才会使用。

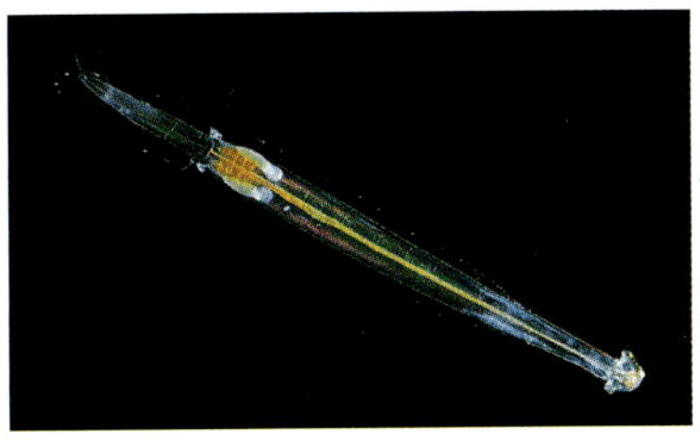

箭虫属一种

这种身体透明呈鱼雷形的小型箭虫是一种食肉动物。它们也在海洋中过着浮游生活，其数量庞大，对鱼苗等海洋浮游生物的生态影响重大。

缓步动物门

水熊虫

分布：已知约1000属，全球广泛分布；生活在淡、咸水和潮湿的陆地环境中

栖息方式：栖息在干旱区以外的所有生境中

缓步动物俗称水熊虫，这类小型动物长有4对粗短的足，足端具爪。它们缓慢的动作与熊类似。水熊虫生活在潮湿的生境，如苔藓植物的水膜中，但当环境干燥时，它们的身体也会失水萎缩，进入长时间的隐生状态。当环境变得利于生存时，它们又可以在几小时内吸水，使身体膨胀复苏。水熊虫通过产卵繁殖，一些雌性个体也进行孤雌生殖。

未鉴定物种

水熊虫生活在陆地上的水膜以及海底的沙粒和岩缝中，还有许多物种生活在苔藓植物中。水熊虫可以长时间地进行休眠，因此寿命有可能超过50年。

螠虫动物门

螠虫

分布：已知约200属，全球广泛分布；穴居在海底的泥沙中、岩缝或其他动物的空壳中

螠虫是海生底栖动物，营穴居生活，身体呈柱形或长囊形。雌虫的体长多达50厘米，身体前端的吻极长，用以取食。雄虫极小，寄生在雌虫体内。

绿叉螠

这种生活在欧洲的螠虫体呈绿色，皮肤有毒。雌虫的体长多达15厘米，用于觅食的吻能伸出1米多长。

帚虫动物门

帚虫

分布：已知约20属，全球广泛分布；生活在海底的沙粒中或附着在硬物表面

帚虫的体长很少超过20厘米，定栖在虫体各自分泌的角质管中。它们身体前端的触手冠呈马蹄形弯曲，马蹄形外凸的一面是身体的腹面，嘴巴位于腹面两嵴之间，周围还长有多达15,000条细长中空的触手。大多数帚虫为雌雄异体，也有一些为雌雄同体。

帚虫属未知物种

帚虫属的成员分布广泛，体长可达25厘米，但大多数物种的体形都很小。帚虫的身体没有分区，通常藏身于泥沙中的角质管中。它们的体壁具有纵肌与环肌层，因此虫体能从虫管内伸出进行觅食，然后再缩回管中。

有爪动物门

天鹅绒虫

分布：已知约180属，分布在热带和亚热带的雨林地区；隐藏在落叶下、石下等潮湿土壤中

有爪动物是一类很古老的动物，是寒武纪时期一群数量庞大蠕虫中的唯一幸存者。有爪类的身体呈长圆柱形或蠕虫状，体长达15厘米，身体两侧有14—43对不分节的肉质短足，每个足的末端都有1对爪，头前端具有1对触手和1对状似足爪的大颚。这类食肉动物捕猎时，口中的唾液腺能分泌黏液物质，用以缠绕猎物和防御捕食者。

大栉蚕

天鹅绒虫，如下图中的大栉蚕，栖息在温暖湿润的地区，身体结构与蠕虫相似，但某些特征又和节肢动物相似，如身体两侧有成对的足，这些不分节的肉质足在体液的作用下运动。

半索动物门

半索动物

分布：已知约130属，全球广泛分布；穴居在海洋泥沙中，或生活在潮间带和亚潮带

半索动物在无脊椎动物中显得非常特别，因为它们拥有某些脊椎动物才有的特征，如体背部具有神经索，以及和鱼鳃同源的鳃裂。半索动物的体腔为三分体腔，包括单个的吻体腔、成对的领体腔和成对的躯干体腔，躯干的长度从不到1.2厘米至2.5米不等。这类动物包含两种形态，即羽鳃类和肠鳃类。羽鳃类形似水螅，体外有分泌的管，以柄附着在海底生活，或是个体间相连形成群体。肠鳃类形似蠕虫，营自由生活，躯干后端无柄但有肛门。半索动物大多为雌雄异体，既能无性生殖，也能通过分裂或出芽方式进行有性生殖。

柱头虫

柱头虫的身体脆弱，行动缓慢，穴居于世界各地潮间带和亚潮带的“U”形洞穴中。柱头虫（上图）的庞大躯干可长达1米，躯干前端背中线的两侧具许多鳃裂。

节肢动物

门：	节肢动物门
纲：	19纲
目：	123目
科：	约2300科
种：	约120万种

分类说明

节肢动物分为两个亚门：螯肢亚门中的物种没有触角，口后第一对附肢为螯肢，而有颚亚门中的物种具有1—2对触角，口后第一对附肢为大颚。

有颚亚门六足类（昆虫和其他六足节肢动物）548—577页
蜈蚣和马陆 578页
甲壳类 579—584页
螯肢亚门
海蜘蛛 585页
鲎 585页
蛛形动物 586—593页

节肢动物是动物界中种类最多、数量最大、分布最广的一类，总数超过已知动物种类的四分之三，成员包括昆虫类、多足类（蜈蚣和马陆）、甲壳类和蛛形动物等。所有节肢动物的身体都是分节的，体壁被外骨骼包裹，分节的附肢通过关节与身体相连。

节肢动物最初都生活在海洋中，许多种类（尤其是甲壳类）至今仍生活在大海中。而昆虫、蜘蛛和多足类则已完全适应了陆地生活。昆虫是迄今为止数量最为庞大的一类节肢动物，也是唯一能够飞行的无脊椎动物，甚至比会飞的爬行类或鸟类早1亿年进化出能够飞行的翅膀。节肢动物是许多大型动物的食物来源，因此成为大多数生态系统中必不可少的一员。磷虾、桡足类和其他甲壳类共同构成了海洋食物链的基础，养育着鱼类和海洋哺乳类。陆地上的昆虫则为其他动物提供了生存所需的食物。

迁移

节肢动物是活动能力最强的无脊椎动物。一些物种利用这一能力在环境条件与食物资源发生变化时进行迁移。例如，许多龙虾每年都在温水和冷水之间进行大规模的迁徙。迁移时，它们通常排成一排，通过触觉（利用触角）或视觉（辨认前方伙伴腹部的淡斑）等方式相互保持联系。秋天的迁移活动大多由剧烈的暴风雨引发。

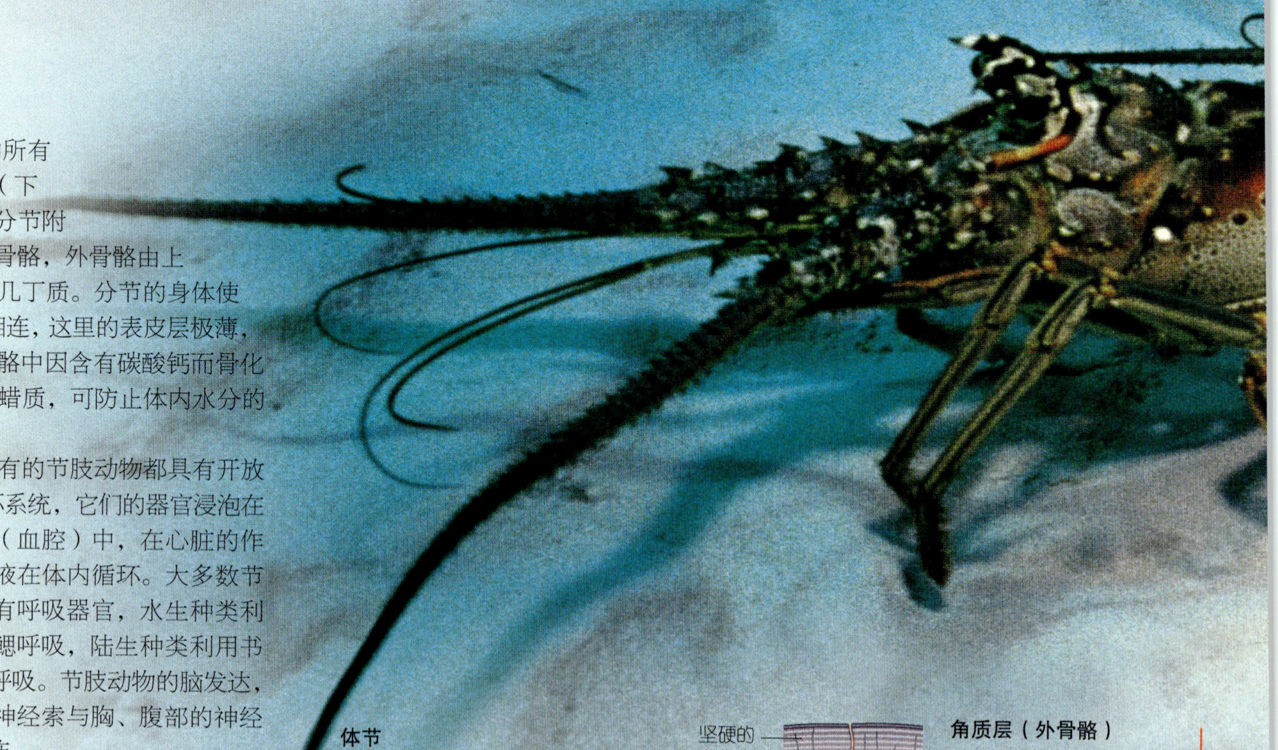

身体结构

节肢动物存在许多共同特征，如所有物种的身体均为两侧对称并带分节（下图），体节上具有与身体相连的成对分节附肢。节肢动物的体外覆盖着坚硬的外骨骼，外骨骼由上皮细胞分泌形成，其中含有蛋白质和几丁质。分节的身体使得外骨骼也按节排列，由节间膜相互相连，这里的表皮层极薄，便于动物运动。大型海生物种的外骨骼中因含有碳酸钙而骨化变硬，陆生种类的外骨骼较薄，含有蜡质，可防止体内水分的蒸发。

所有的节肢动物都具有开放式循环系统，它们的器官浸泡在混合体腔（血腔）中，在心脏的作用下使血液在体内循环。大多数节肢动物都有呼吸器官，水生种类利用鳃或书鳃呼吸，陆生种类利用书肺或气管呼吸。节肢动物的脑发达，通过一对神经索与胸、腹部的神经细胞网相连。

身体分节

节肢动物的身体分节，很可能是由身体不分节的海洋蠕虫进化而来，并随着时间的推移进化出眼睛、触角和附肢。节肢动物的部分体节愈合形成体区，最常见的就是头部。低等种类的身体分为头部和躯干，如多足类（图示为蜈蚣）。蛛形动物的身体分为头胸部和腹部，头胸部由头部和胸部愈合而成。最高等的节肢动物——昆虫，身体分为头（由6块体节愈合形成）、胸（3块体节愈合）和腹（11块体节愈合）三部分。

体节

每个体节（见下方的身体剖面）都是一个独立单元，分为背板、腹板和侧板。这些外表面由相对坚韧的粗糙骨板构成，骨板通过柔韧的角质膜互相联结，以易于体节内的运动。背板和腹板之间的肌肉能使体节变得扁平，联结体节的肌肉依靠收缩牵引骨板，让身体弯曲、卷曲或纵向折叠。神经索、消化系统和心脏也穿透大部分体节。

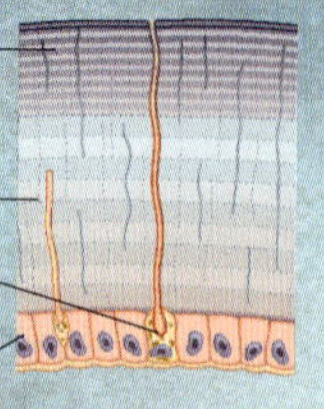

角质层（外骨骼）

角质层（左图为横截面）能保护节肢动物的身体不受伤害，并远离病菌的侵害。角质层具有很多层，但在受伤时仍可修复；小伤口能快速愈合，较严重的伤害可在下次蜕皮时以新的角质层来修复。有些物种的肢体损坏后还能再生。

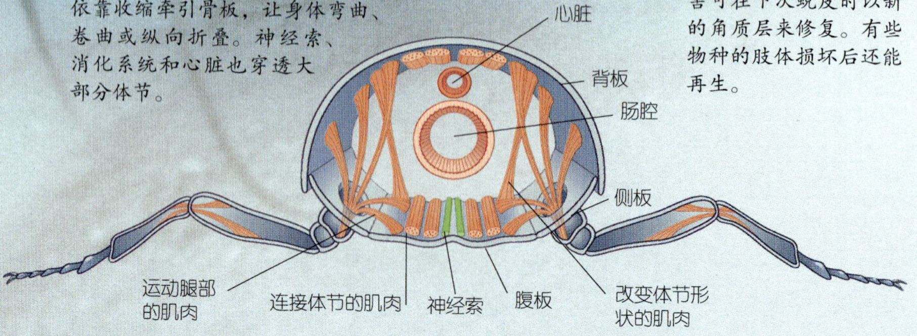

运动方式

节肢动物与其他大多数无脊椎动物的明显特征在于具有分节的附肢。大多数节肢动物行动迅速，能够行走、奔跑、游泳或跳跃，有助于提高寻找食物或配偶、拓展地盘、逃避捕食者或不利条件的能力。节肢动物的步足数量因种而异，如昆虫为3对，而千足虫则有数百对。每个步足末端都有爪，以便能牢牢抓住物体表面。许多物种的步足上还具刚毛或吸垫，用于在光滑的垂直面或水中行动。有些物种腿节间的关节中还含有被称为节肢弹性蛋白的弹力蛋白质。当步足压缩时，这种蛋白能够储存能量，并在动物运动时将能量释放出来。除了运动外，节肢动物还要依靠步足进行捕猎、寻找配偶或是相互交流。

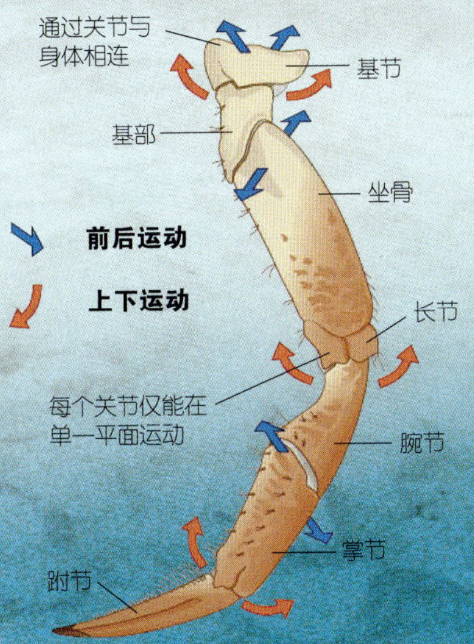

附肢的运动

节肢动物的附肢有一组中空坚硬的胫节，如螃蟹的第一只步足（左图）。节与节之间具有柔韧的角质层，通过连结节的肌肉运动。每个节的末端形状不一，因此相邻关节的活动面各不相同，使得每个附肢能以各种姿态运动。

行走

大多数昆虫行走时（包括图中的甲虫）将一侧的足抬起，另一侧的足和对边的两只足则与地面接触以支撑身体，然后两侧的步足交换进行牵引身体向前移动。

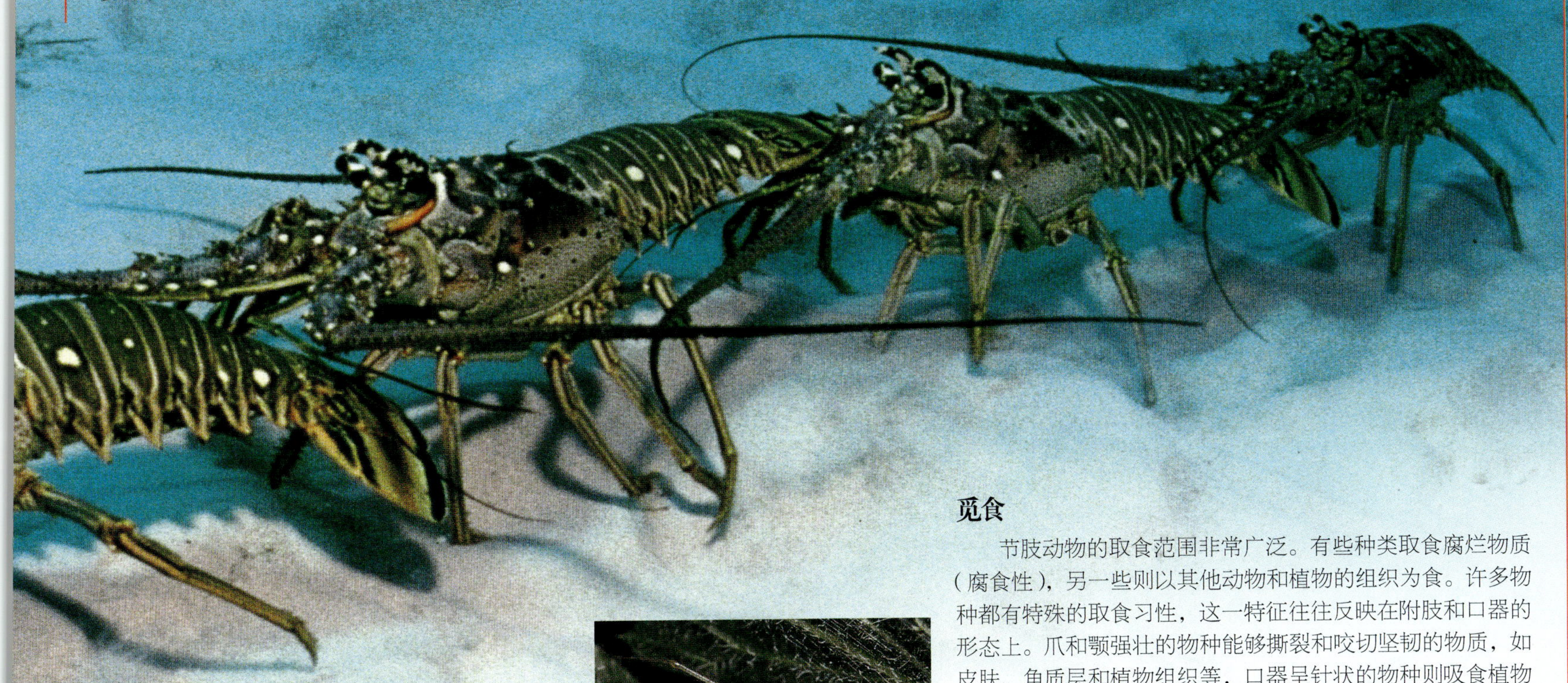

觅食

节肢动物的取食范围非常广泛。有些种类取食腐烂物质（腐食性），另一些则以其他动物和植物的组织为食。许多物种都有特殊的取食习性，这一特征往往反映在附肢和口器的形态上。爪和颚强壮的物种能够撕裂和咬切坚韧的物质，如皮肤、角质层和植物组织等，口器呈针状的物种则吸食植物汁液、血液和花蜜等。许多水生甲壳类的附肢或嘴巴周围具有类似滤网的羽状结构，能从水中过滤小型生物或有机体颗粒。大多数节肢动物都会分泌唾液湿润食物，以便消化。

食肉动物

大多数蛛形动物都是食肉动物，但只能以液体方式进食。图中的蝎子捕捉到蟑螂后，将消化酶涂抹在猎物身上进行体外消化，然后吸食其汁液。

食植动物

植食性节肢动物能大量摄取食物。从理论上说，一个含有500亿只个体的蝗虫群一天的摄食量就可达10万吨。

成长

节肢动物的外骨骼虽然起着保护和支持等作用，但也限制了动物的生长，因此必须定期更换（蜕皮）。节肢动物的生长发育各不相同。甲壳类、多足类和蛛形动物成年后仍会不断蜕皮。甲壳类的幼虫与成虫完全不同，如蟹卵会孵化成自由游泳的幼虫，随后发育为底栖的大眼幼虫，最后才发育为成体。多足类的幼虫通常与较小的成虫相似，通过不断蜕皮增加新的体节和附肢，直到长成成虫，但一些蜈蚣孵化后的幼虫则与成虫的体节数相同。蛛形动物的幼体通常就像是父母的迷你翻版。除了石蛃和衣鱼以外，昆虫在达到性成熟后便不再蜕皮。

亲代抚育

成年昆虫、蜈蚣和蜘蛛有护卵和育幼行为，如雌蛛利用蛛丝把卵包覆起来随身携带，或是对孵出的幼蛛进行保护。蝎子也孵卵，幼蝎孵化后会立刻爬到母亲背上寻求保护。

蜕皮

节肢动物蜕皮时的身体柔软且没有保护作用。一只年幼的豆娘（又称若虫）会在水下多次蜕皮。当它准备进行最后一次蜕皮时，就会从水面钻出。一旦暴露在外，它们就必须蜕掉旧皮，并在数小时内飞走，以免遭到捕食。

昆虫

门：	节肢动物门
亚门：	有颚亚门
总纲：	六足总纲
纲：	昆虫纲
目：	29目
科：	约1000科
种：	约110万种

昆虫是地球上最成功的动物，也是动物界中种类最多的一类。目前已记录的物种已超过100万种，但据估计昆虫的种类应在500万—1000万种。昆虫隶属节肢动物中的六足类，足为3对。许多昆虫还有翅膀，是节肢动物中唯一能够飞行的种类。除此之外，较小的体形和强大的飞行能力也让昆虫能在干燥的环境中存活，并占据了地球上的各种生境。大多数昆虫都在陆地或是空中生活，但水生昆虫的数量也很丰富。如果没有昆虫，地球上的很多生命都会消失，因为大多数开花植物都要依赖昆虫传粉，而昆虫也是许多动物的主要食物来源。许多昆虫在成长中都要经历变态过程，幼虫经过几次蜕皮，才能最终发育为成虫。

不是昆虫的六足类

除了昆虫纲以外，六足类还包括3个较小的纲：弹尾纲、原尾纲和双尾纲，它们被统称为非昆虫六足类，本节将对部分物种进行介绍。所有的非昆虫六足类都没有翅膀，许多物种也没有眼睛及触角。它们的口器与昆虫不同，为内颚式，即口器的基部隐藏在头囊内。

弹尾虫

弹尾虫是小型六足类，大量分布在包括南北极在内的土壤和落叶中。

身体结构

昆虫的身体分为头、胸、腹三部分，分别具备不同的功能。头部有口器和许多感觉器官，包括复眼和触角。胸部有足，许多种类的胸部还长有翅膀，是重要的运动中心。腹部具有消化、排泄和生殖器官。所有的昆虫成虫都要进行呼吸，氧气通过胸腹两侧的气门（或称气孔）进入体内。水生昆虫的幼虫通常用鳃呼吸。昆虫的体腔中充满血液，内部器官都浸泡在血淋巴的体液中，血淋巴由管状心脏负责施压，只能输送养料和代谢废物，无法输送氧气。

体节

吉丁虫的身体与其他昆虫一样，被坚硬的外骨骼覆盖。各体节之间略具弹性，例如：头部可以独立转动，胸部分为前胸、中胸和后胸，腹部通常为11节。

复眼

昆虫以单眼和复眼作为视觉器官。图中黄蜂的单眼位于头顶，面向前方的复眼由成千上万个通过神经与脑部相连的视觉单位组成。

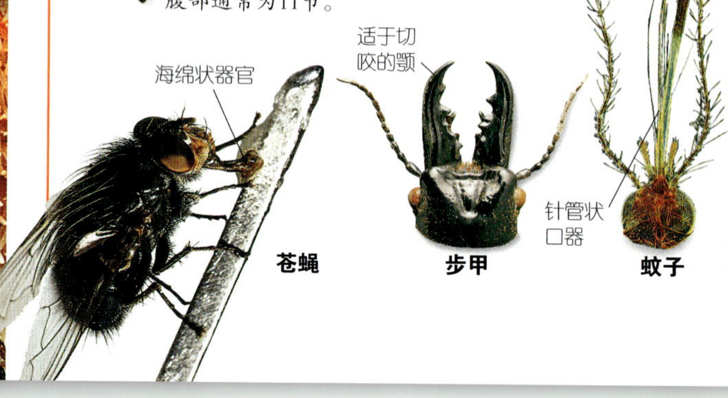

口器

昆虫为了适应环境，进化出了各种不同的口器。步甲的颚与大多数昆虫一样，适于切碎和咀嚼食物。苍蝇利用海绵状口器舐吸物体表面的液体。蚊子利用针管状的口器穿刺其他动物的皮肤。

种群

昆虫所取得的巨大成功与以下几个因素密切相关。首先，它们的体形很小，能够占据其他动物无法到达的小生境。其次，只要条件适宜，它们便能迅速繁殖，因此可以对食物量的增加做出快速反应。例如，从理论上说，一对豆象能在432天内繁殖出与地球容量相当的后代。但是这种情形并不会发生在现实中，因为它们受限于食物量，也需要与同类和不同物种之间相互竞争。

物种数量

昆虫的繁殖率极高，如今的物种数已经超过现存动物种类的一半，其中仅臭虫（如图中的萤火虫）就有88,000种。昆虫在陆地、淡水甚至海洋表面均有分布。

生活史

昆虫的生命始于1枚虫卵。孵化后的幼虫需要经历不完全或完全变态后，才发育为成虫（右图）。昆虫的变态过程因种而异，例如，少数北美洲蝉历经17年才能长为成虫，而一些果蝇在不到两周的时间便能发育成熟。昆虫一旦成熟就进行交配，通过释放信息激素、发声或是发光吸引异性。几乎所有的昆虫都是体内受精（第30—31页）。受精卵通常产在食物附近。寄生性物种通常将卵产在寄主体表或体内。

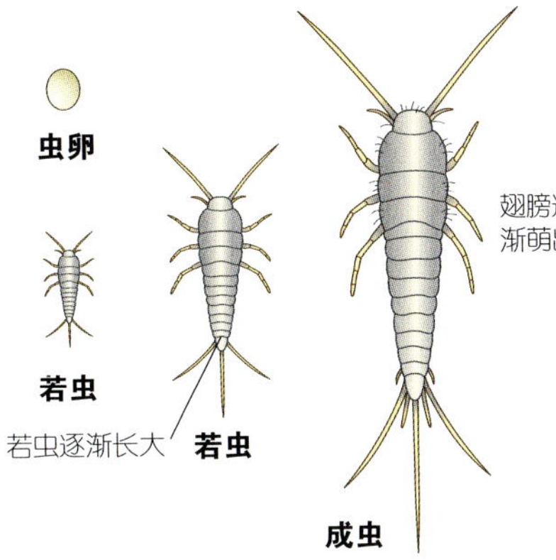

无变态

一些无翅昆虫的幼虫与成虫的差异很小。幼虫每次蜕皮后身体就会长大一些。

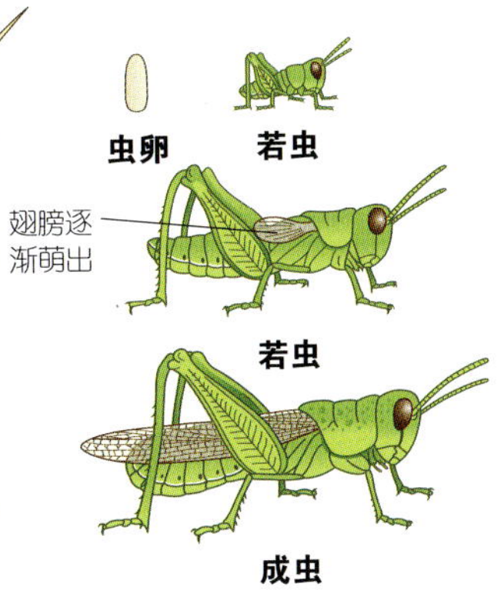

渐变态

一些有翅昆虫的幼虫（若虫）成长为成虫的过程为渐变态，如蟋蟀。若虫与成虫的形态基本相似，但缺少翅膀或生殖器官。

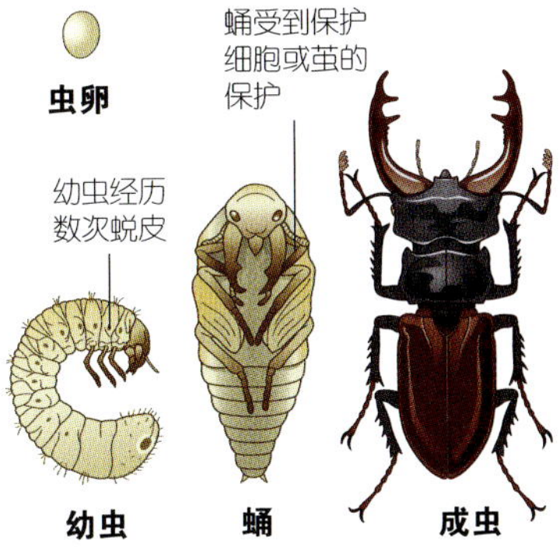

完全变态

其他有翅昆虫均为完全变态，幼虫历经数次蜕皮，最后一次蜕皮时化蛹，幼虫在蛹中时身体结构瓦解，最终变为成虫的模样。

迁徙

许多昆虫都通过休眠度过低温环境。然而，一些较大的有翅昆虫则会长距离飞行来避寒。图中的大桦斑蝶便是最著名的例子之一。数百万只大桦斑蝶每年都飞行4000多千米，从加拿大和美国东部启程，飞至加州和墨西哥地区过冬。

起飞

甲虫的前翅（鞘翅）质地坚硬，覆盖在纤弱的后翅上进行保护。甲虫起飞前，鞘翅沿中线分开，通过后翅振动飞行。如果天气很冷，许多昆虫都会振动飞行肌产生热量。

飞行和翅膀

昆虫是最早进化出飞行能力的动物，因此能够轻松避开捕食者、快速发现食物和配偶。昆虫的翅膀由角质层构成，与胸部愈合。大多数昆虫通常具有两对翅膀。一些种类的后翅挂连在前翅上，通过发达的前翅带动后翅飞行，而某些种类的翅膀（如蜻蜓）却能轮流拍动，借此提高飞行能力。真蝇类是唯一具有一对翅膀的昆虫，也是飞行能力最灵活的种类，不但能倒飞、侧飞，甚至还能头朝下飞行。几乎所有的飞行昆虫都能将翅膀折叠起来，因此在停歇时，便能藏在树皮或是石块下的缝隙等狭小空间中。

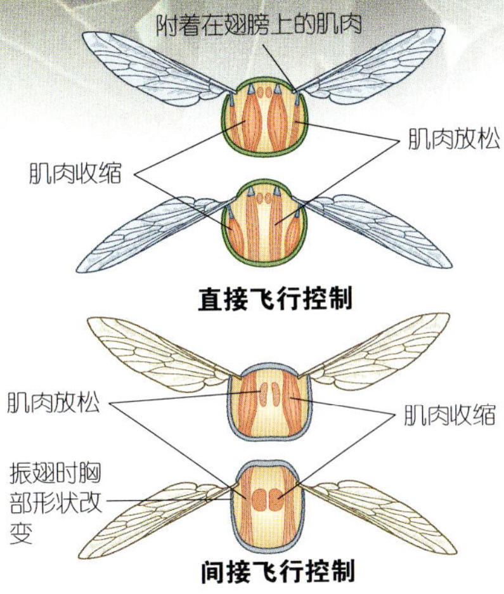

直接和间接翅膀控制

有翅昆虫的振翅方式各不相同。一些昆虫通过附着在翅基部的肌肉带动翅膀振动，从而获得升力。其他昆虫则在背板的带动下上下扑动翅膀，利用这种方式飞行的昆虫每秒振翅100—400次，远超于前者（每秒振翅50次）。

非昆虫六足类

弹尾纲

弹尾虫

弹尾虫的体形迷你，很难被发现，但却大量分布在草地、落叶和土壤中。它们的腹面有可调节水分的黏管、适于抓握的握钩，以及能猛烈弹出的弹器。遇险时，弹尾虫能像弹簧一样从捕食者眼前弹开。本纲包含32科，约8100个物种。

跳虫科

水跳虫

分布：北半球已知4属；生活在淡水水沟、水塘、水道、泥塘等处表面

水跳虫是跳虫科中最常见和分布最广的物种，体长达2毫米，体色多变，呈褐色、红褐色、暗蓝色或几乎全黑。水跳虫的弹器极为扁长，直达腹部黏管，因此能在不破坏水面张力的情况下跳跃。水跳虫为食腐动物，取食漂浮的小型食物颗粒，产卵于水中或周边的植物中。

水跳虫

这种数量丰富的跳虫非常适于水上生活。它们在淡水水面大量聚集，使水体看上去颜色很暗。

圆跳虫科

圆跳虫

分布：已知245属，全球广泛分布；生活在水面上的落叶堆和真菌子实体上，或穴居

这类六足动物体长1—3毫米，体色从浅白色到深褐色或绿色不等，身体几乎呈球形。许多物种的雄虫有着长而弯曲的触角，能在交配时控制雌虫。圆跳虫将卵成堆产在土壤中，幼虫1个月内便能发育成熟。圆跳虫为食草动物，其中的一些物种会为害农作物幼苗，如绿圆跳虫。

水生握角圆跳虫

这种跳虫体形微小，体长仅2毫米，常在水塘表面活动，但不会像水跳虫一样成群聚集。

原尾纲

原尾虫

原尾虫与弹尾虫一样，有时也分布在落叶中，但大多数物种都生活在土壤中。这些体形微小的动物没有眼睛、尾须或触角，而是借助前足作为感觉器官。它们的内颚式口器适于穿刺和吮吸，平时隐藏在头囊中，只在觅食时伸出。原尾纲包含7科，约700个物种。

古蚖科

古蚖

分布：已知340属，全球广泛分布；生活在土壤、落叶、苔藓、腐殖质和腐木中

这些六足类身体柔软色浅，体长0.5—2毫米，头呈圆锥形，以腐败的有机质和真菌为食。它们将卵产在土壤或是落叶中，卵呈球形，表面有花纹或疣突。幼虫的外形类似成虫，但体形稍小。

姬古蚖

虽然古蚖属的成员遍布世界各地，但这种数量丰富的物种却原产于欧洲，生活在土壤中，以白垩质土壤为多。

双尾纲

铗尾虫

这类跳虫没有眼睛，身体长而柔软，因长有两根尾须，有时也被称为双尾铗尾虫。它们的头部大而明显，咀嚼式口器可以外翻。本纲包含8科，约975个物种。

铗尾虫科

铗尾虫

分布：已知408属，全球广泛分布；生活在土壤中

铗尾虫的身体细长色浅，体长0.6—3厘米不等，腹部末端具有1对明显的铗状尾须，用于捕食小型跳虫。虫卵分批产于土壤中。

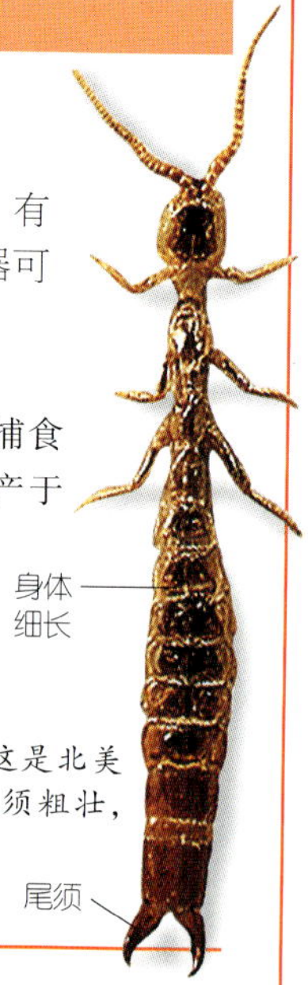

修长铗尾虫

也称修长双尾虫，这是北美洲常见物种，它们的尾须粗壮，腹节边缘色浅。

昆虫

石蛃目

石蛃

石蛃是一类无翅昆虫。它们的背侧拱起，具简单的口器、相互接触的大眼睛和3根尾须，以中间的尾须最长。石蛃与衣鱼一样，不经历变态发育。本目包含2科，约470个物种。

石蛃科

石蛃

分布：已知333属，全球广泛分布；生活在石块下、落叶和腐殖质中

石蛃身体近纺锤形，体表覆有褐棕色或深绿色的鳞，体长1.2厘米，许多物种都能飞奔或跳跃。石蛃以藻类、苔藓和植物残骸为食，在缝隙中成堆产卵，幼虫历经两年时间才能发育成熟。成年石蛃可以存活4年之久。

海岸石蛃

这种奔跑迅速的昆虫生活在北半球的岩质海岸带，通常成群活动。

缨尾目

衣鱼

衣鱼的双眼相隔较远，有3根大小相等的尾须，因而易与石蛃区分。衣鱼的身体细长扁平，体表覆有银色细鳞。本目包含6科，约570个物种，一些物种常在建筑物中出没。

衣鱼科

衣鱼

分布：已知295属，全球广泛分布，尤以温带地区为多；生活在树冠层、洞穴和建筑物中

衣鱼身体呈褐色，体长0.8—2厘米，昼伏夜出，有复眼，无单眼，寿命多达4年。求偶方式简单，通过间接方式受精，雌虫在石缝或缝隙中少量产卵。生活在房屋中的衣鱼以面粉、潮湿的家纺产品、壁纸浆糊和书籍黏合剂等为食。

衣鱼

这种衣鱼只在夜间活动，喜欢潮湿的环境，常出没于世界各地的厨房、浴室和地窖中。

蜉蝣目

蜉蝣

蜉蝣是现存有翅昆虫中最原始的一类，它们的独特之处在于翅膀成形后还会进行最后一次蜕皮。稚虫在水下生活2—3年，成虫不进食，寿命极短，仅1—2天。本目包含25科，约3000个物种。

短丝蜉科

短丝蜉

分布：已知126属，全球广泛分布，主要分布在北半球；大多生活在流水中或流水近岸区

这类蜉蝣的翅展可达5厘米。稚虫游泳能力强，发育成熟后会爬上石块或植物茎部。

短丝蜉属一种

垂钓者将这种蜉蝣称为夏季蜉蝣。它们是最早出现在新水道中的蜉蝣之一，能耐受酸性水质。

蜉蝣科

普通蜉蝣

分布：已知96属，除澳洲外，全球广泛分布；生活在淡水中或周边植物上

这类蜉蝣的个体较大，体长1—3.4厘米，有着明亮的或呈淡褐色的三角形翅膀，翅面上很少有深色斑点，腹部末端有2—3根长尾丝。雌虫在水中产卵数千枚。稚虫穴居于水底淤泥中，利用齿状颚滤食泥中的有机体颗粒。成虫不进食。钓鳟鱼使用的假飞蝇就是模仿这类蜉蝣制成的。

绿斑蜉

也称绿蜉蝣，是一种广泛分布在欧洲的大型物种，在沙质或泥质河川及湖泊中繁殖。

蜻蜓目

豆娘和蜻蜓

豆娘和蜻蜓的复眼极大，飞行能力绝佳，是一类极为出色的空中猎手。豆娘身体细长，栖息时两翅竖起，身形粗壮的蜻蜓栖息时则两翅平伸。本目包含32科，约5600个物种。所有的成员都要经历水生稚虫期。

帝王伟蜓

帝王伟蜓生活在欧洲和亚洲的部分地区，成年帝王伟蜓的飞行能力极强，常在远离水域的地方猎食。

蜓科

蜓

分布：已知444属，全球广泛分布；生活在长有植被的静水、水塘、沼泽中或附近

蜓也称为晏蜓，是体形最大和最强壮的蜻蜓类，翅展几乎可达6.5—9厘米。蜓的眼睛很大，双眼在头部上方互相接触。雄虫有领域性，在领域内定期巡逻，雌虫在植被上切开口，将卵产于其中。稚虫体大，具备良好的保护色，捕食蝌蚪和小鱼等小型动物。

毛晏蜓

成年毛晏蜓通常出现在5月，低飞时呈现独特的之字形。

蓝晏蜓

蓝晏蜓体形较大，于夏季在欧洲的湖泊和水塘区域活动。雄性会攻击进入自己领地中的其他雄性。

混合蜓

混合蜓广泛分布在欧洲中部和南部，在固定的范围内捕食。它们出没于夏秋时节，常成群横跨欧洲进行迁移。

螅科

窄翅豆娘

分布：已知1142属，全球广泛分布，尤以温带地区为多；生活在水塘、沼泽、溪流和半咸水区域

这类豆娘身体细长，翅展大多在2—4.5厘米。雌虫在水生植物上制造切口，将卵产于其中。稚虫在水下的植物上捕食。

天蓝细螅

天蓝细螅是欧洲小水塘中的常见物种，具有螅科物种的典型特征，比起灰色或绿色的雌虫（上图），雄虫的体色更加鲜艳。

丝螅科

柄翅豆娘

分布：已知152属，全球广泛分布；生活在湿软沼泽、池塘、湖泊和水流缓慢的溪流处

这类昆虫也被称为展翅豆娘，它们的身体粗壮，呈亮蓝色或绿色，并带有金属光泽。停栖时采取垂直姿势，头部朝上，伸开的双翅宽度为3—7.5厘米。雄虫腹部末端具钳状抱握器。雌虫在露出水面的水生植物上产卵。

桨尾丝螅

桨尾丝螅分布在欧洲和亚洲，体呈深绿色，栖息在水沟、水塘和湖泊等处。

蜻科

蜻

分布：已知986属，全球广泛分布；生活在森林中水流缓慢的溪流、池塘和泥沼附近

这类昆虫的飞行方式变幻莫测，它们的身体粗壮，体色鲜艳，翅展大多为4.5—7.5厘米。宽扁的腹部让它们能在空中迅速变换方向。雌虫常悬停在水面上方，通过点水方式将卵产在水中。稚虫通常猎食泥沼碎屑中的小动物。

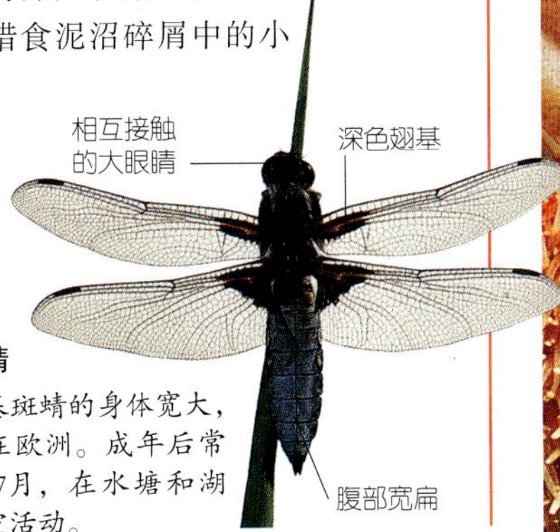

基斑蜻

基斑蜻的身体宽大，生活在欧洲。成年后常于6—7月，在水塘和湖泊上活动。

直翅目

蟋蟀和蝗虫

蟋蟀和蝗虫可分为40个科，超过25,000个物种，除了最冷的地区以外，广泛分布在世界各地。大多数蟋蟀和蝗虫的翅膀很大，前翅（覆翅）狭长粗糙，后翅膜质。除了能飞以外，它们还常借助强健的后足跳跃以避开危险。蟋蟀和蝗虫为咀嚼式口器，但食性各不相同。蟋蟀、螽斯及其近亲（长角亚目）均为捕食或杂食动物，而蚱蜢和蝗虫（短角亚目）则完全是草食动物。本目所有成员都通过渐变态方式发育，大多数雄虫具有发音器，通过发出声响（或鸣唱）吸引雌性。

蝗科

蝗虫

分布：已知10,500属，全球广泛分布；生活在地面上、植物中

蝗虫的触角通常很短，体长1—8厘米，体表有保护色和斑纹，有助于与环境相融合，但一些物种却具有用来警告捕食者的鲜艳体色或翅斑。一些物种还会释放有害的化学物质。雄虫白天发音吸引雌虫。雌虫的体形大于雄虫，产卵器不明显。交配后的雌虫在地下产下含有15—100枚卵的卵囊，同时分泌泡沫状物质包裹卵囊进行保护。蝗虫是极具破坏力的农业害虫，世界某些地区的物种，如蝗虫，会定期成群游荡，同时吃光所到之处的农作物。

华北雏蝗

华北雏蝗栖息在欧洲北部至西班牙和意大利的草原上。它们的鸣叫非常独特，大约每隔两秒钟就重复一次。

条纹草地蝗

条纹草地蝗生活在干旱且阳光充足的欧洲草原和荒原。它们的鸣叫响亮，间有大而柔和的声调。

沙漠蝗虫

沙漠蝗虫分布在非洲至印度地区，体长6厘米。自从农业出现以后，它们一直都是农业害虫。包含500亿只个体的蝗虫群一天内就能消耗多达10万吨的食物。

蟋蟀科

蟋蟀

分布：已知4693属，全球广泛分布；生活在地面、石块下、落叶中和树上

蟋蟀体长0.5—5厘米，身体稍扁平。一些物种能够发出响亮的鸣叫，并被作为宠物饲养。除了食肉的树蟋蟀以外，大多数蟋蟀都是食草或食腐动物。

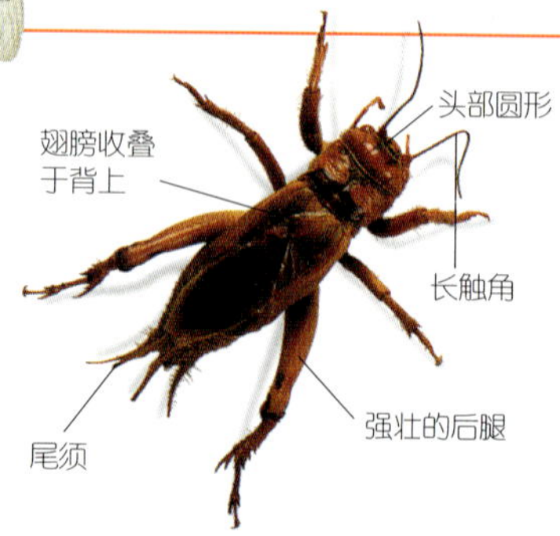

大蟋属一种

有时也被称为烟草蟋蟀，分布在非洲大草原上。它们的近亲包括为害茶叶、烟草和棉花作物的害虫。

蝼蛄科

蝼蛄

分布：已知105属，几乎在全球广泛分布；穴居在溪流、水塘和湖泊周围的潮湿沙土中

蝼蛄的身形短胖，体表长有短小软毛，体长2—4.5厘米。蝼蛄与鼹鼠一样，也在土中栖息，它们的前足宽短带有锯齿，适于掘土。雌虫将卵产在地下的卵室内，雄虫则开挖出形状独特的洞穴来放大自己的鸣叫，其声音在1.5千米外都能听见。成虫和若虫均以植物和小型猎物为食，它们白天在地下觅食，夜间出土活动。

欧洲蝼蛄

欧洲蝼蛄在夜间会被灯光吸引。它们利用前足掘土，后足将土从洞穴中推出，并会为害农作物。

驼螽科

洞穴蟋蟀

分布：已知594属，全球广泛分布，尤以温带地区为多；生活在洞穴、潮湿区域、木头或石块下

洞穴蟋蟀的身体粗短、背部高耸无翅，体长1.3—3.8厘米，体呈淡褐色或灰色，依靠长长的后足和触角探查捕食者。一些生活在洞穴中的物种双眼退化，身体柔软，将卵产在洞穴地面的岩屑上。若虫一经孵化便能自行寻找食物。洞穴蟋蟀中既有食腐种类，也有食肉种类。

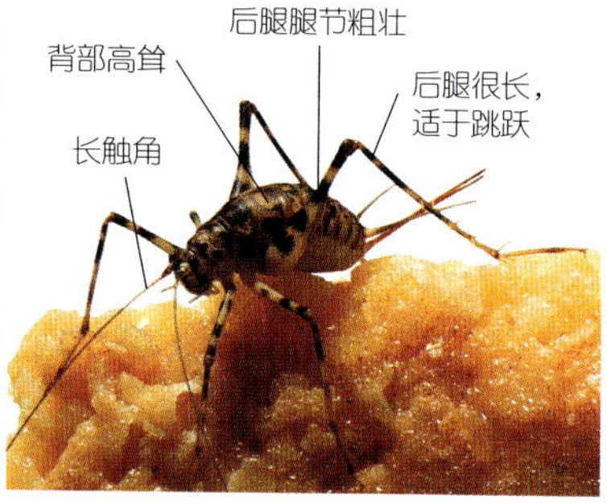

非洲洞穴蟋蟀

这种非洲洞穴蟋蟀仅分布在刚果民主共和国内。

螽斯科

螽斯

分布：约6728属，全球广泛分布，主要分布在热带地区；生活在植物上

螽斯也称为灌木蟋蟀，它们的英文名称来源于一种会发出“kate-she did”的北美洲物种。螽斯体长1.5—7.5厘米，体呈褐色或绿色，身体侧面被大型翅膀包覆。大多数螽斯的外形类似树叶或是树皮，也有一些物种后翅上的色彩鲜艳，可以吓退捕食者。雄虫通过前翅基部的相互摩擦发出响亮的鸣声。雌虫在植物上或土壤中产卵。大多数螽斯只在夜间觅食和鸣叫。

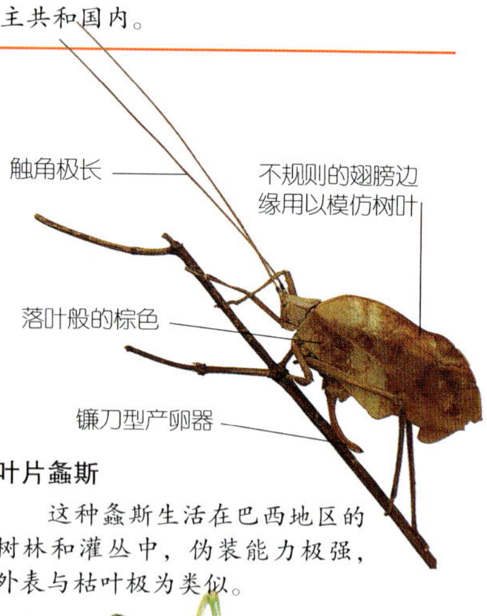

叶片螽斯

这种螽斯生活在巴西地区的树林和灌丛中，伪装能力极强，外表与枯叶极为类似。

橡丛螽斯

橡丛螽斯分布在欧洲地区，大都栖息在橡树林中，主要在夜间活动，擅长飞行。雄虫利用后腿敲击叶面发声以吸引雌虫。

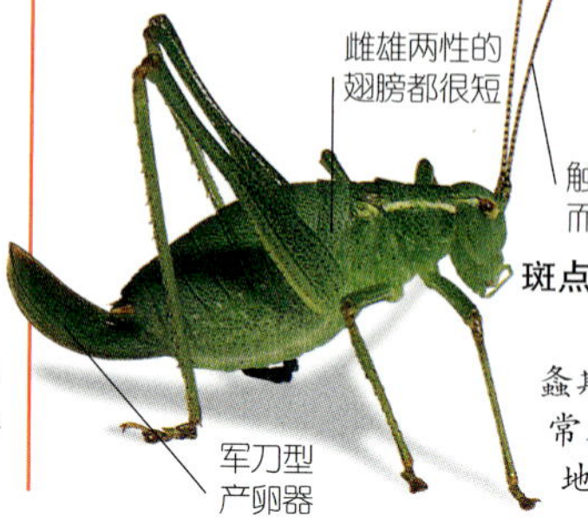

斑点螽斯

这种带有斑点的螽斯分布在欧洲地区，常在灌丛、树林和草地中活动。

襀翅目

石蝇

石蝇的身体扁平细长，稚虫在水中生活，发育方式为渐变态。成虫有两对膜质翅，但飞翔能力较弱。大多数石蝇的寿命很短，成虫多不取食。本目包含19科，约3000个物种。

襀科

普通石蝇

分布：已知933属，除澳洲外全球广泛分布；生活在湖泊、河流和靠近流水的植被中

成年石蝇的飞翔能力较弱，通常停栖在流水附近的岩石上。石蝇体长1—4.8厘米，体呈棕色或黄色。成虫大多不进食，但稚虫却会捕食其他动物。

石蝇

这种生活在欧洲地区的石蝇常在流水周围活动。稚虫需要历经30多次蜕皮，需要花费5年时间才能发育成熟。

蛩蠊目

蛩蠊

蛩蠊最早在1913年被发现于加拿大的落基山脉。该目仅含1科，共30个物种。这类体小无翅的昆虫非常适应寒冷环境，以死去的、被风吹动的或蛰伏中的猎物、苔藓及其他植物等为食。发育方式为渐变态。

蛩蠊科

蛩蠊

分布：已知30属，分布在北半球较冷地区；生活在石灰岩缝隙、腐烂的木头中

蛩蠊主要在夜间活动，体长1.2—3厘米，复眼小，口器咀嚼式。交配过的雌虫在两个月后产卵，若虫需要花费数年时间才能发育成熟。

北美蛩蠊

北美蛩蠊分布在美国和加拿大的高海拔地区，栖息在靠近冰川地带的岩石中。

革翅目

蠼螋

本目包含11科约1900个物种，均为食腐或食草昆虫。它们的尾须坚硬，呈现独特的钳状。大多数种类的前翅短小，停栖时扇形后翅可以折叠在前翅下。雌虫有护卵育幼行为。发育方式为渐变态。

蠼螋科

蠼螋

分布：已知450属，全球广泛分布；生活在落叶和土壤中，或在树皮下和缝隙中

蠼螋体长1.2—2.5厘米，身体通常呈深褐色。雌虫的两根钳状尾须短而直，雄虫的则大而弯。雌虫会看护受精卵，并舔舐它们以保持清洁。

普通蠼螋

全球分布，是一种为害农作物和花朵的害虫。

竹节虫目

竹节虫和叶虫

这类状如竹节或叶片的昆虫生活在植物上，并以之为食，有着绝佳的拟态和保护色，能有效避免被捕食。这类昆虫的雌虫大多无翅，一些物种的雄虫有翅，另一些则没有。竹节虫和叶虫通常在夜间活动，发育方式为渐变态。本目包含3科，约2500个物种。

竹节虫科

竹节虫

分布：已知2450属，主要分布在温带地区；生活在植物中，或是树木和灌丛的叶子中

竹节虫的外表呈竹节状，能十分巧妙地进行伪装。一些物种甚至能够随风左右摇摆，使自身完全融入周围的环境中。竹节虫体长2.5—29厘米不等，体呈褐色或绿色，体表有尖刺或疣，前翅狭长粗糙，可对大型膜质后翅起到保护作用（也有一些竹节虫无翅）。某些竹节虫受到威胁时，将身体伪装成蝎子的模样来吓退敌人，另一些物种则会张开色彩艳丽的翅膀或是释放出有毒化学物质，好趁机逃之夭夭。竹节虫一旦受到攻击，可以断足求生，这只断足很快又会再生。许多种类中的雄虫数量极少或是完全没有，雌虫将状如种子的卵产在地面上。

幽灵竹节虫

幽灵竹节虫原产于大洋洲，是人们饲养的众多宠物之一，以有刺植物的叶子为食。雌虫（右图）无翅，体形大于雄虫，成年后每天都会产下十几枚卵，并在卵落地之前用腹部将它们弹射出去，避免同类间的相互竞争。

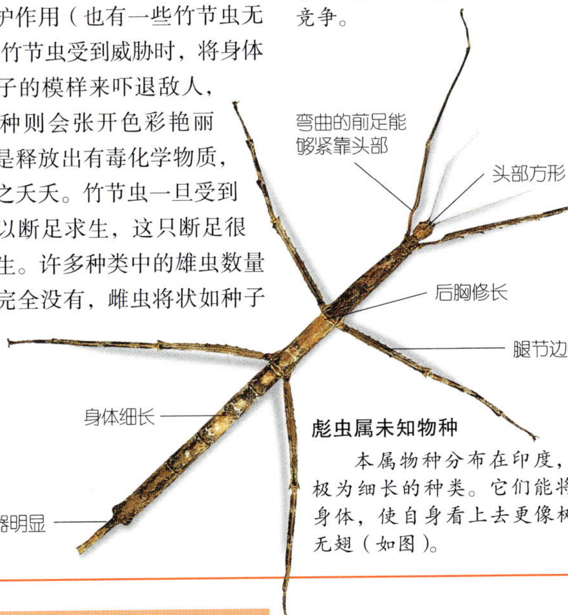

彪虫属未知物种

本属物种分布在印度，包含身体极为细长的种类。它们能将腿部紧靠身体，使自身看上去更像树枝。雌虫无翅（如图）。

叶竹节虫科

叶虫

分布：已知30属，分布在毛里求斯、塞舌尔、亚洲南部和大洋洲；生活在植被茂密地区的各种植物上

宽扁膨大的腹部，扁叶片似的足部，以及褐色或绿色的身体，使得这些昆虫看上去就像一片树叶。身上的有色斑纹和质地，以及能够随风摆动的姿势，更是进一步增加了拟态的真实效果。一些物种还擅长模仿皱巴巴的枯叶。叶虫体长3—11厘米不等。栖息时，具有叶脉纹路的前翅覆盖在透明的后翅上。雌虫的触角短而光滑，雄虫的触角则较长并带有微毛。卵产在地面上，呈种子状。由于这类昆虫外形奇特，因此在全世界都被作为宠物饲养。

叶虫

叶虫生活在亚洲东南部的叶丛和树木上，常被当作一种不寻常的宠物。只要温度适宜，就很容易饲养。

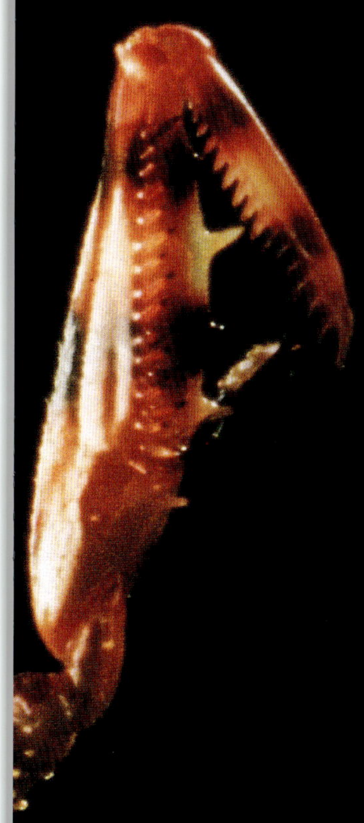

威胁行为

螳螂受到打扰时，会像图中的姬螳螂一样，身体立起进入防卫姿势，以便展现出鲜艳的色彩。螳螂不仅视力绝佳，还能利用中足和后足基节之间的听器接收超声波信号，以避开蝙蝠的攻击。

螳螂目

螳螂

螳螂能将前肢抬起并拢，呈祈祷般的姿态，因而得“praying mantid”这一英文俗称，即“祈祷”螳螂。虽然螳螂的体态各不相同，但却可以通过三角形的头部和大眼睛来区分，它们也是唯一能转头朝后看的昆虫。螳螂的前胸呈长颈状，前足进化成专门用于捕捉猎物的工具。它们多在白天活动，以各种节肢动物为食，有时甚至会捕食青蛙和蜥蜴等脊椎动物。螳螂通过卵生繁殖，产卵于泡沫状分泌物硬化形成的卵鞘中。有些雌虫还有护卵行为。本目共有超过2300个物种。

花螳科

花螳

分布：已知290属，除澳洲外，广泛分布在热带地区；生活在各种植物上

花螳体色艳丽，有亮红色、鲜绿色等鲜艳色彩（左图），使其能够完全与周围的环境相融合，借此在植物上静待猎物出现。花螳的某些身体部位还进化出类似树叶的宽大形状，如腿部。前翅上可能带有彩色条纹、螺纹或是眼状环斑。一些物种前翅上的有色花纹也可能呈现不对称状。雌虫的翅膀有时短于雄虫。若虫一出生便会捕食，外骨骼变硬后就能对付猎物。除了具备能感受声波的耳朵（听器）外，某些物种还具有一个可以听见低频声波的“耳”，但其功能仍不清楚。

螳螂科

螳螂

分布：已知1101属，分布在全球温带地区；生活在食物丰富的植物上

大多数螳螂都隶属螳螂科，许多成员的外表都相差不大。大多数物种体呈绿色或褐色，有着树叶和树枝的拟态。与花螳不同的是，螳螂的翅膀上可能有斑点，但很少带有花纹。雌虫的翅膀通常小于雄虫，有些物种甚至无翅。螳螂中的一些物种体长可达15厘米，体形较大的物种以捕食小型爬行类、蝾螈和青蛙而闻名。

外形优雅

螳螂的眼睛朝向前方，拥有真正的双目视觉，能够精准计算距离。敏锐的视觉和可伸开的前足使得螳螂成为顶级猎手。

危险的相遇

雌螳螂因交配后会吃掉雄螳螂而出名（上图）。尽管交配对体形较小的雄虫来说非常危险，但在交配时它们通常都十分小心，很少会被配偶吃掉。

悄无声息地捕猎

静候猎物

螳螂耐心地等待猎物出现。它停栖在树枝末端，前足并拢收起，注视着猎物可能出现的地方。

猛扑

当苍蝇无意间进入攻击范围内时，螳螂便快速发起攻击。它朝着猎物靠近，身体向前扑出，同时将修长的前足伸出。

捕获猎物

在猎物还未察觉到螳螂的存在之前，螳螂的身体已完全伸展，借助长有利刺的足肢捕获并刺穿猎物。

秒杀

无助的苍蝇被螳螂紧紧抓住，无法脱逃。螳螂退回停栖的枝头，开始享用猎物。

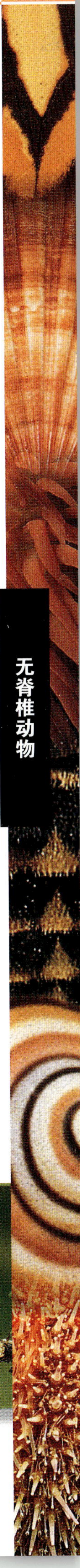

蜚蠊目

蜚蠊

蜚蠊的身体呈革质，扁平的卵圆形身体能让它们钻入狭小的空间获取食物或是逃避捕食者。它们对振动十分敏感，能快速逃离危险。蜚蠊的头部被盾形前胸背板盖住，通常有两对翅膀。蜚蠊目包含9科，约4600个物种，其中只有不到1%的物种是害虫，其余物种则是有益的食腐动物，在生态系统中扮演着分解者的角色。害虫种类喜欢栖息在温暖且卫生状况不佳的环境中，并且还会携带多种病菌。成虫能产生性激素以吸引配偶。雌虫可产出包含50粒卵的坚韧卵鞘，借此对虫卵进行保护。发育方式为渐变态。

硕蠊科

卵胎生蜚蠊

分布：已知1189属，分布在热带地区；生活在洞穴中或地下

这些大型昆虫体长通常达2.5—6厘米，发达的淡褐色翅膀上有深色翅斑，前胸背板较宽。许多物种的雌虫无翅，在木头和石块下穴居。一些物种在求偶期间利用声音与配偶交流。硕蠊科的所有成员均为卵胎生，可以直接产下若虫。雌虫先产出壁薄而柔软的卵鞘，并在其中产卵，随后卵鞘又收缩进雌虫体内的“育室”中，直到若虫孵出。成虫和若虫主要取食腐败物或动物粪便。

巨疣蠊

这种昆虫又名马达加斯加鸣蠊，是最有名的宠物蟑螂品种，体长6—8厘米，能从气门挤压空气产生响亮的吱吱声来惊吓捕食者。

姬蜚蠊科

姬蜚蠊

分布：已知2240属，广泛分布在温带地区；生活在林地杂物、残骸、垃圾堆和建筑物中

这些具全翅的物种大多体呈淡褐色，少数呈橄榄绿色，体长从0.8—10厘米不等。成虫和若虫都是食腐动物。雌虫身上具有突出的卵荚，用于携带虫卵，直到孵化为止。雌虫一生中可产下数千粒卵。

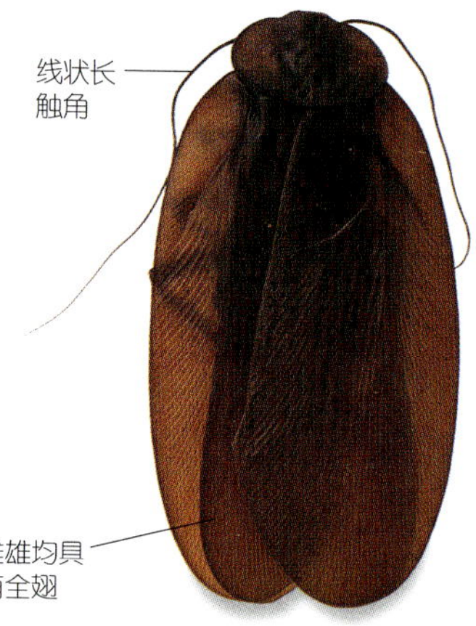

长翅巨蜚蠊

长翅巨蜚蠊生活在秘鲁、厄瓜多尔和巴拿马，翅展超过20厘米，是世界上最大的带翅蟑螂。

蜚蠊科

蜚蠊

分布：已知652属，主要分布在热带和亚热带地区；常见于仓库、下水道和垃圾堆中

大多数蜚蠊体呈褐色、微红色或红褐色，并带有斑纹，体长2—4.5厘米，行动活跃，能快速爬行或飞行。一些物种还会释放可以引发皮疹的防水化学物质。雌虫产下多达50枚卵鞘，然后将它们黏在隐蔽的场所，每一卵鞘中都含有12—14枚卵。成虫和若虫均在夜间活动，为食腐动物。

东方蜚蠊

东方蜚蠊是家庭常见害虫。与多数同类一样，它们也是通过航行从原生地传播到别的地方。

等翅目

白蚁

白蚁有时会与蚂蚁混淆，它们与蚂蚁（第576页）一样都是社会性昆虫，生活在拥有成千上万只个体的大型群体中。本目包含7科，约2900个物种，大多数物种都生活在热带，能建造十分壮观的蚁巢。白蚁的身体柔软呈浅白色，具有咀嚼式口器和短触角，但它们的身体形态却各不相同，这与它们在群体中扮演的角色有关。工蚁的体形小，而兵蚁却有着大头和发达的大颚。蚁后负责繁殖后代，体形和人类的拇指一样大。某些白蚁以木头或植物为食，而其他物种则以养殖在地下“花园”里的真菌为食。虽然白蚁是食物链中重要的养分回收者，但许多物种都是破坏性害虫。它们的发育方式为渐变态。

鼻白蚁科

地下生活的白蚁

分布：已知360属，广泛分布在温带地区；生活在土壤或与地面接触的潮湿木头中

鼻白蚁科中的大部分成员都在地下生活，成虫和若虫蛀食木材，并在肠道细菌的帮助下对食物进行消化。这类白蚁非常贪吃，是温带地区极具破坏力的害虫。它们的体色通常呈奶油色或浅褐色，体长6—8厘米。

欧洲散白蚁

它们具有独特的触角，在地下的潮湿泥土中筑巢，常见于欧洲南部地区。

白蚁科

高等白蚁

分布：已知2021属，全球广泛分布；生活在树木上、土壤中或地下

世界上三分之一的白蚁都隶属白蚁科。它们在外形和生活习性上存在很大差异，体长4—14毫米不等。蚁后的体形远大于工蚁和兵蚁，一天内就能产下数千粒卵。白蚁既会在树上筑造小型蚁巢，也会建造大型土巢，并在巢内建立“菌圃”以培养真菌。许多白蚁物种都是作物害虫。

大白蚁属一种

这类数量丰富的非洲白蚁常会形成巨大的群落。长有翅膀的繁殖蚁，在每年的固定时节里从群体中飞离，然后建立属于自己的蚁群。

黄球白蚁

蚁巢中的兵蚁在防御时常发生“自爆”现象，将唾腺里贮存的黏性分泌物突然喷射到入侵者的身上，使其动弹不得。

三脉草白蚁

三脉草白蚁生活在非洲中部和南部地区的牧场里，是土狼（第209页）的食物来源，土狼对白蚁防御时的分泌物免疫。

无脊椎动物

纺足目

足丝蚁

本目成员的体形相对较小，包含11科，仅约400个物种。足丝蚁是群居动物，在土壤、落叶和树皮下的缝隙中集体生活，利用前足跗节上纺丝腺分泌的丝织网或结巢。发育方式为渐变态。

正尾丝蚁科

足系蚁

分布：已知15属，广泛分布在热带和亚热带地区；生活在土壤、落叶、树皮和石块下

足系蚁具有典型的细长身体和短足，体长0.5—2厘米，眼小，触角分节，口器为咀嚼式。成年雄性不进食，但在交配时会用颚部咬住雌虫。雌虫和若虫为食腐动物。雌虫产卵后用丝和岩屑进行覆盖，并用咀嚼过的食物喂养若虫。

足丝蚁

图中的足丝蚁包覆在其丝巢中，原产于加勒比海的千里达岛。

缺翅目

缺翅虫

缺翅目是昆虫纲中最小的一目，仅有缺翅虫一科，共43个物种。这类昆虫体小纤弱，外表类似白蚁，体呈褐黄色至深棕色或黑色，具短尾须和咀嚼式口器，群居生活。发育方式为渐变态。

缺翅虫科

缺翅虫

分布：已知43属，广泛分布在热带和温带地区（澳洲除外）；生活在腐烂的木头和木屑中

缺翅虫体长2—3毫米，有着独特的三角形头和一对触角。若虫和成虫取食真菌的菌丝和小型节肢动物。缺翅虫的性行为非常复杂：一些物种的雄虫以头部腺体的分泌物作为向雌虫求偶的礼物，其他一些物种的雄虫则通过互相踢踏打斗来争取交配权。

哈氏缺翅虫

稀有的哈氏缺翅虫原产于北美洲东部至南部。图中为染成红色的标本。

啮虫目

啮虫和书虱

啮虫目包含41科，共5600个物种，是一类身体柔软、体色单调的昆虫。它们的头大，双眼突出，前额呈球状，触角长丝状。发育方式为渐变态，一生中蜕皮5次。

书虱科

书虱

分布：已知250属，全球广泛分布；生活在干燥的落叶、树皮下、巢穴、建筑物中和食品储藏室

这类昆虫身体扁平，后腿节膨大。大多数物种无翅，体长0.5—1.5毫米不等。某些物种为害储藏物，以啃食或咀嚼面粉、谷物或纸张为生。虫卵产在树皮的缝隙、落叶和鸟巢中。若虫形似小型成虫。

无色书虱

无色书虱出现在落叶和各种干燥储藏产品中，它们分布广泛，为害虫。

虱目

虱

虱目成员体小扁平，无翅，包含24科，共5200个体外寄生物种，终生都寄生在鸟类和哺乳类的身体上。它们的口器为刺吸式，可咬穿皮肤、毛皮和羽毛，或是吸食血液。不同的虱子寄生在不同的寄主身上，许多物种甚至只寄生在身体的特定部位。发育方式为渐变态。

短角鸟虱科

鸟虱

分布：已知1153属，全球广泛分布；寄生在各种鸟类身上

鸟虱体长1—6毫米，头大，略呈三角形，口器刺吸式，腹部卵圆形，足粗短。足节末端有两爪，用以抓握毛发。大多数成年鸟虱和幼虱以毛屑为食，但有些物种以血液和皮肤分泌物为食。虫卵成堆黏在羽毛基部。某些鸟虱还有可能会对家禽造成严重危害，如咬虱。

火鸡短角鸟虱

这种虱子广泛寄生在家禽身上，能够引起脱毛和传染病。

人虱科

人虱

分布：已知7属，全球广泛分布；寄生在人、猩猩或猴子身上

人虱体小而长，呈灰白色，体长2—6毫米，足短小，足端长有强壮的爪子，用以爬到寄主身上。它们的头小，身体扁平呈梨形。成虫和若虫均吸食血液。人虱下含两个亚种，其中的体虱寄生在体表，将虫卵黏附在衣物上；头虱寄生在头部，将卵黏在毛发上。学童之间常会流行头虱感染。体虱则是斑疹伤寒等传染病的主要携带者。

头虱

雌头虱一天可产9—10粒卵，然后将卵分别固定在头发上。一旦卵被固定，就很难被去除。

阴虱科

阴虱

分布：已知2属，全球广泛分布；寄生在宿主（人和大猩猩）的毛发上

阴虱也被称为蟹虱，身形矮胖扁平，体长1.5—2.5毫米，中、后足尤为粗大，足端具有强壮的爪子，用以抓握毛发。若虫和成虫吸食寄主的血液，在皮肤上留下灰青色斑痕。阴虱行动缓慢，几乎不动。雌虫一生中能产30粒卵，并分泌防水物质将卵紧紧地黏在毛发上。虫卵只需4周时间便能发育为成虫。

阴虱

阴虱寄生在腋窝、胡须和腹股沟等处。虽然会使人感到不适，但它并不会传染其他疾病。

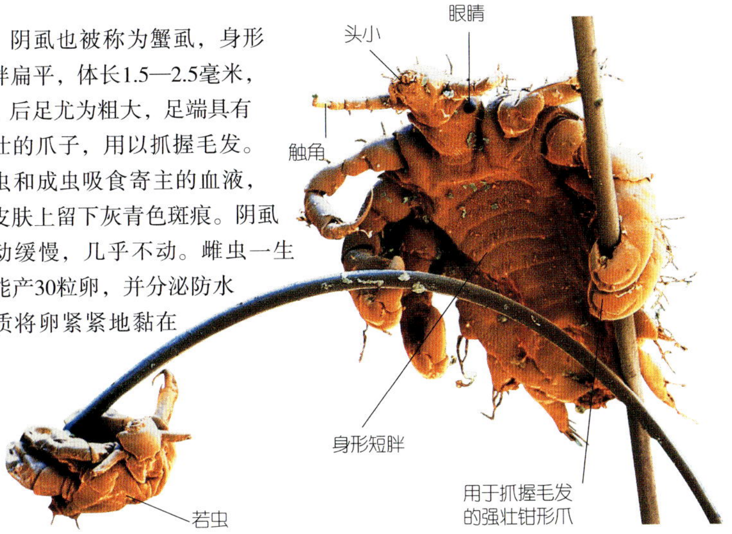

无脊椎动物

半翅目

蝽

蝽的体形变化极大，既有仅数毫米长的物种，也有大到足以捕食鱼蛙的巨型水生物种，分布在世界各地的陆生和淡水环境中。本目包含134科，共88,000个物种，可分为4个亚目：鞘喙亚目（仅有1科）、异翅亚目或真蝽（包括盲蝽）、颈喙亚目（包括角蝉、蜡蝉和蝉）和胸喙亚目（包括粉虱和介壳虫）。所有的成员均有两对翅膀，异翅亚目的前翅通常大而厚。蝽的口器为刺吸式，许多吸食植物汁液的物种都严重危害作物。发育方式为渐变态。

粉虱科

粉虱

分布：已知1200属，全球广泛分布，尤以温带地区为多；生活在不同的植物，包括作物上

粉虱的身体脆弱，外形似小蛾，体长1—3毫米，具有1对分成7节的触角和两对大小相似、呈透明白色或杂色的翅膀。雌虫产卵后将其附着在叶柄上。许多吸食植物汁液的粉虱会对植物造成严重危害。

温室白粉虱

温室白粉虱是温室栽培黄瓜和番茄上的常见害虫。它们也会在温暖条件下为害农作物。

沫蝉科

沫蝉

分布：约2400属，全球广泛分布，尤以温带地区为多；生活在灌丛、树木和草本植物上

身材短胖，长有圆眼睛的沫蝉非常善于跳跃。许多物种的体色都非常暗淡，但有些物种的体色却呈现鲜艳的红黑色或黄黑色，体长0.5—2厘米不等。一些物种每次在土壤或植物的组织中产30粒卵。若虫以植物汁液为食，它们利用泡沫状的分泌物将自己包裹起来，除了藏身以外，还能防止身体干燥。

红黑沫蝉

红黑沫蝉生活在欧洲和亚洲的多草地区和草地上

叶蝉科

叶蝉

分布：已知16,000属，全球广泛分布；在植物上随处可见，农田中的数量丰富

叶蝉的身体修长，体长0.3—2厘米。许多物种体呈褐色或绿色，有些物种可能还带有鲜艳的条纹或斑点。雄虫发出低频叫声吸引雌虫前来交配，这种叫声不是利用空气传播，而是通过树叶和树枝传播。雌虫交配后在6—8周内产下数千粒卵。叶蝉会对世界上的主要农作物，如水稻、玉米、棉花和甘蔗等造成极大危害。

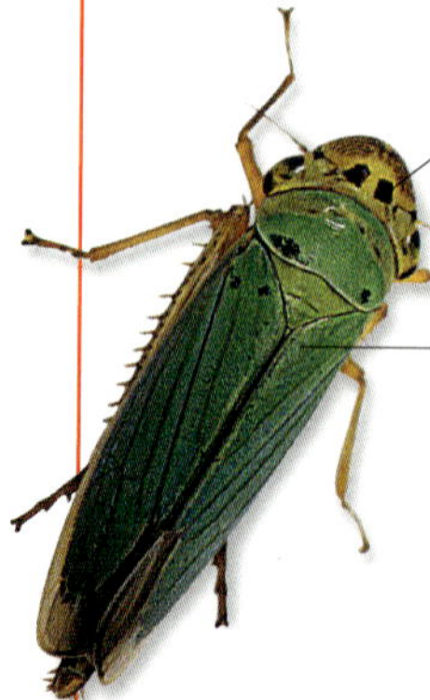

大青叶蝉

大青叶蝉广泛分布在欧洲和亚洲地区，会对水果、水稻、小麦和甘蔗造成危害。

蚜科

蚜虫

分布：已知2250属，全球广泛分布，尤以北温带地区为多；主要生活在野生和栽培植物上

蚜虫的繁殖力极强，是最具破坏力的一类植食昆虫。它们几乎啃食所有的作物，同时还传播多种植物病毒，引起植物畸形。蚜虫也被称为绿蝇或黑蝇，它们身体呈梨形，柔软，体长大多为5毫米，体色通常呈绿色、粉色、黑色或褐色。腹部具1对短腹管，可释放防御分泌物。蚜虫的繁殖方式为孤雌生殖，偶见季节性的有性生殖。

扇豆长管蚜

扇豆长管蚜会为害园林花卉，在北美洲和欧洲均有分布。图中的雌蚜（左上方）正在生产。

负子蝽科

负子蝽

分布：已知150属，全球广泛分布，尤以热带和亚热带地区为多；生活在静水和水流缓慢的溪流中

由于会被灯光吸引，因此负子蝽也被称为电光蝽。负子蝽中还包含体形最大的种类，能够捕食青蛙和鱼类。负子蝽的褐色身体呈椭圆形，体长1.5—10厘米。前足特化为专用于捕捉猎物的钳形足。它们的产卵方式极为独特，雌虫将卵产在雄虫背上，由雄虫负责孵卵。

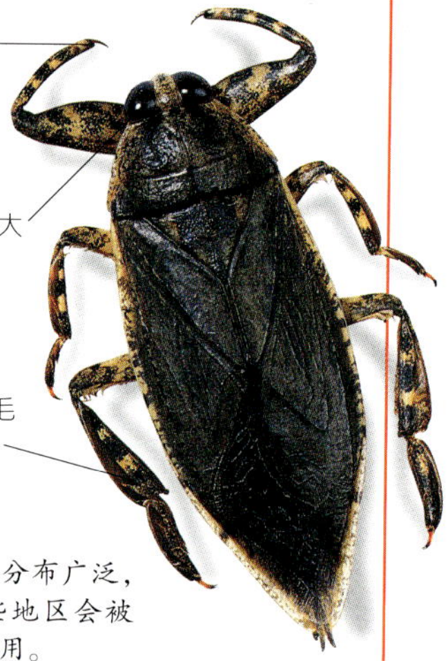

大负子蝽

大负子蝽分布广泛，在东南亚某些地区会被人类捕捉并食用。

蝉科

蝉

分布：已知2500属，广泛分布在温带地区；生活在适合栖宿的树木或灌丛上

蝉科中的一些物种是世界上最喧闹的昆虫，它们发出的叫声在1.5千米外都能听见。成虫通常体呈深褐色或绿色，身体粗壮，体长2.2—5.5厘米，触角短，眼睛突出且相隔甚远。雄虫腹部两侧长有一对发音器，因此只有它们才会发出鸣唱。雌虫将卵产在植物组织内，若虫孵化后钻入土中生活，以地底的树根为食。一些蝉类甚至能在地下存活17年之久。

花椒树蝉

这一物种常见于欧洲南部和地中海地区，闪亮的淡灰色前翅上带有11个黑色斑点，具有像针一样的刺吸式口器。成年个体会被鸟类（如松鸦）捕食。

带网蝉属一种

这种印度蝉和所有的蝉一样，通过鸣唱宣示自己的强大或是吸引配偶。

蛉蛄

蛉蛄常在森林和低地中的各种林木上休息和觅食。

臭虫科

臭虫

分布：已知90属，全球广泛分布；寄生在鸟类和哺乳类身上，或生活在巢穴、洞穴和建筑物的缝隙中

臭虫的身体扁平呈卵圆形，体呈红褐色，体长4—12厘米，无后翅，只残留有前翅的痕迹，复眼上具有少量小眼面。臭虫均以吸食血液为生，会暂时寄生在鸟类、蝙蝠，甚至人类身上。臭虫能根据食物和温度的不同存活2—10个月不等。它们的交配方式为“创伤式受精”，雄虫利用锐利的生殖器官刺穿雌性的身体进行授精。成年雌虫一生中可产下150多粒卵，每天产2—3粒卵。

温带臭虫

温带臭虫通常在夜间觅食，利用温度、气味和二氧化碳浓度探知寄主的位置。

介壳虫总科

介壳虫

分布：已知7000属，全球广泛分布，尤以热带和亚热带地区为多；生活在各种植物的不同部位上

介壳虫极为适应吸食植物汁液的生活方式，但外表与昆虫相去甚远。雌虫无翅，足部退化，终生都附着在植物上生活。大多数介壳虫的体长不到1厘米，体呈卵圆形，体外具有光滑或蜡质介壳。雄虫的外表各不相同，通常有翅。许多介壳虫都能无性生殖，对高产作物的危害极大。

柑橘粉蚧

柑橘粉蚧是泛热带地区的一种害虫，寄生在植物的枝条和根上，主要为害咖啡、大豆和番石榴等作物。

蜡蝉科

蜡蝉

分布：已知800属，分布在热带和亚热带地区；主要生活在植被茂密的树木和灌丛中

蜡蝉也被称为光蝉，许多热带物种均以奇异的外形和球形眼睛而闻名。它们的眼睛位于头部两侧，触角的上方。蜡蝉的胸部和翅膀都很大，翅膀上有交叉的翅脉。这类昆虫吸食植物汁液，体长0.8—10厘米。受到打扰时，蜡蝉会闪现后翅上的眼斑以威慑捕食者。成虫白天休息和觅食，夜间飞行。虫卵产在寄主植物上，被泡沫状的分泌物包裹，分泌物变硬后可以起到保护作用。

提灯蜡蝉

提灯蜡蝉也被称为提灯虫或花生虫，球根状的头部曾被误认为会发光。它们分布在南美洲和西印度群岛。

锯头蜡蝉

这种蜡蝉生活在南美洲的森林中，头部极长呈锯齿状。与蜡蝉科的许多成员一样，它们也靠吸食植物汁液为生。

蜡蝉

蜡蝉的翅膀颜色鲜艳，头部形状奇特，分布在巴拿马、巴西以及哥伦比亚的林地和森林中。

黾蝽科

水黾

分布：已知500属，全球广泛分布；生活在池塘、水塘、溪流、河流、湖泊和温带海洋等处

水黾俗称水蜘蛛，它们行动迅速，体长0.2—3.5厘米，身体呈深褐色或黑色，体表覆盖着柔软的细毛。水黾的身体细长，前足粗短，用于捕捉猎物，细长的中足和后足有助于分散自身体重，使它能够浮在水面上。水黾的足部长有敏感的细毛，能感受到水中猎物的挣扎并进行捕食。交配前，雄虫在水面用足轻敲制造出微小波纹，虫卵产在漂浮物上或嵌入水生植物中。

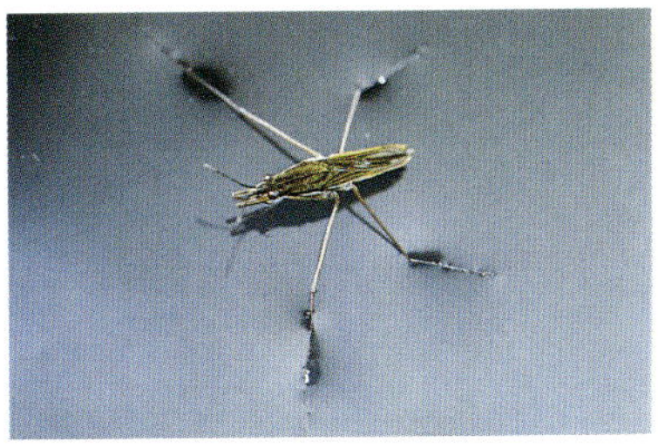

黾蝽属一种

这类黾蝽分布广泛，生活在水面上。猎物落水时，进行的挣扎能够吸引它们前去捕食。

尺蝽科

尺蝽

分布：已知120属，全球广泛分布；生活在静水中，以及浮叶植物上

尺蝽俗称丝蝇，和水黾一样也在水面表层生活和觅食，但在捕猎时常悄悄地接近猎物。尺蝽体长0.3—2.2厘米，头部很长，双眼突出。大多数尺蝽的翅短或无翅。它们不仅是捕食者，也是食腐动物，利用刺吸式口器捕食，钟爱已死或垂死的猎物。

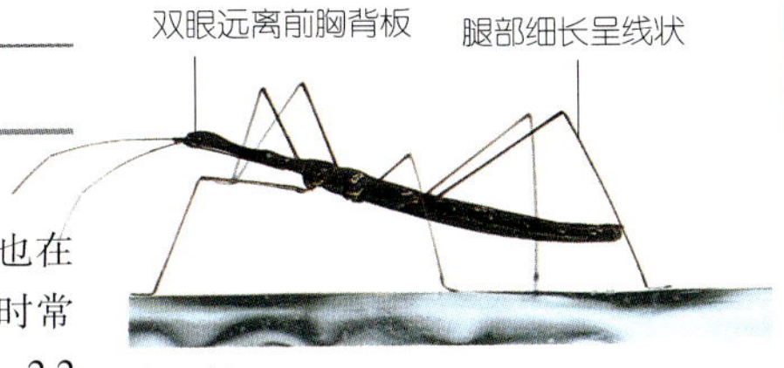

水尺蝽

与所有尺蝽一样，能探测到小型猎物发出的动静，捕猎后用口器刺入猎物。

角蝉科

角蝉

分布：已知2500属，全球广泛分布，尤以温带地区为多；通常生活在热带森林的林下层

角蝉具有外形似刺的大型前胸背板，因此获得刺蝽这一俗名。这些吸食植物汁液的昆虫大多呈绿色或褐色，或是体色鲜艳，体长0.5—1.5厘米。雌虫将卵大量产在寄主植物的树皮中，产卵量的多少因物种而异，1只雌虫最多时可产下300粒卵。雌虫产卵后时常对虫卵进行看护，直到它们孵化。许多角蝉都能分泌蜜露，蚂蚁为了获得蜜露，也会对它们进行保护。

角蝉属一种

角蝉属的成员分布在北美洲、南美洲及东南亚地区的林地和森林中。它们的前胸背板很坚硬，能够刺穿皮肤或是鞋子。

盲蝽科

盲蝽

分布：已知8000属，全球广泛分布；生活在各种植物的地表部分，包括农作物

这些身体脆弱，呈扁长或椭圆形的昆虫是真蝽中最大的一类。它们的体色和花纹差异极大，体长通常为2—16毫米，有些物种的外表与蚂蚁类似。大多数盲蝽吸食植物汁液，但某些种类则是食腐或食肉动物。盲蝽借助自身灰暗的体色进行隐蔽，受惊时还会发出有毒气味。虫卵产在植物组织中，成年后的雌虫能产卵30—100粒。许多盲蝽都会为害水果和农作物。

原丽盲蝽

原丽盲蝽是一种生活在欧洲的害虫，侵袭水果和蔬菜作物。遭它们吸食过的果实上会留下疣状突起。

半翅目

仰蝽科

仰蝽

分布：约350属，全球广泛分布；生活在静水中，常见于小型池塘、水塘和湖畔

仰蝽体呈纺锤形，体长2—17毫米，非常善于飞行，但大部分时间都在水底生活，游泳时背部朝下，背部隆起似船底。它们利用前足捕捉猎物，后足用来游泳。

欧洲仰蝽

与其他仰蝽一样，这种生活在欧洲的仰蝽也能在翅膀下方贮存空气，通过视觉和水面的波动等方式侦测猎物。

猎蝽科

猎蝽

分布：已知6000属，全球广泛分布，尤以热带和亚热带地区居多；生活在地面、落叶和植物上

猎蝽因捕食性而得名，但有些猎蝽则靠吸血为生。大多数猎蝽体长0.7—4厘米，身体修长色深。多数物种捕食害虫，另一些则吸食人血，且会传播美洲锥虫病等疾病。

双斑猎蝽

这种生活在非洲热带地区的大型猎蝽体长达3—3.6厘米。它们的消化液能让猎物暂时失明。

蝽科

蝽象

分布：已知5500属，全球广泛分布；生活在草本植物、灌丛和树木上

蝽象体形似盾，俗称放屁虫，体长0.5—2.5厘米。它们胸部的臭腺能够分泌防卫性气体，在空中挥发变臭，因此而得名。许多蝽象体呈绿色或褐色，一些物种色彩鲜艳。它们的前胸背板宽大，外缘有时有突刺。雌蝽在植物上成堆产卵，每次可产400多粒桶状卵。若虫大多为食草动物，某些蝽象长大后会变成食肉动物，或是两者兼食。一些蝽象能对各种作物造成极大危害，如豆类、土豆、棉花和水稻。

菜蝽

菜蝽体色为鲜艳的红色或橘色，借此警告捕食者它很难吃。菜蝽常见于欧洲各地，为害芸薹属的植物。

稻绿蝽

稻绿蝽广泛分布在热带、亚热带和温带地区，能对超过100种植物造成危害，其中大部分都是蔬菜和豆类。

红尾碧蝽

红尾碧蝽常见于欧洲的林地和灌丛，是豆类和苜蓿作物害虫中的主要种类。

网蝽科

网蝽

分布：已知2000属，全球广泛分布；生活在草本植物和树木的叶片上

网蝽是一类浅灰色的小型昆虫，体长2—5毫米，翅膀和身体上部密布着复杂的网纹，因此极易辨认。它们的前胸背板能像头罩一样向前延伸遮盖头部。一些雌虫会对虫卵和若虫进行照料。许多种类都是植物害虫。

广布裸菊网蝽

广布裸菊网蝽常见于英国，以几种特定的菊科植物为食。它们的身上覆有一层薄薄的蜡粉，因此呈现浅灰色泽。

缨翅目

蓟马

本目包含14科，共7400个物种。蓟马体小细长，具两对狭长的翅膀，翅缘有毛（缨翅），眼大，触角短，口器为锉吸式，有一个小的呈针状的下颚，足末端长有泡状中垫，这种黏性结构有助于攀握植物。蓟马的发育方式特殊，从若虫发育到成虫要经历一个不食不动的"蛹期"。

蓟马科

蓟马

分布：已知2000属，全球广泛分布；生活在落叶中、多种植物的叶片、花朵和果实上

在温暖潮湿的气候条件下，如云团般的蓟马往往会成为空中浮游生物的一部分，因为这些微小有翅的昆虫能随着微风大量飞散到各地。蓟马体色多变，从淡黄色到褐色或黑色不等，缨翅非常狭长。典型的蓟马体长不到2毫米。某些物种采取无性生殖，大多数物种的雌虫均利用细小的锯状产卵器将卵产在植物组织或花朵中。若虫在植物上或在土壤中发育。成虫和若虫通常吸食植物汁液，但少数物种也捕食其他昆虫。蓟马中的一些物种还会严重危害西红柿、棉花、豆类和其他作物。

褐翅蓟马

褐翅蓟马体呈深色，体表具有明显的细毛，它们在北半球的数量丰富，能生活在多种植物上。

唐菖蒲简蓟马

唐菖蒲简蓟马原产于南非，现在侵入到欧洲和北美洲种有唐菖蒲的地区。

木虱科

木虱

分布：已知1500属，全球广泛分布；生活在草本和木本灌丛、树木、作物茎秆、叶片和树皮中

木虱的外形类似小型叶蝉，触角细长，体长1.5—5毫米，两对椭圆形翅膀在停栖时能像屋顶般收折在背部。木虱取食植物，有些物种是害虫。雌虫将带柄的卵产在自己取食的植物上或植物体内。

梨木虱

在北半球的数量巨大，主要为害梨树，成虫和若虫吸食叶片中的汁液。

广翅目

鱼蛉和泥蛉

广翅目是完全变态昆虫中最原始的一类，包含2科，约300个物种，飞行能力弱，从不远离水边活动。幼虫水生，性格好斗，具捕食性，发育时迁移到水边的湿土中化蛹，直到羽化为成虫。变态完成后的成虫不再进食。

鱼蛉科

鱼蛉

分布：已知200属，全球广泛分布，尤以温带地区为多；生活在流动水域

鱼蛉体长2.5—7.5厘米，翼展多达15厘米，体大而柔弱，体呈灰色或褐色，单眼3个。雄虫可能有大型的上颚，这一结构并非取食器官，而是用于打斗或是在交配时控制雌虫，后者在水边产卵数万粒。

鱼蛉属一种

这些北美洲鱼蛉属成员通称为鱼蛉，它们的头部具有独特的圆角。

泥蛉科

泥蛉

分布：世界已知100属，全球广泛分布，尤以温带地区为多；生活在泥塘、河道和流速缓慢的水域

泥蛉身体多呈黑褐色，翅暗灰色。大多数物种的体长不到1.5厘米。它们的长触角呈线状，与鱼蛉不同的是，也没有单眼。雌虫在水边大量产卵，幼虫孵出后直接掉入水中。幼虫的足部发达，能用于爬行，通常在1年后发育成熟。

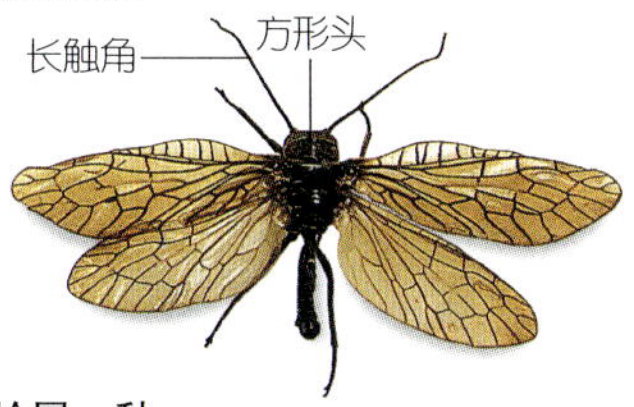

泥蛉属一种

本属物种常见于北半球，烟灰色的翅膀上带有深色脉络。发育成熟的幼虫从水中爬出，在水边的湿土中化蛹。

蛇蛉目

蛇蛉

蛇蛉因捕食猎物的方式与蛇相似而得名，它们通过抬头并突然跃起捕捉猎物。蛇蛉目包含2科，约200个物种。发育方式为完全变态。幼虫很贪吃，常藏身于树皮和落叶下。

蛇蛉科

蛇蛉

分布：世界已知185属，主要分布在北半球；生活在植物中

蛇蛉大多呈褐色或黑色，前胸延长呈颈状，头长，头后端常常缩窄变细，呈三角形，体长0.6—2.8厘米不等。雌虫稍大于雄虫，用长针状产卵器在树皮下产卵。幼虫身体细长，常在松散的树皮或落叶中活动。与成虫一样，它们也以甲虫幼虫和软体昆虫为食。

蛇蛉属一种

这些蛇蛉分布在美国和加拿大的林地中，分布范围包括落基山脉至太平洋沿岸地区。

宽头蛇蛉

该物种具有蛇蛉目独有的颈状前胸背板，头后端逐渐变细的独特宽大头部，以及两对几乎等长的翅膀。它们分布在欧洲和亚洲。

脉翅目

蚁狮、草蛉及其他

本目包含14科，约11,000个物种，以大眼睛、咀嚼式口器、长触角和停歇时折叠在背部的两对膜状翅膀为特征。发育方式为完全变态。成虫具捕食性，于夜间活动，幼虫通常食肉或寄生。

草蛉科

草蛉

分布：世界已知3059属，全球广泛分布；生活在植物、蚁巢等各类小生境中

草蛉体呈绿色或褐色，双翅具虹彩光泽，翅展1—5厘米，翅脉复杂。它们的翅膀上还具有超声波感受器，可以侦测到蝙蝠等捕食者。成虫于夜间活动，捕食蚜虫、蓟马和螨虫等。

巨首草蛉

与其他草蛉一样，这种欧洲草蛉将卵产在长茎秆上。这些茎秆能保护卵免遭蚂蚁和其他捕食者的侵袭。

螳蛉科

螳蛉

分布：世界已知714属，全球广泛分布，主要分布在暖温带至热带地区；生活在植被茂密的地区的植物上

螳蛉的前足与螳螂（第555页）类似，同样用于捕捉猎物。它们的翅展为1—5.5厘米。虫卵产在树皮上，大多数物种的幼虫以蛛卵为食。

蜂螳蛉一种

生活在美国中部和南部的蜂螳蛉属物种有着类似黄蜂的鲜艳保护色。

蚁蛉科

蚁蛉

分布：世界已知3353属，广泛分布于世界各地的亚热带及热带半干旱地区；生活在林地与灌木中

蚁蛉的身体柔软，体、翅狭长形似豆娘（第551页），翅展达3.5—12厘米，翅上可能有棕色或黑色斑纹，拍翅力量薄弱。它们的头部比前胸背板宽大，双眼大而醒目。触角与头胸部等长，末端呈棒状。雄虫腹部末端具抱握器，形似蠼螋的尾钳。虫卵单个或少量产在土壤或沙子中。成虫和幼虫捕食昆虫和蜘蛛；一些物种还会修筑漏斗状的陷阱捕捉猎物。蚁蛉的幼虫俗称蚁狮，它们埋伏在漏斗状的陷阱中，仅露出刺状上颚，并且会把沙粒弹向猎物，借此将猎物击落。另一些幼虫生活在树干上、土壤和垃圾中，或是石头下。

柠檬蚁蛉

该物种得名于它们独特的柠檬黄色翅膀，用于警告鸟类等捕食者自己的味道难以下咽，避免自身遭到攻击。它们与该属中的多数成员一样，也生活在非洲。

鞘翅目

甲虫

鞘翅目是昆虫纲中最大的一目，已知种类占现存昆虫总数的三分之一。鞘翅目包含166科，约370,000个物种，成功地占据着地球上的各种陆地和淡水生境。其成员既包括小到肉眼刚好可见的物种，也包括体长多达18厘米的热带巨型甲虫。甲虫具有独特的坚韧前翅（鞘翅），能像盖子一样覆盖膜质后翅。由于后翅受到保护，因此甲虫能钻入细小的空间内。大多数甲虫都是食草动物，但也有许多物种是食肉和食腐动物，甚至还有一些营寄生生活。甲虫的发育方式为完全变态，具有不同的幼虫阶段和蛹期。

窃蠹科

窃蠹

分布：世界已知1500属，全球广泛分布，尤以温带地区为多；生活在木头、仓库、商店和房屋中

窃蠹体小而长，呈卵圆形，体色为淡白色或红褐色至黑色，体长大多为2—6毫米，头部被前胸背板覆盖。虫卵产在适合的食物中，幼虫在食物内钻孔。一些窃蠹是谷物、豆类、辣椒和烟草作物的害虫。

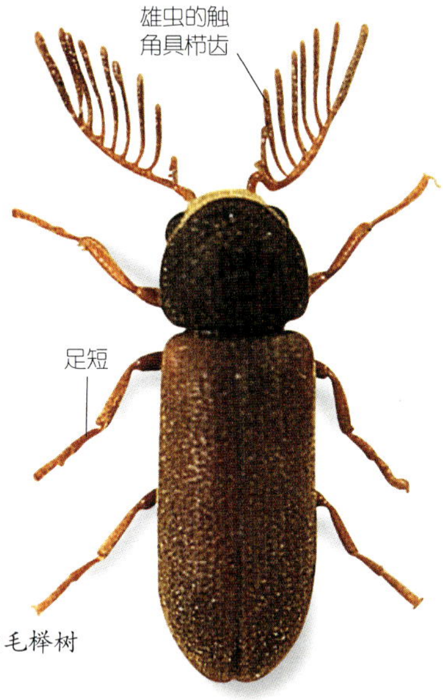

栉角窃蠹

栉角窃蠹分布在美国和欧洲中部，与山毛榉树的关系尤其密切，并会为害木制家具。

步甲科

步甲

分布：世界已知29,000属，全球广泛分布；生活在地面、石块、木头下、碎屑、落叶和树叶中

步甲体长0.2—8厘米，身形瘦长扁平，体色幽暗或带金属光泽，多呈黑色或褐色。头、胸和腹部区别明显，足适于快速奔跑，以躲避捕食者。少数物种能从腹部末端喷射出具有腐蚀性的液体，喷射时还能听到"啪"的响声，从而使捕食者受到惊吓。大多数甲虫都在夜间捕食，成虫和幼虫多为捕食性动物。虫卵产在地面、植物上和腐木以及真菌中。

气步甲

俗称多米诺甲虫，这种生活在亚非热带地区的物种白天会在半沙漠地区捕食。

绿虎甲

这种行动敏捷的昼行性昆虫分布在欧洲地区，于4—9月间在沙质土壤上活动。

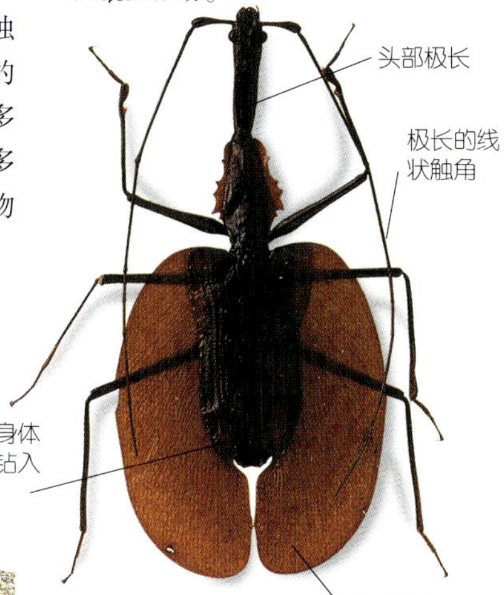

琴步甲

琴步甲分布在南亚地区的热带森林中，以昆虫幼虫和蜗牛为食。

吉丁虫科

吉丁虫

分布：世界已知15,000属，全球广泛分布，主要分布在热带地区；生活在向阳林地的树皮和花朵上

吉丁虫大多体色绚丽，呈现绿色、红色、蓝色等多种金属光泽，并带有斑点和条纹，体长0.2—6.5厘米，身体从头部至尾端逐渐变细。虫卵产在树皮裂缝、节疤等处，一些物种甚至还具有热感受器，能探测到森林火灾发出的长波红外线，以便及时赶到那里交配和产卵，幼虫通常取食木材。它们中的许多物种都是木材害虫。成虫取食花蜜、花朵和花粉。色彩鲜艳的鞘翅常被用来作为头饰或装饰品。

紫斑吉丁

这种甲虫分布在越南和泰国的热带森林中，被甲虫爱好者们视为珍宝。部分地区的种群数量也因此而大幅减少。

天牛科

天牛

分布：世界已知30,000属，全球广泛分布；生活在花朵上和植物汁液渗流处

天牛俗称木蠹虫，是严重危害树木的害虫。幼虫蛀蚀树木形成蛀洞，是破坏树木的罪魁祸首，也会钻入建筑物的木材中。成虫取食植物汁液、花粉、花蜜或树叶。天牛的上颚强壮，与身体侧边平行，体长0.3—15厘米。它们体色鲜艳，最显著的特点就是头顶的触角，长可达身体的4倍多。雌虫在树皮缝隙内产卵1粒。与许多在木头上钻孔的物种一样，天牛的生命周期也长达数年。

詹氏天牛

该物种是非洲森林中的原住民。它们在树上产卵，幼虫会为害有重要经济价值的树木，如苏丹可乐树等。

非洲天牛

这种非洲热带地区的物种具有典型的天牛体形。雌虫会用上颚咬开树皮，将卵产在树皮下。

大薄翅天牛

大薄翅天牛体长8—10厘米，原产于斐济。雄虫具领域性。

叶甲科

叶甲

分布：世界已知35,000属，全球广泛分布；生活在大多数植物上

虽然有些叶甲以花粉为食，但叶甲科中的成虫大多为食叶物种，并因此而得名。这一习性让许多叶甲成为极具危害性的害虫，但也有少数叶甲已被用于杂草的生物防控。叶甲体长1—3厘米，触角长度不到体长的一半。许多物种体色鲜艳。虫卵成群产于寄主植物或土壤中。

粗腿金花虫

这种分布在非洲和亚洲地区的叶甲因后足强壮而得名，能在相互打斗时当作武器使用。

无脊椎动物

瓢甲科

瓢虫

分布：世界已知5000属，全球广泛分布；生活在有昆虫猎物存在的各种植物叶片上

瓢虫体色艳丽，足短，身上常有斑点或条纹，体长1—15毫米，体背呈半球状凸起，前胸背甲通常遮住头部。它们的身体光滑闪亮或是多毛，触角短且分节，末端呈棒状。虫卵单个或集中产在植物上。虽然一些瓢虫是食草动物，但大多数成虫和幼虫均捕食软体昆虫，是一类重要的天敌昆虫，在控制虫害上具有重要作用。

灰眼斑瓢虫

灰眼斑瓢虫的体形很大，生活在欧洲地区，以跳木虱和其他小型猎物为食，通常不会被误认。

象甲科

象甲

分布：世界已知48,000属，全球广泛分布；生活在各种陆生植物和部分水生植物上

栖息方式：陆生性甲虫

象甲亦称象鼻虫，是动物界数量最大的科之一。大多数象甲具有由头部向前延伸形成的喙。它们体长0.1—9厘米，不少物种都有能与环境融为一体的保护色，也有一些物种色彩鲜艳，同时还有斑纹和金属般的鳞片。象甲的触角通常为11节，呈膝状。虫卵产在植物组织中或土壤中。象甲多在白天活动，成虫取食柔软的植物，幼虫大多以植物的内部组织为食。许多象甲是农业害虫。

南美洲象甲

南美洲象甲的幼虫会钻入寄主植物的根茎中。

斑氏象甲

这种色彩鲜艳的昆虫分布在南亚和巴布亚新几内亚岛。

长毛象甲

这种东南亚竹象鼻虫属的雄虫具有长而多毛的前胫节，用于求偶炫耀。

皮蠹科

皮蠹

分布：世界已知950属，全球广泛分布；大多生活在动物干尸中

皮蠹中的许多物种都严重为害贮存的食品和动物制品。幼虫以干肉或干鱼，以及植物、毛织品、丝绸或毛皮等为食。皮蠹体呈卵圆形，体长2—12厘米，体呈褐色或黑色，体表覆有呈各种斑纹的毛或鳞片。雌虫两周内便能在食物上产下多达150粒卵。幼虫身体多毛，进食迅速，在热带地区几周内便能发育成熟。成虫取食花粉和花蜜。这类甲虫常被俗称为皮甲或博物馆甲虫，因为博物馆有时会用它们来清理动物骨架上的腐肉。

火腿皮蠹

火腿皮蠹分布在世界各地，生活在鸟巢中、五金店、干尸和动物制品上，取食房屋中的干燥肉类和奶酪。

龙虱科

龙虱

分布：世界已知3500属，全球广泛分布；生活在溪流、浅湖、水塘、咸水池塘和温泉等处

这类甲虫体长0.2—5厘米，身体呈椭圆形，大多呈黑色或深褐色。它们攻击包括其他昆虫、软体类或脊椎动物在内的各种动物。幼虫也被称为水老虎。龙虱极为适应水生生活，成虫能将空气贮存在鞘翅下，以备水下呼吸之用。

龙虱

龙虱生活在欧洲和亚洲地区的水塘和浅湖中。雄虫前足具有吸盘，能在交配时牢牢抱住雌虫。

阎甲科

阎甲

分布：世界已知3000属，全球广泛分布；生活在粪便、腐尸中、树皮下、钻蚀木材昆虫的穴道和蚁巢中

这些甲虫身体坚硬，呈圆形或椭圆形，某些物种的身体也可能呈扁平状。大多数阎甲体呈黑色或具金属光泽，鞘翅和其他身体部位上有线纹，体长大多不到1.5厘米。虫卵产在食物中。成虫和幼虫具捕食性，以蚊蝇、甲虫幼虫和螨虫为食。

扁阎甲属一种

通称扁阎甲，该属成员的身体表面极为扁平和坚硬，生活在倒木的树皮下。

萤科

萤火虫

分布：世界已知2000属，全球广泛分布；生活在林地植物上、潮湿的草地中、土壤中和石块下

萤火虫的腹部能发出黄绿色的冷光吸引雌虫。某些雌虫甚至还会模仿近亲种类的闪光诱捕其他雄虫。萤火虫体长0.5—3厘米，雄虫具全翅，雌虫大多缺少翅膀，外形或与幼虫相似。幼虫取食少数几种蜗牛和其他无脊椎动物。大多数成虫取食花蜜或露水，一些物种是捕食者。

黄美萤

这种萤火虫栖息在南美洲热带地区的潮湿草地和半林地地区

叩甲科

叩甲

分布：世界已知9000属，全球广泛分布；生活在植物周围、落叶、腐烂木头和土壤中

叩甲俗称叩头虫，可以利用胸和头向空中跃起，发出响亮的"咔嗒"声，借此惊吓捕食者。叩甲的快速跳跃能力来源于身体腹面的"弹器"，这一结构能将胸、腹部连接起来，由前胸腹板上向后伸的楔形突起和胸腹板中间的凹沟共同构成。叩甲体色暗淡，身体延长呈椭圆形，体侧平行，身体后方逐渐变细，体长0.2—7厘米不等。虫卵产在土壤和植物中。幼虫通称金针虫，通常具捕食性，但有些叩甲却以植物的根、茎为食。

褐萤叩头虫

该物种分布在南美洲，取食植物和昆虫，幼虫在土壤、垃圾或是腐烂的木头中发育。

鞘翅目

锹甲科

锹甲

分布：世界已知1300属，全球广泛分布；生活在落叶林和森林中，树干里或树上

锹甲身体光滑，呈黑色或红褐色，体长大多为0.6—8.5厘米。雄虫大于雌虫，且上颚异常发达，多呈鹿角状，是争夺配偶时的作战武器。雌虫在腐烂的树桩或树根中产卵，幼虫在啃食过的木材纤维中化蛹。成虫多夜间活动，或是不进食，或吸食花蜜等液体。

彩虹锹甲

彩虹锹甲体色鲜艳，具金属光泽，分布在澳洲北部的热带雨林中。

非洲艳锹

非洲艳锹分布在非洲的森林中，上颚发达具齿，几呈直角弯曲。

欧洲深山锹甲

这种锹甲分布在欧洲的橡木林中，天黑后活动，已经因生境丧失而变得稀少。

黑蜣科

黑蜣

分布：世界已知500属，主要分布在热带地区的南美洲和亚洲的林地；生活在枯木中

黑蜣体呈亮黑色或褐色，身体扁平，体长1—8.5厘米，鞘翅上有明显条纹，头部通常具短角。成虫进攻或交配时发出很大的叫声。虫卵产在枯木中。

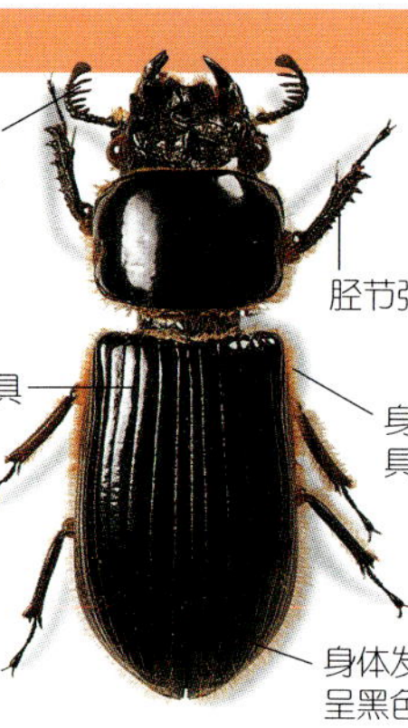

直线黑蜣

这种甲虫生活在东南亚地区的林地中，触角弯曲，分为10节，头部具有短角。

金龟科

金龟子

分布：世界已知16,500属，全球广泛分布；生活在粪便、腐肉、真菌、植物和树皮中，以及蚂蚁和白蚁巢中

金龟科物种在体形、大小和体色上均有明显不同，亚科成员包括粪金龟、犀金龟和叶金龟等。它们体长0.2—17厘米不等，触角末端明显呈棒状，由3—7个可活动的扁平鳃片构成。雄虫大多头部延长或是具备在交配时相互打斗的角。虫卵产在土壤、腐木或是粪便中（粪金龟会将粪便滚成球后埋起来），幼虫孵化后就生活在其中。

圣甲虫

这种大型圣甲虫体色鲜艳，生活在非洲地区，可能是最早受到古埃及人崇拜的动物。它们将粪便滚成球后埋起，然后在其中产卵。

南美金龟子

由于体呈金色或银色，因此有时会被称为珍贵金属金龟，这种稀有的甲虫及其近亲都分布在南美洲地区。

佛罗里达金龟子

这种甲虫是金龟属中的一员，分布在北半球地区，以美国南部地区的种类最为繁多，2009年发现于佛罗里达半岛。

埋葬甲科

埋葬虫

分布：世界已知1300属，全球广泛分布，主要分布在北半球；生活在尸骸、粪便和真菌周边

埋葬虫的身体通常平扁柔软，体长0.4—4.5厘米，体呈黑色或褐色，通常还带有明亮的黄色或红色斑纹。一些会将动物尸体埋藏在地下的物种，如葬甲，其鞘翅较短因而导致几节腹部暴露在外。这些甲虫埋葬小动物的尸体，作为幼虫孵化后的食物。成虫常反刍出腐肉喂养幼虫。

北美葬甲

与葬甲科的所有成员一样，这种甲虫也会被腐肉的气味吸引。北美葬甲分布在北美洲，体形独特宽大，体色相当鲜艳。

隐翅虫科

隐翅虫

分布：世界已知29,000属，全球广泛分布；生活在土壤、真菌、落叶、腐殖质植物、腐肉、蚁巢等处

隐翅虫大多体小，体长通常不到2厘米，身体光滑修长，呈褐色或黑色，但有些物种却体色鲜艳，体表也凹凸不平。隐翅虫的鞘翅极短，后翅收折在鞘翅下，腹部外露。体形较小的物种常在白天活动，较大的物种则在夜间活动。虫卵产在土壤、真菌或是落叶中。

隐翅虫

该物种俗称魔鬼坐骑，是一种分布在欧洲地区的大型黑色昆虫，体长2—3.4厘米。受到威胁时会将腹部向上弯翘，形似蝎子。

拟步甲科

拟步甲

分布：世界已知17,000属，全球广泛分布；生活在各种陆地环境的地面上，尤以沙漠和干旱地区为多

拟步甲具有多变的体色（呈黑色或褐色，或有白色鞘翅）、外形（体侧平行或身体大多呈椭圆形）和肌理（光滑发亮或暗淡粗糙），体长0.2—5厘米。后翅大多退化，不能飞行。它们以腐烂的植物或动物为食，有些物种会为害储藏物品。少数种类还会释放难闻的化学物质。

地窖甲虫

这种又称墓地甲虫的物种不会飞行，生活在欧洲地区，喜欢在阴暗的环境中活动。

无脊椎动物

捻翅目

捻翅虫

捻翅虫体形微小，营寄生生活，是昆虫纲中最不寻常的一目。雌雄两性的外表极为不同，雄虫有翅，后翅扭转，雌虫状如蝇蛆，寄生在甲虫、蜜蜂或黄蜂等大型昆虫体内。本目包含8科，约580个物种，发育方式为完全变态。

蜂蝨科

蜂蝨

分布：世界已知268属，全球广泛分布；生活在有寄主动物栖息的茂密植被生境，雌虫生活在蜜蜂和黄蜂体内

雄蜂蝨体小色暗，双眼大而突出，体长0.5—4毫米，前翅与捻翅虫一样退化成棒状，后翅宽大呈扇状。雌虫无足无翅，终生都寄生在寄主昆虫体内。雌虫交配后，成千上万的虫卵在其体内发育，一些物种还可能产下多达7万粒虫卵。幼虫（三爪蚴）体小活跃，六足，借助某个特殊通道离开母体，随后爬上花朵等待下一个寄主来临。它们会紧紧黏附在寄主身上，或是随着花蜜被寄主吃掉。多数情况下，一旦进入寄主的巢中，它们便离开寄主的身体，或是被反刍出来继续寄生在寄主的虫卵或幼虫体内。被寄生昆虫的体内外会出现畸形，生殖器官也会出现退化。

蜂蝨属一种

蜂蝨属雄虫的外形极易辨认，具有分叉的触角，以及本目成员特有的浆果状眼睛。

长翅目

蝎蛉

长翅目中的某些雄虫外形似蝎，因腹部细长如蝎尾而得名。发育方式为完全变态。本目包含9科，约550个物种。

蚊蝎蛉科

蚊蝎蛉

分布：世界已知170属，分布在南半球；生活在潮湿、树林和植被繁茂地区、多荫地区

蚊蝎蛉能借助前足悬挂在植物上，并用后足抓捕猎物。成虫体长1.5—4厘米。虫卵产在土壤中。

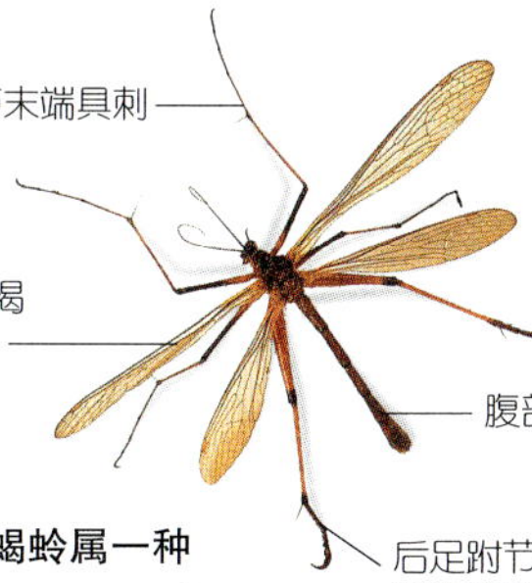

曲蚊蝎蛉属一种

这种生活在澳洲物种的翅膀呈褐色，足部具有橘红色横纹。

蝎蛉科

蝎蛉

分布：世界已知360属，主要分布在北半球；生活在林地和灌丛的植物中

这类昆虫体长0.9—2.5厘米，翅上常具杂斑。成虫取食花蜜、果实和昆虫，产卵于土壤中，幼虫在地下化蛹。

北美蝎蛉

该物种常见于北美洲部分地区。雄虫体形稍大于雌虫。

蚤目

跳蚤

跳蚤的身体呈亮棕色，是一类无翅昆虫，极度适应吸食哺乳类血液的寄生生活。它们的身体侧扁，有助于钻入毛发，且体表坚硬，难以被杀死。跳蚤能借助长长的后足跳跃到合适的寄主身上，跳跃前，它们紧绷后足，通过肌肉中类似橡胶的蛋白质积聚能量，将身体弹射出去。全世界约有2400种跳蚤（18科）；所有的种类都经历完全变态。幼虫以碎屑、干血及成虫的粪便等为食。

蚤科

跳蚤

分布：世界已知200属，全球广泛分布；寄生在哺乳动物体表、巢穴或洞穴中

跳蚤能寄生在人类和其他各种动物身上，包括猫狗和其他食肉动物，以及刺猬、家兔、野兔和啮齿类等。一些跳蚤还能寄生在多达30种动物身上。跳蚤体长1—8毫米，颊部具有若干向后方生长的扁刺（颊栉），可以作为物种鉴定的重要依据。成年雌虫在觅食时就能产卵，将卵产在寄主动物的巢穴、洞穴或床铺中，虫卵孵化为具咀嚼式口器的淡色蛆状幼虫。

幼虫化蛹前通常能存活2—3周。当幼虫逐渐发育为成虫的模样时，它们还会在虫茧中待上数周或数月，茧内的蛹羽化时需要外界的刺激，如空气的震动，动物走近的扰动和接触压力以及温度的升高等，才能诱使成虫破茧而出。即使它们没有找到寄主或中途掉落，也能在长期没有食物的状态下生活很久。

跳蚤中的许多种类，如猫蚤、狗蚤和人蚤，都有重要的医学价值。它们的啃咬可以引发严重搔痒和过敏反应，并能传播疾病和寄生性蠕虫。欧洲中古世纪的腺鼠疫就是由多种鼠蚤传播细菌引发。

兔蚤

这种俗称欧洲兔蚤的物种广泛分布于北半球地区，能够传播兔黏液瘤病。

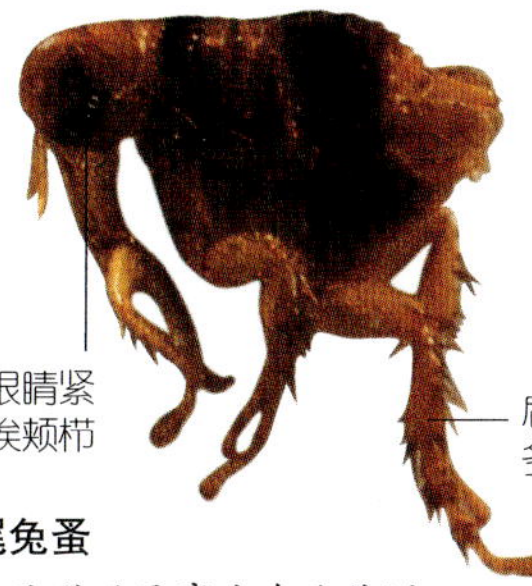

棉尾兔蚤

这种跳蚤寄生在北美洲的棉尾兔身上。

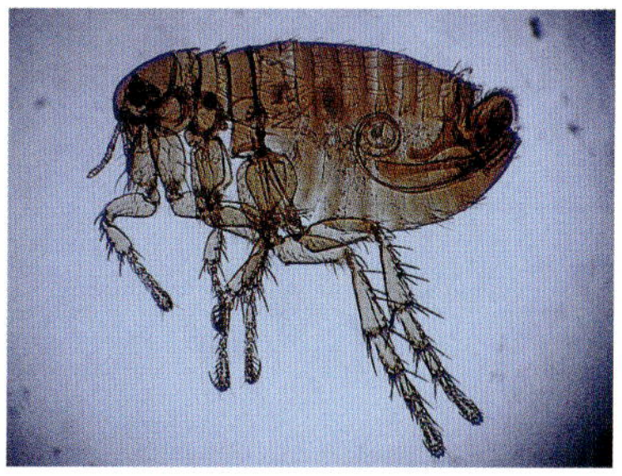
人蚤

人蚤曾经是最常袭击人类的跳蚤，但现在猫蚤和狗蚤则更为常见。人蚤也侵袭猪、山羊、獾等动物，同时也是腺鼠疫的携带者。

狗蚤

狗蚤在世界各地的人类居住区中非常常见，比起猫蚤，狗蚤的额部更加浑圆。这种跳蚤是狗绦虫的传播媒介，同时也会感染猫和人类。

猫蚤

猫蚤在人类住所中很常见。猫的身上或许只有少数成蚤寄生，但在它的睡垫上可能生活着上千只幼虫。饥饿的猫蚤能跳起约34厘米高，并随时咬人。

双翅目

蚊蝇类

蚊蝇类只有一对翅膀（少数内寄生物种无翅），后翅特化为梅花状的小型平衡器官（平衡棒）。尽管蚊蝇类在传播花粉、控制虫害、掠食和物质分解上有着重要生态作用，但许多物种都是作物害虫，一些携带病菌的物种还会对野生和家养动物，以及人类造成巨大危害。本目包含130科，约150,000个物种，下分为长角亚目（26科）和短角亚目（104科），前者身体细小纤弱，触角呈丝状，后者身体粗壮，触角粗短。所有成员的发育方式均为完全变态：幼虫（蛆）根据头部发育情况分为全头型、半头型和无头型，它们的觅食生境也是所有昆虫中最为多样的。

潜蝇科

潜蝇

分布：世界已知2500属，全球广泛分布；生活在各种植物（包括作物）的叶片、茎节、种子和根部

栖息方式：陆栖

潜蝇的幼虫可以钻入叶片组织中建造蛀道，致使叶片枯死，因此而得名。这类作物害虫也会对植物茎节、种子或根部造成危害。潜蝇体呈灰色、黑色或淡黄绿色，体长1—6毫米不等。雌虫的尾器突出，一天时间就能在植物里产下多达50粒卵。这些飞虫在热带地区至少可以存活两周。

瘦潜蝇属一种

这类物种分布在北半球、南非和澳洲地区，幼虫为害白杨树的嫩枝，致其畸变形成虫瘿。

食虫虻科

食虫虻

分布：世界已知5000属，全球广泛分布，尤以热带和亚热带地区为多；生活在各种微生境中

食虫虻是一类捕食性动物，成虫和幼虫均捕食其他昆虫，但后者也取食腐殖质。食虫虻是捕虫能手，利用短而尖利的喙刺入猎物身体，注入让猎物麻痹的唾液，然后用喙吸食消化成液体的身体组织。食虫虻体长0.3—5厘米，体形修长或是粗短似蜜蜂，两眼间的头部凹陷处长有一簇刚毛。虫卵产在土壤和腐木中，或是植物内。

巨蓝食虫虻

这种大型食虫虻生活在澳洲地区，扁平的腹侧，具有盘状刚毛。

蜂虻科

蜂虻

分布：世界已知5000属，全球广泛分布，以开阔的热带或亚热带半干旱地区为多；生活在花丛周围或在地面

蜂虻的身体粗短多毛，外表与熊蜂（第573页）极为相似，体长0.2—3厘米不等，体呈褐色、红色或黄色，有些物种有鲜艳的斑纹。它们的翅膀细窄，飞行时产生高频声响。蜂虻与蜜蜂一样，也有用于吸食花蜜的长吻。它们很少像蜜蜂一样平趴在花朵上，而是在花朵前方盘旋，停栖时用前足抵住花瓣，借以稳住身体。虽然某些蜂虻的幼虫会取食蝗虫卵，但大多数蜂虻都营寄生生活，攻击甲虫、蛾类、黄蜂或其他蚊蝇类。

大蜂虻

大蜂虻是一种常见物种，栖息在欧洲至中国和北非的草地、绿篱及开阔区域。

丽蝇科

丽蝇

分布：世界已知1200属，全球广泛分布；生活在花朵、植物、尸骸、熟食或生食上

丽蝇科物种在全世界均有分布，人们熟知的青蝇、绿蝇以及惹人讨厌的家蝇都是其中的成员。丽蝇的身体与它们的许多近亲一样粗短，体长多达1.5厘米，体表带毛并呈现金属光泽，腹部的光泽尤为明显，飞行时发出嗡嗡声。它们在动物的腐败尸体、粪便或烂掉的鱼肉上繁殖。成虫取食腐烂物中的液体、花蜜或果实。某些物种的幼虫捕食蚂蚁、白蚁，以及其他昆虫的幼虫和虫卵。一些种类还会钻入人体，许多种类都携带着病菌，能在牲畜或人类之间传播。

粗野丽蝇

粗野丽蝇常见于北半球地区，多成群聚集在阁楼上和没有暖气的建筑物中。进入春季后，成年雌虫在蚯蚓身上或是邻近有新鲜蚯蚓粪的地方产卵。

反吐丽蝇

反吐丽蝇常见于北半球的郊野地区。雌蝇一生中可以产下数百粒卵。

红头丽蝇

红头丽蝇分布广泛，常见于城镇和城市中，幼虫（蛆）在死老鼠和死鸽子体内发育。

瘿蚊科

瘿蚊

分布：世界已知5000属，全球广泛分布；生活在腐殖质、真菌和各种植物上

瘿蚊的体长通常不到4毫米，因此很难被发现，但其幼虫在植物上营造的住所（虫瘿）则很易被发现。虫瘿的外观与植物果实或变形芽包类似，是植物遭受某些瘿蚊分泌物的刺激后形成的畸形构造，能为生活在其中的幼虫提供保护和食物来源。与瘿蜂（第574页）一样，瘿蚊也只为害特定的植物种类。成年瘿蚊足部细长，翅膀只有少量未分叉的翅脉。

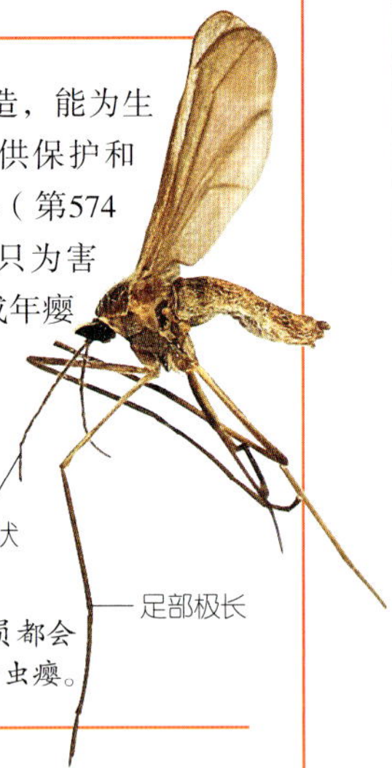

瘿蚊属一种

本属中的每个成员都会刺激植物，形成独特的虫瘿。

蠓科

蠓

分布：世界已知4000属，全球广泛分布，主要分布在北半球；生活在水边

栖息方式：栖息在各种生境中

俗称小咬、墨蚊或糠蚊，这些小型飞虫体长不到5毫米，皮肤被它们叮咬后会严重发炎。蠓的足部细长强壮，翅膀上有深色斑，刺吸式口器可用来吸血或吸食昆虫体液。它们在成群飞舞时进行交配。雌蠓交配后成堆产卵，每堆含有30—450粒不等的虫卵，卵表面的胶状物质可起到保护作用。某些蠓还会传播多种人类寄生虫病或是携带致命动物病菌。

光胸库蠓

这一臭名远扬的欧洲物种在类似沼泽的区域繁殖。雌蠓叮咬后会极度痛痒。

摇蚊科

摇蚊

分布：世界已知5000属，全球广泛分布；生活在水塘、湖泊和溪流周围，黄昏时分成群活动

摇蚊的体形微小，体呈淡褐色或淡绿色，外形类似蚊子，口器退化，体长1—9毫米。雄虫身体纤长，触角呈羽状，雌虫身体粗短，触角呈毛状。摇蚊生活史中的大部分时间（2—3年不等）都以幼虫的形态生活，成虫的寿命不超过两周。它们在成群飞行中完成交配，雌虫随后将虫卵成堆产在水中或植物上。幼虫在淡水中的数量十分庞大，仅在1平方米的水体中就曾记录到多达100,000个幼虫。

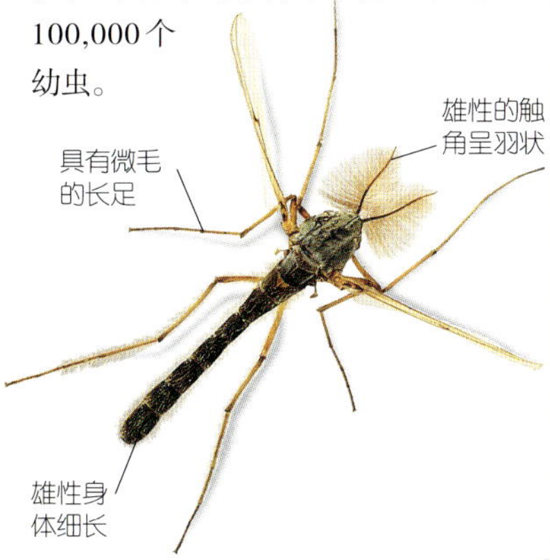

蚊科

蚊

分布：世界已知3100属，全球广泛分布，尤以温带地区为多；生活在水域附近

栖息方式：栖息在各种生境中

蚊子是地球上最具危险性的害虫之一，能传播疟疾、登革热和数种潜在的致命疾病。蚊子体长0.3—2厘米，身体细长，胸部背面隆起，足细长，口器刺吸式。雄蚊通常吸食花蜜，雌蚊以哺乳类和鸟类的血液为食。卵通常产在死水中。

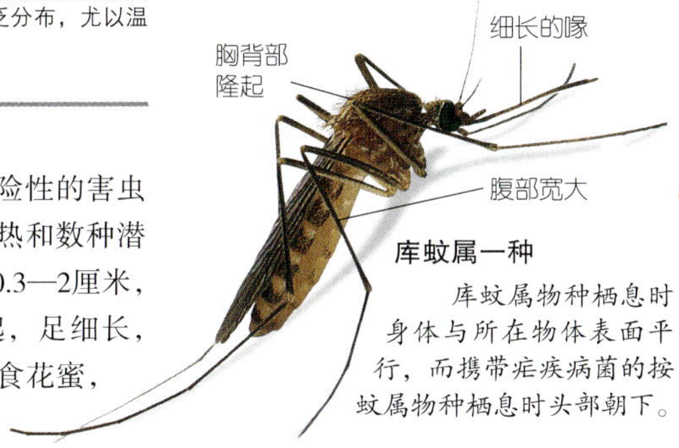

库蚊属一种

库蚊属物种栖息时身体与所在物体表面平行，而携带疟疾病菌的按蚊属物种栖息时头部朝下。

果蝇科

渣蝇

分布：世界已知2900属，全球广泛分布；生活在腐烂的植物、果实、真菌和发酵液体周围

栖息方式：栖息在各种生境中

果蝇俗称实蝇，这类黄色、褐色至红褐色或黑色的小型飞虫具有浅色或鲜艳的红色眼睛，体长1—6毫米，一些物种的胸和腹部可能有条纹或斑点。雄虫利用翅膀发出嗡嗡声吸引雌虫。蝇卵产在食物周围，雌蝇每天能产15—25粒卵。幼虫取食细菌和真菌，成虫以发酵液体和腐烂果实为食。

黑腹果蝇

黑腹果蝇是人们最为熟知的果蝇种类，因繁殖迅速且唾液腺中具有大型染色体而常被用于基因研究。

跳蝇科

跳蝇

分布：世界已知3000属，全球广泛分布，主要分布在北半球；成虫生活在树干上，幼虫生活在烂木头中

跳蝇科物种因在成群交配时做出如跳舞般的动作而得名。它们体长1.5—15毫米。大多数物种胸部粗短，腹部向后延长变尖，圆形的头上长有一双大眼睛，朝向下方的尖喙有助于抓捕猎物。雄虫求偶时通常将捉到的猎物作为礼物献给雌虫。虫卵产在土壤、粪便或植物中。成虫以小型飞虫和花蜜为食，幼虫捕食软体类。

跳蝇属一种

这类飞虫栖息在潮湿的植物中，细长的喙部有助于刺入猎物的身体吸食体液。

虱蝇科

虱蝇

分布：世界已知200属，全球广泛分布，主要分布在热带和亚热带地区；寄生在鸟类和哺乳类体内

虱蝇的身体粗短扁平，体表具毛，体呈深褐色，体长大多为4—7毫米，喙部短壮，足部的细爪可用来抓握毛发或羽毛。一些物种为全翅，其他物种的翅膀退化或完全缺失。雌虫每次只产下一个发育成熟的幼虫（预蛹），这些幼虫是在母体的"子宫"内部发育成熟的，以特殊"乳"腺分泌的乳状物为食。成年虱蝇吸食血液。

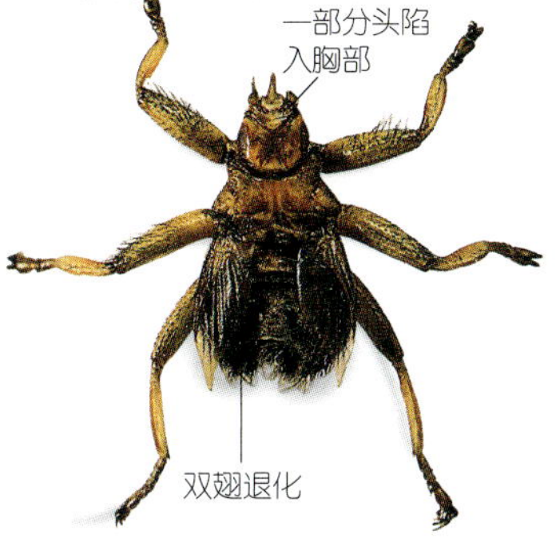

浅色短翅虱蝇

这种虱蝇寄生在雨燕身上。虱蝇中有四分之三的种类都寄生在鸟类身上。

蝇科

家蝇

分布：世界已知4000属，全球广泛分布；生活在花朵、粪便、腐殖质上，或哺乳类寄主周围

栖息方式：陆栖

蝇科中的家蝇及其近亲是全世界最成功的昆虫之一。家蝇体色暗淡，体表多毛，体长可达1.2厘米，一些物种长有适于舐吸的海绵状口器，另一些物种的口器细长如针，适于刺入皮肤吸食血液。雌虫一天内便能在腐烂物体、粪便、水中或植物中产下100—150粒卵。蛆虫生长迅速，条件适宜时，一周内便能孵出。这类飞虫还是传播伤寒、霍乱等多种病菌的媒介昆虫。

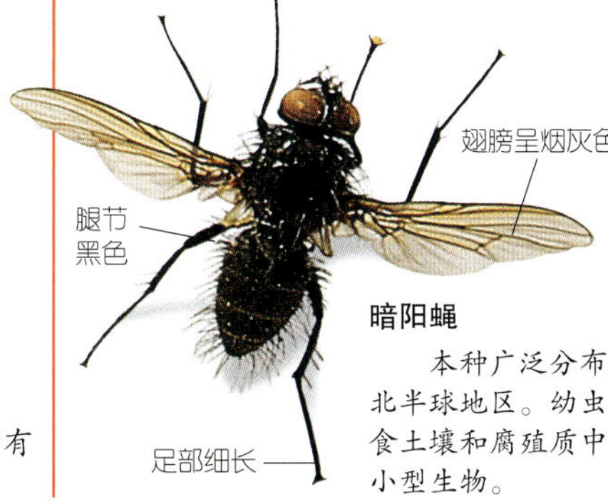

暗阳蝇

本种广泛分布在北半球地区。幼虫捕食土壤和腐殖质中的小型生物。

圆蝇属一种

该物种分布在欧洲和亚洲地区，栖息在粪便中。幼虫会在粪便中捕食小型生物。

家蝇

家蝇广泛分布在世界各地，能够传播细菌和致命病菌。

扁角菌蚊科

扁角菌蚊

分布：世界已知约1000属，全球广泛分布；生活在森林、洞穴和其他潮湿环境中

扁角菌蚊常在昏暗潮湿森林生境中的真菌附近活动，偶尔也生活在洞穴中。成虫的体色通常较深，翅膀上可能带有斑纹；其中的一个类群还会模仿黄蜂的外形。一些物种的幼虫取食真菌，而其他物种则为捕食性动物，利用黏液诱捕其他昆虫和蠕虫，随后利用口腺分泌的草酸杀死猎物。还有一些物种的幼虫能发光，借此诱捕其他昆虫，如新西兰的洞穴"萤火虫"（*Arachnocampa luminosa*）。

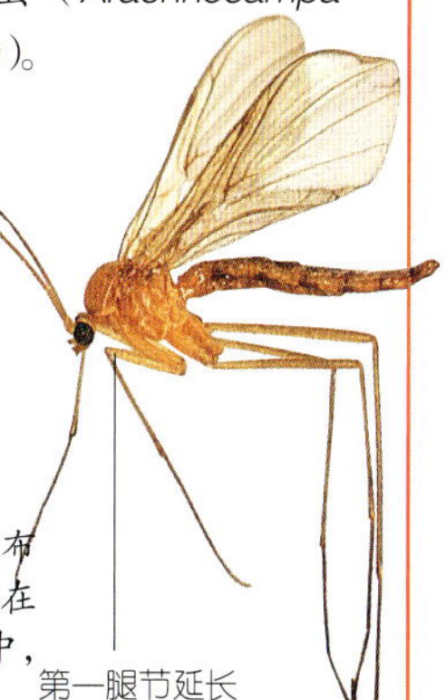

斑纹藻蚊

该物种广泛分布于西欧地区，栖息在潮湿阴暗的环境中，翅膀上有毛。

无脊椎动物

双翅目

狂蝇科

狂蝇和牛皮瘤蝇

分布：世界已知70属，全球广泛分布，尤以北半球和非洲为多；生活在哺乳类寄主周围

狂蝇科体形粗壮，外表与蜜蜂类似，体长0.8—2.5厘米。成虫寿命短，并不进食，故口器很小或缺失。幼虫寄生在哺乳类的肠道中，以马、羊和骆驼居多。一些物种的雌虫在寄主的鼻孔四周产幼虫，幼虫能自动爬入寄主的鼻孔中觅食，并在鼻窦中成长。牛皮瘤蝇的卵产在寄主的毛发中，幼虫则钻入寄主的皮肤里，并在寄主打喷嚏时被喷出，或在寄主咀嚼食物时落地，随后在土壤中化蛹。

牛皮蝇

牛皮蝇常见于北半球地区，尤其在牲畜中多见。牛皮蝇会破坏皮革，并会降低动物的精力和产奶量。

蚤蝇科

蚤蝇

分布：世界已知3000属，全球广泛分布；生活在各种微生境中

栖息方式：栖息在各种生境中

蚤蝇俗称驼背蝇，体呈褐色、黑色或浅黄色，奔跑时呈现典型的快速颠簸动作。它们体长0.5—6毫米，头部强壮，朝下生长，触角只有一个分节，后足通常非常发达。蚤蝇的体表有明显的刚毛；这些刚毛被放大时呈现羽毛状。成虫只能存活数天到一周时间，以液体为食。某些物种的幼虫以真菌或是腐殖质为食，其他物种则捕食昆虫、蜗牛和蠕虫等。

马蝇

这种蚤蝇广泛分布于北半球地区，幼虫喜欢生活在土壤、动物尸体和鼹鼠洞穴中。

毛蠓科

白蛉与蛾蝇

分布：世界已知1000属，全球广泛分布，尤以温带地区为多；生活在水体、腐殖质和潮湿阴暗处

这类飞虫体长1.5—5毫米，全身密布细毛或鳞片。白蛉停栖时两翅高高竖立。蛾蝇的翅膀宽大，停栖时像帐篷一样覆盖在身体上方。白蛉和蛾蝇的飞行能力很弱，只能作短距离的跳跃式飞行。雌白蛉以吸血为生，许多分布在热带地区的物种还会传播疾病。

宽翅毛蠓

这种蛾蝇的幼虫体色暗淡，分布广泛，与沙蝇一样，也是食腐动物。它们在浅水中和腐烂的树洞中发育。

麻蝇科

麻蝇

分布：世界已知2300属，全球广泛分布，尤以北半球地区为多；生活在树叶、花朵和腐肉中

麻蝇体格健壮，一些物种将幼虫产在脊椎动物（包括人类）的体腔或伤口中。麻蝇大多体色暗淡，多呈银灰色或黑色，体长0.2—2厘米。灰色的胸部通常有三道深色纵纹，腹部有方形斑或斑点。大多数雌虫在飞行中产下幼虫。许多麻蝇的幼虫都以腐肉为食，一些物种则寄生在其他昆虫、蜘蛛、蜗牛和蠕虫身上。

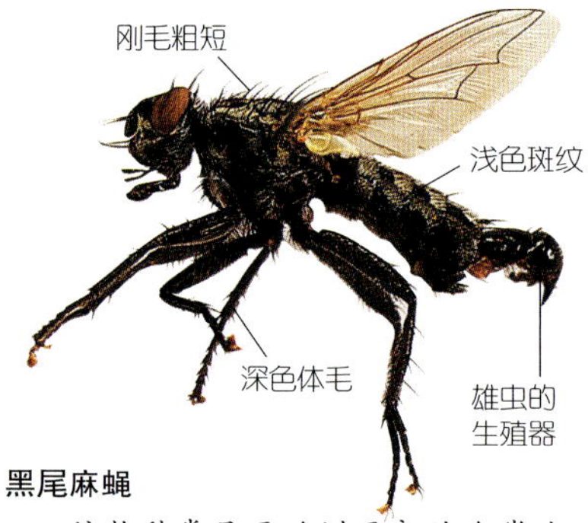

黑尾麻蝇

该物种常见于欧洲西部的海岸地带。它们的幼虫生活在腐肉中，并会寄生在蜗牛或昆虫身上。

蚋科

蚋

分布：世界已知1600属，全球广泛分布；幼虫生活在流水中，成虫生活在水边的植物上

蚋也称水牛蚋或火鸡蚋，体长1—5毫米，体呈黑色、橘红色或深褐色。雄虫取食花蜜和水，雌虫吸食脊椎动物的血液。雌虫在水边的岩石或植物上产卵。幼虫水生，借助前胸足和尾吸盘交替附着在水中的石块或植物上，利用嘴巴周围的特殊刚毛从水中滤食。

蚋属一种

虽然也俗称为蚋，但本属中的一些成员并不完全是黑色的。许多种类都携带有圆虫。

食蚜蝇科

食蚜蝇

分布：世界已知6000属，全球广泛分布；常见于花朵上，特别是伞形科植物上

食蚜蝇中的一些成员是最擅长飞行的昆虫种类之一。它们取食花粉和花蜜，常悬停在花朵上方飞行，或是相互之间快速追逐。食蚜蝇体长1—2厘米不等，眼大，翅膀细长，体色常呈黄色或橙黑色。黑黄相间的体色和体形使它们看上去与黄蜂或熊蜂极为类似，这种明显的拟态可以吓退捕食者的攻击。食蚜蝇的幼虫体态各异，生活在不同的食物中。一些食蚜蝇捕食蚜虫、叶蜂幼虫和其他软体昆虫，另一些物种以腐烂植物或动物粪便为食。少数物种为食腐动物，生活在蜜蜂和黄蜂巢中，以死掉的寄主幼虫和蛹为食。食蚜蝇科管蚜蝇属的幼虫生活在污水中，利用身体后端一条可伸缩的呼吸管进行呼吸。

黑带蜂蚜蝇

黑带蜂蚜蝇主要分布在欧洲地区，有迁徙习性。它们的身体粗壮，条纹明显。幼虫食腐，生活在黄蜂的蜂巢中。

黄颜食蚜蝇

黄颜食蚜蝇形似黄蜂，常见于欧洲地区，通常大量聚集在鲜花盛开的草地上。幼虫捕食绿蝇。

丝蚜蝇属一种

该物种分布在欧洲的酸石楠草原。幼虫生活在开采泥煤后留下的泥沼滩等处，以腐败的香蒲根茎为食。

虻科

牛虻

分布：世界已知4000属，全球广泛分布；生活在哺乳动物周围；许多种类都喜好潮湿的生境

牛虻的身体粗壮无毛，头部扁平呈半圆形，眼睛颜色鲜艳并带有图案。大多数牛虻体呈黑色、灰色或褐色，腹部的斑纹鲜艳，体长0.6—2.8厘米。雌虫的口器呈刀片状，用于切开哺乳类和鸟类的皮肤吸血。虫卵常成堆产在悬于水面上的残屑、叶片或岩石上，每堆含有200—1000粒虫卵。幼虫食肉或食腐。

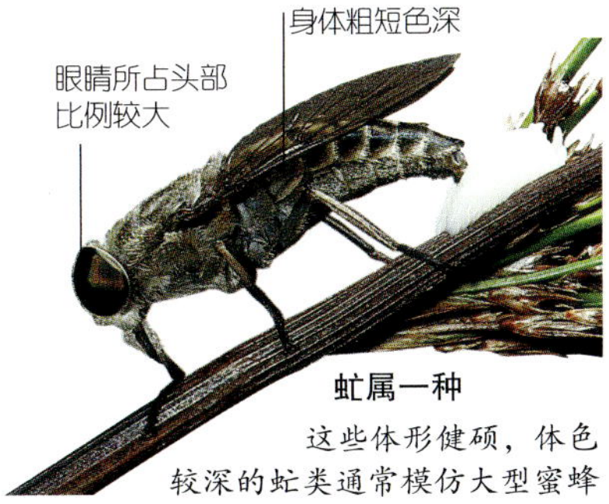

虻属一种

这些体形健硕，体色较深的虻类通常模仿大型蜜蜂的外形，如木匠蜂，借此警告捕食者远离。

马蝇

马蝇的腹部形似蜜蜂，沿腹部中央具有明显的浅色三角形斑。某些种类还会向动物和人类传播疾病。

弃斑虻

弃斑虻栖息在北半球石楠草原中的沼泽和池塘地带。被它叮咬会产生剧痛。

寄蝇科

寄蝇

分布：世界已知8000属，全球广泛分布；生活在有昆虫宿主分布的地区

寄蝇身体粗壮多毛，体长0.5—2厘米，外形多变。大多数物种体色暗淡，少数物种具金属光泽或颜色较浅。腹部尤为多毛，尤其是腹部末端。许多寄蝇的外表都类似家蝇（第567页），而有一些物种则酷似蜜蜂。成虫取食甜的汁液，幼虫寄生在昆虫体内。一些物种还能通过倾听蟋蟀的求偶声，定位寄主的位置。雄虫和雌虫通常聚集在山顶交配，虫卵产在植物叶片上，随后会被寄主吃掉；或是产在寄主体内。寄蝇大多在白天活动。它们中的许多种类都是生物防治媒介，能用于控制食草害虫。

红斑缘刺寄蝇

原产于欧洲和亚洲中部地区，寄生在灯蛾、巢蛾以及枯叶蛾等蛾类毛虫身上。

半球突颜寄蝇

半球突颜寄蝇生活在欧洲部分地区的草地和林地地带，寄生在盾椿象身上。

大黑寄蝇

大黑寄蝇体长1.9厘米，体形远大于它的大多数近亲，分布在欧洲和亚洲地区。

实蝇科

果蝇

分布：世界已知4500属，全球广泛分布；生活在各种植物、作物和腐烂物上

栖息方式：陆栖

大多数果蝇体长不到1.5厘米，可以通过独特的翅斑被辨认出来，翅斑通常呈带状、块状和之字形。雌虫的产卵器突出，长度超过身体其余部位的总长。雄虫通过挥动翅膀向雌虫进行炫耀。雌虫交配后将虫卵单个或成堆产在果实的表皮之下。成虫以液体、植物汁液、花蜜或腐败物的液体为食，幼虫取食植物。许多种类都是农业害虫。

魏氏果蝇

魏氏果蝇分布在欧洲地区的树篱、荒地和多草地带，以千里光属植物的花球为食。

大蚊科

大蚊

分布：世界已知15,000属，全球广泛分布；通常生活在潮湿的微生境中

栖息方式：陆栖

大蚊俗称"长腿爷叔"，大多数物种身体纤弱细长，体长0.6—6厘米。它们被抓住时腿部很容易折断。许多物种的成虫寿命都不长，以花蜜和其他液体为食。幼虫外皮坚韧，生活在土壤、腐木、鸟巢和沼泽地中，是许多动物和鸟类的食物。

巨大蚊属一种

本属拥有一些全世界体形最大的大蚊种类，它们的翅展可达6—10厘米。

毛翅目

石蛾

毛翅目包含43科，约10,000个物种，在几乎所有的淡水环境中都有分布。成虫身体修长，体色灰暗，身体和翅膀多毛，触角长丝状。幼虫水生，身体柔软，能用各种材料建造可移动的水下居所，并藏身其中，且每个物种建造居所的方式也各有不同。发育方式为完全变态。

沼石蛾科

沼石蛾

分布：世界已知1500属，主要分布在北半球；生活在湖泊、季节性池塘和水沟周围

沼石蛾体呈淡红色、淡黄色或深褐色，翅膀上带有深色翅斑，体长大多不超过2.4厘米。幼虫以有机体残骸和藻类为食，利用沙石、卵石、植物或是蜗牛壳制造藏身居所。成虫舔吸液体食物。

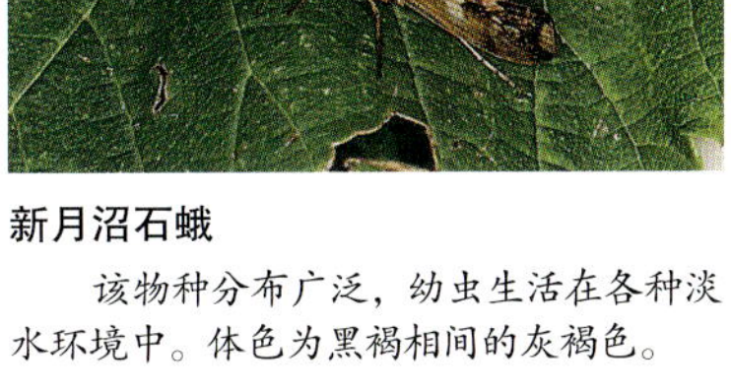

新月沼石蛾

该物种分布广泛，幼虫生活在各种淡水环境中。体色为黑褐相间的灰褐色。

石蛾科

石蛾

分布：世界已知450属，主要分布在北半球；生活在水塘、湖泊、泥沼、水流缓慢的溪流、河流周围

石蛾科的成员具浅褐色或灰色斑纹，因此看上去色彩斑驳。它们体长1.2—2.6厘米，前足胫节末端至少有两根刺状突起，中足和后足各有4根。幼虫用植物碎片和纤维制造居所。

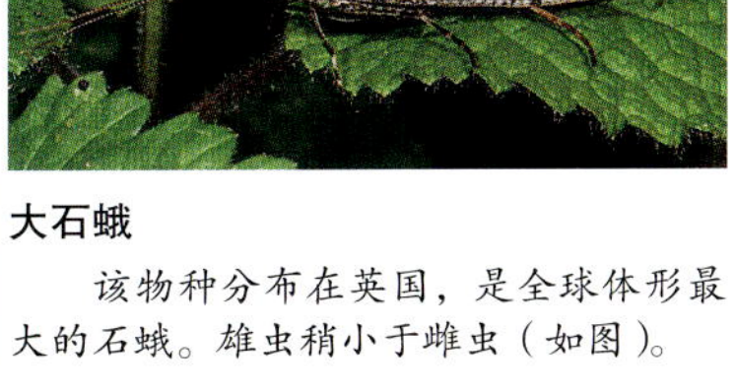

大石蛾

该物种分布在英国，是全球体形最大的石蛾。雄虫稍小于雌虫（如图）。

鳞翅目

蛾与蝴蝶

鳞翅目包含127科，约165,000种蛾类和蝴蝶类，是全世界种类最为多样的昆虫之一。蛾和蝴蝶的身体和翅膀上密被重叠的细小鳞片，口器极长，为虹吸式。两者之间没有明显不同，并且也没有能够区分彼此的科学依据，但在通常情况下，蝴蝶的色彩鲜艳，触角末端呈棒状，多在白天活动，而蛾类多在夜间活动，且体色暗淡。繁殖前，雌虫通过分泌气味和展示翅膀的颜色吸引远处的雄虫。它们的幼虫俗称毛虫，体呈圆柱形，颚部强壮适于咀嚼。蛾和蝴蝶的发育方式为完全变态，毛虫吐丝将自己包裹在茧或蛹中，直到发育为成虫。

灯蛾科

灯蛾和巢蛾

分布：世界已知2500属，全球广泛分布；生活在有寄主植物分布的植被茂密地区

栖息方式：陆栖

灯蛾的身体粗重多毛，色彩鲜艳；巢蛾的体色偏淡，体表有黑色斑点或斑块。它们的翅展达2—7厘米。毛虫植食，多数带有毒性。成虫以花蜜和汁液为食。

豹灯蛾

俗称花园灯蛾，对比明显的鲜艳体色可以用来警告捕食者它的味道极差。

蚕蛾科

蚕蛾

分布：世界已知100属，分布在亚洲东南部的热带地区；生活在桑树和其他植物上

蚕蛾一直以来都是丝绸原料的重要来源，它们的身体粗短，体呈淡奶油色、灰色或褐色，翅展达2—6厘米。毛虫身体光滑，每个腹节上有腹足一对，尾端有一个短角状结构。具有经济价值的蚕蛾幼虫以桑叶为食，其他蚕蛾则取食无花果等植物。毛虫成熟后开始吐丝结茧，在虫茧中化蛹。成虫无口器，不进食。

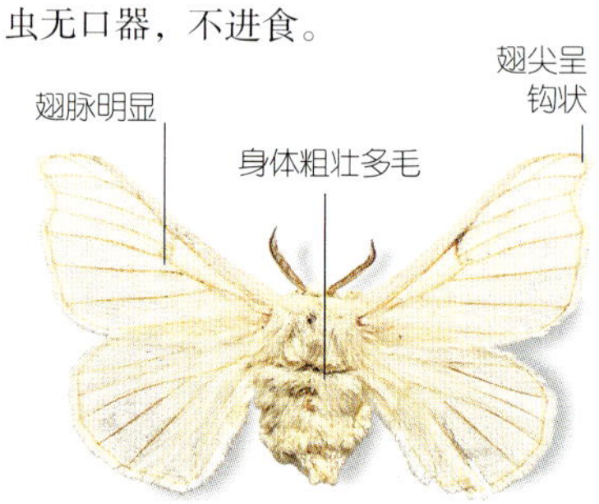

家蚕

家蚕原产于中国，如今已在全球的丝厂内广泛养殖。然而，这一物种已经在野外灭绝了。

尺蛾科

尺蛾

分布：世界已知20,000属，全球广泛分布；生活在落叶林和结球果林、木质灌丛和草本植物上

尺蛾的身体修长，多在夜间活动，双翅钝圆，翅展1.4—7.4厘米，翅上的斑纹复杂细致，少数物种的雌虫无翅。尺蛾体呈褐色或绿色，有着极好的伪装效果，雌雄两性体色差异明显。雌虫单个或成堆产卵，虫卵产在树皮、细枝或是寄主植物的茎条上。毛虫借助胸足和两对腹足伸屈前进，故又名尺蠖或造桥虫。许多尺蛾都是造成严重危害的农业或森林害虫。

委内瑞拉尺蛾

这种尺蛾体呈绿色，主要分布在委内瑞拉的森林中。

弄蝶科

弄蝶

分布：世界已知3000属，除新西兰外全球广泛分布；生活在耕地和草原等开阔环境

弄蝶体小肥短，外形似蛾，因跳跃般的快速飞行方式得名。大多数弄蝶体呈暗褐色，带有白色或橙色斑纹，少数物种体色鲜艳。翅展2—8厘米。触角末端呈尖钩状。雌虫在寄主植物上单个产卵。毛虫食草，多在夜间觅食。

长尾弄蝶

长尾弄蝶常在美国南部和北部的部分地区活动。它们的后翅尾突较长，飞行方式飘忽不定。

灰蝶科

灰蝶

分布：世界已知6000属，全球广泛分布，尤以温带地区为多；生活在蚁巢或寄主植物周围

灰蝶通常体形较小，翅展1.5—5厘米，雌雄两性的体色明显各异。雄虫通常体色艳丽，翅膀带有闪烁光泽，而雌虫的体色通常较暗。大多数灰蝶毛虫的体形短，以植物或小型昆虫为食。一些灰蝶的幼虫能分泌类似花蜜的甘甜物质吸引蚂蚁，蚂蚁为了取食这种物质会像保镖一样保护毛虫，有时还会把它带回蚁巢。

二尾丽灰蝶

栖息在美洲南部的热带森林中，是灰蝶科中体形最大，色彩最为艳丽的种类之一。

枯叶蛾科

枯叶蛾

分布：世界已知2000属，除新西兰外全球广泛分布；生活在各种落叶树木的叶片上

枯叶蛾的身体笨重多毛，大多数物种体呈淡黄褐色、褐色或灰色，翅展大多不到4厘米；雌虫通常大于雄虫。交配后，雌虫产下100—200粒虫卵，卵呈带状排列在寄主植物的枝条上。毛虫身体粗短，有时共同生活在可以获得阳光的丝织虫茧内，随后羽化为成虫。

美洲天幕毛虫

也被称为天幕蛾，是一种为害兰花的害虫，栖息在美国北部和加拿大南部的森林和林地地区。

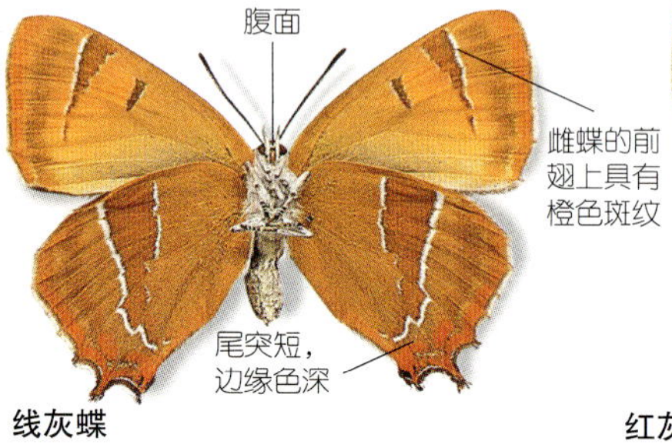

线灰蝶

该物种栖息在欧洲和亚洲温带的林地中，其毛虫以刺李、洋李和桦树的叶片为食。

红灰蝶

红灰蝶常见于北半球海拔超过2000米的多草地带。毛虫取食草本植物的叶片。

毒蛾科

毒蛾

分布：世界已知2600属，全球广泛分布；生活在落叶林、针叶林、灌丛中

毒蛾的外表与夜蛾（右图）类似，虽然大多数毒蛾体色暗淡，但生活在热带的物种却有着鲜艳的体色。毒蛾的翅展为2—6厘米；雄虫稍小于雌虫，部分雌虫无翅。虫卵多成堆产在寄主植物的树皮和灌木上。成虫通常无喙，不进食。幼虫身体多毛，体色鲜艳，常在树叶上成群觅食。如果触碰到它们，皮肤就会又痛又痒，造成过敏。

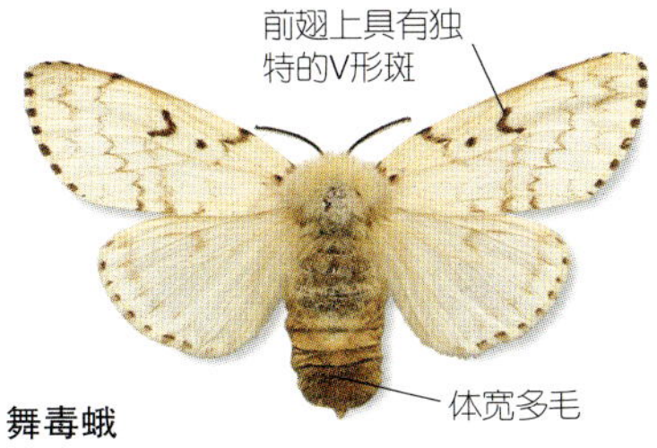

舞毒蛾

该物种原产于欧洲和亚洲地区，俗称吉卜塞蛾。人们为了获取廉价蚕丝将它们引入美洲北部地区，一些个体从圈养中逃逸后成了一种害虫。

夜蛾科

夜蛾

分布：世界已知22,000属，全球广泛分布；生活在包括作物在内的各种植物上

世界上几乎各种重要作物都受到一种或多种夜蛾的侵袭。这些蛾类的前翅窄长，后翅宽大，体色大多灰暗，但某些物种的后翅色彩鲜艳，并带有斑纹。夜蛾的翅展通常不到5厘米。雌蛾只产1枚卵，有些雌蛾集中产下50—300粒卵，虫卵通常产在寄主植物的基部或泥土中。夜蛾的胸部有听觉器官，可探测到蝙蝠等主要天敌。

球菜夜蛾

这种夜蛾栖息在全球范围内的作物和多草地区。幼虫为害马铃薯、烟草、莴苣和谷物。

凤蝶科

凤蝶

分布：世界已知600属，广泛分布在温带地区；生活在花朵茂盛、开阔或荫蔽地带

凤蝶科中拥有全世界体形最大的蝴蝶种类——鸟翼凤蝶，它们目前已经受到法律的保护。与其名称一样，多数凤蝶的后翅上都有尾突。它们的翅膀通常色暗，带有白色、黄色、橙色、红色、绿色或蓝色斑纹、斑点或是斑块，翅展4.5—28厘米不等。凤蝶的卵近圆球形，单个产在寄主植物上，并在植物蛹化。幼虫具分叉的肉质臭腺，可以发出特殊气味以防遭到天敌的捕食。成年凤蝶以花蜜和其他汁液为食，幼虫食草，取食各种叶片。

阿波罗绢蝶

这种蝴蝶分布在欧洲和中亚部分地区的多山地区。

北美大黄凤蝶

俗称虎凤蝶，这种生活在北美洲的物种栖息在林地和花园中。幼虫在多种落叶乔木的高处叶丛间觅食。

绿鸟翼凤蝶

俗称东方之珠蝶，栖息在摩鹿加群岛、巴布亚新几内亚、所罗门群岛和澳洲东北部的热带森林中。雌蝶的体形大于雄蝶，体色灰暗。

蛱蝶科

蛱蝶

分布：世界已知5000属，全球广泛分布；生活在多花的草地和森林空地

蛱蝶科中的一些物种色彩丰富，极为引人注目，它们的典型特征是前足退化缩在胸部下方，状如毛刷，具感觉功能。蛱蝶的翅展为3—15厘米，前翅正面色彩多变，翅膀反面具保护色，可在停歇时隐匿身形。雌雄两性的体色可能不同，会根据季节产生变化。雌虫在乔木、灌木和草本植物的叶片上产卵，卵近圆形。虫蛹上有明显的疣状突，末端具钩（臀棘），可倒挂在宿主植物上。幼龄毛虫有时成群在叶片上觅食。成虫以花蜜和汁液为食，一些种类还会受到果实、粪便、尸体、尿液，甚至汽油等物体的吸引。

大桦斑蝶

大桦斑蝶因进行长距离的迁徙而闻名，最远会从墨西哥迁徙到加拿大地区。幼虫以乳草属植物为食，这种植物中含有一种物质，能让毛虫变得非常难吃，使捕食者难以下咽。

黑框蓝闪蝶

这种蝴蝶俗称南美大闪蝶，栖息在美洲南部和中部的森林中。它们的翅展为9.5—12厘米，是体形较大的蛱蝶种类之一。幼虫能释放有毒的防卫气味。

黄缘蛱蝶

黄缘蛱蝶在英国被称为坎伯威尔美人蝶，在美洲北部则被称为丧服蛱蝶，这种蝴蝶栖息在北半球的草原地带。

优红蛱蝶

这种蝴蝶广泛分布在北半球地区。幼虫以荨麻和蛇麻子为食。

鳞翅目

粉蝶科

粉蝶

分布：世界已知1200属，全球广泛分布；随处可见，通常成群聚集在鸟粪、尿液或是阳光下的地面积水上

这类常见蝴蝶的翅膀通常呈白色、黄色或橙色，翅上有黑色或灰色斑纹，翅展2—7厘米，翅膀鳞片中的色素由幼虫从食物中摄取。虫卵单个或成堆（20—100粒）产在寄主植物上。虫蛹头部具独特的刺状突起，通过丝带悬挂在寄主植物上。

苜蓿粉蝶

俗称橙色豆粉蝶或纹黄豆粉蝶，栖息在美洲北部的多草开阔地带和耕地。幼虫以三叶草为食，并会为害紫花苜蓿。

红襟粉蝶

这种蝴蝶栖息在欧洲和亚洲温带的潮湿、多草沼泽和开阔林地，后翅反面具有淡绿色斑点。

暗脉菜粉蝶

暗脉菜粉蝶栖息在欧洲、亚洲和美洲北部的多草开阔地区和耕地地带。

草螟科

草螟

分布：世界已知24,000属，全球广泛分布，尤以温带地区为多；生活在从水生植物到乔木在内的各种植物上

草螟中一些成员的头前端有短"喙"。大多数草螟体色灰暗，翅展1—4.6厘米；前翅呈长三角形，后翅宽大近圆形。虫卵产在叶片背面。

芦苇螟蛾

该物种栖息在芦苇地中，幼虫取食芦苇属植物的茎秆。

天蚕蛾科

天蚕蛾

分布：世界已知1200属，全球广泛分布，尤以树木繁茂的热带和亚热带地区为多；生活在叶片上

天蚕蛾亦称皇帝蛾、月亮蛾、皇家蛾和地图蛾，这类昆虫十分引人注目，它们体形很大，宽大翅膀上的斑纹明显，翅展5—30厘米，翅膀中央具眼斑。雄虫的触角宽大呈羽状或梳子状。发育完全的幼虫能织造厚实的丝茧，并黏附在寄主植物的枝条上，以各种乔木和灌木的叶片为食。成虫不进食。

乌桕大蚕蛾

这种生活在亚洲东南部的物种俗称地图蛾，是地球上最大的蛾类，栖息在森林和开阔的多草地带。虽然易于饲养，却十分容易受到伤害，在一些国家已受到法律的保护。

月形天蚕蛾

该物种分布在墨西哥至加拿大边境地区。幼虫取食落叶乔木的叶片。

普罗米修斯蛾

这种天蚕蛾栖息在加拿大南部和美国地区的林地和耕地地带。雌性身形笨重，夜间活动；雄性体色暗淡，白天活动，外表与黄缘蛱蝶（第571页）类似。

透翅蛾科

透翅蛾

分布：世界已知1000属，全球广泛分布，尤以北半球温带地区为多；生活在花朵周围或靠近寄主植物生活

透翅蛾常在白天活动，外表极似黄蜂或蜜蜂，一些种类甚至会模拟具有蜇刺能力昆虫的外形。透翅蛾体呈黑色、浅蓝色或深褐色，带有黄色或橙色斑纹，翅膀大部分呈透明状，翅展1.4—4厘米不等，飞行时发出嗡嗡声。

透翅蛾

透翅蛾的双翅透明，分布在欧洲至亚洲地区，外形极似大黄蜂。幼虫在柳树和白杨树的树干中蛀食。

天蛾科

天蛾

分布：世界已知1100属，全球广泛分布，尤以热带和亚热带地区为多；生活在叶片上

天蛾体呈纺锤形，翅膀狭长，是飞行速度最快的昆虫之一，时速可超过50千米。它们的翅膀展开时，翼端之间的长度达3—15厘米。成年天蛾大多吸食花蜜，一些物种能像蜂鸟一样在花朵前盘旋。它们的喙部发达，长达25厘米。虽然部分天蛾常在白天活动，但大多数天蛾在天黑后才开始活动。天蛾为了繁殖通常进行长距离的迁移。幼虫因腹部末端具刺状突起而被称为角虫。一些物种严重危害作物。

绿天蛾

绿天蛾栖息在撒哈拉以南非洲的森林和林地中。幼虫以藤本植物和蔓生植物为食。

赭带鬼脸天蛾

这种天蛾得名于胸部的骷髅状斑。它们分布在非洲和亚洲地区，但也会迁徙到欧洲。

美洲天蛾

该物种分布在美洲南部地区。雌雄两性外表极为相似。

谷蛾科

谷蛾及其近亲

分布：世界已知2500属，全球广泛分布；生活在烂木头、真菌、干燥有机物、毛织品、纺织物、干燥的食物上

这类体小色暗昆虫中的许多物种都是害虫，有谷蛾、带壳蛾和挂毯蛾等多个俗名。它们通常体呈暗褐色，部分物种的体表带金色光泽。它们的头部具有状如毛发的鳞片和竖毛，喙部较短或缺失。谷蛾类的翅展为0.8—2厘米，翅膀细长，栖息时双翅收拢于身体上方。雌虫在3个星期内便可产下30—80粒卵。幼虫食腐。一些幼虫能利用丝和食物碎屑建造扁卵形小盒，在其中化蛹，其他幼虫在觅食处织丝结茧。成蛾通常不进食。许多谷蛾都不善飞行，通过快速奔跑逃离危险。

幕谷蛾

俗称衣蛾，这种分布广泛的物种栖息在衣物、地毯和毛皮中。雌蛾在衣服的褶皱中产卵。

卷蛾科

卷蛾

分布：世界已知5000属，全球广泛分布；生活在树叶、嫩芽、花蕾和果实上

卷蛾体形较小，亦称卷叶蛾。它们大多体呈褐色、绿色或灰色，身上的花纹能在树皮、地衣和树叶上形成伪装，少数物种色彩鲜艳。卷蛾的头部覆盖着粗糙的鳞片，翅展0.8—3.4厘米，前翅略呈矩形，栖息时两个翅像屋顶一样平叠在背部。雌虫1周内能产下多达400粒卵，虫卵单个或成堆产在果实或树叶表面。幼虫取食树叶、嫩芽和花蕾，通常用丝绑缚或卷起叶片在内蛹化。卷蛾中的许多物种均是害虫，有的在果实或植物枝干内部钻食，有的则诱发虫瘿，对乔木和果实造成极大危害。

忍冬双斜卷蛾

这种卷蛾分布在欧洲和亚洲的林地和森林中，幼虫会将落叶乔木的树叶卷起，在其中进食。

燕蛾科

燕蛾

分布：世界已知100属，分布在热带和亚热带地区；生活在植物上，尤其是大戟属植物

燕蛾科中一些大型种类的尾突很长，体色鲜艳，多在白天活动，它们的翅膀鳞片带有虹彩光泽，但体色暗淡的夜行性物种却无尾突。生活在南美洲和马达加斯加的燕蛾体大而艳丽，常被误认成蝴蝶。燕蛾的翅展通常为6—10厘米。成年燕蛾通常进行迁徙，有时还结成大群，视幼虫取食的食物质量而定。幼虫大多取食大戟科植物，借助丝垂悬在树叶下，以防遭到蚂蚁的捕食。

锦纹燕蛾

本种原产于澳洲东北部的昆士兰地区，白天在花朵上觅食，傍晚则飞回树冠层栖息。

大燕蛾

这种大型燕蛾生活在亚洲东南部地区，翅展可达10—10.6厘米，体形略大于燕蛾科中的大多数成员。

日落蛾

俗称马达加斯加日落蛾，体色艳丽，白天活动，栖息在马达加斯加的林地和森林中。

膜翅目

蜜蜂、黄蜂、蚂蚁和叶蜂

膜翅目昆虫数量巨大，包含91科，约198,000个物种，分为广腰（取食植物的叶蜂）和细腰（黄蜂、蜜蜂和蚂蚁）两个亚目，后者的腹基部收紧呈细腰状，雌虫的产卵器特化为螫刺。大多数膜翅目昆虫有两对膜质翅，飞行时双翅以细钩相连。膜翅目昆虫有着重要的生态功能，在大自然中扮演着捕食、寄生、传粉或清扫残骸等角色。它们中的很多种类属于社会性昆虫，如蚂蚁和蜜蜂，同时也是昆虫纲中最高等的类群。

榕小蜂科

榕小蜂

分布：世界已知650属，分布在亚热带和热带地区；生活在无花果树上

榕小蜂与无花果树存在密切的共生关系。雌虫体长不到3毫米，能进入无花果中进行传粉，并将卵产在其他花朵中。雄虫无翅，生活在无花果的花内，雌虫进入花内与雄虫交配后便会飞离，寻找新的树木。

无花果小蜂

分布在亚洲、欧洲南部、澳洲和美国的加利福尼亚州。它们是果树的传粉媒介。雌蜂的数量远大于雄蜂，是后者的20倍。

蜜蜂科

蜜蜂及其近亲

分布：世界已知1000属，全球广泛分布；生活在植被茂密、花朵繁盛的地区

蜜蜂科中的一些成员是对人类十分有益的昆虫类群之一，如蜜蜂、兰蜂和黄蜂。它们不仅能提供蜂蜜和蜂蜡，还能为地球上的众多植物传粉。蜜蜂类的体长通常为0.3—2.7厘米。雌虫大多具螯针，后足还能携带花粉。蜜蜂和黄蜂都属于社会性昆虫，生活在结构复杂的群体中，整个群体由一只蜂后、数只雄蜂和不能生育的雌性工蜂组成。蜂巢由数千个垂直排列的蜂蜡巢室构成，分别用于养育幼蜂、储存花粉和蜂蜜。蜂后一天内能产下100多粒卵。黄蜂利用禾草筑巢，并营造出蜡质巢室，蜂后孕育的后代较少。

熊蜂

熊蜂与它的近亲一样，身体粗壮多毛，因而能在早春的寒冷气候中活动。

蜜蜂

蜜蜂原产于亚洲东南部，如今世界各地均有养殖。蜜蜂群体的分工严格，蜂后负责产卵，工蜂负责收集食物并照顾幼虫，雄蜂只负责使蜂后受精。

膜翅目

茧蜂科

茧蜂

分布：世界已知25,000属，全球广泛分布；寄生在合适的毛虫身上

茧蜂与姬蜂（下图）一样都是寄生性昆虫，虫卵在寄主体内发育，最终将寄主杀死。茧蜂主要袭击蛾和蝴蝶的毛虫，通常在毛虫的身上或体内产下100多粒卵。发育中的茧蜂幼虫以毛虫的身体组织为食，随后蛹化，直至变为成蜂后飞离寄主的身体。成年茧蜂的体长通常不到7毫米，体呈红褐色或黑色。许多茧蜂都可防治害虫。

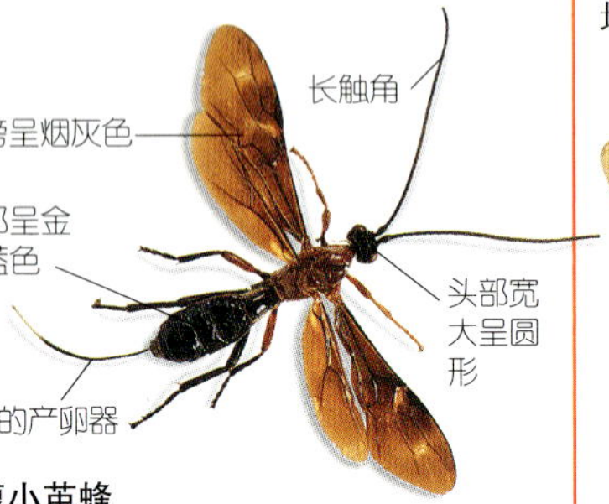

蓝腹小茧蜂

这种茧蜂的体形要大于茧蜂科中的大多数成员，它们体长1.5—2厘米，分布在非洲和亚洲东南部地区，曾被用于防控谷类作物茎秆中的害虫。

小蜂科

小蜂

分布：世界已知1800属，全球广泛分布；寄生在合适的昆虫身上

大多数小蜂的体长不到8毫米，但却构成一类重要的小型寄生昆虫类群。许多小蜂都将卵产在甲虫幼虫或是蝴蝶和蛾类的毛虫体内，但也有一些物种是重寄生物，会侵袭其他寄生性昆虫的卵或幼虫。成年小蜂通常呈深褐色、黑色、红色或黄色，有时具金属光泽。幼虫与其他黄蜂一样呈白色，外形似蛆，无足。某些小蜂还被培育并释放，用以防控昆虫害虫。

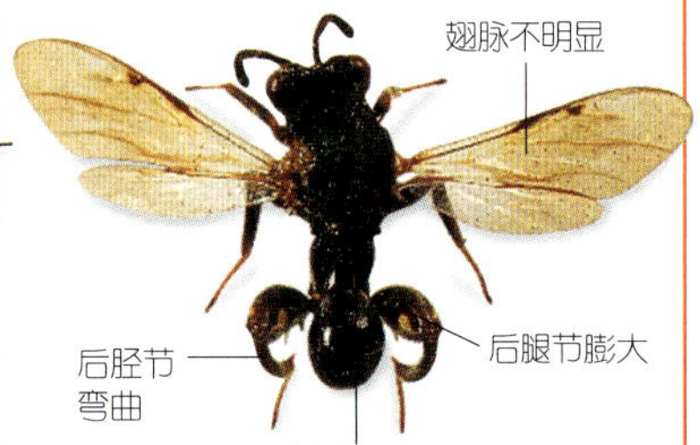

粗腿小蜂

本种原产于欧洲至亚洲地区。幼虫寄生在水虻幼虫身上。

青蜂科

青蜂

分布：世界已知3000属，全球广泛分布；寄生在合适的昆虫身上

青蜂又称杜鹃蜂或红尾蜂，它们体表坚硬，具有浅凹，可以防止受到蜜蜂和黄蜂的蜇刺。青蜂体长0.2—2厘米，体色大多呈鲜艳的金属蓝、绿或红色，或是兼具数种颜色，腹部背面凹陷，受到攻击时可以将身体蜷成球形。雌蜂通常在独居的蜜蜂或黄蜂蜂巢中产1粒卵，虫卵孵化迅速。幼虫随后会以寄主昆虫的幼虫为食，并且还会吃掉寄主的食物。成年青蜂以花蜜和液体为食。

绚丽青蜂

这种体色艳丽的翠绿色青蜂分布在澳洲北部地区，寄生在用泥土筑巢的独居黄蜂身上。

瘿蜂科

瘿蜂

分布：世界已知1250属，大多分布在北半球；生活在树木和植物上

瘿蜂的身体泛着红褐色或黑色光泽，通常具全翅，体长1—9毫米，雄蜂小于雌蜂，后者的腹部极度侧扁，且胸部隆起。许多瘿蜂都把卵产在栎树及其近亲树种的组织内，刺激植物组织肿胀形成虫瘿，但这一过程尚未被人们全盘了解。虫瘿能对发育中的幼虫进行保护和滋养。瘿蜂的生命周期包含有性和无性两种繁殖方式。

瘿蜂属一种

这些瘿蜂广泛分布于欧洲地区，利用各种橡树作为寄主。

姬蜂科

姬蜂

分布：世界已知60,000属，全球广泛分布，尤以温带地区为多；生活在有昆虫寄主分布的地区

姬蜂能寄生在许多害虫身上，因此具有重要的生态作用。雌虫借助细长的产卵器将卵产在各种寄主昆虫的幼虫和蛹中，有时还会钻穿木头找到藏身其中的寄主。幼虫孵化后以寄主的身体组织为食。成年姬蜂体长0.3—4.2厘米，身体细长，腰部细窄。

非洲姬蜂

这类非洲姬蜂体色鲜艳，不但能够警告捕食者，而且会被其他昆虫模仿。

黑背皱背姬蜂

黑背皱背姬蜂能够利用钻头状的长产卵器刺入松木，寻找藏身其中的叶蜂幼虫。

肿触角姬蜂

本种的特点是触角顶端肿胀，体色对比鲜明，类似黄蜂。

蚁蜂科

蚁蜂

分布：世界已知5000属，全球广泛分布，尤以亚热带和热带地区为多；雌蜂生活在干旱环境中

虽然蚁蜂的名字中带有蚁字，但它们却并非蚂蚁。蚁蜂体长0.3—2.5厘米。雌虫的体表密布软毛，无翅，因外表类似蚂蚁而得名。雄虫具全翅。它们会将其他黄蜂或蜜蜂的幼虫作为自己后代的食物。雌虫咬开合适寄主的巢室，若是巢内的幼虫已经长成，便在它的体表产卵，然后把巢室重新封好。蚁蜂的幼虫随后便以寄主昆虫的幼虫为食，并在寄主的巢室内蛹化。雌虫的蜇刺非常厉害。

赤胸大蚁蜂

赤胸大蚁蜂广泛分布在欧洲地区，寄生在熊蜂身上。

缨小蜂科

缨小蜂

分布：世界已知1400属，全球广泛分布；生活在有寄主昆虫分布的各种环境中

这一科中包含地球上体形最小的飞虫种类。缨小蜂体长0.2—5毫米，体呈深褐色、黑色或黄色，窄长的前翅上长有一簇缘毛，但却没有明显的翅脉。后翅呈细棒状，看似具柄。所有的雌虫均寄生在其他昆虫的虫卵内，寄主大多是飞虱和其他蝽类。缨小蜂中的一些物种还被用来防控有害昆虫。

蔗虱缨小蜂

蔗虱缨小蜂专门侵害特定飞虱种类的卵，是一种拟寄生昆虫。它们的一些近亲还被用来防控为害水稻作物的飞虱。

蛛蜂科

蛛蜂

分布：世界已知4000属，全球广泛分布，尤以热带和亚热带地区为多；生活在有蜘蛛寄主分布的地区

蛛蜂是一类名副其实的蜘蛛猎手，利用强力毒液使蜘蛛瘫痪。雌虫沿着地面飞行或奔走搜寻蜘蛛，将丧失行动能力的蜘蛛拖入泥巢或缝隙中，并在蜘蛛的身体上产下1粒卵，随后将巢穴密封。蛛蜂的刺蜇人甚痛。大多数蛛蜂体呈暗蓝色或黑色（翅膀有可能呈深黄色），体长0.5—8厘米。雄虫小于雌虫。

蛛蜂属一种

本属成员常见于温带地区，特别是地面多沙石的地区。与其他猎食蜘蛛的种类一样，蛛蜂属的成员也是独居生活。

食蛛鹰蜂

食蛛鹰蜂是体形最大的捕猎蜘蛛的黄蜂，体长多达8厘米。顾名思义，它们以狼蛛为食。

紫翅蛛蜂

这种蛛蜂得名于翅膀上的紫色虹彩光泽，它们分布在亚洲东南部，体长5—5.5厘米。

泥蜂科

泥蜂

分布：世界已知8000属，全球广泛分布；生活在植物茎秆、土壤和烂木头等各种微环境中

泥蜂中的一些成员营独居生活，俗称沙蜂。它们体长0.4—4.8厘米，体表通常无毛，大多体色鲜艳。泥蜂为独居动物，通常在植物茎秆、土壤或是腐烂的木头中筑巢。雌虫捕食昆虫或蜘蛛，用毒液使其丧失行动能力，然后将猎物埋入虫卵所在的巢穴中，为新孵化的幼虫提供充足的食物。

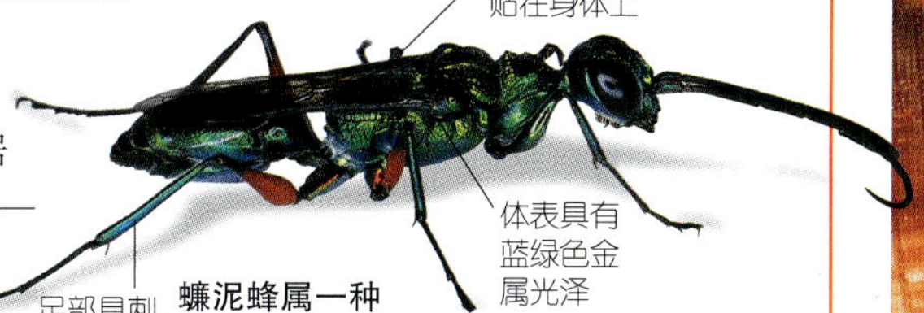

蠊泥蜂属一种

这类泥蜂以蟑螂为食，很可能会进入住宅寻找猎物。该属成员均分布在热带地区。

土蜂科

土蜂

分布：世界已知350属，全球广泛分布，尤以热带地区为多；生活在有金龟子寄主分布的地区

土蜂的体形很大，体长1—5.6厘米，身体粗壮多毛，体呈淡蓝黑色并带有红褐色斑纹。雄虫小于雌虫，身形也更加苗条，触角长。雌虫交配后寻找金龟子的幼虫喂养自身的幼虫。它们找到猎物后通过螫刺使其瘫痪，然后在猎物幼虫身上产下一粒卵。孵化后的幼虫将头部深埋在寄主体内，取食寄主的体液。当寄主的身体组织被吃光后，成熟的土蜂幼虫便会结茧化蛹。

皱翅土蜂

本种分布在爪哇、婆罗洲和苏门答腊，常见于有圣甲虫幼虫分布之处，被这种昆虫咬到会产生剧痛，不过它们并没有侵略性。

胡蜂科

胡蜂

分布：世界已知4000属，全球广泛分布；生活于多种栖息地，在各处筑巢、搜捕猎物

胡蜂是人们最为熟知的社会性黄蜂，利用咀嚼过的食物或是其他纤维建造蜂巢。蜂后越冬后于春季筑巢，孕育出属于自己的第一窝后代。工蜂会和蜂后一起照料后代。幼虫在水平的“巢脾”中发育，由无法生育的雌性工蜂喂食咀嚼过的昆虫。成年胡蜂体长0.4—3.6厘米，停歇时翅膀纵向折叠在体侧，而非平贴于体背部。几乎所有的胡蜂都有警告色，它们的蜇刺能造成剧痛。

常见黄胡蜂

也称普通黄蜂，是一种花园益虫，因为它能消灭毛虫和其他害虫。它还会利用木质纤维建造蜂巢。

黄边胡蜂

俗称欧洲黄蜂，本种会将蜂巢筑造在中空的树中。每个群体中仅有数百只工蜂。

德国黄胡蜂

德国黄胡蜂的群体可维持多年，且有数只蜂后存在。它们大多生活在北半球地区，并于19世纪后期引入北美洲。

树蜂科

树蜂

分布：世界已知100属，分布在北半球温带地区；生活在落叶树和针叶树上或在附近生活

树蜂是叶蜂（右图）亚目中体形最大的成员。虽然树蜂的外表看似凶恶，但却不蜇人，它们腹部的角状突起是一种无害的蜇针。树蜂体呈红褐色、黑色和黄色，或呈金属紫色，体长1.8—4.2厘米。雌虫的产卵器很长，能刺入树干内产卵，同时也会让树木感染真菌。幼虫孵化后钻入树木心材部位，以真菌和木头为食。成熟幼虫用丝和咀嚼过的木料结茧化蛹。

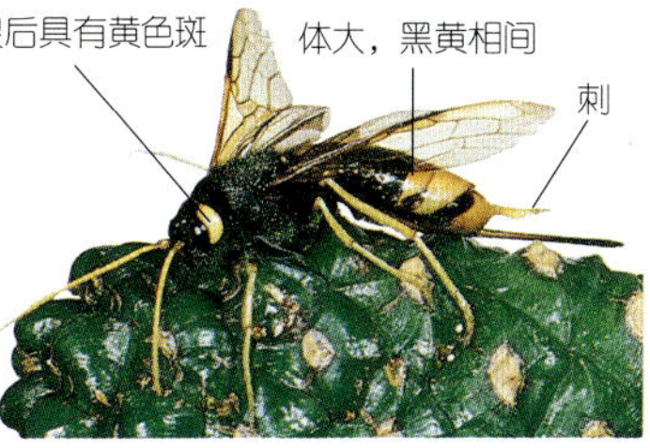

泰加大树蜂

上图展示的是一只雌性泰加大树蜂。这种无害树蜂中的雄蜂行踪很是隐秘。

叶蜂科

叶蜂

分布：世界已知6000属，除新西兰外，全球广泛分布；生活在花园、牧场和林地中的各种植物上

叶蜂的外表通常与黄蜂类似，但前者是更为原始的昆虫种类，本身就构成了一个亚目。与黄蜂、蜜蜂和蚂蚁不同的是，叶蜂的腰部较粗，不会蜇刺，独自生活，体长0.3—2.2厘米。雌虫用产卵器在植物中产卵，幼虫外表类似毛虫，有些色彩鲜艳，通常在开阔地带取食叶片。叶蜂通常侵袭果实、蔬菜和树木，是一类极具破坏力的昆虫。

玄参叶蜂

玄参叶蜂的外表类似黄蜂，分布在欧洲和亚洲地区。幼虫以毛蕊花属植物和玄参为食。

膜翅目

蚁科

蚂蚁

分布：世界已知9000属，全球广泛分布；生活在除南极洲以外的所有地区以及少数海洋性岛屿上

栖息方式：大多为陆栖

蚂蚁几乎在世界各地都有分布，在陆生生态系统中的影响巨大。在许多环境中，蚂蚁都能比蚯蚓搬运更多的沙土，在养分循环和传播种子方面有着至关重要的生态作用。与白蚁、一些蜜蜂和黄蜂一样，蚂蚁也有高度的社会性，集群生活在只有少量成员的微小蚁巢中，或是拥有成千上万只个体，在离地高达6米的巨型蚁巢中生活。

蚁群内至少有两代的重叠，成蚁负责照顾幼蚁。群体中的每只蚂蚁都有不同的社会等级，且劳动分工明确，如工蚁负责做工和保卫蚁巢，而另一些成员则负责繁殖后代。蚂蚁的等级地位由食物决定：摄取丰富食物的个体发育为能进行繁殖的雌虫，取食劣质食物的个体则会发育成无法生育的工蚁。蚂蚁在空中或是地面交配，雄虫交配后便死亡，而雌虫则会失去翅膀。

所有的蚂蚁都有能分泌信息素的腺体，这种化学信息有助于群体成员之间进行交流、标志踪迹和防卫。昆虫和植物中的许多物种都在进化中与蚂蚁发展出极为复杂的共生关系。在某些情况下，植物能为蚂蚁提供食物或栖所；作为回报，蚂蚁则会帮助共生的植物抵御潜在的食草动物，或是帮助植物剥掉有害藤本植物的叶子。

蚁科被分为10个不同的亚科，成员最多的是切叶蚁亚科和蚁亚科。有些切叶蚁有蜇刺，而蚂蚁则通过喷出蚁酸进行自卫。热带地区恶名昭著的行军蚁和军蚁都隶属矛蚁亚科。这类蚂蚁没有固定的栖所，常聚集在一起形成拥有数百万只个体的强大阵容，然后袭击白蚁或蚂蚁巢。

取食习惯

蚂蚁中的一些物种是食草动物，以种子或真菌为食，另一些物种则是食肉或杂食动物，还有一些蚂蚁仅以甲虫分泌的蜜露为食。

捕获猎物的工蚁

红褐林蚁的工蚁会合力将大块头的猎物拖回蚁巢中，然后将其分尸。

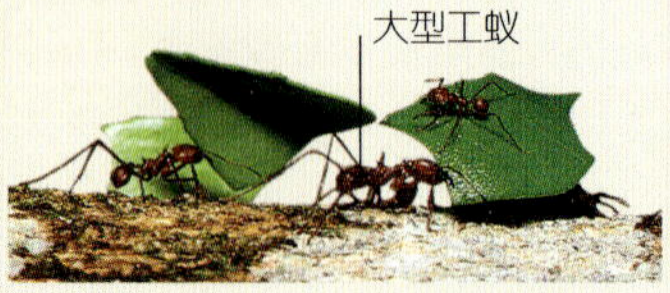

切叶蚁

美切叶蚁属的切叶蚁会将叶片咀嚼成浆状，然后利用叶浆种植真菌——它们唯一的食物来源。

无翅的雌蚁

不育的无翅雌蚁包揽整个群体的工作，某些物种的雌虫还有一些惊人的适应特性，如头和颚部能咬碎种子、阻挡蚁巢入口、肢解敌人或是其他用途。

不同等级

一个蚂蚁群体通常包含三类蚂蚁：不能繁殖的无翅工蚁、蚁后，以及能在每年特定时间内和蚁后形成交配群的有翅雄蚁。尽管非洲行军蚁（图例为相对尺寸）的蚁后无翅，但行军蚁中的其他蚂蚁则具备大多数蚂蚁所具有的特征。

雄蚁

雄蚁的外形类似香肠，因而得名香肠飞蚁。它们常在天黑后被灯光吸引。

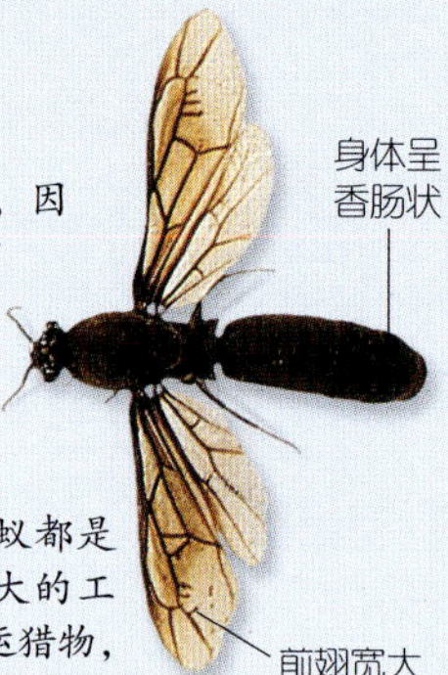

雌性工蚁

所有的工蚁都是雌性。个体较大的工蚁通常负责搬运猎物，体形较小的则负责搬运液体。

蚁后

这种蚁后是蚂蚁中体形最大的，每个月都能产下一两百万粒卵。

进入防卫

红褐林蚁的工蚁颚部大张，腹部向下蜷缩前伸，摆出一副防御攻势。遇到敌人侵犯时，它便采取这种姿势向其喷射蚁酸。

蜈蚣和马陆

门：	节肢动物门
亚门：	有颚亚门
亚纲：	多足亚纲
纲：	唇足纲、倍足纲
目：	21目
科：	171科
种：	约13,150种

蜈蚣和马陆是陆生多足节肢动物，每个体节上都有一对或两对足，头部具有用于撕咬的颚和一对触角。它们的种类和数量远少于昆虫，由于没有能防水的角质膜，因而只能生活在潮湿的微生境中。但与昆虫一样，也通过体表的气管进行呼吸。

蜈蚣的每个体节上都有一对足，善于疾走，但一些生活在土壤中的蜈蚣则行动缓慢。蜈蚣属食肉动物，第一对足上具发达的爪和毒腺，能分泌毒液杀死猎物。马陆不善运动，常在地面缓慢爬行，身体细长呈圆柱状，体节大多两两愈合，称为双体节，每个体节都有两对足。马陆大多为食草或食腐动物，颚部具齿，以腐殖质、土壤、植物、藻类和苔藓为食。

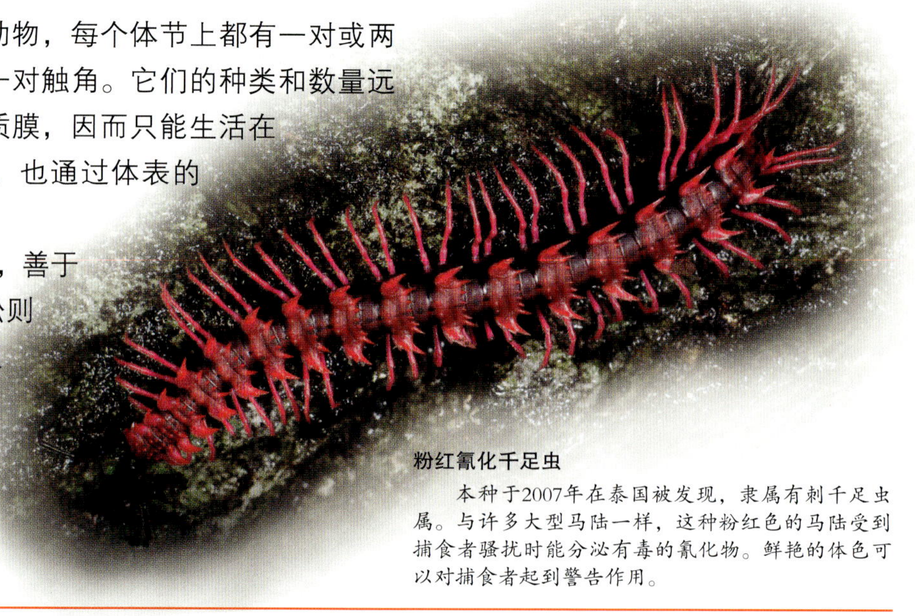

粉红氰化千足虫

本种于2007年在泰国被发现，隶属有刺千足虫属。与许多大型马陆一样，这种粉红色的马陆受到捕食者骚扰时能分泌有毒的氰化物。鲜艳的体色可以对捕食者起到警告作用。

唇足纲

蜈蚣

蜈蚣的身体细长扁平，躯干最少由16个体节组成，大多数体节上都有一对足；最后一对步足通常长于其他步足。蜈蚣大多体呈淡黄色或淡褐色，体表具细小的感觉毛。唇足纲包含5目24科，共3149个物种。

石蜈蚣科

石蜈蚣

分布：世界已知975属，全球广泛分布，尤以北半球温带地区为多；生活在裂缝和缝隙中

石蜈蚣大多体呈红褐色，少数物种的体色鲜艳。它们体表粗糙，背腹扁平，体长0.6—4.5厘米，拥有15对步足，线状触角具75—80个分节。幼虫孵出时有7对步足，每次蜕皮后体节和步足都会相应增加。石蜈蚣的寿命为5—6年。

杂石蜈蚣

本种栖息在欧洲落叶林地的落叶中，能爬上树寻找食物，但大多数时间都在地面静候猎物的经过。

蜈蚣科

蜈蚣

分布：世界已知409属，全球广泛分布，尤以亚热带和热带地区为多；生活在土壤、落叶、裂缝和缝隙中

亚马孙巨人蜈蚣隶属蜈蚣科，这种生活在南美洲的物种是地球上体形最大的蜈蚣。蜈蚣的体长在3—30厘米不等。这些暗夜猎手体格强健，利用毒爪捕获并杀死老鼠和青蛙，体形稍小物种的毒性最强。蜈蚣通常体色鲜艳，呈黄色、红色、橙色或绿色，体表有深色条纹或条带。它们具21—23对步足，触角线状，分节少于35节。头部通常有一对单眼。雌虫在土壤、石块或松散的树皮下产卵。

印度瑰宝蜈蚣

因身体的花纹和掠食习性又得名虎纹蜈蚣，分布在东南亚地区，栖息在石块、腐木和松动的树皮下。

倍足纲

马陆

虽然马陆被称为千足虫，但实际上并没有1千条步足。一些物种最多有750条步足，即便这样，也只能在地面缓慢爬行。马陆大多依靠粗糙的外骨骼保护自己，外骨骼由碳酸钙构成，因而略为坚硬。受到刺激或干扰时，马陆大多将身体盘卷成球状，或是分泌有毒的化学物质进行自卫。倍足纲包含16目147科，约9973个物种。

姬马陆科

姬马陆

分布：世界已知903属，分布在北半球地区；生活在土壤、落叶、洞穴中、石块下和烂木头中

姬马陆体呈圆柱形，体长0.8—8厘米不等，体色大多暗淡，少数物种具有红色、米黄色或褐色斑点，触角细长。雌虫与其他马陆一样，将卵产在土穴中，幼虫经历7次蜕皮后变为成虫。姬马陆在欧洲和亚洲地区十分常见。

暗黑马陆

俗称黑蛇马陆，躯干呈黑色，足部为白色，体长多达4.8厘米，栖息在欧洲西部的林地中，会在天黑后爬上墙壁、树木或灌木以寻找食物。

球马陆科

球马陆

分布：世界已知212属，分布在北半球的温带和寒温带地区；生活在土壤、洞穴中

球马陆的身体宽大，体长0.2—2厘米，小型物种体色暗淡，大型物种有鲜艳的斑纹。它们的身体由13个体节构成，遇到危险时，将身体紧紧地蜷成球状。成年球马陆有15对步足。卵产在土壤中，幼虫孵出后只有3对足。一些成员的寿命多达7年，如球马陆属物种。

白缘球马陆

白缘球马陆分布在欧洲、亚洲部分地区和北非，生活在土壤和落叶中。虽然体色光亮，但当它的身体完全蜷起时，也会与鼠妇（第584页）混淆。

无脊椎动物

甲壳动物

门：	节肢动物门
亚门：	有颚亚门
总纲：	甲壳亚纲
纲：	7纲
目：	56目
科：	约1000科
种：	约70,000种

甲壳类种类繁多，包括能用肉眼看到的水蚤和桡足类，以及身体笨重的蟹和龙虾，后者中还包括现存体形最大的节肢动物。虽然一些甲壳类（如木虱）已经极好地适应了陆地生活，但大多数甲壳类都生活在淡水或海洋中。水生甲壳类中的一些物种在地球上的数量最为丰富，在许多食物链中都扮演着重要角色。

身体结构

甲壳类的身体结构与昆虫、蜈蚣和马陆之间存在较大差异。它们有两对触角，复眼长在可活动的眼柄上，外骨骼因含有碳酸钙而骨化变硬，尤其在大型物种中十分常见。头和胸部通常被发达的背甲覆盖，甲壳前端向前方突出形成一个剑状突起（额剑）。胸部的体节数量不固定。腹部末端位于尾节之中。螃蟹的腹部短扁，向前曲折在宽阔的背甲之下。

甲壳类的附肢（即通常所说的“足”）有两个分叉，专门用于运动、感觉、呼吸和孵卵。第一对胸足特化为螯足，末端具爪，可进行防卫、抓握食物，甚至是求爱炫耀。胸部附肢称为步行足，通常具鳃。一些附肢的基部有助于步行，腹部的附肢通常成对（称为腹足），可用来游泳。

觅食

甲壳类的觅食方式十分多样。大型甲壳类大多通过击打、挤压或撕扯等方式捕捉或杀死猎物。许多甲壳类都是滤食动物，利用胸部附肢击打水流，然后将收集到的食物颗粒送入口中。磷虾可以一边游泳一边进食，利用胸足上的刚毛过滤食物颗粒。小型甲壳类直接摄取沉积物碎屑，从中获取生存所需的微生物。

生活史

大多数甲壳类都是雌雄异体。它们交配、产卵并孵卵，有些物种的卵在孵育室中发育，有些物种则将卵黏附在腹部的附肢上。卵通常孵化为细小的幼虫，它们随着水流漂浮、觅食并成长，最终长出体节和附肢。

红蟹的迁徙

位于印度洋的圣诞岛上生活着约1亿只红蟹。它们每年都会受到湿季第一场雨的影响，从岛内的栖息地向海岸迁移，在那里交配繁殖。先抵达的雄蟹将自己浸在海水中以补充丢失的盐和水分。雌蟹交配后，在海边待上两周左右，等蟹卵发育成熟后再沿着海岸将它们排出。

鳃足纲

鳃足类

分布：世界已知约1000属，全球广泛分布；主要生活在淡水中，部分种类生活在咸水或海洋中

鳃足纲被分为4目25科，包括背甲目（鲎虫）、枝角目（水溞）、介甲目（蚌虫）和无甲目（丰年虫）。虽然一些鳃足类的体长可达10厘米，但大多数物种都是小型动物。鳃足类大多具背甲，另一些物种的身体则被两枚薄而透明的蚌形背甲包裹。鳃足类的第一对触角和第二对小颚退化，附肢外表扁平呈叶状，边缘有刚毛，用于滤食和运动。它们用附肢有节奏地游动，或是利用第二对触角颠簸前行。许多物种都有呼吸色素血红蛋白，因此身体呈现粉红色。雌性可多次成批产卵，每批都包含数百粒卵。一些物种的卵还能抵抗干旱等不良条件。

丰年虫

除了北极和南极地区外，丰年虫（卤虫科）在世界各地均有分布，生活在咸水湖和池塘中。它们的生命周期十分短暂，适于在快速干涸的生境中生存。与所有的丰年虫物种一样，卤虫属成员（图中所示）所产的卵可以休眠长达5年。

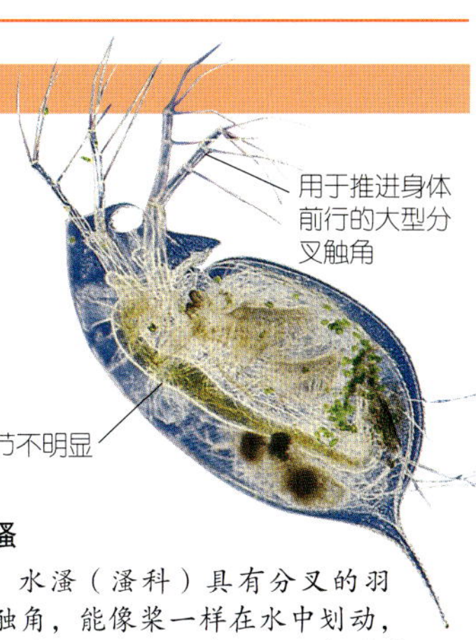

水溞

水溞（溞科）具有分叉的羽状触角，能像桨一样在水中划动，因此在湖泊和池塘中呈跳跃式前进。这些小型甲壳类每年春季都会在一些地区大量出现，为鱼类提供了丰富的食料。上图中的物种隶属溞属。

介形纲

介形虫

分布：世界已知约5386属，全球广泛分布；生活在海洋、半咸水和淡水中，少数种类为陆生

俗称种子虾，体呈灰色、褐色或淡绿色，身体很小，有的不超过1毫米，最大也就3厘米。介形纲包含6目61科。介形虫的体节不明显，整个身体完全被两枚介壳包裹，介壳呈圆形、椭圆形或是长椭圆形等形状，表面光滑或有各种纹饰，均因物种而异。其外表与双壳类（第595页）相似，都有一对壳，因含碳酸钙而呈钙化，通过闭壳肌控制两壳打开或闭合。它们的头全身最大，所有物种的头部中间都有一个单眼（即无节幼体单眼）；一些物种还具有一对复眼。

介形虫大多为雌雄异体，通过交配繁殖后代；但也有一些种类是孤雌生殖。一些介形虫能发出冷光吸引配偶，某些雄性介壳虫甚至还能同步发出闪光。卵非常坚韧，耐旱和耐寒性极强，常直接排放在水中或黏附在植物上。介形虫在水生食物链中具有重要作用，它们分布广泛，在沿岸浅水到极深的水域中都有分布，多数物种为底栖，少数过着浮游生活。介形虫中的一些种类为食腐动物，部分种类以有机碎屑或悬浮颗粒为食；还有一些种类为捕食性动物。介形虫的化石种类超过10,000种，不同的化石种类分别代表着不同的岩层，因此在指示海底石油的勘探等方面意义重大。

金星介

金星介（金星介科）分布在湖泊、池塘和沼泽湿地中，囊括了淡水中的大多数物种。有些物种营浮游生活，其他物种则为底栖生活。它们通常孤雌生殖，有些种类中的雄性甚至从未被发现过。卵能耐旱。

海萤

这一分布广泛的海生类群（海萤科）中包含了体形最大的介形虫，以及生活在深海的巨海萤属物种。海萤非常善于游泳，利用第二触角在水中推动身体前进，它们的背甲前部有触角凹，第二触角由此伸出。

颚足纲

颚足类

分布：世界已知约5386属，全球广泛分布；生活在海洋（沉积层至深海沟地带）、淡水、温泉或陆地上

颚足纲是一类种类多样的大类群，包含25目约130科，桡足类（桡足亚纲）和蔓足类（蔓足亚纲）是颚足纲中最重要的两个亚纲。桡足类广布于海洋中，总质量超过10亿吨，是鱼类的主要食物来源，在高山湖泊至温泉等淡水中也有分布。桡足类的体长通常不到5毫米，部分寄生物种的体长可达10厘米，体色通常较淡，无背甲和复眼。它们的头胸部愈合形成前体部，第一对胸部附肢用于进食，其他的胸部附肢则用于游泳。发育方式为体外发育；雄性交配时将精荚排出，然后将其黏附在雌性的交配孔旁。

蔓足类全为海生物种，可分为无柄、有柄或寄生几大类。它们的体外有由钙质板构成的坚硬外壳，以及六对附肢。蔓足类大多为雌雄同体，部分为雌雄异体。蔓足类常在船底大量附着，会让航行速度减慢三分之一。

桡足类剑水蚤

这些桡足类（剑水蚤科）利用小颚捕猎，然后用大颚将猎物撕碎。一些种类能够存活9个多月。1只雌性一生中可以产生10多对卵囊，每个卵囊中都含有50多粒卵。上图为一种淡水剑水蚤。

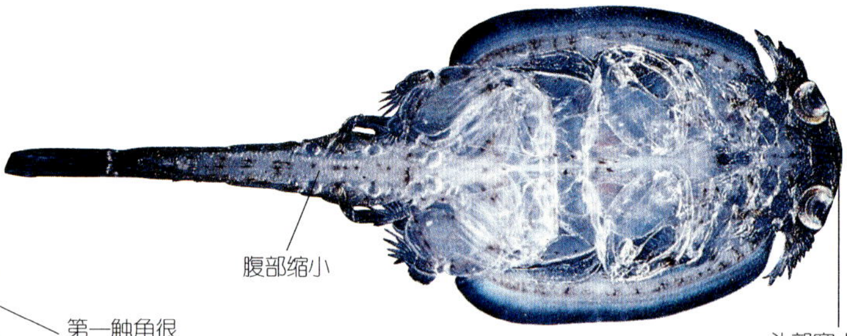

桡足类鱼虱

鱼虱科成员均寄生在海洋和淡水鱼类的身上。它们的头部较大，特化的附肢可用于抓握寄主的身体，腹部短小。部分鱼虱因身体中的血红蛋白而呈现红色。图中的鱼虱能刺穿寄主的皮肤或鳃部进行吸血。

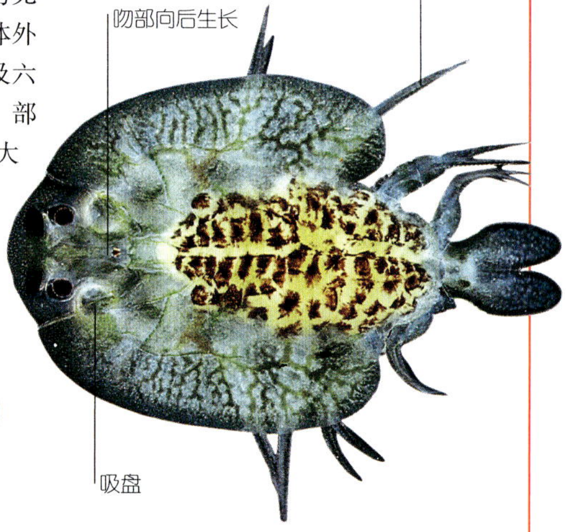

鱼虱

鱼虱隶属鳃尾亚纲下的鲺科；这种寄生物种的口器特别适于吸食，黏附在海洋或淡水鱼的体表吸食血液。鱼类受到鱼虱侵袭后，有可能感染真菌甚至死亡。鱼虱的头部和第一胸节愈合形成头胸部，胸部分为3节，腹部具1对扁平长椭圆形的叶片。上图物种是鲺科中最大的属——鲺属中的成员。

蟹奴

这只螃蟹腹面的粉红色肿块就是蟹奴（蟹奴科）的部分身体。蟹奴是一种寄生性蔓足动物，成年蟹奴身体上的根状分枝（蟹奴内体）伸入寄主体内吸取养分。一些物种会对某一地区一半以上的寄主种群造成危害，如图中的蟹奴属物种。

蔓足类茗荷

茗荷（茗荷科）栖息在极地到热带海洋的水体表面，通过一根灵活的肌肉质长柄将身体固着在海洋漂浮物上生活。幼虫营自由生活，成年后固着在海藻、浮木、海龟和轮船上生活。图中的茗荷是体形最大的一种，体长多达80厘米。

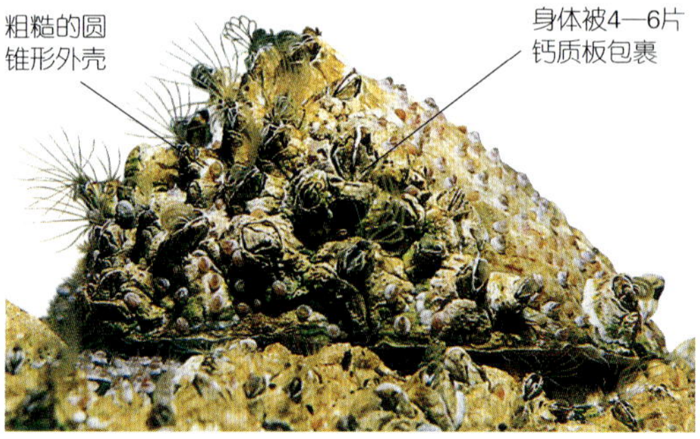

蔓足类藤壶

古藤壶科物种的体宽和体长可超过10厘米，但大多数成员的体形都较小。它们大量附着在物体表面，滤食流经身边的食物颗粒。图中的大西洋藤壶生活在北极地区的潮间带，能够经受严寒的考验，夏季离开水后仍可存活9个多小时。

软甲类

分布：世界已知38,032属，全球广泛分布；生活在海洋潮间带至深海区、淡水中、陆地生境

软甲纲是甲壳类中数量最多、形态结构最复杂的一纲，包含18目606科，其成员甘氏巨螯蟹是现存体形最大的甲壳类，足展达4米，与其他足展不到1毫米的小型软甲类形成鲜明对比。虽然软甲类在体形上存在巨大差异，但各个成员之间仍有许多共同特征。它们的体色通常十分鲜艳，粗糙的外骨骼因含有碳酸钙而骨化变硬。

背甲（如果有）覆盖在身体背部，或向两侧延伸盖住体侧的部分附肢及鳃，作用与鳃腔一样，不覆盖腹部。眼睛通常长在眼柄上，触角突出。躯干由8个胸节、6个腹节及扁平的尾节构成，尾节能快速扇动以推动身体逃离敌害。许多物种的前三对胸部附肢特化为颚足，用以进食；其余的附肢用于步行。腹部附肢（腹足）用于游泳、掘穴、交配和孵卵。

大多数物种均隶属十足目，包含常见的虾、淡水螯虾、螃蟹和龙虾。它们的第一对附肢通常较大并具爪。软甲类是海洋食物链中的一个重要环节，许多体形较大的物种都有经济价值。

虾蛄

虾蛄（虾蛄科）能利用独特的穿刺（有时是猛击）方式抓获猎物。它们的第二对颚足很大，专门用于穿刺，并且能对猎物实施快速击打。虾蛄的身体扁平柔韧，复眼长在眼柄上。它们中的一些物种（右图）栖息在热带和亚热带海域，具有领域性。

磷虾

磷虾（磷虾科）的身体细长，外表似虾，借助颚足上的刚毛过滤水中的食物颗粒。磷虾是群居动物，身体能发出磷光。左图中的物种为南极磷虾，它们通常集群活动，总重量有时会超过200万吨。生活在南大洋中的磷虾是须鲸的重要食物来源。

对虾

对虾隶属长臂虾科，它们的背甲向前延伸，形成边缘可能带有锯齿的额剑。大多数物种的身体无色透明，用爪捡拾食物。锯额长臂虾（左图）的触角极长，达体长的1.5倍，能探测捕食者的存在。这种虾是一类常见的食物，因此被人们大量捕捉。

虾

虾的身体中具有色素细胞，因此这些底栖杂食动物（褐虾科）能够变换体色。它们的背甲向前延伸形成边缘光滑的短刺状额剑。左图中的褐虾是欧洲沿岸地带的经济海产。

玉虾

这种虾（玉虾科）在浅水区的淤泥中建造U形、Y形或是分叉的通道。它们身体柔软，捕食小型生物和蠕虫。一些地区会捕捞它们当作鱼饵。左图中的物种隶属玉虾属。该属成员的第一对颚足要比其余的颚足大很多。

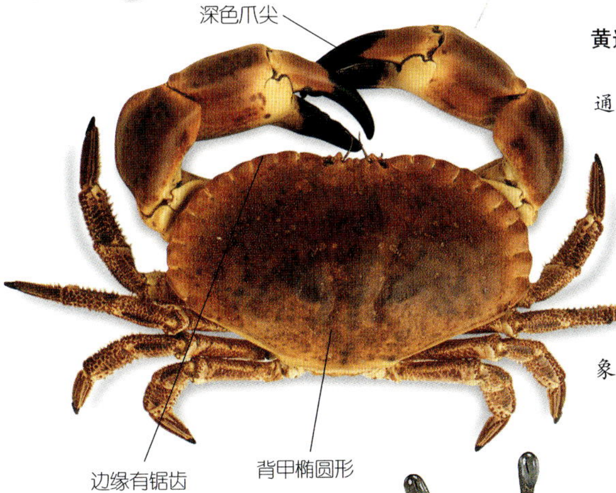

黄道蟹

成年黄道蟹（黄道蟹科）通常在海底生活，捕食其他无脊椎动物，并取食动物尸骸。普通黄道蟹（图中所示）的背甲边缘非常特别，与“馅饼皮”类似，分布在欧洲的大西洋、地中海和非洲西部的海岸带，体宽多达30厘米。在许多地区都是经济捕捞对象，如今已很难见到大型个体。

梭子蟹

梭子蟹的后足似桨，有助于游泳。与其他蟹类一样，梭子蟹的腹部很短，像尾巴一样折叠在身体下方。图中的岸蟹可将自己埋在泥沙中，它们在北美洲被称为绿蟹，并且不像梭子蟹科的其他成员那样善于游泳。

幽灵蟹和招潮蟹

沙蟹科的幽灵蟹和招潮蟹在热带低洼海岸数量极多。幽灵蟹生活在沙滩上的洞穴中，夜间出洞活动，摄食被潮水冲到岸上的食物碎屑。它们视力敏锐，奔跑速度极快，一遇到危险便立刻钻入洞穴中。招潮蟹体形稍小，生活在红树林沼泽中的泥穴中。雄性拥有1只大螯，不仅能当作求爱工具，也能用来警告竞争对手。光是螯肢的重量几乎就已占到了体重的一半。招潮蟹在淤泥中摄食，取食有机物颗粒。全世界共有97种招潮蟹；图中所示的是生活在非洲至亚洲东南沿海的凹指招潮蟹。

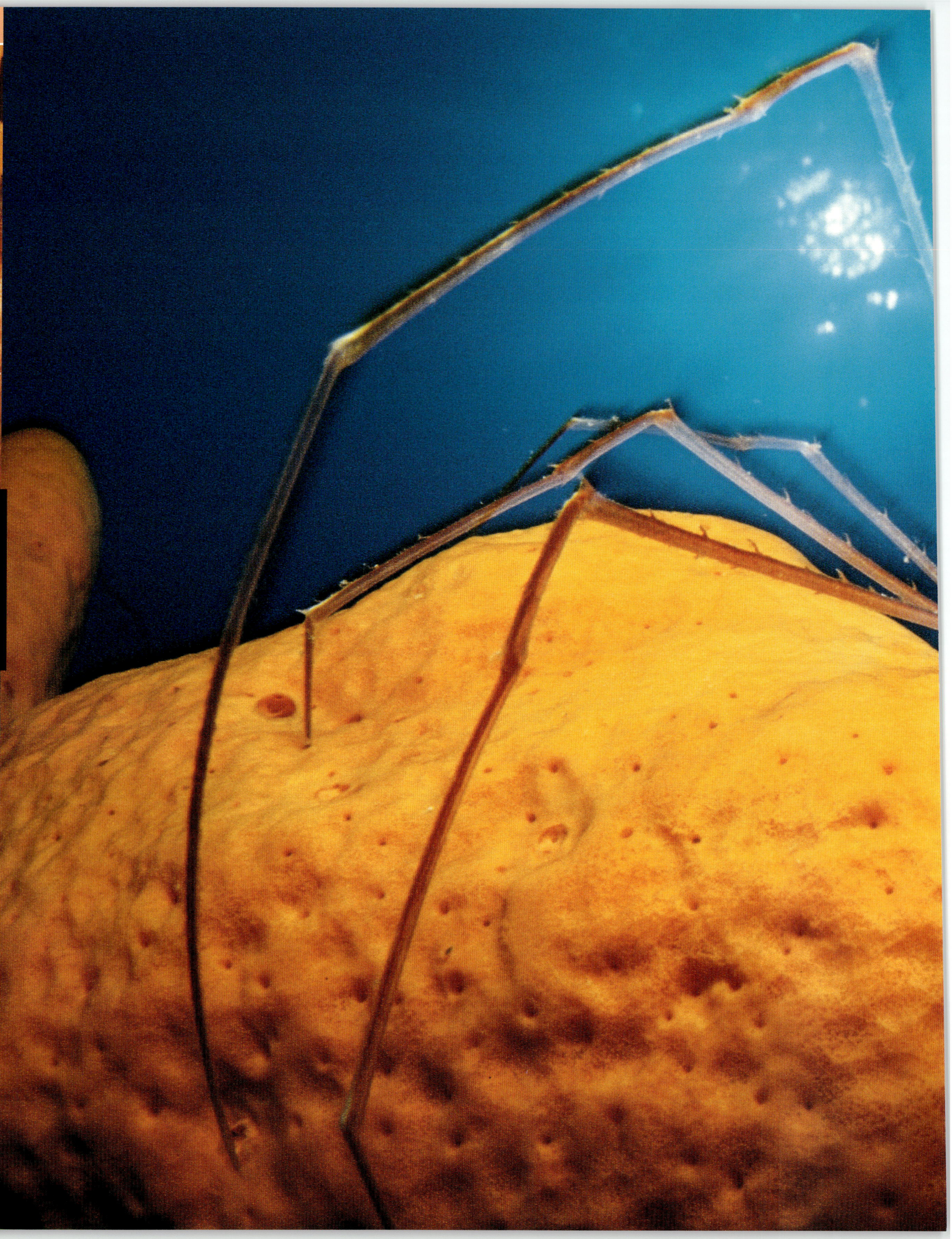

软甲纲

蜘蛛蟹总科

蜘蛛蟹及其近亲

分布：世界已知1026属，分布在两极地区以外的所有海洋中；生活在潮间带至水深2000米处

蜘蛛蟹的典型特征是背甲呈三角形，前缘缩窄形成细长的额剑。蜘蛛蟹大多足部细长，这也是它们被称作“蜘蛛蟹”的原因。但大多数情况下，它们的螯足比其他附肢长不了多少。蜘蛛蟹能用螯足将海绵、海草、水螅虫，甚至是木屑和破碎的虫管等腐殖质黏在自己的背甲和足部的毛发上。一些物种会在身上挂满这些东西，保护自己不被捕食者发现。若是被迫转移到其他地方，有些蜘蛛蟹还会根据新的环境来改变自身的伪装，因而获得装饰蟹或面具蟹等别称。蜘蛛蟹的体形大小不一，小型物种的背甲长约8毫米，巨型物种的背甲长达50厘米，如下图中的日本岛蟹（又名巨大蛛蟹）。

甘氏巨螯蟹

甘氏巨螯蟹是现存最大的节肢动物，足长有可能会超过1.5米。

箭蟹

箭蟹的背甲上具有从眼睛一直向后延伸的黄线，箭头状的额剑使它得到黄线箭头蟹这一俗称。

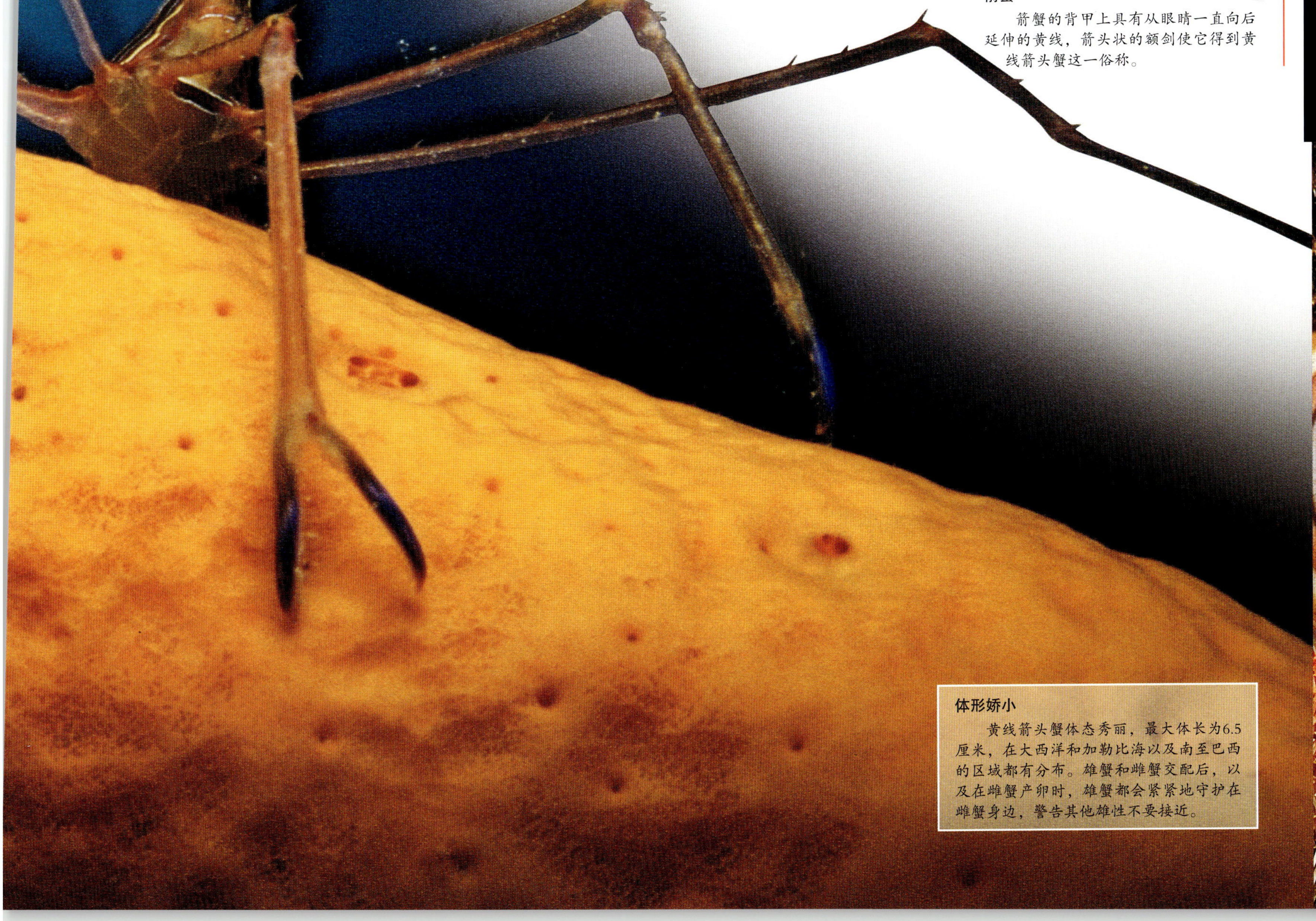

体形娇小

黄线箭头蟹体态秀丽，最大体长为6.5厘米，在大西洋和加勒比海以及南至巴西的区域都有分布。雄蟹和雌蟹交配后，以及在雌蟹产卵时，雄蟹都会紧紧地守护在雌蟹身边，警告其他雄性不要接近。

软甲纲

铠甲虾

铠甲虾隶属铠甲虾总科，它们行动十分缓慢，但多数物种能用腹部快速向后游动以逃脱捕食者。大部分铠甲虾主要在夜间活动，白天藏身于岩石底下和缝隙中。图中的蓝纹铠甲虾生活在欧洲浅海地带。

寄居蟹

寄居蟹（寄居蟹总科）最典型的特征是把腹足类的壳当作栖身之所，当身体逐渐长大后，便抛弃旧壳另换新居。上图中的斑点真寄居蟹分布在欧洲北部和西部海岸，栖息在沙质和岩质浅岸地带。

陆寄居蟹

与寄居蟹一样，陆寄居蟹（陆寄居蟹科）也寄居在其他动物的壳内。上图中的椰子蟹（又称盗蟹）是陆寄居蟹中的特例，它们并不寄居在壳内。椰子蟹是现存最大的陆栖甲壳类，体重多达4千克，生活在热带地区，以椰果为食。它们擅长爬树，但由于行动缓慢而极易捕捉，部分地区的种群数量正在逐渐减少。

淡水螯虾

淡水螯虾隶属正螯虾科，外表类似小型龙虾。前三对足具爪，第一对足最大。它们穴居在泥沙中，白天躲藏起来。上图中的白爪螯虾栖息在欧洲西南部含氧量极高的溪流中。

龙虾

海螯虾科中包含有最大和最具重要经济价值的甲壳类——龙虾。龙虾的体长多达1米，粗糙的圆筒形背甲上有明显的背中沟，腹部长，尾扇宽大，可扇动水流向后方快速逃逸。上图中的欧洲龙虾的体背呈蓝色，腹部呈淡黄色，夜间活动，利用大螯足夹碎软体类，取食其肉。

鼠妇

鼠妇（鼠妇科）能将身体紧紧地卷成球状进行自卫。它们的背部和身体后段呈圆形。通常为陆生，腹部附肢上的两对肺状器官（唇瓣环沟）用以呼吸。许多物种的新生个体只有一对足，少于成体的足部数量。图中为鼠妇。

潮虫

潮虫（潮虫科）大多为陆生，生活在潮湿的微生境中，如朽木、石块下和洞穴中。扁平身体上的分节明显，无背甲。雌虫前五对步足的基部具有由抱卵板构成的孵育囊。左图中潮虫的身体呈现闪亮斑驳的灰色，体表有两行浅色斑。

糠虾

糠虾科成员有着独特的运动感觉器官，位于尾节两侧最内的1对片状附肢基部。大多数糠虾在世界各地均有分布，栖息在河口地带或海洋中（从沿岸到深海），在水中浮游生活。糠虾的身体柔软细长，大多呈浅色或半透明，深水物种体呈红色。许多糠虾会在浅海或河口附近大量聚集，是鱼类和人类的重要食源。

麦秆虫

麦秆虫俗称骷髅虾，隶属麦秆虫科，它们不会游泳，通常附着在海草上生活，以周围水中悬浮的藻类和动物幼虫为食。麦秆虫的身体极为细长，胸部呈细杆状，腹部细小。图中的物种隶属麦秆虫属，该属拥有140多位成员，是麦秆虫科中数量最多的一个属。这类动物的近亲生活在鲸鱼和海豚身上。

钩虾

钩虾及其近亲（钩虾科）生活在海岸带和淡水中，通常在腐烂的植物中活动。大多数种类腹部弯曲，遇到危险时能将身体弹开，如图中的欧洲物种。

海蜘蛛

门：	节肢动物门
亚门：	螯肢亚门
纲：	海蜘蛛纲
目：	海蛛目
科：	13科
种：	约1330种

海蜘蛛是非常罕见的海生节肢动物，体小呈圆柱形，足部细长，因外表形似蜘蛛而得名。海蜘蛛分布在所有的海洋中，生活在沿岸浅海到深海区。大多数海蜘蛛营海洋底栖生活，也有一些物种能够游泳。物种数量最多且体形最大的个体均分布在深水区，足展达75厘米。

觅食

海蜘蛛大多为食肉动物，以海绵、海葵、珊瑚虫、水螅虫和侧孔珊瑚等海生软体类为食。它们通常跨立在猎物身上进食，用吻吸取猎物的身体组织，或用螯肢将猎物扯碎后送入口中。

身体结构

海蜘蛛的头部很小，躯干由3个体节构成，腹部短小，头部的突起上长有4只眼睛。海蜘蛛的头部还有用于觅食的吻，两根末端具爪的附肢（螯肢），其中的第二对也称为须节。大多数海蜘蛛的躯干有4对步足，但一些物种却具有5—6对。第一对步足用于抱卵和孵化。海蜘蛛没有呼吸或排泄器官：气体和未吸收的食物通过扩散作用进入并排出体内。

横跨猎物

黄膝海蜘蛛正在取食水螅珊瑚群体。当它们的身体在猎物上方移动时，足部会展开。

有丝海蛛科

有丝海蛛

分布：世界已知268属，分布在大西洋海岸带；生活在潮间带至浅海水域

有丝海蛛身体细长，吻部粗壮，相比其他海蜘蛛更为活泼，常常四处游动。有丝海蛛体长1—8毫米。前面的第一对附肢（螯肢）通常具爪。雌雄两性的携卵肢由10节组成，用于抱卵，最多可携带内含1000粒卵的卵团。另外还有4—6对步足。这类海蜘蛛以软体无脊椎动物为食，如水螅虫和苔藓虫。大多数物种栖息在深水区，部分物种栖息在沿岸浅水区。

有丝海蛛属一种

这些身体光滑的动物常常会被忽视，因为它们的体形实在太小。它们的足长有可能是体长的3—4倍。

鲎

门：	节肢动物门
亚门：	螯肢亚门
纲：	肢口纲
目：	1目（剑尾目）
科：	1科（鲎科）
种：	4种

俗称帝王蟹，它们的种类和数量在3亿多年前极为繁盛，如今只剩下少数几种鲎。虽然也被称为蟹，但它们并非甲壳类，而是蜘蛛的近亲。鲎生活在美洲北部和亚洲东南部的沿海浅水区，春季最为常见，因为它们会从海中出来进行交配和产卵。

觅食

鲎是食腐动物，会钻入泥沙中寻找软体类、蠕虫和其他海洋动物。它们利用螯肢或是前4对步足捕捉猎物，随后将猎物送入口中。

身体结构

鲎的头部和胸部愈合形成头胸部，头胸部被粗糙的马蹄形背甲包裹，腹面有7对附肢，包括1对螯肢、1对须节、4对步足和1对唇瓣。腹部后端为尾剑，腹部附肢特化为5对薄板状的书鳃。鲎的背甲前端有1对单眼，外侧各有1个复眼。

繁殖

鲎类每年春季都会在美国的大西洋沿岸聚集进行繁殖。雌鲎将卵产在沙子中，雄鲎随后会将精子排在卵上。

鲎科

鲎

分布：世界已知4属，美洲北部1种，亚洲东南部3种；海洋底栖生活

现存的4种鲎均隶属鲎科。它们的头胸部具有马蹄形的背甲，尾剑外露，俗称马蹄蟹。鲎的身体呈浅褐色，体长达60厘米。腹部与头胸部愈合，腹面的鳃呈薄板状；腹甲后方的尾剑能将倒转的身体翻转过来。它们的血液呈蓝色，所含成分已被用于医学研究。

美洲鲎

美洲鲎还未成为濒危物种，但却因为受到过度捕捞、生境丧失和产卵地点受到干扰而导致种群数量下降。它们的卵是许多海鸟的食物。

蛛形动物

门：	节肢动物门
亚门：	螯肢亚门
纲：	蛛形纲
目：	12目
科：	661科
种：	103,000种

蛛形动物的种类十分丰富，包括常见的蜘蛛、蝎子和盲蛛。然而，到目前为止，该类群中最常见且分布最广的成员却是蜱螨类。蛛形动物的身体分为头胸部和腹部，附肢4对（与昆虫不同，昆虫的身体分为3个部分，附肢3对）。大多数蛛形动物为陆生，仅有约10%的蜱螨类和一种蜘蛛生活在淡水中。

身体结构

蛛形动物的身体分为头胸部和腹部。头胸部由头和胸部愈合而成，与腹部相连，有些物种的头胸部和腹部之间通过细窄的腹柄相连。蛛形动物的头胸部长有6对附肢。第一对附肢（螯肢）的末端呈钳状或尖牙状，主要用于取食。第二对附肢（须肢）呈腿状或是末端具爪。其他4对附肢为步足，一些物种的第一对步足很长，是主要的感觉器官。腹部由较小的体节组成，或是细长如尾。腹内有呼吸器官，气体通过书肺或气管进行交换。蜘蛛的腹部还具有丝腺。

觅食

蛛形动物大多是食肉动物，少数为食腐动物，一些螨虫是寄生物种。大型蛛形动物通常依靠力量制服猎物，而蜘蛛、蝎子和伪蝎则向猎物注射毒液。由于蛛形动物的嘴巴很小，因此无法消化大块食物。它们通常将消化液释放在猎物身上，随后吸食化为液体的身体组织。蝎子的口器前端具有小腔室，猎物的小片残骸可在里面部分消化。一些蜘蛛依靠视觉捕猎，它们大多悄悄接近并捕捉猎物。另一些则能制造蛛网进行捕食。例如，一些蜘蛛利用带有黏性的蛛丝建造螺旋形蛛网（圆网）；某些热带物种编织的蛛网大而坚韧，足以陷捕小鸟。还有一些蜘蛛会先编结出小型蛛网，当有猎物经过时，使用足部把蛛网撑开，将猎物罩住。

繁殖

大多数蛛形动物中的雄性利用须肢、螯肢或足将精荚传递给雌性。雌性产卵，一些蝎子的卵产出后便立即孵化。部分物种的幼体在雌性体内发育或孵化。许多蛛形动物都有亲代抚育行为，会保护自己的卵。

捕猎

与大多数蛛形动物一样，狼蛛也捕食活的猎物。图中的狼蛛用螯肢刺穿了蝗虫，螯肢末端有尖钩。旁边的须肢则用于控制猎物。狼蛛的视觉极为敏锐，通常在夜间狩猎。

蝎目

蝎子

蝎子是蛛形动物中最原始的一类，特征是具有大型钳状须肢，后腹部细长，末端有尾刺。蝎子夜间捕猎，通常借助触觉寻找猎物。它们有时会用尾部的毒刺使猎物瘫痪，但毒刺的主要功能还是用于防卫。雌蝎直接产下幼蝎，子女们出生后都爬到母亲的背上生活。蝎目包含15科，约1500个物种。

钳蝎科

钳蝎

分布：世界已知651属，全球广泛分布，多见于温暖地区；栖息在岩缝、石块、木头和树皮下

钳蝎的体形虽然相对较小，体长只有8—12厘米，但却是最具危险性的蝎子。它们的强效毒液能够麻痹心脏和呼吸系统，使其丧失功能。

巨尾钳蝎

这种钳蝎栖息在矮树丛生的开阔地带，可见于西亚和北非的部分地区。它们的毒液已经有了解药。

蝎科

蝎子

分布：世界已知196属，分布在非洲、亚洲和澳洲；栖息在缝隙、洞穴中、石块或木头下

蝎科包含有世界最大的蝎子，体长达21厘米。虽然它们看上去很吓人，但大型蝎子的毒性通常比小型物种要小，并且主要依靠力量制服猎物。蝎子大多挖土寻找猎物，捕食蜘蛛、蜥蜴，甚至是小型哺乳类。它们的尾刺不仅能让猎物丧失行动能力，还可能在复杂的交配仪式中蜇刺配偶。雌蝎每胎可产30—35只幼蝎，幼蝎首次蜕皮后，会继续待在母亲的背上。这类蝎子的胸板略呈五角形，钳蝎的胸板则为三角形。

帝王蝎

帝王蝎中一些个体的体重可超过60克。帝王蝎分布在非洲中部和西部的热带森林，栖息在落叶中。

伪蝎目

伪蝎

伪蝎因缺少后腹部和尾刺而被称为假蝎。伪蝎目包含25科，约3300个物种，外形均与蝎子类似。它们的毒腺位于须肢的钳子上，在自己建造的丝巢内蜕皮、育幼和越冬。蝎卵产在特殊的育幼囊中。雌蝎会爬到其他动物身上，然后被带到新的栖息地中。

木伪蝎科

木伪蝎

分布：世界已知498属，全球广泛分布，尤以北半球地区为多；生活在落叶、土壤、洞穴中

栖息方式：陆栖

木伪蝎科物种的体形很小，体长1—5毫米，通常长有2对眼睛，但生活在洞穴中的物种眼睛数量较少或是完全没有。木伪蝎的体色多变，从橄榄色到深褐色都有，并有红色、黄色或浅黄色调。步足略带绿色，由两节组成。须肢的钳子上具毒腺；猎物被麻痹后，木伪蝎便用大型口器将其撕碎。

英伦木伪蝎

本种体长3—3.5毫米，分布在爱尔兰、英格兰和法国的海岸带，栖息在岩缝中和石块下。

书蝎科

书蝎

分布：世界已知292属，全球广泛分布，尤以温带地区为多；生活在落叶中、树皮上

与木伪蝎不同的是，书蝎的螯肢指尖具毒腺，能分泌毒液麻痹猎物。钳指内缘无锯齿。书蝎体长1.5—5毫米，眼睛通常为1对。体色浅白色至深褐色或黑色，常略带红色或黄褐色，并有深色斑纹。许多书蝎的交配行为都很复杂，雄蝎和雌蝎会握住彼此的须肢，然后双双起舞。

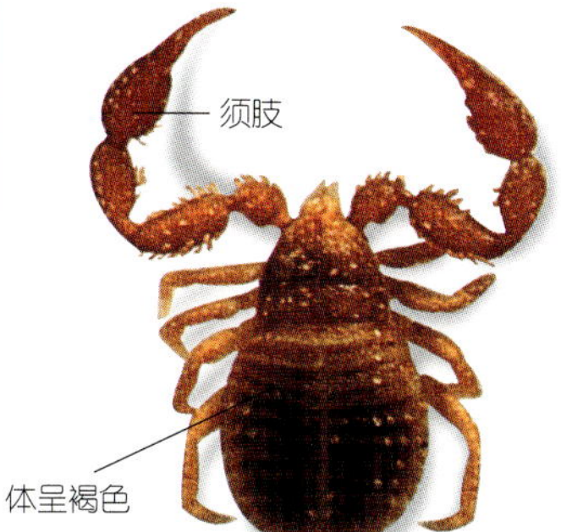

螯伪蝎属一种

虽然该属中的多数成员都分布在北半球地区的各种生境中，但一些物种却只分布在海岸带。

避日目

避日蛛或风蝎

避日目的物种既不是真正的蜘蛛，也不是蝎子，它们都没有毒腺，利用强大的钳状螯肢杀死并嚼食猎物。它们的腿状须肢上的吸盘能在进食时控制猎物。避日目包含12科，约1100个物种，大多分布在美洲北部或是热带地区。

避日蛛科

避日蛛

分布：世界已知190属，分布在非洲和亚洲西部的部分地区；生活在地面、石块、木头下和土穴内

避日蛛体呈浅白色、褐色或淡黄色，有时带有鲜艳的斑纹，体长0.6—6厘米，4对步足的跖节数量互异，除了第一对附肢外，所有附肢的爪子表面都很光滑。避日蛛的螯肢朝向前方，用以捕杀猎物；小型物种和幼虫取食白蚁。雌蛛每次能产20—100粒卵。部分物种在白天活动，另一些则于夜间在树冠层捕食，白天钻入土穴中，或在缝隙和石块下藏身。

纳米比亚避日蛛

这种避日蛛生活在纳米比亚的纳米布沙漠。与所有避日蛛一样，若拿起时不小心就会被咬伤，不过它并没毒腺。

沙风蝎科

沙风蝎

分布：世界已知83属，分布在美洲南部、中部和北部的温暖地带；生活在腐烂的树桩上

沙风蝎科包含体长0.4—2厘米，体形相对细长的物种。它们的身体带有褐色，头部前缘呈圆形，第一对附肢的跖节无爪。多数物种夜间活动，白天藏身于泥土中。一些小型物种在白蚁巢的穴道中藏身，或是躲在木材蛀虫的通道中。这类蛛形动物以各种节肢动物为食。雌蝎一生中至少产卵两次，每次可产下20—150粒卵。

史氏苗条蜘蛛

本种分布在佛罗里达州和北美洲南部的其他地区，栖息在腐朽树皮中。

有鞭目

鞭蝎

鞭蝎的身体扁平，腹部末端具尾鞭，防卫时能从腹部的一对肛门腺中喷出酸性液体。它们的螯肢外形类似蜘蛛的毒牙。有鞭目仅包含1科，共106个物种。

长尾鞭蝎科

长尾鞭蝎

分布：世界已知106属，分布在美洲北部和南美洲东北部；栖息在落叶、石块下和腐烂木头中

长尾鞭蝎夜间捕猎，白天藏身于地下洞穴中。它们没有毒刺，但却能喷出酸液，射程超过60厘米，螯肢夹人很痛。如果不算尾巴，它们的体长可达7.5厘米。

长尾鞭蝎属一种

这种动物体呈深褐色，身体粗糙扁平，分布在亚洲东南部地区。

无鞭目

无鞭蝎

无鞭目包含5科，约160个物种，均没有毒腺。无鞭蝎昼伏夜出，栖息在洞穴中，螯肢具有分节，状如毒牙，须肢大而闪亮，第一对步足十分细长。

鞭蛛科

鞭蛛

分布：世界已知59属，分布在热带和亚热带地区；栖息在石块、树皮下、落叶和洞穴中、石堆中

鞭蛛体呈褐色，带有深色斑纹，体长0.5—6厘米。受到惊扰时，它们会迅速向旁边逃离。雌蛛将卵携带在腹部下方，直到幼蛛孵出并第一次蜕皮。

鞭蛛属一种

这种鞭蛛产自美洲中部地区，细长的前足向后弯曲，摆出典型的栖息姿势。

盲蛛目

盲蛛

盲蛛也称收割蛛或长脚蛛，它们易与蜘蛛混淆，但是它们的身体呈卵圆形，头胸部和腹部之间没有腹柄。它们的步足细长，足端具有小爪。它们的口器很小，防卫时能够释放有毒分泌物。盲蛛采取直接受精方式进行繁殖，这一特征在蛛形动物中非常罕见。盲蛛目包含48科，至少6125个物种。

中美盲蛛科

中美盲蛛

分布：世界已知708属，主要分布在美洲北部和南部的热带地区；栖息在石块下、碎屑中

中美盲蛛与大多数盲蛛一样体色暗淡，但一些热带物种却呈绿色或黄色，少数物种能在数周内改变体色，以求和周围的环境融为一体。中美盲蛛体长5—11毫米不等。雄蛛小于雌蛛，但附肢更长，螯肢也更大。它们的眼睛紧挨在一起，位于被称为"假眼"的塔台上。雌蛛利用产卵器在泥缝中产卵。

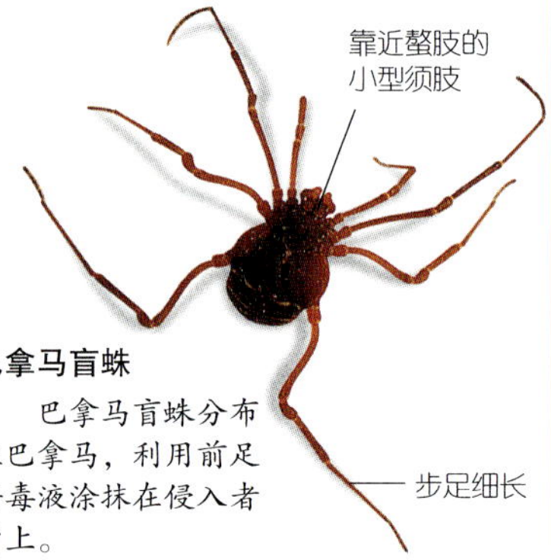

巴拿马盲蛛

巴拿马盲蛛分布在巴拿马，利用前足将毒液涂抹在侵入者身上。

长奇盲蛛科

长奇盲蛛

分布：世界已知381属，全球广泛分布；栖息在石块下、树林的落叶中、草原地区

长奇盲蛛的足展多达10厘米，但体长却很少超过1厘米。与其他盲蛛一样，它们的眼睛也紧挨在一起，长在高耸于身体其余部位的"转柄"之上。雌雄外表不同，雄蛛具有极为明显的大螯肢。雌蛛每次能产20—100粒卵，将它们埋在土中或是藏在树皮下。长奇盲蛛大多为夜行动物，喜好潮湿的生境。它们既食肉，也食腐。

长奇盲蛛

这种昼行性物种分布在北半球地区，喜欢在有阳光照射的地方活动，栖息在树林、花园和草地中。

蜱螨目

蜱和螨

蜱螨目约包含438科，超过48,200个物种，它们几乎生活在各种环境中，尤以陆地为多。许多蜱螨类都危害农作物和储藏的食物，有些寄生物种还会侵袭哺乳类、鸟类和爬行类。大多数蜱螨类的体长不到1毫米，蜱虫吸血后体形变得更大，它们与蜘蛛的不同之处在于身体没有分节。

硬蜱科

硬蜱

分布：世界已知686属，全球广泛分布；栖息在有鸟类、哺乳类和某些爬行类寄主分布之处

硬蜱的背部具有坚韧的背甲，雄蜱的背甲几乎覆盖整个背面，而雌蜱的背甲仅覆盖着体背的前一部分。硬蜱的腹部非常柔韧，因而能大量吸食血液。头部前半段向前突出形成假头，并且还具备刺吸式的取食口器。硬蜱体长0.2—1厘米，吸食血液后身体可增大数倍。它们的体色为黄色至红色或黑褐色；一些物种的花纹复杂。某些硬蜱携带的致命病菌能对人类传播脑炎和莱姆病等疾病，也会对家畜传播疾病。

美洲花蜱

美洲花蜱常见于美洲中部的草原地带。

绒螨科

绒螨

分布：世界已知279属，全球广泛分布，尤以热带地区为多；栖息在土壤中或土表，某些种类生活在淡水中

绒螨因体表丝绒状的"毛"而得名，这些体呈鲜红色或橙色的螨虫成年后以昆虫的卵为食，幼螨多寄生在昆虫、蜘蛛和盲蛛等动物身上。成年绒螨通常在雨后爬出土壤，然后产卵。

恙螨属一种

本种在世界很多地区均有分布。图中的物种产自非洲南部地区，体长达1厘米。

叶螨科

叶螨

分布：世界已知689属，全球广泛分布；生活在各种树木、植物和灌木上

栖息方式：栖息在各种生境中

这类身体柔软的螨虫体呈橙色、红色或黄色，体长0.2—0.8毫米。许多种类都会吐丝。卵产在叶片上，幼虫有丝网进行保护。叶螨吸食植物汁液，侵扰严重时会对植物造成损害。

叶螨属一种

温带地区的叶螨数量极多，每年可以繁殖4—5代，是落叶果树上的害虫。

蜘蛛目

蜘蛛

独特的外表和能够抽丝结网是蜘蛛区别于其他节肢动物的主要特征。典型的蜘蛛有8个单眼，身体分为头胸部和腹部，1对螯肢上具有发达的毒腺，须肢呈足状。这些附肢有感觉功能，雄蛛利用须肢传递精子。所有的蜘蛛都是食肉动物，进食前先向猎物注入毒液。部分蜘蛛利用蛛丝捕猎，但蜘蛛们也利用蛛丝保护蛛卵，它们会将卵袋悬挂在蛛网上，甚至能依靠风力将它们散播到各处。全世界共有约110个科，超过42,000种蜘蛛，它们生活在从热带雨林到地下室和洞穴在内的各种陆生环境中。

圆蛛科

圆蛛

分布：世界已知3006属，全球广泛分布；栖息在草地、沼泽、林地、森林和花园中

栖息方式：陆栖

圆蛛大多都会编织圆网，这种蛛网由沿框架中心向外辐射的纵丝，以及具有黏性和不带黏性的螺旋丝构成。圆蛛通常在蛛网上捕猎，猎物落网后便用蛛丝将其捆住，最后切断网丝将猎物带到隐蔽的位置进食。一些圆蛛还会用蛛丝编织出可反射紫外光的隐带，防止蛛网被鸟类破坏。然而，也有少数圆蛛不结网，这些蜘蛛通常在夜间捕猎，利用一根末梢带有黏性的蛛丝黏捕飞蛾。

这种生活在巴布新几内亚的络新妇属物种能编织出坚韧的巨型蛛网，人们甚至能用这种蛛网捕鱼。圆蛛的腹部很大，颜色鲜艳带有花纹，热带物种的腹部还可能有独特的棘状突。圆蛛的步足上具3个爪，足上长满尖刺。8个眼睛中，位于中间的4个通常排成正方形。圆蛛体长0.2—4.6厘米。雄蛛在蛛网上接近雌蛛，然后拉扯蛛丝以吸引对方。雌蛛在卵袋中产卵，卵带的保护色使之能隐藏在网中或枯枝落叶中，有些则被黏附在植物或树皮上。

十字圆蛛

十字圆蛛体色多变（从浅红色至近乎黑色），栖息在欧洲和美洲北部的树林和花园中。其蛛网宽度接近50厘米。

棘腹蛛

这些身体粗糙，腹部长有棘刺的圆蛛分布在美洲北部和南部地区，栖息在灌木和树木上，它们通常待在蛛网中间，蛛网有时也建造在房屋的墙壁上。

细瘦棘蛛

俗称棘腹蛛，栖息在美洲北部的林地和森林中。

草蛛科

草蛛

分布：世界已知1146属，全球广泛分布；栖息在沼泽、花园、灌丛、房屋、石头中和墙壁上

草蛛的足通常很长，单眼8个，体表有羽状细毛，椭圆形的腹部带有深色条纹、波浪纹或斑点，体长0.6—2厘米。草蛛的网杂乱缠结，呈漏斗状，网底具筒状出口。雌蛛用反刍过的食物喂养幼蛛，一些物种的雌蛛死亡后，会被幼蛛吃掉。

巨草蛛

巨草蛛的足展多达8厘米，能够快速奔走。隅蛛属物种也俗称家蛛。掉入浴缸中的大蜘蛛通常也是该属成员。

并齿蛛科

并齿蛛

分布：世界已知176属，分布在美洲北部、南部和欧亚大陆

全世界有超过100种的并齿蛛都在石缝或木头下结网，其中最有名的水蜘蛛（水蛛属），生活在水下，并利用腹部浓密的被毛从水面上获取空气，然后回到水中，将腹部的气泡注入水生植物上用丝建造的“钟形住所”进食、交配、休眠和保存卵。

水蜘蛛

水蜘蛛长期生活在静水或流速缓慢的水中，它们的腹部被毛可以捕获空气，使其外表看上去就像一个银球。

六疣蛛科

漏斗网蛛

分布：世界已知178属，分布在美洲、非洲、亚洲和澳洲的热带地区；栖息在树木间，地面上

六疣蛛隶属原疣亚目，其中包括捕鸟蛛（第593页）。与其他蜘蛛不同的是，这类蜘蛛相对原始，螯肢可以上下活动，而非像镊子般横向钳合。漏斗网蛛体长1—3厘米，体色通常呈深褐色。大多数物种织造漏斗状的网，蛛网通向倒木残干的缝隙或岩缝的藏身处。某些物种有剧毒。

悉尼漏斗网蜘蛛

本种原产于澳洲东南部地区，是世界上最毒的蜘蛛之一。被这种极具攻击性的蜘蛛咬到后会出现严重症状，如果不及时救治可能还会导致死亡。

皿蛛科

皿蛛

分布：世界已知4378属，大多分布在北方温带地区，某些种类分布在北极地区；栖息在石头上和植物中

这类蜘蛛体小，体长很少超过1厘米。它们的螯肢较大，具有锋利的齿。足部的刚毛强壮，雄蛛的背甲可能会延伸突起，眼睛也有可能长在上面。皿蛛生活在落叶中或在植物中编织独特无黏性的水平片状蛛网。蛛卵黏附在石头、植物和其他物体表面。这类蜘蛛能利用长蛛丝随风飘荡，进行长距离的旅行。

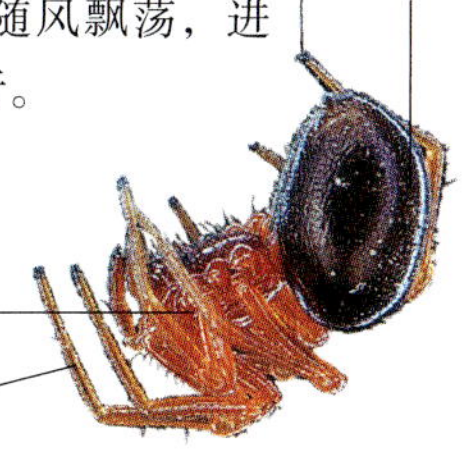

膝关蛛属一种

这类小型蜘蛛广泛分布在北半球地区，栖息在灌木丛林地和草地中，喜好低矮的荫蔽灌丛。

无脊椎动物

蜘蛛目

跳蛛科

跳蛛

分布：世界已知5000属，全球广泛分布；栖息在草地、沼泽、林地、森林和花园中

跳蛛科约有5000个物种，是蜘蛛目中数量最多的一科。大多数跳蛛的身体粗短多毛，体长2—16毫米，体色暗淡，但许多热带物种却有着鲜艳的色彩和复杂的花纹。

部分跳蛛非常类似蚂蚁，它们能在外表和行为上模仿猎物。虽然不同物种间的差别极大，但它们的眼睛都大而突出。跳蛛的背甲呈矩形，背甲后端圆钝、前端呈方形，前端的垂直面上排列着4只眼睛，其他4只眼睛位于头胸部的前部背面。前端中间的两只眼睛特别大，模样类似旧式的车头灯。这些眼睛能让跳蛛精准地判断猎物的距离、形状和行动，使它们成为蜘蛛中视力最为敏锐的一类。跳蛛的眼球囊后方可以移入头部，使猎物的影像始终保持在视网膜的中央。外侧较小的1对眼睛和位于背甲后方的1对眼睛只能简单地侦测猎物的运动。

跳蛛白天十分活跃，常悄悄地在地面、墙壁上和灌丛中跟踪猎物，尤其是在暖和的阳光地带较为多见。它们因独特的跳跃捕猎方式而得名。天气不好时，跳蛛在缝隙或裂缝中的小型丝巢内藏身。它们也在类似的丝巢内越冬、蜕皮或产卵。跳蛛的卵产在植物、树皮和苔藓中，卵被蛛丝包裹，雌蛛会对蛛卵进行守护直到孵化。

斑蛛属

斑蛛属成员生活在地面上，常在草地、低矮植物或石块下活动。许多斑蛛的雄性都通过相互打斗接近雌蛛，体形较大的雄蛛往往会获胜。

引人注目的外表

一些热带跳蛛的体色非常鲜艳，体表覆有斑块或斑点状分布的虹彩被毛。一些物种整个上腹部可能呈现亮红色或橙色。雄蛛的前足通常很长，须肢具饰纹，可用于吸引雌蛛的注意。

佛罗里达跳蛛

本种原产于北美洲东南部地区，雌雄两性能够利用步足和须肢制造出20多种信号进行交流。该属其他成员亦会如此。

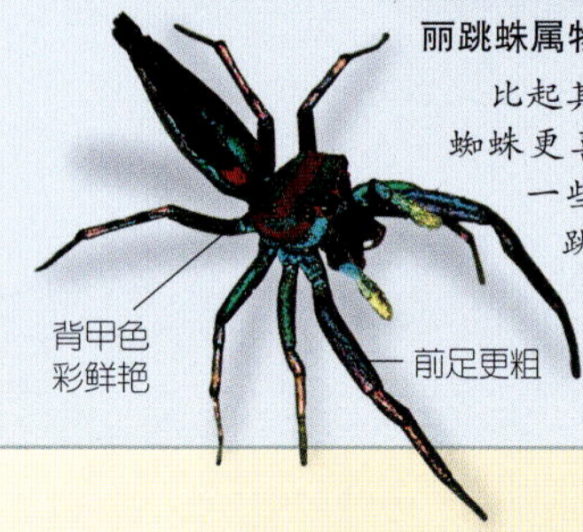

丽跳蛛属物种

比起其他昆虫，这类蜘蛛更喜欢捕食蚂蚁。一些物种会从后方跳向猎物，而其他物种则喜欢从蚂蚁的头部开始进攻。

跳跃

跳蛛的跳跃不仅是为了捕猎猎物，也是为了能逃离捕食者。最后一对（或两对）步足能利用液压作用迅速伸展跳跃。

发动攻击

跳蛛起跳前先将一根蛛丝黏挂在安全的地方，以防跳跃时跌落。图中的蝇虎蛛具有狭纹斑痕，俗称斑马蝇虎。雄性的口器（螯肢）要大于雌性。

吉卜林巴希拉蛛

这种跳蛛是目前唯一已知的食草蜘蛛。它们原产于美洲中部的森林，栖息在合欢树上，这种树能结出营养丰富的树瘤来为蚂蚁提供赖以生存的食物。蚂蚁则帮助合欢树清扫取食树叶的昆虫。吉卜林巴希拉蛛也以这种树瘤为食，但却从来没有任何回报。

视觉敏锐

这种跳蛛（跳蛛属）外侧的两只眼睛能探测到25厘米开外的猎物。借助身体的转动，猎物便出现在中间的两只眼睛的视野中，这时跳蛛就会看到猎物清晰的大型图像。跳蛛随后朝着猎物移动，然后从5—10厘米开外的距离跳向猎物。

蜘蛛目

狼蛛科

狼蛛

分布：世界已知2374属，全球广泛分布，甚至也分布在北极地带；大多栖息在地面或落叶中

栖息方式：栖息在各种陆地生境中

狼蛛体长0.4—4厘米，拥有能在夜间捕猎的绝佳视力，体色从浅灰色至深褐色不等，体表有条纹或斑点。雌蛛常将卵袋携带在吐丝器上，穴居物种将卵产在衬有蛛丝的洞穴中。幼蛛孵出后，爬到母蛛背部。一些狼蛛还是农业害虫的天敌。狼蛛科中还包括生活在南欧的塔兰托狼蛛（真狼蛛）。

革带豹蛛

这种生活在欧洲的物种外表多变，例如，腹部可能呈褐色或灰色。

幽灵蛛科

幽灵蛛

分布：世界已知1111属，全球广泛分布；栖息在洞穴、落叶中和建筑物的黑暗角落

幽灵蛛的浅色步足极为细长，超过体长数倍，因此外表十分细长纤弱。幽灵蛛体呈灰色、绿色或褐色，眼睛排成3列，每列3个，还有1对位于这些眼睛的中间；少数穴居物种无眼。这类蜘蛛体长3—14毫米，跗节柔韧，具有许多假关节。幽灵蛛俗称地窖蜘蛛或长脚蛛，它们的蛛网形状不规则，进食前用蛛丝迅速将猎物缠绕。受到干扰时，幽灵蛛会快速抖动蛛网，使自己的身形看上去模糊不清，难以被敌人发现。雌蛛将15—20粒浅粉灰色的卵用丝缠绕后，随身携带在螯肢上。

家幽灵蛛

这种蜘蛛广泛分布于世界各地，栖息在洞穴和光线昏暗的地下室中。

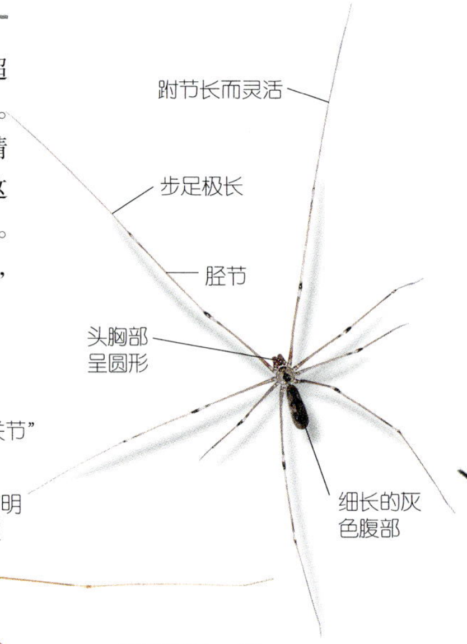

幽灵蛛属一种

这类蜘蛛栖息在洞穴、石缝和建筑物中，尤其常见于温带地区。它们的外表都很相似，只能通过生殖器的形状进行区分。

盗蛛科

盗蛛

分布：世界已知333属，全球广泛分布；栖息在地面、静水表面和水生植物上

栖息方式：栖息在各种生境中

这类大型蜘蛛的外表和猎食手段与狼蛛（左图）相似，它们不用蛛网捕猎，而是在地面追踪并捕食猎物。盗蛛的背甲呈卵圆形，上有纵向斑纹，体长1—2.6厘米。雌蛛用螯肢将卵袋携带在身体下方，将卵放入帐篷状的卵包中进行孵化。卵袋和幼蛛都会受到母亲的照顾，直到幼蛛经过两次蜕皮为止，随后幼蛛便离开卵包，四处扩散。

奇异盗蛛

奇异盗蛛分布在欧洲地区，多在欧洲石南丛和树林中活动，栖息在落叶中，是一种常见的地栖蜘蛛。

花皮蛛科

花皮蛛

分布：世界已知228属，除澳洲和新西兰外，全球广泛分布；栖息在岩石下、建筑物中

花皮蛛长有6只单眼，它们因独特的捕猎技巧而得名。花皮蛛的螯肢可以左右快速移动，朝近距离的猎物喷出黏性物质，使猎物在原地动弹不得。花皮蛛体长4—12毫米，体呈浅黄色或黄褐色，体表带有黑色斑纹。雌蛛将卵袋携带在身体下方，直到幼蛛孵出。

黄昏花皮蛛

本种常见于北美洲和欧洲的建筑物中，能喷出射程超过1厘米的黏液。雄蛛略小于雌蛛。

刺客蛛科

刺客蛛

分布：世界已知124属，分布在美洲北部和南部、欧洲、非洲的温暖地带；栖息在岩堆和树皮的荫蔽处

刺客蛛因为体色的原因而被俗称为褐蛛。这类蜘蛛有排成3对的6只单眼，体表和步足多毛，体长0.6—1.8厘米，大多数物种的背甲上带有提琴状斑。刺客蛛能编织黏性薄网，一些物种在成长过程还会不断加大蛛网。雌蛛将卵袋挂在蛛网后方，每个卵袋中都含有30—300粒卵。刺客蛛的毒性极大，被它咬伤后组织会变性溃烂。

红头平甲蛛

常见于欧洲，现已被引入澳洲，它会叮咬人类，并造成难以愈合的伤口。

巨蟹蛛科

巨蟹蛛

分布：世界已知1109属，分布在热带和亚热带地区；栖息在地面、树干上

这类体色单调的夜行性蜘蛛是十分高效的猎手，能以横向方式灵活移动。体形较大的物种可以轻松制服蜥蜴。它们的背甲和腹部扁平，足距达15厘米，体长达1—5厘米，长有8只同样大小的单眼，其中的4只朝向前方，位于背甲的前缘。

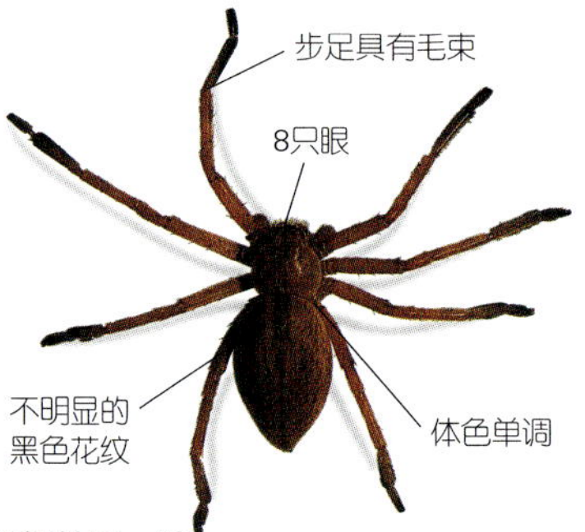

巨蟹蛛属一种

巨蟹蛛物种分布在泛热带地区，常见于装载香蕉的货箱中，它们会叮咬仓库人员，但却没有危险。

球腹蛛科

球腹蛛

分布：世界已知2310属，全球广泛分布；栖息在植物中、石块下、落叶、裂缝、石缝中

球腹蛛俗称姬蛛，体呈褐色至黑色，后足下方具有一列梳子状的短毛。球腹蛛体长0.2—1.5厘米，腹部多呈球形。它们编织不规则的蛛网，其中一些带有黏性的蛛丝还会延伸到地面上。雌蛛有毒，少数物种对人类来说十分危险，如黑寡妇。雌蛛每年能产1000多粒卵，同时还会对圆形卵袋中的蛛卵进行看护。

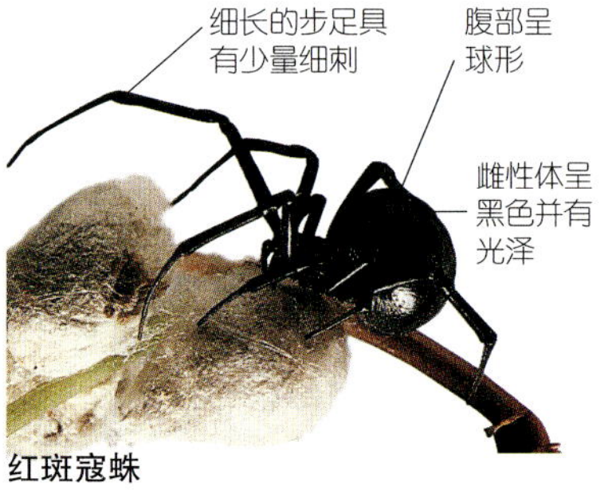

红斑寇蛛

这种蜘蛛的雄性通常在交配后便很快死亡，并且会被有毒的雌性吃掉，因此获得黑寡妇这一俗名。

捕鸟蛛科

捕鸟蛛

分布：世界已知933属，全球广泛分布，尤以亚热带和热带地区为多；栖息在地洞、树木上

“捕鸟蛛”原本是指欧洲南部的一种狼蛛（第592页），但目前则更常用于指代捕鸟蛛科物种。捕鸟蛛是世界体形最大的蜘蛛，体长多达12厘米，足展达28厘米。它们的身体和步足上覆有一层刚毛，体色多变，从浅褐色至黑色不等，体表有粉色、褐色、红色或黑色花纹。捕鸟蛛隶属原疣亚目，与漏斗网蛛（第589页）一样，螯肢可以上下活动。一旦受到威胁，捕鸟蛛便露出下方的毒牙。捕鸟蛛的巨大体形让人们误以为它们有着致命性的叮咬，但是只有部分物种才有毒；且有毒种类的体形通常相对较小。

捕鸟蛛多在夜间捕猎，依靠巨大的体形制服青蛙、蜥蜴和鸟类等小型脊椎动物。它们利用大型螯肢抓住猎物，向其注射毒液，最后吸食溶化的身体组织。雌蛛在洞穴中产卵。每个卵袋和一个高尔夫球的大小相当，内含约1000粒卵。幼蛛出生后待在洞穴中，直到第一次蜕皮后才四处扩散寻找食物，并建造属于自己的洞穴。捕鸟蛛中的一些物种能存活10—30年之久，有些还被当成宠物饲养。

墨西哥红尾蜘蛛

墨西哥红尾蜘蛛为地栖蜘蛛，夜间活动捕食，分布在美洲中部的半沙漠和干旱地区。

印度华丽雨林蜘蛛

这种蜘蛛是世界体形最大的树栖蜘蛛，足展达17厘米，分布在印度和斯里兰卡地区，白天藏身在树洞中的蛛网上，夜间出来捕食鸟类、蜥蜴和节肢动物。

智利红玫瑰蜘蛛

分布在美洲南部地区，尤以智利地区数量较多。由于天性温驯，因此这种地栖蜘蛛是最常被当成宠物饲养的种类之一。

墨西哥红脚蜘蛛

墨西哥红脚蜘蛛栖息在美洲中部的沙漠和半沙漠地带的地洞中。它们在进行防卫时会竖起腹部的绒毛。

蟹蛛科

蟹蛛

分布：世界已知2146属，全球广泛分布；栖息在花园、花朵、其他植物和树皮上

蟹蛛的俗名源于它们能像螃蟹一样横行（它们也能前后移行）。蟹蛛大多外形短胖，部分物种的身体较长。蟹蛛的体长在4—14毫米不等，背甲近乎圆形，腹部宽短，末端钝圆，前两对步足大而发亮，用于抓住猎物。它们通常静伏在花草丛中，等候捕食降落在花朵上的昆虫，由于具有剧毒，因而能轻松杀死比自己体形还大的蜜蜂。蟹蛛大多有着能与花朵颜色相匹配的白色、亮粉色或黄色体色，少数物种能改变体色。雌蛛将蛛卵产在扁平的卵袋中，并将其黏在植物上，随后对卵袋进行照料，直到自己死亡。

弓足梢蛛

弓足梢蛛能够改变体色来与周围的环境相融合。它们大多在白色或黄色的花朵上活动，身体通常具备这两种颜色中的一种（左图和上图），但也可能呈浅绿色。弓足梢蛛常见于欧洲和美洲北部地区，能制服蝴蝶和蜜蜂等大型猎物。雌蛛要远大于雄蛛。

逍遥蛛科

逍遥蛛

分布：世界已知600种，全球广泛分布；生活在草地、花园、花朵上、植物其他部位上和树皮上

这类小型或中等大小的蜘蛛通常体呈褐色或灰色，体表覆有长毛。它们曾被归入蟹蛛科（左侧），但目前人们认为它们和蟹蛛科物种之间的亲缘关系较远。逍遥蛛很少像真正的蟹蛛那样伏击猎物，而是通过游猎捕食。

软体动物门

门：	软体动物门
纲：	7纲
目：	53目
科：	609科
种：	约110,000种

软体类是无脊椎动物中形态最为多样的一个类群，成员包括腹足类（蛞蝓和蜗牛）、双壳类（如牡蛎和蛤类）、头足类（章鱼、乌贼和墨鱼等）和石鳖，以及一些不常见的物种。所有的软体类均有一种或多种身体特征，如口腔中长有齿舌、具有由碳酸钙构成的贝壳或是覆盖在身体表面的其他结构、有外套膜或外套腔，通常具有特殊的鳃。软体类适于在陆地和水中生活，也有不少物种营寄生生活。

运动

大多数软体类借助宽大扁平的足爬上坚硬物体，所到之处常留有一层薄薄的黏液痕迹。虽然一些双壳类营固着生活，相对不太活跃，但足部通常很发达，一些物种还利用足在海底挖掘泥沙。头足类是活动能力最强，行动最为敏捷的一类软体类，以章鱼和乌贼最为出名。它们利用肌肉鳍的摆动或扇动缓慢地移动，也能通过从外套腔中喷出一股水流快速移动。

黏液痕迹

蛞蝓和蜗牛的足部具有足腺，可以分泌黏液来减少表面摩擦力。蛞蝓（如图中的条纹蛞蝓）的外壳已经退化，活动速度通常要比蜗牛快。

身体结构

软体类的身体分为3个部分：头、内脏团和发达的足。足位于身体腹侧，为运动器官。一些软体类的头部十分发达，头上着生有复杂的感觉器官，而另一些物种（如双壳类）的头部已消失。软体类的身体被外套膜包裹，贝壳由外套膜分泌形成，贝壳上的闭壳肌可以控制贝壳的开合。除了能够进行防御外，贝壳还可用于挖掘泥沙或控制浮力。外套膜向下遮盖，在身体后端、足的上方与内脏团之间形成外套腔，外套腔中同时有鳃。

乌贼群

所有的头足类均为海生。章鱼通常喜欢独居，乌贼常成群活动（如枪乌贼属的物种就喜欢聚集成群），而墨鱼只在繁殖季节才聚群。

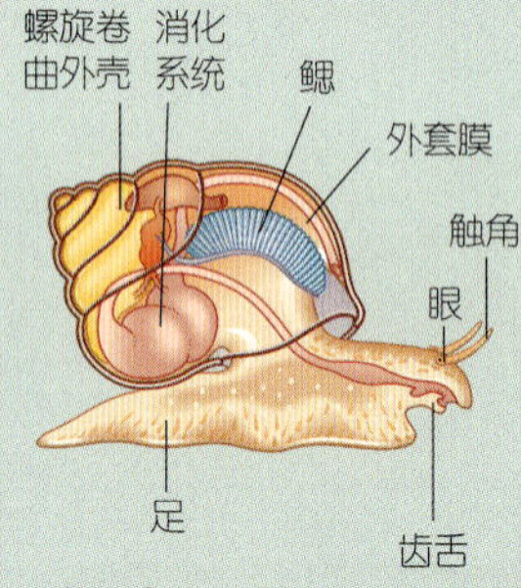

腹足类

腹足类中的蜗牛有着螺旋卷曲的外壳，它们的足部宽大，头部明显，头部有眼睛和用于感觉的触角。蛞蝓无外壳。

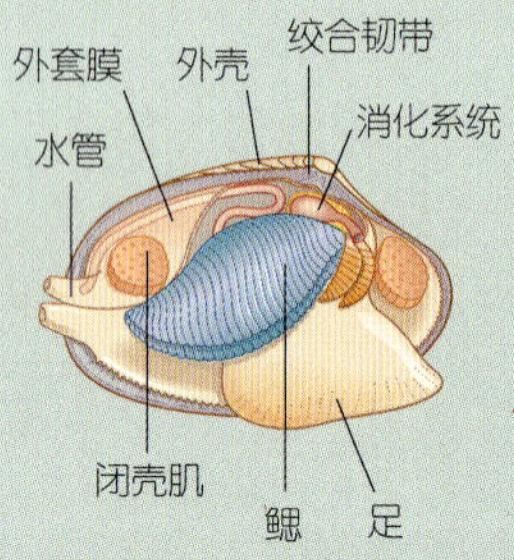

双壳类

双壳类有两瓣外壳，它们的足和出入水管能从壳中伸出，鳃较大且有皱褶。

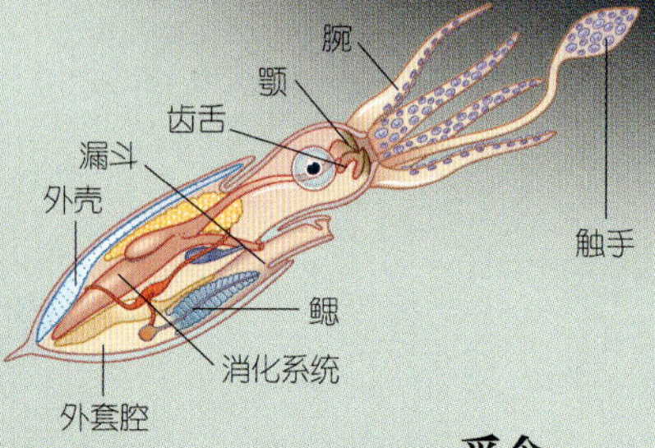

头足类

头足类的部分头部和足部特化为腕以及与鳃部连接的漏斗。外壳很小或是退化消失。

双壳类的壳

双壳类的两片外壳通过韧带和绞合齿相连，由闭壳肌控制壳的闭合。

腹足类的壳

大多数蜗牛的壳均由外套膜分泌形成，呈现顺时针螺旋卷曲（少数种类为逆时针卷曲）。

觅食

软体类中既有食肉者、刮食者和食草者，也有以沉积物或悬浮物为食的滤食者。许多双壳类和少数腹足类均为滤食动物，用鳃从水中滤食微小的食物颗粒。头足类为食肉者，利用长有吸盘的长腕捕食鱼类、甲壳类和其他动物。这类相对聪明的动物被认为会追踪猎物。除了齿舌之外，头足类还有一对类似鹦鹉喙的颚片，用于切碎食物。其他多数软体类的取食对象还包括固着的藻类、植物、动物、浮游水母类，甚至是游速缓慢的鱼类等。寄生物种直接从寄主身上获取养分。

猎食

部分头足类能够制服强大的大型猎物。图中的这只章鱼就成功地战胜了一条斑纹蛇鳝。

齿舌

齿舌上的细齿数量可达数千颗，能像锉刀一样刮取小型食物颗粒。

双壳纲

双壳类

分布：世界已知约15,000属，全球广泛分布；水生，大多栖息在海底，部分种类生活在淡水中

双壳类是软体类中唯一有两枚绞合外壳的动物类群。大多数双壳类的外壳可以紧紧闭合，对全部或部分身体部位进行保护。贻贝、蛤、牡蛎和扇贝是最常见的双壳类，也是人类和其他生物的重要食物来源。一些物种的外壳边缘十分锋利，如海笋和船蛆，能像钻头一样在木头或软岩石上凿洞。双壳类的外壳大小变化极大，从不到2毫米至多达1米不等。最大物种（砗磲）的外壳重量约为最小物种外壳重量的20亿倍。

双壳类通常不善运动，但有些物种能在水中自由运动，如扇贝。大多数双壳类为滤食动物，利用特化的鳃从水中过滤取食。水流通过水管出入身体，这种方式对生活在泥沙中的种类尤为重要。它们的水管大到可能无法缩回壳中。双壳类的头不明显，只有口，缺少其他软体类用来锉磨食物的齿舌。双壳类通常为雌雄异体，但也有部分物种是雌雄同体。

扇贝

扇贝的运动方式十分独特，借助从外套腔中喷出水流前行，它们还常采取这种方式躲避海星的捕食。皇后扇贝生活在北大西洋海域，直径达9厘米。

贻贝

贻贝借助足丝固着在坚硬物体表面生活，足丝可以抓牢固着物体，使贻贝不被海浪和水流冲走。贻贝通常成群生活，它们能堵塞滨海电厂的冷却降温系统，对电厂造成威胁。贻贝也是常见的水产养殖种类。上图中的紫贻贝分布在北部水域中，体长达15厘米。

银蛤

银蛤与真牡蛎一样，借助一枚外壳固着在硬物上。它们的固着方式十分奇特，足丝会从脐孔附近穿过附着在基质上。生活在北大西洋的欧洲银蛤（上图）体长约为6厘米。

海菊蛤

海菊蛤分布在热带地区，大多生活在突出的岩石和珊瑚礁上，直径可达20厘米，外壳布满长棘，如上图中的海菊蛤属物种。海菊蛤的外壳上也常覆满海藻，以起到保护作用。

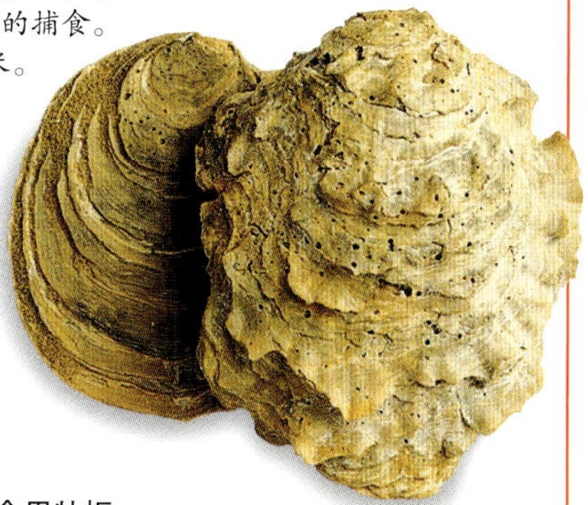

食用牡蛎

食用牡蛎会将左壳固着在岩石或壳等物体上，这样便能侧立起来。从史前时代起，牡蛎就是最受欢迎的可食用软体类之一。这种北大西洋牡蛎的直径可长到10厘米。

鸟尾蛤

鸟尾蛤生活在泥沙中，身体一半外露，一半埋在沙中。外壳结实呈半圆形，具有许多放射肋。它们中的一些种类属于经济贝类，如上图中生活在大西洋的欧洲鸟尾蛤，体高达5厘米。

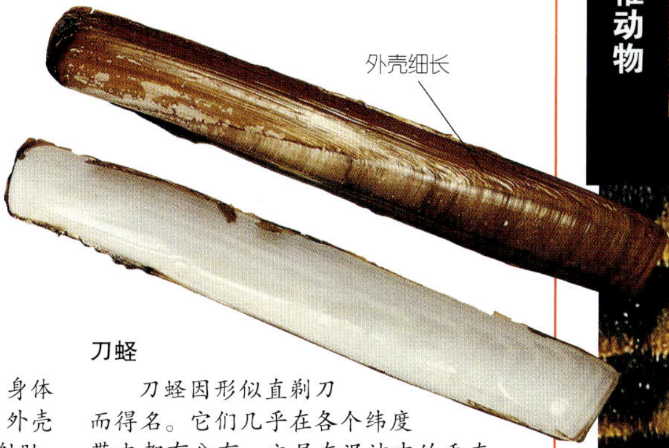

刀蛏

刀蛏因形似直剃刀而得名。它们几乎在各个纬度带内都有分布，穴居在泥沙中的垂直深穴中，利用外壳将自己嵌入沙中。图中大刀蛏的外壳可达25厘米长。

砗磲

生活在热带珊瑚礁中的砗磲是最大的双壳类，如上图中的砗磲属物种，体长可超过1米，体重超过200千克。与神话故事中的描述刚好相反，它们对人类无害。其食物需求大多由共生在肉质外套膜中的藻类提供；这些共生藻通过光合作用产生能量丰富的食物。除此之外，砗磲也能从海水中滤食有机颗粒。

海笋

海笋的椭圆形外壳能像钻头一样掘入岩石、木头、泥炭和黏土中，然后穴居其中。一些海笋还能在夜晚发出幽暗的蓝绿色光芒。生活在北大西洋中的海笋（左图）的直径长达15厘米。

河蚌

双壳类大多为海生，少数物种生活在淡水中，如河蚌。河蚌隶属无齿蚌属，分布在美洲北部和欧亚大陆，直径可达23厘米。由于淡水中的钙质很难获取，因此它们的外壳很薄。幼体时期的河蚌都寄生在鱼类身上。

船蛆

船蛆在木头中凿穴生活，在所有海域都有分布，尤以温带水域最为常见。船蛆的外壳相对较小，能用于凿穴，其身体还会分泌石灰质衬于穴道内壁。船蛆的身体可以达到2米长，但图中的船蛆的身体很少能超过这个大小的十分之一。

无脊椎动物

腹足纲

腹足类

分布：世界已知约75,000属，全球广泛分布；水生（大多为底栖）或在陆地上的潮湿和干旱区域生活

栖息方式：栖息在各种生境中

腹足类是一类数量庞大、种类多样的无脊椎动物，超过现存软体类总数的80%。常见的蜗牛、蛞蝓、食用螺、海兔、海蛞蝓、鲍鱼、田螺和海螺等都是腹足类中的成员。典型的腹足类具有一枚螺旋卷曲的外壳，借助肌肉质的足运动，但也有一些物种没有外壳。腹足类的头部明显，头上长有眼睛和触手，口腔内有齿舌，齿舌上具成排的细齿，用于刮取食物。这类软体类的外形多变，有些物种的体长多达1米。外壳的形状也十分多样，一些呈高螺旋塔状，一些则向外展开。一些物种还有口盖，能在身体缩入壳后，对壳口进行封闭。

腹足类在发育过程中出现扭转现象，即身体逆时针扭转180度，这种扭转只发生在外套膜及内脏团，扭转后的外套腔移到身体前端，位于头部正上方为止。扭转发生在幼体时期，这也意味着消化、繁殖和排泄系统均转移到壳口一侧。腹足类的食性十分多样，既有捕食者、收集者或刮食者，也包括部分滤食和寄生物种。虽然腹足类大多为雌雄异体，但也有少数物种为雌雄同体，还有一些物种会出现性别逆转。

海兔

大多数海兔的壳薄而透明（从外表根本看不到），头大而发达，有两对触角和宽大的足。海兔栖息在长有海草的海底，以大型肉质藻类为食。上图中的海兔体长可超过30厘米。

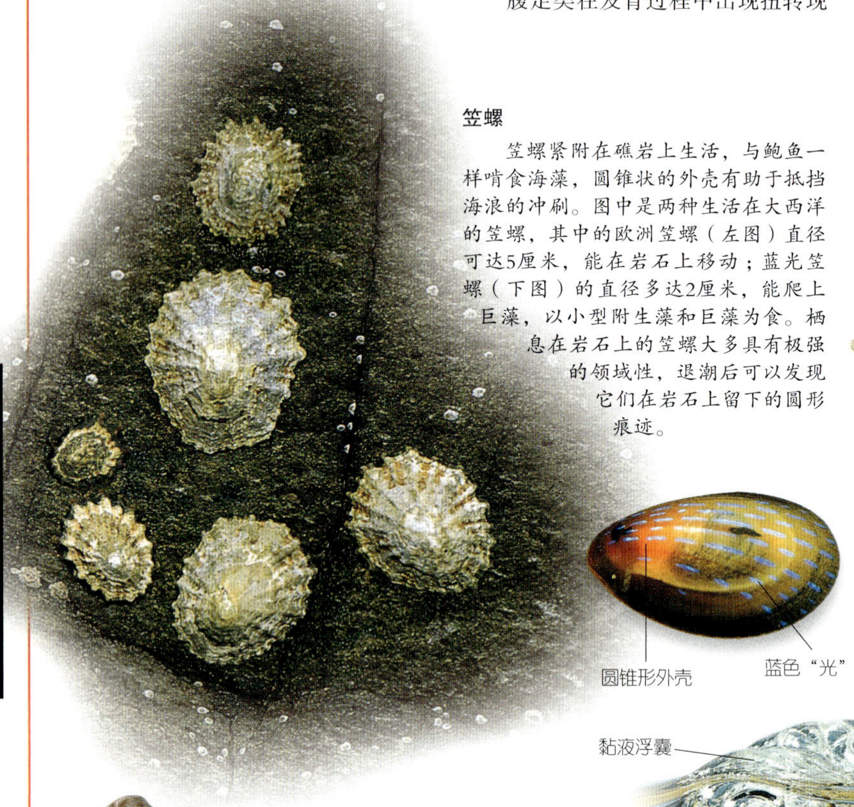

笠螺

笠螺紧附在礁岩上生活，与鲍鱼一样啃食海藻，圆锥状的外壳有助于抵挡海浪的冲刷。图中是两种生活在大西洋的笠螺，其中的欧洲笠螺（左图）直径可达5厘米，能在岩石上移动；蓝光笠螺（下图）的直径多达2厘米，能爬上巨藻，以小型附生藻和巨藻为食。栖息在岩石上的笠螺大多具有极强的领域性，退潮后可以发现它们在岩石上留下的圆形痕迹。

冠螺

冠螺的外壳厚重，色彩艳丽迷人，形似古罗马角斗士的头盔，壳长会超过30厘米。它们栖息在热带地区的泥沙中，取食其他软体类和海胆。唐冠螺（左图）的外壳多用于装饰和雕刻。

骨螺

骨螺是一类捕食性动物，通常在其他软体类和藤壶的壳上钻孔，然后用长吻伸入其中取食。一些骨螺还能分泌一种紫色物质，这种物质数百年来一直都被用作染料。女巫骨螺（右图）分布在印度洋与太平洋交界海域，壳长达15厘米，全身带棘。

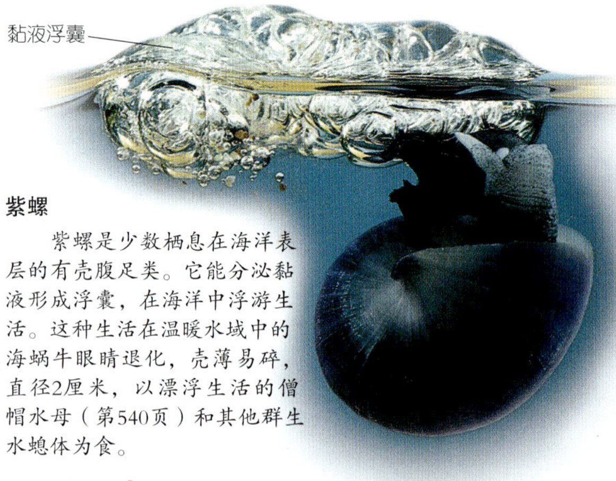

紫螺

紫螺是少数栖息在海洋表层的有壳腹足类。它能分泌黏液形成浮囊，在海洋中浮游生活。这种生活在温暖水域中的海蜗牛眼睛退化，壳薄易碎，直径2厘米，以漂浮生活的僧帽水母（第540页）和其他群生水螅体为食。

宝螺

生活在热带的宝螺外壳十分光滑，是采集者争相收藏的贝类。活体宝螺的外壳被一层色彩鲜艳的外套膜覆盖。壳口窄长，以防遭到掠食性螃蟹的捕食。图中的眼斑螺可长到6厘米长。

竖琴螺

竖琴螺的螺体膨大，壳面具有间隔均匀的光滑纵肋，类似竖琴的琴弦。竖琴螺的体长多达10厘米，外壳通常呈褐色、红色或粉红色。竖琴螺多在夜间活动（如图中的大杨桃螺），穴居在热带地区的泥沙质海底。受惊时，它们会像蜥蜴断尾一样，将一部分足舍弃。

芋螺

芋螺是极具危险性的食肉动物，利用矢状齿袭击鱼类和其他动物，并向猎物注射足以致人于死地的强效毒液。图中的勋章芋螺就是一个典型例子，它们的锥形外壳长可达7厘米，壳的表面有着大小不一的装饰图案。

鲍螺

鲍螺为食藻贝类，直径可达20厘米，壳上有数个明显的小孔，由此将水吸入鳃内，并将体内废物排出。红鲍螺（上图）出没于北美洲西海岸，外壳内面带有珍珠光泽，可用于制作珠宝，壳内的肉质部分则能作为食物。

囊舌类

囊舌类是一类状似蛞蝓的海生腹足动物，体长约1厘米。囊舌类啃食海藻，并吸食海藻细胞内的物质。图中的物种隶属分布广泛的海蛞蝓属，它掠取藻类中的叶绿体，将叶绿体存储在自己体内进行利用，因此身体呈现鲜绿色。

海蛞蝓

真正的海蛞蝓无壳，通常体色鲜艳，斑纹醒目。许多物种的背部都有色彩鲜艳的乳突。上图中的海蛞蝓直径8厘米，生活在非洲南部海岸外的珊瑚礁地带。海蛞蝓大多为底栖动物，仅少数物种营浮游生活。

淡水蜗牛

无论是可以长到3厘米长的平角卷螺（下图），还是体高达5厘米的静水椎实螺（上图），两者均无鳃，只有一个肺。因为它们用肺呼吸空气，因此能在含氧量很低的缓慢水流或静水中存活。静水椎实螺以及它的许多近亲都是北半球地区淡水中的常见物种。

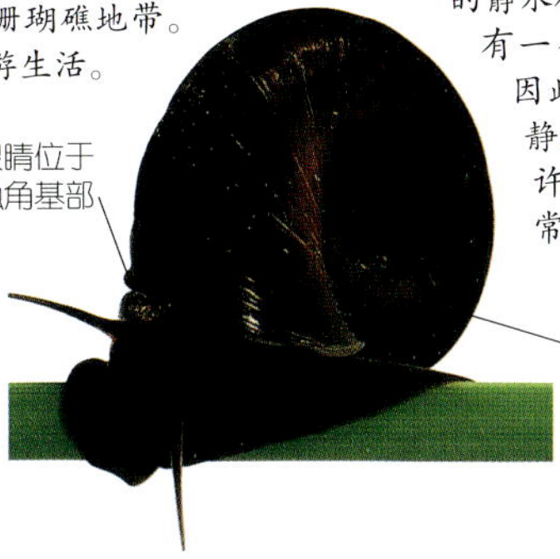

陆栖蛞蝓

陆栖蛞蝓与海蛞蝓不同，它们通过外套腔呼吸空气，外套腔就等同于肺。图中的欧洲黑蛞蝓体长可达15厘米，它的外套腔开口正好位于头后。

幽灵蛞蝓

这种蛞蝓于2007年在威尔士被研究人员发现。幽灵蛞蝓于夜间活动，捕食蚯蚓，“ysbryd”一词在威尔士语中意指“幽灵”。这种动物不太像是英国的原产物种。

陆栖蜗牛

陆栖蜗牛与海蜗牛的不同之处在于前者的外壳较轻薄，并且许多物种都缺少能封闭壳口的口盖。右图中的非洲巨蜗牛身体伸展时体长可达30厘米。它原产于非洲东部，已被引入南亚的许多地区，对一些地区的农作物造成了严重危害。

玉黍螺

玉黍螺是一类小型海生动物，常群聚在岩礁、红树林沼泽和盐沼地中，很少在泥滩上活动。一些玉黍螺栖息在海岸的潮上带，只在涨潮时才接触到海水。玉黍螺的部分鳃室已转化为肺。上图中的北黄玉黍螺与大多数玉黍螺一样，体高通常不到3厘米。

蚯蚓锥螺

这些腹足类主要分布在热带地区，幼体阶段的螺壳顶部呈密集盘绕状，随着年纪的增长，盘绕幅度越来越大，看起来好像要松开一样。图中蚯蚓锥螺的体长可达10厘米。与其他蚯蚓锥螺一样，它的足部也分泌黏液，借此陷捕小型猎物。

钟螺

这类海生腹足动物以附着在岩石上的藻类为食，外壳呈圆锥形，高达3厘米，壳底圆扁，常在岩礁和珊瑚礁中出没。一些物种色泽鲜艳，如上图中分布广泛的丽口螺属物种。雄螺无阴茎，行体外受精。

龙骨螺

龙骨螺属物种及其近亲生活在温暖水域，是少数能在开阔海域营浮游生活的腹足类。这类罕见的软体类体长多达5厘米，身体呈胶状，外壳极薄或无壳。由于外壳位于身体下方，因此身体上下翻转生活，最上方的鳍由足部特化而成，用于游泳。

旋螺

状如纺锤的旋螺以捕食其他软体类和蠕虫为生。虽然一些物种生活在浅水水域和高海拔地区，但大多数旋螺都喜好在温暖水域和亚沿岸带（低于低潮线）活动。旋螺通常体呈红色，上图中的旋螺属物种的体长可达25厘米，身体前端具有长短不一的水管沟。

无板纲

无板类

分布：世界已知395属，全球广泛分布；栖息在海底或依附于其他动物身上（尤其是刺胞动物）

无板类与其他软体类不同，它们的身体细小呈蠕虫状，体长通常不到5毫米，无贝壳，体表有长着石灰质细棘的角质外皮。无板类的头不发达，没有眼睛，在珊瑚礁中爬行生活或是在软泥中穴居。爬行种类以腔肠动物为食，穴居种类以小型动物或是有机颗粒为食。多数物种为雌雄同体，少数物种为雌雄异体。一些物种将卵留在体内孵化，但人们对它们的繁殖习性却知之甚少。

毛皮贝属一种

毛皮贝属物种分布在北半球地区，体长达8厘米，可谓是无板类中的“巨人”。它们与其他无板类一样，也缺少步足，利用身体后端腔内的鳃进行呼吸。

多板纲

石鳖

分布：世界已知957属，全球广泛分布；栖息在海底

石鳖和腹足类一样，也有宽大的足部，适于吸附在岩石表面。石鳖的外壳十分独特，身体背面具8块呈覆瓦状排列的石灰质板。它们背腹扁平，体呈椭圆形至细长形，贝壳周围长有一圈“环带”（即外套膜），每个壳板的边缘均埋入外套膜中。石鳖的皮肤类似橡胶，许多物种的身体上还具有棘或骨针。石鳖的体长可达40厘米，足大头小，头部的发达齿舌可用于刮食，没有眼睛或触角，围绕着足部的U形外套腔中有6—88对栉状鳃。雌雄两性均有一对愈合在一起的生殖腺（生殖器官）。石鳖多在海底用齿舌刮取岩石上的藻类。它们能在岩石表面缓慢爬行，通常在夜间或涨潮时才出来活动，然后返回紧附在岩石上，防止自己受到捕食者的攻击，或身体因暴露在空气中而脱水。

条纹石鳖

条纹石鳖分布在南美洲的西海岸地带，体大，背部呈弓形，身体周围被宽大的环带包围，体长达9厘米，栖息在潮间带的岩石间。它的每块壳板中部都有许多小肋，壳板的最高处常被磨平。头板和尾板具有粗糙的放射肋，环带上也布满光滑颗粒。

颗粒棘石鳖

颗粒棘石鳖产自加勒比海，壳板极度隆起，身体周围环绕着厚环带，其上具有密集的粗棘。背板完整无损时呈褐色，但通常呈灰褐色，壳板最高处和侧边呈深褐色，体长多达6厘米，栖息在潮间带的岩石间。

花斑石鳖

花斑石鳖生活在北大西洋中，体长多达4厘米，壳板周围环绕着宽大的革质环带。它们多在潮间带至水深200米处出没，常出现在岩石、石块和石粒上。在苏格兰的一些海域，它们的分布密度可达每平方米50只。

单板纲

单板类

分布：世界已知30属，分布在大西洋、太平洋和印度洋海域；栖息在水深200—7000米处

单板类一直被认为已在三亿年前灭绝，直到1952年，才又在太平洋东部采集到数只个体。此后，人们又在世界各地的海底陆续发现这类生物。单板类的外表与笠螺（第596页）类似，前者最多有8对缩足肌，而笠螺和其他腹足纲动物只有1对缩足肌。它们的外套沟呈马蹄形，足部周围有3—6对鳃。单板类的壳呈圆锥状或帽状，头部很不发达，大型口器中长有齿舌。单板类无眼和触手，为雌雄异体，体长可达3厘米。

掘足纲

角贝

分布：世界已知576属，全球广泛分布；穴居在海底的泥沙中

角贝在全世界的海洋中均有分布，这类穴居软体类的外壳中空，状如象牙，两端均有开口，前端开口大于后端，因此极易辨认。角贝常将身体前端埋在泥沙中，头与足均由前端壳口伸出。头部不明显，头周围具有一圈细长的头丝，取食时，用头丝黏着食物送入口中。开口小的一端露在泥沙之外，水流即由此出入。角贝无鳃，通过外套膜进行气体交换。它们为雌雄异体，只有一个生殖腺。活角贝非常罕见，但其空壳却常被潮水冲上海岸，壳长可达15厘米。

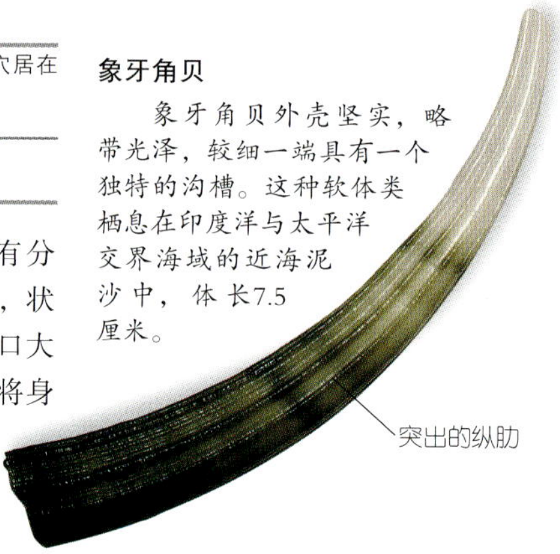

象牙角贝

象牙角贝外壳坚实，略带光泽，较细一端具有一个独特的沟槽。这种软体类栖息在印度洋与太平洋交界海域的近海泥沙中，体长7.5厘米。

细长角贝

长角贝是一类产自北大西洋的小型海生软体类，壳长6厘米，借助头周的一圈棒状触手捕食浮游生物。

美丽角贝

美丽角贝分布在印度洋与太平洋交界海岸带，体长达7.5厘米。与其他大型角贝不同的是，美丽角贝的前端壳口比尾端略宽，也比其他角贝平直。它们的纵肋间有少数小肋，与环状生长纹相交错，尾端还有一个小槽管。

头足纲

头足类

分布：世界已知约750属，全球广泛分布；海生，栖息在开阔水域、海底或海底周围

头足类是所有无脊椎动物中体形最大、速度最快、智力最高的一类。与其他软体类不同的是，头足类具有腕和触腕，能从外套膜中喷水推动身体迅速倒退。头足类以口腕捕食。许多物种的雄性都有茎化腕，用于将精荚送入雌性体内。头足类还具有可以磋磨食物的齿舌、形似鸟喙的几丁质颚片、较大的脑和发达的视觉。现存的头足类中，只有鹦鹉螺的体外有盘旋外壳，其他所有的头足类，如墨鱼、乌贼和章鱼的壳都位于体内或完全退化消失。头足类的体形大小各异，既包括体长1—2厘米的微鳍乌贼，也包括体形巨大的大王乌贼。许多头足类一生中只繁殖一次，随后便死亡。

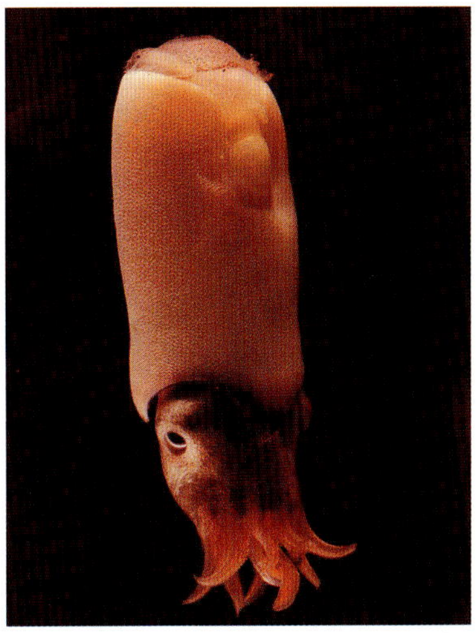

卷壳乌贼

这些小型生物外表类似墨鱼，体长不到7厘米。盘卷的壳内具一列气室，能调节浮力，螺壳终生都包裹在乌贼状的软体内。卷壳乌贼游泳时头部朝下（右图），多在水深2000米处活动。卷壳乌贼利用小型触腕捕食身体周围的浮游动物。它们死后，外壳漂到海面上，常被海浪冲刷上岸。图中的卷壳乌贼常在热带海岸区活动。

鹦鹉螺

鹦鹉螺是现存唯一有外壳的头足类，外壳直径可达20厘米。壳内有着许多用于调节浮力的分隔气室，最后一室最大，是鹦鹉螺的身体所在。上图中的珍珠鹦鹉螺栖息在印度洋与太平洋交界海域。

大王乌贼

巨乌贼属物种在世界各地均有分布，其中大王乌贼的体长能超过17.6米。大王乌贼从未被活捉过，但却被摄影师拍到过。它们的尸体常在海岸上出现，人们还曾在抹香鲸的胃中发现过这种乌贼未被消化的颚片。

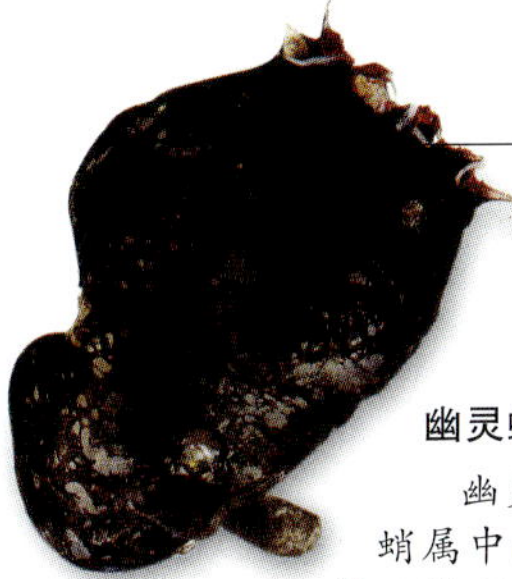

幽灵蛸

幽灵蛸是幽灵蛸属中的成员，体长不到5厘米。幽灵蛸与多数头足类一样，也有8个腕，外加两个伸缩自如的触手。它们栖息在热带海域，栖息水深多达3000米。

太平洋乌贼

乌贼是掠食动物，身体呈鱼雷状，体内具有小型笔状角质壳。一些乌贼多独自捕食，许多中等体形的乌贼则会成群捕猎，如上图中体长多达20厘米的太平洋乌贼，它们均借助鳍的扇动或是喷射水流进行运动。乌贼用于捕食的两个长触腕可以缩入触腕囊内，而章鱼的触腕却不能收缩。

乌贼

乌贼的船形内壳呈扁平状，这种被人们熟知的乌贼骨常被海水冲刷到海滩上。乌贼的身体宽短，有8条短腕和两条能伸出捕食的长触腕。它们还因能改变体色而闻名。图中的欧洲乌贼常在北大西洋海域出没，体长达30厘米。

船蛸

船蛸（上图）隶属船蛸属，是章鱼中的一种，体长20厘米。雌性繁殖时会制造出与鹦鹉螺类似的薄壳，壳由两条触腕的分泌物形成，用于储卵。

蓝纹章鱼

蓝纹章鱼栖息在太平洋和印度洋的珊瑚礁中。这种小型章鱼体长10厘米，外表艳丽，但却有剧毒，能在15分钟内使人丧命。

普通章鱼

章鱼与墨鱼和乌贼不同，它们的身体呈卵圆形，缺少两条捕猎用的长触腕，如左图中体长达1米的真蛸。但一些章鱼可以利用腕间的膜在大海上“航行”。本质上它们没有外壳，但身体却异常的灵活。

斑马章鱼

这种生活在印度洋与太平洋交界浅海海域的章鱼于2006年被描述，眼小具柄，体表带有明显白斑，受到惊扰时白斑变得更为明显，常在晨昏时分捕食鱼类和无脊椎动物。

Enteroctopus dolfeini

太平洋巨型章鱼

分布：世界已知1种，分布在太平洋北部，下至水深750米处；大多栖息在海底

太平洋巨型章鱼是全世界最大的章鱼，体长通常可达3米，体重多达272千克，分布在日本北至阿留申群岛，南至加利福尼亚的环北太平洋地区，利用长满吸盘的长腕在海底爬行，栖身在海底的岩堆、巨石或石缝中，幼章鱼在礁岩下的泥沙中挖洞穴居，在此躲避海豹、海獭、鲨鱼和其他大型鱼类等捕食者，这些捕食者的体形过大，因此很难钻入章鱼的洞穴中。太平洋巨型章鱼多在夜间捕猎，尤其喜欢捕食螃蟹和龙虾，但也猎食虾与贝类、小型章鱼和鱼类。它通常返回自己的洞穴进食，把空壳和其他无法消化的猎物残骸堆在洞口。

与其近亲一样，太平洋巨型章鱼大多独自生活，仅在交配期间才短暂相聚，它们的交配期可以发生在一年中的任何时候。交配时，雄章鱼用茎化腕将长达1米的精荚送入雌章鱼的外套腔中。雌章鱼在洞穴中产卵，然后照料它们直到孵化，这一过程长达8个月，通常取决于水温高低。雌章鱼在这期间不进食，幼体孵出后母体很快便会死亡。这种章鱼的寿命多达4年。

孵化中的小章鱼

章鱼卵孵化时，章鱼妈妈利用水流将小章鱼从洞穴中喷出，小章鱼随即朝着水面游去。小章鱼在定居海底前，会与浮游生物共同生活数月。

灵活的大块头

太平洋巨型章鱼虽然体形庞大，但却非常灵活，带有吸盘的长腕使它能轻松地在海底爬行，柔韧的身体则能钻入细窄的开口。

防卫和进攻

一旦受到威胁，太平洋巨型章鱼就会改变体色，或是释放墨汁将周围的海水染黑，借此逃离。章鱼抓住猎物时，将其撕裂、咬开，或用颚凿穿猎物的外壳。

逃离危险

受到捕食者追赶时，章鱼能释放出一股黑色物质，使周围的海水变黑，章鱼便趁机迅速逃脱。

对付螃蟹

章鱼用吸盘紧握住螃蟹，用颚钻破螃蟹的外壳，随后注入类似化学溶剂的唾液，等猎物的身体组织被溶化后，才大饱口福。

慈母

雌章鱼产下数千颗卵后，便守护在旁达5—8个月之久，直到它们孵化。雌章鱼还会不停地搅动水流，用腕将卵弄干净，以防寄生虫的侵扰。

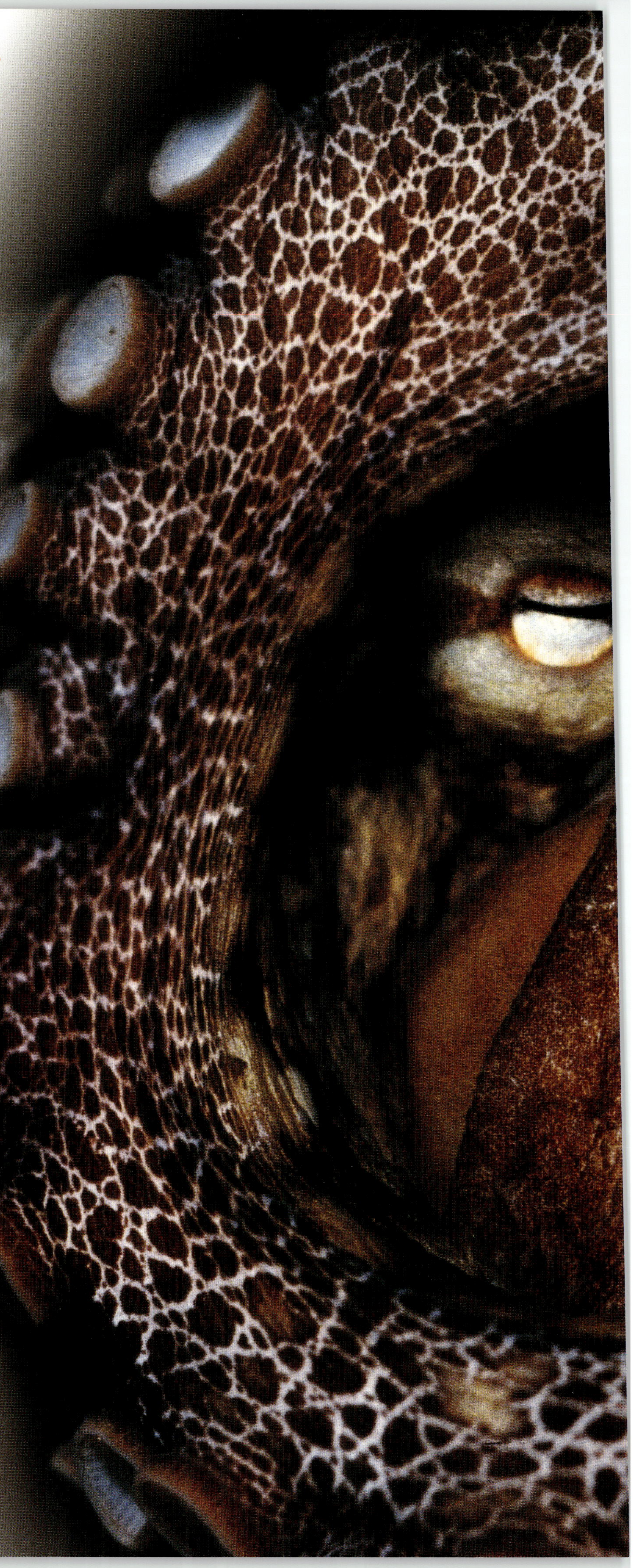

无脊椎动物

棘皮动物

门：	棘皮动物门
纲：	5纲
目：	38目
科：	173科
种：	约7000种

这类海生无脊椎动物包括海星、海蛇尾、海胆和海参等。它们的体表通常带有棘或刺，身体呈五辐射对称，即沿身体的中轴可以分成5个相等的部分。棘皮动物都具由钙化的小骨片构成的内骨骼。它们还有着独特的水管系统，有助于运动、摄食和呼吸。棘皮动物大多行动迟缓，营底栖生活，多分布在海岸带、珊瑚礁和海底等处。

运动

除了海百合栖居海底营固着生活外，其他的棘皮动物全都能缓慢行动。海星和海胆凭借管足、棘刺或是小骨片移动。沙钱和海参则依靠足在泥沙中挖洞穴居。

行走

海胆借助水流入和流出管足在海底运动。体表棘刺间的突起可以紧附于地面，拖动身体前行。

防护棘刺

棘皮动物的体表大都具有尖利的长棘，用以抵御捕食动物的侵袭。图中棘冠海星的棘刺还带有毒性。这种海星以珊瑚虫为食，定期为害澳洲的大堡礁，对大面积的珊瑚礁生态造成严重破坏。

身体结构

棘皮动物的形态各有不同，海星的身体由中央向外辐射出5条腕，海百合的身体多有分叉或呈羽状，海胆的身体则包在球形至圆柱形的胆壳内。大多数棘皮动物的体表有由小骨片形成的棘或刺，突出体表之外。它们的水管系统由一系列管道构成，其中由辐管分出的管状运动器官被称为管足。

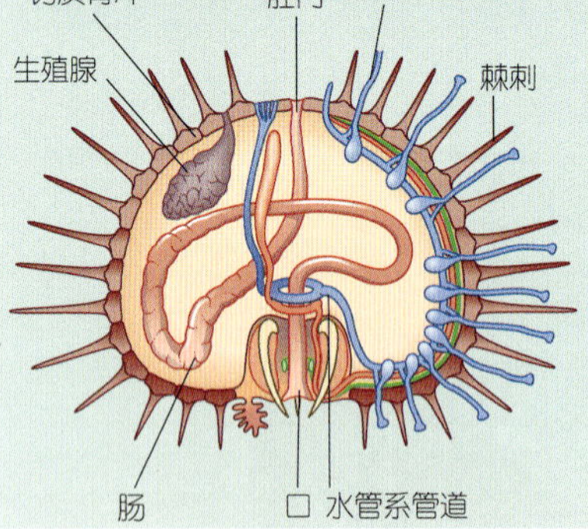

身体切面

棘皮动物的体腔由钙质内骨骼包围，有的骨骼完全愈合形成一个完整的壳（如海胆），有的形成独立的骨片，按一定形式排列（如海星）。棘皮动物没有头和尾，身体一面（口面）的中央具有口，肛门则位于身体另一面（反口面）的中央。

进食

棘皮动物大多以小型生物或有机体颗粒为食。一些海星是食肉动物，能将胃部翻出包裹猎物，在体外进行消化。海胆的食性广泛，口腔内的取食器官结构复杂，其上具齿，用以切割和咀嚼食物。

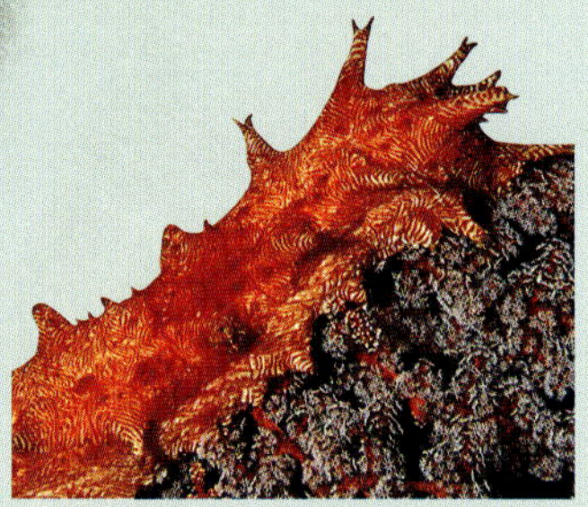

沉积取食

海参利用口周围的小触手黏取泥沙和沉积物中的有机物颗粒。

海百合纲

海百合与海羽星

分布：世界已知约426属，全球广泛分布；永久或短期附着在海底生活

海百合和海羽星是棘皮动物中最古老的一类，多数为化石种类。它们的身体呈杯形，由冠部向外伸出5条腕，腕多有羽状分枝。幼虫终生具柄。海百合多栖息在水深超过100米处，终生具柄，营固着生活；海羽星幼虫在母体的羽枝表面进行孵育，变为成虫后便脱离母体，开始自由生活。除了口面朝上以外，两者的基本形态都与海星类似。它们借助腕上的管足捕食浮游生物，将其送入口中。海百合和海羽星的腕距可达70厘米，柄部能长到1米长。它们的再生能力很强，失去的肢体都能再生。这类动物均为雌雄异体。

海羽星

虽然有柄海百合多为化石种类，但现存大多数海百合并非都在海底固着生活，一些物种甚至能够游动。海羽星为滤食动物，在各大海域均有分布，尤以珊瑚礁上居多。图中这种海羽星外形漂亮，长达40厘米的腕如同王冠一般在身体周围舒展。

海星纲

海星

分布：世界已知约1853属，全球广泛分布；栖息在海底

海星的外形独特，在沿海地区数量丰富，是一类常见的海洋无脊椎动物。海星的身体呈星形，由圆形的中央盘和5条等长的腕组成，一些物种的腕多达40条，还有一些物种的腕较短，看上去就像一块五角形的靠垫。海星能将小型猎物整个吞下；一些物种能将胃从口中翻出，包裹住体形较大的猎物，进行体外消化。取食双壳类时，它们还会利用强壮的管足将猎物的外壳拉开。海星的体长从不到2厘米至1米不等。它们的再生能力极强，体表部位缺失后都能再生，如腕部。

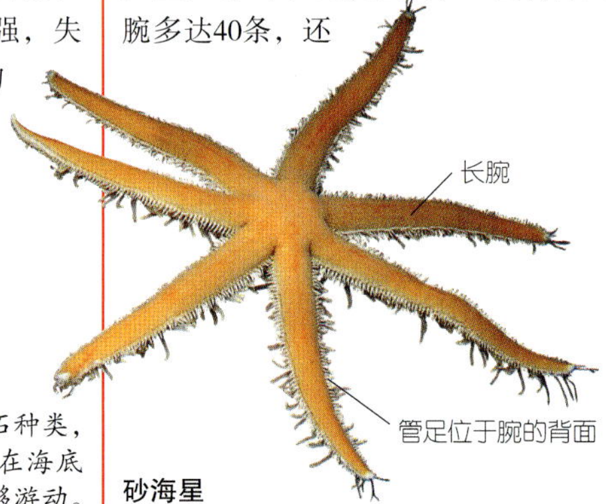

砂海星

典型的海星长有5条腕，而砂海星则有7条长腕。砂海星的直径达60厘米，栖息在北大西洋的沙质海底，以其他海星、海胆和海蛇尾为食，十分贪吃。

面包海星

这种生活在亚洲东南部的海星是面包海星中的典型物种，直径约为25厘米，腕短，略有突出。面包海星在各种海洋生境中均有分布，但常见于珊瑚礁地区。

蓝指海星

蓝指海星属于一类有着细长蛇状腕的海星类群。这种生活在印度洋与太平洋交界海域的物种并非总是呈现蓝色；多数个体都呈紫色或橙色。蓝指海星栖息在潮间带，通常和小虾建立共生关系，这些小虾以海星身上的碎屑和黏液为食。

蛇尾纲

海蛇尾和筐蛇尾

分布：世界已知约2166属，全球广泛分布；栖息在海底

虽然海蛇尾和筐蛇尾常被误认成海星，但是它们却构成了一类独特的棘皮动物类群。它们长有5条细长的腕，小型中央盘和腕部的分界比海星明显。这类动物的中央盘直径可达10厘米，整个身体的直径能达50厘米。海蛇尾是所有棘皮动物中活动能力最强的一类，与其近亲一样也有再生能力，腕部失去后都能再生。与海星不同的是，海蛇尾以死掉的动物或海底沉积物为食，借助腕部棘刺间的黏液黏取食物。海蛇尾在深海底部的数量非常丰富，常常有几百万只扭动的个体在一起生活。相比之下，筐蛇尾喜欢独自觅食，利用带分枝的腕在水流中摆正身形，以便能捕捉到周围的浮游动物。

刺蛇尾属一种

这类海蛇尾会在海底的礁岩和沙砾区大群出没。它们的身体直径多达20厘米，利用腕刺或管足从水中过滤食物。

秀丽水蛇尾

筐蛇尾的腕具有连续分叉，整丛腕的直径可达75厘米。上图中的物种生活在印度洋与太平洋交界海域，每条腕的末端都有几根卷须。到了夜里，筐蛇尾会在水中展开腕部捕食游经身旁的小型动物。

脆刺蛇尾

这种小型海蛇尾生活在北方地区，中央盘很小，具有5条弯曲的长腕，并借助它们行走。它的直径不到15厘米，全身都长有刺。

海参纲

海参

分布：世界已知1800属，全球广泛分布；几乎完全在海底穴居，或栖息在沙质海底

海参状如香肠，体壁为革状，看上去和其他棘皮动物非常不同，它们的内部结构非常典型，器官都是5个一组。海参的嘴巴周围有排成5行的触手，数量通常为8—30个，呈指状或丛状，由口管足特化形成。海参的体长从小于3厘米至1米不等。一些物种能从肛门释放出有黏性的线状物，用于缠绕入侵者。

紫伪翼手参

这种海参颜色鲜艳，体长10厘米，栖息在印度洋与太平洋交界的珊瑚礁中，口周围有一圈触手。进食后，每条触手都会轮流伸入口腔中进行清洁。

海胆纲

海胆

分布：世界已知1090属，全球广泛分布；栖息在海底或穴居在海底泥沙中

海胆的球形胆壳通常由骨板组成，壳上具有可动的长刺。5对管足通常位于棘刺之间，有助于海胆爬上礁岩，在那里取食藻类和小型动物。海胆的嘴巴位于身体下方的中央，口内有着结构复杂的咀嚼器，由一系列骨板、齿及肌肉相连而成，称为亚里士多德提灯，用以切割和咀嚼食物。进食后，一些海胆会回到自己在软岩石上挖出的藏身处；热带地区的笔海胆则利用粗棘将身体卡在珊瑚礁洞内。穴居的心形海胆和砂币海胆的身体呈扁平盘形，通常长有短棘，它们中一些种类的棘刺看上去就像是朝后生长的毛。穴居海胆以有机物碎屑为食，大多利用管足和棘刺将食物送入口中。海胆的直径通常为6—12厘米，有些物种甚至能达35厘米。

可食用海胆

这种大型海胆不仅可以食用，它的生殖腺在北大西洋沿岸地区也是一种珍贵的食品。它栖息在水深1000米处，直径将近20厘米，以礁岩上的海藻为食。

长刺海胆属一种

这类海胆生活在暖水水域，直径达30厘米，棘刺细长易碎，外覆腺体组织，能分泌毒性物质，被刺中后导致皮肤严重发炎。一些小鱼和甲壳类通常生活在这种海胆的刺丛中，依靠海胆的棘刺抵御捕食者。

砂币海胆

穴居的砂币海胆没有其他海胆的球形胆壳和长棘刺。图中的砂币海胆分布在热带地区，胆壳略有鼓起呈盘形，直径达15厘米，棘刺细小。

笔海胆

粗棘海胆（右图）分布在印度洋与太平洋交界海域，粗棘的顶端钝挫，棘上往往被其他有机体包裹。这种海胆的直径达15厘米，棘刺间的球形胆壳很容易看到。

无脊椎的脊索动物

门：	脊索动物门
亚门：	尾索动物亚门 头索动物亚门 盲鳗亚门
纲：	5纲
目：	9目
科：	38科
种：	约3000种

脊索动物体内有一条起着支撑作用的棒状结构，称为脊索。它们大多属于脊椎动物，后者的脊索已被交错连接的脊椎所取代。然而，脊索动物中的尾索动物、文昌鱼和八目鳗都没有脊柱，因此被划分为无脊椎动物。脊索动物都生活在海洋，其中，尾索动物大多体呈袋状，文昌鱼的身体尖长缺少弹性，八目鳗则外形似鱼，颅骨为软骨。

身体结构

文昌鱼和七鳃鳗发育完全后仍保留有脊索，而尾索动物的脊索却仅见于幼体时期。除了少数尾索动物以外，脊索动物脊索上方的背神经管是中空的，并且具有肌肉发达的肛后尾（一些物种只在幼体阶段才有尾巴）和成对排列的咽鳃裂。尾索动物和文昌鱼的咽部能将水流携带来的食物颗粒黏结成团，送入消化道中。水流通过体表的入水孔流入，由出水孔排出。

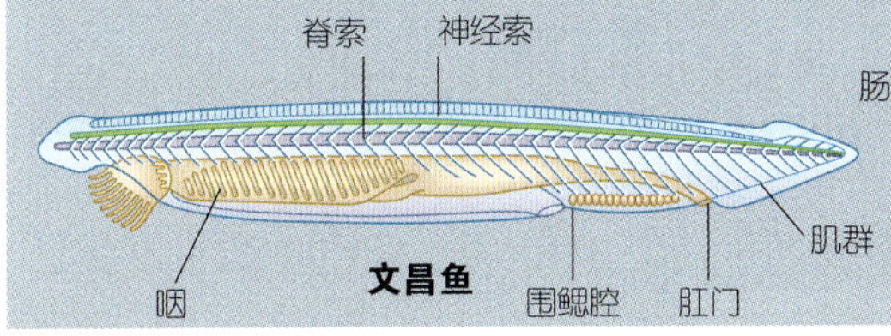

文昌鱼

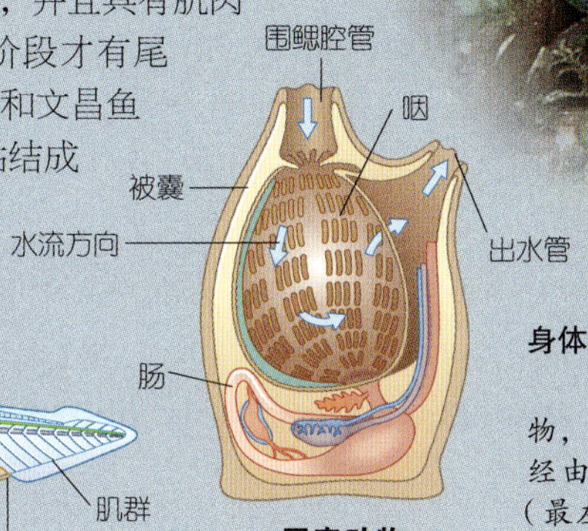

尾索动物

身体切面

大多数尾索动物（左图）都是滤食动物，固着在海底生活。水流从口部流入体内，经由出水管流出。文昌鱼的体形略似小鱼（最左图），身体细长灵活，肌肉发达，能在海水中短暂游泳。

尾索动物群体

尾索动物常在海底聚生，形成色彩鲜艳的群体。尽管群体中的个体成员都有嘴巴，但有时也共用开口排出水流和残渣。

海鞘纲

海鞘

分布：世界已知2813属，全球广泛分布；固着生活在岸边岩石上和海底

海鞘体呈袋状，固着生活在海岸的岩石上或海底，身体包裹在球形或长椭圆形的被囊中。大多数海鞘为滤食动物，水流通过入水孔进入咽内，咽壁被许多鳃裂贯穿，用以过滤水中的食物颗粒，过滤后的水流经围鳃腔排出。一些聚群生活的海鞘会共享出水管孔。海鞘幼体形似蝌蚪，尾内的脊索发达，呈现典型的脊索动物特征。

太平洋海鞘

这种生活在印度洋与太平洋交界地区的海鞘营独居生活，身体包裹在厚而坚韧的保护性被囊中，有时还具有鲜艳的色彩，体高2—15厘米。体表有入水孔和出水孔，可对水中的食物颗粒进行过滤。

樽海鞘纲

浮游型海鞘

分布：世界已知78属，全球广泛分布；营海洋浮游生活

樽海鞘大多营自由游泳生活，在海中随浮游生物漂浮，它们的入水孔和出水孔分别位于被囊的前后端。浮游型海鞘与海鞘一样，咽部很大，被许多鳃裂贯穿，占据了身体上的一大部分。樽海鞘包括单体和群体两个基本类型：磷海鞘营群居生活，樽海鞘和海樽则为独居和群居生活。群体中的个体体长可达25厘米，一些完整群体的总长可超过14米。

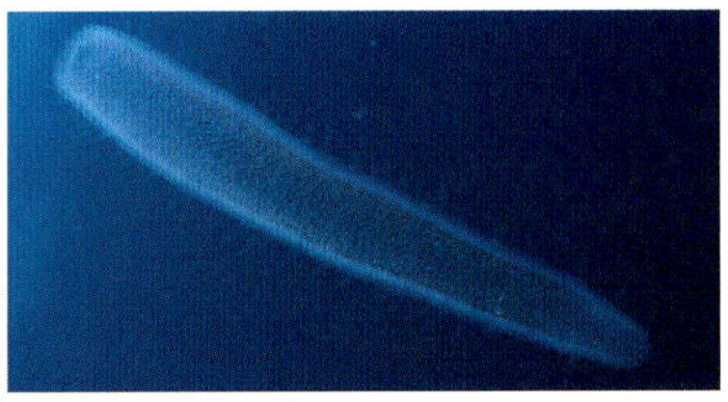
磷海鞘

这种群体形海鞘生活在温暖的水域中，能够发出闪烁磷光，其体长超过1米。磷海鞘从水中滤食，利用出水孔排水，借此推动身体缓慢前进。

狭心纲

文昌鱼

分布：世界已知30属，分布在热带和温带地区；栖息在浅层沙砾中

文昌鱼的体形很小，体长约为5厘米，身体半透明，一些特征与脊椎动物类似。除了具有脊索以外，还有咽鳃裂和一条背鳍，并且像许多鱼类一样，体侧的肌节呈“V”字形按节排列，口周围有小触须。它们通过咽部纤毛的摆动，将水流和食物颗粒一起吸入口中。文昌鱼为雌雄异体，通过体外受精繁殖后代。一些地区的人们捕捉文昌鱼当作食物。

文昌鱼

这种生活在欧洲地区的文昌鱼能长到5厘米长。与其他文昌鱼一样，也来回扭动身体游动。进食时，常把大部分身体埋在泥沙中，只露出头部。

盲鳗纲

盲鳗

分布：世界已知77属，分布在大洋中，包括深海海底

盲鳗虽然有简单的软骨脑颅，但却没有完整的脊柱。曾经由于没有上下颌而和七鳃鳗（第472页）归为一类，但目前人们认为两者间的亲缘关系较远。盲鳗的身体能分泌保护性的黏液，尤其是在被捕获时。它们能将身体绕成一个结，以除去黏液，并帮助进食。还能借助尾结作为支点，使嘴巴能转向猎物，方便进食。

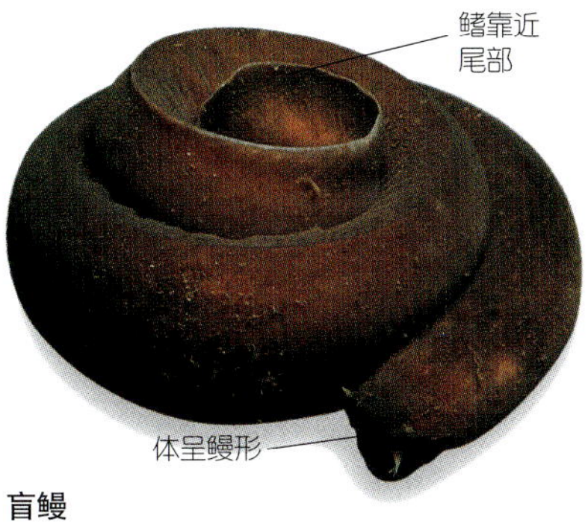

盲鳗

这种盲鳗栖息在北大西洋和地中海中，会将自己埋在泥沙中，以死鱼和将死之鱼为食。

术语表

一画

一雄多雌的（polygynous） 与一种繁殖体制相关的，该系统中的雄性在一个繁殖季中会与多个雌性配偶交配。

三画

大颚/颚骨（mandible） 节肢动物的成对颌骨，或在脊椎动物中完全或部分构成下颌的一块骨头。

小盾片（scutellum） 许多昆虫前胸背板后方的一块小三角形骨片。

个虫（zooid） 无脊椎动物群落中的个体。个虫常彼此直接相连，并且可能具备单个动物的功能。

门（phylum） 分类中的等级之一。在分类等级序列中，门是界下的分类阶元，可被细分为一个或数个纲。

门齿（incisor tooth） 哺乳动物中位于颌部前端的牙齿，用于噬咬、切割或啃咬食物。

子宫（uterus） 雌性哺乳动物用于孕育后代的器官。有胎盘哺乳类的幼体通过胎盘与子宫相连。

飞羽（flight feathers） 鸟类翅膀和尾部的羽毛，用于飞行。

四画

无性生殖（asexual reproduction） 一种仅由一个生物体完成的繁殖方式。无性生殖在无脊椎动物中最为常见，环境有利时可快速提高物种数量。参见有性繁殖。

无脊椎动物（invertebrate） 没有脊柱的动物。

犬齿（canine tooth） 哺乳动物上下颚门齿和臼齿间的尖锐牙齿，用于咬穿和紧咬食物。食肉类的犬齿尤为发达，位于上下颌的前方。

牙间隙（diastema） 将数颗牙齿分隔开的宽大间隙。植食性哺乳动物的牙间隙将颌前方的咬齿和后部的咀嚼齿隔开。许多啮齿类的双颊可折叠在牙间隙中将嘴后方挡闭，以便在啃食时不让碎屑进入。

互利共生（mutualism） 两种生物生活在一起，且都能从中获益的相互关系。

（动物）日间活动（diurnal） 白天活动。

内骨骼（endoskeleton） 通常由骨头构成。

内骨骼（test） 由许多钙质小骨片构成的棘皮动物的骨骼。

内寄生虫（endoparasite） 寄生于其他动物体内的动物，直接取食寄主的身体组织或窃取寄主的食物。内寄生虫通常具有复杂的生命周期，并涉及多个寄主。

内温的（endothermic） 能够保持恒定温暖的体温，不受外在环境的影响。也称为温血的。

水母型（medusa） 腔肠动物的身体形态之一，通常漂浮生活。这种形态在腔肠动物的整个生命周期中和水螅型交替出现，后者通常营固着生活。

水管系统（water vascular system） 棘皮动物的特有结构，为充满液体的管道系统，通过侧管与管足相连，使之能成型。

水螅型（polyp） 腔肠动物的身体形态之一，身体呈筒状，末端是周围长有一圈触手的口。水螅型通过基盘附着在坚硬的物体上生活。

气管（trachea） 呼吸管，在脊椎动物中被称为气管。

气管系统（tracheal system） 昆虫和蛛形纲动物用于将氧气传递到全身的小管道。空气通过气孔进入管道，然后通过气管到达单个细胞。排出的二氧化碳呈反向流动。

气管肺（tracheal lung） 节肢动物体内与气管系统相连的肺。气管肺亦见于蛇类。

反刍动物（ruminant） 具有专门的消化系统和数个胃室的有蹄哺乳类。胃室中的瘤胃内部含有大量微生物，可以帮助发酵分解植物细胞壁中的纤维质。为了加速消化，反刍动物通常会将食物反吐出来，并再次咀嚼，直到食物充分分解的过程。

引入物种（introduced species） 人类无意或故意带入某一生态系统中的物种，而该物种并非原产于当地。

双目视觉（binocular vision） 两眼完全或部分朝前，形成重叠的视野，从而使动物可以判断深度。

五画

可外翻的（eversible） 可以向外翻出的。

可抓握的（prehensile） 能够缠绕和抓握物体的。

龙骨突（keel） 鸟类的胸骨隆起形成的一块纵突起，供飞行肌附着。

平衡棒（halteres） 双翅目昆虫后翅退化形成的细小棒状器官，作用类似陀螺仪，在飞行时起着定位和调节作用。

旧大陆（old world） 指欧洲、亚洲、非洲和澳洲。

目（order） 分类中的等级之一。在分类等级序列中，目是纲下的分类阶元，可被细分为一个或数个科。

四足的（quadrupedal） 以4条腿行走。

生态位（niche） 动物在栖息地中的位置及功能。尽管两个物种会分享同一片栖息地，但绝对不会占据相同的生态位。

生态系统（ecosystem） 同一栖息地中的生物群落和非生物环境的集合体。

生物群系（biome） 生物特有的聚群方式，包括了它们所生存的环境。

生殖腺（gonad） 雄性或雌性的生殖器官。

外骨骼（exoskeleton） 覆盖动物整个身体的骨骼，能对身体起到支撑和保护作用。节肢动物的外骨骼最为复杂，由坚硬的独立骨板构成，通过灵活的关节相连。外骨骼不能生长，必须定期脱落和更新（蜕皮）。参见内骨骼。

外套腔（mantle cavity） 软体动物的外套膜和身体其余部位之间的空腔。水生软体动物的外套腔中充满着水，通常还包含鳃。

外套膜（mantle） 软体动物身体背侧包裹着外套腔的皮肤褶。

外寄生虫（ectoparasite） 寄生于其他动物体表的动物，通常以吸吮寄主的血液为生。一些外寄生虫终生都寄生在寄主身上，但许多种类，包括蚤类和蜱虫，会在其他地方发育，只在觅食时才爬到寄主身上。

外温的（ectothermic） 所具有的体温主要由外部的环境温度决定。也称为冷血的。

外激素（pheromone） 动物个体分泌的，能对同种其他个体产生影响的化学物质。外激素多易于挥发，能在空气中传播，可引起远处动物的反应。

冬眠（hibernation） 冬季休眠期。动物冬眠时身体机能会降至较低的水平。

鸟喙（bill） 鸟类的上下颌。鸟喙为骨质结构，外覆角质鞘。

立体视觉（stereoscopic vision） 参见双目视觉。

半迁徙（partial migrant） 一个物种中只有部分种群进行迁徙，而其他种群不迁徙。这种情况常见于分布广泛的鸟类，因为不同的种群通常会经历截然不同的气候条件。参见迁徙。

头节（scolex） 绦虫的头部。头节前端通常形成吸盘和（或）钩状物，能将虫体固定在寄主的组织上。

头胸部（cephalothorax） 一些节肢动物的部分身体由头部和胸部愈合而成，包括甲壳类和蛛形动物。

皮脂腺（sebaceous gland） 哺乳动物的一种皮肤腺，大多开口于毛囊附近。皮脂腺产生的物质能让皮肤和毛发保持良好状态。

发音器（tymbal organ） 位于蝉类腹部两侧的一对鼓状器官，可通过振动发出响亮声音。

发情期（rutting season） 鹿类中的雄性在繁殖季节相互撞击以争夺交配机会的一段时期。

幼体/幼虫（larva） 未发育成熟但独立的动物个体，其外表与成体完全不同。幼体经变态发育为成体；许多昆虫的这种变化发生在静止的蛹期。

丝（silk） 蜘蛛和一些昆虫制造的蛋白纤维物质。丝从纺织器抽出时呈液体状，但当拉长并暴露于空气中时，便会凝固变硬。丝的用途十分广泛，有些动物用丝来防卫或护卵，有些则用丝捕猎，在气流中滑翔，或从空中垂降。

六画

耳后腺（paratoid gland） 位于两栖动物眼后的一种腺体，能将毒液分泌到皮肤表面。

耳郭廓（pinna） 哺乳动物外耳的一部分。

共生（symbiosis） 两种不同物种之间形成的任何合作关系。动物会与其他动物、植物和微生物建立共生关系。

亚目（suborder） 动物的分类等级，位于目和科之间。

亚纲（subclass） 动物的分类等级，位于纲和目之间。

亚种（subspecies） 参见物种。

亚科（subfamily） 动物的分类等级，位于科和属之间。

有肺的（pulmonate） 长有肺的。肺螺是能够呼吸空气的软体动物，通常栖居于陆地。

有性生殖（sexual reproduction） 一种雌性细胞或卵与雄性细胞或精子受精结合的生殖方式。这是动物中最常见的繁殖方法。有性生殖通常涉及两个性别不同的亲代，但有些物种的个体则是雌雄同体。参见无性生殖。

有胎盘哺乳类（placental mammal） 参见胎盘。

光合作用（photosynthesis） 能让植物

获取阳光中的能量，并将其转化为化学形态的一整套化学反应。

虫瘿（gall） 植物遭受某些动物（通常为昆虫）或其他生物的分泌物刺激后形成的畸形构造。通过触发虫瘿形成，动物能为自身提供安全的隐蔽场所和便利的食物来源。

回声定位（echolocation） 一种通过高频声波脉冲感知周围物体的方法。声波脉冲遇到障碍物或其他动物就会反射回来，让发射者构建出周围环境的"图像"。回声定位被哺乳动物和少数穴栖鸟类等动物采用。

刚毛（chaeta） 动物身体上着生的硬挺短毛，见于多种无脊椎动物。刚毛有时具感觉功能，但环节动物的刚毛通常用于运动。

迁徙（migration） 沿着确定路线，去往不同区域的旅程。大多数动物都随季节的变化迁徙，以便能利用某一地点的适宜繁殖条件，以及某一地点的良好越冬环境。参见半迁徙。

臼齿（molar tooth） 哺乳动物颌部末端的牙齿。臼齿具有呈扁平状或隆起状的表面，用于咀嚼食物。食肉类的臼齿更为锋利，可以撕裂外皮和骨头。

延迟着床（delayed implantation） 哺乳动物在受精后和胚胎发育期之间出现延迟，并不立即着床。该现象可使动物在最适于哺养幼崽的时间里生产。

后胸（metathorax） 昆虫胸部的第二节体节。

肋骨的（costal） 和动物肋骨有关的。

杂食动物（omnivore） 既取食植物，也取食动物的动物。

多态的（polymorphic） 一个物种出现多种不同的形态，即形态相关的。不同形态有可能出现地理上的分隔，因此任何特定地点都只出现单一形态，或是以固定的比例同时出现。即使不同形态的亲代进行杂交，后代的形态依旧能够延续。

多配偶的（polygamous） 与一种繁殖体制相关的，该系统中的动物个体在一个繁殖季内和一个以上的配偶交配。

产卵器（ovipositor） 雌性昆虫腹部末端用于产卵的器官。产卵器通常呈管状或刀片状，以便将卵产在土壤中、植物中或其他动物体内。一些昆虫的产卵器已特化成刺。

关节（articulation） 接合部位，如骨头互相连接的位置。

阴茎骨（baculum） 阴茎内的骨头，见于部分哺乳动物。

纤维素（cellulose） 存在于植物中的一种复合糖类。纤维素是植物细胞组成的基本物质，具有不易被动物分解的弹性化学结构。食草动物，如反刍类，能在微生物的帮助下消化纤维素。

驯养的（domesticated） 和完全或部分生活在人类控制下的动物相关的。一些驯养动物看上去和它们的野生同类完全一样，但其中的许多都通过人工育种，培养出自然界不存在的品种。参见野化的。

七画

形态（morph） 物种身体性状上的一种变化，有时也称"型"。一些物种具有数种清晰可辨的形态，彼此在颜色或斑纹上有所不同。参见多态的。

拟态（mimicry） 一种伪装方式，即一种动物模仿另一种动物或非生命物体，如树枝或叶片等。拟态在昆虫中非常常见，许多无害物种都会模仿成有毒或有刺动物。

拟寄生物（parasitoid） 指生命初期营寄生生活，发育成熟后便会转为自由生活的动物。拟寄生物在昆虫中常见。与寄生物不同的是，拟寄生物通常会吃掉寄主的内脏器官，将其杀死。

求偶场（lek） 雄性动物，尤其是鸟类，求偶时的公共炫耀场所。同一个求偶场会常年使用。

两足的（bipedal） 以两条腿行走。

两侧对称（bilateral symmetry） 一种对称方式，即通过身体中轴只有一个切面能将身体分为相等的两个部分。大多数动物都为两侧对称。

围鳃腔（atrium） 由身体表面陷入体内形成的空腔。

听骨（ossicle） 小骨头。哺乳动物的听骨是身体内最小的骨头，能将声音从鼓膜传至内耳。

吻（proboscis） 动物的鼻子，或外形似鼻的口器。吸食汁液的昆虫通常具有细长的吻，不用时可收起。

针毛（guard hair） 哺乳动物皮毛中的粗直长毛，从内层绒毛向外伸出以起保护绒毛和防潮作用。

体内受精（internal fertilization） 受精过程发生在雌性体内的繁殖方式。体内受精是许多陆生动物的特征，包括昆虫和脊椎动物。参见体外受精。

体外受精（external fertilization） 指精子与卵子在雌性体外结合的受精方式，这一过程通常发生在水中。

角（horn） 哺乳动物头顶长出的尖形身体结构。真正的角由包裹着骨质心的中空角质鞘构成。

角蛋白（keratin） 存在于毛发、爪和角等结构中的坚韧纤维状蛋白质。

卵生（oviparous） 产卵繁殖。参见卵胎生，胎生。

卵胎生（ovoviviparous） 指动物的卵在母体内发育成新的个体后才被产出的生殖方式。卵中含有胚胎发育所需的一切养分，与母体之间并不直接相连。参见卵生，胎生。

卵鞘（ootheca） 包裹昆虫卵的保护性硬壳。蜚蠊等昆虫的卵鞘具有一层薄的覆盖物，而另一些种类的卵鞘则由一团泡沫包裹，这些泡沫随后便会迅速硬化。

冷血的（cold-blooded） 参见变温的。

尾叶（fluke） 鲸类及其近亲的弹性尾鳍。与鱼类的尾鳍不同的是，鲸类的尾叶呈水平状，只能上下拍击，无法左右摆动。

尾须（cercus） 一些无脊椎动物腹部末端向后伸出的成对须状附肢，特别是昆虫。

尾部的（caudal） 与动物的尾巴有关的。

陆栖的（terrestrial） 完全或主要在陆地上栖息。

附生植物（epiphyte） 不在地面生长，常附着在其他树木枝干上生长的植物。热带的附生植物能为多种动物创造重要的小生境，尤其是昆虫和两栖类。

妊娠期（gestation period） 哺乳动物受孕后至分娩前的一段时期，发育中的幼体此时通过胎盘从母体中获得养分。

纲（class） 动物的分类等级。在分类等级序列中，纲是门下的分类阶元，可被细分为一个或数个目。

纺织器（spinneret） 蜘蛛用来产生蛛丝的喷嘴状器官。

八画

抱对（amplexus） 蛙和蟾蜍采用的繁殖姿势，雄性利用前腿紧紧抱住雌性。受精通常在雌性体外完成。

抱握器（claspers） 参见鳍脚。

若虫（nymph） 一未成熟的昆虫幼虫，外形与成虫相似，但却不具功能性翅膀或生殖器官。若虫经由变态发育为成虫，每次蜕皮时外形都发生轻微变化。

松鼠巢（drey） 松鼠在树上筑的巢。

软骨（cartilage） 构成脊椎动物部分骨骼的弹性结缔组织。大多数脊椎动物的软骨都长在关节处，但软骨鱼的整个骨架都由软骨构成，如鲨鱼。

齿舌（radula） 齿舌是许多软体动物的特有器官，用于锉碎食物。齿舌通常呈带状，其上排列着许多细小的齿片。

固着的（sessile） 附着在坚固物体表面生活，而不能四处移动。大多数固着型动物都是生活在水中的无脊椎动物。

垂肉（dewlap） 悬挂在动物喉部下方的宽松皮褶。

物种（species） 物种就是能在野外相互交配繁殖，但不能和其他类群进行繁殖，并产出与自身相像后代的一群相同的有机体。物种是生物分类系统中最基本的阶元。一些物种还具有互不相同的种群。当种群间的差别十分明显，并在地理上被隔离时，就会被分为不同的亚种。

侧线系统（lateral-line system） 鱼类和一些两栖类的感觉器官，能够感知水压变化，使动物能觉察到水中其他动物的活动。侧线系统中的感觉器沿身体两侧一线排开。

受精（fertilization） 卵细胞和精子的融合过程，由此产生一颗能发育为新生动物的细胞。体外受精发生于体外（通常在水中），而体内受精则发生在雌性的生殖系统内。

乳突（papilla） 动物身体上的小型肉质突起。乳突通常具感觉功能，如侦测化学物质以找到食物。

股骨（femur） 四足类脊椎动物的大腿骨。昆虫的股节为第三节腿节，即胫节的前一节。

兔穴（form） 野兔用来藏身或隐藏幼崽的地面凹陷处。

变态发育（metamorphosis） 许多动物，特别是无脊椎动物，在幼体至成体的发育过程中出现的身体形态变化。这种变化在昆虫中分为完全变态和不完全变态发育的两种方式。完全变态的昆虫在静止的蛹期（并未停止发育），身体会经历完全的重组变化。不完全变态包含一系列不那么剧烈的变化；每当幼虫蜕皮时，这些变化就会发生。参见幼体、若虫。

（动物）夜间活动（noctumal） 夜间活动。

盲肠（caecum） 消化道的盲端，通常用于消化植物性食物。

单配制（monogamous） 有些物种在一个繁殖季内只与单一配偶交配，有些则会终生相伴。单配偶制在那些会对后代进行照料的动物中十分常见。

单眼（ocellus） 昆虫的一种结构简单的光感受器。许多昆虫的头部上方具有3个簇状单眼。

泄殖腔（cloaca） 朝向身体后部的开口，被数个身体系统共享。部分脊椎动物的肠道、肾脏和生殖系统都共用这个单一开口，如硬骨鱼和两栖类。

性二形（两性异形）（sexual dimorphism） 同一物种的雌雄两性在身体上存在的差异。在性别不同的动物中，雄性和雌性在外形上永远不同，但象海豹等极具二态性的物种，两性的外表则极为不同，体形上也相差很大。

性嗅反应（flehmen response） 许多雄性哺乳动物翻起上唇的特征性行为，为了将气味传递至犁鼻器。

定栖（sedentary） 很少移动的生活方式。这个术语也用来指不迁徙的动物。参见迁徙。

肩带（pectoral girdle） 四足脊椎动物中，将前肢固定到脊椎上的一整套骨骼。大多数哺乳动物的肩带由两根锁骨和两根肩胛骨组成。

孤雌生殖（parthenogenesis） 卵细胞无须受精而发育成正常的个体的繁殖方式。孤雌生殖常见于无脊椎动物，产生的子代在遗传特性上和亲代完全一样。在具有不同性别的动物中，只有雌性可以通过孤雌生殖进行繁殖。

组织（tissue） 动物体内以一定形式连接的一群细胞。组织内的细胞都属同一类型，并承担相同的功能。参见器官。

九画

型（phase） 参见形态。

指/趾（digit） 手指或脚趾。

茧（cocoon） 用丝编织的壳。许多昆虫在化蛹前都会吐丝结茧，许多蜘蛛用丝制作卵袋携卵。参见蛹。

柄节（scape） 昆虫触角的第一节，最靠近头部的位置。

树栖（arboreal） 全部或部分时间生活在树上。

背甲（carapace） 动物体背的骨质硬壳。

背部的（dorsal） 动物的背部或邻近部位。

界（kingdom） 分类学中，自然界的6个基本分类等级之一。

骨针（spicule） 海绵动物的造骨细胞分泌的硅质或钙质针状骨骼，构成部分内骨骼。骨针具各种形状。

骨盆带（pelvic girdle） 四足脊椎动物中，将后肢固定到脊椎上的一整套骨骼。组成骨盆带的骨头通常愈合，构成可以承重的关闭式骨盆。

钙质的（calcareous） 含钙。许多种动物都会形成钙质结构，如贝壳、外骨骼和骨头，用以支撑或保护身体。

科（family） 分类中的等级之一。在分类等级序列中，科是目下的分类阶元，可被细分为一个或数个属。

重寄生物（hyperparasite） 一种寄生生物又被另一种寄生生物寄生的现象。

复翅（tegmen） 一些昆虫坚韧如革的前翅，例如蝗虫、蟋蟀和蜚蠊。

复眼（compound eye） 由一个个小眼构成的眼睛，每个小眼都有一套独立的感光结构。复眼是节肢动物的共同特征。复眼中的小眼数量从几十到成千上万个不等。

保护色/伪装（camouflage） 能让动物与周围环境融为一体的体表颜色或花纹。保护色是动物界非常普遍的适应特征，尤其是在无脊椎动物中。保护色不但具有反捕食效果，还能在接近猎物时用来隐匿身形。参见拟态和隐蔽色。

盾板（scute） 一些动物身上的盾状板或鳞片构成的角质化覆盖物。

须（barbel） 动物嘴唇或口周围的附属感觉器官。许多底栖鱼类具须，用以寻找藏在沙砾或泥沙中的食物。

食叶（browsing） 以乔木和灌木的叶片为食，而非取食青草的动物。参见食草。

食虫动物（insectivore） 以昆虫为食的动物。

食肉动物（carnivore） 所有吃肉的动物。食肉动物一词也专指食肉目中的哺乳动物。

食果的（frugivorous） 取食果实的。

食物网（food web） 食物链之间相互交错相连构成的复杂网状关系。食物网中的每种生物通常都与不同的食物链有关。

食物链（food chain） 两种或多种生物间通过食物形成的链锁式单向联系，每种生物都是较高层种类的食物。陆地食物链的第一个环节通常是植物。水生食物链的第一个环节通常是藻类或其他单细胞生物。参见食物网。

食底泥动物（deposit feeder） 生活在水底的，以漂落水底的小颗粒有机物为食的动物。

食草（grazing） 以青草为食。参见食叶。

食草动物（herbivore） 以植物或类似植物的浮游生物为食的动物。

食碎屑动物（detritivore） 取食死亡的动、植物残体的动物。

食腐的（saprophagous） 以尸体或腐烂物质为食的动物。

胚胎（embryo） 动物或植物在发育早期阶段的幼体。

胫骨/胫节（tibia） 四足脊椎动物的小腿骨。昆虫的胫节正好位于跗节上方，构成足的一部分。

胎儿（foetus） 发育中的动物，已经部分成形，并接近出生。

胎生（viviparous） 直接产下幼体的繁殖方式。参见卵生、卵胎生。

胎盘（placenta） 由动物的胚胎形成的一种器官，使其在出生前能从母体的血液中吸收养分和氧气。以这种方式成长的动物也被称为有胎盘哺乳类。

蚀木的（xylophagous） 吃木头的。

蚀羽（eclipse plumage） 一些鸟类中，尤其是水鸟，繁殖期一结束，雄鸟就将华丽的婚羽更换成与雌鸟相似的不显眼的羽毛，以减少被捕杀的机会。

疣足（parapodium） 某些蠕虫体壁向外伸出的腿状或片状突起。疣足用于运动，或是拨动水流以捕食。

前臼齿（premolar tooth） 哺乳动物中位于颌中部，犬齿和臼齿之间的牙齿。

前背板（pronotum） 覆盖于昆虫前胸部胸节上的骨板。一些昆虫的前背板扩大形成护板。

前胸（prothorax） 昆虫胸部的第一节体节。

神经毒素（neurotoxin） 一种干扰神经或扰乱神经作用的物质。极少量神经毒素就能致命。这类毒素存在于蛇类的毒液和其他动物产生的毒素中，如蛙类、蟾蜍类、鱼类和昆虫。

退化的（vestigial） 与已经萎缩或不具功能，且尺寸缩小器官相关的。

绒毛（underfur） 组成哺乳动物皮毛最内层的浓密毛发。绒毛通常十分柔软，隔热效果好。参见针毛。

结节（tubercle） 动物身体上的坚硬突起。

十画

捕食者（predator） 捕捉并杀死其他动物（猎物）的动物。有些捕食者通过埋伏捕猎，但大多数捕食者都会主动追击其他动物。

热测位器（heat pits） 一些蛇类上颌前端上方用于感测热量的凹陷。这些窝可以侦测温血动物发出的热量，有助于蛇类在黑暗中捕食。

翅痣（pterostigma） 一些昆虫翅膀前缘上方的有色小斑点。

夏眠（aestivation） 炎热或干旱天气里出现的休眠期。夏眠在亚热带动物中十分常见，因为那里每年的旱季都很漫长。

透镜眼（simple eye） 具单一晶状体的眼。单眼见于脊椎动物和头足纲软体动物，虽然带有一个“单”字，但其结构通常极为复杂。未发育完全的单眼也见于部分昆虫。参见单眼。

脂鳍（adipose fin） 位于背鳍和尾鳍之间的小鱼鳍，见于部分鱼类。

胸骨/腹板（sternum） 四足脊椎动物的胸骨，或指节肢动物的加厚腹板。鸟类的胸骨在腹中线处隆起。

胸部（thorax） 节肢动物的身体中段。胸部具强健的肌肉，胸侧着生有足和翅膀（如果有的话）。在四足脊椎动物中又称作胸。

胸鳍（pectoral fin） 鱼类身体前端两对鱼鳍中的一对，常位于头后方。胸鳍通常高度灵活，用于推动身体和控制方向。

脊索（notochord） 贯穿身体背部，起支撑体轴作用的一条棒状结构。脊索是脊索动物的独有特征，但部分低等物种的脊索仅见于早期阶段。脊椎动物的脊索只在胚胎时期出现，最终被脊柱取代。

脊索动物（chordate） 隶属脊索动物门，包括所有的脊椎动物。脊索动物最主要的特征是背部具有一条脊索；脊索能支撑身体，又能使身体通过弯曲进行运动。

脊椎动物（vertebrate） 具有脊柱的动物，包括鱼类、两栖类、爬行类、鸟类和哺乳类。

浮游生物（plankton） 在开阔水域，尤其是海面附近漂浮生活的有机体，其中的许多种类都十分微小。浮游生物能经常移动，但大多数种类由于体形太小，因而不能抗击水流。营浮游生活的动物被统称为浮游动物。

浮游动物（zooplankton） 参见浮游生物。

家域（home range） 动物或动物群体经常进行日常活动的区域，如觅食。参见领域。

预蛹（prepupa） 一些昆虫在脱皮成蛹之前经历的静止阶段。

十一画

掘地的（fossorial） 在地下挖掘洞穴的。

厣靥板/鳃盖（operculum） 一种盖或壳盖。一些腹足纲软体动物的身体缩回壳中时，厣靥板可以完全关闭壳口。硬骨鱼身体两侧的鳃盖则保护着鳃腔中的鳃瓣。

盔（casque） 动物头部的骨质生长物。

野化的（feral） 与家养动物有关的，但它们随后即开始野外生活。常见的例子包括城市中的鸽子、猫和马。

趾行（digitigrade） 一种只以指或趾触地行走的方式。参见跖行、蹄行。

跃身击浪（breaching） 抬头跃出水面（通常在海中），然后落回水中，激起一片水花。跃身击浪是许多大型鲸类的特有行为。

犁鼻器（雅克布森器官）（jacobson's organ） 即鼻腔腹外侧的一对盲囊，开口位于口腔顶部，能感知空气中的化学气味。蛇类通常使用这一器官侦测猎物，而一些雄性哺乳动物则用它寻找准备好交配的雌性。

偶蹄的（cloven-hoofed） 具有看似裂成两半的蹄。鹿类和羚羊等大多数偶蹄类动物都有两个蹄，沿着脚部中线左右排列。

偏利共生（commensalism） 两个不同物种间形成的伙伴关系，其中一方受益，而另一方则并无得失。

领域（territory） 受到一种或一群动物严格保护，且不允许同种其他个体入侵的一片区域。领域中通常具有雄性用来吸引配偶的有用资源。

脚须（pedipalps） 节肢动物头胸部的第二对附肢，靠近身体前部。脚须在不同的物种中被分别用于行走、传递精子或攻击猎物。

（羽毛等）脱换/蜕皮（moult） 褪掉并换上新的毛皮、羽毛或皮肤。哺乳类的换毛和鸟类的换羽是为了维持毛皮或羽毛的良好状态，以便调节隔热功能，或是为繁殖做好准备。节肢动物的蜕皮，如昆虫，则是为了生长。

猎物（prey） 被捕食者猎食的动物。

鹿角（antler） 鹿类头上的骨质生长物。鹿角与角不同，通常具分叉，多数情况下每年脱换一次，周期和繁殖季节有关。

断奶（weaning） 在哺乳动物中，母亲逐渐停止为自己的后代提供乳汁的阶段。

寄生虫（parasite） 生活在其他动物体表或体内的动物，有些以寄主为食，有些以寄主吞下的食物为食。大多数寄生虫的体形都比寄主小很多，且许多都具有复杂的生命周期，并产下大量的卵。寄生物通常对寄主造成损害，但并不将其杀死。参见外寄生虫，内寄生虫。

寄主（host） 为寄生在自己体表或体内的寄生物提供营养的动物。

弹器（furcula） 附着在弹尾目昆虫腹部的叉状弹器。

隐蔽色（cryptic coloration） 使动物在背景环境中难以被发现的颜色和花纹。

颈脊（nuchal crest） 后颈的冠状隆起。

巢寄生（brood parasite） 一种动物（通常是鸟类）将卵产在其他物种的巢中，由其代为孵化和育雏的行为。多数情况下，巢寄生者的幼雏会将寄主的雏鸟杀死，这样便能独享义亲带回的所有食物。

十二画

蛰伏（torpor） 一种身体机能降至最低限度的类似睡眠的状态。动物常以蛰伏方式度过恶劣的环境，如严寒或食物匮乏等。

裂齿（carnassial tooth） 食肉哺乳类的臼齿，齿尖似刀，可将猎物的皮肉撕裂。

颊齿（cheek tooth） 参见臼齿、前臼齿。

掌骨（metacarpal） 四足动物前腿或前肢骨中的一组骨头，与远端的指（趾）骨相连。大多数灵长类的掌骨构成了手掌。

喷水孔（blowhole） 鲸类及其近亲的鼻孔，位于头顶，通常为一个或两个。

喷水孔/气孔（spiracle） 鲼类和其他一些鱼类眼后的开口，能让水流流入鳃中。昆虫的气孔位于胸部和腹部，能让空气进入气管系统。

跖行（plantigrade） 以脚掌触地的行走方式。参见趾行，蹄行。

跖骨（metatarsal） 四足动物后足骨头中的一个，与远端的趾骨相连。大多数灵长类的跖骨构成了脚掌。

喙（beak） 狭长而突出的双颌，通常不具齿。脊椎动物中的许多类群都单独进化出了喙，包括陆龟和海龟，以及一些鲸类。

喙（rostrum） 蝽类和其他一些昆虫的下唇延长特化形成的喙状口器。

温血的（warm-blooded） 参见内温的。

窝（fossa） 凹坑或凹陷，如动物颅骨上的窝。

属（genus） 分类中的等级之一。在分类等级序列中，属是科下的分类阶元，可被细分为一个或数个种。

十三画

鼓膜（tympanum） 蛙类的外耳膜。

辐射对称（radial symmetry） 一种对称形式，即身体形状类似车轮，口通常位于身体中央，通过身体纵轴的任何平面切割都可得到相似的两部分。

蛹（chrysalis） 保护虫蛹的坚硬发亮外壳。蛹壳通常附着在植物上，或埋藏于接近土壤地表的位置。

蛹（pupa） 昆虫的一个发育阶段，幼虫的体形结构于此时瓦解重组，形成成虫的体形。昆虫化蛹期间不再进食，通常也无法移动，但有些蛹被碰触时会颤动。蛹由坚硬的蛹壳保护，有些蛹壳完全用丝缠绕而成。参见蝶蛹，蚕蛹，幼体。

腹甲（plastron） 陆龟或海龟腹部的甲壳。

腹侧的（ventral） 位于腹部或其附近的。

腹部（abdomen） 位于身体后部，哺乳动物的在胸腹腔之下，而节肢动物的在胸节之后。

腹管（cornicle） 蚜虫腹部末端两侧的管状突起，可分泌蜡，保护蚜虫免受部分捕食者和寄生物的侵袭。

腹鳍（pelvic fins） 鱼类的身体后端的一对偶鳍，通常位于身体下侧附近，有时邻近头部，但更常见于尾巴附近。腹鳍通常用于维持身体平衡。

触手冠（lophophore） 苔藓动物和一些其他海生无脊椎动物身体前端的一圈触手。

触角（antenna） 节肢动物头上的感觉器官。触角通常为一对，能感受接触、声音、温度和味道。它们的大小和外观根据使用方式的不同而有所不同。

新世界（new world） 美洲。

新陈代谢（metabolism） 动物体内完整的化学反应过程。其中的一些通过分解食物释放能量，而另一些则通过肌肉收缩使用能量。

数量扩增（irruption） 大量动物离开正常分布范围的过程。数量扩增通常十分短暂，并发生在恶劣的环境条件下，如寒冬。

滤食动物（suspension feeder） 以悬浮在水中的有机物颗粒为食的动物，包括海蛇尾、部分腔肠动物和诸多环节动物。

滤食者（filter feeder） 以过滤方式从水中摄食小型食物颗粒的动物。贝类和海鞘等许多无脊椎动物滤食者都是固着动物，通过水流的流入与流出滤食。须鲸等脊椎动物滤食者在运动中以诱捕方式来收集食物。

群体（colony） 一群共同生活，通常分工合作以求生存的同种动物。一些群体性物种，尤其是水生无脊椎动物，群体成员通常永久性地共同固着在一处生活。其他一些种类，如蚂蚁、蜜蜂和黄蜂，虽然共同生活在同一个巢穴中，但却独自觅食。

十四画

雌雄同体（hermaphrodite） 同时拥有雌、雄生殖器官，并能自行受精的动物。参见时序性雌雄同体。

时序性雌雄同体（sequential hermaphrodite） 兼有雌性和雄性生殖器官的动物，这两种器官在不同的时间发育成熟。

孵化期（incubation） 亲鸟卧在巢中，对卵进行有效加热，使其能够发育成雏鸟的一段时间。孵化期从不到14天至数月不等。

腐尸（carrion） 死亡动物的残骸。

精荚（spermatophore） 由雄性直接或间接传递给雌性的一包精子，如有些精荚会被产在地上，由雌性挤压获取精子。许多动物都能产出精荚，包括蝾螈（有尾目）和部分昆虫。

十五画

踝骨/跗节（tarsus） 腿骨的一部分。昆虫的踝骨被跗节替代，而脊椎动物的踝骨则是小腿的胫骨与腓骨的最下端。

獠牙（tusk） 哺乳动物的一种特化牙齿，通常突出在嘴巴之外。獠牙的用途多样，包括防卫和掘食。一些物种中，只有雄性具有獠牙，此情况下多用于性炫耀。

摩擦发声（stridulate） 通过摩擦身体上的两个部位发出声响。

额隆（melon） 许多齿鲸头部的肿状突起。额隆中充满含有脂肪的液体，被认为是在回声定位中聚焦声音。

十六画

螯肢（chelicera） 螯肢亚门动物头胸部的第一对螯状附肢。螯肢的末端通常呈钳状，蜘蛛的螯肢能用于注射毒液。螨虫的螯肢末端呈针状，用于刺穿食物。

鞘翅（elytron） 甲虫、蠼螋和一些蝽类的硬化前翅。两个鞘翅通常能像外壳一样合拢，以保护下方的纤弱后翅。

蹄行（unguligrade） 只以蹄子触地行走的行走方式。参见趾行和跖行。

器官（organ） 身体的一种结构，由不同的身体组织构成，用于完成一定的生理功能。

鲸须（baleen） 一些鲸类口中用于从水中滤食的角质薄片。鲸须以角质板方式悬垂于上颌，内侧磨损。鲸须板滤出的食物会被鲸鱼吞掉。

十七画

瞬膜（nictitating membrane） 鸟类和诸多爬行类（蛇类除外）特有的一种半透明眼睑，又称“第三眼睑”，可以横向遮住眼睛。水鸟在水下游动时，经常利用瞬膜来辅助视力 。

繁殖群（breeding colony） 营巢鸟类的大型集群。

鳃（gill） 从水中获取氧气的器官。鳃通常位于头部或其附近，水生昆虫的鳃位于腹部末端。

臀棘（cremaster） 鳞翅目昆虫的蛹尾端的一束带钩小刺。虫蛹通过这些刺倒挂在其他物体之下。

翼膜（patagium） 蝙蝠身体两侧形成翼的皮膜。这一术语也用于指代鼯猴和其他滑翔哺乳类的伞状滑翔膜。

十八画

鞭毛（flagellum） 从细胞体表面伸出的细长弯曲的丝状物。鞭毛可以左右摆动，使细胞体向前运动。精细胞利用鞭毛游动。

覆羽（covert） 着生在鸟类飞羽基部的一种羽毛。

鳍状肢（flipper） 水生哺乳动物的桨状前肢。参见尾叶。

鳍脚（pelvic spurs） 一些雄性鲨鱼和鲼类身体后端的交配器官。也被称为交配器。

十九画

警戒色（warning coloration） 动物体表鲜明色彩的组合，用于警告该动物具危险性。黑黄相间的带纹是一种典型的警戒色，多见于有刺的昆虫。

鳔（swim bladder） 大多数硬骨鱼用于调节浮力的充气气囊。通过调节鳔内的气压，鱼类便能在水中保持中性浮力，既不会上升，也不会下沉。

拉丁名索引

A

Acanthophis praelongus 399
Acanthosaura crucigera 411
Accipiter gentilis 300
Acinonyx jubatus 207
Acipenser sturio 489
Acomys minous 128
Acrantophis dumerili 387
Acris crepitans 459
Acrobates pygmaeus 99
Actitis macularius 312
Addax nasomaculatus 238
Aechmophorus occidentalis 283
Aegotheles cristatus 328
Aeoliscus strigatus 517
Aepyceros melampus 240
Aepyprymnus rufescens 102
Aethia pusilla 314
Afrixalus fornasinii 463
Agalychnis callidryas 459
Agama agama 411
Agapornis personatus 319
Agkistrodon contortrix 406
Agonus acipenserinus 519
Ailuropoda melanoleuca 179
Ailurus fulgens 188
Aix galericulata 277
Albula vulpes 493
Alcedo atthis 334
Alcelaphus caama 238
Alces alces 227
Aldrovandia affinis 493
Alepisaurus ferox 509
Alepocephalus rostratus 507
Allactaga tetradactyla 126
Alle alle 314
Alligator mississippiensis 433
Alopex lagopus 170
Alopias vulpinus 480
Alopochen aegyptiaca 276
Alosa sapidissima 495
Alouatta pigra 142
Alouatta seniculus 142
Alytes muletensis 450
Alytesobstetricans 451
Amazona aestiva 319
Amblyopsis spelaea 511
Amblyrhynchus cristatus 414
Ambystoma macrodactylum 445
Ambystoma tigrinum 444
Ambystomamexicanum 445
Ameiurus nebulosus 500
Ameiva ameiva 425
Amietophrynus gutturalis 454
Amietophrynus rangeri 454
Ammotragus lervia 242
Amphiprion frenatus 524
Amphisbaena fuliginosa 431
Amphiuma tridactylum 444
Anabas testudineus 519
Anableps anableps 515
Anarhichas lupus 526
Anarhynchus frontalis 311
Anas crecca 276
Anas platyrhynchos 276
Anathana ellioti 133
Anaxyrus americanus 454
Ancistrus dolichopterus 500
Andrias japonicus 442
Aneides lugubris 446
Anguilla anguilla 492
Anguis fragilis 426
Anhima cornuta 275
Anhinga melanogaster 290
Anilius scytale 387
Anniella geronimensis 427
Anodorhynchus hyacinthinus 320
Anolis carolinensis 414
Anolis sagrei 415
Anoplogaster cornuta 516
Anoplopoma fimbria 518
Anostomus anostomus 498
Anoura geoffroyi 160
Anser anser 275
Anseranas semipalmata 275
Antaresia childreni 391
Antechinomys laniger 95
Antennarius maculatus 512
Anthropoides paradiseus 304
Antidorcas marsupialis 240
Antilocapra americana 227
Antilope cervicapra 239
Antrozous pallidus 161
Aonyx capensis 196
Aonyx cinereus 196
Aotus lemurinus 143
Aplodontia rufa 118
Apodemus flavicollis 127
Apodemus sylvaticus 127
Aptenodytes forsteri 279
Apteryx mantelli 268
Apus apus 331
Aquila audax 301
Aquila chrysaetos 301
Ara chloroptera 320
Aramus guarauna 305
Arapaima gigas 490
Aratinga jandaya 320
Archilochus colubris 330
Arctictis binturong 199
Arctocebus calabarensis 137
Arctocephalus gazella 183
Arctocephalus pusillus 183
Arctonyx collaris 193
Ardea alba 287
Ardea cinerea 287
Ardeotis kori 306
Argentina silus 507
Argusianus argus 272
Arvicola amphibius 125
Ascaphus truei 450
Asio flammeus 326
Aspidites melanocephalus 391
Aspidoscelis uniparens 425
Astronotus ocellatus 524
Astyanax mexicanus 498
Ateles chamek 141
Ateles geoffroyi 141
Ateles hybridus 141
Atelocynus microtis 170
Atelopus zeteki 455
Athene cunicularia 326
Atheris mabuensis 402
Aulacorhynchus prasinus 340
Aulostomus chinensis 517
Austrelaps superbus 399
Avocettina infans 492
Axis axis 225

B

Babyrousa babyrussa 219
Bagre marinus 500
Baiomys taylori 123

Balaena mysticetus 247
Balaeniceps rex 289
Balaenoptera acutorostrata 249
Balaenoptera borealis 249
Balaenoptera edeni 248
Balaenoptera musculus 248
balaenoptera omurai 248
Balaenoptera physalus 248
Balearica regulorum 304
Balistoides conspicillum 529
Barbourisia rufa 516
Basiliscus plumifrons 415
Bassaricyon gabbii 187
Bassariscus astutus 187
Bathyergus janetta 131
Bathylagus niger 506
Bathypterois grallator 509
Batrachoseps attenuatus 446
Batrachuperus pinchonii 442
Bellatorias frerei 423
Bettongia penicillata 102
Bipes biporus 431
Bison bison 234
Bison bonasus 236
Bitis arietans 402
Bitis caudalis 402
Bitis gabonica 403
Blanus cinereus 431
Blarina brevicauda 163
Blastocerus dichotomus 226
Boa constrictor 389
Bogertophis subocularis 394
Boiga dendrophila 394
Bolitoglossa mexicana 446
Bombina orientalis 450
Bos gaurus 236
Bos grunniens 233
Bos javanicus 233
Bos sauveli 233
Boselaphus tragocamelus 232
Botaurus lentiginosus 287
Bothriechis schlegelii 406
Bothrops atrox 406
Brachycephalus ephippium 455
Brachydanio rerio 497
Brachylagus idahoensis 114
Brachyteles arachnoides 141
Bradypodion thamnobates 412
Bradypus pygmaeus 112
Bradypus torquatus 111
Branta canadensis 276
Breviceps adspersus 465
Bubalus bubalis 232
Bubalus depressicornis 232
Bubalus quarlesi 232
Bubo virginianus 325
Bucco capensis 339
Buceros bicornis 337
Bucorvus leadbeateri 337
Bufo bufo 454
Buteo buteo 300
Buteo galapagoensis 300
Butorides virescens 287

C

Cabassous centralis 111
Cacajao calvus 143
Cacatua galerita 318
Caecilia tentaculata 447
Caiman crocodilus 433
Cairina moschata 277
Calabaria reinhardtii 387
Calidris canutus 312
Callicebus aureipalatii 143
Callicebus moloch 143
Callimico goeldii 144
Calliophis bivirgata 401
Callipepla californica 271
Callithrix argentata 145
Callithrix geoffroyi 145
Callithrix pygmaea 145
Callorhinus ursinus 183
Callosciurus prevosti 120
Calloselasma rhodostoma 406
Calomys laucha 124
Calotes versicolor 411
Calumma parsonii 413
Caluromysiops irrupta 94
Camelus bactrianus 223
Camelus dromedarius 223
Candoia carinata 390
Canis adustus 171
Canis aureus 172
Canis latrans 172
Canis lupus 174
Canis lupus dingo 173
Canis mesomelas 172
Canis rufus 172
Canis simensis 172
Capra aegagrus 242
Capra falconeri 242
Capra ibex 241
Capreolus capreolus 227
Caprimulgus europaeus 328
Caprolagus hispidus 115
Capromys pilorides 131
Caracal caracal 202
Caracara plancus 302
Caranx hippos 519
Carapus acus 511
Carcharhinus leucas 481
Carcharhinus melanopterus 482
Carcharias taurus 477
Carcharodon carcharias 479
Caretta caretta 377
Carettochelys insculpta 376
Cariama cristata 306
Casarea dussumieri 387
Castor canadensis 122
Castor fiber 122
Casuarius casuarius 268
Cathartes aura 296
Cavia aperea 130
Cebus apella 143
Cebus olivaceus 144
Centrocercus minimus 271
Cephalorhynchus commersonii 258
Cephalorhynchus hectori 258
Cephaloscyllium ventriosum 481
Cerastes cerastes 403
Ceratias holboelli 512
Ceratobatrachus guentheri 462
Ceratophrys cornuta 453
Ceratotherium simum 216
Cercartetus lepidus 99
Cercopithecus neglectus 148
Cerdocyon thous 171
Cereopsis novaehollandiae 276
Cervus elaphus 226
Cervus nippon 226
Ceryle rudis 333
Cetorhinus maximus 480
Cetoscarus bicolor 524
Chaenocephalus aceratus 526
Chaetophractus villosus 111
Chaetura pelagica 331
Chalcides ocellatus 422
Chanos chanos 497
Charadrius hiaticula 311
Charina bottae 390
Chauliodus sloani 508
Cheirogaleus medius 138
Chelidonichthys lucerna 518
Chelidoptera tenebrosa 339
Chelmon rostratus 524
Chelodina longicollis 376

Chelon labrosus 514
Chelonia mydas 376
Chelonoidis carbonaria 382
Chelonoidis elephantopus 380
Chelus fimbriatus 376
Chelydra serpentina 377
Chersina angulata 383
Chiasmodon niger 523
Chiloscyllium plagiosum 476
Chinchilla lanigera 131
Chioglossa lusitanica 443
Chionis albus 312
Chirocentrus dorab 495
Chiromantis xerampelina 465
Chironectes minimus 94
Chiropotes satanas 142
Chitala chitala 490
Chlamydosaurus kingii 411
Chlamydoselachus anguineus 475
Chlamydotis undulata 306
Chlidonias niger 313
Choeropsis liberiensis 221
Choloepus didactylus 112
Chordeiles minor 328
Chromobotia macracanthus 497
Chrysemys picta 377
Chrysochloris asiatica 106
Chrysocyon brachyurus 171
Chrysopelea ornata 394
Ciconia ciconia 288
Circaetus pectoralis 300
Circus cyaneus 300
Clamator glandarius 321
Clarias batrachus 500
Cleidopus gloriamaris 516
Clemmys guttata 377
Clupea harengus 494
Clytoceyx rex 336
Coendou prehensilis 129
Colaptes auratus 341
Coleonyx variegatus 417
Colius striatus 332
Collocalia esculenta 331
Colobus guereza 149
Columba livia 315
Columba palumbus 315
Condylura cristata 165
Conepatus humboldtii 186
Conger conger 493
Connochaetes taurinus 239
Conolophus marthae 414
Conraua goliath 461
Copella arnoldi 498
Coracias garrulus 337
Corallus caninus 390
Corallus hortulanus 390
Cordylus cataphractus 421
Cordylus giganteus 421
Cordylus rhodesianus 421
Coregonus artedi 506
Corucia zebrata 423
Coryphaena hippurus 523
Coryphaenoides acrolepis 512
Corytophanes cristatus 414
Cottus gobio 518
Coturnix coturnix 271
Cratogeomys merriami 121
Crax daubentoni 270
Crex crex 305
Cricetomys gambianus 126
Cricetus cricetus 124
Crinia insignifera 452
Crocidura leucodon 164
Crocodylus niloticus 433
Crocodylus porosus 434
Crocuta crocuta 209
Cromileptes altivelis 522
Crotalus atrox 404
Crotalus cerastes 406
Crotalus durissus 406
Crotaphytus collaris 414
Crotophaga ani 321
Cryptelytrops albolabris 407
Cryptobranchus alleganiensis 442
Cryptomys hottentotus 131
Cryptoprocta ferox 197
Ctenosaura similis 416
Cuculus canorus 321
Cuniculus paca 130
Cuon alpinus 173
Cuora flavomarginata 379
Cursorius rufus 311
Cyanopsitta spixii 320
Cyclemys dentata 379
Cyclopes didactylus 112
Cyclopterus lumpus 518
Cyclura cornuta 415
Cygnus atratus 275
Cygnus olor 275
Cylindrophis ruffus 387
Cynictis penicillata 198
Cynocephalus variegatus 132
Cynomys ludovicianus 119
Cyprinodon diabolis 515
Cyprinus carpio 497
Cypseloides niger 331
Cypselurus heterurus 514
Cypsiurus parvus 331
Cyrtodactylus hontreensis 417
Cystophora cristata 185

D

Daboia russelli 403
Dacelo novaeguineae 336
Dactylopsila trivirgata 98
Dallia pectoralis 502
Dama dama 225
Damaliscus lunatus 238
Damaliscus pygargus 238
Dasycercus byrnei 95
Dasycercus cristicauda 95
Dasypeltis scabra 394
Dasyprocta azarae 130
Dasypus novemcinctus 111
Dasyurus viverrinus 95
Daubentonia madagascariensis 139
Delphinapterus leucas 251
Delphinus delphis 258
Dendrelaphis kopsteini 394
Dendroaspis angusticeps 400
Dendroaspis polylepis 400
Dendrobates auratus 460
Dendrocopos major 341
Dendrocygna eytoni 275
Dendrogale melanura 133
Dendrohyrax arboreus 110
Dendrolagus dorianus 103
Denticeps clupeoides 495
Dermatemys mawii 379
Dermochelys coriacea 378
Dermophis mexicanus 447
Deroptyus accipitrinus 319
Desmana moschata 164
Desmodus rotundus 160
Desmognathus ochrophaeus 445
Dicamptodon tenebrosus 444
Dicerorhinus sumatrensis 215
Diceros bicornis 216
Didelphis virginiana 94
Diodon holocanthus 529
Diomedea exulans 280
Diplomesodon pulchellum 164
Dipodomys merriami 122
Dipsas indica 395
Dipturus batis 483
Dispholidus typus 395

Dissostichus mawsoni 526
Distoechurus pennatus 99
Dolichopteroides binocularis 506
Dolichopteryx parini 506
Dolichotis patagonum 130
Dracaena guianensis 425
Draco spilonotus 411
Dromaius novaehollandiae 268
Dromas ardeola 310
Drymarchon corais 395
Dryocopus martius 341
Dugong dugon 107
Duttaphrynus kiphirensis 454

E

Echiichthys vipera 526
Echinorhinus cookei 475
Echinosorex gymnura 162
Echis pyramidum 403
Echymipera kalubu 96
Eclectus roratus 318
Elaphurus davidianus 226
Electrophorus electricus 499
Elephantulus pilicaudus 104
Elephantulus rufescens 104
Elephas maximus 109
Eleutherodactylus planirostris 454
Elgaria kingii 426
Elops saurus 492
Emys orbicularis 377
Engraulis mordax 495
Engraulis ringens 495
Engystomops pustulosus 453
Enhydra lutris 195
Ensatina eschscholtzii 446
Ensifera ensifera 330
Eolophus roseicapillus 318
Eos reticulata 317
Epicrates cenchria 390
Epinephelus lanceolatus 521
Epomophorus wahlbergi 158
Epomops franqueti 158
Equus asinus africanus 213
Equus burchelli 213
Equus caballus przewalskii 213
Equus grevyi 213
Equus hemionus 213
Eremitalpa granti 106
Eretmochelys imbricata 376
Erinaceus europaeus 162
Eriocnemis isabellae 329
Erithizon dorsata 129
Erpeton tentaculatum 396
Erythrocebus patas 148
Eschrichtius robustus 247
Esox lucius 502
Esox masquinongy 502
Etmopterus spinax 475
Eubalaena japonica 247
Eublepharis macularius 417
Eudocimus ruber 288
Eudontomyzon graecus 472
Eudorcas thomsonii 240
Eudromia elegans 268
Eudyptes chrysolophus 279
Eudyptula minor 279
Eulemur macaco 138
Eumeces schneideri 423
Eumetopias jubatus 183
Eunectes murinus 391
Euoticus elegantulus 137
Eupemphix nattereri 453
Eupleres goudotii 197
Eurycea guttolineata 446
Eurypharynx pelecanoides 493
Eurypyga helias 306
Eutoxeres aquila 329
Eutropis longicaudata 423
Exocoetus volitans 514

F

Falco eleonorae 302
Falco peregrinus 302
Falco punctatus 302
Falco tinnunculus 302
Farlowella acus 500
Felis chaus 202
Felis margarita 202
Felis nigripes 203
Felis silvestris 202
Fossa fossana 197
Fratercula arctica 314
Fregata minor 290
Fulica atra 305
Fulmarus glacialis 281
Fundulopanchax amieti 514
Furcifer oustaleti 413
Furcifer pardalis 413

G

Gadus morhua 511
Galago moholi 138
Galaxias maculatus 507
Galbula ruficauda 339
Galemys pyrenaicus 164
Galeocerdo cuvier 481
Galictis vittata 192
Gallinago media 312
Gallinula chloropus 305
Gallirallus calayanensis 306
Gallus gallus 272
Gasteropelecus sternicla 499
Gasterosteus aculeatus 517
Gastrophryne olivacea 465
Gastrotheca monticola 459
Gavia immer 282
Gavia stellata 282
Gavialis gangeticus 434
Gegeneophis mhadeiensis 447
Gekko gecko 418
Genetta genetta 199
Geochelone elegans 382
Geococcyx californianus 321
Geronticus eremita 288
Gerrhosaurus major 421
Ginglymostoma cirratum 477
Giraffa camelopardalis 229
Glaucidum perlatum 326
Glis glis 121
Globicephala macrorhynchus 259
Glyptemys insculpta 378
Gnathosomus petersii 490
Gonatodes daudini 418
Gonatodes vittatus 418
Gonorhynchus gonorhynchus 497
Gonyosoma oxycephalum 396
Gopherus agassizii 382
Gorilla beringei 153
Gorilla gorilla 153
Goura scheepmakeri 316
Grampus griseus 254
Grus canadensis 304
Grus grus 304
Grus japonensis 304
Gulo gulo 192
Gymnobelideus leadbeateri 98
Gymnogyps californianus 296
Gymnomuraena zebra 492
Gymnotus carapo 499
Gypaetus barbatus 297
Gyps africanus 297
Gyrinocheilus aymonieri 498

H

Haematopus ostralegus 310
Haliaeetus leucocephalus 299

Haliaeetus vocifer 297
Halichoerus grypus 185
Hapalemur griseus 138
Harpia harpyja 301
Helarctos malayanus 178
Heleophry nepurcelli 452
Heliornis fulica 306
Heliosciurus gambianus 119
Heloderma horridum 427
Heloderma suspectum 427
Helogale parvula 198
Hemibelideus lemuroides 98
Hemicentetes semispinosus 105
Hemidactylus frenatus 418
Hemiechinus auritus 162
Hemiphaga novaeseelandiae 316
Hemiprocne longipennis 331
Hemiscyllium galei 476
Hemisus marmoratus 463
Hemitheconyx caudicinctus 417
Hemitragus jemlahicus 241
Heterocephalus glaber 131
Heteroconger hassi 493
Heterodon nasicus 396
Heterodontus francisci 476
Heterodontus portusjacksoni 476
Heteromys catopterius 122
Heteropriacanthus cruentatus 519
Hexanchus griseus 475
Hierophis viridiflavus 394
Himantopus himantopus 310
Hippocampus guttulatus 517
Hippocampus satomie 517
Hippoglossus hippoglossus 528
Hippopotamus amphibius 221
Hipposideros speoris 159
Hippotragus equinus 237
Hippotragus niger 237
Hirundapus caudacutus 331
Histiophryne psychedelica 512
Histrio histrio 512
Homopus signatus 382
Hoplias macrophthalmus 499
Hoplostethus atlanticus 516
Hyaena hyaena 209
Hyalinobatrachium valerioi 460
Hydrochoerus hydrochaeris 130
Hydrocynus vittatus 498
Hydrolagus colliei 485
Hydromys chrysogaster 128
Hydrosaurus pustulatus 411
Hydrurga leptonyx 184
Hyemoschus aquaticus 225
Hyla arborea 458
Hyla chrysoscelis 459
Hyla cinerea 458
Hylaranaalbolabris 460
Hylobates lar 151
Hylobates moloch 152
Hylochoerus meinertzhageni 218
Hymenolaimus malacorhynchos 277
Hyperolius marmoratus 463
Hyperoodon ampullatus 259
Hypogeomys antimena 126
Hypsilurus spinipes 411
Hypsiprymnodon moschatus 99
Hystrix africaeaustralis 129

I

Ibidorhyncha struthersii 310
Ichthyophis glutinosus 447
Ichthyosauraalpestris 443
Ictonyx striatus 192
Idiacanthus antrostomus 508
Iguana iguana 415
Indicator indicator 340
Indri indri 139
Inia boliviensis 251
Inia geoffrensis 251
Isurus oxyrinchus 480

J

Jacana jacana 310
Jaculus jaculus 126
Jordanella floridae 514
Jynx torquilla 340

K

Kassina senegalensis 463
Kinixys erosa 382
Kinosternon flavescens 379
Kobus ellipsiprymnus 236
Kobus kob 237
Kobus leche 236
Kobus vardonii 237
Kogia simus 260
Kryptopterus bicirrhis 499
Kunsia tomentosus 124

L

Labroides dimidiatus 524
Lacerta agilis 421
Lacerta schreiberi 422
Lachesis muta 406
Lactoria cornuta 529
Laemanctus longipes 415
Lagenorhynchus albirostris 254
Lagenorhynchus obliquidens 254
Lagenorhynchus obscurus 253
Lagopus lagopus 271
Lagorchestes conspicillatus 102
Lagostomus maximus 130
Lagothrix cana 141
Lagurus lagurus 125
Lama guanicoe 223
Lampetra fluviatilis 472
Lampris guttatus 515
Lamprolepis smaragdina 423
Lampropeltis getula 396
Lampropeltis triangulum 397
Lamprophis fuliginosus 397
Langaha madagascariensis 397
Lanthanotus borneensis 427
Larosterna inca 314
Larus argentatus 313
Larus dominicanus 313
Lasiorhinus latifrons 97
Lathamus discolor 319
Laticauda colubrina 400
Latimeria chalumnae 488
Latimeria menadoensis 488
Leiopelma hochstetteri 450
Leiopython hoserae 392
Leipoa ocellata 270
Lemmus sibiricus 125
Lemniscomys striatus 127
Lemur catta 138
Leontopithecus rosalia 145
Leopardus geoffroyi 203
Leopardus guigna 203
Leopardus jacobitus 203
Leopardus pardalis 203
Leopardus wiedii 203
Lepidochelys olivacea 377
Lepidogalaxias salamandroides 507
Lepidothryis fernandi 424
Lepilemur betsileo 139
Lepisosteus osseus 489
Lepomis cyanellus 522
Leporillus conditor 128
Leptailurus serval 202
Leptodactylus pentadactylus 453
Leptonychotes weddellii 184
Leptopelis modestus 463
Leptoptilos crumeniferus 288
Lepus arcticus 115

Lepus californicus 115
Lepus europaeus 115
Leuresthes tenuis 513
Lichanura trivirgata 390
Limnodynastes peronii 452
Limnogale mergulus 105
Linophryne arborifera 512
Liolaemus tenuis 416
Lissodelphis borealis 258
Lithobates catesbeianus 461
Lithobates pipiens 460
Lithobates sylvaticus 461
Litocranius walleri 240
Litoria australis 458
Litoria caerulea 458
Litoria infrafrenata 458
Lobodon carcinophaga 184
Lontra canadensis 196
Lophius piscatorius 512
Lopholatilus chameleonticeps 519
Loris lydekkerianus 137
Lota lota 511
Loxocemus bicolor 387
Loxodonta africana 109
Loxodonta cyclotis 109
Lutra lutra 196
Lybius dubius 339
Lycaon pictus 173
Lynx lynx 201
Lynx pardinus 201
Lynx rufus 201

M

Macaca munzala 148
Macaca nigra 148
Macrochelys temminckii 377
Macroderma gigas 159
Macrodipteryx longipennis 328
Macronectes giganteus 281
Macropus fulginosus 103
Macropus parma 103
Macropus robustus 103
Macropus rufus 101
Macrotis lagotis 96
Madoqua kirkii 239
Makaira nigricans 528
Malacochersus tornieri 382
Malacosteus niger 508
Mallomys rothschildi 127
Mallotus villosus 507
Mandrillus sphinx 147
Manis pentadactyla 165
Manis temminckii 165
Manta birostris 484
Mantella viridis 462
Mantellaaurantiaca 462
Marmosa murina 94
Marmota flaviventris 118
Marmota monax 118
Martes flavigula 191
Martes foina 191
Martes martes 191
Martes pennanti 191
Martes zibellina 191
Maylandia zebra 524
Megaceryle alcyon 333
Megachasma pelagios 480
Megalaima virens 339
Megalops atlanticus 492
Megaptera novaeangliae 249
Megasorex gigas 163
Megophrys montana 451
Melanerpes formicivorus 341
Melanitta deglandi 277
Melanocetus johnsonii 512
Melanosuchus niger 434
Melanotaenia boesemani 514
Meleagris gallopavo 271
Meles meles 192
Melichneutes robustus 340
Mellisuga helenae 330
Mellivora capensis 192
Melogale moschata 193
Melogale personata 193
Melopsittacus undulatus 319
Melursus ursinus 178
Mephitis mephitis 186
Merganetta armata 277
Mergus merganser 277
Meriones unguiculatus 126
Merluccius productus 511
Merops apiaster 336
Merops bullockoides 336
Mesitornis variegata 304
Mesocricetus auratus 124
Micrastur ruficollis 302
Microcebus berthae 139
Microdipodops megacephalus 122
Microhyla ornata 465
Micromys minutus 127
Micropotamogale lamottei 105
Microtus arvalis 125
Micrurus lemniscatus 400
Milvus milvus 296
Mirounga leonina 185
Mitsukurina owstoni 477
Mixophyes carbinensis 452
Mola mola 529
Moloch horridus 412
Molossus ater 161
Momotus momota 336
Monachus monachus 184
Monodon monoceros 252
Mops condylurus 161
Morelia spilota 391
Morelia viridis 392
Morus bassanus 293
Moschiola meminna 225
Moschus chrysogaster 225
Mullus surmuletus 523
Mungos mungo 198
Muntiacus putaoensis 225
Mus musculus 128
Muscardinus avellanarius 121
Mustela erminea 190
Mustela lutreola 190
Mustela nigripes 190
Mustela nivalis 190
Mustela putorius 190
Mustelus mustelus 481
Mycteria americana 287
Myctophum asperum 509
Mydaus marchei 186
Myiopsitta monachus 320
Myliobatis aquila 485
Myocastor coypus 131
Myodes glareolus 125
Myotis daubentonii 161
Myrichthys colubrinus 493
Myripristis murdjan 516
Myrmecobius fasciatus 96
Myrmecophaga tridactyla 112
Myxocyprinus asiaticus 497

N

Naja haje 401
Naja naja 400
Naja pallida 401
Nasalis larvatus 149
Naso lituratus 526
Nasua nasua 187
Natalus stramineus 161
Natrix natrix 397
Naucrates ductor 519
Nectogale elegans 164
Necturus maculosus 442

Negaprion brevirostris 482
Nemateleotris magnifica 526
Neoceratodus forsteri 488
Neofelis diardi 206
Neomys fodiens 163
Neophascogale lorentzii 94
Neophocaena phocaenoides 252
Neophron percnopterus 297
Neovison vison 190
Nerodia fasciata 397
Nesoenus mayeri 315
Nestor notabilis 318
Nimbaphrynoides occidentalis 455
Ningauri ridei 94
Ninox novaeseelandiae 326
Noctilio leporinus 159
Nomascus concolor 151
Nomascus leucogenys 151
Nomeus gronovii 522
Notaden bennettii 452
Notechis scutatus 401
Notomys alexis 128
Notophthalmus viridescens 444
Notoryctes typhlops 96
Numenius arquata 311
Numida meleagris 272
Nyctalus noctula 160
Nyctea scandiaca 326
Nyctereutes procyonoides 171
Nycteris grandis 159
Nyctibius griseus 328
Nycticebus coucang 137
Nycticorax nycticorax 287
Nyctomys sumichrasti 126
Nymphicus hollandicus 318

O

Oceanites oceanicus 281
Ochotona curzoniae 114
Ochotona princeps 114
Ocreatus underwoodii 329
Octodon degus 131
Odobenus rosmarus 184
Odocoileus hemionus 226
Odocoileus virginianus 226
Oedipina quadra 446
Okapia johnstoni 229
Ommatophoca rossii 185
Oncorhynchus gorbuscha 503
Oncorhynchus mykiss 503
Oncorhynchus nerka 504
Ondatra zibethicus 125
Oophaga pumilio 460
Opheodrys aestivus 398
Ophidion scrippsae 511
Ophiophagus hannah 401
Ophisaurus ventralis 427
Opisthocomus hoazin 321
Opisthognathus aurifrons 519
Opisthoproctus soleatus 506
Oplurus cuvieri 416
Orcaella brevirostris 258
Orcinus orca 256
Oreamnos americanus 241
Orectolobus maculatus 476
Oreotragus oreotragus 239
Oreotrochilus estella 330
Ornithorhynchus anatinus 92
Ortalis motmot 270
Orthogeomys grandis 121
Orycteropus afer 106
Oryctolagus cuniculus 115
Oryx dammah 237
Oryx gazella 238
Osteolaemus tetraspis 434
Otaria flavescens 183
Otocyon megalotis 173
Otolemur crassicaudatus 137
Otonycteris hemprichii 161
Otus lempiji 323
Otus scops 323
Otus thilohoffmanni 323
Ourebia ourebi 239
Ovibos moschatus 241
Ovis ammon 242
Ovis canadensis 242
Ovis gmelini 242
Oxycirrhites typus 524
Oxymycterus nasutus 123
Oxynotus centrina 475
Oxyuranus scutellatus 401

P

Pachydactylus rangei 418
Pachyptila vittata 281
Pachyuromys duprasi 126
Pagodroma nivea 281
Pagophila eburnea 313
Pagophilus groenlandicus 185
Pan paniscus 152
Pan troglodytes 152
Pandion haliaetus 296
Panthera leo 207
Panthera onca 207
Panthera pardus 206
Panthera tigris 205
Pantherophis guttatus 395
Pantherophis spiloides 395
Pantodon buchholzi 490
Papio anubis 148
Papio papio 148
Papio ursinus 149
Paradoxurus hermaphroditus 199
Paraechinus micropus 162
Parahyaena brunnea 209
Paralichthys dentatus 528
Parantechinus apicalis 95
Pardofelis marmorata 202
Parotomys brantsii 126
Patagona gigas 330
Pavo cristatus 272
Pecari tajacu 219
Pedetes capensis 132
Pedostibeshosii 455
Pelecanus crispus 291
Pelecanus occidentalis 291
Pelobates fuscus 451
Pelodiscus sinensis 379
Pelodytes punctatus 451
Pelomedusa subrufa 379
Pelophylax ridibundus 461
Pentalagus furnessi 114
Perameles gunnii 96
Perca fluviatilis 522
Perdix perdix 271
Periophthalmus barbarus 526
Pernis apivorus 297
Perodicticus potto 137
Peromyscus leucopus 123
Petaurista elegans 120
Petauroides volans 99
Petaurus norfolcensis 98
Petrogale concinna 102
Petrogale penicillata 102
Petromyzon marinus 472
Phacochoerus africanus 219
Phaethon aethereus 291
Phalacrocorax atriceps 290
Phalacrocorax auritus 290
Phalacrocorax carbo 290
Phalacrocorax harrisi 290
Phalaenoptilus nuttallii 328
Phalanger orientalis 98
Phalaropus fulicarius 312
Pharomachrus mocinno 332
Phascolarctos cinereus 97

Phasianus colchicus 272
Phelsuma madagascariensis 418
Philatomba walteri 236
Phoca sibirica 185
Phoca vitulina 185
Phocarctos hookeri 183
Phocoena phocoena 252
Phocoena sinus 252
Phocoenoides dalli 253
Phodopus roborovskii 124
Phoeniconaias minor 285
Phoenicoparrus jamesi 285
Phoenicopterus roseus 285
Phoeniculus purpureus 337
Photoblepharon palpebratum 517
Phrynomantis bifasciatus 465
Phrynosoma platyrhinos 416
Phyllomedusa hypochondrialis 459
Phyllopteryx taeniolatus 517
Physeter catodon 260
Physignathus cocincinus 412
Picumnus cirratus 340
Picus viridis 341
Pionopsitta aurantiocephala 319
Pipa pipa 450
Pipistrellus pipistrellus 160
Pithecia monachus 142
Pithecia pithecia 142
Pithecophaga jefferyi 301
Pituophis melanoleucus 398
Platalea alba 288
Platanista gangetica 251
Platemys platycephala 376
Platycercus elegans 318
Platymantis vitiensis 462
Platysaurus broadleyi 421
Platytroctes apus 507
Plecoglossus altivelis 506
Plecotus auritus 161
Plestiodon lagunensis 423
Plethodon cinereus 445
Plethodon jordani 445
Plethodonglutinosus 445
Pleurodeles waltl 444
Pleuronectes platessa 528
Pluvialis dominica 311
Podarcis lilfordi 422
Podarcis pityusensis 422
Podargus strigoides 327
Podiceps cristatus 283
Podiceps gallardoi 283
Podiceps nigricollis 282
Podilymbus podiceps 283
Podogymnura truei 162
Poecilia latipinna 515
Poecilia reticulata 515
Poecilogale albinucha 191
Pogona vitticeps 412
Pogoniulus bilineatus 339
Polemaetus bellicosus 301
Poliocephalus poliocephalus 283
Polyodon spathula 489
Polypterus ornatipinnus 489
Polysticta stelleri 277
Pomacanthus imperator 523
Pomatomus saltatrix 522
Pongo pygmaeus 154
Porphyrio porphyrio 305
Porzana porzana 305
Potamochoerus porcus 219
Potamogale velox 105
Potamotrygon motoro 485
Potorous longipes 99
Potos flavus 188
Priodontes maximus 110
Prionace glauca 482
Prionailurus planiceps 201
Prionailurus viverrinus 201
Prionodon pardicolor 199
Pristigaster cayana 495
Pristiophorus japonicus 476
Pristis pectinata 485
Probosciger aterrimus 318
Procavia capensis 110
Procyon cancrivorus 188
Procyon lotor 188
Profelis aurata 201
Propithecus verreauxi 139
Proteles cristata 209
Proteus anguinus 443
Protopterus annectens 488
Psetta maxima 528
Pseudacris crucifer 458
Pseudalopex culpaeus 170
Pseudantechinus macdonnellensis 95
Pseudepidalea viridis 454
Pseudis paradoxa 455
Pseudobranchus striatus 442
Pseudocarcharias kamoharai 480
Pseudocheirus peregrinus 98
Pseudois nayaur 242
Pseudophryne corroboree 452
Pseudopus apodus 427
Pseudorca crassidens 259
Pseudotriton ruber 446
Pseudotyphlops philippinus 387
Psittacula krameri 320
Psittacus erithacus 319
Psophia crepitans 305
Ptenopus garrulus 418
Pterocles coronatus 316
Pterocles namaqua 316
Pterodroma cahow 281
Pteroglossus castanotis 340
Pteronotus davyi 159
Pteronura brasiliensis 196
Pteropus rodricensis 158
Ptilinopus magnificus 316
Ptilocercus lowi 133
Ptychadena oxyrhynchus 462
Ptychozoon kuhli 419
Pudu puda 227
Puffinus puffinus 281
Pulsatrix perspicillata 323
Puma concolor 206
Puma yagouaroundi 206
Pygocentrus nattereri 498
Pygoscelis adeliae 279
Pygoscelis antarcticus 279
Python molurus 392
Python regius 392
Python reticulatus 392
Pyxicephalus adspersus 462

R

Raja clavata 483
Raja undulata 483
Ramphastos toco 340
Ramphotyphlops braminus 407
Rana dalmatina 461
Ranatemporaria 460
Rangifer tarandus 227
Ranitomeya dorisswansonae 460
Raphicerus campestris 239
Rattus norvegicus 128
Rattus rattus 127
Ratufa indica 119
Recurvirostra avosetta 310
Redunca redunca 237
Regalecus glesne 515
Reithrodontomys raviventris 123
Remora remora 522
Rena dulcis 407
Rhacodactylus leachianus 419
Rhacophorus nigropalmatus 463
Rhampholeon spectrum 413

Rhea americana 269
Rhincodon typus 477
Rhinella marinus 456
Rhineura floridana 431
Rhinobatos productus 484
Rhinoceros sondaicus 215
Rhinoceros unicornis 215
Rhinocheilus lecontei 398
Rhinoderma darwinii 455
Rhinolophus hipposideros 159
Rhinophrynus dorsalis 451
Rhinopithecus strykeri 149
Rhinopoma hardwickei 159
Rhizomys sinensis 123
Rhodeus amarus 497
Rhynchocyon chrysopygus 104
Rhynchocyon petersi 104
Rhynchocyon udzungwensis 104
Rhynchonycteris naso 158
Rhynochetos jubatus 306
Rollandia micropterum 283
Romerolagus diazi 114
Rostratula benghalensis 310
Rostrhamus sociabilis 297
Rousettus aegyptiacus 158
Rungwecebus kipunji 148
Rupicapra rupicapra 241
Rusa unicolor 225
Rynchops flavirostris 314

S

Saccopharynx ampullaceus 493
Sagittarius serpentarius 302
Saguinus imperator 144
Saguinus oedipus 145
Saiga tatarica 240
Saimiri boliviensis 144
Salamandra salamandra 443
Salanoia durrelli 197
Salmo salar 503
Saltuarius cornutus 419
Salvelinus alpinus 503
Sarcophilus harrisii 96
Sardinops sagax caeruleus 495
Sauromalus obesus 416
Scaphiopus couchii 451
Sceloporus occidentalis 416
Sciaena umbra 523
Scinax ruber 459
Sciurus carolinensis 120
Sciurus vulgaris 120
Scomber scombrus 527
Scopus umbretta 289
Scorpaena porcus 518
Scotopelia peli 323
Scutisorex somereni 164
Scyliorhinus canicula 481
Sechellophryne gardineri 452
Semnopithecus entellus 149
Setifer setosus 106
Setonix brachyurus 102
Shinisaurus crocodilurus 430
Siganus vulpinus 527
Sigmodon hispidus 124
Silurus glanis 499
Siphonops annulatus 447
Siren lacertina 442
Sminthopsis crassicaudata 95
Solea solea 529
Solenodon paradoxus 163
Sorex araneus 163
Sotalia fluviatilis 253
Sousa teuszii 253
Speothos venaticus 171
Spermophilus columbianus 119
Sphaeramia nematoptera 522
Sphaerodactylus elegans 419
Spheniscus humboldti 279
Sphenodon punctatus 383
Sphyraena barracuda 527
Sphyrapicus varius 341
Sphyrna zygaena 482
Spilogale putorius 186
Spilotes pullatus 398
Squaliolus laticaudus 475
Squalus acanthias 475
Squatina dumeril 482
Steatornis caripensis 327
Stegostoma fasciatum 477
Stenella attenuata 255
Stenella coeruleoalba 255
Stenella frontalis 255
Stenella longirostris 255
Stenodactylus sthenodactylus 419
Stenodus nelma 502
Stercorarius antarcticus 312
Stercorarius longicaudus 313
Sterna caspia 313
Sterna fuscata 314
Sterna paradisaea 313
Sternotherus odoratus 379
Stigmochelys pardalis 382
Stiltia isabella 311
Streptopelia decaocto 315
Strigops habroptila 319
Strix aluco 326
Struthio camelus 269
Stylocterium mindorensis 158
Sula leucogaster 291
Sula nebouxii 291
Suncus etruscus 163
Suncus megalura 164
Suricata suricatta 198
Sus salvanius 218
Sus scrofa 219
Sylvicapra grimmia 236
Sylvilagus aquaticus 114
Sylvilagus floridanus 114
Symphalangus syndactylus 151
Synanceia verrucosa 518
Syncerus caffer 233
Synodontis contractus 500
Synodus variegatus 509

T

Tachybaptus ruficollis 282
Tachyglossus aculeatus 92
Tachyoryctes macrocephalus 123
Tadorna tadorna 276
Taeniura lymma 484
Takifugu niphobles 529
Talpa europaea 165
Tamandua tetradactyla 112
Tamias striatus 118
Taphozous mauritianus 158
Tapirus bairdii 217
Tapirus indicus 217
Tapirus pinchaque 217
Tapirus terrestris 217
Tarentola mauritanica 419
Taricha torosa 444
Tarsipes rostratus 103
Tarsius bancanus 139
Tauraco erythrolophus 321
Taurotragus oryx 231
Taxidea taxus 193
Telescopus semiannulatus 398
Telmatobius culeus 453
Tenrec ecaudatus 105
Terathopius ecaudatus 300
Terrapene carolina 378
Testudo graeca 383
Testudo hermanni 383
Tetracerus quadricornus 232
Tetracheilostoma carlae 407
Tetrao urogallus 271

Tetraogallus caspius 271
Thalassarche chlororhynchos 280
Thaleichthys pacificus 506
Thamnophis proximus 398
Thamnophis sirtalis 398
Thermichthys hollisi 511
Theropithecus gelada 149
Thomomys bottae 122
Threskiornis aethiopicus 288
Thunnus thynnus 527
Thylogale stigmatica 102
Thymallus thymallus 506
Thyroptera tricolor 159
Tiliqua gigas 424
Tiliqua rugosa 424
Tiliqua scincoides 424
Timon lepidus 422
Tockus leucomelas 337
Todus todus 336
Topaza pella 330
Torpedo marmorata 485
Toxotes chatareus 523
Trachemys scripta elegans 378
Trachipterus trachypterus 516
Trachops cirrhosus 160
Trachylepis striata 424
Trachyphonus darnaudii 339
Tragelaphus angasii 231
Tragelaphus euryceros 231
Tragelaphus scriptus 231
Tragelaphus spekii 231
Tragelaphus strepsiceros 231
Tragopan temminckii 272
Tremarctos ornatus 179
Triaenodon obesus 482
Triakis semifasciata 481
Tribolonotus gracilis 424
Trichechus manatus 107
Trichoglossus haematodus 317
Trichosurus vulpecula 98
Tringa nebularia 312
Trioceros jacksonii 413
Triprion petasatus 459
Trituruscristatus 443
Trogon violaceus 332
Tropidolaemus wagleri 407
Tropidophis melanurus 392
Tropidophis morenoi 392
Tropidophorus grayi 425
Tropidurus hispidus 416
Tupaia minor 133
Tupinambis teguixin 425
Turnix varius 304
Tursiops truncatus 254
Tylosurus acus 514
Tylototriton verrucosus 443
Typhlonectescompressicauda 447
Tyto alba 323

U

Uncia uncia 207
Uperoleia lithomoda 452
Upupa epops 337
Uria aalge 314
Urocyon cinereoargenteus 170
Uroderma bilobatum 160
Urolophus halleri 484
Uromastyx acanthinura 412
Ursus americanus 177
Ursus arctos 180
Ursus maritimus 177
Ursus thibetanus 177

V

Vampyrum spectrum 160
Vandellia cirrhosa 500
Vanellus armatus 311
Varanus albigularis 430
Varanus bitatawa 430
Varanus dumerilii 430
Varanus flavirufus 430
Varanus komodoensis 428
Varanus niloticus 430
Varanus prasinus 430
Varanus varius 430
Varecia variegata 138
Vespertilio murinus 161
Vicugna vicugna 223
Vipera ammodytes 403
Vipera berus 403
Viverra tangalunga 199
Vombatus ursinus 97
Vormela peregusna 191
Vulpes cana 169
Vulpes macrotis 169
Vulpes rueppellii 170
Vulpes velox 169
Vulpes vulpes 169
Vulpes zerda 169
Vultur gryphus 296

W

Wallabia bicolor 103

X

Xantusia henshawi 425
Xenopeltis unicolor 387
Xenopus laevis 450
Xerus inauris 119
Xiphias gladius 527

Z

Zaedyus pichiy 111
Zaglossus bartoni 92
Zalophus californianus 183
Zamenis longissimus 395
Zamenis situla 396
Zenaida macroura 316
Ziphius cavirostris 260
Zootoca vivipara 422

动物名称索引

二画

二尾丽灰蝶 570
二趾树懒 112
十字圆蛛 589
七彩文鸟 365
七鳃鳗 472
人虱 557
人蚤 565
人蛔虫 543
八色鸫 344
九带犰狳 111
九斑刺鲀 529
几内亚狒狒 148
刀蛏 595

三画

三色矛头蝮 406
三色盘翼蝠 159
三齿鲨 482
三线溪螈 446
三脉草白蚁 556
三趾两栖鲵 444
土狼 209
土豚 106
土蜂 575
大口鲨 480
大山雀 356
大王乌贼 599
大长吻针鼹 92
大石蛾 569
大白蚁属一种 556
大白鹭 287
大犰狳 110
大头飞鱼 514
大耳狐 173
大耳猬 162
大耳蝠 159
大西洋大海鲢 492
大西洋牙鲆 528
大西洋水珍鱼 507
大西洋异尾须唇飞鱼 514
大西洋驼海豚 253
大西洋胸棘鲷 516
大西洋狼鱼 526
大西洋弹涂鱼 526
大西洋鲑 503
大西洋鲱 494
大西洋鳠 281
大西洋鳕 511
大灰攀蛙 465
大负子蝽 558
大羊驼 223
大红鹳 285
大拟翌 339
大杜鹃 321
大村鲸 248
大极乐鸟 353
大陆虎蛇 401
大青叶蝉 558
大青鲨 482
大林猪 218
大非洲鼹形鼠 123
大狐猴 139
大栉蚕 545
大食蚁兽 112
大食蝇霸鹟 346
大美洲鸵 269
大桦斑蝶 571
大蚊 569
大菱鲆 528
大眼利齿脂鲤 499
大眼斑雉 272
大袋鼯 99
大羚羊 231
大斑凤头鹃 321
大斑南乳鱼 507
大斑啄木鸟 341
大黑寄蝇 569
大猩猩 153
大蜂虻 566
大熊猫 179
大燕蛾 573
大薄翅天牛 562
大壁虎 418
大蟋属一种 552
大鳄龟 377
大蟾蜍 454
大鳗螈 442
大鳞魣 527
小䴙䴘 282
小太平鸟 354
小毛足鼠 124
小爪水獭 196
小布氏鲸 248
小犰狳 111
小耳犬 170
小企鹅 279
小红鹳 285
小吮蜜鸟 349
小纹霸鹟 346
小非洲刺毛鼠 128
小齿鼬狐猴 139
小岩袋鼠 102
小树鼩 133
小点猫鲨 481
小须鲸 249
小食蚁兽 112
小冠雉 270
小绒鸭 277
小臭鼩 163
小海雀 314
小家鼠 128
小菊头蝠 159
小脚猬 162
小斑獛 199
小蓝金刚鹦鹉 320
小蜂 574
小鼠尾蝠 159
小熊猫 188
小嘲鸫 362
小嘴乌鸦 352
小獭鼩 105
小鼯鼠 120
口鼻平头鱼 507
山狐 170
山河狸 118
山鸭 277
山羚 239
山溪鲵 442
山魈 147
山貘 217
山囊蛙 459
广布裸菊网蝽 560
弓足梢蛛 593
弓背石首鱼 523
叉角羚 227
叉纹拟蝗蛙 458
马布山树蛙 402
马代河蚓螈 447
马达加斯加残趾虎 418
马达加斯加鹤蛇 397
马来红口蝮 406
马来灵猫 199
马来熊 178
马来貘 217
马岛仓鼠 126
马岛猬 105
马岛缟狸 197
马岛獴 197
马略卡产婆蟾 450
马鹿 226
马羚 237
马蛭 543
马蝇 568
马蝇 569
马鲹 519
马麝 225

四画

丰年虫 579
王极乐鸟 353
王蛇 396
王鹟 353
天牛 562
天蚕蛾 572
天鹅绒虫 545
天蓝细蟌 551
天蛾 572
无色书虱 557
无花果小蜂 573
无尾长鼻蝠 160
无尾肩章果蝠 158
无板类 598
无肺螈 440
无斑雨蛙 458
韦氏颈囊果蝠 158
云雀 358
云猫 202
云斑鮰 500
木伪蝎 587
木虱 560
木雕水龟 378
五指细趾蟾 453
太平鸟 354
太平洋巨型章鱼 600
太平洋毛鳞鱼 507
太平洋乌贼 599
太平洋地蚺 390
太平洋细齿鲑 506
太平洋海鞘 605
太平洋斑纹海豚 254

太阳鸟和捕蛛鸟 365
太阳松鼠 119
尤宁岛膝虎 418
巨大蚊属一种 569
巨尾钳蝎 587
巨雨滨蛙 458
巨果鸠 316
巨型环尾蜥 421
巨草蛛 589
巨骨舌鱼 490
巨疣蠊 556
巨首草蛉 561
巨谐蛙 461
巨蓝食虫虻 566
巨蜂鸟 330
巨嘴鸟 340
巨獭 196
巨獭鼩 105
巨鹱 281
巨蟹蛛 592
巨蟹蛛属一种 592
巨囊鼠 121
比利牛斯鼬鼹 164
互氏水羚 237
切叶蚁 576
瓦氏铠甲蝮 407
日鳽 306
日鷉 306
日本大鲵 442
日本锯鲨 476
日落蛾 573
中华竹鼠 123
中华穿山甲 165
中华鳖 379
中美盲蛛 588
中美河龟 379
中美貘 217
水鼩 125
水手珊瑚 538
水尺蠖 559
水生握角圆跳虫 550
水母 539
水母双鳍鲳 522
水黾 559
水豚 130
水鹿 225
水羚 236
水游蛇 397
水溞 579
水跳虫 550
水鼠耳蝠 161
水蜘蛛 589
水熊虫 545
水螅虫 540
水螅属未知物种 540
水獭 196
水鼩鼱 163
水鼷鹿 225
贝氏虹银汉鱼 514
贝氏架纹蟾 452
贝氏倭狐猴 139
贝加尔海豹 185
贝螅属未知物种 540
牛皮蝇 568
牛虻 569
毛皮贝属一种 598
毛里求斯隼 302
毛尾袋鼠 102
毛晏蜓 551
气步甲 562
长毛象甲 563
长爪沙鼠 126
长爪袋鼬 94
长吻帆蜥鱼 509
长吻原海豚 255
长吻钻嘴鱼 524
长吻蛇 398
长吻袋貂 103
长体鼠鳍 497
长尾山雀 357
长尾叶猴 149
长尾弄蝶 570
长尾虎猫 203
长尾南蜥 423
长尾贼鸥 313
长尾鞭蝎 588
长尾鞭蝎属一种 588
长刺海胆属一种 604
长奇盲蛛 588
长肢山冠蜥 415
长须柽柳猴 144
长须鲸 248
长冠盗鸡 350
长眉企鹅 279
长翅巨蜚蠊 556
长趾钝口螈 445
长脚秧鸡 305
长颈鹿 229
长颈羚 240
长锦蛇 395
长鼻洞鼠 123
长鼻猴 149
长嘴钩嘴鹛 359
长嘴鹃鸡 351
长鳍钩鲶 500
长鬣蜥 412
爪哇野牛 233
爪哇犀 215
反吐丽蝇 566
反嘴鹬 310
介形虫 580
介壳虫 559
公牛真鲨 481
仓鸮 323
月形天蚕蛾 572
丹顶鹤 304
乌鸦及其近亲 352
乌桕大蚕蛾 572
乌翅真鲨 482
乌鸫 361
乌贼 599
乌燕鸥 314
凤头䴙 268
凤头鹡鹛 283
凤头巨隼 302
凤尾绿咬鹃 332
凤蝶 571
文须雀 359
火山兔 114
火鸡 271
火鸡短角鸟虱 557
火腿皮蠹 563
火蝾螈 443
尺蛾 570
尺蠖 559
孔雀花鮰 515
巴巴多斯细盲蛇 407
巴布亚硝水母 539
巴拿马盲蛛 588
巴塔戈尼亚獾臭鼬 186
巴塔哥尼亚豚鼠 130
双壳类 595
双足蚓蜥 431
双吻前口蝠鲼 484
双角犀鸟 337
双垂鹤鸵 268
双带鱼螈 447
双须缺鳍鲶 499
双峰驼 223
双脊冠蜥 415
双眼胸翼鱼 506
双斑猎蝽 560
书虱 557
书蝎 587

五画

玉米锦蛇 395
玉虾 581
玉黍螺 597
未鉴定物种 544
未鉴定物种 545
甘氏巨螯蟹 583
艾氏隼 302
艾氏旗鮰 514
艾草榛鸡 271
古巴林蚺 392
古巴硬毛鼠 131
古蚖 550
节尾猴 144
石匠耳腺蟾 452
石纹电鳐 485
石蛃 550
石羚 239
石貂 191
石蜈蚣 578
石蛾 569
石鲉 518
石蝇 553
石鳖 598
布氏走鸻 311
布氏拟鹂 367
布氏旱台鼠 126
布氏扁蜥 421
龙虱 563
龙虾 584
龙骨螺 597
平卵齿蟾 454
平原狭口蛙 465
平原绒鼠 130
东王霸鹟 346
东太平洋绒毛鲨 481
东方铃蟾 450
东方蜚蠊 556
东非拟鸳 339
东非狒狒 148
东非绿曼巴蛇 400
东非黑头黄鹂 353
东草地鹨 367
东美花鼠 118
东部大猩猩 153
东部斑臭鼬 186
东部棉尾兔 114
东部箱龟 378
东袋狸 96
东黑白疣猴 149
东蓝鸲 361

东跳袋鼬 95
卡拉巴地蟒 387
卡拉扬秧鸡 306
卡宾横斑蟾 452
卡鲁岩象鼩 104
北山羊 241
北太平洋无须鳕 511
北太平洋露脊鲸 247
北方裸尾犰狳 111
北扑翅鴷 341
北极红点鲑 503
北极兔 115
北极狐 170
北极海鹦 314
北极熊 177
北极燕鸥 313
北极露脊鲸 247
北非刺尾蜥 412
北非果蝠 158
北非橙簇花蜜鸟 365
北侏鼠 123
北美鹈鹕 283
北美大黄凤蝶 571
北美小夜鹰 328
北美灰松鼠 120
北美灰熊 180
北美负鼠 94
北美林蛙 461
北美狗鱼 502
北美河狸 122
北美星鸦 352
北美豹蛙 460
北美海牛 107
北美蜚蠊 553
北美葬甲 564
北美鼠兔 114
北美豪猪 129
北美蝎蛉 565
北美獭 196
北部棘蛇 399
北瓶鼻鲸 259
北海狗 183
北海狮 183
北梭鱼 493
北短尾鼩鼱 163
北蝗蛙 459
北鲣鸟 293
北澳窜鼠 128
北露脊海豚 258
旧大陆莺 357
旧大陆黄鹂 353
旧大陆麻雀及其近亲 363
旧大陆鹟 363
叶片螽斯 552
叶甲 562
叶虫 553
叶形王孔苔藓虫 544
叶蜂 575
叶鹿 225
叶蝉 558
叶螨 588
叶螨属一种 588
电鳗 499
史氏苗条蜘蛛 587
叩甲 563
叩壁蜥 416
皿蛛 589
四角羚 232
四眼鱼 515
四趾跳鼠 126
禾雀 365
仙人掌地雀 366
白兀鹫 297
白北鲑 502
白头海雕 299
白边锯鳞鱼 516
白足鼠 123
白秃猴 143
白条双锯鱼 524
白尾尖镰嘴蜂鸟 329
白尾鹿 226
白尾鹞 300
白纹牛羚 238
白齿麝鼩 164
白鸥 313
白点鸲 363
白须娇鹟 347
白眉丝刺莺 349
白唇水蛙 460
白唇竹叶青蛇 407
白胸拟鹑 304
白蛉与蛾蝇 568
白脸僧面猴 142
白颈岩鹛 354
白颈鼬 191
白斑无肺螈 445
白斑角鲨 475
白斑狗鱼 502
白斑姬啄木鸟 340
白颊长臂猿 151
白掌长臂猿 151
白喉针尾雨燕 331
白喉短嘴旋木雀 348
白喙斑纹海豚 254
白犀 216
白缘球马陆 578
白腰杓鹬 311
白腰鼠海豚 253
白腹毛脚燕 358
白腹金丝燕 331
白腹鱼狗 333
白鹡鸰 366
白额蜂虎 336
白鞘嘴鸥 312
白鲸 251
白臀豚鼠 130
白鼬 190
白鹳 288
丛鸡及其近亲 350
丛林地毯蟒 391
丛林猫 202
印尼矛尾鱼 488
印尼角蟾 451
印加燕鸥 314
印度巨松鼠 119
印度水牛 232
印度华丽雨林蜘蛛 593
印度树鼩 133
印度星龟 382
印度眼镜蛇 400
印度野牛 236
印度羚 239
印度犀 215
印度瑰宝蜈蚣 578
乐园维达雀 365
犰狳 110
犰狳环尾蜥 421
鸟尾蛤 595
鸟虱 557
主红雀 369
主刺盖鱼 523
玄参叶蜂 575
闪光蜥 425
闪鳞蛇 387
半环非洲虎蛇 398
半带皱唇鲨 481
半索动物 545
半球突颜寄蝇 569
头足类 599
头虱 557
头带冰鱼 526
穴小鸮 326
穴口奇棘鱼 508
穴兔 115
穴蝰 393
尼罗巨蜥 430
尼罗鳄 433
民都洛花面狐蝠 158
奶蛇 397
加氏犬浣熊 187
加氏塞舌蛙 452
加州王蛇 396
加州神鹫 296
加州海狮 183
加州渍螈 444
加利福尼亚兔 115
加利福尼亚滑银汉鱼 513
加岛鹭 300
加岛嘲鸫 362
加拉帕戈斯陆鬣蜥 414
加拉帕戈斯象龟 380
加拿大盘羊 242
加拿大黑雁 276
加勒比海粉红瓶海绵 536
加湾鼠海豚 252
加蓬咝蝰 403
皮蠹 563
发水母属未知物种 540
发冠拟椋鸟 367
圣甲虫 564
对虾 581
矛尾鱼 488
丝蚜蝇属一种 568
丝鳍圆竺鲷 522
丝鳍塘鳢 526

六画

邦加眼镜猴 139
圭亚那裸背电鳗 499
吉丁虫 562
吉卜林巴希拉蛛 590
地下生活的白蚁 556
地中海星芒水母 539
地中海僧海豹 184
地毯蟒 391
地窖甲虫 564
耳郭狐 169
芋螺 596
亚马孙白海豚 253
亚马孙伞鸟 347
亚马孙松鼠猴 144
亚马孙河豚 251
亚马孙树蚺 390
亚马孙锯腹鳓 495
亚洲胡狼 172
亚洲狮 207
亚洲象 109
亚洲黑熊 177

西红角鸮 323
西里伯斯水牛 232
西利比亚胎生蟾 455
西伯利亚虎 205
西伯利亚旅鼠 125
西班牙猞猁 201
西部带蛇 398
西部菱斑响尾蛇 404
西部猪鼻蛇 396
西部强棱蜥 416
西貒 219
有丝海蛛 585
有丝海蛛属一种 585
有腺类 543
百灵 358
百慕大圆尾鳠 281
灰小羚羊 236
灰山鹑 271
灰六鳃鲨 475
灰头鹡鹛 283
灰驯狐猴 138
灰林鸮 326
灰狐 170
灰绒毛猴 141
灰翅喇叭鸟 305
灰胸长尾霸鹟 346
灰胸鹦哥 320
灰海豹 185
灰海豚 254
灰扇尾鹟 354
灰眼斑瓢虫 563
灰冕鹤 304
灰袋貂 98
灰脸象鼩 104
灰颈鸨 306
灰斑鸠 315
灰雁 275
灰喉山椒鸟 351
灰蓝蚋莺 360
灰鼠蛇 395
灰腰雨燕 331
灰蝶 570
灰瘠懒猴 137
灰鹤 304
灰鲭鲨 480
灰鲸 247
灰鳍异大眼鲷 519
灰鳐 483
灰瓣蹼鹬 312
达尔文蛙 455
尖爪丛猴 137
尖羽树鸭 275
尖形圆颌针鱼 514
尖吻鳑 524
尖吻皱蛙 462
尖背角鲨 475
尖喙鸟 347
尖鳞棱蜥 425
光胸库蠓 566
光脸鹎 356
曲蚊蝎蛉属一种 565
曲嘴森莺 369
吕氏沙狐 170
吸虫 541
吸血蝠 160
吸蜜鸟 349
吸蜜蜂鸟 330
帆水母 540
帆鳍花鮰 515
网状玻璃蛙 460
网纹蟒 392
网蝽 560
肉垂水雉 310
肉垂钟伞鸟 347
竹节虫 553
竹岛弓趾虎 417
乔氏鮰 514
乔氏侏儒蟒 391
乔氏猫 203
伏翼 160
优红蛱蝶 571
华北雏蝗 552
华丽细尾鹩莺 349
华丽琴鸟 348
仰蝽 560
伪虎鲸 259
伊比利亚蚓蜥 431
伊比兹壁蜥 422
血吸虫 541
后肛鱼 506
行走鲨 476
舟鰤 519
合趾猿 151
伞鸟 347
伞蜥 411
杂石蜈蚣 578
杂色花蜜鸟 365
杂色蚁鵙 345
负子蝽 558
负子蟾 450
多毛类 542
多丽树袋鼠 103
多枝海马 517
多刺无尾猬 106
多刺嵴尾蜥 416
多趾虎 419
衣鱼 550
产婆蟾 451
羊驼 223
并齿蛛 589
灯蛾和巢蛾 570
江豚 252
江鳕 511
汤姆森瞪羚 240
守宫 419
安氏林羚 231
安哥拉犬吻蝠 161
安第斯山猫 203
安第斯山蜂鸟 330
安第斯冠伞鸟 347
安第斯神鹫 296
寻常海绵 536
那马瓜沙鸡 316
异舌穴蟾 451
异鳞海蜥鱼 493
阴虱 557
羽尾袋貂 99
红土螈 446
红大袋鼠 101
红大麻哈鱼 504
红头平甲蛛 592
红头丽蝇 566
红头美洲鹫 296
红耳彩龟 378
红耳鹎 356
红灰蝶 570
红交嘴雀 368
红足丛袋鼠 102
红吼猴 142
红尾上口脂鲤 498
红尾树栖锦蛇 396
红尾蚺 389
红尾绿鹦鹉 319
红尾筒蛇 387
红尾碧蝽 560
红玫瑰鹦鹉 318
红刺鲸口鱼 516
红胁绿鹦鹉 318
红带狗母鱼 509
红带蛙 465
红背无肺螈 445
红背伯劳 355
红背细尾鹩莺 349
红冠蕉鹃 321
红翅黑鹂 367
红隼 302
红胸鸲 361
红胸割草鸟 347
红狼 172
红眼莺雀 354
红眼鹎 356
红领绿鹦鹉 320
红脸地犀鸟 337
红绿金刚鹦鹉 320
红斑寇蛛 592
红斑缘刺寄蝇 569
红颊无肺螈 445
红喷毒眼镜蛇 401
红喉北蜂鸟 330
红喉潜鸟 282
红黑沫蝉 558
红腹灰雀 368
红腹角雉 272
红腹滨鹬 312
红腿叫鹤 306
红腿陆龟 382
红鼻树蛙 459
红额金翅雀 368
红嘴山鸦 352
红嘴巨鸥 313
红嘴牛椋鸟 362
红嘴相思鸟 359
红嘴奎利亚雀 365
红嘴蓝鹊 352
红嘴鹲 291
红瘰疣螈 443
红襟粉蝶 572
红蟹的迁徙 579
驯鹿 227
约氏黑鲸鮟鱇 512

七画

弄岗穗鹛 359
弄蝶 570
麦秆虫 584
远东拟沙丁鱼 495
走鹃 321
贡德氏尖叶蛙 462
赤叉尾蜂鸟 330
赤尾噪鹛 359
赤鸢 296
赤狐 169
赤胸大蚁蜂 574
赤胸花蜜鸟 365
赤猴 148
赤獒蝠 161
赤褐袋鼠 102
赤褐象鼩 104

赤蠵龟 377
扭角林羚 231
扭颈龟 376
拟八哥 367
拟异康吉鳗 493
拟步甲 564
拟锥齿鲨 480
拟戴胜百灵 358
拟鳗螈 442
花头沙鸡 316
花皮蛛 592
花岗岩夜蜥 425
花鹿 225
花斑石鳖 598
花斑原海豚 255
花斑喙头海豚 258
花椒树蝉 558
花螳 555
苍白洞蝠 161
苍白脊口螈 445
苍头燕雀 368
苍色绣眼鸟 360
苍鹭 287
苍鹰 300
芦苇螟蛾 572
苏门答腊虎 205
苏门答腊犀 215
苏里南角花蟾 453
苏拉维西猴 148
杜氏扁鲨 482
杜氏蚺 387
杜瑞尔獴 197
极北蝰 403
极乐鸟 353
两爪鳖 376
丽红眼蛙 459
丽彩鹀 369
丽跳蛛属物种 590
丽蝇 566
医用水蛭 543
步甲 562
里氏袋鼬 94
里海雪鸡 271
园丁鸟 348
足丝蚁 557
足系蚁 557
针潜鱼 511
牡丹珊瑚属未知物种 539
利氏袋鼯 98
利氏壁蜥 422
秃头鹦鹉 319
秀丽水蛇尾 604
秀丽伞鸟 347
何氏滑蹠蟾 450
伶鼬 190
低地纹猬 105
佛氏虎鲨 476
佛罗里达金龟子 564
佛罗里达蚓蜥 431
佛罗里达跳蛛 590
希拉毒蜥 427
希腊双齿七鳃鳗 472
谷蛾及其近亲 573
肝吸虫 541
狂蝇和牛皮瘤蝇 568
角鮟鱇 512
角贝 598
角叶尾虎 419
角叫鸭 275
角百灵 358
角响尾蛇 406
角鸬鹚 290
角高体金眼鲷 516
角蝉 559
角蝉属一种 559
角蝰 403
角箱鲀 529
角雕 301
条纹鰕鱼 517
条纹石鳖 598
条纹汀蟾 452
条纹草地蝗 552
条纹草鼠 127
条纹南蜥 424
条纹原海豚 255
条纹斑竹鲨 476
条纹裸海鳝 492
条纹膝虎 418
条纹鬣狗 209
卵胎生蜚蠊 556
库氏掘足蟾 451
库蚊属一种 567
奔斑虻 569
灶鸟 345
沙氏安乐蜥 415
沙风蝎 587
沙丘鹤 304
沙哑非洲蟾 454
沙蚕 542
沙原鞭尾蜥 425
沙袋鼠 103
沙猫 202
沙漠王蛇 396
沙漠长耳蝠 161
沙漠地鼠龟 382
沙漠蝗虫 552
沙蝰 403
沃尔特小羚羊 236
泛克贝斯锦蛇 394
尾蟾 450
陆巨螈 444
陆栖蛞蝓 597
陆栖蜗牛 597
陆寄居蟹 584
阿氏丝鳍脂鲤 498
阿卡山雀 356
阿拉斯加刺鱼 517
阿拉斯加黑鱼 502
阿波罗娟蝶 571
阿根廷鹧鹛 283
阿鲁纳卡猕猴 148
阿富汗狐 169
阿德利企鹅 279
忍冬双斜卷蛾 573
鸡尾鹦鹉 318
纳米比亚避日蛛 587
纳特竖蟾 453
纳塔尔中部侏儒变色龙 412
纳塔尔矮獴 198
纵纹无肢蜥 427
纵带羊鱼 523
纹胁旋木雀 362
纹背捕蛛鸟 365
纹翅食蜜鸟 348
纹袋貂 98
纹旋木雀 362
纹颊企鹅 279
驴羚 236
纽虫 544

八画

环吻犁头鳐 484
环尾狐猴 138
环尾袋貂 98
环颈直嘴太阳鸟 365
环颈雉 272
环管蚓螈 447
青山雀 356
青脚鹬 312
青蜂 574
玫瑰沙蚺 390
抹香鲸 260
披毛犰狳 111
披红狷羚 238
苦味鳑鲏 497
若克蚁鸫 345
苜蓿粉蝶 572
英伦木伪蝎 587
直线黑蜣 564
苔藓虫 544
林氏鼠负鼠 94
林岩鹨 367
林鸱 328
林姬鼠 127
林羚 231
林鼬 190
林麝鼩 164
松鸡 271
松果蜥 424
松鸦 352
松蛇 398
松貂 191
松鼠 120
杰氏狨 145
杰克逊变色龙 413
刺毛棉鼠 124
刺氏鼩猬 162
刺尾鸫 348
刺林蜥 411
刺细胞 537
刺客蛛 592
刺蛇尾属一种 604
刺袋狸 96
刺巢鼠 128
刺猬 162
刺歌雀 367
刺嘴莺 349
刺鹩 344
雨燕 331
奇异多指节蟾 455
奇异盗蛛 592
奇庞吉猴 148
欧鼾 125
欧氏尖吻鲨 477
欧氏变色龙 413
欧亚夜鹰 328
欧亚鸲 363
欧亚攀雀 357
欧亚獾 192
欧非肋突螈 444
欧柳莺 357
欧洲水貂 190
欧洲仰蝽 560
欧洲陆龟 383
欧洲林蛙 460
欧洲泽龟 377
欧洲野牛 236
欧洲野兔 115

欧洲蛇蜥 427
欧洲康吉鳗 493
欧洲深山锹甲 564
欧洲散白蚁 556
欧洲棕熊 180
欧洲蝼蛄 552
欧洲鳗鲡 492
欧歌鸫 361
欧鲶 499
欧鼹 165
转角牛羚 238
轮虫 544
软甲类 581
软珊瑚礁 538
非洲八色鸫 344
非洲小爪水獭 196
非洲天牛 562
非洲巨鼠 126
非洲巨蜥 430
非洲水牛 233
非洲牛蛙 462
非洲爪蟾 450
非洲艾虎 192
非洲白背兀鹫 297
非洲白鹮 288
非洲地松鼠 119
非洲灰鹦鹉 319
非洲寿带 353
非洲秃鹳 288
非洲侏儒鳄 434
非洲金猫 201
非洲肺鱼 488
非洲树蛇 395
非洲食卵蛇 394
非洲疣猪 219
非洲洞穴蟋蟀 552
非洲艳锹 564
非洲鸵鸟 269
非洲海雕 297
非洲姬蜂 574
非洲野犬 173
非洲野驴 213
非洲野猪 219
非洲象 109
非洲剪嘴鸥 314
非洲琵鹭 288
非洲棕雨燕 331
非洲窗鳞蜥 424
非洲跳鼠 126
非洲獴 198
肯尼亚水羚 237
肯尼亚林羚 231
齿头鲱 495
齿缘摄龟 379
齿蝶鱼 490
齿鲸 244
虎 205
虎皮鹦鹉 319
虎纹钝口螈 444
虎纹鼠蛇 398
虎纹腿猴树蛙 459
虎鲸 256
虎鼬 191
果蝇 569
国王变色龙 413
明多罗水牛 232
黾蝽属一种 559
岩羊 242
岩鹛 354
岩鹨 367
罗氏海豹 185
罗氏滑尾鼠 127
罗岛狐蝠 158
帕里胸翼鱼 506
凯门鳄 433
图丽鱼 524
垂耳鸦 350
牦牛 233
和平鸟 360
委内瑞拉尺蛾 570
侧头江魟 485
侧纹胡狼 171
侧腕栉水母 544
侏三趾树懒 112
侏兔 114
侏河马 221
侏食蚁兽 112
侏狨 145
侏海雀 314
侏羚 239
侏儒抹香鲸 260
的的喀喀湖蛙 453
彼氏锥颌象鼻鱼 490
所罗门蜥 423
金毛鼹 106
金丝雀 368
金色中仓鼠 124
金色曼蛙 462
金花蛇 394
金龟子 564
金纹伸舌螈 443
金星介 580
金冠戴菊 360
金啸鹟 351
金腰钟声拟䴕 339
金殿伶猴 143
金熊猴 137
金雕 301
肿触角姬蜂 574
肿瘤毒鲉 518
肥尾半爪虎 417
肥尾沙鼠 126
肥尾鼠狐猴 138
鱼虱 580
鱼蛉 561
鱼蛉属一种 561
兔耳袋狸 96
兔蚤 565
兔唇蝠 159
兔豚鼠 130
狐形长尾鲨 480
狗蚤 565
狗脂鲤 498
狍 227
狞猫 202
饰纹巨蜥 430
饰纹姬蛙 465
饰翅多鳍鱼 489
变色树蜥 411
夜蛾 571
夜鼠 126
夜鹭 287
郊狼 172
盲蝽 559
盲鳗 605
卷羽鹈鹕 291
卷壳乌贼 599
卷尾 353
卷尾猴 143
卷蛾 573
单板类 598
单峰驼 223
沫蝉 558
浅色短翅虱蝇 567
河马 221
河乌 362
河蚌 595
河狸 122
河狸鼠 131
油鸱 327
泡蟾 453
泥蛉 561
泥蛉属一种 561
泥蜂 575
沼石蛾 569
沼泽侧颈龟 379
沼泽兔 114
波纹林莺 357
波斑鸨 306
波鳐 483
泽氏斑蟾 455
宝刀鱼 495
宝螺 596
宜小黑蛙 463
帚虫 545
帚虫属未知物种 545
帚尾岩袋鼠 102
帚尾袋貂 98
帚尾鹩莺 349
虱蝇 567
线灰蝶 570
细三棱蜥 424
细长角贝 598
细尾獴 198
细纹孔鳔鼬鳚 511
细纹斑马 213
细腰猫 206
细蜥尾螈 446
细瘦棘蛛 589
细鳞大麻哈鱼 503
细鳞绿鳍鱼 518
织雀 363
驼背鲈 522
驼鹿 227

九画

玳瑁 376
珀赛尔沼蟾 452
珊瑚虫 538
玻利维亚亚河豚 251
玻利维亚卷尾豪猪 129
玻璃海绵 536
毒蛾 571
挺胸龟 383
指猴 139
革带豹蛛 592
带网蝉属一种 558
带绦虫 541
草莓箭毒蛙 460
草原松鸡 273
草原兔尾鼠 125
草原狐 169
草原旱獭 124
草蛉 561
草蛛 589
草螟 572
茧蜂 574
茴鱼 506

茶色蟆口鸱 327
荒漠鼹 106
胡兀鹫 297
胡蜂 575
南极海狗 183
南极腕足虫 545
南非丛鸡 350
南非直角长角羚 238
南非树蹄兔 110
南非穿山甲 165
南非海狗 183
南非墓蝠 158
南非管口鱼 517
南非豪猪 129
南美大长爪鼠 124
南美巨蝮 406
南美林猫 203
南美刺豚鼠 130
南美金龟子 564
南美泽鹿 226
南美珊瑚蛇 400
南美响尾蛇 406
南美洲象甲 563
南美浣熊 187
南美巢鼬 192
南美筒蛇 387
南美貘 217
南部北美水蛇 397
南部白唇蟒 392
南海狮 183
南黄弯嘴犀鸟 337
南象海豹 185
南裸尾树鼩 133
南澳毛吻袋熊 97
柑橘粉蚧 559
枯叶龟 376
枯叶侏儒变色龙 413
枯叶蛾 570
栉水母 544
栉角窃蠹 562
栉齿锯鳐 485
柯氏过树蛇 394
柯氏喙鲸 260
柄翅豆娘 551
查达射水鱼 523
查岛鸲鹟 356
柳雷鸟 271
柱头虫 545
柠檬蚁蛉 561
树顶袋貂 99
树须鱼 512
树袋熊 97
树蜂 575
树熊猴 137
柬埔寨野牛 233
威氏极乐鸟 353
威德尔海豹 184
砗磲 595
砂巨蜥 430
砂币海胆 604
砂蛰蝰 402
砂海星 602
砍林鸟 344
面包海星 602
背棘鳐 483
点斑原海豚 255
点斑棘蜥 411
点颏蓬背鹟 351
竖琴螺 596
哑霸鹟 346
星虫 544
星点水龟 377
星点多纪鲀 529
星鼻鼹 165
星鲨 481
虹蚺 390
虹鳟 503
虾 581
虾蛄 581
虻属一种 569
蚁鸡 346
蚁鸳 340
蚁八色鸫 345
蚁后 576
蚁蛉 561
蚁蜂 574
蚂蚁 576
哈氏扁魟 484
哈氏缺翅虫 557
鸦雀鹟 351
贻贝 595
骨顶鸡 305
骨螺 596
幽灵竹节虫 553
幽灵蛛 592
幽灵蛛属一种 592
幽灵蛞蝓 597
幽灵蛸 599
幽灵蟹和招潮蟹 581
钙质海绵 536
钟鹊 351
钟螺 597
钩盲蛇 407
钩虾 584
钩嘴鸥 350
香鱼 506
科氏灰雨蛙 459
科氏兔银鲛 485
科迪亚克岛棕熊 180
科罗澳拟蟾 452
科莫多巨蜥 428
复尾滨鼠 131
修长铗尾虫 550
俄罗斯麝鼹 164
皇带鱼 515
皇冠沙鳅 497
皇霸鹟 346
鬼夜猴 143
鸮 361
盾甲蜥 421
盾尾蛇 387
须拟䴕 339
须蚁鸫 345
须鲸 244
剑纹带蛇 398
剑鱼 527
剑鸻 311
剑嘴蜂鸟 330
食用牡蛎 595
食虫虻 566
食肉海绵 536
食鱼鳄 434
食蚁狸 197
食蚜蝇 568
食蛛鹰蜂 575
食蜜鸟 348
食螺鸢 297
食螺蛇 395
食蟹狐 171
食蟹海豹 184
食蟹浣熊 188
胞管肾类 543
胎生蜥 422
狭趾虎 419
狮 207
狮尾狒 149
狮面狨 145
狮鬃水母 539
独角鲸 252
弯角大羚羊 237
弯嘴鸻 311
弯嘴裸眉鸫（雄鸟） 344
哀鸽 316
疣尾蜥虎 418
疣眼鹟、饰眼鹟和蓬背鹟 351
疣鼻天鹅 275
疣鼻栖鸭 277
帝王伟蜓 551
帝王蝎 587
帝企鹅 279
施氏绿蜥 422
施氏蹄蝠 159
美东蛇蜥 427
美羽蛾属 540
美丽角贝 598
美丽侏袋貂 99
美丽球趾虎 419
美国牛蛙 461
美国树蛙 458
美洲天幕毛虫 570
美洲天蛾 572
美洲水貂 190
美洲闪鳞蛇 387
美洲西鲱 495
美洲红鹮 288
美洲花蜱 588
美洲旱獭 118
美洲金鸻 311
美洲夜鹰 328
美洲狮 206
美洲豹 207
美洲豹猫 203
美洲雀 369
美洲野牛 234
美洲假吸血蝠 160
美洲麻鸦 287
美洲旋木雀 360
美洲绿鹭 287
美洲黑熊 177
美洲蚩 585
美洲燕 358
美洲雕鸮 325
美洲鳀 495
美洲蟾蜍 454
美洲獾 193
迷幻躄鱼 512
迷彩箭毒蛙 460
洪都拉斯蠕螈 446
洞穴蟋蟀 552
洞鲈 511
洞螈 443
津巴布韦环尾蜥 421
恒河豚 251
窃蠹 562
冠北螈 443
冠卷尾 353
冠海豹 185
冠蓝鸦 352

冠螺 596
扁头豹猫 201
扁吻角蜥 416
扁角菌蚊 567
扁尾盲游蚓 447
扁陆龟 382
扁阎甲属一种 563
扁鲹 522
姥鲨 480
娇鹟 347
蚤蝇 568
绒毛丝鼠 131
绒毛蛛猴 141
绒顶柽柳猴 145
绒螨 588
绚丽青蜂 574
绚丽鹦嘴鱼 524
骆马 223

十画

泰加大树蜂 575
珠鸡 272
珠颈斑鸦 271
珠斑鸺鹠 326
班氏丝虫 543
蚕蛾 570
捕鸟蛛 593
盐沼禾鼠 123
埋葬虫 564
埃及眼镜蛇 401
埃及雁 276
埃及锯鳞蝰 403
埃氏剑螈 446
埃塞俄比亚狼 172
莺雀及其近亲 354
真山雀 356
真伯劳 354
真海豚 258
桡足类鱼虱 580
桡足类剑水蚤 580
索诺拉短吻蜥 426
哥伦比亚黄鼠 119
栗耳簇舌巨嘴鸟 340
砺鹬 310
原仓鼠 124
原丽盲蝽 559
原鸡 272
原驼 223
原鸽 315
鸫 361
逍遥蛛 593
鸭咀三腭齿蛙 459
鸭嘴兽 92
鸮面鹦鹉 319
蚜虫 558
蚋 568
蚋莺 360
蚋属一种 568
蚊 567
蚊蝎蛉 565
圆岛蚺 387
圆盾大袋鼠 103
圆斑蝰 403
圆斑鳞鲀 529
圆蛛 589
圆跳虫 550
圆蝇属一种 567
圆鲹鱼 518
钳蝎 587
钻纹地毯蟒 391
缺翅虫 557
特氏臀点脂鲤 498
秧鹤 305
秘鲁企鹅 279
秘鲁红鹳 285
秘鲁鳀 495
透翅蛾 572
笔尾树鼩 133
笔尾獴 198
笔海胆 604
笑翠鸟 336
倒立水母 539
倭黑猩猩 152
倭蜘蛛猴 141
臭虫 559
臭鼬 186
臭獾 186
豺 173
豹 206
豹灯蛾 570
豹纹变色龙 413
豹纹象龟 382
豹纹睑虎 417
豹纹锦蛇 396
豹纹鲨 477
豹海豹 184
胭脂鱼 497
脆刺蛇尾 604
脂尾宽足袋鼩 95
脂尾袋鼩 95
胸斧鱼 499
脑珊瑚 539
鸲和鹟 356
狼 174
狼蛛 592
狼獾 192
鸳鸯 277
皱翅土蜂 575
皱鳃鲨 475
桨尾丝蟌 551
高山欧螈 443
高山林棘鼠 122
高角羚 240
高原鼠兔 114
高等白蚁 556
座头鲸 249
脊尾袋鼬 95
唐菖蒲筒蓟马 560
旅鸫 361
恙螨属一种 588
瓶鼻海豚 254
粉红凤头鹦鹉 318
粉红鸽 315
粉红氰化千足虫 578
粉尾石龙子 423
粉虱 558
粉蝶 572
烟色大袋鼠 103
烟囱雨燕 331
涡虫 541
海七鳃鳗 472
海马 471
海生海绵 536
海地沟齿鼩 163
海百合与海羽星 602
海帆蜥 414
海羽星 602
海岸太攀蛇 401
海岸石蛃 550
海兔 596
海参 604
海珍鱼 506
海星 602
海胆 604
海笋 595
海扇 538
海菊蛤 595
海萤 580
海蛇尾和筐蛇尾 604
海象 184
海葵 538
海蛞蝓 597
海鼠 542
海鲢 492
海鞘 605
海獭 195
海鲶 500
海鳃 538
海蟾蜍 456
海鬣蜥 414
浮游型海鞘 605
浣熊 188
宽头蛇蛉 561
宽尾拟角鲨 475
宽咽鱼 493
宽翅毛蠓 568
宽额鲈 521
家幽灵蛛 592
家蚕 570
家麻雀 363
家蝇 567
家燕 358
窄歧须鮠 500
窄翅豆娘 551
扇贝 595
扇豆长管蚜 558
扇尾莺及其近亲 357
扇尾鹟 354
弱翅鸬鹚 290
弱斑索蟾 452
姬马陆 578
姬古蚖 550
姬猪 218
姬蜂 574
姬蜚蠊 556
绣色杜父鱼 518
绣眼鸟 360
绦虫 541

十一画

球马陆 578
球莱夜蛾 571
球腹蛛 592
球蟒 392
理纹非洲树蛙 463
琉球兔 114
捷蛙 461
捷蜥 421
捻角山羊 242
基皮尔蟾蜍 454
基斑蜻 551
黄头后颌螣 519
黄边胡蜂 575
黄动胸龟 379
黄纹旋木鹎 356
黄环林蛇 394
黄昏花皮蛛 592
黄昏锡嘴雀 368

黄美萤 563
黄球白蚁 556
黄领牡丹鹦鹉 319
黄颈姬鼠 127
黄斑桨蟾 455
黄鹀 366
黄喉地莺 369
黄喉貂 191
黄喉蜂虎 336
黄道蟹 581
黄缘盒龟 379
黄缘蛱蝶 571
黄腰林莺 369
黄腹吸汁啄木鸟 341
黄腹旱獭 118
黄鼻信天翁 280
黄瘤凤冠雉 270
黄颜食蚜蝇 568
黄额拾叶雀 345
黄臀象鼩 104
黄蹼洋海燕 281
菲律宾斑帆蜥 411
菲律宾雕 301
菜蝽 560
萤火虫 563
萨脱米侏儒海马 517
梅氏更格卢鼠 122
梅氏囊鼠 121
梅花雀 365
梅花鹿 226
梭子蟹 581
鸸鹋 268
盔鼩鼱 164
雪羊 241
雪鸮 326
雪豹 207
雪鹀 366
雪鹱 281
彪虫属未知物种 553
雀鳝 489
常见黄胡蜂 575
常鸣羽趾虎 418
匙吻鲟 489
眼斑铜蜥 422
眼镜王蛇 401
眼镜兔袋鼠 102
眼镜鸮 323
眼镜熊 179
野山羊 242
野马 213
野猪 219
野猫 202
啄羊鹦鹉 318
啄花鸟 366
蚯蚓 543
蚯蚓锥螺 597
蛉蛄 558
蛇龙螣 526
蛇蛉 561
蛇蛉属一种 561
蛇鳄龟 377
蛇鹫 302
啸鹟 351
崖海鸦 314
铗尾虫 550
铜头蝮 406
铜蓝鹟 363
铠甲弓背鱼 490
铠甲虾 584
铰口鲨 477
铲嘴翠鸟 336
银白长臂猿 152
银鸥 313
银背阿非蛙 463
银狨 145
银蛤 595
银喉长尾山雀 357
梨木虱 560
笠螺 596
笠鳞棘鲨 475
敏狐 169
袋食蚁兽 96
袋獾 96
袋鼹 96
假珊瑚 538
盘羊 242
盘尾蜂鸟 329
船蛆 595
船蛸 599
斜纹蓝舌石龙子 424
悉尼漏斗网蜘蛛 589
彩三趾鹑 304
彩毛腿蜂鸟 329
彩虹锹甲 564
彩虹鹦鹉 317
彩辉椋鸟 362
彩鹬 310
领伯劳 354
领狐猴 138
领蓬头䴕 339
豚尾狒狒 149
象牙角贝 598
象甲 563
象鱼 527
猪獾 193
猎豹 207
猎蝽 560
猫蚤 565
猞猁 201
猛雕 301
麻蝇 568
庸鲽 528
鹿角珊瑚 539
鹿豚 219
盗蛛 592
旋木雀 360
旋毛形线虫 543
旋角羚 238
旋螺 597
阎甲 563
粗毛兔 115
粗尾婴猴 137
粗卷尾袋貂 98
粗唇龟鲻 514
粗野丽蝇 566
粗腿小蜂 574
粗腿金花虫 562
粗鳍鱼 516
粗鳞突吻鳕 512
剪尾王霸鹟 346
混合蜓 551
渔猫 201
渔貂 191
淡水寄生虫 542
淡水蜗牛 597
淡水螯虾 584
婆罗蜥 427
寄生虫 535
寄生鲶 500
寄居蟹 584
寄蝇 569
密西西比鳄 433
弹尾虫 548
隐翅虫 564
隐鳃鲵 442
隐鹮 288
颈圈蜥 414
颈斑巨蜥 430
绯红鸲鹟 356
维氏冕狐猴 139
维达雀及其近亲 365
绿叉蚰 545
绿天蛾 572
绿巨嘴鸟 340
绿鸟翼凤蝶 571
绿头鸭 276
绿安乐蜥 414
绿红东美螈 444
绿林戴胜 337
绿雨滨蛙 458
绿虎甲 562
绿树蟒 392
绿翅金鹦哥 320
绿翅鸭 276
绿啄木鸟 341
绿彩蛙 462
绿旋蜜雀 368
绿斑蜉 551
绿阔嘴鸟 344
绿蟾蜍 454
绿蠵龟 376
绿鬣蜥 415
巢鼠 127

十二画

琴鸟 348
琴步甲 562
琴尾响蜜䴕 340
琴海豹 185
斑马拟丽鱼 524
斑马鱼 497
斑马章鱼 599
斑氏象甲 563
斑布克鹰鸮 326
斑竹花蛇鳗 493
斑灵狸 199
斑尾林鸽 315
斑纹光鳃鱼 512
斑纹角马 239
斑纹林蚺 392
斑纹胡鲶 500
斑纹须鲨 476
斑纹藻蚊 567
斑林隼 302
斑鱼狗 333
斑泥螈 442
斑背飞蜥 411
斑点月鱼 515
斑点合跗蟾 451
斑点蠢斯 552
斑点鹰嘴陆龟 382
斑胸田鸡 305
斑胸草雀 365
斑眼塚雉 270
斑铲鼻蛙 463
斑袋鼬 95
斑脸海番鸭 277
斑蛛属 590

斑鼠鸟 332
斑腹矶鹬 312
斑腹沙锥 312
斑嘴巨鹈鹕 283
斑鼯猴 132
斑麝鼩 164
斑鬣鹿 225
斑鬣狗 209
塔斯马尼亚袋熊 97
提灯蜡蝉 559
博塔囊鼠 122
喜马拉雅塔尔羊 241
蛩蠊 553
斯里兰卡角鸮 323
散疣短头蛙 465
葵花鹦鹉 318
棱皮龟 378
椰子狸 199
森林象 109
森蚺 391
棉尾兔蚤 565
鸦、雀及其近亲 366
椋鸟 362
棕头幽鹛 359
棕曲嘴鹪鹩 361
棕伞鸟 347
棕色锄足蟾 451
棕灶鸟 345
棕尾鵟鵟 339
棕胁唧鹀 366
棕树凤头鹦鹉 318
棕贼鸥 312
棕扇尾莺 357
棕颈歌百灵 358
棕榈鵙 354
棕腹仙鹟 363
棕蜘蛛猴 141
棕熊 180
棕额棘雀 345
棕薮鸟 348
棘腹蛛 589
棘蜥 412
硬蜱 588
裂唇鱼 524
雄蚁 576
雄黑头织雀 364
颊灯鲷 517
颊吻鼻鱼 526
翘鼻麻鸭 276
斐济树栖扁手蛙 462
紫水鸡 305
紫头美洲咬鹃 332
紫伪翼手参 604
紫侧孔珊瑚 540
紫翅椋鸟 362
紫翅蛛蜂 575
紫胸凤冠鸠 316
紫崖燕 358
紫斑吉丁 562
紫貂 191
紫蓝金刚鹦鹉 320
紫螺 596
蛱蝶 571
蛛蜂 575
蛛蜂属一种 575
蜓 551
鹃鸡 351
鹃头蜂鹰 297
喉音非洲蟾 454
喀氏小羚 239
喙吻鳗 492
黑叉齿龙螣 523
黑马羚 237
黑天鹅 275
黑水鸡 305
黑长臂猿 151
黑双领蜥 425
黑白蚓蜥 431
黑白森莺 369
黑头盾蟒 391
黑头鹮鹳 287
黑足猫 203
黑足鼬 190
黑尾草原犬鼠 119
黑尾麻蝇 568
黑纹背林莺 369
黑顶山雀 356
黑顶奇鹛 359
黑枕威森莺 369
黑刺尾鬣蜥 416
黑雨燕 331
黑凯门鳄 434
黑肩负鼠 94
黑带卷尾猴 144
黑带蜂蚜蝇 568
黑背麦鸡 311
黑背胡狼 172
黑背鸥 313
黑背钟鹊 351
黑背皱背姬蜂 574
黑须丛尾猴 142
黑美狐猴 138
黑冠红翅鵙 350
黑柔骨鱼 508
黑框蓝闪蝶 571
黑翅长脚鹬 310
黑豹 206
黑胸短趾雕 300
黑浮鸥 313
黑家鼠 127
黑曼巴蛇 400
黑啄木鸟 341
黑领锯尾蜥 416
黑脸燕鵙 350
黑象鼩 104
黑颈鹈鹕 282
黑斑蝗莺 357
黑掌树蛙 463
黑掌蜘蛛猴 141
黑喉响蜜䴕 340
黑短脚鹎 356
黑猩猩 152
黑犀 216
黑暗伶猴 143
黑蜣 564
黑腹乌鲨 475
黑腹军舰鸟 290
黑腹果蝇 567
黑腹蛇鹈 290
黑额矿吸蜜鸟 349
黑嘴喜鹊 352
链锁海葵属物种 538
短印鱼 522
短头深海狗母鱼 509
短丝蜉 551
短丝蜉属一种 551
短耳鸮 326
短吻针鼹 92
短吻柠檬鲨 482
短吻海豚 258
短尾鸡 336
短尾猫 201
短尾矮袋鼠 102
短尾雕 300
短肢领航鲸 259
短翅鹈鹕 283
短嘴旋木雀 348
智利八齿鼠 131
智利红玫瑰蜘蛛 593
智利迎风海葵 538
智利窜鸟 345
筑帐蝠 160
筒螅属未知物种 540
腕足虫 545
猩红丽唐纳雀 368
猩猩 154
阔趾虎 418
阔嘴鸟 344
阔嘴锯鳠 281
普氏丽松鼠 120
普罗米修斯蛾 572
普度鹿 227
普通鵟 300
普通䴓 361
普通戈芬星虫 544
普通长耳蝠 161
普通石蝇 553
普通田鼠 125
普通秋沙鸭 277
普通美洲蜥 425
普通鸫鹛 359
普通鸬鹚 290
普通袋鼬 95
普通章鱼 599
普通斑马 213
普通蜉蝣 551
普通翠鸟 334
普通蝙蝠 161
普通潜鸟 282
普通鼩鼱 163
普通蠼螋 553
港海豹 185
港湾鼠海豚 252
湖白鲑 506
湖侧褶蛙 461
渣蝇 567
温带臭虫 559
温室白粉虱 558
湍鸭 277
滑嘴犀鹃 321
湾鳄 434
渡鸦 352
游隼 302
湄公双孔鱼 498
寒鸦 352
窜鸟 345
犀鬣蜥 415
强壮大袋鼠 103
巽他云豹 206
巽他领角鸮 323
缅甸金丝猴 149
缅甸蟒 392
缅甸鼬獾 193
缎蓝园丁鸟 348

十三画

鼓腹咝蝰 402
蜇魴 529

摇蚊 567
鹊色唐纳雀 368
鹊雁 275
鹊鹨 353
蓝太阳鱼 522
蓝牛羚 232
蓝长腺丽纹蛇 401
蓝孔雀 272
蓝灰扁尾海蛇 400
蓝舌石龙子 424
蓝纹章鱼 599
蓝纹鹦鹉 317
蓝顶翠鴗 336
蓝顶鹦哥 319
蓝枪鱼 528
蓝指海星 603
蓝背娇鹟 347
蓝晏蜓 551
蓝胸佛法僧 337
蓝眼鸬鹚 290
蓝脚鲣鸟 291
蓝脸吸蜜鸟 349
蓝颈唐加拉雀 368
蓝斑条尾魟 484
蓝斑蜥 422
蓝喉歌鸲 363
蓝蓑羽鹤 304
蓝腹小茧蜂 574
蓝鲸 248
幕谷蛾 573
蓟马 560
蓬尾浣熊 187
蓬尾婴猴 138
蓬尾袋鼬 95
蒙古野驴 213
楔尾雕 301
楔齿蜥 383
楔嘴鹨雀 344
榄蠵龟 377
鹌鹑 271
睫角棕榈蝮 406
睡鼠 121
暗色小更格卢鼠 122
暗色灯笼鱼 509
暗色斑纹海豚 253
暗阳蝇 567
暗脉菜粉蝶 572
暗眼灯草鹀 366
暗绿绣眼鸟 360
暗绿鞭蛇 394
暗紫维达雀 365
暗黑马陆 578
暗腹抖尾地雀 345
跳兔 132
跳蚤 565
跳羚 240
跳蛛 590
跳蝇 567
跳蝇属一种 567
蜈蚣 578
蜂虻 566
蜂螳蛉一种 561
蜂蚤 565
蜂蚤属一种 565
嵴颈弱棘鱼 519
锤头双髻鲨 482
锤头鹳 289
锥齿鲨 477
锦龟 377
锦纹燕蛾 573
锦鲤 497
锯头蜡蝉 559
锯齿折背陆龟 382
鼠妇 584
鼠袋鼯 98
鹎 356
魁凹脸蝠 159
貉 171
腹足类 596
詹氏天牛 562
鲈鱼 522
鲍螺 596
触丝真蚓 447
新几内亚极乐鸟 353
新大陆莺 369
新大陆黑鹂 367
新月沼石蛾 569
新西兰鸠 316
新西兰海狮 183
新西兰鹪鹩 344
新疆歌鸲 363
蒸母 600
滨珊瑚属未知物种 539
滨海胎生蜥 423
鲎 585
塞内加尔苇羚 237
塞内加尔肛褶蛙 463
塞鲸 249
裸足猬 162
裸顶蚁鸟 346
裸背蝠 159
裸眉鸫 344
裸盖鱼 518
裸鼻雀及其近亲 368
裸鼢鼠 131
群织雀 363
群辉椋鸟 362

十四画

碧塔塔瓦巨蜥 430
赫氏矮海豚 258
赫曼陆龟 383
蔓足类茗荷 580
蔓足类藤壶 580
蔗虱缨小蜂 574
榛睡鼠 121
榕小蜂 573
歌带鹀 366
蜚蠊 556
翡翠巨蜥 430
翡翠树蚺 390
雌性工蚁 576
颗粒棘石鳖 598
蜻 551
蜡蝉 559
蜘蛛蟹及其近亲 583
蝉 558
鹗 296
锹甲 564
舞毒蛾 571
舞雀、蜡嘴雀及其近亲 369
管吻鲶 500
管肩鱼 507
管海绵 536
僧面猴 142
僧帽水母 540
鲔鱼 527
鮟鱇 512
鲟 489
鲟状八角鱼 519
遮目鱼 497
瘦平咽蜥 416
旗翅夜鹰 328
漂泊信天翁 280
漏斗网蛛 589
慢缺肢蜥 426
赛加羚羊 240
寡毛类 543
蜜蜂 573
蜜蜂及其近亲 573
蜜熊 188
蜜獾 192
褐几维 268
褐山蝠 160
褐头牛鹂 367
褐顶绿莺雀 354
褐刺嘴莺 349
褐胁山鹪莺 357
褐屋蛇 397
褐翅蓟马 560
褐胸噪刺莺 349
褐家鼠 128
褐萤叩头虫 563
褐喉沙燕 358
褐鹈鹕 291
褐鲣鸟 291
褐鬣狗 209
鹛 359
翠蜥 423
熊狸 199
熊蜂 573
骡鹿 226
缨小蜂 574
缨唇蝠 160
缨蝠 158
缨鳃蚕 542

十五画

赭带鬼脸天蛾 572
鞍背鸦 350
鞍背短头蟾 455
横纹鞘爪虎 417
横斑渔鸮 323
橡丛螽斯 552
橡皮蚺 390
橡树啄木鸟 341
暴风鹱 281
嘲鸫 362
蝽象 560
蝰鱼 508
蝎子 587
蝎蛉 565
蝗虫 552
蝼蛄 552
颚足类 580
墨西哥大鼩鼱 163
墨西哥红尾蜘蛛 593
墨西哥红脚蜘蛛 593
墨西哥丽脂鲤 498
墨西哥毒蜥 427
墨西哥革头蚓螈 447
墨西哥钝口螈 445
墨西哥黑王蛇 396
墨西哥筒耳蝠 161
墨西哥游舌螈 446
稻绿蝽 560
箭虫 545
箭虫属一种 545

箭鼻水蛇 396
箭蟹 583
德氏长尾猴 148
德州细盲蛇 407
德国黄胡蜂 575
膝关蛛属一种 589
鲤 497
摩弗伦羊 242
瘤突躄鱼 512
鹡鸰和鹨 366
潜蝇 566
潮虫 584
澳洲水鼠 128
澳洲长鼻袋鼠 99
澳洲叶海马鱼 517
澳洲灰雁 276
澳洲光颌松球鱼 516
澳洲虎鲨 476
澳洲肺鱼 488
澳洲野犬 173
澳洲啄花鸟 366
澳洲蛇颈龟 376
澳洲铜头蛇 399
澳洲滨蛙 458
澳洲裸鼻鸱 328
澳洲燕鸻 311
澳洲鹨 366

十六画

靛青蛇 395
螯伪蝎属一种 587
燕 358
燕鵙 350
燕翅鸥 339
燕雀及其近亲 368
燕蛾 573
燕嘴唐纳雀 368
麸鹿 225
薮犬 171
薮鸟 348
薮猫 202
薮羚 231
橙点石龙子 423
橙胸姬鹟 363
橙斑安第斯蛙 460
橙腹啄花鸟 366
瓢虫 563
霍利斯氏深蛇鳚 511
霍族隐鼠 131
蹄兔 110
蠓虫 545
噪苇莺 357
噬人鲨 479
鹦鹉螺 599
儒艮 107
鲭鱼 527
鲯鳅 523
鲸头鹳 289
鲸鲨 477
瘿蚊 566
瘿蚊属一种 566
瘿蜂 574
瘿蜂属一种 574
瘿潜蝇属一种 566
糙鳞绿树蛇 398
懒吼猴 142
懒猴 137
懒熊 178
褶虎 419
避日蛛 587

十七画

戴胜 337
戴菊 360
磷虾 581
磷海鞘 605
鹪莺 349
鹪哥 362
蝗蛉 561
螳螂 555
蟋蟀 552
穗鹛 363
魏氏果蝇 569
簇胸吸蜜鸟 349
鵟鹟 361
臆羚 241
鲼 485
鲽鱼 528
鳃足类 579
鳄蜥 430
螽斯 552
麋鹿 226
糠虾 584

十八画

鬃毛树懒 111
鬃狮蜥 412
鬃狼 171
鞭蛛 588
鞭蛛属一种 588
鹭鹤 306
鹮嘴鹬 310
镰嘴雀 368
镰嘴管舌雀 368
鼬鲨 481
鼬獾 193
鳎 529
鹰头鹦哥 319

十九画

蘑菇珊瑚 539
攀雀 357
攀鲈 519
攀螈 446
蹼足马岛猬 105
蹼足负鼠 94
蹼足鼩 164
蠓 566
蠊泥蜂属一种 575
鳗螈 440
獾㹢狓 229
蟹奴 580
蟹鸻 310
蟹蛛 593

二十画

蠕动 542
鳞头犬牙南极鱼 526
鳞虫 542
鳞南乳鱼 507
魔鮰 515
灌丛状软珊瑚 538

二十一画

霸鹟 346
麝与鼷鹿 224
麝牛 241
麝香龟 379
麝袋鼠 99
麝雉 321
麝鼠 125

二十二画以上

囊鳃鳗 493
鬣羊 242
鬣蜥 411
蠼螋 553

致谢

DORLING KINDERSLEY would like to thank Daniel Crawford, Emily Newitt, Patricia Woodburn, Richard Gilbert, and Tamara Baillie for administrative help; Steve Knowlden for original design work; Pauline Clarke, Corinne Manches, Janice English, and Emily Luff for additional design assistance; Peter Cross for location research; Clare Double for additional editorial help; Robert Campbell for DTP support; and Andy Samson, Anna Bedewell, Charlotte Oster, Jason McCloud, Martin Copeland, Richard Dabb, and Rita Selvaggio for picture reseach. Thanks also to the Berlin Zoo, Chester Zoo, Dr. David L Harrison, Drusillas Zoo, Exmoor Zoo, Hunstanton Sea Life Centre, IUCN/SSC Canid specialist group, Kate Edmonson at Partridge Films, Marwell Zoological Park, Mike Jordan, Millport Marine Centre, NASA/Finley Holiday Films, the Natural History Museum (London), Paradise Park, Rebecca Tansley at Natural History New Zealand, Robert Oliver, Tropical Marine Centre, Twycross Zoo, Weymouth Sea Life Centre, and World of Birds (South Africa).

For this edition
DORLING KINDERSLEY would like to thank: Ellen Nanney, Smithsonian project coordinator; The IUCN Red List of Threatened Species™ for the information relating to conservation status of species listed with the book; Laura Palosuo, jacket editor; Nicola Powling for the jacket concept; Caroline Hunt and Dawn Bates for proofreading; Jane Parker for the index; Sam Atkinson, Kathryn Hennessy, Daniel Lord.
DK Delhi would like to thank Jubbi Francis, Ligi John, Monica Saigal, Sakshi Saluja, and Nidhi Sharma for their help on the project.

Picture Credits
The publisher would like to thank the following for their kind permission to reproduce their photographs:

ftl	tl	tc	tr	ftr
fcla	cla	ca	cra	fcra
fcl	cl	c	cr	fcr
fclb	clb	cb	crb	fcrb
fbl	bl	bc	br	fbr

Abbreviations key:
a = above, b = below,
c = centre, f = far,
l = left, r = right, t = top

A.N.T. Photo Library: GE Schmida 401frbc; **Prof RJ van Aarde:** 65tc, 312bfr, 454crb; **Kelvin Aitken:** 475cla; **Alamy Images:** Arco Images GmbH 510b, Danita Delimont 243, Images of Africa Photobank 42br, Photoshot Holdings Ltd 435, 464, David Tipling 123t, Ann and Steve Toon 198cr, Whitehead Images 578t; **Gerry Allen:** 476br; **Allofs Photography:** Theo Allofs 214; **David Almquist:** 564crb; **Amgueddfa Cymru – National Museum Wales:** 596cl; **Animals Animals/Earth Scenes:** Anthony Bannister 129crb, Kevin & Suzette Hanle 389tr, Dani-Jeske 178frbc, 233bfr, Johnny Johnson 35tfl, Victoria McCormic 505c, Joe McDonald 27bfr, 32frac, Steven David Miller 32bfr, Charles Palek 325c, Fred Whitehead 583tfr; **APB Photographic:** Alan P Barnes 281ca; **Ardea:** 198crb, 295bfr, 295tc, 409flbc, Alpenmolch 441frbc, Dennis Avon 58cra, 268tl, 327fcfl, Ian Beames 55cl, 288ca, Uno Berggren 120cl, Hans & Judy Beste 98crb, 128bl, 349cfr, 423crb, 430cr, 452cl, 452cb, N. N. Birks 302br, R. M. Bloomfield 338tfr, A E Bomford 471br, J.B. + S. Bottomley 341tfr, John Cancal 82cr, John Cancalosi 325bc, Piers Cavendish 91bl, Graeme Chapman 317crb, John Clegg 14fbl, D Parer & E Parer-Cook 79tr, 434cl, 495crb, Parer & E. Parer-Cook 46bl, John Daniels 372cb, Kevin Deacon 479cfr, Hans D Dossenbach 443bfr, 449c, 449bc, Eric Dragesco 201crb, John S Dunning 339clb, 345tl, 345cr, 347cr, 354cl, 369crb, M D England 237cfl, Jean-Paul Ferrero 34br, 65tl, 93cr, 93crb, 101cra, 125tr, 201bl, 225cl, 259tfr, 275clb, 289tr, 412cl, 420c, 579c, Kenneth W Fink 34c, 40ca, 47bfl, 89flac, 112cr, 112crb, 120tl, 122cl, 152flac, 155, 240bfr, 272tl, 430bfr, Andrea Florence 50bl, 251cfr, Paul Germain 165tr, Bob Gibbons 68tr, M. W. Gillam 47frac, Francois Gohier 39cr, 48tc, 71tl, 107frac, 107tc, 116cfr, 195frbc, 245crb, 248cr, 258cl, 288c, 373bc, 398frbc, Nick Gordon 141cfl, 187br, A. Greensmith 344tc, C. Clem Haagner 166crb, 267tfr, Clem Haagner 333cfl, Chris Harvey 203cl, Masahiro Ijima 204, 205frac, Chris Knights 71flbc, 78cfr, Ferrero Labat 4-5, 27tfr, 43tfr, 433frbc, Keith & Liz Laidler 188tr, 196br, Tom & Pat Leeson 121l, John Mason 89frac, 538bl, E. McNamara 351br, S. Meyers 63tfl, 89frac, Pat Morris 82br, 106cl, 109cra, 123cr, 133cra, 163tr, 164bl, 353cra, 499cfr, 539crb, 583frac, Hayden Oake 90frbc, B. Moose Peterson 45tc, 123bl, 161cl, Moose Peterson 309crb, Moose Peterson / WRP 42frbc, Becca Sounders 476cfl, 476tfr, Peter Steyn 105cl, 327ffrbc, 363fcr, J. Swedberg 299crb, Ron & Valerie Taylor 481br, 484cb, 485br, 523frac, 539bfl, Joanna Van Gruisen 199tr, Adrian Warren 156cra, 400frac, 449tfr, M. Watson 67cfl, 139bl, 175cfr, 192cra, 206frac, 299frbc, Alan Weaving 126clb, 463flac, Wardene Weisser 359cl; **Auscape:** Ferrero-Labat 284frac, Jean-Paul Ferrero 93tfr, 98flbc, 98cra, 173tr, Mike Gillian 96frbc, Neil McDaniel 519cla, D. Parer & E. Parer-Cook 95frbc, T. Shivanandappa 137c, Glen Threlfo 348cl; **Antonio Baeza:** 538br; **Robert E. Barber:** 57c, 183lac, 183bl, 190frbc, 191cra, 314bfl, 332br; **David Barnes:** 183bfl, 184bfr, 185c, 281frac, 290br, 291tcr, 313cl, 536lb, 541frbc, 544bl, 545frac; **Kevin H. Barnes:** 105bl; **Bat Conservation International:** Merlin D Tuttle 156tr, 160bfr, 160crb, 161cra, 161bc; **Fred Bavendam:** 77bfr, 107br, 225frbc, 482cfr, 509bfr, 536bfr, 544cfl; **Julian Bayliss:** 403bl; **Derek A. Belsey:** 40tc, 282br, 283cl, 358tfr, Derek Belsey 277cb, 282cl, 366bfl; **Niall Benvie:** 241cb, 305cra, 323cfr; **William Bernard Photography:** William Bernard 52cb, 111cl, 184ca, 187bl, 226crb; **GK Bhat:** 447tr; **Biosphoto:** 496bc, J.J. Alcalay 101cfr, Pierre Cadiran 164bl, Wigeon Christophe 510bc, Russo Cyril 154bfl, Halleux Dominique 135frbc, Feve Frederic 167frbc, GV-Press / Seitre 162cr, Denis-Huot 41cl, Michel Denis-Huot 17tfr, Vincent Jean 577c, Klein / Hubert 166bfl, Gunther Michael 150, 229tfr, Gasco Nicolas 249cfr, Garguil Philippe 487cfr, Jany Sauvanet 112bl, Rowland Seitre 151fcr, 191crb, 193tr, Montford Thierry 453cla; **Dr Alison Blackwell:** 566frbc; **Dr W.R. Branch:** 452bfr, Dr W. R. Branch 387cfr; **Bruce Coleman Ltd:** Erik Bjurstrom 91bfr, Mark N Boulton 221frac, Bruce Coleman Collection 295frbc, Bruce Coleman Inc 44cl, 70cfr, 205br, Jane Burton 116crb, 162clb, 449cra, 452cr, 454tc, John Cancalosi 153tfr, 211crb, 404cb, Mark Carwardine 260crb, Alain Compost 120b, 133tfr, 165crb, 191frac, 215tl, Gerald S Cubbit 39bfl, 327fc, 383crb, 584tfr, Jack Dermid 436cr, 442br, 445br, Geoff Dore 52cfr, M & P Fogden 31flbc, 50tr, 51tr, 165bl, 343tc, 347tl, 460flac, 465cra, Jeff Foott 54tc, 65c, 186br, 471frbc, 504frac, 504tr, 513frbc, 550ca, 599frac, Christopher Fredriksson 27cl, CB & DW Frith 193tl, Giorgio Guako 409bc, Granville Harris 45cl, Charles and Sandra Hood 375tfr, Johnny Johnson 67tc, 176c, Janos Jurka 227rac, 341bfr, Dr M P Kahl 90br, Dr. M. P. Kahl 451crb, Stephen J Krasemann 274frbc, Felix Labhardt 448c, Gordon Langsbury 67cfr, 312crb, Werner Layer 54bc, 154clb, 180cla, Luiz Claudio Marigo 143tl, 200, 347br, George McCarthy 40cb, Joe McDonald 405c, Bruce Montage 361br, Dr Scott Nielsen 274flbc, 286cfr, 324c, 454frac, Orion Press 266bfr, 304cb, Pacific Stock 15c, 72c, 255tfr, 473tfr, Mary Plage 215cra, Dr. Eckart Pott 79tfl, Allan G. Potts 270ca, Andrew Purcell 569frbc, Hans Reinhard 219tc, 469bfr, 489br, 490crb, John Shaw 459clb, Kim Taylor 28bfr, 91crb, 267flbc, 542flac, 547clb, 548cra, 555crb, 565frbc, 565crb, 569tl, Norman Tomalin 449cr, John Visser 385frac, Uwe Waltz 234cfl, Staffan Widstrans 306bc, Rod Williams 133cr, 137clb, 197br, 202frac, Bill Wood 132br, Kinrad Wothe 138cla, Peter Zabransky 34bfr, Gunter Ziesler 43frac, 111bl, 203bfr, 203cla, 242frbc, 247cl, 278c, 285bc, 317cfl, Christian Zuber 306t; **C. K. Bryan:** 172cr, 232cla; **John Cancalosi:** 95clb, 102cfl, 102cla, 103cra, 141cra, 270bl, 314bfr, 314bl, 368br, 369cl, John Cancalosu 103tfr; **Chris Gomersall Photography:** 361bc, R J Chandler 341tr, 346bl, Brian Chudleigh 311cl, 349frac, 349t, 350tl, 350br, 354t, 356fcl, Bill Coster 347bl, David M Cottridge 289br, 363tr, John Davies 312crb, 316cfr, Paul Doherty 297cfl, Peter Ginn 356bfr, Chris Gomersall 30clb, 281bfr, 300cl, 304flac, 311clb, 312cr, 314cfl, 315clb, 321cla, 326frbc, 352bfr, Michael Gore 33frac, 279bfr, 280bc, 297tr, 339ca, 340cfl, 369fcr, Mark Hamblin 312ca, 321cr, 357crb, J Hollis 326bfr, Barry Hughes 282cfr, Chris Knights 331tc, Mike Lane 310cla, 313tl, 313crb, 351cr, 353br, 362tl, 366cra, Gordon Langsbury 337br, 352flbc, 358bfl, Tim Loseby 357fbr, Mike McKavett 368tr, 369bc, Arthur Morris 354fcl, 358cfr, 366bfr, 369cr, Pete Morris 350tl, 350c, 362br, Carlos Sanchez 304bfl, 312c, 331c, Chris Schenk 64bc, 271cr, Morten Strange 349bl, 351bl, 365fcrb, 366cla, Andy Swash 290cfr, 328tc, 330c, 345cl, 345c, 347crb, 351fcr, 368clb, Roger Tidman 73tc, 277tfr, 277crb, 281frbc, 291tca, 336cfr, 347cl, 358cra, 362cr, David Tipling 271bfr, 275cfl, 276bfr, 277bc, 279tl, 291tbc, 321br, 340c, 340br, 357cr, 358rac, Ray Tipper 316cra, 344tr, Charles Tyler 291br, Cyril Webster 348br, Eric Woods 358cla, Barry E. Wright 268bfr, Steve Young 282frbc; **Prof. Mike Claridge:** 574frbc; **Bruce Coleman Inc:** R. Erite 296frac, Kenneth W Fink 229frac, James Hanken 446flac, Joe McDonald 299bfr, Ivan Polunin 519frac, Norman Owen Tomalin 576bfl; **Wendy Conway:** Wendy Conway 227ca, 283crb, 287br, 311cfr, 367cla; **Corbis:** Yann Arthus-Bertrand 166c, Joe Clark / Tetra Images 20bc, Clive Druett; Papilio 120cra, Natalie Fobes / Science Faction 73br, James Hager 364, Jason Hawkes 81br, Layne Kennedy 234-235, Tannen Maury / epa 32br, Ocean 525, Radius Images 186tl, Visuals Unlimited 14crb, Michele Westmorland / Science Faction 599br; **Cornell University of Ornithology:** J. Surman 29cfl; **Peter Cross:** 57c, 60bc, 102clb, 102crb, 119flac, 129tfr, 130clb, 183cla, 196cfr, 209frbc, 213bc, 216cra, 226tl, 226cla, 237cra, 239cl, 239bl, 240bl, 241cfr, 242frac, 268tr, 275bfl, 276cr, 279cfr, 288bfr; **Dennis Cullinane:** 164cr; **Dr. Melanie Dammhahn:** 139tl; **Manfred Danegger:** 113tfr; **© Tim Davenport/WCS:** 148tr; **Richard Davies:** 556cfr; **David M. Dennis:** 377bfl, 426br, 431frbc, 442cla, 443flbc, 453cr; **Nigel Dennis:** 44tc, 69tc, 106br, 138bc, 139bfr, 139flbc, 139cr, 149flac, 165br, 172bfl, 173frac, 199cra, 209flac, 216tc, 219bc, 233cla, 236flbc, 236bc, 238bfr, 238bl, 239frac, 239cra, 239crb, 240cla, 276frac, 281br, 288flac, 288frac, 297frac, 297cr, 300flac, 300tfr, 305br, 306bfr, 310clb, 311tl, 311cra, 312cfl, 313rbc, 314tfr, 316frbc, 316cl, 323br, 326cl, 336bfr, 337ca, 340cfl, 353clb, 353bl, 354ca, 356tr, 356bc, 360tr, 362fclb, 363br, 365tl, 418frbc, 556frbc, 588br; **R.W. Van Devender:** R. W. Van Devender 442clb, 442bl, 447ca, 450lac; **Dr Frances Dipper:** 540cfr, 540flbc, 594bfl, 594bfr, 604bfl, 604br; **Dorling Kindersley:** NASA / Finley Holiday Films 39br; **James Eaton, Birdtour Asia:** 356cra, 359cr; **Ecoscene:** Sally Morgan 32flbc, Kjell Sandved 27clb; **Edmund D. Brodie, Jr.:** 445bc, Edmund D. Brodie Jr. 441bc; **Elizabeth Whiting & Associates:** 81bl; **Brock Fenton:** 158frac, 158frbc, 159bfl, 159clb, 160cla, 161frac; **David B Fleetham:** 478c; **FLPA:** 118bc, 294cra, 295frbc, Ron Austing 369bl, Fred Bavendam / Minden Pictures 76bl, Rolf Bender 190cfr, B. Borrell 588frbc, Brake / Sunset 111br, Hans Dieter Brandl 63bfl, Robin Chittenden 368ca, M Clark 439bfr, E. Coppolia 283clb, F Di Domerico 184flbc, Yossi Fahhol 333frbc, Tom & Pat Gardner 349fbr, 351tl, Michael Gore 302ca, 328bfr, 353cr, 368bl, D T Gremcock 89frac, Tony Hamblin 59br, David Hosking 145cfr, 503tr, Eric & David Hosking 272cr, 357fcr, Eric Hosking 306frbc, S Jonasson 185frac, 289cl, D. Jones 587flbc, John Karmali 339frac, Gerard Lacz 91br, 135crb, 217bc, Frank W Lane 132tr, 347c, 430rac, Leeson / Sunset 142flac, Donald M. Jones / Minden Pictures 52c (deer), G. Marcoaldi 241bl, K. Maslowski 123br, S & D & K Maslowski 330bfl, S & D Maslowski 170bclb, S Maslowski 369t, Chris Mattison 373tfl, 418clb, 431cl, W. Meinderts 470bfr, W. Meinderts / Foto Natura 158flac, Derek Middleton 68c, 116cra, 443bc, Mikhail 191bl, Hiroya Minakuchi / Minden Pictures 539br, Geoff Moon 319bl, Mark Newman 178cfl, 375br, Philip Perry 216frbc, 238tc, A.A. Riley 29flbc, L. Lee Rue 272bl, Ry Silvestris 142clb, Silvestris 388c, 391cfr, Don Smith 331cfl, Jurgen and Christine Sohns 336cra, Roger Tidman 436tfr, Jan Van Arkel / FN / Minden 545cb, R. Van Nostrand 347tc, John Watkins 321tfr, Weiss & Sunset 303crb, Larry West 461frac, Terry Whittaker 201tr, 201cra, 209cra, 217cra, 221frbc, Roger Wilmshurst 342bl, D. P. Wilson 534cra, W. Wisniewski 31tfl, Martin Withers 332cla, Norbert Wu / Minden Pictures 508t; **fogdenphotos.com** : Michael & Patricia Fogden 229bfr, 329ca, 384crb, 407cr, 408bfr, 409cr, 447clb, 455cfr, 455flac, 465frac, 559tfr; **Foto Natura:** 116bl, Jan van Arkel 576c, Martin Harvey 103clb, 135frac, 135tc, 135crb, 210clb, 222cfr, S. Janssen 175tl, S. Maslowski 122bfr, Wil Meinderts 576flbc, Dietmar Nill 191cl, N. Rosing 122cr; **Fotomedia:** R Dev 236flac, Neeraj Mishra 137frac, E. Hanumantha Rao 137cla, 173bfl, 213cla, 320tl, Thakur Dalip Singh 359tfr, Vivek R. Sinha 215bc, 239bfr, Joanna Van Gruisen 225tl; **Jurgen Freund:** 511ca; **Neil Furey:** 19cb; **Tim Gallagher:** 282tr; **Gabriele Gentile:** 414br; **David George:** 541bl; **Getty Images:** Mark C. Ross / National Geographic 198tl, Kelly Cheng Travel Photography / flickr 69br, Bill Hatcher / National Geographic 112cl, Andrew McConnell 44br, Donald M. Jones / Minden 193b, Birgitte Wilms / Minden 512cr; **Brian Gibbs:** 192flbc; **Michael P. Gillingham:** 114bfl; **Roy Glen:** 349cla; **Francois Gohier:** 246bc, 248tfr; **Jonathan R Green:** 381tr; **Derek Hall:** 34frac, 38ca, 49tl, 53cfl, 53br, 69tl, 278crb; **Howard Hall Productions:** Howard Hall 482cl, 484br, 546c; **Tim Halliday:** 446frac, 446clb; **Derek Harvey:** 145cl; **Martin Harvey Photography:** Martin Harvey 202cra, 207frac, 213tfr, 216tfr, 233frac, 233tfr; **Lawrence Heaney:** 162frac; **Michael Henke:** 517cra; **Daniel Heuclin:** 387c, 401crb, 451bfr; **Dr G. H. Higginbotham:** 363cl; **Jacana Hoa-Qui:** Axel 144crb, Sylvain Cordier 33cfl, Varin Visage 94bfl, Gunter Ziesler 110br, 111tr; **Thomas Holden:** 271bl, 311bfr, 328bl, 341flbc, 346cra, 350bl, 358bc, T. Holden 367crb; **Holt Studios International:** Nigel Cattlin 556clb, 557clb, 560bfr, 560frbc, Peter Wilson 552cra, 569crb; **Hong Chalk Seng:** Chalk-Seng Hong 554c; **Andre van Huizen:** 65ca, 231bfr, 279bfl, 279bc; **Imagestate:** 1, 8-9, 73c, 80c, 324tc, AGE Fotostock 14frbc, 309cfr, Images Colour Library 146c, 180bl, 371c, National Geographic 170bcra, 170btfr, 174b, 182c; **Impact Photos:** Roger Scruton 511frbc; **F. Jack Jackson:** 539tfr, 540bfl, 605fbl; **Jack Jeffrey:** 368fcl; **Mike Johnson:** 514clb, 523tl, 529flbc; **Joint Nature Conservation Committee:** 538frac; **Mike Jordan:** 119bc, 121cfr, 121bl, 122flbc, 123bl, 124bfl, 124bfr, 124ca, 125fbr, 126frbc, 126cr, 128bc, 128br, 162br, 163bc, 242cla, Mike Joran 126br; **Ken Kates:** 100c; **Hiromitsu Katsu:** 114frbc; **Paul Kay:** 539cl, 596flac, 596flac, 596cl; **Kos Picture Source:** Carlo Borlenghi 528tfr; **Mark Kostich Photography:** Mark Kostich 199crb; **Dr C Andrew Henley / Larus:** Dr C Andrew Henley-Larus 94bfr, 95ca, 95cl, 96cra, 99cfr, 99cla, 183bfr; **Vanessa Latford:** 231flbc; **Legend Photography-Andy Belcher:** 520-521, 521; **Ken Lewis:** 283bc, 341bl; **Look:** Konrad Wothe 274cr; **The Mammal Images Library:** P. Myers 94cl; **Andrew Martinez:** 536frbc, 539bl; **Chris Mattison Nature Photographics:** 451clb, 458cr, Chris Mattison 61bc, 271cl, 313cfr, 373frac, 376cfr, 376cr, 377bfr, 378crb, 382frac, 383cfr, 383frac, 391cb, 394crb, 396cfl, 397tr, 401frac, 402flbc, 403frbc, 408c, 408crb, 412bfr, 413tfr, 413cr, 418cfr, 418tr, 419bfl, 419cfr, 421frac, 421br, 422frac, 422cl, 422crb, 423bfr, 423bc, 424bl, 425bfr, 427cfl, 427tfr, 430cl, 431cb, 433tfr, 436cla, 438tc, 445tc, 446ca, 447frbc, 450bfr, 452tr, 453cb, 454tl, 458frbc, 459cfr, 459frac, 459clb, 460frac, 460cla, 463cb, 465cla, 465crb, Geoff Trinder 60ca, 118cr, 225bl, 304br, 305tl, 366cfr, Martin Withers 15bfr, 57cb, 98cla, 102bfl, 103frbc, 114cla, 127cr, 159flac, 190flac, 227bfr, 237cr, 240frac, 240clb, 242br, 275fr, 275crb, 289bl, 296frbc, 300bfr, 301bc, 319tl, 327fbfr, 348cfr, 362crb, 419br; **Dr Luis A. Mazariegos:** 330cr; **McDonald Wildlife Photography:** Joe and Mary Ann McDonald 156c, Joe McDonald 55tr, 110tl, 119tfr, 209bl; **Dr Fridtjof Mehlum:** 314cfr; **Mr W. E. Middleton:** 558cfr; **Minden Pictures:** Fred Bavendam 600bfl, 600cfl, 600ca, Mark Moffet 590c; **Carlos Minguell:** 477frac, 517crb, 519clb, 538tr, 538cra, 605bl; **Natural History Museum:** 538br, 550frac, 557cl; **Natural Science Photos:** C. Blaney 336cl, Cranston 513tc, C. Dani & I. Jeske 44c, Bob Gurr 211frac, David Lawson 411bfr, Jim Merli 52bc, 445bc, W. E. Middleton 336cfl, O. C. Roura 419bc, C & T Stuart 140tr, P. H. & S. L. Ward 439tfr; **Natural Visions:** 26frbc, 469frac, Heather Angel 91cla, 131bl, 372crb, 383clb, 383cb, 469tfr, 503fcrb, 504tc, Tony Martin 251bfr, Paul Ormerod 267cr, Slim Sreedharan 374c, Soames Summerhays 534bfl; **Nature Photographers:** S.C. Bisserot 452cfr, Colin Carver 68c, 461cfr, Don Smith 445cr, Paul Sterry 414cb, 550clb; **Naturefocus, Australian Museum:** C Andrew Henley 97frac; **naturepl.com:** 163tl, 189, 224, Doug Allan 66bfr, 185br, Nigel Bean 82tr, Vanessa Berlowitz 590ca, Peter Blackwell 385cr, Neil Bromhall 460tc, Dan Burton 480cr, 494cb, Jim Clare 54tr, 179cra, Bruce Davidson 153frac, 173crb, Stewart Dawber 337c, G & H Denzau 47flac, Martin Dohrn 83c, Geoff Dore 588cfr, Georgette Douwma 603, Georgette Douwna 74bl, 468tfr, Tim Edwards 319clb, 411cl, Hanne & Jens Eriksen 309cb, 327frac, Geoff Foot 203frac, Jeff Foot 75br, 107frbc, 185bl, 218bl, 234tc, 247tl, 471flbc, 581cfl, Jurgen Freund 107tfr, 375cfr, 540ca, 582c, Nick Garbutt 219crb, Nick Gordon 51bc, David Hall 79bfl, Andrew Harrington 177clb, Tony Heald 88tfr, 269cl, Martha Holmes 247bfr, Charlie Hamilton James 172clb, Paul N. Johnson 225clb, Hans Christopher Kappel 16clb, Kevin J Keatley 192frbc, Simon King 169tc, Brian Lightfoot 293tr, Jeff Lightfoot 504tl, Fabio Liverani 440c, Thomas D Mangelsen 177cla, Nigel Marven 280cfr, Steven David Miller 20tc, 279cr, Steven Miller 430flbc, Naturbiuld 472frbc, Dietmar Nill 121tr, 160cfl, 191cla, 443tc, Ron O'Connor 206frbc, Pete Oxford 35tfr, 106tl, 138frbc, 143cl, 345clb, 430cra, 434cfr, Prema Photos 51cr, 411frbc, Colin Preston 125flac, Rico & Ruiz 443cl, Jeff Rotman 249bl, 473cfl, 475frbc, 483c, 600clb, Phil Savoie 342c, 353ca, 425tfr, Peter Scoones 69bl, 73tl, 92ca, 221tc, Anup Shah 149tfr, 151cbr, 154cfl, 213frbc, 220, 432c, Yuri Shivnev 270frac, John Sparks 16cb, Lynn M Stone 79cfr, 179bfr, David Tipling 15bfl, 278bfr, 293cfr, 307, Tom Vezo 94cr, Gerrit Vyn 271c, 273, Bernard Walton 147rbc, Dave Watts 355, Doug Wechsler 445cfr, 458fr, David Welling 17cb, Doc White 244cl, 248cfr, Mike Wilkes 88bc, 315cfl, 338c, 411tr; **John Nelson:** 157frac; **NHPA / Photoshot:** A.N.T. 17cla, 31bfl, 52ca, 69bc, 95c, 96bfr, 268crb, 344tl, 348fcr, 349fbl, 376cfl, 411bl, 456cla, 462bfr, 488cr, 517cb, 538frac, 168bc, 228bc, 274bl, 294cfl, 295bl, 409frbc, 471tfl, 586bc, B & C Alexander 241bfr, Tom Ang 69crb, J & M Bain 597cfl, Jim Bain 538bfl, Daryl Balfour 286cra, Anthony Bannister 31frac, 74c, 106bl, 192cla, 373flbc, 399c, 400cfr, 465bl, 559flac, A.P. Barnes 30frac, 328frac, G.I. Bernard 545crb, 557cla, 558cla, Joe Blossom 276tl, 284tr, John Buckingham 266tfr, 309frac, N. A. Callow 560frac, G. J. Cambridge 551tl, Laurie Campbell 58cfr, 62bfl, 118tfr, 186bfl, 313tfr, Bill Coster 293crb, 310tr, 585bc, N. R. Coulton 592cl, David Currey 245frac, Stephen Dalton 51bl, 55bc, 128tfr, 159frbc, 266tfl, 329frac, 410c, 415frbc, 415t, 419tl, 542frac, 551clb, Manfred Danegger 58cfr, 113br, 276crb, Nigel Dennis 152cfr, 191bfr, 287tl, 338cb, 358bfr, Dr E. Elkan 565cfr, Robert Erwin 129cr, 442tr, George Gainsburgh 486r, Pavel German 92cla, 92clb, 99cfl, 399bfr, 447frac, 452tl, K Ghani 215frbc, Iain Green 149bfl, Ken Griffiths 336tc, 399cb, E. Hanumantha Rao 343cra, Martin Harvey 71crb, 101tr, 151cr, 285cl, 333cl, 376br, 432bl, Brian Hawkes 326tfr, Daniel Heuclin 47cra, 48frbc, 50cl, 63bc, 96bfl, 131frac, 160tfr, 163br, 296cl, 301cfr, 384c, 387tl, 389frbc, 394bfr, 397flbc, 402tc, 403cr, 406crb, 419frac, 426ca, 427frac, 427bc, 431frac, 443tfr, 447bfl, 456cl, 461br, K. & V. Hurst 70br, T Kitchen & V Hurst 82bl, 174tr, 187t, 188tl, 414tr, 459tr, 461cl, Image Quest 3-D 31frbc, H & V Ingen 547br, Hellio & Van Ingen 282clb, B Jones & M Shimlock 14flbc, 77cb, 537c, 594cfr, 599flac, James Carmichael Jr 291tfr, 590tc, Ralph & Daphne Keller 98bl, 102cfr, 391frbc, 424cb, Rich Kirchner 172tfr, 227bl, Stephen Krassemann 33tfr, 169bl, 297crb, Gerard Lacz 151br, 184tfr, Michael Leach 375frbc, Lutra 471frac, 502tr, Trevor McDonald 76frbc, 77crb, Alberto Nardi 284br, Agence Nature 74tr, 247tfr, 471tfr, 472frac, 522tr, Orion Press 171cra, Haroldo Palo Jnr 94flac, 112bl, 338bl, 340frbc, 344br, Rod Planck 40cr, Dr Ivan Polunin 29cfr, 132bl, Christophe Ratier 284flbc, 286cb, Andy Rouse 171crb, 186frbc, 190br, Jany Sauvanet 129bfr, 142bfr, 161tl, 171cfl, 323cra, 390clb, 447bfr, 453br, 498frbc, 515tl, Kevin Schafer 141cr, 170bfr, 179tfr, 278tfr, 332frbc, 489frac, John Shaw 110tr, 114clb, 115bfl, 210flbc, 328tfr, 338cl, 534frac, Eric Soder 327fcb, R Sorensen & J Olsen 116bfr, Morten Strange 199clb, M. I. Walker 544tr, 579crb, Roy Waller 518frbc, 584bfl, James Warwick 178crb, Dave Watts 97crb, 411clb, Martin Wendler 320bfl, 320bl, 386c, Alan Williams 357bc, Norbert Wu 66flbc, 470cfr, 495bfr, 517cl, 528tl, 539cb, 601, Robert Wu 195frac; **Klaus Nigge:** 294c; **NOAA:** Monterey Bay Aquarium Research Institute 19bl; **Mark Norman:** 599cla; **Gary Nuechterlein:** Gary Nuechierlein 283tfr; **Ocean Eye Films:** Lawson Wood 486c; **OSF:** 208bc, 230, Ida Akachn 589bfr, Doug Allan 252tfr, 526clb, 545tl, Animals-Animals / Richard K. LaVal 111fcr, Kathie Atkinson 92frac, 95cfr, 540flac, 545br, 596cb, 598flac, Eyal Bartov 169frac, G.I. Bernard 115tl, 124crb, 439cl, 580clb, 589frac, Joe Blossom 218bfr, Liz and Tony Bomford 322cfr, Tony Bomford 477fcrb, Clive Bromhall 47c, Mike Brown 316br, Roger Brown 348bl, Robin Bush 315cfl, 450tl, Arthur Butler 309tc, John Chellman / AnimalsAnimals 207frbc, Waina Cheng 555frbc, John Cheverton 30cfl, Martyn Chillmaid 215flbc, Martyn Colbeck 108cl, 152tfr, N.M. Collins 541clb, JAL Cooke 550cla, Daniel J Cox 59bfl, 167tfr, 195br, 304cra, 361fcl, David Curl 315c, Stephen Dalton 284bl, Kenneth Day 293bfr, Richard Day 89frac, 330cb, Mark Deeble & Victoria Stone 196frac, 290tfr, David M Dennis 385frbc, 465bfr, 543frbc, Jack Dermid 440bl, Ajay Desai 149clb, Michael Dick 149cra, Frederik Ehrenstrom 585frac, Paolo Fioratti 336tr, David B Fleetham 77br, 473bl, 475cr, 491c, 524frbc, Michael Fogden 187bc, 305cfl, 331cb, 394clb, 434br, 449frbc, 455flbc, 587cfr, Stephen Foote 545tr, Jeff Foott 111tl, Harry Fox 548clb, 548cb, Frances Furlong 303tfr, C. G. Gardener 541cfr, Max Gibbs 490frac, Nick Gordon 367fcl, Oliver Grunewald 378crb, 378b, Mike & Elvan Habicht 94frac, Howard Hall 73c, 249rbc, 260frbc, 377cfl, 480tfr, David Haring 139frac, John Harris / Survival Anglia 114crb, Terry Heathcote 280tfr, Richard Hermann 73c, 474c, 484cb, 501, 514cfr, 529c, Karen Gowlett-Holmes 75cl, Roger Jackman 455c, Tim Jackson 463bc, Mark Jones 185fl, 380clb, Marx Jones 268cl, Paul Kay 529cla, Isaac Kehimka 119br, Breck P Kent 165cr, Chris Knights 28clb, 283tc, Rudie H Kuiter 489bl, 507br, 522bfr, 522frbc, 538c, 599cfl, Satoshi Kuribayashi 549bfr, 549cfr, 549frac, 549frbc, 590bfl, K & L Laidler 179bc, Lon E. Lauber 67bfr, Zig Leszczynski 377cfr, 439bfl, 450cl, 461tc, 463bfr, 472br, Zig Leszczynski / Animals Animals 597bfr, London Scientific Film 541frac, 541br, Mantis Wildlife Films 452bl, 456bfl, Juan Manuel 327fbl, John McCammon 539bfr, T.S. McCann 31cla, Raymond Mendez 446bfl, Colin Milkins 578frbc, 580tfr, Sean Morris 57cl, 116tr, 336bl, Owen Newman 167bc, 310frbc, G. Synafzsankle Okapia 451bfl, Okapia 232cfr, Stan Osolinski 113tfr, 240crb, 321frbc, Richard Packwood 64cr, John Paling 68br, 70flbc, 605br, Andrew Park 57crb, Peter Parks 534bfr, 545fclb, 580cfl, 580c, 580cr, 580cb, 581tfr, Andrew Plumptre 153bc, Hilary Pooley 210c, Partridge Productions 136cfl, Romford & Borrill / Surval Anglia 164crb, Alan Root 106fcr, 143bl, 343frac, 432br, Norbert Rosing 66ca, 67flac, Tui de Roy 65bc, 301frbc, 380cfl, Kjell B. Sandved 15flbc, 545cfl, DJ Saunders 343bfr, Jany Sauvanet / Okapia 112tr, F. Schneidermeyer 205tc, Krupaker Senani 359cfl, Michael Sewell 35br, 258frac, David Shale 118cl, Chris Sharp 585frbc, Wendy Shattil & Bob Rozinski 39crb, 116c, Alastair Shay 161bl, Jorge Sierra 431cla, Sinclair Stammers 543clb, Marty Stouffer 58tfl, Harold Taylor 61cl, 548bc, TC Nature 353t, 553c, Tony Tilford 359br, Gerald Tompson 343cfr, Robert Tyrrell 330br, Tom Ulrich 96tl, 125cra, 186clb, 331clb, 404flbc, K. G. Vock 548br, P & W Ward 48tr, Babs & Bert Wells 328c, 401flbc, Ian West 422tfr, Kim Westerskov 280cfl, 536bfl, Jack Wilburn 368cr, Eric Wood 293frbc, Conrad Wothe 448bfr, Konrad Wothe 269bl, 277cfr, 312tfr, Norbert Wu 65bl, 72tfr; **Panda Photo:** M. Calandrini 284c; **Otto Pfister:** 225crb, 241cra, 242cr, 305cb, 310bfl, 363crb; **Maslowski Photo:** 287cfl; **Photolibrary:** OSF / Carol Farnet; Foster 590bc; **Photomax:** 488bfr; **Photoshot / Woodfall Wild Images:** Maurizio Biancarelli 29tfl, R. Buchele 60cr, Tom Campbell 90tc, S. Cordier 91fcrb, Mark Hamblin 34flbc, Paul Kay 72c, 493tc, Mike Lane 211tfr, 292c, D. Mason 90bfl, 234flbc, Sean McKenzie 65br, Tom Murphy 32cfl, Tapani Rasanen 300crb, John Robinson 127cfr, Lawson Wood 75tl, Davis Woodfall 61crb; **Mark Picard:** 114bfr, 172bfr, 226bc, Mark Picard 227cfr, 227cb, 271tr, 287cr, 333clb, 367tr, 367crb; **Linda Pitkin / lindapitkin.net:** 77br, 538bfl, 538cfl, 538cla, 538cl, 538bl, 539flac, 539tl, 539tr, 539ca, 539cra, 539cr, 541cfl, 544fcr, 570frac, 604flac; **Planet Earth Pictures:** 274tfr, 274cb, 408cra, 408bl, K & K Ammann 43bfl, Kurt Amsler 518cfr, Ingo Arndt 548c, Pete Atkinson 497cla, Andre Bartschi 142tfr, 317tfr, Gary Bell 177tfr, 476cl, 476bl, 516crb, 585c, Ashley J. Boyd 538frbc, T. Brakefield 205bfr, Jim Brandenburg 115frbc, Robert Canis 592flac, Mary Clay 114tl, 169flbc, Norman Cobley 280cb, Richard Cook 482frac, Richard Coomber 211cb, Peter David 509cr, 523tfr, 597bc, 599tfr, 599cra, Paulo De Oliveira 333frac, 492tfr, 539bl, 545crb, S V Den Nieuwendjik 61c, 153frbc, M & C Denis-Hout 109bfr, Wendy Dennis 316clb, Georgette Douwma 487bfr, 537bfr, 541tfr, 594tfr, 594ca, John Downer 108clb, Geoff du Feu 165tl, Carol Farneti-Foster 93cra, D. Robert Franz 166cra, Robert Franz 226bfl, Nick Garbutt 409cr, Jim Greenfield 512tfr, Roger de la Harpe 337bc, 432tfr, Hans Christian Heap 49br, Robert Hessler 75tr, Paul Hobson 314crb, Steve Hopkin 551frac, 568tfr, Chris Huxley 522flac, Adam Jones 440flbc, Brian Kenney 196tl, 384frbc, 392c, 440tr, 587frbc, Frank Krahmer 47br, John Lee 518tr, Peter Lilja 56cr, Ken Lucas 472cfr, 481crb, 488tfr, 497cl, 517c, 529bl, 588cl, Larry Madin 515frbc, David Maitland 432frbc, Richard Matthews 167tc, 172tl, Neil Mcintyre 113tfr, Pete Oxford 105cr, 270frbc, 391flac, 547frbc, Allen Parker 315frac, Doug Perrine 107bl, 254cfr, 255cfr, 255bl, 477fcla, Carl Roessler 527tfr, G. Van Ryckevorsel 489clb, Peter Scoones 488cl, Angela Scott 108tl, Jonathan Scott 29bfr, 42tr, 43tfl, 62cfr, 109crb, 207cb, 218c, 239tl, John Seagrim 473bfr, Anup Shah 285tfr, Yuri Shibnev 301tl, Marty Snyderman 484frbc, Larry Tacket 144frac, Tom Walker 115bfr, John Waters 130frbc, James D Watt 477fcfr, J. O. Wirminghaus 462cl, Norbert Wu 536tc, 597bfl, Robert Wu 508cr, Andrey Zvoznikov 125br; **Louis W. Porras:** 463cr, Louis W. Parras 427bfr; **Premaphotos Wildlife:** Dr Rod Preston-Mafham 561tfr, 592bfl, Jean Preston-Mafham 570cl, Ken Preston-Mafham 561clb; **Press Association Images:** AP 19br; **John E Randall:** 516tfr, John E Randell 514cr; **Jean Yves Rasplus:** 560clb, 573clb; **Galen B. Rathbun:** 104c, 104fcr, California Academy of Sciences 104bl; **Reinhard - Tierfoto:** Hans Reinhard 280ca, 322c; **Neil Rettig Productions Inc:** Neil Rettig 301bfr; **Rex Features:** Avi Klapper 527bfr; **Dr Gil Rilov:** 539crb; **Mel José Rivera** : 418cra; **Francesco Rovero:** 104bc; **The Roving Tortoise:** Tui De Roy 182crb; **RSPCA Photolibrary:** Adrian Warren 429c; **Save-Bild:** G. Schltz 101frbc; **Kevin Schafer:** Kevin Schafer 129cla, 135frbc, 140rbc, 147tfr, 221tfr, 332clb; **Science Photo Library:** Eye of Science 557frbc, Vaughan Fleming 558tfr, Ted Kinsman 20bl, Dr Kari Lounatmaa 14br (archaea), Will and Deni McIntyre 91tl, Pasieka 14br (bacteria), Dr Morley Read 372clb, Science Pictures 534tfl, Sinclair Stammers 580tr, Andrew Syred 264br, 265bfr, 265cra, M I Walker 541bl, Art Wolfe 141bl; **Sue Scott:** 539flac, 539cr, 540tfr, 580crb, 584crb, 594bc, 596bfr, 598c, 604tr, 604ca; **SeaPics.com:** Daniel W. Gotshall 504cfl, Rudie Kuiter 482bfr, Amos Nachoum 256ca, Doug Perrine 244c, 245cra, 250, 261, 473br, James D. Watt / Seapics.com 487cra, Doc White 194c; **Herb Segars:** 493crb; **shahimages.com** : 6bc; **Wendy Shattil:** 45ca, 206flac, 382cr, Wendy Shattil & Bob Rozinski 130br, 190bl, 289c, 321clb, 346c, 356cl; **C. Andrew Smith:** 114tfr; **Smithsonian Institution:** John E Miller 604clb; **South American Pictures:** Tony Morrison 285cr; **Specialist Stock / Still Pictures:** J.J. Alcalay 64tr, 182tfr, John Cancalosi 404bl, Alain Compost 93bfr, M & C Denis-Huot 134cla, 148frac, Michel Denis-Hout 256cfl, EIA 253frbc, Michael Gunther 152frbc, 216bfr, Yves Lefevre 473cr, Rowland Seitre 97flac, 178tfr, 179frbc, 201, 227tr, 245frbc, 259cfr, Sabine Vielmo 154tc; **Frank Steinmann:** 460clb; **K. Sugawara:** 360tl; **Harold Taylor:** 81tl; **Telegraph Colour Library/Getty Images:** Jan Tove Johansson 28bfl, Paul Losse 26cra; **Jamie Thom:** 2-3; **Claire Thompson:** 206tr; **© Uthai Treesucon / www.arkive.org:** 19crb; **Michael P. Turco:** 195cfr; **USE ngeo:** Michael Nichols 28frac; **Jean Vacelet:** 536cfr; **Eric Vanderduys:** 452clb; **Colin Varndell:** Peter Coe 340cfr, 346crb, Dave Nichols 281flac, Colin Varndell 277bfr, 290bfl; **Vireo:** 352frac, J Dunning 345br, 346t, 347tr, B Schorre 369fcrb, Doug Wechsler 330tl, 340frbc, 354br; **Gernot Vogel:** 394tl; **Prof. Dr. Peter Vogel:** 105cl, 164tr; **Terry Wall:** Terry Wall 272bfr, 290flac; **Bernard Walton:** 147bfr, 147br; **Dave Watts:** 65cb, 92br, 95br, 96frac, 96clb, 97bfr, 98frac, 99bfr, 99cra, 99crb, 102frac, 103crb, 138flbc, 149cla, 184frbc, 241cfl, 242bl, 288cfr, 301lb, 302frac, 348tl, 349br, 356t, 362bl; **WDCS:** Fernando Truijillo 251tr; **Dr Jane Wheeler:** 223tcl, 223tfr; **Wildlife Conservation Society:** Ian Kellett 143bc; **Jack Williams:** 515cl; **Nick Wilton:** 212bc; **Winfried Wisniewski:** 257; **Art Wolfe:** Art Wolfe 90cfr, 90cfr, 90cfr, 130tfr, 134-135c, 153crb, 156frbc, 229bl, 270tfr, 303cr, 308c, 322tfr, 504flbc; **P. A. Woolley and D. Walsh:** P. A. Woolley & D. Walsh 94bl, 99bl; **Norbert Wu:** Brandon Cole 472clb, Bruce Rasner 480cl; **Gunter Ziesler:** 135cra

Additional photography
Max Alexander; Peter Anderson; Irv Beckman; Geoff Brightling; Jane Burton; Peter Chadwick; Andy Crawford; Peter Cross; Geoff Dann; Philip Dowell; Alistair Duncan; Mike Dunning; Andreas von Einsiedel; Ken Findlay; Neil Fletcher; Christopher and Sally Gable; Peter Gardner; Peter Gathercole; Steve Gorton; Frank Greenaway; Peter Hiscock; Colin Keates; Dave King; Cyril Laubscher; Bill Ling; Mike Linley; Kevin Mallet; Maslowski Photo; Chris Mattison; Jane Miller; Tracy Morgan; Gary Ombler; Nick Pope; Rob Reichenfeld; Tim Ridley; Kim Sayer; Tim Shepard; Karl Shone; Harry Taylor; Kim Taylor; M.I. Walker; Mathew Ward; Laura Wickenden; Alan Williams; Jerry Young

Additional illustrations
Martin Camm; Colin Newman